Useful Data

Planetary data and gravity

M_e	Mass of the earth	5.98×10^{24} kg
R_e	Radius of the earth	6.37×10^{6} m
g	Free-fall acceleration	9.80 m/s^2
G	Gravitational constant	6.67×10^{-11} N · m^2/kg^2

Thermodynamics

k_B	Boltzmann's constant	1.38×10^{-23} J/K
R	Gas constant	8.31 J/mol · K
N_A	Avogadro's number	6.02×10^{23} particles/mol
T_0	Absolute zero	−273°C
p_{atm}	Standard atmosphere	101,300 Pa

Speeds of sound and light

v_{sound}	Speed of sound in air at 20°C	343 m/s
c	Speed of light in vacuum	3.00×10^{8} m/s

Particle masses

m_p	Mass of the proton (and the neutron)	1.67×10^{-27} kg
m_e	Mass of the electron	9.11×10^{-31} kg

Electricity and magnetism

K	Coulomb's law constant $(1/4\pi\epsilon_0)$	8.99×10^{9} N · m^2/C^2
ϵ_0	Permittivity constant	8.85×10^{-12} C^2/N · m^2
μ_0	Permeability constant	1.26×10^{-6} T · m/A
e	Fundamental unit of charge	1.60×10^{-19} C

Quantum and atomic physics

h	Planck's constant	6.63×10^{-34} J · s	4.14×10^{-15} eV · s
$\hbar$	Planck's constant	1.05×10^{-34} J · s	6.58×10^{-16} eV · s
a_B	Bohr radius	5.29×10^{-11} m	

Common Prefixes

Prefix	Meaning
femto-	10^{-15}
pico-	10^{-12}
nano-	10^{-9}
micro-	10^{-6}
milli-	10^{-3}
centi-	10^{-2}
kilo-	10^{3}
mega-	10^{6}
giga-	10^{9}
terra-	10^{12}

Conversion Factors

Length

1 in = 2.54 cm
1 mi = 1.609 km
1 m = 39.37 in
1 km = 0.621 mi

Velocity

1 mph = 0.447 m/s
1 m/s = 2.24 mph = 3.28 ft/s

Mass and energy

1 u = 1.661×10^{-27} kg
1 cal = 4.19 J
1 eV = 1.60×10^{-19} J

Time

1 day = 86,400 s
1 year = 3.16×10^{7} s

Force

1 lb = 4.45 N

Pressure

1 atm = 101.3 kPa = 760 mm Hg
1 atm = 14.7 lb/in^2

Rotation

1 rad = $180°/\pi = 57.3°$
1 rev = $360° = 2\pi$ rad
1 rev/s = 60 rpm

Greek Letters Used in Physics

Alpha		α	Nu		ν
Beta		β	Pi		π
Gamma	Γ	γ	Rho		ρ
Delta	Δ	δ	Sigma	Σ	σ
Epsilon		ϵ	Tau		τ
Eta		η	Phi	Φ	ϕ
Theta	Θ	θ	Psi		ψ
Lambda		λ	Omega	Ω	ω
Mu		μ			

Mathematical Approximations

Binomial approximation:
$(1 + x)^n \approx 1 + nx$ if $x \ll 1$
Small-angle approximation:
$\sin\theta \approx \tan\theta \approx \theta$ and $\cos\theta \approx 1$ if $\theta \ll 1$ radian

College Physics
A Strategic Approach Third Edition

일반물리학 3판

Randall D. Knight · Brian Jones · Stuart Field 지음
김영태 외 옮김

Pearson
청문각

Authorized translation from the English language edition, entitled COLLEGE PHYSICS: A STRATEGIC APPROACH, 3rd Edition, ISBN: 0321879724 by KNIGHT, RANDALL D.; JONES, BRIAN; FIELD, STUART, published by Pearson Education, Inc, Copyright © 2015

역자 머리말

본 교재는 미국의 Pearson사에서 출판한 《*College Physics: A Strategic Approach*》를 번역한 것이다. 저자인 Knight, Jones와 Field 교수는 모두 풍부한 물리학 교육 경험을 가진 분들로 학생들이 물리학을 쉽게 배울 수 있게 하려고 새로운 스타일의 물리학 교재를 출판하게 되었다.

물리학은 자연과학과 공학의 기초가 되는 학문이다. 이 때문에 대부분의 대학교에서는 모든 자연계—자연과학 및 공학—전공 학생들에게 대학교 1학년 필수 교양과목으로 적어도 한 학기 이상 일반물리학을 수강하도록 의무하고 있다. 하지만 신입생들에게 물리학 과목은 가장 배우기 어렵고 결과도 좋지 않은 과목으로 악명을 떨치고 있다. 이런 배경에는 수능, 대학수학능력시험이 큰 원인이라 할 수 있다. 물리학을 선택할 경우 생물학이나 지학을 선택한 경우에 비해 상대적으로 좋은 결과를 얻기 어렵다는 생각이 널리 퍼져 있어 물리학 배우기를 기피한다. 따라서 고교 과정에서 물리학2는 물론이고 물리학1조차 배우지 못하고 대학에 입학하는 신입생들이 늘어 대학에 입학한 후 갑자기 수준이 높은 물리학을 배우는 것이 학생들에게 큰 짐이 되고 있고 물리학을 가르치는 교육 담당자들에게도 큰 부담이 되고 있다.

대학교에서 물리학을 배우지 않고서도 자연과학과 공학을 전공하는 데 어려움이 없다면 문제가 되지 않겠지만, 전공에 들어가 학년이 올라갈수록 물리학 강의에서 배운 지식과 문제 해결 능력이 더 절실히 필요해지는 것을 학생들이 뒤늦게 실감한다면 문제가 아닐 수 없다. 특히 대학생들의 미래와 밀접한 관련이 있는 인공지능(AI), 자율주행, 빅데이터와 같은 현대 첨단과학기술들은 하루가 다르게 발전하고 있으며, 이를 따라가기 위해서는 좁은 영역의 지식을 가르치는 공학보다 공학의 기초가 되는 물리학을 충실히 공부하는 것이 유리하다는 사실이 점점 더 확실해지고 있다.

물리학을 제대로 공부하기 위해서는 좋은 교육자가 필요하고 좋은 교재 역시 못지않게 중요하다. 물리학을 배우기 위한 좋은 교재란 무엇일까? 수업 중에 이해하지 못한 부분을 교재를 읽음으로써 이해할 수 있게 해주고, 수업 중 시간이 없어 다루지 못한 물리학의 실제적 응용을 교재에서 보여주면 좋을 것이다. 더욱 중요한 점은 교재를 통해 학생들이 가장 어려워하는 물리학 문제를 스스로 정확히 풀 수 있도록 풀이 방법을 자세하고도 체계적으로 설명해줄 수 있어야 한다. 또 물리학을 단순히 교재에 적힌 이론으로만 배우는 것이 아니라 실험 동영상과 같은 시청각 자료를 통해 느낄 수 있게 해주어야 한다.

물리학을 배워야 하는 대학생의 수는 엄청나다. 따라서 이들을 대상으로 한 물리학 교재의 종류도 많으며 제각각 다른 특징을 가지고 있다. 국내 대학교에서도 다양한 교재들이 물리학 교육에 사용되고 있다. 본 교재를 번역하면서 이 교재가 다른 교재와 다른 점을 알 수 있었다.

첫째, 물리학의 여러 내용에 대한 설명이 여느 교재에 비해 더 친절하고 명료하다. 시간을 투자해 교재를 읽는다면 어떤 수준의 학생이더라도 물리학을 잘 이해할 수 있을 것이다.

둘째, 문제를 푸는 전략을 잘 제시하고 있다. 물리학 문제를 잘 풀기 위해서는 알고 있는 지식을 활용할 전략이 필요한데, 전략이 아주 구체적으로 제시되어 있어 어떤 문제라도 전략을 충실히 적용하면 반드시 승리할 수 있다.

셋째, 물리학이 어떻게 다른 분야, 특히 생명과학(교재에 BIO로 명시) 분야에서 응용되는지를 다양한 사례를 통해 보여준다. 이것은 여느 교재에서는 찾아보기 어렵다.

넷째, 교재에 있는 QR 코드를 스마트폰으로 스캔하면 내용과 관련된 실험 동영상이나 강의 동영상 등을 손쉽게 볼 수 있다. 장래에 물리학 교재가 추구해야 할 방향을 보여주고 있으니 꼭 활용하기 바란다.

미국인 교수들이 저자인 책을 여러 번역자들이 공동으로 우리말로 번역하는 것은 쉬운 일이 아니다. 국내 출판사인 청문각의 꼼꼼한 감수가 없었다면 번역과 출판이 불가능했을 것이다. 역자 대표로서 다른 물리학 번역교재에 비해 오류가 없도록 세심하게 살펴보았다고 자부하면서 학생들에게 이 교재를 권한다. 이 교재가 학생들의 물리학 공부에 도움이 된다면 그 이상 바랄 것이 없다.

2017년 10월

역자 대표 아주대학교 물리학과 김영태

저자 소개

랜디 나이트(Randy Knight) 교수는 물리학 명예교수로 있는 오하이오 주립대학교와 캘리포니아 폴리텍 대학교에서 32년간 일반물리학을 강의하였다. 나이트 교수는 캘리포니아 대학교 버클리 분교에서 물리학 박사학위를 받았으며 오하이오 주립대학교의 교수가 되기 전에 하버드-스미소니안 천체물리학 센터에서 박사 후 연구원으로 일했다. 오하이오 주립대학교에서 물리학 교육에 관한 연구를 시작했으며 여러 해가 지나 《*Five Easy Lessons: Strategies for Successful Physics Teaching*》과 《*Physics for Scientists and Engineers: A Strategic Approach*》을 저술하게 되었으며, 이 교재로 발전하였다. 나이트 교수는 레이저 분광학과 환경과학에 관심을 갖고 있다. 컴퓨터 앞에 앉아 있지 않을 때는 하이킹, 피아노 연주나 부인 샐리, 그리고 6마리의 고양이들과 놀기를 즐긴다.

브라이언 존스(Brian Jones) 교수는 콜로라도 주립대학교 물리학과에서 25년간 재직하면서 여러 교육상을 수상하였다. 최근에 그의 교육에서 중점을 두고 있는 과목은 대학물리학이고 MCAT 시험(우리의 MEET 시험에 해당)의 문제 출제와 학생들이 이 시험 문제를 잘 풀 수 있도록 도와주는 일을 한다. 2011년 존스 교수는 과학을 알리는 프로그램인 작은 물리학 공작실(Little Shop of Physics)의 소장직을 잘 수행한 공로로 미국 물리학 교사 연합으로부터 로버트 A. 밀리컨 메달을 수상하였다. 존스 교수는 과학교육의 효율성을 높이는 방법과 대학 강의실에 이 교육방법을 적용하는 일을 활발히 연구하고 있다. 존스 교수는 미국 전역과 벨리스, 에티오피아, 아제르바이잔, 멕시코, 슬로베니아에서 열린 과학교수법에 관한 워크숍에 초대받았다. 존스 교수와 부인 캐롤은 정원에 수십 종의 과실수와 관목을 키우고 있다. 그 가운데는 뉴턴의 정원에 있던 사과나무의 후손도 포함되어 있다.

스튜어트 필드(Stuart Field) 교수는 그의 생애에 걸쳐 과학과 기술에 관심을 가져왔다. 재학 중에 망원경, 전자회로와 컴퓨터를 제작하기도 했다. 스탠포드 대학교를 다닌 후 시카고 대학교에서 극저온 물성을 연구하여 박사학위를 받았다. 매사추세츠 공과대학에서 박사 후 연구원으로 일한 후 미시간 대학교의 교수가 되었다. 필드 교수는 현재 콜로라도 주립대학교에서 근무하며 대수학 기반 일반물리학을 포함하여 여러 물리학 과목을 가르치고 있으며 나이트 교수가 저술한 《*Physics for Scientists and Engineers*》을 초기에 열정적으로 교재로 사용한 사람이기도 하다. 필드 교수는 초전도체 분야의 연구를 활발히 진행하고 있다. 필드 교수는 콜로라도에서 야외활동, 그중에서 산악자전거를 즐긴다. 또한 그는 지역 아이스하키 팀에서 활동하고 있다.

강의 담당자를 위한 머리말

2006년 대수학에 기반을 둔 새로운 물리학 교재인 《*College Physics: A Strategic Approach*》이 발간되었다. 이 교재는 생물학, 생명과학, 건축학, 자원과학 및 다른 학문을 전공하는 학생들을 대상으로 하였다. 학생들이 어떻게 해야 효율적으로 물리학을 배울 수 있는지에 대한 연구에 기반하여 만들어진 최초의 교재로, 이 교재는 곧바로 교수와 학생 모두에게 높은 평가를 받게 되었다. 2판, 그리고 이제 3판에서도 연구를 통해 증명된 1판의 교수법과 학생들이 더 많이 배울 수 있도록 해주는 수많은 사용자들의 피드백을 활용하여 교재를 만들어 나갈 것이다.

목표

《*College Physics: A Strategic Approach*》을 집필할 때 주요 목표는 다음과 같다.

- 학생들에게 적당한 두께의 교재를 제공한다. 백과사전식 나열을 피하고 배우기 쉽도록 한다.
- 물리교육 연구를 통해 증명된 기술들이 다양한 강의와 학습 형태를 통해 강의실에 적용되도록 한다.
- 학습에 어려움을 준다고 알려진 개념들에 특히 집중함으로써 학생들이 정량적인 논리 능력과 튼튼한 개념적 이해력을 개발할 수 있도록 도와준다.
- 구체적이고 일관된 전술과 전략을 체계적으로 사용하여 문제 풀이 기술과 자신감을 학생들이 가질 수 있도록 유도한다.
- 학생들의 전공—특히 생물학, 스포츠과학, 의학, 동물학—과 관련된 실제 예와 일상 경험과 관련된 예를 통해 학습을 유도한다.
- 교육 연구와 인지심리학을 통해 학생들의 학습과 기억을 개선시킨다고 알려진 영상 강의를 활용한다. 다양한 학습자 스타일에 대해서도 언급한다.

이런 목표에 대한 더 완벽한 설명 및 이런 목표를 세운 이유가 나이트 교수가 쓴 책 《*Five Easy Lessons: Strategies for Successful Physics Teaching*》(ISBN 978-0-805-38702-5)에 나와 있다.

3판의 새로운 점

3판으로 개정하면서 학생과 학생들이 배우는 방식에 대한 기본 생각을 새롭게 했다. 교재 본문, 그림과 각 장의 뒤에 나오는 문제를 보강하고 개선하기 위해 수십 명의 강의 담당자와 학생 자문단을 포함한 수천 명의 학생들로부터 받은 수많은 피드백을 참고하였다. 그 결과 다음과 같은 변화가 있었다.

- 더 강조된 **장의 개요**가 간단하고 시각적이며 비전문적인 개요를 제공하였다. 개요는 학생들이 생각을 정리하고 앞으로 나올 내용의 이해도를 높이는 데 도움을 준다는 것이 증명되었다.
- 새로워진 **종합**은 핵심 개념, 원리 및 방정식 사이의 연관성과 차이점을 강조하기 위해 이들 모두 담고자 하였다.
- 새로워진 **개념 확인 그림**은 학생들이 생각을 위해 멈추기와 관련된 논리적 사고를 할 수 있도록 핵심 또는 복잡한 그림을 능동적으로 그리게 하였다.
- **이 장의 배경**을 새롭게 본문에 삽입하여 학생들이 이전 장에서 배운 중요한 내용을 복습하게 만들었다. (흔히 이전의 중요 내용을 지나쳐 버리기 쉬운) 장을 시작할 때가 아닌 중요 내용이 필요한 지점에서 내용을 다시 보여주었다.
- 흡사 각 장에 대한 '큰 그림'을 장 미리보기가 보여주듯이 새로워진 **문제 풀이 전략**을 통해 학생들이 문제 풀이의 세부적인 내용에 들어가기 전에 전략의 '큰 그림'을 볼 수 있게 해주었다.
- **능률적인 본문과 그림**은 학생들의 요구에 더 잘 부응하도록 짧고 집중화된 표현을 사용하였다.
- **주석이 달린 방정식**을 확대 사용하여 방정식이 무엇을 '말해'주고 변수와 단위는 무엇인지 학생들이 쉽게 알 수 있도록 하였다.
- **현실적이고 실제적인 데이터**를 확대 사용하여 문제의 답이 실제 세계에 근거한 것임을 학생들이 느끼도록 하였다. 예제와 문제에는 실제 수치와 실제 데이터를 사용하였고 방정식, 비율과 그래프를 사용하여 여러 다른 종류의 생각하는 방법을 검증하였다.
- 수업 영상 관련 데모나 문제 풀이 전략에 대한 **수업 영상**(Class Video), **영상 학습 데모**(Video Tutor Demo), **영상 학습 풀이**(Video Tutor Solution)를 스캔 가능한 QR 코드를 통해 스마트폰이나 태블릿에서 직접 볼 수 있다.

교재 전체의 흐름에 많은 작은 변화가 생겼다. 유도와 논의의 능률을 높이고 복합 개념과 상황에 대한 설명을 추가하였으며 각 절과 각 장의 초점이 명확해지도록 내용의 순서와 구성을 바꿨다. 매 쪽마다 이런 작은 변화를 주었다. 더욱 중요한 내용 변화는 다음과 같다.

- 3, 6, 7장의 원운동 관련 내용들이 더 자연스럽게 소개되도록 다시 작업을 했다. 원운동의 가속도가 3장에서 소개되고 진동수와 주기는 6장에서 등장한다. 반면 각위치와 각속도는 7장에 나온다. 3장에 나온 원운동은 구심 가속도의 본질을 이해하기 위해 벡터 사용을 강조하였다. 6장은 동역학이 중심이고 7장은 회전 운동에 6장 내용을 사용했다.

- 10.6절에서 에너지 보존 법칙을 논의하면서 더 논리적이고 일관성 있는 흐름을 제공하도록 업데이트하였다. 에너지 보존 법칙의 가장 일반적인 형태로부터 더 특수화된 고립계의 형태를 거쳐 역학적 에너지만을 가진 계의 형태로 기술하였다.
- 이상 기체의 열에너지와 온도 사이의 미시적인 연결을 다루는 11장의 내용을 12장으로 이동하였다. 12장에서 제시하는 이상 기체의 원자 모형과 더 잘 어울리기 때문이었다.
- 초점을 흐리지 않기 위해 삭제한 사소한 주제들로는 16장의 음파의 배곡선, 17장의 회절격자의 밝은 무늬의 최대 세기, 19장의 노출과 21장의 고도 그래프를 들 수 있다.
- 전기 위치 에너지의 근원을 명확히 하기 위해 21장 처음 부분을 수정하였다. 전기 위치 에너지와 이보다 친숙한 중력 위치 에너지나 탄성 위치 에너지와 같은 위치 에너지 사이의 연결 고리를 더욱 확고히 하였다.
- 25장에서 전자기파를 다루면서 이 파동의 본질, 편광과 이런 내용을 실제 상황에서 어떻게 응용하고 있는지에 초점을 맞추었다.
- 29장과 30장은 전반적인 흐름을 개선하고 중요하지 않은 세부적인 내용을 삭제하여 학생들이 물리학에 집중할 수 있도록 크게 수정하였다.

학생들이 갈수록 교재 밖의 정보에 의존하며 강의 담당자들은 학생들을 수업에 적극적으로 참여시킬 양질의 자료를 찾고 있다는 것을 알게 되었다. 본문이 항상 교재의 중심이 되기는 하지만 본문과 밀접하게 관련된 미디어 자료들을 추가하여 학생들의 이해를 높이고 있다.

교재의 구성

《*College Physics: A Strategic Approach*》은 두 학기 과목의 교재로 사용하도록 30개 장으로 구성되어 있다. 교재는 7개 부분으로 나누어져 있다. I부는 힘과 운동, II부는 보존 법칙, III부는 물질의 성질, IV부는 진동과 파동, V부는 광학, VI부는 전기와 자기, VII부는 현대물리학을 다룬다.

I부에서는 뉴턴의 법칙과 응용을 다룬다. II부에서 2개의 기본적인 보존량, 운동량과 에너지를 다루는 데는 두 가지 이유가 있다. 첫째 이유는 보존 법칙으로 문제를 푸는 방법—이전(before) 상황을 이후(after) 상황과 비교하는—이 뉴턴 역학에서 사용한 문제 풀이 전략과 근본적으로 다르기 때문이다. 둘째 이유는 에너지 개념이 역학적 에너지(운동 에너지와 위치 에너지)를 훨씬 뛰어넘는 중요성을 갖기 때문이다. 특히 에너지는 열역학의 주요 개념이며 II부의 에너지 연구로부터 III부의 열물리학으로의 전이를 통해 중요한 개념인 에너지가 계속해서 발전하게 되었다.

광학(V부)은 진동과 파동(IV부) 뒤, 하지만 전기와 자기(VI부) 전에 다룬다. 더욱이 파동 광학을 광선 광학 전에 다룬다. 이런 구성을 따르게 된 동기는 두 가지이다.

첫째, 파동 광학은 주로 파동의 일반적 성질을 확정한 것에 지나지 않는다. 좀 더 전통적인 교재 구성에서 학생들이 파동 광학을 만날 때쯤 되면 이미 파동에 대해 배웠던 것의 대부분을 잊는다. 둘째, 일반물리학에서 광학을 다룰 때 전자기장의 성질을 활용하지 않는다. 광학에 대해 학생들이 가지는 어려움은 파동에 대해 가지는 어려움 때문이지 전기와 자기에 대한 어려움 때문은 아니다. 이런 어려움은 전통적으로 광학을 늦게 배운다는 것 이외에 다른 이유가 없다. 그러나 전통적 순서를 선호하는 강의 담당자라면 VI부를 다룬 후 광학에 관한 장을 강의해도 무방하다.

차례

III부 물질의 성질

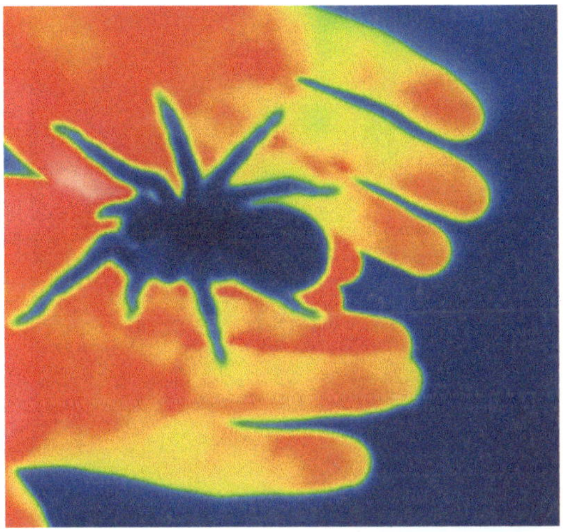

IV부 진동과 파동

V부 광학

VI부 전기와 자기

홈페이지(http://www.cmgpg.co.kr/) 자료실에 수록

I 부

힘과 운동
Force and Motion

치타는 육지에서 가장 빠른 동물로 시속 96 km 이상으로 달릴 수 있다. 그럼에도 불구하고 토끼는 치타의 추격전에서 살아남을 수 있는 모종의 강점을 가지고 있다. 곧, 토끼는 재빨리 운동을 **변화**시킬 수 있기 때문에 쉽게 도망갈 수 있다. 사진을 보고 치타의 운동이 변하고 있다는 것을 어떻게 이야기할 수 있는가?

훑어보기

왜 물체는 변하는가?

이 교재의 일곱 부분 각각 훑어보기로 시작하는데, 이것은 다음에 나올 몇 개의 장에서 배우게 될 내용을 미리 간략하게 살펴볼 수 있도록 해준다. 보통 각 장을 정신없이 공부하다 보면 큰 그림을 보지 못하고 놓치기 쉽다. I부의 큰 그림을 한마디로 말한다면 **변화**(change)이다.

우리 주변의 세상을 단순하게 관찰해보면 대부분의 물체가 변하는 것을 볼 수 있다. 나이를 먹어가는 것은 생물학적인 변화이며, 커피에 설탕이 녹아들어가는 것은 화학적인 변화이다. 우리는 달리기와 높이뛰기, 공 던지기, 역기 들어올리기 등과 같은 여러 형태의 **운동**(motion)과 관련된 변화를 살펴볼 것이다.

운동에 의해 물체가 어떻게 변화하는지 연구하기 위해서 우리가 몰입해야 할 두 가지 중요한 질문이 있다.

- **운동을 어떻게 기술하는가?** 운동을 수학적으로 분석하길 원한다면, 그것을 어떻게 측정하거나 묘사해야만 하는가?
- **운동을 어떻게 설명하는가?** 왜 물체들은 특별한 운동을 하는가? 공을 위로 던졌을 때, 왜 이 공은 계속 올라가지 않고 올라가다가 다시 아래로 내려오는가? 물체의 운동을 예측하게 해주는 '자연의 법칙'은 무엇인가?

이 질문들에 답하는 것을 도와줄 2개의 주요 개념은 **힘**(force)('원인')과 **가속도**(acceleration)('결과')이다. 기본적인 도구는 뉴턴(Isaac Newton)에 의해 이루어진 세 가지 운동 법칙일 것이다. 뉴턴의 법칙들은 힘을 가속도와 관련시키며, 우리는 광범위한 문제들을 다루고 설명하기 위해서 이 법칙들을 사용할 것이다. 운동을 다루는 문제들을 해결하는 것을 배워가면서, 이 교재의 모든 부분에서 적용할 수 있는 기본적인 기술들을 배울 것이다.

단순화시킨 모형

실제 세계는 매우 복잡하다. 우리가 모든 상황에서 모든 세부사항을 추적해야만 했다면 결코 과학을 발전시킬 수 없었을 것이다. 위로 던진 공의 운동을 분석한다고 가정하자. 이 경우, 공 안에 있는 원자들이 어떻게 연결되어 있는지 분석할 필요가 있을까? 우리가 아침에 무엇을 먹었고, 먹은 음식이 어떻게 근력으로 전환되었는가 하는 생화학을 분석할 필요가 있을까? 물론 이들도 흥미로운 질문들이기는 하다. 그러나 만일 우리의 과제가 공의 운동을 이해하는 것이라면, 단순하게 만들 필요가 있다!

우리가 공을 둥근 고체로 보고 손은 이 공에 힘을 주는 또 다른 고체라고 취급한다면 완벽하게 자세한 분석을 할 수 있다. 이것이 이 상황에 대한 **모형**(model)이다. 모형 비행기가 실제 비행기를 간단하게 만든 모형인 것처럼, 모형은 실제 세계를 간단하게 기술한 것으로서 문제가 분석되고 이해될 수 있는 시점까지 그 복잡성을 감소시키기 위해서 이용된다.

모형을 만드는 것은 이 교재의 모든 부분에서 문제 풀이를 위해 개발하게 될 전략의 주요한 부분이다. 우리는 서로 다른 부분에서 서로 다른 모형을 소개할 것이다. 어디에서 그리고 왜 간단하게 하는 가정들이 이루어지는지 주의를 기울일 것이다. 상황을 어떻게 단순하게 만드는지 공부하는 것이 성공적인 모형 만들기와 성공적인 문제 풀이의 핵심이다.

1 운동 표현하기
Representing Motion

송골매가 공중에서 우아한 곡선을 그리면서 움직일 때, 그 운동의 방향과 각 위치들 사이의 거리는 계속해서 변한다. 이 운동을 기술하기 위해서 사용해야 하는 언어는 무엇인가?

학습목표

운동의 기본적인 개념들을 소개하고 연관된 기본적인 수학적 원리들을 복습한다.

미리보기

각 장은 그 장에서 다루게 될 주요 주제들과 각 주제에 대해서 배우게 될 내용을 요약하는 미리보기로 시작한다.

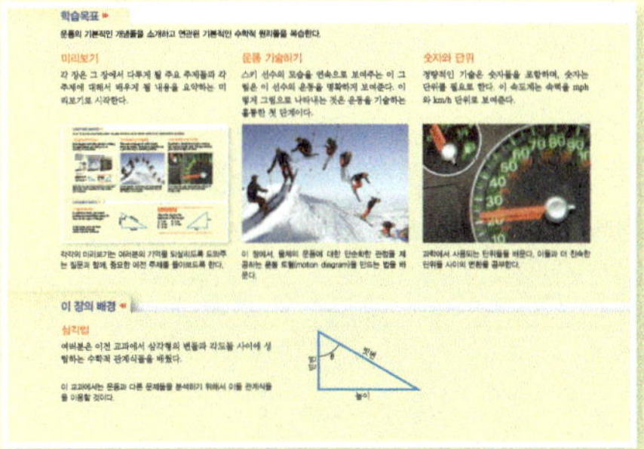

각각의 미리보기는 여러분의 기억을 되살리도록 도와주는 질문과 함께, 중요한 예전 주제를 돌아보도록 한다.

운동 기술하기

스키 선수의 모습을 연속으로 보여주는 이 그림은 이 선수의 운동을 명확하게 보여준다. 이렇게 그림으로 나타내는 것은 운동을 기술하는 훌륭한 첫 단계이다.

이 장에서, 물체의 운동에 대한 단순화한 관점을 제공하는 **운동 도형**(motion diagram)을 만드는 법을 배운다.

숫자와 단위

정량적인 기술은 숫자들을 포함하며, 숫자는 단위를 필요로 한다. 이 속도계는 속력을 mph와 km/h 단위로 보여준다.

과학에서 사용되는 단위들을 배운다. 이들과 더 친숙한 단위들 사이의 변환을 공부한다.

이 장의 배경

삼각법

여러분은 이전 교과에서 삼각형의 변들과 각도들 사이에 성립하는 수학적 관계식들을 배웠다.

이 교과에서는 운동과 다른 문제들을 분석하기 위해서 이들 관계식들을 이용할 것이다.

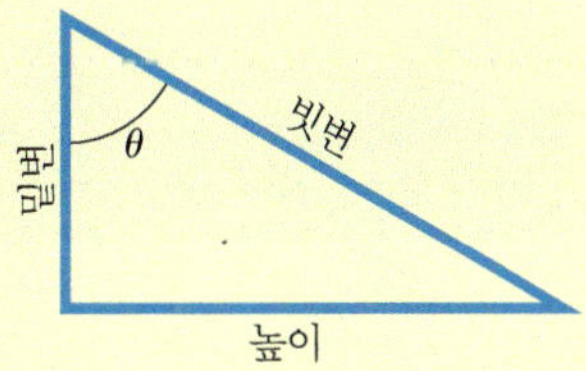

1.1 운동: 대강 살펴보기

운동의 개념은 이 교재의 전체를 통해서 하나의 또는 다른 형태로 나타나게 될 주제이다. 여러분은 자신의 경험들에 기반을 둔 운동에 대한 잘 발달된 직관을 가지고 있지만, 운동의 가장 중요한 측면들 중 어떤 것들은 약간 미묘할 수도 있다는 것을 알게 될 것이다. 운동을 설명하고 이해하는 데 도움이 되는 약간의 도구를 개발할 필요가 있고, 그래서 곧바로 많은 수학과 계산들을 시도해보기보다는, 이 첫 번째 장에서는 운동을 시각화하고 움직이는 물체를 기술하는 데 필요한 개념들과 친숙해지는 데 집중한다.

물리학과 다른 과학들 사이의 중요한 차이는 문제를 어떻게 설정하고 풀어내는가 하는 것이다. 운동 문제들을 풀기 위해서 보통 2단계의 과정을 사용한다. 첫째 단계는 주요 요소들이 드러나도록 운동을 간단하게 하는 **표현**(representation)을 만드는 것이다. 예를 들면, 이번 장의 시작 부분에 있는 송골매의 사진은 많은 연속적인 시간들에서 송골매의 위치를 관찰할 수 있도록 한다. 둘째 단계는 운동을 수학이라는 언어로 분석하는 것이다. 자연에 숫자를 대입하는 과정은 보통 여러분이 풀게 될 문제들의 가장 도전적인 측면이다. 이 단원에서, 우리는 운동의 기본적인 개념들을 도입하면서 이 과정에서 각 단계들을 탐구할 것이다.

운동의 유형

우선 **운동**(motion)을 물체의 위치 또는 방향의 시간에 따른 변화라고 정의하자. 운동의 예를 드는 것은 쉽다. 자전거, 야구공, 자동차, 비행기, 로켓 등은 모두 운동하는 물체들이다. 어떤 물체가 직선이나 곡선으로 운동하는 경로를 물체의 **궤적**(trajectory)이라고 한다.

그림 1.1 네 가지 종류의 기본적인 운동

직선 운동

원운동

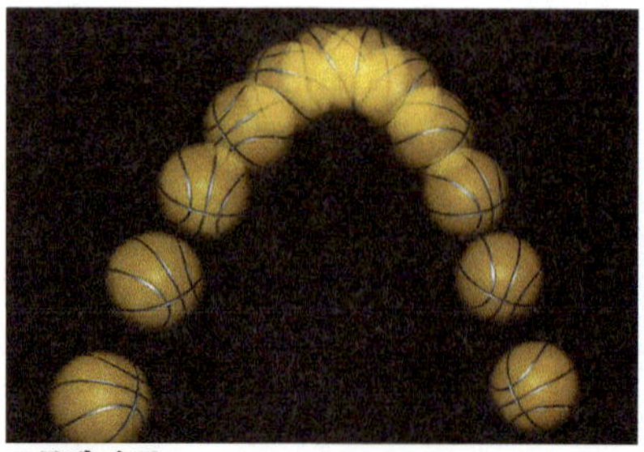

포물체 운동

회전 운동

그림 1.1은 이 교재에서 공부할 네 가지 종류의 기본적인 운동을 보여준다. 이 장에서는 그림에 있는 첫 번째 형태인 직선 운동으로 시작할 것이다. 다음 장들에서는 원형 경로를 따라 운동하는 물체의 원운동, 공중에서 물체가 날아가는 포물체 운동, 그리고 한 축을 중심으로 물체가 회전하는 회전 운동에 대해서 공부할 것이다.

운동 도형 만들기

운동을 공부하는 쉬운 방법 중 하나는 정지해 있는 카메라로 움직이는 물체의 비디오를 찍는 것이다. 비디오카메라는 정해진 속도로 영상을 촬영하는데, 보통 매초 30개를 찍는다. 독립된 각각의 영상을 프레임(frame)이라고 한다. 예를 들면, 그림 1.2는 카메라를 고정하고 빠르게 지나가는 자동차를 촬영한 비디오 중에서 몇 개의 프레임을 보여준다. 별로 놀라운 것은 아니지만 자동차는 각 프레임에서 서로 다른 위치에 있다.

각 프레임 위에 다른 프레임들을 올려놓아 비디오를 편집하고 최종 결과를 본다고 가정하자. 그러면 결국 그림 1.3을 얻게 된다. 물체의 위치들을 몇 개의 같은 간격을 가진 시간의 순간들에서 보여주는 이러한 합성 영상을 **운동 도형**(motion diagram)이라고 한다. 운동 도형들은 간단하게 보이지만, 이들은 운동을 분석하는 강력한 도구가 될 것이다.

이제 비디오카메라를 들고 밖으로 나가서 운동 도형을 몇 개 만들어 보자. 다음 표는 운동 도형이 서로 다른 운동의 중요한 특징들을 어떻게 보여주는지 설명해준다.

그림 1.2 자동차의 비디오에 찍힌 몇 개의 프레임

그림 1.3 어떤 자동차의 운동 도형이 모든 프레임을 동시에 보여주고 있다.

운동 도형들의 여러 예

같은 간격인 영상들은 일정한 속력으로 움직이는 물체를 보여준다.

인도를 따라 내려오는 스케이트보드 타는 사람

영상들 사이의 늘어나는 거리는 물체가 빨라지고 있다는 것을 보여준다.

100 m 달리기를 시작한 단거리 선수

영상들 사이의 줄어드는 거리는 물체가 느려지고 있다는 것을 보여준다.

빨간색 신호등에서 멈추는 자동차

더 복잡한 이 운동 도형은 속력과 방향에서 변화를 보여준다.

자유투로 던진 농구공

움직이는 물체가 운동 도형에서 어떻게 나타나는지를 가지고 몇 가지 개념들(일정한 속력, 빨라지고, 느려지고)을 정의하였다. 이들은 **조작적 정의**(operational definitions)라고 하는데, 개념들이 특별한 과정이나 조작으로 정의된다는 것을 의미한다. 예를 들면, '이 비행기가 빨라지고 있는가?'라는 질문에 대하여, 비행기의 운동 도형에서 영상들이 점점 멀리 떨어져 있는지 여부를 확인함으로써 답을 할 수 있다. 물리학에서 개념들 중 많은 것은 조작적 정의로 소개될 것이다. 이것은 물리학이 실험과학이라는 것을 일깨워준다.

입자 모형

그림 1.4 입자 모형을 사용하여 단순화한 운동 도형

(a) 정지하는 자동차의 운동 도형

(b) 입자 모형을 사용한 동일한 운동 도형

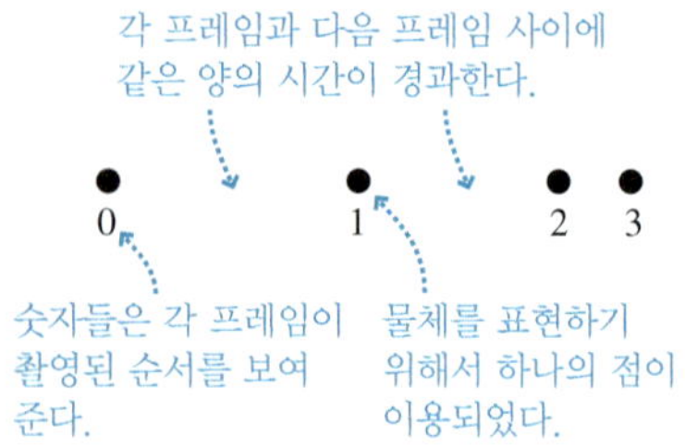

많은 물체들의 경우에, 물체의 운동은 **전체적으로** 물체의 크기와 모양의 세부사항에 의해서 영향을 받지 않는다. 물체의 운동을 기술하기 위해서 우리가 정말로 따라갈 필요가 있는 것은 한 점의 운동이다. 물체의 옆면에 찍힌 점의 운동을 관찰하는 것을 상상할 수 있다.

사실상 운동을 분석할 목적이라면 흔히 물체를 단지 하나의 점인 것처럼 간주할 수 있다. 또한 물체의 질량이 이 한 점에 몰려 있는 것처럼 취급할 수도 있다. 공간의 한 점에 있는 질량으로 나타낼 수 있는 물체를 **입자**(particle)라고 한다.

만약에 물체를 입자로 취급한다면, 물체를 운동 도형의 각 프레임에서 간단한 점으로 나타낼 수 있다. **그림 1.4**는 물체가 입자로 표현될 때 얼마나 더 간단한 운동 도형이 되는지 보여준다. 각 프레임들이 드러나는 순서를 알려주기 위해서 점들에 0, 1, 2, …로 번호를 매긴 것에 주목하라. 이 도형들은 여전히 물체의 운동에 대한 완벽한 이해를 제공한다.

그림 1.5 떨어지는 두 물체의 입자 모형

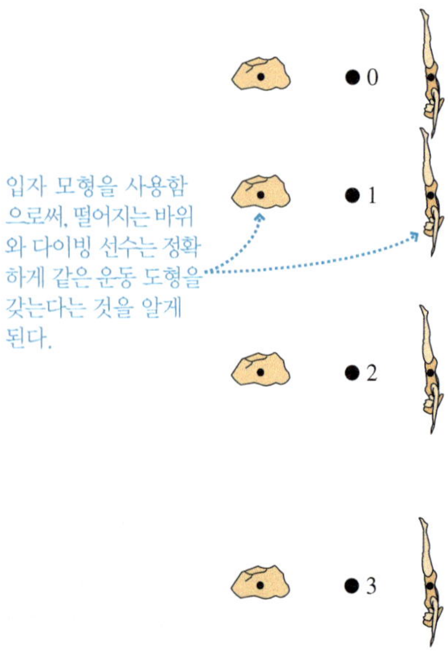

물론 물체를 입자로 취급하는 것은 실제 세계를 단순화한 것이다. 이러한 단순화를 **모형**(model)이라고 한다. 모형은 단지 사소한 역할을 하는 측면들을 배제함으로써 현상의 중요한 측면들에 집중하도록 해준다. 운동의 **입자 모형**(particle model)은 단순화인데, 여기에서 움직이는 물체를 모든 질량이 한 점에 집중되어 있는 것처럼 취급하는 것이다. 입자 모형의 이용은 확대된 실제 물체의 모든 부분을 조사하면 모호하거나 잃어버리게 되는 매우 중요한 관계를 알 수 있게 해준다. **그림 1.5**에 나타낸 두 물체의 운동을 생각하자. 두 물체는 매우 다르지만 정확하게 같은 운동 도형을 갖는다. 알게 되겠지만, 중력의 영향 아래서 떨어지는 모든 물체들은 다른 힘들이 작용하지 않는다면 정확하게 같은 방식으로 움직인다. 입자 모형의 단순화는 이들 두 가지 상황의 바탕이 되는 물리학에 관한 무엇인가를 보여준다.

1.2 위치와 시간: 자연현상을 숫자로 표현하기

운동에 관한 이해를 더 발전시키기 위해서는 정량적인 측정을 할 수 있어야 한다. 이 때문에 숫자를 사용할 필요가 있다. 운동 도형을 분석할 때 물체가 어디에 있고(위치)

물체가 그 위치에 있을 때가 언제인지(시간) 아는 것이 유용하다. 직선을 따라서 움직일 수 있는 물체의 운동을 고려함으로써 시작하자. 이러한 **1차원** 또는 '1-D' 운동의 예들은 도로를 따라 움직이는 자전거, 곧게 뻗은 철길 위를 움직이는 기차, 그리고 수직축을 따라 위아래로 움직이는 승강기 등이다.

위치와 좌표계

여러분이 **그림 1.6**에 있는 것처럼 길고 곧은 시골길을 따라 운전하고 있고, 친구가 전화해서 어디에 있는지 물었다고 가정하자. 이에 우체국에서 동쪽으로 4 km 지점에 있다고 답을 했다면, 친구는 여러분이 정확하게 어디에 있는지 알게 된다. 어느 특정한 순간에(친구가 전화를 했을 때) 여러분이 있는 장소를 여러분의 **위치**(position)라고 한다. 길을 따라 여러분의 위치를 알기 위해서 친구는 세 가지 정보가 필요했다. 첫째, 모든 거리들이 측정되는 기준점(우체국)을 주어야 한다. 이 고정된 기준점을 **원점**(origin)이라고 한다. 둘째, 여러분이 기준점 또는 원점으로부터 얼마나 멀리 떨어져 있는지(이 경우에는 4 km) 알려줄 필요가 있다. 마지막으로, 친구는 여러분이 있는 곳이 원점으로부터 어느 쪽인지 알 필요가 있다. 여러분은 우체국의 서쪽으로 4 km 또는 동쪽으로 4 km에 있을 수 있다.

그림 1.6 여러분의 위치 기술

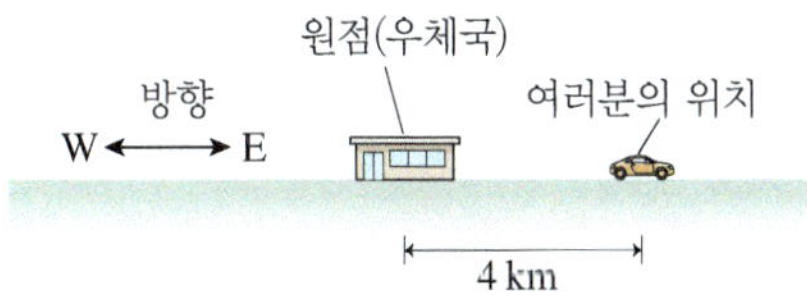

이 계기의 수직 눈금은 눈이 내릴 때 눈의 높이를 측정한다. 이것의 자연스러운 원점은 도로면이다.

직선을 따라 운동하는 물체의 위치를 지정하기 위해서 이들 세 가지 정보가 필요하다. 먼저 원점을 정하고, 그곳으로부터 물체의 위치를 측정한다. 원점의 위치는 임의적이어서 원하는 곳에다 자유롭게 정할 수 있다. 그러나 보통은 (잘 알려진 우체국처럼) 나른 곳들보나 더 편리한 지섬이 있다.

원점으로부터 물체가 얼마나 멀리 떨어져 있는지 지정하기 위해서는, 물체가 운동하는 선을 따라서 그린 가상의 축을 놓는다. 줄자처럼, 이 축에는 다루는 문제에 따라서 달라지는 인치, 미터, 마일 등 같은 간격의 거리로 나누어진 눈금이 표시되어 있다. 이 자의 0 표시를 원점에 놓고 자의 눈금을 읽어서 물체의 위치를 지정할 수 있다.

마지막으로 물체가 원점의 어느 쪽에 있는지를 정할 수 있어야 한다. 이것을 정하기 위해서는, 원점의 어느 한쪽으로 양(+)의 숫자가 증가하는 축을 상상한다. 다른 쪽으로는, 이 축에 증가하는 음(−)의 숫자가 표시된다. 양수 또는 음수로 위치를 알려줌으로써, 물체가 원점의 어느 쪽에 있는지 알게 된다.

원점과 양(+)과 음(−)의 두 방향으로 표시된 축으로 이루어진 이 요소들은 물체의 위치를 명확하게 지정하는 일에 사용된다. 이것을 **좌표계**(coordinate system)라고 한다. 이 교재 전체를 통하여 좌표계를 사용할 것이고, 단순히 직선을 따라가는 것보다 더 복잡한 방법으로 움직이는 물체들의 위치를 기술하기 위해서 사용될 수 있는 좌표계로 곧 발전시킬 것이다. **그림 1.7**은 앞에서 논의됐던 시골길을 따라 운동하는 다양한 물체들을 위치시키기 위해 사용될 수 있는 좌표계를 보여준다.

그림 1.7 시골길을 따라가는 물체를 기술하기 위해 사용된 좌표계

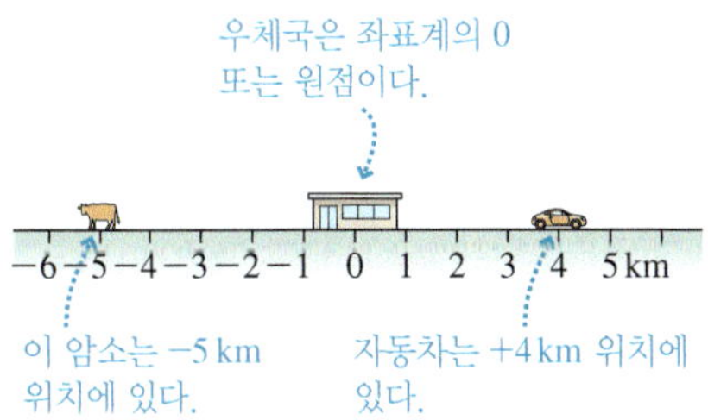

좌표계는 축을 따라 놓인 물체의 위치를 기술하기에는 적합하지만, 이 표시법은 약

간 귀찮다. '자동차가 +4 km 지점에 있다.'처럼 계속 말해야 한다. 더 나은 표기법은, 2차원에서 운동을 공부할 때 중요한 것인데, 축을 따라가는 위치를 표시하기 위해서 x 또는 y와 같은 기호를 사용하는 것이다. 그러면 '암소가 $x = -5$ km에 있다.'라고 말할 수 있다. 한 축을 따라가면서 위치를 표현하는 기호를 **좌표**(coordinate)라고 한다. 위치(그리고 나중에 속도와 가속도)를 나타내기 위해서 기호를 도입하는 것은 또한 이 양들을 수학적으로 다루도록 허용해준다.

그림 1.8은 50 m('m'은 미터를 나타내는 표준 기호이다) 경주를 하는 단거리 선수를 위한 좌표계를 어떻게 정하는지 보여준다. 이와 같은 수평 운동을 위해서는 위치를 나타내기 위해 보통 좌표 x를 사용한다.

그림 1.8 50 m 경주를 위한 좌표계

그림 1.9 1차원 운동의 예들

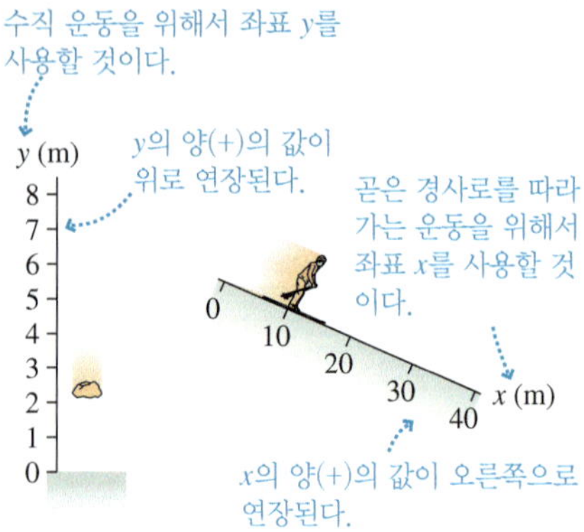

직선을 따라가는 운동이 꼭 수평선이 될 필요는 없다. 그림 1.9에서 보여준 것처럼, 수직으로 아래로 떨어지는 바위와 곧은 경사로를 따라 미끄러지는 스키 선수도 또한 직선 운동 또는 1차원 운동의 예들이다.

시간

그림 1.9에서 그림은 어떤 순간에서 물체의 위치를 보여준다. 그러나 전체 운동 도형은 시간이 진행됨에 따라 물체가 어떻게 움직이는지 보여준다. 지금까지는 운동 도형에서 프레임들이 노출된 순서를 나타내기 위해서 점들에 0, 1, 2, …와 같은 숫자를 붙였다. 그러나 운동을 완전히 기술하기 위해서는, 비디오의 각 프레임이 만들어졌을 때 시계 또는 스톱워치에서 읽는 시간(time)을 표시할 필요가 있다. 그림 1.10에 있는 정지하고 있는 자동차의 운동 도형에서 볼 수 있는 것처럼, 이것은 중요하다. 만약 프레임들이 1 s 간격으로 촬영되었다면, 이 운동 도형은 자동차가 천천히 정지하는 것을 보여준다. 만약 간격이 1/10 s라면, 이것은 날카로운 소리를 내며 정지하는 것을 나타낸다.

그림 1.10 이것은 천천히 정지하는 것인가 아니면 날카로운 소리를 내며 정지하는 것인가?

완전한 운동 도형을 위해서는, 시계에서 시간을 읽었을 때 대응하는 시간(기호 t)을 각 프레임에 표시할 필요가 있다. 그러나 언제 시계를 작동시켜야 하는가? 어떤 프레임이 $t = 0$으로 표시되어야만 하는가? 이러한 선택은 좌표계의 원점 $x = 0$을 선택하는 것과 비슷하다. 여러분은 운동에서 어떤 임의의 점을 선택할 수 있고 그곳에 '$t = 0$ s'라고 표시할 수 있다. 이것은 간단히 여러분의 시계 또는 스톱워치를 작동시키기 위해서 결정한 순간이고, 그러면 이 순간이 시간 좌표의 원점이 된다. '$t = 4$ s'라고 표시된 비디오 프레임은 여러분이 스톱워치를 작동시키고 4 s 후에 이것이 촬영되었다는 것을 의미한다. 일반적으로 어떤 문제의 '시작'을 표현하기 위해서 $t = 0$을 선택하지만, 물체는 그 전부터 이미 움직이고 있었을 수도 있다.

예를 들어 설명하면, **그림 1.11**은 일정한 속력으로 움직이다가 정지하기 위해 브레이크를 밟은 자동차의 운동 도형을 보여준다. $t = 0$ s로 표시한 프레임을 위한 두 가지 가능한 선택이 나타나 있다. 선택은 관심을 갖는 운동의 부분이 무엇인가에 따라 달라진다. 각각의 연속되는 자동차의 위치는 초(기호 's'로 단축한) 단위로 읽은 시간으로 표시한다.

그림 1.11 일정한 속력으로 움직이다가 정지하기 위해 브레이크를 밟은 자동차의 운동 도형

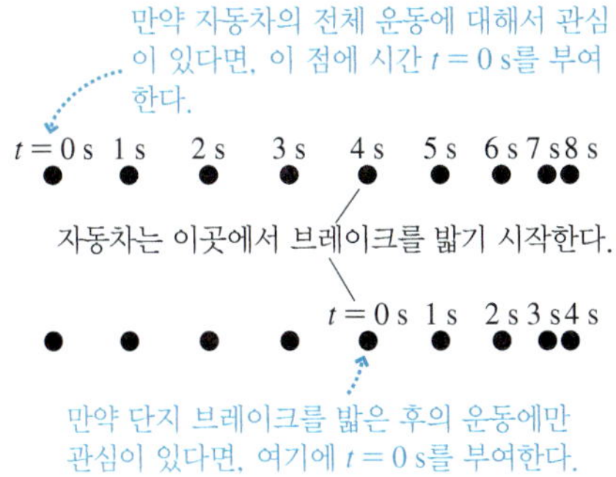

위치의 변화와 변위

이제 위치와 시간을 측정하는 방법을 알았으니, 운동 문제로 되돌아가 보자. 운동을 기술하기 위해서는 시간에 따라 일어나는 위치의 **변화**를 측정할 필요가 있다. 다음을 생각해보자.

> 샘이 12번가와 바인로의 교차로에서 동쪽으로 50 m 떨어진 곳에 서 있다. 잠시 후 샘은 바인로로부터 동쪽으로 150 m 지점까지 걸어서 두 번째 지점으로 간다. 샘의 위치 변화는 무엇인가?

그림 1.12 샘은 위치 x_i로부터 위치 x_f까지 변위 Δx를 경험한다.

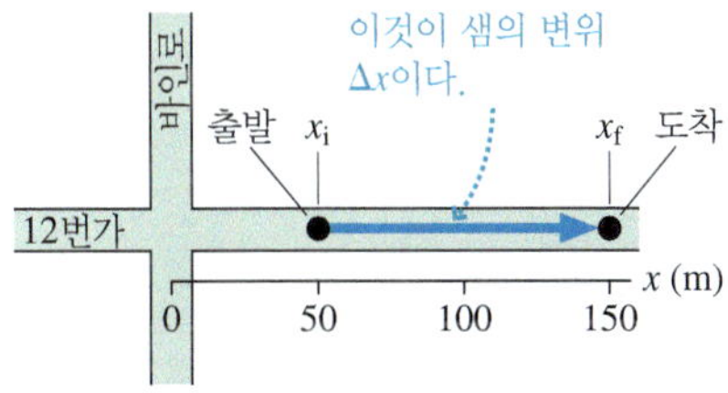

그림 1.12는 지도 위에서 샘의 운동을 보여준다. 좌표 x를 사용해서 지도 위에 좌표계를 놓았다. 원하는 곳 어디에나 좌표계의 원점을 자유롭게 놓을 수 있으므로 교차로에 원점을 놓았다. 그러면 샘의 초기 위치는 $x_i = 50$ m이다. x_i가 양(+)의 값인 것은 샘이 원점의 동쪽에 있다는 것을 알려준다.

샘의 나중 위치는 $x_f = 150$ m이며, 이것은 그가 원점의 동쪽 150 m 지점에 있다는 것을 보여준다. 여러분은 샘이 위치를 변화시켰다는 것을 알 수 있고, 위치의 **변화**를 **변위**(displacement)라고 한다. 샘의 변위는 그림 1.12에서 Δx로 표시된 거리이다. 그리스 문자 델타(Δ)는 어떤 양의 **변화**를 나타내기 위해서 수학과 과학에서 사용된다. 그래서 Δx는 위치 x의 변화를 보여준다.

변위의 크기와 방향이 모두 중요하다. (위 사진에서 팀 동료인 베니 롬이 따라가고 있는) 로이 리이겔즈는 1928년 로즈 볼에서 이것을 극적인 형태로 보여주었는데, 그는 떨어뜨린 공을 잡아서 자기 팀의 엔드 존으로 63 m를 달렸다. 인상적인 거리이긴 했지만, 잘못된 반대 방향이었다.

50 m 지점으로부터 150 m 지점까지 도달하기 위해서 샘은 분명히 100 m를 걸어야만 했고, 그의 위치에서 변화인 그의 변위는 100 m이다. 그러나 좀 더 일반적인 방법으로 변위에 관하여 생각할 수 있다. 변위는 나중 위치 x_f와 초기 위치 x_i의 차이(difference)이다. 그래서 다음과 같이 쓸 수 있다.

$$\Delta x = x_f - x_i = 150\ \text{m} - 50\ \text{m} = 100\ \text{m}$$

변위는 **부호가 있는 양**(signed quantity)이다. 다시 말하면, 이것은 양(+) 또는 음(−)일 수 있다. 만약 **그림 1.13**에 보인 것처럼, 샘의 나중 위치 x_f가 150 m 표시 대신 원점에 있었더라면, 그의 변위는 다음과 같았을 것이다.

$$\Delta x = x_f - x_i = 0\ \text{m} - 50\ \text{m} = -50\ \text{m}$$

음(−)의 부호는 샘이 x축을 따라 **왼쪽**으로 또는 **서쪽**으로 50 m 움직였다는 것을 알려준다.

그림 1.13 변위는 부호가 있는 양이다. 여기에서 Δx는 음(−)수이다.

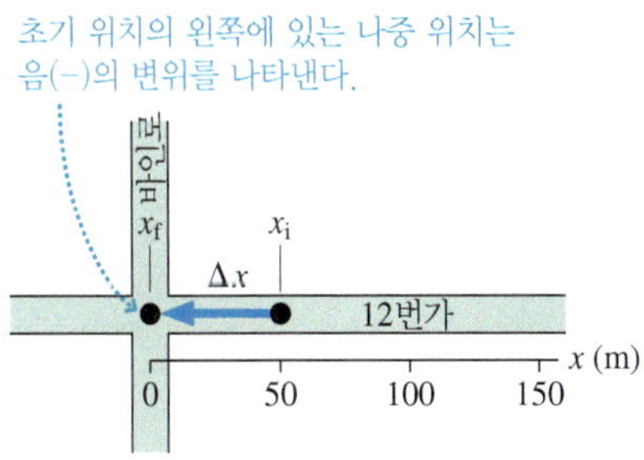

시간의 변화

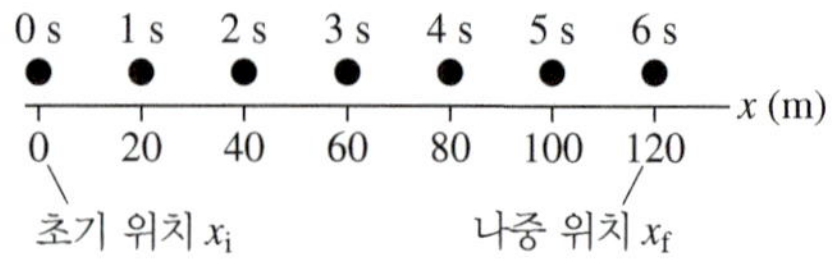

그림 1.14 일정한 속력으로 오른쪽으로 움직이는 자전거의 운동 도형

변위는 위치의 변화이다. 운동을 정량화하기 위해서 **시간 간격**(time interval)이라고 하는 시간의 변화 또한 고려할 필요가 있다. 스톱워치에 의해 정해지는 것처럼, 특정한 시간을 운동 도형의 각 프레임에 어떻게 표기할 수 있는지를 알아보았다. **그림 1.14**는 일정한 속력으로 움직이는 자전거의 측정된 점들의 시간을 표시한 자전거의 운동 도형이다.

초기 위치 x_i와 나중 위치 x_f 사이의 변위는 다음 식과 같다.

$$\Delta x = x_f - x_i = 120\ \text{m} - 0\ \text{m} = 120\ \text{m}$$

마찬가지로, 이들 두 점 사이의 시간 간격은 다음 식이 된다.

$$\Delta t = t_f - t_i = 6\ \text{s} - 0\ \text{s} = 6\ \text{s}$$

시간 간격 Δt는 물체가 시간 t_i에서 초기 위치 x_i로부터 시간 t_f에서 나중 위치 x_f까지 움직일 때 경과한 시간을 측정한다. Δx와는 다르게 t_f는 t_i보다 항상 더 크기 때문에 Δt는 항상 양(+)이다.

예제 1.1 얼마나 오래 타는가?

캐롤은 급수탑을 지나서 동쪽에서 서쪽으로 뻗어있는 시골길 위에서 자전거 타기를 즐긴다. x가 증가하는 것이 동쪽으로 움직이는 것을 의미하도록 좌표계를 정의하자. 정오에 캐롤은 급수탑의 동쪽 3 km 떨어진 곳에 있었다. 30분 후에 그녀는 급수탑의 서쪽 2 km 지점에 있다. 30분 동안 그녀의 변위는 얼마인가?

준비 이러한 단순한 문제에 과잉 대응하는 것처럼 보이지만, **그림 1.15**에 있는 것처럼, 길을 따라 x축을 그려서 시작해야 한다. 거리는 급수탑으로부터 측정되고, 그래서 자연스럽게 급수탑이 좌표계의 원점이다. 일단 좌표계가 설정되면, 캐롤의 초기 위치와 나중 위치, 그리고 이 둘 사이에서 그녀의 변위를 보여줄 수 있다.

그림 1.15 캐롤의 운동 그림

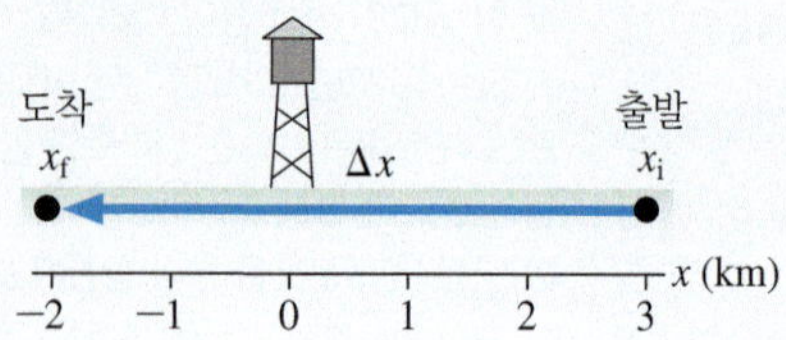

풀이 그림에서 캐롤의 초기 위치와 나중 위치에 대한 값을 지정했다. 그러므로 그녀의 변위를 계산할 수 있다.

$$\Delta x = x_f - x_i = (-2\ \text{km}) - (3\ \text{km}) = -5\ \text{km}$$

검토 일단 문제 풀이를 완전히 마쳤으면 이 풀이가 이치에 맞는지 살펴보기 위해서 되돌아갈 필요가 있다. 캐롤이 서쪽으로 움직였으므로, 그녀의 변위가 음(−)이라는 것을 예상하는데, 정말 그렇다. 그림 1.15에 있는 그림으로부터 알 수 있는 것처럼 그녀는 그녀의 출발 위치로부터 5 km 움직였고, 그러므로 답은 타당해 보인다. 검토 단계의 일부분으로, 답이 물리적으로도 타당한지 점검한다. 캐롤은 30분에 5 km를 달렸는데, 이는 자전거 타는 사람에게는 꽤 타당한 속도이다.

1.3 속도

우리 모두는 어떤 물체가 매우 빨리 움직이고 있는지 또는 단지 천천히 움직이는지에 대한 직관적인 감각을 가지고 있다. 이러한 직관적 생각을 더 정확하게 하기 위하여, 물체가 점점 빨라지거나 점점 느려지지 않는, 일정한 속력으로 직선을 따라 움직이는 어떤 물체의 운동 도형을 살펴보자. 일정한 속력으로 움직이는 운동을 **등속 운동**

(uniform motion)이라 한다. 1.1절에 있는 등속 운동을 하는 스케이트보드 타는 사람의 경우처럼 운동 도형의 연속적인 프레임들은 같은 간격이다. 따라서 물체의 변위 Δx는 연속적인 프레임들 사이에서 동일하다.

연속적인 프레임들 사이에서 물체의 변위가 속력과 어떻게 관련되는지 알기 위해 **그림 1.16**에 보여준 것과 같이 같은 길을 달리는 자동차와 자전거의 운동 도형을 고려하자. 명백하게 자동차가 자전거보다 더 빨리 움직이고 있다. 어떤 1 s 시간 간격이 지나면, 자전거 변위는 단지 20 ft인 반면에, 자동차 변위는 40 ft이다.

그림 1.16 자동차와 자전거의 운동 도형

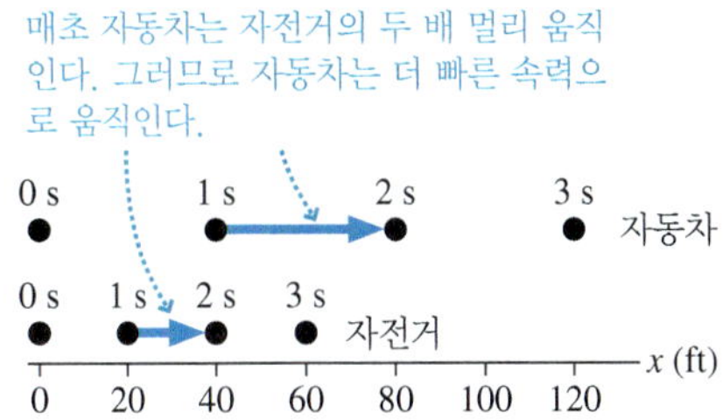

어떤 주어진 시간 간격 동안 물체가 움직인 거리가 크면 클수록, 그 속력은 더 커진다. 이 개념은 물체의 속력을 다음 식처럼 정의하도록 인도한다.

$$\text{속력} = \frac{\text{어떤 주어진 시간 동안 움직인 거리}}{\text{시간 간격}} \tag{1.1}$$

등속 운동에서 물체의 속력

자전거의 경우, 이 식은 다음과 같이 된다.

$$\text{속력} = \frac{20\text{ ft}}{1\text{ s}} = 20\,\frac{\text{ft}}{\text{s}}$$

자동차의 경우, 다음 식이 된다.

$$\text{속력} = \frac{40\text{ ft}}{1\text{ s}} = 40\,\frac{\text{ft}}{\text{s}}$$

자동차의 속력이 자전거의 두 배인데, 이것은 타당해 보인다.

물체의 운동을 완선히 기술하기 위해서, 물체의 속력뿐만 아니라 물체가 움직이는 방향을 명확하게 말해야 한다. **그림 1.17**은 20 ft/s로 움직이는 두 자전거의 운동 도형을 보여준다. 두 자전거는 같은 속력을 가지지만, 그들의 운동에서 무엇인가 다른 것이 있다. 운동의 **방향**이 다르다.

그림 1.17 같은 속력이지만 다른 속도로 움직이는 두 자전거

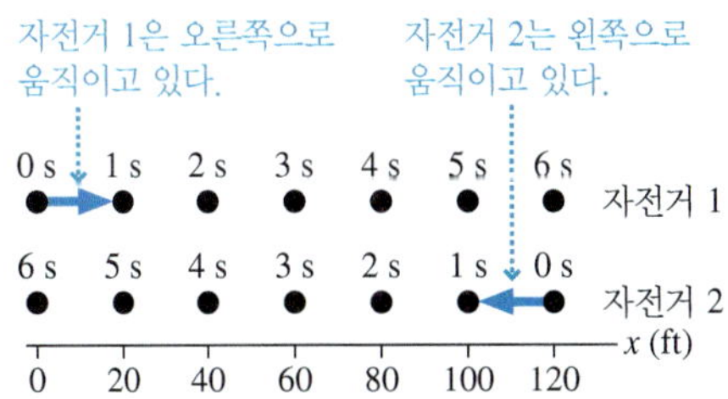

식 (1.1)에서 '움직인 거리'는 움직인 방향에 대한 어떤 정보도 가지지 않는다. 그러나 물체의 **변위**는 이 정보를 포함하고 있다는 것을 알고 있다. 그래서 **속도**(velocity)라고 하는 새로운 양을 다음 식과 같이 도입할 수 있다.

$$\text{속도} = \frac{\text{변위}}{\text{시간 간격}} = \frac{\Delta x}{\Delta t} \tag{1.2}$$

움직이는 물체의 속도

그림 1.17에서 $t = 2$ s와 $t = 3$ s 사이의 1 s 시간 간격을 이용하여 계산된 자전거 1의 속도는 다음 식과 같다.

$$v = \frac{\Delta x}{\Delta t} = \frac{x_3 - x_2}{3\text{ s} - 2\text{ s}} = \frac{60\text{ ft} - 40\text{ ft}}{1\text{ s}} = +20\,\frac{\text{ft}}{\text{s}}$$

같은 시간 간격 동안에 자전거 2의 속도는 다음 식이 된다.

$$v = \frac{\Delta x}{\Delta t} = \frac{x_3 - x_2}{3\text{ s} - 2\text{ s}} = \frac{60\text{ ft} - 80\text{ ft}}{1\text{ s}} = -20\,\frac{\text{ft}}{\text{s}}$$

두 자전거가 반대방향으로 달리고 있기 때문에 두 속도는 서로 반대부호를 갖는다. **속력은 단지 물체가 얼마나 빨리 움직이는지를 알려주지만, 속도는 물체의 속력과 함께 그 방향도 알려준다.** 이 교재에서는, 오른쪽으로의 운동을 나타내기 위해서 양(+)의 속도를 이용할 것이고, 수직 운동의 경우에는 위쪽을 양(+)으로 나타낸다. 우리는 왼쪽 또는 아래쪽으로 움직이는 물체를 위해서 음(−)의 속도를 이용할 것이다.

식 (1.2)로 정의된 속도는 실제로는 **평균** 속도라고 한다. 평균적으로, 매 1 s의 간격 동안 20 ft를 움직이지만, 이 자전거가 이 시간 간격 동안 모든 순간 정확하게 같은 속력으로 움직였는지 알 수는 없다. 2장에서 시간적으로 어떤 특정한 순간에서 물체의 속도인 순간(instantaneous) 속도의 개념을 발전시킬 것이다. 이번 장의 목표는 운동을 운동 도형으로 시각화하는 것이기 때문에, 평균과 순간 둘 사이의 차이를 약간 분명하지 않게 할 것이고, 2장에서 이들 정의를 개선하게 된다.

예제 1.2 바닷새의 속도 알아내기

알바트로스는 먹이를 찾아 바다 위를 날면서 생의 대부분을 보내는 바닷새이다. 알바트로스는 강한 바람을 타고 빠른 속력으로 날 수 있다. 특별히 빠른 한 알바트로스에 대한 위성 자료는 이 새가 오후 3시에 둥지의 동쪽 60 km 지점에 있다가 오후 3시 15분에 둥지의 동쪽 80 km 지점으로 이동했다는 것을 보여준다. 이 새의 속도는 얼마인가?

준비 이 문제의 지문은 자연스러운 좌표계를 제공한다. 둥지를 기준으로 거리를 재고 있는데, 동쪽을 양(+)으로 잡고 있다. 이 좌표계를 사용한다면, 알바트로스 운동은 **그림 1.18**에서와 같다. 이 새의 운동은 오후 3시와 오후 3시 15분 사이로, 시간 간격은 15분 또는 0.25시간이다.

그림 1.18 바다에서 알바트로스 운동

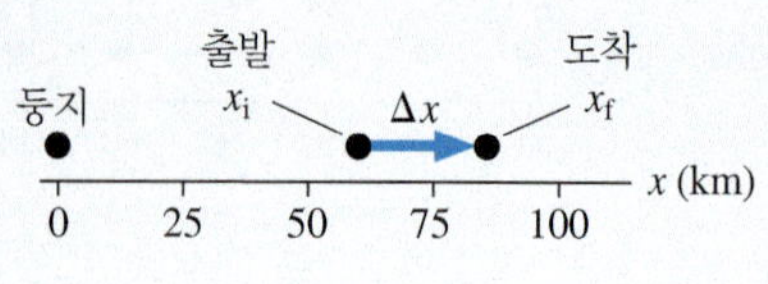

풀이 초기 위치와 나중 위치를 알고 있고, 시간 간격도 알기 때문에, 속도를 다음과 같이 계산할 수 있다.

$$v = \frac{\Delta x}{\Delta t} = \frac{x_f - x_i}{0.25\text{ h}} = \frac{20\text{ km}}{0.25\text{ h}} = 80\text{ km/h}$$

검토 이 속도는 양(+)이고, 이것은 타당한데 그 이유는 그림 1.18이 보여주는 것처럼 운동이 오른쪽으로 이루어지기 때문이다. 80 km/h 속력은 확실히 빠르기는 하지만, 이 문제는 '특별히 빠른' 알바트로스라고 말했기 때문에, 답은 적절해 보인다. (정말로 알바트로스가 남대양의 매우 빠른 바람을 타면 이런 속력으로 날아가는 것으로 관찰되었다. 이 교재에 있는 일반적인 연습문제처럼, 이 문제는 실제 관찰을 기초로 만들어진 것이다.)

m/s에서 'per'의 의미

속력과 속도의 단위는 거리의 단위(ft, m, mi)를 시간의 단위(s, h)로 나눈 것이다. 그래서 m/s 또는 mph 단위로 속도를 측정할 수 있는데, 이들은 'meters per second'와 'miles per hour'라고 발음한다. 단어 'per'는 물리학에서 두 양의 비를 고려할 때 흔히 나타난다. 정확하게 'per'는 무엇을 의미하는가?

만약 어떤 자동차가 23 m/s의 속력으로 움직인다면, 이것은 경과된 시간의 각 초마다 23 m를 이동한다는 것을 의미한다. 그래서 단어 'per'는 분모의 한 단위(1 s)에 대한 분자 단위의 숫자(23 m)와 관련이 있다. 이 교재를 공부해나가면서 이러한 개념의 다른 많은 예들을 보게 될 것이다. 여러분은 이미 밀도(density)에 관하여 약간 알고 있을 수 있다. 금의 밀도를 찾아보면 그 값은 19.3 g/cm^3('grams per cubic centimeter')인데, 이것은 금이 각 cm^{3}마다 19.3 g의 질량을 갖는다는 것을 의미한다.

1.4 눈금의 개념: 유효 숫자, 과학적 표기법, 단위

물리학은 매우 작은 자연계에서부터 엄청나게 큰 자연계까지 설명하려고 시도한다. 그리고 세상을 이해하기 위해서는, 작거나 큰 양들을 **측정**할 필요가 있다. 제대로 보고된 측정은 세 가지 요소들을 갖추어야 한다. 첫째, 단지 특정한 정밀도를 갖는 양을 측정할 수 있다. 이 측정을 명백하게 달성하기 위해서는, 측정값을 올바른 **유효 숫자**(significant figures)의 수로 보고하는지 명확하게 할 필요가 있다.

둘째, 물리학에서 종종 나오는 실제로 크거나 작은 수를 그대로 적는 것은 이상하게 보일 수 있다. 이들 0을 모두 적는 것을 피하기 위해서, 과학자들은 큰 수와 작은 수를 모두 표기할 수 있는 **과학적 표기법**(scientific notation)을 사용한다.

마지막으로 어떤 양에 대해서 적절한 **단위**(units)를 선택해야 한다. 속력을 나타내기 위해서는, 일반적인 단위는 m/s와 km/h를 포함한다. 질량을 위해서는 kg이 가장 일반적으로 사용되는 단위이다. 측정할 수 있는 모든 물리량은 관련된 단위계를 갖는다.

측정과 유효 숫자

뼈의 길이나 시료의 무게와 같은 어떤 양을 측정할 때, 단지 특정한 **정밀도**(precision)로 이 양을 측정할 수 있다. **그림 1.19**에 있는 디지털 캘리퍼스는 길이를 ±0.01 mm 내에서 측정할 수 있고, 그러므로 이것은 0.01 mm의 정밀도를 갖는다. 만약 자를 가지고 측정한다면, 아마도 대략 ±1 mm보다 더 잘 측정할 수 없을 것이고, 그래서 이 자의 정밀도는 약 1 mm이다. 또한 측정의 정밀도는 측정을 수행하는 사람의 기술과 판단에 의해서도 영향을 받을 수 있다. 스톱워치는 0.001 s의 정밀도를 가질 수 있지만, 반응 시간 때문에 단거리 선수의 시간 측정은 훨씬 덜 정확할 수도 있다.

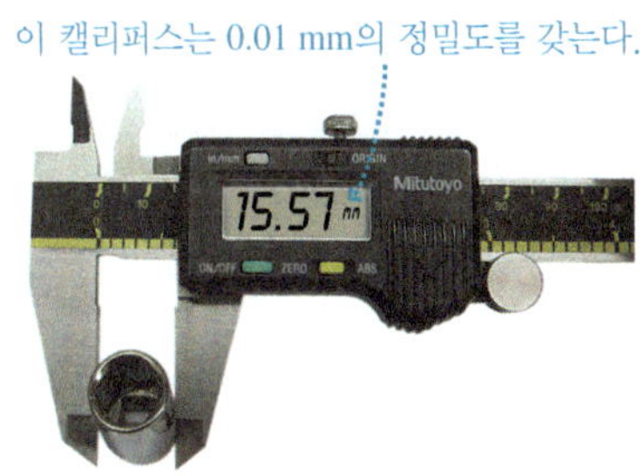

그림 1.19 측정의 정밀도는 측정을 위해 사용되는 도구에 의존한다.

실제적인 정밀도를 반영하여 측정을 보고하는 것이 중요하다. 어떤 특별한 개구리의 길이를 측정하고자 자를 사용한다고 가정하자. 그러면 대략 1 mm, 곧 0.1 cm의 정밀도로 측정할 수 있다. 이 경우 개구리의 길이를 6.2 cm라고 보고하였다. 그러면 개구리의 실제 길이는 6.15 cm와 6.25 cm 사이에 있는데 6.2 cm로 반올림했다고 해석한다. 개구리의 길이를 간단히 6 cm라고 보고한다면 알고 있는 것보다 덜 말하는 것이다. 즉 정보를 제대로 주지 않는 것이다. 다른 한편으로, 6.213 cm라고 보고하는 것도 잘못된 것이다. 여러분의 연구를 심사하는 사람은 이 숫자 6.213 cm를 실제 길이가 6.2125 cm와 6.2135 cm 사이에 있는데 6.213 cm로 반올림했다고 해석할 것이다. 이 경우에 실제 가지고 있지 않은 지식과 정보를 가지고 있다고 주장하게 되는 것이다.

아는 바를 정확하게 진술하는 방법은 **유효 숫자**의 적절한 사용을 통해서이다. 유효 숫자는 신뢰할 수 있는 자릿수로 생각할 수 있다. 6.2 cm의 측정값은 2개의 유효 숫자를 갖는데, 이는 6과 2이다. 소수점 아래 두 번째 자리의 값은 신뢰할 수 있게 알려진 값이 아니므로 유효 숫자가 될 수 없다. 마찬가지로, 34.62 s의 시간 측정은 4개의 유효 숫자를 갖는데, 이는 소수점 이하 두 번째 자리에 있는 2가 신뢰할 수 있는 값이라는 것을 의미한다.

월터 데이비스의 가장 좋은 멀리뛰기 기록은 8.24 m로 보고되었다. 이것은 이 멀리뛰기의 실제 길이가 8.235 m와 8.245 m 사이에 있다는 것을 의미하는데, 단지 0.01 m, 즉 1 cm의 간격을 갖는다. 이런 정밀도가 적절하다고 보는가?

2개 이상의 측정값을 서로 더하거나 곱하는 계산을 수행할 때, 처음 측정에서 존재했던 것보다 더 높은 결과의 정밀도를 주장할 수 없다. 적절한 수의 유효 숫자를 결정하는 것은 명확하지만, 따라야 할 몇 가지 확실한 규칙이 있다. 기술적인 세부사항을 '풀이 전략'에서 자세하게 설명할 것이다.

풀이 전략 1.1 유효 숫자의 사용

❶ 여러 개의 숫자를 곱하거나 나눌 때, 또는 제곱근을 구할 때, 답의 유효 숫자 개수는 계산에서 사용한 가장 덜 정확하다고 알려진 유효 숫자 개수와 같아야 한다.

3개의 유효 숫자

$$3.73 \times 5.7 = 21$$

2개의 유효 숫자

답은 둘 중 더 적은 값인 2개의 유효 숫자를 가져야만 한다.

❷ 여러 개의 숫자를 더하거나 뺄 때, 답의 소수점 아래 자릿수는 계산에서 사용된 숫자의 소수점 아래 자릿수가 가장 작은 수의 자릿수와 같아야 한다.

$$\begin{array}{r} 18.54 \\ +106.6 \\ \hline 125.1 \end{array}$$

18.54 — 소수점 아래 두 자리

+106.6 — 소수점 아래 한 자리

답은 둘 중 더 적은 값인 소수점 아래 한 자리의 유효 숫자를 가져야만 한다.

❸ **정확한 숫자**(exact numbers)는 불확실성이 없으며, 계산에서 사용될 때 측정된 숫자의 유효 숫자 개수를 변화시키지 않는다. 정확한 숫자의 예는 π와 원의 지름과 반지름 사이의 관계인 $d = 2r$에서 숫자 2이다.

이들 규칙들에서 한 가지 주목할 만한 예외가 있다.

- 계산에서 반올림 오차를 최소화하기 위해서 계산의 중간 단계에서 하나 또는 2개의 숫자를 남겨두는 것은 수용할 수 있다. 그러나 최종적인 답은 적절한 수의 유효 숫자로 표시하여야 한다.

예제 1.3 자동차 속도 측정하기

자동차 속도를 측정하기 위해서, 그림 1.20에 보여준 것처럼 길을 따라 두 지점에 시계 A와 B가 설치되어 있다. 시계 A는 0.01 s의 정밀도를 갖는 반면에, 시계 B는 0.1 s의 정밀도를 갖는다. 두 시계 사이의 거리는 124.5 m로 조심스럽게 측정된다. 자동차가 길에 있는 트리거 장치를 통과할 때 두 시계는 자동적으로 작동한다. 자동차가 시계를 통과할 때 각 시계는 자동적으로 멈춘다. 자동차가 두 시계를 모두 지나간 후에 시계 A는 $t_A = 1.22$ s이고 시계 B는 $t_B = 4.5$ s이었다. 덜 정확한 시계 B가 측정한 시각은 시계 A가 측정한 것보다 더 적은 유효 숫자를 갖는 것으로 보고된다. 자동차 속도는 얼마이고, 그것은 올바른 수의 유효 숫자로 어떻게 보고되어야 하는가?

그림 1.20 자동차 속도 측정하기

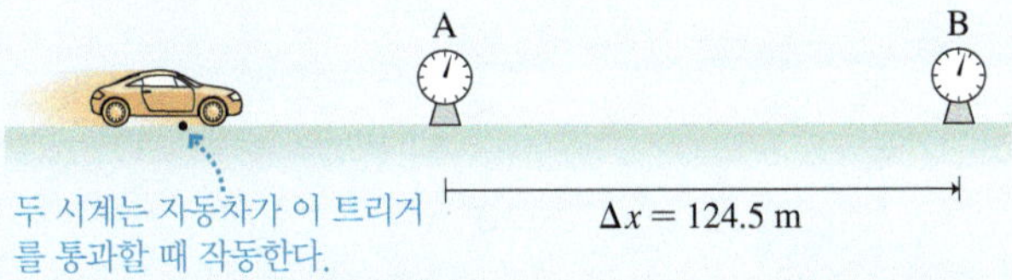

준비 속도를 계산하기 위해서 두 시계 사이를 자동차가 움직일 때 변위 Δx와 시간 간격 Δt가 필요하다. 변위는 $\Delta x = 124.5$ m로 주어지고, 측정된 두 시각의 차이로 시간 간격을 계산할 수 있다.

풀이 시간 간격은 다음과 같다.

$$\Delta t = t_B - t_A = (4.5\text{ s}) - (1.22\text{ s}) = 3.3\text{ s}$$

(이 숫자는 소수점 아래 한 자리를 갖는다. / 이 숫자는 소수점 아래 두 자리를 갖는다. / 풀이 전략 1.1의 규칙 2에 의하면, 결과는 소수점 아래 한 자리를 가져야 한다.)

이제 이 변위와 시간 간격을 가지고 속도를 계산할 수 있다.

$$v = \frac{\Delta x}{\Delta t} = \frac{124.5\text{ m}}{3.3\text{ s}} = 38\text{ m/s}$$

(변위는 4개의 유효 숫자를 갖는다. / 시간은 2개의 유효 숫자를 갖는다. / 풀이 전략 1.1의 규칙 1에 의하면, 결과는 2개의 유효 숫자를 가져야 한다.)

검토 최종값은 2개의 유효 숫자를 갖는다. 이런 방법으로 자동차의 속력을 측정하여 37.72 m/s로 보고했다고 가정하자. 결과를 보는 누군가가 이 값에 이르기 위해서 사용했던 측정이 4개의 유효 숫자까지 정확하고, 그래서 0.001 s까지 시간을 측정했다고 가정하는 것이 타당할 것이다. 우리의 답인 38 m/s는 우리가 주장할 수 있는 정밀도의 전체이고, 더 이상은 알 수 없다.

과학적 표기법

키는 1.72 m이고, 사과의 무게는 154 g이라고 하는 것처럼 보통의 크기를 갖는 물체의 측정을 적는 것은 쉽다. 그러나 수소 원자의 반지름은 0.000 000 000 053 m이고, 달까지의 거리는 384,000,000 m이다. 모든 0들을 제대로 점검하는 것은 굉장히 성가신 일이다.

모든 0들을 다루도록 요구하는 것을 넘어서, 이런 방법으로 양들을 적는 것은 얼마나 많은 유효 숫자가 연관되었는지 불분명하게 만든다. 위에 주어진 달까지의 거리에서 유효 숫자는 몇 개인가? 3자리? 4자리? 9자리 모두?

과학적 표기법을 사용해서 숫자를 적으면 이 문제들을 둘 다 피할 수 있다. 과학적 표기법에서 어떤 값은 소수점 왼쪽에 숫자 하나와 소수점 오른쪽에 숫자가 없거나 여러 개를 가진 숫자에 10의 거듭제곱을 곱하여 나타낸다. 이는 모든 0들의 문제를 해결하며 유효 숫자 개수를 곧바로 분명하게 만든다. 과학적 표기법에서, 태양까지의 거리를 1.50×10^{11} m로 쓰는 것은 유효 숫자가 3개라는 것을 의미한다. 이를 1.5×10^{11} m로 쓰면 유효 숫자가 단지 2개라는 것을 의미한다.

더 작은 값들에 대해서도, 과학적 표기법은 유효 숫자 개수를 명확하게 할 수 있다.

어떤 거리가 1200 m로 보고되었다고 가정하자. 이 측정은 몇 개의 유효 숫자를 가지고 있는가? 이것은 모호하지만, 그러나 과학적 표기법을 사용하면 모호함을 제거할 수 있다. 만일 이 거리가 1 m 이내로 알려졌다면, 1.200×10^3 m로 표기할 수 있으며, 유효 숫자는 총 4개이다. 만일 이 값이 단지 100 m 또는 그 정도까지 정확하다면, 이것을 1.2×10^3 m로 보고할 수 있으며, 2개의 유효 숫자를 표시한다.

풀이 전략 1.2 과학적 표기법 사용

어떤 수를 과학적 표기법으로 바꾸는 방법:

❶ 10보다 더 큰 수에 대해서는, 소수점 왼쪽에 오직 하나의 숫자만 남을 때까지 소수점을 왼쪽으로 이동한다. 그리고 남은 수에 10의 거듭제곱을 곱한다. 이 거듭제곱은 소수점이 이동했던 걸음의 수로 주어진다. 예를 들어 지구의 지름을 과학적 표기법으로 바꿔보자.

소수점 왼쪽에 오직 하나의 숫자만 남을 때까지 소수점을 왼쪽으로 이동하고, 그 걸음의 수를 센다.

소수점을 여섯 걸음 이동시켰기 때문에 10의 거듭제곱은 6이다.

$$6\,370\,000 \text{ m} = 6.37 \times 10^6 \text{ m}$$

이 수의 개수가 여기에서는 유효 숫자 개수와 같다.

❷ 1보다 작은 수에 대해서는, 0이 아닌 최초의 숫자를 지나갈 때까지 소수점을 오른쪽으로 이동한다. 그리고 남은 수에 10의 음(−)의 거듭제곱을 곱한다. 이 거듭제곱은 소수점이 이동했던 걸음의 수로 주어진다. 적혈구 세포의 지름에 대해서 다음과 같이 된다.

0이 아닌 최초의 숫자를 지날 때까지 소수점을 이동하고, 그 걸음의 수를 센다.

소수점을 여섯 걸음 이동시켰기 때문에 10의 거듭제곱은 −6이다.

$$0.000\,007\,5 \text{ m} = 7.5 \times 10^{-6} \text{ m}$$

이 수의 개수가 여기에서는 유효 숫자 개수와 같다.

유효 숫자의 적절한 사용은 과학 '문화'의 일부이다. 이러한 '문화적 주제'들을 자주 강조할 것인데, 왜냐하면 우리가 효과적으로 소통하기를 원한다면 동일한 언어를 원어민처럼 말하는 것을 배워야만 하기 때문이다!

단위의 중요성 1999년에, 1억 2500만 달러의 화성 기후 탐사선(Mars Climate Orbiter)이 관측을 수행할 수 있는 안전한 궤도에 진입하지 못하고 화성 대기에서 불타버렸다. 문제는 잘못된 단위들 때문이었다! 기술팀은 영국 단위계로 우주선 수행에 필요한 중요한 데이터를 제공했지만, 항공팀은 이 데이터가 미터 단위계라고 가정했다. 결과적으로, 항공팀은 우주선이 행성에 너무 가깝게 날도록 했고, 우주선은 대기 중에서 불타버렸다.

단위

앞에서 보았던 것처럼, 어떤 양을 측정하기 위해서는 이 양에 수치를 줄 필요가 있다. 그러나 측정은 단지 숫자 이상의 것이고, 그것은 단위가 주어져야 한다. 조제 식품을 파는 곳에 가서 '치즈 3/4 조각'을 달라고 말할 수 없다. 숫자에 더해 단위를 사용할 필요가 있는데, 여기에서는 무게의 단위인 파운드 같은 것이다.

일상생활에서 미국인은 길이 단위로 인치, 피트, 그리고 마일 같은 영국 단위계를 사용한다. 이 단위들은 일상생활에서 잘 적용될 수 있지만, 과학적 연구에서는 거의 사용되지 않는다. 과학은 국제적인 분야라는 것을 고려해볼 때, 전 세계적으로 인정되는 단위계를 갖는 것이 또한 중요하다. 이러한 이유로, 과학자들은 **국제단위계**(*le Système Internationale d'Unités*)라고 하는 단위계를 사용하는데, 보통 **SI 단위계**(SI units)라고 언급한다. 이 단위계는 **미터 단위계**(metric units)라고도 하는데, 이는 미터가 길이의 기본적인 표준이기 때문이다.

3개의 기본적인 SI 양들은, 표 1.1에 보인 것처럼 시간, 길이(또는 거리), 그리고 질량이다. 운동을 이해하기 위해서 필요한 다른 양들은 이들 기본 단위들의 조합으로 표현할 수 있다. 예를 들면, 속력과 속도는 '초당 미터' 또는 m/s로 표현한다. 이 조합은 길이 단위(m)와 시간 단위(s)의 비이다.

표 1.1 보통의 SI 단위들

물리량	단위	약자
시간	초	s
길이	미터	m
질량	킬로그램	kg

접두어 사용

표준 단위인 1 m, 1 s, 1 kg보다 더 작거나 더 큰 길이, 시간, 질량을 사용해야 하는 여러 경우가 있을 것이다. 여러 가지 10의 거듭제곱을 나타내기 위해 **접두어**(prefixes)를 사용해서 이 문제를 해결할 것이다. 예를 들면, 접두어 'kilo'(약자로 k)는 10^3을 의미하며, 1000을 곱하는 것이다. 그래서 1 km는 1000 m와 같고, 1 MW는 10^6 W와 같으며, 1 μV는 10^{-6} V와 같다. 표 1.2는 이 교재에서 주로 사용할 보통의 접두어들을 모아 놓은 것이다.

접두어들은 양들을 더 쉽게 말할 수 있도록 만들지만, 적절한 SI 단위들은 미터, 초, 킬로그램이다. 접두어 단위를 가진 양들은 계산이 이루어지기 전에 보통 기본 SI 단위로 바꾸어진다. 그래서 23.0 cm는 계산 시작 전에 0.230 m로 바꾸어야 한다. 예외는 kg인데, 이것은 이미 기본 SI 단위이다.

표 1.2 보통의 접두어들

접두어	약자	10의 거듭제곱
메가(mega-)	M	10^6
킬로(kilo-)	k	10^3
센티(centi-)	c	10^{-2}
밀리(milli-)	m	10^{-3}
마이크로(micro-)	μ	10^{-6}
나노(nano-)	n	10^{-9}

단위 변환

비록 SI 단위가 표준이지만, 미국이 여전히 영국 단위계를 사용한다는 것을 기억해야 한다. 교실에서는 미터 단위계에 반복적으로 노출되어 있는데도, 대부분의 미국인은 영국 단위계로 '생각'한다. 그래서 SI 단위계와 영국 단위계 사이에서 서로 오고가면서 변환할 수 있어야 한다. 표 1.3은 편리하게 자주 사용되는 변환 관계를 보여준다.

단위 변환을 수행하는 효과적인 방법 하나를 예를 들어 보자. 1 mi = 1.609 km이므로, **단위까지 포함하여** 이 두 거리의 비를 1로 놓는 것인데, 그러므로 다음 식이 성립한다.

$$\frac{1\ \text{mi}}{1.609\ \text{km}} = \frac{1.609\ \text{km}}{1\ \text{mi}} = 1$$

비가 1이 되는 두 값의 비를 **변환 인자**(conversion factor)라고 한다. 다음의 풀이 전략은 단위 변환을 어떻게 하는지 보여준다.

표 1.3 유용한 단위 변환들

1 inch (in) = 2.54 cm
1 foot (ft) = 0.305 m
1 mile (mi) = 1.609 km
1 mile per hour (mph) = 0.447 m/s
1 m = 39.37 in
1 km = 0.621 mi
1 m/s = 2.24 mph

풀이 전략 1.3 단위 변환하기

❶ 바꾸고 싶은 양을 가지고 시작한다.

❷ 적절한 변환 인자를 곱한다. 이 변환 인자가 1이므로, 이것을 곱하는 것은 양의 값을 바꾸지 않고 오직 단위만 바꾼다.

❸ 분자와 분모 모두에 나타나기 때문에 원래의 단위(여기에서는 mi)를 지울 수 있다.

❹ 답을 계산한다. 이것은 원하는 단위로 되어 있다. 60 mi과 96.54 km가 같은 거리임을 기억하라. 이들은 단지 서로 다른 단위로 되어 있다.

❺ 최종 답을 올바른 개수의 유효 숫자로 변환하는 것을 기억하라.

$$60\text{ mi} = 60\text{ mi} \times \frac{1.609\text{ km}}{1\text{ mi}} = 96.54\text{ km} = 97\text{ km}$$

다음 예제에서 보는 것처럼, 여러 개의 연속적인 변환 인자의 곱하기를 함으로써 더 복잡한 변환이 행해질 수 있다.

예제 1.4 자전거가 그렇게 빨리 달릴 수 있을까?

1.3절에서, 어떤 자전거의 속력이 20 ft/s라고 계산했다. 이 속력이 자전거의 속력으로 타당한가?

준비 이 속력이 타당한지 또는 타당하지 않은지 결정하기 위해서, 이것을 좀 더 친숙한 단위로 변환할 것이다. 속력에 사용하는 가장 친숙한 단위는 아마도 km/h이다.

풀이 먼저 필요한 단위 변환들을 모은다.

1 km = 3280 ft 1 hour (1 h) = 60 min 1 min = 60 s

단위를 변환하기 위해서 원래의 값에 연속되는 변환 인자 1을 곱한다.

분자에 있는 ft를 삭제하고 싶다.

분모에서 ft를 얻기 위해서 $1 = \frac{1\text{ km}}{3280\text{ ft}}$를 곱한다.

$$20\frac{\text{ft}}{\text{s}} = 20\frac{\text{ft}}{\text{s}} \times \frac{1\text{ km}}{3280\text{ ft}} \times \frac{60\text{ s}}{1\text{ min}} \times \frac{60\text{ min}}{1\text{ h}} = 22\text{ km/h}$$

색깔로 나타낸 것처럼, 원하지 않는 단위들은 짝을 지어 없어진다.

검토 최종값인 22 km/h는 자전거로는 매우 타당한 속력이고, 이것은 우리의 대답에 자신감을 준다. 만일 계산 결과가 225 km/h라고 계산되었더라면, 실수를 했다고 의심했을 것이다. 왜냐하면 이것은 보통의 자전거 타는 사람이 낼 수 있는 속력보다 너무 크기 때문이다.

추정

과학자와 공학자들이 어떤 문제를 처음으로 접근할 때, 그들은 연관된 대략적인 물리적 크기를 정하기 위해서 빠른 측정이나 추정을 해볼 수도 있다. 이것은 더 정밀한 측정을 행하기 위해 이용되어야만 하는 과정을 수립하도록 도와줄 것이고, 또는 어림 계산이 필요한 모든 것일 수도 있다.

절벽에서 떨어지는 바위를 보고 있고, 이것이 땅에 부딪칠 때 얼마나 빨리 떨어지는지 알고 싶다고 가정하자. 자동차나 자전거와 같은 친숙한 물체들의 속력을 비교해

◀ 이 남자는 70 kg의 질량을 가진다. 그의 옆에 서 있는 코끼리의 질량은 얼마인가? 둘의 상대적인 크기에 관하여 생각함으로써, 타당한 한 자리 유효 숫자의 추정(estimate)을 할 수 있다.

봄으로써, 이 바위가 약 30 km/h로 떨어졌다고 판단할 수 있다. 이것이 한 자리 유효 숫자 어림이다. 여러분은 아마도 30 km/h를 10 km/h 또는 50 km/h와 구별할 수도 있겠지만, 단지 눈으로 보아서는 30 km/h와 31 km/h를 확실하게 구별할 수는 없다. 이런 속력의 추정처럼, 한 자리 유효 숫자의 추정 또는 계산은 **자릿수 크기 추정**(order-of-magnitude estimate)이라고 한다. 자릿수 크기 추정은 기호 ~로 표시되는데, 이것은 '근사적으로 같은' 기호인 ≈보다 훨씬 덜 정밀하다는 것을 표시한다. 그러므로 떨어지는 바위 속력의 추정값은 $v \sim 30$ km/h이다.

알려진 정보(또는 인터넷에서 발견되는 정보), 간단한 사유, 그리고 상식 등에 기반을 두고 믿을 만한 자릿수 크기 추정을 하는 것은 유용한 기술이다. 이러한 추정을 행하는 것이 SI 단위계로부터 더 친숙한 다른 단위계로 변환하는 것을 도와줄 수 있다. 또한 SI 단위계로 주어진 문제 해답을 평가하기 위해서 이것을 할 수도 있다. 표 1.4에 그러한 경우에 적용하는 근사적인 변환 인자들을 나열하였다.

표 1.4 몇 가지 근사적인 변환 인자들

물리량	SI 단위	근사 변환
질량	kg	1 kg ≈ 2 lb
길이	m	1 m ≈ 3 ft
	cm	3 cm ≈ 1 in
	km	5 km ≈ 3 mi
속력	m/s	1 m/s ≈ 2 mph
	km/h	10 km/h ≈ 6 mph

예제 1.5 얼마나 빨리 걸었을까?

여러분이 얼마나 빨리 걸었는지 m/s 단위로 추정하시오.

준비 속력을 계산하기 위해서는 거리와 시간이 필요하다. 만약 여러분이 캠퍼스까지 1.6 km 걸었다면, 이것은 얼마나 걸렸을까? 아마도 30분, 곧 반시간이라고 말할 수 있다. 우리의 추정에서 이러한 대략적인 숫자를 사용하도록 하자.

풀이 이 추정이 주어지면, 속력을 다음과 같이 계산한다.

$$\text{속력} = \frac{\text{거리}}{\text{시간}} = \frac{1.6\ \text{km}}{1/2\ \text{hour}} = 3.2\ \frac{\text{km}}{\text{h}}$$

그러나 m/s 단위로 속력을 원한다. 우리의 계산은 단지 추정이기 때문에, 표 1.4로부터 근사적인 변환 인자를 이용한다.

$$1\,\frac{\text{km}}{\text{h}} \sim 0.3\,\frac{\text{m}}{\text{s}}$$

이것은 근사적인 걷는 속력 1 m/s를 준다.

검토 이것이 타당한 값인가? 또 다른 추정을 구해보자. 여러분의 한 걸음은 아마도 대략 1 m 정도일 것이다. 매초 대략 한 걸음씩 걷는다. 다음에 여러분이 걸으면서, 걸음을 헤아려 보면 알 수 있다. 그러므로 걷는 속력인 1 m/s 값은 꽤 타당해 보인다.

1.5 벡터와 운동: 대강 살펴보기

시간, 온도, 무게와 같은 많은 물리량들은 단위를 가진 하나의 숫자로 완전하게 기술될 수 있다. 예를 들면, 어떤 물체의 질량은 6 kg이고 온도는 30°C이다. 어떤 물리량이 (단위를 가진) 하나의 숫자로 기술될 때, 이것을 **스칼라 양**(scalar quantity)이라고 한다. 스칼라는 양(+), 음(−), 또는 0이 될 수 있다.

그렇지만 많은 다른 양들은 방향성을 가지고 있고 하나의 숫자로 기술될 수 없다. 예를 들어, 어떤 자동차의 운동을 기술하기 위해서는 이 자동차가 얼마나 빨리 움직이는지를 알아야 할 뿐만 아니라 이 자동차가 어느 방향으로 움직이는지도 알아야 한다. **벡터양**(vector quantity)은 **크기**(얼마나 멀리? 또는 얼마나 빨리?)와 **방향**(어느 방향?)을 둘 다 가지는 양이다. 벡터의 크기 또는 길이를 벡터의 **크기**(magnitude)라고

벡터와 스칼라

스칼라

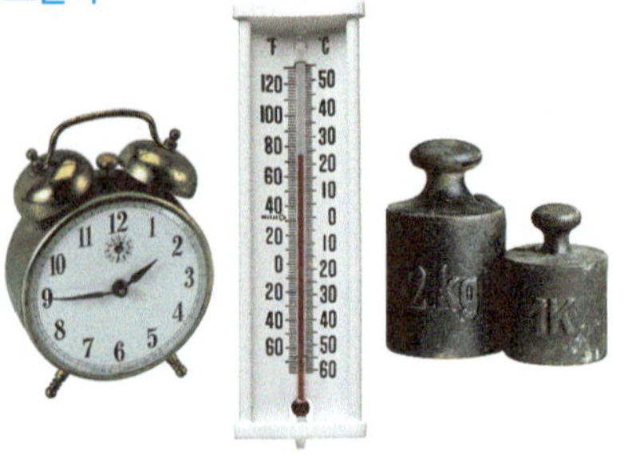

시간, 온도, 그리고 무게는 모두 스칼라양들이다. 여러분의 몸무게, 집 밖의 온도, 또는 현재 시간을 말하기 위해서는 단지 하나의 숫자만 있으면 된다.

벡터

경주용 자동차의 속도는 벡터양이다. 속도를 완전하게 나타내기 위해서는, 그 크기(예를 들면, 193 km/h)와 함께 방향(예를 들면, 서쪽)을 줄 필요가 있다.

소년이 친구를 미는 힘은 벡터양의 또 다른 예이다. 이 힘을 완벽하게 표현하기 위해서는, 소년이 친구를 얼마나 세게 밀었는지(크기) 뿐만 아니라 어느 방향으로 미는지를 알아야 한다.

보트의 변위는 초기 위치에서 나중 위치를 연결한 직선이다.

한다. 벡터의 크기는 양(+)이거나 0일 수는 있지만 음(−)일 수는 없다.

속도와 힘 벡터에 대해서 보게 되듯이, **벡터는 화살표를 그려서 나타낸다.** 화살표는 벡터양의 방향으로 향하도록 나타내고, 화살표의 길이는 벡터양의 크기에 비례한다.

벡터양을 기호로 표시하고 싶을 때는, 이 기호가 스칼라가 아닌 벡터임을 나타내도록 할 필요가 있다. 우리는 양을 나타내는 문자 위에 화살표를 그려서 벡터양을 나타낸다. 그래서 $\vec{r}$과 $\vec{A}$는 벡터를 위한 기호이고, 반면에 화살표가 없는 r과 A는 스칼라를 위한 기호이다. 익숙해질 때까지는 이상하게 보일 수도 있지만 매우 중요한데, 왜냐하면 우리는 가끔 같은 문제 내에서 r과 $\vec{r}$, 또는 A와 $\vec{A}$를 둘 다 사용할 것이고, 이들은 서로 다른 것을 의미하기 때문이다!

변위 벡터

직선을 따라 움직이는 운동의 경우에, 변위는 물체가 얼마나 멀리 움직이는지 뿐만 아니라 왼쪽 또는 오른쪽 등 방향도 지정하는 양이라고 1.2절에서 배웠다. 변위는 크기(얼마나 멀리?)와 방향 둘 다 갖는 양이기 때문에 벡터로 나타낼 수 있으며, 이것이 **변위 벡터**(displacement vector)이다. **그림 1.21**은 앞서 논의하였던 샘의 움직임에 대한 변위 벡터를 보여주는 그림이다. 우리는 간단하게 샘의 초기 위치로부터 나중 위치까지 화살표를 그렸고, 그것에 기호 $\vec{d}_S$를 부여하였다. $\vec{d}_S$는 크기와 방향을 둘 다 가지고 있기 때문에, 샘의 변위를 $\vec{d}_S = (100\text{ m, 동쪽})$으로 쓰는 것이 편리하다. 괄호에서 첫 번째 값은 이 벡터의 크기(곧 변위의 크기)이고, 두 번째 값은 그것의 방향을 명시한다.

또한 제인의 변위 벡터 $\vec{d}_J$도 그림 1.21에 그려있는데, 제인은 12번가에서 출발해서 바인로에서 끝냈다. 샘의 경우처럼, 제인의 변위 벡터를 그녀의 초기 위치로부터 나중 위치까지 화살표로 그렸다. 이 경우 $\vec{d}_J = (100\text{ m, 북동방향으로 }30°)$이다.

제인의 이동은 변위 벡터에 관한 중요한 점을 보여준다. 제인은 12번가에서 출발해서 바인로에서 끝냈고, 변위 벡터가 이를 보여준다. 그러나 제인이 초기 위치로부터 나중 위치까지 도달하기 위해서, $\vec{d}_J$로 표시된 직선 경로를 따라서 걸을 필요는 없다. 만일 그녀가 12번가를 따라서 동쪽으로 교차로까지 걸어가고 나서 그 후에 바인로에서 북쪽으로 향했다면, 그녀의 변위는 여전히 보여준 벡터가 될 것이다. **어떤 물**

그림 1.21 두 변위 벡터들

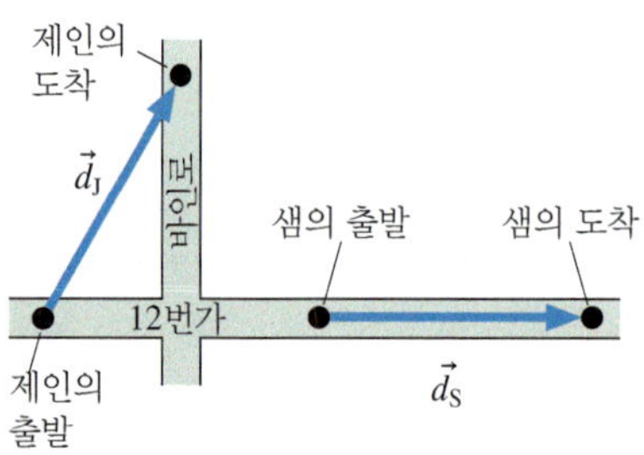

체의 변위 벡터는 그 물체의 초기 위치로부터 나중 위치까지 이들 두 점 사이를 이동한 실제 경로와는 관계없다.

벡터 더하기

샘의 또 다른 이동을 고려하자. **그림 1.22**에서 샘은 교차로에서 출발해서 동쪽으로 50 m 걷는다. 그 후에 공터를 통과하여 북동쪽으로 100 m 걷는다. 그의 두 번의 이동에 대한 변위 벡터를 그림에서 $\vec{d}_1$과 $\vec{d}_2$로 표기하였다.

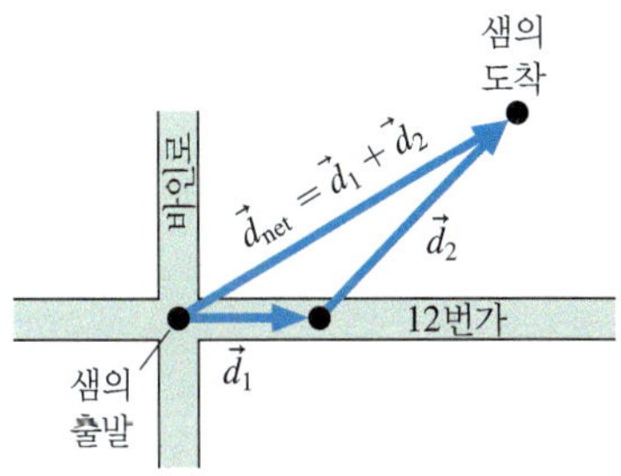

그림 1.22 샘은 두 변위를 경험한다.

샘의 이동은 두 벡터 $\vec{d}_1$과 $\vec{d}_2$로 표현될 수 있는 2개의 변으로 구성되지만, 샘의 이동을 최초 출발 위치로부터 나중 위치까지 $\vec{d}_{net}$로 표기된 하나의 알짜(net) 변위 벡터로 나타낼 수 있다. 샘의 알짜 변위는 어떤 점에서 그것을 구성하는 두 변위의 합(sum)이고, 따라서 아래 식처럼 쓸 수 있다.

$$\vec{d}_{net} = \vec{d}_1 + \vec{d}_2$$

샘의 알짜 변위는 두 벡터의 더하기(addition)를 요구하지만, 벡터 더하기는 두 스칼라 양의 더하기와는 다른 규칙을 따른다. 두 벡터의 크기뿐만 아니라 두 벡터의 방향도 고려되어야 한다. 샘의 이동은 한 벡터의 '꼬리'를 다른 벡터의 머리에 놓음으로써 벡터를 함께 더할 수 있다는 것을 보여준다. 이 개념이 변위 벡터에 대해서는 타당한데, 사실 이것은 다른 어떤 두 벡터라도 더하는 규칙이 된다. 풀이 전략 1.4는 두 벡터 $\vec{A}$와 $\vec{B}$를 어떻게 더하는지 보여준다.

풀이 전략 1.4 벡터 더하기

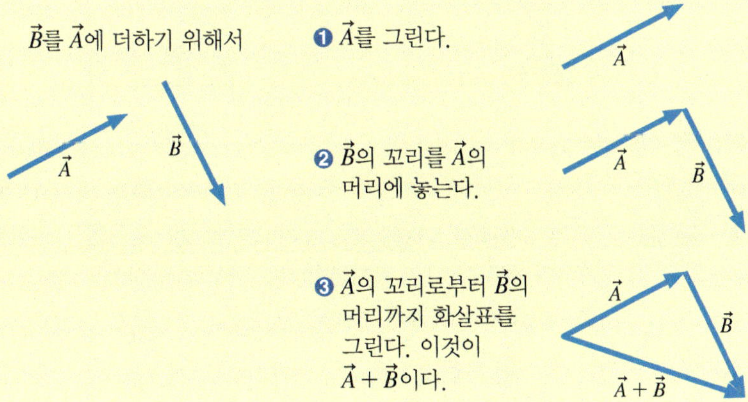

벡터와 삼각법

1차원 이상에서 변위 벡터 또는 다른 벡터들을 더할 필요가 있을 때, 삼각형의 길이와 각도를 계산하여 끝낼 수 있다. 이것은 삼각법이다. **그림 1.23**은 삼각법의 기본적인 개념을 보여준다.

그림 1.23 삼각법을 이용하여 삼각형의 변과 각을 관련짓기

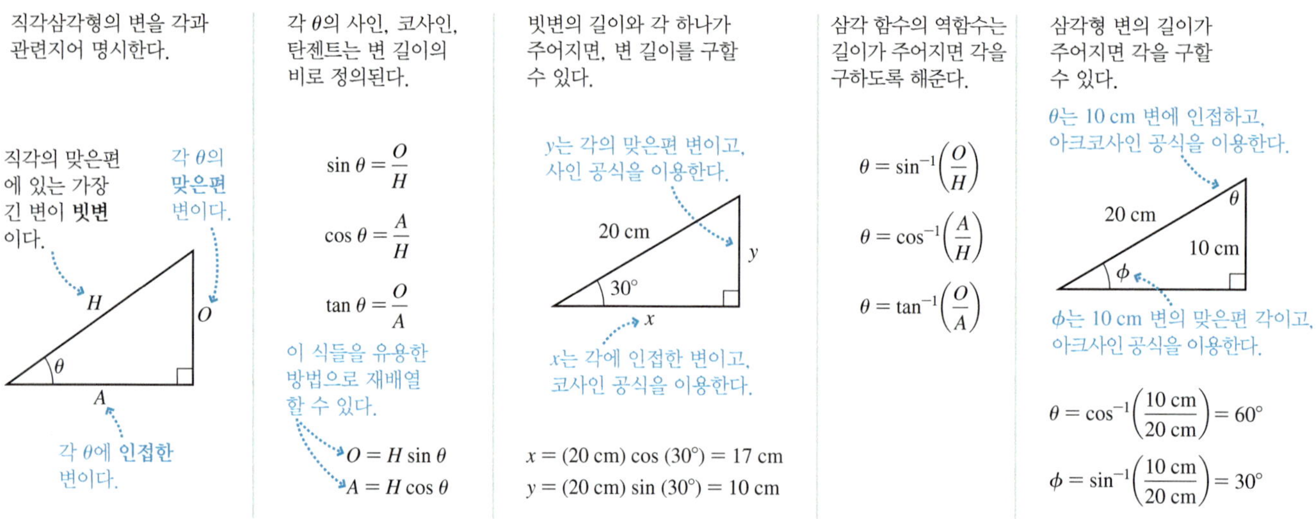

예제 1.6 북쪽과 동쪽으로 얼마나 멀리?

나침반을 사용하여 알렉스가 길을 찾는다고 가정하자. 알렉스는 동쪽의 북쪽 60° 방향으로 걷기 시작하여 총 100 m를 걷는다. 알렉스는 출발점으로부터 얼마나 멀리 북쪽에 있는가? 동쪽으로는 얼마나 멀리 있는가?

준비 알렉스의 운동이 **그림 1.24(a)**에 주어져 있다. 북쪽과 동쪽을 하나의 지도 위에 있도록 보였고, 알렉스의 변위를 크기와 방향을 갖는 벡터로 표시했다. **그림 1.24(b)**는 이 변위를 빗변으로 갖는 삼각형을 보여준다. 알렉스의 출발점으로부터 그녀의 북쪽 거리와 동쪽 거리는 이 삼각형의 변들이다.

그림 1.24 알렉스의 운동 분석하기

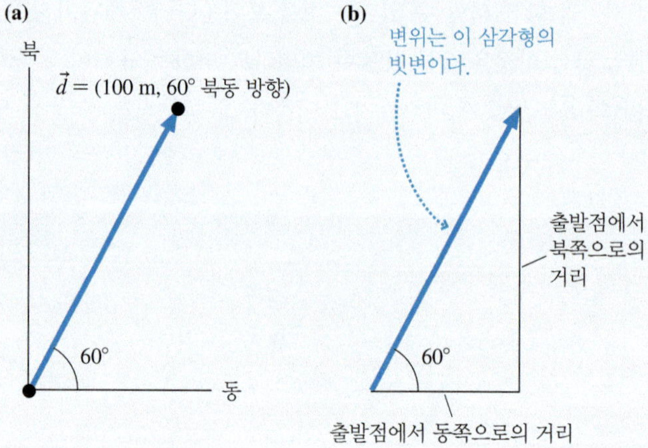

풀이 사인과 코사인 함수는 앞에서 보았던 것처럼 직각삼각형의 변들의 비이다. 언급된 각 60°를 가지고 계산하면, 출발점의 북쪽 거리는 이 삼각형의 맞은편 변이고, 동쪽 거리는 인접한 변이다. 그러므로 아래 식과 같은 결과를 얻는다.

$$\text{출발점에서 북쪽으로 이동한 거리} = (100\text{ m})\sin(60°) = 87\text{ m}$$
$$\text{출발점에서 동쪽으로 이동한 거리} = (100\text{ m})\cos(60°) = 50\text{ m}$$

검토 여기서 계산한 거리는 둘 다 100 m보다 짧고, 그림 1.24(b)에 있는 그림이 보여주는 것처럼 동쪽 길이가 북쪽 길이보다 짧다. 따라서 답은 타당해 보인다. 이 문제의 답을 구하면서, 변위를 북쪽과 동쪽 2개의 서로 다른 거리로 '나누었다.' 이것은 벡터의 성분(components)이라는 개념을 암시하며, 이는 다음 장에서 공부할 것이다.

예제 1.7 안나는 얼마나 멀리 갔는가?

안나는 동쪽으로 90 m 걸어간 후 다시 북쪽으로 50 m 더 걸었다. 출발점으로부터 그녀의 변위는 얼마인가?

준비 **그림 1.25(a)**에 있는 그림으로 시작하자. 안나의 원래 위치를 원점으로 하는 좌표계를 잡고, 안나의 연속적인 2개의 운동을 두 변위 벡터 $\vec{d}_1$과 $\vec{d}_2$로 그린다.

풀이 한 벡터의 꼬리를 앞의 벡터의 머리에서 시작하도록 2개의

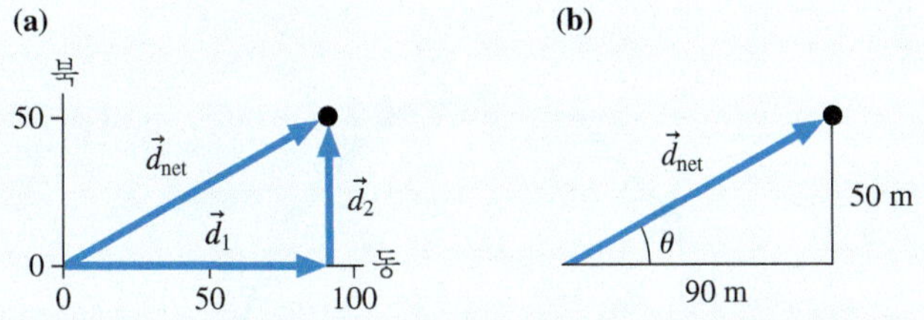

그림 1.25 안나의 운동 분석하기

벡터 변위를 그리는데, 이것이 바로 벡터합을 만드는 데 필요한 것이다. 그림 1.25(a)에 있는 벡터 $\vec{d}_{net}$는 연속적인 변위들의 벡터합이고, 그러므로 원점으로부터 안나의 알짜 변위를 나타낸다.

원점으로부터 안나의 거리는 이 벡터 $\vec{d}_{net}$의 길이이다. **그림 1.25(b)**는 이 벡터가 50 m(왜냐하면 안나가 북쪽으로 50 m 걸었기 때문에)와 90 m(왜냐하면 안나가 동쪽으로 90 m 걸었기 때문에) 변을 가진 직각삼각형의 빗변이라는 것을 보여준다. (직각삼각형의 빗변의 길이의 제곱은 다른 두 변의 길이의 제곱의 합과 같다는) 피타고라스 정리를 이용해서, 안나의 알짜 변위인 이 벡터의 크기를 다음 식과 같이 계산할 수 있다.

$$d_{net}^2 = (50\ \text{m})^2 + (90\ \text{m})^2$$

$$d_{net} = \sqrt{(50\ \text{m})^2 + (90\ \text{m})^2} = 103\ \text{m} \approx 100\ \text{m}$$

여기서 유효 숫자의 근사적인 수로 반올림을 하여 이 변위 벡터의 크기는 100 m가 되었다. 방향은 어떠한가? 그림 1.25(b)는 안나의 변위의 북동 방향으로의 각을 준다. 이 직각삼각형에서, 50 m는 맞은편 변이고 90 m는 인접한 변이므로, 각은 아래 식으로 계산된다.

$$\theta = \tan^{-1}\left(\frac{50\ \text{m}}{90\ \text{m}}\right) = \tan^{-1}\left(\frac{5}{9}\right) = 29°$$

이것을 모두 모으면, 다음의 알짜 변위를 얻는다.

$$\vec{d}_{net} = (100\ \text{m, 북동 방향 } 29°)$$

검토 결과를 검토하기 위해서 그림을 이용할 수 있다. 만일 이 삼각형의 두 변이 50 m와 90 m라면, 빗변의 길이 100 m는 옳은 것으로 보인다. 각은 분명히 45°보다 작지만, 너무 많이 작은 것은 아니므로 29°는 타당해 보인다.

속도 벡터

어떤 물체의 운동을 기술하는 기본적인 양이 이 물체의 속도라는 것을 알았다. 속도는 벡터인데, 왜냐하면 속도의 명시는 어떤 물체가 얼마나 빨리 움직이는지(속력)뿐만 아니라 그 물체가 움직이는 방향도 연관되기 때문이다. 그러므로 어떤 물체의 속도를 물체의 운동의 방향으로 향하고 크기가 물체의 속력인 **속도 벡터**(velocity vector) $\vec{v}$로 나타낸다.

그림 1.26(a)는 정지 상태로부터 출발하여 가속하는 어떤 자동차의 운동 도형을 보여준다. 이 운동 도형에서 연속적인 위치들 사이에서 자동차의 변위를 보여주는 벡터들을 그렸다. 속도 벡터를 그리기 위해서, 먼저 변위 벡터의 방향이 운동 도형에서 연속적인 점들 사이에서 운동의 방향임을 주목하자. 어떤 물체의 속도 또한 운동의 방향으로 향하고, 그래서 속도 벡터는 변위 벡터와 같은 방향으로 향한다. 다음으로는, 물체의 속도 벡터의 크기(얼마나 빠른가?)가 물체의 속력이라는 것에 주목하자. 더 빠른 속력은 더 큰 변위를 암시하므로, 속도 벡터의 길이는 운동 도형에서 연속적인 점들 사이에 있는 변위 벡터의 길이에 비례해야만 한다. 이 모든 것은 운동 도형에서 각 점을 다음 점과 연결한 (변위 벡터라고 이름 붙인) 벡터들이 **그림 1.26(b)**에 보여준 것처럼 속도 벡터들과 동일한 것으로 간주할 수 있다. **지금부터 운동 도형 위에 변위 벡터 대신 속도 벡터를 표시하고 보여줄 것이다.**

그림 1.26 정지 상태로부터 출발하는 어떤 자동차의 운동 도형

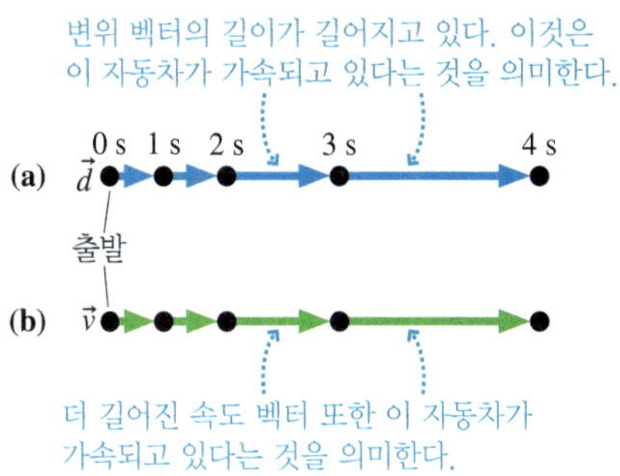

예제 1.8 공의 운동 도형 그리기

제이크가 수평면과 60° 각도로 어떤 공을 쳤다. 이 공을 짐이 잡았다. 변위 벡터 대신 속도 벡터를 보여주는 이 공의 운동 도형을 그리시오.

준비 이 예제는 과학과 공학의 많은 문제들이 어떻게 말로 표현되는지 보여주는 전형적인 예이다. 이 문제는 어디에서 운동이 시작하거나 끝나는지 명확한 설명을 주지 않는다. 이 공이 제이크와 짐 사이에 허공에 머무는 시간 동안만 이 공의 운동에 흥미가 있는가? 제이크가 공을 칠 때(공이 빠르게 가속되고 있음) 또는 짐이 공을 받을 때(공이 빠르게 감속되고 있음)의 운동에 관해서는 어떠한가? 짐이 공을 잡은 후에 공을 떨어뜨리는 것을 포함시켜야만 하는가? 요지는 여러분이 보통 문제에 대한 **타당한 해석**을 하도록 요구를 받게 된다는 것이다. 이 문제에서, 공을 치고 받는 세부사항은 복잡하다. 허공을 통과하는 이 공의 운동을 기술하는 것이 더 쉽고, 이것이 바로 여러분이 물리 수업에서 배울 운동이다. 그래서 우리의 해석은 이 운동 도형이 공이 제이크의 배트를 떠날 때(공은 이미 운동하고 있음) 시작해야만 하고 공이 짐의 손에 닿는 순간(공은 아직도 운동하고 있음)에 끝나야 한다는 것이다. 이 공을 입자로 보는 모형을 만든다.

풀이 이러한 해석을 마음에 두면서, **그림 1.27**은 이 공의 운동 도형을 보여준다. 이 운동 도형이 시작될 때 그림 1.26의 자동차와는 대조적으로 이 공이 이미 움직이고 있다는 것에 주목하라. 앞에서처럼, 점들을 화살표로 연결하는 것으로 속도 벡터들을 보여준다. 속도 벡터들이 점점 짧아지고(공이 감속되고 있음), 점점 길어지고(공이 가속되고 있음), 그리고 방향을 바꾸는 것을 알 수 있다. 각 $\vec{v}$는 서로 다르고, 그래서 이것은 등속 운동이 아니다.

그림 1.27 제이크로부터 짐에게로 이동하는 공의 운동 도형

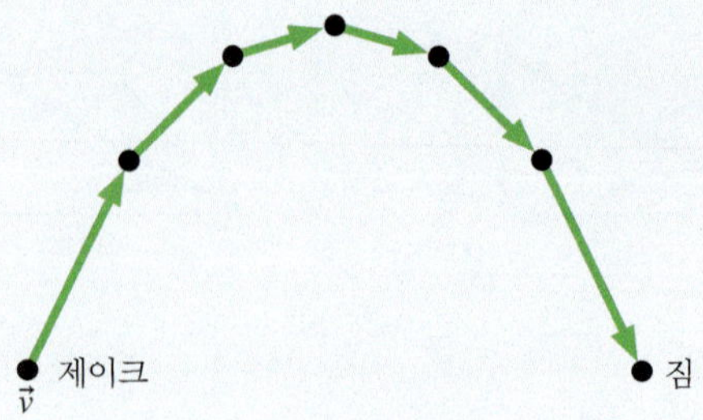

검토 공의 운동에 대하여 상세한 해석을 할 정도로 충분히 공부하지 않았지만, 빠른 검토를 하는 것은 여전히 가치가 있다. 운동 도형은 합리적인가? 공의 속도에 대해 생각해보면, 공이 출발할 때는 위로 움직이고 끝에서는 아래로 움직이는 것을 볼 수 있다. 이것은 공을 위로 던지고 받을 때 일어나는 현상과 잘 일치하므로, 답은 타당해 보인다.

1.6 앞으로 배울 내용

이 첫 장에서는 운동에 대한 근본적인 개념들의 일부와 이 과정의 나머지 부분에서 여러분이 사용하게 될 기본적인 기법의 일부를 소개하였다. 어떤 물리적 상황의 **모형**들을 만드는 방법의 예를 보았고, 그것으로 그 본질적인 요소들에 초점을 맞추었다. 양들을 한 종류의 단위로부터 다른 단위로 변환하는 방법과 같은 약간의 실제적인 개념들도 배웠다. 이 교재의 나머지 부분에서 이 주제들을 확장할 것이다.

이 교재의 각 장에서, 새로운 원리들과 더 많은 도구와 방법을 배울 것이다. 여러분은 앞으로 나아가면서 각각의 새로운 장 앞에 나왔던 장들에 의존한다는 것을 발견하게 될 것이다. 이 장에서 배웠던 원리들과 문제 해결 전략들은 다른 단원에서도 여전히 필요하게 될 것이다.

앞 장에 나온 새로운 개념들을 통합할 수 있도록 약간의 도움을 여러분에게 줄 것이다. 각 장을 시작할 때 **훑어보기**는 복습을 위해 어떤 주제가 특별히 중요한지 알도록 해줄 것이다. 그리고 각 장의 마지막 부분에는 여러분이 전에 배웠던 것들과 방금 배웠던 원리와 기법을 함께 이용하는 **종합형 예제**를 제시한다. 이 종합형 예제들은

실제 세계의 문제들과 비슷하게 복잡하고, 그러한 문제들을 해결하기 위해서는 이런 종류의 통합이 필요하다는 것을 생각나게 하는 유용한 것이 될 것이다.

첫 번째 종합형 예제는 아직은 종합할 것이 많지 않기 때문에 간단하다. 앞으로 나올 장들에 있는 예제들은 훨씬 복잡할 것이다.

종합형 예제 1.9 거위의 방향 찾기

이동하는 거위들은 지역의 지형지물을 인지하거나, 강과 도로를 따라가거나, 하늘에 있는 태양의 위치를 이용하는 등 많은 서로 다른 수단들을 이용해서 방향을 결정한다. 날이 흐려서 방향을 잡기 위해 태양의 위치를 이용할 수 없을 때, 거위들은 낮에 날면서 잘못된 방향으로 이동을 시작할 수 있다. **그림 1.28**은 올바른 직각 회전을 하기 전에 약간의 시간 동안 직선으로 날아갔던 캐나다 거위의 경로를 보여준다. 출발 후 한 시간이 지나서 거위들은 원래 위치의 동쪽에 있는 호수 위에서 잠시 멈추었다.

그림 1.28 방향을 잘못 잡은 거위의 경로

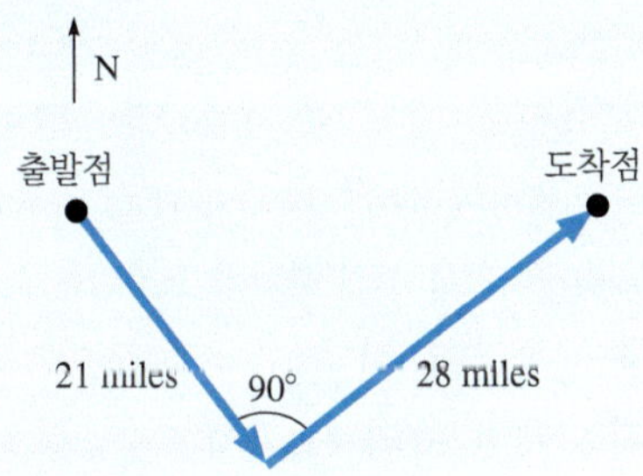

a. 처음에 거위가 날아가는 방향을 잘못 잡는 실수를 했기 때문에 거위가 더 날아간 거리는 얼마인가? 다시 말하면, 거위가 호수 위의 최종 위치까지 똑바로 직선으로 날아갈 경우보다 얼마나 더 날았는가?

b. 거위의 비행 속력은 얼마인가?

c. 이동하는 거위의 전형적인 비행 속력은 80 km/h이다. 이것이 주어진다면, 여러분의 결과가 타당해 보이는가?

준비 그림 1.28은 거위의 경로를 보여주지만, 그림 1.28을 다시 그려서 이 경로의 처음과 끝의 변위를 주목할 필요가 있다. 이것은 거위가 날았을 가장 짧은 거리이다. (이 장에서 예제들은 지금까지 전문적으로 표현된 그림들을 이용했지만, 이 그림들은 여러분이 그리는 것보다 더 세심하고 상세한 것이다. **그림 1.29**는 여러분 스스로 문제를 해결할 때 실제로 그릴 것 같은 그림이다.) 그림 1.29에서 출발점과 도착점 사이의 변위는 직각삼각형의 빗변이며, 답을 구하기 위해 삼각형에 대한 규칙들을 이용할 수 있다.

그림 1.29 전형적인 학생 그림은 거위의 운동과 변위를 보여준다.

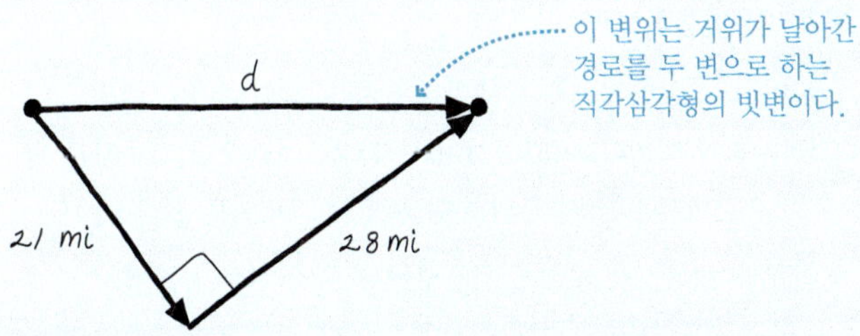

풀이

a. 만일 거위가 호수로 똑바로 날아갔다면 이 거위가 날아갈 수 있었을 최소 거리는 21 mi과 28 mi을 변으로 하는 삼각형의 빗변이다. 이 직선 거리는 다음 식과 같다.

$$d = \sqrt{(21\ \text{mi})^2 + (28\ \text{mi})^2} = 35\ \text{mi}$$

거위가 날아갔던 실제 거리는 두 경로로 날아간 거리의 합이다.

$$\text{이동한 거리} = 21\ \text{mi} + 28\ \text{mi} = 49\ \text{mi}$$

더 날아간 거리는 실제로 날아간 거리와 직선 거리의 차이이며, 14 mi이다.

b. 비행 속력을 계산하기 위해서는, 이 새가 실제로 날았던 거리를 고려할 필요가 있다. 비행 속력은 날았던 총 거리를 비행의 총 시간으로 나눈 것이며, 아래 식처럼 계산된다.

$$v = \frac{49\ \text{mi}}{1.0\ \text{h}} = 49\ \text{mi/h}$$

c. 계산된 속력을 전형적인 비행 속력과 비교하기 위해서는 답을 km/h 단위로 변환해야 한다. 올바른 유효 숫자 개수로 반올림을 하면 다음 식이 된다.

$$49\ \frac{\text{mi}}{\text{h}} \times \frac{1.61\ \text{km}}{1.00\ \text{mi}} = 79\ \frac{\text{km}}{\text{h}}$$

계산기는 더 많은 숫자들을 주겠지만, 그러나 원래의 데이터가 오직 2개의 유효 숫자를 가지고 있으므로, 최종 결과를 이 정확도로 표시한다.

검토 이 경우에, 검토는 문제의 답 속에 주어져 있다. 계산된 비행 속력은 거위의 경우에 예측된 값들과 잘 일치하는데, 이것은 답이 올바르다는 확신을 준다. 더 점검하면, 계산된 알짜 변위인 35 mi은 그림 1.29에 있는 삼각형의 빗변으로 옳은 것으로 보인다.

문제의 난이도는 I(쉬움)에서 IIIII(도전)으로 구분하였다. INT로 표시된 문제는 지난 장의 내용이 복합된 문제이고, BIO는 생물학적 또는 의학적 관심 분야를 의미한다.

QR 코드를 스캔하여 이 장의 문제를 해결하는 데 도움이 되는 영상 학습 풀이를 시작하시오.

연습문제

1.1 운동: 대강 살펴보기

1. I 어떤 자동차가 길에서 물체와 충돌하는 것을 피하기 위해서 미끄러지면서 멈춘다. 미끄러짐이 시작되는 시간부터 자동차가 멈추는 순간까지 이 자동차의 운동 도형을 그리시오.

2. I 일정한 페이스로 지속적으로 달리던 조깅 선수가 갑자기 경련을 일으켰다. 그러나 다행히 서쪽으로 가는 버스가 앞쪽의 정류장에 서 있었다. 선수는 이 버스를 타고 급히 집으로 갔다. 여기에서 기술된 전체 운동에 대한 선수의 운동 도형을 그리기 위하여 입자 모형을 사용하라. 시작점을 0으로 하고 점들에 순서대로 번호를 적으시오.

1.2 위치와 시간: 자연현상을 숫자로 표현하기

3. I 키이라는 위치 $x = 23$ m에서 좌표축을 따라 출발한다. 그 후에 그녀는 -45 m의 변위를 경험한다. 키이라의 나중 위치는 무엇인가?

4. I 일벌은 보통 벌집으로부터 그리고 벌집을 향하여 직선 방향으로 움직인다. 어떤 벌이 벌집에서 출발하여 동쪽으로 500 m 날아가고, 그 후에 서쪽으로 400 m 날아가서, 그 다음에 다시 동쪽으로 700 m 날아간다. 이 벌은 벌집으로부터 얼마나 멀리 떨어져 있는가?
BIO

1.3 속도

5. II 다음에 주어진 항목들 중 속력이 가장 큰 것부터 가장 작은 것까지 줄어드는 순서대로 나열하시오. (i) 2.5 s 동안 0.15 m 움직이는 태엽으로 가동하는 장난감 자동차, (ii) 0.55 s 동안 2.3 m 구르는 축구공, (iii) 0.075 s 동안 0.60 m 움직이는 자전거, (iv) 2.0 s 동안 8.0 m 달리는 고양이.

6. II 해리가 $x = -12$ m부터 $x = -47$ m까지 걷는 데 35 s가 걸렸다. 해리의 속도는 얼마인가?

7. I 직선을 따라 속도 0.35 m/s로 구르는 공이 $x = 2.1$ m부터 $x = 7.3$ m까지 간다. 시간은 얼마나 걸리겠는가?

1.4 눈금의 개념: 유효 숫자, 과학적 표기법, 단위

8. I 다음을 SI 단위로 바꾸시오.
   a. 8.0 in b. 66 ft/s
   c. 60 mph

9. II 다음의 숫자들 각각은 유효 숫자가 몇 개인가?
   a. 6.21 b. 62.1
   c. 0.620 d. 0.062

10. I 다음의 숫자들을 유효 숫자 3개까지 계산하시오.
   a. 33.3×25.4 b. $33.3 - 25.4$
   c. $\sqrt{33.3}$ d. $333.3 \div 25.4$

11. I 엠파이어 스테이트 빌딩은 높이가 1250 ft이다. 이 빌딩의 높이를 유효 숫자 3개를 가진 과학적 표기법을 써서 미터 단위로 표현하시오.

12. II 여러분의 머리카락이 자라는 평균 속력을 m/s 단위로 추정하시오. 얼마나 자주 이발을 하며 얼마나 잘라내는지 주의하면서, 경험으로부터 이 속력을 추정하시오. 결과를 과학적 표기법을 써서 표현하시오.
BIO

1.5 벡터와 운동: 대강 살펴보기

13. I 콜로라도 주의 러브랜드는 포트콜린스의 남쪽으로 18 km 떨어진 지점에 있고 그릴리의 서쪽으로 31 km 떨어진 지점에 있다. 포트콜린스와 그릴리 사이의 거리는 얼마인가?

14. II 어떤 도시가 한 덩어리의 길이가 135 m인 정사각형 격자무늬로 놓인 길들을 가지고 있다. 만약 여러분이 북쪽으로 세 블록을 차로 달리고, 다시 그 후에 서쪽으로 두 블록을 달렸다면, 여러분은 출발점으로부터 얼마나 멀리 떨어져 있는가?

15. III 어떤 정원이 반지름 50 m인 원 모양의 길을 가지고 있다. 존은 이 길의 동쪽 끝에서 출발하고, 길을 따라 반시계 방향으로 걸어서 남쪽 끝에 도착한다. 존의 변위는 얼마인가? 답에 크기와 방향을 함께 표시하라.

16. | 이동하는 거위들은 근사적으로 일정한 속력으로 직선 경로를 BIO 따라 이동하는 경향이 있다. 어떤 거위가 남쪽으로 32 km를 날아가고, 다시 서쪽으로 20 km를 날아갔다. 이 거위는 결국 출발점으로부터 얼마나 멀리 갔는가?

17. | 어떤 도보 여행자가 동쪽에서 북쪽 25° 방향으로 200 m를 걷는다. 그는 출발점으로부터 북쪽으로 그리고 동쪽으로 얼마나 멀리 있는가?

18. |||| 베란다 위에 있는 공 하나가 베란다의 가장자리까지 60 cm를 굴러가서 40 cm 떨어진 후에 잔디 위에서 계속 굴러서, 결국에는 베란다의 가장자리로부터 80 cm 떨어진 곳에서 멈춘다. 이 공의 알짜 변위의 크기는 센티미터 단위로 얼마인가?

문제 19는 날다람쥐의 활강 비행과 연관되어 있다. 날다람쥐는 한 나무로부터 다른 나무까지 일정한 속력으로 수직 아래로 기울어진 직선을 따라서 앞으로 움직이며 일정하게 고도를 낮추는 비행을 한다. 짧은 비행과 긴 비행은 서로 다른 모습을 가진다.

19. || 짧은 비행을 하는 날다람쥐가 수평면 아래 40° 기울어진 직선 BIO 경로를 따라서 움직인다. 날다람쥐가 지면 위 9.0 m에 있는 나무의 꼭대기에서 출발해서 수평 거리가 3.5 m인 두 번째 나무로 활강 비행을 한다.

a. 날다람쥐의 경로의 길이는 얼마인가?

b. 날다람쥐가 두 번째 나무에 왔을 때 지면 위 높이는 얼마인가?

2 1차원 운동
Motion in One Dimension

말은 56 km/h 속력으로 달릴 수 있어서 사람보다 훨씬 더 빠르다. 그러나 만일 경주 코스가 직각으로 되어 있다면, 놀랍게도 사람이 말을 이길 수 있다. 언제 그리고 어떻게 사람이 말을 추월할 수 있을까?

학습목표

직선 운동을 기술하고 분석한다.

등속 운동

아래 사진에서 타는 사람의 연속적인 영상들은 같은 거리만큼 떨어져 있어 속도는 일정하다. 이것이 **등속 운동**이다.

거리와 속도 같은 양들로 운동을 기술하는 법을 배운다. 이것은 운동을 분석하는 일에서 중요한 첫 과정이다.

가속도

치타는 매우 빠른 속력으로 달릴 수 있고, 더욱 중요한 것은 속력의 빠른 변화를 만들 수 있다. 다시 말하면 큰 **가속도**를 갖는다.

경주 또는 먹이를 추격하는 약탈자와 같이 속도가 변하는 문제를 해결하기 위해서 가속도 개념을 이용한다.

자유 낙하

동전을 던질 때, 이 운동은 올라갈 때와 내려올 때 모두 중력에 의해서만 결정된다. 이것을 **자유 낙하**라고 한다.

동전이 올라가고 내려오는 데 얼마의 시간이 걸릴까? 이것이 우리가 배우게 될 자유 낙하 문제의 한 유형이다.

이 장의 배경

운동 도형

앞의 1.5절에서 배운 것처럼, 운동을 분석하는 첫 과정은 운동 도형을 그리는 것인데, 이것은 일정한 시간 간격으로 물체의 위치를 표시하는 것이다.

이 장에서 직선을 따라 움직이는 서로 다른 유형의 운동에 대하여 운동 도형을 만드는 법을 배운다. 그림을 그리는 것은 문제를 해결하는 좋은 출발점이다.

2.1 운동 기술하기

운동을 수학적으로 기술하는 것을 **운동학**(kinematics)이라고 한다. 이는 '움직임'을 의미하는 그리스어 단어인 *kinema*에서 온 것으로, 여러분은 이것의 영어 변형인 움직이는 사진, 즉 영화를 의미하는 *cinema*를 통해서 이 단어를 알고 있을 것이다.

위치 표현하기

1장에서 보았던 것처럼, 위치 또는 속도와 같은 운동학 변수들은 계에서 가정한 축을 가진 좌표계에 대해서 측정된다. 수평 운동과 경사로에서의 운동을 분석하기 위해서 x축을 사용할 것이며, 수직 운동을 위해서는 y축을 사용할 것이다. x축의 양(+)의 끝은 오른쪽으로 하고 y축의 양(+)의 끝은 위쪽으로 하는 관례를 택할 것이다. 이러한 관례가 **그림 2.1**에 설명되어 있다.

그림 2.1 위치에 대한 부호 관례

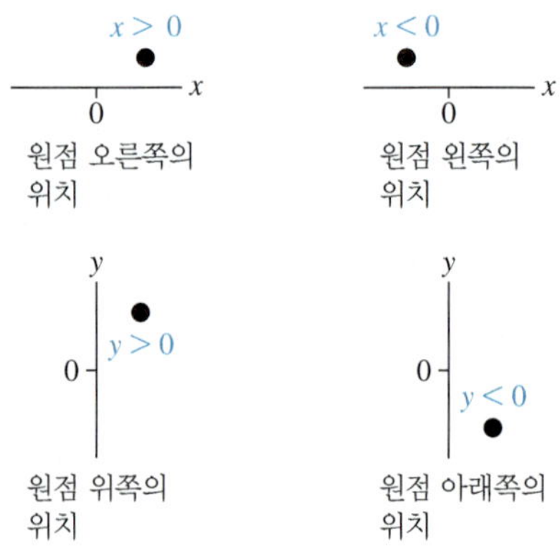

이제 실제적인 문제를 살펴보자. **그림 2.2**는 등교하는 학생을 다루는 간단한 상황의 운동 도형이다. 이 학생은 수평으로 걸어가고 있고, 따라서 학생의 운동을 기술하기 위해서 변수 x를 사용한다. 좌표계의 원점을 정해서 출발 위치를 $x = 0$으로 놓고, 학생의 위치를 미터 단위로 측정한다. 1장에서 했던 것처럼, 운동 도형 위에서 연속적인 위치들을 연결하는 속도 벡터를 함께 표시한다. 이 운동 도형은 $t = 0$분에 학생이 집을 떠나서 잠시 일정하게 걸어갔다는 것을 보여준다. 다음으로 $t = 3$분에서 시작하여 각 시간 간격 동안에 이동한 거리가 더 짧아진 구간이 있는데, 아마도 학생이 친구와 이야기를 하면서 천천히 걸어갔기 때문인 것 같다. 다음으로 $t = 6$분에는 각 시간 간격 동안에 이동한 거리가 더 길어지는데, 이것은 아마도 학생이 늦었다는 것을 알고 매우 빠르게 걷기 시작한 것 같다.

표 2.1 등교하는 학생의 측정된 위치들

시간 t(min)	위치 x(m)	시간 t(min)	위치 x(m)
0	0	5	220
1	60	6	240
2	120	7	340
3	180	8	440
4	200	9	540

그림 2.2 등교하는 학생의 운동 도형과 측정을 하기 위한 좌표축

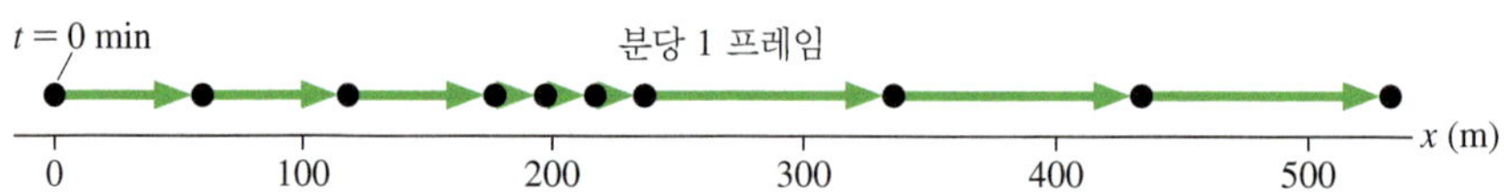

그림 2.2의 운동 도형에서 각 점은 특정한 시각에서 학생의 위치를 나타낸다. 예를 들면, 이 학생은 $t = 2$분에서 $x = 120$ m 위치에 있다. 표 2.1은 운동 도형에서 각 점에 대한 학생 위치를 적은 것이다.

그림 2.2의 운동 도형은 이 학생의 운동을 표현하는 하나의 방법이다. 표 2.1에서처럼 데이터를 나타내는 것은 운동을 표현하는 두 번째 방법이다. 운동을 표현하는 세 번째 방법은 그래프를 그리기 위해서 데이터를 사용하는 것이다. **그림 2.3**은 서로 다른 시각에서 학생의 위치에 대한 그래프인데, 이것을 학생에 대한 x-t 그래프라고 한다.

그림 2.3 학생의 운동에 대한 그래프

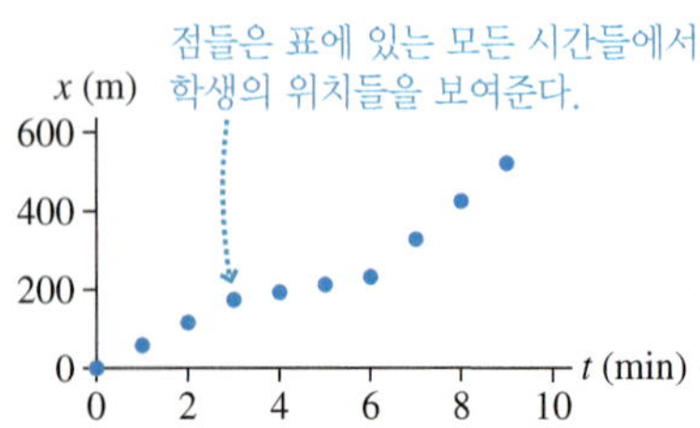

하지만 그림 2.3의 그래프를 더 구체화할 수 있다. 학생이 공간 사이에 있는 모든 점들을 통과해서 연속적으로 움직인다고 가정할 수 있고, 그래서 **그림 2.4**에 나타낸 것처럼 측정된 점들을 통과하는 연속적인 곡선으로 학생의 운동을 표현할 수 있다. 이렇게 어떤 물체의 위치를 시간의 함수로 보여주는 연속적인 곡선을 **위치–시간 그래프**(position-versus-time graph) 또는 위치 그래프(position graph)라고 한다.

그림 2.4 그림 2.3의 그래프를 확장한 위치–시간 그래프

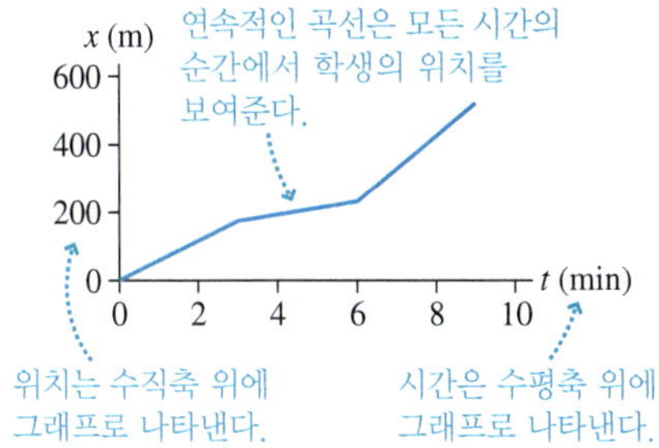

개념형 예제 2.1 **자동차의 위치–시간 그래프 해석하기**

그림 2.5에 있는 그래프는 직선 도로를 따라 움직이는 자동차의 운동을 나타낸 것이다. 자동차의 운동을 (말로) 기술하시오.

그림 2.5 자동차에 대한 위치-시간 그래프

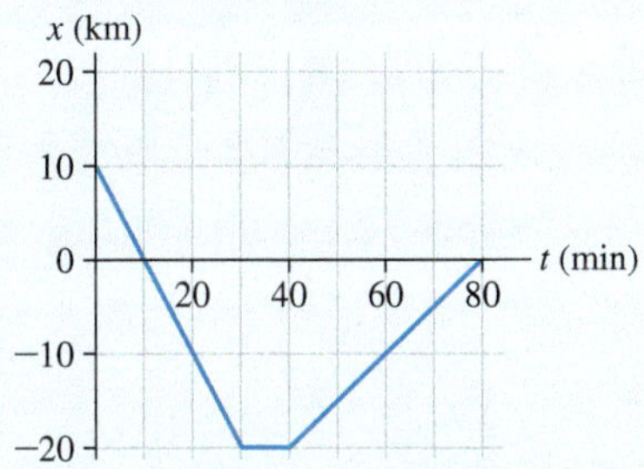

판단 그림 2.5에서 수직축은 'x(km)'라고 표시되어 있고, 위치는 km 단위로 측정된다. 그림 2.1에 주어진 x축을 따라가는 운동에 대한 관례는 자동차가 오른쪽으로 움직이면 x가 증가하고 왼쪽으로 움직이면 x가 감소한다는 것을 말해준다. 그러므로 이 그래프는 자동차가 30분 동안 왼쪽으로 움직이고, 10분 동안 정지했다가, 40분 동안 오른쪽으로 이동함을 보여준다. 자동차는 출발했던 곳의 왼쪽으로 10 km 지점에서 멈춘다. **그림 2.6**은 이 판단에 대한 전체적인 설명을 보여준다.

그림 2.6 위치-시간 그래프를 상세하게 살펴보기

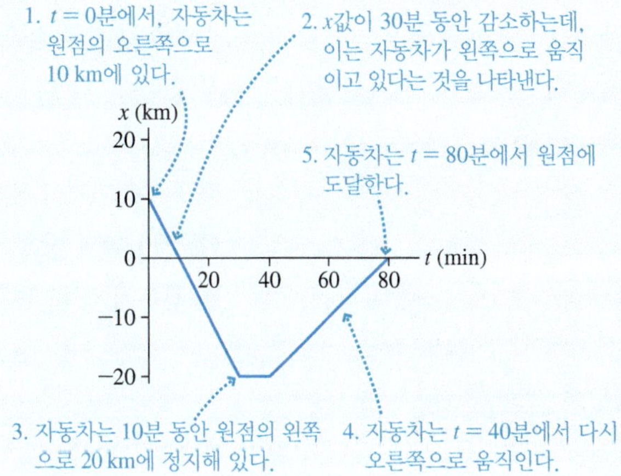

검토 자동차는 30분 동안 왼쪽으로 움직이고 40분 동안 오른쪽으로 이동한다. 그럼에도 불구하고, 자동차는 출발했던 곳의 왼쪽에서 멈춘다. 이것은 자동차가 오른쪽으로 움직였을 때보다 왼쪽으로 움직였을 때 더 빠르게 움직였다는 것을 의미한다. 이는 다음 절에서 알 수 있는 것처럼 그래프로부터 추론할 수 있다.

속도 표현하기

속도는 벡터이며, 크기와 방향을 모두 가진다. 그림에서 속도 벡터를 그릴 때, 크기와 방향을 표현하기 위해서 화살표를 붙인 기호 $\vec{v}$를 사용한다. 1차원에서 이루어지는 운동을 위해서는, 벡터들이 수평 운동의 경우에는 '앞쪽' 또는 '뒤쪽'으로만(또는 수직 운동의 경우에는 '위쪽' 또는 '아래쪽'으로만) 향하도록 제한된다. 이러한 제한은 1차원 운동에서 벡터에 대한 표기를 간단히게 해준다. x축을 따라서 이루어지는 운동에 관한 문제들을 해결할 때, 기호 v_x로 속도를 나타낼 것이다. 위치와 마찬가지로, 비록 다른 선택을 자유롭게 할 수도 있겠지만, 속도에 대해서 통상적인 부호 관례를 가

그림 2.7 속도에 대한 부호 관례

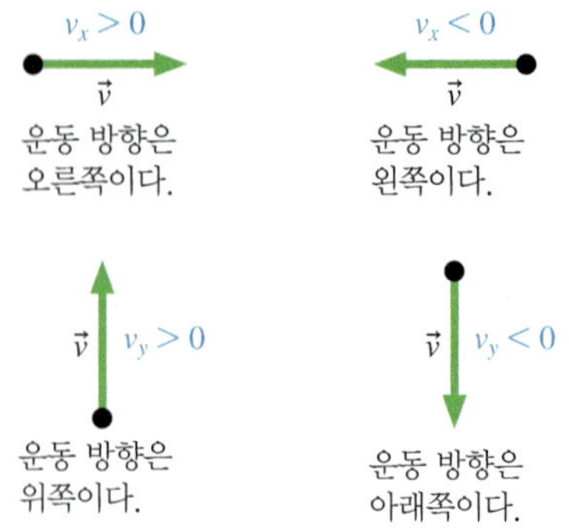

질 것이다. **그림 2.7**에 보여준 것처럼, 오른쪽 또는 왼쪽으로 향하는 운동에 대응해서, v_x가 양(+) 또는 음(−)이 될 것이다. y축을 따라서 움직이는 운동의 경우에는 속도를 나타내기 위해서 기호 v_y를 사용할 것이다. 부호 관례는 그림 2.7에 그림으로 설명하였다. 어떤 물체의 속력을 나타내기 위해서 아래 첨자가 없는 기호 v를 사용할 것이다. **속력은 속도 벡터의 크기**이며 항상 양수이다.

직선을 따라서 움직이는 운동의 경우, ◀◀1.3절로부터 속도의 정의는 다음 식으로 쓸 수 있다.

$$v_x = \frac{\Delta x}{\Delta t} \tag{2.1}$$

이것은 그림 2.7에 있는 부호 관례와 일치한다. 만일 Δx가 양수라면, x는 증가하고, 물체는 오른쪽으로 움직이며, 식 (2.1)은 속도에 대한 양의 값을 준다. 만일 Δx가 음수라면, x는 감소하고, 물체는 왼쪽으로 움직이며, 식 (2.1)은 속도에 대한 음의 값을 준다.

식 (2.1)은 이번 장에서 보게 될 여러 운동 방정식들 중에서 첫 번째 식이다. 보통 좌표 x를 가지고 방정식을 나타내는데, 운동이 수직 방향으로 일어날 경우에는 좌표 y를 사용하면 방정식들이 쉽게 바꾸어질 것이다. 예를 들면, 수직축을 따라서 운동하는 경우에 식 (2.1)은 다음 식이 된다.

$$v_y = \frac{\Delta y}{\Delta t} \tag{2.2}$$

위치에서 속도로

등교하는 학생의 운동 도형을 다른 각도에서 보기로 하자. 그림 2.2의 운동 도형을 다시 그린 **그림 2.8**에서 알 수 있는 것처럼, 학생의 운동은 분명하게 정의된 세 단계를 갖는다. 각 단계에서 학생의 속력은 일정하지만(왜냐하면 속도 벡터들이 같은 길이를 가지므로) 한 단계에서 다른 단계로 가면서 속력이 변한다.

학생의 운동은 3개의 서로 다른 단계를 갖는다. 마찬가지로, **그림 2.9(a)**에 다시 그린 위치−시간 그래프는 기울기가 서로 다른 3개의 기울기를 가지는 3개의 명확하게 정의된 부분을 갖는다. 학생의 속력과 그래프의 기울기 사이에 어떤 관계가 있다는

그림 2.8 등교하는 학생의 운동 도형 다시 보기

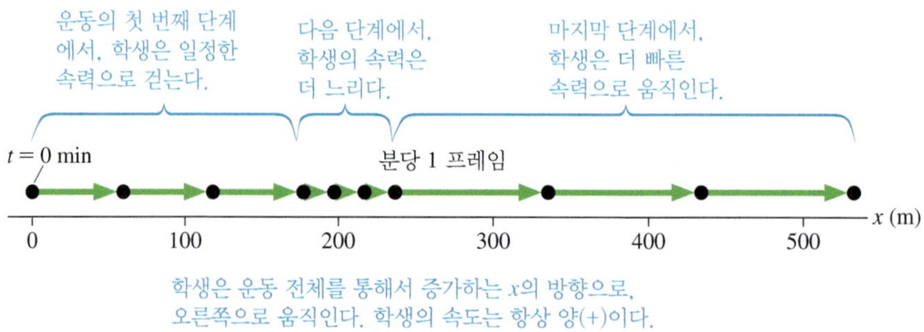

것을 알 수 있다. **더 빠른 속력은 더 가파른 기울기에 대응된다.**

이 대응관계는 이보다 실제적으로는 더 밀접하다. **그림 2.9(b)**에서 보는 것처럼 위치–시간 그래프의 세 번째 부분의 기울기를 보도록 하자. 어떤 그래프의 기울기는 수직의 변화인 '높이'를 수평의 변화인 '밑변거리'의 비율로 정의된다. 그림에서 보여준 그래프의 부분에 대해서, 기울기는 아래 수식으로 표현할 수 있다.

$$\text{그래프의 기울기} = \frac{\text{높이}}{\text{밑변거리}} = \frac{\Delta x}{\Delta t}$$

이 비율은 물리적인 의미를 갖는 속도이고, 식 (2.1)에서 정의했다. 여기서는 특정한 하나의 그래프에 대하여 이러한 대응관계를 살펴보았지만, 이것은 일반적인 원리이다. 곧 **어떤 물체의 위치–시간 그래프의 기울기는 운동 중인 그 점에서 물체의 속도이다**. 이 원리는 또한 음(−)의 기울기인 경우에도 성립하는데, 이것은 속도가 음(−)인 경우에 대응한다. 기하학적 양인 위치–시간 그래프의 기울기를 물리적 양인 속도와 연관 지을 수 있다.

그림 2.9 등교하는 학생의 운동에 대한 그래프 다시 보기

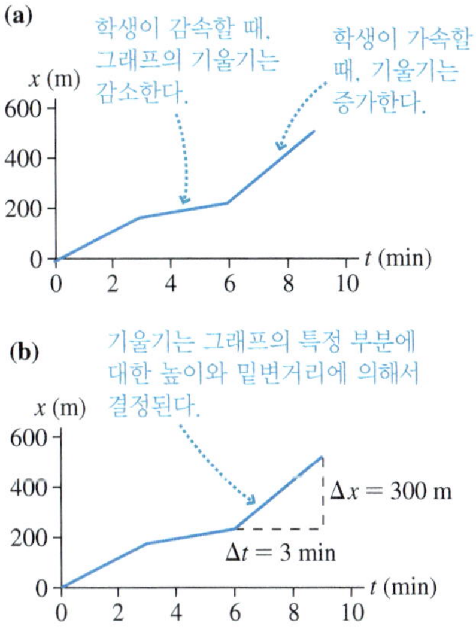

풀이 전략 2.1 위치–시간 그래프 해석하기

운동에 대한 정보는 아래와 같이 위치–시간 그래프로부터 얻을 수 있다.

1. 어떤 시각 t에서 그래프를 읽어서 물체의 **위치**를 결정한다.
2. 그 점에서 위치 그래프의 기울기를 구하여 시각 t에서 물체의 **속도**를 결정한다. 더 가파른 기울기가 더 빠른 속력에 대응한다.
3. 기울기의 부호를 검토하여 **운동 방향**을 결정한다. 양(+)의 기울기는 양(+)의 속도에 대응하고, 오른쪽(또는 위쪽)으로의 운동에 해당한다. 음(−)의 기울기는 음(−)의 속도에 대응하고, 왼쪽(또는 아래쪽)으로의 운동에 해당한다.

그림 2.4에서 보았던 학생의 위치–시간 그래프를 분석하기 위해서 풀이 전략 2.1의 접근법을 이용할 수 있다. 학생의 운동 첫 번째 단계 동안에 직선의 기울기를 측정해서 학생의 속도를 다음 식으로 결정할 수 있다.

$$v_x = \text{기울기} = \frac{\Delta x}{\Delta t} = \frac{180\text{ m}}{3\text{ min}} = 60\,\frac{\text{m}}{\text{min}} \times \frac{1\text{ min}}{60\text{ s}} = 1.0\text{ m/s}$$

이 계산을 끝내면서, 속력에 관한 더 일상적인 단위인 m/s로 바꾸었다. 운동의 이 단계에서 학생의 속도는 일정하며, 그래서 속도–시간 그래프는 **그림 2.10**에 보인 것처럼 1.0 m/s에서 수평선으로 나타나 있다. 학생의 운동 두 번째 단계 동안에 학생의 속도가 +0.33 m/s이고, 마지막 단계 동안에는 +1.7 m/s로 증가한다는 것을 보이기 위해서 유사한 계산을 할 수 있다. 그림 2.10에서 보인 **속도–시간 그래프**(velocity-versus-time graph)를 그리기 위해서 이 정보를 결합한다.

속도–시간 그래프를 조사해보면 그것은 학생의 운동에 대한 우리의 이해와 잘 맞는다는 것을 보여준다. 이 운동에는 세 단계가 있으며 각 단계는 일정한 속력을 갖는

그림 2.10 위치–시간 그래프로부터 속도–시간 그래프 추론하기

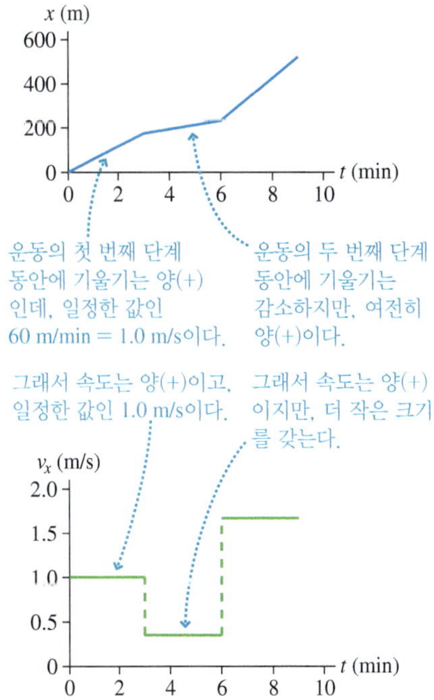

다. 각 단계에서 속도는 양(+)인데, 왜냐하면 학생은 항상 오른쪽으로만 움직이고 있기 때문이다. 두 번째 단계는 느리고(낮은 속도) 세 번째 단계는 빠르다(높은 속도). 이 모든 것은 속도-시간 그래프에서 명백하게 알 수 있는데, 이것은 학생의 운동을 표현하는 또 다른 방법이다.

예제 2.2 자동차의 위치 그래프 분석하기

그림 2.11은 자동차의 위치-시간 그래프를 보여준다.

a. 자동차의 속도-시간 그래프를 그리시오.

b. 자동차의 운동을 (말로) 기술하시오.

그림 2.11 자동차의 위치-시간 그래프

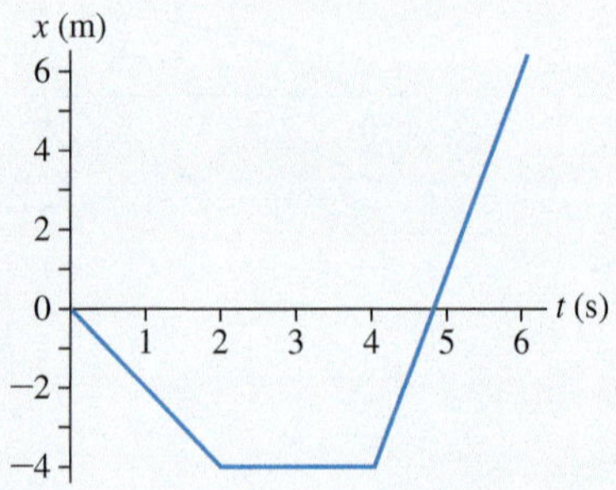

준비 그림 2.11은 이 운동에 대한 그래프 표현이다. 자동차의 위치-시간 그래프는 연속한 3개 직선이다. 이들 3개 직선들의 각각은 일정한 속도의 등속 운동을 나타낸다. 직선의 기울기를 측정함으로써 각 시간 간격 동안의 자동차의 속도를 구할 수 있다.

풀이

a. 자동차의 변위는 $t = 0$ s에서 $t = 2$ s까지($\Delta t = 2$ s) $\Delta x = -4$ m $- 0$ m $= -4$ m이다. 이 시간 간격 동안 속도는 아래 식과 같다.

$$v_x = \frac{\Delta x}{\Delta t} = \frac{-4\text{ m}}{2\text{ s}} = -2\text{ m/s}$$

자동차의 위치는 $t = 2$ s에서 $t = 4$ s까지 변하지 않으므로($\Delta x = 0$ m), $v_x = 0$ m/s이다. 마지막으로 $t = 4$ s에서 $t = 6$ s($\Delta t = 2$ s) 사이의 변위는 $\Delta x = 10$ m이다. 그러므로 이 시간 간격 동안의 속도는 아래 식과 같다.

$$v_x = \frac{10\text{ m}}{2\text{ s}} = 5\text{ m/s}$$

이 속도들은 그림 2.12에 그래프로 표현되어 있다.

그림 2.12 자동차에 대한 속도-시간 그래프

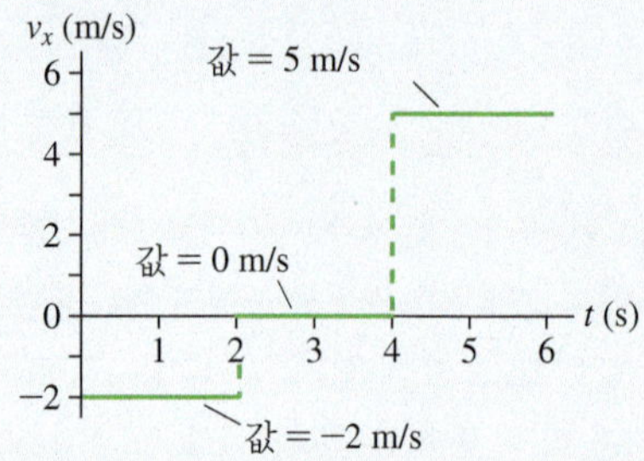

b. 그림 2.12의 속도-시간 그래프로 운동을 기술할 수 있다. 자동차는 2 m/s의 속도로 2 s 동안 후진한 후에, 2 s 동안 정지해 있다가, 다시 2 s 동안 5 m/s의 속도로 전진하였다.

검토 속도 그래프와 위치 그래프는 완전히 다르다는 것에 주목하자. 이 둘은 그래야만 한다. 어떤 순간에 속도 그래프의 값은 위치 그래프의 기울기와 같다. 위치 그래프는 일정한 기울기의 조각들로 만들어지기 때문에, 속도 그래프는 일정한 값의 조각으로 만들어져야만 하고, 실제로 그렇다. 이것은 여러분이 그린 그래프가 옳다는 확신을 준다.

속도에서 위치로

이제 등속 운동의 서로 다른 표현 사이에 어떻게 바뀔 수 있는지 살펴본다. 여러분이 답해야 하는 마지막 문제가 있다. 만일 어떤 속도-시간 그래프가 있다면 위치 그래프를 어떻게 결정할 수 있을까?

한 학생이 강의실을 떠나서 다음 수업을 위해 서쪽 방향 아래 쪽에 있는 강의실을 향해 걷기 시작했다고 가정하자. 그런데 (수업에 항상 가져가는) 교과서를 자리에 두고 왔다는 것을 알았다. 학생은 교과서를 다시 가져오기 위해 뒤돌아서 강의실로 뛰어간다. 학생의 운동에 대한 속도–시간 그래프는 **그림 2.13**에 있는 그래프처럼 보인다. 이 운동에는 2개의 명백한 단계가 있는데, 강의실에서 멀어지면서 걷는 것(속도 +1.0 m/s)과 되돌아 뛰는 것(속도 −3.0 m/s)이다. 이 운동에 대한 위치–시간 그래프를 어떻게 추론할 수 있을까?

앞에서처럼, 그래프 각 부분을 분석할 수 있다. 이 과정은 그림 2.13에서 보여주는데, 여기에서 위쪽 속도–시간 그래프가 아래쪽 위치–시간 그래프를 추론하기 위해 이용된다. 이 운동의 두 부분 각각에 대해서 속도의 부호는 그래프의 기울기가 양(+) 또는 음(−)인지 여부를 알려준다. 속도의 크기는 이 기울기가 얼마나 가파른지 알려준다. 최종 결과는 합리적이다. 그것은 천천히 증가하는 위치(멀어지면서 걷는 것) 15 s와 빠르게 감소하는 위치(뒤돌아 뛰는 것) 5 s를 보여준다. 그리고 학생은 출발했던 곳으로 되돌아와서 운동을 끝낸다.

앞서 언급하지 않았던 한 가지 중요한 세부사항이 있다. 위치 그래프가 $x = 0$ m에서 출발했다는 것을 어떻게 알았을까? 속도 그래프는 위치 그래프의 **기울기**를 알려주기는 하지만, 위치 그래프가 어디에서 출발해야 하는지 알려주는 것은 아니다. 비록 좌표계의 원점으로 선택하는 점을 임의로 선택할 수 있지만, 여기에서는 강의실에 있는 학생의 출발점을 $x = 0$ m로 정하는 것이 합리적으로 보인다. 강의실에서 멀어지면서 학생의 위치가 증가한다.

그림 2.13 속도–시간 그래프로부터 위치 그래프 추론하기

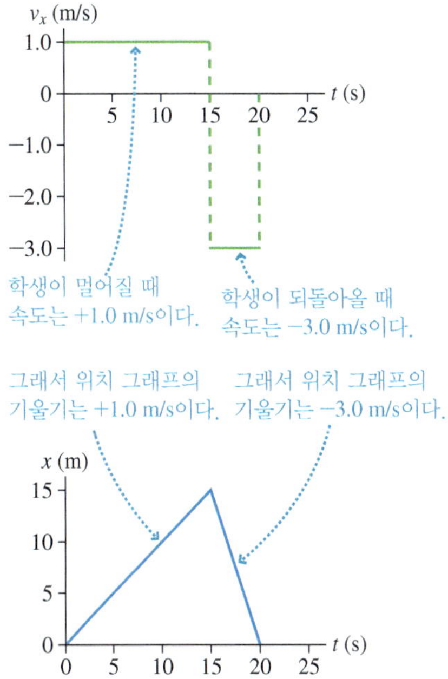

2.2 등속 운동

만약 직선 도로를 따라서 자동차를 일정한 100 km/h 속력으로 운전한다면, 처음 1시간 동안에 100 km를 갈 것이고, 다음 1시간 동안에도 100 km, 그 다음 1시간 동안에도 계속해서 역시 100 km를 갈 것이다. 이것이 **등속 운동**이라고 하는 운동의 한 예이다. **어떤 연속적인 같은 시간 간격 동안에 같은 변위가 발생하는 직선 운동을 등속 운동 또는 등속도 운동이라고 한다.**

그림 2.14는 등속 운동을 하는 어떤 물체에 대한 운동 도형과 그래프를 보여준다. 등속 운동에 대한 위치–시간 그래프가 직선이라는 것을 주목하자. 이것은 같은 값의 Δt에 대응하는 모든 Δx의 값들이 같아야만 한다는 요구조건에서 나온 것이다. 사실상, 등속 운동에 대한 또 다른 정의는 다음과 같다. **어떤 물체의 위치–시간 그래프가 직선일 때에만 그 물체의 운동은 등속 운동이다.**

그림 2.14 등속 운동에 대한 운동 도형과 위치–시간 그래프

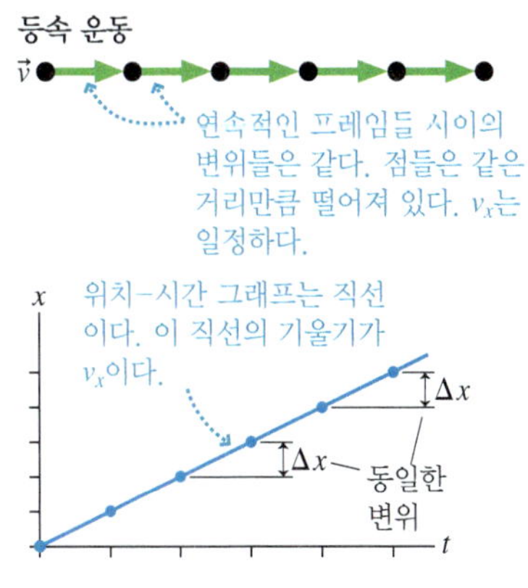

등속 운동의 방정식

어떤 물체가 **그림 2.15**에 보인 것처럼 직선인 위치–시간 그래프를 가지고 x축을 따라서 등속 운동을 하고 있다. 시간 t_i에서 물체의 초기 위치를 x_i로 표기한 1장을 기억하자. '초기'라는 용어는 분석의 시작점 또는 문제에서 언급한 출발점을 말한다. 물체는

그림 2.15 등속 운동을 하는 물체에 대한 위치-시간 그래프

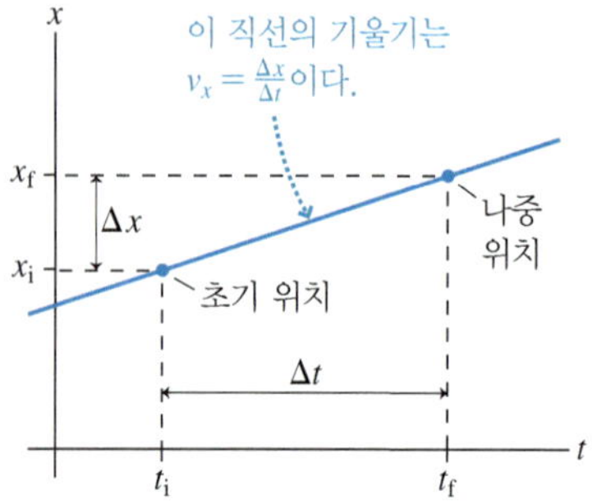

t_i 이전에 운동 중일 수도 있고 또는 운동을 하지 않았을 수도 있다. 분석의 끝점 또는 문제에서 언급한 끝점에 대해서 '나중'이라는 용어를 사용할 것이며, 시간 t_f에서 물체의 나중 위치 x_f로 표기한다. 앞서 보았던 것처럼, x축을 따라서 운동하는 이 물체의 속도 v_x는 그래프의 기울기를 구함으로써 아래 식과 같이 결정될 수 있다.

$$v_x = \frac{\text{높이}}{\text{밑변거리}} = \frac{\Delta x}{\Delta t} = \frac{x_f - x_i}{t_f - t_i} \qquad (2.3)$$

식 (2.3)은 다시 배열하여 다음 식과 같이 쓸 수 있다.

$$x_f = x_i + v_x \Delta t \qquad (2.4)$$

등속 운동을 하는 물체의 위치 방정식(v_x는 상수이다)

여기에서 $\Delta t = t_f - t_i$는 물체가 위치 x_i로부터 위치 x_f로 운동하는 시간 간격이다. 식 (2.4)는 속도가 일정한 경우 어떠한 시간 간격 Δt에나 적용된다. 또한 이 식을 물체의 변위 $\Delta x = x_f - x_i$를 이용하여 다음 식으로 쓸 수 있다.

$$\Delta x = v_x \Delta t \qquad (2.5)$$

등속 운동을 하는 물체의 속도는 이 물체의 위치가 매초 얼마만큼 변하는지 알려준다. 20 m/s의 속도로 움직이는 물체는 운동하는 동안 그 위치가 매초 20 m씩 변한다. 운동의 처음 1초 동안 20 m 움직이고, 다음 1초 동안에도 20 m를 움직인다. 즉 위치가 20 m/s의 비율로 변한다. 만일 물체가 $x_i = 10$ m에서 출발한다면, 운동 1 s 후에 물체는 $x = 30$ m에 있을 것이고, 2 s 후에는 $x = 50$ m에 있을 것이다. 이처럼 속도를 생각하는 것은 속도와 위치 사이의 관계를 직관적으로 이해하는 데 도움이 될 것이다.

물리학이 온통 방정식들로 채워진 것처럼 보이지만, 대부분의 방정식들은 몇 개의 기본적인 형태를 따른다. 식 (2.5)의 수학적 형식은 다시 보게 될 형태이다. 즉 변위 Δx는 시간 간격 Δt에 비례한다.

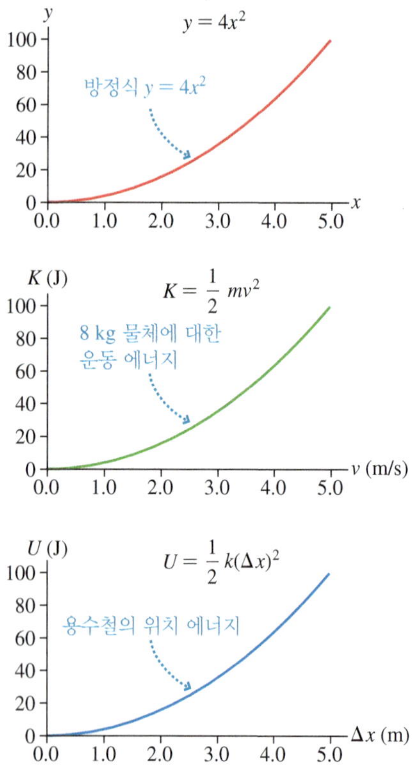

수식의 형태 이들 세 그래프는 방정식, 물체의 속력과 물체의 운동 에너지, 그리고 용수철 한 끝의 변위와 용수철의 위치 에너지의 그래프를 나타낸다. 셋 모두 겉모습은 같다. 그들의 변수는 다르지만, 셋 모두 **수식의 형태**는 같다. 이 교재에서는 몇몇 다른 수식만 다룰 것이다. 각각의 형태가 처음 나타날 때 개요를 설명하고, 다시 나타나면 아이콘을 달아서 개요를 다시 보도록 하여 스스로 요점을 되새겨 보도록 하였다.

비례 관계

만일 x와 y가 다음 형태의 방정식에 의해 연관된다면 y는 x에 **비례하는**(proportional) 것이라고 한다.

$$y = Cx$$

y는 x에 비례한다.

C는 **비례 상수**(proportionality constant)라 한다. y 대 x의 그래프는 원점을 지나가는 직선이다.

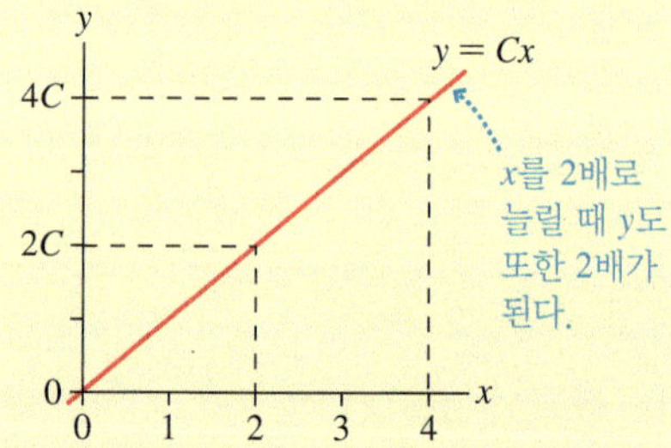

축척 만일 x의 초기값이 x_1이면 y의 초기값은 $y_1 = Cx_1$이다. x를 x_1으로부터 x_2로 변화시키면 y는 y_1으로부터 y_2로 변화한다. y_2와 y_1의 비율은 아래 식으로 표현된다.

$$\frac{y_2}{y_1} = \frac{Cx_2}{Cx_1} = \frac{x_2}{x_1}$$

y_2와 y_1의 비율은 정확하게 x_2와 x_1의 비율과 같다. 만일 y가 x와 비례하면 보통 $y \propto x$로 표기하며, x와 y는 같은 인수에 의해서 변화한다.

- 만일 x를 2배로 하면, y도 2배가 된다.
- 만일 x를 1/3로 줄이면, y도 1/3로 줄어든다.

만일 두 변수가 비례 관계를 갖는다면, 비례 상수 C의 값을 알지 않아도 비율로부터 중요한 결론을 끌어낼 수 있다. 보통 이러한 비율을 바라보고 매우 직접적인 방법으로 문제를 해결할 수 있다. 이것이 바로 **비율 추론**이라 하는 중요한 기술이다.

예제 2.3 **만일 기차가 2시에 서울을 떠난다면…**

기차가 일정한 속력으로 서쪽을 향해서 움직인다. 이 기차의 승객이 12 km 이동하는 데 10 min 걸린다는 것을 알았다. 그렇다면 이 기차로 60 km를 이동하면 시간이 얼마나 걸리겠는가?

준비 등속 운동을 하는 물체에 대해서 식 (2.5)는 이동한 거리 Δx가 시간 간격 Δt에 비례한다는 것을 보여준다. 그래서 이것은 비율 추론을 이용해서 해결하는 좋은 문제이다.

풀이 12 km 이동하는 데 걸린 시간과 60 km 이동하는 데 걸리는 시간의 두 가지 경우를 비교한다. Δx가 Δt에 비례하기 때문에, 시간의 비율은 거리의 비율과 같을 것이다. 거리의 비율은 아래 식으로 표현된다.

$$\frac{\Delta x_2}{\Delta x_1} = \frac{60\text{ km}}{12\text{ km}} = 5$$

이것은 다음 식으로 표현되는 시간의 비율과 같다.

$$\frac{\Delta t_2}{\Delta t_1} = 5$$

$$\Delta t_2 = 60\text{ km를 이동하는 데 걸린 시간} = 5\Delta t_1$$
$$= 5 \times (10\text{ min}) = 50\text{ min}$$

12 km 이동하는 데 10 min 걸렸으므로, 60 km를 이동하려면(5배만큼 긴 시간인) 50 min 걸릴 것이다.

검토 등속 운동을 하는 물체의 경우, 5배의 거리가 5배의 시간을 요구한다는 것은 합리적이다. 비율 추론을 이용하는 것이 이 문제를 해결하는 직접적인 방법임을 알 수 있다. 이때 비례 상수(이 경우에는 속도)는 알 필요가 없고, 단지 거리와 시간의 비율만 필요하다.

속도로부터 위치로, 한 번 더 살펴보기

어떤 물체의 속도를 위치 그래프의 기울기를 측정해서 추론할 수 있음을 알았다. 역으로 만일 속도 그래프를 가지고 있다면, 이 그래프의 기울기를 살펴보는 것이 아니라 **그래프 아래의 면적**을 살펴봄으로써 위치에 관한 무엇인가를 말할 수 있다. 예를 들어보자.

자동차가 12 m/s 속도로 등속 운동을 하고 있다. $t = 1.0$ s와 $t = 3.0$ s의 시간 간격 동안에 이 자동차가 이동한 거리, 다시 말하면 변위는 얼마인가?

식 (2.5)의 $\Delta x = v_x \Delta t$는 수학적으로 변위를 기술한다. 그래프 해석을 위해서 그림 2.16에 있는 속도–시간 그래프를 고려하자. 그림에서 높이는 속도 v_x이고 밑변은 시간 간격 Δt인 어두운 직사각형을 만들었다. 직사각형의 면적은 $v_x \Delta t$이다. 식 (2.5)

그림 2.16 변위는 속도–시간 그래프 아래의 면적이다.

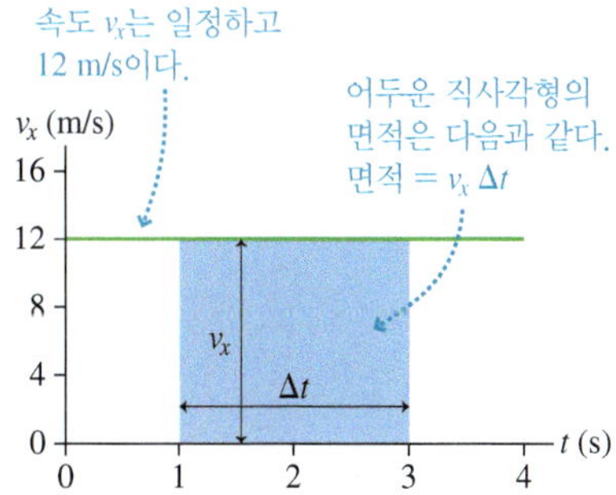

를 살펴보면, 이 양이 또한 자동차의 변위와 같다는 것을 알 수 있다. 직사각형의 면적은 축과 속도를 나타내는 직선 사이의 면적이고, 이것을 '그래프 아래의 면적'이라고 한다. **변위 Δx가 시간 간격 Δt 동안에 속도 그래프 아래의 면적과 같다**는 것을 알 수 있다.

식 (2.5)를 이용하던지 또는 변위를 계산하기 위해서 그래프 아래의 면적을 사용하던지 간에 다음 식과 같은 동일한 결과를 얻는다.

$$\Delta x = v_x\,\Delta t = (12\ \text{m/s})(2.0\ \text{s}) = 24\ \text{m}$$

비록 속도가 일정한 등속 운동일 경우에 대해서만 변위가 그래프 아래의 면적이라는 것을 보였지만, 이 결과가 어떤 1차원 운동에 대해서도 적용된다는 것을 곧 알게 될 것이다.

2.3 순간 속도

고속 경주용 자동차가 급속히 빠르게 바꾸며 움직인다.

지금까지 공부했던 물체들은 변하지 않고 일정한 속도로 움직이거나, 또는 예제 2.1에 있는 자동차처럼, 어떤 일정한 속도로부터 다른 속도로 갑자기 바꾸었다. 이것은 실제적인 상황은 아니다. 실제로 움직이는 물체는 속도를 증가시키기도 하고 감소하기도 하면서 속도를 변화시킨다. 자동차 경주에서 선수는 정지 상태에서 출발하지만, 1초 후에 40 km/h 이상의 속도로 움직인다.

1차원 운동에 있어서, 속도가 변하는 물체는 시간에 따라 속도가 빨라지거나 느려진다. 속도를 증가시키거나 감소시키면서(속도를 바꾸면서) 자동차를 운전할 때 차의 속도계를 살펴보면 **그 순간**에 얼마나 빨리 달리는지 알 수 있다. 어느 특정한 시각 t의 순간의 물체의 속도(속력과 방향)를 그 물체의 **순간 속도**(instantaneous velocity)라고 한다.

그러나 물체가 '어느 순간'에 어떤 속도를 가진다는 것은 무슨 의미인가? 순간 속도의 크기가 100 km/h라는 것은, 만일 변화 없이 그 비율로 계속 간다면, 1시간 후에는 100 km의 거리를 움직이게 되는 그러한 비율로 자동차의 위치가 (바로 그 순간에) 바뀌고 있다는 것을 의미한다. 만일 여러분이 탄 자동차가 일정한 속도 100 km/h로 움직이는 다른 자동차의 속도와 어떤 순간에 일치한다면, 여러분이 탄 차의 순간 속도는 100 km/h이다. **지금부터 '속도'라는 단어는 항상 순간 속도를 의미할 것이다.**

등속 운동의 경우에는, 물체의 위치–시간 그래프는 직선이며 이 물체의 속도는 그 직선의 기울기이다. 대조적으로, **그림 2.17**은 고속 경주용 자동차의 위치–시간 그래프가 굽은 곡선이라는 것을 보여준다. 자동차의 속도가 증가하면서 같은 시간 간격 동안 변위 Δx는 점점 커진다. 비록 그렇더라도, 이 자동차의 속도를 측정하기 위해서 위치 그래프의 기울기를 이용할 수 있다. 따라서 아래 식과 같이 말할 수 있다.

$$\text{시각 } t\text{에서 순간 속도 } v_x = \text{시각 } t\text{에서 위치 그래프의 기울기} \tag{2.6}$$

그림 2.17 고속 경주용 자동차의 위치–시간 그래프

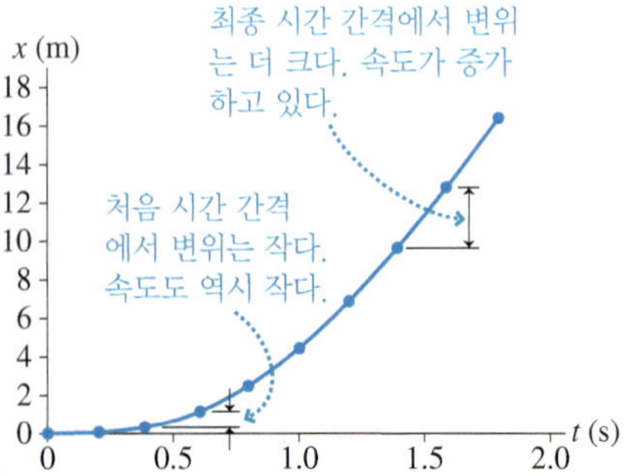

그러나 어떤 특정한 점에서 곡선의 기울기를 어떻게 결정할까?

순간 속도 구하기

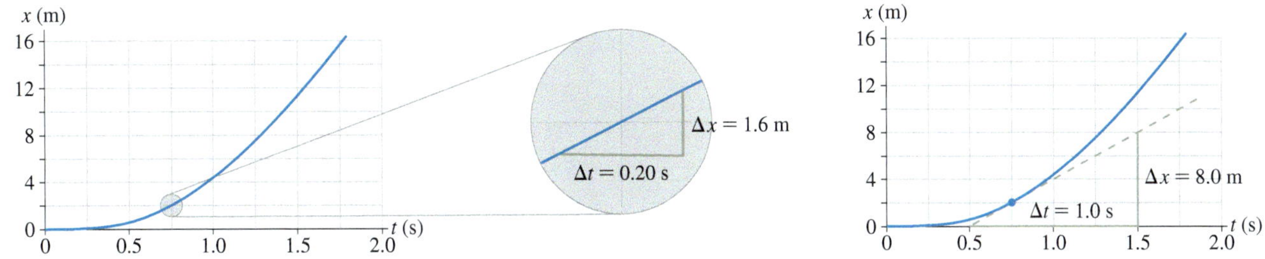

만일 속도가 변하면, 위치 그래프는 곡선이다. 그러나 그래프의 작은 부분을 고려함으로써 어떤 점에서 기울기를 계산할 수 있다. $t = 0.75$ s 근처의 매우 작은 시간 간격에서 운동을 살펴보자. 이것은 원으로 강조되어 있으며, 다음 그래프에서 자세하게 살펴본다.

위치 그래프를 확대하면 곡선 대신 직선처럼 보인다. 앞에서 했던 것처럼 아래 식과 같이 높이와 밑변거리를 계산함으로써 기울기를 발견할 수 있다.

$$v_x = (1.6\text{ m})/(0.20\text{ s}) = 8.0\text{ m/s}$$

이것이 $t = 0.75$ s에서 기울기이며 이 순간의 속도이다.

그래프로 보았을 때, 어떤 점에서 곡선의 기울기는 그 점에서 그 곡선에 **접하는** 직선의 기울기와 같다. 이 접선의 높이와 밑변거리를 계산하면 다음 식을 얻는다.

$$v_x = (8.0\text{ m})/(1.0\text{ s}) = 8.0\text{ m/s}$$

이것은 확대한 그림으로부터 얻었던 값과 같다. **접선의 기울기는 그 순간의 순간 속도이다.**

개념형 예제 2.4 **하키 선수의 위치 그래프 분석하기**

하키 선수가 경기 중에 얼음 위에서 직선으로 움직인다. 링크의 중심으로부터 위치를 측정한다. **그림 2.18**은 하키 선수의 운동에 대한 위치-시간 그래프를 보여준다.

a. 근사적인 속도-시간 그래프를 그리시오.

b. 어느 점 또는 점들에서 선수가 가장 빨리 움직이는가?

c. 선수는 정지한 적이 있는가? 만약 그렇다면 어느 점 또는 점들인가?

그림 2.18 하키 선수에 대한 위치-시간 그래프

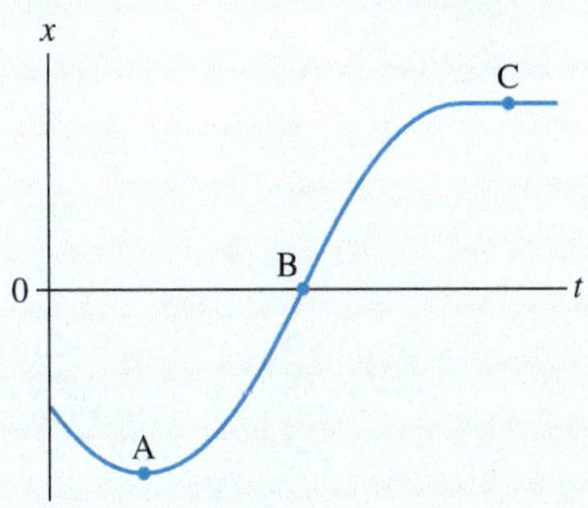

판단

a. 어떤 특정한 순간의 속도는 그 시간에 위치-시간 그래프에 접하는 직선의 기울기이다. 위치-시간 그래프를 따라서 점에서 점으로 움직일 수 있고, 각 점에서 속도를 구하기 위해 그 점에서 접선의 기울기를 주목한다.

처음에 점 A의 왼쪽에서 기울기가 음(−)이고, 그러므로 속도는 음(−)이다(다시 말하면 선수가 왼쪽으로 움직이고 있는 것이다). 그러나 곡선이 평평해지면서 기울기는 감소하며, 그래프가 점 A에 도달하는 시간이 되면 기울기가 0이다. 다음에는 기울기가 증가하면서 점 B에서 최댓값이 되고, 다시 감소하면서 점 C 약간 전에서 0이 되며, 그 후에는 0으로 남게 된다. 이 추론 과정이 **그림 2.19(a)**에 설명되어 있으며, **그림 2.19(b)**는 결과적으로 얻게 되는 근사적인 속도-시간 그래프이다.

b. 이 선수는 위치 그래프의 기울기가 가장 가파른 점 B에서 가장 빠르게 움직인다.

c. 만일 선수가 정지하면 $v_x = 0$이다. 그래프로 살펴보면, 이것은 위치-시간 그래프의 접선이 평평해서 기울기가 0인 점들에서 일어난다. 그림 2.19는 점 A와 C에서 기울기가 0이라는 것을

그림 2.19 위치 그래프로부터 속도 그래프 발견하기

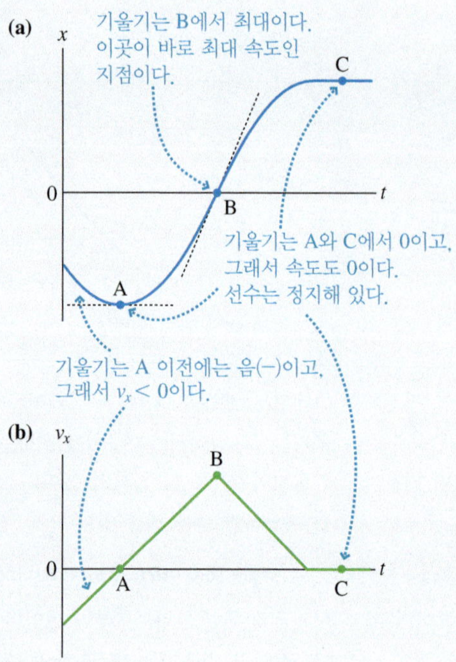

보여준다. 점 A에서 속도는 순간적으로 0이며, 선수는 왼쪽으로 움직이다가 오른쪽으로 운동 방향을 바꾸고 있는 것이다. 점 C에서 그는 움직임을 멈추었고 정지한 상태로 있다.

검토 이 운동을 점검하는 가장 좋은 방법은 속도와 위치 그래프가 잘 부합하는지 운동의 다른 부분을 살펴보는 것이다. 점 A까지 x는 감소하고 있다. 선수는 왼쪽으로 움직이고 있으며, 그래서 속도는 음(−)이 되어야 하는데, 그래프는 그렇다는 것을 보여준다. 점 A와 C 사이에서 x는 증가하고 있고, 그래서 속도는 양(+)이 되어야 하는데, 이것 또한 그래프의 모습이다. 가장 가파른 기울기는 점 B에 있으며, 그래서 이 점이 속도 그래프에서 가장 높은 점이 되어야 하는데, 그러하다.

그림 2.20 먹이를 추격하는 사자의 속도–시간 그래프

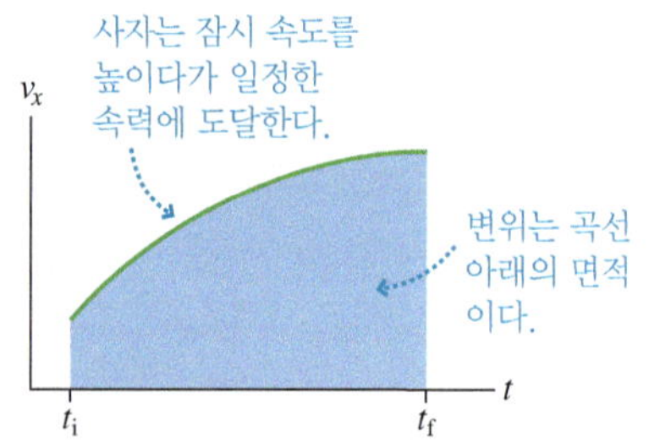

그림 2.20은 먹이를 추격하기 위해서 속도를 높이는 사자의 전형적인 속도–시간 그래프를 보여준다. 비록 속력은 변하지만, 시간 간격 t_i에서 t_f 동안에 사자가 얼마나 움직이는지 결정하기 위해서 여전히 그래프를 사용할 수 있다. 등속 운동의 경우에 변위 Δx가 이 시간 간격 동안에 속도–시간 그래프 아래의 면적이라는 것을 보였다. 그러나 운동의 유형에 관한 특별한 것은 없었다. 이 생각을 속력이 변하는 물체의 경우로 일반화할 수 있다. 만일 어떤 운동에 대한 속도 그래프를 그릴 수 있다면, 그 물체의 변위는 아래 식으로 주어진다.

$$x_f - x_i = (t_i\text{와 } t_f \text{ 사이에서 속도 그래프 아래의 면적}) \tag{2.7}$$

그림 2.20에서 그래프 아래의 면적은 사자가 추격하는 동안 얼마나 달렸는지 알려준다.

많은 경우 다음 예제에서처럼, 그래프 아래의 면적은 쉽게 계산할 수 있는 간단한 모양이 될 것이다. 하지만 만일 그 모양이 복잡하다면, 그것에 꼭 맞게 일치하는 더 간단한 모양을 이용해서 면적을 근사할 수 있다.

예제 2.5 빠른 출발 동안의 변위

그림 2.21은 정지 상태로부터 움직이기 시작하는 자동차의 속도–시간 그래프를 보여준다. 이 자동차는 처음 3.0 s 동안에 얼마나 움직였는가?

준비 그림 2.21은 이 운동을 그래프로 표현한 것이다. '얼마나?'라는 질문은 위치 x보다는 오히려 변위 Δx를 구해야 한다는 것을 말해준다. 식 (2.7)에 따르면, $t = 0$ s와 $t = 3$ s 사이에 자동차의

그림 2.21 예제 2.5의 자동차에 대한 속도-시간 그래프

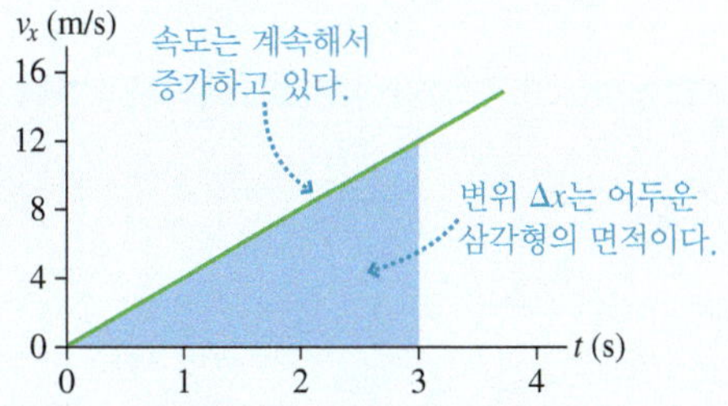

변위 $\Delta x = x_f - x_i$는 $t = 0$ s로부터 $t = 3$ s까지 곡선 아래의 면적이다.

풀이 이 경우에 곡선은 경사진 직선이므로, 면적은 아래 식과 같은 삼각형의 면적이다.

$$\Delta x = t = 0\text{ s와 } t = 3\text{ s 사이의 삼각형 면적}$$
$$= \tfrac{1}{2} \times \text{밑변} \times \text{높이} = \tfrac{1}{2} \times 3\text{ s} \times 12\text{ m/s} = 18\text{ m}$$

자동차는 처음 3 s 동안에 그 속도가 0으로부터 12 m/s로 변함에 따라 18 m를 움직였다.

검토 물리적으로 의미가 있는 면적은 s와 m/s의 곱이고, Δx는 적합한 단위인 m를 갖는다. 숫자들이 물리적으로 타당한지 알기 위해서 숫자들을 점검해보자. 나중 속도인 12 m/s는 약 43 km/h이다. 정지 상태로부터 움직이기 시작하면 약 3 s 지나서 이 속력에 도달할 것으로 기대할 수 있으며, 만일 좋은 자동차라면 이 값은 타당해 보인다. 만약 이 자동차가 3 s 동안에 일정한 속도(나중 속도) 12 m/s로 움직였다면, 거리는 36 m가 될 것이다. 3 s 동안에 움직인 실제 거리는 18 m이고 36 m의 절반이다. 이 문제의 출발에서 속도는 0 m/s였고 꾸준히 12 m/s로 증가했기 때문에, 이것은 이치에 맞는다.

2.4 가속도

이 장의 목표는 운동을 기술하는 것이다. 속도는 물체가 위치를 변화시키는 비율을 기술하는 것임을 보았다. 이 기술을 완성하기 위해서 한 가지 더 운동 개념이 필요한데, 그것은 속도가 변하는 물체를 기술하는 개념이다.

예를 들면, 자동차의 성능을 측정하기 위해 자주 언급되는 척도를 하나 살펴보자. 이것은 자동차가 0으로부터 100 km/h 속력에 도달하기까지 걸리는 시간이다. 표 2.2는 두 가지 서로 다른 자동차에 대한 이 시간을 보여준다.

표 2.2 자동차가 0으로부터 100 km/h까지 도달하는 데 걸리는 시간

자동차	소요 시간
2011 쉐보레 콜벳	3.6 s
2012 쉐보레 소닉	9.0 s

그림 2.22에서 콜벳과 소닉에 대한 운동 도형을 살펴보자. 이 운동에 대한 두 가지 중요한 사실을 알 수 있다. 첫째, 속도 벡터의 길이가 증가하고 있고, 속력이 증가하고 있다. 둘째, 콜벳의 속도 벡터가 소닉의 속도 벡터보다 더욱 빠르게 그 길이가 증가하고 있다. 여기서 찾는 양은 물체의 속도 벡터가 얼마나 빨리 그 길이에서 변하는지 측정하는 양이다.

그림 2.22 소닉과 콜벳에 대한 운동 도형

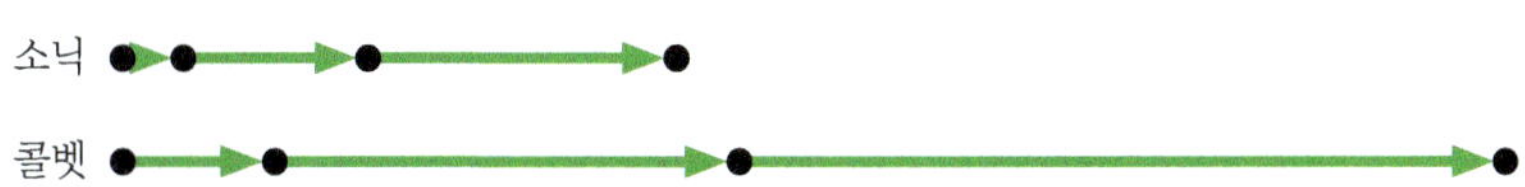

위치에서 변화를 측정하고 싶을 때 비율 $\Delta x/\Delta t$가 유용하다. 속도라고 정의하는 이 비율은 **위치의 변화율**이다. 마찬가지로, 어떤 물체의 속도가 얼마나 빨리 변하는지를 비율 $\Delta v_x/\Delta t$를 가지고 측정할 수 있다. 속도에 대한 지식을 안다면, 이 새로운 비율에 관한 몇 가지 사항을 말할 수 있다.

수업 영상

- 비율 $\Delta v_x/\Delta t$는 속도의 변화율이다.
- 비율 $\Delta v_x/\Delta t$는 속도-시간 그래프의 기울기이다.

이 비율은 **가속도**(acceleration)라고 하며, 다음 식처럼 기호 a_x를 사용한다.

$$a_x = \frac{\Delta v_x}{\Delta t} \tag{2.8}$$

속도의 변화율로 정의한 가속도

쿠션 운동학 자동차가 장애물과 정면충돌할 때, 가능한 가속도를 작게 함으로써 자동차와 동승자의 피해를 줄일 수 있다. 식 (2.8)로부터 알 수 있듯이 가능한 한 시간당 자동차 속도변화를 줄임으로써 가속도를 줄일 수 있다. 이것이 고속도로의 긴급수리 구간에다 교통사고 방지용 노랑 플라스틱 쿠션을 설치하는 이유이다. 이 쿠션은 자동차가 충돌하여 멈추는 시간을 늘려준다.

마찬가지로 수직 운동에 대해서는 $a_y = \Delta v_y/\Delta t$이다.

하나의 예를 들면, 앞의 콜벳과 소닉에 대하여 가속도를 계산해보자. 두 경우 모두에서, 초기 속도 $(v_x)_\text{i}$는 0이고 나중 속도 $(v_x)_\text{f}$는 100 km/h이다. 그러므로 속도 변화는 $\Delta v_x = 100$ km/h이다. 속도의 SI 단위인 m/s로 나타내면 $\Delta v_x = 27$ m/s이다.

이제 가속도를 계산하기 위해서 식 (2.8)을 사용할 수 있다. $\Delta t = 3.6$ s가 지나서 27 m/s로 속도가 높아진 콜벳에 대해 계산하면 아래 식과 같은 결과를 얻는다.

$$a_{\text{Corvette}\,x} = \frac{\Delta v_x}{\Delta t} = \frac{27\text{ m/s}}{3.6\text{ s}} = 7.5\,\frac{\text{m/s}}{\text{s}}$$

마지막 숫자의 의미는, 매초 콜벳의 속도는 7.5 m/s만큼 변한다는 뜻이다. 운동의 첫 1 s가 지나면, 콜벳의 속도가 7.5 m/s만큼 증가한다. 다음 1 s가 지나면 또 7.5 m/s만큼 증가하며, 이렇게 계속된다. 결국 1 s 후에는 속도가 7.5 m/s가 되고, 2 s 후에는 15 m/s가 되는 것이다. 그래서 단위를 7.5 m/s/s, 다시 말하면 7.5 (m/s)/s로 해석한다.

소닉의 가속도는 다음 식과 같다.

$$a_{\text{Sonic}\,x} = \frac{\Delta v_x}{\Delta t} = \frac{27\text{ m/s}}{9.0\text{ s}} = 3.0\,\frac{\text{m/s}}{\text{s}}$$

매초 소닉은 속력을 3.0 m/s만큼 변화시킨다. 이것은 콜벳의 가속도의 단지 2/5이다. 콜벳이 더 큰 가속도를 만들 수 있는 이유는 이 운동을 일으키는 원인과 관련이 있다. 가속도의 원인은 4장에서 공부할 것이다. 지금으로서는 이유가 궁금하겠지만, 간단하게 콜벳이 더 큰 가속도를 만들 수 있다는 것에 주목하자.

예제 2.6 동물의 가속도 BIO

포식 동물인 사자는 매우 빠른 출발을 할 수 있다. 정지 상태로부터 사자는 1 s 동안 9.5 m/s^{2}의 가속도를 유지할 수 있다. 사자가 정지 상태로부터 출발해서 전형적인 취미로 달리는 경주자의 최고 속력인 10 mph까지 도달하는 데 얼마나 걸리겠는가?

준비 SI 단위로 변환하는 것으로 시작한다. 사자가 도달해야 하는 속력은 아래 식과 같다.

$$v_\text{f} = 10\text{ mph} \times \frac{0.45\text{ m/s}}{1.0\text{ mph}} = 4.5\text{ m/s}$$

사자는 9.5 m/s^2으로 가속할 수 있고, 9.5 m/s까지 도달하는 데 충분히 긴 시간인 단지 1.0 s 동안에 매초 9.5 m/s만큼 속력을 변화시킨다. 사자가 4.5 m/s까지 도달하기 위해서는 1.0 s보다 적은 시간이 걸릴 것이고, 풀이에서 $a_x = 9.5\ m/s^2$을 이용할 수 있다.

풀이 가속도와 속도에서 원하는 변화를 알고 있고, 그래서 시간을 발견하기 위해서 식 (2.8)을 다음 식처럼 다시 쓸 수 있다.

$$\Delta t = \frac{\Delta v_x}{a_x} = \frac{4.5\ m/s}{9.5\ m/s^2} = 0.47\ s$$

검토 사자는 1 s가 지나면 속력을 9.5 m/s만큼 변화시킨다. 그러므로 1/2 s보다 약간 적은 시간이 지나서 4.5 m/s까지 도달할 것이라는 결론은 타당하다.

가속도 표현하기

앞에서 고려했던 콜벳와 소닉에 대한 속도들의 표를 만들기 위해서 가속도를 위해 계산했던 값들을 이용하자. 표 2.3은 콜벳의 속도가 매초 7.5 m/s만큼 증가하는 반면에 소닉의 속도는 매초 3.0 m/s만큼 증가한다는 개념을 사용한다. 표 2.3에 있는 데이터는 **그림 2.23**에 있는 속도-시간 그래프를 위한 토대가 된다. 그림에 보인 것처럼, 일정한 가속도를 경험하는 물체는 직선 모양의 속도 그래프를 갖는다.

표 2.3 소닉과 콜벳에 대한 속도 데이터

시간(s)	소닉의 속도 (m/s)	콜벳의 속도 (m/s)
0	0	0
1	3.0	7.5
2	6.0	15.0
3	9.0	22.5
4	12.0	30.0

그림 2.23 두 자동차에 대한 속도-시간 그래프

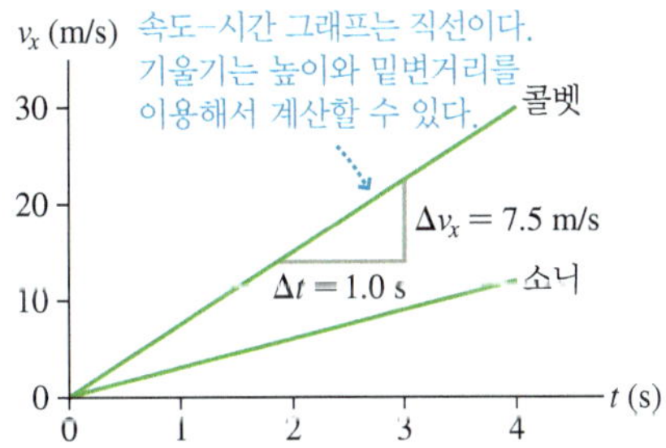

이 직선들 각각의 기울기는 높이 나누기 밑변거리로 $\Delta v_x/\Delta t$이다. 이것을 식 (2.8)과 비교하면 기울기에 대한 방정식이 가속도에 대한 식과 같다는 것을 알 수 있다. 다시 말하면, 아래 식과 같이 **어떤 물체의 가속도는 속도-시간 그래프의 기울기이다.**

$$\text{시각 } t\text{에서 가속도 } a_x = \text{시각 } t\text{에서 속도 그래프의 기울기} \tag{2.9}$$

소닉은 가속도가 더 작으며, 그래서 속도 그래프의 기울기가 더 작다.

개념형 예제 2.7 **자동차의 속도 그래프 분석하기**

그림 2.24(a)는 자동차의 속도-시간 그래프이다. 이 자동차의 가속도-시간 그래프를 개략적으로 그리시오.

판단 이 그래프는 3개 부분으로 나눌 수 있다.

- 처음 부분에서 속도는 일정한 비율로 증가한다.
- 중간 부분에서 속도는 일정하다.
- 마지막 부분에서 속도는 일정한 비율로 감소한다.

각 부분에서, 가속도는 속도-시간 그래프의 기울기이다. 그러므로 처음 부분은 일정한 양(+)의 가속도를 가지고, 중간 부분의 가속도는 0이며, 마지막 부분은 일정한 음(-)의 가속도를 갖는다. 이 가속도 그래프는 **그림 2.24(b)**에 나타내었다.

검토 이 과정은 위치 그래프의 기울기로부터 속도 그래프를 구하는 것과 유사하다. 가속도가 0인 중간 부분은 속도가 0이라는 것

을 의미하는 것은 아니다. 속도는 일정하고, 이것은 속도가 변하지 않으며, 그래서 자동차가 가속되지 않는다는 것을 의미한다. 자동차는 처음과 마지막 부분에서 가속을 한다. 가속도의 크기는 속도가 얼마나 빨리 변하고 있는지의 척도이다. 부호에 관해서는 어떠한가? 이것은 다음 절에서 다루게 될 주제이다.

그림 2.24 속도 그래프로부터 가속도 그래프 구하기

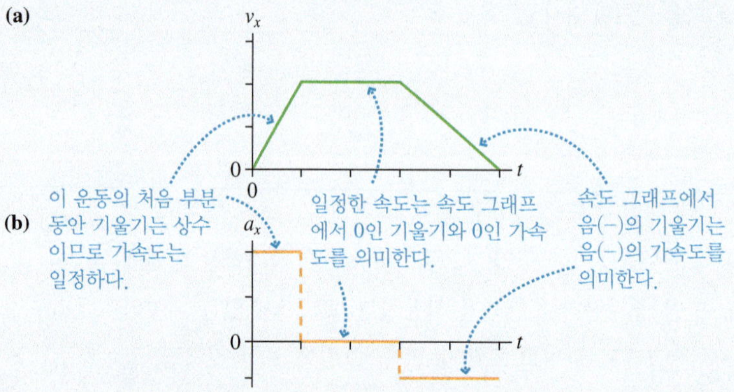

가속도의 부호

a_x 또는 a_y의 양(+)의 값은 속력이 증가하는 물체를 기술하고 음(−)의 값은 속력이 감소하는 물체를 기술한다고 생각하는 것이 자연스럽다. 유감스럽게도, 이러한 간단한 해석은 잘 적용되지 않는다.

물체는 가속 또는 감속되는 반면에 오른쪽 또는 왼쪽으로 (또는 동등하게 위쪽 또는 아래쪽으로) 움직일 수 있기 때문에, 고려해야 하는 네 가지 상황이 있다. **그림 2.25**는 이 상황들 각각에 대한 운동 도형과 속도 그래프를 보여준다. 가속도는 속도와 같이 벡터양이다. 가속도 벡터는 속력이 증가하고 있는 물체에 대한 속도 벡터와 같은 방향을 가리키고, 속력이 감소하고 있는 물체에 대한 속도 벡터와는 반대방향을 가리킨다.

그림 2.25 가속도의 부호 결정하기

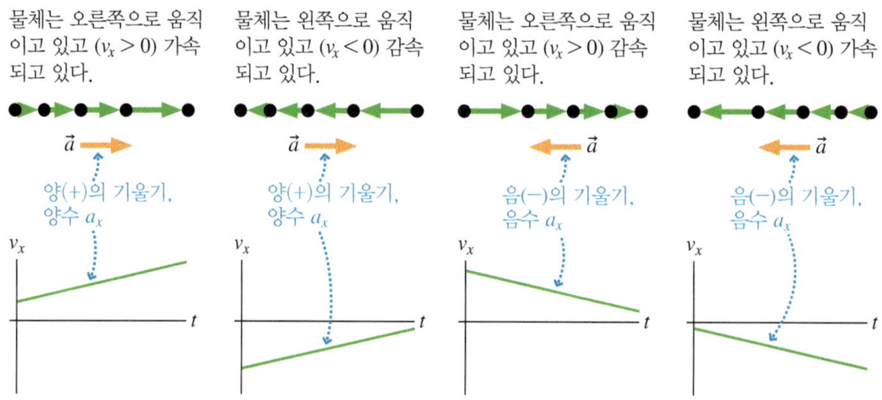

우리가 보았던 것처럼, 물체의 가속도는 속도 그래프의 기울기이고, 그래서 양(+)의 기울기는 양(+)의 가속도를 의미하며 음(−)의 기울기는 음(−)의 가속도를 의미한다. 수평 운동의 경우에는 오른쪽으로 움직이는 운동을 증가하는 x와 양(+)의 속도 v_x에 대응되는 것으로 하는 규칙을 채택하였다. 이 규칙에 의하면, 오른쪽으로 움직이면서 속력이 증가하는 물체는 양(+)의 가속도를 가지지만, 그러나 왼쪽으로 움직이면서(음(−)의 v_x) 속력이 증가하는 물체는 음(−)의 가속도를 갖는다.

2.5 등가속도 운동

등속 운동(일정한 속도를 가진 운동)의 경우에 위치와 시간 사이에 간단한 관계식을 식 (2.3)에서 구했다. 일정한 가속도 운동에서 또한 여러 가지 운동학적 변수들을 연결하는 간단한 관계식들이 있다는 것은 전혀 놀랍지 않다. 구체적인 예로 시작할 것인데, 1960년대와 1970년대에 아폴로 우주선을 달로 실어 보냈던 것과 같은 새턴 V 로켓의 발사이다. 그림 2.26은 발사 기지를 이륙하는 로켓을 찍은 비디오의 한 프레임을 보여준다. 붉은 점들은 이 비디오의 이전 프레임들에서 일정한 시간 간격에 따라 로켓의 앞머리 부분의 위치들을 보여준다. 이것은 로켓의 운동 도형이며, 속도가 증가하고 있다는 것을 알 수 있다. 그림 2.27에 있는 속도−시간 그래프는 속도가 상당히 일정한 비율로 증가한다는 것을 보여준다. 이 로켓의 운동을 등가속도 운동으로 근사할 수 있다.

그림 2.26 빨간 점들은 발사 동안 일정한 시간 간격에서 새턴 V 로켓의 머리 위치들을 보여준다.

그림 2.27 로켓의 속도−시간 그래프

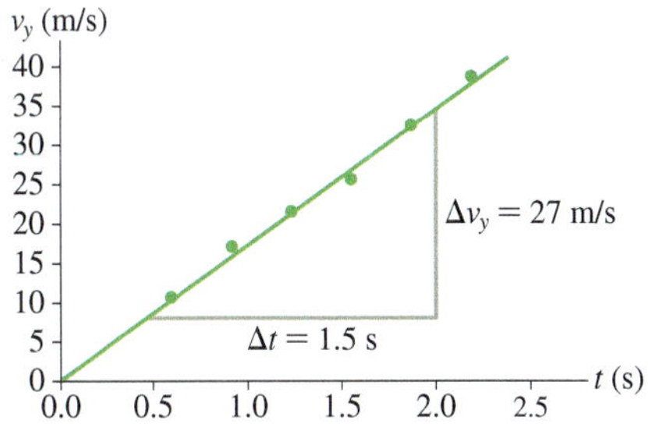

로켓의 가속도를 구하기 위해서 그림 2.27에 있는 그래프의 기울기를 이용할 수 있으며, 아래 식과 같은 결과를 얻는다.

$$a_y = \frac{\Delta v_y}{\Delta t} = \frac{27\ \text{m/s}}{1.5\ \text{s}} = 18\ \text{m/s}^2$$

이 가속도는 콜벳의 가속도보다 두 배 이상 크고, 상당히 오랜 시간 동안(발사의 첫 단계가 2분 넘게 지속) 계속된다. 이러한 가속도로 가속하면 가속이 끝날 때 로켓이 얼마나 빨리 움직이며, 또 얼마나 멀리 움직이겠는가? 이러한 질문들에 답을 하기 위해서는 먼저 등가속도 운동에 대한 몇 가지 기본적인 운동학 공식들을 유도할 필요가 있다.

등가속도 방정식들

시간 간격 $\Delta t = t_f - t_i$ 동안에 가속도 a_x가 일정하게 유지되는 물체를 고려하자. 이 간격의 처음 시점에서 물체는 초기 속도 $(v_x)_i$와 초기 위치 x_i를 갖는다. 보통 t_i는 0이지만, 꼭 그래야만 할 필요는 없다는 것에 주목하라. 그림 2.28(a)는 가속도−시간 그래프를 보여준다. 이것은 t_i와 t_f 사이에서 수평선이고, 일정한 가속도를 표시한다.

물체는 가속되고 있기 때문에 물체의 속도는 변하고 있다. 나중 시간 t_f에서 $(v_x)_f$

그림 2.28 등가속도 운동에 대한 가속도와 속도 그래프

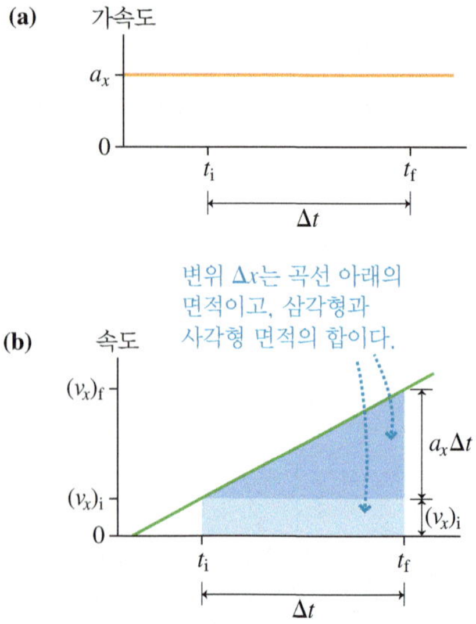

를 구하기 위해서 가속도를 이용할 수 있다. 가속도는 아래 식처럼 정의할 수 있고

$$a_x = \frac{\Delta v_x}{\Delta t} = \frac{(v_x)_f - (v_x)_i}{\Delta t} \tag{2.10}$$

이 식은 다시 정리하면 아래 식이 된다.

$$(v_x)_f = (v_x)_i + a_x\,\Delta t \tag{2.11}$$

등가속도로 움직이는 물체의 속도 방정식

그림 2.28(b)에 보여준 것처럼 등가속도 운동에 대한 속도–시간 그래프의 기울기는 a_x이고, 시간 t_i에서 $(v_x)_i$ 값을 갖는 직선이다.

또한 시간 t_f에서 물체의 위치 x_f를 알기를 원한다. 전에 배웠듯이, 시간 간격 Δt 동안에 변위 Δx는 속도–시간 그래프 아래의 면적이다. 그림 2.28(b)에 있는 어두운 부분의 면적은 면적 $(v_x)_i\,\Delta t$의 직사각형과 면적 $\frac{1}{2}(a_x\,\Delta t)(\Delta t) = \frac{1}{2}a_x(\Delta t)^2$의 삼각형으로 나누어지며, 이들을 더하여 얻는다.

$$x_f = x_i + (v_x)_i\,\Delta t + \tfrac{1}{2}a_x(\Delta t)^2 \tag{2.12}$$

등가속도로 움직이는 물체의 위치 방정식

그림 2.29 새턴 V 로켓 발사에 대한 위치–시간 그래프

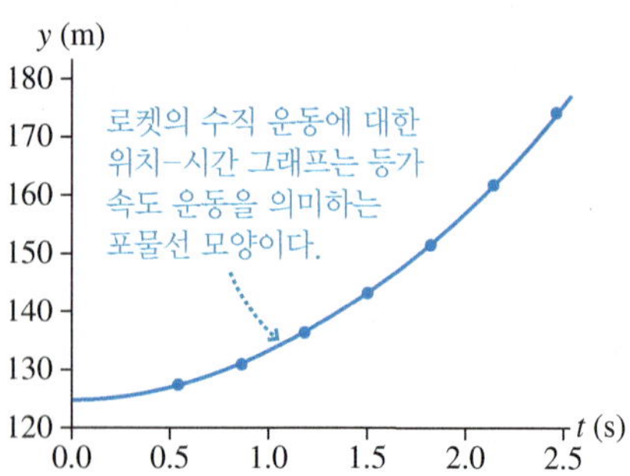

여기에서 $\Delta t = t_f - t_i$는 경과된 시간이다. 시간 간격 Δt가 방정식에서 $(\Delta t)^2$으로 나타난다는 사실은 등가속도 운동에 대한 위치–시간 그래프가 포물선 모양을 갖도록 한다. 그림 2.26의 로켓 발사에 대해서는 로켓의 앞머리 부분의 위치–시간 그래프가 **그림 2.29**에 있는 것처럼 나타난다.

식 (2.11)과 (2.12)는 등가속도 운동에 대한 기본적인 운동학 방정식들 중에서 2개이다. 이들은 미래의 시간에 물체의 위치와 속도를 예측하도록 한다. 완전한 구성을 위해서는 방정식 하나가 더 필요한데, 이는 변위와 속도 사이의 직접적인 관계식이다. 이 관계식을 유도하기 위해서, 먼저 $\Delta t = ((v_x)_f - (v_x)_i)/a_x$를 쓰기 위해 식 (2.11)을 이용한다. 이 식을 식 (2.12)에 대입해서 다음 식을 얻는다.

$$(v_x)_f^2 = (v_x)_i^2 + 2a_x\,\Delta x \tag{2.13}$$

등가속도 운동에서 속도와 변위를 연결하는 식

식 (2.13)에서 $\Delta x = x_f - x_i$는 변위(거리가 아니다!)이다. 식 (2.13)은 시간 간격 Δt를 아는 것을 요구하지 않는다는 것에 주목하라. 이것은 시간에 관한 정보가 주어지지 않은 문제들에서 중요한 방정식이다.

이 시점에서, 지금까지 알아본 운동학 변수들 사이의 관계식들을 요약하는 것은 가치가 있다. 이것은 문제 풀이에서 이용하게 될 가장 중요한 정보를 함께 모아 놓음으

로써 문제를 해결하도록 도와줄 것이다. 그러나 더 중요한 것은, 이 정보를 함께 모아 놓는 것은 이 장의 서로 다른 부분으로부터 얻은 그래프, 방정식, 세부사항을 한 눈에 비교하도록 해준다는 것이다. 이것은 중요한 연결을 할 수 있도록 도와준다. 강조는 **종합**에 있으며, 대부분의 장들에서 다른 이러한 종합 상자를 발견하게 될 것이다.

종합 2.1 1차원에서 운동 기술하기

위치, 속도, 가속도 운동을 기술한다.

모든 운동에 대해서:

속도는 m/s 단위로, 위치의 변화율이다. $v_x = \dfrac{\Delta x}{\Delta t}$

가속도는 m/s² 단위로, 속도의 변화율이다. $a_x = \dfrac{\Delta v_x}{\Delta t}$

등속 운동에 대해서:

- 가속도는 0이다.
- 속도는 상수이다.
- 위치는 꾸준히 변한다.

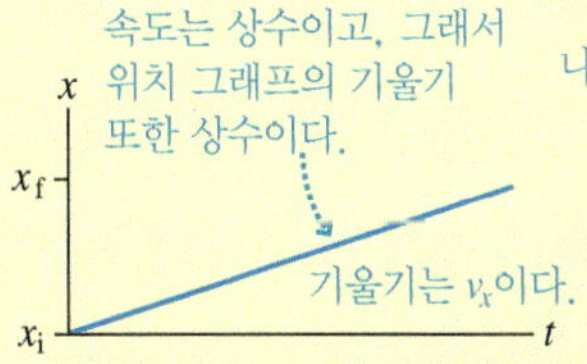

$$x_f = x_i + v_x \Delta t$$

나중 위치와 초기 위치(m), 속도(m/s), 시간 간격(s)

등가속도 운동에 대해서:

- 가속도는 일정하고 변하지 않는다.

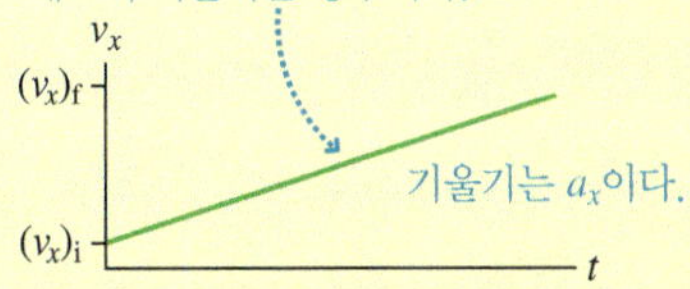

- 속도는 꾸준히 변한다.

$$(v_x)_f = (v_x)_i + a_x \Delta t \quad (1)$$

나중 속도와 초기 속도 (m/s), 가속도 (m/s²), 시간 간격 (s)

- 위치는 시간 간격의 제곱으로 변한다.

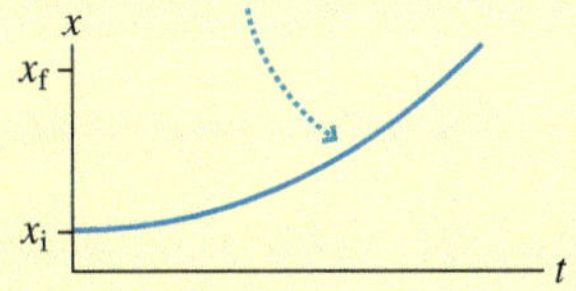

$$x_f = x_i + (v_x)_i \Delta t + \tfrac{1}{2} a_x (\Delta t)^2 \quad (2)$$

나중 위치와 초기 위치(m), 초기 속도 (m/s), 가속도 (m/s²), 시간 간격(s)

- 속도의 변화를 **시간이 아닌 거리**로도 표현할 수 있다.

이것은 세 번째 방정식을 주며, 많은 운동학 문제들을 푸는 데 유용하다.

$$(v_x)_f^2 = (v_x)_i^2 + 2a_x \Delta x \quad (3)$$

나중 속도와 초기 속도(m/s), 가속도 (m/s²), 위치에서 변화(m)

예제 2.8 정지 상태에 이르는 운동

15 m/s의 속도(56 km/h보다 약간 느린 속도)로 자동차를 운전하다가, 한 어린이의 공이 자동차 앞으로 굴러오는 것을 보고 브레이크를 밟아서 최대한 빨리 멈춘다. 이 경우에, 1.5 s가 지나면 정지한다. 브레이크를 밟아 멈출 때까지 자동차는 얼마나 움직였을까?

준비 이 문제 설명은 운동의 기술을 말로 해준다. 상황을 상상하도록 도와주기 위해서, **그림 2.30**은 이 운동의 핵심 특징들을 운동 도형과 속도 그래프로 설명한다. 그래프는 1.5 s가 지나서 자동차가 15 m/s로부터 0 m/s로 감속하는 것에 기초하고 있다.

그림 2.30 정지에 이르는 자동차의 운동 도형과 속도 그래프

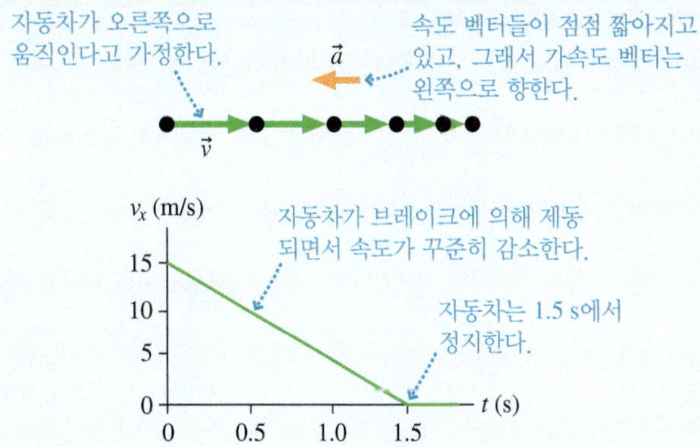

풀이 자동차가 오른쪽으로 움직이고 있다고 가정했고, 그래서 초기 속도는 $(v_x)_i = +15$ m/s이다. 정지에 이른 후에 나중 속도는 $(v_x)_f = 0$ m/s이다. 종합 2.1로부터 가속도의 정의를 이용해서 아

래 식을 얻는다.

$$a_x = \frac{\Delta v_x}{\Delta t} = \frac{(v_x)_f - (v_x)_i}{\Delta t} = \frac{0\ \text{m/s} - 15\ \text{m/s}}{1.5\ \text{s}} = -10\ \text{m/s}^2$$

가속도 $-10\ \text{m/s}^2$(실제로는 $-10\ \text{m/s/s}$)은 자동차가 매초 10 m/s 느려진다는 것을 의미한다.

이제 가속도를 알기 때문에, 종합 2.1에 있는 두 번째 등가속도 방정식을 이용해서 자동차가 정지하기까지 움직인 거리를 다음 식과 같이 계산할 수 있다.

$$x_f - x_i = (v_x)_i \Delta t + \tfrac{1}{2}a_x(\Delta t)^2$$
$$= (15\ \text{m/s})(1.5\ \text{s}) + \tfrac{1}{2}(-10\ \text{m/s}^2)(1.5\ \text{s})^2 = 11\ \text{m}$$

검토 정지 거리인 11 m는 조금 길다. 이는 약 56 km/h로 움직이다가 빠르게 멈추는 경우 타당한 거리이다. 이 검토 단계의 목적은 답이 옳다는 것을 증명하는 것은 아니고 명백하게 틀린 답을 인지하기 위해서 상식을 이용하는 것이다. 계산 실수를 해서 1.1 m라는 답으로 끝냈다면, 잠깐의 생각으로도 이것은 옳지 않다는 것을 지적할 수 있어야 한다.

속력에 다다르기 BIO 새는 날아오르기 위해 최소의 속력이 필요하다. 일반적으로는 새가 크면 클수록 이륙 속력은 더 커야 한다. 작은 새는 다양하게 뛰어올라서 날아오를 수 있지만 큰 새는 매우 빠른 속력으로 달리다가 날아올라야 한다. 백조는 큰 속력을 얻기 위하여 먼 거리에서 가속할 필요가 있다. 그 때문에 백조는 얼어붙은 연못을 가로질러서 거세게 달려나가다 날아오른다. 백조가 이륙하려면 오래도록 물이나 땅을 박차고 나아갈 필요가 있다.

등가속도 운동의 경우에는 위치가 시간 간격의 제곱으로 변한다. 만일 $(v_x)_i = 0$이고 $x_i = 0$이라면, 종합 2.1에 있는 두 번째 등가속도 방정식은 아래 식으로 바뀐다.

$$x_f = \tfrac{1}{2}a_x(\Delta t)^2$$

이것은 새로운 수학적 형식이고, 이후에 다시 보게 될 것이며, 문제들을 해결하기 위한 추론의 기초로 이용할 수 있다. 이것은 2차 관계식의 한 예이다.

2차 관계식

만일 y가 x의 제곱에 비례한다면 두 양은 **2차 관계식**을 갖는다고 한다. 이 수학적 관계식을 다음 식과 같이 쓴다.

$$y = Ax^2$$

y는 x^2에 비례한다.

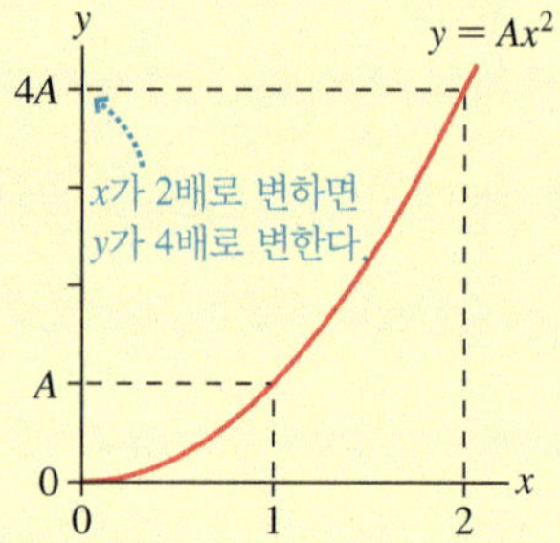

2차 관계식의 그래프는 포물선이다.

축척 만일 x의 초기값이 x_1이라면 y의 초기값은 $y_1 = A(x_1)^2$이다. x를 x_1에서 x_2로 변화시키면 y는 y_1에서 y_2로 변한다. y_2와 y_1의 비율은 다음 식으로 계산된다.

$$\frac{y_2}{y_1} = \frac{A(x_2)^2}{A(x_1)^2} = \left(\frac{x_2}{x_1}\right)^2$$

y_2와 y_1의 비율은 x_2와 x_1의 비율의 제곱이다. 만일 y가 x의 2차 함수이면, x에서 몇 배 변화를 주면 그 배수의 제곱만큼 y가 변한다.

- 만일 x를 2배 증가시키면 y는 $2^2 = 4$배 증가한다.
- 만일 x를 3배 증가시키면 y는 $3^2 = 9$배 증가한다.

일반적으로, 다음과 같이 말할 수 있다.

x를 c배 변화시키면 y는 c^2배 변한다.

예제 2.9 **고속 경주용 자동차의 변위**

고속 경주용 자동차는 정지 상태로부터 출발하여 1.0 s가 지나면 6.0 m를 이동한다. 자동차가 4.0 s를 이러한 가속도로 계속 진행한다고 가정하자. 자동차는 출발선으로부터 얼마나 멀리 이동할 것인가?

준비 가속도가 일정하고, 초기 속도가 0이라고 가정한다. 그러면 변위는 시간의 제곱에 비례할 것이다.

풀이 1.0 s 후에 경주용 자동차가 6.0 m 이동했다. 또 4.0 s 후에는 총 5.0 s가 경과할 것이다. 처음에 경과된 시간은 1.0 s였고, 그러므로 경과된 시간은 5배 증가한다. 따라서 변위는 5^2인 25배 증가한다. 총 변위는 아래 식으로 계산된다.

$$\Delta x = 25(6.0\ \text{m}) = 150\ \text{m}$$

검토 이것은 짧은 시간에 이동한 거리로는 길지만, 고속 경주용 자동차는 고속으로 이동하므로, 답은 타당하다.

2.6 1차원 문제 풀기

물리 문제를 풀 때 큰 도전은 말로 된 문제를 조작하고, 계산하고, 그래프를 그릴 수 있는 기호로 다시 표현하는 것이다. 이렇게 말을 기호로 전환하는 것이 물리에서 문제 풀기의 핵심이다. 모호한 단어들과 문구들은 명료하게 하고, 부정확한 것은 정확하게 만들어야 하며, 문제가 묻는 것을 정확하게 이해해야 한다.

문제 풀이 전략

복잡하게 보이는 문제를 해결하는 첫 번째 단계는 이 문제를 일련의 더 작은 단계로 쪼개는 것이다. 이 교재에서 풀이를 했던 문제들은 준비, 풀이, 검토 등 세 단계로 이루어진 문제 풀이 전략을 이용했다. 이 단계들은 각각 여러분이 스스로 문제를 풀 때 따라야만 하는 중요한 요소들을 가지고 있다.

준비 풀이의 준비 단계는 문제의 중요한 요소들을 확인하고 정보를 모으는 것이다. 곧바로 풀이 단계로 넘어가고 싶겠지만, 숙련된 문제 풀이를 하는 사람은 대부분의 시간을 준비에 소모할 것이다. 이 단계는 다음 사항들을 포함한다.

- **그림 그리기** 이것은 보통 문제의 가장 중요한 부분이다. 그림은 문제를 모형으로 만들고 중요한 요소들을 확인하도록 한다. 그림에 정보를 추가하면서 풀이의 윤곽이 모습을 갖출 것이다. 이 장에서 있었던 문제들에 대해서, 그림은 운동 도형 또는 그래프일 수 있고 아마도 둘 다 일 수도 있다.
- **필요한 정보 모으기** 문제의 설명에서 변수들 중 어떤 변수의 값을 준다. 다른 정보가 암시될 수 있고, 또는 표에서 찾아볼 수 있으며, 또는 추산되거나 측정될 수 있다.
- **예비 계산하기** 단위 환산과 같은 약간의 계산은 미리 해두는 것이 최선이다.

풀이 문제 풀이 단계는 필요한 답에 도달하기 위해서 실제로 수학 계산 또는 필요한 추론을 하는 과정이다. 이 과정이 바로 여러분이 '문제 풀이'라고 생각할 것 같은 문제 풀이 전략의 한 부분이다. 그러나 여기에서 시작하는 실수를 저지르면 안 된다. 준비 단계는 방정식들에 숫자를 대입하는 것을 시작하기 전에 문제를 이해하도록 도와주는 단계이다.

검토 풀이의 검토 단계는 매우 중요하다. 일단 답을 얻으면, 이 답이 타당한지 여부를 알기 위해서 점검해야 한다. 스스로에게 다음과 같은 것을 물어보라.

- **풀이가 물어본 질문에 답을 하고 있는가?** 질문의 모든 부분들에 대하여 답하였고 풀이를 명확하게 썼는지 확인하라.
- **답이 올바른 단위와 유효 숫자를 가지고 있는가?**
- **계산한 값이 물리적으로 타당한가?** 이 교재에서 모든 계산들은 물리적으로 타당한 숫자들을 사용한다. 답이 타당하지 않은 것으로 보이면, 되돌아가서 다시 살펴보고 검토하라.
- **답을 점검하기 위해서 정답은 무엇이 되어야 하는지 어림으로 계산할 수 있는가?**
- **지금 배우고 있는 내용의 맥락에서 최종 답이 타당한가?**

멀리 있는 먹잇감 BIO 카멜레온의 혀는 먹이를 잡는 매우 강력한 도구이다. 카멜레온은 0.1 s 이내에 30 cm 이상까지 혀를 내밀어 먹이를 잡는다! 카멜레온 혀의 운동에 대한 운동학을 연구해보면 이 혀는 빠른 가속도 구간을 지나서 등속도 구간에 도달한다는 것을 알 수 있다. 이러한 정보는 카멜레온과 다른 동물들 사이의 진화론적 관계를 분석하는 데 매우 유용한 실마리를 제공한다.

그림 표현

1차원 운동 문제들을 포함해서 많은 물리 문제들은 보통 몇 개의 변수들과 놓치지 않고 따라가야 하는 다른 정보들을 가지고 있다. 이러한 문제들을 푸는 가장 좋은 방법은, 일반적인 문제 풀이 전략에서 소개한 것처럼 그림을 그리는 것이다. 그러나 어떤 종류의 그림을 그려야 할까?

이 절은 문제 풀이에 도움을 주는 **그림 표현**(pictorial representation)을 그리는 것으로 시작할 것이다. 그림 표현은 중요한 세부 사항들 모두를 보여주며, 운동 문제를 해결하는 일에 매우 중요할 것이다.

풀이 전략 2.2 그림 표현 그리기

❶ **상황을 개략적으로 그린다.** 아무 그림이나 되는 것은 아니다. 운동의 **시작**에서, **끝**에서, 그리고 운동 특성이 변하는 모든 점에서 물체를 보여준다. 매우 간단한 그림이 적당하다.

❷ **좌표계를 설정한다.** 운동과 일치하도록 축과 원점을 결정한다.

❸ **기호를 정의한다.** 위치, 속도, 가속도, 시간 등과 같은 양을 표시하는 기호들을 정의하기 위해서 그림을 이용한다. 나중에 수학적인 풀이에서 사용되는 **모든** 변수는 그림 위에 정의되어 있어야 한다.

일반적으로 그림 표현과 값들의 **목록**을 결합할 것인데, 이 목록은 다음 사항들을 포함할 것이다.

- **알려진 정보** 문제 설명으로부터 그 값을 결정할 수 있는 양들과 단순한 기하학 또는 단위 변환으로 빠르게 발견할 수 있는 양들을 표로 만든다.
- **구하고자 하는 미지수들** 어떤 양 또는 양들이 문제에 답할 수 있도록 해주겠는가?

예제 2.10 그림 표현 그리기

다음 문제에 대해서 그림 표현과 값들의 목록을 완성하시오. 로켓 썰매가 5 s 동안 50 m/s^{2}으로 가속한다. 이동한 총 거리와 나중 속도는 얼마인가?

준비 그림 2.31(a)는 이 교재에 있는 그림들처럼 전문가에 의해서 그려진 그림 표현이다. 이것은 학생들 스스로 문제를 풀 때 그리게 될 그림보다 확실히 더 산뜻하고 예술적이다! 그림 2.31(b)는 학생이 실제로 그릴 것 같은 그림을 보여준다. 이것은 덜 공식적이지만, 학생이 문제를 풀기 위해 필요한 중요한 정보를 모두 포함하고 있다.

이 그림들이 어떻게 만들어졌는지 살펴보자. 이 운동은 명확한

그림 2.31 그림 표현과 값들의 목록 만들기

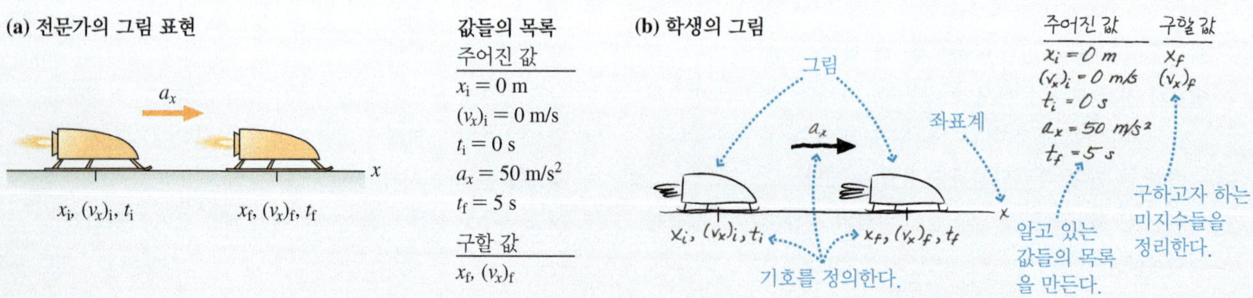

시작과 끝이 있고, 이것들이 그려지는 점들이다. 시작점을 원점으로 하는 좌표계가 선택되었다. 두 점에서 모두 x, v_x, t가 필요하고, 그래서 이들이 그림 위에서 정의되었고 아래 첨자에 의해서 구별되었다. 가속도는 이 점들 사이의 간격과 연관이 있다. 이 양들 중 2개에 관한 값들이 문제 설명에 주어진다. $x_i = 0$ m와 $t_i = 0$ s 같은 값들은 좌표계 선택으로부터 추정된다. $(v_x)_i = 0$ m/s 값은 이 문제에 대한 해석의 일부이다. 마지막으로, x_f와 $(v_x)_f$를 문제에 답해야 할 양으로 확인한다. 이제 문제에 관하여 약간 이해하였으며 정량적인 분석을 시작할 준비가 되었다.

검토 문제를 풀지 않았다. 문제를 푸는 것이 목표가 아니었다. 그림 표현과 값들의 목록을 만드는 것은 문제를 해석하고 수학적인 풀이를 위한 준비를 하는 것에 이르는 체계적인 접근의 일부이다.

개요도

그림 표현과 값들의 목록은 운동 도형과 지금껏 보았던 문제를 살펴보는 다른 방법들을 보완하는 좋은 방법이다. 이처럼 문제를 풀 수 있는 여러 형태로 전환할 때, 이 요소들을 결합하여 **개요도**(visual overview)라고 하는 것을 얻는다. 개요도는 다음 요소들의 일부 또는 모두로 구성된다.

수업 영상

- **운동 도형** 운동 문제를 풀기 위한 좋은 전략은 운동 도형을 그리면서 시작하는 것이다.
- **그림 표현** 위에서 정의한 것과 같다.
- **그래프 표현** 운동 문제들에 있어서 위치나 속도 그래프를 포함하는 것이 종종 매우 유용하다.
- **값들의 목록** 문제에서 중요한 값들을 모두 요약해서 목록으로 만든다.

앞으로 나올 장들은 다른 요소들을 물리학의 개요도에 더하게 될 것이다.

예제 2.11 **로켓 발사의 운동학**

새턴 V 로켓이 일정한 가속도 18 m/s^{2}으로 수직 위쪽 방향으로 발사되었다. 150 s 후에 로켓은 얼마나 빨리 움직이고 있고, 또 얼마나 멀리 이동했는가?

준비 **그림 2.32**는 운동 도형, 그림 표현, 값들의 목록을 포함하는 로켓 발사의 개요도이다. 이 개요도는 전체 문제를 간단하게 보여준다. 운동 도형은 로켓의 운동을 설명한다. 그림 표현은 (풀이 전

그림 2.32 로켓 발사의 개요도

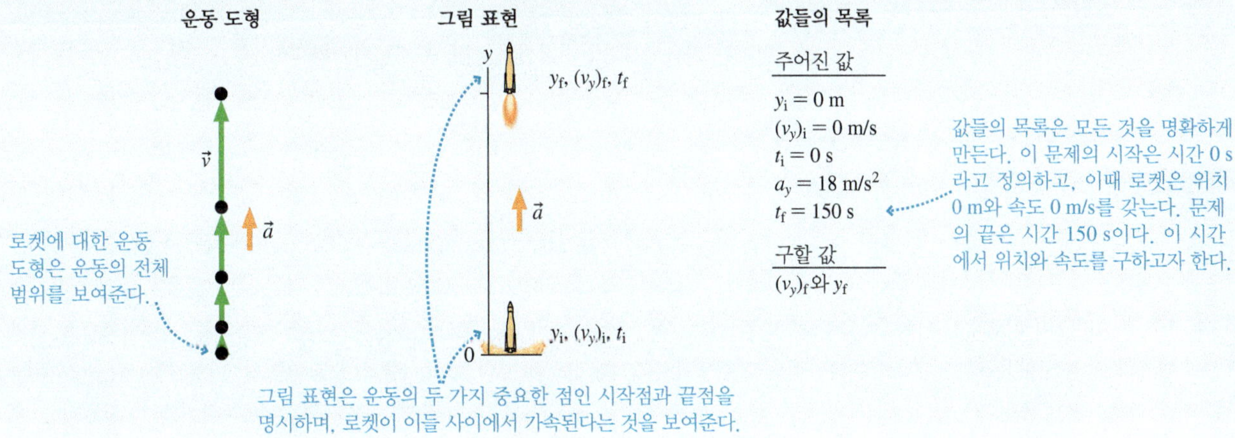

략 2.2에 따라 만들어진) 축들을 보여주고, 이 운동의 중요한 점들을 확인하고, 변수들을 정의한다. 마지막으로, 알려진 양과 알려지지 않은 양을 정리하여 값들의 목록을 작성한다. 이 개요도에서 말로 된 문제 설명을 택하여 그것을 훨씬 더 정확하게 만들었다. 이 개요도는 문제에 관하여 알 필요가 있는 모든 것을 포함한다.

풀이 첫 번째 과제는 나중 속도를 구하는 것이다. 값들의 목록은 초기 속도, 가속도, 그리고 시간 간격을 포함하고 있으며, 그래서 나중 속도를 구하기 위해 종합 2.1의 첫 번째 운동학 방정식을 이용할 수 있다.

$$(v_y)_f = (v_y)_i + a_y\,\Delta t = 0\text{ m/s} + (18\text{ m/s}^2)(150\text{ s})$$
$$= 2700\text{ m/s}$$

이동한 거리는 종합 2.1의 두 번째 방정식을 이용하면 아래와 같이 구해진다.

$$y_f = y_i + (v_y)_i\,\Delta t + \tfrac{1}{2}a_y(\Delta t)^2$$
$$= 0\text{ m} + (0\text{ m/s})(150\text{ s}) + \tfrac{1}{2}(18\text{ m/s}^2)(150\text{ s})^2$$
$$= 2.0 \times 10^5\text{ m} = 200\text{ km}$$

검토 가속도가 매우 크고, 긴 시간 동안 계속해서 가속되었기 때문에, 빠른 나중 속도와 긴 이동 거리는 타당해 보인다.

등가속도 운동에 대한 문제 풀이 전략

이 절의 앞쪽에서 일반적인 문제 풀이 전략을 소개하였다. 이 장과 앞으로 공부할 장들에서 특정한 형태의 문제에 이 일반적인 전략을 채택할 것이다.

문제 풀이 전략 2.1 등가속도 운동

일정한 가속도와 연관된 문제들은 (가속, 감속, 수직 운동, 수평 운동) 모두 같은 문제 풀이 전략으로 다룰 수 있다.

준비 문제의 개요도를 그린다. 여기에는 운동 도형, 그림 표현, 값들의 목록을 포함해야 한다. 어떤 문제에 대해서는 그래프 표현이 유용할 수 있다.

풀이 수학적인 풀이는 종합 2.1에 있는 3개의 방정식에 기초한다.

- 비록 방정식들이 변수 x로 표현되었지만, 수직 방향으로 운동하는 경우에는 변수 y를 사용하는 것이 관례이다.
- 알고 있는 것과 구할 필요가 있는 것에 가장 잘 일치하는 방정식을 이용한다. 예를 들면, 만일 가속도와 시간을 알고 속도의 변화를 구하고 싶다면, 첫 번째 방정식이 가장 좋은 식이다.
- 등속 운동은 $a = 0$을 가진다.

점검 결과는 믿을만한가? 적절한 단위를 가지는가? 타당한가?

예제 2.12 활주로의 최소 길이 계산하기

화물을 가득 실은 보잉 747 비행기가 모든 엔진을 켜고 최대의 추진력을 받아 2.6 m/s^2으로 가속되고 있다. 이 비행기의 최소 이륙 속도는 70 m/s이다. 이 비행기가 이륙 속도에 도달하기 위해서는 시간이 얼마나 걸리겠는가? 이 비행기가 이륙하려면 활주로의 길이는 최소 얼마이어야 하는가?

준비 그림 2.33의 개요도는 문제의 중요한 세부사항들을 요약하고 있다. 비행기가 정지하고 있고 가속이 시작될 때, 운동의 시작점에서 x_i와 t_i를 0으로 놓는다. 이 운동의 최종점은 비행기가 이륙에 필요한 속력 70 m/s를 얻었을 때이다. 비행기는 오른쪽으로 가속되고 있고, 그래서 이 비행기가 70 m/s의 속도에 도달하는 시

그림 2.33 가속되는 비행기에 대한 개요도

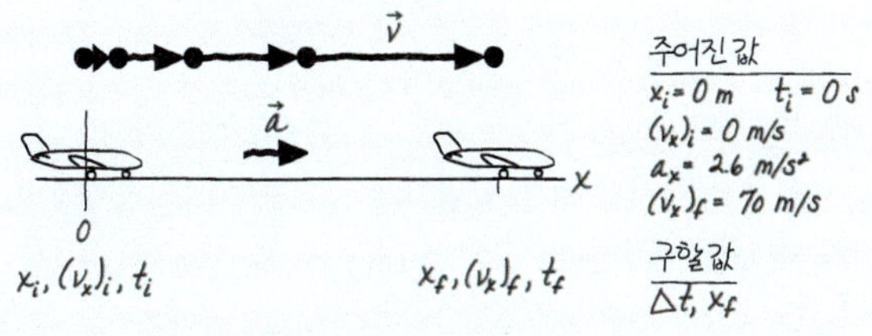

간과 이 시각에 비행기의 위치를 계산할 것이며, 그러면 활주로의 최소 길이가 구해진다.

풀이 먼저 비행기가 이륙 속도에 도달하기 위하여 필요한 시간을 구한다. 이 시간을 계산하기 위하여 종합 2.1에 있는 첫 번째 방정식을 이용할 수 있다.

$$(v_x)_f = (v_x)_i + a_x\,\Delta t$$

$$70\text{ m/s} = 0\text{ m/s} + (2.6\text{ m/s}^2)\,\Delta t$$

$$\Delta t = \frac{70\text{ m/s}}{2.6\text{ m/s}^2} = 26.9\text{ s}$$

이 결과를 다음 단계인 계산에서 이용해야 하므로 여분의 유효 숫자를 준다.

비행기가 이륙 속도에 도달하기 위해 필요한 시간을 구했다면, 종합 2.1에 있는 두 번째 방정식을 이용해서 이 속력에 도달할 때 비행기의 위치를 아래 식과 같이 계산할 수 있다.

$$\begin{aligned} x_f &= x_i + (v_x)_i\,\Delta t + \tfrac{1}{2}a_x(\Delta t)^2 \\ &= 0\text{ m} + (0\text{ m/s})(26.9\text{ s}) + \tfrac{1}{2}(2.6\text{ m/s}^2)(26.9\text{ s})^2 \\ &= 940\text{ m} \end{aligned}$$

따라서 최종 답은 이 비행기가 이륙 속도에 도달하기 위해서는 27 s가 걸리며, 이를 위한 활주로의 최소 길이는 940 m라는 것이다.

검토 마지막으로 비행기를 봤었던 때를 생각해보자. 27 s는 비행기가 이륙을 위해 가속하기에 타당한 시간으로 보인다. 주요 공항들에서 실제 활주로 길이는 3000 m 또는 그 이상으로, 최소 길이보다 몇 배 더 긴데, 왜냐하면 중지된 이륙의 경우에 비상 정지를 허락할 수 있어야 하기 때문이다. (만일 3000 m보다 더 긴 거리라고 계산했다면, 무엇인가 잘못되었다는 것을 알아야 한다.)

예제 2.13 제동 거리 구하기

자동차가 전형적인 고속도로 속력인 30 m/s의 속력으로 젖은 고속도로를 달리고 있다. 운전자가 앞쪽의 장애물을 보고 멈추기로 결정한다. 이 순간으로부터 브레이크를 밟기 시작할 때까지 0.75 s가 걸린다. 일단 브레이크가 작동되면 자동차는 -6.0 m/s² 의 가속도로 감속된다. 운전자가 장애물을 인지한 순간부터 정지할 때까지 자동차는 얼마나 이동하겠는가?

준비 이 문제는 앞서 풀었던 이전의 문제들보다 더 복잡하기 때문에 그림 2.34에 있는 개요도를 가지고 더 주의를 기울여야 할 것이다. 운동 도형과 그림 표현에 더하여, 그래프 표현을 포함한다. 이 운동의 두 가지 서로 다른 단계가 있다는 것에 주목하자. 제동 시작 전의 등속도 단계와 브레이크가 작동되어 속도가 느려지는 단계가 그것이다. 각 단계에 대해서 하나씩 두 가지 서로 다른 계산을 할 필요가 있다. 결과적으로, 단순하게 i와 f를 아래 첨자로 사용하기보다는 숫자를 아래 첨자로 사용한다.

풀이 t_1에서 t_2까지 속도는 30 m/s로 일정하게 유지된다. 이것은 등속 운동이고, 그래서 시간 t_2에서 위치는 식 (2.4)를 이용해서 다음과 같이 계산된다.

$$\begin{aligned} x_2 &= x_1 + (v_x)_1(t_2 - t_1) = 0\text{ m} + (30\text{ m/s})(0.75\text{ s}) \\ &= 22.5\text{ m} \end{aligned}$$

그림 2.34 브레이크를 밟아 정지에 이르는 자동차에 대한 개요도

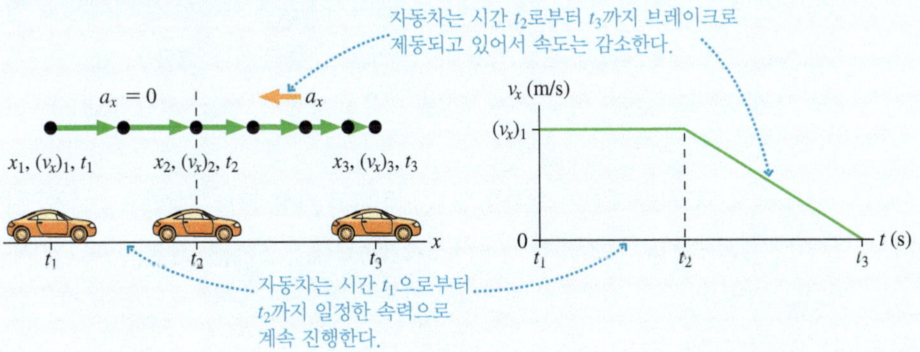

주어진 값

$t_1 = 0$ s
$x_1 = 0$ m
$(v_x)_1 = 30$ m/s
$t_2 = 0.75$ s
$(v_x)_2 = 30$ m/s
$(v_x)_3 = 0$ m/s
t_2와 t_3 사이에서 $a_x = -6.0$ m/s²

구할 값

x_3

자동차는 t_2에서 속도가 계속해서 -6.0 m/s^2으로 감소하기 시작하고, t_3에서 정지에 이른다. 이 시간 간격은 종합 2.1에 있는 첫 번째 방정식 $(v_x)_3 = (v_x)_2 + a_x \Delta t$를 이용해서 계산할 수 있으며, 아래 식이 된다.

$$\Delta t = t_3 - t_2 = \frac{(v_x)_3 - (v_x)_2}{a_x} = \frac{0 \text{ m/s} - 30 \text{ m/s}}{-6.0 \text{ m/s}^2} = 5.0 \text{ s}$$

시각 t_3에서 위치는 종합 2.1에 있는 두 번째 방정식을 이용해서 계산할 수 있다. 운동의 이 단계에서 점 2를 초기 지점으로, 점 3을 나중 지점으로 하고, $\Delta t = t_3 - t_2$를 이용하면 다음 식을 얻는다.

$$\begin{aligned} x_3 &= x_2 + (v_x)_2 \, \Delta t + \tfrac{1}{2} a_x (\Delta t)^2 \\ &= 22.5 \text{ m} + (30 \text{ m/s})(5.0 \text{ s}) + \tfrac{1}{2}(-6.0 \text{ m/s}^2)(5.0 \text{ s})^2 \\ &= 98 \text{ m} \end{aligned}$$

x_3는 이 운동 끝에서의 자동차 위치이므로 자동차는 정지에 이르기 전에 98 m를 이동한다.

검토 반응 시간과 젖은 고속도로 위에서 가속도에 대한 숫자들은 좋은 타이어를 가진 자동차 안에 있는 민첩한 운전자의 경우에 타당한 값들이다. 마지막 거리는 꽤 길어서, 미식축구장의 길이보다도 더 길다.

2.7 자유 낙하

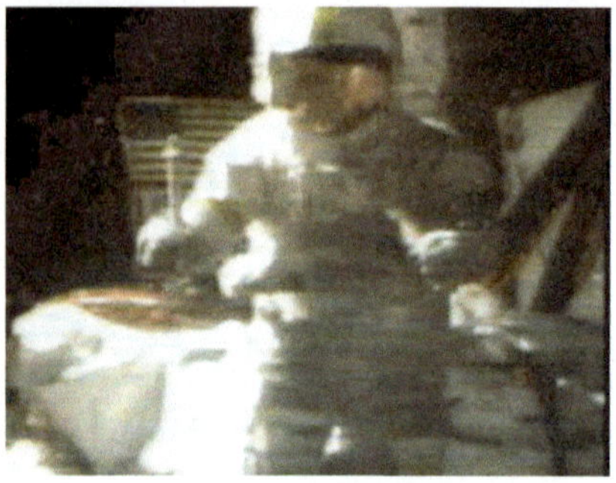

자유 낙하를 하는 깃털 아폴로 15호 달 우주인인 데이비드 스콧은 달 위에서 고전적인 실험을 수행하였는데, 같은 높이에서 망치와 깃털을 동시에 떨어트리는 것이었다. 둘은 모두 같은 시각에 바닥에 닿았는데, 이것은 지구의 대기에서는 일어나지 않을 일이었다.

만일 망치와 깃털을 떨어뜨린다면 어떤 일이 발생할지 알고 있다. 망치는 금방 땅에 닿을 것이고, 깃털은 날아서 떠다니다가 잠시 후에 내려앉는다. 만일 달에서 이 실험을 한다면 결과는 현저하게 다를 것이다. 망치와 깃털이 모두 정확하게 같은 가속도를 경험하고, 정확하게 같은 운동을 해서, 같은 시각에 땅에 닿는다.

달에는 대기가 없고, 따라서 달 표면 위에서 운동하는 물체는 공기 저항을 경험하지 못한다. 한 가지 힘만 문제가 되는데, 바로 중력이다. 만일 물체가 다른 힘은 없고 중력의 영향만 받으면서 움직이면, 그 운동을 **자유 낙하**(free fall)라고 한다. 초기 연구자들은 **자유 낙하 중인 두 물체는 그들의 질량에도 불구하고 같은 가속도를 갖는다**고 올바른 결론을 내렸다. 그러므로 만일 두 물체를 떨어뜨리고 둘 다 자유 낙하 중이라면, 두 물체는 같은 시각에 땅에 닿는다.

지구에서는 공기 저항이 한 요소이다. 그러나 망치를 떨어뜨리면 공기 저항이 매우 작고, 그래서 만일 마치 망치를 자유 낙하 중인 것처럼 취급하더라도 단지 약간의 오차만 생기게 된다. 공기 저항이 있는 운동은 5장에서 공부할 것이다. 그때까지 공기 저항이 무시될 수 있는 상황만 생각할 것이며, 낙하하는 물체가 자유 낙하 중이라는 타당한 가정을 할 것이다. **그림 2.35(a)**는 정지 상태로부터 놓여 자유롭게 떨어지는 물체에 대한 운동 도형을 보여준다. 가속도는 모든 물체들에 대해서 같기 때문에, 떨어지는 야구공과 돌에 대해서 운동 도형과 그래프는 같을 것이다. **그림 2.35(b)**는 물체의 속도 그래프를 보여준다. 이 속도는 고정된 비율로 변한다. 속도-시간 그래프의 기울기가 자유 낙하 가속도 $a_{\text{free fall}}$이다.

물체를 떨어뜨리는 대신에 물체를 위로 던진다고 가정하자. 그러면 무슨 일이 일어나는가? 물체는 위로 움직일 것이며 물체가 올라가면서 속력이 감소할 것이다. 이것은 **그림 2.35(c)**의 운동 도형에서 설명되고 있는데, 놀라운 결과를 보여준다. 비록 물체가 위로 움직이고 있지만, 가속도는 여전히 아래로 향한다. 사실 물체가 어느 방향으

그림 2.35 자유 낙하 중인 물체의 운동

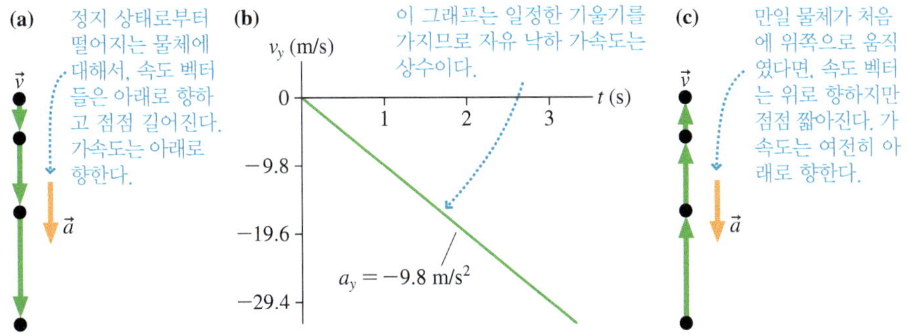

수업 영상

로 움직이더라도 **자유 낙하 가속도는 항상 아래로 향한다.**

자유 낙하 가속도의 값은 지구 위의 서로 다른 장소에서 약간씩 변하지만, 이 교재에서 계산을 위하여 다음과 같은 평균값을 사용할 것이다.

$$\vec{a}_{\text{free fall}} = (9.80\ \text{m/s}^2,\ \text{수직 아래 방향}) \qquad (2.14)$$

자유 낙하하는 물체의 가속도에 대한 표준값

일부 아이들은 위로 올라가고 다른 아이들은 아래로 떨어지지만 모두 자유 낙하하고 있다. 그래서 아이들은 모두 9.8 m/s^{2}의 크기로 아래 방향을 향해서 가속되고 있다.

자유 낙하 가속도(free-fall acceleration)의 크기는 아래와 같은 특별한 기호인 g로 나타낸다.

$$g = 9.80\ \text{m/s}^2$$

일반적으로 2개의 유효 숫자를 사용하여 계산할 것이므로 $g = 9.8\ \text{m/s}^2$을 사용할 것이다.

자유 낙하에 관한 다음의 몇 가지 점은 주목할 가치가 있다.

- 정의에 의해 g는 항상 양수이다. **g에 관한 음(−)의 값을 사용하는 문제는 결코 없을 것이다.**
- 그림 2.35(b)의 속도 그래프는 음(−)의 기울기를 갖는다. 비록 떨어지는 물체는 가속되지만, 이 물체는 음(−)의 가속도를 갖는다. 바꾸어 말하면, 가속도 벡터 $\vec{a}_{\text{free fall}}$는 아래로 향한다. 그러므로 g는 물체의 가속도가 아니고, 단순히 가속도의 크기이다. 1차원 가속도는 다음과 같다.

$$a_y = a_{\text{free fall}} = -g$$

- 자유 낙하는 등가속도 운동이기 때문에 $a_y = -g$를 가지는 일정한 가속도에 대한 운동학 방정식들을 이용할 수 있다.
- g는 '중력'이라고 하지 않는다. 중력은 힘이고, 가속도가 아니다. g는 자유 낙하 가속도이다.
- $g = 9.8\ \text{m/s}^2$은 단지 지구 위에서의 값이다. 다른 행성들은 다른 g값을 갖는다. 6장에서 다른 행성에 관해서는 g를 어떻게 결정하는지 배울 것이다.

- 가끔 g의 단위로 가속도를 계산할 것이다. 9.8 m/s^2의 가속도는 $1g$의 가속도이고, 19.6 m/s^2의 가속도는 $2g$의 가속도이다. 일반적으로 다음과 같이 계산할 수 있다.

$$\text{가속도}(g\text{의 단위로}) = \frac{\text{가속도}(\text{m/s}^2\text{의 단위로})}{9.8\ \text{m/s}^2} \tag{2.15}$$

이것은 특정한 물리적 기준을 갖는 단위로 가속도를 표현하도록 해준다.

예제 2.14 낙하하는 바위

무거운 바위가 절벽 꼭대기에서 정지 상태로부터 떨어져서 땅에 닿기 전에 100 m를 낙하한다. 바위가 땅에 떨어지는 데 얼마나 걸리며, 땅에 닿을 때 바위의 속도는 얼마인가?

준비 **그림 2.36**은 필요한 모든 데이터를 적은 개요도를 보여준다. 땅이 원점이므로, $y_i = 100$ m이다.

풀이 자유 낙하는 특정한 상수 가속도 $a_y = -g$를 갖는 운동이다. 첫 번째 질문은 시간과 거리 사이의 관계와 관련되는 것으로, 종합 2.1에 있는 두 번째 방정식으로 표현되는 관계이다. $(v_y)_i = 0$ m/s와 $t_i = 0$ s를 이용하면 다음 식을 얻는다.

$$y_f = y_i + (v_y)_i\,\Delta t + \tfrac{1}{2}a_y\,(\Delta t)^2 = y_i - \tfrac{1}{2}g\,(\Delta t)^2 = y_i - \tfrac{1}{2}gt_f^2$$

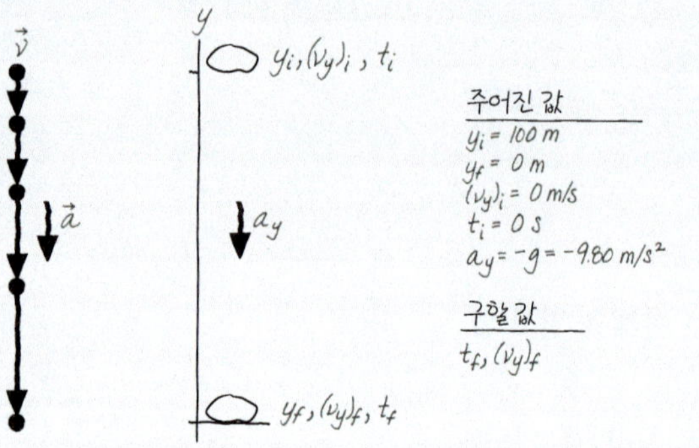

그림 2.36 낙하하는 바위의 개요도

따라서 t_f에 관하여 아래 식과 같이 풀 수 있다.

$$t_f = \sqrt{\frac{2(y_i - y_f)}{g}} = \sqrt{\frac{2(100\ \text{m} - 0\ \text{m})}{9.80\ \text{m/s}^2}} = 4.52\ \text{s}$$

이제 낙하 시간을 알고 있으므로, $(v_y)_f$를 구하기 위해서 첫 번째 운동학 방정식을 이용할 수 있고 다음 식을 얻는다.

$$(v_y)_f = (v_y)_i - g\,\Delta t = -gt_f = -(9.80\ \text{m/s}^2)(4.52\ \text{s})$$
$$= -44.3\ \text{m/s}$$

검토 답들은 타당한가? 100 m는 대략 30층 건물의 높이이다. 물체가 30층에서 떨어지는 데 얼마나 걸리는가? 4~5 s는 꽤 타당해 보인다. 땅에 닿을 때 속도는 얼마일까? 변환 인자의 근사적인 값인 1 m/s를 이용하면, 44.3 m/s라는 것을 알 수 있다. 물체가 30층에서 떨어졌다면 이것도 또한 꽤 타당한 속력으로 보인다. 실수를 했다고 가정하자. 만일 소수점을 오른쪽으로 잘못 찍었다면 443 m/s의 속력으로 계산하였을 것인데, 이것은 명백하게 타당하지 않다. 만일 소수점을 왼쪽으로 잘못 찍었다면, 4.43 m/s의 속력으로 계산하였을 것이다. 이것은 또 하나의 타당하지 않은 결과인데, 왜냐하면 이것은 전형적인 자전거 속력보다도 더 느리기 때문이다.

개념형 예제 2.15 위로 던진 공의 운동 분석하기

공을 허공에서 수직 위쪽으로 던졌을 때, 공이 손을 떠나는 점으로부터 다시 손으로 공을 잡기 직전까지, 이 공의 운동 도형과 속도-시간 그래프를 그리시오.

판단 공의 운동이 어떻게 보인다는 것을 안다. 공은 위로 올라갔다가 다시 아래로 내려온다. 이것은 운동 도형을 그리는 것을 약간 복잡하게 만드는데, 왜냐하면 공은 떨어지면서 그 경로를 따라 다시 내려오기 때문이다. 문자로 표현된 운동 도형은 각각의 위에 위로의 운동과 아래로의 운동을 보여주는데, 이것은 혼동으로 이어질 수 있다. 위로의 운동 도형과 아래로의 운동 도형을 수평 방향으로 분리함으로써 이 어려움을 피할 수 있다. 이것은 벡터들 중 어느 것도 변화시키지는 않기 때문에 결론에 영향을 주지 않는다. 운동 도형과 속도-시간 그래프는 **그림 2.37**에 나타냈다.

검토 공의 운동에서 가장 높은 지점은 운동 방향이 바뀌는 지점인데, **반환점**(turning point)이라고 한다. 이 지점에서 속도와 가속도는 얼마인가? 운동 도형으로부터 속도 벡터들이 위로 향하지만 공이 꼭대기에 접근하면서 점점 더 짧아지는 것을 볼 수 있다. 공

그림 2.37 허공에서 위로 던진 공의 운동 도형과 속도 그래프

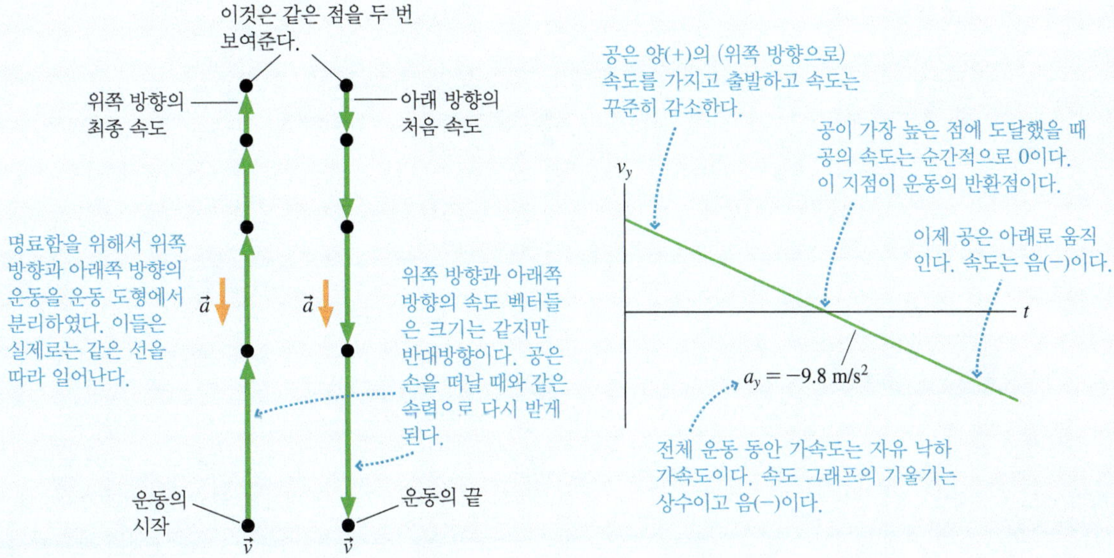

이 떨어지기 시작하면서 속도 벡터들은 아래로 향하고 점점 더 길어진다. $\vec{v}$가 위쪽으로 향하는 것으로부터 아래로 향하는 순간의 속도는 0이 되어야 한다. 정말로 운동의 정확한 꼭대기에 있는 순간의 경우, 공의 속도는 0이다. 또한 속도 그래프에서 $v_y = 0$인 순간이 있다는 것을 알 수 있다. 이것이 반환점이다.

그러나 꼭대기에서 가속도는 얼마인가? 많은 사람들은 가장 높은 점에서 가속도는 0이 될 것으로 기대한다. 그러나 꼭대기 점에서 속도는 위쪽에서 아래쪽으로 변한다는 것을 기억하자. 만일 속도가 변하고 있다면, 가속도가 있어야 한다. $v_y = 0$인 순간에, 다시 말하면 가장 높은 점에서 속도 그래프의 기울기는 운동의 다른 어떤 점에서와 다르지 않다. 공은 여전히 가속도 $a_y = -g$를 가지는 자유 낙하 중인 것이다.

이것에 관하여 생각하는 또 다른 방법은 0의 가속도는 속도의 변화가 없음을 의미한다는 것이다. 공이 꼭대기에서 0이 속도에 도달했을 때, 만일 가속도 또한 0이었다면 공은 거기에 머무를 것이다.

예제 2.16 도약한 높이 구하기 BIO

스프링복(springbok)은 남아프리카에서 발견되는 영양의 일종으로, 남다른 점프 능력으로부터 그 이름을 얻었다. 스프링복이 놀라면 공중으로 도약할 텐데, 이를 '프롱크(pronk)'라고 한다. 이 영양은 프롱크를 수행하기 위해서 몸을 웅크린다. 그리고 다리를 힘차게 뻗는데, 다리가 곧게 펴지면서 0.70 m를 35 m/s^{2}으로 가속하게 된다. 다리가 완전히 펴지면, 스프링복은 땅을 박차고 허공으로 올라간다.

a. 스프링복은 얼마의 속력으로 땅을 박차는가?

b. 스프링복은 얼마나 높이 올라가는가?

준비 그림 2.38에서 보여준 개요도로 시작하며, 여기에서 운동의 두 가지 서로 다른 단계를 확인하였는데, 영양이 땅을 밀어내는 단계와 공중으로 올라가는 단계이다. 이것을 차례대로 해결하는 2개의 분리된 문제들로 다루자. 운동의 두 단계들에 대하여 변수 y_i, y_f, $(v_y)_i$, $(v_y)_f$ 등을 '다시 사용'할 것이다.

풀이의 처음 단계를 위해서, 그림 2.38(a)에서 몸을 웅크렸을 때 영양의 위치를 y축의 원점으로 선택하였다. 나중 위치는 영양이 다리를 뻗어 가속하는 동안 이동한 위치이다. 이 위치가 바로 영양이 땅을 박찰 때의 속도를 알려주기 때문에 이 위치에서 속도를 구하기를 원한다. 그림 2.38(b)는 본질적으로 다시 시작하는데, 땅에 원점을 가진 새로운 수직축을 정의했으며, 그래서 영양의 운동에서 가장 높은 점은 땅으로부터의 거리이다. 여러 값들의 목록은 이 문제의 두 번째 부분에 대한 주요 정보를 보여준다. 문항 b에

그림 2.38 스프링복의 도약에 대한 개요도

(a) 땅을 박차고 오를 때　　(b) 공중으로 올라갈 때

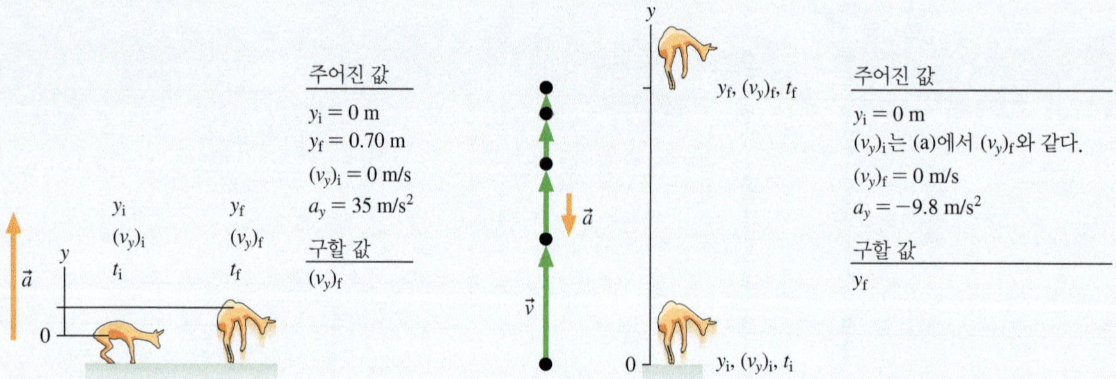

대한 초기 속도는 문항 a로부터 얻은 나중 속도이다.

영양이 땅을 박찬 후에, 오직 중력의 영향 아래에서 움직이고 있기 때문에 이것은 자유 낙하 문제이다. 도약의 높이를 알고 싶다면 이 운동의 꼭대기 점에서 높이를 구해야 한다. 이것은 이 운동의 반환점이며, 순간 속도가 0이 되는 점이다. 그러므로 도약의 높이 y_f는 $(v_y)_f = 0$인 순간에 영양의 위치이다.

풀이

a. 땅을 박차는 첫 번째 단계에 관해서 변위, 초기 속도, 그리고 가속도에 관한 정보를 알고 있지만 시간 간격에 관해서는 어느 것도 알지 못한다. 종합 2.1에 있는 세 번째 방정식이 이 상황에 꼭 맞는다. 영양이 땅을 박차고 오르는 속도를 알기 위해서 이것을 다시 쓰면 다음 식을 얻는다.

$$(v_y)_f^2 = (v_y)_i^2 + 2a_y\Delta y = (0\ \text{m/s})^2 + 2(35\ \text{m/s}^2)(0.70\ \text{m}) = 49\ \text{m}^2/\text{s}^2$$

$$(v_y)_f = \sqrt{49\ \text{m}^2/\text{s}^2} = 7.0\ \text{m/s}$$

영양은 7.0 m/s의 속력으로 땅을 박차 오른다.

b. 이제 운동의 두 번째 단계를 위한 준비가 되었다. 땅을 박찬 후의 운동은 수직 운동이다. 시간을 모르기 때문에 종합 2.1에 있는 세 번째 방정식이 적당하다. $y_i = 0$이므로, 영양의 변위는 $\Delta y = y_f - y_i = y_f$이고, 수직 도약의 높이이다. 문항 a로부터, 초기 속도는 $(v_y)_i = 7.0$ m/s이고, 나중 속도는 $(v_y)_f = 0$이다. 이것은 $a_y = -g$를 가지는 자유 낙하 운동이다. 그러므로 아래 식이 성립한다.

$$(v_y)_f^2 = 0 = (v_y)_i^2 - 2g\Delta y = (v_y)_i^2 - 2gy_f$$

이 식은 다음 식으로 된다.

$$(v_y)_i^2 = 2gy_f$$

y_f에 관하여 풀면, 다음 식과 같은 도약 높이를 얻는다.

$$y_f = \frac{(7.0\ \text{m/s})^2}{2(9.8\ \text{m/s}^2)} = 2.5\ \text{m}$$

검토 2.5 m는 상당한 도약이지만, 스프링복은 점프 능력으로 유명하고, 그래서 이것은 타당해 보인다.

이 장의 시작 부분에 있는 사진에 수반되는 설명에서 동물들과 그들의 육상 능력에 관한 질문 "말과 사람 사이의 경주에서 누가 이길까?"를 제시하였다. 놀라운 대답은 "경우에 따라 다르다"는 것이다. 구체적으로 말하면 승자는 경주의 길이에 의존한다.

어떤 동물은 빠른 속력을 낼 수 있다. 반면에 어떤 동물은 가속도를 크게 할 수 있다. 말은 사람보다 훨씬 더 빨리 달릴 수 있지만, 정지 상태에서 출발할 때는 사람이 말보다 훨씬 더 큰 초기 가속도를 낼 수 있다. 그림 2.39는 매우 뛰어난 남자 단거리 달리기 선수와 우수한 경주마에 대한 속도와 위치 그래프를 보여준다. 말의 최대 속

그림 2.39 BIO 사람과 말 사이의 단거리 경주에 대한 속도-시간 그래프와 위치-시간 그래프

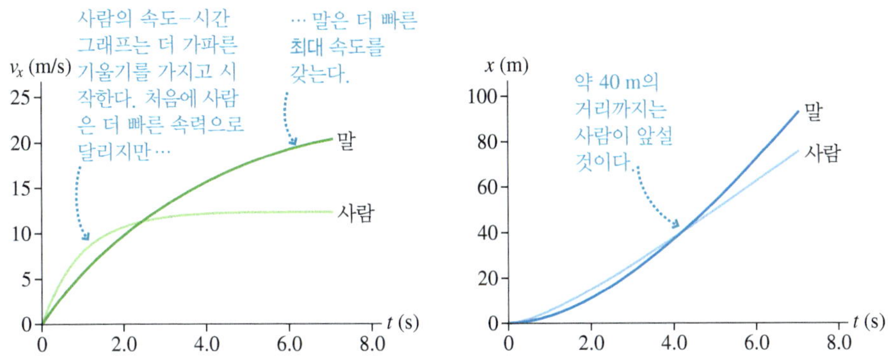

도는 사람의 약 두 배지만, 처음에 시간의 속도 그래프의 기울기인 사람의 초기 가속도는 말의 초기 가속도보다 더 크다. 두 번째 그래프가 보여주는 것처럼, 사람은 매우 짧은 경주에서는 이길 수 있다. 더 긴 장거리 경주에서는 말의 더 높은 최대 속도가 말을 앞서 가도록 만들 것이다. 사람의 세계 신기록 시간은 1.6 km에 4분 약간 안 되지만, 말은 이 거리를 2분보다 짧은 시간에 쉽게 달릴 수 있다.

거리가 더 늘어난 여러 경주에 대해서는, 에너지 등 다른 요인들이 경기에 개입된다. 매우 긴 경주는 속도와 가속도보다는 지구력이 더 중요한데, 이것은 긴 시간 동안 에너지를 계속해서 소비하는 능력이다. 이러한 지구력 시험에서는 보통 사람이 이긴다. 이러한 에너지 문제는 11장에서 공부할 것이다.

종합형 예제 2.17 속력 대 지구력 BIO

치타는 어떤 육상 동물보다 더 빠른 속력을 가지고 있지만, 지구력이 제한적이기 때문에 먹이를 잡으려는 시도에서 종종 실패한다. 치타는 그들의 최대 속력인 30 m/s를 그들이 멈출 필요가 있기 전까지 단지 약 15 s 동안 유지할 수 있다.

치타가 선호하는 먹이인 톰슨가젤은 치타보다 더 낮은 최고 속력을 가지지만, 그들은 이 속력을 몇 분 동안 유지할 수 있다. 치타가 가젤을 뒤쫓을 때, 성공 또는 실패 여부는 간단한 운동학의 문제이다. 치타가 지치기 전에 먹이에 도달할 수 있도록 치타가 높은 속력을 유지할 수 있는가 하는 것이다. 다음 문제는 그러한 추격에 대한 현실적인 데이터를 사용한다.

치타가 가젤을 겨냥했다. 치타는 뛰기 시작하고, 몇 초 안에 최고 속력인 30 m/s에 도달한다. 이 순간에 달리는 치타로부터 160 m 떨어져 있는 가젤은 위험을 알아채고 즉시 도망을 친다. 가젤은 6.0 s 동안 4.5 m/s^{2}으로 가속하고, 그 후에는 일정한 속력으로 계속해서 달린다. 최고 속력에 도달한 후에, 치타는 단지 15 s 동안만 계속해서 달릴 수 있다. 치타가 가젤을 잡을까 아니면 가젤이 달아날까?

준비 이 예제는 이렇게 질문한다. "치타가 가젤을 잡을까?" 가장 도전적인 임무는 이 말을 이 장의 기법들을 이용하여 해결할 수 있는 그래프와 수학적인 문제로 전환하는 것이다.

두 가지 관련된 문제가 있는데, 치타의 운동과 가젤의 운동이며, 각각에 대해서 'C'와 'G'라는 아래 첨자를 사용할 것이다. 가젤이 치타를 인지하고 달아나기 시작하는 순간을 시작 시간 $t_1 = 0$ s로 정하자. 이 순간에 치타의 위치를 좌표계의 원점으로 택할 것이고, 그래서 $x_{1C} = 0$ m이고 $x_{1G} = 160$ m이다(가젤은 치타를 인지했을 때 160 m 떨어져 있다). **그림 2.40**에 개요도를 그리기 위해서 이 정보를 이용하였는데, 이것은 치타와 가젤에 대한 운동 도형과 속도 그래프를 포함한다. 개요도는 문제에 관해서 알고 있는 모든 것을 요약한다.

이 상황의 명확한 그림을 가지고, 이제 문제를 이렇게 바꾸어 말할 수 있다. 치타와 가젤의 위치를 치타가 추격을 멈출 필요가 있는 시간인 $t_3 = 15$ s에서 계산하시오. 만일 $x_{3G} \geq x_{3C}$라면, 가젤이

그림 2.40 치타와 가젤에 대한 개요도

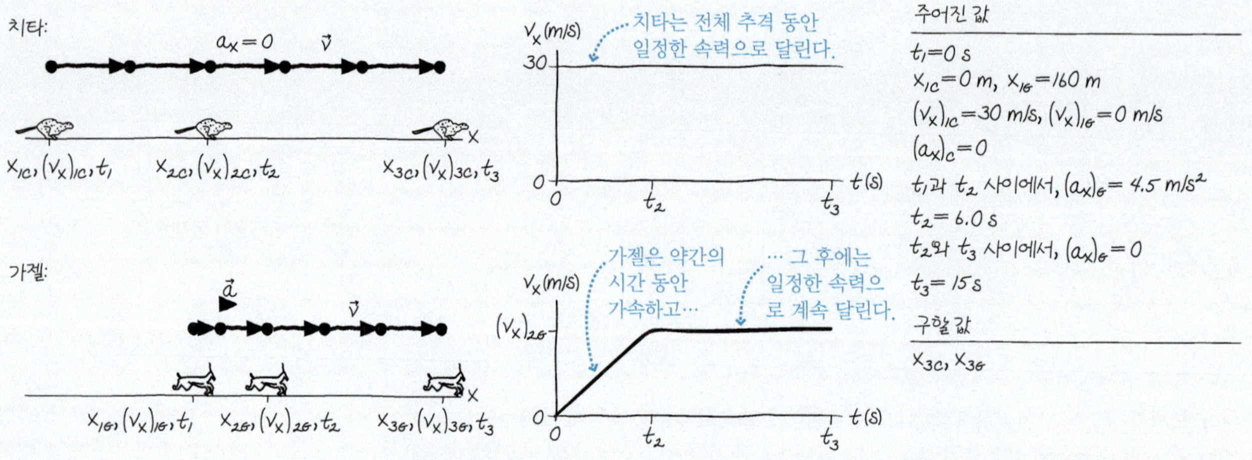

앞에 있게 되어 달아날 수 있다. 만일 $x_{3G} < x_{3C}$라면, 치타가 경주에서 이기고 먹이를 얻는다.

풀이 치타는 문제의 전체 시간 동안 등속 운동 상태에 있고, 그래서 $t_3 = 15$ s에서 그 위치를 알기 위해서 식 (2.4)를 이용할 수 있다.

$$x_{3C} = x_{1C} + (v_x)_{1C}\Delta t = 0\text{ m} + (30\text{ m/s})(15\text{ s}) = 450\text{ m}$$

가젤의 운동은 두 단계를 갖는데, 등가속도와 그 후의 등속도의 단계이다. 종합 2.1에 있는 처음 2개의 방정식들을 이용하여 첫 번째 단계의 마지막인 t_2에서 위치와 속도에 대하여 풀 수 있다. 속도를 먼저 구해보자.

$$(v_x)_{2G} = (v_x)_{1G} + (a_x)_G\Delta t = 0\text{ m/s} + (4.5\text{ m/s}^2)(6.0\text{ s}) = 27\text{ m/s}$$

t_2에서 가젤의 위치는 아래 식과 같다.

$$x_{2G} = x_{1G} + (v_x)_{1G}\Delta t + \tfrac{1}{2}(a_x)_G(\Delta t)^2$$
$$= 160\text{ m} + 0 + \tfrac{1}{2}(4.5\text{ m/s}^2)(6.0\text{ s})^2 = 240\text{ m}$$

가젤은 앞에서 출발하며, $x_{1G} = 160$ m에서 시작한다.

Δt는 운동의 이 단계에 대한 시간이며, $t_2 - t_1 = 6.0$ s이다.

가젤은 t_2에서 t_3까지 일정한 속력으로 움직이며, 그래서 나중 위치를 구하기 위해서 등속 운동 방정식인 식 (2.4)를 이용한다.

가젤은 $x_{2G} = 240$ m에서 운동의 이 단계를 시작한다.

운동의 이 단계에 대한 Δt는 $t_3 - t_2 = 9.0$ s이다.

$$x_{3G} = x_{2G} + (v_x)_{2G}\,\Delta t = 240\text{ m} + (27\text{ m/s})(9.0\text{ s}) = 480\text{ m}$$

x_{3C}는 450 m이고 x_{3G}는 480 m이다. 치타가 추격을 멈추어야 할 때 가젤이 치타보다 30 m 앞서 있고, 따라서 가젤은 달아난다.

검토 풀이는 타당한가? 최종 결과를 살펴보자. 이 문제 설명에 있는 숫자들은 현실적이고, 그래서 결과들이 실제 삶을 반영할 것으로 기대한다. 가젤의 경우 속력이 치타의 속력에 가까운데, 이것은 빠른 속력으로 유명한 두 동물에 대해서 타당해 보인다. 그리고 이 결과는 보통 일어나는 일인데, 추격이 아슬아슬했지만 가젤은 달아난다.

문제의 난이도는 I(쉬움)에서 IIIII(도전)으로 구분하였다. INT로 표시된 문제는 지난 장의 내용이 복합된 문제이고, BIO는 생물학적 또는 의학적 관심 분야를 의미한다.

QR 코드를 스캔하여 이 장의 문제를 해결하는 데 도움이 되는 영상 학습 풀이를 시작하시오.

연습문제

2.1 운동 기술하기

1. III 그림 P2.1은 길을 따라 아래로 이동하는 자동차의 운동 도형을 보여준다. 이 카메라는 1초마다 하나의 프레임을 찍었다. 거리 눈금이 주어져 있다.
   a. 각 점들에서 자동차의 x값을 측정하시오. 데이터를 표 2.1과 유사한 표에 기록하시오. 이 표는 각 사건이 일어났던 위치와 순간을 보여준다.
   b. 표에 있는 데이터를 이용해서 x 대 t의 그래프를 만드시오. 단지 특정한 시간의 순간들에서 데이터를 가지고 있기 때문에, 그래프는 함께 연결되지 않은 점들로 구성되어야 한다.

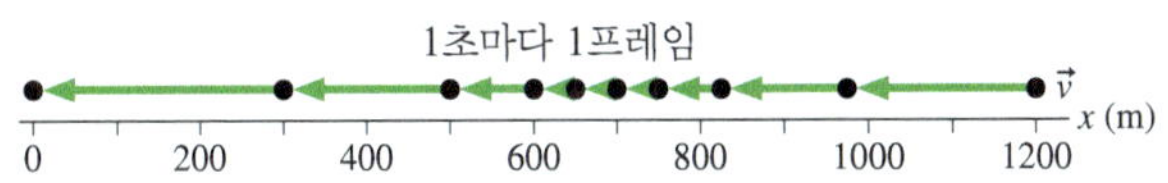

그림 P2.1

2. II 그림 P2.2에 있는 위치 그래프는 개가 다람쥐에게 느리게 살금살금 다가가다가 갑자기 속력을 내서 달려드는 것을 나타낸 것이다.
   a. 개는 몇 초 동안 느린 속력으로 움직이는가?
   b. 개의 속도-시간 그래프를 그리시오. 두 축 모두 위에 숫자 눈금을 표시하시오.

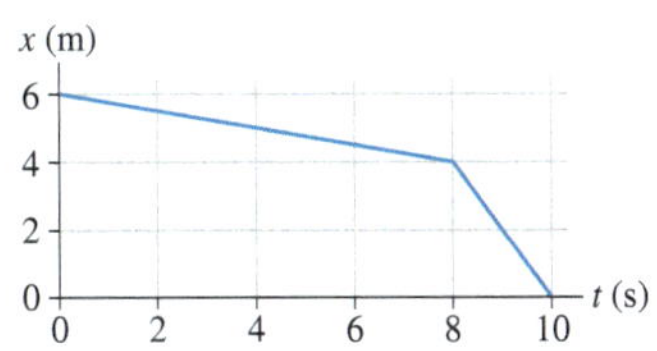

그림 P2.2

3. II 그림 P2.3의 속도-시간 그래프에 대해서

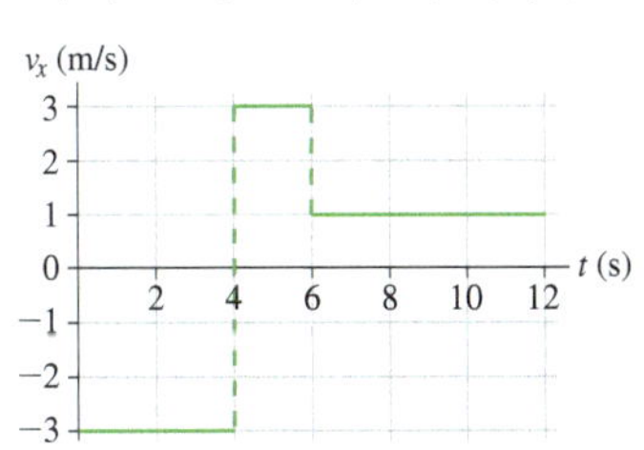

그림 P2.3

   a. 대응하는 위치-시간 그래프를 그리시오. $t = 0$ s에서 $x = 0$ m라고 가정한다.
   b. $t = 12$ s에서 물체의 위치는 어디인가?
   c. 이 그래프를 보이는 운동 물체를 기술해 보시오.

2.2 등속 운동

4. I 메이저리그 야구에서 투수의 마운드는 타석으로부터 60 ft 거리에 있다. 만약 투수가 95 mph의 빠른 공을 던진다면, 공이 투수의 손을 떠나 타석에 도착할 때까지 얼마의 시간이 경과하는가?

5. II 앨런은 오전 8시에 LA를 출발해서 400 mi 떨어진 샌프란시스코까지 운전한다. 그는 일정한 속력 50 mph로 이동한다. 베스는 오전 9시에 LA를 출발해서 일정한 속력 60 mph로 이동한다.
   a. 누가 먼저 샌프란시스코에 도착하는가?
   b. 먼저 도착한 사람은 다음 사람을 얼마나 기다려야 하는가?

6. III 두 명의 프로 달리기 선수가 100 m 달리기에서 각각 23 mph와 22 mph의 일정한 속력으로 경주를 끝마친다. 그들이 경주를 끝마치기 위해 걸리는 시간 차이는 얼마인가?

7. II 자동차가 직선 도로를 따라 등속도로 달린다. 그 위치는 $t_1 = 0$ s에서 $x_1 = 0$ m이고 $t_2 = 3.0$ s에서 $x_2 = 30$ m이다. 자동차의 속도를 계산하지 말고, 비율을 고려함으로써 다음에 답하시오.
   a. $t = 1.5$ s에서 자동차의 위치는 어디인가?
   b. $t = 9.0$ s에서 자동차의 위치는 어디인가?

2.3 순간 속도

8. I 그림 P2.8은 어떤 입자의 위치 그래프를 보여준다.
   a. 구간 $0\ \text{s} \le t \le 4$ s에 대한 입자의 속도 그래프를 그리시오.
   b. 입자는 반환점 또는 반환점들을 가지는가? 만약 그렇다면 어떤 시간 또는 시간들에서인가?

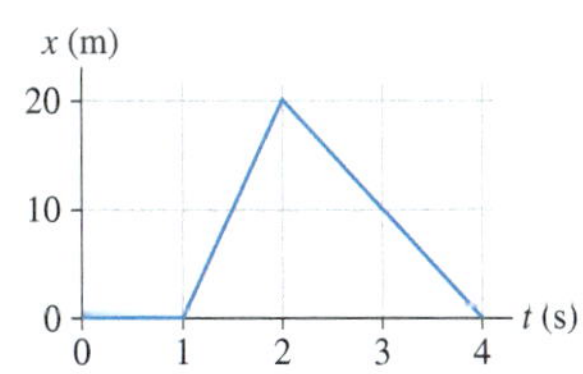

그림 P2.8

9. ||| 자동차가 $t_i = 0$ s에서 $x_i = 10$ m로부터 출발하여 그림 P2.9에 보여준 속도 그래프를 따라서 움직인다.
   a. $t = 2$ s, $t = 3$ s, $t = 4$ s에서 자동차의 위치는 어디인가?
   b. 자동차는 방향을 바꾼 적이 있는가? 만약 그렇다면 어떤 시간에 바뀠는가?

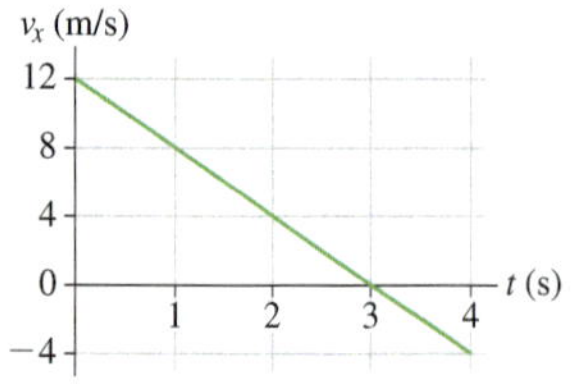

그림 P2.9

2.4 가속도

10. || 그림 P2.10은 자전거의 속도 그래프를 보여준다. 구간 0 s ≤ t ≤ 4 s에 자전거의 가속도 그래프를 그리시오. 두 축 모두에 적당한 숫자 눈금을 표시하시오.

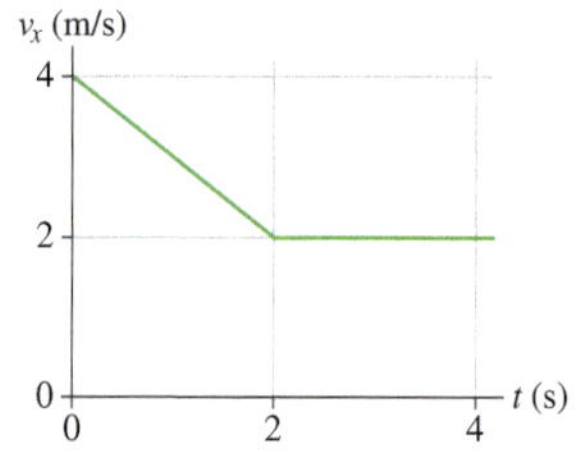

그림 P2.10

11. | 그림 P2.11에서 보여준 각 운동 도형에 대해서 가속도의 부호(양 또는 음)를 결정하시오.

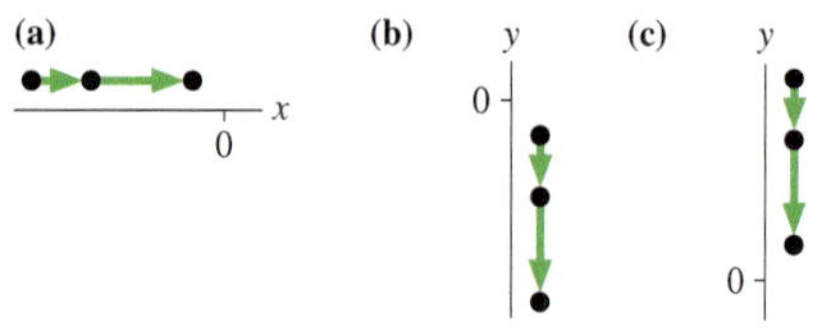

그림 P2.11

12. || 그림 P2.12는 100 m 경주에 출전하는 올림픽 단거리 육상선수인 칼루이스에 대해 약간 단순하게 만든 속도 그래프이다. 구간 A, B, C의 각 구간 동안에 그의 가속도를 추정하시오.

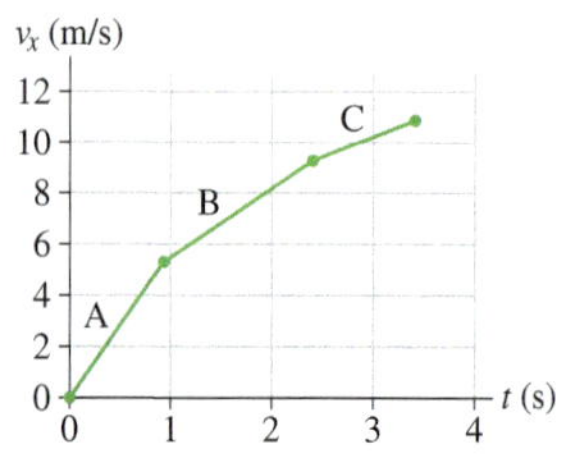

그림 P2.12

13. | 영양은 3.0 s 후에 13 m/s의 속력에 도달할 수 있다. 사자는 1.0 s 후에 9.5 m/s의 속력에 도달할 수 있다. 송어는 0.12 s 후에 2.8 m/s의 속력에 도달할 수 있다. 어떤 동물이 가장 큰 가속도를 가지는가?
BIO

2.5 등가속도 운동

14. || a. 자동차가 0으로부터 60 mph까지 10 s 안에 도달하기 위해서 가져야 하는 일정한 가속도는 SI 단위로 얼마인가?
    b. 이 값은 g의 몇 배인가?
    c. 자동차는 60 mph에 도달할 때 얼마나 멀리 움직였는가? SI 단위와 ft 단위로 답하시오.

15. || 속력 v로 움직이는 자동차는 브레이크가 작동한 후에 멈추기 위해서 거리 d가 필요하다. 만약 자동차가 초기에 속력 $2v$로 움직인다면 멈추기 위한 거리는 얼마인가? 브레이크로 인한 가속도는 두 경우에 모두 같다고 가정한다.

16. ||| 크로스컨트리 스키 선수가 8.0 m/s의 아주 빠른 속력으로 스키를 타고 있다. 스키 선수는 미는 것을 멈추고 단지 5.0 m를 미끄러진 후에 6.0 m/s의 속력으로 감속하였다. 스키 선수가 감속할 때 선수의 가속도의 크기는 얼마인가?

17. || 포뮬러원 선수들은 보통의 차보다 훨씬 신속하게 가속하고, 또한 훨씬 짧은 거리 안에서 차를 멈출 수 있다. 100 m/s의 속력으로 달리던 포뮬러원 선수가 150 m의 거리 안에서 멈출 수 있다면, 제동되는 동안 이 자동차의 가속도의 크기는 얼마인가?

2.6 1차원 문제 풀기

18. || 자동차 운전사는 1 s의 반응 시간을 가지며, 운전사의 자동차 최대 감속은 10.0 m/s^{2}이다. 운전사가 30 m/s의 속력으로 운전하고 있는데 운전사 앞쪽 60 m 길에 있는 장애물을 갑자기 보게 된다. 충돌을 피하기 위해서 운전사는 시간 안에 차를 멈출 수 있는가?

19. ||| 여러분이 밤에 고속도로를 20 m/s의 속력으로 달리고 있는데 사슴 한 마리가 전방 35 m 길 위에서 걷고 있는 것을 보았다. 브레이크를 밟기 전에 여러분의 반응 시간은 0.50 s이고, 여러분 차의 최대 감속은 10 m/s^{2}이다.
    a. 여러분이 멈추었을 때 여러분과 사슴 사이의 거리는 얼마인가?
    b. 사슴을 치지 않기 위한 여러분의 최대 속력은 얼마인가?

20. || 자동차가 50 km/h 구역에서 80 km/h의 일정한 속력으로 달리고 있다. 자동차가 지나치는 순간에 교통경찰 오토바이가 출발해서 8.0 m/s^{2}의 일정한 가속도로 가속을 한다.
    a. 오토바이가 자동차만큼 빠르게 움직일 때까지 경과한 시간은 얼마인가?

b. 오토바이가 이 속력에 도달했을 때 자동차로부터 얼마나 멀리 떨어져 있는가?

21. ||| 100 m 달리기를 하는 선수에 대한 간단한 모형은, 최대 속력에 도달할 때까지 이 선수가 등가속도로 달리고 그 후에는 결승선까지 이 속력을 유지하는 것이라고 가정하는 것이다. 만약 이 단거리 육상 선수가 2.14 s만에 11.2 m/s의 최대 속력에 도달한다면, 100 m 주파 시간은 얼마가 되겠는가?

2.7 자유 낙하

22. || 여러분이 친구에게 할 수 있는 재미있는 도전이 있다. 1달러 지폐의 위쪽 모서리를 잡는다. 친구에게 손가락을 지폐 가까이에 놓기는 하지만 지폐에 닿지는 않도록 해서 아래쪽 모서리를 잡을 준비를 하도록 한다. 여러분이 지폐를 떨어뜨릴 때 친구에게 손가락으로 지폐를 잡으라고 알려준다. 이것은 쉬운 것처럼 보이지만 그렇지 않다. 여러분이 지폐를 놓는 것을 친구가 본 후에, 친구가 반응해서 손가락으로 지폐를 잡기 위해서는 0.25 s의 시간이 걸릴 것이고, 이것은 지폐를 잡을 만큼 충분히 빠르지 않다. 친구가 지폐를 잡지 못하도록 하기 위해서는 얼마의 시간이 걸리는가? 지폐 길이는 16 cm이다.
BIO

23. | 부비새는 높은 곳에서 다이빙을 해서 물고기를 잡는 바닷새이다. 만약 부비새가 32 m/s의 속력으로 물에 부딪힌다면, 이 새는 얼마의 높이에서 다이빙을 해야 하는가? 부비새는 다이빙을 시작하기 전에 정지해 있었다고 가정한다.
BIO

24. || 훌륭한 도약 선수는 땅으로부터 110 cm의 높이까지 뛰어 오를 수 있다. 이 높이에 도달하기 위해서 이 선수가 땅을 박차는 속력은 얼마나 될 것인가?
BIO

25. |||| 액션 영화에서 악당은 헬리콥터에 매달린 사다리를 잡고 바다에서 구조된다. 그가 사다리를 잡는 일에 집중하느라 물 위의 130 m 지점에 있을 때 위조지폐가 들어있는 서류 가방을 떨어뜨린다. 만약 서류 가방이 6.0 s 후에 물에 닿는다면, 헬리콥터가 상승하고 있는 속력은 얼마인가?

26. ||| 암벽 등반가가 50 m 높이의 절벽 꼭대기 위에 서 있고 절벽 바닥에는 물웅덩이가 있다. 그는 1.0 s 간격으로 2개의 돌멩이를 연직 아래로 던지고 나서 물웅덩이에서 물이 한 번만 튀어 오르는 것을 관찰한다. 첫 번째 돌멩이의 초기 속력은 2.0 m/s이었다.

a. 첫 번째 돌멩이를 던진 후 두 번째 돌멩이가 물에 닿을 때까지 시간이 얼마나 걸리는가?

b. 두 번째 돌멩이의 초기 속력은 얼마인가?

c. 두 돌멩이가 물에 닿을 때 각각의 속력은 얼마인가?

3 2차원에서 벡터와 운동

Vectors and Motion in Two Dimensions

일단 표범이 도약하면 그 궤적은 초기 속력과 도약 각도에 의해서 결정된다. 표범의 착지점을 어떻게 알 수 있을까?

학습목표 ▸

벡터를 배우고 벡터를 도구로 사용해서 2차원 운동을 분석한다.

벡터와 성분

진한 녹색 벡터는 공의 초기 속도이다. 밝은 녹색 **성분 벡터**는 처음의 수평과 수직 속도를 나타낸다.

벡터의 성분을 어떻게 찾고 그 성분을 이용해서 어떻게 문제를 해결할지를 배운다.

포물체 운동

뛰어오르는 물고기가 그리는 포물선은 **포물체 운동**의 예이다. 자세한 내용에 있어 물고기나 농구공은 동일하다.

포물체 문제를 어떻게 풀고, 물체가 얼마나 오래 공중에 떠 있고 얼마나 멀리 날아가는지를 배운다.

원운동

탑승객은 일정한 속력으로 원운동하지만, 운동 방향이 계속 변하기 때문에 가속도를 갖는다.

원운동하는 물체에 대한 가속도의 크기와 방향을 어떻게 구하는지를 배운다.

이 장의 배경 ◂

자유 낙하

위로 똑바로 던져 올린 공이 자유 낙하한다는 것을 2.7절에서 배웠다. 물체가 위로 올라가거나 다시 내려오는거나 가속도는 같다.

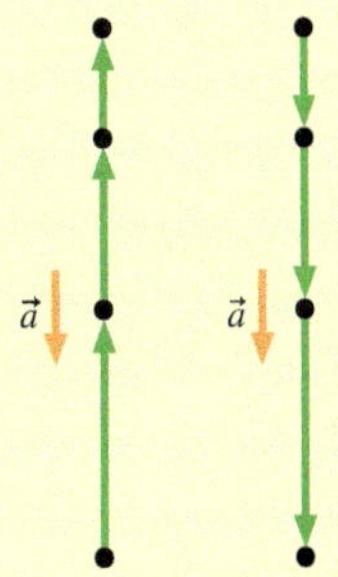

포물체 운동하는 물체의 수직 운동도 또한 자유 낙하이다. 자유 낙하에 대한 이해를 바탕으로 포물체 운동 문제를 해결할 것이다.

3.1 벡터 활용하기

앞 장에서 우리는 직선 경로를 따라서 움직이는 물체에 관한 문제들을 다루었다. 이번 장에서는 굽은 경로를 따라서 움직이는 물체의 2차원 운동을 살펴보기로 하자. 운동 방향이 매우 중요하기 때문에 그것을 기술할 수 있는 수학 용어, 즉 벡터를 도입해야 한다.

◀◀1.5절에서 벡터 개념을 소개했지만, 다음 절에서 2차원 운동을 배우는 데 있어 하나의 도구로써 벡터를 다루는 기술을 전개할 것이다. 벡터는 크기와 방향을 가진 양이다. **그림 3.1**은 한 입자의 속도를 벡터 $\vec{v}$로 어떻게 나타내는지를 보여준다. 이때 입자의 속력은 5 m/s이고 운동 방향은 화살표가 가리키는 방향이다. 벡터의 크기는 화살표가 없는 문자로 표현한다. 이 경우, 입자의 속도 벡터 $\vec{v}$의 크기인 속력은 v = 5 m/s이다. 스칼라 양인 벡터의 크기는 음수가 될 수 없다.

그림 3.1 속도 벡터 $\vec{v}$는 크기와 방향을 동시에 갖는다.

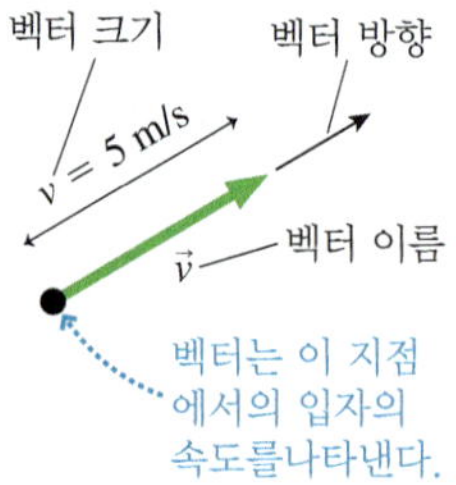

물체의 변위는 초기 위치와 나중 위치를 잇는 벡터임을 1장에서 보여준 바 있다. 변위는 이해하기 쉬운 개념이기 때문에 이것을 통해 벡터의 특성을 소개할 것이다. **이번 장에서 공부할 모든 특성(덧셈, 뺄셈, 곱셈, 성분)은 변위뿐만 아니라 모든 벡터에도 적용된다.**

1장에서 소개한 우리의 친구 샘이 자기 집 앞문에서 출발해서 길을 건넌 후에 북동쪽으로 200 m 떨어진 지점에 도착했다고 하자. 샘의 변위 $\vec{d}_S$는 **그림 3.2(a)**와 같다. 변위 벡터는 출발점과 도착점을 잇는 직선이지만, 그렇다고 실제 경로일 필요는 없다. 점선은 샘이 걸어간 실제 경로인 반면, 변위는 벡터 $\vec{d}_S$이다.

그림 3.2 변위 벡터

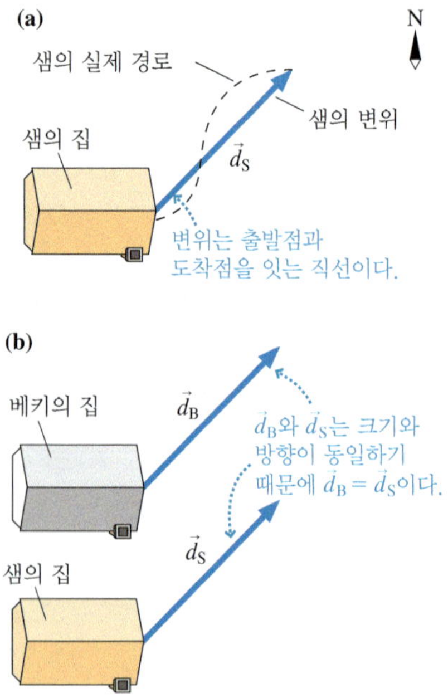

벡터를 기술하려면 크기와 방향을 표시해야 한다. 샘의 변위는

$$\vec{d}_S = (200 \text{ m, 북동쪽})$$

과 같이 쓸 수 있는데, 처음 숫자는 크기이고, 나중 것은 방향을 나타낸다. 샘의 변위 크기는 d_S = 200 m로, 출발점과 도착점 사이의 직선거리이다.

샘의 이웃인 베키는 자기 집 앞문을 나와서 북동쪽으로 200 m를 걸어갔다. 베키의 변위 $\vec{d}_B$ = (200 m, 북동쪽)은 샘의 변위 $\vec{d}_S$와 같은 크기와 방향을 갖는다. 벡터는 자신의 크기와 방향만으로 정의되기 때문에 **크기와 방향이 같은 두 벡터는 동일한 벡터이다**. 이것은 벡터 개개의 시작점과는 무관함을 의미한다. 따라서 **그림 3.2(b)**의 두 변위는 서로 같으며, $\vec{d}_B = \vec{d}_S$라고 쓴다.

벡터의 덧셈

1장에서 보았듯이 연속적으로 이어진 변위들을 벡터의 덧셈을 통해서 결합시킬 수 있다. **그림 3.3**은 P점을 출발해서 S점에 도착한 보행자의 변위를 보여준다. 보행자는 먼저 동쪽으로 4 km를 걸어간 후, 북쪽으로 3 km를 갔다. 보행자의 초기 변위는 벡터 $\vec{A}$ = (4 km, 동쪽)으로 쓸 수 있으며, 둘째 변위는 $\vec{B}$ = (3 km, 북쪽)이다. 보행자의 **알짜 변위**(net displacement)는 정의에 따라 출발점 P점에서 도착점 S점까지 잇는

그림 3.3 두 변위 $\vec{A}$와 $\vec{B}$가 만든 알짜 변위 $\vec{C}$

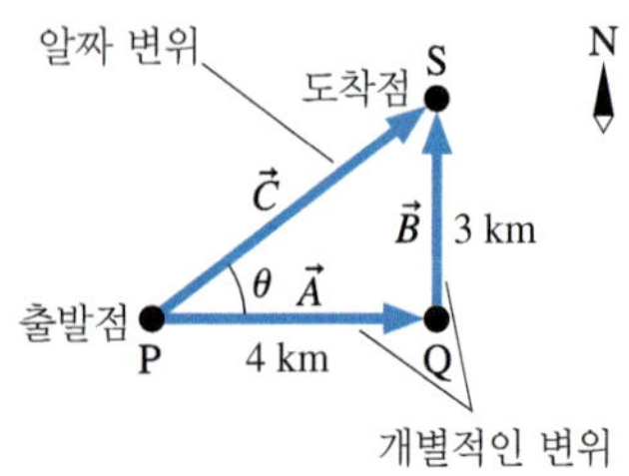

벡터로서 그림에서 $\vec{C}$로 표시되어 있다.

단어 '알짜(net)'는 덧셈을 의미한다. 알짜 변위 $\vec{C}$는 초기 변위 $\vec{A}$와 둘째 변위 $\vec{B}$의 덧셈, 즉

$$\vec{C} = \vec{A} + \vec{B} \tag{3.1}$$

이다. 두 벡터의 합을 **합벡터**(resultant vector)라고 한다. 벡터의 덧셈은 교환 가능하기 때문에 덧셈 순서를 마음대로 바꿔도 좋다. 즉, $\vec{A} + \vec{B} = \vec{B} + \vec{A}$이다.

◀◀풀이 전략 1.4를 보면, 두 벡터를 더하는 세 단계 과정이 나와 있다. 그림 3.3과 같이 화살표의 시작과 끝을 연결해서 $\vec{C} = \vec{A} + \vec{B}$를 구하는 덧셈 과정을 두미연결법(tip-to-tail method) 또는 덧셈작도법(graphical addition)이라고도 한다.

두 벡터의 덧셈에서 **그림 3.4(a)**처럼 벡터의 시작점이 일치하도록 그리는 것이 편리할 때가 있다. $\vec{D} + \vec{E}$를 구하기 위해서 $\vec{E}$의 시작점을 $\vec{D}$의 끝점으로 평행 이동시킨 후, $\vec{D}$의 시작과 $\vec{E}$의 끝을 잇는 두미연결법을 사용하면, **그림 3.4(b)**처럼 $\vec{F} = \vec{D} + \vec{E}$를 얻는다. 다른 방법으로, **그림 3.4(c)**처럼 $\vec{E}$와 $\vec{D}$가 만드는 평행사변형의 대각선이 벡터의 덧셈 $\vec{D} + \vec{E}$가 된다. 이것을 **평행사변형법**(parallelogram method)이라고 한다.

그림 3.4 두 벡터는 두미연결법이나 평행사변형법을 사용하여 더할 수 있다.

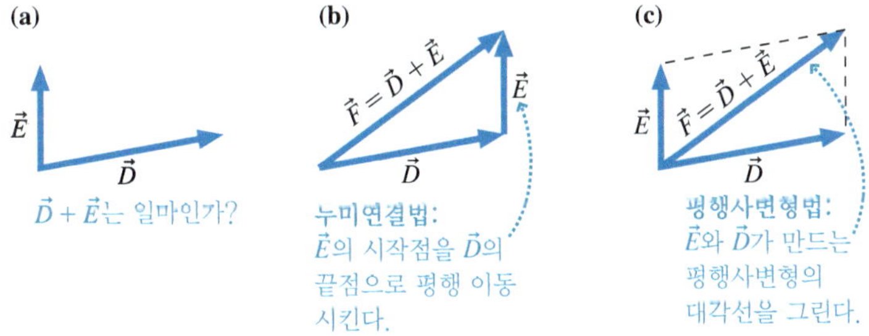

스칼라 곱하기

그림 3.3의 한 보행자가 $\vec{A}_1$ = (4 km, 동쪽)만큼 이동하였고, 둘째 보행자는 동쪽으로 두 배 더 갔다고 하면, 둘째 보행자의 변위는 $\vec{A}_2$ = (8 km, 동쪽)이어야 한다. 단어 '2배'는 곱하기를 의미하기 때문에

$$\vec{A}_2 = 2\vec{A}_1$$

라고 표현한다. **벡터에 양(+)의 스칼라를 곱하면 방향은 같고, 크기만 다른 벡터가 된다.**

벡터 $\vec{A}$의 크기를 A, 방향을 θ_A라고 하면 $\vec{A} = (A, \theta_A)$로 쓸 수 있다. c가 양(+)의 스칼라라고 하면, $\vec{B} = c\vec{A}$는

$$(B, \theta_B) = (cA, \theta_A) \tag{3.2}$$

를 의미한다. 따라서 원래 벡터를 c배만큼 늘이거나 줄일 수 있다. **그림 3.5**에서 볼 수 있듯이, 벡터 $\vec{B}$의 크기는 $B = cA$이지만 방향은 $\vec{A}$와 같다.

벡터 $\vec{A}$에 0을 곱했다고 생각해 보자. 식 (3.2)에 따라

그림 3.5 벡터와 양(+)의 스칼라 곱하기

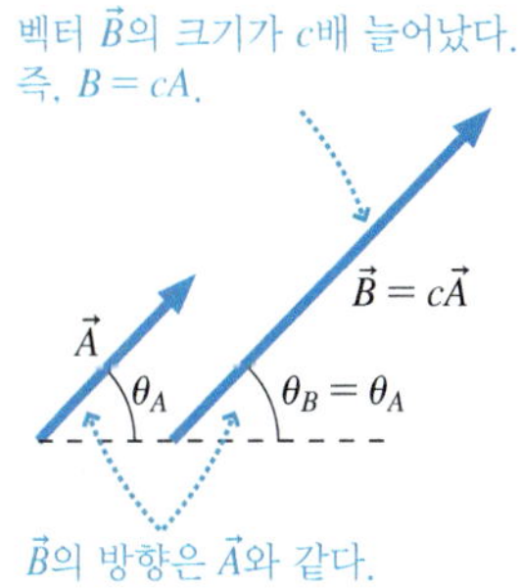

$$0 \cdot \vec{A} = \vec{0} = (0\ \text{m, 방향 알 수 없음}) \tag{3.3}$$

이다. 0의 곱은 크기가 0인 벡터가 된다. 이것을 $\vec{0}$으로 쓰고, **영벡터**(zero vector)라고 한다. 길이가 0인 화살표의 방향은 알 수 없기 때문에 영벡터의 방향은 무의미하다.

벡터에 음수를 곱하면 어떻게 될까? $c < 0$이면, 식 (3.2)가 성립하지 않는다. 왜냐하면 벡터 $\vec{B}$의 크기가 음수일 수는 없기 때문이다. 벡터 $\vec{A}$에 -1을 곱한 결과인 $-\vec{A}$를 살펴보자. 벡터 $-\vec{A}$란 $\vec{A}$를 더했을 때, 영벡터 $\vec{0}$가 되는 벡터를 의미한다. 즉,

$$\vec{A} + (-\vec{A}) = \vec{0} \tag{3.4}$$

이다. 말하자면, **그림 3.6**과 같이 $-\vec{A}$의 **끝점**이 $\vec{A}$의 **시작점**으로 돌아와야 한다. 이렇게 되려면 $-\vec{A}$는 $\vec{A}$와 크기는 같고, 방향이 반대여야 한다. 결과적으로

$$-\vec{A} = (A,\ \vec{A}\text{의 반대방향}) \tag{3.5}$$

이 된다. 벡터에 -1을 곱하면 그 벡터의 길이는 변하지 않고 방향이 반대가 된다.

한 예로써, **그림 3.7**은 $\vec{A}$와 $2\vec{A}$, 그리고 $-3\vec{A}$를 보여준다. 2를 곱하면 길이는 두 배로 늘어나지만 방향은 그대로이다. -3을 곱하면 길이가 세 배로 늘어남과 동시에 방향도 반대가 된다.

그림 3.6 벡터 $-\vec{A}$

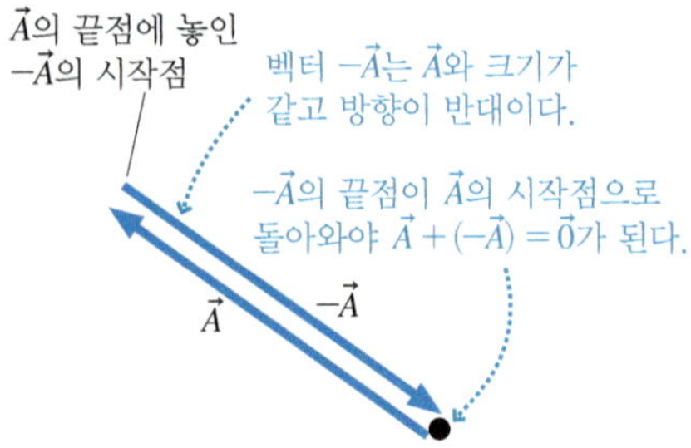

그림 3.7 벡터 $\vec{A}$, $2\vec{A}$ 그리고 $-3\vec{A}$

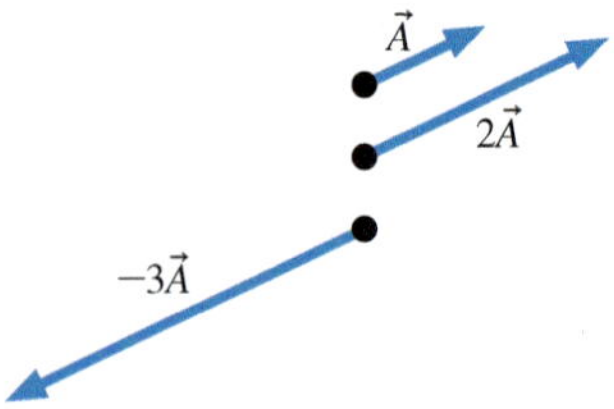

벡터의 뺄셈

벡터 $\vec{A}$에서 벡터 $\vec{B}$를 뺀 값 $\vec{A} - \vec{B}$는 무슨 의미일까? 숫자의 뺄셈은 음수의 덧셈과 같다. 즉, $5 - 3 = 5 + (-3)$이다. 마찬가지로 $\vec{A} - \vec{B} = \vec{A} + (-\vec{B})$이다. 따라서 벡터의 뺄셈 규칙을 얻기 위해서 벡터의 덧셈 규칙과 $-\vec{B}$가 $\vec{B}$와 방향이 반대인 점을 이용하면 된다.

풀이 전략 3.1 벡터의 뺄셈

$\vec{A}$에서 $\vec{B}$를 빼려면

❶ $\vec{A}$를 그린다.

❷ $\vec{A}$의 끝점에 $-\vec{B}$의 시작점을 겹쳐 놓는다.

❸ $\vec{A}$의 시작점에서 $-\vec{B}$의 끝점을 잇는 화살표를 그리면 $\vec{A} - \vec{B}$가 된다.

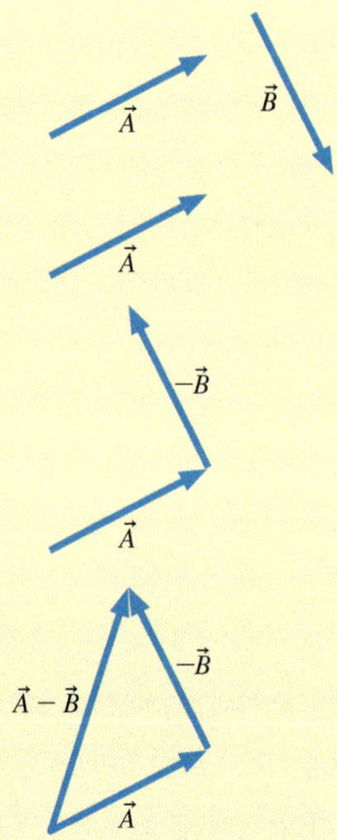

3.2 운동 도형에서 벡터 활용하기

2장에서 물체의 위치 변화, 즉 변위를 시간 간격으로 나눈 값을 1차원 운동에 대한 속도라고 정의하였다.

$$v_x = \frac{\Delta x}{\Delta t} = \frac{x_f - x_i}{\Delta t}$$

2차원에서 물체의 변위는 벡터이다. 물체가 Δt시간 동안 $\vec{d}$만큼 변위를 일으켰다면, 물체의 속도 **벡터**는 다음과 같이 정의된다.

$$\vec{v} = \frac{\vec{d}}{\Delta t} = \left(\frac{d}{\Delta t},\ \vec{d}\text{와 같은 방향}\right) \tag{3.6}$$

2차원 이상에서 속도의 정의

식 (3.6)은 벡터에 스칼라를 곱한 것임을 주목해야 한다. 속도 벡터는 단순히 변위 벡터에 스칼라 $1/\Delta t$를 곱한 것이다. 결과적으로 **속도 벡터는 변위의 방향을 가리킨다**. 따라서 속도를 가시적으로 나타내기 위해서 운동 도형(motion diagram)에 두 점을 이은 벡터를 사용할 수 있다.

예제 3.1 비행기의 속도 구하기

소형 비행기가 덴버이 동쪽 100 km 지점을 출발해서 일정한 방향과 일정한 속력으로 1시간 동안 비행한 후에 덴버의 북쪽 200 km 지점에 도착하였다. 비행기의 속도는 얼마인가?

준비 **그림 3.8**은 비행기의 초기와 나중 위치를 보여준다. 변위 $\vec{d}$는 초기 위치에서 나중 위치로 향하는 벡터이다.

그림 3.8 비행기의 변위 벡터

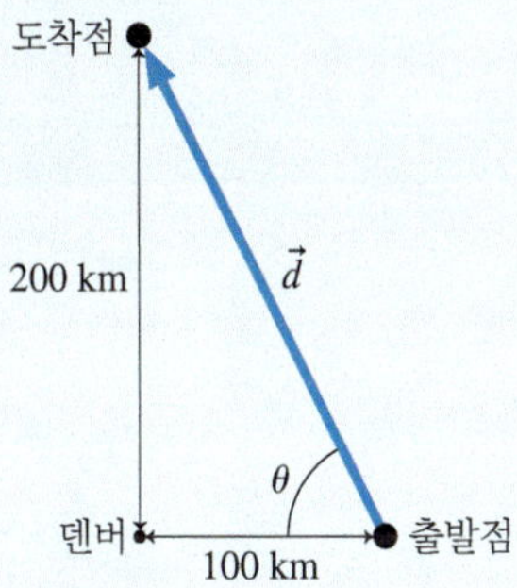

풀이 변위 벡터의 길이는 직각삼각형의 빗변이다.

$$d = \sqrt{(100\text{ km})^2 + (200\text{ km})^2} = 224\text{ km}$$

그림 3.8에 주어진 각도 θ가 변위 벡터의 방향을 나타낸다.

$$\theta = \tan^{-1}\left(\frac{200\text{ km}}{100\text{ km}}\right) = \tan^{-1}(2.00) = 63.4°$$

따라서 비행기의 변위 벡터는

$$\vec{d} = (224\text{ km, 서북방향 }63.4°)$$

이고, 1시간 동안 발생한 것이므로 비행기의 속도는

$$\vec{v} = \left(\frac{d}{\Delta t},\ \vec{d}\text{와 같은 방향}\right) = \left(\frac{224\text{ km}}{1\text{ h}},\ \text{서북방향 }63.4°\right)$$
$$= (224\text{ km/h, 서북방향 }63.4°)$$

이다.

검토 비행기의 속력은 속도의 크기로서 $v = 224$ km/h이다. 이 속도는 소형 비행기의 속력과 걸맞은 속력이다.

1차원 운동에서 물체의 가속도는 $a_x = \Delta v_x / \Delta t$로 정의하였다. 2차원 운동에서 가속도를 나타내려면 벡터를 사용해야 한다. 가속도 벡터의 정의는 1차원 표현을 곧바로 확장한 것이다.

직진–선회 BIO 빠르게 가속하며, 즉 빠르게 속력을 변화하며 먹이를 잡는 꼬치고기(위). 꼬치고기의 몸통 형태는 직선 공격에 알맞게 되어 있다. 다른 형태의 나비고기(아래)는 속력을 빨리 변화시킬 수 없는 대신 방향을 빠르게 바꿀 수 있다.

$$\vec{a} = \frac{\vec{v}_f - \vec{v}_i}{t_f - t_i} = \frac{\Delta\vec{v}}{\Delta t} \tag{3.7}$$

2차원 이상에서 가속도 정의

속도의 변화가 생기면 언제나 가속도가 존재한다. 속도는 벡터이기 때문에 다음 둘 중 하나 또는 둘 모두에 의해 변할 수 있다.

1. 속력의 변화를 의미하는 속도의 크기가 변할 수 있다.
2. 운동 방향이 변할 수 있다.

2장에서 공부한 가속도는 직선 운동하는 물체의 속력이 증가하거나 감소하는 상황, 즉 첫째 경우에 대한 것이었다. 이번에는 물체의 운동 방향이 변하는 둘째 경우를 살펴보자.

초기 시간 t_i에서 물체의 속도가 $\vec{v}_i$이고, 나중 시간 t_f에서 물체의 속도를 $\vec{v}_f$라고 하자. 속도가 **변했다**는 사실은 시간 구간 $\Delta t = t_f - t_i$ 동안 물체가 가속되었다는 것을 의미한다. 식 (3.7)에서 알 수 있듯이 가속도는 벡터 $\Delta\vec{v}$와 같은 방향이다. 이 벡터는 속도 벡터의 변화 $\Delta\vec{v} = \vec{v}_f - \vec{v}_i$이다. 따라서 가속도 벡터의 방향을 알기 위해서는 속도의 뺄셈 $\vec{v}_f - \vec{v}_i$를 살펴보아야 한다. 풀이 전략 3.1에서 벡터의 뺄셈법을 공부하였다. 풀이 전략 3.2는 벡터의 뺄셈법을 이용해서 가속도 벡터를 구하는 과정을 보여준다.

풀이 전략 3.2 가속도 벡터 구하기

$\vec{v}_i$와 $\vec{v}_f$ 사이에서 가속도를 구하려면

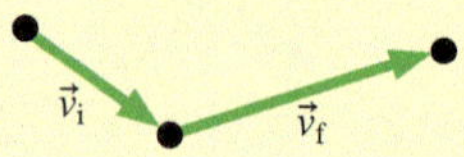

❶ 속도 벡터 $\vec{v}_f$를 그린다.

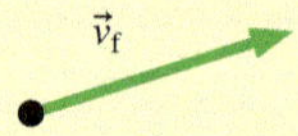

❷ $\vec{v}_f$의 끝점에 $-\vec{v}_i$의 시작점을 겹쳐 놓는다.

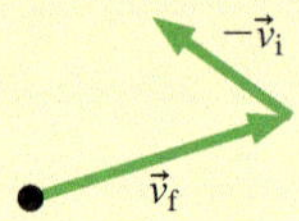

❸ $\Delta\vec{v} = \vec{v}_f - \vec{v}_i = \vec{v}_f + (-\vec{v}_i)$를 그리면, 그것이 $\vec{a}$의 방향이다.

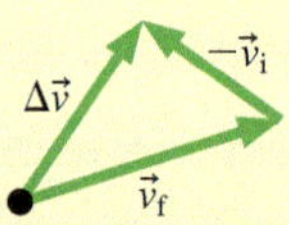

❹ 원래 그림으로 돌아가 보자. 가운데 있는 점에서 $\Delta\vec{v}$ 방향으로 벡터를 그린 후에 $\vec{a}$라고 표시하자. 이것이 $\vec{v}_i$와 $\vec{v}_f$ 사이의 가운데에서 평균 가속도이다.

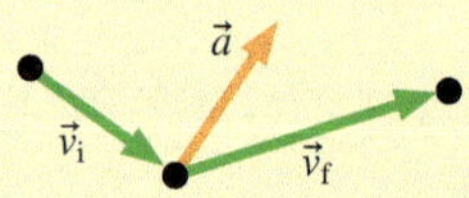

이제 우리는 가속도 벡터의 계산법을 공부했기 때문에 물체의 위치를 나타내는 점들, 점들을 화살표로 연결해서 구한 평균 속도 벡터, 그리고 풀이 전략 3.2에 따라서 얻은 가속도 벡터를 사용해서 완전한 운동 도형을 그릴 수 있다. 연속되는 두 속도 벡터를 연결해 주는 하나의 가속도 벡터가 있고, 두 속도 벡터를 연결시켜 주는 점에다 $\vec{a}$를 그렸다.

예제 3.2 화성 착륙을 위한 가속도 그리기

우주선이 화성 표면에 안전하게 착륙하기 위해서 속도를 줄이고 있다. 착륙 직전 수 초 동안의 운동을 도형으로 나타내시오.

준비 그림 3.9의 두 가지 도형 가운데 하나는 교과서에서 흔히 볼 수 있는 전문가가 그린 것이고, 다른 하나는 학생들이 숙제할 때 그린 것이다. 우주선은 착륙하는 동안에 속도가 줄어든다. 점 사이의 간격이 점점 더 가까워지고 속도 벡터는 점점 더 짧아진다.

풀이 그림 3.9의 설명은 풀이 전략 3.2를 적용해서 한 점에서 가속도를 구하는 방법을 기술하고 있다. 연속되는 한 쌍의 속도 벡터에서 초기 속도 벡터가 나중 것보다 더 길기 때문에 모든 가속도 벡터는 거의 같다.

검토 우주선의 속도가 줄어들기 때문에 속도 벡터와 가속도 벡터는 서로 반대로 향한다. 이것은 2장에서 배운 가속도의 부호와 일치한다.

그림 3.9 착륙하는 우주선의 운동 도형

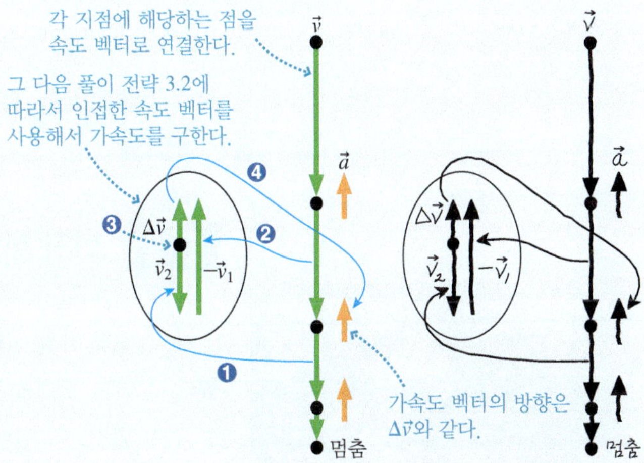

벡터와 원운동

32개의 관람차가 달린 런던 아이 페리스 관람차는 반지름 65 m인 수직 원궤도를 따라서 0.5 m/s의 일정한 속력으로 회전한다. 관람차의 속력은 일정하지만, 속도는 일정하지 않다. 속도는 물체의 속력과 운동 방향에 따라 변하는 벡터이며, 원운동의 방향은 계속 변한다. 속력은 일정하지만 운동 방향이 지속적으로 변하는 것이 **등속 원운동**(uniform circular motion)의 특징이다. 이 절에서는 원운동의 기본 성질만을 살펴보고, 더욱 상세한 설명은 6장에서 다룰 것이다.

런던 아이 페리스 관람차

그림 3.10은 관람차가 완전히 한 바퀴 도는 동안 지나간 지점을 10개의 점으로 나타내는 등속 원운동에 대한 운동 도형이다. 관람차의 탑승객은 일정한 속력으로 원운동을 하기 때문에 인접한 점 사이의 거리는 동일하다. 전과 같이 속도 벡터는 한 점과 다음 점을 연결하면 되는데, 연결선은 곡선이 아니고 직선이다. 속도 벡터의 길이는 모두 같지만, 방향이 모두 다르기 때문에 탑승객은 속도가 변하는 가속도를 갖게 됨을 알 수 있다. 이것은 속력이 '증가하거나 줄어드는 방식'의 가속도가 아니고, '방향이 바뀌는' 가속도이다. 그림 3.10에서 보여주는 단계를 거쳐 가속도의 방향을 유추할 수 있다. 점 1과 2 사이에 속도의 변화, 즉 가속도는 원궤도의 중심을 향한다.

그림 3.10 등속 원운동의 운동 도형

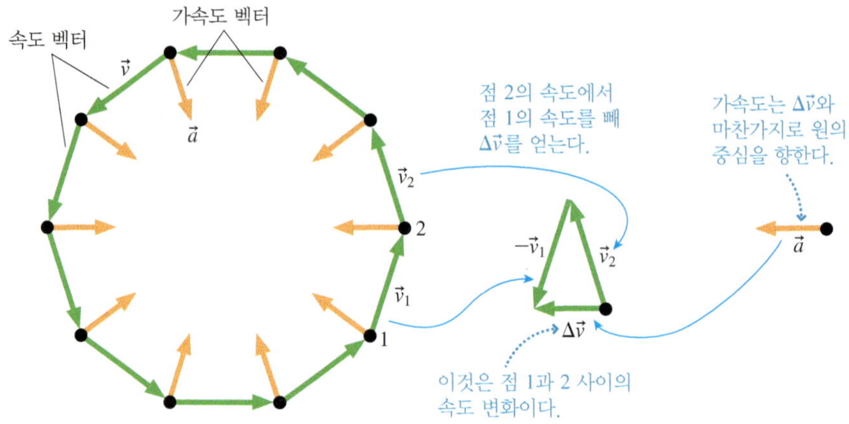

운동 도형에 있는 점들을 어떻게 선택하더라도 가속도가 원의 중심을 향하도록 속도가 변한다.

3.3 좌표계와 벡터 성분

고고학 발굴을 위한 좌표계 설정

앞의 두 절에서 도형을 이용한 벡터의 덧셈과 뺄셈, 그리고 운동의 기술 방법을 배웠다. 그러나 도형을 이용한 벡터의 연산 방법은 정량적인 결과를 얻고자 할 때 불편한 점이 많다. 이 절에서 우리는 벡터 연산의 기본이 되는 벡터를 **좌표로 표현하는 방법**에 대해서 살펴볼 것이다.

좌표계

그림 3.11 직각 좌표계

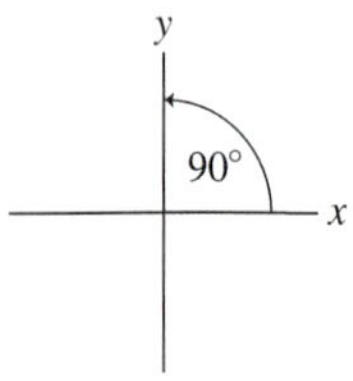

1장에서 보았듯이, 좌표계가 본래부터 세상에 있었던 것은 아니다. 정량적인 계측을 위해서 문제의 지점에 인위적으로 설정한 그물선(grid)이 바로 좌표계이다. 좌표계를 올바르게 선택하면 문제를 더 쉽게 풀 수 있다. 일반적으로 우리는 **그림 3.11**과 같이 수직인 축을 가진 직사각형 그물선으로 이루어진 **직각 좌표**(Cartesian coordinates)를 사용한다.

좌표축은 0의 값을 갖는 축의 교차점을 기준으로 양(+)의 끝과 음(−)의 끝이 있다. 좌표계를 설정할 때, 축의 이름을 붙이는 것은 매우 중요하다. 그림 3.11처럼, 축의 양(+)의 끝에 x와 y라고 표시한다.

그림 3.12 좌표축과 평행한 성분 벡터 $\vec{A}_x$와 $\vec{A}_y$. 따라서 $\vec{A} = \vec{A}_x + \vec{A}_y$이다.

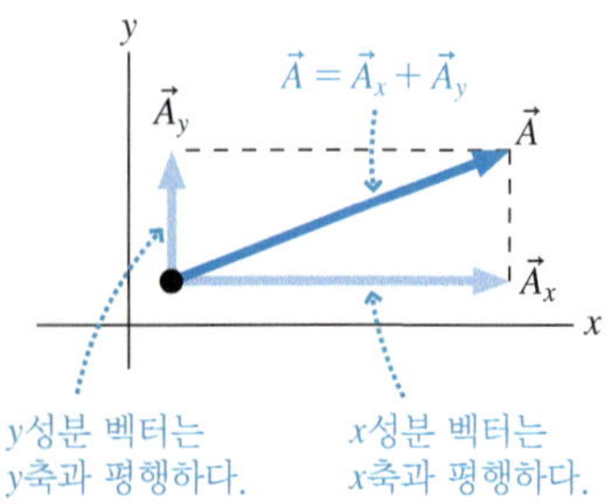

성분 벡터

그림 3.12는 우리가 선택한 xy좌표계와 벡터 $\vec{A}$를 보여준다. 일단 축의 방향이 결정되면, **그 축에 평행한** 2개의 새로운 벡터를 정의할 수 있고, 이 벡터를 $\vec{A}$의 **성분 벡터**(component vector)라고 한다. ***x*성분 벡터** $\vec{A}_x$는 x축 위에 $\vec{A}$를 투영시킨 것이고, ***y*성분 벡터** $\vec{A}_y$는 y축 위에 $\vec{A}$를 투영시킨 것이다.

평행사변형법을 이용하면 $\vec{A}$는 두 성분 벡터의 합과 같음을 알 수 있다.

$$\vec{A} = \vec{A}_x + \vec{A}_y \tag{3.8}$$

원리적으로 보면, $\vec{A}$가 좌표축에 평행하며 서로 수직인 두 벡터로 분해된 셈이다. 우리는 이것을 $\vec{A}$가 두 성분 벡터로 **분해되었다**고 말한다.

성분

1차원 운동 변수 v_x는 속도 벡터 $\vec{v}$가 $+x$축을 가리키면 양(+)의 부호를 갖고, $-x$축을 가리키면 음(−)의 부호를 갖는다. 그 이유는 v_x가 $\vec{v}$의 x성분이기 때문이다. 이와 같은 개념을 일반화시켜 보자.

만일 벡터 $\vec{A}$를 좌표축에 평행한 성분 벡터 $\vec{A}_x$와 $\vec{A}_y$로 분해했다면, 각 성분 벡터는 하나의 스칼라 숫자로 나타낼 수 있다. 이것을 **성분**(component)이라고 한다. 벡터 $\vec{A}$의 ***x*성분**과 ***y*성분**인 A_x와 A_y는 다음과 같이 결정된다.

풀이 전략 3.3 벡터의 성분 결정하기

❶ x성분 A_x의 절댓값 $|A_x|$는 성분 벡터 $\vec{A}_x$의 크기이다.

❷ $\vec{A}_x$가 $+x$축(또는 $-x$축)을 가리키면, A_x의 부호는 양(또는 음)이다.

❸ 같은 방법으로 y성분 A_y를 결정할 수 있다.

다시 말하면, 성분 A_x는 두 가지 사실을 포함하고 있다. 첫째는 $\vec{A}_x$의 크기이고, 둘째는 $\vec{A}_x$가 가리키는 방향이다. 그림 3.13은 벡터 성분을 결정하는 세 가지 보기를 보여준다.

물리량은 대부분 벡터로 표현된다. 도형이나 좌표를 사용해서 벡터를 성분으로 분해하거나, 성분으로부터 벡터를 '재조합'해야 하는 상황이 빈번히 발생한다.

먼저 벡터를 x 및 y성분으로 분해시키는 문제를 살펴보자. 그림 3.14(a)는 수평과 θ 각도를 이루는 벡터 $\vec{A}$를 나타낸다. 벡터의 방향을 정의하기 위해서 도형이나 그림을 사용할 수밖에 없다. $\vec{A}$는 오른쪽 위를 가리킨다. 따라서 풀이 전략 3.3에 의해서 성분 A_x와 A_y는 모두 양수이다.

그림 3.13 벡터의 성분 구하기

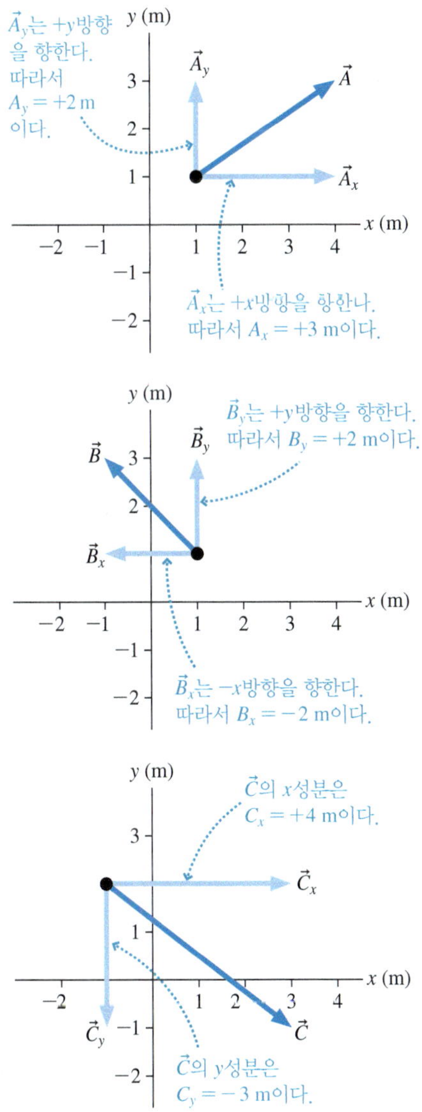

그림 3.14 벡터를 성분으로 분해하기

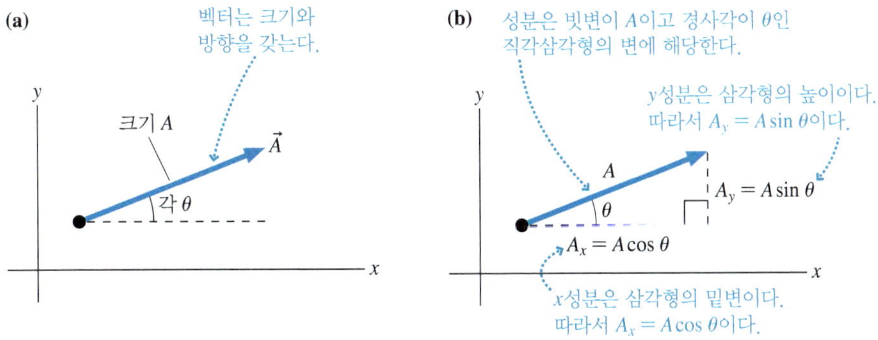

삼각법을 이용해서 벡터 성분을 구할 수 있다. **그림 3.14(b)**의 경우

$$A_x = A\cos\theta$$
$$A_y = A\sin\theta \qquad (3.9)$$

이다. 여기에서 A는 벡터 $\vec{A}$의 길이 또는 크기를 의미한다. 위 식은 벡터의 길이와 각도를 벡터 성분으로 변환시키는 방정식이다. 식 (3.9)는 θ를 수평선으로부터 측정하였을 때만이 올바른 표현이다.

그림 3.15 성분으로부터 벡터 나타내기

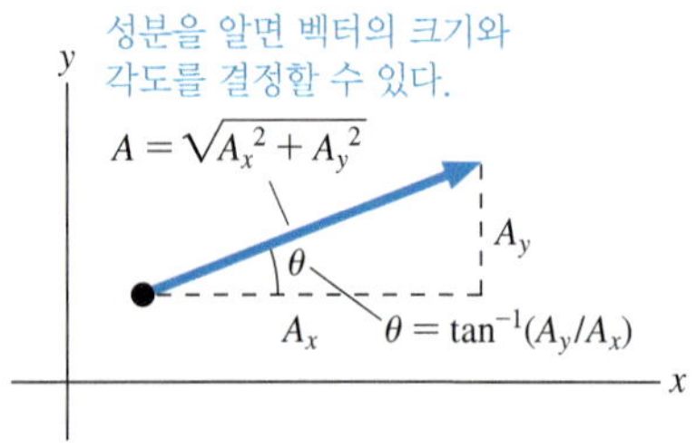

반대로, 벡터 성분이 주어진다면, x성분과 y성분으로부터 벡터의 길이와 각도를 결정할 수 있다. 그림 3.15에서 A는 직각삼각형의 빗변이므로 피타고라스 정리로부터

$$A = \sqrt{A_x^2 + A_y^2} \qquad (3.10)$$

을 얻는다. 각도 θ의 탄젠트는 높이를 밑변의 길이로 나눈 값과 같다.

$$\theta = \tan^{-1}\left(\frac{A_y}{A_x}\right) \qquad (3.11)$$

식 (3.10)과 (3.11)은 식 (3.9)의 '역변환'으로 볼 수 있다.

그림 3.16 음(−)의 성분을 가진 벡터

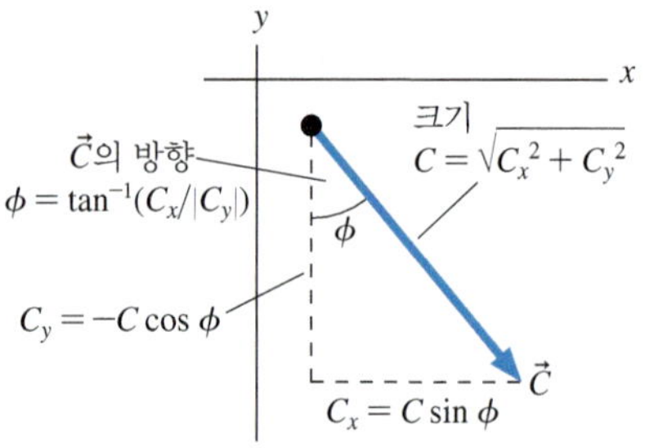

한편, 벡터가 오른쪽 위 방향을 가리키지 않는다면, 즉 벡터의 한쪽 성분이 음수이면 어떻게 될까? **그림 3.16**은 벡터 $\vec{C}$가 오른쪽 아래 방향을 가리키는 경우를 보여준다. 여기서 성분 벡터 $\vec{C}_y$는 $-y$방향(아래)을 향한다. 따라서 y성분 C_y는 음수이다. $\vec{C}$가 y축과 이루는 각도를 ϕ라고 두면, $\vec{C}$의 성분은

$$C_x = C\sin\phi$$
$$C_y = -C\cos\phi \qquad (3.12)$$

와 같다. 위 식에서 사인과 코사인의 역할은 식 (3.9)와 반대이다. 그 이유는 각도 ϕ가 수평축이 아닌 수직축을 기준으로 측정된 값이기 때문이다.

다음으로, 성분이 주어진 경우에 벡터의 길이와 방향을 결정하는 '역변환' 문제를 살펴보자. 성분의 부호는 길이에 영향을 주지 않는다. 벡터의 길이 또는 크기를 구할 때 항상 피타고라스 정리가 사용된다. 이때 성분을 제곱해야 하므로 부호에 대한 걱정이 사라진다. 그림 3.16에서 벡터의 길이는 단순히

$$C = \sqrt{C_x^2 + C_y^2} \qquad (3.13)$$

이다. 성분으로부터 벡터의 방향을 결정할 경우, 성분의 부호를 염두에 두어야 한다. 그림 3.16에서 벡터 $\vec{C}$의 각도를 구하려면 C_y의 음(−)의 부호를 제외한 길이가 필요하다.

$$\phi = \tan^{-1}\left(\frac{C_x}{|C_y|}\right) \qquad (3.14)$$

x와 y성분의 역할이 식 (3.11)에서와 다르다는 점을 주목할 필요가 있다.

예제 3.3 **가속도 벡터의 성분 구하기**

그림 3.17에 주어진 가속도 벡터 $\vec{a}$의 x와 y성분을 구하시오.

그림 3.17 예제 3.3에서 가속도 벡터 $\vec{a}$

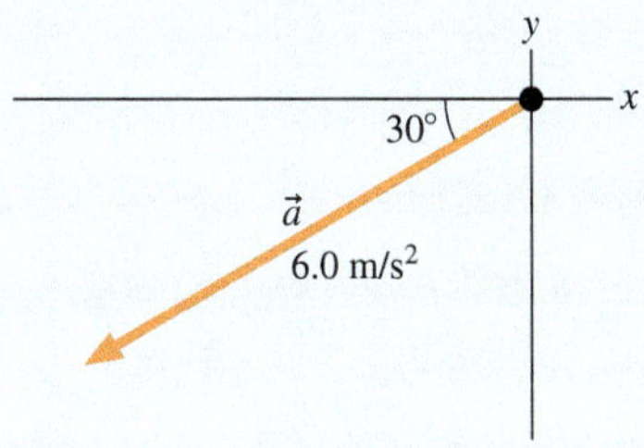

준비 문제를 풀기 위해서 벡터의 도형을 그리는 것이 필요하다. **그림 3.18**은 원래 벡터 $\vec{a}$를 좌표축에 평행한 성분 벡터로 분해한 모습을 보여준다.

풀이 가속도 벡터 $\vec{a}$ = (6.0 m/s², $-x$축 아래로 30°)는 왼쪽($-x$방향)과 아래쪽($-y$방향)을 가리킨다. 따라서 a_x와 a_y는 모두 음수이다.

그림 3.18 가속도 벡터의 성분

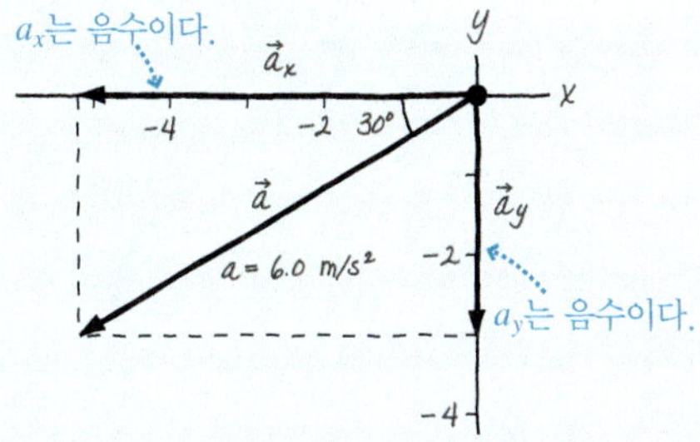

$$a_x = -a\cos 30° = -(6.0\ \text{m/s}^2)\cos 30° = -5.2\ \text{m/s}^2$$
$$a_y = -a\sin 30° = -(6.0\ \text{m/s}^2)\sin 30° = -3.0\ \text{m/s}^2$$

검토 **그림 3.18**에서 볼 수 있듯이 y성분의 크기는 x성분보다 작다. a_x와 a_y의 단위는 $\vec{a}$의 단위와 같다. 벡터가 아래 왼쪽을 향하고 있기 때문에 인위적으로 음(−)의 부호를 넣었다는 점을 주목해야 한다.

성분을 이용한 계산

지금까지 우리는 도형을 이용한 벡터의 덧셈을 공부했지만, 성분을 이용하면 덧셈이 더 쉬어진다. 예를 들어, **그림 3.19**에서 $\vec{C}=\vec{A}+\vec{B}$를 계산해보자. 그림에서 $\vec{C}$의 성분 벡터들이 $\vec{A}$와 $\vec{B}$의 성분 벡터들의 합과 같다는 것을 알 수 있다. 이것은 성분의 경우도 마찬가지이다. $C_x = A_x + B_x$, $C_y = A_y + B_y$이다.

일반적으로, $\vec{D}=\vec{A}+\vec{B}+\vec{C}+\cdots$의 경우를 살펴보면, 합벡터 $\vec{D}$의 x성분과 y성분은

$$D_x = A_x + B_x + C_x + \cdots \qquad (3.15)$$
$$D_y = A_y + B_y + C_y + \cdots$$

와 같다. 이와 같은 벡터 덧셈 방법을 **대수적 덧셈**(algebraic addition)이라고 한다.

그림 3.19 성분을 이용한 벡터의 덧셈

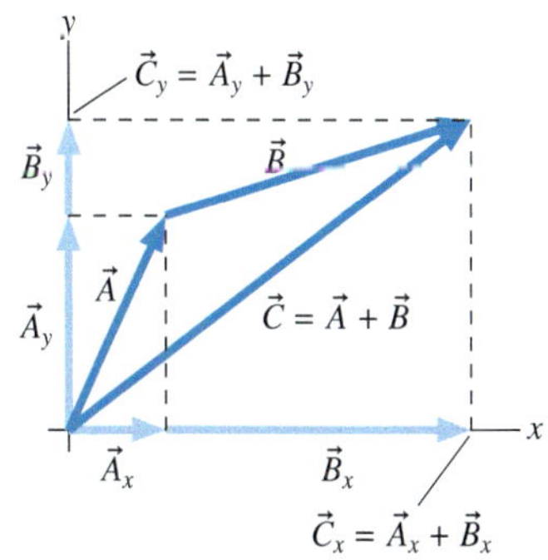

예제 3.4 **대수적 덧셈을 이용한 새의 변위 구하기**

새가 동쪽으로 100 m를 날아간 후, 다시 북서쪽(서쪽에서 북쪽으로 45° 기울어진 방향)으로 200 m를 이동했다. 출발점에서 도착점까지 새의 알짜 변위는 얼마인가?

준비 **그림 3.20(a)**는 변위 벡터 $\vec{A}$ = (100 m, 동쪽) 및 $\vec{B}$ = (200 m, 북서쪽)과 알짜 변위 $\vec{C}=\vec{A}+\vec{B}$를 보여준다. 화살표를 연결해서 합벡터를 구할 수 있지만, 대수적 덧셈을 사용하기 위해서 **그림 3.20(b)**와 같이 변위 벡터를 모두 원점에서 출발하도록 그리는 것이 좋다.

풀이 대수적 방법을 사용하려면 성분을 알아야 한다. 그림에서

$$A_x = 100\ \text{m}$$
$$A_y = 0\ \text{m}$$
$$B_x = -(200\ \text{m})\cos 45° = -141\ \text{m}$$
$$B_y = (200\ \text{m})\sin 45° = 141\ \text{m}$$

이다. 그림에서 볼 수 있듯이 $\vec{B}$의 x성분은 음수이다. $\vec{A}$와 $\vec{B}$의 성분끼리 더하면

그림 3.20 알짜 변위 구하기

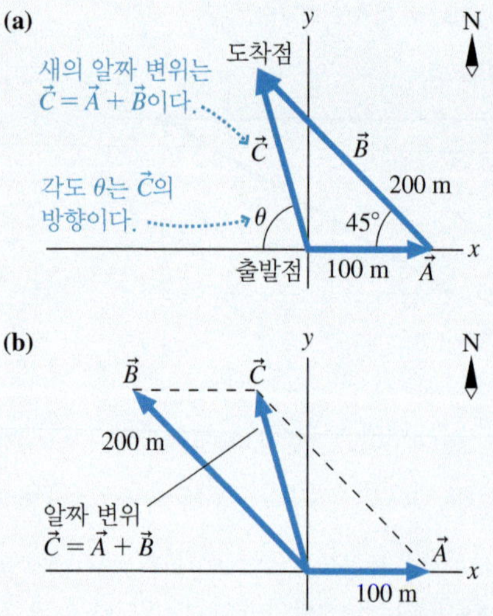

$$C_x = A_x + B_x = 100\text{ m} - 141\text{ m} = -41\text{ m}$$
$$C_y = A_y + B_y = 0\text{ m} + 141\text{ m} = 141\text{ m}$$

와 같다. 따라서 알짜 변위 벡터 $\vec{C}$의 크기는

$$C = \sqrt{C_x^2 + C_y^2} = \sqrt{(-41\text{ m})^2 + (141\text{ m})^2} = 147\text{ m}$$

이고, **그림 3.20**에서 각도 θ는

$$\theta = \tan^{-1}\left(\frac{C_y}{|C_x|}\right) = \tan^{-1}\left(\frac{141\text{ m}}{41\text{ m}}\right) = 74°$$

이다. 결과적으로 새의 알짜 변위는 $\vec{C}$ = (147 m, 서북쪽 74°)이다.

검토 C_x와 C_y의 값은 그림 3.20의 도형에서 보여준 것과 잘 일치한다. 대수적 덧셈 결과를 기하학적 덧셈 결과와 비교해보는 것은 가치 있는 일이다.

벡터의 뺄셈과 벡터에 스칼라를 곱하는 과정도 성분을 이용하면 쉽게 할 수 있다. $\vec{D} = \vec{P} - \vec{Q}$를 구하려면

$$\begin{aligned} D_x &= P_x - Q_x \\ D_y &= P_y - Q_y \end{aligned} \tag{3.16}$$

를 계산하면 된다. 마찬가지로 $\vec{T} = c\vec{S}$는

$$\begin{aligned} T_x &= cS_x \\ T_y &= cS_y \end{aligned} \tag{3.17}$$

이다.

다음 몇몇 장에서 **벡터 방정식**이 자주 사용될 것이다. 예를 들면, 자동차가 정지할 때까지 받는 힘을 구하는 방정식은

$$\vec{F} = \vec{n} + \vec{w} + \vec{f} \tag{3.18}$$

이다. 식 (3.18)은 실제로 2개의 연립 방정식

$$\begin{aligned} F_x &= n_x + w_x + f_x \\ F_y &= n_y + w_y + f_y \end{aligned} \tag{3.19}$$

를 함축하여 적은 표현방법이다. 다시 말해서, 벡터 방정식은 등호 양변의 x성분에 대한 등식과 y성분에 대한 등식이 함축된 표현이라고 볼 수 있다.

기울어진 좌표축

우리는 대개 x축을 수평 방향으로 설정한다. 그러나 꼭 그럴 필요는 없다. 1장의 경사면 운동에서 x축을 경사면과 평행한 방향으로 선택하는 것이 더 편리하다는 것을

보았다. 그것에 y축을 추가하면, 그림 3.21과 같이 기울어진 좌표축을 얻을 수 있다.

기울어진 축 방향의 성분을 구하는 과정은 지금까지 우리가 해온 것과 다르지 않다. 그림 3.21의 벡터 $\vec{C}$는 성분 벡터 $\vec{C}_x$와 $\vec{C}_y$로 분해할 수 있으며, 성분은 각각 $C_x = C\cos\theta$, $C_y = C\sin\theta$이다.

그림 3.21 기울어진 좌표계

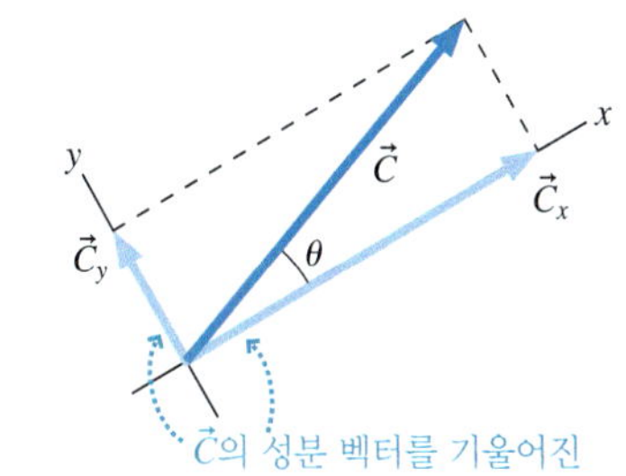

3.4 경사면에서의 운동

이 절에서, 우리는 경사면에서의 물체의 운동 문제를 다룬다. 이 문제를 살펴보는 이유는 세 가지이다. 첫째는 벡터 사용법을 연습할 수 있고, 둘째로는 정확한 해답을 구할 수 있는 간단한 문제이며, 셋째는 추상적인 것처럼 보이지만 실제적이고 중요한 응용 문제이기 때문이다.

수업 영상

일반적인 가속도 운동을 살펴보기 전에, 먼저 등속도 운동 문제를 통해서 벡터 및 그 성분을 다루는 연습부터 시작해보자.

예제 3.5 경사면의 높이 구하기

자동차가 10°의 경사면을 일정한 속력 15 m/s로 올라간다. 10 s 후에 자동차가 올라간 높이는 얼마인가?

준비 그림 3.22는 x축과 y축을 정의한 개요도를 나타낸다. 속도 벡터 $\vec{v}$는 경사로의 위쪽을 가리킨다. 자동차가 수직 방향으로 움직인 거리를 구하기 위해서 $\vec{v}$를 성분 벡터 $\vec{v}_x$와 $\vec{v}_y$로 분해한다.

그림 3.22 경사면을 올라가는 자동차의 개요도

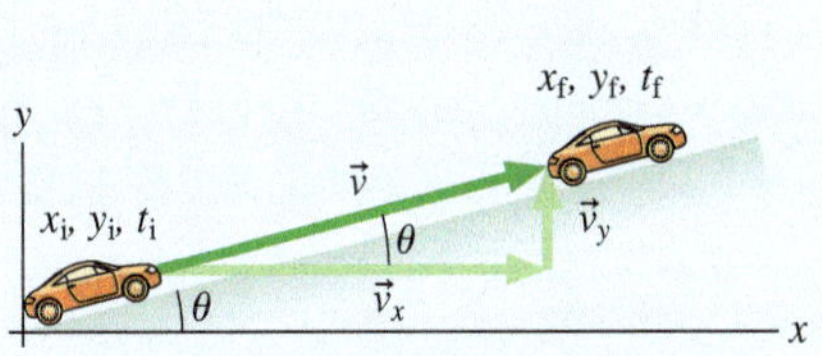

주어진 값
$x_i = y_i = 0$ m
$t_i = 0$ s, $t_f = 10$ s
$v = 15$ m/s
$\theta = 10°$

구할 값
Δy

풀이 필요한 속도 성분은 자동차의 수직 운동을 기술하는 v_y이다. 앞에서 언급한 규칙에 따라 성분을 구하면 다음과 같다.

$$v_y = v\sin\theta = (15\text{ m/s})\sin 10° = 2.6\text{ m/s}$$

속도는 일정하므로 10 s 동안 자동차의 수직 변위(즉, 올라간 높이)는

$$\Delta y = v_y\,\Delta t = (2.6\text{ m/s})(10\text{ s}) = 26\text{ m}$$

이다.

검토 자동차는 경사로를 따라서 50 km/h보다 약간 빠른 15 m/s로 올라가서 10 s에 상당한 높이를 올라간다. 그러므로 26 m는 타당하다.

경사면에서의 가속운동

그림 3.23(a)는 각도 θ만큼 기울어진 마찰이 없는 경사면을 따라서 미끄러지는 나무상자의 모습이다. 나무상자는 중력 때문에 가속되지만, 운동 방향은 경사면과 평행하다. 가속도는 얼마일까?

그림 3.23(b)의 나무상자 운동 도형에서 볼 수 있듯이 속도가 변하기 때문에 가속운동이며, 가속도와 속도 벡터는 경사면과 평행하다. 벡터의 성질을 이용하면 나무상자의 가속도를 구할 수 있다. 이를 얻기 위해서, 그림 3.23(c)와 같이 경사면과 평행하게 x축을 선택하고, 경사면에 수직한 방향으로 y축을 정하면, 모든 운동은 x축 방향

그림 3.23 경사면에서의 가속도

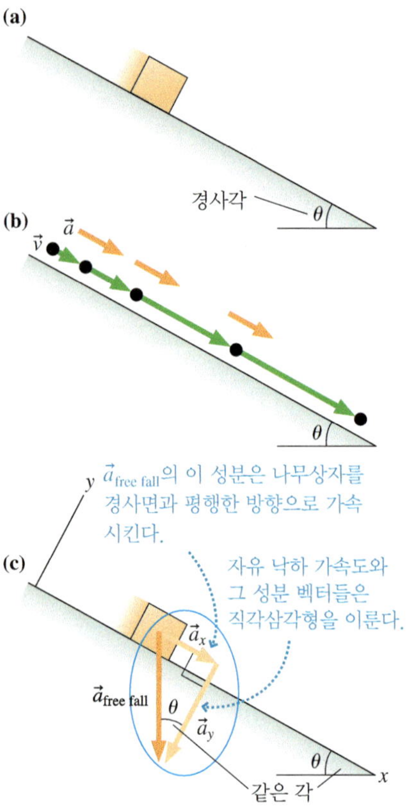

으로 발생한다.

경사면을 순간적으로 제거하면, 물체는 자유 낙하 가속도 $\vec{a}_{\text{free fall}}$를 갖게 된다. 이 가속도 벡터는 그림 3.23(c)처럼 경사면에 **평행한** 성분 벡터 $\vec{a}_x$와 경사면에 **수직인** 성분 벡터 $\vec{a}_y$로 분해할 수 있다. 앞에서 공부한 벡터의 덧셈 규칙에 따르면 $\vec{a}_{\text{free fall}} = \vec{a}_x + \vec{a}_y$이다.

운동 도형에서 알 수 있듯이 물체의 실제 가속도 $\vec{a}_x$는 경사면과 평행하다. 경사진 면은 가속도의 성분 벡터 $\vec{a}_x$를 방해하지 않는 대신에 성분 벡터 $\vec{a}_y$를 '차단한다(5장 참조)'. 따라서 물체를 가속시키는 것은 $\vec{a}_{\text{free fall}}$의 경사면에 평행한 성분이다.

삼각법을 이용하면 평행한 방향의 가속도 성분을 구할 수 있다. 그림 3.23(c)에 주어진 바와 같이 $\vec{a}_{\text{free fall}}$와 $\vec{a}_x$ 및 $\vec{a}_y$는 각도 θ를 가진 직각삼각형을 이룬다. 이 각도는 경사면의 각도와 동일하다. 정의에 따르면, $\vec{a}_{\text{free fall}}$의 크기는 g이고, 직각삼각형의 빗변에 해당한다. 이때 필요한 벡터는 각도 θ가 마주하고 있는 $\vec{a}_x$이다. 따라서 마찰이 없는 경사면에 평행한 가속도 값은

$$a_x = \pm g \sin\theta \tag{3.20}$$

이다.

식 (3.20)이 의미가 있는지를 살펴보자. 의미가 있는지를 알아보기 위한 좋은 방법은 경사각에 **극한의 경우**(limiting cases)를 생각해보는 것이다. 이렇게 하면, 물리적 의미가 명확해지고, 결과를 쉽게 확인할 수 있다. 두 가지 가능성을 살펴보자.

1. 평면을 $\theta = 0°$인 완전한 수평면이라고 하자. 수평면에 물체를 놓으면, 물체가 가속되지 않고 정지한 상태로 있을 거라고 기대할 수 있다. 예상했던 대로 식 (3.20)은 $\theta = 0°$에서 $a_x = 0$이 된다.
2. 경사각을 $\theta = 90°$까지 기울였다고 생각하자. 우리는 수직면에 물체를 놓으면, 수직면과 평행하게 자유 낙하한다는 것을 알고 있다. 예상했던 대로 식 (3.20)은 $\theta = 90°$에서 $a_x = g$가 된다.

영상 학습 데모

◂ **극한의 물리학** 마찰이 적은 스키를 탄 선수가 공기 저항을 최소화하려고 공기역학적으로 설계한 헬멧을 쓰고 낮은 자세로 경사면에서 직선로를 따라 내려오고 있다. 이 모습은 마찰이 없는 경사로를 내려오는 물체와 유사하다. 경사로 끝에서 스키 선수는 최대 속도를 얻는다.

예제 3.6 스키 선수의 최대 속력

오리건 주의 윌래메트 패스(Willamette Pass) 스키장은 1993년 전미 스키 대회가 열렸던 장소이다. 스키 선수들은 정지 상태에서 출발하여 비교적 기울기가 일정한 면을 내려온 후, 끝에 도달했을 때 가능한 한 최대 속력에 도달하고자 노력한다. 경사로의 길이는 360 m이고 수직 하강 거리는 170 m이다. 경사면을 내려왔을 때 스키 선수가 얻을 수 있는 가능한 최대 속력은 얼마인가?

그림 3.24 가속을 받아 경사면을 내려오는 스키 선수의 개요도

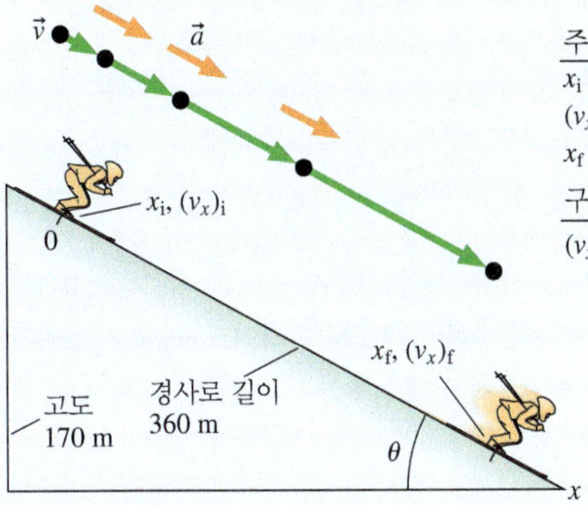

준비 **그림 3.24**는 스키 선수의 가속도와 경사면의 규모를 포함하여 문제를 개괄적으로 나타낸 개요도이다. 전과 마찬가지로, 경사면을 따라서 x축을 설정한다.

풀이 공기 저항과 경사면의 마찰이 전혀 없을 때, 가능한 최대 속력을 얻을 수 있다. 이때 가속도는 식 (3.20)과 같다. 가속도는 $+x$ 방향을 향하기 때문에 양(+)의 부호를 가져야 한다. 식 (3.20)의 각도는 얼마인가? 그림 3.24에서 경사로의 거리는 360 m이고 수직 하강 거리는 170 m이므로, 삼각법을 사용하면

$$\sin\theta = \frac{170 \text{ m}}{360 \text{ m}}$$

가 된다. 즉, $\theta = \sin^{-1}(170/360) = 28°$이다. 따라서 식 (3.20)으로부터 가속도는

$$a_x = +g\sin\theta = (9.8 \text{ m/s}^2)(\sin 28°) = 4.6 \text{ m/s}^2$$

가 된다. 등가속도 직선운동이므로 종합 2.1의 세 번째 운동방정식 $(v_x)_f^2 = (v_x)_i^2 + 2a_x\,\Delta x$를 사용할 수 있다. 초기 속도 $(v_x)_i$가 0이므로 스키 선수가 도달할 수 있는 최대 속력은

이것은 경사로를 따라 지나온 거리이다.

$$(v_x)_f = \sqrt{2a_x\Delta x} = \sqrt{2(4.6 \text{ m/s}^2)(360 \text{ m})} = 58 \text{ m/s}$$

이다. 공기 저항이나 마찰이 존재한다면, 이 속력보다 감소할 것이다.

검토 우리가 계산한 최종 속력은 58 m/s로, 약 240 km/h에 해당하는 이 속력은 스키 경기에서 기대할 수 있는 타당한 값이다. 실제 경기에서 우승자의 속력은 179 km/h이었으며, 우리가 계산한 값보다 그다지 작지 않다. 분명히 공기 저항과 마찰을 줄인 노력이 효과를 본 셈이다.

스키는 눈 위에서 마찰이 매우 작다. 그러나 면 사이의 마찰을 줄이는 다른 방법이 있다. 예를 들면, 롤러코스터는 마찰이 작은 바퀴로 트랙을 따라서 움직인다. 첫 번째 언덕을 내려온 후에 차량에는 아무런 힘도 가해지지 않는다. 속력의 변화는 오직 중력에 따라서 변한다. 언덕을 내려갈 때는 속력이 증가하고, 올라갈 때는 속력이 감소한다.

예제 3.7 롤러코스터의 속력

구형 목재 롤러코스터에서 차량은 가장 높은 첫 번째 언덕을 내려오면서 가속이 된다. 그 다음 경사각이 30°인 두 번째 언덕을 올라간다. 바닥에서 차량 속력이 25 m/s일 때, 두 번째 꼭대기에 도달하는 데 걸리는 시간은 2.0 s이다. 꼭대기에서 차량의 속력은 얼마인가?

준비 **그림 3.25**는 차량의 운동에 관한 도형과 경사면의 실제 값을 보여준다. 이전에 했던 방법으로 스케치하였다. 그림 3.25의 운동

그림 3.25 언덕을 올라갈 때, 롤러코스터의 속력은 감소한다.

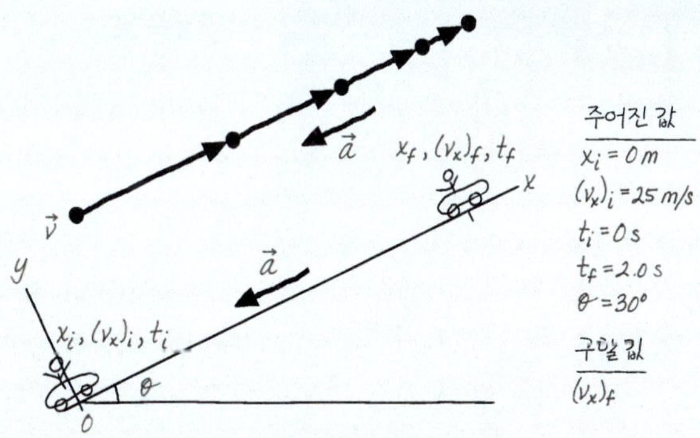

도형이 예제 3.6과 어떻게 다른지를 살펴보아야 한다. 차량은 언덕을 올라가면서 속도가 감소한다. 따라서 가속도 벡터는 속도 벡터의 방향과 반대이다. 전과 마찬가지로, x축을 따라서 운동하지만, 가속도 벡터는 $-x$방향을 가리킨다. 따라서 성분 a_x는 음수이다. 운동 도형에서 가속도 벡터를 오직 하나만 그린 점에 주목하기 바란다. 그 이유는 가속도가 일정하다는 것을 알고 있기 때문이다. 한 개의 벡터가 전체 운동에 대한 가속도를 나타낸다.

풀이 최종 속력을 구하려면 가속도를 알아야 한다. 우리는 공기저항과 마찰이 없다고 가정한다. 롤러코스터의 가속도의 크기는 식 (3.20)의 음(−)의 부호를 사용하여

$$a_x = -g\sin\theta = -(9.8\ \text{m/s}^2)\sin 30° = -4.9\ \text{m/s}^2$$

가 된다. 속도에 대한 운동방정식을 사용하면, 언덕 꼭대기에서의 속력을 구할 수 있다.

$$(v_x)_\text{f} = (v_x)_\text{i} + a_x\,\Delta t = 25\ \text{m/s} + (-4.9\ \text{m/s}^2)(2.0\ \text{s}) = 15\ \text{m/s}$$

검토 언덕 꼭대기에서의 속력 15 m/s는 바닥에서보다 작지만 약 60 km/h이다. 여전히 빠른 속력으로 움직이고 있다. 이 값은 타당하다. 롤러코스터의 속력이 클수록 타는 기쁨도 커진다.

3.5 상대운동

"자동차가 30 m/s로 달린다." 혹은 "비행기가 300 m/s로 날아간다." 등과 같이 시작하는 문제를 많이 다루어왔다. 그러나 이들과는 조금 다른 형태의 문제를 공부할 필요가 있다.

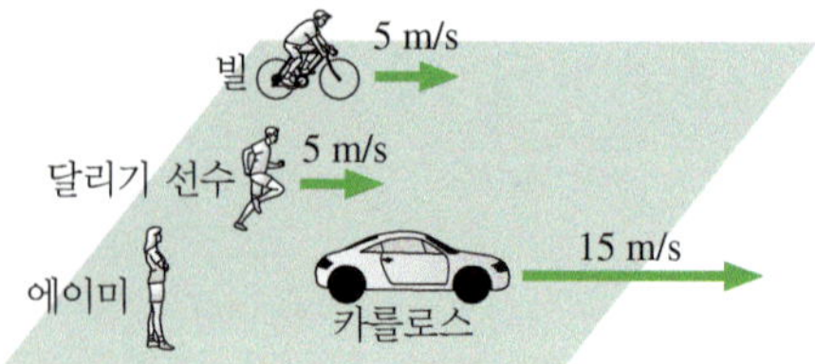

그림 3.26 에이미, 빌, 카를로스가 각각 달리기 선수(Runner)의 속도를 측정한다. 그림에 표시된 속도는 에이미가 측정한 것이다.

그림 3.26에서 에이미와 빌, 그리고 차를 타고 달리는 카를로스가 달리기 선수(Runner)를 바라보고 있다. 에이미가 측정한 선수의 속도는 v_x = 5 m/s이다. 그러나 자전거를 타고 선수와 나란히 달리고 있는 빌의 입장에서 보면, 선수는 제자리에서 다리를 들었다 놓았다 할 뿐이다. 따라서 빌이 측정한 선수의 속도는 v_x = 0 m/s이다. 카를로스가 거울을 통해서 보니 선수가 $-x$축 방향으로 후퇴하고 있고, 매초마다 10 m씩 멀어지고 있다. 카를로스의 관점에서 선수의 속도는 v_x = −10 m/s이다. 과연 선수의 **진짜** 속도는 얼마인가?

속도는 옳고 그름을 판단할 수 있는 개념이 아니다. 에이미에 대한 선수의 속도는 5 m/s이다. 말하자면, 정지해 있는 에이미에 고정된 좌표계에서 측정한 선수의 속도는 5 m/s인 셈이다. 빌에 대한 선수의 속도는 0 m/s이고, 카를로스에 대한 선수의 속도는 −10 m/s이다. 이들은 모두 선수의 운동을 기술하는 올바른 표현이다.

금메달을 향한 창던지기 달리면서 창을 던지는 선수. 달리면서 창을 던지는 것은 더 어렵지만, 그럴 수밖에 없는 이유가 있다. 날아간 거리는 지면에 대한 창의 상대속도에 의해서 결정된다. 이 상대속도는 던지는 속도와 선수의 속도를 더한 값이다. 따라서 빨리 달릴수록 창은 더 멀리 날아간다.

상대속도

에이미에 대한 선수의 속도를 5 m/s라 하고, 이것을 $(v_x)_{\text{RA}}$라고 부르기로 하자. 아래첨자 'RA'는 "에이미(**A**my)에 대한 달리기 선수(**R**unner)"를 의미한다. 또한 에이미에 대한 카를로스의 속도 15 m/s는 $(v_x)_{\text{CA}} = 15$ m/s라고 쓸 수 있다. 마찬가지로 카를로스에 대한 에이미의 속도를 같은 방법으로 계산할 수 있다. 카를로스의 관점에서 에이미는 왼쪽으로 15 m/s로 운동하므로, 카를로스에 대한 에이미의 속도는 $(v_x)_{\text{AC}} = -15$ m/s라고 쓸 수 있다. 따라서 $(v_x)_{\text{AC}} = -(v_x)_{\text{CA}}$가 성립한다.

에이미에 대한 선수의 속도와 카를로스에 대한 에이미의 속도를 알고 있다면, 이

둘을 결합시켜서 카를로스에 대한 선수의 속도를 계산할 수 있다. 우리가 붙인 아래 첨자를 길잡이로 삼아서 결합시키면

$$(v_x)_{RC} = (v_x)_{RA} + (v_x)_{AC} \tag{3.21}$$

첫째 항은 첨자에서 'A'가 뒤에 나오고, 둘째 항에서는 앞에 나온다. 이들 속도를 결합시킬 때 'A'를 소거하여 $(v_x)_{RC}$를 얻을 수 있다.

가 된다.

일반적으로 식 (3.21)과 같이 인접한 첨자를 소거하면 두 상대속도를 더할 수 있다.

예제 3.8 바다새의 속력

남쪽 바다에 사는 신천옹 새(albatross)의 이동 경로를 연구하던 사람은 이 새가 35 m/s의 일정한 속력으로 날아가는 것을 발견하였다. 이것은 매우 놀랄 정도로 빠른 것이었다. 이 새가 23 m/s의 속력으로 이동하는 바람을 타고 있음을 나중에 알게 되었다. 공기에 대한 새의 상대속력은 얼마인가? 이것이 날고 있는 새의 실제 속력이다.

준비 그림 3.27은 오른쪽으로 이동하는 바람과 신천옹 새의 모습이다. 모든 속도는 양수이다. 새의 비행속력을 의미하는 물에 대한 새의 상대속도는 $(v_x)_{bw}$이고 바람의 속력을 의미하는 물에 대한 공기의 상대속도는 $(v_x)_{aw}$이다. 우리는 새의 비행속력, 즉 공기에 대한 새의 상대속력을 구하고자 한다.

그림 3.27 예제 3.8에 대한 바람과 새의 상대속도

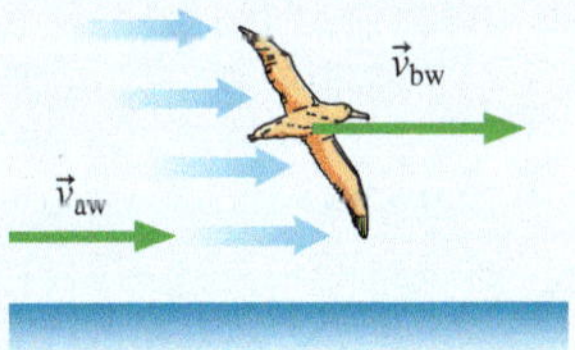

주어신 값
$(v_x)_{bw} = 35$ m/s
$(v_x)_{aw} = 23$ m/s
구할 값
$(v_x)_{ba}$

풀이 식 (3.21)에 따라서 $(v_x)_{bw}$에 대한 상대속도를 적으면

$$(v_x)_{bw} = (v_x)_{ba} + (v_x)_{aw}$$

이다. 위 식을 $(v_x)_{ba}$에 대해 풀면

$$(v_x)_{ba} = (v_x)_{bw} - (v_x)_{aw} = (35\ \text{m/s}) - (23\ \text{m/s}) = 12\ \text{m/s}$$

가 된다.

검토 12 m/s(40 km/h)는 새의 비행속력으로 타당하다. 이것은 새가 바람을 타고 날아가기 때문에 관측된 새의 비행속력보다 더 작다.

상대속도를 구하는 이러한 방법은 벡터를 활용하는 2차원 상황이나 연습문제에도 잘 적용된다.

예제 3.9 비행기 지상 속력 구하기

클리블랜드는 시카고에서 동쪽으로 약 500 km 떨어져 있다. 비행기가 시카고에서 출발해 500 km/h로 정동쪽으로 날아간다. 비행사가 날씨를 확인하는 것을 깜박해서 바람이 100 km/h로 남쪽으로 부는 것을 모르고 있다. 지면에 대한 비행기의 속도는 얼마인가?

준비 그림 3.28은 현재 상황의 개요도이다. 공기에 대한 비행기의 상대속력이 $(\vec{v}_{pa})$이고 지상에 대한 공기의 상대속력이 $(\vec{v}_{ag})$이면, 지면에 대한 비행기의 상대속력은

$$\vec{v}_{pg} = \vec{v}_{pa} + \vec{v}_{ag}$$

이다. 그림 3.28은 이 벡터의 덧셈을 보여준다.

풀이 지면에 대한 비행기의 상대속력은 그림 3.28에서 직각삼각형의 빗변이므로

$$v_{pg} = \sqrt{v_{pa}^2 + v_{ag}^2} = \sqrt{(500\ \text{km/h})^2 + (100\ \text{km/h})^2} = 510\ \text{km/h}$$

그림 3.28 바람이 정동쪽으로 날아가는 비행기를 지면에 대해 남동쪽으로 움직이게 한다.

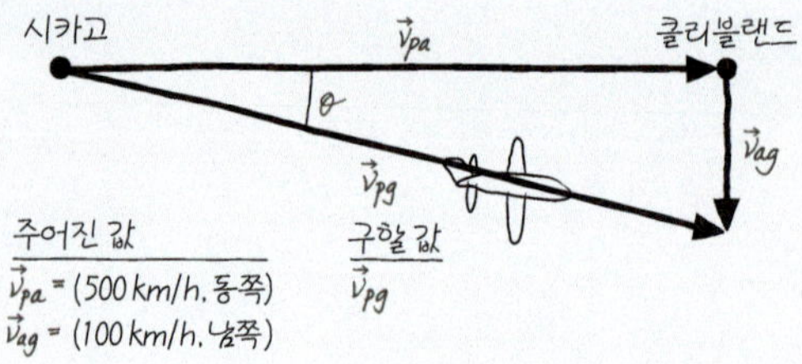

이고, 비행기의 방향은 정동쪽으로부터 측정한 각도 θ

$$\theta = \tan^{-1}\left(\frac{100\text{ km/h}}{500\text{ km/h}}\right) = \tan^{-1}(0.20) = 11°$$

를 얻는다. 따라서 지면에 대한 비행기의 속도는

$$\vec{v}_{\text{pg}} = (510\text{ km/h, 동남쪽 }11°)$$

이다.

검토 좋은 점은 바람이 비행기를 지면에 대해 더 빨리 날아가게 하는 것이고, 반면 나쁜 점은 바람이 비행기를 잘못된 방향으로 움직이게 하는 것이다.

3.6 2차원 운동: 포물체 운동

공중을 날아가는 공, 멀리뛰기 선수, 스턴트 점프하는 자동차 등의 운동은 모두 **포물체 운동**(projectile motion)이라고 하는 2차원 운동의 예이다. 포물체 운동은 ◀◀2.7절에서 배운 자유 낙하 운동을 2차원 공간으로 확장한 것이다. **포물체는 오직 중력의 영향을 받으면서 2차원 공간에서 운동하는 물체이다.** 실제로 물체들은 공기 저항을 받지만, 보통 속력으로 움직이는 밀도가 큰 물체의 경우에 공기 저항의 영향은 작기 때문에 이 장에서는 그것을 무시할 것이다. 공기 저항을 무시할 경우, 포물체의 궤적은 모두 포물선 형태이다. 운동 형태가 항상 동일하기 때문에 하나의 포물체 문제를 해결하면 그 방법을 다른 경우에도 똑같이 적용할 수 있다.

그림 3.29 동시에 닿은 두 공의 운동

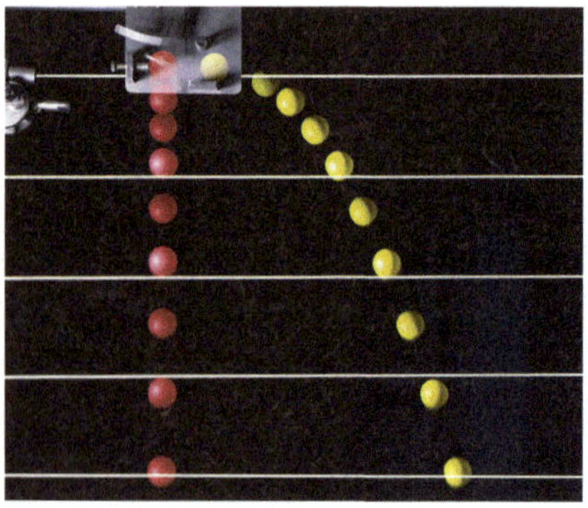

그림 3.29는 두 공의 스트로보(strobo) 사진으로, 하나는 수평으로 발사하고 다른 것은 동시에 정지 상태에서 가만히 놓은 것이다. 두 공의 수직 운동은 같고 동시에 바닥에 닿는다. 수직 방향으로 초기 운동이 없기 때문에 두 공은 같은 시간 동안 같은 거리 h만큼 떨어진다.

두 공은 바닥에 동시에 닿는다. 이것은 수평 방향으로 발사된 노란 공의 수직 운동이 공이 수평으로 운동한다는 사실에 영향을 받지 않음을 의미한다. 각 공의 수직 운동은 2장에서 배운 바와 같이 모든 물체에 똑같이 적용되는 자유 낙하이다. 노란 공의 수평 운동을 주의 깊게 살펴보면, 등속도 운동으로 마치 공이 떨어지고 있지 않은 것처럼 수평 운동을 지속한다.

그래서 포물선 운동하는 물체에 대해 초기 수평 속도는 수직 방향의 운동에 영향을 주지 않는다. 임의의 포물선 운동을 자세히 살펴보면 다음의 일반적인 규칙을 얻을 수 있다. **포물선 운동하는 물체의 수평과 수직 성분은 서로 독립적이다.**

개념형 예제 3.10 탁자에서 굴러 떨어진 공의 시간과 거리

두 공이 탁자 가장자리를 향해 구르고 있는데, 공 1은 공 2보다 두 배 빨리 구르고 있다. 두 공은 동시에 탁자 가장자리를 떠난다. 어떤 공이 먼저 지면에 닿을까? 어떤 공이 더 멀리 갈까?

판단 두 공의 수직 운동은 자유 낙하로 같고 같은 높이에서 떨어진다. 두 공은 같은 시간 간격 동안 공중에 떠 있고 정확히 동시에 지면에 닿는다. 이 시간 간격 동안, 두 공이 탁자를 벗어나는 속력은 수평 방향이고 공 2는 공 1에 비해 두 배이므로, 공 2가 두 배 멀리 갈 것이다.

검토 이 결과는 타당하다. 수평과 수직 운동은 서로 독립적이라서 두 운동을 분리해서 분석할 수 있다. 만약 두 물체를 같은 높이에서 떨어뜨리면 둘은 동시에 지면에 닿는다. 더 빨리 수평으로 움직이는 물체는 떨어지면서 그 속력을 유지하기 때문에 더 멀리 갈 것이다.

수평 방향으로 출발한 공의 경우에 수평과 수직 운동이 독립적이라는 것을 알아본 것과 같이, 일정한 각도로 출발한 포물체에 대해서도 이 결과가 적용된다. 그림 3.30은 어떤 각도를 갖고 공중으로 던진 공에 대한 운동 도형이다. 가속도 벡터는 속도 변화의 방향을 가리키며, 풀이 전략 3.2의 방법을 활용해서 계산할 수 있다. 가속도 벡터는 똑바로 아래 방향을 향하고 있다. 자세히 분석해보면 가속도는 9.8 m/s^{2}의 크기임을 알 수 있다. 포물체의 가속도는 직선의 아래쪽으로 떨어지는 물체의 가속도, 즉 자유 낙하 가속도와 같다.

포물체가 운동할 때, 자유 낙하 가속도는 속도의 수직 성분을 변화시키지만 속도의 수평 성분을 바꾸지는 않는다. **포물체의 가속도의 수직 성분 a_y는 자유 낙하의 $-g$이고 수평 성분 a_x는 영(0)이다.**

그림 3.30 공중으로 던진 공의 운동

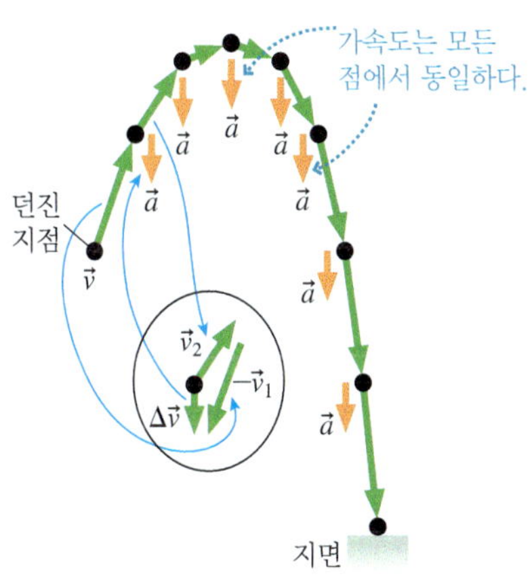

포물체 운동의 분석

그림 3.31처럼 농구공을 코트에 던진 경우를 생각해보자. 포물체 운동을 분석하기 위해서 수평 방향으로 x축, 수직 방향으로 y축 좌표계를 설정한다. 공의 출발 상황을 발사라고 한다. 초기 속도가 수평축 위로 기울어진 각도 θ를 **발사각**(launch angle)이라고 한다. 3.3절에서 배웠듯이 초기 속도 벡터는 x축 및 y축 성분으로 분해할 수 있다.

일단 농구공이 손을 떠나면, 이어지는 운동은 속도와 가속도의 초기 성분에 의해 결정된다. 이들이 운동에 어떤 영향을 미치는지 구체적인 수치를 사용하여 알아보자. 그림 3.32에 주어진 바와 같이, 수평축에서 63° 기울어진 방향으로 초기 속력 22.0 m/s로 발사된 공의 운동을 통해서 가속도의 영향을 살펴보기로 하자. 그림 3.32(a)는 초기 속도 벡터를 수평 및 수직 성분으로 분해한 모습이고, 그림 3.32(b)는 1.0 s 간격으로 측정한 속도 및 성분 벡터를 나타내고 있다. 수평 방향의 가속도가 없기 때문에($a_x = 0$) v_x값은 변하지 않는다. 반면에 v_y는 매초 9.8 m/s씩 감소한다. 이것은 가속도가 $a_y = -9.8$ m/s^{2}임을 의미한다. 포물체의 궤적 방향으로 밀어주는 힘은 없다. 그 대신 아래쪽을 향한 가속도가 있기 때문에 속도 벡터는 아래쪽으로 증가하게 된다. 출발점과 같은 높이에 도달하는 마지막 순간에 $v_y = -19.6$ m/s이며, 이는 초기 속력에 음(−)의 부호를 붙인 값이다. 2장에서 공부한 1차원 자유 낙하 운동의 경우와 마찬가지로, **공을**

그림 3.31 포물체의 발사와 운동

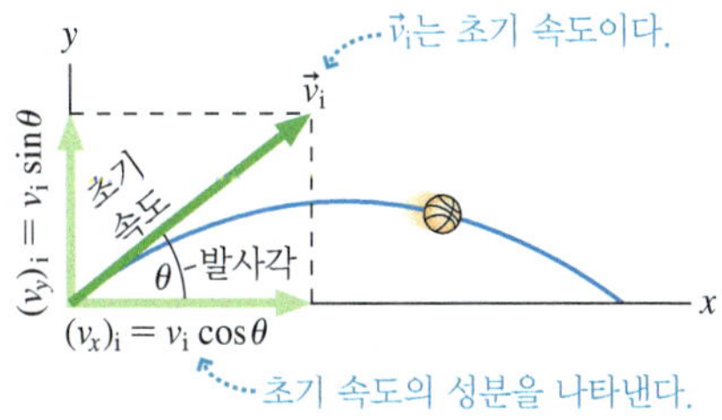

그림 3.32 포물체의 속도와 가속도

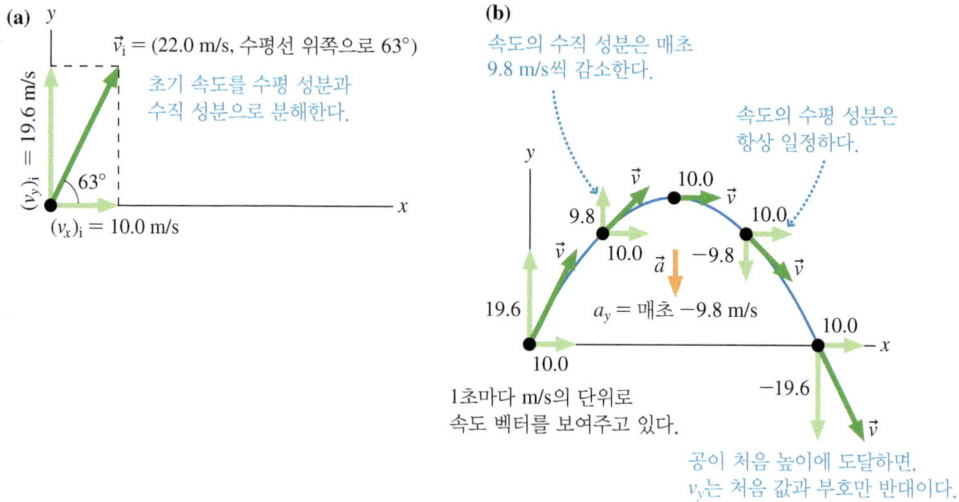

쏘아올린 순간과 마지막 순간의 속력은 동일하다.

그림 3.32로부터 **포물체 운동은 두 가지 독립적인 운동, 즉 수평 방향으로 균일한 등속 운동과 수직 방향으로 자유 낙하 운동이 결합된 것**임을 알 수 있다. 앞으로 알게 되겠지만, 두 운동은 독립적이지만 함께 발생하기 때문에 분석도 함께 해야 한다.

2장에서 등속도 운동과 등가속도 운동에 대한 운동 방정식을 공부했으므로 이들을 현재 경우에 적용하면 된다. 수평 운동은 초기 속도가 $(v_x)_i$인 등속도 운동이고, 수직 운동은 초기 속도가 $(v_y)_i$이고 가속도가 $a_y = -g$인 등가속도 운동이다.

수평과 수직 운동에 대해 2장에서 배운 방정식을 포함하여 지금까지 배운 포물체 운동의 모든 것을 요약하여 정리해보자. 다음 절에서 몇몇 문제 풀이에서 이러한 종합지식을 사용할 것이다.

종합 3.1 포물체 운동

포물체 운동의 수평과 수직 운동은 독립적이지만 함께 분석해야 한다.

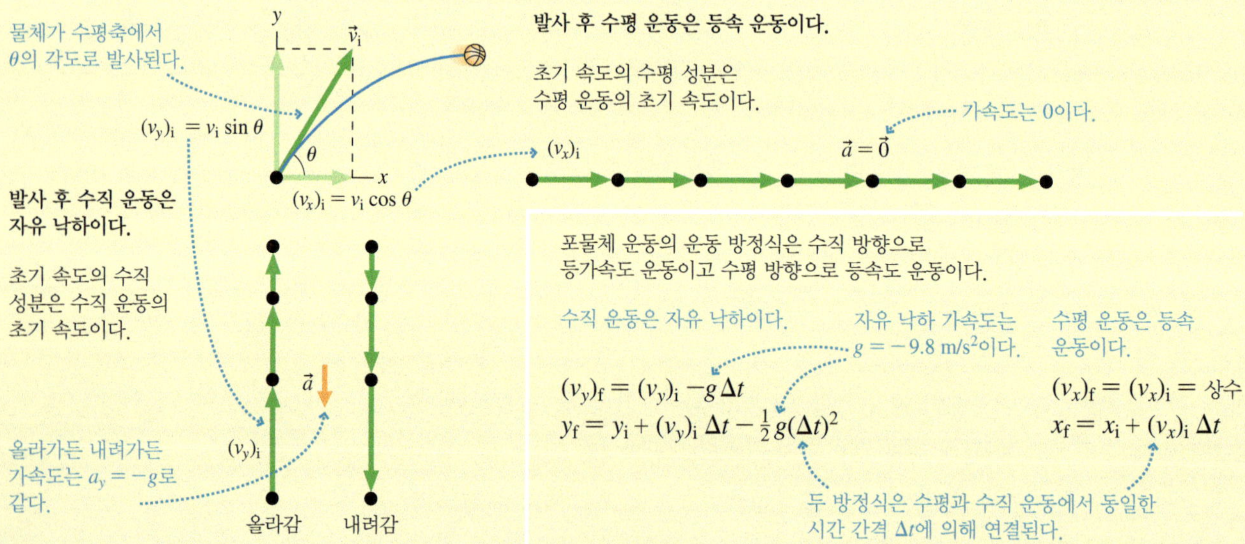

3.7 포물체 운동: 문제 풀이

포물체 운동의 분석에 대한 충분한 지식을 갖게 되었다. 실제적인 2차원 포물체 운동 문제에 적용해보자.

예제 3.11 독 점핑(Dock jumping)

독 점핑 스포츠에서 개가 물웅덩이 위로 수 미터 높이에 있는 부두의 가장자리에서 전속력으로 뛰어내린다. 부두 가장자리에서 가장 멀리 착지하는 개가 우승하는 경기이다. 만약 개가 물 위로 높이 0.61 m의 부두 가장자리에서 8.5 m/s의 속력으로 서슴없이 뛰어내리면 물에 닿기 전까지 얼마나 멀리 갈까?

준비 그림 3.33은 상황의 개요도로 부두 밑을 좌표계의 원점으로 설정한다. 개는 부두 가장자리에서 수평 방향으로 뛰어내리므로 속도의 초기 성분은 $(v_x)_i = 8.5$ m/s와 $(v_y)_i = 0$ m/s이다. 이 경우에 포물체 운동 문제로 처리하여 종합 3.1에서 제시한 방정식들을 사용할 수 있다.

수평과 수직 운동은 독립적이라는 것을 알기 때문에 개가 물 아래로 떨어진다는 사실이 수평 운동에 영향을 주지 않는다는 것을 알 수 있다. 개가 부두 끝을 떠난 후, 계속해서 8.5 m/s의 속력으로 운동할 것이다. 수직 운동은 자유 낙하이다. 개가 0.61 m 아래 있는 물에 닿을 때 점프는 끝난다. 우리는 개가 최종적으로 얼마나 멀리 가는가에 관심이 있지만, 개가 공중에 떠 있는 시간 Δt가 얼마나 되는지를 구해야 할 것이다.

그림 3.33 예제 3.11의 개요도

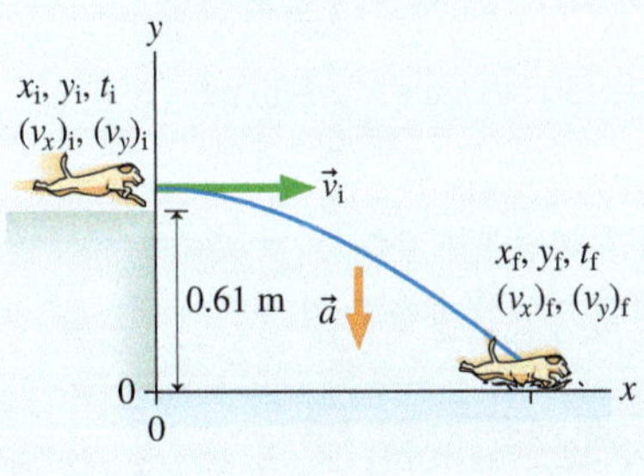

주어진 값
$x_i = 0$ m
$(v_y)_i = 0$ m/s
$t_i = 0$ s
$y_i = 0.61$ m, $y_f = 0$ m
$(v_x)_i = v_i = 8.5$ m/s
$a_x = 0$ m/s^2
$a_y = -g$

구할 값
x_f

풀이 개가 공중에 떠 있는 시간 Δt를 푸는 것부터 시작하자. 이 시간 간격은 초기 속도 $(v_y)_i = 0$ m/s를 갖는 자유 낙하인 수직 운동을 통해 결정되므로, 종합 3.1의 수직 위치 방정식을 사용해서 구한다. 즉,

$$y_f = y_i + (v_y)_i\,\Delta t - \frac{1}{2}g(\Delta t)^2$$

$$0\text{ m} = 0.61\text{ m} + (0\text{ m/s})\Delta t - \frac{1}{2}(9.8\text{ m/s}^2)(\Delta t)^2$$

이고, Δt에 대해 풀면

$$\Delta t = 0.35\text{ s}$$

를 얻는다. 이것은 개의 수직 운동이 물에 도달하는 데 걸리는 시간이다. 이 시간 간격 동안, 개의 수평 운동은 초기 속도를 지속하는 등속 운동이다. 초기 속력과 $\Delta t = 0.35$ s를 갖는 수평 위치 방정식을 사용해서 개가 이동한 수평거리도 구할 수 있다.

$$x_f = x_i + (v_x)_i\,\Delta t$$
$$= 0\text{ m} + (8.5\text{ m/s})(0.35\text{ s}) = 3.0\text{ m}$$

개는 부두 끝으로부터 3.0 m의 물에 닿는다.

검토 3.0 m는 0.6 m 높이의 부두 끝에서 굉장히 빠른 속도로 뛰어내리는 경주에 참여한 개에게는 합당한 거리이다.

예제 3.11에서 개는 부두 끝에서 수평 방향으로 달렸다. 만약 개가 공중에 더 오래 있도록 부두 끝에서 수평축 위로 뛰어오른다면, 훨씬 더 먼 거리를 갈 수 있을 것이다. 임의의 각도로 출발할 경우 초기 수직 속도를 포함하게 되지만, 여전히 포물체 운동의 예이고, 일반 문제 풀이 전략에는 차이가 없다.

문제 풀이 전략 3.1 포물체 운동 문제

우리는 포물체 운동 문제를 수평과 수직 운동으로 분리하지만 연관된 문제로 생각해서 풀 수 있다.

준비 포물체 운동 문제를 풀기 위한 준비 과정은 다음과 같다.

- 문제를 단순화시킨다. 자동차 또는 농구공처럼 물체의 종류에 상관없이 운동은 동일하다.
- 운동의 시작점과 끝점을 포함하는 개요도를 그린다.
- 수평 방향이 x축 그리고 수직 방향이 y축인 좌표계를 정한다. 이때 수평 가속도는 0이고, 수직 가속도는 자유 낙하 가속도이다. 따라서 $a_x = 0$과 $a_y = -g$이다.
- 주어진 변수의 값을 정리하고, 미지수가 무엇인지를 표시한다.

풀이 포물체 운동은 수평과 수직 성분에 대한 두 개의 운동 방정식으로 기술된다.

수평	수직
$x_f = x_i + (v_x)_i\,\Delta t$	$y_f = y_i + (v_y)_i\,\Delta t - \frac{1}{2}g(\Delta t)^2$
$(v_x)_f = (v_x)_i =$ 상수	$(v_y)_f = (v_y)_i - g\,\Delta t$

Δt는 운동의 수평과 수직 성분에 대해 동일하다. 먼저 운동의 수평 또는 수직 성분에 대해 풀어서 Δt를 구한 후, 이것을 이용해서 다른 성분에 대한 해를 얻는다.

검토 결과는 단위가 맞는지와 값이 합당한지, 그리고 질문에 답을 했는지를 점검한다.

예제 3.12 헐리우드 스턴트 묘기의 가능성 점검

영화 〈스피드〉에서 주연 배우들은 속력이 50 mph 아래로 떨어지면 터지는 폭탄이 설치된 버스에 타고 있다. 그런데 전방에서 고속도로의 50 ft 정도가 끊어지는 문제가 발생했다. 그들은 버스를 탄 채로 끊어진 부분을 뛰어넘기로 결정하였다. 끊어지기 직전의 도로 경사각은 5°이고, 버스의 속력은 67 mph이었다. 영화에서 버스는 성공적으로 뛰어넘었다. 이것이 실제로 가능한가? 아니면 영화 속의 이야기일까?

준비 먼저 SI 단위계로 환산하면 초기 속력은 $v_i = 30$ m/s이고, 끊어진 도로의 길이는 $L = 15$ m이다. 문제 풀이 전략에 따라 그림 3.34와 같이 개요도를 그리고 주어진 변수의 값을 표시한다. 버스가 점프를 시작하는 지점에 좌표계의 원점을 둔다. 초기 속도 벡터는 수평에서 5° 기울어져 있기 때문에 초기 속도 성분은

그림 3.34 끊어진 부분을 넘어가는 버스의 개요도

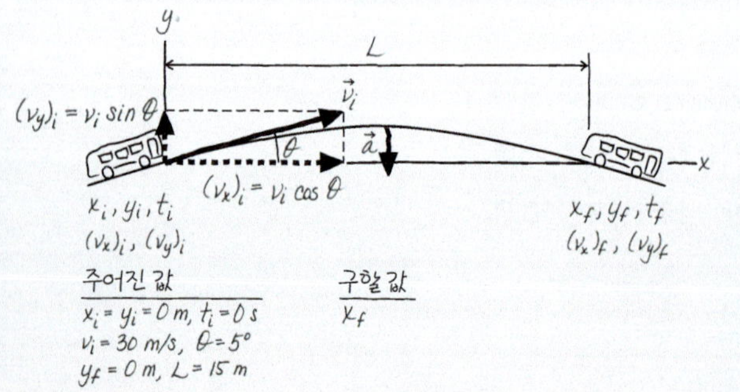

$$(v_x)_i = v_i \cos\theta = (30\text{ m/s})(\cos 5°) = 30\text{ m/s}$$
$$(v_y)_i = v_i \sin\theta = (30\text{ m/s})(\sin 5°) = 2.6\text{ m/s}$$

이다. 문제의 '목표'를 어떻게 설정해야 할까? $y_f = 0$ m로 두고, 버스가 점프한 후 처음 높이에 도달할 때까지 진행한 거리 x_f를 구하면 된다. 만일 x_f가 15 m보다 크면, 버스가 성공적으로 끊어진 부분을 통과한 것이다. 일단 버스가 끊어진 부분을 통과한 것처럼 긍정적으로 도형을 그리자.

풀이 문제 풀이 전략 3.1에 따르면, 한 성분에 대한 운동 방정식을 풀어서 Δt를 구해야 한다. 먼저 수직 성분의 운동을 살펴보자. 수직 성분 운동 방정식은

$$y_f = y_i + (v_y)_i\,\Delta t - \tfrac{1}{2}g(\Delta t)^2$$

이다. $y_f = y_i = 0$ m이므로, Δt에 관해서 인수분해하면

$$0 = \Delta t\left((v_y)_i - \tfrac{1}{2}g\,\Delta t\right)$$

이다. 이 방정식의 한 가지 해는 $\Delta t = 0$ s이다. 이것은 $y = 0$에서

점프를 시작하는 순간을 의미한다. 그러나 우리는 점프한 버스가 다시 착지하는 $y = 0$에 대한 두 번째 풀이를 원한다. 즉,

$$0 = (v_y)_i - \frac{1}{2}g\,\Delta t = (2.6\text{ m/s}) - \frac{1}{2}(9.8\text{ m/s}^2)\,\Delta t$$

로부터

$$\Delta t = \frac{2 \times (2.6\text{ m/s})}{9.8\text{ m/s}^2} = 0.53\text{ s}$$

를 얻는다. 0.53 s 동안 버스는 수직으로뿐만 아니라 수평으로도 움직인다. 버스의 수평이동거리는 $x_f = x_i + (v_x)_i\,\Delta t$, 즉

$$x_f = 0\text{ m} + (30\text{ m/s})(0.53\text{ s}) = 16\text{ m}$$

이다. 이것이 점프한 버스가 처음 높이에 도달할 때까지 이동한 수평거리이다. 16 m는 끊어진 도로의 폭보다 약간 길다. 따라서 5°의 경사면을 주어진 속력으로 달리면 버스는 끊어진 부분을 통과할 수 있다.

검토 버스가 같은 높이에서 이착륙한다는 사실에 근거해서 간단히 검산할 수 있다. 그림 3.32(b)에서 알 수 있듯이, 이착륙 시 y 방향의 속도는 부호만 서로 반대이다. 따라서 수직 방향의 속도 방정식을 사용해서 나중 속도를 구하면

$$(v_y)_f = (v_y)_i - g\,\Delta t$$
$$= (2.6\text{ m/s}) - (9.8\text{ m/s}^2)(0.53\text{ s}) = -2.6\text{ m/s}$$

가 된다. 영화를 촬영하는 동안 영화 제작자는 버스가 실제로 이 끊어진 부분을 통과하도록 하였다. 그러나 실제 상황은 예제보다 약간 더 복잡했다. 왜냐하면 버스가 점이 아닌 크기를 가진 물체여서 점프하는 동안 버스의 앞부분이 회전하는 현상이 발생했기 때문이다. 그래서 실제 촬영에서는 버스의 앞부분을 더 들어 올릴 수 있게 경사를 높였다. 그럼에도 불구하고 영화 제작자는 물리학 이론에 합당한 상황을 잘 연출했다고 결론지을 수 있다.

포물체의 도달거리

운동장에서 쿼터백이 공을 던지면 얼마나 멀리 날아갈까? 이 공의 **도달거리**(range)는 얼마일까?

예제 3.12는 버스 속력과 각도가 주어진 상황에서 도달거리를 구하는 문제였다. 속력과 각도는 도달거리를 결정짓는 두 변수이다. 말할 것도 없이 속력이 빠르면 멀리 날아간다. 그렇다면 각도와 거리 사이에는 어떤 관계가 있을까?

그림 3.35는 각도를 달리해서 100 m/s의 속력으로 쏘아올린 포물체의 궤적을 보여준다. 각도가 매우 작거나 매우 크면 도달거리가 매우 짧다. 예를 들어, 75°로 공을 던지면, 수직으로 높이 올라갔다가 떨어지는 대신에 수평 방향으로는 멀리 가지 못한다. 15°의 각도로 공을 던질 경우도 공기 중에 머무는 시간이 짧아서 멀리 가지 못한다. 두 경우 모두 그림 3.35에서처럼 동일한 도달거리를 갖는다.

각도가 너무 크거나 너무 작으면 갈 수 있는 거리는 더 짧아진다. 그림 3.35에서 보면, 45°로 발사했다가 같은 높이로 떨어질 때, 도달한 거리가 최대이다.

골프공이나 야구공 같은 실제 포물체의 경우에는 공기 저항 때문에 최적의 각도가 45°보다 작다. 지금까지 공기 저항을 무시했지만, 빠른 속력으로 날아가는 작은 물체의 경우 공기 저항은 운동에 큰 영향을 미친다. 공기 저항력은 공의 궤적을 포물선에서 벗어나게 한다. 골프를 쳐본 사람은 45°보다 훨씬 작은 각도로 칠 때 가장 멀리 날아간다는 것을 정확히 알고 있을 것이다.

그림 3.35 공기 저항이 없을 때 여러 각도로 쏘아올린 포물체의 궤적

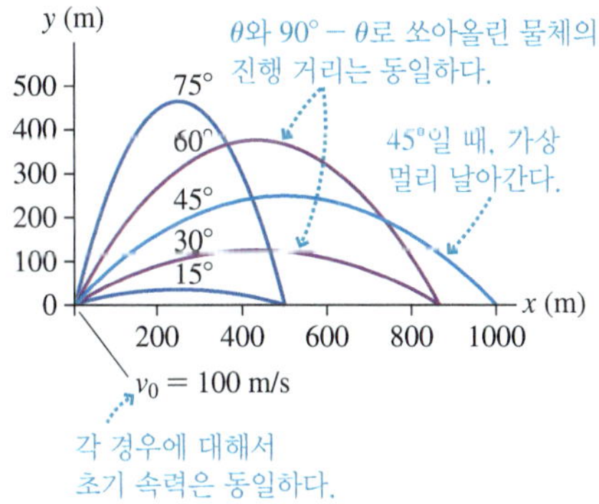

영상 학습 데모

▶ **멀리뛰기** 포물체에 있어 45°의 각도가 가장 큰 도달 거리를 주는데, 멀리뛰기 선수는 왜 훨씬 낮은 각도로 도약할까? 45°가 최적의 각도라는 2개의 가성이 여기서는 적용되지 않는다. 운동선수는 공중에서 다리의 위치를 바꾸고 도약할 때의 높이로 착지하지도 않는다. 또한 운동선수는 다른 각도에서 동일한 도약 속력을 유지할 수 없고 더 작은 각도로 더 빨리 도약할 뿐이다. 더 빠른 속력의 이점이 더 작은 각도의 효과를 능가한다.

3.8 2차원 운동: 원운동

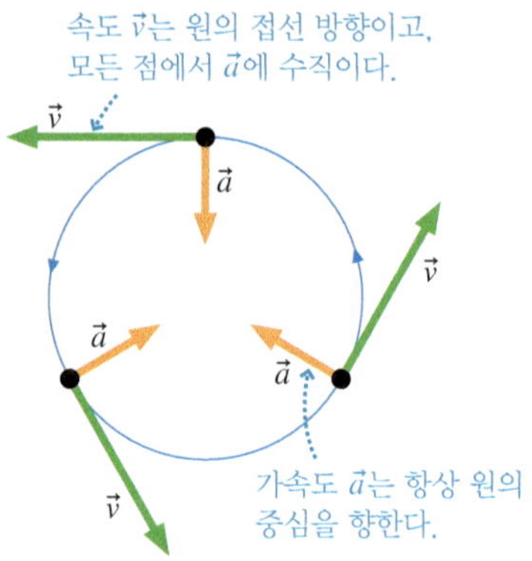

그림 3.36 원운동의 속도와 가속도 벡터

일정한 속력으로 움직이는 물체가 가속운동 중이라고 하는 말은 이상하게 들릴 수 있다. 그러나 등속 원운동을 하는 물체가 바로 그러한 운동을 한다. 이 경우, 운동 방향이 변하면서 속도가 변하기 때문에 가속운동이다. 이 경우 가속도는 무엇인가? 3.2절에서 보았듯이 일정한 속력의 원운동에서 **가속도 벡터 $\vec{a}$는 원의 중심을 향한다.** 이것은 꼭 기억해야 할 개념이다. **그림 3.36**에 주어진 바와 같이, 속도는 원의 접선 방향이고, $\vec{v}$와 $\vec{a}$는 원 위의 모든 점에서 서로 수직이다.

항상 원의 중심을 향하는 가속도를 **구심 가속도**(centripetal acceleration)라고 한다. '구심'이라는 단어는 "중심을 찾아 간다"는 의미이다.

원운동에 관한 설명을 마무리하기 위해서 가속도의 크기 a와 속력 v 사이의 관계식을 유도할 필요가 있다. 대회전 관람차로 되돌아가보자. 관람차는 Δt 동안 원둘레의 점 1에서 점 2로 이동한다. **그림 3.37(a)**는 이동한 각도 θ와 변위 $\vec{d}$를 보여준다. 명확히 볼 수 있도록 하기 위해서 각도를 크게 그렸다. 그러나 각도가 매우 작을 경우, 변위는 관람차가 실제로 이동한 거리와 같아질 것이다.

그림 3.37 원운동하는 물체의 위치와 속도의 변화

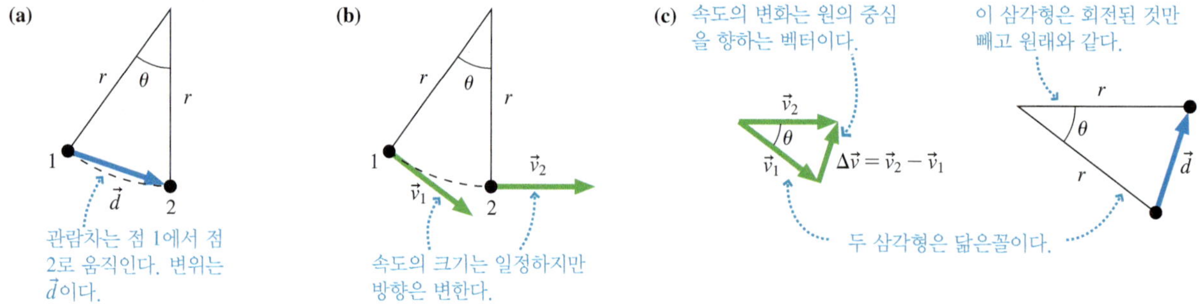

영상 학습 데모 수업 영상

그림 3.37(b)는 관람차가 움직이는 동안 속도가 어떻게 변하는지를 나타내며, **그림 3.37(c)**는 속도 변화에 대한 벡터 계산을 보여준다. 이때 사용된 삼각형은 변위를 나타내는 삼각형과 기하학적으로 닮아 있다. 이 삼각형이 핵심 정보를 포함하고 있다. 닮은꼴 삼각형에 대한 비례 관계식을 사용하면

$$\frac{\Delta v}{v} = \frac{d}{r} \tag{3.22}$$

를 얻는다. 위 식에서 Δv는 속도 변화 벡터 $\Delta\vec{v}$의 크기이며, 삼각형 한 변의 길이를 아래 첨자가 없는 v로 나타낸 이유는 $\vec{v}_1$과 $\vec{v}_2$의 크기가 같기 때문이다.

이제 가속도를 계산할 준비가 되었다. 변위는 속력 v에 시간 간격 Δt를 곱한 것이므로

$$d = v\Delta t$$

이다. 이것을 식 (3.22)에 대입하면,

$$\frac{\Delta v}{v} = \frac{v\Delta t}{r}$$

가 된다. 이것을 다시 정리하면

$$\frac{\Delta v}{\Delta t} = \frac{v^2}{r}$$

을 얻는다. 위 식의 왼쪽은 바로 가속도의 크기이므로

$$a = \frac{v^2}{r}$$

이 된다. 이 크기를 앞에서 언급한 방향과 결합시키면, 구심 가속도는 다음과 같다.

$$\vec{a} = \left(\frac{v^2}{r}, \text{원의 중심 방향}\right) \tag{3.23}$$

이것이 반지름 r인 원을 따라 속력 v로 운동하는 물체의 구심 가속도이다.

개념형 예제 3.13 그네의 가속도

아이가 놀이터에서 그네를 타고 있다. 그네를 매단 점을 중심으로 그네가 원을 그린다. 그네의 속력은 바닥 점 근처에서 변하지 않고, 방향만 변한다. **그림 3.38**에 주어진 바와 같이 그네는 가속도가 위쪽을 향하는 원운동을 한다. 가속도가 커질수록 아이는 더욱 짜릿함을 느낀다. 가속도를 높이려면 어떻게 해야 하는가?

그림 3.38 그네를 타고 가장 낮은 위치에 있는 아이

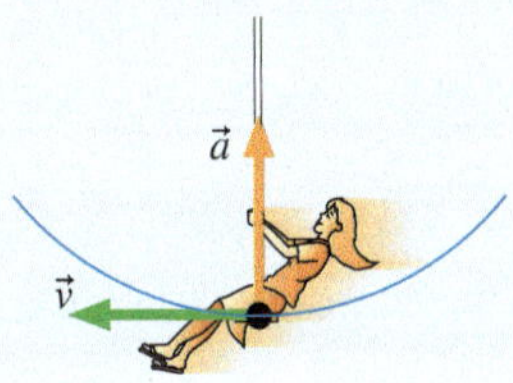

판단 아이가 느끼는 가속도는 식 (3.23)에 주어진 원운동의 '방향을 바꾸는' 가속도이다. 그 가속도는 속력과 원의 반지름에 따라 변한다. 원의 반지름은 그네 줄의 길이와 같다. 따라서 가속도를 높이는 유일한 방법은 속력을 증가시키는 것이다. 이를 위해서 그네를 높이 차고 올라가야 한다. 가속도는 속력의 제곱에 비례하기 때문에 속력이 2배가 되면 가속도는 4배로 증가한다.

검토 그네를 타면 속력이 빨라질수록 가속도가 더 커지는 것을 느낄 수 있다.

예제 3.14 회전하는 가속도

세계 정상급 쇼트트랙 스케이트 선수는 500 m 경주에서 45 s에 완주할 수 있다. 경주에서 가장 도전적인 요소는 회전, 즉 반지름이 11 m인 급회전에 있다. 회전할 때 선수의 구심 가속도의 크기를 산출하시오.

준비 구심 가속도는 둘레의 반지름(11 m)과 속력에 좌우된다. 속력은 경주 중에 변하지만, 근사적으로 총 거리와 시간을 이용해서 계산할 수 있다.

$$v \simeq \frac{500\text{ m}}{45\text{ s}} = 11\text{ m/s}$$

풀이 가속도의 크기를 계산하면

$$a = \frac{v^2}{r} \simeq \frac{(11\text{m/s})^2}{11\text{ m}} = 11\text{ m/s}^2$$

을 얻는다.

검토 이 값은 g를 넘어서는 매우 큰 가속도이고, 사진을 통해 스케이트 선수가 비스듬히 누워 회전하는 것을 볼 수 있기 때문에 그와 같은 큰 가속도는 합당한 것 같다.

다음에 다룰 주제: 힘

운동은 눈에 보이고 익숙하기 때문에 운동을 수학적으로 기술하는 운동학(kinematics)을 물리 공부에 있어 우선적으로 살펴보았다. 그러나 무엇이 실제로 운동을 유발하는가? 위의 예제처럼 스케이트 선수가 '상당히 비스듬히 누워 회전하는' 것은 선수에게 작용하는 힘, 즉 회전 가속도를 유발하는 힘의 필요성에 대해 말하고 있다. 다음 장에서는 폭넓은 문제를 다룰 수 있도록 힘의 성질과 운동과의 연계성을 배우게 될 것이다.

종합형 예제 3.15 멀리뛰기 세계기록 보유자 BIO

강하고 긴 다리를 가진 개구리는 훌륭한 멀리뛰기 선수이다. 캘리포니아 캘라베라스 시는 마크 트웨인의 작품을 기념해서 매년 개구리 멀리뛰기 시합을 개최한다. 우승한 개구리 기록이 보관되어 있는데, 현재 기록은 6.5 m로 로지 더 리베터(Rosie the Ribeter)라는 황소개구리가 세운 것이다. 이것은 사람의 기록 3.7 m에 비하면 엄청난 것이다.

황소개구리의 도약 과정을 살펴보면, 먼저 움츠린 상태에서 수평면으로부터 30° 기울어진 각도로 다리를 15 cm 가량 뻗으면서 뛰어오른다. 도약한 후 0.68 s 동안 공중에 머무르다가 같은 높이의 바닥에 착지한다. 도약 시 개구리의 가속도는 얼마일까? 개구리는 얼마나 멀리 뛸 수 있을까?

준비 이 문제는 공중도약 과정과 이를 위한 가속 과정으로 분리해서 생각해야 한다. 먼저 포물체 운동인 공중도약 과정을 분석해서 초기 속력과 도약거리를 구한다. 일단 개구리가 지면을 떠나는 순간의 속도를 구하면, 지면을 밀어내는 과정에서의 가속도를 계산할 수 있다. 이들 두 과정이 **그림 3.39**에 그려져 있다. 경사면 운동의 경우처럼, 두 번째 과정에서 x축 방향을 다르게 설정한 것에 주의하라.

풀이 그림 3.39(a)에 주어진 '공중도약 단계'는 포물체 운동이다. 개구리가 지면에서 30° 기울어진 각도로 속력 v_i로 도약하였다면, 초기 속도의 x축 및 y축 성분은

그림 3.39 개구리의 멀리뛰기에 관한 개요도

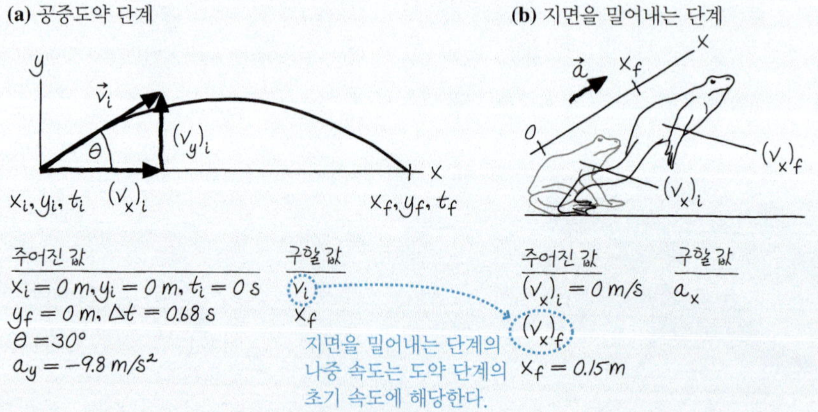

$$(v_x)_i = v_i \cos 30°$$
$$(v_y)_i = v_i \sin 30°$$

가 된다. 예제 3.12와 같이 수직 운동을 먼저 분석하면, 운동 방정식은

$$y_f = y_i + (v_y)_i \Delta t + \tfrac{1}{2} a_y (\Delta t)^2$$

이다. $y_f = y_i = 0$이므로 초기 속도의 y축 성분은

$$(v_y)_i = -\tfrac{1}{2} a_y \Delta t = -\tfrac{1}{2}(-9.8 \text{ m/s}^2)(0.68 \text{ s}) = 3.3 \text{ m/s}$$

와 같다. 속도의 y축 성분과 각도를 알고 있으므로 속도의 크기와 x축 성분을 구할 수 있다.

$$v_i = \frac{(v_y)_i}{\sin 30°} = \frac{3.3 \text{ m/s}}{\sin 30°} = 6.6 \text{ m/s}$$
$$(v_x)_i = v_i \cos 30° = (6.6 \text{ m/s}) \cos 30° = 5.7 \text{ m/s}$$

수평 운동은 등속 운동이므로 개구리가 착지하는 순간의 수평거리는

$$x_f = x_i + (v_x)_i \Delta t = 0 + (5.7 \text{ m/s})(0.68 \text{ s}) = 3.9 \text{ m}$$

와 같다. 이것이 개구리가 뛴 거리이다.

이제 개구리가 지면을 떠나는 순간의 속도를 알았다. 그림 3.39(b)에 주어진 개구리가 '지면을 밀어내는 단계'에서 이 속도에 도달하기 위한 가속도를 구해보자. 경사면 운동과 마찬가지로 개구리의 운동 방향을 따라서 x축을 새롭게 선택하자. 여기서 시간을 모르지만, 변위 Δx를 알고 있으므로 종합 2.1의 세 번째 방정식을 사용할 수 있다.

$$(v_x)_f^2 = (v_x)_i^2 + 2a_x \Delta x$$

초기 속도는 0이고 나중 속도는 $(v_x)_f = 6.6$ m/s이며 변위는 개구리가 뻗은 다리의 길이 15 cm(또는 0.15 m)이다. 따라서 개구리가 지면을 밀어내는 동안의 가속도는

$$a_x = \frac{(v_x)_f^2}{2\,\Delta x} = \frac{(6.6 \text{ m/s})^2}{2(0.15 \text{ m})} = 150 \text{ m/s}^2$$

이다.

검토 수평거리 3.9 m는 인간이 뛸 수 있는 거리보다 크지만, 개구리의 최고 기록보다는 작다. 따라서 이 결과는 타당하다. 이렇게 멀리 뛸 수 있으려면, 지면을 밀어내는 동안 가속도가 커야 함을 알 수 있다.

문제의 난이도는 |(쉬움)에서 |||||(도전)으로 구분하였다. INT로 표시된 문제는 지난 장의 내용이 복합된 문제이고, BIO는 생물학적 또는 의학적 관심 분야를 의미한다.

QR 코드를 스캔하여 이 장의 문제를 해결하는 데 도움이 되는 영상 학습 풀이를 시작하시오.

연습문제

3.1 벡터 활용하기

1. ‖ 그림 P3.1에 주어진 벡터를 종이에 그리시오. 두미연결법을 사용해서 (a) $\vec{A} + \vec{B}$, (b) $\vec{A} - \vec{B}$를 나타내시오.

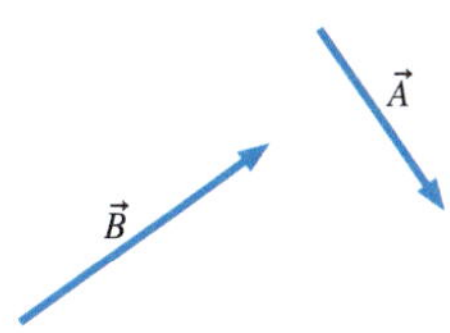

그림 P3.1

3.2 운동 도형에서 벡터 활용하기

2. | 일정한 속력으로 달리던 자동차가 모퉁이를 돌 때 원호를 그린다. 위치와 속도 벡터, 그리고 가속도 벡터를 나타내는 운동 도형을 그리시오.

3.3 좌표계와 벡터 성분

3. ‖ 크기가 16 m인 위치 벡터는 오른쪽 위 방향을 향하고 x성분은 8.0 m이다. y성분의 값은 얼마인가?

4. ‖ 잭과 질이 8.0 m/s로 언덕을 달려 올라간다. 질의 속도 벡터의 수직 성분은 3.5 m/s이다.
   a. 언덕의 경사각은 얼마인가?
   b. 질의 속도의 수평 성분 값은 얼마인가?

5. ‖ 위쪽으로 30°로 기울인 대포가 100 m/s의 속력으로 포탄을 쏜다. 그 순간, 포탄 속도 벡터의 지면과 평행한 성분 값은 얼마인가?

6. | 다음 벡터를 그리고 x성분과 y성분을 구하시오.
   a. $\vec{d} = (100\ \text{m},\ +x$축 아래쪽 $45°)$
   b. $\vec{v} = (300\ \text{m/s},\ +x$축 위쪽 $20°)$
   c. $\vec{a} = (5\ \text{m/s}^2,\ -y$축$)$

7. | 아래에 주어진 x축 및 y축 성분을 가진 벡터를 그린 후 방향을 나타내는 각도를 표시하고, 크기와 방향을 결정하시오.
   a. $v_x = 20$ m/s, $v_y = 40$ m/s
   b. $a_x = 2.0$ m/s^2, $a_y = -6.0$ m/s^2

8. || 야생 연구원이 기러기 떼를 추적하고 있다. 기러기는 서쪽으로 4.0 km 날아간 후, 북쪽을 향해 40° 방향을 틀어 4.0 km를 더 날아간다. 기러기는 초기 위치로부터 얼마나 멀리 있는가? 변위의 크기는 얼마인가?

3.4 경사면에서의 운동

9. |||| 10.0°의 경사면을 25 m/s의 속력으로 올라가던 택시의 연료가 바닥났다. 택시가 뒤로 밀리기 전까지 진행한 거리는 얼마인가?

10. ||| 짐칸에 피아노를 싣기 위해서 트럭 뒤의 경사면을 따라 꼭대기까지 피아노를 밀었다. 작업자들이 안전할 것으로 믿고 자리를 비운 순간, 피아노가 미끄러져 내리기 시작했다. 트럭의 높이는 1 m이고 경사면은 지면에서 20° 기울어져 있다. 피아노가 바닥에 닿기 전에 작업자들이 돌아오려면, 시간 여유는 얼마나 되는가?

3.5 상대운동

11. | 그림 P3.11은 오른쪽으로 5 m/s로 달리고 있는 애니타의 모습이다. 지면에서 있던 친구들이 그녀를 향해서 10 m/s로 공 1과 공 2를 던졌다. 애니타가 본 공의 속력은 각각 얼마인가?

그림 P3.11

12. | 그림 P3.12는 오른쪽으로 5 m/s로 달리고 있는 애니타의 모습이다. 지면에서 있던 친구들이 그녀를 향해서 공 1과 공 2를 던졌다. 애니타가 본 공의 속력은 둘 다 10 m/s이다. 친구들이 본 공의 속력은 각각 얼마인가?

그림 P3.12

13. |||| 배가 강을 50 km 내려가는 데 4.0 h가 걸리고 거슬러 올라오는 데 6.0 h가 걸렸다. 강물은 얼마나 빨리 흐르는가?

3.6 2차원 운동: 포물체 운동

3.7 포물체 운동: 문제 풀이

14. ||| 높이 20 m인 건물 꼭대기에서 수평으로 속력 5.0 m/s로 공을 던졌다.
    a. 공의 궤적을 그리시오.
    b. 시간에 따른 수평 속도 성분 v_x의 변화를 그리시오. 축의 단위를 표시하시오.
    c. 시간에 따른 수직 속도 성분 v_y의 변화를 그리시오. 축의 단위를 표시하시오.
    d. 공은 얼마나 멀리 날아가서 바닥에 닿는가?

15. || 관에서 빗물이 개울로 방류된다. 물은 수평 방향으로 1.5 m/s로 흘러나오고 파이프 끝은 개울 위로 2.5 m에 위치해 있다. 물줄기가 개울에 닿는 지점은 관 끝으로부터 얼마나 멀리 떨어져 있을까?

16. | 두 공이 1.0 m 높이의 탁자로부터 수평 방향으로 발사되었다. 공 A는 5.0 m/s의 초기 속력으로, 공 B는 2.5 m/s의 초기 속력으로 발사되었다.
    a. 공이 바닥에 닿는 시간은 각각 얼마인가?
    b. 공이 움직인 거리는 탁자 끝으로부터 얼마인가?

17. ||| 회색의 캥거루는 매번 뛸 때마다 10 m씩 이동하여 평지를 껑충껑충 달릴 수 있다. 캥거루가 지면에 대해 20°의 각도로 도약한다면, (a) 도약 속력과 (b) 수평 방향의 속력은 얼마인가?
BIO

18. || 지상에 설치된 스프링클러는 수평 경사각 60°로 물을 방출한다. 물은 15 m/s의 속력으로 노즐을 벗어난다. 물이 지면에 닿기 전 얼마나 멀리 날아갈까?

3.8 2차원 운동: 원운동

19. | 경주용 그레이하운드는 매우 빠른 속력으로 둘레를 돌 수 있다. 보통 그레이하운드 트랙은 지름 45 m의 반호의 둘레로 이루어져 있다. 그레이하운드는 15 m/s의 일정한 속력으로 둘레를 달린다. 그레이하운드의 가속도는 몇 m/s^{2}이고 몇 g인가?
BIO

20. | Scion iQ는 지름 8 m인 원둘레를 회전할 수 있을 정도로 급회전이 가능한 소형 자동차이다. 운전자가 5 m/s로 그러한 원둘레를 돌 때, 가속도의 크기는 얼마인가?

21. || 원운동하는 입자의 구심 가속도가 $a = 10.0$ m/s^{2}이다.
    a. 속력을 그대로 두고, 반지름을 반으로 줄이면 a는 얼마일까?
    b. 반지름을 그대로 두고, 속력을 반으로 줄이면 a는 얼마일까?

22. || 원궤도를 선회하는 매의 구심 가속도는 자유 낙하 가속도의 1.5배에 이른다. 매의 속력이 20 m/s이면, 회전 반지름은 얼마인가?
BIO

4 힘과 뉴턴의 운동 법칙
Forces and Newton's Laws of Motion

일반적으로 거북이 빠르다고 생각하지 않지만, 뱀목거북은 놀랍도록 빠르게 머리를 가속시켜 먹이를 잡는 매복 포식자이다. 거북이 어떻게 이런 묘기를 부릴 수 있을까?

학습목표 ▸

힘과 운동 사이의 관계를 정립한다.

힘

힘은 밀거나 당기는 것이다. 힘은 **원인**(여자)과 **물체**(자동차) 사이의 상호작용이다.

힘을 구별하는 방법과 힘의 특성을 배운다.

힘과 운동

가속도는 힘에 기인한다. 썰매가 앞방향으로 가속하기 위해서는 앞방향을 향하는 힘이 필요하다.

큰 가속도는 큰 힘이 필요하다. 뉴턴의 제2법칙을 다룰 때 힘과 운동 사이의 관계를 배운다.

반작용력

망치가 못에게 아래로 향하는 힘을 작용하고 있다. 놀랍게도, 못은 위를 향하는 방향으로 망치에게 같은 힘을 작용한다.

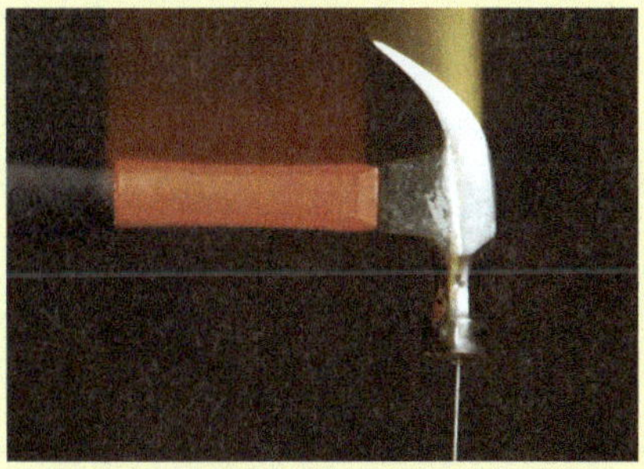

힘의 **작용·반작용 쌍**(action/reaction pairs)을 구별하는 법과 그 이유를 배운다.

이 장의 배경 ◂

가속도

2장과 3장에서, 가속도는 속도가 변하는 방향을 가리키는 벡터임을 배웠다.

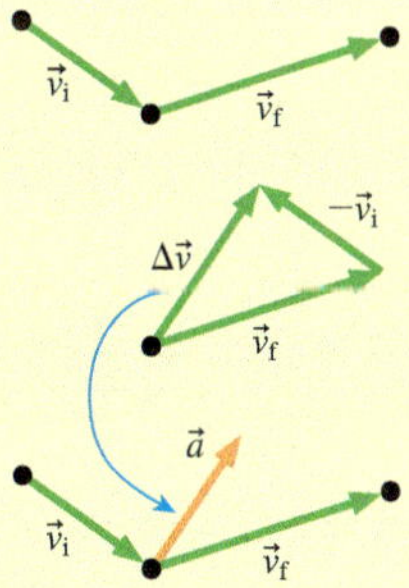

속도가 변하면 가속도가 생긴다. 이 장에서 배우겠지만, 가속도가 생기려면 알짜힘이 작용해야 한다.

4.1 운동과 힘

성간 이동 뉴턴의 제1법칙에 관한 완벽에 가까운 실험은 1977년에 발사된 보이저 우주 탐사선의 운동이다. 탐사선은 오래전에 연료를 모두 소진했으며, 지금은 마찰이 없는 진공에 가까운 우주를 관성으로 나아가고 있다. 태양의 중력으로부터 완전히 벗어나지는 않았지만, 거리가 너무 멀기 때문에 중력이 거의 0에 가까우며, 앞으로 수십억 년 동안 운행해나갈 것이다.

이 장 도입 부분 사진의 뱀목거북은 40 m/s^2의 가속도로 먹잇감을 향해 머리를 움직일 수 있다. 앞 장에서 그림, 그래프, 수식을 이용하여 다양한 형태의 운동을 기술하는 것을 배웠으므로 약 $4g$에 해당하는 이 가속도가 매우 놀라운 크기라는 것을 알 수 있다. 그러나 지금까지는 거북이 어떻게 이런 재주를 부릴 수 있는지에 대해 아무런 설명도 하지 않았다. 이 장에서는 운동의 원인인 **힘**에 대해 살펴본다. 이 주제는 **동역학**(dynamics)이라고 하는데, 동역학은 운동학과 더불어 운동에 관한 일반적 과학인 **역학**(mechanics)을 구성한다. 이 장에서는 동역학을 정성적으로 다루고 이후 여러 장에서 정량적으로 자세히 다룰 것이다.

운동의 원인은 무엇인가?

기본적인 질문으로 시작하자. 무언가를 계속 움직이기 위해서는 계속 밀어주어야 하는가, 즉 힘을 계속 주어야 하는가? 일상 경험에 의하면 그렇다고 할 것이다. 탁자 위에서 책을 밀다가 미는 것을 멈추면 책은 금방 정지할 것이다. 어떤 물체들은 꽤 오랫동안 움직일 수도 있다. 얼음 위에서 미끄러지는 하키 퍽은 오랜 시간 동안 움직이지만, 이 역시 어느 지점에서 멈추게 된다. 이러한 생각이 정밀하게 조사하여도 유효한지 자세히 살펴보자.

그림 4.1은 일련의 운동 실험을 보여준다. **그림 4.1(a)**에서 보여주듯이, 테일러가 썰매를 타고 언덕을 내려와 부드러운 눈으로 덮인 수평면을 통과한다. 눈이 아주 부드럽더라도, 썰매와 눈 사이의 마찰 때문에 썰매는 곧 정지할 수밖에 없다. 만약 **그림 4.1(b)**에서 보는 바와 같이 테일러가 언덕을 내려와 미끄러운 얼음판 위를 지나간다면 어떻게 될까? 마찰이 훨씬 적기 때문에 썰매는 멈추기 전까지 꽤 멀리 미끄러질 것이다. 이제 **그림 4.1(c)**와 같이 마찰이 없는 이상적인 얼음판 위를 지나가는 상황을 상상해

그림 4.1 점점 더 매끄러운 면에서 미끄러지는 썰매

보자. 이 경우 썰매는 속력이 전혀 변하지 않은 채 계속해서 직선 운동을 할 것이다.

마찰이 없는 경우, **움직이고 있는 썰매는 운동을 계속할 것이다**. 움직이지 않고 있는 썰매는 스스로 움직이기 시작하지 않는다는 것 또한 사실이다. 즉, 정지해 있는 썰매는 계속 정지해 있게 된다. 지난 몇 세기 동안, 특히 갈릴레오와 뉴턴이 수행한 신중한 실험들은 이것이 자연의 작동 방식임을 입증했다. 썰매에 대해 내린 결론은 사실 다른 유사한 상황에도 적용되는 일반적인 법칙이다. 이와 같은 일반화된 법칙을 뉴턴의 제1법칙이라고 한다.

뉴턴의 제1법칙 어떤 물체에 외부에서 작용하는 힘이 없다고 가정해보자. 만약 그 물체가 정지해 있다면 계속 정지해 있을 것이고, 움직이고 있었다면 일정한 속력을 가지고 직선상에서 계속 운동할 것이다.

뉴턴의 제1법칙의 중요한 적용으로, **그림 4.2**에서 보인 충돌 실험을 생각해보자. 차가 벽에 닿으면, 벽은 차에 힘을 가하기 시작하고 차는 느려지기 시작한다. 벽은 차에 힘을 가하지만 인체 모형에는 힘을 가하지 않는다. 뉴턴의 제1법칙에 따르면, 안전벨트를 하지 않은 인체 모형은 원래 속력으로 앞으로 움직일 것이다. 그러나 조만간 인체 모형에 힘이 작용하여 인체 모형을 정지시킬 것이다. 문제는 얼마나 큰 힘이 언제 작용하는가 하는 것이다. 그림에 보인 경우에는 인체 모형이 정지한 차량 내부의 계기판과 짧고 격렬한 충돌을 하며 멈출 것이다. 안전벨트와 에어백은 인체 모형이나 탑승자가 훨씬 안정적으로 정지하도록 도와준다.

그림 4.2 뉴턴의 제1법칙은 안전벨트를 꼭 착용해야 한다는 것을 설명해준다.

충돌 순간, 자동차와 운전자는 같은 속력으로 운동하고 있다.

자동차는 벽에 충돌하면서 속력이 감소하지만, 운전자는 같은 속력을 유지하는데…

…이것은 운전자가 정지한 계기판과 충돌할 때까지 계속된다.

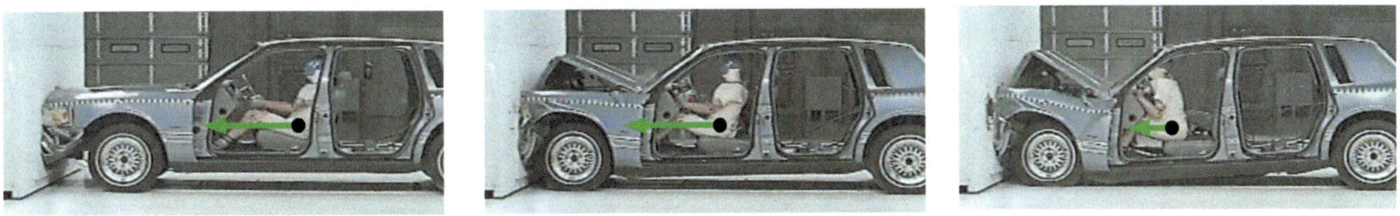

힘

뉴턴의 제1법칙은 운동하는 물체에 외부 힘이 작용하지 않으면, 물체는 직선상에서 영원히 운동을 계속한다는 것을 알려준다. 그러나 이 법칙은 힘이 무엇인지에 대해서는 자세히 설명해주지 않는다. 힘의 개념을 가장 쉽게 이해할 수 있는 방법은 일반적인 힘들이 공통적으로 갖는 기본 특성을 살펴보는 것이다. 우선 다음 표에 있는 것처럼, 모든 힘들이 가지고 있는 기본 특성을 살펴보자.

힘이란 무엇인가?

힘은 밀거나 당기는 것이다.

상식적인 생각으로 **힘**은 **밀거나 당기는** 것이다. 앞으로 이러한 생각을 재정립하겠지만, 일단 이러한 생각은 힘에 대한 적절한 출발점이다. 먼저 단어 선택을 보자. 단순한 '**힘**'이 아닌 '**개별적인 힘**'이란 무엇인지 알아보자. 개별적인 힘이란 매우 한정적인 의미의 특별한 **작용**을 의미한다. 따라서 개별적인 힘들은 서로 다른 형태로 작용하게 되고, 여러 힘들 중에서 '개별적인 힘'이 하나의 물체에 어떻게 작용하는지 구분할 수 있어야 한다.

힘은 물체에 작용한다.

은연중에 많은 사람들이 생각하는 힘의 개념 중 하나가 바로 **힘은 물체에 작용한다**는 것이다. 다시 말해서, 밀거나 당기는 것이 물체에 작용한다는 것이다. 물체의 관점에서 보면, 물체에는 자신에게 **작용하는** 힘이 있다. 그러므로 힘을 느끼는 대상으로부터 힘을 따로 분리해서 생각할 수 없다.

힘은 원인(agent)이 필요하다.

모든 힘은 밀고 당기는 것과 같이 힘을 가하는 **제공자**(agent)가 있다. 즉, 힘은 구체적이고 명확한 **원인**(cause)이 있다. 공을 던지는 경우, 공과 접촉하는 동안 공에 힘을 작용하는 원인은 손이다. **만약** 물체에 힘이 작용하고 있다면 그 힘의 구체적인 원인(즉, 제공자)을 명확히 할 수 있어야 한다. 반대로, 구체적인 원인을 명확히 **알 수 없는 한** 물체에는 힘이 작용하지 않는다. 탁자 윗면이나 벽과 같은 것도 힘의 원인이 될 수 있음에 유의하라. 이러한 제공자들은 일반적인 여러 힘들의 원인이 되기도 한다.

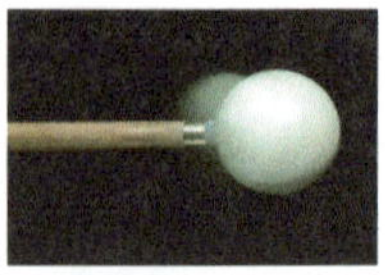

힘은 벡터 물리량이다.

물체를 미는 경우, 약하게 밀거나 세게 밀 수도 있다. 마찬가지로 오른쪽이나 왼쪽, 아래쪽이나 위쪽으로 밀 수도 있다. 물체를 미는 것을 정량적으로 이야기하려면 크기와 방향을 함께 말해 주어야 한다. 따라서 힘이 벡터 물리량이라는 것은 놀라운 일이 아니다. 힘을 나타내는 보편적인 기호는 벡터 기호 $\vec{F}$이다. 힘 $\vec{F}$의 크기 또는 세기는 F이다.

힘은 접촉힘이던가…

힘의 제공자와 물체와의 접촉 여부에 따라 힘을 두 종류로 구분한다. **접촉힘**(contact force)은 접촉점에서 물체와 접촉함으로써 물체에 작용하는 힘이다. 야구방망이가 공을 치기 위해서는 공과 접촉해야 한다. 물체를 당기기 위해서는 줄이 물체에 묶여야만 한다. 앞으로 다루게 될 대부분의 힘은 접촉힘이다.

… 장거리힘일 수 있다.

장거리힘(long range force)은 물체와 실제로 접촉하지 않으면서 작용하는 힘이다. 장거리힘의 한 예로 자기력이 있다. 자석을 종이 클립 위로 가져가면 클립이 자석을 향해 튀어오르는 것을 보았을 것이다. 손에 들고 있다가 놓은 커피잔은 장거리힘인 중력에 의해 지구로 당겨진다.

힘에 대한 또 다른 중요한 개념이 있다. 만약 여러분이 문을 닫기 위해 문(물체)을 밀면, 문도 여러분의 손(제공자)을 반대 방향으로 밀게 된다. 만약 견인차가 견인줄로 자동차(물체)를 당기면, 자동차도 견인줄로 견인차(제공자)를 잡아당기게 된다. 일반적으로, 제공자가 물체에 힘을 작용하면 물체도 제공자에게 힘을 작용한다. 실제로 힘을 두 물체 사이의 **상호작용**으로 이해해야 한다. 비록 상호작용이라는 관점에서 힘을 이해하는 것이 정확하기는 하지만, 지금 단계에서 이를 고려하면 복잡하기 때문에 다음으로 미루어 두기로 한다. 여기서 고려하는 것은 여러 힘이 한 물체에 가해질 때 그 물체가 어떻게 반응하는지에 대해서만 초점을 맞추고 시작해보자. 둘 이상의 물체가 어떻게 상호작용하는가 하는 더 큰 주제는 이 장의 끝에서 다룰 것이다.

힘 벡터

간단한 그림을 이용하여 물체에 힘이 어떻게 작용하는지 살펴볼 수 있다. 물체를 질점으로 취급하는 입자 모형(particle model)을 사용하면, 힘 벡터를 그리는 과정은 간단하다.

풀이 전략 4.1 힘 벡터 그리기

❶ 물체를 입자로 표시한다.

❷ 입자 위에 힘 벡터의 꼬리를 가져다 놓는다.

❸ 길이가 힘의 크기에 비례하고 힘이 작용하는 방향을 가리키는 화살표로 힘 벡터를 그린다.

❹ 벡터에 적절한 명칭을 붙인다.

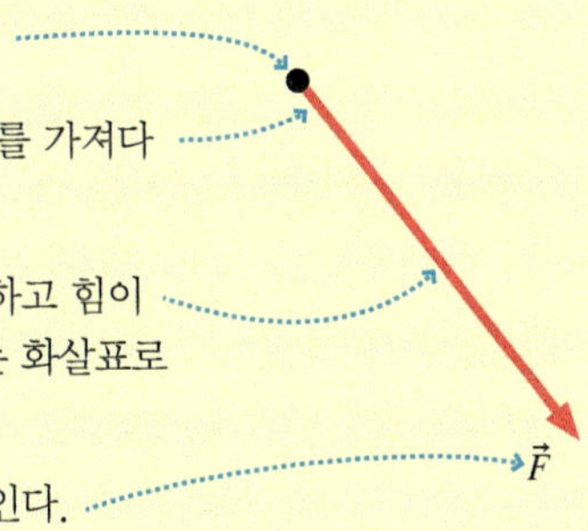

풀이 전략 2단계를 보면, 물체를 '미는 것'과는 반대인 것처럼 보일 수도 있지만(화살표가 물체를 미는 것이 아니라 당기고 있는 것처럼 보일 수도 있다), 벡터의 크기와 방향을 바꾸지만 않으면 벡터를 이동해도 변하지 않는다는 것을 상기하라. 입자에 벡터 $\vec{F}$의 머리가 놓이든 꼬리가 놓이든 상관없다. 다만 꼬리를 놓은 이유는 여러 힘을 더하는 방법을 생각할 때 분명해질 것이다.

그림 4.3은 힘 벡터에 대한 세 개의 예를 보여준다. 하나는 당기는 힘이고, 다른 하나는 미는 힘, 그리고 나머지는 장거리힘인데, 세 경우 모두 힘 벡터의 꼬리가 물체를 나타내는 입자에 놓이도록 하였다.

그림 4.3 세 가지 힘 벡터

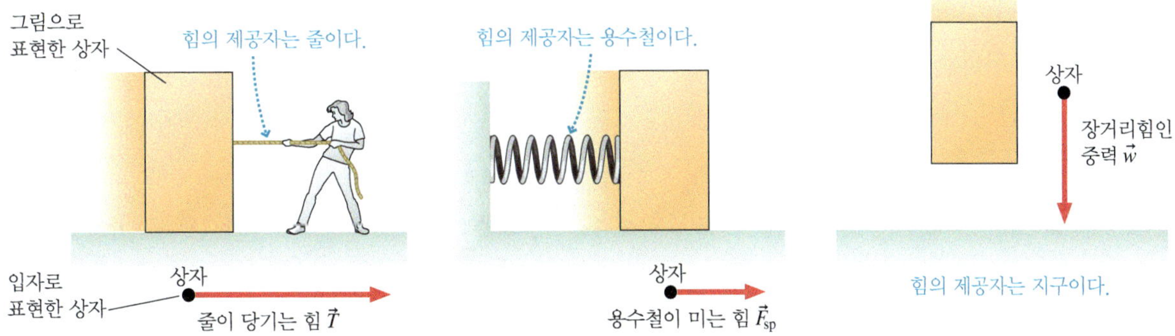

여러 힘의 합력

그림 4.4 상자에 작용하는 두 힘

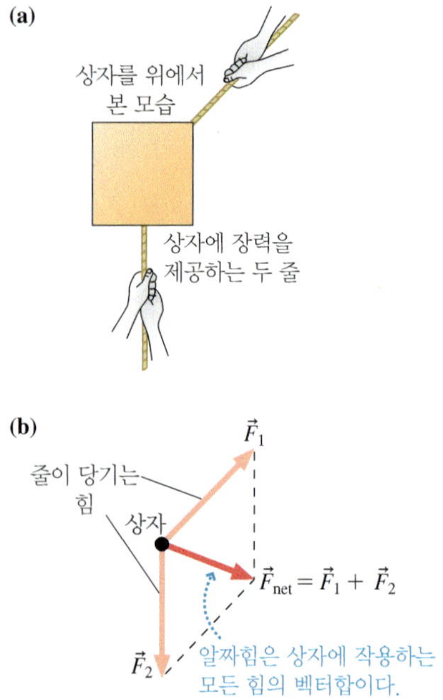

힘은 벡터 물리량이다. ◀3.1절에서는 변위 벡터의 합성뿐만 아니라 벡터 덧셈 기법을 다른 모든 벡터에 대해서도 똑같이 적용할 수 있음을 배웠다. 그림 4.4(a)는 두 줄에 의해 힘이 가해지며 끌려가고 있는 상자의 모습을 위에서 본 것이다. 이 경우 상자는 어떻게 될까? 실험으로 알고 있는 것처럼, 여러 힘 $\vec{F}_1, \vec{F}_2, \vec{F}_3, \cdots$이 한 물체에 작용할 때, 이 힘들은 결합하여 그들의 벡터합(vector sum)인 **알짜힘**(net force)을 형성한다. 곧,

$$\vec{F}_{net} = \vec{F}_1 + \vec{F}_2 + \vec{F}_3 + \cdots \tag{4.1}$$

다시 말해서, 알짜힘 $\vec{F}_{net}$가 일으킨 운동은 여러 힘 $\vec{F}_1, \vec{F}_2, \vec{F}_3, \cdots$이 일으킨 운동을 모두 합친 것과 정확하게 같다. 수학적으로는 이러한 합을 힘의 **중첩**(superposition)이라고 한다. 알짜힘을 때로는 **합력**(resultant force)이라고 한다. 그림 4.4(b)는 상자에 가해지는 알짜힘을 보여준다.

4.2 몇 가지 힘들의 간단한 소개

앞으로 계속해서 다루게 될 힘들이 많이 있다. 이 절에서는 그 중에서 몇 가지 중요한 힘들을 소개하고 이들을 어떻게 표현하는지 살펴본다.

무게

그림 4.5 무게는 항상 연직 방향을 가리킨다.

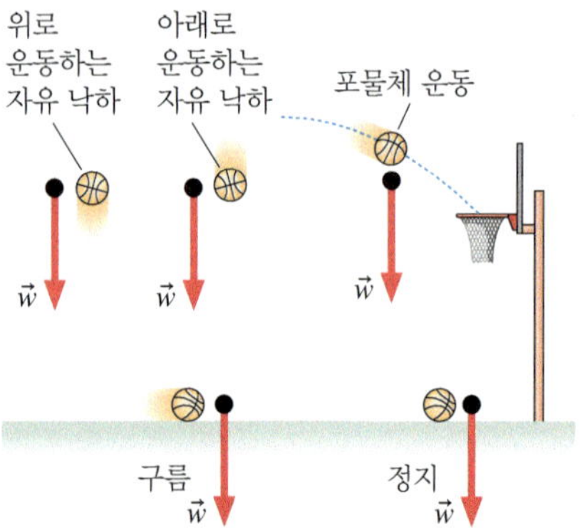

낙하하는 돌멩이는 장거리힘인 중력에 의해 지구로 당겨진다. 중력은 사람들이 의자에 앉아 있도록 하며, 행성들이 태양 주변에서 궤도 운동을 하도록 하며, 우주의 거대 규모 구조를 유지하도록 한다. 중력은 6장에서 자세히 살펴볼 것이다. 지금은 표면이나 지표면 근처의 물체에 집중하여 살펴보자.

지표면이나 지표면 근처에 있는 물체를 잡아당기는 중력을 **무게**(weight)라고 하며, 무게의 기호는 $\vec{w}$로 표시한다. 무게는 앞으로 몇몇 장에서 만나게 될 유일한 장거리힘이다. 무게의 원인을 제공하는 것은 물체를 당기는 **지구 전체**이다. 사실 어떤 면에서 보면 무게는 우리가 다루게 될 힘 중에서 가장 간단한 힘이다. 그림 4.5에서 보는 바와 같이, 물체가 어떤 운동을 하고 있던지 **물체의 무게 벡터는 항상 연직 방향을 가리킨다**.

용수철은 형태가 다양하다. 용수철이 변형되면, 밀거나 당기는 힘이 용수철 힘으로 작용한다.

용수철 힘

용수철 힘은 가장 대표적인 접촉힘 중의 하나이다. 용수철은 밀거나(압축되었을 경우) 당길(늘어났을 경우) 수 있다. 그림 4.6은 **용수철 힘**(spring force)을 보여준다. 밀거나 당기는 경우 모두 힘 벡터의 꼬리는 힘 도형에서 입자에 표시한다. 용수철 힘을 표시하는 특별한 기호가 없으므로 아래 첨자를 사용하여 힘 벡터를 $\vec{F}_{sp}$로 나타낸다.

용수철을 압축하거나 늘일 수 있는 금속 코일 정도로 생각하기 쉬운데, 금속 코일

그림 4.6 용수철 힘은 용수철에 평행하다.

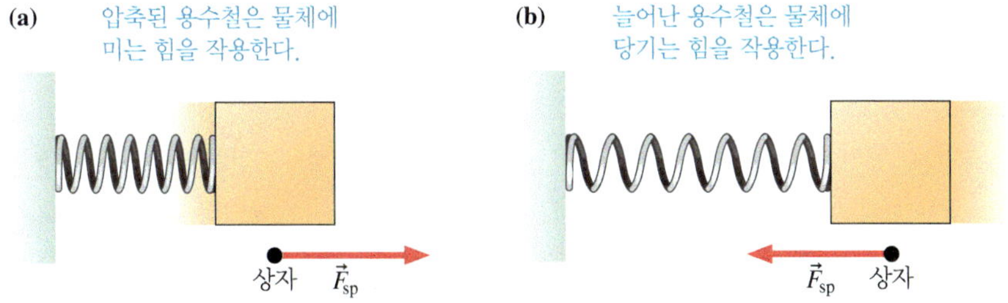

은 용수철의 한 형태일 뿐이다. 자 또는 얇은 나무 조각이나 금속 조각의 끝을 잡고 구부리면 쉽게 구부려진다. 잡고 있던 것을 놓으면, 이들은 원래 모양으로 되돌아간다. 그러므로 이것들도 금속 코일과 다를 바 없는 용수철의 특성을 가지고 있다.

장력

실이나 줄 또는 도선 등이 물체를 당길 때, **장력**(tension force)이라 하는 접촉힘이 작용하며, 이것을 $\vec{T}$라고 표시한다. 그림 4.7에서 보는 바와 같이, **장력은 항상 실이나 줄의 방향으로 작용한다.** 줄의 '장력'이 작용하고 있다고 말할 때, 그것은 장력의 크기 T를 의미한다. 장력은 오로지 줄의 방향으로 당기기만 할 수 있음을 명심하자. 만약 줄을 가지고 물체를 밀려고 한다면, 줄은 느슨하게 되어 힘이 작용할 수 없다.

그림 4.7 장력은 줄과 평행하다.

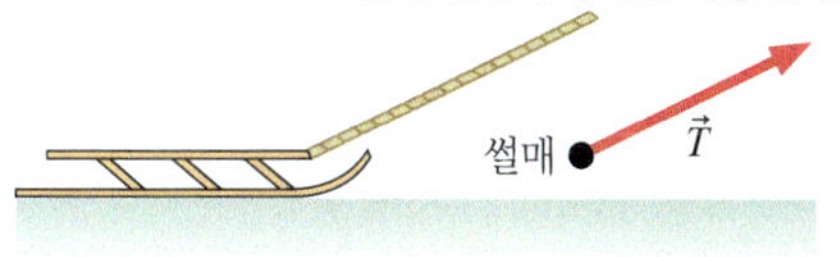

미시적인 관점에서 장력을 생각해보자. 만약 분해능이 우수한 현미경으로 줄의 내부를 들여다 볼 수 있다면, 줄이 분자 결합(molecular bonds)에 의해 연결된 원자들로 구성되어 있음을 볼 수 있을 것이다. 분자 결합은 원자들 간의 단단한 결합이 아니다. 그림 4.8에서 보는 것처럼 원자들이 작은 용수철들로 연결되어 있다고 보는 것이 더 정확한 해석이다. 실이나 줄의 끝을 당기면 분자 용수철들이 팽팽해진다. 그러므로 줄의 끝에 있는 물체가 받는 장력은 수많은 분자 용수철들에 작용되는 용수철 힘의 합력으로 나타난다.

그림 4.8 장력의 원자 모형

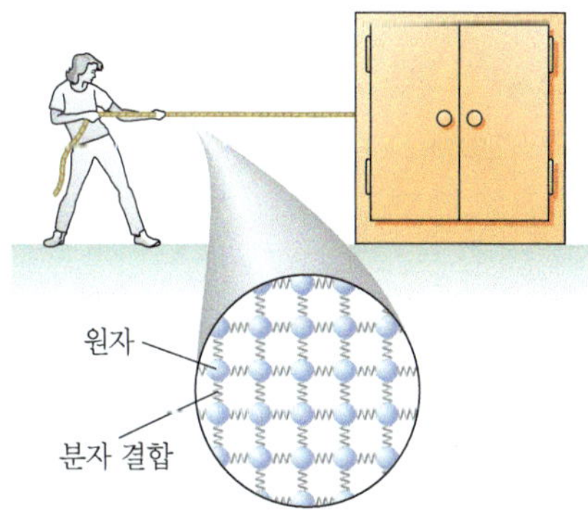

원자 수준의 관점에서 본 장력은 수많은 원자로 구성된 **거시적인**(macroscopic) 물체의 특성과 거동을 이해할 수 있는 미시적인 **원자 모형**이라는 새로운 개념을 소개한다. 이와 같은 원자 모형은 앞으로 관측되는 현상들을 깊이 있게 설명하기 위해 자주 사용될 것이다.

장력의 원자 모형은 줄이나 실의 기본적인 특성 중의 하나를 설명하는 데 큰 도움을 준다. 무거운 상자에 묶인 줄을 당기면, 줄은 상자에 장력을 작용한다. 줄을 더 세게 당길수록 상자에 작용하는 장력은 점점 커진다. 사람이 줄의 한쪽 끝을 힘껏 당기고 있다는 사실을 상자가 어떻게 "알까?" 원자 모형에 의하면, 줄을 세게 잡아당길수록 줄 내부의 분자 용수철은 더욱 팽팽해진다. 그 결과, 분자 용수철의 용수철 힘이 줄을 구성하는 원자들 사이에 전달되면서 최종적으로 상자에게 장력을 작용하게 된다.

수직 항력

만약 여러분이 침대 위에 앉아 있다고 하면, 침대 매트리스의 용수철은 압축되고, 그 결과 용수철은 여러분에게 위로 향하는 힘을 작용할 것이다. 뻣뻣한 용수철일수록 압축이 적게 일어나지만 여전히 침대 위의 사람에게 위로 향하는 힘을 작용한다. 뻣뻣함이 아주 큰 용수철일지라도 정교한 계측장비로 압축 정도를 측정할 수 있다. 용수철이 아무리 적게 압축되었다 하더라도 용수철은 위로 힘을 작용한다.

그림 4.9 탁자에 작용하는 힘의 원자 모형

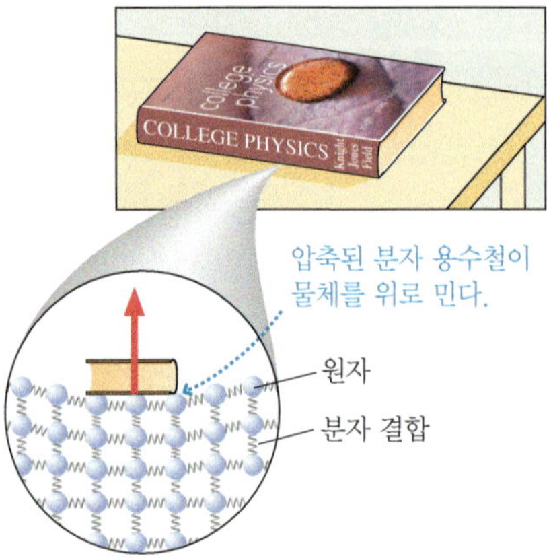

그림 4.9는 튼튼한 탁자 위에 놓인 책을 보여준다. 눈으로 보기에 탁자는 처짐이 없어 보이지만 침대의 경우와 마찬가지로 책이 탁자의 분자 용수철을 압축시킨다. 압축은 매우 작은 크기지만 없는 것은 아니다. 따라서 압축된 분자 용수철은 책에 위 방향으로 미는 힘을 작용한다. '탁자'가 위 방향의 미는 힘을 작용한다고 하지만 사실은 물체 내부의 분자 용수철이 힘을 작용하는 것으로 이해하는 것이 중요하다. 마찬가지로, 바닥에 놓인 물체는 바닥을 이루고 있는 분자 용수철을 압축하며, 그 결과 바닥이 물체를 밀게 된다.

이러한 개념을 더욱 확장해서 생각해보자. **그림 4.10**과 같이 여러분이 벽에 손을 대고 기대어 있다고 가정하자. 벽이 손에 힘을 작용할까? 벽에 기대고 있으므로 손이 벽 내부의 분자 용수철을 압축시키며, 그 결과 벽은 손을 밀게 된다. 따라서 질문에 대한 답은 '그렇다'이며, 벽은 여러분에게 힘을 작용한다. 여러분의 손바닥을 자세히 살펴보면 더 쉽게 이해된다. 즉, 벽을 미는 손바닥은 약간 눌린 상태가 되는데, 벽을 더 세게 밀수록 손바닥이 더욱 눌리는 것을 쉽게 볼 수 있다. 이런 눌림 현상은 벽이 손에 힘을 작용하고 있다는 직접적인 증거이다. 벽이 갑자기 사라지면 어떤 일이 생길까 생각해보자. 여러분을 밀던 벽이 없어지면 여러분은 곧바로 앞으로 넘어지게 될 것이다.

그림 4.10 벽이 손을 밖으로 밀어낸다.

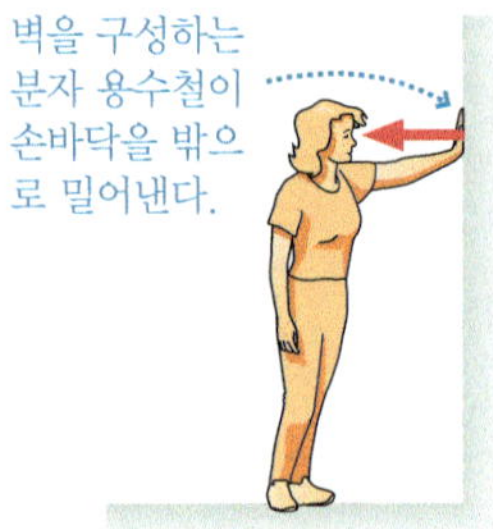

탁자 표면이 가하는 힘은 수직 방향이고, 벽이 가하는 힘은 수평 방향이다. 어떤 경우이든, 물체에 가해지는 힘은 표면을 누르는 방향에 수직인 방향으로 작용한다. 표면을 누르는 물체에 대해, 표면이 물체에 작용하는 힘을 **수직 항력**(normal force)이라고 정의하며, $\vec{n}$으로 표시한다.

여기서 '수직(normal)'이라는 단어는 힘이 '정상적(ordinary)'임을 의미하거나 '비정상적인 힘(abnormal force)'과 구별하기 위해 사용되는 것이 아니다. 표면을 이루는 분자 용수철이 밖을 향해 밀기 때문에 수직 항력은 표면에 수직으로 작용한다. **그림 4.11**은 경사진 표면에 있는 물체의 일반적인 상황을 보여준다. 수직 항력 $\vec{n}$이 어떻게 표면에 수직으로 작용하는지 알아보자.

그림 4.11 수직 항력은 표면에 수직이다.

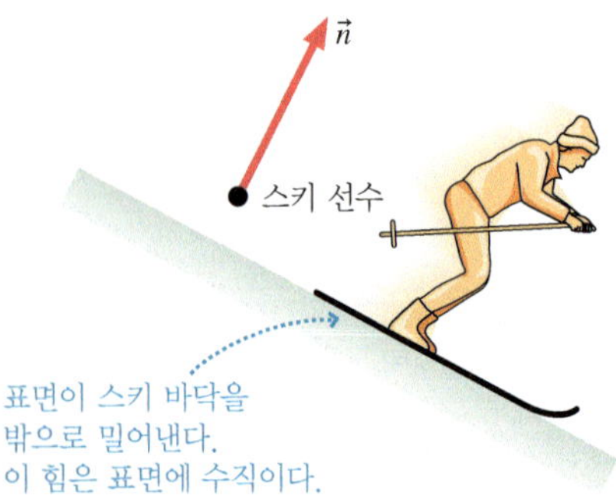

수직 항력은 분자 결합을 실제로 누름으로써 나타나는 매우 실제적인 힘이다. 수직 항력은 본질적으로 용수철 힘으로, 미시적인 수많은 분자 용수철이 한꺼번에 작용하는 힘이다. 수직 항력은 고체의 '견고함(solidness)'을 유지하는 역할을 한다. 이 견고함 때문에 의자에 앉을 때 의자가 견디고 문에 머리를 부딪쳤을 때 머리에 혹이 나서 아픈 것이다. 문에 부딪히고 아픔을 느끼는 것은 바로 수직 항력이 실제 힘임을 말해준다.

마찰력

외부에서 미는 힘이 없이 구르거나 미끄러지는 물체는 속력이 서서히 줄다가 결국에는 멈춰서는 것을 알 수 있다. 또한 아스팔트길보다는 얼음판 위에서 더 잘 미끄러지는 것도 알고 있다. 그리고 탁자 위에 놓인 대부분의 물체는 탁자가 조금 기울어지더라도 미끄러지지 않고 제자리를 유지한다는 것도 알고 있다. 이런 종류의 특성을 나타내는 힘을 **마찰력**(friction)이라 하고, $\vec{f}$로 표현한다.

수직 항력과 마찬가지로 마찰력도 표면에서 작용한다. 하지만 표면에 수직인 수직 항력과는 달리, **마찰력은 항상 표면과 평행하다.** 많은 경우 표면은 수직 항력과 마찰력을 동시에 작용한다. 미시적 관점에서 보면, 마찰력은 힘을 받는 물체의 구성 원자와 표면을 이루는 원자 사이의 상호작용으로 나타난다. 표면이 거칠수록 물체와 표면의 원자들은 더욱 근접하게 되고, 그 결과 마찰력이 커지게 된다. 다음 장에서 마찰력의 간단한 모형을 살펴보기 전에 이 장에서는 두 종류의 마찰력을 구분하는 데 중점을 둔다.

- $\vec{f}_k$로 표현되는 **운동 마찰력**(kinetic friction)은 표면에서 미끄러지는 물체에 작용한다. 미끄러지는 물체에 작용하는 운동 마찰력 $\vec{f}_k$는 항상 물체의 움직임에 반대인 방향을 가리키는, '운동을 방해하는' 힘이다.
- $\vec{f}_s$로 표현되는 **정지 마찰력**(static friction)은 물체가 표면에 계속 '정지'하도록 작용하며, 표면에 대한 상대적인 운동을 방해하는 힘이다. $\vec{f}_s$의 방향을 찾는 것은 $\vec{f}_k$의 방향을 찾는 것보다 조금 더 복잡하다. 정지 마찰력의 방향은 마찰이 없을 때 물체의 움직임이 예측되는 방향과 반대방향이다. 즉, 정지 마찰력의 방향은 물체의 운동을 방해하는 데 필요한 방향이다.

그림 4.12는 운동 마찰력과 정지 마찰력의 예를 보여준다.

그림 4.12 운동 마찰력과 정지 마찰력은 표면과 평행하다.

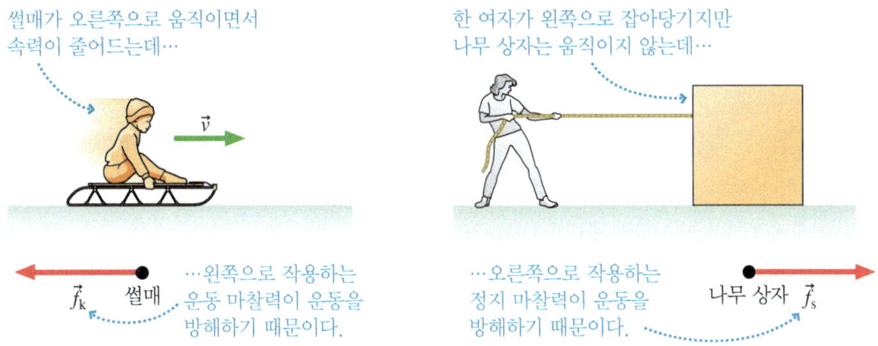

끌림힘

표면에서의 마찰력은 운동을 방해하거나 저항하는 **저항력**의 한 가지 예이다. 저항력은 물체가 기체(공기)나 액체(물)와 같은 **유체**를 통과하여 움직일 때에도 받게 되는

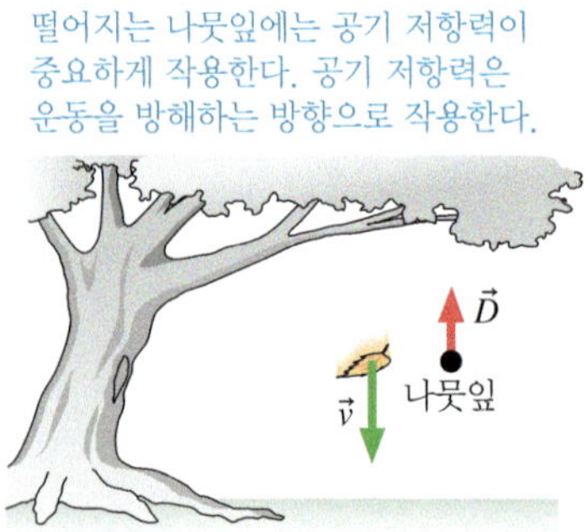

그림 4.13 공기 저항력은 끌림힘의 한 예이다.

힘이다. 이와 같이 유체가 움직이는 물체에 작용하는 힘을 **끌림힘**(drag)이라고 하며 $\vec{D}$로 표시한다. 운동 마찰력과 마찬가지로 **끌림힘은 운동을 방해하는 방향으로 작용한다. 그림 4.13**은 끌림힘의 한 예이다.

매우 빠른 속력으로 움직이거나 밀도가 큰 유체 내에서 움직이는 물체에는 매우 큰 끌림힘이 작용한다. 달리는 차 안에서 손을 창밖으로 내밀어서 공기가 손을 얼마나 강하게 미는가를 느껴보라. 또 자동차의 속력이 증가할수록 손에 작용하는 공기 저항력이 얼마나 빨리 증가하는지 느껴보라. 작고 가벼운 구슬을 물이 담긴 비커에 떨어뜨린 후, 구슬이 비커 바닥에 얼마나 천천히 가라앉는지 살펴보아라. 구슬에 대한 물의 끌림힘이 큰 것을 알 수 있을 것이다.

반면에, 무겁고 속이 꽉 찬 물체가 공기 중에서 천천히 움직일 때, 공기 저항에 의한 끌림힘은 매우 작게 된다. 가능하면 문제를 간단히 만들기 위해, **모든 문제에서 공기 저항을 고려하라는 말이 없으면 공기 저항력을 무시한다.** 이런 근사에 의한 계산 오차는 일반적으로 무시할 수 있을 만큼 작다.

추력

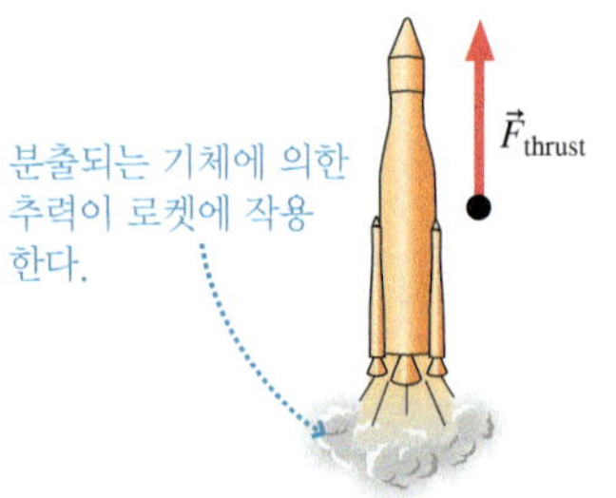

그림 4.14 로켓의 추력은 분출되는 기체의 방향에 반대방향이다.

그림 4.14의 로켓에서와 마찬가지로 제트기는 앞으로 추진시키는 힘을 가지고 있다. 이러한 힘을 **추력**(thrust)이라고 하며, 제트기와 로켓처럼 기체 분자를 고속으로 분출시킬 때 나타난다. 추력은 분출되는 기체 분자들이 엔진을 미는 힘의 원인이 되는 접촉힘이다. 추력이 발생하는 과정은 다소 미묘하며, 이번 장의 마지막에 소개할 뉴턴의 제3법칙에 대한 이해를 필요로 한다. 여기에서는 단지 **추력은 기체가 분출되는 방향과 반대방향으로 작용하는 힘**이라고 이해하면 된다. 추력에 대한 특별한 표기법이 없으므로 $\vec{F}_{\text{thrust}}$이라고 표시하자.

◀ **로켓 과학만 있는 게 아니다.** BIO 로켓만이 아니라 많은 동물들도 추력을 이용해 앞으로 나간다. 가리비(scallop)는 발과 지느러미가 없는 갑각류이지만 제트 추진 방식을 이용해서 포식자로부터 탈출하거나 새로운 영토로 이동할 수 있다. 가리비는 껍질 뒷부분에서 물을 강하게 분출하여 자신을 앞으로 이동하게 하는 추력을 얻는다.

전기력과 자기력

중력과 마찬가지로 전기력과 자기력은 장거리힘이다. 전기력과 자기력은 전하를 띤 입자에 작용한다. 전기력과 자기력은 Ⅵ부에서 자세히 다룰 것이다. 두 힘뿐만 아니라 나중에 배우게 될 핵 내부에서 작용하는 힘은 이후 여러 장에서 다루게 될 동역학 문제들에 있어서 중요하지 않다.

4.3 힘 파악하기

전형적인 물리학 문제는 여러 방향으로 미는 힘 또는 당기는 힘이 작용하고 있는 물체를 기술하는 것이다. 어떤 힘들은 명확하게 주어지지만, 어떤 힘들은 암시적으로 주어진다. 문제를 풀기 위해서는 물체에 작용하는 모든 힘들을 명확하게 파악해야 한다. 또한 실제로 존재하지 않는 힘을 포함시키지 않도록 주의해야 한다. 지금까지 힘의 특성과 전형적인 힘들을 소개했으므로 문제에서 각각의 힘을 확인하는 단계적 방법을 만들 수 있다. 이후 여러 장에서 다루게 될 대표적인 힘들이 표 4.1에 주어져 있다.

수업 영상

풀이 전략 4.2 힘 파악

❶ **고려할 물체를 확인한다.** 이 물체는 우리가 운동을 알아보려고 하는 물체이다.

❷ **상황을 그림으로 그린다.** 고려할 물체뿐만 아니라 이 물체와 접촉한 줄, 용수철, 표면과 같은 모든 물체를 함께 나타낸다.

❸ **고려할 물체 주위에 폐곡선을 그린다.** 고려할 물체만 폐곡선 안에 그리고 나머지 물체는 밖에 나타내도록 한다.

❹ **고려할 물체와 나머지 물체가 접촉하고 있는 모든 지점을 곡선 위에 표시한다.** 이렇게 표시된 점들에서 접촉힘이 물체에 작용한다.

❺ **물체에 작용하는 각 접촉힘의 명칭을 정한다.** 접촉점에 한 개 이상의 접촉힘이 작용한다. 필요하다면 첨자를 사용하여 같은 종류의 힘들을 구별한다.

❻ **물체에 작용하는 각 장거리힘의 명칭을 정한다.** 지금까지의 유일한 장거리힘은 무게뿐이다.

표 4.1 대표적인 힘과 표기법

힘	표기법
일반적인 힘	$\vec{F}$
무게	$\vec{w}$
용수철 힘	$\vec{F}_{sp}$
장력	$\vec{T}$
수직 항력	$\vec{n}$
정지 마찰력	$\vec{f}_s$
운동 마찰력	$\vec{f}_k$
끌림힘	$\vec{D}$
추력	$\vec{F}_{thrust}$

개념형 예제 4.1 **번지점프 하는 사람에게 작용하는 힘**

번지점프 하는 사람이 다리에서 뛰어내려서 바닥에 가까이 내려왔다. 이 사람에게 어떤 힘들이 작용하고 있는가?

판단

그림 4.15 번지점프 하는 사람에게 작용하는 힘

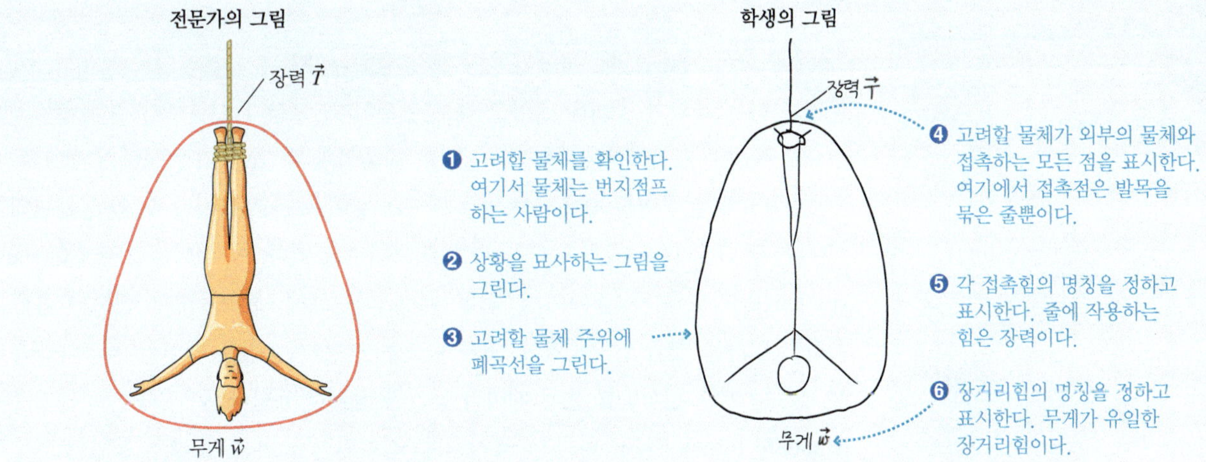

개념형 예제 4.2 **스키 선수에게 작용하는 힘**

두 줄이 스키 선수를 눈 덮인 언덕 위로 끌어 올리고 있다. 스키 선수에게 어떤 힘들이 작용하고 있는가?

판단 **그림 4.16** 스키 선수에게 작용하는 힘

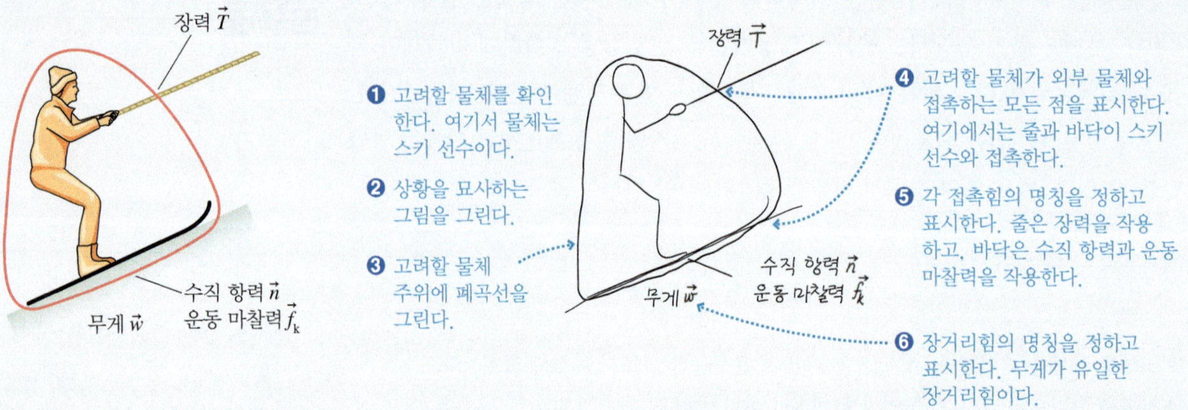

개념형 예제 4.3 **로켓에 작용하는 힘**

로켓을 공중으로 높이 발사한다. 공기 저항력을 무시하지 않을 경우 로켓에 어떤 힘이 작용하고 있는가?

판단 **그림 4.17** 로켓에 작용하는 힘

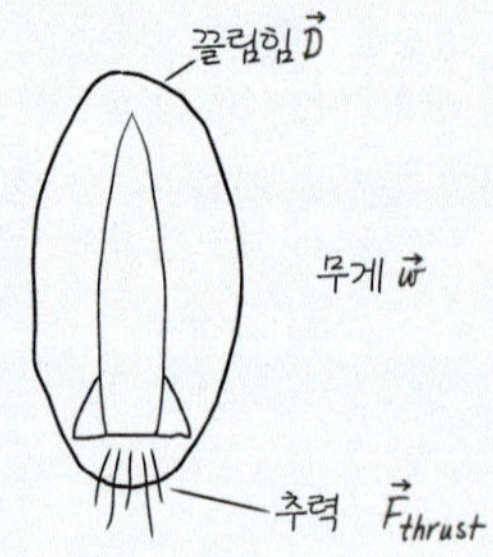

그림 4.18 재생 가능한 힘

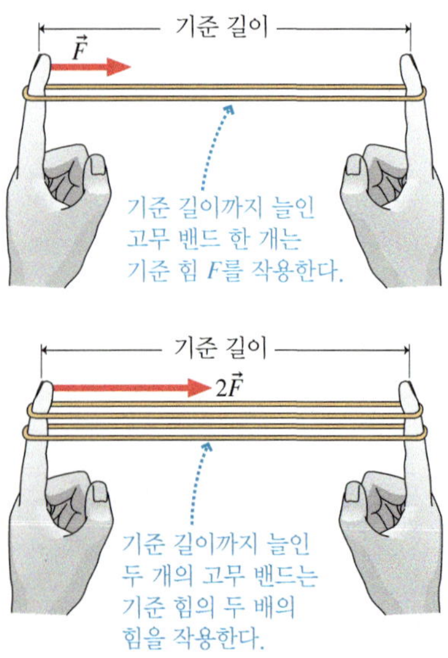

4.4 힘은 무슨 일을 하는가?

"물체에 힘이 가해질 때, 물체가 어떻게 운동하는가?"는 근본적인 질문이다. 이 질문에 답하는 유일한 방법은 실험을 해보는 것이다. 그러나 실험하기 위해서는, 반복적으로 동일한 힘을 가하는 방법과 실험이 되풀이될 수 있는 기준 물체가 필요하다.

그림 4.18은 손가락을 사용하여 고무 밴드의 길이를 자로 측정할 수 있을 정도의 길이(예를 들어, 10 cm)만큼 늘이는 방법을 보여주고 있다. 이 길이를 **기준 길이**(standard length)라고 하자. 손가락이 당겨지는 느낌을 통해 늘어난 고무 밴드가 힘을 작용하고 있다는 것을 알 수 있다. 고무 밴드가 작용하는 힘은 재현성이 있다. 즉, 고무 밴드는 기준 길이만큼 늘일 때마다 동일한 힘을 작용한다. 이 힘의 크기를 **기준 힘**(standard force) F라고 하자. 각각이 기준 길이만큼 늘어난 두 개의 동일한 고무 밴드는 한 개의 고무 밴드보다 두 배의 힘을 작용하고, 세 개, 네 개, …의 고무 밴드는

세 배, 네 배, …의 힘을 작용한다.

힘을 받는 여러 개의 동일한 기준 물체도 필요하다. 1장에서 배웠듯이, 질량의 SI 단위는 킬로그램(kg)이다. 각각의 질량이 1 kg인 여러 개의 기준 물체의 복제품을 준비하자.

이제 가상 실험을 시작해보자. 우선 1 kg의 벽돌을 마찰이 없는 표면에 놓는다(실제 실험에서는 벽돌을 에어쿠션으로 띄워 마찰을 거의 제거할 수 있다). 다음은 고무 밴드를 벽돌에 묶은 다음, 고무 밴드를 기준 길이만큼 늘인다. 그러면 벽돌은 손가락이 느끼는 것과 동일한 힘을 느낄 것이다. 벽돌이 움직이기 시작할 때, 당기는 힘을 일정하게 유지하기 위하여 고무 밴드의 기준 길이가 일정하게 유지되면서 일정한 힘이 작용하도록 손을 움직인다. **그림 4.19**는 실험이 수행되는 것을 보여준다. 벽돌의 운동이 끝나고 나면, 운동 도형과 운동학을 사용하여 벽돌의 운동을 분석할 수 있다.

그림 4.19 일정한 힘으로 당겨지고 있는 1kg의 벽돌 운동 측정

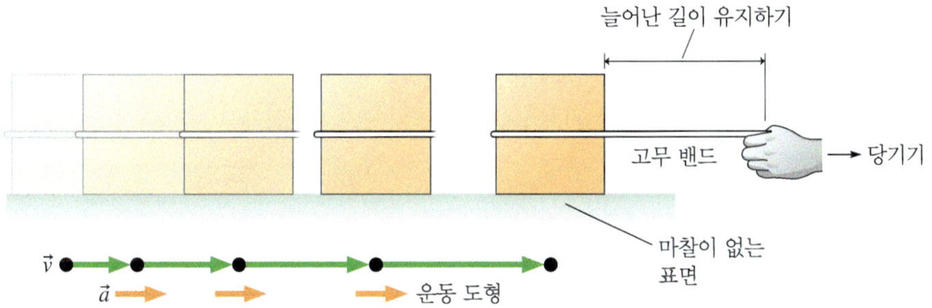

그림 4.19의 운동 도형을 보면 벽돌의 속도 벡터가 점점 길어지며 속도가 증가하고 있다. 즉, 벽돌은 가속되고 있다. 더구나 운동 도형을 주의 깊게 보면 가속도 벡터가 일정하다는 것을 알 수 있다. 이것이 이 실험에서 발견한 중요한 첫째 결과이다. **일정한 힘으로 당겨지는 물체는 일정한 가속도로 운동한다.** 이러한 발견은 미리 예측하기 힘든 면이 있다. 사실 물체가 잠시 동안 속력이 증가하다가 일정한 속력으로 움직인다고 상상하기가 더 쉽다. 아니면 속력은 증가하지만, 속력이 증가하는 **정도**, 즉 가속도가 감소할 것이라고 예측하기가 더 쉽다. 그러나 이러한 예측은 실제 관측되는 현상과 다르다. 실제로는 일정한 힘이 가해지는 한 물체는 **일정한 가속도로** 운동한다. 이것을 고무 밴드 한 개에 의해 당겨진 벽돌 한 개의 가속도 a_1이라고 하자.

그림 4.20 가속도–힘 그래프

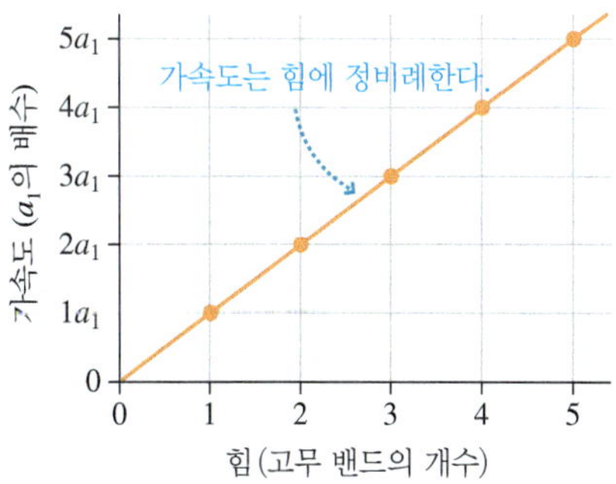

고무 밴드의 수를 늘려 같은 실험을 하면 어떤 일이 발생할까? 먼저 2개의 고무 밴드일 경우를 살펴보자. 힘이 $2F$가 되도록 두 고무 밴드를 기준 길이만큼 늘인 후 가속도를 측정해보자. 고무 밴드의 개수를 증가시키면서 가속도를 측정한 결과는 **그림 4.20**에서 보는 그래프와 같다. 힘은 독립 변수이므로 가로축에 놓고 가속도–힘 그래프를 그렸다. 그래프로부터 **가속도는 힘에 정비례한다**는 중요한 둘째 결과를 얻는다.

가상 실험의 마지막 질문은 물체의 가속도가 물체의 질량과 어떤 관계가 있는가 하는 것이다. 이 질문에 답하기 위해 1 kg인 벽돌 2개를 붙여 2 kg의 벽돌을 만든다.

그림 4.21 가속도-벽돌 수 그래프

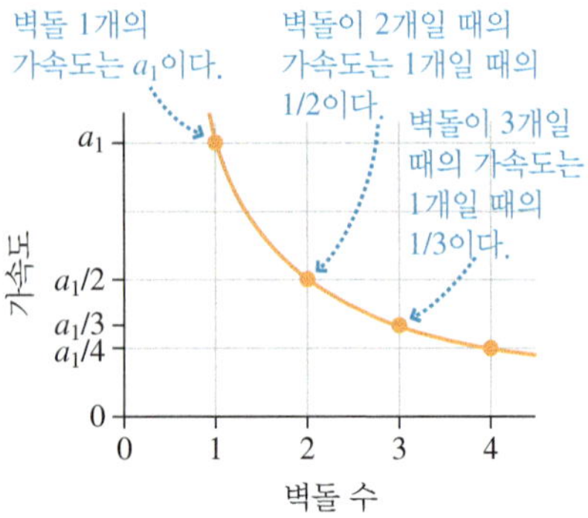

이 벽돌에 고무 밴드 하나로 1 kg의 벽돌 1개에 가했던 힘과 같은 힘을 작용해보자. **그림 4.21**에서 보는 바와 같이 가속도는 벽돌 1개였을 때의 절반이 된다. 1 kg의 벽돌 3개를 붙여 만든 3 kg 벽돌의 가속도를 측정해보면 가속도가 1/3의 크기로 줄어들게 된다. 일반적으로 가속도는 물체의 질량에 반비례한다. 따라서 **가속도는 물체의 질량에 반비례한다**는 중요한 셋째 결과를 얻는다.

반비례

한 물리량이 다른 물리량의 역수에 비례한다면, 두 물리량은 서로 **반비례**한다고 한다. 수학적으로는 다음을 의미한다.

$$y = \frac{A}{x}$$

y는 x에 반비례한다.

여기서, A는 비례 상수이다. 때로는 이 관계를 $y \propto 1/x$로 표현한다.

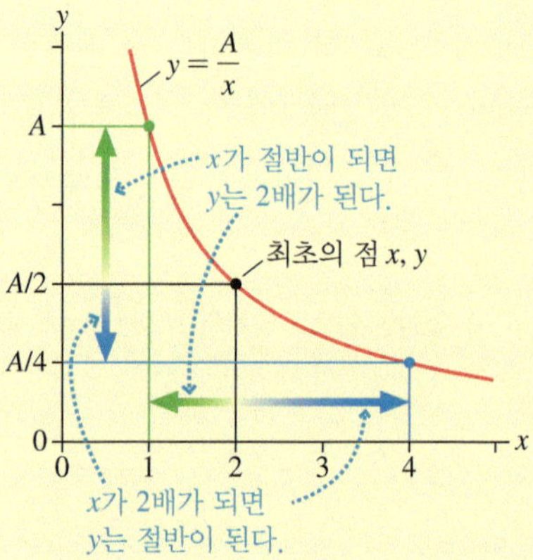

축척 ■ x값이 2배가 되면, y값은 절반이 된다.
■ x값이 3배가 되면, y값은 1/3배가 된다.
■ x값이 절반이 되면, y값은 2배가 된다.
■ x값이 1/3배가 되면, y값은 3배가 된다.

비율 임의의 x_1과 x_2에 대해

$$y_1 = \frac{A}{x_1}, \qquad y_2 = \frac{A}{x_2}$$

가 성립할 때, y_1을 y_2로 나누면

$$\frac{y_1}{y_2} = \frac{A/x_1}{A/x_2} = \frac{A}{x_1}\frac{x_2}{A} = \frac{x_2}{x_1}$$

가 된다. 즉, y값들의 비율은 그에 대응하는 x값들의 비율의 역수가 된다.

극한 ■ x값들이 매우 커지면, y값들은 0에 수렴한다.
■ x값들이 0에 가까워지면, y값들은 매우 커진다.

밀어서 자전거를 굴리는 것보다 자동차를 굴리는 것이 더 어렵고, 스케이트보드를 정지시키는 것보다 채소를 가득 실은 수레를 정지시키는 것이 더 어렵다는 것을 잘 알고 있을 것이다. 이처럼 속도 변화에 대해 저항하는(즉, 속력의 증가 또는 감소에 저항하는) 경향을 **관성**(inertia)이라고 한다. 따라서 질량이 큰 물체일수록 관성이 크다고 할 수 있다.

◀ **차이 느끼기** 보통의 탄산음료 캔에는 다이어트 음료 캔보다 설탕이 많이 포함되어 있기 때문에 질량이 4% 정도 더 크다. 양손에 두 음료 캔을 들고 어느 것의 질량이 더 큰가를 판단하는 것은 쉽지 않다. 그러나 음료를 들고 손을 위아래로 흔들어 움직여 보면 그 차이를 알 수 있는데, 그 이유는 질량에 의한 무게 자체보다는 질량이 물체의 가속을 방해하는 정도를 더 쉽게 알 수 있기 때문이다.

예제 4.4 벽돌의 질량 구하기

고무 밴드를 이용해서 일정한 힘으로 1 kg의 벽돌을 잡아당길 때, 벽돌의 가속도가 3.0 m/s^{2}으로 측정되었다. 같은 고무 밴드를 이용해서 질량을 모르는 벽돌에 동일한 힘을 작용하였더니 벽돌의 가속도가 5.0 m/s^{2}이 되었다. 벽돌의 질량은 얼마인가?

준비 벽돌의 가속도는 질량에 반비례한다.

풀이 반비례 관계식을 이용해서 문제를 풀면

$$\frac{3.0\ \text{m/s}^2}{5.0\ \text{m/s}^2} = \frac{m}{1.0\ \text{kg}}$$

를 얻는다. 이로부터 질량을 구하면

$$m = \frac{3.0\ \text{m/s}^2}{5.0\ \text{m/s}^2} \times (1.0\ \text{kg}) = 0.60\ \text{kg}$$

이다.

검토 동일한 힘이 작용할 때, 질량을 모르는 벽돌의 가속도가 1 kg의 벽돌의 가속도보다 크다. 그러므로 가속도에 대한 저항을 나타내는 질량은 1 kg보다 작은 것이 타당하다.

수업 영상

4.5 뉴턴의 제2법칙

수업 영상 영상 학습 데모

앞의 실험 결과를 정리해보자. **힘이 물체를 가속시키는 원인**이라는 것을 살펴보았다. **가속도 a는 힘 F에 정비례하고 질량 m에 반비례한다**. 이 관계를 식으로 표현하면 다음과 같다.

$$a = \frac{F}{m} \tag{4.2}$$

힘의 크기가 2배가 되면 가속도 a는 2배가 되고, 질량 m이 3배가 되면 가속도는 1/3로 줄어든다는 것을 실험적으로 확인해보았다.

식 (4.2)는 물체의 가속도 크기가 물체의 질량과 물체에 작용한 힘으로 표현될 수 있음을 보여준다. 이 식은 가속도의 **방향**은 힘의 방향과 같다는 또 다른 중요한 내용을 포함하고 있다. 이 모든 내용을 포함해서 식 (4.2)를 벡터 형태로 쓰면 다음과 같다.

$$\vec{a} = \frac{\vec{F}}{m} \tag{4.3}$$

영상 학습 데모

마지막으로, 앞의 실험은 한 방향으로만 작용하는 하나의 힘에 대한 물체의 반응에 국한되었다. 현실적으로는 물체가 여러 방향으로 작용하는 여러 개의 힘 $\vec{F}_1, \vec{F}_2, \vec{F}_3, \cdots$을 받는 상황에 놓이는 것이 더 일반적이다. 이런 상황에서는 어떤 일이 일어날 것인가? 한 물체의 가속도는 그 물체에 작용하는 알짜힘에 의해 결정되며, 그림 4.4와 식 (4.1)로부터, 알짜힘은 물체에 작용하는 모든 힘의 벡터합이라는 사실을 상기하자. 그러면 여러 힘이 작용할 때에는 식 (4.4)와 같이 알짜힘을 적용하여 문제를 풀어야 한다.

힘과 운동 사이의 이러한 관계에 대해 처음으로 인식한 사람은 뉴턴이었다. 오늘날 그 관계식은 뉴턴의 제2법칙으로 알려져 있다.

영상 학습 데모

뉴턴의 제2법칙 질량 m인 물체에 여러 개의 힘 $\vec{F}_1, \vec{F}_2, \vec{F}_3, \cdots$ 이 작용할 때, 물체의 가속도 $\vec{a}$는 다음과 같이 주어진다.

$$\vec{a} = \frac{\vec{F}_{\text{net}}}{m} \tag{4.4}$$

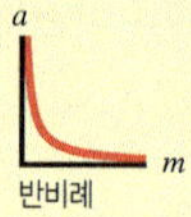

여기서 알짜힘 $\vec{F}_{\text{net}} = \vec{F}_1 + \vec{F}_2 + \vec{F}_3 + \cdots$ 은 물체에 작용하는 모든 힘의 벡터합이다. **가속도 벡터 $\vec{a}$의 방향은 알짜힘 벡터 $\vec{F}_{\text{net}}$의 방향과 같다.**

어떤 관계식들은 특수한 상황에서만 적용되는 반면, 어떤 관계식들은 모든 상황에서 적용되는 것으로 보인다. 언제 어떤 상황에서든 항상 적용되는 식들을 '자연의 법칙'이라고 한다. 뉴턴의 제2법칙은 자연의 법칙이며, 계속해서 이 교재에서 다룰 것이다.

뉴턴의 제2법칙은

$$\vec{F}_{\text{net}} = m\vec{a} \tag{4.5}$$

의 형태로도 쓸 수 있는데, 이 식은 여러 물리책에서 뉴턴의 제2법칙으로 표현되고 있으며 실제로 사용되는 식이다. 식 (4.4)와 (4.5)는 수학적으로 동등한 표현이지만, 물체에 작용한 힘은 물체를 가속시키는 원인이며 가속도는 알짜힘의 방향과 같다는 뉴턴 역학의 핵심을 더 잘 기술하는 것은 식 (4.4)이다.

◀ **크기가 중요한가?** 경주용 자동차 선수인 다니카 패트릭은 45 kg에 불과한 몸무게 때문에 몸무게가 무거운 다른 선수들보다 유리하다는 항의를 받았다. 모든 자동차는 질량이 같지만, 패트릭이 탄 자동차의 총 질량은 다른 선수들이 탄 자동차의 총 질량보다 작기 때문에 패트릭의 자동차가 더 큰 가속도를 낼 수 있다고 예상되었기 때문이다.

개념형 예제 4.5 **바람에 날아가는 농구공의 가속도**

정지해 있던 농구공을 오른쪽으로 부는 강한 바람 속에서 놓는다. 농구공은 어느 방향으로 가속되는가?

판단 바람은 공기의 운동이다. 공기가 농구공에 대해 **오른쪽으로** 움직인다면, 농구공은 공기에 대해 **왼쪽으로** 움직이므로 공기에 대한 농구공의 속도에 반대방향인 오른쪽으로 끌림힘이 생긴다. 따라서 그림 4.22(a)에서 보는 것처럼 농구공에는 두 힘이 작용한다. 즉, 무게 $\vec{w}$는 아래쪽을 향하고, 끌림힘 $\vec{D}$는 오른쪽을 향한다. 뉴턴의 제2법칙에 의하면, 가속도 방향은 알짜힘 $\vec{F}_{\text{net}}$의 방향과 같다. 그림 4.22(b)에 $\vec{w}$와 $\vec{D}$의 벡터합인 $\vec{F}_{\text{net}}$를 작도법을 이용해서 나타내었다. 따라서 $\vec{F}_{\text{net}}$와 $\vec{a}$는 오른쪽 아래로 향하는 것을 알 수 있다.

그림 4.22 강한 바람 속에서 떨어지는 농구공

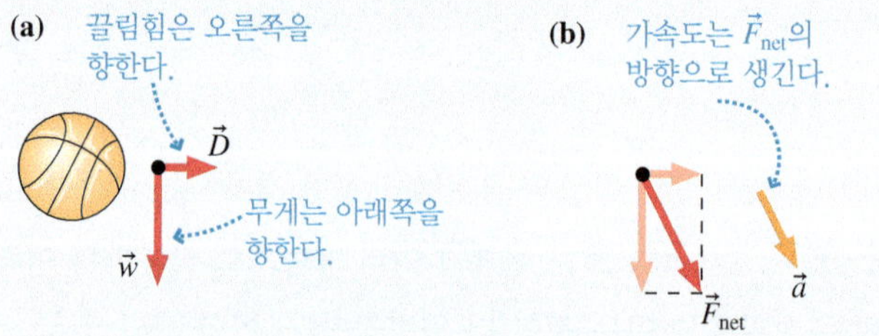

검토 이 결과는 일상 경험과 일치한다. 무게는 공을 아래로 당기고, 바람은 공을 오른쪽으로 민다. 그 결과 가속도는 오른쪽 아래를 향한다.

힘의 단위

$\vec{F}_{net} = m\vec{a}$에 의해서 힘의 단위는 질량 단위와 가속도 단위의 곱이 되어야 한다. 앞에서 질량의 SI 단위는 킬로그램으로 나타냈다. 그러므로 "1 kg의 질량을 $1 m/s^2$으로 가속시키는 힘"을 힘의 기본 단위로 정의할 수 있다. 이 힘은 뉴턴의 제2법칙으로부터

$$1\text{힘의 기본 단위} = (1\ \text{kg}) \times (1\ \text{m/s}^2) = 1\ \frac{\text{kg}\cdot\text{m}}{\text{s}^2}$$

이다. 힘의 기본 단위를 뉴턴(newton)이라 한다. **1뉴턴**은 1 kg의 질량을 $1\ m/s^2$으로 가속시키는 힘이다. 뉴턴을 줄인 것이 N이다. 수학적으로는 $1\ N = 1\ kg \cdot m/s^2$이 된다. 표 4.2는 대표적인 힘의 크기를 보여준다.

뉴턴(N)은 **유도** 단위인데, 이는 기본 단위인 kg, m, s로 정의되는 것을 의미한다.

영미식 단위로 힘의 단위는 **파운드**(pound, 줄여서 lb)이다. 파운드의 단위는 시대에 따라 변해왔지만, 오늘날에는

$$1\text{파운드} = 1\ \text{lb} = 4.45\ \text{N}$$

으로 정의한다. 보통 파운드를 뉴턴보다는 킬로그램과 연계시키려 한다. 일상생활에서 질량과 무게 개념을 혼동하는 경우가 있지만, 두 개념 사이의 차이를 명확히 할 필요가 있다. 이에 대해서는 다음 장에서 좀 더 다룰 것이다.

표 4.2 대표적인 힘들의 대략적인 크기

힘	대략적인 크기(N)
5센트짜리 미국 동전의 무게	0.05
설탕 1/4 컵의 무게	0.5
500그램 물체의 무게	5
보통 집고양이의 무게	50
50 킬로그램 사람의 몸무게	500
자동차의 추력	5000
작은 제트 엔진의 추력	50,000
견인차의 끄는 힘	500,000

예제 4.6 활주로 달리기

질량이 51,000 kg으로 가볍고 짧은 제트기인 보잉 737기가 정지해 있다. 조종사가 한 쌍의 제트 엔진을 진속력으로 작동시키면, 엔진의 추력으로 비행기가 활주로에서 가속된다. 940 m를 이동한 후 이륙 속도인 70 m/s에 도달한 비행기가 비행하기 시작할 때, 각 엔진의 추력은 얼마인가?

준비 비행기의 가속도가 일정하다고 가정하면(타당한 가정), 운동학을 이용하여 가속도 크기를 구할 수 있다. 이와 더불어 뉴턴의 제2법칙을 이용하여 가속도를 만든 추력을 구할 수 있다. **그림 4.23**은 비행기 운동의 개요도를 나타낸 것이다.

그림 4.23 가속하는 비행기의 개요도

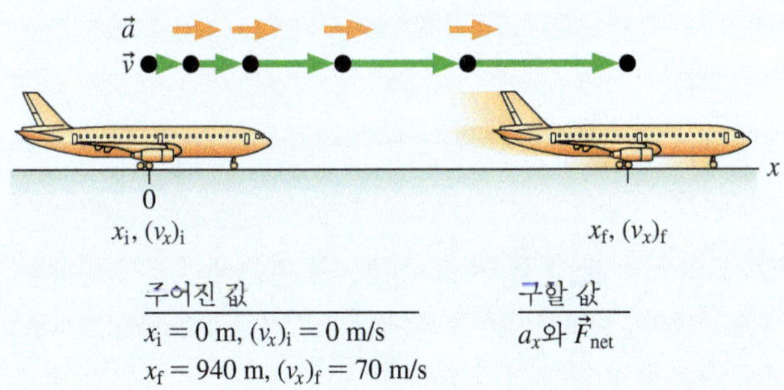

풀이 비행기가 이륙 속도에 도달하는 데 걸리는 시간이 얼마인지 알 수는 없지만 비행기가 940 m를 이동한 것은 알고 있다. 종합 2.1의 세 번째 등가속도 식을 이용하면 가속도를 구할 수 있다. 즉,

$$(v_x)_f^2 = (v_x)_i^2 + 2a_x \Delta x$$

변위는 $\Delta x = x_f - x_i = 940$ m이고, 초기 속도는 0이다. 이 식을 가속도에 대해 정리하면

$$a_x = \frac{(v_x)_f^2}{2\,\Delta x} = \frac{(70\ \text{m/s})^2}{2(940\ \text{m})} = 2.61\ \text{m/s}^2$$

이 된다. 뉴턴의 제2법칙에 의해, 추력은

$$F = ma_x = (51{,}000\ \text{kg})(2.61\ \text{m/s}^2) = 133{,}000\ \text{N}$$

이다. 따라서 엔진 하나의 추력은 67,000 N = 67 kN이다.

검토 비행기의 가속도가 $g/4$인 것은 타당성이 있다. 비행기가 속도감이 있기는 하지만 스릴 넘치는 정도는 아니다. 각 엔진의 추력에 대한 계산 값은 표 4.2에 주어진 값에 근접한다. 이것은 최종 결과가 물리적으로 타당하다는 확신을 준다.

4.6 자유 물체 도형

동역학 문제를 풀 때, 물체에 작용하는 힘들의 모든 정보를 **자유 물체 도형**(free-body diagram)이라 하는 하나의 그림에 모으는 것은 매우 유용한 방법이다. 자유 물체 도형이란 물체를 입자로 표현하고, 그 물체에 작용하는 **모든** 힘을 나타내는 그림이다. 정확한 자유 물체 도형을 그리는 것은 매우 중요한 기술이며, 이 기술은 다음 장에서 여러 가지 운동에 관한 문제를 푸는 데 가장 핵심이 되는 전략이 될 것이다.

풀이 전략 4.3 자유 물체 도형 그리기

❶ **물체에 작용하는 모든 힘을 확인한다.** 이 단계는 풀이 전략 4.2에서 설명되었다.
❷ **좌표계를 그린다.** 풀이 전략 2.2의 그림 그리기에서 정의된 좌표축을 사용한다. 좌표축이 빗면을 따라 기울어져 있다면, 자유 물체 도형의 축도 기울여서 그린다.
❸ **물체를 좌표계의 원점에 입자로 표시한다.** 이것이 입자 모형이다.
❹ **물체에 작용하는 각각의 힘을 그린다.** 이것은 풀이 전략 4.1에서 설명되었다. 각 힘 벡터의 표시를 확실히 한다.
❺ **알짜힘 벡터 $\vec{F}_{\text{net}}$를 표기한다.** 이 벡터는 입자에 표시하는 것이 아니라 도형 옆에 표시한다. 그리고 물체의 가속도 벡터 $\vec{a}$의 방향과 알짜힘 벡터 $\vec{F}_{\text{net}}$의 방향이 일치하는지 확인한다. 적당하다면 $\vec{F}_{\text{net}} = \vec{0}$도 적어 넣는다.

예제 4.7 승강기에 작용하는 힘

밧줄에 매달린 승강기가 1층으로부터 가속되면서 위로 움직인다. 승강기의 자유 물체 도형을 그리시오.

준비 승강기가 위로 올라가면서 속력이 증가하고 있는데, 이는 가속도가 위를 향하고 있음을 의미한다. 이 문제를 푸는 데 있어서는 가속도 방향을 아는 것만으로도 충분하다. **그림 4.24**는 풀이 전략 4.3에서 설명한 자유 물체 도형을 그리는 순서를 나타내고 있다. 가속도가 위를 향하는 방향이므로 $\vec{F}_{\text{net}}$의 방향도 위를 향하는 방향이어야 한다.

그림 4.24 위로 가속하는 승강기의 자유 물체 도형

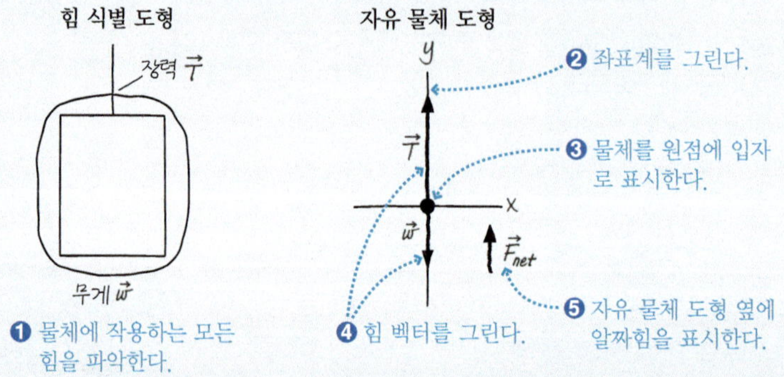

검토 그림을 살펴보고 이치에 맞는지 확인한다. 좌표계에서 y축은 물체의 운동 방향을 나타낸다. 알짜힘 $\vec{F}_{\text{net}}$는 위를 향한다. 이를 위해서는 장력 $\vec{T}$의 크기는 무게 $\vec{w}$의 크기보다 커야 한다. 그러므로 자유 물체 도형은 잘 그려졌다.

예제 4.8 이산화탄소 경주용 자동차에 작용하는 힘

어느 고등학교 학생들이 이산화탄소 용기로부터 얻는 추력에 의해 달릴 수 있는 경량 모델 자동차를 제작하였다. 학생들은 경주에 참가할 자동차의 마찰과 끌림힘을 최소화하기 위해 최선의 노력을 다하였다. 마찰력과 끌림힘은 추력에 비해 매우 작으므로 두 힘을 무시할 수 있다. 추진 실린더에 구멍이 뚫린 자동차가 정지 상태에서 출발하여 트랙을 따라 가속한다. 자동차에 대한 운동 도형, 힘 식별 도형, 자유 물체 도형을 나타내는 개요도를 그리시오.

준비 자동차를 입자로 취급할 수 있다. 개요도는 가속도 벡터 $\vec{a}$를 결정하는 운동 도형, 힘 식별 도형, 그리고 자유 물체 도형으로 구성된다. 마찰력과 끌림힘은 무시한다. 문제 풀이 전략 1.1을 이용하여 운동 도형을 그리고, 풀이 전략 4.2를 이용하여 입자에 작용하는 힘 식별 도형을 그리며, 풀이 전략 4.3을 이용하여 자유 물체 도형을 그린다. 이 세 가지 그림이 **그림 4.25**에 주어져 있다.

검토 운동 도형에 따르면 가속도 방향은 $+x$ 방향이다. 이는, 벡터 덧셈 규칙에 의하면 위를 향하는 $\vec{n}$과 아래를 향하는 $\vec{w}$의 크기가 같아서 서로 상쇄되어야만 성립된다. 이를 반영하여 벡터들을 그렸으며, 알짜힘 벡터의 방향은 가속도 방향과 일치하는 방향을 가리킨다.

그림 4.25 이산화탄소 경주 자동차의 개요도

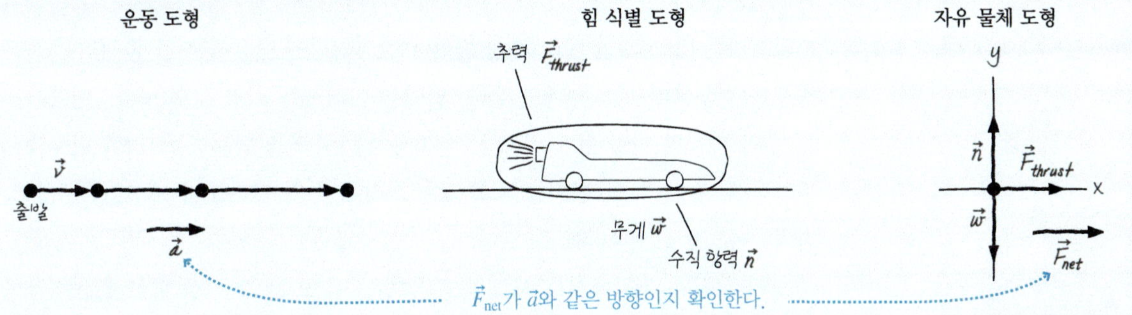

예제 4.9 끌려 올라가는 스키 선수에게 작용하는 힘

눈 덮인 언덕 위로 줄에 매달린 스키 선수가 일정한 속력으로 끌려가고 있다. 이 선수에 관한 개요도를 그리시오.

준비 이 문제는 예제 4.2에서 스키 선수가 일정한 속력으로 위로 향하고 있다는 정보가 추가된 문제이다. 눈 덮인 경사면을 x축으로 잡은 좌표계를 사용하여 운동학 문제를 다루고 있으므로, 자유 물체 도형에서도 같은 좌표계를 사용하자. 운동 도형과 힘 식별 도형, 그리고 자유 물체 도형에 대한 정답은 **그림 4.26**에 나타냈다.

검토 장력 $\vec{T}$는 경사면과 평행하고, 운동 방향에 반대인 운동 마찰

그림 4.26 일정한 속력으로 끌려 올라가는 스키 선수의 개요도

력 $\vec{f}_k$는 경사면의 아래를 향한다. 수직 항력 $\vec{n}$은 경사면에 수직인 y축 방향을 가리킨다. 마지막으로, 무게 $\vec{w}$는 $-y$축이 아니라 연직 아래 방향이라는 사실이 중요하다.

스키 선수가 일정한 속력으로 직선을 따라 운동하므로 $\vec{a} = \vec{0}$이다. 뉴턴의 제2법칙에 따라 $\vec{F}_{net} = m\vec{a} = \vec{0}$가 성립한다. 그러므로 힘의 합이 0이 되도록 힘 벡터들을 그렸다. 이와 관련해서는 5장에서 좀 더 자세히 배울 것이다.

자유 물체 도형은 이후 여러 장에서 중요한 도구로 사용될 것이다. 그러므로 이 장의 문제, 예제 등을 통해 익숙해져야 한다. 자유 물체 도형을 완벽하게 그릴 줄 알면 문제의 반 이상을 풀었다고 해도 과언이 아니다.

4.7 뉴턴의 제3법칙

그림 4.27 망치와 못은 서로가 서로에게 힘을 작용한다.

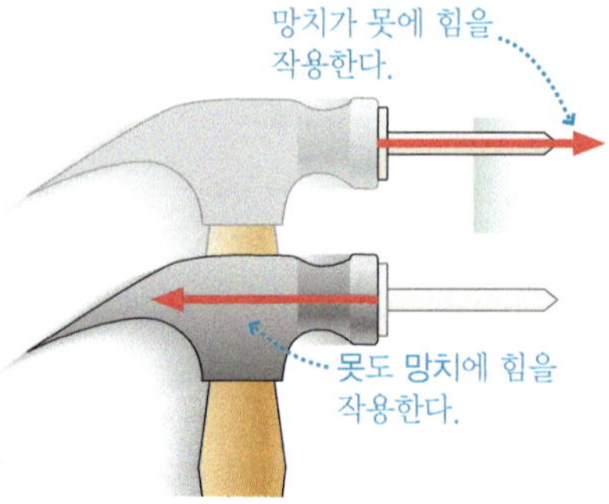

지금까지는 잘 정의된 여러 가지 힘이나 장거리힘에 대응하는 한 물체의 운동에 대해 집중적으로 살펴보았다. 예를 들어, 언덕을 내려가는 스키 선수는 바닥면에서 작용하는 수직 항력과 마찰력, 그리고 몸에 작용하는 중력을 받는다. 이러한 힘들을 정확히 파악하면, 뉴턴의 제2법칙을 적용하여 스키 선수의 가속도를 계산할 수 있고, 그에 따라 운동 전체를 파악할 수 있다.

그러나 실제 상황에서는 서로 **상호작용하는** 둘 또는 그 이상의 물체를 취급하는 상황이 나타난다. **그림 4.27**의 망치와 못을 생각해보자. 망치가 못을 치면 못도 망치를 뒤로 민다. 야구방망이와 야구공, 발과 축구공, 지구와 달은 상호작용하는 물체들의 또 다른 예이다. 이와 같이 상호작용하는 물체에 작용하는 힘 사이에 어떤 관계가 있는지 살펴볼 필요가 있다.

상호작용하는 물체

그림 4.27의 망치와 못을 다시 생각해보자. 분명히 망치가 못에 힘을 작용해서 못이 앞으로 움직이도록 한다. 동시에 못도 망치에 힘을 작용한다. 만약 이 말이 이해되지 않는다면, 유리망치로 못을 세게 박는다고 가정해보자. 못이 작용하는 힘 때문에 유리망치는 산산이 부서질 것이다.

물체 A가 물체 B를 밀거나 당길 때, 물체 B도 동시에 물체 A를 반대로 밀거나 당기게 된다. 만약 여러분이 서류함을 움직이기 위해 밀면, 서류함도 여러분을 뒤로 밀 것이다(여러분이 문에 기대어 서 있을 때 누군가 갑자기 문을 열면 여러분이 넘어지듯이, 만약 서류함이 여러분을 밀지 않는다면, 여러분도 앞으로 넘어지게 될 것이다). 여러분이 의자를 아래로 누르며 앉을 때, 동시에 의자도 여러분을 위로 밀어 올리는 힘을 작용하는데, 이 힘이 여러분이 떨어지지 않도록 유지시켜주는 수직 항력이다. 이와 같은 예들이 바로 상호작용이다. **상호작용**(interaction)은 두 물체가 서로가 서로에게 영향을 주는 것이다.

위의 예들은 두 물체의 상호작용에 포함되는 힘들은 항상 쌍으로 나타난다는 상호작용의 핵심 요소를 잘 설명해주고 있다. 좀 더 정확히 말하면, 물체 A가 물체 B에 힘 $\vec{F}_{A\to B}$를 가하면, 물체 B도 물체 A에 힘 $\vec{F}_{B\to A}$를 가하게 된다. **그림 4.28**에 보인 힘의 쌍을 **작용·반작용 쌍**(action/reaction pair)이라고 한다. 두 물체는 작용·반작용 쌍의 힘을 서로에게 가하며 상호작용한다. 힘 벡터의 첨자 표기 의미에 유의하라. 첨자의 첫 문자는 힘을 제공하는 **제공자**(agent)이고, 둘째 문자는 힘을 받는 **대상**(object)을 표시한다. 따라서 $\vec{F}_{A\to B}$라고 적으면 A가 B에게 작용하는 힘을 의미한다.

그림 4.28 힘의 작용·반작용 쌍

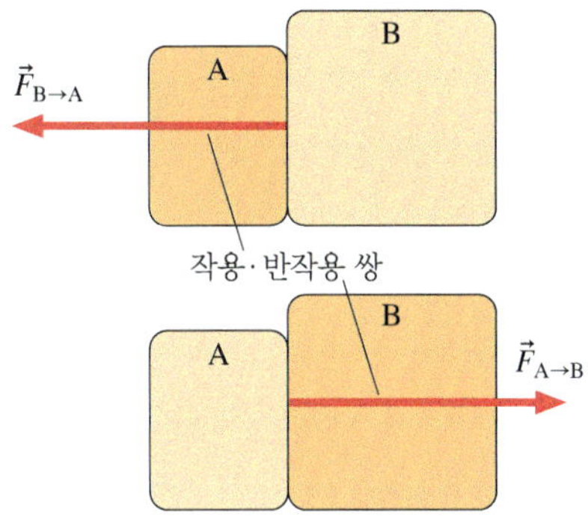

뉴턴의 제3법칙의 추론

두 물체는 항상 작용·반작용 쌍의 힘으로 상호작용한다. 작용·반작용 쌍의 힘이 어떻게 서로 연관되어 있는지를 처음 인지한 사람은 뉴턴으로, 오늘날 이것을 뉴턴의 제3법칙이라고 한다.

뉴턴의 제3법칙 모든 힘은 작용·반작용 쌍의 하나로 일어난다.

- 작용·반작용 쌍인 두 힘은 각각 **서로 다른 물체에** 작용한다.
- 작용·반작용 쌍인 두 힘은 서로 **반대방향**을 가리키고 **크기는 같다**.

영상 학습 데모

영상 학습 데모

때때로 뉴턴의 제3법칙을 "모든 작용에는 크기가 같고 방향이 반대인 반작용이 있다"고 설명한다. 이 표현은 외우기는 편하지만 부정확한 측면이 있다. 특히 이 표현은 작용·반작용 쌍이 **서로 다른 물체에** 작용한다는 근본적인 특성을 포함하지 않고 있다. 이 특성은 **그림 4.29**에 나타나 있는데, 못을 때리는 망치가 힘 $\vec{F}_{망치\to 못}$을 못에 작용하고 있을 때, 뉴턴의 제3법칙에 의해 못도 망치에 힘 $\vec{F}_{못\to 망치}$를 작용해야만 작용·반작용 쌍이 완성된다.

그림 4.29는 두 힘이 서로 **반대방향**을 가리키고 있다는 것도 잘 보여준다. 뉴턴의 제3법칙의 이 특성은 일상 경험과도 잘 맞아 떨어진다. 만약 망치로 못을 오른쪽으로 때리면, 못은 망치를 왼쪽으로 밀어낸다. 앉아 있는 의자가 여러분을 위로 밀어 올리면, 여러분이 의자에 가하는 힘은 아래로 눌러주는 힘이다.

마지막으로 그림 4.29는 작용·반작용 쌍인 두 힘은 크기가 같다는 뉴턴의 제3법칙에 따라 $\vec{F}_{망치\to 못} = \vec{F}_{못\to 망치}$임을 보여준다. 이는 새로운 사실이지만 자명하지는 않다.

그림 4.29 뉴턴의 제3법칙

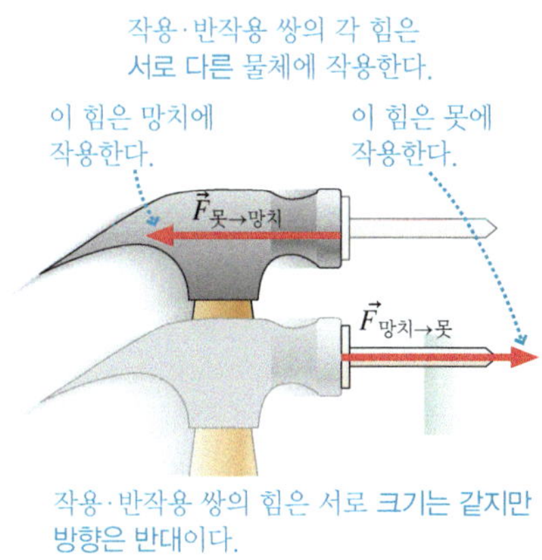

개념형 예제 4.10 **충돌에서 작용하는 힘들**

10,000 kg의 트럭이 1000 kg의 소형차와 정면충돌한다. 충돌하는 동안 트럭이 소형차에 작용하는 힘은 소형차가 트럭에 작용하는 힘보다 클까, 작을까, 아니면 같을까?

판단 뉴턴의 제3법칙에 의하면 소형차가 트럭에 작용하는 힘의 크기는 트럭이 소형차

목표물의 반격 총알이 표적을 타격하는 경우 일반적으로 총알의 힘이 표적에 끼친 손상에 대해서만 생각한다. 그러나 뉴턴의 제3법칙에 의하면, 표적도 총알로부터 받은 힘과 같은 크기의 힘을 총알에 작용한다. 제일 왼쪽의 총알은 발사되기 전의 모습이다. 오른쪽의 총알들은 속력을 증가하여 표적에 발사된 모습으로, 상호작용에 의해 손상된 정도를 보여준다.

에 작용하는 힘의 크기와 같아야 한다. 소형차가 트럭에 비해 작은데 어떻게 두 힘이 같을 수 있을까? 이런 곤혹스런 문제는 두 물체의 **가속도**가 아니라 **힘**의 크기가 같다는 뉴턴의 제3법칙으로부터 해결된다. 뉴턴의 제2법칙에 의하면, 물체의 가속도는 자신에게 가해지는 힘뿐만 아니라 자신의 질량에도 의존한다. 소형차와 트럭은 서로에게서 같은 크기의 힘을 받지만, 질량이 작은 소형차가 질량이 더 큰 트럭보다 훨씬 더 크게 가속된다.

검토 이런 질문은 여러분의 직관이 수정될 필요가 있는 유형의 질문이다. 이런 종류의 질문에 대해 생각할 때에는 **결과**(가속도)를 **원인**(힘)과 분리해야 함을 명심하라. 상호작용하는 두 물체의 질량이 다르기 때문에 가속도가 다를 수 있다. 상호작용하는 두 힘의 크기는 서로 같음을 잊지 마라.

달리기 선수와 로켓

달리기 선수가 정지 상태에서 출발하여 트랙을 따라 달리기 시작하였다. 선수가 가속 중이므로 가속되는 방향으로 어떤 힘이 작용하고 있을 것이다. 신체를 움직이게 만드는 **에너지**는 선수의 몸에서 나온다(이런 형태의 문제에 대해서는 11장에서 자세히 다룰 것이다). 그렇다면 **힘**은 어디에서 오는 것일까?

마찰이 없는 바닥 위를 걸으려 하면, 발이 미끄러져서 **뒤로** 넘어질 것이다. 바닥 위를 걷기 위해서는, 발을 뻗었을 때 그 발이 바닥을 내딛을 수 있도록 바닥에 마찰이 있어야 한다. 미끄러지지 못하게 하는 마찰을 **정지**(static) 마찰이라고 한다. 정지 마찰은 미끄러짐을 방지하는 방향으로 작용하므로 정지 마찰력 $\vec{f}_{바닥\rightarrow사람}$은 뒤로 미끄러지는 발바닥의 반대방향인 **앞으로** 작용한다. **그림 4.30(a)**에서 보는 바와 같이, 앞으로 향하는 정지 마찰력이 사람을 앞으로 진행하게 한다! 사람이 바닥을 미는 힘 $\vec{f}_{사람\rightarrow바닥}$은 작용·반작용 쌍의 다른 절반으로 사람의 진행 방향과 반대이다. 따라서 달리기 선수가 트랙을 달릴 때나 사람이 바닥 위를 걸을 때, 사람을 가속시키는 힘은 지면과 사람 사이의 정지 마찰력이다. 이러한 사실은 매우 놀라워 보이지만, 빙판 연못에서 시합이 열린다고 상상해보라. 선수는 출발부터 곤경에 빠질 것이다.

그림 4.30(b)에서 보는 바와 같이, 자동차도 정지 마찰력을 이용하여 앞으로 나아간다. 자동차는 엔진을 이용하여 바퀴를 돌리는데, 바퀴가 도로 바닥에 뒤로 미는 힘 ($\vec{f}_{바퀴\rightarrow바닥}$)을 작용하는 것이다. 그러면 도로 바닥은 작용·반작용 쌍에 의해 바퀴에

그림 4.30 전진의 예

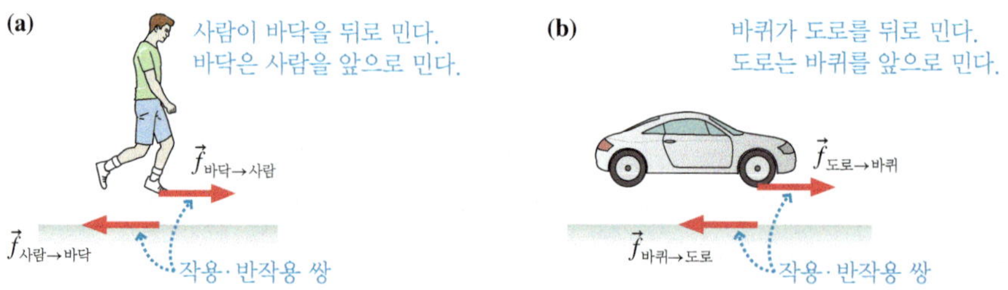

앞으로 미는 마찰력($\vec{f}_{바닥\to바퀴}$)을 작용한다. 여기서도 마찰력은 **정지** 마찰력이다. 바퀴가 구를 때, 도로 바닥과 접촉한 바퀴는 순간적으로 정지해 있다. 만약 그렇지 않다면, 자동차를 운전할 때 바닥에 큰 스키드 마크(skid mark)가 남게 되고, 바퀴는 얼마 가지 않아 닳아서 없어질 것이다.

내부 에너지원이 있는 계에서 계를 구동하는 힘을 추력이라고 한다. 로켓 모터도 추력을 주지만, 앞의 경우와는 다른 점이 있다. 로켓은 지면이나 대기와 같은 외부 물체를 밀어줄 필요가 없다. 로켓 추력이 진공에서 작동하는 것은 이 때문이다. **그림 4.31**에서 보는 바와 같이, 로켓 엔진은 팽창된 뜨거운 기체를 로켓 밖으로 밀어낸다. 이에 대한 반작용으로 방출되는 기체는 **추력**이라 하는 힘으로 로켓을 앞으로 밀어낸다.

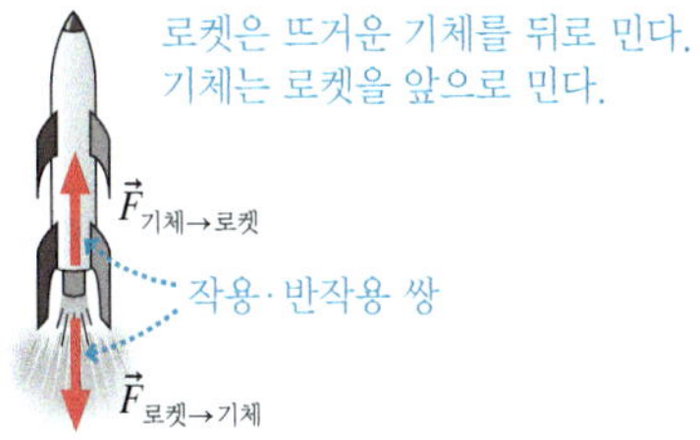

그림 4.31 로켓 추력

로켓은 뜨거운 기체를 뒤로 밀어냄으로써 전진하는 힘을 얻는다. 이제 반대 상황, 즉 **밖으로** 미는 것 대신 **안으로** 미는 상황을 생각해보자. 이 장은 뱀목거북의 사진과 함께 시작하였다. 거북의 목 근육은 관찰된 가속도로 머리가 앞으로 튀어나오게 할 정도로 강하지 않다. 그래서 거북은 다른 방식을 사용한다. 거북은 입을 벌려 목구멍으로 물을 강하게 빨아들인다. 거북의 머리와 물은 작용·반작용 쌍을 형성한다. 물이 뒤로 밀리면서 그 결과 거북의 머리에 앞으로 향하는 힘이 작용하게 된다. 이는 로켓과 정반대 상황으로, 거북이 많은 포식 어류보다 더 빨리 공격할 수 있게 하는 놀랍도록 효과적인 기술이다.

이제 동역학 문제를 풀기 위한 모든 준비를 마쳤다. 지금까지 힘은 무엇이며, 힘을 어떻게 정의할 것인지, 그리고 뉴턴의 제2법칙에 따라 힘이 어떻게 물체를 가속시키는지 배웠다. 또 뉴턴의 제3법칙으로 두 물체 사이에 상호작용의 힘이 작용한다는 것도 알아보았다. 이후 여러 장에서 직선 운동 및 원운동과 관련된 다양한 문제들에 뉴턴의 법칙을 적용하게 될 것이다.

종합형 예제 4.11 유람 열차 끌기

엔진이 두 차량으로 구성된 유람 열차를 산으로 끌어 올리면서 속도가 느려지고 있다. 엔진 바로 뒤에 있는 차량에 대한 개요도(운동 도형, 힘 식별 도형, 자유 물체 도형)를 그리시오. 마찰은 무시한다.

준비 열차의 속력이 느려지므로 운동 도형을 그릴 때 물체를 나타내는 입자가 시간이 지남에 따라 점점 가까워져야 하며, 그에 따른 속도 벡터들도 점점 짧아져야 한다. 차량에 작용하는 힘 식별 도형을 그리기 위해서는 풀이 전략 4.2의 단계들을 사용한다. 마지막으로, 풀이 전략 4.3을 이용해서 자유 물체 도형을 그린다.

풀이 차량 1에 작용하는 힘을 구할 때에는 신중을 기해야 한다. 엔진은 자신과 접촉하고 있는 차량 1에 힘 $\vec{F}_{엔진\to1}$을 작용한다. 차량 1은 차량 2와 접촉하고 있으므로 차량 2도 차량 1에 힘을 작용한다. 이 힘의 방향은 뉴턴의 제3법칙으로 알 수 있다. 차량 1은 차량 2를 산으로 오르도록 하기 위해서 위로 향하는 힘을 작용한다. 그러므로 뉴턴의 제3법칙에 의해서, 차량 2는 차량 1에게 아래 방향의 힘 $\vec{F}_{2\to1}$을 작용한다. **그림 4.32**에 완전한 개요도를 구성하는 세 도형들이 주어져 있다.

검토 이 예제를 설명하는 세 도형을 정확히 그리는 것은 뉴턴의 법칙을 활용해서 문제를 푸는 핵심이 된다. 운동 도형은 가속도와 알짜힘 $\vec{F}_{net}$의 방향을 결정해준다. 힘 식별 도형을 이용하면 물체에 작용하는 모든 힘을 파악할 수 있고, 관련 없는 힘을 더하는 실수를 하지 않게 된다. 힘 벡터들을 자유 물체 도형에 적절히 그릴 수 있다면, 5장의 핵심인 뉴턴의 법칙의 양적인 응용에 대한 준비가 된 것이다.

그림 4.32 산으로 올라가며 감속하는 열차의 개요도

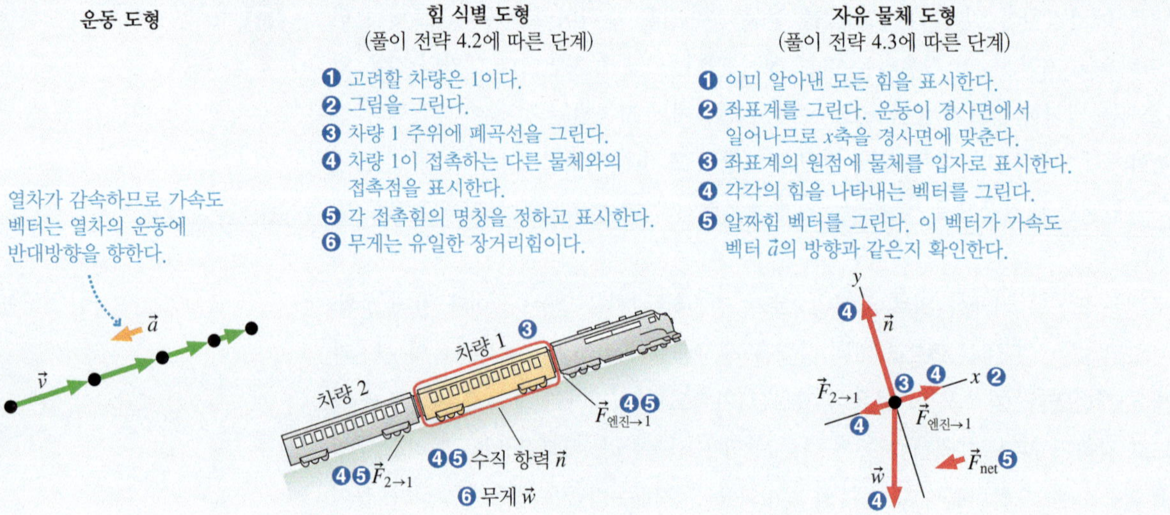

문제의 난이도는 I(쉬움)에서 IIIII(도전)으로 구분하였다. INT로 표시된 문제는 지난 장의 내용이 복합된 문제이고, BIO는 생물학적 또는 의학적 관심 분야를 의미한다.

QR 코드를 스캔하여 이 장의 문제를 해결하는 데 도움이 되는 **영상 학습 풀이**를 시작하시오.

연습문제

4.1 운동과 힘

1. I 자동차 사고에서 목뼈 골절은 머리의 관성 때문에 발생한다. 안전벨트를 착용하고 있으면, 몸은 좌석과 함께 움직이려고 한다. 그러나 머리는 목이 잡아당길 때까지 자유롭게 움직일 수 있는데, 이것이 목 부분에 심한 상해를 가져오며 뇌손상까지 발생시킨다.
BIO

 그림 P4.1은 교통사고에서 승객의 머리와 목 운동의 연속 그림을 보여준다. 하나는 정면충돌이고, 다른 하나는 추돌이다. 어느 것이 정면충돌이고 어느 것이 추돌인지 설명하시오.

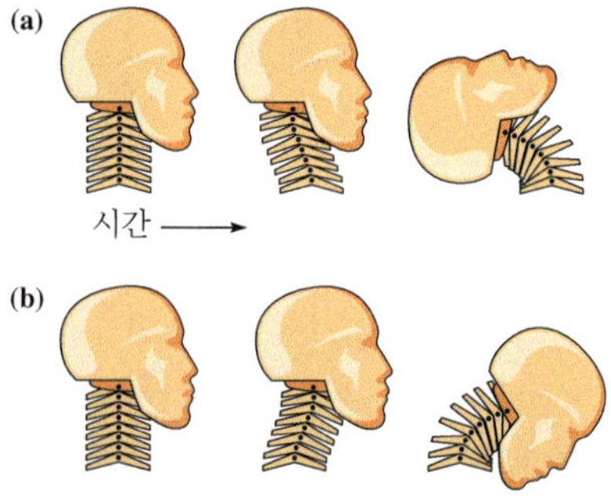

그림 P4.1

2. | 정면충돌에서, 유아를 앉히는 안전 좌석을 사진과 같이 뒤로 장착하는 것이 앞으로 장착하는 것보다 유아에게 안전하다. 그 이유를 설명하시오.

3. || 그림 P4.3은 정지해 있는 한 물체에 두 힘이 작용하고 있는 것을 보여준다. 셋째 힘 $\vec{F}_3$이 가해졌을 때 물체가 여전히 정지한 상태를 유지하도록 힘 식별 도형을 다시 그리시오.

그림 P4.3

4.2 몇 가지 힘들의 간단한 소개

4.3 힘 파악하기

4. || 한 산악인이 지면과 바위 꼭대기 양쪽으로부터 모두 멀리 떨어진 지점에서 수직 줄에 매달려 있다. 이 산악인에게 어떤 힘이 작용하는지 밝히시오.

5. ||| 골키퍼는 공을 막기 위해 지면을 따라 다이빙도 하고 슬라이딩도 한다. 골키퍼에게 어떤 힘이 작용하는지 밝히시오.

6. | 어떤 사람이 20°의 경사로에서 스키를 타고 있다. 마찰력을 무시할 수 없다. 이 사람에게 어떤 힘이 작용하는지 밝히시오.

4.4 힘은 무슨 일을 하는가?

7. ||| 그림 P4.7은 고무 밴드에 의해 당겨지는 세 물체에 대한 가속도–힘 그래프를 나타낸다. 물체 2의 질량은 0.20 kg이다. 물체 1과 물체 3의 질량은 얼마인가? 추정한 이유를 설명하시오.

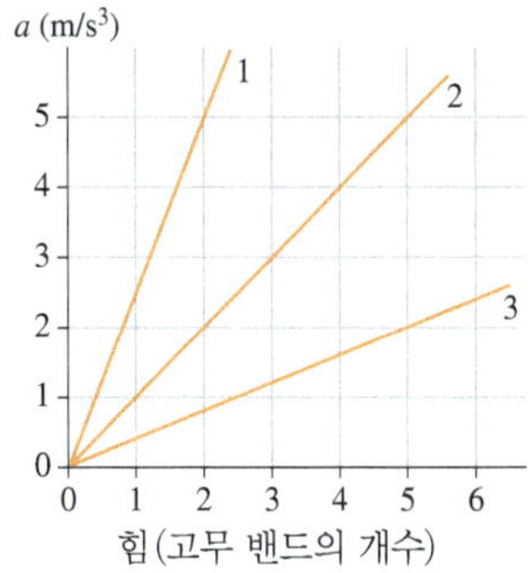

그림 P4.7

8. || 운전자만 탑승을 하고 총 질량이 5000 kg일 때 6.0 m/s²의 최대 가속도를 내는 다용도 차량이 있다. 6명의 승객과 그들의 짐을 실어서 질량 800 kg이 추가된 차량의 최대 가속도는 얼마인가?

9. | 일정한 힘을 받아서 10.0 m/s²으로 가속되는 물체가 있다. 다음 각각의 경우 가속도는 얼마인가?
   a. 힘이 두 배가 되었을 때
   b. 물체의 질량이 두 배가 되었을 때
   c. 힘과 물체의 질량이 모두 두 배가 되었을 때
   d. 힘과 물체의 질량이 모두 절반이 되었을 때

10. | 최대 가속도가 10.0 m/s²인 트럭이 있다. 트럭보다 질량이 절반인 자동차를 끌 때 트럭의 최대 가속도는 얼마인가?

4.5 뉴턴의 제2법칙

11. | 그림 P4.11은 물체의 힘–가속도 그래프를 나타낸 것이다. 이 물체의 질량은 얼마인가?

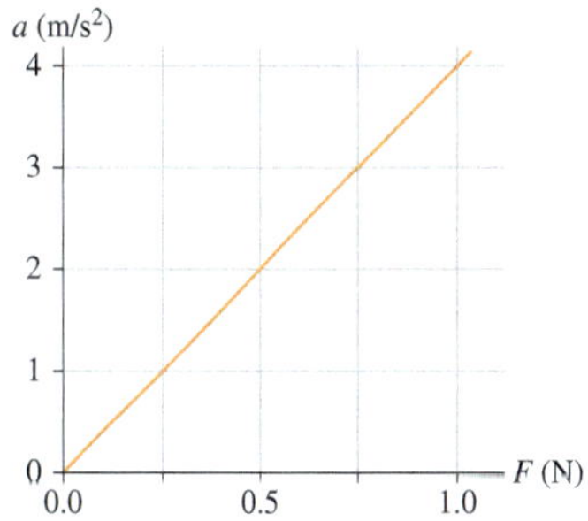

그림 P4.11

12. || 두 아이가 500 g의 장난감 자동차를 두고 다투고 있다. 30 kg인 아이는 12 N의 힘으로 오른쪽으로 당기고 있고, 25 kg인 아이는 15 N의 힘으로 왼쪽으로 당기고 있다. 장난감 자동차에 작용하는 무게 등의 다른 모든 힘은 무시한다.
    a. 이 순간, 장난감 자동차의 속도는 크기가 얼마이고 방향은 어느 방향인지 말할 수 있는가?
    b. 이 순간, 장난감 자동차의 가속도는 크기가 얼마이고 방향은 어느 방향인지 말할 수 있는가?

13. || 매우 무거운 물체의 운동은 상당히 큰 힘에도 미미한 영향을 받을 수 있다. 질량이 3.0×10^8 kg인 초대형 유조선을 생각하자. (표 4.2에 주어진 추력의) 제트 엔진 2개를 유조선의 양쪽 측면에 묶었다고 가정한다. (실제로 매우 좋은 근사는 아니지만) 물의 끌림힘을 무시할 때, 유조선이 정지 상태에서 출발해서 일반적인 순항 속력인 6.0 m/s에 도달하는 데 걸리는 시간은 얼마인가?
INT

4.6 자유 물체 도형

문제 14–15는 자유 물체 도형을 나타낸다. 각 문제에 대해서 (a) 자유 물체 도형을 다시 그리고, (b) 이런 자유 물체 도형에 해당하는 실제 물체의 예를 드시오. 개념형 예제 4.1, 4.2, 4.3에서 기술한 상황을 이용하라.

14. |

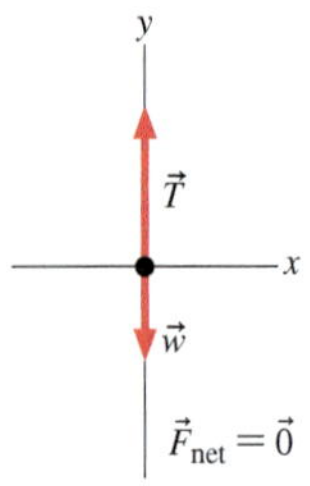

그림 P4.14

15. |

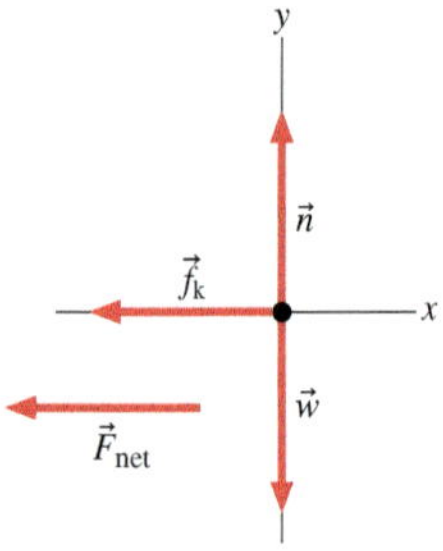

그림 P4.15

문제 16–19는 어떤 상황을 설명하고 있다. 각 상황에 대해서 물체에 작용하는 모든 힘을 구하고 물체의 자유 물체 도형을 그리시오.

16. || 정지해 있던 자동차가 가속된다.

17. || 물리책이 탁자 위에서 미끄러지고 있다.

18. | 고속도로를 달리다가 가파른 내리막 구간을 만났다. 내리막 구간을 지날 때 연료 페달에서 발을 떼었다. 마찰은 무시할 수 있지만 공기 저항은 무시할 수 없다.

19. | 상자가 수평 방향으로 잡아당기는 줄에 묶여 일정한 속력으로 마루 위에서 끌려가고 있다. 마찰은 무시할 수 없다.

4.7 뉴턴의 제3법칙

20. || 1번, 2번, 3번을 달고 있는 스케이트 선수 세 명이 번호순으로 일렬로 서서 앞 선수의 어깨에 손을 얹고 있다. 제일 뒤에 있는 3번 선수가 2번 선수를 밀었다. 세 선수 사이에 작용하는 힘 중에 작용·반작용 쌍을 모두 찾으시오. 또 중간에 있는 2번 선수에 관한 자유 물체 도형을 그리시오. 빙판은 마찰이 없다고 가정한다.

21. || 자동차가 평평한 도로에서 미끄러지며 멈출 때 도로면과 자동차 사이에 작용하는 힘의 작용·반작용 쌍을 모두 찾고, 자동차의 자유 물체 도형을 그리시오.

5 뉴턴의 법칙의 응용
Applying Newton's Laws

개구리는 나무에서 뛰어내리지만 가볍게 떠서 안전하게 땅에 착지한다. 왜 발과 발가락을 이런 식으로 유지하면 천천히 떨어지게 될까?

학습목표

뉴턴의 법칙을 이용하여 평형 문제와 동역학 문제를 풀어본다.

힘의 작용

5장에서 다양한 힘에 대한 표현을 익히고 어떤 방법으로 문제를 풀 것인지 배운다.

스카이다이버의 무게와 끌림힘 사이의 균형을 통하여 최대 속력을 얻는 방법을 배운다.

평형 문제

소년이 힘껏 밀고 있으나 소파는 움직이지 않는다. **평형 상태**란 작용하는 힘의 합이 0일 때를 말한다.

알짜힘이 0이라는 사실을 이용하여 평형 상태 문제를 푸는 방법을 배운다.

동역학 문제

뉴턴의 법칙은 물체에 작용하는 힘에 의한 운동과 관련되어 있다. 그래서 다양한 **동역학** 문제를 풀 수 있다.

스키 선수가 속도를 높이고 있다. 가속도는 그녀에게 작용하는 힘에 의해 정해진다.

이 장의 배경

자유 물체 도형

4.6절에서 물체에 작용하는 힘의 크기와 방향을 나타내는 자유 물체 도형 그리기를 배웠다.

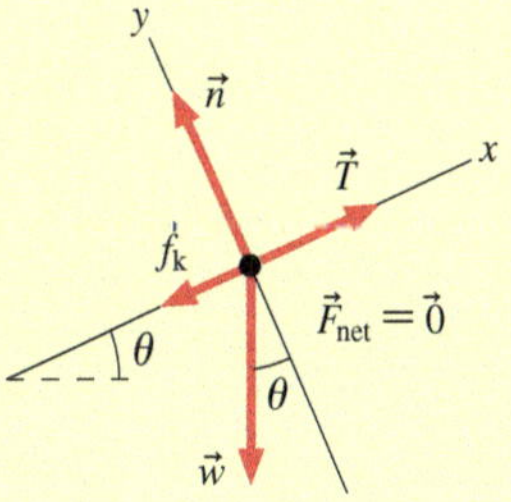

이 장에서는 단일 물체와 서로 상호작용하는 물체에 대한 문제 풀이에 필수적인 도구로써 자유 물체 도형을 사용할 것이다.

각자에게 작용하는 알짜힘이 0이기 때문에 이 사람들이 쌓은 탑은 평형 상태에 있다.

5.1 평형

5장에서는 힘과 운동하는 물체에 관한 문제를 해결할 때 뉴턴의 법칙을 사용할 것이다. 직선상에 정지해 있거나 운동하는 물체를 다룰 텐데, 우선 정지된 물체로부터 시작한다. 이것은 아주 흥미로운 문제이다.

정지 상태에 있는 물체를 **정적 평형**(static equilibrium) 상태에 있다고 하고, 가속도 $\vec{a} = \vec{0}$이거나 물체가 직선상에서 일정한 속력으로 운동하는 경우 **동역학적 평형**(dynamic equilibrium) 상태에 있다고 한다.

두 가지 평형 상태에 있어 뉴턴의 제2법칙 $\vec{F} = m\vec{a}$는 알짜힘이 물체에 작용하지 않는 것을 말해준다. 두 경우 모두 $\vec{F}_{net} = \vec{0}$이다. 알짜힘 $\vec{F}_{net}$가 벡터의 합으로 나타남을 상기하라.

$$\vec{F}_{net} = \vec{F}_1 + \vec{F}_2 + \vec{F}_3 + \cdots$$

여기서 $\vec{F}_1$, $\vec{F}_2$, $\vec{F}_3$, …은 개별적 힘으로 물체에 작용하는 장력, 마찰력 등이다. ◀◀3.3절에서 벡터의 합은 x성분, y성분으로 나누어 구할 수 있다. 즉, 알짜힘의 x성분은 $(F_{net})_x = F_{1x} + F_{2x} + F_{3x} + \cdots$이다. 만일 모든 힘이 xy평면에 있는 문제를 고려할 경우 평형 조건 $\vec{F}_{net} = \vec{0}$는 다음 식을 만족한다.

$$(F_{net})_x = F_{1x} + F_{2x} + F_{3x} + \cdots = 0$$
$$(F_{net})_y = F_{1y} + F_{2y} + F_{3y} + \cdots = 0$$

수학 시간에 배운 '~의 합'을 대신하는 그리스 문자 $\sum$(시그마)를 사용하면 모든 힘의 x성분의 합을 다음과 같이 편리하게 나타낼 수 있다.

$$F_{1x} + F_{2x} + F_{3x} + \cdots = \sum F_x$$

이러한 표시법으로 가속도 $\vec{a} = \vec{0}$인 평형 물체의 뉴턴의 제2법칙은 2개의 방정식으로 쓸 수 있다.

$$\sum F_x = ma_x = 0 \quad \text{그리고} \quad \sum F_y = ma_y = 0 \tag{5.1}$$

평형 상태에서 힘의 x, y성분의 합은 0이다.

이 방정식은 평형 문제 풀이 전략의 기본이 된다.

문제 풀이 전략 5.1 평형 문제

만일 물체가 평형 상태에 있다면, 뉴턴의 제2법칙으로 평형 상태를 유지하는 힘을 구할 수 있다.

준비 먼저 물체가 평형 상태에 있는지 살펴본다. $\vec{a} = \vec{0}$인가?

■ 정지 상태에 있는 물체는 정적 평형 상태에 있다.

■ 일정한 속도로 움직이는 물체는 동역학적 평형 상태에 있다.

그러고 나서 물체에 작용하는 모든 힘을 찾아서 자유 물체 도형에 나타낸다. 아는 힘이 무엇이고 어떻게 풀 것인지를 결정한다.

풀이 평형 상태에 있는 물체는 $\vec{a} = \vec{0}$인 경우의 뉴턴의 제2법칙을 만족해야 한다. 성분 형태에서 다음 조건을 만족한다.

$$\sum F_x = ma_x = 0 \quad \text{그리고} \quad \sum F_y = ma_y = 0$$

자유 물체 도형으로부터 직접 힘의 성분을 구할 수 있다. 두 식으로부터 문제의 모르는 힘을 구할 수 있다.

검토 결과로부터 단위가 맞는지, 합리적인지 검토 후 답을 쓴다.

정적 평형

예제 5.1 오랑우탄을 지탱하는 힘

무게가 500 N인 오랑우탄이 수직 밧줄에 매달려 있다. 밧줄에 작용하는 장력은 얼마인가?

준비 오랑우탄이 정지해 있으므로 정적 평형 상태이며, 오랑우탄에 작용하는 알짜힘은 0이다. **그림 5.1**은 첫째, 오랑우탄에 작용하는 힘을 나타낸다. 위쪽으로 작용하는 힘은 장력이고 아래 방향의 장거리힘은 중력이다. 이 힘들이 자유 물체 도형에 표시되어 있고, 평형이므로 알짜힘 $\vec{F}_{net} = \vec{0}$를 만족함을 알 수 있다.

그림 5.1 오랑우탄에 작용하는 힘

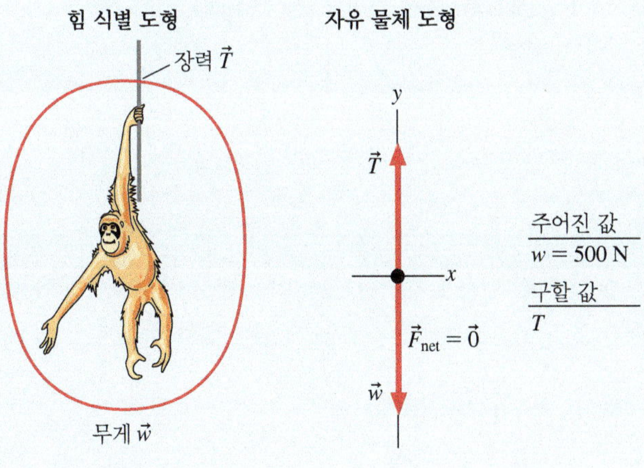

풀이 x성분의 힘이 없으므로 y성분만 생각하면 된다. 이 경우 뉴턴의 제2법칙에 의해

$$\sum F_y = T_y + w_y = ma_y = 0$$

이다. 여기서 $T_y - w_y$가 아닌 것은 무게가 아래 방향으로 작용하기 때문이다. 중요한 것은 T_y와 w_y가 벡터 성분이므로 양(+)의 값($\vec{T}$가 위 방향의 벡터) 또는 음(−)의 값($\vec{w}$가 아래 방향의 벡터)이다. 무게 $\vec{w}$가 아래 방향이라는 사실은 힘을 계산할 때 고려되었으므로 벡터 $\vec{T}$와 $\vec{w}$의 크기에 해당하는 T와 w로 나타낼 수 있다.

장력 벡터 $\vec{T}$가 위쪽 y축의 (+)값이므로 y성분은 $T_y = T$이다. 무게 벡터 $\vec{w}$는 아래쪽 y축의 (−)값이므로 y성분은 $w_y = -w$가 된다. 이제 부호를 넣은 성분으로 표시하면 뉴턴의 제2법칙은 다음과 같이 된다.

$$T - w = 0$$

이 식으로 밧줄의 장력을 계산할 수 있다.

$$T = w = 500 \text{ N}$$

검토 밧줄에 걸린 장력이 오랑우탄의 무게와 같다는 사실은 놀랍지 않다. 따라서 이 답을 믿을 수 있다.

예제 5.2 건물 철거용 철구 준비

무게 2500 N인 철구가 케이블에 매달려 있다. 흔들기에 앞서, 수평 케이블을 20° 뒤로 잡아당겼다. 수평 케이블에 작용하는 장력은 얼마인가?

준비 철구가 움직이지 않았으므로 풀리기까지는 가속도 $\vec{a} = \vec{0}$인

그림 5.2 풀리기 직전 철구의 개요도

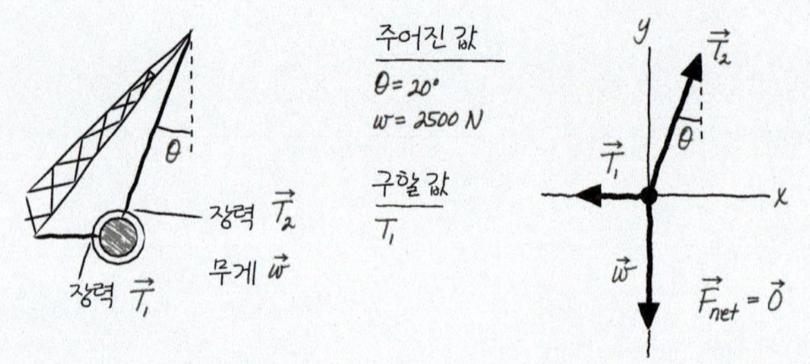

정적 평형 상태로 매달려 있게 된다. 그림 5.2는 철구에 작용하는 모든 힘, 즉 각 케이블에 작용하는 장력 $\vec{T}_1$과 $\vec{T}_2$, 철구의 무게를 나타낸다. 알짜힘 $\vec{F}_{\text{net}} = m\vec{a} = \vec{0}$임을 고려하여 3개의 힘에 대해 자유 물체 도형을 그릴 수 있다. 수평 케이블에 걸린 장력 $\vec{T}_1$의 크기 T_1을 구한다.

풀이 평형 조건은 $\vec{F}_{\text{net}} = m\vec{a} = \vec{0}$이다. 성분으로 나누면 2개의 식이 된다.

$$\sum F_x = T_{1x} + T_{2x} + w_x = ma_x = 0$$
$$\sum F_y = T_{1y} + T_{2y} + w_y = ma_y = 0$$

항상 그렇듯이, 힘의 성분을 더한다. 이제 힘 벡터의 성분을 벡터의 크기와 방향을 고려해 나타내보자. 이미 3.3절에서 자유 물체 도형에서 직접적으로 성분을 해석하는 방법을 배웠다. 하지만 성분을 표로 정리하여 보도록 한다.

힘	x성분의 기호	x성분의 값	y성분의 기호	y성분의 값
$\vec{T}_1$	T_{1x}	$-T_1$	T_{1y}	0
$\vec{T}_2$	T_{2x}	$T_2\sin\theta$	T_{2y}	$T_2\cos\theta$
$\vec{w}$	w_x	0	w_y	$-w$

자유 물체 도형에서 $\vec{T}_1$은 $-x$축을 향하고 있으므로 $T_{1x} = -T_1$이고 $T_{1y} = 0$이다. $\vec{T}_2$ 성분은 삼각법으로 구한다. 직각삼각형에서 밑변은 코사인과 관계되므로 $\vec{T}_2$의 수직 성분(y축)은 $T_2\cos\theta$가 된다. 같은 방법으로 $\vec{T}_2$의 수평 성분(x축)은 $T_2\sin\theta$이다. 무게 벡터는 바닥을 향하므로 y축 성분은 $-w$이다. 음(−)의 방향인 '−' 표시는 벡터 성분을 계산할 때 사용되지만 뉴턴의 제2법칙에서는 사용할 필요가 없다. 이것은 힘과 운동 문제를 풀 때 중요한 문제이다. 이런 관점으로 뉴턴의 제2법칙은 다음과 같이 된다.

$$-T_1 + T_2\sin\theta + 0 = 0 \quad \text{그리고} \quad 0 + T_2\cos\theta - w = 0$$

다시 정리하면 다음과 같다.

$$T_2\sin\theta = T_1 \quad \text{그리고} \quad T_2\cos\theta = w$$

두 식은 미지의 값 T_1과 T_2에 대한 연립 방정식이다. T_2를 소거하기 위해 둘째 식을 풀면 $T_2 = w/\cos\theta$를 얻는다. 그리고 T_2를 첫째 식에 대입하여 T_1을 구하면

$$T_1 = \frac{w}{\cos\theta}\sin\theta = \frac{\sin\theta}{\cos\theta}w = w\tan\theta = (2500\ \text{N})\tan 20° = 910\ \text{N}$$

이 된다. 이 계산에서 $\tan\theta = \sin\theta/\cos\theta$를 이용하였다.

검토 철구를 적당한 각도로 잡아당기려면 철구 무게보다 아주 작은 힘이 필요하다는 것이 합리적으로 보인다.

개념형 예제 5.3 정적 평형의 힘

막대가 마찰이 없는 얼음판 위에 놓여 있다. 막대 한쪽 끝이 줄에 매달려 끌어올려 진다. 만약 막대가 정지해 있다면 그림 5.3에서 줄의 방향을 바르게 나타낸 것은 어느 것인가?

판단 막대에 작용하는 힘을 확인하는 것부터 시작하자. 무게와 더불어 줄이 가하는 장력, 그리고 얼음이 가하는 수직 항력을 생각하자. 이런 힘들에 대하여 뭐라고 말할 수 있을까? 만약 막대가 움직이지 않고 매달려 있다면 정적 평형 상태에 있으므로

그림 5.3 줄의 각도를 정확히 나타낸 것은 어느 것인가?

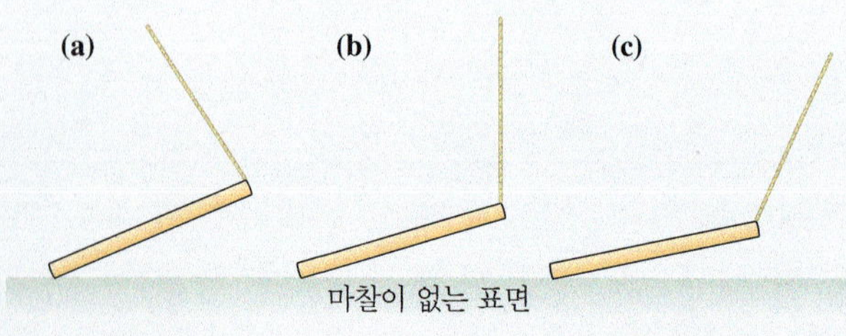

그림 5.4 각각의 경우 자유 물체 도형

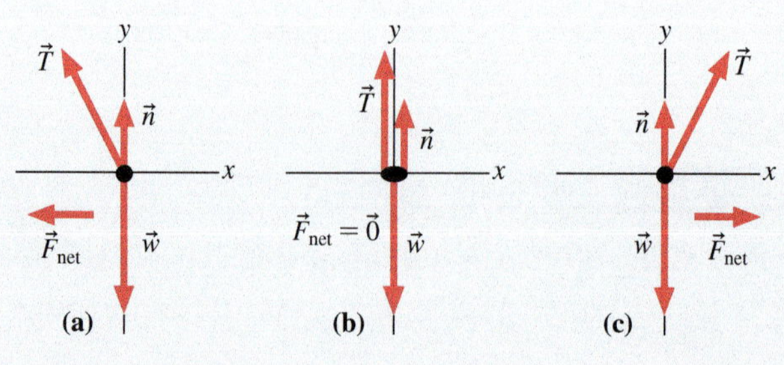

$\sum F_x = ma_x = 0$과 $\sum F_y = ma_y = 0$이다. **그림 5.4**는 줄의 세 방향에 대한 연결된 자유 물체 도형을 보여준다. 장력은 줄의 방향을 따라 작용하고 무게는 아래 방향으로 작용하고 있음을 염두에 두어야 한다. 얼음은 표면에 수직 항력을 작용하고 마찰이 없으므로 수평 방향의 힘은 없다. 만약 줄이 어느 정도의 각도를 이룬다면 수평 성분은 막대에 작용하는 알짜힘임을 알 수 있다. 그래서 장력과 줄이 수직한 (b)의 경우에만 알짜힘이 0이 된다.

검토 만일 마찰이 있다면 막대는 (a)와 (c)의 경우처럼 매달려 있게 된다. 그러나 마찰이 없다면 (b)에서의 경우처럼 줄이 수직이 될 때까지 미끄러지게 된다.

동역학적 평형

예제 5.4 자동차를 끄는 줄의 장력

질량이 1500 kg인 자동차가 수평에서 20°인 줄에 매달려 일정한 속력으로 끌려간다. 320 N의 마찰력이 자동차가 움직이는 반대방향으로 작용한다면 줄의 장력은 얼마인가?

준비 자동차가 일정한 속력($\vec{a} = \vec{0}$)으로 일직선으로 움직이면 동역학적 평형 상태이고 $\vec{F}_{net} = m\vec{a} = \vec{0}$이다. **그림 5.5**는 자동차에 작용하는 장력 $\vec{T}$, 마찰력 $\vec{f}$, 수직 항력 $\vec{n}$과 장거리힘인 무게 $\vec{w}$를 자유 물체 도형으로 나타낸다.

풀이 자동차가 움직이고 있지만 평형 상태 문제로써 문제 풀이 과정은 변함이 없다. 평형 상태를 만족하는 네 힘은 다음과 같다.

$$\sum F_x = n_x + T_x + f_x + w_x = ma_x = 0$$
$$\sum F_y = n_y + T_y + f_y + w_y = ma_y = 0$$

자유 물체 도형을 '해석'함으로써 힘의 수평 및 수직 성분을 결정할 수 있다. 그 결과는 아래 표와 같다.

힘	x성분의 기호	x성분의 값	y성분의 기호	y성분의 값
$\vec{n}$	n_x	0	n_y	n
$\vec{T}$	T_x	$T\cos\theta$	T_y	$T\sin\theta$
$\vec{f}$	f_x	$-f$	f_y	0
$\vec{w}$	w_x	0	w_y	$-w$

이러한 성분을 뉴턴의 제2법칙에 적용하면

$$T\cos\theta - f = 0$$
$$n + T\sin\theta - w = 0$$

이 된다. 첫째 식에서 장력을 구하면

$$T = \frac{f}{\cos\theta} = \frac{320\text{ N}}{\cos 20°} = 340\text{ N}$$

이다. 이 문제를 푸는 데는 y성분 방정식은 필요하지 않다. 그러나 수직 항력 $\vec{n}$을 구하는 데 필요하다.

검토 자동차를 수평 줄로 끌었다면 320 N의 마찰력과 같은 장력이 필요했을 것이다. 하지만 일정한 각도로 자동차를 끌고 있으므로 줄의 장력은 위로 올리는 데 일부 사용될 것이다. 따라서 일정한 각도로 자동차를 끌 때에는 더 큰 장력이 필요하다는 사실이 합리적이다.

그림 5.5 끌려가는 자동차의 개요도

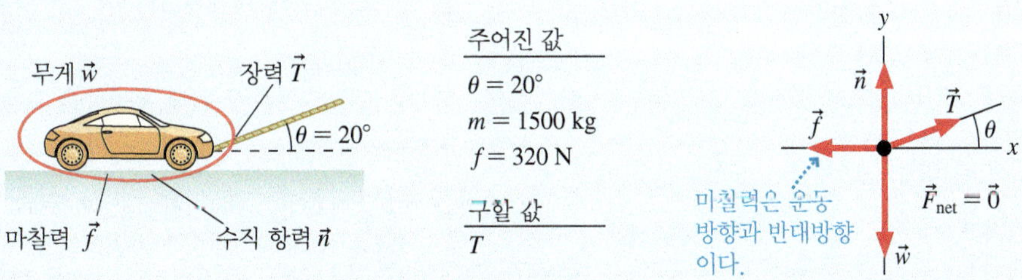

5.2 동역학과 뉴턴의 제2법칙

뉴턴의 제2법칙은 힘과 운동 사이를 연결하는 핵심고리이다. 뉴턴 역학의 핵심은 다음 두 단계로 표현된다.

- 물체에 작용하는 힘은 물체의 가속도 $\vec{a} = \vec{F}_{net}/m$을 결정한다.
- 물체의 운동은 운동 방정식에 가속도 $\vec{a}$를 사용하여 알 수 있다.

수업 영상

다양한 역학 문제를 풀기 위한 전략을 개발하기 원한다면 우선 제2법칙을 벡터 성분으로 표현해야 한다. 그렇게 하려면 먼저 뉴턴의 제2법칙을 다음과 같이 표현해야 한다.

$$\vec{F}_{\text{net}} = \vec{F}_1 + \vec{F}_2 + \vec{F}_3 + \cdots = m\vec{a}$$

여기서 $\vec{F}_1, \vec{F}_2, \vec{F}_3, \cdots$ 등은 물체에 작용하는 힘이다. 제2법칙을 성분으로 표시하려면 우선 가속도를 x성분, y성분으로 분리해서 표현해야 한다. 즉, 뉴턴의 제2법칙 $\vec{F}_{\text{net}} = m\vec{a}$는 다음과 같이 된다.

$$\sum F_x = ma_x \quad \text{그리고} \quad \sum F_y = ma_y \tag{5.2}$$

성분 형태로 표현한 뉴턴의 제2법칙

첫째 식은 **x방향의 가속도 성분이 물체에 작용하는 힘들의 x방향 성분의 합으로 결정됨**을 의미한다. y방향 성분에도 같은 방법이 적용된다.

문제 풀이 전략 5.2 동역학 문제

역학에서 문제를 풀기 위해서는 두 가지 방법이 있다. 첫째, 물체의 가속도를 구해 힘을 얻거나(운동학을 이용하여 위치와 속도를 구함), 또는 가속도를 구해 운동학을 얻는 것(미지의 힘을 구하는 방법)이다. 두 경우에 있어 문제를 푸는 전략은 동일하다.

준비 다음과 같이 구성된 개요를 그려 보자.

- 정량적으로 주어진 값과 구하고자 하는 값이 무엇인지 나타낸 목록
- 물체에 작용하는 모든 힘을 구별하는 데 도움이 되는 힘 식별 도형
- 물체에 작용하는 모든 힘을 보여주는 자유 물체 도형

만약 속도나 위치를 구하기 위해 운동학을 사용하고자 한다면 다음을 그려볼 필요가 있다.

- 가속도의 방향을 결정하기 위한 운동 도형
- 좌표계를 설정하여 운동에서 중요한 점을 표시하고 기호를 정의하기

상황 판단을 하기 위해 이들 단계를 반복하는 것은 무방하다.

풀이 뉴턴의 제2법칙을 성분 형태로 쓴다.

$$\sum F_x = ma_x \quad \text{그리고} \quad \sum F_y = ma_y$$

그리고 자유 물체 도형으로부터 직접 힘의 성분을 구할 수 있다. 문제에 따라

- 가속도를 구하려면 속도와 위치를 구할 수 있는 운동학을 사용한다.
- 가속도를 결정하기 위해 운동학을 사용하고 미지의 힘을 구한다.

검토 얻은 결과가 올바른 단위로 표현되었는지, 합리적인지 검토 후 답을 쓴다.

예제 5.5 골프공의 퍼팅

한 골프 선수가 46 g 골프공을 3.0 m/s 속력으로 퍼팅하였다. 마찰력이 0.020 N 작용하여 속력이 서서히 감소하였다. 이 공이 10 m 떨어진 홀컵에 들어갈 수 있을까?

준비 그림 5.6은 이 문제의 개요도이다. 알고 있는 정보를 모아서 밑그림을 그리고, 구하고자 하는 값을 표시한다. 운동 도형은 골프공이 오른쪽 방향으로 굴러 서서히 감속되는 것을 보여주므로 가속도 방향은 왼쪽으로 향한다. 다음으로, 공에 작용하는 힘을 정의하고 그것들을 자유 물체 도형으로 표현한다. 알짜힘이 왼쪽으로 향하는 것은 가속도 방향이 왼쪽을 향하기 때문이다.

풀이 뉴턴의 제2법칙에 의한 성분은

$$\sum F_x = n_x + f_x + w_x = 0 - f + 0 = ma_x$$
$$\sum F_y = n_y + f_y + w_y = n + 0 - w = ma_y = 0$$

이다. 평형 문제를 해결할 때와 마찬가지로 합의 식으로 쓸 수 있는데, 자유 물체 도형으로부터 힘의 성분 값을 '읽어낼' 수 있다. 이 문제에서 각 힘의 성분이 간단하므로 표로 보여줄 필요는 없다. 둘째 식에서 $a_y = 0$으로 둔 것은 매우 중요하다. 왜냐하면 골프공이 y방향으로 움직이지 않으므로 y방향의 가속도는 없다. 이런 해석은 많은 문제를 해결할 때 매우 중요한 단계이다.

위의 첫째 식에서 $-f = ma_x$이므로,

$$a_x = -\frac{f}{m} = \frac{-(0.020\ \text{N})}{0.046\ \text{kg}} = -0.435\ \text{m/s}^2$$

이다. 반올림 오류를 피하려면 계산 중간 과정에서 여분의 숫자를 그대로 유지한다. 음(−)의 값은 가속도 방향이 예상대로 왼쪽임을 보여준다.

이제 가속도를 알았으므로 골프공이 멈출 때까지 얼마나 멀리 굴러갈지 운동학을 사용할 수 있다. 공이 멈출 때까지 시간에 대한 정보가 없으므로 운동학 방정식 $(v_x)_f^2 = (v_x)_i^2 + 2a_x(x_f - x_i)$를 사용하여

$$x_f = x_i + \frac{(v_x)_f^2 - (v_x)_i^2}{2a_x} = 0\ \text{m} + \frac{(0\ \text{m/s})^2 - (3.0\ \text{m/s})^2}{2(-0.435\ \text{m/s}^2)} = 10.3\ \text{m}$$

가 된다. 골프 선수의 의도가 맞는다면 골프공은 홀컵으로 들어갈 것이다.

검토 잔디 위에서 골프공을 초속 3 m/s로 퍼팅(조깅하는 속력과 유사함)하면 대략 10 m 정도 굴러간다는 것은 합리적이다.

그림 5.6 퍼팅한 골프공의 개요도

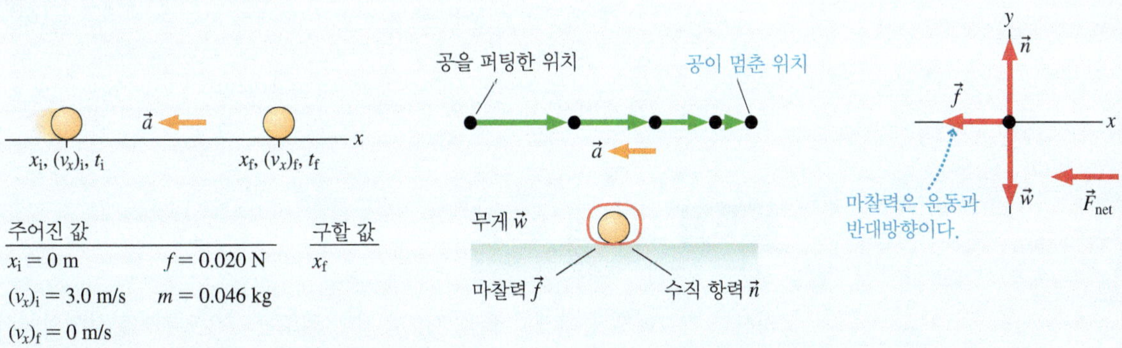

예제 5.6 가속하는 자동차 견인

질량 1500 kg인 자동차가 수평과 20° 각도를 이루며 밧줄에 의해 견인된다. 자동차 운동 방향의 반대방향으로 320 N의 마찰력이 작용한다. 만약 자동차가 정지 상태에서 10초 동안에 12 m/s의 속력으로 증가한다면 밧줄의 장력은 얼마인가?

준비 이 문제는 예제 5.4와 매우 유사하다. 차이점은 자동차가 가속하고 있다는 점이다. 따라서 평형 상태가 아니다. 이것은 그림 5.7에서 보여주는 것처럼 알짜힘이 0이 아니다. 이미 예제 5.4에서 모든 힘에 대하여 정의했다.

풀이 뉴턴의 제2법칙을 성분으로 표현하면

$$\sum F_x = n_x + T_x + f_x + w_x = ma_x$$
$$\sum F_y = n_y + T_y + f_y + w_y = ma_y = 0$$

그림 5.7 자동차를 견인하는 개요도

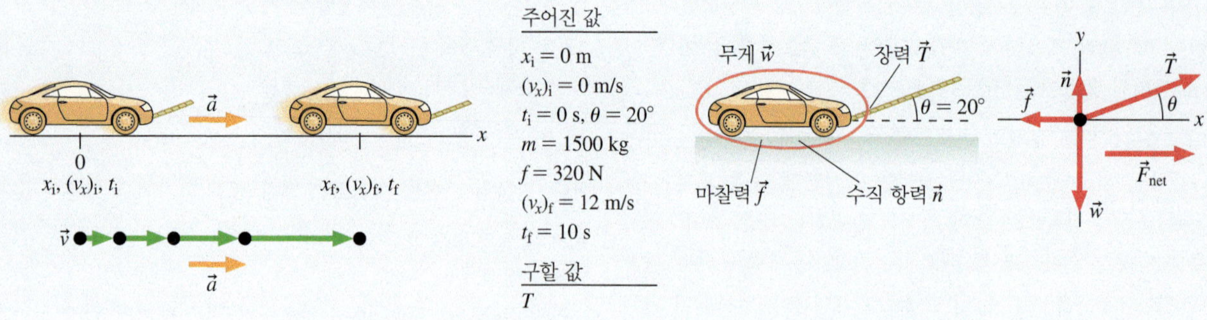

이다. 자동차의 운동이 x축으로만 움직이므로 $a_y = 0$이라는 사실을 다시 이용하자. 힘의 성분은 예제 5.4에서 이미 다루었다. 뉴턴의 제2법칙에 따라 성분으로 표현하면

$$T\cos\theta - f = ma_x$$
$$n + T\sin\theta - w = 0$$

이다. 자동차가 10초 동안에 12 m/s로 증가하였으므로 운동학을 이용하여 가속도를 구하면

$$a_x = \frac{\Delta v_x}{\Delta t} = \frac{(v_x)_f - (v_x)_i}{t_f - t_i} = \frac{(12\text{ m/s}) - (0\text{ m/s})}{(10\text{ s}) - (0\text{ s})} = 1.2\text{ m/s}^2$$

이다. 이 가속도를 뉴턴의 제2법칙의 첫째 식에 대입하여 장력을 구하면 다음과 같다.

$$T = \frac{ma_x + f}{\cos\theta} = \frac{(1500\text{ kg})(1.2\text{ m/s}^2) + 320\text{ N}}{\cos 20°} = 2300\text{ N}$$

검토 밧줄의 장력은 예제 5.4에서 구한 장력 340 N보다 다소 크다. 자동차를 일정한 속력으로 견인할 때보다 가속할 때 힘이 더 많이 든다.

이러한 첫 번째 예제들은 문제 풀이 전략을 상세히 보여준다. 목표는 이 전략이 어떻게 실제적으로 문제에 적용되는지 보여주는 것이다. 앞으로의 예제는 간단하게 풀 수 있지만 기본적인 풀이 전략은 동일하다.

5.3 질량과 무게

의사가 환자에게 몸무게를 물을 때, 그 진짜 의도는 무엇일까? 일상생활에서는 '무게'와 '질량'을 따로 구분하여 사용하지 않지만 물리학에서는 그 차이가 매우 중요한 의미를 갖는다.

4장에서 배웠듯이 질량은 물체의 관성을 기술하는 물리량으로 가속하는 것을 방해하는 성향을 나타낸다. 대략적으로 질량은 물체에서 물질의 양을 나타낸다. 킬로그램(kg)으로 표현되는 질량은 물체의 고유한 특성이다. 즉, 물체가 장소에 따라 무관하고, 물체에 어떤 힘이 작용하던지 관계없이 일정한 값을 갖는다.

한편, 무게는 힘이다. 정확히 말하면 행성이 물체에 작용하는 중력이다. 무게는 스칼라가 아닌 벡터량이다. 이 벡터 방향은 항상 아래 방향을 향한다. 무게의 단위는 뉴턴(N)이다.

질량과 무게는 같은 것은 아니지만 서로 연관되어 있다. 그림 5.8은 자유 낙하하는

물체에 대한 자유 물체 도형을 보여준다. 이 물체에 작용하는 유일한 힘은 중력에 의해 아래 방향으로 향하는 무게 $\vec{w}$이다. 그래서 물체의 자유 낙하는 ◀◀2.7절에서 본 것처럼 $a_y = -g$인 수직한 가속도로써 g는 자유 낙하 가속도 9.8 m/s^{2}이다. 따라서 이 물체에 대한 뉴턴의 제2법칙은

$$\sum F_y = -w = -mg$$

이므로

$$w = mg \tag{5.3}$$

라고 할 수 있다. 간단히 '무게'라고 하는 중력의 크기는 직접 질량에 비례하고 비례상수는 g이다.

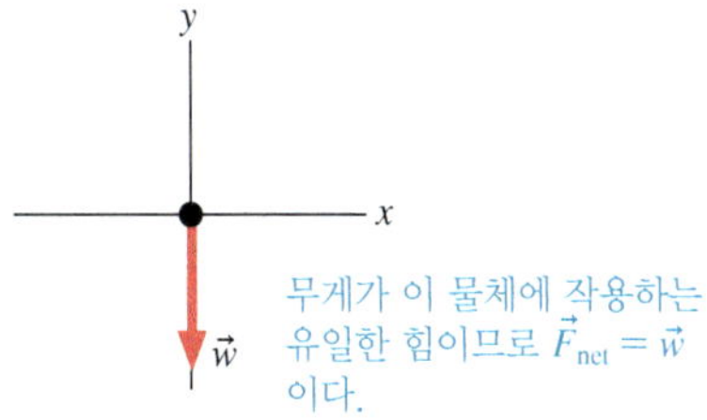

그림 5.8 자유 낙하하는 물체의 자유 물체 도형

물체의 무게는 g에 의존하고, g값이 행성에 따라 달라지기 때문에 무게는 정해진 같은 특성을 갖지 않는다. 달 표면에서 g값은 지구의 6분의 1 가량이어서 달에서 물체의 무게는 지구에서의 무게의 6분의 1이다. 목성에서의 무게는 지구에서보다 더 크다. 그러나 질량은 같다. 물질의 양은 변하지 않지만 물질에 가해지는 중력이 달라진다.

그러므로 의사가 몸무게가 얼마인가 물었을 때 실질적으로는 **질량**이 얼마인지 알고자 하는 것이다. 그것은 몸에 대한 물질의 양을 묻는 것이므로 달에 갔을 때 비록 무게가 줄었더라도 '몸무게가 줄었어요'라고 말하면 안 된다!

달 표면에서 우주 비행사 영(John Young)은 지구에서 무게가 370파운드(168 kg) 되는 우주복을 입고 있음에도 불구하고 2피트(60 cm)나 점프하였다. 왜냐하면 g = 1.6 m/s^{2}인 달에서 우주복을 포함한 그의 무게는 90파운드(41 kg)에 불과하기 때문이다.

여기서 설명이 필요하다. 몸무게를 말할 때 파운드(lb) 단위를 쓰기도 하는데 그것은 영국권에서 사용하는 힘의 단위이기 때문이다(4장에서 파운드는 1 lb = 4.45 N임을 알았다). 이것을 킬로그램으로 '환산해야' 한다. 그러나 킬로그램은 힘의 단위가 아닌 질량 단위이다. 1파운드 물체의 무게는 $w = mg = 4.45$ N이므로 질량은

$$m = \frac{w}{g} = \frac{4.45\ \text{N}}{9.80\ \text{m/s}^2} = 0.454\ \text{kg}$$

이다. 이런 계산은 피트(feet)를 미터로 바꾸는 것과 다르다. 피트나 미터는 길이의 단위이고, 1 m = 3.28 ft이다. 여러분은 파운드를 킬로그램으로 '환산'할 때, 어떤 무게(즉 두 가지 기본적으로 다른 물리량)가 어느 정도의 질량인지 결정해야 하고, 이 계산은 g값에 따라 달라진다. 그러나 통상 $g = 9.80$ m/s^{2}으로 주어지는 지구 위에서 적용하므로, 이 경우 주어진 질량은 동일한 무게와 일치한다. 표 5.1에 열거된 관계를 사용할 수 있다.

표 5.1 질량, 무게, 힘

힘의 단위 환산:

1 lb = 4.45 N

1 N = 0.225 lb

질량과 무게 사이의 변환(g = 9.80 m/s^2):

1 kg ↔ 2.20 lb

1 lb ↔ 0.454 kg = 454 g

예제 5.7 일반적인 질량과 무게

90 lb의 체조 선수와 150 lb의 교수, 그리고 240 lb의 축구 선수의 무게(N)와 질량(kg)은 얼마인가?

준비 표 5.1에 있는 환산표에 의해 계산할 수 있다.

풀이 다른 힘들 사이에 환산 계수를 활용할 수 있는 것처럼 질량과 무게 사이의 변환에도 이용할 수 있다.

$$w_{\text{gymnast}} = 90\text{ lb} \times \frac{4.45\text{ N}}{1\text{ lb}} = 400\text{ N} \qquad m_{\text{gymnast}} = 90\text{ lb} \times \frac{0.454\text{ kg}}{1\text{ lb}} = 41\text{ kg}$$

$$w_{\text{prof}} = 150\text{ lb} \times \frac{4.45\text{ N}}{1\text{ lb}} = 670\text{ N} \qquad m_{\text{prof}} = 150\text{ lb} \times \frac{0.454\text{ kg}}{1\text{ lb}} = 68\text{ kg}$$

$$w_{\text{player}} = 240\text{ lb} \times \frac{4.45\text{ N}}{1\text{ lb}} = 1070\text{ N} \qquad m_{\text{player}} = 240\text{ lb} \times \frac{0.454\text{ kg}}{1\text{ lb}} = 110\text{ kg}$$

검토 이 문제에서 얻은 정보는 앞으로의 문제 결과를 검토하는 데 사용할 수 있다. 만일 답이 1000 N이라면 대략 축구 선수 무게에 해당하며, 이를 검토하는 데 사용할 수 있을 것이다.

겉보기 무게

물리과 학생들은 점프를 못한다 여러분이 승강기를 타고 승강기가 출발할 때 뛰어올라본다면 뛰어오르기 힘들다는 것을 느낄 것이다. 왜냐하면 겉보기 무게가 실제 무게보다 더 크기 때문이다. 큰 가속도를 가진 빠른 승강기에서는 30~40 lb(14~18 kg) 정도 무게가 더 나갈 때 뛰는 것과 같다!

물체의 무게는 물체에 작용하는 중력이다. 중력에 대해 생각하지 않았지만 중력은 느끼거나 직접 감지할 수 있는 힘이 아니다. 무겁다고 느끼는 무게에 대한 감각은 누르는 **접촉힘**에 의한 것이다. 알고 있는 것처럼 무게는 앉아 있는 의자에 작용하는 수직항력으로 감지된다. 의자가 여러분과 접촉하고, 피부의 말단 신경을 자극한다. 여러분은 이 힘의 크기를 느끼게 되는 것이고, 이것이 무게로 감지된다. 서 있는 사람은 발바닥이 마룻바닥과 접촉하는 힘을 느낀다. 만약 밧줄에 매달려 있다면 밧줄과 손 사이의 마찰력을 느끼게 되는 것이다.

이제 여러분이 느끼는 **겉보기 무게**(apparent weight) w_{app}를 정의하면

$$w_{\text{app}} = \text{지탱하는 접촉힘의 크기} \tag{5.4}$$

겉보기 무게의 정의

만약 평형 상태에 있다면 일반적으로 무게와 겉보기 무게는 같다. 그러나 가속하고 있다면 두 무게가 달라진다. 예를 들어 타고 있는 승강기가 위로 갑자기 가속되면 '무겁게' 느껴질 것이고, 위로 움직이던 승강기가 급정거하면 정상보다 더 가볍게 느껴질 것이다. 실제 무게 $w = mg$는 그 사이 변하지 않지만 감각으로 느끼는 무게는 다르다.

그림 5.9 가속되는 승강기 안의 사람

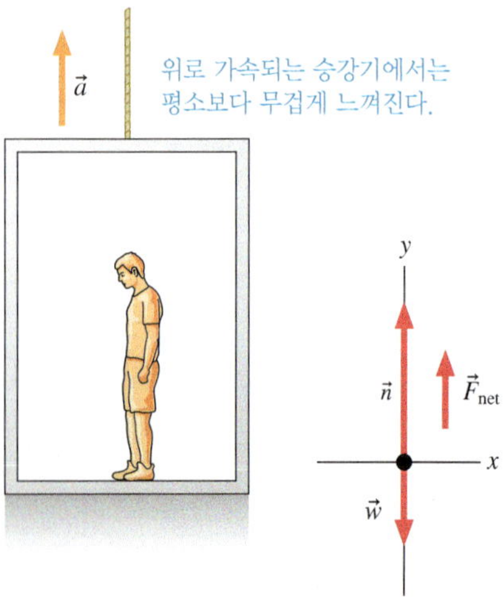

이제 이 경우를 상세히 살펴보도록 하자. 위로 가속되는 승강기에 서 있는 사람을 생각한다. **그림 5.9**는 사람에게 작용하는 힘은 위로 향하는 수직 항력과 아래로 향하는 몸무게뿐이다. 사람은 $\vec{a}$로 가속되고 있으므로, 뉴턴의 제2법칙에 따라 $\vec{a}$ 방향으로 사람에 작용하는 알짜힘이 있어야 한다.

그림 5.9의 자유 물체 도형에서 뉴턴의 제2법칙의 y성분은 다음과 같다.

$$\sum F_y = n_y + w_y = n - w = ma_y = ma \tag{5.5}$$

여기서 m은 사람의 질량이다. 식 (5.5)를 n에 대해 풀면

$$n = w + ma \tag{5.6}$$

가 된다. 수직 항력은 사람을 받치고 있는 접촉힘이고 식 (5.4)의 정의에 따라서 식 (5.6)을 다시 쓰면 다음과 같다.

$$w_{app} = w + ma$$

따라서 $w_{app} > w$이고 사람은 평소보다 더 무겁게 느낀다. 만약 승강기가 아래로 가속된다면 가속도 벡터 $\vec{a}$는 아래 방향을 나타내고 $a_y = -a$이다. 이러한 계산을 반복하면 $w_{app} = w - ma < w$, 즉 사람은 무게가 줄어든 것처럼 느끼게 된다.

겉보기 무게는 단순한 느낌이 아니다. 그것은 크기를 수치로 측정할 수 있다. 사람이 체중계 위에 올라서면 체중계 눈금이 위로 향하는 힘으로 나타난다. 만약 가속되지 않는다면(일반적으로 아주 좋은 가정이지만!) 체중계에 나타난 위쪽 방향의 힘은 몸무게와 같게 된다. 체중계에 나타난 눈금은 진짜 몸무게이다. 만약 사람이 가속된다면 이런 주장이 성립하지 않는다. 앞선 예에서 사람이 승강기 안에 있는 체중계에 올라선다면 그를 받치고 있는 접촉힘은 위쪽 방향의 힘으로 나타날 것이다. 이러한 힘은 체중계에서 나타날 것이므로, 만약 승강기가 위쪽으로 가속되면 체중계에서 체중이 증가하였음을 보여줄 것이다. 이때 체중계 눈금은 겉보기 무게 w_{app}와 같게 된다.

겉보기 무게는 체중계로 측정할 수 있어서 겉보기 무게는 사실이고 물리적 결과이다. 우주 비행사는 a가 g보다 훨씬 더 커지게 되는 로켓 발사 순간에 우주 비행사는 겉보기 무게로 거의 짓눌리게 된다. 롤러코스터와 같은 놀이기구를 탈 때 느끼는 스릴도 겉보기 무게의 급격한 변화로부터 비롯된다.

예제 5.8 승강기 안의 겉보기 무게

질량이 70 kg인 학생이 5.0 m/s로 움직이는 승강기 안의 체중계 위에 서 있다. 승강기가 멈췄을 때 눈금이 750 N이었다. 그렇다면 승강기가 멈추기 전에 위, 또는 아래 어디로 움직이고 있었을까? 승강기가 멈추는 데 걸리는 시간은 얼마나 될까?

준비 승강기가 멈췄을 때 체중계의 눈금 750 N은 학생의 겉보기 무게이다. 그의 실제 무게는

$$w = mg = (70\text{ kg})(9.80\text{ m/s}^2) = 686\text{ N}$$

이다. 이것은 중간 단계의 계산이므로 나머지 의미 있는 계산을 거쳐야 한다. 체중계의 위 방향으로 나타난 학생의 겉보기 무게는 실제 몸무게보다 더 크다. 이것은 그가 위쪽으로 알짜힘을 받고 있으며, 따라서 결국 가속 방향은 위쪽이어야 한다. 이러한 정확한 상황이 그림 5.9에 표현되어 있는데, 그림을 이번 문제에 대한 자유 물체 도형으로 이용할 수 있다. 학생에 작용하는 알짜힘을 구할 수 있고, 알짜힘을 이용하여 그의 가속도를 정하는 데 사용할 수 있다. 일단 가속도를 알았으므로, 운동학을 이용하여 승강기가 멈추는 데 걸리는 시간을 구할 수 있다.

풀이 그림에서 벡터 성분을 알 수 있다. 학생의 운동에 대한 뉴턴의 제2법칙의 수직 성분은

$$\sum F_y = n - w = ma_y$$

이다. 여기서 n은 수직 항력으로 학생의 체중계에 나타난 힘 750 N이고 w는 그의 몸무게 686 N이다. 따라서 y성분 가속도 a_y는

$$a_y = \frac{n - w}{m} = \frac{750\text{ N} - 686\text{ N}}{70\text{ kg}} = +0.91\text{ m/s}^2$$

이 된다. 예상했듯이 가속도 값이 양(+)이므로 위쪽 방향을 나타낸다. 승강기의 속력이 느려지지만 가속도 방향은 위쪽을 향하고 있다. 이것은 승강기가 멈추기까지 아래로 움직이므로 음(−)의 속도를 가지고 있음을 뜻한다.

멈추는 데 걸리는 시간을 구하기 위하여 운동학에서 배운 방정식

$$(v_y)_f = (v_y)_i + a_y \Delta t$$

를 이용하면, 승강기가 처음 아래 방향으로 움직이므로 $(v_y)_i = -5.0$ m/s이고 멈춰 설 때 $(v_y)_f = 0$이 된다. 따라서 가속도를 알고

있으므로 멈추기까지의 시간은

$$\Delta t = \frac{(v_y)_f - (v_y)_i}{a_y} = \frac{0 - (-5.0\ \mathrm{m/s})}{0.91\ \mathrm{m/s^2}} = 5.5\ \mathrm{s}$$

가 된다.

검토 여러분이 승강기를 탈 때를 생각해보자. 만약 승강기가 아래로 내려가서 멈추게 되었을 때 '무겁게 느껴졌'을 것이다. 이것은 운동 분석이 옳았다는 사실에 확신을 준다. 5.0 m/s는 매우 빠른 승강기이다. 이 속력으로 승강기는 1초에 1개 층 이상 지나게 된다. 만약 여러분이 고층 빌딩에서 빠른 승강기를 타 본 경험이 있다면, 승강기가 멈춰 서는 데 걸리는 시간 5.5 s가 합리적임을 알 수 있다.

무중력

무중력 상태 경험하기 3장에서 배운 것처럼 포물체 운동을 하는 물체도 자유 낙하를 하고 있다. 공기 저항이 없을 때의 포물체 운동과 동일하게 움직이는 특수한 비행기를 가정하자. 비행기 안의 승객들과 같은 물체들은 자유 낙하를 따라 움직인다. 그들은 비행기 안에서 무중력을 느끼고 비행기가 30초 정도 후 정상 비행 상태가 될 때까지 공중에 떠다니게 된다.

앞서 승강기 문제를 되돌아보자. 학생의 겉보기 무게가 0 N이라 가정하자. 즉 체중계 눈금이 0을 의미한다. 어떻게 이런 일이 나타날까? 학생의 겉보기 무게가 그를 떠받치고 있는 접촉힘이라 하면 체중계의 위쪽 힘이 0임을 말하는 것이다. 만일 가속도 방정식에 $n = 0$을 대입하면 $a_y = -9.8\ \mathrm{m/s^2}$을 얻는다. 이것이 전에 보았던 경우, 즉 자유 낙하이다! **사람이 자유 낙하하면 겉보기 무게가 0이라는 뜻이다.**

이것을 주의 깊게 생각해보자. 승강기가 자유 낙하한다고 가정하고 승강기 안에 있는 사람이 손에 들고 있는 공을 놓는다고 가정하자. 사람과 공은 둘 다 똑같이 떨어질 것이다. 사람의 직관으로 공은 그 곁에 '떠 있는' 것처럼 보일 것이다. 마찬가지로 사람 밑에 있는 체중계도 발의 눌림을 받지 않게 된다. 그가 처한 상태를 **무중력** 상태라 한다.

'무중력'이란 '무게가 없다'는 뜻이 아니다. 무중력(weightless) 상태인 물체는 겉보기 무게가 없는 것이다. 그 차이는 아주 의미가 있다. 사람 몸무게는 중력이 여전히 아래로 당기고 있기 때문에 mg이지만, 자유 낙하하므로 무게에 대한 느낌이 없다. '무중력'이라는 용어는 그것이 물체가 무게가 없다는 뜻을 암시하므로 매우 부적절한 말이다. 여러분이 알고 있는 것과 같은 그런 경우가 아니다.

여러분은 우주 비행사와 여러 물체들이 지구 궤도를 돌고 있는 국제 우주 정거장 안에 떠 있는 영상을 본 일이 있을 것이다. 만일 우주 비행사가 체중계에 서면 발에 가해지는 힘이 없으므로 체중계 눈금이 0으로 나타난다. 그는 무중력이라 할 수 있다. 그렇다면 자유 낙하하는 물체가 무중력 상태에 있다고 말한 앞의 설명과 우주 비행사의 무중력 상태는 어떻게 다를까? 이것은 6장에서 다룰 흥미로운 문제이다.

5.4 수직 항력

4장에서 탁자 위에 정지한 물체는 탁자로부터 위쪽으로 작용하는 힘을 받는다는 것을 알았다. 이 힘을 **수직 항력**이라 하는데, 그것은 항상 접촉하는 면에 대해 수직으로 작용하기 때문이다. 이미 배웠듯이 수직 항력의 근본 원인은 표면을 구성하고 있는 원자 '용수철'에 의한 것이다. 표면을 구성하고 있는 물체가 단단할수록 이 용수철을 더 강하게 누르게 되므로 용수철은 더 강하게 반발하게 된다. 따라서 수직 항력은 물체가 바닥을 뚫어 떨어지지 않고 바닥에 남을 수 있게 스스로 조절한다. 이러한 사실이 수직 항력을 풀 수 있는 열쇠이다.

예제 5.9 책을 누르고 있는 수직 항력

1.2 kg의 책이 탁자 위에 있다. 책을 15 N 힘으로 누른다면 탁자가 책에 작용하는 수직 항력은 얼마인가?

준비 책은 움직이지 않으므로 정적 평형 상태에 있다. 책에 작용하는 힘들을 정의하고 이런 힘들을 보여주는 자유 물체 도형을 준비한다. 이런 과정이 **그림 5.10**에 표현되어 있다.

풀이 책은 정적 평형 상태에 있기 때문에 책에 작용하는 알짜힘은 0이다. 작용하는 힘이 y축 방향뿐이므로 뉴턴의 제2법칙은 다음과 같다.

$$\sum F_y = n_y + w_y + F_y = n - w - F = ma_y = 0$$

앞 절에서 무게는 $w = mg$인 것을 배웠다. 따라서 책의 무게는

$$w = mg = (1.2\ \text{kg})(9.8\ \text{m/s}^2) = 12\ \text{N}$$

이다. 이 값을 이용하면 탁자에 작용하는 수직 항력은

$$n = F + w = 15\ \text{N} + 12\ \text{N} = 27\ \text{N}$$

이 된다.

검토 수직 항력의 크기는 책의 무게보다 크다. 탁자의 관점에서 보면 손이 가하는 여분의 힘이 탁자의 원자 용수철에 작용하기 때문이다. 따라서 용수철이 더 세게 반발하여 수직 항력이 책의 무게보다 커지게 된다.

그림 5.10 위에서 책을 누를 때 수직 항력 구하기

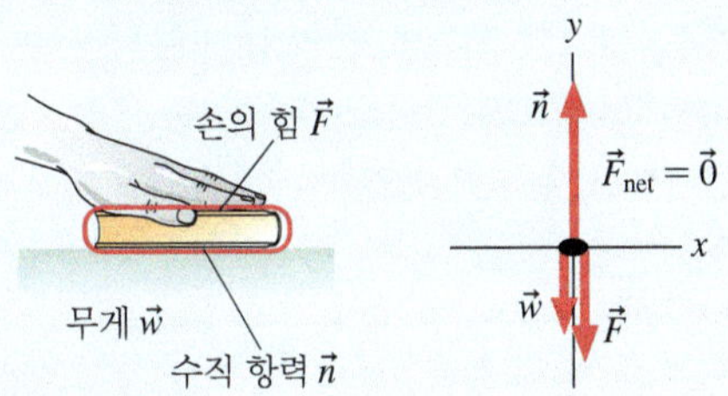

램프나 경사면에 있는 물체에 대한 일반적인 상황을 생각해보자. 마찰을 무시하면 물체에 작용하는 힘은 중력과 수직 항력 두 가지뿐이다. 그러나 동역학 문제를 풀기 위해서 이 두 힘의 성분을 상세히 살펴볼 필요가 있다. **그림 5.11(a)**는 그것이 어떤 것인지 보여주고 **그림 5.11(b)**는 피해야 할 두 가지 일반적인 실수를 보여준다.

그림 5.11 경사면에 있는 물체에 작용하는 힘

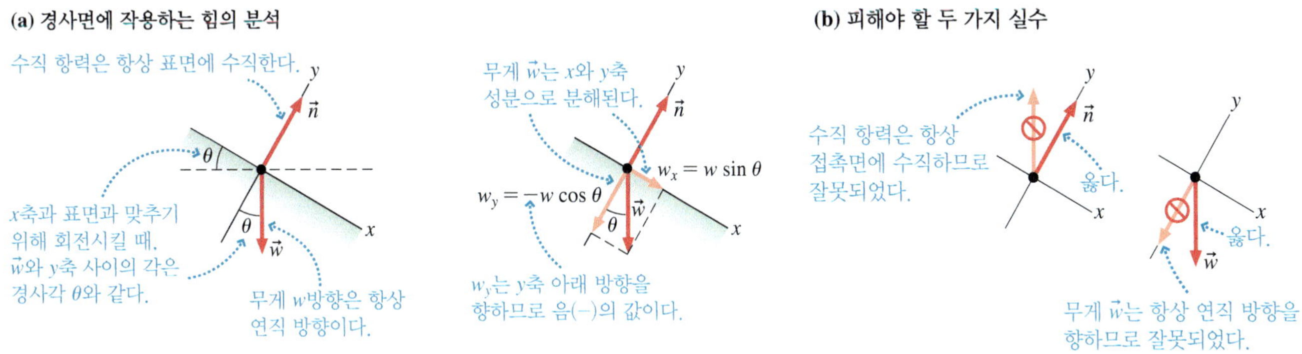

예제 5.10 활강하는 스키 선수의 가속도

스키 선수가 27° 비탈진 경사면을 미끄러지고 있다. 비탈 경사면에서 마찰은 아주 작아서 무시한다면 스키 선수의 가속도는 얼마인가?

준비 **그림 5.12**는 이 문제의 개요도이다. x축을 경사면 방향으로

그림 5.12 활강하는 스키 선수의 개요도

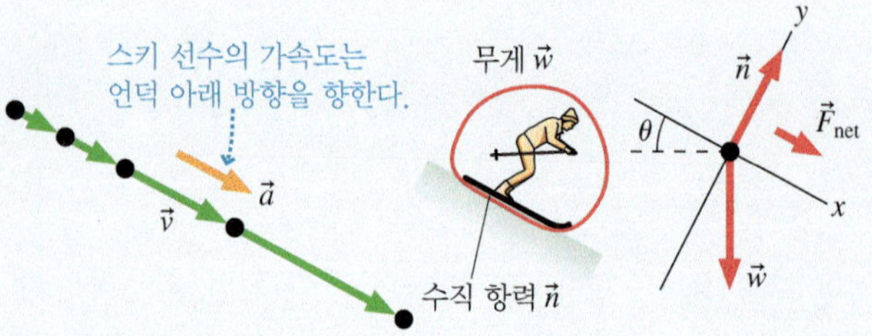

좌표계를 잡아주면 $a_y = 0$이므로 문제는 아주 간단해진다(스키 선수는 y축으로 전혀 움직이지 않는다). 그림 5.11에 주어진 정보를 바탕으로 자유 물체 도형은 그림 5.12와 같다.

풀이 스키 선수의 가속도를 구하기 위한 뉴턴의 제2법칙의 성분은

$$\sum F_x = w_x + n_x = ma_x$$
$$\sum F_y = w_y + n_y = ma_y$$

이다. $\vec{n}$은 y축의 양(+)의 방향이므로 $n_y = n$이고 $n_x = 0$이다. 그림 5.11(a)는 $\vec{w}$와 y축의 음(−)의 방향의 경사각 θ와 같다. 이런 점에서 $\vec{w}$의 성분은 $w_x = w \sin\theta = mg \sin\theta$와 $w_y = -w\cos\theta = -mg\cos\theta$이다. 여기서 $w = mg$이다. 이런 성분 값으로 뉴턴의 제2법칙은

$$\sum F_x = w_x + n_x = mg\sin\theta = ma_x$$
$$\sum F_y = w_y + n_y = -mg\cos\theta + n = ma_y = 0$$

이 된다. 둘째 식에서 $a_y = 0$을 이용하였다. 이 식에서 m을 소거하여 풀면

$$a_x = g \sin\theta$$

가 된다. 이것은 마찰이 없는 표면에 대한 가속도를 표현한 것으로 3장에서 증명 없이 사용하였다. 이제 앞에서의 주장이 정당화되었다. 이 식을 사용하여 스키 선수의 가속도를 구할 수 있다.

$$a_x = g\sin\theta = (9.8\ \mathrm{m/s^2})\sin 27° = 4.4\ \mathrm{m/s^2}$$

검토 앞서 그랬던 것과 같이 결과는 $\theta = 0$일 때, 즉 경사가 수평일 때 스키 선수의 가속도는 0임을 보여준다. 더더욱 $\theta = 90°$(수직)일 때 가속도는 g가 되는데, 이것은 자유 낙하의 경우로 이해된다. 질량이 소거되므로 스키 선수의 질량은 알 필요가 없다. ◀◀3.4절의 가속도 식을 먼저 배웠지만 이제는 그 뒤에 숨겨진 물리적인 근거를 알게 되었다.

5.5 마찰

수업 영상

일상생활에서 마찰은 모든 곳에 존재한다. 마찰력은 여러분이 하는 많은 일에 절대적으로 필요하다. 마찰력이 없다면 걷고, 운전하거나 앉아 있는 것(의자에서 미끄러져 떨어진다!)조차 할 수 없다. 때로는 마찰이 없는 이상적인 상황을 고려하는 것도 유용하지만 현실 세계에서는 마찰이 있는 상황을 고려해야만 한다. 비록 마찰력이 복잡한 힘임에는 틀림없지만, 여러 가지 마찰에 대한 개념을 간단한 모형으로 설명하고자 한다.

그림 5.13 물체가 미끄러지지 않게 지탱하는 정지 마찰력

(a) 힘의 선별

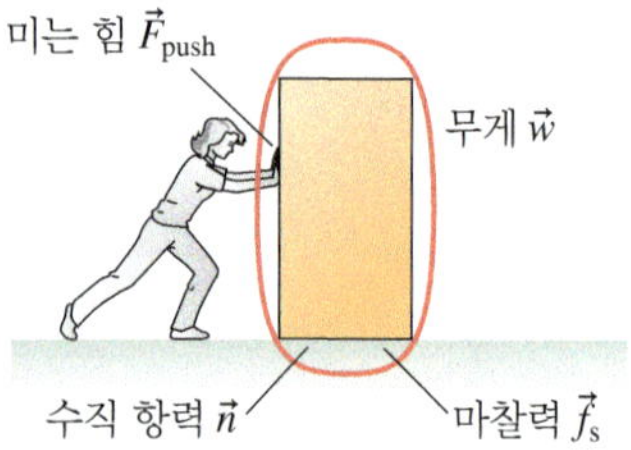

(b) 자유 물체 도형

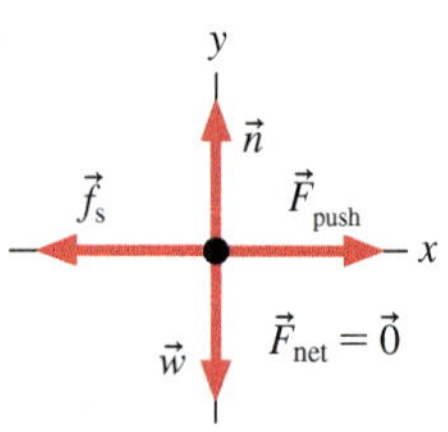

정지 마찰력

4장에서 정지 마찰력 $\vec{f}_s$를 표면이 물체에 작용하여 물체가 미끄러지는 것을 막는 힘으로 정의하였다. 만약 그림 5.13(a)와 같이 한 여성이 상자를 밀고 있다고 가정하자. 상자는 바닥에 대해서 움직이지 않기 때문에 그녀가 오른쪽으로 미는 것과 왼쪽으로 작용하는 정지 마찰력 $\vec{f}_s$가 균형을 이룬다. 이것이 $\vec{f}_s$의 **방향**을 구하는 일반적인 규칙이다. 다시 말하면 만약 마찰이 없다면 물체가 어떤 방향으로 움직이는지 결정된다. 정지 마찰력 $\vec{f}_s$는 물체가 표면에서 움직이는 것을 방해하는 방향으로 나타난다.

$\vec{f}_s$의 크기를 측정하려면 약간 까다롭다. 왜냐하면 상자가 정지해 있으므로 정적 평

형 상태에 있기 때문이다. 그림 5.13(b)의 자유 물체 도형에서 정지 마찰력은 미는 힘과 정확히 균형을 이루고 있으므로 $f_s = F_{push}$를 의미한다. 그림 5.14(a)와 5.14(b)에서 보는 바와 같이 여성이 상자를 강하게 밀면 밀수록 바닥에서 밀어내는 마찰력도 더 커진다. 만약 미는 힘을 줄이면 마찰력도 자연히 줄어들게 되는 것이다. 정지 마찰력은 가해지는 힘에 반응하여 작용한다.

그러나 $\vec{f}_s$가 커지는 데는 분명히 한계가 있다. 만약 여성이 열심히 상자를 밀면 상자는 미끄러지게 되고 바닥을 가로질러 움직이기 시작한다. 다른 말로, 정지 마찰력은 그림 5.14(c)에서 보는 것처럼 크기의 **최댓값** $f_{s\,max}$를 갖는다. 정지 마찰 실험에서 최대 정지 마찰력 $f_{s\,max}$는 표면과 물체 사이에 작용하는 수직 항력의 크기에 비례한다. 즉,

$$f_{s\,max} = \mu_s n \tag{5.7}$$

이 된다. 이 식에서 μ_s는 **정지 마찰 계수**(coefficient of static friction)라 한다. 이 계수는 물체와 표면을 이루는 재료에 따라 달라지는 값이다. 정지 마찰 계수가 클수록 물체와 표면 사이의 '밀착도'가 커져, 물체가 미끄러지는 게 힘들어진다. 표 5.2는 몇 가지 재료들의 대략적인 마찰 계수 값을 보여준다.

따라서 정지 마찰력에 관한 규칙은 다음과 같다.

- 정지 마찰력의 방향은 물체가 움직이는 방향의 반대이다.
- 정지 마찰력의 크기 f_s는 알짜힘이 0이고, 물체가 움직이지 않도록 조절된다.
- 정지 마찰력의 크기는 식 (5.7)로 주어진 대로 최댓값 $f_{s\,max}$보다 클 수 없다. 정지 상태를 유지하는 데 필요한 마찰력이 $f_{s\,max}$ 값보다 더 커지면 물체가 미끄러지면서 움직이기 시작한다.

운동 마찰력

그림 5.15와 같이 일단 상자가 미끄러지기 시작하면 정지 마찰력은 운동(또는 미끄럼) 마찰력 $\vec{f}_k$로 대체된다. 운동 마찰력은 정지 마찰력보다 조금 간단하다. $\vec{f}_k$의 방향은 물체가 표면을 따라 미끄러지는 방향의 반대이고, 실험을 통해 정지 마찰력과 달리 운동 마찰력은 거의 일정한 크기를 가지며,

그림 5.14 가해진 힘에 반응하는 정지 마찰력

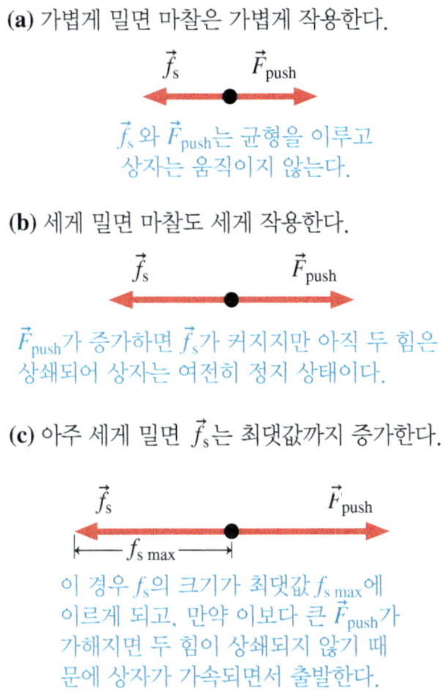

표 5.2 마찰 계수

재료	정지 μ_s	운동 μ_k	굴림 μ_r
콘크리트와 고무	1.00	0.80	0.02
강철과 강철 (건조)	0.80	0.60	0.002
강철과 강철 (윤활)	0.10	0.05	
나무와 나무	0.50	0.20	
눈과 나무	0.12	0.06	
얼음과 얼음	0.10	0.03	

그림 5.15 운동 마찰력은 운동 방향과 반대로 작용한다.

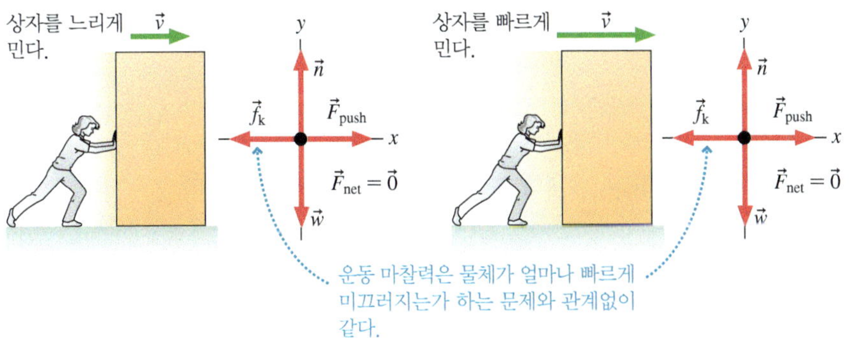

$$f_k = \mu_k n \tag{5.8}$$

로 주어짐을 알 수 있다. 여기서 μ_k는 **운동 마찰 계수**(coefficient of kinetic friction)라 한다. 또한 식 (5.8)은 운동 마찰력이 정지 마찰력과 같이 수직 항력의 크기 n에 비례함을 보여준다. **운동 마찰력의 크기는 물체가 얼마나 빠르게 미끄러지는가 하는 것과는 무관하다**는 점을 주목해야 한다.

표 5.2는 대략적인 운동 마찰 계수 μ_k값을 보여준다. $\mu_k < \mu_s$값을 갖는 것은 상자가 움직임을 시작하는 것보다 움직임을 그대로 유지시키는 것이 더 쉽다는 것을 설명해준다.

굴림 마찰력

그림 5.16 도로와 자전거 바퀴의 접촉점은 정지해 있다.

자동차에서 급브레이크를 밟으면 자동차 바퀴는 도로면을 미끄러지면서 스키드 마크를 남기게 된다. 이것은 타이어와 도로가 서로 미끄러지기 때문에 생기는 운동 마찰력 때문이다. 차바퀴가 도로 표면을 굴러갈 때도 마찰력이 작용하지만 이는 운동 마찰력이 아니다. 바닥과 접촉하는 바퀴 부분은 미끄러지지 않고 바닥면에 대하여 정지해 있다.

그림 5.16은 달리는 자전거를 순간 촬영한 사진이다. 바닥과 접촉한 바퀴 부분이 흐릿하지 않고 땅에서 움직이지 않는 것처럼 나타나 있다.

굴러가는 바퀴와 도로 사이의 상호작용은 둘 사이에 접착력과 표면의 변형을 포함하고 있어 복잡하다고 할 수 있지만 많은 경우에 있어서 운동을 방해하는 또다른 형태의 마찰력이며, 이것을 **굴림 마찰 계수**(coefficient of rolling friction) μ_r를 사용하여

$$f_r = \mu_r n \tag{5.9}$$

이라고 정의할 수 있다. 굴림 마찰력은 운동 마찰력처럼 작용한다. 그러나 μ_r값(표 5.2 참조)은 운동 마찰 계수 μ_k보다 훨씬 작다. 그것은 미끄러지는 것보다 굴러가는 것이 더 쉽기 때문이다!

미끄러지거나 그렇지 않거나 만약 자동차에서 갑작스레 급브레이크를 밟으면 바퀴가 잠기어 미끄러짐 없이 멈추게 되는데, 그것은 타이어와 도로 사이의 정지 마찰력 때문이다. 이런 정지 마찰력은 운동 마찰력보다 커서 만약 자동차가 미끄러지게 되면 자동차를 조종할 수 없을 뿐만 아니라 짧은 거리에서 멈추는 것 또한 불가능해진다. ABS(잠금 없는 제동장치) 제동장치는 급제동 시 미끄러짐이 없고 가능한 단거리에서 운전 조종을 가능하게 해주는 장치이다.

마찰력의 이해

이런 생각들을 다음과 같이 마찰 모형으로 요약할 수 있다.

정지 마찰력: $\vec{f}_s =$ (크기 $\leq$ 최댓값 $f_{s\,max} = \mu_s n$,
물체의 움직임을 방해하는 방향)
운동 마찰력: $\vec{f}_k = (\mu_k n$, 물체의 운동 방향과 반대)
굴림 마찰력: $\vec{f}_r = (\mu_r n$, 물체의 운동 방향과 반대) (5.10)

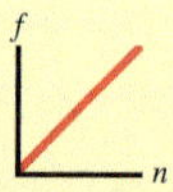

여기에서 '운동'은 '바닥면에 대한 상대적 운동'을 의미한다. 정지 마찰력의 최댓값 $f_{s\,max} = \mu_s n$은 물체가 정지한 상태에서 움직이기 직전에 작용하는 마찰력이다.

풀이 전략 5.1 마찰력 문제

❶ 만약 물체가 접촉한 바닥면에 대해서 움직이고 있지 않다면 마찰력은 **정지 마찰력**(static friction)이다. 물체의 자유 물체 도형을 그린다. 마찰력의 방향은 물체가 바닥면에 대해서 미끄러지려는 방향의 반대방향이다. 정지 마찰력 f_s를 풀기 위해서 문제 풀이 전략 5.1을 사용한다. 만약 f_s가 $f_{s\,max} = \mu_s n$보다 크면 정지 마찰력은 더 이상 물체를 정지시킬 수 없다. 물체가 정지해 있다는 가정이 타당하지 않으므로 운동 마찰력을 이용해서 문제를 다시 풀어야 한다.

❷ 만약 물체가 바닥면에 대하여 미끄러지고 있다면 그때는 **운동 마찰력**(kinetic friction)이 작용한다. 뉴턴의 제2법칙으로부터 수직 항력 n을 구한다. 식 (5.10)을 이용하여 마찰력의 크기와 방향을 구한다.

❸ 만약 물체가 바닥면을 굴러간다면 그때는 **굴림 마찰력**(rolling friction)이 작용한다. 뉴턴의 제2법칙으로부터 수직 항력 n을 구한다. 식 (5.10)을 이용하여 마찰력의 크기와 방향을 구한다.

예제 5.11 소파를 미끄러지게 하는 힘 구하기

캐롤은 34 kg인 소파를 다른 방으로 옮기려고 한다. 그녀는 카펫 위 마찰 계수 $\mu_k = 0.080$인 미끄러운 디스크를 소파 다리 밑 '소파 슬라이더'에 올려놓는다. 그리고 마루를 가로질러 소파를 0.40 m/s의 안정된 속력으로 밀었다. 소파에 가해진 힘은 얼마일까?

준비 소파가 오른쪽으로 미끄러지고 있다고 가정하자. 이 경우 운동 마찰력 $\vec{f}_k$는 왼쪽으로 작용하게 된다. **그림 5.17**에서 소파에 작용하는 힘을 확인하고 자유 물체 도형을 그릴 수 있다.

풀이 소파가 일정한 속력으로 움직이므로 $\vec{F}_{net} = \vec{0}$인 동역학적 평형 상태이다. 이것은 알짜힘의 x성분과 y성분이 각각 0임을 의미한다.

$$\sum F_x = n_x + w_x + F_x + (f_k)_x = 0 + 0 + F - f_k = 0$$
$$\sum F_y = n_y + w_y + F_y + (f_k)_y = n - w + 0 + 0 = 0$$

그림 5.17 마루를 가로질러 밀려가는 소파에 작용하는 힘

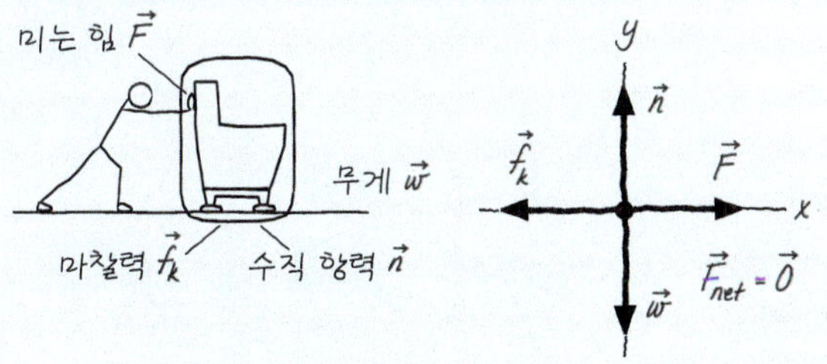

첫째 식에서 $\vec{f}_k$의 x성분은 $\vec{f}_k$가 왼쪽 방향이므로 $-f_k$가 된다. 마찬가지로 무게가 아래 방향이므로 $w_y = -w$이다.

첫째 식에서, 캐롤이 미는 힘은 $F = f_k$임을 알 수 있다. f_k를 구하기 위해서 운동 마찰력 모형을 이용하면

$$f_k = \mu_k n$$

이 된다. 먼저 수직 운동을 보자. 둘째 식은 궁극적으로 다음과 같이 된다.

$$n - w = 0$$

무게는 $w = mg$이므로 다음과 같다.

$$n = mg$$

이러한 일반적인 결과는 다시 보게 될 것이다. 캐롤이 마찰력과 같은 힘으로 밀고, 또한 이것이 수직 항력에 의존하고 운동 마찰 계수 $\mu_k = 0.080$이므로

$$F = f_k = \mu_k n = \mu_k mg$$
$$= (0.080)(32\,\text{kg})(9.80\,\text{m/s}^2) = 25\,\text{N}$$

이 된다.

검토 캐롤이 소파를 밀고 있는 속력은 답을 구하는 데 사용되지 않았다. 이것은 운동 마찰력이 속력과 무관하다는 의미가 된다. 마지막 결과 25 N은 다소 작은 힘이다. 이것은 캐롤이 소파를 이동하는 데 미끄러운 디스크를 사용하였기 때문이라 할 수 있다.

개념형 예제 5.12 잔디 고르개 밀기 또는 당기기

잔디 고르개는 **그림 5.18**에서 보는 바와 같이 고르지 못한 잔디를 평평하게 할 때 사용하는 무거운 장비이다. 이 잔디 고르개를 미는 것 또는 당기는 것 중 어느 것이 쉬운가? 잔디를 고르게 하려면 미는 것 또는 당기는 것 중 어느 것이 효과적일까? 미는 힘 또는 당기는 힘이 잔디 고르개의 손잡이 방향으로 작용한다고 가정한다.

그림 5.18 잔디 고르개 밀기와 당기기

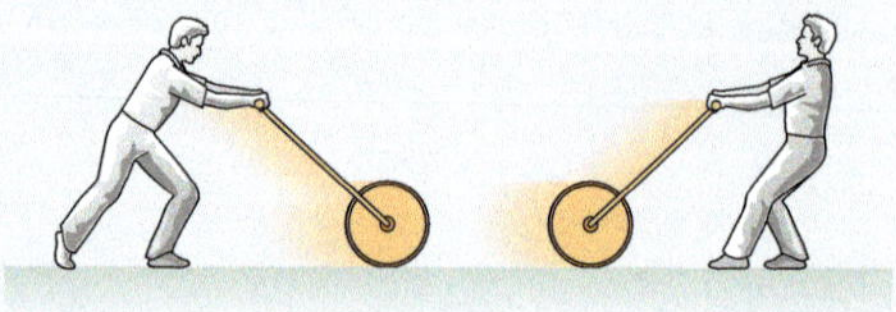

그림 5.19 잔디 고르개의 자유 물체 도형

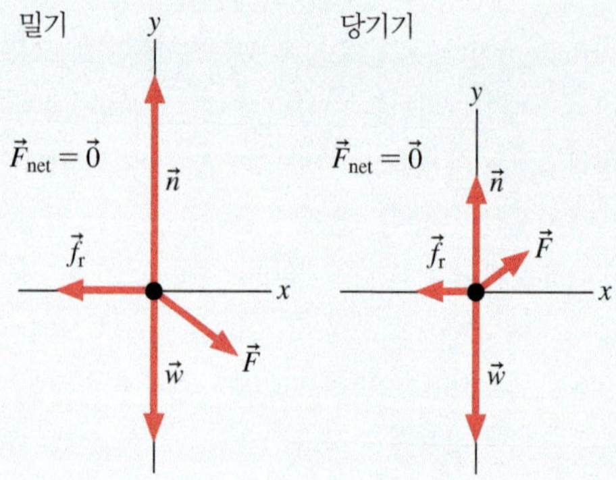

판단 **그림 5.19**는 두 경우에 대한 자유 물체 도형을 보여준다. 잔디 고르개를 일정한 속력으로 밀고 있다고 가정한다면 $\vec{F}_{net} = \vec{0}$인 동역학적 평형 상태이다. 고르개가 y방향으로는 움직이지 않기 때문에 y방향의 알짜힘은 0이다. 모형에 따르면 굴림 마찰력 f_r의 크기가 수직 항력의 크기 n에 비례한다. 만약 잔디 고르개를 민다면 미는 힘 $\vec{F}$는 아래 방향의 y성분을 갖는다. 이것을 보상하기 위해 수직 항력은 증가해야 하고, 마찬가지로 $f_r = \mu_r n$ 굴림 마찰력도 증가한다. 이것이 잔디 고르개를 움직이는 것을 힘들게 만든다. 만약 잔디 고르개를 끌어당긴다면 힘 $\vec{F}$의 y성분은 위 방향이므로 n의 값이 줄어들고, 이 때문에 f_r도 작아진다. 따라서 잔디 고르개를 미는 것보다 당기는 것이 더 용이하다.

하지만 잔디 고르개의 목적은 땅을 고르게 하는 데 있다. 만약 잔디 고르개에 대한 땅의 수직 항력 n이 커질수록 뉴턴의 제3법칙에 의해 잔디 고르개가 잔디를 누르는 힘도 더 커지게 될 것이다. 그래서 잔디밭을 더욱 고르게 하기 위해서는 잔디 고르개를 미는 것이 더욱 효과적이다.

검토 아마도 여러분은 똑바로 세운 진공청소기를 사용할 때 이러한 경험을 했을 것이다. 청소기를 뒤로 당기는 것이 앞으로 미는 것보다 쉽다.

예제 5.13 서류함 버리기

50.0 kg의 철제 서류함이 덤프트럭 뒤에 실려 있다. 강철로 만든 트럭 짐칸을 천천히 기울인다. 트럭 짐칸의 경사가 20°일 때 서류함의 정지 마찰력은 얼마인가? 서류함이 미끄러지는 경사각을 구하시오.

준비 정지 마찰 모형을 사용해보자. 서류함은 정지 마찰력이 가능한 최댓값 $f_{s\,max}$일 때 미끄러질 것이다. **그림 5.20**은 트럭의 짐칸이 각도 θ로 기울어지는 모습의 개요도이다. 좌표계를 트럭 짐칸이 기울어진 각도와 맞춰보면 분석이 더 용이할 것이다. 서류함이 미끄러지는 것을 방지하기 위해서는 정지 마찰력이 경사면 **위**로 향해야 한다.

그림 5.20 기울어진 덤프트럭에 실린 서류함의 개요도

주어진 값
$\mu_s = 0.80$ $m = 50.0$ kg
$\mu_k = 0.60$

구할 값
$\theta = 20°$일 때 f_s
서류함이 미끄러지는 θ

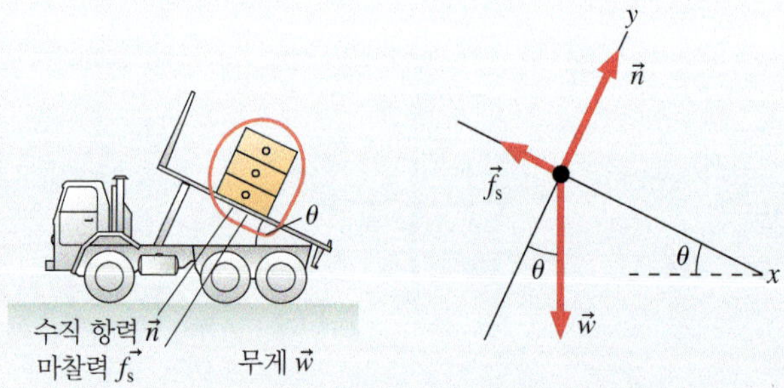

풀이 서류함이 미끄러지기 전에는 정적 평형 상태에 있다. 뉴턴의 제2법칙은

$$\sum F_x = n_x + w_x + (f_s)_x = 0$$
$$\sum F_y = n_y + w_y + (f_s)_y = 0$$

이다. 자유 물체 도형으로부터 f_s는 음(−)의 x성분만 있고 수직 항력 n은 양(+)의 y성분만 갖는다. 또한 $w_x = w\sin\theta$, $w_y = -w\cos\theta$이므로, 뉴턴의 제2법칙은

$$\sum F_x = w\sin\theta - f_s = mg\sin\theta - f_s = 0$$
$$\sum F_y = n - w\cos\theta = n - mg\cos\theta = 0$$

이 된다. x성분 방정식으로부터 $\theta = 20°$일 때 정지 마찰력의 크기를 구할 수 있다.

$$f_s = mg\sin\theta = (50.0\text{ kg})(9.80\text{ m/s}^2)\sin 20° = 168\text{ N}$$

이다. 이 값을 구할 때 μ_s는 알 필요가 없다. 정지 마찰 계수는 서류함이 미끄러지는 각도를 구하려 할 때만 필요하다. 정지 마찰력이 최댓값일 때 미끄러짐이 발생하므로

$$f_s = f_{s\max} = \mu_s n$$

이 된다. 뉴턴의 제2법칙의 y성분으로부터 $n = mg\cos\theta$임을 알 수 있으므로 결국

$$f_{s\max} = \mu_s mg\cos\theta$$

이다. 뉴턴의 제2법칙의 x성분은

$$f_s = mg\sin\theta$$

임을 알려준다. $f_s = f_{s\max}$로 놓고 계산하면

$$mg\sin\theta = \mu_s mg\cos\theta$$

가 되고, mg를 소거하면

$$\frac{\sin\theta}{\cos\theta} = \tan\theta = \mu_s$$
$$\theta = \tan^{-1}\mu_s = \tan^{-1}(0.80) = 39°$$

를 구할 수 있다.

검토 윤활유를 칠하지 않은 강철 위에서 강철은 잘 미끄러지지 않기 때문에 놀라울 정도로 큰 각도가 필요하다. 따라서 답은 합당해 보인다. 이번 문제에서 $n = mg\cos\theta$가 유용하게 사용되었는데, 일반적으로 단순히 $n = mg$로 놓는 실수가 있을 수 있다. 수직 항력을 구할 때는 각 문제의 맥락을 확인해서 값을 구해야 한다.

마찰력의 원인

마찰력의 원인에 대해서 다시 한번 살펴볼 필요가 있다. 접촉면이 아주 매끄하더라도 모든 면은 미시적 관점에서 보면 매우 거칠다. 두 물체가 접촉하고 있을 때 그것이 정확히 매끈하게 맞아떨어질 수는 없다. 대신 **그림 5.21**은 한 면의 높은 부분과 다른 면의 높은 부분이 서로 맞닿아 접촉하고 있음을 보여준다. 반면에 들어간 부분은 전혀 접촉하지 않고 있다. 실제로 매우 좁은 접촉면에서만 매우 작은 마찰(보통 10^{-4})이 일어난다. 접촉 정도는 접촉하면서 서로 밀고 있는 면이 얼마나 단단한가에 따라 변한다. 그러므로 마찰력은 수직 항력 n에 비례한다.

물체를 미끄러지게 하려면 이 접촉점에 가해지는 힘을 능가할 만큼 충분한 힘으로 밀어야만 한다. 일단 두 면이 서로 미끄러지면 접촉면의 높은 지점들이 계속적인 충돌과 변형, 심지어는 약한 결합을 하게 되므로 운동 마찰력에 저항하는 힘으로 작용하게 된다.

그림 5.21 마찰력의 미시적 관점

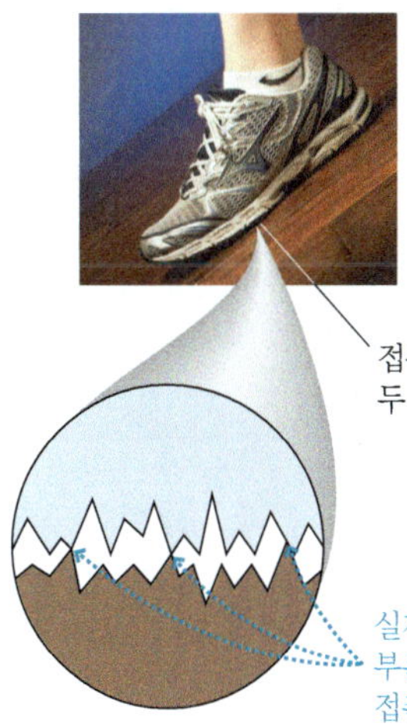

5.6 끌림힘

물체가 공기를 지나갈 때 공기는 끌림힘을 작용한다. 조깅할 때나, 스키를 탈 때, 또는 자동차를 운전할 때도 끌림힘을 경험한다. 끌림힘 $\vec{D}$의 특징은 다음과 같다.

- 끌림힘의 방향은 물체의 속도 $\vec{v}$의 방향과 반대이다.
- 끌림힘의 크기는 물체의 속력의 크기가 증가할수록 커진다.

상대적으로 낮은 속력에서 공기 끌림힘은 작기 때문에 무시할 수 있다. 그러나 속력이 증가하면 끌림힘은 중요한 역할을 한다. 다행스럽게도 다음 세 가지 조건을 만족할 때 끌림힘의 간단한 **모형**을 사용할 수 있다.

- 물체의 크기(지름)가 수 밀리미터(mm)에서 수 미터(m)일 때
- 물체의 속력이 초당 수백 미터보다 작을 때
- 물체가 지표면 가까이 공기 속에서 움직일 때

이런 조건들은 보통 공, 사람, 자동차, 그리고 일상생활에서 경험하는 많은 물체들에서 만족된다. 이러한 조건들에서 끌림힘을 다음과 같이 쓸 수 있다.

$$\vec{D} = \left(\tfrac{1}{2}C_{\mathrm{D}}\rho A v^2, \text{ 물체의 움직임과 반대방향}\right) \tag{5.11}$$

여기서 ρ는 공기 밀도($\rho = 1.2\ \mathrm{kg/m^3}$, 해수면 기준)이며, A는 물체의 단면적으로 제곱미터($\mathrm{m^2}$) 단위이고, **끌림힘 계수**(drag coefficient) C_{D}는 물체의 상세한 모양에 따라 변하는 값이다. 그러나 모든 움직이는 물체의 C_{D}값은 대략 1/2이므로 끌림힘의 근삿값은 다음과 같다.

$$D = \tfrac{1}{4}\rho A v^2 \tag{5.12}$$

단면적이 A이고 속력 v로 움직이는 물체에 작용하는 끌림힘

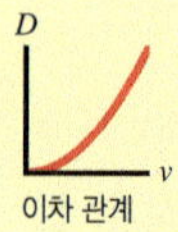

이러한 끌림힘의 크기에 대한 표현은 이 장에서 계속 사용될 것이다.

공기 중에서 끌림힘의 크기는 물체 속력의 제곱에 비례한다. 만약 속력이 2배가 되면 끌림힘은 4배가 된다. 이러한 끌림힘 모형은 매우 작거나(먼지 같은 입자) 매우 빠른 물체(제트 비행기), 또는 다른 매질(물)에서 움직이는 물체에는 적용되지 않는다.

그림 5.22는 식 (5.12)에 있는 물체의 단면적 A가 '바람에 맞서서 움직이는' 물체에서 어떻게 적용되는지 보여준다. 공기 중 끌림힘의 크기는 물체의 **크기**와 **모양**에 따

그림 5.22 단면적 A를 계산하는 방법

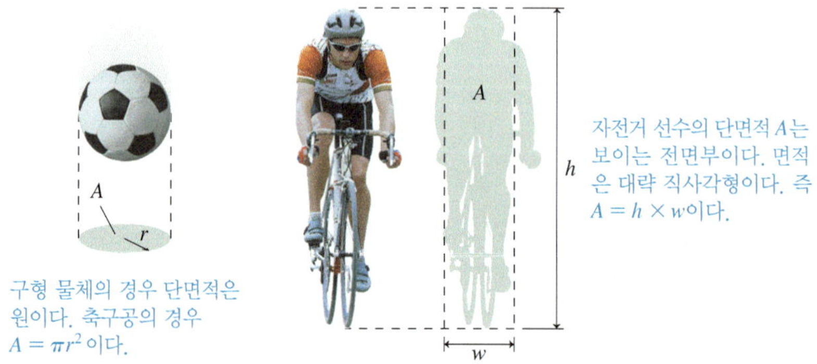

라 변하지만 질량과는 무관하다. 이것은 낙하하는 물체의 움직임에 대한 중요한 결과이다.

그림 5.23 낙하하는 물체가 최후에는 종단 속력에 도달한다.

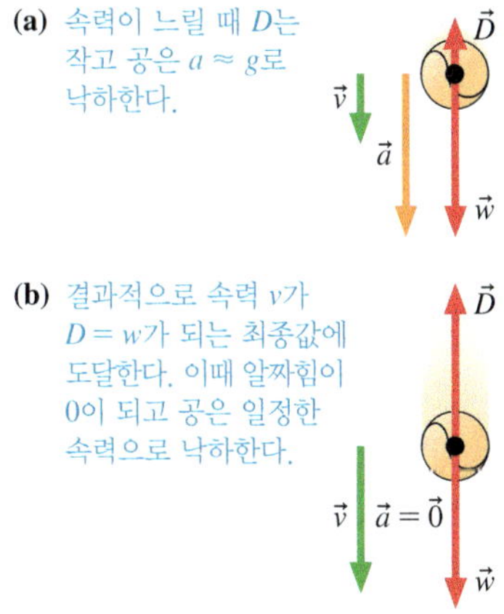

종단 속력

그림 5.23(a)와 같이 물체가 정지 상태에서 벗어난 직후 그 속력은 느리고 끌림힘도 작다. 알짜힘은 거의 무게와 같기 때문에 물체는 g보다 약간 작은 값으로 낙하하게 된다. 낙하가 더 진행되면 속력과 더불어 끌림힘도 증가한다. 이제 알짜힘이 더 작아짐으로써 가속도도 작아진다. 결국 속력은 끌림힘의 크기가 무게와 같아질 때까지 증가한다[그림 5.23(b)]. 이때 알짜힘과 가속도의 크기는 0이 되며, 물체는 일정한 속력으로 낙하한다. 위로 향하는 끌림힘과 아래로 향하는 중력이 균형을 이루게 되어 물체가 가속도가 없이 낙하하는 속력을 **종단 속력**(terminal speed)이라 한다. **한 번 물체가 종단 속력에 도달하면, 물체는 땅에 떨어질 때까지 그 속력으로 낙하한다.**

예제 5.14 스카이다이버와 생쥐의 종단 속력

스카이다이버와 그의 애완 쥐가 비행기에서 뛰어내렸다. 둘 다 팔다리를 벌려 엎드린 자세로 떨어진다고 했을 때 종단 속력을 계산하시오.

준비 사람과 쥐가 종단 속력에 도달하면 알짜힘은 없다. 그림 5.23(b)는 끌림힘 D와 무게 w의 크기가 같아진 상황을 보여준다. 이러한 두 힘이 같아졌을 때의 식을 표현하면

$$\frac{1}{4}\rho A v^2 = mg$$

가 된다. 사람과 쥐의 종단 속력을 풀기 위해서 각각의 질량 m과 단면적 A가 얼마가 되는지 알 필요가 있는데, 그림 5.24에서 이를 보여준다. 일반적인 스카이다이버는 키 1.8 m와 0.4 m의 폭 ($A = 0.72\ \text{m}^2$)과 75 kg의 질량을 가지며, 쥐는 길이 7 cm, 폭 3 cm ($A = 0.07\ \text{m} \times 0.03\ \text{m} = 0.0021\ \text{m}^2$), 20 g(0.020 kg)의 질량을 갖는다.

그림 5.24 스카이다이버와 쥐의 단면적

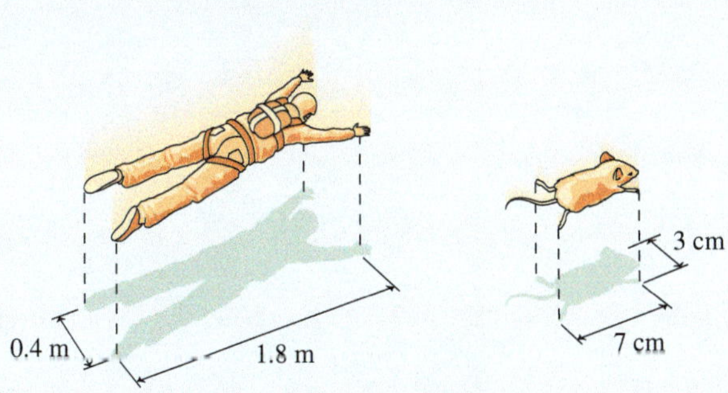

풀이 식을 다시 정리해서 속도를 표현하면

$$v = \sqrt{\frac{4mg}{\rho A}}$$

가 된다. 수면에서의 대략적인 공기 밀도값을 감안해서 종단 속력을 구하면 다음과 같은 값을 갖게 된다.

$$v_{\text{man}} \approx \sqrt{\frac{4(75\ \text{kg})(9.80\ \text{m/s}^2)}{(1.2\ \text{kg/m}^3)(0.72\ \text{m}^2)}} = 60\ \text{m/s}$$

$$v_{\text{mouse}} \approx \sqrt{\frac{4(0.020\ \text{kg})(9.80\ \text{m/s}^2)}{(1.2\ \text{kg/m}^3)(0.0021\ \text{m}^2)}} = 20\ \text{m/s}$$

검토 스카이다이버에 대하여 계산한 종단 속력은 이 활동에 대한 예상 속력을 구한 것과 비슷할 것이다. 하지만 쥐의 경우는 어떠한가? 종단 속력은 단면적에 대한 질량의 비 m/A에 의존한다. 종단 속력은 이러한 비율의 값이 작아질수록 더 느려진다. 작은 동물은 이러한 비율이 더 작기 때문에 종단 속력이 작아지는 것을 경험하게 된다. m/A의 값이 아주 작은 (그래서 종단 속력이 크지 않은) 쥐는 어떤 높이에서 떨어져도 별 탈 없이 살아남을 수 있다. 작은 동물은 단면적 A를 증가시킴으로써 종단 속력을 더욱 더 줄일 수 있다. 이 때문에 이 장 처음에 있는 사진 속의 개구리는 발가락을 펼쳐서 땅으로 활공한다.

비록 낙하하는 물체에 대하여 초점을 맞췄지만 수평으로 움직이는 물체에 대해서도 똑같은 생각을 적용할 수 있다. 만약 물체를 던지거나 수평으로 발사시키면 $\vec{D}$가 물체 속력이 줄어드는 원인이 된다. 비행기가 최대 속력에 도달하면, 종단 속력과 같아지는데, 끌림힘이 추력과 크기는 같고($D = F_{\text{thrust}}$) 방향이 반대이기 때문이다. 이때 알짜힘은 0이고 비행기는 더 이상 빨라지지 않는다.

특별히 문제에서 끌림힘을 고려해야 한다고 하지 않는 이상 끌림힘은 무시한다.

힘의 종류 다시 보기

계속하기 전에, 지금까지 ◀◀4.2절에서 다루어 온 몇 가지 힘들의 세부사항에 대하여 요약해보도록 하자.

종합 5.1 힘의 종류

동역학 문제를 풀 때 종종 밑에 열거한 일반적인 힘에 대하여 그 방향과 세부사항을 사용하게 될 것이다.

무게

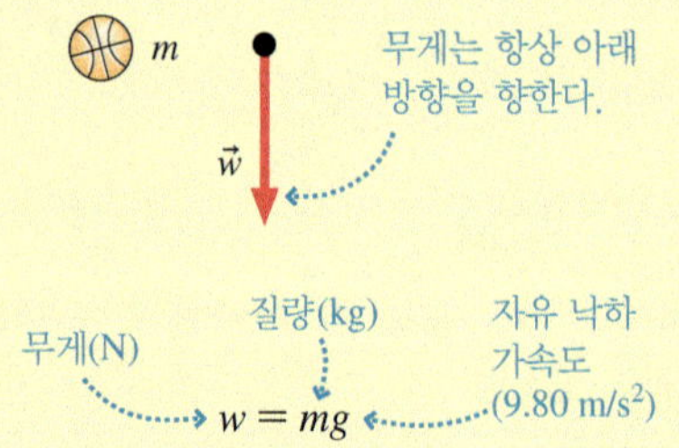

무게는 장거리힘이다. 이 식은 지구 표면 가까이에서 적용된다.

수직 항력

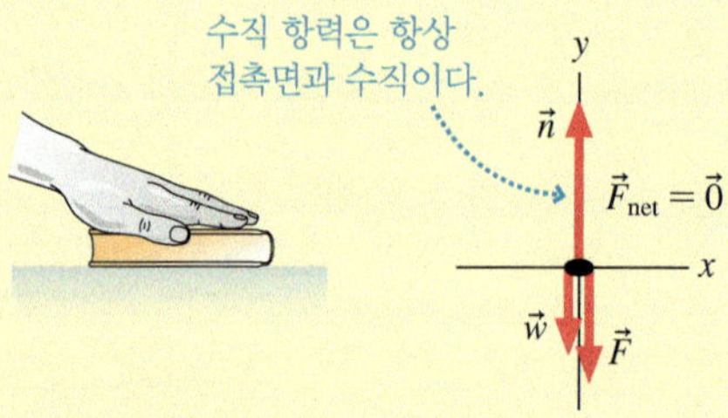

수직 항력에 대한 식은 없다. 즉, 힘을 결정하기 위해서 뉴턴의 법칙을 사용한다.

용수철과 장력

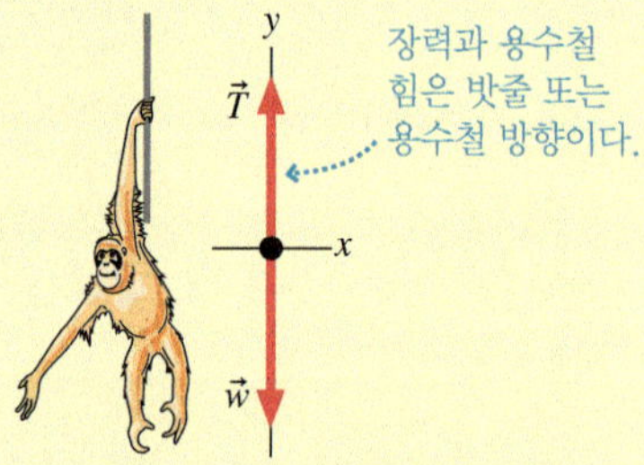

용수철 힘은 앞으로 다루겠지만 용수철이 늘어나면 달라진다.

정지 마찰력

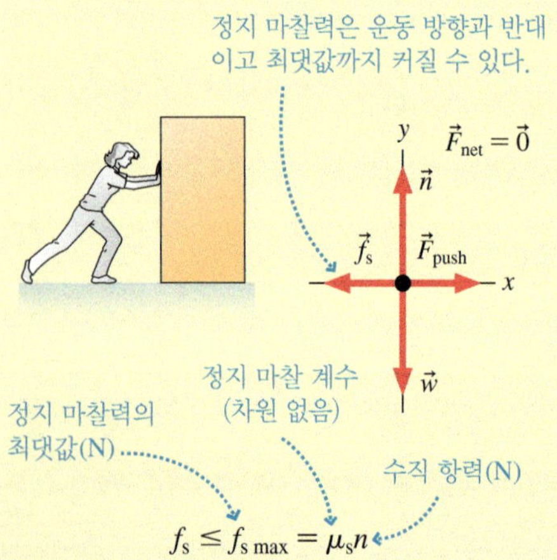

운동 마찰력

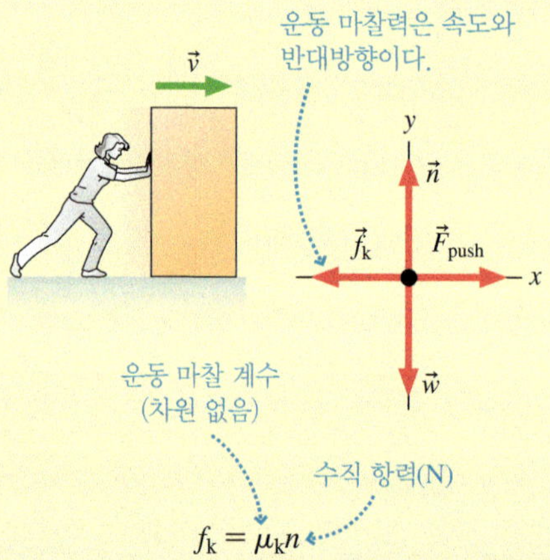

끌림힘

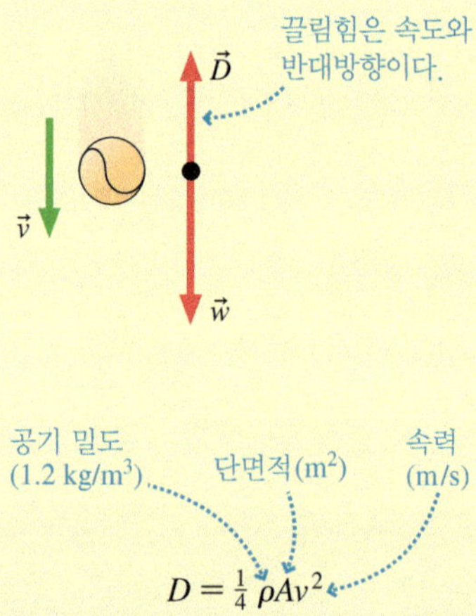

5.7 상호작용하는 물체

지금까지 다른 물체들이 가하는 힘에 대한 단일 물체의 동역학에 대하여 공부하였다. 예를 들어 예제 5.11에서 소파에는 마룻바닥, 지구와 미는 사람에 의한 마찰력과 수직 항력, 무게, 그리고 미는 힘이 작용한다. 이러한 문제들은 작용하는 모든 힘을 밝힌 후 뉴턴의 제2법칙을 적용하여 풀 수 있었다.

그러나 4장에서 배웠듯이, 현실 세계에서는 종종 두 가지 이상의 물체가 상호작용하는 운동을 볼 수 있다. 더 나아가 뉴턴의 제3법칙과 관련된 작용·반작용 쌍의 형태로 나타나는 힘을 발견하게 된다. 뉴턴의 제3법칙을 다시 정리하면 다음과 같다.

- 모든 힘은 작용·반작용 쌍의 형태로 나타난다. 쌍이 되는 두 힘은 언제나 다른 물체에 작용한다.
- 작용·반작용 쌍의 두 힘은 방향이 서로 반대이지만 크기는 같다.

이 절을 통해서 상호작용하는 물체에 뉴턴의 제2법칙과 제3법칙을 어떻게 적용할 것인지 배운다.

접촉하고 있는 물체

두 물체가 상호작용하는 방법 중 하나는 두 물체 사이에 직접적인 접촉힘이 작용하는 것이다. 예를 들어 **그림 5.25**에서 보는 것처럼 2개의 벽돌을 마찰 없이 밀고 있는 상황을 고려하자. 벽돌 A의 운동을 분석하기 위해 그것에 작용하는 모든 힘을 알 필요가 있으므로 자유 물체 도형을 그려야 한다. 벽돌 B에 대한 운동도 같은 단계를 반복한다. 그러나 A와 B 벽돌에 작용하는 힘은 서로 독립적이지 **않다**. B가 A에 작용하는 힘 $\vec{F}_{\text{B on A}}$와 A가 B에 작용하는 힘 $\vec{F}_{\text{A on B}}$는 작용·반작용 쌍으로 힘의 크기가 같다. 더 나아가 두 벽돌이 접촉하고 있으므로 **가속도**가 같아야 하기 때문에 $a_{\text{A}x} = a_{\text{B}x} = a_x$가 된다. 두 벽돌의 가속도가 같으므로 아래 첨자 A, B를 쓰는 대신 가속도 a_x로 쓸 수 있다.

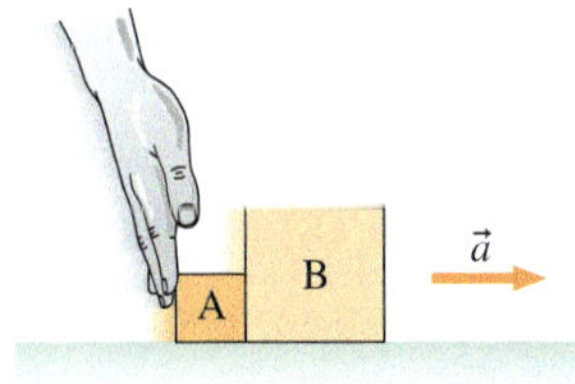

그림 5.25 같은 가속도로 함께 움직이는 2개의 벽돌

이러한 관측은 다른 벽돌의 움직임을 고려하지 않으면 또 다른 벽돌의 운동에 관한 문제를 풀 수 없다는 것을 말한다. 따라서 하나의 운동 문제를 풀 수 있다면 동시에 두 문제를 풀 수 있다.

풀이 전략 5.2 접촉하고 있는 물체에 관한 문제

두 물체가 접촉하고 운동이 연결되어 있을 때, 운동을 분석하려면 어떠한 단계를 반복할 필요가 있다.

❶ 각 물체를 분리해서 그리고, 각 물체에 대하여 힘 식별 도형을 분리해서 나타낸다.
❷ 각 물체에 대한 자유 물체 도형을 그린다.
❸ 각 물체에 대하여 뉴턴의 제2법칙을 성분 형태로 적는다.

접촉하고 있는 두 물체는 서로에게 힘을 작용한다.

❹ 작용·반작용 쌍의 힘을 확인한다. 물체 A가 물체 B에 힘 $\vec{F}_{\text{A on B}}$를 작용할 때 물체 B가 물체 A에 작용하는 힘 $\vec{F}_{\text{B on A}}$를 찾는다.

❺ 뉴턴의 제3법칙은 작용·반작용 쌍의 두 힘의 크기가 같다는 것을 말해준다.

물체들이 접촉하고 있다는 사실은 운동학을 단순화시킨다.

❻ 접촉하고 있는 물체는 같은 가속도를 갖는다.

예제 5.15 두 벽돌 밀기

그림 5.26은 5.0 kg의 벽돌 A를 3.0 N 힘으로 밀고 있는 것을 보여준다. 이 벽돌 앞에는 10 kg의 벽돌 B가 있다. 두 벽돌이 함께 움직일 때 벽돌 A가 벽돌 B에 가하는 힘은 얼마인가?

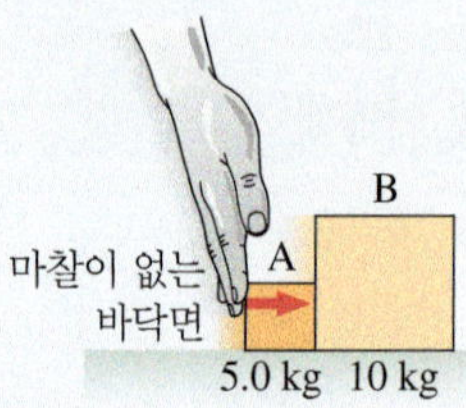

그림 5.26 두 벽돌을 한 손으로 밀고 있다.

준비 **그림 5.27**은 알고 있는 정보와 구하고자 하는 분리된 힘 $\vec{F}_{\text{A on B}}$의 개요도를 보여준다. 풀이 전략 5.2의 다음 단계에 따라 각 물체의 힘 식별 도형을 그리고 두 벽돌에 대한 자유 물체 도형을 그린다. 두 벽돌은 무게와 수직 항력이 작용하므로 그 힘을 구별하기 위해 아래 첨자 A와 B를 사용한다.

힘 $\vec{F}_{\text{A on B}}$는 접촉하였을 때 벽돌 A가 벽돌 B에 가하는 힘이다. 다시 말하면 벽돌 B가 벽돌 A에 가한 힘 $\vec{F}_{\text{B on A}}$의 작용·반작용 쌍의 힘이다. **힘 벡터는 항상 힘이 작용하는 물체의 자유 물체 도형에만 나타난다.** 작용·반작용 쌍은 반대방향으로 작용하므로 힘 $\vec{F}_{\text{B on A}}$는 벽돌 A를 뒤로 밀며 A의 자유 물체 도형에 나타난다.

풀이 각 벽돌에 대해 뉴턴의 제2법칙을 성분 형태로 쓰는 것으로 시작한다. x방향으로만 움직이므로 뉴턴의 제2법칙은 x성분만 필요하다. 벽돌 A에 대해서

$$\sum F_x = (F_{\text{H}})_x + (F_{\text{B on A}})_x = m_{\text{A}} a_{\text{A}x}$$

가 되고 힘의 성분은 자유 물체 도형에서 '읽을' 수 있는데, $\vec{F}_{\text{H}}$는 오른쪽을 향하고 $\vec{F}_{\text{B on A}}$는 왼쪽을 향한다. 따라서

$$F_{\text{H}} - F_{\text{B on A}} = m_{\text{A}} a_{\text{A}x}$$

가 된다. 벽돌 B에 대해서는

$$\sum F_x = (F_{\text{A on B}})_x = F_{\text{A on B}} = m_{\text{B}} a_{\text{B}x}$$

이다.

여기에 두 가지 추가 정보가 있는데, 첫째, 뉴턴의 제3법칙은 $F_{\text{B on A}} = F_{\text{A on B}}$임을 말해준다. 둘째, 벽돌이 서로 접촉하고 있으므로 가속도 a_x는 같다. 즉, $a_{\text{A}x} = a_{\text{B}x} = a_x$가 된다. 이러한 결과를 바탕으로 2개의 x성분의 식을 쓰면 다음과 같다.

그림 5.27 두 벽돌의 개요

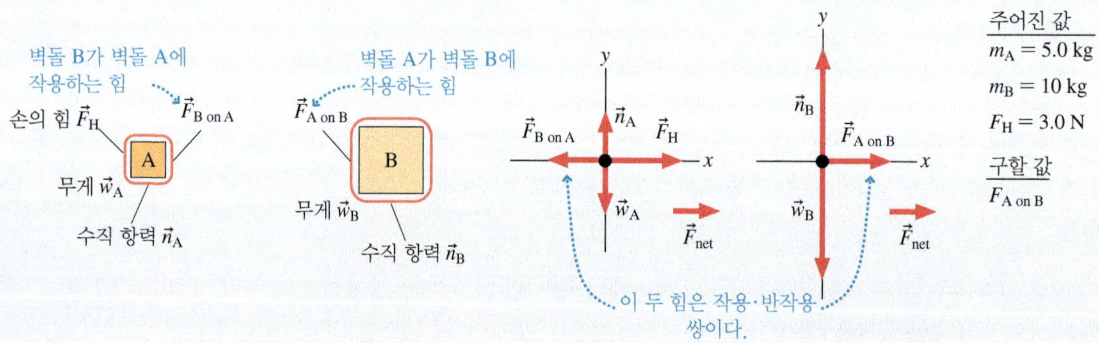

$$F_H - F_{A\,on\,B} = m_A a_x$$
$$F_{A\,on\,B} = m_B a_x$$

$F_{A\,on\,B}$를 구하는 것이 목적이므로 a_x를 소거할 필요가 있다. 둘째 식으로부터 $a_x = F_{A\,on\,B}/m_B$이므로, 이것을 첫째 식에 대입하면

$$F_H - F_{A\,on\,B} = \frac{m_A}{m_B}F_{A\,on\,B}$$

가 된다. 이것으로 벽돌 A가 벽돌 B에 작용하는 힘을 구할 수 있다.

$$F_{A\,on\,B} = \frac{F_H}{1 + m_A/m_B} = \frac{3.0\text{ N}}{1 + (5.0\text{ kg})/(10\text{ kg})} = \frac{3.0\text{ N}}{1.5} = 2.0\text{ N}$$

검토 힘 F_H는 총 질량이 15 kg인 두 벽돌을 가속하지만 힘 $F_{A\,on\,B}$는 질량 10 kg인 벽돌 B만 가속시킨다. 따라서 $F_{A\,on\,B} < F_H$이다.

5.8 밧줄과 도르래

많은 물체들은 끈, 밧줄, 케이블로 연결되어 있다. **그림 5.28**처럼 밧줄에 의해 끌려가는 상자를 고려함으로써 밧줄과 장력에 대한 몇 가지 중요한 사실을 배울 수 있다. 손으로 끄는 밧줄에 힘 $\vec{F}$를 가하고 있다.

상자가 밧줄에 연결되어 있으므로 상자의 자유 물체 도형은 장력 $\vec{T}$를 보여준다. 밧줄은 두 가지 수평 방향의 힘을 받게 된다. 즉, 손으로 잡고 있는 밧줄에 작용하는 힘 $\vec{F}$와 상자가 뒤로 당기는 힘 $\vec{F}_{\text{box on rope}}$이다. 문제에서 밧줄의 질량은 물체의 질량에 비해 아주 작아서 $m_{\text{rope}} = 0$인 **줄의 질량을 무시하는 근사**(massless string approximation)를 사용할 수 있다. 밧줄에 작용하는 무게가 없기 때문에 밧줄을 지탱할 힘도 없다. 따라서 수직으로 작용하는 힘이 없다. $\vec{T}$와 $\vec{F}_{\text{box on rope}}$는 작용·반작용 쌍으로써 그 크기가 같다. 곧 $F_{\text{box on rope}} = T$이다. 밧줄의 뉴턴의 제2법칙은

$$\sum F_x = F - F_{\text{box on rope}} = F - T = m_{\text{rope}} a_x = 0 \tag{5.13}$$

이다. $m_{\text{rope}} = 0$인 근사를 사용했다. 일반적으로 **줄의 질량을 무시하면 줄의 장력은 줄의 끝을 당기는 힘과 크기가 같다**. 따라서 결론은 다음과 같다.

- 질량을 무시한 끈과 밧줄에서 힘은 한쪽 끝에서 다른 쪽 끝으로 줄어들지 않고 '전달'된다. 만약 줄의 한쪽 끝을 힘 F로 잡아당기면 다른 쪽 끝에 매달린 물체에 같은 크기의 힘 F가 작용한다.
- 질량을 무시한 줄의 장력은 한쪽 끝과 다른 쪽 끝에서 똑같다.

그림 5.28 밧줄에 끌려가는 상자

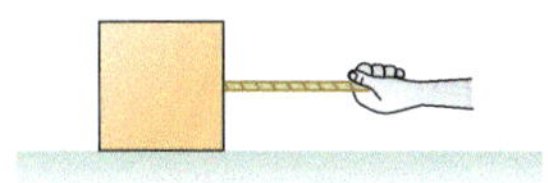

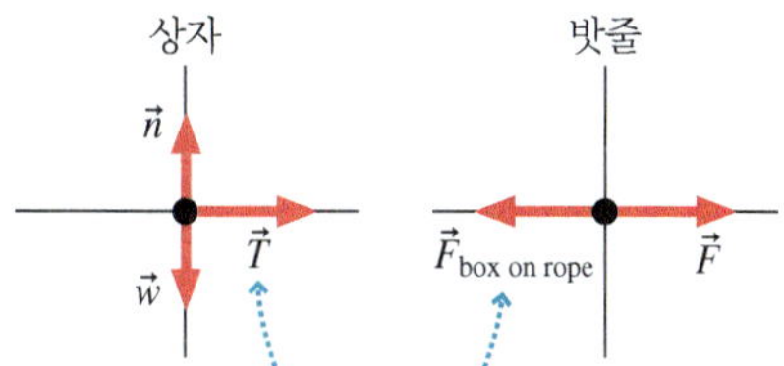

개념형 예제 5.16 밧줄 당기기

그림 5.29(a)는 한 학생이 벽에 걸려 있는 밧줄을 100 N의 힘으로 수평 방향으로 잡아당기고 있는 그림이다. **그림 5.29(b)**는 두 학생이 100 N의 힘을 가해서 서로 줄을 잡아당기며 줄다리기를 하고 있다. 두 번째 밧줄에 작용하는 장력이 첫 번째 밧줄의 장력보다 더 큰지, 작은지 혹은 같은지 설명하시오.

판단 양쪽 끝에서 밧줄을 잡아당기는 것이 한쪽에서 잡아당기는 것보다 더 큰 장력을 가지고 있음이 확실하다. 이 말은 옳은가? 결론을 내리기에 앞서 이 상황을 주의 깊게 분석해보자. 앞서 밧줄을 당기고 있는 힘, 즉 학생이 가하는 100 N의 힘과 밧줄에 걸리는 장력이 같다는 사실을 알았다. 따라서 밧줄 1에 걸린 장력은 100 N이고 이 힘은 학생이 밧줄을 당기는 힘이다.

두 번째 밧줄에 걸린 장력을 구하기 위해서 첫 번째 밧줄에서 벽

그림 5.29 밧줄 잡아당기기. 더 큰 장력은 어느 쪽일까?

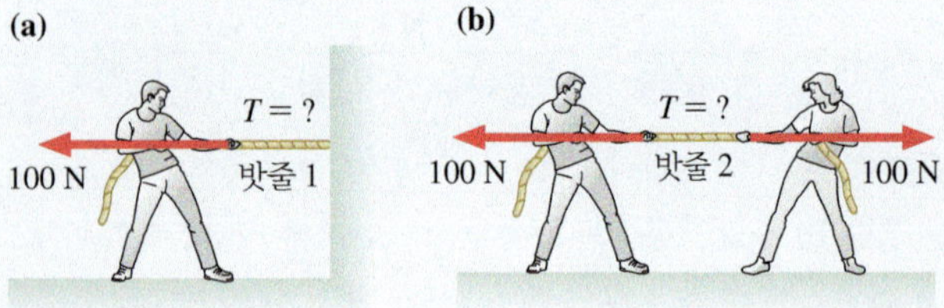

이 줄에 작용하는 힘을 고려해야 한다. 첫 번째 밧줄은 평형 상태에 있으므로 학생이 가한 100 N의 힘과 벽이 밧줄에 작용하는 힘이 균형을 이루고 있어야 한다. 첫 번째 밧줄은 양 끝에 100 N의 힘을 받고 있는데, 두 번째 밧줄도 마찬가지로 학생이 잡아당기는 것과 똑같은 상황이다. 밧줄은 벽이 잡아당기든, 학생이 당기든 문제가 되지 않으므로 두 번째 밧줄의 장력 역시 첫 번째 밧줄의 장력과 마찬가지로 100 N이 된다.

검토 이 개념적 문제는 밧줄에 대해 배운 것을 보강해준다. 밧줄을 양 끝에 있는 물체를 장력과 동일한 크기로 끌어당기고 밧줄 양 끝에 가한 외부 힘과 밧줄의 장력은 동일한 크기를 갖는다.

도르래

그림 5.30 이상적인 도르래는 작용하는 장력의 방향은 변화시키지만 그 크기는 변화시키지 않는다.

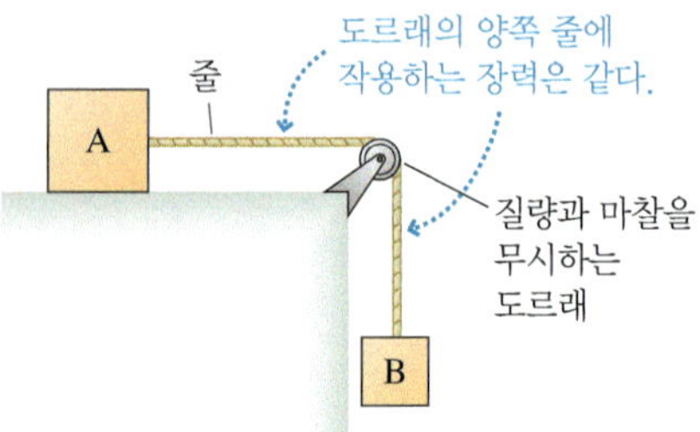

밧줄이 도르래에 걸려 있다. 그림 5.30은 벽돌 B가 아래로 움직이면서 벽돌 A가 탁자 위에서 움직이는 간단한 상황을 보여준다. 줄이 움직일 때 줄과 도르래 사이의 정지 마찰력이 도르래를 회전시킨다. 만약

- 줄과 도르래의 질량을 모두 무시하고,
- 도르래가 축에서 회전할 때 마찰이 없다고

가정하면 줄을 가속시키거나 도르래를 회전시키는 데 필요한 알짜힘은 없다. 이럴 경우 **질량을 무시한 줄의 장력은 질량과 마찰이 없는 도르래를 지나가더라도 변하지 않는다.** 이 장에서 이와 같은 이상적인 도르래 문제를 만나게 될 것이다.

풀이 전략 5.3 줄과 도르래 문제

질량이 없는 줄, 그리고 질량과 마찰을 무시한 도르래에 대하여

- 만일 어떤 힘으로 줄의 끝을 잡아당기면 줄의 장력은 당기는 힘과 크기가 같다.
- 만약 두 물체가 한 줄에 연결되어 있다면 양쪽 끝에 걸리는 장력은 같다.
- 만약 줄이 도르래에 걸려 있다면 줄의 장력은 변함이 없다.

예제 5.17 다리 지지대 설치 BIO

심각한 다리 골절이 일어난 상황에서 골절된 뼈를 견고하게 하고 다리 근육이 심하게 수축되는 것을 막아주기 위해서 근육을 늘여주는 힘이 요구된다. 이런 경우 종종 그림 5.31에서 보는 바와 같이 줄과 추, 도르래를 이용한 견인장치를 사용한다. 줄은 도르래 양쪽이 같은 각도 θ를 이루게 하여 도르래에 가해지는 알짜힘을 수평으로 오른쪽 방향을 향하도록 하되, 각도 θ는 견인력을 조절할 수 있도록 해준다. 의사는 환자에게 4.2 kg의 추를 매달아서 50 N의 견인력이 생기도록 처방하였다. 이에 알맞은 각도 θ는 얼마가 되어야 할까?

준비 환자 다리에 부착시킨 도르래는 정적 평형 상태이므로 알짜힘이 0이다. 그림 5.32는 도르래의 자유 물체 도형을 보여주는데, 마찰이 없음을 가정한다. $\vec{T}_1$과 $\vec{T}_2$의 힘은 도르래를 통하여 당기는 줄의 장력이다. 장력의 크기는 같고, 합력은 수평 오른쪽 방향을 향한다. 이 힘은 환자 다리가 왼쪽으로 당기는 힘 $\vec{F}_{\text{leg on pulley}}$와 균

그림 5.31 다리 지지대

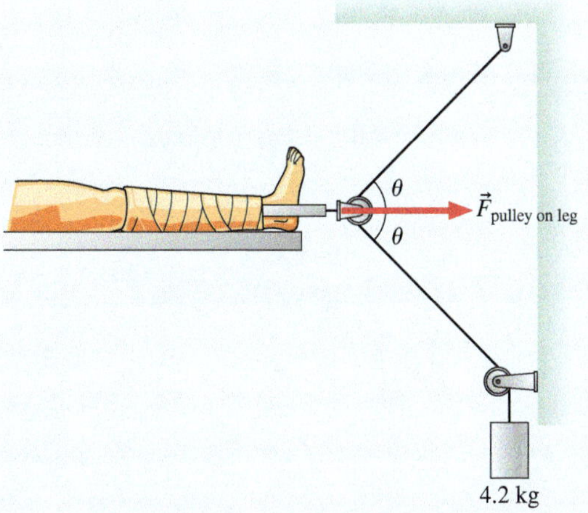

그림 5.32 도르래의 자유 물체 도형

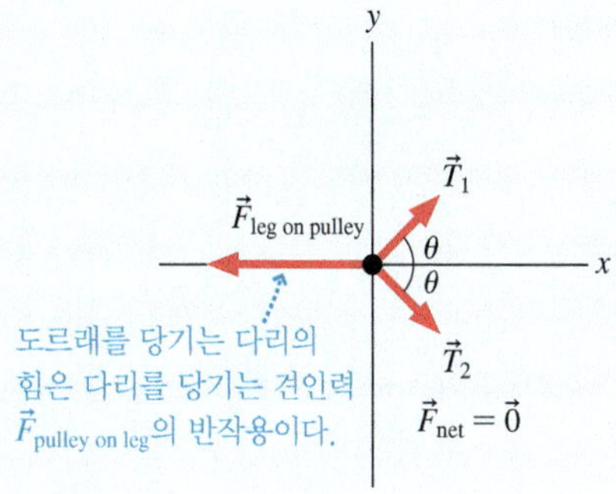

형을 이룬다. 견인력 $\vec{F}_{\text{pulley on leg}}$은 $\vec{F}_{\text{leg on pulley}}$과 작용·반작용 쌍을 형성하므로 50 N으로 견인한다는 것은 $\vec{F}_{\text{leg on pulley}}$ 역시 50 N의 크기를 가짐을 의미한다.

풀이 줄의 두 가지 중요한 특성은 풀이 전략 5.3에서 주어진 대로 (1) 장력이 줄을 당기는 힘의 크기와 같고, (2) 그 장력이 줄 전체에서 동일하다는 것이다. 따라서 도르래에 매달린 질량 m이 줄을 무게 mg로 당기면 전체 줄에 걸린 장력은 $T = mg$가 된다. 예를 들어 질량이 4.2 kg이면 장력 T는 $T = mg = 41.2$ N이 된다.

평형 상태인 도르래는 $\vec{a} = \vec{0}$인 뉴턴의 제2법칙을 만족해야 한다. 따라서

$$\sum F_x = T_{1x} + T_{2x} + (F_{\text{leg on pulley}})_x = ma_x = 0$$

이다. 두 줄의 장력은 같은 크기 T와 수평 방향의 각도 θ를 갖는다. 다리에 걸리는 힘의 x성분은 음(−)의 값을 가지는데, 이것은 왼쪽 방향을 향하기 때문이다. 그래서 뉴턴의 제2법칙은

$$2T\cos\theta - F_{\text{leg on pulley}} = 0$$

이 되므로

$$\cos\theta = \frac{F_{\text{leg on pulley}}}{2T} = \frac{50\text{ N}}{82.4\text{ N}} = 0.607$$

$$\theta = \cos^{-1}(0.607) = 53°$$

를 얻는다.

검토 각도 θ가 0에 가까워지면 두 장력이 평행해지기 때문에 견인력은 $2mg = 82$ N에 접근한다. 반대로 $\theta = 90°$이면 장력은 0 N이 된다. 그러므로 바람직한 견인력이 0 N에서 82 N의 중간 정도이므로 $\theta = 45°$는 합리적이다.

예제 5.18 무대장치 들어올리기

연극에 사용할 200 kg의 무대 설비 세트가 공연장 무대의 공중에 매달려 있다. 무대 설비 세트를 고정시키기 위해 밧줄을 도르래에 걸쳐 묶어 놓았다. 무대 감독이 100 kg의 설비 담당자에게 무대 설비 세트를 무대에 내려놓으라고 말한다. 설비 담당자가 밧줄을 잡은 손을 느슨하게 하자 무대 설비 세트가 내려가고 설비 담당자는 위로 올라간다. 이때 설비 담당자의 가속도는 얼마인가?

준비 그림 5.33은 문제 상황의 개요도이다. 문제의 대상인 설비 담당자 M과 무대 장치 S의 자유 물체 도형이 그려져 있다. 밧줄의 질량을 무시하고 도르래의 질량과 마찰을 무시했을 때 줄의 장력 $\vec{T}_S$와 $\vec{T}_M$은 같다.

풀이 두 자유 물체 도형으로부터 뉴턴의 제2법칙을 성분으로 쓸 수 있다. 설비 담당자의 경우

$$\sum F_{My} = T_M - w_M = T_M - m_M g = m_M a_{My}$$

이고, 무대 장치의 경우

$$\sum F_{Sy} = T_S - w_S = T_S - m_S g = m_S a_{Sy}$$

이다. 오직 y성분만 필요하다. 왜냐하면 설비 담당자와 무대 장치가 밧줄에 연결되어 있어서 하나가 위로 움직인 거리만큼 다른 하나는 아래로 이동하기 때문이다. 따라서 그림 5.33에서 보는 바와 같이 가속도의 크기는 같지만 방향은 정반대이다. 즉, $a_{Sy} = -a_{My}$라고 쓸 수 있다. 또한 두 장력의 크기가 같음을 알 수 있으므로 장력 T를 위 식에 대입하면

$$T - m_M g = m_M a_{My}$$

$$T - m_S g = -m_S a_{My}$$

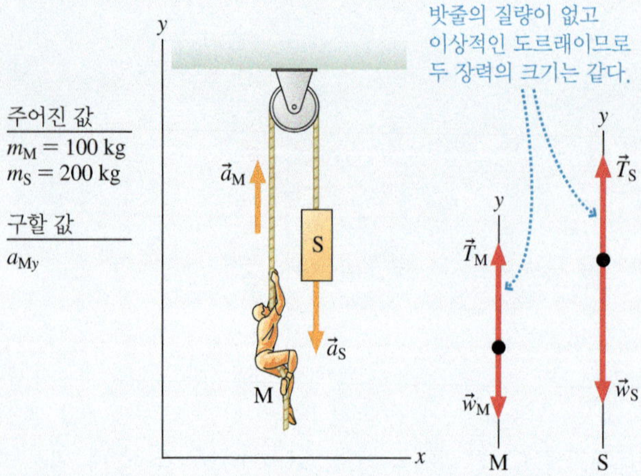

그림 5.33 설비 담당자와 무대 장치의 개요도

를 얻는다. 이것은 두 미지수 T와 a_{My}를 포함하는 연립 방정식이다. 첫째 식으로부터

$$T = m_M a_{My} + m_M g$$

를 얻어서 이 T의 값을 둘째 식에 대입하면

$$m_M a_{My} + m_M g - m_S g = -m_S a_{My}$$

가 된다. 다시 이 식을 정리하면

$$(m_S - m_M)g = (m_S + m_M)a_{My}$$

이다. 이제 설비 담당자의 가속도를 구할 수 있다.

$$a_{My} = \frac{m_S - m_M}{m_S + m_M}g = \left(\frac{100 \text{ kg}}{300 \text{ kg}}\right) \times 9.80 \text{ m/s}^2 = 3.3 \text{ m/s}^2$$

이 값은 무대 장치가 아래로 떨어지는 가속도와 같다. 만약 밧줄의 장력을 구하라는 문제가 주어졌다면 $T = m_M a_{My} + m_M g$로부터 구할 수 있다.

검토 만약 설비 담당자가 밧줄에 매달려 있지 않다면 무대 장치는 자유 낙하 가속도 g로 떨어질 것이다. 설비 담당자는 낙하하는 가속도를 줄여주는 역할을 한다.

예제 5.19 영리하지 못한 은행 강도

은행 강도들이 1000 kg짜리 금고를 2층 창문으로 밀어 옮겼다. 그들은 창문을 부수고 금고를 3.0 m 아래 트럭에 내리려고 한다. 그들은 500 kg의 가구를 밧줄로 금고와 연결한 다음 도르래에 걸쳐놓고 금고를 창문 밖으로 천천히 밀어 내렸다. 금고가 트럭에 닿는 순간 금고의 속력은 얼마인가? 마룻바닥과 가구 사이의 운동 마찰 계수는 0.50이다.

준비 그림 5.34는 금고 운동을 계산하기 위해 설정한 좌표계와 기호를 표현한 개요도이다. 관심 물체는 금고 S와 가구 F인데, 도형에서 입자로 표현하였다. 밧줄의 질량은 무시하고 도르래는 질량과 마찰을 무시한다. 밧줄의 장력은 줄의 어느 곳에서나 동일하다.

풀이 자유 물체 도형에 뉴턴의 제2법칙을 직접 적용할 수 있다. 가구의 경우는

$$\sum F_{Fx} = T_F - f_k = T - f_k = m_F a_{Fx}$$
$$\sum F_{Fy} = n - w_F = n - m_F g = 0$$

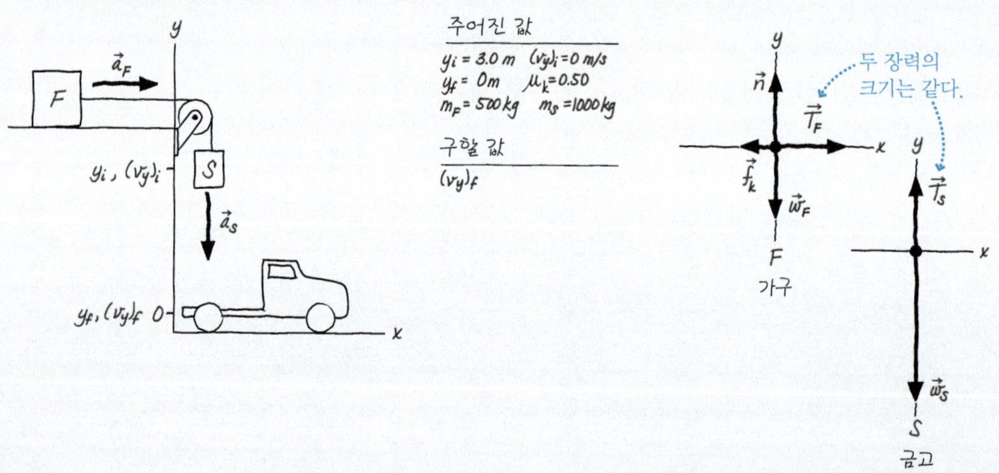

그림 5.34 가구와 떨어지는 금고의 개요도

이고, 금고의 경우

$$\sum F_{Sy} = T_S - w_S = T - m_S g = m_S a_{Sy}$$

가 된다. 금고와 가구는 밧줄로 함께 연결되어 있으므로 그들의 가속도는 같다. 그러나 가구는 양(+)의 가속도 a_{Fx}로 오른쪽으로 미끄러지고 있고 금고는 $-y$방향으로 떨어지고 있으므로 a_{Sy}는 음(−)의 값을 갖는다. 곧 수학적으로 $a_{Fx} = -a_{Sy}$라 표현할 수 있다. 또한 $T_S = T_F = T$이다. 운동 마찰 모형을 한 가지 추가하면

$$f_k = \mu_k n = \mu_k m_F g$$

가 되는데, 여기서 가구에 대한 y축 성분의 식 $n = m_F g$를 이용하였다. 이러한 f_k값을 가구의 x성분 방정식에 대입하여 가구의 x성분 방정식과 금고의 y성분 방정식을 다시 쓸 수 있다.

$$T - \mu_k m_F g = -m_F a_{Sy}$$

$$T - m_S g = m_S a_{Sy}$$

두 미지수 a_{Sy}와 T에 대하여 2개의 식을 얻을 수 있으므로 T를 소거하기 위해 위 식에서 아래 식을 빼면

$$(m_S - \mu_k m_F)g = -(m_S + m_F)a_{Sy}$$

를 얻는다. 마지막으로 금고의 가속도를 구하면

$$a_{Sy} = -\left(\frac{m_S - \mu_k m_F}{m_S + m_F}\right)g$$

$$= -\frac{1000\text{ kg} - 0.5(500\text{ kg})}{1000\text{ kg} + 500\text{ kg}} \times 9.80\text{ m/s}^2 = -4.9\text{ m/s}^2$$

이다. 이제 낙하하는 금고에 대한 운동학을 계산할 필요가 있다. 낙하시간이 주어져 있지 않으므로

$$(v_y)_f^2 = (v_y)_i^2 + 2a_{Sy}\,\Delta y = 0 + 2a_{Sy}(y_f - y_i) = -2a_{Sy}y_i$$

$$(v_y)_f = \sqrt{-2a_{Sy}y_i} = \sqrt{-2(-4.9\text{ m/s}^2)(3.0\text{ m})} = 5.4\text{ m/s}$$

가 필요하다. $(v_y)_f$값은 음(−)의 값이지만 속력을 구하고자 하므로 절댓값을 취했다. 트럭이 1000 kg의 금고가 떨어질 때의 충격을 받으면 멀쩡할 것 같지 않다.

뉴턴의 제3법칙은 역학의 시금석이다. 이러한 법칙들은 과학자들에게 빗방울이 떨어지는 운동으로부터 행성의 운동에 이르기까지 다양한 현상을 이해하는 데 도움을 준다. 일상생활에 물리학이 얼마나 중요한지 알기 때문에 다음 몇 장에 걸쳐서 뉴턴 역학을 다루고자 한다. 그러나 뉴턴의 법칙이 운동에 관한 최종적인 단계가 아니라는 사실을 염두에 두어야 할 것이다. 이 교재 후반부에서 아인슈타인의 상대성 이론으로 운동과 역학을 다시 검토할 것이다.

종합형 예제 5.20 정지거리

1500 kg의 자동차가 30 m/s 속력으로 달리고 있다. 운전자가 급브레이크를 밟아서 도로에 스키드 마크가 생겼다. 자동차가 10°의 경사 도로에서 위로 향할 때와 아래로 향할 때, 그리고 평평한 도로를 운전할 때 정지거리를 각각 구하시오.

준비 자동차를 입자로 나타내고 운동 마찰 모형을 사용한다. 세 가지 경우를 분리하지 말고 한 번에 풀기 위해서 사면의 경사각을 θ라고 두고 문제를 끝까지 풀어보자.

그림 5.35는 개요도를 보여준다. 여기에서는 자동차가 위로 달리는 경우를 보여주지만, 수평 또는 아래로 향할 때에는 θ를 0 또는 음(−)으로 각각 표시하면 된다. 기울어진 좌표계를 사용하여 자동차의 움직이는 방향을 x축으로 둔다. 자동차가 도로에 스키드 마크를 남겼으므로 표 5.2에 있는 고무와 콘크리트의 운동 마찰 계수를 사용한다.

풀이 뉴턴의 제2법칙과 운동 마찰 모형을 사용하면

$$\sum F_x = n_x + w_x + (f_k)_x$$

$$= 0 - mg\sin\theta - f_k = ma_x$$

$$\sum F_y = n_y + w_y + (f_k)_y$$

$$= n - mg\cos\theta + 0 = ma_y = 0$$

이 된다. 이 식은 운동 도형과 자유 물체 도형을 '읽어서' 쓴 것이다. 무게 벡터 $\vec{w}$의 성분은 모두 음(−)이고 x축 방향의 운동이므로 $a_y = 0$이다.

둘째 식에서 $n = mg\cos\theta$임을 알 수 있다. 운동 마찰 모형을 사용하면 $f_k = \mu_k mg\cos\theta$이다. 다시 정리하면,

그림 5.35 스키드 마크를 남긴 자동차의 개요도

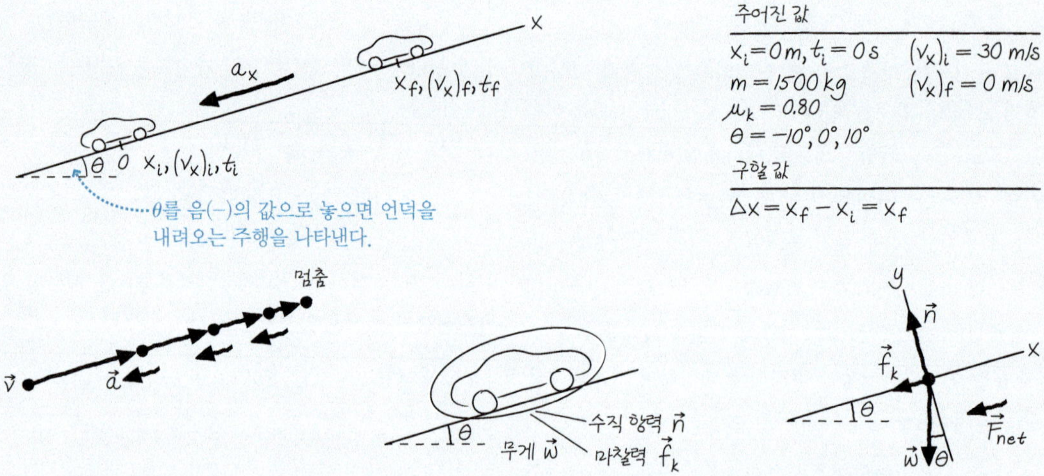

$$ma_x = -mg\sin\theta - \mu_k mg\cos\theta$$
$$= -mg(\sin\theta + \mu_k\cos\theta)$$
$$a_x = -g(\sin\theta + \mu_k\cos\theta)$$

가 된다. 이것은 등가속도이므로, 등가속도 운동학 식을 사용하면

$$(v_x)_f^2 = 0 = (v_x)_i^2 + 2a_x(x_f - x_i) = (v_x)_i^2 + 2a_x x_f$$

가 된다. 정지거리 x_f에 대하여 풀면,

$$x_f = -\frac{(v_x)_i^2}{2a_x} = \frac{(v_x)_i^2}{2g(\sin\theta + \mu_k\cos\theta)}$$

이다. a_x의 음(−)의 부호와 x_f의 음(−)의 부호를 서로 상쇄시켜 표현하였다. 세 가지 경우에 대한 정지거리를 구하면 다음과 같다.

$$x_f = \begin{cases} 48\text{ m} & \theta = 10° \quad \text{오르기 주행} \\ 57\text{ m} & \theta = 0° \quad \text{평지 주행} \\ 75\text{ m} & \theta = -10° \quad \text{내려오기 주행} \end{cases}$$

언덕을 내려오는 경우 정지거리가 길어지기 때문에 위험하다는 것을 보여준다.

검토 평지 주행일 경우 속력 30 m/s ≈ 60 mph일 때 정지거리가 57 m ≈ 180 ft 정도라는 것은 운전면허 시험에 가끔씩 나오는 수치이므로 답이 합리적임을 알 수 있다. 또한 $\mu_k = 0$이면 $a_x = -g\sin\theta$라는 것은 3장에서 이미 배웠던 마찰이 없는 경사면에서의 가속도와 정확히 일치한다.

문제의 난이도는 I(쉬움)에서 IIIII(도전)으로 구분하였다. INT로 표시된 문제는 지난 장의 내용이 복합된 문제이고, BIO는 생물학적 또는 의학적 관심 분야를 의미한다.

QR 코드를 스캔하여 이 장의 문제를 해결하는 데 도움이 되는 영상 학습 풀이를 시작하시오.

연습문제

5.1 평형

1. I 그림 P5.1과 같이 3개의 밧줄이 작고 매우 가벼운 고리에 묶여 있다. 두 밧줄은 벽에 똑바로 고정되어 있고 세 번째 밧줄은 그림처럼 당겨지고 있다. 첫 번째, 두 번째 밧줄의 장력 T_1과 T_2는 얼마인가?

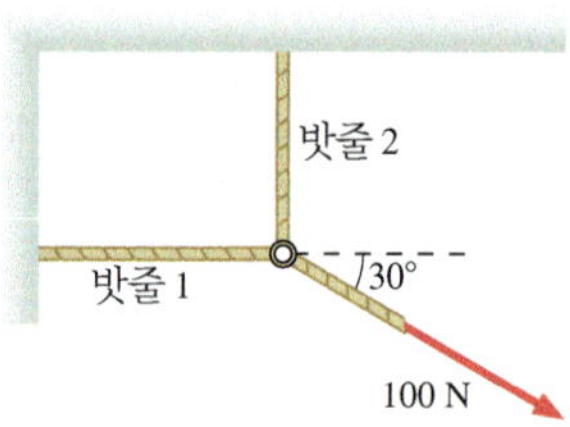

그림 P5.1

2. Ⅲ 400 g의 필립스 LED 관이 45° 각도로 천장 1 m 아래에 케이블로 연결되어 부착돼 있다. 케이블에 걸리는 장력은 얼마인가?

3. Ⅲ 무릎을 구부릴 때 대퇴 사두 근육이 늘어난다. 이것은 슬개골에 부착된 대퇴 힘줄 장력을 증가시켜서, 그 결과 정강이뼈의 슬개골 힘줄 장력이 늘어난다. 동시에 대퇴골 끝이 슬개골을 바깥쪽으로 밀어내게 된다. 그림 P5.3은 무릎 관절 부분이 어떻게 배열되어 있는지를 보여준다. 힘줄의 방향이 그림과 같고 각 힘줄의 장력이 60 N이라면 대퇴골은 슬개골에 얼마의 힘을 가하게 되는가?
BIO

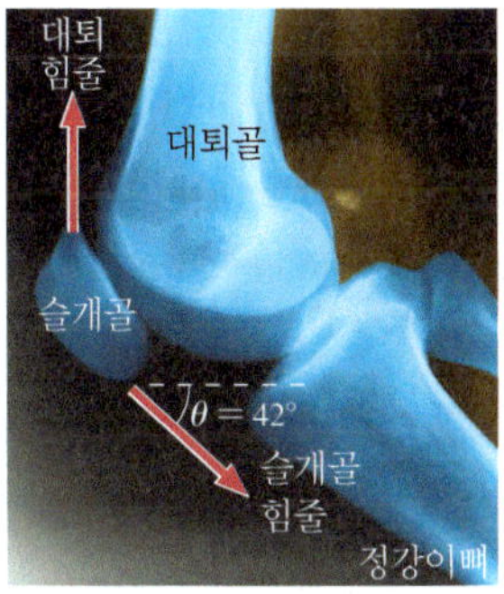

그림 P5.3

4. Ⅱ 그림 P5.4처럼 2개의 밧줄이 상자를 지탱하고 있다. 밧줄의 장력은 1500 N까지 견딜 수 있다. 장력이 이것보다 더 커지면 밧줄은 끊어지게 된다. 밧줄이 지탱할 수 있는 상자의 최대 질량은 얼마인가?

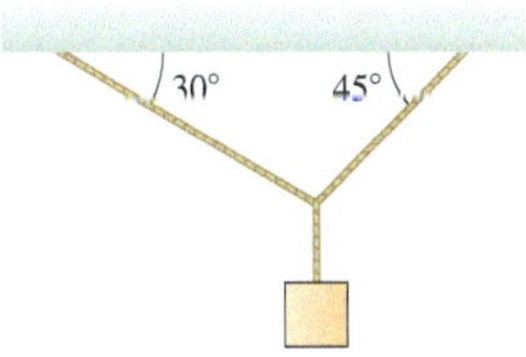

그림 P5.4

5.2 동역학과 뉴턴의 제2법칙

5. Ⅱ x성분의 힘 F_x가 x축을 따라 움직이는 500 g의 물체에 작용하고 있다. 그림 P5.5가 물체의 가속도 그래프(a_x-t)를 보여준다. F_x-t의 그래프를 그리시오.

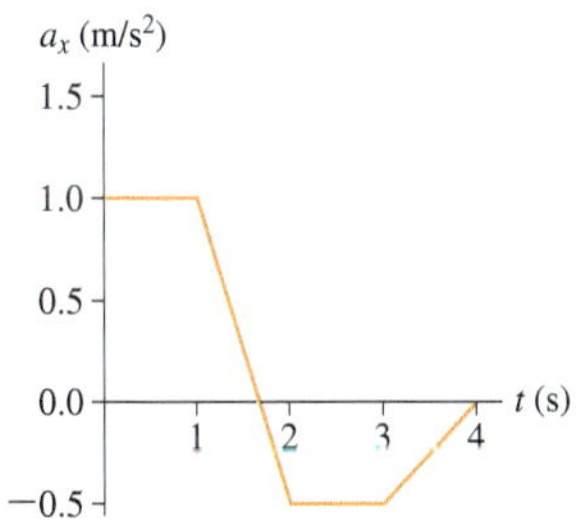

그림 P5.5

6. Ⅰ 그림 P5.6은 2.0 kg의 물체에 작용하는 힘이다. 물체 가속도의 x성분과 y성분인 a_x와 a_y를 구하시오.

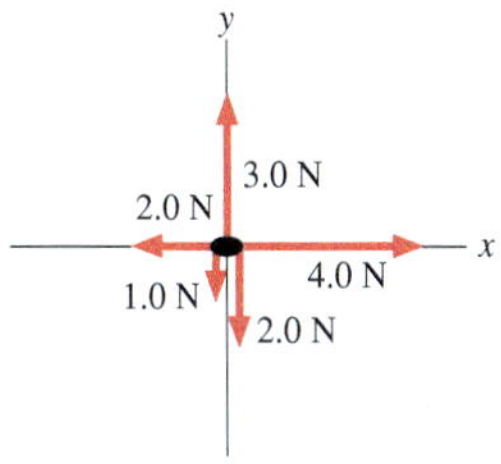

그림 P5.6

7. Ⅲ 초속도 $\vec{v}_i$로 바닥을 따라 민 대형 상자가 미는 힘이 사라진 뒤 거리 d만큼 움직였다.
   a. 상자 질량이 두 배가 되고 초속도가 변하지 않는다면 상자가 멈추기 전까지 움직인 거리는 얼마나 될 것인지 설명하시오.
   b. 상자의 초속도가 $2\vec{v}_i$가 되고 질량이 변하지 않는다면 멈추기까지 움직인 거리가 얼마가 될지 설명하시오.

5.3 질량과 무게

8. Ⅰ 우주 비행사의 지구에서의 무게는 1000 N이다. 중력 가속도 g가 지구의 1/6인 달에서의 무게는 얼마인가?

9. Ⅲ 75 kg의 승객이 슬링샷 놀이기구 상자 속에 앉아 있다. 상자를 아래로 당기면 거대한 번지 코드가 늘어났다가 상자를 위로 쏘아 올리기 위해 원래 위치로 되돌아온다. 빠르게 발사된 후 코드는 느슨하게 풀려서 상자는 중력의 영향만 받게 된다. 코드가 느슨해지고 기구가 위로 이동할 때 탑승자의 겉보기 무게는 얼마인가?

10. Ⅰ 고층 빌딩 승강기가 10 m/s의 운행속력에 도달하는 데 4.0 s가 걸린다. 60 kg의 승객이 1층에서 탑승한다면 다음 각 상황에서 승객의 겉보기 무게는 얼마인가?
    a. 승강기가 움직이기 전
    b. 승강기가 속도를 증가시키고 있는 동안
    c. 승강기가 운행속력에 도달한 후

11. Ⅱ 80 kg인 학생이 10 m/s 속력으로 하강하는 승강기 안에 있다. 1층에 정지하려고 3.0 s 동안 제동을 걸었다.
    a. 승강기가 제동을 걸기 전 학생의 겉보기 무게는 얼마인가?
    b. 승강기가 제동이 걸리는 동안의 학생의 겉보기 무게는 얼마인가?

12. Ⅲ 그림 P5.12는 75 kg 승객의 승강기 안에서의 속도 그래프이다. 승객의 겉보기 무게가 t = 1.0 s, 5.0 s, 9.0 s일 때 얼마인가?
INT

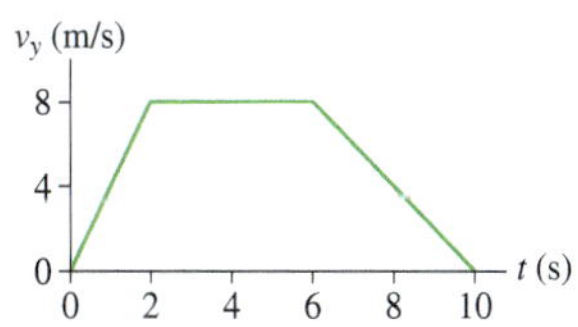

그림 P5.12

5.4 수직 항력

13. ||| 23 kg의 아이가 38° 기울어진 길을 미끄러져 내려가고 있다. 아이에게 수직 항력과 운동 마찰력이 작용한다.
    a. 아이의 자유 물체 도형을 그리시오.
    b. 아이가 미끄러져 내려갈 때의 수직 항력은 얼마가 되는가?

5.5 마찰

14. ||| 5000 kg의 SUV 차량이 30.0°의 경사에 주차되어 있다. SUV에 작용하는 마찰력은 얼마인가?

15. | 고집이 센 120 kg의 돼지가 앉아서 움직이는 것을 거부하고 있다. 화가 난 농부가 돼지를 우리로 끌고 가기 위해서 밧줄로 묶어 최대 800 N의 힘으로 끌고 있다. 돼지와 바닥 사이의 마찰계수가 $\mu_s = 0.80$이고 $\mu_k = 0.50$이다. 농부가 돼지를 움직일 수 있을까?

16. ||| 10 kg의 운반용 상자가 수평을 이루고 있는 컨베이어 벨트 위에 놓여 있다. 물체의 정지 마찰 계수는 $\mu_s = 0.50$이고 운동 마찰 계수는 $\mu_k = 0.30$이다.
    a. 컨베이어 벨트가 일정한 속력으로 움직일 때 상자에 작용하는 모든 힘에 대한 자유 물체 도형을 그리시오.
    b. 컨베이어 벨트가 속도를 올릴 때 상자에 작용하는 모든 힘에 대한 자유 물체 도형을 그리시오.
    c. 상자를 미끄러뜨리지 않고 컨베이어 벨트가 유지할 수 있는 최대 가속도는 얼마인가?
    d . 만약 컨베이어 벨트의 가속도가 문항 c 값을 능가하면 상자의 가속도는 얼마가 되는가?

17. || 그림 P5.17에서 상자가 미끄러지는 것을 막을 수 있는 아래로 작용하는 최소 힘은 얼마인가? 상자와 바닥 사이의 정지 마찰 계수와 운동 마찰 계수는 각각 $\mu_s = 0.35$와 $\mu_k = 0.25$이다.

그림 P5.17

5.6 끌림힘

18. |||| 지름 3.5 cm의 크리켓 공이 73 m/s의 종단 속력을 갖는다. 공의 질량은 얼마인가?

19. ||||| 60 kg의 스카이다이버는 0.2 m × 0.3 m × 1.5 m 규격의 직사각형 '상자'로 모형화할 수 있다. 만약 다리가 먼저 낙하하면 그의 종단 속력은 얼마인가?

5.7 상호작용하는 물체

20. ||| 1000 kg 자동차가 배터리가 방전된 2000 kg 트럭을 밀고 있다. 운전자가 액셀러레이터를 밟으면 운전하는 자동차의 바퀴가 4500 N의 힘으로 지면을 뒤로 민다.
    a. 자동차가 트럭에 가하는 힘의 크기는 얼마인가?
    b. 트럭이 자동차에 가하는 힘의 크기는 얼마인가?

21. ||||| 질량이 1.0 kg, 2.0 kg, 3.0 kg인 벽돌이 마찰이 없는 탁자 위에 일렬로 놓여 있다. 1.0 kg의 벽돌에 가한 12 N의 힘에 의해 세 벽돌이 앞으로 이동한다. 2.0 kg의 벽돌이 (a) 3.0 kg 벽돌과 (b) 1.0 kg 벽돌에 가한 힘은 얼마인가?

5.8 밧줄과 도르래

22. || 2.0 m 길이와 500 g 질량의 밧줄로 10 kg의 얼음 조각을 마찰이 없는 수평의 노면 위에서 당기고 있다. 얼음 조각의 가속도는 2.0 m/s^{2}이다. (a) 얼음 조각을 앞으로 당기는 힘은 얼마인가? (b) 밧줄을 당기는 힘은 얼마인가?

23. || 마찰이 없는 바닥에 100개의 벽돌이 질량이 없는 줄로 연결되어 있다. 첫 번째 벽돌이 100 N의 힘으로 당겨진다.
    a. 100번째와 99번째 벽돌 사이의 줄에 걸린 장력은 얼마인가?
    b. 50번째와 51번째 벽돌 사이의 줄에 걸린 장력은 얼마인가?

24. ||| 500 kg의 피아노가 크레인에 의해 내려지고 있는 동안 두 사람이 밧줄로 옆에서 안정되게 당기고 있다. 첫 번째 사람은 밧줄을 수평에서 15° 왼쪽 아래로 500 N의 장력으로 당기고 있고, 두 번째 사람은 밧줄을 수평에서 25° 오른쪽 아래로 당긴다.
    a. 피아노가 수직으로 일정한 속력을 유지하며 내려가도록 하기 위해서 두 번째 사람의 밧줄의 장력이 얼마가 되어야 하는가?
    b. 피아노를 지탱하는 수직 크레인 케이블에 걸린 장력은 얼마인가?

6 원운동, 궤도 및 중력
Circular Motion, Orbits, and Gravity

말들이 눈 내린 경주코스를 돌아나오고 있다. 그들은 왜 이렇게 회전방향으로 몸을 기울이는가?

학습목표

중력이 작용하는 궤도 운동을 포함하여, 원운동에 관하여 배운다.

원운동

원운동을 하는 물체는 원의 중심을 향하는 가속도를 갖기 때문에 이 가속도를 일으키는 방향으로 알짜힘이 있어야만 한다.

소녀를 원운동 시키기 위해서는 얼마의 힘이 필요할까? 이러한 문제를 푸는 방법을 배운다.

겉보기힘

타고 있는 사람은 밖으로 튕겨지는 것을 느낄 것이다. 이 힘을 원심력이라고 하지만 이것은 실제 힘이 아니다.

이러한 겉보기힘은 탄 사람의 무게가 무겁게 느끼도록 한다. 그들의 겉보기 무게를 계산하는 법을 배운다.

중력과 궤도

우주 정거장은 공간에 떠 있는 것처럼 보이지만, 중력이 우주 정거장을 강력하게 아래로 잡아당기고 있다.

뉴턴의 중력 법칙을 배우고, 중력이 우주 정거장을 어떻게 궤도에 유지시키는지를 알게 될 것이다.

이 장의 배경

구심 가속도

3.8절에서 일정한 속력으로 원 궤도를 따라 운동하는 물체는 원의 중심방향으로 가속도를 느낀다는 것을 배웠다.

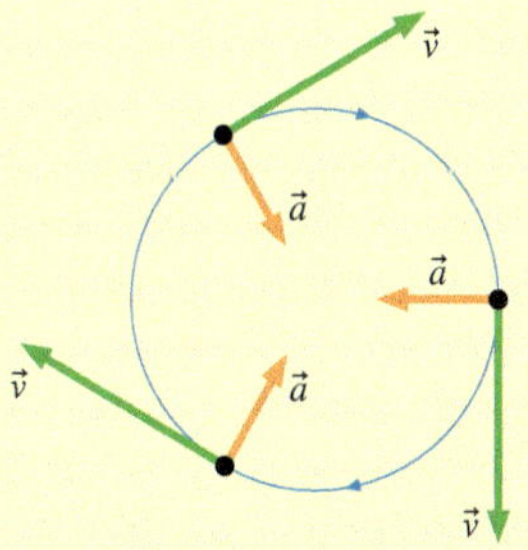

이 장에서 뉴턴의 제2법칙을 확장하여 가속도의 이러한 형태에서 가속도와 힘을 연관시키는 법을 배운다.

6.1 등속 원운동

유원지에서 볼 수 있는 등속 원운동

축제 놀이기구에 탄 탑승자는 등속 원운동이라는 일정한 속력으로 원 궤도를 운동하고 있다. ◀◀3.8절에서 등속 원운동은 원의 중심방향으로 향하는 가속도를 필요로 한다는 것을 알았다. 이것은 원의 중심방향으로 향하는 힘이 존재하여야 된다는 것을 의미한다. 놀이기구의 중심축 방향으로 장력을 제공하는 것이 케이블의 임무이다. 이 힘이 탑승자가 원 위에서 운동하도록 유지시켜준다.

이 장에서는 원 궤도를 운동하는 물체, 그리고 가속도와 가속도를 제공하는 힘을 자세히 고려할 것이다. 그러고 나서 이러한 논의를 1~3장에서 다룬 운동의 기술과 4~5장에서 다룬 뉴턴의 법칙과 결합할 것이다. 지금은 **일정한** 속력으로 운동하는 물체를 고려하자. 속력이 **바뀌는** 운동은 7장으로 미룬다.

등속 원운동의 속도와 가속도

그림 6.1 등속 원운동의 속도와 가속도

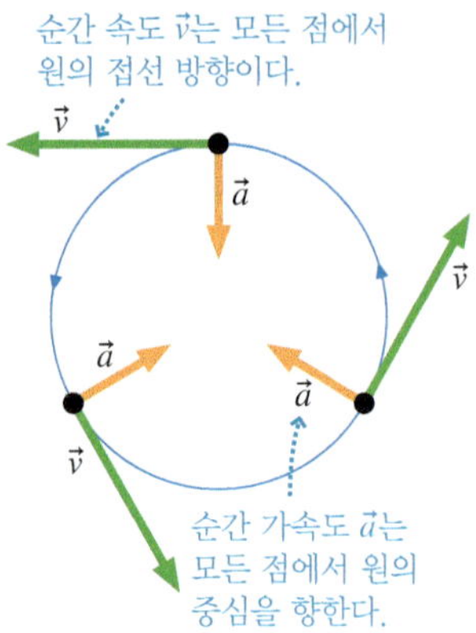

등속 원운동하는 물체의 **속력**은 일정하지만 **속도**는 일정하지 않다. 왜냐하면 운동의 **방향**이 항상 바뀌기 때문이다. **그림 6.1**은 각 점에서 원의 중심으로 향하는 가속도 벡터 $\vec{a}$가 있다는 것을 상기시켜준다. 이것을 **구심 가속도**라고 하며 등속 원운동인 경우 $a = v^2/r$이라고 주어지는 것을 보였다.

$$a = \frac{v^2}{r} \tag{6.1}$$

등속 원운동의 구심력

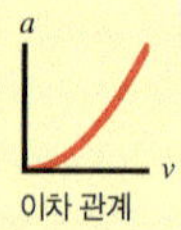

가속도는 중심에서의 거리뿐만 아니라 속력에도 의존한다.

개념형 예제 6.1 커브길 돌기

자동차가 일정한 속력으로 급격하게 커브길을 돌고 있다. **그림 6.2**는 위에서 본 그림이다. 자동차의 순간 속도는 동쪽 방향이다. 가속도의 방향은 어느 쪽인가?

그림 6.2 커브길을 도는 차를 위에서 본 그림

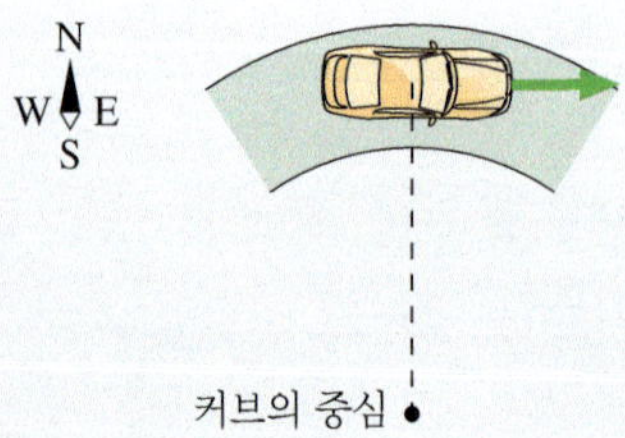

판단 차가 진행하는 경로는 원의 일부분이므로 이것은 등속 원운동의 예이다. 등속 원운동의 경우 가속도는 원의 중심, 즉 남쪽으로 향한다.

검토 이러한 가속도는 속력의 변화가 아니라 방향의 변화 때문에 생긴다. 또 이것은 자동차 안에서 여러분의 경험과도 일치한다. 여러분이 핸들을 오른쪽으로 돌리면 차는 오른쪽, 즉 원의 중심방향으로 운동을 바꾼다.

주기, 진동수 그리고 속력

등속 원운동을 하기 위하여 하나의 완전한 원이 필요한 것은 아니다. 그러나 대부분의 경우에서 물체가 원 궤도를 여러 번 회전하는 경우를 고려할 것이다. 운동이 일정하므로 원을 한 바퀴 도는 데 걸리는 시간은 전과 같다. 운동은 **주기적**이다.

물체가 원을 한 바퀴 돌아서 1회전을 완료하는 데 걸리는 시간을 운동의 **주기**라고 한다. 주기는 T라는 기호로 나타낸다.

1번 회전하는 데 걸리는 시간 대신 초당 회전수인 **진동수**로 원운동을 기술할 수도 있는데 기호 f로 나타낸다. 주기가 1/2초인 물체는 1초에 2번 회전한다. 마찬가지로 주기가 1/10이면 물체는 1초에 10번 회전한다. 이러한 사실은 진동수가 주기의 역수라는 것을 보여준다.

$$f = \frac{1}{T} \tag{6.2}$$

진동수는 종종 '매초 회전수'라고 나타내지만, **회전수**는 실제 단위가 아니고 단지 사건이 발생한 횟수를 센 것에 불과하다. 따라서 진동수의 SI 단위는 시간의 역수, 곧 s^{-1}이다. 진동수를 rpm(revolutions per minute, 분당 회전수)으로 나타낼 수도 있지만, 계산하기 전에 s^{-1} 단위로 환산해야 한다.

그림 6.3은 일정한 속력으로 반지름 r인 원 궤도를 따라 움직이는 물체를 나타낸다. 물체의 회전시간, 곧 주기 T와 움직이는 거리를 알고 있으므로, 물체의 주기와 반지름, 그리고 속력을 연관시켜주는 식은 다음과 같다.

그림 6.3 진동수와 속력의 관계

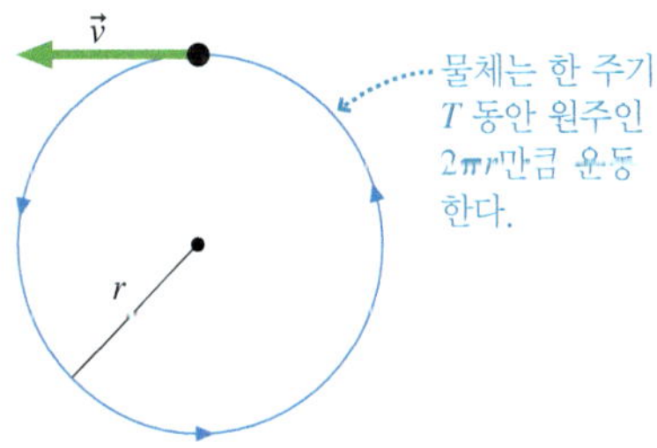

$$v = \frac{2\pi r}{T} \tag{6.3}$$

진동수와 주기에 관한 식 (6.2)가 주어지면 위 식은 다음과 같이 쓸 수도 있다.

$$v = 2\pi f r \tag{6.4}$$

이 식과 가속도에 관한 식 (6.1)을 결합하면 원운동의 구심 가속도를 진동수나 주기를 사용하여 나타낸 표현을 얻을 수 있다.

$$a = \frac{v^2}{r} = (2\pi f)^2 r = \left(\frac{2\pi}{T}\right)^2 r \tag{6.5}$$

예제 6.2 CD의 회전

오디오 CD의 지름은 120 mm이고 1분당 최대 회전수는 540 rpm이다. 가장 빨리 회전할 경우, CD가 한 바퀴 도는 데 걸리는 시간은 얼마인가? CD의 바깥쪽에 먼지가 떨어져 있다면, 먼지의 속력은 얼마인가? 가속도는 얼마인가?

준비 시작하기 전에 먼저 SI 단위로 변환하여야 한다. CD의 지름 120 mm는 0.12 m이므로 반지름은 0.060 m이다. rpm으로 주어진 진동수를 s^{-1} 단위로 환산하면 다음과 같다.

$$f = 540\,\frac{\text{회전}}{\text{분}} \times \frac{1\text{분}}{60\text{ s}} = 9.0\,\frac{\text{회전}}{\text{s}} = 9.0\text{ s}^{-1}$$

풀이 1회전 하는 데 걸리는 시간은 주기이다. 이것은 식 (6.2)에 의해 다음과 같이 주어진다.

$$T = \frac{1}{f} = \frac{1}{9.0\ \text{s}^{-1}} = 0.11\ \text{s}$$

먼지는 9.0 s^{-1}의 진동수로 반지름 0.060 m인 원둘레를 따라 돈다. 식 (6.4)를 사용하여 속력을 구하면

$$v = 2\pi fr = 2\pi(9.0\ \text{s}^{-1})(0.060\ \text{m}) = 3.4\ \text{m/s}$$

이다. 식 (6.5)를 사용하여 가속도를 구하면 다음과 같다.

$$a = (2\pi f)^2 r = (2\pi(9.0\ \text{s}^{-1}))^2(0.060\ \text{m}) = 190\ \text{m/s}^2$$

검토 CD의 회전을 보면 1회전 하는 데 1초보다 훨씬 짧은 시간이 걸린다는 것을 알 수 있으므로 주기는 타탕한 값이다. 계산한 먼지의 속력은 8 mph이다. 그러나 CD 가장자리 점은 매초 많은 회전을 하므로, 먼지는 매우 빠르게 움직인다. 작은 원에서 그렇게 빠른 속력은 매우 큰 가속도를 일으킨다고 예상할 수 있다.

예제 6.3 축제 놀이기구의 주기 구하기

축제 놀이기구를 탄 승객들은 반지름 5.0 m의 원을 수평으로 회전한다. 이 기구의 안전한 작동을 위하여 놀이기구가 최대로 견딜 수 있는 가속도는 자유 낙하 가속도의 약 두 배인 20 m/s^2이다. 놀이기구가 최대 가속도로 작동할 때 회전 주기는 얼마인가? 놀이기구가 이 주기로 작동할 때 승객은 얼마나 빠르게 움직이는가?

준비 놀이기구는 등속 원운동을 한다고 가정한다. **그림 6.4**의 개요도는 놀이기구의 운동을 위에서 바라본 그림이다.

풀이 식 (6.5)는 주기가 감소하면 가속도가 증가한다는 것을 나타낸다. 놀이기구가 더 짧은 시간 동안에 원 궤도를 돈다면 가속도는 증가한다. 최대 가속도는 놀이기구가 안전하게 운행할 최소 주기를 의미한다. 식 (6.5)를 다시 정리하여 주기를 가속도로 나타내자. 가속도에 최댓값을 대입하면 최소 주기를 얻는다.

$$T = 2\pi\sqrt{\frac{r}{a}} = 2\pi\sqrt{\frac{5.0\ \text{m}}{20\ \text{m/s}^2}} = 3.1\ \text{s}$$

식 (6.4)를 사용하면 놀이기구의 속력을 구할 수 있다.

$$v = \frac{2\pi r}{T} = \frac{2\pi(5.0\,\text{m})}{3.1\ \text{s}} = 10\ \text{m/s}$$

검토 1회전에 3초가 넘는 값은 즐겁게 놀이기구를 타기에 합당한 것으로 보인다. 이 놀이기구의 실제 주기는 3.7 s이므로 최대 안전속력보다 약간 작은 속력으로 움직인다. 하지만 이 경우 우리가 얻은 결과를 정량적으로 분석해보자. 계산된 속도를 식 (6.1)에 대입하여 가속도를 구하면

$$a = \frac{v^2}{r} = \frac{(10\ \text{m/s})^2}{5.0\ \text{m}} = 20\,\text{m/s}^2$$

이다. 이 값은 문제에서 주어진 가속도 값과 일치하므로, 얻은 결과는 타당하다.

그림 6.4 축제 놀이기구의 개요도

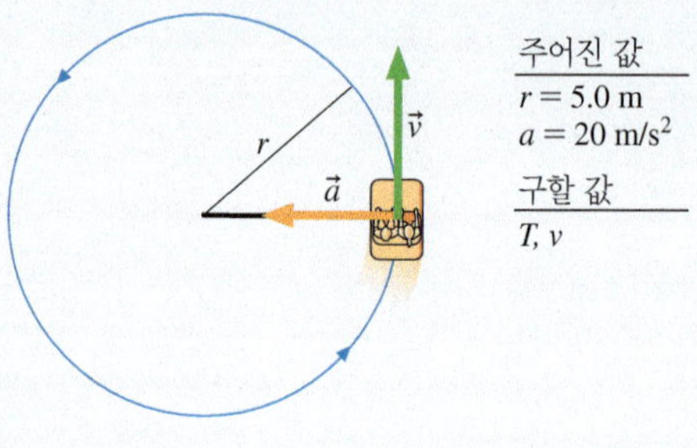

◀ **무거운 해머 투척하기** 스코틀랜드 사람들은 게임에서 힘을 겨룬다. 이 사진에 남자가 14 kg의 해머를 멀리 던지고 있다. 먼저 그는 이 해머를 원 궤도로 빨리 돌리기 시작한다. 이 사람은 필요한 구심 가속도를 일으키는 중심으로 향하는 큰 힘을 내기 위해 몸을 기울이고 있다. 해머가 적당한 방향이 되면 손을 놓아 날아가게 한다. 그러면 중심으로 향하는 힘이 사라졌기 때문에 해머는 원운동을 하지 않고 선택한 방향으로 날아가게 된다.

6.2 등속 원운동의 동역학

회전하는 축제 놀이기구를 탄 탑승자들이 가속되고 있다는 사실은 이미 알고 있다. 뉴턴의 제2법칙에 의하면 결과적으로 탑승자들에게 작용하는 알짜힘이 있어야 한다.

등속 원운동에서 식 (6.1)로 주어지는 구심 가속도를 이미 구하였다. 뉴턴의 제2법칙은 알짜힘이 이 가속도를 일으키는 원인임을 말해준다.

$$\vec{F}_{\text{net}} = m\vec{a} = \left(\frac{mv^2}{r},\ \text{원의 중심을 향함}\right) \qquad (6.6)$$

등속 원운동에서 구심 가속도를 만드는 알짜힘

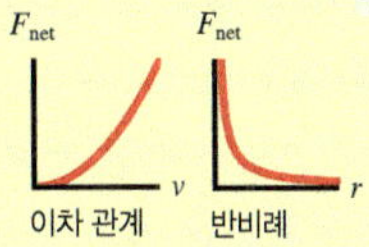

수업 영상

즉, **그림 6.5**에서와 같이 **반지름이 r인 원 주위를 일정한 속력 v로 원운동을 하는 질량 m의 입자는 항상 원의 중심을 향하여 크기 mv^2/r인 알짜힘을 가져야만 한다.** 이 알짜힘이 원운동의 구심 가속도를 일으키는 원인이다. 이러한 알짜힘이 없다면 입자들은 원의 접선방향으로 날아가 버린다.

식 (6.6)으로 주어지는 힘은 새로운 종류의 힘은 아니다. 이 알짜힘은 장력, 마찰력, 또는 수직 항력과 같은 하나 또는 그 이상의 유사한 힘들에 기인한 것이다. 식 (6.6)은 반지름 r인 원에서 입자가 속력 v로 운동하기 위하여 어떠한 알짜힘이 필요한지를 말해준다.

이 장에서 고려할 원운동의 개별 예제에서 물리적 힘 또는 원의 중심을 향한 힘의 결합은 필요한 가속도를 발생시킨다.

그림 6.5 원운동에서의 알짜힘

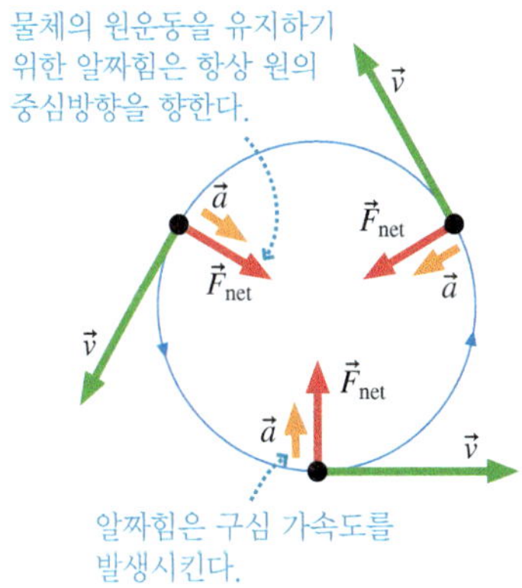

개념형 예제 6.4 자동차에 작용하는 힘들 I

공학자들은 커브길을 원의 일부가 되게 설계한다. 그들은 또 계곡길이나 언덕길도 예상되는 속력이나 다른 인자들에 의존하는 반지름을 가지는 원의 일부로 설계한다. 자동차가 일정한 속력을 가지고 계곡길을 움직이고 있다. 길의 밑바닥에서 자동차에 작용하는 수직 항력은 자동차의 무게보다 더 큰가? 더 작은가? 아니면 같은가?

판단 그림 6.6은 주어진 문제의 상황을 나타낸 개요도이다. 등속으로 자동차가 운동한다고 해도 속도의 방향이 변화하기 때문에 자동차는 가속되고 있다. 자동차가 계곡 바닥에 이르면 원형 경로의 중심이 자동차의 위쪽에 있게 되어 가속도 벡터는 자동차 바로 위쪽을 향하게 된다. 그림 6.6의 자유 물체 도형에는 자동차의 위쪽을 향하는 수직 항력과 아래 방향으로 향하는 자동차의 무게를 나타내는 두 힘만 그려져 있다. 수직 항력 n과 무게 w 중 어느 쪽이 더 큰가?

가속도 $\vec{a}$가 자동차의 위 방향을 향하고 있기 때문에 뉴턴의 제2법칙에 의해 위 방향으로 향하는 알짜힘이 있어야 한다. 이러한 사실로부터 자유 물체 도형에서는 수직 항력의 크기가 무게의 크기보다 더 크게 그려져 있다.

그림 6.6 계곡에서 운행하는 자동차의 개요도

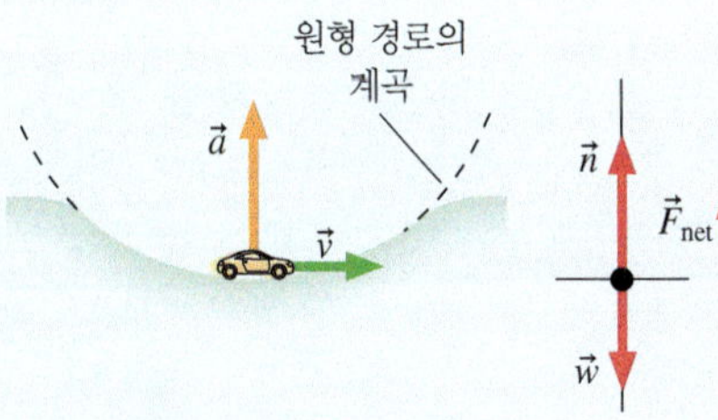

검토 자동차 운전자는 이러한 상황을 자주 경험한다. 자동차가 계곡을 통과할 때 운전자는 정상보다 더 '무겁게' 느낀다. 이 사실은 5.3절에서 논의한 바와 같이 겉보기 무게, 곧 운전자를 지지하는 수직 항력이 운전자의 실제 무게보다 더 크기 때문이다.

개념형 예제 6.5 자동차에 작용하는 힘들 II

자동차가 원 궤도의 일부를 따라 일정한 속력으로 회전하고 있다. 어떤 힘이 필요한 구심 가속도를 제공하는가?

그림 6.7 커브길을 회전하는 자동차의 평면도

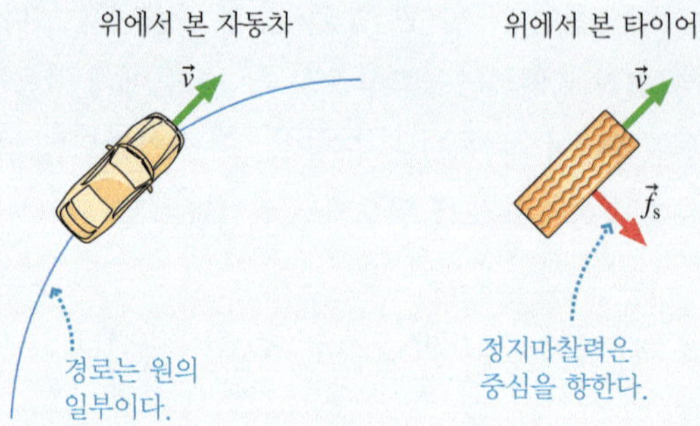

판단 자동차는 회전하는 데 필요한 사분원의 원호를 따라 일정한 속력으로 운동(등속 원운동)을 한다. 가속도는 원의 중심방향임을 알고 있다. 어떤 힘이 이러한 가속도를 발생시키는가?

매우 미끄러운 빙판길에서와 같이 마찰이 없는 도로에서 자동차를 운행한다고 상상해보자. 여러분은 커브길을 돌 수 없을 것이다. 핸들을 돌리는 것은 아무 소용이 없다. 뉴턴의 제1법칙과 얼음 위에서 운전해본 경험에 의하면, 자동차는 직선방향으로 미끄러질 것이다. 따라서 차를 회전시키는 **마찰력**이 존재하여야 한다. 그림 6.7에 나타낸 위에서 본 타이어 그림은 회전하는 자동차 타이어 중 하나에 작용하는 힘을 보여준다. 그 힘은 운동 마찰력이 아니고 **정지** 마찰력이다. 왜냐하면 자동차가 미끄러지지 않기 때문이다. 타이어가 도로와 접촉하고 있는 점은 표면에 상대적으로 운동하지 않는다. 만약 미끄러진다면 자동차는 커브길을 돌 수 없고 직선 경로로 계속 나아갈 것이다!

검토 이러한 결과는 경험과 일치한다. 마찰력이 감소하면 자동차는 커브길을 돌기가 더 어렵다. 따라서 정지 마찰력이 구심 가속도를 제공한다.

영상 학습 데모

수업 영상

문제 풀이 전략 6.1 등속 원운동의 동역학 문제들

원운동은 가속도, 곧 알짜힘과 관련이 있다. 따라서 뉴턴의 제2법칙 문제에서 보았던 것과 매우 유사한 방법을 사용할 수 있다.

준비 운동의 개요와 기호 및 축의 정의를 보여주고 문제에서 구하고자 하는 것이 무엇인지를 확인할 수 있는 개요도에서 시작하라. 여기에는 두 가지 상황이 있다.

- 운동이 탁자 위와 같이 수평면에서 일어난다면, 원을 옆에서 바라볼 때 원의 중심을 향하는 x축과 원이 이루는 평면에 수직인 y축을 나타내는 자유 물체 도형을 그린다.
- 운동이 놀이공원의 대회전 관람차와 같이 수직면에서 일어난다면, 원을 앞에서 바라볼 때 원의 중심을 가리키는 x축과 원에 접하는 y축을 나타내는 자유 물체 도형을 그린다.

풀이 등속 원운동에 대한 뉴턴의 제2법칙 $\vec{F}_{\text{net}} = (mv^2/r$, 원의 중심을 향함)은 벡터 방정식이다. 몇 개 힘들은 원을 이루는 평면에서 작용하고, 몇 개 힘들은 원에 수직하게 작용하며, 또 다른 힘들은 두 방향 모두에서 작용한다. 위에서 설명한 것처럼 원의 중심을 향한 x축을 가진 좌표계에서 뉴턴의 제2법칙은

$$\sum F_x = \frac{mv^2}{r}, \quad \sum F_y = 0$$

이 된다. 즉 원의 중심을 향하는 알짜힘은 크기가 mv^2/r인 반면 원에 수직으로 작용하는 알짜힘은 0이다. 힘의 성분들은 자유 물체 도형으로부터 직접 구한다. 문제에 따라 다음 둘 중의 하나를 이용한다.

- 속력 v를 구하기 위해서 알짜힘을 사용하고, 원운동의 운동학을 사용하여 진동수와 운동의 다른 세부사항을 구한다.

■ 속력 v를 구하기 위해서 원운동의 운동학을 사용하고, 미지의 힘을 구한다.

검토 알짜힘이 원의 중심을 향하고 있는지를 확인한다. 그 결과가 올바른 단위를 갖고 있는지, 합리적인지, 그리고 답이 질문에 맞는지를 조사한다.

예제 6.6 카트 운동의 분석

아버지가 20 kg인 아들을 5 kg인 카트에 태워서 반지름 2.0 m의 줄에 매달았다. 그리고 나서 줄의 한쪽 끝을 잡고 땅과 평행하게 줄을 유지하면서 카트와 아들을 원형으로 돌린다. 줄에 걸리는 장력이 100 N이라면 카트가 1회 회전하는 데 걸리는 시간은 얼마인가?

준비 문제 풀이 전략 6.1의 단계에 따라 진행한다. **그림 6.8**은 문제의 개요도이다. 왼쪽 그림을 그린 주된 이유는 적절한 기하학을 적용하고, 사용될 기호를 정의하기 위함이다. 보통 원운동의 동역학 문제는 포물체 문제와 같이 시작점과 끝점을 갖지 않아서 x_i 또는 y_f와 같은 아래 첨자는 필요하지 않다. 이 경우에는 카트의 속력 v와 원의 반지름 r을 정의할 필요가 있다.

원운동을 하는 물체는 카트와 아들로 총 25 kg이다. 자유 물체 도형은 작용하는 힘들을 보여준다. 운동이 수평면에서 일어났기 때문에 문제 풀이 전략 6.1에 따라 원을 옆에서 바라볼 때 원의 중심을 향하는 x축, 원을 이루는 평면에 수직인 y축을 보여주는 자유 물체 도형을 그린다. 카트에 작용하는 세 힘은 무게 $\vec{w}$, 땅의 수식 항력 $\vec{n}$, 그리고 줄의 장력 $\vec{T}$이다.

T의 기호는 주기와 장력 2개의 물리량으로 쓰인다는 것에 주의해야 한다. 이 2개의 물리량을 구별하는 정보는 따로 주어질 것이다.

풀이 수직인 y방향의 알짜힘은 없으므로 $\vec{w}$와 $\vec{n}$은 방향이 반대이고 힘의 크기는 같다. 반면 원운동의 구심 가속도를 생기게 하는 힘이 있어야 하기 때문에 원의 중심을 향하는 알짜힘은 x방향으로 작용한다. 장력만이 x성분을 갖기 때문에 뉴턴의 제2법칙은

$$\sum F_x = T = \frac{mv^2}{r}$$

이다. 질량과 회전 반지름 및 장력을 알고 있으므로 속력 v에 대하여 풀면

$$v = \sqrt{\frac{Tr}{m}} = \sqrt{\frac{(100\ \text{N})(2.0\ \text{m})}{25\ \text{kg}}} = 2.83\ \text{m/s}$$

이다. 이 식과 식 (6.3)으로부터 주기는 다음과 같이 계산된다.

$$T = \frac{2\pi r}{v} = \frac{(2\pi)(2.0\ \text{m})}{2.83\ \text{m/s}} = 4.4\ \text{s}$$

검토 속력은 약 3 m/s이다. 1 m/s는 대략 3.6 km/h이므로 아들은 10.8 km/h로 운동할 것이다. 한 바퀴 도는 데 약 4 s가 걸린다면 카트의 속력이 빠르기는 하지만 겁이 날 정도는 아니다.

그림 6.8 회전하는 카트의 개요도

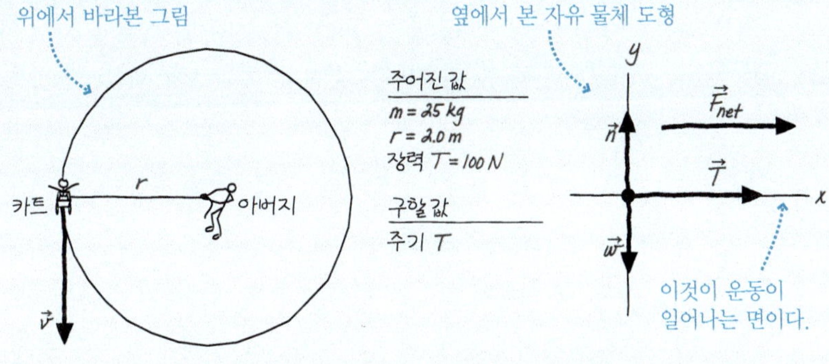

예제 6.7 커브길을 도는 최대 속력 구하기

1500 kg의 자동차가 경사가 없는 편평한 도로에서 반지름 20 m의 커브길을 회전할 때 미끄러지지 않고 회전할 수 있는 최대 속력은 얼마인가? (이 반지름은 도시의 일반도로 교차로에서 자동차가 회전하는 것과 같은 정도이다.)

준비 그림 6.9의 개요도로 시작하자. 자동차는 회전하는 데 필요한 사분원에 대하여 원호를 따라 일정한 속력으로 운동(등속 원운동)을 한다. 개념형 예제 6.5에서 구심 가속도를 제공하는 힘은 타이어와 도로 사이의 정지 마찰력이라는 것을 알았다. 알짜힘(즉 정지 마찰력)의 방향은 가속도 방향이어야 한다. 자동차의 뒤쪽에서 본 자유 물체 도형은 원의 중심을 향하는 정지 마찰력을 보여준다. 운동이 수평면에서 일어나기 때문에 중심으로 향하는 x축과 운동면에 수직인 y축을 택하였다.

풀이 원의 중심을 향한 x방향에서의 힘은 정지 마찰력뿐이다. x축을 따라 뉴턴의 제2법칙은 다음과 같다.

$$\sum F_x = f_s = \frac{mv^2}{r}$$

이 예제와 앞의 예제와의 차이는 중심을 향한 장력이 중심을 향한 정지 마찰력으로 대체된 것뿐이다.

y방향에서의 뉴턴의 제2법칙은

$$\sum F_y = n - w = ma_y = 0$$

이고, $n = w = mg$이다.

그림 6.9 커브길을 도는 자동차의 개요도

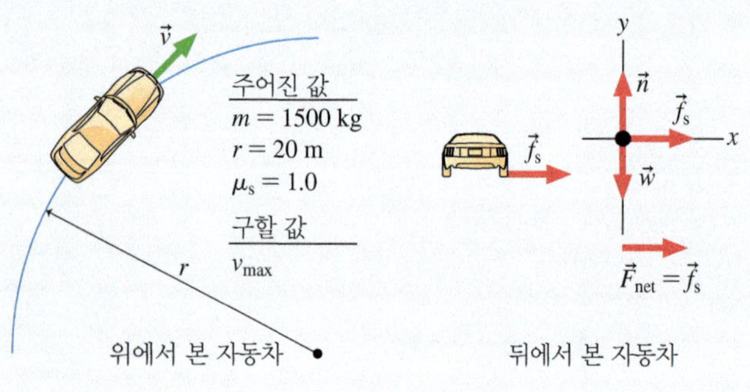

원의 중심을 향한 알짜힘은 정지 마찰력이다. 5장의 식 (5.7)을 보면 정지 마찰력이 최대가 되는 값은

$$f_{s\,max} = \mu_s n = \mu_s mg$$

이다. 정지 마찰력이 최대이므로 자동차가 미끄러지지 않고 회전할 수 있는 최대 속력이 있을 것이다. 이 속력은 정지 마찰력이 최댓값 $f_{s\,max} = \mu_s mg$에 도달하였을 때의 값이다. 자동차가 이 속도보다 더 높은 속력에서 회전한다면 정지 마찰력은 필요로 하는 구심 가속도를 제공하지 못하고 자동차는 미끄러질 것이다.

그러므로 최대 속력은 정지 마찰력의 최댓값에서 일어난다. 즉

$$f_{s\,max} = \frac{mv_{max}^2}{r}$$

일 때 일어난다. 알려진 $f_{s\,max}$ 값을 사용하면

$$\frac{mv_{max}^2}{r} = f_{s\,max} = \mu_s mg$$

이다. 이 식을 정리하면

$$v_{max}^2 = \mu_s gr$$

을 얻는다. 포장도로에서 고무 타이어의 정지 마찰 계수는 표 5.2로부터 $\mu_s = 1.0$이다. 따라서 커브길을 돌 수 있는 최대 속력은 다음과 같다.

$$v_{max} = \sqrt{\mu_s gr} = \sqrt{(1.0)(9.8\text{ m/s}^2)(20\text{ m})} = 14\text{ m/s}$$

검토 14 m/s ≈ 50 km/h이고 이 값은 자동차가 미끄러지지 않고 커브길을 돌 수 있는 합리적인 최대 속력인 것으로 보인다. 이 풀이에서 두 가지 주의할 점이 있다.

- 자동차의 질량이 제외되었다. 최대 속력은 놀랍게도 차의 질량과 무관하다.
- v_{max}의 마지막 표현식은 마찰 계수와 회전 반지름에 의존한다. v_{max}는 μ_s가 작을수록(미끄러운 길), r이 작을수록(급격한 커브길) 감소하며, 두 경우 모두 사실이다.

v_{max}는 μ_s에 의존하고 μ_s는 도로 조건에 의존하기 때문에 회전을 위한 최대 안전속도는 매우 급격하게 변할 수 있다. 건조한 날씨에 핸들을 쉽게 조작할 수 있는 자동차는 포장도로가 젖게 되면 통제가 잘 안 되어 갑자기 미끄러질 수 있다. 빙판인 도로에서는 조건이 더욱 나쁘다. 예제 6.7에서 마찰 계수의 값이 1.0(마른 포장도로)에서 0.1(빙판도로)까지 낮아지면 회전을 위한 최대 속력은 4.4 m/s로 낮아진다.

경주용 자동차는 일반 승용차보다 더 높은 속력으로 커브길을 회전할 수 있다. 더

그림 6.10 경주용 자동차의 날개

경주로의 경사진 커브길

높은 속력으로 자동차를 회전시키기 위해서 자동차를 디자인할 때 그림 6.10에서와 같이 부가적으로 날개를 설치한다. 날개는 공기를 위쪽으로 편향시켜 포장도로 아래쪽으로 자동차를 누름으로써 부가적인 힘을 제공하게 된다. 아래쪽으로 향하게 하는 다른 힘들은 수직 항력을 증가시켜 최대 정지 마찰력을 높이고 가능한 더 빠른 속력으로 회전할 수 있도록 한다.

경주용 자동차가 빠른 속력으로 커브를 돌 수 있도록 자동차 트랙을 디자인하는 방법도 있다. 커브지역을 비탈지도록 만들면 수직 항력은 다음 예제에서와 같이 구심 가속도를 일으키는 데 필요한 힘을 제공할 수 있다. 경주트랙에서 커브가 있는 도로는 매우 날카롭게 경사지게 할 수도 있다. 일반 고속도로에서 곡선도로들은 느린 속력에 알맞은 경사각으로 만들지만 비탈로 만들기도 한다.

예제 6.8 경사진 도로의 속력 구하기

반지름 70 m인 경주트랙의 커브길이 15° 경사져 있다. 자동차가 마찰력의 도움 없이 이 커브를 돌려면 속력이 얼마이어야 하는가?

준비 그림 6.11의 개요도를 그린 후 속력을 구하기 위하여 마찰력 작용이 없는 개별적인 두 힘, 즉 수직 항력과 자동차의 무게만 주어진 힘 식별 도형을 사용한다. 도로 표면에 수직인 수직 항력을 확실히 그린 자유 물체 도형을 구성할 수 있다.

자동차가 기울어져 있다 하더라도 **수평** 원을 따라 운동하고 있다. 따라서 문제 풀이 전략 6.1을 따라 원의 중심을 향하고 원에 수평면인 x축을 선택한다.

그림 6.11 경사진 도로를 회전하는 자동차의 개요도

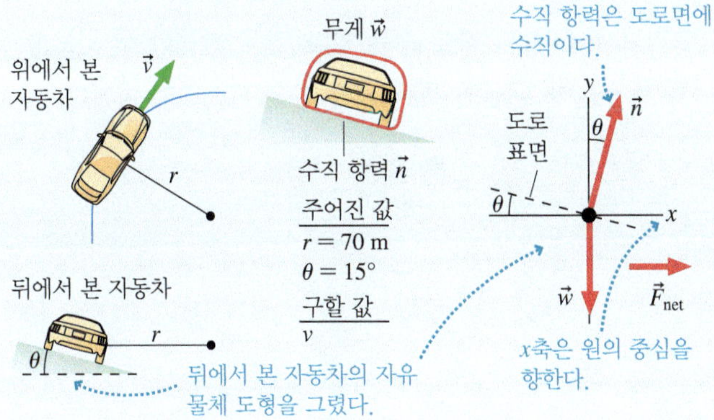

풀이 마찰이 없다면 $n_x = n\sin\theta$가 원의 중심을 향한 유일한 힘의 성분이다. 이 수직 항력의 안쪽 성분이 자동차가 커브길을 회전하게 하는 원인이 된다. 뉴턴의 제2법칙은

$$\sum F_x = n\sin\theta = \frac{mv^2}{r}$$
$$\sum F_y = n\cos\theta - w = 0$$

이다. 여기서 θ는 도로의 경사각이고, 자동차는 올바른 속력 v로 운동한다고 가정하였다. y축 성분의 방정식으로부터 다음과 같이 얻을 수 있다.

$$n = \frac{w}{\cos\theta} = \frac{mg}{\cos\theta}$$

이 식과 x성분 방정식으로부터 속력 v를 다음과 같이 얻을 수 있다.

$$\left(\frac{mg}{\cos\theta}\right)\sin\theta = mg\tan\theta = \frac{mv^2}{r}$$
$$v = \sqrt{rg\tan\theta} = 14 \text{ m/s}$$

검토 이 속도는 50 km/h로 타당한 값이다. 정확히 이 속력에서만 마찰력에 의존하지 않고 회전할 수 있다.

마찰력은 커브길을 도는 자동차뿐만 아니라 자전거와 말, 그리고 사람에게도 필요한 구심 가속도를 제공한다. 그림 6.12에서 사이클 선수가 가파른 커브길을 돌 때 어떻게 그들의 몸을 기울이는지 확인할 수 있다. 도로는 타이어에 수직 항력과 수평의 마찰력을 가하고 있다. 두 힘의 벡터합은 비스듬한 방향을 향한다. 사이클 선수는 몸을

그림 6.12 도로가 몸을 기울인 사이클 선수에게 작용하는 힘

옆으로 기울여 도로가 가하는 합력이 자전거와 몸이 만드는 선을 향하도록 한다. 이렇게 하여 균형을 유지할 수 있다. 이 장의 시작 부분에 있는 사진 속 말도 비슷한 이유로 몸을 기울인다.

최대 보행속도 BIO

인간과 두 다리가 달린 동물들의 이동 방식에는 걷기와 달리기 두 가지가 있다. 느린 속도에서는 걸어가지만, 좀 더 빨리 이동할 필요가 있을 때는 뛰게 된다. 왜 빨리 걷지 않는 것일까? 걸을 때의 속도는 한계가 있고 이 속도의 한계는 원운동의 물리학으로 정해진다.

걷고 있을 때 걸음걸이에 대해 생각해보자. 한 걸음 앞으로 내디딘 다음 뒷다리를 내디딘다. 뒷다리를 앞으로 내디딜 때 앞다리를 회전축으로 하여 몸이 회전을 한다. 그림 6.13(a)에서 보는 것과 같이 걷는 동안 보행자의 몸은 원호를 그린다. **보행자가 뒷다리를 내디딜 때 보행자의 몸은 앞다리를 축으로 원운동을 하게 된다.**

그림 6.13 걸음걸이의 분석

(a) 걸음걸이

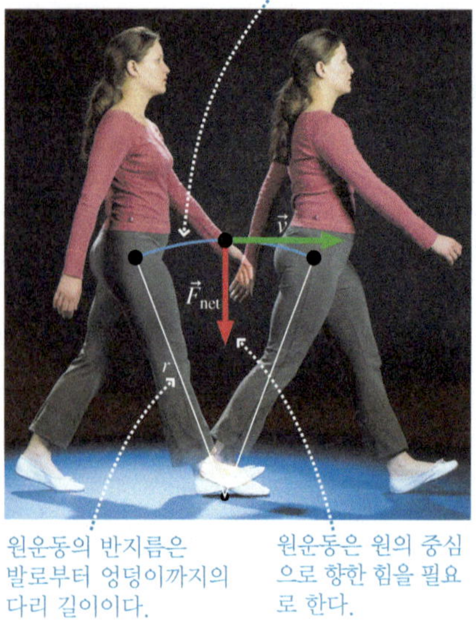

(b) 걸음걸이에 작용하는 힘

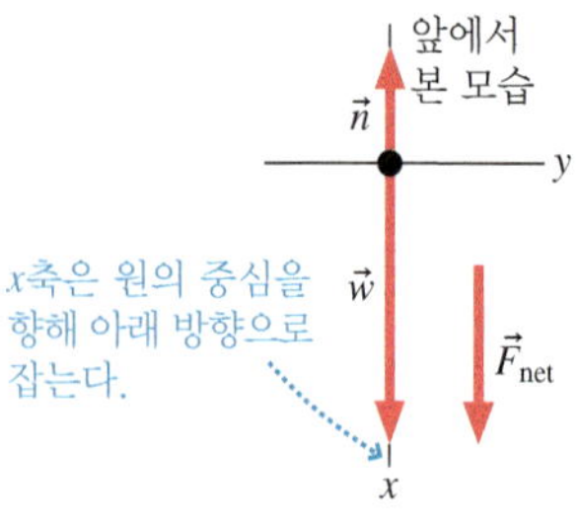

그림 6.13에서와 같이 이러한 원운동에서는 원의 중심을 향한 힘을 필요로 하게 된다. 그림 6.13(b)는 보행 중에 보행자의 몸에 작용하는 힘을 보여준다. 몸에 작용하는 힘은 아래 방향으로 향하는 보행자의 몸무게와 위로 향하는 수직 항력이다. x축에 대한 뉴턴의 제2법칙은 다음과 같이 주어진다.

$$\sum F_x = w - n = \frac{mv^2}{r}$$

보행자가 원운동을 하므로 알짜힘은 원의 중심을 향해야 한다. 이 경우 알짜힘은 아래 방향을 향해야 하며, 알짜힘이 아래 방향을 향하기 위해서는 수직 항력이 보행자의 몸무게보다 작아야 한다. 그러므로 보행자는 땅에 힘을 가하여 수직 항력을 감소시키고 다리가 회전하여 몸이 '들려 올려'질 수 있도록 노력한다. 수직 항력은 걸음이 빨라질수록 작아진다. 그러나 n이 0보다 작을 수는 없다. 결국 가능한 최대 보행속도 v_{max}는 $n = 0$일 때이다. $n = 0$일 때 뉴턴의 제2법칙은 다음 식으로 주어진다.

$$w = mg = \frac{m{v_{max}}^2}{r}$$

따라서

$$v_{max} = \sqrt{gr} \tag{6.7}$$

이다. 가능한 최대 보행속도는 다리 길이 r과 자유 낙하 가속도 g에 제한을 받게 된다. 이 공식은 인간과 동물의 보행속도를 결정하는 데 훌륭한 근삿값을 제공해준다. 긴 다리를 가진 기린과 같은 동물은 빠른 속도로 걸을 수 있으며, 생쥐와 같이 다리가 짧은 동물의 최대 보행속도는 느리다. 생쥐들은 이러한 보행법을 거의 사용하지 않는다.

0.7 m의 다리 길이를 갖는 인간의 경우 최대 보행속도는 $v_{max} \approx 2.6$ m/s ≈ 10 km/h이다. 10 km/h 이상의 속도로 걷는다는 것이 힘들어 불가능해 보이지만 이러한 빠르기로 걸을 수 있다. 이러한 속도라면 대부분의 사람들은 보행법을 달리기로 바꾼다.

6.3 원운동에서의 겉보기힘

그림 6.14는 회전하는 축제 놀이기구가 커다란 원통 내부에 승객을 태우고 회전하는 모습을 보여준다. 탑승자들은 내부에 갇혀서 꼼짝하지 못하고 있다! 경험한 바와 같이 탑승자들은 벽 안쪽에서 밖으로 밀리고 있는 것을 느끼게 된다. 그러나 원운동하는 물체는 구심 가속도를 발생시키는 안쪽으로 향하는 힘을 가져야 한다고 분석한 바 있다. 이 겉보기 차이를 어떻게 설명하여야 할까?

그림 6.14 그레비트론 내부의 회전하는 방

원심력?

커브길을 빠르게 회전하는 자동차에 탑승한 승객은 문 밖을 향해 던져지는 것과 같은 신비한 힘을 느낄 수 있다. 그러한 힘이 실제로 있는 것일까? 그림 6.15는 자동차가 왼쪽으로 회전할 때의 탑승자의 모습을 보여준다. 뉴턴의 제1법칙에 따라 탑승자는 직선으로 계속 운동하려 하지만 의도하지 않게 차문이 탑승자 쪽으로 접근해 탑승자의 몸을 차 안으로 민다. 탑승자는 커브의 중심을 향하여 안쪽으로 문이 미는 힘을 느끼게 되고 이 힘 때문에 회전한다. 그러나 탑승자가 문을 미는 것이 아니고 문이 탑승자를 민다.

그림 6.15 커브길을 도는 자동차에 탄 탑승자

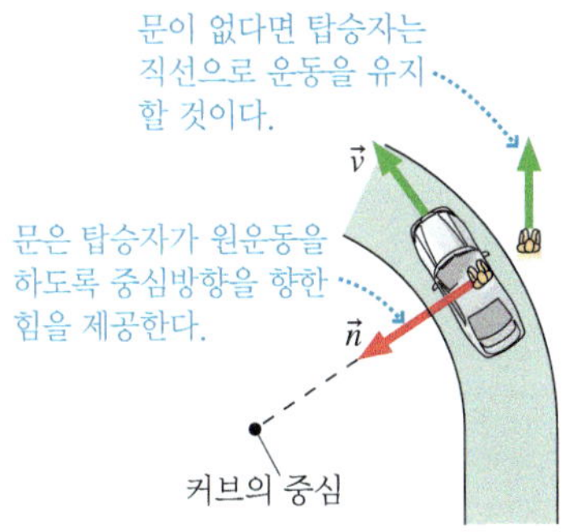

물체를 원 바깥쪽으로 미는 것처럼 보이는 힘을 **원심력**이라고 한다. 이 힘은 명칭이 있음에도 불구하고 실제로는 없는 힘이다. 물체가 외부 힘에 의해 원운동을 할 때 물체는 직선 운동을 계속하려 한다(즉 원의 중심으로부터 물체를 멀어지게 한다). 자유 물체 도형에 나타나는 진짜 힘은 원의 중심을 향하여 안쪽으로 미는 힘뿐이다. **원심력은 결코 자유 물체 도형에 나타나지 않으며 뉴턴의 법칙에 포함되지 않는다.**

이와 같은 생각을 가지고, 회전하는 축제 놀이기구를 다시 생각해보자. 탑승자는 구심 가속도를 생기게 하는 안쪽으로 향하는 힘을 제공하는 원통 벽과 함께 원운동을 하는 것을 알 수 있다. 탑승자는 직선으로 운동하려는 자연적인 현상을 원통 벽이 막고 있기 때문에 마치 바깥쪽으로 밀리는 것처럼 느낀다. 그러나 느낌만 가지고 힘이라고 말할 수는 없다. 실제 힘은 원통 벽이 안쪽으로 밀고 있는 접촉력이다.

원운동에서의 겉보기 무게

머리 위를 돌고 있는 물 양동이를 생각해보자. 양동이를 빨리 돌린다면 물은 쏟아지지 않고 양동이와 함께 돌지만, 양동이를 천천히 돌린다면 물은 쏟아지게 될 것이다. 어떻게 해서 물이 쏟아지지 않을까? 또 공중을 한 바퀴 도는 롤러코스터 차를 생각해보자. 차가 위쪽을 돌아갈 때 어떻게 떨어지지 않고 머무를 수 있을까? 많은 사람들이 양동이의 물과 트랙의 차는 그들에게 가해지는 원심력이 있기 때문에 머무를 수 있다고 말할 수도 있지만 실제로 원심력은 없다. 이러한 질문을 분석하는 것은 일반 운동과 특별히 원운동에서 작용하는 힘에 대해서 많은 지식을 얻게 해준다.

그림 6.16(a)는 반지름 r로 공중에서 수직으로 도는 롤러코스터 차를 보여준다. 이

그림 6.16 360° 원 궤도를 회전하고 있는 롤러코스터 차

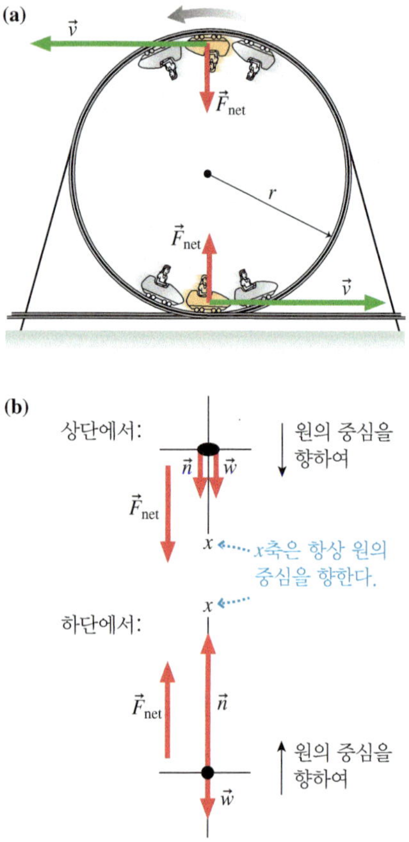

차를 타 본 경험이 있다면 원 궤도의 상단과 하단을 지날 때 탑승자의 무게 변화를 감각으로 느껴봤을 것이다. 이것을 이해하기 위하여 궤도를 지날 때 탑승자에게 작용하는 힘을 조사해보자. 분석을 간단하게 하기 위하여 궤도를 도는 차의 속력은 일정하다고 가정한다.

그림 6.16(b)는 궤도의 상단과 하단에서 탑승자의 자유 물체 도형을 보여준다. 먼저 하단에서 작용하는 힘부터 조사해보자. 여기에 작용하는 힘은 탑승자의 무게 $\vec{w}$와 좌석이 받치고 있는 수직 항력 $\vec{n}$이다. ◀◀5.3절로부터 무게를 느낄 수 없다는 것을 기억하라. 탑승자가 느끼는 겉보기 무게는 탑승자를 지지하는 힘의 크기이다. 여기에서는 좌석이 수직 항력 $\vec{n}$으로 탑승자를 지지하고 있으므로, 탑승자의 겉보기 무게는 $w_{app} = n$이다. 원운동에 관한 기본지식에 따라 다음과 같이 말할 수 있다.

- 탑승자는 원운동을 하고 있으며 구심 가속도를 만들어내는 원의 중심을 향한(여기에서는 탑승자의 머리 위쪽 방향) 알짜힘이 있어야 한다.
- 알짜힘은 위쪽 방향이므로 $n > w$이어야만 한다.
- 탑승자의 겉보기 무게는 $w_{app} = n$이며 탑승자의 겉보기 무게는 실제 무게보다 더 크다($w_{app} > w$). 원 궤도의 하단에서 탑승자는 '무거워짐을 느낀다'.

이 상황은 개념형 예제 6.4에서 자동차가 위아래로 굴곡진 계곡을 통과할 때의 상황과 같다. 정량적인 분석을 위하여 문제 풀이 전략 6.1을 단계적으로 적용해보자. 이 경우 x축을 원의 중심을 향한 수직 위 방향으로 선택하고 뉴턴의 제2법칙을 적용하면 다음과 같다.

$$\sum F_x = n_x + w_x = n - w = \frac{mv^2}{r}$$

이 식으로부터 탑승자의 겉보기 무게는 다음과 같이 주어진다.

$$w_{app} = n = w + \frac{mv^2}{r} \tag{6.8}$$

궤도 바닥에서 탑승자의 겉보기 무게는 탑승자의 실제 무게 w보다 더 크다. 이와 같은 현상은 움푹 파인 도로의 웅덩이나 상하로 굴곡진 계곡을 통과할 때의 경험과도 일치한다.

이제 궤도의 상단을 지나는 롤러코스터 차를 조사해보자. 약간 다루기 어려운 점이 있기는 하지만 그림 6.16(b)에서 보는 바와 같이 좌석의 수직 항력은 원의 하단에서는 위로 향하는 반면 상단에서는 아래로 향하며 좌석은 탑승자의 위쪽에 있다. 이 자유 물체 도형을 주의 깊게 생각해보는 것은 물리적으로 의미가 있다.

탑승자는 여전히 원운동을 하므로 구심 가속도를 제공하기 위하여 알짜힘은 아래 방향을 향해야 한다. 항상 그렇게 하였듯이 x축은 원의 중심을 향하도록 정의하였다. 여기에서는 x축이 아래로 향한다. 그렇게 하면 뉴턴의 제2법칙은

$$\sum F_x = n_x + w_x = n + w = \frac{mv^2}{r}$$

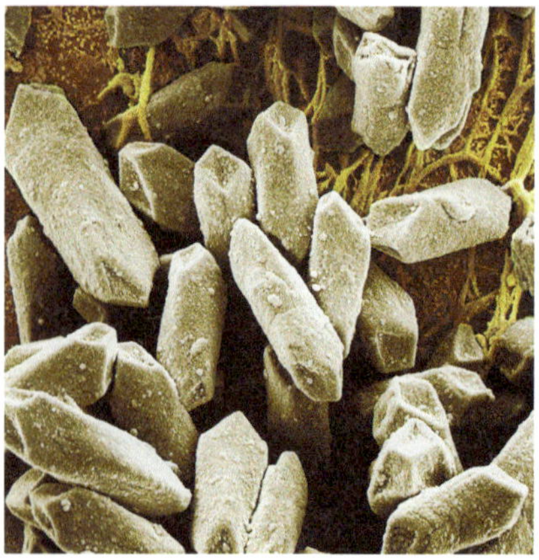

아래가 위로 바뀔 때 BIO 눈이 감겨 있을 때도 사람은 아래 방향이 어디인지를 알 수 있다. 사람의 귀 내부에는 **평형석**이라고 하는 탄산칼슘 결정이 있다. 이는 무척 예민한 막 위에 존재한다. 인간의 뇌는 평형석에 막이 작용하는 수직 항력의 반대방향을 아래라고 생각한다. 롤러코스터의 꼭대기에서는 이 수직 항력이 아래 방향이기 때문에 여러분은 위 방향을 아래라고 생각한다. 여러분은 뒤집혀져 있지만 실제로는 그렇게 느끼지 않는다.

이 된다. x축의 방향이 아래로 향하므로 w_x는 양(+)의 값을 갖는다. 이제 겉보기 무게에 대하여 풀 수 있다. 곧 다음과 같이 주어진다.

$$w_{\text{app}} = n = \frac{mv^2}{r} - w \tag{6.9}$$

v가 충분히 크다면 탑승자의 겉보기 무게는 트랙의 바닥에서와 같이 실제 무게를 초과할 수 있다.

만일 차가 천천히 운동하면 무슨 일이 일어날지 알아보자. 식 (6.9)로부터 v가 감소함에 따라 $mv^2/r = w$, 즉 $n = 0$인 점을 지나게 된다. 이 점에서 좌석은 더 이상 탑승자를 밀어내지 않게 된다! 대신 탑승자는 자신의 무게만으로 구심 가속도를 충분히 제공하기 때문에 원운동을 완성할 수 있다.

$n = 0$이 되는 속력을 **임계 속력** v_c라고 한다. $n = 0$에 대하여 $mv_c^2/r = w$이기 때문에 임계 속력은 다음과 같이 주어진다.

$$v_c = \sqrt{\frac{rw}{m}} = \sqrt{\frac{rmg}{m}} = \sqrt{gr} \tag{6.10}$$

만일 속력이 임계 속력 이하로 떨어지게 되면 어떻게 될까? $v < v_c$이면 식 (6.9)에서 n은 음(−)의 값이 된다. 그러나 그것은 물리적으로 불가능하다. 좌석은 $n > 0$인 경우에 탑승자를 밀어낼 수 있지만 탑승자를 당길 수는 없기 때문에 가능한 가장 느린 속력은 상단 꼭대기에서 $n = 0$인 속력이 된다. **임계 속력은 롤러코스터 차가 회전을 할 수 있는 가장 느린 속력이다.** 만일 $v < v_c$라면 탑승자는 전체 궤도를 돌 수는 없고 차에서 떨어져 포물체 운동을 하게 된다. (이것이 바로 탑승자가 안전벨트를 하는 이유이다.)

같은 이유로 머리 위를 도는 양동이의 물이 쏟아지지 않는다. 양동이 바닥이 가하는 원운동을 일으키게 하는 안쪽으로 향하는 힘이 물을 밀어 낸다. 역시 너무 천천히 돌린다면 양동이가 물에 작용하는 힘이 0으로 떨어진다. 그 점에서 물은 양동이를 떠나 포물선 궤적으로 머리 위에 떨어지는 포물체가 된다.

빠르게 도는 세계 유체 가스로 된 거대한 행성인 토성은 지구보다 훨씬 더 크다. 이 혹성은 1회 사선시간이 11시간 이하로 매우 빠르게 자전한다. 빠른 회전은 유체 표면을 왜곡시킬 만큼 적도에서의 겉보기 무게를 감소시킨다. 빨간색은 원형을 보여주고 있는데 행성은 현저히 원형에서 벗어나 있다. 적도에서의 반지름은 극에서의 반지름보다 11%나 더 크다.

예제 6.9 **얼마나 느리게 갈 수 있을까?**

사진에 있는 죽음의 구 안에서 오토바이를 타는 사람은 반지름 2.2 m의 원형 궤도를 수직으로 돌고 있다. 오토바이의 궤도를 유지하기 위하여 운전자는 궤도의 상단 꼭대기에서 자신의 무게와 오토바이의 무게가 합쳐진 것과 같거나 더 큰 수직 항력이 타이어에 작용하도록 해야 한다. 운전자가 궤도 상단의 꼭대기에서 가질 수 있는 최소 속력은 얼마인가?

준비 이 문제의 개요도가 그림 6.17에 있다. 궤도의 상단 꼭대기에서 타이어에 작용하는 창살의 수직 항력은 아래 방향으로 향하는 힘이다. 문제 풀이 전략 6.1에 따라 x축은 원의 중심을 향하도록 잡는다.

풀이 궤도의 꼭대기 점에서 힘을 고려하고 x축을 아래 방향으로 잡았으므로 뉴턴의 제2법칙은

그림 6.17 죽음의 구 주위를 상하 수직 원 궤도로 도는 오토바이

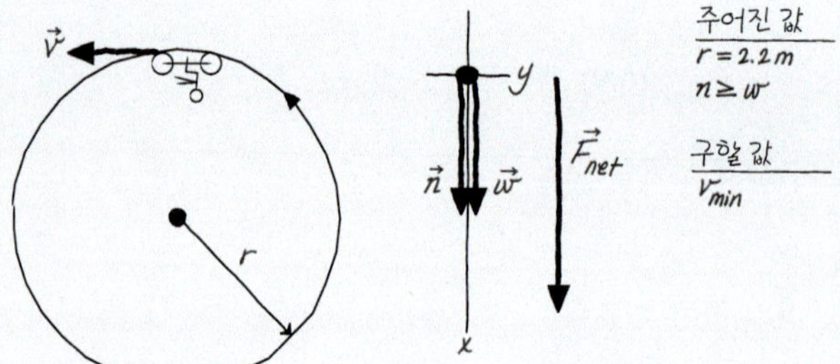

$$\sum F_x = w + n = \frac{mv^2}{r}$$

이 된다. 최소 속력은 $n = w$일 때 일어나므로

$$2w = 2mg = \frac{m{v_{\min}}^2}{r}$$

이고, 이를 최소 속력에 대하여 풀면

$$v_{\min} = \sqrt{2gr} = \sqrt{2(9.8\ \text{m/s}^2)(2.2\ \text{m})} = 6.6\ \text{m/s}$$

를 얻는다.

검토 최소 속력은 약 25 km/h로 빠른 속력은 아니다. 오토바이는 쉽게 이 속력에 도달할 수 있다. 그러나 정상적으로 몇 개의 오토바이가 이 구에 들어 있어서 모든 오토바이가 동시에 이 속력으로 운동해야 하는 것이 큰 문제이다. 이 문제를 해결하는 데 실수하지 않도록 이 속력일 때 회전주기는 $T = 2\pi r/v \approx 2$ s임을 알려둔다.

원심분리기 BIO

그림 6.18 원심분리기의 작동

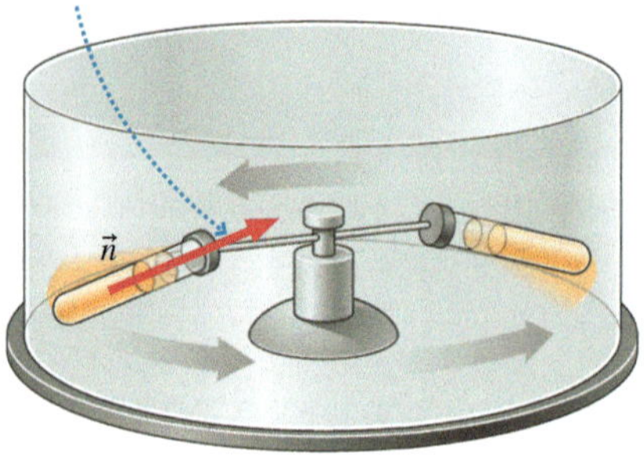

생물학에 응용되는 원운동은 서로 다른 밀도를 가진 액체의 성분을 분리해내는 데 사용되는 **원심분리기**이다. 전형적으로 이 성분들은 물속에 떠 있는 다른 종류의 세포이거나 세포의 성분이다. 물속에 떠 있는 작은 입자들은 아래 방향으로 가라앉는다. 그렇지만 세포와 같이 극단적으로 작은 물체들이 중력에 의해 가라앉아 정착하기 위해서는 수 일 또는 몇 달이 걸릴 수도 있다. 생물의 시편들을 중력만으로 분리해낸다는 것은 실용적이지 못하다.

중력의 힘을 증가시킨다면 시편들을 더 빠르게 분리할 수 있을 것이다. 중력은 변하지 않는 힘이지만 시편들을 매우 빨리 회전시킴으로써 시편 내 물질들의 겉보기 무게를 증가시킬 수 있다. 이와 같은 원리를 이용한 원심분리기를 그림 6.18에 나타내었다. 원심분리기는 자유 낙하 가속도보다 수천 배나 큰 구심 가속도를 만들어낸다. 중력을 효율적으로 정상적인 값보다 수천 배나 더 크게 증가시키기 때문에 세포나 세포 성분들은 가라앉고 수 분 또는 수 시간 내에 물질은 밀도에 따라 분리된다.

예제 6.10 초원심분리기 분석

지름이 18 cm인 초원심분리기는 250,000 g의 엄청나게 큰 구심 가속도를 만들 수 있다. 여기에서 g는 중력이 만들어내는 자유 낙하 가속도이다. 이 기계가 낼 수 있는 회전 진동수는 몇 rpm인가? 질량이 0.0030 kg인 시편의 겉보기 무게는 얼마인가?

준비 SI 단위를 사용하면

$$a = 250{,}000(9.80\ \text{m/s}^2) = 2.45 \times 10^6\ \text{m/s}^2$$

이며, 반지름은 $r = 9.0$ cm $= 0.090$ m이다.

풀이 식 (6.5)를 변형하여 진동수를 구하면

$$f=\frac{1}{2\pi}\sqrt{\frac{a}{r}}=\frac{1}{2\pi}\sqrt{\frac{2.45\times10^6\ \text{m/s}^2}{0.090\ \text{m}}}=830\ \text{rev/s}$$

이고, 이것을 rpm으로 바꾸면

$$830\ \frac{\text{rev}}{\text{s}}\times\frac{60\ \text{s}}{1\ \text{min}}=50{,}000\ \text{rpm}$$

이다. 가속도가 매우 크기 때문에 구심 가속도를 제공하는 힘 이외의 나머지 힘들은 무시할 수 있다. 알짜힘은 안쪽 방향의 힘과 같은데, 이것이 시료의 겉보기 무게이기도 하다.

$$w_{\text{app}}=F_{\text{net}}=ma=(3.0\times10^{-3}\ \text{kg})(2.45\times10^6\ \text{m/s}^2)=7.4\times10^3\ \text{N}$$

질량이 3 g인 시편의 실효 무게는 740 N이나 된다.

검토 가속도가 250,000 g이기 때문에 겉보기 무게는 실제 무게의 250,000배나 된다. 이는 매우 큰 가속도를 만들기 위해서 매우 큰 회전수가 필요하다는 사실과 부합한다.

인간 원심분리기 BIO 상하 수직 원을 그리며 팔을 빨리 돌리면 팔은 원심분리기와 같은 역할을 한다. 이 운동은 동맥에서 피가 바깥으로 흐르는 것을 도와주고 정맥에서 피가 안쪽으로 흐르는 것을 지연시킬 것이다. 여러분은 이런 피의 흐름을 손에서 아주 쉽게 알 수(느낄 수) 있다.

6.4 원형 궤도와 무중력

우주선은 시속 24,000 km/h로 지구 궤도를 돈다. 우주선에 힘이 얼마나 작용할까? 왜 원운동을 하게 되는 것일까? 궤도 운동에 대한 물리학을 고려하기 전에 잠시 포물체 운동에 대하여 생각해보자. 포물체 운동은 물체에 작용하는 힘이 중력일 때 일어난다. 포물체 운동의 분석에서 지구는 평평하고 중력에 의한 자유 낙하 가속도는 수직 아래 방향을 향하고 있다는 가정이 전제되고 있다. 이 가정들은 야구공이나 포탄 운동과 같은 제한적인 영역에서 그럴듯한 근삿값을 계산해줄 수는 있지만, 지구의 곡률을 더 이상 무시할 수 없는 한계점에 이르게 된다.

궤도 운동

그림 6.19는 매끄럽고 완전히 구형이며 공기 저항이 없는 행성에 세운 높이가 h인 수직 발사대를 보여준다. 발사대 위에서 초기 속력 v_i로 땅과 평행하게 포물체를 발사하였다. 궤적 A에서와 같이 v_i가 매우 작으면 '평평한 지구 근사'가 타당하며 예제 3.11과 동일한 문제가 된다. 포물체는 포물선 궤적을 따라 땅에 떨어진다.

초기 속력 v_i가 증가함에 따라 포물체에게는 지면이 휘어진 것처럼 보이게 된다. 포물체는 여전히 곡선을 그리며 땅으로 떨어진다. 포물체가 떨어지는 동안 줄곧 지면에 가까워지지만, 그것이 지면에 닿기까지 이동하는 거리, 곧 도달거리는 멀어진다. 왜냐하면 포물체로부터 멀리 떨어져서 휘어 있는 땅에 떨어져야 하기 때문이다. 궤적 B와 C가 이러한 경우이다.

만일 발사속력 v_i가 충분히 크면 포물체의 궤적과 지면의 곡선은 평행하여 땅에 떨

그림 6.19 매끄럽고 공기 저항이 없는 행성의 높이 h인 곳에서 발사된 포물체

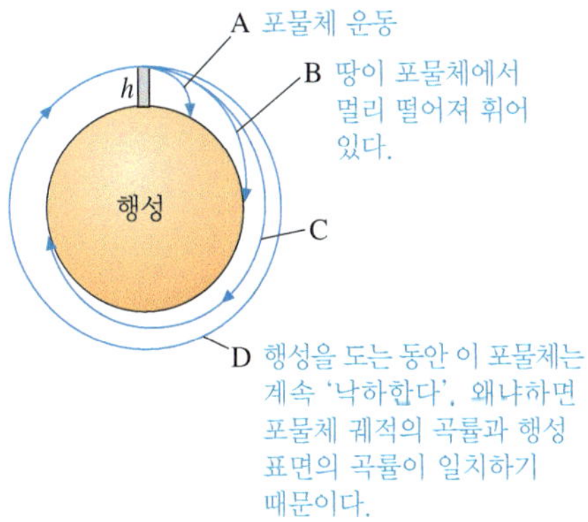

어지지 않는 경우에 이르게 된다. 이 경우가 되면 포물체가 떨어지기는 하지만 땅에 더 이상 가까이 갈 수 없어 땅에 도달하지 못한다! 이 상황이 궤적 D의 경우이다. 이렇게 되면 포물체는 궤적이 닫히면서 발사하였을 때와 같은 속력으로 발사지점으로 돌아온다. 행성이나 별 주위에 생긴 이처럼 닫힌 궤적을 **궤도**(orbit)라고 한다.

이 정성적인 분석에서 가장 중요한 점은 공기 저항이 없을 때 **궤도 운동을 하는 포물체는 자유 낙하한다는 것이다.** 이러한 생각이 이상해보이지만, 주의 깊게 생각해 볼 가치도 있다. 이러한 포물체 운동은 선수가 던진 야구공의 운동 또는 선반에서 뛰어 내려오는 강아지의 운동과 다르지 않다. 포물체에 작용하는 힘이 중력이지만 접선속도가 커지면 포물체 궤적의 곡률과 지구의 곡률이 같게 된다. 이 경우에 포물체는 중력의 영향으로 떨어지지만 지구 표면 어디에도 도달하지 않고 곡선의 바로 다음 점에 떨어진다.

2장에서 공부한 바와 같이 자유 낙하 가속도는 항상 수직 아래 방향을 향한다. **그림 6.20**과 같이 '아래 방향'은 실제로 '지구의 중심방향'이다. 포물체 궤도에서 중력의 방향은 지구 중심을 향하기 때문에 궤도를 따라가면서 항상 변한다.

그림 6.20 중력은 실제로 지구 중심을 향하고 있다.

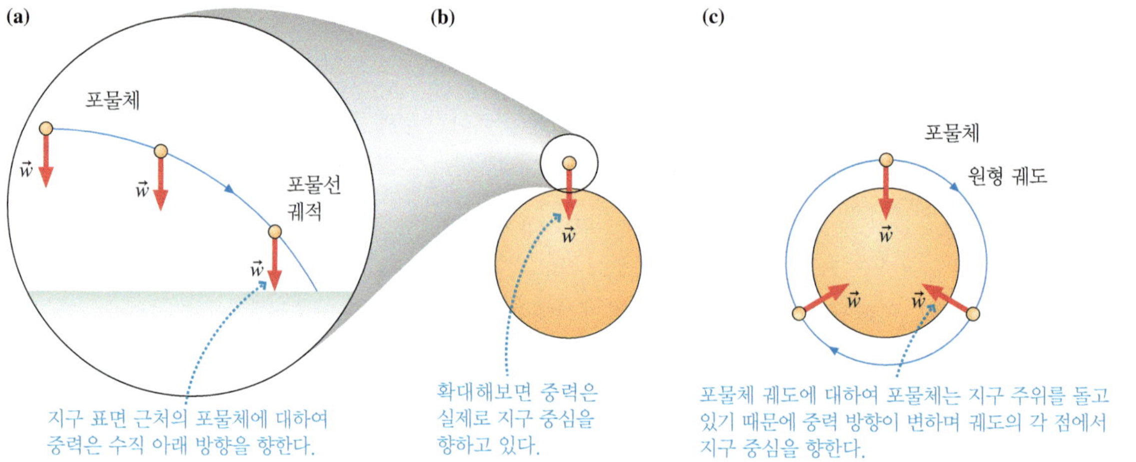

앞에서 배운 바와 같이 원의 중심을 향하는 일정한 크기의 힘은 등속 원운동의 구심 가속도를 만들어낸다. 그림 6.20에서 궤도를 도는 포물체에 작용하는 유일한 힘은 중력이고, 포물체가 지구 표면 가까이에서 운동한다고 가정하였기 때문에

$$a = \frac{F_{\text{net}}}{m} = \frac{w}{m} = \frac{mg}{m} = g \tag{6.11}$$

라고 할 수 있다. 반지름 r인 원 궤도를 속력 v_{orbit}로 운동하는 물체는

$$a = \frac{(v_{\text{orbit}})^2}{r} = g \tag{6.12}$$

인 구심 가속도를 갖는다. 다시 말하면, 어떤 물체이거나

$$v_{\text{orbit}} = \sqrt{gr} \tag{6.13}$$

의 속력으로 지표면과 평행하게 운동한다면 물체의 자유 낙하 가속도는 반지름 r의 원 궤도를 돌아가는 운동에 필요한 구심 가속도가 된다. 이와 다른 속력으로 운동하는 물체는 원 궤도를 돌지 못하게 된다.

지구의 반지름은 $r = R_e = 6.37 \times 10^6$ m이다. 매끄럽고 공기 저항이 없는 지구 표면을 스치듯이 지나가는 포물체의 궤도 속력은

$$v_{orbit} = \sqrt{gR_e} = \sqrt{(9.80\ \mathrm{m/s^2})(6.37 \times 10^6\ \mathrm{m})} = 7900\ \mathrm{m/s} \approx 28{,}500\ \mathrm{km/h}$$

이다. 이 속력으로 이 궤도의 인공위성 주기를 계산할 수 있다. 곧,

$$T = \frac{2\pi r}{v_{orbit}} = 2\pi\sqrt{\frac{r}{g}} \qquad (6.14)$$

이다. 지구를 스치듯 회전하는 궤도의 주기는 $T = 5065$ s = 84.4 min이다.

물론 실제 위성은 산과 나무보다 높은 높이에서 궤도를 따라 대기 중에서 선회해야 하므로 대기의 끌림힘이 거의 작용하지 않는다. 많은 사람들은 국제 우주 정거장이 지구에서 멀리 떨어진 궤도를 돌고 있다고 상상하지만, 실제로는 평균 높이가 200 mi ≅ 322 km가 조금 넘는다. 이 값은 지구 반지름보다 5% 큰 값이어서 지구 표면 근처를 스치고 지나가는 것과 크게 다르지 않다. 이와 같이 약간 큰 r값과 식 (6.14)를 사용하여 주기를 계산하면 $T = 87$ min이다. 실제로 국제 우주 정거장은 약 90분의 주기를 가지고 있으며 하루에 15번 이상 지구 둘레를 회전한다.

우주 왕복선에서 겉보기 무게는 0이다.

궤도에서의 무중력

◀◀5.3절에서 **무중력**을 논의할 때 자유 낙하 동안 무중력 상태가 일어난다는 사실을 알았다. 우주비행사와 우주선은 자유 낙하를 하는 것일까 하는 질문을 남긴 적이 있다. 이제 이에 대한 확실한 답을 할 수 있다. 실제로 우주비행사와 우주선은 자유 낙하를 한다. 중력의 영향으로 지구 주위를 돌면서 계속해서 떨어지고 있지만 지구 표면이 그보다 밑에 있기 때문에 땅으로 떨어지지는 않는다. 공간에서의 무중력은 자유 낙하하는 승강기 안에서 사람이 느끼는 무중력과 다르지 않다. **무중력은 무게나 중력이 없기 때문에 생기는 것이 아니다.** 대신 운항하고 있는 우주비행사, 우주선 그리고 우주선에 있는 모든 물체들이 모두 다 함께 떨어지고 있기 때문에 '무중력'(곧 겉보기 무게가 0인) 상태인 것이다. 자유 낙하 가속도는 질량에 무관하므로 우주비행사나 우주 정거장이 똑같은 궤도를 운행한다.

회전하는 우주 정거장 BIO 궤도에서 무중력을 경험한 우주비행사는 심각한 생리적 현상을 겪는다. 무중력 환경에서 사람은 뼈와 근육의 무게를 잃고 예상치 못한 신체적 장애를 겪는다. 이 문제를 해결하기 위한 하나의 해법은 '인공중력'을 만드는 것이다. 우주 정거장에서 인공중력을 만드는 가장 쉬운 방법은 겉보기 무게를 발생시키도록 우주 정거장을 회전시키는 것이다. 영화 〈2001: 스페이스 오디세이〉에서 우주 정거장 모형의 디자이너는 이러한 이유로 우주 정거장이 회전하도록 만들었다.

달의 궤도

달은 지구 주위로 원형 궤도에 가까운 궤도를 돈다. 달을 이러한 궤도에 묶어두는 데 필요한 구심 가속도를 제공하는 힘은 지구의 중력에 의한 끌어당기는 힘이다. 달도 인공위성과 같이 지구 주위를 향해 떨어지고 있다. 달 궤도의 주기를 계산하기 위하여 식 (6.14)에서 달까지의 거리로 $r = 3.84 \times 10^8$ m를 사용한다면 달이 지구를 한

바퀴 온전히 도는 데 걸리는 시간은 근사적으로 11시간이다. 이것은 명백히 틀렸다. 달의 공전주기는 약 한 달 정도이다. 무엇이 잘못 되었는가?

식 (6.14)를 사용할 때 달이 있는 곳에서의 자유 낙하 가속도 g가 지구 표면이나 표면 근처에서의 값과 같다고 가정하였다. 중력이 지구가 물체를 잡아당기는 힘이라면 그 힘의 크기와 g의 크기는 지구로부터 거리가 멀어짐에 따라 감소하여야 한다. 실제로 중력은, 다음 절에서 살펴볼 방법에 의하면, 거리가 증가하면 감소한다.

6.5 뉴턴의 중력 법칙

중력에 대한 이해는 뉴턴으로부터 시작된다. 뉴턴이 자신의 머리 위로 떨어지는 사과를 보고 중력을 생각하게 되었다는 이야기는 최소한 사실에 가까운 것으로 보인다. 그는 '명상에 잠겨있던 사이 떨어진 사과'를 보고 '중력의 개념'이 떠올랐다고 말했다.

뉴턴이 얻은 중요한 깨달음은, **중력이란 우주에 있는 모든 물체에 작용하는 보편적인 힘**이라는 것이다. 사과를 잡아당기는 끌어당기는 힘과 달을 궤도에 유지시키는 힘은 같은 것이다. 이것은 오늘날에는 폭넓게 받아들여지고 있지만, 그 당시에는 혁명적인 생각이었다.

중력은 역제곱 법칙을 따른다

뉴턴은 우주에 있는 **모든** 물체는 다음의 특성을 갖는 하나의 힘으로 서로 **다른** 물체를 잡아당긴다고 제안하였다.

1. 이 힘은 물체들 사이 거리의 제곱에 반비례한다.
2. 이 힘은 두 물체의 질량의 곱에 비례한다.

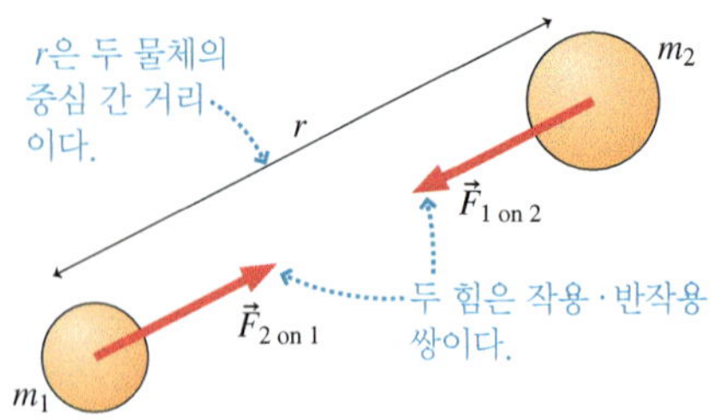

그림 6.21 질량 m_1과 m_2에 작용하는 중력

그림 6.21에서 보인 바와 같이 질량 m_1과 m_2인 구 모양의 두 물체가 거리 r만큼 떨어져 있다. 각 물체가 다른 물체에 끌어당기는 힘을 작용하며, 이 힘을 **중력**(gravitational force)이라고 한다. 두 힘은 작용·반작용 쌍을 이루므로, $\vec{F}_{1\text{ on }2}$는 $\vec{F}_{2\text{ on }1}$와 크기는 같고 방향은 반대이다. 힘의 크기는 뉴턴의 중력 법칙에 의해 주어진다.

뉴턴의 중력 법칙 질량 m_1과 m_2를 갖는 두 물체들이 거리 r만큼 떨어져 있다면 각 물체에 작용하는 끌어당기는 힘의 크기는 다음과 같이 주어진다.

$$F_{1\text{ on }2} = F_{2\text{ on }1} = \frac{Gm_1m_2}{r^2} \tag{6.15}$$

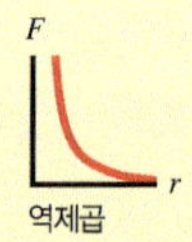

힘은 두 물체를 연결하는 선을 따라 작용한다.

상수 G는 **중력 상수**라고 하며 SI 단위계에서 다음과 같다.

$$G = 6.67 \times 10^{-11}\ \text{N}\cdot\text{m}^2/\text{kg}^2$$

두 물체 사이의 거리 r이 증가함에 따라 두 물체 사이의 중력은 감소한다. 거리는 분모의 제곱으로 나타나기 때문에 뉴턴의 중력 법칙은 **역제곱 법칙**(inverse square law)이라고도 한다. 두 물체 사이의 거리가 2배로 늘어나면 힘은 4배 감소한다. 이러한 수학적 형태는 또 다시 보게 될 것이므로, 좀 더 상세히 살펴볼 필요가 있다.

역제곱 관계식

y가 x의 제곱에 반비례한다면 두 양은 **역제곱 관계**를 갖고, 수학적으로 다음과 같이 표현한다.

$$y = \frac{A}{x^2}$$

y는 x^2에 역비례한다.

여기서 A는 상수이다. 이 관계식은 종종 $y \propto 1/x^2$로 표현한다.

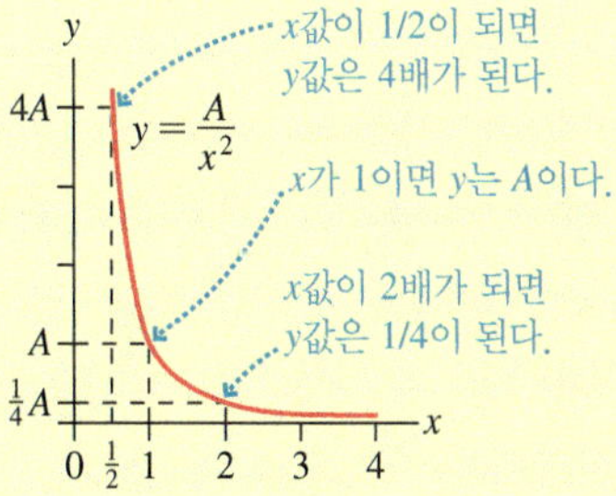

축척 그래프에서 보는 바와 같이 역제곱의 축척은 예를 들어 다음을 의미한다.

- x값이 2배가 되면 y값은 1/4이 된다.
- x값이 1/2이 되면 y값은 4배가 된다.
- x값이 3배가 되면 y값은 1/9이 된다.
- x값이 1/3이 되면 y값은 9배가 된다.

일반적으로 **x값이 c배가 되면 y값은 $1/c^2$배가 되고,** x값이 $1/c$배가 되면 y값은 c^2배가 된다.

비 어떤 두 값 x_1과 x_2에 대하여 다음 식을 갖는다.

$$y_1 = \frac{A}{x_1^2} \text{와} \quad y_2 = \frac{A}{x_2^2}$$

또 y_1식을 y_2식으로 나누면 다음 식이 주어진다.

$$\frac{y_1}{y_2} = \frac{A/x_1^2}{A/x_2^2} = \frac{A}{x_1^2}\frac{x_2^2}{A} = \frac{x_2^2}{x_1^2}$$

즉 y값의 비는 x값의 제곱의 역비로 나타난다.

극한 x가 커지면 y는 매우 작아지고 x가 작아지면 y는 매우 커진다.

개념형 예제 6.11 중력의 변화

기다란 2개의 납공이 20 m 떨어져 있고 이들 사이에 작용하는 중력은 0.010 N이다. 그들 사이의 중력이 0.160 N이 되려면 두 공 사이의 거리는 얼마이어야 하는가?

판단 두 공의 질량을 알 수는 없지만 이 문제를 풀 수 있다. 힘과 거리의 비가 이 문제를 푸는 열쇠이다. 중력은 힘과 거리와의 관계식이 거리의 제곱에 반비례하는 역제곱 관계식을 갖는다. 따라서 힘은 (0.160 N)/(0.010 N) = 16만큼 증가하므로 거리는 $\sqrt{16} = 4$만큼 감소한다. 그러므로 거리는 (20 m)/4 = 5.0 m이다.

검토 이러한 형태의 비례식을 적용하면 문제의 답을 합리적으로 빠르게 얻을 수 있다.

예제 6.12 두 사람 사이의 중력

물리학 강의실에 앉아 있는 두 친구 A와 B 사이의 거리는 0.60 m이다. 각자의 질량이 65 kg이라고 가정하고 작용하는 중력의 크기를 구하시오.

준비 중력을 계산하는 데 사람을 공으로 취급하는 것은 좋은 모형은 아니지만 대략적인 추산을 할 때 이 모형을 쓰게 된다. 두 사람 사이의 중심 거리를 0.60 m로 할 것이다.

풀이 식 (6.15)에 의하여 중력은 다음과 같이 계산된다.

$$F_{\text{A on B}} = \frac{Gm_{\text{A}}m_{\text{B}}}{r^2} = \frac{(6.67 \times 10^{-11}\ \text{N}\cdot\text{m}^2/\text{kg}^2)(65\ \text{kg})(65\ \text{kg})}{(0.60\ \text{m})^2} = 7.8 \times 10^{-7}\ \text{N}$$

검토 대략 머리카락 하나의 무게에 해당하는 매우 작은 힘이다. 이 값은 타당하며 여러분은 이러한 끌어당기는 힘을 느끼지 못할 것이다!

우주의 모든 물체 사이에는 중력이 작용하지만 보통 크기의 물체 사이에 작용하는 중력은 일반적으로 매우 작다. 그러나 한 물체나 두 물체의 질량이 매우 클 때는 중력이 매우 중요하다. 지구에 사는 우리에게 아래 방향으로 작용하는 힘인 무게는 지구의 질량이 굉장히 크기 때문에 지구가 여러분에게 작용하는 아래 방향의 힘, 즉 여러분의 무게는 느낄 수 있을 정도로 크다. 이 끌어당기는 힘은 상호간에 작용한다. 곧, 뉴턴의 제3법칙에 의하면 지구가 물체를 아래 방향으로 당기는 무게와 같은 힘으로 물체도 지구를 같은 힘으로 잡아당긴다. 그러나 지구의 질량이 크기 때문에 지구에 작용하는 힘의 효과는 무시할 만큼 작다.

예제 6.13 사람에게 작용하는 지구의 중력

60 kg인 사람에게 작용하는 지구 중력의 크기는 얼마인가? 지구 질량은 5.98×10^{24} kg이고 반지름은 $r = 6.37 \times 10^6$ m이다.

준비 사람을 다시 공으로 취급하자. 뉴턴의 중력 법칙에서 거리 r은 두 공의 중심 사이의 거리이다. 사람의 크기는 지구의 크기에 비해 무시할 수 있을 만큼 작으므로 지구의 반지름을 r로 사용할 수 있다.

풀이 식 (6.15)를 사용하여 사람에게 작용하는 지구의 중력을 다음과 같이 구한다.

$$F_{\text{earth on person}} = \frac{GM_{\text{e}}m}{R_{\text{e}}^2} = \frac{(6.67 \times 10^{-11}\ \text{N}\cdot\text{m}^2/\text{kg}^2)(5.98 \times 10^{24}\ \text{kg})(60\ \text{kg})}{(6.37 \times 10^6\ \text{m})^2} = 590\ \text{N}$$

검토 이 힘은 무게의 공식 $w = mg$를 사용하여 계산된 값과 정확히 같다. 5장에서 물체의 무게를 단순히 물체에 작용하는 '중력'으로 소개하였다. 뉴턴의 중력 법칙은 중력을 계산하기 위한 기본 법칙이지만, 결국 중력은 먼저 소개하였던 '무게'와 같은 것이다.

다른 세계에서의 중력

지구와 물체 사이에 작용하는 끌어당기는 힘은 중력으로 물체의 무게에 해당한다. 혹시 다른 행성을 탐험하게 된다면 5장에서 언급한 바와 같이 물체의 **질량**은 같은 값을 가지지만 물체의 **무게**는 다를 것이다. 달을 탐사하였을 때 텔레비전 화면을 통해서 우주비행사가 80 kg이 넘는 보호 장비를 착용하고도 쉽게 걷고 도약하는 모습을 보았을 것이다. 이 영상은 달에서는 물체의 무게가 지구에서보다 더 작다는 사실을 상기

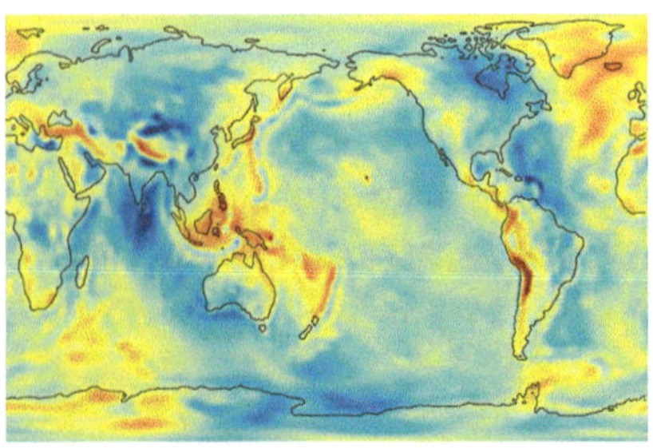

◀ **변화하는 중력** 지구의 중력을 계산할 때 지구의 모양, 구성이 균일하다고 가정했다. 실제로는 밀도와 다른 인자가 균일하지 않기 때문에 그림에서 보는 것과 같은 지구 중력의 차이가 생긴다. 빨간색은 중력이 센 부분, 파란색은 중력이 약한 부분을 나타낸다. 이 교재에서 이러한 차이는 무시하고 중력을 계산하지만, 지구를 연구하는 과학자들에게는 이런 차이가 무척 중요하다.

시켜 주었다. 그 이유를 생각해보자.

그림 6.22는 달 표면에서 질량 m인 암석의 무게를 재고 있는 우주비행사의 모습이다. 지구 표면에서 물체의 무게를 계산할 때는 공식 $w = mg$를 쓴다. 달에서의 g값을 사용한다면 달에서의 질량 m에 대해서도 같은 방법으로 계산할 수 있다. 곧,

$$w = mg_{\text{moon}} \tag{6.16}$$

이다. 여기에서 g_{moon}은 '작은 g'일 가능성이 있다. 달에서 자유 낙하 실험을 하면 g_{moon}값은 $1.62\ \text{m/s}^2$이다.

하지만 이 값은 '큰 G'를 써서 구할 수도 있다. 바위의 무게는 달의 끌어당기는 힘에 기인하며, 식 (6.15)로 이 무게를 계산할 수 있다. 거리 r을 달의 반지름 R_{moon}로 쓰면

$$F_{\text{moon on } m} = \frac{GM_{\text{moon}}m}{R_{\text{moon}}^2} \tag{6.17}$$

이 된다. 식 (6.16)과 (6.17)은 같은 힘이며 다른 이름을 가진 두 표현이기 때문에, 두 식의 우변을 같게 놓으면 다음과 같다.

$$g_{\text{moon}} = \frac{GM_{\text{moon}}}{R_{\text{moon}}^2}$$

이 계산을 달에 있는 물체에 적용하였지만 이 관계식은 완전한 일반식이어서 행성(또는 별) 표면의 자유 낙하 가속도 g는 다음과 같이 주어진다.

$$g_{\text{planet}} = \frac{GM_{\text{planet}}}{R_{\text{planet}}^2} \tag{6.18}$$

행성 표면의 자유 낙하 가속도

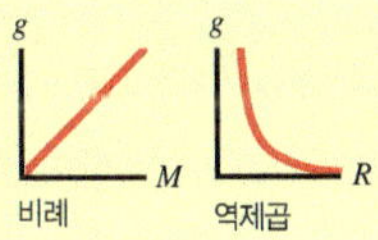

달의 질량과 반지름을 사용하면 $g = 1.62\ \text{m/s}^2$을 얻을 수 있다. 이것은 지구의 자유 낙하 가속도는 $9.8\ \text{m/s}^2$이므로 달에서의 물체의 무게는 지구에서의 물체의 무게보다 작다는 것을 의미한다. 70 kg(686 N)의 우주비행사가 80 kg(784 N)의 우주복을 입는다면 지구에서의 무게는 1470 N이 되지만 달에서는 240 N 정도 밖에 되지 않는다.

식 (6.18)은 행성 표면에서의 자유 낙하 가속도 g이다. 좀 더 일반적인 경우로 행성 중심에서 물체 사이의 거리가 $r > R$일 때를 생각해보자. 이 거리에서 자유 낙하 가속도는

$$g = \frac{GM}{r^2} \tag{6.19}$$

이다. 만약 $r = R$이면 이 식은 식 (6.18)과 같아지지만, $r > R$에서 '국소' 자유 낙하 가속도를 결정하는 데 사용할 수도 있다. 식 (6.19)는 지구로부터 멀리 떨어져 있을수록 g의 크기는 감소한다는 뉴턴의 생각을 표현하고 있다.

고도 약 10 km에서 제트기가 받는 자유 낙하 가속도는 지표면에서보다 0.3% 작다. 우주 정거장의 고도 300 km에서 식 (6.19)는 지표면에서보다 약 10%나 작은 $8.9\ \text{m/s}^2$

그림 6.22 달 위에서 무게 측정

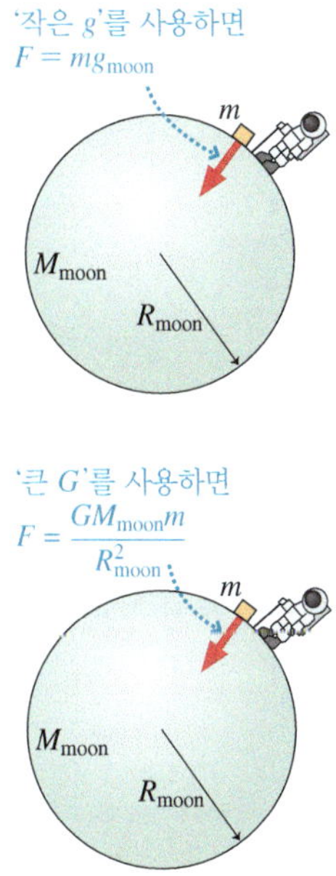

달 표면에서 걷기 BIO 앞서 최대 보행속도는 다리 길이와 자유 낙하 가속도 g에 의해 결정된다는 사실을 알았다. 달에서는 중력이 작기 때문에 걷기는 쉽지만 걷는 속도는 매우 느리다. 달에서 걸을 수 있는 최대 보행속도는 1 m/s에 지나지 않는다. 아폴로 우주인들이 적당한 속도로 걷는 것은 어려웠지만 무게의 감소로 도약하기는 무척 쉬웠다. 종종 달 표면으로부터 보내오는 동영상을 보면 우주비행사가 이곳저곳으로 움직여 가기 위해서 깡충깡충 뛰어오르면서 걷는 것을 볼 수 있는데, 이것은 재미로 하는 것이 아니라 효과적으로 빠르게 움직이기 위한 것이다.

이 된다. 인공위성의 궤도 주기를 나타낸 식 (6.14)에 g값 대신에 약간 작은 값을 사용한다면, 주기는 약 90분 정도 된다. 이 g값이 지표에서보다 약간 작은데, 이는 궤도를 도는 물체가 중력이 없는 '무중력' 상태에 있는 것이 아니라 자유 낙하하기 때문이다.

예제 6.14 데이모스의 궤도 속력 구하기

화성은 2개의 위성을 가지고 있는데 둘 다 지구의 위성인 달보다 훨씬 작다. 둘 중 작은 위성인 데이모스는 반지름이 6.3 km이고 질량은 1.8×10^{15} kg이다. 데이모스의 근접 궤도로 진입하려면 포물체의 속력은 얼마이어야 할까?

풀이 데이모스 표면에서 자유 낙하 가속도는 아주 작다.

$$g_{\text{Deimos}} = \frac{GM_{\text{Deimos}}}{R^2_{\text{Deimos}}} = \frac{(6.67 \times 10^{-11}\ \text{N}\cdot\text{m}^2/\text{kg}^2)(1.8 \times 10^{15}\ \text{kg})}{(6.3 \times 10^3\ \text{m})^2} = 0.0030\ \text{m/s}^2$$

이 값과 식 (6.13)을 사용하면 궤도 속력은

$$v_{\text{orbit}} = \sqrt{gr} = \sqrt{(0.0030\ \text{m/s}^2)(6.3 \times 10^3\ \text{m})} = 4.3\ \text{m/s} \approx 16\ \text{km/h}$$

이다.

검토 이 속력은 매우 느리다. 약간만 도약해도 데이모스 주위의 궤도로 쉽게 진입시킬 수 있다.

6.6 중력과 궤도

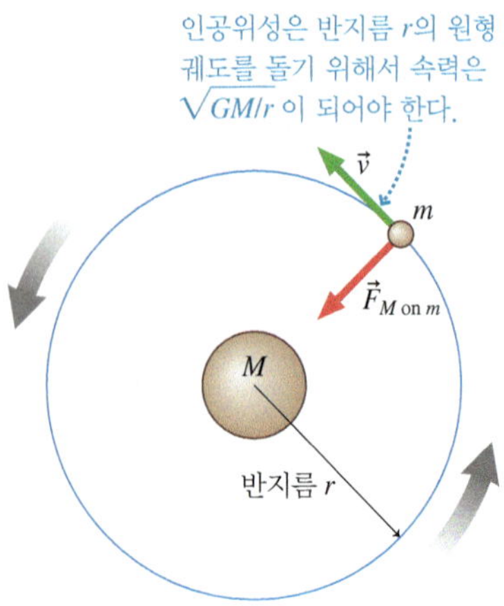

그림 6.23 인공위성의 궤도 운동은 중력에 의한 것이다.

태양계의 행성들은 태양의 중심을 향하는 태양의 중력이 구심 가속도를 제공하기 때문에 태양을 중심으로 궤도를 그리며 돈다. 수성은 태양과 가장 가까운 궤도를 돌며 구심 가속도가 가장 큰 반면, 해왕성은 가장 먼 궤도를 돌며 구심 가속도는 가장 작다.

그림 6.23은 태양이나 지구와 같이 질량 M의 큰 물체 주위의 궤도를 도는 질량 m의 작은 물체를 보여준다. 작은 물체는 **인공위성**(satellite)일 수도 있고 태양 주위를 도는 행성일 수도 있다. 뉴턴의 제2법칙은 $F_{M\text{ on }m} = ma$이고 $F_{M\text{ on }m}$은 큰 질량이 인공위성에 작용하는 중력이며, a는 인공위성의 가속도이다. $F_{M\text{ on }m}$은 식 (6.15)에 의해서 주어지고, 인공위성은 원형 궤도를 돌고 있기 때문에 인공위성의 가속도는 구심 가속도 mv^2/r이다. 그러므로 뉴턴의 제2법칙은 다음 식으로 주어진다.

$$F_{M\text{ on }m} = \frac{GMm}{r^2} = ma = \frac{mv^2}{r} \tag{6.20}$$

이 식을 v에 대해서 풀면 원형 궤도를 도는 인공위성의 속력은 다음과 같다.

$$v = \sqrt{\frac{GM}{r}} \tag{6.21}$$

질량 M인 별이나 행성 주위로 반지름 r인 원형 궤도를 도는 인공위성의 속력

인공위성은 반지름이 r이고 질량이 M인 물체 주위에서 원형 궤도를 유지하면서

돌려면 이 속력을 가져야 한다. 속력이 이 값과 다르면 궤도는 원형 궤도가 아닌 타원 궤도가 될 것이다. 궤도의 속력은 인공위성의 질량 m과는 무관하다. 이 사실은 이전의 중력에 의한 자유 낙하 운동과 포물체 운동이 질량과 무관하다는 결과와 일치한다.

태양 주위를 도는 행성의 주기 T는 태양 주위를 완전히 한 번 회전하는 데 걸리는 시간이다. 임의의 원운동에서 회전속력, 회전 반지름 및 주기의 관계는 동일하므로 $v = 2\pi r/T$이다. 이것과 식 (6.21)의 v값을 결합하여 다음을 얻는다.

$$\sqrt{\frac{GM}{r}} = \frac{2\pi r}{T}$$

양변을 제곱하여 인공위성의 주기를 구하면 다음 식을 얻는다.

$$T^2 = \left(\frac{4\pi^2}{GM}\right) r^3 \qquad (6.22)$$

질량 M인 물체 주위로 원형 궤도를 도는
인공위성의 주기 T와 회전 반지름 r과의 관계

일반적으로 **회전 주기의 제곱은 궤도 반지름의 세제곱에 비례한다.**

주기와 궤도 반지름의 관계식은 17세기 천문학자인 케플러(Johannes Kepler)의 관찰로부터 나온 것이다. 뉴턴의 주된 과학적 업적 중의 하나가 중력 법칙과 운동 법칙으로부터 케플러의 관찰을 증명해낸 것이다. 오늘날에도 뉴턴의 중력 법칙과 식 (6.22)와 같은 식은 태양계의 행성들을 탐사하는 NASA의 과학자들에게는 꼭 알아야 하는 식이며 필수적인 도구이다.

예제 6.15 지구정지위성의 위치

통신위성은 지구 적도 상공의 한 점에서 제자리 '맴돌기'를 한다. 지구가 자전할 때 정지한 것처럼 보이는 인공위성은 **지구정지궤도**에 있다. 이 정지위성의 궤도 반지름은 얼마인가?

준비 지구에 대하여 정지한 것처럼 보이는 위성은 지구의 자전속력과 같은 속력으로 돌아야 하기 때문에 정지위성의 궤도 주기는 24시간이어야 한다. 주기는 $T = 8.64 \times 10^4$ s이다.

풀이 식 (6.22)를 반지름 r에 대해서 정리하여 대입하면 다음과 같은 해를 얻는다.

$$r = \left(\frac{GM_e T^2}{4\pi^2}\right)^{\frac{1}{3}}$$

$$= \left(\frac{(6.67 \times 10^{-11}\ \text{N}\cdot\text{m}^2/\text{kg}^2)(5.98 \times 10^{24}\ \text{kg})(8.64 \times 10^4\ \text{s})^2}{4\pi^2}\right)^{\frac{1}{3}}$$

$$= 4.22 \times 10^7\ \text{m}$$

검토 지구 표면에서 매우 높이 있는 이 궤도는 대략 지구 반지름의 7배 정도이다. 반면 국제 우주 정거장의 궤도 반지름은 지구 궤도보다 약 5% 정도 크다.

거대 규모의 중력

상대적으로 약한 힘이라 하더라도 중력은 먼 거리까지 영향을 미치는 힘이다. 두 물체가 매우 멀리 떨어져 있다고 하더라도 그들 사이에는 중력이 작용한다. 결과적으로 중력은 우주의 어느 곳에서나 작용하는 힘이다. 중력은 여러분의 발을 지면에 붙어

우리 은하(은하수)와 닮은 나선은하

있게 해줄 뿐만 아니라 더 큰 규모로 작용한다. 우리 태양계가 속해 있는 별의 모임인 은하수는 중력에 의해 유지되고 있다. 그런데 은하의 중력이 모든 별들을 하나 같이 잡아당기고 있다는 증거는 왜 보이지 않을까?

그 이유는 모든 별들이 은하계의 중심 주위에서 궤도 운동을 하고 있기 때문이다. 중력은 태양의 행성들이 태양계 안쪽으로 떨어지지 않고 궤도 운동을 하는 것과 같이 은하계의 별들이 은하계 중심으로 떨어지지 않고 은하계 중심 주위에서 궤도를 그리며 원운동을 유지하도록 힘을 제공하고 있다. 우리 태양계의 역사는 약 50억 년이나 된다. 이 시간에 우리 은하는 은하의 중심을 축으로 하여 대략 20번 회전하였다.

일반적으로 은하계의 별들은 일정한 각속도로 원운동을 하지 않을 것으로 생각된다. 은하계의 모든 별들은 은하계 중심으로부터 떨어진 거리가 각기 다르고 주기도 제각각이기 때문이다. 식 (6.22)에 보인 바와 같이 중심과 가까이 있는 별들일수록 주기가 짧다. 그러므로 별들이 궤도 운동을 할 때 상대적인 위치가 변한다. 그렇기 때문에 상대적으로 가까이 위치한 별들도 시간이 지나면 반대편에 위치할지도 모른다.

수레바퀴와 같은 **강체**의 회전은 훨씬 더 간단하다. 바퀴가 회전할 때 모든 점들 사이의 거리는 항상 일정하게 유지되며, 모두 같은 각속도로 회전한다. 다음 장에서 이와 같은 강체의 회전 동역학을 공부할 것이다.

종합형 예제 6.16 사냥꾼과 투석기

석기시대에 한 사냥꾼이 절벽 위의 평원에서 1.0 m의 칡넝쿨로 만든 투석기에 1.0 kg의 돌멩이를 메달아 머리 위에서 수평으로 원을 그리며 빙빙 돌리고 있다. 돌멩이가 운동하는 면은 절벽 아래 바닥으로부터 높이가 약 25 m이다. 칡넝쿨의 장력은 돌멩이를 빠르게 돌리면 돌릴수록 더 커진다. 장력이 200 N에 도달하여 갑자기 넝쿨이 끊어졌다면 돌멩이는 절벽 바로 아래로부터 수평으로 얼마나 멀리 날아갔겠는가?

준비 돌멩이가 등속 원운동을 하고 있었다고 가정하면, 문제 풀이 전략 6.1을 사용하여 이 운동을 분석할 수 있다. 투석기의 칡넝쿨이 끊어지면 돌멩이는 수평선과 나란한 방향의 초기 속도로 포물체 운동을 한다.

그림 6.24(a)의 돌멩이에 작용하는 힘 식별 도형은 칡넝쿨에 작용하는 힘이 오로지 접촉힘인 장력밖에 없음을 나타냈다. 돌멩이가 수평 원에서 돌고 있었기 때문에 장력 $\vec{T}$가 x축 방향으로 작용하는 **그림 6.24(b)**와 같은 자유 물체 도형으로 시작할 수도 있다. 그러나 이렇게 되면 곤란한 문제가 생긴다. 자유 물체 도형에서 보면 알짜힘이 y방향으로 돌멩이를 가속시키기 때문이다. 그렇지만 돌멩이가 수평 원을 따라 운동을 하려면 알짜힘이 원의 중심을 향해야 한다는 것을 알고 있다. 이 자유 물체 도형에서 무게 $\vec{w}$는 곧바로 아래 방향을 가리키는 것이 맞으므로 이제 남은 어려움은 장력 $\vec{T}$의 선택에 있다.

작은 추를 실에 묶어서 머리 위에서 돌리는 실험에서와 같이 물체를 돌려보고 실의 각도를 살펴보라. 줄이 수평이 아니고 약간 아래 방향으로 각을 이루고 있음을 알 수 있을 것이다. **그림 6.24(c)**

그림 6.24 돌멩이를 돌리는 사냥꾼의 개요도

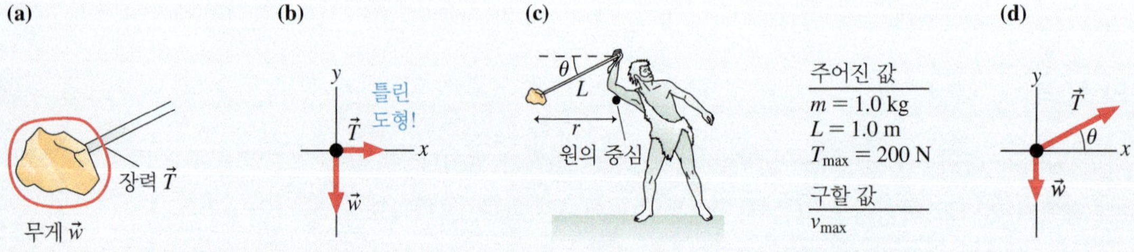

그림 6.25 포물체 운동을 하는 돌멩이의 개요도

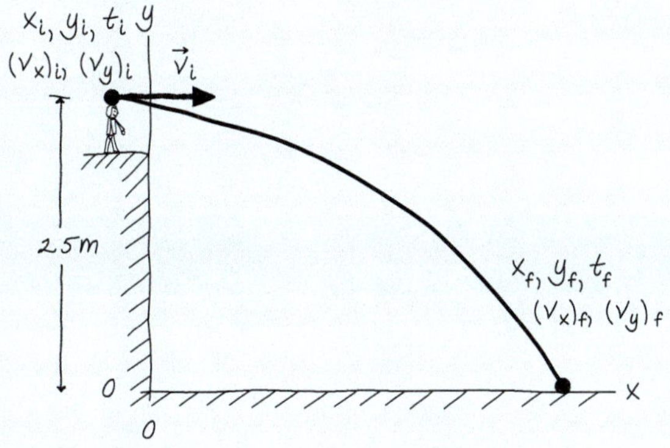

는 이 각을 θ로 나타냈다. 돌멩이가 수평 원에서 운동을 하지만 원의 중심이 손은 아니라는 사실에 주목해야 한다. x축은 원의 중심을 수평으로 가리키지만 장력은 칡넝쿨을 따라가는 방향이다. 그러므로 올바른 자유 물체 도형은 그림 6.24(d)와 같아야 한다.

그림 6.25는 칡넝쿨이 끊어져서 돌멩이가 날아가는 상황을 나타낸 개요도이다. 여기에서 주목해야 할 중요한 것은 속도의 x성분이 칡넝쿨이 끊어지기 직전에 돌멩이의 속력이라는 사실이다.

풀이 그림 6.24(d)의 자유 물체 도형으로부터, 원운동에 관한 뉴턴의 제2법칙을 적용하면

$$\sum F_x = T\cos\theta = \frac{mv^2}{r}$$
$$\sum F_y = T\sin\theta - mg = 0$$

이 된다. 여기에서 θ는 칡넝쿨이 수평선에서 아래로 이루는 각이다. 칡넝쿨이 이루는 각 θ를 구하려면 y축 방향의 식을 이용할 수 있다. 곧 다음과 같다.

$$\sin\theta = \frac{mg}{T}$$
$$\theta = \sin^{-1}\left(\frac{mg}{T}\right) = \sin^{-1}\left(\frac{(1.0\text{ kg})(9.8\text{ m/s}^2)}{200\text{ N}}\right) = 2.81°$$

이렇게 하여 장력이 200 N으로 최대일 때의 경사각을 구할 수 있다. 칡넝쿨의 각은 작지만 0은 아니다.

x축 방향의 식으로 돌아가서 원운동을 하는 돌멩이의 속력을 구하면

$$v = \sqrt{\frac{rT\cos\theta}{m}}$$

이다. 회전 원의 반지름 r이 칡넝쿨의 길이 L이 아니라는 것에 주목하라. 그림 6.24(c)에서 $r = L\cos\theta$임을 알 수 있다. 이로부터 돌멩이의 속력은

$$v = \sqrt{\frac{LT\cos^2\theta}{m}} = \sqrt{\frac{(1.0\text{ m})(200\text{ N})(\cos 2.81°)^2}{1.0\text{ kg}}} = 14.1\text{ m/s}$$

이다.

이것은 칡넝쿨이 끊어졌을 때 돌멩이의 수평 속력이기 때문에 그림 6.25의 포물체 운동의 개요도에서 초기 속도의 x성분이 $(v_x)_i = 14.1$ m/s이어야 한다. 포물체 운동에서 수평방향으로의 가속도는 0이라는 점을 상기하면, 돌멩이의 나중 위치는

$$x_f = x_i + (v_x)_i\,\Delta t = 0\text{ m} + (14.1\text{ m/s})\Delta t$$

가 된다. 여기에서 Δt는 포물체가 공중에 있던 시간이다. 이 값이 주어지지는 않았지만 수직운동으로부터 구할 수 있다. 포물체에서 수직운동은 자유 낙하 운동이므로

$$y_f = y_i + (v_y)_i\,\Delta t - \frac{1}{2}g(\Delta t)^2$$

이다. 초기 높이가 $y_i = 25$ m이고, 나중 높이가 $y_f = 0$ m, 그리고 초기 속도가 $(v_y)_i = 0$ m/s이다. 이 값을 대입하면

$$0\text{ m} = 25\text{ m} + (0\text{ m/s})\Delta t - \frac{1}{2}(9.8\text{ m/s}^2)(\Delta t)^2$$

이 된다. 이 식을 Δt에 대해서 풀면

$$\Delta t = \sqrt{\frac{2(25\text{ m})}{9.8\text{ m/s}^2}} = 2.26\text{ s}$$

가 된다. 이제 이 값을 사용하여 돌멩이가 날아간 거리를 구하면

$$x_f = 0\text{ m} + (14.1\text{ m/s})(2.26\text{ s}) = 32\text{ m}$$

이다. 돌멩이는 절벽 바로 아래로부터 32 m인 지점에 떨어진다.

검토 돌멩이가 회전하는 원주의 길이는 $2\pi r$이고, 약 6 m이다. 14.1 m/s의 속력으로 대략 1/2초에 한 바퀴를 도는 것이다. 이 값은 합리적인 것처럼 보인다. 32 m 거리라면 대략 25 m 높이의 절벽 위에서 쉽게 던질 수 있는 거리이다.

문제의 난이도는 |(쉬움)에서 ||||(도전)으로 구분하였다. INT로 표시된 문제는 지난 장의 내용이 복합된 문제이고, BIO는 생물학적 또는 의학적 관심 분야를 의미한다.

QR 코드를 스캔하여 이 장의 문제를 해결하는 데 도움이 되는 영상 학습 풀이를 시작하시오.

연습문제

6.1 등속 원운동

1. || 지름이 5.0 m인 회전목마가 4.0 s의 주기로 회전하고 있다. 회전하고 있는 아이의 속력은 얼마인가?

2. | 구식의 LP 레코드판이 $33\frac{1}{3}$ rpm으로 돈다.
   a. 진동수는 rev/s로 얼마인가?
   b. 주기는 초 단위로 얼마인가?

3. || 컴퓨터의 CD-ROM 드라이브는 12 cm 지름을 갖는 CD를 10,000 rpm으로 회전시킨다.
   a. CD의 주기(초)와 진동수(rev/s)는 얼마인가?
   b. CD의 바깥쪽에 있는 먼지 입자의 속력은 얼마인가?
   c. 이 먼지에 작용하는 가속도는 g의 단위로 얼마인가?

4. ||| 태양 주위의 가장 가까운 지구의 원 궤도의 반지름은 1.50×10^{11} m이다. 지구의 (a) 속도와 (b) 구심 가속도를 구하시오. 1년은 365일로 가정한다.

5. || 같은 방 친구가 자전거를 거꾸로 놓고 작업 중이다. 자전거 바퀴의 지름이 60 cm이고 바퀴홈에 낀 잔돌이 매초 3번 지나간다. 이 잔돌의 속력과 가속도는 얼마인가?

6. || 갑작스런 급강하 때 발생하는 10g에 다다르는 'g-forces'를 경험하기 위해서 전투기 조종사들은 '인간 원심분리기'에서 훈련한다. 10g는 98 m/s^{2}의 가속도에 해당한다. 원심분리기의 회전 길이가 12 m일 때, 10g를 느끼려면 얼마의 속도로 회전해야 하는가?

6.2 등속 원운동의 동역학

7. |||| 그림 P6.7은 식탁 위 수평면에서 원운동하는 입자의 모습을 보여준다. 모든 입자가 같은 속력으로 운동할 때 장력이 가장 큰 것에서부터 가장 작은 것의 순으로 나열해보시오.

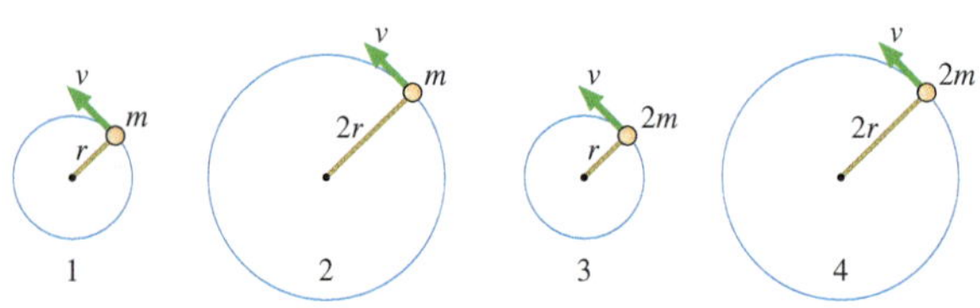

그림 P6.7

8. ||| 1600 kg의 자동차 타이어에 작용하는 도로의 최대 힘은 8400 N이다. 자동차가 13 m의 반지름으로 돌 때 최대 속력은 얼마인가?

9. || 6000 kg의 버스가 300 m 지름의 원형 트랙을 20 m/s로 달린다. 버스에 작용하는 알짜힘의 방향과 크기는 무엇인가? 어떠한 것이 이 힘으로 작용하는가?

10. || 야구공을 던지는 기계는 공이 목표물을 향해 떠날 때까지 가볍고 강한 강체 봉을 수평축 주위로 회전시켜 공을 가속한다. 질량이 144 g인 공이 회전축으로부터 반지름 85 cm 떨어져서 136 km/h의 속력으로 던져지고 있다.
    a. 야구공이 던져지기 직전에 구심 가속도는 얼마인가?
    b. 야구공이 던져지기 직전에 작용하는 알짜힘은 얼마인가?

11. || 픽업트럭이 반지름 20 m인 커브를 돌고 있다. 트럭 뒤편에 있는 상자가 트럭 벽 쪽을 누른다. 상자의 무게와 벽이 상자에 작용하는 힘과 같게 하려면 얼마나 빠른 속도로 운전해야 하는가?

12. || 아시아의 작은 영장류인 긴팔원숭이는 팔을 흔들며 앞으로 이동한다. 9 kg의 긴팔원숭이의 팔 길이(손에서 어깨까지)는 0.6 m이다. 이런 상황은 질량이 없는 0.6 m의 막대기에 달린 점 질량이 회전하는 것으로 모형화할 수 있다. 팔을 흔들 때 가장 낮은 지점에서 긴팔원숭이는 3.5 m/s로 이동한다. 긴팔원숭이를 지탱하기 위해서 나뭇가지는 얼마만큼의 힘을 제공해야 하는가?
    BIO

6.3 원운동에서의 겉보기힘

13. || 한 손으로 양동이를 들고 있다고 하자. 양동이 안에 500 g의 돌이 들어 있다. 이 양동이를 수직으로 지름이 2.2 m가 되도록 회전시켰다. 돌이 양동이 안에 있게 하려면 수직 원의 꼭대기에서 필요한 최소한의 속력은 얼마인가?

14. ||| 롤러코스터 차가 지름 60 m의 최정상에서 공중제비를 하고 있을 때 차의 겉보기 무게는 차의 실제 무게와 같다. 최정상에서 차의 속력은 얼마인가?

15. ||| 실험실의 원심분리기가 4000 rpm으로 회전한다. 매우 큰 가속도 때문에 시험관은 원심분리기 안에 조심스럽게 놓아야 한다.
    BIO INT

a. 회전축으로부터 10 cm 떨어진 곳에 있는 시험관의 가속도는 얼마인가?

b. 시험관이 1.0 m 높이에서 떨어져 딱딱한 마루와 충돌하여 1.0 ms 동안에 정지할 때의 가속도의 크기는 얼마인가? 앞의 결과와 비교해보시오.

6.4 원형 궤도와 무중력

16. | 최근 우주선이 화성으로 보내졌다. 화성은 지구보다 작고 그에 따라 표면에서의 중력도 작다. 화성에서는 자유 낙하 가속도가 3.8 m/s^{2}이다. 화성 표면 바로 근처의 낮은 궤도를 우주선이 돈다면 회전 주기는 얼마인가?

6.5 뉴턴의 중력 법칙

17. || 어떤 별의 궤도를 도는 행성 1이 받는 중력은 F_1이다. 행성 1의 질량보다 두 배 크고 별과의 거리가 두 배인 행성 2가 별로부터 받는 중력은 F_2이다. 두 중력 간의 비 F_2/F_1는 얼마인가? 두 행성 사이의 중력은 무시한다.

18. |||| 태양이 사람에게 작용하는 중력의 크기와 지구가 사람에게 작용하는 중력의 크기의 비는 얼마인가?

19. || 최근 천문학자들이 태양계와는 무척 다른 행성들을 발견했다. Kepler-12b는 목성의 1.7배에 해당하는 지름을 가지고 있으나 질량은 목성의 0.43에 지나지 않는다. 이 행성에서의 g는 얼마인가?

20. a. 지구에 작용하는 태양의 중력은 얼마인가?

b. 지구에 작용하는 달의 중력은 얼마인가?

c. 지구에 작용하는 달의 중력은 태양의 중력의 몇 퍼센트인가?

21. (a) 화성에서의 자유 낙하 가속도는 얼마인가?
(b) 목성에서의 자유 낙하 가속도는 얼마인가?

6.6 중력과 궤도

22. |||| 인공위성 A가 행성을 10,000 m/s로 회전하고 있다. 인공위성 B는 A보다 두 배 무겁고 A의 회전 반지름보다 두 배 먼 곳에서 회전한다. B의 속력은 얼마인가? 단 두 궤도 모두 원이라고 가정하자.

23. || 소행성대는 화성과 목성 사이를 회전한다. 한 소행성은 지구의 5년 주기를 가지고 회전한다. 이 소행성의 궤도 반지름과 속력은 얼마인가?

최근 과학자들은 다른 별들을 회전하는 수백 개의 행성을 발견했다. 그 중 어떤 행성은 태양($M_{sun} = 1.99 \times 10^{30}$ kg)으로부터 1.50×10^{11} m의 거리, 즉 1 au(astronomical unit)라고 하는 거리에서 회전하는 지구와 비슷한 궤도를 회전한다. 다른 행성들은 태양계의 어떤 것과도 다른 극한의 궤도를 돈다. 문제 24–25는 다른 별 주위를 원운동하는 몇몇 행성에 관한 것들이다.

24. ||| WASP-32b는 태양의 1.1배 질량을 가진 별을 2.7일 주기로 회전한다. 이 별과 WASP-32b 사이의 거리는 au로 얼마인가?

25. ||| Kepler-42c는 태양의 0.13배 질량을 가진 별에서 0.0058 au의 거리로 회전한다. Kepler-42c에서는 1년의 길이가 얼마인가?

7 회전 운동
Rotational Motion

사이클 선수는 명백히 빠른 속력과 큰 가속도에 관심이 많다. 최대로 가능한 가속도를 위해서는 선수의 자전거를 가볍게 만들어야 한다. 가볍게 만드는 데 가장 중요한 요소는 타이어와 바퀴이다. 왜 그럴까?

학습목표

회전체에 관한 물리학을 이해한다.

회전 운동학

회전하는 룰렛 바퀴는 어디에도 가지 않지만 움직이고 있다. 이것이 **회전 운동**이다.

회전 운동을 기술하는 데 사용되는 각속도와 다른 물리량들을 배운다.

돌림힘

물체를 움직이려면 힘을 작용시켜라. 무언가를 회전시키려면 선원이 핸들에 하는 것처럼 **돌림힘**을 작용시켜라.

돌림힘은 얼마나 크게 미느냐와 어느 곳을 미느냐에 의존한다는 것을 배운다. 회전축으로부터 먼 곳을 밀수록 더 큰 돌림힘이 생긴다.

회전 동역학

소녀가 회전목마의 바깥쪽을 밀어서 회전율을 점점 증가시키고 있다.

회전 운동에 관한 뉴턴의 제2법칙을 배우고, 이를 이용하여 문제를 풀 것이다.

이 장의 배경

원운동

6장에서 주기, 진동수, 속도, 그리고 구심 가속도를 사용하여 원운동을 기술하는 법을 배웠다.

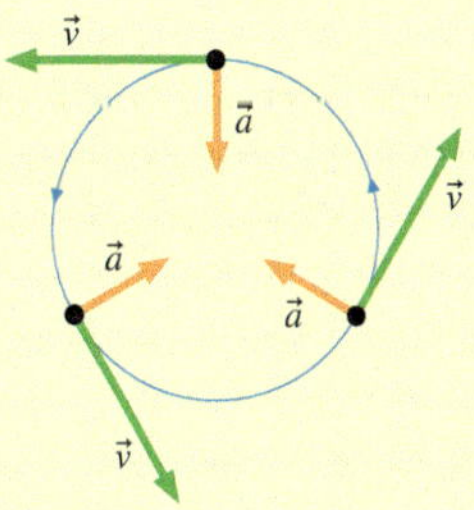

이 장에서는 회전 운동을 기술하는 각속도, 각가속도, 그리고 다른 물리량들을 배울 것이다.

7.1 원운동과 회전 운동의 기술

풍력 터빈의 움직이는 날개

사진은 회전하는 풍력 터빈을 보여준다. 날개는 분명히 운동하고 있다. 날개가 회전함에 따라 날개 위의 각 점은 일정한 속력으로 원운동한다. 날개 바깥쪽이 중심축에 가까운 부분보다 더 흐릿하게 보일 것이다. 이것은 날개 바깥쪽이 더 빨리 회전한다는 것을 말한다. 날개의 다른 부분은 다른 속력으로 회전한다. 이것을 어떻게 설명할 수 있는가?

이 장에서는 풍력 터빈의 날개와 같이 회전축을 중심으로 운동하는 물체의 **회전 운동**에 대하여 고려할 것이다. 새로운 개념을 소개하기 전에 먼저 ◀◀6.1절에서 배운 회전 운동하는 풍력 날개 끝의 운동과 같이 등속 원운동하는 입자의 운동이란 주제로 돌아가 보자. 이러한 취급을 전체 계의 운동으로 확장시킬 것이다. 이렇게 하기 위해서는 새로운 양을 정의하는 것이 필요하다.

각위치

그림 7.1 입자의 각위치는 각 θ로 기술된다.

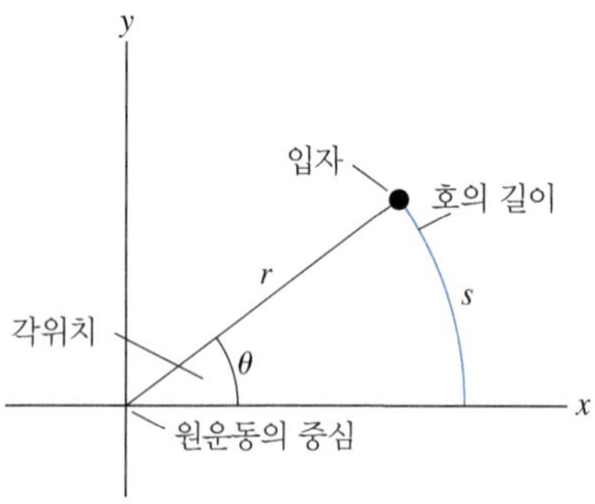

원 주위를 운동하는 입자의 위치를 기술하기 위해서는 **그림 7.1**에서와 같이 양의 x축으로부터 각 θ를 사용하는 것이 편리하다. 입자는 반지름 r인 원 주위를 운동하기 때문에 입자의 위치를 각 θ로 완전히 기술할 수 있다. 따라서 각 θ를 입자의 **각위치**라고 한다.

양의 x축으로부터 **반시계 방향**으로 측정한 각 θ를 양(+)으로 정의한다. 양의 x축으로부터 **시계 방향**으로 측정한 각 θ는 음(−)의 값을 갖는다. 원운동의 반시계 방향과 시계 방향은 직선 운동의 '원점에서 오른쪽'을 양의 값으로, '원점에서 왼쪽'을 음의 값으로 정의하는 것과 유사하다.

수학자나 과학자들은 보통 각 θ를 각도 단위로 측정하기보다는 **라디안** 단위로 측정한다. 그림 7.1에서 입자가 원의 경로를 따라 움직이는 **호의 길이** s를 보여준다. 입자의 각 θ는 원의 경로의 회전 반지름과 호의 길이의 비로 다음과 같이 정의된다.

$$\theta\,(\text{라디안}) = \frac{s}{r} \tag{7.1}$$

이 식은 합리적인 각의 정의이다. 호의 길이가 크면 클수록 각 θ의 단위인 라디안의 값이 커진다. SI 단위계에서 라디안의 단위는 약어인 rad로 쓴다. 1 rad의 각에서 호의 길이는 원의 반지름과 정확히 같다. 식 (7.1)의 중요한 결론은 각 θ를 발생시키는 호의 길이가

$$s = r\theta \tag{7.2}$$

라는 것이다.

입자가 원 주위를 한 바퀴 완전히 회전—1회전(revolution, 약어 rev)—하였을 때 호의 길이는 원의 원주 길이 $2\pi r$과 같다. 따라서 완전한 원의 각은 다음과 같다.

$$\theta_{\text{full circle}} = \frac{s}{r} = \frac{2\pi r}{r} = 2\pi \text{ rad}$$

이 사실을 사용하여 회전수, 라디안 및 각도 사이의 변환 인자를 정의할 수 있다.

$$1 \text{ rev} = 360° = 2\pi \text{ rad}$$
$$1 \text{ rad} = 1 \text{ rad} \times \frac{360°}{2\pi \text{ rad}} = 57.3°$$

가끔 각의 단위를 도(°)로 나타낼 때도 있지만, 각의 SI 단위는 라디안임을 기억해야 한다. 1 rad이 약 60°임을 기억하고 있다면 각을 라디안으로 나타낼 수 있다.

각변위와 각속도

1장과 2장에서 공부한 직선 운동에서 입자의 속도가 크면 속도가 작은 입자보다 단위 시간당 변화하는 변위는 **그림 7.2(a)**에서 보는 바와 같이 더 크다. **그림 7.2(b)**는 **등속 원운동**을 하는 두 입자를 보여준다. 왼쪽 입자는 5초 동안 원의 1/4을 운동하였고, 오른쪽 입자는 5초 동안 원의 1/2을 운동하였다. 같은 시간에 오른쪽 입자가 왼쪽 입자보다 두 배나 많은 **각변위** $\Delta\theta$를 일으켰다. 단위시간당 각변위를 나타내는 입자의 **각속도**는 두 배나 더 크다.

그림 7.2 등속 직선 운동과 등속 원운동의 비교

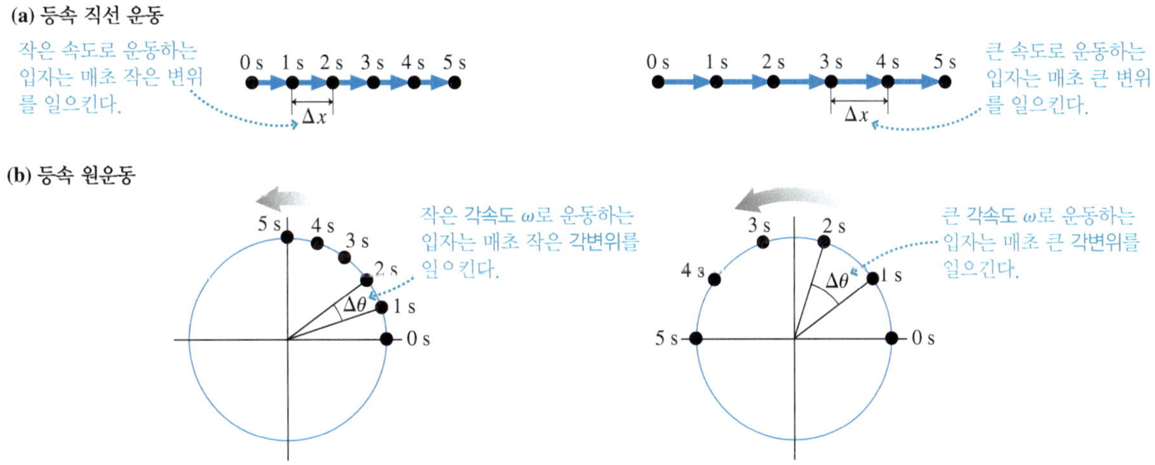

직선 운동에서 속도를 $v_x = \Delta x/\Delta t$로 정의하였던 것과 같이, 각속도를 다음과 같이 정의한다.

$$\omega = \frac{\text{각변위}}{\text{시간 간격}} = \frac{\Delta\theta}{\Delta t} \quad (7.3)$$

등속 원운동에서 입자의 각속도

기호 ω는 알파벳 소문자 w와 다른 그리스 문자 오메가(Ω)의 소문자이고, 각속도의 SI 단위는 rad/s이다.

그림 7.2(a)는 등속 직선 운동에서 입자의 변위 Δx가 매초 같은 양으로 변화하는 운동을 보여준다. 마찬가지로 그림 7.2(b)도 등속 원운동에서 각변위 $\Delta\theta$가 매초 같은 양

으로 변화하는 운동을 보여준다. 이것은 **등속 원운동하는 입자의 각속도 $\omega = \Delta\theta/\Delta t$ 가 일정하다**는 것을 의미한다.

예제 7.1 각속도 비교

그림 7.2(b)에서 두 입자의 각속도를 구하시오.

준비 등속 원운동에 대해서는 대응되는 시간 간격 Δt를 선택하기만 하면 어떤 각변위 $\Delta\theta$를 선택해도 된다. 각각의 입자에 대하여 0 s에서 5 s까지 변한 각변위를 선택한다.

풀이 왼쪽 입자는 5 s 동안 원 전체의 1/4을 운동하였다. 원 전체의 각은 2π rad이므로 입자의 각변위는 $\Delta\theta = (2\pi \text{ rad})/4 = \pi/2$ rad이다. 따라서 각속도는

$$\omega = \frac{\Delta\theta}{\Delta t} = \frac{\pi/2 \text{ rad}}{5 \text{ s}} = 0.314 \text{ rad/s}$$

이다. 오른쪽 입자는 5 s 동안 원 전체의 1/2 또는 π rad을 운동하였다. 따라서 이 입자의 각속도는 다음과 같다.

$$\omega = \frac{\Delta\theta}{\Delta t} = \frac{\pi \text{ rad}}{5 \text{ s}} = 0.628 \text{ rad/s}$$

검토 오른쪽 입자의 속력은 왼쪽 입자의 속력의 두 배이다. 답의 크기도 확인하여야 한다. 오른쪽 입자의 각속도는 0.628 rad/s로 매초 0.628 rad으로 운동하는 것을 의미한다. 1 rad은 60°이므로 0.628 rad은 대략 35°이다. 그림 7.2(b)에서 1초 동안 입자는 대략 이 정도의 각을 운동하므로 답은 타당해 보인다.

그림 7.3 양(+)의 각속도와 음(−)의 각속도

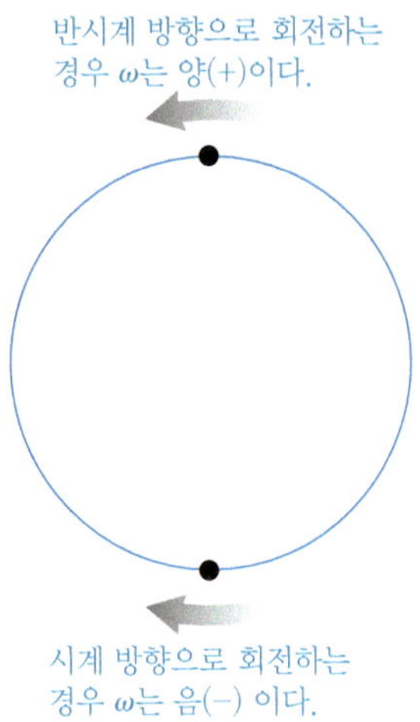

1차원 직선 운동의 속도 v_x와 같이 각속도는 양(+) 또는 음(−)의 값이 될 수 있다. **그림 7.3**에 표시한 것과 같이 각속도 ω의 부호는 각을 양의 x축으로부터 반시계 방향으로 측정하였을 때 양(+)으로 하는 관습에 근거하고 있다.

원운동은 각변수를 선형 변수로 대치하면 직선 운동과 유사하다는 것을 이미 알고 있다. 따라서 이미 공부한 직선 운동의 운동학과 동역학에 대한 많은 것들이 원운동으로 이어진다. 예를 들어 식 (2.4)는 시간 간격 동안 변화한 변위를 계산하는 식이다.

$$x_f - x_i = \Delta x = v_x \Delta t$$

이와 유사하게 식 (7.3)으로부터 시간 간격 동안 변화한 각변위에 대한 식이 다음과 같이 주어진다.

$$\theta_f - \theta_i = \Delta\theta = \omega \Delta t \quad (7.4)$$

등속 원운동에 대한 각변위

직선 운동에서 운동의 방향을 고려하지 않을 때는 속력 v라는 용어를 사용하고, 운동의 방향을 고려할 때는 속도 v_x라는 용어를 사용한다. 원운동에서 **각속력**은 각속도의 절댓값으로 정의하므로 입자의 회전 방향과 관계없이 양의 값을 갖는다. 잠재적인 혼란이 있겠지만 관습적으로 각속도와 각속력은 모두 기호 ω를 쓴다. 회전 방향이 중요하지 않다면 ω를 각속력으로 해석할 것이다. 식 (7.4)와 같은 운동학 방정식에서 ω는 항상 각속도이며, 시계 방향의 회전에는 음의 값을 사용하여야 한다.

예제 7.2 **룰렛 바퀴에서 구슬의 운동학**

작은 강철 구슬이 지름 30 cm의 룰렛 바퀴 안에서 반시계 방향으로 구르고 있다. 구슬은 정확히 1.20 s에 2바퀴 돈다.

a. 구슬의 각속도는 얼마인가?

b. $t = 2.00$ s에 구슬의 각위치는 얼마인가? $\theta_i = 0$으로 가정한다.

준비 구슬을 등속 원운동하는 입자로 취급한다.

풀이

a. 구슬의 각속도는 $\omega = \Delta\theta/\Delta t$이다. 구슬이 1.20 s에 2회 회전하고, 1회 회전의 각변위는 $\Delta\theta = 2\pi$ rad이다. 따라서

$$\omega = \frac{2(2\pi \text{ rad})}{1.20 \text{ s}} = 10.47 \text{ rad/s}$$

이다. 이 값을 다음 계산에서 사용할 것이다. 그러나 각속도의 최종값은 3개의 유효 숫자를 가져야 하므로, $\omega = 10.5$ rad/s이다. 회전 방향은 반시계 방향이므로 각속도는 양(+)이다.

b. 구슬은 일정한 각속도로 운동하므로 각위치는 식 (7.4)로 주어진다. $t = 2.00$ s에서 각위치는

$$\theta_f = \theta_i + \omega\,\Delta t = 0 \text{ rad} + (10.47 \text{ rad/s})(2.00 \text{ s}) = 20.94 \text{ rad}$$

이다. 만약 $t = 2.00$ s에 구슬이 바퀴 내 어디에 있는지에 관심이 있다면, 구슬의 각위치를 2π의 정수배와 그 나머지의 합으로 표시할 수 있다(정수는 구슬이 완전히 회전한 바퀴수를 나타낸다).

$$\begin{aligned}\theta_f &= 20.94 \text{ rad} = 3.333 \times 2\pi \text{ rad} \\ &= 3 \times 2\pi \text{ rad} + 0.333 \times 2\pi \text{ rad} \\ &= 3 \times 2\pi \text{ rad} + 2.09 \text{ rad}\end{aligned}$$

바꾸어 말하면 $t = 2.00$ s에 구슬은 3회 회전을 하고 네 번째 회전에서 2.09 rad $= 120°$의 위치에 있는 것이다. 관찰자는 구슬의 각위치가 $\theta = 120°$라고 말할 것이다.

검토 구슬이 1.20 s에 완전히 2회 회전하므로 2.00 s에서 3.33회 회전은 타당해 보인다.

각속도 ω는 주기 T 및 진동수 f와 밀접한 관계를 갖는다. 만약 등속 원운동하는 입자가 원을 한 바퀴 회전하면, 정의에 의하여 걸리는 시간은 T이고 입자의 각변위는 $\Delta\theta = 2\pi$ rad이다. 따라서 각속력은

$$\omega = \frac{2\pi \text{ rad}}{T} \tag{7.5}$$

이다. 또 각속력을 진동수 $f = 1/T$를 사용하여 나타낼 수 있다.

$$\omega = (2\pi \text{ rad})f \tag{7.6}$$

여기서 f의 단위는 rev/s이다.

예제 7.3 **자동차 엔진의 회전**

자동차의 크랭크축이 3000 rpm으로 회전하고 있다. 축의 각속력은 얼마인가?

준비 rpm을 rev/s로 변환하고 식 (7.6)을 사용한다.

풀이 rpm을 rev/s로 변환하면

$$\left(3000 \frac{\text{rev}}{\text{min}}\right)\left(\frac{1 \text{ min}}{60 \text{ s}}\right) = 50.0 \text{ rev/s}$$

이다. 따라서 크랭크축의 각속력은

$$\omega = (2\pi \text{ rad})f = (2\pi \text{ rad})(50.0 \text{ rev/s}) = 314 \text{ rad/s}$$

이다.

각위치와 각속도 그래프

그림 7.4 룰렛 바퀴에서 구슬의 각위치

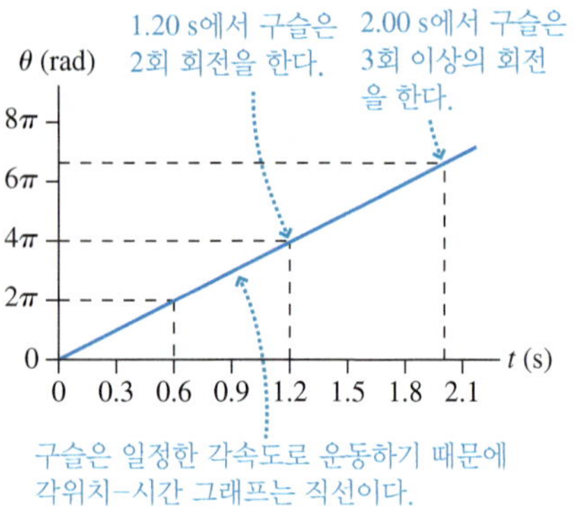

3장에서 1차원 운동을 기술할 때 위치와 속도–시간 그래프가 중요하고 유용한 방법이라는 것을 배웠다. 각운동을 표현할 때도 유사한 그래프를 사용할 수 있다. 예제 7.2의 룰렛 바퀴에서 구슬의 운동을 고려해보자. 각속도 $\omega = 10.5$ rad/s는 각의 매초 위치가 +10.5 rad씩 변화한다는 의미이다. 이는 10.5 m/s의 속도로 직선 운동하는 자동차의 위치가 매초 10.5 m씩 증가하는 것과 유사하다. 이러한 유사성을 사용하여 **각위치–시간 그래프**를 그림 7.4와 같이 그릴 수 있다.

각속도는 $\omega = \Delta\theta/\Delta t$로 주어진다. 보통의 속도가 위치–시간 그래프의 기울기인 것처럼 각속도는 각위치–시간 그래프의 기울기이다. 따라서 각위치–시간 그래프의 기울기를 구하여 **각속도–시간 그래프**를 만들 수 있다.

예제 7.4 자전거 타는 사람의 그래프

제이크는 학교에서 집으로 자전거를 타고 간다. 그림 7.5는 자전거 자전거 바퀴에 붙어 있는 조그만 돌멩이의 각위치–시간 그래프이다. 돌멩이의 각속도–시간 그래프를 수직축에 rpm 단위를 사용하여 그리고, 제이크가 자전거를 타는 이야기로 그래프를 해석하시오.

준비 각속도 ω는 각위치–시간 그래프의 기울기이다.

풀이 처음 30 s와 마지막 30 s 동안에는 기울기가 0이기 때문에 $\omega = 0$ rad/s이다. $t = 30$ s와 $t = 150$ s 사이의 120 s 동안의 각속도(각위치–시간 그래프의 기울기)는

$$\omega = \text{기울기} = \frac{2500\ \text{rad} - 0\ \text{rad}}{120\ \text{s}} = 20.8\ \text{rad/s}$$

이다. 이 값을 rpm으로 변환하면

$$\omega = \left(\frac{20.8\ \text{rad}}{1\ \text{s}}\right)\left(\frac{1\ \text{rev}}{2\pi\ \text{rad}}\right)\left(\frac{60\ \text{s}}{1\ \text{min}}\right) = 200\ \text{rpm}$$

이다. 이 값들을 그림 7.6에서 각속도–시간 그래프를 그리는 데 사용하였다. 제이크는 30 s 동안 기다린 후 신호등이 바뀌자 200 rpm의 등각속도로 자전거 바퀴를 회전시키고 빨간색 신호등을 보고 빠르게 급브레이크를 밟아 30 s 동안 정지해 있었다.

검토 200 rpm은 초당 약 3회의 회전에 해당한다. 이 값은 매우 빠른 속도로 자건거를 타는 사람에게는 타당해 보인다.

그림 7.5 제이크가 탄 자전거 바퀴의 원운동에 관한 각위치–시간 그래프

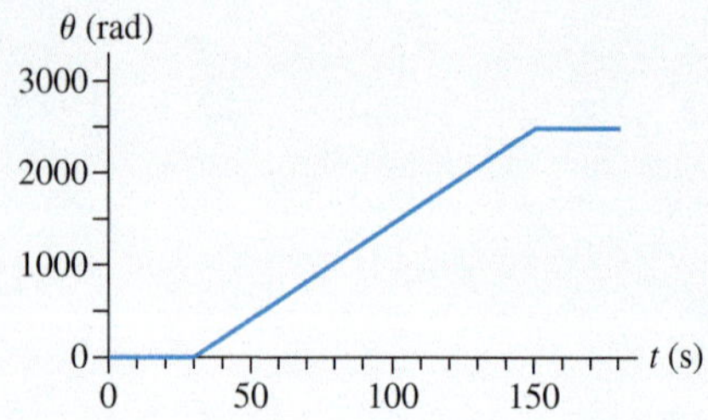

그림 7.6 제이크가 탄 자전거 바퀴의 원운동에 관한 각속도–시간 그래프

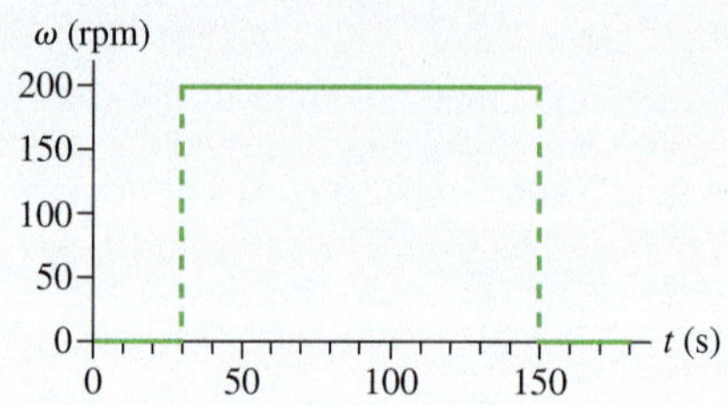

속력과 각속력의 관계

이 장의 처음에 나온 풍력 터빈을 다시 생각해보자. 날개의 다른 부분은 다른 속력으로 운동한다. 축으로부터 멀리 떨어진 지점일수록(r이 클수록) 더 큰 속력으로 운동

한다. 6장에서 반지름 r인 원의 경로를 진동수 f로 운동하는 입자의 속력은 $v = 2\pi fr$임을 알았다. 이 결과와 각속력에 대한 식 (7.6)을 결합하면 속력 v와 각속력 ω는 다음과 같은 관계식을 얻는다.

$$v = \omega r \tag{7.7}$$

속력과 각속력의 관계식

예제 7.5 **CD 위에 찍힌 두 점에서의 속력 구하기**

오디오 CD의 지름은 12 cm이다. CD가 최대 540 rpm으로 회전할 때 중심으로부터 거리 (a) 3.0 cm와 (b) 6.0 cm에 찍힌 점의 속력을 구하시오.

준비 그림 7.7에서 회전하는 CD에 찍힌 A와 B의 두 점을 생각하자. 주기 T 동안 CD는 1회 회전하고 두 점 모두 같은 각 2π rad으로 회전한다. 그러므로 각속력 $\omega = 2\pi/T$는 두 점 모두 같고 CD의 모든 점에서도 같다. 그러나 1회 회전 시 두 점의 운동 거리는 각각 다르다. 외곽 점 B는 더 큰 원 위를 진행한다. 따라서 두 점은 서로 다른 속력을 갖는다. 따라서 CD의 각속력을 구하고 나서 두 점의 속력을 구하면 된다.

그림 7.7 오디오 CD의 회전

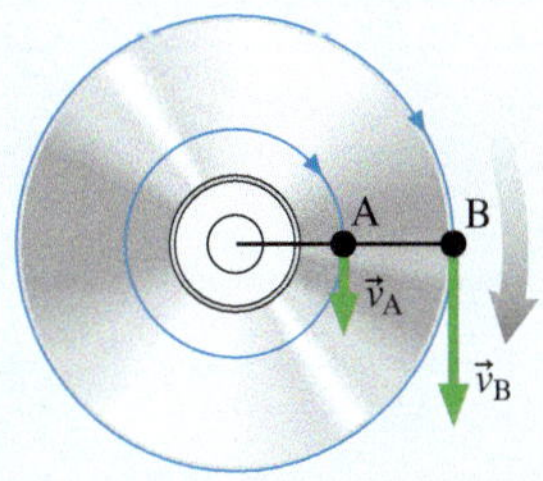

풀이 먼저 rpm을 진동수 rev/s로 변환하면

$$f = \left(540\,\frac{\text{rev}}{\text{min}}\right) \times \left(\frac{1\text{ min}}{60\text{ s}}\right) = 9.00\text{ rev/s}$$

이다. 식 (7.6)을 사용하여 각속력을 구하면

$$\omega = (2\pi\text{ rad})(9.00\text{ rev/s}) = 56.5\text{ rad/s}$$

이다. 식 (7.7)을 써서 CD에 있는 점들의 속력을 구할 수 있다. A점은 $r = 3.0\text{ cm} = 0.03\text{ m}$이므로 속력은

$$v_A = \omega r = (56.5\text{ rad/s})(0.030\text{ m}) = 1.7\text{ m/s}$$

이다. B점은 $r = 6.0\text{ cm} = 0.06\text{ m}$이므로 속력은

$$v_B = \omega r = (56.5\text{ rad/s})(0.060\text{ m}) = 3.4\text{ m/s}$$

이다.

검토 초당 수 미터의 속력을 갖는 것은 타당해 보인다. 원의 중심으로부터 더 먼 곳에 있는 점의 운동은 기대했던 대로 더 큰 속력으로 움직인다.

▶ **시계는 왜 시계 방향으로 도는가?** 북반구에서는 지구 회전 때문에 태양이 남쪽 하늘의 동쪽에서 떠서 서쪽으로 원호를 그리며 운동하는 것처럼 보인다. 인간은 수천 년 동안 태양에 의해서 서쪽에서부터 동쪽으로 원호를 휩쓸고 지나가는 그림자를 기반으로 시간을 표시해왔다. 이것이 최초의 시간 표시 장치로 개발된 해시계의 기원이다. 북반구에서 해시계의 바늘은 북쪽을 향하여 나 있으며, 바늘의 그림자는 왼쪽에서 오른쪽 시계 방향으로 휩쓸고 지나간다. 초기 시계 제작자들은 관습적으로 이 회전 방향을 시계 방향으로 사용해왔다.

7.2 강체의 회전

예제 7.5의 회전하는 CD를 생각하자. 지금까지 물리학을 공부하면서 오로지 물체가 공간의 한 점에 집중되어 있다고 보는 **입자 모형**에 초점을 맞추었다. 입자 모형은 많은 경우에 운동을 이해하는 데 있어서 아주 적절하다. 그러나 CD처럼 **크기가 있는** 물

그림 7.8 크기가 있는 물체의 강체 모형

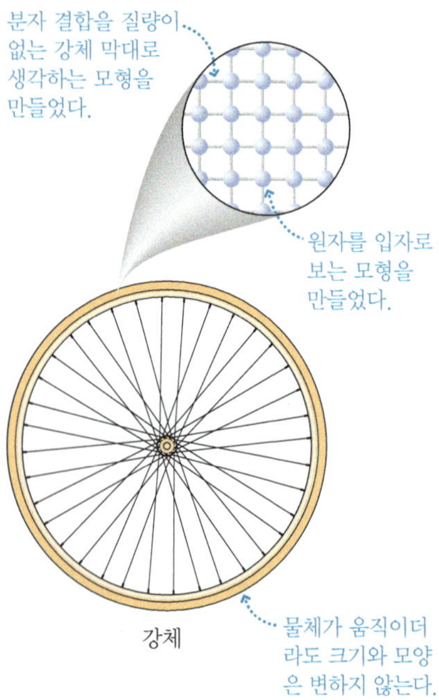

체의 운동을 생각할 필요가 있는 경우도 있다. 곧, 크기와 모양에 따라 차이가 나타나므로 이런 입자계를 결코 무시할 수 없다.

강체(rigid body)란 움직일 때 크기와 모양이 변하지 않는 크기가 있는 물체이다. 예를 들면, 자전거 바퀴를 강체로 생각할 수 있다. **그림 7.8**은 분자 결합으로 단단하지만 '질량이 없는 막대'로 묶여 있는 원자들의 집합체인 강체를 보여준다.

물론 실제 분자 결합은 완벽히 단단하지 않다. 이것이 겉보기에는 자전거 바퀴만큼이나 단단한 것 같은 물체가 수축되거나 구부러질 수 있는 이유이다. 그러므로 그림 7.8은 크기가 있는 물체를 단순화시킨 **모형**, 곧 **강체 모형**(rigid-body model)이다. 강체 모형은 바퀴나 축처럼 실질적으로 흥미 있는 많은 물체에 적용할 수 있는 아주 좋은 근사이다.

그림 7.9는 강체 운동의 세 가지 기본 형태인 **병진 운동**(translational motion), **회전 운동**(rotational motion)과 **결합 운동**(combination motion)을 보여준다. 강체의 병진 운동은 이미 입자 모형으로 공부하였다. 만일 강체가 회전하지 않는다면, 입자 모형이 운동을 묘사하기에 적합할 것이다. 강체의 회전 운동은 이 장의 핵심 주제이다. 또 다른 중요한 경우에 해당하는 **구르는** 물체의 결합 운동에 대해서는 7.7절에서 논의할 것이다.

그림 7.9 강체 운동의 세 가지 기본 형태

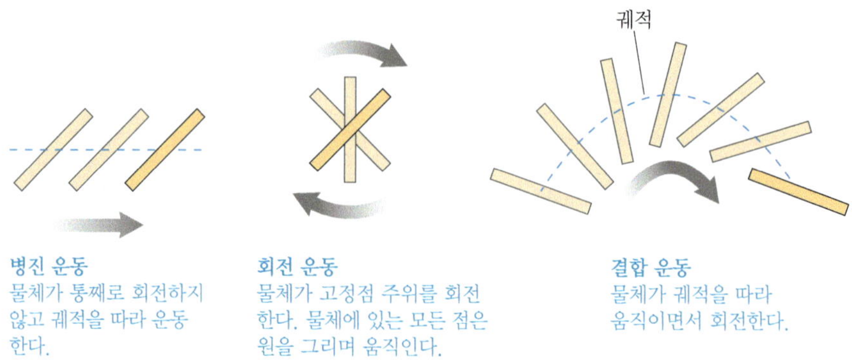

그림 7.10 바퀴 위의 모든 점은 같은 각속도로 회전한다.

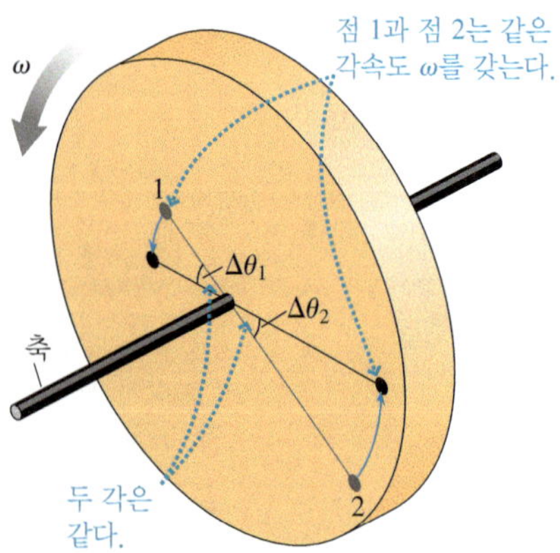

강체의 회전 운동

그림 7.10은 축 주위를 회전하는 바퀴를 나타낸다. 바퀴가 돌 때 회전축으로부터 떨어진 거리 r이 각기 다름에도 불구하고 점 1과 점 2는 Δt 시간 동안에 같은 각도를 이동한다. 곧, $\Delta\theta_1 = \Delta\theta_2$이다. 결과적으로 회전하는 강체 내에 있는 두 점은 다 같은 각속도를 갖는다($\omega_1 = \omega_2$). 일반적으로 **회전하는 강체 내에 있는 점은 어느 점이나 다 같은 각속도로 회전한다.** 이런 이유로, 바퀴의 각속도 ω에 대하여 언급할 수 있는 것이다. 모든 점들은 같은 각속도로 회전한다. 그러나 회전축으로부터의 거리가 다른 두 점은 다른 **속력**을 갖는다.

각가속도

자전거 바퀴의 테두리를 밀면 바퀴가 회전하기 시작한다. 계속해서 바퀴를 밀면 자전거 바퀴는 점점 더 빨리 돌아갈 것이다. 자전거 바퀴의 각속도가 변한다. 회전체의 역학을 이해하기 위해서는 각속도가 변하는 경우, 곧 등속 원운동이 아닌 경우를 묘사할 수 있어야 한다.

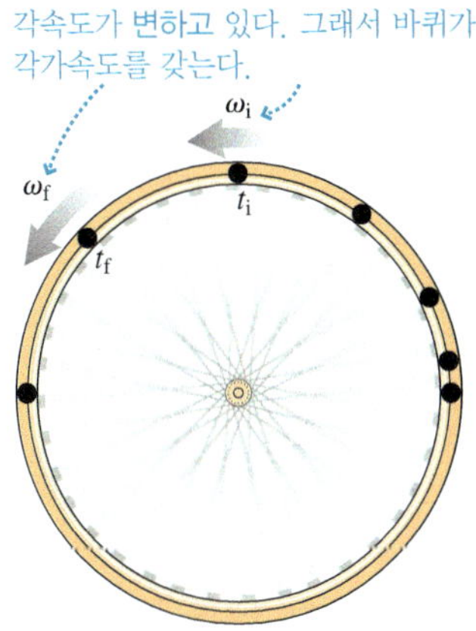

그림 7.11 변하는 각속도를 가지고 회전하는 바퀴

그림 7.11은 각속도가 변하고 있는 자전거 바퀴를 나타낸다. 까만 점은 시간이 경과함에 따라 이동하는 점을 나타낸다. 시간 t_i에서 각속도는 ω_i이고, 시간 $t_f = t_i + \Delta t$에서 각속도는 ω_f로 바뀐다. 이 시간 간격 동안에 각속도 변화는 다음과 같다.

$$\Delta\omega = \omega_f - \omega_i$$

2장에서 선가속도를 다음과 같이 정의하였다.

$$a_x = \frac{\Delta v_x}{\Delta t} = \frac{(v_x)_f - (v_x)_i}{\Delta t}$$

이와 유사하게, **각가속도**(angular acceleration)를 다음과 같이 정의한다.

$$\alpha = \frac{\text{각속도의 변화}}{\text{시간 간격}} = \frac{\Delta\omega}{\Delta t} \tag{7.8}$$

등속 원운동이 아닌 경우 입자의 각가속도

각가속도의 기호로 α(그리스 문자 알파)를 사용한다. 각속도 ω의 단위가 rad/s이므로, 각가속도 α의 단위는 rad/s^{2}이다. 식 (7.8)로부터 α의 부호가 $\Delta\omega$의 부호와 같음을 알 수 있다. 그림 7.12는 α의 부호를 결정하는 방법을 보여준다. α의 부호에 주의해야 한다. 선가속도의 경우와 똑같이 α의 부호가 양(+) 또는 음(−)이라고 해서 단순히 회전 속력이 '빨라진다'거나 또는 '느려진다'고 해석해서는 안 된다. ω와 같이 각가속도 α는 회전 강체의 어떤 점에서나 같다.

그림 7.12 각가속도의 부호 결정하기

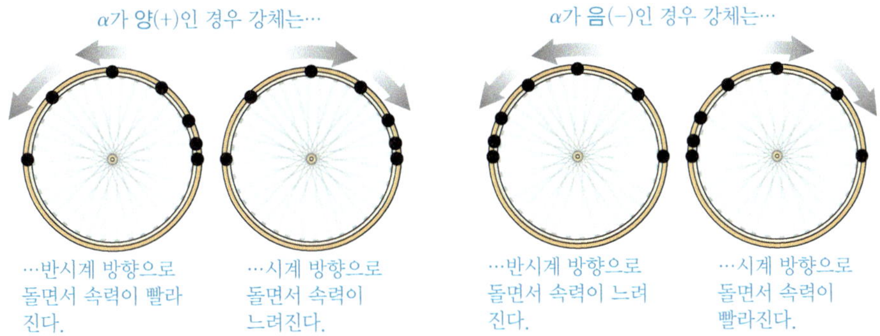

지금까지 학습한 직선 운동 및 원운동에 대한 정의와 방정식을 다음과 같이 정리해볼 수 있다. 이렇게 변수와 방정식을 비교함으로써 두 변수와 식의 유사성을 파악할 수 있다.

종합 7.1 직선 운동과 원운동

직선 운동과 원운동에서의 변수와 방정식은 서로 유사성이 있다.

		직선 운동	원운동	
변수	위치 (m)	x	θ	각도 (rad)
	속도 (m/s)	$v_x = \dfrac{\Delta x}{\Delta t}$	$\omega = \dfrac{\Delta \theta}{\Delta t}$	각속도 (rad/s)
	가속도 (m/s^2)	$a_x = \dfrac{\Delta v_x}{\Delta t}$	$\alpha = \dfrac{\Delta \omega}{\Delta t}$	각가속도 (rad/s^2)
방정식	등속도	$\Delta x = v\Delta t$	$\Delta \theta = \omega \Delta t$	등각속도
	등가속도	$\Delta v = a\Delta t$	$\Delta \omega = \alpha \Delta t$	등각가속도
		$\Delta x = v\Delta t + \frac{1}{2}a(\Delta t)^2$	$\Delta \theta = \omega_i \Delta t + \frac{1}{2}\alpha(\Delta t)^2$	

예제 7.6 컴퓨터 디스크의 회전

컴퓨터 디스크 드라이브에 있는 디스크가 정지 상태로부터 가속되어 2.00 s일 때 5400 rpm으로 회전한다. 이 디스크의 각가속도는 얼마인가? 2.00 s가 지났을 때 이 디스크는 몇 번 회전했겠는가?

준비 초기 각속도는 $\omega_i = 0$ rad/s이고, 나중 각속도는 $\omega_f = 5400$ rpm이다. 나중 각속도를 rad/s로 바꾸면 다음과 같다.

$$\omega_f = \frac{5400 \text{ rev}}{\text{min}} \times \frac{1 \text{ min}}{60 \text{ s}} \times \frac{2\pi \text{ rad}}{1 \text{ rev}} = 565 \text{ rad/s}$$

풀이 이 문제는 2장에서 보았던 직선 운동 문제와 유사하다. 처음에 정지 상태로부터 출발하여 등각가속도로 일정한 시간 동안 운동한다. 이 문제는 종합 7.1과 직선 운동 문제를 풀기 위하여 사용한 식과 유사한 식을 사용하여 풀 수 있다.

먼저 각가속도의 정의를 사용하면

$$\alpha = \frac{\Delta \omega}{\Delta t} = \frac{565 \text{ rad/s} - 0 \text{ rad/s}}{2.00 \text{ s}} = 282.5 \text{ rad/s}^2$$

이다. 나중 계산을 위하여 부가적인 유효 숫자를 고려하였다. 그러나 α에 대한 최종값은 283 rad/s^2이다.

다음으로 디스크가 회전한 각을 구하기 위하여 각변위에 관한 식을 사용한다.

$$\begin{aligned}\Delta \theta &= \omega_i \Delta t + \tfrac{1}{2}\alpha(\Delta t)^2 \\ &= (0 \text{ rad/s})(2.00 \text{ s}) + \tfrac{1}{2}(282.5 \text{ rad/s}^2)(2.00 \text{ s})^2 \\ &= 565 \text{ rad}\end{aligned}$$

1회 회전은 2π의 각변위에 대응되므로

$$\begin{aligned}\text{회전수} &= \frac{565 \text{ rad}}{2\pi \text{ rad/revolution}} \\ &= 90 \text{ revolutions}\end{aligned}$$

이다. 디스크는 처음 2초 동안 90회 회전한다.

검토 디스크는 최대 90 rev/s에 해당하는 5400 rpm으로 회전할 수 있다. 만일 디스크가 2초 동안 처음부터 최대 속력으로 회전한다면 총 180회를 돌게 될 것이다. 하지만 디스크는 정지 상태에서 회전을 시작하기 때문에 2초 동안 180회의 반을 회전한다고 생각하는 것이 타당해 보인다.

등각가속도 회전 운동 그래프

◀◀2.5절에서 등가속도 운동에 대한 위치, 속도와 가속도 그래프를 배운 바 있다. 그 방법을 지금의 경우로 확장해보자. 종합 7.1에서 보는 바와 같이 직선 운동 변수와 원운동 변수 사이에는 유사성이 있으므로, 각변수를 그래프로 나타내는 규칙은 직선 운동

변수의 경우와 매우 유사하다. 특히, **각속도는 각위치-시간 그래프의 기울기이다.** 그리고 **각가속도는 각속도-시간 그래프의 기울기이다.**

예제 7.7 각도 관련 물리량 그래프 그리기

그림 7.13은 어떤 배의 프로펠러에 대한 각속도-시간 그래프이다.

a. 프로펠러의 운동을 설명하시오.

b. 프로펠러의 각가속도 그래프를 그리시오.

그림 7.13 프로펠러의 각속도

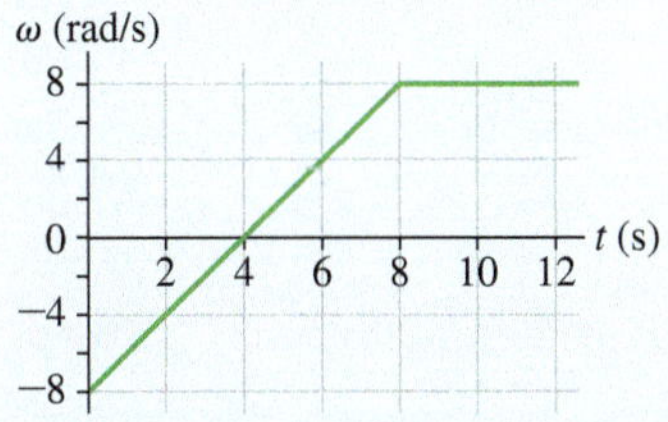

준비 각가속도 그래프는 각속도 그래프의 기울기이다.

풀이

a. 처음에 이 프로펠러는 음(−)인 각속도를 가지고 있어 시계 방향으로 돈다. 프로펠러의 시계 방향 속도는 차츰 감소하여 $t = 4$ s에 순간적으로 멈춘다. 그리고 반시계 방향으로 가속하여 회전하다가 등각속도에 이르러서 속도가 일정하게 된다.

b. 각가속도 그래프는 각속도 그래프의 기울기이다. $t = 0$ s부터 $t = 8$ s까지 기울기는

$$\frac{\Delta\omega}{\Delta t} = \frac{\omega_f - \omega_i}{\Delta t} = \frac{(8.0\ \text{rad/s}) - (-8.0\ \text{rad/s})}{8.0\ \text{s}} = 2.0\ \text{rad/s}^2$$

이다. $t = 8$ s에서 기울기는 0이므로 각가속도는 0이다. 이 그래프가 **그림 7.14**에 그려져 있다.

그림 7.14 프로펠러의 각가속도 그래프

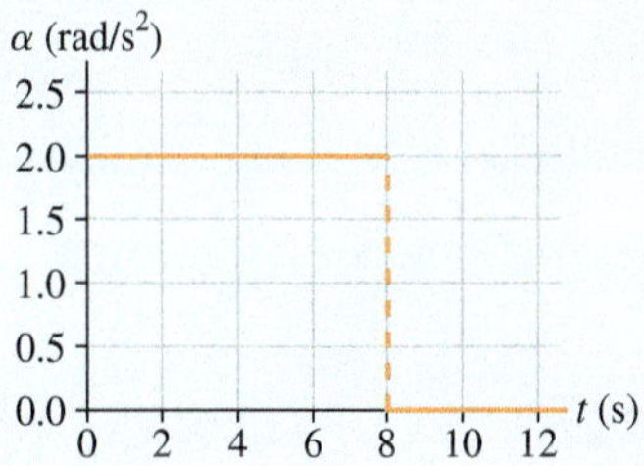

검토 이 그래프를 직선 운동의 경우인 그림 2.24와 비교해보면 우리가 잘하고 있음을 알 수 있다.

접선 가속도

6장에서 배운 바와 같이, 그리고 **그림 7.15(a)**가 예시하는 바와 같이, 등속 원운동을 하는 입자는 그 원의 중심을 향한 방향으로 가속도를 갖는다. 이 구심 가속도 $\vec{a}_c$

그림 7.15 등속 그리고 비등속 원운동

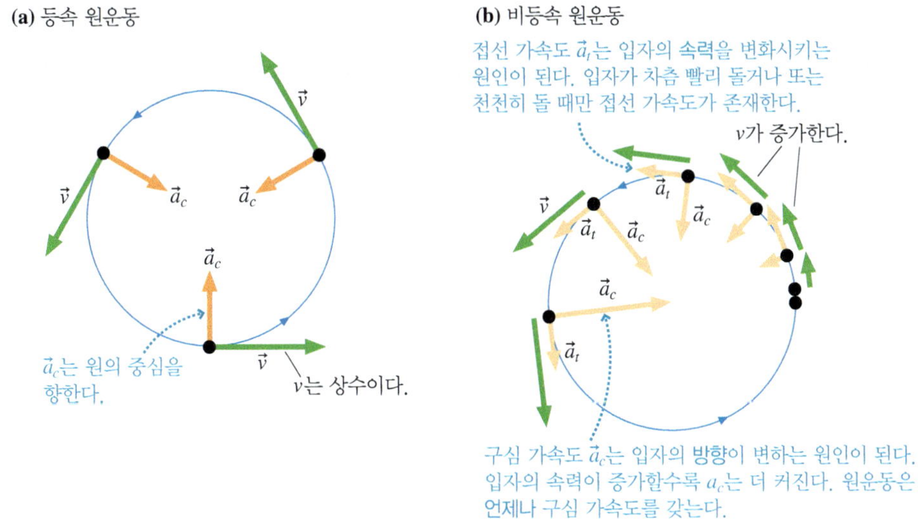

는 입자의 속도 **방향**이 변화하기 때문에 생기는 것이다. 구심 가속도의 크기는 $a_c = v^2/r = \omega^2 r$임을 기억하자.

만일 입자가 각가속도를 받으며 운동하면 각속력은 변하고, 따라서 속력도 변한다. 이것은 그 입자의 가속도에는 다른 성분이 존재하게 된다는 것을 의미한다. **그림 7.15(b)**는 원주 위를 움직이면서 속력이 증가하는 입자를 나타낸다. 속도의 **크기**가 증가하고 있기 때문에, 가속도의 두 번째 성분은 속도와 같은 방향으로 원의 **접선** 방향이다. 이 가속도의 성분을 **접선 가속도**(tangential acceleration)라고 한다.

접선 가속도는 원주 위를 움직이는 입자의 속력이 증가하는 비율이다. 그러므로 그 크기는

$$a_t = \frac{\Delta v}{\Delta t}$$

이다.

반지름 r인 원주 위를 움직이는 입자의 속력 v와 각속도 ω 사이의 관계식 $v = \omega r$을 사용하여 각가속도와 접선 가속도의 관계를 나타낼 수 있다.

$$a_t = \frac{\Delta v}{\Delta t} = \frac{\Delta(\omega r)}{\Delta t} = \frac{\Delta \omega}{\Delta t} r$$

혹은 식 (7.8)에 의해서 $\alpha = \Delta\omega/\Delta t$이므로 다음과 같은 관계식을 얻는다.

$$a_t = \alpha r \tag{7.9}$$

접선 가속도와 각가속도의 관계

회전 강체 내의 모든 점들은 같은 각가속도를 갖는다. 그러나 식 (7.9)로부터 구심 가속도와 접선 가속도는 회전축으로부터 점까지의 거리 r에 따라 변한다는 것을 알 수 있다. 그러므로 구심 가속도나 접선 가속도는 회전 강체의 모든 점에서 같지 않다.

7.3 돌림힘

힘은 가속도를 발생시킨다. 그러면 각가속도는 어떤가? 뉴턴의 법칙은 회전 운동에 관해서 무엇을 이야기하는가? 회전 운동을 공부하기에 앞서, 직선 운동에서 힘에 대응하는 회전 운동에서의 물리량을 알아볼 필요가 있다.

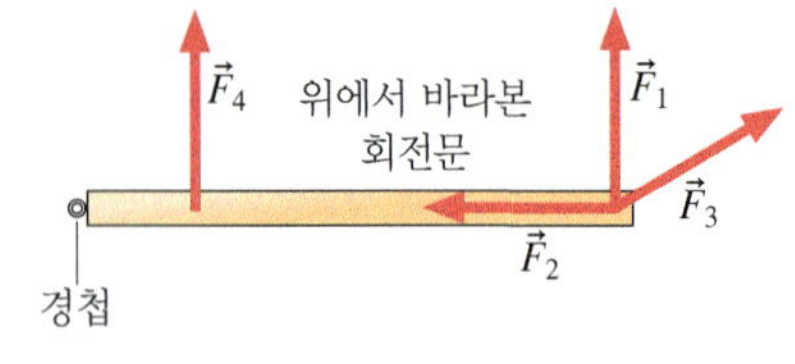

그림 7.16 4개의 힘은 같은 크기를 갖는다. 그러나 회전문을 움직이는 효과는 서로 다르다.

수업 영상

무거운 문을 열려고 밀 때 겪었던 경험을 상기해보자. **그림 7.16**은 왼쪽에 경첩이 있는 회전문을 위에서 바라본 그림이다. 4개의 힘이 있는데, 모두 크기가 같다. 4개 힘 중 어떤 힘이 문을 여는 데 가장 효과적일까?

힘 $\vec{F}_1$은 문을 열겠지만 경첩에 직접 작용하는 힘 $\vec{F}_2$는 문을 열지 못할 것이다. 힘 $\vec{F}_3$는 문을 열 수는 있지만 $\vec{F}_1$만큼 쉽지는 않을 것이다. 힘 $\vec{F}_4$는 어떤가? 이 힘은 문에 수직하고 $\vec{F}_1$과 같은 크기를 갖고 있다. 그러나 경첩 가까이에서 미는 것은 경첩에서 멀리 떨어진 문의 가장자리를 미는 것만큼 효과적이 아니라는 것을 경험으로 알

수 있을 것이다.

회전을 일으키는 힘의 능력은 다음 세 가지 요인에 따라서 변한다.

1. 힘의 크기 F

2. 물체가 회전할 수 있는 회전축으로부터 힘이 작용하는 점까지의 거리 r

3. 힘이 작용한 각도

그림 7.17 힘 $\vec{F}$는 회전축에 대해 돌림힘을 작용한다.

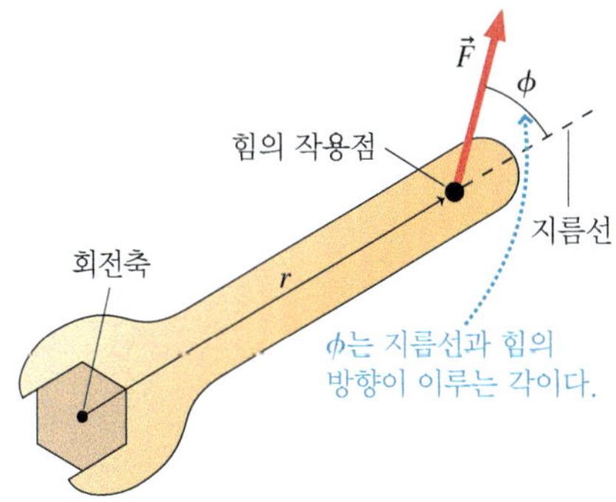

이러한 관찰 결과들을 **돌림힘**(torque) τ(그리스 문자 타우)라고 하는 하나의 물리량으로 통합할 수 있다. 다시 말하면, τ는 물체를 축에 관하여 회전시키려는 힘의 '효과'를 나타내는 척도인 셈이다. **회전 운동에서 돌림힘은 직선 운동의 힘에 해당한다.** 예를 들면, 그림 7.16에서 힘 $\vec{F}_1$에 기인하는 돌림힘 τ_1은 힘 $\vec{F}_4$에 기인하는 돌림힘 τ_4보다 더 크다.

이런 것들을 좀 더 구체적으로 생각해보기 위하여, **그림 7.17**에 렌치의 한 점에 작용하는 힘 $\vec{F}$를 그렸다. 그림 7.17은 축으로부터 힘이 작용한 점까지의 거리 r, 축으로부터 작용점을 통과하는 연장선인 **지름선**(radial line), 그리고 지름선에서부터 힘의 방향으로 측정한 각도 ϕ(그리스 문자 파이)를 정의한다.

그림 7.18 돌림힘은 지름선에 수직한 힘의 성분에 기인한다.

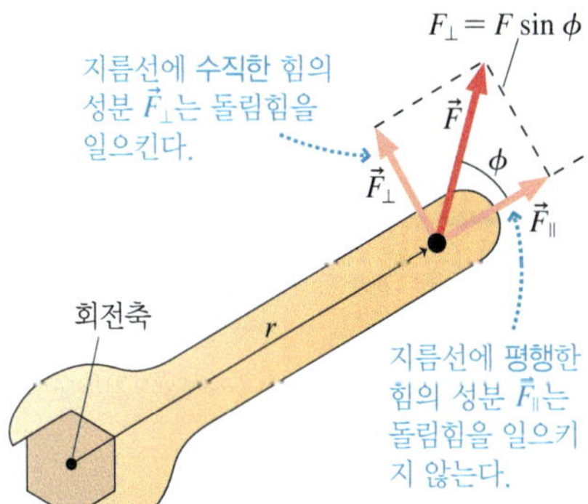

그림 7.16에 보인 바와 같이, 문에 수직한 방향으로 작용하는 힘 $\vec{F}_1$은 문을 여는 데 효과적이나, 경첩을 향하여 작용하는 힘 $\vec{F}_2$는 문의 회전에 아무런 영향을 미치지 못한다. **그림 7.18**에서 보는 바와 같이, 렌치에 작용한 힘 $\vec{F}$를 두 성분 벡터, 즉 지름선에 수직인 성분 $\vec{F}_\perp$와 수평한 성분 $\vec{F}_\parallel$로 분해하는 것이 좋을 것 같다. $\vec{F}_\parallel$는 축으로 향하거나 또는 축에서 멀어져 가는 방향으로 작용하기 때문에, 렌치의 회전에 아무런 영향을 미치지 못한다. 곧, 돌림힘에 기여하는 것이 아무것도 없다. 단지 $\vec{F}_\perp$만이 렌치의 회전을 일으킨다. 따라서 돌림힘을 결정하는 것은 바로 수직 성분의 힘이다.

지금까지 축으로부터 힘의 작용점까지의 거리 r이 클수록 회전 효과가 큼을 보았다. 따라서 거리 r값이 클수록 돌림힘이 클 것이라고 예상할 수 있다. 또 단지 성분 $\vec{F}_\perp$만이 돌림힘에 기여함을 보았다. 이 두 가지 사실을 포함한 돌림힘에 대한 첫 표현은

$$\tau = rF_\perp \tag{7.10}$$

축으로부터 거리 r만큼 떨어진 점에 작용하는
힘의 수직 성분 $F_\perp$에 기인하는 돌림힘

이다. 이 방정식으로부터, 돌림힘의 SI 단위는 N·m임을 알 수 있다.

그림 7.19 회전축과 작용선 사이의 모멘트 팔을 사용하여 돌림힘을 구할 수도 있다.

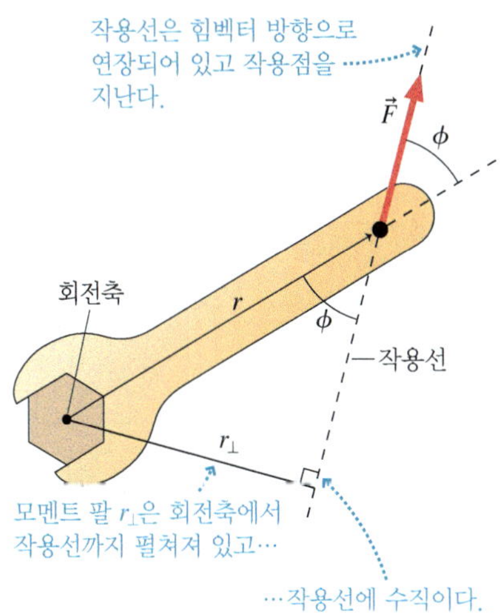

그림 7.19는 돌림힘을 계산하는 또 다른 방법을 나타낸다. 힘의 방향이고 그 힘이 작용하는 점을 통과하는 선을 **작용선**이라고 한다. 이 작용선으로부터 축까지의 수직 거리를 **모멘트 팔**(moment arm, 또는 지렛대 팔) $r_\perp$이라고 한다. 그림으로부터 $r_\perp = r\sin\phi$임을 알 수 있다. 그림 7.18은 $F_\perp = F\sin\phi$임을 보인다. 그러면 식 (7.10)을 $\tau = rF\sin\phi = F(r\sin\phi) = Fr_\perp$이라고 쓸 수 있다. 따라서 돌림힘에 대한 표현을 다음과 같이 쓸 수도 있다.

$$\tau = r_{\perp} F \tag{7.11}$$

모멘트 팔 $r_{\perp}$을 갖는 힘 F에 의한 돌림힘

개념형 예제 7.8 **자전거 출발하기**

자전거 페달을 제일 높은 위치에 놓고 출발하기 어렵다. 왜 그럴까?

판단 몸무게가 발생시킬 수 있는 돌림힘은 페달의 위치에 따라 다르다. 페달이 그리는 원형 경로의 꼭대기에 있으면, 몸무게는 거의 회전축 방향으로 작용하여 작은 돌림힘을 만든다. 그래서 작은 돌림힘만이 생길 뿐이다. 작용하는 힘의 수직 성분이 작아서 또는 모멘트 팔 길이가 짧아서 돌림힘이 작다고 말할 수 있다.

검토 자전거 페달을 밟으며 급경사면을 오른 적이 있다면, 크랭크가 지면에 평행하면서 페달 중의 하나가 앞쪽으로 제일 많이 나와 있을 때, 자전거가 앞으로 나가려는 운동이 가장 크다는 것을 경험했을 것이다. 이것은 작용한 힘이 지름선에 수직이고 모멘트 팔이 가장 길어서 가장 큰 돌림힘을 야기시키기 때문이다.

식 (7.10)은 $\tau = rF_{\perp} = r(F\sin\phi)$라고 쓸 수 있고, 식 (7.11)은 $\tau = r_{\perp}F = (r\sin\phi)F$라고 쓸 수 있다. 그러므로 돌림힘을 계산하는 두 방법을 아래와 같이 하나의 수식으로 표현할 수 있다.

$$\tau = rF\sin\phi \tag{7.12}$$

여기서 ϕ는 그림 7.17에서 설명한 것처럼 지름선과 힘의 방향 사이의 각이다.

식 (7.10)~(7.12)는 힘에 의한 돌림힘을 계산하고 생각하는 세 가지 다른 방법을 보여준다. 식 (7.12)가 가장 일반적인 식이지만 식 (7.10)과 (7.11)이 더 일반적으로 실질적 문제를 풀 때 유용하다. 세 가지 모든 식은 모두 같은 돌림힘을 계산하며 같은 결과를 준다.

◀ **돌림힘 대 속력** 급출발과 급정거를 하려면, 농구 선수는 휠체어에 큰 돌림힘을 작용시켜야 한다. 그래서 가능한 한 큰 돌림힘을 내기 위하여, 바퀴의 바깥쪽 손잡이 테가 거의 바퀴 크기가 되어야 한다. 한편 선수는 빠른 속력으로 움직여야 하므로, 자전거 바퀴가 계속하여 아주 빨리 돌아야 한다. 선수의 손이 바퀴를 따라잡기 위하여 손잡이 테의 선속도가 작아야 하고, 손잡이 테의 선속도가 작기 위하여 손잡이 테의 반지름이 바퀴의 반지름보다 훨씬 작아야 한다. 잡는 손잡이 테의 반지름이 작다는 것은 돌림힘이 그만큼 더 작다는 것을 의미한다.

예제 7.9 **문을 여는 돌림힘**

빡빡한 문을 열려고 시도하면서, 라이언은 경첩으로부터 0.75 m 떨어진 지점에, 문에 수직한 방향으로부터 20° 떨어진 방향으로 240 N의 힘을 작용한다. 경첩이 존재한다고 할 때 라이언이 문에 가한 돌림힘은 얼마인가? 더 큰 돌림힘을 가하기 위해서는 어떻게 하여야 하는가?

그림 7.20 라이언의 힘은 문에 돌림힘을 가한다.

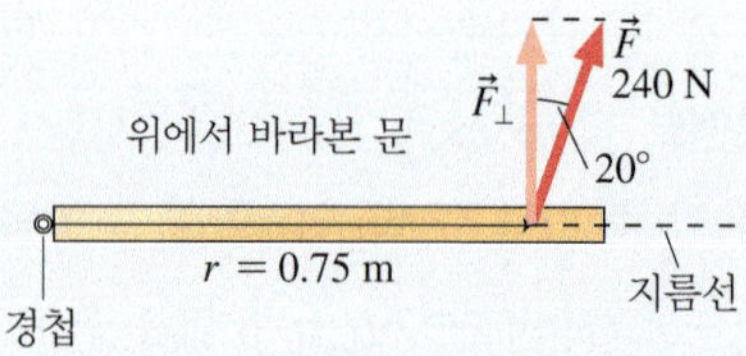

준비 그림 7.20에 축(경첩)으로부터 힘 $\vec{F}$가 작용하는 점을 통과

하는 지름선이 그려져 있다. 지름선에 수직한 $\vec{F}$의 성분은 $F_\perp = F\cos 20° = 226$ N이다. 경첩으로부터 힘이 작용하는 점까지의 거리는 $r = 0.75$ m이다.

풀이 식 (7.10)을 사용하여 문에 작용하는 돌림힘을 구할 수 있다.

$$\tau = rF_\perp = (0.75 \text{ m})(226 \text{ N}) = 170 \text{ N}\cdot\text{m}$$

돌림힘은 라이언이 힘을 어느 곳에 어떤 각도로 얼마나 크게 가했느냐에 의존한다. 그가 더 큰 돌림힘을 가하고 싶다면 경첩으로부터 더 먼 곳에 힘을 가하거나 문에 수직으로 힘을 가하면 된다. 혹은 단순히 더 큰 힘을 가하면 된다!

검토 더 많은 문제를 풀며 알게 되겠지만, 170 N·m는 매우 큰 돌림힘이다. 하지만 이는 붙어 있는 문을 자유롭게 하는 데에 타당하다.

식 (7.10)~(7.12)는 모두 돌림힘의 크기만을 준다. 힘의 성분과 같이 돌림힘은 부호를 갖는다. **물체를 반시계 방향으로 돌리려고 하는 돌림힘은 양(+)인 반면에 물체를 시계 방향으로 돌리려고 하는 돌림힘은 음(−)이다.** 그림 7.21은 이들 부호를 요약한 것이다. 회전축을 막바로 밀거나 또는 회전축을 막바로 당기는 힘은 돌림힘을 생기게 하지 못함을 주목하여 보라.

수업 영상

영상 학습 데모

그림 7.21 돌림힘의 부호와 크기

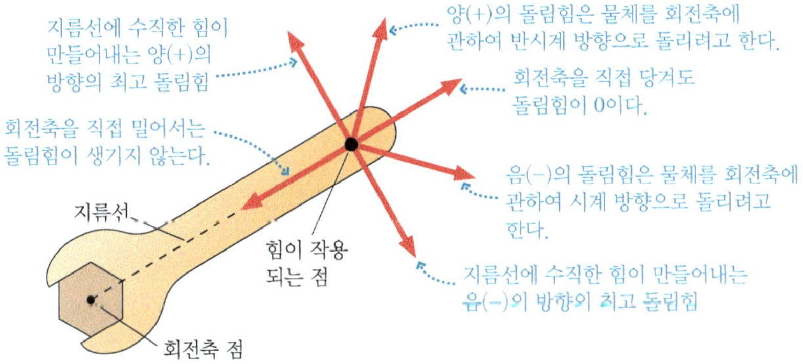

예제 7.10 너트에 작용하는 돌림힘 계산

루이스는 길이가 20 cm인 렌치를 시계 방향으로 돌려 너트를 조이고 있다. 렌치 핸들이 수평선과 30°를 이루었을 때, 루이스가 100 N의 힘을 주어 렌치 끝을 똑바로 아래로 당긴다. 루이스가 너트에 작용한 돌림힘은 얼마인가?

준비 그림 7.22는 이 상황을 나타낸다. 두 그림은 돌림힘을 계산하는 두 가지 방법을 나타낸 것이고, 각각 식 (7.10)과 (7.11)에 해당한다.

그림 7.22 너트를 돌리기 위하여 사용된 렌치

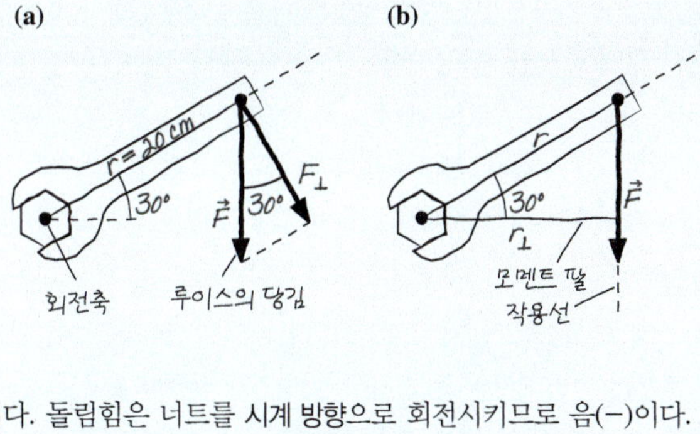

풀이 식 (7.10)에 의하면 돌림힘은 $\tau = rF_\perp$를 사용하여 계산할 수 있다. 그림 7.22(a)로부터

$$F_\perp = F\cos 30° = (100 \text{ N})(\cos 30°) = 86.6 \text{ N}$$

이다. 그러면 돌림힘은

$$\tau = -rF_\perp = -(0.20 \text{ m})(86.6 \text{ N}) = -17 \text{ N}\cdot\text{m}$$

이다. 돌림힘은 너트를 시계 방향으로 회전시키므로 음(−)이다.

다른 방법으로 식 (7.11)을 사용하여 돌림힘을 구할 수 있다. 그림 7.22(b)는 회전축으로부터 작용선까지의 수직 거리를 의미하는 모멘트 팔 $r_\perp$을 보여준다. 그림으로부터

$$r_\perp = r\cos 30° = (0.20\text{ m})(\cos 30°) = 0.173\text{ m}$$

라는 것을 알 수 있다. 그러면 돌림힘은

$$\tau = -r_\perp F = -(0.173\text{ m})(100\text{ N}) = -17\text{ N}\cdot\text{m}$$

이다. 돌림힘은 시계 방향이므로 음(−)의 부호를 갖는다.

검토 예상하였던 대로, 두 방법은 모두 돌림힘이 같다는 것을 보여주며 이것은 우리들의 결과에 확신을 준다.

알짜 돌림힘

그림 7.23 힘은 회전축에 대해 알짜 돌림힘을 작용한다.

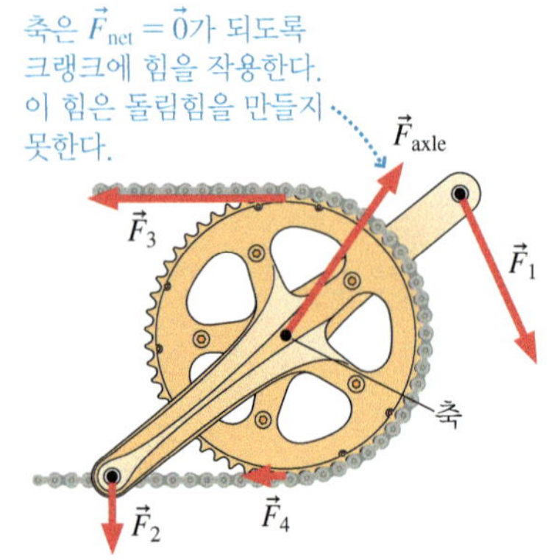

그림 7.23은 자전거의 크랭크 세트에 작용하는 힘을 보여준다. 힘 $\vec{F}_1$과 $\vec{F}_2$는 타는 사람이 페달을 밟을 때 생기는 것이고, $\vec{F}_3$와 $\vec{F}_4$는 체인의 장력이다. 크랭크 세트는 고정축 주위로 자유롭게 회전할 수 있으나, 자전거 뼈대에 대하여 병진 운동을 하지 못한다. 왜냐하면 고정축이 크랭크 세트에 힘 $\vec{F}_{axle}$를 작용함으로써 크랭크 세트에 작용하는 알짜힘이 $\vec{F}_{net} = \vec{0}$가 되기 때문이다.

힘 $\vec{F}_1$, $\vec{F}_2$, $\vec{F}_3$, 그리고 $\vec{F}_4$는 축에 관한 돌림힘 τ_1, τ_2, τ_3, 그리고 τ_4를 크랭크에 작용한다. 그러나 $\vec{F}_{axle}$는 축에 직접 작용하기 때문에 모멘트 팔 길이가 0이므로 돌림힘을 만들지 못한다. 그러므로 **알짜 돌림힘**은 **작용한** 힘들에 의해서 만들어지는 모든 돌림힘의 합이다.

$$\tau_{net} = \tau_1 + \tau_2 + \tau_3 + \tau_4 + \cdots = \sum \tau \tag{7.13}$$

예제 7.11 캡스턴을 돌리는 힘

캡스턴(capstan)은 옛날 범선에서 닻을 감아 올리기 위하여 사용되던 장치이다. 선원이 긴 레버를 밀어서 캡스턴을 돌림으로써 닻줄을 감아올린다. 만일 캡스턴이 일정 속력으로 돈다면, 그것에 작용하는 알짜 돌림힘은 나중에 배우겠지만, 0이다.

닻의 무게에 의한 줄의 장력이 1500 N이라고 하자. 만일 축으로부터 선원이 밀고 있는 레버 위의 한 점까지의 거리가 정확히 줄이 감겨 있는 캡스턴 반지름의 7배라면, 캡스턴에 작용하는 알짜 돌림힘이 0이 되기 위해서 선원이 얼마의 힘을 가지고 밀어야 하는가?

준비 그림 7.24는 캡스턴을 위에서 내려다 본 그림이다. 줄이 회전축으로부터 거리 R이 되는 지점에 장력 $\vec{T}$가 작용한다. 선원이 축으로부터 거리 $7R$이 되는 지점에서 힘 $\vec{F}$를 가지고 민다. 두 힘은 지름선에 수직이다. 그러므로 식 (7.12)에 있는 ϕ는 90°이다.

풀이 줄의 장력에 의한 돌림힘은

그림 7.24 캡스턴을 돌리는 선원의 평면도

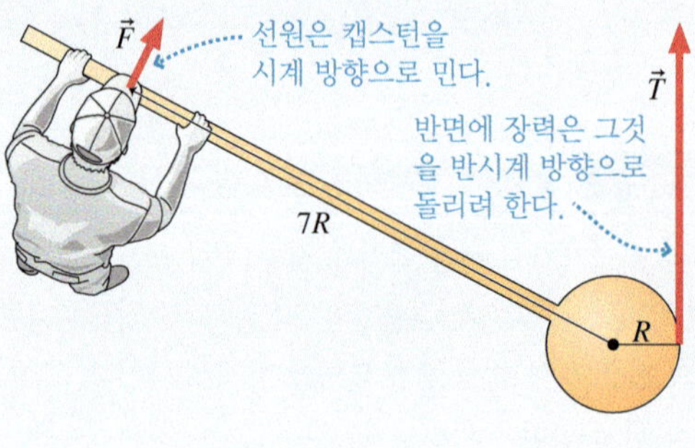

$$\tau_T = RT\sin 90° = RT$$

이다. 캡스턴의 반지름을 알지 못하므로, 당분간 그것을 R이라고 하자. 줄이 캡스턴을 반시계 방향으로 돌리려고 하므로 이 돌림힘은 양(+)이다. 선원에 의한 돌림힘은

$$\tau_S = -(7R)F\sin 90° = -7RF$$

이다. 이 돌림힘은 시계 방향으로 작용하므로 음(−)의 부호를 갖는다. 알짜 돌림힘이 0이어야 하므로, $\tau_T + \tau_S = 0$ 또는

$$RT - 7RF = 0$$

이다. 여기에서 R이 소거됨을 주목하라. 따라서 다음과 같다.

$$F = \frac{T}{7} = \frac{1500\ \text{N}}{7} = 210\ \text{N}$$

검토 210 N은 적절한 값이다. 선원이 주어야 할 힘은 줄이 작용하는 힘의 1/7이다. 긴 레버가 선원이 무거운 닻을 들어 올리도록 도움을 준다. 1860년에 건조된 HMS 전함(HMS Warrior)에서는, 무게가 55,000 N에 달하는 거대한 닻을 들어 올리기 위해서 200명이 캡스턴을 돌렸다고 한다!

힘 $\vec{F}$와 $\vec{T}$의 방향이 다른 것을 주목하라. 이 힘들의 돌림힘은 지름선에 대한 힘의 방향에만 의존한다. 곧 서로에 대한 방향에는 무관하다. 선원이 주어야 할 힘의 크기는 그가 캡스턴을 도는 동안 변하지 않는다.

7.4 중력 돌림힘과 무게 중심

그림 7.25에서 체조 선수가 철봉 주위로 선회하고 있다. 중력에 의한 돌림힘이 그녀를 수직 위치로 회전시킨다. 쓰러지는 나무나 꽝하고 닫히는 자동차 후드는 중력이 물체에 돌림힘을 작용하는 또 다른 예이다. 정지된 물체도 역시 중력에 의한 돌림힘의 작용을 받을 수 있다. 다이빙 보드에도 고정 끝에 대한 중력 돌림힘이 작용한다. 그러나 보드 끝의 발판에서 받은 힘에 의하여 반대방향의 돌림힘이 생기기 때문에 다이빙 보드는 회전하지 않는다.

앞에서 물체에 작용하는 하나의 힘에 의하여 생기는 돌림힘을 계산하는 방법을 배웠다. 그러나 중력은 물체의 하나의 점에만 작용하지 않는다. 중력은 그림 7.25(a)에 나와 있는 체조 선수의 경우처럼, 물체를 구성하는 **모든 입자**를 아래로 끌어내린다. 그리고 각 입자는 그것에 작용하는 중력에 의한 작은 돌림힘을 느낀다. 그래서 전체적인 물체의 중력 돌림힘은 모든 입자에 작용된 돌림힘들의 벡터합인 **알짜 돌림힘**인 것이다. 여기에서 증명하지 않겠지만, 중력 돌림힘은 알짜 중력, 즉 물체의 무게 $\vec{w}$가 **무게 중심**(center of gravity, 기호 ◉)이라고 하는 물체 내 특별한 한 점에 작용하고 있는 것처럼 가정함으로써 계산할 수 있다. 그렇다면 이미 배운 한 점(무게 중심)에 작용한 힘($\vec{w}$)에 의한 돌림힘을 계산하는 방법을 사용하여 중력에 의한 돌림힘을 계산할 수 있다. 그림 7.25(b)는 체조 선수의 몸무게가 그녀의 무게 중심에 작용하고 있는 것처럼 생각할 수 있음을 보여준다.

그림 7.25 무게 중심은 전체 무게가 작용하고 있다고 생각되는 점이다.

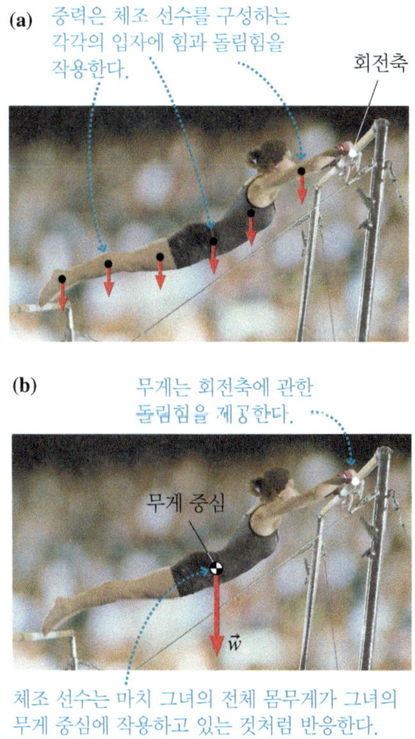

예제 7.12 **깃대에 작용하는 돌림힘**

질량 3.2 kg의 깃대가 수평과 25°의 각도를 이루며 벽으로부터 뻗어 있다. 이것의 무게 중심은 벽에 부착된 점으로부터 1.6 m이다. 부착점에 관한 깃대의 중력 돌림힘은 얼마인가?

준비 그림 7.26는 이 상황을 보여준다. 돌림힘을 계산할 목적으로, 마치 깃대의 전체 무게가 무게 중심에 작용하고 있는 것처럼 생각할 수 있다. 모멘트 팔 $r_\perp$은 시각화하기 쉬우므로, 돌림힘에 대한

그림 7.26 깃발의 개요도

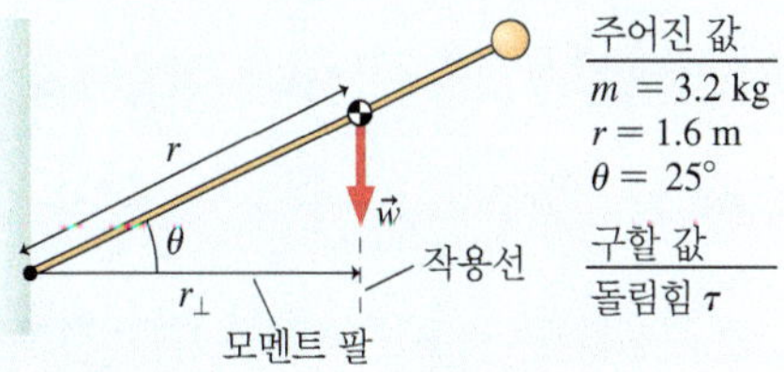

식 (7.11)을 사용한다.

풀이 그림 7.26으로부터 모멘트 팔이 $r_\perp = (1.6\text{ m})\cos 25° = 1.45\text{ m}$임을 알 수 있다. 그러므로 깃대에 작용하는 중력 돌림힘은 벽에 부착된 점에 관하여,

$$\tau = -r_\perp w = -r_\perp mg = -(1.45\text{ m})(3.2\text{ kg})(9.8\text{ m/s}^2)$$
$$= -45\text{ N}\cdot\text{m}$$

이다. 돌림힘이 깃대를 시계 방향으로 돌리려 하므로 위 식에 음(−)의 부호를 넣었다.

검토 만일 깃대가 경첩에 의하여 벽에 부착되어 있다면, 중력 돌림힘은 깃대를 떨어뜨릴 것이다. 그러나 실제로는 단단하게 부착되어 있기 때문에 반대로 작용하는 양(+)의 돌림힘이 생겨서 깃대가 떨어지는 것을 방지하는 것이다. 알짜 돌림힘은 0이다.

그림 7.27 자를 지지하기

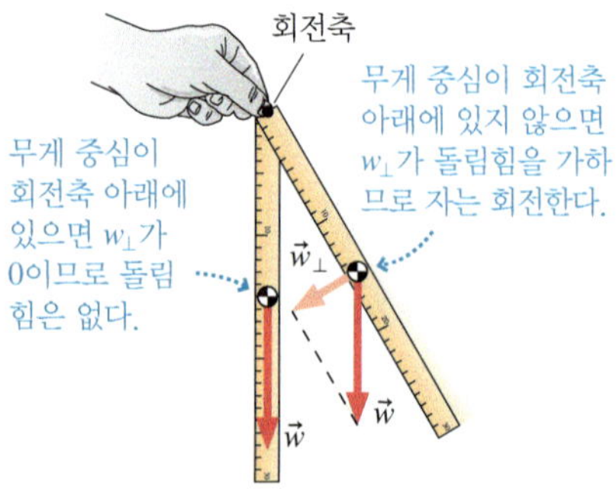

자의 끝을 잡고 자유롭게 움직이게 할 수 있는 경우 자는 빠르게 회전하여 수직으로 매달릴 것이다. **그림 7.27**은 이런 결과를 무게 중심과 중력 돌림힘으로 설명하고 있다. 자의 무게 중심은 자의 중심에 놓여 있다. 만약 무게 중심이 회전축 바로 밑에 있으면 중력 돌림힘은 없으며 자는 평형을 유지한다. 자를 옆으로 돌리면 결과적으로 생겨나는 중력 돌림힘은 무게 중심이 회전축 바로 아래에 놓이도록 자를 빠르게 원래 위치로 돌아가게 할 것이다. 이러한 사실을 자에 대하여 설명하였지만, 이것은 일반적으로 성립하는 원리이다. **회전축을 중심으로 자유롭게 회전할 수 있는 물체는 무게 중심이 회전축 바로 밑에 있을 때 정지 상태에 있게 된다.**

그림 7.28 자 균형 잡기

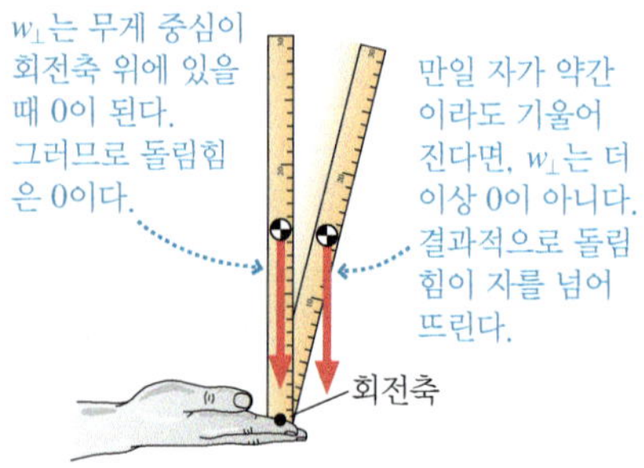

그림 7.28에서처럼 무게 중심이 회전축 위에 있으면 물체의 무게에 의한 돌림힘은 없고 균형을 유지하게 된다. 그러나 물체가 조금만 양쪽으로 움직여도 중력 돌림힘은 더 이상 0이 아니고 물체는 회전하게 된다. 이러한 **균형**에 관한 물체의 무게 중심이 회전축 위에 있는 물체의 거동 문제는 8장에서 탐구할 것이다.

무게 중심의 위치 계산하기

회전축 바로 아래나 또는 바로 위에 무게 중심이 있을 때 중력 돌림힘은 없기 때문에 **회전축이 무게 중심에 있을 때도 중력에 기인하는 돌림힘은 0이어야 한다.** 이 사실은 무게 중심 위치의 일반적인 표현을 구하는 데 사용할 수 있다.

그림 7.29 아령의 무게 중심 찾기

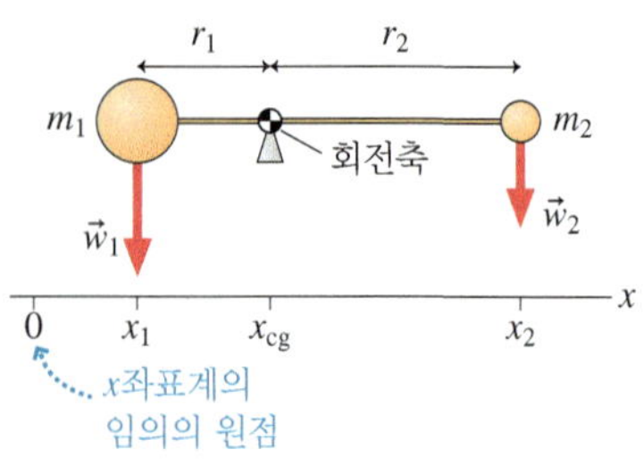

그림 7.29에 있는 아령을 생각해보자. 만일 삼각형 회전축을 좌우로 움직여서 아령의 균형을 잡는다면, 회전축은 무게 중심(위치 x_{cg}) 위치에 올 것이다. 그리고 중력에 기인하는 돌림힘은 0이 될 것이다. 그러나 두 무게에 의한 각각의 돌림힘을 계산하고 합함으로써 중력 돌림힘을 직접 구할 수 있다. 무게 1에 작용하는 중력은 모멘트 팔 r_1을 가지고 작용한다. 그러므로 x_{cg} 위치에 있는 회전축에 대한 돌림힘은

$$\tau_1 = r_1 w_1 = (x_{cg} - x_1)m_1 g$$

이고, 마찬가지로 무게 2에 의한 돌림힘은

$$\tau_2 = -r_2 w_2 = -(x_2 - x_{cg})m_2 g$$

이다. 아령을 시계 방향으로 돌리려 하므로 이 돌림힘은 음(−)이다. 방금 회전축이 무게 중심 바로 아래에 있으면 알짜 돌림힘은 0이라고 설파했다. 그러므로

$$\tau_{net} = 0 = \tau_1 + \tau_2 = (x_{cg} - x_1)m_1 g - (x_2 - x_{cg})m_2 g$$

이다. 이 식을 풀어서 무게 중심의 위치 x_{cg}를 구하면 다음과 같다.

$$x_{cg} = \frac{x_1 m_1 + x_2 m_2}{m_1 + m_2} \tag{7.14}$$

다음 풀이 전략은 많은 입자들의 무게 중심을 찾기 위해서 어떻게 식 (7.14)가 일반화될 수 있는지를 보여준다. 만일 입자들이 모두 x축상에 있지 않다면, 무게 중심의 y좌표 역시 찾아야 한다.

풀이 전략 7.1 무게 중심 찾기

❶ 좌표계의 원점을 정한다. 편리한 점을 원점으로 선택할 수 있다.

❷ 질량이 각각 $m_1, m_2, m_3, \cdots$인 입자들의 좌표 $(x_1, y_1), (x_2, y_2), (x_3, y_3), \cdots$를 결정한다.

❸ 무게 중심의 x좌표는

$$x_{cg} = \frac{x_1 m_1 + x_2 m_2 + x_3 m_3 + \cdots}{m_1 + m_2 + m_3 + \cdots} \tag{7.15}$$

이다.

❹ 마찬가지로, 무게 중심의 y좌표는

$$y_{cg} = \frac{y_1 m_1 + y_2 m_2 + y_3 m_3 + \cdots}{m_1 + m_2 + m_3 + \cdots} \tag{7.16}$$

이다.

영상 학습 데모

무게 중심은 $x_1 m_1$과 같이 두 물리량의 곱에 의존하므로, 큰 질량을 갖는 물체가 작은 질량을 갖는 물체보다 더 많이 x_{cg}에 기여하게 된다. 결과적으로, **한 복합 물체의 무게 중심은 상대적으로 더 무거운 물체나 입자가 있는 쪽에 위치하게 된다.**

예제 7.13 아령의 어디를 들어야 할까?

길이가 1.0 m인 아령이 왼쪽에 10 kg의 질량을, 오른쪽에 5.0 kg의 질량을 가지고 있다. 무게 중심의 위치를 찾으시오. 그 점이 바로 균형을 유지하면서 아령이 들어 올려질 수 있는 지점이다.

준비 먼저 **그림 7.30**과 같이 상황을 그린다.

그림 7.30 아령의 무게 중심 찾기

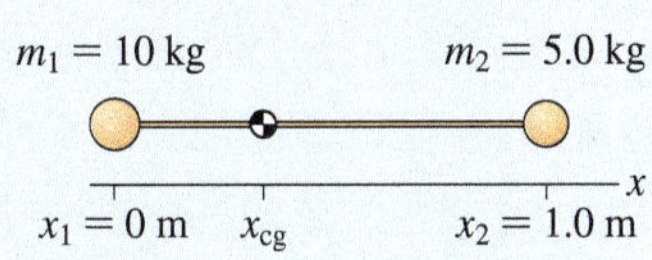

다음으로 무게 중심을 찾기 위하여 풀이 전략 7.1을 사용한다. 왼쪽에 있는 10 kg의 위치를 원점으로 잡자. 그러면 $x_1 = 0$ m이고 $x_2 = 1.0$ m이다. 아령의 질량이 x축상에 있으므로, 무게 중심의 y좌표는 x축상에 오게 된다. 따라서 무게 중심의 x좌표만 구하면 된다.

풀이 무게 중심의 x좌표는 식 (7.15)로부터 구할 수 있다.

$$x_{cg} = \frac{x_1 m_1 + x_2 m_2}{m_1 + m_2} = \frac{(0\text{ m})(10\text{ kg}) + (1.0\text{ m})(5.0\text{ kg})}{10\text{ kg} + 5.0\text{ kg}}$$
$$= 0.33\text{ m}$$

무게 중심은 10 kg의 질량으로부터 0.3 m 지점이거나 또는 아령의 중앙으로부터 왼쪽으로 0.17 m 지점에 있다고 할 수 있다.

검토 무게 중심의 위치는 큰 질량에 가까이 있다. 이것은 무게 중심은 무거운 입자 쪽에 더 가까이 있으려고 한다는 일반적인 표현과 일치한다.

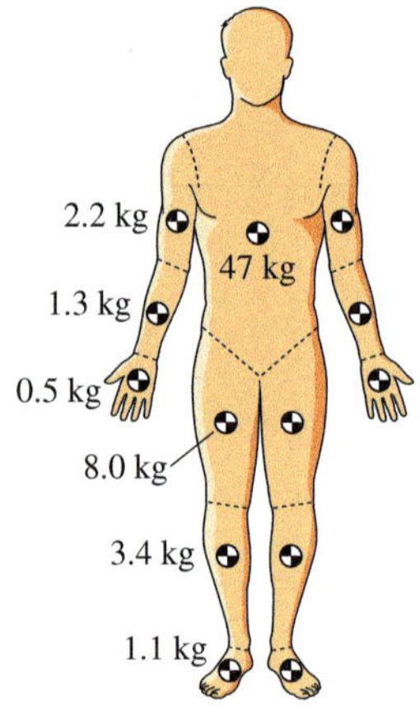

그림 7.31 80 kg인 남자의 신체 각 부위의 질량과 무게 중심

크기가 있는 물체의 무게 중심은 질량과 무게 중심을 알고 있거나 또는 알아낼 수 있는 여러 조각들로 이루어졌다고 생각함으로써 쉽게 발견할 수 있다. 크기가 있는 물체를 이루는 각 조각의 질량 m_1, m_2, m_3, …와 각 조각의 무게 중심 좌표 (x_1, y_1), (x_2, y_2), (x_3, y_3), …을 알고 있다면, 물체의 무게 중심 좌표는 식 (7.15)과 (7.16)에 의해서 주어진다.

이 방법은 우리 몸의 무게 중심을 계산하기 위하여 생체역학과 신체 운동학에서 폭넓게 이용된다. 그림 7.31은 어떻게 우리 몸이 질량과 무게 중심이 알려진 여러 부분으로 이루어져 있는지를 보여준다. 여기 나와 있는 수치는 질량이 80 kg인 남자에 관한 것이다. 주어진 자세에서 각 부분의 질량과 무게 중심의 위치를 알 수 있으므로, 몸 전체의 무게 중심은 식 (7.15)과 (7.16)(그리고 z좌표에 대한 제3의 방정식)으로부터 계산할 수 있다. 다음 예제는 이 방법을 단순하게 적용한 것이다.

예제 7.14 체조 선수와 무게 중심 구하기

링 체조 선수의 몸이 파이크 자세를 유지하고 있다. 그림 7.32는 어떻게 그의 몸이 두 부분으로 이루어져 있다고 생각될 수 있는지를 보여준다. 두 부분의 질량과 무게 중심의 위치는 그림에 나와 있는 바와 같다. 위 부분은 머리, 몸통, 그리고 양팔을 포함하고 있는 반면에 아래 부분은 두 다리로 이루어져 있다. 이 체조 선수의 무게 중심의 위치를 구하시오.

준비 그림 7.32로부터 각 부분에 대한 무게 중심의 x와 y좌표를 알 수 있다.

$$x_{\text{trunk}} = 15\text{ cm} \qquad y_{\text{trunk}} = 50\text{ cm}$$
$$x_{\text{legs}} = 30\text{ cm} \qquad y_{\text{legs}} = 20\text{ cm}$$

풀이 무게 중심의 x와 y좌표는 식 (7.15)과 (7.16)에 의해서 주어진다.

$$x_{\text{cg}} = \frac{x_{\text{trunk}}m_{\text{trunk}} + x_{\text{legs}}m_{\text{legs}}}{m_{\text{trunk}} + m_{\text{legs}}} = \frac{(15\text{ cm})(45\text{ kg}) + (30\text{ cm})(30\text{ kg})}{45\text{ kg} + 30\text{ kg}} = 21\text{ cm}$$

그림 7.32 체조 선수를 구성하는 두 부분의 무게 중심

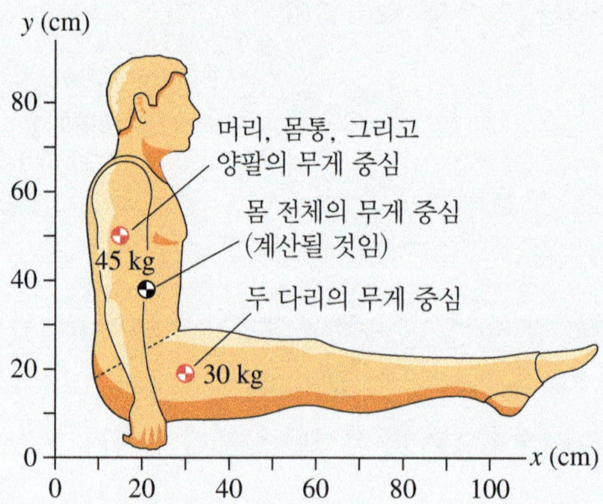

$$y_{\text{cg}} = \frac{y_{\text{trunk}}m_{\text{trunk}} + y_{\text{legs}}m_{\text{legs}}}{m_{\text{trunk}} + m_{\text{legs}}} = \frac{(50\text{ cm})(45\text{ kg}) + (20\text{ cm})(30\text{ kg})}{45\text{ kg} + 30\text{ kg}} = 38\text{ cm}$$

검토 그림 7.32에서 보는 바와 같이, 몸 전체의 무게 중심은 가벼운 다리 부분의 무게 중심보다 무거운 몸통 부분의 무게 중심에 더 가깝다. 마치 두 점 입자의 무게 중심의 경우와 같이, 이 선수의 무게 중심은 두 부분의 무게 중심을 연결하는 선상에 있다. 또 이 선수의 손(회전축 점)은 무게 중심 바로 밑에 있어야 한다. 그렇지 않으면 그가 앞이나 또는 뒤로 회전하게 될 것이다.

7.5 회전 동역학과 관성 모멘트

7.3절에서 뉴턴의 법칙은 회전 운동에 대해 무엇을 말하는가에 관한 의문을 가졌다. 이제 그 질문에 대답할 수 있다. **돌림힘은 각가속도를 일으킨다.** 이것은 힘이 가속도를 일으킨다고 직선 운동에서 기술한 것에 해당하는 회전 운동의 기술이다.

돌림힘과 각가속도가 어떻게 관련이 되는지를 보기 위하여, 돌림힘이 작용하고 있는 하나의 입자를 살펴보기로 하자. **그림 7.33**은 입자가 원운동을 하도록 하는 길이 r인 가볍고 단단한 막대에 부착된 질량 m인 입자를 나타낸다. 이 입자는 두 힘의 영향을 받고 있다. 이 입자가 원운동을 하므로, 이 입자는 원의 중심을 향하는 힘을 받고 있으며 그 힘은 막대의 장력 $\vec{T}$이다. 6장에서 배운 바와 같이, 이것은 입자 속도의 방향을 바꾸어주는 원인이 되는 힘이다. 입자의 속도 변화와 관련된 가속도는 구심 가속도 $\vec{a}_c$이다.

그림 7.33 접선 방향의 힘 $\vec{F}$는 입자에 돌림힘을 작용하여 각가속도를 생기게 한다.

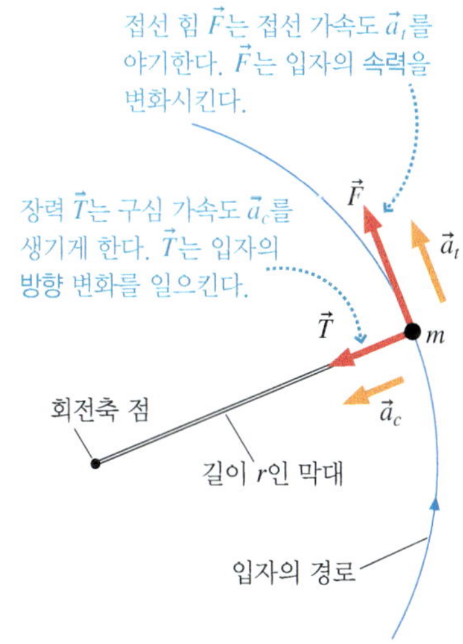

그러나 그림 7.33에 있는 이 입자는 또 속력을 변화시키는 힘 $\vec{F}$의 작용을 받는다. 이 힘은 접선 가속도 $\vec{a}_t$를 생기게 한다. 원의 접선 방향에 뉴턴의 제2법칙을 적용하면

$$a_t = \frac{F}{m} \tag{7.17}$$

이다. 접선 가속도와 각가속도는 $a_t = \alpha r$인 관계가 있으므로, 식 (7.17)을 $\alpha r = F/m$으로 다시 쓰거나, 또는

$$\alpha = \frac{F}{mr} \tag{7.18}$$

라고 쓸 수 있다.

지름선에 수직한 힘 $\vec{F}$에 의해서 생기는 돌림힘은

$$\tau = rF$$

이므로 F와 τ를 식 (7.18)에 대입하면 다음 식을 얻는다.

$$\alpha = \frac{\tau}{mr^2} \tag{7.19}$$

식 (7.19)는 하나의 입자에 작용하는 돌림힘과 각가속도 사이의 관계이다. 이제 남은 일은 이 개념을 입자에서 크기가 있는 물체로 확장하는 것이다.

회전 운동에 대한 뉴턴의 제2법칙

그림 7.34 강체에 작용하는 힘은 회전축에 대해 돌림힘을 생기게 한다.

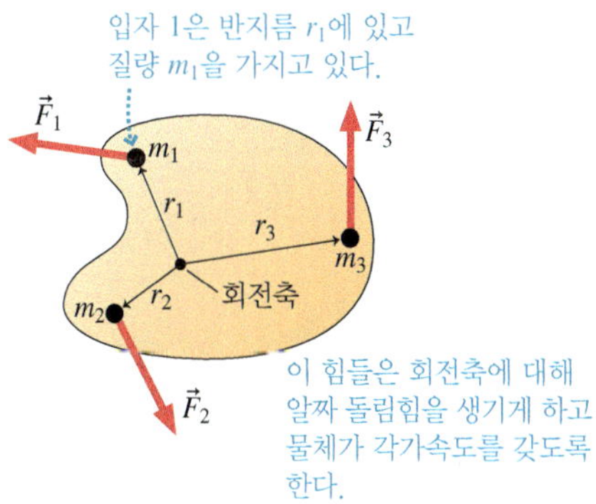

그림 7.34는 고정되어 움직이지 않는 축에 대하여 회전하는 강체를 나타낸다. 강체 모형에 의하면, 물체를 축으로부터 고정된 거리 r_1, r_2, r_3, …에 있는 질량 m_1, m_2, m_3, …인 입자들로 이루어진 것으로 생각할 수 있다. 힘 $\vec{F}_1$, $\vec{F}_2$, $\vec{F}_3$, …가 이 입자들에 작용한다고 가정하자. 이 힘들은 회전축 주위로 돌림힘들이 생기게 한다. 따라서 이 강체는 각가속도 α를 가지게 될 것이다. 이 강체를 이루는 모든 입자들은 같이 회전할

것이므로, 모든 입자들은 같은 각가속도 α를 갖는다. 식 (7.19)를 이용하면, 입자들에 작용하는 돌림힘들을 다음과 같이 쓸 수 있다.

$$\tau_1 = m_1 {r_1}^2 \alpha \qquad \tau_2 = m_2 {r_2}^2 \alpha \qquad \tau_3 = m_3 {r_3}^2 \alpha$$

강체를 구성하는 모든 입자는 이와 같은 돌림힘을 갖는다. 만일 이 모든 돌림힘들을 합치면, 이 물체에 대한 알짜 돌림힘은

$$\begin{aligned}\tau_{net} &= \tau_1 + \tau_2 + \tau_3 + \cdots = m_1 {r_1}^2 \alpha + m_2 {r_2}^2 \alpha + m_3 {r_3}^2 \alpha + \cdots \\ &= \alpha (m_1 {r_1}^2 + m_2 {r_2}^2 + m_3 {r_3}^2 + \cdots) = \alpha \sum m_i {r_i}^2\end{aligned} \qquad (7.20)$$

이다. 합산 기호 밖으로 α를 내놓을 수 있는 것은, 회전하는 강체에 있는 모든 입자가 같은 각가속도 α를 갖기 때문이다.

식 (7.20)에 있는 양 $\sum mr^2$은 **관성 모멘트**(moment of inertia) I라고 하는 양(+)의 값으로, 각가속도와 알짜 돌림힘 사이의 비례상수이다.

$$I = m_1 {r_1}^2 + m_2 {r_2}^2 + m_3 {r_3}^2 + \cdots = \sum m_i {r_i}^2 \qquad (7.21)$$

입자 집합의 관성 모멘트

질량이 8200 kg인 거대한 화강암 공이 압력이 가해진 물의 얇은 층 위에 마찰이 거의 없이 떠 있다. 한 소녀가 이 공에 큰 돌림힘을 작용시켜도, 이 물체의 관성 모멘트가 크기 때문에 각가속도는 작다.

관성 모멘트의 단위는 질량 곱하기 거리의 제곱, 곧 $kg \cdot m^2$이다. 돌림힘처럼 어떤 물체의 관성 모멘트는 회전축에 따라 변한다. 회전축이 정의되면, r_1, r_2, r_3, ⋯ 값을 결정할 수 있기 때문에, 회전축에 관한 관성 모멘트를 식 (7.21)로부터 계산할 수 있다.

관성 모멘트 I를 식 (7.20)에 대입하면 다음과 같은 강체 역학의 기본적인 식을 얻을 수 있다.

회전 운동에 대한 뉴턴의 제2법칙 어떤 회전축에 관하여 알짜 돌림힘 τ_{net}을 받는 물체는 다음과 같은 각가속도를 갖는다.

$$\alpha = \frac{\tau_{net}}{I} \qquad (7.22)$$

여기에서 I는 회전축에 관한 물체의 관성 모멘트이다.

실제로는 대부분의 경우 $\tau_{net} = I\alpha$라고 많이 쓴다. 그러나 식 (7.22)가 **알짜 돌림힘은 각가속도를 일으키는 원인이 된다**는 개념을 더 잘 표현한다. 물체에 작용하는 알짜 돌림힘이 없으면($\tau_{net} = 0$), 그 물체에 각가속도 α가 생기지 않는다. 그래서 물체는 회전하지 않거나($\omega = 0$), 등각속도를 가지고 회전한다(ω = 일정).

관성 모멘트의 해석

수업 영상

관성 모멘트 계산을 서두르기 전에, 그것의 의미를 더 이해하도록 해보자. 첫째, **관성 모멘트는 회전 운동에서 직선 운동의 질량에 해당하는 양**이라는 것에 주목하자. 회전 운동에서는 우리에게 익숙한 $\vec{a} = \vec{F}_{net}/m$에서 질량 m이 하는 역할을 식 (7.22)에서는

관성 모멘트 I가 하고 있다. 더 큰 질량을 갖는 물체는 더 큰 관성 모멘트를 갖기 때문에 가속하기가 더 어렵다. 작은 관성 모멘트를 갖는 물체보다 큰 관성 모멘트를 갖는 물체를 회전시키는 데에 더 큰 돌림힘이 필요하다. '관성 모멘트'라는 표현 속에 '관성'이라는 단어가 들어가 있는 것은 이런 이유 때문이다.

그러나 왜 관성 모멘트가 회전축으로부터의 거리 r에 따라 다른가? **그림 7.35**에서처럼, 정지 상태로부터 회전목마를 출발시키려고 하는 경우를 생각해보자. 회전목마의 가장자리를 밀어서 돌림힘을 작용시키면 각속도가 증가하기 시작한다. 그림 7.35(a)에서처럼, 만일 여러분의 친구들이 회전목마의 가장자리에 앉아 있다면, 회전축으로부터 그들의 거리 r이 크다. 회전목마가 각속도 ω로 회전하면 $v = \omega r$이므로 그들의 속력은 크다. 그러나 그림 7.35(b)에서처럼, 만일 여러분의 친구들이 축 가까이에 앉아 있다면, 거리 r과 속력 $v = \omega r$은 작나. 첫째 경우의 친구들 속력이 더 빠르므로 그러한 일을 발생시키려면 더 힘이 든다.

그림 7.35 관성 모멘트는 질량에 따라서도 변하고 질량이 어떻게 분포되어 있는가에 따라서도 변한다.

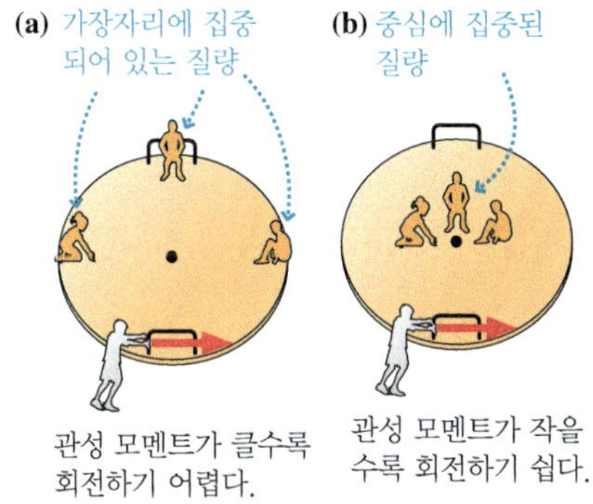

이 결과를 관성 모멘트 개념을 사용하여 다음과 같이 표현할 수 있다. r이 큰 첫째 경우에는 식 (7.21)에 의해서 관성 모멘트가 크다. 둘째 경우에는 r이 작으므로 식 (7.21)에 의해서 관성 모멘트가 작다. 또 관성 모멘트가 크다는 것은 각가속도를 발생시키기 위해서 더 큰 돌림힘이 필요하다는 것을 의미한다. 따라서 더 큰 힘을 가하여야 한다.

이와 같이 물체의 관성 모멘트는 물체의 질량뿐만 아니라 물체의 회전축 주위에 **질량이 어떻게 분포하는지**에 따라서도 변한다. 이런 사실은 자전거 선수들에게 잘 알려져 있다. 자전거를 타는 사람은 가속할 때마다 바퀴를 '더 빨리 돌려야' 한다. 관성 모멘트가 클수록 더 많은 힘이 들고 결국 각가속도는 더 작아진다. 이런 이유로, 선수는 가능한 한 관성 모멘트가 작은 바퀴를 선호한다. 그래서 중심 가까이에 질량을 유지하도록 디자인된 바퀴를 선택하며 가벼운 타이어를 끼운다.

종합 7.1은 선형 동역학과 회전 동역학 사이의 유사성을 요약한 것이다.

종합 7.2 선형 동역학과 회전 동역학

선형 동역학의 변수에 대응되는 회전 동역학의 변수가 있다. 회전 동역학에 대한 뉴턴의 제2법칙은 이러한 변수들로써 표현된다.

	선형 동역학	회전 동역학
변수	알짜힘 (N) → $\vec{F}_{net}$	τ_{net} ← 알짜 돌림힘 (N · m)
	질량 (kg) → m	I ← 관성 모멘트 (kg · m^2)
	가속도 (m/s^2) → $\vec{a}$	α ← 각가속도 (rad/s^2)
뉴턴의 제2법칙	$\vec{a} = \dfrac{\vec{F}_{net}}{m}$ 가속도는 힘에 의해 발생한다. 질량이 클수록 가속도는 더 작아진다.	$\alpha = \dfrac{\tau_{net}}{I}$ 각가속도는 돌림힘에 의해 발생한다. 관성 모멘트가 클수록 각가속도는 더 작아진다.

예제 7.15 관성 모멘트 계산하기

그림 7.36에서 보인 바와 같이, 길이 10 cm의 매우 튼튼하고 가벼운 막대에 부착된 3개의 작고 무거운 구로 이루어진 추상적 조각이 있다. 구의 질량은 각각 $m_1 = 1.0$ kg, $m_2 = 1.5$ kg, 그리고 $m_3 = 1.0$ kg이다. 그것이 축 A에 대해 회전한다면, 물체의 관성 모멘트는 얼마인가? 또 B축에 대해서는 얼마인가?

그림 7.36 가벼운 막대에 의해서 분리된 3개의 입자

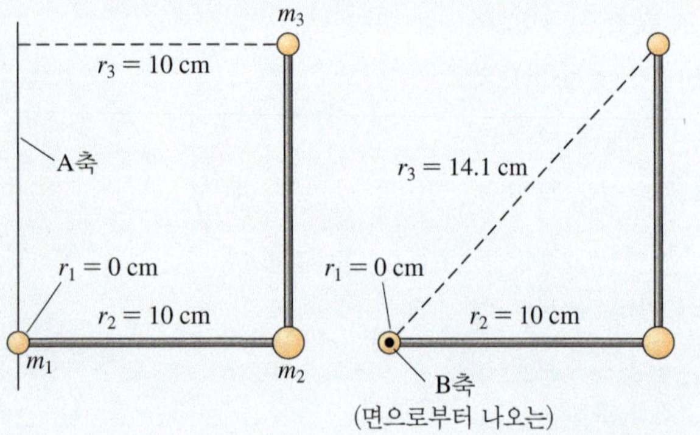

준비 관성 모멘트를 구하기 위하여 식 (7.21)을 사용할 것이다.

$$I = m_1 r_1{}^2 + m_2 r_2{}^2 + m_3 r_3{}^2$$

위 식에서 r_1, r_2, r_3는 회전축으로부터 각 입자의 거리이다. 그리고 그들은 선택된 축에 따라서 변한다. 입자 1은 두 경우 모두 축 위에 있다. 그러므로 두 경우 모두 $r_1 = 0$ cm이다. 입자 2는 두 경우 모두 축으로부터 10 cm(0.10 m)에 있다. 입자 3은 A축으로부터 10 cm에 있고, B축으로부터는 더 멀리 떨어져 있다. 피타고라스 정리를 사용하여 B축으로부터의 거리를 구하면 $r_3 = 14.1$ cm이다. 이들 거리가 그림에 표시되어 있다.

풀이 각 축에 대하여, 그리고 각 입자에 대하여 r, m, mr^2값의 표를 만들고 나중에 mr^2의 값들을 합할 수 있다.

A축에 대하여

입자	r	m	mr^2
1	0 m	1.0 kg	0 kg·m^2
2	0.10 m	1.5 kg	0.015 kg·m^2
3	0.10 m	1.0 kg	0.010 kg·m^2
			$I_A = 0.025$ kg·m^2

B축에 대하여

입자	r	m	mr^2
1	0 m	1.0 kg	0 kg·m^2
2	0.10 m	1.5 kg	0.015 kg·m^2
3	0.141 m	1.0 kg	0.020 kg·m^2
			$I_B = 0.035$ kg·m^2

검토 회전축으로부터 질량이 더 멀리 분포되어 있을 때 관성 모멘트가 더 크다는 것을 이미 알고 있다. 여기서, m_3는 A축으로부터 보다도 B축으로부터 더 멀리 떨어져 있으므로, 이 물체는 B축에 대해 더 큰 관성 모멘트를 갖는다.

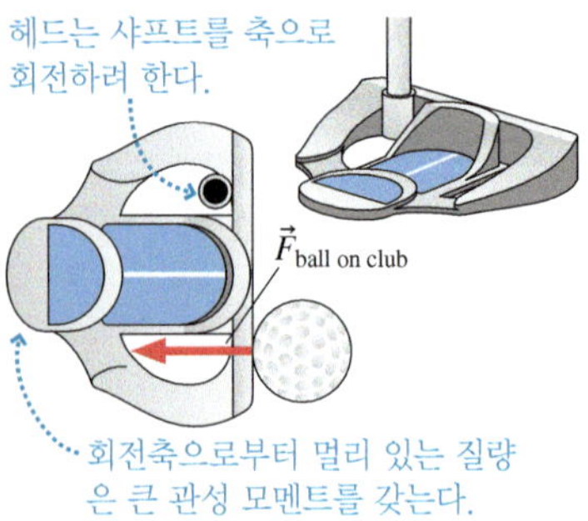

◀ **신기한 골프 클럽** 최근 매우 큰 관성 모멘트의 헤드를 가진 골프채가 소개되었다. 퍼터로 공을 치면 뉴턴의 제3법칙에 따라 공도 퍼터에게 힘을 가하여 퍼터가 막대(샤프트)를 축으로 회전하게 하는 돌림힘을 발생시킨다. 헤드 부분의 큰 관성 모멘트는 각가속도를 작게 만들고, 그리하여 원하지 않는 회전을 방지시켜 정확한 퍼팅이 가능하도록 한다.

일반적인 모양을 한 물체의 관성 모멘트

회전 운동에 관한 뉴턴의 제2법칙은 쓰기 쉽다. 그러나 물체의 관성 모멘트를 알지 못하고는 그것을 사용할 수 없다. 질량과는 다르게, 물체를 저울 위에 올려놓고 관성 모멘트를 측정할 수는 없다. 그리고 대칭적인 물체의 무게 중심이 물리적 중심에 있다는 것을 추측할 수 있지만, 아주 단순한 물체의 관성 모멘트조차도 추측할 수가 없다.

질량을 무시할 수 있는 막대로 연결된 몇 개의 점 입자로 구성된 물체에서, 직접 I를 계산하기 위하여 식 (7.21)을 사용할 수 있다. 그러나 그와 같은 물체가 실제로는 많지 않다. 실제의 물체는 모두 무수히 많은 원자들로 이루어진 고체로 만들어졌다. 아주 단순한 물체의 관성 모멘트를 계산하려 해도 적분학을 필요로 한다. 그런데 그

표 7.1 밀도가 균일하며 총 질량이 M인 물체의 관성 모멘트

물체와 회전축	그림	I	물체와 회전축	그림	I
중앙을 축으로 하는 얇은 막대(임의의 단면적)	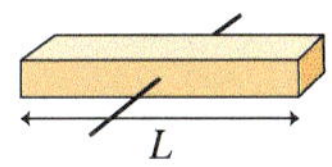	$\frac{1}{12}ML^2$	중앙을 축으로 하는 원통 또는 원판	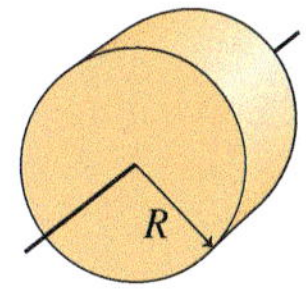	$\frac{1}{2}MR^2$
한 끝을 축으로 하는 얇은 막대(임의의 단면적)	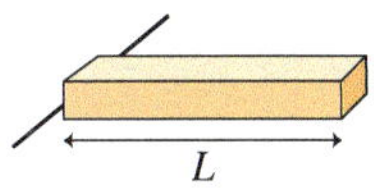	$\frac{1}{3}ML^2$	중앙을 축으로 하는 원통 고리	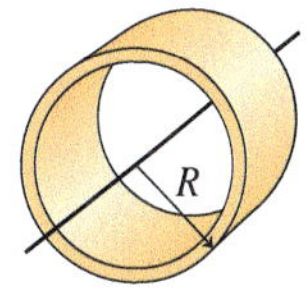	MR^2
중앙을 축으로 하는 평면 또는 널빤지	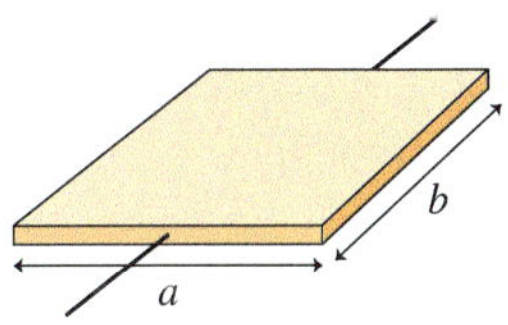	$\frac{1}{12}Ma^2$	지름을 축으로 하는 속이 꽉 찬 구	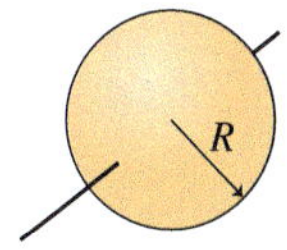	$\frac{2}{5}MR^2$
변을 축으로 하는 평면 또는 널빤지	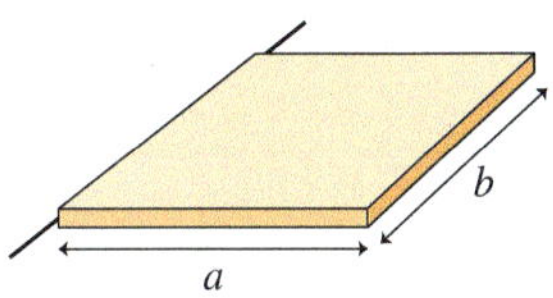	$\frac{1}{3}Ma^2$	지름을 축으로 하는 구 껍질	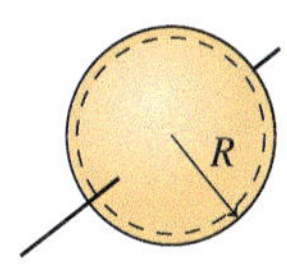	$\frac{2}{3}MR^2$

것은 이 교재의 한계를 뛰어넘는 것이다. 표 7.1에 일반적인 모양에 대한 관성 모멘트가 간단히 나와 있다. 이 표에서 크기가 있는 물체의 총 질량을 대문자 M으로 표시한다.

표 7.1에 나와 있는 관성 모멘트에 관하여 몇 가지 일반적인 평을 할 수 있다. 예를 들면, 원통형 고리는 축으로부터 같은 거리 R만큼 떨어져 있는 입자들로 이루어져 있다. 그리하여 질량 m인 모든 입자들은 고리의 관성 모멘트에 mR^2으로 기여하게 된다. 이들이 기여하는 모든 것을 합하면, I는

$$I = m_1R^2 + m_2R^2 + m_3R^2 + \cdots = (m_1 + m_2 + m_3 + \cdots)R^2 = MR^2$$

이 된다. 같은 질량과 반지름을 갖는 속이 꽉 찬 원통은 이것보다도 더 작은 관성 모멘트를 갖는데, 그 이유는 원통 질량의 상당량이 중앙에 있기 때문이다. 같은 식으로 왜 그 중앙에 관하여 회전하는 널빤지가 그 변을 축으로 하여 회전하는 널빤지에 비하여 더 작은 관성 모멘트를 갖는지 살펴볼 수 있다. 후자의 경우에 있어서, 어떤 입자의 질량은 전자의 경우 축에서 가장 멀리 떨어져 있는 입자의 질량보다 2배나 더 멀리 떨어져 있다. 그와 같은 입자들은 관성 모멘트에 4배나 더 많이 기여한다. 그래서 한 변에 관하여 회전하는 널빤지에 대한 관성 모멘트가 일반적으로 크게 되는 것이다.

7.6 회전 운동에 뉴턴의 제2법칙 사용하기

이 절에서는 **고정축**에 대하여 회전 운동하는 강체에 대한 회전 동역학의 몇 가지 예를 살펴볼 것이다. 고정축으로 제한하는 것은 회전 운동과 병진 운동을 복합적으로 겪는 물체에서 일어날 수 있는 복잡성을 피하기 위함이다.

문제 풀이 전략 7.1 회전 동역학 문제

회전 동역학에 대한 문제 풀이 전략은 5장에서 공부한 선형 동역학에 대한 것과 매우 유사하다.

준비 물체를 간단한 구 모양으로 모형을 설정한다. 그 상태를 명확하게 하기 위하여 그림을 그리고, 좌표와 기호를 정의하고, 알고 있는 정보의 목록을 만든다.

- 물체가 회전하는 축을 확인한다.
- 힘을 확인하고 축으로부터의 거리를 결정한다.
- 힘에 의해서 생긴 돌림힘을 계산하고 돌림힘의 부호를 찾는다.

풀이 수학적 표현은 회전 운동의 뉴턴의 제2법칙에 근거하고 있다.

$$\tau_{\text{net}} = I\alpha \quad \text{혹은} \quad \alpha = \frac{\tau_{\text{net}}}{I}$$

- 식 (7.21)을 사용하여 직접 계산하든지 또는 일반적 구 모양에 대한 표 7.1를 이용하여 관성 모멘트를 구한다.
- 각위치 및 각속도를 구하기 위하여 회전 운동학을 사용한다.

검토 최종 결과의 단위가 올바른지, 이치에 맞는지, 그리고 문제의 물음에 맞게 답을 하였는지 확인한다.

예제 7.16 쓰러지는 장대의 각가속도

장대를 던져서 힘과 기술을 겨루는 스코틀랜드 경기에서 경기 참가자가 길이가 5.9 m이고 질량이 79 kg인 장대를 던졌다. 장대는 수직 방향으로부터 25° 기울어졌고 땅 끝점을 중심으로 회전하기 시작했다. 장대의 각가속도를 예측해보시오.

그림 7.37 쓰러지는 장대는 중력 돌림힘에 의한 각가속도를 갖는다.

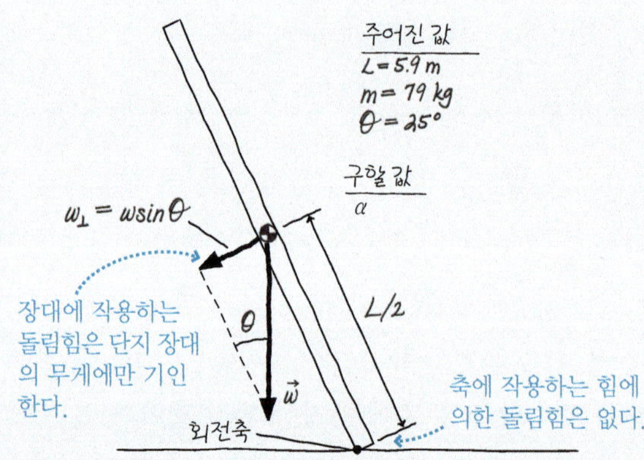

준비 문제를 풀이하는 데 필요한 몇몇 기호와 주어진 값들을 그림 7.37에 나타냈다. 두 힘이 장대에 작용하고 있다[무게 중심에서 작용하는 장대의 무게 $\vec{w}$와 땅이 장대에 작용하는 힘(그려 넣지 않았음)]. 둘째 힘은 회전축에 작용하기 때문에 돌림힘을 전혀 만들지 않는다. 따라서 장대에 작용하는 돌림힘은 단지 중력에 의해서만 생긴다. 그림으로부터 이 돌림힘이 반시계 방향으로 장대를 돌리려 한다는 것을 알 수 있다. 그래서 돌림힘은 양(+)이다.

풀이 한 끝에 대해 회전하는 균일하고 얇은 막대로써 이 장대를 모형화한다. 그것의 무게 중심은 축으로부터 거리 $L/2$만큼 떨어진 중앙에 있다. 그림으로부터 $\vec{w}$의 수직 성분이 $w_\perp = w\sin\theta$임을 알 수 있다. 따라서 중력에 의한 돌림힘은 아래와 같다.

$$\tau_{\text{net}} = \left(\frac{L}{2}\right)w_\perp = \left(\frac{L}{2}\right)w\sin\theta = \frac{mgL}{2}\sin\theta$$

표 7.1로부터, 한 끝을 축으로 회전하는 얇은 막대의 관성 모멘트는 $I = \frac{1}{3}mL^2$이다. 회전 운동의 뉴턴의 제2법칙으로부터 각가속도는 다음과 같다.

$$\alpha = \frac{\tau_{\text{net}}}{I} = \frac{\frac{1}{2}mgL\sin\theta}{\frac{1}{3}mL^2} = \frac{3g\sin\theta}{2L}$$

$$= \frac{3(9.8\ \text{m/s}^2)\sin 25°}{2(5.9\ \text{m})} = 1.1\ \text{rad/s}^2$$

검토 자유 낙하 문제에서와 같이 각가속도는 질량에 무관하다. 각가속도의 최종값도 그리 크지 않는데, 이는 타당하다. 왜냐하면 이는 긴 장대인데 각가속도는 장대의 길이에 반비례하기 때문이다. 이 장대는 매우 무거운데 이렇게 작은 각가속도를 가지기 때문에 사람들이 도망치는 데 시간을 벌 수 있다.

개념형 예제 7.17 미터자 균형 잡기

손바닥 위에 미터자나 야구 방망이를 수직으로 세우는 것은 쉬울 것이다. (해보기 바란다!) 그러나 연필은 수직으로 세우기가 거의 불가능할 것이다. 왜 그럴까?

판단 손바닥 위에 미터자를 수직으로 세우려고 하면 곧 쓰러지기 시작할 것이다. 자의 균형을 유지하기 위하여 손바닥을 재빨리 조정하여야 할 것이다. 예제 7.16에서 보인 바와 같이, 얇은 막대의 각가속도 α는 길이 L에 반비례한다. 그러므로 미터자와 같이 긴 물체는 연필과 같이 짧은 물체보다도 더 천천히 쓰러진다. 천천히 쓰러지는 미터자를 교정하기 위한 반응시간은 충분히 빠르지만, 빠르게 쓰러지는 연필에 대해서는 그렇지 않다.

검토 만일 막대의 길이를 2배로 한다면, 그 질량은 2배가 되고 무게 중심은 2배로 높아질 것이다. 따라서 그것에 작용하는 중력 돌림힘 τ는 4배가 될 것이다. 그러나 막대의 관성 모멘트는 $I = \frac{1}{3}ML^2$이기 때문에, 더 긴 막대의 관성 모멘트는 8배만큼 더 크게 된다. 그래서 긴 막대의 각가속도는 오히려 절반으로 줄어들게 될 것이다. 이를 통해서 여러분이 무게 중심에 대하여 균형을 잡는 시간을 얻을 수 있다.

예제 7.18 비행기 엔진 시동 걸기

작은 비행기 엔진의 돌림힘은 500 N·m라고 한다. 이 엔진은 길이 2.0 m, 질량 40 kg인 단일 날개깃 프로펠러를 돌린다. 출발할 때, 그것이 2000 rpm에 이르는 데까지는 시간이 얼마나 걸리겠는가?

그림 7.38 회전하는 비행기 프로펠러

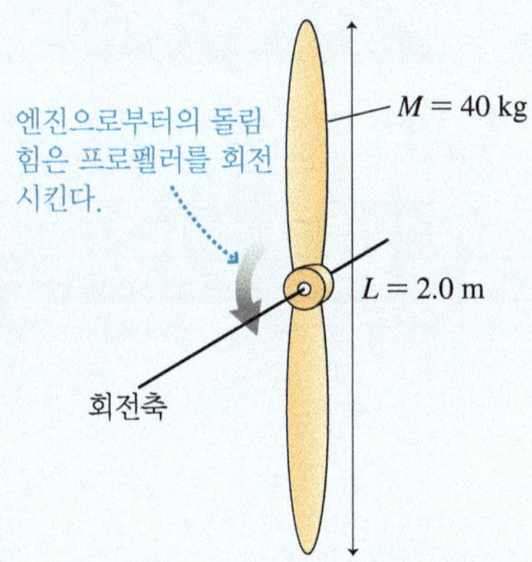

준비 프로펠러는 중앙을 회전축으로 하여 회전하는 막대로써 모형화할 수 있다. 엔진은 프로펠러에 돌림힘을 작용한다. **그림 7.38**은 프로펠러와 회전축을 나타낸다.

풀이 표 7.1로부터, 중앙축에 관하여 회전하는 막대의 관성 모멘트는 다음과 같다.

$$I = \frac{1}{12}ML^2 = \frac{1}{12}(40\ \text{kg})(2.0\ \text{m})^2 = 13.3\ \text{kg}\cdot\text{m}^2$$

엔진의 500 N·m 돌림힘이 만드는 각가속도는

$$\alpha = \frac{\tau}{I} = \frac{500\ \text{N}\cdot\text{m}}{13.3\ \text{kg}\cdot\text{m}^2} = 37.5\ \text{rad/s}^2$$

이고, $\omega_\text{f} = 2000\ \text{rpm} = 33.3\ \text{rev/s} = 209\ \text{rad/s}$에 이르는 데 걸리는 시간은

$$\Delta t = \frac{\Delta\omega}{\alpha} = \frac{\omega_\text{f} - \omega_\text{i}}{\alpha} = \frac{209\ \text{rad/s} - 0\ \text{rad/s}}{37.5\ \text{rad/s}^2} = 5.6\ \text{s}$$

이다.

검토 등각가속도라고 가정하였는데, 이것은 프로펠러가 천천히 도는 처음 몇 초 동안에는 합리적인 가정이다. 결국 공기 저항과 마찰은 반대방향의 돌림힘을 만들어 각가속도는 감소할 것이다. 충분한 속력에서, 공기 저항과 마찰에 의한 음(−)의 돌림힘은 엔진의 돌림힘을 상쇄한다. 그러면 $\tau_{\text{net}} = 0$이고 프로펠러는 각가속도가 없으므로 등각속도로 돈다.

줄과 도르래의 제약조건

그림 7.39 줄의 운동은 도르래 테두리 운동과 일치해야 한다.

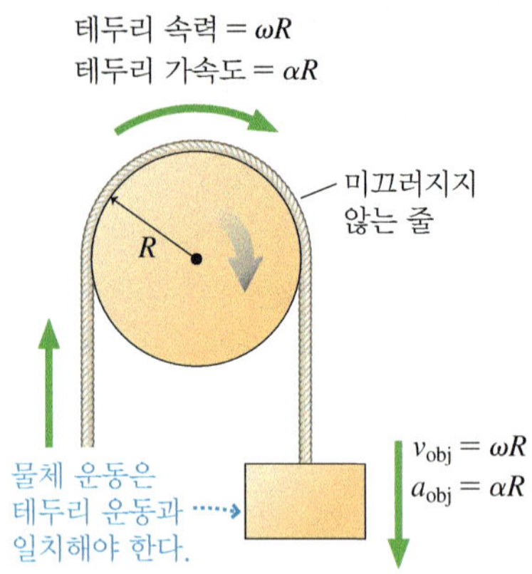

회전 동역학의 많은 중요한 문제들은 도르래와 그것에 감긴 줄에 부착된 물체에 관한 것이다. **그림 7.39**는 도르래에 감겨 있는 줄에 매달려 직선 운동을 하는 물체를 나타낸다. 만일 도르래가 그 위에 감긴 **줄의 미끄러짐이 없이** 돈다면, 줄의 속력 v_{rope}는 도르래 테두리의 속력과 정확히 일치하여야 한다. 곧 $v_{rim} = \omega R$이다. 만일 도르래가 각가속도를 가지고 있다면, 줄의 가속도 a_{rope}는 도르래 테두리의 **접선 가속도**와 일치하여야 한다. 곧 $a_t = \alpha R$이다.

줄의 한쪽 끝에 연결된 물체는 줄과 같은 속력과 가속도를 가지고 있다. 결론적으로 물체는 다음의 제약조건을 따라야 한다.

$$v_{obj} = \omega R$$
$$a_{obj} = \alpha R \tag{7.23}$$

미끄러지지 않는 줄에 의해서 반지름 R인 도르래에 연결된 물체의 운동 제약조건

이 제약조건은 줄로 연결된 두 물체에 대해 5장에서 소개했던 가속도 제약조건과 유사하다.

예제 7.19 두레박의 낙하 시간

조쉬가 권양기(winch)를 사용하여 질량 2.5 kg의 두레박을 끌어올리다가 실수로 핸들을 놓쳤다. 권양기는 질량이 3.0 kg이며 지름이 4.0 cm인 원통 주위에 감긴 줄로 구성되어 있다. 그리고 그 원통은 중심을 지나는 축의 주위로 회전한다. 두레박이 우물의 수면 위 4.0 m에서 정지 상태로부터 떨어진다고 한다. 그것이 물에 닿을 때까지 걸리는 시간은 얼마인가?

준비 줄은 질량이 없으며 미끄러지지도 않는다고 가정하라. **그림 7.40(a)**는 떨어지는 두레박의 개요도이다. **그림 7.40(b)**는 원통과 두레박에 대한 자유 물체 도형이다. 줄의 장력이 두레박에 위 방향의 힘을, 그리고 원통 바깥 테두리에 아래 방향의 힘을 작용한다. 줄이 질량이 없으므로 이 2개의 장력은 크기가 같다. 이 장력을 T라고 표기하자.

그림 7.40 떨어지는 두레박의 개요도

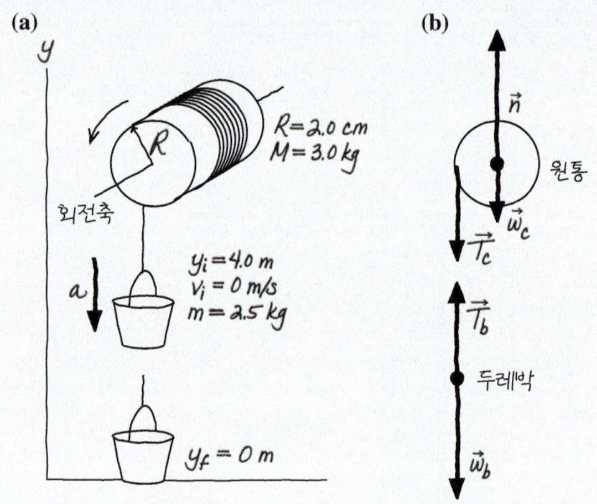

풀이 두레박의 직선 운동에 적용되는 뉴턴의 제2법칙은

$$ma_y = T - mg$$

이다. 여기에서 여느 때처럼 y축은 위쪽을 가리킨다. 원통의 경우는 어떤가? 원통의 무게 $\vec{w}_c$와 축이 원통에 작용하는 수직 항력 $\vec{n}$이 있다. 그러나 이들 힘은 둘 다 회전축을 통과하기 때문에, 이들 중 어떤 힘도 돌림힘을 작용시키지 못한다. 유일한 돌림힘은 줄의 장력에서 온다. 그 장력에 대한 모멘트 팔은 $r_\perp = R$이다. 그리고 줄이 원통을 반시계 방향으로 돌리기 때문에 돌림힘은 양(+)이다. 그러므로 $\tau_{rope} = TR$이고 회전 운동의 뉴턴의 제2법칙은

$$\alpha = \frac{\tau_{net}}{I} = \frac{TR}{\frac{1}{2}MR^2} = \frac{2T}{MR}$$

이다. 중심축에 관하여 회전하는 원통의 관성 모멘트는 표 7.1로

부터 가져 왔다.

마지막으로 필요한 정보는 줄이 미끄러지지 않는다는 사실에 기인하는 제약조건이다. 식 (7.23)은 선가속도와 각가속도의 크기만을 관련짓는다. 그러나 이 문제에서 α는 양(+)이다(반시계 방향 가속도). 반면에 a_y는 음(−)이다(아래쪽으로 가속도). 그러므로

$$a_y = -\alpha R$$

이다. 이 원통의 제약조건에 관한 방정식에 앞 식의 α를 대입하면

$$a_y = -\alpha R = -\frac{2T}{MR}R = -\frac{2T}{M}$$

이므로 장력은 $T = -\frac{1}{2}Ma_y$이다. 만일 두레박에 관한 방정식에 장력의 값으로 이것을 사용하면, 가속도는 다음과 같다.

$$ma_y = -\tfrac{1}{2}Ma_y - mg$$

$$a_y = -\frac{g}{(1 + M/2m)} = -6.13\ \text{m/s}^2$$

두레박이 $\Delta y = y_f - y_i = -4.0$ m만큼 떨어지는 데 걸리는 시간은 운동학으로부터 계산된다.

$$\Delta y = \tfrac{1}{2}a_y(\Delta t)^2$$

$$\Delta t = \sqrt{\frac{2\Delta y}{a_y}} = \sqrt{\frac{2(-4.0\ \text{m})}{-6.13\ \text{m/s}^2}} = 1.1\ \text{s}$$

검토 만일 $M = 0$이면, 가속도에 대한 표현은 $a_y = -g$가 된다. 이것은 이치에 맞는다. 왜냐하면 만일 원통이 없다면 두레박이 자유낙하할 것이기 때문이다. 원통이 질량을 가지고 있을 때는 두레박에 작용하는 아래 방향의 중력은 두레박을 가속하고, 원통을 돌려야 한다. 결과적으로, 가속도는 줄어들고 두레박은 떨어지는 데에 더 오랜 시간이 걸릴 것이다.

7.7 굴림 운동

굴림은 직선 궤적을 따라서 움직이는 축에 관해서 물체가 회전하는 결합 운동이다. 예를 들면, **그림 7.41**은 한 백열전구를 축에, 또 다른 백열전구를 가장자리에 붙이고 구르는 바퀴의 시간−노출 사진이다. 축에서 나온 빛은 똑바로 앞으로 움직인다. 그러나 가장자리에서 나온 빛은 사이클로이드(cycloid)라고 하는 곡선을 그리면서 움직인다. 이 흥미로운 운동을 이해해보자. 여기서는 미끄러짐 없이 구르는 물체만 고려할 것이다.

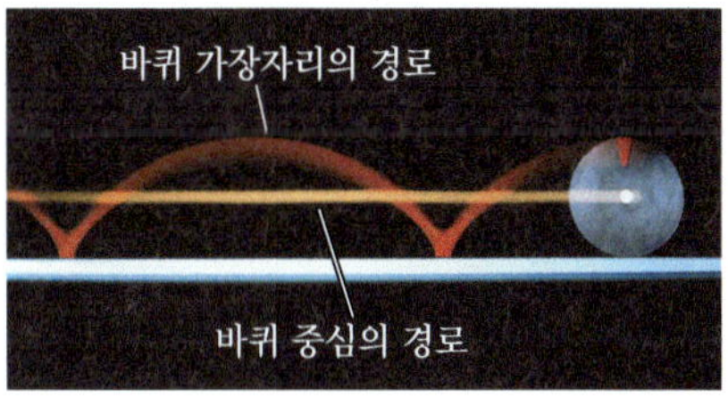

그림 7.41 바퀴 중심과 가장자리 점의 궤적이 시간−노출 사진에 나타나 있다.

굴림 운동을 이해하기 위하여 **그림 7.42**를 생각해보자. 이것은 바퀴나 구와 같은 둥근 물체가 미끄러짐 없이 정확히 한 회전 앞으로 구른 것을 나타낸다. 처음에 바닥에 있던 점은 꼭대기로, 그리고 다시 바닥으로 가는 파란색 곡선을 그리면서 움직인다. 물체의 위치는 물체 중심의 위치 x에 의해서 측정된다. 물체가 미끄러지지 않기 때문에, 1회전 동안에 중심은 정확히 원둘레만큼 앞으로 나아간다. 그래서 $\Delta x = 2\pi R$이다. 물체가 한 바퀴 회전하는 데 걸리는 시간은 주기 T이다. 따라서 물체 중심의 속력

그림 7.42 한 바퀴 구른 물체

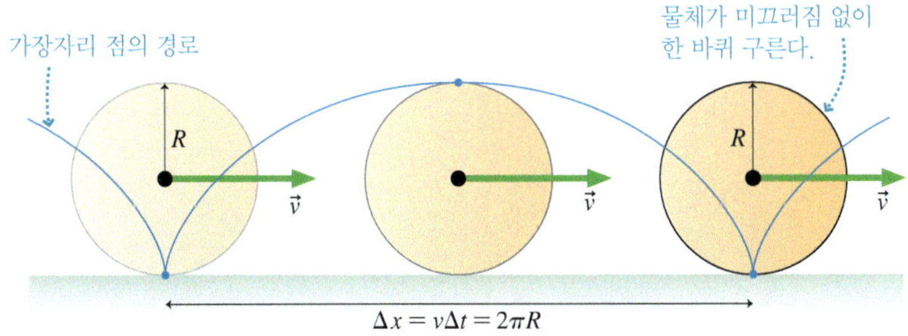

고대의 운송업자 남태평양 이스터(Easter) 섬의 거대석상인 모아이(moai)는 16 km나 멀리 떨어져 있는 채석장으로부터 옮겨졌다. 고고학자들은 14톤이나 되는 이 상들을 옮기는 유일한 방법은, 굴림대를 사용하기 위하여 상들을 굴림대 위에 놓는 것이라고 믿는다. 이 방법의 불편한 점 하나는 굴림대 위에 놓인 상이 굴림대보다 2배나 더 빨리 움직인다는 것이다. 굴림대는 계속하여 뒤처지게 되고, 앞으로 가져와서 다시 끼워 넣어야 한다. 애석하게도, 모아이를 옮기려고 나무를 무차별적으로 벌목한 것이 이 섬 문명의 종말을 재촉했는지도 모른다.

을 다음과 같이 계산할 수 있다.

$$v = \frac{\Delta x}{T} = \frac{2\pi R}{T} \tag{7.24}$$

6장에서 배운 것처럼 $2\pi/T$는 각속도 ω이다. 그러므로

$$v = \omega R \tag{7.25}$$

이다. 식 (7.25)는 **굴림 제약조건**(rolling constraint)이다. 곧 이것은 미끄러짐 없이 구르는 물체에 대한 병진 운동과 회전 운동 사이의 기본적 연결고리이다.

미끄러짐 없이 구르는 물체에 있는 어떤 점의 속도는, 순수한 병진 운동 때의 속도와 순수한 회전 운동 때의 속도를 합함으로써 구할 수 있다. **그림 7.43**은 미끄러짐 없이 구르는 물체의 꼭대기, 중심, 그리고 바닥에서의 속도 벡터들이 어떻게 이런 식으로 나타나는지를 설명한다.

그림 7.43 굴림 운동은 병진 운동과 회전 운동의 결합이다.

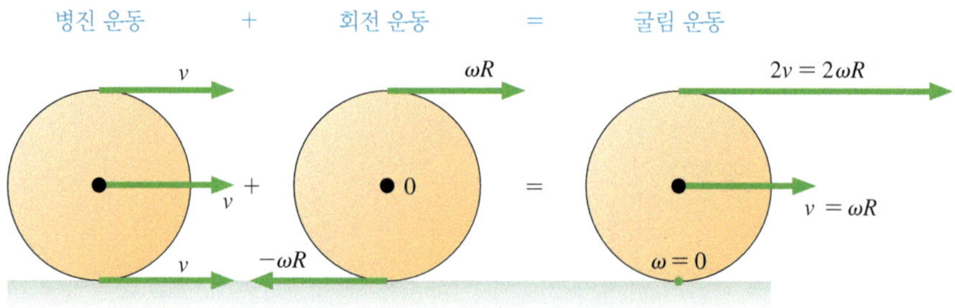

따라서 바퀴의 꼭대기에 있는 점은 병진 운동에 의한 전방 속력 v에 회전 운동에 의한 전방 속력 $\omega R = v$를 더한 속력을 갖는다. 바퀴의 꼭대기에 있는 점의 속력은 $2v = 2\omega R$이다. 또는 바퀴 중심의 속력보다 2배의 속력을 갖는다. 한편, 지면과 접촉하고 있는, 바퀴의 바닥에 있는 점은 여전히 병진 운동에 의한 전방 속력 v를 갖는다. 그러나 회전에 의한 이 점의 속도는 크기 $\omega R = v$를 가지고 뒤쪽을 가리킨다. 이 둘을 합하면, 이 바닥 점의 속도가 0이 됨을 알 수 있다. 바꾸어 말하면, **구르는 물체의 바닥 점은 순간적으로 정지해 있다.**

놀라운 것 같지만, 이것은 단지 '미끄러짐 없이 구름'을 의미하는 것에 불과하다. 만일 바닥 점이 속도를 가지고 있다면, 이것은 표면에 관하여 수평 운동을 할 것이다. 바꾸어 말하면, 이것은 표면을 가로질러서 헛돌며 가거나 미끄러질 것이다. 미끄러짐 없이 구르기 위해서는 바닥 점, 곧 표면과 접촉하는 점은 정지해 있어야만 한다.

예제 7.20 타이어 회전시키기

타이어 지름이 0.60 m인 자동차를 타고, 45 mph 속력으로 60 mi을 여행했다.

a. 이 여행 동안 타이어의 각속력은 얼마인가?

b. 이 여행 동안 타이어는 몇 바퀴를 회전하는가?

준비 식 (7.25)인 $v = \omega R$에 의하여 각속력은 바퀴 중심의 속력과 관련되어 있다. 바퀴 중심이 자동차에 고정된 축 위에 있기 때문에, 바퀴 중심의 속력 v는 자동차의 속력과 같다. 자동차 속력을 SI 단위로 환산하면 다음과 같다.

$$v = (45 \text{ mph}) \times \left(0.447 \frac{\text{m/s}}{\text{mph}}\right) = 20 \text{ m/s}$$

각속력을 알기만 한다면, 회전 운동학 방정식 $\Delta\theta = \omega\Delta t$로부터 타이어가 몇 바퀴 돌았는지 알 수 있다. 여기에서 여행 시간 Δt는 $v = \Delta x/\Delta t$ 식으로부터 구한다.

풀이 a. 식 (7.25)로부터,

$$\omega = \frac{v}{R} = \frac{20 \text{ m/s}}{0.30 \text{ m}} = 67 \text{ rad/s}$$

이다.

b. 여행 시간은

$$\Delta t = \frac{\Delta x}{v} = \frac{60 \text{ mi}}{45 \text{ mi/h}} = 1.33 \text{ h} \times \frac{3600 \text{ s}}{1 \text{ h}} = 4800 \text{ s}$$

이므로 타이어가 회전한 총 각도는

$$\Delta\theta = \omega \, \Delta t = (67 \text{ rad/s})(4800 \text{ s}) = 3.2 \times 10^5 \text{ rad}$$

이다. 1회전은 2π이므로, 회전수는 다음과 같다.

$$\frac{3.2 \times 10^5 \text{ rad}}{2\pi \text{ rad}} = 51{,}000 \text{ 회전}$$

검토 45 mph(72 km/h)로 지나가는 자동차 타이어를 보고, 타이어가 1초에 수 바퀴 회전한다는 것을 알았을 것이다. 1시간은 3600초이고, 45 mph로 60 mi을 가려면 1시간 넘게 걸릴 것이기 때문에, 여행에 걸린 시간은 약 5000초라고 추정할 수 있다. 그러면 여행 동안에 타이어가 수만 번 회전했다고 어림짐작할 수 있다. 그래서 위에서 계산한 51,000회전은 합리적인 것 같다. 타이어가 1 mi당 수천 번 회전했음을 알 것이다. 그리고 자동차 타이어의 수명이 약 50,000 mi이므로, 타이어 수명 동안에 타이어는 약 5,000만 번 회전할 것이다!

종합형 예제 7.21 자이로스코프 돌리기

자이로스코프(gyroscope)는 가벼운 살대(spoke)에 의해서 중앙축에 부착된 무거운 고리로 이루어진 팽이와 같은 완구이다. 베어링이 있어서 축과 고리는 자유롭게 움직일 수 있다. 자이로스코프를 돌리기 위하여, 길이 30 cm인 줄을 지름이 2.0 mm인 축에 감고 5.0 N의 일정한 힘을 주어 당긴다. 만일 고리의 지름이 5.0 cm이고 질량이 30 g이라면, 줄이 완전히 풀렸을 때 자이로스코프가 얼마의 비율로, 곧 몇 rpm으로 회전하겠는가?

준비 고리가 살대와 축에 비하여 무겁기 때문에, 그것을 원통 고리 모형으로 설정한다. 그러면 그것의 관성 모멘트는 표 7.1로부터 $I = MR^2$이다. **그림 7.44**는 이 문제의 개요도이다. 다음 두 가지 점에 주목하자. 첫째, 풀이 전략 5.3은 줄의 장력이 줄을 당기는 힘과 같은 크기라는 것을 이야기한다. 곧, 장력 $T = 5.0$ N이다. 둘째, 문제에서 알려준 모든 양을 SI 단위로 바꾸고, 그림 7.44의 개요도와 같이 그들을 모두 한 곳으로 모으는 것이 좋은 방법이다. 여기에서, 반지름 R은 고리의 지름 5.0 cm의 절반이고, 반지름 r은 축의 지름 2.0 mm의 절반이다.

줄이 풀렸을 때 고리가 얼마의 비율로 회전하게 될 것인지의 질문을 받았는데, 이것은 바로 고리의 나중 각속도 ω_f에 대한 질문이다. 초기 각속도를 $\omega_i = 0$ rad/s라고 가정했다. 각속도가 변화하고 있기 때문에, 고리는 돌림힘에 의한 각가속도를 갖고 있음에 틀림없다. 그래서 우선 고리에 작용하는 돌림힘을 구하는 것이 좋은 전략일 것이다. 그리고 그 돌림힘으로부터 각가속도를 구할 수 있고, 운동학을 사용함으로써 나중 각속도를 구할 수 있을 것이다.

풀이 고리에 작용하는 돌림힘은 줄의 장력에서 기인한다. 줄과 장력의 작용선이 축에 접선 방향이므로, 장력의 모멘트 팔은 축의

그림 7.44 회전하는 자이로스코프의 개요도

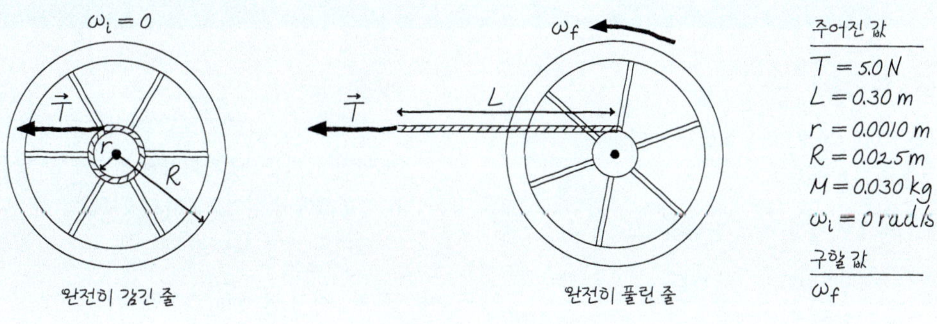

반지름 r이다. 그러므로 $\tau = r_{\perp} T = rT$이다. 이제 회전 운동의 뉴턴의 제2법칙인 식 (7.22)를 사용하여 각가속도를 구하면 다음과 같다.

$$\alpha = \frac{\tau_{\text{net}}}{I} = \frac{rT}{MR^2} = \frac{(0.0010\ \text{m})(5.0\ \text{N})}{(0.030\ \text{kg})(0.025\ \text{m})^2} = 267\ \text{rad/s}^2$$

마지막 각속도 ω_f를 구하기 위하여 등각가속도 운동학을 사용한다. 종합 7.1에 나와 있는 식 $\Delta\theta = \omega_i \Delta t + \frac{1}{2}\alpha \Delta t^2$을 이용한다. 앞 식에서 α와 ω_i는 알고 있고 $\Delta\theta$는 풀린 줄의 길이로부터 계산될 수 있으나, Δt는 알 수 없다. 식 $\Delta\omega = \omega_f - \omega_i = \alpha\Delta t$에 대하여 α와 ω_i는 알고 있고, ω_f는 구하고자 하는 양이며, Δt는 알 수 없다. Δt를 포함하지 않는 식을 얻기 위해 먼저 두 번째 운동학 방정식을

$$\Delta t = \frac{\omega_f - \omega_i}{\alpha}$$

라고 쓴다. 이 값을 첫 번째 식에 대입하면

$$\Delta\theta = \omega_i \frac{\omega_f - \omega_i}{\alpha} + \frac{1}{2}\alpha\left(\frac{\omega_f - \omega_i}{\alpha}\right)^2$$

이고, 이 식을 간단히 하면

$$\omega_f^2 = \omega_i^2 + 2\alpha\,\Delta\theta$$

이다. 직선 운동에 관한 식 (2.13)에 해당하는 회전 운동 방정식인 이 방정식은 $\Delta\theta$가 알려지면 ω_f를 구할 수 있게 해준다.

그림 7.45는 $\Delta\theta$를 구하는 방법을 보여준다. 길이가 s인 줄의 일부가 풀림에 따라 축은 각 $\theta = s/r$(라디안의 정의)만큼 돌게 된다. 그러므로 줄의 전체 길이 L이 풀림에 따라 축(과 고리)이 도는 각변위는

그림 7.45 풀린 줄의 길이와 돌아간 각도의 관계

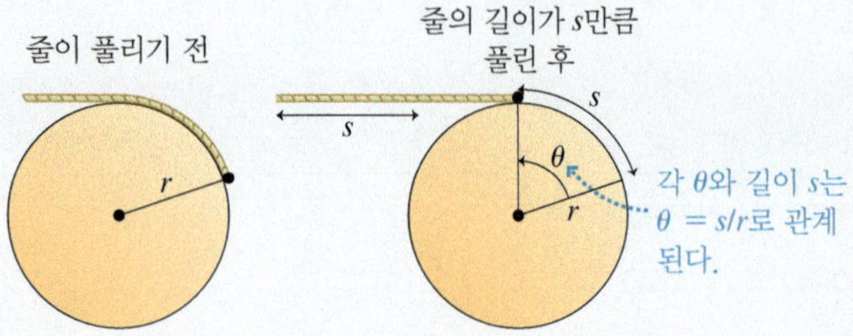

$$\Delta\theta = \frac{L}{r} = \frac{0.30\ \text{m}}{0.0010\ \text{m}} = 300\ \text{rad}$$

이다. 이제 운동학 방정식을 사용할 수 있다.

$$\omega_f^2 = \omega_i^2 + 2\alpha\,\Delta\theta = (0\ \text{rad/s})^2 + 2(267\ \text{rad/s}^2)(300\ \text{rad})$$
$$= 160{,}000\ (\text{rad/s})^2$$

이 식으로부터 $\omega_f = 400$ rad/s이다. rad/s를 rpm으로 바꾸면, 다음과 같이 자이로스코프 고리의 rpm을 얻는다.

$$400\ \text{rad/s} = \left(\frac{400\ \text{rad}}{\text{s}}\right)\left(\frac{60\ \text{s}}{1\ \text{min}}\right)\left(\frac{1\ \text{rev}}{2\pi\ \text{rad}}\right) = 3800\ \text{rpm}$$

검토 이것은 고속도로 위의 자동차 엔진만큼이나 빠르다. 그러나 만일 자이로스코프나 또는 줄로 팽이를 돌려 본 적이 있다면, 실제로 자이로스코프를 그렇게 빨리 돌릴 수 있다는 것을 알 것이다.

문제의 난이도는 I(쉬움)에서 IIII(도전)으로 구분하였다. INT로 표시된 문제는 지난 장의 내용이 복합된 문제이고, BIO는 생물학적 또는 의학적 관심 분야를 의미한다.

QR 코드를 스캔하여 이 장의 문제를 해결하는 데 도움이 되는 영상 학습 풀이를 시작하시오.

연습문제

7.1 원운동과 회전 운동의 기술

1. I 시계가 각각 (a) 7:00, (b) 9:30, (c) 1:45를 가리킬 때 분침의 각위치를 라디안으로 표현하시오.

2. II 손목시계의 분침의 각속력을 °/s로 나타내시오.

3. II 지구의 반지름은 4000마일이다. 우간다의 수도 캄팔라와 싱가포르는 모두 적도 근처에 위치한다. 두 도시의 거리 차이는 5000마일이다.
   a. 캄팔라에서 싱가포르로 가려면 지구를 중심으로 몇 도를 날아가야 하는가? 라디안과 도 단위로 답하시오.
   b. 캄팔라에서 싱가포르까지 9시간이 걸린다. 지구에 대한 이 비행기의 각속력은 얼마인가?

4. IIII 회전판이 90 rpm으로 반시계 방향으로 회전한다. 회전판 위

의 먼지 조각의 각위치가 $t = 0$ s일 때 $\theta = 0.60$ rad이었다. 10초일 때 먼지의 각위치는 얼마인가? 0에서 2π rad 사이로 답하시오.

5. ‖ 그림 P7.5는 짐수레 바퀴의 각위치를 나타낸 것이다.
   a. $t = 5$ s와 $t = 15$ s 사이 바퀴의 각변위는 얼마인가?
   b. $t = 15$ s일 때 바퀴의 각속도는 얼마인가?

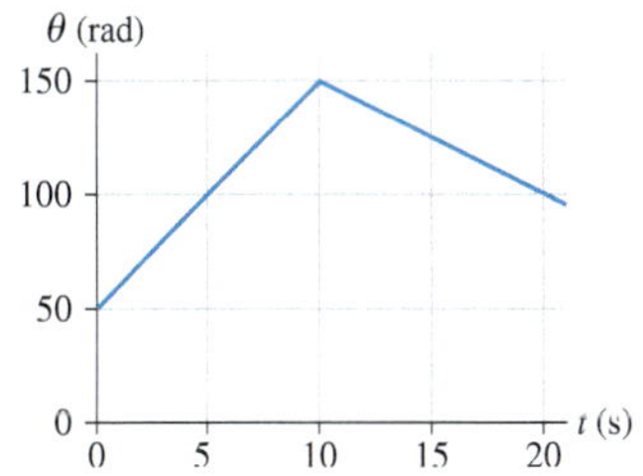

그림 P7.5

7.2 강체의 회전

6. | 손목시계의 길이 1.00 cm인 초침이 부드럽게 돌아간다.
   a. 각속도는 얼마인가?
   b. 초침 끝의 속력은 얼마인가?

7. ‖ 원반을 던지기 위하여 선수는 충분히 팔을 뻗는다. 그리고 정지 상태에서 시작하여 등각가속도로 돌기 시작한다. 완전히 한 바퀴를 돌고 나서 원반을 던진다. 원반이 그리는 원의 지름은 약 1.8 m이다. 만일 선수가 완전한 1회전을 하는 데 1.0 s가 걸렸다면, 던질 때 원반의 속력은 얼마이겠는가?

8. ‖ 경주용 사동차의 크랭크축은 정지 상태로부터 3000 rpm까지 도달하는 데 2.0 s 걸린다.
   a. 크랭크축의 각가속도는 얼마인가?
   b. 3000 rpm에 이르는 동안 크랭크축은 몇 바퀴 돌았겠는가?

7.3 돌림힘

9. ‖ 그림 P7.9에서처럼 가벼운 막대에 부착된 공이 수평면 위에서 원 궤도상을 움직인다. 원의 중심을 축으로 한 돌림힘 τ_1에서 τ_4까지를 작은 것에서부터 큰 것의 순서로 정렬하시오.

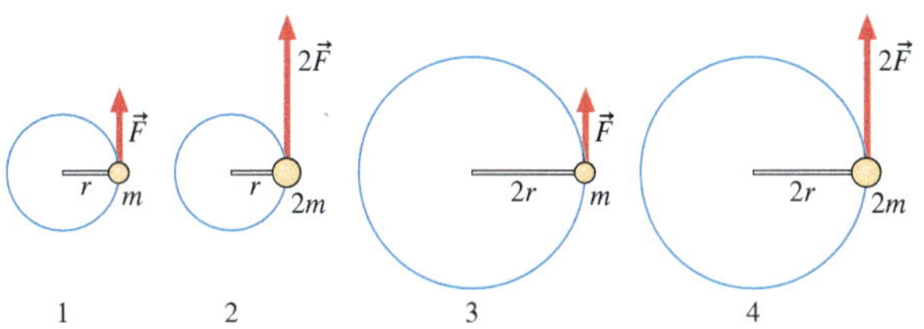

그림 P7.9

10. | 그림 P7.10에 나오는 도르래의 축에 작용하는 알짜 돌림힘은 얼마인가?

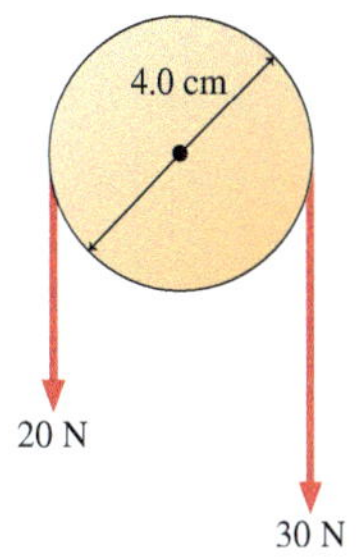

그림 P7.10

11. ‖ 교수 연구실 출입문은 폭이 0.91 m, 길이가 2.0 m, 그리고 두께가 4.0 cm이다. 25 kg의 질량을 가지고 있으며, 마찰이 없는 경첩을 중심으로 회전한다. 문 닫는 장치가 출입문과 문틀의 꼭대기에 부착되어 있다. 문이 열려서 정지하고 있을 때, 문 닫는 장치가 작동하여 5.2 N·m의 돌림힘을 준다. 그 출입문을 열린 채로 있게 하기 위해서는 최소한 얼마만큼의 힘을 작용시켜야 하겠는가?

12. ‖ 톰과 제리는 그림 P7.12에 있는 지름 3.00 m의 회전목마를 동시에 민다.
   a. 톰이 50.0 N으로, 제리가 35.0 N으로 힘을 작용시켜서 민다면, 회전목마의 알짜 돌림힘은 얼마인가?
   b. 만일 제리가 힘의 크기를 변하지 않고 180° 반대방향으로 민다면 알짜 돌림힘은 얼마인가?

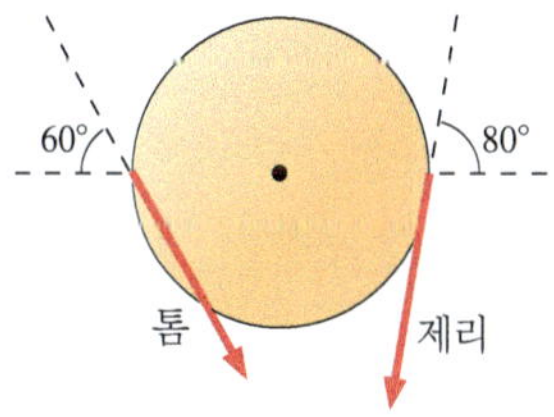

그림 P7.12

13. ‖ 그림 P7.13의 점으로 표시된 지점을 축으로 한 알짜 돌림힘은 얼마인가?

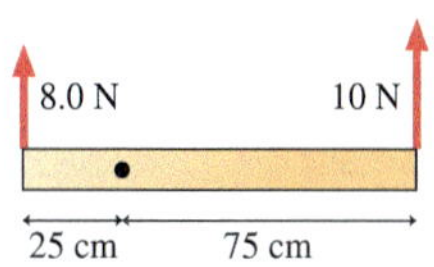

그림 P7.13

7.4 중력 돌림힘과 무게 중심

14. ‖ 길이가 1.7 m인 역기가 오른쪽 끝에 20 kg, 왼쪽 끝에 35 kg을 가지고 있다.
   a. 만약 막대의 무게를 무시한다면, 왼쪽 끝으로부터 얼마나 먼 거리에 무게 중심이 있겠는가?
   b. 만일 그 막대 자체의 무게를 8.0 kg이라고 한다면, 무게 중심은 어디에 있겠는가?

15. | 여러분의 팔을 수평이 되도록 뻗쳐라. 팔의 질량과 무게 중심의 위치를 추정하시오. 이 위치에서 어깨 관절을 축으로 하여 계산하였을 때, 팔의 중력 돌림힘은 얼마인가?
BIO

16. || 그림 P7.16에서와 같이 질량 2.0 kg인 균일한 수평 막대가 놓여 있다. 표시된 지점에 대한 중력 돌림힘은 얼마인가?

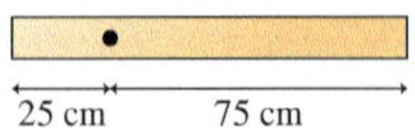

그림 P7.16

17. ||| 체육관에 있는 운동선수가 손에 3.0 kg인 쇠공을 들고 있다. 그의 팔의 길이는 70 cm이고 질량은 4.0 kg이다. 다음 경우에 어깨에 대한 중력 돌림힘의 크기는 얼마인가?
BIO
a. 선수가 바닥과 평행하게 그의 팔을 옆으로 쭉 뻗었을 경우
b. 선수가 팔을 쭉 뻗어서 수평면 아래로 45°를 이룬 경우

18. |||| 그림 P7.18과 같이 2개의 얇은 빔의 끝과 끝이 접합하여 하나의 물체를 이룬다. 왼쪽 빔은 질량이 10.0 kg이고 길이가 1.00 m이며 오른쪽 빔은 질량이 40.0 kg이고 길이가 2.00 m이다.
a. 왼쪽 빔의 끝으로부터 얼마나 먼 거리에 이 물체의 무게 중심이 있는가?
b. 왼쪽 끝을 통과하는 축에 대한 중력 돌림힘은 얼마인가?

그림 P7.18

7.5 회전 동역학과 관성 모멘트

19. ||| 규정된 탁구공은 질량이 2.7 g이고 지름이 40 mm인 얇은 구껍질 모양이다. 중심을 지나는 축에 관한 관성 모멘트는 얼마인가?

20. || 그림 P7.20은 위에서 본 그림이다. 이 놀이기구는 길이가 1.5 m인 매우 가벼운 막대 끝에 4개의 의자가 부착되어 있다. 의자의 질량은 똑같이 5.0 kg씩이라고 한다. 만일 질량이 각각 15 kg과 20 kg인 두 아이가 서로 반대편 의자에 앉는다면, 회전축에 관한 관성 모멘트는 얼마인가?

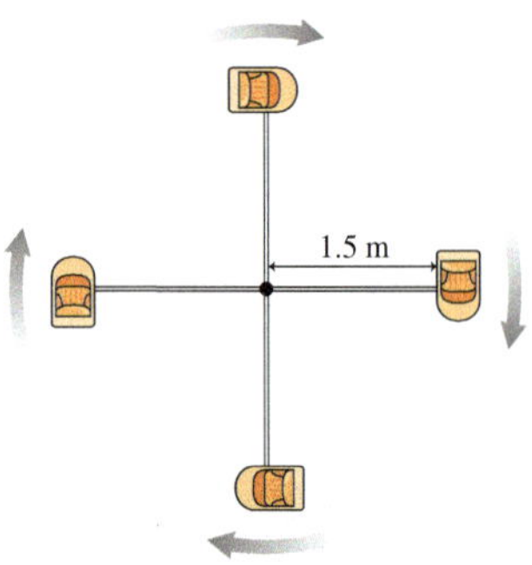

그림 P7.20

21. || 자전거 바퀴 테두리의 지름은 0.65 m이고, 축에 대한 관성 모멘트는 0.19 kg · m^{2}이다. 자전거 바퀴 테두리의 질량은 얼마인가?

7.6 회전 운동에 뉴턴의 제2법칙 사용하기

22. | 작은 바닥 숫돌의 관성 모멘트가 5.0 × 10^{-6} kg · m^{2}이다. 이 돌의 각가속도가 100 rad/s^{2}이 되기 위해선 알짜 돌림힘을 얼마나 가해야 하는가?

23. | 어떤 물체의 관성 모멘트가 3.0 kg · m^{2}이다. 이의 각속도는 초당 5.0 rad/s씩 빨라지고 있다. 알짜 돌림힘은 얼마인가?

24. ||| 그림 P7.24에 질량이 2.5 kg인 물체가 회전축에 대한 0.085 kg · m^{2}의 관성 모멘트를 갖는다. 회전축은 수직이다. 이 물체를 놓았을 때 초기의 각가속도는 얼마인가?

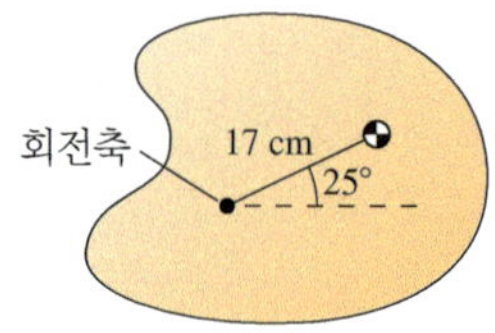

그림 P7.24

25. ||| 자전거 앞바퀴를 들고 초기 속도 0.72 rev/s로 회전시켰으나 12초만에 베어링의 마찰력으로 바퀴가 정지했다. 회전축에 대한 바퀴의 관성 모멘트가 0.30 kg · m^{2}일 때 마찰 돌림힘의 크기는 얼마인가?

26. |||| 회전축에 관한 관성 모멘트가 3.0 × 10^{-5} kg · m^{2}인 팽이가 지름이 5.0 cm인 스풀(spool)을 가지고 있다. 팽이를 돌리기 위하여, 스풀에 줄을 감고 당길 때 줄의 장력이 0.30 N이었다. 그 팽이가 첫 5회전을 완료하기까지는 얼마나 오랜 시간이 소요되겠는가? 줄은 다섯 번 이상 스풀에 감길 수 있도록 충분히 길다.

7.7 굴림 운동

27. ||| 지름이 0.8 m인 타이어를 가진 자전거가 5.6 m/s의 속력으로 달리고 있다. 이 타이어의 한 지점에 파란 점이 찍혀 있다.
a. 이 타이어의 각속력은 얼마인가?
b. 이 파란 점이 수평면으로부터 0.8 m 높이에 있을 때 파란 점의 속력은 얼마인가?
c. 이 파란 점이 수평면으로부터 0.4 m 높이에 있을 때 파란 점의 속력은 얼마인가?

8 평형과 탄성
Equilibrium and Elasticity

무용수는 어떻게 발끝으로 우아하게 균형을 잡을 수 있는가? 또 어떻게 그녀의 발은 발끝에 집중되는 큰 변형력을 견딜 수 있는가? 이 장에서는 이러한 질문들에 대한 답을 찾을 것이다.

학습목표

크기가 있는 물체의 정적 평형과 용수철과 탄성 물질의 기본적인 성질을 배운다.

정적 평형

사선서를 탄 사람은 뒤 타이어로 균형을 잡고 있으므로, 그에 작용하는 알짜힘과 알짜 돌림힘은 0이 되어야 한다.

정적 평형 상태에 있는 물체를 분석하는 법을 배운다.

용수철

사람이 앉으면 용수철이 압축되고 **복원력**을 가하여 위로 들어 올린다.

압축되거나 늘어난 용수철에 관련된 문제를 푸는 법을 배운다.

물질의 성질

모든 물질들은 파괴하기 전까지는 잡아당기면 늘어나는 성질이 있다.

거미줄은 강철만큼 강한가? 질문이 의미하는 바와 질문에 답하는 법을 배운다.

이 장의 배경

돌림힘

7장에서 외부 힘에 의한 돌림힘을 계산하는 법을 배웠다.

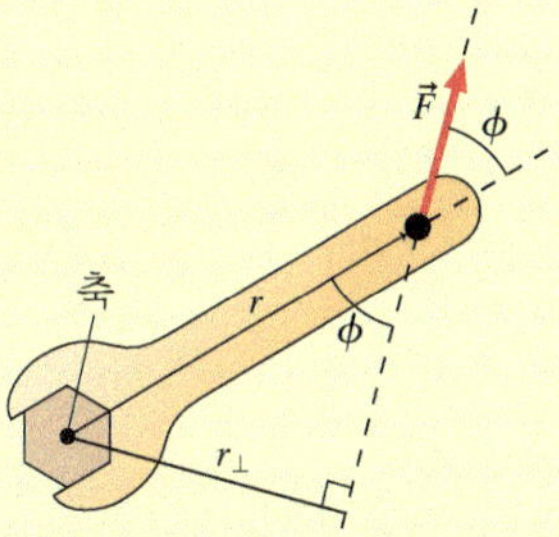

이 장에서는 많은 힘(많은 돌림힘)들이 작용하는 물체의 경우로 확장시킬 것이다.

8.1 돌림힘과 정적 평형

그림 8.1 알짜힘이 0인 벽돌이라도 평형 상태에 있지 않을 수 있다.

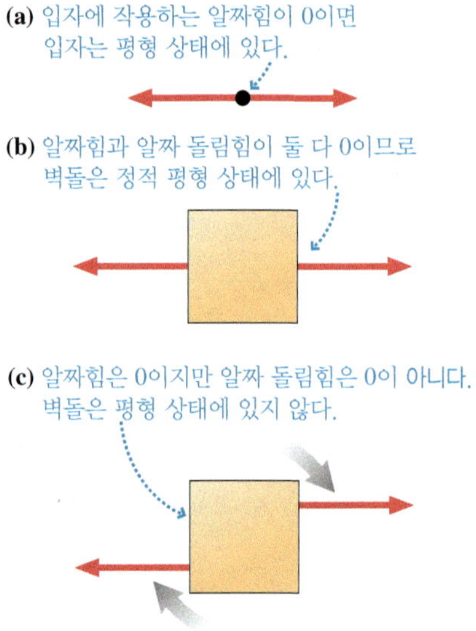

지금까지 많은 장을 할애하여 운동과 그 원인에 대하여 공부했다. 많은 분야에서 물체가 움직이지 않는 조건을 이해하는 것이 중요하다. 빌딩과 댐에 매우 큰 힘이 가해지더라도 그것들이 움직이지 않도록 설계되어야 한다. 또한 신체가 무거운 물체를 들고 있거나 옮길 때처럼 신체가 많은 하중을 지탱하고 있을 때 신체의 관절은 많은 힘을 견뎌야만 한다.

◀◀5.1절에서 정지 상태에 있는 물체는 **정적 평형 상태**에 있다는 것을 상기하라. 물체를 **입자**로 취급할 수 있는 경우에는, 정적 평형 조건은 입자에 작용하는 알짜힘 $\vec{F}_{\text{net}}$이 0이 되는 것이다. 그와 같은 상황이 **그림 8.1(a)**에 나타나있는데, 여기에서 입자에 작용하는 두 힘은 균형을 이루고 있어서 입자는 정지 상태에 있을 수 있다.

그러나 7장에서 입자 모형을 넘어서 크기가 있기 때문에 회전할 수 있는 물체를 공부했다. 예를 들어 **그림 8.1(b)**에 있는 벽돌을 고려하자. 이 경우 두 힘은 같은 직선상에서 작용하므로 알짜힘은 0이고 벽돌은 정적 평형 상태에 있다. 그러나 **그림 8.1(c)**에 있는 벽돌에 대해서는 어떨까? 알짜힘은 0이다. 그러나 이번에는 두 힘이 알짜 돌림힘을 발생시키므로 벽돌은 회전한다. 크기가 있는 물체에 대해서 $\vec{F}_{\text{net}} = \vec{0}$는 정적 평형을 보장하는 충분한 조건이 아니다. 크기가 있는 물체의 정적 평형에 대해서는 두 번째 조건이 있는데, 그것은 물체에 대한 알짜 돌림힘 τ_{net}도 역시 0이 되어야 한다는 것이다.

알짜힘을 성분으로 나타내면 크기가 있는 물체의 정적 평형 조건은 아래와 같다.

$$\left.\begin{aligned}\sum F_x &= 0\\ \sum F_y &= 0\end{aligned}\right\}\ \text{알짜힘이 0} \qquad (8.1)$$

$$\sum \tau = 0 \ \}\ \text{알짜 돌림힘이 0}$$

크기가 있는 물체의 정적 평형 조건

예제 8.1 이두근 힘줄에 작용하는 힘 구하기 BIO

사람 몸의 관절에서 근육은 관절에 가깝게 붙어 있다. 이것은 근육과 힘줄에 가해지는 힘이 외부에서 가해진 힘보다 매우 크다는 것을 의미한다. 매우 큰 외부 힘이 작용하는 역도에서는 몸을 정적 평형 상태로 유지하는 실제로 매우 큰 근육 힘을 요구한다. 스트릭 컬(strict curl)이라는 경기에서는, 서 있는 운동 선수가 그의 팔뚝만을 사용하여 팔꿈치를 회전축으로 하여 역기를 들어 올린다. 스트릭 컬 경기에서 들어 올린 최고 기록은 200파운드(약 900 N)를 넘는다. **그림 8.2**는 팔뚝이 수평일 때 팔 뼈와 들어 올리는 주된 근육을 보여준다. 힘줄로부터 팔꿈치 관절까지의 거리는 4.0 cm,

그림 8.2 역기를 들고 있는 팔

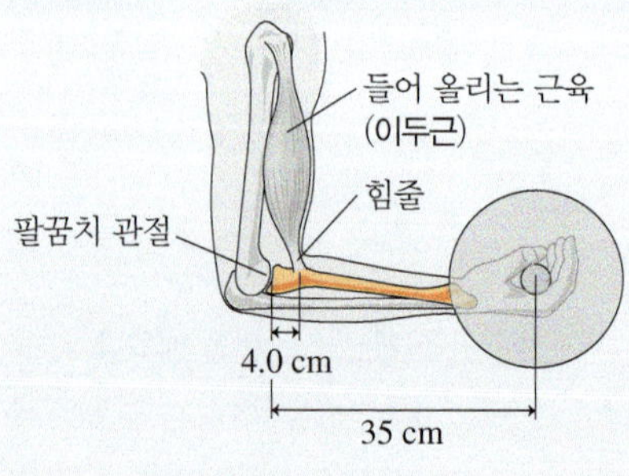

역기로부터 팔꿈치까지의 거리는 35 cm이다.

a. 이러한 위치에서 900 N의 역기가 정지 상태로 유지되고 있을 때, 이두근과 뼈를 연결하는 힘줄의 장력은 얼마인가?

b. 팔꿈치가 팔뚝 뼈에 미치는 힘은 얼마인가?

준비 **그림 8.3**은 팔과 팔뚝에 작용하는 힘의 간단화된 모형을 보여준다. $\vec{F}_t$는 힘줄에 의한 장력, $\vec{F}_b$는 역기에 작용하는 아래 방향의 힘, 그리고 $\vec{F}_e$는 팔꿈치 관절이 팔뚝에 미치는 힘이다. 문제를 간단하게 만들기 위해서 팔의 무게가 역기의 무게보다 매우 작기 때문에 팔 자체의 무게는 무시하였다. $\vec{F}_t$와 $\vec{F}_b$의 x성분은 없으므로 $\vec{F}_e$의 x성분은 존재할 수 없다. 만약 존재한다면 x방향의 알짜힘이 0이 되지 않으므로 팔뚝은 평형 상태에 있을 수 없을 것이다. 각 팔은 역기 무게의 반을 지탱하므로 역기힘의 크기는 $F_b = 450$ N이다.

그림 8.3 역기 들기에 대한 개요도

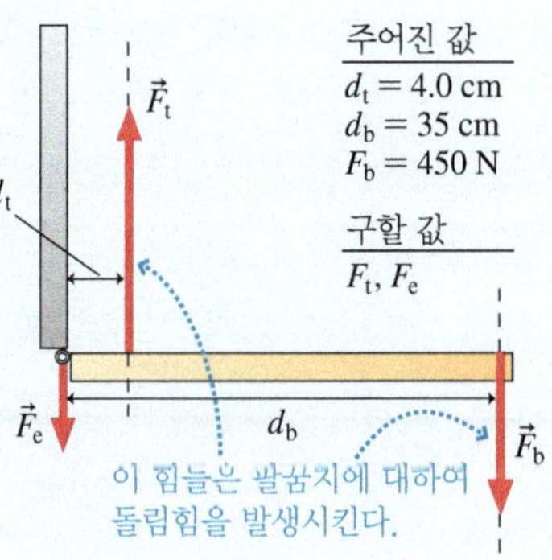

풀이

a. 팔뚝이 평형 상태에 있기 위해서는 팔뚝에 작용하는 알짜힘과 알짜 돌림힘이 0이 되어야 한다. 알짜힘을 0이라고 놓으면

$$\sum F_y = F_t - F_e - F_b = 0$$

이다.

힘 F_t와 F_e를 알 수 없으며, 힘 방정식도 그 값을 구할 수 있는 충분한 정보를 주지 않는다. 그러나 정적 평형에서는 알짜 돌림힘도 0이 되어야 한다는 사실이 필요한 부가적인 정보를 준다.

돌림힘은 어느 특정한 점에 관하여 계산되어야 한다는 것을 상기하라. 여기서 자연스런 선택은 팔꿈치 관절인데, 팔뚝은 팔꿈치 관절을 축으로 회전할 수 있다. 이 점에 대하여 힘의 크기 F와 모멘트 팔 $r_\perp$, 그리고 $\tau = r_\perp F$라는 식을 사용하여 3개의 힘 각각에 의한 돌림힘을 계산할 수 있다. 모멘트 팔은 회전축과 힘이 작용하는 방향을 나타내는 '작용선'과의 수직 거리이다. 그림 8.3은 $\vec{F}_t$와 $\vec{F}_b$에 대한 모멘트 팔은 각각 팔뚝을 나타내는 막대와 회전축 사이의 거리 d_t와 d_b라는 것을 나타내고 있다. $\vec{F}_e$에 대한 모멘트 팔은 이 힘이 회전축 위치에 작용하므로 0이다. 따라서

$$\tau_{net} = F_e \times 0 + F_t d_t - F_b d_b = 0$$

이다.

힘줄의 장력은 팔을 반시계 방향으로 돌리려고 하므로 양(+)의 돌림힘을 발생시키고, 역기에 의한 돌림힘은 팔을 시계 방향으로 돌리려고 하므로 음(−)의 돌림힘을 만든다. 두 돌림힘의 크기는 같아야 한다. 팔을 반시계 방향으로 돌리려는 돌림힘의 크기는 팔을 시계 방향으로 돌리려는 돌림힘의 크기와 같아야 한다.

$$F_t d_t = F_b d_b$$

이 식을 풀어서 힘줄에 의한 장력을 구하면 다음과 같다.

$$F_t = F_b \frac{d_b}{d_t} = (450\text{ N}) \frac{35\text{ cm}}{4.0\text{ cm}} = 3940\text{ N}$$

다음 단계에서의 반올림 오류를 피하기 위하여 유효 숫자의 개수를 추가하였으나, F_t의 최종 결과값은 $F_t = 3900$ N이다.

b. 이 결과를 힘 방정식에 대입하여 팔꿈치 관절에서의 힘을 구하면

$$F_e = F_t - F_b = 3940\text{ N} - 450\text{ N} = 3500\text{ N}$$

이다.

검토 이러한 매우 큰 힘 F_t는 타당하다. 힘줄로부터 팔꿈치 관절까지의 거리 d_t가 짧다는 것은 팔뚝의 반대 끝에 작용하는 힘에 의해 발생하는 돌림힘을 거스르기 위하여 이두근에 의해 발생하는 힘이 매우 커야 한다는 것을 의미한다. 위 방향의 큰 힘에 균형을 맞추기 위하여 팔꿈치에 아래 방향의 큰 힘이 필요하다는 것도 타당하다.

회전축이 위치할 점의 선택

예제 8.1에서 팔꿈치 관절을 회전축으로 하여 알짜 돌림힘을 계산하였다. 그러나 7장에서 돌림힘은 선택한 회전축에 따라 다르다는 것을 배웠다. 우리가 선택한 팔꿈치 관절에 어떤 특별한 점이 있는가?

그림 8.4에 보여진 대로 2개의 못 A와 B로 지지되어 있는 망치를 고려하자. 망치는

그림 8.4 두 못 위에서 정지해 있는 망치

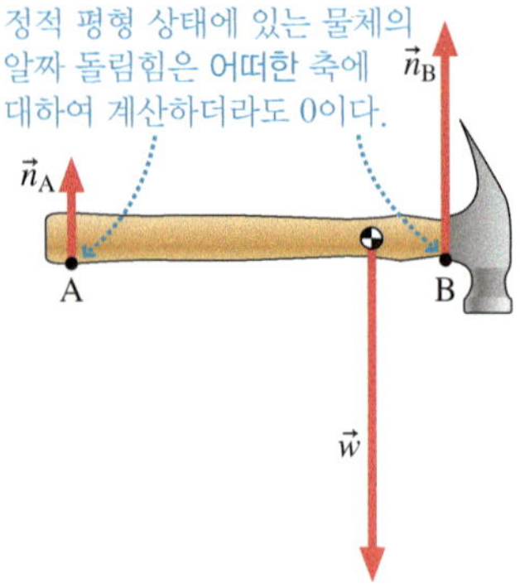

정적 평형 상태에 있으므로 못 A에 대한 알짜 돌림힘은 0이어야 한다. 무게 $\vec{w}$에 의한 시계 방향의 돌림힘은 못 B에서의 힘 $\vec{n}_B$에 의한 반시계 방향으로의 돌림힘과 균형을 이루어야 한다($\vec{n}_A$는 회전축 A에 작용하므로, $\vec{n}_A$에 의한 돌림힘은 0이라는 것을 기억하라). 그러나 회전축을 A 대신 B로 선택하더라도 알짜 돌림힘은 0이다. (힘의 크기는 크지만 작은 모멘트 팔을 가지는) $\vec{w}$에 의한 반시계 방향의 돌림힘은 (힘의 크기는 작지만 긴 모멘트 팔을 가지는) $\vec{n}_A$에 의한 시계 방향의 돌림힘과 균형을 이루고 있다. 실제로, **정적 평형 상태에 있는 물체는 임의의 점에 대한 알짜 돌림힘이 0이어야 한다.** 이것은 돌림힘을 계산할 때 어떤 점이라도 선택할 수 있다는 것을 의미한다.

회전축으로써 어떤 점을 선택해도 되지만, 계산을 간단하게 하는 점을 선택하는 것이 좋다. 때때로 물체가 정적 평형 상태에 있지 않을 때 회전이 일어나는 '자연스러운' 회전축이 존재한다. 예제 8.1이 이러한 경우인데, 팔꿈치 관절이 자연스러운 회전축이다.

그림 8.5 암벽을 내려오는 여자에 대한 회전축 구하기

이 점에 대한 $\vec{F}$의 돌림힘은 0이다. 따라서 이 점은 회전축으로써 좋은 선택이다.

많은 문제에서 정확하게 정의되지 않는 힘이 존재한다. 그러한 힘들이 작용하는 점을 회전축으로 잡으면 문제 풀기가 매우 쉬워진다. 예를 들어 **그림 8.5**에 있는 여성은 암벽 위에서 정지해 있을 때 평형 상태에 있다. 벽이 그녀의 발에 미치는 힘은 수직힘과 마찰력의 혼합이다. 그 힘의 방향은 명확하지 않다. 다른 두 힘의 방향은 명확하다. 장력은 밧줄 방향이고 무게는 아래 방향이다. 따라서 회전축의 좋은 선택은 벽과 접촉해 있는 그녀의 발이다. 왜냐하면 이러한 선택은 벽이 그녀의 발에 미치는 힘에 의한 돌림힘을 제거하기 때문이다.

문제 풀이 전략 8.1 정적 평형 문제

물체가 정적 평형 상태에 있다면 문제를 풀기 위한 기초로써 물체에 작용하는 알짜힘과 알짜 돌림힘이 모두 0이라는 사실을 사용할 수 있다.

준비 물체를 간단한 형태로 만든다. 모든 힘과 거리를 나타내는 개요도를 그린다. 주어진 정보를 나열한다.

- 돌림힘을 계산할 회전축을 선택한다.
- 물체에 작용하는 각 힘이 이 회전축에 만드는 돌림힘을 구한다. 어떤 힘이라도 회전축에 작용하는 힘의 돌림힘은 0이다.
- 회전축에 대한 각각의 돌림힘의 부호를 결정한다.

풀이 수학적인 단계는 아래 조건들에 기초한다.

$$\vec{F}_{\text{net}} = \vec{0} \quad \text{그리고} \quad \tau_{\text{net}} = 0$$

- $\Sigma F_x = 0$, $\Sigma F_y = 0$, 그리고 $\Sigma\tau = 0$에 관한 식을 쓴다.
- 결과식들을 푼다.

검토 결과가 합당한지 검토하고 질문에 답하였는지 검사한다.

예제 8.2 톱질작업대 위에 있는 판에 작용하는 힘

무게가 100 N인 판이 **그림 8.6**에서처럼 2개의 톱질작업대 위에 걸쳐 있다. 톱질작업대가 판에 미치는 수직방향 힘의 크기는 얼마인가?

그림 8.6 2개의 톱질작업대 위에 놓여 있는 판

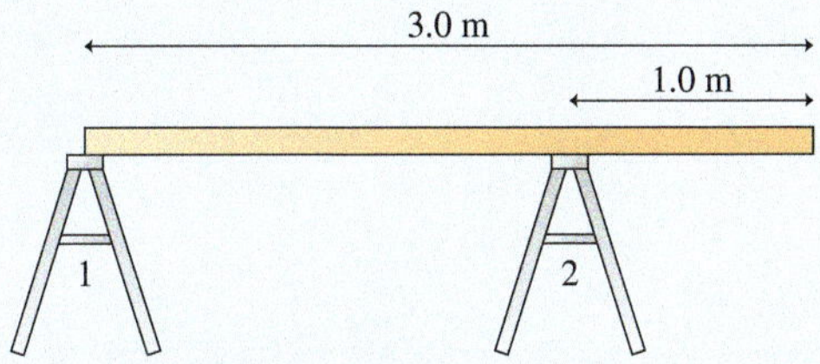

준비 판과 판에 작용하는 힘이 **그림 8.7**에 그려져 있다. $\vec{n}_1$과 $\vec{n}_2$는 톱질작업대가 판에 미치는 수직방향의 힘이고, $\vec{w}$는 판의 무게 중심에 작용하는 무게이다.

앞에서 언급한 대로 좋은 회전축은 알려지지 않은 힘이 작용하는 점이다. 왜냐하면 그 힘은 돌림힘에 기여하지 않기 때문이다. $\vec{n}_1$이 작용하는 점이나 혹은 $\vec{n}_2$가 작용하는 점이나 무방하지만, 이 예제에서 $\vec{n}_1$이 작용하는 판의 왼쪽 끝을 택한다. $\vec{w}$에 대한 모멘트 팔은 판의 길이의 반인 $d_1 = 1.5$ m이다. $\vec{w}$는 판을 시계 방향으로 돌리려고 하므로 이 힘에 의한 돌림힘의 부호는 음이다. $\vec{n}_2$의 모멘트 팔은 회전축으로부터 두 번째 톱질작업대까지의 거리로 $d_2 = 2.0$ m이고, 이 힘은 판을 반시계 방향으로 돌리려고 하므로 양(+)의 돌림힘을 가한다.

그림 8.7 두 개의 톱질작업대 위에 있는 판에 대한 개요도

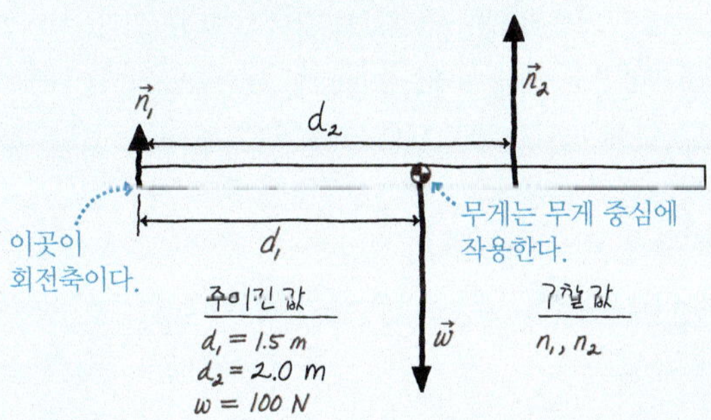

풀이 판은 정적 평형 상태에 있으므로 알짜힘 $\vec{F}_{net}$과 알짜 돌림힘 τ_{net}은 둘 다 0이어야 한다. 힘들은 오직 y성분만 가지므로 힘 방정식은

$$\sum F_y = n_1 - w + n_2 = 0$$

이다. 중력에 의한 돌림힘은 음(−)이고 톱질작업대가 위로 미치는 돌림힘은 양(+)이므로 돌림힘에 대한 식은 다음과 같다.

$$\tau_{net} = -wd_1 + n_2 d_2 = 0$$

2개의 미지수 n_1과 n_2에 대한 2개의 연립 방정식을 얻었다. 연립 방정식을 풀기 위하여 돌림힘 방정식에서 n_2를 구한 후, 그 결과를 힘 방정식에다 대입한다. 돌림힘 방정식으로부터

$$n_2 = \frac{d_1 w}{d_2} = \frac{(1.5\ \text{m})(100\ \text{N})}{2.0\ \text{m}} = 75\ \text{N}$$

이다. 그러면 힘 방정식은 $n_1 - 100\ \text{N} + 75\ \text{N} = 0$이고, 이 식을 풀이서 n_1을 구하면 다음과 같다.

$$n_1 = w - n_2 = 100\ \text{N} - 75\ \text{N} = 25\ \text{N}$$

검토 판의 더 많은 부분이 오른쪽 톱질작업대에 있으므로 $n_2 > n_1$인 것은 타당해 보인다.

균일한 판의 무게 중심은 찾기 쉽다. 바로 판의 중앙이다. 그러나 인체의 무게 중심은 어디인가? 인체의 무게 중심의 위치는 취하는 자세에 따라 달라진다. 그러나 똑바로 서 있는 간단한 경우에도 무게 중심은 인체의 중앙이라고 단순히 가정할 수 없다. 이 위치를 찾아야 한다. 다음 예제는 반동판과 저울을 사용하여 무게 중심을 결정하는 방법을 설명하고 있다. 이는 생체역학에서 사용되는 표준 측정법이다.

예제 8.3 인체의 무게 중심 구하기 BIO

몸무게가 600 N인 여자가 길이 2.5 m, 무게 60 N인 반동판 위에 누워 있고, 그녀의 발은 회전축 위에 놓여 있다. 오른쪽의 체중계는 250 N을 가리키고 있다. 다리로부터 그녀의 무게 중심까지의 거리는 얼마인가?

준비 문제에서의 힘과 거리를 **그림 8.8**에 나타냈다. 판과 여자를 하나의 물체로 취급한다. 판이 균일하므로 판의 무게 중심은 판의 중앙에 있다고 가정한다. 돌림힘 방정식에서 크기를 모르는 $\vec{n}$이 나타나지 않게 하기 위하여 회전축을 판의 왼쪽 끝으로 택한다. $\vec{F}$

그림 8.8 반동판과 여자에 대한 개요도

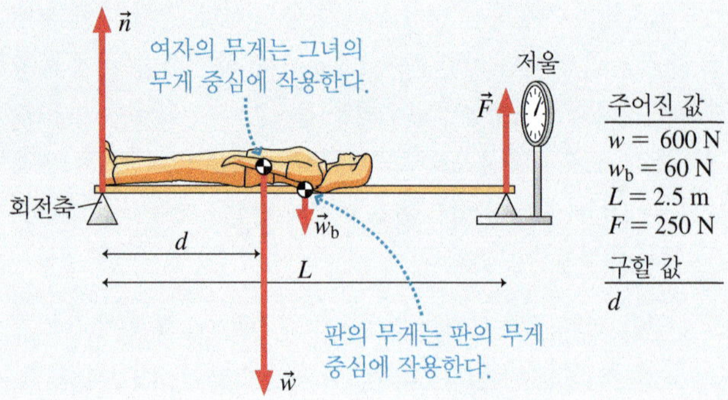

에 의한 돌림힘은 양(+)이고, $\vec{w}$와 $\vec{w}_b$에 의한 돌림힘은 음(−)이다.

풀이 판과 여자가 정적 평형 상태에 있으므로 알짜힘과 알짜 돌림힘은 모두 0이어야 한다. 힘 방정식은

$$\sum F_y = n - w_b - w + F = 0$$

이고, 돌림힘 방정식은 다음과 같다.

$$\sum \tau = -\frac{L}{2}w_b - dw + LF = 0$$

이 경우 힘 방정식은 필요하지 않다. 돌림힘 방정식을 풀어서 d를 구하면

$$d = \frac{LF - \frac{1}{2}Lw_b}{w} = \frac{(2.5\text{ m})(250\text{ N}) - \frac{1}{2}(2.5\text{ m})(60\text{ N})}{600\text{ N}} = 0.92\text{ m}$$

이다.

검토 만약 여자 키가 1.68 m라면, 그녀의 무게 중심은 그녀 키의 (0.92m)/(1.68m) = 55%, 혹은 그녀 키의 반보다 약간 크다. 이것은 타당한 결과이다.

예제 8.4 사다리는 미끄러질 것인가?

3.0 m 길이의 사다리가 바닥과 60° 각을 이루면서 마찰이 없는 벽에 기대어 있다. 사다리가 미끄러지지 않기 위한 사다리와 바닥 간의 정지 마찰 계수 μ_s의 최솟값은 얼마인가? 사다리와 벽 사이의 마찰은 무시할 수 있다고 가정한다.

준비 사다리는 길이가 L인 강체 막대이다. 미끄러지지 않기 위해서는 사다리에 작용하는 알짜힘과 알짜 돌림힘은 모두 0이어야 한다. 그림 8.9는 사다리와 사다리에 작용하는 힘들을 보여준다. 정지 마찰 계수의 최솟값을 구하여야 한다. 첫째로 정지 마찰력과 수직력의 크기를 구할 것이다. 그러면 이 값들을 사용하여 필요한 마찰 계수를 구할 수 있다. 사다리의 바닥 끝점을 회전축으로 선택하자. 그러면 이 힘들은 모두 사다리의 바닥 끝부분에 작용하므로, 돌림힘을 만들지 않아서 풀이를 간단히 할 수 있다. 이러한 선택을 사용하면 사다리 무게는 d_1w라는 돌림힘을 만들고 벽이 미치는 힘은 $-d_2n_2$라는 돌림힘을 만든다. 부호는 $\vec{w}$는 사다리를 반시계 방향으로 돌리려고 하는 데 비하여, $\vec{n}_2$는 사다리를 시계 방향으로 돌린다는 것에 기초한 것이다.

그림 8.9 정적 평형 상태에 있는 사다리의 개요도

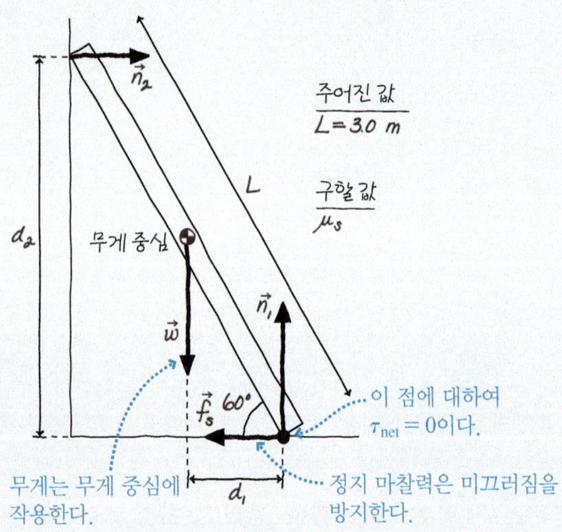

풀이 $\vec{F}_{net} = \vec{0}$의 x와 y성분은 다음과 같다.

$$\sum F_x = n_2 - f_s = 0$$
$$\sum F_y = n_1 - w = n_1 - Mg = 0$$

바닥 끝점에 대한 돌림힘은

$$\tau_{net} = d_1w - d_2n_2 = \frac{1}{2}(L\cos 60°)Mg - (L\sin 60°)n_2 = 0$$

이다. 전체적으로 3개의 미지수 n_1, n_2, f_s에 대한 3개의 식을 얻는다. 세 번째 식을 풀어서 n_2를 구하면

$$n_2 = \frac{\frac{1}{2}(L\cos 60°)Mg}{L\sin 60°} = \frac{Mg}{2\tan 60°}$$

이고, 이것을 첫 번째 식에 대입하면

$$f_s = \frac{Mg}{2\tan 60°}$$

이다. 정지 마찰력에 대한 모형은 $f_s \le f_{s\max} = \mu_s n_1$이다. n_1은 두 번째 식으로부터 구할 수 있다. 곧, $n_1 = Mg$이다. 이 결과와 마찰력에 대한 모형으로부터

$$f_s \le \mu_s Mg$$

이다. f_s에 대한 이러한 두 표현식을 비교하면 μ_s는 다음 식을 만족하여야 한다.

$$\mu_s \ge \frac{1}{2\tan 60°} = 0.29$$

따라서 정지 마찰 계수의 최솟값은 0.29이다.

검토 경험으로부터 사다리나 물체를 거친 바닥 위에는 세울 수 있지만 바닥이 너무 매끄러운 경우에는 물체가 미끄러진다는 것을 알고 있다. 0.29는 정지 마찰 계수의 중간 정도의 값이고, 이것은 타당한 결과이다.

8.2 안전성과 균형

수업 영상

만약 상자를 한 모서리를 중심으로 조금 기울인 다음 놓으면, 상자는 원래 위치로 되돌아간다. 만약 상자를 너무 많이 기울이면, 상자는 뒤집어진다. 그리고 만약 상자를 '정확히 세우면', 상자는 그 모서리 위에서 정확히 균형을 잡고 있을 것이다. 이 세 가지 가능성을 결정하는 것은 무엇일까?

그림 8.10은 자동차를 사용하여 이 개념을 설명하고 있다. 그러나 결과는 일반적이고 많은 경우에 적용된다. 자동차이던, 상자이던, 사람이던, 크기가 있는 물체는 정적 평형 상태에 있을 때 그것이 놓여 있는 **지지기반**을 가지고 있다. 만약 물체를 기울이면 지지기반의 한 점은 회전축이 된다. 물체의 무게 중심이 지지기반 위에 있는 한 중력에 의한 돌림힘은 물체를 회전시켜서 원래의 정적 평형 상태로 다시 되돌려 놓는다. 이때 그 물체는 **안정**(stable)하다고 한다. 이것이 그림 8.10(b)에 있는 상황이다.

임계각 θ_c는 그림 8.10(c)에서처럼 무게 중심이 회전축 점의 바로 위에 있을 때 일어난다. 이 점이 바로 알짜 돌림힘이 없는 균형점이다. 만약 자동차를 계속 기울이면 그림 8.10(d)에서와 같이 무게 중심이 지지기반 밖에 놓인다. 이제 중력에 의한 돌림힘은 반대방향으로의 회전을 발생시키고 자동차는 뒤집어진다. 자동차는 **불안정**(unstable)하다. 만약 사고로 자동차가 기울어지는 경우, $\theta < \theta_c$이면 자동차는 원래 위치로 되돌아오고 $\theta > \theta_c$이면 뒤집어질 것이다.

자동차의 경우 타이어 사이의 거리(지지기반)를 트랙 폭 t라고 한다. 무게 중심

그림 8.10 자동차 혹은 어떤 물체라도 지나치게 기울어지면 뒤집어진다.

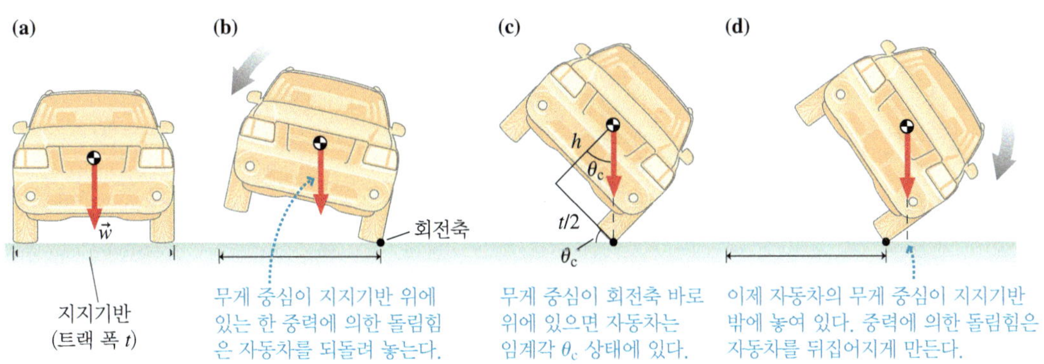

그림 8.11 승용차와 비교하면 SUV는 승용차 폭에 비하여 높은 무게 중심을 가지고 있다.

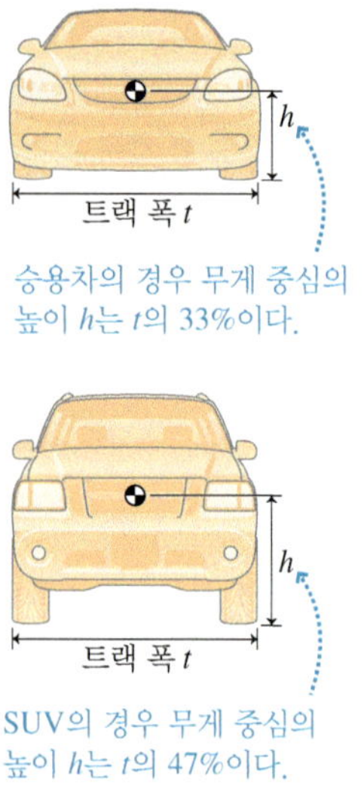

의 높이는 h이다. 그림 8.10(c)로부터 높이와 폭의 비 값이 언제 임계각에 도달할지를 결정한다. 중요한 점은 무게 중심의 높이가 아니라 높이와 폭의 비 값이다. **그림 8.11**은 승용차와 스포츠용 다목적 차량(SUV)을 비교하고 있다. 승용차의 경우에는 $h/t \approx 0.33$이고 임계각은 $\theta_c \approx 57°$이다. 그러나 SUV의 경우에는 $h/t \approx 0.47$이고 임계각은 $\theta_c \approx 47°$이다. SUV에 짐을 더 싣거나, 특히 지붕 선반을 사용하는 경우에는 무게 중심의 높이가 증가하여 임계각 θ_c를 더 감소시키게 된다. 다양한 자동차 안전그룹은 $\theta_c > 50°$인 자동차는 사고가 나도 좀처럼 뒤집어지지 않는다고 밝힌 바 있다. 자동차 전복은 $\theta_c < 50°$일 때 더 잘 일어난다.

기울어진 자동차에 대한 논법은 임의의 물체에 대하여서도 성립하며, **더 넓은 지지기반과 더 낮은 무게 중심은 안정성을 증가시킨다**는 일반적인 규칙을 이끌어낸다.

탄산음료 캔의 균형잡기 완전히 차 있든지 혹은 비어있든지에 관계없이 캔을 비스듬하게 세워보자. 이는 할 수 없는데, 왜냐하면 꽉 차 있는 또는 비어있는 탄산음료 캔의 무게 중심은 캔의 거의 정중앙에 있기 때문이다. 만일 캔을 비스듬하게 세우면, 무게 중심은 조그만 지지기반 훨씬 밖에 위치하게 된다. 하지만 약 2온스(60 mL)의 물을 빈 캔에 넣으면, 무게 중심이 바로 경사면 위에 놓이게 되므로 이 경우에는 균형을 잡을 수 있다.

개념형 예제 8.5 판자 위를 얼마나 멀리 걸어갈 수 있을까?

고양이가 탁자 바깥까지 펼쳐져 있는 판자를 따라 걸어간다. 만약 고양이가 지나치게 멀리 걸어가면 판자는 기울어지기 시작할 것이다. 언제 이러한 일이 일어나겠는가?

판단 물체의 무게 중심이 지지기반 위에 놓이면 물체는 안정하고 그렇지 않으면 물체는 불안정하다. 고양이와 판자를 하나의 복합 물체로 취급하고, 계의 무게 중심은 고양이의 무게 중심과 판자의 무게 중심 사이의 직선상에 있다고 가정하자.

그림 8.12(a)에서 고양이가 판자의 왼쪽 끝 부근에 있으면 전체 계의 무게 중심은 지지기반 위에 놓이게 되므로 안정하다. 고양이가 오른쪽으로 움직이면 **그림 8.12(b)**에서와 같이 전체 계의 무게 중심이 탁자 모서리 바로 위에 위치하게 된다. 만약 고양이가 한 발자국 더 나아가면 고양이와 판자는 불안정하게 되고 판자는 기울어질 것이다.

그림 8.12 고양이가 판자 위에서 걸어갈 때 나타나는 안전성의 변화

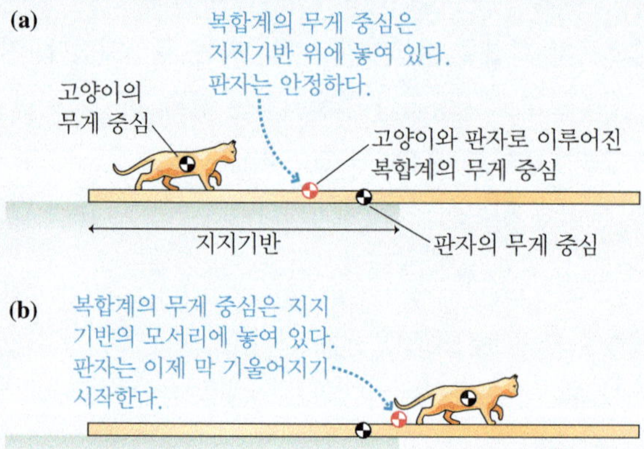

검토 판자가 안정하게 존재하기 위해서는 판자의 무게 중심이 판자의 왼쪽 부분에 존재하여야 하기 때문에 넘어지기 전까지 고양이는 판자의 지지되지 않은 부분을 향해 조금 밖에 나아가지 못한다. 판자가 무거우면 무거울수록 고양이는 더 멀리 걸어 나갈 수 있다.

인체의 안정성과 균형 BIO

인체는 놀랍게도 연속적으로 자세를 조절할 수 있어서, 단지 2개의 지지점만으로 안정을 유지할 수 있다. 걷거나, 뛰거나, 혹은 의자에서 일어나는 간단한 동작에서도, 인체의 무게 중심은 끊임없이 변화한다. 안정성을 유지하기 위해서 우리는 무의식적으로 팔과 다리의 위치를 조절하여 무게 중심을 지지기반 위에 있도록 한다.

인체가 어떻게 무게 중심을 재정렬하는지에 대한 간단한 예는 발끝으로 서는 행위에서 찾아볼 수 있다. 그림 8.13(a)는 정상적으로 서 있는 자세를 나타낸다. 무게 중심이 지지기반(발)의 중심 위에 잘 놓여 있어서 안정성을 보장한다는 것을 주목하라. 만약 신체 위치를 조정하지 않고 발끝으로 서 있다면 그녀의 무게 중심은 지지기반(이 경우에는 발의 앞부분)의 뒤에 있게 되어 그녀는 뒤로 넘어질 것이다. 이것을 방지하기 위하여 그림 8.13(b)에 보인 것처럼 신체는 자연스럽게 앞으로 구부러져서 무게 중심이 발의 앞부분 위에 오게 되어 다시 안정성을 얻게 된다. 다음을 시도해보라. 벽의 바닥에 여러분의 엄지발가락을 대고 벽을 바라보고 서라. 그러고 나서 엄지 발끝으로 서 보라. 여러분의 몸은 여러분의 엄지 발끝을 무게 중심에 위치시키고자 하나 앞으로 더 이상 나아가지 못하므로 위와 같은 시도는 성공할 수 없다.

그림 8.13 발끝으로 서기

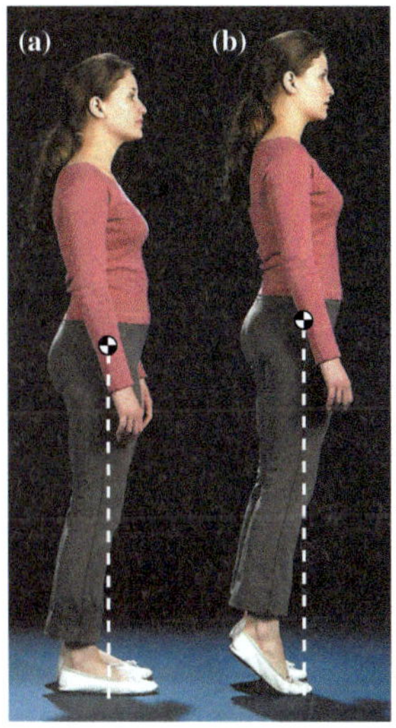

8.3 용수철과 훅의 법칙

이제까지 평형 상태에 있는 물체에 힘이나 돌림힘이 작용할 때 물체 모양이 변하지 않는다고 가정했다. 실제로 이것은 지나친 단순화이다. 모든 고체 물질은 힘이 가해지면 늘어나거나 줄어들고 모양이 변한다. 이러한 변화는 나무의 푸른 잔가지를 눌러보면 쉽게 알 수 있다. 가장 큰 가지라도 여러분의 무게에 의해서 조금은 변화한다.

만약 고무줄을 잡아 늘이면 고무줄을 원래의 평형 위치로 되돌리려는 힘이 존재한다. 계를 평형 위치로 되돌리려는 힘을 **복원력**(restoring force)이라고 하며, 이와 같은 복원력을 보이는 계를 **탄성적**(elastic)이라고 한다. **단성**(elasticity)의 가장 기본적인 예는 용수철과 고무줄이다. ◀◀4.2절에서 용수철 힘을 소개하였다. 만약 용수철을 잡아 늘이면 장력과 같은 힘이 뒤로 잡아당긴다. 마찬가지로, 압축된 용수철은 원래대로 다시 팽창하려고 한다. 탄성과 복원력은 훨씬 더 단단한 계의 성질이기도 하다. 자동차를 타고 다리 위를 지날 때 다리의 강철 막대는 조금 휘어지는데, 자동차가 다 지나가면 원래 길이로 복원된다. 여러분의 다리뼈는 걸음을 걸을 때마다 아주 조금씩 변형된다.

활동하는 탄성 골프공을 칠 때, 골프공은 꽤 많이 압축된다. 골프공을 원래 모양으로 돌아가게 하는 복원력이 골프채로부터 이를 더 멀리 나아가게 도와주고 더 긴 드라이브를 칠 수 있게 한다.

용수철에 아무런 힘이 작용하지 않으면 용수철은 평형 길이(equilibrium length)를 유지하고 있을 것이다. 만약 용수철을 잡아 늘이면 용수철은 줄어들려고 한다. 만약 용수철을 압축하면 그림 8.14(a)에서처럼 용수철은 팽창하려고 한다. 일반적으로 용수철 힘은 평형 위치로부터의 변위와 정반대 방향이다. 용수철이 얼마나 강하게 뒤로 잡아당기는가 하는 것은 그림 8.14(b)에서처럼 용수철이 얼마나 늘어났느냐에 달려 있

그림 8.14 용수철의 복원력

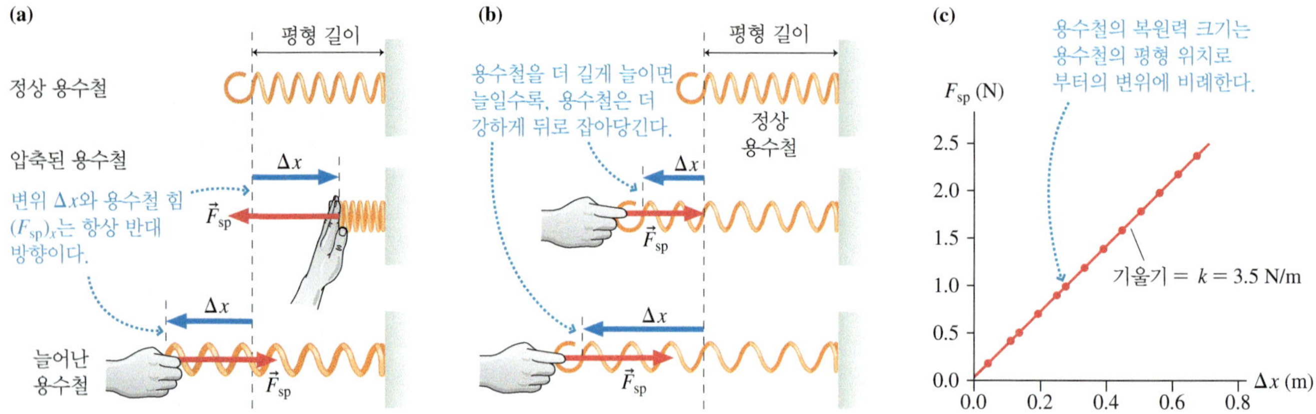

다. 그림 8.14(c)는 용수철의 늘어난 길이가 변화할 때 용수철 힘의 크기에 대한 데이터 그림이다. **용수철 힘은 용수철 끝의 변위에 비례한다**는 것을 알 수 있다. 이것은 선형 관계식이며 직선의 기울기 k는 비례상수이다.

$$F_{sp} = k\Delta x \tag{8.2}$$

용수철을 2배로 압축하거나 늘이면 복원력의 크기는 2배가 된다.

식 (8.2)의 k는 용수철에 의존한다. 비례상수 k는 **용수철 상수**(spring constant)라고 한다. 용수철 상수의 단위는 N/m이다. 질량 m이 입자의 특성를 나타내는 것처럼, 용수철 상수 k는 용수철의 특성을 나타내는 양이다. k가 크면 용수철을 늘이는 데 매우 큰 힘을 가해야 하고, 이 용수철을 '뻣뻣한' 용수철이라고 한다. k가 작으면 매우 작은 힘으로 용수철을 늘일 수 있으며, 이 용수철을 '부드러운' 용수철이라고 한다. 모든 용수철은 그 자신의 고유한 k값을 가지고 있다. 그림 8.14(c)에 나온 용수철 상수의 크기를 직선의 기울기로부터 구해보면 $k = 3.5$ N/m이다.

그림 8.14(a)와 같이 용수철이 압축되면 Δx는 양수이고 $\vec{F}_{sp}$는 왼쪽을 향하므로 그 성분 $(F_{sp})_x$는 음수이다. 그러나 용수철이 늘어난다면 Δx는 음수이고 $\vec{F}_{sp}$는 오른쪽 방향이므로 성분 $(F_{sp})_x$는 양수이다. 식 (8.2)를 용수철 힘의 성분을 사용하여 고쳐 쓰면 복원력과 용수철 끝의 변위에 관한 일반적인 관계식을 얻을 수 있는데, 이것은 **훅의 법칙**(Hooke's law)이라고 알려져 있다.

$$(F_{sp})_x = -k\Delta x \tag{8.3}$$

용수철 복원력의 x성분(N) → $(F_{sp})_x$
용수철 끝의 변위(m) → Δx
용수철 상수(N/m) → k
음의 부호는 복원력과 변위가 반대방향이라는 것을 말해준다.

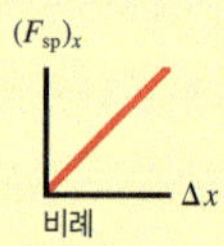

수직(y)방향 운동에 대한 훅의 법칙은 $(F_{sp})_y = -k\Delta y$이다.

훅의 법칙은 뉴턴의 법칙처럼 진정한 '자연의 법칙'이 아니다. 그것은 실제로 복원력에 대한 모형일 뿐이다. 그것은 그림 8.14(c)에서처럼 어떤 용수철에 대해서는 매우 잘 맞지만 다른 경우에는 잘 맞지 않는다. 다음 장에서 살펴보겠지만 훅의 법칙은 용수철이 매우 지나치게 압축되거나 늘어나면 성립하지 않는다.

예제 8.6 물고기의 무게 재기

물고기의 무게를 재는 저울은 천장에 연결된 용수철로 이루어져 있다. 용수철의 평형 길이는 10.0 cm이다. 4.0 kg의 물고기가 용수철 끝에 매달렸을 때, 용수철 길이가 12.4 cm로 늘어났다.

a. 이 용수철의 용수철 상수 k는 얼마인가?

b. 만약 8.0 kg의 물고기가 용수철에 매달린다면, 용수철 길이는 얼마가 되겠는가?

준비 **그림 8.15**는 문제의 첫 번째 부분의 자세한 내용을 보여준다. 물고기가 정적 평형 상태로 매달려 있으므로, y방향의 알짜힘과 알짜 돌림힘 모두 0이어야 한다.

그림 8.15 용수철에 매달린 질량에 대한 개요도

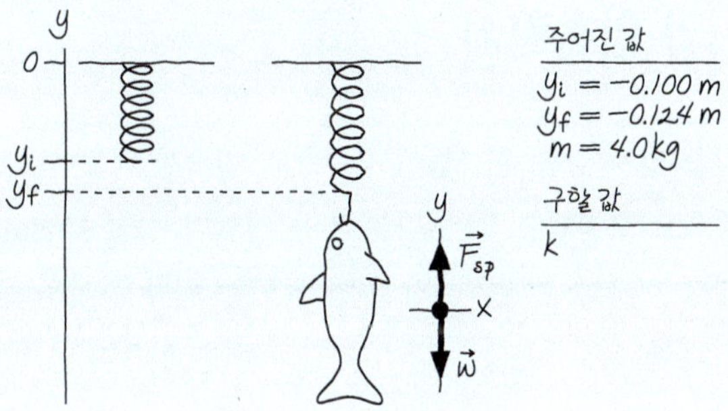

풀이

a. 물고기는 정적 평형 상태에 있으므로

$$\sum F_y = (F_{sp})_y + w_y = -k\,\Delta y - mg = 0$$

이다. 따라서 $k = -mg/\Delta y$이다. (물고기의 무게 중심이 갈고리 회전축의 바로 아래에서 정지해 있으므로 알짜 돌림힘은 0이다.) 그림 8.15로부터 평형 위치로부터 용수철의 변위는 $\Delta y = y_f - y_i = (-0.124\text{ m}) - (-0.100\text{ m}) = -0.024\text{ m}$이다. 물고기는 $-y$방향으로 움직이므로 이 변위는 음수이다. 용수철 상수에 대해서 풀면 다음과 같다.

$$k = -\frac{mg}{\Delta y} = -\frac{(4.0\text{ kg})(9.8\text{ m/s}^2)}{-0.024\text{ m}} = 1600\text{ N/m}$$

b. 복원력은 용수철의 평형 길이로부터의 변위에 비례한다. 만약 물고기의 질량을 2배로 하면 용수철 끝의 변위도 역시 2배가 되어 $\Delta y = -0.048$ m이다. 따라서 용수철은 0.048 m 더 길어지며, 새로운 길이는 0.100 m + 0.048 m = 0.148 m = 14.8 cm이다.

검토 용수철은 4.0 kg의 질량이 매달렸을 때 크게 늘어나지 않는다. 1600 N/m의 큰 용수철 상수는 뻣뻣한 현재의 용수철과 잘 부합된다.

예제 8.7 벽돌이 언제 미끄러지는가?

그림 8.16은 2.0 kg의 벽돌에 매달린 용수철을 보여준다. 용수철의 다른 끝은 5.0 cm/s의 속력으로 움직이고 있는 동력을 가진 장난감 기차에 의해서 끌려가고 있다. 용수철 상수는 50 N/m이고 벽돌과 지면 사이의 정지 마찰 계수는 0.60이다. 기차가 움직이기 시작한 $t = 0$ s일 때 용수철은 평형 길이를 가지고 있었다. 벽돌이 언제 미끄러지는가?

그림 8.16 장난감 기차가 벽돌이 미끄러질 때까지 용수철을 잡아 늘이고 있다.

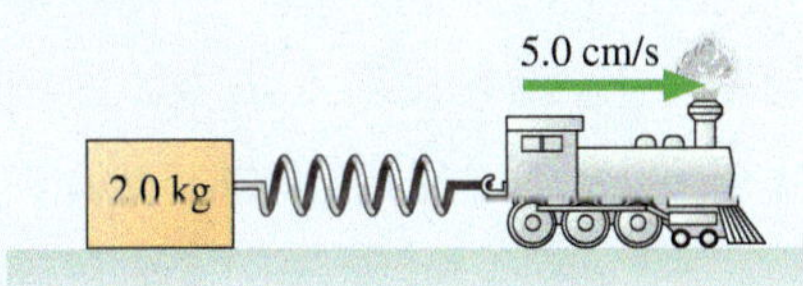

그림 8.17 벽돌에 대한 자유 물체 도형

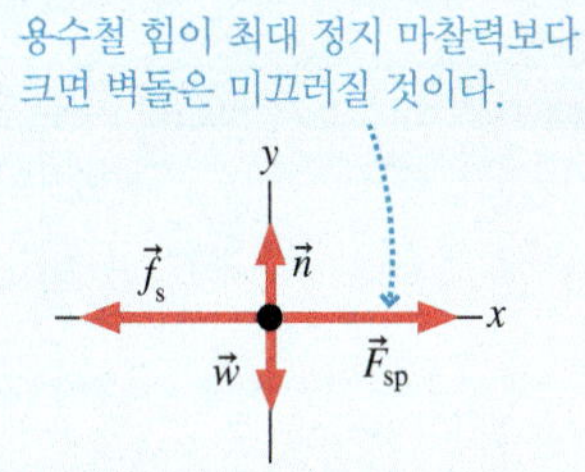

준비 벽돌을 입자로 모형화하고, 용수철의 질량은 없다고 가정한다. **그림 8.17**은 벽돌에 대한 자유 물체 도형이다. 기차 속력을 m/s 단위로 고치면 $v = 0.050$ m/s이다.

풀이 질량이 없는 줄의 장력은 양 끝을 똑같이 잡아당긴다는 것을 기억하라. 용수철 힘에 대해서도 같은 사실이 성립한다. 용수철은

양 끝을 똑같이 당기거나 민다. 왼손으로 고무줄을 잡고 오른손으로 그것을 잡아 늘이는 경우를 상상해보라. 움직이는 것은 고무줄의 오른쪽 끝이지만 왼손도 당기는 힘을 느낄 것이다.

이것이 문제를 푸는 열쇠이다. 용수철의 오른쪽이 움직임에 따라 용수철이 늘어나고, 용수철은 기차를 뒤로 잡아당기고 결국 벽돌을 같은 크기의 힘으로 앞쪽으로 당긴다. 기차는 오른쪽으로 움직이고 있고 용수철 힘은 기차를 왼쪽으로 당긴다. 그러나 벽돌은 용수철의 다른 끝에 있기 때문에 용수철 힘은 그림 8.17에서처럼 벽돌을 오른쪽으로 잡아당긴다. 용수철이 늘어남에 따라 벽돌에 작용하는 정지 마찰력은 그 크기가 증가하여 벽돌을 정지한 상태로 유지시킨다. 벽돌은 정적 평형 상태에 있으므로

$$\sum F_x = (F_{sp})_x + (f_s)_x = F_{sp} - f_s = 0$$

이다. 여기서 F_{sp}는 용수철 힘의 크기이다. 이 힘의 크기는 $F_{sp} = k\,\Delta x$이고, 여기서 $\Delta x = vt$는 기차가 움직인 거리이다. 따라서

$$f_s = F_{sp} = k\,\Delta x$$

이다. 벽돌은 정지 마찰력이 그 최댓값 $f_{s\,max} = \mu_s n = \mu_s mg$에 도달할 때 미끄러진다. 이것은 기차가 아래 거리를 움직일 때 일어난다.

$$\Delta x = \frac{f_{s\,max}}{k} = \frac{\mu_s mg}{k} = \frac{(0.60)(2.0\ \text{kg})(9.8\ \text{m/s}^2)}{50\ \text{N/m}} = 0.235\ \text{m}$$

따라서 벽돌이 미끄러지는 시간은 다음과 같다.

$$t = \frac{\Delta x}{v} = \frac{0.235\ \text{m}}{0.050\ \text{m/s}} = 4.7\ \text{s}$$

검토 약 5초라는 결과는 천천히 움직이는 장난감 기차가 벽돌이 미끄러지도록 용수철을 늘이는 데 걸리는 시간으로써 합당해 보인다.

8.4 물질 늘이기와 압축하기

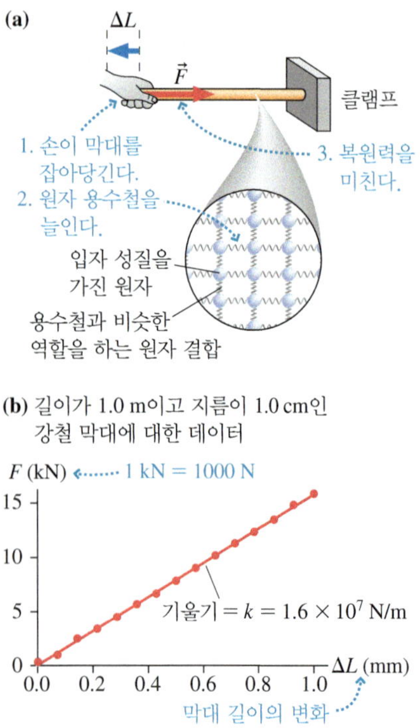

그림 8.18 강철 막대 늘이기

4장에서 대부분의 고체 물질을 입자 같은 원자들이 용수철과 비슷한 역할을 하는 원자 결합에 연결되어 있는 것으로 모형화할 수 있다는 것을 알았다. **그림 8.18(a)**와 같이 이런 방법으로 강철 막대를 취급할 수 있다. 강철 안에 있는 원자 사이의 용수철 같은 결합은 매우 강하다. 그러나 그것들은 늘어나거나 압축될 수 있으며, 이러한 사실은 강철 막대조차도 탄성을 가진다는 것을 의미한다. 그림 8.18(a)에서처럼 강철 막대의 끝을 당기면 강철을 구성하는 입자들 간의 결합이 늘어나고 막대 자체가 늘어난다. 늘어난 막대는 손을 뒤로 잡아당기는데, 이것은 강철을 놓으면 막대가 원래 위치로 되돌아가려는 복원력 때문이다. 이런 관점에서 전체 막대는 매우 뻣뻣한 용수철처럼 행동한다. 용수철의 경우와 마찬가지로 압축에 의해서도 복원력이 발생한다.

그림 8.18(b)에서 길이가 1.0 m이고 지름이 1.0 cm인 강철 막대에 대한 실제 데이터는 용수철과 같이 강철 막대의 복원력이 길이의 변화에 비례한다는 것을 보여준다. 그러나 강철 막대의 늘어나는 크기와 복원력의 크기는 용수철의 경우와 매우 다르다. 강철 막대를 1 mm 늘이는 데 16,000 N의 힘이 필요한데, 이것은 1.6×10^7 N/m의 용수철 상수에 해당한다! 강철은 탄성적이지만 보통의 힘에 의해서는 크기가 매우 조금 변화한다. 이러한 종류의 물질을 **단단하다**(rigid)고 한다.

고무줄 속의 고무와 같은 다른 물질의 거동은 매우 다를 수 있다. 고무줄은 작은 힘으로도 평형 길이의 수배나 되는 길이만큼 늘어날 수 있고 놓으면 원래 모습으로 되돌아간다. 작은 힘으로 큰 변형이 일어나는 물질을 **유연하다**(pliant)고 한다.

막대의 용수철 상수는 **그림 8.19**에 보인 바와 같이 여러 인자에 의존한다. 첫째로 단면적 A가 큰 두꺼운 막대는 가느다란 막대보다 늘이기가 더 어렵다. 둘째로 길이 L

인 긴 막대는 길이가 짧은 막대보다 늘이기 쉽다(10 m 길이의 밧줄을 1 cm만큼 늘이는 것은 쉽다. 그러나 10 cm의 밧줄을 1 cm만큼 늘이는 것은 매우 어렵다). 마지막으로 막대의 뻣뻣함은 막대가 만들어진 물질에 따라서 다르다. 이러한 사실들은 실험적으로 입증되었으며 막대의 용수철 상수는 다음과 같이 쓸 수 있다.

$$k = \frac{YA}{L} \tag{8.4}$$

여기서 상수 Y는 **영률**(Young's modulus)이다. 영률은 막대를 구성하는 **물질**에만 의존하고 물체의 형태나 크기에는 무관하다.

식 (8.2)로부터 복원력의 크기는 $F_{sp} = k\,\Delta x$와 같이 길이의 변화에 관련되어 있다. 그림 8.19에 보인 것처럼 길이의 변화를 ΔL이라고 쓰면, 식 (8.4)를 사용하여 막대의 복원력 F를 다음과 같이 쓸 수 있다.

$$F = \frac{YA}{L}\,\Delta L \tag{8.5}$$

식 (8.5)는 길이가 늘어나는 경우나 압축되는 경우 모두 적용된다.

식 (8.5)를 **변형력**과 **변형**이라는 새로운 두 비율을 이용하여 재구성하는 것이 유용하다.

$$\frac{F}{A} = Y\left(\frac{\Delta L}{L}\right) \tag{8.6}$$

힘의 단면적에 대한 비를 **변형력**이라고 한다.

길이 변화의 원래 길이에 대한 비를 **변형**이라고 한다.

변형력의 단위는 N/m^2이다. 변형력이 늘어남 때문이라면 이러한 변형력을 **인장 변형력**(tensile stress)이라고 한다. 변형은 막대 길이의 변화 비율이다. 만약 막대 길이가 1%만큼 변했다면, 변형은 0.01이다. 변형은 차원이 없기 때문에 영률은 변형력과 같은 단위를 갖는다. 표 8.1은 여러 단단한 물질의 영률값을 나타낸다. 큰 영률값은 뻣뻣한 물질의 특성을 나타낸다. '더 부드러운' 물질은 더 작은 영률값을 갖는다.

그림 8.19 길이 ΔL만큼 늘어난 막대

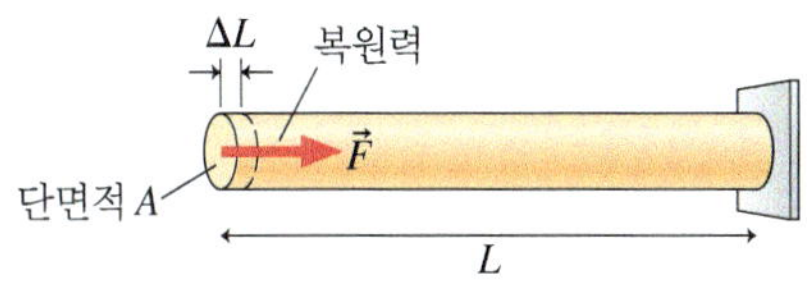

표 8.1 단단한 물질의 영률

물질	영률(10^{10} N/m^2)
주철	20
강철	20
실리콘	13
구리	11
알루미늄	7
유리	7
콘크리트	3
나무(전나무)	1

예제 8.8 강철 케이블의 늘어난 길이 구하기

물리학과에 있는 **푸코 진자**(지구 자전을 증명하는 데 쓰인다)는 6.0 m 길이의 강철 케이블 끝에 매달려 진동하는 120 kg의 강철구로 이루어져 있다. 케이블 지름은 2.5 mm이다. 강철구가 처음 케이블에 매달렸을 때 케이블은 얼마나 늘어나겠는가?

준비 케이블이 늘어나는 정도는 강철 케이블의 탄성에 의존한다. 표 8.1에 의하면 강철 케이블의 영률은 $Y = 20 \times 10^{10}$ N/m이다.

풀이 식 (8.6)은 강철 케이블의 늘어남 ΔL과 복원력 F, 그리고 케이블의 성질을 관련 지운다. 항을 재배치하면 케이블이 늘어난 길이는

$$\Delta L = \frac{LF}{AY}$$

이다. 케이블의 단면적은

$$A = \pi r^2 = \pi(0.00125\ \text{m})^2 = 4.91 \times 10^{-6}\ \text{m}^2$$

이고, 케이블의 복원력은 공의 무게와 같다.

$$F = w = mg = (120\ \text{kg})(9.8\ \text{m/s}^2) = 1180\ \text{N}$$

따라서 길이의 변화는 다음과 같다.

$$\Delta L = \frac{(6.0\ \text{m})(1180\ \text{N})}{(4.91 \times 10^{-6}\ \text{m}^2)(20 \times 10^{10}\ \text{N/m}^2)} = 0.0072\ \text{m} = 7.2\ \text{mm}$$

검토 만약 기타의 강철 줄을 조율해본 적이 있다면, 조율용 핀(tunning peg)으로 힘을 가했을 때 줄이 수 mm만큼 늘어난다는 것을 알고 있을 것이다. 따라서 120 kg의 하중에 의해서 7 mm의 늘어남은 타당하다.

탄성 한계를 넘어서

그림 8.20 강철 막대가 늘어나는 길이의 그래프

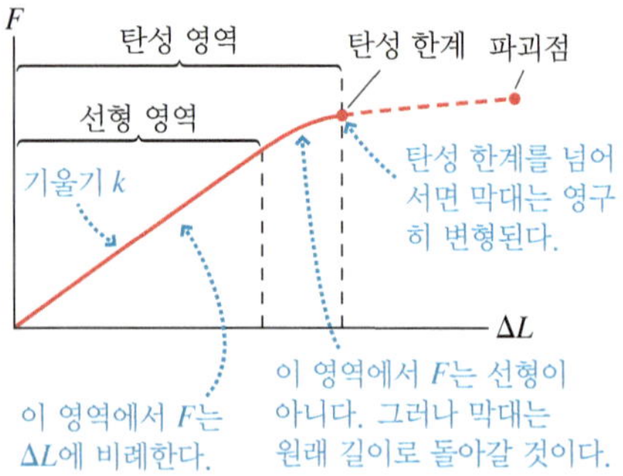

앞 절에서 막대를 짧은 길이 ΔL만큼 잡아 늘이면 식 (8.5)과 같이 복원력 F에 의하여 뒤로 당겨진다는 것을 알았다. 그러나 막대를 더 늘이면 ΔL과 F 사이의 단순한 선형 관계식은 결국에는 깨진다. **그림 8.20**은 막대를 처음 잡아 늘일 때부터 파괴될 때까지의 막대의 복원력에 대한 그래프이다.

그래프에서 볼 수 있는 것처럼 F와 ΔL이 서로 비례하여 훅의 법칙 $F = k\,\Delta L$을 따르는 선형 영역이 있다. **늘어난 길이가 선형 영역에 있는 한 막대는 용수철처럼 행동하고 훅의 법칙을 따른다.**

막대가 손상되기 전까지 그것을 얼마만큼 늘일 수 있을까? 팽창이 **탄성 한계**(elastic limit) 아래인 경우 힘이 제거되면 막대는 원래 길이로 되돌아온다. 탄성 한계는 **탄성 영역**(elastic region)의 끝이다. 탄성 한계 이상으로 물체를 늘이면 물체는 영구 변형되며, 막대는 원래 길이로 되돌아오지 못한다. 마지막으로 어떤 점에서 막대는 파괴점에 도달하고 결국 둘로 쪼개진다. 막대를 부러트리는 힘은 영역에 따라 다르다. 두꺼운 막대는 더 큰 힘을 지탱한다. 특정한 물질로 만들어진 막대나 케이블에 대하여 **인장 강도**(tensile strength)를 결정할 수 있다. 이 양은 물질이 부서지기 전에 견딜 수 있는 최대 변형력을 의미한다.

$$\text{인장 강도} = \frac{F_{max}}{A} \tag{8.7}$$

(견딜 수 있는 최대 변형력 (N/m²) → 인장 강도; F_{max}: 견딜 수 있는 최대 힘 (N); A: 단면적 (m²))

표 8.2 단단한 물질의 인장 강도

물질	인장 강도(N/m²)
폴리프로필렌	20×10^6
유리	60×10^6
주철	150×10^6
알루미늄	400×10^6
강철	1000×10^6

표 8.2에 여러 강체 물질의 인장 강도 값들을 나열하였다. 물질의 강도를 말할 때는 인장 강도를 의미하는 것이다.

예제 8.9 진자 케이블 끊기

물리 공부가 끝난 늦은 밤에 각각 80 kg인 여러 학생들이 예제 8.8의 푸코 진자를 타면 재밌겠다고 생각했다. 진자가 지탱할 수 있는 최대 학생 수는 몇 명인가?

준비 표 8.2에 주어진 강철의 인장 강도 1000×10^6 N/m²는 케이블이 지탱할 수 있는 최대 변형력이다. 케이블의 변형력은 F/A이므로 케이블이 끊어지기 전에 가할 수 있는 최대 힘 F_{max}를 구할 수 있다.

풀이

$$F_{max} = A(1.0 \times 10^9\ \text{N/m}^2)$$

이다. 예제 8.8로부터 케이블의 지름은 2.5 mm이므로 반지름은 0.00125 m이다. 따라서

$$F_{max} = \left(\pi(0.00125\ \text{m})^2\right)(1.0 \times 10^9\ \text{N/m}^2) = 4.9 \times 10^3\ \text{N}$$

이다. 이 힘이 케이블이 지탱할 수 있는 가장 무거운 질량의 무게이므로($w = m_{max}\,g$), 지탱할 수 있는 최대 질량은 다음과 같다.

$$m_{max} = \frac{F_{max}}{g} = 500\ \text{kg}$$

강철구의 질량은 120 kg이므로 탈 수 있는 학생들의 질량은 380 kg이다. 4명의 학생 질량은 320 kg인데 이 값은 380 kg보다 작다. 그러나 5명의 학생 전체 질량 400 kg은 케이블을 끊어지게 한다.

검토 강철은 매우 큰 인장 강도를 갖는다. 이러한 매우 가는 케이블도 4900 N을 지탱할 수 있다.

생체 물질 BIO

같은 길이의 거미줄과 강철 줄을 각각 늘여서 끊어질 때까지 각각의 복원력을 측정하는 경우를 고려하자. 변형력-변형 그래프는 **그림 8.21**처럼 보일 것이다.

거미줄은 그리 빳빳하지 않다. 주어진 변형력에 대해서 거미줄은 강철보다 약 100배 정도 늘어난다. 그러나 흥미롭게도 거미줄과 강철은 거의 같은 변형력에서 끊어진다. 이런 점에서 거미줄은 '강철만큼 강하다'. 많은 유연한 생체 물질들은 작은 강도와 매우 큰 인장 강도를 동시에 가지고 있다. 이러한 물질들은 파괴되지 않고 매우 크게 변형될 수 있다. 힘줄, 동맥의 벽, 그리고 거미집은 매우 단단하지만 그럼에도 불구하고 많이 늘어날 수 있다.

인체 대부분의 뼈는 다른 두 종류의 뼈 물질로 만들어졌는데, 바깥 부분은 밀집되고 단단한 겉질뼈, 그리고 안쪽에는 구멍이 많은 해면뼈이다. **그림 8.22**는 대표적인 뼈의 단면을 보여준다. 겉질뼈와 해면뼈는 매우 다른 영률을 갖는다. 겉질뼈의 영률은 콘크리트와 비슷하며, 따라서 매우 단단하지만 조금밖에 늘어나거나 압축되지 않는다. 이와는 대조적으로 해면뼈는 매우 작은 영률을 갖는다. 결과적으로 뼈의 탄성에 대한 모형은 속이 비어있는 원통의 탄성으로 생각할 수 있다.

새의 뼈 구조는 실제로 비어있는 원통으로 잘 근사된다. **그림 8.23**은 전형적인 뼈가 얇은 두께의 겉질뼈와 안쪽에 해면뼈를 갖는다는 것을 보여준다. 원통의 단단함은 대부분 표면 근처에 있는 물질로부터 온다. 속이 비어있는 원통은 고체의 단단함을 대부분 유지하면서도 매우 가볍다. 새의 뼈는 이런 개념의 극단적인 경우이다.

그림 8.21 강철과 거미줄의 변형력-변형 그래프

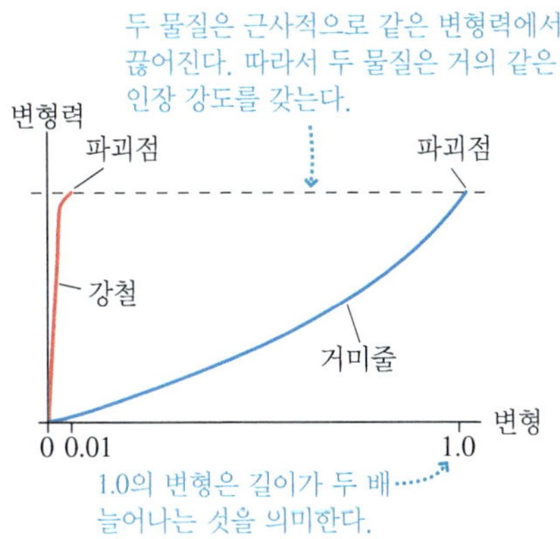

그림 8.22 긴 뼈의 단면

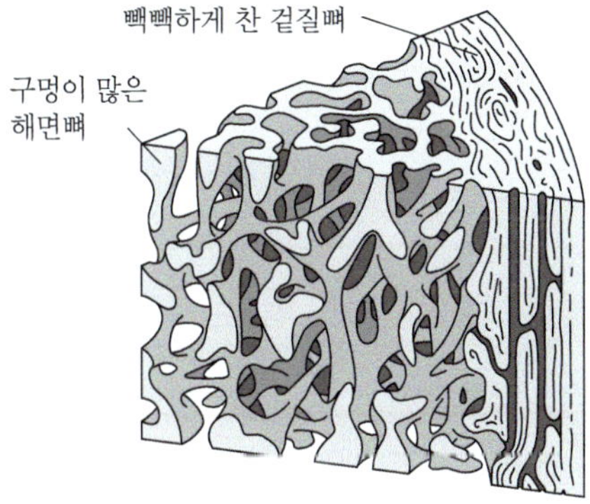

그림 8.23 새 뼈의 단면

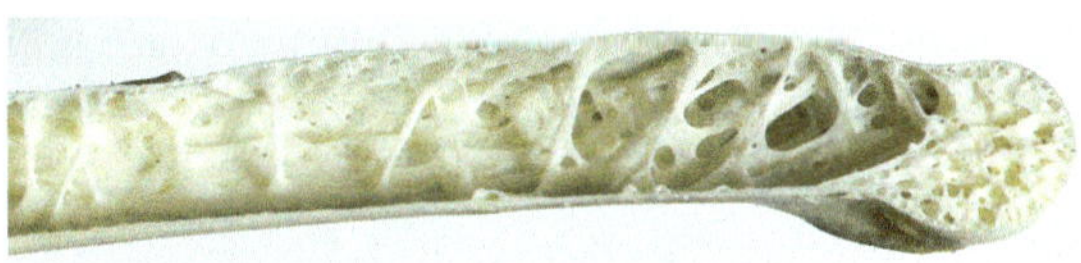

표 8.3은 생체 물질의 영률값을 나타낸다. 유연한 물질과 단단한 물질 간의 매우 큰 차이를 주목하라. 표 8.4는 생체 물질의 인장 강도를 보여준다. 흥미롭게도 유연한 물질인 거미줄은 뼈보다 더 큰 인장 강도를 갖는다! 표 8.4에 있는 값은 시험 기계 안에서 매우 오랫동안 가해진 정적인 힘에 대한 것이다. 뼈는 만약 힘이 매우 짧은 시간 동안 가해진다면 매우 큰 변형력을 견딜 수 있다.

표 8.3 생체 물질의 영률

물질	영률(10^{10} N/m^2)
치아 에나멜	6
겉질뼈	1.6
해면뼈	0.02~0.3
거미줄	0.2
힘줄	0.15
연골	0.0001
혈관(대동맥)	0.00005

표 8.4 생체 물질의 인장 강도

물질	인장 강도(N/m^2)
해면뼈	5×10^6
겉질뼈	100×10^6
힘줄	100×10^6
거미줄	1000×10^6

예제 8.10 뼈의 압축 구하기 BIO

넓적다리 안에 있는 기다란 대퇴골은 대부분 외부가 겉질뼈로만 구성된 관으로 생각할 수 있다. 70 kg인 사람의 대퇴골은 보통 단면적이 4.8×10^{-4} m^2 정도이다.

a. 만약 그가 한쪽 다리로만 그의 전체 무게를 지탱한다면, 이때 이 변형력은 뼈의 인장 강도의 몇 퍼센트나 될까?

b. 대퇴골의 길이 변화율은 얼마인가?

준비 대퇴골에 작용하는 변형력은 F/A이다. 여기서 F는 대퇴골을 압축하는 힘인데, 사람의 무게이므로 $F = mg$이다. 대퇴골의 길이 변화율 $\Delta L/L$은 변형인데, 이것은 표 8.3의 겉질뼈의 영률에 대한 값과 식 (8.6)을 사용하여 구할 수 있다.

풀이

a. 사람의 무게는 $mg = (70\ \text{kg})(9.8\ \text{m/s}^2) = 690\ \text{N}$이다. 결과적으로 대퇴골에 작용하는 변형력은 다음과 같다.

$$\frac{F}{A} = \frac{690\ \text{N}}{4.8 \times 10^{-4}\ \text{m}^2} = 1.4 \times 10^6\ \text{N/m}^2$$

변형력 $1.4 \times 10^6\ \text{N/m}^2$는 표 8.4에 주어진 겉질뼈의 인장 강도의 1.4%이다.

b. 변형을 다음과 같이 계산할 수 있다.

$$\frac{\Delta L}{L} = \left(\frac{1}{Y}\right)\frac{F}{A} = \left(\frac{1}{1.6 \times 10^{10}\ \text{N/m}^2}\right)(1.4 \times 10^6\ \text{N/m}^2) = 8.8 \times 10^{-5} \approx 0.0001$$

대퇴골의 압축은 $\Delta L \approx 0.0001L$ 혹은 원래 길이의 약 0.01%이다.(대퇴골은 균일하지 않으므로 결과를 1개의 유효 숫자로 나타냈다.)

검토 정상적으로 서 있는 조건에서 대퇴골에 작용하는 변형력은 뼈가 견딜 수 있는 최댓값의 1% 내외라는 것은 그럴듯하다.

이 장의 시작 부분에 있는 무용수는 그녀의 전체 무게를 매우 작은 면적에 지지한 채, **발끝으로** 미세하게 균형을 유지하면서 서 있다. 그녀의 발끝에 있는 뼈에 작용하는 변형력은 매우 크지만, 아직 뼈의 인장 강도보다는 매우 작다.

종합형 예제 8.11 승강기 케이블의 늘어남

승강기를 지지하는 강철 케이블은 원래 길이의 매우 작은 비율만이 늘어난다. 그러나 높은 빌딩에 있는 승강기는 이러한 작은 변화가 더해져서 케이블의 길이가 인지할 수 있을 정도로 늘어난다. 이 문제에서는 승강기의 실제적인 값을 사용하여 이러한 점을 강조하고자 한다. 높은 빌딩 안에 있는 2300 kg의 고속 승강기가 지름 1.27 cm인 6개의 케이블로 지탱되고 있다. 케이블의 영률은 $10 \times 10^{10}\ \text{N/m}^2$인데 이 값은 여러 겹으로 꼬여 있는 강철 케이블의 전형적인 값이다. 승강기가 바닥층에 있을 때 케이블이 승강기 통로 위로 90 m 올라가 위에 있는 모터에 연결된다.

어느 바쁜 아침, 전체 질량이 1500 kg인 20명의 사람이 타고 있는 승강기가 바닥층에 있다. 승강기는 일정한 속력에 다다를 때까지 $2.3\ \text{m/s}^2$의 가속도로 위 방향으로 가속된다. 승강기의 무게만으로 인하여 케이블은 얼마나 늘어나는가? 승강기 안의 승객들 때문에 케이블은 얼마나 더 늘어나는가? 또 승강기가 가속되는 동안 케이블의 전체 늘어난 길이는 얼마인가? 모든 경우에 승강기 케이블의 질량은 무시한다.

준비 변형력과 변형을 연결하는 식 (8.6)을 고쳐 쓰면 늘어남을 구할 수 있다.

$$\Delta L = \frac{LF}{YA}$$

여기서 L은 케이블의 길이이고 F는 케이블에 의해 작용하는 복원력이다. Y는 영률인데 이 값은 주어져 있다. 6개의 케이블이 있지만, 이들을 단면적이 A인 하나의 케이블로 간주한다. 여기서 단면적 A는 각 케이블 단면적의 6배이다. 각 케이블의 반지름은 0.00635 m이고 단면적은 $\pi r^2 = 1.27 \times 10^{-4}\ \text{m}^2$이다. 이 단면적에 6을 곱하면 전체 단면적 $A = 7.62 \times 10^{-4}\ \text{m}^2$를 얻는다.

그림 8.24는 자세한 내용을 보여준다. 케이블에 의해서 작용하는 복원력은 바로 장력이다. 처음 두 질문에서 케이블은 정적 평형 상태에 있는 승강기를 지탱하고 있지만, 세 번째 질문에서는 승강기가 위로 가속되므로 알짜힘이 존재한다.

그림 8.24 승강기에 작용하는 힘과 케이블의 늘어남

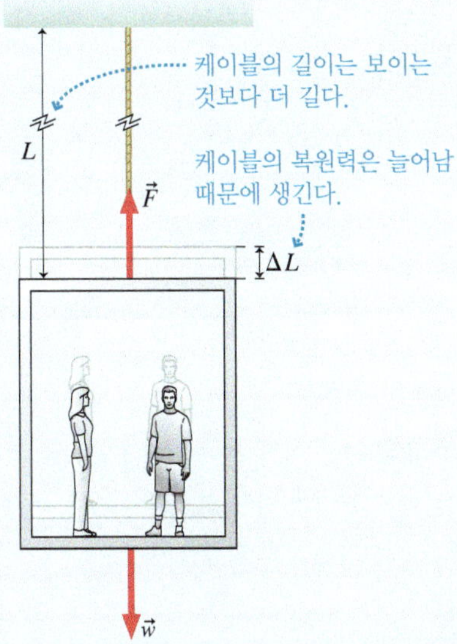

풀이 승강기가 정지해 있을 때에는 알짜힘이 0이므로 케이블의 복원력, 즉 장력은 승강기에 지탱되는 무게와 같다. 처음 두 질문에 대하여 힘들은

$$F_1 = m_{\text{car}}g = (2300\text{ kg})(9.8\text{ m/s}^2) = 22{,}500\text{ N}$$

$$F_2 = m_{\text{car+passengers}}g = (2300\text{kg} + 1500\text{kg})(9.8\text{m/s}^2) = 37{,}200\text{N}$$

이고, 이 힘들에 의한 케이블의 늘어난 길이는

$$\Delta L_1 = \frac{(90\text{ m})(22{,}500\text{ N})}{(10\times10^{10}\text{ N/m}^2)(7.62\times10^{-4}\text{ m}^2)} = 0.027\text{ m} = 2.7\text{ cm}$$

$$\Delta L_2 = \frac{(90\text{ m})(37{,}200\text{ N})}{(10\times10^{10}\text{ N/m}^2)(7.62\times10^{-4}\text{ m}^2)} = 0.044\text{ m} = 4.4\text{ cm}$$

이다. 승객들이 승강기에 탔을 때 부가적으로 늘어난 케이블 길이는 다음과 같다.

$$4.4\text{ cm} - 2.7\text{ cm} = 1.7\text{ cm}$$

승강기가 위로 가속되면 장력은 증가한다. 수직방향에 대한 뉴턴의 제2법칙은

$$\Sigma F_y = F - w = ma_y$$

이다. 따라서 복원력 혹은 장력은

$$F = w + ma_y = mg + ma_y = (3800\text{ kg})(9.8\text{ m/s}^2 + 2.3\text{ m/s}^2)$$
$$= 46{,}000\text{ N}$$

이므로 승강기가 막 움직이기 시작할 때 전체 길이가 90 m인 늘어난 케이블 길이는

$$\Delta L = \frac{(90\text{ m})(46{,}000\text{ N})}{(10\times10^{10}\text{ N/m}^2)(7.62\times10^{-4}\text{ m}^2)} = 0.054\text{ m} = 5.4\text{ cm}$$

이다.

검토 승객이 승강기에 타면 케이블은 1.7 cm 더 늘어난다. 이 길이는 충분히 느낄 수 있으나 승객들에게 불안감을 주지는 않는다. 승객들로 꽉 찬 승강기가 위로 가속될 때 전체 늘어나는 길이는 5.4 cm이다. 축구장만큼 긴 케이블에 대하여 이 결과는 불합리하지 않다. 길이의 변화율은 여전히 아주 작다.

문제의 난이도는 I(쉬움)에서 IIIII(도전)으로 구분하였다. INT로 표시된 문제는 지난 장의 내용이 복합된 문제이고, BIO는 생물학적 또는 의학적 관심 분야를 의미한다.

QR 코드를 스캔하여 이 장의 문제를 해결하는 데 도움이 되는 영상 학습 풀이를 시작하시오.

연습문제

8.1 돌림힘과 정적 평형

1. II 64 kg의 여자가 그림 P8.1에서처럼 목욕탕 저울의 양 끝에 놓여있는 판 위에 서 있다. 저울 눈금은 각각 얼마인가?

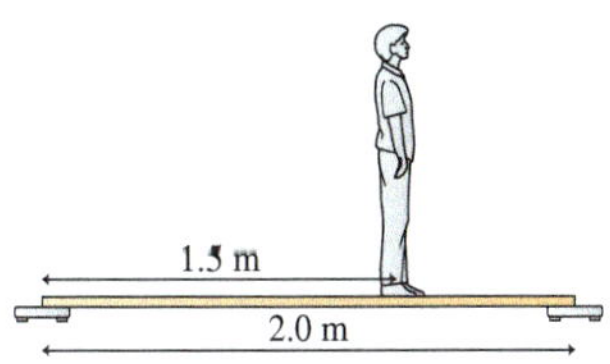

그림 P8.1

2. Ⅱ 그림 P8.2와 같은 질량 56 kg의 소풍용 탁자 위에서 70 kg의 남자가 탁자가 뒤집어지지 않고 탁자의 오른쪽 가장자리로 얼마나 접근할 수 있는가? (**힌트:** 탁자가 뒤집어지려 하기 직전에 탁자의 왼쪽에 바닥이 가하는 힘은 얼마인가?)

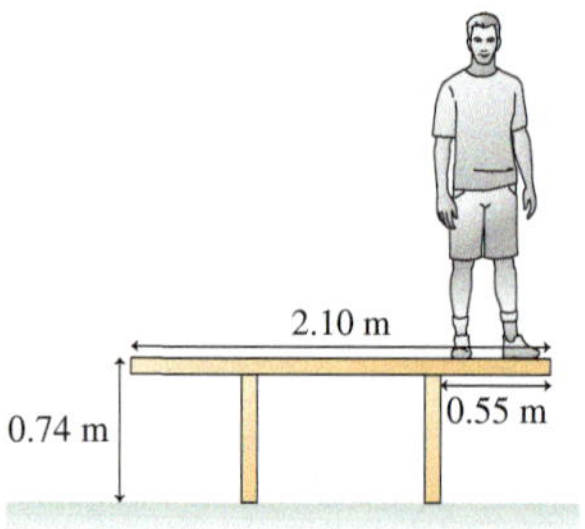

그림 P8.2

3. Ⅲ 어떤 사람이 길이 3.6 m, 질량 25 kg의 막대를 운반하고 있다. 쉬기 위하여 담장에 막대의 한쪽 끝을 놓고 35 cm 떨어진 지점을 잡고 있을 때, 평형을 유지시키기 위하여 작용해야 하는 수평방향의 힘의 크기는 얼마인가?

4. Ⅲ 그림 P8.4에 나오는 막대가 회전하지 않게 하려면 핀에 얼마만큼의 돌림힘을 가해야 하는가? 이 그림과 수직이고 핀과 막대가 만나는 지점을 중심으로 돌림힘을 계산하시오.

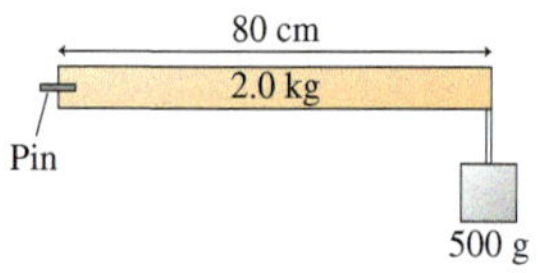

그림 P8.4

5. Ⅱ 그림 P8.5는 높이가 h이고 바닥에 있는 경첩 주위로 회전할 수 있는 막대를 나타낸다. 막대는 두 줄의 장력에 의해서 지지되어 있다. 왼쪽 줄의 장력과 오른쪽 줄의 장력의 비는 얼마인가?

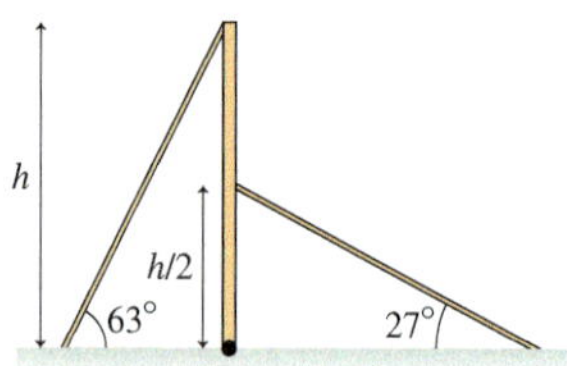

그림 P8.5

6. Ⅲ 그림 P8.6에서처럼 두 물체는 회전축을 중심으로 균형 있게 서 있다. 거리 d는 얼마인가?

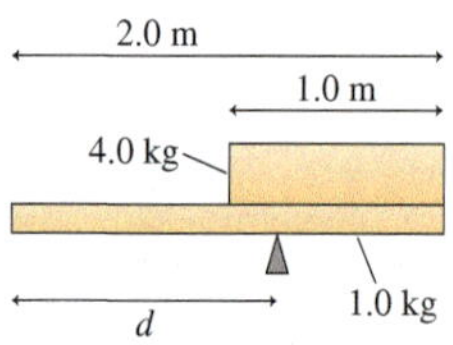

그림 P8.6

7. Ⅲ 60 kg의 다이버가 그림 P8.7과 같이 질량이 30 kg인 다이빙대 끝에 서 있다. 다이빙대의 왼쪽은 경첩에 연결되어 있고 오른쪽은 단순히 지지대 위에 올려져 있다. 경첩이 다이빙대에 수직방향으로 미치는 힘의 크기는 얼마인가?

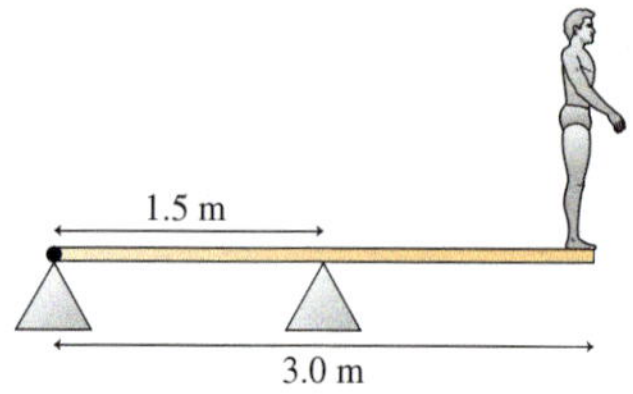

그림 P8.7

8. Ⅱ 그림 P8.8에 나온 것과 같이 길이 1 m이며 질량이 10 kg인 빔이 케이블에 연결되어 벽에 고정되어 있다. 이 빔은 벽과 만나는 점을 중심으로 자유롭게 회전할 수 있다. 케이블에 작용하는 장력은 얼마인가?

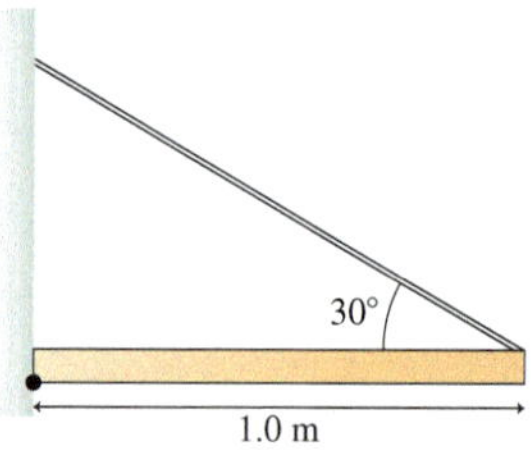

그림 P8.8

8.2 안전성과 균형

9. Ⅰ 4개의 선반이 달린 일반적인 캐비닛의 높이는 70인치이고 폭은 20인치이다. 균형이 잡혀 있다면 무게 중심은 캐비닛의 중심이 될 것이다. 이런 캐비닛을 옮길 때 일하는 사람은 이를 옆으로 살짝 넘어트려야 한다. 넘어지기 전까지 캐비닛을 몇 도 기울일 수 있을까?

10. Ⅱ 두 탁자가 40 cm 거리를 두고 놓여 있다. 뒤집어지지 않고 두 탁자를 연결할 수 있는 딱딱한 판의 최소 길이는 얼마인가?

11. Ⅱ 자동차 제조사는 최신 SUV가 뒤집어지지 않고 30°의 경사를 올라갈 수 있다고 홍보했다. 자동차의 폭이 1.8 m라면 이 자동차의 무게 중심은 어디에 있는가?

8.3 용수철과 훅의 법칙

12. Ⅰ 40 N의 힘을 용수철에 가했더니 0.1 m가 늘어났다. 80 N의 힘을 가하면 얼마나 늘어나겠는가?

13. Ⅰ '광족집게'를 이용한 실험을 통해 각 DNA 분자의 탄성도를 측정할 수 있다. 충분히 작은 길이의 변화에서 탄성도는 용수철과 같은 형태를 갖는다. 어떤 DNA 분자가 한쪽 끝이 고정되어 있다. 다른 쪽에서 1.5 nN(1.5×10^{-9} N)이 작용하여 이 분자가
BIO

5.0 nm(5.0×10^{-9} m)만큼 늘어나게 했다. 이 DNA 분자의 용수철 상수는 얼마인가?

14. ‖ 길이 10 cm의 용수철 한 끝이 천장에 매달려 있다. 한쪽 끝에 2 kg의 물체를 매달면 용수철은 15 cm로 늘어난다.
   a. 용수철 상수는 얼마인가?
   b. 여기에 3 kg의 물체를 매달면 얼마나 더 늘어나겠는가?

15. ‖ 1500 g의 물체를 수직 용수철에 걸었더니 용수철이 30 mm만큼 늘어났다. 여기에 800 kg의 물체를 더 매달면 용수철이 얼마나 더 늘어나겠는가?

8.4 물질 늘이기와 압축하기

16. ‖ 힘이 작용하여 줄이 1.0 mm 늘어났다.
   a. 두 번째 줄은 같은 물질로 만들어졌고 같은 단면적을 가지며 2배의 길이를 갖는다. 같은 힘을 작용할 때 줄은 얼마나 늘어날까?
   b. 세 번째 줄은 첫 번째 줄과 비교하여 재질과 길이는 같지만, 지름은 2배이다. 같은 힘을 작용할 때 줄은 얼마나 늘어날까?

17. ‖ 100 m의 구리 케이블의 지름은 2.0 cm이다. 이 케이블을 1.0 cm만큼 늘이려면 얼마만큼의 힘이 필요한가?

18. ‖ 한 학생이 1.0 m의 길이를 갖는 2.5 mm 지름의 강철 줄을 이용하여 실험하고 있다.
   a. 이 줄이 1.0 mm만큼 늘어나게 하려면 얼마만큼의 힘이 필요한가?
   b. 1.0 mm만큼 늘어나게 한 힘으로 5.0 mm 지름을 갖는 줄을 늘이면 길이 변화가 얼마나 일어나겠는가?

19. ‖ 신체가 평형을 유지하기 위해 필요한 다음 조건들이 참인지 판별하고 이유를 설명하시오.
   a. 신체에 작용하는 모든 외부 힘의 벡터합이 0이어야 한다.
   b. 신체의 임의의 한 점에 작용하는 외부 힘의 벡터합이 0이어야 한다.

20. ‖‖ 전나무로 만들어진 3개의 다리를 가지고 있는 의자에서 다리의 지름은 2.0 cm이다. 75 kg의 사람이 의자에 앉았을 때 다리 길이는 몇 퍼센트나 줄어들까? 의자의 다리는 수직이고 각 다리에는 같은 하중이 걸린다고 가정하라.

21. ‖ 통신에 사용되는 광케이블의 지름이 9.0 μm이다.
   a. 이 케이블이 파괴되지 않을 최대 힘의 크기는 얼마인가?
   b. 이 케이블이 파괴되기 전까지 선형으로 늘어난다고 가정하자. 10 m 길이의 케이블이 파괴되기 전까지 얼마나 늘어날까?

II 부

보존 법칙
Conservation Laws

황조롱이가 수직하강하기 위해 날개를 끌어당기고 있다. 이 과정에서 황조롱이는 약 100 km/h의 속력에 다다를 수 있다. 새가 어떻게 이러한 속력에 다다를 수 있을까? 또 왜 이 속력이 황조롱이가 먹잇감을 사냥하는 데 도움이 될까? 에너지 보존 법칙과 운동량 보존 법칙을 고려하면 이러한 질문에 대해 매우 훌륭하게 답을 할 수 있다.

어떠한 것들은 어떻게 변하지 않고 남을 수 있는가?

이 교재의 I부는 **변화**(change)에 관한 것이었다. 간단하게 살펴본 것이 우리 주변의 대부분의 물체가 변하고 있다는 것을 말해주었다. 그럼에도 불구하고 어떤 것들은 그들 주위의 모든 것들이 변하더라도 변하지 않는 것이 있다. II부에서는 변하지 않고 남아 있는 것들을 중점적으로 공부할 것이다.

예를 들어, 단단히 밀봉된 상자 속의 공기를 모두 산소와 수소의 혼합기체로 바꾸었다고 생각해보자. 상자와 기체의 무게를 합하면 600.0 g이다. 자 이제, 불꽃을 이용하여 수소와 산소를 점화했다고 하자. 알고 있는 바와 같이 이 연소반응에서 수소와 산소가 물로 바뀌면서 뻥하고 소리를 낸다. 그러나 견고한 상자 안에는 폭발과 함께 생성된 것들도 모두 남는다.

반응 후에 상자 질량은 얼마인가? 상자 안의 기체는 다르지만, 정밀하게 측정해보면 아직도 상자 질량은 600.0 g으로 변화가 없다. 이러한 상황을 질량이 **보존**되었다고 한다. 이것이 사실이려면 상자가 완전히 밀폐되어 있어야 한다. 질량 보존의 법칙을 적용하려면 그 계는 밀폐되어 있어야 한다.

보존 법칙

상호작용하는 입자들로 이루어진 고립계는 또 다른 중요한 특성이 있다. 각 계는 특정한 숫자로 나타내지며 상호작용이 복잡하다고 하더라도 이 숫자는 결코 변하지 않는다. 이 숫자를 계의 에너지라고 하며, 그것이 결코 변하지 않는다는 사실을 **에너지 보존 법칙**이라고 한다. 아마도 이것은 지금까지 발견된 가장 중요한 물리 법칙 중 하나이다.

에너지 보존 법칙은 뉴턴의 법칙보다도 훨씬 더 일반적인 것이다. 에너지는 다른 여러 형태로 변할 수 있으며, 이 모든 경우에 총에너지는 같다.

- 가솔린, 디젤, 제트 기관은 연료의 에너지를 피스톤과 바퀴, 기어를 움직이는 역학적 에너지로 바꾸어준다.
- 태양 전지는 빛의 전자기 에너지를 전기 에너지로 바꾸어준다.
- 유기체는 식품의 화학 에너지를 운동 에너지와 소리 에너지, 열에너지 등 다양한 형태의 에너지로 바꾸어준다.

에너지는 이 교재의 나머지 부분에서 가장 중요한 개념이며, II부의 대부분은 에너지가 무엇이며 어떻게 이용되는지를 이해하는 데에 초점이 맞추어져 있다.

그렇지만 에너지만이 유일하게 보존되는 양은 아니다. II부에서 고립계에서 보존되는 다른 두 물리량, 곧 **운동량**과 **각운동량**에 대하여 공부할 것이다. 이들의 보존은 양들이 싸울 때의 힘이나 우아한 스케이트 선수의 회전에 이르기까지 광범위한 영역의 물리 과정을 이해하는 데 도움을 줄 것이다.

보존 법칙은 새롭고 다른 **관점**에서 운동을 이해할 수 있게 해준다. 어떤 상황은 뉴턴의 법칙으로 매우 쉽게 해석할 수 있지만, 보존 법칙의 개념으로 해석할 때 의미가 있는 것들도 있다. II부의 가장 중요한 목표는 어느 개념이 주어진 문제에 가장 적합한지를 배우는 것이다.

9 운동량
Momentum

숫양들이 주도권 쟁탈을 위한 싸움에서 빠른 속력으로 서로의 머리를 부딪힌다. 뇌 손상을 피하기 위해 이런 충돌에서 힘을 최소화하려면 어떻게 해야 하는가?

학습목표

충격량, 운동량과 보존 법칙에 기반을 둔 새로운 문제 풀이 전략을 배운다.

충격량

골프채로 골프공을 치면 공에 **충격량**을 준다.

힘이 작용하는 시간이 길수록, 힘의 크기가 클수록 물체에 더 큰 충격량을 준다는 것을 배운다.

운동량과 충격량

선수 머리가 공에 준 충격량은 공의 **운동량**을 변화시킨다.

충격량-운동량 정리를 사용하여 운동량 변화를 계산하는 법을 배운다.

운동량 보존

충돌 전후 당구공의 운동량은 같다. 즉, **보존된다**.

운동량 보존 법칙을 사용하여 강력하고 새로운 전-후 문제 풀이 전략을 공부한다.

이 장의 배경

뉴턴의 제3법칙

4.7절에서 뉴턴의 제3법칙을 배웠다. 이 장에서는 운동량 보존 법칙을 이해하기 위하여 이 법칙을 적용할 것이다.

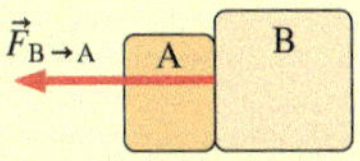

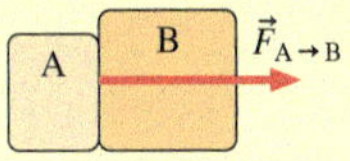

뉴턴의 제3법칙에 의하면 B가 A에 미치는 힘은 A가 B에 미치는 힘과 크기는 같고 방향은 반대이다.

9.1 충격량

두 물체가 짧은 시간 동안 상호작용하는 것이 **충돌**(collision)이다. 테니스공과 라켓 또는 발과 축구공 사이의 충돌은 사람의 눈에는 순간적으로 보이지만 이는 감각의 한계에서 비롯된 것이다. 그림 9.1의 축구공을 찰 때 연속해서 찍은 고속촬영 사진들을 보면, 발이 공에 접촉하면 공이 압축되는 것을 알 수 있다. 공이 압축되는 데 시간이 걸리고 공이 다시 팽창하는 데는 시간이 더 걸린다.

그림 9.1 축구공을 찰 때 연속해서 찍은 고속촬영 사진들

충돌이 지속되는 시간은 물체를 이루는 재료에 의존하는데, 1에서 10 ms(0.001에서 0.010 s)가 전형적인 값이다. 이것은 두 물체가 서로 접촉하고 있는 시간이다. 물체가 딱딱할수록 접촉 시간은 짧아진다. 두 강철구의 충돌 시간은 1 ms보다 작고 발과 축구공 사이의 충돌 시간은 10 ms 동안 지속될 수 있다.

그림 9.2 축구공에 작용하는 힘이 빠르게 변한다.

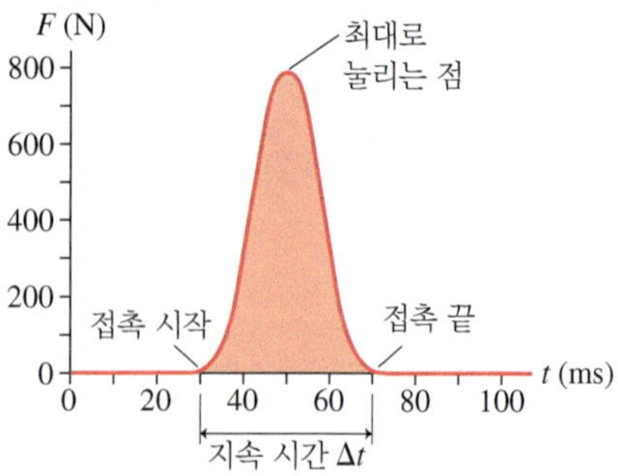

그림 9.1의 공을 차는 그림을 고려하자. 왼쪽 사진에서 발과 공이 접촉을 하는 순간 공이 눌리기 시작한다. 그림 9.1의 중간 사진에서 공이 많이 눌린 것을 볼 수 있다. 끝으로 오른쪽 사진에서 공은 빨리 움직이고 조금만 눌린 상태이다.

공이 눌린 정도는 발이 공에 작용하는 힘의 크기를 측정하는 척도이다. 더 많이 눌린 것이 큰 힘을 뜻한다. 시간에 따라 이 힘이 변하는 것을 그래프로 그리면 그림 9.2 같을 것이다. 발이 공에 닿기 전에 힘은 0이고 최댓값까지 갑자기 증가해서 공이 발을 떠나는 시점에서 0이 된다. 따라서 힘이 작용하는 지속 시간 Δt는 정확히 정의할 수 있다. 이처럼 큰 힘이 짧은 시간 동안 작용할 때 이 힘을 **충격력**(impulsive force)이라 한다. 망치로 못을 박을 때의 힘이나 야구공을 방망이로 때릴 때의 힘이 충격력의 한 예이다.

그림 9.3 충격량 그래프

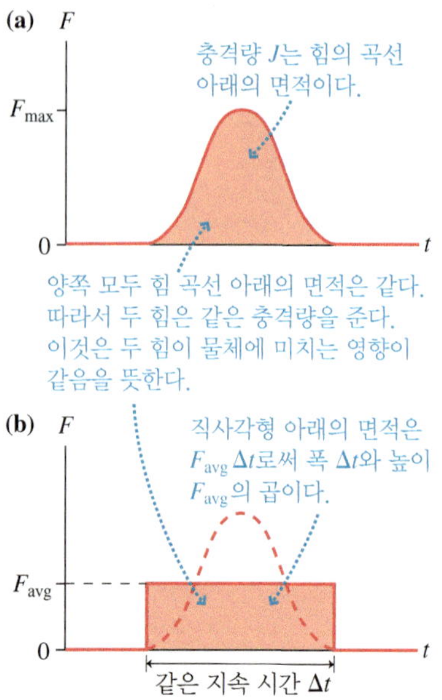

공을 세게 차거나(힘의 곡선이 높아진다) 오랜 시간 동안 발이 공에 접촉하면(힘의 곡선이 넓어진다) 공이 발을 떠날 때 공의 속력이 더 커진다. 곧, 차는 **효과**가 더 생긴다. 힘–시간 곡선이 높아지고 넓어지면 곡선과 축 사이의 면적(힘의 곡선 '아래'의 면적)이 더 커진다. 따라서 **충격력의 효과는 힘–시간 곡선의 아래 면적에 비례한다**고 할 수 있다. 그림 9.3(a)에 나타낸 바와 같이 이 면적을 힘의 **충격량**(impulse) J라 한다.

충격력은 복합적이고 힘–시간 그래프는 대개 복잡하게 변한다. 따라서 **평균** 힘 F_{avg}를 도입해서 충돌을 생각하는 것이 유용하다. 그림 9.3(b)에서 F_{avg}는 실제로 작용하는 힘과 같이 힘 곡선 아래의 면적이 같고, 지속 시간 Δt도 같은 일정한 힘으로 정의한다. 그림에서 힘 곡선 아래의 면적은 $F_{avg}\Delta t$이다. 따라서

$$\text{충격량 } J = \text{힘 곡선 아래의 면적} = F_{avg}\Delta t \qquad (9.1)$$

Δt 동안 작용하는 힘의 충격량

이다. 식 (9.1)에서 충격량의 단위는 N·s이다. N·s와 kg·m/s는 같은데, 충격량의 단위로 후자를 더 자주 쓴다.

지금까지 힘이 좌표축, 즉 x축을 따라 작용한다고 가정해 왔다. 이 경우 충격량은 양(+)이나 음(−)의 부호를 갖는다. 평균 힘이 $+x$방향으로 작용할 때(F_{avg}가 양수) 충격량은 양수이다. 힘이 $-x$방향으로 작용할 때(F_{avg}가 음수) 충격량은 음수이다. 일반적으로 충격량은 벡터로, 그 방향은 평균 힘 벡터의 방향이다.

$$\vec{J} = \vec{F}_{avg}\,\Delta t \qquad (9.2)$$

예제 9.11 튀는 공의 충격량 구하기

고무공이 바닥에서 튈 때 그림 9.4와 같은 힘을 받는다.

a. 공에 작용한 충격량은 얼마인가?

b. 공에 작용하는 평균 힘은 얼마인가?

그림 9.4 바닥이 튀는 공에 작용하는 힘

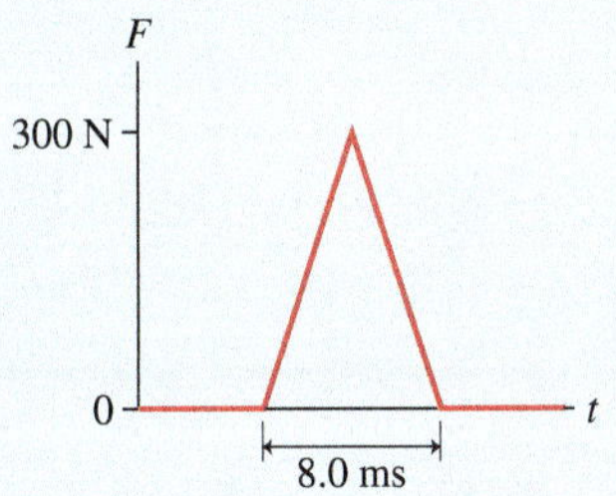

준비 충격량은 힘 곡선 아래의 면적이다. 곡선 형태가 삼각형이고 삼각형의 면적은 1/2 × 높이 × 밑변이라는 공식을 사용한다.

풀이 a. 충격량은

$$J = \tfrac{1}{2}(300\text{ N})(0.0080\text{ s}) = 1.2\text{ N}\cdot\text{s} = 1.2\text{ kg}\cdot\text{m/s}$$

이다.

b. 식 (9.1)에서 $J = F_{avg}\Delta t$이다. 따라서 같은 충격량을 주는 평균 힘은

$$F_{avg} = \frac{J}{\Delta t} = \frac{1.2\text{ N}\cdot\text{s}}{0.0080\text{ s}} = 150\text{ N}$$

이다.

검토 이 특정한 예제에서 힘의 평균값은 최댓값의 절반이다. 이것은 삼각형 힘에서 놀랍지는 않은데, 삼각형의 면적이 밑변 곱하기 높이의 절반이기 때문이다.

9.2 운동량과 충격량–운동량 정리

충격력의 효과는 물체에 전달된 충격량에 의존한다는 것을 알았다. 이 효과는 물체의 질량에도 의존한다. 무거운 물체를 차면 가벼운 물체를 찰 때에 비해 물체의 속도 변화가 작아지는 것을 경험으로 알고 있다. 이제 충격량과 질량, 그리고 속도 변화를 정량적으로 관련시키고자 한다.

그림 9.5에서 질량이 m인 퍽(puck)이 초기 속도 $\vec{v}_i$로 미끄러진다. 하키 스틱으로 퍽을 쳐서 퍽에 충격량 $\vec{J} = \vec{F}_{avg}\,\Delta t$를 주었다. 충격량을 받은 퍽은 나중 속도 $\vec{v}_f$로 스틱을 떠난다. 나중 속도와 초기 속도는 어떻게 연관이 될까?

퍽이 스틱과 접촉하는 동안 퍽의 평균 가속도는 뉴턴의 제2법칙에서

그림 9.5 스틱이 퍽에 충격량을 주어 속력이 변한다.

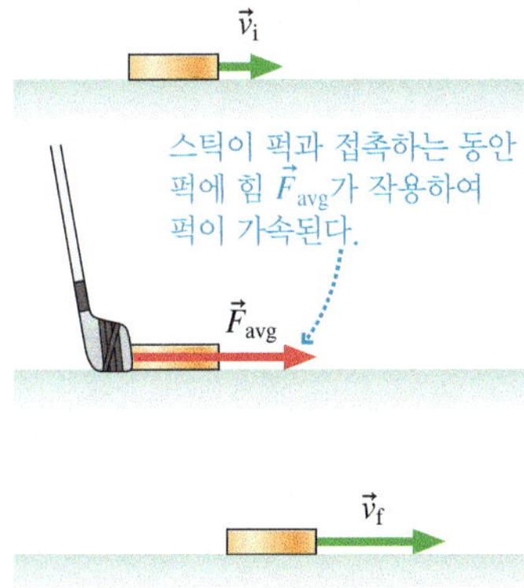

$$\vec{a}_{\text{avg}} = \frac{\vec{F}_{\text{avg}}}{m} \tag{9.3}$$

이다. 평균 가속도는 속도 변화와 다음 식으로 연관된다.

$$\vec{a}_{\text{avg}} = \frac{\Delta\vec{v}}{\Delta t} = \frac{\vec{v}_{\text{f}} - \vec{v}_{\text{i}}}{\Delta t} \tag{9.4}$$

식 (9.3)과 (9.4)를 결합하면

$$\frac{\vec{F}_{\text{avg}}}{m} = \vec{a}_{\text{avg}} = \frac{\vec{v}_{\text{f}} - \vec{v}_{\text{i}}}{\Delta t}$$

이고, 정리하면

$$\vec{F}_{\text{avg}}\,\Delta t = m\vec{v}_{\text{f}} - m\vec{v}_{\text{i}} \tag{9.5}$$

가 된다. 이 식의 좌변은 충격량 $\vec{J}$이다. 우변은 $m\vec{v}$의 변화이다. 이 양은 물체의 질량과 속도의 곱이고, 물체의 **운동량**(momentum)이라고 한다. 운동량의 기호는 $\vec{p}$이다.

$$\vec{p} = m\vec{v} \tag{9.6}$$

질량이 m이고 속도가 $\vec{v}$인 물체의 운동량

수업 영상

그림 9.6 입자의 운동량 벡터 $\vec{p}$는 x와 y성분으로 분해할 수 있다.

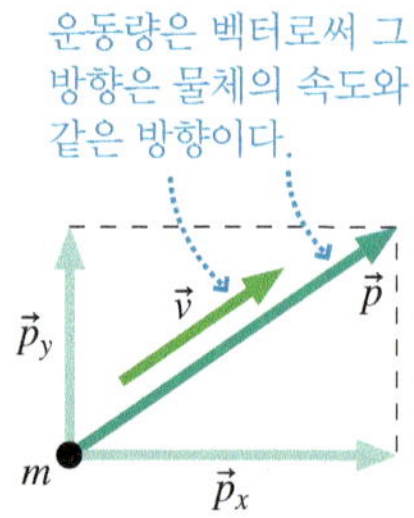

표 9.1 전형적인 운동량(근사적 값)

물체	질량 (kg)	속력 (m/s)	운동량 (kg·m/s)
떨어지는 빗방울	2×10^{-5}	5	10^{-4}
총알	0.004	500	2
던져진 야구공	0.15	40	6
달리는 사람	70	3	200
고속도로 위의 차	1000	30	3×10^{4}

다리의 활용 BIO 점프하는 개구리가 땅에서 뛰어오를 때 가능하면 큰 운동량을 얻고자 한다. 이는 땅이 충격량 $J = F_{\text{avg}}\Delta t$의 최댓값을 개구리에게 주는 것을 뜻한다. 근육이 땅에 작용하는 힘은 한계가 있고 F_{avg}는 제한된다. 그러나 힘이 작용하는 시간 Δt는 다리가 길면 크게 증가한다. 점프를 잘하는 많은 동물들은 특히 긴 다리를 갖는다.

식 (9.6)에서 운동량의 단위는 질량 곱하기 속도의 단위이고 kg·m/s이다. 앞에서 충격량의 단위로 kg·m/s를 선호한다고 했는데, 그 이유는 운동량의 단위와 같기 때문이다.

그림 9.6에서 운동량 $\vec{p}$는 벡터양이고 그 방향은 속도 벡터 $\vec{v}$와 같다. 다른 벡터처럼 $\vec{p}$는 x와 y성분으로 분해할 수 있다. 식 (9.6)은 벡터 방정식으로써 다음 두 식을 의미한다.

$$\begin{aligned} p_x &= mv_x \\ p_y &= mv_y \end{aligned} \tag{9.7}$$

물체의 운동량 크기는 물체의 질량과 속력의 곱으로써 $p = mv$이다. 무겁고 빠른 물체의 운동량은 크고, 가볍고 느린 물체의 운동량은 작다. 두 물체에서 질량의 차이가 클 때 속력의 차이도 크면 두 물체의 운동량은 비슷할 수 있다. 표 9.1은 여러 움직이는 물체에서 운동량의 전형적인 값을 보여준다. 총알과 빠른 공의 운동량이 비슷한 것을 볼 수 있다. 움직이는 자동차의 운동량은 떨어지는 빗방울의 운동량보다 거의 십억 배 이상 크다.

충격량–운동량 정리

이제 식 (9.5)를 충격량과 운동량으로 나타내자.

$$\vec{J} = \vec{p}_{\text{f}} - \vec{p}_{\text{i}} = \Delta\vec{p} \tag{9.8}$$

충격량–운동량 정리

여기에서 $\vec{p}_i = m\vec{v}_i$는 물체의 초기 운동량이고, $\vec{p}_f = m\vec{v}_f$는 충격량이 주어진 후 물체의 나중 운동량, 그리고 $\Delta\vec{p} = \vec{p}_f - \vec{p}_i$는 운동량의 변화이다. 이것이 **충격량–운동량 정리**(impulse-momentum theorem)이다. 이는 **물체에 주어진 충격량이 물체의 운동량 변화를 일으킨다**는 것을 뜻한다. 곧, 충격력의 **효과**는 물체의 운동량을 $\vec{p}_i$에서

$$\vec{p}_f = \vec{p}_i + \vec{J} \tag{9.9}$$

로 바꾸는 것이다. 식 (9.8)을 x와 y성분으로 나타내면 다음과 같다.

$$\begin{aligned} J_x &= \Delta p_x = (p_x)_f - (p_x)_i = m(v_x)_f - m(v_x)_i \\ J_y &= \Delta p_y = (p_y)_f - (p_y)_i = m(v_y)_f - m(v_y)_i \end{aligned} \tag{9.10}$$

그림 9.7은 두 예를 통해 충격량–운동량 정리를 보여준다. 처음에 퍼터가 공을 때려서 공에 힘을 가하고 충격량 $\vec{J} = \vec{F}_{avg}\,\Delta t$를 준다. 충격량의 방향이 힘의 방향과 같은 것에 주목하라. 이 경우 $\vec{p}_i = \vec{0}$이므로 충격량–운동량 정리를 쓰면 공이 퍼터를 떠날 때의 운동량은 $\vec{p}_f = \vec{p}_i + \vec{J} = \vec{J}$가 된다. 이것이 그림 9.7(a)에 나와 있다.

그림 9.7(b)의 축구 선수는 더 복잡한 경우이다. 여기에서 공의 초기 운동량은 왼쪽 아래를 향하고 있다. 선수 머리가 공에 준 충격량은 오른쪽 위를 향하며 공을 반대 방향으로 보내기에 충분한 크기를 갖는다. 그림 9.7(b)에서 벡터의 덧셈을 그림으로 나타냈으며 $\vec{p}_f = \vec{p}_i + \vec{J}$이다.

그림 9.7 충격량은 운동량을 변하게 한다.

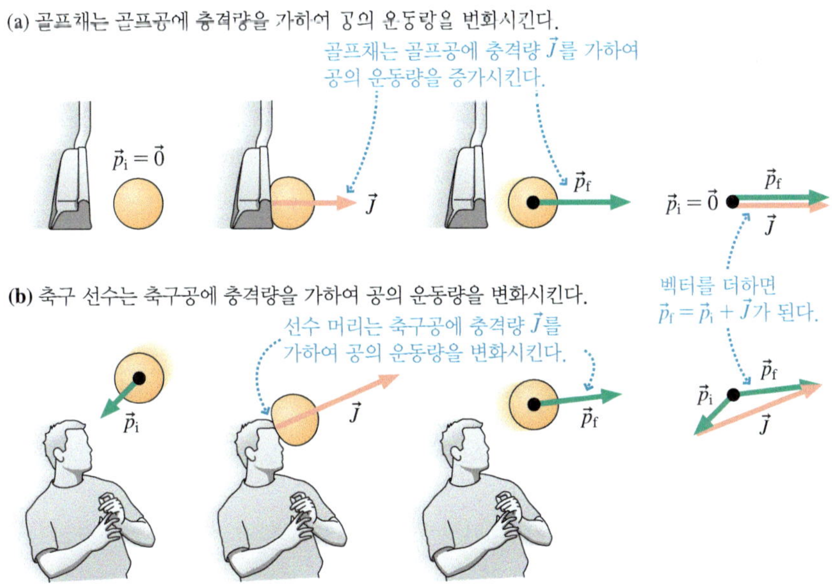

예제 9.2 운동량 변화 계산하기

실량이 $m = 0.25$ kg인 공이 1.3 m/s로 오른쪽으로 굴러서 벽에 부딪힌다. 튀어나온 공은 1.1 m/s로 왼쪽으로 움직인다. 공의 운동량 변화는 얼마인가? 벽이 공에 준 충격량은 얼마인가?

준비 벽에서 튀어나오는 공의 개요도가 그림 9.8에 있다. 여기에서

그림 9.8 벽에서 튀어나오는 공의 개요도

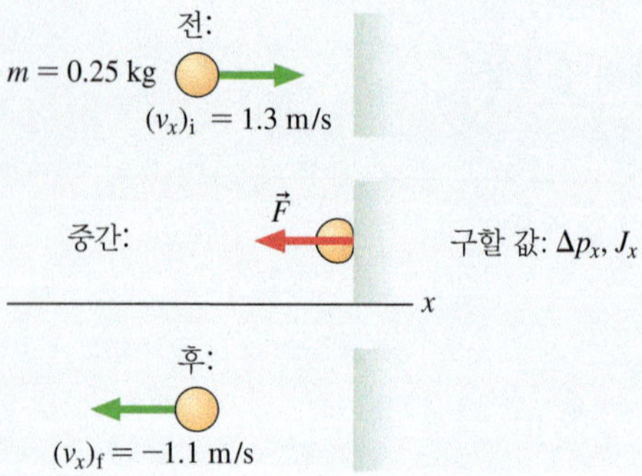

공과 벽의 상호작용을 '갖기 전'과 '갖기 후'로 나누어서 나타내었다. 다음 절에서 전-후 그림에 대해 더 설명할 것이다. 공이 x축을 따라 움직이므로 식 (9.7)처럼 운동량의 성분 형태를 쓰고자 한다. 운동량의 변화는 운동량의 최종값과 초기값의 차이이다. 충격량-운동량 정리에서 충격량은 운동량의 변화와 같다.

풀이 초기 운동량의 x성분은

$$(p_x)_i = m(v_x)_i = (0.25\ \text{kg})(1.3\ \text{m/s}) = 0.325\ \text{kg}\cdot\text{m/s}$$

이다. 충돌 전과 후에 운동량의 y성분은 0이다. 공이 튄 후 공의 운동량의 x성분은

$$(p_x)_f = m(v_x)_f = (0.25\ \text{kg})(-1.1\ \text{m/s}) = -0.275\ \text{kg}\cdot\text{m/s}$$

이다. 속도의 경우처럼 운동량의 x성분이 음수인 것에 특히 주목하라. 이것은 공이 **왼쪽**으로 움직이는 것을 뜻한다. 운동량의 변화는

$$\Delta p_x = (p_x)_f - (p_x)_i = (-0.275\ \text{kg}\cdot\text{m/s}) - (0.325\ \text{kg}\cdot\text{m/s}) = -0.60\ \text{kg}\cdot\text{m/s}$$

이다. 충격량-운동량 정리에서 벽이 공에 준 운동량은 이 변화와 같고, 따라서 다음과 같다.

$$J_x = \Delta p_x = -0.60\ \text{kg}\cdot\text{m/s}$$

검토 충격량은 음수이고, 이것은 충격량의 원인이 되는 힘이 왼쪽을 향한다는 것을 의미한다.

종합 9.1 운동량과 충격량

운동하는 물체는 운동량을 가지고 있다. 물체에 작용하는 힘은 물체에 **충격량**을 제공하여 물체의 운동량을 변화시킨다.

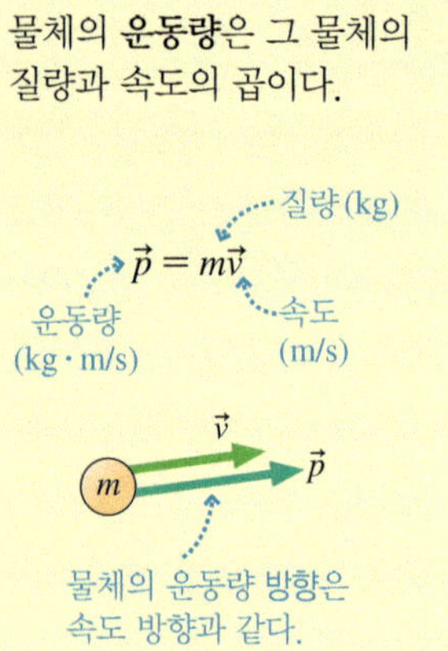

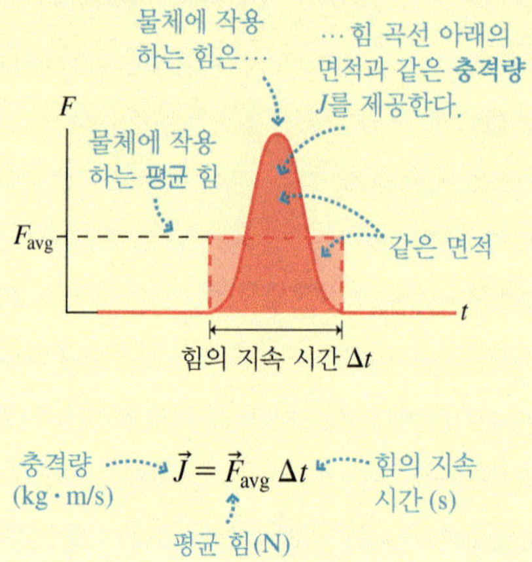

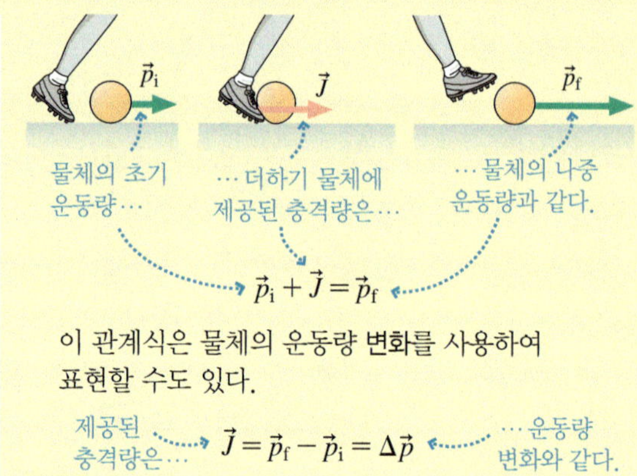

충격량-운동량 정리를 흥미롭게 응용한 하나의 예는 빠르게 움직이는 물체를 가능하면 자연스런 방법으로 어떻게 느리게 만드느냐는 것이다. 예를 들어, 자동차가 교량 받침대와 충돌한다고 하자. 이 충돌에서 살아남으려면 어떻게 해야 하는가? 이 장의 시작 부분에 있는 숫양들이 충돌할 때 다치지 않으려면 어떻게 해야 할까?

이 예들에서 충돌 직전 물체의 운동량은 $\vec{p}_i$이고 그 후의 운동량은 0이다($\vec{p}_f = \vec{0}$). 충격량-운동량 정리에서

$$\vec{J} = \vec{F}_{avg}\,\Delta t = \Delta\vec{p} = \vec{p}_f - \vec{p}_i = -\vec{p}_i$$

이고

$$\vec{F}_{avg} = -\frac{\vec{p}_i}{\Delta t} \qquad (9.11)$$

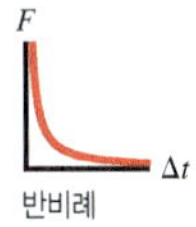

이다. 곧, 물체를 정지시키는 데 필요한 평균 힘은 충돌 지속 시간에 반비례한다. **충돌 지속 시간이 증가하면 충격력은 줄어들 것이다.** 이것이 충격을 완화하는 대부분의 기법에 사용되는 원리이다.

예를 들어, 교량 받침대 같은 장애물은 그 앞에 물로 채운 통을 놓아서 더 안전하게 만들 수 있다. 충돌 시 자동차가 이 통을 통과하는 시간은 교량 받침대에 바로 충돌해서 정지할 때 시간보다 길어진다. 자동차에 작용하는 힘(그리고 안전벨트가 운전자에 작용하는 힘)은 충돌 지속 시간이 길어짐에 따라 크게 줄어든다.

이 장의 시작 부분에 있는 사진처럼 숫양들은 빠른 속력으로 충돌하더라도 뇌 손상이 일어나지 않도록 되어 있다. 두개골은 이중벽으로 되어 손상을 방지하고 두꺼운 스펀지 같은 물질이 뇌가 충격을 받고 정지하는 데 걸리는 시간을 길게 한다. 이렇게 하여 뇌에 작용하는 힘의 크기를 감소시킨다.

가시 쿠션 BIO 고슴도치의 가시는 분명히 포식자로부터 자신을 보호하는 역할을 하지만 다른 기능도 제공하고 있다. 고슴도치가 나무에서 떨어질 때 자신을 공 모양으로 동그랗게 말아서 툭 떨어진다. 두꺼운 가시가 쿠션 역할을 해서 고슴도치가 정지할 때까지 걸리는 시간을 증가시킨다. 실제로, 고슴도치가 지상에 도달하기 위해 의도적으로 나무에서 떨어지는 것이 관찰되었다!

총 운동량

2개 이상의 물체(입자계)가 움직일 때 그 계(system)는 총 운동량을 갖는다. 입자계의 **총 운동량**(total momentum) $\vec{P}$(대문자에 주의)는 개별 입자들의 운동량의 벡터합이다.

$$\vec{P} = \vec{p}_1 + \vec{p}_2 + \vec{p}_3 + \cdots$$

그림 9.9는 그림을 써서 3개의 움직이는 당구공의 운동량 벡터를 더하여 총 운동량을 구하는 법을 나타낸 것이다. 9.4절에서 운동량 보존 법칙을 논의할 때 총 운동량의 개념이 중요하다.

그림 9.9 세 당구공의 총 운동량

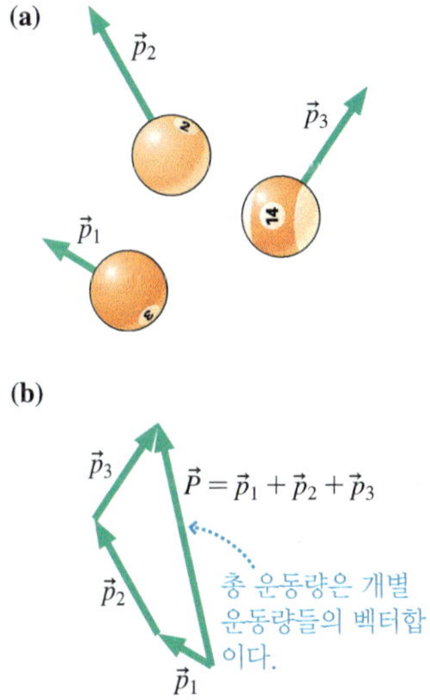

9.3 충격량과 운동량 문제 풀이

그림을 그려보는 것은 문제를 풀기 위한 중요한 도구이다. 1장에서 8장까지 배운 개요도와 자유 물체 도형은 뉴턴의 법칙을 써서 운동학적 해석을 하기 위한 것이다. 지금은 '전'과 '후'를 연관시키는 데 흥미가 있다.

풀이 전략 9.1 전–후 개요도 그리기

❶ **상황을 그림으로 그린다.** 물체들이 상호작용하기 직전과 상호작용을 한 직후를 나타내는 그림을 그리고 '전'과 '후'라 한다.

❷ **좌표계를 정한다.** 운동과 일치하도록 축을 정한다.

❸ **기호를 정의한다.** 상호작용 전과 후의 질량과 속도를 나타내는 기호를 정의한다. 위치와 시간은 필요하지 않다.

❹ **주어진 정보를 나열한다.** 문제에서 서술된 값이나 간단한 그림과 단위 환산으로 알 수 있는 값을 나열한다. 전–후 그림은 대개 동역학 문제에 관한 그림보다 간단하다. 알고 있는 정보를 그림에 표시한다.

❺ **구할 값을 확인한다.** 질문에 답하기 위해 어떤 변수를 구해야 하는가? 이것은 3단계에서 기호로 정의했어야 한다.

예제 9.3 **야구공을 칠 때의 힘**

150 g의 야구공을 20 m/s의 속력으로 던진다. 타자가 이 공을 40 m/s의 속력으로 투수 쪽으로 쳐냈다. 방망이가 공에 작용하는 충격력의 모양이 **그림 9.10**에 있다. 방망이가 공에 작용하는 최대 힘 F_{max}는 얼마인가? 방망이가 공에 작용하는 **평균** 힘은 얼마인가?

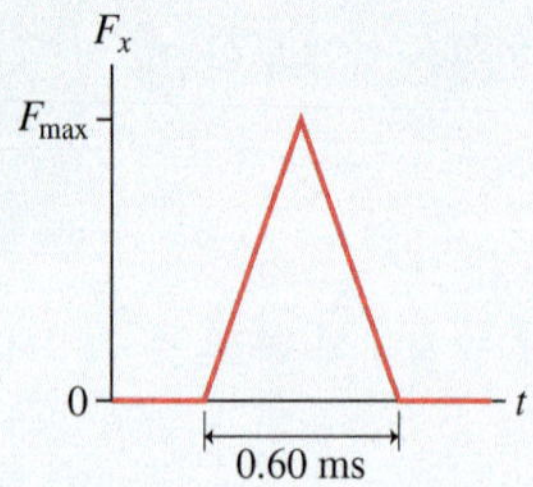

그림 9.10 야구공과 방망이 사이에 작용하는 힘

그림 9.11 전–후 개요도

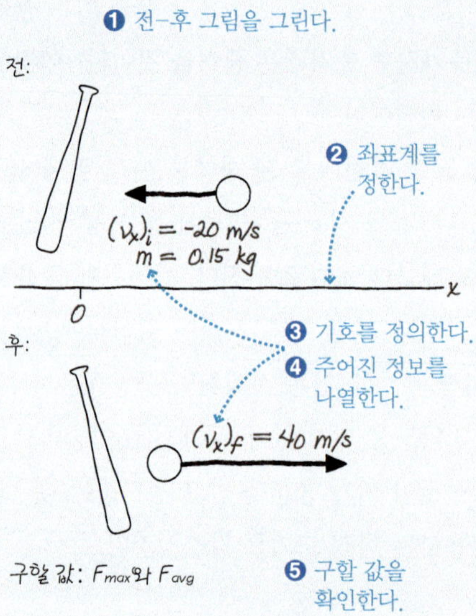

준비 상호작용을 충돌로 모형화한다. **그림 9.11**은 풀이 전략 9.1의 단계들을 구체적으로 적용한 전–후 개요도이다. F_x가 양수이므로 (오른쪽 방향의 힘) 야구공은 처음에 왼쪽으로 움직이다가 방망이에 맞아서 오른쪽으로 움직이는 것을 알 수 있다. 따라서 속력에 관한 서술을 속도에 관한 정보로 바꾼다. 이때 $(v_x)_i$는 음수이다.

풀이 앞의 장들에서 뉴턴의 제2법칙을 써서 해를 구하였다. 이제 충격량–운동량 정리를 쓸 것이다.

$$\Delta p_x = J_x = \text{힘 곡선 아래의 면적}$$

충돌 전과 후의 속도를 알고 있으므로 야구공의 운동량 변화를 구할 수 있다.

$$\begin{aligned}\Delta p_x &= m(v_x)_f - m(v_x)_i = (0.15\text{ kg})(40\text{ m/s} - (-20\text{ m/s}))\\ &= 9.0\text{ kg}\cdot\text{m/s}\end{aligned}$$

힘 곡선은 삼각형으로써 높이는 F_{max}이고 폭은 0.60 ms이다. 예제 9.1처럼 곡선 아래 면적은

$$\begin{aligned}J_x &= \text{면적} = \tfrac{1}{2}\times F_{max}\times(6.0\times10^{-4}\text{ s})\\ &= (F_{max})(3.0\times10^{-4})\end{aligned}$$

이다. 충격량–운동량 정리에서 $\Delta p_x = J_x$이고

$$9.0\text{ kg}\cdot\text{m/s} = (F_{max})(3.0\times10^{-4}\text{ s})$$

이다. 따라서 최대 힘은

$$F_{max} = \frac{9.0\text{ kg}\cdot\text{m/s}}{3.0\times10^{-4}\text{ s}} = 30{,}000\text{ N}$$

이다. 식 (9.1)에서 **평균** 힘을 구할 수 있다. 이것은 충돌 지속 시간 $\Delta t = 6.0\times10^{-4}$ s에 따라 변하고 최댓값보다 작다.

$$F_{avg} = \frac{J_x}{\Delta t} = \frac{\Delta p_x}{\Delta t} = \frac{9.0\text{ kg}\cdot\text{m/s}}{6.0\times10^{-4}\text{ s}} = 15{,}000\text{ N}$$

검토 F_{max}는 큰 힘이지만 충돌 지속 시간 중에 작용하는 힘의 전형적인 값이다.

충격량 근사

예제 9.3의 방망이와 야구공의 경우처럼 두 물체가 충돌 중 상호작용을 할 때, 그들 사이에 작용하는 힘은 일반적으로 꽤 크다. 다른 힘도 물체에 작용할 수 있지만, 대개 이 힘은 두 물체 사이에 상호작용하는 힘보다 매우 작다. 예를 들면, 예제 9.3에서 야구공의 무게 1.5 N은 방망이가 야구공에 작용하는 힘 30,000 N에 비해 아주 작다. 충격력이 지속되는 짧은 시간 동안 이러한 작은 힘은 무시할 수 있다. 이것이 **충격량 근사**(impulse approximation)이다.

충격량 근사를 쓸 때 $(p_x)_i$와 $(p_x)_f$는 충돌 **직전**과 **직후**의 운동량이다[$(v_x)_i$와 $(v_x)_f$는 충돌 직전과 직후의 속도]. 예를 들면, 예제 9.3의 속도는 야구공이 방망이에 충

돌하기 직전과 직후의 야구공 속도이다. 그래서 무게와 끌림힘을 고려하여 1초가 지나 2루수가 야구공을 잡을 때 야구공의 속력을 구하는 후속 문제를 해결할 수 있다.

예제 9.4 **튀어 오르는 공의 높이**

딱딱한 마루를 향해 100 g의 고무공을 바로 아래로 던져서 부딪힐 때 속력이 11 m/s이다. **그림 9.12**는 바닥이 공에 작용하는 힘을 나타낸다. 공이 튀어 올랐을 때 그 높이를 추정하시오.

그림 9.12 바닥이 튀어 오르는 고무공에 작용하는 힘

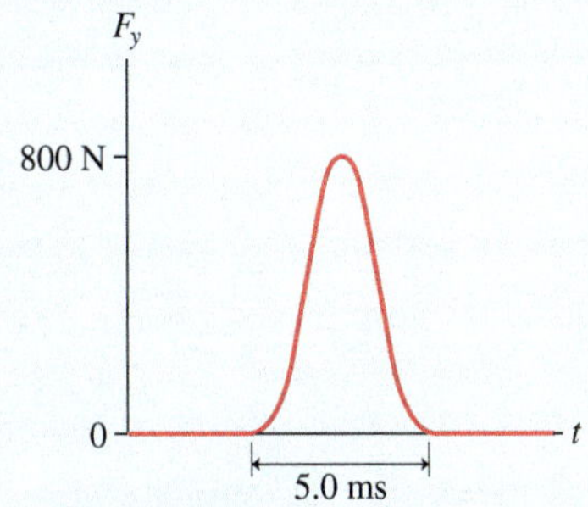

준비 공이 바닥과 접촉하는 동안 충격력이 작용한다. 충격량 근사를 사용하면 5.0 ms 동안 공의 무게를 무시한다. 튀어 오른 후에 공이 올라가는 운동은 자유 낙하 운동으로써 중력만 작용한다. 공이 튄 후의 운동을 기술하기 위해 자유 낙하 운동학을 쓸 것이다.

그림 9.13은 개요도이다. 문제를 충격량 충돌과 위로 향하는 자유 낙하의 두 부분으로 나눈다. 개요도에서 충돌 직전 공의 속도는 v_{1y}이고 충돌 직후 공의 속도는 v_{2y}이다. 올라가는 자유 낙하의 정점에서 공의 속도는 $v_{3y} = 0$이다.

그림 9.13 튀어 오르는 공의 전–후 개요도

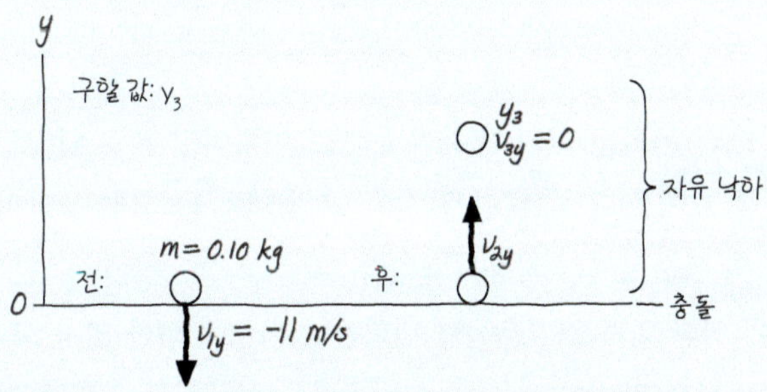

풀이 충격량–운동량 정리에서 $J_y = \Delta p_y = p_{2y} - p_{1y}$이고, 따라서 $p_{2y} = p_{1y} + J_y$이다. 충돌 직전의 초기 운동량은 $p_{1y} = mv_{1y} = (0.10\ \text{kg})(-11\ \text{m/s}) = -1.1\ \text{kg}\cdot\text{m/s}$이다.

다음에 충격량 J_y를 구해보자. 이것은 그림 9.12에서 곡선 아래의 면적이다. 힘이 연속된 곡선으로 주어지므로 이 면적을 추정해야 한다. 이 면적은 $F_{\text{avg}}\Delta t$로 쓸 수 있음을 떠올려라. 그림에서 F_{avg}를 약 400 N으로 추정하는데, 이것은 힘의 최댓값의 절반이다. 이 값을 쓰면

$$J_y = \text{힘 곡선 아래의 면적} \approx (400\ \text{N}) \times (0.0050\ \text{s})$$
$$= 2.0\ \text{N}\cdot\text{s} = 2.0\ \text{kg}\cdot\text{m/s}$$

이다. 곧,

$$p_{2y} = p_{1y} + J_y = (-1.1\ \text{kg}\cdot\text{m/s}) + 2.0\ \text{kg}\cdot\text{m/s}$$
$$= 0.9\ \text{kg}\cdot\text{m/s}$$

이고 충돌 후의 속도는

$$v_{2y} = \frac{p_{2y}}{m} = \frac{0.9\ \text{kg}\cdot\text{m/s}}{0.10\ \text{kg}} = 9\ \text{m/s}$$

이다. 튀어 오르는 속력은 예상했던 대로 부딪힐 때 속력보다 작다. 끝으로 자유 낙하 관계식을 쓰면

$$v_{3y}^2 = 0 = v_{2y}^2 - 2g\,\Delta y = v_{2y}^2 - 2gy_3$$
$$y_3 = \frac{v_{2y}^2}{2g} = \frac{(9\ \text{m/s})^2}{2(9.8\ \text{m/s}^2)} = 4\ \text{m}$$

이다. 공은 4 m 높이까지 튀어 오를 것이라고 추정한다.

검토 고무공을 아래로 세게 던질 때 이 높이는 합리적이다.

9.4 운동량 보존

충격량–운동량 정리는 뉴턴의 제2법칙에서 유도되었고 제2법칙을 다른 관점에서 보는 것이다. 이 정리는 1개 입자의 동역학과 연관되어 사용되었고 4장부터 7장까지에서 뉴턴의 법칙을 사용했던 것과 마찬가지이다.

이제 이번 장의 시작 부분에 있는 사진 속 숫양들처럼 두 물체가 짧은 충돌 시간 동안 상호작용하는 경우를 생각해보자. 충돌 중 두 물체는 복잡하게 변하는 힘을 서

로에게 작용한다. 보통 이 힘의 크기를 모른다. 뉴턴의 제2법칙만을 써서 이런 충돌의 결과를 예측하는 것은 힘든 일이다. 그러나 충격량과 운동량의 관점에서 뉴턴의 제3법칙을 이용하면 충돌 결과(충돌하는 물체의 나중 속력과 방향)를 간단하게 기술하는 것이 가능하다. 뉴턴의 제3법칙은 물리학에서 가장 중요한 보존 법칙의 하나를 이끌어낸다.

그림 9.14 두 공 사이의 충돌

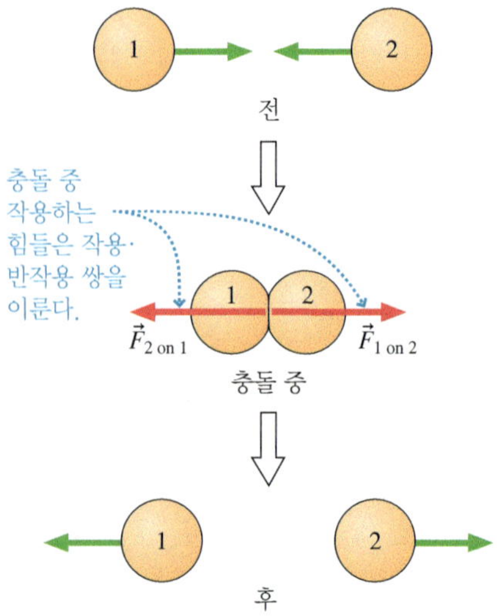

그림 9.14에서 두 공이 서로 마주보고 움직인다. 공들은 충돌하고 튀어나간다. 충돌 중 공에 상호작용하는 힘 $\vec{F}_{1\text{on}2}$와 $\vec{F}_{2\text{on}1}$은 작용 · 반작용 쌍을 이룬다. 이제 운동은 x축에 따라 1차원에서 일어난다고 가정한다.

충돌 중에 공 1이 공 2에 주는 충격량 J_{2x}는 $\vec{F}_{1\text{on}2}$의 평균값에 충돌 시간 Δt를 곱한 것이다. 마찬가지로 공 2가 공 1에 전달하는 충격량 J_{1x}는 $\vec{F}_{2\text{on}1}$의 평균값에 Δt를 곱한 것이다. $\vec{F}_{1\text{on}2}$와 $\vec{F}_{2\text{on}1}$이 작용 · 반작용 쌍을 이루므로 이 힘들의 크기는 같고 방향은 반대이다. 그 결과, 두 충격량 J_{1x}와 J_{2x}도 크기는 같고 부호는 반대이며 $J_{1x} = -J_{2x}$이다.

충격량–운동량 정리에 따르면 공 1의 운동량 변화는 $\Delta p_{1x} = J_{1x}$이고 공 2의 운동량 변화는 $\Delta p_{2x} = J_{2x}$이다. $J_{1x} = -J_{2x}$이므로 공 1의 운동량 변화는 공 2의 운동량 변화와 크기는 같고 부호는 반대가 된다. 공 1의 운동량이 충돌 중에 어떤 양만큼 증가하면 공 2의 운동량은 바로 그 양만큼 **감소**할 것이다. 이것은 두 공의 총 운동량 $P_x = p_{1x} + p_{2x}$가 충돌 중 **변하지 않는다**는 것을 뜻한다. 곧,

$$(P_x)_\text{f} = (P_x)_\text{i} \tag{9.12}$$

이다. 충돌 중에 변하지 않으므로 총 운동량의 x성분은 **보존된다**고 한다. 식 (9.12)는 **보존 법칙**의 첫 예이다.

운동량 보존 법칙

그림 9.15 세 입자로 된 계

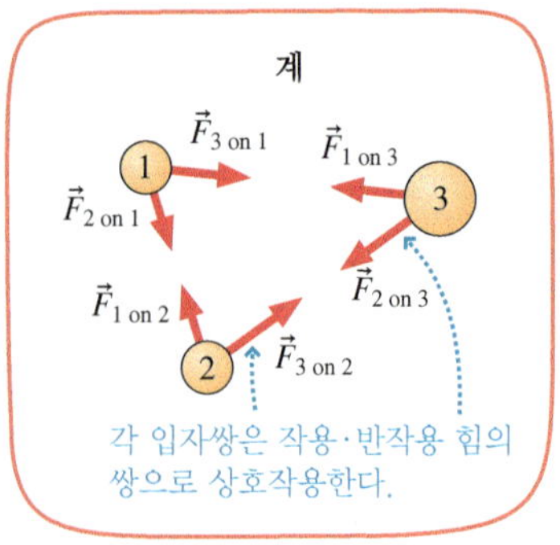

두 공이 충돌하는 경우에 쓰인 논의는 임의 개수의 물체로 이루어진 계로 확장할 수 있다. **그림 9.15**는 이 개념을 보여준다. 계(빨간색 선이 그 경계를 나타낸다) 안의 각 입자쌍은 작용 · 반작용 힘의 쌍으로 상호작용하고 있다. 두 입자의 충돌과 마찬가지로 입자 3이 작용하는 힘에 의한 입자 2의 운동량 변화는 입자 2에 의한 입자 3의 운동량 변화와 크기는 같고 방향은 반대이다. 따라서 상호작용하는 힘들에 의한 이 두 입자의 운동량의 **알짜** 변화는 0이다. 같은 논의를 모든 쌍에 적용하면 입자 사이의 힘이 얼마나 복잡한지에 상관없이 **계의 총 운동량 $\vec{P}$는 변하지 않는다.** 계의 총 운동량은 일정하게 보존된다.

그림 9.15에서 입자들은 오직 계 안에 있는 입자들과 상호작용한다. 계 안의 입자들 사이에서만 작용하는 힘을 **내부 힘**(internal force)이라고 한다. **내부 힘만 작용하는 계의 총 운동량은 보존된다.**

대부분의 계에는 계 바깥에서 기인하는 힘이 작용한다. 이 힘을 **외부 힘**(external force)이라고 한다. 예를 들어 스케이트보드를 탄 학생으로 이루어진 계에는 스케이트보드에 작용하는 땅의 수직 항력, 학생에 작용하는 중력, 그리고 스케이트보드에

작용하는 중력의 3개 외부 힘이 작용한다. 외부 힘은 입자계의 운동량에 어떤 영향을 미치는가?

그림 9.16은 그림 9.15와 같은 세 입자로 된 계이지만 이제는 세 입자에 **외부** 힘이 작용하고 있는 경우를 나타낸다. 이 외부 힘들은 계의 운동량을 바꿀 수 있다. 예를 들면 시간 간격 Δt 동안 입자 1에 작용하는 외부 힘 $\vec{F}_{\text{ext on 1}}$은 충격량–운동량 정리에 따라 입자의 운동량을 $\Delta\vec{p}_1 = (\vec{F}_{\text{ext on 1}})\Delta t$만큼 변하게 한다. 다른 두 입자의 운동량도 마찬가지로 변한다. 따라서 총 운동량 변화는

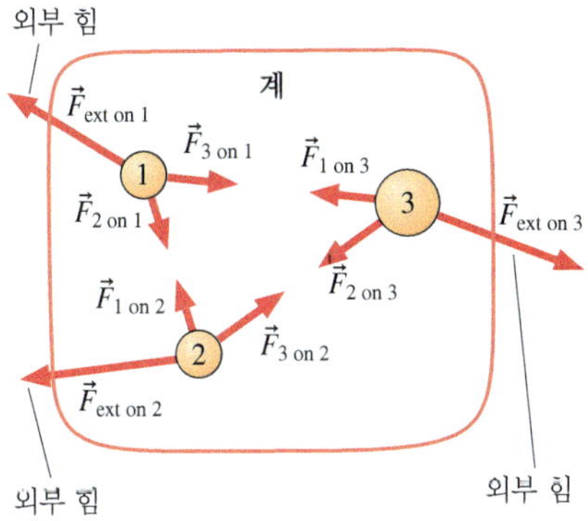

그림 9.16 외부 힘이 작용하는 입자계

$$\begin{aligned}\Delta\vec{P} &= \Delta\vec{p}_1 + \Delta\vec{p}_2 + \Delta\vec{p}_3 \\ &= (\vec{F}_{\text{ext on 1}}\Delta t) + (\vec{F}_{\text{ext on 2}}\Delta t) + (\vec{F}_{\text{ext on 3}}\Delta t) \\ &= (\vec{F}_{\text{ext on 1}} + \vec{F}_{\text{ext on 2}} + \vec{F}_{\text{ext on 3}})\Delta t \\ &= \vec{F}_{\text{net}}\Delta t\end{aligned} \tag{9.13}$$

이다. 여기에서 $\vec{F}_{\text{net}}$는 외부 힘들을 합한 **알짜 외부** 힘이다.

계에 작용하는 알짜 외부 힘이 0인 경우 식 (9.13)은 매우 중요한 의미를 갖는다. **$\vec{F}_{\text{net}} = \vec{0}$이면 계의 총 운동량 $\vec{P}$는 변하지 않는다.** 계의 내부에서 어떤 상호작용이 있든 상관없이 총 운동량은 상수가 된다.

앞에서 계에 외부 힘이 작용하지 않으면 계의 총 운동량은 보존된다고 하였다. 이제 계에 작용하는 알짜 외부 힘이 0인 경우에도 계의 총 운동량은 보존된다. 계의 운동량을 변화시킬 수 있는 외부 힘이 없을 때, $\vec{F}_{\text{net}} = \vec{0}$인 계를 **고립계**(isolated system)라고 한다.

이 결과는 매우 중요하므로 뉴턴의 법칙과 더불어 자연의 법칙이라고 할 수 있다.

> **운동량 보존 법칙** 고립계의 총 운동량 $\vec{P}$는 상수이다. 계 내부의 상호작용은 계의 총 운동량을 변하게 하지 않는다.

수학적으로 고립계의 운동량 보존 법칙은

$$\vec{P}_{\text{f}} = \vec{P}_{\text{i}} \tag{9.14}$$

고립계의 운동량 보존 법칙

이다. **상호작용 후의 총 운동량은 상호작용 전의 총 운동량과 같다.** 식 (9.14)는 벡터 방정식이므로 운동량 벡터의 각 성분에 대해 등호가 성립한다.

$$\begin{aligned}&x\text{성분} \cdots\cdots \underbrace{(p_{1x})_{\text{f}} + (p_{2x})_{\text{f}} + (p_{3x})_{\text{f}} + \cdots}_{\text{나중 운동량}} = \underbrace{(p_{1x})_{\text{i}} + (p_{2x})_{\text{i}} + (p_{3x})_{\text{i}} + \cdots}_{\text{초기 운동량}} \\ &\qquad\quad \text{입자 1} \quad \text{입자 2} \quad \text{입자 3} \\ &y\text{성분} \cdots\cdots (p_{1y})_{\text{f}} + (p_{2y})_{\text{f}} + (p_{3y})_{\text{f}} + \cdots = (p_{1y})_{\text{i}} + (p_{2y})_{\text{i}} + (p_{3y})_{\text{i}} + \cdots\end{aligned} \tag{9.15}$$

예제 9.5 서로 미는 스케이터의 속력

두 명의 스케이터 산드라와 데이비드가 마찰이 없는 얼음판 위에서 서로 마주 보고 서 있다. 산드라의 질량은 45 kg이고 데이비드의 질량은 80 kg이다. 그들은 서로를 밀어낸다. 그 후 산드라는 2.2 m/s의 속력으로 움직인다. 데이비드의 속력은 얼마인가?

준비 두 스케이터는 서로 상호작용을 하지만 고립계를 이룬다. 그 이유는 각 스케이터에 얼음에 의한 수직 항력과 아래 방향의 중력이 작용하여 서로 균형을 맞추어서 $\vec{F}_{\text{net}} = \vec{0}$이기 때문이다. 따라서 두 스케이터로 이루어진 계의 총 운동량은 보존된다.

그림 9.17은 두 스케이터의 전-후 개요도이다. 밀기 전에 둘은 정지해 있었으므로 총 운동량 $\vec{P}_{\text{i}} = \vec{0}$이다. 따라서 밀어낸 후 총 운동량도 $\vec{0}$일 것이다.

그림 9.17 두 스케이터가 서로 밀어낼 때 전-후 개요도

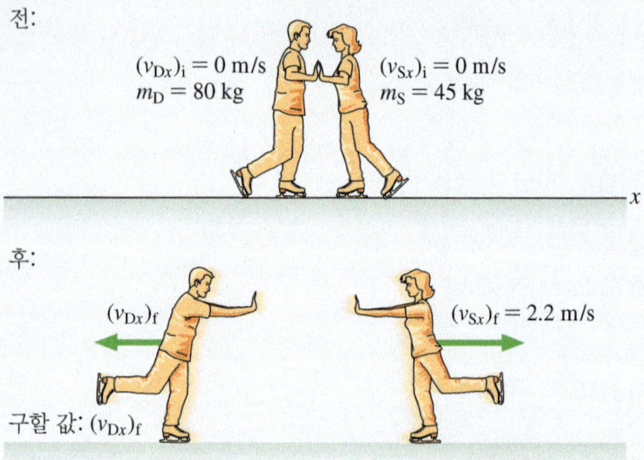

풀이 운동이 x방향에서만 일어나므로 운동량의 x성분만 따질 것이다. 산드라의 초기 운동량은 $(p_{\text{S}x})_{\text{i}} = m_{\text{S}}(v_{\text{S}x})_{\text{i}}$이다. 여기에서 m_{S}는 그녀의 질량이고 $(v_{\text{S}x})_{\text{i}}$는 초기 속도이다. 마찬가지로 데이비드의 초기 운동량은 $(p_{\text{D}x})_{\text{i}} = m_{\text{D}}(v_{\text{D}x})_{\text{i}}$이다. 두 사람이 처음에 정지해 있었으므로 이 두 운동량은 0이다.

운동량 보존에 관한 수학적 표현인 식 (9.15)를 적용한다. 산드라의 나중 운동량을 $m_{\text{S}}(v_{\text{S}x})_{\text{f}}$, 데이비드의 나중 운동량을 $m_{\text{D}}(v_{\text{D}x})_{\text{f}}$로 쓰면

$$\underbrace{m_{\text{S}}(v_{\text{S}x})_{\text{f}} + m_{\text{D}}(v_{\text{D}x})_{\text{f}}}_{\text{두 스케이터의 나중 운동량은}\cdots} = \underbrace{m_{\text{S}}(v_{\text{S}x})_{\text{i}} + m_{\text{D}}(v_{\text{D}x})_{\text{i}}}_{\cdots\text{그들의 초기 운동량과 같고}\cdots} = 0$$

(…0이다.)

이다. $(v_{\text{D}x})_{\text{f}}$에 관해 풀면

$$(v_{\text{D}x})_{\text{f}} = -\frac{m_{\text{S}}}{m_{\text{D}}}(v_{\text{S}x})_{\text{f}} = -\frac{45\text{ kg}}{80\text{ kg}} \times 2.2\text{ m/s} = -1.2\text{ m/s}$$

이다. 데이비드는 1.2 m/s 속력으로 뒤로 움직인다.

데이비드의 나중 속력을 구하기 위해 데이비드와 산드라 사이에 작용하는 힘의 세부적 내용을 알 필요가 없었다는 점에 주목하라. 운동량 보존은 이런 결과를 요구한다.

검토 산드라의 질량이 데이비드보다 작으므로 산드라가 더 큰 나중 속력을 갖는다는 것은 타당해 보인다.

문제 풀이 전략 9.1 운동량 보존 문제

운동량 보존 법칙을 사용하여 충돌 **전후** 물체의 운동량과 속도의 관계를 구할 수 있다.

준비 계를 분명히 정의한다.

- 가능하면 고립계($\vec{F}_{\text{net}} = \vec{0}$)를 고르거나, 상호작용이 충분히 짧고 강해서 그 작용 시간 동안 외부 힘을 무시할 수 있는 계를 고른다(충격량 근사). 운동량은 보존된다.
- 고립계가 가능하지 않으면 운동의 한 구간 동안 운동량이 보존되도록 문제를 여러 부분으로 나눈다. 다른 부분들은 뉴턴의 법칙이나 10장에서 배울 에너지 보존을 써서 분석한다.

풀이 전략 9.1을 따라 전-후 개요도를 그린다. 문제에서 사용되는 기호를 정의하고 주어진 값을 나열한다. 그리고 구하고자 하는 변수를 확인한다.

풀이 수학적 표현은 식 (9.15)의 운동량 보존 법칙에 기초하고 있다. 일반적으로 물체의 속도를 구하여야 하므로 식 (9.15)와 등가인 다음과 같은 식을 사용한다.

$$m_1(v_{1x})_f + m_2(v_{2x})_f + \cdots = m_1(v_{1x})_i + m_2(v_{2x})_i + \cdots$$
$$m_1(v_{1y})_f + m_2(v_{2y})_f + \cdots = m_1(v_{1y})_i + m_2(v_{2y})_i + \cdots$$

검토 얻은 결과가 올바른 단위를 갖는지, 합리적인지, 그리고 질문에 답을 하고 있는지를 확인한다.

예제 9.6 카트를 타고 도망가는 속도

벤이 경찰에 쫓기다가 자기 앞에 정지해 있는 카트에 올라타면 더 빠르게 도망갈 수 있다고 생각했다. 그는 카트로 뛰어가서 올라타고 평평한 도로를 달려간다. 벤의 질량은 75 kg, 카트의 질량은 25 kg이다. 카트에 올라탈 때 벤의 속력이 4.0 m/s었다면 벤이 올라탔을 때 카트의 속력은 얼마인가?

준비 벤이 카트에 타서 카트에 붙어있을 때 벤과 카트 사이에는 '충돌'이 일어난 것이다. 벤과 카트가 계를 이룬다고 하자. 이 충돌에 나오는 힘은 벤의 발과 카트 사이의 마찰력이라 할 수 있는데, 이것은 내부 힘이다. 벤과 카트의 무게는 수직 항력으로 맞서므로 계에 작용하는 알짜 외부 힘은 0이다. 따라서 벤과 카트의 총 운동량은 보존된다. 즉, 충돌 전과 후에 같은 값을 갖는다.

그림 9.18의 개요도에서 벤이 카트에 올라타고 나서 벤은 카트와 같이 움직이므로 그들의 나중 속도는 $(v_x)_f$로 서로 같다.

그림 9.18 벤과 카트의 전-후 개요도

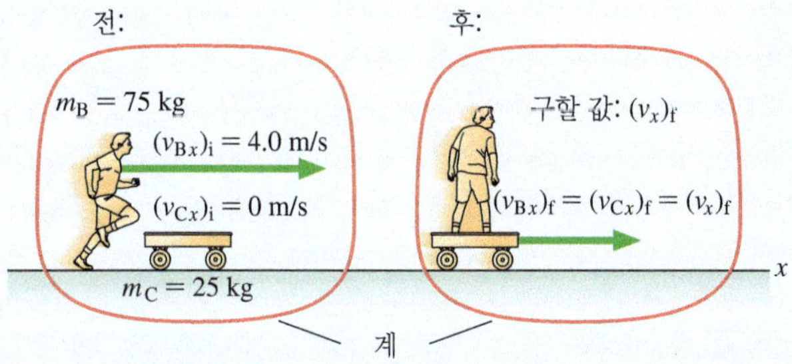

풀이 벤과 카트의 나중 속도를 구하기 위해 운동량 보존을 사용한다. $(P_x)_f = (P_x)_i$. 개별 운동량으로 나타내면

$$(P_x)_i = m_B(v_{Bx})_i + m_C\underbrace{(v_{Cx})_i}_{0\text{ m/s}} = m_B(v_{Bx})_i$$

$$(P_x)_f = m_B(v_x)_f + m_C(v_x)_f = (m_B + m_C)(v_x)_f$$

이다. 둘째 식에서 벤과 카트가 같은 속도 $(v_x)_f$를 갖는다는 사실을 사용하였다. 나중 총 운동량과 초기 총 운동량을 같다고 하면

$$(m_B + m_C)(v_x)_f = m_B(v_{Bx})_i$$

이다. $(v_x)_f$에 대해 풀면

$$(v_x)_f = \frac{m_B}{m_B + m_C}(v_{Bx})_i = \frac{75\text{ kg}}{100\text{ kg}} \times 4.0\text{ m/s} = 3.0\text{ m/s}$$

이다. 벤이 올라탄 직후 카트의 속력은 3.0 m/s이다.

검토 벤의 속력은 감소했는데, 이것은 그의 초기 운동량을 카트와 나누었기 때문이다. 도망치는 데 좋은 방법은 아니다!

이것이 얼마나 쉬운지 주목하라. 힘도 없고 운동 방정식이나 연립 방정식도 없다. 이것을 전에는 왜 생각하지 못했을까? 비록 보존 법칙은 강력하지만 이 법칙은 제한된 질문에 대해서만 답할 수 있다. 벤이 카트 위에서 얼마만큼의 거리를 미끄러져서 정지하는지, 이 미끄러짐에 걸리는 시간, 충돌 중 카트의 가속도 등을 알고자 했다면 이런 질문들의 답은 보존 법칙에 기반해서는 답할 수는 없을 것이다. 전과 후의 간단한 관계를 구하는 것에는 상호작용의 세부 정보의 손실이라는 대가가 따른다. 전과 후의 상황만 알아도 되면 보존 법칙은 간단하고 직접적인 방법이다. 그러나 많은 문제에서 상호작용을 이해하는 것이 필요하고, 이를 위해서 뉴턴의 법칙과 이 법칙과 연관된 모든 것이 필연적이다.

계에 따라서 변한다

문제 풀이 전략의 첫 단계는 **계**를 분명히 정의하는 것이다. 이는 강조할 필요가 있는데, 문제를 풀 때 생기는 많은 실수는 운동량 보존을 부적당한 계에 적용하였기 때문이다. **목표는 운동량이 보존되는 계를 선택하는 것이다.** 그리고 보존되는 것은 계 안에 있는 개별 입자의 운동량이 아니라 계의 총 운동량이다.

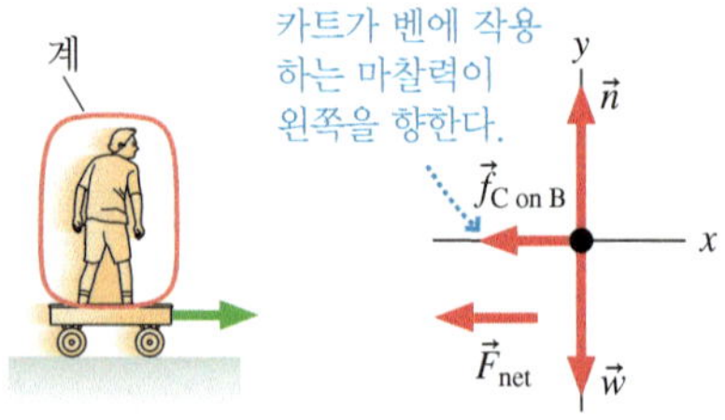

그림 9.19 벤만으로 이루어진 계의 분석

예제 9.6에서 계는 벤과 카트이다. 왜 이런 선택을 했는가? **그림 9.19**처럼 계로써 벤만 택했을 때 어떤 일이 생기는지 알아보자. 벤이 카트에 올라탔을 때 자유 물체 도형에서 보는 것처럼 그에게는 세 가지 힘, 즉 카트가 벤에 작용하는 수직 항력 $\vec{n}$, 벤의 무게 $\vec{w}$, 카트가 벤에 작용하는 마찰력 $\vec{f}_{\text{C on B}}$가 작용한다. 마지막 힘을 설명하면, 벤이 카트에 타면서 그의 발이 오른쪽 방향의 마찰력 $\vec{f}_{\text{B on C}}$를 카트에 작용한다. 이 마찰력이 카트의 속력을 증가시킨다. 뉴턴의 제3법칙에서 카트는 왼쪽 방향의 힘 $\vec{f}_{\text{C on B}}$를 벤에게 작용한다.

그림 9.19의 자유 물체 도형에서 벤에게 작용하는 알짜힘은 왼쪽 방향인 것을 알 수 있다. 곧, 벤만으로 이루어진 계는 고립되지 않았고 벤의 운동량은 보존되지 않을 것이다. 사실 카트에 올라타면서 벤은 느려지고 그의 운동량은 분명히 감소한다.

카트를 계로 택하면 벤이 카트에 작용하는 오른쪽 힘 $\vec{f}_{\text{B on C}}$ 때문에 알짜힘은 0이 아니다. 따라서 카트의 운동량은 보존되지 않을 것이다. 사실 카트의 속력이 증가하므로 카트의 운동량은 증가한다.

벤과 카트를 함께 계로 선택할 때만 계에 작용하는 알짜힘은 0이 되고 총 운동량이 보존된다. 벤이 잃은 운동량은 카트가 얻고, 따라서 둘의 총 운동량은 변하지 않는다.

폭발

영상 학습 데모

폭발(explosion)은 짧고 강한 상호작용 후에 계의 입자들이 흩어지는 것으로써 충돌과 반대이다. 늘어나는 용수철이나 뜨거운 기체의 팽창 등에서 나오는 폭발력은 내부 힘이다. 고립계라면 폭발 시 총 운동량은 보존될 것이다.

예제 9.7 소총의 반동 속력

30 g의 총알(ball)이 1.2 kg의 용수철로 작동하는 장난감 소총(rifle)에서 15 m/s 속력으로 발사되었다. 소총의 반동 속력은 얼마인가?

준비 총알이 총신을 따라 움직이면서 총알과 소총에는 복잡한 힘이 작용한다. 그러나 총알과 소총을 한 계로 택하면 이 힘들은 내부 힘이고 총 운동량은 변하지 않는다.

외부 힘은 소총과 총알의 무게인데, 소총을 잡고 있는 사람이 작용하는 외부 힘과 서로 맞서므로 $\vec{F}_{\text{net}} = \vec{0}$이다. 이것은 고립계이고 운동량 보존 법칙이 성립한다.

그림 9.20은 총알의 발사 전–후 개요도이다. 총알은 $+x$방향으로 발사된다고 가정한다.

풀이 총 운동량의 x성분은 $P_x = p_{\text{B}x} + p_{\text{R}x}$이다. 방아쇠를 당기기 전에는 모든 것이 정지해 있으므로 초기 운동량은 0이다. 방아쇠를 당긴 후 용수철 내부 힘이 총알을 총신으로 밀어내고 소총은

그림 9.20 장난감 소총의 전-후 개요도

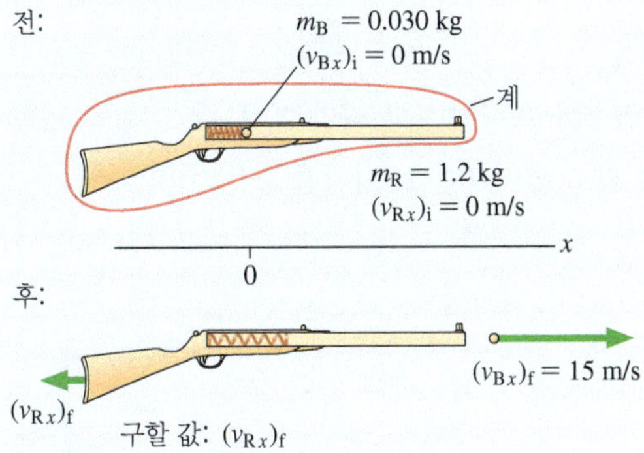

뒤쪽으로 밀린다. 운동량 보존에서

$$(P_x)_f = m_B(v_{Bx})_f + m_R(v_{Rx})_f = (P_x)_i = 0$$

이다. 소총의 속도를 구하면

$$(v_{Rx})_f = -\frac{m_B}{m_R}(v_{Bx})_f = -\frac{0.030\text{ kg}}{1.2\text{ kg}} \times 15\text{ m/s} = -0.38\text{ m/s}$$

이다. 음(−)의 부호는 소총의 반동이 왼쪽으로 향하는 것을 뜻한다. 반동 속력은 0.38 m/s이다.

검토 실제 소총은 매우 빠른 속도로 총알을 발사하고, 그에 따라 반동도 크다. 사격을 하는 사람은 어깨가 소총의 반동에 견디도록 대비해야 한다.

이런 문제를 뉴턴의 법칙으로 풀기는 어렵다. 그러나 보존 법칙의 전후 관점에서 접근하면 예제 9.7은 단순한 문제이다. 총알과 소총을 '계'로 택하는 것이 중요하다. 운동량 보존이 유용한 원리가 되기 위해서는 용수철 힘이나 마찰력 등의 복잡한 힘이 내부 힘이 되도록 계를 선택해야만 한다. 소총 그 자체는 고립계가 아니고 그 운동량은 보존되지 않는다.

로켓이나 제트기가 가속되는 것을 설명하는 것도 같은 논리이다. **그림 9.21**에서 로켓이 연료를 싣고 있다. 로켓 모터에서 연료를 연소시켜 뜨거운 분사가스로 바꾸어서 바깥으로 배출한다. 로켓과 분사가스를 계로 정하면 연소와 배출은 내부 힘이 된다. 먼 우주 공간에서 다른 힘은 작용하지 않는다. 따라서 로켓과 분사가스 계의 총 운동량은 보존되어야 한다. 분사가스가 뒤로 나감에 따라 로켓은 앞 방향의 속도와 운동량을 얻게 된다. 그러나 계의 총 운동량은 0으로 유지된다.

많은 사람들이 로켓이 진공에서 가속할 수 있다는 것을 이해하지 못한다. '밀어내고 나아갈' 대상이 없기 때문이다. 운동량의 관점에서 로켓은 외부의 어떤 것을 민다기보다 로켓이 뒤로 배출한 분사가스를 미는 것이라 생각할 수 있다. 그리고 뉴턴의 제3법칙에 따라 분사가스는 로켓을 앞으로 밀어낸다.

그림 9.21 로켓 추진은 운동량 보존의 한 예이다.

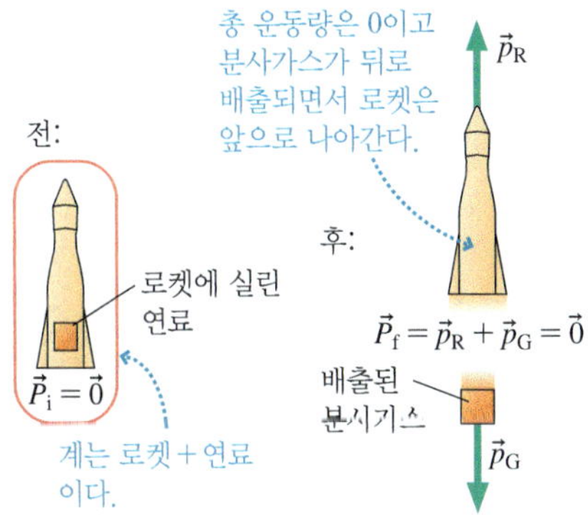

오징어의 추진력 BIO 오징어는 적을 피하거나 먹이를 잡기 위해 빨리 움직일 때 '로켓 추진' 방법을 사용한다. 오징어는 껍질에 있는 한 쌍의 밸브를 통해 물을 흡입하여 깔때기 모양의 기관을 통해 물을 빨리 배출하면서 뒤로 나아간다.

9.5 비탄성 충돌

충돌에는 여러 형태가 있다. 고무공을 바닥에 떨어뜨리면 튀어 오르지만(**탄성 충돌**) 진흙공은 튀어 오르지 않고 바닥에 붙는다. 이런 충돌을 **비탄성 충돌**이라고 한다. 골프채로 골프공을 치면 공이 채에서 멀리 날아가지만(탄성 충돌) 나무 벽돌을 향해 총을 쏘면 총알은 나무 벽돌에 박힌다(비탄성 충돌).

두 물체가 붙어서 같은 나중 속도를 갖는 충돌을 **완전 비탄성 충돌**(perfectly inelastic collision)이라 한다. 바닥에 붙는 진흙이나 나무 벽돌에 박히는 총알은 완전

그림 9.22 완전 비탄성 충돌

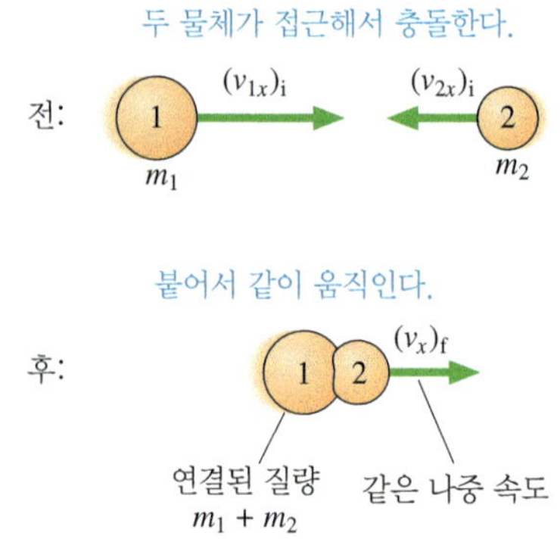

비탄성 충돌의 예이다. 다른 예로 두 화차가 충돌 시 서로 연결되는 경우와 다트 판에 박히는 다트가 있다. **그림 9.22**은 두 물체가 충돌 후 같은 나중 속도로 움직이는 것을 보여준다(서로 붙은 물체가 오른쪽으로 움직이는 경우를 나타냈지만 왼쪽으로 움직일 수도 있다. 이것은 물체의 질량과 초기 속도에 따라 다르다).

다른 충돌에서는 두 물체는 서로 튀어나간다. 이러한 충돌의 몇 가지 예를 살펴보았지만 완전한 분석을 위해서는 에너지 개념이 필요하다. 충돌과 에너지는 10장에서 다시 다룰 것이다.

예제 9.8 완전 비탄성 충돌 하는 화차

여러 개의 화차를 연결하는 데 있어서 질량이 각각 2.0×10^4 kg과 4.0×10^4 kg인 두 화차가 서로를 향하여 굴러가고 있다. 그들이 만나면 결합하여 하나가 된다. 초기 속력이 1.5 m/s인 가벼운 화차가 충돌한 후 속력이 반대방향으로 0.25 m/s가 되었다. 무거운 화차의 초기 속력은 얼마인가?

준비 화차를 입자로 보는 모형을 택하고 두 화차를 계로 정한다. 이것은 고립계이고, 따라서 충돌 시 총 운동량은 보존된다. 화차들은 서로 붙게 되므로 이는 완전 비탄성 충돌이다.

그림 9.23 충돌하는 두 화차의 충돌 전-후 개요도

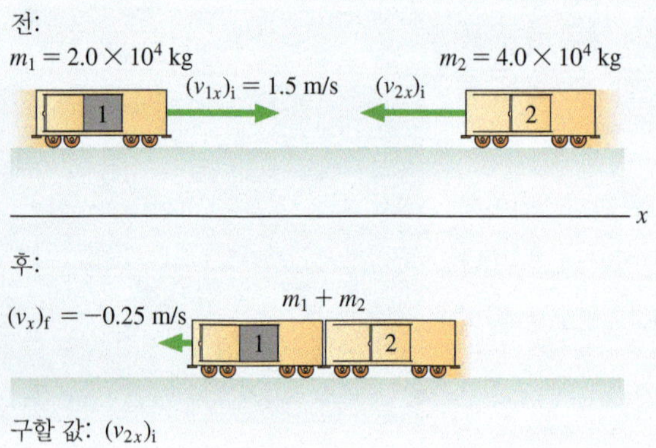

그림 9.23은 전-후 개요도이다. 2.0×10^4 kg의 화차(화차 1)가 오른쪽으로 움직인다. 따라서 $(v_{1x})_i$는 양수이고 1.5 m/s이다. 화차들은 충돌 후 왼쪽으로 움직인다. 따라서 나중 속도는 $(v_x)_f = -0.25$ m/s로 서로 같다. $(v_{2x})_i$는 반드시 음수이어야 한다.

풀이 운동량 보존 법칙 $(P_x)_f = (P_x)_i$는

$$(m_1 + m_2)(v_x)_f = m_1(v_{1x})_i + m_2(v_{2x})_i$$

이다. 여기에서 연결된 질량 $m_1 + m_2$가 충돌 후 같이 움직인다는 사실을 사용하였다. 질량이 4.0×10^4 kg인 화차의 초기 속도는 쉽게 구할 수 있다.

$$(v_{2x})_i = \frac{(m_1 + m_2)(v_x)_f - m_1(v_{1x})_i}{m_2}$$
$$= \frac{(6.0 \times 10^4 \text{ kg})(-0.25 \text{ m/s}) - (2.0 \times 10^4 \text{ kg})(1.5 \text{ m/s})}{4.0 \times 10^4 \text{ kg}}$$
$$= -1.1 \text{ m/s}$$

예상했던 대로 음(−)의 부호는 무거운 화차가 왼쪽으로 움직이는 것을 뜻한다. 문제에서 요구한 화차의 초기 속력은 1.1 m/s이다.

검토 완전 비탄성 충돌 문제를 푸는 데 중요한 점은 두 물체가 충돌 후 같은 속도를 갖는다는 것이다. 이 속도에 대해 하나의 기호 $(v_x)_f$만 있으면 된다.

9.6 2차원에서의 운동량과 충돌

지금까지의 예제들은 1차원 축을 따라 움직이는 운동으로 제한하였다. 운동량이 보존되는 실제적인 예의 대부분은 평면에서의 운동이다. 총 운동량 $\vec{P}$는 개별 입자들의 운동량 $\vec{p} = m\vec{v}$의 벡터합이다. 따라서 식 (9.15)처럼 $\vec{P}$의 성분이 각각 보존되는 경우에만 운동량이 보존된다.

$$(p_{1x})_f + (p_{2x})_f + (p_{3x})_f + \cdots = (p_{1x})_i + (p_{2x})_i + (p_{3x})_i + \cdots$$
$$(p_{1y})_f + (p_{2y})_f + (p_{3y})_f + \cdots = (p_{1y})_i + (p_{2y})_i + (p_{3y})_i + \cdots$$

문제 풀이 전략 9.1은 2차원에서의 운동량 보존 법칙에도 적용된다.

▶ 충돌과 폭발은 대개 2차원 운동이다.

예제 9.9 송골매의 급습 분석하기 BIO

송골매는 같이 날고 있는 먹잇감을 위에서 잡아챈다. 매가 수평으로 9.0 m/s로 날고 있는 비둘기를 뒤에서 45° 각도로 18 m/s의 속력으로 덮친다. 매의 질량은 0.80 kg이고 비둘기의 질량은 0.36 kg이다. 비둘기를 덮친 직후 매와 비둘기의 속력과 방향은 어떻게 되는가?

준비 매가 비둘기를 잡은 후 같은 속도로 움직이므로 이것은 완전 비탄성 충돌이다. 매와 비둘기 계의 총 운동량은 보존된다. 2차원 충돌에서 충돌 전 총 운동량의 x성분은 충돌 후 총 운동량의 x 성분과 같아야 한다. y성분도 마찬가지이다. **그림 9.24**는 전-후 개요도이다.

그림 9.24 비둘기를 잡는 매의 전-후 개요도

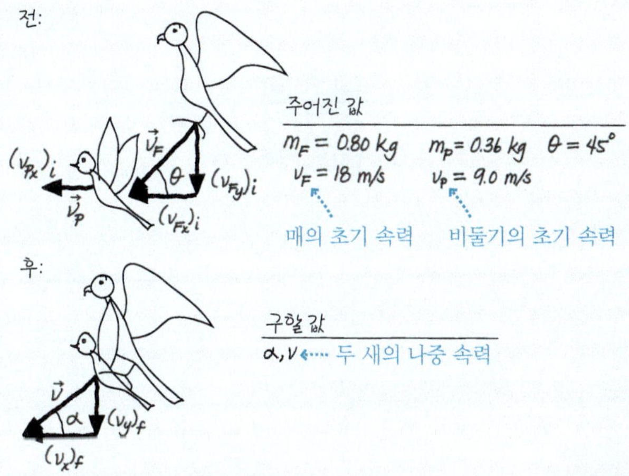

풀이 비둘기를 잡기 전 운동량의 x와 y성분을 구한다. x성분은

초기 운동량의 x성분 / (매와 비둘기는 왼쪽을 향하므로 속도의 x성분은 둘 다 음이다.)

$$(P_x)_i = m_F(v_{Fx})_i + m_P(v_{Px})_i = m_F(-v_F\cos\theta) + m_P(-v_P)$$

매의 초기 운동량의 x성분… / …더하기 비둘기의 초기 운동량의 x성분

$$= (0.80\text{ kg})(-18\text{ m/s})(\cos 45°) + (0.36\text{ kg})(-9.0\text{ m/s})$$
$$= -13.4\text{ kg}\cdot\text{m/s}$$

이다. 마찬가지로 초기 운동량의 y성분은

$$(P_y)_i = m_F(v_{Fy})_i + m_P(v_{Py})_i = m_F(-v_F\sin\theta) + 0$$
$$= (0.80\text{ kg})(-18.0\text{ m/s})(\sin 45°) = -10.2\text{ kg}\cdot\text{m/s}$$

이다. 매가 비둘기를 잡은 후 두 새는 같은 속도 $\vec{v}$로 움직이는데, 방향은 수평에서 각도 α로 아래를 향한다. 나중 운동량의 x성분은

$$(P_x)_f = (m_F + m_P)(v_x)_f$$

이다. 운동량 보존에서 $(P_x)_f = (P_x)_i$이고, 따라서

$$(v_x)_f = \frac{(P_x)_i}{m_F + m_P} = \frac{-13.4\text{ kg}\cdot\text{m/s}}{(0.80\text{ kg}) + (0.36\text{ kg})} = -11.6\text{ m/s}$$

이다. 마찬가지로 $(P_y)_f = (P_y)_i$이고

$$(v_y)_f = \frac{(P_y)_i}{m_F + m_P} = \frac{-10.2\text{ kg}\cdot\text{m/s}}{(0.80\text{ kg}) + (0.36\text{ kg})} = -8.79\text{ m/s}$$

이다. 그림에서 $\tan\alpha = (v_y)_f/(v_x)_f$이고

$$\alpha = \tan^{-1}\left(\frac{(v_y)_f}{(v_x)_f}\right) = \tan^{-1}\left(\frac{-8.79\text{ m/s}}{-11.6\text{ m/s}}\right) = 37°$$

이다. 나중 속도의 크기(속력)는 피타고라스 정리에서 구할 수 있다.

$$v = \sqrt{(v_x)_f^2 + (v_y)_f^2}$$
$$= \sqrt{(-11.6\text{ m/s})^2 + (-8.79\text{ m/s})^2} = 15\text{ m/s}$$

따라서 비둘기를 잡은 직후 매는 비둘기와 함께 수평 아래 37° 방향으로 15 m/s 속력으로 움직인다.

검토 매가 더 천천히 나는 비둘기를 잡아 챈 후 속력이 느려지는 것은 그럴 듯하다. 그리고 나중 각도는 매의 초기 각도보다 더 수평에 가깝다. 이것도 그럴듯한데, 이는 비둘기가 처음에 수평으로 날았으므로 총 운동량 벡터는 매의 초기 운동량의 방향보다 더 수평을 향하기 때문이다.

그림 9.25 매가 덮칠 때 운동량 벡터

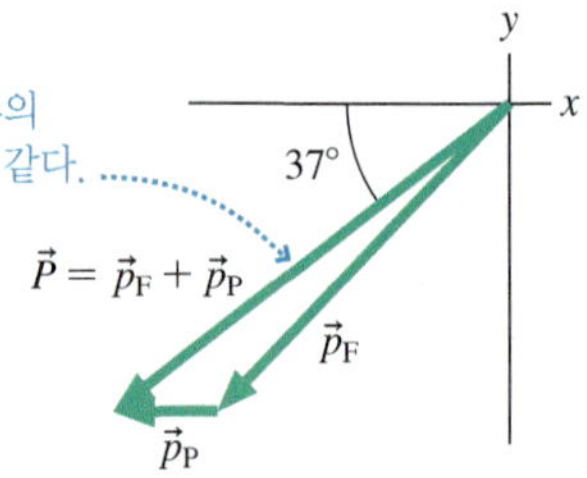

이 충돌을 운동량 벡터의 그림으로 살펴보자. 충돌 전 벡터는 $\vec{p}_F$와 $\vec{p}_P$이고 그 합 $\vec{P} = \vec{p}_F + \vec{p}_P$가 그림 9.25에 나와 있다. 총 운동량 벡터는 음(−)의 x축과 37°의 각도를 이룬다. 충돌에서 개별 운동량은 변하지만 **총 운동량은 변하지 않는다**.

9.7 각운동량

한 입자의 경우에 운동량 보존 법칙을 뉴턴의 제1법칙을 서술하는 다른 방법이라 생각할 수 있다. 입자에 알짜힘이 작용하지 않으면, 직선으로 일정한 속도로 움직인다고 말하는 대신 고립된 입자의 운동량이 보존된다고 말할 수 있다. 두 관점은 무언가가 입자에 작용해서 그 운동을 변화시키지 않는 한, 입자는 직선 위에서 '계속' 움직인다는 것을 나타낸다.

수업 영상

운동 중에서 또 다른 중요한 운동이 원운동이다. 원운동을 하는 입자의 경우 운동량 $\vec{p}$는 보존되지 **않는다**. 운동량은 벡터이고 원운동을 하는 입자는 운동 방향이 변하기 때문에 운동량은 변한다.

그렇지만 회전하는 자전거 바퀴는 마찰이 없으면 계속 회전하고, 줄의 끝에 매달려 원운동을 하는 공은 '계속' 원운동을 할 것이다. 원운동에 관한 이런 생각을 표현하는 양이 **각운동량**이다.

그림 9.26 소녀가 회전목마에 돌림힘을 작용하여 회전목마의 각운동량을 증가시키고 있다.

일상생활의 예로 그림 9.26처럼 회전목마를 미는 경우를 살펴보자. 가장자리에서 접선 방향으로 밀면 회전목마에 **돌림힘**을 작용하는 것이다. ◀◀7.5절에서 배운 것처럼 이 돌림힘을 가하는 한, 회전목마의 각속력은 증가할 것이다. 더 **세게** 밀거나(큰 돌림힘) 더 **오랫동안** 밀면 회전목마의 각속도는 증가할 것이다. 이런 관찰을 어떻게 정량화시킬 것인가?

회전목마에 일정한 돌림힘 τ_{net}를 Δt 시간 동안 가한다고 하자. 회전목마의 각속력은 얼마나 증가하는가? 7.5절에서 각가속도 α는 회전 운동에서 뉴턴의 제2법칙에 해당하는

$$\alpha = \frac{\tau_{net}}{I} \tag{9.16}$$

으로 주어진다. 여기서 I는 회전목마의 관성 모멘트이다.

각가속도는 각속도의 변화율이다.

$$\alpha = \frac{\Delta\omega}{\Delta t} \tag{9.17}$$

식 (9.16)과 (9.17)을 같다고 놓으면

$$\frac{\Delta\omega}{\Delta t} = \frac{\tau_{net}}{I}$$

이다. 정리하면

$$\tau_{\text{net}}\,\Delta t = I\,\Delta\omega \tag{9.18}$$

가 된다.

직선 운동에서 충격량–운동량 정리를 상기하면

$$\vec{F}_{\text{net}}\,\Delta t = m\,\Delta\vec{v} = \Delta\vec{p} \tag{9.19}$$

이다. 식 (9.18)이 회전 운동에서 이 정리에 해당한다는 것을 알 수 있다. 회전에서 $I\omega$는 $m\vec{v}$에 해당하고, 이것은 선운동량 $\vec{p}$이다. 따라서 **각운동량**(angular momentum) L을 다음으로 정의하는 것은 합리적이다.

$$L = I\omega \tag{9.20}$$

관성 모멘트가 I인 물체가 각속도 ω로 회전할 때 물체의 각운동량

각운동량의 SI 단위는 관성 모멘트와 각속도의 단위들을 곱한 것으로 $\text{kg}\cdot\text{m}^2/\text{s}$이다.

직선 운동을 하는 물체가 질량이 크거나 큰 속력을 가질 때 큰 운동량을 갖는 것처럼 회전하는 물체는 관성 모멘트가 크거나 큰 각속도를 가질 때 큰 각운동량을 갖는다. 그림 9.26의 회전목마는 회전이 빠를 때가 느릴 때보다 더 큰 각운동량을 갖는다. 그리고 회전목마(큰 I)가 같은 각속도로 운동하는 장난감 팽이(작은 I)보다 아주 큰 각운동량을 갖는다.

표 9.2에 7장에서 배운 직선 운동과 회전 운동의 유사한 물리량을 대비시켰고 선운동량과 각운동량의 유사성을 추가하였다.

표 9.2 회전 동역학과 선형 동역학

회전 동역학	선형 동역학
돌림힘 τ_{net}	힘 $\vec{F}_{\text{net}}$
관성 모멘트 I	질량 m
각속도 ω	속도 $\vec{v}$
각운동량 $L = I\omega$	선운동량 $\vec{p} = m\vec{v}$

각운동량 보존

각운동량을 정의하였고 식 (9.18)을

$$\tau_{\text{net}}\,\Delta t = \Delta L \tag{9.21}$$

로 쓸 수 있는데, 이는 선형 동역학의 유사한 표현인 식 (9.19)에 대응된다. 이 식은 물체의 각운동량 변화가 물체에 작용하는 돌림힘에 비례한다는 것이다. 물체에 작용하는 알짜 외부 돌림힘이 0이면 각운동량 변화는 0이다. 즉, 회전하는 물체는 외부 돌림힘이 작용하지 않으면 일정한 각운동량으로 '계속' 회전한다는 것이다. 이 결론을 각운동량 보존 법칙이라 한다.

영상 학습 데모 영상 학습 데모

각운동량 보존 법칙 회전하는 물체에 알짜 외부 돌림힘이 작용하지 않으면($\tau_{\text{net}} = 0$) 물체의 각운동량은 상수이다. 나중 각운동량 L_f는 초기 각운동량 L_i와 같다.

하나 이상의 여러 개의 입자로 구성된 계에 대해서 다루는 경우도 있다. 이 경우 **총 각운동량**을 계 안에 있는 입자들의 각운동량의 합으로 정의한다. 계에 알짜 외부 돌림힘이 작용하지 않는 경우 각운동량 보존 법칙은 다음과 같이 쓸 수 있다.

1번 입자의 나중(f)과 초기(i) 관성 모멘트와 각속도

$$(I_1)_f(\omega_1)_f + (I_2)_f(\omega_2)_f + \cdots = (I_1)_i(\omega_1)_i + (I_2)_i(\omega_2)_i + \cdots \quad (9.22)$$

2번 입자의 나중(f)과 초기(i) 관성 모멘트와 각속도

물체의 관성 모멘트는 질량뿐만 아니라 질량이 어떻게 분포되어 있는지에도 의존함을 기억하라. 예를 들어 회전목마를 탄 사람이 중심으로 갈수록 관성 모멘트는 감소한다. 식 (9.22)에서 나중과 초기의 관성 모멘트가 다를 가능성이 있다.

예제 9.10 회전목마의 주기

조이의 질량은 36 kg인데 2.5 s에 한 번 도는 200 kg짜리 회전목마의 중심에 서 있다. 회전목마가 도는 동안 조이는 중심에서 2.0 m 떨어진 가장자리를 향해 걷는다. 조이가 가장자리에 도착했을 때 회전목마의 회전 주기는 얼마인가?

준비 조이와 회전목마를 계로 택하고 베어링은 마찰이 없다고 가정한다. 이 계에 작용하는 외부 돌림힘은 없고 계의 각운동량은 보존된다. **그림 9.27**의 개요도처럼 회전목마를 반지름 $R = 2.0$ m인 균일한 원판으로 생각한다. 표 7.1에서 원판의 관성 모멘트는 $I_{disk} = \frac{1}{2}MR^2$이다. 조이를 질량이 m인 입자로 모형화하면 조이가 중심에 있을 때 관성 모멘트는 0이지만 가장자리에 도달하면 mR^2으로 증가한다.

그림 9.27 회전목마의 개요도

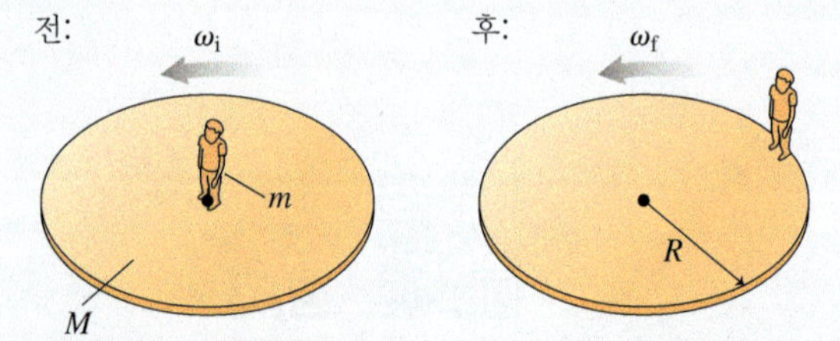

주어진 값
$T_i = 2.5$ s　$m = 36$ kg
$M = 200$ kg　$R = 2.0$ m

구할 값
T_f

풀이 각운동량 보존 법칙의 수학적 표현은 식 (9.22)이다. 초기 각운동량은

$$L_i = (I_{Joey})_i(\omega_{Joey})_i + (I_{disk})_i(\omega_{disk})_i = 0 \cdot \omega_i + \frac{1}{2}MR^2\omega_i$$
$$= \frac{1}{2}MR^2\omega_i$$

이다. 여기서 조이와 원판이 같은 초기 각속도 ω_i를 갖는다는 사실을 이용했다. 마찬가지로 나중 각운동량은

$$L_f = (I_{Joey})_f\,\omega_f + (I_{disk})_f\,\omega_f = mR^2\omega_f + \frac{1}{2}MR^2\omega_f$$
$$= \left(mR^2 + \frac{1}{2}MR^2\right)\omega_f$$

이다. 여기서 ω_f는 조이와 원판의 나중 각속도이다.

각운동량 보존 법칙은 $L_f = L_i$이므로

$$\left(mR^2 + \frac{1}{2}MR^2\right)\omega_f = \frac{1}{2}MR^2\omega_i$$

이다. R^2을 소거하고 ω_f에 대하여 풀면

$$\omega_f = \left(\frac{M}{M + 2m}\right)\omega_i$$

이다. 초기 각속도 ω_i를 초기 회전 주기 T_i로 나타내면

$$\omega_i = \frac{2\pi}{T_i} = \frac{2\pi}{2.5\text{ s}} = 2.51\text{ rad/s}$$

이므로 나중 각속도는

$$\omega_f = \left(\frac{200\text{ kg}}{200\text{ kg} + 2(36\text{ kg})}\right)(2.51\text{ rad/s}) = 1.85\text{ rad/s}$$

이다. 조이가 가장자리에 도착했을 때 회전목마의 주기는 다음과 같이 증가한다.

$$T_f = \frac{2\pi}{\omega_f} = \frac{2\pi}{1.85\text{ rad/s}} = 3.4\text{ s}$$

검토 조이가 가장자리를 향해 움직이면 회전목마는 더 천천히 회전한다. 이는 합리적인데, 조이가 움직이면 계의 관성 모멘트가 증가하고 각운동량은 일정하므로 각속도가 감소하기 때문이다.

고립된 입자의 선운동량은 보존된다. 입자의 질량은 변하지 않으므로 입자의 속도는 일정하다. 이와는 다르게 회전하는 물체는 그 일부가 상대적으로 움직일 수 있기 때문에 관성 모멘트가 변할 수 있다. 따라서 회전하는 물체는 각운동량이 보존되더라도 관성 모멘트가 변하면 그 각속도가 변할 수 있다. 예를 들어 외부 돌림힘이 작용하지 않으므로 다이빙 선수가 공중에 있을 때 다이빙 선수의 각운동량은 보존된다. 예제 9.10의 조이와 회전목마처럼 다이빙 선수의 관성 모멘트가 클 때 선수는 천천히 회전한다. 관성 모멘트를 감소시키면 다이빙 선수의 회전율은 증가한다. 즉, 다이빙 선수는 몸을 펼친 자세에서 웅크린 턱(tuck) 자세로 바꾸어서 회전율을 증가시킬 수 있다. **그림 9.28**처럼 피겨 스케이터도 관성 모멘트를 줄여서 회전율을 증가시킨다. 다음 예제는 이 과정을 간단히 다룬 것이다.

그림 9.28 회전하는 피겨 스케이터

예제 9.11 회전하는 스케이터 분석하기

스케이터가 양손에 5.0 kg의 추를 들고 스케이트의 날 끝으로 서서 회전하고 있다. 처음에는 팔을 편 채로 도는데 두 손 사이의 거리는 140 cm이다. 2.0 rev/s로 돌면서 추를 몸 쪽으로 끌어 당겨서 50 cm 간격이 되었다. 스케이터의 질량을 무시하면 추를 안으로 끌어당겼을 때 스케이터는 얼마나 빨리 도는가?

준비 스케이터와 추로 구성된 계에는 외부 돌림힘이 작용하지 않으므로 총 각운동량은 보존된다. **그림 9.29**는 회전하는 스케이터를 위에서 본 전-후 개요도이다.

풀이 질량이 같은 2개의 추가 같은 각속도로 반지름이 같은 원주에서 원운동을 한다. 따라서 총 각운동량은 추가 1개일 때의 두 배가 된다. 각운동량 보존 법칙의 수학적 표현은 $I_f\omega_f = I_i\omega_i$이므로

$$\underbrace{(2\,mr_f^2)}_{I_f}\omega_f = \underbrace{(2\,mr_i^2)}_{I_i}\omega_i$$

(추가 2개이다.)

이다. 각속도와 회전 진동수 f의 관계는 $\omega = 2\pi f$이므로 위의 식은

$$f_f = \left(\frac{r_i}{r_f}\right)^2 f_i$$

가 된다. 추를 끌어당기면 회전 진동수는

$$f_f = \left(\frac{0.70\text{ m}}{0.25\text{ m}}\right)^2 \times 2.0\text{ rev/s} = 16\text{ rev/s}$$

로 증가한다.

그림 9.29 회전하는 스케이터를 위에서 본 전-후 개요도

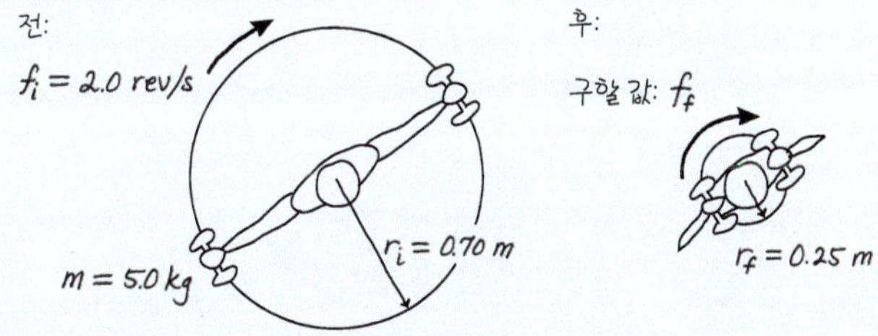

검토 추를 끌어당겨서 스케이터의 회전이 2 rev/s에서 16 rev/s로 증가하였다. 이는 큰 값인데 스케이터의 질량을 무시했기 때문이다. 그러나 스케이터가 회전축을 향해 질량을 끌어당겨서 회전이 '빨라지는 것'을 보여준다.

이 예제에서 비록 스케이터의 질량이 추의 질량보다 크지만 스케이터의 질량을 무시하는 것이 나쁜 근사는 아니다. 관성 모멘트는 회전축과 질량 사이의 거리의 **제곱**에 의존한다. 스케이터의 질량이 몸체에 집중되어 있고 그 효과적 반지름(대부분의 질량이 집중된 장소)은 9 또는 10 cm에 불과하다. 추는 더 큰 원운동을 하므로 스케이터의 움직임에 영향을 더 미친다.

앞의 두 예제를 뉴턴의 법칙을 써서 푸는 것은 매우 어렵다. 조이의 발로 회전목마를 지탱하는 힘 같은 내부 힘이나 다른 복잡한 상황을 다루어야 할 것이다. 오로지 운

동의 전과 후에만 관심을 갖는 이런 종류의 문제에 보존 법칙을 사용하면 그 해를 더 간단하게 구할 수 있다.

◀ **태풍의 눈** 천천히 회전하는 바깥 부분의 공기 덩어리가 기압이 낮은 중심을 향해 끌려가면서 관성 모멘트가 감소한다. 공기 덩어리의 각운동량이 보존되므로 이 덩어리가 중심에 접근하면서 그 속력은 증가해야만 한다. 따라서 폭풍의 중심부 근처에서 바람의 속력이 크다.

종합형 예제 9.12 비행기로 불 끄기

삼림 화재는 불이 막 났을 때 제압하기 쉽다. 화재 현장이 멀리 있을 때는 비행기를 이용하여 많은 양의 물과 소화용액을 빨리 뿌리는 것이 도움이 된다.

슈퍼스쿠퍼(Superscooper)는 수륙 양용의 비행기로, 강이나 호수에서 6000 kg의 물을 퍼 올려서 저장 탱크에 담을 수 있다. 비행기가 수면에 접근할 때 속력은 35 m/s이고 빈 슈퍼스쿠퍼의 질량은 13,000 kg이다.

a. 비행기가 최대로 물을 담는 데 12 s가 걸린다. 프로펠러의 추진력이 비행기에 작용하는 힘을 무시하면 물을 담은 직후 비행기의 속력은 얼마인가?

b. 물이 비행기에 준 충격량은 얼마인가?

c. 물이 비행기에 작용하는 평균 힘은 얼마인가?

d. 비행기가 화재 장소 상공을 40 m/s로 날고 있다. 비행기 아래의 문을 열어서 물을 뿌리는데, 물은 비행기에서 봤을 때 바로 아래로 떨어진다. 물을 모두 뿌리는 데 걸리는 시간이 5.0 s일 때, 물을 뿌린 후 비행기의 속력은 얼마인가?

준비 문항 a와 d는 문제 풀이 전략 9.1을 따라 운동량 보존 법칙을 이용해서 풀 수 있다. $\vec{F}_{\text{net}} = \vec{0}$가 되도록 계를 주의 깊게 택해야 한다. 비행기 단독으로는 운동량 보존을 쓰기 위한 계로 적당하지 않다. 비행기가 물을 퍼 담을 때 물은 비행기에 큰 외부 끌림 힘으로 작용하고 $\vec{F}_{\text{net}}$는 확실히 0이 아니다. 비행기와 퍼 담을 물을 계로 택해야 한다. 그러면 물을 푸는 과정에서 x방향으로는 외부 힘이 작용하지 않고, 비행기와 물이 y방향으로 그다지 가속을 하지 않으므로 y방향의 알짜힘은 0이다. 비행기와 물 사이에 작용하는 복잡한 힘은 내부 힘이기 때문에 비행기와 물 계의 총 운동량은 변하지 않는다.

그림 9.30 비행기와 물의 전–후 개요도

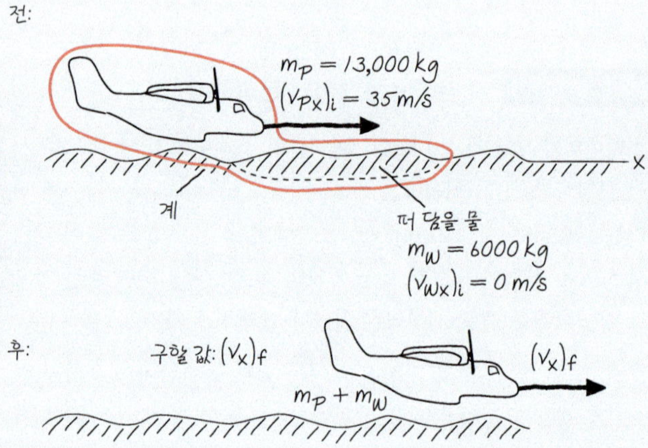

계를 택하였고 풀이 전략 9.1의 단계를 따라 그림 9.30의 전–후 개요도를 준비한다.

문항 b와 c는 충격량–운동량 문제이고, 이를 풀기 위해 충격량–운동량 정리와 식 (9.8)을 이용한다. 충격량–운동량 정리는 하나의 물체에 관한 동역학으로써 여기에서는 비행기가 물체이다. 비행기에 작용하는 외부 힘은 물에 의한 힘이다.

풀이

a. x방향의 운동량 보존 법칙은

$$(P_x)_f = (P_x)_i$$

이고

$$(m_P + m_W)(v_x)_f = m_P(v_{Px})_i + m_W(v_{Wx})_i = m_P(v_{Px})_i + 0$$

이다. 여기에서 물의 초기 속도는 0이고 비탄성 충돌을 하며 물과 비행기는 같은 속도 $(v_x)_f$를 갖는다. $(v_x)_f$에 대해 풀면

$$(v_x)_f = \frac{m_P(v_{Px})_i}{m_P + m_W} = \frac{(13,000\text{ kg})(35\text{ m/s})}{(13,000\text{ kg}) + (6000\text{ kg})} = 24\text{ m/s}$$

이다.

b. 충격량–운동량 정리는 $J_x = \Delta p_x$이다. 여기에서 $\Delta p_x = m_P \Delta v_x$는 비행기의 운동량 변화이다. 따라서

$$J_x = m_P \Delta v_x = m_P[(v_x)_f - (v_{Px})_i]$$
$$= (13{,}000 \text{ kg})(24 \text{ m/s} - 35 \text{ m/s}) = -1.4 \times 10^5 \text{ kg} \cdot \text{m/s}$$

이다.

c. 식 (9.1)의 충격량 정의에서

$$(F_{avg})_x = \frac{J_x}{\Delta t} = \frac{-1.4 \times 10^5 \text{ kg} \cdot \text{m/s}}{12 \text{ s}} = -12{,}000 \text{ N}$$

이다.

d. 물이 비행기에 대해서 똑바로 아래로 떨어지므로 떨어지기 직전과 직후에 물의 속도의 x성분은 같다. 즉, 단순히 비행기의 문을 여는 것에 의해서는 수평 방향의 물의 속력은 변하지 않는다. 따라서 물이 낙하할 때 물의 수평 운동량은 변하지 않는다. 비행기와 물 계의 총 운동량이 보존되므로 비행기의 운동량도 변하지 않는다. 물을 모두 배출한 후 비행기의 속력은 여전히 40 m/s이다.

검토 물의 질량은 비행기 질량의 거의 절반이다. 따라서 물을 퍼담을 때 비행기 속도가 눈에 띄게 감소하는 것은 합리적이다. 비행기에 작용하는 물의 힘은 크지만 비행기 무게 $mg = 130{,}000$ N의 약 10%에 불과하다. 따라서 답은 합리적이다.

문제의 난이도는 I(쉬움)에서 IIIII(도전)으로 구분하였다. INT로 표시된 문제는 지난 장의 내용이 복합된 문제이고, BIO는 생물학적 또는 의학적 관심 분야를 의미한다.

QR 코드를 스캔하여 이 장의 문제를 해결하는 데 도움이 되는 영상 학습 풀이를 시작하시오.

연습문제

9.1 충격량

9.2 운동량과 충격량-운동량 정리

1. I 자전거를 탄 사람과 자전거의 질량을 합하면 100 kg이다. 이 자전거의 운동량이 1.0 m/s로 달리는 1500 kg의 자동차 운동량과 같고자 한다면 자전거는 얼마의 속력으로 달려야 하는가?

2. II 한 학생이 80 g의 눈덩이를 학교 벽에 10 m/s로 던져서 눈덩이가 벽에 달라붙었다. 충돌 시간이 0.3 s라면 벽에 작용하는 평균 힘은 얼마인가?

3. I 한 어린이가 탄 썰매가 수평이고 마찰이 없는 얼음판 위에서 4.0 m/s로 미끄러지고 있다. 썰매와 어린이의 질량을 합하면 80 kg이다. 썰매가 얼음 위의 거친 장소를 달려서 3.0 m/s로 느려졌다. 거친 장소의 마찰력이 썰매에 준 충격량은 얼마인가?

9.3 충격량과 운동량 문제 풀이

4. II a. 2.0 kg의 물체가 오른쪽으로 속력 1.0 m/s로 움직이다가 그림 P9.4(a)와 같은 힘을 받았다. 힘을 멈춘 시점에서 물체의 속력과 방향은 어떻게 되는가?
   b. 그림 P9.4(b)의 힘에 대해 같은 질문에 답하시오.

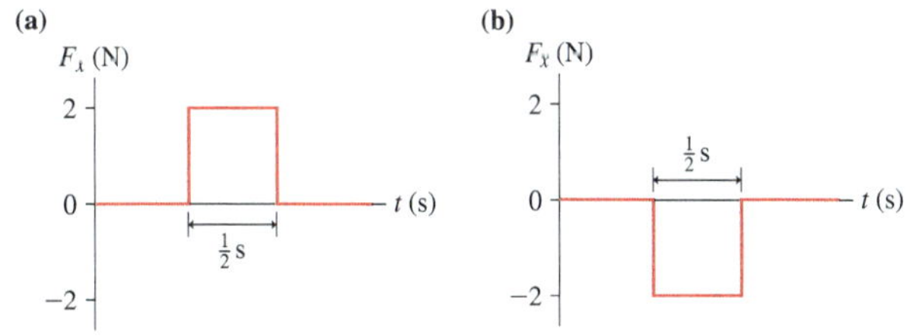

그림 P9.4

5. II 한 어린이가 썰매를 타고 오른쪽으로 1.5 m/s로 미끄러지고 있다. 썰매의 운동과 반대방향으로 썰매를 5.0 s 동안 밀어서 이를 정지시켰다. 어린이와 썰매의 질량이 35 kg이면 썰매를 정지시키기 위해 작용해야 하는 평균 힘은 얼마인가? 충격량과 운동량의 개념을 사용하라.

6. I 안전성 조사의 일환으로 1400 kg인 두 대의 자동차가 20 m/s로 이동하다가 서로 다른 장벽에 충돌한다. 각각의 경우에 자동차에 작용하는 평균 힘을 구하시오.
   a. 물을 담은 통에 충돌하고 정지하는 데 1.5 s가 걸린 자동차
   b. 콘크리트 장벽에 충돌하고 정지하는 데 0.1 s가 걸린 자동차

9.4 운동량 보존

7. |||| 마찰이 없는 트랙에서 100 g의 작은 카트가 1.20 m/s로 움직이다가 정지해 있는 큰 1.00 kg 카트에 충돌하였다. 충돌 후 작은 카트는 0.850 m/s로 뒤로 물러난다. 충돌 후 큰 카트의 속력은 얼마인가?

8. ||| 2.7 kg의 나무 벽돌이 마찰이 없는 탁자 위에 있다. 수평으로 500 m/s의 속력으로 발사된 3.0 g의 총알이 벽돌을 꿰뚫고 220 m/s의 속력으로 빠져 나온다. 총알이 빠져나간 직후 벽돌의 속력은 얼마인가?

9. || 10,000 kg의 화차가 2.00 m/s로 구르고 있는데, 이 화차에 4000 kg의 자갈을 갑자기 내려 부었다. 자갈이 실린 직후 화차의 속력은 얼마인가?

10. | 마찰이 없는 얼음 위에 있는 70 kg의 사냥꾼이 사슴을 보았다. 사냥꾼은 50 g의 총알을 1 km/s의 속력으로 발사했다. 사냥꾼이 뒤로 밀려나가는 속력은 얼마인가?

9.5 비탄성 충돌

11. || 1000 kg의 자동차가 60 mph의 속력으로 달려가다가 운동량이 0이고 질량이 2배인 다른 자동차와 충돌했다. 충돌 후 두 자동차는 하나가 되었다. 충돌 후 속도는 얼마인가?

12. ||| 중학교 식당에서 한 소년이 3.0 g의 젖은 종이뭉치를 던져서 빈 우유곽을 식탁 위에서 밀어내려고 한다. 종이뭉치에 맞은 직후 20 g인 우유곽의 속력이 0.30 m/s가 되게 하려면 종이뭉치를 얼마의 속력으로 던져야 하는가?

13. | 5kg의 벽돌이 마찰이 없는 수평면을 2 m/s의 속력으로 운동하다가 5 m/s로 운동하는 다른 벽돌과 충돌하였다. 합쳐진 두 벽돌은 3 m/s로 운동한다. 다른 벽돌의 질량은 얼마인가?

9.6 2차원에서의 운동량과 충돌

14. ||| 대서부 쇼에서 명사수는 위로 던져진 12 g의 동전을 총으로 맞힌다. 사수가 그의 총을 지표면에 대해 45°로 들고 15 g의 총알을 550 m/s의 속력으로 발사시켰다. 동전이 가장 높은 지점에 도달했을 때 총알은 동전을 맞추고 튕겨져서 동전은 수직 방향으로 120 m/s로 날아갔다. 이 충돌이 있고 난 후 총알은 지표면에 대해 어떠한 각도로 날아갔을까?

15. || 두 입자가 충돌했다가 서로 멀어진다. 그림 P9.15는 두 입자의 초기 운동량과 입자 2의 나중 운동량을 보여준다. 입자 1의 나중 운동량은 얼마인가? 그림에 나중 운동량 벡터를 그려 넣어서 답하시오.

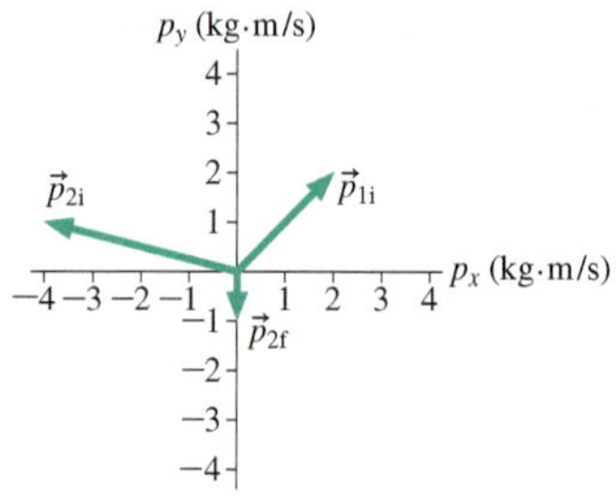

그림 P9.15

16. || 코코넛 속에 있는 폭탄이 터져서 코코넛이 세 조각이 났다. 같은 질량인 두 조각은 남쪽과 서쪽으로 서로 수직으로 20 m/s로 날아간다. 세 번째 조각의 질량이 다른 두 조각의 2배이다. 세 번째 조각의 속력과 방향은 어떻게 되는가?

9.7 각운동량

17. ||| 작은 소녀가 회전목마에 처음 타는데 47 kg인 엄마가 회전목마의 중심에서 2.6 m 떨어져 자기 옆에 서 있기를 바란다. 회전목마가 움직일 때 엄마 속력이 4.2 m/s라면 회전목마의 중심에 관한 소녀의 각운동량은 얼마인가?

18. |||| 그림 P9.18에서 2.0 kg이고 지름이 4.0 cm인 회전하는 원판의 축에 대한 각운동량은 얼마인가?

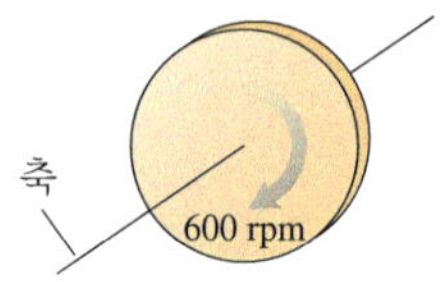

그림 P9.18

19. || 스케이터는 공연의 끝을 회전으로 마무리하는데, 팔을 접고 다리는 붙인 채 질량 중심을 축으로 빠르게 회전한다. 끝날 때에는 팔을 밖으로 펼쳐서 끝을 알린다. 잘 드러나지는 않지만 한 다리도 밖으로 뻗는다. 두 팔을 펼치고 한 다리를 뻗은 스케이터의 관성 모멘트가 3.2 kg·m^{2}이고 팔과 다리를 안쪽으로 두었을 때는 0.80 kg·m^{2}라고 하자. 스케이터가 회전을 5.0 rev/s로 시작했다면 두 팔과 한 다리를 바깥으로 했을 때 스케이터의 각속력은 rev/s 단위로 얼마인가?
BIO

10 에너지와 일
Energy and Work

번지점프 하는 사람이 낙하하면서 움직임의 에너지인 운동 에너지를 얻는다. 이 에너지는 어디서 오는 것인가? 그리고 낙하 끝 무렵 그 사람의 속력이 느려질 때 이 에너지는 어디로 가는가?

학습목표

에너지 개념을 도입하여 에너지 보존에 기반한 새로운 문제 풀이 전략을 학습한다.

에너지 형태

돌고래가 물에서 솟구칠 때 **운동 에너지**가 크다. 정점에서 돌고래의 에너지는 대부분 **위치 에너지**이다.

가장 중요한 형태의 에너지인 운동 에너지, 위치 에너지, 열에너지를 배운다.

일과 에너지

고무줄이 늘어나면서 에너지는 **일**로써 고무줄에 전달된다. 그 뒤에 이 에너지는 돌의 운동 에너지로 전달된다.

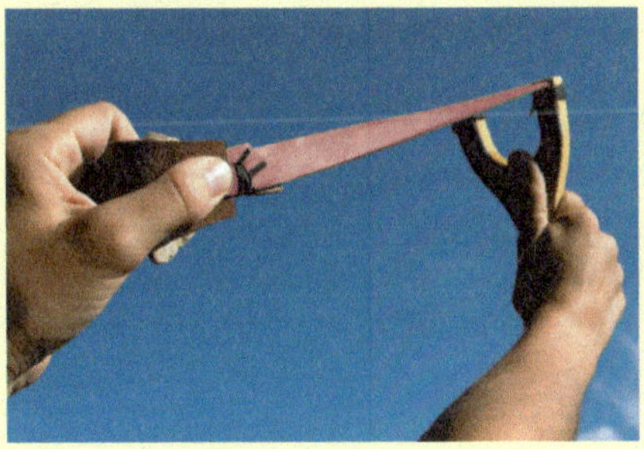

힘이 한 일을 계산하는 법과 이 일이 계의 에너지 **변화**와 어떤 관련이 있는지 배운다.

에너지 보존

미끄러져 내려오면서 위치 에너지는 감소하고 운동 에너지는 증가하지만, 총에너지는 변하지 않는다. 에너지는 **보존된다**.

세 사람이 바닥에 도착할 때의 속력은 얼마인가? 새로운 전-후 분석 방법을 사용하여 구한다.

이 장의 배경

등가속도 운동

2장에서 가속도가 일정한 입자의 운동을 기술하는 방법을 배웠다. 이 장에서는 등가속도 식들을 사용하여 일과 에너지의 관계를 구할 것이다.

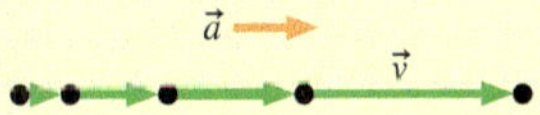

입자의 나중 속도는 입자의 초기 속도, 가속도, 변위에 따라 달라지는데, 그 관계는 다음과 같다.

$$(v_x)_f^2 = (v_x)_i^2 + 2a_x\Delta x$$

10.1 기본 에너지 모형

에너지는 흔히 듣는 단어이다. 화학 에너지를 사용하여 집과 몸을 가열하고, 전기 에너지를 사용하여 조명과 컴퓨터를 가동하며, 태양 에너지 덕분에 작물과 숲이 성장한다. 우리는 에너지를 현명하게 사용하고 낭비해선 안 된다고 배운다. 운동선수와 피곤한 학생들은 '에너지 바'나 '에너지 음료'를 섭취한다.

그런데 도대체 에너지는 무엇인가? 에너지 개념은 시간이 지남에 따라 확장되고 변화했으므로 에너지가 무엇인지 일반적으로 정의하는 것은 쉽지 않다. 형식적인 정의로 시작하기보다는 에너지 개념이 여러 장의 과정을 걸치면서 천천히 확장되도록 할 것이다. 이 장에서는 운동 에너지, 위치 에너지, 열에너지를 포함해 몇 가지 형태의 근본적인 에너지를 소개한다. 어떻게 에너지를 사용하는지, 특히 에너지가 한 형태에서 다른 형태로 어떻게 변형되는지와 같은 에너지 특성을 이해하고자 한다. 많은 현대 기술은 석유 분자의 화학 에너지를 전기 에너지 또는 자동차의 운동 에너지로 변환하는 것과 같은 에너지 변환과 관련되어 있다.

또한 역학적인 힘의 적용으로 어떻게 에너지가 계 안팎으로 전달될 수 있는지 배운다. 썰매를 밀면 썰매의 속력이 증가하므로 그 운동 에너지가 증가한다. 무거운 물체를 들어 올리면 물체의 중력 위치 에너지가 증가한다.

이러한 관찰로부터 에너지에 대한 아주 강력한 보존 법칙을 얻을 수 있다. 에너지는 생성되지도 파괴되지도 않는다. 어떤 계에서 한 형태의 에너지가 감소하면 동일한 양이 다른 형태로 나타나야 한다. 많은 과학자들은 자연 법칙들 중에서 에너지 보존 법칙이 가장 중요하다고 생각한다. 이 법칙은 이 교재의 나머지 전체에 영향을 미친다.

계와 에너지

9장에서 상호작용하는 물체들의 계에 대한 개념을 도입했다. 계는 떨어지는 도토리처럼 단순하거나 도시처럼 복잡할 수 있다. 그러나 단순하든지 복잡하든지 상관없이 자연의 모든 계에는 **총에너지**(total energy) E라 하는 양이 연관되어 있다. 총에너지는 계에 존재하는 여러 형태의 에너지의 합이다. 더 중요한 형태의 에너지에 대한 간략한 개요를 다음 쪽에 나타냈다. 이 장의 나머지 부분에서 이러한 에너지 형태 몇 가지를 훨씬 더 자세히 살펴볼 것이다.

그림 10.1 계와 에너지

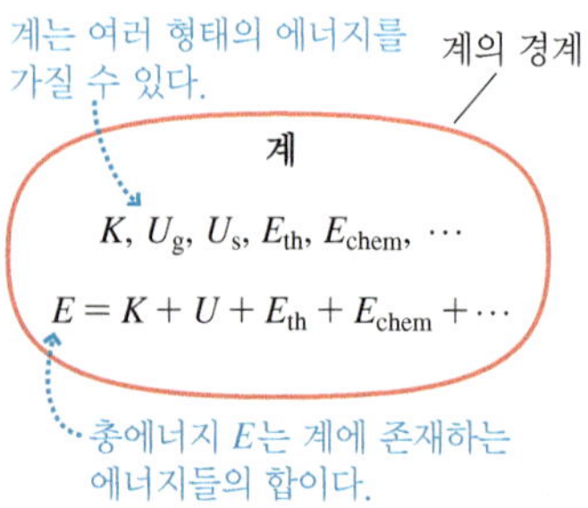

계에는 한 번에 이러한 많은 형태의 에너지가 있을 수 있다. 예를 들어, 움직이는 자동차에는 움직임과 관련된 운동 에너지, 휘발유에 저장된 화학 에너지, 뜨거운 엔진의 열에너지, 기타 여러 형태의 에너지가 있다. 계의 총에너지 E가 계에 존재하는 모든 여러 가지 에너지의 합이라는 개념이 **그림 10.1**에 나타나 있다.

$$E = K + U_g + U_s + E_{th} + E_{chem} + \cdots \tag{10.1}$$

이 합계에 표시된 에너지는 이 장과 다음 장에서 가장 관심을 두는 에너지 형태이다. 말줄임표(⋯)는 핵에너지나 전기 에너지처럼 있을지도 모르는 다른 형태의 에너지를

중요한 에너지 형태

운동 에너지 K

운동 에너지는 **움직임**의 에너지이다. 모든 움직이는 물체에는 운동 에너지가 있다. 물체가 무겁고 빠를수록 운동 에너지가 커진다. 사진 속 건축물 파괴용 철구는 부분적으로 큰 운동 에너지 때문에 효과적이다.

중력 위치 에너지 U_g

중력 위치 에너지는 물체의 **지상 높이**와 관련하여 **저장된** 에너지이다. 롤러코스터가 올라감에 따라 에너지는 중력 위치 에너지로 저장된다. 하강할 때 이 저장된 에너지는 운동 에너지로 변환된다.

탄성 또는 용수철 위치 에너지 U_s

궁수의 활처럼 용수철이나 다른 탄성 물체가 **늘어날** 때 저장되는 에너지가 탄성 위치 에너지이다. 이 에너지는 나중에 화살의 운동 에너지로 전환된다.

열에너지 E_{th}

뜨거운 물체는 차가운 물체보다 분자가 더 마구잡이로 움직이기 때문에 **열에너지**가 더 크다. 열에너지는 물체 내의 모든 분자의 미시적인 운동 에너지와 위치 에너지의 합이다. 끓는 물에서는 일부 분자가 충분한 에너지를 가지고 있어서 증기로써 물에서 빠져나간다.

화학 에너지 E_{chem}

전기력은 원자를 결합시켜 분자로 만든다. 에너지가 이 결합에 저장될 수 있고, 나중에 화학 반응 중에 결합이 재배열되면서 그 에너지가 방출된다. 휘발유를 연소하여 자동차를 운행하거나 음식을 먹어서 몸에 기운을 불어 넣을 때 **화학 에너지**가 사용된다.

핵에너지 $E_{nuclear}$

엄청난 양의 에너지가 원자의 작은 중심부인 **핵**에 저장되어 있다. 이떤 핵은 분리되면서 **핵에너지**의 일부를 방출하는데, 이 에너지는 분리된 조각들의 운동 에너지로 변환된 후 다시 열에너지로 변환된다. 원자로의 유령 같은 파란 광선은 고에너지의 조각이 물을 통과할 때 발생한다.

나타낸다. 이후 장에서 이것들을 다룰 것이다.

에너지 변환

모든 계가 다양한 형태의 에너지를 포함하고 있음을 보았다. 그러나 여러 형태의 에너지 각각의 양이 결코 바뀌지 않으면 세계는 매우 따분한 곳이 될 것이다. **한 형태의 에너지가 다른 형태의 에너지로 변형될 수 있다**는 점이 세상을 흥미롭게 만든다. 롤러코스터가 궤도 꼭대기에서 내려오면서 꼭대기에서의 중력 위치 에너지는 빠르게 운동 에너지로 바뀐다. 휘발유의 화학 에너지는 움직이는 자동차의 운동 에너지로 바뀐다. 다음 쪽에 몇 가지 일반적인 에너지 변환를 나타냈다. 여기서 화살표 →는 에너지 변환을 축약하여 표현한 것이다.

에너지 변환

바벨을 머리 위로 들어 올리는 역도 선수

바벨의 중력 위치 에너지는 바벨이 바닥에 있을 때보다 머리 위로 높이 있을 때 훨씬 더 크다. 역도 선수는 바벨을 들어 올리기 위해 몸속에 있는 화학 에너지를 바벨의 중력 위치 에너지로 변환시킨다.

$$E_{\text{chem}} \to U_{\text{g}}$$

베이스로 슬라이딩하는 야구 선수

운동 에너지는 야구 선수가 달릴 때 크지만 슬라이딩 후에는 사라지고 없다. 선수의 운동 에너지는 주로 열에너지로 변환되고, 운동장과 선수의 다리는 약간 따뜻해진다.

$$K \to E_{\text{th}}$$

모닥불

장작에는 상당한 화학 에너지가 포함되어 있다. 장작의 탄소가 공기 중의 산소와 화학적으로 결합하면 화학 에너지는 주로 고온 기체 및 불씨의 열에너지로 변환된다.

$$E_{\text{chem}} \to E_{\text{th}}$$

다이빙 선수

여기에는 두 단계의 에너지 변환이 있다. 사진 속의 도약판은 최대로 휘어져 탄성 위치 에너지가 보드에 저장된다. 곧 이 에너지는 운동 에너지로 변환된 다음 다이빙 선수가 공중으로 올라가고 속도가 느려지면서 중력 위치 에너지로 변환된다.

$$U_{\text{s}} \to K \to U_{\text{g}}$$

그림 10.2 계 내부에서 에너지 변환이 발생한다.

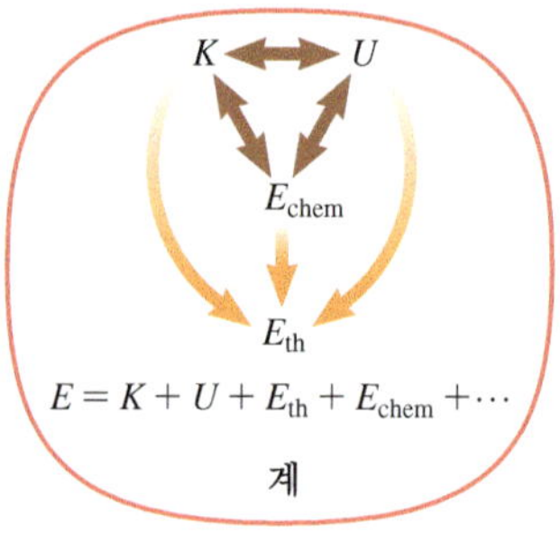

그림 10.2는 **에너지 변환이 계 내부에서 한 형태에서 다른 형태로의 에너지 변화**라는 개념을 강조한다(이 그림에서 U는 일반적인 위치 에너지로, 중력 위치 에너지 U_{g}, 용수철 위치 에너지 U_{s} 또는 다른 형태의 위치 에너지일 수 있다). 운동 에너지, 위치 에너지, 화학 에너지를 열에너지로 변환하는 것은 쉽지만, 열에너지를 다른 형태의 에너지로 변환하는 것은 그리 쉽지 않다. 어떻게 그렇게 변환할 수 있고, 그 과정에 어떤 한계가 있는지는 다음 장에서 중요하게 다룰 것이다.

에너지 전달과 일

수업 영상

계 내부에서 에너지 형태 사이에 에너지 **변환**(transformation)이 일어나는 것을 방금 살펴보았다. 그러나 모든 물리적 계는 주변의 세계, 즉 **환경**(environment)과도 상호작용한다. 이러한 상호작용 과정에서 계는 환경과 에너지를 교환할 수 있다. **계와 환경 사이의 에너지 교환을 에너지 전달이라고 한다.** 에너지를 전달하는 과정에는 크게 두 가지가 있다. 그것은 계를 밀거나 당겨서 계 안팎으로 에너지를 전달하는 **역학적** 과정인 **일**(work), 그리고 환경과 계 사이의 온도차 때문에 환경에서 계로 에너지를 전달하는 **비역학적** 과정인 **열**(heat)이다.

기본 에너지 모형(basic energy model)이라고 하는 **그림 10.3**은 계 내부의 에너지 변환뿐만 아니라 계 안팎으로의 에너지 전달이 포함되도록 에너지 모형을 수정한 것을 보여준다. 이 장에서는 일을 통한 에너지 전달만을 고려할 것이다. 11장과 12장에서 열의 개념을 심화하여 전개할 것이다.

'일'은 다양한 의미로 사용되는 일상적인 단어이다. 일과 관련하여 떠오르는 첫 생각은 아마도 생계를 유지하기 위한 육체노동이나 직업일 것이다. 어쨌든 "일을 마쳤다", "일을 저질렀다"고 말할 때, 그것은 물리학에서 의미하는 일이 아니다.

물리학에서 '일'은 계에 작용하는 역학적 힘에 의해 환경에서 계로 또는 계에서 환경으로 에너지를 **전달하는** 과정이다. 에너지가 계로 전달되고 나면 에너지는 다양한 형태로 나타날 수 있다. 정확히 어떤 형태인지는 계의 세부 사항과 힘의 작용 방식에 달려 있다. 일에 의한 에너지 전달의 세 가지 예가 아래에 나타나 있다. W를 일의 기호로 사용할 것이다.

그림 10.3 일과 열은 계 안팎으로 전달되는 에너지이다.

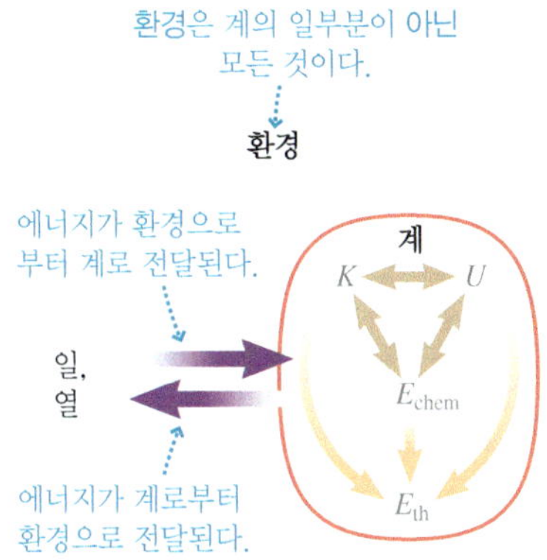

에너지 전달: 일

포환 던지기

계: 포환

환경: 운동선수

운동선수가 포환을 던질 때, 그는 계에 일을 하는 것이다. 즉, 그 자신으로부터 포환에 에너지를 전달한다. 계로 전달된 에너지는 운동 에너지로 나타난다.

전달: $W \rightarrow K$

성냥 긋기

계: 성냥과 성냥갑

환경: 손

손은 성냥을 성냥갑에 대고 재빠르게 당기면서 계에 일을 하여 계의 열에너지를 증가시킨다. 성냥 머리가 충분히 뜨거워지면 발화한다.

전달: $W \rightarrow E_{th}$

새총 쏘기

계: 새총

환경: 소녀

소년은 고무줄을 뒤로 잡아당기면서 계에 일을 하여 계의 탄성 위치 에너지를 증가시킨다.

전달: $W \rightarrow U_s$

위의 각 예에서 계가 **변위**를 겪는 동안 환경은 계에 힘을 가한다. 힘이 작용하는 동안에 계가 **움직일** 때만 에너지가 전달된다. 벽을 밀 때와 같이 고정된 물체에 가해진 힘은 물체에 어떠한 에너지도 전달하지 않으므로 일을 하지 않는다.

에너지 보존 법칙

계에 대한 일은 계의 안팎으로 전달된 에너지를 나타낸다. 이 전달된 에너지는 해준 일 W의 양만큼 계의 에너지를 **바꾼다**. 계의 에너지 변화를 ΔE로 쓰면, 이 개념을 수학적으로 다음과 같이 나타낼 수 있다.

$$\Delta E = W \tag{10.2}$$

계의 총에너지 E는 식 (10.1)에 따라 계에 존재하는 여러 형태의 에너지들의 합이다. 따라서 E의 변화는 존재하는 여러 형태의 에너지 변화의 합이다. 그러면 식 (10.2)에 따라 소위 **일–에너지 방정식**(work-energy equation)을 다음과 같이 얻는다.

일–에너지 방정식 계의 총에너지는 계에 해준 일의 양만큼 변한다.

$$\Delta E = \Delta K + \Delta U_g + \Delta U_s + \Delta E_{th} + \Delta E_{chem} + \cdots = W \qquad (10.3)$$

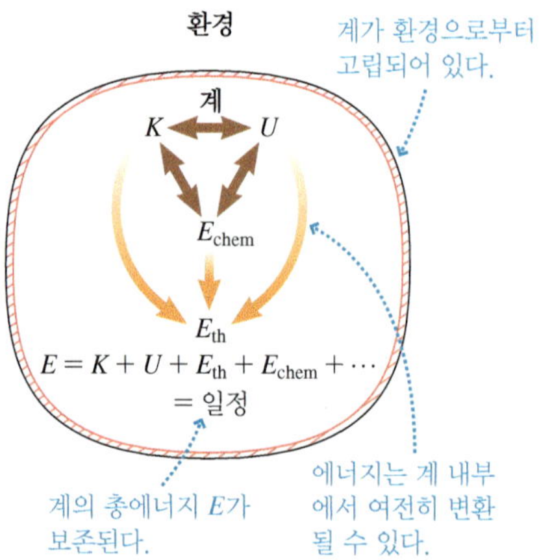

그림 10.4 고립계

고립계(isolated system)가 있다고 해보자. 고립계는 어떠한 에너지도 계의 안팎으로 전달되지 않도록 주변 환경과 분리된 계이다. 이것은 **계에 어떠한 일도 할 수 없다는** 것을 의미한다. 계 내부의 에너지는 한 형태에서 다른 형태로 변환될 수 있지만, 이러한 변환 과정에서 고립계의 총에너지, 즉 모든 개별 형태의 에너지 **합이 일정하게** 유지되는 것은 자연의 심오하고 놀라운 사실이다(**그림 10.4** 참조). 이것을 간단히 **고립계의 총에너지가 보존된다**고 한다.

고립계인 경우 식 (10.3)에서 $W = 0$이므로 다음과 같이 **에너지 보존 법칙**(law of conservation of energy)을 얻는다.

에너지 보존 법칙 고립계의 총에너지는 일정하다.

$$\Delta E = \Delta K + \Delta U_g + \Delta U_s + \Delta E_{th} + \Delta E_{chem} + \cdots = 0 \qquad (10.4)$$

에너지 보존 법칙은 운동량 보존 법칙과 비슷하다. 계의 운동량은 외부 힘이 계에 작용할 때 바뀌지만 **고립계**의 총운동량은 변하지 않는다. 마찬가지로 계의 에너지는 외부 힘이 작용할 때 바뀌지만 **고립계**의 총에너지는 변하지 않는다.

운동량 문제를 푸는 데 있어 새로운 전–후 관점을 채택했다. 상호작용 **이후**의 운동량은 상호작용 **이전**의 운동량과 같았다. 마찬가지로, 에너지에 대해 매우 강력한 문제 풀이 전략으로 이어지는 전–후 관점을 소개할 것이다.

그러나 에너지의 개념을 사용하여 문제를 해결하기 전에 일, 운동 에너지, 위치 에너지, 열에너지에 대한 정량적 표현을 먼저 개발해야 한다. 이것이 다음 절에서 할 일이다.

10.2 일

먼저 일을 어떻게 계산하는지 알아보자. 환경이 계에 작용하는 힘에 의해 계 안팎으로 전달되는 에너지가 일이라는 것을 방금 배웠다. 따라서 계 **밖의** 힘이 계에 일을 하며, 이러한 힘을 **외부 힘**(external force)이라고 한다. 외부 힘만이 계의 에너지를 바꿀 수 있다. 계 **내부의** 물체 사이의 힘인 **내부 힘**(internal force)은 계 내부에서 에너지 변환을 일으키지만 계의 총에너지를 바꾸지 않는다.

또한 에너지가 일로 전달되기 위해서는 힘이 가해지는 동안 계가 변위를 겪어야 한다는 것을 배웠다. 일, 힘, 변위 사이의 관계를 더 살펴보자.

그림 10.5의 왼쪽에 표시된 것처럼 정지해 있는 윈드서핑 보드와 사람으로 구성된 계를 생각해보자. 보드와 물 사이에 마찰이 없다고 가정한다. 처음에는 계에 운동 에너지가 없다. 그러나 바람에 의한 힘과 같은 계의 외부 힘이 계에 작용하기 시작하면 보드의 속력이 빨라지고 운동 에너지가 증가할 것이다. 에너지 전달 측면에서 풍력이 계에 한 일 때문에 계의 에너지가 증가한다고 할 수 있다.

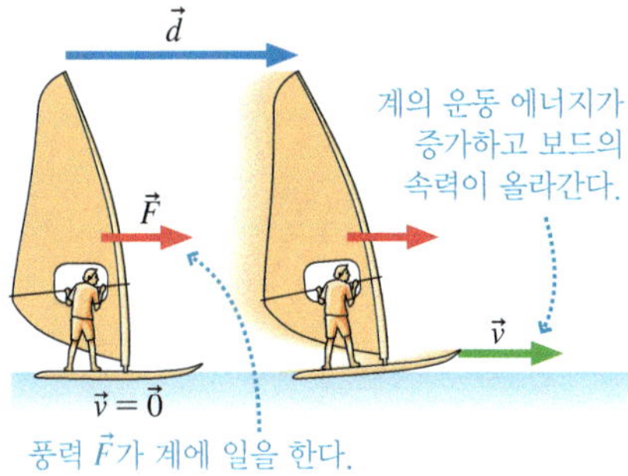

그림 10.5 풍력이 계에 일을 하여 운동 에너지 K를 증가시킨다.

풍력이 하는 일의 양을 결정하는 것은 무엇인가? 첫째, 바람이 보드를 미는 거리가 클수록, 보드가 빠를수록 계의 운동 에너지가 증가한다. 이것은 더 큰 에너지 전달을 의미한다. 따라서 **변위가 클수록 일이 커진다.** 둘째, 바람이 더 강한 힘으로 밀면 보드는 더 빠르게 속력을 올리고, 계의 운동 에너지의 변화는 약한 힘일 때보다 더 크다. **힘이 강할수록 수행된 일이 커진다.**

힘 $\vec{F}$가 계에 전달한 에너지 양, 다시 말해 $\vec{F}$가 한 일의 양은 힘의 크기 F 및 계의 변위 d 모두에 의존한다는 것을 이 실험으로 알 수 있다. 이런 종류의 많은 실험으로 $\vec{F}$가 한 일의 양은 F와 d 모두에 비례한다는 것이 확립되었다. 힘 $\vec{F}$가 일정하고 물체의 변위 방향을 향하는 가장 단순한 경우에 한 일의 표현은 다음과 같다.

$$W = Fd \qquad (10.5)$$

변위 $\vec{d}$ 방향의 일정한 힘 $\vec{F}$가 한 일

힘과 거리의 곱인 일의 단위는 N · m이다. 이 단위는 아주 중요해서 **줄**(joule)이라는 고유의 이름이 붙여졌고, 다음과 같이 정의된다.

$$1\ \text{joule} = 1\ \text{J} = 1\ \text{N}\cdot\text{m}$$

일은 그저 전달되는 에너지이기 때문에 **줄은 모든 형태의 에너지 단위이다.** 일은 운동량과 달리 방향 없이 크기만 있는 스칼라 양이다.

예제 10.1 상자를 밀면서 한 일

사라가 무거운 상자를 바닥을 따라 일정한 속력으로 3.0 m만큼 밀었다. 그녀가 크기 70 N의 일정한 수평력으로 밀었다면, 상자에 한 일은 얼마인가?

준비 그림 10.6의 전-후 개요도로 시작하자. 사라는 상자의 이동 방향으로 일정한 힘을 가하므로 식 (10.5)를 사용하여 한 일을 구할 수 있다.

그림 10.6 상자를 미는 사라

풀이 사라가 한 일은 다음과 같다.

$$W = Fd = (70\ \text{N})(3.0\ \text{m}) = 210\ \text{J}$$

검토 일은 계로 전달된 에너지를 나타내므로 상자와 바닥으로 이루어진 계의 에너지는 증가해야 한다. 윈드서핑과는 달리 상자의 속력이 올라가지 않으므로 계의 운동 에너지는 증가하지 않는다. 대신 일은 상자 및 상자가 미끄러지는 바닥 일부의 열에너지를 증가시켜 양쪽의 온도를 상승시킨다. 식 (10.3)의 표기법을 사용하여 이 에너지 전달을 $\Delta E_{th} = W$로 쓸 수 있다.

변위에 대해 비스듬한 방향의 힘

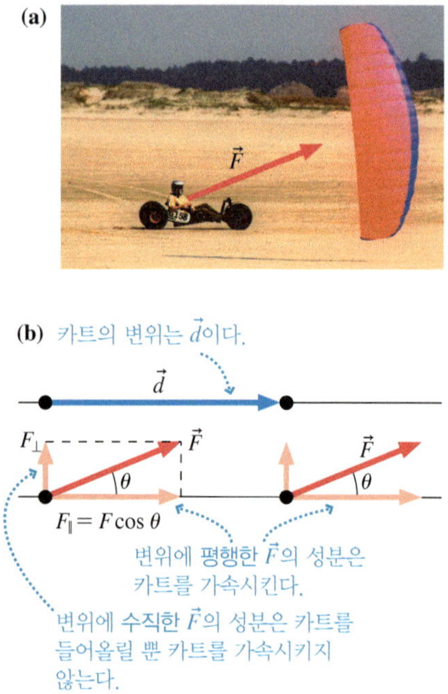

그림 10.7 힘이 변위에 대해 비스듬할 때 일 구하기

힘의 방향이 물체의 변위와 같은 방향일 때 힘은 물체에 가장 큰 양의 일을 한다. 힘이 변위에 대해 일정한 각도로 비스듬하게 작용할 때는 더 적은 일을 한다. 이를 알기 위해 **그림 10.7(a)**의 연에 매달려 있는, 누워서 타는 카트를 고려해보자. 연줄의 비스듬한 힘 $\vec{F}$가 카트를 수평 경로를 따라 끌고 있다. **그림 10.7(b)**에서 볼 수 있듯이 $\vec{F}$를 운동에 수직인 성분 $F_\perp$와 평행한 성분 $F_\|$로 나눌 수 있다. 평행한 성분만이 카트를 가속화하고 그 운동 에너지를 증가시키므로 오직 평행한 성분만 카트에 일을 할 수 있다. **그림 10.7(b)**에서 보듯이 $\vec{F}$와 변위 사이의 각도가 θ이면 평행 성분은 $F_\| = F\cos\theta$이다. 따라서 변위 방향에 대해 각도 θ로 힘이 작용할 때 한 일은 다음과 같다.

$$W = F_\| d = Fd\cos\theta \qquad (10.6)$$

변위 $\vec{d}$에 대해 각도 θ로 기울어져 있는 일정한 힘 $\vec{F}$가 한 일

일에 대한 좀 더 일반적인 이 정의는 $\theta = 0°$이면 식 (10.5)와 일치한다.

운동 방향에 대해 비스듬한 방향의 힘이 한 일을 계산하는 방법이 풀이 전략 10.1에 나타나 있다. 그림의 계는 마찰이 없는 수평면에서 미끄러지는 벽돌이므로 운동 에너지만 바뀌고 있다. 그러나 변위가 있는 모든 물체에 대해 동일한 관계가 성립한다.

F와 d는 항상 양의 값을 가지므로 오직 **힘과 변위 사이의 각도 θ가 W의 부호를 결정한다**. 식 (10.6)의 $W = Fd\cos\theta$는 어떠한 각도 θ에 대해서도 유효하다. 하지만 세 가지 특수한 경우, 즉 $\theta = 0°$, $\theta = 90°$, $\theta = 180°$인 경우에 사용할 수 있는 식 (10.6)의 간단한 형태가 있다. 이것들은 풀이 전략 10.1에 나와 있다.

풀이 전략 10.1 일정한 힘이 한 일 계산하기

변위에 대한 힘의 방향	각도와 한 일	W의 부호	에너지 전달
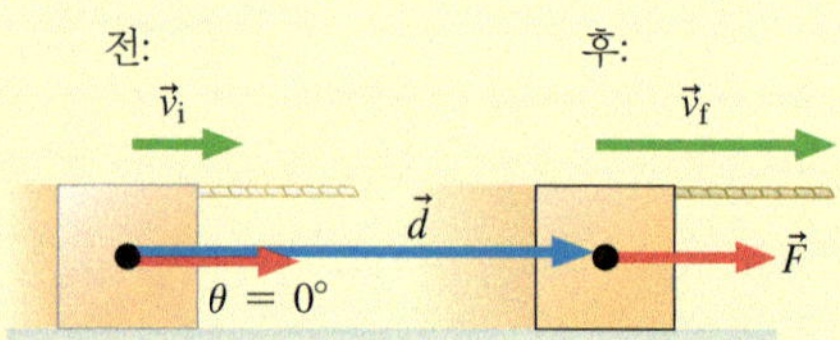	$\theta = 0°$ $\cos\theta = 1$ $W = Fd$	+	힘은 운동 방향이다. 벽돌의 가속도는 양수이며 가장 크고, K는 최대로 증가한다. **계로의 에너지 전달 최대**
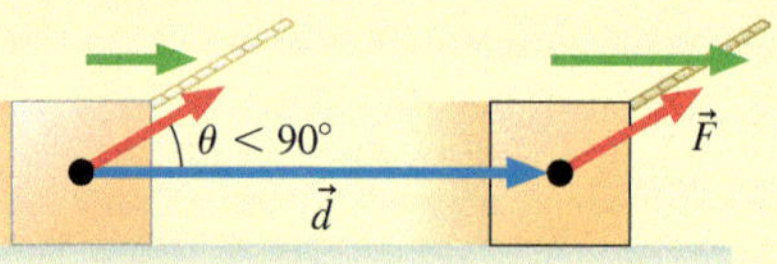	$\theta < 90°$ $W = Fd\cos\theta$	+	변위에 평행한 힘의 성분은 F보다 작다. 벽돌의 가속도는 양수이지만 더 작고, K는 덜 증가한다. **계로의 에너지 전달 감소**
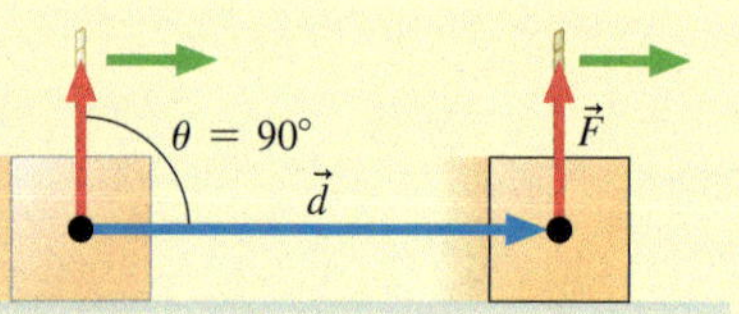	$\theta = 90°$ $\cos\theta = 0$ $W = 0$	0	운동 방향에 평행한 힘의 성분이 없다. 벽돌은 일정한 속력으로 움직인다. K의 변화는 없다. **에너지 전달 없음**

변위에 대한 힘의 방향	각도와 한 일	W의 부호	에너지 전달
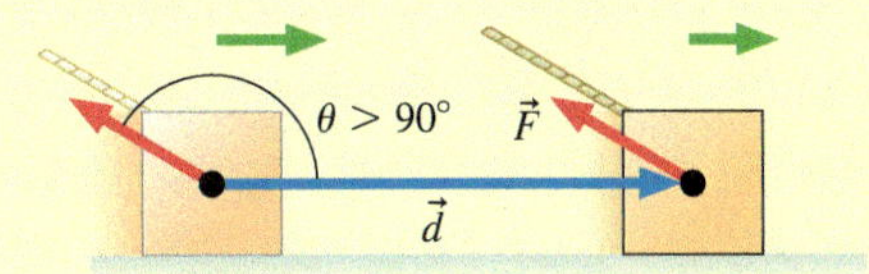	$\theta > 90°$ $W = Fd\cos\theta$	−	변위에 평행한 힘의 성분은 운동 방향과 반대이다. 벽돌의 속력은 감속하고, K는 감소한다. **계로부터 에너지 전달 감소**
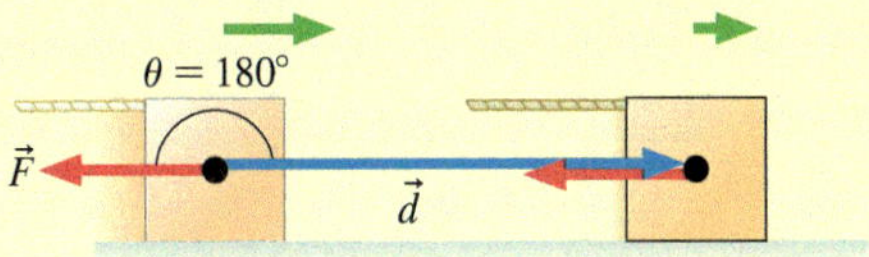	$\theta = 180°$ $\cos\theta = -1$ $W = -Fd$	−	힘은 운동 방향과 정반대이다. 벽돌은 최대의 감속도를 가지고, K는 최대로 감소한다. **계로부터 에너지 전달 최대**

예제 10.2 여행 가방을 끌면서 한 일

45° 각도로 위쪽으로 기울어진 끈으로 여행 가방을 당긴다. 끈의 장력은 20 N이다. 일정한 속력으로 가방을 100 m 끌고 가면 장력이 한 일은 얼마인가?

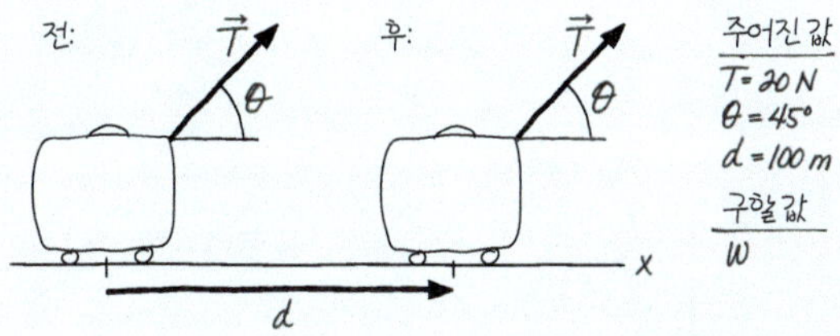

그림 10.8 끈으로 끌고 있는 여행 가방

준비 그림 10.8은 개요도이다. 여행 가방이 일정한 속력으로 움직이기 때문에, 왼쪽으로 작용하는 굴림 마찰력(나타내지 않음)이 있어야 한다.

풀이 장력이 한 일을 구하기 위해 식 (10.6)에서 $F = T$로 놓는다.

$$W = Td\cos\theta = (20\ \text{N})(100\ \text{m})\cos 45° = 1400\ \text{J}$$

검토 사람이 끈의 다른 쪽 끝을 당겨서 장력이 생기므로, 그 사람이 여행 가방에 1400 J의 일을 한다고 비공식적으로 표현한다. 이 일은 가방 및 바닥으로 된 계로 전달된 에너지를 나타낸다. 여행 가방이 일정한 속력으로 움직이기 때문에 계의 운동 에너지는 변하지 않는다. 따라서 사라가 예제 10.1에서 상자를 밀 때와 마찬가지로, 해준 일은 전부 가방과 바닥의 열에너지 E_{th}의 증가로 나타난다.

개념형 예제 10.3 낙하산이 한 일

낙하산을 펼친 드래그레이스 경주차가 감속하고 있다. 해준 일의 부호는 무엇인가?

판단 드래그레이스 경주차에 작용하는 끌림힘과 감속하는 경주차 변위가 그림 10.9에 그려져 있다. 힘의 방향은 변위의 반대방향이므로 식 (10.6)의 각도 θ는 180°이다. 따라서 $\cos\theta = \cos(180°) = -1$이다. 식 (10.6)의 F와 d는 크기이므로 양수이고, 끌림힘이 한 일 $W = Fd\cos\theta = -Fd$는 음수이다.

그림 10.9 드래그레이스 경주차에 작용하는 힘

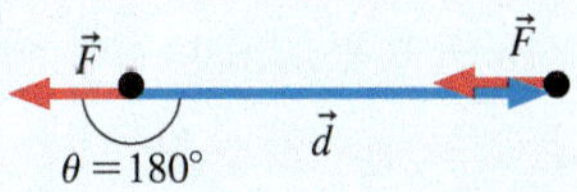

검토 식 (10.3)을 이 상황에 적용하면, 계에서 변하는 유일한 에너지는 경주차의 운동 에너지 K이기 때문에

$$\Delta K = W$$

를 얻는다. 운동 에너지가 감소하기 때문에 그 변화 ΔK는 음수이다. 이것은 W의 부호와 일치한다. 이 예는 **음의 일은 계 외부로의 에너지 전달을 나타낸다**는 일반적인 원리를 보여준다.

이동하는 물체에 여러 힘이 작용하면 각각의 힘이 물체에 일을 한다. **총**(또는 **알짜**)**일** W_{total}은 각 힘이 한 일의 합이다. 총일은 환경에서 계로 전달된 총에너지나 ($W_{total} > 0$인 경우) 계에서 환경으로 전달된 총에너지를($W_{total} < 0$인 경우) 나타낸다.

일을 하지 않는 힘

힘이 물체에 작용한다는 사실이 그 힘이 물체에 일을 할 것이라는 의미는 아니다. 아래에 힘이 일을 하지 않는 세 가지 경우가 나타나 있다.

일을 하지 않는 힘

힘이 작용하는 동안 물체가 이동하지 않으면 한 일은 없다.

이것은 때로는 반직관적인 것처럼 보일 수 있다. 역도 선수가 매우 힘들게 머리 위로 바벨을 들고 있다. 그러나 바벨이 정지해 있는 동안 그 변위가 영이기 때문에 역도 선수는 바벨에 아무런 일도 하지 않는다. 그러면 역도 선수는 왜 그렇게 힘들까? 그가 엄청난 하중을 견디며 팔을 편 채 있으려면 몸속의 화학 에너지가 빠르게 전환될 필요가 있다는 것을 11장에서 배울 것이다.

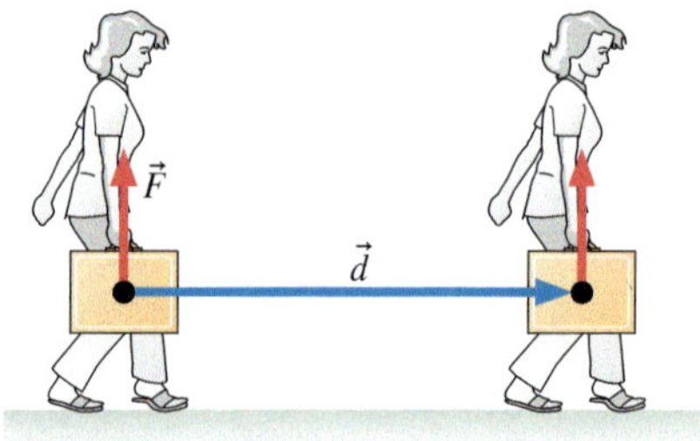

변위에 수직한 힘은 일을 하지 않는다.

여자는 들고 다니는 서류 가방에 수직인 힘만 가한다. 이 힘은 변위 방향의 성분이 없으므로 가방은 일정한 속도로 움직이고, 운동 에너지는 일정하게 유지된다. 가방의 에너지가 변하지 않으므로 일로써 가방에 전달되는 에너지가 없다(풀이 전략 10.1에서 $\theta = 90°$인 경우이다).

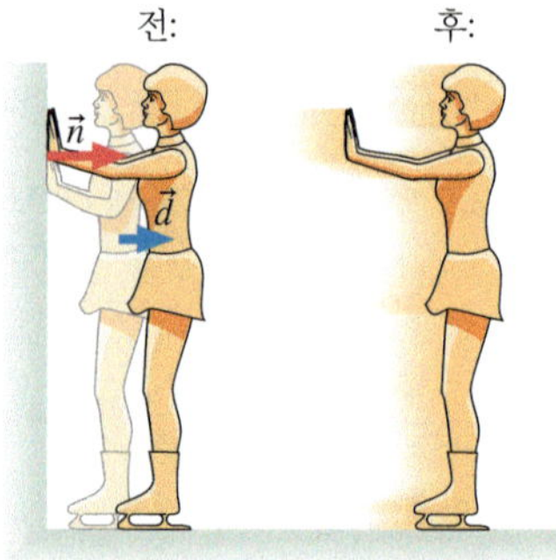

힘이 작용하고 있는 물체의 특정 부분이 이동하지 않으면 한 일은 없다.

비록 벽이 수직 항력 $\vec{n}$으로 여자를 밀고 그녀가 변위 $\vec{d}$만큼 이동하지만, 벽은 일을 하지 않는다. 왜냐하면 $\vec{n}$이 작용하고 있는 그녀의 손이 이동하지 않기 때문이다. 이것은 일리가 있다. 움직이지 않고 정지한 물체에서 어떻게 에너지가 일로써 전달될 수 있겠는가? 그렇다면 그녀의 운동 에너지는 어디에서 온 것인가? 이것은 11장의 주제가 될 것이다. 추측해보라.

10.3 운동 에너지

움직이는 물체의 에너지인 운동 에너지에 대해 이미 정성적으로 논의했다. 이제 일과 간단한 운동학에 대해 배웠던 것을 사용하여 운동 에너지에 대한 정량적인 표현을 찾아보자. **그림 10.10**에서처럼 견인 밧줄로 끌고 있는 자동차를 고려한다. 자동차가 변위 $\vec{d}$만큼 이동하는 동안 밧줄은 일정한 힘 $\vec{F}$로 당기고 있으므로 힘은 자동차에

그림 10.10 견인 밧줄이 한 일은 자동차의 운동 에너지를 증가시킨다.

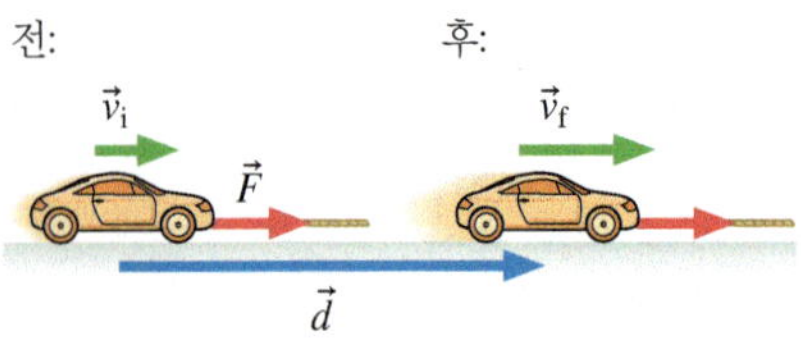

$W = Fd$의 일을 한다. 마찰력과 끌림힘을 무시한다면 $\vec{F}$가 한 일은 완전히 자동차의 운동 에너지로 전달된다. 이 경우, 자동차의 운동 에너지의 변화는 일-에너지 방정식인 식 (10.3)에 의해 다음과 같이 주어진다.

$$W = \Delta K = K_f - K_i \qquad (10.7)$$

운동학을 사용하여 일에 대한 표현을 자동차의 초기와 나중 속력의 항으로 구할 수 있다. ◀◀2.5절의 운동 방정식

$$v_f^2 = v_i^2 + 2a\,\Delta x$$

를 떠올려 보자. 자동차의 운동에 적용하자면, $\Delta x = d$는 자동차의 변위이고, 뉴턴의 제2법칙으로부터 가속도는 $a = F/m$이다. 따라서

$$v_f^2 = v_i^2 + \frac{2Fd}{m} = v_i^2 + \frac{2W}{m}$$

로 쓸 수 있다. 여기서 Fd를 일 W로 바꾸었다. 이제 일에 대해 풀면

$$W = \frac{1}{2}m\left(v_f^2 - v_i^2\right) = \frac{1}{2}mv_f^2 - \frac{1}{2}mv_i^2$$

을 얻는다. 이 결과를 식 (10.7)과 비교하면

$$K_f = \frac{1}{2}mv_f^2 \quad \text{그리고} \quad K_i = \frac{1}{2}mv_i^2$$

임을 알 수 있다. 일반적으로 속력 v로 움직이는 질량 m인 물체의 운동 에너지는 다음과 같다.

$$K = \frac{1}{2}mv^2 \qquad (10.8)$$

속력 v로 움직이는 질량 m인 물체의 운동 에너지

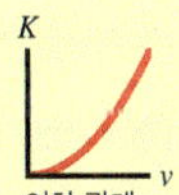

이차 관계

식 (10.8)로부터 운동 에너지의 단위는 질량에 속력의 제곱을 곱한 것의 단위인 $\text{kg}\cdot(\text{m/s})^2$이다. 그러나

$$1\ \text{kg}\cdot(\text{m/s})^2 = \underbrace{1\ \text{kg}\cdot(\text{m/s}^2)}_{1\text{N}}\cdot\text{m} = 1\ \text{N}\cdot\text{m} = 1\ \text{J}$$

이므로 운동 에너지의 단위는 당연히 일의 단위와 똑같다. 몇 가지 운동 에너지의 대략적인 크기가 표 10.1에 나와 있다. 일상적인 운동 에너지의 크기는 몇 백분의 1줄에서 거의 수백만 줄의 범위에 이른다.

표 10.1 운동 에너지의 대략적인 크기

물체	운동 에너지
기는 개미	1×10^{-8} J
1 m 높이에서 떨어진 동전	2.5×10^{-3} J
걷는 사람	70 J
빠른 공(100 mph≈161 km/h)	150 J
총알	5000 J
자동차(60 mph≈96 km/h)	5×10^{5} J
유조선(20 mph≈32 km/h)	2×10^{10} J

개념형 예제 10.4 **자동차의 운동 에너지 변화**

1000 kg의 자동차가 5.0 m/s에서 출발하여 5.0 m/s만큼 속력을 올릴 때와 10 m/s에서 출발하여 5.0 m/s만큼 속력을 올릴 때의 운동 에너지의 변화를 비교하시오.

판단 속력이 5.0 m/s에서 10 m/s로 변할 때 자동차의 운동 에너지의 변화는

$$\Delta K_{5\to10} = \frac{1}{2}mv_f^2 - \frac{1}{2}mv_i^2$$

이다. 그러므로

$$\Delta K_{5\to10} = \frac{1}{2}(1000\text{ kg})(10\text{ m/s})^2 - \frac{1}{2}(1000\text{ kg})(5.0\text{ m/s})^2$$
$$= 3.8 \times 10^4\text{ J}$$

을 얻는다. 마찬가지로, 10 m/s에서 15 m/s로 증가할 때는

$$\Delta K_{10\to15} = \frac{1}{2}(1000\text{ kg})(15\text{ m/s})^2 - \frac{1}{2}(1000\text{ kg})(10\text{ m/s})^2$$
$$= 6.3 \times 10^4\text{ J}$$

이 필요하다. 비록 자동차 속력의 증가는 두 경우 모두 같지만, 운동 에너지의 증가는 둘째 경우가 상당히 더 크다.

검토 운동 에너지는 속력 v의 **제곱**에 의존한다. 속력 대 운동 에너지를 나타내는 **그림 10.11**에서 자동차의 에너지가 속력에 따라 빠르게 증가하는 것을 알 수 있다. 또한 v가 5 m/s 변할 때 K의 변화가 속력이 낮을 때보다 높을 때 더 큰 이유를 그래프에서 알 수 있다. 자동차의 속력이 낮을 때보다 높을 때 자동차를 가속시키는 것이 더 힘든 것은 부분적으로 이런 이유 때문이다.

그림 10.11 운동 에너지는 속력의 **제곱**으로 증가한다.

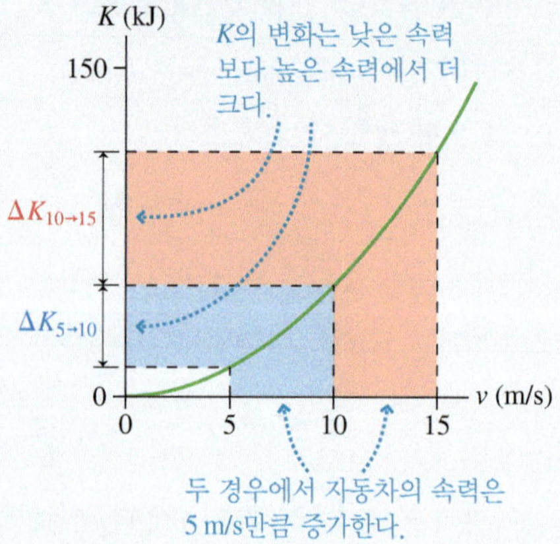

예제 10.5 봅슬레이의 속력

2인승 봅슬레이의 질량은 390 kg이다. 정지 상태에서 출발하여 두 사람이 처음 50 m는 알짜힘 270 N으로 봅슬레이를 밀었다. 마찰을 무시한다면 50 m의 끝에서 봅슬레이의 속력은 얼마인가?

준비 마찰을 무시하기 때문에 봅슬레이의 열에너지는 변하지 않는다. 그리고 봅슬레이의 높이는 일정하기 때문에 위치 에너지도 변하지 않는다. 따라서 일-에너지 방정식은 단순하게 $\Delta K = W$이다. 그러므로 두 사람이 봅슬레이를 밀면서 한 일을 구하면 봅슬레이의 최종 운동 에너지를 구할 수 있고 속력도 구할 수 있다. 주어진 값과 구할 값 v_f가 **그림 10.12**에 나타나 있다.

그림 10.12 두 사람이 한 일은 봅슬레이의 운동 에너지를 증가시킨다.

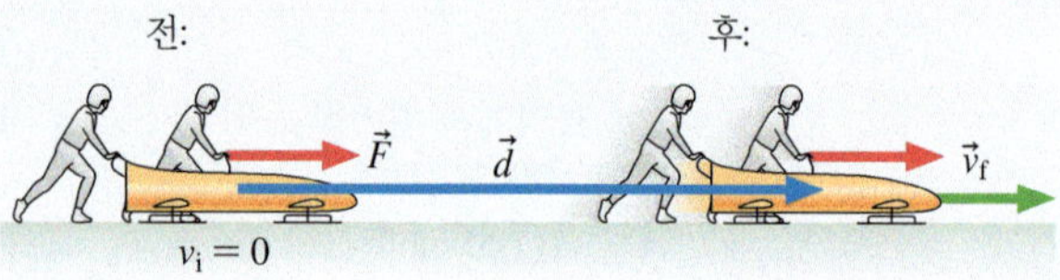

주어진 값		구할 값
$m = 390$ kg	$F = 270$ N	v_f
$d = 50$ m	$v_i = 0$ m/s	

풀이 일-에너지 방정식인 식 (10.3)에서 봅슬레이의 운동 에너지 변화는 $\Delta K = K_f - K_i = W$이다. 따라서 봅슬레이의 최종 운동 에너지는

$$K_f = K_i + W$$

가 된다. 운동 에너지와 일에 대한 표현을 사용하여

$$\frac{1}{2}mv_f^2 = \frac{1}{2}mv_i^2 + Fd$$

를 얻는다. $v_i = 0$이기 때문에 일-에너지 방정식은 간단하게

$$\frac{1}{2}mv_f^2 = Fd$$

가 된다. 나중 속력을 구하면 다음과 같다.

$$v_f = \sqrt{\frac{2Fd}{m}} = \sqrt{\frac{2(270\text{ N})(50\text{ m})}{390\text{ kg}}} = 8.3\text{ m/s}$$

검토 8.3 m/s(약 18 mph)는 두 사람이 밀어서 얻을 수 있는 적당한 속력이다.

회전 운동 에너지

선이나 다른 경로를 따라 움직이는 물체의 운동 에너지에 대한 표현을 방금 얻었다. 이 에너지를 **병진 운동 에너지**(translational kinetic energy)라고 한다. 이제 풍차 날개와 같이 고정된 축에 대해 회전하는 물체를 생각해보자. 날개는 전반적인 병진 운

동을 하지는 않지만 날개의 각 입자가 움직이고 있으므로 운동 에너지를 가지고 있다. 날개를 구성하는 모든 입자의 운동 에너지를 더하여 날개의 회전에 의한 운동 에너지인 **회전 운동 에너지**(rotational kinetic energy)를 구한다.

각속도 ω로 회전하고 있는 풍차 날개를 구성하는 입자 중 2개가 그림 10.13에 나타나 있다. ◀◀7.1절에서 반지름 r인 원에서 각속도 ω로 움직이는 입자의 속력은 $v = \omega r$임을 상기하라. 따라서 반지름 r_1인 원으로 회전하는 입자 1은 속력 $v_1 = r_1\omega$로 움직이므로 운동 에너지는 $\frac{1}{2}m_1v_1^2 = \frac{1}{2}m_1r_1^2\omega^2$이다. 마찬가지로, 더 큰 반지름 r_2인 원으로 회전하는 입자 2의 운동 에너지는 $\frac{1}{2}m_2r_2^2\omega^2$이다. 물체의 회전 운동 에너지는 모든 입자의 운동 에너지의 합으로 다음과 같다.

$$K_{\text{rot}} = \frac{1}{2}m_1r_1^2\omega^2 + \frac{1}{2}m_2r_2^2\omega^2 + \cdots = \frac{1}{2}\left(\sum mr^2\right)\omega^2$$

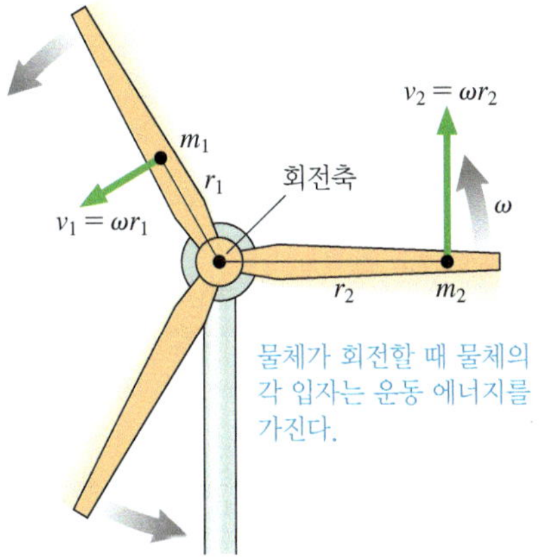

그림 10.13 입자들의 원운동 때문에 회전 운동 에너지가 나타난다.

괄호 안의 항은 익숙한 물리량인 관성 모멘트 I이다. 그러므로 회전 운동 에너지는 다음과 같다.

$$K_{\text{rot}} = \frac{1}{2}I\omega^2 \tag{10.9}$$

관성 모멘트 I와 각속도 ω인 물체의 회전 운동 에너지

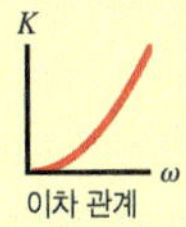

영상 학습 데모

바퀴처럼 구르는 물체는 회전 운동과 병진 운동을 모두 겪는다. 결과적으로 물체의 총 운동 에너지는 회전 운동 에너지와 병진 운동 에너지의 합이다.

$$K = K_{\text{trans}} + K_{\text{rot}} = \frac{1}{2}mv^2 + \frac{1}{2}I\omega^2 \tag{10.10}$$

이것은 중요한 사실을 보여준다. **구르는 물체의 운동 에너지는 같은 속력으로 움직이는 구르지 않는 물체의 운동 에너지보다 항상 크다.**

▶ **회전 재충전** 유망한 신기술 덕분에 주기적으로 비용이 많이 드는 교체가 필요한 우주선 배터리가 매우 높은 각속력으로 회전하는 원통인 **플라이휠**(flywheel)로 대체될 것이다. 태양 전지판의 에너지를 사용하여 플라이휠의 속력을 높이고, 플라이휠은 에너지를 회전 운동 에너지로 저장하여 필요에 따라 전기 에너지로 다시 변환할 수 있다.

예제 10.6 자전거의 운동 에너지

자전거 1은 10.0 kg의 프레임과 1.00 kg짜리 바퀴들로 구성되어 있고, 자전거 2는 9.0 kg의 프레임과 1.50 kg짜리 바퀴들로 구성되어 있다. 따라서 두 자전거의 총 질량은 12.0 kg으로 같다. 12.0 m/s로 자전거를 탈 때 각 자전거의 운동 에너지는 얼마인가? 자전거 바퀴는 반지름이 35.0 cm인 굴렁쇠로 모형화한다.

준비 각 자전거의 프레임은 오직 병진 운동 에너지 $K_{\text{frame}} = \frac{1}{2}mv^2$만 가지고 있다. 여기서 m은 프레임의 질량이다. 구르고 있는 각 바퀴의 운동 에너지는 식 (10.10)으로 구한다. 표 7.1에 따르면 질량이 M인 굴렁쇠의 I는 MR^2이다.

풀이 식 (10.10)으로부터 구르고 있는 바퀴의 운동 에너지는

$$K_{\text{wheel}} = \frac{1}{2}Mv^2 + \frac{1}{2}I\omega^2 = \frac{1}{2}Mv^2 + \frac{1}{2}\underbrace{(MR^2)}_{I}\underbrace{\left(\frac{v}{R}\right)^2}_{\omega^2} = Mv^2$$

이므로 자전거의 총 운동 에너지는

$$K = K_{\text{frame}} + 2K_{\text{wheel}} = \frac{1}{2}mv^2 + 2Mv^2$$

이다. 둘째 항의 인자 2는 자전거에는 바퀴가 2개 있기 때문에 나타난 것이다. 두 자전거의 운동 에너지는 각각 다음과 같다.

$$K_1 = \frac{1}{2}(10.0\text{ kg})(12.0\text{ m/s})^2 + 2(1.00\text{ kg})(12.0\text{ m/s})^2$$
$$= 1010\text{ J}$$
$$K_2 = \frac{1}{2}(9.00\text{ kg})(12.0\text{ m/s})^2 + 2(1.50\text{ kg})(12.0\text{ m/s})^2$$
$$= 1080\text{ J}$$

자전거 2의 운동 에너지는 자전거 1의 운동 에너지보다 약 7% 더 크다. 이 계산에서는 바퀴의 반지름이 필요하지 않았다.

검토 이 자전거를 탄 사람은 정지 상태에서 12 m/s까지 자전거를 가속시키면서 몸속의 화학 에너지 일부를 자전거의 운동 에너지로 변환해야 한다. 자전거 경주자는 가능하다면 자신의 에너지를 최소한으로만 사용한다. 두 자전거의 총 질량은 동일하지만 가벼운 바퀴를 단 자전거는 이동하는 데 필요한 에너지가 더 작다. 바퀴의 무게를 조금 줄이는 것이 프레임의 무게를 똑같이 줄이는 것보다 훨씬 더 유용하다.

경주용 자전거는 바퀴를 최대한 가볍게 하는 것이 중요하다.

10.4 위치 에너지

계에 있는 두어 개의 물체가 상호작용할 때, 에너지를 쉽게 되찾을 수 있는 방식으로 계에 에너지를 **저장하는** 것이 때때로 가능하다. 예를 들어, 지구와 공은 둘 사이의 중력으로 상호작용을 한다. 공을 공중으로 들어 올리면 에너지는 공 및 지구 계에 저장되고, 그 에너지는 나중에 공을 놓아서 공이 떨어질 때 운동 에너지로 되돌아올 수 있다. 마찬가지로, 용수철은 원자 '용수철'을 통해 상호작용하는 수많은 원자로 구성된 계이다. 상자를 용수철에 대고 밀 때 저장되는 에너지는 나중에 용수철이 상자를 탁자에서 되밀 때 되돌아올 수 있다. 이 같은 형태로 저장된 에너지를 **위치 에너지**(potential energy)라고 한다. 왜냐하면 그 에너지에는 운동 에너지 또는 열에너지와 같은 다른 형태의 에너지로 변환될 **잠재성**(potential)이 있기 때문이다.

중력과 용수철로 인한 힘은 에너지의 저장을 허용한다는 점에서 특별하다. 다른 상호작용 힘은 그렇지 않다. 바닥에서 상자를 밀 때, 상자와 바닥은 마찰력을 통해 상호작용하며 계에 해준 일은 열에너지로 변환된다. 그러나 이 에너지는 나중에 되찾아 올 수 있게 저장되지 **않는다**. 그 에너지는 천천히 환경으로 퍼져나가 되찾아올 수 없다.

유용한 에너지를 저장할 수 있는 상호작용 힘을 **보존력**(conservative force)이라고 한다. 앞으로 배우겠지만, 이 이름은 오직 보존력만 작용할 때 계의 역학적 에너지가 **보존된다는** 중요한 사실에서 유래한다. 중력과 탄성력은 보존력이며, 나중에 전기력 또한 보존력이라는 것을 알게 될 것이다. 반면에 마찰은 **비보존력**(nonconservative force)이다. 두 물체가 마찰력을 통해 상호작용할 때 에너지는 저장되지 않고, 보통 열에너지로 변환된다.

이 장에서 공부할 두 가지 보존력인 중력과 용수철의 탄성력에 관련된 위치 에너지를 더 자세히 살펴보겠다.

중력 위치 에너지

중력 위치 에너지에 대한 표현식을 찾기 위해 그림 10.14(a)에 나타낸 책 및 지구의 계를 고려해보자. 초기 위치 y_i에서 최종 높이 y_f까지 일정한 속력으로 책을 들어 올린다. 손이 들어 올리는 힘은 계 외부에 있고 계에 한 일 W도 외부에 있으므로 계의 에너지를 증가시킨다. 일정한 속력으로 책을 들어 올리므로 책의 운동 에너지는 변하지 않는다. 마찰이 없으므로 책의 열에너지도 변하지 않는다. 따라서 해준 일은 계의 중력 위치 에너지를 증가시키는 데 전적으로 사용된다. 일–에너지 방정식인 식 (10.3)에 따르면, 이것을 $\Delta U_g = W$로 쓸 수 있다. $\Delta U_g = (U_g)_f - (U_g)_i$이므로 식 (10.3)을 다음과 같이 쓸 수 있다.

$$(U_g)_f = (U_g)_i + W \qquad (10.11)$$

해준 일은 $W = Fd$이고, $d = \Delta y = y_f - y_i$는 책이 이동한 수직 거리이다. 그림 10.14(b)의 자유 물체 도형에서 $F = mg$임을 알 수 있다. 따라서 $W = mg\Delta y$이고

$$(U_g)_f = (U_g)_i + mg\Delta y \qquad (10.12)$$

가 된다. 최종 높이가 처음 높이보다 더 크므로 Δy는 양수이고 $(U_g)_f > (U_g)_i$이다. **물체를 더 높이 들어 올릴수록 물체 및 지구 계의 중력 위치 에너지는 더 커진다.**

식 (10.12)는 마지막 중력 위치 에너지 $(U_g)_f$를 초기값 $(U_g)_i$의 항으로 나타낸다. 하지만 $(U_g)_i$의 값은 얼마인가? 식 (10.12)를 에너지 변화의 항으로 쓰면 통찰력을 얻을 수 있다.

$$(U_g)_f - (U_g)_i = \Delta U_g = mg\Delta y$$

예를 들어 1.5 kg의 책을 $\Delta y = 2.0$ m만큼 들어 올리면, 계의 중력 위치 에너지는 $\Delta U_g = (1.5\text{ kg})(9.8\text{ m/s}^2)(2.0\text{ m}) = 29.4$ J만큼 증가한다. 이 증가는 책의 출발 높이와 무관하다. 해수면 높이에서 시작하든지 워싱턴 기념비의 꼭대기에서 시작하든지 상관없이 책을 2.0 m만큼 들어 올리면 중력 위치 에너지가 29.4 J만큼 증가한다. 이것은 모든 형태의 위치 에너지에 대한 중요한 일반적인 사실을 보여준다. 즉, **오직 위치 에너지의 변화만이 의미가 있다.**

이 점 때문에 U_g를 0으로 정의하는 기준면(reference level)을 자유롭게 선택할 수 있다. 이 기준면을 $y = 0$으로 선택하면 U_g에 대한 표현이 특히 간단해진다.

$$U_g = mgy \qquad (10.13)$$

높이 y에서 질량 m인 물체의 중력 위치 에너지
(물체가 $y = 0$에 있을 때 $U_g = 0$으로 가정)

그림 10.14 책을 들어 올리면 계의 중력 위치 에너지가 증가한다.

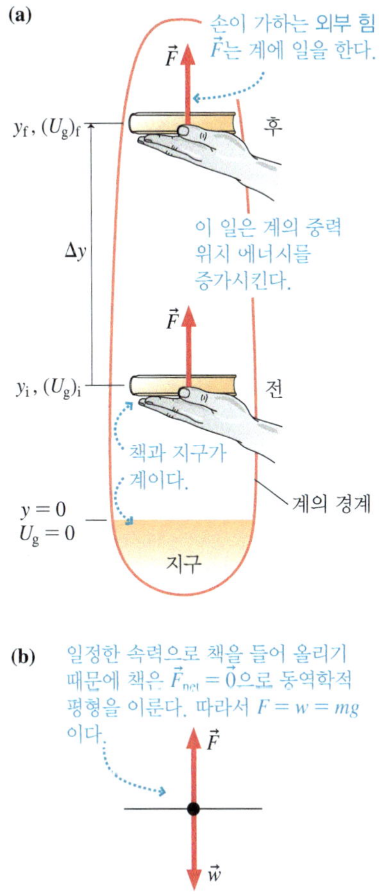

예제 10.7 고층 빌딩 올라가기

엠파이어 스테이트 빌딩 올라가기 대회에서 참가자들은 엠파이어 스테이트 빌딩의 1576개 계단을 올라가야 한다. 총 수직 높이 320 m를 오르는 셈이다. 70 kg의 참가자가 이 대회에서 얻게 되는 중력 위치 에너지는 얼마인가?

엠파이어 스테이트 빌딩 올라가기 대회에서 참가자들이 계단을 오르고 있다.

준비 $y = 0$ m로 선택하면 빌딩의 1층에서 $U_g = 0$ J이다.

풀이 꼭대기에서 참가자의 중력 위치 에너지는

$$U_g = mgy = (70\ \text{kg})(9.8\ \text{m/s}^2)(320\ \text{m}) = 2.2 \times 10^5\ \text{J}$$

이다. 왜냐하면 참가자의 중력 위치 에너지는 1층에서 0 J이었고, 위치 에너지의 변화는 2.2×10^5 J이기 때문이다.

검토 이것은 꽤 큰 에너지이다. 표 10.1에 따르면 이 에너지는 빠르게 달리는 자동차의 에너지에 필적한다. 그러나 엠파이어 스테이트 빌딩을 오르는 것이 얼마나 힘들지 생각하면 이 결과는 타당해 보인다.

그림 10.15 등산객의 중력 위치 에너지는 오직 $y = 0$ m 기준면으로부터 높이에만 의존한다.

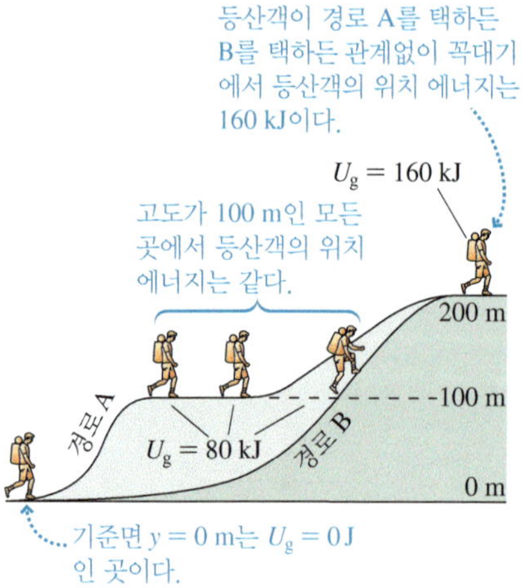

식 (10.13)의 중요한 결론은 중력 위치 에너지가 물체의 수평 위치가 아닌 기준면 $y = 0$으로부터 물체 높이에만 의존한다는 것이다. 왜 그런지 이해하기 위해 일정한 속력으로 평지를 걷는 동안 들고 있는 서류 가방을 생각해보자. 표 9.1에서 볼 수 있듯이 서류 가방에 가해지는 손의 수직 힘은 변위에 수직이다. 서류 가방에 한 일이 없으므로 지상의 높이가 변하지 않는 한 중력 위치 에너지는 일정하다.

그림 10.15의 82 kg인 등산객처럼 더 복잡한 경우에도 이 개념을 적용할 수 있다. 등산객의 중력 위치 에너지는 **오직** 기준면으로부터 높이 y에만 의존한다. 경로 A에서 기준면으로부터 높이 $y = 100$ m의 모든 점에서 $U_g = mgy = 80$ kJ로 똑같다. 그가 다른 경로 B를 택한다면, $y = 100$ m에서의 중력 위치 에너지는 똑같은 80 kJ이다. 그가 어떻게 100 m 고도까지 가는지는 상관없이, 그 높이에서 위치 에너지는 항상 같다. **중력 위치 에너지는 물체의 높이에만 의존하고 물체가 그 위치에 도달하는 경로에는 의존하지 않는다.** 이 사실 덕분에, 뉴턴의 법칙만을 사용하여 해결하기 어려운 다양한 문제를 에너지 보존 법칙을 사용하여 쉽게 해결할 수 있다.

그림 10.16 용수철을 압축하는 데 필요한 힘은 일정하지 않다.

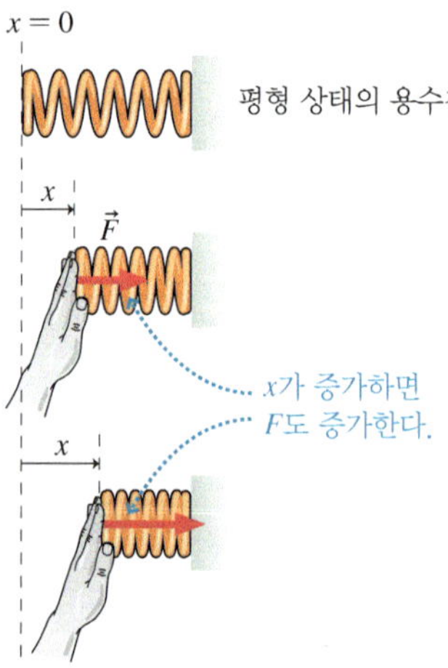

탄성 위치 에너지

용수철을 늘이거나 압축하여 저장한 에너지를 **탄성 위치 에너지**(elastic potential energy) 또는 **용수철 위치 에너지**(spring potential energy) U_s라고 한다. 외부 힘을 사용하여 용수철을 천천히 압축함으로써 용수철에 얼마나 큰 에너지가 저장되어 있는지를 알 수 있다. 이 외부 힘은 용수철에 일을 하여 에너지를 전달한다. 용수철의 탄성 위치 에너지만 변하기 때문에, 식 (10.3)은

$$\Delta U_s = W \tag{10.14}$$

가 된다. 말하자면, 용수철을 압축하는 데 필요한 일의 양을 계산하여 용수철에 저장된 탄성 위치 에너지의 양을 구할 수 있다.

그림 10.16은 손으로 압축한 용수철을 나타낸다. 8.3절에서 용수철이 손에 가하는

힘은 $F_s = -k\Delta x$(훅의 법칙)인 것을 알았다. 여기서 Δx는 용수철 끝이 평형 위치에서 이동한 변위이고 k는 용수철 상수이다. 그림 10.16에서 평형 위치를 좌표계의 원점으로 설정했다. 따라서 평형으로부터의 변위 Δx는 x와 같고 용수철 힘은 $-kx$이다. 뉴턴의 제3법칙에 따르면, 손이 용수철에 가하는 힘은 $F = +kx$이다.

손이 평형 위치에서 나중 위치 x까지 용수철의 끝을 밀면서 가한 힘은 0에서 kx로 증가한다. 이것은 일정한 힘이 아니므로 한 일을 식 (10.5)의 $W = Fd$를 사용하여 구할 수 없다. 그러나 식 (10.5)에 **평균** 힘을 사용하여 일을 계산하는 것은 타당해 보인다. 힘은 $F_i = 0$에서 $F_f = kx$까지 변하기 때문에 용수철을 압축하는 데 사용한 평균 힘은 $F_{avg} = \frac{1}{2}kx$이다. 따라서 손이 한 일은

$$W = F_{avg}d = F_{avg}x = \left(\frac{1}{2}kx\right)x = \frac{1}{2}kx^2$$

이다. 이 일은 용수철에 위치 에너지로 저장되므로 식 (10.14)를 사용할 수 있다. 용수철이 압축되면서 증가한 탄성 위치 에너지는

$$\Delta U_s = \frac{1}{2}kx^2$$

이다. 중력 위치 에너지의 경우와 마찬가지로, U_s 자체가 아닌 U_s의 **변화**에 대한 표현을 구했다. 다시 말하지만, 임의로 용수철을 늘인 상태를 $U_s = 0$으로 놓을 수 있다. 명백한 선택은 용수철이 늘어나지도 압축되지도 않은 평형 상태에 있는 지점, 즉 $x = 0$에서 $U_s = 0$을 설정하는 것이다. 이 선택에서 다음 결과를 얻는다.

$$U_s = \frac{1}{2}kx^2 \quad (10.15)$$

평형에서 거리 x만큼 이동한 용수철의 탄성 위치 에너지
(용수철의 끝이 $x = 0$일 때 $U_s = 0$으로 가정)

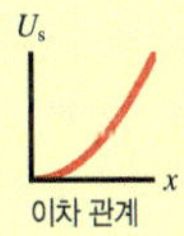

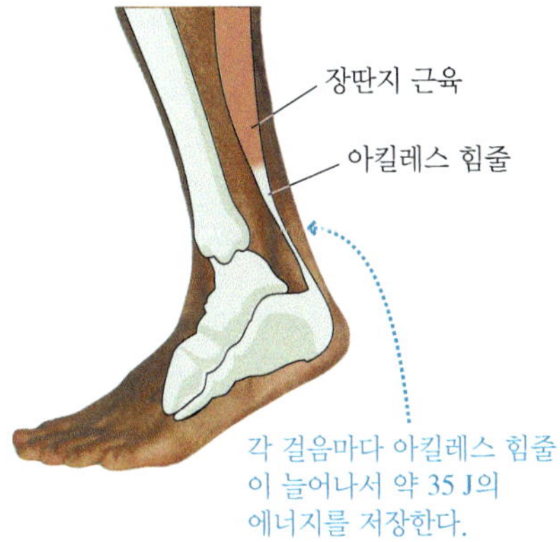

발걸음에서의 용수철 BIO 달릴 때 발이 땅에 닿을 때마다 역학적 에너지의 일부를 잃어버린다. 이 에너지는 되찾을 수 없는 열에너지로 변환된다. 운 좋게도 발이 닿을 때 감소하는 역학적 에너지의 약 35%가 장딴지의 신축성 있는 아킬레스 힘줄에 탄성 위치 에너지로 저장된다. 발이 닿을 때마다 힘줄이 늘어나 에너지가 저장된다. 발이 다시 땅에서 떨어질 때 힘줄이 원래로 되돌아가면서 앞으로 나아가는 데 도움을 준다. 이렇게 되찾은 에너지로 몸속의 화학 에너지의 사용량을 줄여 효율성을 높인다.

예제 10.8 **활 당기기**

궁수는 평형 위치에서 70 cm 떨어진 곳까지 시위를 잡아당긴다. 이 위치에서 시위를 잡고 있으려면 140 N의 힘이 필요하다. 활에 저장된 탄성 위치 에너지는 얼마인가?

준비 활은 신축성 있는 소재이므로 훅의 법칙 $F_s = -kx$를 따르는 것으로 모형화할 수 있다. 여기서 x는 시위를 당긴 거리이다. 시위를 잡고 있는 데 필요한 힘과 당긴 거리를 사용하여 활의 용수철 상수 k를 구한다. 그런 다음 식 (10.15)를 사용하여 탄성 위치 에너지를 구한다.

풀이 훅의 법칙으로부터 용수철 상수는

$$k = \frac{F}{x} = \frac{140\ \text{N}}{0.70\ \text{m}} = 200\ \text{N/m}$$

이다. 이제 휜 활의 탄성 위치 에너지는 다음과 같다.

$$U_s = \frac{1}{2}kx^2 = \frac{1}{2}(200\ \text{N/m})(0.70\ \text{m})^2 = 49\ \text{J}$$

검토 화살을 놓으면 탄성 위치 에너지가 화살의 운동 에너지로 변환될 것이다. 표 10.1에 따르면, 빠르기가 시속 161 km인 공의 운동 에너지는 약 150 J이므로 49 J은 빠르게 나는 화살의 운동 에너지로 적당하다.

10.5 열에너지

그림 10.17 열에너지의 분자적인 관점

열에너지가 물체를 이루는 분자의 미시적 운동과 관련이 있다는 것을 이전에 지적했다. **그림 10.17**에서 볼 수 있듯이, 뜨거운 물체의 분자는 차가운 물체의 분자보다 평균 위치 주위를 더 많이 마구잡이로 움직인다. 이것은 두 가지 결과를 낳는다. 첫째, 각 원자는 뜨거운 물체에서 평균적으로 더 빠르게 움직인다. 이것은 각 원자의 **운동 에너지**가 더 크다는 뜻이다. 둘째, 뜨거운 물체의 각 원자는 평형 위치로부터 멀리 벗어나는 경향이 있어서 용수철과 비슷한 분자 결합이 더 크게 팽창하거나 수축하게 된다. 이것은 각 원자가 평균적으로 더 큰 **위치 에너지**를 갖는다는 뜻이다. 어느 한 결합에 저장된 위치 에너지와 한 원자의 운동 에너지는 모두 매우 작지만 그러한 결합과 원자는 엄청나게 많다. 이러한 모든 미시적 위치 에너지와 운동 에너지의 합을 **열에너지**(thermal energy)라고 한다. 물체의 열에너지를 증가시키는 것은 온도를 올리는 것에 상응한다.

열에너지 생성

그림 10.18은 바닥에서 끌리고 있는 무거운 상자의 열화상을 보여준다. 이 사진에서 따뜻한 영역은 연한 파란색 또는 녹색으로 표시된다. 상자의 밑면과 상자가 끌려온 바닥의 영역이 주변보다 눈에 띄게 따뜻하다는 것을 알 수 있다. 상자를 끄는 과정에서 열에너지가 상자와 바닥에 생겨났다.

그림 10.18 바닥에서 끌리고 있는 상자의 열화상

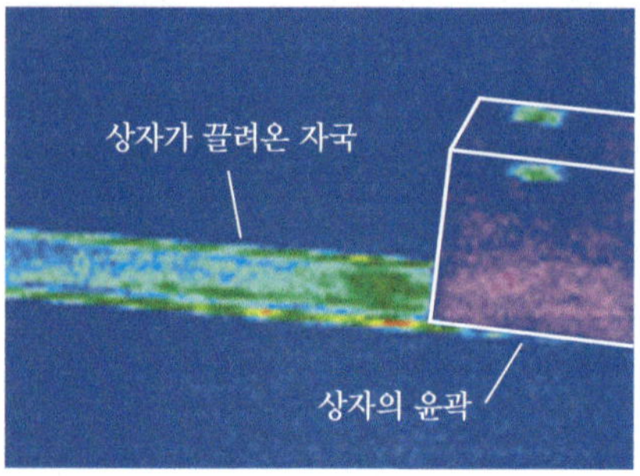

밧줄로 상자를 일정한 속력으로 당기는 것을 고려하면 열에너지 변화에 대한 정량적 표현을 구할 수 있다. 바닥에서 상자를 당길 때, 밧줄은 앞쪽으로 일정한 힘 $\vec{F}$를 상자에 가하고 마찰력 $\vec{f}_k$는 뒤쪽으로 일정한 힘을 상자에 가한다. 상자가 일정한 속력으로 움직이기 때문에 두 힘의 크기는 같다. 곧 $F = f_k$이다.

상자가 변위 $d = \Delta x$만큼 움직이면 밧줄은 상자에 $W = F\Delta x$의 일을 한다. 이 일은 계 내부로 전달된 에너지를 나타내므로 계의 에너지는 **증가해야** 한다. 증가된 에너지는 어떤 형태일까? 상자의 속력이 일정하기 때문에 운동 에너지에는 변화가 없다($\Delta K = 0$). 그리고 상자의 높이도 변하지 않으므로 중력 위치 에너지도 변하지 않는다($\Delta U_g = 0$). 그러므로 증가된 에너지는 **열에너지** E_{th}의 형태임이 틀림없다. 그림 10.18에서 볼 수 있듯이 이 에너지는 상자 및 상자가 끌려온 바닥 **모두**의 온도 상승으로 나타난다.

오직 열에너지만 변하는 경우에 대해 일–에너지 방정식인 식 (10.3)을

$$\Delta E_{th} = W$$

로 표현할 수 있다. 또한 일은 $W = F\Delta x = f_k \Delta x$이기 때문에 다음과 같이 쓸 수 있다.

$$\Delta E_{th} = f_k \Delta x \tag{10.16}$$

마찰력 f_k가 작용하는 동안 물체가 변위 Δx만큼 이동할 때
물체와 물체가 미끄러진 면으로 이루어진 계의 열에너지 변화

이러한 열에너지의 증가는 미끄러지는 물체들 사이에 마찰이 존재하는 모든 계에서 나타나는 일반적인 특징이다. 원자 수준의 설명이 **그림 10.19**에 나와 있다. 외부 힘이 한 일을 통해 계 내부로 전달된 에너지를 고려하여 식 (10.16)을 얻었지만, 예를 들어 물체가 거친 표면에서 정지할 때까지 미끄러질 때 역학적 에너지가 열에너지로 변환되는 경우에도 그 식은 유효하다. 식 (10.16)은 굴림 마찰력에도 적용된다. 다만, f_k를 f_r로 바꿀 필요가 있다.

그림 10.19 마찰이 열에너지를 증가시키는 방법

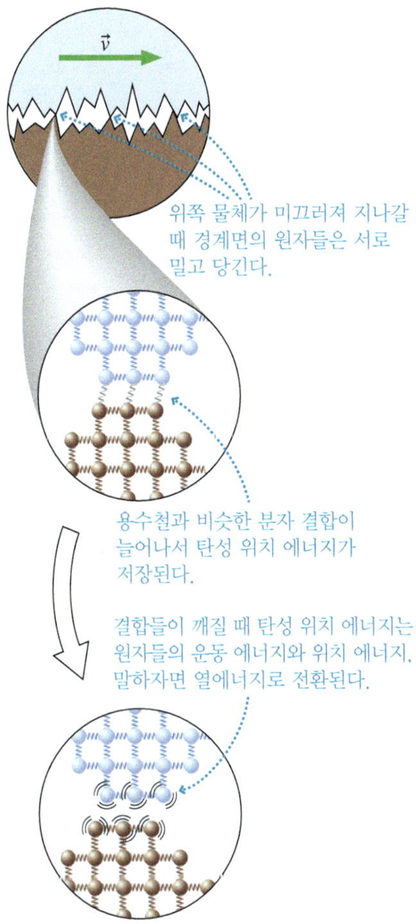

예제 10.9 문질러서 열에너지 생성하기

0.30 kg의 나무 토막을 나무 탁자에 대고 앞뒤로 30번씩 문지른다. 매번 움직일 때마다 토막을 탁자에 대고 22 N의 힘으로 누른 채 8.0 cm 이동시킨다. 이 과정에서 얼마나 많은 열에너지가 생성되는가?

준비 토막을 잡고 있는 손은 토막을 앞뒤로 밀기 위해 일을 한다. 일은 에너지를 토막 및 탁자 계로 전달하며, 이것은 식 (10.16)에 따라 열에너지로 나타난다. 5장에서 소개된 운동 마찰의 모형에서 마찰력을 찾아보면 $f_k = \mu_k n$이다. 표 5.2에서 나무와 나무가 미끄러지는 경우에 대한 운동 마찰 계수는 $\mu_k = 0.20$이다. 토막에 작용하는 수직 항력 n을 구하기 위해 토막에 작용하는 수직력만 나타낸 자유 물체 도형인 **그림 10.20**을 그린다.

그림 10.20 탁자에 대고 문지르고 있는 토막의 자유 물체 도형(수직력만 나타냄)

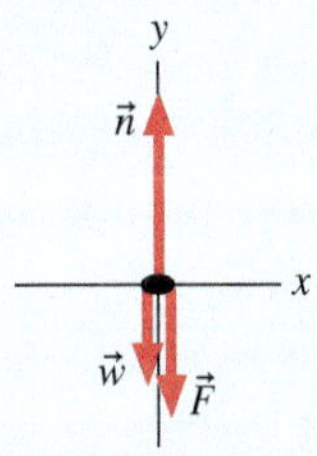

풀이 식 (10.16)에서 $\Delta E_{th} = f_k \Delta x$이고, $f_k = \mu_k n$이다. 토막은 y방향으로 가속하지 않으므로 자유 물체 노형에서 뉴턴의 제2법칙은

$$\sum F_y = n - w - F = ma_y = 0$$

이 된다. 즉,

$$n = w + F = mg + F = (0.30\ \text{kg})(9.8\ \text{m/s}^2) + 22\ \text{N} = 24.9\ \text{N}$$

이다. 그러면 마찰력은 $f_k = \mu_k n = (0.20)(24.9\ \text{N}) = 4.98\ \text{N}$이다. 나무 토막의 총 변위는 $2 \times 30 \times 8.0\ \text{cm} = 4.8\ \text{m}$이므로 생성된 열에너지는 다음과 같다.

$$\Delta E_{th} = f_k \Delta x = (4.98\ \text{N})(4.8\ \text{m}) = 24\ \text{J}$$

검토 이러한 적당한 양의 열에너지는 사람이 문질러서 생성하기에 타당해 보인다.

10.6 에너지 보존 법칙의 활용

일–에너지 방정식인 식 (10.3)은 계의 총에너지 변화가 일로써 계 안팎으로 전달되는 에너지와 같다고 알려준다. 운동 에너지 K, 중력 및 탄성 위치 에너지 U_g와 U_s, 열에너지 E_{th}와 같이 보통 물체의 운동 도중에 일반적으로 변환되는 에너지 형태만 고려하면 일–에너지 방정식을 다음과 같이 나타낼 수 있다.

수업 영상

$$\Delta K + \Delta U_g + \Delta U_s + \Delta E_{th} = W \tag{10.17}$$

운동량 보존과 마찬가지로 에너지 보존에 대한 전–후 관점을 개발하고자 한다. $\Delta K = K_f - K_i$, $\Delta U_g = (U_g)_f - (U_g)_i$임을 주목하면 식 (10.17)을

$$K_f + (U_g)_f + (U_s)_f + \Delta E_{th} = K_i + (U_g)_i + (U_s)_i + W \qquad (10.18)$$

영상 학습 데모

와 같이 쓸 수 있다. 식 (10.18)은 일–에너지 방정식의 전–후 형태이다. 열에너지의 변화를 포함한 계의 최종 에너지는 계의 초기 에너지와 일로써 계에 추가된 모든 에너지를 합한 것과 같다. 이 방정식은 다음에 소개할 강력한 문제 풀이 전략의 기초가 될 것이다.

에너지 보존

10.1절에서 계에 아무런 일도 해주지 않아서 에너지가 계 안팎으로 전달되지 않는 고립계에 대한 개념을 소개했다. 이 경우 식 (10.18)에서 $W = 0$이므로,

$$K_f + (U_g)_f + (U_s)_f + \Delta E_{th} = K_i + (U_g)_i + (U_s)_i \qquad (10.18a)$$

가 된다. 식 (10.18a)는 **고립계의 경우 에너지가 보존됨**을 의미한다. 즉, 열에너지의 변화를 포함한 최종 에너지는 초기 에너지와 같다. 이것은 에너지 보존 법칙인 식 (10.4)인데, 다만 역학적 운동에서 나타나는 전형적인 에너지 형태로 제한한 것이다. 표 10.2는 네 가지 일반적인 상황에 대해 고립계를 선택하는 방법을 보여준다.

마찰을 무시할 수 있는 경우로 더 제한하면 $\Delta E_{th} = 0$이므로, 에너지 보존 법칙인 식 (10.18a)는

$$K_f + (U_g)_f + (U_s)_f = K_i + (U_g)_i + (U_s)_i \qquad (10.19)$$

가 된다. 운동 에너지와 위치 에너지의 합 $K + U_g + U_s$를 계의 **역학적 에너지**(mechanical energy)라고 한다. 따라서 식 (10.19)는 **마찰이 없는 고립계에서 역학적 에너지가 보존된다**고 말한다.

표 10.2 고립계의 선택

자유 낙하 물체

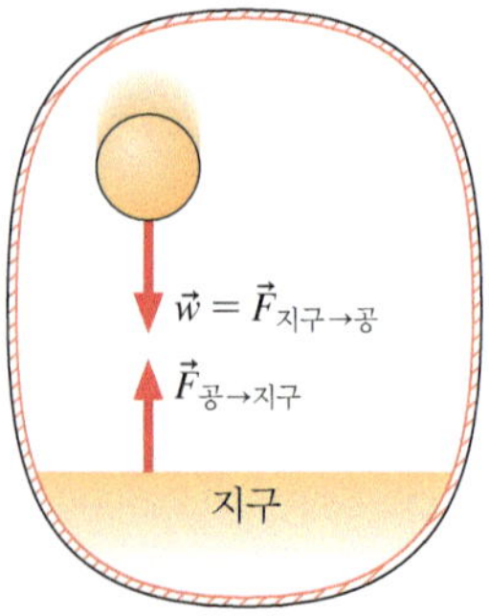

공 및 지구를 계로 선택하면 둘 사이의 힘은 내부 힘이 된다. 일을 할 외부 힘이 없으므로 계는 고립되어 있다.

마찰이 없는 경사로를 미끄러져 내려오는 물체

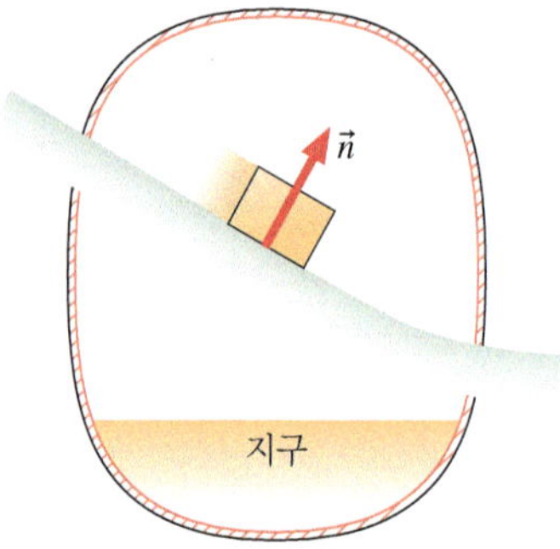

경사로가 물체에 작용하는 외부 힘은 운동에 수직이므로 아무런 일도 하지 않는다. 물체와 지구는 함께 고립계를 형성한다.

용수철을 압축하는 물체

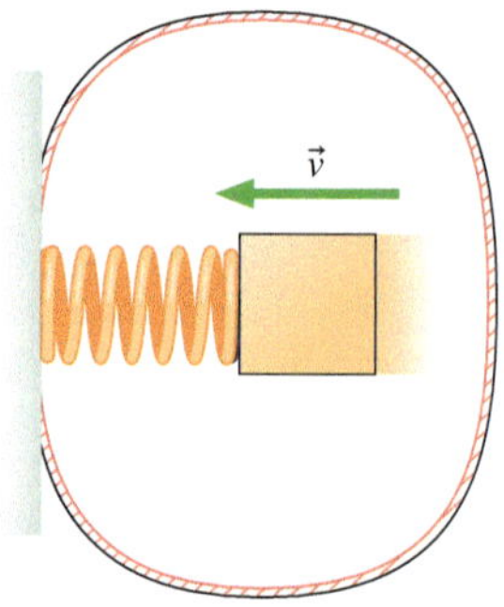

물체와 용수철을 계로 선택한다. 둘 사이의 힘은 내부 힘이므로 어떤 일도 하지 않는다.

마찰이 있는 표면을 따라 미끄러지는 물체

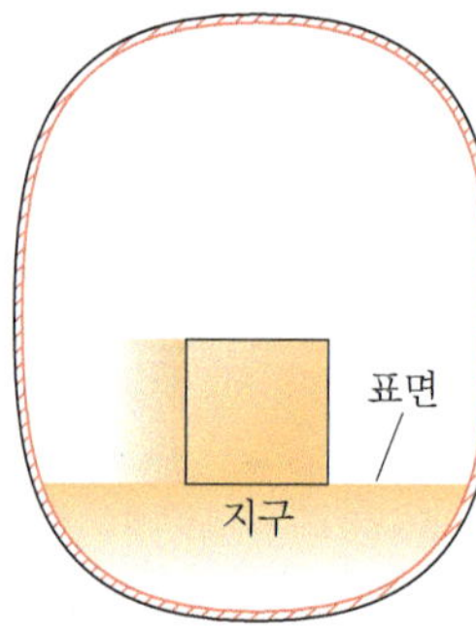

벽돌과 표면은 운동 마찰력을 통해 상호작용하지만 이런 힘은 계의 내부에 있다. 일을 할 외부 힘이 없으므로 계는 고립되어 있다.

문제 풀이 전략 10.1 에너지 보존 문제

일–에너지 방정식과 에너지 보존 법칙은 계의 **최종** 에너지를 **초기** 에너지와 관련시킨다. 이러한 에너지로부터 초기와 나중 높이, 속력, 변위를 구할 수 있다.

준비 풀이 전략 9.1에서 설명한 대로 전–후 개요도를 그린다. 주어진 값과 구할 값을 식별한다.

풀이 전–후 형태의 일–에너지 방정식인 식 (10.18)을 적용한다.

$$K_f + (U_g)_f + (U_s)_f + \Delta E_{th} = K_i + (U_g)_i + (U_s)_i + W$$

세 가지 일반적인 상황이 있다.

- 계에 일을 한다면 식 (10.18)의 온전한 형태를 사용한다.
- 계가 고립되어 있고 해준 일이 없다면 식 (10.18)에서 $W = 0$으로 놓은 식 (10.18a)(에너지 보존 법칙)를 사용한다.
- 계가 고립되어 있고 마찰이 없다면 역학적 에너지는 보존된다. 식 (10.18)에서 $W = 0$과 $\Delta E_{th} = 0$으로 놓은 식 (10.19)를 사용한다.

문제에 따라 이러한 에너지의 초기값 또는 최종값을 계산할 필요가 있다. 그런 다음 모르는 에너지를 구하고, 이로부터 (K에서) 속력, (U_g와 U_s에서) 높이와 거리, ($\Delta E_{th} = f_k \Delta x$에서) 변위나 마찰력과 같은 모르는 값을 구한다.

검토 에너지의 부호를 확인한다. 운동 에너지는 열에너지의 변화와 마찬가지로 항상 양수이다. 결과의 단위가 정확한지, 결과가 합리적이고 질문에 적절한 답이 되는지 확인한다.

용수철 작동 BIO 메뚜기는 1미터까지 멀리 뛸 수 있다. 이것은 작은 동물에게는 인상적인 거리이다. 그런 도약을 하려면, 근육이 평상시에 수축할 수 있는 것보다 훨씬 더 빨리 다리를 뻗어야 한다. 따라서 메뚜기는 근육을 사용하여 직접 도약하는 대신에 무릎 관절 근처의 내부 '용수철'을 천천히 늘인다. 따라서 탄성 위치 에너지가 용수철에 저장된다. 근육이 이완되면 용수철은 갑자기 풀려나고 그 에너지가 빠르게 곤충의 운동 에너지로 전환된다.

예제 10.10 종 울리기

케이티는 유원지에서 **그림 10.21**에서처럼 종 울리기에 도전하려고 한다. 케이티는 위로 솟구치는 공의 초기 속력이 8.0 m/s가 되도록 망치를 힘차게 휘둘렀다. 공이 바닥에서 3.0 m 높이에 있는 종을 울릴 수 있을까?

그림 10.21 종 울리기 장치의 개요도

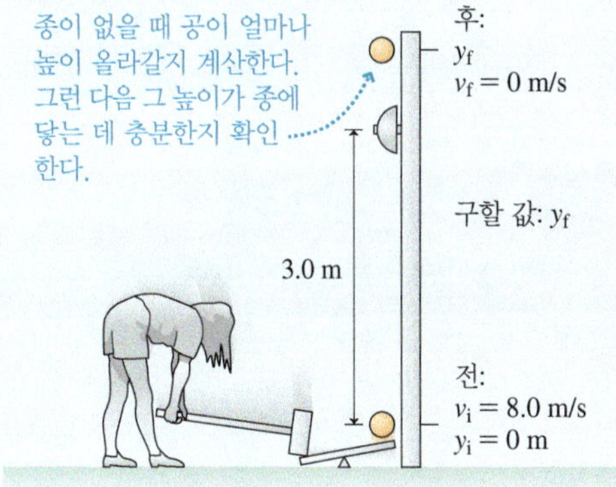

준비 문제 풀이 전략 10.1의 단계를 따라가자. 표 10.2에서 일단 공이 공중에 있으면 공과 지구로 구성된 계는 고립되어 있음을 알 수 있다. 공이 움직이는 궤도에 마찰이 없다고 가정하면 계의 역학적 에너지는 보존된다. 그림 10.21은 공의 시작점을 $y = 0$ m로 선택한 전–후 개요도이다. 그러면 식 (10.19)의 역학적 에너지 보존을 사용할 수 있다.

풀이 식 (10.19)에 따르면 $K_f + (U_g)_f = K_i + (U_g)_i$이다. 운동 에너지 및 위치 에너지에 대한 표현을 사용하여 다음과 같이 쓸 수 있다.

$$\frac{1}{2}mv_f^2 + mgy_f = \frac{1}{2}mv_i^2 + mgy_i$$

잠시 종을 무시하고 공이 지나는 길에 아무것도 없을 경우 공이 얼마나 올라가는지 알아보자. 공은 $y_i = 0$ m에서 시작하고 최고점에서의 속력 v_f는 0 m/s이다. 따라서 에너지 방정식을 단순화하면

$$mgy_f = \frac{1}{2}mv_i^2$$

이 된다. 이것을 높이 y_f에 대해 풀면 쉽게

$$y_f = \frac{v_i^2}{2g} = \frac{(8.0\ \text{m/s})^2}{2(9.8\ \text{m/s}^2)} = 3.3\ \text{m}$$

를 얻는다. 이 값은 종이 놓여 있는 곳보다 더 높으므로 공은 올라가면서 실제로 종을 칠 것이다.

검토 케이티가 망치를 힘차게 휘둘러 공이 약 3 m 떠오르는 것은 타당해 보인다.

예제 10.11 물 미끄럼틀 바닥에서의 속력

케이티는 유원지에서 **그림 10.22**와 같은 모양의 물 미끄럼틀을 탄다. 지상 9.0 m에 있는 출발점에서 초기 속력 2.0 m/s로 출발한다. 미끄럼틀에 마찰이 없다면 바닥에서 케이티의 빠르기는 얼마인가?

준비 표 10.2에 따르면, 미끄럼틀의 수직 항력이 케이티의 운동에 수직이고 아무런 일도 하지 않기 때문에 케이티와 지구로 이루어진 계는 고립되어 있다. 미끄럼틀에 마찰이 없다고 가정하면 역학적 에너지 보존 방정식을 사용할 수 있다. 그림 10.22는 문제의 개요도이다.

그림 10.22 물 미끄럼틀에서 케이티의 전–후 개요도

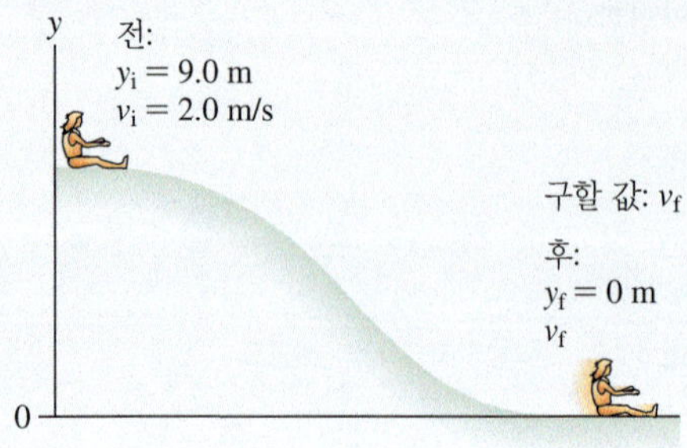

풀이 역학적 에너지 보존에 따르면

$$K_f + (U_g)_f = K_i + (U_g)_i$$

또는

$$\frac{1}{2}mv_f^2 + mgy_f = \frac{1}{2}mv_i^2 + mgy_i$$

이다. $y_f = 0$ m로 택하면

$$\frac{1}{2}mv_f^2 = \frac{1}{2}mv_i^2 + mgy_i$$

가 되고, 이것을 풀어서 다음 결과를 얻는다.

$$v_f = \sqrt{v_i^2 + 2gy_i}$$
$$= \sqrt{(2.0\ \text{m/s})^2 + 2(9.8\ \text{m/s}^2)(9.0\ \text{m})} = 13\ \text{m/s}$$

검토 이 속력은 약 시속 47 km이다. 이것은 물 미끄럼틀을 실제로 탈 때보다 빠르다. 하지만 마찰을 무시했기 때문에 이 결과는 적절하다. 중력 위치 에너지는 기준면 위의 높이에만 의존하기 때문에 미끄럼틀의 모양은 중요하지 않다는 것을 깨닫는 것이 중요하다. **동일한 높이의 (마찰이 없는) 어떠한 미끄럼틀을 타고 내려오더라도 바닥에서의 속력은 같다.**

예제 10.12 용수철로 발사한 공의 속력

용수철이 장착된 장난감 총을 사용해 10 g의 플라스틱 공을 발사한다. 공을 총열 안으로 밀어 넣으면, 용수철 상수가 10 N/m인 용수철이 10 cm만큼 수축한다. 방아쇠를 당기면 용수철이 풀려서 공을 발사한다. 공이 총열을 벗어날 때의 속력은 얼마인가? 단, 마찰은 무시한다.

준비 용수철이 혹의 법칙 $F_s = -kx$를 따르고 질량이 없다고 가정하면, 그 자체의 운동 에너지는 없다. 표 10.2를 사용하여 고립계를 용수철과 공으로 선택한다. 마찰이 없으므로 계의 역학적 에너지 $K + U_s$는 보존된다.

그림 10.23에 전–후 개요도가 나타나 있다. 용수철이 평형 길이가 될 때까지 압축된 용수철은 공을 밀 것이다. 좌표계의 원점을 용수철의 자유로운 끝의 평형 위치로 택했으므로 $x_i = -10$ cm와 $x_f = 0$ cm가 된다.

그림 10.23 용수철이 장착된 장난감 총으로 발사한 공의 전–후 개요도

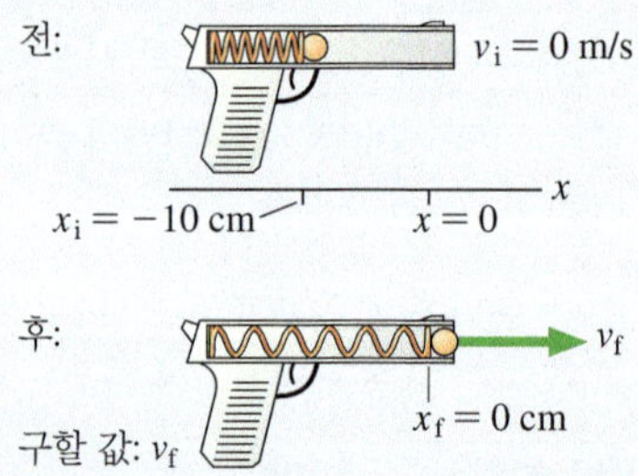

풀이 에너지 보존 방정식은 $K_f + (U_s)_f = K_i + (U_s)_i$이다. 이 식에

서 용수철의 탄성 위치 에너지를 나타낸 식 (10.15)를 사용하면

$$\tfrac{1}{2}mv_f^2 + \tfrac{1}{2}kx_f^2 = \tfrac{1}{2}mv_i^2 + \tfrac{1}{2}kx_i^2$$

으로 쓸 수 있다. $x_f = 0$ m와 $v_i = 0$ m/s이므로 이 식은

$$\tfrac{1}{2}mv_f^2 = \tfrac{1}{2}kx_i^2$$

으로 단순화된다. 이제 간단히 공의 속력에 대해 풀면 다음과 같다.

$$v_f = \sqrt{\frac{kx_i^2}{m}} = \sqrt{\frac{(10\ \text{N/m})(-0.10\ \text{m})^2}{0.010\ \text{kg}}} = 3.2\ \text{m/s}$$

검토 이 문제는 뉴턴의 법칙으로 쉽게 풀 수 없다. 가속도가 일정하지 않은데, 이런 경우의 운동학을 다루는 법을 아직 배우지 않았다. 그러나 에너지 보존으로는 쉽게 해결된다!

예제 10.13 자전거 트레일러 끌기

모니카가 타고 있는 자전거에는 트레일러가 달려있고 그 안에 딸 제시가 있다. 트레일러와 제시의 질량은 합쳐서 25 kg이다. 모니카는 높이가 4.0 m인 100 m 길이의 경사면을 올라가기 시작한다. 경사면에서 모니카의 자전거는 8.0 N의 일정한 힘으로 트레일러를 당긴다. 경사면의 바닥에서 5.3 m/s의 속력으로 출발한다면, 경사면 꼭대기에서 그들의 속력은 얼마인가?

준비 문제 풀이 전략 10.1의 단계를 다시 따라가 보자. 제시와 트레일러를 계로 선택하면, 모니카의 자전거가 이동하는 계에 힘을 작용하고 있다는 것을 알 수 있다. 즉, 모니카의 자전거가 계에 일을 하고 있다. 따라서 일 W를 포함하는 식 (10.18)의 온전한 형태를 사용할 필요가 있다. **그림 10.24**는 트레일러의 출발 높이를 $y = 0$ m로 선택한 전–후 개요도이다.

그림 10.24 언덕 위로 끌려가는 자전거 트레일러의 전–후 개요도

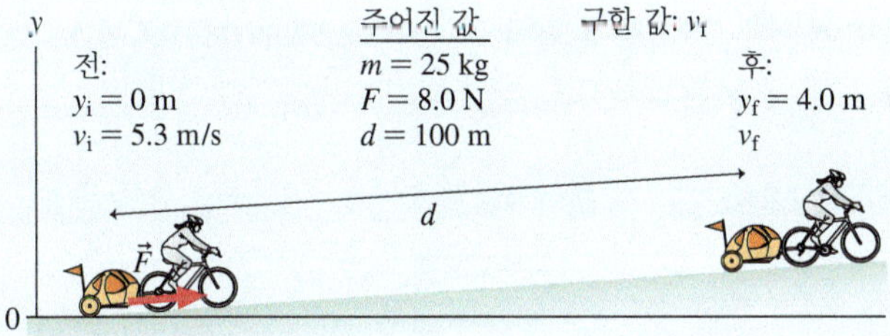

풀이 마찰이 없다고 가정하면 $\Delta E_{th} = 0$이므로 식 (10.18)은

$$K_f + (U_g)_f = K_i + (U_g)_i + W$$

또는

$$\frac{1}{2}mv_f^2 + mgy_f = \frac{1}{2}mv_i^2 + mgy_i + W$$

가 된다. $y_i = 0$ m로 택하고 $W = Fd$로 쓰면 나중 속력에 대해 풀 수 있다.

$$v_f^2 = v_i^2 - 2gy_f + \frac{2Fd}{m}$$

$$= (5.3\ \text{m/s})^2 - 2(9.8\ \text{m/s}^2)(4.0\ \text{m}) + \frac{2(8.0\ \text{N})(100\ \text{m})}{25\ \text{kg}}$$

$$= 13.7\ \text{m}^2/\text{s}^2$$

이로부터 $v_f = 3.7$ m/s가 된다. 힘이 변위와 같은 방향이기 때문에 일을 양수로 잡았다는 점에 주목하기 바란다.

검토 3.7 m/s(약 시속 13 km)의 속력은 자전거 속력으로 타당해 보인다. 제시의 나중 속력은 초기 속력보다 낮다. 이것은 모니카의 자전거가 트레일러에 가하는 오르막 힘이 중력의 내리막 성분보다 작다는 것을 말해준다.

마찰과 열에너지

운동 마찰이 존재할 때 항상 열에너지가 생성되므로, 열에너지 변화 ΔE_{th}를 포함하는 좀 더 일반적인 에너지 보존 방정식인 식 (10.18a)를 사용해야 한다. 더구나 10.5절에서 물체가 마찰력 f_k를 받는 동안 거리 Δx만큼 미끄러지면 열에너지의 변화는 $\Delta E_{th} = f_k \Delta x$라는 것을 알았다.

예제 10.14 썰매가 멈추는 곳

사람을 태운 썰매가 정지 상태에서 출발하여 10 m 높이의 언덕을 미끄러져 내려간다. 언덕의 바닥에는 거친 눈길이 수평으로 길게 펼쳐져 있다. 언덕은 거의 마찰이 없지만 바닥의 거친 눈과 썰매 사이의 마찰 계수는 $\mu_k = 0.30$이다. 썰매가 거친 눈길을 따라 얼마나 멀리까지 가겠는가?

준비 고립계가 되려면 썰매, 지구 및 거친 눈이 계에 포함되어야 한다. 표 10.2에서 보듯이 이렇게 하면 마찰력은 내부 힘이 되므로 계에 한 일은 없다. 에너지 보존을 사용할 수 있지만 열에너지를 포함해야 한다. 이 문제의 개요도가 **그림 10.25**에 나와 있다.

그림 10.25 언덕을 내려가는 썰매를 탄 사람의 개요도

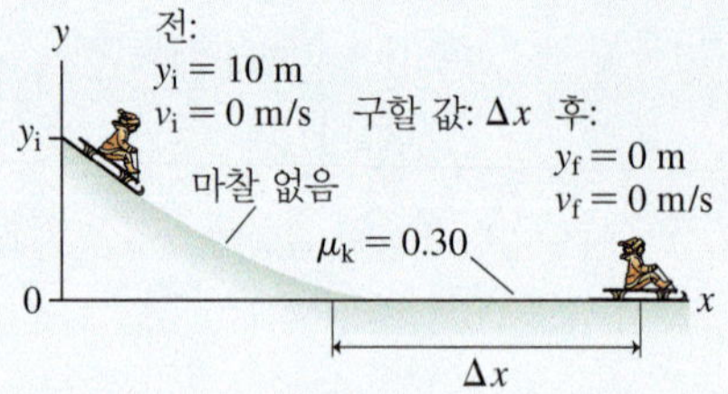

풀이 언덕 꼭대기에서 썰매에는 중력 위치 에너지 $(U_g)_i = mgy_i$만 있다. 언덕의 바닥에서 정지한 후에는 운동 에너지 또는 위치 에너지가 없으므로 $K_f = (U_g)_f = 0$이지만, 거친 길의 마찰은 열에너지를 증가시킨다. 따라서 에너지 보존 방정식 $K_f + (U_g)_f + \Delta E_{th} = K_i + (U_g)_i$는 다음과 같다.

$$\Delta E_{th} = (U_g)_i = mgy_i$$

열에너지의 변화는 $\Delta E_{th} = f_k \Delta x = \mu_k n\, \Delta x$이다. 썰매가 거친 길을 지날 때 수직 항력 $\vec{n}$은 썰매의 무게 $\vec{w}$와 균형을 유지하므로 $n = w = mg$이다. 따라서

$$\Delta E_{th} = \mu_k n\, \Delta x = \mu_k(mg)\Delta x = mgy_i$$

가 되고, 이로부터 구한 이동 거리는 다음과 같다.

$$\Delta x = \frac{y_i}{\mu_k} = \frac{10\text{ m}}{0.30} = 33\text{ m}$$

검토 썰매가 처음 출발한 언덕의 높이보다 더 먼 거리까지 미끄러지는 것은 타당해 보인다.

종합 10.1 에너지와 그 보존

이 장에서는 네 가지 기본 형태의 에너지를 고려했다. 고립계에 존재하는 에너지는 한 형태에서 다른 형태로 변형될 수 있지만 총에너지는 **보존된다**. 모든 형태의 에너지 단위는 **줄**(J)이다.

운동 에너지는 움직임의 에너지이다.

$$K = \frac{1}{2}mv^2$$

(m: 질량 (kg), v: 속도 (m/s))

중력 위치 에너지는 지상에서 물체까지의 높이와 연관되어 저장된 에너지이다.

$$U_g = mgy$$

(m: 질량 (kg), g: 자유 낙하 가속도, y: 기준면 $y = 0$으로부터 높이 (m))

탄성 위치 에너지는 늘어나거나 수축된 용수철과 연관되어 저장된 에너지이다.

$$U_s = \frac{1}{2}kx^2$$

(k: 용수철 상수 (N/m), x: 평형으로부터 용수철 끝의 변위 (m))

물체와 물체가 미끄러지는 표면으로 이루어진 계는 마찰이 있으면 열에너지를 얻는다.

$$\Delta E_{th} = f_k \Delta x$$

(ΔE_{th}: 열에너지의 변화, f_k: 마찰력 (N), Δx: 물체가 미끄러진 거리 (m))

고립계에서 **에너지 보존 법칙**은 다음과 같다.

$$\underbrace{K_f + (U_g)_f + (U_s)_f + \Delta E_{th}}_{\text{최종 총에너지}} = \underbrace{K_i + (U_g)_i + (U_s)_i}_{\text{초기 총에너지}}$$

열에너지의 증가를 포함한 계의 최종 총에너지는 계의 초기 에너지와 같다.

10.7 충돌에서의 에너지

9장에서 두 물체 사이의 충돌을 공부했다. 물체에 외부 힘이 작용하지 않으면 물체들의 **총운동량**이 보존된다는 것을 알았다. 이제 충돌 중에 에너지는 어떻게 되는지 알고

싶다. 충돌 에너지는 좀 더 안전한 자동차와 자전거용 안전모를 설계하는 것과 같은 생체역학 분야의 많은 응용에서 중요하다.

먼저 예제 9.8에서 공부한 완전 비탄성 충돌을 다시 살펴보자. 두 물체가 서로 붙어서 공통의 마지막 속도로 움직이던 것을 상기해보자. 에너지에 어떤 일이 발생할까?

예제 10.15 완전 비탄성 충돌에서의 에너지 변환

그림 10.26은 열차의 차량 두 대가 서로를 향해 움직이다 충돌하여 함께 붙어버린 것을 보여준다. 예제 9.8에서 운동량 보존을 사용해서 주어진 초기 속도로부터 그림 10.26의 나중 속도를 구했다. 이 충돌에서 얼마나 많은 열에너지가 생성되는가?

그림 10.26 완전 비탄성 충돌의 전-후 개요도

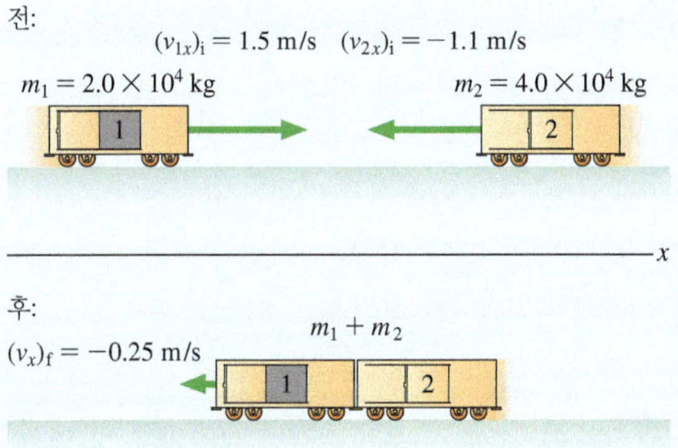

준비 차량 두 대를 계로 선택할 것이다. 기차 궤도가 수평이기 때문에 위치 에너지의 변화는 없다. 따라서 에너지 보존 법칙인 식 (10.18a)는 $K_f + \Delta E_{th} = K_i$가 된다. 충돌 전의 총에너지는 충돌 후의 총에너지와 같아야 하지만, **역학적** 에너지는 같을 필요가 없다.

풀이 초기 운동 에너지는

$$K_i = \frac{1}{2}m_1(v_{1x})_i{}^2 + \frac{1}{2}m_2(v_{2x})_i{}^2$$
$$= \frac{1}{2}(2.0 \times 10^4\ \text{kg})(1.5\ \text{m/s})^2 + \frac{1}{2}(4.0 \times 10^4\ \text{kg})(-1.1\ \text{m/s})^2$$
$$= 4.7 \times 10^4\ \text{J}$$

이다. 차량이 서로 붙어서 질량 $m_1 + m_2$인 하나의 물체로 움직이기 때문에 최종 운동 에너지는

$$K_f = \frac{1}{2}(m_1 + m_2)(v_x)_f^2$$
$$= \frac{1}{2}(6.0 \times 10^4\ \text{kg})(-0.25\ \text{m/s})^2 = 1900\ \text{J}$$

이 된다. 위의 에너지 보존 방정식으로부터 열에너지는

$$\Delta E_{th} = K_i - K_f = 4.7 \times 10^4\ \text{J} - 1900\ \text{J} = 4.5 \times 10^4\ \text{J}$$

만큼 증가한다는 것을 알 수 있다. 충돌 효과로 이 양만큼의 초기 운동 에너지가 열에너지로 변환된다.

검토 초기 운동 에너지의 약 96%가 열에너지로 변환된다. 이것은 많은 실제 충돌에서 일반적이다.

탄성 충돌

그림 10.27은 라켓과 테니스공의 충돌을 보여준다. 둘이 충돌할 때 공이 압축되고 라켓 줄이 늘어난 후, 둘이 떨어지면서 공은 팽창하고 줄은 이완한다. 에너지로 표현하자면, 공과 줄의 운동 에너지가 둘의 탄성 위치 에너지로 변환된 다음에 두 물체가 튀어나가면서 운동 에너지로 되돌아간다. 모든 운동 에너지가 탄성 위치 에너지로 저장되고 모든 탄성 위치 에너지가 물체들의 충돌 후 운동 에너지로 다시 변환된다면, 역학적 에너지가 보존된다. 역학적 에너지가 보존되는 충돌을 **완전 탄성 충돌**(perfectly elastic collision)이라고 한다.

그림 10.27 테니스공이 라켓과 충돌한다. 공이 압축되고 라켓 줄이 늘어난 것에 주목하라.

말할 필요도 없이 대부분의 실제 충돌은 완전 탄성과 완전 비탄성 사이 어딘가에 해당한다. 바닥에서 튀는 고무공은 튀어 오를 때마다 아마도 운동 에너지의 20%를

'잃어버리고' 이전에 튀어 올라간 높이의 80%에만 도달한다. 그러나 당구공이나 쇠공과 같이 매우 단단한 두 물체 사이의 충돌은 완전 탄성에 가깝다. 그리고 원자 또는 전자와 같은 미시적 입자 사이의 충돌은 완전 탄성이 될 수 있다.

그림 10.28 완전 탄성 충돌

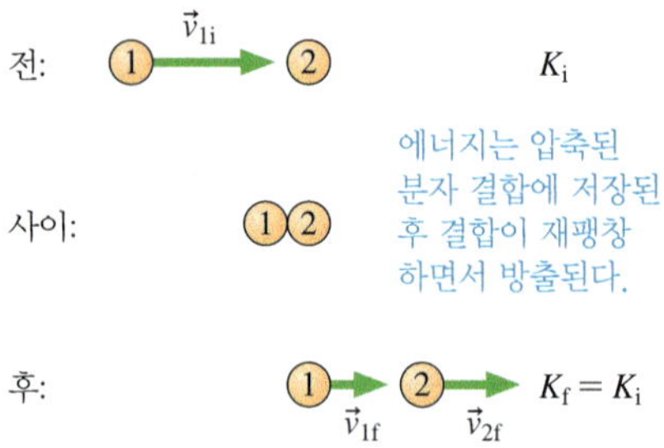

그림 10.28은 초기 속도 $(v_{1x})_i$를 가진 질량 m_1인 공과 처음에 정지하고 있는 질량 m_2인 공의 정면 완전 탄성 충돌을 보여준다. 충돌 후 공의 속도는 $(v_{1x})_f$와 $(v_{2x})_f$이다. 이 양들은 속력이 아니라 속도이고 부호가 있다. 특히 공 1은 뒤쪽으로 튀어나가서 $(v_{1x})_f$가 음수가 될 수 있다.

이 충돌은 두 가지 보존 법칙인 운동량 보존(모든 충돌에서 성립) 및 역학적 에너지 보존(완전 탄성 충돌에서 성립)을 따라야 한다. 충돌하는 동안 에너지는 위치 에너지로 변환되지만, 충돌 전후의 역학적 에너지는 순수한 운동 에너지이므로 다음과 같다.

운동량 보존: $$m_1(v_{1x})_i = m_1(v_{1x})_f + m_2(v_{2x})_f$$

에너지 보존: $$\frac{1}{2}m_1(v_{1x})_i^2 = \frac{1}{2}m_1(v_{1x})_f^2 + \frac{1}{2}m_2(v_{2x})_f^2$$

영상 학습 데모

미지수인 나중 속도가 둘이기 때문에 운동량 보존만으로는 충돌을 분석하기에 충분하지 않다. 그런 이유로 9장에서 완전 탄성 충돌을 고려하지 않았다. 에너지 보존은 또 다른 조건을 제공한다. 이 두 방정식을 완전히 푸는 것은 어렵지 않지만 긴 계산이 필요하다. 그래서 결과만 제시하면 다음과 같다.

$$(v_{1x})_f = \frac{m_1 - m_2}{m_1 + m_2}(v_{1x})_i \qquad (v_{2x})_f = \frac{2m_1}{m_1 + m_2}(v_{1x})_i \tag{10.20}$$

물체 2가 처음에 정지해 있는 완전 탄성 충돌

식 (10.20)을 통해 각 물체의 나중 속도를 계산할 수 있다. 일반적이고 중요한 예로써 질량이 같은 두 물체 사이의 완전 탄성 충돌을 살펴보자.

예제 10.16 에어하키 충돌에서의 속도

에어하키 테이블에서 오른쪽을 향해 2.3 m/s로 움직이고 있는 퍽이 정지해 있는 동일한 퍽과 정면충돌한다. 각 퍽의 나중 속도는 얼마인가?

그림 10.29 움직이는 퍽이 정지해 있는 퍽과 충돌한다.

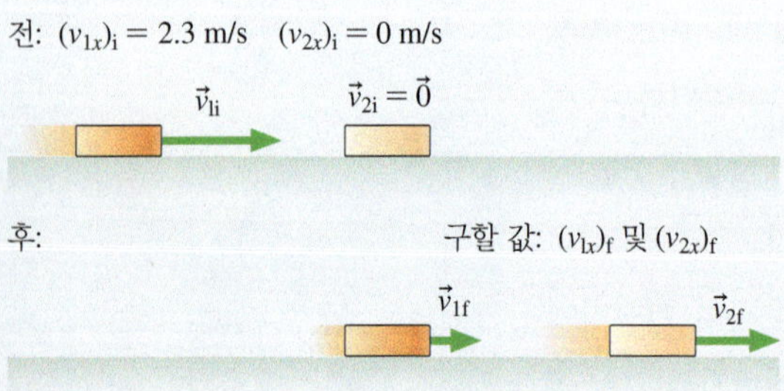

준비 그림 10.29는 전-후 개요도이다. 그림에 나중 속도가 나타나 있지만, 실제로는 퍽이 어느 방향으로 움직일지 아직 모른다. 한 퍽이 처음에 정지해 있기 때문에 식 (10.20)을 사용하여 퍽들의 나중 속도를 구할 수 있다. 퍽들은 동일하므로 $m_1 = m_2 = m$이다.

풀이 식 (10.20)에서 $m_1 = m_2 = m$으로 놓으면

$$(v_{1x})_f = \frac{m - m}{m + m}(v_{1x})_i = 0\ \text{m/s}$$

$$(v_{2x})_f = \frac{2m}{m + m}(v_{1x})_i = (v_{1x})_i = 2.3\ \text{m/s}$$

를 얻는다. 들어오는 퍽은 멈춰서 가만히 있고, 처음에 멈춰 있던

퍽은 들어오던 퍽의 초기 속도로 멀어져간다.

검토 운동량과 에너지가 보존된다는 것을 알 수 있다. 들어오는 퍽의 운동량과 에너지는 멀어져가는 퍽으로 완전히 전달된다. 당구를 해본 적이 있다면, 큐볼로 당구공을 정면으로 칠 때 이런 종류의 충돌을 보았을 것이다. 큐볼은 멈추고 다른 공이 큐볼의 속도로 움직인다.

충돌하는 물체의 질량이 다른 경우를 이 장의 말미 문제에서 다룰 것이다.

충돌에서의 힘

두 당구공 사이의 충돌은 매우 빠르게 발생하며 일반적으로 힘이 매우 크고 계산하기 어렵다. 다행스럽게도 운동량 및 에너지 보존 개념을 사용하여 공 사이의 힘을 알지 못해도 대개 공의 나중 속도를 계산할 수 있다. 그러나 관련된 힘을 아는 것이 매우 중요한 충돌도 있다. 다음 예는 안전모가 자전거 사고와 관련된 큰 힘으로부터 머리를 보호하는 방법을 알려준다.

예제 10.17 머리 보호 BIO

자전거 안전모는 기본적으로 딱딱하고 찌부러지기 쉬운 발포 고무로 된 껍질이다. 안전모를 5.0 kg의 머리 모형에 묶어서 2.0 m 높이에서 단단한 모루에 떨어뜨려 안정성을 검사한다. 충돌로 인해 발포 고무가 3.0 cm만큼 찌부러지면 작용된 힘은 얼마인가?

자전거 안전모 안의 발포 고무는 충격에 찌부러지도록 설계되어 있다.

그림 10.30 자전거 안전모 검사의 전–후 개요도

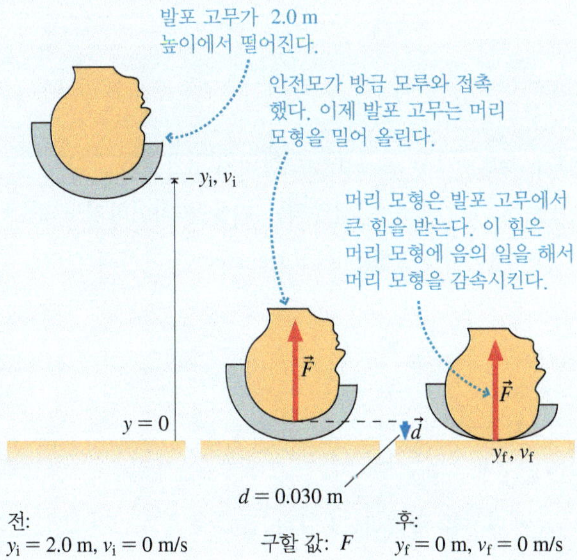

준비 그림 10.30은 검사 전–후 개요도이다. 발포 고무가 찌부러지면서 머리 모형이 정지하게 될 때를 문제의 종료점으로 선택한다. 일–에너지 방정식인 식 (10.18)을 사용하여 머리 모형에 가해진 힘을 계산할 수 있다. 머리 모형과 지구를 계로 선택하면, 안전모의 발포 고무는 환경의 일부이다. 이렇게 선택하면 발포 고무가 머리 모형에 가하는 힘은 계에 일 W를 하는 외부 힘이 된다.

풀이 일–에너지 방정식인 식 (10.18)에 따르면 발포 고무가 머리 모형에 가하는 힘인 외부 힘이 한 일은 계의 에너지를 변화시킨다. 머리 모형은 정지 상태에서 시작하여 떨어지면서 속력을 올린 다음 충격을 받으면서 다시 멈추게 된다. 전체적으로 $K_f = K_i$이다. 더구나 열에너지를 증가시키는 마찰이 없기 때문에 $\Delta E_{th} = 0$이다. 오직 중력 위치 에너지만 바뀌므로 일–에너지 방정식은 다음과 같다.

$$(U_g)_f - (U_g)_i = W$$

발포 고무가 머리 모형에 가하는 위쪽 힘은 머리 모형의 이동 방향과 반대이다. 풀이 전략 10.1을 참조하여보면, 해준 일은 $W = -Fd$로 음수임을 알 수 있다. 여기서 힘이 일정하다고 가정했다. 이 결과를 일–에너지 방정식에 사용하고 F에 대해 풀면 다음과 같다.

$$F = -\frac{(U_g)_f - (U_g)_i}{d} = \frac{(U_g)_i - (U_g)_f}{d}$$

기준 높이를 모루에서 $y = 0$ m로 택하면 $(U_g)_f = 0$이다. $(U_g)_i = mgy_i$만 남으므로

$$F = \frac{mgy_i}{d} = \frac{(5.0\text{ kg})(9.8\text{ m/s}^2)(2.0\text{ m})}{0.030\text{ m}} = 3300\text{ N}$$

이 된다. 이것은 머리 모형에 작용하여 3.0 cm만에 멈추게 하는 힘이다. 뇌 손상의 관점에서는 머리의 가속도가 훨씬 중요한데, 그 값은 다음과 같다.

$$a = \frac{F}{m} = \frac{3300\text{ N}}{5.0\text{ kg}} = 660\text{ m/s}^2 = 67g$$

검토 심각한 뇌 손상에 대한 허용 기준치는 약 300g이므로 이 안전모는 가장 심각한 사고를 제외한 모든 것으로부터 자전거를 타는 사람을 보호할 수 있다. 안전모가 없으면 자전거를 탄 사람의 머리가 훨씬 더 짧은 거리에서 멈추므로 훨씬 더 큰 가속도를 받게 된다.

10.8 일률

이제 어떻게 에너지가 한 형태에서 다른 형태로 변환될 수 있는지, 환경과 계 사이에서 일로써 전달될 수 있는지를 배웠다. 많은 경우에 에너지가 **얼마나 빨리** 변형되거나 전달되는지 알고 싶을 것이다. 에너지의 전달이 매우 빠른가? 아니면 오랜 시간에 걸쳐 발생하는가? 자동차가 트럭을 추월하려면, 연료의 화학 에너지 일정량을 운동 에너지로 변환할 필요가 있다. 엔진이 그 일을 하는 데 걸린 시간이 20초냐, 60초냐에는 큰 차이가 있다!

"얼마나 빨리?"라는 질문은 **비율**에 관한 논의를 의미한다. 예를 들어 물체가 얼마나 빨리 가고 있는지를 나타내는 속도는 위치의 **변화율**(rate of change)이다. 그래서 에너지가 얼마나 빨리 변환되는지를 문제 삼는 것은 에너지의 **변환율**(rate of transformation)에 관한 논의를 뜻한다. 시간 간격 Δt에서 에너지의 양 ΔE가 한 형태에서 다른 형태로 변환된다고 가정해보자. 이 에너지가 변환되는 비율을 **일률**(power) P라고 하며 다음과 같이 정의한다.

$$P = \frac{\Delta E}{\Delta t} \tag{10.21}$$

시간 간격 Δt 동안 변환된 에너지의 양이 ΔE일 때의 일률

두 자동차는 거의 같은 에너지를 사용하여 시속 100 km에 도달하지만, 경주용 자동차가 훨씬 짧은 시간에 도달하므로 경주용 자동차의 **일률**이 훨씬 크다.

일률의 영국 단위는 마력(horsepower)이다. 와트에 대한 변환 인자는

1마력 = 1 hp = 746 W

이다. 모터와 같은 많은 일반 기구의 등급이 hp로 매겨진다.

일률의 단위는 **와트**(watt)로 1 watt = 1 W = 1 J/s로 정의된다.

또 일률은 에너지가 일 W로써 계 안팎으로 전달되는 비율을 의미하기도 한다. 일 W를 시간 간격 Δt 동안 한다면 에너지 **전달률**(rate of transfer)은 다음과 같다.

$$P = \frac{W}{\Delta t} \tag{10.22}$$

시간 간격 Δt 동안 한 일의 양이 W일 때의 일률

3 J/s의 비율로 일을 하는(즉, 에너지를 전달하는) 힘의 '출력'은 3 W이다. 3 J/s의 비율로 에너지를 얻는 계는 3 W의 일률로 '소비한다'고 표현한다. 일률에 사용되는 공

통 접두어에는 mW(밀리와트), kW(킬로와트), MW(메가와트)가 있다.

식 (10.22)를 다른 형태로도 표현할 수 있다. 시간 간격 Δt 동안 물체의 변위가 Δx이면, 물체에 작용하는 힘이 한 일은 $W = F\Delta x$이다. 그러면 식 (10.22)를

$$P = \frac{W}{\Delta t} = \frac{F\Delta x}{\Delta t} = F\frac{\Delta x}{\Delta t} = Fv$$

와 같이 쓸 수 있다. 일로써 물체에 전달되는 에너지의 비율, 즉 일률은 일을 하는 힘과 물체의 속도의 곱으로 다음과 같다.

$$P = Fv \tag{10.23}$$

속도 v로 움직이는 물체에 작용하는 힘 F가 전달하는 일률

예제 10.18 트럭을 추월하기 위한 일률

1500 kg의 자동차가 시속 97 km(27 m/s)로 주행하는 트럭 뒤에 있다. 트럭을 추월하려면 자동차의 속력을 6.0 s만에 시속 121 km (34 m/s)까지 올려야 한다. 필요로 하는 엔진의 일률은 얼마인가?

준비 엔진이 연료의 화학 에너지를 자동차의 운동 에너지로 변환한다. 운동 에너지의 변화 ΔK를 구하고 알려진 시간 간격을 사용하여 변환율을 계산할 수 있다.

풀이 자동차의 운동 에너지를 구하면

$$K_i = \frac{1}{2}mv_i^2 = \frac{1}{2}(1500\text{ kg})(27\text{ m/s})^2 = 5.47\times10^5\text{ J}$$

$$K_f = \frac{1}{2}mv_f^2 = \frac{1}{2}(1500\text{ kg})(34\text{ m/s})^2 = 8.67\times10^5\text{ J}$$

이므로

$$\Delta K = K_f - K_i = (8.67\times10^5\text{ J}) - (5.47\times10^5\text{ J}) = 3.20\times10^5\text{ J}$$

이 된다. 이 에너지의 양을 6 s만에 변환하기 위해 필요한 일률은

$$P = \frac{\Delta K}{\Delta t} = \frac{3.20\times10^5\text{ J}}{6.0\text{ s}} = 53{,}000\text{ W} = 53\text{ kW}$$

이다. 이것은 약 71 hp이다. 공기 저항과 마찰을 극복하고 시속 97 km로 주행하는 데 필요한 일률에 71 hp가 추가되어야 하므로 엔진에 요구되는 총 일률은 이보다 훨씬 더 클 것이다.

검토 이와 같은 간단한 운전 조작을 하는 데 많은 양의 에너지가 사용된다. 3.20×10^5 J은 80 kg의 사람을 공중으로 410 m(초고층 빌딩의 높이)만큼 들어 올리기에 충분한 에너지이다. 그리고 53 kW이면 겨우 6 s만에 들어 올릴 수 있다!

종합형 예제 10.19 폭주하는 트럭 세우기

산악 고속도로를 내려가는 동안에 트럭의 브레이크가 과열되어 듣지 않으면 극도로 위험한 폭주 트럭이 될 수 있다. 일부 고속도로에는 제동을 잃은 트럭을 안전하게 세울 수 있는 **긴급제동시설** (runaway-truck ramp)이 있다. 제동시설의 오르막 경사로에는 깊은 자갈층이 깔려 있다. 오르막길의 경사와 타이어가 자갈에 빠질 때의 큰 굴림 마찰 계수 때문에 트럭이 안전하게 멈춘다.

콜로라도 주간고속도로 70번의 긴급제동시설

3.5° 경사로를 20 m/s(시속 72 km)로 내려가는 22,000 kg인 트럭의 브레이크가 갑자기 고장 났다. 다행스럽게도 600 m 앞에 긴급제동시설이 있다. 제동시설의 경사로는 10°로 위쪽으로 기울어져 있고, 트럭의 타이어와 느슨한 자갈 사이의 굴림 마찰 계수는 $\mu_r = 0.40$이다. 트럭이 고속도로를 내려갈 때 공기 저항과 굴림 마찰력을 무시한다.

a. 에너지 보존을 사용하여 트럭이 경사로를 따라 올라가다 멈출 때까지의 이동 거리를 구하시오.

그림 10.31 폭주 트럭의 개요도

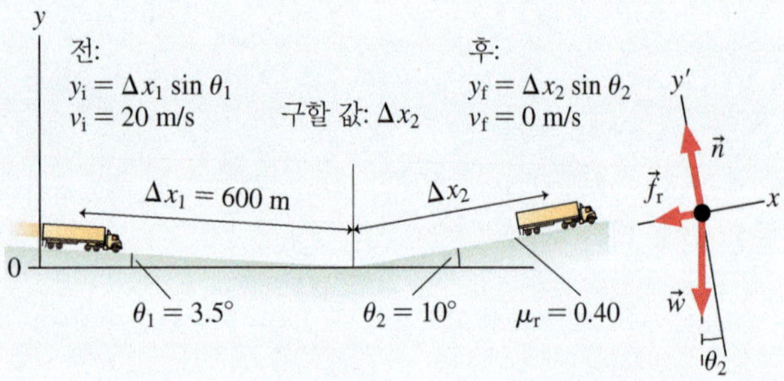

b. 트럭이 멈출 때 트럭과 경사로의 열에너지가 얼마나 많이 증가하는가?

준비 문제 풀이 전략 10.1에 따라 에너지 보존을 사용하여 문항 a와 b를 해결할 수 있다. **그림 10.31**은 전-후 개요도이다. 열에너지의 증가를 계산하는 데 마찰력을 결정할 필요가 있기 때문에 경사로 위로 올라가는 트럭에 대한 자유 물체 도형을 나타냈다. 한 가지 약간 복잡한 문제는 자유 물체 도형의 y축이 경사로에 수직으로 그려진 반면, 중력 위치 에너지의 계산에는 높이를 측정하기 위한 수직 y축이 필요하다는 것이다. 자유 물체 도형의 축을 y'축으로 표시하여 이 문제에 대처하자.

풀이 a. 트럭의 운동에 대한 에너지 보존 법칙을 브레이크가 고장 난 순간에서 트럭이 정지한 때까지 적용하면

$$K_f + (U_g)_f + \Delta E_{th} = K_i + (U_g)_i$$

가 된다. 마찰이 경사로에만 있으므로 트럭이 경사로를 올라갈 때만 열에너지가 생성될 것이다. 경사로의 길이가 Δx_2이므로 이 열에너지는 $\Delta E_{th} = f_r \Delta x_2$이다. 따라서 에너지 보존 법칙은

$$\frac{1}{2}mv_f^2 + mgy_f + f_r \Delta x_2 = \frac{1}{2}mv_i^2 + mgy_i$$

가 된다. 그림 10.31에서 $y_i = \Delta x_1 \sin\theta_1$, $y_f = \Delta x_2 \sin\theta_2$ 및 $v_f = 0$이므로 위 식은

$$mg\,\Delta x_2 \sin\theta_2 + f_r \Delta x_2 = \frac{1}{2}mv_i^2 + mg\,\Delta x_1 \sin\theta_1$$

이 된다. $f_r = \mu_r n$을 구하려면 수직 항력 n을 구할 필요가 있다. 자유 물체 도형에 따르면

$$\sum F_{y'} = n - mg\cos\theta_2 = a_{y'} = 0$$

이 되고, 이로부터 $f_r = \mu_r n = \mu_r mg\cos\theta_2$를 얻는다. f_r의 결과를 에너지 보존 법칙 방정식에 대입하면

$$mg\,\Delta x_2 \sin\theta_2 + \mu_r mg\cos\theta_2\,\Delta x_2 = \frac{1}{2}mv_i^2 + mg\,\Delta x_1 \sin\theta_1$$

이 되고, 다시 양변을 mg로 나누어 간단히 하면

$$\Delta x_2 \sin\theta_2 + \mu_r \cos\theta_2\,\Delta x_2 = \frac{v_i^2}{2g} + \Delta x_1 \sin\theta_1$$

이 된다. 이제 Δx_2에 대해 풀면 다음과 같다.

$$\Delta x_2 = \frac{\dfrac{v_i^2}{2g} + \Delta x_1 \sin\theta_1}{\sin\theta_2 + \mu_r \cos\theta_2}$$
$$= \frac{\dfrac{(20\text{ m/s})^2}{2(9.8\text{ m/s}^2)} + (600\text{ m})(\sin 3.5°)}{\sin 10° + 0.40(\cos 10°)} = 100\text{ m}$$

b. $\Delta E_{th} = f_r \Delta x_2 = (\mu_r mg\cos\theta_2)\Delta x_2$이므로 값을 구하면 다음과 같다.

$$\Delta E_{th} = (0.40)(22{,}000\text{ kg})(9.8\text{ m/s}^2)(\cos 10°)(100\text{ m})$$
$$= 8.5 \times 10^6\text{ J}$$

검토 600 m의 내리막길을 달리면서 속도가 빨라진 트럭이 가파르고 마찰이 큰 경사로에서 멈추기까지 겨우 100 m밖에 걸리지 않은 것은 타당해 보인다. 또한 열에너지가 트럭의 운동 에너지와 대략 비슷할 것으로 기대된다. 왜냐하면 열에너지로 변환되는 것은 대부분 운동 에너지이기 때문이다. 언덕 꼭대기에서 트럭의 운동 에너지는 $K_i = \frac{1}{2}mv_i^2 = \frac{1}{2}(22{,}000\text{ kg})(20\text{ m/s})^2 = 4.4 \times 10^6$ J인데, 이것은 ΔE_{th}와 크기의 정도가 같다. 따라서 답은 타당하다.

문제의 난이도는 I(쉬움)에서 IIIII(도전)으로 구분하였다. INT로 표시된 문제는 지난 장의 내용이 복합된 문제이고, BIO는 생물학적 또는 의학적 관심 분야를 의미한다.

QR 코드를 스캔하여 이 장의 문제를 해결하는 데 도움이 되는 영상 학습 풀이를 시작하시오.

연습문제

10.2 일

1. II 200 kg인 상자가 승강기에 놓여 있다. 승강기는 위로 5 m의 거리를 이동한다. 이 과정 동안에
   a. 중력이 상자에 한 일은 얼마인가?
   b. 승강기가 상자에 한 일은 얼마인가?

2. I 그림 P10.2의 조감도에 나타낸 두 줄을 사용하여 바닥에서 상자를 정확히 3 m 끌어당겼다. 각 줄이 상자에 한 일은 얼마인가?

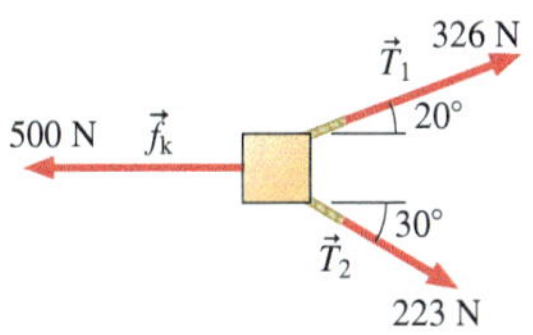

그림 P10.2

3. I 소년이 수평선과 30° 각도를 이루는 줄로 연을 날리고 있다. 줄의 장력은 4.5 N이다. 다음 경우에 줄이 소년에게 한 일은 얼마인가?
   a. 소년이 가만히 서 있다.
   b. 소년이 연에서 멀어지는 방향으로 수평 거리 11 m만큼 걸어간다.
   c. 소년이 연을 향해 수평 거리 11 m만큼 걸어간다.

10.3 운동 에너지

4. I 500 m/s로 발사된 10 g의 총알과 10 m/s로 미끄러지는 10 kg의 볼링공 중에서 어느 것의 운동 에너지가 더 큰가?

5. I 어떤 차가 10 m/s로 주행하고 있다.
   a. 운동 에너지가 두 배가 되려면 차는 얼마나 빨라야 하는가?
   b. 차의 속력이 20 m/s로 두 배가 되면 운동 에너지는 몇 배로 증가하는가?

6. I 400 m/s로 발사된 8.0 g의 총알과 똑같은 운동 에너지를 가지려면 80 kg의 사람은 얼마나 빨리 달려야 하는가?

7. III 20 g의 플라스틱 공이 왼쪽을 향해 30 m/s로 움직이고 있다. 이 공을 오른쪽을 향해 30 m/s로 움직이게 하려면 공에 얼마의 일을 해주어야 하는가?

8. IIII 플라이휠(회전식 디스크)을 기반으로 한 에너지 저장 시스템은 플라이휠이 분당 20,000번 회전을 할 때 최대 4.0 MJ을 저장할 수 있다. 플라이휠의 관성 모멘트는 얼마인가?

10.4 위치 에너지

9. I a. 30 m/s(시속 108 km)의 속력으로 주행하는 1500 kg의 자동차의 운동 에너지는 얼마인가?
   b. 자동차가 같은 양의 운동 에너지로 지면과 충돌하려면 자동차를 어떤 높이에서 떨어뜨려야 하는가?
   c. 문항 b에 대한 대답은 자동차의 질량에 의존하는가?

10. I 자전거를 탄 80 kg의 사람이 7.0° 위로 기울어진 2000 m 길이의 도로 구간을 올라간다. 올라가는 과정에서 그의 중력 위치 에너지가 얼마큼 변하는가?

11. II 200 J의 에너지를 저장하려면 $k = 1000$ N/m인 용수철을 얼마나 늘여야 하는가?

12. IIII 힘줄에 저장된 탄성 에너지는 달릴 때 필요한 에너지 수요의 35%까지 감당할 수 있다. 스포츠 과학자들은 단거리 선수와 일반인의 무릎 펴짐근 힘줄의 길이 변화를 연구했다. 그들은 (평균적으로) 단거리 선수의 힘줄이 41 mm 늘어나고, 일반인은 겨우 33 mm 늘어나는 것을 발견했다. 단거리 선수와 일반인의 힘줄에 대한 용수철 상수는 33 N/mm로 같다. 단거리 선수와 일반인이 저장할 수 있는 최대 에너지의 차이는 얼마인가?
BIO

10.5 열에너지

13. II 마크는 고장 난 차를 150 m 떨어져 있는 친구 집으로 밀고 있다. 그는 일정한 속력으로 차를 밀기 위해 110 N의 수평 힘을 가해야 한다. 이 과정에서 타이어와 도로에 생성되는 열에너지는 얼마인가?

14. III 25 kg의 어린이가 놀이터 미끄럼틀에서 일정한 속력으로 미끄러지고 있다. 미끄럼틀은 높이가 3.0 m이고 길이는 7.0 m이다. 에너지 보존 법칙을 사용하여 어린이에게 작용하는 운동 마찰력의 크기를 구하시오.

10.6 에너지 보존 법칙의 활용

15. ‖ a. 체육관 바닥으로부터 1.5 m 높이에서 100 g의 공을 똑바로 위로 던져서 10 m 높이의 천장에 간신히 닿게 하려면 얼마의 속력으로 공을 던져야 하는가? 에너지를 사용하여 이 문제를 해결하시오.
    b. 공이 바닥에 닿을 때의 속력은 얼마인가?
16. ‖ 50 m 높이의 언덕 꼭대기에 있는 자동차가 브레이크 고장으로 언덕을 굴러 내려온다. 언덕 바닥에서 자동차의 속력은 얼마인가? (마찰 무시)
17. ‖ 용수철 상수가 250 N/m이고 벽에 부착되어 있는 용수철에 10 kg의 잡화점 카트가 부딪쳐서 용수철이 60 cm까지 압축되었다. 용수철에 충돌하기 직전에 카트의 속력은 얼마인가?
18. ‖ 원반이 지상 16 m 위치의 나뭇가지 사이에 걸려있다. 돌멩이를 던져서 원반을 끌어내리고 싶다. 원반이 꽤 단단히 끼어있어서 돌멩이가 원반에 부딪치는 속력이 적어도 5.0 m/s는 되어야 할 것으로 보인다. 지상 2 m에서 돌멩이를 던진다면, 던질 때의 속력은 최소 얼마이어야 하는가?
19. ‖ 20 kg의 어린이가 3.0 m 높이의 놀이터 미끄럼틀에서 미끄러져 내려온다. 어린이는 정지 상태에서 출발했고 바닥에서의 속력은 2.0 m/s이다.
    a. 미끄러지는 도중에 발생한 에너지 전달과 변환은 무엇인가?
    b. 미끄럼틀과 바지의 열에너지의 총 변화는 얼마인가?
20. ‖ 겨울철 눈썰매장에서 팽팽하게 바람을 넣은 고무 튜브에 앉은 채 눈 덮인 경사로를 미끄러져 내려온다. 바닥에 도달하면 일정한 장력 340 N이 유지되는 견인 밧줄로 총 질량 80 kg인 튜브와 탑승자를 일정한 속력으로 경사로의 꼭대기까지 끌어당긴다. 높이 30 m, 길이 120 m의 경사로를 올라갈 때 경사로와 튜브에 생성되는 열에너지는 얼마인가?

10.7 충돌에서의 에너지

21. ‖ 2.0 m/s로 움직이는 50 g의 구슬이 정지해 있는 20 g의 구슬과 충돌한다. 충돌 직후 각 구슬의 속력은 얼마인가? 충돌은 완전 탄성이고 구슬이 정면충돌한다고 가정한다.
22. | 에어 트랙의 활차가 처음에 정지해 있는 동일한 활차와 완전 비탄성 충돌을 한다. 이 충돌에서 첫 번째 활차의 초기 운동 에너지가 열에너지로 변환되는 비율은 얼마인가?

10.8 일률

23. ‖ a. 강철 탁자에서 10 kg의 강철 토막을 3.0 s 동안 1.0 m/s의 일정한 속력으로 밀려면 얼마의 일을 해야 하는가? 강철 사이의 운동 마찰 계수는 0.60이다.
    b. 그렇게 하는 동안의 일률은 얼마인가?
24. ||| 1000 kg의 스포츠카는 10 s 동안 0에서 30 m/s까지 가속한다. 엔진의 평균 일률은 얼마인가?
25. ‖ 투르 드 프랑스의 뛰어난 자전거 선수는 계속되는 오르막에서 450 W의 출력을 유지할 수 있다. 이 출력에서, 자전거를 포함하여 총 질량이 85 kg인 자전거 선수가 유명한 1100 m 높이의 알프 듀에즈(Alpe d'Huez) 산 구간을 오르는 데 얼마나 걸리는가?
26. ||| 무게가 2500 N인 승강기가 8.0 m/s의 일정한 속력으로 상승한다. 이 과정에서 필요로 하는 모터의 일률은 얼마인가?

11 에너지의 활용
Using Energy

캥거루의 별난 도약 보행 방식은 매우 실용적이다. 이 방식으로 캥거루는 최소한의 에너지를 투입하여 먼 거리를 갈 수 있다. 이러한 효율성은 어떻게 가능한가?

학습목표

실용적인 에너지 변환과 전달, 효율적인 에너지 활용의 한계를 학습한다.

신체의 에너지 활용

에너지 활용의 중요한 예는 신체에서 일어나는 에너지 변환이다.

계단을 오르기 위해 사용하는 에너지를 계산하는 법과 그 효율성을 배운다.

온도와 열

이 찻주전자는 버너에서 전달되는 열에너지 때문에 점점 뜨거워진다.

열이 물체 사이의 온도차에 의해 전달되는 에너지임을 배운다.

열기관

열기관은 이 지열 발전소와 같이 열에너지를 유용한 일로 변환하는 기구이다.

열에너지를 일로 전환하는 최대 효율을 계산하는 법을 배운다.

이 장의 배경

기본 에너지 모형

10장에서 배운 기본 에너지 모형은 일과 역학적 에너지를 강조했다. 이 장에서는 열에너지, 화학 에너지, 열 형태의 에너지 전달에 초점을 맞춘다.

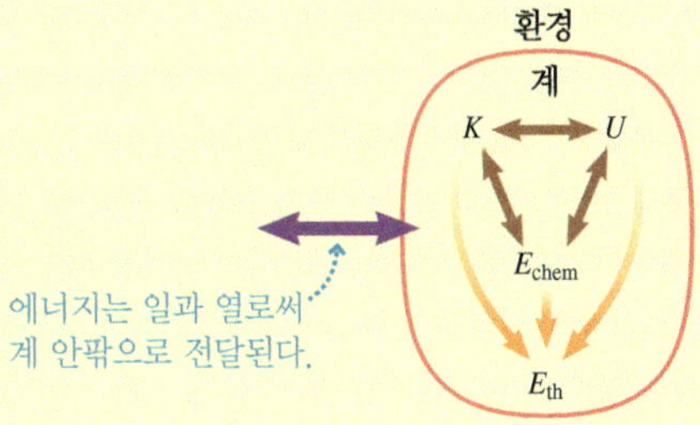

일과 열은 계의 총에너지를 변화시키는 에너지 전달이다. 계가 고립되어 있으면 총에너지가 보존된다.

11.1 에너지 변환

10장에서 보았듯이 에너지는 창조되거나 파괴될 수 없다. 그것은 한 형태에서 다른 형태로만 변환될 수 있다. 우리가 **에너지를 사용한다**고 말할 때, 그것은 음식의 화학 에너지를 몸의 운동 에너지로 바꾸는 것처럼 에너지를 변환시킨다는 것을 의미한다. 이론적, 실용적인 제한이 있는 흥미로운 현실적인 상황을 고려하여 에너지 변환에 대한 개념을 다시 살펴보자.

에너지 변환

가로등 위의 태양 전지에 닿는 빛에너지는 전기 에너지로 전환된 다음 화학 에너지로 배터리에 저장된다.

밤에는 배터리의 화학 에너지가 전기 에너지로 전환되고, 이 에너지는 발광 다이오드에서 빛에너지로 전환된다.

콩은 광합성 색소로 빛에너지를 흡수하고, 이 에너지를 사용하여 농축된 화학 에너지를 생성한다.

콩을 수확하고 그 기름을 사용하여 양초를 만든다. 양초가 타면, 저장된 화학 에너지는 빛에너지와 열에너지로 변환된다.

풍차는 이동하는 공기의 병진 운동 에너지를 전기 에너지로 전환한다.

수 킬로미터 떨어진 곳에서 선풍기가 이 에너지를 사용하면, 전기 에너지가 이동하는 공기의 운동 에너지로 다시 변환된다.

표에 있는 각 과정에서 에너지는 한 형태에서 다른 형태로 변환되어 처음 시작했던 것과 동일한 형태로 끝난다. 그러나 어떤 에너지는 도중에 '사라진' 것처럼 보인다. 정원의 조명은 분명히 그것을 비추던 태양보다 훨씬 덜 밝은 빛으로 빛난다. 에너지가 보존되기 때문에 실제로 어떤 에너지도 손실되지 않는다. 그것은 그저 우리에게 덜 유용한 다른 형태로 변환된 것뿐이다.

이 표는 또 다른 요점을 보여준다. 에너지의 범위가 10장에서 고려한 것 이상으로 넓어져서, 복사 에너지(태양 전지와 식물에 닿는 빛에너지)와 전기 에너지(풍차에서 선풍기로 이동되는 에너지)를 포함하고 있다.

10장에서의 일–에너지 방정식을 상기해보자.

$$\Delta E = \Delta K + \Delta U + \Delta E_{\text{th}} + \Delta E_{\text{chem}} + \cdots = W \tag{11.1}$$

이 식은 일과 에너지 전달을 포함하고 있다. 일은 양수 또는 음수가 될 수 있다. 에너지가 계 안으로 전달될 때는 일이 양수이고, 계 밖으로 전달될 때는 음수이다. 10장에서 일을 에너지의 역학적 전달이라고 정의했다. 이 장에서는 일의 정의를 확장하여 모터와 발전기에 출입하는 전기 에너지를 포함시킬 것이다.

그림 11.1 양수 발전에서의 에너지 변환

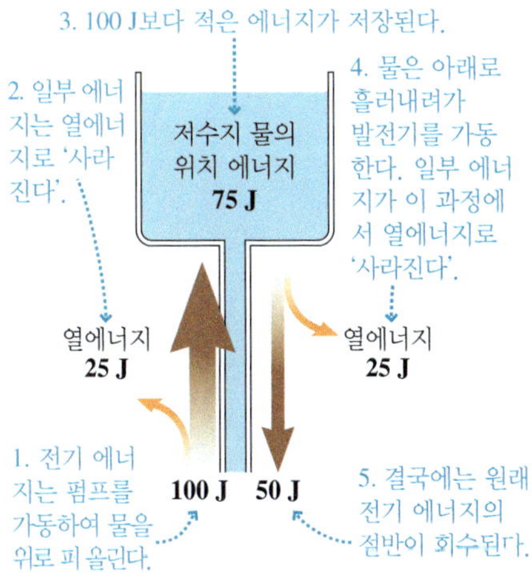

전력 회사는 때때로 잉여 전기 에너지를 사용하여 물을 저수지까지 끌어올린다. 수요가 증가할 때 전력 회사는 이 물을 다시 흘려보내서 전기를 생성하여 이 에너지의 일부를 되찾는다. **그림 11.1**은 이 과정에서의 에너지 변환을 나타낸 것인데, 처음에 100 J의 전기 에너지를 가정했다. 물, 그리고 발전소를 구성하는 파이프, 펌프, 발전기의 네트워크를 계로 정의한다. 펌프를 가동하기 위한 전기 에너지는 일 입력이므로 양의 값을 갖는다. 마지막에 추출되는 전기 에너지는 일 출력이므로 음의 값을 갖는다. 물을 위로 끌어올리려면 100 J의 일이 필요하지만, 물의 위치 에너지는 단지 75 J 만큼 증가한다. 이 상황에 식 (11.1)을 적용하면 알 수 있듯이, '사라진' 에너지는 단순히 펌프의 마찰과 다른 원인으로 인해 열에너지로 변환된 에너지이다.

$$\Delta E_{\text{th}} = W - \Delta U = 100\text{ J} - 75\text{ J} = 25\text{ J}$$

물이 아래로 흘러내리면 위치 에너지가 감소하므로 ΔU는 음의 값이 된다. 에너지는 일로써 계 밖으로 전달되므로 에너지 보존 방정식의 W는 음의 값이 된다. 이 경우 열에너지 변화는 다음과 같다.

$$\Delta E_{\text{th}} = W - \Delta U = (-50\text{ J}) - (-75\text{ J}) = 25\text{ J}$$

그림 11.1의 양수 발전 방식의 경우 앞선 표의 경우와 마찬가지로 에너지 출력은 에너지 입력과 동일한 형태지만 일부 에너지는 전달 및 변환이 진행되면서 '사라진' 것처럼 보인다. 전력 회사는 처음에는 100 J의 전기 에너지를 넣었지만, 결국 50 J의 전기 에너지만 회수하였다. 물론 어떠한 에너지도 실제로는 사라지지 않았다. 그러나 알게 되겠지만, 다른 형태의 에너지가 열에너지로 변환될 때 이러한 변화는 **비가역적이다**(irreversible). 이 열에너지를 쉽게 회수하여 다시 전기 에너지로 전환할 수 없다. 즉, **그 에너지는 사라지지 않았지만 에너지 활용 면에서는 사라진 것이나 마찬가지이다.** 에너지 변환에서의 손실을 더 자세히 살펴보기 위해 효율의 개념을 정의할 것이다.

효율

양수 발전소에서 50 J의 에너지를 얻으려면 그림 11.1에서 보았듯이 실제로 100 J의 에너지를 주어야 한다. 겨우 에너지의 50%만이 유용한 에너지로 되돌아가기 때문에, 이 공장의 효율은 50%라고 말할 수 있다. 일반적으로 효율성을 다음과 같이 정의할 수 있다.

$$e = \frac{\text{얻는 것}}{\text{주는 것}} \tag{11.2}$$

효율의 일반적인 정의

계의 에너지 손실이 클수록 효율은 낮아진다.

효율의 감소는 두 가지 원인에서 발생할 수 있다.

- **과정의 한계**(process limitation) 어떤 경우에는 에너지 변환 과정의 실질적인 세

부 사항 때문에 에너지 손실이 발생할 수 있다. 원칙적으로 더 적은 손실을 수반하는 과정을 설계할 수 있다.

- **근본적인 한계**(fundamental limitation) 그 외의 경우에는 회피할 수 없는 물리적 법칙에 의해 에너지 손실이 발생한다. 이론적으로 설계할 수 있는 최상의 과정의 효율은 100%보다 적을 것이다. 알게 되겠지만, 이러한 한계는 열에너지를 다른 형태의 에너지로 변환하는 데 따른 어려움 때문에 발생한다.

이 냉각탑은 석탄화력발전소에서 나오는 열에너지를 배출한다.

체중이 평균인 사람이 계단 한 층을 올라가면 몸의 위치 에너지가 약 1800 J만큼 증가한다. 그러나 계단을 오르는 데 몸이 사용한 에너지를 측정해보면 몸은 약 7200 J의 화학 에너지를 사용한다. 위치 에너지의 증가량인 1800 J이 '얻는 것'이고, 몸이 사용한 7200 J은 '주는 것'에 해당한다. 식 (11.2)를 사용하여 이 행동의 효율을 계산할 수 있다.

$$e = \frac{1800\ \text{J}}{7200\ \text{J}} = 0.25 = 25\%$$

이처럼 상대적으로 낮은 효율은 **과정의 한계** 때문에 발생한다. 음식을 소화하는 방식의 생화학과 이동 방식의 생체역학 때문에 효율은 100%보다 적다. 이 과정의 효율을 더 높일 수 있는데, 예를 들면 계단의 각도를 적절히 바꾸는 것도 한 방법이다.

석탄 또는 기타 화석 연료의 화학 에너지와 같은 다른 자원으로부터 매일 사용하는 전기 에너지를 생성해야 한다. 석탄화력발전소에서 연소를 하여 화학 에너지를 열에너지로 변환하고, 그 열에너지를 다시 전기 에너지로 변환한다. 일반적인 발전소 순환 과정이 **그림 11.2**에 나와 있다. '얻는 것'은 에너지 출력인 전기 에너지 35 J이고, '주는 것'은 에너지 투입량, 즉 100 J의 화학 에너지이므로 다음의 효율을 얻는다.

그림 11.2 석탄화력발전소에서의 에너지 변환

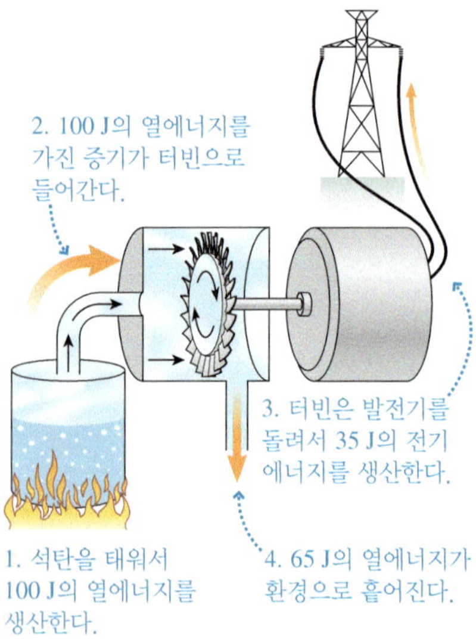

$$e = \frac{35\ \text{J}}{100\ \text{J}} = 0.35 = 35\%$$

계단을 오르는 효율과는 달리, 발전소의 높지 않은 효율은 **근본적인 한계** 때문에 발생한다. 열에너지는 100% 효율로 다른 형태의 에너지로 변환될 수 없다. 35%의 효율은 이론적인 최댓값에 가깝고, 이 최댓값보다 나은 발전소는 설계될 수 없다. 이후 절에서 이런 한계가 발생하는 열에너지의 근본적인 특성을 살펴볼 것이다.

문제 풀이 전략 11.1 에너지 효율 문제

에너지 출력(얻는 것)과 에너지 입력(주는 것)을 알기만 하면 효율을 계산할 수 있다.

준비 효율의 두 가지 핵심 요소 구하기

❶ '얻는 것'으로 간주되는 에너지를 선택한다. 이것은 엔진이나 과정의 유용한 에너지 출력 또는 과정을 완료하면서 한 일이 될 수 있다. 예를 들어, 계단을 오를 때 '얻는 것'은 위치 에너지의 변화이다.

❷ '주는 것'이 무엇인지 결정한다. 이것은 일반적으로 엔진, 일 또는 과정에 필요한 총 에너지 입력이다. 예를 들어, 에어컨을 가동할 때 '주는 것'은 전기 에너지 입력이다.

풀이 추가 계산이 필요할 수 있다.

- '얻는 것'과 '주는 것"에 대한 값을 계산한다.
- 모든 에너지 값이 같은 단위로 되어 있는지 확인한 후 $e = \frac{\text{얻는 것}}{\text{주는 것}}$을 사용하여 효율을 계산한다.

검토 고려 중인 과정의 일반적인 효율성에 대해 알고 있는 것을 감안할 때 구한 답이 타당한지 확인한다.

예제 11.1 전구의 효율

15 W의 소형 형광전구와 75 W의 백열전구는 각각 3.0 W의 가시광선 에너지를 생성한다. 이 두 종류의 전구가 전기 에너지를 빛으로 변환하는 효율은 각각 얼마인가?

준비 문제의 설명에는 에너지에 대한 값이 없는 대신 일률에 대한 값이 주어져 있다. 15 W는 15 J/s이므로 일률의 값을 1초 동안의 에너지로 간주할 수 있다. 각 전구에 대해 '얻는 것'은 가시광선 출력으로 각 전구에 대해서 매초 3.0 J의 빛에너지이다. '주는 것'은 전구를 가동하는 전기 에너지이다. 이것은 전구의 등급이다. 15 W라고 표시된 전구는 매초 15 J의 전기 에너지를 사용한다. 75 W의 전구는 매초 75 J을 사용한다.

그림 11.3 백열전구와 소형 형광전구

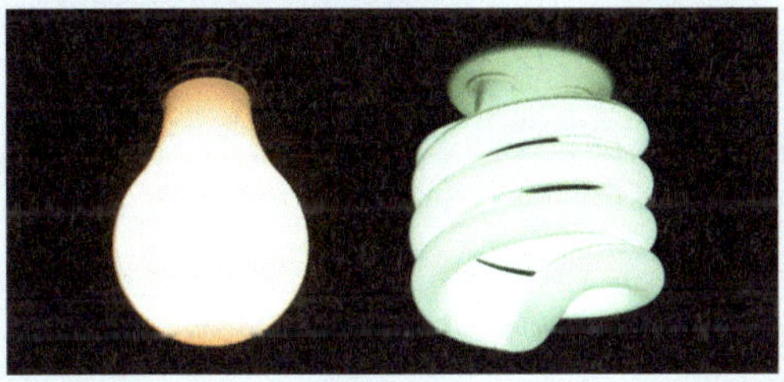

풀이 1초 동안의 에너지를 사용하여 두 전구의 효율을 계산하면 다음과 같다.

$$e(\text{소형 형광전구}) = \frac{3.0\ \text{J}}{15\ \text{J}} = 0.20 = 20\%$$

$$e(\text{백열전구}) = \frac{3.0\ \text{J}}{75\ \text{J}} = 0.040 = 4\%$$

검토 두 전구는 동일한 가시광선 출력을 생성하지만 소형 형광전구는 에너지 입력이 현저하게 낮기 때문에 좀 더 효율적이다. 소형 형광전구는 백열전구보다 효율적이지만 그 효율은 겨우 20%로 여전히 상대적으로 낮다.

11.2 신체의 에너지 BIO

이 절에서는 신체의 에너지를 살펴볼 것이다. 이것은 실제 상황에서 다양한 에너지 변환 및 전달을 탐색할 수 있는 기회를 제공한다. **그림 11.4**는 에너지 분석을 위한 계로 간주되는 몸을 나타낸다. 음식의 화학 에너지는 몸이 기능하기 위해 필요한 에너지를 제공한다. 환경과의 에너지 전달에 사용되는 것이 이 에너지이다.

그림 11.4 계로 간주한 신체의 에너지

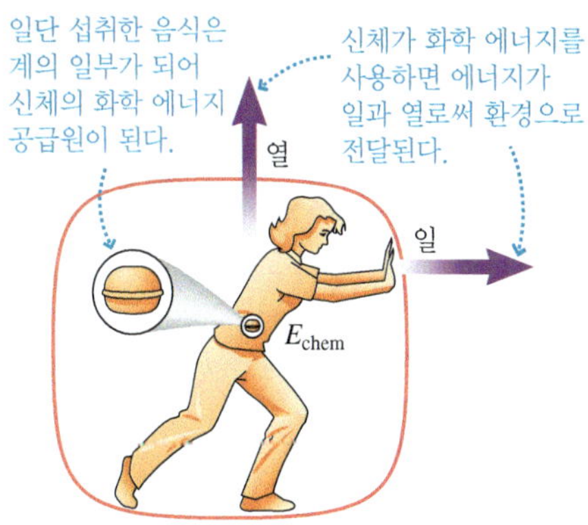

음식에서 에너지 얻기: 에너지 입력

계단 한 층을 올라갈 때 몸의 위치 에너지를 높이는 에너지는 어디에서 나오는가? 어떤 시점에서 그 에너지는 먹었던 음식에서 나오겠지만, 중간 단계는 어떤가? 음식의 화학 에너지는 두 단계 과정을 통해 몸의 세포에 이용된다. 첫째, 소화계는 음식을 글루코오스, 단당류, 또는 글리코겐이라는 긴 글루코오스 사슬과 같은 더 간단한 분자로 분해한다. 이 분자들은 혈류를 통해 체내 세포로 전달되어, 식 (11.3)과 같이 산소와 결합하여 신진대사된다.

음식의 소화로 생긴 글루코오스는 호흡으로 얻은 산소와 결합하여… …이산화탄소, 물, 에너지를 생성한다. 이산화탄소는 호흡을 통해 방출되고 물은 몸에서 재사용된다.

$$C_6H_{12}O_6 + 6O_2 \longrightarrow 6CO_2 + 6H_2O + \text{에너지} \tag{11.3}$$

글루코오스 산소 이산화탄소 물

이 신진대사로 방출된 에너지의 대부분은 아데노신3인산, 즉 ATP라고 하는 분자에 저장된다. 몸의 세포는 이 ATP를 사용하여 생명에 관련된 모든 일을 한다. 근육 세포는 수축하기 위해 ATP를 사용하고, 신경 세포는 전기 신호를 생성하는 데 ATP를 사용한다.

식 (11.3)에서와 같은 산화 반응은 섭취하여 얻는 연료를 '태운다'. 글루코오스(또는 다른 탄수화물) 1 g의 산화는 약 17 kJ의 에너지를 방출한다. 표 11.1은 탄수화물과 다른 식품의 에너지 함량을 다른 일반적인 화학 에너지원과 비교한 것이다.

표 11.1 연료의 에너지

연료	연료 1 g의 에너지(kJ)
수소	121
휘발유	44
음식물 속 지방	38
석탄	27
음식물 속 탄수화물	17
나뭇조각	15

음식의 화학적 에너지 함량을 측정하는 것은 음식을 태움으로써 가능하다. 음식을 태우는 것은 신진대사와는 완전히 다른 것처럼 보일 수 있지만, 글루코오스를 태운다면, 그 반응의 화학식은 다시 식 (11.3)이다. 두 반응은 똑같다. 음식을 태우면 모든 화학 에너지가 쉽게 측정할 수 있는 열에너지로 변환된다. 열에너지는 종종 줄보다는 **칼로리**(calory, 줄여서 cal) 단위로 측정된다. 1.00 cal는 4.19 J과 같고, 1000 cal를 1 Cal라 한다.

칼로리 계산 BIO 옥수수 칩의 사진이 보여주듯이 대부분의 건조식품은 아주 잘 연소된다. 에너지 함량을 측정하기 위해 음식에 불을 붙일 수 있지만 이것이 꼭 필요한 것은 아니다. 음식의 기본 성분(탄수화물, 단백질, 지방)의 화학 에너지는 **열량계**라 하는 기구에서 태워서 신중하게 측정된다. 식품을 분석하여 성분을 결정하면 그 화학 에너지를 계산할 수 있다.

예제 11.2 음식의 에너지

350 mL의 탄산음료수 캔에는 단순 탄수화물인 설탕이 약 40 g(1/4컵보다 약간 적음) 들어 있다. 화학 에너지는 몇 J인가? 이것은 몇 Cal인가?

풀이 표 11.1에서 설탕 1 g에는 17 kJ의 에너지가 들어 있으므로 40 g에는

$$40\text{ g} \times \frac{17 \times 10^3\text{ J}}{1\text{ g}} = 68 \times 10^4\text{ J} = 680\text{ kJ}$$

이 들어 있다. Cal로 바꾸면 다음과 같다.

$$680\text{ kJ} = 6.8 \times 10^5\text{ J} = (6.8 \times 10^5\text{ J})\frac{1.00\text{ cal}}{4.19\text{ J}}$$
$$= 1.6 \times 10^5\text{ cal} = 160\text{ Cal}$$

검토 160 Cal는 350 mL의 탄산음료수 캔의 에너지 함량에 대한 전형적인 값이다(캔에 적힌 함량 표시 참조). 그러므로 이 결과는 타당해 보인다.

포장 식품의 함량 표시에서 첫 번째 항목은 식품의 화학 에너지를 측정하는 칼로리이다. (SI 단위가 표준인 유럽에서는 에너지 함량이 kJ로 나와 있다.) 몇 가지 일반적인 식품의 에너지 함량이 표 11.2에 나와 있다.

표 11.2 식품의 에너지 함량

식품	에너지 함량 (Cal)	에너지 함량 (kJ)	식품	에너지 함량 (Cal)	에너지 함량 (kJ)
큰 당근	30	125	피자 한 조각	300	1260
계란 프라이	100	420	얼린 부리토	350	1470
큰 사과	125	525	사과 파이 한 조각	400	1680
캔맥주	150	630	패스트푸드:		
바비큐 닭 날개	180	750	햄버거, 감자튀김,		
우유(전유)	260	1090	큰 컵 음료수	1350	5660

표 11.3 휴식 상태의 에너지 사용

기관	68 kg인 사람의 개별 기초대사율(W)
간	26
두뇌	19
심장	7
신장	11
골격근	18
그 외	19
합	**100**

몸의 에너지 사용: 에너지 출력

우리 몸은 여러 방법으로 에너지를 사용한다. 휴식 중에서도 몸은 조직을 만들고 재생시키고, 음식을 소화하고, 따뜻하게 유지하는 등의 작업에 에너지를 사용한다. 휴식 중인 몸의 여러 조직이 초당 사용한 줄 수(즉, 와트 단위의 일률)가 표 11.3에 나와 있다.

몸은 휴식 상태에서 약 100 W의 에너지를 사용한다. 몸에 저장되어 있는 화학 에너지에서 나온 이 에너지는 궁극적으로 열에너지로 완전히 전환되고, 그런 다음 열로써 환경에 전달된다. 강의실에 있는 백 명의 사람들은 열에너지를 10,000 W의 비율로 실내에 추가하므로 이를 고려하여 에어컨을 설계해야 한다.

계단을 오르거나 자전거를 타는 것과 같은 활동을 하면, 몸의 세포는 식 (11.3)에서 보았듯이 탄수화물을 지속적으로 신진대사 해야 하는데, 이것에는 산소가 필요하다. 그림 11.5에서 볼 수 있듯이 생리학자는 호흡기를 사용하여 몸이 얼마나 많은 양의 산소를 받아들이는지 측정하여 몸의 에너지 사용을 정확하게 측정할 수 있다. 이 기구는 활동을 하는 동안 몸이 사용하는 모든 에너지인 **총 신진대사 에너지 사용량**(total metabolic energy use)을 결정한다. 이 총량에는 호흡과 활동을 수행하는 데 필요한 추가 에너지가 포함된 몸의 모든 기초 과정이 포함된다. 이것은 '주는 것'을 측정하는 것에 해당한다.

활동에 사용되는 신진대사 에너지는 개인의 크기, 건강 상태 및 기타 변수에 따라 달라진다. 그러나 전형적인 개개인의 다양한 활동에서 사용되는 일률을 합리적으로 추정해볼 수 있다. 일부 수치가 표 11.4에 나와 있다.

그림 11.5 마스크는 운동선수가 사용한 산소량을 측정한다.

표 11.4 활동 중의 대사율

기관	68 kg인 사람의 개별 기초대사율(W)
타자 치기	125
사교댄스 하기	250
5 km/h로 걷기	380
15 km/h로 자전거 타기	480
빠른 크롤 수영하기	800
15 km/h로 달리기	1150

인체의 효율

그림 11.6에서와 같이 일정한 속력으로 계단을 오르고 있다고 가정해보자. 이 과정에서 몸의 효율은 얼마인가? 그것을 구하기 위해 일–에너지 방정식을 적용한다. 먼저 몸에는 어떤 일도 행해지지 않는다는 것에 주목하자. 승강기를 탈 때처럼 외부에서 투입된 에너지는 없다. 더구나 일정한 속력으로 계단을 올라가면 운동 에너지에도 변화가 없다. 그러나 올라가면 중력 위치 에너지는 분명히 증가할 것이고, 몸과 주변 공기의 전반적인 열에너지도 증가할 것이다. 이것은 우리가 잘 아는 사실인데, 여러 층

그림 11.6 계단 오르기

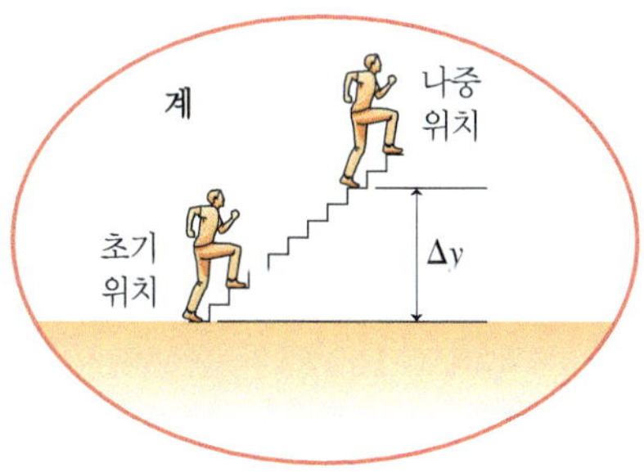

계를 오르면 그 과정에서 확실히 더워진다! 그리고 마지막으로, 올라가기 위해 근육에 힘을 주려면 몸은 화학 에너지를 사용해야 한다.

계단을 오르는 경우, 일–에너지 방정식은

$$\Delta E_{\text{chem}} + \Delta U_{\text{g}} + \Delta E_{\text{th}} = 0 \tag{11.4}$$

으로 축소된다. 열에너지와 중력 위치 에너지는 증가하므로 ΔE_{th}와 ΔU_{g}는 양의 값이고, 화학 에너지는 사용되므로 ΔE_{chem}는 음수이다. 식 (11.4)를

$$|\Delta E_{\text{chem}}| = \Delta U_{\text{g}} + \Delta E_{\text{th}}$$

와 같이 다시 쓰면 어떤 일이 벌어지는지를 좀 더 잘 알 수 있다. 화학 에너지의 변화의 크기는 중력 위치 에너지와 열에너지의 변화의 합과 같다. 몸의 화학 에너지는 위치 에너지와 열에너지로 전환된다. 나중 위치에서, 고도는 더 높아지고 몸은 약간 더 따뜻해진다.

이 장의 앞부분에서 계단을 오르는 효율이 약 25%인 것을 알게 되었다. 그 수치가 어디서 왔는지 알아보자.

1. **얻는 것** 얻는 것은 위치 에너지의 변화이다. 몸이 계단 꼭대기까지 올라갔다. 수직 높이 Δy의 계단을 오르는 경우, 위치 에너지의 증가는 $\Delta U_{\text{g}} = mg\Delta y$이다. 68 kg의 질량과 2.7 m의 높이 변화(약 9 ft, 계단 한 층으로 적당한 값)를 가정하여 계산하면 다음과 같은 결과를 얻는다.

$$\Delta U_{\text{g}} = (68\text{ kg})(9.8\text{ m/s}^2)(2.7\text{ m}) = 1800\text{ J}$$

2. **주는 것** 대가는 몸이 그 일을 완수하는 데 사용하는 신진대사 에너지이다. 생리학자들은 몸이 일을 수행하는 데 사용하는 에너지 $|\Delta E_{\text{chem}}|$를 직접 측정할 수 있다. 계단 한 층을 오르는 것에 대한 전형적인 값은 다음과 같다.

$$|E_{\text{chem}}| = 7200\text{ J}$$

식 (11.2)의 효율의 정의에 따라 계단을 오르는 효율을 계산하면 다음과 같다.

$$e = \frac{\Delta U_{\text{g}}}{|\Delta E_{\text{chem}}|} = \frac{1800\text{ J}}{7200\text{ J}} = 0.25 = 25\%$$

이 장에서 다루게 될 달리기, 걷기, 자전거 타기와 같은 활동 유형의 경우 몸의 효율은 일반적으로 20~30%이다. **이후의 계산에서는 몸의 효율로 25%의 값을 일반적으로 사용할 것이다.** 효율은 개인에 따라, 활동에 따라 다르지만, 대략적인 이 근삿값은 이 장의 목적에 충분하다.

표 11.4에 주어진 대사율 값은 이러한 활동을 수행하는 동안 몸이 사용하는 에너지를 나타낸다. 25%의 효율을 가정하면 몸의 실제 유용한 출력(useful power output)은 이보다 약간 작다. 표 11.4에서 15 km/h(10 mph보다 조금 느림)로 자전거 타기의 값은 480 W이다. 자전거 타기의 효율이 25%라고 가정하면 앞으로 추진시키는 실제 일률은 겨우 120 W에 불과하다. 35 km/h로 빠르게 자전거를 타는 뛰어난 선

수는 앞으로 추진하는 데 약 300 W를 사용하기 때문에 선수의 대사율은 약 1200 W이다.

달리는 동안 초당 사용하는 에너지는 속력에 비례한다. 두 배의 빠르기로 달리려면 약 두 배의 일률이 필요하다. 그러나 두 배로 빨리 달리면 같은 시간에 두 배 멀리 갈 수 있다. 그러므로 특정 거리를 달리는 데 사용하는 에너지는 얼마나 빨리 달리는가와 무관하다! 마라톤을 완주하는 데 2시간이 걸리든지, 3시간 또는 4시간이 걸리든지 상관없이 거의 같은 에너지가 소요된다. 오직 일률만 변한다.

몸이 사용하는 에너지에 대한 계산을 할 때, 한 일(얻는 것)과 몸이 사용한 에너지(주는 것) 사이의 이러한 구별을 명심해야 한다. 다음과 같은 두 가지 경우를 고려해 보자.

- 계단 오르기와 같은 일부 작업의 경우 작업 결과인 에너지 변화를 쉽게 계산할 수 있다. 즉, 얻는 것을 계산할 수 있다. 25%의 효율을 가정한다면, 몸이 사용하는 에너지(주는 것)는 이 양의 네 배이다.
- 자전거 타기와 같은 다른 작업에서는 사용된 에너지를 계산하기가 쉽지 않다. 이 경우에는 신진대사 연구의 자료(표 11.4의 자료와 같은)를 사용한다. 이것은 몸이 작업을 완료하는 데 사용하는 실제 일률, 즉 주는 것이다. 효율을 25%로 가정하면 유용한 출력(얻는 것)은 이 값의 1/4이다.

고열 비용? BIO 포유동물은 일정한 체온을 유지하기 위해 에너지를 사용하기 때문에 포유동물의 일일 에너지 사용량은 파충류보다 훨씬 많다. 40 kg의 얼룩이리는 하루 동안 약 19,000 kJ을 사용한다. 같은 크기의 파충류 포식자인 코모도왕도마뱀은 겨우 2100 kJ을 사용한다.

개념형 예제 11.3 역도에서의 에너지

역도 선수가 50 kg의 바벨을 바닥에서 그의 머리 위의 위치로 들어 올리고 다시 바닥으로 내리는 동작을 연속해서 10번 한다. 이 연습이 끝났을 때 발생한 에너지 변환은 무엇인가?

판단 역도 선수와 바벨을 계로 잡을 것이다. 환경은 계에 아무런 일을 하지 않고, 계에서 환경으로 어떠한 열도 전달되지 않을 정도로 시간이 짧다고 가정한다. 바벨이 시작 위치로 되돌아 와서 움직이지 않으므로 위치 에너지나 운동 에너지의 변화는 없다. 따라서 에너지 보존 방정식은 다음과 같다.

$$\Delta E_{\text{chem}} + \Delta E_{\text{th}} = 0$$

이 방정식으로부터 ΔE_{chem}는 음수여야 함을 알 수 있다. 이것은 일리가 있다. 왜냐하면 바벨을 올리거나 내릴 때마다 근육은 화학 에너지를 사용하여 몸에 저장된 에너지를 고갈시키기 때문이다. 궁극적으로 이 모든 에너지는 열에너지로 변환된다.

검토 역기 들기, 트레드밀에서 달리기와 같은 대부분의 체육관 운동은 오직 화학 에너지를 열에너지로 바꾸는 것과 관련되어 있다.

예제 11.4 자전거 선수의 에너지 사용량

자전거 선수는 15 km/h의 속력으로 20분 동안 페달을 밟는다. 얼마나 많은 신진대사 에너지가 필요한가? 자전거를 앞으로 추진하기 위해 얼마나 많은 에너지를 사용하는가?

준비 표 11.4에 따르면 15 km/h로 자전거를 탈 때 사용되는 대사율은 480 W이다. 480 W는 몸이 사용하는 일률이고, 앞으로 추진하는 데 들어가는 일률은 이것보다 훨씬 작다. 자전거 선수는 이 비율로 20분, 즉 1200초 동안 에너지를 사용한다.

풀이 일률과 시간을 알기 때문에 다음과 같이 몸이 필요로 하는 에너지를 계산할 수 있다.

$$\Delta E = P\Delta t = (480\ \text{J/s})(1200\ \text{s}) = 580\ \text{kJ}$$

25%의 효율을 가정하면 겨우 이 에너지의 25%, 즉 140 kJ만이 앞으로 추진하는 데 사용된다. 나머지는 열에너지로 변환된다.

검토 580 kJ은 얼마나 많은 에너지인가? 표 11.2를 보면 큰 사과에서 얻을 수 있는 에너지보다 약간 많고 대형 패스트푸드 음식에서 얻을 수 있는 에너지의 10%에 불과하다는 것을 알 수 있다. 그런 음식을 먹고 자전거 타기로 '없앨' 생각이면, 3시간이 넘게 꽤 빠른 속력으로 자전거 타기를 해야 한다.

예제 11.5 **계단 층 수**

350 mL의 탄산음료수 캔에 담긴 에너지로 계단을 몇 층이나 올라갈 수 있는가? 질량은 68 kg이고 계단 한 층의 수직 높이가 2.7 m라고 가정한다.

준비 예제 11.2에서 탄산음료수에는 680 kJ의 화학 에너지가 들어 있음을 알았다. 추가된 이 모든 에너지가 계단을 오를 때 전형적인 25% 효율로써 역학적 에너지로 변환될 수 있다고 가정한다. 또한 계단을 일정한 속력으로 올라간다고 가정하므로 운동 에너지는 변하지 않는다. 이 경우 얻는 것은 증가한 중력 위치 에너지이고, 주는 것은 탄산음료수의 화학 에너지를 '태워서' 얻은 680 kJ이다.

풀이 25% 효율에서 중력 위치 에너지로 변환된 화학 에너지의 양은

$$\Delta U_g = (0.25)(680 \times 10^3 \text{ J}) = 1.7 \times 10^5 \text{ J}$$

이다. $\Delta U_g = mg\Delta y$이기 때문에 올라간 높이는

$$\Delta y = \frac{\Delta U_g}{mg} = \frac{1.7 \times 10^5 \text{ J}}{(68 \text{ kg})(9.8 \text{ m/s}^2)} = 255 \text{ m}$$

가 된다. 각 층의 높이가 2.7 m이므로 올라간 층의 수는 다음과 같다.

$$\frac{255 \text{ m}}{2.7 \text{ m}} \approx 94\text{층}$$

검토 이 높이는 엠파이어 스테이트 빌딩의 꼭대기까지 올라가기에 충분한 높이이다. 공급한 연료는 탄산음료수 한 캔뿐이다! 정말 놀라운 결과이다.

에너지 저장

몸은 음식에서 에너지를 얻는다. 이 에너지가 사용되지 않으면 저장된다. 즉각적인 사용에 필요한 적은 양의 에너지는 ATP로 저장된다. 더 많은 양의 에너지가 근육 조직과 간에서 글리코겐과 글루코오스의 화학 에너지로 저장된다. 건강한 성인은 400 g의 탄수화물을 저장할 수 있는데, 그 양은 일반적으로 하루에 소비되는 양보다 약간 더 많다.

음식에서 나오는 에너지 입력이 계속 몸의 에너지 출력을 초과하면 이 에너지는 피부 아래와 기관 주위에 지방 형태로 저장된다. 에너지 관점에서 체중이 느는 것이 간단하게 설명된다!

예제 11.6 **연료 소진**

몸은 약 400 g의 탄수화물을 저장한다. 68 kg의 달리기 선수가 이 저장된 에너지로 대략 얼마나 갈 수 있는가?

준비 표 11.1에 따르면 탄수화물 1 g당 17 kJ이다. 몸의 탄수화물 400 g의 에너지는 다음과 같다.

$$E_{\text{chem}} = (400 \text{ g})(17 \times 10^3 \text{ J/g}) = 6.8 \times 10^6 \text{ J}$$

풀이 표 11.4에 따르면 15 km/h로 달리는 데 소비되는 일률은 1150 W이다. 저장된 화학 에너지가 이 비율로 지속될 수 있는 시간은

$$\Delta t = \frac{\Delta E_{\text{chem}}}{P} = \frac{6.8 \times 10^6 \text{ J}}{1150 \text{ W}} = 5.91 \times 10^3 \text{ s} = 1.64 \text{ h}$$

이고, 이 시간 동안에 15 km/h로 갈 수 있는 거리를 2개의 유효숫자로 계산하면 다음과 같다.

$$\Delta x = v\Delta t = (15\ \text{km/h})(1.64\ \text{h}) = 25\ \text{km}$$

검토 마라톤은 이보다 더 길어서 42 km를 약간 넘는다. 행사 전에 '카보로딩(고탄수화물 식사)'을 하더라도 많은 마라톤 선수들은 경기가 끝나기도 전에 저장된 탄수화물을 다 써 버린 시점에 도달하면서 '벽에 봉착한다'. 몸에는 저장된 다른 에너지(예를 들면 지방)가 있지만 끄집어낼 수 있는 비율은 훨씬 낮다.

에너지와 보행 방식

수평면에서 일정한 속력으로 걷는다면 운동 에너지는 일정하다. 위치 에너지도 일정하다. 그렇다면 왜 몸은 걷는 데 에너지가 필요한가? 이 에너지는 어디로 가는가?

우리는 걸음걸이의 역학적 비효율성 때문에 걷는 데 에너지를 필요로 한다. **그림 11.7**은 각 보행 중에 발의 속력이 일반적으로 어떻게 변하는지를 보여준다. 다리와 발의 운동 에너지가 증가하지만 보행이 끝나면 오로지 0이 될 뿐이다. 운동 에너지는 대부분 근육과 신발의 열에너지로 변환된다. 다음 걸음을 내딛는 데 이 열에너지를 사용할 수 없으므로 이 에너지는 사라진다.

열에너지에 대한 운동 에너지의 손실을 최소화하도록 신발을 설계할 수 있다. 신발 밑창에 있는 용수철은 위치 에너지를 저장할 수 있으며, 다음 걸음에서 운동 에너지로 되살릴 수 있다. 이러한 용수철은 지면과의 충돌을 조금 더 탄력 있게 만든다. 10장에서 발목의 힘줄이 보행하는 동안 일정량의 에너지를 저장하는 것을 보았다. 캥거루 다리에 있는 매우 튼튼한 힘줄은 에너지를 더욱 효율적으로 저장한다. 캥거루의 독특한 도약 보행 방식은 속력이 클 때 더욱 효율적이다.

그림 11.7 인간의 보행 분석

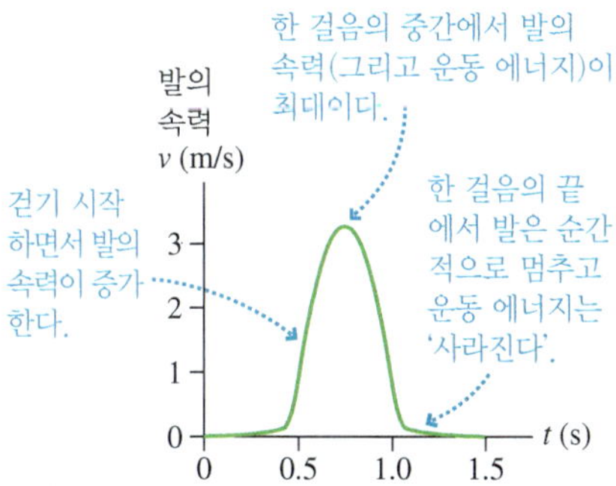

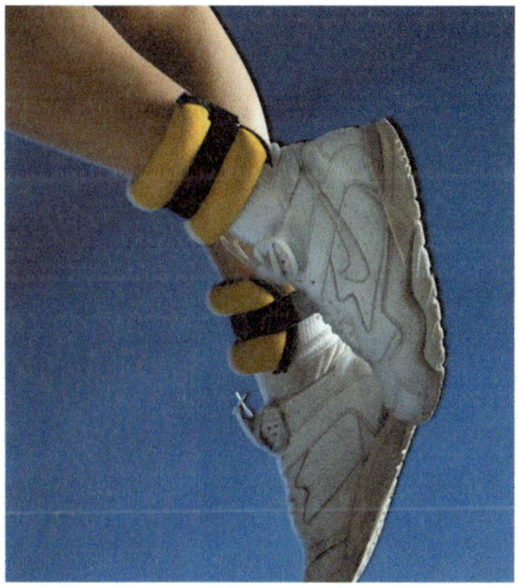

▶ **모래주머니를 어디에 차는가?** BIO 체중의 1%에 해당하는 무게의 배낭을 착용하고 걸으면 에너지 소비가 1% 증가할 것이다. 그러나 체중의 1% 무게를 넣은 모래주머니를 발목에 착용하면 에너지 소비는 6% 증가한다. 왜냐하면 이 여분의 질량을 반복적으로 가속시켜야 하기 때문이다. '지방을 더 많이 태우고' 싶다면 모래주머니를 등에 매지 말고 발목에 차라! 장거리 달리기 기록을 몇 초라도 줄이고 싶다면 더 가벼운 신발을 신어라.

11.3 온도, 열에너지, 열

무언가가 '뜨겁다'고 할 때 그것은 무엇을 의미하는가? 온도가 높다는 뜻인가? 아니면 열에너지가 많다는 뜻인가? 또는 물체가 어떻게 해서든 '열'을 포함하고 있는 것일까? 이러한 모든 정의가 같은 것일까? 온도, 열에너지, 열의 의미와 이들 사이의 관계에 대해 생각해보자.

그림 11.8 이상 기체에서 원자의 운동

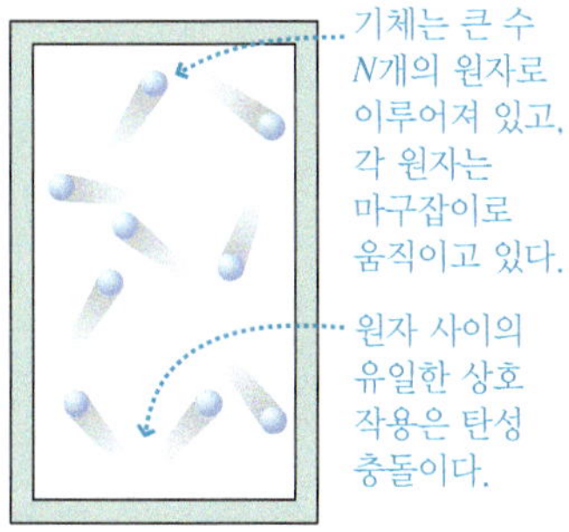

열에너지와 온도의 원자적 설명

그림 11.8에서 볼 수 있는 원자들의 **이상 기체**인 가장 간단한 원자계를 생각해보자.

◀◀10.5절에서 물체를 구성하는 원자와 분자의 운동과 관련된 에너지를 열에너지로 정의했다. 분자 결합이 없으므로, 이상 기체의 원자들은 움직임의 운동 에너지만 갖는다. 따라서 **이상 기체의 열에너지는 기체에서 움직이는 원자들의 총 운동 에너지와 같다.**

그림 11.9 이상 기체의 가열

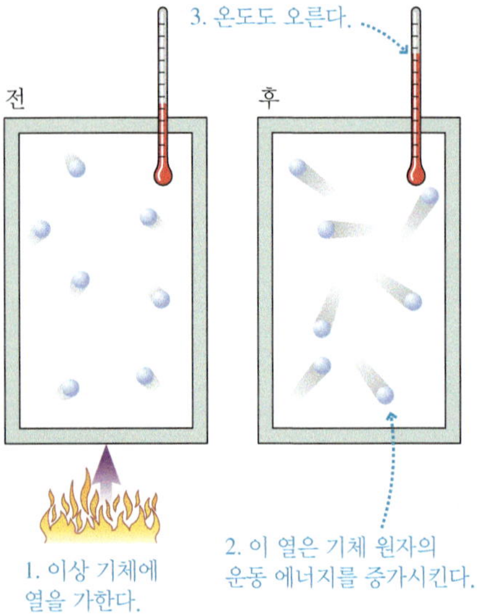

그림 11.9와 같이 이상 기체의 용기를 택하여 불꽃 위에 놓으면 에너지가 뜨거운 불꽃에서 차가운 기체로 전달될 것이다. 이것은 새로운 형태의 에너지 전달로, **열**(heat)이라고 한다. 나중에 열의 본질을 정의할 것이지만, 지금은 기체를 가열할 때 기체의 변화에 초점을 둔다.

그림 11.9에서 볼 수 있듯이, 기체를 가열하면 원자가 더 빨리 움직이게 되어 기체의 열에너지가 증가한다. 기체를 가열하면 온도도 상승한다. 두 경우 모두 증가한다는 관찰 사실은 온도가 기체 원자의 운동 에너지와 관련이 있어야 함을 시사한다. 그렇지만 어떻게 그렇게 될까? 계의 온도는 계의 크기와 무관하다는 사실에서 중요한 단서를 얻을 수 있다. 각각 온도가 20°C인 물 두 잔을 섞으면 온도가 20°C로 똑같은 더 많은 양의 물이 된다. 결합된 부피에는 원자가 더 많이 있으므로 **총** 열에너지가 더 많지만, 각 원자는 이전과 마찬가지로 움직이므로 원자당 **평균** 운동 에너지는 변하지 않는다. 온도는 이 같은 원자의 평균 운동 에너지와 관련되어 있다. **이상 기체의 온도는 기체를 이루는 원자의 평균 운동 에너지의 척도이다.**

12장에서 이러한 개념을 정식화하고 확장하겠지만, 지금 여기서는 이 간단한 모형의 성질을 참조하여 온도와 열에너지에 대해 좀 더 살펴보기로 하자.

온도 눈금

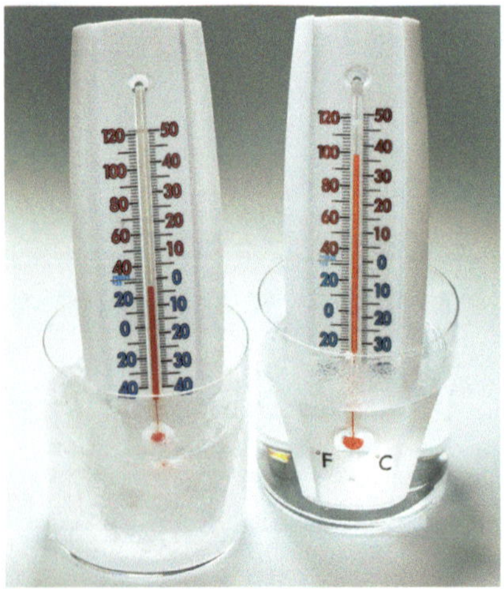

온도계 안에서 액체의 열팽창은 액체가 얼음물에 잠겨 있을 때보다 뜨거운 물에 잠겨 있을 때 액체를 더 높이 밀어 올린다.

이상 기체의 온도는 원자의 평균 운동 에너지와 관련이 있다. 다른 물질이 고체, 액체 또는 기체일지라도 비슷하게 말할 수 있다. 온도가 높을수록 원자가 더 빨리 움직인다. 그렇지만 온도를 어떻게 측정할까? 일반적인 유리관 온도계는 '뜨거운' 또는 '차가운' 물체와 접촉할 때 작은 양의 수은이나 알코올이 팽창하거나 수축하는 방식으로 작동한다. 다른 온도계는 다른 방식으로 작동하지만, 모두 미시적 수준에서는 물체의 원자 속력에 의존한다. 왜냐하면 그 원자들이 온도계의 원자와 충돌하기 때문이다. 즉, 모든 온도계는 물체 속 원자의 평균 운동 에너지를 표본 추출한다.

온도계는 온도 눈금이 있어야 유용한 측정 기구가 된다. 과학적 연구에 (그리고 세계의 거의 모든 국가에서) 사용하는 눈금은 **섭씨 눈금**(Celsius scale)이다. 아마 알고 있겠지만, 물의 어는점이 0°C이고 끓는점이 100°C가 되도록 섭씨 눈금을 정의한다. 섭씨온도계의 단위는 '섭씨 도'이고, °C로 적는다. 여전히 미국에서 널리 사용되는 화씨 눈금(Fahrenheit scale)은 섭씨 눈금과 다음과 같은 관계를 갖는다.

$$T(°\text{C}) = \frac{5}{9}(T(°\text{F}) - 32°) \qquad T(°\text{F}) = \frac{9}{5}T(°\text{C}) + 32° \tag{11.5}$$

섭씨와 화씨 눈금의 영점은 모두 임의적인 것으로, 단순히 합의된 관례에 불과하다. 그리고 둘 다 음의 온도를 허용한다. 그런데 이상 기체 원자의 평균 운동 에너지를 온도 정의의 기초로 사용한다면, 이 온도 눈금에서는 운동 에너지가 0인 점이 자연스러운 영점이 된다. 운동 에너지는 항상 양의 값을 가지므로 온도계의 영점은 **절대 0도**(absolute zero)가 되고, 이보다 낮은 온도는 불가능하다.

이것은 **켈빈 눈금**(Kelvin scale)이라고 하는 온도 눈금에서 영점을 정의하는 방법이다. **0도는 원자의 운동 에너지가 0인 점이다.** 켈빈 눈금의 모든 온도는 양의 값을 가지므로 이것을 **절대 온도 눈금**(absolute temperature scale)이라고도 한다. 켈빈 온도 눈금(Kelvin temperature scale)의 단위는 '켈빈(켈빈 도, °K가 아니다!)'이며, K로 적는다.

켈빈 눈금의 간격은 섭씨 눈금과 같다. 유일한 차이점은 영점의 위치인데, 원자들이 움직임을 멈추는 온도인 절대 0도는 $-273°C$이다. 따라서 섭씨와 켈빈 온도 사이의 변환은 다음과 같이 매우 간단하다.

$$T(\mathrm{K}) = T(°\mathrm{C}) + 273 \qquad T(°\mathrm{C}) = T(\mathrm{K}) - 273 \tag{11.6}$$

섭씨 1도 차와 1켈빈 차는 똑같다. 즉 두 온도계에서는 온도 차이가 동일함을 의미한다. 수식으로 표현하면 다음과 같다.

$$\Delta T(\mathrm{K}) = \Delta T(°\mathrm{C})$$

켈빈 눈금에서, 0°C의 물의 어는점은 $T = 0 + 273 = 273\,\mathrm{K}$이다. 30°C의 따뜻한 여름날은 켈빈 눈금에서 $T = 303\ \mathrm{K}$이다. 이러한 눈금들을 나란히 비교한 것이 **그림 11.10**에 나타나 있다.

그림 11.10 섭씨와 켈빈 온도 눈금

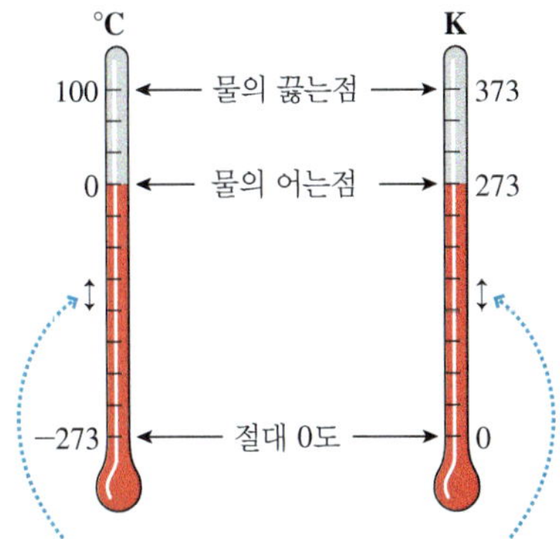

▶ **광학 당밀** 원자가 가만히 있는 절대 0도에 도달할 수는 없지만 원자를 직접 느리게 하여 절대 0도에 아주 가깝게 할 수 있다. 교차하는 레이저빔은 '광학 당밀'이라고 알려진 것을 생성한다. 빛은 에너지와 운동량을 지닌 광자로 이루어져 있다. 확산 기체의 원자와 광자와의 상호작용으로 원자가 느려진다. 이러한 방식으로 원자는 매우 차가운 5×10^{-10} K의 온도에 해당하는 속력까지 느려질 수 있다!

예제 11.7 온도 눈금

그 동안 지구에서 측정된 가장 차가운 온도는 남극의 −129°F이었다. 이것은 °C와 K으로 얼마인가?

풀이 먼저 식 (11.5)를 사용하여 온도를 섭씨 눈금으로 바꾼다.

$$T(°\mathrm{C}) = \frac{5}{9}(-129° - 32°) = -89°\mathrm{C}$$

다음으로 식 (11.6)을 사용하여 이것을 켈빈으로 바꾸면 다음과 같다.

$$T = -89 + 273 = 184\ \mathrm{K}$$

검토 이것은 차갑지만, 여전히 실험실에서 성취한 가장 차가운 온도보다 훨씬 따뜻하다. 그 온도는 0 K에 아주 가깝다.

열은 무엇인가?

10장에서 계는 일과 열이라는 두 가지 수단을 통해 환경과 에너지를 교환할 수 있음을 알았다. 10장에서 일을 자세하게 다루었고, 이제는 열에 의한 에너지 전달을 살펴볼 때이다. 이것은 **열역학**(thermodynamics)이라고 하는 주제에 대한 탐험을 시작하는 것으로, 열에너지와 열 그리고 다른 형태의 에너지 및 에너지 전달과 이들의 관계를 다룬다.

열은 일보다는 더 애매한 개념이다. 일상생활에서 '열'이라는 단어는 매우 느슨하게 사용된다. 종종 "열을 받다"에서처럼 화가 나거나 흥분된 상태를 뜻하기도 하고, "머리에 열이 있다"에서처럼 몸의 더운 기운을 뜻하기도 한다. 이제는 앞으로의 논의를 위해 좀 더 정확한 언어를 개발할 때이다.

그림 11.11 냄비의 물을 가열하여 온도 올리기

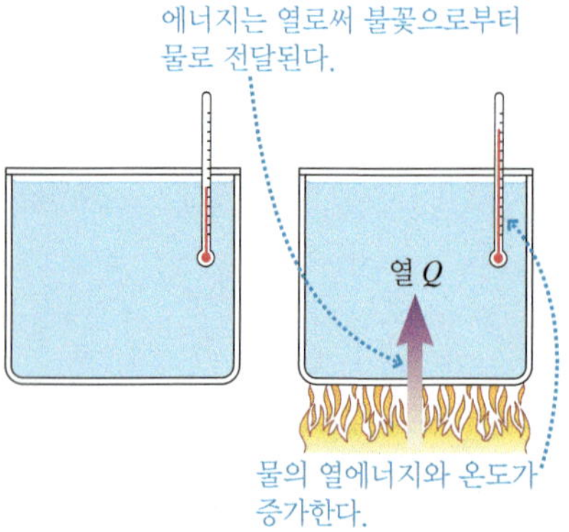

난로에 찬물 한 냄비를 놓는다고 가정해보자. **그림 11.11**과 같이 버너를 켜서 냄비 아래에 뜨거운 불꽃을 일으키면 물의 온도가 올라간다. 올라간 온도는 물이 더 많은 열에너지를 가지고 있음을 의미하므로 이 과정에서 에너지는 계로 전달되어야 한다. 뜨거운 불꽃에서 차가운 물로 전달된 이 에너지가 바로 열이다. 일반적으로 **열은 두 물체 사이의 온도차 때문에 두 물체 사이에서 전달되는 에너지이다.** 열은 항상 뜨거운 물체에서 차가운 물체로 흐르며 결코 반대방향으로는 흐르지 않는다. 온도차가 없으면 어떠한 에너지도 열로써 전달되지 않는다. 열을 나타내는 기호로 Q를 사용한다.

열의 원자 모형

그림 11.12 장벽에서의 충돌은 빠른 분자에서 느린 분자로 에너지를 전달한다.

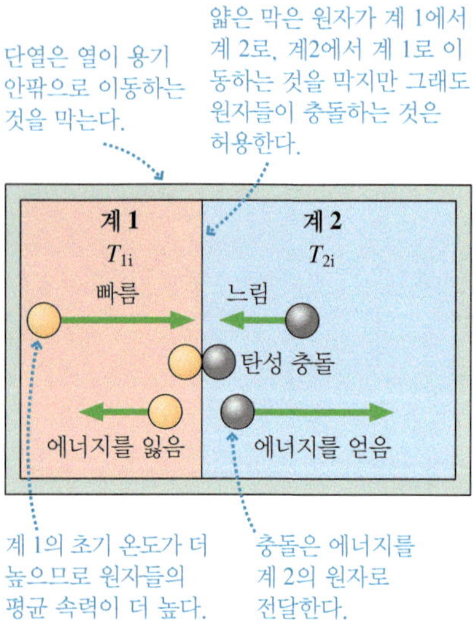

열에너지가 고온에서 저온으로 이동하는 이유를 설명하기 위해 원자 모형을 생각해보자. **그림 11.12**는 단단하고 단열된 용기가 매우 얇은 막에 의해 두 부분으로 나누어져 있는 것을 보여준다. 각 부분은 같은 종류의 원자 기체로 채워져 있다. 계 1이라고 표시한 왼쪽은 초기 온도가 T_{1i}이다. 오른쪽의 계 2는 초기 온도가 T_{2i}이다. 막은 아주 얇아서 마치 막이 없는 것처럼 원자가 경계에서 충돌할 수 있지만 원자가 한쪽에서 다른 쪽으로 움직이는 것을 막는 장벽이라고 상상하자.

계 1이 처음에 더 높은 온도에 있다고 가정한다. 즉 $T_{1i} > T_{2i}$이다. 이것은 계 1의 원자의 평균 운동 에너지가 더 높다는 것을 의미한다. 그림 11.12는 서로 반대쪽에서 장벽으로 접근하는 빠른 원자와 느린 원자를 보여준다. 두 원자는 장벽에서 완전 탄성 충돌을 한다. 완전 탄성 충돌에서 알짜 에너지가 없어지지는 않지만 빠른 원자는 에너지를 잃고 느린 원자는 에너지를 얻는다. 즉, 빠른 원자 쪽에서 느린 원자 쪽으로 에너지가 전달된다.

계 1의 원자는 평균적으로 계 2의 원자보다 더 활동적이기 때문에 평균적으로 충돌은 계 1에서 계 2로 에너지를 전달한다. 이것이 모든 충돌에 대해 참은 아니다. 때로는 계 2의 빠른 원자가 계 1의 느린 원자와 충돌하여 계 2에서 계 1로 에너지를 전달하기도 한다. 그러나 모든 충돌에서 알짜 에너지 전달은 따뜻한 계 1에서 차가운 계 2

로 진행된다. 이 같은 에너지 전달이 열이다. **열에너지는 따뜻한 쪽의 빠르게 움직이는 원자에서 차가운 쪽의 느리게 움직이는 원자로 전달된다.**

이 전달은 안정된 상태에 도달할 때까지 계속된다. 안정된 상태를 **열평형**(thermal equilibrium)이라고 한다. 계가 열평형에 도달한지를 어떻게 알 수 있을까? 장벽의 양쪽에 있는 원자가 **똑같은 평균 운동 에너지**를 가질 때까지 에너지 전달이 계속된다. 평균 운동 에너지가 같아지더라도 개별 충돌은 한쪽에서 다른 쪽으로 에너지를 전달한다. 그러나 양쪽에 같은 평균 운동 에너지를 가진 원자가 있기 때문에 계 1에서 계 2로 전달된 에너지의 양은 계 2에서 계 1로 전달된 양과 같다. 일단 평균 운동 에너지가 같아지면 더 이상 알짜 에너지 전달은 없을 것이다.

앞에서 보았듯이, 계의 원자들의 평균 운동 에너지는 계의 온도의 척도이다. 두 계가 원자의 평균 운동 에너지가 같아질 때까지 에너지를 교환한다면

$$T_{1f} = T_{2f} = T_f$$

라고 말할 수 있다.

즉, 두 계가 공통의 최종 온도에 도달할 때까지 열이 전달된다. 이것이 열평형 상태이다. 이 경우에 다소 인위적인 계를 고려했지만 결과는 매우 일반적이다. **열 접촉하고 있는 두 계는 최종 온도가 같아질 때까지 열에너지를 뜨거운 쪽에서 차가운 쪽으로 전달할 것이다.** 이 과정이 그림 11.13에 나와 있다.

열은 에너지의 전달이다. 전달에 사용되는 부호는 그림 11.14에 정의되어 있다. 그림 11.13의 과정에서 계 1은 에너지를 잃기 때문에 Q_1은 음수이고, 계 2는 에너지를 얻기 때문에 Q_2는 양수이다. 용기로부터 에너지가 빠져 나오지 않으므로 계 1이 잃은 모든 에너지를 계 2가 얻는다. 이것을

$$Q_2 = -Q_1$$

로 나타낼 수 있다. 한 계가 잃은 열에너지를 다른 계가 얻는다.

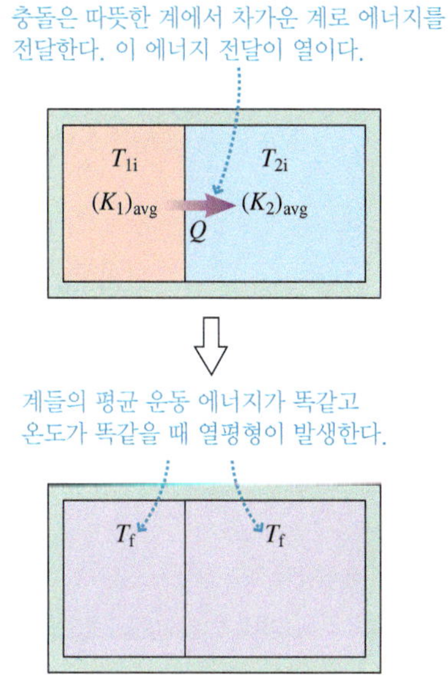

그림 11.13 열 접촉하고 있는 두 계는 열에너지를 교환한다.

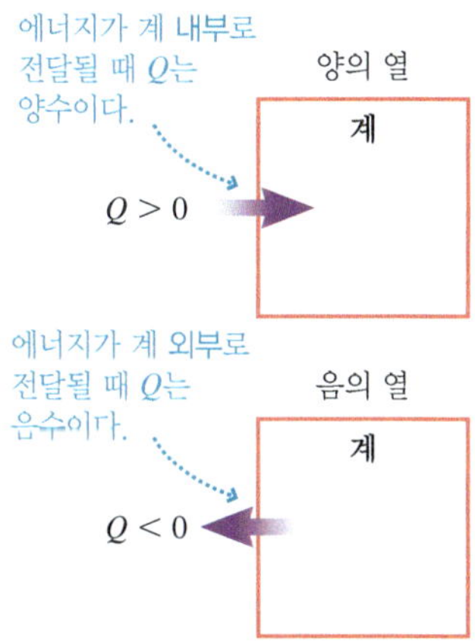

그림 11.14 Q의 부호

11.4 열역학 제1법칙

열의 형태의 에너지 전달을 포함하도록 일-에너지 방정식인 식 (11.1)을 확장할 필요가 있다. 그림 11.14에서 볼 수 있듯이 열의 부호 규칙은 일과 동일한 형식을 취한다. 즉, 양수값은 계로의 전달을 의미하고 음수 값은 계로부터의 전달을 의미한다. 따라서 일-에너지 방정식에 열 Q를 포함하면 다음과 같이 Q는 일 W와 함께 방정식의 오른쪽에 나타난다.

$$\Delta K + \Delta U + \Delta E_{th} + \Delta E_{chem} + \cdots = W + Q \tag{11.7}$$

이 방정식은 에너지 및 에너지 보존에 관한 가장 일반적인 기술로써, 그 동안 논의했던 모든 에너지 전달과 변환을 포함한다.

10장에서 썰매가 언덕을 내려갈 때와 같이 위치 에너지와 운동 에너지가 변할 수 있는 계에 중점을 두었고, 이 장의 앞부분에서는 화학 에너지가 변화하는 몸을 살펴

보았다. 이제 오직 열에너지만 변하는 계를 고려하자. 즉, 움직이지 않고 화학적으로 변하지도 않지만 온도는 변할 수 있는 계를 고려할 것이다. 그러한 계들은 **열역학**이라고 하는 영역에 속한다. 여름에 집을 시원하게 유지하는 방법에 대한 질문은 열역학의 문제이다. 에너지가 집으로 전달되면 열에너지가 증가하고 온도가 상승한다. 온도를 낮추려면 에너지를 집 밖으로 전달해야 한다. 이것은 이후 절에서 보게 될 에어컨의 목적이다.

수업 영상

오직 열에너지만 변하는 경우를 고려하면 식 (11.7)을 단순화할 수 있다. 이 간단해진 식은 열에너지만 변하는 계에 대한 에너지 보존의 기술이다. 그것을 **열역학 제1법칙**이라고 한다.

열역학 제1법칙 열에너지만 변하는 계의 경우, 일 W로써, 열 Q로써, 또는 둘 모두로써 계 안팎으로 전달된 에너지는 열에너지의 변화와 같다.

$$\Delta E_{\text{th}} = W + Q \tag{11.8}$$

그림 11.15 열역학적 계의 에너지 전달

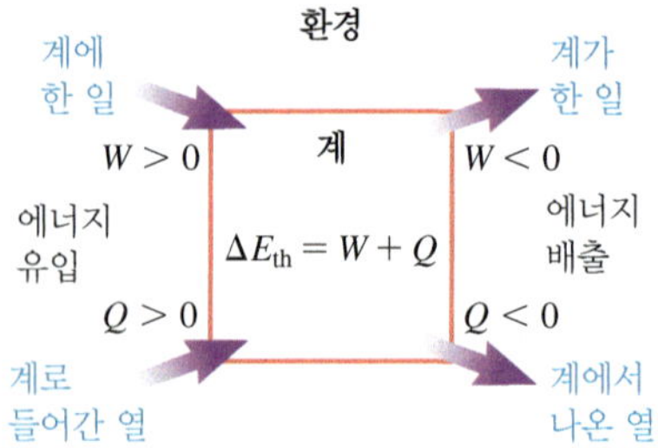

일과 열은 계와 그 환경 사이에서 에너지가 전달되어 계의 에너지를 변화시킬 수 있는 두 가지 방법이다. 그리고 열역학적 계에서 변화하는 유일한 에너지는 열에너지이다. 이 에너지의 증가 또는 감소 여부는 앞서 살펴본 바와 같이 W와 Q의 부호에 의존한다. 계와 환경 사이의 가능한 에너지 전달이 **그림 11.15**에 설명되어 있다.

개념형 예제 11.8 기체의 압축

기체가 단열 용기에 있어서 열에너지가 빠져 나올 수 없다고 가정한다. 피스톤을 사용하여 기체를 압축하면 기체 온도는 어떻게 되는가?

판단 피스톤이 기체에 힘을 가하고 변위가 발생한다. 이것은 피스톤이 기체에 일을 한다는 것을 뜻한다($W > 0$). 환경과 교환할 수 있는 열에너지는 없으므로 $Q = 0$이다. 에너지가 계로 전달되기 때문에 기체의 열에너지는 증가해야 한다. 따라서 온도도 증가해야 한다.

검토 이 결과는 익숙한 일상적 경험의 관점에서 타당하다. 자전거 펌프를 사용하여 타이어에 바람을 넣으면 펌프와 타이어가 따뜻해진다. 이 온도 증가는 주로 압축에 의해 공기가 따뜻해지기 때문이다.

예제 11.9 믹서에서의 에너지 전달

믹서에서 전기 모터가 계 내부에서 음식을 섞는다. 여기서 계는 용기 내부의 음식물이다. 계에 해준 일 때문에 음식이 눈에 띄게 데워진다. 믹서 모터가 40 s 동안 250 W의 출력으로 작동한다고 가정하자. 이 시간 동안 2000 J의 열이 데워진 음식에서 더 차가운 주변 환경으로 흐른다. 음식의 열에너지가 얼마나 많이 증가하는가?

준비 계의 열에너지만 변하므로 열역학 제1법칙인 식 (11.8)을 사용할 수 있다. 모터가 생성하는 일률과 실행된 시간으로부터 모터가 한 일을 구할 수 있다.

풀이 식 (10.22)에서 한 일은 $W = P\Delta t = (250\ \text{W})(40\ \text{s}) = 10{,}000\ \text{J}$이다. 열이 계를 떠나기 때문에 그 부호는 음이고, 따라서 $Q = -2000\ \text{J}$이다. 이제 열역학 제1법칙에 따라 다음 결과를 얻는다.

$$\Delta E_{th} = W + Q = 10{,}000 \text{ J} - 2000 \text{ J} = 8000 \text{ J}$$

검토 강력한 모터가 한 일은 열에너지를 급격히 증가시키지만, 열에너지는 오로지 열로써 서서히 배출되는 것이 타당해 보인다. 음식의 열에너지 증가는 온도 상승을 의미한다. 믹서를 충분히 오래 작동시키면, 사진이 보여 주듯이 음식이 실제로 쪄지기 시작한다.

에너지 전달 도형

뜨거운 돌을 바다에 떨어뜨린다고 가정해보자. 돌과 바다의 온도가 같아질 때까지 열은 돌에서 바다로 전달된다. 바다가 아주 약간 따뜻해지긴 하지만, ΔT_{ocean}은 매우 작아서 전혀 중요하지 않다.

열이 계와 저장고 사이에 전달될 때 마치 바다처럼 그 온도가 눈에 띄게 변하지 않는 매우 큰 물체 또는 환경의 일부를 **에너지 저장고**(energy reservoir)라고 한다. 계보다 높은 온도의 저장고를 **뜨거운 저장고**(hot reservoir)라고 한다. 격렬히 타는 불꽃은 그 속에 있는 작은 물체에 대해서는 뜨거운 저장고이다. 계보다 낮은 온도의 저장고를 **차가운 저장고**(cold reservoir)라고 한다. 바다는 뜨거운 돌에 대해서 차가운 저장고이다. T_H와 T_C를 사용하여 뜨거운 저장고와 차가운 저장고의 온도를 나타낼 것이다.

계와 저장고의 온도가 다르면, 열에너지가 둘 사이에서 전달된다. 앞으로

Q_H = 뜨거운 저장고 안팎으로 전달되는 열량
Q_C = 차가운 저장고 안팎으로 전달되는 열량

으로 정의할 것이다. **정의상 Q_H와 Q_C는 양수이다.**

그림 11.16(a)는 뜨거운 저장고(온도 T_H)와 차가운 저장고(온도 T_C) 사이에 배치된 무거운 구리 막대를 보여준다. 열 Q_H는 뜨거운 저장고에서 구리로 전달되고 열 Q_C는 구리에서 차가운 저장고로 전달된다. 그림 11.16(b)는 이 과정에 대한 **에너지 전달 도형**이다. 일반적으로 위에 뜨거운 저장고를 그리며, 아래에 차가운 저장고를 그린다. 그리고 그 사이에 계(이 경우에는 구리 막대)를 그린다. 에너지 전달을 보여주는 '관'으로 저장고와 계를 연결한다. 그림 11.16(b)는 열 Q_H가 계 안으로 전달되고 Q_C가 계 밖으로 전달되는 것을 보여준다.

그림 11.17은 논의했던 열전달에 관한 중요한 사실을 보여준다. 자발적인 전달은 뜨거운 곳에서 차가운 곳으로 한 방향으로만 간다. 이것은 상당히 실용적인 뜻을 갖는 중요한 결과이다.

그림 11.16 에너지 전달 도형

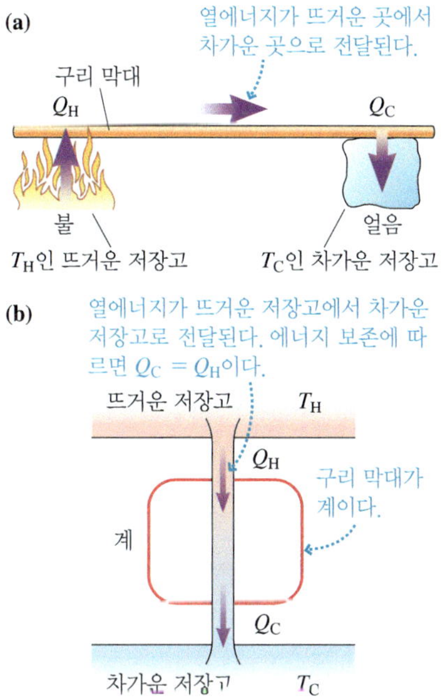

그림 11.17 불가능한 에너지 전달

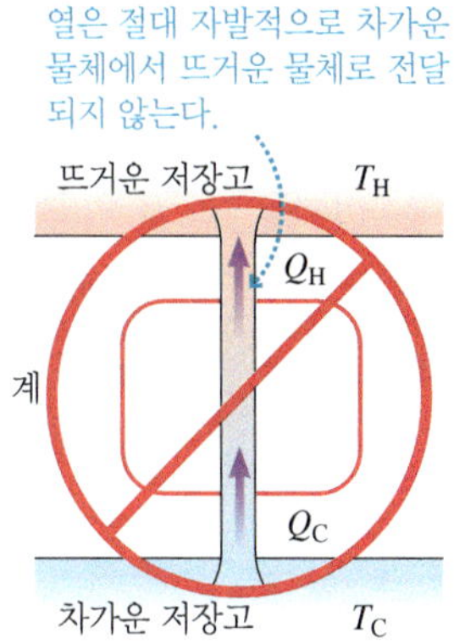

개념형 예제 11.10 에너지 전달과 신체 BIO

매우 더운 날씨에 운동하면 몸에 더 큰 부담이 되는 이유를 물리학 용어를 사용하여 설명하시오.

판단 알다시피 몸은 화학 에너지를 열에너지로 계속 전환시킨다. 일정한 체온을 유지하기 위해서는 몸이 지속적으로 열을 환경으로 전달해야 한다. 이것은 열이 자발적으로 환

경으로 전달되는 시원한 날씨에는 간단한 문제이다. 하지만 공기 온도가 체온보다 높으면 이런 방법으로는 몸이 냉각되지 않으므로 땀을 흘리는 것과 같은 다른 에너지 전달 방식을 사용해야 한다. 이러한 방식에는 추가적인 에너지 소비가 필요하다.

검토 몸이 열을 충분히 빨리 배출할 수 없으면, 더운 날씨의 심한 운동으로 체온이 쉽게 오를 수 있다.

11.5 열기관

산업 혁명의 초기 단계에서 방앗간과 제조소를 운영하는 데 필요한 대부분의 에너지는 수력에서 나왔다. 높은 저수지의 물은 자연스럽게 아래로 흐른다. 수차는 이런 물의 자연스런 흐름을 동력화하여 유용한 에너지를 생산할 수 있다. 왜냐하면 물이 아래로 흐르면서 잃어버린 위치 에너지 중 일부가 다른 형태로 변환될 수 있기 때문이다.

열로 비슷한 일을 할 수 있다. 열에너지는 자연스럽게 뜨거운 저장고에서 차가운 저장고로 전달된다. 이 에너지가 전달되고 다른 형태로 변환될 때 이 에너지의 일부를 취하는 것이 가능하다. 이것이 **열기관**(heat engine)으로 알려진 장치가 하는 일이다.

그림 11.18(a)의 에너지 전달 도형은 열기관의 기본적인 물리를 보여준다. 뜨거운 저장고로부터 열로써 에너지를 받아들여 일부를 유용한 일로 바꾸고 나머지를 폐열로써 차가운 저장고로 배출한다. 어떠한 열기관도 구성도는 정확히 동일하다.

그림 11.18 열기관의 작동

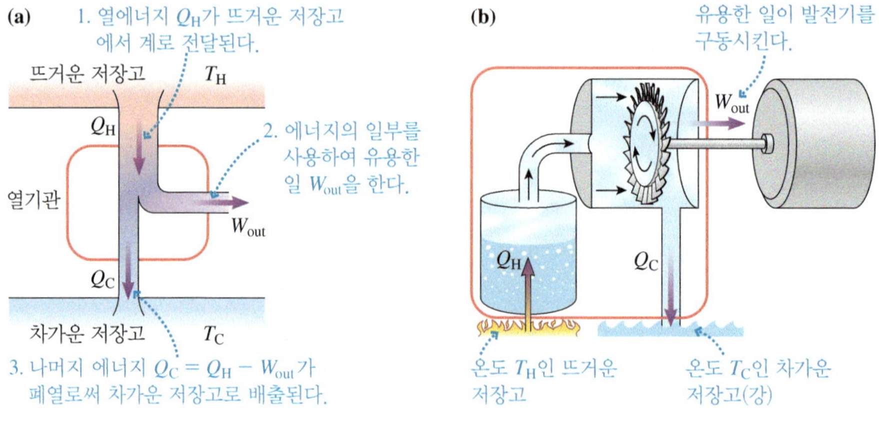

그림 11.18(b)는 이 장의 앞부분에서 논의한 발전소인 실제 열기관의 에너지 흐름 방향과 저장고 위치를 보여준다. 발전소의 차가운 저장고는 강 또는 호수일 수도 있고 단순히 대기일 수도 있는데, 냉각탑에서 열 Q_C를 그곳으로 버린다.

화학 에너지를 열에너지로 변환한 다음 그 에너지를 다른 형태로 변환하여 우리가 매일 사용하는 에너지의 대부분을 얻는다. 열기관의 일반적인 예 몇 가지를 살펴보자.

열기관

우리가 사용하는 대부분의 전기를 열기관이 생산한다. 석탄 또는 기타 화석 연료를 태워서 고온고압의 증기를 생성한다. 증기는 전기를 생산하는 발전기에 연결된 터빈을 돌려서 일을 한다. 이 방법으로 증기 에너지 중 일부를 추출하지만, 반 이상이 그저 '흘러나와서' 호수나 강과 같은 차가운 저장고에 쌓이게 된다.

자동차는 주행에 필요한 에너지를 휘발유의 화학 에너지에서 얻는다. 휘발유를 태우면 생성되는 뜨거운 기체가 뜨거운 저장고이다. 열에너지의 일부는 움직이는 차량의 운동 에너지로 변환된다. 하지만 이 열화상도가 보여주듯이 90% 이상이 방열기 및 배기 장치를 통해 주변 공기로 열로써 사라진다.

매일 사용하는 물건의 일부분을 이루는 간단한 소형 열기관이 많다. 나무 난로 위에 놓을 수 있는 이 송풍기는 난로의 열에너지를 사용하여 실내 공기를 움직이는 동력을 제공한다. 이 장치에서 뜨겁고 차가운 저장고는 어느 곳인가?

열기관의 경우 열기관의 열에너지가 변하지 않는다고 가정한다. 이것은 열기관 안팎으로 전달되는 알짜 에너지가 없음을 의미한다. 에너지가 보존되기 때문에 추출된 유용한 일은 뜨거운 저장고에서 전달된 열에너지와 차가운 저장고로 배출된 열에너지의 차이와 같다. 즉,

$$W_{\text{out}} = Q_{\text{H}} - Q_{\text{C}}$$

가 된다. 열기관에 입력되는 에너지는 Q_{H}이고 출력되는 에너지는 W_{out}이다.

이 장의 앞부분에서 제시된 효율의 정의를 사용하여 열기관의 효율을 계산하면

$$e = \frac{\text{얻는 것}}{\text{주는 것}} = \frac{W_{\text{out}}}{Q_{\text{H}}} = \frac{Q_{\text{H}} - Q_{\text{C}}}{Q_{\text{H}}} \qquad (11.9)$$

가 된다. Q_{H}는 고온의 뜨거운 저장고에 제공하기 위해 연소된 연료의 에너지이므로 '주는 것'이다. 일로 전환되지 않은 열에너지는 차가운 저장고에서 폐열로써 끝난다.

왜 이렇게 에너지를 낭비해야 하는가? **그림 11.19**에 나타낸 것처럼 열의 100%를 유용한 일로 변환하는 열기관을 만들면 안 될까? 놀랍게도, 그렇게 할 수 없다. **어떠한 열기관도 열의 일부분을 차가운 저장고로 배출하지 않고서는 작동할 수 없다.** 이것은 우리의 공학적 능력에 대한 한계가 아니다. 곧 알게 되겠지만, 그것은 자연의 기본 법칙이다.

열기관의 가능한 최대 효율은 **열역학 제2법칙**(second law of thermodynamics)에 의해 정해진다. 이것은 11.7절에서 자세히 설명할 것이다. 상세한 유도 없이 결과만 간단히 제시하자면, 열기관의 이론적인 최대 효율은 제2법칙에 의해 다음과 같다.

$$e_{\text{max}} = 1 - \frac{T_{\text{C}}}{T_{\text{H}}} \qquad (11.10)$$

열기관의 최대 효율: e_{max}

T_{C}: 차가운 저장고의 온도

T_{H}: 뜨거운 저장고의 온도

T_{C}와 T_{H} 모두 켈빈 단위이다.

그림 11.19 완벽한 (그리고 불가능한!) 열기관

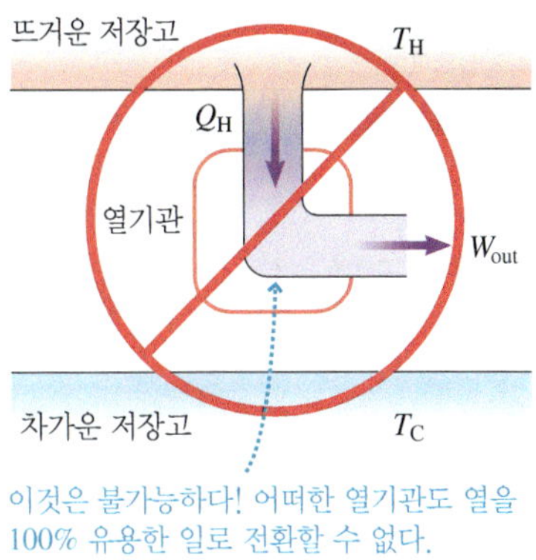

따라서 모든 열기관의 최대 효율은 뜨거운 저장고와 차가운 저장고의 온도 비율에 의해 정해진다. 뜨거운 저장고의 온도를 높이거나 차가운 저장고의 온도를 낮추어 열기관의 효율을 높일 수 있다. 실제 열기관의 효율은 대개 이론적인 최댓값보다 훨씬 작다.

$e_{max} < 1$이기 때문에 한 일은 항상 열 입력보다 작다($W_{out} < Q_H$). 결과적으로 차가운 저장고로 배출되는 열 Q_C가 있어야 한다. 이것이 그림 11.19의 열기관이 불가능한 이유이다. 열기관이 수차와 유사하다고 생각하자. 열기관은 뜨거운 곳에서 차가운 곳으로 자발적으로 흐르는 에너지의 일부를 '빨아들인다'. 하지만 흐름을 완전히 차단할 수는 없다.

예제 11.11 핵발전소의 효율

원자로 핵심의 핵반응에서 나오는 에너지는 290°C 온도의 고압 증기를 생성한다. 증기가 터빈을 돌리고 나면 (근처 강의 냉각수를 사용하여) 응축되고 20°C의 물로 되돌아간다. 여분의 열은 강에 쌓인다. 그러면 물을 재가열하고 순환이 다시 시작된다. 이 발전소가 얻을 수 있는 최대 효율은 얼마인가?

준비 핵발전소는 그림 11.18(a)와 같은 에너지 전달을 하는 열기관이다. Q_H는 원자로 핵심에서 증기로 전달되는 열에너지이다. T_H는 증기의 온도로 290°C이다. 증기는 냉각되고 응축되면서 열 Q_C를 강으로 배출한다. 강은 차가운 저장고이므로 T_C는 20°C이다. 이들 온도는 켈빈 단위로 다음과 같다.

$$T_H = 290°C = 563\ K \qquad T_C = 20°C = 293\ K$$

풀이 식 (11.10)을 사용하여 가능한 최대 효율을 계산하면 다음과 같다.

$$e_{max} = 1 - \frac{T_C}{T_H} = 1 - \frac{293\ K}{563\ K} = 0.479 \approx 48\%$$

검토 이것은 가능한 최대 효율이다. 핵을 연료로 하든지 석탄 또는 가스를 연료로 하든지 관계없이 실제 발전소의 효율을 $e \approx 0.35$로 제한하는 실질적인 한계가 있다. 이것은 연료에서 나온 에너지의 65%가 강이나 호수로 폐열로써 배출되어 지역 환경에서 문제가 될 수 있는 온도 상승을 유발할 수도 있다는 뜻이다.

그림 11.20 열펌프는 온수와 냉수를 공급한다.

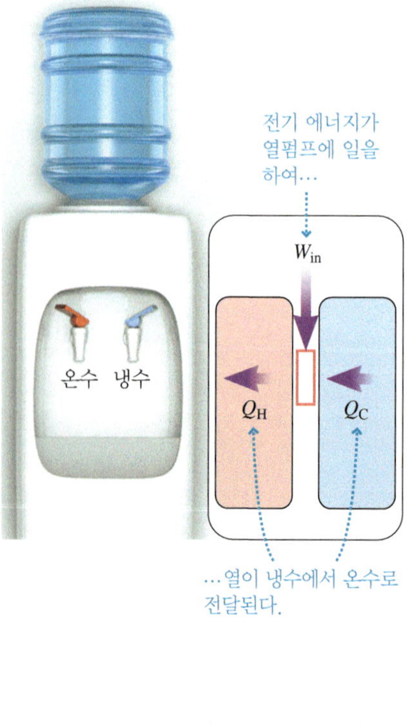

11.6 열펌프, 냉장고, 에어컨

냉장고 내부는 주방의 공기보다 차갑다. 따라서 실내의 열이 항상 냉장고 내부로 흘러들어가 냉장고가 따뜻해진다. 이것은 냉장고 문을 열 때마다 발생하고, 냉장고 벽을 통해 열이 '새어' 들어간다. 냉장고 내부를 차갑게 유지하려면, 이 열을 온도가 더 높은 방으로 옮길 수 있는 방법이 필요하다. **열펌프**(heat pump)가 하는 일이 차가운 저장고에서 뜨거운 저장고로 열에너지를 전달하는 것인데, 이것은 자연스러운 방향과는 반대이다.

이러한 열펌프를 실제로 적용한 것이 그림 11.20에 나타낸 냉온수기이다. 냉수에서 제거된 에너지는 결국은 뜨거운 물의 열에너지를 증가시킨다. 단일 과정으로 찬물을 식히고 뜨거운 물을 가열한다.

냉장고의 열펌프는 냉장고 내부의 차가운 공기에서 실내의 따뜻한 공기로 열을 전달한다. 에어컨도 마찬가지로 작동하여 집 또는 자동차의 시원한 공기에서 외부의 따뜻한 공기로 열을 전달한다. 창문에 다는 단일 장치로 된 실내용 에어컨에서 방을 향한 면이 시원한 쪽이고, 다른 면이 따뜻한 쪽이다. 시원한 쪽에서 따뜻한 쪽으로 열을 퍼 올려서 방을 냉각시킨다.

또한 열펌프를 사용하여 집 밖에서 안으로 열에너지를 이동시킴으로써 겨울철에 집을 따뜻하게 할 수도 있다. 집 밖에 있는 장치는 열에너지를 받아들여 집 안의 장치로 퍼 올려서 실내 공기를 따뜻하게 한다.

이 모든 경우에서 에너지가 흐르는 자연스러운 방향을 거슬러서 에너지를 이동시킨다. 이것에는 에너지 투입이 필요하다. 즉, 일을 해주어야 한다. 그것이 **그림 11.21**의 열펌프의 에너지 전달 도형에 나와 있다. 에너지가 보존되어야 하므로 다음과 같이 뜨거운 쪽에 배출된 열은 차가운 쪽에서 제거된 열과 투입된 일의 합과 같아야 한다.

$$Q_H = Q_C + W_{in}$$

그림 11.21 열펌프의 작동

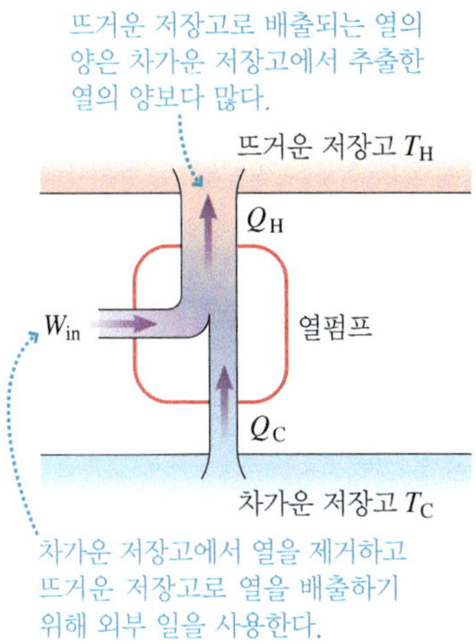

열펌프의 경우 효율을 계산하기보다는 **성능 계수**(COP, coefficient of performance)라고 하는 비슷한 양을 계산한다. 위에서 언급한 것처럼 열펌프를 사용할 수 있는 두 가지 방법이 있다. 냉장고는 냉각 목적으로 열펌프를 사용하여 차가운 저장고에서 열을 제거하여 차가운 상태를 유지한다. 그림 11.21에서 알 수 있듯이, 이러한 일이 일어나려면 일을 해주어야 한다.

냉각 목적으로 열펌프를 사용하는 경우에는 성능 계수를

$$\text{COP} = \frac{\text{얻는 것}}{\text{주는 것}} = \frac{\text{차가운 저장고에서 제거한 에너지}}{\text{에너지를 전달하는 데 필요한 일}} = \frac{Q_C}{W_{in}}$$

로 정의한다. 열역학 제2법칙은 열기관의 효율을 제한하는 것처럼 열펌프의 효율도 제한한다. 가능한 최대 성능 계수는 뜨거운 저장고와 차가운 저장고의 온도에 의해 다음과 같이 결정된다.

$$\text{COP}_{max} = \frac{T_C}{T_H - T_C} \qquad (11.11)$$

냉각 목적으로 사용된 열펌프의 이론적인 최대 성능 계수

또한 난방 목적으로 열펌프를 사용할 수 있는데, 열을 차가운 저장고에서 뜨거운 저장고로 이동시켜 난방을 유지한다. 이 경우에는 성능 계수를

$$\text{COP} = \frac{\text{얻는 것}}{\text{주는 것}} = \frac{\text{뜨거운 저장고로 보낸 에너지}}{\text{에너지를 전달하는 데 필요한 일}} = \frac{Q_H}{W_{in}}$$

로 정의하면, 가능한 최대 성능 계수는 다음과 같다.

$$\text{COP}_{max} = \frac{T_H}{T_H - T_C} \qquad (11.12)$$

난방 목적으로 사용된 열펌프의 이론적인 최대 성능 계수

따뜻한 점심, 시원한 점심? 이와 같은 소형 냉각기는 자동차의 12 V 전기 설비에서 작동하는 펠티에 장치(Peltier devices)를 사용한다. 냉각기는 그 내부에서 외부로 열을 전달하여 음식이나 음료를 시원하게 유지할 수 있다. 그러나 펠티에 장치는 다른 열펌프와 마찬가지로 가역적이다. 그래서 전류의 방향을 바꾸면 열이 전달되는 방향이 바뀌어서 열이 내부로 전달되어 점심을 따뜻하게 유지할 수도 있다!

두 경우 모두 **더 큰 성능 계수는 더 효율적인 열펌프임을 의미한다.** 열기관의 효율이 1보다 작아야 하는 것과 달리 열펌프의 COP는 1보다 클 수 있으며, 일반적으로 1보다 크다. 다음 예는 COP가 일반적인 온도에서 상당히 높을 수 있음을 보여 준다.

예제 11.12 냉장고의 성능 계수

냉장고 내부는 약 0°C이다. 냉장고 내부의 열은 온도가 약 20°C인 부엌의 공기에 쌓인다. 이러한 작동 온도에서 냉장고의 최대 성능 계수는 얼마인가?

준비 뜨거운 쪽과 차가운 쪽의 온도를 켈빈 단위로 표시해야 한다.

$$T_H = 20°C = 293\ K \qquad T_C = 0°C = 273\ K$$

풀이 식 (11.11)을 사용하여 최대 성능 계수를 계산하면 다음과 같다.

$$COP_{max} = \frac{T_C}{T_H - T_C} = \frac{273\ K}{293\ K - 273\ K} = 13.6$$

검토 성능 계수 값 13.6은 1 J의 에너지 비용으로 13.6 J의 열을 퍼 올린다는 것을 의미한다. 실질적인 제한 때문에 실제 냉장고의 성능 계수는 일반적으로 5 정도이다. 얼마나 잘 단열되어 있는지를 포함한 다른 요인들이 기기의 전체 효율에 영향을 준다.

개념형 예제 11.13 냉방 유지

날은 뜨겁고 아파트는 꽤 덥다. 냉장고 문을 열어 두면 아파트를 식히는 데 도움이 될까?

판단 이 과정의 에너지 전달 도형이 **그림 11.22**에 나와 있다. 냉장고의 열펌프는 평소대로 냉장고 내부의 열을 그 외부인 아파트 실내로 배출한다. 그러나 문이 열려 있으면 열은 자발적으로 아파트에서 냉장고로 다시 흐른다. 이때 아파트에서 냉장고로 빠져나간 것보다 더 많은 열이 아파트로 들어온다는 점에 주목하자. 열린 냉장고는 실제로 아파트를 데우고 있다!

검토 닫힌 냉장고조차도 서서히 실내를 덥힌다. 모터가 한 일은 항상 뜨거운 저장고로 배출되는 여분의 열로 변환된다.

그림 11.22 열린 냉장고의 에너지 전달 도형

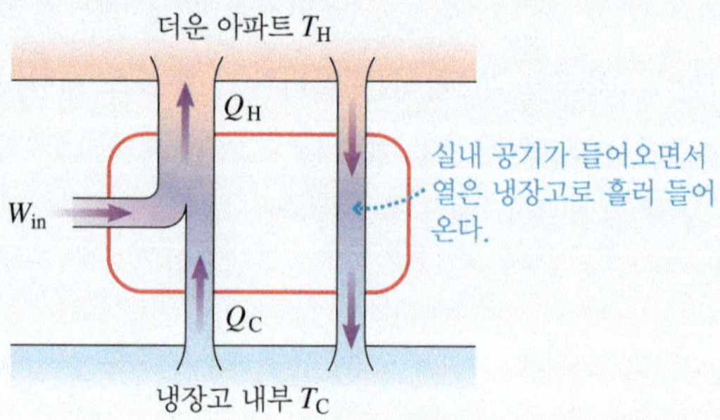

11.7 엔트로피와 열역학 제2법칙

이 장을 통해서 에너지 변환과 전달에 있어 일정한 경향과 한계를 발견했다. 열은 뜨거운 곳에서 차가운 곳으로 자발적으로 흐르지만, 차가운 곳에서 뜨거운 곳으로는 흐르지 않는다. 뜨거운 곳에서 차가운 곳으로의 자발적인 열전달은 **비가역**(irreversible) 과정의 한 예이다. 비가역적 과정은 한 방향으로만 일어날 수 있는 과정을 일컫는다. 왜 어떤 과정은 비가역적인가? 차가운 곳에서 뜨거운 곳으로의 자발적인 열전달은 우리가 지금까지 본 물리학 법칙을 위반하지는 않지만 결코 관측되지 않는다. 그것을

막는 또 다른 물리학 법칙이 있는 것이 틀림없다. 이 절에서 **열역학 제2법칙**(second law of thermodynamics)이라고 하는 이 법칙의 기초를 탐구할 것이다.

가역 과정과 비가역 과정

미시적인 수준에서 분자 사이의 충돌은 완전히 가역적이다. 두 기체 분자 사이의 충돌에 관한 영화로 가능한 두 가지가 그림 11.23에 나타나 있다. 그것은 하나는 순방향으로 상영한 것이고, 다른 하나는 역방향으로(거꾸로) 상영한 것이다. 그냥 보는 것만으로는 어느 쪽이 정말로 순방향인지, 역방향인지 말할 수 없다. 어느 쪽의 충돌도 잘못된 것처럼 보이지 않으며, 무엇을 측정해도 뉴턴의 법칙을 위반하는 것으로 밝혀지는 것은 없을 것이다. 분자 수준에서의 상호작용은 가역 과정이다.

그림 11.23 분자의 충돌은 가역적이다.

(a) 순방향으로 상영한 영화 (b) 역방향으로 상영한 영화도 똑같이 그럴듯하다.

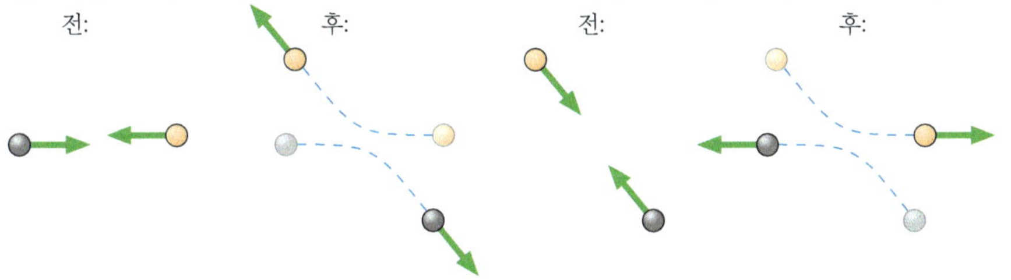

거시적 차원에서는 이야기가 다르다. 그림 11.24는 벽과 자동차의 충돌에 관한 영화 두 가지를 보여준다. 한 영화는 순방향으로 상영된 것이고, 다른 하나는 역방향으로(거꾸로) 상영된 것이다. 그림 11.24(b)의 역방향 영화는 분명히 잘못된 것이다. 역방향 영화에서 위반된 물리학 법칙은 무엇인가? 차가 원래 모양으로 되돌아가고 벽으로부터 멀리 튀어 나오는 것은 지금까지 논의된 물리학 법칙을 위반하지 않는다.

그림 11.24 거시적 충돌은 비가역적이다.

(a) 순방향으로 상영한 영화 (b) 역방향으로 상영한 영화는 물리적으로 불가능하다.

미시적인 운동이 모두 가역적이면, 자동차 충돌과 같은 거시적인 현상은 결국 어떻게 비가역적이 되는가? 가역적인 충돌 때문에 열이 뜨거운 곳에서 차가운 곳으로 전달된다면, 왜 열이 차가운 곳에서 뜨거운 곳으로는 결코 전달되지 않는가? 과거와 미래를 구별할 수 있는 무엇인가 작용하는 것이 틀림없다.

균형은 어느 쪽으로?

처음에 서로 다른 온도의 두 계가 어느 쪽으로 평형에 도달하는지를 어떻게 '아는가?' 아마도 비유가 도움이 될 것이다.

그림 11.25 상자에서 상자로 공 옮기기

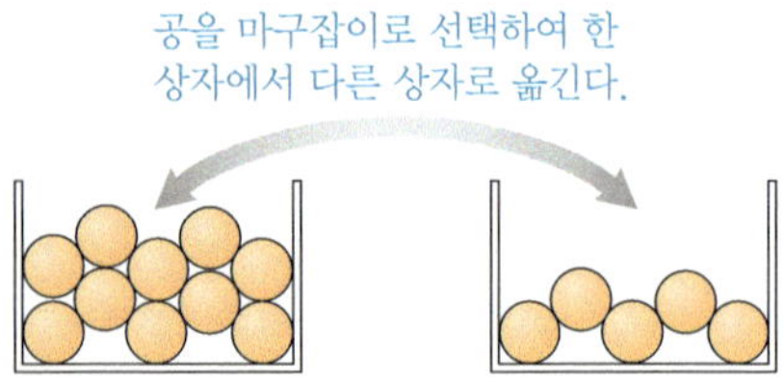

그림 11.25는 1과 2로 번호가 매겨진 두 상자를 보여준다. 이 상자들에는 동일한 공들이 들어 있는데, 상자 1에는 상자 2보다 공이 더 많이 담겨 있다. 매초마다 두 상자 중 하나에서 공 1개를 마구잡이로 선택하여 다른 상자로 옮긴다. 공을 상자 1에서 상자 2로 옮기는 것과 똑같이 상자 2에서 상자 1로 쉽게 옮길 수 있기 때문에 이것은 가역 과정이다. 몇 시간 후에는 공들이 어떻게 배열되어 있을 것으로 기대하는가?

공을 마구잡이로 선택하기 때문에, 그리고 처음에는 상자 1에 더 많은 공이 있기 때문에 처음에는 공이 상자 2에서 상자 1로 이동하는 것보다 상자 1에서 상자 2로 이동하는 경우가 더 많을 것이다. 때때로 공은 상자 2에서 상자 1로 이동하겠지만, 전체적으로 상자 1에서 상자 2로 이동하는 공들이 더 많다. 계는 $N_1 \approx N_2$가 될 때까지 진행할 것이다. 결국 양쪽 방향으로 이동하는 공의 수가 같아지는 안정한 상태, 즉 평형에 도달한다.

그러나 다른 방향은 불가능한가? 예를 들어 N_2가 감소하는 동안 N_1이 더 커질 수는 없는가? 원칙적으로 어떠한 공의 배열도 가능하다. 그러나 특정한 배열은 가능성이 더 높다. 공이 4개인 경우, 38%의 시간 동안 각 상자에 두 공이 있고, 한 상자가 완전히 비게 되는 것은 겨우 12%의 시간 동안만 발생한다. 하지만 공이 100개인 경우, 90%의 시간 동안 한 상자에 44개에서 56개 정도의 공이 있다. 이것은 각 상자에 공 50개인 '평형' 값에 가깝다. 공의 수를 10,000개로 늘리면 상자당 공 5000개의 평형 값에서 크게 차이가 날 기회는 매우 낮아진다. 90%의 시간 동안 각 상자의 공의 수가 5000에서 $\pm 1\%$ 안에 있게 될 것이다.

비록 각 전달은 가역적이지만, **큰 수의 통계 때문에 계가 $N_1 \approx N_2$인 상태로 진행할 가능성이 압도적으로 높다.** 입자 수가 10^{23}개 정도의 원자 또는 분자로 이루어진 실제적인 계인 경우에 평형 상태로부터 상당히 벗어나는 경우는 결코 보지 못할 것이다.

계는 어떤 계획이나 외부 개입에 의한 것이 아니라 단순히 **평형이 있을 수 있는 상태에서 가장 가능성이 높은 상태이기** 때문에 열적 평형에 도달한다. 막대한 수의 마구잡이 사건의 결과는 계가 한 방향으로, 즉 평형으로 진행하고, 결코 다른 방향으로는 진행하지 않는다는 것이다. 어떤 거시적인 상태는 다른 상태들보다 훨씬 더 가능성이 높기 때문에 가역적인 미시적 사건은 비가역적인 거시적 사건으로 이어진다.

질서, 무질서, 엔트로피

그림 11.26은 세 가지 기체 용기의 미시적 모습을 보여준다. 맨 위의 그림은 규칙적인 패턴으로 배열된 원자들을 보여준다. 이것은 각 원자의 위치가 정확하게 지정되어 마구잡이가 없고 고도로 질서 있는 계이다. 질서가 전혀 없는 맨 아래의 계와 대조해보

자. 용기 안의 원자들이 **자발적으로** 맨 위 그림의 질서 있는 패턴으로 배열될 가능성은 극히 희박하다. 이 경우에 패턴의 작은 변화조차도 금방 눈에 띈다. 대조적으로 마구잡이로 용기를 채운 맨 아래 그림과 같은 배열은 아주 많이 있다. 이 경우에 패턴의 작은 변화를 간파하기는 어렵다.

과학자와 공학자는 **엔트로피**(entropy)라는 용어를 사용하여 계의 특정 상태가 발생할 확률을 수치화한다. 자발적인 발생의 가능성이 매우 적은 맨 위의 계의 질서 배열은 엔트로피가 매우 낮다. 마구잡이로 채워진 용기의 엔트로피는 높다. 그것은 발생 확률이 크다. 그림 11.26에서 맨 위에 있는 질서 계에서 맨 아래의 무질서 계로 이동하면서 엔트로피가 증가한다.

그림 11.26에서 맨 위에 있는 그림에 있는 대로 원자를 정렬했다가 놓아준다고 가정해보자. 얼마 후, 맨 아래 그림과 같은 배열이 나타날 것이라고 예상할 것이다. 실제로 맨 위에서 아래까지 일련의 그림은 놓아준 원자들이 높은 엔트로피 상태로 이동하는 일련의 영화 프레임으로 생각할 수 있다. 이 과정은 비가역적이라고 정확하게 예상할 수 있을 것이다. 입자는 자발적으로는 처음의 질서 상태를 결코 다시 생성하지 않을 것이다.

열적 상호작용을 하는 온도가 다른 두 계의 엔트로피는 낮다. 이 계들은 질서가 있다. 빠른 원자들이 장벽의 한쪽에 있고, 느린 원자는 다른 쪽에 있다. 가장 마구잡이의 에너지 분포, 즉 최소 질서 계는 두 계가 동일한 온도의 열평형 상태에 있는 것에 해당한다. **처음에 서로 다른 온도의 두 계가 열적 평형으로 이동함에 따라 엔트로피는 증가한다.**

거시적 계가 평형을 향해 비가역적으로 진행한다는 것은 **열역학 제2법칙**이라는 새로운 물리 법칙이다.

열역학 제2법칙 고립계의 엔트로피는 결코 감소하지 않는다. 엔트로피는 계가 평형에 도달할 때까지 증가하거나 평형에 도달하면 변하지 않는다.

열역학 제2법칙에 따르면 고립계는 다음과 같이 진행한다.

- 질서는 마구잡이와 무질서로 변한다.
- 정보를 얻기보다는 잃어버린다.
- 계는 다른 형태의 에너지가 열에너지로 변환되면서 '위축된다'.

고립계는 결코 자발적으로 마구잡이에서 질서를 생성하지 않는다. 계가 질서나 마구잡이를 '안다'는 것이 아니라 오히려 질서에 대응되는 상태보다 마구잡이에 대응되는 상태가 아주 많기 때문이다. 미시적 수준에서 충돌이 일어날 때, 확률 법칙에 의해 계가 평균적으로 가장 가능성이 높은 상태를 향해 가차 없이 움직이고, 따라서 가장 마구잡이인 거시적 상태로 진행한다.

그림 11.26 기체에서 원자들의 질서 배열과 무질서 배열

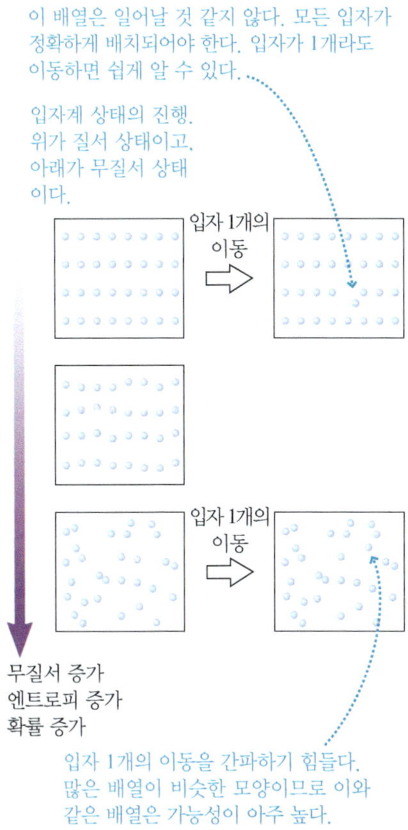

Shakespeare 타이핑하기 문서 작성기로 새 문서를 작성하자. 눈을 감고 잠시 동안 마구잡이로 타이핑해본다. 이제 눈을 떠 보자. 알아볼 수 있는 단어라도 있는가? 그런 단어가 있을 수도 있지만 아마 없을 것이다. 침팬지 천 마리가 마구잡이로 타이핑하면 Shakespeare의 작품을 타이핑할 가능성도 있다. 분자 충돌은 차가운 물체에서 뜨거운 물체로 에너지를 전달할 수도 있다. 그러나 그 확률이 너무 작아서 그 결과가 실제 세계에서는 결코 보이지 않는다.

엔트로피와 열에너지

그림 11.27에서 볼 수 있듯이 본질적으로 열에너지가 없는 아주 차갑고 움직이고 있는 야구공과 실온에서 정지해 있는 헬륨 풍선이 있다고 가정해보자. 야구공의 원자와 풍선의 원자는 모두 움직이고 있지만 그 운동에는 큰 차이가 있다. 야구공의 원자들은 모두 동일한 속력으로 같은 방향으로 움직이지만, 풍선 속 원자들은 마구잡이 방향으로 움직이고 있다. 질서 있고 체계적인 움직임은 엔트로피가 낮지만 기체 원자의 무질서하고 마구잡이의 움직임, 즉 열에너지라고 하는 것은 엔트로피가 높다. 거시적인 운동 에너지를 열에너지로 변환하면 엔트로피가 증가한다는 것을 알 수 있다. 11.4절에서 다른 형태의 에너지를 열에너지로 전환하면 그것을 돌이킬 수 없다는 것을 보았다. 이제는 왜 그런지 알 수 있다. **다른 형태의 에너지가 열에너지로 변환될 때 엔트로피는 증가한다.**

그림 11.27 운동 에너지와 열에너지의 비교

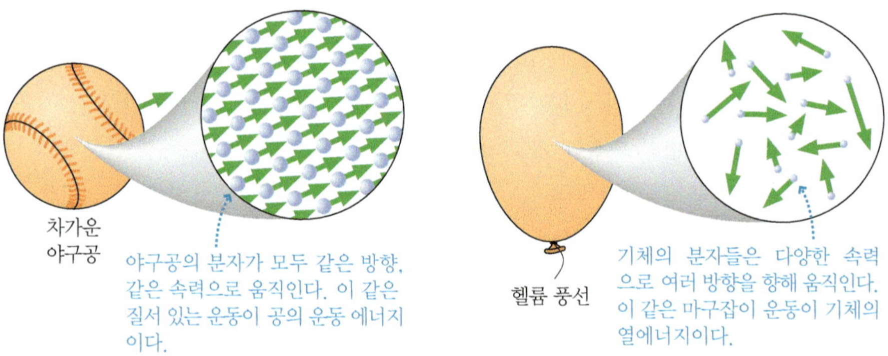

그림 11.28 엔트로피 변화를 표시한 열기관 도형

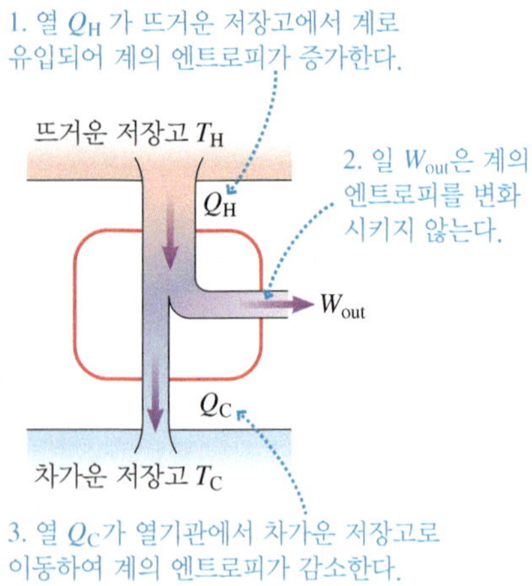

이것이 열에너지를 다른 형태로 변환하는 것을 100% 효율로 할 수 없는 이유이다. 그림 11.28의 열기관에서 열 Q_H가 계에 유입됨에 따라 계의 엔트로피는 증가한다. 일 W_{out}은 엔트로피를 변화시키지 않는다. 왜냐하면 이 경로를 따라서는 열이 흐르지 않기 때문이다. 따라서 오직 열 Q_H가 계에 유입될 때 계의 엔트로피, 열에너지, 온도가 증가한다. 따라서 엔트로피를 줄이기 위해 열 Q_C를 차가운 저장고로 흐르게 해야 계의 총 엔트로피를 일정하게 유지할 수 있다.

그동안 본 모든 형태의 에너지 중에서 열에너지만이 엔트로피와 관련되어 있고, 나머지는 모두 무질서하지 않다. 열에너지가 관련되지 않는 한, 다양한 형태의 에너지들을 서로 자유롭게 그리고 가역적으로 전환할 수 있다. 공을 공중에 던지면 공이 올라가면서 운동 에너지가 위치 에너지로 변환된 다음 공이 떨어지면서 다시 운동 에너지로 바뀐다. 그러나 어떤 형태의 에너지가 열에너지로 변환되면 엔트로피가 증가하며, 열역학 제2법칙에 따라 이러한 변화는 비가역적이다. 바닥에 공을 떨어뜨리면 여러 번 튀어 오른 다음에 멈춘다. 운동 에너지가 열에너지로 변환되어 공이 약간 따뜻해진다. 이 과정은 가역적이지 않다. 공이 갑자기 차가워져서 공중으로 튀어오르지 않을 것이다! 그렇게 되는 과정은 에너지를 보존하겠지만 엔트로피를 감소시키므로 새로운 물리학 법칙을 위반하게 된다.

열에너지의 이러한 특성은 열기관의 효율에 영향을 주지만 다른 장치의 효율에도 역시 영향을 미친다.

개념형 예제 11.14 **하이브리드 차량의 효율**

하이브리드 차량은 전기 모터 및 배터리와 짝을 이루는 휘발유 엔진으로 구동된다. 하이브리드는 가다 서다를 반복하는 도시 주행에서 기존 차량에 비해 연비가 훨씬 좋다. 기존 자동차에서 멈추려고 브레이크를 밟으면 마찰로 인해 자동차의 운동 에너지가 브레이크 디스크에서 열에너지로 바뀐다. 일반적인 하이브리드 자동차에서는 이 에너지 중 일부가 배터리의 화학 에너지로 변환된다. 이것이 왜 하이브리드 차량을 더 효율적으로 만드는지 설명하시오.

판단 에너지가 열에너지로 변환될 때, 엔트로피가 증가하여 이 변화는 비가역적이 된다. 기존 자동차에 브레이크를 걸면 운동 에너지가 뜨거운 브레이크 디스크의 열에너지로 변환되어 사용불가능하게 된다. 하이브리드 자동차에서는 운동 에너지가 배터리에서 화학 에너지로 변환된다. 이 변화는 가역적이다. 자동차가 다시 출발하면 그 에너지는 운동 에너지로 재변환될 수 있다.

검토 에너지가 열에너지로 변환될 때마다 그 에너지는 어떤 의미에서는 '사라져서' 효율을 감소시킨다. 하이브리드 자동차는 이러한 변환을 피하므로 좀 더 효율적이다.

11.8 계, 에너지, 엔트로피

앞선 두 장에서 에너지와 그 활용에 대해 배웠다. 엔트로피 개념을 도입함으로써 에너지 사용 능력의 한계가 어떻게 생겨나는지 알 수 있었다. 마지막으로, 몇 가지 질문을 고려하여 이 두 부분을 하나로 합쳐 보자.

에너지 보존과 에너지 절약

수년 동안 '에너지를 절약'하는 것이 중요하다고 들어왔을 것이다. 방을 나갈 때 불을 끄고, 차 운행을 줄이고, 조절 온도를 낮추라고 말한다. 그러나 이것은 흥미로운 질문을 낳는다. 에너지를 생성하거나 파괴할 수 없다는 에너지 보존 법칙이 있다면, '에너지 절약'은 무슨 뜻인가? 에너지를 생성하거나 파괴할 수 없다면 어떻게 '에너지 위기'가 있을 수 있는가?

이 장에서 에너지 변환을 살펴보았다. 에너지가 변환될 때마다 그 중 일부가 '사라진다'. 이제 이것이 무엇을 의미하는지 알게 되었다. 에너지는 실제로 사라지지 않고 열에너지로 변환된다. 열에너지를 쉽게 다른 에너지 형태로 바꿀 수 없기 때문에 이 변화는 비가역적이다.

그리고 그것이 문제다. 우리 사회나 행성은 에너지를 고갈시키지 않는다. 그렇게

◀ **고립되지 않은 밀폐 용기** BIO 이 유리 용기는 살아있는 생명체인 새우, 해조류가 들어 있는 완전히 밀봉된 계이다. 그러나 생명체는 수년 동안 살아가고 성장할 것이다. 이것이 가능한 이유는 유리구가 밀폐되어 있지만 고립된 계가 아니기 때문이다. 에너지를 빛과 열로 주고받을 수 있다. 용기를 어두운 방에 놓아두면 생명체가 빠르게 죽어갈 것이다.

할 수 없다! 우리가 고갈시킬 수 있는 것은 고품질의 에너지원이다. 석유가 좋은 예이다. 휘발유 한 통에는 많은 양의 화학 에너지가 들어 있다. 휘발유는 액체이기 때문에 운반하기 쉬우며, 여러 장치에서 쉽게 휘발유를 태워서 열, 전기, 운동을 발생시킨다. 우리가 자동차에서 휘발유를 태울 때 그 에너지를 고갈시키는 것이 아니라 단순히 화학 에너지를 열에너지로 전환하는 것이다. 이렇게 하면 이 세상의 고품질 화학 에너지 양이 줄고 열에너지 공급이 늘어난다. 이 세상의 에너지양은 여전히 동일하다. 그것은 단지 덜 유용한 형태일 뿐이다.

아마도 '에너지 절약'을 위한 가장 좋은 방법은 효율에 집중하여 '주는 것'을 줄이는 것이다. 더 효율적인 전구, 더 효율적인 자동차와 같은 이 모든 것들은 더 적은 에너지를 사용하여 동일한 결과를 만들어낸다.

엔트로피와 생명 BIO

열역학 제2법칙은 계가 '쇠퇴하고' 질서 상태가 마구잡이와 무질서로 진행할 것이라고 예측한다. 그러나 살아있는 생명체는 이 규칙을 어기는 것 같다.

- 식물은 단순한 씨앗에서 복잡한 개체로 자란다.
- 단세포 수정란은 복잡한 성체로 자란다.
- 지난 수십억 년 동안 생명은 단순한 단세포 생물에서 매우 복잡한 형태로 진화해 왔다.

이것이 어떻게 가능한가?

열역학 제2법칙에는 중요한 필요조건이 있다. 그것은 고립계, 즉 환경과 에너지를 교환하지 않는 계에만 적용된다는 것이다. 에너지가 계 안팎으로 전달되는 경우 상황은 완전히 다르다.

우리 몸은 고립계가 아니다. 날마다 먹는 음식에서 화학 에너지를 얻는다. 이 에너지를 사용함에 따라 이 에너지의 대부분은 결국 열로써 환경으로 배출된 열에너지가 되어서 환경의 엔트로피를 증가시킨다. 이 상황의 에너지 도형이 **그림 11.29**이다. 우리가 조용히 앉아서 이 교재를 읽을 때 몸은 매초 100 J의 화학 에너지를 사용하고 100 J의 열에너지를 환경으로 배출한다. 몸의 엔트로피는 거의 일정하지만 몸에서 나온 열에너지 때문에 환경의 엔트로피는 증가한다. 생명체는 발육하고 성장하기 위해서 고품질 형태의 에너지를 취해야 하고 열에너지를 배출해야 한다. 이와 같은 환경과의 지속적인 에너지 교환으로 물리학 법칙을 위반하지 않고도 모든 삶이 가능하다.

그림 11.29 몸의 열역학적인 고찰

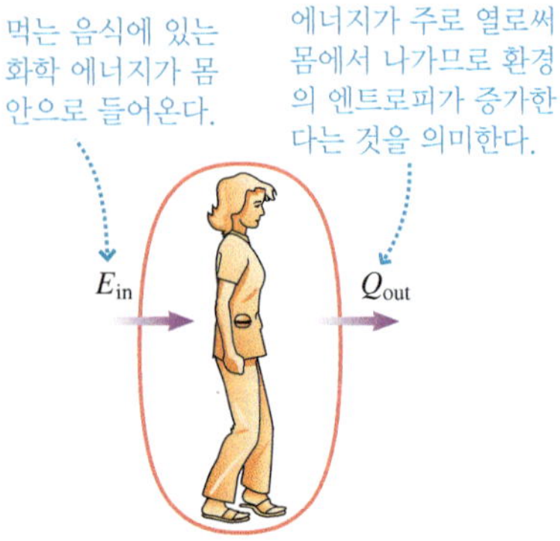

종합형 예제 11.15 자동차의 효율

뉴턴의 제1법칙에 따르면 외부 힘이 없는 상황에서 일단 자동차가 움직이면 일정한 속력으로 계속 주행할 것이다. 그런데 왜 차의 속력을 올리고 나서도 가속 페달에서 발을 뗄 수 없는가? 외부 힘이 있기 때문에 그렇다. 고속도로의 주행 속력에서 자동차의 움직임에 대항하는 거의 모든 힘은 공기의 끌림힘이다. (이 속력에서 굴림 마찰력은 끌림힘보다 훨씬 작기 때문에 무시할 것이다.) 그림 11.30은 자동차가 공기를 통과하면서 공기를 옆으로 밀어내는 것을 보여준다. 이렇게 하려면 에너지가 필요하며, 사라진 에너지를 대신하기 위해서는 자동차의 엔진을 계속 작동시켜야 한다.

그림 11.30 풍동 실험은 자동차 주위의 공기 흐름을 보여준다.

공기역학적인 형태의 스포츠카는 흔히 끌림힘에 에너지를 가장 적게 소모하는 차이다. 전형적인 스포츠카는 엔진이 350마력이고 끌림 계수는 0.30, 차 앞부분의 면적은 1.8 m^2이다. 이런 차는 고속도로 주행 속력 30 m/s(약 65 mph)에서 휘발유 1갤런당 약 25 마일을 간다.

이 자동차가 30 m/s에서 25마일을 주행하면 1.4×10^8 J의 화학 에너지가 들어 있는 1갤런의 휘발유를 소비한다. 이 경우 자동차의 효율은 얼마인가?

준비 5장에서 끌림힘에 대해 배운 것을 사용하여 차량이 공기를 통과하여 앞으로 움직이는 데 필요한 에너지양을 계산할 수 있다. 식 (11.2)에서 이 값을 '얻는 것'으로 사용할 수 있다. 그것은 이 속력으로 자동차를 앞으로 추진하는 데 사용할 수 있는 최소 에너지양이다. 그런 다음 주행 자료를 사용하여 '주는 것'을 계산할 수 있다. 이것이 자동차의 엔진에서 실제로 사용되는 에너지이다. 이 두 가지 정보가 있으면 효율을 계산할 수 있다.

풀이 열과 일 모두 이 과정에서 중요한 역할을 하므로 에너지와 에너지 보존에 관한 가장 일반적인 방정식인 식 (11.7)

$$\Delta K + \Delta U + \Delta E_{th} + \Delta E_{chem} + \cdots = W + Q$$

를 사용해야 한다. 자동차는 일정한 속력으로 움직이므로 운동 에너지는 변하지 않는다. 도로가 수평이라고 가정하므로 위치 에너지의 변화도 없다. 일단 차를 예열하고 나면 온도가 일정해지므로 열에너지가 변하지 않는다. 식 (11.7)을 정리하면 다음과 같다.

$$\Delta E_{chem} = W + Q$$

자동차의 엔진은 연료를 태워서 화학 에너지를 사용한다. 엔진은 이 에너지 중 일부를 일로 변환한다. 즉, 추진력이 공기 저항의 방해하는 힘에 대항하여 자동차를 앞으로 추진한다. 그러나 엔진은 또한 화학 에너지의 대부분을 방열기와 배기가스를 통해 환경으로 전달되는 '폐열'로 변환시킨다. 휘발유를 연소하면 연료 탱크에 저장된 에너지양이 감소하기 때문에 ΔE_{chem}은 음수이다. W와 Q는 계에서 환경으로 전달되기 때문에 그림 11.15의 부호 규칙에 따라 음수이다.

5장에서 속력 v로 움직이는 물체에 작용하는 끌림힘은

$$\vec{D} = \left(\tfrac{1}{2}C_D\rho A v^2, \text{ 운동의 반대방향}\right)$$

이다. 여기서 C_D는 끌림 계수, ρ는 공기의 밀도(약 1.2 kg/m^3), A는 차 앞부분의 면적이다. 30 m/s로 움직이는 차에 작용하는 끌림힘은 다음과 같다.

$$D = \tfrac{1}{2}(0.30)(1.2\ kg/m^3)(1.8\ m^2)(30\ m/s)^2 = 292\ N$$

끌림힘은 운동을 저지한다. 차량을 정속으로 움직이기 위해서는 알짜힘이 없어야 하므로 추진력 F = 292 N이 필요하다. 10장에서 힘 F를 사용하여 속력 v로 물체를 움직이는 일률, 즉 에너지 소비율은 $P = Fv$임을 알았다. 따라서 자동차가 고속도로를 계속 주행하기 위해 (바퀴에) 공급해야 하는 일률은

$$P = Fv = (292\ N)(30\ m/s) = 8760\ W$$

이다. 이것을 마력으로 변환하여 엔진 동력과 비교하는 것은 흥미롭다.

$$P = 8760\ W\left(\frac{1\ hp}{746\ W}\right) = 12\ hp$$

자동차의 고속도로 주행 속력을 유지하는 데는 엔진의 350마력의 작은 일부만 있으면 된다.

이동한 거리는

$$\Delta x = 25\ mi \times \frac{1.6\ km}{1\ mi} \times \frac{1000\ m}{1\ km} = 40{,}000\ m$$

이고, 이동하는 데 필요한 시간은 Δt = (40,000 m)/(30 m/s) = 1333 s이다. 따라서 40 km를 주행하기 위해 필요한 최소 에너지, 즉 그저 공기를 옆으로 밀어내는 데 필요한 에너지는

$$E_{min} = P\Delta t = (8760\ W)(1333\ s) = 1.17 \times 10^7\ J$$

이다. 이 거리를 주행하면서 자동차는 1.4×10^8 J이 화학 에너지가 있는 1갤런의 휘발유를 사용한다. 이것은 문자 그대로 이 거리를 운전하기 위해 주어야 했던 것이다. 따라서 자동차의 효율

은 다음과 같다.

$$e = \frac{\text{얻는 것}}{\text{주는 것}} = \frac{1.17 \times 10^7\ \text{J}}{1.4 \times 10^8\ \text{J}} = 0.083 = 8.3\%$$

검토 자동차의 효율은 그동안 검토했던 다른 기관과 비교해도 매우 낮다. 그럼에도 불구하고 계산 결과는 실제 측정값과 꽤 일치한다. 휘발유 구동 차량은 대단히 비효율적이어서 더 효율적인 대체 차량을 선호하는 요인이 된다. 더 작은 중량과 더 나은 공기역학적 설계는 차량의 효율을 향상시키지만, 휘발유 구동 차량의 비효율성의 대부분은 엔진 자체의 열역학, 그리고 엔진의 동력을 바퀴로 전달하는 데 필요한 복잡한 동력 전달 장치에 내재되어 있다.

문제의 난이도는 I(쉬움)에서 IIIII(도전)으로 구분하였다. INT로 표시된 문제는 지난 장의 내용이 복합된 문제이고, BIO는 생물학적 또는 의학적 관심 분야를 의미한다.

QR 코드를 스캔하여 이 장의 문제를 해결하는 데 도움이 되는 영상 학습 풀이를 시작하시오.

연습문제

11.1 에너지 변환

1. II 10% 효율의 엔진은 1500 kg의 자동차를 정지 상태에서 15 m/s까지 가속시킨다. 휘발유 연소로 엔진에 전달된 에너지는 얼마인가?

2. I 시장에서 판매되는 일반적인 태양 전지는 100 W의 복사 에너지에 노출되면 1.5 W의 전기 에너지를 모은다. 전지의 효율은 얼마인가?

11.2 신체의 에너지

3. II 패스트푸드 햄버거(치즈와 베이컨 포함)에는 1000 Cal가 들어 있다. 햄버거의 에너지는 몇 J인가? BIO

4. I '에너지 바'는 6.0 g의 지방을 함유하고 있다. 이 지방의 에너지는 몇 J인가? cal와 Cal 단위로는 얼마인가? BIO

5. I 잠자고 있는 68 kg 남자의 대사율은 71 W이다. 8시간을 자는 동안 그는 몇 Cal를 태우는가? BIO

6. III 어떤 사람이 휘발유에서 화학 에너지를 사용할 수 있다고 가정해보자. 그가 15 km/h로 자전거를 탄다면, 1갤런의 휘발유에 있는 에너지로 얼마나 멀리까지 갈 수 있는가? (1갤런의 휘발유 질량은 3.2 kg이다.) BIO

7. III 역도 선수가 30 kg짜리 바벨을 매번 0.60 m 높이만큼 들어올린다. 그가 피자 한 조각의 에너지를 태워 없애려면 이 운동을 몇 번 반복해야 하는가? BIO

11.3 온도, 에너지, 열

8. I 헬륨은 모든 물질의 최저 끓는점 4.2 K을 갖는다. 이 온도는 °C와 °F로는 얼마인가?

9. I 100°C의 금속 조각이 있는데, 그 섭씨 온도가 두 배로 되었다. 켈빈 온도로는 몇 배 증가했는가?

11.4 열역학 제1법칙

10. II 계의 열에너지를 200 J만큼 감소시키는 과정에서 계에 500 J의 일을 한다. 열로써 계 안팎으로 전달되는 에너지는 얼마인가?

11. I 250 J의 에너지가 열의 형태로 계로 전달되는 반면 열에너지는 125 J만큼 증가한다. 계에 또는 계가 한 일은 얼마인가?

11.5 열기관

12. I 열기관이 뜨거운 저장고에서 55 kJ을 추출하고 차가운 저장고로 40 kJ을 배출한다. (a) 한 일과 (b) 효율은 얼마인가?

13. II 열기관이 200 J의 일을 수행하며 600 J의 열을 차가운 저장고로 배출한다. 이 열기관의 효율은 얼마인가?

14. I 35% 효율로 가동되는 발전소는 300 MW의 전력을 생산한다. 공장을 냉각시키는 강에는 열에너지가 얼마의 비율로(MW 단위로) 배출되는가?

15. I 태양으로부터 전기를 생성하기 위해 새로 제안된 열기관은 그 한쪽 면의 작은 지점에 태양광을 집중시켜 뜨거운 저장고를 생

성한다. 차가운 저장고는 20°C의 주위 공기이다. 설계자는 효율성이 60%라고 주장한다. 이 효율을 내기 위한 뜨거운 저장고의 최소 온도는 몇 °C인가?

11.6 열펌프, 냉장고, 에어컨

16. ‖ 냉장고는 20 J의 일을 받아서 50 J의 열을 배출한다. 냉장고의 성능 계수는 얼마인가?

17. ‖ 성능 계수가 4.0인 냉장고에 50 J의 일을 한다. 얼마나 많은 열이 (a) 차가운 저장고에서 추출되고 (b) 뜨거운 저장고로 배출되는가?

11.7 엔트로피와 열역학 제2법칙

18. | 그림 P11.18의 열기관 중에서 어느 것이 (a) 열역학 제1법칙 또는 (b) 열역학 제2법칙을 위반하는가? 설명하시오.

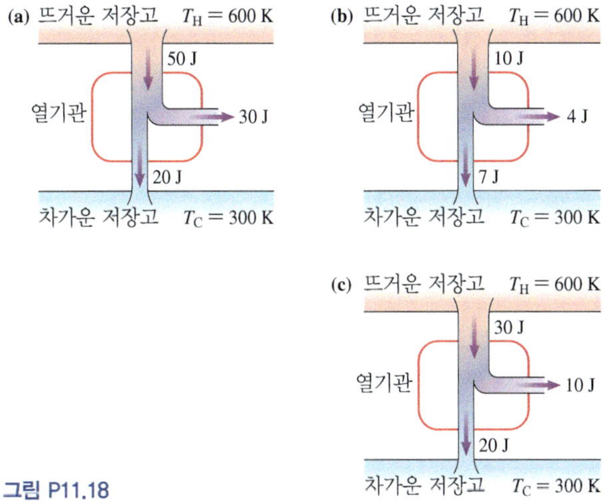

그림 P11.18

19. ‖ 그림 11.25와 같이 3개의 공(A, B, C로 표시됨)이 서로 다른 두 상자(1과 2)에 분배되는 모든 구별 가능한 배치를 그리시오. 모든 배치가 같은 확률로 가능하다면, 세 공이 모두 상자 1에 있을 확률은 얼마인가?

III부

물질의 성질
Properties of Matter

개개의 벌은 자신의 체온을 조절하는 능력이 없다. 그러나 벌의 군락(colony)은 공동 작업을 통하여 벌집의 온도를 매우 정밀하게 조절할 수 있다. 어떻게 벌들은 그들의 근육에서 생성되는 열, 벌집의 구조와 물의 증발을 이용하여 온도를 조절할 수 있을까? III부에서는 그러한 과정을 이끌어가는 물질과 에너지의 흐름에 대해서 배우기로 한다.

입자 모형을 넘어서

이 책의 처음 11개의 장에서는 물체를 점 질량으로 표현하는 **입자 모형**(particle model)을 광범위하게 사용했다. 입자 모형은 분리되어 있는 물체가 공간 속에서 어떻게 이동하며 그것들이 서로 어떻게 상호작용하는지를 서술하는 데 매우 쓸모가 있다. 공이 금속으로 또는 나무로 만들어졌는지는 그 궤적 계산과 관련이 없다.

그러나 금속과 나무의 차이가 결정적으로 중요한 경우도 많다. 연못에 금속 공과 나무 공을 던지면 하나는 가라앉고 다른 하나는 떠오른다. 난로 위의 그릇을 금속 숟가락으로 저을 때 나무 손잡이가 없다면 금방 너무 뜨거워져 잡을 수가 없다.

나무와 금속은 물리적 특성이 다르다. 공기와 물도 다르다. III부의 목표는 서로 다른 물질의 유사점과 차이점을 서술하고 이해하는 것이다. 그렇게 하려면 입자 모형을 넘어서 물질의 본성을 좀 더 깊이 탐구하여야 한다.

거시 물리학

III부에서 고체, 액체 및 기체인 계를 다룰 것이다. 압력, 온도, 비열 및 점성과 같은 특성은 개개 입자의 특성이 아니라 전체적인 계의 특성이다. 고체, 액체 및 기체로 이루어진 계를 종종 **거시계**(macroscopic system)라고 한다. 여기서 '거시적('미시적'의 반대)'이라 함은 '크다'는 것을 의미한다. 이러한 계를 입자처럼 행동하는 원자들의 집합체로 생각하는 미시적 견해를 고려하여 이러한 거시적 특성의 행태를 이해하게 될 것이다. 이러한 '미시적에서 거시적으로'의 전개는 다음 장들의 핵심이 될 것이다.

다음 장들에서 다음과 같은 폭넓은 실질적인 질문을 고려할 것이다.

- 열을 가하면 계의 온도와 압력이 어떻게 바뀌나? 왜 어떤 물질은 빠르게, 다른 물질은 천천히 반응하는가?
- 계가 주변 환경과 열에너지를 교환하는 방법은 무엇일까? 왜 뜨거운 커피를 입으로 불면 식을까?
- 왜 물질의 세 가지 상태(고체, 액체, 기체)가 있는가? 상태 변화 중에는 무슨 일이 벌어지는가?
- 왜 질량이 같더라도 어떤 물체는 뜨고 어떤 물체는 가라앉는가? 어떻게 무거운 쇠로 만든 배가 뜰 수 있을까?
- 흐르는 액체의 운동 법칙은 어떤 것일까? 그것은 입자의 운동을 지배하는 법칙과 어떻게 다른가?

뉴턴의 법칙과 에너지 보존 법칙은 물리학의 기본 법칙이므로 둘 다 중요한 도구로 남을 것이지만 이것을 거시계에 어떻게 적용하는지를 알아야 한다.

거시계와 그것들의 특성을 이해하는 것이 우리를 둘러싼 세계를 이해하는 데 필수적이라는 것은 전혀 놀랄 일이 아니다. 세포에서 생태계에 이르기까지 생물학적 계는 그 주변 환경과 에너지를 교환하는 거시계이다. 거시적으로는 지구상의 에너지 이동이 날씨를 결정하고 지구와 우주 사이의 에너지 교환이 기후를 결정한다.

12 물질의 열적 특성
Thermal Properties of Matter

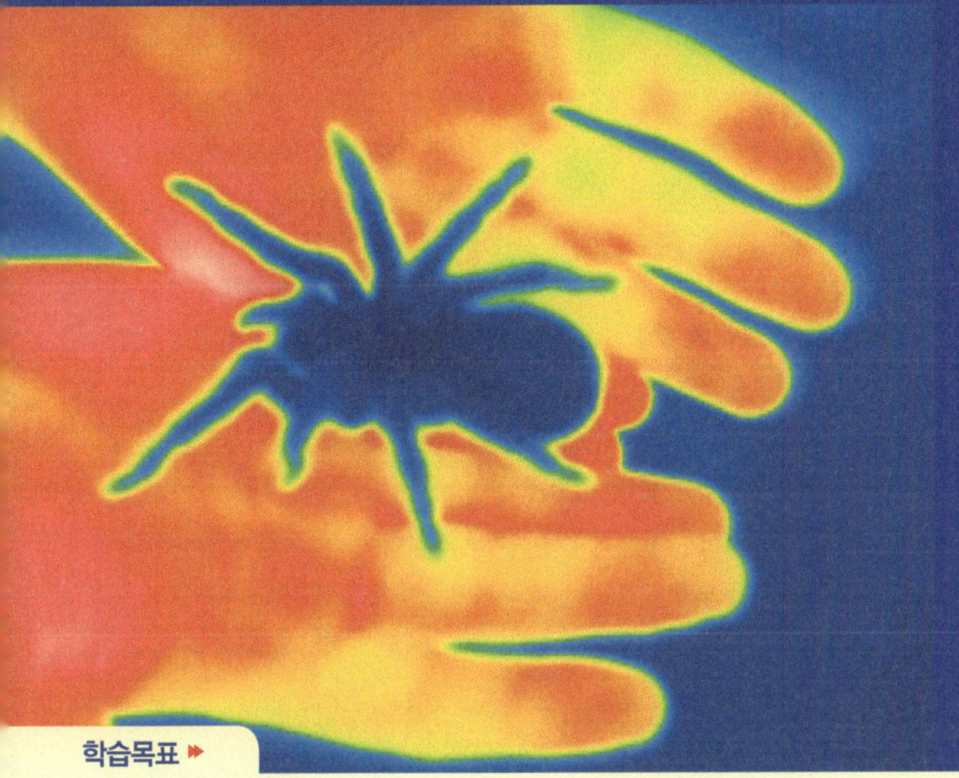

이 열상은 훨씬 차가운 거미를 쥔 따뜻한 사람 손이다. 왜 손에서 에너지가 방출되는가? 왜 거미는 더 적게 방출하는가?

학습목표

열과 온도와 관련된 물질의 여러 가지 특성을 설명하기 위하여 물질의 원자 모형을 사용한다.

이상 기체

자동차 타이어의 고압은 타이어 내부의 공기 분자 사이의 충돌과 또는 타이어 벽과의 무수한 충돌에 의한 것이다.

기체 특성과 기체 분자의 미시적 운동을 어떻게 관련지을지 배운다.

열과 온도

얼음을 더하면 열이 따뜻한 음료에서 차가운 얼음으로 이동하기 때문에 음료수가 차가워진다. 얼음을 녹이는 데 많은 열이 필요하다.

열이 전달될 때 또는 용융 같은 **상변화**가 일어날 때 온도 변화를 계산하는 방법을 배운다.

열팽창

물질은 가열하면 팽창한다. 온도가 증가함에 따라 온도계 안 액체는 팽창해서 유리관을 따라 상승한다.

온도에 따라 고체의 길이 또는 액체의 부피가 어떻게 변하는지 배운다.

이 장의 배경

열

11.4절에서 열과 열역학 제1법칙을 배웠다. 이 장에서는 열이 다른 계로 또는 다른 계에서 전달될 때 발생하는 몇몇 결과를 살펴볼 것이다.

계의 에너지가 계에 일을 하거나 계에 열을 전달하기에 변화할 수 있다는 것을 배웠다.

12.1 물질의 원자 모형

그림 12.1 물질의 세 가지 상태(고체, 액체, 기체)의 원자 모형

11장에서 열에너지, 온도 및 열의 개념을 살펴보기 시작하였지만, 많은 문제들이 답을 찾지 못한 채 남아 있다. 물질의 특성은 온도에 따라 어떻게 달라지는가? 어떤 계에 열을 가하면 온도는 얼마나 변하는가? 또 열은 계로 또는 계에서 어떻게 전달되는가?

이런 것은 계의 거시적 상태에 대한 문제지만 미시적 관점, 즉 마찰, 탄성력 및 열에너지의 본성을 설명하는 데 사용한 원자 모형으로 탐구를 시작한다. 이 장에서 물질의 열적 특성을 이해하고 설명하기 위하여 원자 모형을 사용한다.

잘 알다시피 각각의 원소와 대부분의 화합물은 고체, 액체 또는 기체로 존재할 수 있다. 이러한 물질의 세 가지 **상태**(phase)는 일상의 경험에서 매우 익숙한 것들이다. 세 상태의 원자적 관점을 **그림 12.1**에 나타냈다.

- **기체**는 각각의 입자가 때때로 다른 입자와 또는 용기의 벽과 충돌할 때까지 공간에서 자유롭게 움직이는 계이다.
- **액체** 안에서 입자들이 약한 결합 때문에 서로 가깝게 유지하면서 운동할 수 있다.
- 단단한 **고체**는 명확한 모양이 있고 8장에서 보았듯이 약간 압축되거나 변형될 수 있다. 고체는 용수철 같은 분자 결합으로 연결된 원자로 이루어져 있다.

원자 모형의 단순화는 주목할 가치가 있다. 그림 12.1에서 기본 입자는 단순한 공 모양으로 나타냈다. 입자의 본성에 대하여는 언급하지 않는다. 실제 기체에서 기본 입자는 헬륨 원자 또는 질소 분자가 될 수 있다. 고체에서 기본 입자는 황금 막대를 만드는 금 원자 또는 얼음을 만드는 물 분자일 수 있다. 그러나 기체, 액체 및 고체의 여러 특성이 그 물질을 구성하는 입자의 정확한 본성에 따라 다르지 않기에 이러한 자세한 것을 무시하고 기체, 액체 및 고체를 단순한 공 모양의 **입자**로 이루어져 있다고 간주하는 것이 합리적인 가정이다.

원자 질량과 원자 질량수

원자 모형으로 어떻게 물질의 열적 특성을 설명할지 알아보기 전에 '원자들에 관한 숫자'에 대하여 기억할 필요가 있다. 다른 원소의 원자는 질량이 다르다. 원자 질량은 일차적으로 가장 무거운 구성체, 즉 원자핵 속의 양성자와 중성자에 의하여 결정된다. 양성자 개수와 중성자 개수의 합이 **원자 질량수**(atomic mass number) A이다.

$$A = \text{양성자 개수} + \text{중성자 개수}$$

정의에 의하여 정수 A는 원자 기호 앞쪽에 위 첨자로 적는다. 예를 들면 양성자가 6개(탄소이다), 중성자가 6개인 탄소의 주 동위원소는 $A = 12$이고 ^{12}C로 나타낸다. 고고학에서 탄소 연대 측정에 사용하는 방사성 동위원소 ^{14}C에는 양성자 6개와 중성자 8개가 있다.

원자 질량 단위는 ^{12}C의 질량을 정확하게 12 u로 정의하여 수립하였다. 여기서 u

는 원자 질량 단위의 기호이다. 즉 $m(^{12}C) = 12$ u이다. 원자 질량 단위를 kg으로 나타내면

$$1 \text{ u} = 1.66 \times 10^{-27} \text{ kg}$$

이다. 원자 질량은 모두 정수인 원자 질량수 A와 매우 비슷하다. 예를 들면, $A = 1$인 ^1H의 질량은 $m = 1.0078$ u이다. 현재의 목적으로는, 정수인 원자 질량수를 원자 질량의 값으로 사용하는 것으로 충분하다. 즉 $m(^1H) = 1$ u, $m(^4He) = 4$ u, 그리고 $m(^{16}O) = 16$ u를 사용할 것이다. 분자에서 **분자 질량**(molecular mass)은 분자를 이루는 원자들의 원자 질량 합이다. 따라서 산소 기체의 구성체인 이원자 분자 O_2의 분자 질량은 $m(O_2) = 2m(^{16}O) = 32$ u이다.

표 12.1에 예제나 과제에서 사용할 몇몇 원소의 원자 질량수를 나타내었다. 원자 질량을 포함하는 완전한 주기율표는 부록 B에 있다.

표 12.1 원자 질량수

원소	부호	질량수(A)
수소	^1H	1
헬륨	^4He	4
탄소	^{12}C	12
질소	^{14}N	14
산소	^{16}O	16
네온	^{20}Ne	20
알루미늄	^{27}Al	27
아르곤	^{40}Ar	40
납	^{207}Pb	207

몰의 정의

하나의 계 내의 물질의 양을 나타내는 방법 중 한 가지는 그 질량으로 나타내는 것이다. 다른 방법은 원자 개수와 연관시켜 물질의 양을 몰(mole)로 측정하는 것이다. **물질 1몰은 1 mol이라 쓰고, 6.02×10^{23}개의 기본 입자를 가리킨다.**

기본 입자는 물질에 따라 다르다. 헬륨은 **단원자 기체**로 기본 입자는 헬륨 원자이다. 따라서 6.02×10^{23}개의 헬륨 원자가 헬륨 1 mol이다. 그러나 수소 기체는 **이원자 기체**로 기본 입자는 2개의 원자로 이루어진 분자 O_2이다. 산소 기체 1 mol은 6.02×10^{23}개의 O_2 분자를 가리키며, 따라서 $2 \times 6.02 \times 10^{23}$개의 산소 원자이다. 표 12.2에 예제와 문제에 사용할 단원자 기체와 이원자 이체를 나타내었다.

표 12.2 단원자 기체와 이원자 기체

단원자	이원자
헬륨(He)	수소(H_2)
네온(Ne)	질소(N_2)
아르곤(Ar)	산소(O_2)

물질의 몰당 기본 입자 개수는 **아보가드로의 수**(Avogadro's number) N_A라 한다. 아보가드로의 수는

$$N_A = 6.02 \times 10^{23} \text{ mol}^{-1}$$

이다. N개의 기본 입자로 이루어진 물질의 몰 수 n은 다음과 같다.

$$n = \frac{N}{N_A} \qquad (12.1)$$

기본 입자의 개수로 나타낸 물질의 몰 수

헬륨, 황, 구리 및 수은 1몰

물질의 **몰 질량**(molar mass) M_{mol}은 물질 1 mol의 질량을 그램(g) 단위로 나타낸 것이다. 몰 질량 값은 원자 질량 또는 분자 질량 값과 거의 같다. 즉 $m = 4$ u인 He의 몰 질량은 $M_{mol}(He) = 4$ g/mol이고 이원자 O_2의 몰 질량은 $M_{mol}(O_2) = 32$ g/mol이다.

몰 질량으로 몰 수를 결정할 수 있다. 올바른 단위가 kg이 아닌 g인 몇 개 안 되는 예 중의 하나로 몰 질량이 M_{mol}인 원자나 분자로 이루어진 질량이 M인 계에 포함된

몰 수는 다음과 같다.

$$n = \frac{M\ (\text{g 단위로})}{M_{\text{mol}}} \qquad (12.2)$$

질량으로 나타낸 물질의 몰 수

예제 12.1 산소의 양 결정하기

산소 100 g이 들어 있는 계가 있다. 산소 몇 몰이 들어 있는가? 분자 수는 몇 개인가?

풀이 이원자 산소 분자 O_2의 몰당 질량은 $M_{\text{mol}} = 32$ g/mol이다. 식 (12.2)로부터

$$n = \frac{100\text{ g}}{32\text{ g/mol}} = 3.1\text{ mol}$$

이다. 1몰은 N_A개의 분자로 이루어졌기에 전체 분자 개수는 $N = nN_A = 1.9 \times 10^{24}$개이다.

부피

거시계의 특성을 나타내는 중요한 성질 중 하나가 부피 V, 즉 계가 차지하는 공간의 양이다. 부피의 SI 단위는 m^3이다. 그러나 cm^3 또는 간혹 리터(L)도 널리 사용하는 부피의 미터법 단위이다. 대부분의 경우 계산하기 전에 이런 양을 m^3로 바꾸어야 한다.

1 m = 100 cm지만 1 m^3 = 100 cm^3는 아니다. **그림 12.2**는 부피 환산 시 1 $m^3 = 10^6$ cm^3임을 보여준다. 1리터는 1000 cm^3, 즉 1 $m^3 = 10^3$ L이다. 1밀리리터(1 mL)는 1 cm^3와 같다.

그림 12.2 1 m^3는 10^6 cm^3이다.

1 m × 1 m × 1 m 정육면체를 한 변이 1 cm인 작은 정육면체로 나눈다. 한 변이 100개로 나누어지는 것을 알 수 있다.

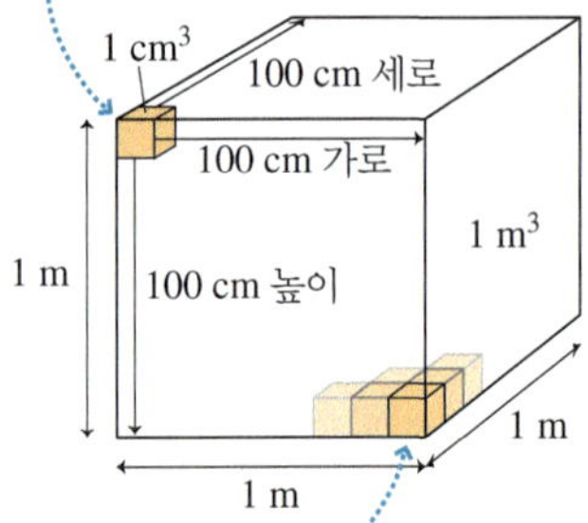

커다란 1 m^3 정육면체 안에는 1 cm^3의 작은 정육면체 100 × 100 × 100 = 10^6개가 들어 있다.

12.2 이상 기체의 원자 모형

고체와 액체는 원자 입자가 서로 가깝게 닿아 있기에 거의 압축할 수 없다. 반면 기체는 원자 입자들이 떨어져 있기에 상당히 압축할 수 있다. **그림 12.3**에 요약해 놓은 것처럼 11장에서 이상 기체(ideal gas)의 원자 수준의 모형을 소개하였다. 이 모형에서 기체를 가열하면 원자들이 더욱 빨리 움직이고 이상 기체의 온도는 기체를 이루는 원자들의 평균 운동 에너지의 척도라는 것을 알았다. 물론 이상 기체의 온도는 원자당 평균 운동 에너지 K_{avg}에 직접적으로 비례한다는 것을 보일 수 있다.

$$T = \frac{2}{3}\frac{K_{\text{avg}}}{k_B} \qquad (12.3)$$

이 수식에서 k_B는 **볼츠만 상수**(Boltzmann constant)이다. 그 값은

$$k_B = 1.38 \times 10^{-23}\ \text{J/K}$$

이다. 식 (12.3)을 다시 써서 평균 운동 에너지를 온도의 함수로 나타낼 수 있다.

$$K_{\text{avg}} = \frac{3}{2} k_B T \tag{12.4}$$

N개의 원자로 이루어진 이상 기체의 열에너지는 개개 원자의 운동 에너지의 합이다.

$$E_{\text{th}} = NK_{\text{avg}} = \frac{3}{2} N k_B T \tag{12.5}$$

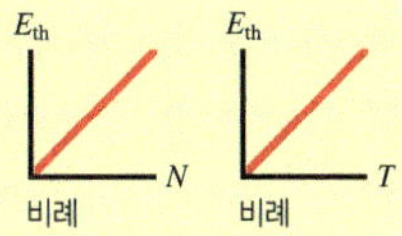

N개의 원자로 이루어진 이상 기체의 열에너지

이상 기체에서 **열에너지는 온도에 비례한다.** 결론적으로 이상 기체의 열에너지 변화는 온도 변화에 비례한다.

$$\Delta E_{\text{th}} = \frac{3}{2} N k_B \Delta T \tag{12.6}$$

그림 12.3 이상 기체 모형

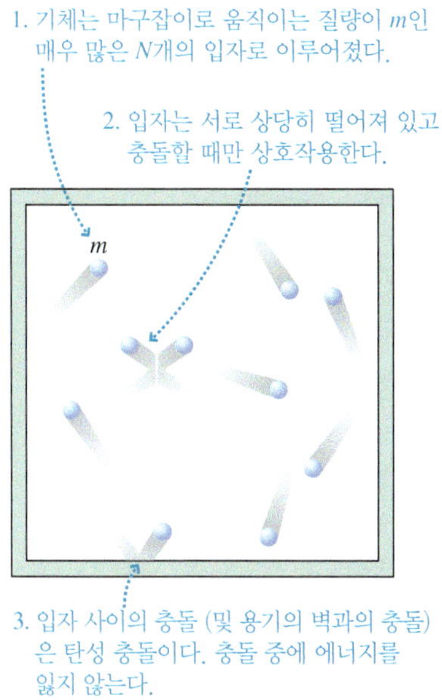

예제 12.2 방을 데우는 데 필요한 에너지

큰 침실에는 약 1×10^{27}개의 공기 분자가 들어 있다. 이 침실의 공기 온도를 5°C 올리는 데 필요한 에너지를 구하시오.

준비 공기를 이상 기체로 생각한다. 식 (12.6)은 이상 기체의 열에너지 변화와 온도 변화의 관계이다. 기체의 실제 온도는 중요하지 않다. 오직 온도 변화가 중요하다. 온도 증가는 5°C로 주어졌기에 절대온도의 변화는 같은 양 $\Delta T = 5$ K이라는 의미이다.

풀이 식 (12.6)을 사용하여 침실의 열에너지가 얼마나 증가하여야 하는지를 계산할 수 있다.

$$\Delta E_{\text{th}} = \frac{3}{2} N k_B \Delta T = \frac{3}{2}(1 \times 10^{27})(1.38 \times 10^{-23}\ \text{J/K})(5\ \text{K}) = 1 \times 10^{5}\ \text{J} = 100\ \text{kJ}$$

이것이 아마도 난로를 사용하여 열의 형태로 온도를 올리기 위하여 공급하여야 할 에너지이다.

검토 100 kJ은 대단한 양이 아니다. 표 11.2에 의하면 이는 당근 하나의 음식 에너지보다 적다. 난로로 침실 공기를 데우는 데 오래 걸리지 않는 것을 보아 그럴 듯하다. 벽이나 가구를 데우는 것과는 다른 이야기이다.

우주 공간은 추운가? 우주 왕복선은 지구 표면에서 약 300 km 상공인 상층 열권(upper thermosphere)에서 궤도를 돈다. 이 정도 고도에는 미량의 공기가 남아 있고 상당히(1000°C를 넘는) 고온이다. 여기에서 공기 분자의 평균 속력은 빠르지만 공기 분자가 거의 없어 열에너지는 매우 작다.

분자 속력과 온도

이상 기체의 원자 모형은 마구잡이 운동을 바탕으로 하기에 기체 내 각각의 원자들이 서로 다른 속력으로 움직인다고 이상하지 않다. **그림 12.4**는 20°C의 질소 기체 내 분자 속력을 측정한 실험 자료이다. 결과는 히스토그램, 즉 막대의 높이가 막대 아래 적힌 속력 범위 내의 분자 백분율을 나타내는 막대로 나타내었다. 예를 들면 속력

그림 12.4 20°C의 질소 기체 내 분자 속력 분포

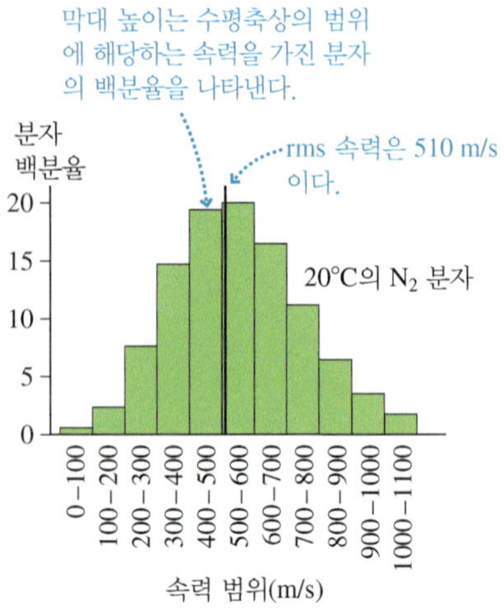

이 600 m/s에서 700 m/s의 범위인 분자는 16%이다. 막대 높이가 가장 높은 것으로부터 추정한 가장 빈도가 높은 속력은 약 500 m/s, 즉 시속 1.8 km로 상당히 빠른 편이다.

온도가 원자들의 평균 운동 에너지에 비례하기에 이러한 분포의 평균 운동 에너지를 계산하는 것은 유용하다. 질량이 m이고 속도가 v인 개개 원자의 운동 에너지는 $K = mv^2/2$이다. 일련의 측정에서 평균은 모든 값을 합하여 자료의 개수로 나누어주는 것이다. 따라서 모든 원자의 운동 에너지를 합하여 원자 개수로 나누어 평균 운동 에너지를 구할 수 있다.

$$K_{\text{avg}} = \frac{\sum \frac{1}{2}mv^2}{N} = \frac{1}{2}m\frac{\sum v^2}{N} = \frac{1}{2}m(v^2)_{\text{avg}} \tag{12.7}$$

$\sum v^2/N$은 모든 원자의 v^2값의 합을 원자 개수로 나눈 것이다. 정의에 의하여, 이 양은 모든 개개 원자 속력의 **제곱**의 평균인 $(v^2)_{\text{avg}}$로 나타내었다.

이 평균의 제곱근은 기체 내 보통 원자가 얼마나 빨리 움직이는가를 나타낸다. 속력의 제곱의 평균에 제곱근을 취하므로 **제곱–평균–제곱근 속력**을

$$v_{\text{rms}} = \sqrt{(v^2)_{\text{avg}}} = \text{보통 원자의 속력} \tag{12.8}$$

으로 정의한다. 제곱–평균–제곱근 속력은 종종 rms 속력(rms speed)이라 한다. rms 속력은 기체 내 원자의 평균 속력이 아니다. 평균 운동 에너지의 원자 속력이다. 그러나 평균 속력과 rms 속력은 거의 같다. 따라서 rms 속력으로 기체 내 보통 원자의 속력을 알 수 있다.

식 (12.7)를 v_{rms}로 나타내면 원자당 평균 운동 에너지는

$$K_{\text{avg}} = \frac{1}{2}mv_{\text{rms}}^2 \tag{12.9}$$

가 된다. 식 (12.9)를 (12.4)에 대입하면 온도와 원자 속도의 관계를 구할 수 있다.

$$T = \frac{1}{3}\frac{mv_{\text{rms}}^2}{k_{\text{B}}} \tag{12.10}$$

식 (12.10)으로부터 원자의 rms 속력을 구하면 다음과 같다.

$$v_{\text{rms}} = \sqrt{\frac{3k_{\text{B}}T}{m}} \tag{12.11}$$

온도 T인 이상 기체 내 질량 m인 원자의 rms 속력

화성의 공기 고드름(airsicles) 화성의 대기는 주로 이산화탄소이다. 밤에는 온도가 매우 낮게 떨어져 대기의 분자가 서로 달라붙을 정도로 (대기도 실제 언다) 속력이 줄어든다. 바이킹 2호 착륙선에서 찍은 이 사진에서 화성 표면의 서리는 부분적으로 얼어붙은 이산화탄소이다.

이상 기체가 원자로 이루어져 있다고 생각하였지만 결과는 [헬륨(He) 같은] 원자나 [산소(O_2) 같은] 분자로 이루어진 실제 기체에서도 똑같이 유효하다. 식 (12.11)로부터 어떤 온도에서 기체 내 원자나 분자 속력은 원자나 분자 질량에 따라 다르다는 것을 알 수 있다. 가벼운 원자의 기체에서는 평균적으로 무거운 원자의 기체보다 원

자들이 더 빠르게 움직인다. 또 온도가 높으면 원자나 분자 속력이 더 빠른 것도 알 수 있다. rms 속력은 온도의 **제곱근**에 비례한다. 이는 다시 살펴볼 새로운 수학적 표현으로 그 특성을 살펴보고자 한다.

제곱근 관계

y가 x의 제곱근에 비례한다면 두 물리량은 **제곱근 관계**(square-root relationship)가 있다고 한다. 이 수학적 관계를

$$y = A\sqrt{x}$$

y는 x의 제곱근에 비례한다.

라고 쓴다. 제곱근 관계의 그래프는 90° 회전한 포물선이다.

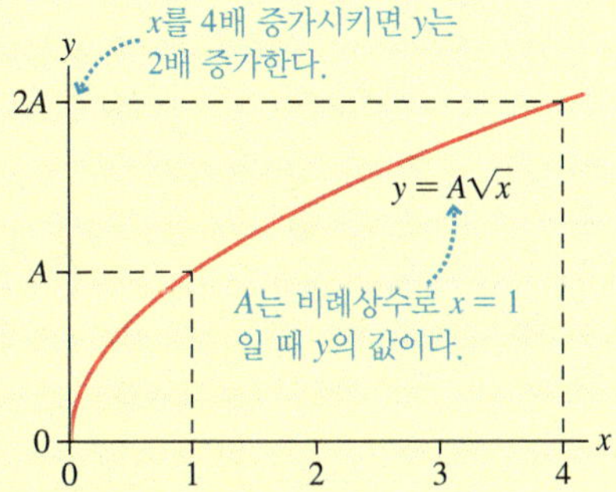

축척 x의 초기값이 x_1이면 y의 초기값은 y_1이다. x를 x_1에서 x_2로 바꾸면 y는 y_1에서 y_2로 바뀐다. y_1에 대한 y_2의 비율은

$$\frac{y_2}{y_1} = \frac{A\sqrt{x_2}}{A\sqrt{x_1}} = \sqrt{\frac{x_2}{x_1}}$$

로 x_1에 대한 x_2의 비율의 제곱근이다.

- x를 4배 증가시키면 y는 $\sqrt{4} = 2$배 증가한다.
- x를 9배 감소시키면 y는 $\sqrt{9} = 3$배 감소한다.

이러한 예는 일반적인 규칙을 나타낸다.

x를 c배 변화시키면 y는 $\sqrt{c}$배 변화한다.

예제 12.3 공기 분자의 속력

대부분의 지구 대기권은 N_2 분자로 이루어진 기체 질소이다. 지구에서 관측한 가장 낮은 온도가 −129°C일 때 질소 분자의 rms 속력은 얼마인가? 지구 표면의 온도가 충분히 높아 질소 분자가 이 속력의 두 배가 된 적이 있는가? (지구에서 관측한 최고 온도는 57°C이다.)

준비 주기율표를 살펴보면 질소 원자의 질량은 14 u이다. 분자 하나는 2개의 원자로 이루어져 있기에 질량은 28 u이다. 따라서 SI 단위, 즉 kg으로 나타낸 분자 질량은

$$m = 28\ \text{u} \times \frac{1.66 \times 10^{-27}\ \text{kg}}{1\ \text{u}} = 4.6 \times 10^{-26}\ \text{kg}$$

이다. 문제에서는 2개의 온도 T_1과 T_2가 주어졌는데, 이를 K으로 나타내야 한다. 지구에서 관측한 최저 온도 $T_1 = -129 + 273 = 144$ K이고 최고 온도는 $T_2 = 57 + 273 = 330$ K이다.

풀이 식 (12.11)을 사용하여 온도 T_1의 질소 분자의 v_{rms}를 구한다.

$$v_{rms} = \sqrt{\frac{3k_BT_1}{m}} = \sqrt{\frac{3(1.38 \times 10^{-23}\ \text{J/K})(144\ \text{K})}{4.6 \times 10^{-26}\ \text{kg}}} = 360\ \text{m/s}$$

rms 속력은 온도의 제곱근에 비례하기에 rms 속력을 두 배로 하려면 온도를 네 배 증가시켜야 한다. 관측한 최고 온도와 최저 온도의 비율은 이보다 작다.

$$\frac{T_2}{T_1} = \frac{330\ \text{K}}{144\ \text{K}} = 2.3$$

지구 표면의 온도는 질소 분자가 우리가 계산한 속력의 두 배로 움직일 정도로 높지 않다.

검토 제곱근 관계를 이용하여 분자 속도의 계산 결과를 검토할 수 있다. 그림 12.4는 20°C, 즉 293 K에서의 질소 분자의 rms 속력이 510 m/s임을 보여준다. 온도 T_1은 대략 이 값의 절반 정도로, 속력은 약 $1/\sqrt{2}$만큼 더 낮을 것으로 예상할 수 있다. 이는 앞에서 구한 값이다.

압력

모든 사람이 **압력**(pressure)의 개념을 어느 정도 이해하고 있다. 자전거 타이어에 구멍이 나면 내부 고압의 기체가 밖으로 나간다. 진공 밀폐 용기는 내부 압력이 낮아서 뚜껑을 열기 어렵다. 그런데 압력이란 무엇인가?

기체 입자의 운동으로 정의하는 압력을 원자 규모의 관점으로 살펴보자. 단단한 벽이 있는 용기 내 기체를 생각해보자. **그림 12.5(a)**에서 볼 수 있듯이 기체 속의 입자들이 주변을 돌아다니면서 때로는 벽과 충돌하고 벽에서 튀어 나와 벽에 힘을 미친다.

그림 12.5 기체 압력은 벽과 충돌하는 입자의 알짜힘에 의한 것이다.

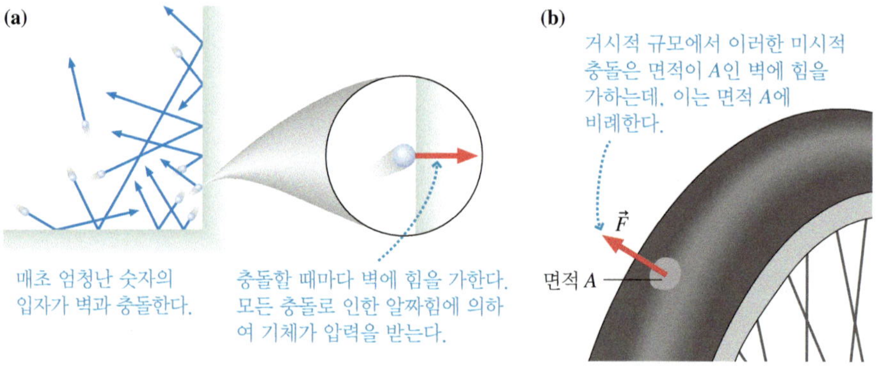

이러한 무수한 미시적 충돌은 기체 내 압력으로 연결된다. 표면적이 A인 용기 벽의 작은 부분에서, 이러한 충돌은 **그림 12.5(b)**의 자전거 타이어에 대해 나타난 것처럼 크기가 F이고 벽에 수직인 연속적인 거시적인 힘을 초래한다. 그 면적이 두 배가 되면 매초 두 배의 입자들이 부딪혀 힘이 두 배가 된다. 이것은 힘이 면적에 비례함을 의미하며, 따라서 F/A의 비율은 일정하다. 이 비율을 기체의 **압력**이라 정의한다.

$$p = \frac{F}{A} \tag{12.12}$$

기체 내 압력의 정의

식 (12.12)로부터 기체가 면적 A인 표면에

$$F = pA \tag{12.13}$$

만큼의 힘을 가한다는 것을 알 수 있다.

수업 영상

정의로부터 압력 단위가 N/m^2임을 알 수 있다. 압력의 SI 단위는 **파스칼**(pascal)로

$$1\text{파스칼} = 1\ \text{Pa} = 1\ \frac{\text{N}}{\text{m}^2}$$

으로 정의한다. 1파스칼은 매우 낮은 압력이다. 따라서 보통 압력을 킬로파스칼(kPa)로 나타낸다. 1 kPa = 1000 Pa이다.

일상에서 가장 중요한 압력은 우리 주변의 공기 분자의 미시적 충돌에 의한 대기압이다. 13장에서 대기압의 근원에 대하여 더 알아볼 것이다. 대기압은 고도와 날씨에 따라 다르지만 해수면에서의 전 세계적인 평균 압력은 **표준 대기압**(standard atmosphere)이라 하며 다음과 같다.

$$1\ \text{표준 대기압} = 1\ \text{atm} = 101{,}300\ \text{Pa} = 101.3\ \text{kPa}$$

가속도를 g의 단위로 측정하듯이 압력은 종종 atm의 단위로 측정한다.

미국에서는 압력을 종종 제곱인치당 파운드(pound per square inch), 즉 psi로 나타낸다. 환산하면

$$1\ \text{atm} = 14.7\ \text{psi}$$

이다.

대기압에 의한 신체 표면에 미치는 전체 힘은 18만 N이 넘는다. 왜 이 엄청난 힘이 사람의 몸을 찌그러뜨리지 않을까? 주된 이유는 밀어내는 힘이 있다는 것이다. 그림 12.6(a)는 텅 빈 플라스틱 병이다. 병의 구조는 매우 튼튼하지 않지만, 병 바깥의 대기압에 의하여 안쪽으로 가하는 힘이 이 병을 찌끄러뜨리지 않는 것은 병 안에 있는 공기에 의하여 바깥쪽으로 같은 크기의 압력이 작용하기 때문이다. 양쪽에서 가해지는 힘은 정확하게 같기에 알짜힘은 0이다.

표면 양쪽에 압력차가 있을 때만 압력에 의한 알짜힘이 가해진다. 그림 12.6(b)는 양쪽의 압력차가 $\Delta p = p_2 - p_1$이고 면적은 A인 표면이다. 압력에 의한 알짜힘은

$$F_{\text{net}} = F_2 - F_1 = p_2 A - p_1 A = A(p_2 - p_1) = A\,\Delta p$$

이다. 이것이 내부 압력이 외부 압력보다 낮은 경우인 진공 밀봉된 용기의 뚜껑을 닫아주는 힘이다. 뚜껑을 열려면 압력차에 의한 힘보다 더 큰 힘을 가하여야 한다.

용기 안의 분자 개수를 줄이면 벽과의 충돌이 적기 때문에 압력이 줄어든다. 완전히 빈 용기 안의 압력은 $p = 0$일 것이다. 이것은 **완전 진공**이라고 한다. 공간에서 모든 분자를 없앨 수 없기에 완전 진공을 얻을 수는 없다. 현실적으로 **진공**(vacuum)은 $p \ll 1$ atm인 밀폐된 공간이다. 이 경우 $p = 0$은 좋은 근사이다.

식 (12.12)가 압력 측정의 배경이 되는 기본 원리이다. 압력계는 기체에 의하여 면적을 알고 있는 면에 가해지는 힘을 측정하는 것이다. 실제 압력 또는 **절대 압력** p는 이 힘에 비례한다. 압력의 영향은 압력차에 따라 다르므로 대부분의 계기는 절대 압력이 아닌 실제 압력과 대기압의 차이인 **계기 압력**(gauge pressure) p_g를 측정한다. 그림 12.7에서 계기 압력 $p_g = p_{\text{tire}} - p_{\text{atmos}}$을 측정하는 타이어 압력계가 어떻게 작동하는지 보여준다. 일반적으로 계기 압력은 대기압을 초과하는 압력이다. 즉

그림 12.6 알짜힘은 압력 차이에 따른다.

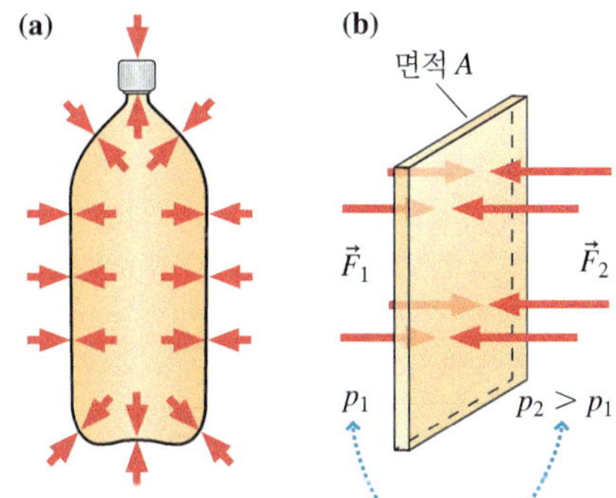

너무 빠르고, 너무 낮은 압력 BIO 볼락(rockfish)은 최대 300 m 깊이의 바다에서 잡을 수 있는 인기 있는 낚시감 물고기이다. 이 깊이에서의 높은 압력은 기체로 채워진 물고기의 부레(swim bladder) 내부의 동일 압력과 균형을 이룬다. 볼락이 낚여서 수면의 낮은 압력까지 급격하게 상승하면, 부레 내부의 압력이 외부의 압력보다 갑자기 훨씬 높아져서 부레가 극적으로 팽창하게 된다. 깊은 곳에서 낚인 볼락은 거의 생존하지 못한다.

그림 12.7 타이어 압력계는 타이어 압력과 대기압의 차이를 측정한다.

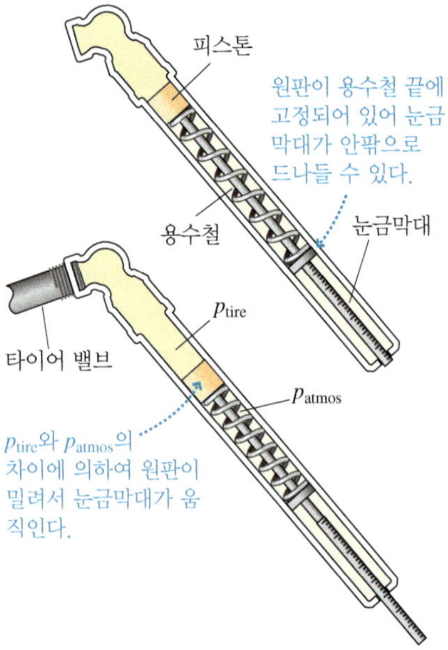

$$p_g = p - 1\text{ atm}$$

이다. 이 장의 대부분의 계산에서 필요한 절대 압력 p는 압력계 눈금에 1 atm을 더해야 한다.

예제 12.4 압력차에 의한 힘 구하기

잠수병 환자는 대기압보다 높은 산소로 채워진 고압 산소실에서 치료를 받는다. 한쪽 끝이 지름 0.75 m의 평평한 판인 원통형 고압실이 산소로 채워졌고 계기 압력은 27 kPa이다. 원통형 끝판에 가해지는 알짜힘은 얼마인가?

준비 안팎의 압력차 때문에 끝판에 가해지는 힘이 있다. 27 kPa은 1 atm을 초과하는 압력이다. 외부 압력이 1 atm이면 27 kPa은 끝판 안팎의 압력차 Δp이다.

풀이 끝판의 면적 $A = \pi(0.75\text{ m}/2)^2 = 0.442\text{ m}^2$이다. 압력차로 인한 알짜힘은

$$F_{net} = A\Delta p = (0.442\text{ m}^2)(27{,}000\text{ Pa}) = 12\text{ kN}$$

검토 끝판의 면적이 커서 힘이 클 것이다. 이 힘은 개별 분자가 끝판과 충돌하기 때문에 생기지만 이 답은 타당하다. 끝판을 제자리에 유지하기 위해서는 압력에 의한 큰 힘이 똑같이 큰 힘과 상쇄되어야 하므로 끝판을 튼튼한 볼트로 고정한다.

충돌에서 압력과 이상 기체 법칙으로

기체 내의 압력이 입자와 벽의 충돌로 인한 것이라는 사실로부터 몇 가지 정성적인 예측을 할 수 있다. **그림 12.8**에는 이러한 예측을 나타낸다.

그림 12.8 기체 압력과 다른 변수와의 관계

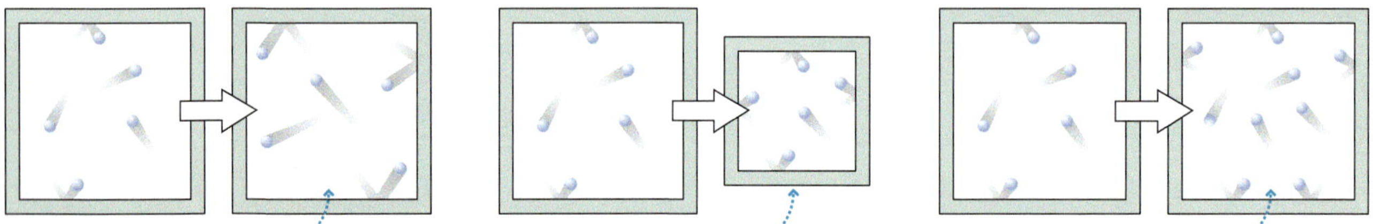

그림 12.8에서의 추론에 근거하여 다음과 같은 비례 관계를 예상한다.

- 압력은 기체의 온도에 비례하여야 한다. $p \propto T$
- 압력은 용기의 부피에 반비례하여야 한다. $p \propto 1/V$
- 압력은 기체 입자 개수에 비례하여야 한다. $p \propto N$

사실상 이러한 예측을 지원하는 실험을 신중하게 하면 이러한 비례 관계를 보이는 하나의 수식을 얻게 된다.

$$p = C\frac{NT}{V}$$

비례 상수 C는 볼츠만 상수 k_B라고 밝혀졌으므로

$$pV = Nk_BT \tag{12.14}$$

이상 기체 법칙 (형태 1)

로 나타낼 수 있다. 식 (12.14)는 **이상 기체 법칙**(ideal-gas law)으로 알려져 있다.

식 (12.14)는 기체 내 입자 개수 N으로 나타낸 것이지만 화학에서는 이상 기체 법칙을 몰 수 n으로 나타낸다. 그 차이를 끌어내기는 쉽다. 입자 개수 $N = nN_A$이므로 식 (12.14)를 다음과 같이 쓸 수 있다.

$$pV = nN_Ak_BT = nRT \tag{12.15}$$

이상 기체 법칙(형태 2)

이 수식에서 **기체 상수**로 알려진 비례 상수는

$$R = N_Ak_B = 8.31\ \text{J/mol}\cdot\text{K}$$

이다. 단위가 낯설지만 pV의 단위인 Pa와 m^3의 곱은 J와 같다.

이상 기체 법칙의 여러 가지 물리량의 단위를 살펴보자.

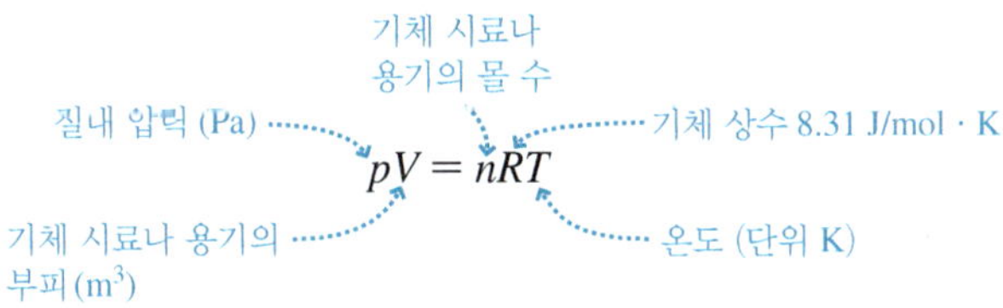

자전거 타이어에 공기를 주입하면 타이어의 고정된 부피에 더 많은 입자가 더해져서 압력이 증가한다.

예제 12.5 몰의 부피 구하기

압력 1.00 atm, 온도 0°C인 이상 기체 1몰이 차지하는 부피는 얼마인가?

준비 이상 기체 법칙 계산의 첫 단계는 모든 물리량을 SI 단위로 환산하는 것이다.

$$p = 1.00\ \text{atm} = 101.3 \times 10^3\ \text{Pa}$$
$$T = 0 + 273 = 273\ \text{K}$$

풀이 이상 기체 법칙 수식을 이용하여 부피를 구한다.

$$V = \frac{nRT}{p} = \frac{(1.00\ \text{mol})(8.31\ \text{J/mol}\cdot\text{K})(273\ \text{K})}{101.3 \times 10^3\ \text{Pa}} = 0.0224\ \text{m}^3$$

이 장의 앞에서 $1.00\ \text{m}^3 = 1000$ L라고 하였으므로

$$V = 22.4\ \text{L}$$

라고 할 수 있다.

검토 이 온도와 압력에서 기체 1 mol의 부피는 22.4 L임을 알았다. 이는 화학에서 배운 것이다. 기체를 사용하는 계산에서 이 부피를 기억하면 구한 결과가 물리적으로 올바른지 알 수 있을 것이다.

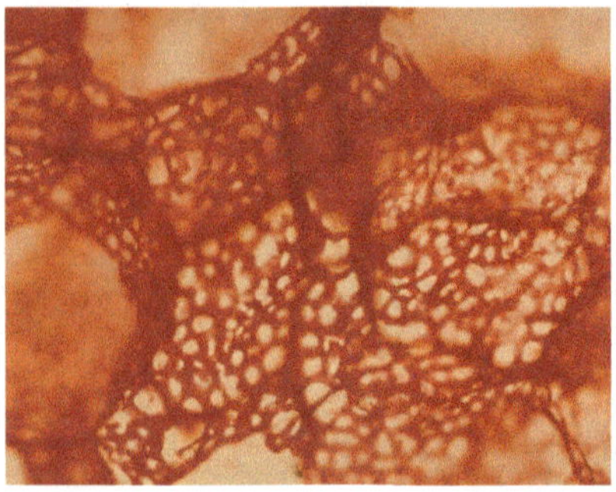

◀ **폐에서의 기체 교환** BIO 호흡을 할 때 산소가 어떻게 혈류로 들어올까? 원자 모형으로 짐작할 수 있다. 사진은 폐포, 즉 가는 핏줄인 모세 혈관으로 둘러싸인 폐 속의 공기 주머니를 크게 확대한 모습이다. 폐포와 모세 혈관의 얇은 막은 투과성이 있다. 즉 작은 분자가 이동할 수 있다. 투과성 막이 분자가 다른 두 공간 영역 사이에 있다면, 11장에서 열이 뜨거운 곳에서 찬 곳으로 흐르는 이유에 대한 논의에서 예상할 수 있는 것처럼 분자들이 빨리 움직이기 때문에 농도가 낮은 쪽으로 분자의 알짜 이동이 발생한다. 이 이동은 순전히 분자의 운동에 의한 것으로 **확산**(diffusion)이라 한다. 폐에서 폐포의 산소 농도가 높을수록 모세 혈관의 혈액으로 산소가 확산된다. 동시에 이산화탄소는 혈액에서 폐포로 확산된다. 막이 얇기 때문에 이 경우 확산은 신속하고 효과적인 이동 수단이다. 폐에서 신체의 다른 부위로 산소를 공급하는 데는 확산이 적당치 않다. 왜냐하면 확산으로 장거리를 이동하는 데 시간이 오래 걸리기 때문이다. 이 경우 산소를 가진 혈액을 몸 전체로 펌프질해주어야 한다.

12.3 이상 기체의 반응 과정

이 장은 물질의 열적 특성에 관한 것이다. 온도 변화에 따라 물질에 어떤 변화가 발생하는가? 이상 기체 법칙이 기체의 압력, 부피 및 온도 사이의 관계를 알려주므로 기체에 대하여도 추론하기 위하여 이상 기체 법칙을 사용할 수 있다. 예를 들어 추운 아침에 자동차의 타이어 압력을 측정한다고 생각하자. 타이어가 햇볕에 데워져 타이어의 공기 온도가 상승한 후에는 타이어 압력이 얼마나 증가할까? 이 문제는 이 장의 뒷부분에서 살펴볼 것이지만 현재로는 이 과정의 다음 특성을 유의하여야 한다.

- 기체의 전체 양은 고정되어 있다. 타이어에 공기를 더하거나 빼지 않는다. 여기서 고려하는 모든 과정에서 기체의 양은 고정되어 있다고 생각한다.
- 초기 상태가 잘 정의되어 있다. 압력, 부피 및 온도의 초기값은 p_i, V_i 및 T_i로 나타낸다.
- 최종 상태가 잘 정의되어 있다. 압력, 부피 및 온도의 최종값은 p_f, V_f 및 T_f로 나타낸다.

이러한 특성이 있는 과정을 **이상 기체 과정**(ideal-gas processes)이라 한다.

밀봉된 용기 내의 기체들은 몰 수(및 분자 개수)가 바뀌지 않는다. 그 경우 이상 기체 법칙은

$$\frac{pV}{T} = nR = \text{일정}$$

으로 나타낸다.

초기 상태와 최종 상태의 변수들의 값은 다음과 같은 관계가 있다.

$$\frac{p_f V_f}{T_f} = \frac{p_i V_i}{T_i} \qquad (12.16)$$

밀봉된 용기 내 이상 기체의 초기 상태 및 최종 상태

보존 법칙을 상기시키는 두 상태 사이의 전-후 관계는 많은 문제에 중요하다.

압력-부피 관계도

이상 기체 과정을 **pV 관계도**(pV diagram)라는 그래프로 나타내는 것은 유용하다. pV 관계도의 배경이 되는 중요한 생각은 그래프의 각 점이 기체의 단일 고유 상태를 나타낸다. 그래프의 한 점은 압력과 부피의 값만을 지정하기 때문에 이것은 놀랍게 보일 것이다. 그러나 p와 V를 알고 밀폐된 용기에 대하여 n을 안다고 가정하면 이상 기체 법칙으로부터 온도를 구할 수 있다. 따라서 pV 관계도의 각 점은 실제로 기체 상태를 결정하는 세 쌍의 값 (p, V, T)를 나타낸다.

예를 들어 그림 12.9(a)는 기체 1몰로 이루어진 계의 세 상태를 보여주는 pV 관계도이다. p와 V의 값은 축으로부터 읽을 수 있고 그 점의 온도는 이상 기체 법칙으로 계산할 수 있다. 예를 들어, 가열 또는 압축하여 기체 상태를 변화시키는 과정인 이상 기체 과정은 pV 관계도에서 '궤적'으로 나타낼 수 있다. 그림 12.9(b)는 그림 12.9(a)의 기체가 상태 1에서 상태 3으로 바뀌는 과정 중 가능한 하나를 보여준다.

그림 12.9 기체 상태와 이상 기체 과정은 pV 관계도에 나타낼 수 있다.

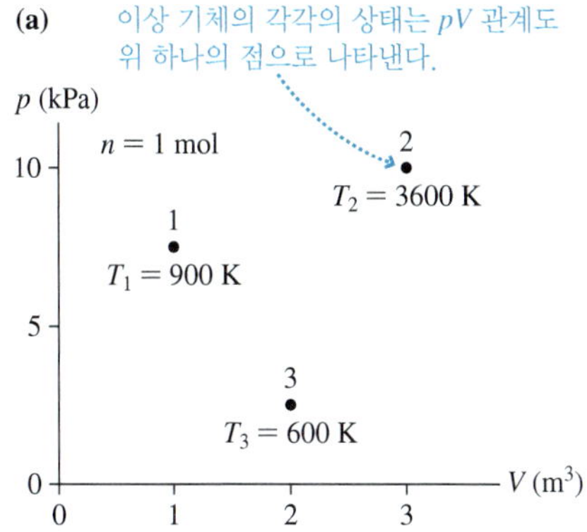

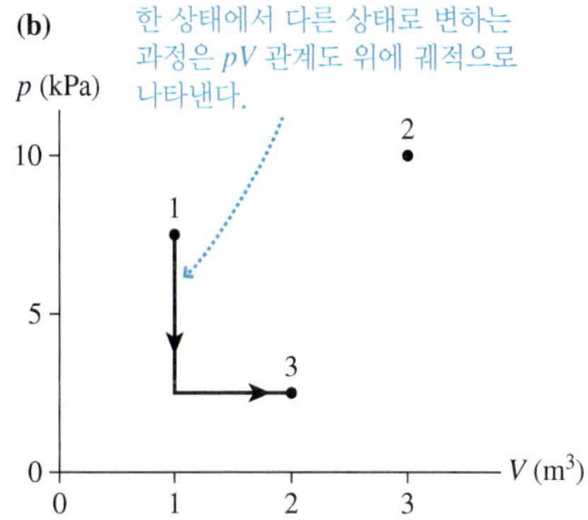

정적 과정

그림 12.10(a)에서 보듯 밀폐된 단단한 용기에 기체가 있다고 하자. 기체를 데우면 부피는 바뀌지 않고 압력은 높아진다. 이것이 **정적 과정**(constant-volume process)의 한 예이다. 정적 과정에서는 $V_f = V_i$이다.

V의 값이 변하지 않기 때문에 이 과정은 그림 12.10(b)의 pV 관계도에서 i → f의 수직선으로 표시된다. **정적 과정은 pV 관계도에서 수직선으로 표시된다.**

그림 12.10 정적 과정

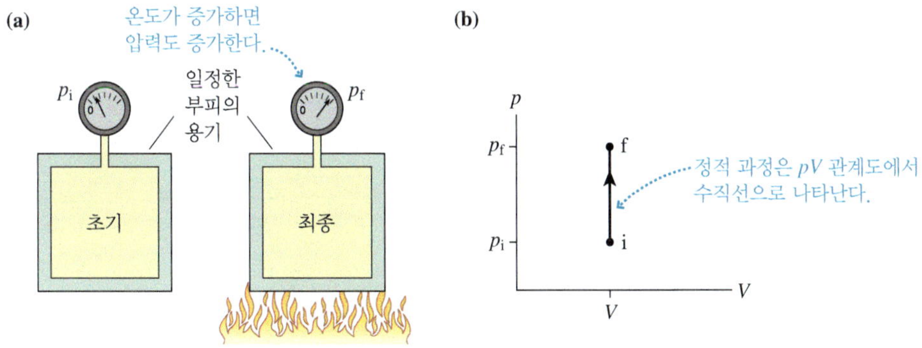

예제 12.6 더운 날 타이어 압력 계산하기

기온이 0°C인 쌀쌀한 아침 자동차 타이어의 계기 압력은 2.00 atm이다. 낮에 날씨가 따뜻해져 검은색 타이어가 햇볕을 받으면 타이어 내부의 공기 온도는 30°C에 이른다. 이때 타이어의 계기 압력은 얼마이겠는가?

준비 타이어를 부피가 일정한 밀폐 용기로 생각해도 좋다. 따라서 이 과정은 정적 과정이다. 측정한 타이어 압력은 계기 압력으

로 이상 기체 법칙은 절대 압력을 사용하기 때문에 압력을 변환하여야 한다. 초기 압력은

$$p_i = (p_g)_i + 1.00 \text{ atm} = 2.00 \text{ atm} + 1.00 \text{ atm} = 3.00 \text{ atm}$$

이고, 온도는 K 단위이어야 하므로 변환하면

$$T_i = 0°\text{C} + 273 = 273 \text{ K}$$
$$T_f = 30°\text{C} + 273 = 303 \text{ K}$$

이다.

풀이 기체가 밀폐된 용기에 들어 있으므로 최종 압력을 구하려면 식 (12.16)의 이상 기체 법칙을 사용할 수 있다. 이 수식에서 양쪽을 V_f로 나누고, 이 과정은 정적 과정이기에 두 부피의 비율이 1이므로 상쇄시키면 다음과 같다.

$$p_f = p_i \frac{V_i}{V_f}\frac{T_f}{T_i} = p_i \frac{T_f}{T_i}$$

p_f의 단위는 p_i의 단위와 같게 초기 압력 단위 atm으로 유지한다. 온도가 높아졌을 때의 압력은

$$p_f = 3.00 \text{ atm} \times \frac{303 \text{ K}}{273 \text{ K}} = 3.33 \text{ atm}$$

이다. 이 압력은 절대 압력으로 문제에서는 요구하는 타이어 계기 압력으로 환산하면

$$(p_g)_f = p_f - 1.00 \text{ atm} = 2.33 \text{ atm}$$

이 된다.

검토 온도가 초기 온도에서 10 %보다 약간 높은 30 K만큼 바뀌었으므로 압력이 크게 바뀔 것으로 예상한다. 계산 결과는 합리적인 것으로 보이며 다음과 같은 의미가 있다. 어떤 온도에서 타이어 압력을 확인한 경우 조건이 변할 때 압력이 같을 것이라고 기대하지 마라!

정압 과정

많은 기체 과정에서 압력은 변화하지 않는다. 이런 정압 과정을 **등압 과정**(isobaric process)이라고도 한다. 등압 과정의 경우 $p_f = p_i$이다.

등압 과정을 생성하는 방법 중 하나를 그림 12.11(a)에 나타냈다. 기체가 위아래로 자유롭게 움직일 수 있는 가볍고 꽉 끼는 뚜껑, 즉 피스톤이 있는 실린더에 밀폐되어 있다. 사실 피스톤은 $p_{gas} = p_{ext}$ 위치에 도달할 때까지 기체를 압축하거나 팽창시키면서 위아래로 움직인다. 그것은 피스톤의 평형 위치로, 피스톤 면의 면적이 A라면 상향력 $F_{gas} = p_{gas}A$와 외부 압력 p_{ext}로 인한 하향력 $F_{ext} = p_{ext}A$의 균형을 이루는 위치이다. 따라서 이 상황에서 기체 압력은 외부 압력과 같다. 외부 압력이 변하지 않는 한 실린더 내부의 기체 압력도 변할 수 없다.

실린더 안의 기체를 가열한다고 가정한다. 압력은 온도가 아니라 변하지 않는 외부

그림 12.11 정압(등압) 과정

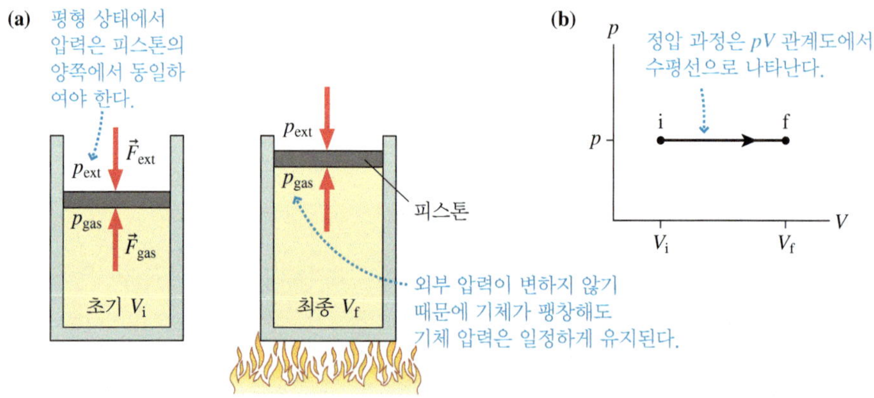

압력에 의하여 제어되기 때문에 기체 압력은 변하지 않는다. 그러나 온도가 올라감에 따라 더 빨리 움직이는 원자 때문에 기체가 팽창되어 피스톤을 바깥쪽으로 밀어낸다. 압력은 항상 같기 때문에 이 과정은 그림 12.11(b)와 같은 궤도의 등압 과정이다. **정압 과정은 pV 관계도에서 수평선으로 나타난다.**

예제 12.7 정압 압축

피스톤이 움직이는 실린더 내 기체의 부피는 50°C일 때 50.0 cm^3이다. 이 기체를 온도 10°C가 될 때까지 일정한 압력으로 냉각시켰다. 최종 부피는 얼마인가?

준비 이것은 밀폐된 용기이므로 식 (12.16)을 사용할 수 있다. 기체 압력은 변하지 않으므로, 이것은 $p_i/p_f = 1$인 등압 과정이다.

온도는 K으로 나타내어야 하기에 환산하면 다음과 같다.

$$T_i = 50°C + 273 = 323 \text{ K}$$

$$T_f = 10°C + 273 = 283 \text{ K}$$

풀이 밀폐된 용기에 대하여 이상 기체 법칙을 사용하여 V_f를 구할 수 있다.

$$V_f = V_i \frac{p_i}{p_f}\frac{T_f}{T_i} = 50.0 \text{ cm}^3 \times 1 \times \frac{283 \text{ K}}{323 \text{ K}} = 43.8 \text{ cm}^3$$

검토 이 예제와 예제 12.6에서 압력과 부피의 단위를 변화시키지 않았는데, 이 두 가지 곱셈 요소는 서로 상쇄되기 때문이다. 그러나 온도는 K으로 변환시켰는데, 이 덧셈 요소는 상쇄되지 않기 때문이다.

정온 과정

정온 과정은 **등온 과정**(isothermal process)이라고도 한다. 등온 과정의 경우 $T_f = T_i$이다. 등온 과정 중 하나를 그림 12.12에 나다내었다. 피스톤을 아래로 밀어내려 기체를 압축하고 있지만 기체 실린더는 일정한 온도로 유지되는 대형 액체 용기에 잠겨 있다. 피스톤을 천천히 밀면 실린더의 벽을 통해 열에너지가 전달되기에 기체 온도가 주변 액체와 같은 온도로 유지된다. 이것은 **등온 압축**(isothermal compression)이다. 피스톤을 천천히 잡아당기는 역과정은 **등온 팽창**(isothermal expansion)이다.

그림 12.12 정온(등온) 과정

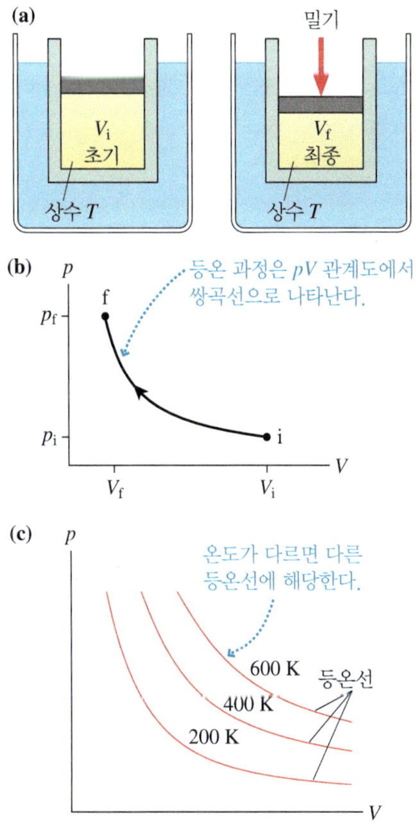

pV 관계도에서 등온 과정을 나타내는 것은 p와 V 둘 다 변하기 때문에 앞의 두 과정보다 조금 더 복잡하다. T가 고정되어 있는 한

$$p = \frac{nRT}{V} = \frac{\text{상수}}{V} \tag{12.17}$$

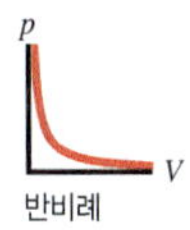

p와 V는 반비례하기 때문에 등온 과정의 그래프는 쌍곡선이다.

그림 12.12(b)에서 i → f로 표시한 과정은 그림 12.12(a)에 나타낸 등온 압축을 나타낸다. 등온 팽창은 쌍곡선을 따라 반대방향으로 움직인다. 등온 과정 그래프를 **등온선**(isotherm)이라 한다.

쌍곡선의 위치는 T의 값에 따라 다르다. 그림 12.12(a)의 과정에서 더 높은 일정한 온도를 사용하면 등온선이 pV 관계도의 원점에서 더 멀리 이동한다. 그림 12.12(c)는 세 가지 다른 온도에서의 이 과정에 대한 세 가지 등온선을 나타낸 것이다. 등온 과정을 거친 기체는 특정 온도에 대한 등온선을 따라 움직일 것이다.

예제 12.8 폐에서의 공기 압축하기 BIO

스노클링을 하는 사람은 수면에서 심호흡을 하여 폐에 공기 4.0 L를 채운다. 5.0 m 깊이로 내려가면, 압력은 수면보다 0.50 atm 높아진다. 이 깊이에서 이 사람의 폐에 있는 공기의 양은 얼마인가?

준비 수면에서 스노클링을 하는 사람의 폐 속 공기 압력은 해수면에서의 대기압, 즉 1.0 atm이다. 물속으로 내려가면 폐 속 압력은 신체가 내부와 외부의 큰 압력차를 유지할 수 없기 때문에 주변 수압과 일치하도록 상승해야 한다. 또한 공기는 체온에 머물러 있어 $T_f = T_i$의 등온 과정을 이룬다.

풀이 밀폐된 용기, 즉 폐에 대하여 이상 기체 법칙을 적용하면

$$V_f = V_i \frac{p_i}{p_f}\frac{T_f}{T_i} = 4.0\ \text{L} \times \frac{1.0\ \text{atm}}{1.5\ \text{atm}} = 2.7\ \text{L}$$

를 얻는다. SI 단위로 압력을 환산할 필요가 없음에 주목하라. 분자와 분모에서 단위가 같다면 상쇄되기 때문이다.

검토 공기는 예상하는 것처럼 압력이 커지면 부피가 작아진다. 폐 속의 공기가 엄청나게 압축되고, 따라서 수면 아래로 잠수할 수 있다.

이상 기체 과정의 열역학

11장에서 열역학 제1법칙을 소개하였고 열과 일이 계에 에너지를 더하는 두 가지 다른 방법이라는 것을 알았다. 기체를 가열할 때 그 변화를 고려해 왔지만 이제는 다른 형태의 에너지 전달, 즉 일을 고려해야 한다.

그림 12.13 팽창하는 기체는 피스톤에 일을 한다.

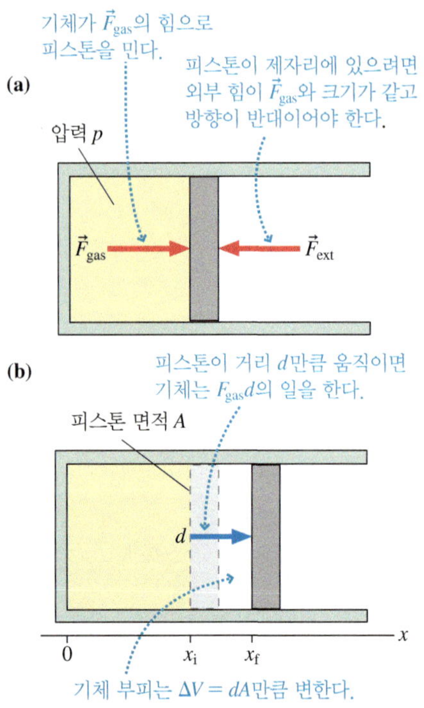

기체가 팽창하면 피스톤을 밀어 일을 한다. 이것은 자동차 후드 아래의 엔진이 일하는 방식이다. 점화 플러그가 엔진의 실린더에 점화시키면 기체 상태인 내부 연료와 공기 혼합물에 불이 붙는다. 고온 가스가 팽창하여 피스톤을 밀어내고 다양한 기계적 연결 장치를 통해 자동차 바퀴를 돌린다. 에너지는 일의 형태로 기체에서 옮겨간다. 이런 경우 기체가 피스톤에 대해 일을 한다고 한다. 마찬가지로, 그림 12.11(a)의 기체는 피스톤을 밀거나 움직여서 일을 한다.

◀◀10.2절에서 물체를 거리 d만큼 밀어내는 일정한 힘 F가 한 일은 $W = Fd$라고 배웠다. 이 개념을 기체에 적용해보자. **그림 12.13(a)**는 움직일 수 있는 피스톤에 의해 한쪽 끝이 밀폐된 기체 실린더이다. 힘 $\vec{F}_{gas}$는 기체 압력 때문에 발생하며 크기는 $F_{gas} = pA$이다. 피스톤 막대에 의해 가해지는 힘인 $\vec{F}_{ext}$는 $\vec{F}_{gas}$와 크기가 같고 방향이 반대이다. 기체 압력은 외부 힘이 없으면 피스톤을 밖으로 날려 버릴 것이다.

기체가 일정한 압력에서 팽창하여 **그림 12.13(b)**와 같이 피스톤을 x_i에서 x_f, 즉 거리 $d = x_f - x_i$만큼 바깥쪽으로 민다고 가정하자. 마찬가지로 기체 압력에 의한 힘이 일을 한다.

$$W_{gas} = F_{gas}d = (pA)(x_f - x_i) = p(x_f A - x_i A)$$

그러나 $x_i A$는 실린더의 초기 부피 V_i(실린더의 부피는 길이와 밑면적의 곱임을 상기하라)이고 $x_f A$는 최종 부피 V_f이다. 따라서 한 일은

$$W_{gas} = p(V_f - V_i) = p\,\Delta V \tag{12.18}$$

등압 과정에서 기체가 한 일

이다. 이 수식에서 ΔV는 부피의 변화이다.

식 (12.18)은 pV 관계도에 대한 특별히 단순한 해석을 가능하게 한다. 그림 12.14(a)와 같이 $p\Delta V$는 V_i와 V_f 사이의 'pV 곡선 아래 면적'이다. 비록 등압 과정에 대해서만 이 결과를 보여주었지만 이는 모든 이상 기체 과정에 대해 사실이다. 즉 그림 12.14(b)는

$$W_{gas} = V_i\text{와 } V_f \text{ 사이에서 } pV \text{ 곡선 아래 면적}$$

임을 보여준다.

명확히 하여야 할 사항이 몇 가지 있다.

- 기체가 일을 하려면 그 부피가 변하여야 한다. 정적 과정에서는 일을 하지 않는다.
- 식 (12.18)의 단순한 관계는 정압 과정에만 적용된다. 다른 이상 기체 과정의 경우 pV 관계도의 기하학을 사용하여 곡선 아래 면적을 계산해야 한다.
- 일을 계산하려면 압력을 Pa 단위로, 부피는 m^3 단위로 입력해야 한다. Pa(N/m^2)과 m^3의 곱은 N·m이고 1 N·m는 1 J로 일과 에너지의 단위이다.
- 기체가 팽창하면($\Delta V > 0$) W_{gas}는 양수가 된다. 기체는 피스톤을 밀어서 일을 한다. 이 경우 한 일은 계 밖으로 전달되는 에너지이며 기체의 에너지는 감소한다. 피스톤이 기체를 압축하면($\Delta V < 0$) 힘 $\vec{F}_{gas}$가 피스톤의 변위와 반대방향이므로 W_{gas}는 음수가 된다. 에너지는 일로써 계에 전달되고 기체의 에너지는 증가한다. "기체에게 일을 한다"고 하는데, 이는 W_{gas}가 음수임을 의미한다.

열역학 제1법칙 $\Delta E_{th} = Q + W$에서 W는 외부 환경이 한 일, 즉 계에 작용한 힘 $\vec{F}_{ext}$이 한 일이다. 그러나 $\vec{F}_{ext}$과 $\vec{F}_{gas}$은 앞에서 살펴본 바와 같이 크기가 같고 방향이 반대로, 외부 환경이 한 일은 기체가 한 일의 음수값이다($W = -W_{gas}$). 결과적으로 열역학 제1법칙은 다음과 같이 쓸 수 있다.

$$\Delta E_{th} = Q - W_{gas} \tag{12.19}$$

11장에서 이상 기체의 열에너지가 $E_{th} = \frac{3}{2}Nk_B T$로 오직 온도에만 의존한다는 것을 배웠다. 식 (12.14)와 (12.15)를 비교하면 Nk_B가 nR과 같아서 이상 기체의 열에너지 변화는 다음과 같이 나타낼 수 있다.

$$\Delta E_{th} = \frac{3}{2}Nk_B\,\Delta T = \frac{3}{2}nR\,\Delta T \tag{12.20}$$

그림 12.14 이상 기체 과정에서 한 일 계산하기

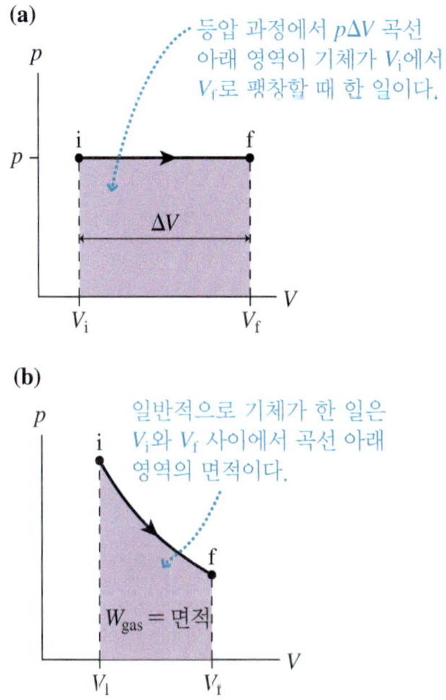

예제 12.9 팽창하는 기체의 열역학

움직이는 피스톤이 있는 실린더에 0.016 mol의 He 기체가 들어 있다. 이 기체를 그림 12.15에 나타낸 것 같은 과정을 통하여 팽창시킨다. 이를 위해 기체를 가열해야 할까? 그렇다면 얼마나 많은 열에너지를 더하거나 빼앗아야 할까?

그림 12.15 예제 12.9를 위한 pV 관계도

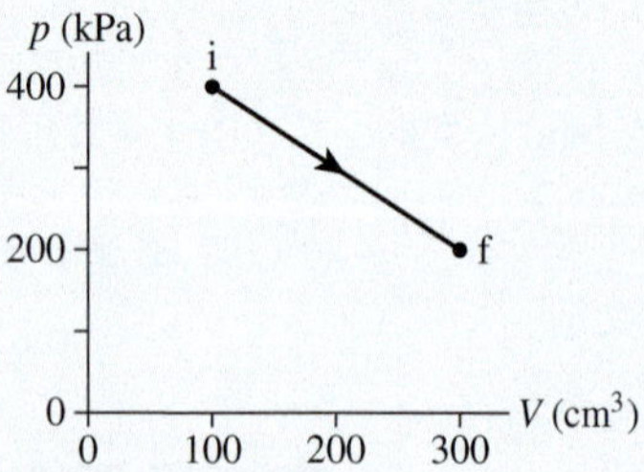

준비 기체가 팽창하면 피스톤에 일을 한다. 기체 온도는 변화할 수 있는데 이는 열에너지의 변화를 의미한다. 식 (12.19)로 나타낸 열역학 제1법칙을 사용하여 기체의 에너지 변화를 나타낼 수 있다. 먼저 온도 변화를 계산하여 열에너지 변화를 확인한 다음 곡선 아래 면적을 보고 일의 양을 계산한다. W_{gas}와 ΔE_{th}를 알게 되면, 제1법칙을 이용하여 열의 부호와 크기를 결정할 수 있다. 즉 열에너지의 출입 여부와 그 정도를 알 수 있다.

그래프로 압력과 부피를 알 수 있으므로 초기 온도와 최종 온도를 계산하기 위해 이상 기체 법칙을 사용할 수 있다. 그러려면 부피를 SI 단위로 환산하여야 한다. 그래프에서 초기 부피 및 최종 부피를 읽고 환산하여

$$V_i = 100\ \text{cm}^3 \times \frac{1\ \text{m}^3}{10^6\ \text{cm}^3} = 1.0 \times 10^{-4}\ \text{m}^3$$

$$V_f = 300\ \text{cm}^3 \times \frac{1\ \text{m}^3}{10^6\ \text{cm}^3} = 3.0 \times 10^{-4}\ \text{m}^3$$

임을 알 수 있다.

풀이 초기 온도와 최종 온도는 이상 기체 법칙으로 구할 수 있다.

$$T_i = \frac{p_i V_i}{nR} = \frac{(4.0 \times 10^5\ \text{Pa})(1.0 \times 10^{-4}\ \text{m}^3)}{(0.016\ \text{mol})(8.31\ \text{J/mol}\cdot\text{K})} = 300\ \text{K}$$

그림 12.16 팽창하는 기체가 한 일은 곡선 아래 전체 면적이다.

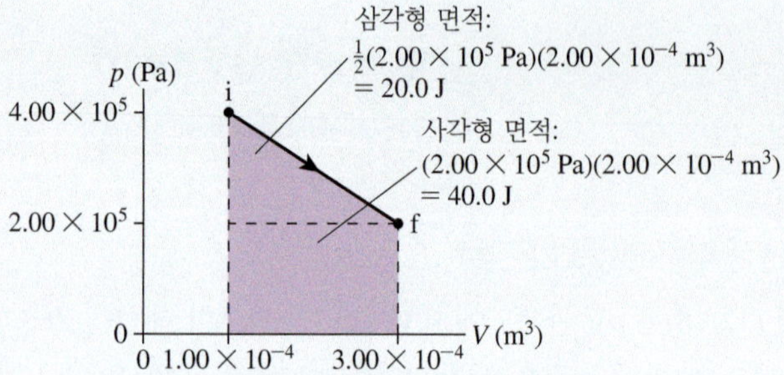

$$T_f = \frac{p_f V_f}{nR} = \frac{(2.0 \times 10^5\ \text{Pa})(3.0 \times 10^{-4}\ \text{m}^3)}{(0.016\ \text{mol})(8.31\ \text{J/mol}\cdot\text{K})} = 450\ \text{K}$$

온도가 증가하면 열에너지도 증가할 것이다. 식 (12.20)을 사용하여 이 변화를 계산할 수 있다.

$$\Delta E_{th} = \frac{3}{2}(0.016\ \text{mol})(8.31\ \text{J/mol}\cdot\text{K})(450\ \text{K} - 300\ \text{K}) = 30\ \text{J}$$

수수께끼의 다른 부분은 한 일을 계산하는 것으로, 이 과정에 대한 곡선 아래 면적을 구하면 된다. 그림 12.16은 그 영역을 직사각형 위에 삼각형이 있는 것으로 보고 이 계산을 할 수 있다는 것을 보여준다. 이 면적은 Pa과 m³의 곱이므로 J로 표시된다. 전체 일은

$$W_{gas} = \text{삼각형 면적} + \text{사각형 면적}$$
$$= 20\ \text{J} + 40\ \text{J} = 60\ \text{J}$$

이다.

이제 식 (12.19)로 나타낸 제1법칙을 사용하여 열을 구할 수 있다.

$$Q = \Delta E_{th} + W_{gas} = 30\ \text{J} + 60\ \text{J} = 90\ \text{J}$$

이 열량은 양수이므로 11장에서 도입한 규칙을 사용하면 90 J의 열에너지를 기체에 더해야 한다.

검토 기체는 일을 했다. 즉 에너지를 잃었다. 그러나 온도가 증가하였으므로 열에너지를 더해야 한다는 말이 된다.

단열 과정

손 펌프로 자전거 타이어에 바람을 넣으면 펌프가 따뜻해진다는 것을 알 것이다. 11장에서 이에 대한 이유를 언급했다. 펌프의 손잡이를 누르면 펌프 챔버의 피스톤이 기체를 압축하여 기체에 일을 한다. 열역학 제1법칙에 따르면, 기체에 일을 하면 열에너지를 증가시킨다. 그래서 기체 온도가 올라가고 열이 펌프 벽을 통해 손으로 전달된다.

이제 열이 전달될 시간이 없도록 기체를 매우 빨리 압축하거나 외부 환경과 열이 교환되지 않도록 절연 용기 안의 기체를 압축한다고 가정하자. 두 경우 모두 $Q = 0$이다. 기체 과정에서 $Q = 0$이면, 압축이든 팽창이든 **단열 과정**(adiabatic process)이라고 한다.

팽창하는 기체는 일을 하므로 $W_{gas} > 0$이 된다. 팽창이 단열, 즉 $Q = 0$이면 식 (12.19)로 나타낸 열역학 제1법칙에 의하여 $\Delta E_{th} < 0$임을 알 수 있다. 온도는 열에너지에 비례하므로 온도 또한 감소할 것이다. **단열 팽창하면 기체 온도가 내려간다.** 기체가 압축되면 기체에 일을 하는 것이다($W_{gas} < 0$). 압축이 단열이라면, 열역학 제1법칙에 의하여 $\Delta E_{th} > 0$이므로 온도가 증가한다. **단열 압축하면 기체 온도가 올라간다.** 단열 과정을 통해 열이 아닌 일을 사용하여 기체 온도를 바꿀 수 있다.

단열 과정은 여러 곳에서 중요하게 응용된다. 대기층에서 지구를 가로질러 이동하는 큰 공기 덩어리는 주변 환경과 열에너지를 천천히 교환하므로 다음의 치누크 바람에서 보는 바와 같이 단열 팽창과 단열 압축으로 크고도 급작스러운 온도 변화를 초래할 수 있다.

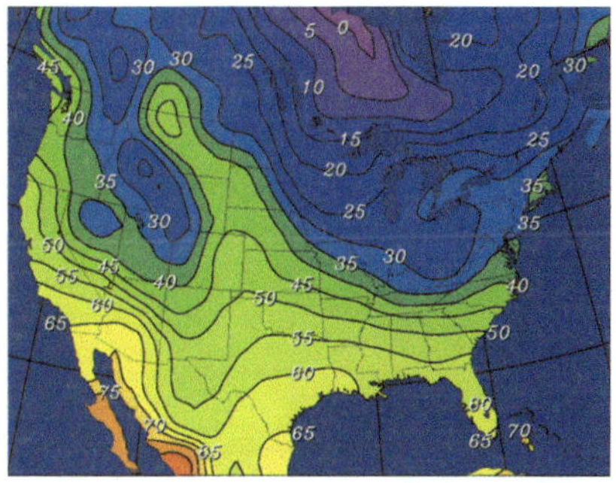

▶ **따뜻한 산바람** 이 그림은 겨울날 북미 지역의 표면 온도를 °F로 나타낸 것이다. 대륙 중앙에서 북쪽과 서쪽으로 뻗어나는 계절과 어울리지 않는 따뜻한 기온의 밝은 녹색 지역을 주목하라. 이날 치누크 바람으로 알려진 강한 서풍이 록키 산맥에서 불어 내려 (저압의) 고지대에서 (고압의) 저지대로 빠르게 이동했다. 공기는 강하하면서 급격히 압축되었다. 압축은 매우 빨라서 주변 환경과 열교환되지 않았는데, 이것이 공기 온도를 상당히 증가시키는 단열 과정이다. (역자주: 한국에서는 늦봄에서 초여름에 걸쳐 동해안에서 태백산맥을 넘어서 서쪽으로 고온 건조한 바람이 분다. 이를 높새바람이라 한다.)

개념형 예제 12.10 pV 관계도의 단열 곡선

그림 12.17은 점 1에서 점 2까지 등온 압축되는 기체의 pV 관계도이다. 급격한 단열 압축에 의하여 기체가 점 1에서 동일한 최종 압력으로 압축되면 pV 관계도에 어떻게 나타나는지 나타내시오.

그림 12.17 등온 압축 과정의 pV 관계도

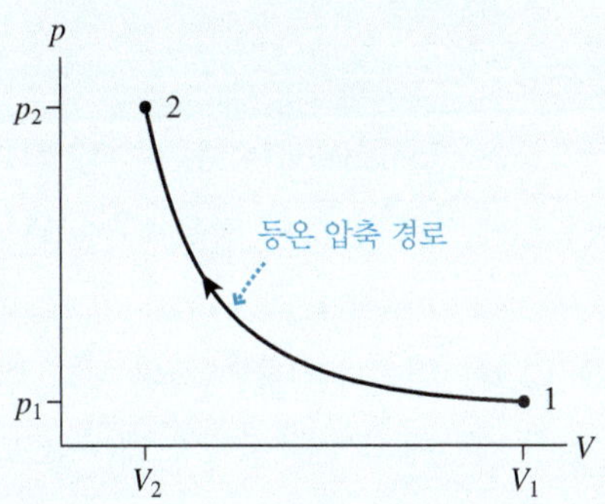

그림 12.18 단열 압축 과정의 pV 관계도

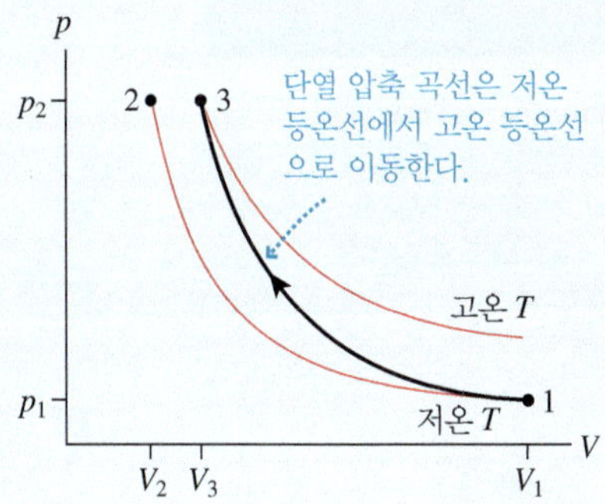

판단 단열 압축하면 기체에 한 일이 열에너지로 바뀌어 기체 온도가 올라가게 한다. 결과적으로 **그림 12.18**에서 볼 수 있듯이, 단열 압축 곡선은 기체 압력이 p_2에 도달할 때 등온선들을 가로질러 고온 등온선에서 끝난다.

검토 등온 압축에서는 열에너지가 기체 밖으로 전달되어 기체 온도는 일정하게 유지된다. 단열 압축에서는 이런 열전달이 일어나지 않으므로 기체의 최종 온도가 더 높을 것으로 기대한다. 일반적으로 단열 압축에서 최종점에서의 온도는 초기점보다 높다. 유사하게 단열 팽창은 더 낮은 등온선에서 끝난다.

12.4 열팽창

그림 12.19 고체의 온도를 올리면 팽창한다.

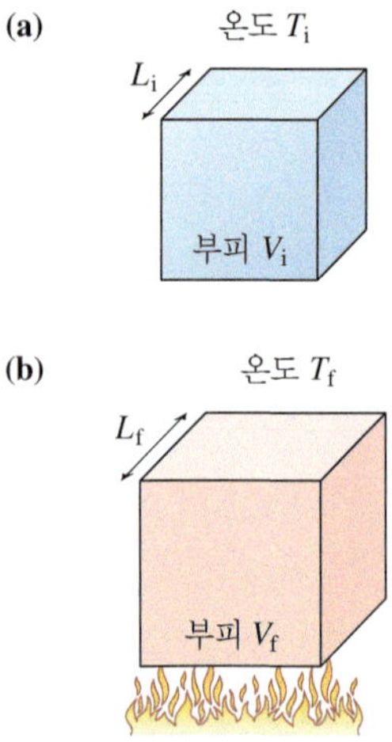

고체와 액체의 원자 사이의 결합은 고체나 액체가 기체보다 압축력이 훨씬 약하다는 것을 의미한다. 그러나 고체 또는 액체의 온도를 올리면 작지만 측정 가능한 부피 변화가 일어난다. 온도를 측정하기 위해 수은이나 알코올(붉은 액체가 있는 종류)이 들어 있는 온도계를 사용한 적이 있다면 이 원리가 작동하는 것을 보았을 것이다. 온도계 아래 액체가 담긴 둥근 부분을 무언가 따뜻한 것에 담그면 간단한 이유로 액체가 온도계 유리 기둥을 따라 위로 올라간다. 즉 팽창한다. 이 **열팽창**(thermal expansion)은 여러 가지 실질적인 현상의 바탕이 된다.

그림 12.19(a)는 초기에 온도가 T_i인 정육면체 물질을 보여준다. 정육면체의 가장자리 길이는 L_i이고 부피는 V_i이다. 그림 12.19(b)와 같이 정육면체를 가열하여 온도를 T_f로 증가시킨다. 정육면체 가장자리 길이는 L_f로 증가하고 부피는 V_f로 증가한다.

대부분의 물질의 경우 부피 변화 $\Delta V = V_f - V_i$는 온도 변화 $\Delta T = T_f - T_i$와 선형적인 관계가 있다.

$$\Delta V = \beta V_i \Delta T \tag{12.21}$$

열적 부피 팽창

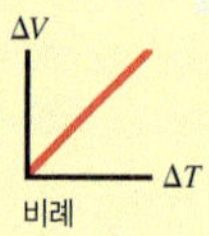

팽창하는 경간(span) 긴 강철 다리의 길이는 더운 날에는 약간 늘어나고 추운 날에는 줄어든다. 열팽창 대비 연결부는 도로를 휘게 하지 않으면서 다리 길이를 변하게 한다.

상수 β를 **부피 팽창 계수**(coefficient of volume expansion)라 한다. 이 값은 물체를 만드는 재료에 따라 다르다. ΔT는 K 단위로 측정하므로 β의 단위는 K^{-1}이다.

고체의 부피가 증가함에 따라 그 길이도 증가한다. 이 길이의 열팽창에 대하여도 비슷한 표현을 쓸 수 있다. 초기 길이 L_i의 물체가 온도 변화 ΔT를 겪게 되면, 그 길이는 L_f로 바뀐다. 길이 변화 $\Delta L = L_f - L_i$는 다음과 같이 주어진다.

$$\Delta L = \alpha L_i \Delta T \tag{12.22}$$

열적 선팽창

표 12.3 20°C에서의 선팽창 계수 및 부피 팽창 계수

물질	선팽창 계수 $\alpha(K^{-1})$	부피 팽창 계수 $\beta(K^{-1})$
알루미늄	23×10^{-6}	69×10^{-6}
유리	9×10^{-6}	27×10^{-6}
철 또는 강철	12×10^{-6}	36×10^{-6}
콘크리트	12×10^{-6}	36×10^{-6}
에틸알코올		1100×10^{-6}
물		210×10^{-6}
공기(및 다른 기체)		3400×10^{-6}

상수 α는 **선팽창 계수**(coefficient of linear expansion)이다. 식 (12.21)과 (12.22)는 **열수축**(thermal contraction)에도 동일하게 적용되며, 이 경우 ΔT와 ΔV (또는 ΔL)는 모두 음수라는 점에 유의한다.

일반적인 재료의 α 및 β값을 표 12.3에 열거하였다. 액체의 부피 팽창을 측정할 수 있지만, 액체가 형태를 바꿀 수 있기 때문에 액체는 선팽창 계수를 말하지 않는다. α와 β는 온도에 따라 약간 변하지만, 표 12.3의 실내 온도 때의 값은 이 교재의 모든 문제에 적합하다. α와 β값은 매우 작기 때문에 길이와 부피의 변화 ΔL과 ΔV는 항상 원래 값에 비하여 작다.

예제 12.11 **하늘에 얼마나 가까운가?**

시애틀에 있는 철제 관측탑인 스페이스 니들의 높이는 0°C의 겨울날 180 m이다. 온도가 30°C인 더운 여름날에 얼마나 높을까?

준비 강철은 온도가 올라가면 팽창한다.

$$\Delta T = T_f - T_i = 30°C - 0°C = 30°C = 30\ K$$

풀이 선팽창 계수는 표 12.3에 있으므로 식 (12.22)에 이 값을 대입하여 증가한 높이를 계산할 수 있다.

$$\Delta L = \alpha L_i \Delta T = (12 \times 10^{-6}\ K^{-1})(180\ m)(30\ K) = 0.065\ m$$

검토 더운 날이라고 건물이 더 높게 보이지 않을 것이기 때문에 최종 답변은 작을 것으로 예상한다. 높이 변화는 기대했던 대로 건물 높이에 비하여 작다. 최종 답은 물리적으로 합리적이다. 180 m에 비해 6.5 cm의 팽창은 쉽게 알아차릴 수 있는 것이 아니지만 무시할 수도 없다. 손상을 초래하는 응력을 피하기 위하여 설계 시 건물 및 교량의 구조 요소의 열팽창을 고려하여야 한다. 설계사가 시카고에 있는 AON 센터(옛 아모코 빌딩)를 덮고 있는 대리석 패널의 열응력을 제대로 계산하지 못하여 43,000개의 모든 패널을 큰 비용을 들여 교체해야만 했다.

개념형 예제 12.12 **구멍에 무슨 일이 일어날까?**

금속판에 원형 구멍이 있다. 이 금속판을 가열하면 구멍은 커지겠는가, 작아지겠는가?

판단 금속판이 팽창하면 금속이 구멍 안쪽으로 팽창하여 구멍이 줄어들 것이라고 생각할 수 있다. 그러나 금속판을 가져와서 구멍을 뚫을 자리에 원을 그렸다고 가정하자. 가열하면 그림 12.20에서 보는 바와 같이 금속판과 표시한 영역이 모두 확장된다. 가열 전후에 표시한 선을 따라 구멍을 뚫을 수 있다. 구멍 크기는 가열 후가 더 클 것이다. 따라서 금속판 팽창에 따라 구멍 크기도 팽창해야 한다.

검토 물체가 열팽창(또는 수축)될 때 모든 크기는 동일한 비율로 증가(또는 감소)된다.

그림 12.20 구멍의 열팽창

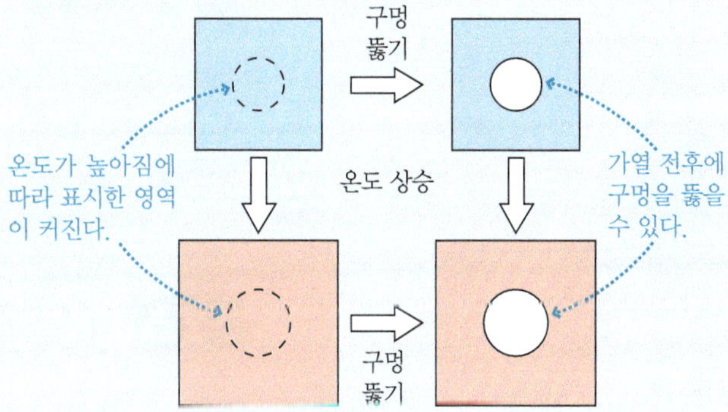

물과 얼음의 특성

생명을 위한 가장 중요한 분자인 물은 여러 가지 중요한 점에서 다른 액체와 다르다. 0°C의 어는점 쪽으로 냉각하면 부피가 감소할 것으로 예상한다. 그림 12.21(a)는 온도에 대한 물의 1몰 부피의 그래프이다. 물이 냉각됨에 따라 그 부피가 어느 점까지 실제로 감소하는 것을 볼 수 있다. 물을 4°C 이하로 더 냉각시키면 부피가 증가한다.

물의 이러한 이상한 특성은 물 분자에서의 전하 분포 때문으로 주변 분자들이 서로 어떻게 상호작용하는지를 결정한다. 물이 어는점에 다가감에 따라 분자들은 더 강하게 결합된 클러스터를 형성하기 시작한다. 물 분자는 실제로 그러한 클러스터를 형성하기 위해 조금 더 떨어져야만 하고, 따라서 부피가 증가한다. 그림 12.21(b)와 같이 물이 얼면 부피가 훨씬 더 증가한다.

그림 12.21 온도에 따른 물 1몰의 부피 변화

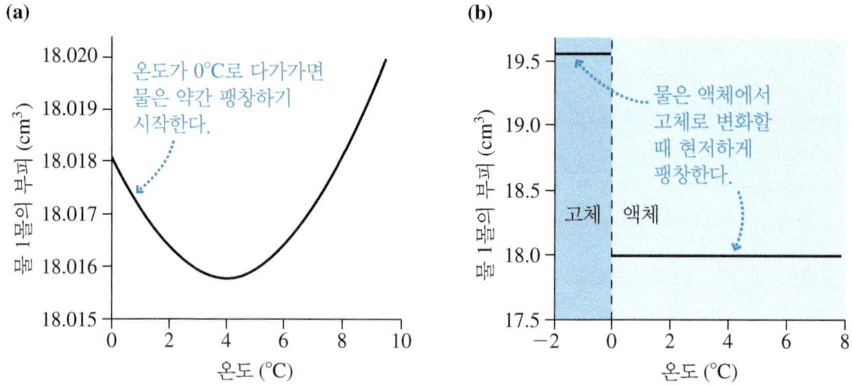

동결 시 이러한 팽창은 중요한 결과를 초래한다. 대부분의 물질에서 고체 상태는 액체 상태보다 밀도가 높기 때문에 고체 물질이 가라앉는다. 물이 얼면 **팽창하기** 때문에 얼음이 액체 물보다 밀도가 높지 않아 물 위에 뜬다. 차가운 음료수에 얼음 조각이 떠 있을 뿐만 아니라 호수 바닥보다 수면에 얼음이 형성되어 얼어붙는다. 이 얼음층은 수면 위의 더 차가운 공기로부터 아래의 물을 보온시키는 역할을 한다. 따라서 대부분의 호수는 단단하게 얼어붙지 않아 혹독한 겨울에도 수생 생물이 생존할 수 있다.

12.5 비열과 변환열

영상 학습 데모

영상 학습 데모

차가운 물 한 잔을 손에 쥐고 있으면 손의 열이 물의 온도를 높인다. 손에서 나오는 열은 얼음 조각을 녹일 것이다. 녹는 현상(용융)은 **상변화**(phase change)의 한 예이다. 온도를 높이고 상태가 변화하는 것은 계를 가열할 때 일어나는 두 가지 결과이며, 물체의 열적 특성을 이해하는 데 중요한 역할을 한다.

표 12.4 고체와 액체 비열

물질	c (J/kg·K)
고체	
납	128
금	129
구리	385
철	449
알루미늄	900
얼음	2090
포유동물의 몸	3400
액체	
수은	140
에틸알코올	2400
물	4190

비열

1 kg의 물에 4190 J의 열에너지를 더하면 온도가 1 K 상승한다. 운이 좋아 1 kg의 금이 있다면 온도 1 K 올리는 데 129 J의 열만 있으면 된다. 물질 1 kg의 온도를 1 K 상승키는 열의 양을 그 물질의 **비열**(specific heat)이라고 한다. 비열의 부호는 c이다. 물의 비열은 $c_{water} = 4190$ J/kg·K이며, 금의 비열은 $c_{gold} = 129$ J/kg·K이다. 비열은 물체를 구성하는 재료에만 좌우된다. 표 12.4에는 일반적인 액체 및 고체의 비열을 나열하였다.

물질 1 kg의 온도를 1 K 올리기 위해 열 c가 필요하다면 질량 M의 온도를 1 K 올리기 위하여 필요한 열은 Mc가, 질량 M의 온도를 ΔT만큼 올리는 데는 $Mc\Delta T$가 필요하다. 일반적으로 ΔT의 온도 변화를 주기 위한 열은

$$Q = Mc\,\Delta T \tag{12.23}$$

질량이 M이고 비열이 c인 물질의 온도를 ΔT만큼 변하게 하는 데 필요한 열

이다. Q는 양수 (온도는 상승) 또는 음수 (온도는 하강) 중 하나이다.

$\Delta T = Q/Mc$이기 때문에 비열이 작은 물질의 온도를 변화시키는 것보다 비열이 큰 물질의 온도를 변화시키는 데 더 많은 열에너지가 필요하다. 물은 비열이 매우 커서 천천히 데워지고 천천히 식는다. 이것이 우리에게는 행운이다. 물의 '열관성'이 크다는 것은 생명의 생물학적 과정에 매우 중요하다.

온화한 호수 물의 비열이 크기 때문에 밤중에 물의 온도가 주변 공기의 온도만큼 내려가지 않는다. 아침 일찍, 따뜻한 호수에서 증발하는 수증기는 호수 위의 차가운 공기에서 빠르게 응축되어 안개를 형성한다. 낮에는 그 반대 현상이 일어난다. 공기가 물보다 훨씬 따뜻해진다.

예제 12.13 발열에 필요한 에너지

70 kg의 학생이 독감에 걸려 체온이 37.0°C에서 39.0°C로 올라갔다. 체온을 이만큼 높이려면 얼마나 많은 에너지가 필요한가?

준비 온도를 올리려면 에너지를 더해주어야 한다. 온도 변화 ΔT는 2.0°C 또는 2.0 K이다.

풀이 체온이 올라가는 것은 몸의 신진대사의 화학 반응으로부터 내부적으로 공급되는 에너지를 사용하기 때문이며, 이것이 몸에 열을 전달한다. 몸의 비열은 표 12.4에 의하면 3400 J/kg·K이다. 식 (12.23)을 사용하여 필요한 열에너지를 구할 수 있다.

$$Q = Mc\Delta T = (70\text{ kg})(3400\text{ J/kg}\cdot\text{K})(2.0\text{ K}) = 4.8\times10^5\text{ J}$$

검토 우리 몸의 대부분이 비열이 큰 물이며, 몸의 질량이 크기 때문에 많은 양의 에너지가 필요할 것으로 예상한다. 11장을 다시 보면, 이것은 대략 큰 사과 하나의 에너지 또는 1.6 km를 걷는 데 필요한 에너지에 해당하는 것을 알 수 있다.

상태 변화

냉동고 내부의 온도는 일반적으로 약 −20°C이다. 냉동고에서 얼음 조각 몇 개를 꺼내 온도계가 있는 밀폐된 용기에 넣는다. 그런 다음 **그림 12.22(a)**와 같이 균일한 불꽃 위에 용기를 둔다. 용기를 천천히 가열하여 용기 내부 온도가 항상 한 값으로 균일하다고 가정한다.

그림 12.22(b)는 온도를 시간의 함수로 나타낸 것이다. 1단계에서 얼음은 0°C에 도달할 때까지 녹지 않고 꾸준히 따뜻해진다. 2단계에서 얼음이 녹는 상당한 시간 동안 온도는 0°C로 고정된다. 얼음이 녹을 때 얼음 온도와 액체 물의 온도는 0°C로 유지된다. 계를 가열하여도 얼음이 전부 녹을 때까지 온도가 올라가지 않는다.

2단계가 끝나면 얼음이 완전히 녹아 액체 물이 된다. 3단계 동안 불꽃에 의하여 이 액체 물이 서서히 데워져 100°C에 도달할 때까지 온도가 상승한다. 4단계에서 액체 물은 100°C로 유지된 채 물의 증기인 수증기로 변하고 수증기 온도도 100°C로 유

그림 12.22 물이 고체에서 액체로, 기체로 변할 때 시간에 따른 온도

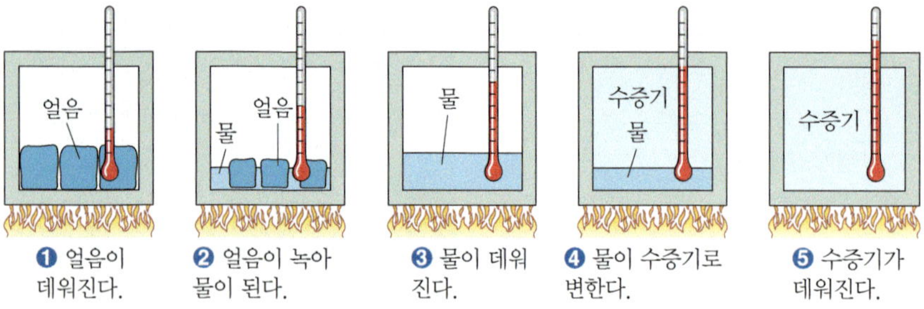

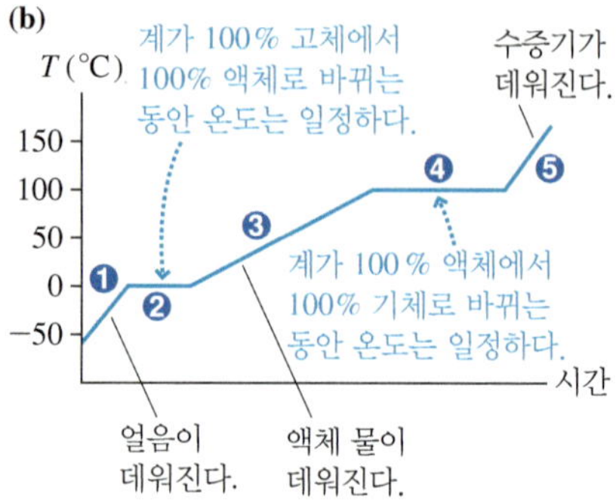

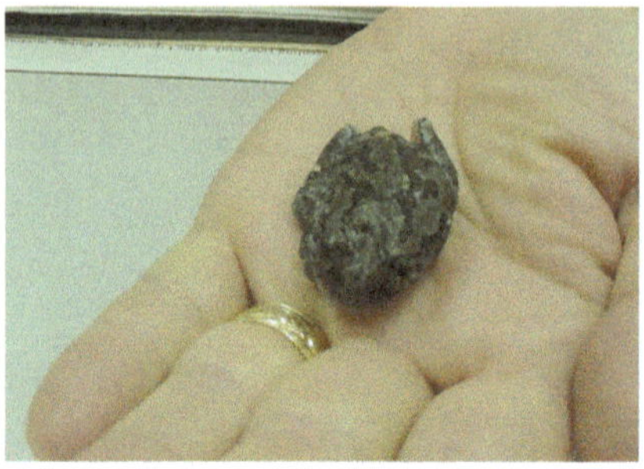

냉동 개구리 BIO 불가능한 것처럼 보이지만 일반적으로 나무숲산개구리는 그들의 몸이 상당히 얼어붙은 채 겨울에 살아남는다. 어떤 물질을 물에 녹이면 물의 녹는점이 낮아진다. 개구리의 몸 속 세포 사이의 액체 물은 얼어붙지만 고농도의 용해된 포도당 때문에 세포 안의 물은 액체 상태로 남아 있다. 이것은 조직의 동결 및 그 다음의 해동에 의한 세포 손상을 방지한다. 봄이 오면 개구리가 해동되고 겨울의 동결 때문에 더 나빠진 것 같지는 않다.

지된다. 계를 가열하더라도 모든 물이 수증기로 변환될 때까지 온도가 다시 상승하지 않는다. 마지막으로 100°C에서 연속적으로 온도가 상승하는 순수 수증기인 5단계가 시작된다.

원자 모형은 지금 일어나는 현상에 대해 이해할 수 있게 해준다. 고체의 열에너지는 진동하는 원자의 운동 에너지와 늘어나고 수축하는 분자 결합의 위치 에너지이다. 고체를 가열하면 어느 순간 열에너지가 매우 커져서 분자 결합이 끊어지기 시작하여 원자들이 돌아다닐 수 있게 된다. 즉 고체가 녹기 시작한다. 계속 가열하면 에너지 때문에 결합이 더 많이 끊어져 더 많이 녹을 것이다. 모든 결합이 끊어질 때까지 온도는 상승하지 않는다. 액체를 고체로 되돌리려면 이 만큼의 에너지를 제거해야 한다.

개념형 예제 12.14 음료를 냉각하기 위한 전략

따뜻한 탄산음료를 냉각하고자 할 때 0°C의 액체 물 25 g을 더하는 것과 0°C의 얼음 25 g을 더하는 것 중 어느 것이 더 효과적인가?

판단 0°C의 액체 물을 더하면 열이 탄산음료에서 물로 옮겨져 물의 온도는 올라가고 탄산음료의 온도는 낮아진다. 0°C의 얼음을 넣으면 열이 탄산음료에서 얼음으로 전달되어 0°C 얼음을 0°C 액체 물로 변화시킨다. 그러고 나서 열이 액체 물로 전달되어 물의 온도가 올라간다. 따라서 더 많은 열에너지가 탄산음료에서 제거되므로 액체 물보다는 얼음을 사용하면 최종 온도는 더 낮아진다.

검토 이것은 우리가 실제로 하는 일이라는 것을 알기에 의미가 있다. 음료를 시원하게 하려면 얼음 조각을 넣는다.

고체가 액체가 되는 온도, 또는 열에너지가 감소되어 액체가 고체가 되는 온도를 **녹는점**(melting point) 또는 **어는점**(freezing point)이라고 한다. 용융 및 결빙은 **상변화**이다. 녹는점에 있는 계는 **상평형**(phase equilibrium)에 있으며, 이는 임의의 양의 고체가 임의의 양의 액체와 공존할 수 있음을 의미한다. 온도를 약간 올리면 전체 계가 곧 액체가 된다. 약간 낮추면 모두 고체가 된다.

그림 12.22(b)에서 100°C인 경우 상평형의 다른 영역을 볼 수 있다. 이것은 액체 상태와 기체 상태 사이의 상평형이며, 이 온도에서는 임의의 양의 액체가 임의의 양의 기체와 공존할 수 있다. 계에 열을 가하여도 온도는 동일하게 유지된다. 추가한 에너지는 액체 분자 사이의 결합을 끊어서 기체 상태로 이동할 수 있게 한다. 기체가 액체로 또는 액체가 기체로 되는 온도를 **응축점**(condensation point) 또는 **끓는점**(boiling point)이라 한다.

개념형 예제 12.15 **빨리 끓을까 아니면 천천히 끓을까?**

화로에서 국수를 요리하고 있다. 물은 천천히 끓는다. 화로에서 불꽃을 크게 하여 물을 빨리 끓이면 국수가 더 빨리 요리되겠는가?

판단 물은 100°C에서 끓는다. 아무리 격렬하게 끓여도 온도는 같다. 요리가 얼마나 빨리 되는가를 결정하는 것은 물의 온도이다. 빠른 속도로 열을 가하면 물은 더 빨리 끓게 되지만 온도는 변하지 않는다. 조리 시간이 바뀌지 않는다.

검토 이 결과는 이상하게 보일지 모르지만 다음에 국수를 요리할 때 실험해볼 수 있을 것이다.

변환열

그림 12.22(b)에서 상변화는 그래프에서 수평선으로 나타난다. 이 선분에서 열은 계로 전달되지만 온도는 변하지 않는다. 열에너지는 상변화 중에 계속 증가하지만, 언급한 바와 같이 증가하는 에너지는 분자 속도를 빠르게 하는 것보다 분자 결합을 파괴시키는 방향으로 나아간다. **상변화는 온도 변화 없이 열에너지의 변화를 특징으로 한다.**

암석이 녹은 용암은 액체 물과 접촉하면 액체에서 고체로 상태가 변한다. 열이 물로 전달되면 물이 액체에서 기체로 상태가 변화한다.

물질 1 kg의 상변화를 일으키는 열에너지의 양을 그 물질의 **변환열**(heat of transformation)이라고 한다. 예를 들어 실험에 의하면 0°C의 얼음 1 kg을 녹이기 위하여 333,000 J의 열이 필요하다. 변환열의 부호는 L이다. 질량 M인 전체 계가 상변화를 겪는 데 필요한 열은

$$Q = ML \tag{12.24}$$

이다.

'변환열'은 모든 상변화를 나타내는 일반적인 용어이다. 두 가지 특별한 변환열은 고체와 액체 사이의 변환열인 **용융열**(heat of fusion) L_f와 액체와 기체 사이의 변환열인 **증발열**(heat of vaporization) L_v이다. 이러한 상변화에 필요한 열은

$$Q = \begin{cases} \pm ML_f & \text{질량 } M\text{을 녹이는 데/얼리는 데 필요한 열} \\ \pm ML_v & \text{질량 } M\text{을 끓이는 데/응축시키는 데 필요한 열} \end{cases} \tag{12.25}$$

이다. 여기서 ±는 녹이거나 끓일 때는 계에 열을 가하고 얼리거나 응축시킬 때는 계에서 열을 제거해야 함을 나타낸다. **필요한 경우 음의 부호를 명시적으로 포함시켜야 한다.**

표 12.5는 변환열을 나열한 것이다. 증발열은 항상 용융열보다 훨씬 크다.

표 12.5 표준 대기압에서의 녹는점, 끓는점 및 변환열

물질	T_m(°C)	L_f(J/kg)	T_b(°C)	L_v(J/kg)
질소(N_2)	−210	0.26×10^5	−196	1.99×10^5
에틸알코올	−114	1.09×10^5	78	8.79×10^5
수은	−39	0.11×10^5	357	2.96×10^5
물	0	3.33×10^5	100	22.6×10^5
납	328	0.25×10^5	1750	8.58×10^5

예제 12.16 얼음과자 녹이기

−10°C의 냉동고에서 꺼낸 45 g의 냉동 얼음과자를 먹는다. 얼음과자를 신체 온도까지 데우자면 얼마나 많은 에너지가 필요한가?

준비 얼음과자를 순수한 물이라고 가정할 수 있다. 정상 체온은 37°C이다. 얼음과 액체 물의 비열은 표 12.4에 있다. 물의 용융열은 표 12.5에 있다.

풀이 그림 12.22의 1단계에서 3단계에 해당하는 문제로, 세 부분으로 나누어 볼 수 있다. 얼음과자를 0°C로 데우고, 녹인 후, 녹은 물을 체온까지 데워야 한다. 얼음을 $\Delta T = 10°C = 10$ K만큼 올려 녹는점까지 데우는 데 필요한 열은

$$Q_1 = Mc_{ice}\,\Delta T = (0.045\text{ kg})(2090\text{ J/kg}\cdot\text{K})(10\text{ K}) = 940\text{ J}$$

이다. 이 수식에서 액체 물이 아닌 얼음의 비열을 사용함에 유의하라. 얼음 45 g을 녹이는 데 필요한 열은

$$Q_2 = ML_f = (0.045\text{ kg})(3.33 \times 10^5\text{ J/kg}) = 15{,}000\text{ J}$$

이다. 이제 액체 물을 체온까지 데워야 한다. 이때 필요한 열은

$$Q_3 = Mc_{water}\,\Delta T = (0.045\text{ kg})(4190\text{ J/kg}\cdot\text{K})(37\text{ K}) = 7000\text{ J}$$

이다. 전체 에너지는 세 값의 합이다.

$$Q_{total} = 23{,}000\text{ J}$$

검토 예상했던 것처럼 물을 데우는 것보다 얼음을 녹이는 데 더 많은 에너지가 필요하다. 보통 얼음과자의 열량은 40 Cal로, 이는 약 170 kJ이다. 이 얼음과자를 체온까지 데우는 데 얼음과자의 화학적 에너지의 약 15 %를 사용한다.

시원하게 하기 BIO 인간(및 소와 말)은 땀샘이 있어 땀을 흘려 피부를 적시고 증발로 몸을 식힐 수 있다. 땀을 흘리지 않는 동물도 시원하게 유지하기 위하여 증발을 사용한다. 개, 염소, 토끼, 심지어 새는 헐떡이며 기도로부터 물을 증발시킨다. 코끼리는 피부에 물을 뿌리고 다른 동물들은 모피를 핥는다.

증발

물은 100°C에서 끓는다. 그러나 물의 개별 분자는 저온에서 액체 상태에서 기체 상태로 변할 수 있다. 이 과정을 **증발**(evaporation)이라 한다. 물은 100°C보다 훨씬 낮은 온도에서 피부의 땀으로 증발한다. 원자 모형을 사용하여 이것을 설명할 수 있다.

기체에서 입자 속도가 다양하다는 것을 알았다. 물과 다른 액체에도 같은 원칙이 적용된다. 어떤 온도에서든 일부 분자는 기체 상태가 되기에 충분히 빠르게 움직일 것이다. 그리고 분자들이 기체가 되며 열에너지를 가져간다. 액체를 떠나는 분자는 가장 높은 운동 에너지를 가진 분자들이므로 증발하고 남아 있는 액체의 평균 운동 에너지(따라서 온도)는 감소한다.

땀과 호흡으로 방출하는 습기의 증발은 신진대사에 의한 과도한 열을 주변으로 배출시켜 체온을 일정하게 유지할 수 있는 방법 중 하나이다. 질량 M의 물을 증발시키는 열은 $Q = ML_v$이며, 이만큼의 열이 신체에서 빠져나간다. 그러나 증발열 L_v는 끓을 때의 값보다 약간 크다. 30°C의 피부 온도에서 물의 증발열은 $L_v = 24 \times 10^5$ J/kg 또는 표 12.5의 100°C 때의 값보다 6 % 더 크다.

예제 12.17 **땀에 의한 열손실 계산하기** BIO

인체는 분당 약 30 g의 땀을 방출할 수 있다. 땀의 증발로 어느 정도의 열을 배출할 수 있는가?

풀이 정상 체온에서 30 g의 땀을 증발시키기 위하여 열에너지는

$$Q = ML_{\text{v}} = (0.030\ \text{kg})(24 \times 10^5\ \text{J/kg}) = 7.2 \times 10^4\ \text{J}$$

이 필요하다. 이 열은 분당 잃어버리는 열이다. 따라서 열손실률은

$$\frac{Q}{\Delta t} = \frac{7.2 \times 10^4\ \text{J}}{60\ \text{s}} = 1200\ \text{W}$$

이다.

검토 11장에서 열거한 것처럼 다양한 활동에 필요한 대사율을 감안할 때 이 열손실률은 디운 날씨에 운동할 때에도 땀 발생률을 유지하기에 충분한 물을 마시는 한 몸을 시원하게 유지하기에 충분하다.

12.6 열계량법

한두 번 정도는 뜨거운 음료를 빨리 식히기 위하여 얼음 조각을 넣어 본 적이 있을 것이다. 이는 시행착오적 방법으로 계 사이에 전달된 열 또는 화학 반응에서 생성된 열의 정량적 측정, 즉 **열계량법**(calorimetry)이라는 열전달을 실제적으로 경험한 것이다. **그림 12.23**에서와 같이 열에너지기 뜨거운 음료에서 차가운 얼음 조각으로 옮겨가 음료의 온도를 낮추는 것을 알 수 있다.

그림 12.23 얼음으로 뜨거운 커피 식히기

이 성성적인 설명을 좀 더 명확하게 해보자. **그림 12.24**는 서로 열을 교환할 수 있지만 그 밖의 다른 모든 것에서 격리되어 있는 2개의 계를 보여준다. 초기에는 서로 온도가 T_1 및 T_2로 다르다고 가정하자. 알겠지만 열에너지는 공통의 최종 온도 T_f에 도달할 때까지 뜨거운 계에서 차가운 계로 이동한다. 그림 12.23의 커피 식히기의 예에서 커피는 계 1, 얼음은 계 2, 단열 장벽은 커피 컵이다.

그림 12.24 두 계가 열적 상호작용을 한다. 계 1에서 계 2로 열이 전달되는 예에서 $Q_2 > 0$이고 $Q_1 < 0$이다.

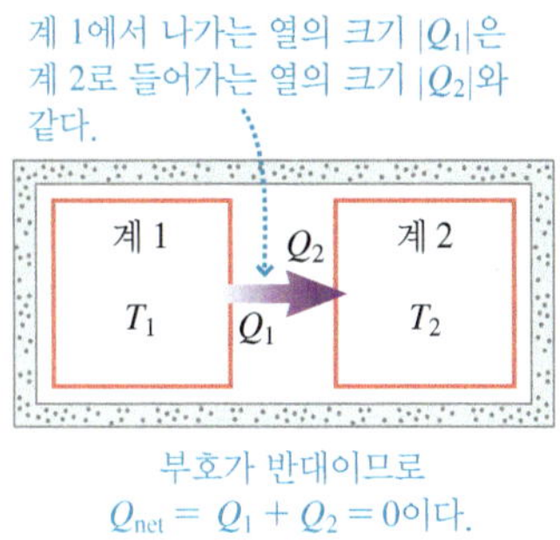

단열은 열에너지가 주변 환경에서 또는 주변 환경으로 이동하는 것을 방지하므로 에너지 보존 법칙에 의하여 더 뜨거운 계에서 이동하는 모든 에너지는 더 차가운 계로 들어가야 한다는 것을 알 수 있다. 개념은 간단하지만 이 생각을 수학적으로 기술하기 위해서는 부호에 주의하여야 한다.

계 1로 전달된 열에너지를 Q_1이라 하자. Q_1은 에너지가 계 1로 **전달되면** 양수, 계 1로부터 **빠져나가면** 음수이다. 마찬가지로, Q_2는 계 2로 전달되는 에너지이다. 계가 단순히 에너지를 교환한다는 사실 때문에 $|Q_1| = |Q_2|$로 쓸 수 있다. 그러나 Q_1과 Q_2의 부호는 반대이므로 $Q_1 = -Q_2$이다. 주변 환경과 에너지를 교환하지 않으므로 이 관계를 다음과 같이 쓰는 것이 더 합리적이다.

$$Q_{\text{net}} = Q_1 + Q_2 = 0 \tag{12.26}$$

이 생각은 쉽게 확장된다. 얼마나 많은 계가 열적으로 상호작용하든지 Q_{net}은 0이어야 한다.

문제 풀이 전략 12.1 열계량법 문제

두 계가 열적 접촉되어 있으면 열계량법을 사용하여 둘 사이에서 이동한 열과 최종 평형 온도를 구한다.

준비 각각의 상호작용 계를 확인한다. 그것들이 주변 환경으로부터 고립되어 있다고 가정한다. 알고 있는 정보를 나열하고 필요한 것을 찾아낸다. 모든 수량을 SI 단위로 변환한다.

풀이 에너지 보존 법칙에 의하여 다음과 같다.

$$Q_{net} = Q_1 + Q_2 + \cdots = 0$$

- 온도 변화가 일어나는 계에서는 $Q_{\Delta T} = Mc(T_f - T_i)$이다. 온도 T_i와 T_f가 올바른지 확인한다.
- 상변화가 일어나는 계의 경우 $Q_{phase} = \pm ML$이다. 변화 중에 에너지가 계에 들어오고 나가는지 관찰하여 올바른 부호를 사용한다.
- 어떤 계는 온도 변화와 상변화 모두 일어날 수 있다. 이 변화를 분리하여 다루어야 한다. 열에너지는 $Q = Q_{\Delta T} + Q_{phase}$이다.

검토 최종 온도는 여러 개의 초기 온도의 사이이어야 한다. T_f가 모든 초기 온도보다 높거나 낮다면 무언가 잘못되었다. 일반적으로 부호 오류이다.

예제 12.18 열계량법으로 금속 식별하기

미지의 금속 200 g을 90.0°C로 가열한 다음 단열 용기에 담아 20.0°C의 물 50.0 g 중에 떨어뜨린다. 수온이 몇 초 안에 27.7°C로 상승하고 더 이상 변하지 않는다. 어떤 금속인지 식별하시오.

준비 금속과 물은 열적으로 상호작용한다. 상변화는 없다. 모든 초기 온도와 최종 온도를 안다. 온도를 다음과 같이 분류한다. 금속의 초기 온도는 T_m, 물의 초기 온도는 T_w, 공통의 최종 온도는 T_f로 한다. 물의 경우 $c_w = 4190$ J/kg·K은 표 12.4에서 알 수 있다. 금속의 비열 c_m만 모른다.

풀이 에너지 보존에 의하여 $Q_w + Q_m = 0$이다. 각각의 경우 $Q = Mc(T_f - T_i)$를 사용하면

$$Q_w + Q_m = M_w c_w (T_f - T_w) + M_m c_m (T_f - T_m) = 0$$

이다. 이를 미지의 비열에 대하여 풀면 다음과 같다.

$$\begin{aligned} c_m &= \frac{-M_w c_w (T_f - T_w)}{M_m (T_f - T_m)} \\ &= \frac{-(0.0500\text{ kg})(4190\text{ J/kg}\cdot\text{K})(27.7°\text{C} - 20.0°\text{C})}{(0.200\text{ kg})(27.7°\text{C} - 90.0°\text{C})} \\ &= 129\text{ J/kg}\cdot\text{K} \end{aligned}$$

표 12.4를 보면 200 g의 금이거나 약간의 실험적 오류가 있었다면 200 g의 납임을 알 수 있다.

검토 미지의 금속의 온도가 물의 온도보다 훨씬 더 많이 변했다. 이것은 금속의 비열이 물의 비열보다 훨씬 작아야 한다는 것을 의미하는데, 이것은 정확히 우리가 발견한 것이다.

예제 12.19 **상변화가 있는 경우 열계량법**

질량 500 g인 다이어트 탄산음료 500 mL가 실온 20°C에 있어 −20°C 냉동고에서 꺼낸 100 g의 얼음을 넣었다. 얼음이 모두 녹을까? 그렇다면 최종 온도는 얼마일까? 그렇지 않다면 얼마나 많은 얼음이 녹을까? 컵은 단열이 잘 된다고 가정하라.

준비 두 가지 가능한 결과를 구별하여야 한다. 얼음이 모두 녹으면 $T_f > 0°C$이다. 얼음이 모두 녹기 전에 탄산음료가 0°C로 차가워지면 얼음과 액체가 0°C에서 평형이 유지될 수도 있다. 어떻게 풀어야 하는지 알기 전에 이것들을 구별할 필요가 있다. 초기 온도, 질량 및 비열은 모두 알려져 있다. 탄산음료와 얼음이 결합된 계의 최종 온도는 모른다.

풀이 먼저 얼음이 모두 녹아 0°C의 액체 물이 되는 데 필요한 열을 계산한다. 그렇게 하려면 얼음을 0°C로 20 K만큼 온도를 올리고, 그 다음 물로 변화시켜야 한다. 두 단계 과정에서 들어오는 열은

$$Q_{melt} = \overbrace{M_{ice}c_{ice}(20\text{ K})}^{\text{이것은 얼음의 온도를 }-20°\text{C에서 }0°\text{C로 올리는 에너지이다. }\Delta T = 20\text{ K}} + \overbrace{M_{ice}L_f}^{\text{이것은 일단 }0°\text{C가 된 얼음을 녹이는 에너지이다.}} = 37{,}500\text{ J}$$

이고 이 수식에서 L_f는 물의 용융열이다.

Q_{melt}는 얼음을 녹이기 위해 더해주어야 하는 열이므로 양의 값이다. 다음으로 500 g의 탄산음료를 0°C까지 완전히 식힐 때 빠져나가야 하는 열에너지를 계산한다.

$$Q_{cool} = M_{soda}c_{water}(-20\text{ K}) = -41{,}900\text{ J}$$

온도가 감소하므로 $\Delta T = -20$ K이다. $|Q_{cool}| > Q_{melt}$이므로 탄산음료에는 얼음을 모두 녹일 수 있는 충분한 에너지가 있다. 따라서 최종 상태는 $T_f > 0$으로 모두 액체일 것이다. ($|Q_{cool}| < Q_{melt}$라면 최종 상태는 0°C에서 얼음과 액체 혼합물일 것이다.)

에너지 보존 때문에 $Q_{ice} + Q_{soda} = 0$이다. 열 Q_{ice}는 얼음을 0°C가 되게 하는 열, 0°C에서 얼음을 녹여 물이 되게 하는 열, 그리고 0°C의 물을 T_f가 되게 하는 열 등 세 가지이다. 마지막 단계에서 이 계는 '얼음 계'이기 때문에 여전히 M_{ice}일 것이다. 그러나 액체 물의 비열을 사용할 필요가 있다. 따라서

$$\begin{aligned}Q_{ice} + Q_{soda} = [&M_{ice}c_{ice}(20\text{ K}) + M_{ice}L_f \\ &+ M_{ice}c_{water}(T_f - 0°\text{C})] \\ &+ M_{soda}c_{water}(T_f - 20°\text{C}) = 0\end{aligned}$$

이다. 이미 일부 계산을 끝냈으므로

$$37{,}500\text{ J} + M_{ice}c_{water}(T_f - 0°\text{C}) + M_{soda}c_{water}(T_f - 20°\text{C}) = 0$$

으로 쓸 수 있다. T_f에 대하여 풀면

$$T_f = \frac{20M_{soda}c_{water} - 37{,}500\text{ J}}{M_{ice}c_{water} + M_{soda}c_{water}} = 1.8°\text{C}$$

이다.

검토 탄산음료에 많은 양의 얼음을 넣었으므로 예상했던 것처럼 최종적으로 거의 어는점까지 식는다.

12.7 기체의 비열

이제 기체로 되돌아갈 때이다. 기체를 가열하면 어떻게 되는가? 고체와 액체에서처럼 기체에서도 비열을 정의할 수 있을까? 곧 알게 되겠지만 특정 온도 변화를 주기 위하여 필요한 열은 기체 상태가 변화하는 **과정**에 따라 다르기 때문에 기체의 경우에는 고체 또는 액체보다 결정하기 어렵다.

고체나 액체와 마찬가지로 기체를 가열하면 온도가 변한다. 그러나 얼마나 변할까? **그림 12.25**는 기체에 대하여 pV 관계도의 두 등온선을 나타낸 것이다. T_i의 등온선에서 시작하여 T_f의 등온선에서 끝나는 과정 A와 B는 온도 변화 $\Delta T = T_f - T_i$와 같기 때문에 둘 다 필요한 열의 양은 같을 것으로 예상할 수 있다. 그러나 정적 과정 A는 정압 과정 B보다 열이 더 적게 필요하다는 것이 밝혀졌다. 그 이유는 과정 B에서는 한 일이 있지만 과정 A에서는 한 일이 없기 때문이다.

그림 12.25 과정 A와 과정 B는 ΔT와 ΔE_{th}가 같지만 필요한 열의 양은 다르다.

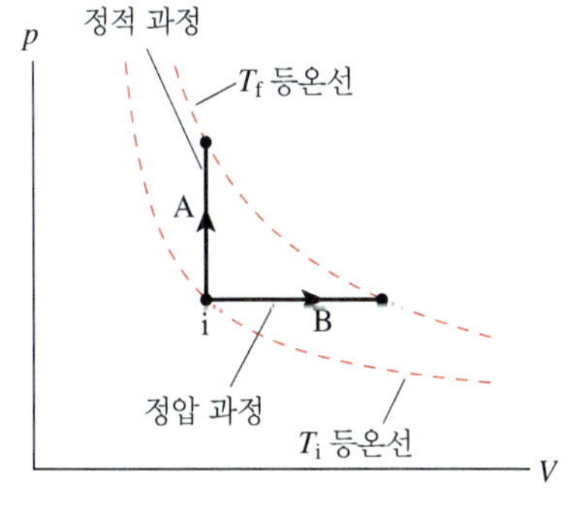

두 가지 서로 다른 기체의 비열을 정의할 필요가 있다. 하나는 정적 과정용이고 다

른 하나는 정압 과정용이다. 기체 계산에는 질량 대신에 몰을 사용하기 때문에 비열을 **몰 비열**로 정의할 것이다. 기체 n몰의 온도를 ΔT만큼 변화시키기 위해 필요한 열의 양은, 정적 과정에서는

$$Q = nC_V \Delta T \tag{12.27}$$

이고 정압 과정에서는

$$Q = nC_P \Delta T \tag{12.28}$$

이다. C_V는 **정적 몰 비열**이고 C_P는 **정압 몰 비열**이다. 표 12.6에 몇몇 흔한 기체의 C_V 및 C_P값을 열거하였다. 단위는 J/mol·K이다. 공기의 경우 N_2값과 본질적으로 같다.

표 12.6 20°C에서 기체의 몰 비열(J/mol·K)

기체	C_P	C_V
단원자 기체		
He	20.8	12.5
Ne	20.8	12.5
Ar	20.8	12.5
이원자 기체		
H_2	28.7	20.4
N_2	29.1	20.8
O_2	29.2	20.9
삼원자 기체		
수증기	33.3	25.0

흥미로운 것은 표 12.6의 모든 단원자 기체의 C_P와 C_V가 같다는 것이다. 왜 이럴까? 단원자 기체가 이상적이기 때문에 이상 기체의 원자 모형으로 돌아가 본다. 이상 기체 원자 N개의 열에너지는 $E_{th} = \frac{3}{2}Nk_BT = \frac{3}{2}nRT$이다. 이상 기체의 온도가 ΔT만큼 변화하면 열에너지는

$$\Delta E_{th} = \frac{3}{2}nR\,\Delta T \tag{12.29}$$

만큼 변화한다. 기체의 부피를 일정하게 유지하여 일을 하지 않는다면, 이 에너지 변화는 열에 의해서만 발생하므로

$$Q = \frac{3}{2}nR\,\Delta T \tag{12.30}$$

가 된다. 식 (12.30)을 식 (12.27)의 몰 비열의 정의와 비교하면, 정적 몰 비열은

$$C_V(\text{단원자 기체}) = \frac{3}{2}R = 12.5\ \text{J/mol}\cdot\text{K} \tag{12.31}$$

이어야 함을 알 수 있다. 이상 기체 모형으로부터 얻은 이 예측값은 표 12.6에 있는 단원자 기체에 대한 C_V 측정값과 정확하게 같으므로, 이 모형이 올바르다는 것을 확인할 수 있다.

정압 몰 비열은 다르다. 밀폐된 용기에 넣은 기체를 가열하여 부피 변화가 없으면 아무런 일도 하지 않은 것이다. 그러나 피스톤이 있는 실린더의 기체를 가열하며 일정한 압력을 유지하게 하려면 기체가 팽창해야 하고, 팽창하면서 일을 한다. 식 (12.29)에서 ΔE_{th}에 대한 식은 여전히 유효하지만 이제는 열역학 제1법칙을 따라 $Q = \Delta E_{th} + W_{gas}$가 된다. 등압 과정에서 기체가 한 일은 $W_{gas} = p\Delta V$이므로 필요한 열은

$$Q = \Delta E_{th} + W_{gas} = \frac{3}{2}nR\,\Delta T + p\,\Delta V \tag{12.32}$$

이다. 이상 기체 법칙 $pV = nRT$는 p가 일정하고 V와 T만 변화하면 $p\Delta V = nR\Delta T$를 의미한다. 식 (12.32)에서 이 결과를 사용하여, 정압 과정에서 ΔT만큼 온도를 변화시키는 데 필요한 열은

$$Q = \frac{3}{2}nR\,\Delta T + nR\,\Delta T = \frac{5}{2}nR\,\Delta T$$

라는 것을 알 수 있다. 몰 비열의 정의와 비교하면

$$C_P = \frac{5}{2}R = 20.8\ \text{J/mol}\cdot\text{K} \qquad (12.33)$$

임을 알 수 있다. 이것은 예상한 대로 C_V보다 크고 표 12.6의 모든 단원자 기체에 대하여 완벽하게 일치한다.

예제 12.20 팽창하는 기체가 한 일

일반적인 기상 관측용 풍선의 재질은 얇은 고무(latex)이므로 풍선을 펼치는 데 상대적으로 힘이 거의 들지 않아 풍선 내부 압력은 대기압과 거의 같다. 풍선은 공기보다 밀도가 작은 기체, 일반적으로 수소 또는 헬륨으로 채워져 있다. 180 mol의 헬륨으로 채워진 기상 관측용 풍선이 추운 아침 고지대에서 발사하기를 기다리고 있다고 가정하자. 햇볕을 받으면 풍선이 따뜻해져 기체 온도가 0°C에서 30°C로 높아진다. 풍선이 팽창하면서 한 일은 얼마인가?

준비 한 일은 $p\Delta V$와 같다. 그러나 압력을 알지 못하고(해수면이 아니고 고도를 알지 못함) 풍선의 부피도 알지 못한다. 대신 열역학 제1법칙을 사용한다. 식 (12.19)를

$$W_{gas} = Q - \Delta E_{th}$$

로 다시 쓸 수 있다. 기체의 온도 변화는 30°C이므로 $\Delta T = 30$ K이다. 일정한 압력에서의 온도 변화이기 때문에 온도가 상승함에 따라 풍선으로 얼마나 많은 열에너지가 전달되는지 계산할 수 있고, ΔT를 알기 때문에 기체의 열에너지가 얼마나 증가하는지 계산할 수 있다.

풀이 기체 온도를 높이기 위해 필요한 열은 식 (12.28)로 구한다.

$$Q = nC_P\,\Delta T = (180\,\text{mol})(20.8\ \text{J/mol}\cdot\text{K})(30\,\text{K}) = 112\ \text{kJ}$$

열에너지 변화는 식 (12.20)처럼 온도 변화에 따라 다르다.

$$\Delta E_{th} = \frac{3}{2}nR\,\Delta T = \frac{3}{2}(180\ \text{mol})(8.31\ \text{J/mol}\cdot\text{K})(30\ \text{K})$$
$$= 67.3\ \text{kJ}$$

팽창하는 풍선이 한 일은 이 두 값의 차이이다.

$$W_{gas} = Q - \Delta E_{th} = 112\ \text{kJ} - 67.3\ \text{kJ} = 45\ \text{kJ}$$

검토 숫자가 크지만(열량이 크고 열에너지 변화가 크다) 기체가 많이 들어 있는 큰 풍선이므로 이는 타당한 것 같다.

이제 표 12.6의 이원자 기체를 살펴보자. 단원자 기체보다 몰 비열이 큰데, 원자 모형으로 이유를 설명할 수 있다. 단원자 기체의 열에너지는 원자들의 병진 운동 에너지뿐이다. 단원자 기체를 가열한다는 것은 단순히 원자들이 더 빨리 움직인다는 것을 의미한다. 이원자 기체의 열에너지는 그림 12.26에 나타낸 것처럼 단지 병진 에너지뿐만이 아니다. 이원자 기체를 가열하면 분자가 더 빠르게 움직일 뿐만 아니라, 더 빠르게 회전하게 된다. 에너지는 분자의 병진 운동 에너지가 되고(따라서 온도가 올라간다), 일부 에너지는 회전 운동 에너지가 된다. 더해준 열의 일부가 회전 운동으로 이동하기 때문에, 표 12.6처럼 이원자 기체의 비열은 단원자 기체의 비열보다 높다. 이 표는 예상할 수 있는 것처럼, 삼원자 기체인 수증기의 비열이 훨씬 더 높음을 보여준다.

그림 12.26 이원자 기체의 열에너지

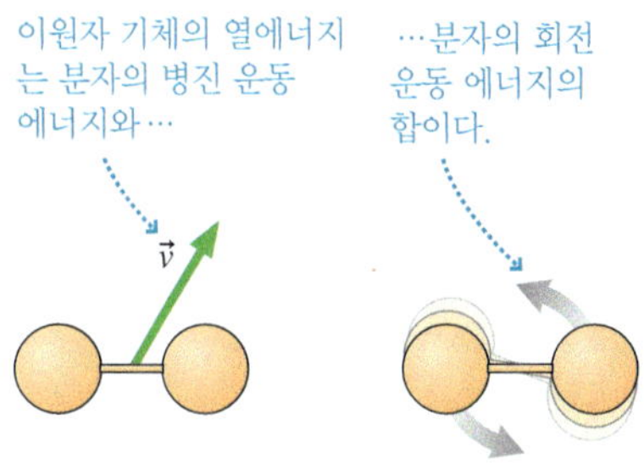

12.8 열전달

차가운 콘크리트 벤치에 앉아 있을 때나 강풍이 불 때 햇볕이 비추면 더 따뜻해진다. 이는 열전달 때문이다. 앞의 두 절에서 열 및 열전달에 대해 많이 언급하였지만 열이 더 뜨거운 물체에서 더 차가운 물체로 전달되는 방법에 대해서는 별로 언급하지 않았다. 다음 표에 나타낸 바와 같이 물체가 다른 물체 또는 주변 환경과 열을 교환하는 네 가지 기본적인 방법이 있다. 증발은 이전 절에서 다루었고 이 절에서는 다른 방법들을 고려할 것이다.

열전달 방법

납땜 인두와 회로 기판과 같이 2개의 물체가 직접 물리적 접촉이 되면 **전도**에 의해 열이 전달된다. **에너지는 직접적인 접촉으로 전달된다.**

이 특별한 사진은 따뜻한 물 잔 근처의 기류를 보여준다. 유리잔 근처의 공기가 데워져 상승하여 대류라고 알려진 과정에서 열에너지를 가져간다. **에너지는 높은 열에너지가 있는 분자의 전체적인 운동에 의해 전달된다.**

전구는 아래에 모여든 양들에게 빛을 비춘다. 에너지는 전자기파의 한 형태인 적외선 **복사**에 의해 전달된다. **에너지는 전자기파로 전달된다.**

이전 절에서 보았듯이, 액체의 증발로 상당량의 열에너지를 전달할 수 있다. 코코아 컵 위에 입김을 불면 증발 속도가 빨라지고 빠르게 냉각된다. **높은 열에너지를 가진 분자를 제거함으로써 에너지가 전달된다.**

전도

그림 12.27 고체 막대에서의 열의 전도

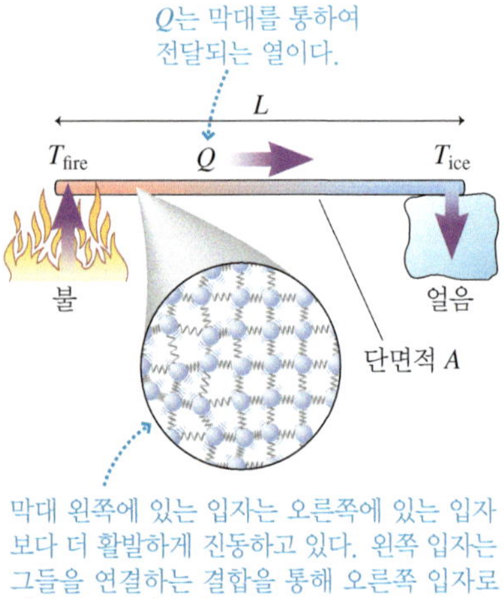

뜨거운 커피 잔에 금속 숟가락을 넣으면 숟가락의 손잡이가 곧 따뜻해진다. 열에너지는 숟가락을 따라 커피에서 손으로 옮겨진다. 양 끝의 온도 차이로 **전도**(conduction)라고 알려진 과정에 의하여 열이 전달된다. 전도는 물리적 물질을 통한 열에너지의 직접 전달이다.

그림 12.27은 뜨거운 열 저장체(불)와 차가운 열 저장체(얼음 조각) 사이에 놓인 구리 막대를 나타낸 것이다. 원자 모형을 사용하여 막대의 원자 사이의 상호작용에 의해 열에너지가 막대를 따라 전달되는 방식을 확인할 수 있다. 뜨거운 쪽 끝에서 빠르게 움직이는 원자는 차가운 쪽 끝에서 느리게 움직이는 원자로 에너지를 이동시킨다.

여러 가지 막대를 통해 전달된 열 Q를 측정하기 위한 일련의 실험을 한다고 가정한다. 그 자료에서 다음과 같은 경향을 볼 것이다.

- 차가운 끝과 뜨거운 끝 사이의 온도 차이 ΔT가 증가하면 Q는 증가한다.

- 막대의 단면적 A가 증가하면 Q는 증가한다.
- 막대의 길이 L이 증가하면 Q는 감소한다.
- (금속과 같은) 어떤 재료는 열을 아주 빨리 전달한다. (목재와 같은) 다른 재료는 열을 거의 전달하지 않는다.

마지막으로 관찰할 수 있는 것은 친숙한 것이다. 화로 위의 뜨거운 국 냄비를 휘저어야 할 때 일반적으로 금속이 아닌 나무 또는 플라스틱 숟가락을 사용한다.

열전도에 대한 이러한 실험적 관찰을 하나의 공식으로 요약할 수 있다. 열 Q가 Δt의 시간 동안 전달되면 열전달률(초당 줄 또는 와트)은 $Q/\Delta t$이다. 단면적이 A이고 길이가 L인 물질이 ΔT의 온도차에 걸쳐 있다면 열전달률은

$$\frac{Q}{\Delta t} = \left(\frac{kA}{L}\right)\Delta T \tag{12.34}$$

온도 차이가 있을 때 열전도율

이다.

재료가 좋은 열전도체인지 아닌지를 나타내는 양 k를 재료의 **열전도도**(thermal conductivity)라고 한다. 열전달률 J/s는 W를 단위로 측정한 일률이므로 k의 단위는 W/m · K이다. 일부 보통 재료의 k값은 표 12.7에 나열하였다. k가 크면 그 물질은 더 좋은 열전도체라는 의미이다.

표 12.7 (20°C에서 측정한) 열전도도

물질	k (W/m · K)	물질	k (W/m · K)
다이아몬드	1000	피부	0.50
은	420	근육	0.46
구리	400	지방	0.21
철	72	나무	0.2
스테인리스 스틸	14	양탄자	0.04
얼음	1.7	모피, 깃털	0.02–0.06
콘크리트	0.8	공기(27°C, 100 kPa)	0.026
판유리	0.75		

은과 구리 같은 우수한 전기 도체는 일반적으로 좋은 열전도체이다. 모든 기체와 마찬가지로 공기도 인접한 원자들 사이에 어떠한 결합도 없기 때문에 나쁜 도체이다.

분자 사이의 결합이 약하기 때문에 대부분의 생물학적 물질은 열전도성이 좋지 않다. 지방은 근육보다 더 나쁜 열전도체이기에 바다 포유류는 두꺼운 단열 지방층이 있다. 육지 포유류는 모피로, 조류는 깃털로 몸을 단열한다. 표 12.7에서 볼 수 있듯이 모피와 깃털 둘 다 상당한 양의 공기를 품고 있어서 열전도도는 공기와 비슷하다.

예제 12.21 전도에 의한 열손실

이 절의 첫 부분에서 차가운 콘크리트 벤치에 앉으면 '차갑게 느낀다'고 했다. '차갑게 느낀다'는 것은 몸에서 상당한 양의 열을 잃는다는 것을 의미한다. 얼마나 많은 열을 잃을까? 10°C 콘크리트 벤치에 앉아 있다고 가정한다. 거의 단열이 되지 않는 얇은 옷을 입고 있다. 이 경우 벤치의 차가움에서 신체의 심부(온도 37°C)를 보호하는 단열재 대부분은 벤치에 닿아 있는 신체 부위의 1.0 cm 두께의 지방층이다. (두께는 사람마다 다르지만 합리적인 평균값이다.) 벤치와 접촉하는 부분의 면적의 좋은 추정값은 0.10 m^2이다. 이러한 사항들을 감안할 때 전도에 의한 열손실은 얼마인가?

준비 지방층을 통한 전도에 의하여 열이 벤치로 손실되므로 식 (12.34)를 사용하여 열손실률을 계산할 수 있다. 전도층의 두께는 0.010 m이고 면적은 0.10 m^2이며 지방의 열전도도는 표 12.7에 있다. 온도 차이는 신체의 심부 온도(37°C)와 벤치 온도(10°C)의 차이 27°C 또는 27 K이다.

풀이 열손실률을 계산하는 데 필요한 모든 자료가 있으므로 식 (12.34)를 사용하여 다음과 같이 구할 수 있다.

$$\frac{Q}{\Delta t} = \left(\frac{(0.21\ \text{W/m}\cdot\text{K})(0.10\ \text{m}^2)}{0.010\ \text{m}}\right)(27\ \text{K}) = 57\ \text{W}$$

검토 57 W는 11장에서 배운 신체의 휴식을 취할 때의 발열량 약 100 W의 절반 이상이다. 신체가 차갑다고 느낄 정도로 심각한 손실이므로 추운 벤치에 상당한 시간 동안 앉아본 적이 있다면 합리적으로 느낄 수 있는 결과이다.

대류

영상 학습 데모

공기는 좋지 않은 열전도체임을 기억하라. 실제로 표 12.7의 자료로 공기의 열전도도가 깃털과 비교할 만하다는 것을 알 수 있다. 그런데 왜 추운 날에 오리털 재킷을 입으면 더 따뜻할까?

전도에서는 더 빠르게 움직이는 원자가 인접한 원자에 열에너지를 전달한다. 그러나 물이나 공기 같은 유체에서는 에너지를 이동시키는 더 효율적인 방법이 있는데, 더 빠르게 움직이는 원자가 직접 이동하는 것이다. 화로의 불꽃에 찬물이 든 냄비를 올려 놓으면 냄비 바닥이 가열된다. 가열된 물은 팽창하여 그 위의 물보다 밀도가 낮아지기 때문에 표면으로 올라오고 차갑고 밀도가 높은 물이 아래로 내려가 그 자리를 차지한다. 이러한 유체의 운동에 의한 열에너지 전달을 **대류**(convection)라 한다.

(색깔이 있는) 따뜻한 물은 대류에 의해 움직인다.

대류는 대개 유체계에서의 열전달의 주된 방법이다. 소규모로는, 대류는 화로 위 냄비의 물을 섞는다. 대규모로는, 대류는 바람을 불게 하고 해류를 순환시키는 역할을 한다. 공기는 열전도성이 매우 좋지 않지만 대류로 에너지를 전달하는 데 매우 효과적이다. 단열을 위해 공기를 사용하려면 대류를 제한하기 위해 공기를 작은 주머니 안에 가두어야 한다. 그것이 바로 깃털, 모피, 이중창 및 유리 섬유 단열재가 하는 일이다. 대류는 공기보다 물속에서 훨씬 빠르므로 18°C의 물에서 저체온으로 사망할 수 있지만 18°C의 공기에서는 매우 행복하게 살 수 있다.

◀ **깃털 외투** BIO 펭귄의 짧고 빽빽한 깃털은 다른 새들이 비행하는 데 사용하는 깃털의 역할, 즉 공기를 가두어서 단열재로써의 역할과는 다른 역할을 한다. 깃털은 깃촉 뿌리에 연결된 근육에 의해 납작해져 공기 주머니를 없앤다. 그렇지 않으면 부력이 커서 펭귄이 물속에서 수영할 수 없다.

복사

벽난로의 붉게 달궈진 석탄에서 온기가 느껴진다. 추운 날에는 햇볕이 따뜻하기에 그늘이 아닌 양지에 앉기를 선호한다. 두 경우 모두 열에너지가 **복사**(radiation) 형태로 몸에 전달된다.

복사는 복사선을 방출하는 물체에서 그것을 흡수하는 물체로 열을 전달하는 전자기파(이후 장에서 더 자세히 살펴볼 주제이다)로 이루어져 있다. 모든 따뜻한 물체는 이런 방식으로 복사선을 방출한다. 상온 근처의 물체는 전자기 스펙트럼에서 눈에 보이지 않는 적외선 부분의 복사선을 방출한다. **그림 12.28**의 찻주전자의 열상은 사람의 눈과 반응하지 않는 복사선을 '볼' 수 있도록 하는 특별한 적외선 탐지기가 있는 카메라로 찍은 것이다. 빛나는 불씨와 같은 더 뜨거운 물체는 여전히 적외선에서 대부분의 복사 에너지를 방출하지만, 어떤 것은 눈에 보이는 빨간색 빛으로 방출한다.

그림 12.28 찻주전자의 열상

매우 뜨거운 물체는 복사선의 상당 부분을 스펙트럼의 가시광 부분에서 방출하기 시작한다. 이러한 물체는 '적열'이라고 하고, 충분히 높은 온도에서 '백열'이라고 한다. 백열전구로부터의 백색광은 전류에 의하여 매우 높은 온도로 가열된 가는 선의 필라멘트에서 방출되는 복사선이다.

복사는 우리 몸을 적절한 온도로 유지하도록 해주는 에너지 균형 면에서 중요한 부분이다. 태양이나 주변의 따뜻한 물체로부터의 복사선은 피부에 흡수되어 몸의 열에너지를 증가시킨다. 동시에 우리 몸에서도 에너지를 방출한다. (불 옆에 앉아) 더 많은 복사선을 흡수하거나 (모자와 스카프를 벗어 더 많은 피부를 노출시켜) 더 많은 복사선을 방출하여 체온을 바꿀 수 있다.

물체에 의해 복사 방출되는 에너지는 온도에 따라 크게 다르다. 그림 12.28에서 뜨거운 주전자는 차가운 손보다 훨씬 밝다. 이 장 처음 사진에서 따뜻한 사람 손은 차가운 거미보다 훨씬 더 많은 에너지를 방출한다. 온도에 대한 복사 에너지의 의존성을 정량화할 수 있다. 열에너지 Q가 시간 간격 Δt 동안 표면적이 A이고 절대 온도가 T인 물체에 의해 복사 방출되면, 열전달률 $Q/\Delta t$ (J/s)는

수업 영상

$$\frac{Q}{\Delta t} = e\sigma A T^4 \qquad (12.35)$$

온도가 T일 때 복사에 의한 열전달률(슈테판의 법칙)

가 된다. 이 수식의 물리량은 다음과 같이 정의한다.

- e는 복사 효율의 척도인 표면의 **복사율**(emissivity)이다. e의 값은 0에서 1 사이이다. 사람의 피부는 체온에서 매우 효과적인 복사체로 $e = 0.97$이다.
- T는 단위를 K으로 하는 절대 온도이다.
- A는 표면적으로, 단위는 m^2이다.
- σ는 슈테판-볼츠만 상수로, $\sigma = 5.67 \times 10^{-8}\ W/m^2 \cdot K^4$이다.

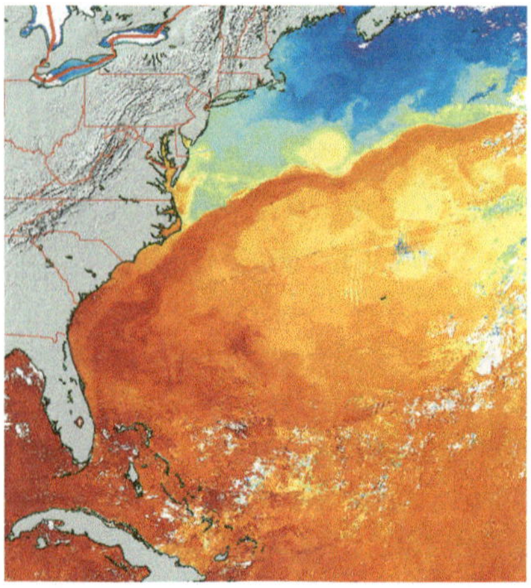

지구상의 열전달 이 위성 사진은 미국 동해안 해역에서 방출되는 복사선을 보여준다. 멕시코 만류의 따뜻한 물을 분명히 볼 수 있다. 복사선은 대기를 지나 우주 공간으로 쉽게 빠져나갈 수 있기 때문에 지구로부터의 이 복사를 인공위성에서 볼 수 있다. 이 복사는 지구가 식힐 수 있는 유일한 방법이기도 하다. 이것은 지구의 에너지 균형에 영향을 미친다.

온도에 따라 크게 변하는 네제곱에 주목하라. 물체의 절대 온도가 2배이면 복사열 전달은 16배로 증가한다!

동물의 몸에서 방사되는 에너지의 양은 놀라울 정도로 클 수 있다. 쾌적한 온도의 방에서 성인의 맨 피부 온도는 약 33°C, 즉 306 K이다. 일반적으로 피부 표면적은 1.8 m^2이다. 이러한 값들과 앞에서 언급한 피부의 복사율을 이용하여 피부로부터의 복사에 의한 열전달률을 계산할 수 있다.

$$\frac{Q}{\Delta t} = e\sigma AT^4 = (0.97)\left(5.67\times10^{-8}\,\frac{\text{W}}{\text{m}^2\cdot\text{K}^4}\right)(1.8\text{ m}^2)(306\text{ K})^4 = 870\text{ W}$$

11장에서 공부했듯이, 휴식 상태의 신체는 약 100 W의 열에너지를 생성한다. 몸이 870 W의 에너지를 방출하면 빠르게 냉각된다. 이 복사율에 의하면 체온은 7분마다 1°C씩 떨어질 것이다! 분명히 이렇게 방출되는 복사와 균형을 맞추는 방법이 있어야 하는데, 신체에 의하여 **흡수되는** 복사선이 그것이다.

햇볕 아래 앉아 있으면 흡수하는 복사선 때문에 피부가 따뜻해진다. 비록 사람이 햇볕 아래 있지 않더라도, 주변의 물체에 의해 방출되는 복사선을 흡수한다. 온도 T의 물체가 온도 T_0의 주변 환경으로 둘러싸여 있다고 가정하자. 물체가 열에너지를 복사 방출하는 알짜 복사율, 즉 방출되는 복사선에서 흡수되는 복사선을 뺀 값은

$$\frac{Q_{\text{net}}}{\Delta t} = e\sigma A(T^4 - T_0^4) \tag{12.36}$$

이다. 이것은 의미가 있다. 물체가 주변($T = T_0$)과 열적 평형 상태에 있으면 복사에 의한 알짜 에너지 전달이 없어야 한다. 복사율 e는 흡수에서도 나타난다. 좋은 발광체는 좋은 흡수체이다.

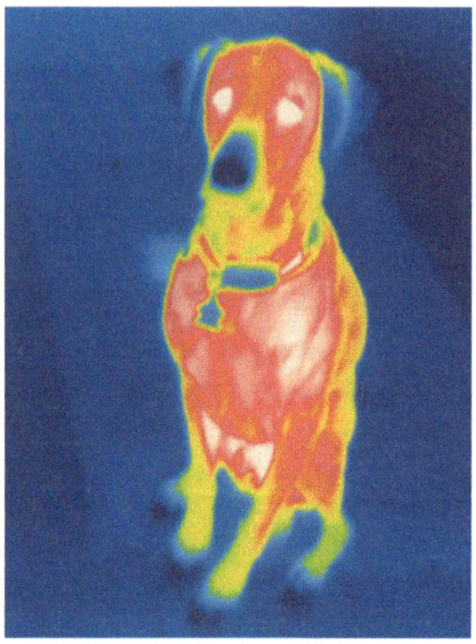

BIO 이 영상은 개가 방출하는 적외선 복사를 찍은 것이다. 개의 차가운 코와 발에서는 신체 다른 부분보다 훨씬 적은 에너지를 방출한다.

예제 12.22 신체에서 복사에 의한 에너지 손실 결정하기 BIO

피부 온도가 33°C인 사람이 24°C의 방에 있다. 복사에 의한 알짜 열전달률은 얼마인가?

준비 체온은 $T = 33 + 273 = 306$ K이고 방의 온도는 $T_0 = 24 + 273 = 297$ K이다.

풀이 식 (12.36)의 알짜 복사율은

$$\frac{Q_{\text{net}}}{\Delta t} = e\sigma A(T^4 - T_0^4)$$
$$= (0.97)\left(5.67\times10^{-8}\,\frac{\text{W}}{\text{m}^2\cdot\text{K}^4}\right)(1.8\text{ m}^2)\left[(306\text{ K})^4 - (297\text{ K})^4\right] = 98\text{ W}$$

이다.

검토 이것은 휴식 대사율과 대략 일치하는 합리적인 값이다. 옷을 입고(대류가 거의 안됨) 나무 또는 플라스틱 위에 앉아 있을 때(전도가 거의 안됨) 복사는 신진대사에 의한 과도한 열에너지를 제거하는 주요 방법이다.

종합형 예제 12.23 차가운 공기에서 숨쉬기 BIO

추운 날에는 호흡이 신체의 에너지를 소비한다. 차가운 공기가 폐의 따뜻한 조직과 닿으면, 신체로부터 전달된 열로 인해 공기가 따뜻해진다. 그림 12.29에서처럼 풍선을 팽창시킨 사람의 열상은 내쉰 숨이 주변 공기보다 약간 따뜻하다는 것을 보여준다.

그림 12.29 추운 날 풍선을 불고 있는 사람의 열상

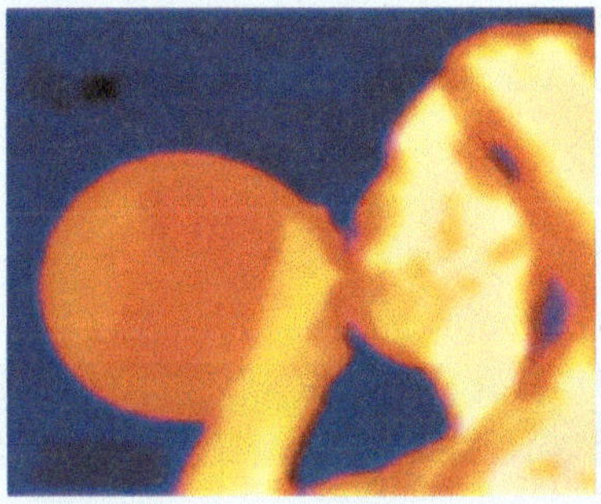

그림 12.30은 서리가 내린 −10°C인 날의 호흡 과정을 보여준다. 들이마신 공기는 거의 체온 37°C까지 따뜻해진다. 숨을 내쉴 때 열의 일부는 몸에 남지만, 대부분은 사라진다. 내쉰 공기는 여전히 약 30°C이다.

그림 12.30 호흡이 공기를 따뜻하게 한다.

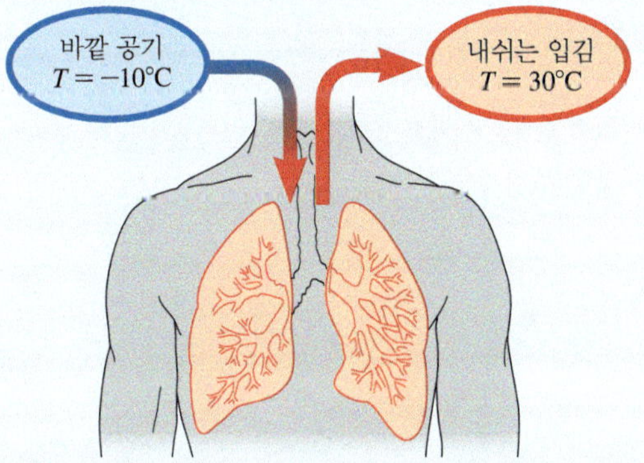

폐에는 수 리터의 공기가 들어 있지만 매 호흡 중에는 그 공기의 극히 일부만 교환된다. 보통 1분에 12번 숨을 쉬고 매번 0.50 L의 외부 공기를 들이마신다. 공기가 −10°C에서 30°C로 따뜻해진다고 가정할 때 매 호흡에서 내쉬는 공기의 양은 얼마인가? 신체의 휴식 대사율의 얼마나 많은 부분이 공기를 데우는 데 사용되는가? (숨 쉴 때 산소가 이산화탄소와 교환되지만 기체의 원자 수, 따라서 몰 수는 일정하게 유지된다.) 폐 조직으로부터 증발로 손실되는 에너지가 아닌 공기를 따뜻하게 데우는 데 필요한 에너지만 고려한다.

준비 문제가 두 부분으로 되어 있으므로, 두 가지 방법으로 해결할 것이다. 먼저 호흡량을 알아내야 한다. 신체가 공기를 따뜻하게 하면 공기 온도가 올라가고 부피도 증가한다. 그림 12.30에 나타낸 초기 상태와 최종 상태는 대기압이므로 이 변화를 정압(일정 압력) 과정으로 다룰 수 있다. 초기 상태와 최종 상태의 절대 온도가 필요하다.

$$T_i = -10°C + 273 = 263\ K$$
$$T_f = 30°C + 273 = 303\ K$$

다음으로, 공기 온도를 높이기 위해 얼마나 많은 열에너지가 필요한지 결정할 것이다. 초기 압력과 최종 압력이 같기 때문에 일정한 압력에서 기체 온도를 높이는 데 필요한 열을 계산하여 구하고자 한다. 온도 변화는 +40°C이므로 $\Delta T = 40\,K$을 사용할 수 있다. 공기는 소량의 다른 기체가 들어 있는 질소와 산소의 혼합물이다. 질소와 산소의 C_P는 유효 숫자가 2개나 같기 때문에 기체의 $C_P = 29\ J/mol \cdot K$이라고 가정한다.

풀이 폐의 공기량 변화는 정압 과정이다. 0.50 L의 공기를 흡입한다. 이것은 V_i이다. 온도가 올라가면 부피도 증가한다. 기체는 밀폐된 용기 안에 있지는 않지만 전후에 동일한 기체 '덩어리'를 고려하고 있으므로 이상 기체 법칙을 사용하여 온도가 상승한 후에 부피를 구할 수 있다.

$$V_f = V_i \frac{p_i T_f}{p_f T_i} = (0.50\ L) \times 1 \times \frac{303\ K}{263\ K} = 0.58\ L$$

부피는 0.50 L에서 0.58 L로 10% 조금 넘게 증가한다.

이제 두 번째 부분으로 넘어가 필요한 에너지를 구할 수 있다. 기체의 몰 수는 이상 기체 법칙으로 계산할 수 있다

$$n = \frac{pV}{RT} = \frac{(101.3 \times 10^3\ Pa)(0.50 \times 10^{-3}\ m^3)}{(8.31\ J/mol \cdot K)(263\ K)} = 0.023\ mol$$

이 계산을 할 때 0.50 L의 부피를 m^3로 변환하기 위하여 $1\ m^3 = 1000\ L$를 사용했다. 이제 식 (12.28)을 사용하여 한 번의 호흡을 따뜻하게 하는 데 필요한 열을 계산할 수 있다.

$$Q(\text{1회 호흡}) = nC_P \Delta T = (0.023\ mol)(29\ J/mol \cdot K)(40\ K)$$
$$= 27\ J$$

1분에 12번 숨을 들이마시면 한 번 숨을 쉬는 데 1/12분, 즉 5.0 s가 걸린다. 따라서 들어오는 공기를 데우기 위하여 몸이 제공하는 열의 일률은 다음과 같다.

$$P = \frac{Q}{\Delta t} = \frac{27\ J}{5.0\ s} = 5.4\ W$$

휴식 시 신체는 일반적으로 100 W를 사용하므로 호흡에 사용하는 에너지는 신체의 휴식 대사율의 5%를 약간 넘는다. 매분 상당량의 공기를 들이마시고 이것을 상당히 따뜻하게 한다. 그러나 공기

의 비열은 상당히 작아서 필요한 에너지는 합리적으로 적당하다.

검토 공기가 약간 팽창하고 소량의 에너지가 이 공기를 가열하는 데 들어간다. 추운 날씨에 외부에 있다면 극적인 변화가 일어나지 않으므로 최종 결과는 합리적인 것 같다. 에너지 손실은 눈에 띌 정도지만 합리적으로 적당하다. 추운 날 밖에 있다면 다른 형태의 에너지 손실이 더 크다.

문제의 난이도는 I(쉬움)에서 IIIII(도전)으로 구분하였다. INT로 표시된 문제는 지난 장의 내용이 복합된 문제이고, BIO는 생물학적 또는 의학적 관심 분야를 의미한다.

QR 코드를 스캔하여 이 장의 문제를 해결하는 데 도움이 되는 영상 학습 풀이를 시작하시오.

연습문제

12.1 물질의 원자 모형

1. | 1 g의 헬륨, 10 g의 질소 또는 50 g의 철 중 mole 수가 가장 큰 것은 무엇인가?

2. ||| 과산화수소(H_2O_2) 100 g에는 몇 개의 수소 원자가 있는가?

3. || 폭이 3000 mm, 깊이가 500 mm, 높이가 40 mm인 나무 상자의 부피를 m^3 단위로 계산하시오.

12.2 이상 기체의 원자 모형

4. || 온도가 300 K인 이상 기체가 있다. 이 기체가 냉각되어 열에너지가 20% 감소하였다. 새로운 온도는 몇 °C인가?

5. || 20°C의 이상 기체가 2.2×10^{22}개의 원자로 이루어져 있다. 이 기체로부터 4.3 J의 열에너지를 제거하면 새로운 온도는 몇 °C인가?

6. | 압력계로 측정한 자동차 타이어의 압력이 2.4 atm이라면 이 타이어의 절대 압력은 얼마인가? 해수면에 있다고 가정한다.

7. ||| BIO 전 세계의 많은 문화권에서 아직도 끝이 뾰족한 침이 관 안쪽으로 딱 맞게 들어 있는 취관(blowgun)이라는 단순한 무기를 사용한다. 관의 끝에서 숨을 확 내쉬면 끝이 뾰족한 침이 발사된다. 강제로 숨을 내쉴 때, 건강한 사람은 계기 압력으로 6.0 kPa의 공기를 공급할 수 있다. 이 압력 때문에 지름 1.5 cm의 관 속의 침에 가해지는 힘은 얼마인가?

8. ||| 헬륨 7.5 mol이 15 L 실린더에 들어 있다. 실린더의 압력계는 4.4 atm을 가리킨다. (a) 이 기체의 온도(°C)와 (b) 헬륨 원자의 평균 운동 에너지는 얼마인가?

9. || −120°C의 기체 3.0 mol이 2.0 L의 용기에 채워져 있다. 이 기체의 압력은 얼마인가?

10. || 헬륨은 응축점이 가장 낮은 물질로 기체는 4.2K에서 액화된다. 액체 헬륨 1.0 L의 질량은 125 g이다. STP(1기압, 0°C)에서 기체 상태의 헬륨의 부피는 얼마인가?

12.3 이상 기체의 반응 과정

11. ||| 0.060 mol의 기체가 그림 P12.11과 같이 쌍곡선 궤적을 따라 변한다.
    a. 어떤 유형의 과정인가?
    b. 초기 온도 및 최종 온도는 얼마인가?
    c. 최종 부피 V_f는 얼마인가?

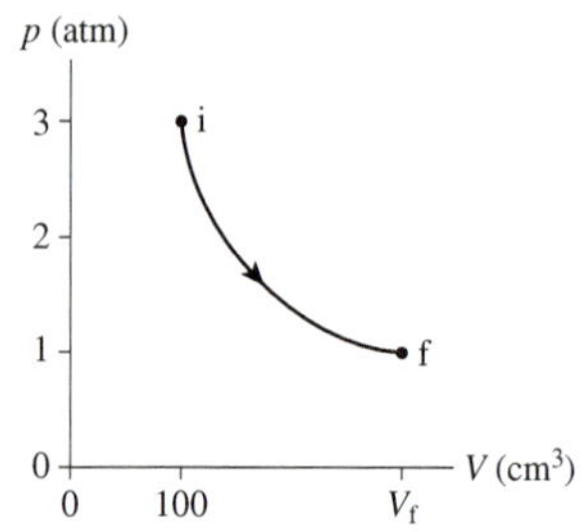

그림 P12.11

12. | 아르곤 기체 0.10몰을 텅빈 20 °C의 50 cm^3 용기에 집어넣는다. 그런 다음 이 기체의 압력을 일정하게 유지하며 300 °C로 가열한다.
    a. 이 기체의 최종 부피는 얼마인가?
    b. pV 관계도에 이 과정을 나타내시오. 두 축에 알맞은 척도를 표시하라.

13. || 기체 0.0040몰이 그림 P12.13과 같은 과정을 거친다.
    a. 어떤 유형의 과정인가?
    b. 초기 온도 및 최종 온도는 얼마인가?

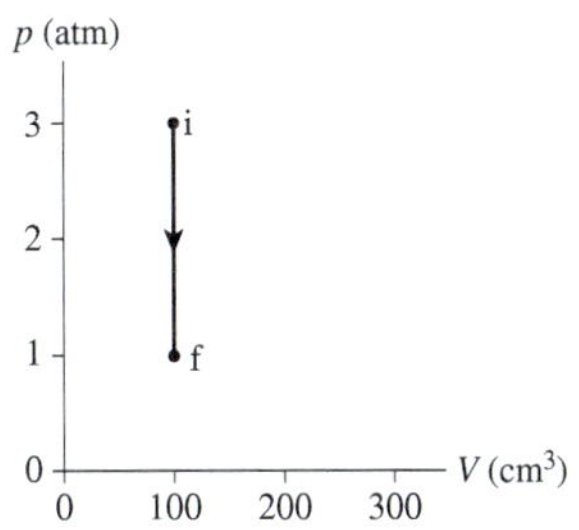

그림 P12.13

14. || 초기 온도가 900°C인 기체가 그림 P12.14와 같은 과정을 거친다.
   a. 어떤 유형의 과정인가?
   b. 최종 온도는 얼마인가?
   c. 기체는 몇 몰인가?

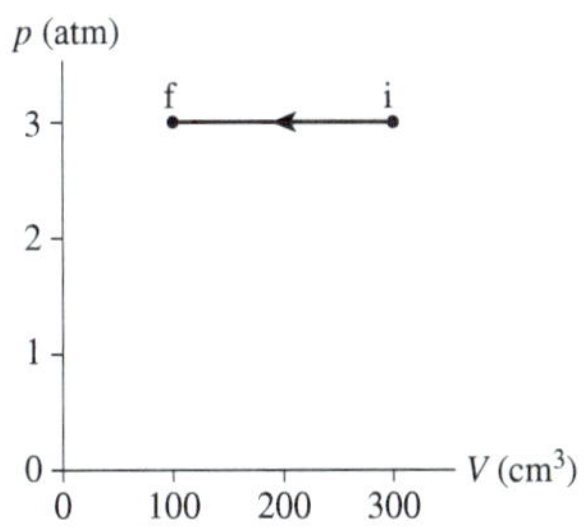

그림 P12.14

15. || 단단한 용기에 기체를 밀봉하고 절대 압력을 측정하여 온도계로 사용할 수 있다. 이런 정적 기체 온도계를 0.00°C의 얼음물 통에 넣었다. 열적 평형에 도달한 후 기체 압력은 55.9 kPa이었다. 그런 다음 온도계를 온도를 모르는 물체와 접촉시킨다. 온도계가 다시 평형에 도달한 후 기체 압력은 65.1 kPa이다. 이 물체의 온도는 얼마인가?

16. || 기상 측정용 풍선은 대기 중에서 상승하며 온도가 30°C에서 −10°C로 떨어지면서 부피가 6.0 m^3에서 18 m^3으로 팽창한다. 풍선 내부의 초기 기체 압력이 0.9 atm이면 최종 압력은 얼마인가?

12.4 열팽창

17. || 철제 빔의 길이는 온도가 22°C에서 35°C로 상승함에 따라 0.73 mm만큼 증가한다. 22°C에서 빔의 길이는 얼마인가?

18. | 강철판의 원형 구멍의 지름이 2.000 cm이다. 구멍의 지름을 2.003 cm로 확장시키려면 철판의 온도를 얼마나 높여야 하겠는가?

19. |||| 철제 둥근 판의 온도가 400 K만큼 증가하였다. 부피는 몇 % 증가하겠는가?

12.5 비열과 변환열

20. ||| 20°C의 수은 20 g을 끓는점에서 수은 증기로 바꾸려면 얼마나 많은 열이 필요하겠는가?

21. || 한 학생이 냉동고에서 −10°C의 얼음 10 kg 봉투를 꺼내 트럭 뒤쪽에 놓았다. 불행히도, 그것을 잊어버려 얼음이 녹았다. 얼음을 완전히 녹이기 위하여는 얼마나 많은 열에너지가 필요하겠는가?

22. || 악어나 다른 파충류는 신체 온도를 일정하게 유지하기 위한
BIO 충분한 신진대사 에너지를 얻지 못한다. 그들은 밤에는 차가워지고 아침에는 태양 아래에서 따뜻해져야 한다. 이른 아침 체온이 25°C인 300 kg의 악어가 태양으로부터의 복사 에너지를 1200 W로 흡수한다고 가정한다. 악어가 30°C까지 따뜻해지려면 시간이 얼마나 걸리겠는가? (파충류 몸체의 비열은 포유류 몸체의 비열과 같다고 가정한다.)

23. ||| 신체가 스스로를 효과적으로 냉각시키는 방법이 있다는 것은
BIO 중요하다. 그렇지 않다면 적당한 운동에 의하여서도 체온이 위험한 수준까지 쉽게 올라갈 수 있다. 70 kg의 남자가 회전식 벨트(treadmill) 위에서 30분 동안 운동할 때 대사 방출 에너지는 1000 W이다. 이 모든 에너지가 몸의 열에너지로 변한다고 가정한다. 그가 땀을 흘리거나 달린 몸을 식힐 수 없다면 운동 중에 체온이 얼마나 상승하겠는가?

12.6 열량 측정

24. ||| 30 g의 구리 덩어리를 300°C의 오븐에서 꺼낸 즉시 단열 컵에 들어 있는 20°C의 물 100 mL에 떨어뜨린다. 새로운 수온은 얼마겠는가?

25. ||| 750 g의 알루미늄 냄비를 화로에서 꺼내어 20.0°C의 물 10.0 kg이 채워진 싱크대에 던졌다. 수온이 24.0°C로 빠르게 상승하였다. 냄비의 초기 온도는 얼마겠는가?

26. || 갓 끓인 커피는 종종 바로 마시기에는 너무 뜨겁다. 얼음 조각으로 식힐 수는 있지만 희석된다. 또는 희석하지 않고 커피를 식힐 수 있는 장치를 구입할 수 있다. 200 g의 알루미늄 실린더를 냉동고에서 꺼내 뜨거운 커피 잔에 넣는다. 실린더가 일반적인 냉동고 온도 −20°C로 냉각되었고 85°C의 기다린 커피(본질적으로 질량 500 g인 물) 컵에 떨어 뜨린 경우 커피의 최종 온도는 얼마겠는가?

27. |||| 커피를 정말 좋아하지만, 여름에는 뜨거운 음료를 마시고 싶어하지 않는 사람이 있다. 그 사람이 단열이 잘되는 용기에 담긴 80°C의 커피 200 mL를 최종 온도가 30°C가 되도록 하려면 0°C의 얼음을 얼마나 더하여야 하겠는가?

12.7 기체의 비열

28. | 용기에 8.0 atm의 압력으로 1.0 g의 아르곤 기체가 들어 있다.
   a. 부피를 일정하게 유지하며 100°C만큼의 온도를 높이려면 얼마나 많은 열이 필요하겠는가?
   b. 이만큼의 열에너지가 일정한 압력의 이 기체로 옮겨지면 온도는 얼마나 올라가겠는가?

29. | 열에너지가 1.0 J만큼 증가하면 단원자 기체 1.0 mol의 온도 변화는 얼마겠는가?

30. | 0.50 mol의 단원자 기체에 150 J의 열을 가하자 이 기체는 일정한 압력으로 팽창하였다. 이 기체가 한 일은 얼마겠는가?

12.8 열전달

31. ||| 4.0 m × 5.5 m의 방에 두께 1.8 cm의 나무판 마루를 설치하였다. 바닥재가 놓여 있는 바닥 아래 부분의 온도는 16.2°C이며, 실내의 공기 온도는 19.6°C이다. 바닥을 통한 열전도는 얼마겠는가?

32. |||| 한 변이 2.0 cm인 금속 정육면체 온도가 700°C라면 한 면에서의 복사에 의한 최대 열전달률은 얼마겠는가? 복사율은 0.20이다.

33. ||| 물개는 열창문(thermal window), 즉 몸에 온도가 평균 표면
BIO 온도보다 훨씬 높은 부분이 있어 스스로 냉각시킬 수 있다. 온도 30°C, 면적 0.030 m^2의 열창문이 있다고 가정한다. 물개의 주변이 서리가 내리는 −10°C라면 복사에 의한 에너지의 알짜 손실률은 얼마겠는가? 복사율은 인간과 같다고 가정한다.

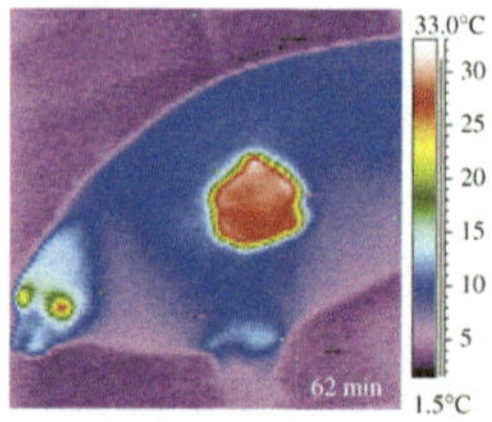

34. || 전구 속의 발광하는 필라멘트에서 60 W의 일률로 에너지를 방출한다. 필라멘트 온도가 1500°C일 때 복사율은 0.23이다. 필라멘트의 표면적은 얼마겠는가?

13 유체
Fluids

60 kg의 잠수부는 가라앉지만 9000 kg의 보트는 뜬다. 물체가 뜰지 가라앉을지를 결정하는 것은 무엇인가?

학습목표

유체의 정역학적, 동역학적 성질을 이해한다.

유체의 압력

액체의 압력은 깊이에 따라 증가한다. 이 수조탑 바닥의 높은 압력 때문에 도시 전체에 물을 공급할 수 있다.

유체가 평형에 놓여 있을 때 보이는 거동, 즉 **유체 정역학**을 배운다.

부력

학생들이 콘크리트 카누 경주대회에서 경쟁하고 있다. 어떻게 그렇게 무거운 물체가 떠 있을 수 있을까?

아르키메데스의 원리를 사용하여 유체에 잠긴 물체에 미치는 **부력**을 찾아내는 방법을 배운다.

유체 동역학

운동하는 유체는 물체에 큰 힘을 작용할 수 있다. 거대한 비행기의 양 날개를 지나는 공기는 이 비행기를 공기 중으로 띄울 수 있다.

유체에 적용된 에너지 보존의 표현인 **베르누이 방정식**은 운동하는 유체에 의한 압력과 힘을 계산하는 방법을 알려준다.

이 장의 배경

평형

5.1절에서 물체가 정적 평형에 놓여 있으려면 물체에 미치는 알짜힘이 0이 되어야 한다는 것을 배웠다.

이 산양은 평형 상태에 있다. 자신의 무게는 바위에 의한 수직 항력과 평형을 이룬다.

13.1 유체와 밀도

그림 13.1 기체와 액체의 단순한 원자단위 모형

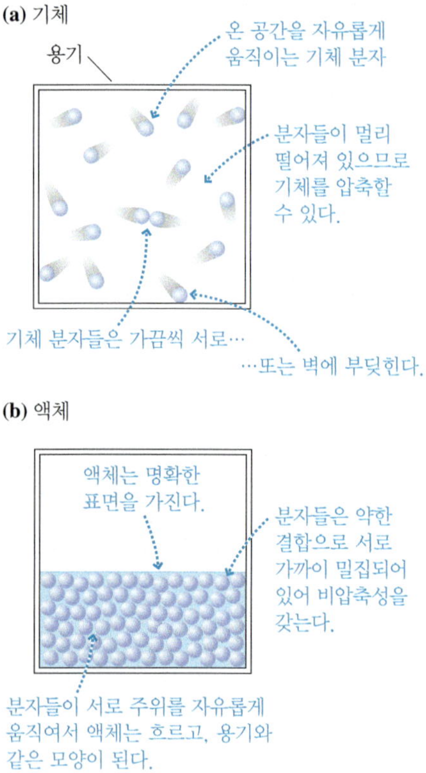

유체(fluid)는 흐르는 물질이다. 유체는 흐르기 때문에 자신의 모양을 유지하기보다 자신을 담고 있는 용기의 모양을 따른다. 기체와 액체가 아주 다르다고 생각할지 모르지만 둘 다 유체이며, 둘의 유사성이 차이점보다 종종 더 중요하다.

◀◀12.2절에서 배웠듯이 기체는 그림 13.1(a)에 나타낸 것처럼 각 분자가 때때로 다른 분자나 용기의 벽에 충돌할 때까지 전 공간을 자유롭게 움직이는 계이다. 가장 친숙한 기체는 공기로, 대부분 질소와 산소 분자의 혼합물이다. 기체는 **압축성**을 지닌다. 다시 말해 기체의 부피는 쉽게 증가하거나 감소하는데, 이는 기체 분자들 사이의 '빈 공간' 때문이다.

액체는 기체나 고체보다 좀 더 복잡하다. 고체처럼 액체도 본질적으로 **압축되지 않는다**. 이 속성은 고체처럼 액체에 있는 분자들은 서로 접촉하지 않으면서 가능한 가까이 모여 있다는 것을 말해준다. 동시에 액체는 용기의 모양에 맞추기 위해 흐르고 변형된다. 액체의 유동성은 분자가 자유롭게 돌아다닌다는 것을 말해준다. 이러한 관찰들을 종합하여 제시된 액체 모형이 그림 13.1(b)에 나타나 있다.

밀도

밀도는 거시계를 특징짓는 주요 매개변수 중 하나이다. 크기가 서로 다른 구리 토막 여러 개가 있다고 하자. 각 토막은 서로 다른 질량 m과 부피 V를 가진다. 어쨌든 모든 토막은 구리이므로 다른 물질과 구분하게 해줄 **공통의** 값을 가지는 양이 반드시 존재해야 한다. 그러한 양을 나타내는 매개변수로 부피에 대한 질량의 **비율**, 즉 **질량밀도**(mass density) ρ(그리스 소문자 로)가 있다.

$$\rho = \frac{m}{V} \tag{13.1}$$

질량 m과 부피 V인 물체의 질량밀도

역으로 질량밀도 ρ이고 부피 V인 물체의 질량은 다음과 같다.

$$m = \rho V \tag{13.2}$$

질량밀도의 SI 단위는 kg/m^3지만 g/cm^3 단위가 널리 사용된다. 대부분 계산하기 전에 g은 kg으로, cm^3는 m^3로 바꿔 SI 단위로 변환시켜야 하는데, 변환 인자는

$$1\ g/cm^3 = 1000\ kg/m^3$$

이다.

질량밀도는 물체의 크기와 무관하다. 즉, 질량과 부피는 어떤 물질(말하자면 구리)의 **특정 조각**을 특징짓는 매개변수지만, 질량밀도는 그 물질 자체를 특징짓는다. 구리의 모든 조각은 똑같은 질량밀도를 가지는데, 이 값은 대부분 다른 물질의 질량밀도

와 다르다. 따라서 질량밀도는 특정 구리 조각에 대해 언급하지 않고 일반적인 구리의 성질에 대해 말할 수 있게 해준다.

질량밀도는 혼동의 염려가 없으면 보통 간단히 '밀도'라고 한다. 그렇지만 앞으로 다른 형태의 밀도도 만나게 될 것이고, 어떤 밀도를 사용하고 있는지 명확하게 하는 것이 중요할 때가 있다. 표 13.1은 다양한 유체의 질량밀도에 대한 간단한 목록을 보여준다. 기체와 액체의 밀도가 굉장한 차이를 보이는 것에 주목하라. 기체 분자들은 액체 분자들에 비해 더 멀리 떨어져 있기 때문에 훨씬 낮은 밀도를 가지고 있다. 또한 액체 분자는 항상 가까이 접촉해 있기 때문에 액체 밀도의 온도에 대한 변화폭은 매우 작다. 공기와 같은 기체 밀도는 온도에 따라서 크게 달라지는데, 이는 이미 멀리 떨어져 있는 분자 사이의 거리는 쉽게 변하기 때문이다.

휘발유의 밀도가 680 kg/m^{3}라고 하는 것은 어떤 의미인가? '매(per)'의 의미를 논의했던 1장으로 되돌아가 보라. 이것은 '각각에 대해'를 의미한다. 그래서 매시 2 km는 한 시간마다 2 km씩 간다는 뜻이다. 똑같은 방식으로, 휘발유의 밀도가 매 세제곱미터 680 kg이라고 하는 것은 액체 1 m^{3}마다 680 kg의 휘발유가 있다는 뜻이다. 2 m^{3}의 휘발유가 있다면, 1 m^{3}마다 680 kg의 질량을 가질 것이므로 총 질량은 2 × 680 kg = 1360 kg이 된다. 곱 ρV는 각 m^{3}의 질량 곱하기 m^{3}의 수로 그 물체의 총 질량이다.

표 13.1 1기압에서 유체의 밀도

물질	ρ(kg/m^3)
헬륨 기체(20°C)	0.166
공기(20°C)	1.20
공기(0°C)	1.28
휘발유	680
에틸알코올	790
기름(보통)	900
물	1000
바닷물	1030
혈액(전체)	1060
글리세린	1260
수은	13,600

예제 13.1 거실의 공기 무게

크기가 4.0 m × 6.0 m × 2.5 m인 거실의 공기 질량은 얼마인가?

준비 표 13.1은 상온인 20°C에서 공기 밀도를 알려준다.

풀이 거실의 부피는

$$V = (4.0\text{ m}) \times (6.0\text{ m}) \times (2.5\text{ m}) = 60\text{ m}^3$$

이고, 공기 질량은 다음과 같다.

$$m = \rho V = (1.20\text{ kg/m}^3)(60\text{ m}^3) = 72\text{ kg}$$

검토 아마도 이것은 거의 존재하지 않는 것처럼 느껴지는 물질에 대해 기대할 수 있는 것 이상의 (대략 어른의 질량) 큰 질량이다. 비교삼아 이 크기의 수영장을 고려하면 그 속엔 물 60,000 kg이 들어간다.

13.2 압력

◀◀12.2절에서 기체가 그 용기의 벽에 힘을 어떻게 가하는지 배웠다. **그림 13.2**에서 보는 바와 같이 액체도 그 용기의 벽에 힘을 가한다. 그림에서 액체에 의한 힘 $\vec{F}$는 벽의 작은 면적 A를 밀어낸다. 기체의 경우처럼 유체 속의 이 점에 대한 압력은 힘이 작용하는 면적에 대한 힘의 비

$$p = \frac{F}{A} \tag{13.3}$$

그림 13.2 유체가 힘 $\vec{F}$로 면적 A를 누른다.

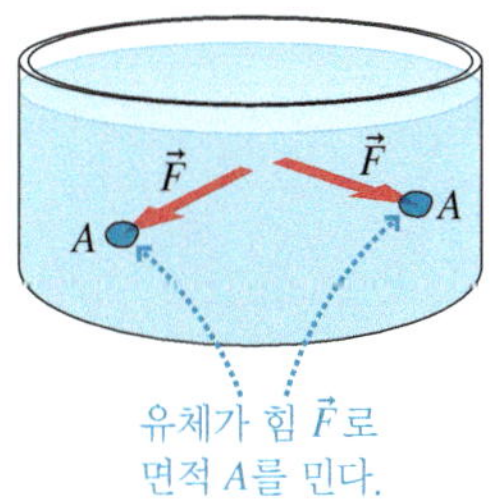

로 정의된다. 이것은 12장의 식 (12.12)와 똑같다. 또한 12장에서 압력의 SI 단위 파스칼을

$$1\text{파스칼} = 1\ \text{Pa} = 1\ \frac{\text{N}}{\text{m}^2}$$

으로 정의한 것을 기억할 것이다.

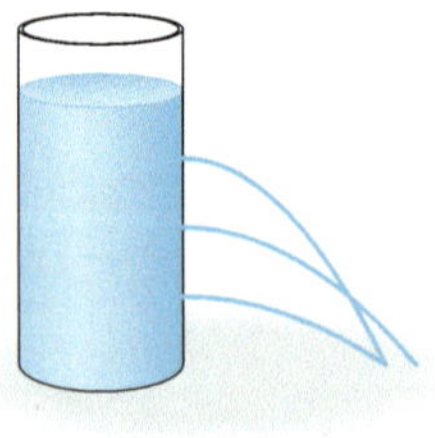

그림 13.3 압력은 물을 통의 옆면 구멍 밖으로 밀어낸다.

유체의 압력에 의한 힘이 그 용기의 벽뿐만 아니라 유체 자체의 모든 부분을 밀어낸다는 점을 이해하는 것이 중요하다. 그림 13.3처럼 물통에 구멍을 뚫으면 물이 구멍에서 솟아 나온다. 구멍을 통해 물을 앞으로 밀어내는 것은 구멍 뒤에서 작용하는 물의 압력에 의한 힘이다.

그림 13.4(a)와 같이 간단한 압력측정기구를 사용하면 유체 속 임의의 한 지점의 압력을 측정할 수 있다. 용수철 상수 k와 면적 A를 알고 있기 때문에 용수철의 압축을 측정하면 압력을 결정할 수 있다. 제작된 이러한 기구는 그것을 다양한 액체와 기체에 설치하여 압력을 알 수 있게 해준다. 그림 13.4(b)는 간단한 실험으로 알 수 있는 것을 보여준다.

그림 13.4 압력에 관해 배우기

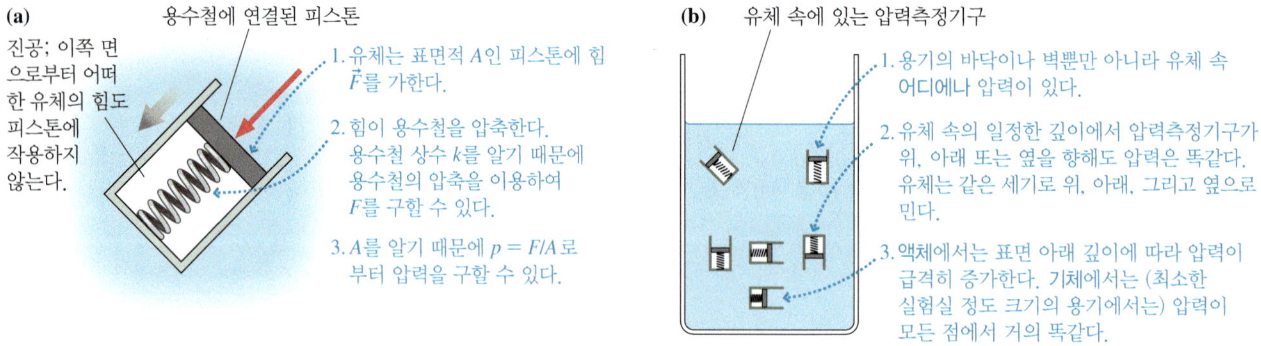

영상 학습 데모

그림 13.4(b)의 첫 문장에서 강조하는 점은 압력은 용기의 벽뿐만 아니라 유체 속의 모든 점에 존재한다는 것이다. 장력은 물체에 매달려 있는 줄의 양 끝뿐만 아니라 줄의 모든 점에 존재한다는 것을 기억할 것이다. 장력은 줄의 다른 부분들이 서로 끌어당기는 것으로 이해할 수 있다. 액체의 다른 부분들이 서로 밀고 있다는 것을 제외하면 압력도 이와 유사한 개념이다.

액체의 압력

용기에 액체를 넣으면 중력이 액체를 아래로 당겨서 용기의 바닥을 채운다. 이러한 중력, 다시 말해 액체의 무게가 액체의 압력을 발생시키는 원인이 된다. 압력은 액체의 깊이에 따라 증가한다. 왜냐하면 그 아래의 액체는 액체 위의 공기압뿐만 아니라 자신 위에 떠 있는 다른 모든 액체에 의해 눌려지기 때문이다.

액체 표면 아래 깊이 d인 곳의 압력을 결정해보자. 액체는 정지해 있다고 가정한다. 흐르는 유체는 나중에 고려할 것이다. 그림 13.5에서 짙게 칠해진 액체 원기둥은

표면에서 깊이 d까지 걸쳐 있다. 이 원기둥은 나머지 액체처럼 $\vec{F}_{net} = \vec{0}$으로 정적 평형 상태에 놓여 있다. 원기둥의 무게 mg, 액체 표면의 압력 p_0에 의한 아래 방향의 힘 p_0A, 원기둥 밑에 있는 액체가 원기둥 밑을 밀어 올리는 위 방향의 힘 pA, 그리고 액체가 원기둥 옆면을 밀고 있는 안으로 향한 힘과 같은 여러 가지 힘이 원기둥에 작용한다. 액체가 원기둥을 미는 힘은 액체의 다른 부분들이 서로 밀고 있다는 관찰의 결과이다. 구하려고 하는 양은 원기둥 밑의 압력 p이다.

수평 방향의 힘들은 서로 상쇄된다. 위 방향의 힘은 아래로 향하는 두 힘과 균형을 이루므로

$$pA = p_0A + mg \tag{13.4}$$

이다. 그 액체는 단면적 A와 높이 d인 원기둥이므로 부피는 $V = Ad$이고 질량은 $m = \rho V = \rho Ad$이다. 액체의 질량에 대한 이 표현을 식 (13.4)에 대입하면 모든 항에서 면적 A가 사라진다. 그러면 깊이 d인 곳의 액체의 압력은

$$p = p_0 + \rho gd \tag{13.5}$$

깊이 d인 곳에서 밀도 ρ인 액체의 압력

이다. 유체가 정지해 있다는 가정 때문에 식 (13.5)로 주어진 압력은 **유체 정역학 압력**(hydrostatic pressure)이라고 한다. g가 식 (13.5)에 등장한다는 점은 이 압력의 근원이 액체에 작용하는 중력임을 상기시킨다.

예상한 대로 $d = 0$인 표면에서는 $p = p_0$가 된다. 압력 p_0는 보통 액체 위에 있는 공기나 다른 기체 때문에 생긴다. ◀◀12.2절에서 말했듯이 해수면에서 대기에 노출되어 있는 액체는 p_0 = 1 atm = 101.3 kPa이다. 다른 상황에서는 p_0가 피스톤이나 닫힌 표면이 액체의 윗면을 누르는 압력일 수도 있다.

그림 13.5 액체 속 깊이 d에서 압력 측정

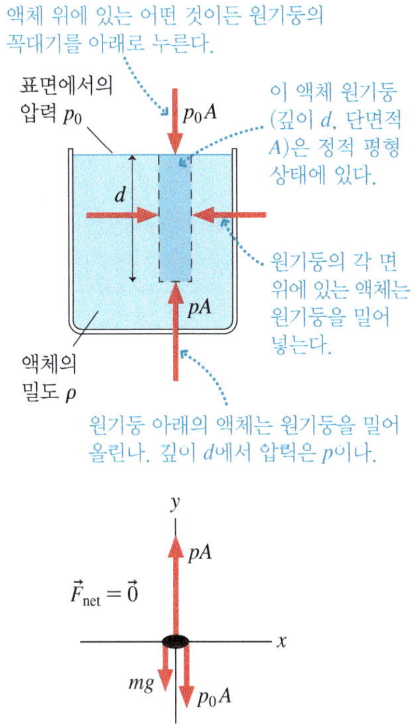

액체 원기둥의 자유 물체 도형. 수평 힘들은 상쇄되므로 나타내지 않았다.

예제 13.2 잠수함에 작용하는 압력

잠수함은 300 m 깊이에서 순항한다. 이 깊이에서 압력은 얼마인가? 단위를 Pa과 atm으로 답하시오.

풀이 표 13.1에서 바닷물의 밀도는 ρ = 1030 km/m^{3}이다. 표면에서는 p_0 = 1 atm = 101.3 kPa이다. 깊이 d = 300 m에서 압력은 식 (13.5)로부터

$$\begin{aligned} p &= p_0 + \rho gd \\ &= (1.013 \times 10^5 \text{ Pa}) + (1030 \text{ kg/m}^3)(9.80 \text{ m/s}^2)(300 \text{ m}) \\ &= 3.13 \times 10^6 \text{ Pa} \end{aligned}$$

이다. 답을 기압으로 바꾸면 다음과 같다.

$$p = (3.13 \times 10^6 \text{ Pa}) \times \frac{1 \text{ atm}}{1.013 \times 10^5 \text{ Pa}} = 30.9 \text{ atm}$$

검토 깊은 바다의 압력은 아주 높다. 왼쪽 사진에서 보인 연구용 잠수함 앨빈(Alvin)은 4500 m 정도까지 안전하게 들어갈 수 있는데, 그곳의 압력은 450 atm이 넘는다! 투명한 잠수함의 창은 이 압력에 견딜 수 있도록 90 cm 이상의 두께를 갖는다. 오른쪽 사진에서 볼 수 있는 것처럼 모든 창은 끝이 점점 좁아지는 꼴인데, 넓은 면이 바다 쪽을 향한다. 그러면 수압이 창을 원뿔대에 견고하게 밀어 붙여서 단단히 밀폐시킨다.

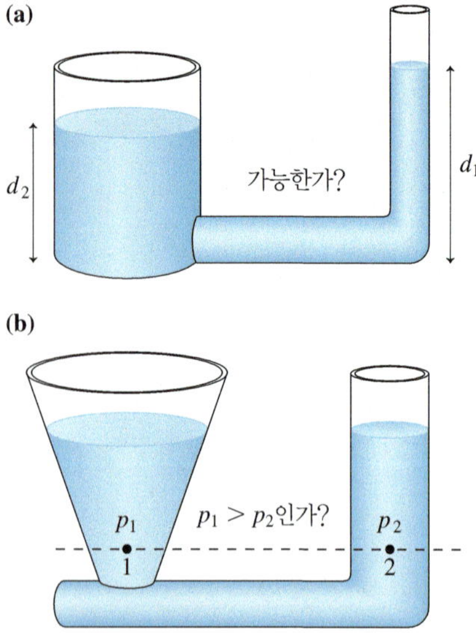

그림 13.6 아마도 유체 정역학 평형 상태에 있는 액체의 몇 가지 성질은 예상한 것과 다를 수 있다.

액체의 유체 정역학 압력은 오직 깊이와 표면의 압력에 따라서만 변한다는 사실은 몇 가지 중요한 의미를 지닌다. **그림 13.6(a)**는 연결된 2개의 관을 보여준다. 넓은 관의 더 큰 부피의 액체가 좁은 관의 액체보다 더 무거운 건 명백한 사실이다. 무게의 차로 인한 여분의 무게가 넓은 관보다 좁은 관의 액체를 더 높이 밀어 올릴 것이라고 생각할 수도 있다. 그러나 그렇지 않다. 만약 d_1이 d_2보다 크다면, 유체 정역학 압력 방정식에 의해서 좁은 관 바닥의 압력은 넓은 관 바닥의 압력보다 높다. 이러한 압력차는 높이가 같아질 때까지 액체를 오른쪽에서 왼쪽으로 흐르게 할 것이다. 따라서 첫째 결론은, **유체 정역학 평형에 있는 연결된 액체는 용기의 열린 부분에서는 모두 같은 높이까지 오른다.** 잘 알다시피 "물은 낮은 곳으로 흐른다".

그림 13.6(b)는 다른 모양의 2개의 관이 연결된 것을 보여준다. 점선 위에 있는 액체는 원뿔 관에 더 많으므로 $p_1 > p_2$라고 생각할 수도 있다. 그러나 그렇지 않다. 두 점은 같은 깊이에 있으므로 $p_1 = p_2$이다. 만약 p_1이 p_2보다 크다면, 왼쪽 관 바닥의 압력은 오른쪽 관 바닥의 압력보다 높을 것이다. 따라서 압력이 같아질 때까지 액체가 흐르게 된다. 둘째 결론은, **유체 정역학 평형에서 한 종류의 액체로 연결된 관 내의 수평선 위의 모든 점에서의 압력은 같다.** (선 위의 다른 점에서 액체가 같은 종류가 아니면 압력은 똑같을 필요가 없다.)

예제 13.3 닫힌 관의 압력

그림 13.7과 같이 관에 물이 차 있다. 닫힌 관의 꼭대기에서 압력은 얼마인가?

준비 이것은 유체 정역학 평형 상태에 있는 액체이다. 닫힌 관은 용기의 열린 부분이 아니므로 물은 같은 높이까지 오를 수 없다.

그림 13.7 한쪽 끝이 닫혀 있는 굽은 관

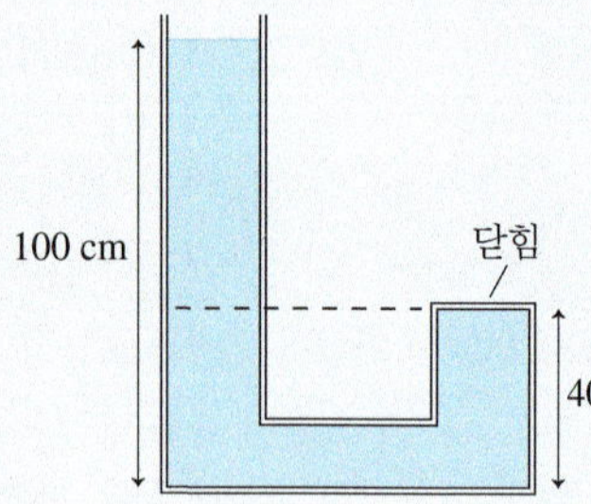

그럼에도 불구하고 수평선 위의 모든 점에서 압력은 여전히 똑같다. 특히, 닫힌 관 꼭대기의 압력은 점선의 높이에 있는 열린 관의 압력과 같다. $p_0 = 1$ atm으로 가정한다.

풀이 열린 관의 바닥에서 40 cm 위에 있는 점은 깊이가 60 cm이다. 이 깊이에서 압력은

$$\begin{aligned} p &= p_0 + \rho g d \\ &= (1.01 \times 10^5 \text{ Pa}) + (1000 \text{ kg/m}^3)(9.80 \text{ m/s}^2)(0.60 \text{ m}) \\ &= 1.07 \times 10^5 \text{ Pa} = 1.06 \text{ atm} \end{aligned}$$

이고, 닫힌 관 꼭대기의 압력과 같다.

검토 이 압력을 만들어낸 물기둥의 높이는 그리 높지 않고, 따라서 압력이 대기압에 비해 약간 높은 것은 타당한 결과이다.

영상 학습 데모

유체 정역학 압력방정식 $p = p_0 + \rho g d$로부터 결론을 하나 더 끌어낼 수 있다. 표면의 압력을 $p_1 = p_0 + \Delta p$로 변화시키면, 다시 말해 Δp가 압력의 변화라고 하면, 깊이 d인 점에서 압력은

$$p' = p_1 + \rho g d = (p_0 + \Delta p) + \rho g d = (p_0 + \rho g d) + \Delta p = p + \Delta p$$

가 된다. 즉, 깊이 d에서 압력은 표면에서 압력이 변한 만큼만 변화한다. 파스칼(압력

의 단위 파스칼은 이 이름을 따서 명명했다)이 이 사실을 처음 발견하여 이것을 파스칼의 원리(Pascal's principle)라고 한다.

> **파스칼의 원리** 비압축성 유체의 한 점에서 압력이 변하면, 유체의 다른 모든 점에서도 압력이 같은 양만큼 변한다.

예를 들어, 예제 13.3의 열린 관 위의 공기 압력을 0.50 atm만큼 증가시켜 1.50 atm의 압력이 되도록 누르면, 닫힌 관 꼭대기의 압력도 1.56 atm으로 높아진다.

대기압

우리는 수 km에 달하는 공기의 '바다' 맨 밑에서 살아간다. **그림 13.8**이 보여주듯이 대기 꼭대기의 경계는 분명하지 않다. 공기는 위로 올라갈수록 밀도가 점점 줄어들다가 우주 공간에서는 0이 된다. 그럼에도 불구하고 대기의 공기 99%는 약 30 km 아래에 있다.

그림 13.8 대기압과 밀도

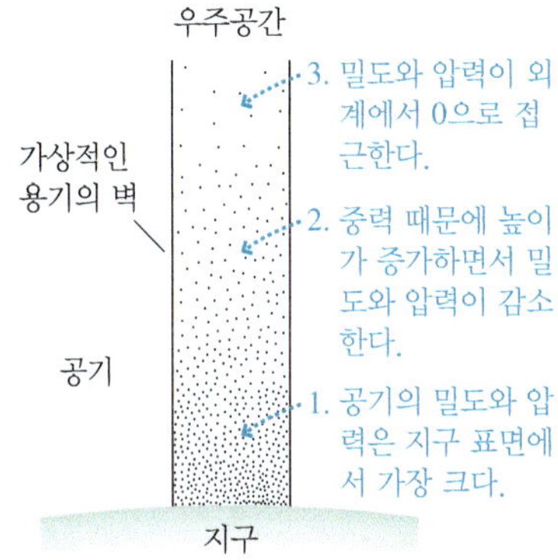

공기와 같은 기체는 압축성이 아주 크다는 것을 상기하면 고도가 올라감에 따라 대기의 밀도가 어째서 점점 작아지는지 알 수 있다. 액체에서는 그 위의 액체 무게 때문에 깊어질수록 압력이 증가한다. 대기의 공기에 대해서도 마찬가지지만, 공기는 압축성을 가지기 때문에 위에 있는 공기의 무게가 아래 공기를 압축하고, 밀도는 증가한다. 높은 고도에서는 위에서 내리누를 공기가 거의 없기 때문에 밀도가 더 작다.

지구 해수면의 평균압력인 **표준 대기압**(standard atmosphere)이 1 atm = 101,300 Pa이라는 것을 12장에서 배웠다. 보통은 간단하게 '대기압'이라고 하며 일반적으로는 표준 대기압을 압력의 단위 atm으로 사용한다. 그러나 이것은 SI 단위가 아니므로 압력과 관련된 계산을 하기 전에 atm(기압)을 Pa(파스칼)로 변환해야 한다.

대기압은 고도뿐만 아니라 날씨에 따라서도 달라진다. 적도의 넓은 지역에 걸쳐서 저기압 공기가 발생한다. 이곳에서 뜨거운 공기가 위로 올라가서 북반구와 남반구의 온대성지방으로 흘러가서 아래로 내려오면서 고기압 지역을 형성한다. 지역풍과 날씨는 압력이 다른 공기 덩어리의 존재와 움직임에 따라서 크게 변한다. 저녁뉴스에서 **그림 13.9**와 같은 일기도를 볼 수 있다. 문자 H와 L은 고기압과 저기압 지역을 나타낸다.

그림 13.9 일기도의 고기압대와 저기압대

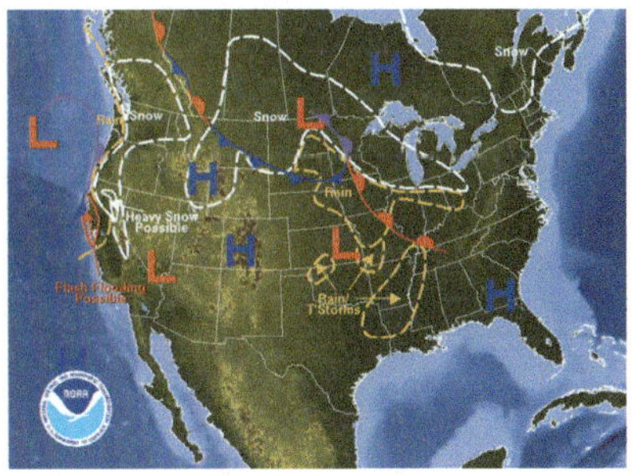

13.3 압력의 측정 및 이용

그림 13.4와 같은 용수철-피스톤 측정기는 12장에서 소개된 개념인 실제 혹은 절대 압력 p를 측정한다. 그러나 ◀◀12.2절에서 배운 것처럼 타이어 압력계 같은 대부분의 압력계는 **계기 압력** p_g를 측정한다. 계기 압력은 실제 압력과 대기압의 차이를 뜻한다. 즉 $p_g = p - p_{atmos} = p - 1\text{ atm}$이다.

이제 정보가 충분히 있으므로 유체 정역학 문제를 다룰 방식을 체계화해보자.

풀이 전략 13.1 유체 정역학

❶ **그림을 그린다.** 열린 면, 피스톤, 경계, 그리고 압력에 영향을 주는 다른 특징을 보여준다. 높이와 면적 치수, 유체의 밀도를 포함한다. 압력을 구하는 데 필요한 점을 확인한다.

❷ **표면의 압력 p_0를 결정한다.**

- **대기에 노출된 면:** $p_0 = p_{atmos}$, 대개 1 atm이다.
- **기체와 접하고 있는 면:** $p_0 = p_{gas}$
- **닫힌 면:** $p_0 = F/A$. 여기서 F는 피스톤과 같은 표면이 유체에 가하는 힘이다.

❸ **수평선을 이용한다.** 연결된 (한 종류의) 유체의 압력은 수평선에 있는 모든 점에서 같다.

❹ **계기 압력을 참작한다.** 압력계는 $p_g = p - 1$ atm을 나타낸다.

❺ **유체 정역학 압력방정식을 이용한다.** $p = p_0 + \rho g d$

압력계와 기압계

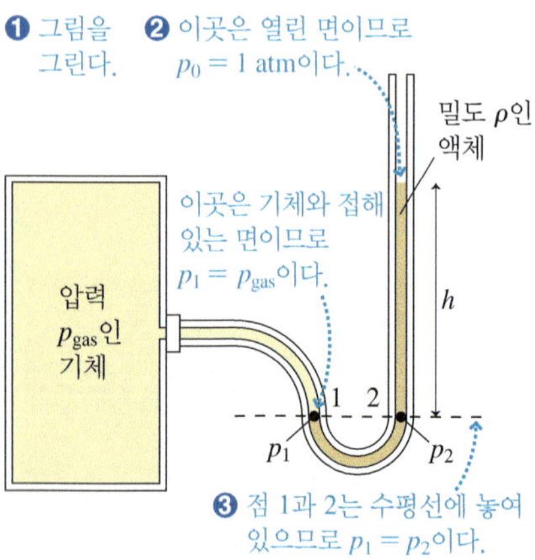

그림 13.10 압력계는 기체의 압력을 측정하는 데 사용된다.

기체 압력은 때때로 **압력계**라 하는 기구로 측정한다. **그림 13.10**에서 보는 것처럼 압력계는 한쪽 끝이 기체에 연결되고 다른 쪽 끝은 공기에 노출된 U자형 관이다. 관은 밀도 ρ인 액체(보통 수은)로 채워져 있다. 액체는 유체 정역학 평형 상태에 있다. 왼쪽보다 위에 있는 오른쪽 액체의 높이 h는 눈금자로 측정한다.

풀이 전략 13.1의 1~3단계를 따르면 압력 p_1과 p_2는 똑같아야 한다는 결론을 얻는다. 왼쪽 표면의 압력 p_1은 단순히 기체의 압력 $p_1 = p_{gas}$이다. 압력 p_2는 오른쪽 액체에서 깊이 $d = h$인 곳의 유체 정역학 압력이므로 $p_2 = 1\text{ atm} + \rho g h$이다. 두 압력이 같으므로

$$p_{gas} = 1\text{ atm} + \rho g h \tag{13.6}$$

가 된다.

또 하나의 중요한 압력측정기구는 **기압계**인데, 대기압 p_{atmos}를 측정하는 데 사용한다. **그림 13.11(a)**에 그려진 유리관은 밑이 막혀 있고, 액체가 가득 채워져 있다. 위쪽 끝을 임시로 막으면, 관을 뒤집어서 똑같은 액체가 있는 비커 안에 넣을 수 있다. 임시로 막은 것을 제거하면 전부는 아니지만 약간의 액체가 흘러나와서 관 안의 액체 원기둥 높이는 비커 안의 액체 표면에서부터 h가 된다. **그림 13.11(b)**에 나타낸 이러한 기구가 기압계이다. 이 기구가 측정하는 것은 무엇인가? 그리고 왜 관 안의 액체가 모두 다 흘러나오지 않는가?

기압계도 압력계와 같은 방식으로 분석할 수 있다. **그림 13.11(b)**에 있는 점 1은 대기에 노출되어 있어서 $p_1 = p_{atmos}$이다. 점 2의 압력은 관 안의 액체 무게에 의한 압력

과 액체 위에 있는 기체 압력의 합이다. 그러나 이 경우에 액체 위에는 기체가 없다! 관을 뒤집을 때 액체로 가득 차 있었기 때문에 액체가 흘러나온 후 남은 공간은 본질적으로 $p_0 = 0$인 진공이다. 따라서 압력 p_2는 단순히 ρgh이다.

점 1과 2는 수평선에 놓여 있고 액체는 유체 정역학 평형에 놓여 있기 때문에 이 두 점에서 압력은 같아야 한다. 두 압력이 같다고 식을 세우면

$$p_{\text{atmos}} = \rho gh \tag{13.7}$$

를 얻는다. 그러므로 기압계의 액체 원기둥 높이를 측정하여 대기의 압력을 구할 수 있다.

식 (13.7)에 따르면 액체의 높이는 $h = p_{\text{atmos}}/\rho g$이다. 기압계에 $\rho = 1000\ \text{kg/m}^3$인 물을 사용했더라면 액체 원기둥의 높이는

$$h = \frac{101{,}300\ \text{Pa}}{(1000\ \text{kg/m}^3)(9.8\ \text{m/s}^2)} \approx 10\ \text{m}$$

로 비실용적이다. 대신에 보통 밀도가 13,600 kg/m^{3}로 높은 수은을 사용한다. 해수면의 평균 대기압에 의해 기압계의 수은 원기둥 높이는 표면에서 위로 760 mm가 된다.

압력을 측정할 때 수은 기압계가 가지는 중요성 때문에 mm 단위로 나타낸 수은 원기둥의 높이를 흔히 압력의 단위 mmHg로 사용한다. 이에 따르면 760 mm의 수은(약어로 760 mmHg)은 1 atm의 압력에 해당한다.

그림 13.11 기압계

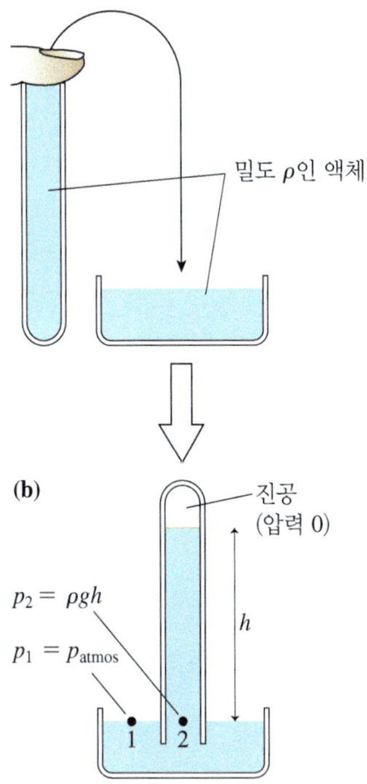

예제 13.4 두 종류의 액체가 채워진 관의 압력

U자형 관이 한쪽 끝은 닫혀 있고, 다른 쪽 끝은 대기에 노출되어 있다. 끝이 닫힌 쪽 관에는 물을 채우고, 대기에 노출된 쪽 관에는 물에 뜨는 기름을 채운다. 두 액체는 섞이지 않는다. 두 액체가 만나는 지점에서 기름의 높이는 75 cm이고, 이 지점에서 닫힌 쪽 관의 높이는 25 cm이다. 닫힌 쪽 기압은 얼마인가?

준비 풀이 전략 13.1의 단계를 따라 **그림 13.12**에 있는 그림을 그리는 것으로 시작한다. 노출된 기름 표면의 압력은 $p_0 = 1$ atm이다. 압력 p_1과 p_2는 같다. 왜냐하면 둘은 같은 유체에 있는 두 점을 연결하는 수평선에 놓여 있기 때문이다. (점 A와 닫힌 끝은 같은 수평선에 놓여 있지만, 점 A의 압력과 p_3는 같지 않다. 왜냐하면 두 점은 다른 유체에 있기 때문이다.)

유체 정역학 압력방정식을 두 번 적용할 수 있다. 압력이 p_0인 열린 끝 아래의 깊이를 알기 때문에 압력 p_1을 구하는 데 한 번 적용하고, 닫힌 끝 아래 거리 d에서 압력 p_2를 알면 닫힌 끝의 압력 p_3를 구하는 데 또 한 번 적용한다. 물과 기름의 밀도가 필요한데, 표 13.1에서 찾아보면 $\rho_w = 1000\ \text{kg/m}^3$와 $\rho_o = 900\ \text{kg/m}^3$이다.

그림 13.12 서로 다른 두 액체가 담긴 관

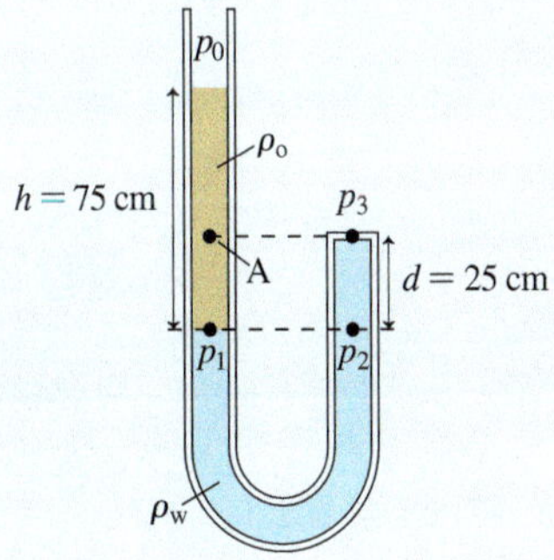

풀이 열린 끝의 아래 75 cm 되는 점 1에서 압력은

$$\begin{aligned} p_1 &= p_0 + \rho_o gh \\ &= 1\ \text{atm} + (900\ \text{kg/m}^3)(9.8\ \text{m/s}^2)(0.75\ \text{m}) \\ &= 1\ \text{atm} + 6615\ \text{Pa} \end{aligned}$$

이다. (이 결과에서 $p_0 = 1$ atm은 따로 유지할 것이다. 왜냐하면 계기 압력을 계산하려면 결국은 정확히 1 atm을 뺄 필요가 있기

때문이다.) 또한 유체 정역학 압력방정식을 사용하여

$$\begin{aligned} p_2 &= p_3 + \rho_w g d \\ &= p_3 + (1000\ \text{kg/m}^3)(9.8\ \text{m/s}^2)(0.25\ \text{m}) \\ &= p_3 + 2450\ \text{Pa} \end{aligned}$$

을 구할 수 있다. 그러나 $p_2 = p_1$이기 때문에

$$\begin{aligned} p_3 &= p_2 - 2450\ \text{Pa} = p_1 - 2450\ \text{Pa} \\ &= 1\ \text{atm} + 6615\ \text{Pa} - 2450\ \text{Pa} \\ &= 1\ \text{atm} + 4165\ \text{Pa} \end{aligned}$$

이 된다. 관의 닫힌 끝인 점 3에서 계기 압력은 $p_3 - 1$ atm = 4165 Pa이다.

검토 기름의 열린 면은 물의 닫힌 면보다 50 cm 더 높다. 밀도가 별로 다르지 않으므로 압력차는 대략 $\rho g(0.50\ \text{m}) = 5000$ Pa이라고 기대할 수 있다. 이 수치는 계산 결과와 별로 차이가 나지 않으므로 결과가 올바르다고 볼 수 있다.

압력 단위

실제로 압력은 다양한 단위로 측정된다. 역사적으로 단위와 약어가 과도하게 생겨난 이유는 다양한 주제(액체, 고압기체, 저압기체, 기상 등)에 대해 연구하던 과학자와 공학자들이 자신들에게 가장 편리한 단위들을 개발해왔기 때문이다. 관습적으로 이러한 단위들이 지속적으로 사용되고 있기 때문에 단위들을 서로 변환하는 데 익숙해질 필요가 있다. 표 13.2에 기본적인 변환들이 주어져 있다.

표 13.2 압력 단위

단위	약어	1 atm의 변환	용도
파스칼	Pa	101.3 kPa	SI 단위: 1 Pa = 1 N/m^2 대부분의 계산에 사용
기압	atm	1 atm	일반적임
수은 밀리미터	mmHg	760 mmHg	기체와 기압계의 압력
수은 인치	in	29.92 in	미국 기압계의 압력 일기예보
제곱인치당 파운드	psi	14.7 psi	미국 공학 및 산업계

혈압 BIO

건강검진을 할 때, "혈압이 80에서 120입니다."와 같은 말을 들어보았을 것이다. 이 말은 무슨 뜻인가?

분당 맥박수가 75라고 가정하면, 심장이 약 0.8 s마다 한 번씩 '뛴다'. 심근이 수축하면서 혈액을 대동맥으로 밀어 내보낸다. 이런 수축은 풍선을 누르는 것처럼 심장의 압력을 올린다. 압력 증가는 파스칼의 원리에 따라 모든 동맥을 통하여 전달된다.

그림 13.13 심장박동 한 주기 동안의 혈압

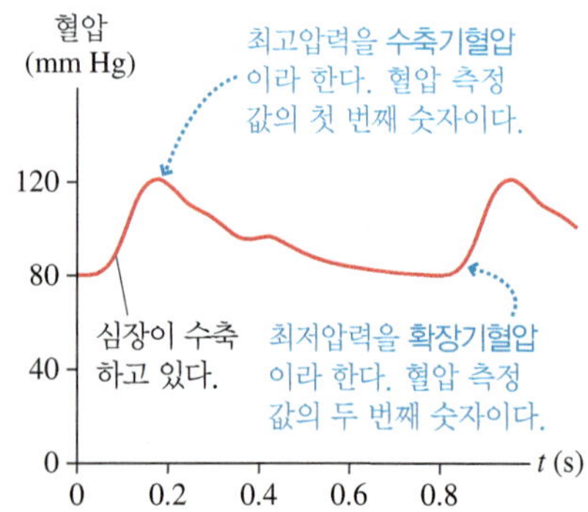

그림 13.13은 심장박동 한 주기 동안에 혈압이 어떻게 변하는지 보여주는 압력 그래프이다. 의학적으로 **고혈압**은 대개 최고(**심장수축**)혈압이 혈액순환에 필요한 것보다 더 높은 상태를 뜻한다. 고혈압은 순환계 전체에 과도한 긴장과 부담을 야기해서 흔히 의학적으로도 심각한 문제를 일으킨다. 저혈압이면 갑자기 일어설 때 현기증이 일

어나는데, 이는 혈압이 피를 뇌까지 밀어 올리기에 적당하지 않기 때문이다.

그림 13.14에서 보는 것처럼 혈압은 가압대를 팔에 감고 측정한다. 의사나 간호사는 가압대에 압력을 가하고, 팔의 동맥에 청진기를 대고 압력계를 지켜보면서 천천히 압력을 줄인다. 처음에는 가압대가 동맥을 압박하여 막으므로 혈류가 차단된다. 가압대의 압력이 최고혈압 아래로 떨어지면 매번 심장이 박동할 때마다 압력 고동이 동맥을 잠깐 열어서 분출한 피가 지나가도록 한다. 의사나 간호사가 피가 흐르기 시작하는 소리를 들을 때의 압력을 기록한다. 이 압력이 바로 수축기혈압이다.

가압대의 압력이 확장기혈압에 도달할 때까지 피의 고동은 동맥을 통하여 지속된다. 그러고 나면 동맥은 계속 열린 채로 있어서 피가 부드럽게 흐른다. 이런 전이과정은 청진기로 쉽게 들을 수 있는데, 이때 의사 또는 간호사가 **확장기**혈압을 기록한다.

혈압은 mmHg 단위로 측정한다. 이것은 계기 압력으로, 1 atm을 초과하는 압력을 나타낸다. 건강한 젊은이의 전형적인 혈압은 120/80인데, 이는 수축기혈압이 p_g = 120 mmHg(절대 압력 p = 880 mmHg)이고 확장기혈압이 80 mmHg라는 뜻이다.

그림 13.14 혈압계로 혈압 측정하기

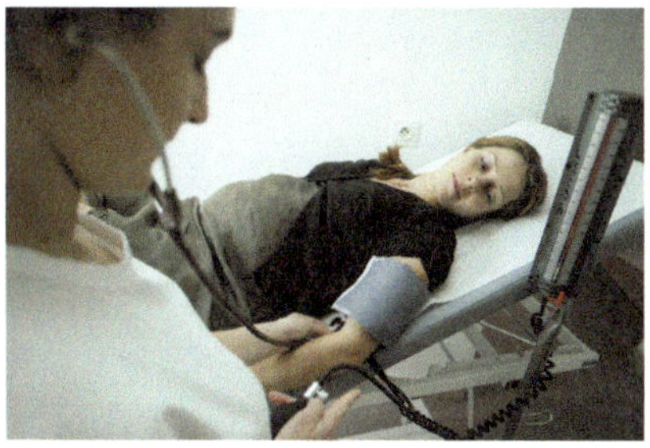

기린 머리의 압력 BIO 기린의 머리는 심장에서 2.5 m 정도 위에 있는데, 사람의 머리는 겨우 30 cm 정도에 있다. 이 높이까지 피를 밀어 올리려면 기린 심장의 혈압은 사람보다 170 mmHg 정도 더 높아야 한다. 실제로 기린의 혈압은 사람보다 두 배 이상 높다.

개념형 예제 13.5 **혈압과 팔의 높이**

그림 13.14에서 환자의 팔은 대략 심장과 같은 높이에 있다. 왜 그런가?

판단 유체 정역학 압력은 높이에 따라 변한다. 비록 흐르는 피는 유체 정역학 평형은 아니지만, 혈압은 심장 아래로 멀리 내려갈수록 증가하고, 위로 올라갈수록 감소한다. 위팔이 몸통 옆에 있을 때는 심장과 같은 높이가 되므로 이곳 압력은 심장에서 압력과 같다. 환자가 팔을 똑바로 위로 든다면 가압대가 심장보다 약 $d \approx 25$cm 위에 있기 때문에 혈압은 심장의 압력보다 $\Delta p = \rho_{\text{blood}}gd \approx 20$ mmHg만큼 작을 것이다.

검토 평균 혈압과 비교하면 20 mmHg는 상당히 높다. 혈압을 심장보다 높은 위치나 낮은 위치에서 측정하는 것은 환자를 오진하는 원인이 될 수 있다.

13.4 부력

알다시피 바위는 바위처럼 가라앉는다. 나무는 호수의 수면에 뜬다. 질량이 몇 그램 안 되는 동전은 가라앉지만 무거운 강철 항공모함은 뜬다. 이런 다양한 현상을 어떻게 이해할 수 있는가?

에어 매트리스는 수영장의 수면에 쉽게 뜬다. 따라서 에어 매트리스를 물속으로 밀어 넣는 것이 거의 불가능하다는 것을 알 것이다. 물속으로 밀어 넣으면 물은 밀어 올린다. 이같이 위로 향하는 액체의 힘을 **부력**(buoyant force)이라 한다.

부력의 기본 원리는 쉽게 이해할 수 있다. 그림 13.15는 액체에 잠긴 원기둥을 보여 준다. 액체에서 압력은 깊이에 따라 증가하므로 원기둥 밑면의 압력은 윗면보다 높다. 원기둥의 위아래 면은 면적이 같으므로 힘 $\vec{F}_{\text{up}}$이 힘 $\vec{F}_{\text{down}}$보다 크다(압력은 모든

그림 13.15 원기둥 밑면의 액체 압력은 윗면보다 더 크기 때문에 부력이 생긴다.

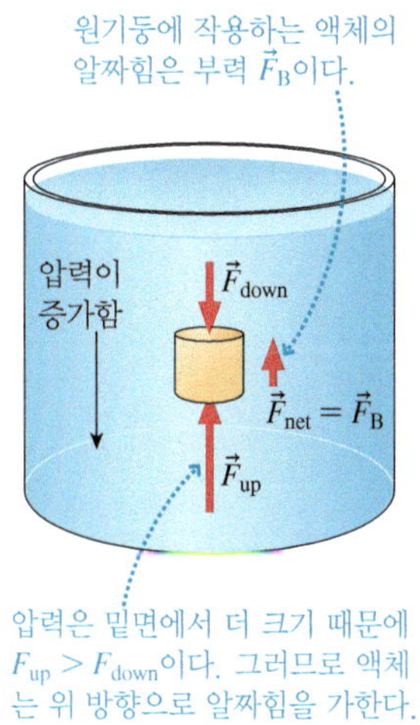

방향으로 민다). 따라서 액체의 압력은 크기가 $F_{net} = F_{up} - F_{down}$인 위 방향의 알짜힘을 원기둥에 작용한다. 이것이 부력이다.

잠긴 원기둥으로 이 개념이 간단히 설명되지만, 결과는 원통이나 액체에 한정되지 않는다. **그림 13.16(a)**와 같이 임의의 모양과 부피를 가진 유체 덩어리를 가상적인 경계를 그려서 분리해보자. 이 덩어리는 유체 정역학 평형 상태에 있다. 따라서 덩어리를 아래로 끌어당기는 무게 힘은 위 방향의 힘과 균형을 맞춰야 한다. 주변의 유체에 의해 이 유체 덩어리에 작용하는 위 방향의 힘은 부력 $\vec{F}_B$이다. 부력은 유체의 무게와 대등하다. 곧, $F_B = w$이다.

이제 **그림 13.16(b)**와 같이 이 유체 덩어리를 제거하고, 정확히 모양과 크기가 같은 물체를 순간적으로 대체하여 집어넣을 수 있다고 상상해보자. 부력은 **둘러싼** 유체에 의해 작용하고, 대체한 새로운 물체를 둘러싼 유체는 변하지 않았기 때문에, 이 물체에 작용하는 부력은 제거한 유체 덩어리에 작용하는 부력과 **정확히 같다.**

그림 13.16 물체에 작용하는 부력은 물체가 밀어낸 유체에 작용하는 부력과 똑같다.

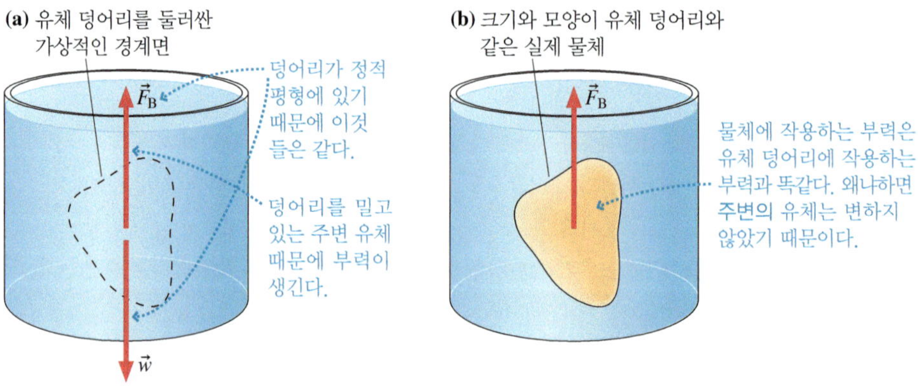

물체(또는 물체의 일부)가 유체에 잠기면 잠긴 부분을 채우고 있던 유체를 밀어낸다. 이 유체를 **밀어낸 유체**(displaced fluid)라고 한다. 밀어낸 유체의 부피는 물체가 유체에 잠긴 부분의 부피와 정확히 같다. **그림 13.16**으로부터 위 방향의 부력 크기는 밀어낸 유체의 무게와 대등하다는 결론을 얻는다.

이 생각은 아마도 가장 위대한 고대 그리스 수학자이자 과학자인 아르키메데스(Archimedes)에 의해 처음 인식되었고, 오늘날 아르키메데스의 원리(Archimedes' principle)로 알려져 있다.

아르키메데스의 원리 유체에 잠겨 있거나 떠 있는 물체에 유체는 위 방향의 부력 $\vec{F}_B$를 작용한다. 부력의 크기는 물체가 밀어낸 유체의 무게와 같다.

유체의 밀도는 ρ_f이고 물체가 밀어낸 유체의 부피는 V_f라고 가정하자. 그러면 밀어낸 유체의 질량은 $m_f = \rho_f V_f$이므로 무게는 $w_f = \rho_f V_f g$이다. 따라서 아르키메데스의 원

리를 식으로 표현하면

$$F_B = \rho_f V_f g \tag{13.8}$$

이다.

영상 학습 데모

예제 13.6 왕관은 금인가?

전설에 따르면 시러큐스의 히에로 왕은 왕관이 순금인지 아니면 비양심적인 금 세공인이 다른 금속을 섞음질한 것인지 결정해 달라고 아르키메데스에게 요청했다. 그의 이름이 들어간 원리를 이끌어 낸 것이 바로 이 문제였다. 그의 방법을 현대판으로 바꾸면, 무게가 8.30 N인 왕관이 줄에 매달려 물속에 잠겨 있는데, 줄의 장력을 재보니 7.81 N이었다. 왕관은 순금인가?

준비 왕관이 순금인지 아닌지 알아보려면 왕관의 밀도 ρ_o를 결정하고 알려진 금의 밀도와 비교할 필요가 있다. **그림 13.17**에 왕관에 작용하는 힘들이 나타나 있다. 익숙한 장력과 무게 외에도 물은 왕관에 위 방향의 부력을 작용한다. 부력의 크기는 아르키메데스의 원리로 주어진다.

풀이 왕관은 유체 정역학 평형 상태에 있기 때문에 왕관의 가속도와 왕관에 작용하는 알짜힘은 0이다. 뉴턴의 제2법칙을 적용하면

그림 13.17 잠긴 왕관에 작용하는 힘

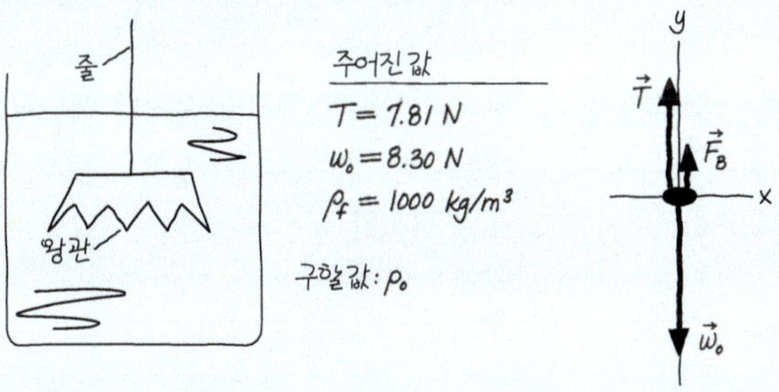

$$\sum F_y = F_B + T - w_o = 0$$

이므로 부력은

$$F_B = w_o - T = 8.30\ \text{N} - 7.81\ \text{N} = 0.49\ \text{N}$$

이다.

아르키메데스의 원리에 따르면 $F_B = \rho_f V_f g$인데, V_f는 밀어낸 유체의 부피이다. 여기서, 왕관이 완전히 잠겨 있는 경우 밀어낸 유체의 부피는 왕관의 부피 V_o와 같다. 이제 왕관의 무게는 $w_o = m_o g = \rho_o V_o g$이므로 그 부피는

$$V_o = \frac{w_o}{\rho_o g}$$

이다. 이 부피를 아르키메데스의 원리에 대입하면

$$F_B = \rho_f V_o g = \rho_f \left(\frac{w_o}{\rho_o g}\right) g = \frac{\rho_f}{\rho_o} w_o$$

를 얻는다. ρ_o에 대해 풀면

$$\rho_o = \frac{\rho_f w_o}{F_B} = \frac{(1000\ \text{kg/m}^3)(8.30\ \text{N})}{0.49\ \text{N}} = 17{,}000\ \text{kg/m}^3$$

가 된다. 왕관의 밀도는 순금의 밀도 19,300 kg/m^3보다 상당히 낮으므로 왕관은 순금이 아니다.

검토 금과 같이 고밀도의 물질로 된 물체에서는 부력이 그 무게에 비해 작다.

뜰까 아니면 가라앉을까?

물체를 물속에 **잡고** 있다가 놓으면, 물체는 수면으로 떠오르거나 가라앉거나 아니면 물속에 '매달린 채' 머물러 있다. 어느 쪽일지 어떻게 예측할 수 있는가? 수면으로 향할지 바닥으로 향할지는 물체에 작용하는 위 방향의 부력 F_B가 아래 방향의 무게 힘 w_o보다 큰지 작은지에 달려 있다.

수업 영상

부력의 크기는 $\rho_f V_f g$이다. 강철 토막과 같이 균일한 물체의 무게는 단순히 $\rho_o V_o g$이다. 그러나 스쿠버 다이버와 같은 복합물체는 다양한 밀도로 된 부분들로 이루어져 있다. **평균 밀도**(average density)를 $\rho_{avg} = m_o/V_o$로 정의하면 복합물체의 무게를 $w_o = \rho_{avg} V_o g$로 쓸 수 있다.

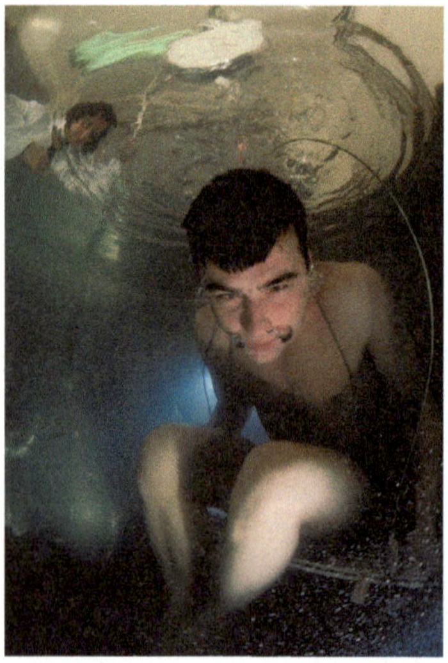

$\rho_f V_f g$를 $\rho_{avg} V_o g$와 비교하고, 완전히 잠긴 물체에 대해서는 $V_f = V_o$임을 유념하면 유체 밀도 ρ_f가 물체의 평균 밀도 ρ_{avg}보다 큰지 또는 작은지에 따라 물체가 뜰지 가라앉을지 알 수 있다. 밀도가 같으면 물체는 정적 평형 상태에 있고 정지한 채로 매달려 있다. 이것을 **중립부력**(neutral buoyancy)이라고 한다. 이런 조건들은 풀이 전략 13.2에 요약되어 있다.

◀ **수중용 저울** BIO 예제 13.6에서 물속과 공기 중에서 물체의 무게를 측정하여 물체의 밀도를 어떻게 정하는지 보았다. 이 생각은 사람의 체지방 비율을 정하는 정확한 방법의 기초가 된다. 지방은 기름기 없는 근육이나 뼈보다 저밀도이다. 그래서 전체 체밀도가 작아진다는 것은 체지방의 비율이 커진다는 것을 의미한다. 사람의 밀도를 측정하려면, 먼저 공기 중에서 무게를 잰 다음 물속에 완전히 잠기게 해서 다시 무게를 잰다. 표준 표는 체밀도와 지방 비율의 관계를 정확히 알려준다.

풀이 전략 13.2 물체가 뜰지 혹은 가라앉을지 알아내기

❶ 물체가 가라앉는다.

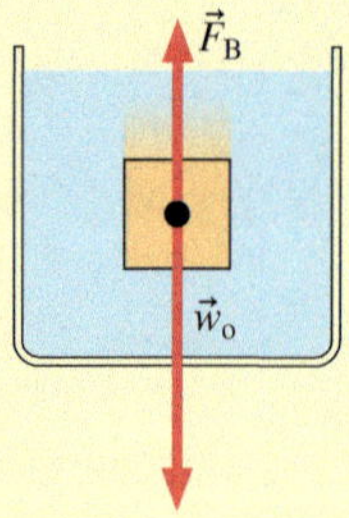

밀어낸 유체보다 물체가 더 무거우면, 다시 말해서 물체의 평균 밀도가 유체의 밀도보다 크면 물체는 가라앉는다.

$$\rho_{avg} > \rho_f$$

❷ 물체가 뜬다.

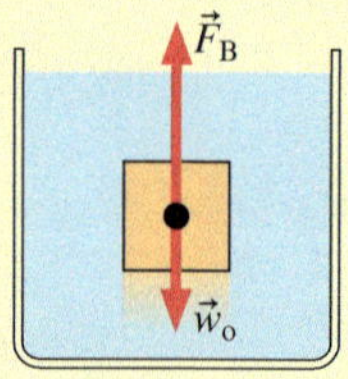

밀어낸 유체보다 물체가 가벼우면, 다시 말해서 물체의 평균 밀도가 유체의 밀도보다 작으면 물체는 수면으로 떠오른다.

$$\rho_{avg} < \rho_f$$

❸ 물체가 중립부력인 상태이다.

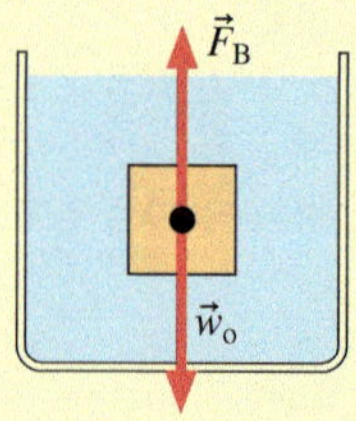

밀어낸 유체와 물체의 무게가 정확히 같으면, 다시 말해서 물체의 평균 밀도가 유체의 밀도와 같으면 물체는 정지한 채로 매달려 있다.

$$\rho_{avg} = \rho_f$$

그림 13.18 떠 있는 물체는 정적 평형 상태에 있다.

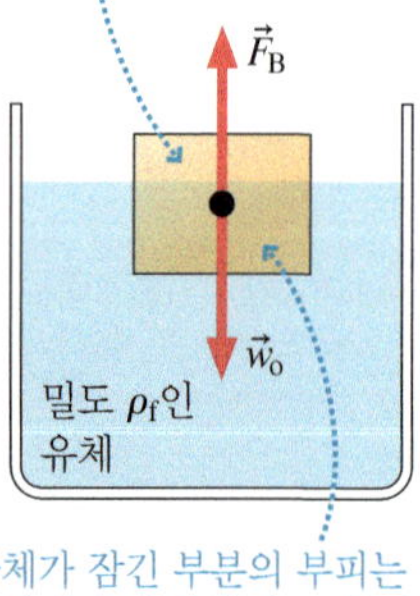

예를 들면, 강철은 물보다 고밀도이므로 강철덩어리는 가라앉는다. 기름은 물보다 저밀도이므로 기름은 물에 뜬다. 물고기는 공기를 채운 부레를 사용하고 스쿠버 다이버는 무거운 벨트를 사용하여 그들의 평균 밀도가 물과 같아지도록 조절한다. 두 경우 모두 중립부력의 예이다.

물속에서 나무토막을 놓는다면 위 방향의 알짜힘 때문에 토막이 수면까지 솟구친다. 그 다음은? 뜨는 것을 이해하기 위해 **그림 13.18**의 토막과 같은 균일한 물체로 시작하자. 이 물체에는 움푹 들어가거나 빈 공간 같은 이상한 것은 없다. 이것은 뜨기 때문에 $\rho_o < \rho_f$인 경우가 틀림없다.

이제 물체는 떠 있고, 정적 평형 상태에 있다. 따라서 아르키메데스의 원리로 정해지는 위 방향의 부력은 아래 방향의 물체 무게와 정확히 균형을 이룬다. 곧,

$$F_B = \rho_f V_f g = w_o = \rho_o V_o g \tag{13.9}$$

이다. 물체가 떠 있는 경우에 밀어낸 유체의 부피는 물체의 부피와 똑같지 않다. 실제로 식 (13.9)에서 떠 있는 균일한 밀도의 물체가 밀어낸 유체의 부피는

$$V_f = \frac{\rho_o}{\rho_f} V_o \tag{13.10}$$

인데, $\rho_o < \rho_f$이기 때문에 이것은 V_o보다 작다.

▶ **숨겨진 두께** 빙하로부터 떨어져 나온 대부분의 빙산은 밀도가 917 kg/m^3인 담수성 얼음이다. 바닷물의 밀도는 1030 kg/m^3이다. 따라서

$$V_f = \frac{917\ kg/m^3}{1030\ kg/m^3} V_o = 0.89 V_o$$

이다. 밀려난 물의 부피 V_f는 또한 물속에 있는 빙산의 부피이다. 정말로 빙산의 부피 중 90%는 물속에 잠겨 있다는 것을 알 수 있다.

개념형 예제 13.7 부력은 어느 쪽이 더 큰가?

쇠토막은 물 통 바닥까지 가라앉는데 같은 크기의 나무토막은 뜬다. 부력은 어느 쪽이 더 큰가?

판단 부력은 밀려난 물의 부피와 같다. 쇠토막은 완전히 잠기므로 그 자신의 부피만큼 물을 밀어낸다. 나무토막은 물에 뜨기 때문에 물속에 있는 일부분의 부피만큼 물을 밀어내는데, 그 부피는 원래 자신의 부피보다 작다. 따라서 쇠토막의 부력이 나무토막보다 크다.

검토 이 결과는 직관에 반할지 모르지만, 쇠토막은 고밀도 때문에 가라앉고 나무토막은 저밀도 때문에 뜬다는 것을 기억하라. 부력은 더 작지만 뜨기엔 충분하다.

예제 13.8 모르는 액체의 밀도 측정

확인되지 않은 액체의 밀도를 측정하려고 한다. 어떤 물체를 이 액체에 담그면 4.6 cm가 이 액체에 잠긴 채 떠 있다. 이 물체를 물에 놓으면 역시 뜨지만 5.8 cm가 잠긴다. 이 액체의 밀도는 얼마인가?

준비 물체는 균일한 조성이라고 가정한다. 물체뿐만 아니라 단면적 A와 모르는 액체에 잠긴 부분의 길이 h_u, 그리고 물에 잠긴 부분의 길이 h_w도 **그림 13.19**에 나타나 있다.

풀이 물체는 떠 있으므로 식 (13.10)을 적용한다. 물체는 모르는 액체의 부피 $V_u = Ah_u$를 밀어낸다. 따라서

그림 13.19 두 액체에 떠 있는 물체

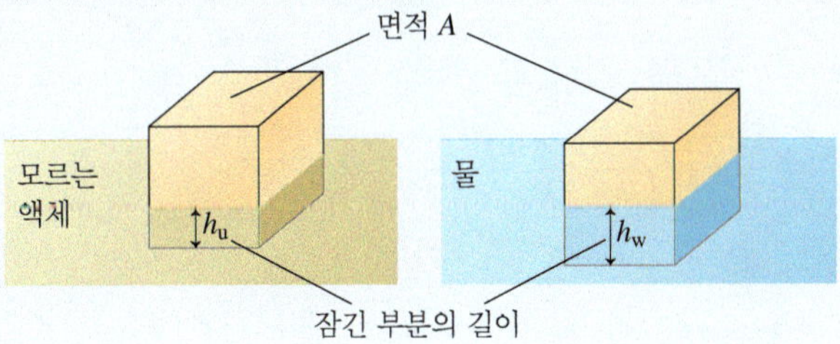

$$V_u = Ah_u = \frac{\rho_o}{\rho_u} V_o$$

가 된다. 마찬가지로, 물체는 물의 부피 $V_w = Ah_w$를 밀어내므로

$$V_w = Ah_w = \frac{\rho_o}{\rho_w} V_o$$

를 얻는다. 두 가지 유체가 있으므로 유체를 뜻하는 아래 첨자 f 자리에 물은 w를, 모르는 액체는 u를 사용했다. 곱 $\rho_o V_o$는 양쪽 식에 등장한다. 첫째 식에서는 $\rho_o V_o = \rho_u A h_u$이고, 둘째 식에서는 $\rho_o V_o = \rho_w A h_w$이다. 오른쪽을 같다고 놓으면

$$\rho_u A h_u = \rho_w A h_w$$

를 얻는다. 면적 A는 상쇄되므로 모르는 액체의 밀도는

$$\rho_u = \frac{h_w}{h_u}\rho_w = \frac{5.8\ cm}{4.6\ cm} 1000\ kg/m^3 = 1300\ kg/m^3$$

이다.

검토 표 13.1과 비교하면 모르는 액체는 글리세린일 것 같다.

보트와 풍선

그림 13.20 보트가 어떻게 뜨는가.

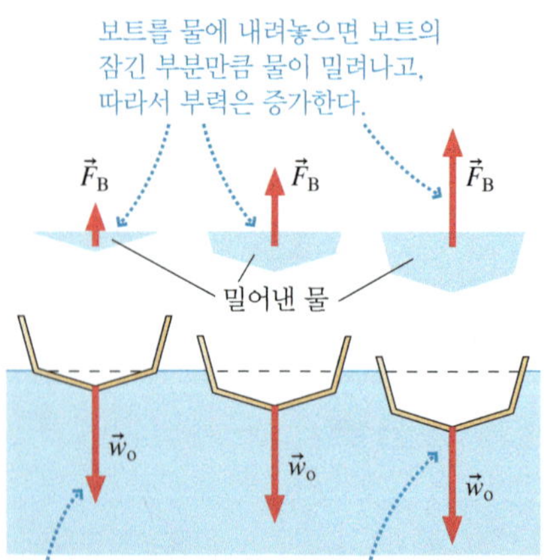

강철덩어리는 가라앉는데 어떻게 선체가 강철로 된 보트는 뜨는가? 알다시피 위 방향의 부력(밀어낸 물의 무게)이 물체의 무게와 균형이 맞으면 물체는 뜬다. 보트는 실제로는 속이 빈 커다란 용기인데, 그 무게는 선체에 있는 강철의 부피에 의해 정해진다. **그림 13.20**에 나타낸 것처럼 보트가 밀어낸 물의 부피는 선체 자체의 부피보다 훨씬 크다. 보트를 물에 내려놓으면 밀어낸 물의 무게가 보트의 무게와 정확이 같아질 때까지 보트가 가라앉는다. 그러면 보트는 정적 평형 상태에 있게 되어서 그 높이에서 뜬다.

부력과 부양의 개념은 단지 액체에만 적용되는 것이 아니라 모든 유체에 적용된다. 공기와 같은 기체에 잠긴 물체도 마찬가지로 부력을 느낀다. 공기의 밀도는 정말로 낮기 때문에 이 부력은 일반적으로 무시해도 좋다. 그럼에도 불구하고, 비록 공기에 의한 부력이 작더라도 물체가 밀어내는 공기보다 덜 무거우면 물체는 공기 중에서 뜰 것이다. 이것이 뜨는 풍선에는 보통의 공기를 넣을 수 없는 이유이다. 만약 풍선에 공기를 넣으면 풍선 안에 있는 공기의 무게는 풍선이 밀어낸 공기의 무게와 같을 것이기 때문에 풍선에는 위 방향의 알짜힘이 없을 것이다. 풍선 자체의 무게를 더하면 아래 방향의 알짜힘이 작용할 것이다. 풍선이 뜨기 위해서는 공기보다 낮은 밀도를 가진 기체를 풍선에 채워야 한다. 어떻게 작동할지는 다음 예제에 예시되어 있다.

뜨거운 공기의 상승 열기구는 저밀도의 기체로 채워져 있다. 바로 뜨거운 공기이다! 가열하면 기체는 팽창하므로 밀도는 낮아지는 것을 12장에서 배웠다. 열기구의 상부에 있는 공기는 놀라울 정도로 뜨겁다. 대략 끓는 물의 온도인 100°C이다. 이 온도의 공기 밀도는 상온의 79%에 불과하다. 열기구의 무게가 밀려난 차가운 공기의 무게보다 작아질 때 열기구는 떠오른다.

예제 13.9 풍선은 얼마나 커야 되는가?

헬륨을 채운 풍선이 중립부력으로 뜨려면 지름이 얼마가 되어야 하는가? 빈 풍선의 질량은 2.0 g이다.

준비 풍선을 구로 생각한다. 풍선은 그 무게(빈 풍선 더하기 헬륨의 무게)가 밀어낸 공기의 무게와 같아질 때 뜰 것이다. 공기와 헬륨의 밀도는 표 13.1에 나타나 있다.

풀이 풍선의 부피는 V_{balloon}이다. 그 무게는

$$w_{\text{balloon}} = m_{\text{balloon}}\,g + \rho_{\text{He}} V_{\text{balloon}}\,g$$

인데, m_{balloon}은 빈 풍선의 질량이다. 밀어낸 공기의 무게는

$$w_{\text{air}} = \rho_{\text{air}} V_{\text{air}}\,g = \rho_{\text{air}} V_{\text{balloon}}\,g$$

이다. 여기서 밀어낸 공기의 부피는 풍선의 부피임을 이용했다. 이들 두 힘이 같아질 때, 곧

$$\rho_{\text{air}} V_{\text{balloon}}\,g = m_{\text{balloon}}\,g + \rho_{\text{He}} V_{\text{balloon}}\,g$$

이면 풍선은 뜰 것이다. g는 상쇄되고, 풍선의 부피에 대해 풀면

$$V_{\text{balloon}} = \frac{m_{\text{balloon}}}{\rho_{\text{air}} - \rho_{\text{He}}} = \frac{2.0 \times 10^{-3}\ \text{kg}}{1.28\ \text{kg/m}^3 - 0.17\ \text{kg/m}^3} = 1.8 \times 10^{-3}\ \text{m}^3$$

이다. 구는 부피가 $V = (4\pi/3)r^3$이므로 풍선의 반지름은

$$r = \left(\frac{3V_{\text{balloon}}}{4\pi}\right)^{\frac{1}{3}} = \left(\frac{3 \times (1.8 \times 10^{-3}\ \text{m}^3)}{4\pi}\right)^{\frac{1}{3}} = 0.075\ \text{m}$$

이다. 풍선의 지름은 이것의 2배인 15 cm이다.

검토 15 cm는 겨우 뜨는 풍선의 지름으로 적절한 크기이다.

수업 영상

13.5 운동하는 유체

머리카락을 스치는 바람, 거품이 이는 강, 유정에서 분출되는 기름은 운동하는 유체의 예들이다. 그동안은 유체 정역학에만 초점을 맞췄지만 이제 유체 **동역학**으로 관심을 돌릴 때가 되었다.

유체흐름은 복잡한 주제이다. 유체의 흐름은 여러 가지 측면에서, 특히 난류와 소용돌이의 형성은 아직도 잘 이해하지 못하고 있으며, 현재 여전히 연구가 진행 중인 분야이다. 단순한 **이상 유체 모형**을 사용하여 이런 어려움을 피할 것이다. 유체에 대한 세 가지 가정으로 이 모형을 표현할 수 있다.

1. 유체는 **압축되지 않는다**. 이것은 액체에 대해서 아주 좋은 가정이지만, 공기처럼 움직이고 있는 기체에 대해서도 상당히 잘 맞는다. 예컨대, 심지어 160 km/h의 바람이 벽에 부딪치더라도 그 밀도는 겨우 1% 정도 변한다.
2. 흐름은 **정상적이다**. 말하자면 유체의 각 지점에서 유체 속도는 시간에 따라 변하지 않는다. 이 조건하에 있는 흐름을 **층흐름**(laminar flow)이라 하며, **난류**와 구별된다.
3. 유체는 **점성을 갖지 않는다**. 물은 차가운 팬케이크 시럽보다 훨씬 더 쉽게 흐른다. 왜냐하면 시럽은 아주 끈적끈적한 액체이기 때문이다. 점성은 흐름에 대한 저항이다. 유체의 비점성을 가정하는 것은 입자의 운동에 마찰이 없다고 가정하는 것과 유사하다. 기체는 아주 작은 점성을 가지고 있고, 심지어 많은 액체조차 비점성을 띠는 것으로 근사할 수 있다.

나중에 13.7절에서 가정 3을 완화하고 점성의 효과를 고려할 것이다.

그림 13.21의 상승하는 연기는 매끈한 윤곽에서 알 수 있듯이 층흐름으로 시작했다가 어느 지점을 지나면서 난류로 바뀐다. 층흐름이 난류로 전이하는 것은 유체흐름에서 흔히 일어나는 현상이다. 이상 유체 모형은 층흐름에만 적용될 수 있고 난류에는 적용될 수 없다.

그림 13.21 상승하는 연기는 층흐름에서 난류로 바뀐다.

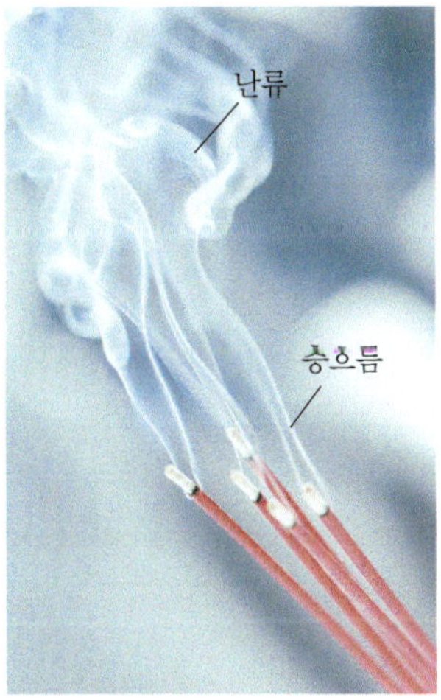

연속 방정식

도관을 지나는 기름이나 동맥을 지나는 혈액과 같이 관을 지나는 유체흐름을 생각해보자. **그림 13.22**에서처럼 관의 지름이 변하면 유체의 속력에는 어떤 일이 일어나는가?

치약 튜브를 짜면 흘러나오는 치약의 부피는 튜브에서 줄어든 부피와 같다. 견고한 관을 통하여 흐르는 **비압축성** 유체도 똑같은 방식으로 행동한다. 유체는 관 안에서 생성되지도 소멸되지도 않고, 관에 유입된 어떠한 여분의 유체도 저장할 장소가 없다. 시간 간격 Δt 동안 부피 ΔV가 관에 들어오면 같은 부피의 유체가 반드시 관을 나가야 한다.

이 개념이 뜻하는 바를 알기 위해 그림 13.22에 있는 유체의 모든 분자들이 단면적

그림 13.22 유속은 점점 가늘어지는 관을 지나면서 변한다.

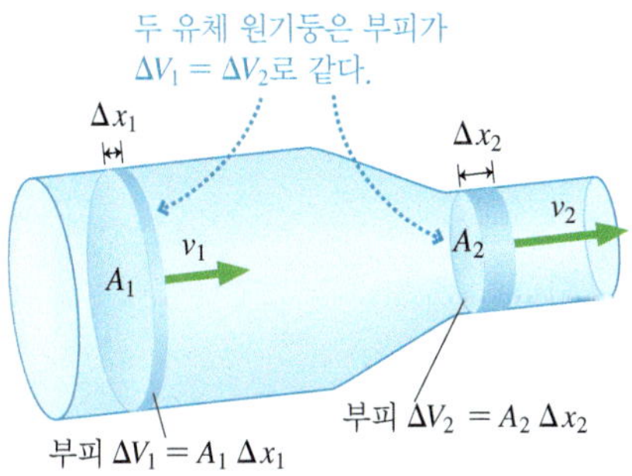

이 A_1인 지점에서 속력 v_1으로 앞으로 이동한다고 가정한다. 관을 따라 더 나아가서 단면적이 A_2인 지점에서 분자들의 속력은 v_2이다. 시간 간격 Δt 동안에 넓은 단면에 있는 분자는 거리 $\Delta x_1 = v_1\Delta t$만큼 나아가고 좁은 단면에 있던 분자는 $\Delta x_2 = v_2\Delta t$만큼 이동한다. 유체는 비압축성이기 때문에 부피 ΔV_1과 ΔV_2는 같아야 하므로

$$\Delta V_1 = A_1\,\Delta x_1 = A_1 v_1\,\Delta t = \Delta V_2 = A_2\,\Delta x_2 = A_2 v_2\,\Delta t \qquad (13.11)$$

이다. 양변을 Δt로 나누면 다음과 같이 **연속 방정식**(equation of continuity)을 얻는다.

$$v_1 A_1 = v_2 A_2 \qquad (13.12)$$

비압축성 유체의 속력 v와 유체가 흐르는 관의 단면적 A를 관련짓는 연속 방정식

식 (13.11)과 (13.12)는 **관의 한 부분에 들어오는 비압축성 유체의 부피는 다른 쪽으로 빠져나가는 부피와 반드시 같아야 한다**는 것을 알려준다.

그림 13.23 물의 속력은 물줄기 지름에 반비례한다.

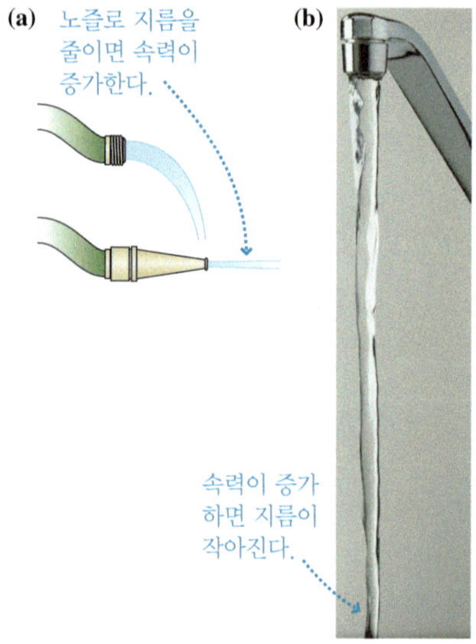

연속 방정식의 중요한 결과는 **흐름은 관의 좁은 부분에서 빨라지고, 넓은 부분에서는 느려진다**는 것이다. 수많은 일상경험으로 이 결과에 익숙할 것이다. **그림 13.23(a)**와 같이 정원용 호스에 노즐을 달면 물이 더 멀리까지 분출된다. 왜냐하면 좁은 노즐의 구멍 때문에 물의 출구속력이 더 커지기 때문이다. **그림 13.23(b)**처럼 수도꼭지에서 흐르는 물은 떨어질수록 속력을 얻는다. 결국 물줄기는 점점 더 '가늘어진다'.

관을 통해 유체가 흐르는 비율은 초당 부피 $\Delta V/\Delta t$이다. 이것을 **부피 흐름률**(volume flow rate) Q라고 한다. 식 (13.11)에서

$$Q = \frac{\Delta V}{\Delta t} = vA \qquad (13.13)$$

임을 알 수 있다. Q의 SI 단위는 m^3/s인데, 실제로는 cm^3/s, L/min을 사용하여 Q를 측정하기도 하고, 미국에서는 gallon/min과 ft^3/min을 사용한다. 연속 방정식의 의미를 달리 표현하면 **부피 흐름률은 관 안의 모든 점에서 일정하다**고 할 수 있다.

예제 13.10 호스를 통과하는 물의 속력

어떤 정원용 호스는 안지름이 16 mm이고, 10 L짜리 물통을 채우는 데 20 s 걸린다.

a. 호스의 끝에서 나오는 물의 속력은 얼마인가?

b. 출구에서 물의 속력이 호스 안에서의 속력보다 4배 커지려면 지름이 얼마짜리인 노즐을 달아야 하는가?

준비 물은 본질적으로 압축되지 않으므로 연속 방정식이 적용된다.

풀이

a. 물의 부피 흐름률은 $Q = \Delta V/\Delta t = (10\text{ L})/(20\text{ s}) = 0.50\text{ L/s}$이다. 이것을 $1\text{ L} = 1000\text{ mL} = 10^3\text{ cm}^3 = 10^{-3}\text{ m}^3$임을 이용하여 SI 단위로 바꾸면, $Q = 5.0 \times 10^{-4}\text{ m}^3/\text{s}$이다. 식 (13.13)으로부터 물의 속력은

$$v = \frac{Q}{A} = \frac{Q}{\pi r^2} = \frac{5.0 \times 10^{-4}\ \mathrm{m^3/s}}{\pi(0.0080\ \mathrm{m})^2} = 2.5\ \mathrm{m/s}$$

이다.

b. 물이 호스를 지나고 노즐을 지나가도 양 $Q = vA$는 일정하게 유지된다. v를 4배 커지게 하려면 A가 4배 줄어들어야 한다. 단면적은 지름의 제곱에 의존하므로, 지름을 2배 줄이면 면적은 4배 줄어든다. 그러므로 필요한 노즐의 지름은 8 mm이다.

수업 영상

예제 13.11 모세혈관의 혈류 BIO

몸 전체를 순환하기 위해 심장을 떠나는 피의 부피 흐름률은 쉬고 있는 사람인 경우에 약 5 L/min이다. 모든 피는 결국에는 가장 작은 혈관인 모세혈관을 통과해야 한다. 현미경으로 측정해보면 전형적인 모세혈관은 지름이 6 μm, 길이는 1 mm이고 피는 평균속력 1 mm/s로 모세혈관을 통과한다.

a. 몸속의 총 모세혈관 수를 어림하시오.

b. 모든 모세혈관의 총 표면적을 어림하시오.

여러 가지 길이와 면적이 **그림 13.24**에 나타나 있다.

그림 13.24 모세혈관(임의의 척도)

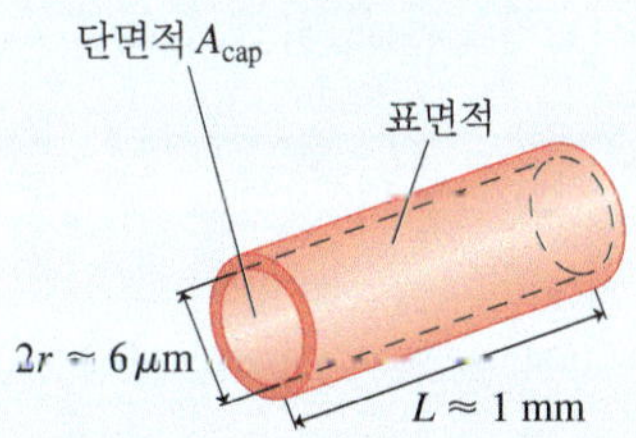

준비 연속 방정식을 사용할 수 있다. 매분 심장을 통과해가는 5 L의 피는 연결된 모든 모세혈관을 지나는 총 흐름과 같아야 한다.

풀이

a. Q를 SI 단위로 바꾸는 것부터 시작한다.

$$Q = 5\frac{\mathrm{L}}{\mathrm{min}} \times \frac{1\ \mathrm{m^3}}{1000\ \mathrm{L}} \times \frac{1\ \mathrm{min}}{60\ \mathrm{s}} = 8.3 \times 10^{-5}\ \mathrm{m^3/s}$$

모든 모세혈관에 대한 총 단면적은

$$A_{\text{total}} = \frac{Q}{v} = \frac{8.3 \times 10^{-5}\ \mathrm{m^3/s}}{0.001\ \mathrm{m/s}} = 0.083\ \mathrm{m^2}$$

이다. 각 모세혈관의 단면적은 $A_{\text{cap}} = \pi r^2$이므로 총 모세혈관 수는 근사적으로

$$N = \frac{A_{\text{total}}}{A_{\text{cap}}} = \frac{0.083\ \mathrm{m^2}}{\pi(3 \times 10^{-6}\ \mathrm{m})^2} = 3 \times 10^9$$

이 된다.

b. 모세혈관 1개의 표면적은

$$\begin{aligned} A &= \text{모세혈관 원주} \times \text{길이} \\ &= 2\pi rL = 2\pi(3 \times 10^{-6}\ \mathrm{m})(0.001\ \mathrm{m}) = 2 \times 10^{-8}\ \mathrm{m^2} \end{aligned}$$

이므로 모든 모세혈관의 총 표면적은 약

$$A_{\text{surface}} = NA = (3 \times 10^9)(2 \times 10^{-8}\ \mathrm{m}) = 60\ \mathrm{m^2}$$

이다.

검토 모세혈관 수는 굉장히 크고, 총 표면적은 대략 차 두 대를 수용하는 차고의 면적과 같다. 12장에서 보았듯이 산소와 영양소는 느린 확산과정으로 피에서 세포로 이동한다. 확산에 이용할 수 있는 표면적이 아주 커야만 요구되는 기체와 영양소의 교환 비율을 얻을 수 있다.

유체흐름의 표현: 흐름선과 유체요소

유체흐름을 표현하는 것은 입자의 운동을 표현하는 것보다 훨씬 복잡하다. 왜냐하면 유체흐름은 엄청나게 많은 입자들의 집합적인 운동이기 때문이다. **그림 13.25**는 하나의 가능한 유체흐름 표현을 보여준다. 풍동에서 차 주위의 공기흐름을 가시화하기 위해 연기가 사용된다. 흐름의 매끈함은 이 흐름이 층흐름임을 밀해준다. 그렇지만 개개의 연기 자국이 어떻게 서로 구분되는지 또한 주목해야 한다. 연기 자국들은 교차하거나 함께 섞이지 않으면서 유체의 흐름선을 표현한다.

그림 13.25 풍동실험에서 차 주변의 공기층흐름을 연기로 확인할 수 있다.

층흐름으로 흐르고 있는 물에 색깔을 띠는 물감 한 방울을 떨어뜨리는 것을 상상해보자. 흐름은 정상적이고 물은 비압축성을 지니기 때문에 물감 방울은 함께 따라 흐르면서 자신과 주변을 구분할 것이다. 이 '유체입자'가 따라가는 경로를 **흐름선**(streamline)이라고 한다. 공기입자와 섞인 연기입자 때문에 그림 13.25의 풍동 사진에 있는 흐름선을 볼 수 있다. **그림 13.26**은 흐름선의 중요한 세 가지 성질을 보여준다.

그림 13.26 유체입자는 흐름선을 따라 움직인다.

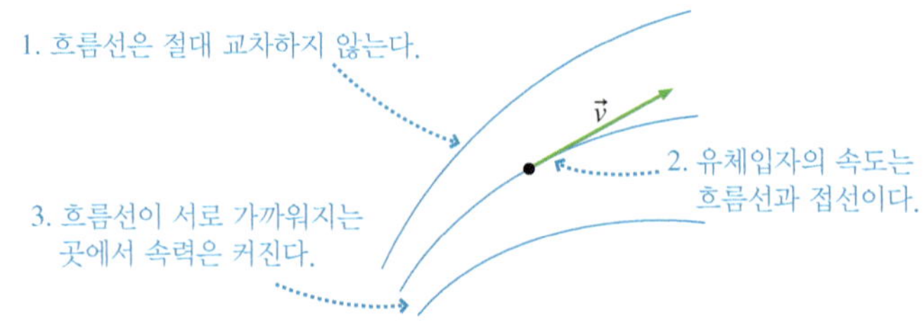

그림 13.27 유체요소의 운동

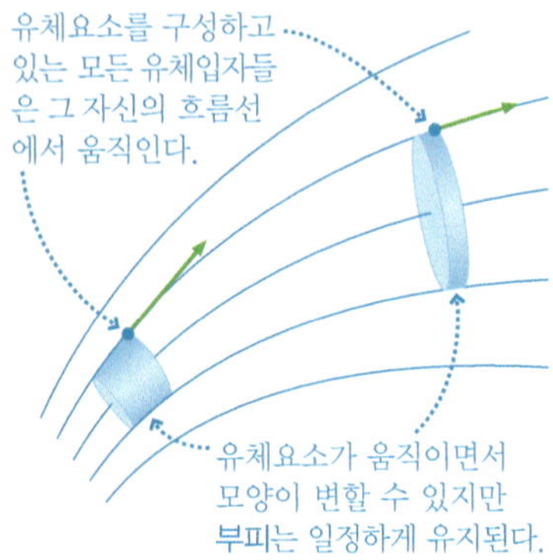

유체의 운동을 다루다 보면 작은 유체부피를 고려하는 것이 종종 유용할 때가 있다. 수많은 유체입자가 들어 있는 그 작은 부피를 **유체요소**(fluid element)라고 한다. **그림 13.27**은 유체요소의 중요한 두 가지 성질을 보여준다. 입자와는 달리 유체요소는 실제 모양과 부피를 갖는다. 비록 유체요소 모양은 운동하면서 변할 수 있지만, 연속 방정식에 따르면 그 부피는 일정하게 유지되어야만 한다. 유체요소가 흐름선을 따라 움직이면서 모양이 변해가는 것을 기술하는 것은 유체 운동을 표현하는 또 하나의 유용한 방법이다.

13.6 유체 동역학

그림 13.28 좁아지는 관을 통과하는 유체요소의 운동 도형

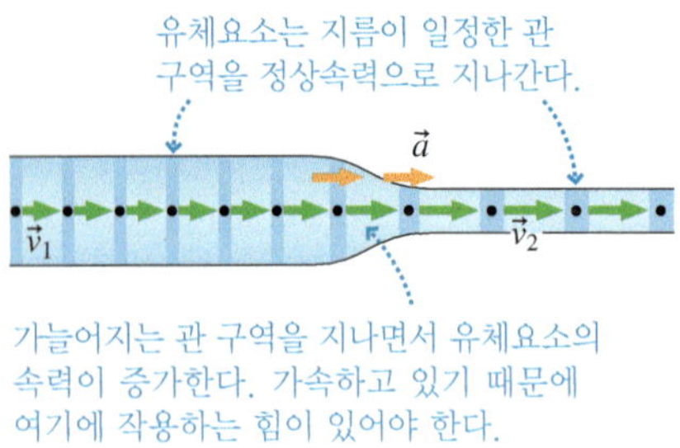

연속 방정식은 운동하는 유체를 기술하지만 유체가 왜 운동하는지에 대해서는 아무것도 알려주지 않는다. 동역학을 이해하기 위해 **그림 13.28**처럼 왼쪽에서 오른쪽으로 관을 지나가는 이상적인 유체를 생각해보자. 유체는 관의 넓은 부분에서 정상속력 v_1으로 운동한다. 연속 방정식에 따라 관의 좁은 부분에서는 속력 v_2로 더 빠르지만 정상적이다. 관을 통과하는 유체요소를 따라가면 가늘어지는 관 구역에서 v_1에서 v_2로 가속되는 것을 볼 수 있다.

뉴턴의 제1법칙에 의하면 마찰이 없는 경우에 입자는 정상속력으로 영원히 진행한다. 이상 유체는 점성을 갖지 않으므로 마찰 없이 움직이는 입자와 비슷하다. 이것은 그림 13.28의 지름이 일정한 구역을 통과하는 유체요소가 정상속력으로 '진행하기' 위해서는 힘이 없어야 한다는 것을 의미한다. 다른 한편으로 가늘어지는 관 구역을 통과하는 유체요소는 가속하여 속력이 v_1에서 v_2로 높아진다. 뉴턴의 제2법칙에 따르면 유체요소를 가속시키기 위해서는 이 유체요소에 작용하는 알짜힘이 반드시 있어야 한다.

이 힘의 근원은 무엇인가? 외부 힘도 없고, 수평 운동은 중력을 배제한다. 대신에 에워싼 유체, 곧 압력이 양 끝에서 유체요소를 밀고 있다. **그림 13.29**에서 단면적이 A인

유체요소는 오른쪽보다 왼쪽에서 압력이 더 높다. 따라서 왼쪽에서 밀고 있는 유체의 힘 $F_L = p_L A$(오른쪽으로 미는 힘)는 오른쪽의 유체의 힘 $F_R = p_R A$보다 크다. 압력이 높은 쪽에서 낮은 쪽으로 향하는 알짜힘은

$$F_{net} = F_L - F_R = (p_L - p_R)A = A\Delta p$$

이다. 다시 말해 두 면 사이에 압력차 Δp가 있는 경우에 한해서 유체요소에 작용하여 속력을 바꾸는 알짜힘이 나타난다.

따라서 그림 13.28에 있는 관의 목부분을 통과하는 유체요소를 가속하려면 관의 넓은 구역의 압력 p_1은 좁은 구역의 압력 p_2보다 높아야 한다. 압력이 유체의 한 점에서 다른 점으로 변해가면 그 영역에서 **압력기울기**(pressure gradient)가 있다고 한다. 압력에 의한 힘은 압력기울기 때문에 생긴다고 할 수 있다. 그래서 **이상 유체는 압력기울기가 있는 모든 곳에서 가속된다.**

결과적으로 **압력은 유체가 느리게 움직이는 흐름선에서는 더 높아지고, 유체가 빠르게 움직이는 흐름선에서는 더 낮아진다.** 이러한 유체의 성질은 18세기에 스위스 과학자 베르누이가 발견했기 때문에 **베르누이 효과**(Bernoulli effect)라고 한다.

이러한 압력과 유속 사이의 관계를 이용하여 **벤투리관**(Venturi tube)이라 하는 기구로 유속을 잴 수 있다. 그림 13.30은 흐르는 액체에 적합한 간단한 벤투리관을 보여준다. 유체가 천천히 움직이고 있는 점 1의 높은 압력은 유체가 수직관에서 총 높이 d_1까지 올라가게 한다. 유체에 수직 운동은 없기 때문에 유체 정역학 압력방정식을 사용하면 점 1에서 압력이 $p_1 = p_0 + \rho g d_1$임을 알 수 있다. 같은 흐름선에 있는 점 3에서는 유체가 더 빠르게 운동하고 압력은 더 낮다. 그러므로 수직관에 있는 유체는 더 낮은 높이 d_3까지 올라간다. 압력차는 $\Delta p = \rho g(d_1 - d_3)$이므로 유체의 높이차를 재면 관의 목 양쪽의 압력차를 알 수 있다. 이 절에서 나중에 이 압력차와 속력의 증가를 관련지을 것이다.

유체 높이 d_1은 d_2와 같고, d_3는 d_4와 같음에 주목하라. 점성이 없는 이상 유체에서는 관의 넓고 좁은 두 구역처럼 유체가 일정한 속력으로 운동하게 하는 데 압력차가 필요 없다. 다음 절에서 점성이 있는 유체에서는 이 결과가 어떻게 바뀌는지 알아볼 것이다.

그림 13.29 유체에 작용하는 압력에 의한 알짜힘은 고압에서 저압 쪽으로 향한다.

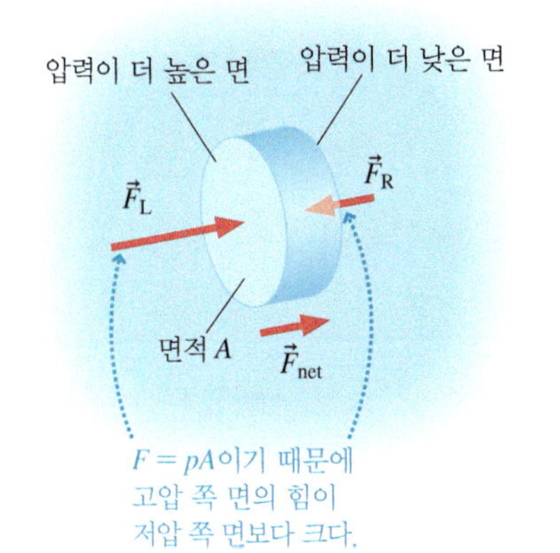

그림 13.30 벤투리관은 유체의 유속을 잰다.

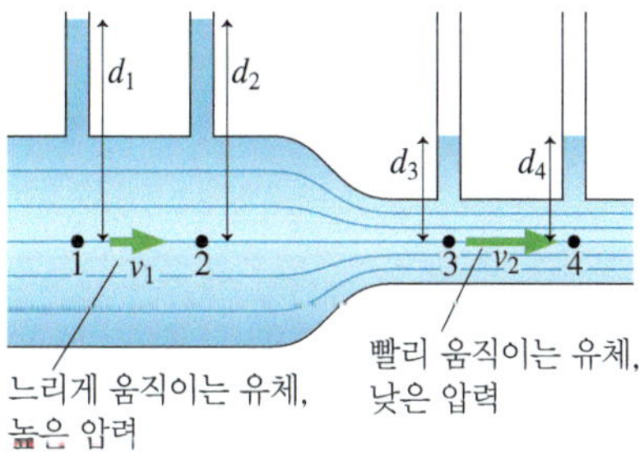

베르누이 효과의 응용

그림 13.31처럼 언덕을 넘어가는 공기의 흐름을 생각해보면 베르누이 효과의 다양하고 중요한 활용을 이해할 수 있다. 언덕에서 왼쪽으로 멀리 떨어진 곳에서는 바람이 일정한 속력으로 분다. 그래서 흐름선의 간격은 균등하다. 그러나 공기가 언덕 위로 이동하면서 언덕은 흐름선이 함께 뭉치게 하므로 공기의 속력이 올라간다. 베르누이 효과에 따라 언덕 마루에 저압지대가 존재하는데, 그곳에서 공기는 가장 빨리 움직인다.

이 개념을 사용하면 양력을 이해할 수 있다. 양력은 움직이는 비행기의 날개에 작용하는 위 방향의 힘으로 비행을 가능하게 한다. 그림 13.32는 왼쪽으로 날고 있는 비

그림 13.31 바람이 언덕 꼭대기에 이르면서 속력은 올라간다.

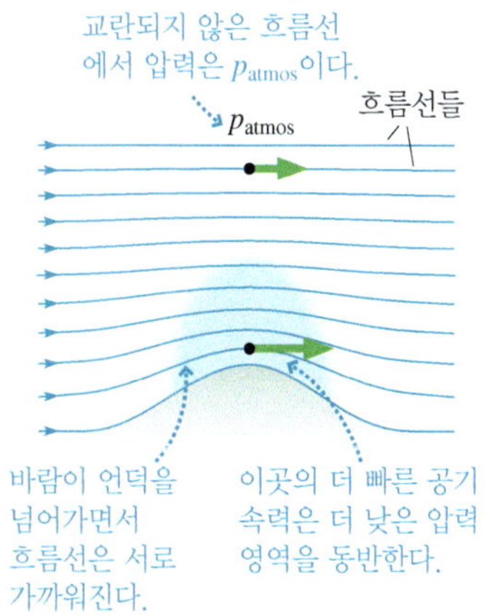

그림 13.32 날개를 지나가는 공기흐름은 위와 아래에 동일하지 않은 압력을 생성하여 양력을 발생시킨다.

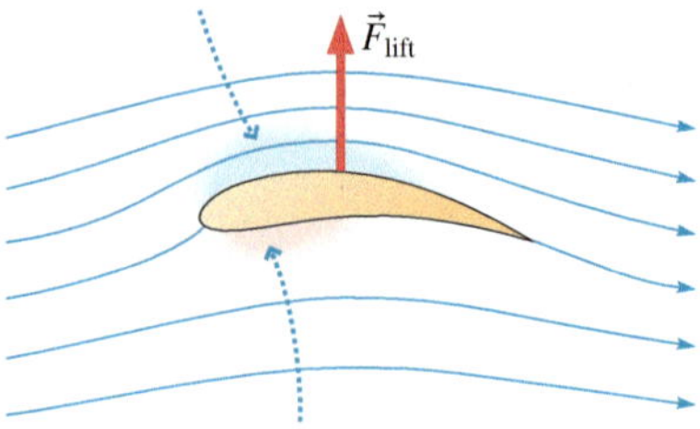

그림 13.33 바람은 지붕을 얼마나 높이 들어 올리는가.

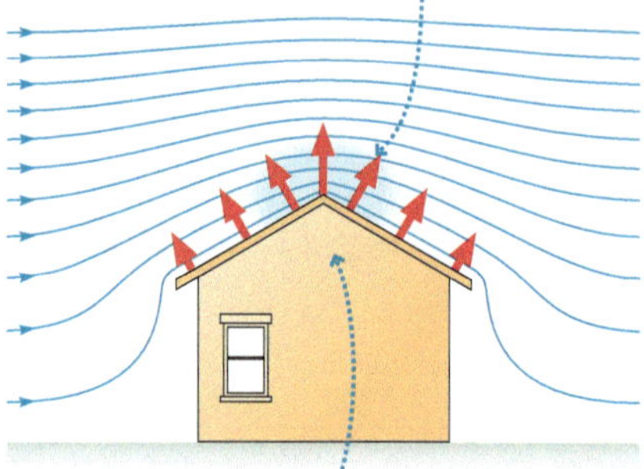

행기의 날개 횡단면을 보여준다. 비행기의 기준틀에서 그림을 그렸으므로 날개는 정상 상태로 나타나고 공기는 날개를 지나 오른쪽으로 흐른다. 날개는 그림 13.31의 언덕의 경우처럼 공기의 흐름선이 날개 위를 지나감에 따라 서로 밀착되도록 형성된 모양이다. 증가한 이 속력은 베르누이 효과에 의해 날개 위에 저압지대를 동반한다. 날개 아래의 공기 속력은 실제로 늦어지므로 그 아래에 고압지대가 있다. 이 고압이 날개를 밀어 올리고, 그 위에 저압의 공기는 내리누르지만, 덜 강하게 누른다. 그 결과는 위 방향의 알짜힘, 즉 양력이 발생한다.

베르누이 효과는 또한 허리케인이 건물의 지붕을 어떻게 파괴하는지 설명해준다. 지붕은 바람에 '날리는' 것이 아니다. 지붕은 베르누이 효과로 생기는 압력차에 의해 떠오르는 것이다. **그림 13.33**은 그 상황이 언덕과 비행기 날개의 상황과 비슷하다는 것을 보여준다. 양력을 일으키는 압력차는 별로 크지 않다. 그러나 그 힘은 지붕의 **면적**에 비례하는데, 지붕은 아주 넓어서 지붕을 지탱하는 벽에서 떨어져 나오기에 충분히 큰 양력을 발생시킬 수 있다.

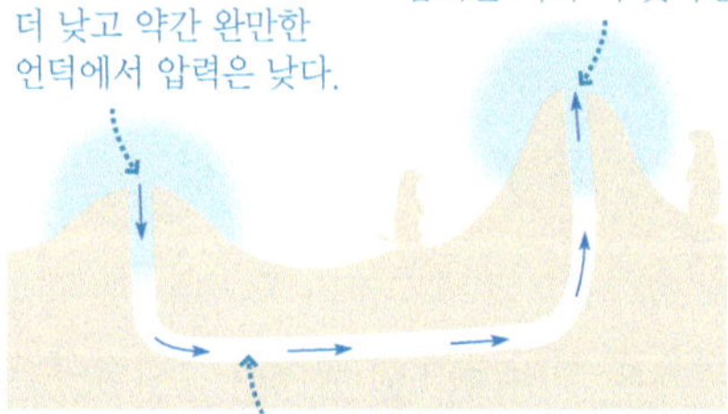

자연의 공기조절 프레리도그(Prairie dogs)는 비행기 뜨는 것과 같은 공기역학적 힘과 압력으로 지하의 굴을 환기시킨다. 굴의 두 출입구는 흙무더기에 쌓여있는데, 한쪽이 다른 쪽보다 더 높다. 바람이 이 흙무더기를 가로질러 불면 꼭대기에서 압력은 비행기 날개에서처럼 줄어든다. 흙무더기가 더 높고 그 곡률이 더 클수록 두 출입구의 압력은 더 낮아진다. 그러면 공기는 굴로 밀려들어 압력이 더 낮은 쪽으로 향한다.

베르누이 방정식

유체를 수평으로 가속시키는 원인이 압력기울기임을 알았다. 당연한 이야기지만 유체의 높이가 변한다면 중력도 유체의 속력이 올라가거나 내려가게 할 수 있다. 이것들이 유체 동역학의 핵심 개념이다. 이제 압력, 높이, 그리고 유속에 대한 수치적 관계를 찾음으로써 이 개념들을 정량화시키고자 한다. ◀◀10.6절에서 배운 역학적 에너지 보존을 적용하면 가능한데

$$\Delta K + \Delta U = W$$

이며, 여기서 U는 중력 위치 에너지이고, W는 다른 힘, 이 경우에 압력 힘에 의한 일이다. 여전히 마찰이나 점성이 없는 이상 유체를 고려하고 있다는 것을 염두에 두면 열에너지에 의한 에너지 낭비는 없다.

그림 13.34(a)에 관을 통과하여 흐르는 유체가 나타나 있다. 관이 위로 굽어지면서 관은 단면적 A_1에서 A_2로 좁아진다. 그림 13.34(a)에 짙게 표시된 유체의 넓은 부피에 집중한다. **운동하는 유체의 이 부분은 에너지 보존을 적용하기 위한 계가 될 것이다.**

에너지 보존을 사용하기 위해 전과 후 상황을 묘사할 필요가 있다. '전' 상황은 그림 13.34(b)에 나타나 있다. 짧은 시간 Δt 후에 계가 관을 따라 조금 이동한 상황이 그림 13.34(c)의 '후' 그림에 나타나 있다. 관의 지름은 균일하지 않으므로 유체계의 양 끝은 Δt 동안에 똑같은 거리를 이동하지는 않는다. 낮은 쪽 끝은 거리 Δx_1을 이동하고, 위쪽 끝은 Δx_2를 이동한다. 따라서 계는 낮은 쪽 끝에서 원기둥 부피 $\Delta V_1 = A_1 \Delta x_1$만큼 빠져나가고 위쪽 끝에서 부피 $\Delta V_2 = A_2 \Delta x_2$만큼 들어온다. 연속 방정식은 두 부피가 똑같아야 한다고 알려준다. 그러므로 $A_1 \Delta x_1 = A_2 \Delta x_2 = \Delta V$이다.

'전' 상황에서 '후' 상황까지 계는 부피 ΔV_1에 원래 가지고 있던 운동 에너지와 위치 에너지를 잃지만 나중에 점유하는 부피 ΔV_2에서 운동 에너지와 위치 에너지를 얻는다(이 작은 두 부피 사이에 있는 영역의 에너지는 변하지 않는다). 작은 부피 각각에 있는 운동 에너지를 구해보자. 원기둥 각각의 유체질량은 $m = \rho \Delta V$인데, ρ는 유체밀도이다. 작은 부피 1과 2의 운동 에너지는

$$K_1 = \frac{1}{2}\underbrace{\rho \Delta V}_{m} v_1^2 \quad \text{그리고} \quad K_2 = \frac{1}{2}\underbrace{\rho \Delta V}_{m} v_2^2$$

이다. 따라서 운동 에너지의 알짜 변화는

$$\Delta K = K_2 - K_1 = \frac{1}{2}\rho \Delta V v_2^2 - \frac{1}{2}\rho \Delta V v_1^2$$

이다. 마찬가지로 이 유체계의 중력 위치 에너지의 알짜 변화는

$$\Delta U = U_2 - U_1 = \rho \Delta V g y_2 - \rho \Delta V g y_1$$

이다.

에너지 보존 표현의 마지막 부분은 나머지 유체가 계에 한 일이다. 유체계가 이동하면서 계의 왼쪽에 작용하는 유체의 압력 p_1으로 인한 힘 $\vec{F}_1$은 계에 양(+)의 일을 하고, 계의 오른쪽에 작용하는 유체의 압력 p_2로 인한 힘 $\vec{F}_2$는 계에 음(−)의 일을 한

그림 13.34 관을 통하여 흐르는 이상 유체

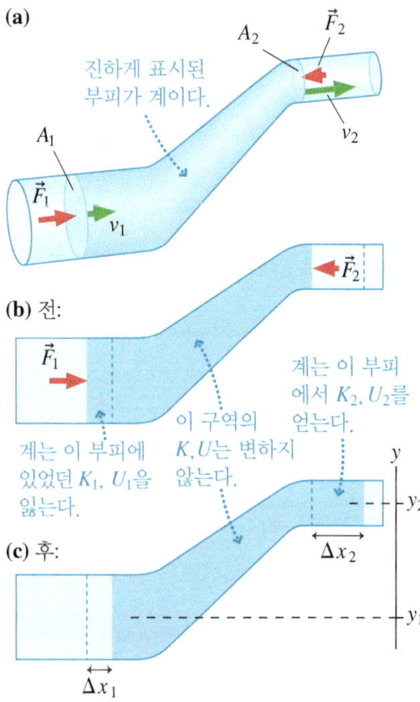

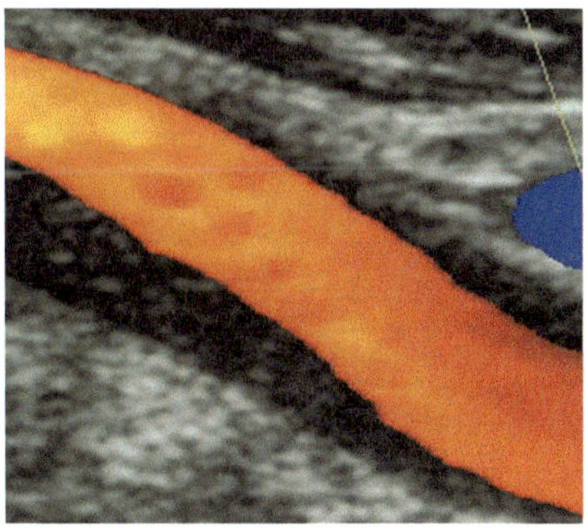

스트레스 받으며 살기 BIO 주요 동맥에 찌꺼기가 축적되면 혈압이 낮아져 위험한 상황이 생길 수 있다. 도플러 초음파는 음파를 사용하여 피의 유속을 측정할 수 있다. 그림은 찌꺼기가 상당히 축적된 경동맥을 지나는 혈류를 보여준다. 노란색은 빨간색보다 피의 유속이 빠른 것을 나타낸다. 혈류의 두 지점에서 속도를 알기만 하면, 베르누이 방정식을 이용하여 압력 저하를 유추할 수 있다.

다. 10.2절에서 배웠듯이 변위 Δx만큼 이동하면서 계에 작용하는 힘 F가 하는 일은 $F\Delta x$이다. 양(+)의 일은

$$W_1 = F_1\,\Delta x_1 = (p_1 A_1)\,\Delta x_1 = p_1(A_1\,\Delta x_1) = p_1\Delta V$$

이고, 음(−)의 일도 마찬가지로

$$W_2 = -F_2\,\Delta x_2 = -(p_2 A_2)\,\Delta x_2 = -p_2(A_2\,\Delta x_2) = -p_2\Delta V$$

이다. 따라서 계가 받는 알짜일은

$$W = W_1 + W_2 = p_1\Delta V - p_2\Delta V = (p_1 - p_2)\,\Delta V$$

이다.

이제 ΔK, ΔU와 W에 대한 표현을 사용하여 에너지 방정식을 쓰면

$$\underbrace{\frac{1}{2}\rho\,\Delta V v_2^2 - \frac{1}{2}\rho\,\Delta V v_1^2}_{\Delta K} + \underbrace{\rho\,\Delta V g y_2 - \rho\,\Delta V g y_1}_{\Delta U} = \underbrace{(p_1 - p_2)\,\Delta V}_{W}$$

가 된다. ΔV를 상쇄하고 나머지 항들을 다시 정리하면 흐름선 상의 두 지점의 이상 유체 양들을 관련짓는 **베르누이 방정식**(Bernoulli's equation)을 얻는다.

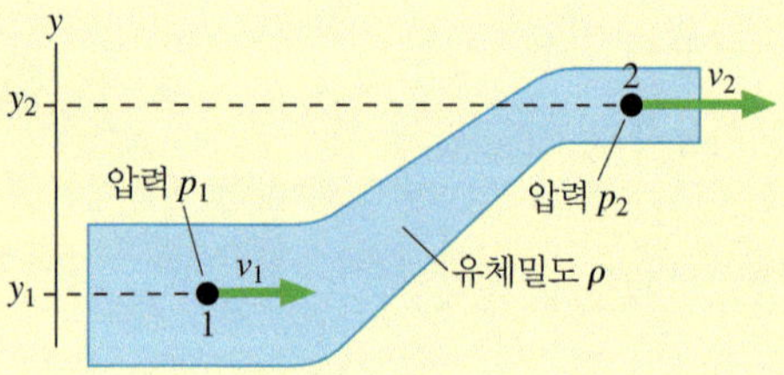

$$\underbrace{p_2 + \frac{1}{2}\rho v_2^2 + \rho g y_2}_{\text{점 2의 압력, 속력, 그리고 높이}} = \underbrace{p_1 + \frac{1}{2}\rho v_1^2 + \rho g y_1}_{\text{점 1의 압력, 속력, 그리고 높이}} \tag{13.14}$$

영상 학습 데모

이 절 앞부분에서 사용했던 개념의 정량적인 표현인 식 (13.14)는 실제로 일과 에너지에 대한 표현에 지나지 않는다. 베르누이 방정식을 사용하는 것은 에너지 보존 법칙을 사용하는 것과 아주 흡사하다. '전'과 '후'로 구별하기보다는 흐름선의 두 점으로 구별하는 것이 좋다. 다음 예제에서 보듯이 베르누이 방정식은 흔히 연속 방정식과 결합하여 사용된다.

예제 13.12 관개시설의 압력

물이 그림 13.35에 있는 관을 통해 흐른다. 아래쪽 관을 지날 때 물의 속력은 5.0 m/s이고 압력계는 75 kPa을 나타낸다. 위쪽 관에서 압력계는 얼마를 나타내는가?

준비 물을 베르누이 방정식을 따르는 이상 유체로 취급한다. 아래쪽 관의 점 1과 위쪽 관의 점 2를 연결하는 흐름선을 고려한다.

풀이 베르누이 방정식인 식 (13.14)는 점 1과 2의 압력, 유속 및 높이를 관련짓는다. 점 2의 압력 p_2는 쉽게 구해진다.

$$p_2 = p_1 + \frac{1}{2}\rho v_1^2 - \frac{1}{2}\rho v_2^2 + \rho g y_1 - \rho g y_2$$
$$= p_1 + \frac{1}{2}\rho(v_1^2 - v_2^2) + \rho g(y_1 - y_2)$$

우변에서 v_2를 제외한 모든 항의 값을 알고 있다. 연속 방정식을 유용하게 사용할 곳은 v_2이다. 점 1과 2에서 단면적과 물의 속력은

$$v_1 A_1 = v_2 A_2$$

로 연관되어 있으므로

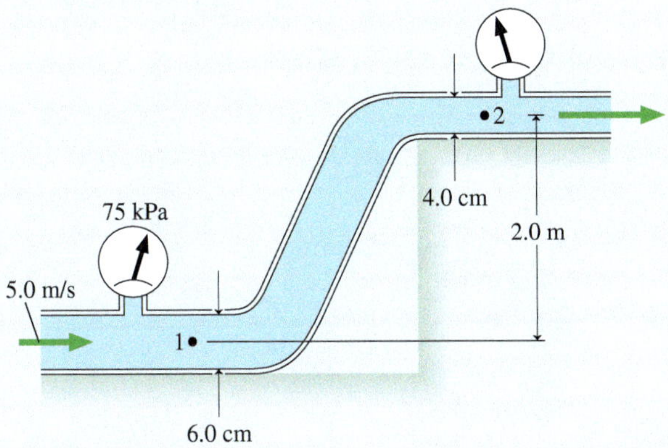

그림 13.35 관개시설의 송수관

$$v_2 = \frac{A_1}{A_2}v_1 = \frac{r_1^2}{r_2^2}v_1 = \frac{(0.030\ \text{m})^2}{(0.020\ \text{m})^2}(5.0\ \text{m/s}) = 11.25\ \text{m/s}$$

가 된다. 점 1에서 압력은 $p_1 = 75\ \text{kPa} + 1\ \text{atm} = 176{,}300\ \text{Pa}$이다. 이제 p_2에 대한 위의 식을 사용하여 계산하면 $p_2 = 105{,}900\ \text{Pa}$이다. 이것은 절대 압력이다. 위쪽 관의 압력계는 $p_2 = 105{,}900\ \text{Pa} - 1\ \text{atm} = 4.6\ \text{kPa}$로 읽힌다.

검토 관의 크기를 줄이면 $v_2 > v_1$이 되므로 압력이 줄어든다. 높이가 올라가도 압력이 줄어든다.

13.7 점성과 푸아죄유 방정식

여태까지 유체에 관해 알아야 할 것은 오직 유체밀도였다. 밀도는 정적인 유체의 압력이 깊이에 따라 어떻게 증가하는지 결정하고 유체 운동을 기술하는 베르누이 방정식에 나타난다. 그러나 유체가 어떻게 흐르는지 결정하는 데 흔히 유체의 다른 성질이 중요하다는 것은 일상경험으로부터 알고 있다. 꿀과 물의 밀도는 별로 다르지 않지만, 꿀과 물이 흐르는 방식에는 엄청난 차이가 있다. 꿀은 훨씬 '걸쭉하다'. 흐름에 대한 저항을 결정하는 이러한 유체의 성질을 **점성**(viscosity)이라고 한다. 점성이 매우 높은 유체를 쏟으면 천천히 흐르고 관을 통과하기가 어렵다. 유체의 점성은 혈류에서부터 새의 비행에 이르기까지 현실 세계에서 광범위한 유체의 적용을 이해하는 데 아주 중요한 관건이 된다.

점성이 없는 이상 유체는 압력의 변화가 없는 일정한 지름의 관을 통하여 일정한 속력으로 '진행할' 것이다. 그것이 그림 13.30의 벤투리관에서 압력을 측정하는 첫째와 둘째 기둥에서 유체의 높이가 같은 이유이다. 그러나 그림 13.36이 보여주듯이, 실

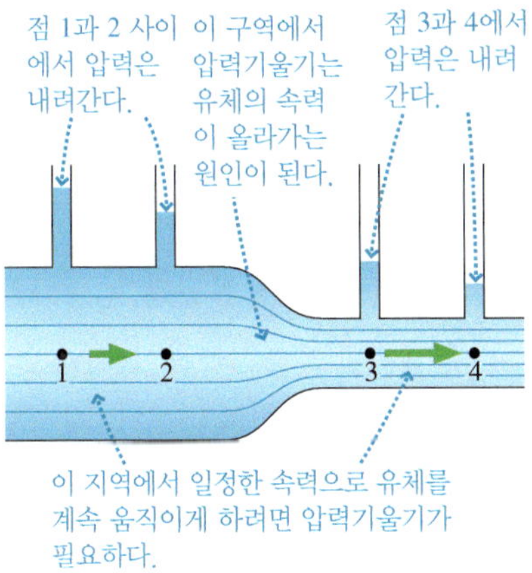

그림 13.36 점성이 있는 유체가 계속 움직이려면 압력차가 필요하다. 이것을 이상 유체를 나타낸 그림 13.30과 비교하라.

제 유체가 일정한 속력으로 운동하려면 관의 양 끝 사이에 **압력차**가 필요하다. 압력차의 크기는 유체의 점성에 달려 있다. 빨대로 물을 마시거나 공기를 빨아들이는 것보다 진한 밀크셰이크를 빠는 것이 얼마나 더 힘든지 생각해보라.

그림 13.37 유체를 계속 흐르게 하는 데 필요한 압력차는 유체의 점성에 비례한다.

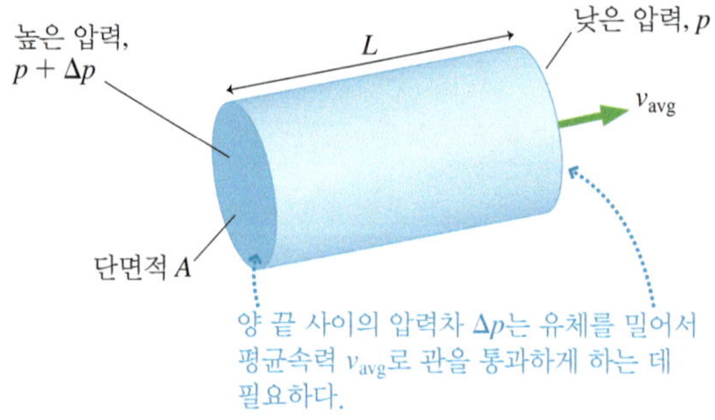

그림 13.37은 점성이 있는 유체가 길이 L과 단면적 A인 관을 통하여 일정한 평균속력 v_{avg}로 흐르는 것을 보여준다. 실험에 따르면 유체가 계속 움직이도록 유지하는 데 필요한 압력차는 v_{avg}와 L에 비례하고 A에 반비례한다. 그러므로

$$\Delta p = 8\pi\eta \frac{Lv_{avg}}{A} \tag{13.15}$$

로 쓸 수 있다. 여기서 $8\pi\eta$는 비례 상수이고 η(그리스 소문자 에타)는 **점성계수**(coefficient of viscosity) (또는 **점성**)라고 한다. (식에 있는 8π는 점성의 기술적 정의에서 비롯된 것으로 중요하지 않다.)

식 (13.15)는 합당한 식이다. 점성이 더 큰 유체는 관을 통해 미는 데 더 큰 압력차가 필요하다. $\eta = 0$인 이상 유체는 압력차가 없이도 계속 흐를 것이다. 또한 식 (13.15)로부터 점성의 단위는 $N \cdot s/m^2$ 또는 동등하게 $Pa \cdot s$이다. 표 13.3은 몇몇 흔한 유체의 η값들을 보여준다. 많은 액체의 점성은 온도에 따라 아주 빠르게 감소한다. 차가운 기름은 거의 흐르지 않지만 뜨거운 기름은 물처럼 쏟아진다.

표 13.3 유체의 점성

유체	η(Pa·s)
공기(20°C)	1.8×10^{-5}
물(20°C)	1.0×10^{-3}
물(40°C)	0.7×10^{-3}
물(60°C)	0.5×10^{-3}
혈액 전체(37°C)	2.5×10^{-3}
모빌유(−30°C)	3×10^{5}
모빌유(40°C)	0.07
모빌유(100°C)	0.01
꿀(15°C)	600
꿀(40°C)	20

푸아죄유 방정식

점성은 관을 통한 유체흐름에 큰 영향을 미친다. **그림 13.38(a)**처럼 이상 유체에서는 모든 유체입자가 똑같은 속력 v, 바로 연속 방정식에 있는 그 속력으로 움직인다. 점성이 있는 유체의 경우 **그림 13.38(b)**처럼 유체는 관의 중심에서 가장 빨리 움직인다. 관의 중심에서 멀어질수록 속력은 줄어들다가 관의 벽에서는 0에 도달한다. 즉, 관과 접해 있는 유체의 층은 전혀 움직이지 않는다. 관을 통과하는 물이든지, 동맥을 통과하는 피든지 바깥쪽 가장자리에 있는 유체는 '정체되어' 거의 움직이지 못하기 때문에 그 결과 관의 벽 안쪽에 침전물이 쌓이게 된다.

비록 점성이 있는 액체의 흐름을 단 하나의 속력 v로 특징짓지 못하지만 그래도 **평**

그림 13.38 점성은 유체입자의 속도를 바꾼다.

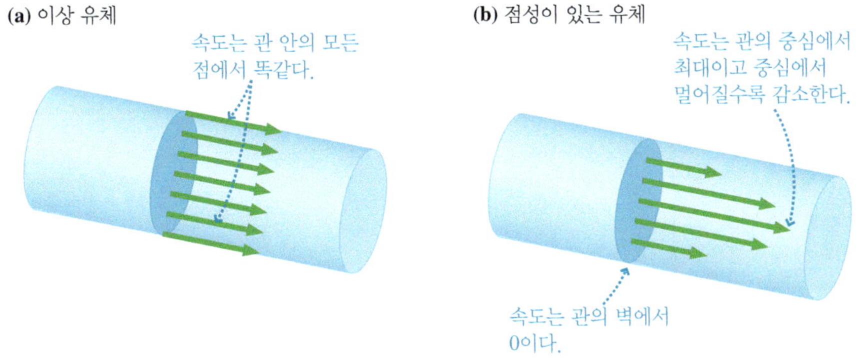

균유속을 정의할 수 있다. 점성이 η인 유체가 반지름이 R이고 단면적이 $A = \pi R^2$인 원형 관을 통해 흐른다고 생각해보자. 식 (13.15)로부터 관의 양 끝 사이의 압력차 Δp는 유체가 평균속력

$$v_{\text{avg}} = \frac{R^2}{8\eta L}\Delta p \tag{13.16}$$

로 흐르게 한다. 평균유속은 압력차에 정비례한다. 유체의 속력을 2배 증가시키려면 관의 양 끝 사이의 압력차를 2배가 되게 해야 한다.

식 (13.13)에서 부피 흐름률 $Q = \Delta V/\Delta t$를 정의했고 이상 유체에 대해 $Q = vA$임을 알았다. 점성이 있는 유체의 경우 v가 유체 전체에서 일정하지 않으므로 간단하게 v를 식 (13.16)에서 구한 평균속력 v_{avg}로 대신한다. 원형 관인 경우 $A = \pi R^2$을 사용하면 압력차 Δp로 인한 부피 흐름률은

$$Q = v_{\text{avg}}A = \frac{\pi R^4 \Delta p}{8\eta L} \tag{13.17}$$

반지름 R, 길이 L인 관을 통해 흐르는 점성이 있는 유체에 대한 푸아죄유 방정식

이다. 이 결과는 처음 이 계산을 했던 프랑스 과학자 장 푸아죄유(Jean Poiseuille, 1797~1869)의 이름을 따서 **푸아죄유 방정식**(Poiseuille's equation)이라 한다.

푸아죄유 방정식의 놀라운 결과 하나는 흐름이 관의 반지름에 대해 강한 의존성을 보인다는 것이다. 부피 흐름률은 R의 네제곱에 비례한다. 관의 반지름을 2배로 하면 흐름률은 $2^4 = 16$배 증가할 것이다. 강한 반지름 의존성에는 두 가지 원인이 있다. 첫째, 흐름률은 관의 면적에 의존하는데, 그 면적은 R^2에 비례한다. 큰 관일수록 유체를 더 많이 운반한다. 둘째, 평균속력은 관이 클수록 더 빠르다. 왜냐하면 흐름이 가장 빠른 관의 중심은 벽이 미치는 '끌림'에서 멀리 떨어져 있기 때문이다. 알다시피 평균속력도 R^2에 비례한다. 이 두 항을 결합하면 R^4 의존성이 도출된다.

개념형 예제 13.13 혈압과 심혈관질환 BIO

심혈관질환은 혈관 내벽에 찌꺼기 침전물이 쌓여서 동맥이 좁아지는 것이다. 24장에서 배울 자기공명영상장치는 신체 내부구조의 정교한 3차원 영상을 만들 수 있다. 머리에 피를 공급하는 경동맥이 위험하게 좁아진 부분(협착증)을 화살표로 표시한 것이 사진에 나타나 있다.

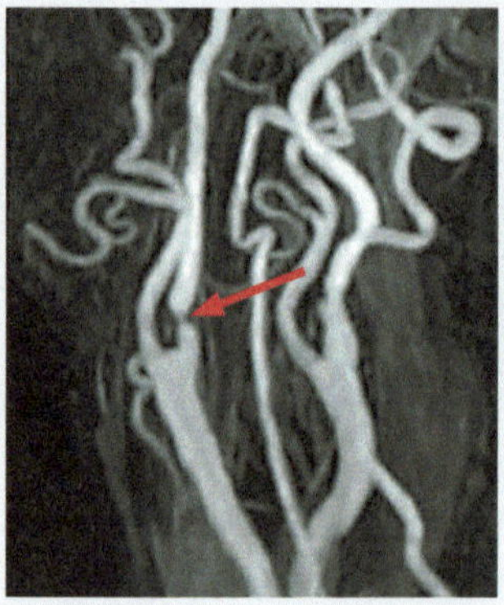

물론 사진에 나타난 협착증만큼은 좁지 않지만, 동맥의 한 부분이 8%만큼 좁아진다면, 같은 비율로 혈류를 유지하기 위해 좁아진 부분의 양 끝 사이의 혈압은 몇 퍼센트 증가해야 하는가?

판단 피의 흐름률 Q가 변하지 않은 채로 있으려면, 푸아죄유 방정식에 따라 동맥의 반지름 R이 줄어든 것을 보정하기 위해서 압력차 Δp가 증가해야 한다. 푸아죄유 방정식을

$$R^4\,\Delta p = \frac{8\eta LQ}{\pi}$$

로 쓰면, 동맥이 똑같은 흐름률을 유지하기 위해서는 곱 $R^4\Delta p$는 변하지 않아야 함을 알 수 있다. 처음 동맥의 반지름과 압력차를 R_i와 Δp_i라고 놓는다. 질환은 반지름을 8% 줄이므로 $R_f = 0.92R_i$이다. 조건

$$R_i^4\,\Delta p_i = R_f^4\,\Delta p_f$$

를 새 압력차에 대해 풀면

$$\Delta p_f = \frac{R_i^4}{R_f^4}\,\Delta p_i = \frac{R_i^4}{(0.92R_i)^4}\,\Delta p_i = 1.4\,\Delta p_i$$

이다. 흐름을 유지하려면 압력차는 40% 증가해야만 한다.

검토 흐름률은 R^4에 의존하기 때문에 반지름이 조금 변한 것조차 보정하려면 Δp가 크게 변해야 한다. 혈압을 증가시키거나 아니면 혈류가 현저히 감소하는 것을 견뎌야 한다. 혈압이 증가하면 위험하다. 사진에 나타난 협착증의 경우에 반지름이 8%보다 훨씬 많이 줄어들어 있어서 압력차는 크고 아주 위험할 것이다.

예제 13.14 모세혈관의 압력강하 BIO

예제 13.11에서 모세혈관을 통과하는 혈류를 조사했다. 그 예제에 있는 숫자를 사용하여 모세혈관의 양 끝에서의 '압력강하'를 계산하시오.

준비 예제 13.11에는 모세혈관을 통과하는 흐름률을 결정할 수 있는 충분한 정보가 있다. 푸아죄유 방정식을 사용하여 양 끝 사이의 압력차를 계산한다.

풀이 심장을 떠나는 부피 흐름률의 측정값은 5 L/min = $8.3\times10^{-5}\ \text{m}^3/\text{s}$이다. 이 흐름은 모든 모세혈관으로 나누어진다. 모세혈관 수는 $N = 3\times10^9$이므로 각 모세혈관을 통과하는 흐름률은

$$Q_{cap} = \frac{Q_{heart}}{N} = \frac{8.3\times10^{-5}\ \text{m}^3/\text{s}}{3\times10^9} = 2.8\times10^{-14}\ \text{m}^3/\text{s}$$

이다. Δp에 대해 푸아죄유 방정식을 풀면

$$\Delta p = \frac{8\eta LQ_{cap}}{\pi R^4} = \frac{8(2.5\times10^{-3}\ \text{Pa}\cdot\text{s})(0.001\ \text{m})(2.8\times10^{-14}\ \text{m}^3/\text{s})}{\pi(3\times10^{-6}\ \text{m})^4} = 2200\ \text{Pa}$$

을 얻는다. 혈압의 단위인 mmHg로 바꾸면 모세혈관의 혈압강하는 $\Delta p = 16$ mmHg이다.

검토 심장이 공급하는 평균혈압(최고혈압과 최저혈압의 평균)은 약 100 mmHg이다. 생리학 교과서에 따르면 피가 모세혈관에 들어갈 때는 압력이 35 mmHg이고, 모세혈관에서 정맥으로 빠져나올 때는 17 mmHg이다. 따라서 모세혈관에서의 압력강하는 18 mmHg이다. 유체흐름 법칙과 모세혈관 크기에 대한 간단한 추정에 기초한 계산 결과는 측정값과 거의 완벽히 일치한다.

종합형 예제 13.15 정맥 수혈 BIO

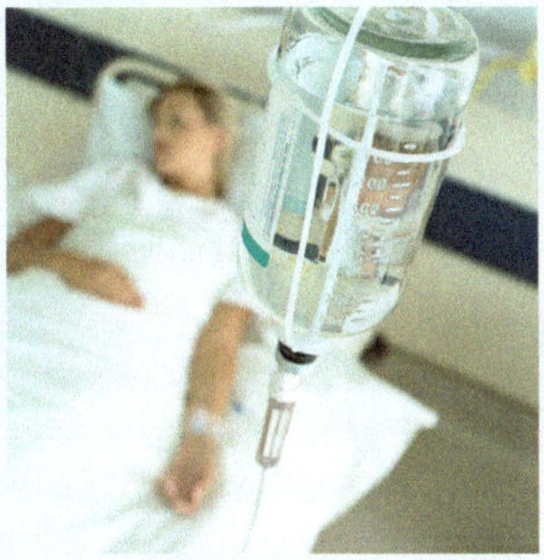

병원에서 환자는 흔히 정맥(IV) 주입을 통해 수액을 공급받는다. 환자 몸 위의 고정된 높이에 수액 백을 둔다. 그러면 수액은 지름이 크고 유연한 관을 타고 카데터(catheter)까지 내려온다. 카데터는 지름이 작은 짧은 관인데 환자의 정맥에 삽입되어 있다.

밀도가 1020 kg/m^{3}이고 점성이 1.1×10^{-3} Pa·s인 식염수 1.0 L를 8.0 h 동안 환자에게 주입할 예정이다. 카데터는 길이가 30 mm이고 안지름은 0.30 mm이다. 환자 정맥의 압력은 20 mmHg이다. 원하는 흐름률을 얻으려면 수액 백이 환자보다 얼마나 높이 있어야 하는가?

준비 그림 13.39는 상황을 스케치하고, 변수를 정의하고, 알고 있는 정보를 나열한 것을 보여준다. 우리의 관심은 점성이 있는 유체흐름에 있다. 푸아죄유 방정식에 따라서 흐름률은 관의 반지름의 네제곱에 반비례한다. 수액 백에서 카데터까지의 관은 지름이 크지만 카데터의 지름은 작다. 따라서 좁은 카데터를 통과하는 흐름이 흐름률을 전적으로 결정하고, 넓은 관의 영향은 무시할 수 있다고 본다.

그림 13.39 IV 수혈의 개요도

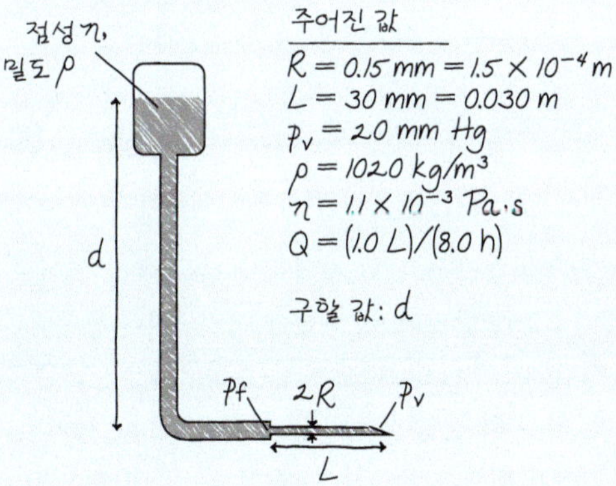

카데터에 대해 푸아죄유 방정식을 사용하려면 카데터 양쪽 사이의 압력차 Δp를 알 필요가 있다. 환자의 정맥에 있는 카데터 끝의 압력은 $p_v = 20$ mmHg 또는 표 13.2를 사용하여 SI 단위로 바꾸면

$$p_v = 20\ \text{mmHg} \times \frac{101 \times 10^3\ \text{Pa}}{760\ \text{mmHg}} = 2660\ \text{Pa}$$

이 된다. 이것은 계기 압력으로 1 atm을 초과한 압력이다. 카데터 쪽 유체의 압력은 수액 백과 카데터까지 이르는 유연한 관을 채우는 식염수의 유체 정역학 압력 때문에 발생한다. 이 압력은 유체 정역학 압력방정식 $p = p_0 + \rho g d$로 주어지는데, d는 수액 백 아래 카데터의 '깊이'이다. 따라서 Δp를 사용하여 d를 구한다.

풀이 원하는 부피 흐름률은

$$Q = \frac{\Delta V}{\Delta t} = \frac{1.0\ \text{L}}{8.0\ \text{h}} = 0.125\ \text{L/h}$$

이다. $1.0\ \text{L} = 1.0 \times 10^{-3}\ \text{m}^3$를 사용하여 SI 단위로 바꾸면

$$Q = 0.125\ \frac{\text{L}}{\text{h}} \times \frac{1.0 \times 10^{-3}\ \text{m}^3}{\text{L}} \times \frac{1\ \text{h}}{3600\ \text{s}} = 3.47 \times 10^{-8}\ \text{m}^3/\text{s}$$

가 된다.

점성이 있는 액체의 흐름에 대한 푸아죄유 방정식은

$$Q = \frac{\pi R^4 \Delta p}{8 \eta L}$$

이다. 따라서 원하는 흐름률 Q를 만들기 위해 관의 양 끝 사이에 필요한 압력차는

$$\Delta p = \frac{8 \eta L Q}{\pi R^4} = \frac{8(1.1 \times 10^{-3}\ \text{Pa·s})(0.030\ \text{m})(3.47 \times 10^{-8}\ \text{m}^3/\text{s})}{\pi (1.5 \times 10^{-4}\ \text{m})^4} = 5760\ \text{Pa}$$

이다. 이제 Δp는 카데터의 한쪽 끝의 유체압력 p_f와 다른 쪽 끝의 정맥압력 p_v의 차인 $\Delta p = p_f - p_v$이다. p_v를 알고 있으므로

$$p_f = p_v + \Delta p = 2660\ \text{Pa} + 5760\ \text{Pa} = 8420\ \text{Pa}$$

이 된다. 이 압력도 정맥의 압력처럼 계기 압력이다. 카데터의 진짜 유체 정역학 압력은 $p = 1\ \text{atm} + 8420\ \text{Pa}$이다. 그러나 유체 정역학 압력은

$$p = p_0 + \rho g d = 1\ \text{atm} + \rho g d$$

이므로 $\rho g d = 8420$ Pa임을 알 수 있다. 환자의 팔 위에 있는 수액 백의 높이를 구하기 위하여 d에 대해 풀면

$$d = \frac{p_f}{\rho g} = \frac{8420\ \text{Pa}}{(1020\ \text{kg/m}^3)(9.8\ \text{m/s}^2)} = 0.84\ \text{m}$$

가 된다.

검토 약 1미터 되는 이 높이는 정맥 수액 백의 높이로 합당해 보인다. 실제로는 유체 흐름률을 조절하기 위해 수액 백을 더 올리거나 낮출 수 있다.

문제의 난이도는 I(쉬움)에서 IIIII(도전)으로 구분하였다. INT로 표시된 문제는 지난 장의 내용이 복합된 문제이고, BIO는 생물학적 또는 의학적 관심 분야를 의미한다.

QR 코드를 스캔하여 이 장의 문제를 해결하는 데 도움이 되는 영상 학습 풀이를 시작하시오.

연습문제

13.1 유체와 밀도

1. II 50 mL 비커에 수은을 가득 채웠다. 수은의 무게는 얼마인가?

2. II 밀도가 $\rho = 1.4\ \text{kg/m}^3$인 공기가 구에 들어 있다. 구의 반지름이 2배가 되어 안에 들어 있는 공기를 옅게 만들면 밀도는 얼마가 되는가?

3. II a. 휘발유 50 g을 물 50 g과 섞는다. 혼합물의 평균밀도는 얼마인가?
   b. 휘발유 50 cm^3를 물 50 cm^3와 섞는다. 혼합물의 평균밀도는 얼마인가?

4. II 물고기 몸의 평균밀도는 1080 kg/m^3이다. 가라앉는 것을 피하기 위해 물고기는 부레라고 알려진 내부 공기주머니를 공기로 부풀려 부피를 늘린다. 물고기가 민물에서 중립부력 상태가 되려면 그 부피를 몇 퍼센트나 증가시켜야 하는가? 20°C인 공기의 밀도는 표 13.1에 나타나 있다.
BIO

13.2 압력

5. II 긴 실린더에 25 cm의 물이 담겨 있다. 실린더에 기름을 조심스럽게 부으면 기존에 있던 물 위에 뜨게 된다. 액체의 전체 총 깊이가 40 cm가 될 때까지 계속 붓게 되면 실린더 바닥의 계기압력은 얼마인가?

6. III 높이 35 cm, 지름 5.0 cm인 원기둥 비커에 물을 가득 채운다. 물이 비커 바닥에 작용하는 아래 방향의 힘은 얼마인가?

7. IIII 어떤 연구용 잠수함의 창은 지름 30 cm, 두께 10.0 cm이다. 제작자에 따르면 창은 2.0×10^6 N의 힘을 견딜 수 있다고 한다. 잠수함이 안전하게 내려갈 수 있는 최대심도는 얼마인가? 잠수함 안의 기압은 1.0 atm으로 유지한다.

8. III 그림 P13.8처럼 지름이 60 cm이고 한쪽 끝은 닫혀 있고 다른 쪽 끝은 열려 있는 원기둥 2개를 연결하여 하나의 원기둥을 형성한 뒤 안에 있는 공기는 없앤다.
   a. 각 원기둥의 편평한 끝에 대기가 얼마나 큰 힘을 작용하는가?
   b. 위쪽 원기둥을 튼튼한 천정에 볼트로 죈다. 두 원기둥을 떼어놓으려면 아래쪽 원기둥에 100 kg인 축구선수 몇 명이 매달려야 하는가?

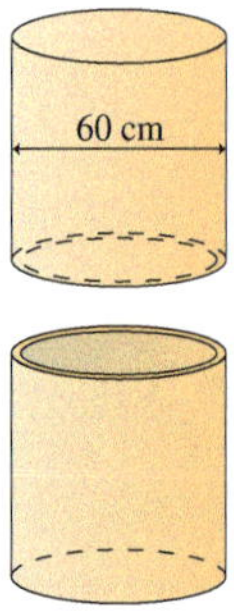

그림 P13.8

13.3 압력의 측정 및 이용

9. II 그림 P13.9에 있는 용기는 기름으로 채워져 있다. 왼쪽은 대기에 노출되어 있다.
   a. 점 A에서 압력은 얼마인가?
   b. 점 A와 B 사이의 압력차는 얼마인가? 점 A와 C 사이는?

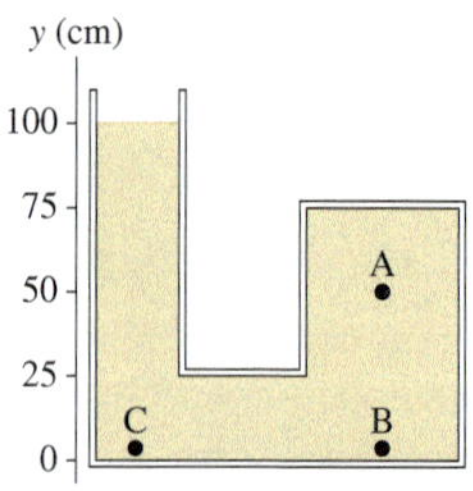

그림 P13.9

10. III 양 끝이 공기에 노출되어 있는 U자형 관에 수은이 들어 있다. 물기둥이 10.0 cm 깊이가 될 때까지 왼쪽 관에 물을 붓는다. 오른쪽 관에 있는 수은은 초기 위치에서 얼마나 위로 솟아오르는가?

11. III 체위성저혈압은 누운 자세에서 너무 빨리 일어설 때 생기는 낮은 (최고)혈압인데, 이 때문에 어지럽거나 몽롱해진다. 대부분의 사람에게 90 mmHg보다 작은 최고혈압은 낮은 것으로 간주된다. 뇌 속의 혈압이 누워 있을 때 120 mmHg이면 서 있을 때는 얼마가 되겠는가? 뇌는 심장으로부터 40 cm 떨어져 있고 피의 밀도는 $\rho = 1060\ \text{kg/m}^3$이다. 대체로 자세를 바꿀 때 뇌의 혈압을 안정하게 유지하기 위해 혈관이 수축하고 팽창한다.
BIO

13.4 부력

12. III 강(민물)으로 항해하기 위해 항구(바닷물)에서 화물바지선에 짐을 싣는다. 사각형 바지선이 3.0 m × 20.0 m이고 항구에서 가라앉은 깊이가 0.80 m이면 강에서 가라앉는 깊이는 얼마가 되겠는가?

13. ∥ 그림 P13.13에 있는 줄의 장력은 얼마인가?

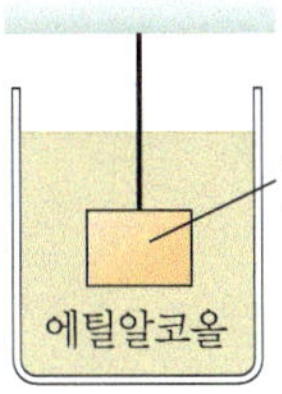

그림 P13.13

14. | 10 cm × 10 cm × 10 cm 크기의 쇠(ρ_{steel} = 7900 kg/m^3)토막이 용수철 저울에 매달려 있다. 눈금은 N 단위이다.
   a. 토막이 공기 중에 있을 때 눈금은 얼마를 가리키는가?
   b. 기름이 담긴 비커 속에 토막을 완전히 잠기게 했을 때 눈금은 얼마를 가리키는가?

15. ||| 스티로폼은 밀도가 32 kg/m^{3}이다. 물에 있는 지름이 50 cm인 스티로폼 구가 가라앉지 않게 스티로폼 구에 매달 수 있는 최대 질량은 얼마인가? 매단 질량의 부피는 구에 비해 무시할 수 있다고 가정한다.

13.5 운동하는 유체

16. ||| 부피 흐름률이 5.0 × 10^5 L/s인 북한강은 10.0 × 10^5 L/s를 운반하는 남한강과 합류하여 한강을 형성한다. 한강의 폭은 150 m이고 깊이는 10 m이다. 한강의 유속은 얼마인가?

17. |||| 10,000 L의 어린이풀장을 비우기 위해 펌프를 사용한다. 지름이 3.0 cm인 호스를 통해 5.0 m/s의 속력으로 물이 빠져나간다. 풀장을 비우는 데 얼마나 걸리겠는가?

13.6 유체 동역학

18. ∥ 그림 P13.18에 있는 꼭대기의 압력계는 얼마를 나타내고 있는가?

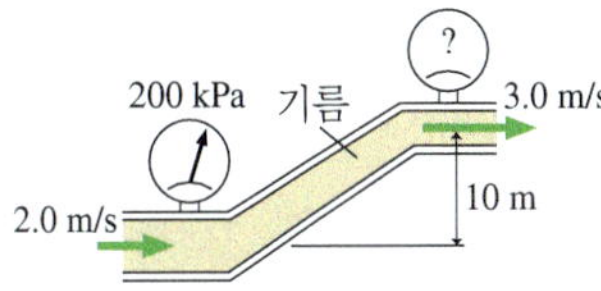

그림 P13.18

19. ||| 길이 2.0 m, 폭 0.60 m, 깊이 0.45 m인 직각의 여물통이 완전히 물로 차 있다. 여물통의 한 면에는 정확히 바닥 가장자리에 조그만 배수마개가 달려 있다. 마개를 뽑으면 물이 구멍에서 얼마의 속력으로 나오겠는가?

13.7 점성과 푸아죄유 방정식

20. |||| 땅에 평형하게 놓여 있는 지름 2.5 cm, 길이 10 m인 정원용 호스를 통해 물이 0.25 L/s로 흐른다. 물의 온도는 20°C이다. 호스로 들어가는 곳의 물의 계기 압력은 얼마인가?

IV부

진동과 파동

Oscillations and Waves

늑대는 집단행동을 하는 동물로서, 수 킬로미터 떨어져 있는 다른 늑대들에게 울음소리로 의사를 전달한다. 어떻게 그런 소리를 낼까? 그 소리는 어떻게 공기를 통하여 전파될까? 그리고 먼 곳에 있는 늑대들은 그 울음소리를 어떻게 들을 수 있을까?

훑어보기

계속 반복되는 운동

지금까지 정지 상태에서 나중 속력으로 가속되는 자동차나, 초기 온도에서 최종 온도로 가열되는 고체처럼 분명한 출발점과 끝나는 점을 갖는 과정을 일반적으로 고려했다. IV부에서는 반복되는 **주기적인** 과정을 고려할 것이다. 그네를 타는 아이, 물 위에서 흔들리는 보트, 록 음악의 반복되는 베이스 비트 등은 시작점과 끝점이 없이 반복해서 일어나는 **진동운동**이 그것이다. 한 번 왕복운동을 하는 동안 걸린 시간인 **주기**는 진동운동을 이해하는 과정에서 고려해야 할 중요한 변수 중의 하나이다.

우리의 목표는 진동하는 시계추부터, 충격흡수 용수철에 의한 차의 흔들림까지 모든 진동을 기술하는 데 필요한 용어와 도구를 개발하는 것이다. 진동 현상을 이해한 후 분석의 범위를 넓혀, 이동하는 진동인 **파동**을 고려할 것이다.

파동 모형

지금까지 다체계 운동을 하나 또는 몇 개의 입자 운동으로 모형화하여 설명할 수 있었다. 또 온도나 압력 같은 물질의 거시적 성질을 구성원자의 운동으로 기술할 수 있었다.

이제까지 자연을 바라본 방법과는 다른 **파동 모형**에 대해 탐구해보자. 일상생활에서 경험한 파동의 예로 다음을 들 수 있다.

- 연못의 잔잔한 물결
- 천둥소리
- 지진에 의한 땅의 흔들림
- 진동하는 기타줄
- 무지개의 색깔

파동 형태와 원인이 다양함에도 불구하고, 모든 파동을 기술할 수 있는 명확한 단일 물리 이론이 있다. 파동 현상으로 수파, 음파, 광파 등 예를 들었지만, **모든** 파동에 대해 공통으로 적용할 수 있는 동일하고 일관성 있는 이론을 찾는 것이 목표이다. 입자 모형을 만들 때처럼, 모든 파동 현상에 적용되는 모형을 만들어 보자.

파동이 충돌할 때

두 입자의 충돌은 극적인 사건이다. 이때 두 입자는 충돌하는 순간 방향을 바꾸면서 에너지와 운동량을 전달한다. 두 파동이 접근할 때는 더 부드러운 현상이 일어나기도 한다. 곧, 두 파동은 서로 영향을 주지 않고 각각 통과한다. 파동이 겹치는 곳에서 두 파동은 **중첩**이 된다. 서로 반대방향에서 온 두 파동의 중첩의 결과로 얻어진 정상파를 분석함으로써 파동의 논의를 마칠 것이다. 정상파에 관한 물리적 지식은 여러분의 성대가 어떻게 넓은 영역의 음을 낼 수 있는지, 그리고 여러분의 귀가 어떻게 그러한 소리를 분석할 수 있는지를 이해하게 해준다.

14 진동
Oscillations

긴팔원숭이는 한 손으로 나뭇가지를 잡고, 그 손을 축으로 흔들면서 다음 가지로 이동한다. 진동운동의 원리를 이해함으로써 긴팔원숭이의 흔들리는 운동과 다른 동물들의 움직임을 분석할 수 있지 않을까?

학습목표

단순조화운동으로 진동하는 계를 이해한다.

반복 운동

여자가 아래로 움직이면 용수철 줄은 위로 당긴다. 이 복원력이 계속해서 **진동**을 발생시킨다.

복원력으로 진동하는 계를 많은 경우에서 볼 수 있다.

단순조화운동

모래가 진동하는 진자의 운동을 기록한다. **사인 모양**은 이것이 **단순조화운동**임을 나타낸다.

모든 진동은 유사한 형태를 보인다. 이제 진동계를 분석하고 나타내는 것을 배운다.

공명

어떤 계가 **고유 진동수**로 진동하게 되면 큰 진폭을 얻게 된다. 이것을 **공명**이라 한다.

귀 내부 고막의 진동은 음표의 **음조**를 결정하도록 한다.

이 장의 배경

용수철과 복원력

8장에서 당겨진 용수철은 늘어난 만큼 복원력을 가지게 됨을 배웠다.

$$F_{sp} = -k\Delta x$$

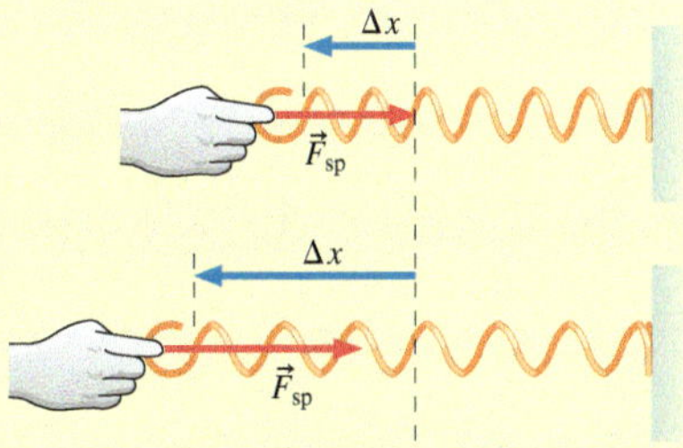

이 장에서는 선형 복원력이 어떻게 용수철 상수 k에 의해 결정되는 진동수로 진동을 일으키는지를 배운다.

14.1 평형과 진동

그림 14.1 사발 속 구슬의 평형과 복원력

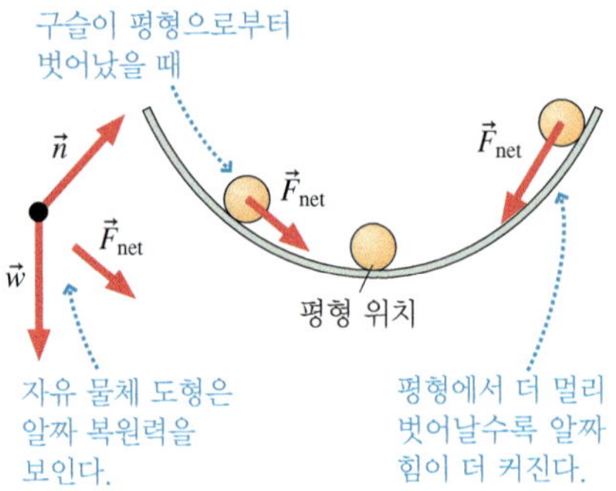

그림 14.1에 보인 바와 같이, 사발 속에서 자유롭게 움직이는 구슬을 생각하자. 구슬에 힘이 작용하지 않았을 경우 구슬이 정지해 있는 곳이 구슬의 **평형 위치**(equilibrium position)이다. 만약 구슬을 평형 위치에서 살짝 밀었다면, 중력 때문에 평형 위치로 되돌아가려는 힘이 생긴다. 평형으로 되돌아가려 하는 이 힘을 **복원력**(restoring force)이라 한다. 구슬이 평형 위치로부터 더 멀리 위치할수록 복원력의 크기는 커진다.

만약 구슬을 사발 가장자리까지 밀었다가 놓으면, 구슬은 내려와 사발의 바닥에 머물지 않고 그대로 움직여 반대편 가장자리로 올라간다. **그림 14.2**에서 알 수 있듯이, 이와 같은 방법으로 평형 위치를 중심으로 반복적으로 움직인다. 이 반복적인 운동을 **진동**(oscillation)이라 한다. 이것은 모든 진동에서 볼 수 있으며, 이 현상은 복원력과 구슬의 관성의 상호작용 결과이다.

그림 14.2 사발 속에서 구르는 구슬의 진동운동

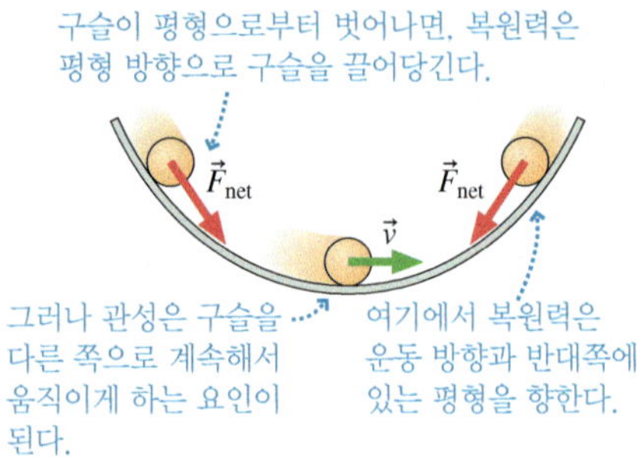

진동운동에 관한 가장 중요한 사실은 "진동은 반복된다"는 것이다. 진동운동은 되풀이 되는 시간인 **주기**에 의하여 특징지어진다. 6장에서 원운동을 공부했을 때 주기와 진동수의 개념을 배웠다. 이 장에서는 그것들을 진동운동에 어떻게 적용하는지를 배운다.

진동수와 주기

그림 14.3 심전도는 규칙적인 주기를 갖는다.

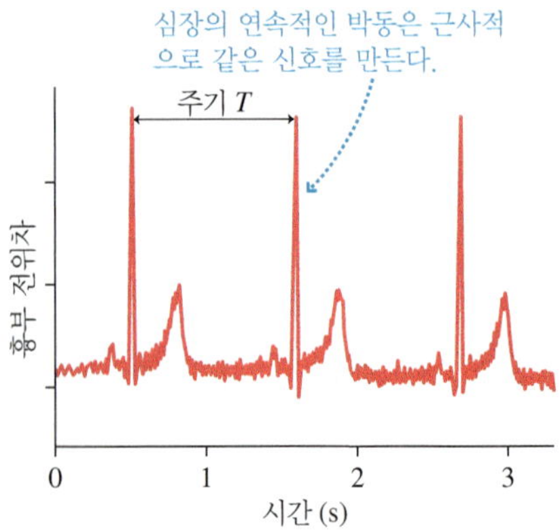

그림 14.3에 보인 심전도(ECG)는 심장박동을 전기적 신호로 기록한 것이다. 심전도에 관하여는 21장에서 좀 더 자세히 다룰 것이다. 보통 심전도의 양상은 복잡하지만, 반복적인 패턴을 가짐을 알 수 있다. 심전도 또는 어떤 진동에서 1 순환에 걸린 시간을 진동의 **주기**(period)라 한다. 주기는 기호 T로 주어진다.

진동을 초당 순환 횟수 또는 초당 진동 횟수로도 나타낼 수 있다. 만약 주기가 $\frac{1}{10}$초이면, 진동자는 1초에 10번 순환한다. 역으로 10초의 진동주기라면 초당 $\frac{1}{10}$ 순환의 진동이 이루어진다. 일반적으로 1 순환에 T초 걸리면, 초당 $1/T$ 순환의 진동이 이루어진다. 초당 순환 횟수를 **진동수**(frequency) f라 한다. 그러므로 진동수와 주기의 관계는

$$f = \frac{1}{T} \quad \text{또는} \quad T = \frac{1}{f} \tag{14.1}$$

이 된다. 진동수의 단위는 **헤르츠**(hertz)이며, 약자로 Hz라 쓴다. 정의에 의하여 다음과 같다.

$$1 \text{ Hz} = \text{초당 } 1 \text{ 순환} = 1 \text{ s}^{-1}$$

매우 빠른 진동을 표시할 때는 표 14.1에 주어지는 단위를 사용한다.

표 14.1 널리 사용되는 진동수 단위

진동수	주기
10^3 Hz = 1 kilohertz = 1 kHz	1 ms
10^6 Hz = 1 megahertz = 1 MHz	1 μs
10^9 Hz = 1 gigahertz = 1 GHz	1 ns

예제 14.1 **라디오 방송국의 진동수와 주기**

FM라디오 방송국이 진동수 100 MHz로 진동하는 라디오파를 송출한다. 진동의 주기는 얼마인가?

풀이 라디오 송신기에서 전파의 진동수 f는 100 MHz = 1.0×10^8 Hz이다. 주기는 진동수의 역이므로

$$T = \frac{1}{f} = \frac{1}{1.0 \times 10^8 \text{ Hz}} = 1.0 \times 10^{-8} \text{ s} = 10 \text{ ns}$$

이다.

진동운동

사발 속에 있는 구슬 문제로 되돌아가서 더 자세히 운동을 기술해보자. 평형의 왼쪽을 음(−), 오른쪽을 양(+)으로 표시하는 운동 그래프를 그려서 시작하기로 한다. **그림 14.4**에서는 운동의 '스냅 사진(snapshots)'을 그래프의 대응점과 함께 순차적으로 보여준다. 이 그래프는 **코사인 함수**(cosine function) 모양을 이룬다. 사인이나 코사인 모양을 갖는 그래프 또는 함수를 **사인 모양**(sinusoidal) 함수라고 한다. 사인 모양 진동을 **단순조화운동**(simple harmonic motion)이라 하며, 약자로 SHM이라고 쓴다.

그림 14.4 사발 안에서 구르는 구슬의 위치를 시간의 함수로 그리기

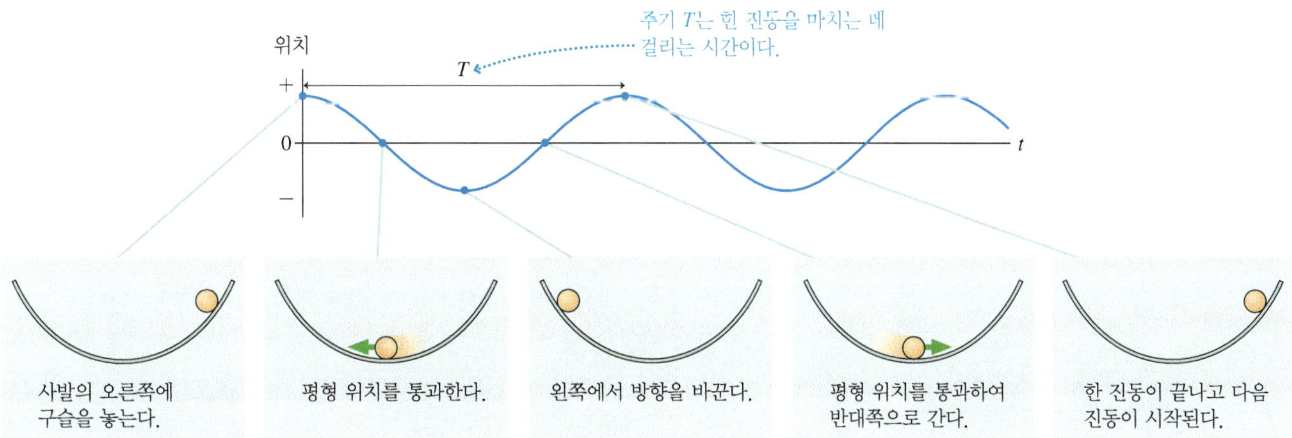

사발의 바닥에서 구르는 구슬은, 충격을 흡수하는 용수철에 의해 상하로 진동을 하는 자동차처럼 단순조화운동을 한다. SHM은 매우 흔한데, 대부분의 경우에 용수철에 매달린 질량이나, 앞뒤로 흔들리는 진자 중 하나로 모형화할 수 있다. 다음 표는 SHM의 두 가지 예를 보여준다.

수업 영상

단순조화운동의 예

진동계 / **관련된 실제 예 BIO**

용수철에 매달린 질량

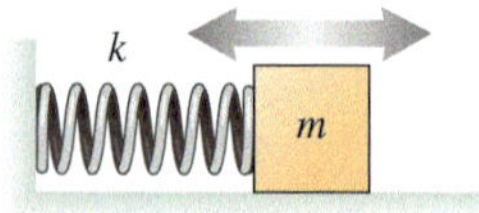

질량이 용수철의 복원력에 의하여 앞뒤로 진동한다. 주기는 질량과 용수철의 세기에 따라 변한다.

귀에서의 진동

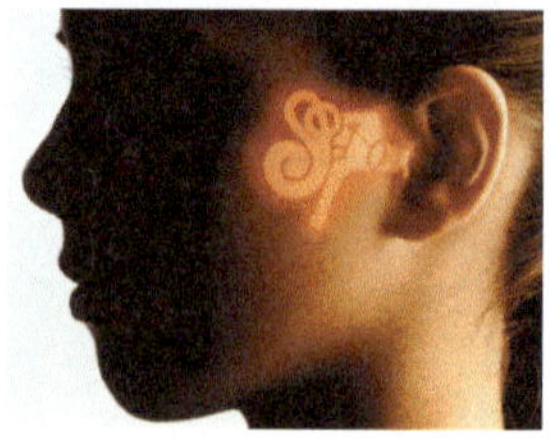

귓속으로 들어간 음파는 달팽이관 내의 막을 진동시킨다. 이것은 용수철-질량계(용수철에 매달린 질량의 진동운동)로 모형화할 수 있다. 막 부분의 진동주기는 질량(막의 두께)과 세기(막의 강도)에 따라 변한다.

진자

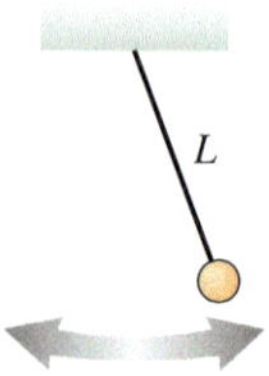

중력에 의한 복원력에 의하여 질량이 앞뒤로 진동한다. 주기는 진자의 길이와 자유 낙하 가속도 g에 따라 변한다.

걷는 동안 다리의 운동

동물이 다리로 걷는 운동을 진자운동으로 모형화할 수 있다. 다리의 흔들림 정도는 다리의 길이와 자유 낙하 가속도 g에 의존한다.

14.2 선형 복원력과 단순조화운동

그림 14.5 용수철에 매달려 있는 에어트랙 글라이더의 복원력

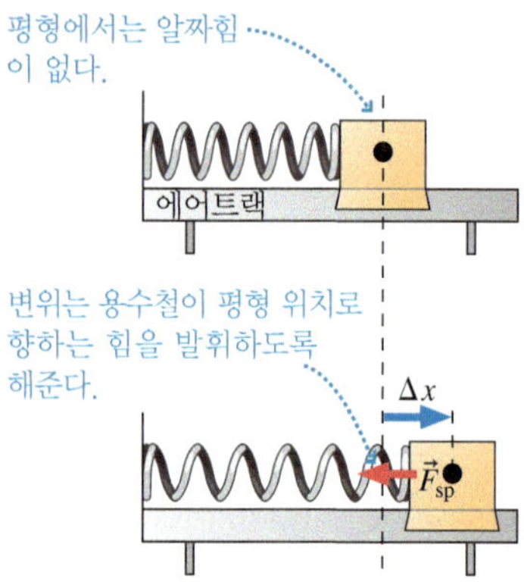

그림 14.5는 마찰이 매우 작은 에어트랙 위에서 날아가는 글라이더를 보여준다. 글라이더는 에어트랙의 끝점에 용수철로 연결되어 있다. 용수철이 압축되어 있지도, 늘어나 있지도 않을 때, 글라이더에 작용하는 알짜힘은 없다. 이때 글라이더가 위치해 있는 곳이 평형 위치이다.

만약 글라이더가 평형 위치로부터 Δx만큼 움직였다면 용수철은 평형으로 되돌아가게끔 하는 힘인 복원력을 글라이더에 가한다. ◀◀8.3절에서 용수철에 의한 힘은 훅의 법칙, 곧 $(F_{sp})_x = -k\Delta x$ (여기에서 k는 용수철 상수)에 의하여 주어짐을 배웠다('센' 용수철은 큰 k의 값을 가짐을 상기하라). 만약 좌표계의 원점을 평형 위치로 잡는다면 평형으로부터의 변위 Δx는 x가 되고, 용수철 힘은 $(F_{sp})_x = -kx$로 쓸 수 있다.

글라이더에 작용하는 알짜힘은 용수철 힘이므로 다음과 같이 쓸 수 있다.

$$(F_{net})_x = -kx \tag{14.2}$$

음(−)의 부호를 붙인 이유는 변위와 반대방향인 복원력 때문이다. 만약 오른쪽으로 글라이더를 잡아당긴다면(곧, $x > 0$), 힘은 평형 위치인 왼쪽(곧, $x < 0$)으로 향한다.

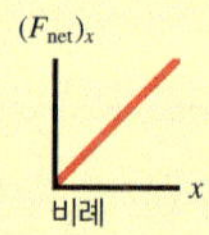

이것이 **선형 복원력**(linear restoring force)이며, **이 알짜힘은 평형 위치를 향하며 평형으로부터의 거리에 비례한다.**

용수철에 연결된 질량의 운동

그림 14.5처럼 에어트랙 글라이더를 오른쪽으로 아주 가까운 거리를 잡아당겼다가 놓는다면, 글라이더는 앞뒤로 진동할 것이다. **그림 14.6**은 글라이더의 위치를 매초 20회씩 찍는 실험의 실제 자료이다. 이것은 글라이더의 운동 방향과 일치하도록 x축과 시간의 그래프를 90° 회전시킨 것이다.

평형으로부터의 물체의 최대 변위를 운동의 **진폭**(amplitude) A라 한다. 물체의 위치는 $x = -A$와 $x = +A$ 사이에서 진동한다.

위치의 그래프는 사인 모양이므로 단순조화운동이다. **선형 복원력에 의한 평형 위치 근처에서의 진동은 항상 단순조화운동이다.**

그림 14.6 에어트랙 글라이더의 진동을 보이는 실험

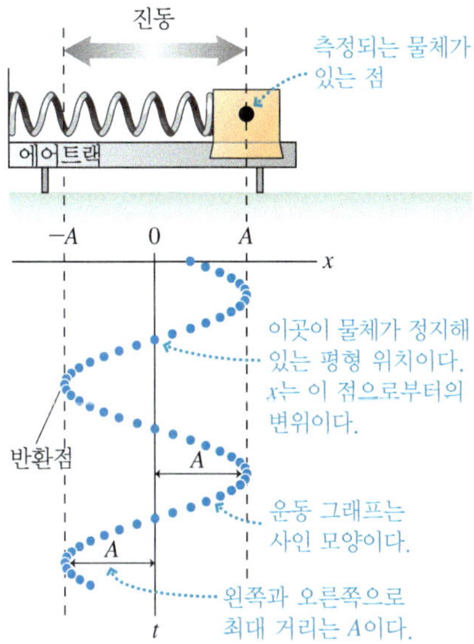

용수철에 수직으로 매달린 질량

그림 14.7에 용수철 상수 k인 용수철에 수직으로 매달린 질량 m인 물체가 있다. 이 용수철계도 수평계처럼 단순조화운동을 하는가, 아니면 중력 때문에 복잡해지는가? 알아야 할 중요한 사실은 물체의 평형 위치가 용수철이 늘어나기 전의 위치에 있지 않다는 것이다. 물체가 움직이지 않고 매달려 있을 경우, 용수철의 길이는 수평으로 있을 경우의 평형 상태의 길이보다 ΔL만큼 늘어나 있다.

그림 14.7 수직 용수철에 매달린 질량의 평형 위치

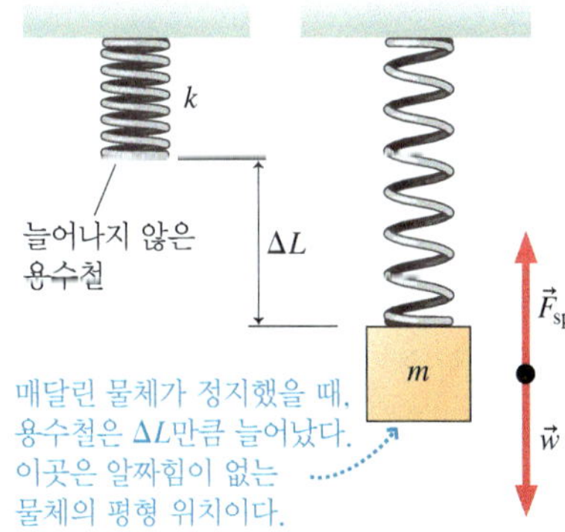

ΔL을 구하려면 위로 잡아당기는 용수철 힘과 아래로 향하는 물체의 중력이 평형을 이루는 점을 찾는 정역학적 평형 문제를 풀면 된다. 용수철 힘의 y성분은 훅의 법칙

$$(F_{sp})_y = k\,\Delta L \tag{14.3}$$

에 의하여 주어진다. 물체는 평형을 이루므로 뉴턴의 제1법칙은

$$(F_{net})_y = (F_{sp})_y + w_y = k\,\Delta L - mg = 0 \tag{14.4}$$

을 주며

$$\Delta L = \frac{mg}{k} \tag{14.5}$$

를 얻는다. 이것은 물체가 용수철에 매달려 있을 때 늘어난 길이이다.

그림 14.8에 보인 것처럼 이 평형 위치로부터 물체를 지금 변위시켰다고 하자. 이 장에서 다루었던 진동의 분석과 일치시키기 위하여 물체의 평형 위치를 y축의 원점으로 잡았다. 그림에서처럼 물체를 위로 움직였다면 용수철은 평형 상태에 있는 경우의 길이보다 짧아지나 그림 14.7에 보인 늘어나지 않은 길이와 비교하면 늘어나 있다. 물체가 y에 위치해 있을 때 용수철은 $\Delta L - y$만큼 늘어나 있어 위 방향으로 작용하는 용수철 힘은 $F_{sp} = k(\Delta L - y)$가 된다. 이 점에서 물체에 작용한 알짜힘은

$$(F_{net})_y = (F_{sp})_y + w_y = k(\Delta L - y) - mg = (k\,\Delta L - mg) - ky \tag{14.6}$$

이다. 그러나 식 (14.4)에서 $k\Delta L - mg = 0$이므로 물체에 작용하는 알짜힘은 다음과 같다.

그림 14.8 평형 위치로부터 물체가 변위를 일으키면 복원력이 생긴다.

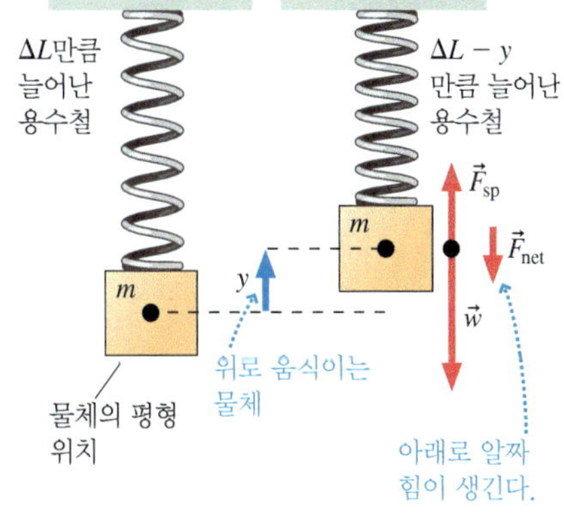

$$(F_{\text{net}})_y = -ky \qquad (14.7)$$

용수철에 매달려 있는 질량에 대한 식 (14.7)은 수평으로 놓인 용수철에 대한 결과인 식 (14.2)의 $(F_{\text{net}})_x = -kx$와 같다. 곧, 수직진동에서 복원력은 수평진동에서의 복원력과 같다. **중력의 역할은 평형 위치가 어디인가만 결정하고 평형 위치로부터의 변위와 관련되는 복원력에는 영향을 미치지 않는다.** 용수철은 선형 복원력을 가지므로 **수직 용수철에 매달린 질량은 단순조화운동을 한다.**

수업 영상

진자

이 장 처음에 나뭇가지에 매달려 앞뒤로 움직이는 긴팔원숭이 사진이 있다. 긴팔원숭이의 운동은, 가벼운 줄이나 막대에 매달린 물체의 회전과 같은 **진자**(pendulum)로 볼 수 있다. 진자는 평형 위치 주위를 왕복운동하는데, 이 운동은 단순조화운동인가? 이 문제에 답을 하기 위해서는 진자의 복원력을 살펴보아야만 한다. 만약 진자의 복원력이 선형이라면 이 운동은 단순조화운동이 될 것이다.

그림 14.9 진자의 힘과 운동 기술

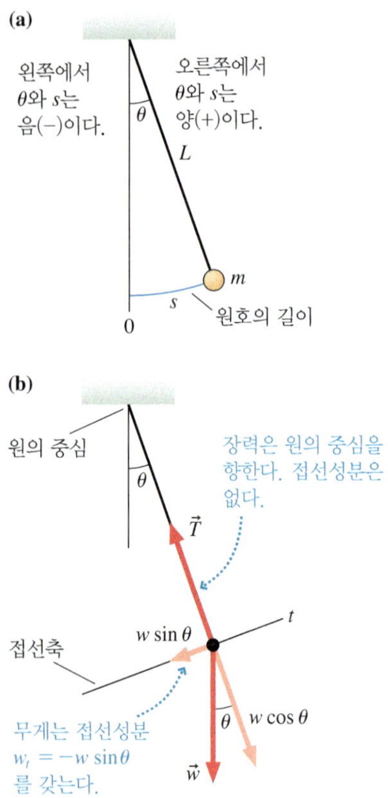

그림 14.9(a)는 길이 L인 줄에 매달린 질량 m이 앞뒤로 자유롭게 흔들리는 것을 보여준다. 진자의 위치는 원호의 길이 s나 각 θ에 의하여 기술할 수 있고, 진자가 가장 낮은 곳에 왔을 때는 둘 다 0이다. 각은 반시계 방향으로 측정되기 때문에 s와 θ는 진자가 중심의 오른쪽에 있을 경우 양(+)이고 중심의 왼쪽에 있을 경우는 음(−)이 된다.

질량에 작용하는 힘은 줄의 장력 $\vec{T}$와 무게 $\vec{w}$, 두 가지가 있다. 운동은 원호를 따라 간다. 질량 위에 위치한 한 축이 원의 반지름을 따라가고, 다른 축이 원의 접선방향을 향하는 좌표계를 선택한다. 힘을 운동에 평행한 접선성분(첨자 t로 표시)과 원의 중심을 향하는 성분으로 나눈다. 이것들이 그림 14.9(b)의 자유 물체 도형에 나타나 있다.

앞에서 본 바와 같이 질량은 원주를 따라 움직인다. 그림 14.9(b)에 보인 것처럼 이 방향의 알짜힘은 무게의 접선성분이다.

$$(F_{\text{net}})_t = \sum F_t = w_t = -mg\sin\theta \qquad (14.8)$$

이것은 질량을 운동의 반대방향으로 끌어당겨 평형 위치를 향하게 하는 복원력이다.

이 방정식은 진자의 진동이 10°(0.17 rad) 이하의 작은 각으로 진동하도록 제한하면 매우 단순하게 된다. 그러한 작은 각에서 θ를 라디안으로 표시한다면

$$\sin\theta \approx \theta$$

가 된다. 각이 라디안으로 나타내졌을 경우 이 결과를 **작은 각 근사**(small-angle approximation)라 한다.

◀◀7.1절에서 각이 $\theta = s/L$로 둘레와 연관되었음을 다루었다. 이것과 작은 각 근사를 사용하면 복원력은

$$(F_{net})_t = -mg\sin\theta \approx -mg\theta = -mg\frac{s}{L} = -\left(\frac{mg}{L}\right)s \qquad (14.9)$$

로 쓸 수 있다. 알짜힘은 평형을 향하며, 평형으로부터의 변위 s에 선형으로 비례한다. 그러므로 **진자에 작용하는 힘은 작은 각 근사에서 선형 복원력을 가지므로 진자 운동은 단순조화운동이 된다.**

14.3 단순조화운동의 기술

지금까지 단순조화운동의 원인을 알았으므로, 이제 그 운동을 기하학적 그리고 수학적으로 기술하여보자. 만약 한 계에 대해 기술할 수 있다면, 그것을 다른 어떤 계에 대해서도 적용할 수 있다. 세부적으로 다를 수 있지만 운동의 기본 형태는 같을 것이다. 수직 용수철에 매달린 질량의 진동 주기를 살펴보자.

진동운동의 세밀한 관찰

수직 용수철에 매달린 질량을 $y = 0$인 평형 위치에서 질량을 위로 당긴 후 놓았다. 평형 위치 위에 질량이 있으면 양(+), 평형 위치 아래에 위치해 있으면 음(−)이 되는 척도로 평형으로부터의 위치를 측정한다.

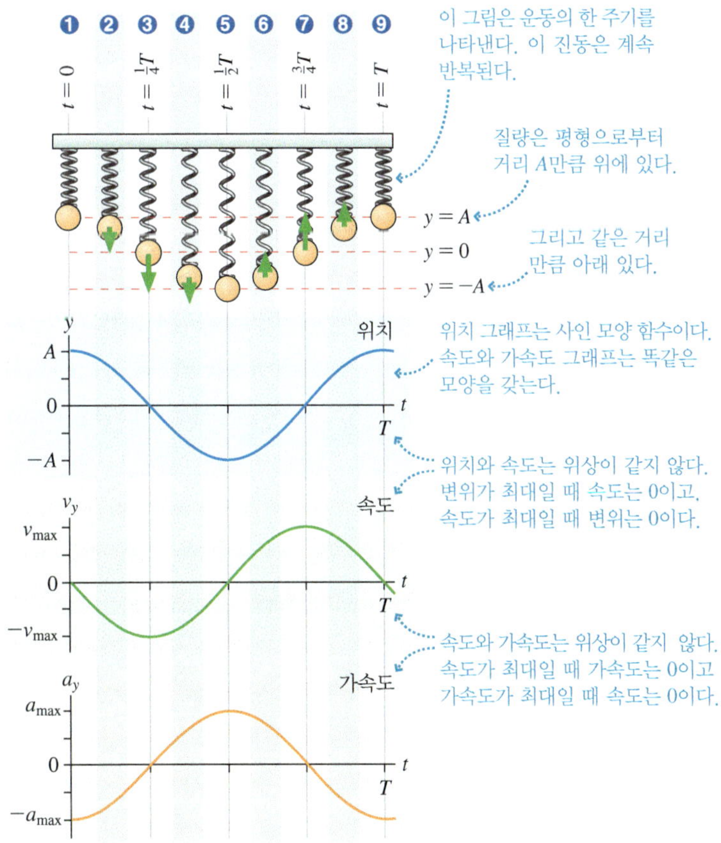

❶ 질량이 양(+)의 최대 변위점 $y = A$로부터 출발한다면 질량이 놓아지는 순간, 속도는 0이고, 가속도와 알짜힘은 아래로 향하며 음(−)이다.

❷ 질량은 아래로 움직이므로 속도는 음(−)이고 평형으로부터의 거리는 감소한다. 질량이 평형 가까이에 있으므로 복원력과 가속도 크기는 감소한다.

❸ 이때 질량은 평형 위치에 있어 알짜힘과 가속도는 0이다. 속력은 최대가 되지만 속도는 운동이 아래를 향하므로 음(−)이 된다.

❹ 속도는 아직 음(−)이지만 그 크기는 감소한다. 따라서 가속도는 양(+)이 된다.

❺ 이때 질량은 운동의 가장 낮은 점, $y = -A$에 이른다. 이 점을 운동의 **반환점**(turning point)이라 하며 속도는 0이다. 용수철은 최대로 늘어나 있어 위로 향하는 알짜힘이 있어 가속도는 양(+)이다.

❻ 질량은 위로 움직이기 시작하고, 속도와 가속도는 양(+)이다.

❼ 질량이 다시 평형 위치를 통과하나 앞과는 반대방향이다. 알짜힘이 없으므로 가속도는 0이고, 위로 향하므로 속도는 양(+)이다.

❽ 질량은 위로 움직인다. 속도는 양(+)이지만 크기는 감소한다. 따라서 가속도는 음(−)이다.

❾ 질량은 출발 위치에 돌아왔다. 이 점은 또 다른 반환점이다. 질량은 다시 아래로 움직일 것이고, 전체 순환이 반복될 것이다.

박자 맞추기 메트로놈 내부의 금속막대는 가운데를 지날 때마다 딸깍 소리를 내며 앞뒤로 흔들린다. 이것은 단순조화운동이며, 이 운동은 주기적이다. 음악가들은 이 딸깍 소리를 박자를 맞추는 데 이용한다.

앞의 진동에 대한 그래프에서 진동은 $t = 0$일 때 $y = A$에서 시작되었다. 하지만 초기 상태는 $y = -A$ 또는 진동 중 어디로도 얼마든지 변경될 수 있다. 이렇게 초기 시작점을 변경하더라도 진동의 전체적인 모습이 바뀌지 않는다. 진동은 반복적으로 일어나므로 시작점이 중요하지는 않으며 전반적인 결과는 같다. 이러한 용수철에 달린 질량운동의 모든 성질이 단순조화운동의 다른 예에 또한 적용된다는 것을 기억하자.

앞의 표에서 위치-시간 그래프는 코사인 곡선이다. 물체의 위치를 다음과 같이 쓸 수 있다.

$$x(t) = A\cos\left(\frac{2\pi t}{T}\right) \tag{14.10}$$

여기서 기호 $x(t)$는 위치 x가 시간 t의 함수라는 의미이다. $\cos(2\pi \text{ rad}) = \cos(0 \text{ rad})$이므로, 시간 $t = T$에서의 위치는 $t = 0$에서의 위치와 같다. 다시 말하면, 이것은 주기가 T인 코사인 함수이다. 식 (14.10)은 또 다른 형식으로 쓸 수 있다. 진동주기는 $f = 1/T$이므로

$$x(t) = A\cos(2\pi ft) \tag{14.11}$$

로 쓸 수 있다.

속도 그래프는 코사인 함수였던 위치 그래프와 같은 주기 T를 갖는 거꾸로 된 사인 함수이다. 시간의 함수로 속도 v_x는

$$v_x(t) = -v_{\max}\sin\left(\frac{2\pi t}{T}\right) = -v_{\max}\sin(2\pi ft) \tag{14.12}$$

로 쓸 수 있다. $v_{\max}$는 양(+)의 값을 갖는 최대 속력이다.

가속도는 어떠한가? 앞의 식 (14.2)에서 보았듯이 질량이 단순조화운동을 하게 되는 원인인 복원력은 $(F_{\text{net}})x = -kx$이다. 뉴턴의 제2법칙을 사용하면

$$a_x = \frac{(F_{\text{net}})_x}{m} = -\frac{k}{m}x \tag{14.13}$$

이므로, 그 힘은 가속도의 원인이 된다. 가속도는 위치 x에 비례하고 음(−)의 부호를 갖는다. 결과적으로 가속도-시간 그래프는 위치-시간 그래프의 거꾸로 된 모양을 가짐을 예측할 수 있다. 앞의 표에서도 가속도-시간 그래프는 분명히 같은 주기 T를 갖는 거꾸로 된 코사인 함수였다. 곧, 가속도는

$$a_x(t) = -a_{\max}\cos\left(\frac{2\pi t}{T}\right) = -a_{\max}\cos(2\pi ft) \tag{14.14}$$

로 쓸 수 있다.

본 장과 다음 장에서 사인과 코사인 함수를 사용할 것이므로 이 함수들의 중요한 몇몇 수학적 관계를 요약한다.

사인 모양 함수 관계

시간에 따라 진동하며

$$x = A\sin\left(\frac{2\pi t}{T}\right)$$

또는

$$x = A\cos\left(\frac{2\pi t}{T}\right)$$

로 쓸 수 있는 물리량을 **주기** T인 **사인 모양 함수**(sinsoidal function)라 한다. 함수의 각 부분은 $2\pi t/T$라디안으로 나타낸다.

두 그래프는 같은 모양을 가지나 $t = 0$ s에서의 초기값이 다르다.

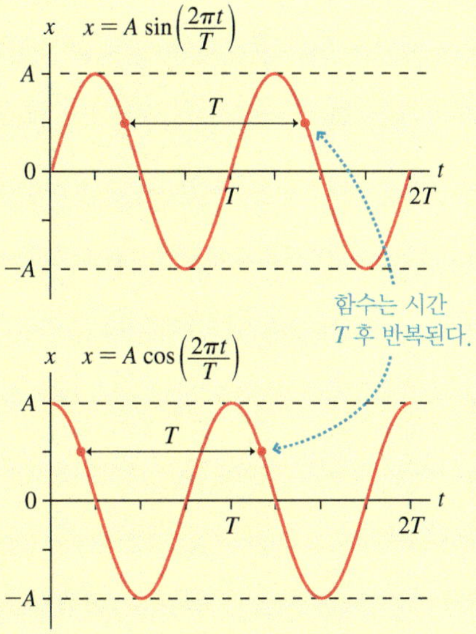

극한 만약 x가 사인 모양 함수라면 x는

- 한계가 있다. A와 $-A$ 사이의 값만 가질 수 있다.
- 주기적이다. 같은 모양을 계속하여 반복한다. 시간 t에서 x값은 언제나 $t+T$에서의 값과 같다.

특별한 값 함수 x는 특정 시간에 특정값을 갖는다.

	$t=0$	$t=\frac{1}{4}T$	$t=\frac{1}{2}T$	$t=\frac{3}{4}T$	$t=T$
$x = A\sin(2\pi t/T)$	0	A	0	$-A$	0
$x = A\cos(2\pi t/T)$	A	0	$-A$	0	A

예제 14.2 용수철에 달린 글라이더의 운동

에어트랙 위의 글라이더가 진동수 0.50 Hz로 용수철에 의하여 수평으로 진동한다. 글라이더를 평형 위치에서 오른쪽으로 12 cm 잡아당겼다가 놓았다고 하자. 놓은 후 1.0 s가 지났을 때 글라이더는 어디에 있을까? 또한 이때의 속도는 얼마인가?

준비 글라이더는 진폭이 12 cm인 단순조화운동을 한다. 진동수는 0.50 Hz이고 주기는 $T = 1/f = 2.0$ s이다. 글라이더를 평형 위치에서 최대로 늘였다 놓았을 때를 $t = 0$으로 잡는다.

그림 14.10 글라이더의 위치-시간 그래프

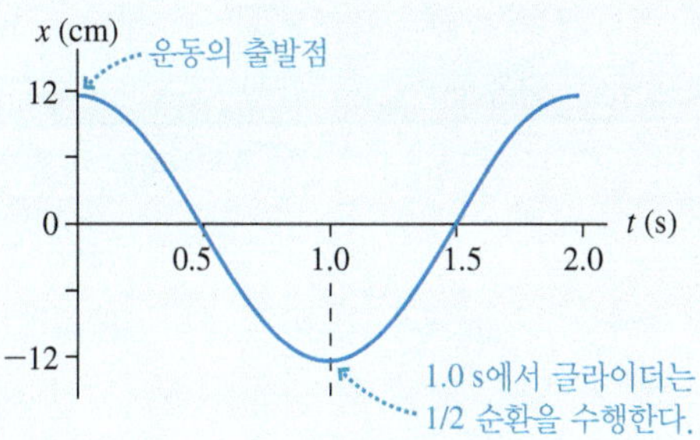

풀이 1.0 s는 정확히 주기의 반이다. **그림 14.10**에서 운동 그래프는 평형 위치로부터 왼쪽으로 12 cm인 왼쪽의 반환점으로 글라이더를 가져가는 1/2 순환을 보인다. 이 점에서 속도는 0이다.

검토 그래프를 그리는 것은 운동의 의미를 알게 해주는 중요한 단계이다.

등속 원운동과의 연관성

그림 14.11 회전하는 공의 원운동 투영

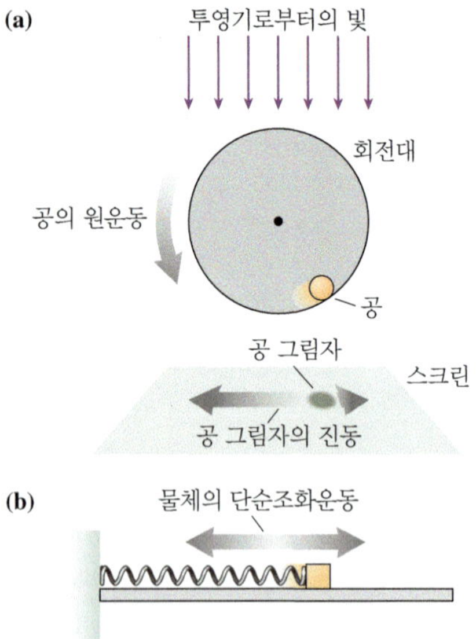

원운동과 단순조화운동은 둘 다 반복 운동이다. 단순조화운동을 기술하기 위해 사용되는 개념의 많은 부분은 원운동을 다루면서 소개하였다. 단순조화운동을 원운동의 운동학 결과로 확장시키기 위해서는, 둘 사이의 밀접한 연관성을 활용해야 한다.

간단한 실험으로 원운동과 단순조화운동 사이의 연관성을 설명할 수 있다. 회전대의 끝에 작은 공을 부착시켜 놓았다고 하자. 그림 14.11(a)는 공에 평행 광선을 비추어 스크린에 그림자가 투영되는 '그림자 영상'을 만든 것이다. 공의 그림자는 회전대가 돌아감에 따라 앞뒤로 진동한다.

그림 14.11(b)에 보인 것처럼 그림자 아래 직접 실제 용수철에 실제 물체를 놓았고, 회전대가 용수철과 같은 주기로 맞추어져 있다면, 그림자 운동은 정확히 용수철 물체의 단순조화운동과 같음을 알 수 있을 것이다. **1차원으로 투영된 등속 원운동은 단순조화운동이다.**

그림 14.12(a)에서는 원운동하는 입자를 투영하면 단순조화운동이 되는 이유를 보여준다. 7장에서 배웠듯이 x축으로부터 반시계 방향으로 측정된 각도 ϕ로 입자 위치를 나타낸다. 그림 14.11(a)의 스크린에 투영시킨 공의 그림자는 입자 운동의 x성분의 관측 결과와 같다. 그림 14.12(a)는 입자가 각도 ϕ에 있을 때 x성분이

$$x = A\cos\phi$$

임을 보여준다. 만약 입자가 $t = 0$에서 $\phi_0 = 0$으로 출발했다면 시간 t 후에 입자의 각도는

$$\phi = \omega t$$

이다. 여기서 ω는 7장에서 정의한 입자의 각속도이다. 각속도는 진동수 f와

$$\omega = 2\pi f$$

의 관계가 있음을 상기하자. 그러므로 입자의 x성분은

$$x(t) = A\cos(2\pi ft) \tag{14.15}$$

로 표현된다. 이것은 용수철 질량의 위치를 나타내는 식 (14.11)과 동일하다! **등속 원**

그림 14.12 위치, 속도, 가속도의 투영

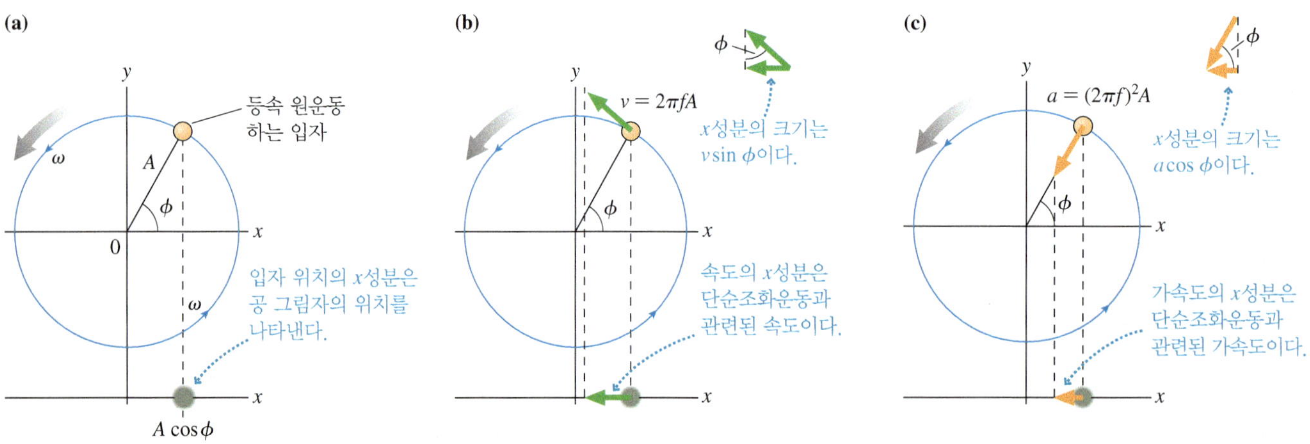

운동에서 입자의 x성분은 단순조화운동을 한다.

이러한 연관성을 좀 더 상세하게 다루어 보자. 그림 14.12(b)는 속도벡터가 원의 접선방향임을 보여준다. 속도벡터의 크기는 입자의 속력이다. 6장에서 반지름이 A이고 진동수가 f인 원운동하는 입자의 속력은 $v = 2\pi fA$임을 알았다. 그러므로 음(−)의 x 방향인 속도벡터의 x성분은

$$v_x = -v\sin\phi = -(2\pi f)A\sin(2\pi ft)$$

이다.

원운동과 단순조화운동을 대응시키면, 이것이 단순조화운동하는 물체의 속도를 나타내는 그래프에서 유도한 식 (14.12)이다. 만일 최대 속력을

$$v_{\max} = 2\pi fA \tag{14.16}$$

라고 하면 그림 14.12(c)는 원운동에서 구심 가속도를 나타낸다. 구심 가속도의 크기는 $a = v^2/A = (2\pi f)^2A$이다. 단순조화운동의 가속도벡터의 x성분은

$$a_x = -a\cos\phi = -(2\pi f)^2A\cos(2\pi ft)$$

이므로 최대 가속도는 다음과 같다.

$$a_{\max} = (2\pi f)^2A \tag{14.17}$$

단순조화운동을 수식과 함께 요약하여 종합 14.1에 나타내었다. **물체의 진폭, 진동수를 안다면 운동을 완전하게 나타낼 수 있다.**

전자레인지 내의 SHM 집에서도 직접 회전대로 실험해보는 것이 가능하다. 전자레인지 내부에 있는 회전대 가장자리에 물을 가득 채운 큰 유리컵이 놓여 있다고 하자. 전자레인지를 작동시키면 회전대는 돌고, 컵은 원운동할 것이다. 눈높이를 컵의 위치로 하고 서서 움직이는 컵에 주위를 기울여 바라보라. 이 컵의 보이는 운동은 원운동의 수평 운동이다. 그러므로 이것은 단순조화운동이다.

종합 14.1 단순조화운동의 기술

단순조화운동을 하는 물체의 위치, 속도, 가속도는 사인 모양 함수로 나타낼 수 있다.

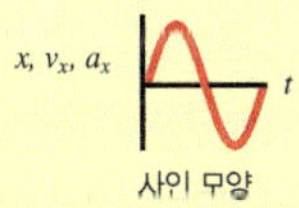

위치	속도	가속도
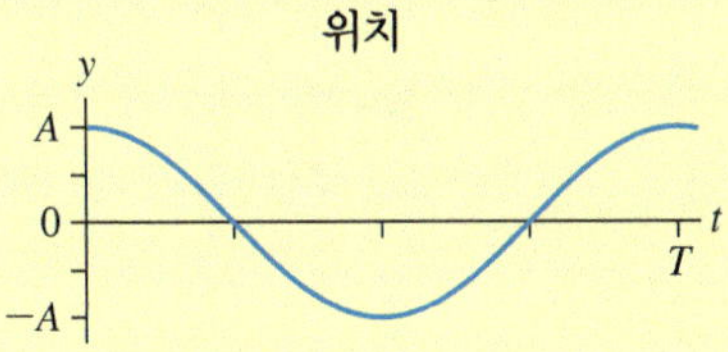	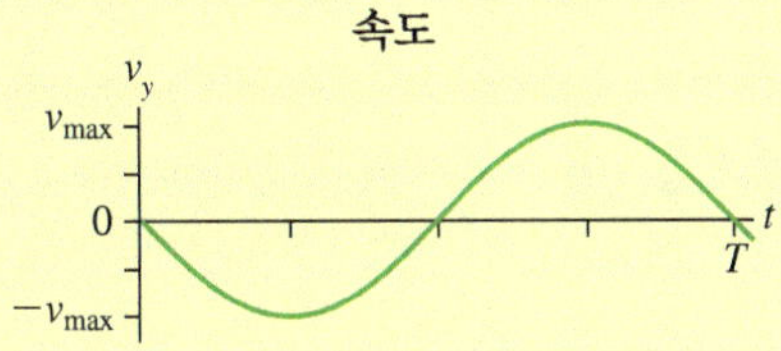	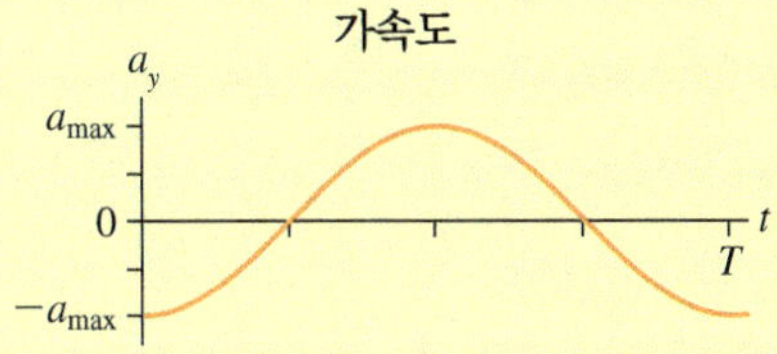

시간 t일 때 변위, 속도, 가속도는 각각

$x(t) = A\cos(2\pi ft)$	$v_x(t) = -v_{\max}\sin(2\pi ft)$	$a_x(t) = -a_{\max}\cos(2\pi ft)$

로 쓸 수 있으며, 변위, 속도, 가속도의 최댓값은 진폭 A, 진동수 f로 나타낼 수 있다.

$x_{\max} = A$	$v_{\max} = 2\pi fA$	$a_{\max} = (2\pi f)^2A$

예제 14.3 큰 빌딩의 흔들림 측정

시카고 시의 존 핸콕 센터는 100층 빌딩이다. 강한 바람은 높은 빌딩을 흔들리게 한다. 어떤 특별한 바람이 부는 날 빌딩 옥상이 진폭 40 cm, 주기 7.7 s로 진동하고 있다. 빌딩 옥상의 최대 속력과 최대 가속도는 얼마인가?

준비 빌딩의 진동은 진폭 $A = 0.40$ m인 단순조화운동이라 가정한다. 진동수는 주기로부터

$$f = \frac{1}{T} = \frac{1}{7.7\ \text{s}} = 0.13\ \text{Hz}$$

로 계산된다.

풀이 최대 속도와 최대 가속도를 계산하기 위하여 종합 14.1을 사용한다.

$$v_{max} = 2\pi fA = 2\pi(0.13\ \text{Hz})(0.40\ \text{m}) = 0.33\ \text{m/s}$$

$$a_{max} = (2\pi f)^2 A = [2\pi(0.13\ \text{Hz})]^2(0.40\ \text{m}) = 0.27\ \text{m/s}^2$$

최대 가속도를 자유 낙하 가속도로 나타내면 $a_{max} = 0.027g$이다.

검토 예측했던 대로 최대 가속도는 자유 낙하 가속도에 비교하여 매우 작다. 만약 크다면 빌딩 입주자들은 매우 걱정할 것이다! 빌딩의 움직임을 즉각 알지 못해도 높은 빌딩의 높은 층에서 일하는 사람들은 진동이 클 때, 가속도가 귀 안쪽의 평형기관에 영향을 주어 약간의 현기증을 느낄 것이다.

예제 14.4 매달려 있는 장난감 운동의 분석

나무로 만든 어린이 동물 장난감이 용수철에 매달려 있다. 만약 장난감을 10 cm 잡아당겼다가 놓으면 장난감은 서서히 일어났다 누었다 하며 10초 동안에 4번 진동한다.

a. 장난감의 진동수는 얼마인가?

b. 장난감이 첫 최대 속력에 이를 때 그 속력은?

c. 장난감을 놓은 후 4.0 s 후 위치와 속도는?

준비 장난감은 수직 용수철에 매달린 물체이다. 그래서 장난감은 단순조화운동을 한다. 장난감은 최대 변위 10 cm, 곧 0.10 m 위치에서 운동을 시작한다. 이 변위가 운동의 진폭이다. 장난감은 최대 변위에서 놓아졌으므로 이 순간을 $t = 0$으로 정한다. 장난감은 10초 내에 4번 진동한다. 그래서 주기는 10초의 1/4, 또는 $T = 2.5$ s이다. 그림 14.13은 진동의 첫 두 순환을 보여준다.

그림 14.13 용수철 장난감의 위치 그래프

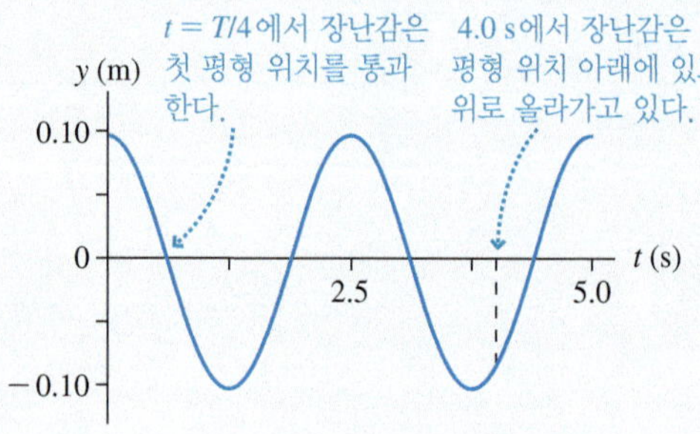

풀이 a. 주기는 2.5 s이다. 그래서 진동수는 다음과 같다.

$$f = \frac{1}{T} = \frac{1}{2.5\ \text{s}} = 0.40\ \text{진동/s} = 0.40\ \text{Hz}$$

b. 그림 14.13은 $t = T/4 = (2.5\ \text{s})/4 = 0.62$ s에서 장난감이 첫 평형 위치를 통과함을 보인다. 이때 종합 14.1로부터 평형에서의 최대 속력을 계산한다.

$$v_{max} = 2\pi fA = 2\pi(0.40\ \text{Hz})(0.10\ \text{m}) = 0.25\ \text{m/s}$$

c. 놓은 후 4.0 s는 $t = 4.0$ s이다. 그림 14.13은 장난감이 이때 평형 위치 아래쪽에서 상승하고 있음을 보이며, 음(−)의 위치에 있고 속도는 양(+)임을 예측할 수 있다. 이때 위치와 속도를 찾기 위하여 종합 14.1을 사용한다.

$$\begin{aligned} y(t = 4.0\ \text{s}) &= A\cos(2\pi ft) \\ &= (0.10\ \text{m})\cos[2\pi(0.40\ \text{Hz})(4.0\ \text{s})] \\ &= -0.081\ \text{m} \end{aligned}$$

$$\begin{aligned} v_y(t = 4.0\ \text{s}) &= -v_{max}\sin(2\pi ft) \\ &= -(0.25\ \text{m/s})\sin[2\pi(0.40\ \text{Hz})(4.0\ \text{s})] \\ &= 0.15\ \text{m/s} \end{aligned}$$

이 계산을 하기 위해서는 계산기 모드를 라디안으로 놓아야 함을 주의하라. 장난감은 그림 14.13에 나타낸 바와 같이 평형 위치보다 아래($y < 0$)에서 위로($v_y > 0$) 움직이고 있다.

검토 5.0 s면 두 번 진동해서 제일 높은 위치에 있게 된다. $t = 4.0$ s에서 계산은 장난감이 평형 위치 아래쪽에 있고 위로 움직인다. 최대 속력은 0.25 m/s로 아이들의 장난감으로 적합하다.

14.4 단순조화운동의 에너지

탄성을 가진 줄은 위아래로 움직이는 번지점프 운동을 가능하게 한다.

번지점프 하는 사람은 부착된 탄성 줄이 그의 발목을 잡아당길 때까지 속도가 증가하며 낙하한다. 그 사람의 운동 에너지는 줄의 탄성 위치 에너지로 변환한다. 줄이 최대로 늘어난 후 그의 속도는 역으로 된다. 그의 줄의 탄성 위치 에너지가 다시 운동 에너지로 변환되며 위로 올라간다. 그가 단순조화운동을 한다면 이 변환은 계속해서 일어날 것이다.

이 운동 에너지와 위치 에너지 사이의 상호작용은 단순조화운동을 이해하는 데 아주 중요하다. **그림 14.14(a)**에 주어진 다섯 가지 그림은 동시에 여러 점에서 용수철에 달려 있는 질량의 위치와 속도를 알게 해준다.

물체는 용수철이 최대로 늘어난 위치에서 정지한 상태로부터 움직였다. 이 점에서의 운동 에너지는 0이고, 위치 에너지는 최대가 된다. 용수철이 수축하면 물체가 평형점인 진동자의 중간에 올 때까지 속력이 증가한다. 그 점에서 위치 에너지는 0이고 운동 에너지는 최대가 된다. 물체가 연속적으로 움직이면 용수철이 압축되고 속도는 커지며, 결국 순간속도가 0인 반환점에 이른다. 이 점에서 운동 에너지는 0이 되고, 다시 위치 에너지는 최대가 된다.

이제 용수철 상수가 k이고 마찰이 없는 표면에서 운동하는 질량 m인 물체의 운동을 기술할 것이다. ◀10.4절에서 배웠듯이 평형 위치로부터 거리 x만큼 늘어나 있는 곳에서 용수철의 위치 에너지는

$$U = \frac{1}{2}kx^2 \tag{14.18}$$

이다. 위치 에너지는 평형 위치에서 0이 되고, 용수철이 최대로 늘어나거나 최대로 압축될 경우 최대가 된다. 계의 열에너지 손실은 없다. 따라서 계의 에너지 보존 법칙은

$$E = K + U = \frac{1}{2}mv^2 + \frac{1}{2}kx^2 = \text{일정} \tag{14.19}$$

으로 쓸 수 있다. **그림 14.14(b)**는 물체가 움직일 때 물체의 위치 에너지, 운동 에너지, 그리고 총에너지를 보여준다. 물체가 운동할 때 위치 에너지가 운동 에너지로 변환되고, 다시 운동 에너지가 위치 에너지로 변환됨을 알 수 있다. $x = \pm A$이며 $v_x = 0$인 최대 변위에서는 위치 에너지만 있다. 그러므로 이때 위치 에너지는 최댓값을 갖는다.

$$E(x = \pm A\text{에서}) = U_{\max} = \frac{1}{2}kA^2 \tag{14.20}$$

$v_x = \pm v_{\max}$인 $x = 0$에서 에너지는 운동 에너지만 있다. 그래서 이때 운동 에너지는 최댓값을 갖는다.

$$E(x = 0\text{에서}) = K_{\max} = \frac{1}{2}m(v_{\max})^2 \tag{14.21}$$

그림 14.14 질량-용수철계에서 에너지 변환

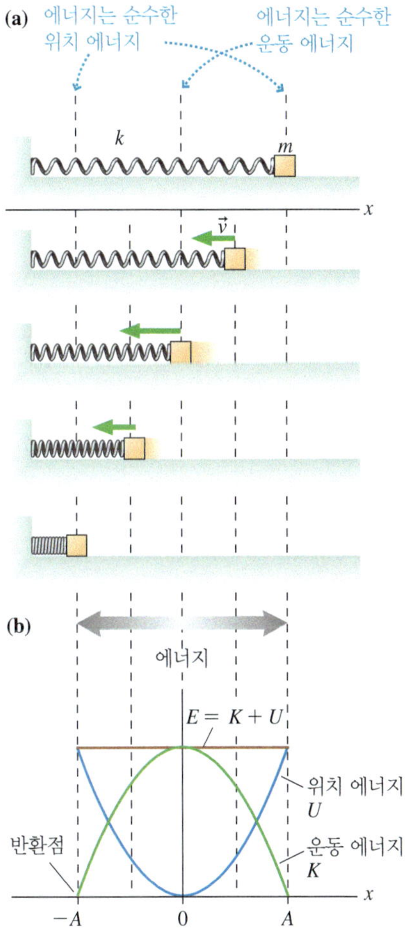

개념형 예제 14.5 **놀이터 그네에서의 에너지 변환**

공원에 있는 그네를 타고 단순조화운동을 경험해보자. 그네가 가장 앞쪽에서 정지 상태에서 출발하여 중간을 지나고, 다시 뒤로 갔다가 돌아오는 운동의 한 순환에서 일어나는 에너지 변환을 기술하시오.

판단 그네의 운동은 사람이 진자의 추 역할을 하는 진자운동이다. 운동하는 도중 각각의 다른 점에서의 에너지는 **그림 14.15**에 나와 있다. 가장 앞쪽에 올라가 정지해 있는 순간에는 위치 에너지만 가지고 있다. 그네가 뒤로 움직이며 위치 에너지는 감소하며 운동 에너지는 가장 낮은 점에서 최댓값을 가질 때까지 증가한다. 그네는 운동 에너지를 위치 에너지로 변환하며, 연속적으로 뒤로 움직인다. 앞으로 움직일 때는 이 과정이 반대로 된다.

검토 이것은 그네를 타면 누구든지 경험하는 것이다. 제일 높이 올라간 지점에서는 순간적으로 정지해 있고 제일 낮은 지점에서 가장 빠르게 운동한다.

그림 14.15 그네가 운동하는 동안 거치는 여러 점에서의 에너지

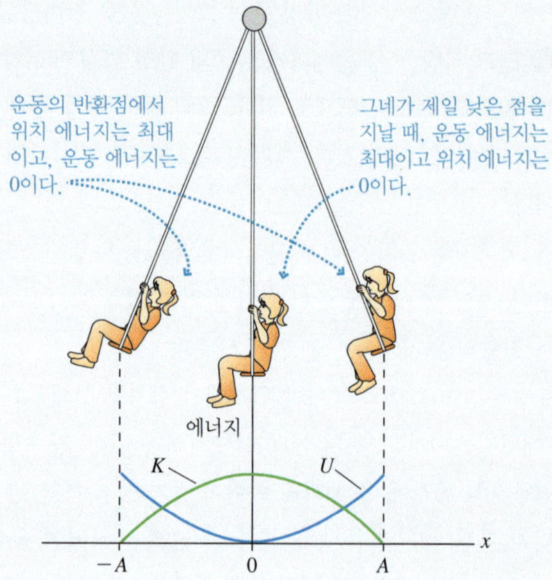

단순조화운동에서 진동수 구하기

단순조화운동에서 에너지를 설명했으므로, 운동의 다른 세세한 사항을 다루기 위하여 에너지에 대해 아는 바를 활용해보자. 그림 14.14의 용수철에 매달린 질량 문제로 되돌아가자. 그림 14.14(b)의 그래프는 에너지가 운동 에너지와 위치 에너지 사이를 왔다 갔다 변환되는 존재임을 보였다. 반환점에서는 위치 에너지만을 갖고, 평형점에서는 운동 에너지만을 갖는다. 총에너지는 변하지 않으며, 식 (14.21)에 주어진 최대 운동 에너지는 식 (14.20)에 주어진 최대 위치 에너지와 같아야만 한다. 곧 다음과 같다.

$$\frac{1}{2}m(v_{\text{max}})^2 = \frac{1}{2}kA^2 \tag{14.22}$$

식 (14.22)에서 최대 속력을 구하면

$$v_{\text{max}} = \sqrt{\frac{k}{m}}A \tag{14.23}$$

로 진폭과 관련됨을 알 수 있다.

앞에서

$$v_{\text{max}} = 2\pi fA \tag{14.24}$$

를 구했다. 식 (14.23)과 (14.24)를 비교하면, 용수철에서 진동하는 물체의 진동수와 주기가 용수철 상수 k와 물체의 질량 m에 의하여 결정됨을 알 수 있다.

$$f = \frac{1}{2\pi}\sqrt{\frac{k}{m}} \text{ 과 } T = 2\pi\sqrt{\frac{m}{k}} \tag{14.25}$$

용수철 상수가 k이고 질량이 m인 물체의 SHM 진동수와 주기

이 방정식에서 두 가지를 관찰할 수 있다.

- **단순조화운동의 진동수와 주기는 진동자의 물리적 성질에 의하여 결정된다.** 용수철에 달린 질량의 진동수와 주기는 **그림 14.16**에 보인 (1) 질량과 (2) 용수철의 강직성에 의하여 결정된다. 진동수와 주기가 힘과 관성 모멘트에 의존함은 다른 진동자들에도 적용할 수 있을 것이다.
- **단순조화운동의 진동수와 주기는 진폭 A에 따라 변하지 않는다.** 진폭이 큰 진동과 작은 진동 모두 같은 진동수와 주기를 갖는다.

그림 14.16 진동수는 질량과 용수철 강직성에 따라 변한다.

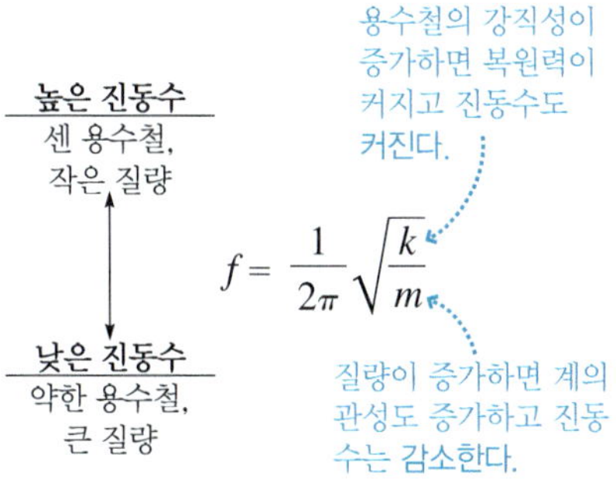

개념형 예제 14.6 질량의 변화, 주기의 변화

우주 비행사가 우주선 내에서 날마다 물체 질량 측정 장치를 사용하여 자신의 질량을 잰다. 8일간의 비행에서 질량은 점차적으로 감소했다. 이 변화는 측정 장치 내에서 신체의 진동수를 어떻게 변화시킬까?

판단 질량-용수철계에서 주기와 진동수는 용수철 상수와 물체의 질량에 따라 변한다. 장치의 용수철 상수는 변하지 않으므로 우주 비행사의 질량 변화에만 관계된다. 식 (14.25)는 진동수가 $\sqrt{k/m}$에 비례함을 보였다. 따라서 신체 질량의 감소는 진동수를 증가하게 만든다. 진동은 더 빠르게 일어날 것이다.

검토 이것은 타당하다. 진동의 원인이 되는 용수철에 의한 힘은 같지만 가속되는 질량이 작다. 높은 진동수를 기대할 수 있다.

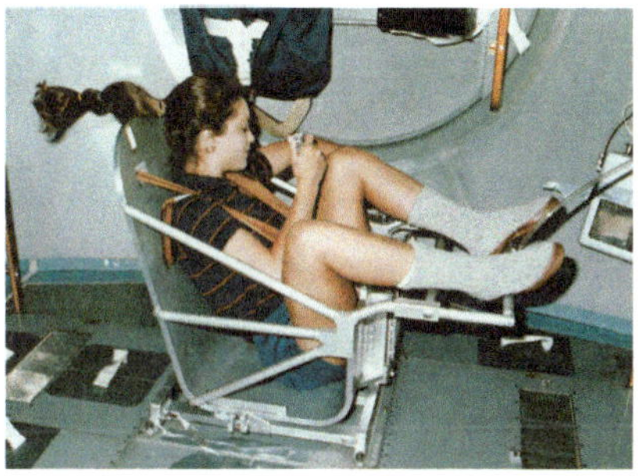

우주에서 질량 측정 우주 비행에서 우주 비행사들은 몸의 무중력 효과를 측정하기 위하여 질량을 측정한다. 그러나 무중력 때문에 저울에 발을 올릴 수가 없다. 그 대신 단상에 앉아 있는 우주인이 용수철의 복원력에 의하여 앞뒤로 진동하는 독창적인 장치를 사용한다. 우주인은 질량 용수철계에서 변하는 질량에 해당하므로, 운동 주기를 측정하여 우주인의 질량을 결정할 수 있다.

이제 계의 단순조화운동을 완전히 표현했다. 아래 풀이 전략에 자세한 내용이 요약되어 있으며 진동 문제를 풀 때 이 정보를 어떻게 이용할지 보여줄 것이다.

풀이 전략 14.1 단순조화운동의 확인과 해석

❶ 만약 입자에 작용하는 알짜힘이 선형 복원력이라면, 운동은 평형 위치 근처에서 단순조화운동을 한다.

❷ 위치, 속도, 그리고 가속도는 시간의 함수로 종합 14.1과 같이 주어진다. 여기에서 x에 의하여 주어진 방정식은 상황이 바뀌면 y 또는 다른 변수로 바꾸어 쓸 수 있다.

❸ 진폭 A는 평형으로부터 최댓값까지의 변위이다. 최대 속력과 가속도의 최댓값은 종합 14.1과 같이 주어진다.

❹ 진동수 f(그러므로 주기는 $T = 1/f$)는 진동자의 특별한 물리적 성질에 의존한다. 그러나 진폭 A에 따라 변하지 않는다. 용수철에 달린 질량의 진동수는 $f = \frac{1}{2\pi}\sqrt{\frac{k}{m}}$ 로 주어진다.

❺ 위치 에너지와 운동 에너지의 합은 일정하다. 진동이 진행됨에 따라 운동 에너지는 위치 에너지로 변환되며, 다시 원래 상태로 변환된다.

예제 14.7 진동자의 진동수 구하기

늘어나지 않았을 때 길이가 10.0 cm인 용수철이 있다. 용수철에 25 g의 질량을 매단다면 15.0 cm 길이로 늘어난다. 질량을 아래로 잡아당겼다가 놓으면 진동할 것이다. 이 진동자의 진동수는 얼마인가?

준비 선형 복원력을 갖는 용수철은 풀이 전략 14.1에 나와 있듯이 단순조화운동을 한다. 진동자의 진동수는 용수철의 늘어난 정도를 결정하는 용수철 상수에 의존한다. 그림 14.17은 이 상황의 개요도이다.

그림 14.17 용수철에 매달린 질량

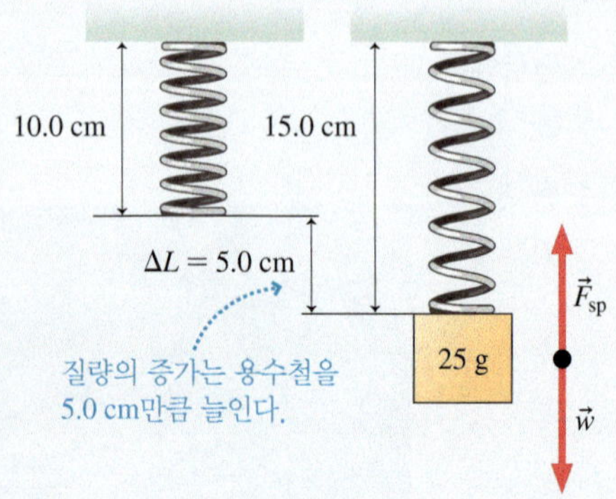

풀이 용수철의 길이가 15 cm일 때 질량이 정지해 있다면, 질량에 작용한 알짜힘은 0이다. 위로 잡아당기는 용수철 힘과 아래로 작용하는 무게는 같다. 곧 $k\Delta L = mg$가 된다. 그러므로 용수철 상수는

$$k = \frac{mg}{\Delta L} = \frac{(0.025\text{ kg})(9.8\text{ m/s}^2)}{0.050\text{ m}} = 4.9\text{ N/m}$$

가 된다. 용수철 상수의 값을 알았으므로 진동자의 진동수를 계산할 수 있다.

$$f = \frac{1}{2\pi}\sqrt{\frac{k}{m}} = \frac{1}{2\pi}\sqrt{\frac{4.9\text{ N/m}}{0.025\text{ kg}}} = 2.2\text{ Hz}$$

검토 2.2 Hz는 초당 2.2번의 진동이다. 이것은 질량-용수철계에서 타당한 진동수이다. kHz 영역의 진동수(초당 수천 번 진동)라면 의심해볼 만하다!

예제 14.8 DNA 분자의 무게 BIO

그림 14.18 나노 크기의 외팔보

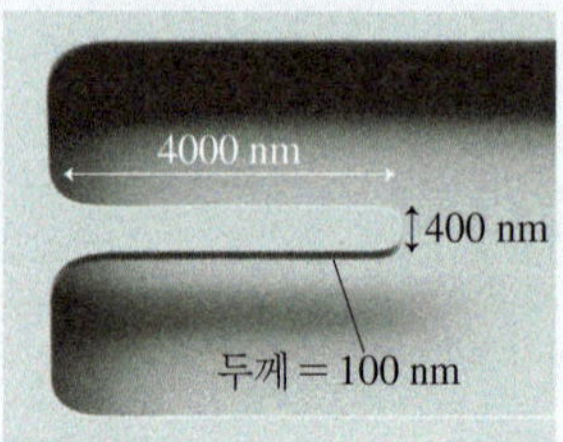

나노 크기 정도의 진동자에서, 질량의 영향을 측정함으로써 개별 DNA의 무게 측정이 최근에 가능해졌다. 그림 14.18은 실리콘에 식각된 얇은 사각 외팔보(cantilever)를 보여준다. 외팔보는 3.7×10^{-16} kg의 질량을 갖는다. 만약 아래로 잡아당겼다가 놓으면 외팔보의 한쪽 끝은 다이빙대에서 점프할 때처럼 단순조화운동을 할 것이다. 외팔보의 한쪽 끝 부착이 가능하도록 만들어진 표면에 DNA 분자를 바른다면, 1개 또는 몇몇 개의 분자들이 부착될 것이다. 질량의 증가는 매우 작지만 측정이 가능한 진동자의 진동수를 감소시킬 것이다.

질량 M의 진동하는 외팔보는 용수철에 부착된 질량이 $\frac{1}{3}M$인 간단한 물체로 간주할 수 있다. (인자 $\frac{1}{3}$은 한쪽 끝이 회전축인 막대의 관성 모멘트 $I = \frac{1}{3}ML^2$으로부터 얻어낸 것이다.) 질량과 용수철 상수 모두 매우 정확하게 결정할 수는 없지만, 진동자의 진동수는 단순히 진동횟수를 셈으로써 매우 정확하게 측정할 수 있다. 실험에서 외팔보는 초기에 12 MHz로 진동하는데, DNA 분자가 부착되면 진동수는 50 Hz만큼 감소한다. DNA 분자의 질량은 얼마인가?

준비 용수철 상수 k인 용수철에 의하여 진동하는 질량이 $m = \frac{1}{3}M = 1.2 \times 10^{-16}$ kg인 물체로 외팔보를 모형화하자. 질량이 $m + m_{DNA}$로 증가할 때 진동자의 진동수는 $f_0 = 12{,}000{,}000$ Hz로부터 $f_1 = 11{,}999{,}950$ Hz로 감소했다.

풀이 용수철 질량의 진동자 진동수는 식 (14.25)에 의하여 주어진다. 부가된 질량은 용수철 상수를 변화시키지 않는다. 그러므로 k에 관한 이 방정식은

$$k = m(2\pi f_0)^2 = (m + m_{DNA})(2\pi f_1)^2$$

으로 쓸 수 있다. 2π는 지워지고 이 식은

$$\frac{m + m_{DNA}}{m} = 1 + \frac{m_{DNA}}{m} = \left(\frac{f_0}{f_1}\right)^2 = \left(\frac{12{,}000{,}000\text{ Hz}}{11{,}999{,}950\text{ Hz}}\right)^2 = 1.0000083$$

으로 정리할 수 있다. 이 식의 양쪽 항에서 1을 빼면

$$\frac{m_{DNA}}{m} = 0.0000083$$

이 되어 다음을 얻는다.

$$m_{DNA} = 0.0000083m = (0.0000083)(1.2 \times 10^{-16}\text{ kg}) = 1.0 \times 10^{-21}\text{ kg} = 1.0 \times 10^{-18}\text{ g}$$

검토 이것은 DNA 분자의 질량으로 타당하다. 이 작은 질량을 측정할 수 있다는 것은 주목할 만한 기술이다. 측정 감도의 개선과 함께 과학자들은 무게 측정에 의하여 한 가닥의 DNA 내부에 들어 있는 염기쌍의 수를 알 수 있을 것이다.

예제 14.9 용수철 충돌에 의한 질량의 감속

1.5 kg의 질량이 용수철 상수 50 N/m인 용수철 한쪽 열린 끝에 부딪힐 때까지 2.0 m/s의 속력으로 마찰이 없는 수평면을 미끄러진다. 용수철의 다른 한쪽 끝은 벽에 닿아 있다. 질량이 순간적이지만 정지해 있을 경우 용수철은 얼마나 압축되는가? 용수철이 이 지점까지 압축되는 동안 얼마의 시간이 걸리는가?

준비 이것은 충돌문제지만 단순조화운동을 사용하여 풀 수 있다. **그림 14.19**는 문제의 개요도이다. 이 운동은 x축을 따라 움직인다. 압축되지 않은 용수철에 충돌하는 쪽 끝 위치를 $x = 0$이라 놓는다. 질량이 용수철에 부딪힐 때 단순조화운동으로 진동하기 시작한다. 위치-시간 그래프는 출발점이 통상적인 경우와 다르지만, 정지할 때까지 질량의 운동은 단순조화운동의 1/4 순환을 보여준다. 운동의 1/4 순환에서, 질량의 운동 에너지는 압축된 용수철의 위치 에너지로 변환된다.

풀이 에너지 보존은 용수철이 완전히 압축되었을 때의 위치 에너지가 질량의 초기 운동 에너지와 같다는 것을 말해주므로

$$\frac{1}{2}m(v_x)_i^2 = \frac{1}{2}kx_f^2$$

이다. 질량의 나중 위치는

$$x_f = (v_x)_i\sqrt{\frac{m}{k}} = (2.0\ \text{m/s})\sqrt{\frac{1.5\ \text{kg}}{50\ \text{N/m}}} = 0.35\ \text{m}$$

이다. 용수철은 이만큼 압축된다.

단순조화운동의 1/4 순환 동안 압축되었으므로, 질량이 정지하기까지의 시간은 $t_f = \frac{1}{4}T$이다. 주기는 식 (14.25)를 이용하면

$$t_f = \frac{1}{4}T = \frac{1}{4}2\pi\sqrt{\frac{m}{k}} = \frac{\pi}{2}\sqrt{\frac{1.5\ \text{kg}}{50\ \text{N/m}}} = 0.27\ \text{s}$$

로 구할 수 있다. 이것이 용수철을 압축하는 데 필요한 시간이다.

검토 흥미롭게도 질량이 정지하기까지 필요한 시간은 질량의 초기 속도나 용수철 압축 거리에 의존하지 않는다. 단순조화운동이므로, 주기는 운동의 세세함에 관계없이 용수철의 강직성과 질량에 따라 변한다.

그림 14.19 질량-용수철 충돌의 개요도

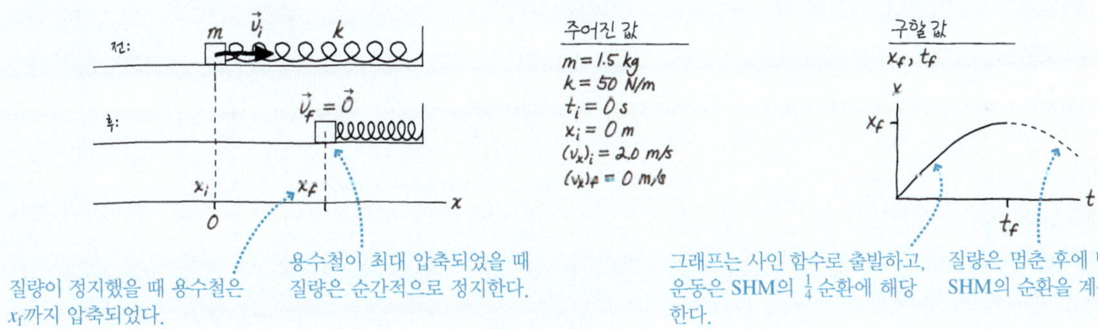

실제 세상에서 일어나는 많은 충돌(예를 들면, 푹신한 매트 위로 떨어지는 장대 높이뛰기 선수)에는 탄성 물체에 의하여 멈추는 물체의 움직임이 포함되어 있다. 다른 경우(예를 들면, 되튀는 고무공)에는 물체 자체가 탄성을 갖고 있다. 예제 14.9에서 보았듯이, 충돌시간은 충돌속력에 무관하게 거의 일정하다.

▶ **자동차 충돌 시간** 자동차가 고정된 벽과 충돌했을 때 초기 속력에 관계없이 정지하기까지 약 0.1초 걸린다. 충돌하는 동안 자동차 앞부분의 찌그러짐은 아주 복잡하나, 많은 차들에서 힘은 자동차 앞부분이 압축되는 동안 변위에 거의 비례한다. 초기 압축반을 고려한다면 차체를 질량으로, 자동차의 앞부분을 용수철로 모형화할 수 있다. 이 모형에서 자동차가 정지할 때까지 걸린 시간은 초기 속력과 무관하다.

14.5 진자운동

이미 보았듯이, 줄의 끝에 달린 질량 또는 한쪽 끝이 자유롭게 움직이는 축이 되는 막대처럼 단진자는 단순조화운동을 하는 또 다른 계이다. 용수철과 연결된 질량에 관하여 배운 것은 모두 진자에 적용할 수 있다.

그림 14.20 단진자

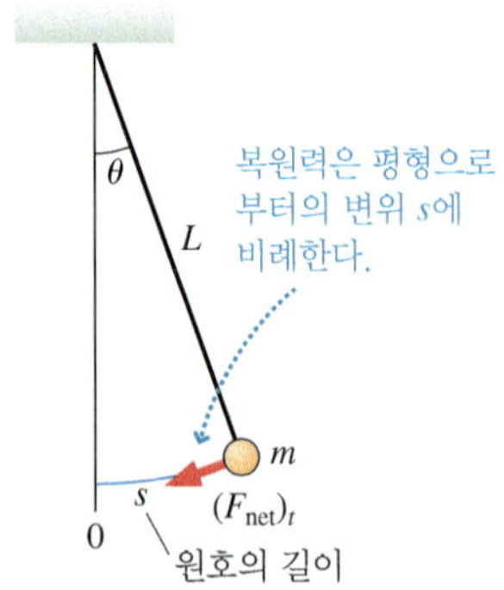

이 장의 첫 부분에서 진자의 복원력을 다루었다. **그림 14.20**에서처럼 원호 길이 s를 따라 움직이는 길이 L인 진자에서 복원력의 접선성분은

$$(F_{net})_t = -\frac{mg}{L}s \tag{14.26}$$

이다. 이 선형 복원력은 용수철 상수 k를 mg/L로 대치시키면, 질량-용수철계에서의 알짜힘과 정확히 같아진다. 이렇게 주어질 때, 진동하는 용수철 방정식에서 나오는 k를 mg/L로 대치함으로써 진자운동의 필수적인 양상들을 쉽게 추론할 수 있다.

- 진자의 진동은 단순조화운동이다. 운동방정식은 원호 길이 또는 각으로 나타낼 수 있다.

$$s(t) = A\cos(2\pi ft) \quad \text{또는} \quad \theta(t) = \theta_{max}\cos(2\pi ft)$$

- 진동수는 용수철에 부착된 질량의 진동수에 관한 방정식에서 k를 mg/L로 대치시킴으로써 얻을 수 있다.

$$f = \frac{1}{2\pi}\sqrt{\frac{g}{L}} \quad \text{그리고} \quad T = 2\pi\sqrt{\frac{L}{g}} \tag{14.27}$$

자유 낙하 가속도가 g일 때, 길이가 L인 진자의 진동수와 주기

그림 14.21 진자의 경우 길이와 중력에 대한 진동수 의존성

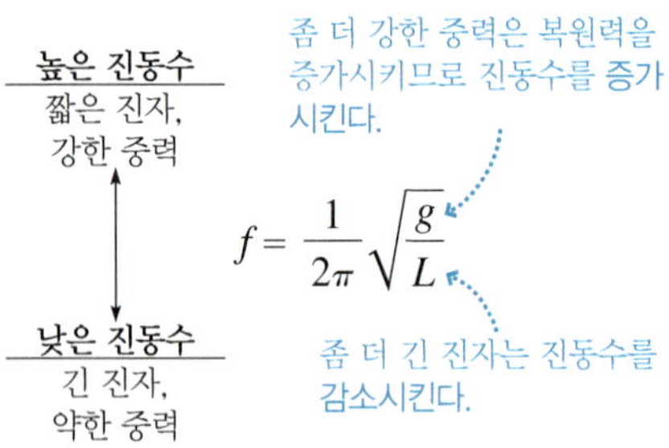

- 용수철에 부착된 질량의 진동수는 진폭에 따라 변하지 않는다. 진자에서도 **진동수는 물론 주기도 역시 질량에 따라 변하지 않는다.** 단지 진자의 길이에만 관계된다.

진자 진동수가 길이와 중력에 의존하는 것을 **그림 14.21**에 요약하였다. 진자의 주기를 조정하는 것은 길이를 조정하는 것이며, 기계적인 동작은 매우 정밀하게 수행될 수 있다. 진자 주기를 이용하는 시계는 20세기까지 가장 정밀한 시간기준으로 사용되었다.

예제 14.10 진자시계 설계하기

중심으로부터 한쪽 방향으로 갔다가 돌아오는 데 걸리는 시간이 1.00 s인 커다란 괘종시계를 고안하고 싶다. 진자 길이는 얼마로 해야 하는가?

준비 진자의 주기는 왕복운동이므로 T = 2.00 s가 된다.

풀이 주기는 진자의 질량에 무관하고 길이에 따라서만 변한다. 식 (14.27)로부터

$$T = \frac{1}{f} = 2\pi\sqrt{\frac{L}{g}}$$

이고, L에 관하여 풀면

$$L = g\left(\frac{T}{2\pi}\right)^2 = (9.80\ \text{m/s}^2)\left(\frac{2.00\ \text{s}}{2\pi}\right)^2 = 0.993\ \text{m}$$

를 얻는다.

검토 매초 '똑딱' 거리는 진자시계는 약 1 m 길이의 진자이다. 이와 같은 시계를 원래 '큰 상자시계'라고 하는 이유이다.

물리진자와 운동능력

6장에서는 원운동을 이용하여 최대 보속을 계산했다. 걷는 동안 다리의 운동을 진자운동으로 모형화할 수 있다. 걸을 때 뒷발로 밀어서 다음 활보 동안 앞으로 진동한다고 하자. 정상적인 편안한 보속으로, 다리를 앞으로 가져오는 데 아주 작은 힘이 들어간다. 다리는 진자처럼 중력의 영향으로 앞으로 진동한다.

이렇게 시도해보자. 한 다리로 서서, 들고 있는 다리를 서서히 앞뒤로 흔들자. 자연적으로 진동할 어떤 진동수가 있다. 그것이 다리 진자의 진동수이다. 이제 그 진동수로 2회 진동시켜 보자. 이 동작은 할 수는 있지만 매우 어렵다. 정상적 상황에서는 큰 힘을 쓰지 않으므로, 다리를 앞뒤로 움직이는 데 근육은 강하지 않기 때문이다.

다리와 같이 질량이 길이에 따라 분포되어 있는 진자를 **물리진자**(physical pendulum)라 한다. 그림 14.22는 같은 길이의 단진자와 물리진자를 보여준다. 물리진자에서, 무게 중심의 위치는 회전축으로부터 d의 거리에 있다.

이 문제는 7장에서 고려했던 회전운동 문제와 유사하다. 진동수가 관성 모멘트와 무게 중심까지의 거리에 의존함을 예상할 수 있다.

- 관성 모멘트 I는 물체의 회전에 대한 저항의 척도이다. 다른 변수들을 고정시키고 관성 모멘트를 증가시키면 진동수는 감소한다. 물리진자의 진동수 표현에서 I는 분모에 나타날 것임을 짐작할 수 있다.
- 자를 한쪽으로 밀었을 때 중력 돌림힘은 진자를 뒤로 잡아당긴다. 회전축으로부터 무게 중심까지의 거리 d가 커지면 돌림힘도 커진다. 다른 변수를 일정하게 놓고, 거리 d를 크게 하면 진동수는 증가한다. 물리진자의 진동수 관계식에서 d는 분자에 나타날 것임을 짐작할 수 있다.

물리진자를 정확히 분석하면, 위에서 기대한 바와 일치하는 진동수에 대한 결과를 얻는다.

그림 14.22 같은 길이의 단진자와 물리진자

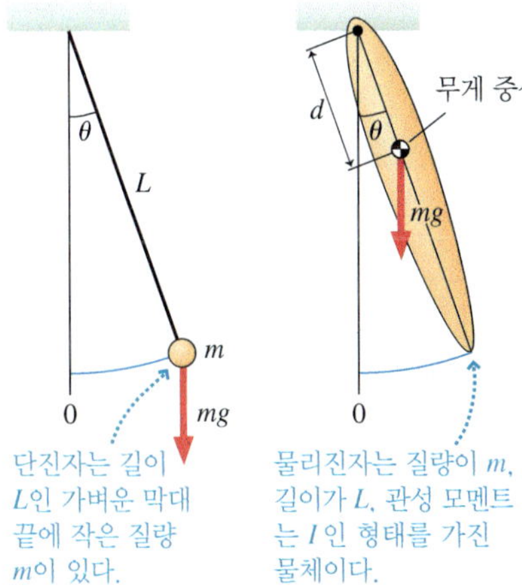

$$f = \frac{1}{2\pi}\sqrt{\frac{mgd}{I}} \qquad (14.28)$$

질량 m, 회전축으로부터 무게 중심까지의 거리가 d이며
관성 모멘트가 I인 물리진자의 진동수

예제 14.11 걷고 있는 다리의 진동수 구하기 BIO

실험실에 있는 한 학생의 엉덩이부터 발뒤꿈치까지 다리의 길이를 측정하니 0.90 m이었다. 이 학생의 다리의 진자운동 진동수는 얼마인가? 주기는 얼마인가?

준비 엉덩이 끝이 회전축 역할을 하는 사람의 다리를 일정한 단면을 갖는 막대로 모형화시키자. 7장에서 한쪽 끝이 회전축인 막대의 관성 모멘트는 $\frac{1}{3}mL^2$이었음을 상기하자. 균일한 다리의 무게 중심은 중심에 있으므로 $d = L/2$이다.

풀이 물리진자의 진동수는 식 (14.28)에 주어져 있다. 숫자를 대입하기 전에 변수들 관계를 사용하여 다음과 같이 간단히 구할 수 있다.

$$f = \frac{1}{2\pi}\sqrt{\frac{mgd}{I}} = \frac{1}{2\pi}\sqrt{\frac{mg(L/2)}{\frac{1}{3}mL^2}} = \frac{1}{2\pi}\sqrt{\frac{3}{2}\frac{g}{L}}$$

진동수에 대한 표현은 단진자와 유사하나 제곱근 내에 숫자 3/2이 곱해져 있다. 진동수의 수치 값은

$$f = \frac{1}{2\pi}\sqrt{\left(\frac{3}{2}\right)\left(\frac{9.8\ \text{m/s}^2}{0.90\ \text{m}}\right)} = 0.64\ \text{Hz}$$

이다. 주기는

$$T = \frac{1}{f} = 1.6\ \text{s}$$

이다.

검토 주기를 구하는 데 다리의 질량은 알 필요 없다. 단진자처럼 물리진자의 주기도 질량에 의존하지 않는다. 주기는 질량 분포에만 의존한다. 큰 걸음으로 걸어갈 때, 흔들리는 다리의 진동수는 이 진자운동 주기의 반 정도이다. 곧 1.6 s의 주기에서 0.80 s이다. 보통 걸음에서 1초에 한 걸음씩 이동한다는 것은 적절하다.

걸어갈 때 다리를 앞으로 내미는 동작은, 다리를 물리진자 흔들림과 같이 취급할 수 있다. 진동수는 다리의 길이와 질량 분포에 의하여 결정되며 진폭에 따라 변하지 않는다. 결과적으로 걸음걸이를 빨리 한다고 해서 보속이 증가하지 않는다. 왜냐하면 진자(다리)의 진동수를 변화시키는 것은 아주 어렵기 때문이다. 곧 진동수는 변하지 않고 진폭(보폭)을 크게 하여 걷는 것이다. 어떤 한계에 도달하면 다른 방법, 즉 달리기 시작할 것이다.

이 장의 처음 사진에서 본 것처럼 긴팔원숭이들은 양손으로 번갈아 매달리며 숲속을 움직인다. 나뭇가지를 잡은 손을 회전축으로 한 몸의 진동은 명백한 진자운동의 예이다. 매달려 움직이는 원숭이는 흔들림(진폭)을 크게 하여 빨리 이동할 수 있다. 그러나 도보와 마찬가지로 한계점에 다다르면 긴팔원숭이는 이동 방법을 바꿔, 공중에서 이 가지에서 저 가지로 활공을 한다.

◀ **어떤 팔의 자세를 취하는가?** 두 다리의 움직임의 반대방향으로 두 팔을 앞뒤로 움직임으로써, 걷거나 뛸 때 평형을 유지한다. 팔을 적절한 상태로 유지함으로써, 팔의 자연 진자운동 주기가 다리의 진자운동 주기와 일치되도록 한다. 통상의 걸음걸이에서는 팔은 펼쳐져 있고 다리와 같은 주기로 자연스럽게 흔들린다. 뛸 때는 걸음걸이가 더 급해진다. 걸음걸이와 일치시키기 위해서는 팔의 진자운동의 주기를 감소시켜야 하기 때문에, 진동의 자연 진동수를 증가시키기 위하여 팔꿈치에서 두 팔을 구부려 유효길이를 줄인다.

14.6 감쇠 진동

실제 진자시계에는 약간의 에너지를 공급해주어야 한다. 그렇지 않으면 진자의 진동은 공기 저항 때문에 점차적으로 진폭이 감소한다. 종을 치면 종은 점점 에너지를 잃고 진동이 소멸되는데, 이것은 종의 진동 에너지가 음파로 전달되고, 또 종의 금속 내부에서 에너지가 소모되기 때문이다.

실제 모든 진동은 매우 느리게든 아주 빠르게든 소멸한다. 역학적 진동 에너지는 진동체와 주위 환경의 열에너지로 전달된다. 세기가 줄어들어 언젠가는 멈추게 되는 진동을 **감쇠 진동**(damped oscillation)이라 한다.

진자에서의 주된 에너지 손실은 4장에서 다룬 **끌림힘**이라 하는 공기 저항 때문이다. 끌림힘을 배울 때 그 힘은 속도에 의존한다는 것에 주목했다. 운동이 빠를수록 끌림힘은 크다. 이러한 이유로 진동하는 진자의 진폭 감소는 운동의 출발점에서 가장 빠르다. 진자 또는 다른 진동자의 완만한 감쇠 진동에서는 그림 14.23(a)에서의 운동과 같은 그래프를 얻는다. 최대 변위 x_{max}는 시간이 흐름에 따라 감소한다. 진동이 감쇠함에 따라 감쇠율은 감소한다. 연이은 정점 사이의 차이는 더 작아진다.

그림 14.23 감쇠 진동의 운동

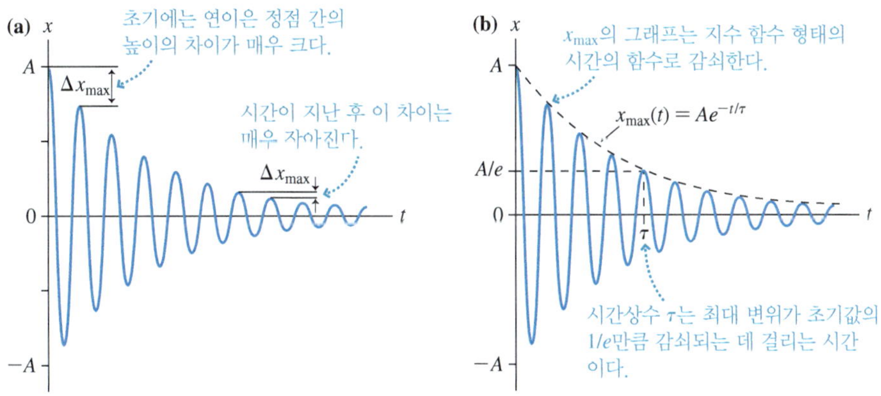

포락선(envelope)이라 하는 연이은 정점들을 연결한 매끄러운 곡선을 그리면, 그림 14.23(b)의 점선을 얻는다. 계산을 하면

$$x_{max}(t) = Ae^{-t/\tau} \tag{14.29}$$

로 시간에 따라 감소한다. 여기에서 $e \approx 2.718$은 자연로그의 밑이고 A는 초기 진폭이다. 이 x_{max}의 점진적 감소를 **지수적 감쇠**(exponential decay)라 한다.

식 (14.29)에서 상수 τ (그리스 문자 타우)는 **시간상수**(time constant)라고 한다. 1시간상수만큼 시간이 경과했을 때, 즉 $t = \tau$에서 최대 변위 x_{max}는

$$x_{max}(t = \tau \text{에서}) = Ae^{-1} = \frac{A}{e} \approx 0.37A$$

로 감소한다. 진동은 1시간상수만큼 시간이 지난 후 초기값의 37%로 감소한다. 시간상수 τ는 감쇠로 인해서 진동 진폭이 점점 사라지는 것을 나타내주는 '특성시간'이다.

빨리 감쇠하는 진동은 작은 시간상수를 가지고, 매우 늦게 감쇠하는 '느린 감쇠' 진동자는 큰 시간상수를 갖는다

지수적 감쇠를 다시 보게 될 것이므로, 이것을 더 자세히 살펴보기로 한다.

지수적 감쇠

지수적 감쇠(exponential decay)는 어떤 양 y가 e의 멱수로 $-t/\tau$를 취한 것에 비례할 때 일어난다. 어떤 양 τ는 **시간상수**로 알려져 있다. 수학적으로 이것을

$$y = Ae^{-t/\tau}$$

y가 $e^{-t/\tau}$에 비례한다.

라고 쓴다.

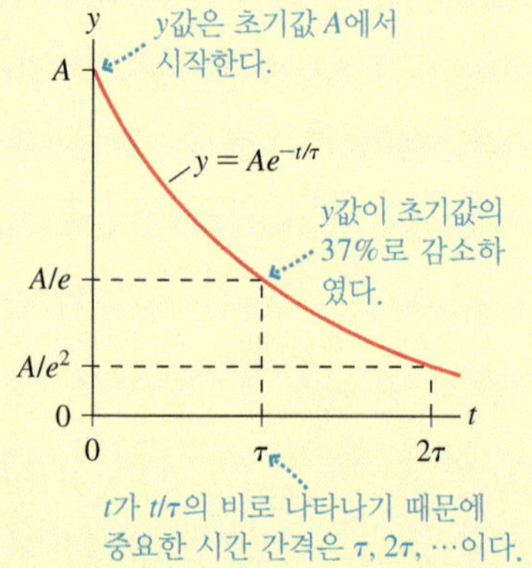

축척 t가 1시간상수만큼 증가할 때, y는 $1/e$만큼 감소한다. 예를 들면

- $t = 0$에서 $y = A$.
- 시간이 $t = \tau$만큼 증가할 때, y는 A/e로 감소한다.
- 시간이 $t = 2\tau$만큼 증가할 때, y는 A/e^2로 감소한다.

일반적으로,

$$t = n\tau\text{에서 } y\text{는 } A/e^n\text{값을 갖는다.}$$

극한 t가 점점 커지면 y는 점점 작아져서 0에 접근한다.

감쇠는 승차감을 좋게 한다 거친 길을 달릴 때 바퀴가 위아래로 움직일 수 있게 하기 위하여, 자동차 바퀴는 차체와 용수철로 연결되어 있다. 자동차-용수철계의 주기는 1초보다 약간 짧게 진동한다. 과속 방지턱과 부딪힌 후 연속으로 튀는 것을 원하지 않으므로, 충격 흡수장치가 진폭을 감쇠시킨다. 진폭이 빨리 감쇠하도록, 감쇠 시간상수는 주기와 거의 같은 시간 길이를 갖는다.

감쇠의 크기 비교

그림 14.23에 보인 감쇠 진동은 오랫동안 지속된다. 진폭은 1시간상수, 2시간상수, 3시간상수, … 후에도 0은 아니다. 비록 진폭은 점차적으로 작아져 탐지되지 않지만, 수학적으로 진동은 멈추지 않는다. 실제 용도에서는, 진동이 감쇠하는 데 걸리는 시간의 척도인 시간상수 τ를 진동의 **수명**이라 한다. 시간상수의 상대적인 크기를 측정하는 최선의 방법은 주기와 비교하는 것이다. 만약 $\tau \gg T$로 진동이 많은 주기 동안 진행된다면 각 순환 사이에서 일어나는 진폭의 감쇠는 매우 작다. 종을 친 후 종의 진동에서 $\tau \gg T$라면 긴 시간 동안 소리가 계속될 것이다. 자동차 서스펜션의 기술에서 주목한 바와 같이, 다른 진동계들은 매우 짧은 시간상수를 갖는다.

예제 14.12 진자시계의 감쇠시간 알아보기

큰 괘종시계의 진자는 주기가 1.00 s이다. 시계의 태엽이 풀렸다면 마찰에 의한 감쇠 때문에 진자는 느려져 정지할 것이다. 만약 시간상수가 300 s라면 진자 진동에서 초기 진폭의 반으로 감소하는 데 시간은 얼마나 걸리겠는가?

준비 시간상수 300 s는 주기 1.00 s보다 매우 크다. 그래서 이것은 식 (14.29)에 의하여 기술되는 적당한 감쇠의 예이다.

풀이 식 (14.29)는 감쇠 조화진동자의 최대 변위의 감쇠를 나타낸다.

$$x_{\max}(t) = Ae^{-t/\tau}$$

풀이 전략 14.1에서 주목한 바와 같이, 이 방정식을 수직선에 대한 진자의 각도의 항으로써 쓸 수 있다.

$$\theta_{\max}(t) = \theta_i e^{-t/\tau}$$

여기에서 θ_i는 진동의 초기 각도이다. 알아내려는 시간인 어떤 시간 t 후에 진폭은 초기값의 반으로 감쇠된다. 이 시간에

$$\theta_{\max}(t) = \theta_i e^{-t/\tau} = \frac{1}{2}\theta_i$$

이다. 양변에서 θ_i가 소거되면 $e^{-t/\tau} = \frac{1}{2}$이 된다.

t에 관하여 풀기 위하여 자연로그를 취하고 로그성질 $\ln(e^a) = a$를 사용하면

$$\ln(e^{-t/\tau}) = -\frac{t}{\tau} = \ln\left(\frac{1}{2}\right) = -\ln 2$$

를 얻는다. 마지막으로 $\ln(1/b) = -\ln b$를 이용하면

$$t = \tau \ln 2$$

를 얻는다. 시간상수는 $\tau = 300$ s로 주어졌으므로

$$\tau = (300 \text{ s})(0.693) = 208 \text{ s}$$

이다. 태엽이 풀린 후 진동의 진폭이 반으로 감쇠될 때까지 208 s 또는 3.5분 걸린다.

검토 감쇠시간이 시간상수보다 작으므로 이 결과는 적절하다. 시간상수는 진폭이 초기값의 37%로 감쇠하는 데 걸리는 시간이다. 초기값의 50%로 감쇠하는 데 걸리는 시간을 찾는다면 이 시간보다 짧다. 초기 진폭의 $\frac{1}{2}$로 감쇠하는 시간 $t = \tau \ln 2$를 **반감기**라 한다. 지수 감쇠의 다른 예로써 방사능을 다룰 때 이 표현을 다시 보게 될 것이다.

14.7 강제 진동과 공명

물이 든 컵을 가볍게 흔들면 물은 앞뒤로 출렁거린다. 이것은 주기적 강제력(손에 의한)을 받는 진동자(컵 속의 물)의 예이다. 이 운동을 **강제 진동**(driven oscillation)이라고 한다.

강제 진동의 예는 많이 있다. 원뿔형 확성기 뒤의 전자기 코일은 원뿔이 앞뒤로 움직이게 하는 주기적인 자기력을 제공하여 음파가 나오게 한다. 지진은 지구 표면을 앞뒤로 움직이게 하고, 이러한 움직임은 빌딩을 진동시켜 손상시키거나 붕괴시키는 원인이 된다.

그대로 두면 진동수 f_0로 진동하는 진동계를 고려하자. 이 진동수를 **자연 진동수**(natural frequency)라 한다. f_0는 단순히 계를 평형 상태에서 변위시킨 후 놓았을 때 얻는 계의 진동수이다.

계가 진동수 f_{ext}인 **주기적인** 외부 힘의 영향을 받는다고 하자. **강제 진동수**(driving frequency)라 하는 이 진동수는 자연 진동수 f_0와는 전혀 관계가 없다. 어떤 사람이나 물체가 주어진 환경 속에서 외부 힘의 진동수 f_{ext}를 선택하면, 이 힘이 초당 f_{ext}번만큼 계를 밀 것이다. 외부 힘은 계의 진동을 일으키고, 계는 자연 진동수 f_0가 아닌 강제 진동수 f_{ext}로 진동할 것이다.

심각한 튀어오름(serious sloshing) 캐나다 펀디 만(bay of Fundy)의 물은 12시간의 주기로 만 내외를 자연적으로 들락날락한다. 이것은 달의 조석 힘(tidal force)의 주기와 거의 같다. 매일 만조와 만조 사이의 시간은 12.5시간이다. 만의 자연 진동수와 달의 강제 진동수가 일치하면, 이 **공명**은 큰 진폭을 만든다. 썰물 때는 밀물 때보다 해수면이 16 m 줄어드는 바람에 배가 맨땅에 서 있다.

컵 속의 물에 관한 예로 돌아가자. 컵을 살짝 건드리면 특별한 진동수로 앞뒤로 출렁거릴 것이다. 그것이 자연 진동수 f_0이다. 이제 어떤 진동수 f_{ext}로 컵을 흔들었다고 하자. 컵을 흔들면 물의 진동 진폭은 손의 진동수에 아주 민감하게 의존한다. 만약 강

그림 14.24 자연 진동수 $f_0 = 2$ Hz 근처에서 진동하는 강제 진동자의 진폭의 반응곡선

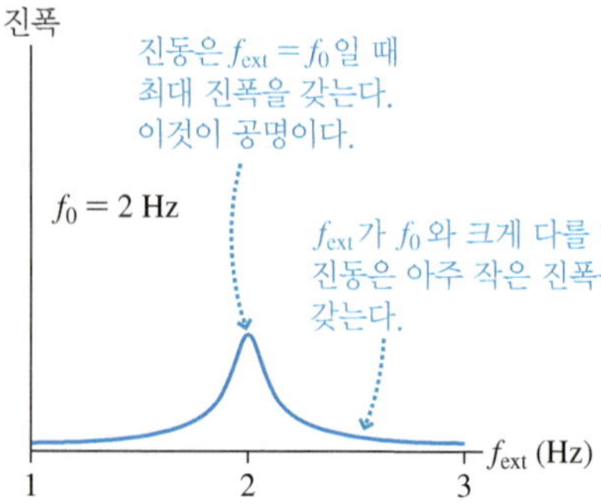

그림 14.25 감쇠가 줄어들면 공명곡선은 좁고 높아진다.

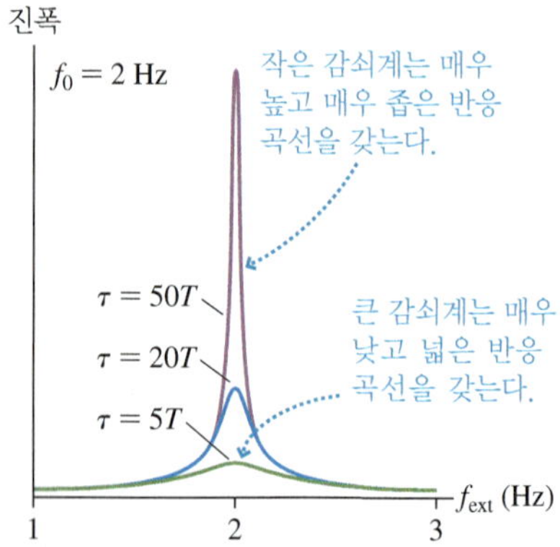

제 진동수가 계의 자연 진동수와 거의 같다면 물의 진동 진폭은 대단히 커져 물은 컵 밖으로 튀어나갈 것이다.

모든 강제 진동자들은 가해준 진동수와 진폭이 유사한 의존도를 보인다. 용수철에 매달린 물체의 자연 진동수를 $f_0 = 2$ Hz라 하자. 외부에서 힘을 가하여 진동수 f_{ext}로 물체를 움직인 후 진동자의 진폭을 측정할 수 있다. 여러 강제 진동수에 대해 같은 실험을 한다. 그렇게 해서 얻은 **그림 14.24**와 같은 진폭과 강제 진동수의 그래프를 진동자의 **반응곡선**(response curve)이라고 한다.

그림 14.24의 오른쪽과 왼쪽 가장자리에서 강제 진동수는 진동자의 자연 진동수와 본질적으로 다르다. 계는 진동하나 진폭은 매우 작다. 계는 f_0와 크게 다른 강제 진동수에 잘 반응하지 않는다. 강제 진동수가 자연 진동수에 점점 가까워지면, 진동의 진폭은 극적으로 커진다. 결국 f_0는 계가 진동하기를 '원하는' 진동수여서 f_0 가까이의 강제 진동수에서 아주 잘 반응한다. 따라서 진폭은 강제 진동수가 계의 자연 진동수와 같은 $f_{ext} = f_0$에서 극대가 된다. 강제 진동수가 계의 자연 진동수와 같아 큰 진폭으로 반응하는 현상을 **공명**(resonance)이라 한다. 강제 진동자와 관련해서 자연 진동수 f_0를 **공명 진동수**(resonance frequency)라 한다.

특별히 감쇠가 아주 작고, 진동수가 일치한다면 진폭은 극도로 크게 된다. **그림 14.25**는 그림 14.24의 반응곡선을 감쇠량이 다른 경우에 대해서 그린 것이다. 각각 다른 시간상수의 감쇠를 갖는 3개의 그래프가 그려져 있다. 3개의 그래프에서 감쇠범위는 $\tau = 50T$ (아주 작은 감쇠)로부터 $\tau = 5T$ (비교적 큰 감쇠)까지이다.

◀ **단순조화음악** 보통 와인 잔은 자연 진동수를 갖고, 아주 작은 감쇠량을 갖는다. 잔의 테를 가볍게 두드리면 종처럼 소리가 난다. 손가락을 물에 적시어 와인 잔의 테 주위로 서서히 문지르면 손가락이 미끄러졌다 멈췄다를 반복한다. 몇 번 연습하면 멈췄다 미끄러졌다 하는 횟수가 유리잔의 진동수와 일치하게 된다. 그 결과로 나타나는 공명은 큰 소리를 만든다. 물을 첨가함으로써 잔의 진동수를 조절할 수 있어, 유리잔 세트를 특별한 음악 악기로 만들 수 있다.

개념형 예제 14.13 불필요한 공명을 정리하기

기차는 좌우로 흔들릴 때 자연 진동수를 갖는다. 이것은 레일이 서로 연결부위에서 기차선로가 늘어나는 문제를 일으킬 수 있다. 만약 그 연결된 부분의 튀어나온 부분이 선로 왼쪽과 오른쪽에 교대로 나타나면, 철도차량이 한 번은 왼쪽의 튀어나온 부분에 부딪히고 다음 번에는 오른쪽의 튀어나온 부분에 부딪히게 된다. 어떠한 경우는, 이렇게 튀어나온 부분들이 기차를 탈선시킬 정도로 큰 진폭의 흔들림을 만들 수 있다. 어떤 속력으로 달리는 기차는 기찻길 내의 연결부위에 있는 교대로 튀어나온 부분들로 인해서 생기는 큰 진폭의 진동을 경험한다. 어떻게 하면 운전자가 이러한 잠재적 위험한 상황을 예방할 수 있을까?

판단 큰 진폭의 진동은 철도차량이 앞뒤로 흔들리는 진동수와 차량이 튀어나온 부분에 부딪치는 진동수가 일치할 때 생기는 공명에 의하여 만들어진다. 이 공명을 제거하기 위해서는, 기관사가 강제 진동수를 감소시키도록 기차의 속력을 감소시키든지 또는 강제 진동수를 증가시키도록 기차의 속력을 증가시켜야만 한다.

검토 기차의 속력을 증가시켜 편안한 승차를 할 수 있다는 사실은 놀라운 일이다. 기차의 속력을 감소시킴으로써 확실히 그랬던 것처럼, 기차가 철로 연결 부분에 부딪치는 진동수를 증가시켜 자연 흔들림 진동수와 공명을 일으키지 않게 하기 때문이다.

공명과 듣기 BIO

계의 공명은 어떤 진동수에서 큰 반응을 보이고 나머지에서는 보이지 않음을 의미한다. 귀로 음성을 구별할 수 있는 것은 공명 현상 때문이다.

다음 장에서 보겠지만 음파는 공기의 진동이다. 귀에 들어간 음파는 귀 내부에 나선형의 유체로 채워진 청각기관인 달팽이관을 진동시키는데, **그림 14.26**은 귀 구조의 개요도를 보여준다.

그림 14.26 귀의 구조

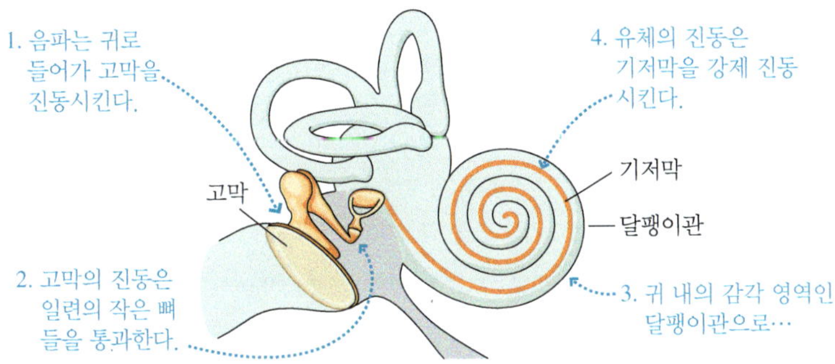

그림 14.27은 달팽이관의 매우 단순한 모형이다. 음파가 달팽이관을 지나면 기저막(basilar membrane)의 자연 진동수가 음파의 진동수와 일치되는 점에서 공명을 일으켜 기저막이 큰 진폭으로 진동하게 된다. 낮은 진동수의 음파는 등골(stape)로부터 먼 거리에서 공명을 일으킨다. 막의 민감한 모세포들은 진동을 지각하고, 뇌로 신경 신호들을 보낸다. 진동의 작은 변동은 최대 공명의 위치에서 감지할 수 있는 변화의 원인이 되므로, 다른 진동수가 다른 위치에서 최대 반응을 일으킨다는 사실은 뇌가 진동을 매우 정확히 결정하게끔 한다. 노래를 훈련하지 않은 사람도 한 번에 두 가지 음색을 들을 수 있고, 어느 것이 고음인지 쉽게 결정한다.

이제 귀가 어떻게 음파의 진동에 반응하는지 조금은 알게 되었지만, 이 진동이 어떻게 원천으로부터 귀로 전달될까? 이것은 진행하는 진동인 **파동**을 다루는 다음 장에서 배울 주제이다.

그림 14.27 공명은 우리가 듣는 음파의 진동수를 결정하는 데 중요한 역할을 한다.

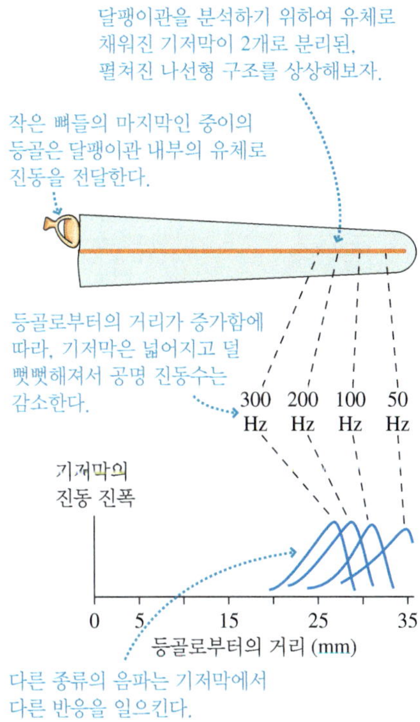

종합형 예제 14.14 줄타기 운동 분석

강가의 큰 나무 가지에 줄이 매달려 있다. 질량이 65 kg인 학생은 줄이 묶여있는 가지로부터 7.2 m 위치의 줄을 잡고 강가에서 2.5 m/s의 속력으로 빠르게 걷다 강 쪽으로 흔들려 나아간다.

a. 학생이 다시 강가로 돌아오는 데 걸리는 최소시간은 얼마인가?

b. 줄에 걸리는 최대 장력은 얼마인가?

준비 이것은 진자운동으로 학생은 7.2 m 줄 끝에 매달린 질량과 같다. **그림 14.28**에 보인 바와 같이 학생은 줄을 잡고 강 쪽으로 흔들려 나아갔다 돌아온다. 그가 흔들릴 때 강변으로부터 가장 멀리

그림 14.28 줄에 매달려 흔드는 학생의 진자운동

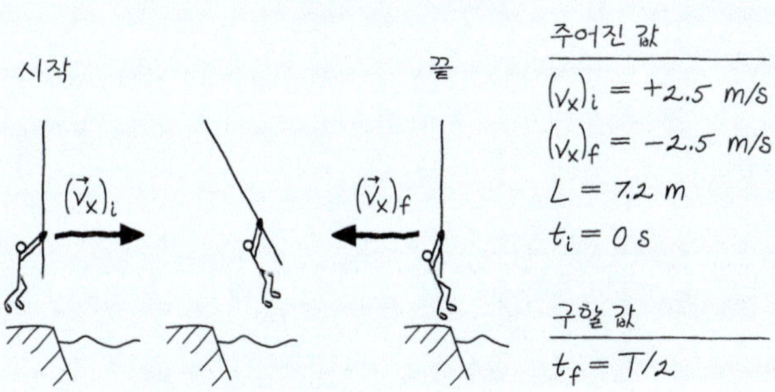

도달할 때까지 변위는 증가하지만 속력은 감소한다. 그는 출발할 때와 같은 속력으로 강변으로 돌아오지만 방향은 반대이다. 운동 시간은 진자운동 주기의 절반이다.

이것을 그림 14.29에 보인 것처럼 다른 진자운동으로 생각할 수도 있다. 학생은 줄이 묶인 곳을 중심으로 원운동을 한다. 그는 강쪽으로 나아갈 때 접선 방향으로의 가속도를 갖는다. 그리고 뒤로 흔들릴 때도 속력이 증가하며 원의 중심을 향하는 구심 가속도를 갖는다. 이러한 구심 가속도를 만드는 힘은 줄의 장력과 학생의 질량의 반지름 성분과의 차이이다. 흔들리면서 가장 낮은 점을 지나며 속력이 최대일 때, 구심 가속도가 최대가 되면서 장력은 가장 커진다. 이제 힘에 대한 문제를 풀어보자. 줄의 장력으로 T_s를 사용할 것인데, 주기 T와 혼동하지 말자. 이것은 다음 장에서 파동을 공부할 때 사용할 표기이기도 하다.

그림 14.29 힘의 관점에서 본 원운동

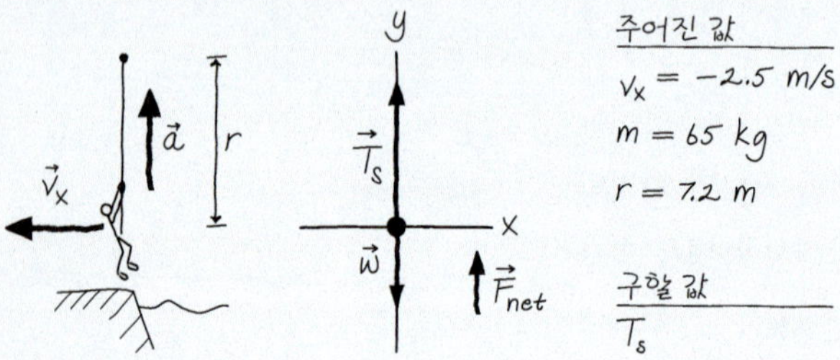

풀이 a. 진자운동의 주기는

$$T = 2\pi\sqrt{\frac{L}{g}} = 2\pi\sqrt{\frac{7.2\text{ m}}{9.8\text{ m/s}^2}} = 5.4\text{ s}$$

이다. 그림 14.28에 보인 바와 같이 학생은 $t_f = T/2 = 2.7$ s까지는 줄을 붙잡고 있어야 한다.

b. 운동의 최저점에서 학생의 속력은 최대가 된다. 구심 가속도는 y축의 위를 향하므로

$$a_y = \frac{v^2}{r} = \frac{(2.5\text{ m/s})^2}{7.2\text{ m}} = 0.87\text{ m/s}^2$$

이다. 그림 14.29에 나타낸 바와 같이 y축 상에서 뉴턴의 제2법칙은

$$\Sigma F_y = (T_s)_y + w_y = T_s - mg = ma_y$$

이고, 가속도를 알고 있으므로 장력을 구할 수 있다.

$$T_s = mg + ma_y = (65\text{ kg})(9.8\text{ m/s}^2 + 0.87\text{ m/s}^2) = 690\text{ N}$$

검토 두 가지 답 모두 합리적으로 보인다. 시간을 구하기 위해서 학생의 속력을 고려할 필요가 없었는데 이것은 이 문제를 진자운동이나 길이가 비슷한 진자와 유사하게 취급하였기 때문이다. 줄이 길고 속력이 작다면 구심 가속도도 적당할 것이다. 그러므로 줄의 장력은 학생의 몸무게보다 약간 큰 것을 알 수 있다.

종합형 예제 14.15 다이빙 도약판

잘 휘게 고안된 유연성 있는 다이빙 판을 도약판(springboard)이라고 한다. 다이빙 선수가 도약하여 판의 끝에 닿았다면, 다이빙 판이 휘면서 공중에서 다이빙 선수를 미는 선형 복원력이 생긴다. 그러나 다이빙 선수가 판의 끝에서 위로 올라갔다 내려온다면 그의 운동은 용수철에 의하여 진동하는 질량처럼 효과적으로 모형화시킬 수 있다.

가볍고 유연성 있는 도약판은 65 kg의 다이빙 선수가 판의 끝에 서 있을 때 15 cm만큼 휜다. 그가 도약하여 판의 끝에 닿았을 때 총 25 cm가 눌려졌고, 그 후 판 끝의 진동과 함께 올라갔다 내려왔다.

a. 진동의 진동수는 얼마인가?

b. 다이빙 선수가 위아래로 뛰는 운동에서 최대 속력은 얼마인가?

다이빙 선수가 다리를 활용하여, 점차적으로 진동 진폭이 증가하도록 판을 민다고 하자. 어떤 점에서 진동이 충분히 크게 되어 다이빙 선수의 발이 판을 떠난다.

c. 다이빙 선수가 진동 주기의 한 점에서 공중으로 뜨는 순간의 진폭은 얼마인가? 이 점에서 가속도는 얼마인가?

d. 도약판에서 뛰는 다이빙 선수는 고정된 판에서 뛰는 다이빙 선수보다 더 높이 뛸 수 있다. 용수철처럼 탄성을 가진 판에서 뛰면 어떻게 더 높이 도약할 수 있는지 에너지 개념으로 설명하시오.

준비 용수철에 매달린 질량처럼 판 위의 다이빙 선수를 모형화시켰다. 이미 알고 있듯이 진동자의 진동수는 용수철 상수와 질량에 의하여 결정된다. 다이빙 선수의 질량은 주어져 있고, 다이빙 선수가 도약판 끝에 서 있을 때 도약판의 휘는 정도로부터 용수철 상수를 결정할 수 있다.

그림 14.30은 운동을 시각화할 수 있게 진동을 그렸다. 판의 끝에서 움직임 없이 서 있는 평형 위치는 15 cm 정도의 휨이 있는 곳이다. 다이빙 선수가 판을 뛰는 순간에 총 휨은 25 cm이고, 이것

그림 14.30 도약판에서의 위치-시간 그래프

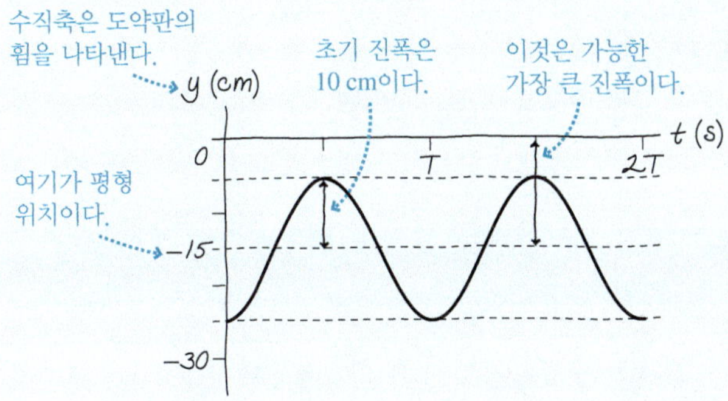

은 평형 위치로부터 10 cm가 더 휜 것으로 이 10 cm가 계속되는 진동의 진폭이다. 판이 상승할 때 더 이상 휘지 못하는 지점을 넘어 구부려지지는 않으므로 최대 가능 진폭은 15 cm이다.

풀이 a. **그림 14.31**은 다이빙 선수가 운동하지 않고 판 끝에서 있을 경우 다이빙 선수에 작용하는 힘을 보여준다. 그에게 작용하는 알짜힘은 0, 곧 $\vec{F}_{net} = \vec{F}_{sp} + \vec{w} = \vec{0}$이므로 두 힘은 크기가 같으며

$$F_{sp} = w$$

라고 쓸 수 있다. 선형 복원력은 판이 용수철에 대한 훅의 법칙 $F_{sp} = k\Delta y$를 만족한다는 의미이다. 여기서 k는 용수철 상수이다. 따라서 평형 방정식은

$$k\Delta y - mg$$

이다. 용수철 상수에 대하여 풀면

$$k = \frac{mg}{\Delta y} = \frac{(65 \text{ kg})(9.8 \text{ m/s}^2)}{0.15 \text{ m}} = 4.25 \times 10^3 \text{ N/m}$$

를 얻는다. 이 진동의 진동수는 다이빙 선수의 질량과 판의 용수철 상수에 의존한다.

그림 14.31 도약판의 끝에 정지해 있는 다이빙 선수에 작용하는 힘

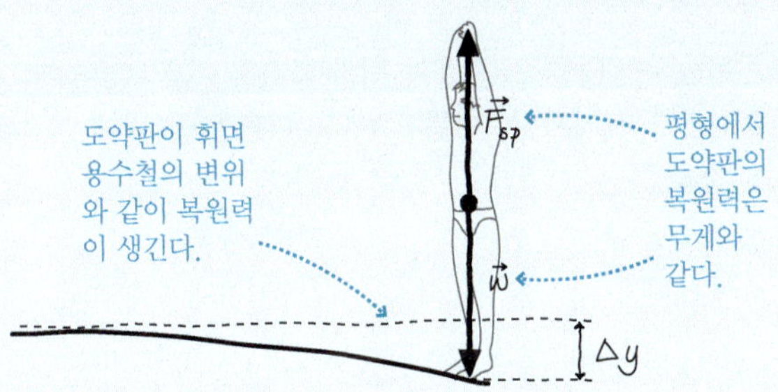

$$f = \frac{1}{2\pi}\sqrt{\frac{k}{m}} = \frac{1}{2\pi}\sqrt{\frac{4.25 \times 10^3 \text{ N/m}}{65 \text{ kg}}} = 1.29 \text{ Hz}$$

b. 진동의 최대 속력은 식 (14.16)에 주어졌다.

$$v_{max} = 2\pi fA = 2\pi(1.29 \text{ Hz})(0.10 \text{ m}) = 0.81 \text{ m/s}$$

c. 그림 14.30으로부터 15 cm의 진폭은 휘어지지 않은 위치로 판을 되돌리게 한다. 이 점에서 판은 다이빙 선수에게 위 방향의 힘을 발휘시키지 않는다. 즉, 다이빙 선수는 접촉이 없어졌으므로 지지해주는 법선력이 없다(그의 겉보기 무게는 0이다). 운동하는 동안 이 점에서의 가속도는 최대 가능한 크기를 가지지만 부호는 음(−)인데, 왜냐하면 가속도 그래프는 위치 그래프가 뒤집힌 모양을 하기 때문이다. 15 cm의 진동 진폭에서, 이 점에서의 가속도는 식 (14.17)을 사용하여 계산한다.

$$a = -a_{max} = -(2\pi f)^2 A = [2\pi(1.29 \text{ Hz})]^2(0.15 \text{ m})$$
$$= -9.8 \text{ m/s}^2$$

d. 고정된 판으로부터 최대로 도약하는 높이는, 사람이 바닥을 떠나는 순간의 최대 속력에 의하여 결정된다. 도약하는 동안 근육의 화학 에너지는 운동 에너지로 변환된다. 이 운동 에너지는 선수가 도약함에 의하여 위치 에너지로 바뀌며, 내려오면서는 운동 에너지로 바뀌고, 그가 바닥에 닿았을 때는 열에너지로 바뀐다. 도약판은 운동 에너지를 열에너지로 손상되기보다는 오히려 다시 저장한다. 다이빙 선수가 도약했다가 판에 내려오면 초기 도약 에너지가 판의 휨의 탄성 위치 에너지로 저장된다. 그때 판에서 재도약하면 저장된 에너지가 운동 에너지로 바뀌고, 다이빙 선수는 더 많은 화학 에너지를 변환하여 그의 운동 에너지를 증가시킬 수 있다. 그리하여 다이빙 선수는 한 번 도약에서 '2번 도약한 것과 동등한' 화학 에너지를 얻게 된다.

검토 자동차가 주행도로를 벗어나 공중제비를 돌 때처럼 물체의 겉보기 무게가 0, 곧 $w_{app} = 0$이 될 때 물체가 표면과의 접촉을 잃어버린다는 것을 앞서 나온 장에서 배웠다. 그리고 5장에서 $a = -g$일 때, 즉 자유 낙하할 때, 수직 운동하는 물체의 겉보기 무게는 0임을 알았다. 이렇게 대응됨은 이 문제에서 우리 작업에 대한 좋은 검사가 된다. 왜냐하면 c 문항이 우리가 앞부분에서 확신했고 기대했던 답이기 때문이다.

문제의 난이도는 |(쉬움)에서 |||||(도전)으로 구분하였다. INT로 표시된 문제는 지난 장의 내용이 복합된 문제이고, BIO는 생물학적 또는 의학적 관심 분야를 의미한다.

QR 코드를 스캔하여 이 장의 문제를 해결하는 데 도움이 되는 영상 학습 풀이를 시작하시오.

연습문제

14.1 평형과 진동

14.2 선형 복원력과 단순조화운동

1. | 기타 줄로 220 Hz로 진동하는 'A'키를 연주한다. 이 진동의 주기는 얼마인가?

2. | 맥박을 재는데, 1분당 심박동수가 75이었다. 심장진동의 주기(s)와 진동수(Hz)는 얼마인가? BIO

3. | 무거운 강철 공을 끈으로 매달아 진자를 만들었다. 끈이 수직과 5°를 이루도록 옆으로 잡아당겼다. 공을 그 장소에 유지시키기 위하여 20 N의 힘이 필요하다. 공을 수직과 10° 되도록 더 옆으로 잡아당겼다면 공을 유지시키기 위해 얼마의 힘이 필요한가?

14.3 단순조화운동의 기술

4. ||| 에어트랙 글라이더가 용수철에 매달려 있다. 오른쪽으로 잡아당겼다가 $t = 0$ s에 정지한 상태에서 놓는다. 그때 주기는 2.0 s이고 최대 속력은 40 cm/s로 진동한다.
   a. 진동의 진폭은 얼마인가?
   b. $t = 0.25$ s에서 글라이더의 위치는 어디인가?

5. | 그림 P14.5에 보인 진동의 (a) 진폭과 (b) 진동수는 얼마인가?

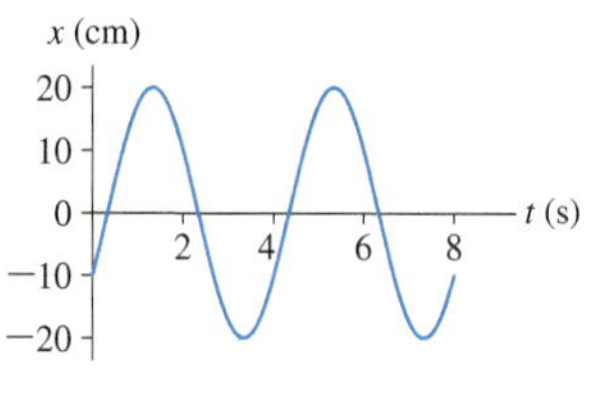

그림 P14.5

6. || 해양크루즈선의 한 승객이 배가 파도에 흔들리면서 배멀미를 하고 있다. 배 위의 한 지점에서 승객은 위아래로 15 s의 주기로 1 m 흔들린다.
   a. 흔들리는 동안 승객의 최대 가속도는 얼마인가?
   b. g값과 비교한 배율은 얼마인가?

7. ||| 보스턴의 뉴잉글랜드 상업은행 빌딩은 높이가 152 m이다. 바람 부는 날 빌딩은 0.17 Hz의 진동수로 흔들린다. 가속도가 자유 낙하 가속도의 2%가 되면 입주자가 불편함을 느끼게 된다. 이 진동에 의해 빌딩 지붕이 좌우로 흔들리는 총 거리는 얼마인가?

8. | 호박벌(bumblebee)의 날갯짓을 단순조화운동으로 형상화할 수 있다. 벌은 초당 250회 날갯짓을 한다. 날개 끝자락의 최대 속력이 2.5 m/s라면 날개 끝자락의 진폭은 얼마인가? BIO

14.4 단순조화운동의 에너지

9. ||| a. 용수철에서 질량의 변위가 $A/2$일 때 역학적 에너지에 대한 운동 에너지와 위치 에너지의 비율은 얼마인가?
   b. 운동 에너지와 위치 에너지가 각각 역학적 에너지의 반이 되는 변위는 얼마인가?

10. | 어떤 물체가 용수철 상수를 모르는 용수철에 부착되어 주기 2.00 s로 진동한다.
    a. 질량이 두 배로 된다면,
    b. 질량이 반으로 된다면,
    c. 진폭이 두 배로 된다면,
    d. 용수철 상수가 두 배로 된다면,
    각각 주기는 어떻게 되겠는가?
    문항 a에서 d까지의 문제는 독립적인 문제이고, 각각의 초기 상황을 나타낸다.

11. ||| 50 g의 진동하는 질량의 위치가 $x(t) = (2.0\text{ cm})\cos(10t)$로 주어진다. 여기서 t는 단위가 s이다. 다음을 구하시오.
    a. 진폭　　b. 주기
    c. 용수철 상수　　d. 최대 속력
    e. 총에너지　　f. $t = 0.40$ s에서 속도

12. || 200 g의 질량이 수평 용수철에 매달려 1.5 Hz로 진동하고 있다. 어느 순간 질량의 위치가 $x = 70$ mm일 때 속력이 $v_x = -0.2$ m/s이었다. 다음 값을 구하시오.
    a. 주기　　b. 진폭
    c. 최대 속력　　d. 총에너지

14.5 진자운동

13. ‖ 길이를 모르는 줄에 매달린 질량이 진자로써 주기 4.00 s로 진동한다.
    a. 질량이 두 배로 된다면,
    b. 줄의 길이가 두 배로 된다면,
    c. 줄의 길이가 반으로 된다면,
    d. 진폭이 반으로 된다면,
    각각 주기는 어떻게 되겠는가?
    문항 a에서 d까지의 문제는 독립적인 문제이고, 각각의 초기 상황을 나타낸다.

14. ||| 200 g의 공이 줄에 매달려 있다. 8.00°만큼 당겼다가 놓으니 진자처럼 흔들린다. 스톱워치로 측정하니 12.0 s 동안 10회 흔들렸다. 줄의 길이는 얼마인가?

15. | 우주인이 지구에서 1.50 s의 주기를 갖는 진자를 가지고 처음으로 화성을 여행한다. 화성에서의 주기는 2.45 s로 측정되었다. 화성의 자유 낙하 가속도는 얼마인가?

16. ||| 흥미롭게도 인체의 각 관절에 대한 진자운동을 사체를 이용하여 수행한 여러 연구가 있었다. 한 연구에서 5 kg인 무릎 아래 다리의 무게 중심은 무릎 아래로 18 cm이었다. 무릎을 회전축으로 하여 흔들릴 때 진동수는 1.6 Hz이다. 무릎 아래 다리의 관성 모멘트는 얼마인가?
    BIO

17. ‖ 반지름이 0.22 m인 얇은 원형 테가 못에 걸려 매달려 있다. 한 쪽을 잡아당겼다가 놓으니 원형 테는 앞뒤로 흔들리는 물리진자가 되었다. 테의 고정된 끝을 통과하는 회전축에 대해서 관성 모멘트는 $I = 2MR^2$이다. 원형 테의 진동 주기는 얼마인가?

14.6 감쇠 진동

18. | 진동의 진폭이 10.0 s 동안에 초기값의 36.8%로 감소했다. 시간상수의 값은 얼마인가?

19. ‖ 진동수가 0.5 Hz이고 시간상수가 5.0 s인 감쇠 진동자의 $t = 0$ s에서 $t = 5.0$ s까지의 정확한 변위를 계산하고 그래프로 그리시오.

20. ||| 자동차가 둔덕을 넘다가 바퀴에 연결된 용수철이 압축된다. 자동차에 달린 충격흡수기(shock absorber)가 진동을 감쇠시킨다. 그림 P14.20은 충돌한 자동차의 실제 데이터를 보여준다. 비록 이 모형이 실제와는 다르지만 이것으로 감쇠 진동을 형상화할 수 있다. 이 진동의 진동수와 시간상수를 구하시오.

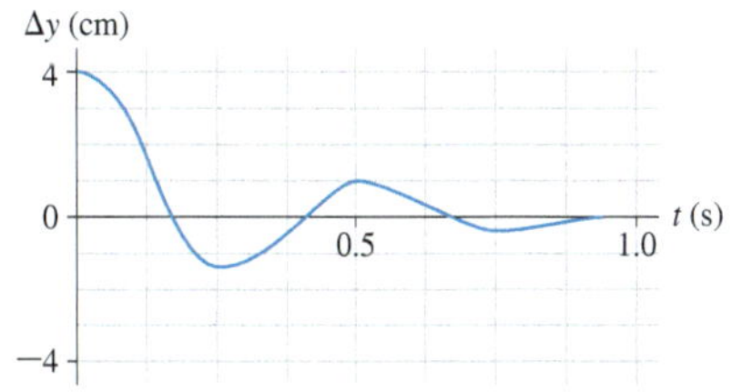

그림 P14.20

14.7 강제 진동과 공명

21. ‖ 55 kg의 사람이 1.5 m 길이의 줄에 매달려 흔들린다. 규칙적인 간격으로 작고 짧게 사람을 밀었다. 가능한 빠르게 사람의 운동 진폭을 늘리려면 미는 사이의 시간이 얼마나 되어야 하는가?

22. ‖ 머리가 29 Hz로 진동하면 시력이 흐려진다. 안구 근육에 의하여 유지되는 인구의 자연 진동수와 진동이 공명을 일으키기 때문이다. 만약 안구의 질량이 전형적인 값인 7.5 g이라면 안구를 고착시키는 근육조직의 유효 용수철 상수의 값은 얼마인가?
    BIO

15 진행파와 소리
Traveling Waves and Sound

박쥐의 귀는 눈보다 훨씬 중요하다. 청력은 박쥐에게 시력보다 훨씬 중요한 의미를 갖는 것처럼 보인다. 박쥐가 음파를 사용하여 먹이를 어떻게 찾을까?

학습목표

진행파의 기본 성질을 공부한다.

진행파

용수철의 한쪽 끝을 위아래로 흔들면 흔들림(**파동**)이 발생하여 용수철을 따라 이동한다.

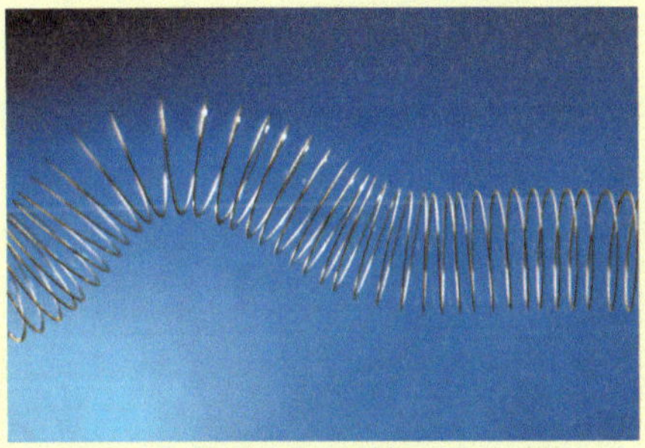

광파에서 지진파 현상까지 기술하는 **파동 모형**을 배운다.

파동의 묘사

마이크는 진동하는 소리굽쇠의 음파를 찾아낸다. 신호는 진동에서와 같은 형태인 사인 모양이다.

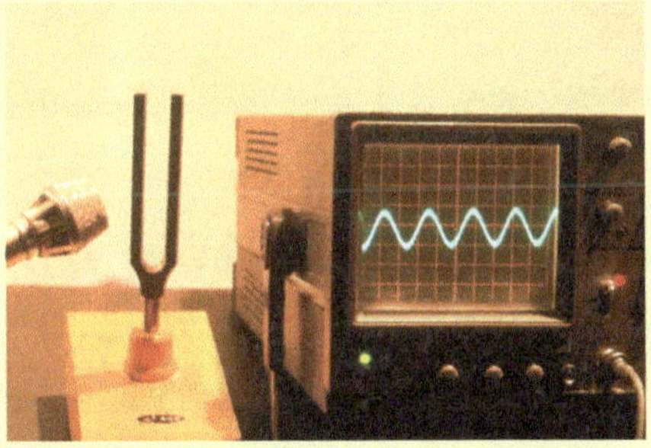

파동을 설명하는 데 사용하는 식과 용어는 진동에 대해 사용한 것과 밀접한 관계가 있다는 것을 보게 될 것이다.

에너지와 세기

모든 파동은 에너지를 운반한다. 렌즈는 작은 면적에 햇빛을 집속하며, 집속된 에너지는 나무에 불을 일으킨다.

파동 에너지가 얼마나 퍼져 나가는지 측정하는 **세기**를 계산하는 방법을 배운다.

이 장의 배경

단순조화운동

14장에서 진동을 설명하기 위하여 단순조화운동 용어의 사용을 배웠다.

앞에서 배운 주기, 진동수, 진폭 같은 용어는 파동 운동을 설명하는 데도 응용된다.

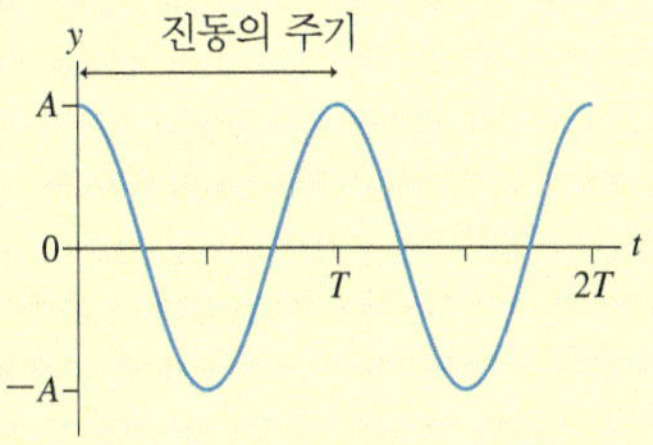

15.1 파동 모형

1장 이후 사용한 **입자 모형**은 복잡한 물체를 입자로 간주하여 물체의 움직임을 간단히 처리할 수 있게 해준다. 공, 자동차 그리고 로켓은 분명히 서로 다르지만, 그들 운동의 일반적인 특징은 그들을 입자로 취급하면 잘 설명된다. 3장에서 보았듯이 공이나 바위 또는 공중을 날아다니는 자동차는 같은 운동을 겪는다. 입자 모형은 이와 같은 근본적인 단순성을 이해하는 데 도움이 된다.

이 장에서는 모든 파동에 공통이 되는 파동의 속성을 강조하는 **파동 모형**(wave model)을 사용하여 파동의 기본 특성을 소개한다. 음파, 수면파, 그리고 라디오파가 분명히 다르긴 하지만 파동 모형은 우리가 공유하는 많은 중요한 기능을 이해할 수 있게 해준다.

파동 모형은 명확한 파동 속력으로 이동하는 조직적 흔들림인 **진행파**(traveling wave)에 대한 개념을 토대로 만들어졌다. 이 정의는 단순해보이지만, 몇 가지 새로운 용어를 이해해야만 진행파의 개념을 완전히 이해할 수 있다.

역학적 파동

그림 15.1 연못에서 잔물결은 진행파이다.

역학적 파동(mechanical waves)은 파동이 움직이며 지나는 물질, 곧 **매질**(medium)의 운동을 포함하는 파동이다. 예를 들어, 수면파의 매질은 물, 음파의 매질은 공기이며, 당긴 줄의 파동의 매질은 줄이다.

파동이 매질을 통과할 때 매질을 구성하는 원자는 평형에서 벗어나게 되며, 이것은 용수철이 평형 위치로부터 끌어당겨진 것과 무척 닮았다. 이것은 매질의 **흔들림**(disturbance)이다. 그림 15.1에서 잔물결은 수면에서의 흔들림이다.

파동의 흔들림은 원천(source)에 의해 생성된다. 원천은 돌을 물 위로 던지는 것, 당긴 줄을 손으로 뜯는 것, 진동하는 스피커 진동판이 공기를 밀어내는 것일 수 있다. 흔들림은 한번 생성되면, **파동 속력**(wave speed) v로 매질을 통해 진행한다. 이 속력은 잔물결이 물을 가로지르며 움직이는 속력, 또는 줄을 따라 진행하는 펄스의 속력이다.

흔들림이 매질을 통해 전파되고 파동이 에너지를 전달하지만, **전체적으로 매질은 진행하지 않는다!** 연못 위의 잔물결(흔들림)은 돌멩이가 떨어진 곳으로부터 바깥쪽으로 움직이나, 물의 바깥쪽 흐름은 없다. 마찬가지로, 줄의 입자는 위아래로 진동하지만 줄을 따라 진행하는 펄스 방향으로 움직이지는 않는다. **파동은 에너지를 전달하나 어떤 재료나 물질을 원천으로부터 바깥쪽으로 옮기지 않는다.**

전자기파와 물질파

역학적 파동은 매질이 필요하나 그렇지 않은 파동도 있다. 그러한 파동의 두 가지 중요한 유형으로 전자기파와 물질파가 있다.

전자기파(electromagnetic waves)는 전자기장(electromagnetic field)의 파동이다. 전자기파는 가시광선, 라디오파, 마이크로파, 그리고 X선 등 매우 다양하다. 전자기파는 매질을 필요로 하지 않으며, 진공을 통해 진행할 수 있다. 빛은 공간을 통해 진행할 수 있지만 소리는 그럴 수 없다. 이 시점에서 '전자기장'이 무엇인지 정의하지 않았으므로 전자기파의 '파동'이 정확히 무엇인지에 대해 걱정하지 않아도 된다. 파동 모형은 이러한 파동들의 여러 중요한 문제를 파동 모형의 상세한 설명 없이도 기술할 수 있다. 전기장과 자기장을 완전히 이해하게 되면 25장에서 전자기파를 더 자세히 살펴볼 것이다.

20세기의 가장 중요한 발견 중 하나는 전자, 원자와 같은 물질 입자가 파동과 같은 특성을 갖는다는 것이다.

여러분은 관중들이 '파도타기'를 하는 스포츠 이벤트에 참가한 경험이 있을 것이다. 경기장에서 파도가 일어나지만, 관람자(이 경우 매질)는 그들이 있는 곳에 그대로 있다. 이것은 파동이 물질을 전달하지 않는다는 원리의 명확한 예이다.

횡파와 종파

대부분의 파동은 두 가지 일반적인 종류, 즉 **횡파**(transverse wave)와 **종파**(longitudinal wave)로 나뉜다. 역학적 파동에 대해, 이들은 파동을 운반하는 입자의 운동과 파동 자체의 운동 사이의 관계를 설명한다.

파동 운동의 두 가지 유형

횡파

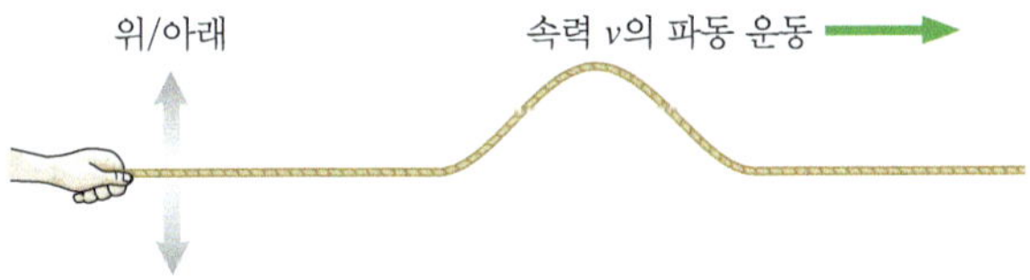

횡파는 매질 내의 입자가 파동의 진행 방향과 수직(perpendicular)인 방향으로 움직이는 파동이다. 당긴 줄의 끝을 위아래로 흔들면, 줄을 구성하는 입자가 수직으로 진동하는 동안 수평 방향으로 줄을 따라 진행하는 파동을 만든다.

종파

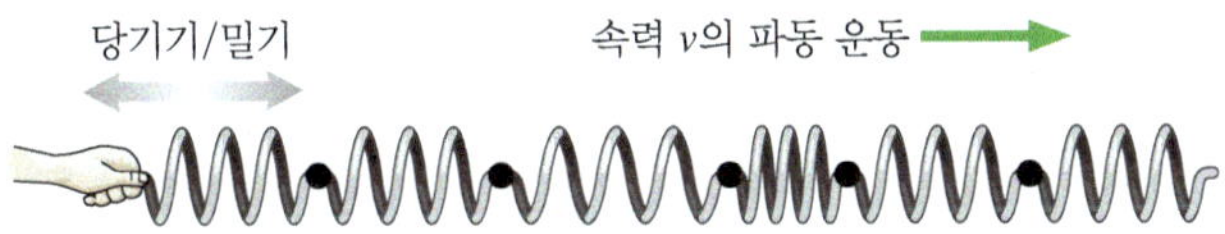

종파는 매질 내의 입자가 파동의 진행 방향과 **평행**(parallel)한 방향으로 움직이는 파동이다. 여기에서는 용수철에 의해 연결된 질량의 사슬이 보인다. 사슬에서 첫 번째 질량을 세게 밀면, 용수철의 압축과 팽창에 의해 흔들림이 사슬을 따라 진행한다.

지진이 진행되는 동안 지각의 빠른 움직임은 지구를 통과하는 흔들림을 만들어낼 수 있다. 가장 중요한 지진파의 두 가지 유형은 **그림 15.2**와 같이 S파(횡파)와 P파(종

그림 15.2 지진파의 다른 유형

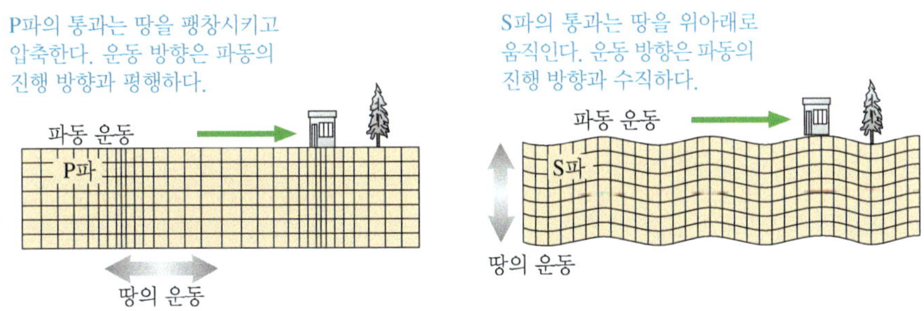

파)이다. 종파인 P파의 속력이 더 빠르지만, 횡파인 S파는 더 파괴적이다. 지진으로부터 몇백 킬로미터 떨어진 도시의 주민은 S파가 발생하기 수분 앞서 P파를 느낄 것이므로 중요한 조기 경고를 줄 수 있다.

15.2 진행파

연못에 조약돌을 떨어뜨리면 파동이 바깥으로 진행한다. 하지만 파동이 어떻게 생기는 것일까? 어떻게 역학적 파동이 매질을 통하여 진행하는가? 이 질문에 답하기 위해 파동 운동과 매질을 구성하는 입자 운동을 구별하여야 한다. 파동 자체는 입자가 아니므로 파동에 뉴턴의 법칙을 적용할 수 없다. 하지만 뉴턴의 법칙을 사용하여 매질이 흔들림에 어떻게 반응하는지를 검사할 수 있다.

줄에서의 파동

수업 영상

그림 15.3 파동이 통과하는 줄의 운동

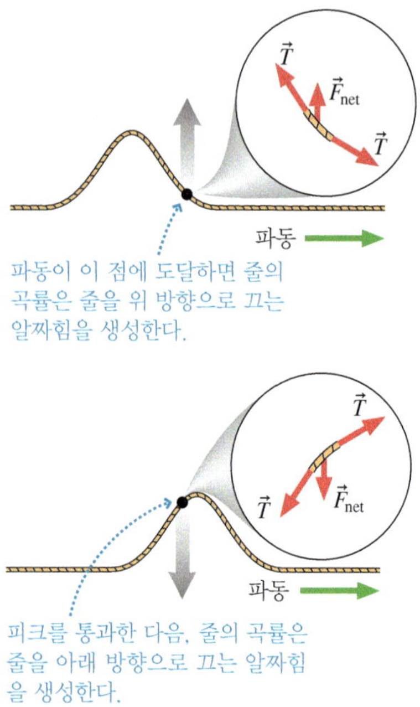

그림 15.3에서는 당긴 줄을 따라 오른쪽으로 진행하는 **횡파 펄스**를 보여준다. 파동 펄스가 지나갈 때, 줄 위의 작은 점을 바라보고 있다고 상상해보자. 펄스가 왼쪽에서 접근하면 점 근처의 줄이 휘기 시작한다. 줄이 휘게 되면, 줄의 작은 조각을 당기는 장력이 더 이상 서로 상쇄되지 않는다. 파동이 통과할 때, 줄의 곡률은 처음에는 줄의 작은 조각을 위로 끌어올리고, 이어서 펄스가 지나간 다음에는 다시 내려가게 하는 알짜힘을 생성한다. 줄에서의 각 점은 파동 운동에 수직인 방향으로 움직이며, 따라서 **줄에서의 파동은 횡파이다**.

이 파동이 어떻게 움직이는지 이해하기 위해 새로운 물리적 원리가 요구되지 않는다. 줄을 따라 움직이는 펄스 운동은 줄의 작은 조각에 작용하는 장력의 직접적인 결과이다. 외부 힘으로 인해 펄스가 생성되었지만, **일단 시작되면 매질의 내부 동역학 때문에 펄스의 움직임이 계속된다**.

음파

이제 스피커를 사용하여 공기 중에서 음파가 어떻게 생성되는지 알아보자. **그림 15.4(a)**에서 스피커 진동판이 앞으로 움직이면, **그림 15.4(b)**에서와 같이 공기가 앞에 압축된다. **압축**은 공기를 통해 앞으로 진행하는 흔들림이다. 이것은 앞에서처럼 용수철 사슬 끝부분을 세게 미는 것과 아주 닮았다. 따라서 **음파는 종파이다**. 일반적으로 음파가 공기 중에서 진행하는 것으로 생각하지만, 소리는 모든 기체, 액체, 그리고 고체도 통과할 수 있다.

줄에 대한 파동 운동은 줄의 내부 동역학에 의해 결정된다. 유사하게 공기 중의 음파 운동은 12장에서 공부한 기체 물리학에 의해 결정된다. 그림 15.4(b)에서처럼 파동이 한번 생성되면 앞으로 전파된다. 파동 운동은 공기의 성질에 의해 완전히 결정된다.

파동 속력은 매질의 속성

줄에서의 파동과 공기 중의 음파에 대한 앞서의 논의는 이러한 파동 운동이 매질의 성질에 의존한다는 것을 보여준다. 실제로 **파동 속력은 펄스의 형태나 크기, 펄스가 어떻게 발생하는지, 또는 얼마나 멀리까지 진행되었는지에 의존하지 않는다.** 파동을 운반하는 매질에만 의존한다.

줄의 어떤 성질이 줄을 따라 진행하는 파동 속력을 결정하는가? 그럴듯한 것들은 단지 줄의 질량, 길이, 그리고 장력이다. 펄스는 더 길거나, 더 육중한 줄에서 더 빨리 움직이지 않기 때문에 총 질량 m도 총 길이 L도 중요하지 않다. 대신 속력은 줄의 질량 대 길이의 비인 **선밀도**(linear density) μ에 따라 달라진다.

$$\mu = \frac{m}{L} \tag{15.1}$$

선밀도는 사용하는 줄의 종류에 의해 결정된다. 같은 재료로 만들어진 두툼한 줄은 동일한 재료로 만든 얇은 줄보다 더 큰 μ값을 가진다. 마찬가지로, 강철 줄은 동일한 지름의 플라스틱 줄보다 μ값이 크다.

줄에서 파동 속력은 장력과 선밀도에 따라 어떻게 변화하는가? 힘과 운동에 대하여 알고 있는 지식을 이용하여 몇 가지 예측할 수 있다.

- 장력이 큰 줄이 더 빠르게 반응하여, 파동은 더 큰 속력으로 움직일 것이다. **파동 속력은 장력이 증가함에 따라 증가한다.**
- 선밀도가 큰 줄은 관성이 더 커서 반응이 느리므로, 파동은 더 낮은 속력으로 움직일 것이다. **파동 속력은 선밀도가 증가함에 따라 감소한다.**

줄의 운동을 완전히 분석하면 보여주는 파동 속력에 대한 표현을 얻을 수 있다.

$$v_{\text{string}} = \sqrt{\frac{T_s}{\mu}} \tag{15.2}$$

장력 T_s와 선밀도 μ를 가진 당긴 줄에서의 파동 속력

줄의 장력에 대한 기호 T_s의 아래 첨자 s는 진동의 주기에 대한 기호 T와 장력을 구별하기 위함이다.

파동 펄스의 모든 점은 식 (15.2)에 주어진 속력으로 움직인다. 줄의 장력을 높이거나(increasing)(더 강하게), 줄의 선밀도를 줄임으로써(decreasing)(더 가늘게) 파동 속력을 높일 수 있다. 16장에서는 이 식이 현악기에 미치는 영향을 조사할 것이다.

그림 15.4 스피커에 의해 만들어지는 음파

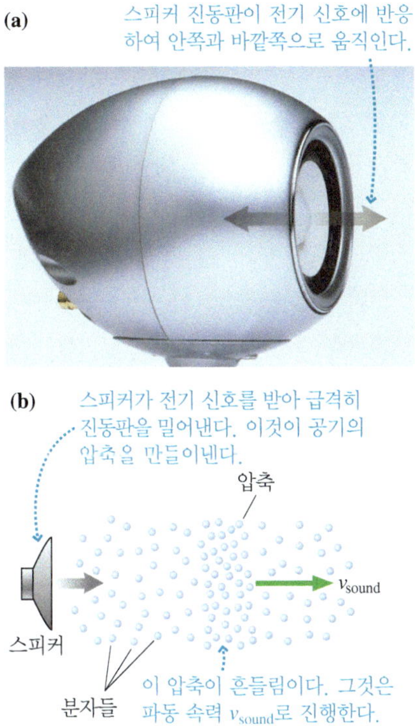

▶ **물결파 감지** BIO 아프리카 발톱개구리는 간단한 사냥 전략을 갖고 있다. 이 개구리는 먹이가 자기 옆으로 오기를 앉아서 기다린다. 개구리는 음파를 감지하지 않고 몸체 양쪽 옆에 있는 측선 기관(lateral line organ)이라 하는 센서 배열을 가지고 물의 진동을 감지한다. 개구리는 시시각각 측선 기관 여러 부위에 도달하는 파동으로부터 파동이 어디에서 오는지 결정할 수 있다.

예제 15.1 거미는 언제 점심을 감지하는가? BIO

모든 거미는 진동에 매우 민감하다. 황금 무당 거미는 거대한 원형 거미줄의 중심에 앉아서, 방사형 거미줄로 곤충이 도달할 때 생기는 진동을 감지한다. 거미줄은 1.0×10^{-5} kg/m의 선밀도를 가진 줄로 만들어졌고 장력이 0.40 N이라고 가정하자. 곤충이 거미로부터 30 cm 떨어진 거미줄에 도달하였다면, 거미가 감지하는 데 얼마의 시간이 걸릴까?

준비 곤충이 거미줄에 닿으면 파동 펄스가 줄 섬유를 따라 전송될 것이다. 파동의 속력은 줄의 성질에 달려 있다.

풀이 우선 파동의 속력을 구한다.

$$v = \sqrt{\frac{T_s}{\mu}} = \sqrt{\frac{0.40\ \text{N}}{1.0 \times 10^{-5}\ \text{kg/m}}} = 200\ \text{m/s}$$

파동이 거리 $d = 30$ cm를 진행하여 거미에 도달하는 시간은

$$\Delta t = \frac{d}{v} = \frac{0.30\ \text{m}}{200\ \text{m/s}} = 1.5\ \text{ms}$$

이다.

검토 거미줄은 뛰어난 장력을 가진 매우 가벼운 줄로 만들어져서 파동 속력은 상당히 크고 짧은 진행 시간을 예상할 수 있다. 거미가 거미줄에 잡힌 먹이에 신속하게 반응하는 것이 중요하다. 답은 의미가 있다.

기체의 어떤 특성이 기체를 통과하는 음파 속력을 결정할까? 소리 펄스의 속력은 기체 분자가 움직일 때의 속력과 관련 있다는 것이 타당해 보인다. 빠른 분자는 빠른 음파 속력을 의미한다. ◀◀12.2절에서 질량 m인 원자의 전형적인 속력인 rms 속력은

$$v_{\text{rms}} = \sqrt{\frac{3k_B T}{m}}$$

이다. 여기서 k_B는 볼츠만 상수이고, T는 켈빈 단위의 절대 온도이다. 철저한 분석을 통해 소리 속력은 이 rms 속력보다 약간 낮지만 온도와 분자 질량에 대해 동일한 의존성이 있음을 발견했다.

$$v_{\text{sound}} = \sqrt{\frac{\gamma k_B T}{m}} = \sqrt{\frac{\gamma R T}{M}} \qquad (15.3)$$

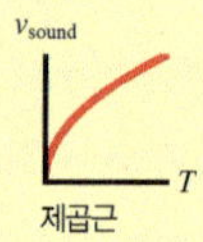

온도 T의 기체에서의 소리 속력

식 (15.3)에서 M은 분자 질량(mol당 kg)이고, γ는 기체에 따라 결정되는 상수이며, 헬륨 같은 단원자 기체에 대해 $\gamma = 1.67$, 질소와 산소 같은 이원자 기체에 대해 $\gamma = 1.40$, 이산화탄소나 수증기 같은 삼원자 기체에 대해 $\gamma = 1.3$이다.

식 (15.3)의 특정 경향은 특히 언급할 만하다.

- 공기(그리고, 다른 기체)에서의 소리 속력은 온도에 따라 증가한다. **이 장에서는 계산을 위해, 별도로 기술되어 있지 않으면 공기에서의 소리 속력으로 20°C에서 343 m/s를 사용한다.**
- 주어진 온도에서, 소리 속력은 기체의 분자 질량이 감소하면 증가한다. 따라서 실온 헬륨에서 소리 속력은 실온 공기에서보다 빠르다.
- 소리 속력은 기체의 압력이나 밀도에 의존하지 않는다.

표 15.1에 다양한 물질에서의 소리 속력이 실려 있다. 액체와 고체의 원자 사이의

결합 때문에 물질의 이러한 상(phases)에서 소리 속력이 높다. 일반적으로 음파는 기체에서보다 액체에서 더 빠르게 이동하며, 액체보다 고체에서 더 빠르다. 고체에서의 소리 속력은 고체의 밀도와 단단함에 달려 있다. 가볍고 단단한 고체(다이아몬드 같은)는 매우 빠른 속력으로 소리를 전송한다.

표 15.1 소리 속력

매질	속력(m/s)
공기(0°C)	331
공기(20°C)	343
헬륨(0°C)	970
에틸알코올	1170
물	1480
인간 조직(초음파)	1540
납	1200
알루미늄	5100
화강암	6000
다이아몬드	12,000

예제 15.2 화성에서의 소리 속력

화성인의 아침에 얇은 대기층(거의 완전히 이산화탄소)은 대략 −100°C의 서리를 내리게 한다. 소리 속력은 얼마인가? 대략적으로 어떤 온도에서 속도가 이 값의 2배가 되겠는가?

준비 식 (15.3)은 분자 질량과 절대 온도로 소리 속력을 나타낸 것이다. 대기가 순수한 CO_2로 구성되어 있고, 분자 질량은 구성물의 분자 질량의 합이라고 가정하면, C에 대해 12 g/mol, 그리고 각각의 O에 대해 16 g/mol이므로 $M = 12 + 16 + 16 = 44$ g/mol $= 0.044$ kg/mol이 된다. 절대 온도는 $T = 173$ K이다. 이산화탄소는 삼원자 기체이므로 $\gamma = 1.3$이다.

풀이 주어진 조건을 가진 소리 속력은

$$v_{\text{sound}} = \sqrt{\frac{\gamma RT}{M}} = \sqrt{\frac{(1.3)(8.31\ \text{J/mol})(173\ \text{K})}{0.044\ \text{kg/mol}}} = 210\ \text{m/s}$$

이다. 더 높은 속력에 필요한 온도를 결정하기 위해 별도의 계산을 하는 대신 비례를 사용하여 증명할 수 있다. 속력은 온도의 제곱근에 비례하므로, 속력을 2배로 하면 온도는 4배, 즉 약 690 K 또는 약 420°C 상승시켜야 한다.

검토 소리 속력은 압력에 따라 변화하지 않으므로, 대기가 '얇다' 하여도 계산을 조정할 필요는 없다. 소리 속력은 더 무거운 분자와 더 차가운 온도에 대해 낮으므로, 여기에서 계산한 바와 마찬가지로 이산화탄소 대기를 가진 추운 화성에서의 소리 속력은 지구에서보다 더 낮을 것으로 예상한다.

빛과 같은 전자기파는 역학적 파동보다 훨씬 빠른 속력으로 진행한다. 25장에서 논의하겠지만, 모든 전자기파는 진공 상태에서 같은 속력으로 진행한다. 이 속력을 **빛속도**(speed of light)라 하며 기호 c로 표현한다. 진공에서의 빛속도 값은

$$v_{\text{light}} = c = 3.00 \times 10^8\ \text{m/s} \tag{15.4}$$

이다. 이 값은 공기 중에서의 소리 속력의 거의 100만 배이다! 이 속력으로 빛은 1초(s) 동안에 지구를 7.5바퀴 돌 수 있다.

예제 15.3 번개가 얼마나 멀리서 쳤나?

전능 번개가 치는 동안 낙뢰로 인한 섬광을 보았다. 8.0 s 후에 천둥소리를 들었다. 낙뢰가 얼마나 멀리 떨어져 있었을까?

준비 서로 매우 다른 파동 속력을 가진 두 종류의 파동이 관련된다. 낙뢰의 섬광은 빛을 일으키며 낙뢰가 일어난 지점으로부터 여

러분이 있는 지점까지 매우 빠르게 진행할 것이다. 낙뢰는 또한 천둥소리로 들리는 음파를 만들어내며, 이 파동은 훨씬 더 천천히 진행한다. 빛이 1마일(1610 m)을 진행하는 데 걸리는 시간은

$$\Delta t = \frac{d}{v} = \frac{1610\ \text{m}}{3.00 \times 10^8\ \text{s}} = 5.37 \times 10^{-6}\ \text{s} \approx 5\ \mu\text{s}$$

이다. 시간의 정확도가 0.1 s로 주어졌으므로 낙뢰의 섬광이 진행한 시간은 무시할 수 있다. 섬광과 천둥소리 사이의 지연은 단순히 음파가 진행하는 시간이다.

풀이 소리 속력이 실온(20°C)에서 343 m/s 값을 가진다고 가정하자. 섬광을 본 시간과 천둥소리가 들린 시간 사이에 소리는 다음과 같은 거리를 진행한다.

$$d = v\Delta t = (343\ \text{m/s})(8.0\ \text{s}) = 2.7 \times 10^3\ \text{m} = 2.7\ \text{km}$$

검토 이것은 합리적인 것처럼 보인다. 천둥 번개에 대한 일상의 관찰에서 알 수 있는 바와 같이, 낙뢰의 섬광과 천둥소리 사이에 8초의 지연은 낙뢰가 가깝기는 하지만 아주 가깝지는 않다는 것을 의미한다. 몇 km는 적당해 보인다.

◀ **낙뢰지점까지 거리** 소리는 3초 동안 약 1 km를 진행한다(또는 5초 동안 약 1마일). 낙뢰의 섬광을 보았을 때, 시간 측정을 시작한다. 천둥소리를 들었을 때 측정을 멈춘다. 결과를 3으로 나누면 낙뢰지점까지의 거리 근사를 킬로미터(km)로 구할 수 있다.

15.3 파동의 그래픽 설명과 수학적 설명

파동과 그들의 운동을 기술하는 것은 입자와 그들의 운동을 기술하는 것보다 조금 더 생각해야 한다. 지금까지는 시간에만 의존하는 위치, 속도 같은 양에 대해 관심을 가졌다. 이것은 14장에서처럼 $x(t)$ 또는 $v(t)$로 쓸 수 있다. 이는 x와 v가 시간 변수 t의 함수임을 나타낸다. 입자는 어떤 시간에 오직 한 위치에만 있기 때문에, 입자에 대해서 단일 변수 t의 함수는 무방하나, 파동은 국소화되어 있지 않다. 파동은 매 순간 공간을 통해 퍼져 나간다. 파동이 어느 순간(언제)에, 공간의 특정 지점(어디)에서 동작하는지 알려주는 함수가 필요하다. 위치와 시간 모두에 의존하는 함수가 필요하다.

그림 15.5 줄에서의 파동 펄스의 스냅숏 그래프

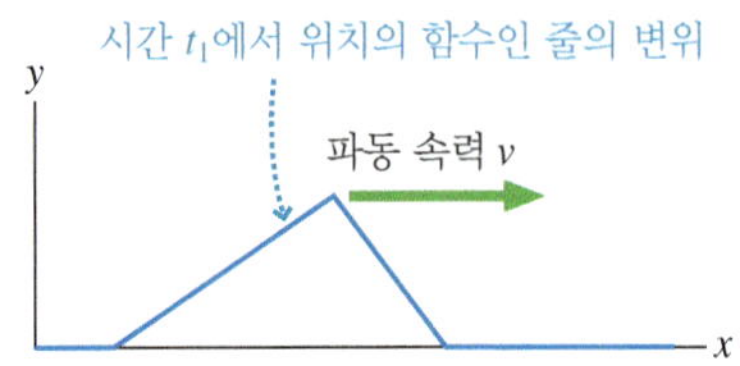

스냅숏 그래프와 기록 그래프

입자 운동을 조사할 때, 수학적 설명을 하기 전에 그래픽 설명을 사용하였다. 파동에 대해서도 비슷한 접근 방법을 취할 것이다. **그림 15.5**에서 당긴 줄을 따라 움직이고 있는 파동 펄스를 생각해보자. (이 절에서는 펄스의 가장자리를 명확하게 보여주기 위하여 다소 인공적인 삼각 또는 사각 형태의 파동 펄스를 고려할 것이다.) 그래프는 줄의 위치 x의 함수로 특정 순간 t_1에서의 줄의 변위 y를 보여준다. 이것은 파동의 '스냅숏'으로 t_1에서 셔터가 잠깐 열리는 카메라로 촬영한 것과 매우 비슷하다. 한 순간에 위치의 함수로 파동의 변위를 보여주는 그래프를 **스냅숏 그래프**(snapshot graph)라 한다.

그림 15.6 스냅숏 그래프의 배열은 운동 중인 파동을 보여준다.

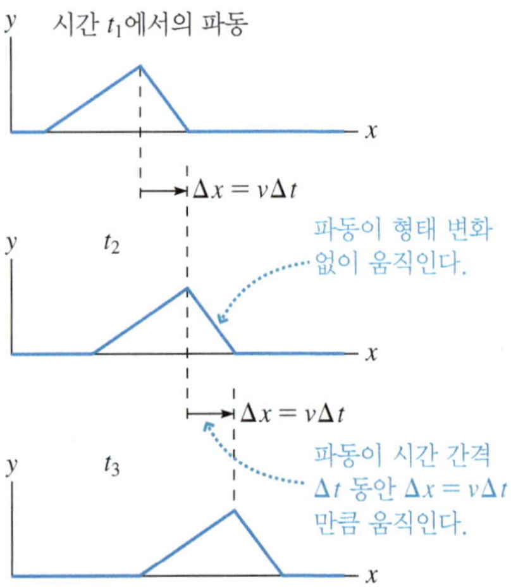

파동이 움직임에 따라 더 많은 스냅숏을 가질 수 있다. **그림 15.6**은 그림 15.5의 파동이 계속 움직일 때의 일련의 스냅숏 그래프를 보여준다. 이들은 동영상의 연속적인 프레임과 같으며, 1장에서 보았던 일련의 그림을 연상시킨다. 파동 펄스는 각 시간 간격 Δt 동안 거리 $\Delta x = v\Delta t$만큼 앞으로 움직인다. 즉, 파동은 일정한 속력으로 움직인다.

그림 15.7 기록 그래프의 구성

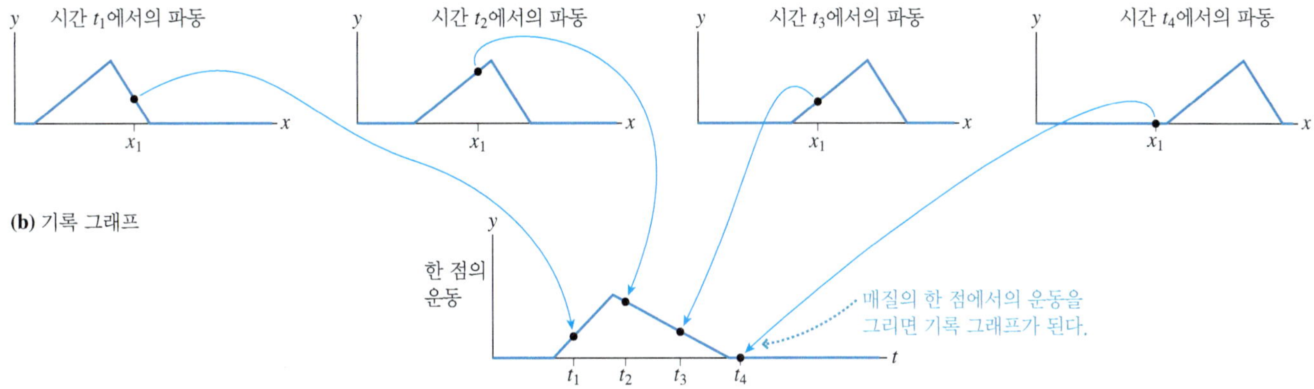

스냅숏 그래프는 **파동** 운동을 보여주지만, 단지 파동의 한 부분이다. 이제 **매질** 운동을 고려할 필요가 있다. 그림 15.7(a)는 파동이 줄을 따라 진행할 때의 4개의 스냅숏을 보여준다. 각각의 그래프에서 파동을 운반하는 줄의 같은 지점에 점을 그렸다. 파동이 수평으로 진행함에 따라, 점이 수직으로 움직이므로 줄의 파동은 횡파이다. 스냅숏 그래프에서 운동의 세부 사항을 사용하여 그림 15.7(b)의 그래프를 구성하며, 이 그래프는 줄에서 이 한 지점의 운동을 보여준다. 이 그래프는 매질의 특정 지점에서의 기록(시간 진화)을 보여주기 때문에 **기록 그래프**(history graph)라 한다. 스냅숏 그래프는 특정한 순간의 파동 사진이지만, 기록 그래프는 그렇지 않으며, 시간 경과에 따른 매질의 한 지점의 운동을 기록한 것이다. 스냅숏 그래프는 **오른쪽**에 파동의 더 가파른 가장자리가 있음을 보여주지만, 기록 그래프는 **왼쪽**에 더 가파른 가장자리를 가지고 있음에 주목하자. 파동이 점을 향해 움직임에 따라, 파동의 가파른 앞서가는 가장자리가 점의 빠른 상승을 유발한다. 변위-시간 기록 그래프에서 **앞선** 시간(t의 더 작은 값)은 **왼쪽**이고 **늦은** 시간(더 큰 t값)은 **오른쪽**이다. 파동이 점에 부딪칠 때, 빠른 상승은 앞선 시간에 있으며, 기록 그래프인 그림 15.7(b)의 왼쪽(앞선 시간)에서 나타난다. 이러한 반전은 모든 경우에 존재하지는 않는다. 각 상황을 개별적으로 고려해야 한다.

사인파

파동은 여러 가지 모양이 될 수 있지만, 파동 운동에 대한 수학적 설명을 위해 특정한 모양인 **사인파**(sinusoidal wave)에 초점을 맞추자. 이것은 단순조화운동(SHM)으로 진동하는 원천에 의해 만들어지는 파동의 유형이다. 예를 들면, SHM으로 진동하는 스피커 진동판은 사인 모양 음파를 방출한다.

그림 15.8의 한 쌍의 스냅숏 그래프는 사인파를 운반하고 있는 줄의 연속적인 모습 2개를 보여주며, 오른쪽으로 움직이는 파동 운동을 나타낸다. 파동의 **진폭**(amplitude) A는 변위의 최댓값으로 정의한다. 파동의 마루(높은 지점)의 변위는 $y_{crest} = A$

그림 15.8 스냅숏 그래프는 사인파 운동을 보여준다.

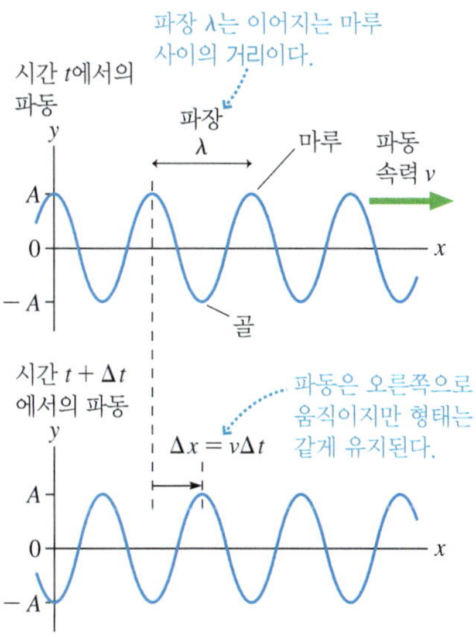

이고, 골(낮은 지점)의 변위는 $y_{trough} = -A$이다. 파동이 주기적인 SHM을 하고 있는 원천에 의해 생성되기 때문에 파동 역시 주기적이다. 그림 15.8의 위쪽 스냅숏 그래프에서 '고정된' 파동을 따라 왼쪽에서 오른쪽으로 움직이면 흔들림이 되풀이된다. 운동의 한 주기 동안 이동한 거리를 파동의 **파장**(wavelength)이라 한다. 파장은 λ(그리스 문자 람다)로 표시하며, 파장은 길이이므로 미터(meter) 단위로 측정된다. 그림 15.8에서처럼 파장은 두 마루 사이의 거리이나, 두 골 사이의 거리도 동일하다. 시간이 지남에 따라 파동이 오른쪽으로 움직이며, 그림 15.8에 있는 2개의 스냅숏 그래프를 비교하면 이 운동은 분명해진다.

그림 15.9 기록 그래프는 사인파를 운반하는 줄의 한 지점의 운동을 보여준다.

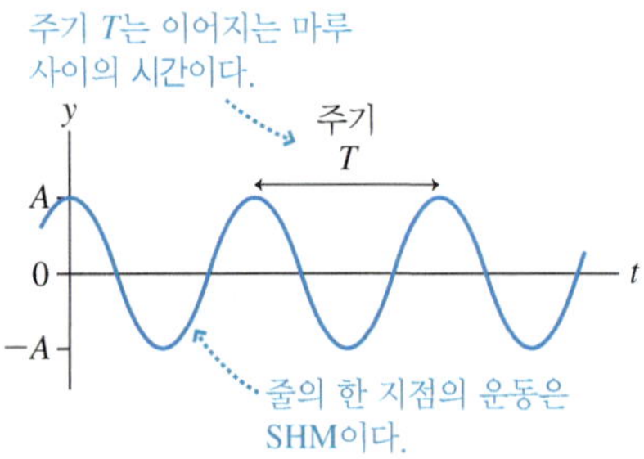

그림 15.8의 스냅숏 그래프는 파장 λ인 파동이 거리 x의 사인 모양 함수임을 보여준다. 그림 15.8의 위쪽 스냅숏 그래프에 의해 표현된 시간에서 변위는 다음과 같다.

$$y(x) = A\cos\left(2\pi\frac{x}{\lambda}\right) \tag{15.5}$$

이제 이 파동이 통과할 때 매질에서 한 점의 운동을 주의 깊게 살펴보자. **그림 15.9**는 그림 15.8의 사인파가 통과하는 줄에서의 한 점에 대한 기록 그래프이다. 이 그래프는 그림 15.8의 스냅숏 그래프와 똑같은 모양을 가지며 사인 모양 함수이지만 그래프의 의미는 다르다. 이 그래프는 매질에서의 한 지점의 운동을 보여준다. 이 그래프는 ◀◀14.3절에서 처음 보았던 그래프와 동일하다. 왜냐하면 **파동이 통과할 때 매질의 각 지점이 단순조화운동으로 진동하기 때문**이다. 그래프에 표시된 파동의 주기 T는 운동의 한 주기를 완료하는 데 걸리는 시간 간격이다.

주기는 정확하게 SHM에서처럼 $T = 1/f$에 의해 파동의 **진동수**와 관련된다. 주기 T인 SHM에서 줄의 각 지점이 위아래로 진동하므로, 줄의 한 지점의 운동을 다음과 같이 기술할 수 있다.

$$y(t) = A\cos\left(2\pi\frac{t}{T}\right) \tag{15.6}$$

식 (15.5)는 한 순간에 위치의 함수로 변위를 나타내며, 식 (15.6)은 공간의 한 지점에서 시간의 함수로 변위를 나타낸다. 이 두 표현을 결합하여 파동에 대한 완벽한 설명인 단일 표현식을 만들 수 있을까? 오른쪽으로 진행하는 파동을 다음과 같은 식으로 기술하여 입증할 수 있다.

그림 15.10 식 (15.7)을 1/4주기 간격으로 그렸다.

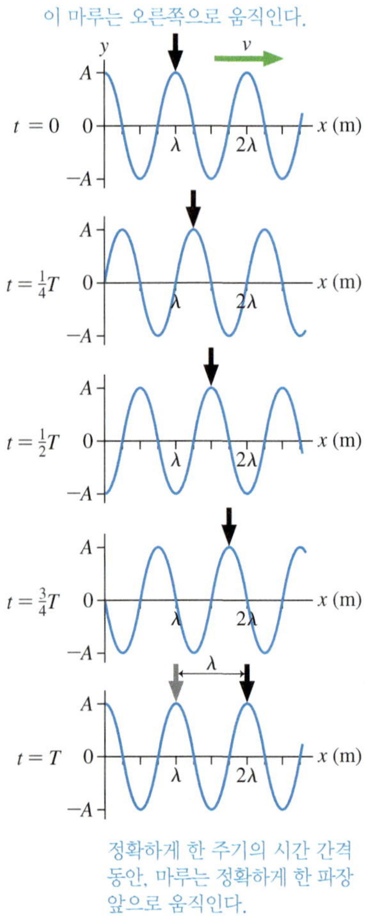

$$y(x, t) = A\cos\left(2\pi\left(\frac{x}{\lambda} - \frac{t}{T}\right)\right) \tag{15.7}$$

진폭 A, 파장 λ, 주기 T를 가진 오른쪽으로 움직이는 진행파의 변위

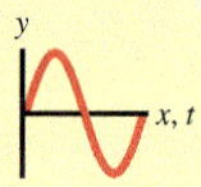

사인 모양

표현 $y(x, t)$는 변위 y가 2개의 변수 x와 t의 함수라는 것을 나타낸다. 파동의 변위를 계산하기 전에, 어디에(x) 그리고 언제(t) 둘 다 명시하여야 한다.

그림 15.10을 살펴보면, 이 표현이 왜 오른쪽으로 진행하는 파동을 설명하는지 이해할 수 있다. 그림에 5개 순간에서의 식 (15.7)을 5개의 스냅숏 그래프로 그렸으며, 각

각 1/4주기씩 떨어져 있다. 화살표로 표시된 마루는 파동 위의 한 지점을 나타낸다. 시간 t가 증가하면 이 지점의 위치 x도 증가한다. 파동은 오른쪽으로 이동한다. 첫 번째 그래프와 마지막 그래프 사이에 하나의 완전한 주기가 경과하였다. 이 시간 동안 파동은 한 파장만큼 이동하였다. 그리고 파동이 지나감에 따라 매질의 각 지점은 한 번의 완전한 진동을 겪는다.

왼쪽으로 진행하는 파동은 형태가 약간 다르다.

$$y(x, t) = A\cos\left(2\pi\left(\frac{x}{\lambda} + \frac{t}{T}\right)\right) \tag{15.8}$$

왼쪽으로 움직이는 진행파의 변위

예제 15.4 보트의 오르내림 결정

보트가 물에 대해 5.0 m/s로 오른쪽으로 움직이고 있다. 파도가 보트의 움직임과 반대로 왼쪽으로 움직이고 있다. 파동에서 마루의 최고점과 골의 최저점 사이는 2.0 m이다. 파동의 주기는 8.3 s이고, 파장은 110 m이다. 한 순간, 보트는 파동의 마루 위에 있다. 20 s 후에, 보트의 수직 변위는 얼마인가?

준비 그림 15.11의 개요도에서 $t = 0$을 보트가 마루 위에 있는 순간이라 하고, 그 시간에서의 진행파의 스냅숏 그래프를 그린다. 파동이 왼쪽으로 진행하고 있기 때문에, 파동을 표현하는 데 식 (15.8)을 사용할 것이다. 보트는 파동의 마루에서 시작하므로, 보트는 $x = 0$에서 출발할 수 있음을 알 수 있다.

파동의 높은 지점과 낮은 지점 사이의 거리는 2.0 m이며, 진폭은 이 값의 절반이므로 $A = 1.0$ m이다. 파장과 주기는 문제에서 주어졌다.

그림 15.11 보트에 대한 개요도

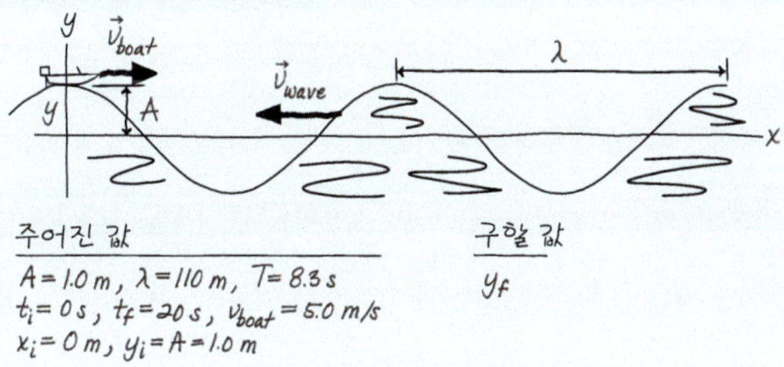

풀이 보트가 물에 대해 5.0 m/s로 오른쪽으로 움직이고 있다. $t_f = 20$ s에서 보트는 다음 위치에 있다.

$$x_f = (5.0\ \text{m/s})(20\ \text{s}) = 100\ \text{m}$$

이 위치와 시간에서 파동의 변위를 알아야 할 필요가 있다. 진폭, 파장, 그리고 주기에 대해 알고 있는 값을 왼쪽으로 진행하는 파동에 대한 식 (15.8)에 대입하면 파동에 대하여 다음과 같은 식을 얻는다.

$$y(x, t) = (1.0\ \text{m})\cos\left(2\pi\left(\frac{x}{110\ \text{m}} + \frac{t}{8.3\ \text{s}}\right)\right)$$

$t_f = 20$ s와 $x_f = 100$ m에서 파도 위에 있는 보트의 변위는 다음과 같다.

$$\begin{aligned} y_f = y(100\ \text{m에서}\ 20\ \text{s}) &= (1.0\ \text{m})\cos\left(2\pi\left(\frac{100\ \text{m}}{110\ \text{m}} + \frac{20\ \text{s}}{8.3\ \text{s}}\right)\right) \\ &= -0.42\ \text{m} \end{aligned}$$

검토 최종 변위는 (−) 값인데, 이것은 보트가 물속에 있다는 것이 아니라 파동의 골에 있음을 의미한다. 최종 계산을 할 때, 계산기가 라디안 모드에 있어야 함을 잊지 말아야 한다!

사인파의 기본적인 관계

그림 15.10에서 화살표로 표시된 파동 마루는 첫 그래프와 마지막 그래프 사이에서 완전한 한 파장을 움직였다. 즉, **정확하게 한 주기 T의 시간 간격 동안 사인파의 각 마루는 정확하게 한 파장의 거리 λ를 전진한다.** 속력은 거리를 시간으로 나눈 것이므

수업 영상

로 파동 속력은 다음과 같다.

$$v = \frac{\text{거리}}{\text{시간}} = \frac{\lambda}{T} \tag{15.9}$$

$f = 1/T$를 사용하여 식 (15.9)를 다음과 같이 쓴다.

$$v = \lambda f \tag{15.10}$$

사인파에 대한 속도, 파장, 그리고 진동수 사이의 관계

식 (15.10)이 특별한 이름은 없지만, 그것은 사인파에 대한 기본적인 관계식이다. 이 식을 사용할 때, 파동은 한 주기의 시간 간격 동안 한 파장을 전진한다는 물리적 의미를 잊지 말아야 한다.

이제 검토하고 연결하기 위해 배운 파동 운동에 대한 상세한 정보를 모을 필요가 있다.

종합 15.1 파동 운동

파동 속력은 매질에 의해 결정된다.

당긴 줄에서의 파동에 대하여:

$$v_{string} = \sqrt{\frac{T_s}{\mu}}$$

T_s: 줄의 장력(N), μ: 줄의 길이당 질량 (kg/m)

기체에서의 음파에 대하여:

$$v_{sound} = \sqrt{\frac{\gamma k_B T}{m}}$$

T: 온도 (T), m: 분자 질량 (kg)

예를 들어 공기 중 실온에서:

$v_{sound}(20° \text{C}) = 343 \text{ m/s}$

진공 또는 공기 중 빛속도:

$v_{light} = 3.00 \times 10^8 \text{ m/s}$

한 주기에 한 파장을 움직이는 사인파의 기본적인 관계:

$$v = \lambda f = \frac{\lambda}{T}$$

v: 파동의 속력 (m/s), f: 파동의 진동수(Hz), λ: 파장 (m), T: 파동의 주기 (s)

사인파가 진행하면 매질의 각 점은 단순조화운동을 한다.

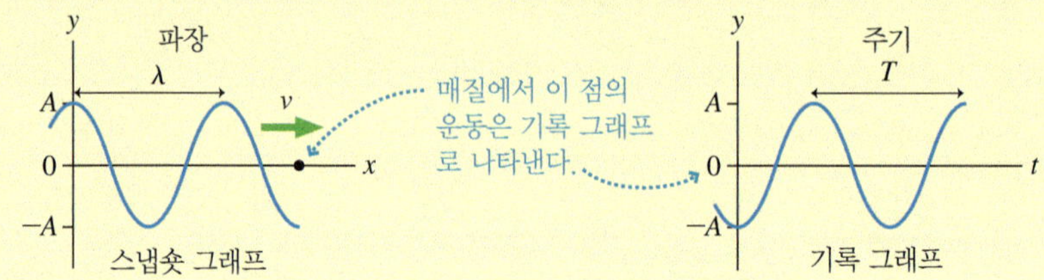

예제 15.5 파동 방정식 작성

진폭이 1.5 cm이고 진동수가 100 Hz인 사인파가 200 m/s로 (+)x 방향으로 진행한다. 파동이 진행할 때 파동의 변위에 대한 식을 작성하시오.

준비 문제의 서술에서 다음과 같은 파동의 특징이 주어졌다.

$$A = 1.5 \text{ cm} = 0.015 \text{ m},\ v = 200 \text{ m/s},\ f = 100 \text{ Hz}$$

풀이 파동에 대한 식을 작성하기 위하여 진폭, 파동, 그리고 주기가 필요하다. 진폭은 문제의 서술에서 주어졌다. 파장을 구하기 위하여 사인파에 대한 기본적인 관계를 사용할 수 있다.

$$\lambda = \frac{v}{f} = \frac{200 \text{ m/s}}{100 \text{ Hz}} = 2.0 \text{ m}$$

주기는 진동수로부터 계산할 수 있다.

$$T = \frac{1}{f} = \frac{1}{100 \text{ Hz}} = 0.010 \text{ s}$$

이 값이 구해지면, 식 (15.7)을 사용하여 파동의 변위에 대한 식

을 작성할 수 있다.

$$y(x, t) = (0.015\text{ m})\cos\left(2\pi\left(\frac{x}{2.0\text{ m}} - \frac{t}{0.010\text{ s}}\right)\right)$$

검토 파동 속력을 알면 주어진 진동수에 대한 파장을 구하거나, 주어진 파장에 대한 진동수를 구하기 위하여 파동에 대한 기본적인 관계를 사용할 수 있다. 이렇게 하는 것이 풀어야 할 문제들의 초기 단계에서 자주 필요할 것이다.

15.4 음파와 광파

지금 세상을 어떻게 경험하고 있는지 생각해보자. 대부분 우리를 둘러싼 세상으로부터 오는 빛과 음파를 시각과 청각으로 감시하고 해석한다.

음파

그림 15.4에서 스피커가 어떻게 음파를 생성하는지 보았다. 만약 스피커 진동판이 단순조화운동으로 움직이면, **그림 15.12**에 설명된 것처럼 사인 모양 음파를 생성할 것이다. 진동판이 전진할 때마다, 공기 분자를 서로 더 가깝게 이동시켜 더 높은 압력의 영역을 만든다. 반주기 후 진동판이 뒤로 움직이면 공기가 팽창하여 압력은 감소한다. 이러한 고압과 저압 영역을 각각 **압축**(compressions)과 **희박**(rarefactions) 영역이라 한다.

그림 15.12에서 알 수 있듯이, 음파를 압력파로 생각하는 것이 가장 편리하고 유익하다. 압력 그래프가 보여주듯이, 압력이 대기압 p_{atoms} 부근에서 사인 모양으로 진동한다. 이것은 한 순간의 파동의 스냅숏 그래프이며, 인접한 마루(2개의 최대 압축 지점) 사이의 거리는 파장 λ이다.

파동이 귀에 닿으면 진동 압력으로 고막이 진동한다. 이 진동은 14장에서 배운 것처럼, 내이를 통해 달팽이관에 도달하여 감지된다. 정상적인 청력을 가진 인간은 약 20 Hz와 20,000 Hz(20 kHz) 사이의 진동수를 갖는 사인 모양 음파를 감지할 수 있다. 낮은 진동수가 '낮은 음조'의 낮은음자리표로, 반면에 높은 진동수가 '높은 음조'의 높은음자리표로 감지된다.

그림 15.12 음파는 압력파이다.

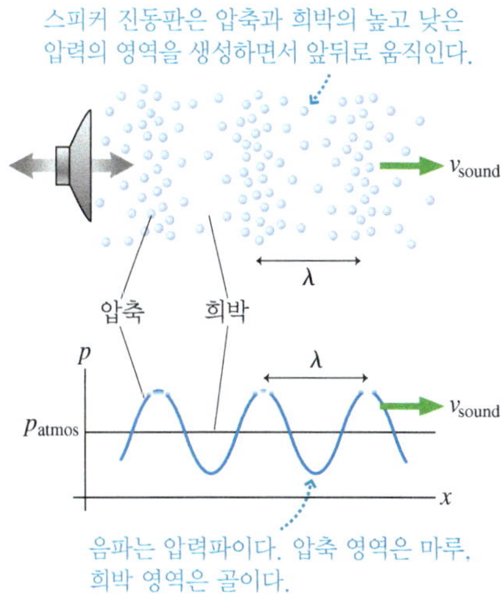

예제 15.6 소리의 파장 범위

인간의 청력 한계와 500 Hz인 중음에서의 음파의 파장은 얼마인가? 인간의 목소리로 부르는 노래는 500 Hz 근처에 있으며, 피아노 건반의 중앙 근처에 있는 건반을 치면 연주되는 음표이다.

준비 계산은 실온인 20°C에서 하며, 소리의 속력은 $v = 343\text{ m/s}$를 사용한다.

풀이 기본적인 관계 $v = \lambda f$로부터 파장을 계산할 수 있다.

$$f = 20\text{ Hz}: \quad \lambda = \frac{v}{f} = \frac{343\text{ m/s}}{20\text{ Hz}} = 17\text{ m}$$

$$f = 500\text{ Hz}: \quad \lambda = \frac{v}{f} = \frac{343\text{ m/s}}{500\text{ Hz}} = 0.69\text{ m}$$

$$f = 20\text{ kHz}: \quad \lambda = \frac{v}{f} = \frac{343\text{ m/s}}{20 \times 10^3\text{ Hz}} = 0.017\text{ m} = 1.7\text{ cm}$$

검토 20 kHz 음표는 1.7 cm의 짧은 파장을 가지며, 대조적으로 20 Hz 음표는 17 m의 아주 긴 파장을 갖는다! 파동은 1주기 시간 간격 동안 1파장을 전진하므로, $v = 343$ m/s로 진행하는 파동은 20 Hz 음표의 주기 $\frac{1}{20}$ s 동안 17 m를 움직일 수 있다.

표 15.2 동물의 청각 범위

동물	청각 범위 (Hz)
코끼리	< 5~12,000
올빼미	200~12,000
인간	20~20,000
개	30~45,000
쥐	1000~90,000
박쥐	2000~100,000
돌고래	75~150,000

개가 인간이 들을 수 없는 높은 진동수에 민감하다는 것은 잘 알려져 있다. 다른 동물들도 인간보다 청력 범위가 상당히 다르다. 표 15.2에 몇 가지 예가 나와 있다.

코끼리는 인간이 듣기에는 아주 낮은 진동수의 발성으로 먼 거리에서 의사소통한다. 인간의 청력 범위를 훨씬 뛰어넘는 진동수를 사용하는 동물들도 있다. 높은 진동수 소리는 소리의 펄스를 방출하고 그것의 반사를 청취하는 **반향 위치 측정**(echolocation)에 유용하다. 일반적으로 야행성 박쥐는 시력보다 청력에 더 많이 의존한다. 박쥐들은 크고 민감한 귀로 반사를 감지할 수 있는 큰 소리를 내고, 반향 위치 측정을 이용하여 곤충을 발견하고 잡는다. 박쥐가 사용하는 진동수는 인간의 청력 범위를 상회하며, 이러한 소리를 **초음파**(ultrasound)라 한다. 왜 박쥐와 다른 동물은 이 목적을 위해 높은 진동수를 사용하는가?

19장에서 광학 기기의 **해상도**(resolution)에 대해 살펴볼 것이다. 눈이나 어떤 광학 기기가 감지할 수 있는 가장 세밀한 세부 사항은 빛의 파장에 의해 제한된다. 파장이 짧으면 정밀한 세부 묘사가 가능하다.

박쥐가 만든 주변의 음향 영상에도 같은 제한이 적용된다. 주변 환경에 대한 세세한 부분을 감지하기 위해 박쥐는 매우 짧은 파장(높은 진동수)의 소리를 사용해야 한다. 돌고래와 같이 반향 위치 측정을 사용하는 다른 동물들도 높은 진동수 소리를 생성하고 감지한다.

소리는 인체 조직을 통해 잘 진행하며, 다른 조직의 음파 반사는 인체 내부의 영상을 만드는 데 사용될 수 있다. 정밀하고 상세함이 필요한 임상진단에는 초음파의 짧은 파장이 요구된다. X선의 사용이 바람직하지 않은 임신기간 중에 초음파 영상을 선택하는 것을 분명히 보았을 것이다.

예제 15.7 의학에서 초음파 진동수 BIO

어머니의 자궁에 있는 태아의 초음파 영상을 자세히 보기 위하여 의사는 0.50 mm의 파장이 필요하다고 결정하였다. 필요한 진동수는 얼마인가?

준비 인체에서 초음파 속력은 표 15.1에서 1540 m/s로 주어졌다.

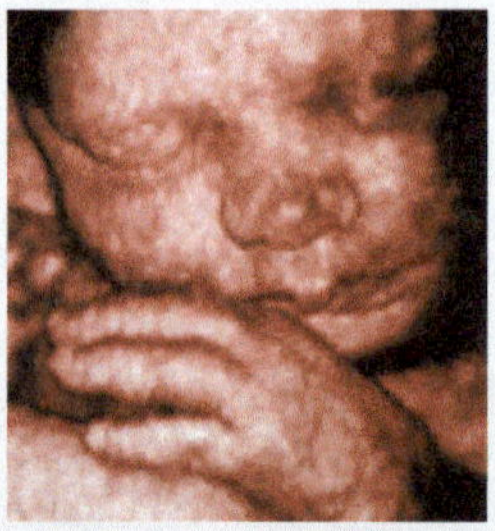

초음파 영상의 컴퓨터 처리는 세부 사항을 잘 보여준다.

풀이 계산을 위하여 사인파에 대한 기본적인 관계를 사용할 수 있다.

$$f = \frac{v}{\lambda} = \frac{1540 \text{ m/s}}{0.50 \times 10^{-3} \text{ m}} = 3.1 \times 10^6 \text{ Hz} = 3.1 \text{ MHz}$$

검토 이것은 타당한 결과이다. 임상 초음파는 1~20 MHz 범위의 진동수를 사용한다. 낮은 진동수는 더 큰 침투를 하며, 더 높은 진동수(더 짧은 파장)는 더 세밀한 세부 사항을 보여준다.

빛과 다른 전자기파들

빛은 전자기파이며, 전자기장의 진동이다. 우리의 눈으로 라디오파, 마이크로파, 그리고 자외선과 같은 다른 전자기파를 감지할 수 없다 할지라도 빛과 동일한 물리적 특성을 갖는다. 이미 앞에서 보았듯이 모든 전자기파는 동일한 속력 $c = 3.00 \times 10^8$ m/s로 진공(또는 공기)을 통해 진행한다.

빛의 파장은 극히 짧다. 가시광선은 대략 400 nm(= 400×10^{-9} m)에서 700 nm (= 700×10^{-9} m)의 파장(공기 중에서)을 가진 전자기파이다. 각 파장은 다른 색으로 인식된다. 600~700 nm 영역에 있는 더 긴 파장은 주황색 또는 빨간색으로 보이고, 400~500 nm 영역에 있는 더 짧은 파장은 파란색 또는 보라색으로 보인다.

그림 15.13은 가시광선 스펙트럼이 훨씬 넓은 **전자기 스펙트럼**(electromagnetic spectrum)의 작은 부분임을 보여준다. 빛과 나머지 전자기 스펙트럼에 대한 이야기는 다음 장에 있다.

그림 15.13 10^6 Hz부터 10^{18} Hz까지의 전자기 스펙트럼

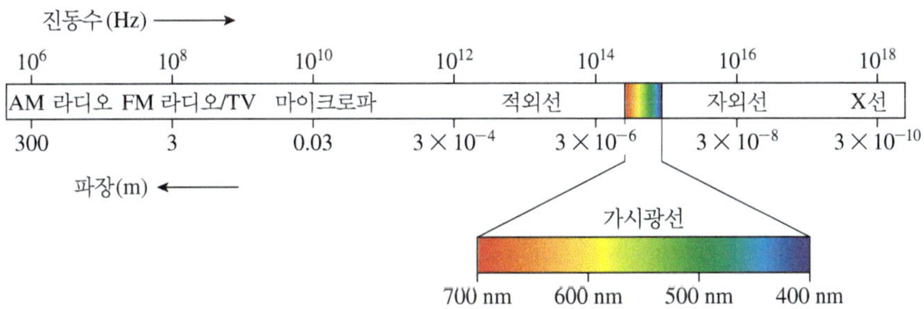

예제 15.8 마이크로파의 진동수 구하기

전자레인지 오븐에서 마이크로파의 파장은 12 cm이다. 파동의 진동수는 얼마인가?

준비 마이크로파는 전자기파이며, 그들의 속력은 빛속도 $c = 3.00 \times 10^8$ m/s이다.

풀이 사인파에 대한 기본적인 관계를 사용하여 진동수를 계산하면

$$f = \frac{v}{\lambda} = \frac{3.00 \times 10^8 \text{ m/s}}{0.12 \text{ m}} = 2.5 \times 10^9 \text{ Hz} = 2.5 \text{ GHz}$$

이다.

검토 이것은 높은 진동수이나, 파동의 속력도 역시 높다. 따라서 결과는 타당해 보인다.

초음파와 마이크로파를 기술하는 데 동일한 식을 사용하였다. 개발된 파동 모형은 모든 유형의 파동에도 똑같이 적용된다. 일반적으로 파장, 진동수, 속력과 같은 특징은 파동의 특성이다. 이 시점에서 아직 전자기장에 대한 세부 사항을 알지 못하지만 전자기파의 특성에 대한 중요한 사실을 말하기 위해 파동 모형을 사용할 수 있다.

예제 15.8에서 알아낸 전자레인지 오븐의 마이크로파 진동수 2.5 GHz는 다른 장치들의 진동수와 비슷하다. 여러 무선 전화는 2.4 GHz의 진동수, 핸드폰은 2.0 GHz 바로 아래의 진동수에서 작동한다. 이 진동수는 전자레인지 오븐에서 음식을 가열하는 파동의 진동수와 크게 차이가 없지만, 다음 절의 주제인 세기는 훨씬 작다.

15.5 에너지와 세기

진행파는 에너지를 한 지점에서 다른 지점으로 전달한다. 스피커로부터 나온 음파는 고막 운동을 유발한다. 태양으로부터 온 빛은 지구를 따뜻하게 하고 렌즈로 초점을 맞추면 발화할 수 있다. 파동의 **출력**(power)은 초당 줄(joule)의 비율로 파동이 전달한 에너지이다. ◀◀10.8절에서 배웠듯이 일률(출력)은 와트(watts)로 측정된다. 노래를 부르는 사람이나 큰소리로 외치는 사람은 음파 형태로 약 1 W 또는 1 J/s의 비율로 에너지를 방출한다. 이 절에서는 파동의 출력의 특징을 어떻게 기술하는지 배운다. 그렇게 하기 위한 첫 단계는 파동이 멀리 퍼져 나가면서 어떻게 변화하는지를 이해하는 것이다.

원형파, 구면파, 그리고 평면파

그림 15.14 원형파 또는 구면파의 파면

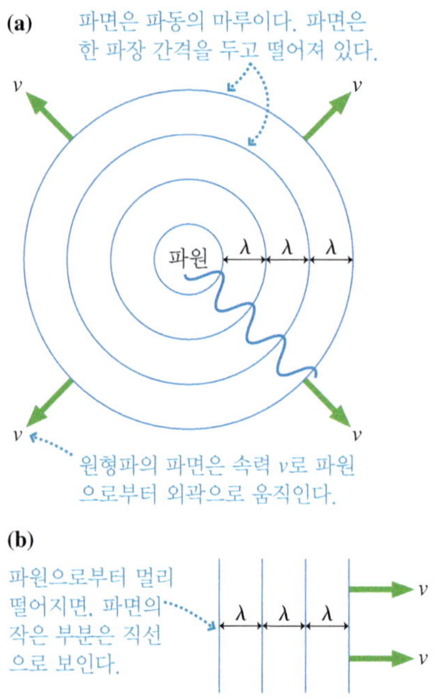

연못 위에서 퍼져 나가는 잔물결의 사진을 찍었다고 가정하자. 사진에서 마루의 위치를 표시하면 **그림 15.14(a)**인 것처럼 보일 것이다. 마루가 위치하는 선을 **파면**(wave fronts)이라 하고, 파면은 정확하게 한 파장 간격을 두고 떨어져 있다. 이와 같은 파동은 **원형파**(circular wave)라 하며, 표면을 가로지르며 퍼지는 2차원 파동이다.

파면이 원형이라 하여도, 파원으로부터 매우 멀리 떨어진 파면의 작은 단면을 관찰해보면 곡률이 거의 0이 될 것이다. 따라서 **그림 15.14(b)**에서처럼 파면은 평행선처럼 보이고, 여전히 한 파장 간격을 두고 떨어져 있으며 속력 v로 진행한다.

음파 또는 빛과 같이 많은 파동은 3차원에서 움직인다. 예를 들면, 스피커나 백열전구는 **구면파**(spherical wave)를 방출한다. 파동의 마루는 파장 λ로 분리된 일련의 구면 껍질을 형성한다. 본질적으로, 파동은 3차원 잔물결이다. 그림 15.14(a)와 같은 파면 도형을 그리면 편리하나, 이제 원은 파동 마루에 위치하는 구면 껍질을 지나는 작은 조각이다.

파원으로부터 멀리 떨어져 있는 구면파를 관찰해보면, 우리가 볼 수 있는 파면의 작은 조각은 매우 큰 구 표면 위의 작은 부분이다. 구의 반지름이 충분히 크다면 곡률은 0이 될 것이며, 파면의 작은 부분은 평면처럼 보일 것이다. **그림 15.15**는 **평면파**(plane wave)의 개념을 설명한다.

그림 15.15 평면파

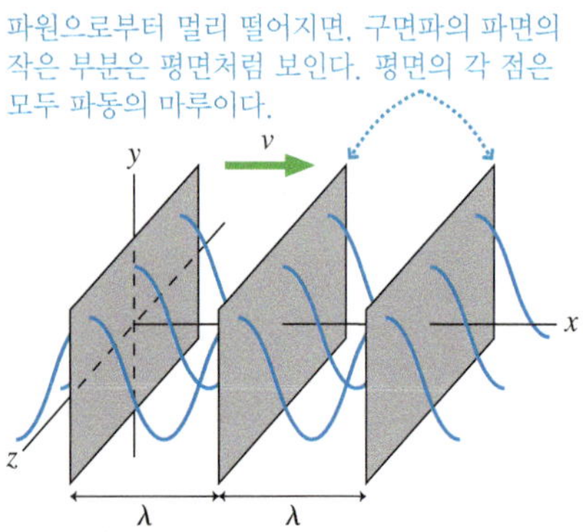

출력, 에너지, 세기

2 W의 가시광선을 방출하는 백열전구로 두 번의 실험을 한다고 상상해보자. 첫 실험에서는 백열전구를 방의 중심에 매달고 빛이 벽을 비추게 하자. 두 번째 실험에서는 백열전구의 빛을 '포획'하여 벽 위의 작은 점 위에 초점을 맞추기 위해 거울과 렌즈를 사용한다(이것은 투영기가 하는 일이다). 백열전구에 의해 방출되는 에너지는 양쪽의 경우 동일하나, 잘 알고 있는 바와 같이 빛은 작은 면적 위에 초점을 맞추었을 때 더 밝다. 초점이 맞추어진 빛이 모든 방향으로 진행하는 분산된 빛보다 강하다(intense)

고 할 수 있다. 비슷하게, 작은 영역으로 소리를 전달하는 스피커는 모든 방향으로 소리를 방사하는 동일한 출력의 스피커보다 그 영역에서 더 큰 소리를 만들어낸다. 밝기나 소리의 세기 같은 양은 에너지의 전달 비율과 출력뿐만 아니라 출력을 받는 면적에도 영향을 받는다.

그림 15.16은 면적 a의 표면에 비춘 파동을 보여준다. 면적은 파동이 진행하고 있는 방향에 수직이다. 이 면적은 고막이나 태양 전지와 같은 실제 물리적 표면일 수도 있지만, 공간에서 파동이 바로 통과하는 수학적 표면일 수도 있다. 파동의 출력이 P이면 파동의 **세기**(intensity) I를 다음과 같이 정의한다.

$$I = \frac{P}{a} \tag{15.11}$$

세기의 SI 단위는 W/m^2이다. 세기는 출력 대 면적의 비율이므로, 작은 면적 위에 초점이 맞추어진 파동이 큰 면적에 퍼져 있는 같은 출력을 가진 파동보다 더 높은 세기를 갖는다.

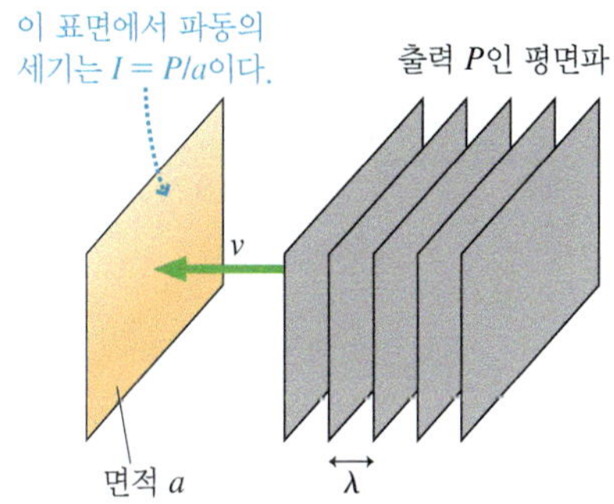

그림 15.16 면적 a에 비춘 출력 P의 평면파

예제 15.9 레이저빔의 세기

밝고 초점을 잘 맞춘 레이저 포인터는 지름 1.0 mm의 빔에 1.0 mW의 광 출력을 방출한다. 레이저빔의 세기는 얼마인가?

풀이 레이저빔의 빛은 지름이 1.0 mm인 원을 통과한다. 레이저빔의 세기는 다음과 같다.

$$I = \frac{P}{a} = \frac{P}{\pi r^2} = \frac{0.0010\ \text{W}}{\pi (0.00050\ \text{m})^2} = 1300\ \text{W/m}^2$$

검토 이 세기는 여름날 정오 햇빛의 세기와 대략 같다. 낮은 출력을 갖는 광원에 대해 이러한 높은 세기는 놀라우나, 면적이 매우 작기 때문에 에너지가 작은 점에 모아진다. 레이저 포인터의 빛은 피부를 태우지는 않지만 레이저빔이 눈에 비춰지는 것을 원하지 않을 것이다. 레이저 포인터의 세기는 햇빛의 세기와 비슷하다.

스피커로부터 나오는 소리와 백열전구로부터 나오는 빛은 광원으로부터 멀리 있게 되면 받게 되는 세기가 약해진다. 이것은 구면파가 점점 더 커지는 공간의 부피를 채우기 위해 더 넓게 흩어지기 때문이다. 만약 구면파의 파원이 모든 방향에서 균일하게 방출되면, 그림 15.17에서와 같이 거리 r에서의 출력은 반지름 r인 구 표면에 균일하게 퍼진다. 구의 표면적은 $a = 4\pi r^2$이므로, 균일한 구면파의 세기는

$$I = \frac{P_{source}}{4\pi r^2} \tag{15.12}$$

출력 P_{source}인 원천으로부터 거리 r에서의 구면파의 세기

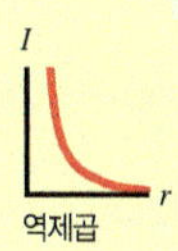

이다. r의 역제곱에 따라 변하는 에너지 보존의 서술과 실제로 똑같다. 원천은 J/s의 비율로 P인 출력을 방출한다. 에너지는 파동이 바깥으로 움직임에 따라 더 커지는 면적에 더 넓게 퍼진다. 결과적으로, 면적당 에너지는 구의 표면적에 비례하여 감소하여야 한다.

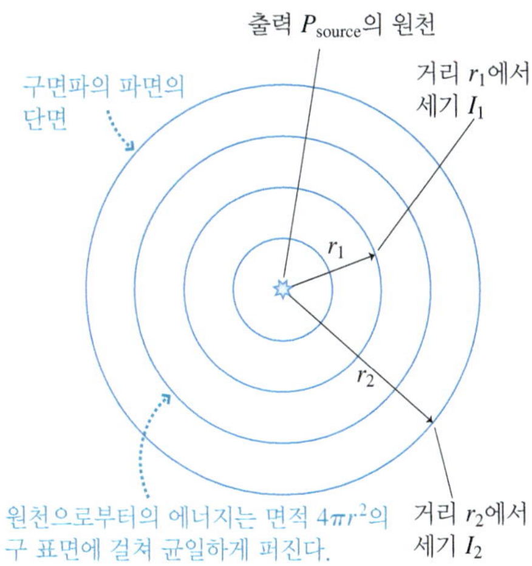

그림 15.17 균일한 구면파를 방출하는 원천

만약 거리 r_1에서 세기가 $I_1 = P_{source}/4\pi r_1^2$이고 r_2에서 세기가 $I_2 = P_{source}/4\pi r_2^2$이면, 세기의 비를 알 수 있다.

$$\frac{I_1}{I_2} = \frac{r_2^2}{r_1^2} \tag{15.13}$$

원천의 출력을 알 필요 없이, 원천으로부터 두 거리에서의 세기를 비교하기 위해 식 (15.13)을 사용할 수 있다.

◀ **소리 듣기에 더 좋다** BIO 큰 회색 올빼미는 얼굴 전면에 귀가 있으며 얼굴 깃털 뒤에 숨어 있다. 올빼미의 둥근 얼굴은 넓은 지역의 음파의 에너지를 모아 귀에 '집중시키는' 레이다 접시처럼 작동한다. 올빼미는 아주 조용한 소리도 감지할 수 있다.

예제 15.10 화성에서의 햇빛 세기

지구상에서 여름날 정오에 햇빛의 세기는 대략 1000 W/m^{2}이다. 화성은 태양과 지구와의 거리의 약 1.5배 거리에서 태양 궤도를 선회한다.

a. 화성 대기에 의한 에너지 흡수가 지구 대기에서와 비슷하다고 가정하면, 화성 여름의 정오에 햇빛의 세기를 예측하면 얼마나 되겠는가?

b. 초기 화성 탐사선(Sojourner)은 길이가 약 0.60 m, 폭이 0.37 m인 직사각형의 태양 전지판을 가지고 있다. 이 전지판이 포착할 수 있는 최대 태양 에너지는 얼마인가?

c. 고품질 태양 전지의 일상적인 전기 변환 효율을 18%라고 가정하면, 태양 전지가 생산할 수 있는 최대 실용 전력은 얼마인가?

준비 태양에 의해 방출된 에너지나 태양과 지구, 태양과 화성까지의 거리를 알지 못하지만 거리와 세기의 비율을 사용하여 화성 표면에서 세기를 구할 수 있다. 세기를 알게 되면, 태양 전지판의 면적을 사용하여 포획할 수 있는 에너지를 결정할 수 있다.

풀이 a. 식 (15.13)에 의해

$$I_{Mars} = I_{earth}\frac{r_{earth}^2}{r_{Mars}^2} = (1000\ \mathrm{W/m^2})\left(\frac{1}{1.5}\right)^2 = 440\ \mathrm{W/m^2}$$

이다.

b. 태양 전지판의 면적은

$$a = (0.60\ \mathrm{m})(0.37\ \mathrm{m}) = 0.22\ \mathrm{m^2}$$

이다. 태양 전지판이 태양을 향하면, 전체 면적이 에너지를 포획할 수 있다. 식 (15.11)을 사용하여 면적과 세기 항으로 입사 에너지를 구할 수 있다.

$$P = Ia = (440\ \mathrm{W/m^2})(0.22\ \mathrm{m^2}) = 100\ \mathrm{W}$$

즉, 태양 전지판은 초당 100 J의 태양 에너지를 포획한다.

c. 이 모든 에너지가 전기로 변환되는 것은 아니다. 18 %의 효율을 곱하면

$$P = (100\ \mathrm{W})(0.18) = 18\ \mathrm{W}$$

이다.

검토 화성에서 태양까지의 거리가 더 멀다고 생각했기 때문에 햇빛의 세기는 지구보다 화성에서 꽤 적다. 그리고 태양 전지의 효율은 그다지 크지 않으므로 최종 결과는 작지만 매우 합리적이다. 실제로 탐사선 태양 전지판의 최고 출력은 이보다 작다.

15.6 소리의 크기

10대의 기타로 같은 음을 연주하면 1대가 연주하는 소리의 약 2배의 크기로만 들린다. 일반적으로 **소리의 세기가 10배 증가하면, 감지되는 크기는 약 2배 증가한다**. 감지할 수 있는 아주 조용한 소리와 안전하게 들을 수 있는 최대로 큰 소리의 차이는

1,000,000,000,000배이다! 정상적인 대화의 세기는 속삭임의 세기의 10,000배이나, 그 소리는 단지 16배 정도 크다.

소리의 크기는 **소리 세기 준위**(sound intensity level)라고 하는 양에 의해 측정된다. 우리가 들을 수 있는 세기의 범위가 넓고 인지된 소리의 크기 차이가 실제 세기의 차이보다 훨씬 작기 때문에 소리 세기 준위는 **로그 척도**(logarithmic scale)로 측정된다. 이 절에서는 이것이 무엇을 의미하는지 설명할 것이다. 소리 세기 준위(즉, 소리 크기)의 단위는 많이 들어본 단어인 데시벨(decibels)이다.

세상에서 가장 시끄러운 동물 BIO 흰긴수염고래는 길이가 30 m가 넘고, 무게가 150,000 kg 또는 그 이상으로 세상에서 가장 큰 동물이다. 그것은 또 가장 시끄러운 동물이다. 물속 근거리에서, 흰긴수염고래가 10~30초 동안 내는 소리는 인체 조직에 손상을 주기 충분한 세기이다. 그들의 크고, 낮은 진동수의 외침은 160 km 떨어져 있는 다른 고래에게도 들린다.

데시벨 척도

인간이 들을 수 있는 소리의 세기에 최솟값이 있다. 정확한 값은 개인에 따라, 진동수에 따라 다르나, 극도로 조용한 방에서 들릴 수 있는 가장 낮은 소리 세기의 평균값은

$$I_0 = 1.0 \times 10^{-12}\ \mathrm{W/m^2}$$

이다. 이 세기를 가청 한계(threshold of hearing)라 한다.

소리 크기 척도의 0을 가청 한계에 배치하는 것은 논리적이다. 그러면 모든 다른 소리는 이 세기를 참조하게 될 것이다. 크기의 척도를 만들기 위해 **데시벨**(dB)로 표현되는 소리 세기 준위를 다음과 같이 정의하자.

$$\beta = (10\ \mathrm{dB})\log_{10}\left(\frac{I}{I_0}\right) \tag{15.14}$$

소리의 세기 I에 대한 소리 세기 준위의 데시벨 표현

β는 그리스 문자 베타의 소문자이다. 데시벨은 전화기의 발명자인 벨(Alexander Graham Bell)이 명명하였다. 소리 세기 준위는 두 세기의 비율로 형성되므로 실제로 차원이 없다. 따라서 데시벨은 실제 진짜 세기보다는 세기 준위를 다룬다는 것을 연상하게 하기 위한 이름이다.

식 (15.14)의 로그는 소리 세기 비 I/I_0의 밑이 10인 로그, 곧 상용대수이다. 로그는 아래와 같이 작용함에 유의하자.

숫자를 10의 거듭제곱으로 표현하면 … …로그는 지수이다.

$$\log_{10}(1000) = \log_{10}(10^3) = 3$$

$I = I_0$인 가청 한계에서 소리 세기 준위는

$$\beta = (10\ \mathrm{dB})\log_{10}\left(\frac{I_0}{I_0}\right) = (10\ \mathrm{dB})\log_{10}(1) = (10\ \mathrm{dB})\log_{10}(10^0) = 0\ \mathrm{dB}$$

이다. 가청 한계는 우리가 원한 바와 같이 0 dB과 일치하였다.

소리 세기 준위로부터 상용로그 함수 $\log_{10}$의 역수를 가지고 소리 세기를 구할 수

표 15.3 일상의 환경에서 나는 소리의 소리 세기 준위와 세기

소리	β(dB)	I(W/m^2)
가청 한계	0	1.0×10^{-12}
사람 숨소리, 3 m에서	10	1.0×10^{-11}
속삭이는 소리, 1 m에서	20	1.0×10^{-10}
시험 보는 동안 교실, 대화 없음	30	1.0×10^{-9}
주택가 거리, 교통량 없을 때	40	1.0×10^{-8}
조용한 식당	50	1.0×10^{-7}
보통 대화, 1 m에서	60	1.0×10^{-6}
혼잡한 교통	70	1.0×10^{-5}
진공청소기, 사용자에 대해	80	1.0×10^{-4}
나이아가라 폭포, 관망지점에서	90	1.0×10^{-3}
공기 해머, 2 m에서	100	0.010
홈 스테레오, 최대 볼륨	110	0.10
록 콘서트	120	1.0
고통의 한계	130	10

있다. 밑이 10인 로그의 정의로부터 $10^{\log(x)}=x$임을 기억하자. 이것을 식 (15.14)에 적용하면 다음과 같다.

$$I=(I_0)10^{(\beta/10\text{ dB})} \tag{15.15}$$

표 15.3에 여러 대표적인 소리에 대한 소리 세기 준위와 소리 세기를 열거하였다. 소리 세기 준위는 실제 세기가 10배씩 증가할 때마다 10 dB만큼 증가한다. 예를 들어, 소리 세기 준위는 소리 세기가 10^{-5} W/m^{2}에서 10^{-4} W/m^{2}로 증가할 때 70 dB로부터 80 dB로 증가한다. 소리 세기 준위에서 20 dB 증가는 세기에서 100배, 30 dB 증가는 세기에서 1000배 증가하는 것을 의미한다. 앞에서 소리 세기가 10배 증가할 때 '2배로 크게' 감지됨을 알았다. 데시벨의 항으로, 소리 세기 준위가 각각 10 dB 증가함에 따라 소리의 크기는 정확히 2배가 된다고 할 수 있다.

표 15.3에서 소리의 범위는 매우 넓다. 척도의 최고값인 130 dB은 가청할 수 있는 가장 조용한 소리 세기의 10조 배나 된다. 이 세기의 진동은 귀의 섬세한 감각기관에 손상을 주고 고통을 유발한다. 무슨 일이 있어도 이보다 더 작은 세기의 소리에 노출되어야 한다. 120 dB의 소리에 아주 짧게 노출되면 귀의 모세포가 손상될 수 있지만, 85 dB 이상의 소리 세기 준위에 오래 노출되어도 역시 손상을 입을 수 있다.

소리 세기 준위를 사용하는 예제를 살펴보기 전에 파동이 전달하는 에너지에 대해 배운 내용을 정리하고 요약해보겠다.

종합 15.2 파동의 출력과 세기

파동에 의해 운반되는 에너지의 다른 측정값이 존재한다.

파동의 **세기**는 면적(제곱미터)당 출력:

세기 (W/m^2) 출력 (W)

$$I=\frac{P}{a}$$

면적 (m^2)

파동이 표면에 부딪힐 때, 면적 a에 흡수되는 출력:

$$P=Ia$$

구면파는 크기가 증가하는 구 표면에 퍼진다.

원천의 **출력**은 에너지를 방출하는 비율 (J/s 또는 W)

원천으로부터의 거리 (m)

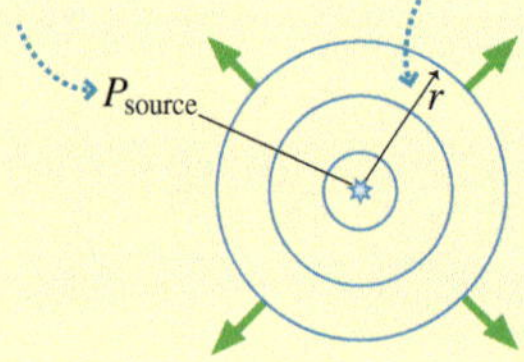

거리가 증가할수록 세기는 감소

반지름 r인 구의 표면적

$$I=\frac{P_{source}}{4\pi r^2}$$

상대적 세기로부터 **소리 세기 준위** 계산:

소리 세기 준위 (dB) 세기 (W/m^2)

$$\beta=(10\text{ dB})\log_{10}\left(\frac{I}{I_0}\right)$$

인간이 느낄 수 있는 가장 작은 소리의 세기

$$I_0=1.0\times10^{-12}\text{ W/m}^2$$

소리 세기 준위로부터 세기를 계산할 수 있다.

$$I=(I_0)10^{(\beta/10\text{ dB})}$$

예제 15.11 고함의 세기 구하기

목청껏 고함지르는 사람이 약 1.0 W의 음파 에너지를 방출한다. 그 사람으로부터 1.0 m에서 소리 세기 준위는 얼마인가?

준비 고함지르는 사람이 구면 음파를 방출한다고 가정한다. 종합 15.2로부터 거리에 따른 세기의 감소와 소리 세기 준위를 구할

수 있다.

풀이 1.0m 거리에서 소리의 세기는

$$I = \frac{P}{4\pi r^2} = \frac{1.0\ \mathrm{W}}{4\pi(1.0\ \mathrm{m})^2} = 0.080\ \mathrm{W/m^2}$$

이다. 따라서 소리 세기 준위는

$$\beta = (10\ \mathrm{dB})\log_{10}\left(\frac{0.080\ \mathrm{W/m^2}}{1.0\times10^{-12}\ \mathrm{W/m^2}}\right) = 110\ \mathrm{dB}$$

이다.

검토 이 값은 예상했던 바와 같이 상당히 크다(표 15.3과 비교).

▶ **소리를 듣는 털** BIO 이 전자현미경 사진은 소리를 감지하는 귀의 달팽이관에 있는 모세포를 보여준다. 아주 작은 진동이라도 달팽이관의 액체에 전달되면 털을 편향시켜 세포의 반응을 촉발시킨다. 기저막의 약 5원자 반지름에 해당하는 0.5 nm의 운동은 모세포에서의 전기 반응을 일으킨다. 이렇게 놀랄 만큼 예민한 감도를 가지므로 큰 소리는 이 구조들을 손상시킬 수 있다는 것이 조금도 이상하지 않다.

예제 15.12 얼마나 멀리에서 대화를 들을 수 있는가?

보통 대화하는 목소리로 말하고 있는 사람으로부터 1.0 m에서 소리 세기 준위는 60 dB이다. 외부에 있고, 말하는 사람으로부터 100 m에 있다고 가정하자. 최소의 배경 소음을 가진 아주 조용한 날, 그녀 또는 그의 대화를 들을 수 있을까?

준비 거리에 따라 소리의 세기가 어떻게 변화하는지는 알고 있으나, 소리 세기 준위는 아니므로 이 문제를 세 단계로 나누어야 한다. 1단계에서, 1.0 m에서의 소리 세기 준위를 식 (15.15)를 이용하여 세기로 변환하자. 2단계에서는 거리 100 m에서의 세기를 식 (15.13)을 이용하여 계산한다. 마지막으로, 이 결과와 식 (15.14)를 이용하여 소리 세기 준위로 되돌리면 크기를 판단할 수 있다.

풀이 보통 대화의 1.0 m에서 소리 세기 준위는 60 dB이다. 세기는

$$I(1\ \mathrm{m}) = (1.0\times10^{-12}\ \mathrm{W/m^2})10^{(60\ \mathrm{dB}/10\ \mathrm{dB})}$$
$$= 1.0\times10^{-6}\ \mathrm{W/m^2}$$

이다. 100 m에서 세기는 식 (15.13)을 이용하여 계산한다.

$$\frac{I(100\ \mathrm{m})}{I(1\ \mathrm{m})} = \frac{(1\ \mathrm{m})^2}{(100\ \mathrm{m})^2}$$
$$I(100\ \mathrm{m}) = I(1\ \mathrm{m})(1.0\times10^{-4}) = 1.0\times10^{-10}\ \mathrm{W/m^2}$$

이 세기는 소리 세기 준위로

$$\beta = (10\ \mathrm{dB})\log_{10}\left(\frac{1.0\times10^{-10}\ \mathrm{W/m^2}}{1.0\times10^{-12}\ \mathrm{W/m^2}}\right) = 20\ \mathrm{dB}$$

에 해당한다. 이 값은 속삭이는 소리 세기 준위 정도로, 가청 한계 이상이므로 아주 조용한 날에는 들을 수 있다.

검토 이 소리는 귀로 충분히 감지할 수 있다. 그러나 보통 배경 소음은 거의 40 dB 미만인 경우가 드물기 때문에 대화를 해독하기 어렵다. 따라서 이 결과는 경험에 기초하여 타당해 보인다. 이 소리는 귀가 감지할 수 있는 범위이지만 주위의 소리보다 훨씬 조용하므로 들을 수 있는 가능성이 없다.

15.7 도플러 효과와 충격파

이 마지막 절에서는 움직이는 물체로부터 나오는 소리와 움직이는 관찰자에 대해 주의 깊게 살펴볼 것이다. 구급차가 지나간 다음에는 사이렌의 음조가 떨어진다는 것을 알아챘을 것이다. 높은 음조가 갑작스럽게 낮은 음조가 된다. 구급차의 움직임에 기인하는 진동수에서의 이런 변화를 **도플러 효과**(Doppler effect)라 한다. 더 극적인 효

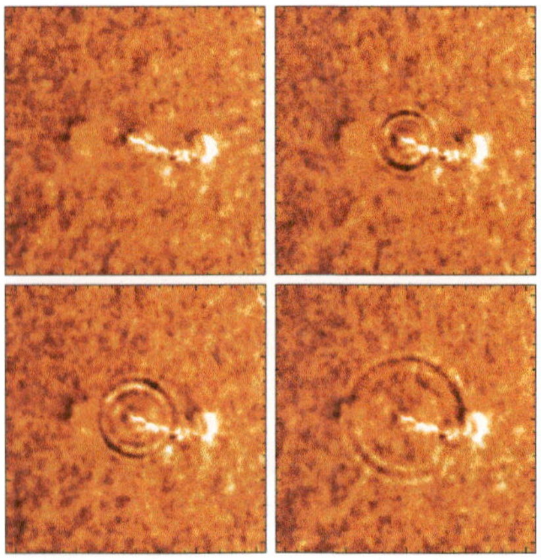

태양에서 파동 붙잡기 도플러 효과는 태양 표면에서 방출되는 빛의 진동수를 이동시킨다. 태양 표면이 상승하면 빛은 더 높은 진동수로 이동하며, 이 위치는 더 어둡게 표시된다. 태양 표면이 내려가면 빛이 더 낮은 진동수로 이동하고 더 밝게 표시된다. 태양 표면의 이와 같은 일련의 이미지는 태양 표면의 폭발로 인해 생성된 파동을 나타낸다.

과는 물체가 소리의 속력보다 더 빠르게 움직일 때 발생한다. 회초리 소리는 끝이 초음속(supersonic)의 속력으로 움직일 때 만들어지는 **충격파**(shock wave)이다. 이 예들과 이 절의 대부분은 음파와 관련되나, 우리가 조사하게 될 현상들은 일반적으로 모든 파동에 대해 응용될 것이다.

움직이는 음원으로부터 오는 음파

그림 15.18(a)는 음파의 음원이 파블로로부터 낸시를 향해 안정된 속력 v_s로 움직이고 있는 것을 보여준다. 아래 첨자 s는 이것이 파동의 속력이 아니라 음원의 속력이라는 것을 나타낸다. 음원은 진행하면서 진동수 f_s의 음파를 방출한다. 그림에서 점은 시간 $t = 0$, T, $2T$, $3T$에서의 음원의 위치를 보여주며, 여기서 $T = 1/f_s$는 파동의 주기이다.

파동의 마루가 음원을 떠난 후, 그것의 운동은 매질의 성질에 의해 결정된다. 음원의 운동은 이미 방출된 파동에는 영향을 줄 수 없다. 따라서 **그림 15.18(b)**에서 각 원형파의 파면은 파동이 방출된 지점에 중심을 둔다. 파동의 마루가 음원이 움직이고 있는 방향으로는 가깝고, 뒤쪽으로는 멀어져 있음을 볼 수 있다. 한 마루와 다음 마루 사이의 거리가 한 파장이므로, 낸시가 측정한 파장 λ_+는 음원이 정지해 있을 때 방출되었을 파장 $\lambda_0 = v/f_s$보다 **작다**. 비슷하게, 음원 뒤에서의 파장 λ_-는 λ_0보다 더 크다.

이 마루는 파동 속력 v로 매질을 통해 움직인다. 결과적으로 음원이 접근하는 관찰자에 의해 감지되는 진동수 $f_+ = v/\lambda_+$는 음원에 의해 방출되는 진동수 f_s보다 더 **높아진다**. 비슷하게, 음원의 뒤쪽에서 감지되는 진동수 $f_- = v/\lambda_-$는 진동수 f_s보다 더 **낮아진다**. 음원이 관찰자에 대하여 상대적으로 움직일 때 생기는 진동수의 이러한 변화를

그림 15.18 오른쪽으로 속력 v_s로 움직이는 음원이 방출하는 파면을 보여주는 운동 도형

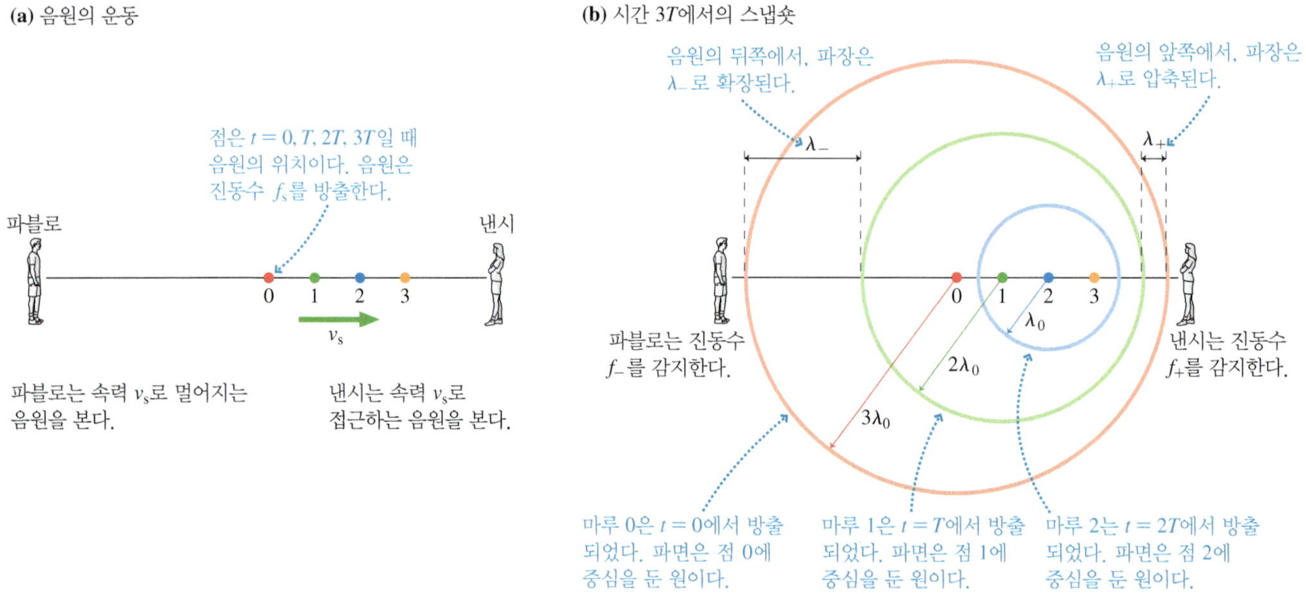

도플러 효과라 한다. 정지한 관찰자에게 들리는 진동수는 관찰자가 접근하는 음원을 보는지, 또는 멀어지는 음원을 보는지에 의존한다.

접근하는 음원

$$f_+ = \frac{f_s}{1 - v_s/v}$$

(음원의 진동수 (Hz): f_s / 파동의 속력 (m/s): v / 음원의 속력 (m/s): v_s / 증가하는 관찰 진동수: f_+)

멀어지는 음원

$$f_- = \frac{f_s}{1 + v_s/v} \qquad (15.16)$$

(감소하는 관찰 진동수: f_-)

예상대로, 분모가 1보다 작기 때문에 접근하는 음원에 대해 $f_+ > f_s$(진동수가 더 높다)이고, 멀어지는 음원에 대해 $f_- < f_s$(진동수가 더 낮다)이다.

예제 15.13 경찰관은 얼마나 빠르게 운전하는가?

경찰차가 다가올 때 경찰차 사이렌 진동수는 550 Hz이고, 지나가고 멀어져 갈 때의 사이렌 진동수는 450 Hz이다. 경찰차는 얼마나 빨리 움직이는가?

준비 사이렌 진동수는 도플러 효과에 의해 달라진다. 차가 접근해 올 때 진동수는 f_+이고, 멀어져 갈 때는 f_-이다. 두 진동수에 대해 2개의 식을 쓸 수 있으며, 경찰차의 속력 v_s를 풀 수 있다.

풀이 목적은 v_s를 구하는 것이므로, 식 (15.16)을 다시 쓰면

$$f_s = \left(1 + \frac{v_s}{v}\right) f_- \quad \text{그리고} \quad f_s = \left(1 - \frac{v_s}{v}\right) f_+$$

이다. 첫째 식으로부터 둘째 식을 빼면

$$0 = f_- - f_+ + \frac{v_s}{v}(f_- + f_+)$$

를 얻을 수 있다. 이제 속력 v_s에 대하여 풀 수 있다.

$$v_s = \frac{f_+ - f_-}{f_+ + f_-} v = \frac{100\ \text{Hz}}{1000\ \text{Hz}} 343\ \text{m/s} = 34\ \text{m/s}$$

검토 이 속력은 약 120 km/h이므로 매우 빠르다. 그러나 사이렌을 가진 경찰차로써는 합당한 속력이다.

움직이지 않는 음원과 움직이는 관찰자

예제 15.13의 경찰차가 34 m/s로 주행하는 동안 정지해 있었다고 가정하자. 이것은 경찰차가 34 m/s로 여러분 쪽으로 다가오는 것과 같다고 생각할 수도 있지만, 중요한 차이가 있다. 역학적 파동은 매체를 통해 이동하며, 도플러 효과는 음원과 관찰자가 서로에 대해 어떻게 움직이는지 뿐만 아니라 매질에 대해 어떻게 움직이는지에도 의존한다. 움직이는 관찰자에게 들리는 진동수는 관찰자가 음원에 접근하는지 아니면 멀어지는지에 따라 다르다.

접근하는 관찰자

$$f_+ = \left(1 + \frac{v_o}{v}\right) f_s$$

(관찰자의 속력 (m/s): v_o / 음원의 진동수 (Hz): f_s / 파동의 속력 (m/s): v / 증가하는 관찰 진동수: f_+)

멀어지는 관찰자

$$f_- = \left(1 - \frac{v_o}{v}\right) f_s \qquad (15.17)$$

(감소하는 관찰 진동수: f_-)

빛에 대한 도플러 효과

거리에 있는 은하계는 더 빠르게 멀어진다. 이 사진은 최대 120억 광년 떨어져 있는 은하계를 보여준다. 먼 거리는 큰 적색 편이를 암시하며, 가장 멀리 있는 은하계에서 온 빛을 뚜렷하게 빨간색으로 만든다.

만약 광원이 멀어진다면, 감지되는 파장 λ_-는 광원에 의해 방출되는 파장 λ_0보다 더 길어진다. 파장이 가시광선 스펙트럼의 끝쪽인 빨간색 쪽으로 이동되어 빛의 파장이 더 길어지는데, 이 효과를 **적색 편이**(red shift)라 한다. 유사하게 다가오는 광원으로부터 감지되는 빛은 더 짧은 파장 쪽으로 **청색 편이**(blue shift)된다. 보통의 속력으로 움직이는 물체에 대하여 이 효과는 작아서, 앞의 예제에서 경찰차 경광등의 도플러 이동은 볼 수 없다!

멀리 떨어진 은하계는 **모두** 적색 편이되어 있다. 즉 멀리 떨어진 모든 은하계는 우리에게서 멀어진다. 이 관찰을 어떻게 이해할 수 있을까? 가장 간단한 설명은 우주의 은하계가 **모두** 움직여 각각 서로 멀어진다는 것이다. 시간을 거꾸로 돌리면 우주의 모든 물질—상대성 이론에 따라 심지어 공간 그 자체도—이 원시적인 불덩이로부터 급격하게 만들어졌다고 추론할 수 있다. 많은 관찰과 측정을 통해 약 140억 년 전 빅뱅(Big Bang)에서 우주가 시작되었다는 이론이 지지를 받고 있다.

움직이는 물체로부터의 반사된 파동의 진동수 편이

장벽이나 장애물에 부딪히는 파동이 반사되어 파원을 향해 되돌아 갈 수 있다. 그 과정을 다음 장에서 더 자세히 살펴볼 것이다. 반사된 파동을 **메아리**(echo)라 한다. 박쥐는 나는 곤충까지의 거리를 초음파의 방출과 곤충으로부터의 메아리가 검출되기까지의 시간을 측정하여 결정할 수 있다. 그러나 박쥐가 곤충을 잡으려면 곤충이 어디로 향하는지를 아는 것만큼이나 곤충의 속도를 아는 것이 중요하다. 박쥐는 이것을 도플러 효과의 또 다른 응용인 반사파의 **진동수 편이**(frequency shift)를 알아차려 계산해낼 수 있다.

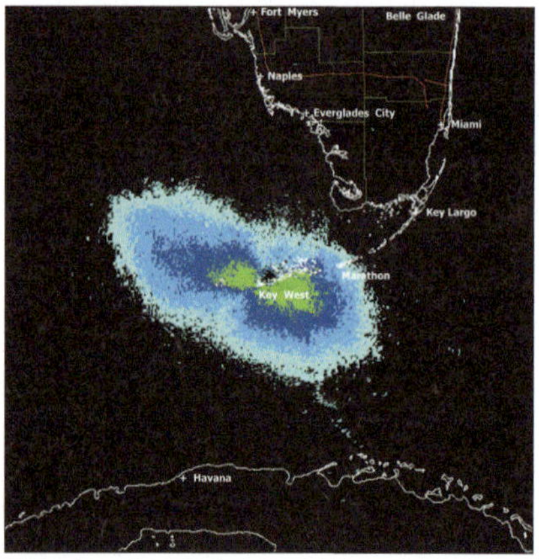

레이다로 야생 동물 추적하기 도플러 레이다는 진동수 편이를 가진 반사된 라디오파만 측정하도록 되어 있다. 고정된 물체로부터 오는 반사파는 제거하고 움직이는 물체만 보여준다. TV로 방송되는 폭풍의 도플러 레이다 영상은 움직이는 물방울에서 반사된 라디오파를 사용하여 만들어진다. 그러나 이 도플러 레이다 영상은 플로리다의 한가운데에서 비가 없는 맑은 밤에 촬영되었다. 파란색과 녹색 부분은 움직이는 폭풍이 아니고 움직이는 새 무리이다. 철새는 야간에 고도가 높은 곳에서 자주 움직이므로 도플러 레이다는 철새의 움직임을 분석하기 위한 훌륭한 도구이기도 하다.

진동수 f_s인 음파가 움직이는 물체를 향해 진행한다고 가정하자. 물체는 식 (15.17)에 의해 주어진 것처럼, 높은 진동수 f_+로의 진동수 도플러 편이를 보게 될 것이다. 음원 쪽으로 반사된 파동이 움직이는 물체에서 나오기 때문에 움직이는 물체에 의해 음원 쪽으로 다시 반사되는 파동도 더 높은 진동수로 도플러 편이된다. 따라서 움직이는 물체로부터의 메아리는 '이중 도플러 편이'이다. 만약 물체의 속력 v_0가 파동 속력 v보다 훨씬 작다면($v_0 \ll v$), 움직이는 물체로부터 반사된 파동의 진동수 편이는 다음과 같다.

$$\Delta f = \pm 2 f_s \frac{v_0}{v} \qquad (15.18)$$

반사파에서의 진동수 편이(Hz) → Δf
음원의 진동수(Hz) → f_s
물체의 속력(m/s) → v_0
파동의 속력(m/s) → v
물체가 멀어지면 진동수가 감소하고 물체가 가까워지면 진동수가 증가한다. → $\pm$

반사 물체가 정지할 때 편이가 없음(즉, 반사파가 방출파와 동일한 진동수를 가짐)에 주목하자.

반사파에서의 진동수 편이는 모든 유형의 파동에서 관찰된다. 레이다 장치는 라디오파 펄스를 방출하고 반사파를 관찰한다. 펄스 방출과 펄스의 복귀 사이의 시간은 물체의 위치를 제공한다. 복귀한 펄스의 진동수 변화는 물체의 속력을 제공한다. 이것은 교통경찰관이 사용하는 레이다 건과 기상 정보에서 보았던 도플러 레이다 영상의 기본 원리이다.

예제 15.14 도플러 혈류량계 BIO

초음파 파원을 피부에 밀착하면 음파가 인체 조직에서 반사된다. 음파의 일부는 동맥을 통하여 초음파 파원 쪽으로 또는 초음파 파원에서 멀어지는 혈액 세포에서 반사되어, 반사된 파동에 진동수 편이를 일으킨다. 생물의학 엔지니어가 일반적인 유속이 0.60 m/s인 동맥의 혈류를 측정하기 위하여 **도플러 혈류량계**(Doppler blood flowmeter)를 설계하고 있다. 이 흐름을 감지하기 위해 1500 Hz의 진동수 편이를 생성하려면 어떤 초음파 진동수를 사용해야 하는가?

풀이 초음파 방출기의 진동수를 계산하기 위하여 식 (15.18)을 다시 쓸 수 있다.

$$f_s = \left(\frac{\Delta f}{2}\right)\left(\frac{v}{v_{\text{blood}}}\right)$$

오른쪽 항의 값은 모두 알고 있다. 따라서 초음파 진동수는 다음과 같다.

$$f_s = \left(\frac{1500\ \text{Hz}}{2}\right)\left(\frac{1540\ \text{m/s}}{0.60\ \text{m/s}}\right) = 1.9\ \text{MHz}$$

검토 깊숙히 있는 조직의 혈액 흐름을 측정하기 위한 도플러 장치는 실제로 약 2.0 MHz에서 작동하므로 답은 타당하다.

진동수 편이 측정을 예제 15.7에서와 같은 초음파 영상장치와 결합하면, 구조뿐만 아니라 움직임까지 보여주는 **도플러 초음파**(Doppler ultrasound)라고 하는 장치를 만들 수 있다. 도플러 초음파는 심장학에서 매우 귀중한 도구이다. 영상이 심장의 구조뿐만 아니라 심장 근육의 움직임과 심장의 심실에서의 혈액 이동을 보여준다.

충격파

음파가 움직이는 음원에 의해 방출될 때 이미 보았던 것처럼 진동수가 편이된다. 음원 속력 v_s가 파동 속력 v를 초과하여 음원이 만드는 파동보다 음원이 더 빠르게 진행할 때 어떻게 되는지 자세히 살펴보자.

이 절 앞부분에 있는 그림 15.18에서 움직이는 음원에 의해 방출되는 파동의 운동 도형을 자세하게 살펴보자. **그림 15.19**는 같은 도형이나, 이 경우 음원이 파동보다 더 빠르게 움직인다. 이 운동은 파동의 겹침을 유발한다(그림 15.19를 그림 15.18과 비교하라). 겹치는 파동의 진폭이 합해져 매우 큰 진폭을 가진 파동, 즉 **충격파**를 만들어낸다.

그림 15.19 매질에서의 파동의 속력보다 빠르게 진행하는 파원이 방출하는 파동

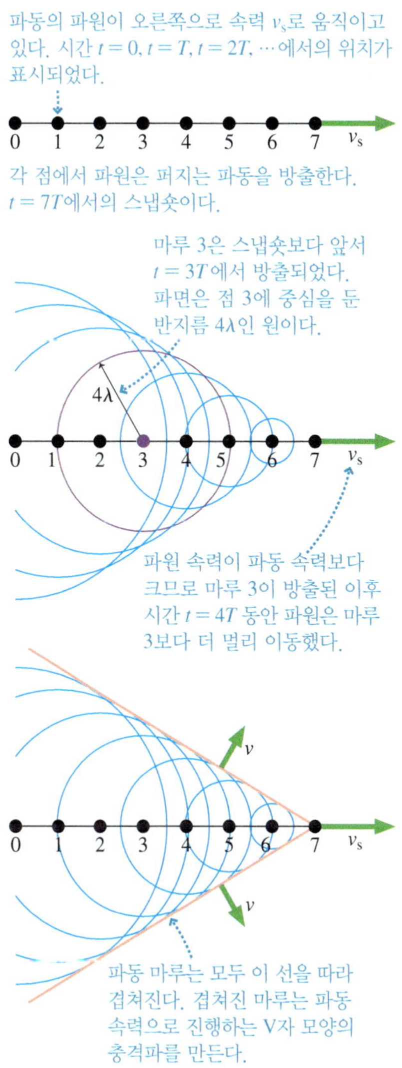

그림 15.20 충격파의 극단적인 예와 일상적인 예

공기 중에서의 소리 속력보다 더 빠르게 움직이는 무엇이든 충격파를 생성할 것이다. 지상에서의 소리 속력은 1997년 네바다 주의 블랙록 사막에서 스러스트 초음속 자동차(Thrust SCC)를 운전한 영국팀에 의해 깨졌다. 그림 15.20(a)는 소리 속력보다 더 빠른 **초음속**(supersonic)으로 달리는 동안 충격파가 만들어지는 것을 보여준다. 자동차 뒤쪽 풍경이 왜곡된 것을 볼 수 있는데, 이 지역에서 파동이 겹쳐 고압이 생겼기 때문이다. 이 충격파는 자동차와 함께 이동한다. 자동차가 여러분의 옆을 지나갈 때 충격파는 초음속 비행기가 지나갈 때 들었을 수 있는 특이한 큰 소리인 **충격파음**(sonic boom)을 만든다. 회초리 소리도 매우 작은 규모이지만 역시 충격파음이다.

충격파가 꼭 극단적인 현상은 아니다. 보트(또는 오리조차도!)는 보트가 만드는 수면파의 속력보다 쉽게 더 빨리 진행할 수 있다. 그 결과 그림 15.20(b)와 같은 특유의 'V' 모양의 자국도 실제로 충격파이다.

종합형 예제 15.15 지면의 흔들림

지진은 지각의 극적인 어긋남이다. 어긋남이 발생한 지역인 진앙(epicenter)으로부터 어느 정도 떨어져 있어도 지진에 의해서 생긴 파동을 느낄 수 있다. 지진파는 일반적으로 복잡하나, 일부 긴 주기의 파동은 거의 단순조화운동에 가까운 운동으로 지면을 흔든다. 그림 15.21은 2003년 일본을 강타한 지진이 발생한 후 원격 모니터링 기지에서 기록한 지면의 수직 위치를 보여준다. 이 특정 파동은 3500 m/s의 속력으로 진행하였다.

그림 15.21 지진파가 지나가는 동안 지면의 수직 운동

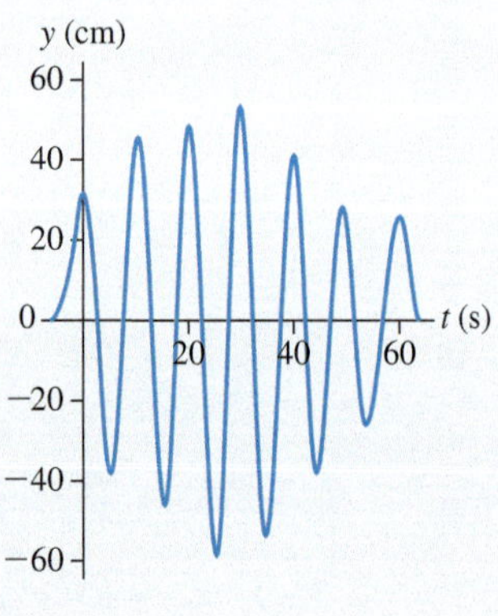

a. 파동은 횡파인가, 종파인가?

b. 파동의 진동수와 파장은 얼마인가?

c. 이 지진파가 진행하는 동안 지면의 최대 속력과 최대 가속도는 얼마인가?

d. 강렬한 지진파는 중력에 의한 자유 낙하 가속도보다 더 큰 가속도를 만들어낸다. 이 파동의 가속도와 비교해보시오.

준비 답에는 차이가 있으나 관련된 두 가지 부분이 있다. 즉, 지면 운동을 분석하고 파동 운동을 분석하는 것이다. 그림 15.21의 그래프는 매질의 한 지점, 즉 지면 운동에 대한 기록 그래프이다. 이 그래프는 거의 사인 모양이어서 지면 운동을 단순조화운동으로 모형화할 수 있다. 파동의 중간 부분을 살펴보면 진폭을 0.50 m로 추정할 수 있다(변화는 있지만, 몇 주기에 걸친 합당한 평균값이다). 지면이 단순조화운동을 하므로 진행파는 사인파이다. 결과적으로 사인파에 대한 기본적인 관계를 사용하여 파장, 진동수, 속력을 관련시킬 수 있다.

풀이

a. 그래프는 지면의 수직 운동을 보여준다. 지면(매질)의 이러한 운동은 지면을 따라 진행하는 파동의 수평 운동에 수직하므로 이 파동은 횡파이다.

b. 그래프로부터 진동이 6회 반복하는 시간이 60초가 걸리며, 따라서 주기는 $T = 10$ s임을 알 수 있다. 파동의 주기는 지면 위의 한 지점의 파동의 주기와 동일하므로 10 s이다. 따라서 진동수는 $f = 1/T = 1/10\text{ s} = 0.10\text{ Hz}$이다. 파동의 속력은 3500 m/s이므로 파장은 다음과 같다.

$$\lambda = \frac{v}{f} = \frac{3500\text{ m/s}}{0.10\text{ Hz}} = 35{,}000\text{ m} = 35\text{ km}$$

c. 지면의 운동은 진동수가 0.10 Hz이고, 진폭이 0.50 m인 단순조화운동이다. 최대 속력과 최대 가속도를 14장의 관계식을 사용하여 계산할 수 있다.

$$v_{max} = 2\pi fA = (2\pi)(0.10\text{ Hz})(0.50\text{ m}) = 0.31\text{ m/s}$$

$$a_{max} = (2\pi f)^2 A = [2\pi(0.10\text{ Hz})]^2(0.50\text{ m}) = 0.20\text{ m/s}^2$$

d. 이것은 상당히 완만한 지진파이며, 지면의 가속도가 중력의 자유 낙하 가속도와 비교하여 아주 작다.

$$a_{max}\ (g\text{의 단위로}) = \frac{0.20\text{ m/s}^2}{9.8\text{ m/s}^2} = 0.020g$$

검토 긴 주기를 갖는 빠른 파동에 대하여 예상한 바와 같이, 파장이 상당히 길다. 상대적으로 작은 진폭과 긴 주기를 감안할 때 최대 속력과 최대 가속도가 상대적으로 그다지 크지 않다는 것은 놀라운 일이 아니다. 이 파동의 통과를 분명히 느낄 것이지만, 빌딩을 쓰러 뜨리지 않을 것이다. 이 값은 14장의 예제 14.3에서 빌딩 상단의 흔들림에 대한 가속도보다 작다!

문제의 난이도는 I(쉬움)에서 IIIII(도전)으로 구분하였다. INT로 표시된 문제는 지난 장의 내용이 복합된 문제이고, BIO는 생물학적 또는 의학적 관심 분야를 의미한다.

QR 코드를 스캔하여 이 장의 문제를 해결하는 데 도움이 되는 영상 학습 풀이를 시작하시오.

연습문제

15.1 파동 모형

15.2 진행파

1. | 장력이 가해지는 줄의 파동 속력은 200 m/s이다. 장력이 2배가 되면 속력은 얼마가 되는가?

2. | 강당의 뒷벽은 무대에서 26.0 m 떨어져 있다. 중간 행에 앉아 있는 경우, 무대에서 나오는 소리가 귀에 직접 도달하는 시간과 뒤쪽 벽에서 반사된 후 귀에 도달하는 시간 사이에 얼마 만큼의 시간 지연이 있겠는가?

3. | 바다를 통한 소리 전파의 초기 테스트에서 바하마의 다이너마이트 1 kg의 수중 폭발이 아프리카 해안에서 5000 km 떨어진 곳에서 감지되었다. 폭발과 탐지 사이에 얼마나 오랜 시간이 경과했는가?

4. | 도시에서 700 km 떨어진 지진의 P파와 S파가 각각 8 km/s와 5 km/s로 바깥으로 이동한다. 도시 주민들이 P파에 의한 흔들림을 느끼고 나서 S파가 도착하기까지 얼마의 시간이 걸리겠는가?

15.3 파동의 그래픽 설명과 수학적 설명

5. | 그림 P15.5는 $t = 0$ s에서 파동의 스냅숏 그래프이다. $x = 6$ m일 때 $t = 0$ s에서부터 6 s까지 이 파동에 대한 기록 그래프를 그리시오.

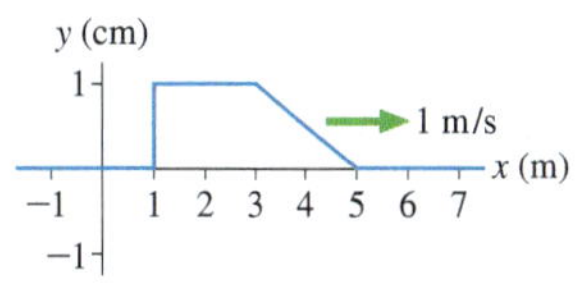

그림 P15.5

6. ||| 그림 P15.6은 오른쪽으로 1 m/s로 움직이는 파동의 $x = 0$ m에서의 기록 그래프이다. $t = 1$ s에서의 이 파동에 대한 스냅숏 그래프를 그리시오.

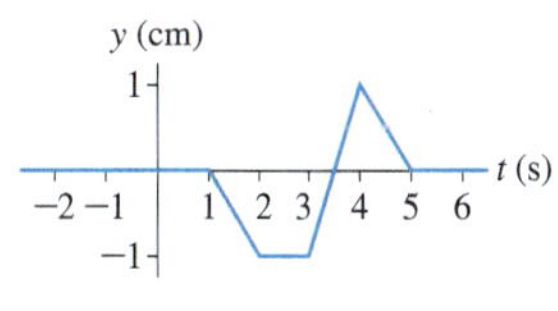

그림 P15.6

7. | 사인파는 주기가 0.33 s이고, 파장이 4.5 m이다. 파동 속력은 얼마인가?

8. || 물리학 실험실에서 사용되는 운동 감지기는 40 kHz의 초음파 펄스를 보내고 받는다. 펄스가 측정하는 물체를 비춘 뒤 검출기로 되돌아온다. 실험실의 온도는 20°C이다.
   a. 운동 감지기에서 방출된 파동의 파장은 얼마인가?
   b. 펄스가 2.5 m 떨어져 있는 물체에 반사되어 되돌아오는 데 시간이 얼마나 걸리겠는가?

9. ||| 진행파의 변위는 $y(x, t) = (2.0 \text{ cm}) \times \cos(2\pi x - 4\pi t)$이다. 여기에서 x는 cm이고, t는 s이다.
   a. $t = 0$ s에서 이 파동의 스냅숏 그래프를 그리시오.
   b. 동일한 축에 $t = 1/8$ s에서의 파동의 스냅숏 그래프를 점선으로 표시하시오.
   c. 파동의 속력은 얼마인가?

10. | 그림 P15.10은 2 m/s로 오른쪽으로 움직이는 파동의 $x = 0$ m에서의 기록 그래프이다. 이 파동의 진폭, 진동수, 파장은 얼마인가?

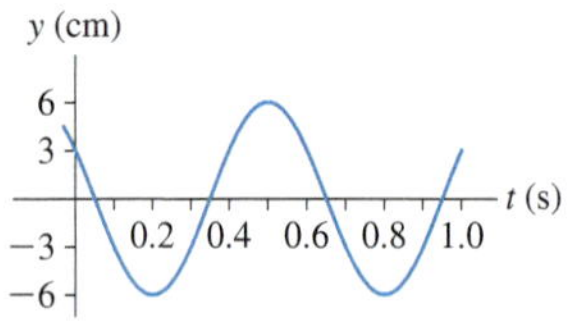

그림 P15.10

11. ||| 심해에서는 95 m 파장의 수면파가 12 m/s로 진행한다. 작은 보트가 평형 위치보다 1.2 m 위에 있는 파동의 마루에 있다고 가정하자. 5.0 s 후 보트의 수직 위치는 얼마인가?

15.4 음파와 광파

12. | 돌고래는 100 kHz의 초음파를 방출하고, 물속에서 물체의 위치를 결정하기 위해 반사시간을 이용한다. 이 초음파의 파장은 얼마인가?
BIO

13. || a. 파장이 450 nm인 파란색 빛의 진동수는 얼마인가?
    b. 파장이 650 nm인 빨간색 빛의 진동수는 얼마인가?

14. || a. 전화 신호는 종종 마이크로파를 통해 장거리 전송된다. 파장이 3.0 cm인 마이크로파의 진동수는 얼마인가?
    b. 마이크로파 신호가 50 km 떨어져 있는 두 산꼭대기 사이에서 전송된다. 한 산 정상에서 다른 산 정상으로 신호가 진행하는 데 얼마의 시간이 걸리겠는가?

15.5 에너지와 세기

15. || 음파가 고막을 진동시킬 때 소리가 감지된다(그림 14.26 참조). 일반적으로 고막의 지름은 사람의 경우 약 8.4 mm이다. 누군가 정상적인 목소리로 말할 때 귀의 음향 강도는 약 1.0×10^{-6} W/m^{2}이다. 매초 고막에 얼마나 많은 에너지가 전달되겠는가?
BIO INT

16. ||| 태양으로부터 오는 전자기파의 세기는 지구 대기 바로 위에서 1.4 kW/m^{2}이다. 맑은 여름날 정오에 이 값의 80%가 표면에 도달한다. 여러분의 등판을 30 cm × 50 cm의 직사각형으로 가정하자. 1.0시간(hr) 햇볕 아래에서 일할 때, 몇 J의 태양 에너지가 등판에 떨어지겠는가?

17. ||| 지구 궤도상에 있는 우주선의 거대한 태양 전지판은 판이 태양을 향하도록 조정되었을 때 5.0 kW의 출력을 만들어낸다. 만약 우주선이 태양으로부터 1.5배 멀리 떨어진 화성 주변의 궤도에 놓일 때 태양 전지는 얼마의 출력을 생산해낼 수 있을까?

18. || 라식 안과 수술은 레이저 빛 펄스를 사용하여 각막 조직을 깎아내고 그것을 재형성한다. 전형적인 라식 레이저는 파장이 193 nm인 지름 1.0 mm의 레이저빔을 방출한다. 각 레이저 펄스는 15 ns 지속되며, 1.0 mJ의 빛에너지를 전달한다.
BIO
    a. 1개의 레이저 펄스의 출력은 얼마인가?
    b. 펄스가 가진 빛의 세기는 얼마인가?

19. || 레이저는 재료를 뚫고 자를 때 사용할 수 있다. 그러한 레이저는 일련의 고출력 펄스를 발생시킨다. 각 펄스는 10 J의 에너지를 가지며 0.1 ps 지속된다. 렌즈는 2.3 μm 지름의 원에 빛을 집중시킨다. 펄스가 가진 빛의 세기는 얼마인가?

15.6 소리의 크기

20. ||| 2.0 m의 거리에서 휘파람 소리 세기는 W/m^2 단위로 얼마인가? dB 단위로 해당 소리 세기 준위는 얼마인가?

21. || 콘크리트를 부수고 있는 잭 해머로부터의 소리 세기는 충격 지점으로부터 2.0 m 떨어진 거리에서 2.0 W/m^{2}이다. 이것은 작업자가 귀 보호 장치를 착용하지 않으면 영구적인 청각 손상을 일으킬 정도로 충분히 큰 소리이다. 50 m 떨어진 곳에서의 (a) 소리 세기와 (b) 소리 세기 준위는 얼마인가?

22. || 야외 콘서트를 하는 록 밴드는 단일 스피커에서 5.0 m 떨어진 곳에 120 dB의 소리를 생성한다. 스피커로부터 35 m 떨어진 곳에서의 소리 세기 준위는 얼마인가?

23. || 115 dB의 소리에 30초간 노출되면 청력에 손상을 줄 수 있지만, 훨씬 더 조용한 94 dB로 1시간 동안 계속해서 노출되어도 손상될 수 있다. 야외 콘서트에 가서 구면파로 음향 출력 50 W를 방출하는 스피커 근처에 서 있게 된다 하자. 소리 세기 준위를 94 dB 이하로 유지하려면 스피커와의 최소 거리가 어느 정도이어야 하는가?
BIO

15.7 도플러 효과와 충격파

24. 고속도로에서 90 km/h로 주행하고 있는 컨버터블 자동차에 탑승한 오페라 가수는 600 Hz 음표로 노래를 부른다.
    a. 차 앞쪽 도로 옆에 서 있는 사람에게 들리는 진동수는 얼마인가?
    b. 차 뒤쪽 도로 옆에 서 있는 사람에게 들리는 진동수는 얼마인가?

25. || 사냥개를 부르는 데 사용하는 호루라기는 21 kHz의 진동수를 갖지만 개가 무시한다. 여러분은 호각이 작동하지 않는다는 의심이 들지만, 20 kHz 이상의 소리를 들을 수 없어 확인할 수 없다. 확인을 위해 친구에게 호루라기를 불어달라고 부탁한 다음 자전거를 탄다. 타고 가야 할 방향(친구를 향해 또는 친구로부터)과 호루라기가 작동하고 있는지 알 수 있는 최소 속력은 얼마인가?

26. | 존은 소리 속력이 340 m/s인 날 짐을 향해 3000 cm/s로 주행하면서 700 Hz의 단일 음표로 크게 노래 부른다.
    a. 짐은 어떤 진동수를 듣게 될까?
    b. 짐이 갑자기 700 Hz로 노래를 시작하면 존은 어떤 진동수를 듣게 될까?

27. |||| 도플러 혈류장치는 10.0 MHz의 초음파를 방출한다. 0.30 m/s의 속력으로 동맥을 흐르는 혈액에서 반사된 초음파의 진동수 편이는 얼마인가?

16 중첩과 정상파
Superposition and Standing Waves

디제리두(didgeridoo)는 오스트레일리아의 원주민들이 연주하는 양 끝이 열린 목관악기이다. 악기를 연주하는 원주민은 이렇게 간단한 장치에 불과한 악기로부터 어떻게 다양한 많은 음들을 연주할 수 있을까?

학습목표

중첩의 개념을 이용하여 간섭 현상과 정상파를 이해한다.

중첩

두 수면파가 만나는 곳에서 수면 운동은 각각의 파동의 합이 되며 이것을 **중첩**이라고 한다.

보강 간섭이나 **상쇄 간섭**으로 인하여 진폭이 커지거나 작아지는 현상을 배운다.

정상파

줄에서의 파동의 중첩은 제자리에서 진동하는 **정상파**를 만든다.

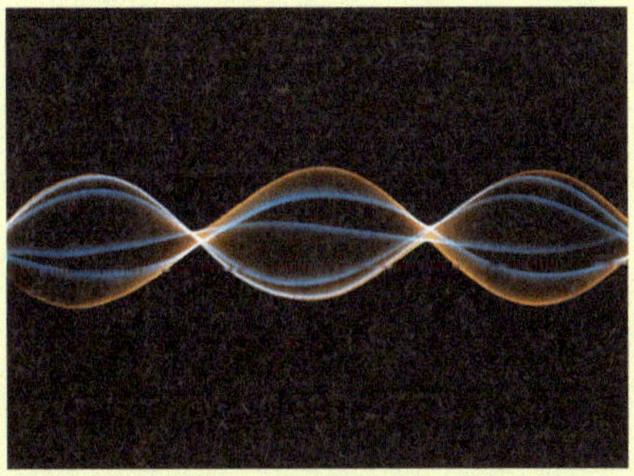

줄이나 관에서 형성되는 정상파의 패턴을 배운다.

말하기와 듣기

사람들이 말할 때 입 모양의 변화는 곧 성도 내의 정상파 패턴의 변화를 일으킨다.

사람의 성도에서 파동이 어떻게 생성되는지, 귀에서 여러 다른 파동들을 어떻게 인지하는지 배운다.

이 장의 배경

진행파

15장에서 진행파의 특성과 진행파를 나타내는 여러 변수들 사이의 관계식을 고찰하였다.

이 장에서는 좀 더 나아가 파동의 간섭과 정상파의 특성을 분석해본다.

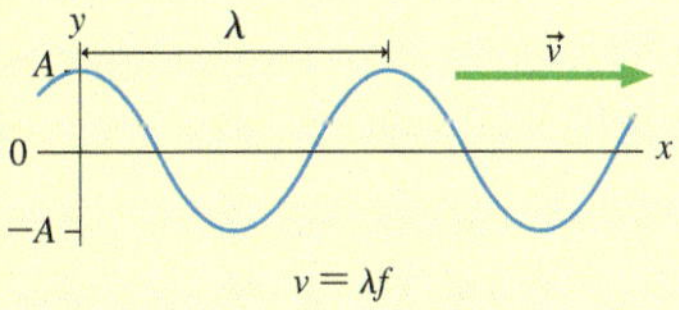

16.1 중첩 원리

그림 16.1(a)와 같이 두 명의 야구선수 앨런과 빌은 타격 연습을 하고 있다. 그런데 유감스럽게도 어떤 사람이 타격 연습용 투구기의 방향을 돌려 놓아서, A 투구기의 공은 빌을 향하고, B 투구기의 공은 앨런을 향하여 각각 발사되었다. 만일 두 공이 같은 속력으로 동시에 발사되었다면 교차점에서 충돌한 후 다른 방향으로 튀게 된다. 2개의 야구공은 동시에 같은 위치를 점유할 수 없기 때문이다.

그림 16.1 2개의 야구공은 서로 통과할 수 없지만 파동의 경우는 그대로 통과할 수 있다.

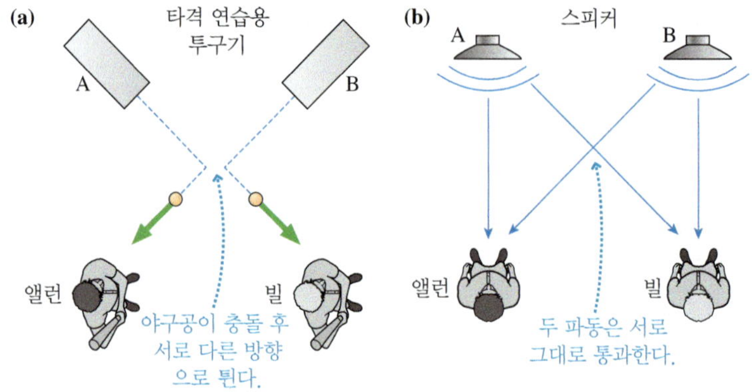

그러나 음파는 야구공과 달리 그대로 통과할 수 있다. 그림 16.1(b)와 같이 앨런과 빌은 연습이 끝난 후 라커룸에서 오디오로 스테레오 음악을 듣고 있다. 둘 다 잡음이나 소리의 끊어짐 없이 음악을 잘 듣는다. 즉, A 스피커에서 빌에게 진행하는 음파와 B 스피커에서 앨런에게 진행하는 음파는 서로 영향을 주지 않고 통과하는 것으로 보이는데, 이것은 음파의 본질적 특성 때문이다.

두 파동이 동시에 통과되는 지점에서 매질에는 어떤 일이 일어날까? 그 점에서 매질의 변위는 얼마일까? 그림 16.2는 팽팽한 줄을 따라 진행하는 2개의 펄스를 연속 촬영한 사진들이다. 첫째 사진은 파동들이 서로 마주 보고 진행하고 있으며, 둘째 사진에서 두 파동이 겹쳐진다. 이때 줄의 변위는 각각의 파동의 변위보다 커진다. 정밀한 측정을 통해 두 파동이 겹쳐진 변위는 각 파동의 변위의 합이라는 것은 이미 알려진 사실이다. 셋째 사진에서는 두 파동이 서로를 통과하고 마치 아무 일도 없었던 것처럼 계속 진행하고 있음을 볼 수 있다.

그림 16.2 2개의 펄스가 서로 마주 보면서 통과할 때 줄에서 나타나는 중첩 현상

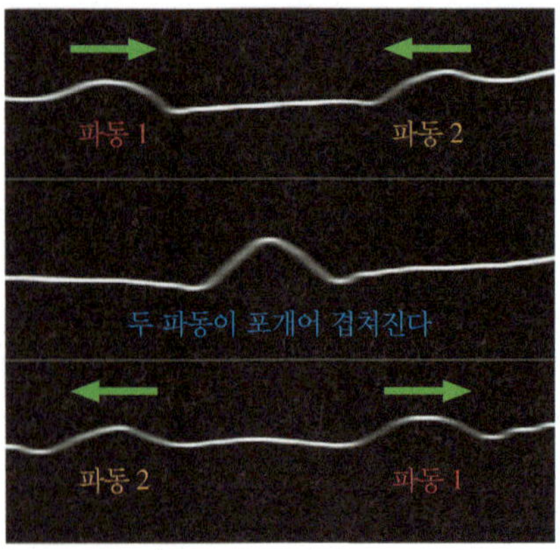

이 결과는 줄에만 나타나는 현상이 아니고 서로를 통과하여 지나는 어떤 형태의 파동에도 마찬가지이다. 이것을 **중첩 원리**(principle of superposition)라고 한다.

> **중첩 원리** 2개 또는 그 이상의 파동이 **동시에**(simultaneously) 공간의 한 점에서 만날 때, 그 점에서 매질의 최종 변위는 각 파동의 변위의 합이다.

중첩 원리를 이용하려면 매질에서 진행하는 각각의 파동의 변위를 알아야만 한다.

매질의 각 점에서 최종 변위는 각 파동의 중첩을 통해 얻게 되며, 다음 점도 계속 같은 방법으로 변위를 얻을 수 있다. 매질에서 각 점의 변위는 다르기 때문에 점마다 결과도 다르게 된다.

중첩 원리에 대한 적절한 예를 들어 보자면 다음과 같다. **그림 16.3**의 5개의 그래프는 한 줄에서 서로 반대방향으로 진행하는 파동을 1초 간격으로 촬영한 순간 사진들이다. 두 파동의 속력은 1 m/s로 같다. 그림에서 점선은 각 파동의 변위를 말하며, 실선은 각 점마다 두 파동의 변위를 합한 값이다. 그림에서 실선은 서로 통과하여 지나는 두 파동의 최종 변위가 되며 실제로 관측이 가능하다.

보강 간섭과 상쇄 간섭

두 파동의 중첩을 **간섭**(interference)이라고도 한다. 그림 16.3의 변위는 모두 양(+)의 값이고 그 파동이 겹쳐진 매질의 전체 변위는 각 파동의 변위보다 더 크다. 이러한 간섭을 **보강 간섭**(constructive interference)이라 한다.

그림 16.4는 2개의 파동 중에 한 파동이 음(−)의 변위를 가지면서 서로 마주 보고 반대방향으로 진행하는 그래프들이다. 이 경우에도 중첩 원리를 적용하면 된다. 그러나 여기에서는 두 파동의 변위가 서로 반대이므로 겹쳐진 변위의 합은 각 파동의 변위보다 작아진다. 이러한 간섭을 **상쇄 간섭**(destructive interference)이라 한다.

그림 16.4의 모든 그림에서 $x = 3.5$ m 위치에서 매질의 변위는 항상 0이다. 오른쪽으로 진행하며 변위가 양(+)인 파동과 왼쪽으로 진행하며 변위가 음(−)인 파동은 중첩되어 이 점에서 서로 상쇄된다. 반대방향으로 진행하는 두 파동의 변위의 합이 상쇄되는 현상은 앞으로도 보게 될 것이다. 파동의 변위가 상쇄되어 버리면 파동 에너지는 어디로 가는 걸까? 파동은 상호작용 후에도 변하지 않으며 에너지도 소멸되지 않는다. $t = 1.5$초의 그래프에서 매질의 어느 점에서도 변위는 나타나지 않지만 줄은 빠르게 움직인다. 즉, 파동 에너지는 사라지지 않고 매질의 운동 에너지 형태로 존재하게 된다.

16.2 정상파

기타 줄 또는 손가락 사이에서 팽팽한 고무줄을 튕기게 되면 파동이 만들어진다. 파동이 어떻게 만들어질 수 있을까? 실제로 이 파동은 진행하지 않고 줄이나 고무줄의 두 고정된 끝 사이에 정지된 파동이기 때문에 가능하다. **그림 16.5**는 팽팽한 탄성 줄에서의 파동을 연속 촬영한 사진이다. 이 파동은 오른쪽이나 왼쪽으로 진행하지 않는 파동임을 알 수 있다. 사진과 같이 기타 줄에서 나타나는 두 경계점 사이에 '갇혀 있는' 파동을 정상파라고 한다. **줄 위의 모든 점들은 각각 아래위로 진동할 뿐 파동이 진행되지 않는다.** 매질은 진동하지만 마루와 골은 "제자리에 서 있는" 파동이므로 **정상파**(standing wave)라 한다. 이제 곧 정상파가 새로운 종류의 파동이 아니고 서로 반

그림 16.3 줄에서 서로 통과하는 두 파동의 중첩

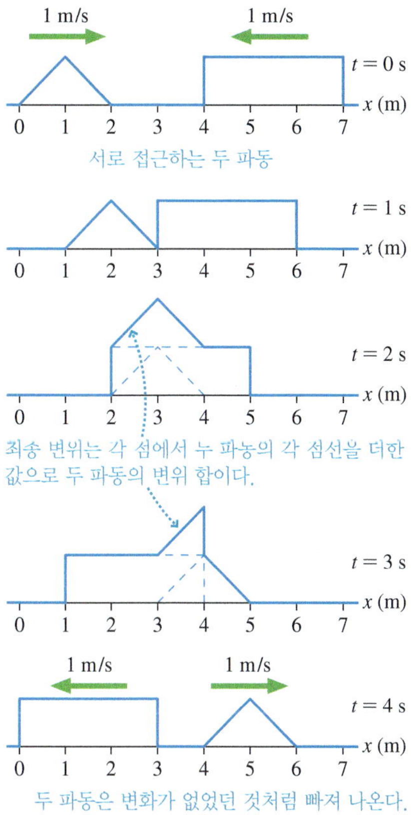

그림 16.4 반대 변위를 갖는 두 파동은 상쇄 간섭을 이루게 된다.

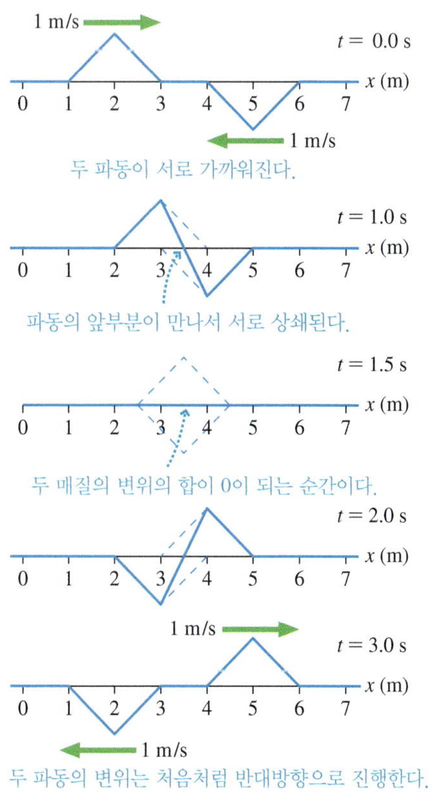

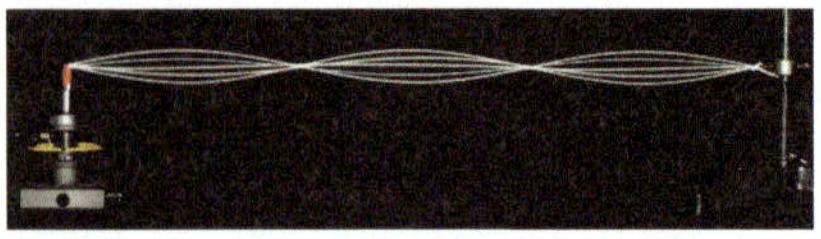

그림 16.5 줄에서 형성되는 정상파

대방향으로 진행하는 두 파동의 중첩으로 형성되는 파동이라는 것을 알게 될 것이다.

중첩에 의해 형성되는 정상파

그림 16.6(a)에서와 같이 줄 위에 파장과 진폭이 같은 두 파동이 서로 마주 보고 진행하고 있다고 하자. 두 파동이 서로 만날 때 줄의 변위는 두 파동의 중첩으로 나타낼 수 있다. **그림 16.6(b)**는 서로 마주 보며 움직이는 두 파동을 $T/8$ 간격으로 보여주는 9개의 순간 그래프들이다. 그림에서 오른쪽으로 진행하는 파동의 마루는 빨간색으로, 왼쪽으로 진행하는 파동의 마루는 주황색으로 각각 표시하였다. 각 점에서 매질에 대한 최종 변위는 빨간색과 주황색의 변위를 합하여 얻는다. 두 파동의 중첩 결과는 파란색으로 나타나 있다.

그림 16.6(c)는 두 파동의 중첩 결과를 나타낸 그림이며, 실제로 매질에서 관찰되는 파동 형태이다. 그림에서 파란색의 점은 왼쪽 또는 오른쪽으로 진행하지 않는다. 서로 반대방향으로 진행하는 파동을 중첩하면 정상파가 된다. 정상파의 파장은 마루 사

그림 16.6 서로 마주 보고 진행하는 2개의 사인파

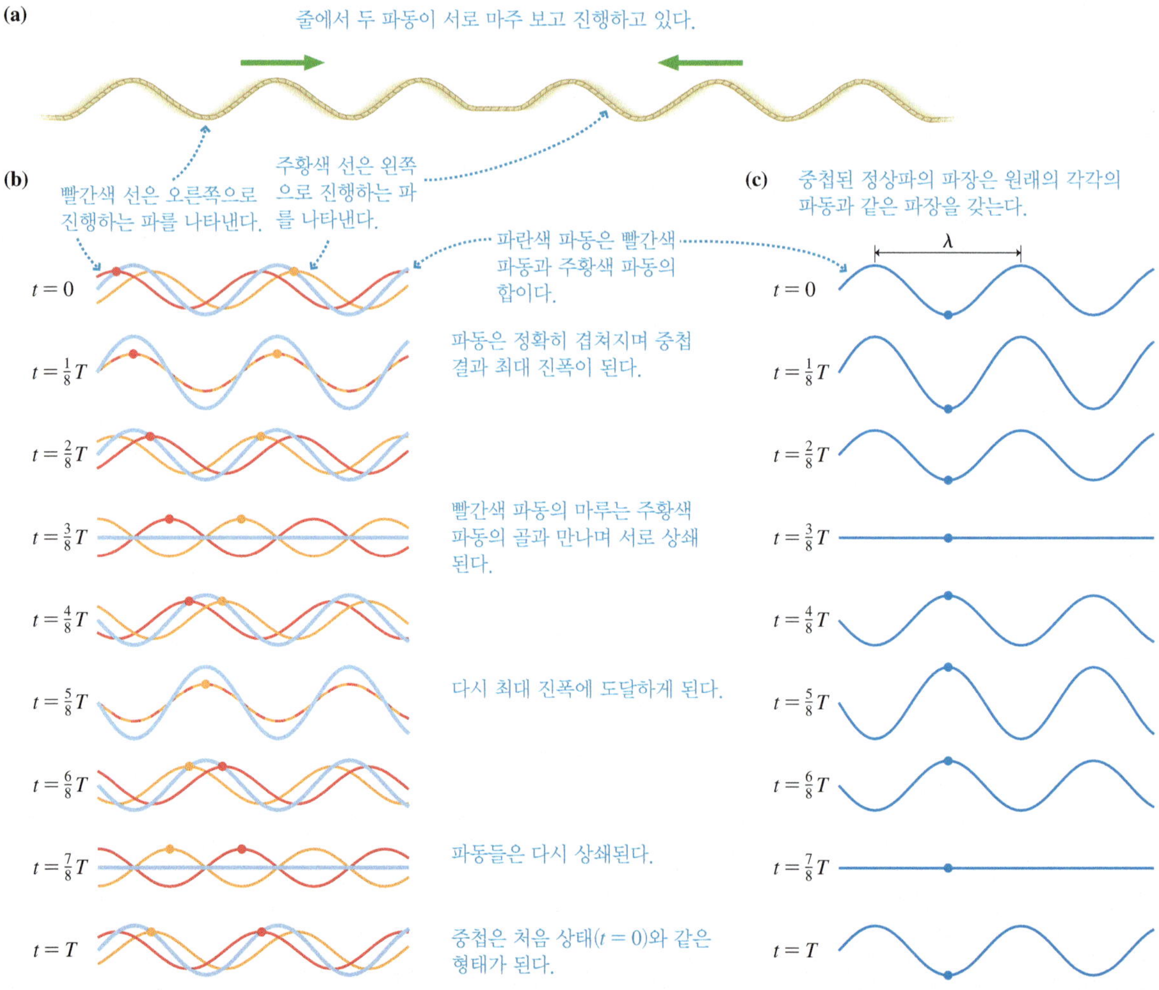

이의 간격 또는 골 사이의 간격과 같으며 합성되기 전의 두 파동의 파장과 같다는 것에 주의하자.

마디와 배

그림 16.7은 그림 16.6(c)의 9개 그래프들을 한 그래프로 겹쳐 놓은 것이다. 다른 시간대의 그래프를 겹쳐 놓은 이 그래프는 그림 16.5의 여러 다른 시간에 걸쳐 연속 촬영한 줄의 진동 사진과 거의 같다는 것을 알 수 있다. 이 자료를 통해 정상파에서 각각의 점들이 어떻게 운동하는지를 잘 볼 수 있다. 정상파 패턴에서는 **결코 움직이지 않는 점**이 존재한다는 특징을 발견할 수 있다. 이러한 점들은 $\lambda/2$ 간격으로 떨어져 있으며 이들을 **마디**(node)라고 한다. 마디 사이의 중간 지점에는 매질의 입자가 최대 변위로 진동하는 점들이 존재하는데, 최대 변위가 되는 이 점들을 **배**(antinode)라고 한다. 그림에 나타난 바와 같이 배 사이의 간격도 $\lambda/2$임을 알 수 있다. 이로부터 **정상파의 파장은 연속적인 마디 사이의 거리 또는 배 사이의 거리의 2배**가 된다는 것을 알 수 있다.

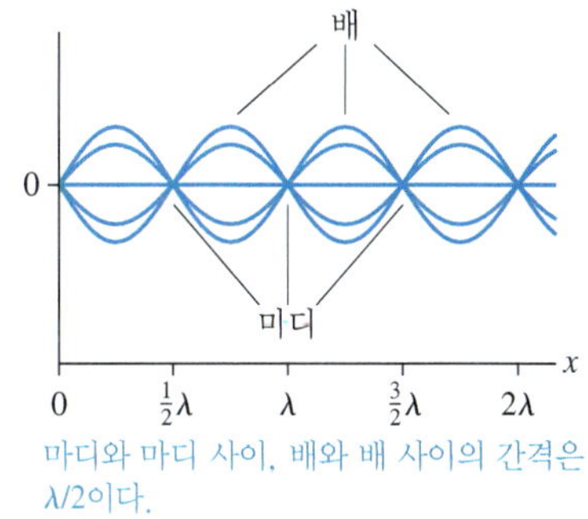

그림 16.7 시간대별 파동들을 겹쳐 그린 그래프로 정상파의 마디와 배가 잘 나타나 있다.

매질에서 몇몇 입자들이 전혀 운동을 하지 않는다는 사실은 놀랍기도 하고 직관에 어긋나 보이기도 한다. 이것은 그림 16.4에서 다룬 바와 같이 2개의 파동이 한 점에서 상쇄되기 때문에 가능하다. 그림 16.6(b)의 2개의 진행파를 주의 깊게 관찰하여 보자. 2개의 진행파가 같은 진폭이면서 다른 부호를 갖는 점에서는 매 순간 마디가 생기는 것을 알 수 있다. 따라서 이러한 점에서 중첩된 변위는 항상 0이 되며, 상쇄 간섭이 일어난 점들이다. 한편 배에서는 가장 큰 변위가 나타난다. 배가 생기는 점에서는 두 파동이 같은 크기의 진폭과 같은 부호를 갖는다. 따라서 이 점에서는 보강 간섭이 일어나며 합성 진폭은 각 파동이 갖는 진폭의 두 배가 된다.

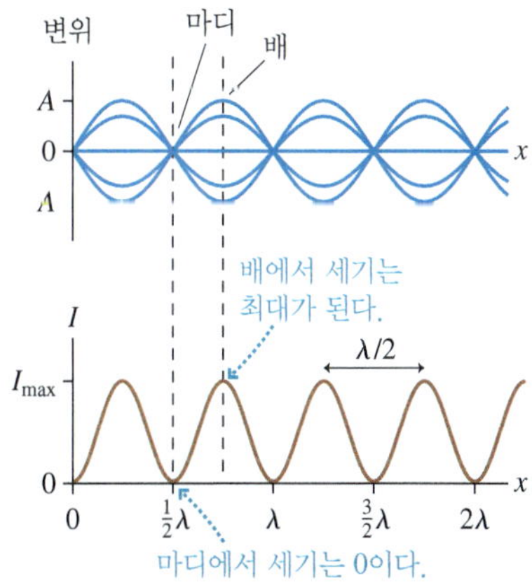

그림 16.8 정상파의 세기

파동의 세기는 진폭이 최대로 일어나는 점에서 가장 크다. 그림 16.8은 정상파에서 세기가 최대가 되는 점들은 배이고 세기가 0인 점들은 마디라는 것을 보여준다. 음파의 경우에는 마디에서 세기가 0이었다가(소리가 들리지 않는다) 점점 변화하여 배에서 최댓값에 도달하고 다시 마디에서 0이 된다. **즉, 보강 간섭이 일어나는 점에서 세기는 최대가 되고 상쇄 간섭이 일어나는 점에서 세기는 0이다.**

예제 16.1 **정상파 만들기**

두 어린이가 탄성 줄을 양쪽에서 붙들고 있다. 어린이들이 줄의 끝을 중심을 향하여 1초에 2번씩 흔들어서 3.0 m/s의 속력으로 파동을 보낸다. 이 두 파동에 의해 정상파가 형성되었다면, 인접한 마디 사이의 거리는 얼마가 되겠는가?

풀이 인접한 마디 사이의 거리는 $\lambda/2$이다. 15장에서 본 바와 같이 파장, 진동수와 속력의 관계식은 $v = \lambda f$이다. 따라서 파장은

$$\lambda = \frac{v}{f} = \frac{3.0\ \text{m/s}}{2.0\ \text{Hz}} = 1.5\ \text{m}$$

가 된다. 인접한 마디 사이의 거리는 $\lambda/2$이므로 0.75 m이다.

16.3 줄에서의 정상파

기타 줄의 진동은 정상파이다. 그림 16.5에서 보는 바와 같이 줄의 경우에 정상파는 양 끝이 고정된(즉, 양 끝이 묶여 있는) 줄에서 자연스레 생성된다. 정상파는 서로 반대방향으로 진행하는 두 파동의 중첩에 의해 형성된다는 것을 앞서 배웠다. 그러나 보통은 정상파를 만들기 위해 기타 줄의 양 끝을 동시에 흔들지는 않는다. 그렇다면 실제로 어떻게 양 끝이 고정된 줄에서 2개의 진행파를 보낼 수 있을까? 이 문제에 답하기 전에 진행파가 매질의 경계선이나 불연속되는 점에서 어떻게 진행되는지 먼저 살펴보기로 하자.

반사

그림 16.9 파동은 경계면에서 반사된다.

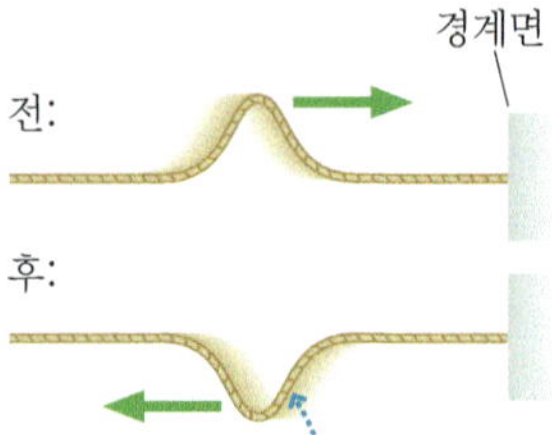

빛은 거울에서 반사되는 것으로 알고 있지만 연못의 표면이나 판유리의 표면에서도 반사된다. 이미 15장에서 다루었듯이 음파도 마찬가지로 반사가 매우 잘 일어난다. 메아리는 음파의 반사로 만들어진다. 반사를 알아보기 위해서 먼저 줄에서 생기는 파동을 고찰해보자. 물론 이 결과는 일반적인 다른 파동에도 적용된다.

그림 16.9와 같이 벽이나 또는 지지대에 한쪽 끝이 고정된 줄이 있다고 하자. 여기서 매질의 끝은 벽이 되는데 **경계면**이라는 상징적인 의미를 갖는다. 펄스가 이러한 경계면에 도달하게 되면 벽에서 반사되어 되돌아온다. 모든 파동의 에너지도 반사된다. 따라서 **경계면에서 반사된 파동의 진폭은 변화하지 않는다.** 그림 16.9는 펄스가 반사될 때 진폭의 크기는 변하지 않고 펄스의 변위가 음(−)으로 역전되어 있음을 보여준다.

파동들도 매질의 특성이 변화되는 **불연속**(discontinuity)점에서 반사가 일어난다. 그림 16.10(a)에서는 선밀도가 큰 줄과 작은 줄이 연결되어 있는 불연속점을 보여준다. 양쪽의 줄에서 장력이 같을 경우에 파동의 속력은 왼쪽에서 느리고 오른쪽에서 빠르다. 파동은 불연속점을 만나게 되면 파동 에너지의 일부는 **투과되고** 나머지는 반사된다. 에너지는 보존되므로 반사된 펄스의 진폭과 투과된 펄스의 진폭은 처음 입사된 펄스의 진폭보다 모두 더 작아진다.

그림 16.10(b)의 입사파는 불연속점을 만나 파동의 속력이 감소하게 되는데, 여기에서도 파동 에너지의 일부는 투과되고 나머지는 반사된다.

야간에 유리창을 통과하는 빛 빛이 입사될 때 유리면은 불연속적인 면과 같은 역할이다. 따라서 유리면에서는 빛의 반사와 투과가 동시에 일어난다. 왼쪽 사진은 밤에 방안에서 밝게 보이는 유리창이다. 작은 비율이라도 유리창에서 반사되는 내부의 빛이 외부로부터 투과되는 것보다 더 많으면 창문은 마치 반사가 압도적인 거울처럼 보인다. 방 내부의 전등을 끄면 외부로부터 빛이 투과되어 외부를 볼 수 있다.

그림 16.10 불연속점에서의 파동의 반사

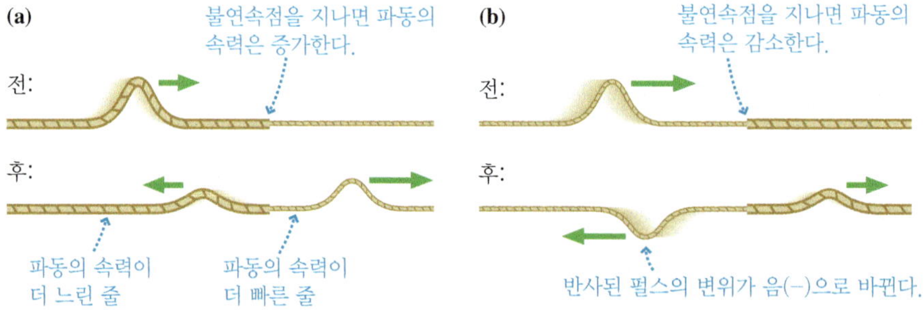

그림 16.10(a)에서 반사파는 펄스의 변위가 아래로 되지 않고 똑바른 형태가 된다. 이것은 오른쪽 줄이 더 가볍고 저항이 더 작기 때문에 펄스가 통과하면서 연결점도 같이 진동을 일으키기 때문이다. 줄에서 운동은 펄스를 처음 보내기 시작할 때와 같은 '줄을 한 번 흔든(snap)' 상태를 유지한다. 따라서 반사파도 처음 원래 입사파와 같은 모양을 유지한다. 그림 16.10(b)의 경우는 오른쪽 줄의 선밀도가 더 커서 더 무겁기 때문에 그림 16.9에서의 고정된 벽의 경계 조건과 유사하다고 할 수 있다. 따라서 반사파는 고정된 벽의 경우처럼 펄스의 변위가 음(−)으로 변하게 된다.

정상파의 생성

위에서 배운 반사의 개념을 이용해서 정상파를 만들어 보자. **그림 16.11**은 $x = 0$과 $x = L$에서 고정된 길이 L의 줄을 나타낸다. 이 줄에서 반사가 일어나는 곳은 **양쪽 끝**의 경계면이다. 만일 중간 위치에서 줄을 흔들면 사인파는 서로 바깥쪽으로 진행하여 경계면에 도달하여 반사를 일으킨다. 줄의 양 끝에서 반사가 일어난 두 파동은 **진폭과 파장이 동일한** 두 파동으로서 서로 마주 보고 진행하게 된다. 이 두 파동은 위에서 이미 다루었던 바와 같이 줄에서 정상파를 만들게 된다.

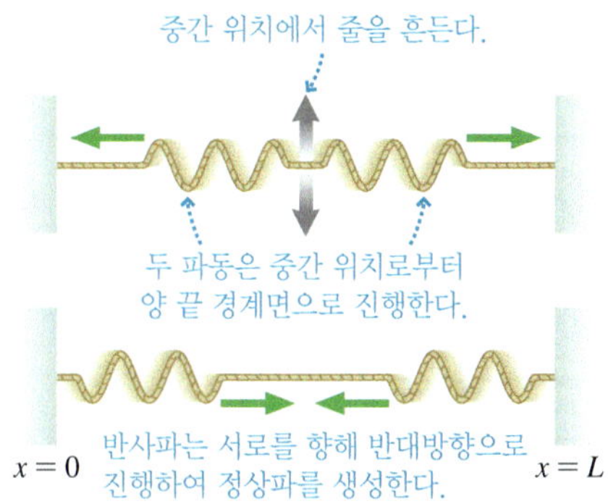

그림 16.11 줄의 양쪽 경계면에서 일어난 반사는 정상파를 생성시킨다.

줄에는 어떤 형태의 정상파가 형성되는가? 정상파를 형성시킬 수 있는 조건은 다음과 같다.

- 줄이 양 끝에서 고정되었으므로 $x = 0$과 $x = L$에서 변위는 반드시 0이어야 한다. 다시 말하면 줄의 양 끝에서는 반드시 마디가 형성되어야 한다.
- 앞서 배운 바와 같이 정상파의 마디 사이의 간격은 $\lambda/2$이다. 따라서 마디는 반드시 같은 간격이 되어야 한다.

그림 16.12에서는 위의 조건을 만족하는 처음 3개의 파동을 보여준다. 이것을 줄의 정상파 **모드**라고 한다. 생성될 수 있는 정상파의 가능한 **모드 수**를 m이라 하자. 그림 16.12에서 양 끝에 1개의 마디를 갖는 첫 번째 파동은 $m = 1$일 때이며, 그 다음 파동은 각각 $m = 2, 3, 4, \cdots$에 해당된다.

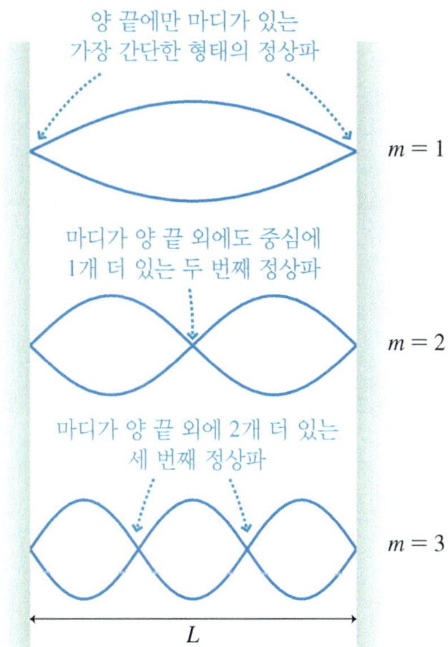

그림 16.12 길이가 L인 줄에 가능한 처음 3개의 정상파 모드

인접한 마디 사이의 거리는 $\lambda/2$이므로 각각의 모드마다 다른 파장을 얻게 된다. 그림 16.12에서 첫 번째 모드의 경우, 마디 사이의 거리는 줄의 길이와 같으므로 파장은

$$\lambda_1 = 2L$$

이다. 여기서 아래 첨자는 모드 수 $m = 1$을 나타낸다. $m = 2$일 때, 마디 사이의 거리는 $L/2$이며 $\lambda_2 = L$이 된다. 이와 같이 일반적으로 모드 m의 파장은 다음 방정식으로 주어진다.

$$\lambda_m = \frac{2L}{m} \qquad m = 1, 2, 3, 4, \cdots \tag{16.1}$$

길이가 L인 줄에서 정상파의 파장

이 파장들만 줄 위에 정상파를 만들 수 있다. **즉, 파장이 식 (16.1)로 주어지는 값 중 하나일 때만 줄에서 정상파가 만들어진다.**

어떤 파장에서만 정상파가 가능하다는 것은 오직 특정 진동수만 허용된다는 것을 의미한다. 따라서 사인파의 경우, 관계식 $\lambda f = v$에 의해서 파장 λ_m에 해당하는 진동수를 구할 수 있다.

$$f_m = \frac{v}{\lambda_m} = \frac{v}{2L/m} = m\left(\frac{v}{2L}\right) \qquad m = 1, 2, 3, 4, \cdots \qquad (16.2)$$

길이가 L인 줄에서 정상파의 진동수

정상파가 어떤 모드 수를 갖는 진동인지 알기 위해서는 직접 파동을 관찰하면 된다. **그림 16.13**은 양 끝이 고정된 줄에 가능한 처음 3개의 정상파에 대한 파장과 진동수들을 나타내었다. **정상파의 모드 수 m은 배의 개수와 일치한다.** 따라서 배의 개수를 알고 있다면 곧바로 모드 수가 결정되고, 모드 수를 안다면 주어진 식을 통하여 파장과 진동수를 구할 수 있다.

그림 16.13 양 끝이 고정된 줄에서 가능한 정상파 모드들

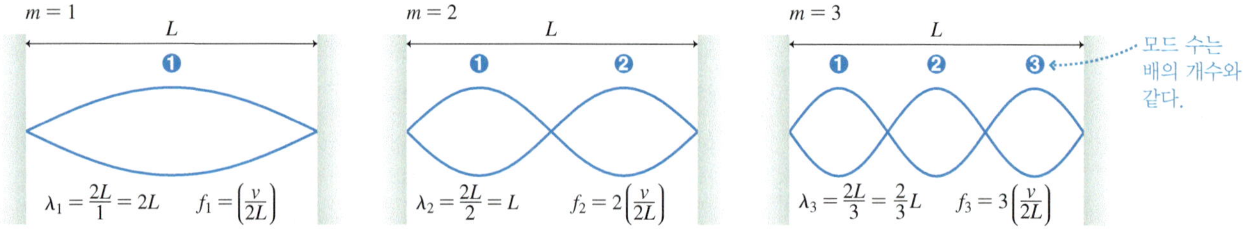

그림 16.14 팽팽한 줄에서의 공명 모드들

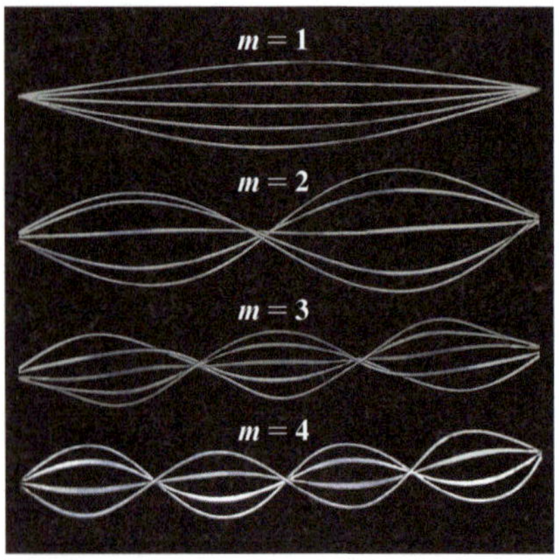

앞서 ◀◀**14.7절**에서 다루었던 **공명**을 상기해보자. 용수철에 매달린 물체에는 '진동이 잘 일어나는' 어떤 진동수가 존재한다. 이런 계를 공명 진동수로 구동시켜주면, 최대 진폭으로 진동하게 된다. 팽팽한 줄에서는 '진동이 잘 일어나는' 고유 진동수들이 존재하며, 이들 진동수에 해당하는 정상파가 형성된다. 이것을 **공명 모드**(resonance mode) 또는 **공명**(resonance)이라 한다. 줄을 처음에 작은 진폭으로 공명 진동수와 유사한 진동수로 진동시키면 곧 큰 진폭의 정상파가 만들어진다. **그림 16.14**는 다른 공명 진동수로 구동된 줄에서의 처음 4개의 정상파 모드를 보여준다.

기본 진동과 고차 조화모드(배진동)

그림 16.13의 줄의 첫 3개의 정상파 모드에 대한 진동수들에서 매우 흥미로운 규칙이 나타나는 것을 알 수 있다. 첫 번째 모드의 진동수는

영상 학습 데모

$$f_1 = \frac{v}{2L} \qquad (16.3)$$

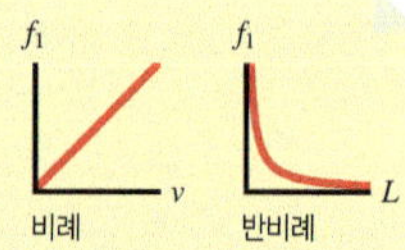

이며, 그 줄의 **기본 진동수**(fundamental frequency)라고 한다. 다른 고차 모드의 진동수는 기본 진동수의 배수가 된다. 방정식 (16.2)를 기본 진동수로 표시하면

$$f_m = mf_1 \qquad m = 1, 2, 3, 4, \cdots \tag{16.4}$$

이다. 즉, **허용된 정상파의 진동수는 모두 기본 진동수의 정수배이다.** 이런 정수배 관계에 있는 진동수들을 배진동 또는 **조화모드**(harmonics)라고 한다. 기본 진동수 f_1은 1차 **조화모드**가 된다. 다음은 $m = 2$에서 진동수 f_2인 파동이 2차 **조화모드**가 되고, $m = 3$에서 3차 조화모드, 이런 식으로 계속된다. 이와 같이 $m = 2, 3, 4, \cdots$으로 열거된 진동수들을 **고차 배진동** 또는 **고차 조화모드**(higher harmonics)라고 한다.

예제 16.2 줄에 나타나는 조화모드 판별하기

2.50 m 길이의 줄이 100 Hz로 진동하여 이 줄의 한쪽 끝으로부터 1.00 m와 1.50 m의 위치에서 정상파 마디가 생겼다. 이 두 점 사이에는 마디가 존재하지 않는다고 한다. 어떤 조화모드가 되겠는가? 줄의 기본 진동수는 얼마인가? 이 줄에서 진행파의 속력은 얼마가 되겠는가?

준비 그림 16.15의 그림과 같이 한눈에 파악할 수 있도록 개요도를 그린다. 주어진 조건의 정상파를 먼저 그리고 이미 주어진 값과 구할 값이 무엇인지 기록한다. 줄이 x축을 따라 놓여 있는 것으로 하여 한쪽 끝은 $x = 0$ m, 다른 쪽 끝은 $x = 2.50$ m로 설정한다. 줄의 양 끝 점은 당연히 마디가 되어야 한다. 다른 마디의 위치는 1.00 m와 1.50 m가 되며, 이들 사이에는 다른 마디가 존재하지 않는다. 정상파의 마디는 간격이 일정해야 하므로 다른 마디도 존재하게 되며, 이 마디는 그림 16.15(a)에 표시되었다. 그림 16.15(b)는 이와 같이 알려진 마디로부터 얻은 정상파 모드에 대한 그림이다.

그림 16.15 줄의 개요도

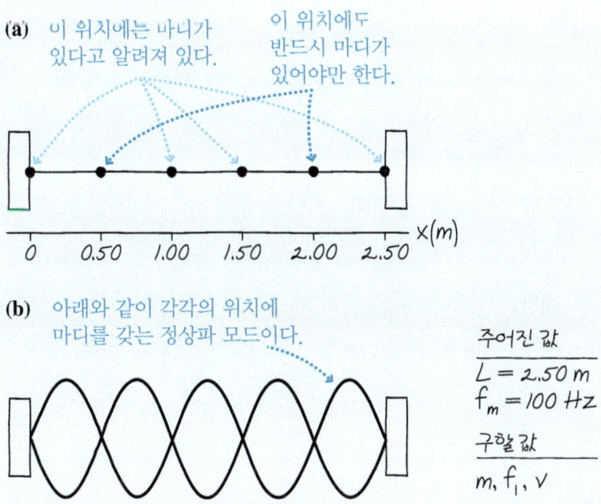

풀이 정상파의 배의 개수는 바로 모드 수와 같다. 모드 수는 $m = 5$가 되며 5차 조화모드가 된다. 이 조화모드의 진동수의 식 $f_m = mf_1$으로부터 기본 진동수를 얻을 수 있다.

$$f_1 = \frac{f_5}{5} = \frac{100\,\text{Hz}}{5} = 20\,\text{Hz}$$

기본 진동 모드의 파장은 $\lambda_1 = 2L = 2(2.50\text{ m}) = 5.00$ m이므로 사인파에 대한 관계식을 통해 속력을 얻으면 다음과 같다.

$$v = \lambda_1 f_1 = (20\,\text{Hz})\,(5.00\,\text{m}) = 100\,\text{m/s}$$

검토 다른 방법으로 파동의 속력을 계산하여 앞의 결과와 비교할 수 있다. 연속된 마디 사이의 거리는 $\lambda/2$이고 그림 16.15에서 마디의 간격은 0.50 m이다. 따라서 $m = 5$인 모드의 파장은 1.0 m이다. 이 모드의 진동수는 100 Hz이므로 속력은

$$v = \lambda_5 f_5 = (100\,\text{Hz})\,(1.00\,\text{m}) = 100\,\text{m/s}$$

이다. 이 값은 앞서 얻은 속력의 값과 일치하며, 계산 값이 신뢰할 만하다고 하겠다.

현악기

기타나 바이올린 등의 현악기와 피아노는 양 끝이 고정되고 장력으로 팽팽해진 줄로 소리를 낸다. 줄을 튕기거나 치던가, 또는 활로 줄을 켜는 방법으로 정상파를 만든다.

교량에 생긴 정상파 그림은 1940년 타코마의 수로를 연결하는 현수교가 진동에 의해 파국적으로 붕괴되기 직전의 사진이다. 공기의 힘에 의해 특정 모드의 진폭이 점점 증가되어 교량이 공명상태가 되어 결국은 붕괴된다. 이 사진에서 빨간 선은 교량의 원래 형태를 나타낸 선이다. 교량의 기둥 사이에서 진동으로 생긴 큰 진폭과 중심에 나타난 마디를 확인할 수 있다.

15장에서 팽팽한 줄에서의 음파의 속력은 줄의 장력 T_s와 줄의 질량 선밀도 μ에 의존된다는 것을 배운 바 있다. 즉 $v = \sqrt{T_s/\mu}$이다. 이 식을 방정식 (16.3)과 결합시키면 기본 진동수에 대한 식이 얻어진다.

$$f_1 = \frac{v}{2L} = \frac{1}{2L}\sqrt{\frac{T_s}{\mu}} \tag{16.5}$$

공명에서 이미 다룬 바 있듯이 줄을 튕기거나 활을 켜게 되면 처음에 넓은 영역의 진동수를 만들 수 있지만 그런 진동수의 음들 중에 지속될 수 있는 진동수의 음은 정상파만 가능하다. 그러므로 줄에는 기본 진동수 f_1을 비롯한 f_2, f_3, f_4 등의 고차 조화모드(배진동)들만 남게 된다. 고차 조화모드는 **음질**(tone quality)을 결정짓는 요소가 된다. 사람의 두뇌도 기본 진동수 f_1과 고차 조화모드에 의한 음계들로 현의 소리를 인지하게 된다. 이에 대한 자세한 설명은 이 장의 뒷부분에서 다루기로 하자.

기타나 바이올린과 같은 악기는 길이가 같고 비슷한 장력을 갖는 줄로 이루어져 있다. 그러나 줄마다 다른 진동수를 내는 것은 선밀도가 각각 다르기 때문이다. 가장 낮은 음높이의 줄은 '두꺼운' 줄이고 가장 높은 음높이의 줄은 '가는' 줄이다. 줄의 두께에 따라 음속이 다르기 때문에 진동수가 변한다.

개념형 예제 16.3 기타의 조율과 연주

기타는 일정한 길이로 고정된 여러 줄로 되어 있으며 줄을 튕겨서 특정 음을 낸다. 기타 연주자는 줄을 프렛에 대고 눌러 여러 다른 음들을 만들 수 있다. 여기서 프렛(fret)이란 **그림 16.16**에서 보는 바와 같이 기타의 긴 목 부분에 있는 박힌 금속 돌기들을 말한다. 줄을 눌렀을 때 프렛이 줄의 끝처럼 되므로 줄의 길이를 효과적으로 조절할 수 있다.

그림 16.16 기타 프렛(fret)

a. 기타 연주자가 줄을 튕겨서 어떤 음을 만들었다. 이 연주자가 프렛을 눌러 줄 길이를 짧게 만들어 새로운 음을 생성시켰다. 이 음은 처음에 생긴 음보다 더 높은 음인가, 낮은 음인가?

b. 어떤 한 줄에서 나오는 진동수가 더 낮다면(음악 용어로 그 음은 '플랫'(반음 내림)이라 한다) 장력을 어떻게 조절해야 원래 진동수의 음을 낼 수 있는가?

판단

a. 기타 줄에서 듣는 기본 진동수는 $f_1 = (1/2L)\sqrt{T_s/\mu}$이다. 진동수 f_1은 L에 반비례하므로 줄의 길이가 짧아질수록 진동수는 점점 증가한다.

b. 진동수 f는 장력 T_s에 비례하므로 연주자가 기본 진동수를 증가시키려면 장력의 크기를 더 증가시켜야 한다.

검토 기타 연주자가 더 높은 음을 내기 위해 손가락으로 프렛을 눌러 줄을 더 짧게 만드는 장면은 흔히 볼 수 있다.

예제 16.4 기타 줄의 장력 조절

기타에서 5번째 줄은 110 Hz 진동수의 A음을 낸다. 보통 기타는 0.640 m 정도 길이의 줄을 양쪽 2개의 고정점으로 장력을 주어 팽팽하게 만들었다. 이 기타 줄의 질량은 2.86 g이다. 이 줄의 장력은 얼마인가?

준비 이 줄의 기본 진동수는 110 Hz이다. 즉, $f_1 = 110$ Hz이다.

풀이 줄의 선밀도는

$$\mu = \frac{m}{L} = \frac{2.86 \times 10^{-3}\ \text{kg}}{0.640\ \text{m}} = 4.47 \times 10^{-3}\ \text{kg/m}$$

이므로, 기본 진동수에 대한 방정식 (16.5)를 장력에 대해 정리하면 다음과 같다.

$$T_s = (2Lf_1)^2\mu = [2(0.640\ \text{m})(110\ \text{Hz})]^2\ (4.47\times10^{-3}\ \text{kg/m})$$
$$= 88.6\ \text{N}$$

검토 만일 기타를 가볍게 튕겨 본 적이 있다면 장력이 제법 세다는 것을 알게 된다. 위의 결과는 타당한 값으로 보인다. 기타의 6개의 줄이 대략 이 정도의 장력이라면 기타 목 부분에 작용하는 총 힘은 500 N보다 약간 크다.

전자기파에 의한 정상파

진동하는 줄에서 얻은 정상파에 대한 식은 전자기파를 비롯한 어떤 횡파에 대해서도 성립한다. 2개의 평행한 거울 사이에서 빛을 서로 반사시키면 빛의 정상파를 얻을 수 있다. 줄에서 양 끝의 경계면이 존재하듯이 빛의 경우에는 거울이 경계면이 된다. 이것은 레이저를 작동시키는 원리가 된다. **그림 16.17**의 **레이저 공진기**(laser cavity)는 2개의 마주 보는 거울로 구성되어 있다.

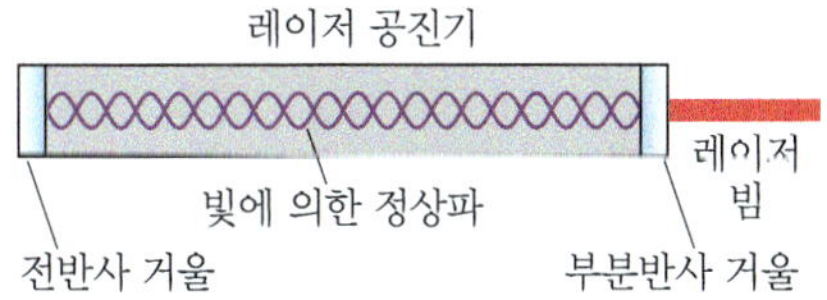

그림 16.17 레이저 공진기에서 2개의 평행한 거울 사이로 정상파가 형성된다.

거울이 정상파를 만드는 경계조건에 해당하므로 각 거울면에서 광파는 반드시 마디가 나타난다. (한쪽 거울은 부분반사가 되도록 하여 빛의 일부가 레이저 공진기에서 빠져 나오게 되는데 이것이 바로 **레이저빔**이다. 이것은 마디에 영향을 주지 않는다.)

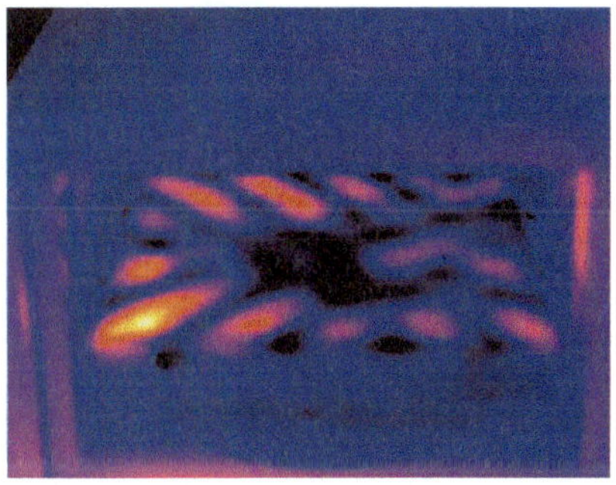

마이크로파의 모드 수 전자레인지는 일종의 전자기파를 이용하는데, 파장이 대략 12 cm인 마이크로파를 사용하여 음식을 가열한다. 전자레인지 내부의 벽은 마이크로파를 반사시켜 정상파가 형성되는 구조로 되어 있다. 정상파의 배에서는 세기가 강하고 마디에서는 세기가 0이 되므로 전자레인지 내부는 뜨거운 점과 차가운 점이 동시에 존재하게 된다. 그림은 뜨겁고 찬 부분이 나타나 있는 열감지기 영상이다. 따라서 음식에 골고루 열이 가해질 수 있도록 전자레인지에는 회전하는 턴테이블로 음식을 계속 회전시킨다.

예제 16.5 **레이저의 모드 수 구하기**

헬륨-네온 레이저는 파장 $\lambda = 633$ nm의 빛을 방출한다. 일반적으로 레이저 공진기의 길이는 15 cm 정도이다. 이러한 공진기에서 정상파의 모드 수는 얼마인가?

준비 광파는 횡파이므로, 식 (16.1)의 λ_m은 레이저에도 적용된다.

풀이 레이저 공진기의 정상파의 모드 수 m은 대략

$$m = \frac{2L}{\lambda} = \frac{2\times0.150\ \text{m}}{633\times10^{-9}\ \text{m}} = 474{,}000$$

이다.

검토 빛의 파장은 매우 짧아서 정상파의 마디 간격이 대단히 작다. 따라서 모드 수는 매우 큰 것이 타당하다.

16.4 음파에서의 정상파

플루트나 트럼펫 또는 디제리두와 같은 관악기들은 현악기와는 매우 다른 구조를 갖는다. 관악기는 악기의 다른 한 끝으로 공기를 불어서 정상파를 형성시켜 소리를 낸다.

수업 영상

◀◀15.4절에서 이미 음파는 압력파에 해당하는 종파임을 배웠다. 공기 분자는 파동이 진행하는 방향과 평행하게 진동하므로 **압축 영역**(compression)(압력이 높은 부분)과 **희박 영역**(rarefaction)(압력이 낮은 부분)을 만든다. 길고 좁은 관에 들어 있는 공

그림 16.18 양쪽이 모두 열린 공기 기둥의 내부에 형성된 $m = 2$인 정상파

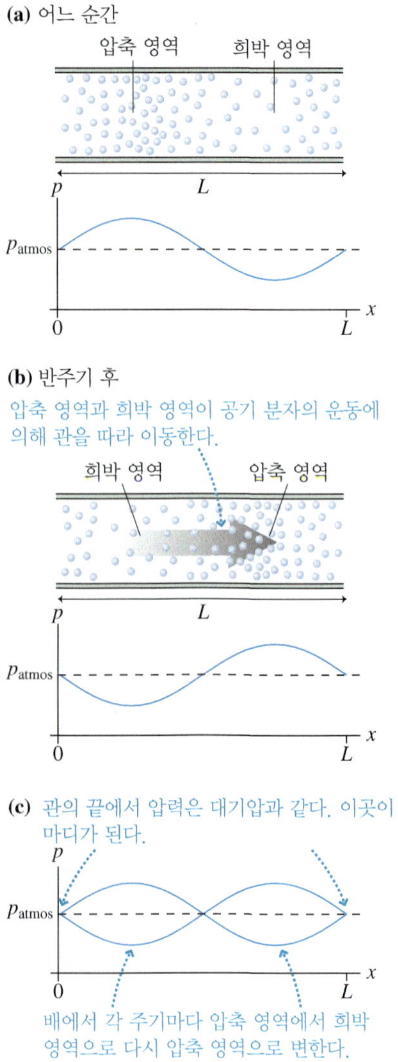

기에 의해 생성되는 음파를 가정해보자. 파동은 관을 통과하여 대기압에 접해 있는 다른 쪽 끝에 도달한다. 이것은 그림 16.10(b)에서 나왔던 줄의 파동과 다소 유사하다. 즉, 관의 끝은 가는 줄에서 굵은 줄로 진행하는 파동이 만나는 불연속점과 유사하다고 하겠다. 파동 에너지의 일부분은 외부로 투과되어 사람들의 귀에서 듣게 될 수도 있지만, 음파의 나머지는 관의 끝에서 다시 반사된다. 줄의 경우와 같은 방식으로 관의 양쪽 끝에서 반사되는 2개의 진행파가 중첩을 일으켜 정상파를 형성시키는 것이다.

양 끝이 열린 관의 경우도 고찰해보자. 양쪽이 열린 관에서는 어떤 형태의 정상파가 형성되겠는가? 관의 양 끝이 모두 공기에 접해 있으므로 양 끝의 압력은 대기압으로 고정된다. 따라서 양 끝이 고정된 팽팽한 줄의 경우로 생각할 수 있다. 결과적으로 **공기 기둥의 열린 끝은 반드시 압력파의 마디가 된다.**

그림 16.18(a)는 양쪽이 모두 열린 공기 기둥을 보여준다. 이것을 **양쪽이 모두 열린 관**(open-open tube)이라 하자. 줄에서 정상파의 배들은 진동이 최대로 일어나는 진폭을 말한다. 그러나 음파에서의 배는 압력의 변화가 최대가 되는 것을 말하며 압축 영역과 희박 영역이 교대로 생성된다. 그림 16.18(a)에서 관의 왼쪽 부분은 공기 분자가 압축된 상태라는 것을 알 수 있다. 반주기가 지난 그림 16.18(b)에서는 오른쪽 부분이 압축된 부분으로 나타난다. 그래프에서 보는 바와 같이 공기 밀도의 변화는 관을 따라 압력의 변화를 만든다. 그림 16.18(c)는 그림 16.18(a)와 그림 16.18(b)를 겹쳐 그린 그림으로, 관 내부의 압력에 대한 정상파 그래프이다.

정상파가 진동할 때 공기 분자는 파동의 진동수에 따라 서로 밀거나 (배에서 최대 압력) 또는 서로 떨어지면서 끌어 당기는 (배에서 최소 압력) 상태가 교대로 일어나는 '진동' 상태가 된다. 공기 분자는 관과 평행하게 진동하므로 소리는 종파이다.

관악기들 중에 플루트와 같은 악기는 양쪽이 모두 열린 악기의 대표적인 예이다. 플루트 연주자는 플루트의 한 끝을 불어서 관 내부에 정상파를 만드는데, 이 진동수에 의해 생성되는 음은 플루트의 양쪽 끝으로부터 나온다. 관악기도 현악기와 마찬가지로 악기의 관에서 정상파 공명을 만든다. 플루트의 악기 입구에서 연주자가 내뿜는 부드러운 날숨은 악기의 관을 가로지르며 공명 진동수의 큰 정상파를 만든다.

다른 종류의 악기인 트럼펫이나 클라리넷은 플루트와 약간 다르다. 이들 악기의 한쪽 끝은 열린 공기 기둥이지만 다른 쪽 끝은 연주자가 악기의 입구에 입술을 댐으로써 한쪽 끝이 막힌 관의 형태가 된다. 지금부터는 한쪽 끝만 막힌 관이거나 양쪽이 모두 막힌 관악기의 정상파에 대해서 알아보기로 한다. 한쪽 끝이 막힌 관에서 공기 분자들은 벽을 향하여 돌진하거나 벽에서 급격히 멀어지면서 압축 영역과 희박 영역을 교대로 만들게 된다. 즉, **닫힌 공기 기둥의 끝 부분은 압력에서 배가 형성된다.**

그림 16.19의 그래프는 **양쪽이 모두 열린 관, 한쪽은 열리고 다른 쪽은 막힌 관, 양쪽이 모두 막힌 관**에서 생성되는 처음 3개의 정상파 모드를 각각 나타낸다. 그림 16.19에서 관의 길이는 모두 L이며 열린 관에서는 압력파의 마디가, 닫힌 관에서는 압력파의 배

그림 16.19 끝의 상태가 다른 여러 공기 기둥에서 나타난 처음 3개의 정상파들로서 실선은 관의 압력 변화를 나타낸다.

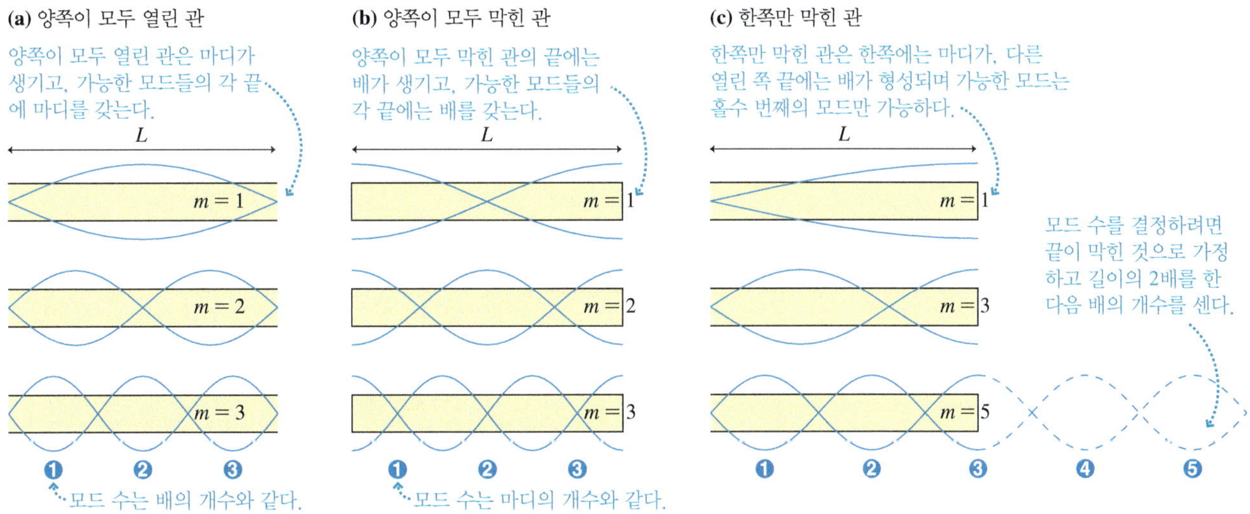

가 나타나 있다. 양쪽이 모두 막힌 관의 정상파와 양쪽이 모두 열린 관의 정상파는 마디와 배의 위치가 서로 뒤바뀐 것만을 제외하고 똑같다. 두 경우 모두 양 끝 점 사이의 거리는 반파장의 m배가 된다. 따라서 양쪽이 모두 막힌 관과 양쪽이 모두 열린 관에서 생기는 정상파의 파장과 진동수는 양 끝이 고정된 줄의 경우와 같다.

$$\lambda_m = \frac{2L}{m} \qquad f_m = m\left(\frac{v}{2L}\right) = mf_1 \qquad m = 1, 2, 3, 4, \cdots \tag{16.6}$$

양쪽이 모두 막힌 관과 양쪽이 모두 열린 관에 대한 정상파의 파장과 진동수

한쪽은 열리고 다른 쪽은 막힌 관의 경우는 그림 16.19에 나타난 바와 같이 $m = 1$의 모드에서 한쪽 끝은 배가, 다른 쪽 끝에는 마디가 형성된다. 관의 길이 L은 파장의 1/4과 같다. 따라서 $m = 1$인 경우 파장은 L의 4배이다. 즉, $\lambda_1 = 4L$이다. 이로부터 $m = 1$인 모드에서 한쪽만 막힌 관의 파장은 양쪽이 모두 막힌 관과 양쪽이 모두 열린 관의 파장의 2배가 된다는 것을 알 수 있다. 결과적으로 **길이가 같을 경우, 한쪽은 열리고 다른 한쪽은 막힌 관의 기본 진동수는 양쪽이 모두 막힌 관과 양쪽이 모두 열린 관의 기본 진동수의 1/2배이다.**

한쪽만 막힌 관의 경우, 그 다음에 가능한 정상파의 파장 크기는 $4L/3$이다. 이는 기본 파장 λ_1의 1/3배에 해당하고 이때 모드 수는 $m = 3$이다. 그 다음의 모드에서 파장은 $4L/5$가 되며 이때 모드 수는 $m = 5$이다. 즉, 한쪽만 막힌 관은 홀수 번째의 모드만 허용되는 것을 알 수 있다. 결과적으로 가능한 파장과 진동수의 식은 다음과 같다.

$$\lambda_m = \frac{4L}{m} \qquad f_m = m\left(\frac{v}{4L}\right) = mf_1 \qquad m = 1, 3, 5, 7, \cdots \tag{16.7}$$

한쪽은 열리고 다른 쪽은 막힌 관에 대한 정상파의 파장과 진동수

음파 간섭장치 정상파를 육안으로 볼 수 있게 만든 이 장치는 금속으로 된 관의 한쪽 끝에 스피커를 두고 사인파를 금속관으로 보낸다. 입사된 파동은 금속관의 막힌 다른 쪽 끝에서 반사되어 중첩으로 인해 정상파가 형성된다. 관 내부에 들어 있던 프로판 가스는 금속관 위의 작은 구멍들을 통해 방출되는데, 프로판 가스가 연소되면서 빛을 발하게 되어 마디와 배를 쉽게 식별할 수 있다.

이제부터는 여러 가지 정상파들에 대해 지금까지 다룬 세부 내용들을 비교하고 대조해보고자 한다. 정상파 문제를 풀기 위한 일반적인 전략은 다음과 같이 공식화할 수 있다.

종합 16.1 정상파 모드

정상파 모드를 구하기 위해서는 진동수/파장 관계식만 있으면 된다.

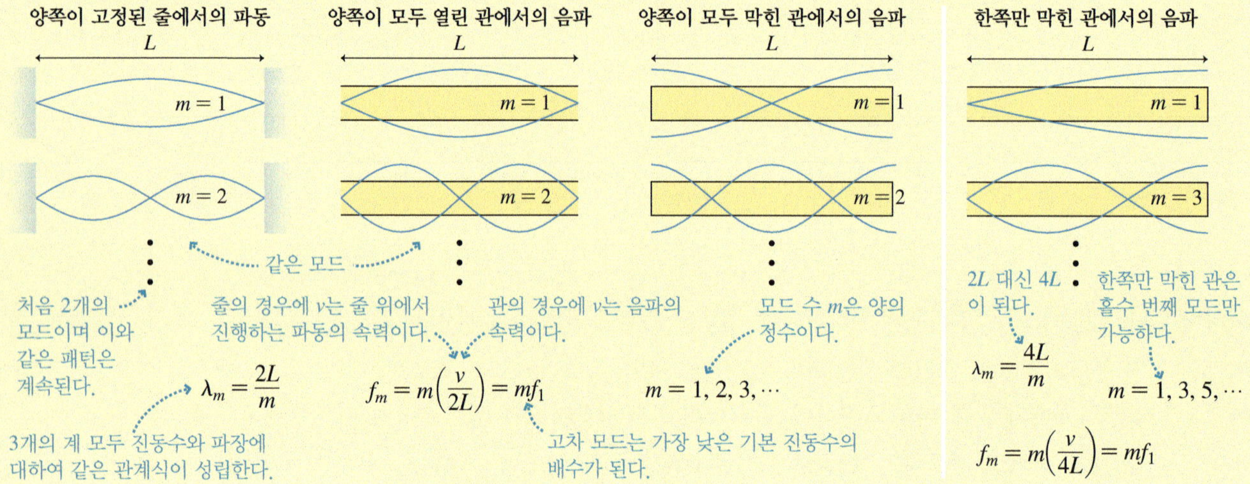

문제 풀이 전략 16.1 정상파

어떤 정상파에 대해서도 다음과 같이 일반적 전략을 세워 풀이에 이용할 수 있다.

준비

- 음파의 경우, 관의 종류를 판별한다. 관의 형태가 양쪽이 모두 열려 있거나, 양쪽이 모두 막혀 있거나, 또는 한쪽만 막힌 관인지 먼저 결정한다.
- 줄이나 광파의 경우에는 양 끝이 고정점이 된다.
- 다른 형태의 정상파일 경우, 예를 들면 전자기파나 수면파와 같은 경우 모드에 대한 도식은 종합 16.1에서 설명한 여러 경우 중의 하나와 비슷한 방법으로 대처하면 된다. 관이나 줄에 의한 파동과 유사하게 계산할 수 있다.
- 문제에서 주어진 값이 무엇인지 확인한다. 관이나 줄의 길이, 진동수, 파장, 마디와 배의 위치에 대한 값이 주어져 있는지 확인한다.
- 해당되는 적절한 모드를 선택하고 그림을 그려서 전체적인 개요도를 나타내는 것이 도움이 된다.

풀이 모드에 대한 도식이 결정되면 종합 16.1의 여러 방정식들을 이용하여 파장과 진동수를 구한다. 이 방정식들은 어떤 형태의 파동에서도 모두 성립한다.

검토 구한 답이 타당한지 판단한다. 결과를 체크할 수 있는 다른 방법이 존재하는지 살펴본다. 예를 들어 어떤 모드에서도 진동수와 파장의 곱은 파동의 속력과 같다는 것을 이용하여 결과를 검증할 수 있다.

예제 16.6 귀의 외이도에서 공명 BIO

그림 16.20에서와 같이 성인의 외이도 길이는 대략 2.5 cm이다. 외이도가 끝나는 부분에는 진동을 인지하여 기관에 전달하는 귀의 고막이 위치해 있다. 가청 진동수 내에서 외이도에서 형성될 수 있는 정상파들의 진동수는 얼마인가? 단, 외이도 내의 공기는 따뜻하므로 음파의 속력은 350 m/s로 가정한다.

그림 16.20 귀의 구조

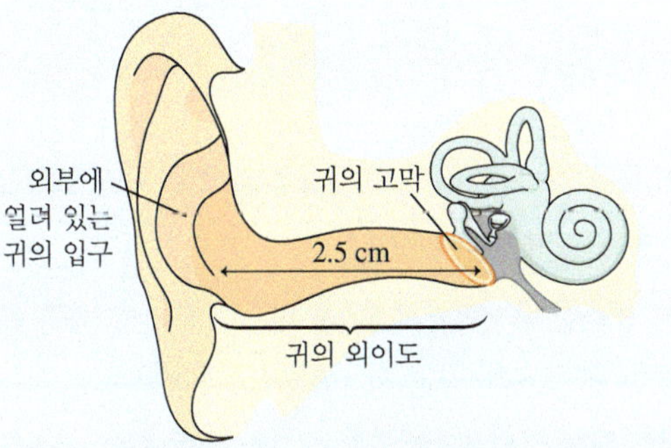

준비 문제 풀이 전략 16.1의 단계에 따라 풀어보기로 하자. 우선 귀의 외이도는 한쪽 끝이 대기압에 열려 있고 다른 쪽 끝은 고막에 의해 막힌 관으로 볼 수 있으므로 한쪽만 막힌 관으로 다루기로 한다. 이에 정상파의 가능한 모드는 그림 16.19(c)에 나타나 있으며 관의 길이는 2.5 cm가 된다.

풀이 방정식 (16.7)은 한쪽만 열려 있는 관에서 허용된 진동수이다. 정상파 모드의 진동수들은 가청 진동수 20~20,000 Hz의 범위에서 구한다. 기본 진동수는

$$f_1 = \frac{v}{4L} = \frac{350\ \text{m/s}}{4(0.025\ \text{m})} = 3500\ \text{Hz}$$

이고, 고차 조화모드의 진동수는 기본 진동수의 홀수 배만 가능하다. 따라서 2차, 3차의 진동수는 각각

$$f_3 = 3(3500\ \text{Hz}) = 10{,}500\ \text{Hz}$$
$$f_5 = 5(3500\ \text{Hz}) = 17{,}500\ \text{Hz}$$

이다. 위의 3개의 모드만 가청 진동수 범위 안에 있고, 그 이상의 모드의 진동수는 가청 한계 진동수인 20,000 Hz의 범위를 넘는다.

검토 귀의 외이도 길이는 짧아서 이에 해당하는 공명 진동수는 높은 진동수로 예상된다. 따라서 위의 얻어진 결과는 타당하다.

예제 16.6에서 계산한 귀의 외이도 공명이 얼마나 중요한지 살펴보기로 하자. ◀◀15.6절에서 소리 세기를 측정하는 단위인 데시벨에 대해 이미 알아보았다. 실제 사람의 귀는 여러 다른 진동수의 음들을 인지하는 능력이 있다. 그림 16.21은 알려진 사인파의 진동수 음파에 대하여 사람이 같은 크기로 인지하는 소리(equal perceived loudness)를 데시벨로 표시한 것이다. 낮은 데시벨 값은 그 진동수의 소리가 사람에게 더 잘 들린다는 것을 의미한다. 일반적으로 그래프 곡선의 세기는 사람이 제일 민감하게 듣기 시작하는 진동수인 대략 1000 Hz까지 감소하고 진동수가 높아질수록 서서히 증가한다. 그러나 이 곡선에서 이런 경향과 다르게 극소점의 진동수가 2개 존재하는데, 이 진동수에서는 작은 소리라도 잘 듣게 된다. 두 진동수는 귀의 외이도에서 나타나는 공명 진동수인 f_1과 f_3와 일치하는 것을 알 수 있다. 이 진동수에서는 외부에서 유입되는 소리가 더 크게 공명되므로 더 잘 들리게 된다.

그림 16.21 같은 크기로 인지되는 소리 세기 곡선

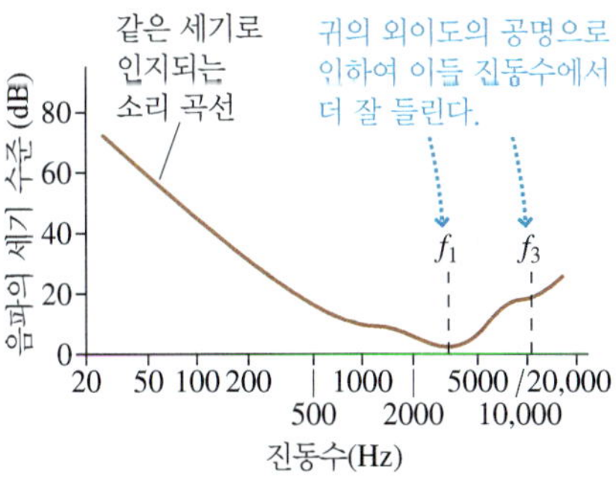

관악기

관악기는 입으로 공기를 불어 넣어 관의 내부에 정상파를 만든다. 연주자는 손가락으로 악기의 구멍을 막거나 밸브를 열어 관의 길이를 조절함으로써 소리를 낸다. 악기의 관에 있는 구멍을 열면 대기압과 맞닿게 되므로 그 위치가 마디가 된다. 악기의 구멍이 끝쪽에 있는 것과 측면에 있는 것은 거의 차이가 없다. 관악기에서 관의 길이는

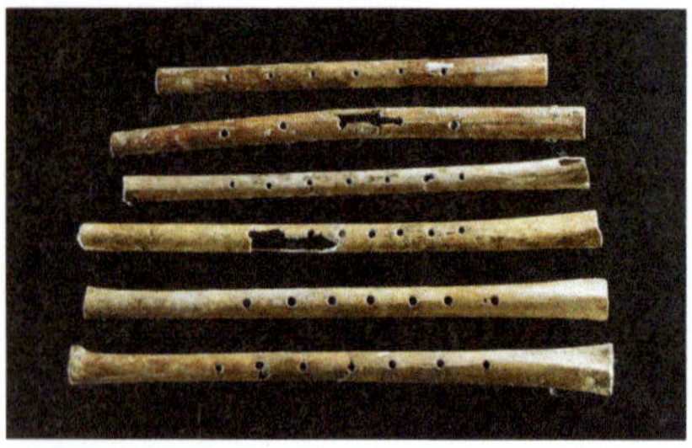

정말로 오래된 클래식 악기 가장 오래된 것으로 알려진 악기는 중국의 무덤에서 출토된 뼈로 만들어진 플루트이다. 사진에 나온 플루트는 9000년 이상 된 것으로 원래 속이 빈 두루미 뼈로 만들어졌다. 플루트에 난 구멍의 위치는 플루트가 내는 음의 진동수를 결정한다. 최초의 플루트가 나온 이후 그 디자인이 규격화되어 현대 중국 악기를 포함하여 모두 같은 음색을 내게 되었다.

정상파의 공명 진동수를 결정하므로 악기가 내는 음계의 중요한 요소가 된다.

많은 관악기는 관의 한쪽 끝에 '울림통(buzzer)'을 가지고 있다. 색소폰이나 클라리넷은 얇은 판 형태의 진동하는 리드(reed)가 그런 역할을 하고 트럼펫이나 트롬본은 연주자의 입술을 진동시키는 것으로 울림통 역할을 한다. 울림통은 단순한 음이 아닌 연속적인 영역의 진동수를 만든다. 따라서 악기의 울림통을 본체에 연결하지 않고 마우스피스가 있는 부분만 불면 '삑삑거리는' 소리만 난다. 울림통의 부분이 악기의 관에 연결되면 '삑삑거리는' 진동수들은 거의 나타나지 않는다. 오히려 악기의 공명 진동수와 일치하는 울림통의 진동수에서는 정상파 공명으로 큰 진폭들이 나타나게 된다. 이러한 진동수들의 조합이 우리가 듣는 악기의 음계이다.

개념형 예제 16.7 플루트와 클라리넷의 비교

플루트와 클라리넷의 길이는 거의 같지만 클라리넷에서 내는 가장 낮은 음은 플루트가 내는 가장 낮은 음보다 더 낮다. 왜 그럴까?

판단 플루트는 양쪽 모두 열린 관의 형태이므로 기본 모드의 진동수는 $f_1 = v/2L$이다. 클라리넷은 한쪽은 열려 있지만, 다른 쪽은 연주자의 입술과 리드로 막혀 있다. 따라서 클라리넷은 한쪽만 막힌 관의 진동수 $f_1 = v/4L$를 적용한다. 이 사실로부터 플루트의 기본 진동수는 클라리넷 진동수의 1/2배라는 것을 알 수 있다. 결론적으로 클라리넷의 가장 낮은 음은 플루트보다 더 낮은 음을 갖게 된다. 음악 용어로 클라리넷은 플루트보다 한 옥타브 낮다고 한다.

검토 종합 16.1로 다시 돌아가 보자. 한쪽만 막힌 관의 가장 낮은 모드의 파장이 양쪽 모두 열린 관보다 길다는 것을 확인할 수 있다. 따라서 클라리넷의 진동수가 더 낮다고 추측할 수 있다.

클라리넷의 가장 낮은 모드는 플루트보다 파장이 길고 진동수가 더 작으므로 음높이가 플루트보다 더 낮다. 고차 조화모드에서도 클라리넷과 플루트는 차이가 있다. 플루트와 같이 양쪽 모두 열린 관은 모든 정수배의 조화모드가 가능하다. 그러나 클라리넷은 한쪽만 막혀 있으므로 홀수 번째의 고차 모드만 가능하다. 따라서 두 악기의 음색은 매우 다르다. 플루트와 클라리넷의 음을 구별해내는 것은 어렵지 않다. 다음 절에서는 악기의 고차 조화모드와 음색 사이의 관계에 대해 살펴보기로 하겠다.

예제 16.8 워밍업의 중요성

관악기는 연결부분을 조정하여 길이를 변화시킬 수 있다. 연주자는 악기가 정확한 진동수의 음을 내도록 하기 위해 조율을 한다. 온도 20 °C일 때의 '차가운' 플루트가 440 Hz의 진동수인 A음을 낸다고 가정해보자.

a. 온도 20 °C에서 공기 속력을 343 m/s라고 할 때, 플루트 관의 길이는 얼마인가?

b. 연주자가 플루트에 공기를 불어 넣으면 악기 내부의 온도가 올라간다. 플루트 내부의 공기 온도가 32 °C까지 올랐다면, 공기 속력은 350 m/s로 빨라진다. 이 온도에서 플루트의 진동수는 얼마인가?

c. 더 높은 온도에서의 진동수가 440 Hz가 되도록 하려면 관의 길이는 얼마가 되어야 하는가?

풀이 플루트는 양쪽 모두 열린 관이므로 기본 진동수는 $f_1 = v/2L$이다.

a. 20 °C에서 440 Hz에 해당하는 길이는 다음과 같다.

$$L = \frac{v}{2f_1} = \frac{343 \text{ m/s}}{2(440 \text{ Hz})} = 0.390 \text{ m}$$

b. 온도가 올라가면 음파의 속력은 증가한다. 따라서 진동수는

$$f_1(32°\text{C에서}) = \frac{350 \text{ m/s}}{2(0.390 \text{ m})} = 449 \text{ Hz}$$

로 커진다.

c. 350 m/s의 속력에서 440 Hz의 진동수를 내려면 플루트 관의 길이는 더 길어야 한다. 따라서 늘어난 길이는

$$L = \frac{v}{2f_1} = \frac{350 \text{ m/s}}{2(440 \text{ Hz})} = 0.398 \text{ m}$$

가 되며 플루트는 처음보다 8 mm 더 길어야 한다.

검토 온도에서 미세한 변화가 생겨도 음파의 속력은 변한다. 따라서 관의 길이를 변화시켜 진동수를 맞출 필요가 있다. 위에서 얻는 결과는 이런 맥락에서 볼 때 타당하다.

16.5 말하기와 듣기 BIO

같은 음을 듣는다 해도 기타로 들을 때와 트럼펫으로 들을 때 매우 다르다는 것을 알 수 있다. 여러분은 강연자가 강의 내내 같은 음높이로 말하는 것을 들어본 적이 있을 것이다. 그럼에도 강연 내용을 잘 이해한 적이 있을 것이다. 이것은 사람의 두뇌가 음높이에 의한 방법 이외에도 여러 다른 방법으로 음을 인지할 수 있기 때문이다. 어떻게 같은 음인데도 기타와 트럼펫에서 나는 소리를 구분할까? 사람의 두뇌는 같은 음높이를 갖는 2개의 모음을 어떻게 구별할 수 있을까?

진동수 스펙트럼

지금까지 음파는 진동수를 금방 파악할 수 있는 사인파처럼 설명하였다. 그러나 우리가 듣는 음파는 단순한 사인파가 아니다. 대부분의 음파는 다른 여러 진동수의 파동이 섞인 중첩된 파동이다. 줄에서 나타나는 정상파 모드의 예를 들어 보자. 일반적으로 기타의 줄을 튕길 때 나타나는 정상파 모드는 1개만 나타나는 것이 아니다. 많은 모드들이 동시에 나타난다.

만일 '중간 C'음을 기타로 치면 기본 진동수는 262 Hz이지만 기본 진동수 외에도 고차 조화모드가 동시에 생길 수 있다. 이미 식 (16.4)에 주어진 바와 같이 524 Hz, 786 Hz, 1048 Hz 등의 진동수도 가능하다.

그림 16.22(a)는 기타 줄이 진동할 때 나오는 음의 모든 진동수를 막대그래프로 나타내었다. 각 막대의 높이는 각 조화모드의 진동수에 대한 상대적 세기를 나타낸다. 이렇게 여러 진동수의 상대적 세기를 나타내는 막대그래프를 **진동수 스펙트럼**(frequency spectrum)이라 한다.

사람의 두뇌에서 여러 진동수가 혼합된 음을 인지할 때 음의 **높낮이**(pitch)는 기본 진동수를 통해서 인지하게 된다. 그림 16.22(a)의 기타에서 나오는 소리가 여러 다른

그림 16.22 중간 C음을 기타로 쳤을 때 기본 진동수 262 Hz를 포함한 기타 줄에서 나오는 음파의 진동수 스펙트럼과 파동 형태

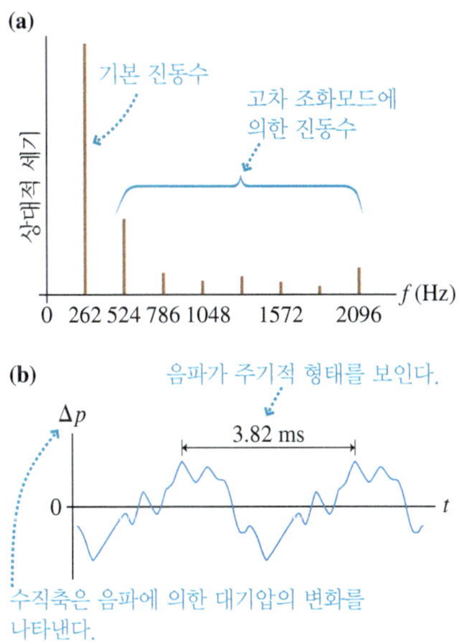

진동수의 음이 섞여 있을 경우 사람의 두뇌는 음의 높낮이를 262 Hz인 중간 C음으로 인지하게 된다. 그리고 소리의 **맵시**(timbre)라 하는 **음질**(tone quality)은 고차 조화모드의 진동수를 통해서 구별하게 된다. 다시 말하면, 기타로 연주된 중간 C음과 트럼펫에 의해 연주된 중간 C음을 구별할 수 있는 것은 음질에 해당하는 고차 조화모드로 가능하다. 트럼펫의 진동수 스펙트럼의 고차 조화모드의 상대적 세기는 기타에서 나타나는 패턴과는 매우 다르다.

기타가 내는 중간 C음에 대한 음파의 형태는 **그림 16.22(b)**의 그림에 나와 있다. 기타의 음파는 262 Hz의 기본 진동수를 갖는 파동이 3.82 ms 주기로 반복되고 있으며, **고차 조화모드는 음파의 주기를 변화시키지는 않고 파동 형태만 변화시킨다.** 트럼펫의 음파도 3.82 ms 주기를 갖는 파동이지만, 그 파동 형태는 기타와 비교할 때 매우 다르다.

이 장의 첫머리에 소개한 디제리두는 오스트레일리아의 원주민에 의해 속이 빈 나무줄기로 만들어진 악기로, 트럼펫이나 클라리넷과 같이 한쪽은 열리고 다른 쪽은 막힌 형태의 관악기이다. 연주자는 그의 입술을 통해 한쪽 끝으로 공기를 불어 넣을 때 성대(vocal cord)에서 나는 음들을 함께 악기에 불어 넣는다. 그러면 섞여 있는 정상파의 여러 모드에 변화를 주게 되어 다양한 음이 만들어진다.

모음과 포먼트

목소리를 일정한 높낮이 상태를 유지하면서 '비트(beet)'의 '이(ee)'라는 모음을 발음해보고, 다음에는 '부트(boot)'의 '우(oo)'라는 모음을 발음해보자. 두 모음을 발음할 때 입 모양이 앞뒤로 어떻게 바뀌는지 주의 깊게 관찰해보자. 두 모음은 같은 음높이라 하더라도 매우 다르다. 두 모음이 다르게 들리는 이유는 악기와 마찬가지로 고차 조화모드 때문이다. 사람들은 보통 대화할 때 '이(ee)'나 '우(oo)', 또는 '아(ah)' 등의 모음을 내기 위해 성도(vocal tract)를 알맞게 조절하면서 여러 고차 조화모드를 다양하게 혼합시킨다.

그림 16.23 성대의 발성기관에서 나와 성도를 거친 음파의 진동수 스펙트럼

(a) 성대에서 나오는 진동수

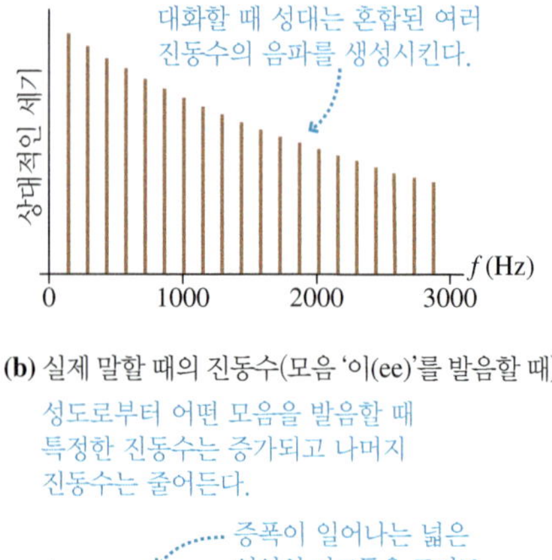

(b) 실제 말할 때의 진동수(모음 '이(ee)'를 발음할 때)

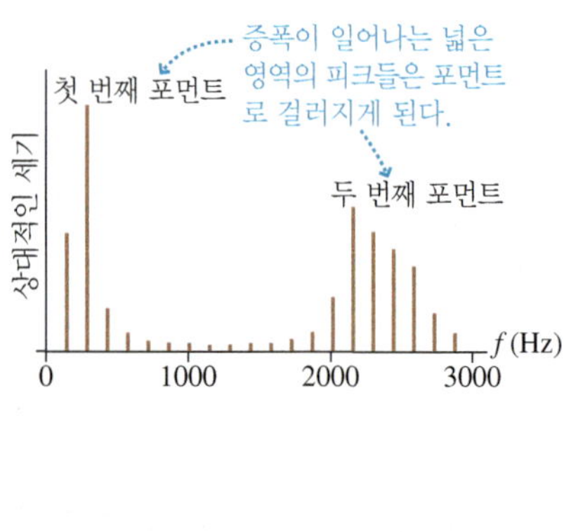

말을 하는 것은 사람의 목에 있는 세포 조직의 끈들이 팽팽하게 당겨져 성대가 진동되면서 시작된다. 이러한 성대의 진동도 앞에서 다룬 팽팽한 줄에서 나타나는 파동과 유사하다. 일상적인 대화에서 성인 남자와 성인 여자의 음파의 평균 진동수는 각각 150 Hz와 250 Hz 정도이다. 그러나 성대의 장력을 조정하게 되면 진동수를 얼마든지 변화시킬 수 있다. 노래를 할 때 더 높은 음이나 더 낮은 음의 목소리를 낼 수 있는 것도 이 때문이다.

성대는 진동할 때 기본 진동수와 고차 조화모드가 뒤섞인 여러 진동수의 음을 동시에 낸다. 목에 마이크로폰을 삽입하고 성대에서 나오는 음파를 측정한 진동수 스펙트럼이 **그림 16.23(a)**에 나타나 있다.

성대에 대한 진동수 스펙트럼을 설명하기 전에, 우선 성대로부터 음을 내는 원리에 대해 먼저 알아보기로 하자. 성대로부터 생긴 음파가 입의 입구에 도달하기 전까

지는 반드시 목, 입, 그리고 코의 공동으로 된 성도를 연속적으로 통과해야 한다. 즉, 성도란 각각 특정 진동수의 정상파 공명이 일어나는 관들이 연속해서 이어진 관이라 할 수 있다. 성도는 정상파에 의한 공명으로 피크 형태의 넓은 영역의 진동수가 나타나게 되는데 이를 **포먼트**(formants)라 한다. 포먼트 진동수 근처에 있는 성대의 고차 조화모드는 증폭되지만 포먼트에서 멀리 떨어진 조화모드들의 진폭은 줄어든다. 그림 16.23(b)는 성인 남자가 '이(ee)' 음을 냈을 때의 포먼트를 보여준다. 성대에서 만들어진 조화모드가 걸러진(filtering) 형태의 포먼트들로 나타나 있음을 그림에서 볼 수 있다.

입 모양이나 혀의 위치와 형태를 바꾸면 성도의 길이와 모양이 변화되어 포먼트의 진동수 형태를 변하게 만들 수 있다. '이(ee)'에 대한 포먼트는 270 Hz와 2300 Hz 근처의 진동수에서 나타난다. 그러나 '우(oo)'의 포먼트는 300 Hz와 870 Hz에서 나타난다. '이(ee)'의 두 번째 포먼트가 더 높은 진동수에서 증폭되어 귀에 거슬리는 음이 되는 데 비해, '우(oo)'의 두 번째 포먼트는 더 낮은 진동수에서 증폭되므로 '평온한' 음으로 들린다.

개념형 예제 16.9 **높은 진동수에서의 청력 손실** BIO

나이가 들면 청력은 점차 감소한다. 대부분의 사람들에게 청력의 감소는 높은 진동수 영역에서 더 잘 일어난다. 높은 진동수의 소리를 잘 듣지 못하게 되면 다른 사람들이 하는 말을 이해하기 어렵게 된다. 그 이유는 무엇인가?

판단 모음을 구별할 수 있는 대화는 높은 진동수 영역에서 이루어진다. 높은 진동수에 대한 귀의 민감도가 퇴화되면 모음을 구별하기가 더욱 어려워진다.

검토 위 결과는 매우 타당해 보인다. 그림 16.23(b)에서 가장 낮은 진동수는 200 Hz보다 낮지만 두 번째 포먼트의 진동수는 2000 Hz에서 나타난다. 다른 사람의 목소리를 인지하는 진동수와 대화의 내용을 인지하는 진동수와는 매우 큰 차이가 있다.

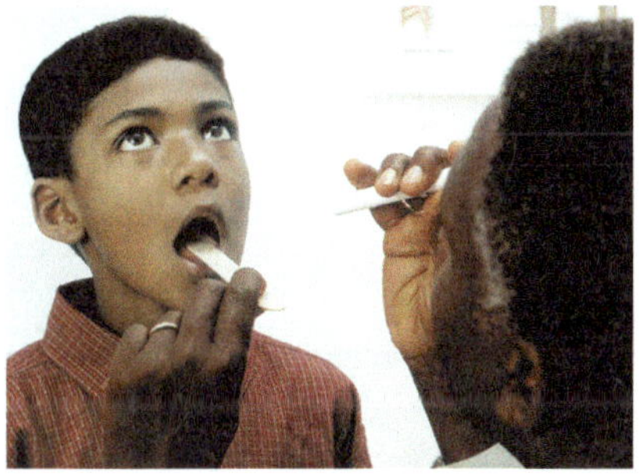

'아(ah)' 하세요 BIO 의사들은 목을 검사할 때 '아(ah)' 해보라고 한다. '아(ah)'라는 모음을 발음할 때에는 입을 벌려 목구멍을 안쪽까지 넓게 만들게 된다. 즉, 발음하는 동안 목의 조직을 자세히 관찰할 수 있다.

16.6 두 음원으로부터 파동의 간섭

아마도 '능동적으로 잡음을 줄이는 헤드폰'이 있다는 것을 들어본 적이 있을 것이다. 이 헤드폰의 전원을 켜면 소음을 소거시키는 어떤 음을 방출하게 된다. 어떻게 음원을 발생시켜 소음을 제거할 수 있을까?

이 장의 앞부분에서 파장은 입자와 달리 서로 통과하는 특징이 있다고 언급한 바 있다. 중첩 원리에 의하면 두 파동이 교차되는 곳에서 매질의 변위는 각각의 파동에 의한 변위의 합이다. 그림 16.24와 같이 두 스피커를 통해 같은 진동수의 음이 방출되는 경우를 생각해보자. 스피커가 일렬로 배열된 그림 16.24(a)는 스피커 2의 소리가 스피커 1을 통과할 때 두 파동이 겹쳐져서 x축을 따라 오른쪽으로 진행하는 경우이

그림 16.24 두 음원에 의한 간섭

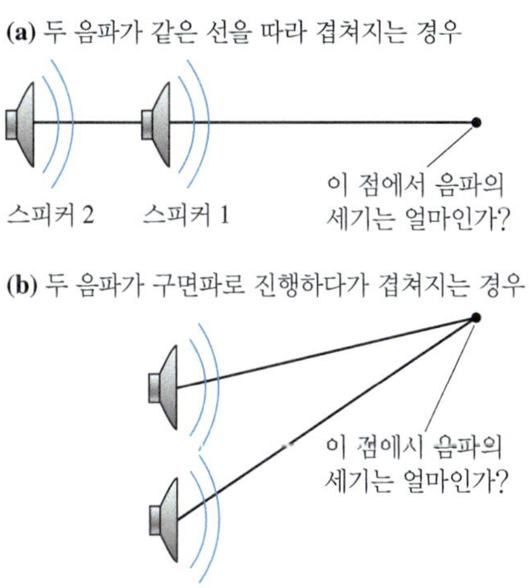

다. 이때 점으로 표시된 위치에서 소리가 어떻게 들리겠는가? 그리고 스피커가 서로 바로 나란히 놓여 있는 그림 16.24(b)의 경우는 표시된 점에서 어떻게 들리겠는가? 이 절에서 두 경우에 대해 자세히 알아보기로 한다. 이 절에서 다룬 음파에 대한 이론은 다른 모든 파동에 대해서도 적용된다.

직선을 따라서 나타나는 간섭현상

그림 16.25 x축을 따라 진행하는 두 파동의 보강 간섭

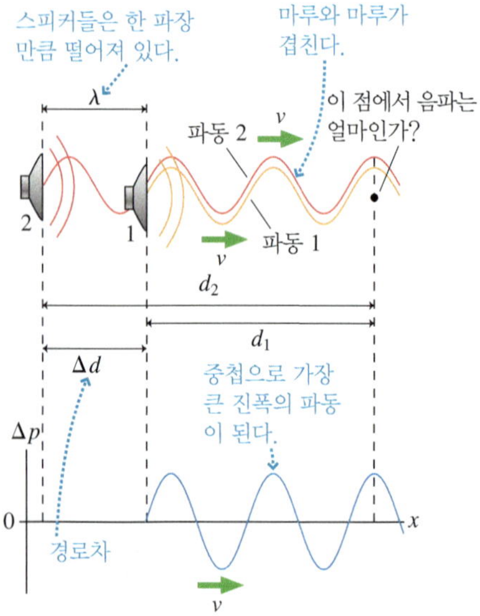

그림 16.25는 두 스피커로부터 나오는 두 음파가 정확하게 한 파장만큼 간격을 두고 진행하는 상황을 나타낸다. 그림에서는 각각의 파동 모양을 잘 나타내기 위해 한 파장만큼 간격이 있는 것으로 그려져 있지만 물리적 상황은 각각의 파동이 서로 마루와 마루가 나란히 겹쳐지면서 진행하는 상태를 말한다. 여기서 두 스피커는 진폭, 파장 그리고 진동수가 모두 동일한 음파를 방출하고 있다고 가정하자.

직선 경로를 따라서 나타나는 음파의 압력은 모든 점에서 각 파동들의 압력의 합이 되는데, 이는 중첩 원리에 의한다. 두 스피커에서 나온 파동은 한 파장만큼 간격이 떨어져 진행하며 두 파동은 마루와 마루, 골과 골이 완전히 서로 일치된다. 이런 형태로 겹쳐지는 파동들은 **위상이 같다**고 하며, 두 파동은 완전히 겹쳐서 진행하고 있음을 나타낸다. 이 경우 중첩된 파동의 파장은 λ이고 진폭은 각 파동의 진폭의 2배가 된다. 이를 보강 간섭이라 한다.

스피커 1과 2로부터 합성하려는 위치까지 떨어진 거리를 각각 d_1과 d_2라고 하면 두 거리의 차 $\Delta d = d_2 - d_1$은 **경로차**(path-length difference)가 된다. 이 경로차는 파동 2가 두 파동이 합성되는 위치까지 추가적으로 더 진행하는 거리를 말한다. 그림 16.25에서 보강 간섭은 경로차 $\Delta d = \lambda$일 때 일어난다는 것을 알 수 있다. Δd가 λ만큼 더 증가하여도 같은 결과가 된다. 따라서 보강 간섭의 조건은 $\Delta d = 2\lambda$, $\Delta d = 3\lambda$, …가 된다. 즉, **두 파동은 위상이 같으면 보강 간섭이 일어나고, 경로차는 항상 파장의 정수배이다.**

그림 16.26 x축을 따라 움직이는 두 파동의 상쇄 간섭

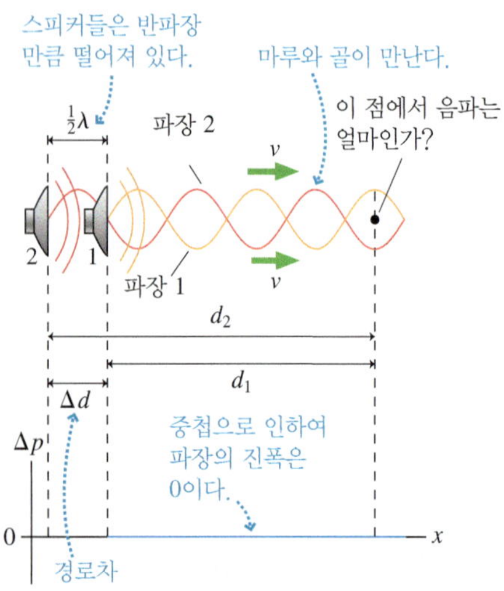

그림 16.26에서는 두 스피커 간격이 파장의 반정수배만큼 떨어져 있다. 두 파동은 반파장만큼 어긋나게 되어 한 파동의 마루는 다른 파동의 골과 만나게 된다. 이러한 경우의 두 파동은 **위상이 반대**라고 한다. 두 파동의 위상이 반대일 때, 두 파동은 모든 위치에서 진폭의 크기는 같지만 부호는 반대가 된다. 결과적으로 두 파동을 더하면 모든 점에서 진폭은 0이다. 이것을 상쇄 간섭이라고 한다.

그림 16.26은 경로차 $\Delta d = \frac{1}{2}\lambda$이므로 상쇄 간섭이 일어난다. 다시 말하면 경로차 Δd에 λ만큼 경로차에 더해져도 같은 형태의 그래프가 된다. 즉, 경로차가 $\Delta d = 1\frac{1}{2}\lambda$, $\Delta d = 2\frac{1}{2}\lambda$, …일 때 상쇄 간섭이 나타난다. 즉, **두 파동은 위상이 반대일 때 상쇄 간섭이 일어나고, 경로차는 파장의 1/2에 파장의 정수배를 더한 값이다.**

요약하면 2개의 동일한 파동에 대하여 보강 간섭은 경로차가

$$\Delta d = m\lambda \qquad m = 0, 1, 2, 3, \cdots \tag{16.8}$$

일 때 나타나며, 상쇄 간섭은 경로차가

$$\Delta d = \left(m + \frac{1}{2}\right)\lambda \qquad m = 0, 1, 2, 3, \cdots \tag{16.9}$$

일 때 일어난다.

영상 학습 데모

예제 16.10 두 스피커에 의한 음파의 간섭

수잔은 일렬로 배열된 두 스피커 앞에 서 있다. 멀리 있는 스피커는 수잔과 6.0 m 떨어져 있고 가까이에 있는 스피커는 5.0 m 떨어져 있다. 두 스피커는 진동수 680 Hz의 음원에 동시에 연결되어 있으며, 수잔은 스피커 소리를 크고 뚜렷하게 듣고 있다. 그러나 음원의 진동수를 천천히 증가시키면 수잔은 특정한 진동수에서 이 스피커의 소리를 듣지 못한다. 어떤 진동수에서 소리가 상쇄되어 들리지 않겠는가? 공기 중에서 음파의 속력은 340 m/s라고 가정하자.

준비 이 문제에 대한 개요도를 **그림 16.27**처럼 그린 다음 시작해보자. 두 스피커에서 나오는 음파들은 수잔의 위치에서 만나게 된다. 한편 스피커 1에서 나온 파동이 스피커 2에서 나온 파동보다 더 많이 진행하므로 경로차는 수잔과 각 스피커 사이의 거리 차가 된다. 즉 경로차 Δd는

$$\Delta d = d_1 - d_2 = 6.0\ \text{m} - 5.0\ \text{m} = 1.0\ \text{m}$$

이다. 위의 경로차는 680 Hz에서 보강 간섭의 조건이다. 진동수를 증가시키면 상쇄 간섭이 일어나게 되어 수잔은 스피커 소리를 들을 수 없다.

풀이 수잔의 위치에서 상쇄 간섭이나 보강 간섭을 결정짓는 요소는 경로차와 파장이다. 처음 680 Hz 진동수일 때, 음파의 속력은 340 m/s이므로 스피커의 파장은

그림 16.27 스피커의 개요도

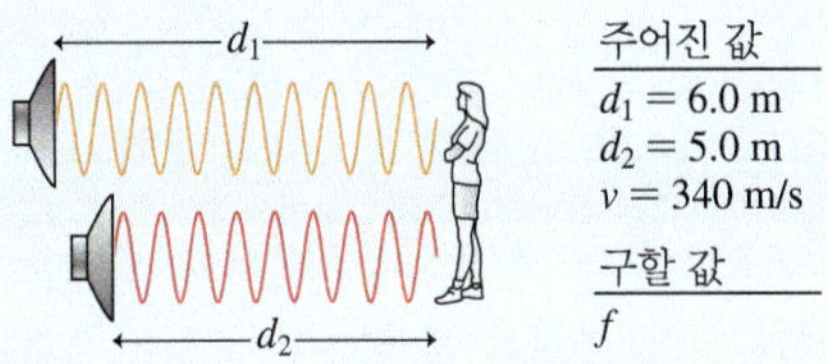

$$\lambda = \frac{v}{f} = \frac{340\ \text{m/s}}{680\ \text{Hz}} = 0.50\ \text{m}$$

이다. 한편 파장과 경로차의 비는

$$\frac{\Delta d}{\lambda} = 2.0$$

이므로 보강 간섭 조건 $\Delta d = m\lambda$와 비교하여 $m = 2$임을 알 수 있다. 이 진동수에서는 보강 간섭이 일어나므로 수잔은 스피커 소리를 매우 잘 듣는다.

진동수가 증가하여 파장이 감소하면 $\Delta d/\lambda$비는 점점 증가한다. 이 비율은 2.0에서 시작되므로 맨 처음 상쇄 간섭이 일어날 때는 이 비의 값이 2½일 때가 된다. 따라서 상쇄 간섭 조건 $\Delta d = (m + \frac{1}{2})\lambda$과 비교함으로써 $m = 2$를 얻는다. 따라서 진동수가 증가하여 파장이 점점 감소하면서 처음 얻을 수 있는 상쇄 간섭의 파장은

$$\lambda = \frac{\Delta d}{2.5} = \frac{1.0}{2.5} = 0.40\ \text{m}$$

이며, 이 파장에 대응하는 진동수는

$$f = \frac{340\ \text{m/s}}{0.40\ \text{m}} = 850\ \text{Hz}$$

이다.

검토 진동수 850 Hz는 처음 진동수 680 Hz보다 1/4배에 해당하는 170 Hz가 증가한 값이다. 경로차 1.0 m는 원래 파동의 파장의 2배이므로 보강 간섭 조건에 '적합'하다. 그리고 2.5주기가 지난 후에는 경로차가 처음보다 1/4배 증가한 값으로 상쇄 간섭 조건에 '적합'하다. 따라서 위에서 주어진 진동수는 타당한 값이다.

다른 중요하고 흥미로운 간섭현상이 **그림 16.28**의 예에 나타나 있다. 한 스피커에서 다른 스피커의 파동과 정확히 반대가 되는 음파를 방출시켜 간섭을 만드는 것이다. 만일 스피커들이 나란하게 놓여 경로차 $\Delta d = 0$이면, 두 파동은 중첩되어 완전히 상쇄된다. 이 경우 상쇄 간섭은 파동 형태와 진동수에 상관없이 일어난다.

능동적으로 소음을 감소시키는 헤드폰은 이러한 원리에 의해 작동된다. 헤드폰의 외

그림 16.28 서로 반대되는 파동의 상쇄

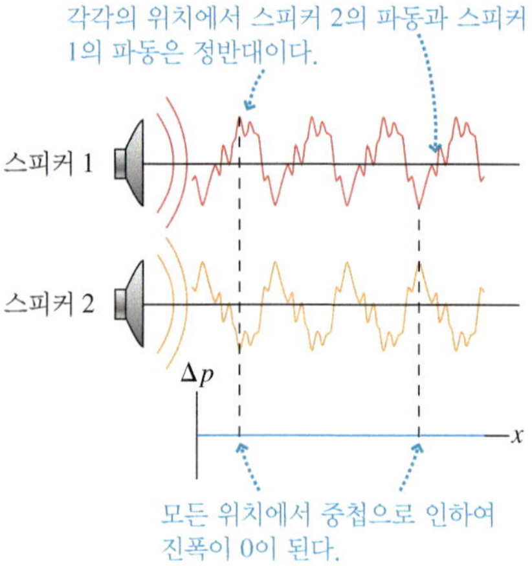

그림 16.29 구면파

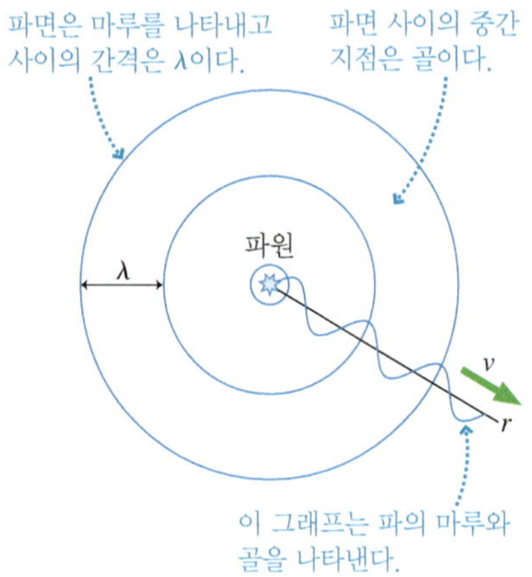

그림 16.30 두 음원의 파동이 겹쳐진 패턴

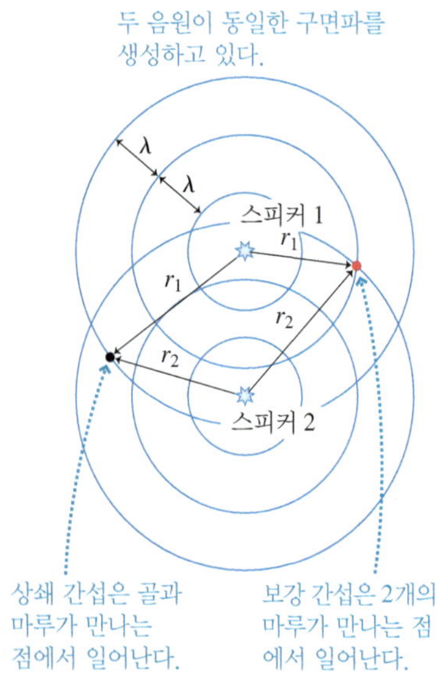

부에 있는 마이크로폰은 주변의 음을 측정하여 헤드폰 내부의 회로에서 마이크로폰의 신호와 정반대인 음파를 헤드폰 스피커에 전송한다. 주변의 음과 정반대로 스피커에서 방출된 음파가 소음과 동시에 귀에 도달하면 상쇄 간섭이 일어나 소음 세기를 줄일 수 있다. 즉, 반대 음파를 더해서 헤드폰 내부 소음의 세기를 전체적으로 줄일 수 있다.

구면파의 간섭

위에서 예시된 것처럼 실제로 파동의 간섭은 일직선으로만 일어나지는 않는다. 실제로 스피커로부터 오는 음파나 백열전구에 의한 광파는 구면으로 퍼진다. **그림 16.29**는 한 구면파가 진행하는 그림이다. 그림에서 파면은 파동의 **마루**를 나타내며 그 파면 사이의 간격은 파장인 λ이다. 두 파면 사이의 중간은 골에 해당된다. 2개의 구면파가 서로 만날 때 무슨 일이 일어나겠는가? 예를 들어 2개의 스피커에서 동일한 파동이 반지름 방향으로 퍼지고 있다고 가정하자. **그림 16.30**은 두 파동이 중첩되는 파면을 보여준다. 그림에서는 정지된 상태인 것처럼 보이지만 스피커에서 발생되는 파면이 동심원으로 퍼지고 있다고 가정하자. 두 파동은 퍼지면서 중첩되어 1차원에서와 같이 간섭이 일어난다.

그림 16.30에서 특히 빨간색 점으로 표시된 곳을 고려해보자. 이 점에서 두 파동의 마루가 만나게 되는데 보강 간섭이 일어난다. 검은색으로 표시된 점과 같이 마루와 골이 만나면 상쇄 간섭이 일어난다.

간단히 파면을 세는 것만으로도 빨간색 점은 스피커 2로부터 파장($r_2 = 3\lambda$)의 3배의 거리에 놓여 있고 스피커 1로부터는 파장($r_1 = 2\lambda$)의 2배의 거리임을 알 수 있다. 즉, 스피커 2에 의한 파동은 스피커 1에 의한 파동보다 한 파장만큼 더 진행한다. 따라서 두 파동은 같은 위상이 되고 (마루와 마루가 나란히 정렬된) 보강 간섭을 만든다. 두 파면이 서로 교차되는 위치마다 경로차 Δr은 **파장의 정수배**가 된다는 것을 확인할 수 있다.

한편 상쇄 간섭을 일으키는 검은색 점에서는 경로차가 $\Delta r = \lambda/2$가 된다는 것을 알 수 있다. 이 선을 따라서 나타나는 간섭은 상쇄 간섭이며 경로차는 반파장과 파장을 더한 값의 정수배가 된다.

따라서 구면파에서도 보강 간섭과 상쇄 간섭을 결정하는 규칙은 일직선으로 진행하는 파동의 경우와 같다. 동일한 파원에 대해 보강 간섭은 경로차가

$$\Delta r = m\lambda \qquad m = 0, 1, 2, 3, \cdots \tag{16.10}$$

일 때 일어나고 상쇄 간섭은 경로차가

$$\Delta r = \left(m + \frac{1}{2}\right)\lambda \qquad m = 0, 1, 2, 3, \cdots \tag{16.11}$$

일 때 나타난다.

보강 간섭과 상쇄 간섭 조건은 일직선상으로 진행하는 파동이나 구면파에 대해

모두 같다. 그리고 위에서 다룬 음파의 보강 간섭과 상쇄 간섭 조건은 다른 어떤 파동에 대해서도 적용할 수 있다. 두 파원이 중첩되어 어떤 임의의 점에서 보강 간섭이나 상쇄 간섭이 일어나는지에 대한 결정은 아래 풀이 전략에서 요약해보기로 한다.

풀이 전략 16.1 보강 간섭과 상쇄 간섭을 식별하는 방법

❶ 파원으로부터 구하려는 위치까지 경로를 파악하고 경로차 $\Delta r = |r_2 - r_1|$을 계산한다.
❷ 만일 문제에서 파장이 명시되어 있지 않으면 파장을 구한다.
❸ 만일 경로차가 파장의 정수배($\lambda, 2\lambda, 3\lambda, \cdots$)이면, 마루와 마루가 나란히 정렬되어 보강 간섭이 된다.
❹ 만일 경로차가 파장의 정수배와 반파장의 정수배의 합$\left(1\frac{1}{2}\lambda, 2\frac{1}{2}\lambda, 3\frac{1}{2}\lambda, \cdots\right)$이면, 마루와 골이 나란히 겹쳐서 상쇄 간섭이 된다.

예제 16.11 소리가 잘 들릴까? 거의 들리지 않을까?

두 스피커가 서로 3.0 m 떨어져 170 Hz 진동수의 동일한 음을 내고 있다. 샘은 1개의 스피커 앞쪽으로 똑바로 4.0 m 거리에 떨어져 있다. 이 위치에서 스피커 소리는 잘 들리겠는가? 아니면 거의 들리지 않겠는가? 음파의 속력은 340 m/s라고 하자.

준비 **그림 16.31**은 이 문제의 개요도를 나타내는 그림이다. 그림에 각각의 스피커 위치와 경로가 표시되어 있다.

그림 16.31 두 스피커에 대한 개요도

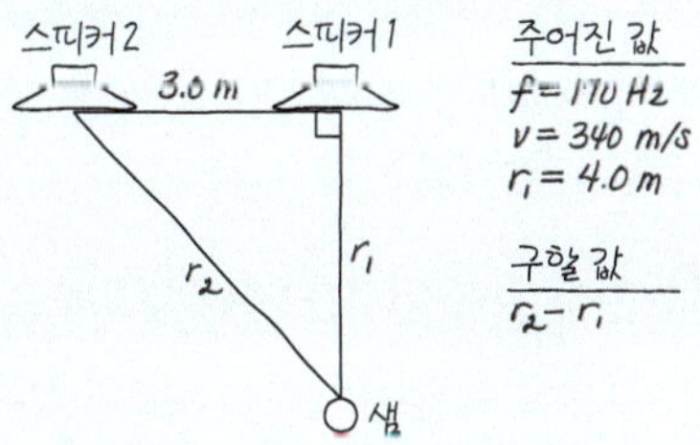

풀이 풀이 전략 16.1에 제시된 단계에 따라 경로차를 구한다. r_1, r_2 그리고 스피커 사이의 거리는 직각삼각형을 이루고 있으므로 피타고라스 정리를 이용하여 r_2를 구한다.

$$r_2 = \sqrt{(4.0\ \text{m})^2 + (3.0\ \text{m})^2} = 5.0\ \text{m}$$

따라서 경로차는 다음과 같다.

$$\Delta r = r_2 - r_1 = 1.0\ \text{m}$$

그리고 파장을 구하면

$$\lambda = \frac{v}{f} = \frac{340\ \text{m/s}}{170\ \text{Hz}} = 2.0\ \text{m}$$

이다. 경로차는 $\lambda/2$가 되며, 상쇄 간섭 조건에 해당한다. 따라서 샘은 스피커 소리를 잘 듣지 못한다.

흔히 2개의 분리된 음원으로부터 나오는 스테레오 스피커 소리를 듣는 경우가 있다. 그런데 스테레오 소리가 나는 방을 가로질러 걸을 때 세고 여린 소리가 반복되는 패턴으로 들리지 않는 이유는 무엇일까? 첫째, 단일 진동수를 듣는 것이 아니기 때문이다. 음악은 여러 진동수가 혼합된 음파이므로 어떤 순간에 한 진동수에서만 보강 간섭이나 상쇄 간섭이 나타난다. 다른 대부분의 진동수에서는 아무런 영향이 없다. 둘째, 벽이나 가구로부터 반사되는 음파는 그림 16.30에서 보여주는 두 음원의 이상적 모형의 간섭보다 훨씬 더 복잡하다. 음파 간섭을 들으려면 딱딱한 물체에 의한 반사기 없는 방에서 단일 진동수의 음으로만 실험을 해야 가능하다. 음파로 간섭을 시연하려면 까다로운 조건이 필요하지만 다음 장에서 다룰 광파의 간섭은 음파보다 쉽게 얻을 수 있다.

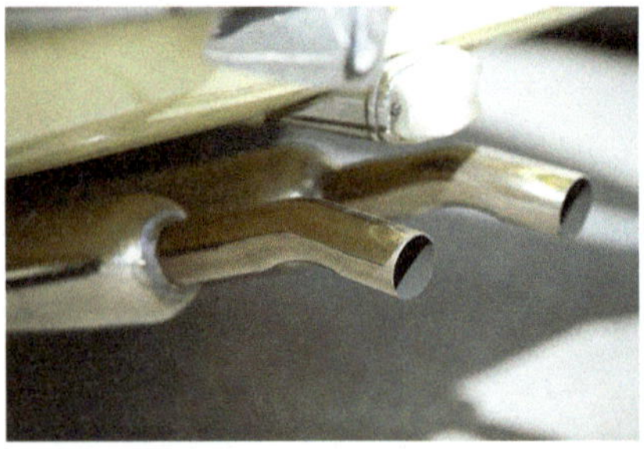

◀ **배기관의 소음 줄이기와 튜닝** 배기 장치의 한 끝에 붙은 넓은 단면을 가진 파이프는 **공명기**이다. 이 파이프는 배기관을 둘러싸는 관이다. 한 끝은 배기 장치에 열려 있고 다른 한 끝(그림에 보이는 부분)은 막혀 있다. 배기관 속에 음파가 들어가면 다른 막힌 한쪽 끝에서 반사되어 다시 배기관으로 들어가게 된다. 만일 관의 길이가 잘 조정되어 있다면 반사파는 파이프 안의 음파와 위상이 반대가 되어 상쇄 간섭을 일으키게 된다. 공명기는 엔진으로부터 나오는 가장 큰 소리의 진동수를 상쇄시키기 위해 맞추어져 있으나 다른 진동수들은 보강 간섭을 일으키게 되어 특정한 '음(note)'이 발생한다.

16.7 맥놀이

그림 16.32와 같이 사람의 귀에 도달하는 2개의 사인파를 고려해보자. 두 파동은 진폭이 같고 진동수만 근소하게 차이가 난다고 하자. 예를 들어 주황색 빛은 빨간색 빛보다 진동수는 근소하게 더 크고 파장은 더 짧다. 이렇게 진동수에서 근소한 차이를 갖는 두 파동은 중첩되어 보강과 상쇄 간섭을 교대로 일으키는 파동을 만든다. 그림 아래쪽에 파란색으로 표시된 중첩된 파의 진폭은 그 크기가 주기적으로 변하는 것을 알 수 있다. 다시 말하면, 중첩된 파는 단일음이지만 세기가 주기적으로 **변조되는** 형태로 들린다. 즉, 소리 세기가 강하게, 약하게, …. 이렇게 독특한 패턴이 반복되는 현상을 **맥놀이**(beats)라고 한다.

두 파동의 진동수가 각각 f_1과 f_2이며 진동수의 차는 매우 작을 때, 즉 $f_1 \approx f_2$이라고 하자. 두 파의 중첩으로 듣게 되는 진동수는 수학적인 계산을 통해 다음과 같음을 보일 수 있다.

$$f_{\text{osc}} = \frac{1}{2}(f_1 + f_2)$$

이 값은 두 진동수 f_1과 f_2의 **평균값**인데 두 진동수가 거의 같으므로 두 진동수의 어느 값과도 거의 차이가 나지 않는다. 그리고 음파의 세기는 **맥놀이 진동수**라 하는 진

그림 16.32 진동수가 근소하게 차이 나는 두 파동의 중첩

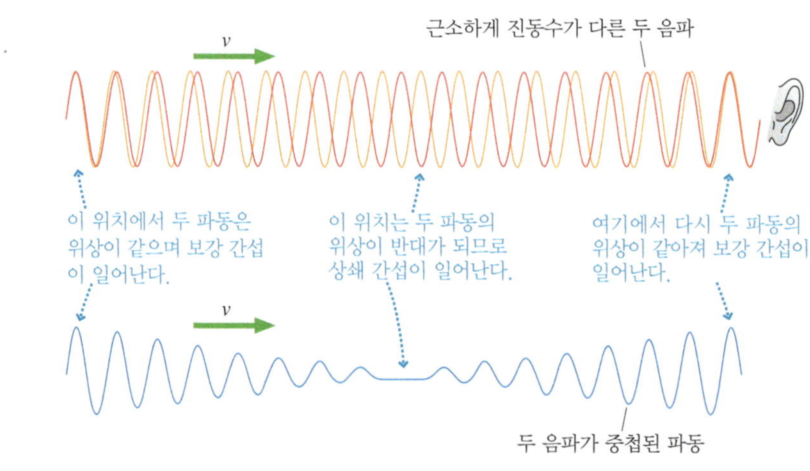

동수로 진폭이 변조된다.

$$f_{\text{beat}} = |f_1 - f_2| \tag{16.12}$$

맥놀이 진동수는 각각의 두 진동수의 차이와 같다.

그림 16.33은 귀에 도달하는 파동의 시간적인 흐름을 나타낸 그래프이다. 이 그림에서 음파는 f_{osc}로 진동하며 진폭의 세기는 f_{beat}의 진동수로 천천히 변화되는 것을 볼 수 있다. 즉, 진동수 f_{osc}는 귀에서 들리는 소리의 음높이를 결정하며 f_{beat}는 음파의 강한 소리와 약한 소리의 진폭에서의 변조를 결정짓는 진동수가 된다.

그림 16.33 변조된 맥놀이

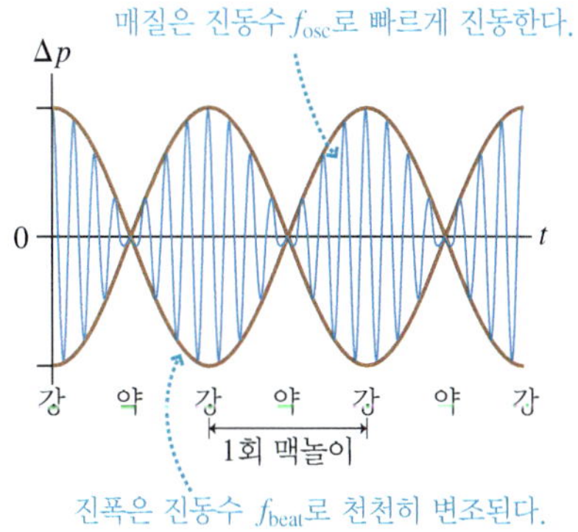

악기 연주자들은 자신의 악기를 조율하기 위해 맥놀이 현상을 이용한다. 만일 440 Hz의 정확한 음으로 조율된 플루트와 438 Hz 진동수의 음을 내는 다른 플루트를 동시에 연주한다면 플루트 연주자들은 1초 동안에 2개의 맥놀이 진동수를 듣게 된다. 따라서 두 번째 플루트 연주자는 '음이 내려진(플랫, flat)' 상태이므로 플루트의 길이를 약간 더 짧게 만들어 440 Hz의 진동수로 맞추어야 한다.

많은 측정기기들이 미지의 진동수를 결정하기 위해 맥놀이 현상을 이용한다. 예를 들어 15장에서 설명한 바가 있는 도플러 혈류량계는 혈액 내에서 반사된 초음파의 도플러 효과를 이용하여 혈류 속력을 측정한다. 이 측정기는 입사한 파와 반사파가 중첩되어 일어나는 미세한 진동수의 변화, 즉 맥놀이 진동수를 측정하도록 되어 있다. 맥놀이 진동수로부터 반사로 인한 파동의 진동수 변화를 얻게 되므로 혈류 속력을 결정할 수 있다.

예제 16.12 맥놀이를 이용하여 박쥐 위치 찾기 BIO

밤색을 띠는 작은 박쥐는 북아메리카에서 흔히 볼 수 있는 박쥐의 한 종류이다. 이 박쥐는 40 kHz의 진동수에서 사람은 들을 수 없는 반향 위치(echolocation) 펄스를 방출한다. 그림 16.34는 이러한 박쥐의 소리를 관찰자가 들을 수 있도록 하는 박쥐 소리 검출 장치를 보여준다. 박쥐가 방출한 진동수 f_1의 음파는 가변 진동기에서 발사되는 진동수 f_2의 파동과 중첩된다. 두 파동의 중첩으로 나타나는 맥놀이 진동수를 여과기로 걸러서 곧바로 증폭시켜 스피커로 보낸다. 3 kHz의 가청 맥놀이 진동수를 만들려면 가변 진동기의 진동수를 얼마로 해야 되는가?

풀이 맥놀이 진동수는 $f_{\text{beat}} = |f_1 - f_2|$이다. 따라서 가변 진동기의 진동수와 박쥐의 진동수 차이는 3 kHz가 되어야 한다. 따라서 가변 진동기의 진동수가 37 kHz이거나 43 kHz이면 작동이 잘될 것이다.

그림 16.34 박쥐 소리 검출기의 작동법

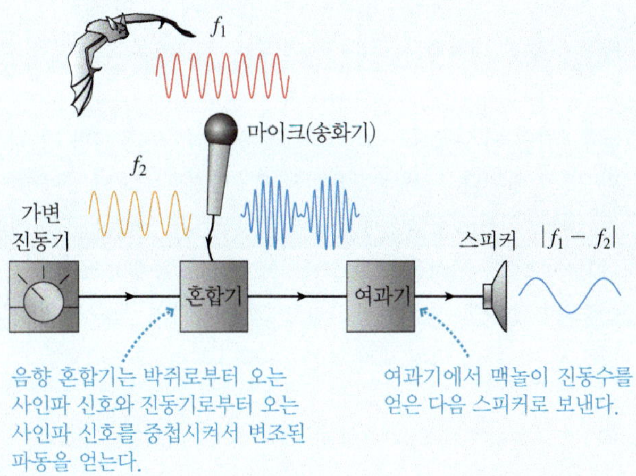

종합형 예제 16.13 몸집이 큰 개가 더 크게 으르렁거린다 BIO

인간의 발성기관에서 나는 소리는 성대에서 나는 진동과 성도에서 발생하는 정상파 공명의 상호작용으로 얻어진다. 개가 짖는 소리도 비슷한 원리에 의하지만 개의 성도는 사람보다 더 간단한 구조를 갖는다. 개는 으르렁거리거나 길게 울부짖을 때 성도의 형태가 후두 쪽으로는 막히고 입 쪽으로는 열리게 된다. 따라서 한쪽만 막힌 관으로 볼 수 있다.

모든 개들은 낮은 음으로 으르렁거리는데, 이것은 성대에서 나는 기본 진동수가 작기 때문이다. 그러나 작은 개와 큰 개의 으르렁거리는 소리는 매우 다르게 들리는데, 그 이유는 이들이 서로 매우 다른 포먼트를 갖기 때문이다. 포먼트의 진동수는 성도의 길이에 의해 결정되며 성도의 길이는 개의 크기와 관계가 깊다. 큰 개의 성도가 더 길어서 더 낮은 진동수의 포먼트를 나타낸다. 개들은 이 포먼트를 통해 다른 개에게 의미 있는 청각적인 메시지를 보내기도 한다.

두 종류의 개에 대한 질량과 포먼트 진동수들은 표 16.1에 나와 있다.

a. 두 종류의 개의 성도 길이는 각각 얼마인가? 개의 체온때문에 음파의 속력은 350 m/s라고 가정한다.

b. 개가 으르렁대는 소리는 매우 크지 않다. 1.0 m 떨어진 거리에서 개들이 으르렁거리는 소리는 대략 60 dB이다. 이 정도는 사람들이 보통 대화하는 수준에 해당한다. 60 dB로 으르렁거리는 소리를 방출하는 출력(power)은 얼마인가?

c. 도베르만이 더 낮은 음으로 으르렁거리는 소리는 확실히 더 위협적으로 들린다. 다음 중 60 dB의 으르렁거리는 소리 중에 어떤 개의 소리가 사람들에게 더 크게 들리겠는가? (**힌트:** 음향 에너지의 대부분은 처음 포먼트 근처에 있는 진동수의 음파들에 집중되어 있다고 가정한다. 그리고 그림 16.21에 있는 같은 크기로 인지되는 소리의 세기 곡선을 보라.)

표 16.1 두 종류의 개의 질량과 으르렁거리는 소리에 대한 음향 자료

종류	질량(kg)	첫 번째 포먼트(Hz)	두 번째 포먼트(Hz)
웨스트 하이랜드 테리어(웨스티)	8.0	650	1950
도베르만	38	350	1050

준비 그림 16.35는 한쪽은 막히고 다른 쪽은 열린 개의 성도에 대한 이상적 모형도이다. 그림에 나타난 포먼트들은 이 성도에서 나타나는 정상파 공명에 해당된다. 그림에 처음 2개의 모드가 나타나 있다. 한쪽이 막히고 다른 쪽은 열린 관이므로 홀수 배의 모드만 나타나는데, 처음 포먼트는 $m = 1$이고 두 번째 포먼트는 $m = 3$의 모드이다. 포먼트의 진동수를 통해서 관의 길이를 알 수 있다.

그림 16.35 개의 성도 모형

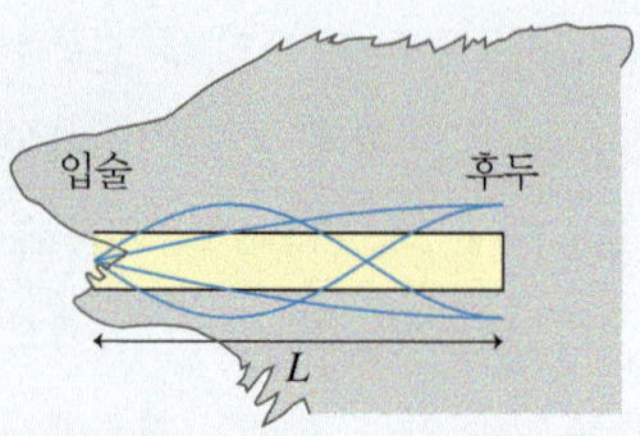

소리 세기는 이미 앞장에서 다룬 소리 세기 준위의 식을 이용하여 구한다. 또한 소리의 출력은 소리 준위의 값과 거리가 주어져 있으므로 구할 수 있다.

풀이

a. 처음 포먼트에 대한 진동수의 식에서 성도의 길이를 구한다. 한쪽만 막힌 관의 정상파 진동수는 다음 식으로 주어진다.

$$f_m = m\frac{v}{4L} \qquad m = 1, 3, 5, \cdots$$

여기서 $m = 1$이므로, 위 식을 L에 대해 풀고 정리하면 다음과 같다.

$$L(\text{웨스티}) = m\frac{v}{4f_m} = (1)\frac{350\ \text{m/s}}{4(650\ \text{Hz})} = 0.13\ \text{m}$$

$$L(\text{도베르만}) = m\frac{v}{4f_m} = (1)\frac{350\ \text{m/s}}{4(350\ \text{Hz})} = 0.25\ \text{m}$$

이미 개의 질량을 비교한 표에서 예상한 대로 질량이 더 큰 도베르만의 성도가 더 길다는 것을 확인할 수 있다.

b. 문제에서 주어진 60 dB에 해당하는 음파의 세기는 방정식 (15.15)로부터 다음과 같이 주어진다.

$$I = (1.0\times10^{-12}\ \text{W/m}^2)10^{(\beta/10\ \text{dB})}$$
$$= (1.0\times10^{-12}\ \text{W/m}^2)10^{(60\ \text{dB}/10\ \text{dB})} = 1.0\times10^{-6}\ \text{W/m}^2$$

이 값은 1.0 m 떨어진 거리에서 소리 세기이다. 이 음파는 모든 방향으로 퍼져 나가므로 방정식 (15.12)의 $I = P_{\text{source}}/4\pi r^2$을 사용하여 음원의 출력을 구한다. 따라서 음원의 출력은

$$P_{\text{source}} = I\cdot 4\pi r^2 = (1.0\times10^{-6}\ \text{W/m}^2)\cdot 4\pi(1.0\ \text{m})^2 = 13\ \mu\text{W}$$

이다. 으르렁대는 소리는 위협적으로 들릴 수도 있지만 결코 그 음원의 출력이 커서 그런 것은 아니다!

c. 그림 16.21은 같은 크기로 인지되는 소리 세기 곡선이다. 이 곡선의 기울기는 3500 Hz의 진동수까지는 완만하게 감소하는

데, 이것은 이 진동수까지 같은 감도의 소리로 인지하는 데 소리 출력은 적어진다는 것을 의미한다. 즉, 3500 Hz 이하에서 사람의 귀는 낮은 진동수보다는 높은 진동수를 더 잘 들을 수 있다. 개가 으르렁대는 음향 출력의 대부분은 처음 2개의 포먼트 진동수에 집중되어 있다. 도베르만이 으르렁대는 소리는 진동수가 더 낮아서 위협적으로 들리지만, 사람에게는 웨스티 종의 으르렁대는 소리가 더 잘 들린다. 그 이유는 웨스티 종이 내는 음파 에너지가 도베르만 종보다 더 높은 진동수에 분포되어 있기 때문이다.

검토 위에서 계산한 성도의 길이가 웨스티는 13 cm이고 도베르만은 25 cm이다. 개의 크기가 클수록 성도가 길다는 사실과 부합하므로 타당한 결과라고 하겠다. 또한 두 번째 포먼트의 경우는 방정식 (16.7)의 두 번째 조화모드에 해당하므로 $m = 3$을 대입하여 값을 구하고 앞에서 얻은 결과와 비교해보자.

$$L(\text{웨스터}) = m\frac{v}{4f_m} = (3)\frac{350\ \text{m/s}}{4(1950\ \text{Hz})} = 0.13\ \text{m}$$

$$L(\text{도베르만}) = m\frac{v}{4f_m} = (3)\frac{350\ \text{m/s}}{4(1050\ \text{Hz})} = 0.25\ \text{m}$$

이 값들은 앞에서 계산한 길이와 정확하게 일치한다. 따라서 위의 모형에 대한 결과는 타당해 보인다.

문제의 난이도는 I(쉬움)에서 IIIII(도전)으로 구분하였다. INT로 표시된 문제는 지난 장의 내용이 복합된 문제이고, BIO는 생물학적 또는 의학적 관심 분야를 의미한다.

QR 코드를 스캔하여 이 장의 문제를 해결하는 데 도움이 되는 영상 학습 풀이를 시작하시오.

연습문제

16.1 중첩 원리

1. I 그림 P16.1은 팽팽한 줄에서 1 m/s의 속력으로 서로 마주 보면서 진행하는 두 파동을 $t = 0$에서 순간 촬영한 그래프이다. $t = 1$초부터 $t = 6$초 사이에 1초 간격으로 줄의 수직 방향 변위를 나타내는 그래프를 그리시오.

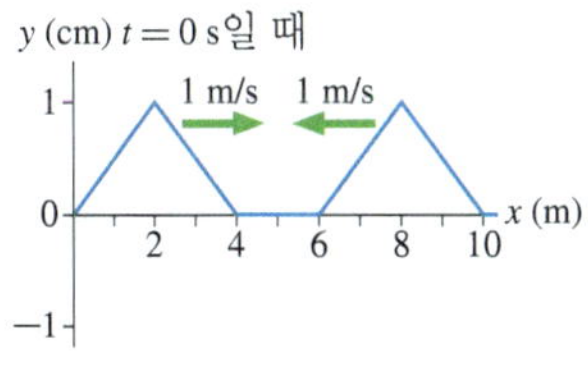

그림 P16.1

2. II 그림 P16.2(a)는 줄 위에 1 m/s의 속력으로 서로 마주 보면서 진행하는 두 파동을 $t = 0$초에서 순간 촬영한 그래프이다. $t = 0$초의 처음 상태의 그래프가 그림 P16.2(b)와 같은 형태로 되려면 몇 초가 걸리겠는가?

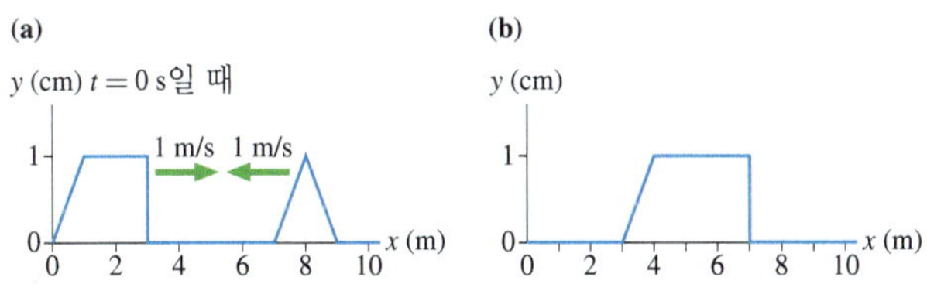

그림 P16.2

3. I 그림 P16.3은 팽팽한 줄에서 1 m/s의 속력으로 서로 마주 보면서 진행하는 두 파동을 처음 $t = 0$초에서 순간 촬영한 그래프이다. $t = 0$초에서 $t = 6$초 사이에 1초 간격으로 $x = 4.0$ cm 위치에서의 줄의 변위들을 모두 구하시오.

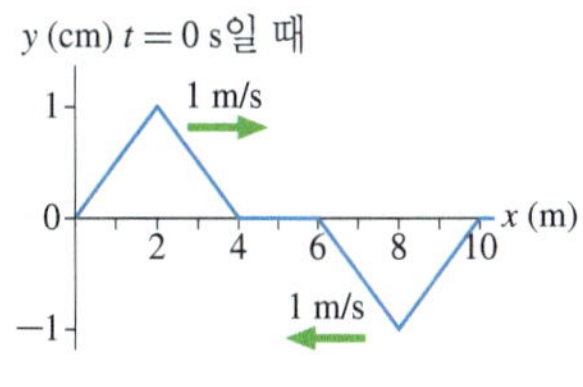

그림 P16.3

16.2 정상파

16.3 줄에서의 정상파

4. III $t = 0$초일 때 $x = 0.0$ m와 $x = 10.0$ m의 고정된 줄에서 위쪽으로 향한(양의 y축 방향) 펄스가 $x = 6.0$ m에서부터 오른쪽으로 진행하고 있다. 줄에서 파동의 속력은 4.0 m/s이다. $t = 0$초와 같은 펄스 상태가 다시 되려면 얼마의 시간이 걸리겠는가?

5. Ⅲ 팽팽하고 양쪽이 고정된 2.0 m 길이의 줄 위에서 진행하는 파동의 속력은 40 m/s이다. 그림 P16.5와 같이 정상파가 형성되었다면 진동수는 얼마인가?

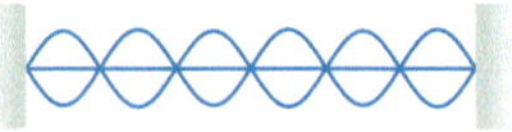

그림 P16.5

6. Ⅱ 베이스 기타 줄은 길이가 1.0 m이고 기본 진동수는 50 Hz 이다. 이 기타 줄에서 파동의 속력은 얼마인가?

7. Ⅱ a. 양쪽 끝이 고정된 길이가 240 cm인 줄에서 형성된 정상파 중에서 가장 긴 3개의 파장을 구하시오.
   b. 두 번째로 긴 파장의 진동수가 50.0 Hz라면 세 번째로 긴 파장의 진동수는 얼마인가?

8. Ⅱ 9.00×10^{-3} kg/m의 선밀도를 갖는 줄이 0.400 m 간격의 지지대 사이에서 팽팽한 상태로 있다. 이 줄에서 나타나는 2차 조화모드의 진동수는 한쪽만 막힌 길이가 1.75 m인 관의 두 번째 공명 모드의 진동수와 같다고 한다. 이 줄에서의 장력은 얼마인가?

9. Ⅱ 그랜드피아노에서 가장 낮은 음의 진동수는 27.5 Hz이다. 전체 줄의 길이는 2.00 m이고 질량은 400 g이라고 한다. 진동하는 부분의 줄의 길이는 1.90 m이다. 이 줄을 진동수 27.5 Hz로 조율하려면 장력의 크기를 얼마로 해야 되는가?

10. Ⅱ 바다에서 밀려오는 파도의 속력은 4.4 m/s이고 파장은 26 m이다. 이러한 파도가 콘크리트 방파제를 향하여 똑바로 밀려온다. 밀려오는 파도는 벽에서 반사되는 파도와 중첩되어 정상파가 형성된다. 이때 벽은 배의 위치가 될 것이다(이와 같은 파도는 어떤 지역에서는 늘 일어나는 현상이다). 만일 카약을 타는 사람이 벽으로부터 첫 번째 정상파의 배의 위치에 놓이면 수면에서 아래위로 진동하게 된다. 이 배의 위치는 벽으로부터 얼마나 떨어져 있을까? 아래위로 진동하는 주기는 얼마인가?

16.4 음파에서의 정상파

11. Ⅰ 콘트라바순은 오케스트라에서 가장 낮은 음을 낼 수 있는 관악기이다. 콘트라바순은 5.4 m나 되는 길이를 일정한 크기로 만들기 위해 여러 번 접혀 있다.
    a. 만일 이 악기를 한쪽만 막힌 관악기로 본다면 기본 진동수는 얼마인가? 이때 관악기 내부의 공기는 연주자의 호흡으로 인하여 따뜻하므로 음속을 350 m/s라 가정하자.
    b. 콘트라바순의 실제의 기본 진동수는 27.5 Hz이다. 문항 a의 콘트라바순을 한쪽만 막힌 관악기로 보고 길이 5.4 m를 대입하여 얻은 진동수는 실제와 차이가 있다. 실제의 기본 진동수 27.5 Hz에 해당하는 콘트라바순의 '유효 길이'는 얼마인가?

12. Ⅱ 1 m 길이의 관에 생긴 정상파에서 (a) 양쪽이 모두 열린 관일 경우와 (b) 한쪽만 막힌 관일 경우 파장이 큰 순서로 3개의 값을 각각 구하시오.

13. Ⅱ 온도가 20 ℃이고 공기로 채워져 있는 방안에서 음파의 속력은 343 m/s이다. 만일 방안이 헬륨으로 채워져 있다면 음파의 속력은 1010 m/s이다. 한쪽은 열리고 다른 쪽 끝은 막힌 어떤 관이 공기로 채워져 있을 때 그 관에서 나오는 음파의 기본 진동수는 315 Hz이다. 만일 이 관에 헬륨을 채워 넣으면 음파의 기본 진동수는 얼마가 되겠는가?
INT

14. Ⅱ 고속도로 밑에 있는 배수관의 길이는 30.0 m이다. 양쪽의 관이 열려 있고 관의 한쪽 끝에서 바람을 불어 넣어 내부의 공기를 진동시킨다.
    a. 음파의 속력이 340 m/s일 때, 관 내의 공기 진동으로 인한 기본 진동수는 얼마인가?
    b. 사람이 들을 수 있는 가장 낮은 조화모드의 기본 진동수는 얼마인가?
    c. 공기의 온도가 내려가는 저녁 무렵에 이 진동수는 얼마가 되겠는가?

15. Ⅰ 사람의 성도는 꽤 복잡한 기관이다. 그러나 한쪽은 입으로 열려 있고 다른 쪽은 배와 가슴의 공동을 분리하는 횡격막으로 막혀 있는 구조이므로 한쪽만 막힌 단순한 관의 모형으로 다루어 보기로 하자. 이 관의 기본 진동수를 사람이 보통 대화를 나눌 때의 진동수 200 Hz라 할 때 이 관의 길이는 얼마가 되겠는가? 음파의 속력은 350 m/s로 가정한다. 여기서 얻은 관의 길이를 실제로 사람의 신체를 관찰하여 얻은 값과 비교해보고 합리적인지 검증하시오.
BIO

16. Ⅲ 어린이의 경우 귀의 외이도 길이는 1.3 cm 정도이다. 가청 진동수 영역에서 어린이가 가장 잘 들을 수 진동수는 얼마인가?
BIO

16.5 말하기와 듣기

17. Ⅱ 사람의 발음기관에서 나오는 첫 번째 포먼트는 한쪽만 막힌 관이 공명되는 것이라 할 수 있다. 한쪽 끝은 성대로 막히고 다른 쪽은 입술에 의해 열려 있는 관(한쪽만 막힌 관)으로 모형화할 수 있다. 그림 16.23의 그래프에서 첫 번째 포먼트의 진동수를 어림잡아 추정하여 공명이 이루어지는 관의 길이를 구하시오. 그리고 얻은 결과가 타당한지 밝히시오.
BIO

18. Ⅲ 우리가 '이(ee)'란 모음을 발음할 때 나오는 첫 번째와 두 번째의 포먼트 진동수는 대략 0.27 kHz와 2.3 kHz이다. 보통 성도에서 음파의 속력은 대략 350 m/s인데, 만일 산소와 헬륨이 혼합된 공기에서 숨을 쉰다면(심해에서 다이버들이 그러하듯이) 공기의 속력은 2배가 된다. 두 기체가 혼합된 상태에서 발음한 첫 번째와 두 번째 포먼트의 진동수는 각각 얼마인가?

16.6 두 음원으로부터 파동의 간섭

19. ||| 두 스피커가 x축을 따라서 음파를 방출한다. 스피커 사이의 거리가 20 cm 떨어져 있을 때 스피커에 의한 소리는 최대 세기가 된다. 스피커 사이의 거리를 증가시키면 음파의 세기는 점점 감소하다가 30 cm 떨어진 위치에서는 0이 된다.
    a. 음파의 파장은 얼마인가?
    b. 스피커 사이의 거리를 계속 멀어지게 할 때 음파의 세기가 다시 최대가 되는 거리는 얼마인가?

20. |||| 2개의 동일한 스피커가 x축을 따라 d만큼 간격이 떨어진 채, 500 Hz의 음파를 방출하고 있다. 여러분이 스피커의 위치로부터 x축을 따라 걸어가다가 어떤 위치에서 양쪽 스피커에서 나오는 소리를 전혀 들을 수 없었다고 하자. 이 경우 스피커 사이의 간격 d는 얼마가 되어야 하는지 가능한 값 3개를 구하시오. 여기서 음파의 속력은 340 m/s라고 가정한다.

21. ||| 방안에 2개의 동일한 스피커가 간격이 2.0 m 떨어져서 1800 Hz의 음파를 방출하고 있다. 음파의 속력은 340 m/s이다. 두 스피커가 있는 평면에 수직 방향으로 한쪽 스피커에서 똑바로 4.0 m 떨어진 점에서는 어떤 간섭 효과가 일어나는가? 보강 간섭인가, 상쇄 간섭인가, 또는 보강과 상쇄 사이의 부분 간섭에 해당되는지 말해보시오.

16.7 맥놀이

22. ||| 음악 연주자들은 보통 악기를 조율할 때 맥놀이를 이용한다. 조율이 잘된 한 플루트가 440 Hz의 A음을 정확하게 내고 있다. 두 번째 연주자도 자신의 악기로 같은 음의 소리를 냈지만 그녀의 악기에서 난 음은 약간 '내려온'(즉, 그 음에 비해 낮은 진동수) 상태로 들렸다. 그녀가 조율이 잘된 플루트와 자신의 악기를 동시에 소리 내었을 때 1초에 2회의 강-약-강의 맥놀이 진동수를 들었다. 그녀의 악기에서 나는 음의 진동수는 얼마인가?

23. | 2개의 줄이 0.5 kHz에서 진동하도록 되어 있다. 한 줄의 장력만 증가시킨 후, 두 줄을 동시에 진동시켜서 3회의 맥놀이 진동수를 들었다. 장력이 증가된 줄의 진동수는 얼마인가?

24. || 플루트 연주자가 어떤 음을 연주하면서 523 Hz(C음)의 소리굽쇠의 소리를 동시에 들었더니 4회의 맥놀이 진동수가 나타났다. 그녀가 자신의 플루트의 '조율 접합부(tuning joint)'를 당겨서 플루트 길이를 길게 만들어 소리굽쇠의 진동수와 일치시켰다. 그녀의 플루트에서 처음 소리가 난 음의 진동수는 얼마인가?

V부

광학
Optics

사진 속에는 다양한 동물의 눈과 빛 감지 기관이 있다. 이 중에 눈의 모양을 모방한 거짓 눈이 있다. 한번 찾아보시오.

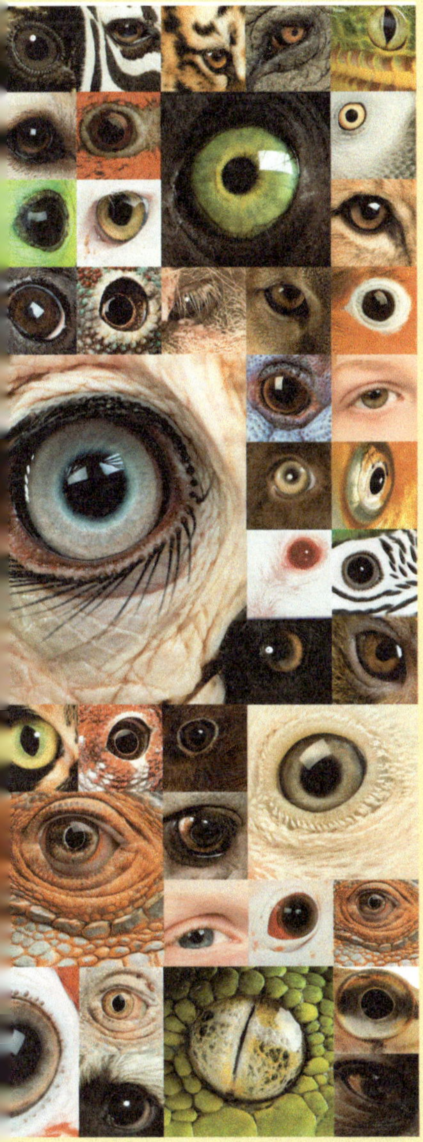

빛은 파동이다

뉴턴은 운동에 관한 세 가지 법칙과 고전역학에 관한 연구로 잘 알려졌지만, 광학 분야에서도 중요한 이바지를 하였다. 뉴턴은 어떻게 백색광이 프리즘을 통해 다양한 색으로 분리되는지에 대해 최초로 연구한 사람이다. 그는 '빛은 입자의 흐름이다'라는 개념을 가진 빛의 '미립자(corpuscle)' 설을 강력하게 주장하였다.

사실 뉴턴의 생각엔 오류가 있다. 공작 깃털의 화려한 색상과 비누 거품의 무지갯빛은 뉴턴의 미립자 설이 아닌 파동으로 해석해야 설명할 수 있다. 실제로 빛은 전자기파(electromagnetic wave)이다. 앞으로는 독자의 이해를 돕기 위해 복잡한 전자기파 이론 대신 '물결치는' 파동으로 빛을 묘사하겠다. IV부에서는 파동 이론을 다루고, V부에서는 **파동 모형**을 분석하여 빛과 광학에 대한 분석을 다루고자 한다.

광선 모형

하지만 파동의 성질을 가지는 빛이 입자처럼 직선으로 진행한다는 뉴턴의 관찰만큼은 사실이다. 결과적으로 빛이 거울에서 반사하고 렌즈에서 굴절하는 현상을 설명하기 위해 **광선 모형**(ray model)이란 개념을 도입해야 한다. 이 광선 개념은 빛의 모순적 두 성질을 이해하는 데 큰 도움이 된다.

광선은 광학 분야에서 실용적인 응용을 위한 분석에 유용한 개념이다. 예를 들어 거울에 비친 자신의 모습이 어떻게 형성되며 렌즈를 통해 상이 어떤 식으로 형성되는가에 대한 설명을 광선 개념을 도입하면 분명해진다. 광학을 통해 파동과 광선이라는 이 상반된 속성을 동시에 가진 빛을 상황에 맞게 구별하여 적절하게 사용하는 방법을 배우고, 또한 이 두 개념을 동시에 결합하여 조화시키는 방법도 배울 것이다.

빛을 연구하기

빛은 아주 미묘하고 애매한 본성을 가지고 있다. VI부에서는 빛이란 무엇인가에 대해 논의할 것이다. 여기서 빛은 파동과 입자의 성질을 동시에 가짐을 볼 것이다. 하지만 빛의 이중성에 대한 이 부분을 논의하기 전에 파동과 광선 개념을 실제로 적용되고 있는 상황에서 구체적으로 다루고자 한다. 그래서 19장에서는 카메라가 어떻게 상을 맺으며, 망원경과 현미경이 어떻게 작동하는지 등 일반적인 광학 기기의 동작 원리를 다룰 것이다.

사실 우리는 이 책을 읽는 과정에서 이미 가장 정교한 광학 기기를 사용하고 있다. 바로 우리 자신의 눈이다! 눈의 각막(cornea)과 수정체(lens)에서 어떻게 빛이 굴절되어 망막(retina)에 상이 생성되는지를 배우고, 시력이 나쁜 경우 어떻게 안경이나 콘택트렌즈를 통해 상을 바로잡는지 살펴볼 것이다.

17 파동 광학
Wave Optics

벌새의 깃털은 일상적인 물감과 달리 광택이 있다. 이 광택은 보는 각도에 따라 눈에 띄게 변한다. 어떻게 빛과 깃털이 상호작용해서 이런 광택이 나올 수 있을까?

학습목표

빛의 파동을 이해하고 적용한다.

빛의 파동

DVD에서 반사되는 다양한 색상은 17장의 핵심인 빛의 **파동 개념**을 통해 이해할 수 있다.

빛이 작은 구멍을 통과하거나 여러 작은 광원이 중첩되는 경우에 적용되는 파동 개념을 배운다.

간섭

딱정벌레의 화려한 색상은 등껍질의 미세구조층에서 반사되는 빛의 간섭 효과 때문이다.

2개 이상의 광원에서 오는 파동이 중첩될 때 보강 또는 상쇄 현상을 설명하는 간섭을 배운다.

회절

바늘 뒤를 통과한 빛이 휘어지거나 회절되어 그림자에 여러 띠가 생긴다.

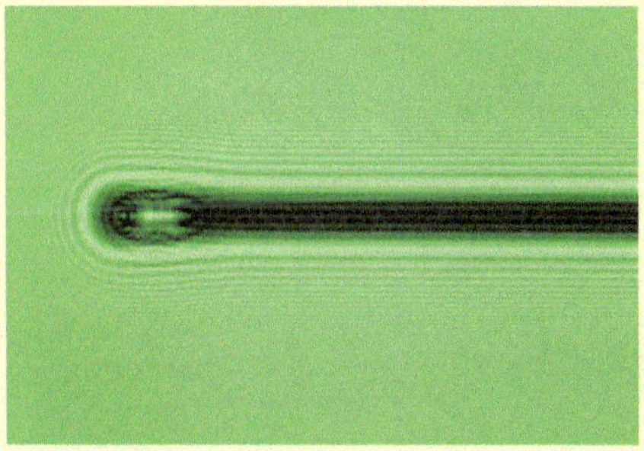

빛이 좁은 슬릿이나 작은 구멍을 통과하면서 발생하는 **회절** 현상을 배운다.

이 장의 배경

두 파동의 간섭

16.6절에서는 음파의 간섭을 학습하였다. 본 장에서 빛의 간섭을 같은 방법으로 학습할 것이다.

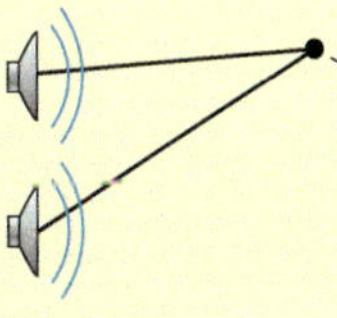

경로차가 파장의 정수배인 지점에서 파동이 보강 간섭한다는 것을 이미 학습하였다.

17.1 빛이란?

빛의 본성을 간단명료하게 이해하기 어렵다. 때로는 빛이 직선으로 움직이는 입자처럼 행동하기도 하고, 때로는 빛이 명확한 형체나 방향이 없는 물결과 같은 파동으로 행동하기도 한다. 심지어 빛은 입자도 파동도 아니면서 또한 이 두 가지 속성을 동시에 지닌 '어떤 것'이기도 하다.

이 모든 상황을 고려한 '빛의 이론'을 찾기보다는 차라리 특정한 상황에 맞는 세 가지 **빛의 모형**으로 학습하는 것이 편리하다. 각각의 모형은 특정한 물리적 조건과 영역에서 빛의 행동을 잘 설명한다. 본 장에서는 빛에 관한 세 가지 모형을 간단하게 소개하고 이들 간의 상호 관계를 설명한다. 각 모형에 대한 자세한 내용은 다음 장에서 다룰 것이다.

빛에 관한 세 가지 모형

파동

빛에 관한 파동 모형은 빛이 파동이라는 보편적 '사실'에 근거한 가장 널리 사용되는 모형이다. 많은 경우에 빛은 음파나 수면파와 같이 파동처럼 행동한다는 것은 사실이다. 21세기 첨단 과학 기술인 레이저나 전기 광학 장치들은 빛의 파동 모형을 통해 잘 설명된다. 15장과 16장에서 파동 일부를 설명하였고, 본 장에서 파동 모형을 주로 다룰 것이다. 참고로 파동 모형을 기반으로 한 빛의 학문 분야를 **파동 광학**(wave optics)이라 한다.

광선

또한 빛은 직진한다는 것도 잘 알려진 '사실'이다. 이러한 빛의 직선 경로를 **광선**이라 한다. 프리즘, 거울, 렌즈 및 망원경과 현미경과 같은 광학 기기의 속성은 광선의 관점에서 잘 이해된다. 하지만 '빛은 직진한다'라는 사실과 '빛은 파동이다'라는 사실을 모순 없이 논리적으로 받아들이기는 어렵다. 광선과 파동은 상호 배타적인 빛의 모형이다. 어떤 경우 빛을 광선 또는 파동의 관점에서 다룰 것인가를 분별하는 법을 배우는 것이 중요한 학습 과정이다. 참고로 광선 모형을 기반으로 한 빛의 학문 분야를 **광선 광학**(ray optics)이라 하며 다음 장에서 다룰 것이다.

광자

현대 과학 기술은 양자역학에 점점 의존하고 있다. 양자적 미시 세계에서 빛은 파동과 입자와 같은 성질을 동시에 지닌 **광자**로 묘사된다. 광자는 빛의 **양자**(quantum)이다. 빛의 양자 이론의 대부분은 본 교재 범위를 벗어나지만, 25장의 중요한 개념을 간단히 다룰 것이다.

빛의 전파

그림 17.1 입구를 통과한 빛은 선명한 그림자를 만든다.

그림 17.1은 빛에 대한 일상적인 경험을 보여준다. 건물 입구를 통과하는 햇빛은 바닥에 선명한 그림자를 만든다. 이 현상은 빛이 직선 경로를 따라 이동하는 광선으로 생성된다고 가정하면 정확히 일치한다.

빛이 직진하는 것처럼 보이는 이 현상이 파동으로 인한 행동으로 보이지 않는다. 사실 빛의 진동수는 10^{14} Hz, 다시 말해 초당 100조 번 진동함으로써, 너무 빠르게 진동해서 빛의 파동을 직접 볼 수가 없다. 대신 일반적인 물의 파도(수면파)를 사용하여 빛을 포함한 모든 파동의 기본적인 특성을 설명하겠다. **그림 17.2**는 수면파가 그림의 위에서 내려와 장벽의 입구를 아래로 통과하는 모습이다. 입구를 통과한 후, 파동은 부챗살 모양으로 펼쳐지고 있다. 이 파동의 확산을 **회절**(diffraction)이라 한다. 미지의 대상이 좁은 입구를 통과할 때 산란(scattering)이 아닌 회절 현상이 발생하면 입자가 아닌 파동이라는 중요한 단서를 제공한다.

빛의 직진성과 빛의 회절은 동시에 양립할 수 없어 보인다. 그림 17.2의 좁은 입구

폭이 수면파의 길이(파장)와 비슷한 경우이지만, **그림 17.3**에서 입구 폭이 파장보다 훨씬 큰 경우에는 눈에 보이는 현상이 완전히 뒤바뀌게 된다. 넓은 입구 안쪽은 파동이 퍼지지 않고 일직선으로 진행하며 넓은 입구 바깥쪽은 파동이 존재하지 않는 영역으로 그림자가 생성되어 있다. 이것은 그림 17.1에서 빛의 광선으로 인한 '그림자'가 생성되는 일상적인 경험과 일치한다.

회절이 발생하는가 아니면 직진해서 선명한 그림자가 생성되는가는 파장과 비교해서 파동이 통과하는 대상의 크기가 어떠한가에 따라 결정된다는 것이 분명하다. 파장과 비교해 입구가 좁거나 물체가 작은 경우 회절 현상이 뚜렷하다. 따라서 빛의 파장에 비교할 만큼 작은 물체를 통과할 때 빛이 파동으로 행동하며 퍼져나감을 알 수 있다.

그러나 빛의 파장은 매우 짧다. 본 장의 뒷부분에 어떻게 파장을 측정할 수 있는지 배울 것이다. 일상적인 빛의 파장은 머리카락 굵기의 100분의 1 수준인 겨우 0.5 μm에 불과하다. 그런 빛이 그림 17.1의 건물 입구와 같은 규모의 물체와 상호작용할 때 그림 17.3과 같이 행동한다. 파동이 직진하고 파동을 광선 모형으로 적용할 수 있게 된다. 오직 물체의 크기가 빛의 파장에 근접할 때만 물결 모양의 퍼짐과 같은 회절이 중요해진다.

그림 17.2 장벽의 좁은 입구를 통과하는 수면파

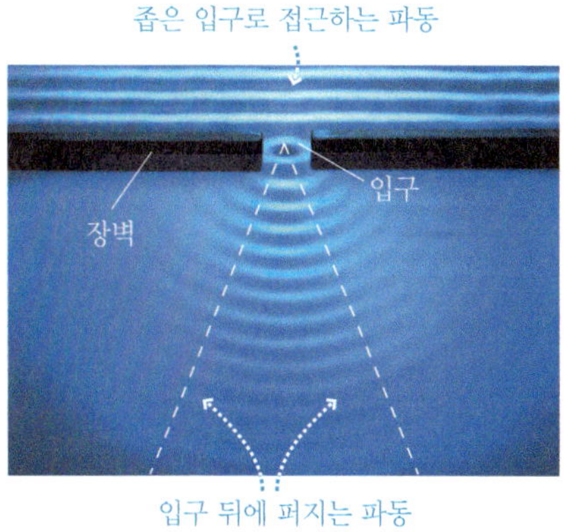

그림 17.3 파장보다 큰 폭의 입구를 통과하는 수면파

빛은 전자기파이다

빛이 파동이라면, 무슨 매질을 흔들며 진행하고 있을까? 15장에서 간단히 언급했듯이, 빛은 매우 빠르게 진동하는 전기장과 자기장으로 이루어진 **전자기파**이다. 전기장과 자기장의 개념을 소개한 후 VI부에서 전자기파에 대한 성질을 좀 더 자세하게 다루겠다. 빛의 파동은 **매질 없이** 진행하는 '전자기장의 자체 유지 진동'이다. 따라서 전자기파는 기계적인 진동이 아니다. 다행히 빛의 파동성을 학습하는 데 전자기파에 관해 이해할 필요가 없다. 실제로 빛이 전자기파라는 사실을 알기 60년 전에 이미 빛의 파동성을 관측하였다. 그래서 빛이 무엇을 흔들고 진행하는지를 알지 못해도 빛의 성질에 관한 많은 부분을 이해할 수 있다.

빛을 포함한 모든 전자기파는 진공에서 같은 속력을 가진다. 이를 **빛속도**(v_{light})라 한다. 그 값은

$$v_{\text{light}} = c = 3.00 \times 10^8 \text{ m/s} = 299{,}792{,}458 \text{ m/s}$$

라는 정확한 값이다. 여기서 c는 빛속도를 나타내는 물리 상수이다.

또한 눈에 보이는 가시 영역의 파장에서 보라색 파장 400 nm에서 빨간색 파장 700 nm에 이르는 빛의 파장은 매우 짧다. 이 범위를 벗어난 파장은 사람 눈에 보이지 않는다. 눈에 보이는 가시광선의 모든 파장을 결합하면 '백색광'으로 보인다. 여기서 프리즘에 이 백색광을 통과시키면 무지개에서 보인 색상으로 분리할 수 있다. 이는 프리즘은 서로 다른 파장으로 분산시킬 수 있기 때문이다.

빛의 파장이 매우 짧아서 빛의 속도로 진행하면서 공간을 진동하는 진동수는 믿을

수 없을 만큼 높다. 주황색 빛에 대응하는 파장 600 nm의 진동수는

$$f = \frac{v}{\lambda} = \frac{3.00 \times 10^8 \text{ m/s}}{600 \times 10^{-9} \text{ m}} = 5.00 \times 10^{14} \text{ Hz}$$

이며, 이 빛의 진동수는 대략 음파의 진동수보다 1조 배(10^{12}) 이상 크다.

굴절률

빛은 진공에서 속력 c로 진행하지만, 물이나 유리 또는 심지어 공기와 같은 투명한 매질을 통과할 때 느려진다. 이는 전자기파와 매질 내에 있는 전자들과 상호작용으로 인한 결과이다. 따라서 매질의 종류에 따라 빛속도가 다르며, 이를 정량화한 물리량을 **굴절률** n으로 정의한다.

$$n = \frac{\text{진공에서의 빛속도}}{\text{매질에서의 빛속도}} = \frac{c}{v} \tag{17.1}$$

표 17.1 일반적인 굴절률

매질	굴절률
진공	1(정수)
공기	1.0003
물	1.33
유리	1.50
다이아몬드	2.42

여기서 v는 매질에서 빛속도이다. v가 항상 c보다 작아서 매질의 굴절률은 항상 1보다 크다. 진공의 굴절률은 $n = 1$로 정수이다. 표 17.1에 다양한 매질의 굴절률을 나타내었다. 액체와 고체는 빛과 상호작용할 수 있는 원자의 밀도가 높아서 기체보다 굴절률이 높다.

유리와 같은 투명 매질에서 빛속도가 변하면 빛의 진동수와 파장도 같이 변하게 된다. $v = \lambda f$이기 때문에, v가 변할 때 λ 또는 f 또는 둘 다 변할 수 있다.

예를 들어 물 표면 위에 공기 중의 음파가 충돌하는 것을 생각해보자. 공기 중의 음파의 진동이 물의 표면을 주기적인 진동으로 밀어낸다. 이 진동이 수중에서 음파를 생성한다. 이때 공기 중 음파의 한 번 떨림은 물 표면에서 물속으로 한 번 떨림으로 정확하게 전달하기 때문에 공기 중의 음파의 진동수와 수중의 음파의 진동수는 **정확히 같다**. 즉, **파동이 다른 매질로 이동할 때 파동의 진동수는 변하지 않는다.**

음파의 경우와 같이 빛도 다른 매질을 통과할 때 진동수가 변하지 않는다. 비록 전기장과 자기장이 매질 표면의 원자와 상호작용하기에 진동이 전달되는 메커니즘이 더 복잡하지만, 결과는 마찬가지이다. 결국 어떤 파동이든 한 매질에서 다른 매질로 이동할 때 진동수는 변하지 않는다.

그림 17.4 굴절률 n을 가진 매질을 통과하는 빛

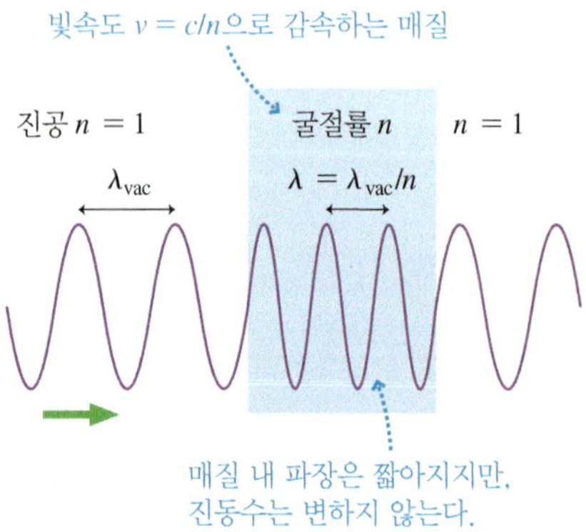

그림 17.4는 굴절률 n을 가지는 매질을 통과하는 빛의 파장을 나타낸다. 진공 중에 빛이 진행할 때 파장은 λ_{vac}이고 진동수는 f_{vac}이므로 $\lambda_{vac} f_{vac} = c$가 된다. 매질 중에서 빛이 진행하면 $\lambda_{mat} f_{mat} = v = c/n$이 된다. 진동수는 매질과 상관없이 변하지 않기 때문에($f_{mat} = f_{vac}$) 파장이 변해야 한다. 매질 내의 파장은 다음과 같다.

$$\lambda_{mat} = \frac{v}{f_{mat}} = \frac{c}{n f_{mat}} = \frac{c}{n f_{vac}} = \frac{\lambda_{vac}}{n} \tag{17.2}$$

매질 내에서의 파장은 진공에서의 파장보다 짧다. 비유적으로 이렇게 설명할 수 있다. 군악대가 걸음 속력을 1 m/s로 초당 한 걸음씩 행진한다고 가정하자. 군악대가 갑자기 걸음 속력을 1/2 m/s로 늦추지만 계속 초당 한 걸음을 유지하려고 한다. 이

때 군악대가 대열을 유지하는 유일한 방법은 **발걸음의 폭을 절반으로 줄이는** 것이다. 이와 마찬가지로 빛이 매질에 들어가면서 진동수를 유지하는 유일한 방법은 **파장을 짧게 하는** 것이다.

예제 17.1 유리를 투과하는 빛을 분석하기

1.00 mm 두께의 슬라이드글라스에 파장 600 nm의 주황색 빛이 입사된다.

a. 유리 속에서 빛속도는 얼마인가?

b. 슬라이드글라스 안에 들어 있는 빛의 파장 수는 얼마인가?

풀이

a. 표 17.1에서 유리의 굴절률은 $n_{glass} = 1.50$임을 알 수 있다. 유리 속에서 빛속도는 다음과 같다.

$$v_{glass} = \frac{c}{n_{glass}} = \frac{3.00 \times 10^8 \text{ m/s}}{1.50} = 2.00 \times 10^8 \text{ m/s}$$

b. $n_{air} = 1.00$이기 때문에 빛의 파장은 공기와 진공에서 같다. $\lambda_{vac} = \lambda_{air} = 600$ nm. 따라서 유리 내부의 파장은 다음과 같다.

$$\lambda_{glass} = \frac{\lambda_{vac}}{n_{glass}} = \frac{600 \text{ nm}}{1.50} = 400 \text{ nm} = 4.00 \times 10^{-7} \text{ m}$$

N개의 파장의 거리는 $d = N\lambda$이므로 $d = 1.00$ mm의 파장 수는

$$N = \frac{d}{\lambda} = \frac{1.00 \times 10^{-3} \text{ m}}{4.00 \times 10^{-7} \text{ m}} = 2500$$

이다.

검토 2500개의 파장이 1 mm 이내에 들어 있다는 사실은 빛의 파장이 얼마나 짧은지를 보여준다.

17.2 빛의 간섭

◀◀16.6절에서 2개의 큰 스피커에서 나오는 음파가 간섭을 일으켰던 것 같이 2개의 광원에서 나오는 같은 파장의 빛이 중첩되어 간섭이 발생할 수 있다. 보강 간섭이 있는 곳에서는 진폭이 크며 상쇄 간섭이 있는 곳에서는 진폭이 작아지고, 심지어 완전히 없어지기도 한다. 간섭 현상은 파동이란 속성에서 나온다. 빛이 파동의 성질을 가진다면 분명 빛의 간섭 현상을 관측할 수 있어야 한다.

이런 빛의 간섭을 보기 위해서는 같은 파장을 가진 두 광원이 필요하다. 기존의 광원으로는 빛의 간섭을 측정하기 어렵다. 대신 **그림 17.5**와 같이 레이저 광원을 머리카락 두께의 두 배인 약 0.1 mm 폭의 좁은 **구멍(슬릿)**을 통과시키면 간섭 현상을 볼 수 있다. 이런 상황은 그림 17.2의 좁은 입구를 통과해 퍼져나가는 수면파와 유사하다. 마치 좁은 입구를 통과한 수면파가 퍼져나가듯이 좁은 슬릿을 통과한 빛도 퍼져나간다. 이 현상이 **회절**이며, 이는 확실히 빛이 파동임을 증명한다. 더 자세한 내용은 이 장의 뒷부분에서 자세히 살펴볼 것이다. 여기서 생각해볼 것은, 빛은 충분히 좁은 슬릿 앞에서는 파동으로 행동한다. 뒤집어 생각해보면 빛은 앞에 놓인 슬릿의 폭이 어떤가에 따라 파동 또는 입자로 속성이 변한다.

그림 17.5 슬릿이 충분히 작으면 수면파처럼 빛이 스크린의 슬릿 뒤에 펼쳐진다.

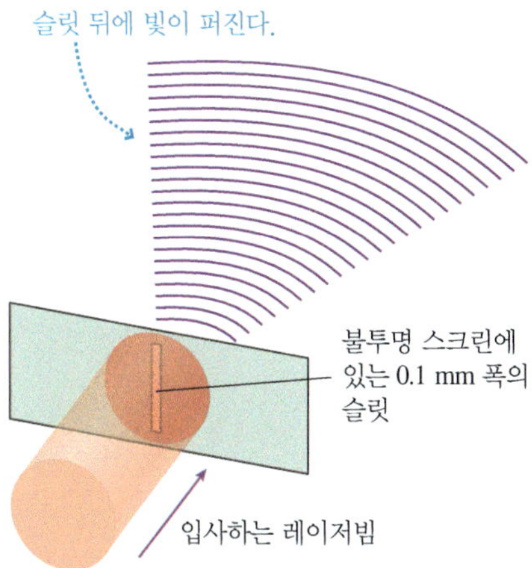

영의 이중 슬릿 실험

간섭을 관측하기 위해서는 파동이 중첩과 간섭을 할 수 있는 2개의 광원이 필요하다.

그림 17.6 이중 슬릿 간섭 실험

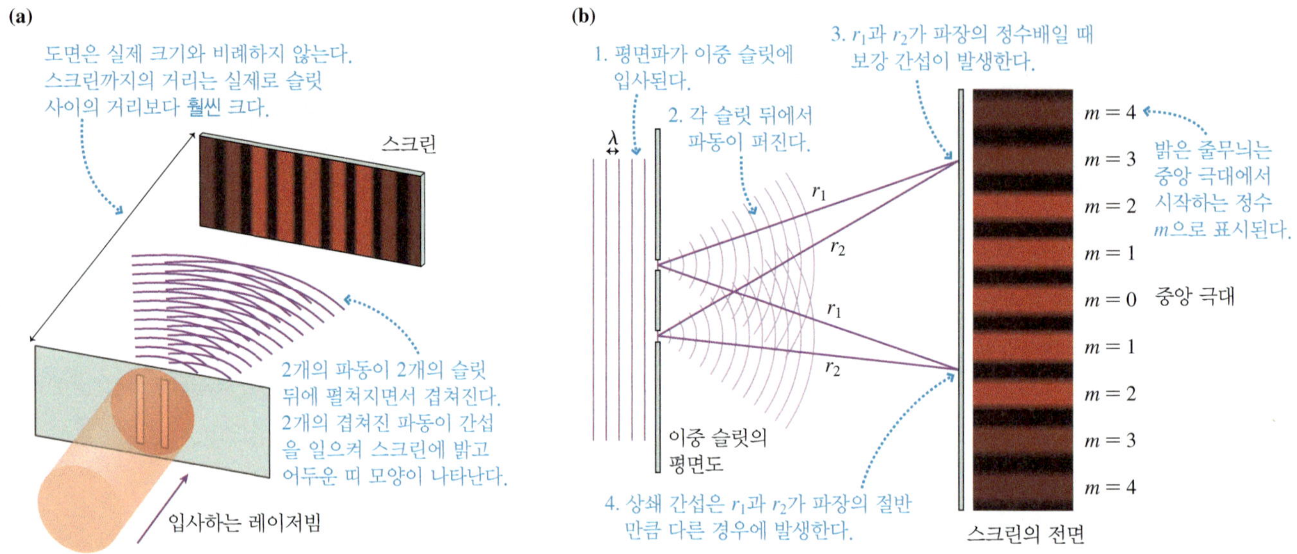

그림 17.6(a)는 레이저빔이 매우 근접해 있는 2개의 좁고 세로로 긴 슬릿을 통과한 후 불투명 스크린에 형성된 상을 관찰하는 실험을 보여준다. 2개로 구성된 슬릿 구조를 **이중 슬릿**이라 하며, 슬릿의 폭은 약 0.1 mm이고 슬릿 간 간격은 약 0.5 mm이다. 레이저빔을 2개의 슬릿에 같이 비추면, 슬릿을 통과한 빛은 스크린으로 간다. 1801년 영(Thomas Young)이 이중 슬릿 실험을 최초로 하였다. 그 당시 레이저빔이 없어서 햇빛으로 대신하였지만, 빛이 파동임을 증명하는 첫 실험이었다.

그림 17.6(b)는 실험 구성을 위에서 바라본 것이다. 슬릿의 폭이 매우 좁기 때문에 그림 17.5에서와 같이 각각의 **슬릿 뒤에 빛이 각각 회절되어 퍼진다.** 2개의 회절된 빛이 진행하면서 슬릿과 스크린 사이에서 중첩이 발생한다.

16장에서 스피커 1과 2로부터 떨어진 위치 r_1과 r_2의 거리 차이가 파장의 **정수배**이면 **보강 간섭**이 발생함을 배웠다. 빛에 대해서도 마찬가지로 두 슬릿으로부터 떨어진 위치 r_1과 r_2의 거리 차이가 파장의 정수배이면 그 위치에서 보강 간섭이 발생하여 빛의 세기가 밝아진다. 그리고 음파에서 그랬듯이 두 슬릿으로부터 떨어진 위치 r_1과 r_2의 거리 차이가 반파장의 홀수 배이면 상쇄 간섭이 발생한다. 이 스크린 위치에서는 빛이 세기가 어두워진다.

그림 17.6(b)의 사진은 스크린에 형성된 간섭무늬를 보여준다. 스크린을 따라 움직일 때, $\Delta r = r_2 - r_1$의 차이가 파장의 정수배가 되는 지점을 번갈아 가며, 밝고 어두운 **간섭무늬** 띠를 생성한다. 밝은 줄무늬는 중심에서 바깥쪽으로 정수 $m = 1, 2, 3, \cdots$으로 번호를 매길 수 있다. 스크린 중간 지점에서 가장 밝은 무늬는 $m = 0$이며 **중앙 극대**라 한다.

이중 슬릿 간섭의 분석

그림 17.6(a)는 각각의 슬릿에서 회절된 빛이 중첩되어 생성되는 간섭을 정성적으로

표현한 것이다. 간섭 실험을 **그림 17.7(b)**를 통해 좀 더 자세히 살펴보자. 그림에서 2개의 슬릿 간격은 d이고 이중 슬릿과 스크린까지의 거리는 L이다. 여기서 **L은 d보다 매우 크다고 가정한다.**

이중 슬릿 간섭을 분석할 때 목표는 스크린 상의 임의의 위치에서 간섭이 보강인지, 상쇄인지, 더 나아가 그 사이의 혼합된 상태인지를 정확히 아는 것이다. 앞서 언급했듯이 같은 광원으로부터의 두 파동 사이의 보강 간섭은 경로차($\Delta r = r_2 - r_1$)가 파장의 정수배인 지점에서 발생한다.

$$\Delta r = m\lambda \qquad m = 0, 1, 2, 3, \cdots \tag{17.3}$$

따라서 임의의 지점에서 $\Delta r = m\lambda$인 조건에서는 보강 간섭이 일어나 밝은 무늬를 생성한다.

여기서 스크린 상에서 $\Delta r = m\lambda$인 특정한 위치를 살펴볼 필요가 있다. **그림 17.7(a)**의 위치 P는 위쪽 슬릿으로부터 거리 r_1과 아래쪽 슬릿으로부터 거리 r_2인 점이다. 이 위치 P는 다른 관점에서 표현하면 스크린 중심에서 거리 y와 그림 17.7(a)에 표시된 각 θ로 정할 수 있다. 각도 θ와 거리 y의 관계는 다음과 같다.

$$y = L\tan\theta \tag{17.4}$$

스크린이 이중 슬릿 사이의 간격에 비해 매우 멀리 떨어져 있기 때문에 위치 P를 향한 두 경로는 거의 평행하다. 따라서 확대한 그림 17.7(b)에서 녹색 영역의 삼각형은 각도가 θ인 직각삼각형이다. 두 파동의 경로차는 직각삼각형의 짧은 변이므로

$$\Delta r = d\sin\theta \tag{17.5}$$

이다. 보강 간섭으로 인한 밝은 무늬는 아래와 같은 조건을 만족하는 각도 θ_m에서 발생한다.

$$\Delta r = d\sin\theta_m = m\lambda \qquad m = 0, 1, 2, 3, \cdots \tag{17.6}$$

아래 첨자 m이 첨가된 θ_m은 $m = 0$을 중심으로 m번째 밝은 무늬가 존재하는 각도이다.

스크린 중심인 $y = 0$인 지점은 두 슬릿에서 같은 거리로 떨어져 있으므로 $\Delta r = 0$이다. $m = 0$인 보강 간섭 지점은 그림 17.6(b)에서 중앙 극대로 식별되는 밝은 무늬이다. 스크린 중심에서 멀어질수록 경로차는 증가하고 $\Delta r = 1\lambda$인 위치에서 $m = 1$인 밝은 줄무늬가 발생한다. 즉, 한 파동의 경로가 다른 파동의 경로보다 정확히 한 파장 더 길다. 일반적으로, **m번째 밝은 줄무늬는 한 파동의 경로가 다른 파동의 경로보다 파장의 m배 더 길게 되는 $\Delta r = m\lambda$가 되는 곳에서 발생한다.**

실제로 이중 슬릿 실험에서의 각도 θ는 거의 항상 매우 작은 각도($<1°$)이다. ◀◀14.2절에서 작은 각 근사 $\sin\theta \approx \theta$를 구한다. 여기서 θ는 라디안이어야 한다. 이 근사법을 사용하여 식 (17.6)을 다음과 같이 쓸 수 있다.

$$\theta_m = m\frac{\lambda}{d} \qquad m = 0, 1, 2, 3, \cdots \tag{17.7}$$

슬릿 간격 d인 이중 슬릿 간섭의 밝은 줄무늬의 각(라디안)

그림 17.7 이중 슬릿 실험 구조

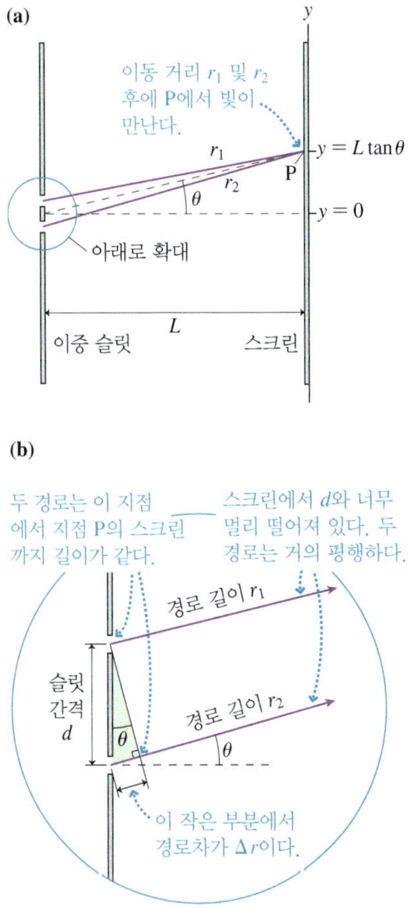

이것은 간섭무늬에서 밝은 줄무늬가 존재하는 각도를 제공한다.

일반적으로 각도보다는 스크린 중앙으로부터 m번째 밝은 줄무늬의 위치를 측정하는 것이 더 편리하다. 작은 각 근사를 다시 한번 사용하면, 이번에는 $\tan\theta \approx \theta$가 되고, 식 (17.4)의 $\tan\theta_m$을 식 (17.7)로 대체하면 m번째 밝은 줄무늬 위치를 알 수 있다.

$$y_m = \frac{m\lambda L}{d} \qquad m = 0, 1, 2, 3, \cdots \tag{17.8}$$

스크린 거리 L에서 이중 슬릿 간섭의 밝은 줄무늬 위치

간섭무늬는 대칭이므로 중앙 양쪽의 같은 거리에 m번째 밝은 줄무늬가 있다. 그림 17.6(b)에서 이를 확인할 수 있다.

예제 17.2 파동은 얼마나 멀리 진행하는가?

헬륨–네온 레이저($\lambda = 633$ nm)빔을 0.40 mm 간격으로 떨어진 2개의 슬릿에 비춘다. 스크린은 슬릿 뒤 2.0 m에 떨어져 있다. 스크린 중앙에서 9.5 mm 지점에 밝은 간섭 줄무늬가 보인다. 이 밝은 간섭 줄무늬의 m값은 얼마인가? 이 지점에서 두 슬릿 간의 경로차는 얼마인가?

준비 한 파동의 경로와 다른 파동의 경로 간의 차이가 파장의 정수배일 때 밝은 줄무늬가 관찰된다. 따라서 Δr이 $m\lambda$이어야 함을 알아야 한다. 여기서 m은 정수이고, 식 (17.8)에서 m을 찾을 수 있다.

풀이 m에 대한 식 (17.8)을 풀면

$$m = \frac{y_m d}{\lambda L} = \frac{(9.5\times10^{-3}\ \text{m})(0.40\times10^{-3}\ \text{m})}{(633\times10^{-9}\ \text{m})(2.0\ \text{m})} = 3$$

이다. 그러면 두 경로 간의 차이는 다음과 같다.

$$\Delta r = m\lambda = 3(633\times10^{-9}\ \text{m}) = 1.9\times10^{-6}\ \text{m}$$

검토 두 슬릿 간의 경로차는 일반적으로 매우 작고 단지 파장의 몇 배에 불과하다. 여기서 Δr은 파동이 진행한 2 m 거리의 100만분의 1에 불과하다!

식 (17.8)은 그림 17.6(b)와 같이 **간섭무늬가 정확히 같은 간격의 밝은 선들로 스크린에 나타남**을 의미한다. 줄무늬가 같은 간격을 갖고 있음은 어떻게 알 수 있는가? m번째 줄무늬와 $m + 1$번째 **줄무늬 사이의 간격**은

$$\Delta y = y_{m+1} - y_m = \frac{(m+1)\lambda L}{d} - \frac{m\lambda L}{d}$$

이다. 이를 단순화하면 다음과 같다.

$$\Delta y = \frac{\lambda L}{d} \tag{17.9}$$

두 인접한 밝은 줄무늬 사이의 간격

Δy는 m과 관계가 없으므로 두 인접한 밝은 줄무늬는 같은 간격이다.

사진에서 어두운 줄무늬는 상쇄 간섭 띠이다. 16장에서 파동의 경로차가 파장의

정수배에 1/2을 더한 위치에서 상쇄 간섭이 발생함을 배웠다.

$$\Delta r = \left(m + \frac{1}{2}\right)\lambda \qquad m = 0, 1, 2, 3, \cdots \tag{17.10}$$

Δr과 작은 각 근사에 대한 식 (17.6)을 사용하여 어두운 줄무늬가 있는 위치를 구할 수 있다.

$$y'_m = \left(m + \frac{1}{2}\right)\frac{\lambda L}{d} \qquad m = 0, 1, 2, 3, \cdots \tag{17.11}$$

이중 슬릿 간섭의 어두운 줄무늬 위치

m번째 극대 위치 y_m과 구별하기 위해 m번째 극소 위치를 y'_m으로 지정하면, 식 (17.11)에서 **어두운 줄무늬는 밝은 줄무늬 사이에 위치한다는 것을 알 수 있다.** 그림 17.8은 이중 슬릿 간섭을 설명하기 위해 사용되는 기호를 요약한 것이다.

그림 17.9는 이중 슬릿 간섭 밝기 분포와 y축의 관계 그래프이다. y축 방향으로 간섭무늬 사진과 일치하는 진동하는 간섭 밝기 분포 그래프를 볼 수 있다. 밝기가 0인 극소와 극대인 밝은 줄무늬 사이에서 밝기 분포가 진동하는 것을 볼 수 있다. 극대는 $y_m = m\lambda L/d$인 위치에 있다.

그림 17.8 이중 슬릿 간섭을 설명하기 위해 사용된 기호

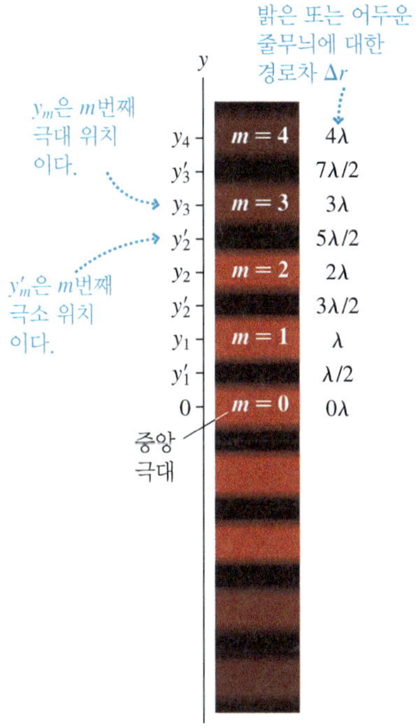

그림 17.9 이중 슬릿 실험에서 간섭 줄무늬의 세기 분포

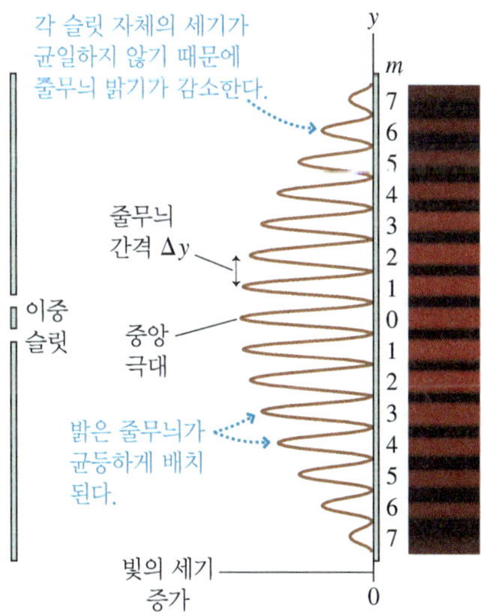

예제 17.3 빛의 파장 측정하기

0.30 mm의 간격을 가진 이중 슬릿 뒤 1.0 m 지점에 있는 스크린에서 이중 슬릿 간섭무늬가 관찰된다. 한 밝은 줄무늬 중심에서부터 9번째 밝은 줄무늬 중심까지 거리가 1.6 cm이다. 빛의 파장은 얼마인가?

준비 줄무늬의 중앙 극대가 어디인지 항상 명확하지는 않다. 이상적인 슬릿이 아니면 간섭무늬가 깨끗하지 않을 수 있다. 그러나 $m = 0$인 지점의 줄무늬를 식별할 필요는 없다. 왜냐하면 식 (17.9)에 표시된 줄무늬 간격 Δy가 일정하다는 사실만 알고 있으면 충분하기 때문이다. 간섭무늬는 그림 17.6(b)의 사진처럼 보인다.

풀이 줄무늬 간격은

$$\Delta y = \frac{1.6\ \text{cm}}{9} = 1.78 \times 10^{-3}\ \text{m}$$

이다. 식 (17.9)에서의 줄무늬 간격을 사용하면 파장은

$$\lambda = \frac{d}{L}\Delta y = \frac{3.0 \times 10^{-4}\ \text{m}}{1.0\ \text{m}}(1.78 \times 10^{-3}\ \text{m})$$
$$= 5.3 \times 10^{-7}\ \text{m} = 530\ \text{nm}$$

이다. 가시광선의 파장은 일반적으로 나노미터 단위로 표현한다.

검토 15장에서 가시광선은 400~700 nm에 걸쳐 분포함을 배웠다. 그래서 이 영역의 파장을 얻는 것이 당연하다. 사실 이중 슬릿 같은 실험 덕분에 빛의 파장을 측정할 수 있다.

17.3 회절격자

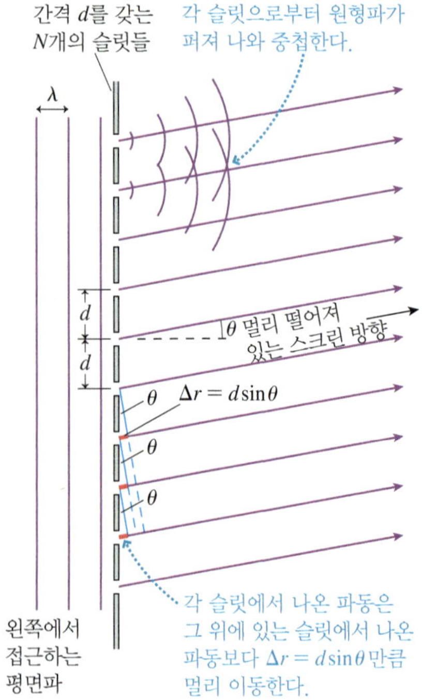

그림 17.10 $N = 10$개 슬릿이 있는 회절격자의 평면도

이중 슬릿 스크린을 N개의 간격을 가진 다중 슬릿으로 구성된 불투명 스크린으로 교체한 경우를 생각해보자. 다중 슬릿에 빛을 입사하면 각각의 슬릿은 회절하며 빛이 퍼져나가는 광원이 된다. 이러한 다중 슬릿 장치를 **회절격자**라 한다. 회절격자 뒤의 스크린 상의 생성된 간섭무늬는 N개의 중첩된 파동의 간섭에 기인한다.

그림 17.10은 N개의 슬릿이 거리 d만큼 같은 간격을 가진 회절격자를 위에서 내려다본 모습이다. 여기에는 10개의 슬릿만 표시되어 있지만, 실제 사용하는 회절격자는 수백 또는 수천 개의 슬릿으로 구성되어 있다. 파장 λ의 평면파가 왼쪽에서 접근할 때, 평면파의 마루가 각 슬릿에 동시에 도착한다고 가정하자. 각 슬릿에서 회절되는 파동은 다른 모든 슬릿에서 나오는 파동과 위상이 같다. 즉 모든 파동의 진동이 동시에 발생한다. 새롭게 생성된 각각의 파동은 그림 17.5와 같이 빛의 파동으로 퍼져서 서로 중첩되어 간섭한다.

간섭무늬가 회절격자 뒤에 있는 스크린에 어떻게 생성되는지 살펴보자. N개의 슬릿에서 N개의 파동이 회절되고 중첩되면서 스크린에 도달한다. 이중 슬릿 경우와 마찬가지로, 슬릿과 스크린 간의 거리 L이 슬릿 간격 d와 비교하여 매우 큰 것으로 가정한다. 그러므로 임의의 슬릿에서 스크린 상의 한 점에 도달하는 경로는 다른 슬릿에서 스크린 상의 한 점에 도달하는 경로와 거의 평행하다. 그림 17.10에서 하나의 슬릿에서 나온 파동이 그 위의 슬릿에서 나온 파동보다 더 먼 거리 $\Delta r = d\sin\theta$만큼 이동하고 그 아래의 파동보다 $\Delta r = d\sin\theta$보다 작은 것을 볼 수 있다. 이것은 이중 슬릿 실험을 분석하기 위해 그림 17.7에서 사용한 것과 같다.

그림 17.10은 다중 슬릿의 확대도이다. 그림 17.11은 5개의 슬릿이 있는 회절격자에 의해 스크린에 생성된 간섭무늬를 볼 수 있는 실험 구성도이다. 각도 θ가 $\Delta r = d\sin\theta = m\lambda$인 경우(여기서 m은 정수) 한 슬릿에서 스크린에 도달하는 파동의 경로는 그 옆에 있는 두 슬릿의 파동의 경로보다 정확히 파장의 m배 차이가 난다. 그래서 이 지점에서 각각의 파동들의 위상은 정확히 같다. 회절격자 안의 모든 슬릿에서 발생하는 각각의 파동이 스크린이 한 지점에서 같은 위상을 갖는다. 즉, **N개의 다른 슬릿에서 나오는 N개의 파동은 스크린 상의 한 점에 각도 θ_m으로 도달할 때 모두 서**

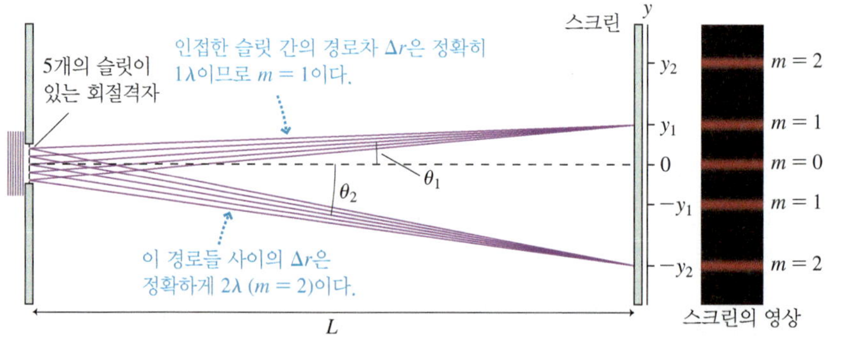

그림 17.11 5개의 다중 슬릿이 있는 회절격자의 간섭

로 위상이 같다.

$$d\sin\theta_m = m\lambda \qquad m = 0, 1, 2, 3, \cdots \tag{17.12}$$

슬릿 간격이 d인 회절격자의 밝은 줄무늬가 관측되는 각도

스크린에 식 (17.12)에 의해 주어진 각도 θ_m에서 밝은 보강 간섭 줄무늬가 생성되며 빛은 '각도 θ_m으로 회절되었다'고 한다. 일반적으로 각도보다는 거리를 측정하는 것이 더 쉬우므로 m번째 최대 밝기인 극대 위치 y_m은 다음과 같다.

$$y_m = L\tan\theta_m \tag{17.13}$$

회절격자로부터 거리 L만큼 떨어진 스크린에서의 밝은 줄무늬 위치

정수 m은 회절 **차수**라고 한다. d가 매우 작은 값을 가진 일반적인 회절격자는 회절 차수가 낮다. d는 대개 매우 작으므로 mm당 선의 수로 회절격자를 정의한다. 여기서 '선'은 '슬릿'을 의미하고 1 mm당 선의 수는 mm 단위의 슬릿 간격 d의 역수이다.

그림 17.8에 표시된 이중 슬릿 간섭의 빛의 세기 분포와 그림 17.11에 표시된 다중 슬릿 회절격자의 빛의 세기 분포 사이에는 중요한 차이가 있다. 회절격자의 밝은 줄무늬의 폭이 훨씬 좁다. 일반적으로, 슬릿의 수(N)가 증가함에 따라, 밝은 줄무늬는 폭이 더 좁고 밝아진다. 이 경향은 2개의 슬릿(이중 슬릿 간섭), 10개의 슬릿 및 50개의 슬릿이 있는 회절격자에 대해 **그림 17.12**에 표시되어 있다. 조밀하게 배열된 수천 개의 슬릿으로 구성된 일반적인 회절격자의 경우, 간섭무늬는 매우 밝고 매우 좁은 줄무늬의 분포로 이루어져 있다.

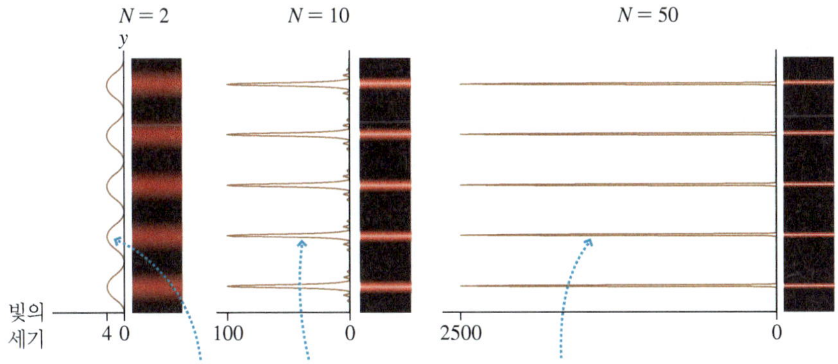

그림 17.12 각각 다른 3개의 회절격자가 스크린에 만든 빛의 세기 분포. 빛의 세기 분포 축의 범위는 서로 다르다.

분광학

주기율표의 각 원자는 빛, 전자 또는 다른 원자와의 충돌로 적절히 여기되는 경우 특정 파장의 빛을 방출한다. 이러한 파장을 정확하게 측정함으로써 미지의 표본에 포함된 다양한 원소들을 추론할 수 있다. 분자도 구성된 원자들로 빛을 방출한다. 원자 또는 분자에서 방출하는 빛의 파장을 측정 및 분석하는 과학을 **분광학**이라고 한다.

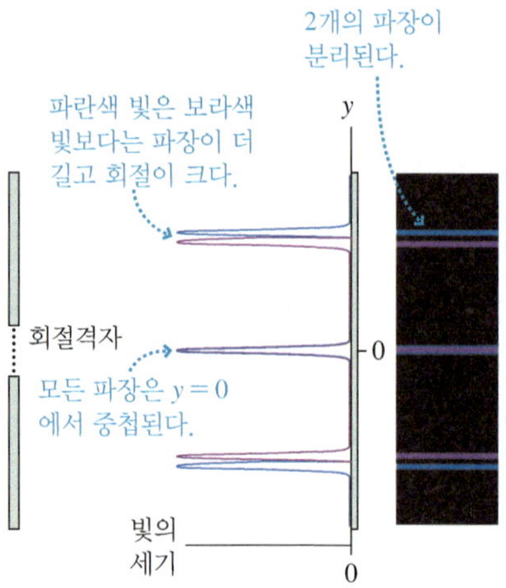

그림 17.13 회절격자는 빛의 파장을 측정하는 데 사용될 수 있다.

단일 파장에 대해 밝은 간섭 줄무늬가 매우 좁고 선명한 회절격자는 분광학에 이상적인 도구이다. 회절격자에 입사되는 빛이 2개의 약간 다른 파장으로 이루어져 있다고 가정하자. 식 (17.12)에 따르면, 각 파장은 약간 다른 각도로 회절될 것이며, N이 충분히 크면 스크린에 2개의 분리된 줄무늬가 보일 것이다. **그림 17.13**은 이러한 사실을 설명한다. 대조적으로 이중 슬릿 실험의 간섭 줄무늬는 너무 넓어 한 파장의 줄무늬를 다른 파장의 줄무늬와 구분할 수 없다.

예제 17.4 나트륨 원자에 의해 방출되는 파장 측정하기

나트륨 램프의 빛이 mm당 1000개의 슬릿을 갖는 회절격자를 통과한다. 간섭무늬는 회절격자 뒤 1.000 m의 스크린에서 보인다. 2개의 밝은 노란색 줄무늬가 중앙 극대에서 72.88 cm 및 73.00 cm 떨어진 곳에서 보인다. 두 줄무늬의 파장은 각각 얼마인가?

준비 이 상황은 그림 17.13과 유사하다. 두 줄무늬가 매우 가깝기 때문에 파장이 약간 다를 것으로 예상된다. 다른 노란색 줄무늬는 언급되지 않았으므로 이 두 줄무늬가 1차 회절($m = 1$)이라고 가정한다.

풀이 중앙 극대로부터의 밝은 줄무늬의 거리 y_m은 $y_m = L\tan\theta_m$에 의한 회절각과 관련이 있다. 따라서 이들 두 줄무늬의 회절각은 다음과 같다.

$$\theta_1 = \tan^{-1}\left(\frac{y_1}{L}\right) = \begin{cases} 36.085° & 72.88\text{ cm의 간섭무늬} \\ 36.129° & 73.00\text{ cm의 간섭무늬} \end{cases}$$

이 각도는 간섭 조건 $d\sin\theta_1 = \lambda$를 만족해야 하므로 파장은

$$\lambda = d\sin\theta_1$$

이다. d가 얼마인가? 회절격자 길이가 1 mm, 1000개의 슬릿이 있는 경우 한 슬릿에서 다음 슬릿까지의 간격은 1/1000 mm 또는 $d = 1.00 \times 10^{-6}$ m이어야 한다. 따라서 2개의 밝은 줄무늬를 만드는 파장은 다음과 같다.

$$\lambda = d\sin\theta_1 = \begin{cases} 589.0\text{ nm} & 72.88\text{ cm의 간섭무늬} \\ 589.6\text{ nm} & 73.00\text{ cm의 간섭무늬} \end{cases}$$

검토 15장에서 노란색 빛은 파장이 약 600 nm임을 배웠으므로, 위 결론은 타당해 보인다.

수업 영상

스펙트럼을 측정하고 분석하는 **분광측광기**(spectrophotometers)는 화학, 생물학 및 의학에서 널리 사용된다. 분자마다 고유한 스펙트럼, 즉 '지문'이 있으므로 조직의 특정 생체 분자, 소변의 약물 및 바닷물의 엽록소를 식별하기 위해 분광학이 사용된다.

반사형 회절격자

지금까지는 **투과형 회절격자**를 논의하였다. 격자 밀도가 높은 투과형 회절격자는 제조하기 어렵기 때문에 실제로 사용하는 대부분의 회절격자는 **반사형**으로 제작되고 있다. **그림 17.14**에서 보인 단순한 반사형 회절격자는 mm당 수십 또는 수천 개의 좁고 평행한 홈이 표면에 그어져 있는 거울이다. 이 미세한 홈들은 표면을 여러 개의 평행

한 반사 줄무늬로 나뉜다. 각 줄무늬는 빛이 입사할 때 회절하는 각각의 광원이 된다. 따라서 입사하는 빛이 N개의 중첩된 파동들로 나누어진다. 간섭무늬는 N개의 다중 슬릿을 통해 전송된 빛의 간섭무늬와 정확히 같으므로 **식 (17.13)이 반사형 회절격자와 투과형 회절격자에 모두 적용된다.**

그림 17.14 반사형 회절격자

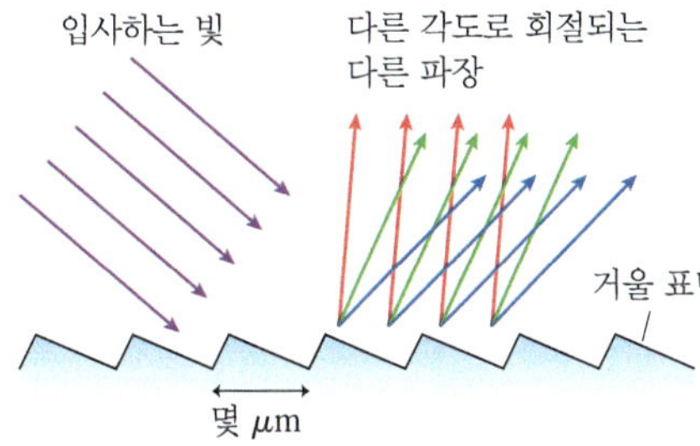

거울 표면의 평행 홈을 그어서 반사형 회절격자를 만들 수 있다. 이것은 매우 정밀한 측정을 요구하는 과학적 목적을 위해 사용되거나 플라스틱으로 대량 생산으로 찍어내기 위한 원판으로 사용된다.

그림 17.15 DVD의 색상은 간섭으로 인해 발생한다.

CD 또는 DVD 표면에 보이는 무지갯빛 색상은 일상생활에서 관찰할 수 있는 간섭 현상이다. DVD 표면은 거울 같은 반사 코팅이 있는 부드러운 플라스틱이다. 그림 17.15에서 볼 수 있듯이 레이저로 지름이 약 320 nm인 수십억 개의 미세 구멍을 가지도록 표면을 '굽는다'. 디스크의 특정 위치에 있는 구멍의 유무는 디지털로 인코딩된 정보의 0 또는 1로 해석된다. 그러나 광학적인 관점에서 빛나는 표면의 구멍 배열은 그림 17.14에 표시된 반사형 회절격자의 2차원 배열이다. 정밀도가 낮은 플라스틱 반사형 회절격자는 반사 표면에 구멍이나 홈을 찍어내어 매우 저렴한 비용으로 제조할 수 있다. 장난감이나 새로운 제품 제작에 널리 사용된다. 백색광의 각 파장이 특정한 각도로 회절될 때 무지개 색깔을 보인다.

종합 17.1 이중 슬릿 간섭 및 회절격자

이중 슬릿 간섭 및 회절격자의 기본원리는 같다. 파동 사이의 경로차는 파장 λ의 정수배인 $m = 0, 1, 2, 3, \cdots$배일 때 스크린에 밝은 무늬가 생긴다.

이중 슬릿 간섭

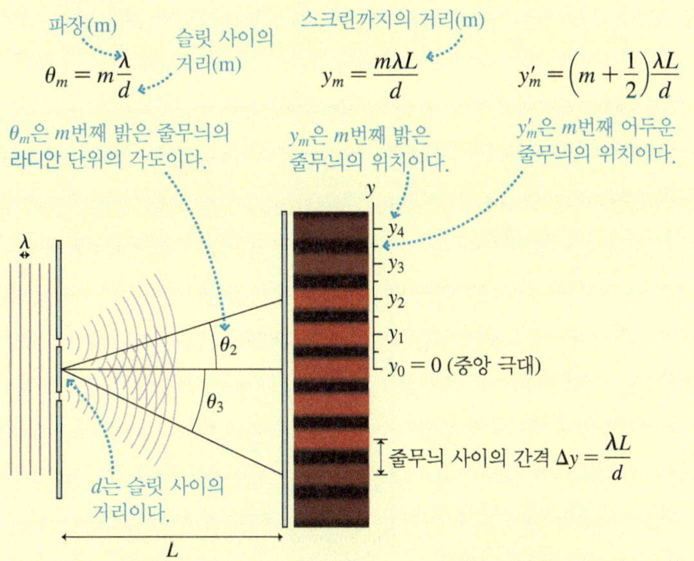

이중 슬릿 간섭에서, 각도 θ는 대개 매우 작아 방정식에서 작은 각 근사를 사용할 수 있다.

회절격자

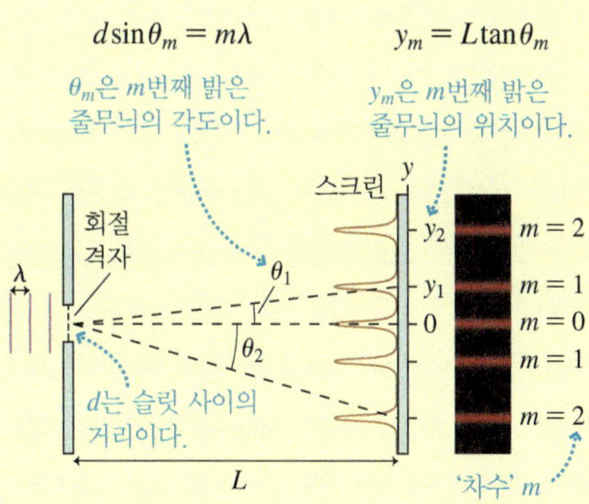

회절격자의 경우 일반적으로 작은 각 근사는 유효하지 않다. 밝은 줄무늬 위치 y_m을 찾으려면 먼저 $d\sin\theta_m = m\lambda$에서 각도 θ_m을 찾아 $y_m = L\tan\theta_m$을 사용해야 한다.

mm당 N개의 슬릿 또는 선을 갖는 회절격자는 슬릿 간격 $d = (1\text{ mm})/N$을 갖는다.

17.4 박막 간섭

◀◀16.6절에서는 1차원에서 음파의 간섭에 대해 배웠다. 같은 위상 또는 반대 위상에 따라 같은 방향으로 진행하는 같은 진동수의 두 음파가 보강 간섭이나 상쇄 간섭을 겪을 수 있다. 빛도 이런 식으로 간섭을 겪는다. 같은 진동수의 빛은 경계면에서 반사파 및 투과파로 나누어질 때 **부분** 반사가 생성된다. 비누 거품에 있는 물의 박막과 같이 박막의 두 경계에서 반사된 간섭을 **박막 간섭**이라고 한다.

박막 간섭은 광학 산업에서 중요한 응용 분야를 가진다. 1 μm(10^{-6} m) 미만의 얇은 필름 코팅은 카메라, 현미경 및 기타 광학 장비의 렌즈 반사 방지 코팅에 사용된다. 기름 막과 비눗방울의 밝은 색상 역시 박막 간섭으로 인한 것이다.

반사된 빛의 간섭

그림 17.16 각 면에서 반사된 2개의 상이 창에 나타난다.

16장에서 논의했듯이 한 조각의 유리를 통과하는 빛은 일부분은 투과하고 일부분은 반사한다. 사실 빛은 굴절률이 다른 두 경계면 사이에서 부분 반사를 한다. 따라서 빛은 유리 시트의 앞면뿐만 아니라 뒷면에서도 부분 반사한다. 이것은 **그림 17.16**에서 볼 수 있는 겹쳐진 2개의 영상을 만든다.

그림 16.10(b)에서 줄의 파동 반사에서 또 다른 중요한 측면이 있다. 파동이 흔들림이 빠른 줄에서 흔들림이 느린 줄로 이동하면, 반사파는 원래 파동에 대해 반전된다. 흔들림이 느린 줄에서 흔들림이 빠른 줄로 파동이 이동하면 반사되는 파동은 역전되지 않는다.

빛에서도 동일한 현상이 발생한다. 빛속도가 더 빠른(낮은 굴절률) 매질에서 낮은 빛속도(높은 굴절률)를 갖는 매질로 빛이 이동하면 반사파가 반전된다. **위상 반전**이라고 하는 이 파동의 반전은 파동에 여분의 반파장 $\lambda/2$를 추가하는 것과 같다. **그림 17.17**에서 위상 변화가 있는 반사파를 위상 변화가 없는 반사와 비교한 모습을 볼 수

그림 17.17 위상 변화가 있거나 없는 반사파

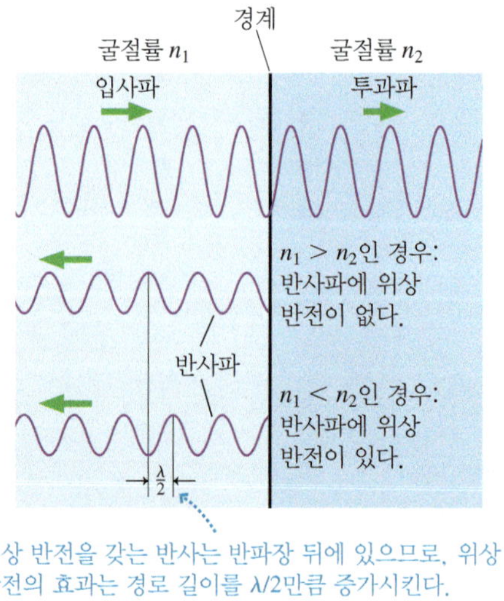

있다. 요약하면, **빛의 파동은 굴절률이 증가하는 경계에서 반사되면 위상 반전이 발생하며** 굴절률이 감소하는 경계에는 위상 반전이 없다.

유리 위에 코팅된 두께 t와 굴절률 n의 얇고 투명한 필름을 생각해보자. 그림 17.18은 필름에 접근하는 파장 λ의 빛을 보여준다. 빛 대부분은 필름으로 전달되지만, 빛 일부분이 첫 번째 경계(공기-필름)에서 반사된다. 또한 필름을 투과하는 약간의 파동이 두 번째 경계(필름-유리)에서 반사된다. 같은 진동수를 갖는 2개의 반사파는 중첩되어 공기 중으로 되돌아간다. 16장에서 배웠듯이 2개의 반사파가 위상이 맞으면(즉, 마루가 겹치는 경우), 보강 간섭으로 인해 강한 반사가 발생한다. 2개의 반사파가 위상이 맞지 않으면(즉, 한 파동의 마루와 다른 파동의 골이 겹치는 경우), 상쇄 간섭으로 인해 전혀 반사를 일으키지 않는다.

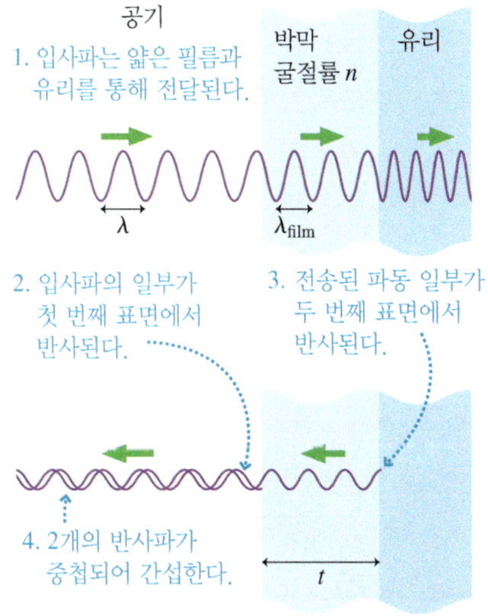

그림 17.18 박막 간섭에서 2개의 반사, 즉 하나는 필름에서, 다른 하나는 유리에서 겹쳐서 간섭한다.

2개의 음파의 간섭이 경로차가 $\Delta d = m\lambda$이면 보강 간섭이고, $\Delta d = \left(m+\frac{1}{2}\right)\lambda$이면 상쇄 간섭으로 나타났다. 여기서 m은 정수이다. 두 번째 표면에서 반사되어 경로차를 발생하는 파동인 반사파에서도 같은 방식이 적용된다. 이 파동은 두께 t인 필름을 두 번 통과하기 때문에 경로차가 $\Delta d = 2t$이다.

빛이 높은 굴절률을 갖는 경계에서 반사될 때 위상 반전으로 여분의 반파장을 추가해야 한다. 이것은 두 가지 상황을 일으킨다.

1. 박막에서 반사된 두 파동이 모두 위상 반전이 되거나 모두 위상 반전이 되지 않으면, 유효 경로차는 $\Delta d_{eff} = 2t$이다.
2. 박막에서 반사된 두 파동 중 하나만 위상 반전이 되면, 유효 경로차는 반파장만큼 너해져서 $\Delta d_{eff} = 2t + \frac{1}{2}\lambda$이다.

$\Delta d_{eff} = m\lambda_{film}$이라면 두 반사파는 보강 간섭이다. $\Delta d_{eff} = \left(m+\frac{1}{2}\right)\lambda_{film}$이라면 두 반사파는 상쇄 간섭이다. 빛이 박막 내부를 경로차만큼 추가로 진행했기 때문에 박막 내부에서의 파장과 $2t$를 비교해야 한다. 또한 박막의 굴절률은 n이므로, 박막 내부에서의 파장은 $\lambda_{film} = \lambda/n$이고, λ는 진공 또는 공기 중의 빛의 파장이다.

이로부터 박막에 의해 반사되는 빛의 보강 간섭 또는 상쇄 간섭 조건을 기술할 수 있다.

$$2t = m\frac{\lambda}{n} \qquad m = 0, 1, 2, \cdots \tag{17.14}$$

0개 또는 2개의 반사 위상 반전을 가진 보강 간섭 조건
하나의 반사 위상 반전만 있는 상쇄 간섭 조건

$$2t = \left(m+\frac{1}{2}\right)\frac{\lambda}{n} \qquad m = 0, 1, 2, \cdots \tag{17.15}$$

0개 또는 2개의 반사 위상 반전을 가진 상쇄 간섭 조건
하나의 반사 위상 반전만 있는 보강 간섭 조건

이 조건은 박막 간섭을 분석하는 과정의 기초가 된다.

풀이 전략 17.1 박막 간섭 분석하기

빛의 파동이 박막을 통과할 때 경로를 추적한다. 두 번째 경계에서의 반사파는 추가 거리 $2t$를 진행한다.

1. 세 가지 매질의 굴절률(박막 전과 내부와 후의 매질)에 주목하라. 박막 전과 후의 매질은 같을 수 있다. 굴절률이 증가하는 경계에는 반사할 때 위상 반전이 있다.
2. 두 반사파가 모두 위상 반전을 겪거나 둘 다 그렇지 않다면, 위상 반전은 상쇄되고 유효 경로차는 $\Delta d = 2t$가 된다. 보강 간섭은 식 (17.14)를 사용하고 상쇄 간섭은 식 (17.15)를 사용하면 된다.
3. 단 하나의 반사파만 위상 반전을 겪는다면, 유효 경로차는 $\Delta d = 2t + \frac{1}{2}\lambda$이다. 상쇄 간섭에 대해서는 식 (17.14)를 사용하고 보강 간섭에 대해서는 식 (17.15)를 사용하면 된다.

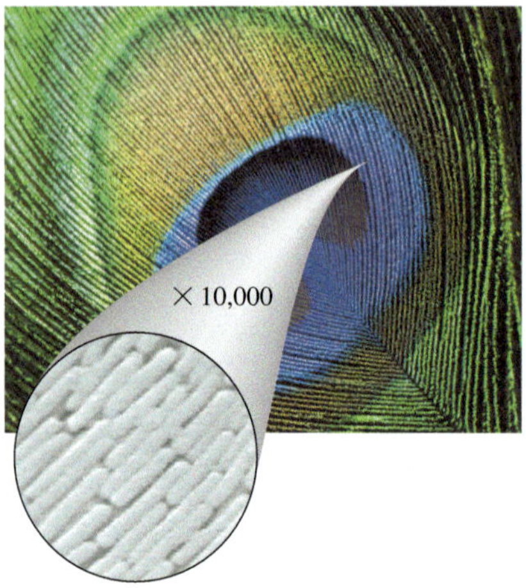

◀ **무지갯빛 깃털** BIO 이 장의 시작 부분에 표시된 벌새의 화려한 색은 물감이 아니라 간섭에 의한 것이다. 조류 깃털과 곤충 껍질에 존재하는 이 **무지갯빛**은 크기가 빛의 파장과 비슷한 생물학적 나노 구조에 의해 발생한다. 예를 들어, 곤충의 광택은 껍질의 여러 얇은 층에서 발생하는 박막 간섭 때문이다. 공작의 깃털 또한 층 구조이지만, 각 층 자체는 현미경 사진에서 볼 수 있듯이 회절격자로 작용하는 거의 평행인 멜라닌 막대로 구성되어 있다. 따라서 공작의 깃털은 박막 간섭과 회절격자의 회절을 결합하여 특징적인 다색 무지갯빛의 색조를 만들어낸다.

예제 17.5 무반사 코팅 설계하기

불필요한 빛이 안경이나 다른 렌즈 표면에서 반사되는 것을 막기 위해 굴절률 $n = 1.38$인 재료의 박막을 플라스틱 렌즈($n = 1.55$)에 코팅한다. 이 코팅은 가시광선 스펙트럼의 중심인 $\lambda = 550$ nm에 대해 상쇄 간섭을 갖는 것이 바람직하다. 이것을 할 수 있는 가장 얇은 필름은 무엇인가?

상단의 안경에는 무반사 코팅이 되어 있고 하단의 안경은 그렇지 않다.

준비 풀이 전략 17.1의 단계를 따르면, 빛이 박막을 가로지르면서 코팅의 앞면에서 먼저 반사된다. 여기서 굴절률은 공기의 굴절률($n = 1.00$)에서 박막의 굴절률($n = 1.38$)까지 증가하므로 위상 반전이 있다. 그런 다음 빛은 코팅의 뒷면에서 반사된다. 다시 박막 굴절률($n = 1.38$)에서 플라스틱 굴절률($n = 1.55$)로 증가한다. 둘 다 위상 반전이 있는 경우 풀이 전략 17.1에서 상쇄 간섭을 설명하는 식 (17.15)를 사용해야 함을 알려준다.

풀이 상쇄 간섭을 일으키는 두께 t를 식 (17.15)로 구할 수 있다.

$$t = \frac{\lambda}{2n}\left(m + \frac{1}{2}\right)$$

가장 얇은 박막은 $m = 0$인 경우이므로 다음과 같다.

$$t = \frac{550 \text{ nm}}{2(1.38)} \times \frac{1}{2} = 100 \text{ nm}$$

검토 경로차가 파장 정도의 크기일 때 간섭 효과가 발생하므로 100 nm의 답은 합리적이다.

얇은 공기막

박막의 매질이 단단할 필요는 없다. 2개의 유리 표면 사이의 얇은 공기층은 내부 공기–유리 경계 양쪽에서 반사되는 파로 인해 박막 간섭을 생성한다. **그림 17.19**는 포갠

2개의 슬라이드글라스를 보여준다. 슬라이드가 완전히 평평하지 않고 몇 점에서만 서로 닿으므로 밝고 어두운 '줄무늬'가 발생한다. 다른 모든 곳에는 그 사이에 얇은 공기층이 있다. 어떤 점에서 공기층의 두께는 보강 간섭(light fringes) 조건을, 다른 곳의 두께는 상쇄 간섭(dark fringes) 조건을 만족한다. 이 줄무늬는 예제 17.6에서 볼 수 있듯이 두 유리판의 평평한 정도를 정확하게 측정하는 데 사용할 수 있다.

그림 17.19 2개의 슬라이드글라스 사이의 공기층으로 인해 생긴 밝고 어두운 줄무늬의 박막 간섭 무늬

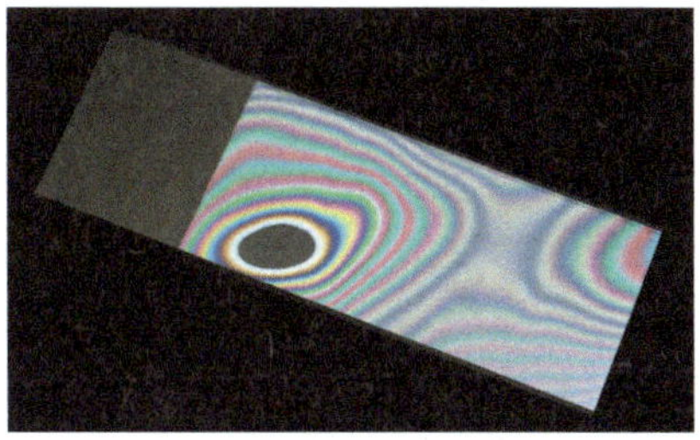

예제 17.6 **쐐기 모양의 공기막에서 줄무늬 간격 찾기**

길이 15 cm인 2개의 유리 평판은 **그림 17.20**과 같이 한쪽 끝에 두께 10 μm의 물체가 삽입되어 그 사이에 얇은 쐐기 모양의 공기막이 남게 된다. 유리 평판에 파장 $\lambda = 589$ nm의 나트륨 램프의 빛을 비춘다. 그러면 교대로 밝고 어두운 줄무늬가 관찰된다. 2개의 밝은 줄무늬 사이의 간격은 얼마인가?

그림 17.20 2개의 유리판 사이에 공기막 쐐기가 있는 그림

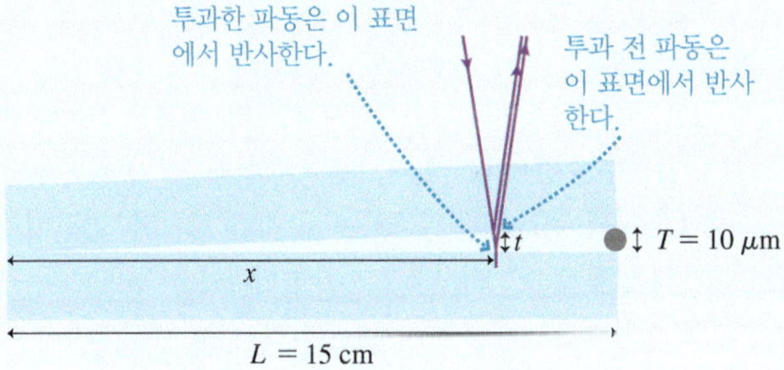

준비 아래 판에서 반사는 위상 반전을 하지만, 위 판에서의 반사는 유리-공기 경계에서 굴절률이 감소하기 때문에 위상 반전이 발생하지 않는다. 풀이 전략 17.1에 따르면 보강 간섭 조건을 만족하는 식 (17.15)를 사용해야 한다.

$$2t = \left(m + \frac{1}{2}\right)\frac{\lambda}{n}$$

여기에서 n은 공기의 굴절률이다. m의 각 정수값은 보강 간섭이 있고, 따라서 밝은 줄무늬가 있는 쐐기 두께 t에 해당한다.

풀이 x는 왼쪽 끝에서 밝은 줄무늬까지의 거리이다. 그림 17.20에서 삼각비를 활용하면

$$\frac{t}{x} = \frac{T}{L}$$

또는 $t = xT/L$이다. 보강 간섭 조건에서

$$2\frac{xT}{L} = \left(m + \frac{1}{2}\right)\frac{\lambda}{n}$$

m의 정수값에 대해 밝은 줄무늬가 있을 것이므로 왼쪽 끝에서 측정한 m번째 줄무늬 위치는 다음과 같다.

$$x_m = \frac{\lambda L}{2nT}\left(m + \frac{1}{2}\right)$$

따라서 2개의 인접한 줄무늬 m과 $m+1$ 사이의 간격은

$$\Delta x = x_{m+1} - x_m = \frac{\lambda L}{2nT}\left(m + 1 + \frac{1}{2}\right) - \frac{\lambda L}{2nT}\left(m + \frac{1}{2}\right) = \frac{\lambda L}{2nT}$$

이고, 구체적인 수치를 구하면 다음과 같다.

$$\Delta x = \frac{\lambda L}{2nT} = \frac{(5.89 \times 10^{-7}\ \text{m})(0.15\ \text{m})}{2(1.00)(10 \times 10^{-6}\ \text{m})} = 4.4\ \text{mm}$$

검토 사진에서 볼 수 있듯이 2개의 판이 매우 평평한 경우 줄무늬는 공기 두께가 증가하는 방향에 수직인 직선으로 나타난다. 그러나 두 판이 평평하지 않으면 줄무늬가 곡선으로 보인다. 곡률의 크기는 판이 완벽하게 평평하지 않다는 것을 나타낸다.

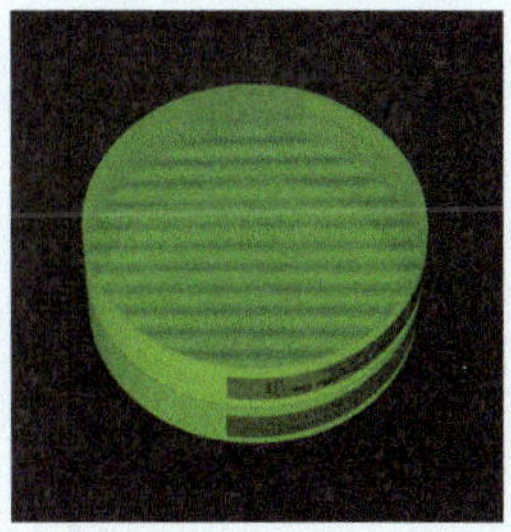

비눗방울과 기름 막의 색상

지금까지 단일 파장의 빛에 대한 박막 간섭만을 고려했다. 물에 비눗방울과 기름 막의 밝은 색상은 모든 파장의 혼합인 백색광의 박막 간섭 때문에 발생한다.

비눗방울은 매우 얇은 구형 박막이다($n = 1.33$). 두께 $t = 470$ nm의 비누 막을 생

표 17.2 470 nm 두께의 비눗방울로 인한 보강 및 상쇄 간섭 파장. 가시광선 영역의 파장은 **굵게** 표시하였다.

식	$m = 1$	$m = 2$	$m = 3$
$\lambda_{con} = \dfrac{2nt}{m + \frac{1}{2}}$	833 nm	**500 nm**	357 nm
$\lambda_{des} = \dfrac{2nt}{m}$	1250 nm	**625 nm**	**417 nm**

그림 17.21 비눗방울의 색상

각해보자. 빛은 박막의 양 표면에서 반사되며, 반사된 파동이 간섭한다. 전면(공기-물) 표면에서 반사되는 빛은 위상 반전이 있지만, 후면 반사는 위상 반전이 없다. 따라서 식 (17.15)는 보강 간섭을 설명하고 식 (17.14)는 상쇄 간섭이다. 표 17.2는 m의 세 가지 값에 대한 보강 및 상쇄 간섭의 파장을 보여준다.

스펙트럼의 빨간색 끝(625 nm)과 보라색 끝(417 nm) 근처의 빛은 상쇄 간섭을 겪는다. 이 색상들은 필름에 의해 반사되지 않는다. 동시에, 500 nm 근처의 빛(녹색)은 보강 간섭하기 때문에 강하게 반사된다. 따라서 이 두께의 비누 막은 녹색으로 보인다.

실제 비눗방울과 기름 막은 두께에 따라 색깔이 다르다. 일부 두께에서는 녹색 빛이 강하게 반사되는 반면, 다른 부분에서는 빨간색 또는 보라색 빛이 강하게 반사된다. 그림 17.21은 비눗방울의 색이 주로 녹색과 빨간색, 보라색임을 보여준다.

개념형 예제 17.7 직립한 비누 막의 색상

그림 17.22는 금속 고리에 있는 비누 막을 보여준다. 금속 고리는 수직으로 유지된다. 사진에서 보이는 현상을 설명하시오.

그림 17.22 금속 고리의 비누 막

판단 중력 때문에 막은 바닥 근처에서 더 두껍고 위쪽에서 더 얇다. 따라서 쐐기 모양을 가지며, 간섭무늬는 예제 17.6의 공기막 쐐기와 마찬가지로 보강 및 상쇄 간섭무늬가 선으로 나타난다. 이 비누 필름은 백색광으로 비쳤기 때문에 비누 막에서 설명한 것과 같은 색상이 형성된다.

극히 얇은 박막의 맨 위가 검은색으로 보인다. 이것은 전혀 빛을 반사하지 않는다는 것을 의미한다. 막이 빛의 파장보다 훨씬 얇은 경우 막의 앞면과 뒷면에서 반사되는 두 파장 사이의 경로 길이 차이가 거의 없게 된다. 그러나 후면에서 반사된 파동은 위상 반전을 겪고 정면에서 반사된 파와 위상이 맞지 않는다. 따라서 두 파장은 파장과 관계없이 **항상** 상쇄 간섭한다.

검토 이 실험은 두 반사파가 서로 다른 위상 반전을 가짐을 직접 볼 수 있음을 알 수 있다.

17.5 단일 슬릿 회절

그림 17.23 단일 슬릿 회절 실험

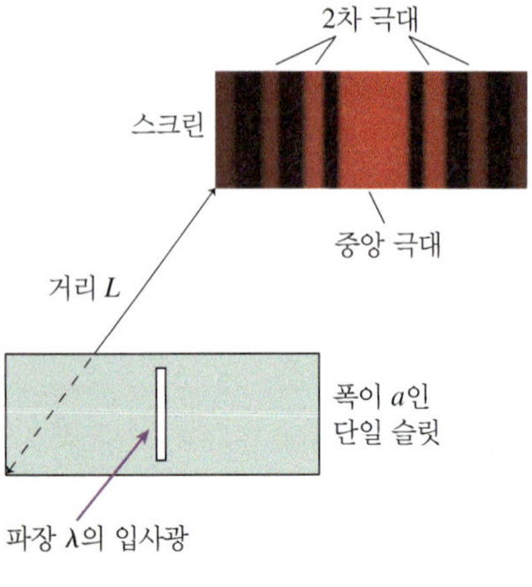

이 장의 처음 부분에서 수면파가 작은 구멍을 통과하면서 퍼져나가는 사진을 보여주었다. 또한 미리보기에서 얇은 바늘을 통과한 후의 빛이 어떻게 퍼져나가는지를 보여주었다. 이 현상을 **회절**(diffraction)이라 한다. 이 절에서는 회절에 대해 자세하게 다룰 것이다.

그림 17.23은 폭이 좁은 슬릿을 통과하는 빛의 회절을 관찰하기 위한 실험 구성도이다. 크고 좁은 폭의 슬릿을 통과하는 회절은 **단일 슬릿 회절**이라고 한다. 스크린은 슬릿 뒤에 거리 L만큼 배치되며, $L \gg a$라고 가정한다. 스크린에 생성된 빛의 무늬는 차례로 약해지는 **2차 극대**와 **중앙 극대**가 있다. 중앙 극대가 2차 극대보다 훨씬 더 넓게 보인다. 이는 사진에서 2차 극대를 더 잘 보이게 하기 위해 과다 노출되어 있기 때문이다.

호이겐스의 원리

이중 슬릿 실험과 같은 떨어진 광원의 중첩에 대한 분석은 광원이 측정할 수 없을 만큼 작은 **점광원**이라고 가정한다. 회절을 이해하려면, **확장된** 파면의 전파에 대해 생각할 필요가 있다. 이 문제는 뉴턴과 동일시대에 살았던 네덜란드 과학자인 호이겐스(Christiaan Huygens)에 의해 처음으로 제기되었다.

◀◀15.5절에서는 **파면 앞면**, 즉 파동의 '마루'로부터 평면파와 구형파가 시간상에서 어떻게 함께 전파하는지를 배웠다. 호이겐스는 좁은 슬릿을 통과하는 파동과 같이 모든 파동이 어떻게 전파되는지를 시각화하기 위해 기하학적 모형을 고안했다. **호이겐스의 원리**(Huygens' principle)는 두 부분으로 구성된다.

1. 파면 앞면의 각 점은 같은 속도로 퍼져나가는 구형 가지 파동(wavelet)의 근원이다.
2. 나중에 파면 앞면의 모양은 모든 가지 파동에 접하는 곡선이다.

그림 17.24는 평면파와 구형파에 대한 호이겐스의 원리를 설명한다. 보다시피, 평면파의 가지 파동에 접하는 곡선은 오른쪽으로 진행된 평면이다. 구형파의 가지 파동에 접하는 곡선은 더 큰 구이다.

그림 17.24 평면파와 구형파의 전파에 적용된 호이겐스의 원리

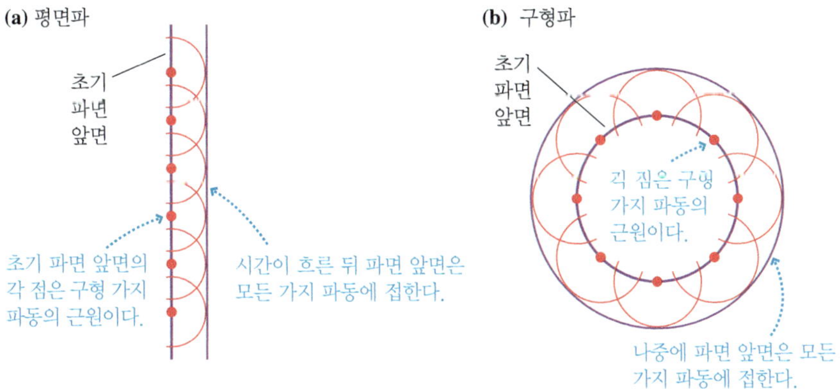

단일 슬릿 회절 분석

그림 17.25(a)는 폭 a의 좁은 슬릿을 통과하는 파면 앞면을 보여준다. 호이겐스의 원리에 따르면 파면 앞면의 각 점은 구형 가지 파동의 근원으로 생각할 수 있다. 이러한 가지 파동은 중첩되어 간섭하고, 스크린에서 보이는 회절 무늬를 생성한다. 파면 앞면의 **모든** 점을 기술하는 완전한 수학적 분석은 미적분학에서 상당히 어려운 문제이다. 여기서는 단지 몇 개의 가지 파동에 기초한 기하학적 분석에 만족할 것이다.

그림 17.25(b)는 몇 개의 가지 파동이 스크린의 중심점으로 직진하는 경로를 보여준다(이 슬릿의 확대된 모습에서 스크린은 오른쪽으로 매우 멀리 떨어져 있다). 빛 경로는 서로 거의 평행하다. 따라서 모든 가지 파동은 같은 거리를 이동하여 서로 위상을 맞춰 스크린에 도달한다. 이러한 가지 파동 간의 **보강 간섭**은 $\theta = 0$에서 회절 무늬

그림 17.25 파면 앞면의 각 점은 구형 가지 파동의 근원이다. 이러한 가지 파동의 중첩은 스크린에 회절 무늬를 생성한다.

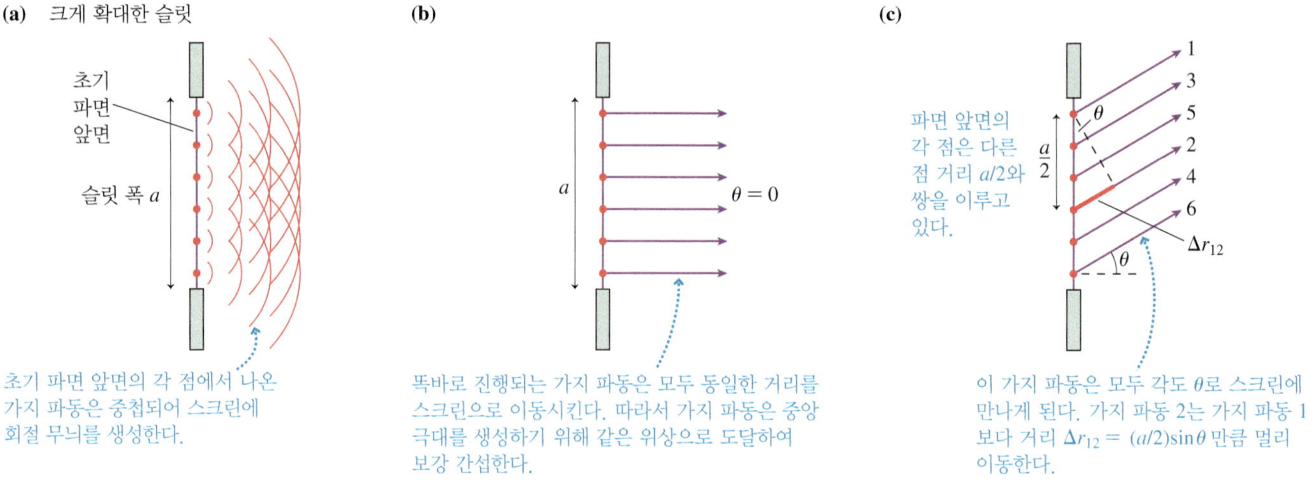

파도가 2개의 방파제 사이의 '틈새' 뒤에서 회절하는 것을 볼 수 있다. 파동 무늬는 호이겐스의 원리를 통해 이해할 수 있다.

의 중앙 극대를 생성한다.

스크린 중앙에서 다른 지점으로 벗어난 상황을 나타내는 **그림 17.25(c)**의 경우, 가지 파동 1과 가지 파동 2는 거리 $a/2$만큼 떨어진 지점에서 시작한다. 각도가 가지 파동 2에 의해 이동된 여분의 거리인 $\Delta r_{12} = \lambda/2$일 때, 가지 파동 1과 가지 파동 2는 위상이 서로 다르게 되어 상쇄 간섭한다. 또한 $\Delta r_{12} = \lambda/2$이면, 경로 3과 경로 4 사이의 차 Δr_{34}와 경로 5와 경로 6 사이의 차 Δr_{56}도 $\lambda/2$이므로 그 쌍의 가지 파동은 상쇄 간섭한다. 그래서 모든 가지 파동의 중첩은 완벽한 상쇄 간섭을 일으킨다.

그림 17.25(c)는 6개의 가지 파동을 보여주지만, 결론적으로 가지 파동 수와 관계없이 유효하다. 핵심 개념은 **파면 앞면의 모든 점은 거리 $a/2$만큼 떨어진 다른 점과 쌍을 이룬다**는 것이다. 경로차가 $\lambda/2$이면, 이 두 지점에서 시작된 가지 파동은 스크린에서 벗어나서 상쇄 간섭한다. N개의 가지 파동 모두의 변위를 합산할 때 쌍 결합을 통해 0으로 만든다. 스크린의 이 위치에서 간섭무늬는 극소로 어두워진다. 이것이 분석의 주요 개념이며, 주의 깊게 생각할 가치가 있다.

그림 17.25(c)에서 $\Delta r_{12} = (a/2)\sin\theta$를 볼 수 있다. 이 경로차가 식 (17.16) 조건인 $\lambda/2$를 만족한다면 상쇄 간섭이 된다.

$$\Delta r_{12} = \frac{a}{2}\sin\theta_1 = \frac{\lambda}{2} \tag{17.16}$$

또는 $\sin\theta_1 = \lambda/a$로 표현할 수 있다.

완벽한 상쇄 간섭의 다른 각도를 찾기 위해 이 개념을 확장할 수 있다. 각 가지 파동이 $a/4$ 지점에서 다른 가지 파동과 쌍으로 있다고 가정한다. 이 가지 파동들 사이의 Δr이 $\lambda/2$이면, 모든 N개의 가지 파동은 쌍으로 다시 상쇄되어 완전한 상쇄 간섭을 제공할 것이다. 이것이 발생하는 각도 θ_2는 식 (17.16)에서 $a/2$를 $a/4$로 대체하여 조건 $a\sin\theta_2 = 2\lambda$를 유도함으로써 찾을 수 있다. 이 과정을 반복하면 일반적인 상쇄 간섭 조건을 다음과 같이 찾을 수 있다.

$$a\sin\theta_p = p\lambda \qquad p = 1, 2, 3, \cdots \tag{17.17}$$

빛의 경우 대부분 $\theta_p \ll 1$ rad인 상황이기 때문에 작은 각 근사를 사용하면

$$\theta_p = p\frac{\lambda}{a} \qquad p = 1, 2, 3, \cdots \tag{17.18}$$

슬릿 폭 a를 갖는 단일 슬릿 회절에서의 극소 위치의 각도(라디안)

식 (17.18)은 단일 슬릿의 회절 무늬에서 어두운 극소에 대한 라디안 단위의 각도를 나타낸다. $p = 0$은 예외로 제외된다. 그 이유는 $p = 0$은 $\theta = 0$에서 직진 위치에 해당하지만 그림 17.5 및 그림 17.25(b)에서 $\theta = 0$은 극소가 아닌 **중앙 극대**이기 때문이다.

이 교재의 범위를 벗어나지만 전체 간섭무늬 분포를 계산하는 것이 가능하다. 이러한 계산 결과가 **그림 17.26**에 그래프로 표시되어 있다. 식 (17.18)에 주어진 각도에서 $\theta = 0$에서의 밝은 중앙 극대, 약한 2차 극대 및 상쇄 간섭의 어두운 지점인 극소를 볼 수 있다. 이 그래프를 그림 17.23의 사진과 비교하고 둘이 일치함을 확인해보라.

그림 17.26 단일 슬릿 회절 무늬의 세기 분포

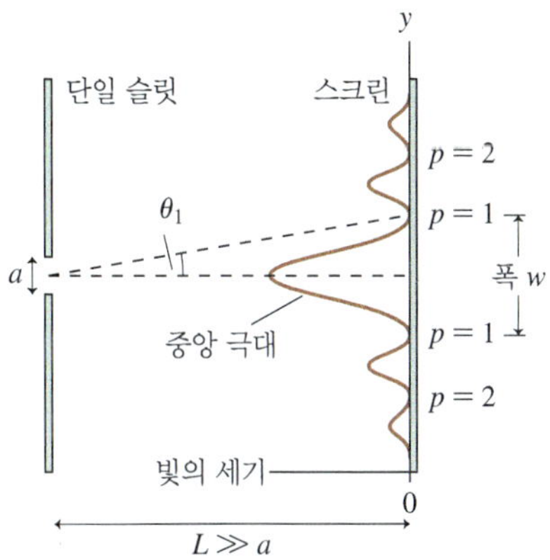

단일 슬릿 회절 무늬의 폭

이중 슬릿에서처럼 스크린 중앙에서 벗어난 위치에서 간섭무늬를 측정하는 것이 유용할 때가 있다. 각도 θ_p에서의 p번째 어두운 줄무늬 위치는 $y_p = L\tan\theta_p$이고, 여기서 L은 슬릿에서 스크린까지의 거리이다. θ_p에 대해 식 (17.18)을 사용하고 작은 각 근사인 $\tan\theta_p \approx \theta_p$를 사용하면 단일 슬릿 회절 무늬의 극소 위치는 아래와 같다.

$$y_p = \frac{p\lambda L}{a} \qquad p = 1, 2, 3, \cdots \tag{17.19}$$

스크린 거리 L인 단일 슬릿 회절의 극소 위치

다시 말하지만 $p = 0$은 제외한다. 왜냐하면 스크린의 중앙은 어두운 극소가 아니기 때문이다.

회절 무늬는 2차 극대보다 훨씬 더 밝은 중앙 극대에 의해 지배된다. 그림 17.26에 나타난 중앙 극대의 폭 w는 중앙 극대의 양쪽에서 2개의 $p = 1$ 극소 사이의 거리로 정의된다. 무늬가 대칭이므로 폭은 $w = 2y_1$이다. 이것은

$$w = \frac{2\lambda L}{a} \tag{17.20}$$

단일 슬릿 회절의 중앙 극대의 폭

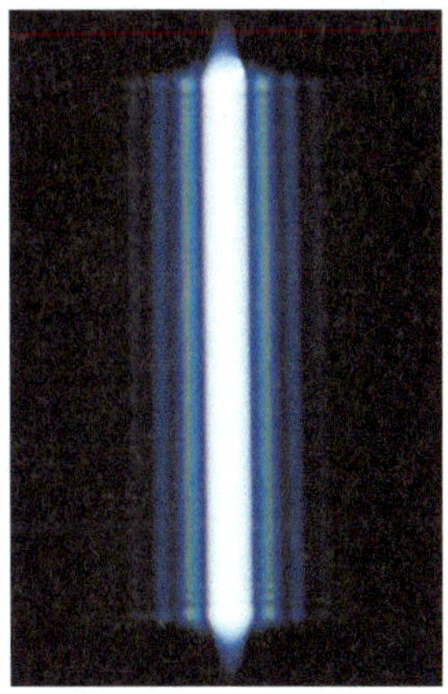

이 단일 슬릿 회절 무늬의 중앙 극대는 과다 노출로 인해 흰색으로 표시된다. 사진에서 양쪽의 극소를 통해 중앙 극대 폭이 명확하게 드러난다.

식 (17.20)의 중요한 의미는 좁은 슬릿(더 작은 a)은 더 넓은 회절 무늬를 생성한다는 것이다. 이는 상식과 대치된다. **빛이 통과하는 구멍이 작을수록 건너편 스크린에 도달하는 빛은 더 넓게 퍼진다.**

예제 17.8 슬릿 폭 구하기

헬륨-네온 레이저($\lambda = 633$ nm)빔은 좁은 슬릿을 통과하여 슬릿 뒤 2.0 m의 스크린에서 간섭무늬를 생성한다. 회절 무늬의 첫 번째 극소는 중앙 극대의 중앙에서 1.2 cm 떨어져 있다. 슬릿의 폭은 얼마인가?

준비 회절 무늬의 첫 번째 극소는 $p = 1$에 해당한다. 이 극소 위치는 $y_1 = 1.2$ cm로 주어진다. 그런 다음 식 (17.19)를 사용하여 슬릿 폭 a를 구할 수 있다.

풀이 식 (17.19)는

$$a = \frac{p\lambda L}{y_p} = \frac{(1)(633 \times 10^{-9}\ \text{m})(2.0\ \text{m})}{0.012\ \text{m}}$$

$$= 1.1 \times 10^{-4}\ \text{m} = 0.11\ \text{mm}$$

검토 이 값은 단일 슬릿 회절을 관찰하는 데 사용되는 슬릿 폭의 일반적인 값이다.

17.6 원형 구멍에 의한 회절

파동은 어떤 모양의 구멍을 통과하더라도 회절이 발생한다. 단일 슬릿에 의한 회절은 회절의 기본 개념을 알려주지만, 실용적이고 일반적인 상황은 **원형 구멍**에 의한 파동의 회절이다. 원형 구멍의 회절은 슬릿의 회절보다 수학적으로 복잡하여 결과만 제시한다.

몇 가지 예를 생각해보자. 스피커는 진동판의 빠른 진동으로 소리를 생성하지만, 음파는 스피커 진동판의 바깥쪽 가장자리로 정의되는 원형 구멍을 통과해야만 한다. 즉 원형 구멍에 의한 회절을 보인다. 망원경과 현미경은 그 반대이다. 외부에서 나오는 빛이 광학 기기에 들어 가야 한다. 이렇게 하려면 원형 렌즈를 통과해야 한다. 실제로 광학 기기의 성능 한계는 빛이 통과해야 하는 원형 구멍의 회절 때문에 결정된다. 이것은 19장에서 좀 더 자세히 살펴볼 내용이다.

그림 17.27은 지름 D의 원형 구멍을 보여준다. 이 구멍을 통과하는 빛은 퍼지면서 원형 회절 무늬를 생성한다. 단일 슬릿의 경우인 그림 17.23과 비교하여 유사점과 차이점을 찾아야 한다. 회절 무늬는 여전히 원형의 중앙 극대를 가지며 일련의 2차 극대로 둘러싸여 있다. 빛의 대부분은 중앙 극대 내에 존재한다.

완벽한 상쇄 간섭이 일어날 첫 번째 극소의 각도가 θ_1이다. 원형 구멍의 회절의 수학적 분석을 통하여

그림 17.27 원형 구멍에 의한 빛의 회절

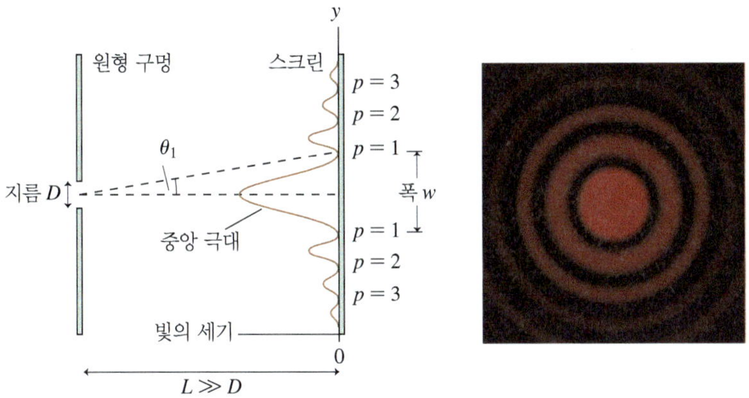

$$\theta_1 = \frac{1.22\lambda}{D} \tag{17.21}$$

이고, 여기서 D는 원형 구멍의 지름이다. 식 (17.21)은 대부분의 빛의 회절에 대하여 유효한 작은 각 근사를 가정했다.

작은 각 근사 내에서, 거리 L 떨어진 스크린 상의 중앙 극대의 폭은 아래와 같다.

$$w = 2y_1 = 2L\tan\theta_1 \approx \frac{2.44\lambda L}{D} \tag{17.22}$$

지름 D인 원형 구멍의 회절에서 중앙 극대의 폭

회절 무늬의 지름은 거리 L에 따라 증가하며 원형 구멍 뒤에서 빛이 퍼져나가는 것을 보여주지만, 구멍의 지름 D가 증가하면 회절 무늬의 지름은 감소한다.

예제 17.9 **스크린 거리 구하기**

헬륨-네온 레이저($\lambda = 633$ nm)빔은 지름 0.50 mm의 구멍을 통과한다. 중앙 극대의 지름이 3.0 mm인 회절 무늬를 관찰하기 위해 스크린을 얼마나 멀리 두어야 하는가?

풀이 식 (17.22)를 통해 스크린과의 거리를 구할 수 있다.

$$L = \frac{wD}{2.44\lambda} = \frac{(3.0\times10^{-3}\text{ m})(5.0\times10^{-4}\text{ m})}{2.44(633\times10^{-9}\text{ m})} = 0.97\text{ m}$$

지금까지 보았듯이 좁은 구멍을 통과하는 빛을 이해하려면 빛의 파동 모형을 사용해야 한다. 여기서 '좁다'란 빛의 파장과 비슷한 크기를 의미한다. 18~19장에서 파장보다 훨씬 큰 물체와 빛의 상호작용을 고려할 것이다. 광선 모형은 빛이 거울에서 반사되고 렌즈에서 굴절하는 방법을 설명하는 데 더 적합하다. 그러나 파동 모형은 망원경과 현미경을 연구할 때 19장에서 다시 나타난다. 이 계측기의 해상도는 빛의 파동성에 의해 설정된 근본적인 한계가 있음을 알게 될 것이다.

종합형 예제 17.10 레이저 거리 측정기

과학자들은 레이저 거리 측정기를 이용하여 달까지의 거리를 매우 정확하게 측정한다. 532 nm 파장의 매우 짧은(100ps) 레이저 펄스를 달로 방출하여 1971년에 아폴로 14 우주 비행사가 배치한 4 cm 지름의 거울 100개에 반사되어 되돌아온다. 반사된 레이저빔은 지구로 되돌아와서 망원경에 의해 수집되어 측정한다. 평균 지구–달 거리는 384,000 km이다.

레이저빔은 회절 때문에 달에 가는 길에 퍼지고 300 W/m^{2}의 강도로 거울에 도달한다. 반사된 빔은 거울의 원형 구멍으로 인한 회절 때문에 더 퍼져서 되돌아온다.

a. 지구로 되돌아오는 레이저 펄스의 왕복 시간은 얼마인가?

b. 달과의 거리를 1.0 cm의 정확도로 측정하려면 반사된 레이저 펄스의 도착 소요 시간을 얼마나 정확하게 측정해야 하는가?

c. 회절로 인해 레이저빔이 퍼지기 때문에 하나의 거울에서 지구로 도달하는 빛은 크게 퍼진다. 지구에 되돌아온 빔의 지름을 계산하시오.

d. 지구에 다시 도착했을 때 레이저빔의 세기는 얼마인가?

준비 원형 거울 중 하나에서 빛이 반사되면 **그림 17.28**과 같이 회절 때문에 원형으로 퍼진다. 원형 구멍 회절에 대한 중앙 극대의 폭 w는 식 (17.22)에 의해 주어진다.

그림 17.28 되돌아오는 레이저빔의 구조

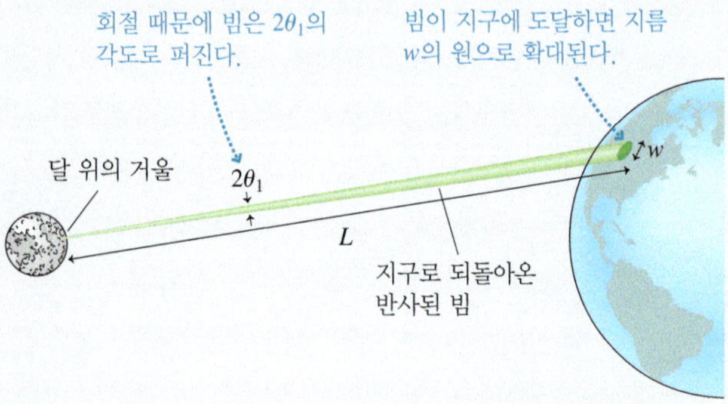

거울에 입사되는 레이저빔의 세기와 거울의 면적을 알기 때문에, 거울을 떠날 때 식 (15.11)을 사용하여 레이저빔의 출력을 계산할 수 있다. 지구에 다시 도달할 때 빔의 세기는 훨씬 낮을 것이며, 식 (15.11)에서 찾을 수 있다.

풀이

a. 왕복 거리는 $2L$이다. 따라서 속력 c로 이동하는 펄스 왕복 시간은 다음과 같다.

$$\Delta t = \frac{2L}{c} = \frac{2(3.84 \times 10^8\ \text{m})}{3.00 \times 10^8\ \text{m/s}} = 2.56\ \text{s}$$

b. 지구에서 달의 거리를 ±1.0 cm의 정확도로 측정하고자 한다면 레이저빔이 달을 왕래하기 때문에 왕복 거리를 ±2.0 cm의 정확도로 알아야 한다. 빛이 $\Delta x = 2.0$ cm 이동하는 데 걸리는 시간은

$$\Delta t = \frac{\Delta x}{c} = \frac{0.020\ \text{m}}{3.00 \times 10^8\ \text{m/s}} = 6.6 \times 10^{-11} = 66\ \text{ps}$$

이다. 따라서 펄스의 도착 소요 시간은 약 70 ps의 정확도로 시간을 측정해야 한다.

c. 달에 도착하는 빛은 지름 D의 원형 거울에서 반사된다. 이 원형 구멍에 의한 회절은 각도 폭 $2\theta_1$으로 되돌아오는 빛을 발산시킨다. 여기서 θ_1은 중앙 극대의 양쪽에 있는 첫 번째 극소 각도이다. 식 (17.22)에서 중앙 극대의 폭(레이저빔이 지구에 도달할 때 원형 반점의 지름)을 구할 수 있다.

$$w = \frac{2.44\lambda L}{D} = \frac{2.44(532 \times 10^{-9}\ \text{m})(3.84 \times 10^8\ \text{m})}{0.040\ \text{m}}$$
$$= 12{,}000\ \text{m}$$

d. 레이저빔은 반지름 $r = D/2$ 및 면적 $a = \pi r^2 = \pi D^2/4$의 원형 거울들로부터 반사된다. 하나의 거울에서 반사된 출력은 식 (15.11)에 따라

$$P = Ia = I\pi\frac{D^2}{4} = (300\ \text{W/m}^2)\pi\frac{(0.040\ \text{m})^2}{4} = 0.38\ \text{W}$$

이다. 레이저 펄스가 지구로 되돌아오면 면적 $\pi w^2/4$로 넓게 퍼진다. 따라서 하나의 거울 반사로부터 지구 표면에서의 레이저빔의 세기는

$$I_1 = \frac{P}{\pi\frac{w^2}{4}} = \frac{0.38\ \text{W}}{\pi\frac{(12{,}000\ \text{m})^2}{4}} = 3.3 \times 10^{-9}\ \text{W/m}^2$$

이다. 100개의 반사 거울이 있으므로 지구에 도달하는 총 세기는 $I = 100I_1 = 3.3 \times 10^{-7}$ W/m^{2}이다. 아주 작은 세기를 감지하기 위해서는 큰 망원경이 필요하다.

검토 지름 1.0 m의 망원경은 각각의 되돌아온 레이저 펄스에서 몇 개의 **광자**만을 수집한다. 이 매우 약한 신호를 탐지하기 어려움에도 불구하고 거리 측정의 정확도는 놀라울 정도다. 최신 실험은 달에 대한 순간 거리를 ±1 mm, 1조분의 3 정밀도로 측정할 수 있다!

문제의 난이도는 |(쉬움)에서 |||||(도전)으로 구분하였다. INT로 표시된 문제는 지난 장의 내용이 복합된 문제이고, BIO는 생물학적 또는 의학적 관심 분야를 의미한다.

QR 코드를 스캔하여 이 장의 문제를 해결하는 데 도움이 되는 영상 학습 풀이를 시작하시오.

연습문제

17.1 빛이란?

1. ||| a. 빛이 3.0 mm 두께의 유리창을 통과하는 시간은 얼마인가?
   b. 빛은 같은 시간 동안 물속에서 어느 정도의 거리를 진행할 수 있는가?

2. |||| 두께 5.0 cm의 기름 층($n = 1.46$)을 두께 1.0 cm의 유리판과 두께 2.0 cm의 폴리스티렌 플라스틱 시트($n = 1.59$) 사이에 삽입한다. 유리에 수직으로 빛이 입사하여 두께 8.0 cm를 통과하는 데 걸리는 시간(ns)은 얼마인가?

3. || 빛이 50 cm 두께의 유리판을 통과하는 시간은 얼마인가?

17.2 빛의 간섭

4. || 50 μm 떨어진 2개의 좁은 슬릿에 파장 500 nm의 빛을 비춘다. $m = 2$인 지점에서 밝은 줄무늬의 각도는 라디안 단위로 얼마인가? 각도로는 몇 도인가?

5. || 2개의 좁은 슬릿은 파장 λ의 빛에 의해 조사된다. 슬릿은 20개의 파장 간격으로 떨어져 있다. 중앙 극대와 $m = 1$인 지점인 밝은 줄무늬 사이의 각도(라디안)는 얼마인가?

6. ||||| 2개의 좁은 슬릿을 밝히기 위해 헬륨-네온 레이저($\lambda = 633$ nm)를 사용한다. 간섭무늬는 슬릿 뒤의 3.0 m 떨어진 스크린에서 관찰된다. 52 mm 거리에 길쳐 11개의 밝은 줄무늬가 보인다면 슬릿 사이의 간격(mm)은 얼마인가?

7. ||| 이중 슬릿 실험에서, 0.65 μm의 파장이 회절 무늬를 생성하는 데 사용된다. 하나의 슬릿이 1.58의 굴절률을 갖는 얇은 층의 운모로 덮여 있고 스크린 상의 중심점이 극소라고 한다면 운모의 최소 두께는 얼마인가?

17.3 회절격자

8. |||| 1.0 cm 폭의 회절격자는 1000개의 슬릿을 갖는다. 파장 550 nm의 빛을 비출 때 1차와 2차 회절 차수의 각도는 얼마인가?

9. ||| 한 기술자가 회절격자를 측정하기 위해 파장 670 nm인 레이저빔을 사용한다. 회절격자는 스크린으로부터 40.0 cm 떨어져 있을 때, 1차 극대는 중앙 극대로부터 6.00 cm로 떨어져 있다. 이 회절격자는 1 mm당 몇 개의 슬릿으로 구성되어 있는가?

10. ||| 1 mm당 600개의 슬릿으로 구성된 회절격자는 파장 500 nm의 빛으로 조명된다. 매우 넓은 스크린은 회절격자 뒤 2.0 m에 떨어져 있다.
    a. 2개의 $m = 1$인 줄무늬 사이의 거리는 얼마인가?
    b. 얼마나 많은 밝은 줄무늬를 스크린에서 볼 수 있는가?

17.4 박막 간섭

11. || 파장 600 nm의 주황색 빛에 대해 강한 반사를 일으키는 유리에 코팅한 MgF_2($n = 1.38$)의 가장 얇은 막의 두께는 얼마인가?

12. || $n = 1.60$인 박막이 유리 위에 증착된다. 파장이 550 nm인 빛의 반사에 보강 간섭을 일으킬 가장 얇은 박막의 두께는 얼마인가?

13. || 태양 전지의 효율을 극대화하기 위해 무반사 코팅을 한다. 이산화규소 층($n = 1.45$)으로 코팅된 규소 태양 전지($n = 3.50$)를 생각해보자. 태양 전지가 가장 효율적인 700 nm의 파장에서 반사를 최소화하는 최소 코팅 두께는 얼마인가?

14. | 표면이 휘발유의 얇은 막으로 덮인 빗물 웅덩이를 곧장 아래로 내려다보면 휘발유 막 내부의 간섭으로 인해 소용돌이치는 색상 무늬를 볼 수 있다. 곧장 아래로 내려다본 지점이 아름다운 무지갯빛의 녹색을 띨 때, 최소 두께는 얼마인가? 휘발유의 굴절률은 1.38이고 녹색 빛의 파장은 약 540 nm이다.

17.5 단일 슬릿 회절

15. ||| 실험을 위해 교수는 면도날을 사용하여 알루미늄 포일에 얇은 슬릿을 만든다. 교수가 레이저 포인터($\lambda = 680$ nm)를 5.5 m 떨어진 스크린 위로 슬릿을 통해 비추면 회절 무늬가 나타난다. 회절 무늬의 중앙 극대의 폭이 8.0 cm라면, 슬릿 폭은 얼마인가?

16. ||| 폭이 0.10 mm인 슬릿의 회절 무늬에서 두 번째 극소는 0.70°에서 발생한다. 빛의 파장은 얼마인가?

17.6 원형 구멍에 의한 회절

17. ||| 0.20 mm 지름의 구멍에 파장 470 nm의 빛을 비춘다. 슬릿 뒤 100.0 cm 떨어진 스크린의 중앙 극대의 폭은 얼마인가?

18. ||| 중앙 극대의 지름이 1.0 cm인 원형 회절 무늬를 관찰하고자 한다. 헬륨-네온 레이저($\lambda = 633$ nm)빔과 지름이 0.12 mm인 바늘 구멍을 가지고 있다. 스크린에서 바늘 구멍 간의 거리는 얼마인가?

18 광선 광학
Ray Optics

이 레이저 쇼에서 보이는 가는 빛살들은 광선 광학으로 잘 설명된다. 이 빛살들이 반짝이는 면에서 반사되거나 투명한 물질을 지나가면 어떻게 될까?

학습목표

빛의 광선 모형을 이해하고 응용한다.

반사

광선은 면에서 되튀거나 **반사**된다. 새의 머리에서 나온 광선은 전도된 영상을 만들면서 물에서 반사된다.

거울에 의한 상의 형성을 이해하기 위하여 어떻게 **반사 법칙**이 사용되는지를 배운다.

굴절

광선이 한 물질에서 다른 물질로 지날 때 **굴절**되고 구부러져서 거북의 상 2개를 만들어낸다.

굴절에 대한 **스넬의 법칙**과 굴절에 의해 어떻게 상이 맺히는지를 배운다.

렌즈와 거울

렌즈 표면에서 굴절하는 광선은 렌즈 뒤쪽에 확대된 소녀**상**을 만든다.

렌즈와 거울로 만들어진 상을 어떻게 위치시키고 특징짓는지를 배운다.

이 장의 배경

빛의 광선 모형

17장에서 빛이 좁은 슬릿을 통과할 때는 퍼져 나가지만, 넓은 틈을 통해서는 직선으로 지나가는 것을 배웠다.

파동은 넓은 슬릿 뒤에서 직선 경로인 광선을 지난다.

이 장에서 빛이 거울이나 렌즈 같은 일상의 크기 물체와 상호작용할 때 적용할 수 있는 빛의 거동을 **광선 모형**으로 공부한다.

18.1 빛의 광선 모형

섬광은 밤의 어둠 속으로 한 줄기 빛살을 만든다. 햇빛은 차단막의 작은 구멍을 통해서 어두운 방으로 빛줄기처럼 들어오고, 레이저빔은 더 분명한 빛줄기이다. 일상생활에서 빛이 직진한다는 경험이 빛의 광선 모형의 기초이다.

광선 모형은 아주 단순화한 것이지만, 적용 가능한 범위에서 아주 유용하다. 17장에서 본 것처럼, 빛의 회절과 다른 여러 가지 특성들은 구멍이나 물체의 크기가 빛의 파장과 크게 다르지 않은 경우에만 중요하다. 빛의 파장이 보통 0.5 μm로 아주 작아서 일반적인 물체들과 상호작용할 때는 빛의 파동 성질은 명백하지 않다. 회절을 무시하는 빛의 광선 모형은 빛이 지나가는 구멍(렌즈, 거울, 구멍, 작은 틈 같은 것들)이 약 1 mm보다 크면 유효하다.

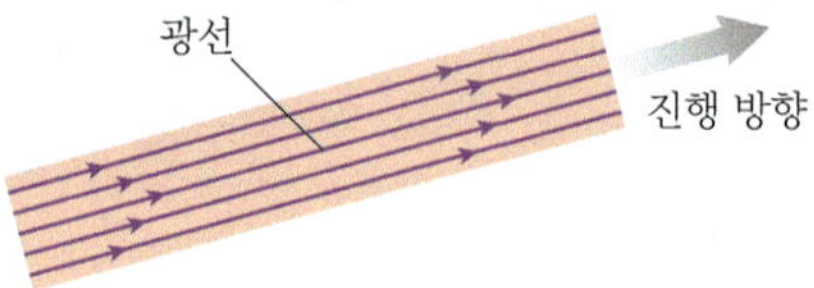

그림 18.1 레이저빔은 평행 광선 다발이다.

먼저, **광선**(light ray)을 빛에너지가 흘러가는 방향에 해당하는 직선으로 정의하자. 광선은 추상적인 개념으로 물리적인 양이나 '물체'가 아니다. 가령 **그림 18.1**의 레이저빔처럼, 좁은 빛살은 실제로 많은 평행 광선 다발이다. 단일 광선은 지름이 0으로 수렴하는 레이저빔의 극한에 해당한다고 생각할 수 있다. 레이저빔은 광선의 좋은 근사로 광선의 거동을 보이기에 아주 적절하지만, 실제 레이저빔은 많은 평행 광선 다발이다.

다음 표는 빛의 광선 모형의 다섯 가지 기본 개념과 가정을 보여준다.

빛의 광선 모형

광선은 직선으로 진행한다.

빛은 진공이나 투명한 물질에서 광선이라 하는 직선 경로를 따라 이동한다.

물질에서 광속은 $v = c/n$이며, 여기서 n은 물질의 굴절률이다.

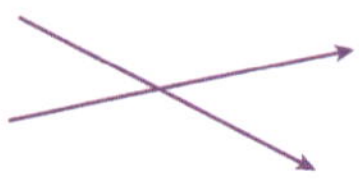

광선은 교차할 수 있다.

광선들은 서로 상호작용하지 않는다. 두 광선은 서로 영향을 주지 않고 교차할 수 있다.

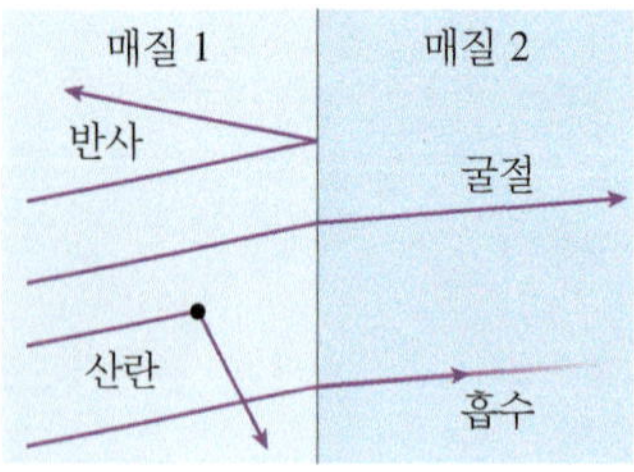

광선은 물질과 상호작용하지 않으면 영원히 진행한다.

광선은 방향을 바꾸거나 흡수되게 하는 물질과 상호작용하지 않는 한 계속 진행한다. 빛은 네 가지 방법으로 물질과 상호작용한다.

- 두 물질 사이의 접촉면에서 빛은 **반사**되거나, **굴절**되거나 또는 두 가지 현상 모두 일어날 수 있다.
- 물질 안에서, 빛은 **산란**되거나 **흡수**된다.

이러한 상호작용은 이 장의 후반부에서 다룬다.

물체는 광선의 근원이다.

물체(objects)는 광선의 근원이다. 광선은 물체의 **모든** 점에서 발생하고 각 점은 **모든** 방향으로 광선을 보낸다. 물체는 스스로 발광할 수도 있고—그들은 광선을 만든다—또는 다른 곳에서 만들어진 광선을 반사하는 반사체가 될 수도 있다.

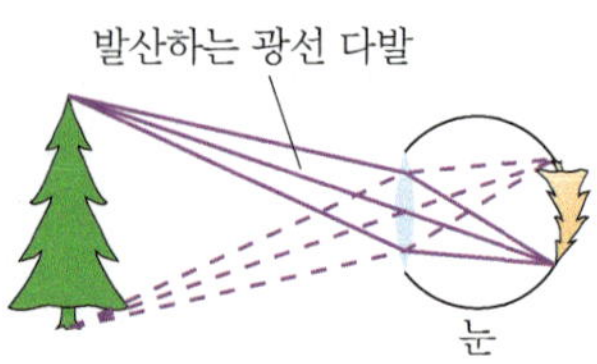

눈은 광선 다발을 초점에 모아서 본다.

눈은 물체의 각 점에서 **발산하는** 광선 다발이 동공에 들어와 망막에 상으로 맺힐 때 물체를 본다. 상 맺힘은 이 장의 후반부에서 다루고, 눈은 19장에서 훨씬 더 상세히 다룰 것이다.

광선의 근원

광선 모형에는 두 종류의 물체가 있다. **스스로 발광하는 물체**(self-luminous objects)(또는 광원)는 광선을 직접 만든다. 스스로 발광하는 물체는 전구와 태양을 들 수 있다. 가령 종이나 나무 같은 다른 물체들은 스스로 발광하는 물체들에서 나온 광선들을 반사하는 **반사체들**(reflective objects)이다. 아래 표는 네 가지 중요한 스스로 발광하는 광원들을 보여준다. 비록 광선과 점광원이 이상화된 개념이지만, 광선의 전달을 이해하는 데 유용하다는 것을 주목하라.

스스로 발광하는 물체들

광원	점광원	확장된 광원	평행 광선 광원
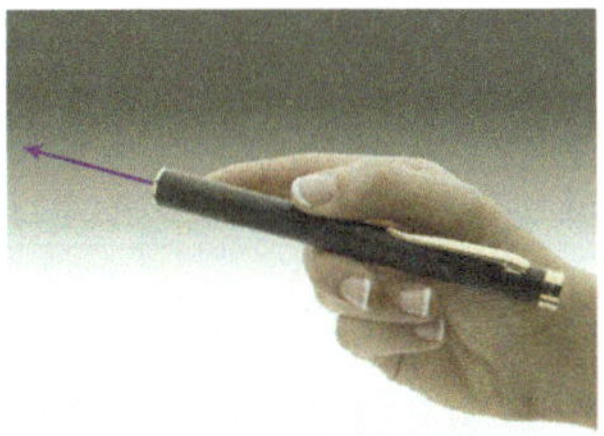	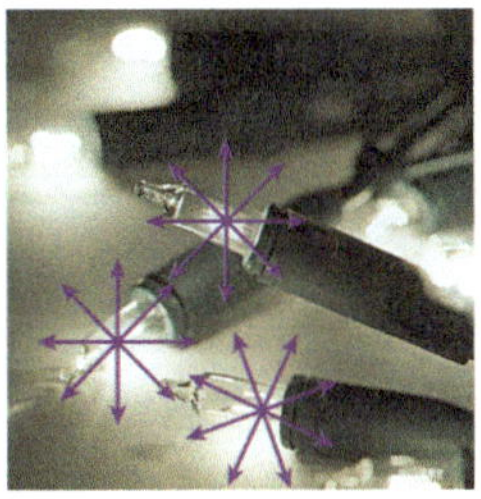		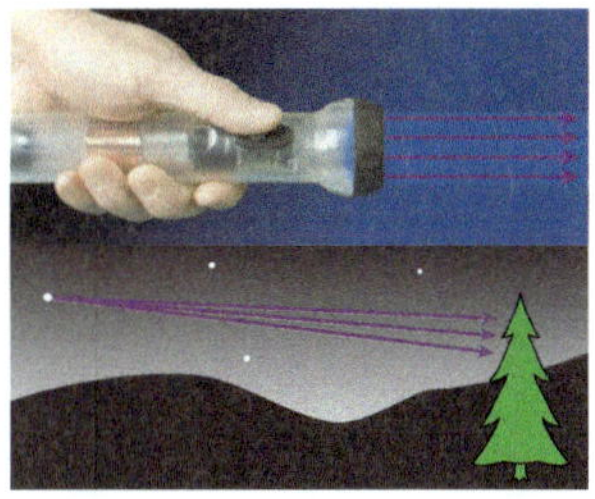
광선이 이상화된 개념이기 때문에 실제 광원은 없다. 그래도 가는 레이저빔은 단일 광선의 좋은 근사이다.	점광원도 이상화된 빛의 광원이다. 그것은 무한히 작으며 모든 방향으로 광선을 방출한다. 이들 전구의 작은 필라멘트는 점광원에 가깝다.	이것은 가장 일반적인 광원이다. 확장된 광원의 모든 표면이 발광을 해서, **확장된 광원의 모든 점이 점광원처럼 작용한다.** 전구, 불꽃, 그리고 태양이 확장된 광원이다.	손전등이나 영화 영사기 같은 어떤 광원들은 평행 광선 다발을 만든다. 별 같은 아주 멀리 떨어진 물체로부터 오는 광선들은 거의 평행하다.

가령 신문, 얼굴, 또는 거울 같은 반사체들은 광선의 광원으로 생각될 수 있다. 그러나 이 광선의 근원은 물체 자체가 아니다. 대신에, 스스로 발광하는 물체에서 나온 광선은 반사체에 부딪혀 '튀어나온' 것이다. 스스로 발광하는 물체에서 나온 광선처럼, 이들 광선은 다른 물체를 비추거나 또는 우리의 눈으로 들어와서 반사체의 상을 맺을 수 있다.

광선 도형

광선은 물체의 모든 점에서 발생하여 모든 방향으로 진행하지만, 이들 광선을 모두 보여주는 도형은 번잡하며 혼란스러울 것이다. 도형을 단순화하기 위하여 몇 개의 광선만을 보이는 **광선 도형**(ray diagram)을 일반적으로 사용한다. 예를 들어, **그림 18.2**는 물체의 꼭대기와 바닥에서 출발하여 오른쪽으로 진행하는 몇 개의 광선만을 보여주는 광선 도형이다. 이들 광선은 물체가 어떻게 렌즈나 거울에 의해 상으로 맺는지를 보여주기에 충분할 것이다.

그림 18.2 광선 도형은 몇 개의 광선만을 보여줌으로써 상황을 단순화한다.

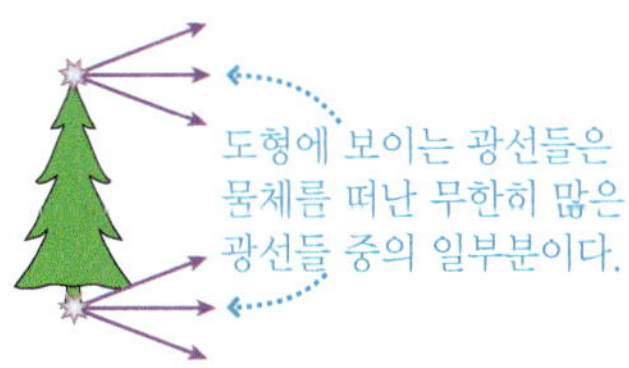

물체 보기

그림 18.3 공기 중에서 진행하는 레이저빔은 보이지 않는다.

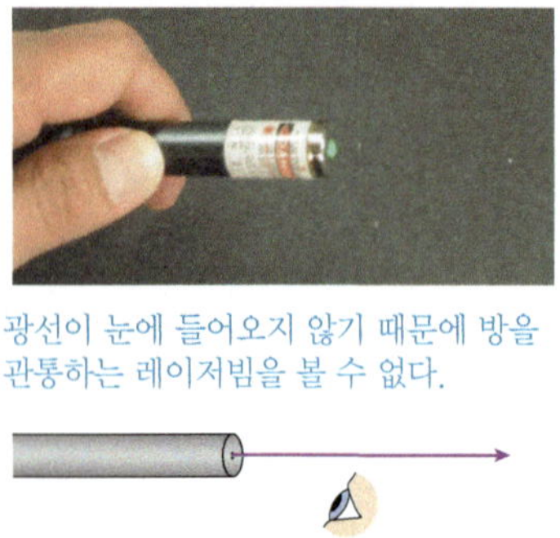

어떻게 물체를 보는가? 눈은 19장에서 배울 과정을 통해서 망막에 물체의 상을 맺는다. 지금은 상을 맺는 상세한 것은 무시하고 대신 앞의 광선 모형 표에 있는 그림에서 알 수 있는 더 간단한 사실을 이용한다. **눈이 물체를 보기 위하여 그 물체로부터 나온 광선이 눈에 들어가야 한다.** 이러한 개념은 보는 것에 대한 약간의 미묘한 점들을 설명하는 데 도움이 된다.

가령 레이저 같은 광원을 생각해보자. 방을 지나는 레이저빔을 볼 수 있을까? 보통 환경이라면 볼 수 없을 것이다. 앞서 보았던 것처럼, 레이저빔은 단일 광선의 좋은 근사이다. 이런 광선은 레이저로부터 무엇인가 부딪힐 때까지 직선으로 진행한다. 그림 18.3이 보여주는 것처럼, 어떠한 광선도 눈에 들어가지 않는다. 그래서 빔은 보이지 않는다. 평행 광원에 대하여도 같은 설명을 할 수 있다.

그림 18.4 점광원과 확장된 광원이 모든 관측자에게 보인다.

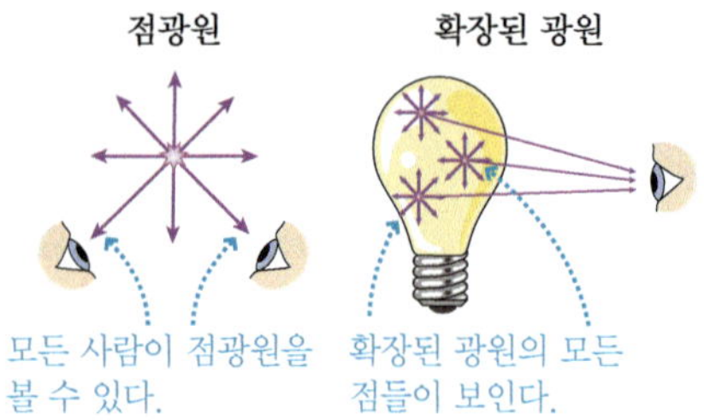

점광원과 확장된 광원은 그림 18.4에 보인 것처럼 작용한다. 점광원은 모든 방향으로 광선을 발산하기 때문에, 어디에 위치하든지 광선들 중 일부가 눈에 들어갈 것이다. 따라서 점광원은 그것을 보는 모든 사람에게 보인다.

비발광체를 어떻게 보는지 설명하기 위하여 간단한 모형을 사용할 수 있다. 우리가 이미 언급한 것처럼, 그런 물체들은 부딪히는 광선들을 반사한다. 종이, 피부, 잔디와 같은 가장 일반적인 물체들은 **확산 반사**(diffuse reflection)로써 모든 방향으로 입사한 빛을 반사한다. 그림 18.5는 그 개념을 보여준다. 단일 광선이 모든 방향으로 퍼지는 많은 약한 광선으로 부서지며, 이러한 과정을 **산란**(scattering)이라고 한다.

그림 18.5 산란된 빛으로 책 읽기

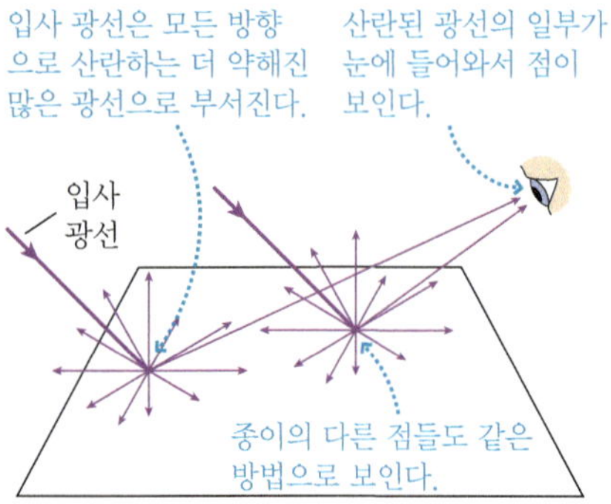

산란된 빛은 등불로 책을 읽을 수 있게 해준다. 그림 18.5에 보인 것처럼, 종이의 모든 점에 등불에서 나온 광선(또는 광선들)이 부딪힌다. 그러면 확산 반사 때문에 이들 광선들은 모든 방향으로 산란되고, 산란된 광선의 일부가 눈에 도달하여 책을 볼 수 있게 한다.

레이저빔을 공기 중의 작은 입자들에 의해 산란시켜서 보이게 만들 수도 있다. 이런 입자들로는 먼지, 연기, 또는 안개 같은 물방울을 들 수 있다. 그림 18.6은 빔이 그런 입자들에 부딪힐 때, 모든 방향으로 광선을 산란시키는 것을 보여준다. 이런 광선들의 일부는 눈에 들어와서 빔의 경로에 있는 각각의 입자들을 볼 수 있게 하므로, 방을 통과하는 빔의 경로를 보여준다.

수업 영상

그림 18.6 레이저빔은 연기나 먼지를 통과하게 되면 보인다.

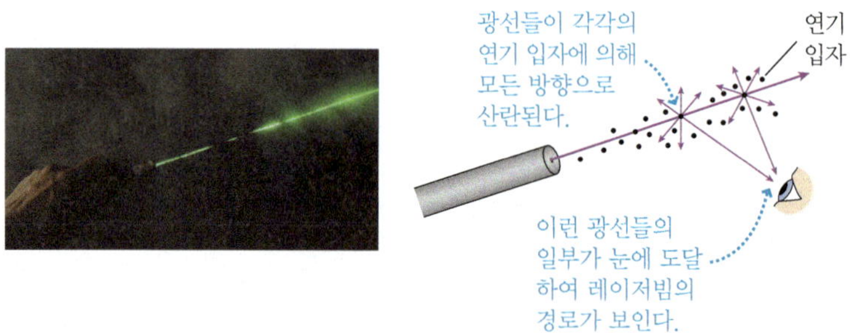

그림자

빛의 광선 모형은 **그림자**(shadow)의 일반적인 현상도 설명한다. (마분지 원판 같은) 불투명한 물체가 광원과 스크린 사이에 놓여 있다고 가정해보자. 물체는 광선의 일부를 차단하여 뒤에 어두운 부분을 만든다. 다른 광선은 스크린에 닿아 밝게 비춘다. 가장 단순한 그림자는 점광원에 의해 만들어지는 것이다. 이 과정은 **그림 18.7(a)**에 나타나 있다. 하나의 점광원에 대하여, 그림자는 완전히 어둡고 그림자 모서리는 경계가 뚜렷하다.

확장된 광원에 의해 생기는 그림자는 좀 더 복잡하다. 확장된 광원은 각각의 그림자를 만드는 아주 많은 점광원들의 모음이다. 그러나 **그림 18.7(b)**에서 보는 것처럼, 각 점들이 만들어내는 그림자와 빛의 모양이 겹쳐서 그림자의 경계가 뚜렷하지 않다. **그림 18.7(c)**는 스크린의 세 점에서 바라본 **전구** 모습을 보여준다. 광원의 크기에 따라 종종 밝기가 점점 증가하는 희미한 영역으로 둘러싸인 빛이 전혀 닿지 않는 진짜 그림자가 있을 수 있다.

그림 18.7 점광원과 확장된 광원에 의해 만들어진 그림자

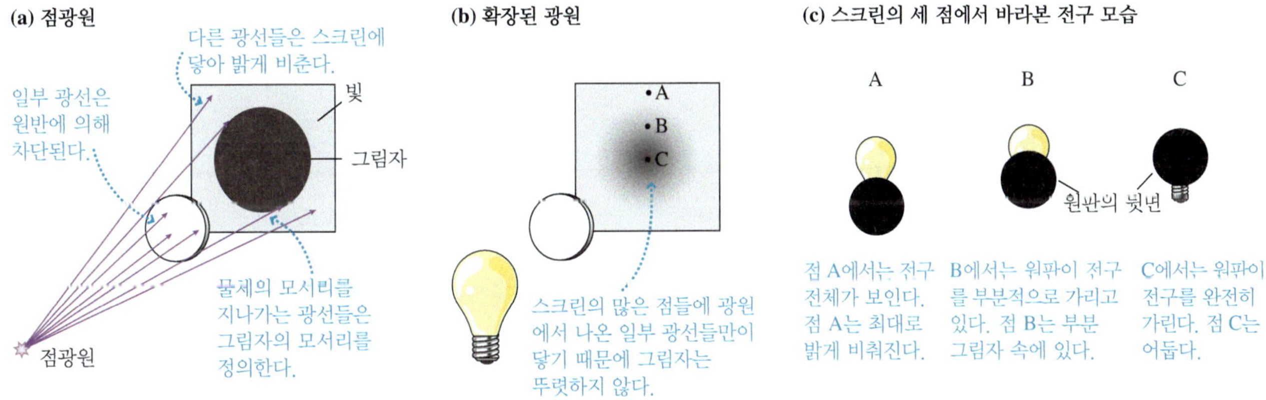

18.2 반사

빛의 반사는 매일 경험하는 익숙한 현상이다. 매일 아침 욕실의 거울에서 자신의 반사된 모습, 학교로 운전해 갈 때 후방 거울에 반사되어 보이는 풍경, 고요한 웅덩이 물에 반사된 하늘을 본다. 거울이나 광택을 낸 금속 조각처럼 매끄럽고 반짝이는 표면에 의한 반사를 **거울 반사**(specular reflection)라고 한다.

그림 18.8(a)는 거울 같은 표면에서 반사하는 평행 광선 다발들을 보여준다. 입사된 광선과 반사된 광선 모두 반사면에 수직인 평면에 있는 것을 확인할 수 있다. 3차원 투시도는 광선과 표면 사이의 관계를 정확하게 보여주지만 이런 그림을 손으로 그리기는 어렵다. 대신 **그림 18.8(b)**와 같이 단순한 개요도로 반사를 나타내는 것이 일반적이다. 이 그림에는

그림 18.8 빛의 거울 반사

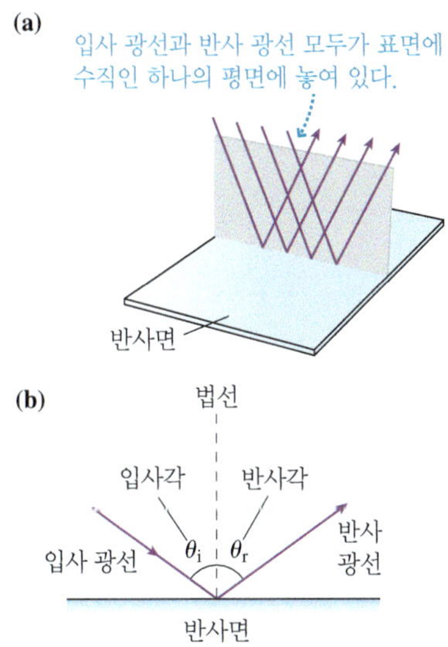

반사는 일상에서 겪는 경험이다.

- 입사 광선과 반사 광선은 종이의 면에 있다. 반사 표면은 종이에 수직한 평면이다.
- 단일 광선은 평행 광선의 전체 다발을 나타낸다. 이것은 지나치게 단순화한 것이지만 그림과 분석을 명료하게 해준다.

입사 광선과 표면에 수직인 선(표면의 법선) 사이의 각 θ_i를 **입사각**(angle of incidence)이라고 한다. 마찬가지로 **반사각**(angle of reflection) θ_r은 반사 광선과 표면의 법선 사이의 각이다. 간단한 실험으로 쉽게 보여줄 수 있는 **반사 법칙**(law of reflection)은 다음과 같다.

1. 입사 광선과 반사 광선 모두 동일 평면에 있으며, 표면에 수직이다.
2. 반사각은 입사각과 같다. $\theta_r = \theta_i$

예제 18.1 거울에서 반사하는 빛

서재의 문에 걸린 전신 거울의 길이는 2.0 m이다. 바닥은 마루에 닿아 있다. 전구 알이 거울 꼭대기에서 0.5 m, 문에서 1.0 m 떨어진 위치에 걸려 있다. 마루를 지나는 반사된 빛의 줄기는 얼마나 긴가?

준비 전구를 점광원처럼 다루고 빛의 광선 모형을 이용한다. **그림 18.9**는 광선의 개요도이다. 거울 끝에 부딪히는 두 광선을 생각할 필요가 있다. 반사된 다른 모든 광선들은 이 두 광선 사이에 놓인다.

풀이 거울 바닥에 부딪히는 광선은 거울에서 반사하고 거울이 마루와 만나는 바로 그 마루를 때린다. 꼭대기 광선에 대하여, 그림 18.9는 반사각을 입사각과 같도록 하기 위하여 반사 법칙을 사용한다. 여기서 각은 θ라고 한다. 단순한 기하학적으로 보이는 다른 각도 θ와 같다. 위의 작은 직각삼각형으로부터,

$$\theta = \tan^{-1}\left(\frac{0.5\ \text{m}}{1.0\ \text{m}}\right) = 26.6°$$

그림 18.9 거울에서 반사하는 광선의 개요도

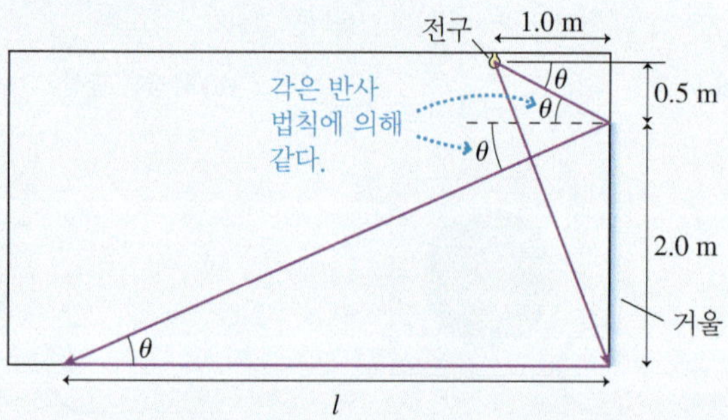

이고, 큰 직각삼각형으로부터 $\tan\theta = (2.0\ \text{m})/l$, 즉

$$l = \frac{2.0\ \text{m}}{\tan\theta} = \frac{2.0\ \text{m}}{\tan 26.6°} = 4.0\ \text{m}$$

이다. 더 낮은 광선은 거울 바닥에서 수직으로 부딪히므로, 반사 줄기의 전체 길이는 4.0 m이다.

확산 반사

그림 18.10 불규칙한 표면으로부터의 확산 반사

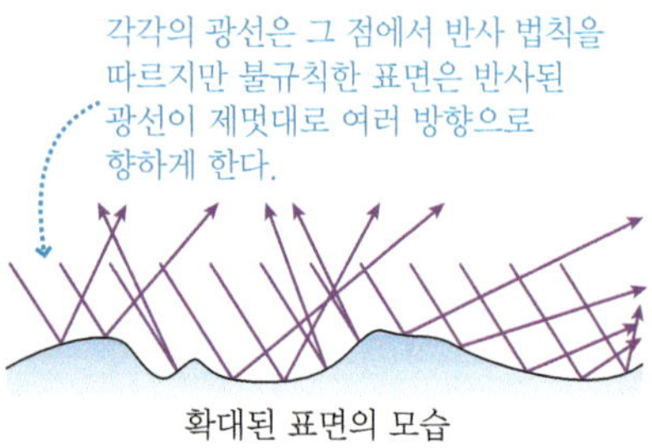

종이나 옷과 같이 거울처럼 반짝이지 않는 표면에서 일어나는 광선의 반사인 확산 반사를 이미 설명하였다. 확산 반사체의 표면을 확대해보면, 미시적 관점에서 아주 거칠다는 것을 알 수 있다. 반사 법칙 $\theta_r = \theta_i$는 여전히 성립하지만 표면의 불규칙성으로 반사된 광선들은 제멋대로 여러 방향으로 향하게 된다. **그림 18.10**은 이런 상황을 보여준다. 확산 반사는 거울 같은 데서 일어나는 거울 반사보다 훨씬 보편적인 현상이다.

평면 거울

가장 평범한 관측 중의 하나는 거울에 비친 자기 모습을 볼 수 있다는 것이다. 어떻게 가능할까? **그림 18.11(a)**는 점광원 P에서 나온 광선들이 **평면 거울**(plane mirror)이라는 평평한 거울에서 반사하는 것을 보여준다. **그림 18.11(b)**에 보이는 2개의 특별한 광선을 생각하자. 수평인 광선은 입사각이 0일 때 거울에 부딪힌다. 그래서 반사각 0으로 바로 뒷면에서 반사한다. 둘째로 각진 광선은 $\theta_r = \theta_i$로 반사한다. 점선으로 표시된 것처럼, 2개의 반사된 광선은 점 P′에서 나온 것으로 나타난다. 모든 반사된 광선들은 **그림 18.11(c)**가 보여주는 것처럼, 점 P′에서 나온 것으로 보인다. 반사된 광선이 발산하는 점인 P′을 P의 **허상**(virtual image)이라고 한다. 어떠한 광선도 P′에서 나오지 않는다는 의미에서 '가상(virtual)'의 상이며, 그것은 거울 뒷면의 어둠속에 있다. 눈이 관찰하는 것만 고려하면, 광선들은 정확히 빛이 정말로 P′에서 나오는 것처럼 진행한다. 그래서 실제로 보는 것은 P의 허상이지만 "나는 거울에서 P를 본다"라고 말할 수 있다.

그림 18.11 평면 거울에서 반사하는 광선들

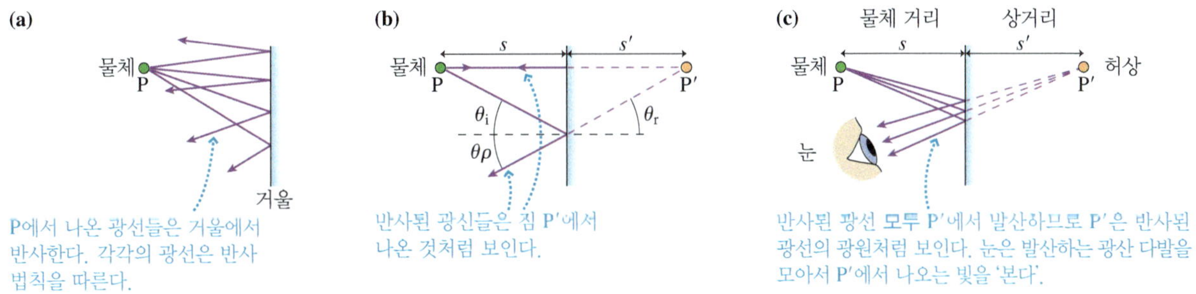

그림 18.11(b)에서, 간단한 기하학은 P가 거울 앞에 있는 것처럼 P′은 거울 뒷면의 같은 거리에 있다는 것을 지시한다. 즉, **상거리**(image distance) s'은 **물체 거리**(object distance) s와 같다.

$$s' = s \quad (\text{평면 거울}) \tag{18.1}$$

그림 18.12에 있는 것과 같은 확장된 물체에 대하여, 물체의 각 점은 거울의 반대쪽에 같은 거리만큼 떨어진 대응하는 상점을 갖는다. 눈은 거울에 있는 전체 상을 보기

부양하는 모습 학생이 거울 뒤의 숨겨진 다리로 서 있다. 거울 왼쪽에 놓인 학생 몸의 모든 점이 오른쪽에 상을 가지고 있기 때문에, 다른 쪽 다리를 들면 마치 마루 위에 떠 있는 것처럼 보이게 된다.

그림 18.12 확장된 물체 보기

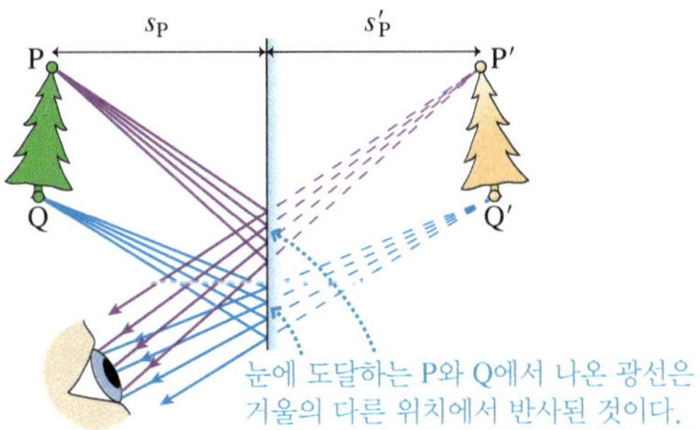

위하여 각각의 상점에서 발산하는 광선 다발들을 모아서 초점을 맺는다. 다음 두 가지 사실을 주지할 필요가 있다.

1. 물체의 각 점에서 나온 광선들은 모든 방향으로 퍼져 나가고 거울의 **모든 점**에 부딪힌다. 이들 광선 중 몇 개만 눈에 들어오지만, 다른 광선들도 실재하고 다른 관측자에게 보일 수 있다.
2. 점 P와 Q에서 나온 광선들은 거울의 **다른** 위치에서 반사된 뒤에 눈에 들어온다. 이것이 바로 아주 작은 거울로는 물체의 전체 상을 볼 수 없는 이유이다.

예제 18.2 거울은 얼마나 큰가?

만일 여러분의 키가 h라면 벽에 있는 거울로 전신을 보기 위해 필요한 최소 거울의 길이는 얼마인가? 거울의 위쪽이 어디에 매달려 있어야 하는가?

준비 빛의 광선 모형을 생각한다. **그림 18.13**은 광선의 개요도이다. 머리 끝과 발에서 나온 두 광선이 눈에 들어가는 것만 생각하면 된다.

그림 18.13 머리와 발에서 나온 두 광선이 반사되어 눈으로 들어오는 개요도

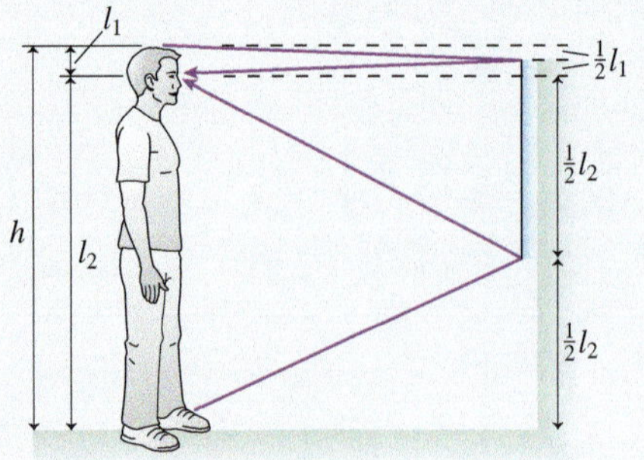

풀이 눈과 머리 끝까지 거리를 l_1, 발까지 거리를 l_2라고 하자. 키는 $h = l_1 + l_2$와 같다. 머리 끝에서 나와 거울에서 $\theta_r = \theta_i$로 반사되어 눈에 들어오는 광선은 삼각형의 합동 조건에 의해 눈보다 $\frac{1}{2}l_1$ 위의 위치에서 거울에 반사되어야 한다. 마찬가지로 발에서 나와 눈에 들어오는 광선은 눈보다 $\frac{1}{2}l_2$ 낮은 위치에서 거울에 반사되어야 한다. 거울의 이 두 점 사이 거리는 $\frac{1}{2}l_1 + \frac{1}{2}l_2 = \frac{1}{2}h$이다. 신체의 그 밖의 다른 점들에서 나온 광선은 거울의 이 두 점 사이에서 반사되면 눈에 들어올 것이다. 이 두 점 밖의 거울 부분들은 광선이 닿지 않아서가 아니라 반사된 광선이 눈에 들어오지 않기 때문에 관계가 없다. 따라서 전신을 볼 수 있는 가장 짧은 거울의 길이는 $\frac{1}{2}h$이다. 하지만 이것은 거울의 위쪽이 눈과 머리 끝의 중앙에 오도록 매달려 있는 경우에만 성립한다.

검토 이 문제의 결과가 거울로부터의 거리에는 무관하다는 것이 흥미롭다.

18.3 굴절

그림 18.14 빛살은 유리 프리즘을 통과하면서 두 번 굴절한다.

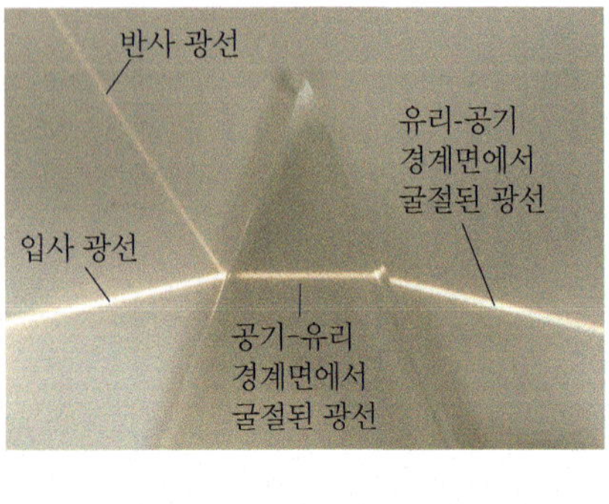

그림 18.14에서 광선이 공기와 유리 사이의 경계를 지나갈 때 두 가지 현상이 일어난다.

1. 빛의 일부는 반사 법칙에 따라 경계에서 반사된다. 비록 물이나 유리가 투명하지만 이것이 연못이나 상점의 진열창에서 반사되는 것을 보게 되는 이유이다.
2. 빛의 일부는 둘째 매질로 계속 진행한다. 투명한 매질의 경계에서 반사되기보다 **투과**(transmitted)되는데, 투과된 광선은 경계를 지날 때 방향을 바꾼다. 한 매질에서 다른 매질로 투과하며 방향이 바뀌는 현상을 **굴절**(refraction)이라고 한다.

그림 18.14에서 프리즘을 통과하는 빛살의 굴절을 주목하라. 또한 광선 방향이 빛이 유리를 들어가고 나올 때 바뀌는 것을 주목하라. 프리즘의 첫째 표면에서 나오는 약

한 반사를 볼 수 있다.

투명 매질들 사이의 경계에서 반사는 일반적으로 약하다. 전형적으로 빛의 95%가 투과되며 5%만이 반사된다. 이 절의 목표는 굴절을 이해하는 것이다. 그래서 약한 반사는 무시하고 투과된 빛에 집중할 것이다.

그림 18.15(a)는 레이저빔 같이 평행 빛살에서 나온 광선과 점광원에서 나온 광선의 굴절을 보여준다. 이런 그림들은 무수히 많은 광선들이 경계에 입사하지만, 단일 광선에 집중한다면 분석을 단순화시킬 것이다. **그림 18.15(b)**는 매질 1과 매질 2 사이의 경계에서 단일 광선의 굴절을 보여주는 광선 도형이다. 광선과 법선 사이의 각을 매질 1에서 θ_1으로, 매질 2에서 θ_2로 하자. 반사에 관하여 입사 광선과 법선 사이의 각은 입사각이다. 법선으로부터 측정된 투과된 쪽의 각은 **굴절각**(angle of refraction)이라고 한다. 그림 18.15(b)에서 θ_1는 입사각이지만 **그림 18.15(c)**에서는 굴절각임을 주의하라. 여기서 광선은 반대방향으로 지나간다.

수업 영상

그림 18.15 광선의 굴절

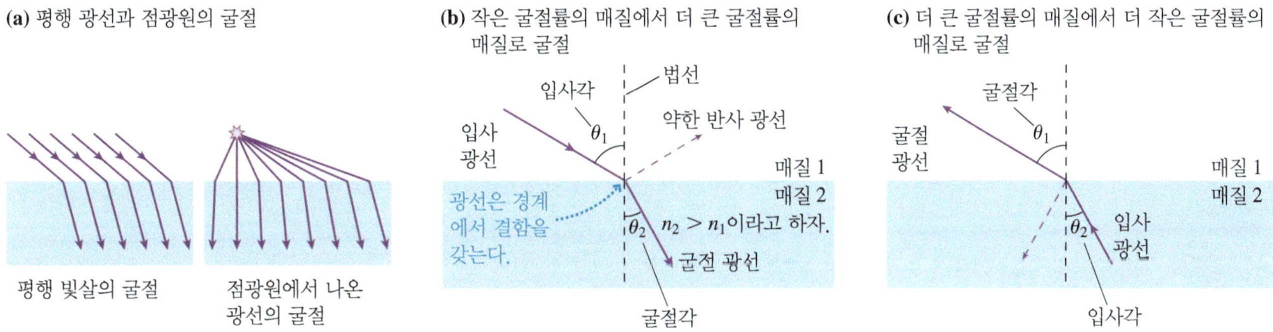

1621년 네덜란드 과학자 스넬(Willebrord Snell)은 '굴절 법칙(law of refraction)' 또는 우리가 오늘날 알고 있는 스넬의 법칙(Snell's law)의 수학적 설명을 제안하였다. 만일 광선이 굴절률 n_1과 n_2를 갖는 매질 1과 매질 2 사이에서 굴절한다면, 두 매질의 광선의 각 θ_1과 θ_2는

$$n_1 \sin\theta_1 = n_2 \sin\theta_2 \tag{18.2}$$

두 매질 사이의 굴절에 대한 스넬의 법칙

으로 관련된다. 스넬의 법칙은 어느 것이 입사각이고 어느 것이 굴절각인지 언급하지 않는다는 것을 주목하라.

표 18.1은 몇 가지 매질의 굴절률을 보여준다. 굴절 법칙 식 (18.2)에서 n은 ◀◀17.1절에서 공부한 굴절률 n과 같음을 알아차리면 흥미롭다. 거기서 굴절률은 $v = c/n$에 따라 매질에서 빛의 속도를 결정한다는 것을 알았다. 여기서 광선이 2개의 다른 매질을 통과할 때 얼마나 많이 구부러지는지를 결정하는 굴절률은 다른 역할을 한다. 비록 여기서 다루지는 않겠지만, 매질 사이의 경계를 지날 때 빛속도가 바뀌는 호이겐스의

표 18.1 굴절률

매질	n
진공	정확하게 1
공기(실제)	1.0003
공기(공인된)*	1.00
물	1.33
에틸알코올	1.36
기름	1.46
유리(전형적인)	1.50
폴리스티렌 플라스틱	1.59
입방 지르코니아	2.18
다이아몬드	2.42
실리콘(적외선)	3.50

* 문제에서 이 값을 사용하라.

원리를 사용하여 스넬의 법칙을 증명하는 것이 가능하다.

굴절의 예

그림 18.15를 보자. 그림 18.15(b)에서 광선이 $n_2 > n_1$인 매질 1에서 매질 2로 진행할 때, 굴절된 광선이 법선에 더 가깝다. 그림 18.15(c)에서 광선이 매질 2에서 매질 1로 진행할 때, 굴절된 광선이 법선에서 더 멀다. 이것이 스넬의 법칙을 따르는 일반적인 결론이다.

- 광선이 더 큰 굴절률을 갖는 매질로 투과될 때, 법선과 더 작은 각을 이루도록 구부러진다.
- 광선이 더 작은 굴절률을 갖는 매질로 투과될 때, 법선과 더 큰 각을 이루도록 구부러진다.

이 규칙은 굴절문제를 분석하는 과정에서 중요한 개념이 된다.

풀이 전략 18.1 굴절 분석

❶ **광선 도형을 그린다.** 빛살을 하나의 광선으로 나타낸다.
❷ **경계면에 수직인 법선을 그린다.** 광선이 경계를 지나는 각 점마다 그리도록 한다.
❸ **광선이 바른 방향으로 구부러지도록 그린다.** 더 작은 굴절률을 갖는 쪽의 각이 더 크다. 이것이 스넬의 법칙을 정성적으로 적용하는 것이다.
❹ **입사각과 굴절각을 표시한다.** 법선으로부터 모든 각을 측정한다.
❺ **스넬의 법칙을 이용한다.** 알려지지 않은 각이나 알려지지 않은 굴절률을 계산한다.

예제 18.3 레이저빔의 구부러짐

레이저빔이 1.0 cm 두께의 유리판을 향해 유리판 위쪽 30°의 각으로 조준되어 있다.

a. 유리 안에서 레이저빔의 진행 방향은 무엇인가?
b. 유리 반대쪽의 공기 중에서 레이저빔의 진행 방향은 무엇인가?

준비 레이저빔을 단일 광선으로 표시하고 빛의 광선 모형을 사용한다. 그림 18.16은 풀이 전략 18.1의 처음 네 단계를 표시한 개요도이다. 입사각은 법선으로부터 측정해야 하므로 문제에서 주어진 30°가 아니고 $\theta_1 = 60°$가 된다. 유리의 굴절률은 표 18.1의 값을 사용한다.

그림 18.16 유리판을 통과하는 레이저빔의 광선 도형

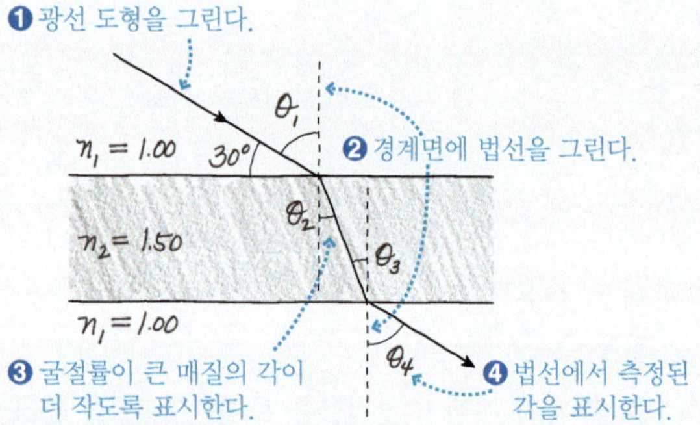

풀이

a. 풀이 전략에서 최종 단계인 스넬의 법칙은 $n_1 \sin\theta_1 = n_2 \sin\theta_2$이다. $\theta_1 = 60°$를 써서, 유리를 지나가는 방향이

$$\theta_2 = \sin^{-1}\left(\frac{n_1 \sin\theta_1}{n_2}\right) = \sin^{-1}\left(\frac{\sin 60°}{1.5}\right) = \sin^{-1}(0.577) = 35.3°$$

또는 2개의 유효 숫자로 35°임을 알 수 있다.

b. 둘째 경계면에서 스넬의 법칙은 $n_2 \sin\theta_3 = n_1 \sin\theta_4$이다. 그림 18.16에서 내각이 같다는 것을 알 수 있다. 즉 $\theta_3 = \theta_2 = 35.3°$이므로 광선은 다음 각으로 공기 중으로 나온다.

$$\theta_4 = \sin^{-1}\left(\frac{n_2 \sin\theta_3}{n_1}\right) = \sin^{-1}(1.5\sin 35.3°)$$
$$= \sin^{-1}(0.867) = 60°$$

이것은 원래의 입사각 θ_1과 같다.

검토 예상대로 레이저빔은 굴절률이 큰 유리로 진행할 때 법선 쪽으로 구부러지고, 공기 중으로 나올 때 법선에서 멀어지는 쪽으로 구부러진다. 빔은 유리에 들어갈 때와 같은 방향으로 유리를 빠져나가지만 그 경로는 옮겨져 있다. 이것은 평행한 면을 가진 매질을 통과할 때 나타나는 일반적인 결과이다. 유리가 얇아질수록 변위가 작아진다. 유리 두께가 0일 때는 변위가 없다. 이것은 뒤에 렌즈를 공부할 때 중요한 관측 결과가 될 것이다.

예제 18.4 굴절률 측정

그림 18.17은 30° − 60° − 90° 프리즘에 의해 구부러진 레이저빔을 보여준다. 프리즘의 굴절률은 얼마인가?

그림 18.17 프리즘은 레이저빔을 편향시킨다.

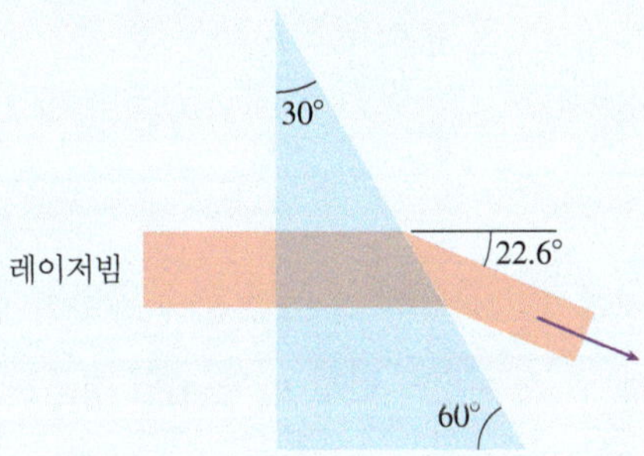

준비 단일 광선을 갖는 레이저빔을 나타내고 빛의 광선 모형을 사용한다. **그림 18.18**은 풀이 전략 18.1의 단계를 이용하여 광선 도형을 그린 것이다. 광선은 프리즘 전면에 수직으로 입사한다 ($\theta_i = 0°$). 따라서 편향 없이 첫째 경계면으로 투과된다. 둘째 경계에서, 입사점에서 면에 수직으로 그리는 것과 법선으로부터 각을 측정하는 것이 특히 중요하다.

풀이 삼각형의 특징으로부터 프리즘의 빗변으로 입사한 레이저

그림 18.18 프리즘을 통과하는 레이저빔 개요도

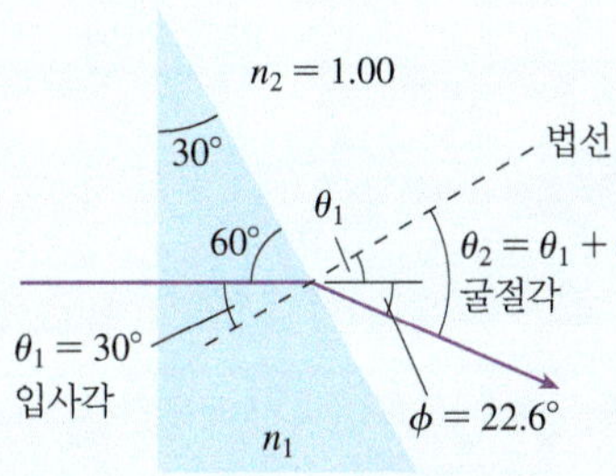

θ_1과 θ_2는 법선으로부터 측정된다.

각은 프리즘의 꼭지각과 같이 $\theta_1 = 30°$임을 알 수 있다. 광선이 프리즘을 각 θ_2로 빠져 나오면 구부러지는 각은 $\phi = \theta_2 - \theta_1 = 22.6°$가 된다. 따라서 $\theta_2 = 52.6°$이다. 두 각과 공기의 굴절률 $n_2 = 1.00$을 알기 때문에 스넬의 법칙을 사용하여 n_1을 구할 수 있다.

$$n_1 = \frac{n_2 \sin\theta_2}{\sin\theta_1} = \frac{1.00\sin 52.6°}{\sin 30°} = 1.59$$

검토 표 18.1에서 굴절률을 참고하여, 프리즘은 폴리스티렌 플라스틱으로 만들어졌다는 것을 알 수 있다.

전반사

예제 18.4에서 프리즘 각이 30°가 아닌 45°라면 무슨 일이 일어날까? 광선은 프리즘 뒷면을 입사각 $\theta_1 = 45°$로 접근할 것이다. 광선이 공기로 빠져 나오는 굴절각을 계산할 때는 다음과 같이 된다.

$$\sin\theta_2 = \frac{n_1}{n_2}\sin\theta_1 = \frac{1.59}{1.00}\sin 45° = 1.12$$
$$\theta_2 = \sin^{-1}(1.12) = ???$$

그림 18.19 3개의 빛살 중 하나가 전반사를 일으킨다.

그림 18.20 입사각을 증가시킬 때 광선의 굴절과 반사

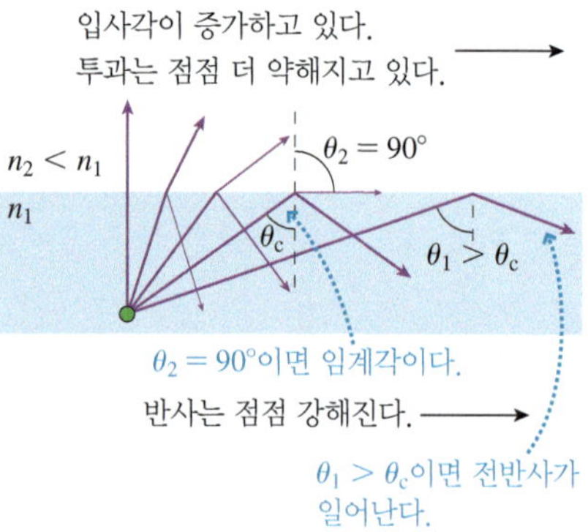

그림 18.21 쌍안경과 다른 광학 기기들은 전반사(TIR)를 이용한다.

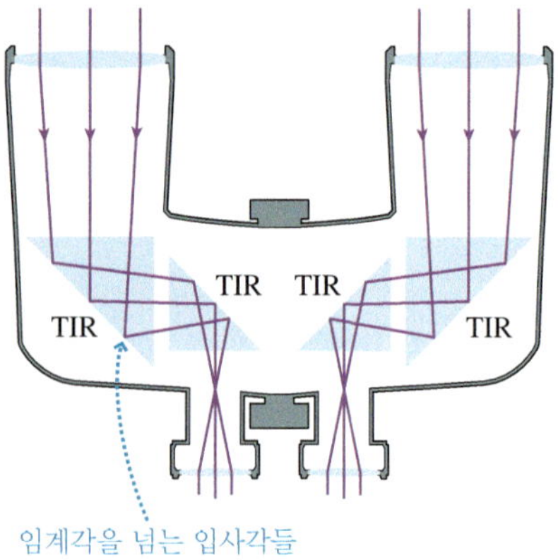

어떤 사인 값도 1보다 클 수 없기 때문에 각 θ_2를 계산할 수 없다. 광선은 경계면으로 굴절될 수 없다. 대신에 빛이 100% 경계면에서 프리즘으로 되반사된다. 이 과정을 **전반사**(total internal reflection)라 하고 약자로 TIR로 표시한다. 실제로 일어나는 예를 그림 18.19에서 보여준다. 여기서 3개의 빛살의 입사각을 증가시키면서 수면에 쏜다. 가장 작은 입사각을 갖는 2개의 빛살은 수면 밖으로 굴절되어 나오지만, 가장 큰 입사각을 갖는 빛살은 수면에서 전반사를 일으킨다.

그림 18.20은 굴절률 n_1인 매질에 있는 점광원에서 나오는 몇 개의 광선을 보여준다. 경계면의 다른 쪽에 있는 매질은 굴절률 $n_2 < n_1$를 갖는다. 살펴본 것처럼, 굴절률이 작은 매질로 진행하는 광선은 법선에서 멀어지는 쪽으로 구부러지게 된다. 입사각 θ_1이 커짐에 따라 두 가지 일이 일어난다. 첫째로 굴절각 θ_2가 90°에 접근한다. 둘째로 투과되는 빛에너지의 비율이 작아지고 반사되는 비율이 커진다.

$\theta_2 = 90°$이면 **임계각**(critical angle) θ_c가 된다. 스넬의 법칙은 $n_1 \sin\theta_c = n_2 \sin 90°$이거나

$$\theta_c = \sin^{-1}\left(\frac{n_2}{n_1}\right) \tag{18.3}$$

전반사에 대한 입사 임계각

이다. 굴절된 빛은 임계각에서 사라지고 어떠한 각 $\theta_1 \geq \theta_c$에 대하여 100% 반사가 된다. 임계각은 $n_2 < n_1$인 경우에 잘 정의된다. **만일 $n_2 > n_1$인 경우는 임계각이 존재하지 않고 전반사도 일어나지 않는다.**

전형적인 유리에서 유리-공기 경계면의 임계각은

$$\theta_{c\ glass} = \sin^{-1}\left(\frac{1.00}{1.50}\right) = 42°$$

이다.

임계각이 45°보다 작다는 사실은 중요한 응용가치를 갖는다. 예를 들어, 그림 18.21은 한 쌍의 쌍안경을 보여준다. 렌즈들은 두 눈의 간격보다 훨씬 더 멀리 떨어져 있어서 접안 렌즈를 나오기 전에 광선들을 가까이 모을 필요가 있다. 먼지가 끼고, 쉽게 상처나고 잘 정렬해야 하는 거울을 사용하는 것보다 쌍안경은 양쪽에 한 쌍씩의 프리즘을 사용한다. 따라서 빛은 두 번의 전반사를 하고 눈으로 들어온다(쌍안경에서 실제 프리즘 정렬은 조금 더 복잡하지만, 이것은 기본 개념을 보여준다).

예제 18.5 물속의 빛 관찰하기

전구가 3.0 m 깊이 수영장 바닥에 설치되었다. 수면에서 수영하고 있는 오리가 전구를 발견할 수 있는 원의 지름은 얼마인가?

준비 전구를 점광원으로 나타내고 빛의 광선 모형을 이용한다. 그림 18.22는 광선의 개요도를 보여준다. 전구는 모든 각으로 광선을 내지만, 광선 일부가 위에서 볼 수 있도록 공기 중으로 굴절된다. 임계각보다 더 큰 각으로 수면에 부딪히는 광선들은 물로 전반사되

그림 18.22 수영장 바닥에 있는 전구에서 나오는 광선의 개요도

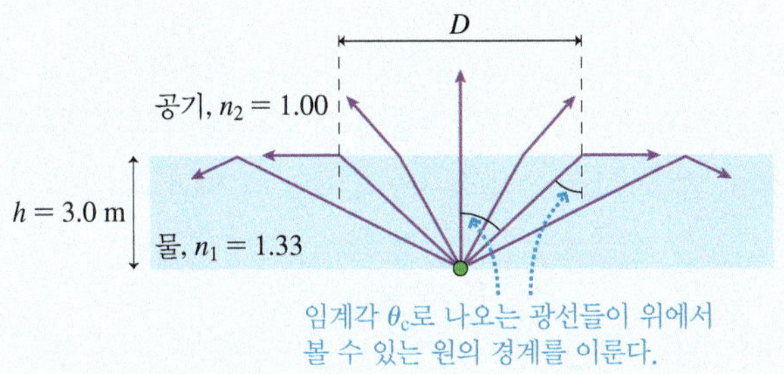

어 돌아온다. 빛의 원의 지름은 광선이 임계각으로 표면에 부딪히는 두 점 사이의 거리 D이다.

풀이 삼각법에 의해서 원의 지름은 $D = 2h\tan\theta_c$이다. 여기서 h는 물의 깊이다. 물-공기 경계면에서 임계각은 $\theta_c = \sin^{-1}(1.00/1.33) = 48.7°$이다. 따라서

$$D = 2(3.0\ \text{m})\tan 48.7° = 6.8\ \text{m}$$

이다.

검토 원의 가장자리에서 나오는 광선은 실제로 물의 표면을 스치며 진행한다. 광선의 진행 방향을 바꿈으로써 잠수부가 물속에 있을 때 무엇을 보게 되는지 이해할 수 있다. 이 점은 아래에서 좀 더 설명한다.

▶ **스넬의 창** 위의 예제 문제 그림 18.22에서 광선의 방향을 바꾸면 잠수부가 물속에 있을 때 무엇을 보게 되는지 이해할 수 있다. 그림은 잠수부가 머리 위에 있는 태양을 볼 수 있고 좀 더 큰 각을 이루고 있는 구름을 볼 수 있음을 보여준다. 심지어 수면에 있는 물체도 볼 수 있다. 하지만 그것은 위를 바라볼 때 원의 가장자리에 있는 것으로 보이게 된다. 이 원의 밖에 있는 것은 물속에 있는 물체가 반사된 것이다. 사진은 잠수부가 보는 것을 보여준다. 하늘로부터 그는 밝은 빛의 원(스넬의 창)이 물속에서 반사된 어두운 부분으로 둘러싸여 있다.

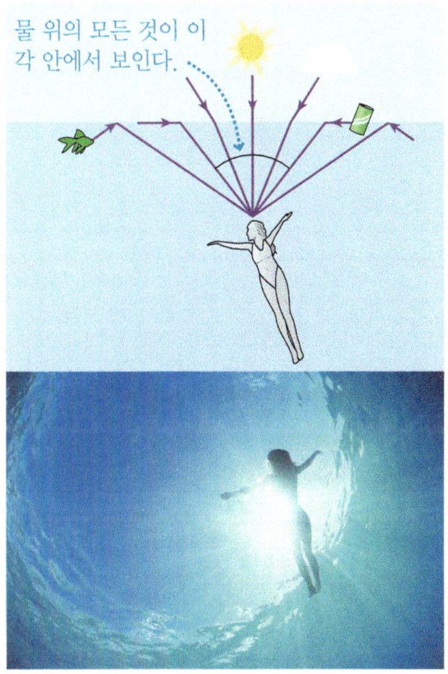

광섬유 광학

전반사의 가장 중요한 현대적 응용은 광섬유를 통한 빛의 투과이다. **그림 18.23(a)**는 가늘고 긴 유리 섬유의 끝으로 레이저빔을 비추는 그림을 보여준다. 광선은 공기에서 유리로 쉽게 진행하지만 입사각 θ_1이 90°에 근접하는 각으로 광섬유의 내부 벽에 부딪힌다. 이 각은 임계각보다 훨씬 커서 레이저빔은 전반사를 일으키며 유리 안에 머무르게 된다. 레이저빔은 빛이 마치 유리 관 안에 있는 것처럼 계속 '되튀며' 섬유 끝으로 진행한다. 실제로 광섬유는 '도광관'이라고도 한다. 광선이 마침내 광섬유의 다른 쪽 끝의 평평한 면에 도달하면 입사각($\theta_1 \approx 0$)은 임계각보다 작아진다. 따라서 광선이 별문제 없이 밖으로 굴절되어 나오고 검출될 수 있다.

단순한 유리 섬유가 빛을 전송할 수 있지만 유리-공기 경계는 상업용으로 사용할 수 있을 만큼 믿을 만하지 않다. 광섬유 면의 아주 작은 흠집도 광선의 입사각을 바꾸어 빛이 새나가게 할 수 있다. **그림 18.23(b)**는 실제 광섬유의 구조를 보여준다. 작은 지름의 유리 핵(core)은 유리 피복(cladding)층으로 둘러싸여 있다. 핵과 피복에 사용된 유리는 $n_{\text{core}} > n_{\text{cladding}}$인 굴절률을 갖는다. 따라서 빛은 핵-피복 경계에서 전반사를 일으키고 핵 안에 머물게 된다. 이 경계는 바깥에 노출되지 않으므로 열악한 조건에서도 그 성질을 유지한다.

광섬유는 의학용 진단 및 치료 장비에서 중요하게 사용된다. 수천 개의 작은 광섬유를 서로 묶어 고해상도 영상을 원하는 거리만큼 전송할 수 있는 유연한 관다발인

그림 18.23 광선은 전반사(TIR)로 인해 광섬유 안에 갇힌다.

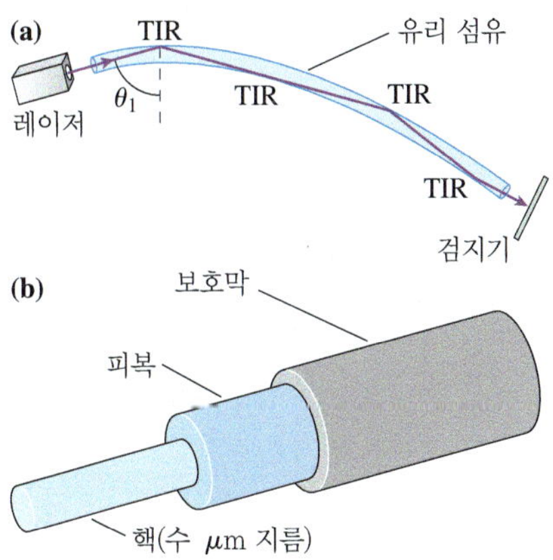

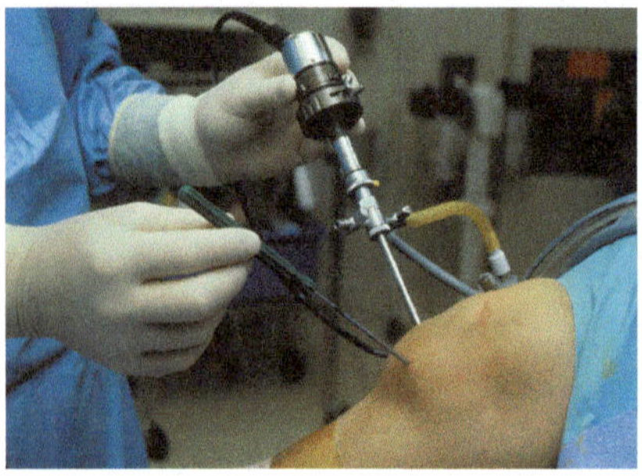

내시경을 이용한 관절경 수술 BIO

내시경(endoscope)을 만들 수 있다. **관절경 수술**(arthroscopic surgery) 중에, 상처 입은 접합부에 대하여 작은 절개를 통해 삽입된 내시경을 써서 수술을 수행할 수 있다. 내시경은 외과의사가 수술 과정을 관측할 수 있게 하며, 그것은 또 다른 절개를 통하여 삽입된 도구들을 가지고 수행된다. 이런 외과 수술에 대한 회복 시간은 접합 내부를 노출시키기 위하여 완전히 절개해야 하는 전통적인 수술보다 훨씬 더 짧다.

18.4 굴절에 의한 상 형성

그림 18.24(a)는 수조를 통해서 본 눈금자 사진이다. 수면 아래 놓인 부분은 수면 위쪽 부분보다 더 가깝게 보인다. 그림 18.24(b)는 이것이 왜 그런지를 보여준다. 자에 있는 점 P를 떠난 광선이 물-공기 경계에서 법선에서 멀어지는 쪽으로 굴절된다(수조의 얇은 유리벽은 광선의 굴절에 거의 영향을 주지 않으므로 무시할 수 있다). 수조 밖에서 보기에 이 광선들은 P점이 아니라 경계와 가까운 P′점에서 나온 것으로 보인다. 자 위의 모든 점에서 이와 같은 설명을 할 수 있고, 결과적으로 **자는 경계에서 빛의 굴절로 인하여 실제보다 가깝게 보이게 된다.**

그림 18.24 굴절은 수조의 물체가 실제보다 더 가깝게 보이게 한다.

(a) 수족관의 자

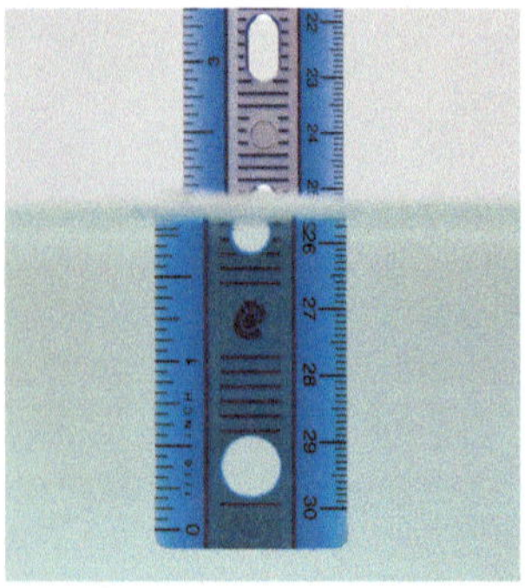

(b) 자의 상 찾기

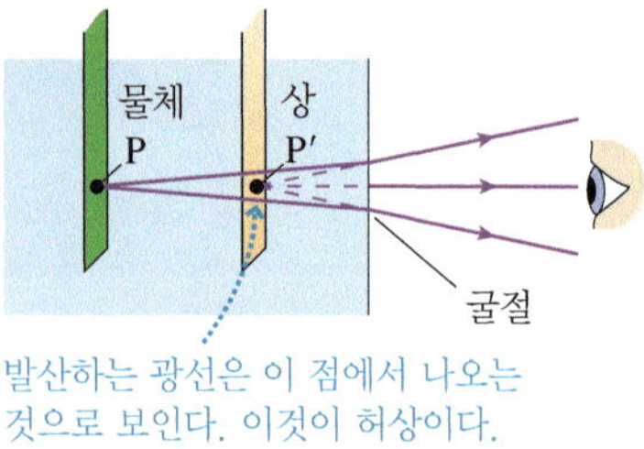

앞서 거울에 의해 반사된 광선이 물체의 위치가 아닌 다른 점에서 발산하는 것을 알았다. 이런 점을 **허상**(virtual image)이라고 하였다. 마찬가지로 물체의 위치 P에서 나온 빛이 두 매질 사이 경계에서 굴절되어 P′에서 발산하고 P′에서 나오는 것으로 보이므로, P′을 P점의 허상이라고 한다. 실제로 보게 되는 것은 자의 허상이다.

이런 상의 형성을 좀 더 자세히 조사해보자. 그림 18.25는 굴절률 n_1과 n_2를 갖는 2개의 투명한 매질 사이의 경계를 보여준다. 점 P는 광선의 근원으로 물체이다. 점 P′은 광선이 발산하는 것처럼 보이는 것으로 P의 허상이다. 그림에서 $n_1 > n_2$인 경우를 가정하였지만, 반드시 필요하지는 않다. 경계에서 측정된 거리 s는 물체의 거리이다. 이제 상거리 s'을 결정하도록 하자.

물체를 지나고 경계에 수직인 선을 **광축**(optical axis)이라고 한다. 광축에 대하여 각 θ_1으로 나오는 광선을 생각하자. θ_1은 경계에서 입사각인데, 광선은 각 θ_2로 둘째 매질로 굴절된다. 굴절된 광선을 거꾸로 추적하면, θ_2는 굴절된 광선과 광축이 P′점에서 이루는 각임을 알 수 있다.

그림 18.25 P에 있는 물체의 허상 P′ 찾기

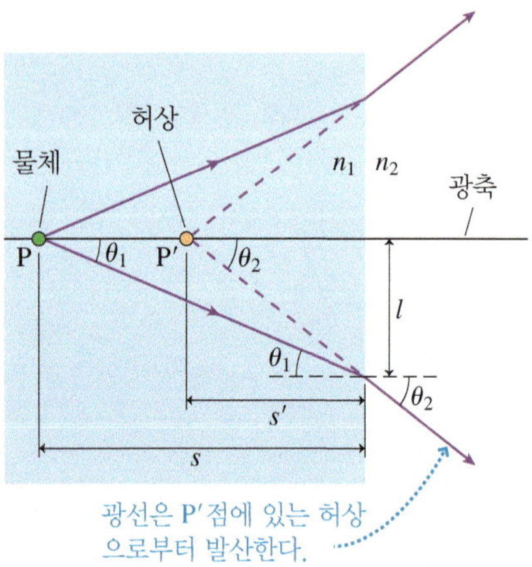

거리 l은 입사 광선과 굴절 광선 모두에 공통이며, 경계에서 광축과의 거리로써 $l = s\tan\theta_1 = s'\tan\theta_2$가 된다. 따라서

$$s' = \frac{\tan\theta_1}{\tan\theta_2}s \tag{18.4}$$

이다. 스넬의 법칙으로 각 θ_1과 θ_2의 관계가 정해진다. 즉

$$\frac{\sin\theta_1}{\sin\theta_2} = \frac{n_2}{n_1} \tag{18.5}$$

실제로, 눈동자가 물체와 눈과의 거리보다 훨씬 작기 때문에 이들 광선과 광축 사

이의 각은 아주 작다(그림에서 각은 크게 과장되었다). θ를 라디안으로 표시하면, 작은 각 근사 $\sin\theta \approx \tan\theta \approx \theta$를 적용할 수 있다. 결과적으로

$$\frac{\tan\theta_1}{\tan\theta_2} \approx \frac{\sin\theta_1}{\sin\theta_2} = \frac{n_2}{n_1} \tag{18.6}$$

식 (18.4)에서 이 결과를 써서, 상거리는 다음과 같다.

$$s' = \frac{n_2}{n_1}s \tag{18.7}$$

물체가 있는 매질의 굴절률 (n_1), 관측자가 있는 매질의 굴절률 (n_2)

이 절에서는 굴절에 의한 상 형성에 대하여 처음으로 살펴보았다. 다음 절에서 이 개념을 렌즈에 의한 상 형성에 적용할 것이다.

예제 18.6 **창문에서 공기 기포**

물고기와 선원이 잠수함의 5.0 cm 두께의 유리 현창을 통하여 서로를 본다. 유리 중앙에서 작은 공기 기포가 오른쪽에서 생긴다. 물고기에게 공기 기포가 유리 표면 뒤쪽으로 얼마나 멀리 보일까? 선원에게는 어떠한가?

준비 공기 기포를 점광원으로 나타내고 빛의 광선 모형을 이용한다. 기포에서 나온 광선은 한쪽으로 공기로 굴절되고 다른 쪽에서 물로 굴절된다. 광선 도형이 그림 18.25에 있다.

풀이 유리의 굴절률은 $n_1 = 1.50$이다. 기포는 창문의 중앙에 있어서, 창문의 양쪽으로부터 물체 거리는 $s = 2.5$ cm이다. 물 쪽에서 물고기는 상거리에 있는 기포를 본다.

$$s' = \frac{n_2}{n_1}s = \frac{1.33}{1.50}(2.5\text{ cm}) = 2.2\text{ cm}$$

관측자(물고기)는 물에 있다. (1.33), 물체(기포)는 유리에 있다. (1.50)

이것이 기포의 겉보기 깊이이다. 공기 중의 선원은 상거리

$$s' = \frac{n_2}{n_1}s = \frac{1.00}{1.50}(2.5\text{ cm}) = 1.7\text{ cm}$$

에 있는 기포를 본다.

검토 상거리는 두 굴절률 사이의 더 큰 차이로 인해 선원에 대하여 더 짧다.

18.5 얇은 렌즈: 광선 추적

렌즈(lens)는 상을 형성하도록 **곡면**(curved surface)에서 일어나는 광선의 굴절을 사용하는 투명한 물질이다. 이 절에서 그림을 사용하여 상 형성을 이해하기 위한 방법을 설명하려고 한다. 이 방법을 **광선 추적**(ray tracing)이라고 한다. 렌즈에 의한 상 형성에 대한 수학적 분석은 다음 절로 미룬다.

그림 18.26은 2개의 다른 렌즈로 들어가는 평행 광선을 보여준다. 그림 18.26(a)의 렌즈는 **수렴 렌즈**(converging lens)라고 하며, 광선을 광축 쪽으로 굴절시킨다. 그림 18.27은 들어오는 광선이 공기에서 유리로 가는 첫째 경계면과 유리에서 공기로 가는 둘째 경계면에서 광축을 향해 어떻게 굴절시키는지 보여준다. 그림 18.28(a)에서 광축에 처음 평행하게 들어오는 모든 광선은 렌즈의 **초점**(focal point)인 같은 점으로 수렴한다. 렌즈로부터 초점까지의 거리를 렌즈의 **초점거리** f (focal length)라고 한다.

수업 영상

그림 18.26 수렴 및 발산 렌즈

(a) 수렴 렌즈는 가장자리보다 중앙이 더 두껍고, 평행 광선을 광축 쪽으로 굴절시킨다.

(b) 발산 렌즈는 가장자리보다 중앙이 더 얇고, 평행 광선을 광축에서 멀리 굴절시킨다.

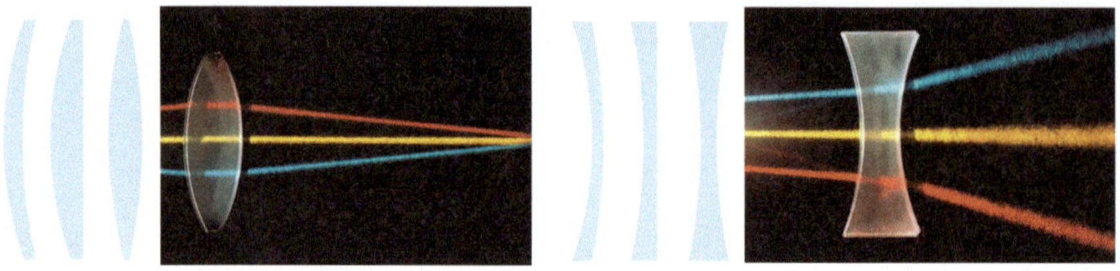

그림 18.27 수렴 렌즈의 양쪽 표면이 입사 광선을 광축 쪽을 향하도록 굴절시킨다.

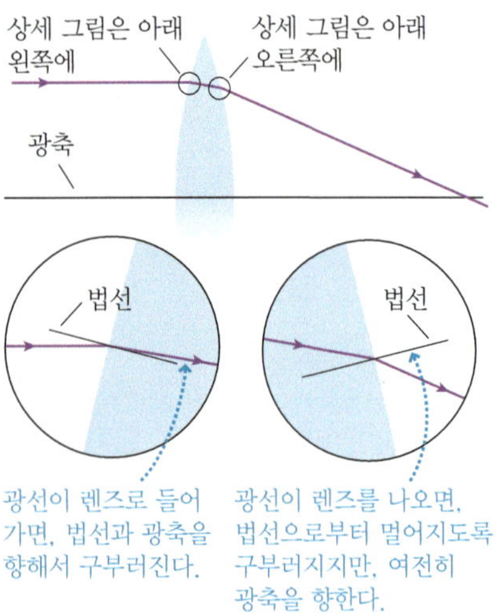

그림 18.28 수렴 렌즈와 발산 렌즈의 초점과 초점거리

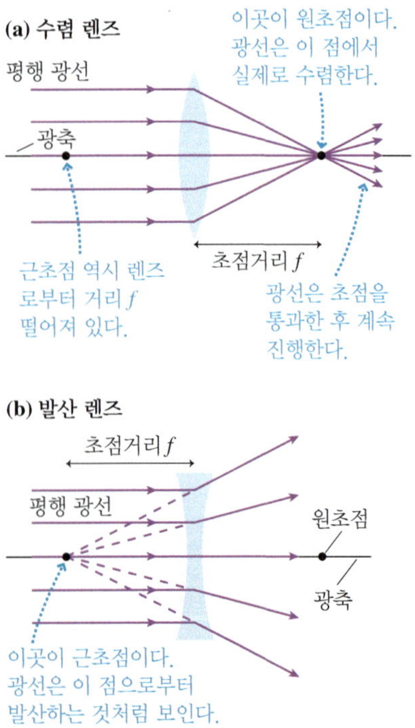

만일 평행한 광선이 오른쪽에서 렌즈에 접근한다고 하면, 렌즈의 왼쪽에 있는 점에 초점을 맺을 것이므로, 렌즈의 양쪽에 초점이 있음을 가리킨다. 양쪽의 초점은 렌즈로부터 같은 거리 f 떨어져 있다. 빛이 입사하는 쪽의 초점은 **근초점**(near focal point)이며, 다른 쪽의 초점은 **원초점**(far focal point)이다.

그림 18.26(b)에서 **발산 렌즈**(diverging lens)라고 하는 렌즈는 평행 광선을 광축으로부터 **멀어지도록** 굴절시킨다. 수렴 렌즈만큼 명확하지는 않을지라도 발산 렌즈 또한 2개의 초점을 갖는다. 그림 18.28(b)는 그 상황을 명확하게 해준다. 발산하는 광선을 뒤로 투영하면, 광선 모두가 같은 점에서 출발한 것임을 **보여준다**. 이것은 발산 렌즈의 근초점이며, 렌즈로부터의 거리는 렌즈의 초점거리다. 두 가지 형태의 렌즈에 대하여, **초점거리는 렌즈로부터 광축에 평행한 광선이 수렴하거나 발산하는 것을 보이는 점까지 거리가 된다.**

초점과 초점거리가 특별한 렌즈 자체의 성질이라는 것을 주목하는 것이 중요하다. 렌즈 표면의 곡률과 굴절률이 초점거리를 결정한다. 더욱이 수렴 렌즈에 대하여, 처음에 광축에 평행한 광선만이 초점으로 수렴한다. 처음에 광축에 평행하지 않은 광선은 또한 다른 점으로 수렴할 수 있지만, 이 점은 초점이 아니다. 마찬가지로, 발산 렌즈에 대하여 초기에 광축에 평행한 광선만이 초점에서 발산하는 것으로 보인다.

수렴 렌즈

렌즈에 대한 기초적인 관측 결과만으로 두께가 0이며 **렌즈면**이라고 하는 평면에 있는 이상화된 렌즈인 **얇은 렌즈**(thin lens)의 상맺힘을 이해하기에 충분하다. 이 얇은 렌즈 근사에서 **모든 굴절은 광선이 렌즈면을 지날 때 일어나며, 모든 거리는 렌즈면으로부터 측정된다.** 다행하게도, 얇은 렌즈 근사는 가장 실질적인 렌즈의 응용에도 잘 적용된다.

그림 18.29는 얇은 수렴 렌즈를 지나는 세 가지의 중요한 경우를 보여준다. (a)는 그림 18.28과 유사하다. 만일 그림 18.29(a)에서 각각의 광선 방향이 뒤바뀌면, 스넬의 법칙에 따라 광선들은 각각의 경로를 되돌아가서 렌즈에서 광축에 평행하게 빠져 나올 것이다. 이것이 그림 18.29(b)가 되는데, (a)의 '거울상'에 해당된다.

그림 18.29(c)는 렌즈 **중심**을 지나는 3개의 광선을 보여준다. 중심에서, 렌즈의 양

그림 18.29 얇은 수렴 렌즈를 지나는 세 가지 중요한 광선 설정

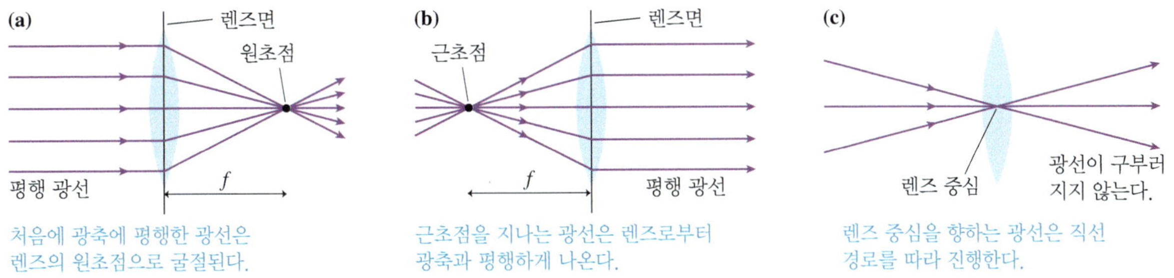

쪽이 서로에게 거의 평행하다. 예제 18.3에서, 평행한 면을 가진 유리 조각을 통과하는 광선이 **변위되지만 구부러지지 않으며** 두께가 0으로 수렴함에 따라 변위가 0이 되는 것을 알았다. 결과적으로 두께가 0인 얇은 렌즈 중심을 지나는 광선은 구부러지지도, 위치가 바뀌지도 않으며 직선 경로를 따라 진행한다.

이들 세 가지 상황이 광선 추적의 기본이 된다.

실상

그림 18.30은 렌즈와 렌즈로부터 거리 s가 초점거리보다 더 큰 물체를 보여준다. 물체에 있는 점 P로부터 나온 광선이 렌즈의 반대쪽에 거리 s'만큼 떨어진 점 P′에서 수렴하도록 렌즈에 의해 굴절된다. 광선들이 물체의 점 P에서 발산하여 렌즈와 상호작용하여 굴절된 광선이 점 P′에서 **수렴**하여 실질적으로 P′에서 만날 때 P′을 점 P의 **실상**이라고 한다. 광선이 발산하는 것처럼 보이지만 어떠한 광선도 실제로 통과하지 않는, 전에 정의한 허상과 대조가 된다.

영상 학습 데모

동일 평면인 **물체면**(object plane)에 있는 물체의 모든 점들이 **상면**(image plane)의 상점들로 수렴된다. 그림 18.30의 물체면의 점 Q와 R은 점 P′과 같은 면에 있는 상 점 Q′과 R′을 갖는다. 가령 점 P′과 같은 상면의 **한 점**을 알아내면, 전체 상이 같은 평면에 놓인다는 것을 알 수 있다.

그림 18.30 물체의 점 P에서 나온 광선들은 렌즈에 의해 굴절되어 점 P′에서 실상으로 수렴한다.

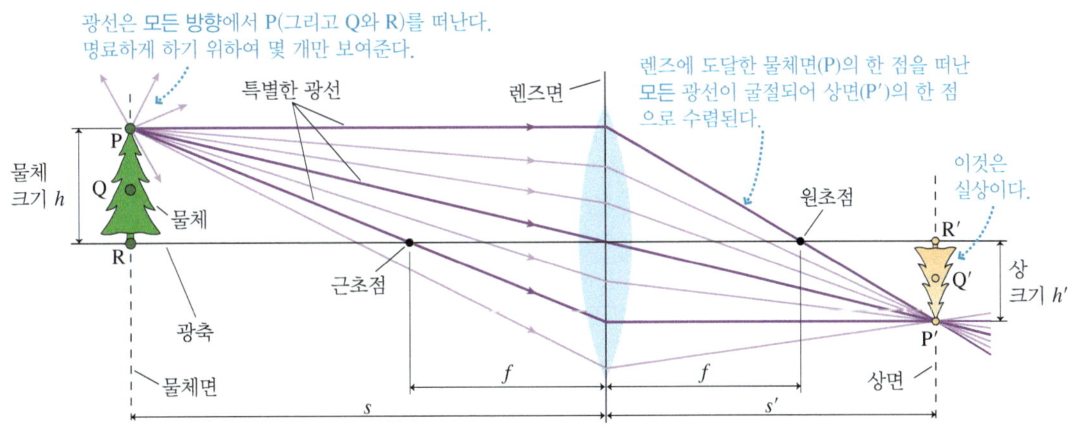

그림 18.31 램프의 상이 거꾸로 서 있다.

그림 18.32 상면 가까이의 광선과 상의 확대 모습

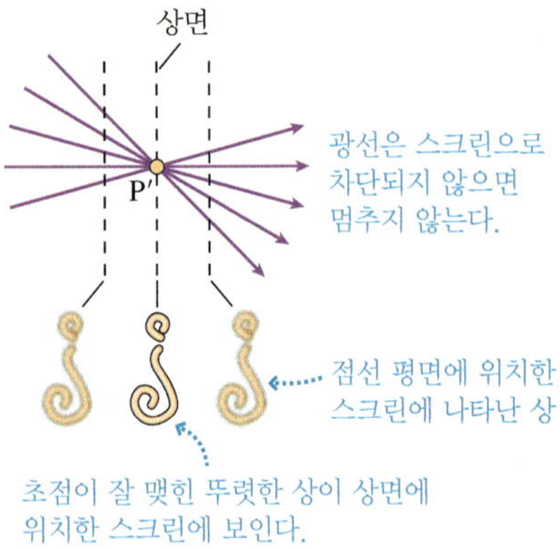

그림 18.30에 대하여 두 가지 중요하게 살펴볼 점이 있다. 첫째로, 그림 18.31에서 보인 것처럼, 상은 물체에 대하여 상하가 뒤집혀 있다. 이것을 **거꾸로 선 상**(inverted image)이라고 하며, 그것은 실상 형성의 표준 특성이다. 둘째로, 점 P에서 나온 광선은 전체 렌즈 표면을 채워서, 렌즈의 모든 부분이 상의 형성에 기여한다. 렌즈가 더 크면, 더 많은 광선을 '모아서' 더 밝은 상을 만들 수 있다.

그림 18.32는 광선과 상을 상면과 아주 가까운 곳에서 확대해서 본 그림이다. 상면에 스크린을 두지 않는다면 광선이 P′에서 멈추지 않는다. 상면에 스크린을 두면 스크린에 초점이 잘 맺힌 뚜렷한 상을 보게 된다. 스크린이 상면 이외의 곳에 놓이는 경우에도 상이 스크린에 생기기는 하지만 초점에서 벗어나서 흐릿하게 된다.

그림 18.30은 그림 18.29의 세 가지 상황을 기초로 한 3개의 '특별한 광선'을 강조하여 보여준다. 이 3개의 광선이 상점 P′을 위치시키기에 충분하다는 것을 주목하라. 즉, 그림 18.30에 보이는 모든 광선을 그릴 필요는 없다. **광선 추적**으로 알려진 과정이 이들 3개의 광선만을 사용함으로써 상의 위치를 알아내도록 한다.

풀이 전략 18.2 수렴 렌즈에 대한 광선 추적

❶ **광축을 그린다.** 모눈종이나 자를 사용한다. 적당한 눈금을 그린다.

❷ **렌즈를 광축 중심에 둔다.** 렌즈 중심을 지나는 축에 수직인 렌즈면을 그린다. 렌즈 양쪽에 렌즈로부터 거리 f만큼 떨어진 곳에 초점을 표시한다.

❸ **거리 s에 바로 선 화살표로 물체를 표시한다.** 화살표의 아래쪽을 광축에 닿게 하고 화살표를 렌즈 반지름의 절반 정도로 그리는 것이 좋다.

❹ **화살표의 끝에서부터 '특별한 광선' 3개를 그린다.** 곧은 모서리나 자를 사용한다. 광선은 렌즈 표면이 아닌 렌즈면에서 굴절된다.

a. 처음에 광축에 평행한 광선은 원초점을 지나도록 굴절된다.

b. 근초점을 지나는 광선은 광축과 평행하게 나온다.

c. 렌즈 중심을 지나는 광선은 구부러지지 않는다.

❺ **광선들이 수렴될 때까지 연장하여 그린다.** 광선들은 상점으로 수렴한다. 나머지 상을 상면에 그린다. 물체 바닥이 광축에 닿아 있으면 상의 바닥 또한 광축에 닿아 있다.

❻ **상거리 s'을 측정한다.** 필요한 경우 물체 크기에 대한 상 크기도 측정한다. 식 (18.8)로부터 배율을 구할 수 있다.

예제 18.7 꽃의 상 찾기

지름 4.0 cm인 꽃이 초점거리 50.0 cm인 카메라 렌즈에서 200 cm 떨어져 있다. 초점이 잘 맺히는 상을 기록하려면 카메라의 광검출기 평면이 렌즈 뒤쪽으로 얼마나 멀리 떨어진 곳에 있어야 하는가? 검출기에서 상의 지름은 얼마인가?

준비 꽃이 물체면에 있다. 상을 찾기 위해 광선 추적 방법을 이용한다.

풀이 그림 18.33은 광선 추적 도형과 풀이 전략 18.2의 단계를 보여준다. 상은 3개의 특별한 광선들이 수렴하는 곳에 그려졌다. 그림으로부터 상거리는 $s' \approx 65$ cm임을 알 수 있다. 초점이 잘 맺히는 상을 촬영하기 위하여 여기에 검출기를 놓아야 한다. 물체 크기와 상 크기는 각각 h와 h'으로 표시하였다. 렌즈 중심을 지나는 광선은 직선이다. 따라서 물체와 상 모두 광축과 각 θ를 이룬다.

삼각형의 닮은꼴로부터

$$\frac{h'}{s'} = \frac{h}{s}$$

이고, h'에 대하여 풀면

$$h' = h\frac{s'}{s} = (4.0\text{ cm})\frac{65\text{ cm}}{200\text{ cm}} = 1.3\text{ cm}$$

이다. 꽃 상의 지름은 1.3 cm이다.

검토 단순한 기하학적 과정을 통해 상에 대하여 많은 것을 배울 수 있다.

그림 18.33 꽃의 상에 대한 광선 추적 도형

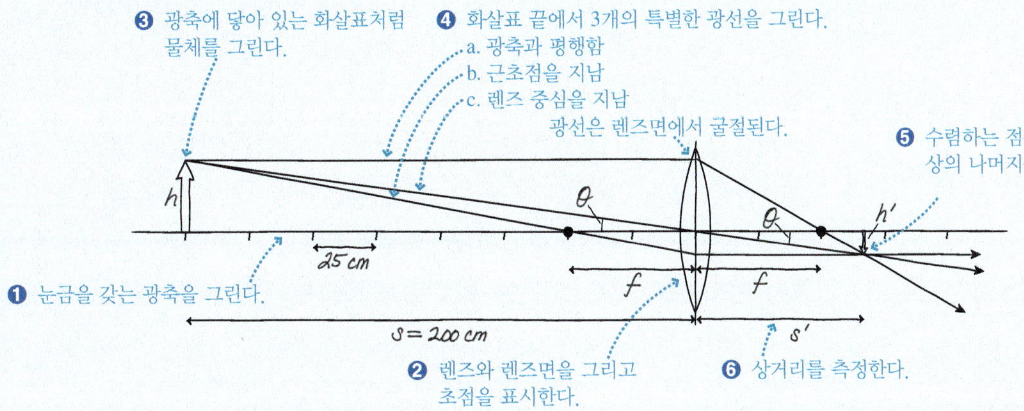

배율

상은 위치와 렌즈의 초점거리에 따라 물체보다 더 클 수도 있고 더 작을 수도 있다. 상의 크기는 물체의 크기에 비례하기 때문에 보통 상과 물체 크기의 비율(ratio) h'/h에 관심이 있다. 상이 물체보다 크면 이 비율은 1보다 크고 상이 물체보다 작으면 1보다 작다.

그러나 상의 크기 이외에 더 설명할 부분이 있다. 물체에 대한 상의 방향도 또한 알아야 한다. 즉 상이 바로 서 있는지, 거꾸로 서 있는지를 알아야 한다. 관례적으로 상의 크기와 방향에 대한 정보를 다음과 같이 정의된 하나의 숫자인 **배율**(magnification) m으로 표시한다.

$$m = -\frac{s'}{s} \tag{18.8}$$

렌즈나 거울의 배율

예제 18.7에서 $s'/s = h'/h$임을 보았다. 결과적으로 배율 m은 다음과 같이 해석한다.

1. m의 절댓값은 상과 물체의 크기 비율이다. $h'/h = |m|$
2. m이 양수이면 상은 물체에 대해 바로 서 있다. m이 음수이면 상은 물체에 대해 거꾸로 서 있다.

예제 18.7의 배율은

$$m = -\frac{s'}{s} = -\frac{65\ \text{cm}}{200\ \text{cm}} = -0.33$$

이다. 상은 물체 크기의 약 33%임을 가리키며, 음(−)의 부호이기 때문에 거꾸로 선 상임을 나타낸다.

허상

그림 18.34 거리 $s < f$에 놓인 물체로부터 광선이 렌즈에 의해 굴절되어 발산하므로 점 P′에 허상을 만든다.

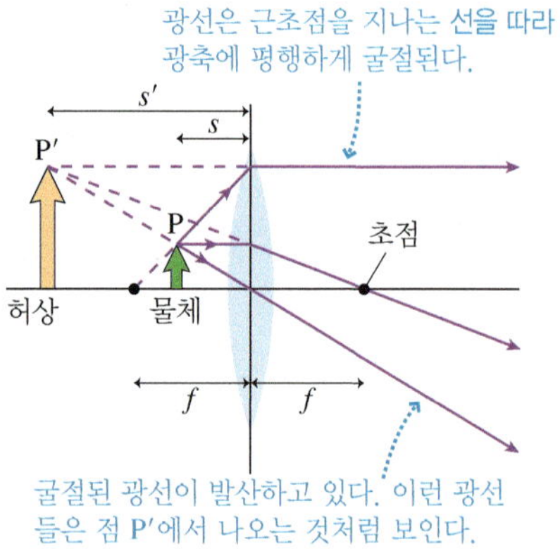

앞 절에서 수렴 렌즈로부터 거리 $s > f$에 놓여 있는 물체가 초점 밖에 있는 경우에 대하여 살펴보았다. 물체가 초점거리 안쪽에 있다면, 즉 $s < f$이면 어떻게 되는가? **그림 18.34**는 이런 상황을 보여준다.

처음에 광축에 평행하고 렌즈 중심을 지나는 특별한 광선들에 대하여 어렵지 않게 생각할 수 있다. 그러나 근초점을 지나는 광선은 왼쪽으로 진행하여 렌즈에 닿을 수 없다. 그림 18.29(b)를 통해서 광축에 평행하게 나오는 광선들은 근초점을 지나는 선을 따라 렌즈에 들어오는 것을 알 수 있다. 중요한 것은 광선이 초점을 실제 지나는지의 여부가 아니라 렌즈에 들어오는 입사각이다. 이것이 풀이 전략 18.2에 있는 4b단계의 기본이고 그림 18.34에서 보이는 세 번째 특별한 광선에 해당한다.

굴절된 3개의 광선은 수렴하지 않는다. 반대로 세 광선은 점 P′에서 발산하는 것으로 보인다. 이것은 거울에서 반사된 광선들과 수족관에서 굴절되어 나온 광선들의 경우에 해당한다. 점 P′은 물체 점 P의 허상이다. 더욱이 이것은 **바로 선 상**(upright image)으로 물체와 같은 방향을 갖는다.

굴절된 광선은 모두 렌즈의 오른쪽에 있으며 점 P′에서 나오는 것으로 보이지만, 어떤 광선도 실제로 그 점을 지나지 않는다. P′에 상면을 두어도 아무런 상이 스크린에 나타나지 않는다. 그렇다면 허상은 무엇인가?

눈은 발산하는 광선 다발을 모아서 초점을 맺는다. 따라서 **그림 18.35(a)**가 보여주는 것처럼, 렌즈를 통해 봄으로써 허상을 '볼' 수 있다. **그림 18.35(b)**와 같은 상황처럼 돋보기로 보는 것이 바로 이러한 것이다. 사실 현미경이나 망원경과 같은 광학 기기들의 접안경을 통해 보는 것은 모두 허상이다.

허상은 바로 서 있으므로 배율 $m = -s'/s$은 양수이다. 이는 비율 s'/s가 음수임을

그림 18.35 물체의 거리가 초점거리보다 작을 때($< f$)의 수렴 렌즈가 돋보기이다.

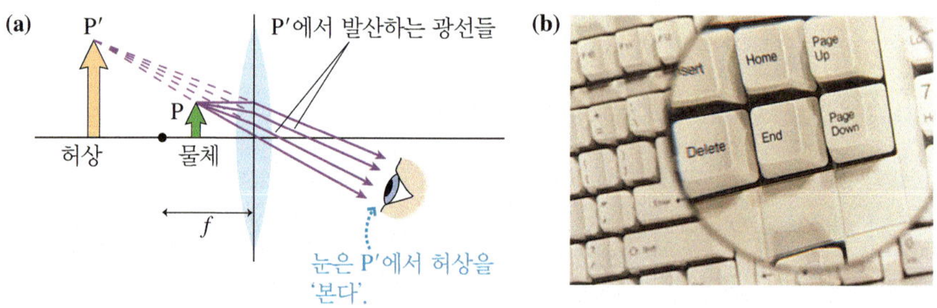

나타낸다. **허상에 대해서** 상이 물체와 렌즈로부터 같은 쪽에 있다는 것을 나타내도록 **상거리 s'을 음수로 정의하면** 이를 만족시킬 수 있다. 이는 렌즈와 거울에 의해 생기는 상 형성을 이해하는 데 필요한 다양한 거리들에 대한 **부호 규약**(sign convention)의 첫 예이다. 부호 규약에 대해서는 이 장의 뒷부분에서 얇은 렌즈 방정식을 공부하면서 좀 더 다루도록 한다.

예제 18.8 꽃 확대하기

꽃을 더 잘 보기 위하여, 초점거리가 6.0 cm인 돋보기를 꽃으로부터 4.0 cm 위치에서 들고 있다. 배율은 얼마인가?

준비 꽃이 물체면에 있다. 상을 위치시키기 위해 광선 추적을 이용한다. 상거리를 구하면 식 (18.8)을 써서 배율을 구할 수 있다.

풀이 그림 18.36은 광선 추적 도형을 보여준다. 3개의 특별한 광선이 렌즈로부터 발산하지만, 꺾인 모서리에서 발산이 시작되는 점으로 광선을 연장할 수 있다. 이 점, 즉 상점은 렌즈에서 왼쪽으로 12 cm 떨어진 지점에 있다. 이것은 허상이기 때문에 상거리는 $s' = -12$ cm이다. 식 (18.8)로부터 배율은

$$m = -\frac{s'}{s} = -\frac{-12\ \text{cm}}{4.0\ \text{cm}} = 3.0$$

이다.

그림 18.36 돋보기에 대한 광선 추적 도형

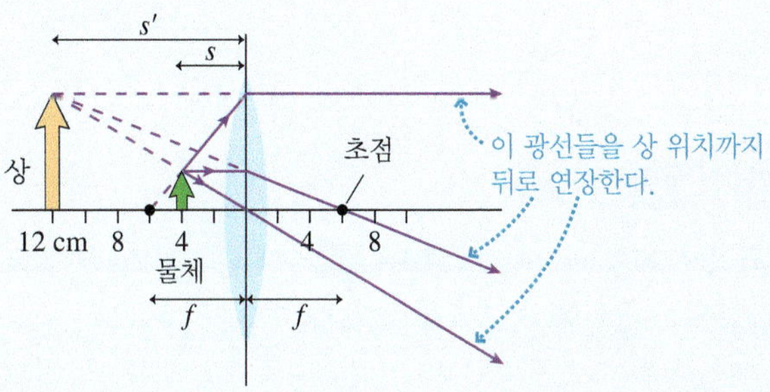

검토 광선 추적 도형과 배율이 $m > 0$이고 상이 바로 선 것으로부터 알 수 있듯이 상의 크기는 물체의 3배이다.

발산 렌즈

그림 18.26(b)가 보여주는 것처럼, 발산 렌즈(diverging lens)는 가장자리보다 중심이 더 얇은 렌즈이다. 그림 18.37은 발산 렌즈를 지나가는 3개의 중요한 광선들을 보여준다. 이것들은 그림 18.26과 18.28에 기초하는데, 그림에서 처음에 광축에 평행한 광선은 발산 렌즈를 통과한 후 발산한다.

광선 추적은 4단계에서 3개의 특별한 광선들 중 2개가 다른 것을 제외하면 수렴 렌즈에 대한 풀이 전략 18.2의 단계를 따른다.

그림 18.37 얇은 발산 렌즈를 지나가는 3개의 중요한 광선 집합

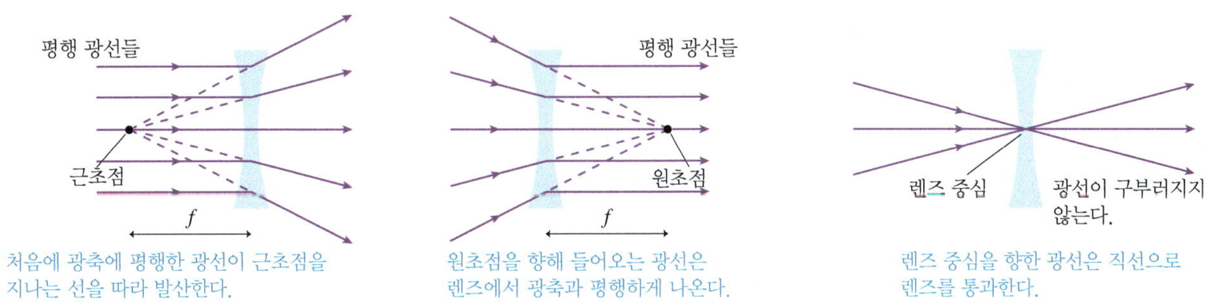

풀이 전략 18.3 발산 렌즈에 대한 광선 추적

❶–❸ **풀이 전략 18.2의 1–3단계를 따른다.**

❹ **화살표의 끝에서부터 3개의 '특별한 광선'을 그린다.** 곧은 모서리나 자를 사용한다. 광선은 렌즈면에서 굴절한다.

a. 광축과 평행한 광선은 근초점을 지나면서 발산한다.

b. 원초점을 향하는 광선은 광축과 평행하게 나온다.

c. 렌즈 중심을 지나는 광선은 구부러지지 않는다.

❺ **발산하는 광선들을 역추적한다.** 발산이 시작되는 점이 상점이고 상은 항상 허상이다.

❻ **상거리 s'을 측정한다.** 허상이기 때문에 음수값을 취한다. 필요한 경우 물체 크기에 대한 상대적인 상의 크기도 측정한다. 식 (18.8)로부터 배율을 구할 수 있다.

예제 18.9 꽃 축소하기

초점거리가 50.0 cm인 발산 렌즈는 꽃으로부터 100 cm에 놓여 있다. 상은 어디에 있는가? 배율은 얼마인가?

준비 꽃은 물체면이다. 상을 위치시키기 위해 광선 추적을 이용한다. 배율을 알기 위해 식 (18.8)을 사용한다.

풀이 그림 18.38은 광선 추적 도형을 보여준다. 3개의 특별한 광선(풀이 전략 18.3에 따라 a, b, c로 표시된)은 수렴하지 않는다. 그러나 역추적하여 렌즈로부터 왼쪽으로 약 33 cm의 위치에서 교차점을 찾을 수 있다. 광선들은 상으로부터 발산하는 것으로 보이기 때문에 이것은 허상이고 $s' < 0$이다. 배율은 다음과 같다.

$$m = -\frac{s'}{s} = -\frac{-33\ \text{cm}}{100\ \text{cm}} = 0.33$$

렌즈를 통해 볼 수 있는 상은 물체의 1/3 크기이며 바로 서 있다.

그림 18.38 발산 렌즈에 대한 광선 추적 도형

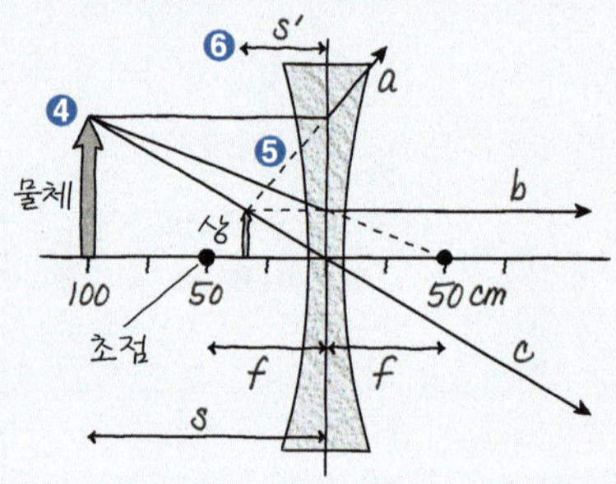

검토 발산 렌즈에 대한 광선 추적은 수렴 렌즈의 경우보다 더 까다롭다. 그래서 이런 예제는 주의 깊게 공부할 필요가 있다.

발산 렌즈는 항상 허상을 만들고, 이런 이유로 거의 단독으로 사용되지 않는다. 그러나 다른 렌즈들과 함께 사용되면 중요한 쓰임새가 있다. 카메라, 접안경, 안경 등이 발산 렌즈와 함께 종종 통합 사용된다.

18.6 구면 거울에 의한 상 형성

곡면 거울도 상을 형성하는 데 사용될 수 있다. 이런 거울들은 망원경, 보안 및 후방 거울, 그리고 탐조등에 일반적으로 쓰인다. 곡면 거울의 상은 렌즈에 사용된 것과 유사한 광선 도형으로 해석될 수 있다. 이 절에서 면이 구면의 일부인 **구면 거울**(spherical mirror)의 중요한 경우를 생각할 것이다.

그림 18.39는 2개의 구면 거울에 입사하는 평행 광선을 보여준다. 가장자리 곡면이

광원 쪽으로 구부러진 위쪽 거울은 **오목 거울**(concave mirror)이라고 한다. 평행 광선들이 반짝이는 거울 표면에서 반사되어 광축상의 한 점을 지나간다. 이것이 거울의 초점이다. 아래 거울은 가장자리 곡면이 광원으로부터 멀어지는 쪽으로 구부러지는 **볼록 거울**(convex mirror)이라고 한다. 평행 광선들은 표면에서 반사되어 거울 뒤의 한 점으로부터 나오는 것처럼 보인다. 이것이 볼록 거울의 초점이다. 두 거울 모두 초점거리는 거울 표면에서 초점까지 거리이다.

그림 18.39 오목 및 볼록 거울의 초점 및 초점거리

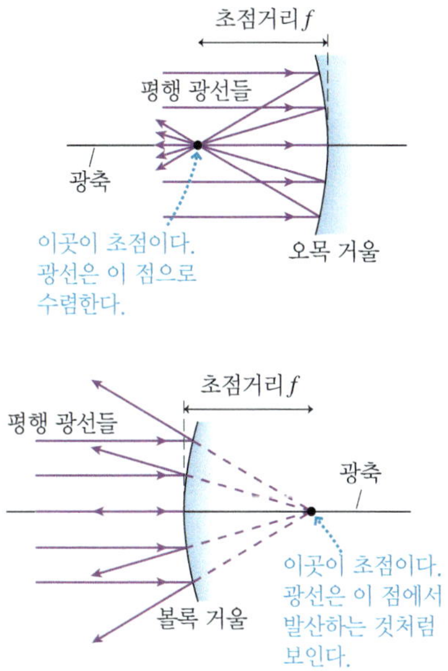

오목 거울

오목 거울의 상 형성을 이해하기 위하여, **그림 18.40**에 보인 3개의 특별한 광선을 생각하자. 이 광선들은 렌즈에서 광선 추적을 위해 사용되었던 광선들과 아주 밀접하게 관련이 있다. 그림 18.40(a)는 광축과 평행하게 입사하는 2개의 광선을 보여준다. 그림 18.39가 보여주는 것처럼, 이 광선들은 거울에서 반사되어 초점을 통과한다.

그림 18.40(b)는 그림 18.40(a)와 같지만, 광선의 방향이 바뀌었다. 여기서 초점을 통과하는 광선들은 광축에 평행하게 나온다는 것을 알게 된다. 마지막으로 그림 18.40(c)는 광선이 거울의 중심을 향하면 광선에 무슨 일이 일어나는지를 보여준다. 정중앙에서 거울 표면이 광축에 수직이다. 반사 법칙에 따라 입사 광선은 같은 각으로 반대방향으로 반사될 것이다.

그림 18.40 오목 거울에 대한 3개의 특별한 광선

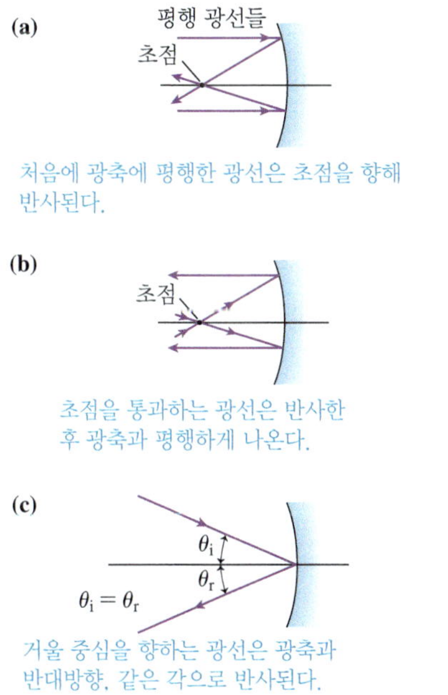

그림 18.41에서 보는 것처럼, 거울로부터 물체 거리 s가 초점거리보다 긴($s > f$) 경우를 생각하면서 살펴보자. 방금 설명했던 3개의 특별한 광선이 상의 위치와 크기를 찾을 수 있을 만큼 충분하다. 얇은 렌즈의 광선을 추적할 때 렌즈가 실제 두께를 가진 것처럼 그렸지만 광선은 렌즈 중심의 가상면에서 굴절된다는 것을 상기하자. 마찬가지로 거울을 광선 추적할 때, 입사 광선들은 그림 18.41에 보인 것처럼 거울 곡면이 아닌 **거울면**(mirror plane)에서 반사된다. 광선이 상점 P′에서 수렴하기 때문에 상은 실상임을 알게 된다. 더욱이 상은 거꾸로 선다.

그림 18.41 오목 거울에 의해 형성된 실상

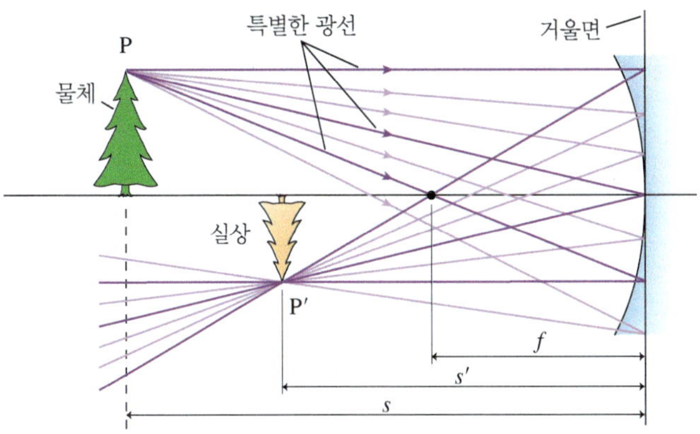

그림 18.41은 오목 거울을 광선 추적할 때 사용하기 위한 다음의 풀이 전략을 제안한다.

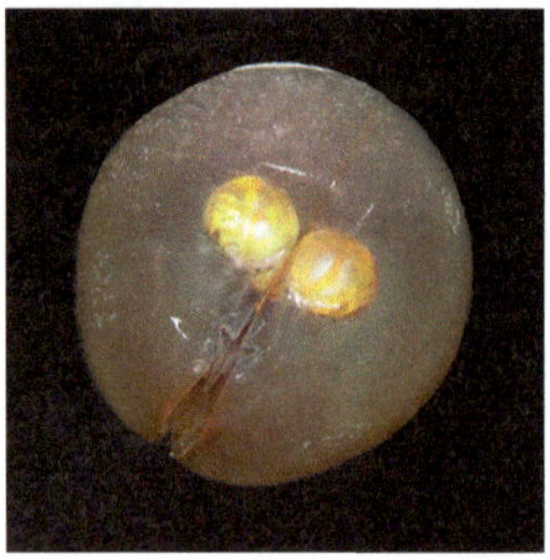

눈을 들여다보자 BIO 대부분 동물의 눈은 상의 초점을 맞추기 위해 렌즈를 사용한다. 깊은 바다에 사는 갑각류의 일종인 *gigantocypris*는 독특하게 2개의 오목 거울을 사용하여 빛을 망막에 모은다. *Gigantocypris*는 햇빛이 투과하지 않는 깊은 곳에 살기 때문에 생체 발광 동물들을 사냥하기 위해 거울눈을 사용하는 것으로 짐작된다.

풀이 전략 18.4 오목 거울에 대한 광선 추적

❶ **광축을 그린다.** 모눈종이나 자를 사용한다. 적당한 눈금을 그린다.

❷ **거울을 광축 중심에 둔다.** 거울 표면으로부터 거리 f만큼 떨어진 곳에 초점을 표시한다.

❸ **거리 s에 바로 선 화살표로 물체를 표시한다.** 화살표의 아래쪽을 광축에 닿게 하고 화살표를 거울 반지름의 절반 정도로 그리는 것이 좋다.

❹ **화살표의 끝에서부터 '특별한 광선' 3개를 그린다.** 곧은 모서리나 자를 사용한다. 광선은 거울면에서 반사하여야 한다.

a. 광축에 평행한 광선은 초점을 지나도록 반사된다.

b. 초점을 지나는 입사 광선은 광축과 평행하게 나온다.

c. 거울 중심으로 들어오는 광선은 광축에 대해 반대방향으로 광축으로부터 입사할 때와 같은 각으로 반사된다.

❺ **광선들이 수렴할 때까지 연장하여 그린다.** 광선들은 상점으로 수렴한다. 나머지 상을 상면에 그린다. 물체 바닥이 광축에 닿아 있으면 상의 바닥 또한 광축에 닿아 있다.

❻ **상거리 s'을 측정한다.** 필요한 경우 물체 크기에 대한 상 크기도 측정한다. 식 (18.8)로부터 배율을 구할 수 있다.

예제 18.10 오목 거울 분석하기

3.0 cm 물체가 오목 거울로부터 60 cm에 위치해 있다. 거울의 초점거리는 40 cm이다. 광선 추적을 사용하여 상의 위치, 크기 배율을 구하시오.

준비 그림 18.42는 광선 추적 도형과 풀이 전략 18.4의 단계를 보여준다.

풀이 주의해서 그림을 그린 후에, 자를 이용하면 상의 위치가 $s' \approx 120$ cm임을 알 수 있다. 따라서 배율은

$$m = -\frac{s'}{s} \approx -\frac{120\text{ cm}}{60\text{ cm}} = -2.0$$

이다. 음수 부호는 상이 거꾸로 서 있음을 의미한다. 따라서 상의 크기는 물체 크기의 2배, 곧 $h' = 6$ cm이다.

검토 광선들이 상점에서 수렴하므로 실상이다.

그림 18.42 오목 거울에 대한 광선 추적 도형

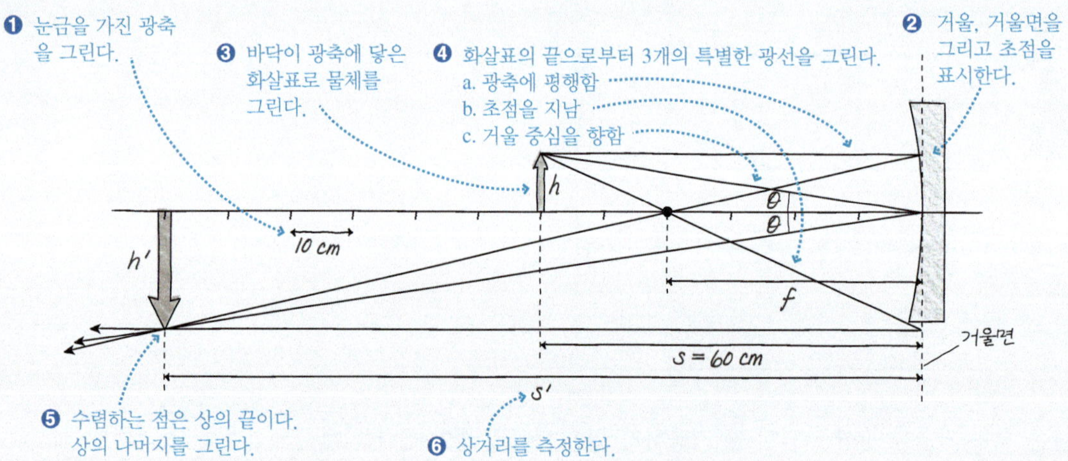

만일 물체가 초점거리 안쪽에 있으면($s < f$) 광선 추적을 통해서 상이 허상이 됨을 보일 수 있다. 이것은 상이 초점거리 안에 놓여 있는 경우 렌즈에 의해 허상이 생기는 것과 유사하다.

볼록 거울

볼록 거울의 일반적인 예는 나무 장식 같은 은이 증착된 공이다. 그런 공에 의해 반사된 상을 보면, **그림 18.43**에서 보는 것처럼 상이 바로 서 있지만, 아주 작은 것을 알 수 있다. 상이 왜 이런 식으로 나타나는지를 알기 위하여 광선 추적을 이용하기로 하자.

그림 18.43 은이 증착된 공으로부터의 반사

다시 한번, 3개의 특별한 광선을 사용하여 상의 위치를 구할 수 있다. 이 광선들은 **그림 18.44**에 보인다. 이 광선들은 우리가 다른 상황에서 이미 공부한 특별한 광선과 유사하다.

그림 18.44 볼록 거울에 대한 특별한 광선

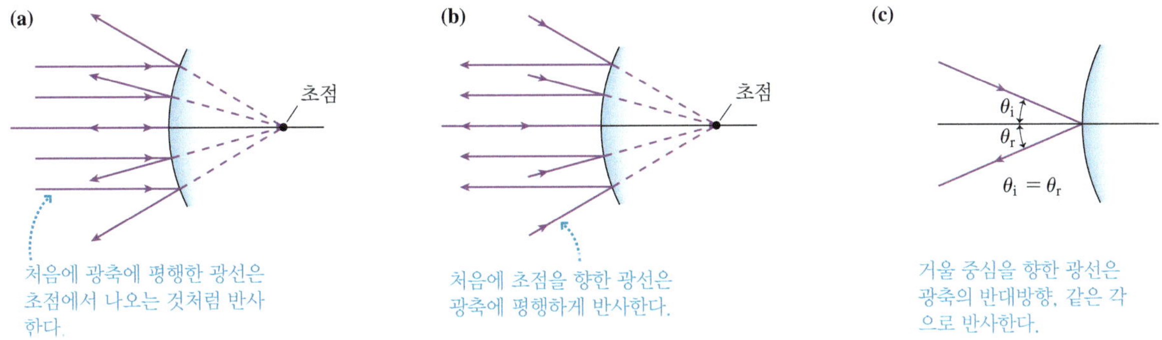

그림 18.45에서 보는 것처럼 3개의 특별한 광선들을 사용하여 물체의 상을 구할 수 있다. 실제 광선이 점 P′에 수렴하지 않으므로 상은 허상임을 알 수 있다. 대신에 발산하는 광선은 이 점에서 나오는 것으로 보인다. 상은 바로 서 있고 물체보다 훨씬 더

그림 18.45 점 P로부터 나온 광선은 거울에서 반사되어 점 P′으로부터 나오는 것처럼 보인다.

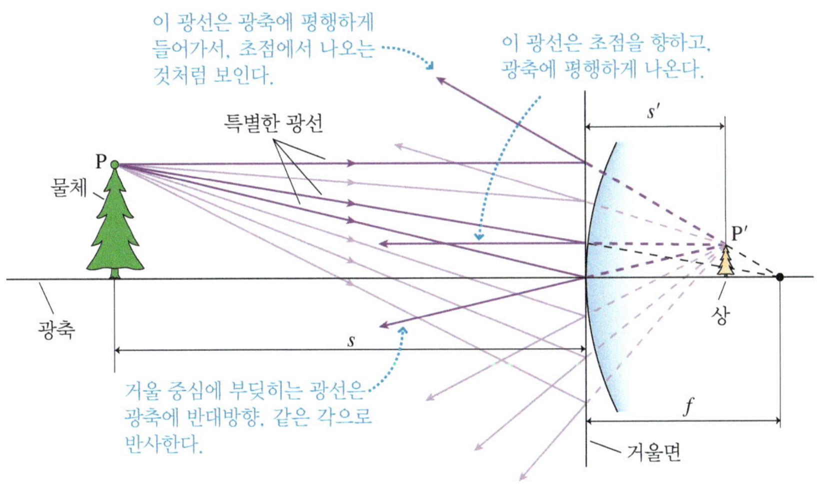

작은데, 이것은 우리의 경험과 그림 18.43과 일치한다.

이런 관측들은 다음 풀이 전략의 기본을 이룬다.

볼록 거울에서 작은 상은 상점의 넓은 시야각을 확보해준다.

풀이 전략 18.5 볼록 거울에 대한 광선 추적

❶–❸ **풀이 전략 18.4의 1–3단계를 따른다.**

❹ **화살표의 끝에서부터 '특별한 광선' 3개를 그린다.** 곧은 모서리나 자를 사용한다. 광선은 거울면에서 굴절한다.

a. 광축과 평행한 광선은 초점에서 나온 것처럼 반사한다.

b. 처음에 초점을 향하는 광선은 광축과 평행하게 반사한다.

c. 거울 중심으로 들어오는 광선은 광축에 대해 반대방향으로 광축으로부터 입사할 때와 같은 각으로 반사된다.

❺ **나오는 광선들이 수렴할 때까지 거울 뒤쪽으로 연장하여 그린다.** 수렴하는 점이 상점이다. 나머지 상을 상면에 그린다. 물체 바닥이 광축에 닿아 있으면 상의 바닥 또한 광축에 닿아 있다.

❻ **상거리 s'을 측정한다.** 필요한 경우 물체 크기에 대한 상대적인 상의 크기도 측정한다. 식 (18.8)로부터 배율을 구할 수 있다.

수업 영상

볼록 거울은 측면 후방거울과 상점에서 고객들을 살펴보기 위한 둥근 거울의 경우와 같이 안전과 감시 용도로 다양하게 사용된다. 이런 거울들의 기본 원리는 그림 18.45로부터 이해할 수 있다. 물체가 볼록 거울에서 반사되면 상은 더 작아 보인다. 어떤 점에서, 상이 물체의 축소판이기 때문에 같은 크기의 평면 거울을 통해 볼 수 있는 것보다 훨씬 더 많은 것을 볼 수 있다. 이런 넓은 시야각은 후방의 교통 상황이나 가게를 점검하는 데 분명히 유용하다.

개념형 예제 18.11 운전자와 승객의 거울

자동차의 운전자 쪽 측면 후방거울은 평면(평평한) 거울이다. 반면에 승객 쪽 거울은 볼록하다. 왜일까?

판단 운전자가 양쪽 거울 모두 넓은 시야를 확보하는 것이 중요하다. 운전자는 운전자 쪽 거울과 가까이 앉으므로 거울이 크게 보이고 뒤에 있는 것들에 대해 꽤 넓은 시야각을 확보할 수 있다. 승객 쪽 측면 거울은 운전자에게 제법 멀리 있어서 상대적으로 작게 보인다. 만일 평면 거울이라면, 뒤에 있는 것들에 대하여 좁은 시각만을 제공할 것이다. 앞에서 언급한 보안 거울과 같은 볼록 거울을 사용함으로써 더 넓은 시야각을 확보할 수 있지만 그 대가로 상은 작아 보인다. 이것이 승객 쪽 측면 거울에 "거울에 보이는 물체는 보이는 것보다 가까이 있습니다!"라는 경고 문구가 있는 이유이다.

18.7 얇은 렌즈 방정식

광선 추적은 물체와 상의 전반적인 위치와 크기를 빨리 파악하는 데 중요한 방법이다. 그러나 좀 더 정확한 계산을 위하여 광학계의 세 가지 기본적인 양인 렌즈나 거

그림 18.46 얇은 렌즈 방정식 유도

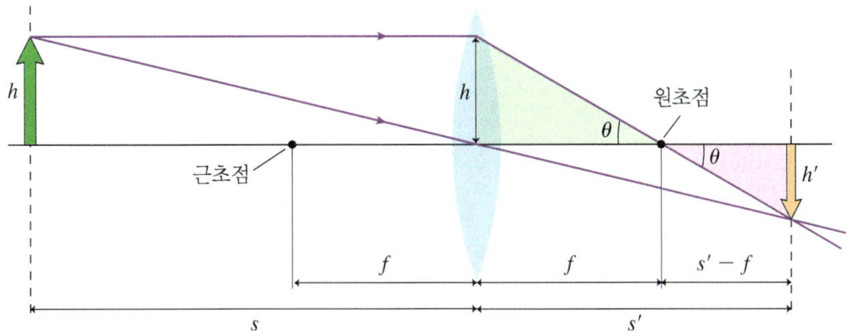

울의 초점거리 f, 물체 거리 s, 상거리 s'의 수학적인 관계식이 필요하다. 그림 18.46에 있는 수렴 렌즈를 고려해서 이러한 관계식을 찾을 수 있다. 2개의 특별한 광선이 표시되어 있다. 하나는 초기에 광축에 평행하고 굴절되어 원초점을 지나는 것이고, 다른 하나는 구부러지지 않고 렌즈 중심을 지나는 것이다.

녹색과 분홍색으로 표시된 두 직각삼각형을 살펴보자. 모두 한 각은 90°이고 둘째 각으로 두 삼각형에 공통인 각 θ를 갖고 있으므로 두 삼각형은 닮은꼴이다. 이것은 이들 삼각형이 크기는 다를 수 있어도 같은 모양이라는 것이다. 닮은꼴 삼각형에서 임의의 두 변의 길이 비는 서로 같다. 따라서

$$\frac{h'}{h} = \frac{s' - f}{f} \tag{18.9}$$

이다. 또한 예제 18.7에서

$$\frac{h'}{h} = \frac{s'}{s} \tag{18.10}$$

이 된다. 식 (18.9)와 (18.10)을 결합하면,

$$\frac{s'}{s} = \frac{s' - f}{f}$$

가 되고, 양변을 s'으로 나누면

$$\frac{1}{s} = \frac{s' - f}{s'f} = \frac{1}{f} - \frac{1}{s'}$$

이 되며, 이것은 아래와 같이 다시 쓸 수 있다.

$$\frac{1}{s} + \frac{1}{s'} = \frac{1}{f} \tag{18.11}$$

물체와 상거리를 초점거리에 관련시킨
얇은 렌즈 방정식(거울에도 성립한다)

이 방정식, **얇은 렌즈 방정식**(thin lens equation)은 세 가지 중요한 양인 f, s, s' 사이의 관계를 말해준다. 특히 렌즈의 초점거리와 렌즈로부터 물체까지 거리를 알면 얇은 렌즈 방정식을 이용해서 상의 위치를 찾을 수 있다.

얇은 렌즈 방정식이 이미 렌즈에 대하여 알고 있는 것을 설명한다는 것을 점검할 만하다. 그림 18.29(a)에서 처음에 광축에 평행한 광선이 수렴 렌즈의 초점에서 초점 맺는다는 것을 보았다. 처음에 평행한 광선은 아주 멀리 있는 $s \to \infty$인 물체로부터 나온다. $1/\infty = 0$이기 때문에, 기대한 대로 얇은 렌즈 방정식이 상거리 $s' = f$임을 알려준다. 또는 물체가 $s = f$인 초점에 위치하고 있다고 가정하자. 그러면 식 (18.11)에 따라 $1/s' = 1/f - 1/s = 0$이다. 이것은 상거리가 아주 멀리($s' = \infty$) 무한한 곳에 있다는 것을 의미한다. 그래서 광선은 광축에 평행하게 렌즈를 떠난다. 실제로 이것은 그림 18.29(b)에서 보인 것이다. 이제 실물이나 실상이 무한대에 있을 수 없음은 사실이다. 그러나 물체든 상이든 렌즈에서 초점거리 몇 배($s \gg f$ 또는 $s' \gg f$) 이상이라면 그 거리를 무한대로 하고, 광선은 광축에 평행하며, 얇은 렌즈 방정식에서 역수($1/s$ 또는 $1/s'$)는 0이 된다고 충분히 근사할 수 있다.

렌즈와 거울에 대한 부호 규약

상거리 s'이 실상에 대하여 양수이고, 허상에 대하여 음수가 된다는 것을 앞에서 언급한 바 있다. 얇은 렌즈 방정식에서 초점거리 또한 렌즈나 거울의 종류에 따라 양수 또는 음수가 될 수 있다. 종합 18.1은 이 교재에서 사용하려는 부호 규약을 보여

종합 18.1 렌즈, 거울 그리고 그것들의 부호 규약

렌즈와 거울에 대하여 일어날 수 있는 여섯 가지 명확한 상에 대한 상황이 있다. 여기서 이것들을 요약하고, 각각의 양들에 부호를 준다. 물체 거리 s는 항상 양수임을 주목하라.

수렴 렌즈 또는 오목 거울

수렴 렌즈 또는 오목 거울의 초점거리 f는 **양수**이다.

초점 바깥쪽 물체

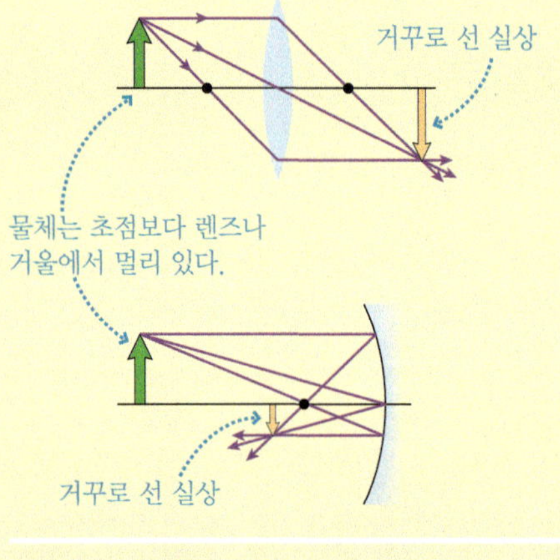

초점 안쪽 물체

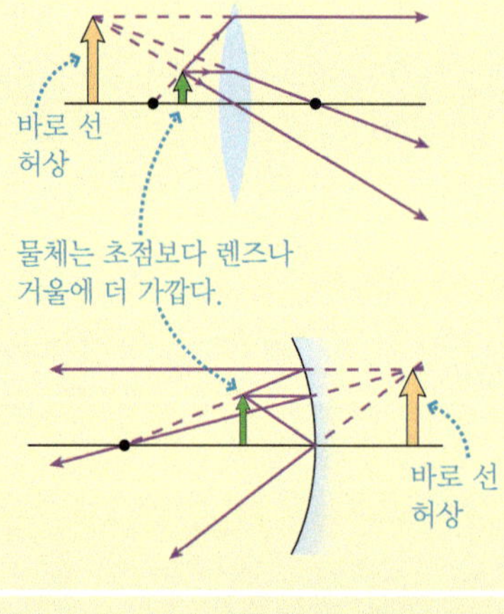

발산 렌즈 또는 볼록 거울

발산 렌즈나 볼록 거울의 초점거리 f는 **음수**이다.

발산 렌즈와 볼록 거울에 대하여, 초점 안쪽이나 바깥쪽 사이의 구분이 없다.

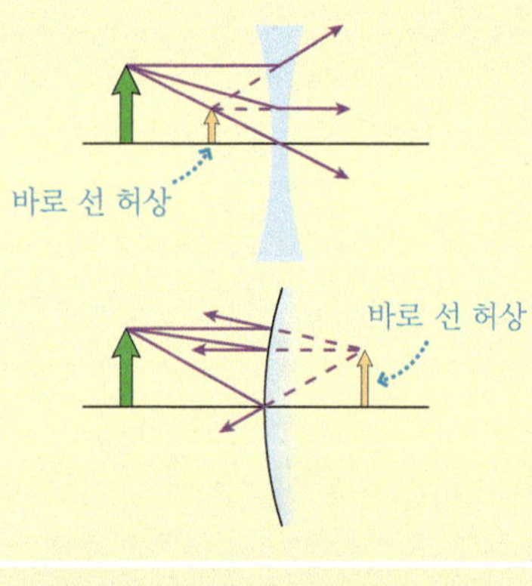

이 두 가지 경우가 **거꾸로 선 실상**이다(배율 m은 **음수**이다). 상거리 s'은 **양수**이다.

이 네 가지 경우가 **바로 선 허상**이다(배율 m은 **양수**이다). 상거리 s'은 **음수**이다.

주고 렌즈, 거울, 그리고 그것들이 만들어내는 상들에 대하여 배운 것들을 결합시킨다.

예제 18.12 확대 렌즈 분석

우표 수집가가 우표 위 2.0 cm 거리에 있는 확대 렌즈를 사용한다. 배율은 4이다. 렌즈의 초점거리는 얼마인가?

그림 18.47 확대 렌즈의 광선 추적 도형

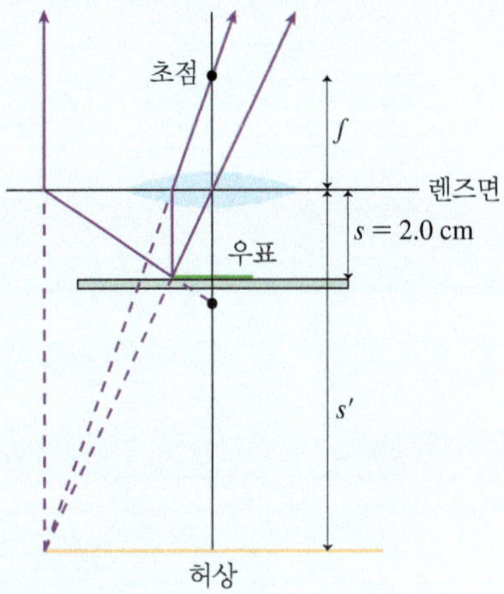

준비 확대 렌즈는 물체 거리가 초점거리보다 작은($s < f$) 수렴 렌즈이다. 얇은 렌즈라고 가정한다. 사용자는 렌즈를 통해 관측하고 허상을 본다. 그림 18.47은 렌즈와 광선 추적 도형을 보여준다.

풀이 허상은 바로 서 있고 $m = +4$이다. 배율은 $m = -s'/s$이므로

$$s' = -4s = -4(2.0\text{ cm}) = -8.0\text{ cm}$$

이다. 초점거리를 구하기 위하여 얇은 렌즈 방정식에서 s와 s'을 사용한다.

$$\frac{1}{f} = \frac{1}{s} + \frac{1}{s'} = \frac{1}{2.0\text{ cm}} + \frac{1}{-8.0\text{ cm}} = 0.375\text{ cm}^{-1}$$

따라서 렌즈의 초점거리는 다음과 같다.

$$f = \frac{1}{0.375\text{ cm}^{-1}} = 2.7\text{ cm}$$

검토 물체가 초점 안쪽에 있기 때문에 기대한 것처럼 $f > 2$ cm이다.

예제 18.13 초점거리는 얼마인가?

물체가 렌즈 왼쪽으로 38.0 cm 떨어져 있다. 상은 렌즈에 대하여 물체와 같은 쪽에 렌즈로부터 22.0 cm에서 관찰된다. 렌즈의 초점거리는 얼마인가? 렌즈와 물체에 대한 광선 도형을 그리시오.

준비 물체 거리는 $s = 38.0$ cm이다. 종합 18.1에 따라 상이 렌즈에 대하여 물체와 같은 쪽에 있으므로 상거리는 음수이며, 따라서 $s' = -22.0$ cm이다.

풀이 얇은 렌즈 방정식 (18.11)을 이용하면

$$\frac{1}{f} = \frac{1}{s} + \frac{1}{s'} = \frac{1}{38.0\text{ cm}} + \frac{1}{-22.0\text{ cm}} = -0.0191\text{ cm}^{-1}$$

이고, 이로부터

$$f = \frac{1}{-0.0191\text{ cm}^{-1}} = -52.3\text{ cm}$$

이다. f가 음수이기 때문에 종합 18.1에 따르면 렌즈는 발산 렌즈임을 알 수 있다. 18.5절에서 배운 기술을 사용하여 그림 18.48과 같이 광선 도형을 그릴 수 있다. s'이 음수인 것은 허상에 해당한다는 것을 주목하라.

그림 18.48 발산 렌즈의 광선 추적 도형

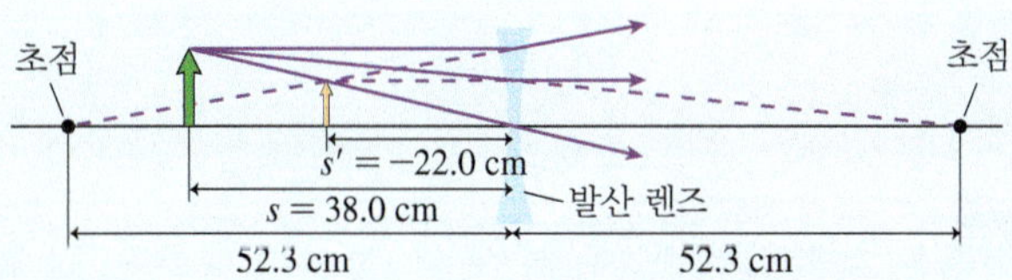

검토 상이 물체보다 렌즈에 더 가깝지만 같은 쪽에 맺는 경우 발산 렌즈임을 알 수 있다.

광선 도형을 그리기 위해서는 초점 위치를 먼저 정해야 하기 때문에 이 문제는 그림으로 풀기 어렵다. 얇은 렌즈 방정식을 이용하면 빠르고 정확한 결과를 얻을 수 있다. 그럼에도 불구하고 일단 f를 구한 후 광선 도형을 그려보는 것은 상황을 완전히 이해하는 데 많은 도움이 된다.

예제 18.14 초점거리는 얼마인가?

오목 거울이 2.4 m의 초점거리를 갖는다. 상이 뒤집히고 물체보다 2배 크기 위하여 촛불은 어디에 놓아야 하는가?

준비 비록 이것이 거울이지만, 얇은 렌즈 방정식을 사용할 수 있다. 종합 18.1에 따라 오목 거울이 양의 초점거리를 가지기 때문에 $f = +2.4$ m를 갖는다. 거꾸로 선 상은 음의 배율을 의미하기 때문에 배율 $m = -2$이다.

풀이 $m = -s'/s$인 식 (18.8)은 s'과 s에 관계된다.

$$s' = -ms$$

얇은 렌즈 방정식으로 s'에 대하여 이 표현을 삽입할 수 있다.

$$\frac{1}{f} = \frac{1}{s} + \frac{1}{s'} = \frac{1}{s} + \frac{1}{-ms} = \frac{1}{s} + \frac{1}{-(-2)s} = \frac{1}{s} + \frac{1}{2s} = \frac{3}{2s}$$

으로부터

$$s = \frac{3}{2}f = \frac{3}{2}(2.4\text{ m}) = 3.6\text{ m}$$

를 구할 수 있다. 촛불을 거울 앞 3.6 m 지점에 놓아야 한다.

검토 배율 방정식은 $s' = 2s = 7.2$ m임을 의미한다. 이것은 양수이다. 따라서 실상이며 거울의 물체와 같은 쪽에 놓인다.

종합형 예제 18.15 광섬유 영상 BIO

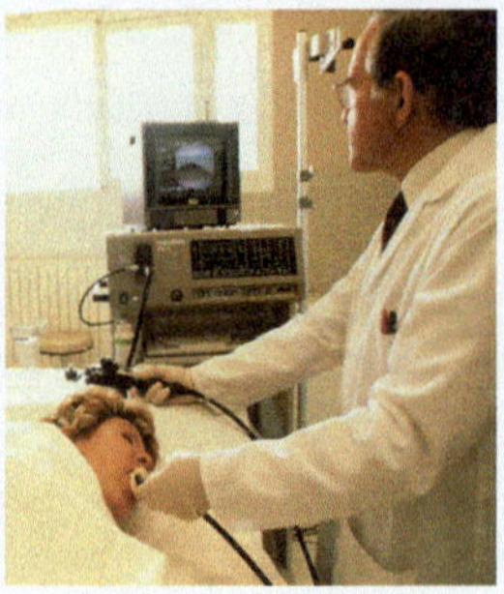

내시경은 신체 내부를 보기 위해 신체의 열린 곳 또는 작은 절개 부위를 통해 삽입될 수 있는 광섬유들의 가는 묶음이다. **그림 18.49**에서 보는 것처럼, **대물 렌즈**(objective)가 광섬유 묶음의 진입면에 있어 실상을 맺도록 한다. 각각의 광섬유들은 전반사에 의해 빛을 출구면까지 운반하고 거기서 빛이 빠져 나온다. 의사는 **접안 렌즈**(eyepiece)를 통해 봄으로써 출구면의 확대된 상을 관측한다.

그림 18.49 내시경

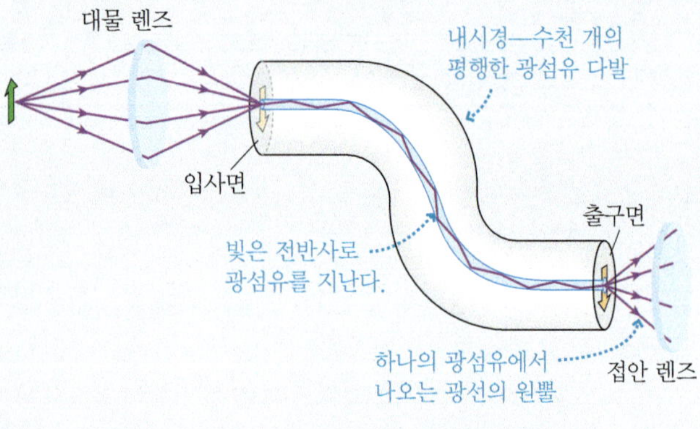

단일 광섬유는 18.3절에서 논의된 것과 **그림 18.50**에서 보는 것처럼 굴절률이 더 큰 유리 핵과 더 낮은 굴절률을 가진 피복층으로 되어 있다. 빛이 광섬유 안에 머물기 위하여 핵을 통해 진행하는 광선은 피복층과의 경계면을 임계각 θ_c보다 큰 각으로 입사해야 한다. 그림 18.50이 보여주는 것처럼, 이것은 광선이 핵에 θ_{max}보다 작은 각으로 입사하면 광섬유를 따라 진행하고 θ_{max}보다 큰 각으로 입사하면 전반사를 겪지 않고 광섬유를 빠져 나간다는 것을 의미한다.

그림 18.50 광섬유의 단면(크게 확대됨)

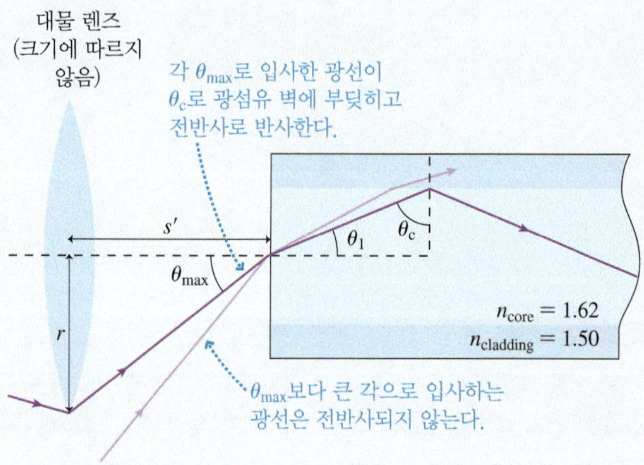

내시경의 대물 렌즈는 광섬유에 정밀하게 맞춰져 있어야 한다. 이상적으로 렌즈 지름은 그림 18.50에서 보는 것처럼 렌즈의 가장자리에서 오는 광선들이 광섬유에 각 θ_{max}로 입사하도록 한다. 이것보다 더 큰 렌즈는 바깥 부분에서 오는 광선들을 θ_{max}보다 큰 각으로 광섬유에 입사하여 광섬유를 빠져 나가게 하므로 유용하지 않다. 이것보다 더 작은 렌즈는 빛을 모으는 힘이 줄어든다.

a. 그림 18.50에 보이는 광섬유의 θ_{max}은 얼마인가?

b. 전형적인 대물 렌즈는 지름이 3.0 mm이고 렌즈로부터 3.0 mm 앞에 있는 물체의 상을 초점 맺을 수 있다. 렌즈의 가장자리를 지난 광선이 각 θ_{max}로 광섬유에 들어가도록 하려면 렌즈의 초점거리는 얼마이어야 하는가?

c. 이 렌즈의 배율은 얼마인가?

준비 그림 18.50으로부터 임계각 θ_c를 찾을 수 있고, 기하학적인 관계로부터 θ_1을 구할 수 있다. θ_{max}를 구하기 위해 스넬의 법칙을 사용할 수 있다. θ_{max}를 구하고 상거리 s'을 구할 수 있으며 물체 거리 3.0 mm임을 알기 때문에 얇은 렌즈 방정식을 이용하여 f를 구할 수 있다.

풀이

a. 전반사에 대한 임계각은 식 (18.3)으로 주어진다.

$$\theta_c = \sin^{-1}\left(\frac{n_2}{n_1}\right) = \sin^{-1}\left(\frac{n_{cladding}}{n_{core}}\right) = \sin^{-1}\left(\frac{1.50}{1.62}\right) = 67.8°$$

직각삼각형이므로 광섬유 진입면에서 이 광선의 굴절각은 $\theta_1 = 90° - 67.8° = 22.2°$이다. 이제 스넬의 법칙에 의하여 이 광선이 공기 중에서 각 θ_{max}로 입사하면

$$n_{air}\sin\theta_{max} = 1.00\sin\theta_{max} = n_{core}\sin\theta_1$$
$$= 1.62(\sin 22.2°) = 0.612$$

이다. 따라서 다음과 같다.

$$\theta_{max} = \sin^{-1}(0.612) = 37.7°$$

b. 그림 18.50에서 보는 것처럼, 광섬유 진입면과 렌즈 사이의 거리(상거리 s')는 렌즈의 반지름(r = 1.5 mm)과 다음과 같은 관계를 갖는다.

$$\frac{r}{s'} = \tan\theta_{max}$$

따라서 상거리는

$$s' = \frac{r}{\tan\theta_{max}} = \frac{1.5\text{ mm}}{\tan 37.7°} = 1.94\text{ mm}$$

이다. 그러면 얇은 렌즈 방정식을 써서

$$\frac{1}{f} = \frac{1}{s} + \frac{1}{s'} = \frac{1}{3.0\text{ mm}} + \frac{1}{1.94\text{ mm}} = 0.849\text{ mm}^{-1}$$

이고, 그 결과 렌즈의 초점거리는 다음과 같다.

$$f = \frac{1}{0.849\text{ mm}^{-1}} = 1.18\text{ mm}$$

c. 배율은

$$m = -\frac{s'}{s} = -\frac{1.94\text{ mm}}{3.0\text{ mm}} = -0.65$$

이다.

검토 수렴 렌즈가 실상을 만드는 경우의 조건대로 물체 거리 3.0 mm는 위에서 구한 초점거리 1.2 mm보다 더 크다.

문제의 난이도는 I(쉬움)에서 IIIII(도전)으로 구분하였다. INT로 표시된 문제는 지난 장의 내용이 복합된 문제이고, BIO는 생물학적 또는 의학적 관심 분야를 의미한다.

QR 코드를 스캔하여 이 장의 문제를 해결하는 데 도움이 되는 영상 학습 풀이를 시작하시오.

연습문제

18.1 빛의 광선 모형

1. II 키가 2.4 ft인 소년이 지면에 서 있다. 태양은 지평선으로부터 35° 위에 있다. 소년의 그림자는 얼마나 긴가?

2. IIIII 점광원이 2.00 m 떨어진 조리개를 비춘다. 12.0 cm 지름의 구멍으로부터 1.00 m 뒤에 있는 스크린에 밝은 부분이 나타났다. 구멍은 얼마나 넓은가?

18.2 반사

3. I 그림 P18.3은 평면 거울 앞에 물체 O를 보여준다. 광선 추적을 이용하여 A–D 어느 위치에서 물체의 상이 보이는지를 말하시오.

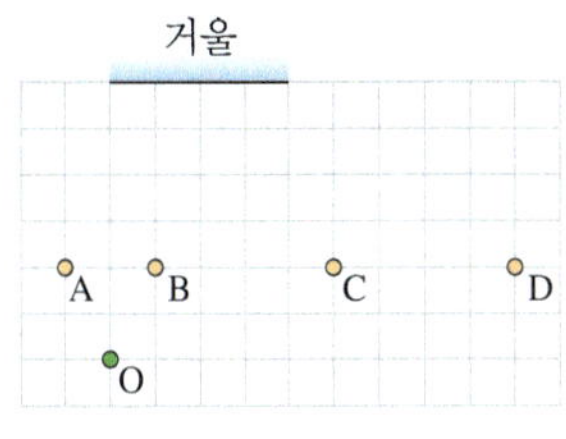

그림 P18.3

4. III 눈에서 발가락까지 거리가 165 cm이다. 거울 앞 200 cm 위치에서 서서 보면 눈에서 발가락 상까지 거리는 얼마인가?

18.3 굴절

5. III 수중 잠수부가 수평선에 대하여 50°로 태양을 본다. 잠수부 위

에 있는 보트에 탄 어부에게 태양은 수평선에 대하여 얼마나 높이 있는가?

6. ||| 1.0 cm 두께의 물 층이 유리판에 놓여 있다. 공기 중의 광선이 법선으로부터 60°로 입사한다. 유리에 입사한 후 법선으로부터 광선의 각은 얼마인가?

7. || 다이아몬드가 물속에 있다. 광선이 법선에 대하여 65°의 각도로 다이아몬드의 한 면으로 입사한다. 광선이 다이아몬드 안으로 진행하는 각도는 얼마인가?

8. || 광선이 입사각 60°로 윗면을 통하여 수평 유리판 안쪽으로 진행한다. 이 광선은 유리-공기 면에서 전반사한다. 유리 위로 액체를 부었다. 액체를 채워도 광선이 전반사를 할 수 있는 최대 굴절률은 얼마인가?

18.4 굴절에 의한 상 형성

9. ||| 한 생물학자는 폴리스티렌 플라스틱 상자에 좋아하는 딱정벌레를 넣어 간직한다. 운 없는 곤충이 플라스틱 안 2.0 cm에 있는 것으로 보인다. 표면 아래 딱정벌레의 실제 거리는 얼마인가?

10. | 수경은 평평한 유리면 사이에 공기주머니를 갖는다.

    a. 수경을 착용하고 수중에서 수영하는 동안 물고기를 본다면, 물고기가 실제로 위치한 것보다 가까워 보일까, 멀어 보일까? 광선 추적 도형을 그려서 설명하시오.
    b. 물고기가 볼 때 실제 위치보다 여러분의 얼굴이 더 가까이 있을까? 아니면 더 멀리 있을까? 설명을 위하여 광선 추적 도형을 그리시오.

18.5 얇은 렌즈: 광선 추적

11. | 물체가 초점거리 10 cm인 수렴 렌즈로부터 6.0 cm 앞에 놓여 있다. 광선 추적을 사용하여 상의 위치를 결정하시오. 상은 바로 서 있을까 아니면 거꾸로 서 있을까? 실상인가, 허상인가?

12. | 물체가 초점거리 10 cm인 발산 렌즈로부터 15 cm 앞에 놓여 있다. 광선 추적을 사용하여 상의 위치를 결정하시오. 상은 바로 서 있을까 아니면 거꾸로 서 있을까? 실상인가, 허상인가?

18.6 구면 거울에 의한 상 형성

13. | 백열전구가 초점거리 20 cm인 오목 거울로부터 60 cm 위치에 있다. 광선 추적을 사용하여 상의 위치를 결정하시오. 상은 바로 서 있을까 아니면 거꾸로 서 있을까? 실상인가, 허상인가?

14. || 치과 의사는 위턱의 뒤쪽 치아를 보기 위하여 곡면 거울을 사용한다. 거울이 치아로부터 1.2 cm 떨어져 있을 때 2.0의 배율을 갖는 바로 선 상을 원한다(이 문제에서 물체와 상이 직선상에 놓여 있다고 가정한다). 광선 추적을 이용하여 오목 거울이 필요한지, 볼록 거울이 필요한지를 결정하고 초점거리를 계산하시오.
BIO

15. ||| 물체가 볼록 거울 앞 12 cm에 있다. 거울은 물체의 75% 크기 상을 만든다. 광선 추적을 써서 거울로부터 초점까지의 거리를 구하시오.

18.7 얇은 렌즈 방정식

문제 16~20까지 상의 위치와 크기를 계산하시오.

16. || 4.0 mm 크기의 물체가 초점거리 0.5 m인 수렴 렌즈 앞 5 cm에 위치한다.

17. | 1.0 cm 크기 물체가 초점거리 30 cm인 수렴 렌즈 앞 75 cm에 위치한다.

18. | 1.0 cm 크기 물체가 초점거리 −30 cm인 발산 렌즈 앞 60 cm에 위치한다.

19. || 1.0 cm 크기 물체가 초점거리 −15 cm인 볼록 거울 앞 30 cm에 위치한다.

20. | 3.0 cm 크기 물체가 초점거리 25 cm인 오목 거울 앞 45 cm에 위치한다.

19 광학 기기
Optical Instruments

사진 속 물고기는 네눈박이 물고기(anableps)이다. 물 표면의 위와 아래를 동시에 뚜렷이 보기 위해서 위쪽 눈과 아래쪽 눈은 어떻게 달라야 할까?

학습목표

일반 광학 기기들의 작동 원리를 이해한다.

사람의 눈

사람의 눈은 신체에서 가장 중요한 광학 기기로서 수정체는 빛에 민감한 망막 표면에 실상을 맺히게 한다.

안경과 콘택트렌즈가 어떻게 근시와 원시를 교정할 수 있는지 배운다.

광학 기기

수렴 렌즈는 가장 단순한 확대경이다. 현미경과 망원경을 공부한다.

물체를 1000배 정도로 확대하기 위하여 어떻게 광학 기기를 디자인해야 하는지 배운다.

광학적 분해능

회절에 따른 현미경 **분해능**의 한계 때문에 확대된 염색체 이미지는 약간 흐릿하게 보인다.

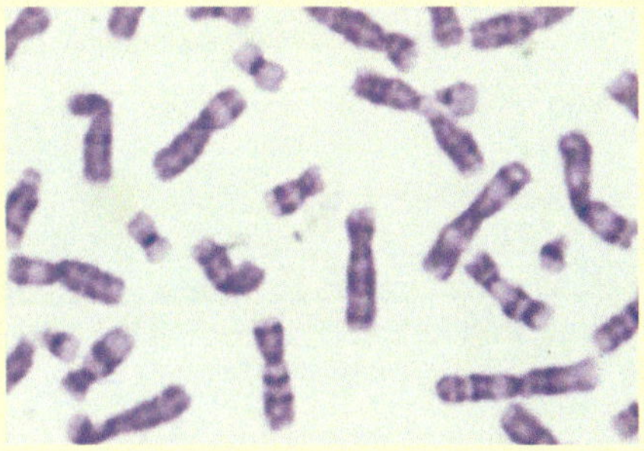

현미경이 빛의 파장의 길이보다 더 작은 물체들을 구별해낼 수 없음을 배운다.

이 장의 배경

렌즈에 의한 상의 형성

18.5절에서 하나의 렌즈가 어떻게 물체의 실상을 형성하는지를 배웠다. 이 장에서는 어떻게 두 렌즈의 조합이 망원경이나 현미경처럼 상을 더욱 확대할 수 있는지 배운다.

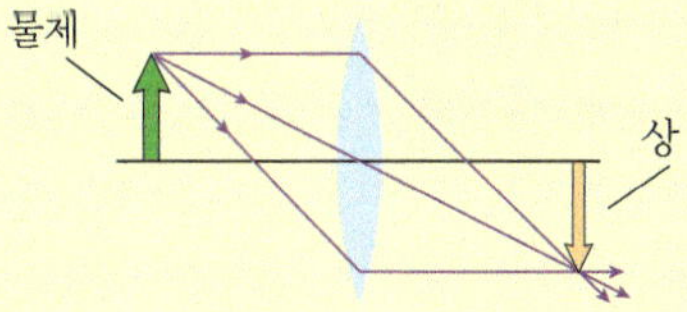

물체로부터 렌즈의 반대쪽에 맺히는 실상은 광선이 실질적으로 지나가는 지점이다.

19.1 카메라

바늘구멍 눈 BIO 황제앵무조개는 눈의 구조가 바늘구멍 사진기의 구조와 같은 유일한 동물이다. 작은 구멍을 통과한 광선들은 눈 뒤쪽 벽에 있는 빛에 민감한 세포를 자극해 상을 형성한다. 정교한 상은 아니겠지만, 앵무조개가 먹이를 잡고 포식자로부터 도망가기에는 그 정도의 상으로도 충분하다.

이 장에서는 렌즈와 거울의 조합으로 구성되어 있고 유용한 기능을 갖는 여러 광학 기기를 조사할 것이다. 가장 친숙한 광학 기기인 카메라부터 시작하기로 하자. **카메라**는 실상을 평면에 영사하는 장치이다. 상은 필름에 기록되거나 디지털카메라의 경우에는 전자 검출기에 기록된다. 최근의 카메라는 경이적인 광학 기술의 결과이지만, 단지 작은 구멍이 뚫려 있는 어둠상자를 이용해서도 그럴듯한 상을 만들 수 있다. 그러한 **바늘구멍 사진기**(pinhole camera)를 그림 19.1(a)에 보였다. 그림 19.1(b)에서 작은 구멍을 통과하는 빛에 광선 모형을 이용하여 바늘구멍 사진기의 작동원리를 설명하였다. 물체의 각 점은 모든 방향으로 광선들을 방출하지만 그중에서 한 광선만이 구멍을 통과해 필름에 도달할 수 있다. 따라서 물체의 각 점은 필름 위의 한 점만을 밝게 하고 그에 따라 상이 맺힌다. 그림이 설명하는 바와 같이 광선의 기하학적 배열 때문에 상은 위아래가 뒤집어진다.

그림 19.1 바늘구멍 사진기

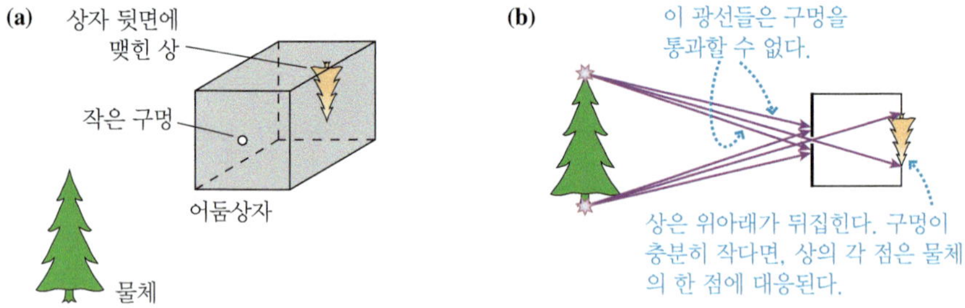

이미 짐작했겠지만 실제로 물체의 각 점은 필름 위의 작지만 크기를 가진 조각 부분을 밝게 한다. 구멍에 크기가 있기 때문에 물체의 각 점에서 방출된 여러 개의 광선이 아주 작은 차이의 각도로 구멍을 통과할 수 있기 때문이다. 결과적으로 상은 약간 흐릿해진다. 구멍을 더욱더 작게 함으로써 상을 더 뚜렷하게 만들 수는 있지만 상은 더욱더 어두워진다(구멍의 크기가 너무 작으면 회절 또한 중요해진다). 실제 바늘구멍 사진기는 실용적인 밝기의 상을 얻기 위해서 상이 어느 정도까지 흐릿해지는 것을 감수해야만 한다.

그림 19.2 카메라

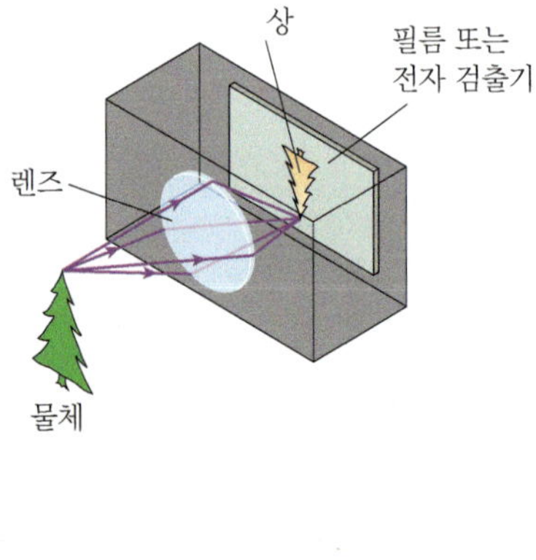

표준 카메라에는 바늘구멍 대신 **렌즈**가 이용되어 획기적인 개선이 가능하다. 그림 19.2는 카메라의 수렴 렌즈가 어떻게 실상을 필름에 영사하는지를 보여준다. 바늘구멍 사진기와 같이 위아래가 뒤집힌 실상을 필름에 영사하지만, 바늘구멍 사진기와 다르게 크기가 큰 렌즈는 예리한 상을 유지하면서 많은 양의 빛을 모을 수 있다. 그림에 보이지 않은 불투명한 장벽인 **여닫개**는 빛이 렌즈를 통과할 수 있도록 일시적으로 빛의 경로에서 사라진다. 렌즈의 유효 직경을 변화시켜 주는 **조리개**는 카메라 검출기에 도달하는 빛의 양을 조절한다.

그림 19.3은 렌즈를 통과해 상면 B로 수렴하는 물체에서 방출된 광선들을 보여준

그림 19.3 카메라에서 초점 맞추기

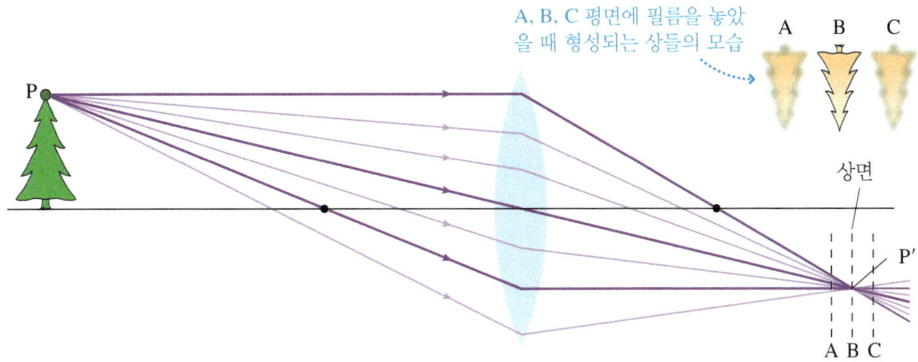

다. 그림에서 볼 수 있듯이, 물체의 한 점 P는 상면의 한 점 P′으로 수렴한다. 필름이나 전자 검출기를 이 평면 위에 놓으면, 그 위에 뚜렷한 상이 형성될 것이다. 그러나 필름을 상면보다 약간 앞에 있는 위치 A에 놓았다면, P점에서 방출된 광선들은 완벽하게 수렴하지 않아서 필름 위에 뚜렷한 점 대신에 작고 흐릿한 원을 형성할 것이다. 따라서 그림에 보였듯이 상은 흐릿해질 것이다. 마찬가지로 필름을 상면보다 뒤에 있는 위치 C에 놓았다면, 완벽한 초점으로부터 발산하는 광선들은 흐릿한 상을 형성할 것이다.

따라서 뚜렷한 상을 얻기 위해서는 필름을 상면에 정확하게 놓아야 한다. 그림 19.3은 뚜렷한 상을 얻기 위해 상면과 같아질 때까지 필름을 움직이는 방법을 보여준다. 그러나 대부분의 카메라에서는 상이 뚜렷해질 때까지 렌즈를 필름에 가깝게 움직이거나 멀어지게 움직여서 **초점**(focus)을 맞춘다. 두 가지 중에서 어떤 방법을 택하든 시 렌즈와 필름 사이의 거리는 바뀐다.

수업 영상

예제 19.1 카메라 초점 맞추기

초점거리 8.0 mm인 렌즈가 이용되는 디지털카메라로 30 cm 떨어진 물체의 사진을 찍는다. 뚜렷한 상을 얻기 위한 렌즈와 빛에 민감한 검출기 사이의 거리를 구하시오.

준비 그림 19.3에 보였듯이 검출기가 상면에 있어야만 상이 뚜렷해진다. 따라서 알고 있는 물체 거리 $s = 30$ cm와 렌즈의 초점거리 $f = 8.0$ mm를 이용해 상거리를 구해야 한다.

풀이 얇은 렌즈 방정식 (18.11)을 아래와 같이 다시 써서 상거리 s'을 구한다.

$$\frac{1}{s'} = \frac{1}{f} - \frac{1}{s} = \frac{1}{0.0080\ \text{m}} - \frac{1}{0.30\ \text{m}} = 122\ \text{m}^{-1}$$

따라서 $s' = 1/122\ \text{m}^{-1} = 0.0082$ mm $= 8.2$ mm. 렌즈와 검출기 사이의 거리는 8.2 mm이어야 한다.

검토 물체가 무한히 멀리 있다면 초점의 정의에 의해 상은 초점거리에 있게 된다. 곧, $s' = f = 8.0$ mm. 물체를 30 cm에 갖다 놓는다면 뚜렷한 상을 얻기 위해 렌즈를 8.2 mm − 8.0 mm = 0.2 mm 만큼만 움직이면 된다. 대개의 경우, 카메라 렌즈를 많이 움직이지 않아도 된다.

디지털 사진을 충분히 크게 확대하면 사진을 구성하는 개개의 화소들을 볼 수 있다.

그림 19.4 디지털카메라에 쓰이는 CCD 칩

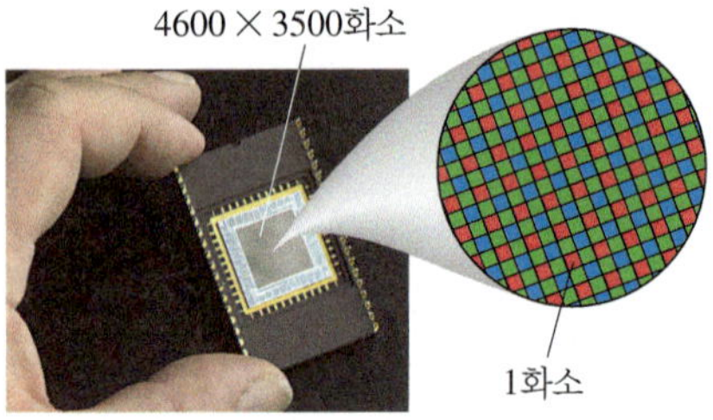

디지털카메라에는 전하 결합 소자, 곧 CCD(charge-coupled device)라고 하는 빛에 민감한 전자 검출기가 쓰인다. CCD에는 **화소**라고 하는 수백만 개의 작은 검출기들이 직사각형 형태로 배열되어 있다. 화소를 때린 빛은 빛의 세기에 비례하는 전하를 만든다. 따라서 상은 CCD 위에 전하들의 분포로 기록된다. CCD가 빛에 노출된 직후 전하들을 측정하고 신호의 세기를 디지털화하여 사진을 카메라의 디지털 기록 장치에 저장한다.

그림 19.4는 CCD 칩과 CCD 칩 위에 있는 화소의 확대된 모습을 보여준다. 색에 대한 정보를 기록하기 위해 빨간색, 녹색, 파란색 필터로 덮인 여러 가지 화소가 쓰인다. 예를 들면 녹색 필터로 덮인 화소는 그 화소로 들어오는 녹색 빛의 세기만을 기록한다. 나중에 카메라의 마이크로프로세서는 한 화소에 인접한 색을 내삽하여 각 화소에 도달한 실제 색을 결정한다. 25장에서 볼 수 있듯이 눈의 망막 구조는 CCD의 구조와 아주 비슷하다.

19.2 사람의 눈 BIO

사람의 눈은 카메라와 아주 비슷하게 작동한다. 카메라에서와 마찬가지로 사람의 눈을 3개의 주요 작동 조직인 들어오는 빛을 모으는 광학계, 눈으로 들어오는 빛의 양을 조절하는 조리개, 만들어진 상을 감지하는 빛에 민감한 표면으로 나눌 수 있다. **그림 19.5**는 이 3개의 조직으로 구성되는 눈의 부분을 보여준다. **각막**, **수양액**, **수정체**가 입사 광선을 굴절시켜 상을 만든다. 조정 가능한 **홍채**는 카메라의 조리개와 아주 유사하게 눈에 입사하는 빛의 양을 결정한다. **망막**은 상이 형성되는 빛에 민감한 표면이다. 망막은 생물학적으로 디지털카메라의 CCD와 같다.

그림 19.5 사람의 눈

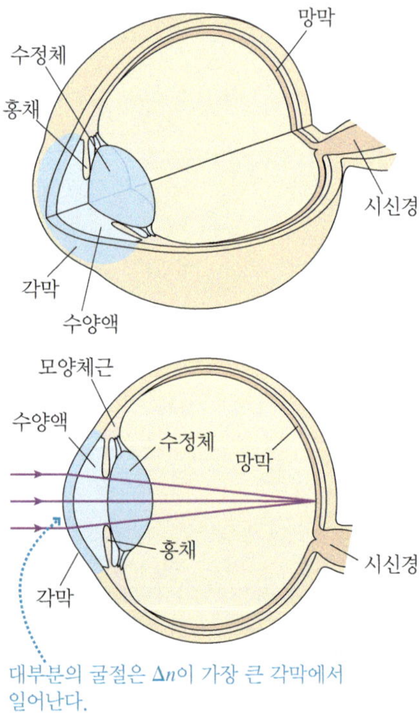

초점 맞추기와 원근조절

카메라와 비슷하게 눈은 입사 광선을 빛에 민감한 표면인 망막 위에 모으는 기능을 한다. 빛은 그림 19.5에 보였듯이 차례로 각막, 수양액, 수정체에 의해 굴절된다. 각 부분의 굴절률은 약간씩 다르지만 평균적으로 약 1.4이다. 눈에서 굴절의 대부분이 수정체에서 일어나지 않고 각막 표면에서 일어난다는 사실에 아마도 놀라워할 것이다. 이것은 각막 표면의 큰 곡률과 표면 양쪽의 큰 굴절률 차이 때문이다. 수정체의 굴절률이 수정체를 감싸고 있는 액체의 굴절률과 크게 다르지 않기 때문에 빛은 적게 굴절하면서 수정체를 통과한다. 수정체가 혼탁한 백내장 환자의 경우처럼 수술로 수정체가 제거되면, 각막만으로도 어느 정도의 시력을 얻을 수 있다.

눈은 먼 곳에 있는 물체에서 가까이 있는 물체로 시선을 옮김에 따라 계속해서 초점을 다시 맞춰야 한다. 이러한 과정은 아주 자연스레 일어나서 보통의 경우 인식할 수 없다. 카메라는 렌즈와 필름 사이의 거리를 바꿔서 초점을 맞춘다. 그러나 사람의 눈은 카메라와 다르게 수정체의 초점거리 자체를 바꿔서 초점을 맞춘다. **그림 19.6**

그림 19.6 눈의 원근조절

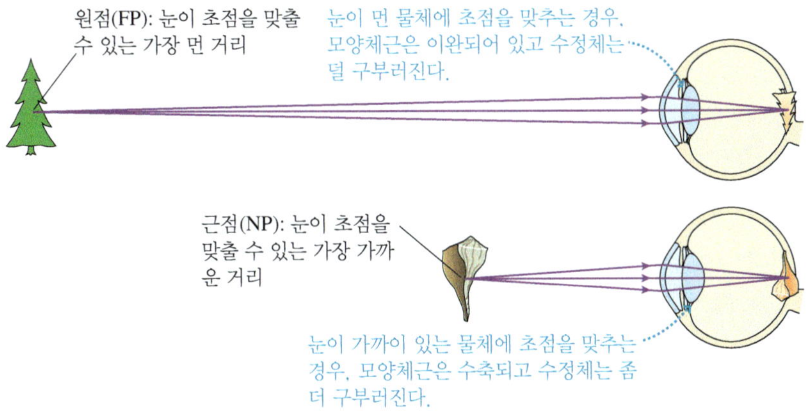

에 보인 것과 같이 모양체근을 이용하여 수정체의 **모양을 바꿈**으로써 초점거리를 바꾼다. 눈이 다른 거리에 초점을 맞추도록 수정체의 모양을 바꾸는 이 과정을 **원근조절**(accommodation)이라고 한다.

수업 영상

완전히 이완된 눈이 초점을 맞출 수 있는 가장 먼 거리의 점을 눈의 **원점**(FP, far point)이라고 한다. 정상 시력의 경우 원점은 무한대에 위치한다. 모양체근이 완전히 수축된 눈이 초점을 맞출 수 있는 가장 가까운 거리의 점을 눈의 **근점**(NP, near point)이라고 한다. 근점보다 더 가까이 위치한 물체를 뚜렷하게 볼 수 없다.

시력 결함과 그 교정

정상 시각의 근점은 25 cm 정도로 여겨지지만, 나이에 따라 개인의 근점은 바뀐다. 아이의 근점은 10 cm 정도로 짧을 수 있다. 정상 근점인 25 cm는 청소년의 특징이고, 대부분의 사람들의 근점은 40세에서 45세에 멀어지기 시작하여 60세에 200 cm에 이를 수 있다. 이처럼 수정체의 신축성이 감퇴하여 나타나는 원근조절이 상실된 눈을 **노안**(presbyopia)이라고 한다. 노안을 가졌지만 다른 면에서는 정상 시각인 사람들은 책을 읽을 때 근점을 책읽기에 편안한 거리인 25 cm 혹은 30 cm로 되돌려주는 돋보기가 필요하다.

노안은 눈의 **굴절 이상**으로 알려져 있다. 흔한 다른 두 굴절 이상에는 **원시**와 **근시**가 있다. 세 가지 굴절 이상 모두 눈의 초점 맞추기에 도움을 주는 안경이나 콘택트렌즈 등의 렌즈로 교정할 수 있다. 교정 렌즈는 렌즈의 초점거리보다는 렌즈의 **굴절력**(refractive power)으로 표시된다. 렌즈의 굴절력은 렌즈의 초점거리의 역수이다.

$$P = \frac{1}{f} \qquad (19.1)$$

초점거리가 f인 렌즈의 굴절력

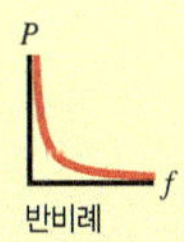

물속에서 보기 BIO 물속에서 수영할 때, 각막($n = 1.38$)과 물($n = 1.33$)의 굴절률 차이가 너무 작기 때문에 굴절이 크게 일어나지 않아서, 눈은 초점을 맞출 수 없다. 물안경을 쓰면 각막 표면이 물이 아닌 공기에 접하게 되어 눈은 보통처럼 초점을 맞출 수 있다. 물속에 사는 대개의 동물들의 각막은 굴절률의 작은 차이에 의한 효과를 상쇄하기 위해 더 급격하게 굽었다. 이 장을 시작하면서 보인 네눈박이 물고기는 물의 표면에 살기 때문에 아주 유별나다. 수면의 양쪽에 있는 물체에 대해 초점을 맞추기 위해서 각막을 비대칭적으로 발달시켰다. 수면 아래에 있는 각막이 더 급격하게 굽었다.

검안사의 처방전에서 오른쪽 눈(위)에 대해서는 −2.25 D로, 왼쪽 눈(아래)에 대해서는 −2.50 D로 처방되어 있다.

굴절력이 높은(초점거리가 짧은) 렌즈일수록 광선을 더 큰 각도로 굴절시킨다. 렌즈 굴절력의 SI 단위는 D로 표시되는 **디옵터**(diopter)이며 $1\ \text{D} = 1\ \text{m}^{-1}$로 정의된다. 따라서 $f = 50$ cm $= 0.5$ m인 렌즈의 굴절력은 $P = 2.0$ D이다.

검안사들이 처방전을 쓸 때 대개 단위 D를 쓰지 않는다. 렌즈 제작자들이 처방전에 쓰인 단위가 디옵터라는 것을 잘 알고 있기 때문이다. 다음에 검안사에게 안경 처방전을 받으면 확인해보라. 거기에서 +2.5/+2.7과 비슷한 것을 볼 것이다. 이 처방전은 오른쪽 눈에는 $P = +2.5$ D의 교정 렌즈가 필요하다는 것을 알려준다. 양(+)의 부호는 교정 렌즈가 양(+)의 초점거리를 갖는 수렴 렌즈라는 것을 의미한다. 왼쪽 눈에는 $P = +2.7$ D의 교정 렌즈가 필요하다. 대부분의 사람들의 양쪽 눈의 시력은 같지 않다. 따라서 양쪽 눈에 대개 조금 다른 렌즈가 필요하다. 음(−)의 부호를 갖는 숫자로 처방된 렌즈는 음(−)의 초점거리를 갖는 발산 렌즈이다.

눈이 **원시**인 사람은 멀리 떨어진 물체를 볼 수 있지만(이 경우에도 눈은 이완된 상태가 아니라 약간 원근조절이 된 상태이다) 근점이 25 cm보다 더 길기 때문에 가까운 물체에 초점을 맞출 수 없다. **원시**(hyperopia)의 원인은 각막과 수정체의 굴절력에 비해 너무 짧은 안구의 길이이다. 그림 19.7(a)와 19.7(b)에 보였듯이, 원시인 눈은 아무리 원근조절을 해도 정상인의 근점인 25 cm 떨어져 있는 물체에 대해 초점을 맞출 수 없다.

원시의 경우 눈이 가까운 물체에서 방출된 광선을 정상 눈보다 더 가까이 있는 망막으로 모으기 위해서는 보조 기구가 필요하다. 이러한 보조 기구는 그림 19.7(c)에 보인 것처럼 눈 앞에 있는 양(+)의 굴절력을 갖는 렌즈(수렴 렌즈)이다. 보조기구의 목적은 원시인 사람이 25 cm 떨어진 물체의 초점을 그의 망막에 맞추는 것이다. 교정 렌즈가 똑바로 선 허상을 그 사람의 실제 근점에 형성한다면, 그 허상은 눈에 대해서 물체가 되며, 눈은 이 광선들을 최대 원근조절하여 망막에 모을 수 있다. 나이에 따라 원근조절 능력이 감퇴하는 노안도 같은 방법으로 교정될 수 있다.

수업 영상

눈이 **근시**인 사람은 이완된 눈으로 가까이 있는 물체를 볼 수 있고, 원근조절을 하면 아주 가까이 있는 물체도 볼 수 있다. 그러나 눈을 아무리 이완하여도 멀리 떨어진 물체를 볼 수 없다. **근시**(myopia)는 안구 길이가 너무 커서 생긴다. 그림 19.8(a)에 보였듯이 멀리 떨어진 물체에서 온 광선은 망막 앞에 있는 초점에 모이게 되어 망막에 도달하면 발산한다. 그림 19.8(b)에 보였듯이 근시인 눈의 원점은 무한대보다 짧다.

근시를 교정하기 위해서는 그림 19.8(c)에 보였듯이 광선이 모이는 점을 살짝 바꿔서 뒤에 있는 망막으로 옮겨주는 발산 렌즈가 필요하다. 근시인 사람이 아주 멀리 있는 물체에 대하여 초점을 맞추기 위해서는 그 사람의 실제 원점에 똑바로 선 허상을 만드는 교정 렌즈가 필요하다. 그 허상은 눈에 대해서 물체에 해당하게 되며, 충분히 눈이 이완되면 눈은 이 광선들을 망막에 모을 수 있다.

그림 19.7 원시

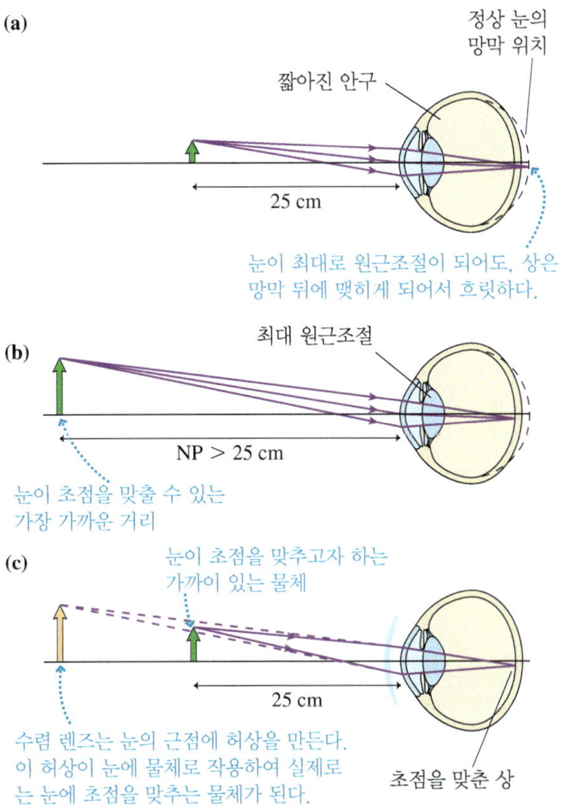

그림 19.8 근시

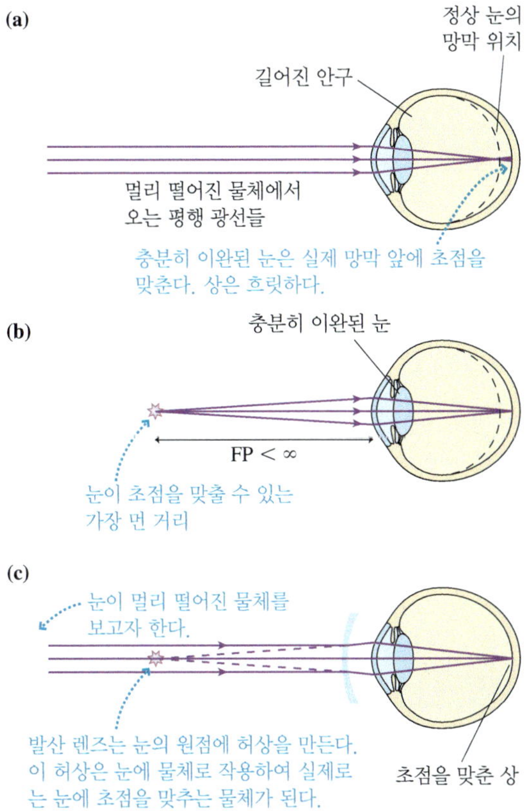

예제 19.2 원시 교정

왼쪽 눈의 근점이 150 cm인 원시인 사람이 있다. 어떤 렌즈를 이용해야 그의 시력을 정상 시력으로 되돌릴 수 있는가?

준비 그의 눈이 정상 시력을 갖는다면 25 cm 떨어져 있는 물체를 볼 수 있다. 거리를 측정하는 데 있어서 렌즈와 그의 눈 사이의 작은 공간은 무시할 것이다.

풀이 그 사람은 최대로 원근조절이 된 눈으로 150 cm 떨어져 있는 물체를 볼 수 있기 때문에, $s = 25$ cm에 있는 물체의 상을 $s' = -150$ cm에 허상으로 맺게 하는 렌즈가 필요하다(허상이기 때문에 음(−)의 부호가 있다). 얇은 렌즈 방정식으로부터

$$\frac{1}{f} = \frac{1}{s} + \frac{1}{s'} = \frac{1}{0.25\ \text{m}} + \frac{1}{-1.50\ \text{m}} = 3.3\ \text{m}^{-1}$$

을 얻는다. $1/f$는 렌즈의 굴절력이고 m^{-1}은 디옵터이다. 따라서 굴절력 $P = 3.3$ D인 렌즈가 필요하다.

검토 원시는 언제나 수렴 렌즈로 교정할 수 있다.

예제 19.3 근시 교정

왼쪽 눈의 원점이 200 cm인 근시인 사람이 있다. 어떤 렌즈를 이용해야 그의 시력을 정상 시력으로 되돌릴 수 있는가?

준비 그의 눈이 정상 시력을 갖는다면 아주 멀리 떨어져 있는 물체에 대해 초점을 맞출 수 있다. 거리를 측정하는 데 있어서 렌즈와 그의 눈 사이의 작은 공간은 무시할 것이다.

풀이 그 사람은 이완된 눈으로 200 cm 떨어져 있는 물체를 볼 수 있기 때문에, $s = \infty$ cm에 있는 물체의 상을 $s' = -200$ cm에 허상으로 맺게 하는 렌즈가 필요하다(허상이기 때문에 음(−)의 부호가 있다). 얇은 렌즈 방정식으로부터

$$\frac{1}{f} = \frac{1}{s} + \frac{1}{s'} = \frac{1}{\infty\ \text{m}} + \frac{1}{-2.0\ \text{m}} = -0.5\ \text{m}^{-1}$$

을 얻는다. $1/f$는 렌즈의 굴절력이고 m^{-1}은 디옵터이다. 따라서 굴절력 $P = -0.5$ D인 렌즈가 필요하다.

검토 근시는 언제나 발산 렌즈로 교정할 수 있다.

19.3 돋보기

곤충이나 동전과 같이 작은 물체를 더 잘 보기 위해서 누구나 돋보기를 이용한다. ◀◀18.5절에서 보았듯이 돋보기는 단순한 수렴 렌즈지만, 그 렌즈를 통해서 보면 물체가 더 커 보이는 이유는 아주 신비롭다.

특별한 광학 기기 없이 물체를 확대하는 가장 단순한 방법에서부터 시작해보자. 보고자 하는 물체에 다가가 보라. 물체에 다가갈수록 물체는 더 커 보인다. 물체에 다가간다고 해서 물체의 실제 크기가 바뀌지 않는다는 것은 분명하다. 그렇다면 '커지는' 것은 실제로 무엇일까? 팔 길이 정도의 거리에 들고 있는 동전은 멀리 있는 달을 가리고도 남는다. 동전이 달보다 '크다'는 것은 무엇을 의미할까?

각 크기와 겉보기 크기

그림 19.9(a)에 있는 녹색 화살표와 같은 물체를 생각하자. 망막에 맺힌 상의 크기를 찾기 위해서는 그림에 보인 수정체 중심을 통과하는 두 광선을 따라가면 된다(여기에서 눈 전체를 하나의 얇은 렌즈로 생각하는 얇은 렌즈 근사를 이용할 것이다). 이미 배웠듯이 수정체 중심을 통과하는 광선들은 원래 경로에서 벗어나지 않으므로, 그림에서 녹색으로 보인 망막 위의 상의 위치를 알아내기 위해 그 광선들을 이용할 수 있다. 그림에 빨간색으로 보인 것과 같이 녹색 화살표를 눈 쪽으로 더 가까이 가져다 놓고 같은 방식으로 광선을 따라가면, 화살표의 상은 더 커지게 됨을 알 수 있다. 뇌는 망막 위의 더 큰 상을 더 크게 보이는 물체로 인식한다. 물체를 눈 쪽으로 가까이 움직일수록, 물체의 실제 크기는 바뀌지 않지만 물체의 **겉보기 크기**(apparent size)는 더 커진다.

그림 19.9(a)에 있는 θ_1과 θ_2는 녹색 화살표와 빨간색 화살표에 대응하는 각도들이

그림 19.9 물체의 겉보기 크기가 결정되는 방식

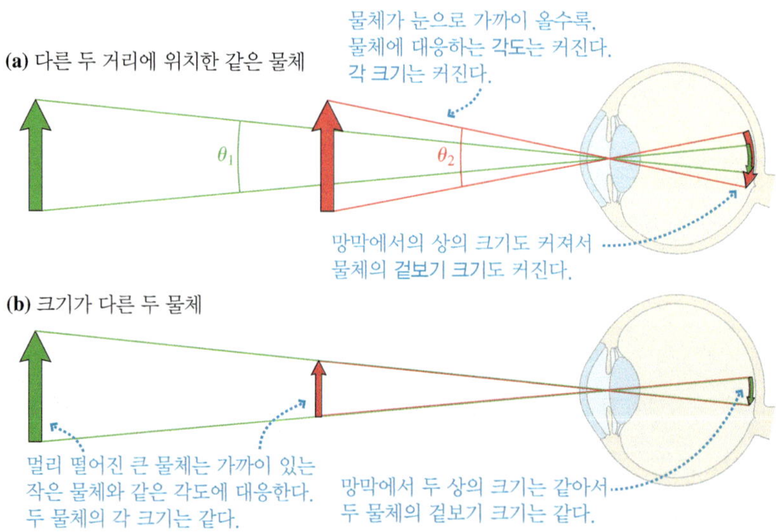

다. 물체에 대응하는 각도를 **각 크기**(angular size)라고 한다. 그림에서 볼 수 있듯이 **더 큰 각도에 대응하는 물체일수록 눈에 더 크게 보인다.** 그림 19.9(b)에 보였듯이 실제 크기가 다른 물체들의 각 크기는 같을 수 있으며, 그러한 물체들의 겉보기 크기는 같다.

돋보기 이용

겉보기 크기에서 논의한 바와 같이 물체를 확대하기 가장 쉬운 방법은 물체에 접근하는 것이다. 그러나 이러한 접근 방법에는 한계가 있다. 왜냐하면 정상인 눈의 근점을 25 cm라고 할 때 이보다 더 가까운 곳에 위치한 물체는 관측하기 어렵기 때문이다. 그러므로 그림 19.10과 같이 물체가 근점에 놓여 있을 때 최대 각 크기는 θ_0가 된다. 이러한 기하학적인 그림은 $\tan\theta_0 = h/25\ \text{cm}$임을 보인다. 보통의 경우처럼 각도가 충분히 작다면, 작은 각도에 대한 근사인 $\tan\theta_0 \approx \theta_0$를 이용할 수 있어서

$$\theta_0 \approx \frac{h}{25\ \text{cm}}$$

로 쓸 수 있다.

그림 19.10 돋보기를 이용하지 않을 때의 각 크기

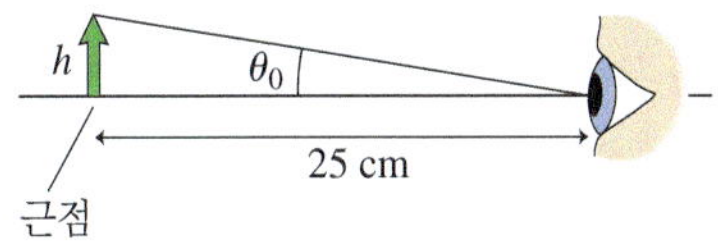

영화 마술? 같은 크기를 갖는 두 물체 중 더 멀리 떨어진 물체가 더 작게 보일지라도, 그 물체가 더 멀리 떨어져 있음을 우리의 뇌에 알려주는 많은 시각적 정보 때문에 그 물체가 실제로 더 작다고 생각하지 않는다. 그러나 그러한 시각적 정보를 없애면 우리의 뇌는 더 먼 물체가 작게 보이는 착시를 그대로 받아들인다. 인위적 원근법(forced perspective)은 이러한 착시를 만드는 영화에 쓰이는 특수효과이다. 이 사진에서 카메라에 더 가깝게 있는 메리는 톰에 비해 거인처럼 보인다. 아래쪽 사진은 이러한 착시가 어떻게 해서 만들어지는지 보여준다.

그렇다면 돋보기는 어떻게 위에 언급한 물체의 최대 각 크기보다 더 큰 각 크기를 얻게 할 수 있을까? 돋보기를 이용하는 흔한 방식은 물체가 렌즈의 초점 또는 초점 바로 안쪽에 있도록 렌즈를 드는 것이다. 그림 19.11에 보였듯이, 그렇게 하면 허상이 렌즈로부터 아주 멀리 떨어져 생긴다. 눈은 렌즈를 통해 그 허상을 '본다'. 멀리 떨어진 상을 볼 때 눈의 근육이 완전히 이완되기 때문에 이러한 허상은 눈에 편한 상이 된다. 따라서 이러한 방식으로 돋보기를 이용하면 눈의 긴장 없이 오랜 시간 이용할 수 있다.

그림 19.11 돋보기

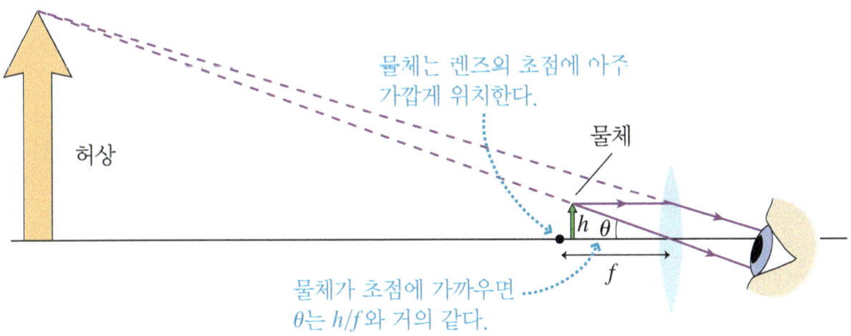

그림 19.11을 이용하여 상의 각 크기를 구할 수 있다. 물체는 렌즈로부터 거리가 f인 초점에 매우 가깝게 놓여 있다고 하자. 렌즈의 중심을 통과하는 광선을 따라가면 상의 각 크기 θ는 $\tan\theta = h/f$를 만족함을 알 수 있다. 또한 작은 각도에 대한 근사를 사용하면 θ는 다음과 같이 표현할 수 있다.

$$\theta \approx \frac{h}{f} \tag{19.2}$$

따라서 돋보기를 이용할 때의 각 크기 θ는 그렇지 않을 때의 각 크기에 비해

$$M = \frac{\theta}{\theta_0} = \frac{h/f}{h/25\text{ cm}} = \frac{25\text{ cm}}{f} \tag{19.3}$$

만큼 더 크다. 계산하려면 초점거리 f는 cm 단위로 사용해야 한다. 여기서 M을 **각배율**(angular magnification)이라고 한다. 초점거리가 짧은 렌즈를 이용하면 20배 정도의 각배율을 얻는 것도 가능하다.

개념형 예제 19.4 확대된 상의 각 크기

돋보기의 초점에 정확히 위치해 있는 물체가 있다. 돋보기에 대한 눈의 위치에 따라 상의 겉보기 크기는 어떻게 달라지겠는가?

판단 물체가 렌즈의 초점에 정확히 위치하면 식 (19.2)는 정확히 성립한다. 물체의 각 크기는 눈의 위치에 관계없이 h/f이다. 따라서 물체의 겉보기 크기 역시 눈의 위치에 관계없다. 그림 19.12는 돋보기의 초점에 위치한 계산기를 보여준다. COS 버튼의 겉보기 크기는 이 사진을 찍은 카메라를 돋보기에 가깝게 가져가거나 멀리 가져가도 똑같다.

검토 물체가 돋보기의 초점에 있으면, 상은 무한대에 있는 것으로 보인다. 달과 같이 '무한히' 멀리 있는 물체를 보는 상황과 유사해진다. 달에게 다가가거나 달로부터 멀어진다 해도 달의 겉보기 크기는 전혀 달라지지 않는다. 무한대에 있는 허상에 대해서도 같다. 허상의 겉보기 크기는 어디에서 보느냐에 관계없다.

그림 19.12 돋보기로 돋보기의 초점에 위치한 물체 보기

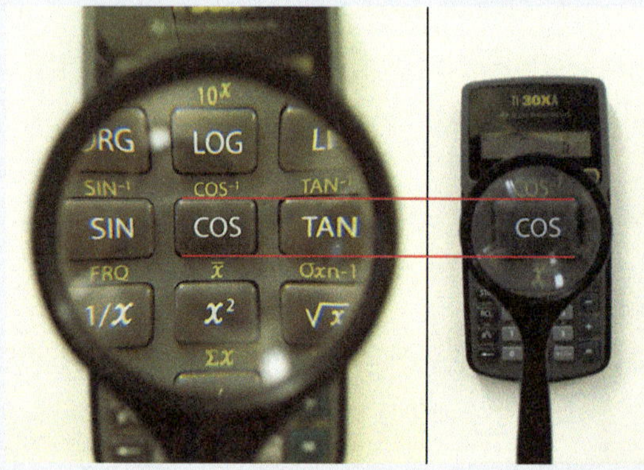

눈이 돋보기에 가까운 경우 눈이 돋보기에 먼 경우

19.4 현미경

단순히 돋보기를 이용하여 얻을 수 있는 배율보다 더 높은 배율을 얻기 위해서는 렌즈의 결합을 이용해야 한다. 이러한 방식으로 현미경과 망원경이 만들어진다. 결합된 두 렌즈에는 다음과 같은 단순한 규칙이 성립된다. **첫 번째 렌즈의 상은 두 번째 렌즈에 대해 물체의 역할을 한다.** 다음의 예는 그 규칙을 설명하는 예이다.

예제 19.5 결합된 두 렌즈에 의한 상 찾기

초점거리 5.0 cm인 수렴 렌즈가 초점거리 10.0 cm인 발산 렌즈 앞에 16.0 cm만큼 떨어져 있다. 높이 4.0 cm인 물체가 수렴 렌즈 앞에 11.0 cm만큼 떨어져 있다. 최종 상의 위치와 크기를 구하시오.

준비 광선 추적에서부터 시작하자. 광선 추적 도형은 상황을 이해하고 답을 예상하는 데에 도움이 된다. 도형은 때로 계산상의 실수를 알려주기도 한다. 그림 19.13(a)에서 수렴 렌즈에 의한 상을 알기 위해 3개의 특별한 광선을 이용한다. 첫 번째 렌즈에 의한 상은 두 렌즈 사이에 생기는 실상이다. 규칙에 의해서 그림 19.13(b)와 같이 이 상을 두 번째 렌즈의 물체로 이용할 수 있다. 최종 상은 발산 렌즈의 왼쪽에 약 4 cm 떨어져 생기며 거꾸로 된 허상이다.

그림 19.13 결합된 두 렌즈

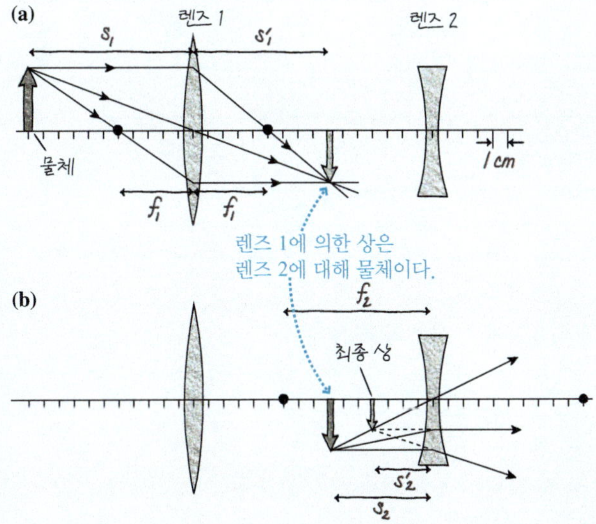

얇은 렌즈 방정식을 이용하여 수학적으로 첫 번째 렌즈에 의한 상의 위치와 크기를 찾을 수 있다. 그 상을 두 번째 렌즈에 대해서 물체로 다뤄 렌즈 방정식을 다시 이용한다.

풀이 먼저 렌즈 1에 의한 상에 대해 풀자. 얇은 렌즈 방정식

$$\frac{1}{s_1'} = \frac{1}{f_1} - \frac{1}{s_1} = \frac{1}{5.0\ \text{cm}} - \frac{1}{11.0\ \text{cm}}$$

로부터 $s_1' = 9.17$ cm를 얻는다. 상거리가 양(+)수이므로 상은 실상이며 첫 번째 렌즈의 오른쪽에 위치한다. 첫 번째 렌즈의 배율은 $m_1 = -s_1'/s_1 = -(9.17\ \text{cm})/(11.0\ \text{cm}) = -0.833$이다.

이 상이 두 번째 렌즈의 물체이다. 상이 첫 번째 렌즈의 오른쪽 9.17 cm에 위치하고 두 렌즈는 16.0 cm만큼 떨어져 있으므로, 상은 두 번째 렌즈 앞에 16.0 cm − 9.17 cm = 6.83 cm만큼 떨어져 있다.

얇은 렌즈 방정식을 다시 이용하면,

$$\frac{1}{s_2'} = \frac{1}{f_2} - \frac{1}{s_2} = \frac{1}{-10.0\ \text{cm}} - \frac{1}{6.83\ \text{cm}}$$

로부터 $s_2' = -4.06$ cm를 얻거나 유효 숫자 두 자리인 4.1 cm를 얻는다. 상거리가 음(−)수이므로 상은 허상이고 그림 19.13(b)에 보인 것처럼 렌즈 2의 왼쪽에 위치한다. 두 번째 렌즈의 배율은 $m_2 = -s_2'/s_2 = -(-4.06\ \text{cm})/(6.83\ \text{cm}) = 0.594$이다.

따라서 최종 상의 크기는

$$h_2' = m_2h_2 = m_2h_1' = m_2(m_1h_1) = m_1m_2h_1$$
$$= (-0.833)(0.594)(4.0\ \text{cm}) = -2.0\ \text{cm}$$

이다. 여기에서 두 번째 렌즈에 대한 물체의 높이 h_2는 첫 번째 렌즈에 의한 상의 높이 h_1'과 같음을 이용했다.

검토 최종 상의 크기를 계산할 때 $h_2' = m_1m_2h_1$임을 알았다. 이 결과는 **결합된 렌즈들에 의한 총 배율은 각 렌즈의 배율들의 곱과 같다**는 중요한 사실을 알려준다.

현미경은 결합된 두 렌즈를 이용해 배율을 1000까지 올릴 수 있다. 현미경의 주요 부분을 **그림 19.14**에 보였다. 관찰할 시료는 초점거리가 상대적으로 짧은 **대물 렌즈**(objective lens 또는 간단히 objective) 바로 아래에 있는 **재물대**에 놓인다. 대물 렌즈는 확대된 실상을 만든다. 이 실상은 **접안 렌즈**(eyepiece)에 의해 더욱 확대된다. 접안 렌즈는 보통 돋보기로 쓰이는 렌즈이다. 최근의 현미경에서는 프리즘으로 물체로부터 오는 광선의 경로를 꺾어서 접안 렌즈가 보기 편안한 각도를 이룰 수 있게 한다. 그러나 프리즘이 없는 단순한 현미경을 살펴볼 것이다. 이러한 현미경에서 광선은 곧은 경통을 따라 진행한다.

현미경이 물체를 확대하는 과정을 더 자세히 살펴보자. **그림 19.15**에 수평으로 놓인 현미경을 그렸다. 물체 거리가 대물 렌즈의 초점거리 f_o보다 살짝 커서, 대물 렌즈는 거리 $s' = L$에 아주 크게 확대된 물체의 상을 만든다. **경통 길이**(tube length)로 알려진 이 거리는 대부분의 생물학용 현미경의 경우 $L - 160$ mm가 표준으로 되어 있다. 그림 19.14에 보인 대부분의 현미경에서는 초점 맞춤 손잡이를 이용해서 재물대를 위아래로 움직여 물체 거리를 조정하여 상이 L에 위치하도록 한다.

그림 19.14 현미경

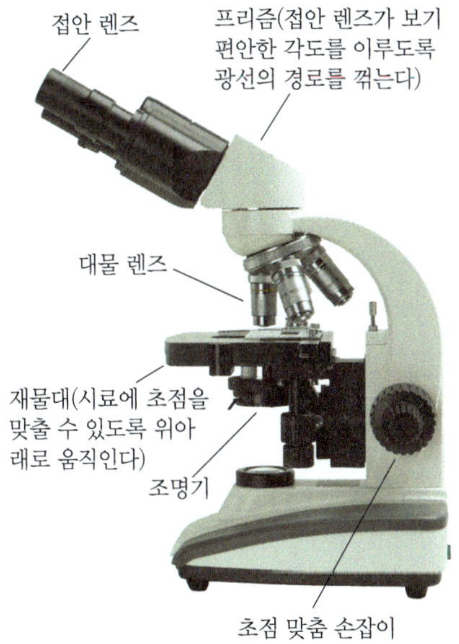

그림 19.15 수평으로 놓인 현미경 안에서의 광학

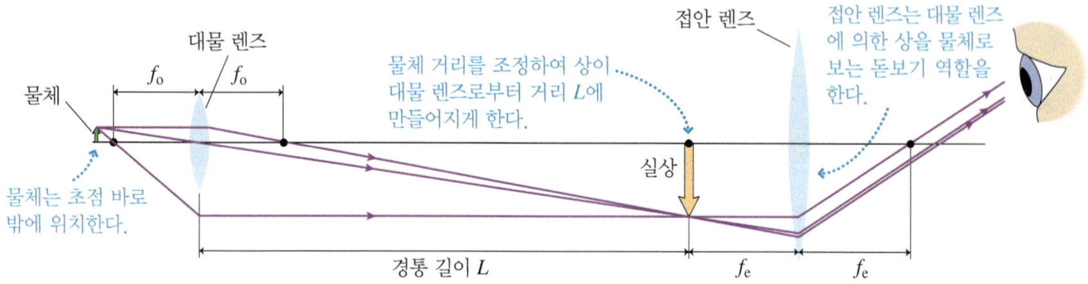

배율 공식 (18.8)을 이용하면, 대물 렌즈의 배율은

$$m_o = -\frac{s'}{s} \approx -\frac{L}{f_o} \tag{19.4}$$

이다. 여기에서 상거리 s'이 경통 길이 L과 같다는 사실과 물체 거리 s가 대물 렌즈의 초점거리 f_o에 아주 가깝다는 사실을 이용했다. 음(−)의 부호로부터 상이 물체에 대해 뒤집어진다는 것을 알 수 있다.

대물 렌즈에 의한 상은 간단한 돋보기인 접안 렌즈에 대해 물체가 된다. 접안 렌즈에 의한 각배율은 식 (19.3)에 있다($M_e = (25\text{ cm})/f_e$). 대물 렌즈와 접안 렌즈에 의한 총 각배율은

$$M = m_o M_e = -\frac{L}{f_o}\frac{25\text{ cm}}{f_e} \tag{19.5}$$

가 된다. 음(−)의 부호로부터 현미경을 통해 본 상은 물체가 뒤집어진 모습이라는 것을 알 수 있다.

예제 19.6 **현미경 대물 렌즈의 초점거리 찾기**

'20×'이라고 표시된 생물학용 대물 렌즈가 있다. 이 대물 렌즈의 초점거리를 구하시오.

준비 '20×' 표시는 대물 렌즈의 배율 m_o가 −20이라는 것을 의미한다. 생물학용 현미경의 경우의 표준인 $L = 160$ mm와 식 (19.4)를 이용하면 된다.

풀이 식 (19.4)로부터

$$f_o = -\frac{L}{m_o} = -\frac{160\text{ mm}}{-20} = 8.0\text{ mm}$$

를 구할 수 있다.

검토 이 대물 렌즈의 초점거리는 그림 19.15와 같이 현미경의 경통 길이보다 상당히 짧다.

현미경 대물 렌즈의 배율을 'power'라고도 한다. 따라서 예제 19.6에서 20×로 표기된 대물 렌즈 배율은 20 power를 갖는다(power 또는 대물 렌즈 배율은 렌즈의 굴절력과는 다른 개념이다). 대부분의 현미경에는 돌려서 전체 배율을 바꿀 수 있도록 회전판에 대물 렌즈들이 배열되어 있다. 대개 5×, 10×, 20×, 40×, 100×의 대물 렌즈들이 배열되어 있다. 접안 렌즈도 배율로 표시되는데, 그 배율은 10×에서 20×

사이에 있다. 이러한 두 종류의 렌즈로부터 최소 배율은 $5 \times 10 = 50\times$ 정도가 되고, 최대 배율은 $100 \times 20 = 2000\times$이 된다.

예제 19.7 **혈액 세포 관찰하기** BIO

한 병리학자가 지름 7 μm인 사람의 혈액 세포를 현미경으로 검사한다. 배율 40×인 대물 렌즈와 10×인 접안 렌즈로 검사할 때, 현미경을 통해 보이는 혈액 세포의 크기와 같은 겉보기 크기로 25 cm 떨어져 보이는 물체의 크기는 얼마일까?

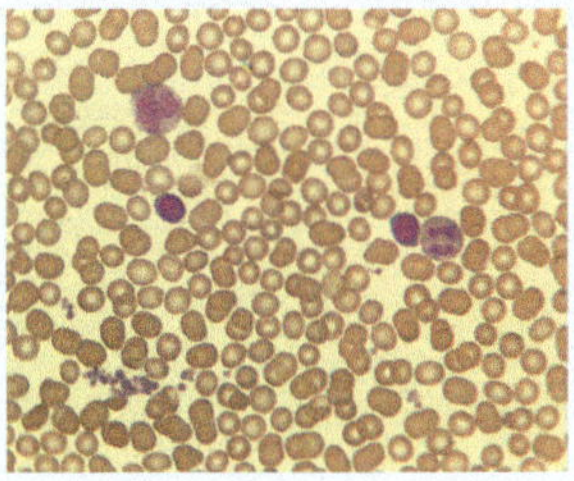

준비 각배율은 확대된 각 크기와 25 cm인 근점에서 보이는 각 크기를 비교한 것이다.

풀이 이용된 현미경의 각배율은 $M = -(40) \times (10) = -400$이다. 확대된 세포의 겉보기 크기는 근점인 25 cm에 있는 지름 $400 \times 7\ \mu\text{m} \approx 3$ mm인 물체와 같다.

검토 3 mm는 이 교재에 있는 문자의 크기와 거의 같다. 따라서 현미경을 통해 본 혈액 세포의 겉보기 크기는 편히게 읽을 수 있는 거리에서 본 문자의 크기와 같다.

19.5 망원경

현미경은 대물 렌즈 가까이에 있는 작은 물체를 확대한다. 망원경은 멀리 있는 물체를 확대하는 데 쓰인다. **그림 19.16**에 보인 두 렌즈의 배열은 현미경에서의 배열과 비슷하지만, 현미경에서 대물 렌즈의 초점거리는 아주 짧은 반면 망원경에서 대물 렌즈의 초점거리는 길다. 물체가 아주 멀리 있기 때문에($s \approx \infty$), 물체의 상은 수렴 렌즈인 대물 렌즈의 초점에 실상으로 맺힌다. 단순한 돋보기 역할을 하는 두 번째 렌즈인 접안 렌즈는 대물 렌즈에 의한 실상을 확대하여 눈에 대한 최종 상을 만든다.

그림 19.16을 이용하여 망원경의 배율을 찾을 수 있다. 원래 물체에 대응하는 각도는 θ_o이다. 물체가 멀리 떨어져 있기 때문에 물체의 상은 대물 렌즈로부터 f_o만큼 떨어진 대물 렌즈의 초점면에 맺힌다. 이 상의 높이는 그림 19.16으로부터

$$h' \approx -f_o\theta_o$$

이다. 작은 각도에 대한 근사 $\tan\theta_o \approx \theta_o$를 이용했다. 이 상이 돋보기 역할을 하는 접안 렌즈에 대한 높이 h'인 '물체'가 된다. 따라서 접안 렌즈에 의한 허상의 각 크기

좀 더 선명한 상 지구에서의 망원경 관측은 대기 때문에 한계가 있다. 밤일지라도 약하지만 빛나는 대기는 희미하게 빛나는 천체 사진을 긴 노출로 찍을 때 방해가 된다. 게다가 대기의 요동(별이 반짝거리는 이유) 때문에 관측하려는 물체의 세부적인 모습을 관측하기 어렵다. 이러한 이유 때문에 허블 우주 망원경(Hubble Space Telescope)은 대기권을 벗어난 높은 궤도를 따라 지구를 돌고 있다. 허블 우주 망원경은 지름 2.4 m인 거울을 이용하여 사진에 있는 별(초신성) V838 모노케로티스(Monocerotis)를 감싸는 가스 구름(gas cloud)과 같은 아주 장엄한 천체 사진들을 촬영했다.

그림 19.16 망원경

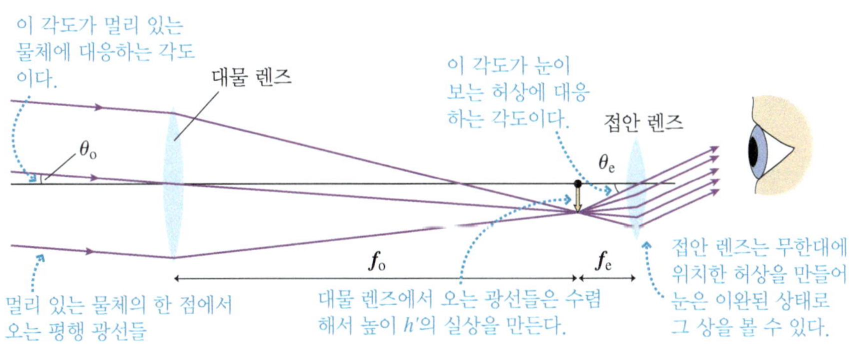

θ_e는 식 (19.2)로부터

$$\theta_e = \frac{h'}{f_e} = \frac{-f_o\theta_o}{f_e}$$

가 된다. 여기서 f_e는 접안 렌즈의 초점거리이다. 망원경의 각배율은 망원경을 통해 본 물체의 각 크기와 망원경 없이 본 물체의 각 크기의 비로

$$M = \frac{\theta_e}{\theta_o} = -\frac{f_o}{f_e} \tag{19.6}$$

이다. 음(−)의 부호는 이런 구조의 간단한 망원경으로 위아래가 뒤집힌 상을 보게 된다는 것을 의미한다. 위아래가 뒤집히는 것은 천체를 관측할 때에는 문제가 되지 않지만, 새와 같이 가까운 물체를 볼 때에는 혼란을 일으킬 수 있다. 더 정교한 망원경은 상이 똑바로 만들어지도록 설계된다.

망원경으로 더 높은 배율을 얻기 위해서는 대물 렌즈의 초점거리는 길고 접안 렌즈의 초점거리는 짧아야 한다. 이와 대조적으로 현미경에서는 식 (19.5)에서 볼 수 있듯이 대물 렌즈와 접안 렌즈 모두 초점거리가 짧아야 배율이 높다.

그림 19.17 반사 망원경

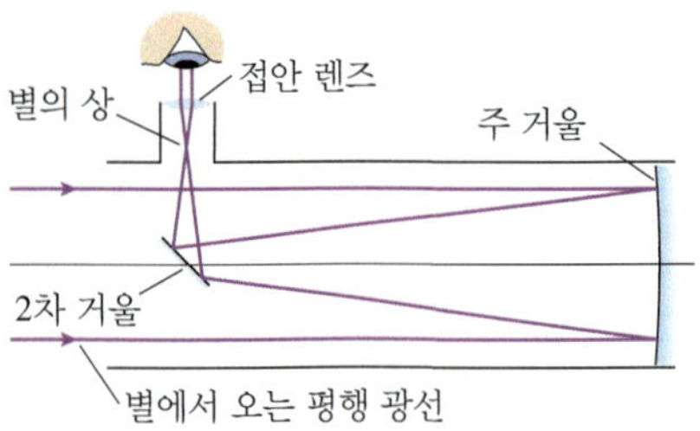

그림 19.16에 보인 망원경과 같이 물체를 바라보는 기구에 렌즈가 쓰인 망원경을 **굴절 망원경**이라고 한다. **그림 19.17**에 보인 것 같이 렌즈 대신 오목 거울을 이용하는 **반사 망원경**을 만드는 것도 가능하다. 작은 반사 망원경의 경우, 오목 거울 때문에 하나의 문제가 생긴다. 오목 거울 앞에 상이 생기기 때문에 접안 렌즈로 그 상을 확대하기 위해서는 관측자의 머리가 광선 경로 위에 있어야 하므로 사실상 어렵다. 이러한 반사 망원경을 처음 만든 뉴턴은 **2차 거울**이라 하는 평면 거울을 살짝 돌려서 설치하여 오목 거울에 의한 상을 망원경 옆에 있는 접안 렌즈로 반사시켰다.

천문학에 쓰이는 큰 망원경의 경우, 거울은 렌즈에 비해 두 가지 장점을 갖는다. 첫째, 천체 망원경에서 희미하게 빛나는 천체로부터 오는 빛을 가능한 많이 모아야 하기 때문에 물체를 향하는 기기가 아주 커야 한다. 하와이에 있는 스바루(Subaru) 망원경은 세계에서 가장 큰 단일 거울 망원경이다. 거울의 지름이 8.3 m이다! 렌즈의 지름이 이 정도라면 그 무게 때문에 렌즈가 깨질 것이다. 그러나 거울의 경우 거울 뒷면에 지지대를 붙일 수 있다. 둘째, 거울의 경우에는 렌즈에서 나타나는 색수차를 걱정할 필요가 없다. 렌즈로 들어온 빛이 그 빛을 구성하는 색으로 나뉘는 것을 색수차라고 한다. 뒤에서 색수차를 살펴볼 것이다.

19.6 색과 분산

"나는 잘 알려진 색 현상을 시험해보기 위해 삼각형 유리 프리즘을 구했다."
아이작 뉴턴

가장 분명한 빛의 시각적인 측면은 색 현상이다. 그러나 색은 그 강렬함에도 불구하고 빛 자체의 고유한 성질이 아니다. 색은 물리적인 양이 아니라 **인식 작용**이다. 색은 빛의 파장과 연관되지만, 여러분이 파장이 650 nm인 빛을 '빨간색'으로 보는 것은 여러분의 시각 체계가 이 파장의 전자기파에 어떻게 반응하는지에 대해 알려준다. 빛

자체에 '붉음'과 연관되는 것은 전혀 없다.

광학의 대부분의 결과는 색과 관계없다. 반사와 굴절의 법칙을 이용하기 위하여 빛의 색 또는 빛의 파장에 대해 알 필요는 없지만, 그럼에도 불구하고 색은 흥미 있는 주제이기 때문에 잠시 살펴보는 것도 의미가 있다.

색

불규칙적인 유리와 결정이 햇빛을 다양한 색으로 쪼갠다는 것은 고대로부터 알려져 있다. 사람들은 유리 또는 결정이 어떻게 해서든지 빛에 색을 더해서 빛의 성질을 바꾼다고 이해했다. 뉴턴은 이와 다른 설명을 제안했다. 뉴턴은 우선 태양 광선을 프리즘에 통과시켜 무지개를 만들었다. 프리즘은 빛을 **분산시킨다**. 뉴턴의 기발한 생각은 **그림 19.18(a)**에 보인 것과 같이 첫 번째 프리즘에 대해 뒤집힌 두 번째 프리즘을 이용하여 색을 '합치는' 것이다. 두 번째 프리즘을 빠져 나오는 빛은 순수한 백색광이다.

그러나 모든 광선이 두 프리즘을 통과할 때에만 백색광이 나온다. **그림 19.18(b)**에 보였듯이 작은 장애물로 광선들을 막으면 나오는 빛은 색을 띤다. 이러한 사실은 색은 빛 자체와 연관되지 프리즘이 빛에 하는 어떤 역할과도 관계없다는 것을 말해준다. 뉴턴은 작은 구멍을 프리즘 사이에 넣고 녹색 빛과 같은 특정 색의 빛만 통과시켜서 이러한 개념을 시험해보았다. 프리즘이 빛의 성질을 바꾼다면 두 번째 프리즘은 녹색 빛을 다른 색으로 바꾸어야 한다. 그러나 두 번째 프리즘에서 나오는 빛은 그 프리즘으로 들어간 녹색 빛이었다.

이러한 실험과 다른 유사한 실험들로부터 다음을 알 수 있다.

1. 백색광이라고 인식하는 빛은 모든 색이 혼합된 빛이다. 백색광은 다양한 색으로 분산될 수 있고, 마찬가지로 모든 색을 섞으면 백색광을 만들 수 있다.
2. 투명한 물질의 굴절률은 빛의 색에 따라 조금씩 다르다. 유리의 경우, 보라색 빛에 대한 굴절률이 녹색 빛 또는 빨간색 빛에 대한 굴절률보다 크다. 결과적으로 다른 색의 빛은 조금 다른 각도로 굴절한다. 프리즘은 빛을 바꾸거나 빛에 뭔가를 더하지 않는다. 프리즘은 백색광에 들어 있는 다른 색의 빛들을 조금씩 다른 경로로 진행하게 할 뿐이다.

분산

1801년 영(Thomas Young)은 빛의 색이 빛의 파장과 연관 있다는 것을 이중 슬릿 간섭 실험으로 처음 보였다. 가장 긴 파장의 빛을 빨간색 빛으로 인식하고 가장 짧은 파장의 빛을 보라색 빛으로 인식한다. 표 19.1에 **가시광선 대역**의 빛을 요약했다. 가시광선의 파장은 자주 이용되기 때문에 기억해두면 좋다.

굴절률이 파장에 따라 조금씩 달라지는 것을 **분산**(dispersion)이라고 한다. **그림 19.19**는 많이 쓰이는 두 종류의 유리에 대한 **분산 곡선**을 보여준다. **파장이 짧을수록 n이 커짐**에 주목하라. 따라서 보라색 빛이 빨간색 빛보다 더 많이 굴절된다.

그림 19.18 뉴턴은 색을 연구하기 위해 프리즘을 이용했다.

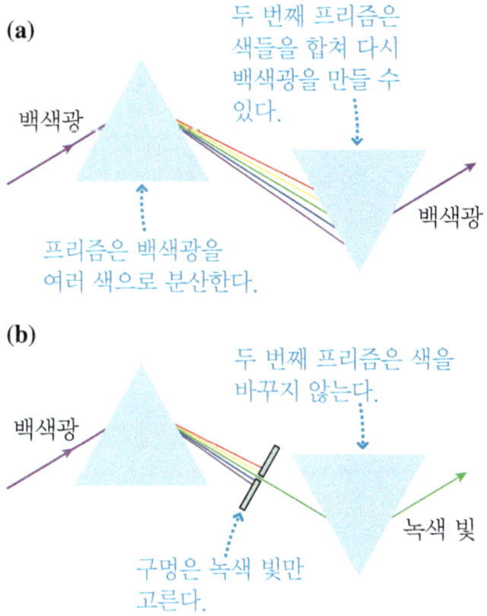

표 19.1 가시광선 대역의 요약

색	대략적인 파장
가장 진한 빨간색	700 nm
빨간색	650 nm
노란색	600 nm
녹색	550 nm
파란색	450 nm
진한 보라색	400 nm

그림 19.19 분산 곡선은 파장에 따른 굴절률의 변화에 대해 알려준다.

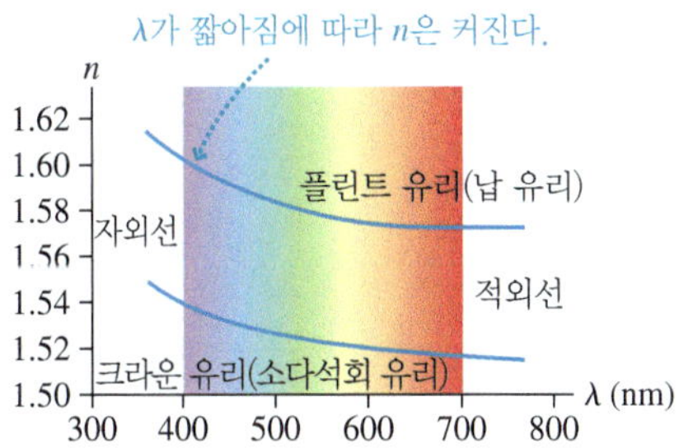

예제 19.8 프리즘으로 빛 분산시키기

예제 18.4에서 굴절률이 1.59이며, 한 각이 30°인 직각삼각형 모양의 프리즘으로 입사된 광선이 원래 진행 방향에 대해 22.6°로 꺾인다는 것을 보았다. 이 굴절률은 보라색 빛에 대한 것이고, 가장 진한 빨간색 빛에 대한 굴절률은 1.54라고 하자.

a. 가장 진한 빨간색 빛이 꺾이는 각도는 얼마인가?

b. 백색광이 프리즘에 의해 분산된다면, 2.0 m 떨어진 스크린에 비치는 무지개 스펙트럼의 폭은 얼마인가?

준비 예제 18.4에 있는 그림 18.18에 상황이 그려져 있다. 한 각이 30°인 직각삼각형 모양의 프리즘의 빗변으로 광선이 입사된다.

풀이

a. 가장 진한 빨간색 빛에 대해 $n_1 = 1.54$라면, 굴절각은

$$\theta_2 = \sin^{-1}\left(\frac{n_1 \sin\theta_1}{n_2}\right) = \sin^{-1}\left(\frac{1.54 \sin 30°}{1.00}\right) = 50.35°$$

이다. 예제 18.4에서 원래 진행 방향에 대하여 꺾이는 각은 $\phi = \theta_2 - \theta_1$이 됨을 보였다. 가장 진한 빨간색 빛은 $\phi_{red} = 20.35°$만큼 꺾여서 앞에서 본 보라색 빛이 꺾이는 각도 $\phi_{violet} = 22.60°$보다 작게 꺾인다.

b. 전체 스펙트럼은 $\phi_{red} = 20.35°$와 $\phi_{violet} = 22.60°$ 사이에 퍼진다. 각 퍼짐은

$$\delta = \phi_{violet} - \phi_{red} = 2.25° = 0.0393 \text{ rad}$$

이다. 거리 r에서 스펙트럼이 퍼져 있는 호의 길이는

$$s = r\delta = (2.0 \text{ m})(0.0393 \text{ rad}) = 0.0785 \text{ m} = 7.9 \text{ cm}$$

이다.

검토 두 각도 사이의 차이 δ를 두 자리의 유효 숫자로 결정하기 위하여 세 자리의 유효 숫자를 갖는 ϕ_{red}와 ϕ_{violet}이 필요해진다. 각도 δ가 아주 작기 때문에 호의 길이를 직선의 길이라고 할 수 있다. 스펙트럼은 2.0 m에 있는 스크린 위에서 7.9 cm의 폭으로 퍼진다.

무지개

자연에서 보이는 색과 관련된 가장 흥미로운 현상 중 하나는 무지개이다. 세부적으로 이해하기에는 다소 복잡하지만, **그림 19.20(a)**에 보였듯이 무지개는 기본적으로 굴절, 반사, 그리고 분산이 결합되어 나타난다.

그림 19.20(a)로부터 무지개 위쪽이 보라색으로 보인다고 생각할지도 모른다. 사실 무지개 위쪽은 빨간색으로 보이고 아래쪽이 보라색으로 보인다. 물방울에서 나오는 광선들은 퍼지기 때문에 모든 광선들이 눈으로 들어올 수 없다. **그림 19.20(b)**에 보였듯이, 눈으로 들어오는 빨간색 광선은 보라색 광선에 비해 높은 하늘에 있는 물방울로부터 온 것이다. 다시 말하면, 무지개에서 보이는 색은 같은 물방울이 아닌 다른 물방울로부터 온 광선들에 의해 나타나는 것이다. 빨간색 빛을 보기 위해서는 보라색 빛을 볼 때보다 더 높은 하늘을 보아야 한다.

그림 19.20 무지개에서 보이는 빛은 물방울에서 굴절-반사-굴절을 겪는다.

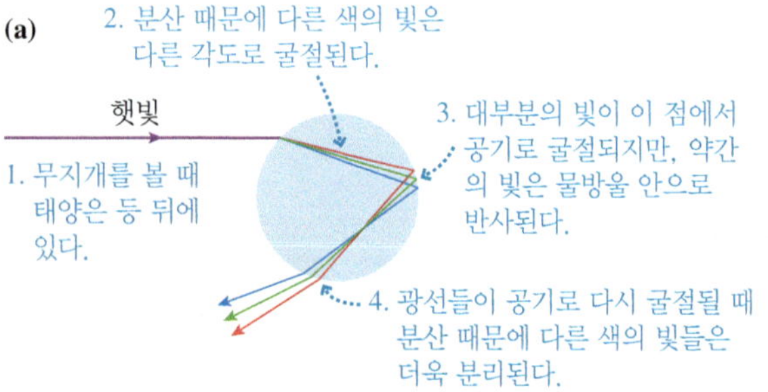

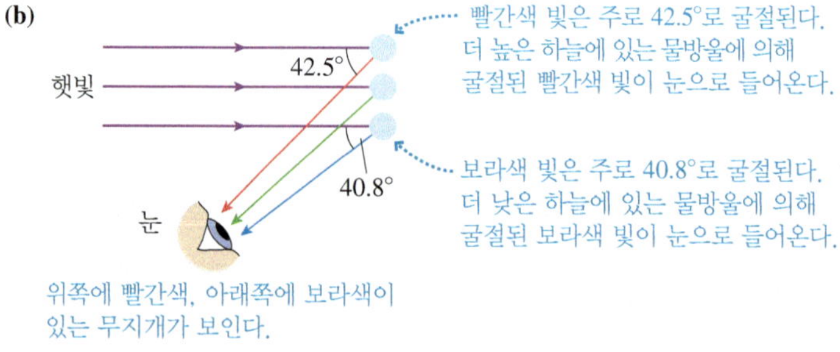

색필터와 색을 띠는 물체

녹색 유리 조각을 통과한 백색광은 녹색 빛으로 나온다. 녹색 유리가 백색광에 녹색을 더했다고 설명하는 것도 가능할 것이다. 그러나 뉴턴은 그렇지 않다는 것을 발견했다. 녹색 유리는 '녹색이 아닌' 모든 빛을 **제거**해서 녹색을 띤다. 더 정확하게 말하자면, 색을 띠는 유리 조각은 그 색에 해당하는 파장의 빛을 제외한 다른 모든 파장의 빛을 **흡수**한다. 그리고 유리의 색에 해당하는 빛은 방해 없이 유리를 통과한다. 색을 띠는 유리 조각이나 플라스틱 조각을 몇몇 선택한 파장의 빛을 제외한 다른 모든 파장의 빛을 제거하는 **필터**로 생각할 수 있다.

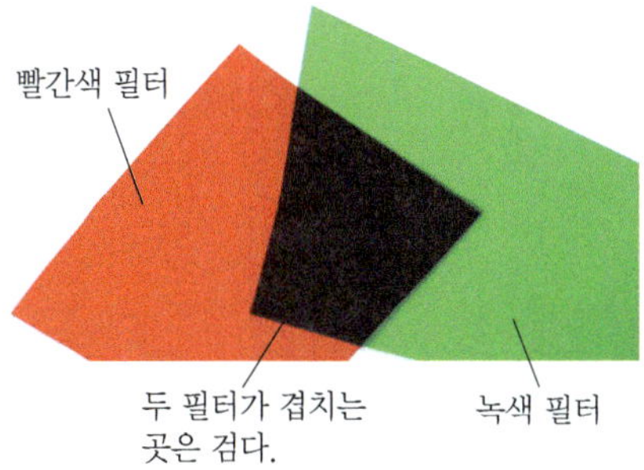

어떤 빛도 빨간색 필터와 녹색 필터 모두를 통과할 수 없다.

개념형 예제 19.9 **골라진 빛**

녹색 필터를 통과한 백색광을 스크린에 비춰서 관찰한다. 다른 녹색 필터를 앞의 녹색 필터와 스크린 사이에 놓았을 때 스크린이 어떻게 보일지 설명하시오. 빨간색 필터를 녹색 필터와 스크린 사이에 놓았을 때 스크린이 어떻게 보일지 설명하시오.

판단 앞의 녹색 필터는 녹색으로 인식되는 550 nm 근방의 파장의 빛을 제외한 다른 모든 빛을 제거한다. 뒤의 녹색 필터는 아무 역할도 하지 않는다. 녹색을 제외한 다른 모든 빛이 이미 제거되었기 때문에, 앞의 녹색 필터에서 나오는 빛은 아무 어려움 없이 뒤의 녹색 필터를 통과할 것이다. 스크린은 밝기의 변함없이 계속해서 녹색으로 보일 것이다. 이와는 대조적으로 빨간색 필터는 녹색 빛을 흡수할 것이다. 따라서 스크린으로 어떤 빛도 가지 않아서 스크린은 어둡게 보일 것이다.

불투명한 물체는 특정 파장의 빛을 흡수하고 그와 다른 파장의 빛을 반사하는 **색소**(pigments)에 의해 색을 띤다. 예를 들면, 빨간색 페인트에는 650 nm 근방의 파장의 빛을 반사하고 그 밖의 파장의 빛을 흡수하는 색소가 들어 있다. 페인트, 잉크, 자연에 존재하는 물체들 안에 있는 색소는 립스틱의 빨간색에서 장백새 깃털의 밝은 노란색까지 여러분이 볼 수 있는 모든 종류의 색의 원인이다.

예를 들어, **그림 19.21**은 **엽록소**의 흡수 곡선을 보여준다. 엽록소는 식물의 광합성에서 가장 중요한 역할을 한다. 광합성에서 일어나는 화학 반응에 빨간색 빛과 파란색을 띠는 보라색 빛이 이용된다. 따라서 엽록체는 빨간색 빛, 파란색을 띠는 보라색 빛을 흡수하도록 진화되었다. 그러나 녹색 빛과 노란색 빛은 흡수되지 않고 반사되어 물체는 녹색을 띠는 노란색을 띤다. 녹색의 나뭇잎을 볼 때 여러분이 보는 것은 광합성에 필요 없어서 반사되는 빛이다.

그림 19.21 엽록소의 흡수 곡선

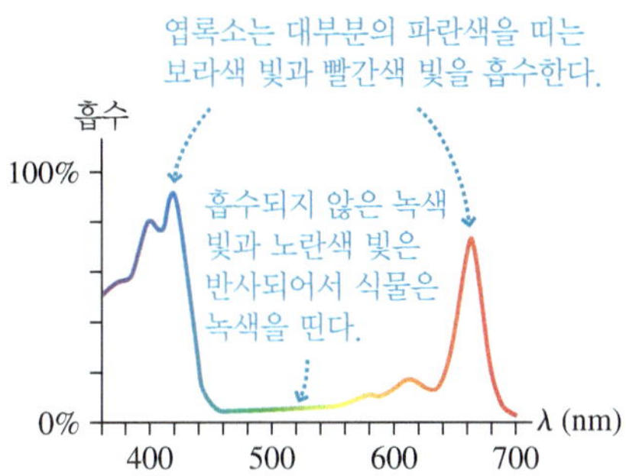

19.7 광학 기기의 분해능

대장균(*E. coli* bacterium)을 연구하고자 한다고 생각해보자. 이 박테리아는 길이가 2 μm 정도이고 폭이 0.5 μm 정도로 아주 작다. 150×의 가장 큰 배율의 대물 렌즈에 3750의 총 배율을 얻기 위해 25×의 접안 렌즈를 결합하는 것을 떠올릴 것이다. 3750의 총 배율로 박테리아를 보면 길이가 8 mm 정도로 세부적인 구조도 볼 수 있을 것으로 예상된다. 그러나 실제로 해보면 그렇지 않다. 박테리아의 대강의 모습을 볼 수는 있지만 세부적인 모습을 볼 수는 없을 것이다. 어떤 광학 기기를 이용하더라도 세부적인 것을 관찰하는 데에는 한계가 있다. 렌즈를 완전하게 만들 수 없어서 **수차**(aberrations)라고 알려진 현상들이 나타난다. 이러한 현상은 교정될 수 있지만, 완전한 렌즈일지라도 그 렌즈로 관찰할 수 있는 가장 작은 미세한 부분에는 근본적인 한계가 있다. 앞으로 보겠지만 이 근본적인 한계는 빛의 회절 때문에 나타난다. 따라서 근본적인 한계는 빛 자체에 있는 파동성과 관계된다. 렌즈의 수차와 회절에 의해서 광학 기기의 **분해능**(resolution)에 한계가 생긴다. 광학 기기의 분해능은 관찰 대상인 물체의 세부를 구별하는 능력이다.

수차

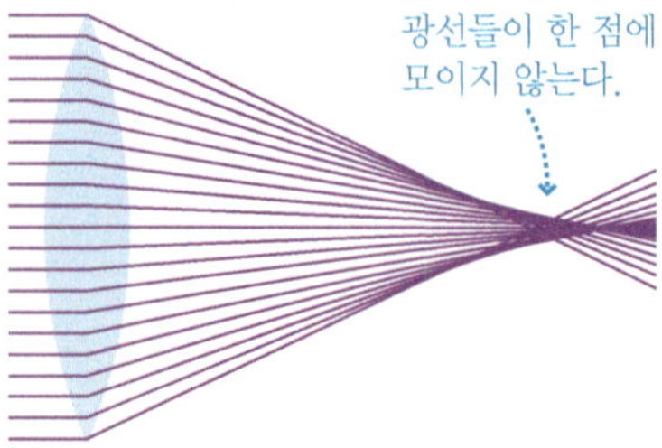

그림 19.22 구면수차

그림 19.22에 있는 간단한 렌즈를 고려하자. 무한대에 있는 물체로부터 렌즈로 들어오는 광선들은 평행하다. 이상적인 렌즈는 모든 광선을 한 점에 모을 것이다. 그러나 구면으로 이루어진 실제 렌즈의 경우, 렌즈의 중심 근처를 통과한 광선들은 렌즈의 가장자리 근처를 통과한 광선들에 비해 약간 뒤에 초점이 맺는다. 초점이 한 점이 아니어서, 초점이 가장 잘 맞은 경우라도 상은 약간 흐려진다. 실제 렌즈가 완전하게 초점을 맞출 수 없는 이러한 현상을 **구면수차**(spherical aberration)라고 한다.

그림 19.22를 잘 살펴보면 렌즈의 가장자리 근처를 통과한 광선들이 주로 초점에서 벗어난다는 것을 알 수 있다. 따라서 구면수차에 의한 효과는 조리개를 이용하여 광축 근처의 광선들만 통과시키면 줄일 수 있다. 이처럼 렌즈의 중앙 부근만 사용하면 렌즈에 의한 상의 특징은 향상되지만 렌즈의 빛을 모으는 능력은 줄어든다. 사람의 눈의 홍채 기능 중의 하나는 이와 같은 방법으로 시력을 향상시키는 것이다. 사람의 시력은 홍채가 활짝 열려야 하는 밤 시간에 더 나빠진다. 그러나 선조들은 밤에는 빛이 약하지만 밤에 더 민감해지는 시력을 사용하여 맹수들을 피했을 것이다.

앞 절에서 보았듯이 유리는 굴절률이 파장에 따라 조금씩 다르기 때문에 빛을 **분산**시킨다. 굴절률이 큰 렌즈일수록 입사된 광선을 더 많이 굴절시킨다. 보라색 빛에 대한 굴절률이 빨간색 빛에 대한 굴절률보다 더 크기 때문에, 렌즈의 초점거리는 보라색 빛에 대한 것이 빨간색 빛에 대한 것보다 더 짧다. 따라서 색이 다른 빛들은 렌즈로부터 약간씩 다른 거리에 있는 초점에 모인다. 빨간색 빛이 스크린 위에서 초점이 맞는다면 파란색 빛과 보라색 빛은 스크린 위에서 초점이 꼭 맞지 않는다. **그림 19.23**에 보인 것과 같이 이러한 원인 때문에 생기는 상의 색번짐 현상을 **색수차**(chromatic aberration)라고 한다.

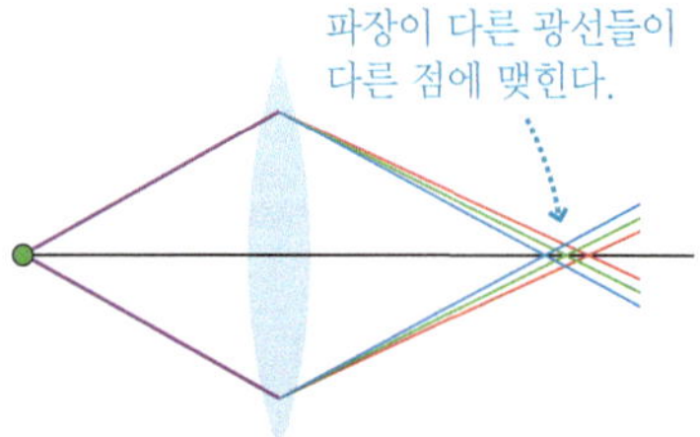

그림 19.23 색수차

수차 교정

단일 렌즈로는 수차를 피할 수 없다. 현미경 또는 망원경과 같이 정밀한 광학이 필요해질 때에는 렌즈들을 신중하게 결합하여 수차를 최소화한다. 중요한 예로 **색지움 이중렌즈**(achromatic doublet)를 들 수 있다. 그림 19.24에 보였듯이 두 렌즈를 결합하여 색수차를 현저하게 줄일 수 있다. 수렴 렌즈를 낮은 굴절력의 발산 렌즈와 결합하면 전체적으로 양(+)의 굴절력을 갖는 수렴 렌즈가 된다. 약한 굴절력의 발산 렌즈에 의한 분산이 높은 굴절력의 수렴 렌즈에 의한 분산보다 더 잘 되게끔 유리를 선택한다. 이렇게 하면, 수렴 렌즈에 의해 분리된 백색광의 색들은 발산 렌즈에 의해 다시 결합된다. 색지움 이중렌즈는 구면수차를 역시 최소화한다. 실제 현미경의 대물 렌즈는 이보다 더 복잡하지만, 색지움 이중렌즈에 쓰이는 것과 같은 원리를 기본으로 해서 만들어진다.

그림 19.24 색지움 렌즈

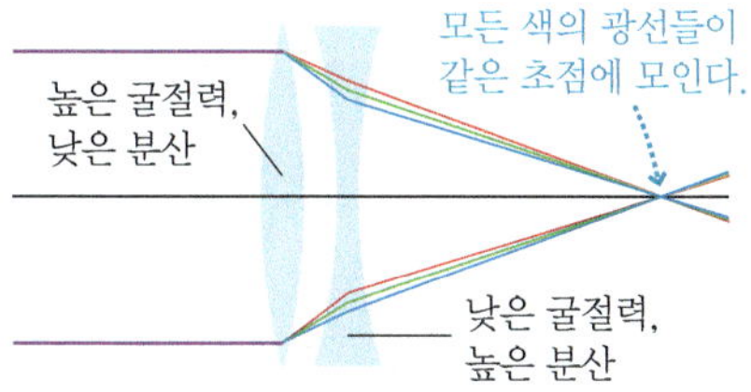

분해능과 빛의 파동적 성질

현재 렌즈의 수차는 아주 잘 교정될 수 있어서, 완전한 초점을 갖는 렌즈를 기대할 수 있다. 빛에 대한 광선 모형을 따르면, 완전한 렌즈는 평행 광선들을 초점면에 있는 하나의 초점에 모아야 한다. 그러나 앞에서 잠시 언급했듯이 광학 기기의 성능에는 빛의 파동성 때문에 생기는 좀 더 근본적인 한계가 있다.

그림 19.25는 별과 같이 먼 점광원에서 온 평면파가 지름이 D인 렌즈에 의해 한 점에 모이는 것을 보여준다. 렌즈를 통과하는 파들만이 한 점에 모일 수 있기 때문에 렌즈는 불투명한 벽에 있는 지름이 D인 구멍과 같은 역할을 한다. 곧, 렌즈는 파동인 빛을 모으는 동시에 회절시킨다.

그림 19.25 먼 점광원의 상은 원형 회절 무늬이다.

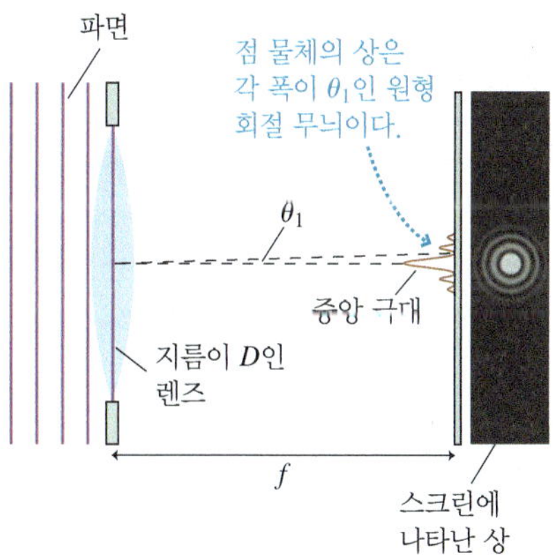

◀◀17.6절에서 원형 구멍은 희미한 원형 띠들에 둘러싸인 밝은 중앙 극대가 있는 회절 무늬를 만든다는 것을 배웠다. 따라서 그림 19.25에 보였듯이 먼 점광원에서 온 빛은 완벽하게 한 점에 모이지 못하고 작은 원형 회절 무늬를 만든다. 17장의 식 (17.21)로부터 중앙 극대의 바깥 테두리의 각 θ_1은

$$\theta_1 = \frac{1.22\lambda}{D} \tag{19.7}$$

로 주어진다. 빛의 파장 λ가 보통 렌즈의 지름 D보다 아주 짧기 때문에 중앙 극대의 각 크기는 아주 작다. 그러나 0은 아니다.

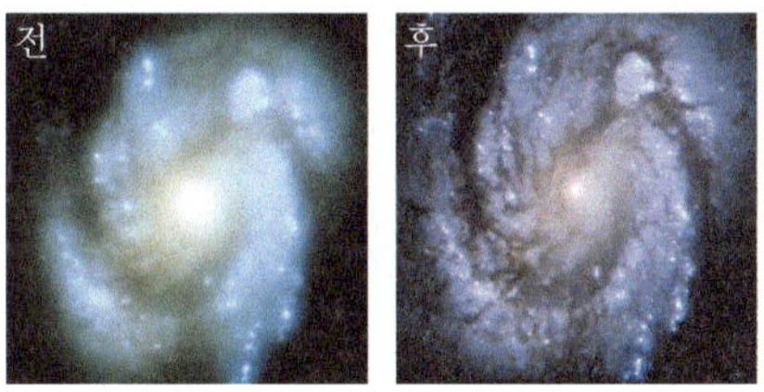

우주에서의 안경 사용 허블 우주 망원경을 발사한 후, 거울 표면이 잘못 가공되어 망원경에 구면수차가 생긴다는 것을 발견했다. 뒤이은 보수 작업을 통해 교정 광학(corrective optics)이라 하는 장치를 설치하여 구면수차를 교정했다. 이 보수 작업은 기본적으로 아주 정밀하게 제작된 안경을 망원경에 씌운 것이라고도 할 수 있다. 위의 두 사진은 교정 광학을 설치하기 전과 후에 허블 우주 망원경이 찍은 은하 사진이다.

그림 19.26 망원경의 분해능

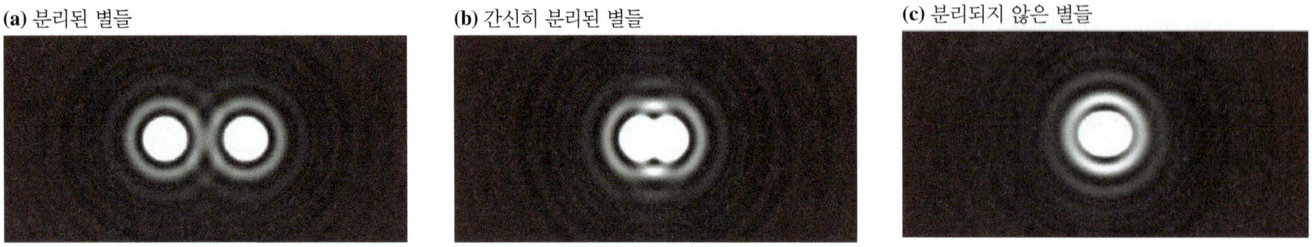

빛이 완전한 점이 아니라 작지만 크기를 갖는 점으로 모인다는 사실은 망원경이 아주 작은 각으로 분리되어 있는 두 별을 얼마나 잘 분리할 수 있는가에 중요한 영향을 미친다. 그림 19.26(a)는 인접한 두 별이 망원경을 통해 어떻게 보일지 보여준다. 두 별은 완전한 점이 아니라 두 회절 무늬로 보인다. 그럼에도 불구하고 두 별은 분명하게 분리되어 보인다. 이러한 경우에 두 별은 **분리되었다**고 한다. 그림 19.26(b)는 좀 더 가까이 있는 두 별을 보여준다. 두 회절 무늬가 겹쳐서 독립된 두 별이라고 보기 어려워진다. 이 경우 두 별은 간신히 분리된다. 그림 19.26(c)에 있는 아주 가까이 있는 별들은 너무 가깝게 있어서 두 별을 분리할 수 없다.

두 회절 무늬가 얼마나 가까이 있어야 그 둘을 분리할 수 없는 것일까? 19세기 유명한 과학자 중 한 사람인 레일리(Lord Rayleigh)는 이 물음에 대해 연구했고, 오늘날 **레일리의 기준**(Rayleigh's criterion)이라고 하는 규칙을 제안했다. 두 별이 간신히 분리된 그림 19.26(b)에서 **한 별의 회절 무늬 중앙 극대는 다른 별의 회절 무늬의 첫 번째 어두운 띠 위에 있다.** 중앙 극대와 첫 번째 어두운 띠 사이의 각이 θ_1이므로 두 별의 중심들은 각 $\theta_1 = 1.22\lambda/D$만큼 분리된다. 따라서 레일리의 기준은 다음과 같다.

> $\theta_1 = 1.22\lambda/D$보다 더 큰 각으로 떨어져 있는 두 물체는 분리될 수 있다. θ_1보다 작은 각으로 떨어져 있는 두 물체는 분리될 수 없다. 두 물체가 θ_1의 각으로 떨어져 있으면 두 물체는 간신히 분리될 수 있다.

망원경의 경우 각 $\theta_1 = 1.22\lambda/D$는 망원경의 **각분해능**이라고 알려져 있다. 각분해능은 렌즈의 배율과는 관계없고 렌즈의 지름과 파장에만 관계된다. 겹쳐져서 분리되지 않은 두 물체는 배율을 아무리 키워도 겹쳐져 있고 분리되지 않는다. 파장 범위가 사실상 고정된 가시광선의 경우 천문학자가 조정할 수 있는 변수는 망원경의 렌즈 또는 거울의 지름뿐이다. 더 큰 망원경 건설을 재촉하는 사람들의 동기 중 하나는 각분해능을 향상시키려는 것이다(다른 중요한 동기는 빛을 모으는 능력을 키워서 멀리 있는 물체를 보고자 함이다).

현미경의 분해능

현미경은 멀리 있는 물체가 아니라 렌즈에 아주 가깝게 있는 물체를 확대한다는 점에서 망원경과 다르다. 그럼에도 불구하고 빛의 파동성 때문에 현미경의 기본적인 분해능에도 한계가 있게 된다. 그림 19.27에 작은 두 물체를 관찰할 때의 대물 렌즈를 보였다. 레일리의 기준을 바탕으로 분석하면 분리할 수 있는 두 물체 사이의 최소 간격은

$$d_{\min} = \frac{0.61\lambda}{n \sin\phi_0} \tag{19.8}$$

이다. ϕ_0는 그림 19.27에 보였듯이 대물 렌즈의 각 크기이고 n은 대물 렌즈와 관찰할 시료 사이에 있는 물질의 굴절률이다. 대개 이 물질은 공기여서 $n = 1$이다. 그러나 생물학자들은 종종 그 공간에 $n \approx 1.5$인 기름을 채운 **유침 현미경**(oil immersion microscope)을 이용한다. 이렇게 굴절률 n을 키우면 식 (19.8)로부터 $d_{\min}$은 작아져서 더 가까이 있는 두 물체를 분리할 수 있게 됨을 알 수 있다.

그림 19.27 현미경의 분해능

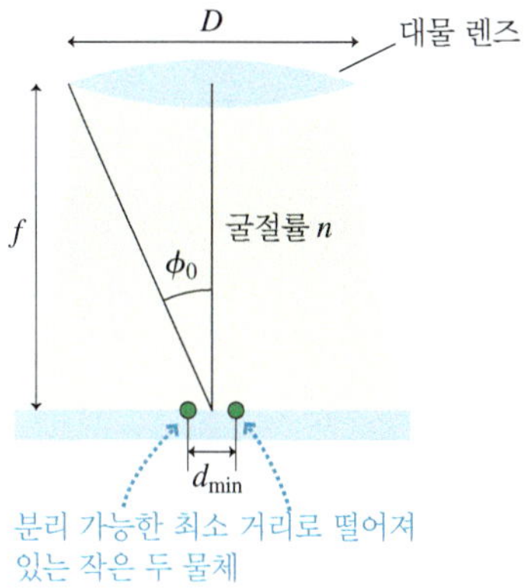

$n \sin\phi_0$를 굴절률 n인 액체에 잠겨 있는 대물 렌즈의 **조리개수**(numerical aperture) NA라고 한다. 대물 렌즈의 조리개수가 NA인 현미경이 분리 가능한 최소 거리를 **분해능**(resolution power) RP라고 한다. RP는

분해능은⋯ 진공에서의 빛의 파장

$$\mathrm{RP} = d_{\min} = \frac{0.61\lambda_0}{\mathrm{NA}} \tag{19.9}$$

⋯ 두 물체의 최소 분해 간격이다. 대물 렌즈의 조리개수

가 된다. 분해능이 낮을수록 대물 렌즈는 더 작은 세부를 볼 수 있다.

식 (19.9)로부터 조리개수를 키움으로써 현미경의 분해능을 원하는 만큼 낮게 하는 것이 가능하다고 생각할 수 있다. 그러나 조리개수를 높이는 데에는 달성하기 어려운 실제적 한계가 있다. 공기 중에 있는 배율 100×인 대물 렌즈의 경우 가능한 가장 높은 조리개수는 0.95이다. 기름 속에 있는 대물 렌즈의 경우 조리개수는 1.3 정도까지 높일 수 있다. 기름 속에 있는 대물 렌즈의 경우 분해능은

$$\mathrm{RP} \approx 0.5\lambda_0$$

정도 될 수 있다. 이로부터 **현미경의 최소 분해능으로 관찰할 수 있는 가장 작은 크기는 빛 파장의 절반 정도가 된다**는 근본적인 사실을 알 수 있다. 이러한 근본적인 한계는 빛의 파동성 때문에 생긴다. 가시 스펙트럼을 사용하는 경우, 가장 짧은 파장인 $\lambda \approx 400$ nm인 가시 스펙트럼을 사용할 때 가장 좋은 분해능이 가능하고, 그때의 분해능은 RP ≈ 200 nm이다.

그림 19.28 광학 현미경과 전자 현미경에 의한 대장균 사진 BIO

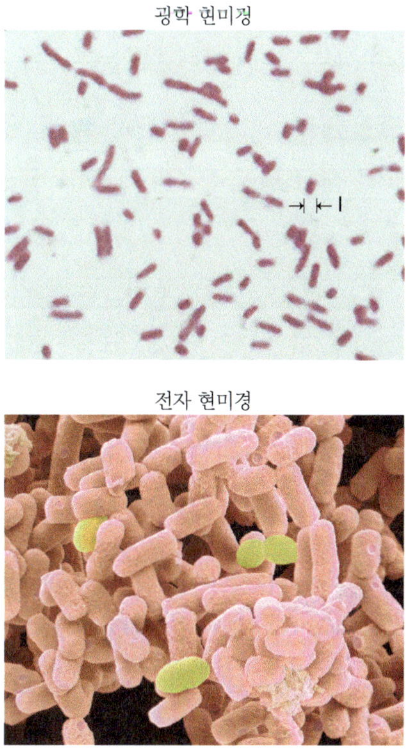

그림 19.28은 대장균의 실제 현미경 사진이다. 폭은 스펙트럼의 중간 빛의 파장 500 nm와 거의 같고, 사진에서 분간할 수 있는 가장 작은 거리는 파장의 반 정도이다. 빛의 회절에 의한 분해능의 한계 때문에 배율을 높여도 이 사진으로는 세부를 더 자세히 볼 수 없다.

반면에 대장균의 **전자 현미경**(electron microscope) 사진은 광학 현미경에 의한 사진에서는 볼 수 없는 세부를 더 자세히 보여준다.

▶ **현미경의 대물 렌즈 구조** 대물 렌즈의 특성을 알려주는 가장 중요한 두 가지인 배율과 조리개수는 대개 대물 렌즈의 통 옆면에 표시되어 있다. 다른 중요한 정보들도 물론 표시되어 있다. 그림에 있는 대물 렌즈는 실상이 보통의 경통 길이인 160 mm가 아니라 무한대(∞)에 맺히게 설계되었다. 현미경에 설치된 다른 렌즈들에 의해서 대물 렌즈에 의한 상이 접안 렌즈 바로 앞에 맺히게 된다. 대부분의 생물학 연구에는 덮개 유리를 투과한 빛을 관측한다. 덮개 유리는 구면수차를 유발하여 상을 흐리게 할 수 있다. 이 대물 렌즈의 경우 보정환(correction collar)을 조정하여 덮개 유리에 의해 추가적으로 나타나는 두께를 교정할 수 있다.

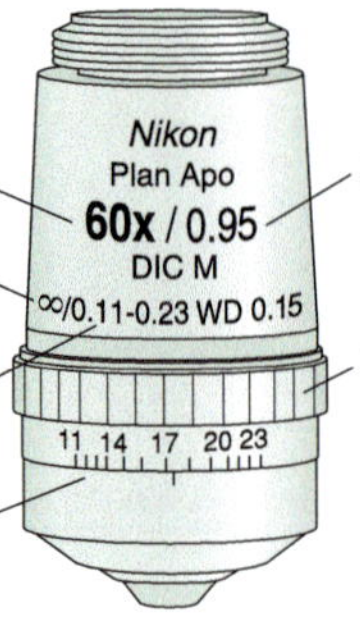

예제 19.10 현미경의 분해능 찾기

대물 렌즈의 지름은 6.8 mm이고 초점거리는 4.0 mm인 현미경이 있다. 공기 중에서 시료를 관찰할 때 이 대물 렌즈의 빨간색 빛에 대한 분해능은 얼마인가? 파란색 빛에 대한 분해능은 얼마인가?

준비 분해능을 찾기 위하여 식 (19.9)를 이용할 수 있다. $\text{NA} = n \sin \phi_0$로 주어지는 조리개수를 알아야 한다.

풀이 그림 19.27에서

$$\tan \phi_0 = \frac{D/2}{f} = \frac{3.4 \text{ mm}}{4.0 \text{ mm}} = 0.85$$

가 된다. 이 결과로부터 $\phi_0 = \tan^{-1} 0.85 = 40.4°$와 $\sin \phi_0 = \sin 40.4° = 0.65$를 얻는다. 따라서 조리개수는

$$\text{NA} = n \sin \phi_0 = 1 \times 0.65 = 0.65$$

가 된다. 식 (19.9)로부터 분해능은 다음과 같다.

$$\text{RP} = \frac{0.61\lambda_0}{0.65} = 0.94\lambda_0$$

색에 따른 빛의 파장은 표 19.1에 정리되어 있다. 빨간색 빛의 경우 $\lambda_0 = 650$ nm, RP = 610 nm이고 파란색 빛의 경우 $\lambda_0 = 450$ nm, RP = 420 nm이다.

검토 짧은 파장의 빛을 이용할수록 분해능은 높아진다(낮은 RP). 불행하게도 400 nm보다 더 짧은 파장의 빛들은 가시광선이 아니고 아주 짧은 파장의 빛에 대해 유리는 불투명하다.

종합형 예제 19.11 황조롱이의 시력 예민도 BIO

다른 맹금류와 같이 미국 황조롱이의 시력 역시 아주 우수하다. 눈이 분해할 수 있는 두 물체 사이의 최소각을 눈의 시력 예민도라고 한다. 시력 예민도가 작을수록 분해할 수 있는 물체들 사이의 거리가 작아지므로 시력은 더 좋다. 동공의 지름이 3.0 mm이고 수정체와 망막 사이의 거리가 9.0 mm이며, 눈에는 굴절률이 1.31인 투명한 액체가 차 있는 황조롱이의 광학계를 얇은 렌즈와 검출기로 적절히 표현할 수 있다고 가정해보자.

a. 황조롱이가 0.80 m 떨어져 앉아 있는 벌레에 초점을 맞춘다고 했을 때, 수정체의 초점거리는 얼마인가?

b. 실험을 통해 황조롱이는 0.013°만큼의 각을 이루며 떨어져 있는 두 물체를 분리할 수 있다는 것을 알 수 있다. 이 결과를 레일리의 기준으로 예상되는 시력 예민도와 비교하시오. 공기 중 빛의 파장을 550 nm로 하시오.

c. 황조롱이가 간신히 분리할 수 있는 작은 두 물체의 망막 위의 상 사이의 거리는 얼마인가? 이 거리를 망막 위에 있는 광수용기인 빛에 민감한 두 세포 사이의 거리 2.0 μm와 비교하시오. 이 비교가 시각의 관점에서 의미를 갖는가?

준비 a. 눈은 수정체의 초점거리를 바꿔서 초점을 맞춘다는 것을 기억하라. 황조롱이가 먼 물체에서 가까운 물체로 초점을 맞추어도 수정체와 망막에 있는 상면 사이의 거리인 상거리 s'은 바뀌지 않는다. 따라서 **그림 19.29**에 보였듯이 $s' = 9.0$ mm이다. 얇은 렌즈 방정식을 써서 f를 찾을 수 있다.

b. 레일리의 기준에 따르면 이상적인 렌즈가 분해할 수 있는 최소각인 시력 예민도는 사용된 빛의 파장에 비례한다. 그러나 눈 안에서 빛의 파장은 눈 안의 액체의 굴절률 때문에 공기 중의 파장 λ_0보다 짧다. 따라서 레일리의 기준에 $\lambda = \lambda_0/n = (550\text{ nm})/(1.31) = 420$ nm를 이용해야 한다.

c. 그림 19.29에 보였듯이 각 θ_1에 대응하는 작은 두 물체의 망막 위의 상 사이의 거리 d에 작은 각 근사를 쓰면 $d = \theta_1 f$이다. θ_1의 단위는 라디안이다.

그림 19.29 아주 가까이 있는 두 물체를 보는 황조롱이의 눈

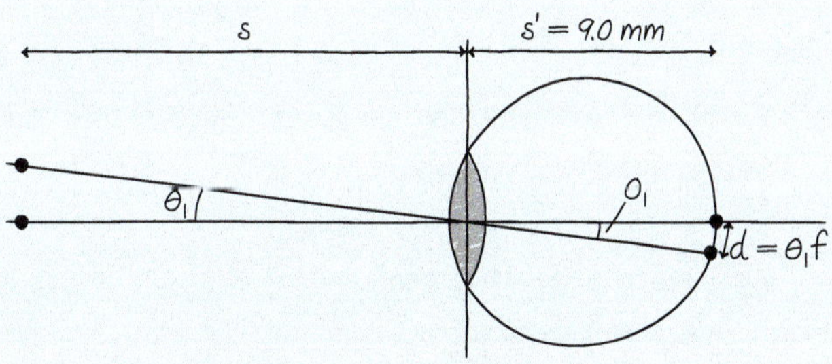

풀이 a. 얇은 렌즈 방정식 (18.11)로부터,

$$\frac{1}{f} = \frac{1}{s} + \frac{1}{s'} = \frac{1}{800\text{ mm}} + \frac{1}{9.0\text{ mm}} = 0.112\text{ mm}^{-1}$$

을 얻는다. 따라서 $f = 1/0.112\text{ mm}^{-1} = 8.9$ mm이다.

b. 레일리의 기준에 따르면 수차가 없는 이상적인 렌즈의 경우 분해할 수 있는 두 물체 사이의 최소각은

$$\theta_1 = \frac{1.22\lambda}{D} = \frac{1.22(420 \times 10^{-9}\text{ m})}{3.0 \times 10^{-3}\text{ m}} = 1.7 \times 10^{-4}\text{ rad}$$

이다. 2π rad이 360°임을 이용하면, 이 각은

$$\theta_1 = (1.7 \times 10^{-4}\text{ rad}) \times \frac{360°}{2\pi\text{ rad}} = 0.0098°$$

이다. 실험을 통해 측정된 시력 예민도 0.013°는 이 이론적인 값에 비해 약 30% 크다. 이 차이는 아마도 눈 광학계의 수차 때문에 생기는 것으로 추측된다.

c. 각 0.013°는 2.3×10^{-4} rad에 대응된다. 따라서 작은 두 물체의 상 사이의 거리는

$$d = \theta_1 f = (2.3 \times 10^{-4}\text{ rad})(9.0\text{ mm})$$
$$= 2.1 \times 10^{-3}\text{ mm} = 2.1\ \mu\text{m}$$

이다. 이 거리는 광수용기 사이의 거리와 거의 같아서, 결과는 의미가 있다. 만약 d가 광수용기 사이의 거리보다 상당히 크다면, 많은 광수용기들은 낭비적일 것이다. d가 더 작다면, 눈의 분해능은 광수용기 사이의 거리에 의해 정해질 것이고 레일리의 기준에 의해 예상되는 시력 예민도에 미치지 못할 것이다.

검토 수렴 렌즈로부터 아주 멀리 떨어진 물체에 대한 상거리는 렌즈의 초점거리와 거의 같다. 따라서 여기서 구한 초점거리 8.9 mm가 초점거리 9.0 mm와 거의 같으므로 결과는 타당하다.

약 183 m 떨어진 생쥐를 볼 수 있는 황초롱이의 시력은 놀랍지만 사람의 눈에 비해 아주 뛰어난 것은 아니다. 맹금류는 먹이를 사냥할 때 시력뿐 아니라 사람은 감지하지 못하는 작은 움직임까지 감지할 수 있게 고도로 발달된 뇌 기능을 활용한다.

문제의 난이도는 I (쉬움)에서 IIIII (도전)으로 구분하였다. INT로 표시된 문제는 지난 장의 내용이 복합된 문제이고, BIO는 생물학적 또는 의학적 관심 분야를 의미한다.

QR 코드를 스캔하여 이 장의 문제를 해결하는 데 도움이 되는 영상 학습 풀이를 시작하시오.

연습문제

19.1 카메라

1. I BIO 사람의 눈은 바늘구멍 사진기와 아주 비슷하다. 기본적으로 바늘구멍 사진기의 상자 앞면에 있는 구멍은 동공에 대응되고, 뒷면에 있는 '필름'은 망막에 대응된다. 동공과 망막 사이의 거리는 약 24 mm이다.
   a. 관찰자 앞에 7.4 m 떨어진 키 180 cm인 친구를 보는 상황을 생각하자. 관찰자의 눈이 바늘구멍 사진기와 비슷하게 기능한다고 가정하고 망막에 맺히는 친구의 상의 키를 구하시오.
   b. 친구의 상이 점점 커지기 시작한다고 하자. 관찰자의 뇌는 이러한 상황을 어떻게 해석할까?

2. II 70 cm 길이의 상자 한쪽 면에 작은 구멍을 뚫어 바늘구멍 사진기를 만들었다. 만약 바늘구멍이 높이가 2.4 m인 나무로부터 4.0 m 떨어져 있다면 이 검출기 위에서 나무 크기는 얼마겠는가?

3. II 어떤 사진사가 초점거리가 50 mm인 낡은 카메라를 사용하여 금문교(Golden Gate Bridge)를 36 mm 사진필름 상에 충분히 맺히도록 촬영을 하였다. 만약 이 사진사가 디지털카메라를 이용하여 금문교를 12 mm CCD 검출기 위에 꽉 차게 촬영한다면 디지털카메라 초점거리는 얼마가 되어야 하는가?

19.2 사람의 눈

4. I BIO a. 여러분의 안구의 지름을 추정해보시오.
   b. 이 페이지가 똑똑히 보이는 거리까지 가까이 가져가시오. 안경이나 콘택트렌즈를 착용하였다면 그대로 두고 관찰하시오. 이 거리를 **근점**이라고 한다. 여러분의 근점을 기록하시오.
   c. 여러분의 눈의 유효 초점거리를 추정해보시오. 유효 초점거리는 렌즈나 착용하고 있는 다른 교정 수단 및 각막의 곡률과 관계된다. 눈 속의 유체가 미치는 효과는 무시하시오.

5. I BIO 근시인 여성의 원점은 300 cm이다. 원거리 물체를 정확히 보기 위하여 이 여성에게 필요한 렌즈(발산 렌즈 또는 수렴 렌즈)는 무엇이며 굴절력은 얼마가 되어야 하는가?

6. I BIO 메리는 대부분의 노인이 그러하듯이 먼 곳에 있는 물체에 초점을 맞추고 조절하는 능력이 약하다. 그녀가 가장 편안한 거리 50 cm를 두고 책을 읽기 위하여 착용해야 할 안경 렌즈의 디옵터는 얼마가 되어야 하는가?

7. II 안과 의사가 환자에게 굴절력 −3.0 D인 렌즈를 처방한다.
   a. 환자의 눈은 근시일까? 아니면 원시일까?
   b. 환자의 눈이 근시라면 그 사람의 근점은 어디에 위치할까? 환자의 눈이 원시라면 그 사람의 원점은 어디에 위치할까?

19.3 돋보기

8. I 백원짜리 동전의 지름은 19 mm이다. 눈에서부터 얼마나 멀리 백원짜리 동전을 들고 있어야 백원짜리 동전의 겉보기 크기가 달의 겉보기 크기와 같을까? (이 교재 뒤표지 안쪽에 있는 천문학 데이터를 이용하시오.)

9. I 어떤 돋보기의 배율은 5×이다. 물체가 돋보기로부터 얼마나 멀리 있어야 물체의 상이 근점인 25 cm에 맺힐까?

19.4 현미경

10. II 어떤 값싼 현미경의 경통 길이는 12.0 cm이고, 대물 렌즈의 배율은 10×로 표시되어 있다.
    a. 대물 렌즈의 초점거리를 계산하시오.
    b. 이 현미경의 총 배율을 150×로 하기 위한 접안 렌즈의 초점거리는 얼마인가?

11. III 어떤 과학 수사관이 범죄현장에서 발견된 머리카락을 현미경을 이용하여 조사한다. 현미경의 대물 렌즈 배율은 15×이고 접안 렌즈 배율은 5×이다. 머리카락은 대물 렌즈로부터 얼마나 떨어져 있는가?

12. III 어떤 현미경에서 대물 렌즈와 접안 렌즈 사이의 거리는 20 cm이다. 대물 렌즈의 초점거리는 5.0 mm이다. 이 현미경의 총 각배율을 350으로 하기 위한 접안 렌즈의 초점거리는 얼마인가?

19.5 망원경

13. ‖ 그림 P19.13에 보인 결합된 두 렌즈의 경우에, 크기 1.0 cm인 물체의 최종 상의 위치, 크기, 방향을 구하시오.

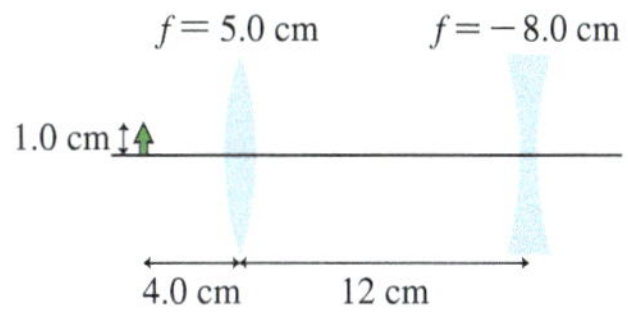

그림 P19.13

14. ‖ 대부분의 갈릴레오 망원경의 배율은 3×이다. 만약 이 망원경의 접안 렌즈의 초점거리가 15 cm라면 망원경의 길이는 얼마일까?

15. ‖ 초점거리 700 mm인 대물 렌즈와 초점거리 26 mm인 접안 렌즈로 구성되는 망원경으로 밤에 보름달을 본다고 하자. 보름달의 각 크기는 맨눈으로 본 경우 0.52°이다.
   a. 망원경을 통해 보는 보름달의 각 크기는 몇 도인가?
   b. 망원경을 이용해 보름달의 사진을 찍는다고 하자. 대물 렌즈에 의한 상을 담으려고 CCD 검출기를 놓았다. 상의 지름은 얼마인가?

19.6 색과 분산

16. ||| 백색광이 그림 P19.16에 보인 것과 같은 두께 4.0 cm의 플린트 유리 판에 입사되었다. 유리에 입사되자마자 광선은 광선을 구성하는 색들의 빛들로 분산된다. 빛들이 유리 바닥면을 빠져나갈 때 가장 진한 빨간색 빛과 진한 보라색 빛이 얼마나 떨어지게 되는지 계산하시오. 어떤 색의 광선이 점 P에 가깝겠는가?

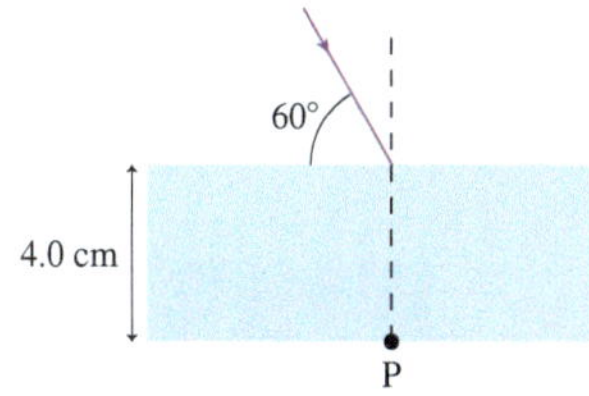

그림 P19.16

19.7 광학 기기의 분해능

17. ||| 1.0 m 떨어져 있는 두 전구가 있다. 지름 4.0 cm인 대물 렌즈로 만들어진 망원경으로 두 전구를 간신히 분리했을 때, 망원경은 두 전구로부터 얼마나 떨어져 있는가? 렌즈의 분해능은 회절에 의해서만 제한되고 $\lambda = 600$ nm로 가정한다.

18. ‖ 초점거리 1.6 mm인 대물 렌즈로 구성된 현미경으로 컴퓨터 칩의 세부를 조사한다. 400 nm만큼 가깝게 떨어진 두 물체를 식별하고자 한다. 공기 중에 있는 현미경과 파장 500 nm의 빛을 이용한다면 필요한 대물 렌즈의 지름은 얼마인가?

VI부

전기와 자기
Electricity and Magnetism

우리의 신경계에 대하여 알고 있는 것들의 대부분은 오징어와 같이 사람과는 매우 다르게 보이는 동물에 대한 연구로부터 얻은 결과이다. 신경섬유는 길이 방향을 따라 전달되는 전기신호의 지시를 받아 뇌가 신체의 활동을 지배하도록 한다. 어떻게 인간이나 오징어의 신경계에서 전기신호를 발생시켜서 전송할까?

전하, 전류, 장

고대 그리스 사람들은 세게 문지른 호박 조각이 잘게 부순 볏짚이나 깃털 조각을 끌어당길 수 있다는 것을 알았다. 그들은 마그네시아 지방에서 생산된 어떤 돌이 쇳조각을 끌어올릴 수 있다는 것도 발견하였다. 전기와 자기의 힘에 관한 첫 경험이 전 세계적으로 현대의 기적으로 간주되는 오늘날의 고속컴퓨터, 레이저, 광통신, 자기영상장치 등을 이끌어 내는 연구를 시작하게 하였다.

19세기 내내 유럽의 물리학계를 지속적으로 주도해온 전자기 이론의 발달은 과학과 기술 혁명을 이루었다. 전자기장의 이론적 완성은 '뉴턴 시대 이래로 물리학에서 가장 중요한 사건'으로 아인슈타인에 버금가는 것이라 이야기되고 있다.

전기와 자기의 기본 현상은 대부분의 사람들에게 역학처럼 친숙하지가 않다. 우리는 기본적인 현상을 많이 강조함으로써 이와 같은 경험의 부재를 타파하려고 한다. 그리스 학자들이 했던 것처럼 전기 전하의 개념을 경험해보기 위하여 세게 문지른 물체들 사이에 작용하는 힘을 살펴보는 것으로 시작할 것이다. 전하가 어떻게 행동하는지를 체계적으로 살펴보는 것은 쉽다. 그렇게 함으로써 전하들 사이에 작용하는 힘을 고려하고 전하가 다른 물질에서 어떻게 행동하는지를 살펴볼 것이다. 백열전구에서 빛을 내기 위해 필요한 전류나 컴퓨터 기억소자의 상태를 변화시키기 위해 필요한 전류를 막론하고 전류는 도체를 통과하는 전하의 제어할 수 있는 운동에 지나지 않는다. 우리의 목표 중 하나는 전기회로를 통하여 전하가 어떻게 움직이는지를 이해하는 데 있다.

자기 현상을 살펴볼 때는 그리스 학자들이 하였던 것처럼 자석이 어떻게 금속을 끌어당기는지를 주지시키는 것에서 시작할 것이다. 자석은 나침반의 자침에 영향을 미친다. 그리고 전류는 정확히 자석과 같은 방법으로 나침반의 자침에 영향을 미친다. 이러한 관찰은 전기와 자기 사이를 밀접하게 관련지어 주고 전자기파 현상을 이끌어 냄을 알 수 있다.

전기와 자기에 관한 이론이 장에 대한 새로운 개념을 소개할 것이다. 전기와 자기는 정지한 전하나 운동하는 전하의 장거리 상호작용에 관한 것이고, 장의 개념은 이들 상호작용이 어떻게 일어나는지를 이해할 수 있도록 도와줄 것이다.

미시적 모형

장이론이 전기와 자기 현상에 관한 거시적 관점을 제공해주지만 미시적인 관점을 택할 수도 있다. 미시적 수준에서 전하가 무엇이고, 원자와 분자가 어떤 관련이 있고, 또 어떻게 다양한 종류의 물질로 이동할 수 있는지 알고자 한다. 전자기파는 전기장과 자기장으로 이루어져 있다. 전자기파와 물질과의 상호작용은 이들 장과 물질의 전하와의 상호작용으로 해석할 수 있다. 전자레인지에 데운 음식을 먹을 때, 여러분은 매우 기본적인 방법으로 전자기장과 전하의 상호작용을 이용한 것이다.

20 전기장과 전기력

Electric Fields and Forces

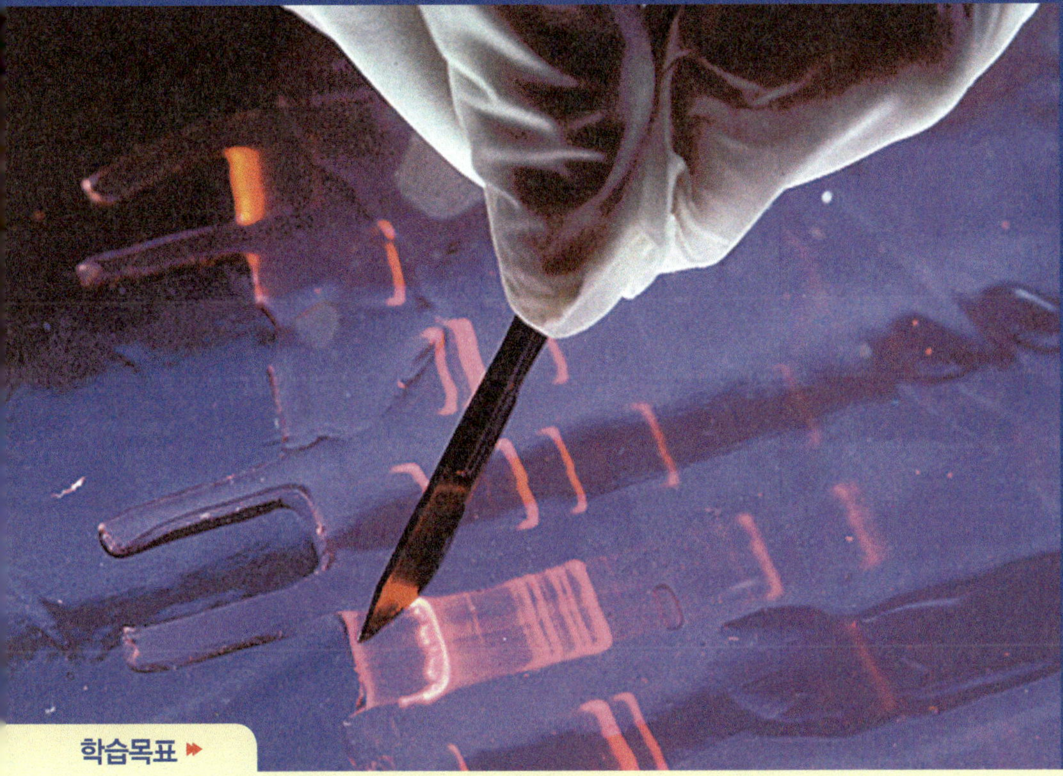

과학자들은 DNA 분석을 할 때 겔 전기 영동법을 자주 사용한다. DNA 절편이 들어 있는 용액을 겔로 된 판 한쪽 끝 위에 놓는다. 각 절편들은 겔을 통과하여 각각 다른 속도로 이동하게 되어 사진과 같은 선들이 형성된다. 어떠한 힘이 DNA 절편들이 겔을 통과하면서 이동하게 만들까?

학습목표 ▸

전하, 힘, 그리고 전기장을 사용하여 전기 현상을 이해한다.

전하와 쿨롱의 법칙

머리카락을 문지른 빗은 얇은 물줄기를 끌어당긴다. 전기의 **전하 모형**은 이 힘을 설명한다.

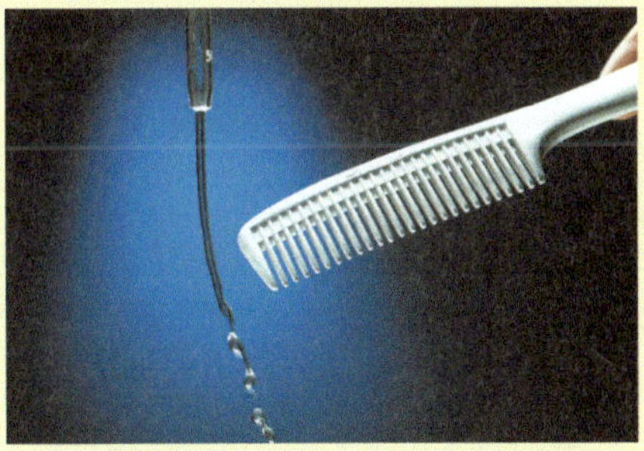

두 대전 입자 사이의 힘을 계산하기 위하여 쿨롱의 법칙을 사용하는 방법을 배운다.

전기장

전하들은 주변에 **전기장**을 생성한다. 뇌운 속에서 전기장은 충분히 강하여 번개를 야기시키는 공기를 이온화시킨다.

몇몇 중요한 전하 배치에 대한 전기장을 계산하는 방법을 배운다.

전기장 안에서의 힘

연기 탐지기 내의 전기장은 연기 대전 입자에 전기력을 작용하여 연기 대전 입자를 탐지 전극 쪽으로 이동시킨다.

전기장이 어떻게 대전 입자들에게 전기력과 돌림힘으로 작용하는지 배운다.

이 장의 배경 ◂

벡터 및 성분

3.1~3.3절에서 벡터를 성분으로 분해하는 방법을 공부했다.

전기력과 전기장은 벡터이므로 전기장과 전기력의 문제를 풀기 위해서 벡터를 성분으로 분해할 필요가 있다.

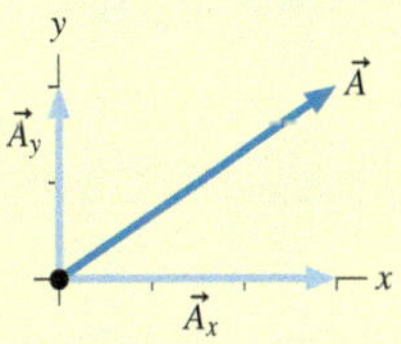

벡터 $\vec{A}$는 성분 벡터 $\vec{A}_x$와 $\vec{A}_y$의 합으로 표현된다는 것을 배웠다.

20.1 전하와 힘

고대 그리스 사람들은 나무의 송진이 화석화된 형태인 호박을 관찰하다가 처음으로 전기 현상에 주목하였다. 양모로 문지르면 이 호박 단추는 깃털, 머리카락 또는 지푸라기 등을 끌어당긴다. 호박의 그리스어인 elektron은 다른 단어 'electric', 'electricity' 그리고 물론 'electron'의 어원이기도 하다.

구두를 카펫에 문지른 후에, 금속으로 된 문손잡이를 손으로 만지면 아마 약간 불쾌한 전기 충격과 함께 작은 전기 방전이 생기는 경험을 할 것이다. 빗으로 머리를 빗으면 그 빗에 종잇조각이나 다른 작은 물체들이 달라붙는다. 두 가지 경우 모두 두 물체가 서로 **문질러졌다**. 물체를 문지르면 왜 힘이나 방전이 생기는 것일까? 이것은 어떠한 종류의 힘일까? 전기에 대한 공부를 시작할 때 바로 이러한 질문들을 생각하게 된다.

첫째 목표는 전하와 힘을 사용하여 이러한 전기 현상들을 이해할 수 있는 모형을 세우는 것이다. 나중에 전기를 미시적인 수준에서 이해하는 데 원자에 대한 현대의 지식을 사용할 것이다. 그러나 전기에 대한 기본 개념을 설명하는 데 원자나 전자를 꼭 언급할 필요는 없다. 사실 전기에 대한 이론은 전자가 발견되기 훨씬 전에 확립되었다.

전하를 가지고 실험하기

전기 현상을 관찰할 수 있는 실험실에 들어가 보자. 1800년도에 볼 수 있었던 비교적 순수한 실험실이면 족하다. 이 실험실 안의 기본 도구들은 다음과 같다.

- 길이가 각각 수 cm인 플라스틱과 유리막대. 이들을 손으로 잡거나 고정대에 매어 놓은 실에 매달 수 있다.
- 양모와 비단 조각
- 나무로 된 받침대 위에 올려져 있는 지름 2~5 cm인 작은 금속구

이러한 도구를 사용하여, 곧 보게 될 현상들을 설명할 수 있는 이론을 개발하게 될 것이다. 아래에 기술된 실험과 관찰은 전기 현상을 연구한 옛날 과학자들이 한 것과 비슷하다.

전기에 대해 알아보기 I

실험 1

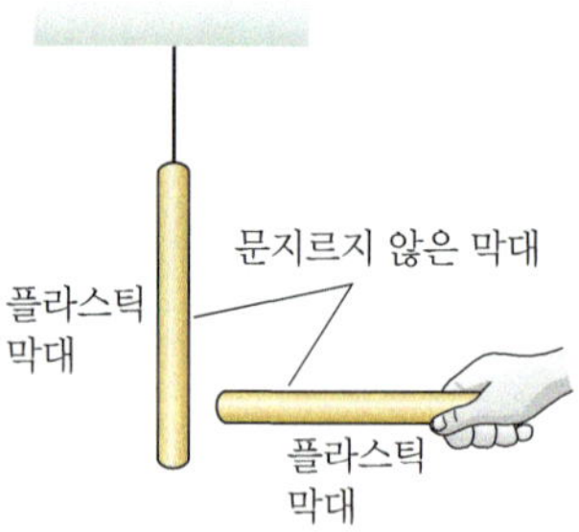

오랜 시간 동안 만지지 않았던 플라스틱 막대를 실에 매달아 놓고 만지지 않았던 다른 플라스틱 막대를 매달려 있는 막대에 가까이 가져간다. 두 막대에는 아무 일도 일어나지 않는다.

해석: 오랫동안 만지지 않았던 두 막대에는 특별한 전기적인 성질이 없다. 우리는 두 막대를 **중성**(neutral)이라고 한다.

실험 2

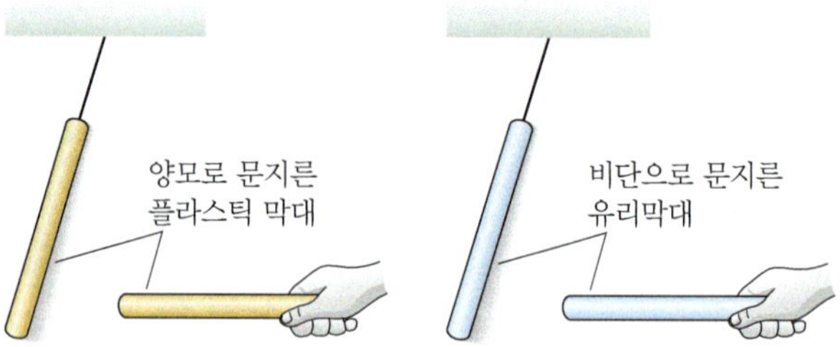

매달린 플라스틱 막대와 손에 잡고 있는 플라스틱 막대를 양모로 세게 문지른다. 두 막대를 서로 가까이 가져가면 매달린 막대는 손으로 잡고 있는 막대로부터 멀리 움직인다. 비단으로 문지른 유리막대도 같은 결과를 보인다. 두 막대는 서로 밀어낸다.

해석: 막대를 문지르면 막대의 성질이 바뀌어 두 막대 간에 힘이 작용한다. 이렇게 문지르는 것을 **대전시킨다**(charging)고 하고 문지른 막대는 **대전되었다** 또는 **전하**(charge)를 얻었다고 한다.

실험 2는 양모로 문지른 두 플라스틱 막대 또는 비단으로 문지른 두 유리막대와 같이, 같은 방법으로 대전된 두 동일한 막대 간에는 **장거리 미는 힘**(접촉에 의하지 않은)이 존재한다는 것을 보여준다. 두 대전된 물체 사이에 작용하는 힘을 **전기력**(electric force)이라고 한다. 우리는 이미 다른 장거리힘인 중력에 대해 알아본 바 있다. 중력은 항상 끌어당기는 힘이다. 이것이 처음으로 관찰된 장거리 미는 힘이다. 그러나 다음의 실험에서 알 수 있는 바와 같이 전기력은 항상 미는 힘은 아니다.

전기에 대해 알아보기 II

실험 3

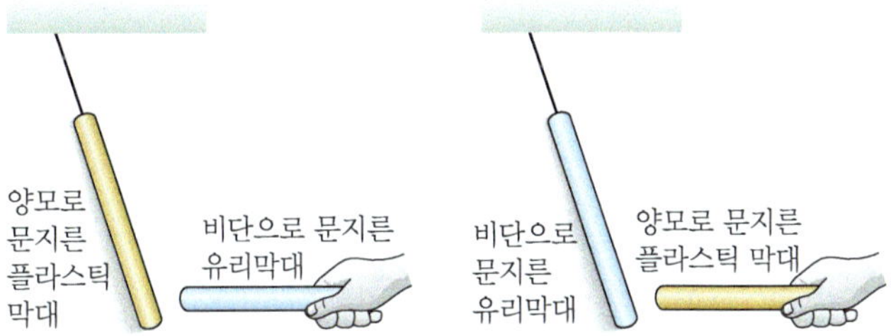

줄에 매달려 있는 양모로 문지른 플라스틱 막대에 비단으로 문지른 유리막대를 가까이 가져간다. 그러면 두 막대는 서로 끌어당긴다.

해석: 물질이 얻을 수 있는 두 가지 다른 종류의 전하가 있다고 가정하면 이 실험과 실험 2를 설명할 수 있다. 우리는 유리막대가 얻은 전하의 종류를 양(+)의 전하라고 정의한다. 또한 플라스틱 막대가 얻은 전하를 음(−)의 전하라고 정의한다. 그러면 두 실험은 다음과 같이 요약할 수 있다. **같은 종류의 전하**(+와 + 또는 −와 −)는 서로에게 미는 힘을 가하고 **다른 종류의 전하**(+와 −)는 상대에게 끌어당기는 힘을 가한다.

실험 4

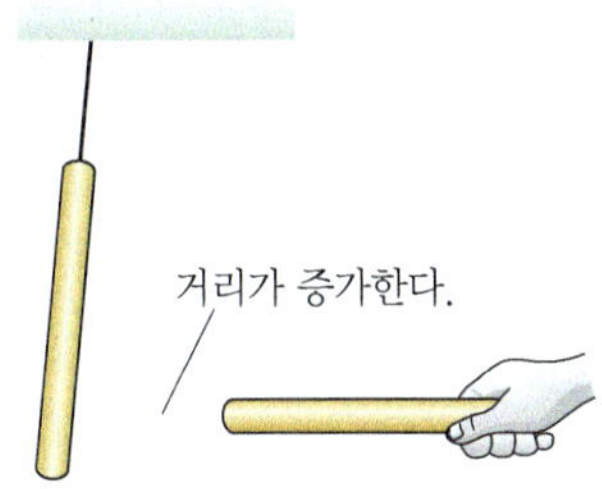

- 만약 두 막대 사이의 거리를 더 멀게 하면 둘 사이의 힘은 감소한다.
- 더 세게 문지른 막대 사이의 힘은 더 크다.

해석: 중력과 같이 대전된 물체 사이의 거리가 멀어지면 전기력은 감소한다. 그리고 두 물체의 전하가 크면 클수록 두 물체 사이의 힘도 커지게 된다.

양모로 문지른 플라스틱 막대와 비단으로 문지른 유리막대에 대한 실험 결과만을 제시했지만 좀 더 상세한 실험 결과는 오직 두 가지 종류의 전하, 즉 양전하와 음전하만이 있다는 것을 알려준다. 예를 들면 풍선을 머리카락에 문지르면 풍선은 음(−)으로 대전되고, 폴리에스테르 천에 문지른 나일론은 양(+)으로 대전된다.

전하의 시각화

전하 및 대전된 물체 사이의 힘들을 이해하고 설명하는 데 도형은 중요한 도구이다. 그림 20.1은 **전하 도형**(charge diagram)을 사용하여 물체 위의 개략적인 전하 분포를 표현하는 방법을 알려준다. 그림 20.1에서 +와 − 표시가 '개별적인' 전하들을 나타내는 것이 아님을 인식하는 것이 중요하다. 여기에서 우리는 전하가 오직 어떤 물체에 문지를 때만 생기는 것으로 생각해왔다. 따라서 전하 도형에서 +와 − 표시는 단지 전하가 어디에 위치하는지를 대략적으로 나타내는 것뿐이다. 20.2절에서 대전 현상을 원자의 시각에서 살펴볼 것이고 하나의 미시적 전하로서 전자나 양성자에 대해 배울 것이다.

그림 20.1 전하의 시각화

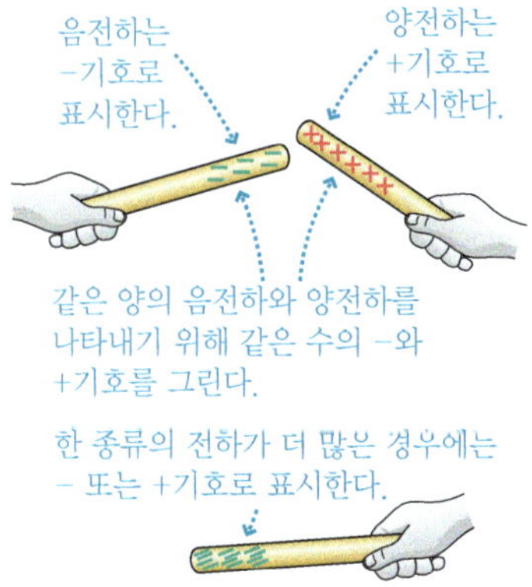

다음 실험에서 볼 수 있는 바와 같이, 플라스틱 막대와 문지르는 데 사용되는 양모를 가까이 접근시킬 때 어떤 일이 발생하는지를 살펴봄으로써 전하의 성질에 대한 중요한 지식을 얻게 될 것이다.

전기에 대해 알아보기 III

실험 5

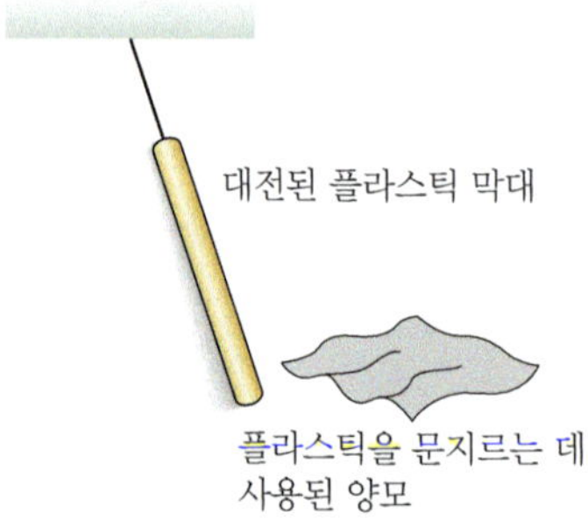

중성이고 대전되지 않은 매달려 있는 플라스틱 막대와 양모를 준비한다. 양모로 플라스틱 막대를 문지르고 양모를 막대 가까이 가져간다. 양모는 막대를 끌어당긴다.

해석: 실험 3에서 플라스틱 막대가 음(−)의 전하를 갖게 된다는 것을 알았다. 양모가 막대를 끌어당기기 때문에 양모는 양(+)의 전하를 띠는 것이 분명하다.

수업 영상

실험 5는 플라스틱 막대를 양모로 문지를 때 플라스틱 막대가 음(−)의 전하를 갖게 되는 것뿐만 아니라 문지르는 데 사용된 양모도 양(+)의 전하를 갖게 된다는 것을 보여준다. 중성 물체를 전하를 전혀 가지지 않은 물체라고 하는 것보다는 **중성 물체는 같은 양의 양전하와 음전하를 갖고 있는 물체**라고 가정하면 위의 실험 결과를 설명할 수 있다. 우리가 보통의 숫자를 더할 때 $2 + (-2) = 0$을 얻듯이 반대 부호를 가진 같은 양의 전하는 서로 '상쇄'되어 전체 또는 알짜 전하는 없다.

이 모형에서 물체 안의 양전하의 양이 음전하의 양보다 크다면 그 물체는 양(+)으로 대전될 것이다. 마치 수학에서 $(+2) + (-1) = +1$인 것과 같다. 마찬가지로 $2 + (-3) = -1$인 것처럼, 물체 안에 양전하의 양보다 음전하의 양이 더 많다면 그 물체는 음(−)으로 대전될 것이다.

그림 20.2에서 보여주듯이 문지르는 과정에서 전하가 한 물체에서 다른 물체로 옮겨간다. 그 둘의 막대를 문지르면 음(−)의 전하가 양모에서 막대로 옮겨진다. 그 결과 막대에는 음(−)의 전하가 과잉이 되고 양모는 음(−)의 전하를 잃어버렸기 때문에 양(+)의 전하가 과잉이 되어 양(+)으로 대전될 것이다(20.2절에서 왜 음(−)의 전하가 옮겨지는지 알게 될 것이다).

그림 20.2에는 전하에 대한 중요한 사실이 내포되어 있다. 문지르는 동안 어떤 곳에서도 전하는 생성되지도 않고 소멸되지도 않는다는 것이다. 전하는 단지 한곳에서 다른 곳으로 이동할 뿐이다. 이는 사실 **전하의 보존 법칙**(law of conservation

그림 20.2 문지르는 과정에서 플라스틱 막대와 양모가 전하를 얻게 되는 이유

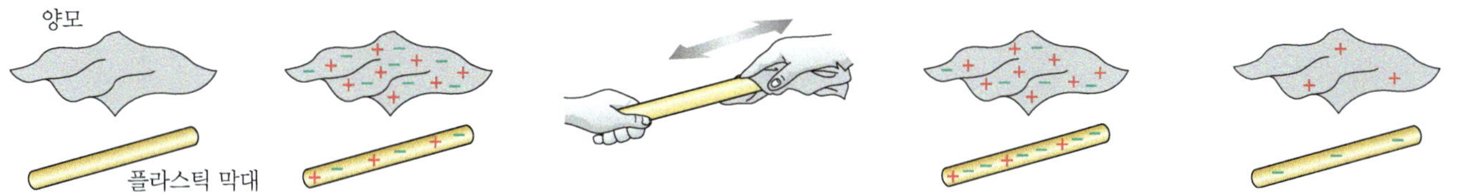

1. 막대와 양모는 처음에 중성이었다.
2. '중성'이라는 것은 같은 양의 양전하와 음전하를 갖고 있다는 것을 의미한다.
3. 막대와 양모를 가지고 서로 문지른다. 문지르는 동안 음전하는 양모로부터 막대로 이동하게 된다.
4. 막대는 추가된 음전하를 갖게 된다. 양모는 음전하보다 더 많은 양전하를 갖게 된다.
5. 전하 도형에서 단지 과잉 전하만을 표시한다. 이 그림은 막대와 양모가 어떻게 전하를 얻게 되는지를 보여준다.

of charge)이라고 하는 자연의 기본 법칙 중 하나이다. 한곳에 얼마의 양전하가 나타나면 다른 곳에서 같은 양의 음전하가 나타나 결국 알짜 전하량은 변하지 않는다.

위의 실험 결과와 양전하와 음전하를 사용한 해석은 다음의 **전하 모형**(charge model)으로 요약할 수 있다.

전하 모형 | 이 모형에서 기본 가정은 다음과 같다.

1. 문지르는 것과 같은 마찰은 전하를 물체에 추가하거나 물체에서 제거한다. 이 과정 자체를 대전이라고 한다. 좀 더 세게 문지르면 더 많은 양의 전하를 만들어낸다.

2. 양(+)과 음(−)의 두 가지 종류의 전하가 있다.

3. 같은 종류의 전하(+/+ 또는 −/−)를 가진 두 물체는 각각 미는 힘을 상대방에 가한다. 반대의 전하(+/−)를 가진 두 물체는 가가 끌어당기는 힘을 상대방에 가한다. 이 힘을 전기력이라고 한다.

4. 대전된 두 물체 사이의 힘은 장거리힘이다. 힘의 크기는 전하량이 증가하면 증가하고 두 물체 사이의 거리가 감소해도 증가한다.

5. 중성 물체는 같은 양의 양전하와 음전하가 섞여 있는 것이다.

6. 두 물체를 문지르면 보통 한 물체에서 다른 물체로 음전하를 이동시켜 물체를 대전시킨다. 두 물체는 같은 양의 반대 전하를 갖게 된다.

7. 전하는 보존된다. 생성되거나 소멸되지 않는다.

절연체와 도체

실험 2, 3 그리고 5는 모두 전하가 한 물체에서 다른 물체로 전달되는 것과 관련되어 있다. 이제 전하가 다른 종류의 물질에서는 어떻게 움직이는지를 알아보기 위하여 실험을 좀 더 해보자.

전기에 대해 알아보기 IV

실험 6

플라스틱 막대를 양모로 문질러 대전시킨다. 중성이었던 금속구에 문지른 부분을 접촉시킨다. 금속구는 대전되어, 매달려 있는 플라스틱 막대를 밀어낸다. 따라서 금속구는 플라스틱 막대와 같은 부호의 전하로 대전되어 있는 것처럼 보인다.

실험 7

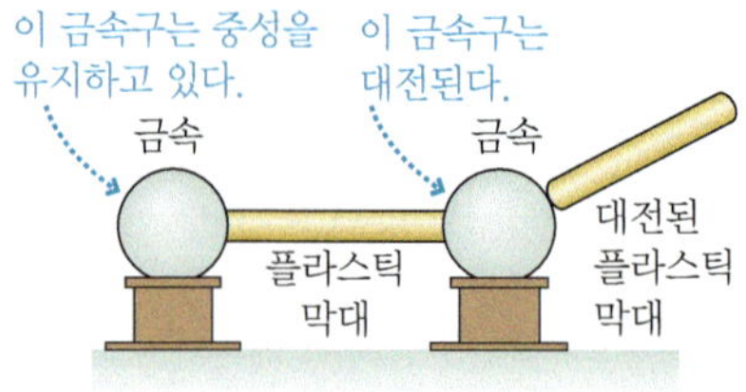

두 금속구를 가까이에 놓고 플라스틱 막대로 연결한다. 다른 플라스틱 막대를 문질러서 대전시킨 후에 이를 한 금속구에 접촉시킨다. 그러면 접촉되었던 금속구는 대전되어 걸려 있는 플라스틱 막대를 밀어낸다. 그러나 다른 금속구는 밀어내지 않는다.

실험 8

두 금속구를 금속막대로 연결한 후에 실험 7을 반복한다. 한 금속구에 대전된 플라스틱 막대를 접촉시킨다. 그러면 두 금속구 **모두** 대전되어 매달려 있는 플라스틱 막대를 밀어낸다.

위의 일련의 실험 마지막에서 전하가 한 물체에서 다른 물체로 이동하려면 두 물체가 **닿아야** 한다는 것을 알았다. 접촉이 필요하다. 물체를 만지면 물체에서 전하를 제거할 수도 있는데, 이를 **방전**(discharging)이라고 한다.

실험 7과 8에서 대전된 막대와 금속구를 접촉시키니 막대에서 금속구로 전하가 이동하였다. 실험 7에서는 다른 금속구는 계속 중성으로 머물러 있는데, 이는 두 금속구를 연결한 플라스틱 막대를 통해 전하가 이동하지 않았음을 보여준다. 반면에 실험 8에서는 다른 금속구도 대전된 것임이 분명하다. 분명히 첫 번째 금속구의 전하가 두 금속구를 연결하는 금속막대를 통하여 두 번째 구로 이동하였을 것이다. 전하가 어떤 물질을 통하여 잘 움직일 수 있을 때 그 물질을 **도체**(conductor)라고 한다. 어떤 물질 내의 전하들이 이동할 수 없을 때 그 물질을 **절연체**(insulator)라고 한다. 유리와 플라스틱은 절연체이고 금속은 도체이다.

이 새로운 지식으로부터 전하 모형에 몇 가지 가정을 추가할 수 있다.

전하 모형 II

8. 두 종류의 물질이 있다. 도체는 내부를 통하여 전하가 쉽게 이동할 수 있는 물질을 말한다. 절연체는 그 안의 전하들이 이동하지 못하고 고정되어 있는 물질이다.

9. 전하는 접촉에 의하여 한 물체에서 다른 물체로 이동한다.

◀ 건조한 날에 플라스틱 미끄럼틀과 알맞은 천으로 만든 옷을 입은 아이는 전하와 전기력이 무엇인지를 놀라울 정도로 잘 보여준다. 아이의 옷이 미끄럼틀과 마찰되면 전하가 그 아이에게 쌓이게 된다. 몸은 좋은 도체로 볼 수 있어, 전하들은 그 아이의 몸 전체와 머리카락으로 흩어지게 된다. 결국 전하들 사이의 미는 힘은 강렬한 결과를 만들어낸다.

개념형 예제 20.1 전하의 전달

실험 8에서 대전된 플라스틱 막대를 금속구에 접촉시키면, 금속구와 금속막대로 연결된 다른 금속구도 플라스틱 막대와 같은 종류의 전하를 갖게 된다는 것을 알았다. 전하 모형을 가정하여 이 과정을 전하 도형으로 나타내시오.

판단 전하 모형에서 다음의 생각이 필요하다.

1. **전하는 접촉할 때 전달된다.** 플라스틱 막대는 양모에 문질러져 음(−)의 전하로 대전되었다. 막대는 절연체이기 때문에 그 안에서 전하는 움직이지 못한다. 그러나 금속에 닿으면 일부 전하가 금속으로 옮겨간다.
2. **금속은 도체이다.** 도체인 금속 안에서는 전하가 자유롭게 움직일 수 있다.
3. **같은 전하는 서로 민다.** 같은 종류의 전하는 서로 밀기 때문에 될 수 있으면 서로 멀어지려고 빨리 움직인다. 일부는 연결된 금속막대를 지나 두 번째 금속구까지 움직인다. 그렇게 하여 두 번째 금속구가 음(−)의 알짜 전하를 갖게 되는 것이다. 이 미는 힘은 음(−)의 전하들이 가능한 서로 멀리 떨어지게 하여 이 전하들은 결국 도체들의 **표면**에 모이게 된다.

그림 20.3의 전하 도형은 이 세 단계를 보여준다.

그림 20.3 실험 8의 전하 도형

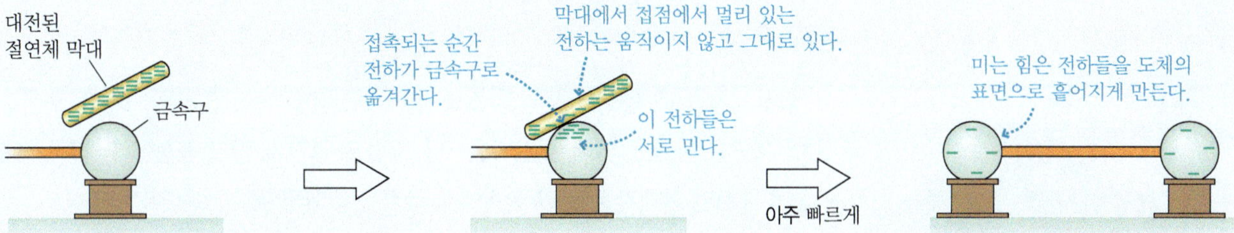

개념형 예제 20.1에서 전하는 도체에 놓이기만 하면 빠르게 퍼져 도체의 표면에 분포하게 된다. 전하의 이 움직임은 아주 빠르다. 전하가 재배치되는 이 순간을 제외하고는, 고립된 도체 위의 전하들은 움직이지 않게 되어 정적 평형 상태에 있게 된다. 이 상태를 **정전 평형**(electrostatic equilibrium)이라고 한다.

개념형 예제 20.2 검전기의 전하 도형 그리기

전기 현상을 보여줄 때에는 **그림 20.4**와 같은 검전기(electroscope)를 사용한다. 검전기의 꼭대기에 있는 금속구에 대전된 플라스틱 막대를 닿게 하면 두 금박이 각도를 유지한 채 벌어지게 된다. 전하 도형을 사용하여 그 이유를 설명하시오.

판단 **그림 20.5**의 검전기를 대전시키는 과정을 절연체와 도체에 대한 지식과 전하 모형을 사용하여 여러 개의 전하 도형으로 나타낸다.

검토 전하는 움직일 수 있다. 그러나 보존되기 때문에 음전하의 총 개수는 다음 쪽에 나오는 그림 20.5에서 변하지 않는다.

그림 20.4 대전된 검전기

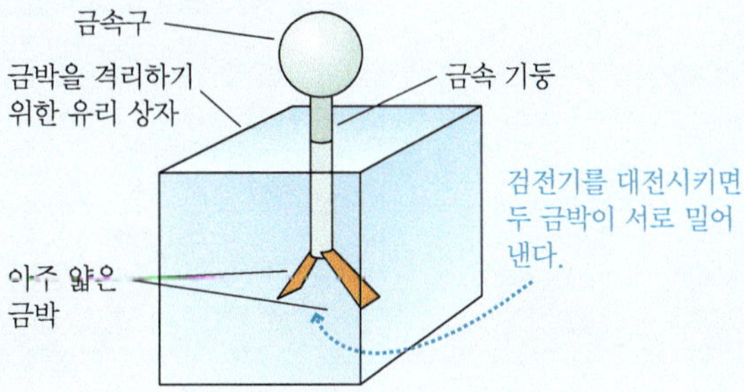

그림 20.5 검전기 대전시키기

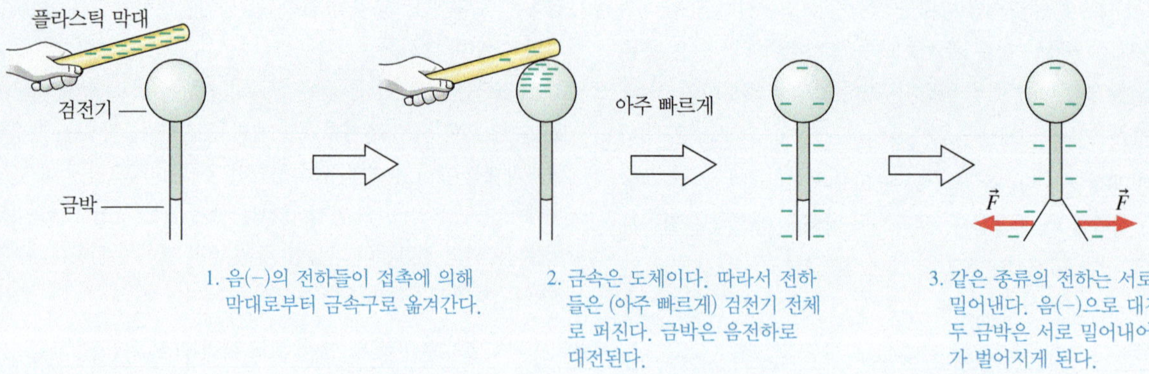

분극

꽃가루 줍기 BIO 천으로 막대를 문지르면 막대에 전하가 발생하게 된다. 같은 방법으로 벌이 공기 속에서 날개를 빠르게 움직이면 벌은 약간의 양전하를 갖게 된다. 작은 종잇조각이 대전된 막대에 달라붙는 것처럼, 아주 작은 꽃가루 알갱이들은 대전된 벌에 달라붙게 되어 벌이 꽃가루를 수집하여 몸에 지니도록 도와준다.

이 장을 시작할 때 양모로 문지른 호박 조각이 깃털을 들어 올리는 그림을 보여준 바 있다. 호박은 마찰에 의해 대전되었으나 깃털은 그렇지 않고 **중성**이다. 전하 모형이 어떻게 중성인 물체가 대전된 물체에게 끌리는지 설명할 수 있는가?

깃털은 절연체이지만, 먼저 중성인 **도체**가 어떻게 대전된 물체에 끌리는지를 살펴봄으로써 쉽게 이해할 수 있다. **그림 20.6**은 그 과정을 보여준다. 대전된 막대가 구에 닿지 않았기 때문에 구 안의 전하가 더해지거나 줄어들거나 하지 않았다. 대신에 막대는 구의 일부 음전하들을 구에서 막대 가까운 곳으로 끌어당길 것이다. 이는 구의 반대편에 음전하의 부족을 일으키게 되고, 그 부분은 양(+)으로 대전된다. 이렇게 대전된 물체를 가까이 가져갈 때 중성인 물체 안의 양전하와 음전하가 약간 **분리되게** 되는데, 이를 **전하분극**(charge polarization)이라고 한다.

그림 20.6은 또한 막대는 멀리 있는 양전하를 밀치는 것보다 가까이 있는 음전하들을 더 센 힘으로 끌어당겨 막대와 구 사이에는 알짜 **끌어당기는** 힘이 생기게 된다. 이러한 **분극력**(polarization force)은 막대와 금속이 서로 반대 전하를 갖기 때문이 아니라 금속에서 전하들이 약간 분리되기 때문에 발생한다. 막대가 음(−)으로 대전되었다면 양전하들이 구의 위쪽 부분으로 이동하게 되고, 음전하들은 아래 부분으로 이동하

그림 20.6 왜 중성인 금속이 대전된 물체에 끌리는가?

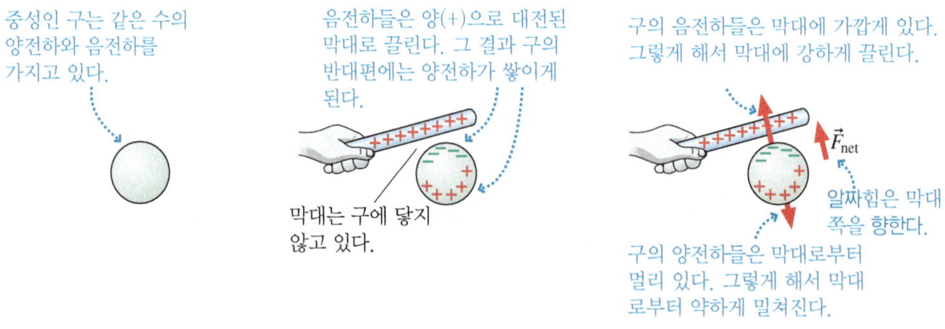

게 된다. 이 경우에도 막대와 구 사이에는 끌어당기는 힘이 존재하게 된다. **대전된 물체와 중성인 물체 사이의 분극력은 언제나 끌어당기는 힘이다.**

분극은 대전된 물체와 전하들이 자유롭게 움직일 수 있는 금속 사이에 왜 힘이 존재하게 되는지를 설명한다. 그러나 호박에 끌리는 깃털은 절연체이다. 절연체에서 전하들은 움직이지 못한다. 그럼에도 불구하고 대전된 물체와 절연체 사이에 있게 되는 끌어당기는 힘도 결국 분극력이다. 다음 절에서 배우겠지만 절연체를 이루는 각 원자의 전하도 약간 분극이 되어 있을 수 있다. 한 원자에서의 전하 분리가 매우 작을지 모르지만 절연체 안의 셀 수 없을 만큼 많은 원자들의 알짜 효과는 무시할 수 없는 양(+)의 전하가 절연체의 한쪽에서 다른 쪽으로 이동한 것과 같다. 이것이 바로 분극력이 생기기 위해 필요한 것이다.

20.2 전하, 원자, 분자

원자 수준에서 어떤 일이 벌어지는지에 대한 설명 없이, 물체가 양(+)의 전하 또는 음(−)의 전하를 얻게 하는 방법에 대해 이야기하였다. 이미 원자를 이루는 기본 입자들, 즉 핵과 그것을 둘러싸고 있는 전자들이 모두 전하를 띠고 있다는 것을 알고 있을 것이다. 이 절에서는 앞 절에서 관찰한 결과를 물질의 원자적 본질을 이해하는 데 결부시킬 것이다.

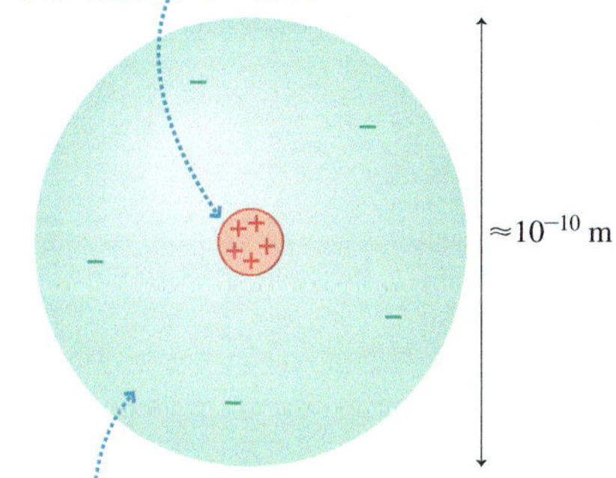

그림 20.7 현대의 원자 모형

원자에 대한 현재의 모형에 의하면, 원자는 **그림 20.7**에서와 같이 양(+)의 전하를 가진 **양성자**와 중성 입자인 **중성자**로 이루어진 아주 작고 양(+)의 전하를 띤 고밀도의 핵(nucleus)이 훨씬 가볍고 핵 주위를 도는 음(−)의 전하를 띤 전자들에 의한 **전자 구름**(electron cloud)에 둘러싸인 모양을 하고 있다. 원자는 양전하인 핵과 음전하인 전자들 사이의 끌어당기는 힘에 의해 단단히 묶여 있다.

실험에 의하면 **전하량은 질량과 같이 전자와 양성자의 고유한 성질이다.** 질량이 없는 전자를 생각할 수 없듯이 전하가 없는 전자를 생각할 수 없다.

원자적 관점에서 본 대전 현상

보통의 물질에서 양성자와 전자는 기본 전하이고 **전하의 다른 근원은 없다.** 따라서 20.1절에서 얻은 여러 관찰 결과들은 양성자와 전자들을 사용하여 설명할 수 있다.

실험에 의하면 양성자와 전자는 부호가 서로 반대이지만 **정확하게** 같은 크기의 전하량을 갖고 있다는 것이 밝혀졌다. 따라서 전하는 양성자와 전자에 의한 것이므로 **물체 내부의 양성자와 전자의 개수가 다르면 물체는 대전된다.** 음(−)으로 대전된 물체는 양성자보다 더 많은 수의 전자를 가지고 있고, 양(+)으로 대전된 물체는 전자보다 더 많은 수의 양성자를 가지고 있다. 대부분의 큰 물체들은 같은 수의 양성자와 전자를 가지고 있다. 그러한 물체들은 **알짜** 전하가 없으며, 이를 **전기적으로 중성**이라고 한다.

그림 20.8 양이온과 음이온

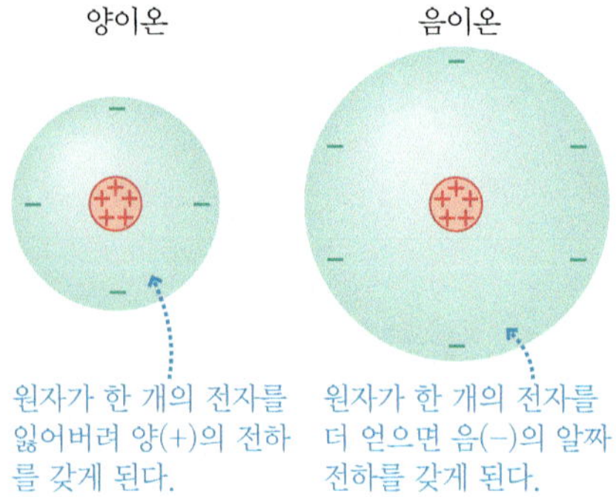

그림 20.9 마찰에 의한 대전은 결합이 깨져서 생겨난 분자 이온에서 발생한 결과이다.

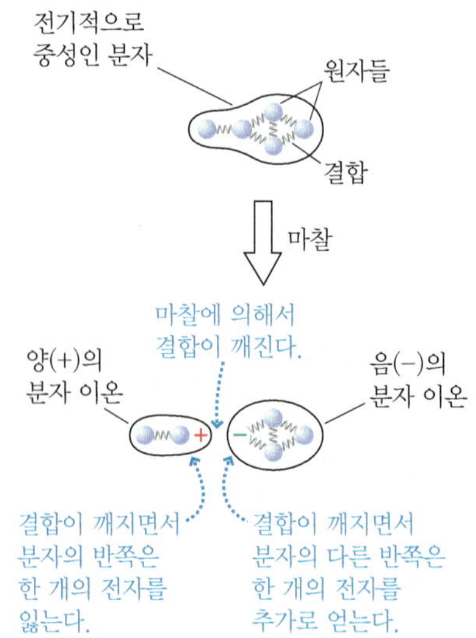

표 20.1 양성자와 중성자

입자	질량(kg)	전하량(C)
양성자	1.67×10^{-27}	$+e = 1.60 \times 10^{-19}$
전자	9.11×10^{-31}	$-e = -1.60 \times 10^{-19}$

실제로는 물체가 양성자를 얻는 것이 아니고 전자를 잃음으로써 양(+)의 전하를 갖게 된다. 양성자들은 핵 안에 극도로 단단하게 결합되어 있기 때문에 원자가 양성자를 얻거나 잃어버릴 수 없다. 반면에 전자들은 양성자들보다 느슨하게 결합되어 있어 작은 힘에 의해서도 잃어버릴 수 있다.

원자의 전자 구름으로부터 전자를 제거하는 것을 **이온화**(ionization)라고 한다. 전자를 잃어버린 원자는 **양이온**이라 한다. 어떤 원자가 전자를 **추가로** 얻게 되면 **음이온**이 된다. **그림 20.8**에서 양이온과 음이온을 볼 수 있다.

20.1절에서 관찰한 대전 과정은 문지르거나 마찰에 의한 것이다. 두 물질이 닿아 서로 미끄러질 때 마찰력은 가끔 표면에서의 분자 결합을 깨뜨린다. 분자들은 전기적으로 중성이다. 그러나 **그림 20.9**에서 볼 수 있는 바와 같이 큰 분자에서 하나의 결합이 끊어지면 **이온 분자**들이 생기게 된다. 양이온 분자들이 한 물질에 남고 음이온 분자들이 다른 물질에 남으면, 문질러진 물체 중 하나는 알짜 양전하를 갖게 되고 다른 하나는 알짜 음전하를 갖게 된다. 양모로 문지른 플라스틱 막대가 대전되고 머리카락을 빗은 빗이 대전되는 과정이 바로 이러한 경우이다.

전하의 보존

전하는 기호 q(때로는 Q)로 나타낸다. 전하의 SI 단위는 **쿨롬**(C)이다. 쿨롬(coulomb)은 18세기 후반에 전기를 연구한 프랑스 과학자 쿨롱(Charles Coulomb)을 기리기 위해서 붙여진 것이다.

보통의 물질에서 대전 입자인 양성자와 전자는 전하량은 같지만 부호는 서로 반대이다. 양성자와 전자의 전하의 크기를 **기본 전하**(fundamental charge)라 하고 기호 e로 나타낸다. 기본 전하 e를 측정한 값은

$$e = 1.60 \times 10^{-19}\ \text{C}$$

이다. 표 20.1은 양성자와 전자의 질량과 전하량을 보여준다.

전하가 양성자나 전자와 관련되어 있다는 것은 전하가 보존되는 이유를 설명해준다. 대부분의 과정에서 전자나 양성자 모두 생성되거나 소멸되지 않기 때문에 전하량도 보존된다.

절연체와 도체

그림 20.10은 절연체와 금속성 도체의 내부를 보여준다. 절연체에서 전자들은 양전하인 핵에 단단하게 결합되어 있어 자유롭게 움직이지 못한다. 절연체를 마찰에 의해 대전시키면 표면에 분자 이온들이 있는 지역을 남기는데, 이 지역은 움직이지 않는다.

금속에서는, 화학에서 **원자가 전자**라 하는 외각 전자들이 핵에 느슨하게 결합되어 있다. 원자들이 가까이 모여 고체를 이루면 외각 전자들은 어미핵에서 떨어져 나와 전체 고체 내부를 방황하게 된다. 고체는 **전체적으로는** 전기적으로 중성이다. 그러나 전자들은 이제 물리학자들이 **전자의 바다**(sea of electrons)라고 하는 대전된 기체나

액체와 같이 간주될 수 있고 양(+)으로 대전된 **이온핵**(ion core)들의 격자 속으로 퍼지게 된다. 전자들은 금속 안에서 큰 이동성을 가지고 있지만 이온핵들에 느슨하나마 결합되어 있어 금속 바깥으로는 나가지 못한다.

전기 쌍극자

앞 절에서 종이와 같은 절연체를 대전된 물체 가까이에 가져가면 분극이 된다는 것을 알았다. 물질의 원자론적 묘사를 사용하여 왜 그런지 알아보자.

양전하를 중성인 원자에 가까이 가져가면 어떤 일이 발생할지 생각해보자. **그림 20.11**에서 볼 수 있는 바와 같이 전하는 전자 구름을 끌어당기고 핵을 밀어냄으로써 원자를 분극시킨다. 한 원자의 분극은 아주 작은 효과를 주지만 절연체에는 엄청난 숫자의 원자들이 있다. 이들 모두 더한 알짜 분극과 그 결과로 발생하는 분극력은 꽤 중요하다. 이렇게 깃털의 아래로 향하는 중력보다 문질러진 호박이 가하는 위로 향하는 분극력이 더 세기 때문에 호박이 깃털을 들어 올리게 된다.

크기가 같고 부호가 반대인 간격이 있는 두 전하를 **전기 쌍극자**(electric dipole)라고 한다. 분극이 외부 전하에 의해 생기는 경우에는 그 원자는 **유도 전기 쌍극자**가 된다. 쌍극자의 음전하 쪽 끝은 양전하에 좀 더 가까워 양전하 쪽 끝을 밀어내는 힘보다 더 큰 힘이 음전하 쪽 끝을 끌어당긴다. 결국 외부 전하 방향으로의 알짜힘이 있게 된다. 대전된 막대가 종잇조각의 모든 원자를 유도 전기 쌍극자가 되게 한다면, 알짜힘은 종이를 들어 올려 막대에 달라붙게 할 만큼 충분히 크게 된다.

수소 결합

어떤 원자는 전하 분포가 비대칭적이어서 **영구 전기 쌍극자**가 된다. 중요한 예로 물 분자가 있다. **그림 20.12**에 보였듯이 수소 원자와 2개의 산소 원자 사이의 결합 때문에 전하를 공평하게 소유하지 못하게 되어 수소 원자는 약간의 양전하를 얻고 산소 원자는 음전하를 얻는다.

그림 20.13에서와 같이 2개의 물 분자가 서로 가까이 있으면 한 원자의 양전하를 가진 수소 원자와 다른 원자의 음전하를 가진 산소 원자 사이의 끌어당기는 힘으로 인하여 **수소 결합**(hydrogen bond)이라고 하는 약한 결합이 생기게 된다. 이 약한 결

그림 20.10 절연체와 도체의 미시적 모습

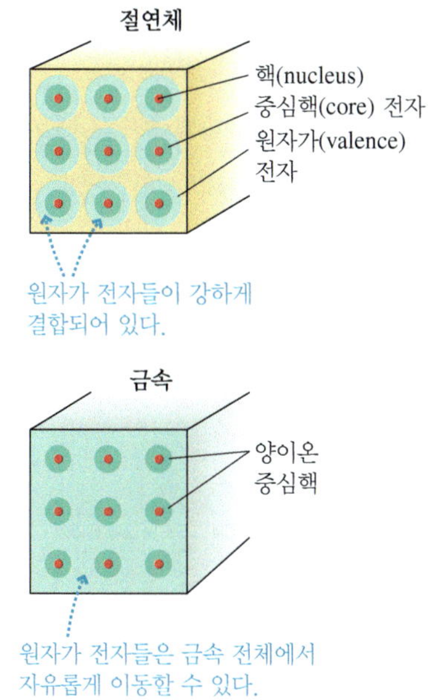

그림 20.11 유도 전기 쌍극자

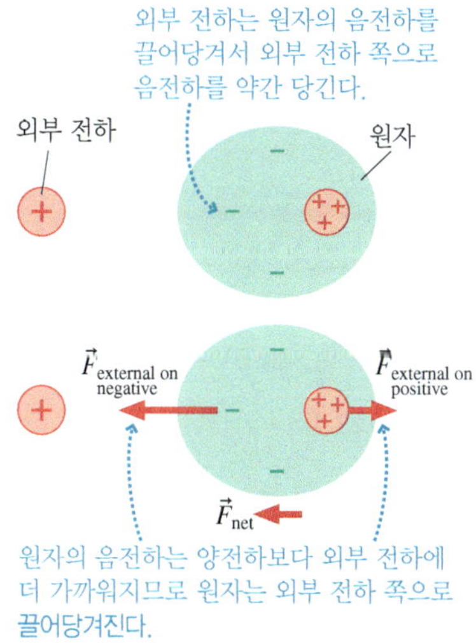

그림 20.12 물 분자는 영구 전기 쌍극자이다.

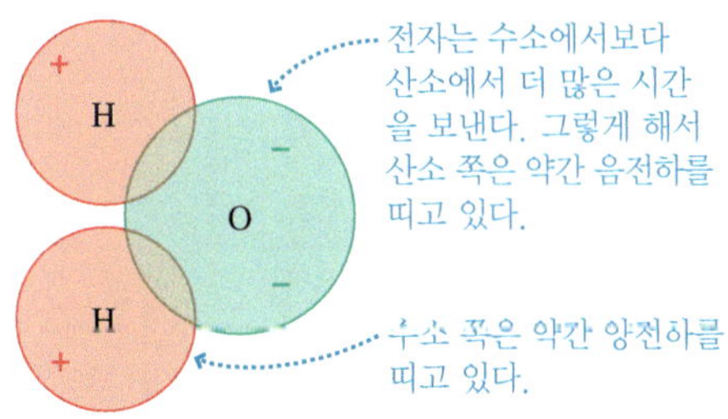

그림 20.13 물 분자 사이의 수소 결합

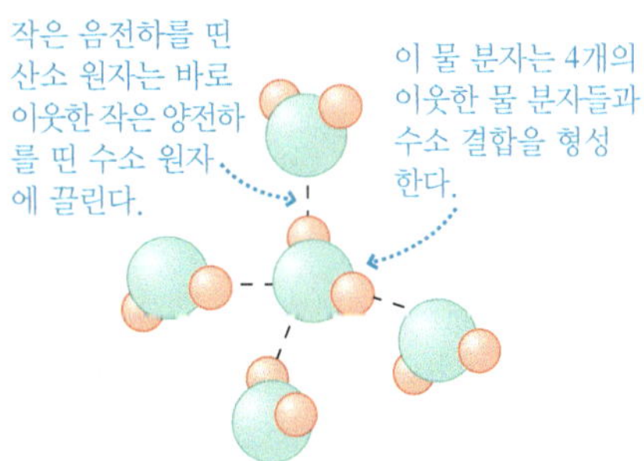

합은 물 분자 사이의 '점착성(stickiness)'을 만들어 물이 얼 때 부피가 증가하고, 넓은 범위의 온도에서 액체로 있으며, 큰 기화열을 갖는 등 물의 독특한 성질들을 갖게 한다.

그림 20.14 DNA 염기쌍에서의 수소 결합 BIO

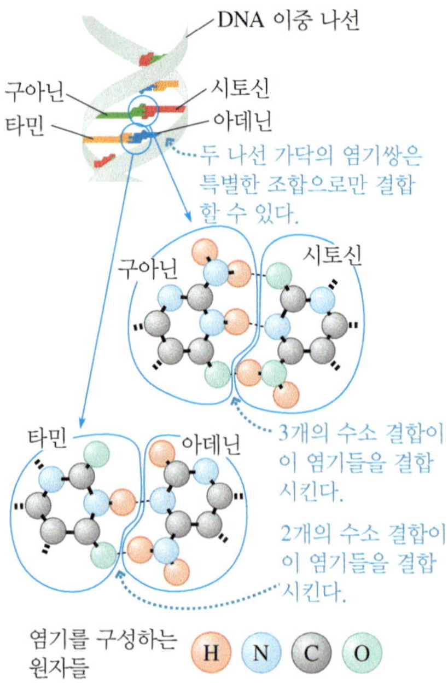

수소 결합은 생물계에서 매우 중요하다. 모두 알다시피 DNA 분자는 이중 나선의 구조를 갖고 있다. DNA 안의 정보는 **뉴클레오티드**(nucleotide), 곧 구아닌, 티민, 아데닌, 시토신 등의 네 분자로 적혀 있다. DNA의 나선 한 가닥 안의 뉴클레오티드들은 다른 가닥의 뉴클레오티드들과 수소 결합을 형성하고 있다.

뉴클레오티드는 특정한 쌍으로 결합을 한다. 시토신은 구아닌과 아데닌은 티민과 결합을 한다. 이 우선적인 결합은 DNA 복제에서 결정적인 역할을 한다. 한 DNA의 두 나선 가닥이 분리되면 각 나선 가닥은 원형(template)이 되어 각각 짝이 되는 나선과 결합하여 원래의 DNA 분자와 동일한 2개의 복사본이 만들어지게 되는 것이다.

DNA에서 뉴클레오티드 염기쌍의 우선적인 결합은 수소 결합으로 설명할 수 있다. 각 뉴클레오티드에서 수소 원자는 약간의 양전하를 가지고 있고, 산소와 질소는 약간의 음전하를 가지고 있다. 한 뉴클레오티드의 양전하를 가진 수소 원자는 다른 뉴클레오티드의 음전하를 가진 산소나 질소 원자에 끌리게 된다. **그림 20.14**에 상세하게 나와 있듯이 뉴클레오티드의 모양을 보면 시토신은 구아닌과 아데닌은 티민과 수소 결합을 할 수 있을 뿐이다.

20.3 쿨롱의 법칙

앞의 두 절에서는 전하와 전기력에 대한 **모형**을 세웠다. 이 모형은 전기 현상을 설명하고 전기에 대한 일반적인 이해를 제공하는 데 아주 만족스러웠다. 이제 정량적인 성질도 알아보자. 20.1절의 실험 4에서 물체의 전하량이 커지면 전기력이 증가하고, 물체가 서로 멀리 떨어지면 전기력이 감소한다는 것을 알았다. 이러한 성질을 만족시키는 힘의 법칙이 바로 **쿨롱의 법칙**(Coulomb's Law)이다.

쿨롱의 법칙을 수학적으로 기술하는 데 부호를 무시한 전하의 크기만을 사용할 것이다. 이를 위하여 이 교재에서는 앞에서 사용했던 절댓값 기호를 사용할 것이다. 따라서 $|q|$는 전하의 크기를 나타낸다. 전하가 양(+)이든 음(−)이든 간에 이 값은 항상 양(+)수이다.

영상 학습 데모

수업 영상

쿨롱의 법칙

크기: 전하량 q_1과 q_2를 갖는 두 전하가 서로 r만큼 떨어져 있으면, 각 입자는 상대방에게 아래와 같은 크기의 힘을 가한다.

$$F_{1\text{ on }2} = F_{2\text{ on }1} = \frac{K|q_1||q_2|}{r^2} \qquad (20.1)$$

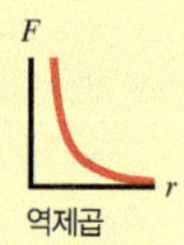

여기에서 전하량은 쿨롬(C)을 사용하였고 $K = 8.99 \times 10^9\ \text{N}\cdot\text{m}^2/\text{C}^2$은 **정전기 상수**(electrostatic constant)이다. 이 두 힘은 작용·반작용 쌍으로 크기는 같으나 방향은 반대이다. 아주 정확한 계산이 아니면 K를 보통 반올림하여 $K = 9.0 \times 10^9\ \text{N}\cdot\text{m}^2/\text{C}^2$으로 한다. 우리는 이 값을 사용할 것이다.

방향: 이 힘들은 두 입자를 잇는 직선 방향을 향한다. 두 입자가 같은 종류의 전하를 가지면 그 힘은 미는 힘이고 다른 종류의 전하를 가지면 그 힘은 끌어당기는 힘이다.

우리는 가끔 '전하 q_1과 전하 q_2 사이의 힘'에 관하여 말한다. 여기에서 질량, 크기, 그리고 다른 성질을 가진 대전된 물체를 다루고 있다는 것을 명심하자. 전하는 물질 없이도 존재할 수 있는 것이 아니다. 쿨롱의 법칙은 대전 입자들 사이의 힘을 기술한다.

◀◀6.5절에서 배웠듯이 쿨롱의 법칙은 뉴턴의 중력 법칙과 아주 비슷하다. 그러나 중요한 차이점이 있다. 전하 q는 양(+)이 될 수도 있고 음(−)이 될 수도 있어서 힘도 끌어당기는 힘 또는 미는 힘이 가능하다. 따라서 식 (20.1)의 절댓값 기호는 매우 중요하다. 쿨롱의 법칙의 첫째 부분은 힘의 크기만을 결정하고 이 값은 항상 양(+)이다. 방향은 이 법칙의 둘째 부분에서 결정되어야 한다. 그림 20.15는 양전하와 음전하의 여러 가지 조합에서의 전기력을 보여준다.

그림 20.15 두 대전 입자 사이의 끌어당기는 힘과 미는 힘

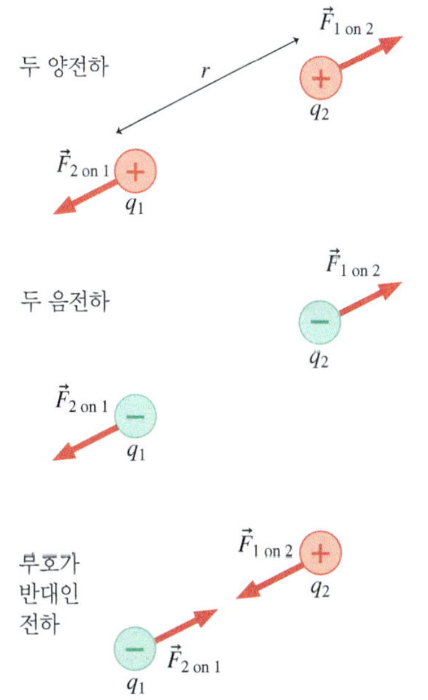

쿨롱의 법칙 사용하기

쿨롱의 법칙은 힘의 법칙이다. 힘은 벡터이다. **다른 힘들과 같이 전기력도 중첩이 될 수 있다.** 여러 개의 전하 1, 2, 3, …이 있을 때 전하 j에 가하는 알짜 전기력은 각각의 전하에 의한 힘의 합이 될 것이다. 곧

$$\vec{F}_{\text{net}} = \vec{F}_{1\,\text{on}\,j} + \vec{F}_{2\,\text{on}\,j} + \vec{F}_{3\,\text{on}\,j} + \cdots \tag{20.2}$$

이다. 여기에서 힘 $\vec{F}_{i\,\text{on}\,j}$는 식 (20.1)에 나와 있다.

▶ **여자와 남자 분리하기** BIO 정충세포는 X 염색체와 Y 염색체가 들어 있는지에 따라 분리할 수 있다. 정충세포를 용액 안에 넣고 용액을 가는 노즐을 통해 내보낸다. 용액이 작은 방울들로 갈라질 것이다. 1개의 작은 방울이 1개의 정충세포를 가지고 있다고 하자. 광학 실험을 통해서 정충세포가 X와 Y 중 어떤 염색체를 가지고 있는지 알아낼 수 있다. X 정충세포인 경우에는 그 방울에 양전하를 주입하고, Y 정충세포인 경우에는 음전하를 주입한다. 반대의 전하로 대전된 2개의 판 위에 그 방울들을 떨어뜨리면 방울들은 좌우로 이동하여 해당하는 판 안으로 떨어지게 되어 X와 Y를 분리할 수 있다.

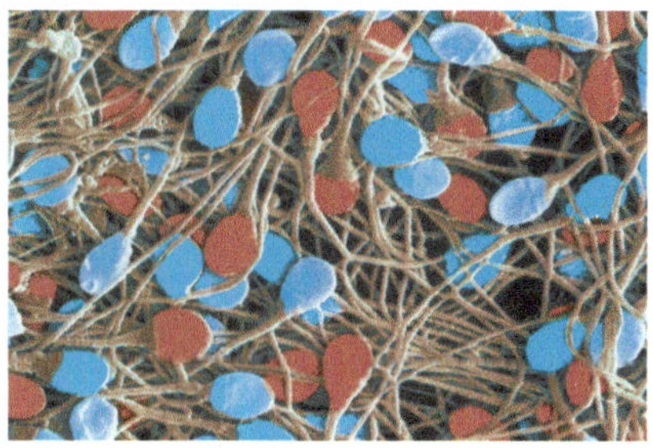

문제 풀이 전략 20.1 전기력과 쿨롱의 법칙

우리는 하나 또는 더 많은 다른 대전 입자들이 한 대전 입자에 작용하는 전기력을 쿨롱의 법칙을 사용하여 구할 수 있다.

준비 점전하나 점전하로 모형화할 물체를 확인한다. 좌표계를 정하고, 전하들의 위치를 나타내고, 전하에 가해지는 힘 벡터를 나타내고, 거리와 각도를 정의하고, 또한 문제에서 구하고자 하는 것이 무엇인지 확실히 하기 위해 개요도를 그린다.

풀이 점전하 사이의 힘의 크기는 쿨롱의 법칙으로 주어진다.

$$F_{1\,\mathrm{on}\,2} = F_{2\,\mathrm{on}\,1} = \frac{K|q_1||q_2|}{r^2}$$

이 법칙을 사용하는 데 개요도를 참고한다.

- 개요도에 각 힘(같은 종류의 전하 사이에는 미는 힘, 반대 전하 사이에는 끌어당기는 힘)의 방향을 표시한다.
- 쿨롱의 법칙에 따라 힘 벡터의 길이를 나타낸다. 더 큰 전하를 가진 입자 또는 더 가까운 입자는 더 큰 힘의 크기를 가질 것이다.
- 가능하면 벡터 더하기를 개요도 위에 표현한다. 정확하지 않더라도, 우리가 어떤 종류의 답을 기대하는지 알려준다.
- 각 힘 벡터를 x와 y성분으로 나타낸다. 다음에는 각 성분을 더해서 알짜힘을 구한다. 개요도를 사용하여 어떤 성분이 양(+)이고 어떤 성분이 음(−)인지 결정한다.

검토 얻은 결과가 올바른 단위로 표현되어 있는지, 타당한지, 원하는 답인지 점검한다.

예제 20.3 1차원에서의 전기력 더하기

2개의 +10 nC의 전하가 1차원 직선 위에 2.0 cm 떨어져 있다. 두 전하의 가운데 있는 +1.0 nC의 전하가 받는 알짜 전기력은 얼마인가? 오른쪽의 전하를 −10 nC으로 바꾼다면 그 알짜 전기력은 얼마인가?

준비 문제 풀이 전략 20.1에 나와 있는 과정을 따른다. 우선 대전 입자들을 점전하로 보자. 그림 20.16에는 좌표계가 설정되어 있고 두 힘 $\vec{F}_{1\,\mathrm{on}\,3}$과 $\vec{F}_{2\,\mathrm{on}\,3}$이 표시되어 있다. 그림 20.16(a)에서는 오른쪽에 +10 nC의 전하를, 그림 20.16(b)에서는 −10 nC의 전하를 보여준다.

그림 20.16 두 경우에서 힘의 개요도

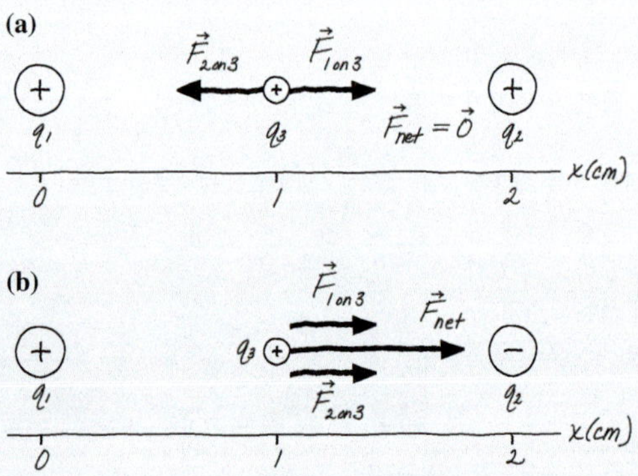

풀이 전기력은 벡터이다. q_3가 받는 알짜힘은 벡터합 $\vec{F}_{\mathrm{net}} = \vec{F}_{1\,\mathrm{on}\,3} + \vec{F}_{2\,\mathrm{on}\,3}$과 같다. q_1과 q_2는 모두 q_3에 미는 힘을 가한다. 그러나 이 두 힘은 크기는 같지만 방향은 반대이다. 따라서 $\vec{F}_{\mathrm{net}} = \vec{0}$이다. 그림 20.16(b)에서와 같이 q_2가 음(−)이면 상황은 달라진다. 이 경우 두 힘은 크기와 방향이 모두 같아 $\vec{F}_{\mathrm{net}} = 2\vec{F}_{1\,\mathrm{on}\,3}$이 된다. 그 힘의 크기는 쿨롱의 법칙에 의해 결정된다. q_1에 의한 힘은 다음과 같다.

$$\begin{aligned} F_{1\,\mathrm{on}\,3} &= \frac{K|q_1||q_3|}{r_{13}^2} \\ &= \frac{(9.0\times10^9\ \mathrm{N\cdot m^2/C^2})(10\times10^{-9}\ \mathrm{C})(1.0\times10^{-9}\ \mathrm{C})}{(0.010\ \mathrm{m})^2} \\ &= 9.0\times10^{-4}\ \mathrm{N} \end{aligned}$$

q_2에 의한 힘도 같다. 따라서 1.0 nC이 받는 알짜힘은 $\vec{F}_{\mathrm{net}} =$ (1.8×10^{-3} N, 오른쪽 방향)과 같다.

검토 이 예제는 전기력이 벡터라는 중요한 사실을 예로 보여준다. 답이 맞는지 점검하는 중요한 방법은 그 답이 '합리적인지' 생각해 보는 것이다. 두 번째 경우에서 그 전하가 받는 힘은 대략 1 mN 이다. 일반적으로 수 nC의 두 전하가 수 cm 거리만큼 떨어진 경우에 수분의 mN에서 수 mN까지의 힘을 받는다. 이에 따르면 결과는 타당하다고 볼 수 있다.

예제 20.4 2차원에서 전기력 더하기

$q_1 = -50$ nC, $q_2 = +50$ nC 그리고 $q_3 = +30$ nC의 세 대전 입자가 **그림 20.17**에서와 같이 놓여 있다. 다른 두 대전 입자에 의해서 대전 입자 q_3가 받는 알짜힘은 얼마인가?

그림 20.17 대전 입자들의 배치도

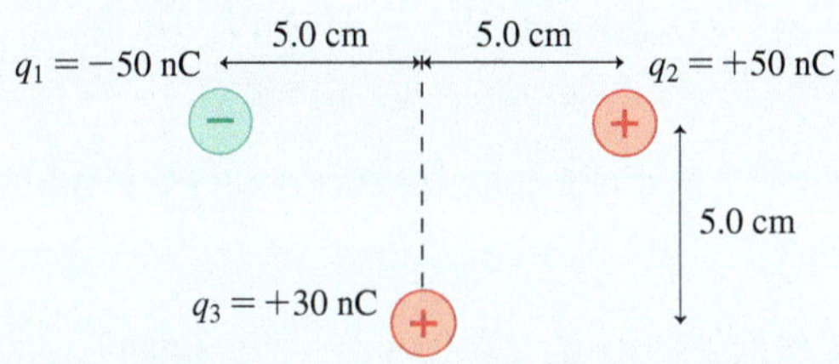

준비 문제 풀이 전략 20.1에 나와 있는 과정을 사용하여 **그림 20.18(a)**의 개요도에서 시작하여 알짜힘을 구한다. q_3가 원점에 있도록 좌표계를 정하고, q_3에 가해지는 힘을 표시하였다. 방향은 대전 입자의 부호에 의해 결정된다. 기하학을 사용하면 $\vec{F}_{1\,\text{on}\,3}$과 $\vec{F}_{2\,\text{on}\,3}$이 이루는 각도가 그림에 표시된 것과 같다는 것을 알 수 있다. **그림 20.18(b)**의 벡터 더하기의 방향은 알짜힘에 대해 예측한 방향이다. 이것은 결과를 점검하는 좋은 방법이다. q_1과 q_3 사이의 거리는 q_2와 q_3 사이의 거리와 같다. 이 거리 r은 $\sqrt{(5.0\text{ cm})^2 + (5.0\text{ cm})^2} = 7.07$ cm가 된다. q_1과 q_2는 크기가 같고 q_3로부터 등거리이므로 그림 20.18에서 보여주었듯이 그들의 힘은 같다.

그림 20.18 대전 입자와 힘의 개요도

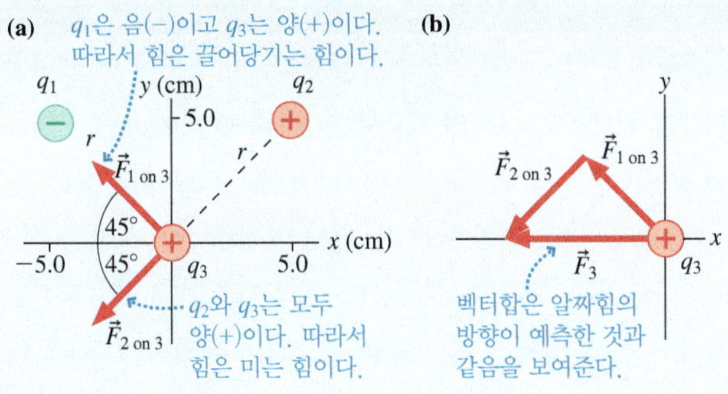

풀이 우리는 대전 입자 q_3에 가해지는 알짜힘을 구하는 데 관심이 있다. 쿨롱의 법칙을 사용하여 대전 입자 q_3에 가해지는 두 힘의 크기를 먼저 구해보자.

$$F_{1\,\text{on}\,3} = \frac{K|q_1||q_3|}{r^2}$$
$$= \frac{(9.0\times10^9\text{ N}\cdot\text{m}^2/\text{C}^2)(50\times10^{-9}\text{ C})(30\times10^{-9}\text{ C})}{(0.0707\text{ m})^2}$$
$$= 2.7\times10^{-3}\text{ N}$$

대전 입자들의 크기와 거리는 $F_{2\,\text{on}\,3}$의 경우와 같다. 따라서 다음과 같다.

$$F_{2\,\text{on}\,3} = \frac{K|q_2||q_3|}{r^2} = 2.7\times10^{-3}\text{ N}$$

이 힘들의 각 성분은 **그림 20.19(a)**에 나와 있는 바와 같다.

그림 20.19 q_3에 가해지는 힘은 왼쪽을 향한다.

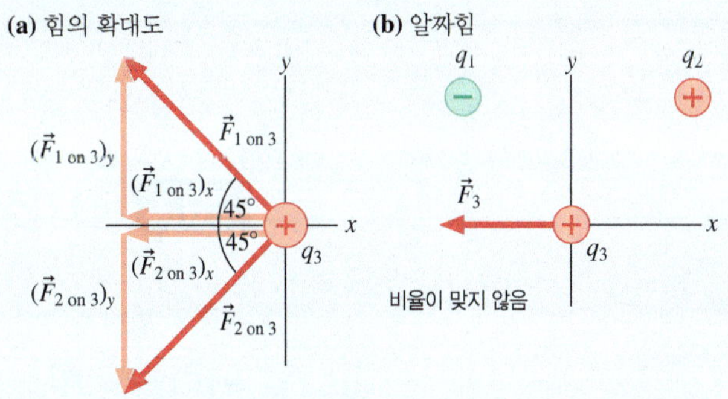

각 성분을 계산하면 다음을 얻는다.

$$(F_{1\,\text{on}\,3})_x = -(2.7\times10^{-3}\text{ N})\cos45° = -1.9\times10^{-3}\text{ N}$$
$$(F_{1\,\text{on}\,3})_y = (2.7\times10^{-3}\text{ N})\sin45° = 1.9\times10^{-3}\text{ N}$$
$$(F_{2\,\text{on}\,3})_x = -(2.7\times10^{-3}\text{ N})\cos45° = -1.9\times10^{-3}\text{ N}$$
$$(F_{2\,\text{on}\,3})_y = -(2.7\times10^{-3}\text{ N})\sin45° = -1.9\times10^{-3}\text{ N}$$

각 성분을 더해 알짜힘의 성분을 구한다.

$$F_{3x} = (F_{1\,\text{on}\,3})_x + (F_{2\,\text{on}\,3})_x = -1.9\times10^{-3}\text{ N} - 1.9\times10^{-3}\text{ N}$$
$$= -3.8\times10^{-3}\text{ N}$$
$$F_{3y} = (F_{1\,\text{on}\,3})_y + (F_{2\,\text{on}\,3})_y$$
$$= +1.9\times10^{-3}\text{ N} - 1.9\times10^{-3}\text{ N} = 0$$

따라서 그림 20.19(b)의 알짜힘은 다음과 같다.

$$\vec{F}_3 = (3.8 \times 10^{-3}\ \text{N},\ -x\text{방향})$$

검토 알짜힘은 예측했던 대로 왼쪽을 향하고 있다. 알짜힘의 크기도 수 mN으로 타당한 값이라고 할 수 있다.

예제 20.5 전기력과 중력 비교하기

작은 플라스틱 구가 −10 nC만큼 대전되었다. 탁자 위에 +10 nC의 전하를 가진 질량이 15 mg인 유리구슬이 정지해 있고, 플라스틱 구는 그 위 1.0 cm 되는 곳에 고정되어 있다고 하자. 유리구슬이 플라스틱 구가 있는 곳으로 튀어오르겠는가?

준비 플라스틱 구와 유리구슬을 점전하로 보는 모형을 선택하자.

그림 20.20 전하와 힘을 보여주는 개요도

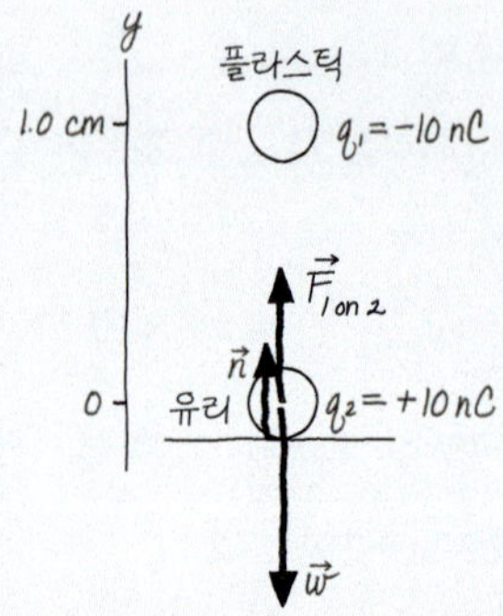

그림 20.20에 y축이 표시되어 있고, 플라스틱 구를 q_1, 그리고 유리구슬을 q_2로 나타내었고, 또한 자유 물체 도형이 그려져 있다. $F_{1\,\text{on}\,2} > w$이면 유리구슬이 올라간다. $F_{1\,\text{on}\,2} < w$이면 유리구슬은 정지하고 수직 항력 $\vec{n}$이 구슬에 가해진다.

풀이 주어진 값을 사용하면

$$F_{1\,\text{on}\,2} = \frac{K|q_1||q_2|}{r^2} = 9.0 \times 10^{-3}\ \text{N}$$
$$w = m_2 g = 1.5 \times 10^{-4}\ \text{N}$$

이 된다. $F_{1\,\text{on}\,2}$는 유리구슬 무게의 60배가 되어 유리구슬은 튀어오른다.

검토 이 예제에서 사용한 값들은 지름이 대략 2 mm인 구에서 실제로 가능한 값이다. 일반적으로 이 예제에서와 같이 전기력은 무게보다 훨씬 크다. 따라서 전기력 문제를 다룰 때 입자들의 질량이 아주 크지 않으면 무게를 무시할 수 있다.

20.4 전기장의 개념

쿨롱의 법칙은 정전기학의 기본 법칙이다. 쿨롱의 법칙을 사용하여 양전하가 근처의 음전하에게 가하는 힘을 계산할 수 있다. 그러나 여기에는 답이 주어지지 않은 질문이 있다. 어떻게 음전하는 근처에 양전하가 있다는 것을 '알 수 있는가?' 쿨롱의 법칙은 그 힘의 크기와 방향을 어떻게 계산하는지 알려줄 뿐이고, 힘이 어떻게 빈 공간 속에서 한 전하에서 다른 전하로 전달되는지 알려주지 않는다. 이 질문에 답을 하기 위하여 19세기 초 전기와 자기 연구가인 영국인 패러데이(Michael Faraday)가 처음 제안한 **장 모형**을 소개한다.

그림 20.21 전기장의 시각화

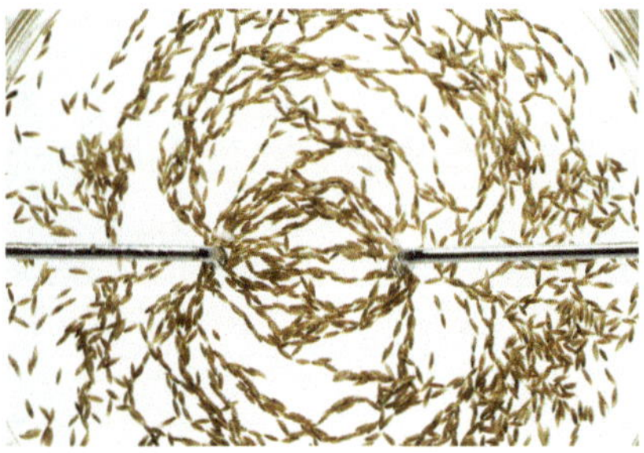

그림 20.21은 용기에 들어 있는 얕은 기름 위에 떠 있는 미세한 잔디 씨들을 사진으로 찍은 것이다. 하나는 양(+)으로, 다른 하나는 음(−)으로 대전된 2개의 도선을 기름 표면에 닿게 하면 잔디 씨들은 질서 있는 모양을 형성하며 배열하게 된다. 이 모양은 전하로부터 생긴 어떤 전기적 영향이 그림과 같은 모양을 형성하며 전하 주위의 **공간을 채우고** 있다는 것을 암시한다. 잔디 씨들은 우리가 보는 모양을 형성하며 이 영향에 반응하고 있다. 전하 주위 공간의 변형은 쿨롱의 법칙의 장거리힘이 작용하는

얼개를 제공할지 모른다.

이것이 바로 장 모형의 핵심이다. 양전하 A와 음전하 B 사이의 끌어당기는 힘을 생각해보자. 그림 20.22는 그동안 우리가 사용했던 힘 모형과 장 모형 사이의 차이를 알려준다. **장 모형에서는 전하 B에 힘을 가하는 매개체가 바로 전하 A 주위에 형성된 변형된 공간이다.** 이 공간의 변형을 **장**(field)이라 한다. 전하는 공간의 **모든 곳**에 변형을 일으킨다. 다른 전하들은 그것들이 있는 곳에서의 변형에 반응하게 된다.

장 모형은 물리학의 여러 분야에서 사용된다. 대전된 물체 근처의 공간은 변형이 되어 **전기장**(electric field)을 만든다. 질량을 가진 물체 주위 공간의 변형은 **중력장**(gravitational field)이라 한다. 24장에서 고려하게 될 자석 주위 공간의 변형은 **자기장**(magnetic field)이라 한다.

그림 20.22 두 전하 사이의 상호작용에 관한 힘과 장의 모형

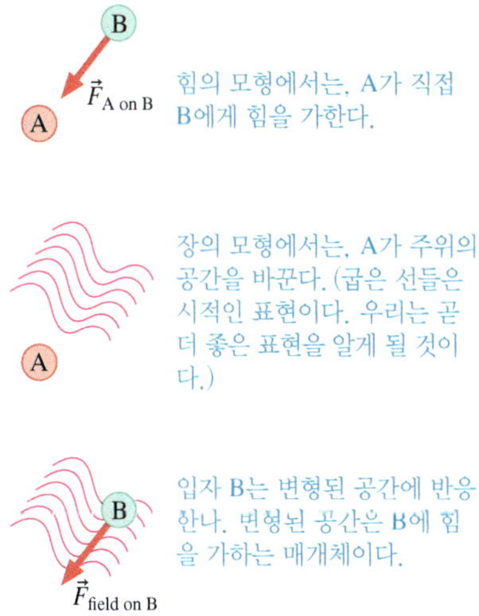

장 모형

장 모형은 근거가 없고 추상적이라고 할 수 있을지 모른다. 이미 전하 사이의 힘을 계산할 수 있는데, 왜 사물을 보는 다른 관점을 도입할 필요가 있을까? 전하들이 복잡하게 분포되어 있을 때, 시각화하고 힘을 계산할 때 장 모형이 아주 유용하다는 것을 알게 될 것이다. 그러나 전기장을 도입하는 데는 더 근본적인 이유가 있다. 시간에 따라 변하는 장에 대하여 연구할 때, 우리는 오직 장을 사용해야 이해할 수 있는 현상이 있다는 것을 알게 될 것이다.

전하들이 어떻게 상호작용을 하는지를 기술하는 **장 모형**을 아래와 같이 가정하고 전기장에 대한 공부를 시작하자.

수업 영상

1. **근원 전하**(source charge)라고 하는 전하들의 모임은 주위 공간을 변형시키고 전기장 $\vec{E}$를 만든다.
2. 다른 전하가 이 전기장 안에 놓이면 그 장이 가하는 힘 $\vec{F}$를 받는다.

전하 q가 다른 전하들에 의하여 힘 $\vec{F}_{\text{on}\,q}$를 받는다고 하자. 이 힘의 세기와 방향은 q가 공간에서 이곳에서 저곳으로 움직일 때 변하게 될 것이다. 이것은 공간의 각 장소에 '무엇인가' 있어서 전하 q가 받는 힘을 일으킨다는 것을 암시한다. 점 (x, y, z)에서의 전기장 $\vec{E}$를 아래와 같이 정의한다.

$$\vec{E}(x, y, z) = \frac{\vec{F}_{\text{on}\,q}(x, y, z)}{q} \tag{20.3}$$

한 점에서의 전기장은 그 장소에 있는 전하 q가 받는 힘에 의해 정의됨

우리는 전기장을 힘 대 전하의 비로 **정의한다**. 그리하여 전기장의 단위는 뉴턴을 쿨롬으로 나눈 N/C과 같다. 전기장의 크기 E는 **전기장 세기**(electric field strength)라고 한다. 표 20.2에 대표적인 전기장 세기를 열거하였다.

표 20.2 대표적인 전기장 세기

장	장 세기(N/C)
전류가 흐르는 도선	10^{-2}
지표면 근처에서의 지구의 전기장	10^{2}
마찰로 대전된 물체 근처	10^{3}~10^{6}
공기가 방전을 일으킬 때 필요한 전기장	10^{6}
세포막 안쪽	10^{7}
원자 내부	10^{11}

공간의 어떤 장소에 전기장이 있는지를 알아내기 위해 전하 q를 **탐침**으로 사용한다고 하자. **그림 20.23(a)**에서와 같이 공간의 한 점에서 전하 q가 전기력을 받는다고 하자. 그러면 그 장소에 힘을 일으키는 전기장이 있다. 또한 그 장소에서의 전기장을 식 (20.3)을 사용하여 벡터로 **정의한다**. **그림 20.23(b)**는 두 점에서의 전기장을 보여준다. 그러나 전하 q를 전 공간에서 움직이게 하면 전기장을 '위치의 함수'로 볼 수 있게 된다.

그림 20.23 전하 q는 전기장을 알아내는 탐침이다.

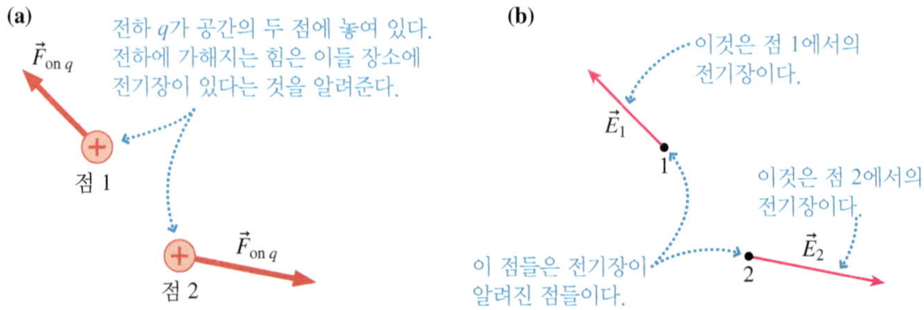

장 모형의 기본 개념은 **장이 전하 q에 힘을 가하는 매개체라는 것**이다. 장에 대한 세 가지의 중요한 사항을 기억하자.

1. 벡터인 전기장은 공간의 모든 장소에 존재한다. 전기장 도형은 몇 개 벡터들의 샘플만 보여준다. 그러나 전기장 벡터는 그것이 도형에 나와 있거나 안 나와 있거나에 상관없이 공간의 모든 장소에 존재한다.
2. 탐침 전하 q가 양(+)이면 전기장 벡터는 전하 q가 받는 힘과 같은 방향이다. 음(−)이면 전기장 벡터는 그 힘과 반대방향을 향한다.
3. q가 식 (20.3)에 들어 있기 때문에 전기장이 장을 재는 데 사용된 전하의 크기에 좌우될 거라고 생각할 수 있을 것이다. 쿨롱의 법칙으로부터 힘 $\vec{F}_{\text{on}\,q}$가 q에 비례한다는 것을 알고 있다. 따라서 식 (20.3)에서 정의된 전기장은 장을 재는 데 사용된 전하 q와는 **무관하다**. 전기장은 장을 만드는 근원 전하들에만 의존한다.

그림 20.24 전하 q'은 전하 q에 의한 전기장을 재는 데 사용된다.

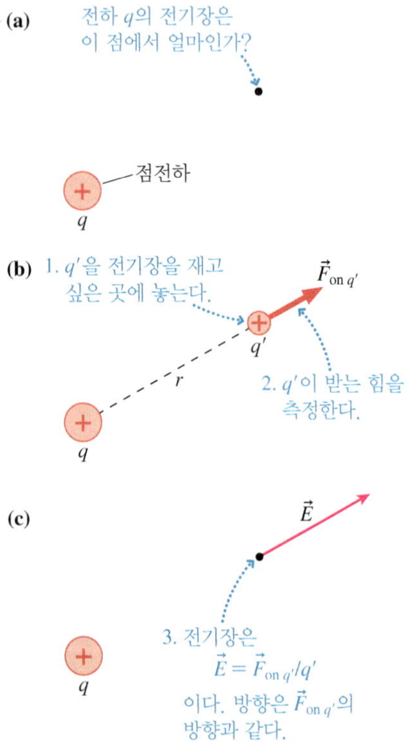

점전하에 의한 전기장

그림 20.24(a)는 공간의 모든 장소에 전기장을 만드는 근원 점전하, 곧 근원 전하를 보여준다. **그림 20.24(b)**에 q'으로 표현된 두 번째 전하를 전하 q가 만든 전기장을 재는 데 사용할 수 있다.

잠시 두 전하가 모두 양(+)이라고 가정하자. 미는 힘이고 전하 q에서 멀어지는 방향을 향하는 q'이 받는 힘은 쿨롱의 법칙으로 주어진다.

$$\vec{F}_{\text{on}\,q'} = \left(\frac{Kqq'}{r^2},\ q\text{에서 멀어지는 방향}\right) \tag{20.4}$$

식 (20.3)은 전기장을 탐침 전하에 작용하는 힘으로부터 $\vec{E} = \vec{F}_{\text{on}\,q'}/q'$으로 정의한다.

따라서 양(+)의 전하 q의 경우에

$$\vec{E} = \left(\frac{Kq}{r^2},\ q\text{에서 멀어지는 방향}\right) \tag{20.5}$$

이다. 이 전기장을 **그림 20.24(c)**에 나타내었다.

q가 음(−)인 경우에도 탐침 전하에 가해지는 힘의 크기는 식 (20.5)와 같다. 그러나 방향은 q를 향한다. 따라서 장의 일반적 표현은 다음과 같다.

$$\vec{E} = \left(\frac{K|q|}{r^2},\ \begin{bmatrix} q>0\text{이면 } q\text{에서 멀어지는 방향} \\ q<0\text{이면 } q\text{로 향하는 방향} \end{bmatrix}\right) \tag{20.6}$$

점전하 q에서 r의 거리에 있는 장소에서의 전기장

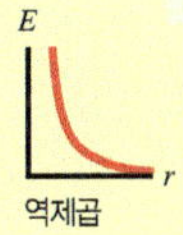

예제 20.6 양성자의 전기장 구하기

수소 원자에서 전자는 양성자 주위를 0.053 nm의 반지름을 가지고 돈다. 양성자에 의한 전기장은 전자가 있는 지점에서 얼마나 되는가?

풀이 양성자의 전하는 $q = e$이다. 전자가 있는 거리에서 전기장의 크기는

$$E = \frac{Ke}{r^2} = \frac{(9.0\times10^9\ \mathrm{N\cdot m^2/C^2})(1.60\times10^{-19}\ \mathrm{C})}{(5.3\times10^{-11}\ \mathrm{m})^2}$$
$$= 5.1\times10^{11}\ \mathrm{N/C}$$

이다. 양성자의 전하는 양(+)이므로 전기장은 양성자로부터 나오는 방향을 향한다.

$$\vec{E} = (5.1\times10^{11}\ \mathrm{N/C},\ \text{양성자에서 나오는 방향})$$

검토 이것은 매우 큰 전기장이다. 그러나 표 20.2를 보면 원자 내부에서의 전기장으로 적당한 값이다.

양전하 주위의 여러 지점에서 전기장 벡터를 그리면, **그림 20.25(a)**에 나와 있는 것과 같은 **전기장 도형**(electric field diagram)을 작성할 수 있다. 모든 지점에서 전기장 벡터는 전하 q로부터 똑바로 나오는 방향임에 유의하라. **그림 20.25(b)**에서와 같이 음전하에 대해서도 같은 방법으로 전기장 도형을 그릴 수 있다. 이 경우 전기장 벡터는 전하 쪽으로 향한다. 왜냐하면 양(+)의 탐침 전하가 받는 힘의 방향과 같기 때문이다.

계속되는 절에서 전기장 도형을 사용하는데, 그때 다음의 사항을 기억하라.

1. 도형은 몇 개의 전기장 벡터를 나타내는 샘플일 뿐이다. 장은 다른 모든 장소에도 존재한다. 잘 그려진 도형은 근처에서의 장의 모습을 잘 나타내준다.
2. 화살표는 **화살표가 붙은 점** 또는 벡터의 **시작점**에서의 전기장의 방향과 세기를 알려준다. 벡터의 길이는 단지 다른 벡터들의 길이에 대해 상대적인 크기만 알려준다.
3. 벡터를 그릴 때 한 점에서 다른 점까지 이어서 그리지만, 이것은 전기장이 한 점

그림 20.25 점전하 근처의 전기장

(a) 양(+)의 점전하에 의한 전기장 도형

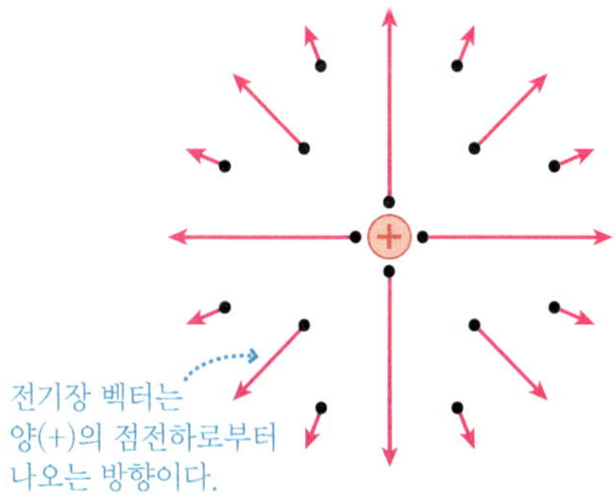

(b) 음(−)의 점전하에 의한 전기장 도형

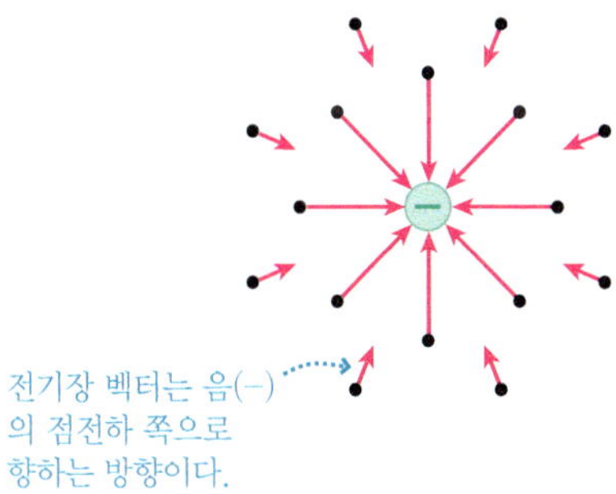

에서 다른 점까지 '뻗어있다'는 것을 의미하는 것은 아니다. 벡터는 공간의 한 점에서의 전기장을 나타낸다.

20.5 전기장의 응용

하나 이상의 근원 전하에 의한 전기장을 구한다고 해보자. 근원 전하가 몇 개 있는지에 상관없이 전기장은 공간의 한 점에서 탐침 전하가 받는 힘으로부터 구할 수 있다. 탐침 전하가 받는 알짜힘은 각각의 전하에 의한 힘의 벡터합이기 때문에 **여러 전하에 의한 전기장은 각각의 전하에 의한 전기장의 벡터합과 같다.**

예제 20.7 쌍극자 근처의 전기장 구하기

한 쌍극자에서 양전하와 음전하가 **그림 20.26**에서와 같이 거리가 1.2 cm 떨어져 있다. 양전하와 음전하를 잇는 직선 위에서 양전하의 오른쪽으로 1.2 cm 되는 곳에서의 전기장의 세기는 얼마인가?

그림 20.26 한 쌍극자의 전하와 거리

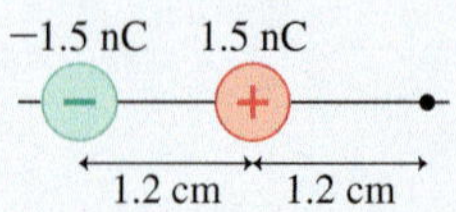

준비 **그림 20.27**에서 두 전하를 잇는 직선을 x축으로 정의하였다. 이 쌍극자는 알짜 전하가 없지만 알짜 전기장은 갖고 있다. 전기장을 계산하려고 하는 지점은 양전하의 오른쪽 1.2 cm, 음전하의 오른쪽 2.4 cm 되는 곳이다. 그림 20.27에 보인 바와 같이 양전하에 의한 전기장이 더 크다. 쌍극자의 알짜 전기장은 두 전기장의 벡터합이다. 따라서 그 지점에서의 쌍극자의 전기장은 $+x$방향을 향한다.

그림 20.27 전기장을 구하기 위한 개요도

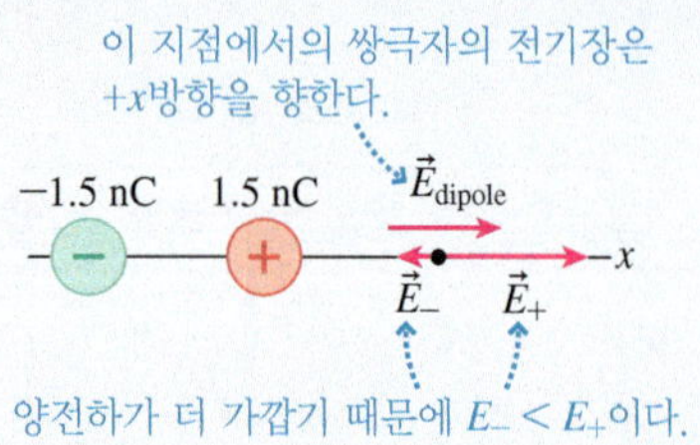

풀이 두 전하에 의한 전기장의 크기는 식 (20.6)에 의해 주어진다. 따라서 쌍극자의 전기장의 크기는 다음과 같다.

$$E_{\text{dipole}} = E_+ - E_-$$

$$= \frac{\left(9.0 \times 10^9 \dfrac{\text{N}\cdot\text{m}^2}{\text{C}^2}\right)(1.5 \times 10^{-9}\text{ C})}{(0.012\text{ m})^2} - \frac{\left(9.0 \times 10^9 \dfrac{\text{N}\cdot\text{m}^2}{\text{C}^2}\right)(1.5 \times 10^{-9}\text{ C})}{(0.024\text{ m})^2}$$

$$= 7.0 \times 10^4\text{ N/C}$$

검토 표 20.2는 마찰에 의해 대전된 물체 근처에서의 전기장이 대략 $10^3 \sim 10^6$ N/C임을 알려준다. 우리는 이미 마찰에 의한 전기량이 1~10 nC의 범위라는 것을 알고 있다. 답은 이 범위 안에 있고, 따라서 타당하다.

전기 쌍극자는 앞으로 많이 보게 될 전하 분포이므로, 전체 전기장 도형을 탐구하는 것이 좋을 것이다. **그림 20.28**은 y축을 따라 배열되어 있는 쌍극자를 보여준다. 그림 20.28(a)와 같이 공간의 어떤 점이라 할지라도 각각의 전하에 의한 전기장 벡터를 모두 더하여 전기장을 결정할 수 있다. 여러 점들에서 이 과정을 반복하면 그림 20.28(b)와 같은 전기장 도형을 얻는다. 한 전하에 의한 전기장보다 더 복잡하지만, 두 전하가 주위의 공간을 어떻게 변형시키는지 정확하게 보여준다.

그림 20.28 쌍극자의 전기장

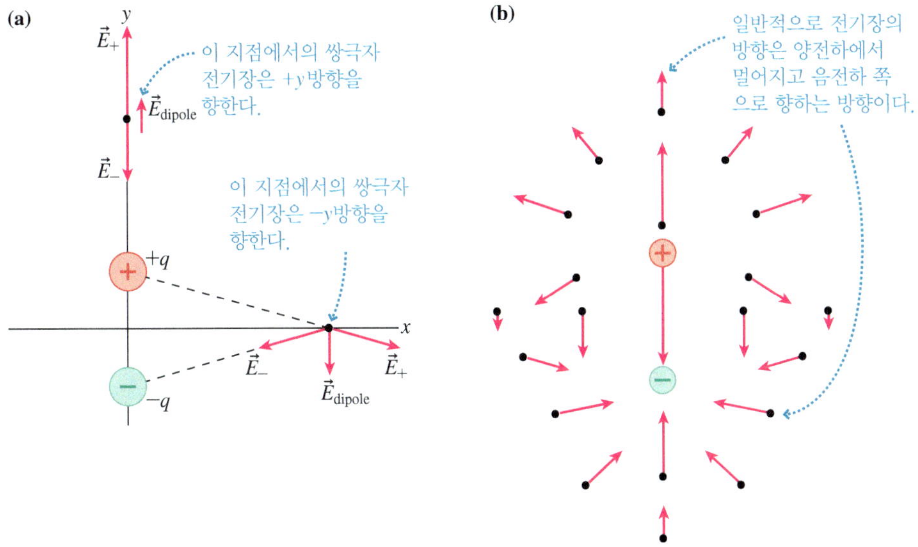

균일 전기장

그림 20.29(a)는 앞으로 여러 번 접하게 될 다른 실제적으로 중요한 경우를 보여준다. **전극**(electrode)이라고 하는 두 도체 판이 면과 면을 맞대고 좁은 간격을 유지하고 있다. 한 전극은 총 전하 $+Q$를 가지고 있고, 다른 전극은 총 전하 $-Q$를 가지고 있다. 이렇게 간격이 좁고, 각 전극의 전하의 크기는 같으나 부호는 반대인 두 전극의 배치를 **평행판 축전기**(parallel-plate capacitor)라고 한다. 두 판 사이의 전기장은 어떠한가? 문제를 간단하게 하기 위해 가장자리에서 멀리 떨어진 중앙 부분에서의 전기장에 관심의 초점을 맞추자. 그림 20.29(b)는 두 판의 중앙에 가까운 지역을 확대한 단면 모습이다.

그림 20.29 평행판 축전기

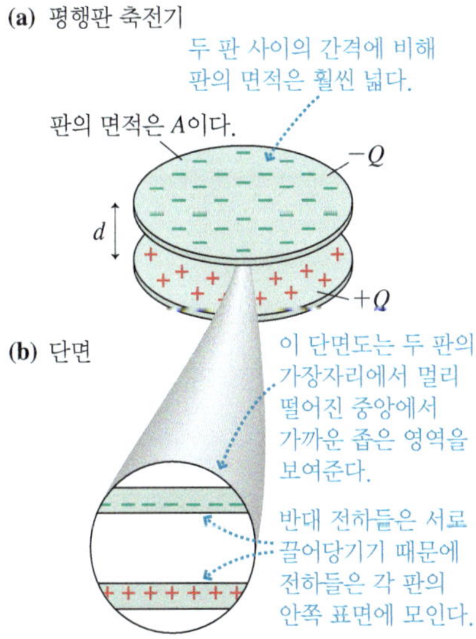

임의의 점에서의 전기장은 두 전극의 모든 양전하와 음전하들에 의한 전기장들의 벡터합이다. 그러나 점전하에 의한 전기장은 거리의 제곱의 역수에 따라 감소하여, 실제적으로는 가까운 전하들만이 전기장에 기여를 한다. 그림 20.30(a)에 보인 것처럼 각 장들의 수평 성분은 모두 상쇄된다. 반면에 수직 성분들은 모두 더해져서 양(+)의 판에서 음(−)의 판으로 향하는 전기장 벡터를 만든다.

그림 20.30 평행판 축전기 내부에서의 전기장

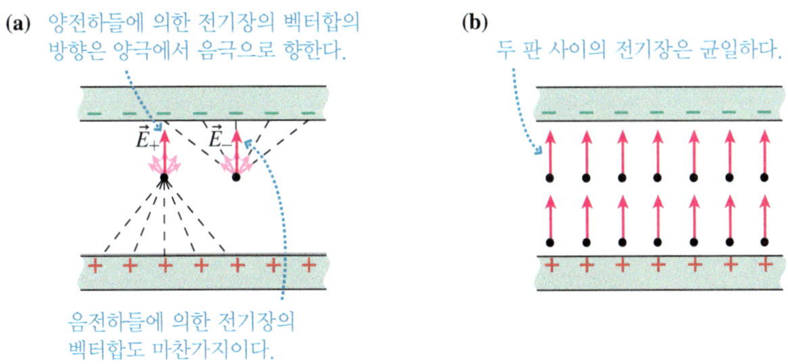

여러 장소에서의 전기장을 그려보면 평행판 축전기 내부의 전기장은 모든 점에서 크기와 방향이 모두 같다는 것을 발견하게 된다. 이를 **균일 전기장**(uniform electric-field)이라고 한다. **그림 20.30(b)**에 균일 전기장을 같은 길이의 평행한 전기장 벡터들로 나타내었다. 좀 더 자세히 분석을 하면 평행판 축전기 안에서의 전기장은 다음과 같음을 보일 수 있다.

$$\vec{E}_{\text{capacitor}} = \left(\frac{Q}{\epsilon_0 A},\ \text{양(+)에서 음(−)의 방향으로}\right) \quad (20.7)$$

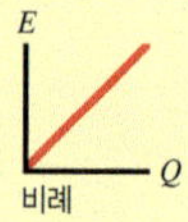

판의 면적이 A이고 전하가 Q인 평행판 축전기 내부의 전기장

식 (20.7)에서 '엡실론 제로(epsilon zero)'라고 발음하고 **유전율 상수**(permittivity constant)라고 하는 새로운 상수 ϵ_0를 도입하였다. 이 값과 정전기 상수와의 관계는

$$\epsilon_0 = \frac{1}{4\pi K} = 8.85 \times 10^{-12}\ \text{C}^2/\text{N}\cdot\text{m}^2$$

이다. 평행판 축전기 내부에서의 전기장에 대해 주의할 몇 가지가 있다.

- 전기장은 전하 밀도라고도 하는 전하 대 면적의 비 Q/A에 따라서 변한다. 전하가 더 조밀하게 분포하면 전기장은 더 커진다.
- 위의 분석은 평행한 두 판 사이의 간격이 판의 크기보다 훨씬 작아야 맞는다. 이러한 경우에 판 사이의 간격은 전기장에 영향을 주지 않는다. 식 (20.7)에 보면 간격을 나타내는 양이 없다.
- 그림 20.29에는 원형 전극을 보여주었지만 두 전극이 아주 가깝기만 하면 전극의 모양이 둥글든지 네모나든지 또 다른 형태이든지 상관이 없다.

예제 20.8 공기청정기 안의 전기장 구하기

긴 고속도로 터널 안에는 공기청정기가 있어서 지나가는 승용차나 트럭에서 나오는 먼지나 검댕을 없애준다. 그중 한 가지 종류인 정전기집진기(electrostatic precipitator)에서는 **그림 20.31**에서와 같이 공기를 반대로 대전된 두 금속판 사이로 통과시킨다. 두 판 사이의 강한 전기장은 먼지와 검댕 입자들을 이온화시켜 전기장에 의해 힘을 받도록 만든다. 이 힘은 그 대전 입자들을 양쪽 판으로 향하게 하고 결국에는 판에 붙어버리게 해서 공기로부터 먼지와 검댕을 제거한다. 대표적인 집진기의 크기와 전하량이 그림 20.31에 나와 있다. 두 판 사이의 전기장은 얼마인가?

그림 20.31 정전기집진기

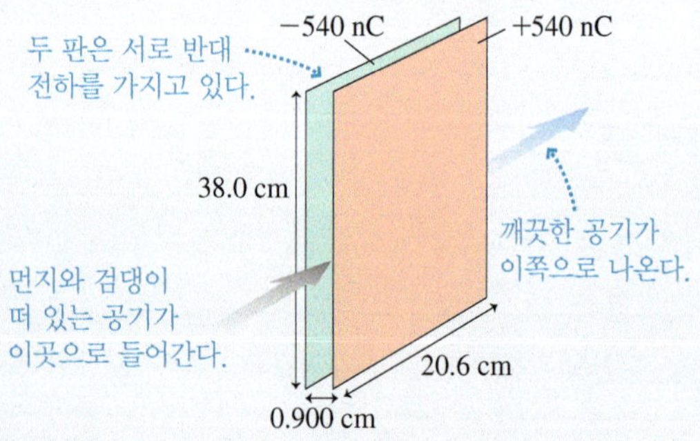

준비 두 판 사이의 간격이 크기에 비해 매우 작기 때문에, 두 판 사이에 균일 전기장이 형성된 평행판 축전기이다.

풀이 식 (20.7)을 사용하여 전기장을 계산한다. 전기장의 방향은 양(+)의 판에서 음(−)의 판으로 향하기 때문에 이 경우는 왼쪽 방향이다. 판의 면적은 $A = (0.206\ \text{m})(0.380\ \text{m}) = 0.0783\ \text{m}^2$이다. 따라서 두 판 사이의 전기장 세기는 다음과 같다.

$$E = \frac{Q}{\epsilon_0 A} = \frac{540 \times 10^{-9}\ \text{C}}{(8.85 \times 10^{-12}\ \text{C}^2/\text{N} \cdot \text{m}^2)(0.0783\ \text{m}^2)}$$

$$= 7.79 \times 10^5\ \text{N/C}$$

질문은 전기장의 세기가 아닌 벡터인 전기장에 대해 묻는 것이다. 두 판 사이의 전기장은 다음과 같다.

$$\vec{E} = (7.79 \times 10^5\ \text{N/C, 왼쪽 방향})$$

검토 표 20.2는 공기의 방전이 10^6 N/C에서 발생한다는 것을 알려준다. 우리가 계산한 두 판 사이의 전기장은 이 값보다 약간 작다. 이는 타당한 값이다. 두 판 사이의 전기장은 커야 하지만 너무 커서 두 판 사이에서 방전을 일으키면 안 된다.

전기력선

전기장을 볼 수는 없으므로, 전기장 도형과 같은 시각적인 도구를 사용하여 공간 내의 전기장을 시각화한다. 전기장을 묘사하는 다른 방법으로 **전기력선**(electric field line)을 그리는 방법이 있다. 이는 다음의 조건을 만족하는 공간에 그려진 가상적인 곡선들로 나타낸다.

- 전기력선 위의 각 점에서의 접선 방향이 바로 그 점에서의 전기장 $\vec{E}$의 방향이다.
- 전기장 세기가 더 큰 곳에서 전기력선들은 서로 더 가까이 있다.

그림 20.32(a)는 공간의 한 영역에서 전기력선들과 전기장 벡터 사이의 관계를 보여준다. **그림 20.32(b)**와 **그림 20.32(c)**에서와 같이 전기장 벡터들이 어떤지를 알면 이를 확장하여 전기력선을 그릴 수 있다.

그림 20.32 전기장 벡터와 전기력선

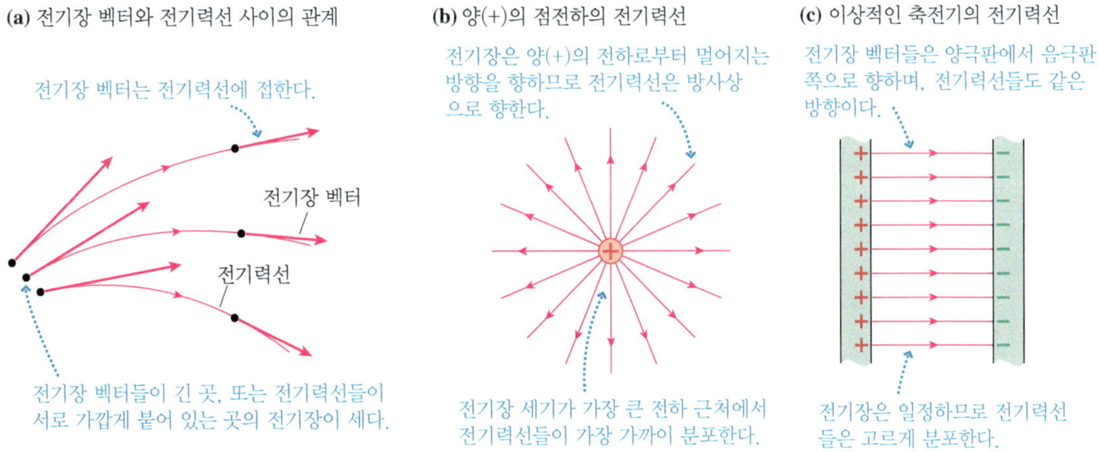

전하의 배치가 주어지면 전기장이 대략 어떻게 되어 있을지를 알 수 있게 하는 도구로 전기력선을 그린다. 전기력선을 그릴 때 기억해야 할 두 가지 규칙이 있다.

- 전기력선들은 서로 교차하지 않는다. 전기력선의 접선은 전기장 벡터와 같은 방향이다. 이는 양전하가 받는 힘의 방향이기도 하다. 그 힘은 하나이고 잘 정의되어 있다. 따라서 2개의 전기력선이 서로 교차할 수 없다.

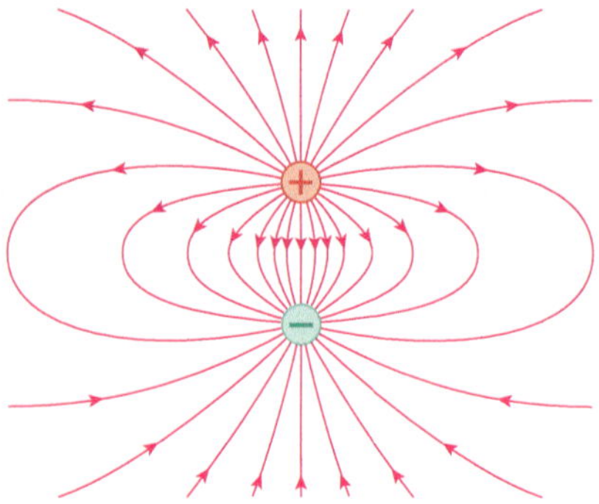

그림 20.33 쌍극자의 전기력선

- 전기장은 전하에 의해 만들어진다. 전기력선은 양전하에서 시작하여 음전하에서 끝난다.

어떤 전하 분포가 주어지면 위의 규칙에 기초하여 전기력선을 그린다. 양전하에서 시작하여 계속 곡선을 그리고 음전하에서 끝나게 한다. 각 점에서 전기력선이 전기장에 접하도록 그린다. 전기장이 강한 곳에서는 곡선들이 서로 가깝고, 약한 곳에서는 서로 멀리 떨어져 있게 한다. 예를 들면 **그림 20.33**은 쌍극자의 전기장을 전기력선으로 표현한 것이다. 이를 전기장 벡터로 전기장을 나타낸 그림 20.28(b)와 비교해보라.

종합 20.1 두 가지 핵심적인 전기장

전기장의 두 가지 중요한 예는 점전하와 평행판 축전기이다.

점전하에 의한 전기장

점전하 q로부터 거리 r의 위치인 P에서 전기장 $\vec{E}$를 알기를 원한다.

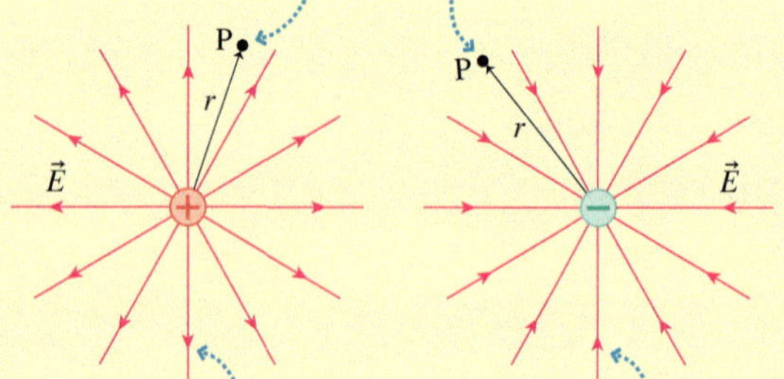

$\vec{E}$는 양전하로부터 멀어지며 음전하로 향한다.

정전기 상수, 전하의 크기(C), 전기장의 크기(N/C), 전하로부터 점 P까지의 거리(m)

$$E = \frac{K|q|}{r^2}$$

$$K = 9.0 \times 10^9 \text{ N}\cdot\text{m}^2/\text{C}^2$$

평행판 축전기 내에서의 전기장

전하 Q는 양극판에 고르게 분포되어 있다.

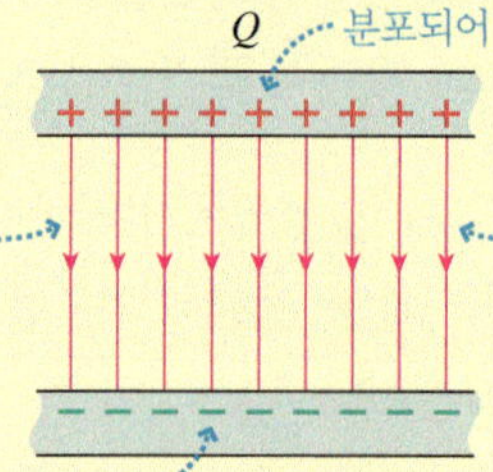

전기장은 양극판에서 음극판 쪽으로 향한다.

전기력선은 고르게 분포되어 **균일한** 전기장을 나타낸다.

전하 $-Q$는 음극판에 고르게 분포되어 있다.

전기장의 크기(N/C), 각 판의 전하의 크기(C), 유전 상수, 각 판의 면적 (m^2)

$$E = \frac{Q}{\epsilon_0 A}$$

$$\epsilon_0 = \frac{1}{4\pi K} = 8.85 \times 10^{-12} \text{ C}^2/\text{N}\cdot\text{m}^2$$

심장의 전기장 BIO

신경 및 근육 세포들은 두드러진 전기적 성질을 가지고 있다. 23장에서 자세하게 알게 되겠지만 세포막은 도체인 유체를 에워싸고 있고 그 또한 도체인 유체에 의해 둘러싸여 있는 절연체이다. 가만히 쉬고 있을 때 세포막은 **분극**이 되어 세포의 바깥쪽에는 양전하들이, 안쪽에는 음전하들이 있게 된다. 신경 및 근육 세포들이 자극을 받으면 그 세포막의 분극 특성이 바뀌게 된다. 이를 세포가 **탈분극**(depolarization)되었다고 한다. 나중에 전하의 평형이 다시 이루어지면 세포가 **재분극**(repolarization)되었다고 한다.

탈분극이 되면 신경 및 근육 세포들은 전기적 신호를 발생시킨다. 몸에서 가장 센 전기적 신호는 심장에서 나온다. 심장의 규칙적인 고동은 심장 조직에 퍼지는 고도로 조정된 탈분극 파동에 의해 만들어진다. 그림 20.34(a)는 심장 내에서 탈분극이 된 조직과 아직 탈분극이 안 된 조직을 구분하는 경계면의 한쪽 면은 양(+)으로, 다른 쪽 면은 음(−)으로 대전된 것을 보여준다. 다른 말로 하면 심장은 큰 전기 쌍극자이다. 탈분극 파동이 조직 내에 퍼지면서 이 쌍극자의 방향과 세기는 한 박동 동안에도 변한다.

그림 20.34(b)에서와 같이 심장의 전기 쌍극자는 몸통 전체에 퍼진 쌍극자 전기장을 만들어낸다. 21장에서 심장이 고동치는 동안 심장의 변화하는 전기장을 **심전도**(electrocardiogram)를 사용하여 측정한다는 것을 알게 될 것이다. 심장의 전기장을 측정하여 심장의 작동을 진단하는 데 사용한다.

그림 20.34 박동하는 심장은 쌍극자 전기장을 발생시킨다. BIO

(a) 심장의 전기 쌍극자

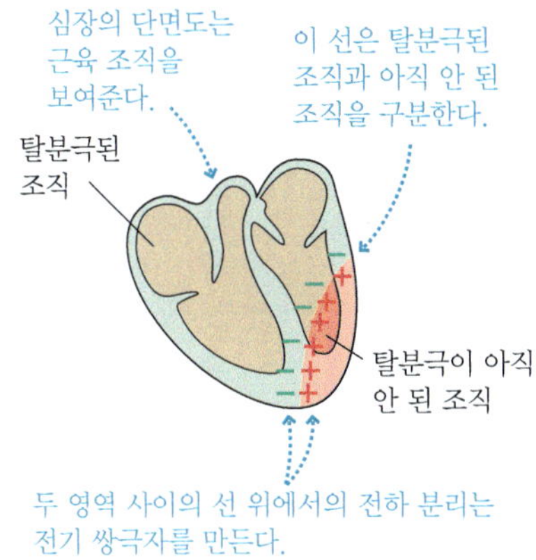

(b) 심장에 의한 몸 내부의 전기장

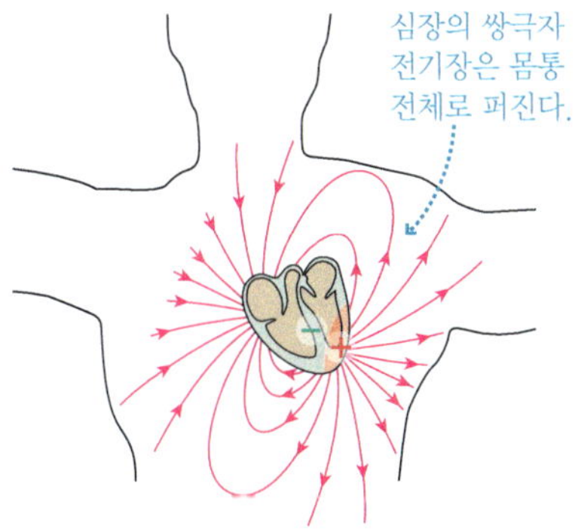

20.6 도체와 전기장

정전 평형에 있는 도체를 생각해보자(이것은 움직이는 전하가 없다는 것을 의미한다). 도체 안쪽에 전기장이 있다고 하자. 전기장은 전하들에게 힘을 가한다. 그래서 도체 안의 전기장은 전하들에게 힘을 가한다. 도체 안의 전하들은 자유롭게 움직이므로 이 힘은 전하들을 움직이게 만든다. 이것은 모든 전하들이 가만히 있다는 가정과 어긋난다. 따라서 **정전 평형에 있는 도체 안쪽의 모든 곳에서 전기장은 0**이라고 결론을 내릴 수 있다.

정전 평형에 있는 도체 안에서는 전기장이 0이므로, 그림 20.35(a)에 보인 바와 같이 도체의 모든 과잉 전하는 표면에 머물러야 한다. 도체 내부에 있는 전하는 그곳에 전기장을 만들어 내부 전기장이 0이라는 결론과 모순이 되기 때문이다. 같은 종류의 전하 간에 가해지는 미는 힘은 그들이 도체 밖으로는 나가지는 못하지만 가능한 서로 멀리 떨어지게 하기 때문에 물리적으로도 과잉 전하들은 표면에 머무를 수밖에 없다.

그림 20.35(b)는 **대전된 도체 표면의 전기장이 표면과 직각을 이룬다**는 것을 보여준다. 이를 보이기 위해 전기장 $\vec{E}$가 표면과 접하는 방향 성분을 가지고 있다고 하자. $\vec{E}$의 이 성분은 표면에 있는 전하들에게 표면을 따라 움직이게 할 것이고, 모든 전하들이 멈추고 있다는 가정과 위배된다. 정전 평형과 모순이 없는 바깥쪽 전기장은 표면과 직각인 경우뿐이다.

그림 20.35 대전된 도체의 안쪽과 바깥쪽에서의 전기장

(a) 도체 안에서의 전기장은 0이다.

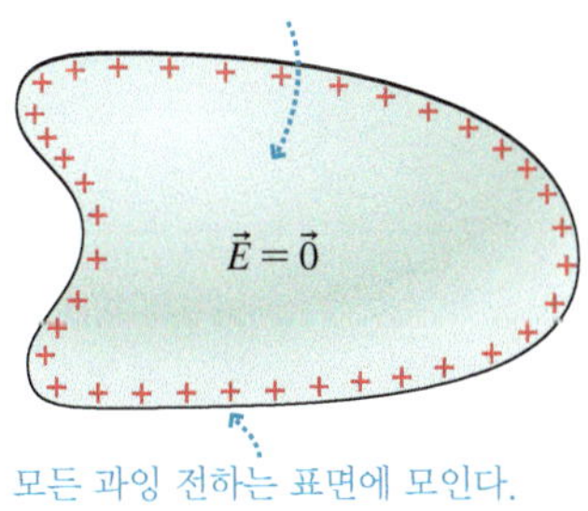

(b) 표면에서의 전기장은 표면과 직교한다.

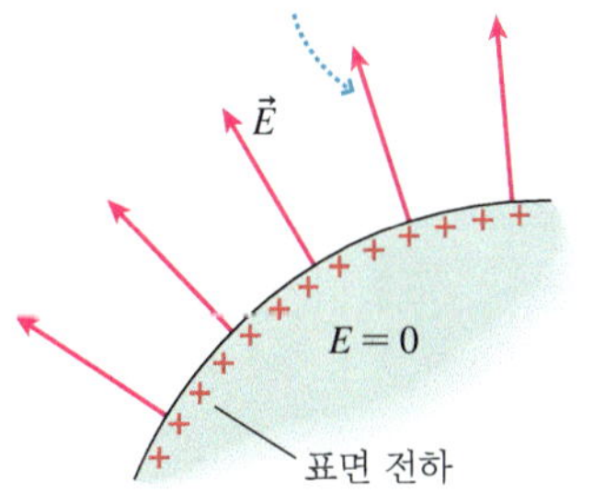

개념형 예제 20.9 대전된 구와 판에서 전기력선 그리기

그림 20.36은 음전하를 가지고 있는 도체 판과 그 위에 있는 양(+)으로 대전된 금속구를 보여준다. 전기력선을 그려보시오.

그림 20.36 대전된 구와 판

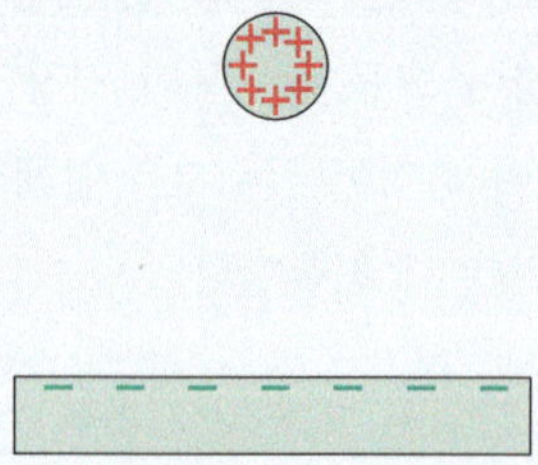

판단 전기력선은 양전하에서 시작하여 음전하에서 끝난다. 따라서 그림 20.37과 같이 양(+)으로 대전된 구에서 음(−)으로 대전된 판으로 전기력선을 그리되 두 표면과 직각이 되게 한다. 전기력선은 위로 향하고 있는데 이는 구의 위쪽에 약한 전기장이 있음을 말해준다.

영상 학습 데모

그림 20.37 구에서 판으로 전기력선을 그린다.

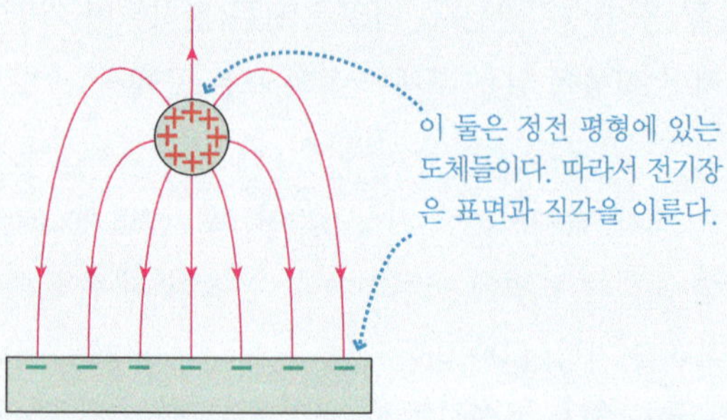

그림 20.38 도체 벽으로 둘러싸인 공간 영역은 전기장으로부터 차단된다.

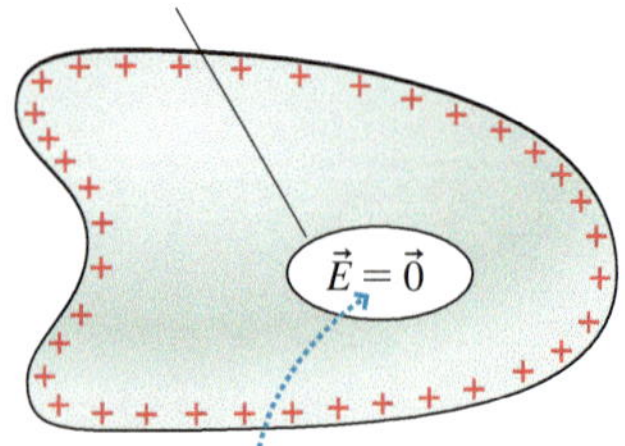

그림 20.38은 이 생각을 실제적으로 사용한 예이다. 안에 빈 공간을 가진 대전된 도체가 있다. 과잉 전하들은 모두 표면에 있고, 도체 안에서의 전기장은 0이다. 따라서 용기 안쪽의 빈 공간에서의 전기장을 만들어낼 것이 없다. 결론적으로 **도체로 된 용기 안쪽에서는 전기장이 0이다.**

도체 상자는 어떤 지역의 전기장을 없애는 데 사용된다. 이를 **차폐**(screening)라고 한다. 고체 금속 벽이 이상적이나 실제에서는 도선으로 된 망을 사용한다. 그 이유는 아주 정밀한 응용이 필요하지 않다면 이것으로 충분하기 때문이다.

개념형 예제 20.10 정전기 방지 분석하기

컴퓨터 칩이나 다른 전자 부품들은 전하나 전기장에 대해 아주 민감하다. 아주 작은 전하나 전기장에 의해서도 손상된다. 그러한 부품들은 도체 봉투에 넣어져 운송되고 보관된다. 이 봉투들은 안에 들어 있는 부품들을 어떻게 보호하는가?

판단 이런 도체 봉투들은 입구가 봉해지면 내부를 둘러싸고 있는 도체 껍질을 형성한다. 모든 과잉 전하들은 봉투 표면에 있고 그 안에서의 전기장은 0이다. 봉투 안의 칩이나 부품들은 손상을 일으키는 전하나 전기장으로부터 보호된다.

도체에서 모든 과잉 전하들은 표면에만 분포하지만 그 전하 분포가 반드시 균일할 필요는 없다. **그림 20.39**는 한쪽 끝이 더 뾰족한 대전된 도체를 보여준다. 뾰족한 끝부분에서 전하 밀도가 가장 높고 전기장도 가장 세다는 것이 밝혀졌다.

더 뾰족할수록 전기장은 더 강하다. 매우 뾰족한 끝에서는 그 부근의 공기를 이온화시킬 정도로 강한 전기장이 만들어진다. 건물 위의 피뢰침은 윗부분에 그런 부분이 있다. 전하들이 건물에 많이 모이면 벼락을 맞을 가능성이 높다는 것을 의미하는데, 이때 피뢰침의 끝에는 강한 전기장이 형성된다. 일단 전기장이 공기를 이온화시키면 건물의 과잉 전하들은 공기 중으로 흩어지게 된다. 이렇게 되면 전기장이 감소하여 벼락을 맞을 가능성이 줄어들게 된다. 이렇게 피뢰침은 벼락을 **방지**하는 데 사용된다.

그림 20.39 전기장은 뾰족한 끝에서 가장 강하다.

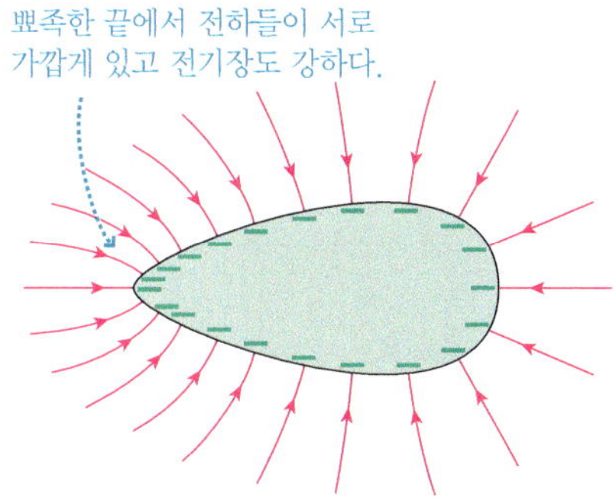

전기위치감지 BIO 많은 물고기들은 **전기생성세포**(electrocytes)라고 불리는 특별하게 변형된 세포들을 가지고 있어 그 안에 전하를 발생시킨다. 코끼리코(elephant nose)라고 불리는 이 물고기의 꼬리에 있는 전기생성세포들은 전기쌍극자를 형성하여 근처의 물속에서 전기장을 만든다. 코끼리코는 몸 전체에 센서를 가지고 있어 이 전기장의 아주 작은 변화도 감지해낸다. 물고기와 같은 근처의 도체는 이 전기장을 변화시킬 것이다. 코끼리코는 이 작은 변화를 알아내어 주위를 '보게' 된다. 이 물고기는 시각이 소용없는 매우 어두운 곳에서 살고 있어서 다른 형태의 감각을 가진 이점을 보여준다.

20.7 전기장 안에서의 힘과 돌림힘

전기장은 단위전하당 받는 힘으로 정의한다. 실제로는 알려진 전기장 내에서 전하에 작용하는 힘을 알기 위해 정의를 변형한다. 전기장이 $\vec{E}$인 곳에 전하 q가 놓이면 식 (20.3)에 따라 다음과 같은 전기력을 받게 된다.

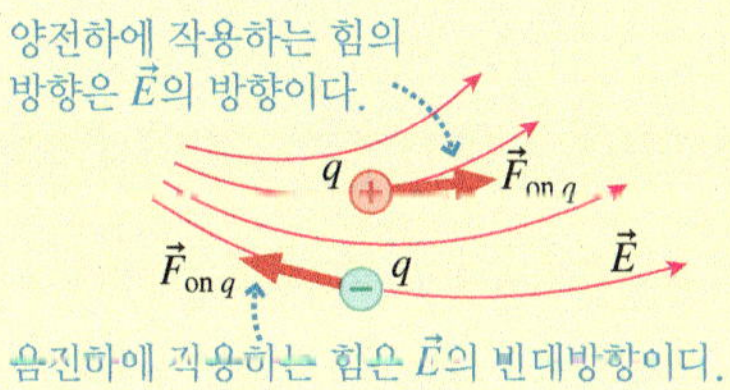

전하(C)

$$\vec{F}_{\text{on } q} = q\vec{E} \qquad (20.8)$$

전하 q가 받는 힘(N) 전기장(N/C)

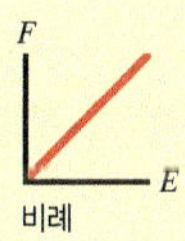

q가 양(+)이면 q가 받는 힘은 $\vec{E}$의 방향과 같다. 음전하에 가해지는 힘은 $\vec{E}$의 방향과 반대이다.

예제 20.11 대기 중의 전자에 작용하는 힘 구하기

정상적인 환경에서 지표면 근처에서의 지구 전기장은 약 100 N/C으로 균일하게 아래 방향을 향한다. 대기 중에서 자유 전자에 작용하는 전기력은 무엇인가? 이 힘으로 무엇을 가속시키는가?

준비 **그림 20.40**의 전기장 도형과 같이 전기장은 균일하다. 전자의 위치가 어느 곳이든지 전기장은 동일하다. 전자는 음전하이기 때문에 힘은 위로 향하고 전기장과 반대방향이다.

그림 20.40 지구 전기장 내에서의 전자

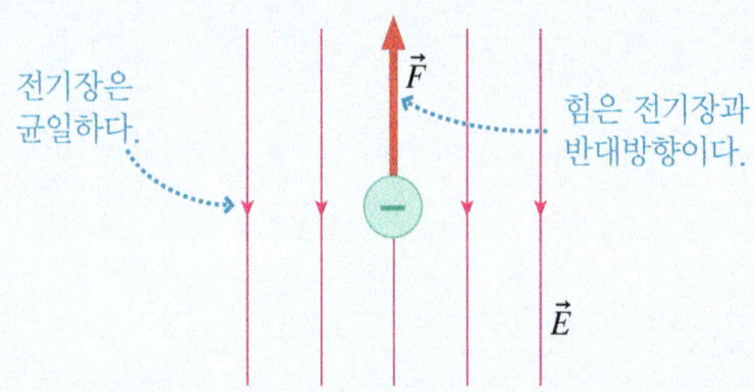

풀이 힘의 크기는 식 (20.8)에 의해 주어진다.

$$F = eE = (1.6 \times 10^{-19}\ \text{C})(100\ \text{N/C}) = 1.6 \times 10^{-17}\ \text{N}$$

따라서 전자에 작용하는 힘은

$$\vec{F} = (1.6 \times 10^{-17}\ \text{N, 위 방향})$$

이다. 전자는 힘의 방향인 위쪽으로 가속될 것이다. 가속도의 크

기는

$$a = \frac{F}{m} = \frac{1.6 \times 10^{-17}\ \text{N}}{9.1 \times 10^{-31}\ \text{kg}} = 1.8 \times 10^{13}\ \text{m/s}^2$$

이다.

검토 모든 전기장은 자유 전자를 매우 크게 가속시킨다. 원자 단위에서의 힘과 가속도는 거시적인 물체에 대한 힘과 가속도와 조금 다르다.

그림 20.41 DNA 샘플의 전기영동 BIO

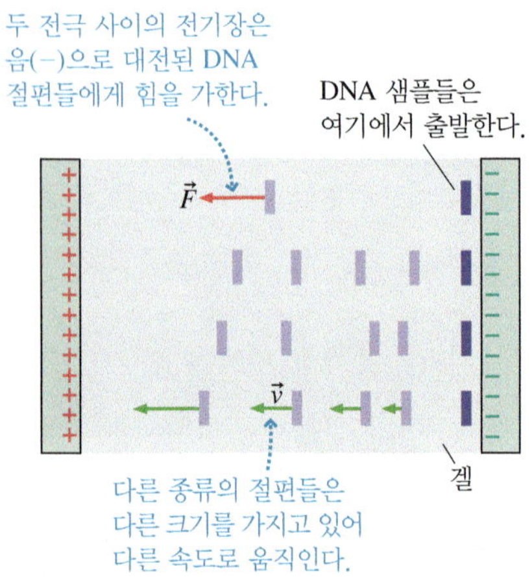

이 장의 시작 부분에 있는 사진은 DNA 샘플에 겔(gel) 전기영동을 사용하여 얻은 색선들을 보여준다. 이 분석 방법에서 1단계는 DNA 샘플을 용액에 넣는 것이다. 다음에는 효소를 사용해 DNA를 절편으로 나눈다. 용액 안에서 이 절편들은 음(−)의 전하를 갖게 된다. 대전된 DNA 절편들을 포함하고 있는 용액 방울들을 겔이 들어 있는 용기의 한쪽 끝에 떨어트린다. **그림 20.41**과 같이 겔의 서로 반대편에 있는 두 전극은 전기장을 만들어 용액의 DNA 절편들에게 힘을 가한다. 전기력은 절편들이 겔을 통하여 움직이게 한다. 그러나 끌림힘은 다른 크기의 절편들이 각각 다른 속도로 움직이게 한다. 작은 절편은 큰 절편보다 빠르게 움직인다. 얼마의 시간이 지나면 절편들은 스스로 정렬되어 구별되는 여러 선들을 형성하게 되어 '유전자 지문'을 만들게 된다. 2개의 같은 DNA 샘플은 같은 절편 집합을 만들어낼 것이고, 겔에서 같은 선 무늬를 보여줄 것이다. 그러나 관련이 없는 두 DNA가 같은 무늬를 만들어낼 확률은 극히 작다.

그림 20.42(a)에서와 같이 전기 쌍극자가 균일 전기장 속에 놓이면 음전하가 받는 힘은 양전하가 받는 힘과 크기는 같으나 방향은 반대이다. 따라서 균일 전기장 속에서 전기 쌍극자가 받는 알짜힘은 0이다. 그러나 **그림 20.42(b)**에서 볼 수 있는 바와 같이 이 쌍극자를 회전시키는 알짜 돌림힘이 있다.

그림 20.42 전기 쌍극자에 가해지는 힘과 돌림힘

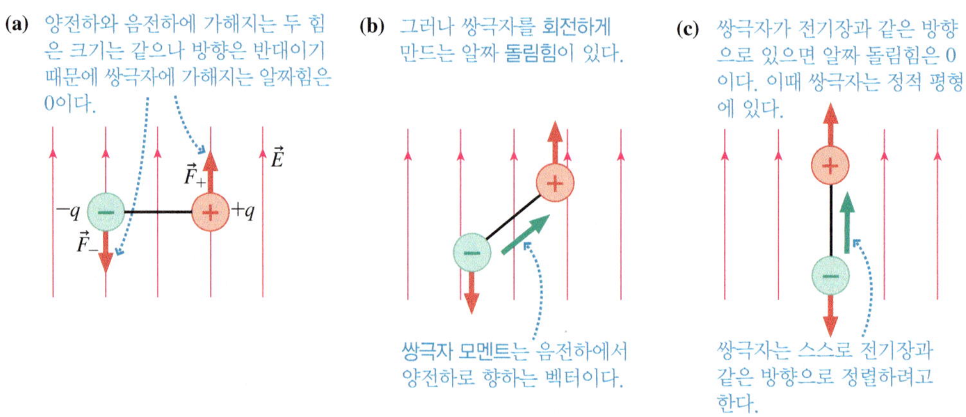

전기 쌍극자 모멘트(electric dipole moment)를 쌍극자의 음전하로부터 양전하로 향하는 벡터로 정의하는 것이 편리하다. 그림 20.42(b)와 **그림 20.42(c)**에 보인 바와 같이 균일 전기장 속에 있는 쌍극자는 회전을 일으키는 돌림힘을 받는다. **전기장 안에서 쌍극자의 평형 위치는 전기 쌍극자 모멘트가 전기장과 같은 방향으로 정렬하**

는 것이다.

608쪽에서 두 대전된 전극 주위에 생성된 전기장에 따라 잔디 씨들이 배열하고 있는 사진을 보았다. 이제 우리는 잔디 씨들이 왜 그렇게 배열하고 있는지 이해할 수 있다. 첫째, 잔디 씨들은 전기장에 의해 분극이 되어 양쪽 끝에 각각 반대의 전하가 유도된다. 씨들은 유도 전기 쌍극자가 되고 그의 쌍극자 모멘트는 씨의 축 방향을 향하고 있다. 둘째, 전기 쌍극자 모멘트에 작용하는 돌림힘은 전기 쌍극자가 전기장 방향으로 배열하게 만들고 결국 사진과 같은 구조를 만든다.

종합형 예제 20.12 음극선관

오래된 텔레비전 및 컴퓨터 모니터는 물론 최신 전자 악기에는 음극선관 또는 CRT를 사용하여 스크린에 이미지를 나타낸다. CRT에서 전자는 같은 고속으로 직선을 따라 움직이는 전자빔을 생성하는 전자'총' 내부의 전기장에 의해 가속화된다. 그리고 2차 전기장이 형광체가 코팅된 유리 스크린상의 특정 지점으로 전자들을 조향하게 하여 충돌하고, 그 지점의 형광체를 밝게 한다. 조향 전기장과 전자빔의 강도를 빠르게 변화시킴으로써, 전자의 충돌 지점을 스크린 전체로 넓혀서 텔레비전의 익숙한 화면을 나타낸다.

그림 20.43은 CRT의 내부 구조에 대한 단순화된 모형을 나타낸다. 뜨거운 필라멘트로부터 방출된 전자들은 평행판 축전기의 음극판에서 속력 0으로 출발한다. 축전기 내부의 전기장은 양극판을 향하는 전자를 가속시켜 v_1의 속력으로 작은 구멍을 통하여 축전기를 벗어난다. 전자들은 전향장치의 조향 전기장에 들어갈 때까지 이 속력으로 움직인다. 조향 전기장은 전자들이 원래 방향에 대하여 θ 각도로 곡선의 궤적을 따라가게 만든다.

a. CRT 설계자는 전자들이 6.0×10^7 m/s의 속력으로 폭 4.0 cm를 가진 전자총을 떠나도록 규정했다. 전자총 축전기 내부에 필요한 전기장의 세기는 어느 정도인가?

b. 조향 전기장은 5.0 cm 길이의 전향장치에서 1.5×10^5 N/C의 일정한 크기를 갖는다. 전자가 조향된 각도 θ는 얼마인가?

준비 x축은 수평이고 y축은 수직인 좌표계를 사용한다.

a. 전자총 내부의 전자 가속도를 알기 위하여 등가속도 운동학을 사용할 수 있다. 뉴턴의 제2법칙으로 전자에 작용하는 힘을 구하고 식 (20.3)의 $\vec{E} = \vec{F}_{\text{on } q}/q$를 사용하여 전기장을 알 수 있다.

b. 전기장은 수직 아래로 향하기 때문에, 음전자에 작용하는 힘은 수직 위로 향한다. 전자는 수직으로만 가속되므로 속도의 x 성분은 변화 없이 유지되어 v_1의 속도로 전향장치를 통과한다. 이것은 포물체 운동과 유사하며 전자들은 포물체처럼 포물선 운동을 한다. 마치 포물체 운동에서처럼 수평 운동에서 시간 간격을 계산하고 이를 이용하여 y방향의 나중 속도를 계산한다. **그림 20.44**에 나타낸 것처럼 전자 속도의 y성분과 x성분의 비로 θ를 알 수 있다.

그림 20.44 전자의 출구 속도

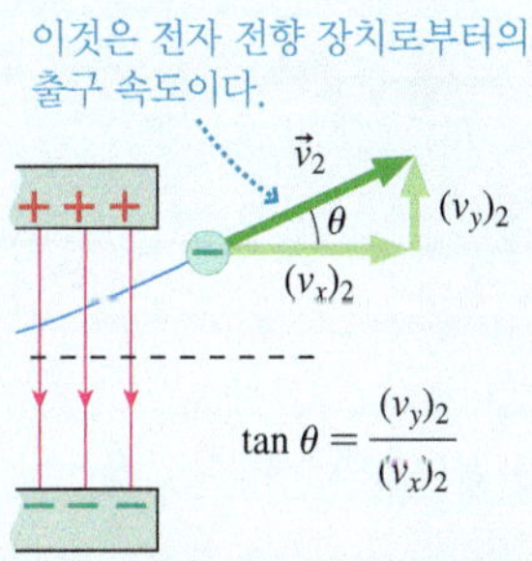

풀이 a. 2장의 등가속도 운동 방정식 중 하나가 $(v_x)_1^2 = (v_x)_0^2 + 2a_x \Delta x$이다. $(v_x)_0 = 0$과 $\Delta x = d = 4.0$ cm를 이용하여 전자총 내의 전자의 가속도는

$$a_x = \frac{(v_x)_1^2}{2d} = \frac{(6.0 \times 10^7\ \text{m/s})^2}{2(0.040\ \text{m})} = 4.5 \times 10^{16}\ \text{m/s}^2$$

그림 20.43 CRT의 전자총과 전자 전향장치

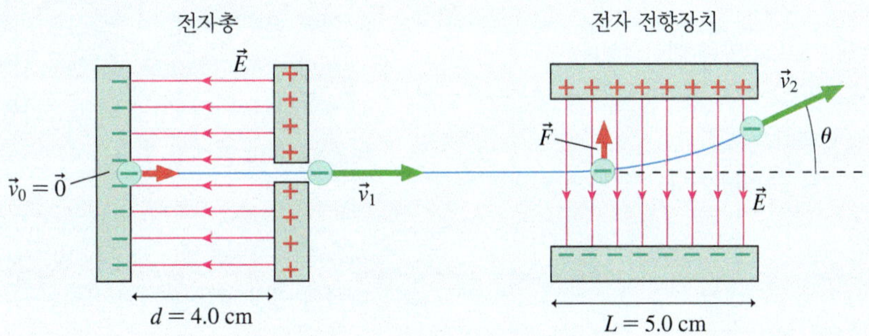

임을 알 수 있다. 뉴턴의 제2법칙은 이 가속도의 근원인 힘이

$$F_x = ma_x = (9.1 \times 10^{-31}\ \text{kg})(4.5 \times 10^{16}\ \text{m/s}^2)$$
$$= 4.1 \times 10^{-14}\ \text{N}$$

임을 알려준다. 식 (20.3)에 의해 전기장은

$$E_x = \frac{F_x}{q} = \frac{4.1 \times 10^{-14}\ \text{N}}{-1.6 \times 10^{-19}\ \text{C}} = -2.6 \times 10^5\ \text{N/C}$$

이다. 이것은 그림 20.43에서 볼 수 있듯이 음의 x축 방향으로 크기 2.6×10^5 N/C인 전기장이다.

b. 전향장치 내에서의 전자 가속도의 y성분은

$$a_y = \frac{F_y}{m} = \frac{eE_y}{m} = \frac{(-1.6 \times 10^{-19}\ \text{C})(-1.5 \times 10^5\ \text{N/C})}{9.1 \times 10^{-31}\ \text{kg}}$$
$$= 2.6 \times 10^{16}\ \text{m/s}^2$$

이다. 음전자들은 위쪽(양의) 방향의 가속도를 갖는다. 이 가속도는 전자를 속도의 y성분

$$(v_y)_2 = a_y \Delta t$$

로 전향장치를 떠나게 한다. 여기서 Δt는 전향장치 내에서 전자가 보내는 시간이다. 속도의 x성분은 일정하기 때문에 이 시간은 간단히

$$\Delta t = \frac{L}{(v_x)_1} = \frac{0.050\ \text{m}}{6.0 \times 10^7\ \text{m/s}} = 8.3 \times 10^{-10}\ \text{s}$$

로 주어진다. 따라서

$$(v_y)_2 = a_y \Delta t = (2.6 \times 10^{16}\ \text{m/s}^2)(8.3 \times 10^{-10}\ \text{s})$$
$$= 2.2 \times 10^7\ \text{m/s}$$

이다. 수평방향으로 가속도가 없기 때문에, 그림 20.44를 참조하고 $(v_x)_2 = (v_x)_1$을 이용하면

$$\tan\theta = \frac{(v_y)_2}{(v_x)_2} = \frac{2.2 \times 10^7\ \text{m/s}}{6.0 \times 10^7\ \text{m/s}} = 0.37$$

이 된다. 따라서

$$\theta = \tan^{-1}(0.37) = 20°$$

가 주어진다.

검토 강한 전기장은 x방향으로 전자들을 가속시키고 반면에 약한 전기장은 y방향으로 전자들을 가속시킨다. 그래서 속도의 x성분에 대한 y성분의 비율은 1보다 현저하게 작다는 것은 타당하다.

그림 20.43에 나타낸 CRT는 전자들을 단지 수직으로만 전향시킨다. 실제 CRT는 수평 전향을 위하여 90° 회전된 두 번째 전자 전향장치가 있다. 같이 작동하는 2개의 전향장치로 스크린의 모든 지점에 전자빔이 주사될 수 있다.

문제의 난이도는 I(쉬움)에서 IIIII(도전)으로 구분하였다. INT로 표시된 문제는 지난 장의 내용이 복합된 문제이고, BIO는 생물학적 또는 의학적 관심 분야를 의미한다.

QR 코드를 스캔하여 이 장의 문제를 해결하는 데 도움이 되는 영상 학습 풀이를 시작하시오.

연습문제

20.1 전하와 힘

20.2 전하, 원자, 분자

1. III 유리막대가 마찰에 의해 +5.0 nC만큼 대전되었다.
   a. 막대로부터 전자가 제거되었는가? 아니면 막대에 양성자가 더해졌는가? 이유를 설명하시오.
   b. 얼마나 많은 수의 전자가 제거되었거나 양성자가 더해졌는가?

2. III 1몰의 O_2 기체를 가지고 있다고 하자. 이 기체의 원자핵들 속에는 모두 몇 쿨롬의 양전하가 있는가?
INT

3. II +12.0 nC으로 대전된 유리막대가 금속구에 닿았다. 그 후에 유리막대의 전하량은 +8.0 nC이 되었다고 한다.
   a. 어떤 종류의 대전 입자들이 막대와 구 사이에서 이동했을까? 또한 어떤 방향으로 이동했을까? 즉 막대에서 구로 움직였을까? 아니면 구에서 막대로 움직였을까?
   b. 얼마나 많은 대전 입자들이 이동했을까?

4. II 2개의 똑같은 금속구가 플라스틱 막대로 연결되어 있다. 둘 다 처음에는 중성이었다. 1.0×10^{12}개의 전자가 구 A에 더해졌다. 다음에 연결 막대를 제거하였다. 그 후에 A의 전하와 B의 전하는 얼마인가?

20.3 쿨롱의 법칙

5. || 두 1.0 kg의 질량이 마찰이 없는 탁자 위에 서로 1.0 m 떨어져 놓여 있고 둘 다 +1.0 μC인 전하를 가지고 있다.
INT
   a. 한 질량에 가해지는 전기력의 크기는 얼마인가?
   b. 두 질량을 놓아 움직일 수 있게 한다면 두 질량의 초기 가속도는 각각 얼마인가?

6. ||| 철의 핵과 최내각 전자가 1.5×10^{-12} m의 거리만큼 떨어져 있다면 이들 사이의 전기력의 크기는 얼마인가?

7. |||| 작은 유리구슬이 +5 pC으로 대전되었다. 이 구슬 위 4 mm 되는 곳에서 아주 작은 볼베어링은 아래로 향하는 0.0002 N의 전기력을 받는다. 볼베어링의 전하량은 얼마인가?

8. ||| 그림 P20.8에서 전하 q_2가 받는 알짜힘이 없다고 한다. 전하 q_1은 얼마인가?

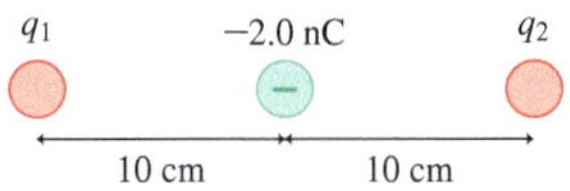

그림 P20.8

9. | 작은 유리구슬이 +10 pC으로 대전되었다. 이 구슬의 중심에서부터 3.0 mm 거리에 있는 (a) 양성자와 (b) 전자의 가속도의 크기와 방향을 구하시오.

20.4 전기장의 개념

10. || +6.0 nC으로 대전된 작은 유리구슬에서 2.0 cm 떨어진 곳에서의 전기장의 세기와 방향을 구하시오.

11. | (a) 양성자와 (b) 전자에서 1.0 mm 떨어진 곳에서의 전기장의 세기와 방향은 각각 어떻게 되는가?

12. | −10 nC의 전하가 원점에 있다.
    a. $(x, y) = (0.0$ cm, 5.0 cm), (−5.0 cm, −5.0 cm), 그리고 (−5.0 cm, 5.0 cm)에서의 전기장의 세기는 각각 얼마인가?
    b. 이 점들에서의 전기장 벡터를 보여주는 전기장 도형을 그리시오.

13. || 그림 P20.13의 점이 가리키는 지점에서의 전기장의 세기와 방향을 구하시오. 수평선 위 혹은 아래의 각도를 사용하여 방향을 구체적으로 나타내시오.

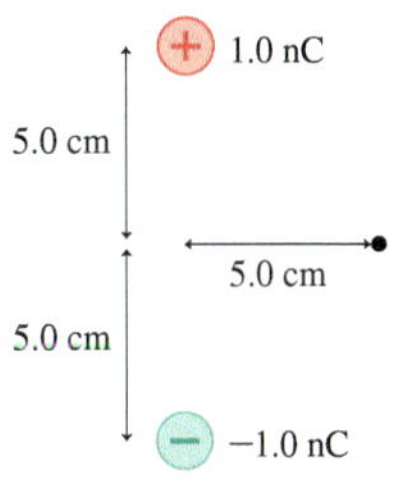

그림 P20.13

20.5 전기장의 응용

14. || 0.10g의 플라스틱 구슬에 1.0×10^{10} 과잉 전자가 더해져 대전되었다. 공기 중에 구슬이 떠 있을 수 있는 전기장 $\vec{E}$의 세기와 방향을 구하시오.
INT

15. || 전기 용량이 3 μF이고 판 면적이 2 cm^2인 평행판 축전기의 판 사이의 간격은 얼마인가?

20.6 도체와 전기장

16. || 지름 12.0 cm의 2개의 수평 원형판으로 구성된 평행판 축전기가 있다. −6.0 nC 전하량의 1.0 g 플라스틱 구슬이 평행판 축전기의 두 판 사이에 그들 사이의 전기장의 힘에 의해 떠 있다.
    a. 양극판은 위아래 중 어느 것인가?
    b. 양극판의 전하량은 얼마인가?

17. ||| 그림 P20.17에 보인 바와 같이 대전된 두 평행판 사이에 중성인 도체 구를 놓았다. 두 판 사이 영역에서의 대략적인 전기력선을 그리시오. 도체 구의 효과를 포함하는 것을 명심하시오.

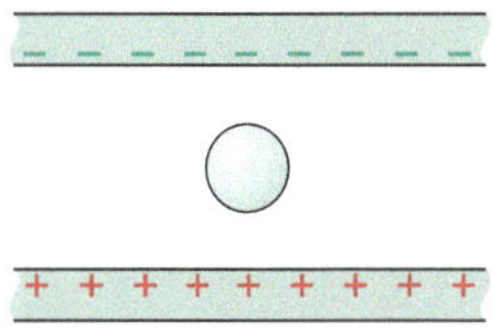

그림 P20.17

20.7 전기장 안에서의 힘과 돌림힘

18. || 전기영동 셀 속에 있는 단백질 분자는 음전하를 가지고 있다. 정확한 전하량은 용액의 pH 농도에 좌우되지만 보통 30개의 과잉 전자를 가지고 있다. 1500 N/C의 전기장 안에서 이러한 단백질 분자가 받는 전기력의 크기는 얼마인가?
BIO

19. ||| 일산화탄소 분자는 탄소와 산소 원자가 전자를 불평등하게 공유하기 때문에 영구 전기 쌍극자가 된다. 그림 P20.19는 거리와 전하량을 보여준다. 수평축을 갖는 일산화탄소 분자가 수직으로 걸린 15,000 N/C의 전기장 속에 놓여 있다.
INT
    a. 분자에 가해지는 알짜 전기력의 크기는 얼마인가?
    b. 분자에 가해지는 돌림힘의 크기는 얼마인가?

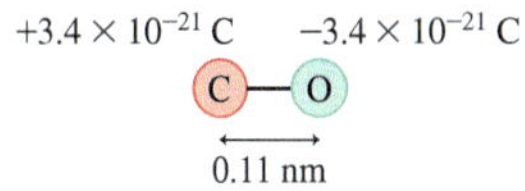

그림 P20.19

21 전위
Electric Potential

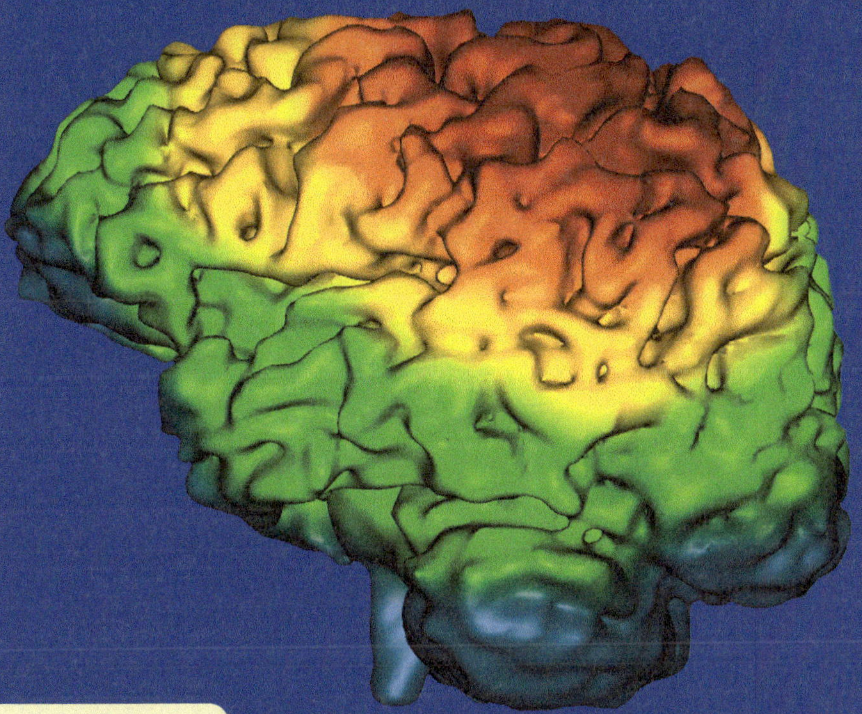

환자의 뇌에 칠해진 색은 환자가 특별한 감각을 받은 후 뇌의 표면에 그려진 전위 지도를 나타낸다. 전위를 시각화하는 것이 뇌의 전기적 성질을 이해하는 데 어떤 도움이 될까?

학습목표

전위와 전기 위치 에너지를 계산하고 활용한다.

전위

건전지 전압은 두 단자 사이의 **전위** 차이이다.

양전하와 음전하가 분리될 때 전위가 어떻게 만들어지는지 배운다.

축전기

회로판에 있는 축전기는 전하와 **전기 위치 에너지**를 저장한다.

축전기에 저장된 에너지가 어떻게 전하에 의존하는지 배운다.

전위와 장

전위와 전기장 사이에는 밀접한 관련성이 있다.

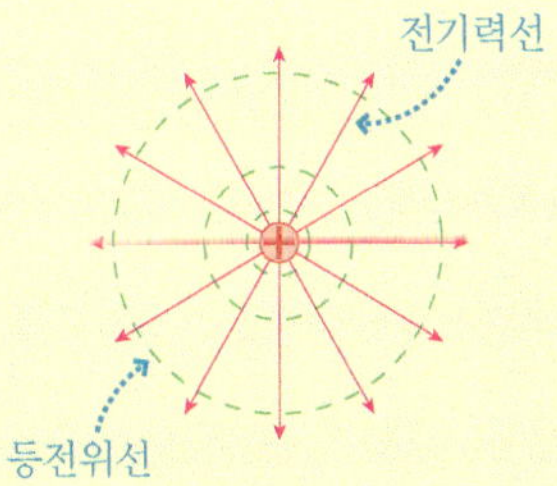

장과 전위 표현 사이를 어떻게 오가는지 배운다.

이 장의 배경

일과 위치 에너지

10.4절에서 상호작용하는 물체들의 계에서 위치 에너지를 저장하는 것이 가능함을 배웠다. 이 장에서는 새로운 형태의 위치 에너지, 전기 위치 에너지를 배운다.

롤러코스터는 체인에 의해 첫 번째 언덕의 꼭대기까지 당겨진다. 체인의 장력이 롤러코스트에 일을 하고, 그것이 중력 위치 에너지를 증가시킨다.

21.1 전기 위치 에너지와 전위

에너지 보존은 역학계의 운동을 이해하는 데 강력한 도구가 된다. ◀◀10.2절에서 계에 일(work)을 함으로써 계의 에너지가 변화될 수 있음을 배웠다. 즉, 외부 힘이 계에 작용하여 계의 **변위**(displacement)가 발생할 때 일이 행해졌고, 그래서 계의 에너지가 변한다는 것을 기억할 것이다.

역학계에 대해서 에너지 보존이 어떻게 적용되는지를 기억하기 위하여 **그림 21.1(a)**에서 일정한 속력으로 책을 손으로 들어 올리는 것을 보여준다. 손의 외부 힘이 책을 밀어서 책이 오르게 되고, 그래서 손은 책에 일을 하여 책의 에너지(이 경우 책의 중력 위치 에너지 U_g)가 증가한다. 수학적으로, 이 과정을 $\Delta U_g = W$라 쓰고, 일 W는 책의 위치 에너지를 변화시킨다.

그림 21.1 세 가지 계에 대해서 행한 일이 위치 에너지를 증가시켰다.

손의 힘이 각 계에 일 W를 함으로써…

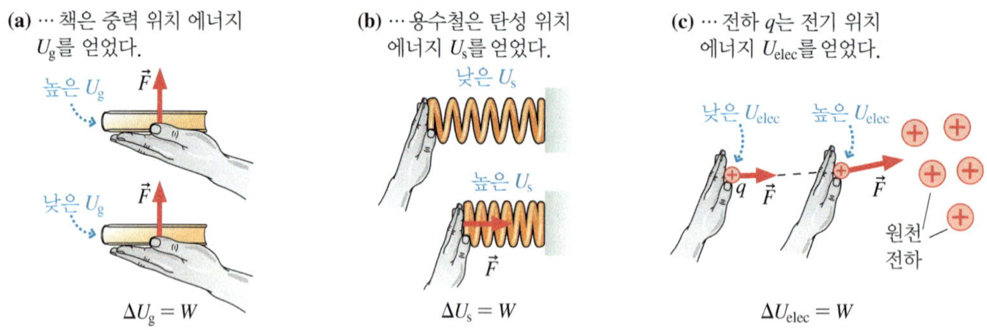

그림 21.1(b)에서와 같이 용수철이 압축되었을 때 비슷한 과정이 진행된다. 손으로 용수철의 끝을 밀어 용수철이 압축되면 용수철에 일을 한 것이고 용수철의 탄성 위치 에너지 U_s가 증가한다. 이 과정을 $\Delta U_s = W$로 나타낼 수 있다.

이제 같은 생각을 **그림 21.1(c)**에 있는 대전된 입자계에 적용해보자. 고정된 움직이지 않는 **원천 전하**(source charge)가 여러 개 있다. 전하 q는 원천 전하에 의해 밀려나기 때문에 전하 q를 원천 전하에 더 가까이 가게 하기 위해서 손으로 전하 q를 밀어야 한다. 이 뜻은 손은 전하 q가 움직일 때 전하 q에 일을 하여 에너지를 전하계로 전달한다는 것이다. 책과 용수철계처럼 이 에너지는 위치 에너지(이 경우 **전기 위치 에너지** U_{elec})의 형태이다. 이 과정을 $\Delta U_{elec} = W$로 쓸 수 있고, **어떤 특정한 위치로 전하를 움직이는 데 드는 일을 계산하여 그 위치에 전하가 있을 때 전하의 전기 위치 에너지를 결정할 수 있다**는 것을 알 수 있다.

전위

20장에서 전기장(electric field)의 개념을 소개하였다. 장의 모형에서 전기장은 하나의 전하가 다른 전하 q에 미치는 장거리힘을 중개한다. **그림 21.2**는 원천 전하들은 먼저 모든 공간에 전기장 $\vec{E}$를 만들어 자신들을 둘러싸고 있는 공간을 변화시킨다. 전하 q에 힘($\vec{F}_{elec} = q\vec{E}$)을 작용하는 것은 (원천 전하가 아닌) 바로 이 전기장이다. 원천 전하의 전기장은 이 전기장을 경험하는 전하 q가 있든 없든 전 공간에 걸쳐 존재한다는 것이 중요하다. 달리 말하자면, 전기장은 전하가 어떤 위치에 있을 때 그 전하에 작용하는 힘이 무엇인지를 알려준다.

그림 21.2 원천 전하 부근에서 전기 위치 에너지는 무엇인가?

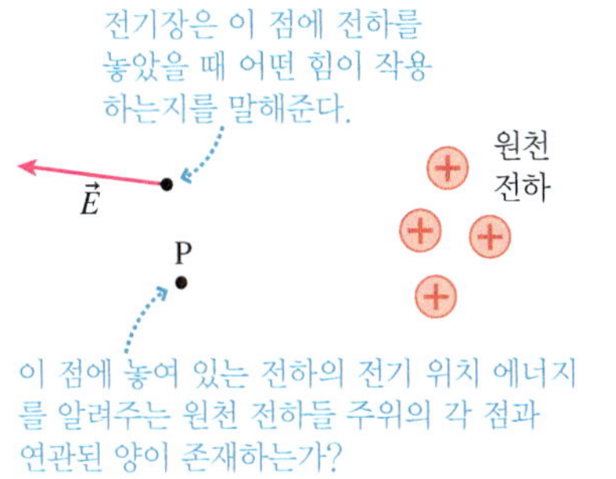

전기 위치 에너지에 비슷한 논리를 적용해볼 수 있는가? 그림 21.2의 원천 전하 q를 다시 고려해보자. 전하 q를 원천 전하 가까운 점 P에 놓는다면, 전하 q는 전기 위치 에너지를 가지게 될 것이다. 다른 전하 q'을 점 P에 놓는다면, 전하 q'은 다른 전기 위치 에너지를 가지게 될 것이다. 전하 q, q' 또는 또 다른 전하를 점 P에 놓지 않고 이 전하들의 전기 위치 에너지를 알려줄 수 있는 점 P와 연관된 물리량이 존재하는가?

이것이 가능한지 알아보려면, 어떻게 전하 q의 전기 위치 에너지를 구하는지 좀 더 상세하게 이해하여야 한다. 구체적으로, **그림 21.3(a)**에서 $q = 10$ nC이고, 편의상 이 전하가 점 A에 있을 때 $(U_{elec})_A = 0$ J이라고 하자.

그림 21.3 전기 위치 에너지와 전위 구하기

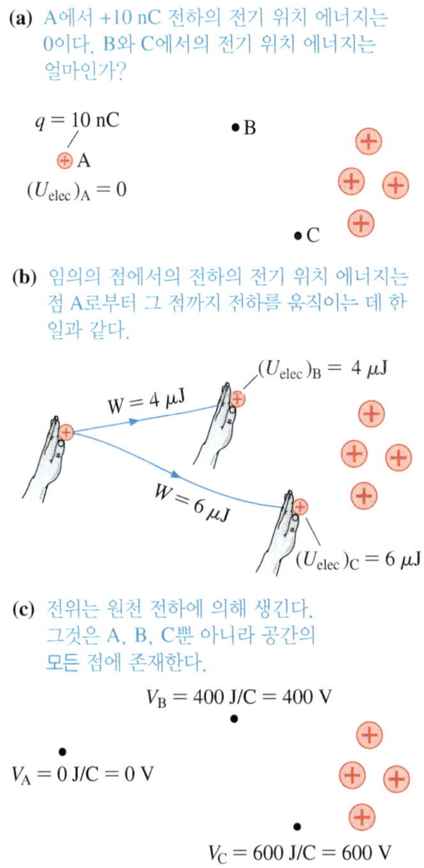

이미 본 바와 같이, 점 B나 점 C와 같은 어떤 다른 점에서 전하 q의 전기 위치 에너지를 알기 위해서는 전하를 점 A로부터 점 B 또는 점 A로부터 점 C까지 움직이는 데 수행한 일의 양을 알 필요가 있다. **그림 21.3(b)**에서 전하를 점 A에서 점 B까지 움직이는 데 한 일은 4 μJ이다. 그래서 점 B에서의 전기 위치 에너지는 $(U_{elec})_B = 4\ \mu J$이다(에너지의 SI 단위는 줄(J)임을 기억하자). 비슷하게 점 C까지 움직이는 데 한 일은 6 μJ이다. 그래서 점 C에서의 q의 전기 위치 에너지는 $(U_{elec})_C = 6\ \mu J$이다.

예를 들어, 다른 전하 $q = 20$ nC으로 실험을 반복한다면 어떻게 되겠는가? 쿨롱의 법칙에 따르면, 원천 전하에 의해 이 전하에 작용하는 전기력은 10 nC의 전하에 작용하는 힘의 두 배가 될 것이다. 결론적으로 두 배의 힘으로 밀어야 하고, 그래서 이 대전된 입자를 점 A에서 점 B까지 움직이는 데 한 일은 두 배이다. 그 결과로 20 nC 입자는 점 B에서 $(U_{elec})_B = 8\ \mu J$을 갖는다. 5 nC 입자는 10 nC 입자를 점 B로 움직이는 데 수행한 일의 절반을 하기 때문에 점 B에서 $(U_{elec})_B = 2\ \mu J$을 갖는다. 일반적으로 **대전된 입자의 위치 에너지는 그 입자의 전하량에 비례한다.**

두 물리량이 서로 비례하면 그것의 비율은 일정하다. 점 B에서 대전된 입자의 전기 위치 에너지에 대하여, 다음 비율을 계산해봄으로써 이것을 바로 알 수 있다.

$$\frac{U_{(elec)B}}{q} = \frac{2\ \mu J}{5\ nC} = \frac{4\ \mu J}{10\ nC} = \frac{8\ \mu J}{20\ nC} = 400\ \frac{J}{C}$$

$q = 5$ nC에 대한 U/q $q = 10$ nC에 대한 U/q $q = 20$ nC에 대한 U/q 모든 비율은 같다.

이와 같이 어떤 전하 q를 점 B에 놓을 때 갖는 전기 위치 에너지에 대한 간단한 표현은 다음과 같다.

$$(U_{\text{elec}})_{\text{B}} = \left(400\ \frac{\text{J}}{\text{C}}\right)q$$

이 숫자는 점 B와 연관된다.
이 부분은 점 B에 놓인 전하에 따라 변한다.

수업 영상

전하 q가 점 B에 놓여 있을 때, 점 B와 관련된 숫자 400 J/C은 위치 에너지를 생성하는 능력이다. 그래서 이 값을 **전위** 또는 **전기 퍼텐셜**(electric potential)이라고 하고, 기호 V로 나타낸다. 그림 21.3(c)에서 보인 바와 같이, 점 B에서의 전위는 400 J/C이다. 비슷한 이유로, 점 C에서의 전위는 600 J/C이다.

이러한 생각을 일반화할 수 있다. 모든 원천 전하들은 그들을 둘러싼 공간의 모든 점에 전위를 생성한다. 전위가 V인 점에서 전하 q로 대전된 입자의 전기 위치 에너지는 다음과 같다.

$$U_{\text{elec}} = qV \qquad (21.1)$$

전위와 전기 위치 에너지의 관계

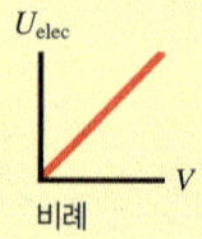

$\vec{F}_{\text{elec}} = q\vec{E}$ 와의 유사성에 주목하자. 전기장과 같이 전위는 원천 전하에 의해 발생하고, 공간의 모든 점에 존재한다. 전위는 전하 q가 있어 전위를 경험하든 안하든 그곳에 존재한다. 전기장이 원천 전하가 전하 q에 어떻게 힘을 작용하는지를 알려주는 반면, 전위는 어떻게 원천 전하가 q에 위치 에너지를 부여하는지를 말해준다. 비록 식 (21.1)을 정당화하기 위하여 양(+)의 전하에 행한 일을 사용했지만, q가 음(−)의 전하라도 타당하다.

전위의 단위는 J/C인데, **볼트** V라고도 한다.

$$1\text{볼트} = 1\ \text{V} = 1\ \text{J/C}$$

마이크로볼트(μV), 밀리볼트(mV), 킬로볼트(kV)는 보통 사용되는 단위이다. 몇몇 전형적인 전위를 표 21.1에 나열하였다. 그림 21.2에 나타낸 원천 전하에 의한 전위가 A에서는 0 V, B에서는 400 V임을 그림 21.3(c)에 보였다.

표 21.1 전형적인 전위

전위의 원천	근사적 전위 값
두피에서의 뇌의 활동 (EEG)	10−100 μV
인체의 세포	100 mV
건전지	1−10 V
가정용 전기	100 V
정전기	10 kV
송전선	500 kV

예제 21.1 전하의 전기 위치 에너지 변화 구하기

15 nC의 대전된 입자가 전위가 300 V인 점 A에서 전위가 −200 V인 점 B까지 움직인다. 전위가 얼마만큼 변하는가? 대전된 입자의 전기 위치 에너지는 얼마만큼 변하는가? 만약 대전된 입자의 전하가 −15 nC이면 답이 얼마만큼 차이가 나는가?

준비 전위차(전위 변화) ΔV는 나중 위치 점 B에서의 전위에서 초기 위치 점 A에서의 전위를 뺀 것이다. 식 (21.1)로부터 전기 위치 에너지의 변화는 $\Delta U_{\text{elec}} = (U_{\text{elec}})_{\text{B}} - (U_{\text{elec}})_{\text{A}} = q(V_{\text{B}} - V_{\text{A}}) = q\Delta V$를 통해서 구한다.

풀이 전위차는

$$\Delta V = V_{\text{B}} - V_{\text{A}} = (-200\text{V}) - (300\text{V}) = -500\ \text{V}$$

이다. 전위가 원천 전하에 의해 생성되기 때문에, 이러한 전위차(전위 변화)는 전하 q와 무관하다.

입자의 전기 위치 에너지의 변화는

$$\Delta U_{\text{elec}} = q\Delta V = (15 \times 10^{-9}\ \text{C})(-500\ \text{V}) = -7.5\ \mu\text{J}$$

이다. −15 nC의 경우 ΔV는 변하지 않지만 q의 부호가 바뀌기 때문에 $\Delta U_{\text{elec}} = +7.5\ \mu\text{J}$이다.

검토 점 B에서의 전위가 점 A에서의 전위보다 낮기 때문에 양(+)의 전하(+15 nC)는 전기 위치 에너지를 잃어버리고, 반면에 음(−)의 전하(−15 nC)는 전기 위치 에너지를 얻는다.

21.2 전위의 근원

전위는 어떻게 생성되는가? **그림 21.4(a)**에 있는 충전되지 않은 축전기를 고려해보자. 전하 q에 작용하는 힘은 없고, 그래서 이것을 A에서 B로 움직이는 데 일이 요구되지 않는다. 결과적으로, 전하 q가 A에서 B로 움직임에 따라 전하 q의 전기 위치 에너지는 변하지 않아서 $(U_{\text{elec}})_{\text{B}} = (U_{\text{elec}})_{\text{A}}$이다. $U_{\text{elec}} = qV$이기 때문에 $V_{\text{B}} = V_{\text{A}}$이어야 한다. 따라서 **전위차**(potential difference) $\Delta V = V_{\text{B}} - V_{\text{A}}$는 0이다.

수업 영상

그림 21.4 전하 분리에 의해 전위차가 발생한다.

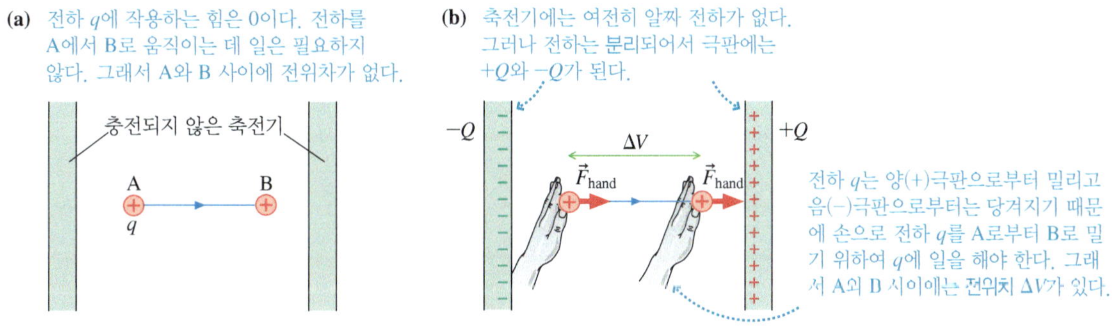

왼쪽 전극은 $-Q$로, 오른쪽 전극은 $+Q$로 충전된 축전기의 오른쪽에서 왼쪽으로 전자들을 이동시키면 무슨 일이 일어날지 생각해보자. 축전기는 여전히 알짜 전하가 없지만, 전하들이 분리되어 있다. 이 분리된 전하들은 q에 힘 $\vec{F}_{\text{elec}}$을 작용하고, **그림 21.4(b)**에 보인 바와 같이 손은 전하를 A에서 B로 움직이기 위해서 일을 해야 한다. 그 결과 전기 위치 에너지를 증가시켜 $(U_{\text{elec}})_{\text{B}} > (U_{\text{elec}})_{\text{A}}$가 된다. 이 의미는 A와 B 사이의 전위차 ΔV가 더 이상 0이 아니라는 것이다. 여기서 보여준 것은 상당히 일반적인 것이다. **전위차는 음(−)전하로부터 양(+)전하를 분리함으로써 생성된다.**

아마도 전하를 분리하는 가장 직접적인 방법은 ◀◀20.1절에서 논의한 마찰에 의한 전하의 전달에 의한 것일 것이다. 발을 카펫 위에서 질질 끌면 발과 카펫 사이의 마찰력이 전하를 사람의 몸으로 이동시킬 것이고, 사람의 몸과 문손잡이 사이에 전위차를 발생시킬 것이다. 사람의 몸과 문손잡이 사이의 전위차는 사람의 몸에 있는 과전하들이 높은 전위에서 낮은 전위로 움직일 때 스파크를 낼 만큼 수만 볼트가 된다.

번개는 구름 내부의 전하 분리에 의해 발생하는 커다란 전위차의 결과이다.

번개는 구름에서 발생하는 전하 분리의 결과물이다. 구름에 있는 작은 얼음 입자들이 충돌함에 따라 그것들은 문지름 마찰에 의해 전하를 띠게 된다. 자세한 것은 아직 잘 알려져 있지 않지만, 구름의 아래쪽으로 떨어지는 무거운 입자는 음(−)의 전

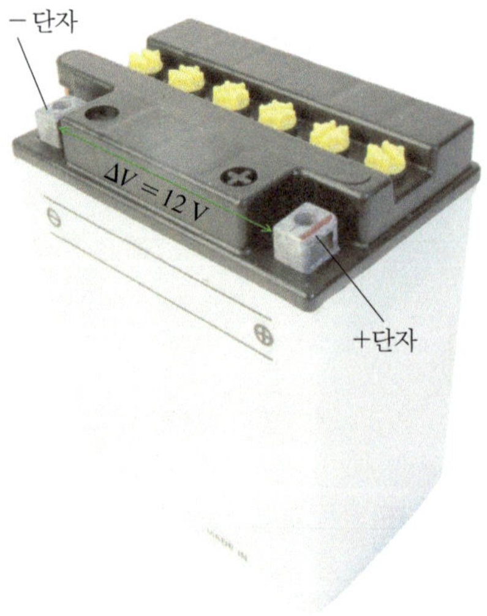

자동차 전지는 +단자와 – 단자 사이에 12 V의 고정 전위차를 유지한다.

그림 21.5 세포막 전위는 전하 분리에 기인한다. BIO

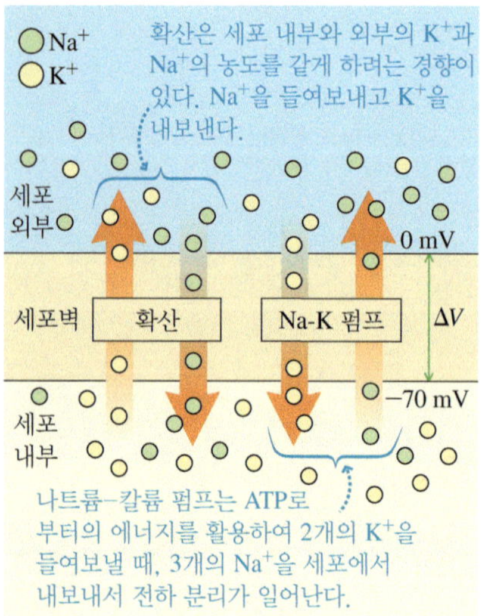

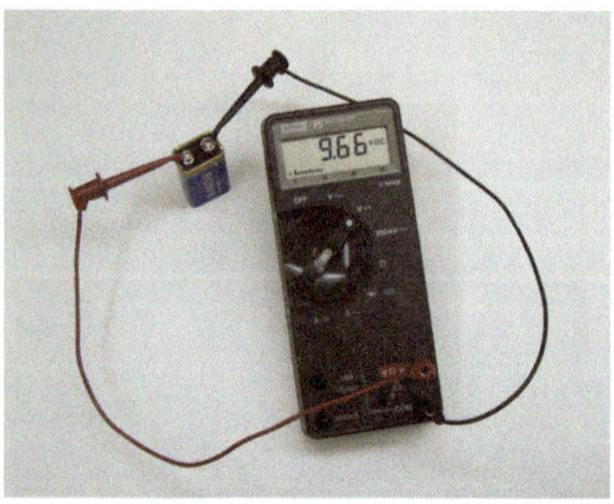

전압계는 전위차를 측정하는 데 항상 2개의 탐침을 사용한다. 여기서 9 V짜리 새 전지의 전위가 9.7 V에 가깝다는 것을 본다.

하를 띠고, 위쪽으로 떠오르는 가벼운 입자는 양(+)의 전하를 띤다. 따라서 구름의 윗부분은 양(+)으로 대전되고, 아랫부분은 음(−)으로 대전된다. 이 자연스러운 전하 분리는 구름의 위쪽과 아래쪽 사이에 1억 볼트 정도의 거대한 전위차를 생성한다. 구름의 아래쪽에 위치한 음(−)전하는 아래 땅바닥에 양(+)전하를 모이도록 한다. 구름과 땅 사이의 전위차가 너무 커서 공기가 절연성을 지탱할 수 없을 때 번개가 친다.

전하 분리, 즉 전위차는 화학 과정에서도 생성될 수 있다. 일정한 전위차를 발생시키는 일상적이고 중요한 수단은 **전지**(battery)이다. 22장에서 전지를 공부하겠지만 모든 전지는 내부 전하 분리를 발생시키기 위하여 화학 반응을 이용한다. 표준 알칼리 전지에서, 전하 분리는 전지 양단의 전위차가 1.5 V가 될 때까지 일어난다. 다른 종류의 전지들은 전지 양단에 다른 값의 전위차가 유지되도록 한다.

전위차를 만드는 화학적 방법은 생물계에서도 중대하다. 예를 들어, 세포의 내부가 외부보다 더 음(−)인 세포 내부와 외부 사이에 약 70 mV의 전위차가 있다.

그림 21.5에서 설명한 바와 같이, 이 **세포막 전위**(membrane potential)는 칼륨 이온(K^+)과 나트륨 이온(Na^+)의 불균형에 기인한다. Na^+의 몰 농도는 세포 내부보다 외부에서 더 높은 반면, K^+의 몰 농도는 세포 외부보다 내부에서 더 높다. 이온 농도를 동등하게 하려는 확산에 맞서, 분리된 전하를 유지하기 위해 **나트륨–칼륨 교환 펌프**가 계속해서 나트륨을 세포 외부로, 칼륨을 세포 내부로 펌프질한다. 한 번의 펌프 순환 동안 3개의 Na^+이 세포 바깥으로 밀려나고, 2개의 K^+만 세포 안으로 밀려 들어와서 총 1개의 양전하가 세포 밖으로 이동하게 된다. 이 연속적인 펌프질은 세포막 전위를 유발하는 전하 분리로 이어진다. 23장에서는 신경세포의 전기적 성질을 자세히 공부할 것이다.

전위 측정

전위 측정은 다양한 분야의 응용에 중요한 역할을 한다. 심전도(electrocardiogram)는 발생할 수 있는 심장 문제를 진단하기 위해서, 신체의 여러 곳에서의 전위차를 측정한다. 온도에 비례하는 전위차를 만드는 소자인 **열전쌍**(thermocouple)을 이용하여 온도를 측정한다. 디지털카메라는 단자 사이의 전위차를 측정해서 전지 전압이 떨어지는 것을 감지한다.

이 모든 응용에서 측정하는 것은 두 점 사이의 전위차임에 주목하자. 주어진 점에서 전위의 실제 값은 어디를 전위값 0으로 선택하느냐에 따라서 달라진다. 그러나 두 점 사이의 전위차는 이러한 선택과는 무관하다. 이 때문에 전위차를 측정하는 기본 도구인 **전압계**(voltmeter)는 항상 **두** 입력단자를 가진다. 탐침은 이들 입력단자들로부터 전위차가 측정되는 두 점에 연결된다. 전압계가 어떻게 작동되는지 23장에서 더 자세히 다룰 것이다.

세포와 같이 매우 작은 것들은 세포 내부와 외부 사이의 세포막 전위차를 (매우 작은) 탐침을 전압계에 연결하여 측정할 수 있다. **그림 21.6**은 세포막 전위가 측정되는 신경세포의 현미경 사진이다. 전도성 액체로 채워진 매우 작은 유리 피펫이 실제로 세포막을 관통하여 삽입된다. 이 피펫이 탐침 중의 하나이다. 2번째 탐침이 너무 작을 필요는 없다. 세포를 둘러싸는 전도성 액체에 단순히 담그고, 세포로부터 멀리 있어도 된다.

그림 21.6 세포막 전위 측정 BIO

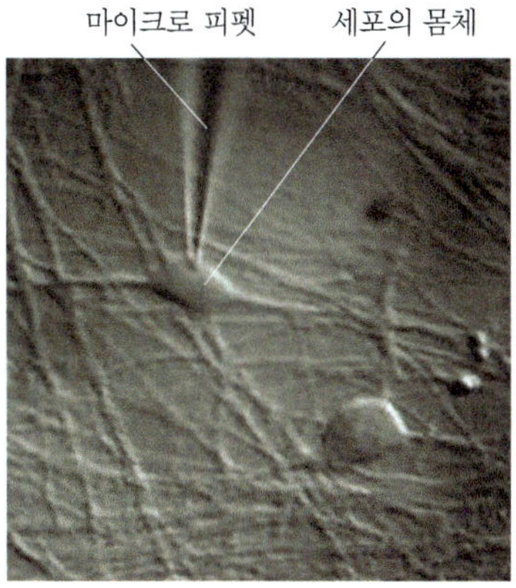

21.3 전위와 에너지 보존

대전된 입자의 위치 에너지는 전위에 의해 결정된다($U_{elec} = qV$). 비록 전위와 전기 위치 에너지는 서로 관련이 있고 이름도 유사하지만, 이 둘은 같은 것은 아니다. 표 21.2는 전위와 전기 위치 에너지를 구별하는 데 도움을 준다.

롤러코스터가 트랙 정상에서 맨 아래로 움직임에 따라 중력 위치 에너지가 감소한다. 에너지가 보존되기 때문에, 위치 에너지에서의 이러한 감소는 롤러코스터의 운동 에너지 K의 증가(롤러코스터의 속력 증가)를 동반한다. 유사하게, 양전하 q를 가진 입자가 높은 전위 영역에서 낮은 전위 영역으로 움직일 때 전하의 전기 위치 에너지는 감소하고 운동 에너지는 증가한다. 대전된 입자의 에너지 보존식은

$$K_f + (U_{elec})_f = K_i + (U_{elec})_i$$

이고, 이것을 전위 V에 관하여 쓰면

$$K_f + qV_f = K_i + qV_i \tag{21.2}$$

전위 V에서 움직이는 대전된 입자의 에너지 보존

이다. 여기서 첨자 i, f는 초기와 최종 상태를 나타낸다.

그림 21.7은 변화하는 전위 영역을 통과하여 움직이는 두 양(+)전하를 보여준다. 그림에 보이지 않는 원천 전하에 의해 이 전위가 생성된 것이다. 여기서 우리의 관심은 전위가 움직이는 전하에 주는 **효과**에 있다. 우리가 운동량과 에너지 보존을 공부할 때 이미 소개한 전-후 개요도를 사용한 것에 유의하라.

표 21.2 전위와 전기 위치 에너지 구별하기

전위는 원천 전하에 의해 발생한다. 전위는 대전된 입자가 그곳에 있어 전위를 경험하는지의 여부에 관계없이 존재한다. 전위는 J/C 또는 V의 단위로 측정한다.

전기 위치 에너지는 대전된 입자와 원천 전하들 사이의 상호작용 에너지이다. 전기 위치 에너지는 J의 단위로 측정한다.

그림 21.7 대전된 입자가 전위차를 통과할 때 속도가 빨라지거나 또는 느려진다.

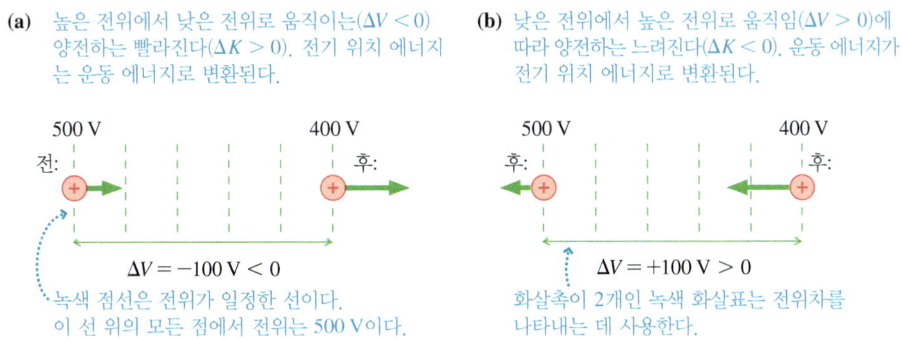

식 (21.2)를 $K_f - K_i = -q(V_f - V_i)$ 또는

$$\Delta K = -q\Delta V \tag{21.3}$$

로 다시 표현하면, 전하의 운동을 이해할 수 있다. 그림 21.7(a)의 전하에 대하여 전하가 왼쪽에서 오른쪽으로 움직임에 따라 전위의 변화, 즉 전위차는

$$\Delta V = V_f - V_i = 400\text{ V} - 500\text{ V} = -100\text{ V}$$

로 음(−)의 값이다. 식 (21.3)에서 ΔK가 양(+)의 값을 가지므로, 입자가 높은 전위로부터 낮은 전위로 움직임에 따라 입자가 **빨라짐**을 의미한다. 역으로, 그림 21.7(b)에서의 전하의 전위차는 +100 V이다. 식 (21.3)에서 ΔK가 음(−)의 값을 가지므로, 입자는 낮은 전위에서 높은 전위로 움직임에 따라 **느려진다**.

문제 풀이 전략 21.1 전하 상호작용에서의 에너지 보존

역학계에서 정확히 동일한 방법으로 전하에 대한 에너지 보존 원리를 이용하자. 유일한 차이는 전기 위치 에너지를 고려할 필요가 있다는 것이다.

준비 전-후 개요도를 그린다. 문제에서 사용할 기호를 정의하고, 주어진 값들을 나열하고, 구하고자 하는 것을 확인한다.

풀이 수학적 표현은 역학적 에너지 보존 법칙에 기반을 둔다.

$$K_f + qV_f = K_i + qV_i$$

- 초기와 나중 위치에서의 전위를 구한다. 점전하의 전위와 같이 전위에 대해 이미 주어진 표현으로부터 전위를 계산할 필요가 있을 수 있다.
- K_i와 K_f는 움직이는 모든 입자의 총 운동 에너지이다.
- 어떤 문제는 전하나 운동량 보존 법칙 같은 부수적인 보존 법칙이 필요할 수도 있다.

검토 계산 결과가 올바른 단위를 가지고 있고, 합리적이고, 질문에 답하는지 점검한다.

예제 21.2 빠르게 움직이는 양성자

양성자가 여러 원천 전하에 의해 생성된 전위에서 움직인다. 전위가 1500 V인 점에서 양성자의 속력은 2.5×10^5 m/s이다. 잠시 후 전위가 −500 V인 점에 도달했을 때 양성자의 속력은 얼마인가?

준비 양성자의 질량은 $m = 1.67 \times 10^{-27}$ kg이다. 양(+)전하를 띤 양성자는 높은 전위 영역에서 낮은 전위 영역으로 움직이므로, 전위차는 음(−)의 값을 가지고 양성자는 전기 위치 에너지를 잃는다. 그때 에너지 보존 법칙에 의하면, 양성자의 운동 에너지는 증가하여야 한다. 양성자의 나중 속력을 구하기 위하여 식 (21.2)를 사용한다.

풀이 에너지 보존 법칙은 다음과 같다.

$$K_f + qV_f = K_i + qV_i$$

또는

$$\tfrac{1}{2}mv_f^2 + qV_f = \tfrac{1}{2}mv_i^2 + qV_i$$

위 식을 다음과 같이 쓸 수 있다.

$$\tfrac{1}{2}mv_f^2 = \tfrac{1}{2}mv_i^2 + (qV_i - qV_f)$$

양변에 $2/m$을 곱하고 v_f^2에 대하여 풀면

$$v_f^2 = v_i^2 + \frac{2}{m}(qV_i - qV_f) = v_i^2 + \frac{2q}{m}(V_i - V_f)$$

또는

$$v_f^2 = (2.5 \times 10^5\text{ m/s})^2 + \frac{2(1.6 \times 10^{-19}\text{ C})}{1.67 \times 10^{-27}\text{ kg}}[1500\text{ V} - (-500\text{ V})]$$

$$= 4.46 \times 10^{11}\text{ (m/s)}^2$$

이고, 나중 속력은 다음과 같다.

$$v_f = 6.7 \times 10^5 \text{ m/s}$$

검토 이 문제는 그림 21.7(a)와 유사한 상황이다. 입자가 중력 위치 에너지가 높은 곳에서 낮은 쪽으로 내려감에 따라 속력이 증가하는 것과 유사하게, 양(+)으로 대전된 입자는 높은 전위에서 낮은 전위로 움직임에 따라 속력이 빨라진다.

지금까지 대전된 입자가 높은 전위에서 낮은 전위로 움직임에 따라 전기 위치 에너지가 운동 에너지로 변환되는 것을 생각하였다. 즉, 에너지 변환 $\Delta K = -q\Delta V$에 대해 공부하였다. 그러나 전기 위치 에너지가 다른 종류의 에너지로 변환될 수 있다는 것에 유념할 가치가 있다. 이것이 전기의 많은 응용에 기초가 된다. 예를 들면, 그림 21.8에서 전하들은 도선을 통해 전지의 높은 전위 단자로부터 나와서 전구를 통과하고 다시 낮은 전위 단자로 돌아간다. 전구에서는 전구를 밝게 빛낼 정도로 뜨거워지면서 전기 위치 에너지를 열에너지 E_{th}로 변환한다. 이 에너지 변환이 $\Delta E_{th} = -q\Delta V$이다. 또는 전하들이 승강기 모터의 높은 전위 단자로부터 낮은 전위 단자로 움직임에 따라 전하의 전기 위치 에너지는 승강기와 탑승자가 위로 올라갈 때처럼 중력 위치 에너지로 변환되고, 이 경우 $\Delta U_g = -q\Delta V$이다.

앞으로 나오게 될 장들에서 전기 에너지의 다른 변환에 대하여 더 많은 이야기를 할 것이다.

그림 21.8 전기 위치 에너지에서 열에너지로의 변환

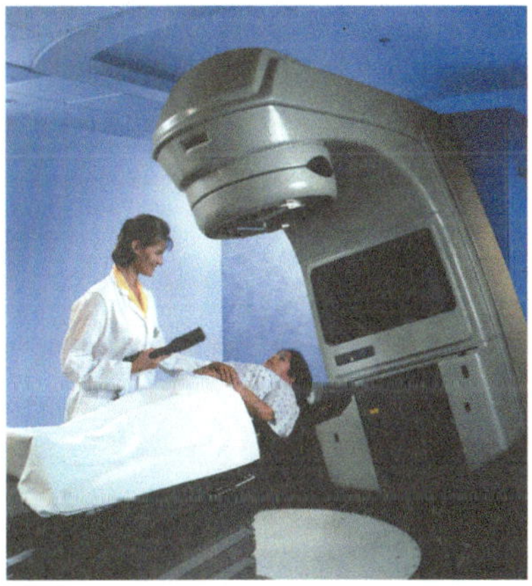

암과 싸우는 전자 BIO 초점이 잘 맞은 X선빔은 암환자에게 방사선 치료를 하는 데 쓰인다. X선은 고에너지 전자빔을 금속 표적에 때려서 얻는다. 전자는 20 MV의 전위차로 **선형 가속기**에서 가속시켜 에너지를 얻는다. 이때 최종 운동 에너지는 20 MeV이다.

전자볼트

줄(J)은 역학과 열역학의 거시적인 물체를 다루는 데 적절한 크기의 단위이기는 하지만 원자와 핵에서는 다른 적절한 에너지 단위를 사용하는 것이 좋다.

전자가 전위차 $\Delta V = 1$ V를 통해서 가속된다고 가정하자. 전자는 0 V에서 1 V 또는 1000 V에서 1001 V로 가속될 것이다. 실제 전압값에 관계없이, 음(−)전하를 띤 전자는 높은 전위 쪽으로 이동할 때 속력이 커진다. 식 (21.3)에 따라 1 V 전위차는 $q = -e$인 전자가 아래와 같은 운동 에너지를 얻도록 한다.

$$\Delta K = -q\,\Delta V = e\,\Delta V = (1.60 \times 10^{-19} \text{ C})(1 \text{ V}) = 1.60 \times 10^{-19} \text{ J}$$

전자볼트(electron volt)라고 하는 새로운 에너지 단위를 다음과 같이 정의하자.

$$1\text{전자볼트} = 1\text{eV} = 1.60 \times 10^{-19} \text{ J}$$

이 정의를 사용하면, 위의 예제에서 전자가 얻은 운동 에너지는

$$\Delta K = 1 \text{ eV}$$

이다. 다시 말하면, **1전자볼트는 1볼트의 전위차로 가속되는 1개의 전자(혹은 양성자)가 얻는 운동 에너지이다.**

전자볼트는 성가신 단위일 수 있다. 하나의 어려움은 '미터' 또는 '초'와 다르게 평범하지 않은 이름을 가진 단위라는 것이다. 이 이름이 가진 더 큰 어려움은 볼트와의 관련성을 암시한다는 것이다. 그러나 볼트는 전위의 단위인 반면에, 전자볼트는 에너

수업 영상

지의 새로운 단위이다! 볼트로 측정된 전위 V와 줄 또는 전자볼트로 측정된 에너지를 구별하는 것은 매우 중요하다. 이제 이전에 줄을 사용했던 모든 곳에 전자볼트를 사용할 수 있다. 이렇게 하는 것은 센티미터와 인치 단위 사이의 상호 변환과 차이가 없다.

예제 21.3 양성자의 속력

원자 입자들의 에너지는 가끔 MeV 단위로 나타낸다. 8.7 MeV의 양성자 속력은 얼마인가?

풀이 이 입자의 운동 에너지는 8.7×10^6 eV이다. 먼저 에너지를 줄로 바꾸자. 그러면

$$K = 8.7 \times 10^6 \text{ eV} \times \frac{1.60 \times 10^{-19}\text{ J}}{1.0\text{ eV}} = 1.39 \times 10^{-12}\text{ J}$$

이다. $K = \frac{1}{2}mv^2$로부터 입자의 속력은

$$v = \sqrt{\frac{2K}{m}} = \sqrt{\frac{2(1.39 \times 10^{-12}\text{ J})}{1.67 \times 10^{-27}\text{ kg}}} = 4.1 \times 10^7\text{ m/s}$$

가 된다.

양성자의 전하와 전자의 전하는 같은 크기를 가지기 때문에, 일반적인 규칙은 V 볼트의 전위차에서 가속(감속)되는 양성자 또는 전자는 V eV의 운동 에너지를 얻는다(잃는다). 예제 21.2에서 전위차가 2000 V이면, 양성자는 2000 eV의 운동 에너지를 얻는다. 예제 21.3에서 양성자가 8.7 MeV의 운동 에너지를 얻기 위해서는 8.7×10^6 V = 8.7 MV의 전위차를 통하여 가속되어야 했다.

21.4 전위 계산하기

전위가 무엇인지를 이해하였으므로 앞으로 나아가 몇몇 중요한 경우의 전위를 계산해보자. 공간의 한 점에서 전하 q의 전기 위치 에너지와 그 점에서의 전위 사이의 관계를 나타내주는 식 (21.1)을 이용하여 계산하고자 한다. 식 (21.1)을 조금 바꾸어 다음과 같이 쓸 수 있다.

$$V = \frac{U_{\text{elec}}}{q} \tag{21.4}$$

공간의 어떤 점에서 전위를 구하기 위해서는, 먼저 그 점에서 전하 q의 전기 위치 에너지를 계산하는 것이다. 그 다음 전위를 구하기 위하여 식 (21.4)를 이용한다.

평행판 축전기 내부의 전위

20장에서는 **평행판 축전기**(parallel-plate capacitor)의 두 전극판에 전하량이 같으나 부호가 반대인 전하를 갖다 놓음으로써 균일한 전기장이 생성될 수 있음을 배웠다. 그래서 평행판 축전기 내부에서 전위를 구하는 것은 균일한 전기장이라는 매우 중요한 경우에 대하여 전위를 구하는 것과 동등하다.

그림 21.9는 두 극판이 거리 d만큼 분리되고 충전된 평행판 축전기의 단면을 보여

준다. 두 극판의 전하 $\pm Q$는 그들 사이의 공간에 전기장과 전위 모두를 발생시키는 원천 전하이다. ◀◀20.5절에서 알게 된 바와 같이 전기장은 $\vec{E} = (Q/\epsilon_0 A$, 양(+)에서 음(−)으로)이다. 좌표계를 음극판이 $x = 0$에, 양극판이 $x = d$에 있도록 선택한다.

편의상 어느 곳에서나 위치 에너지가 0인 점을 자유롭게 선택할 수 있으므로, 움직이는 전하 q가 음극판에 있을 때 $U_{elec} = 0$으로 하자. 다른 위치 x에서의 전하의 위치 에너지는 외부 힘이 전하를 음극판으로부터 그 위치까지 일정 속력으로 움직이는 동안 한 일에 해당한다. 비록 전하들이 정말로 그렇게 움직이는 것은 아니지만, 외부 힘은 손으로 표시할 것이다.

그림 21.9에서 전기장은 왼쪽을 가리키므로, 전기장이 전하에 작용하는 힘 $\vec{F}_{elec} = q\vec{E}$ 또한 왼쪽을 향한다. 전하를 일정한 속력($\vec{F}_{net} = \vec{0}$)으로 오른쪽으로 움직이기 위하여 외부 힘 $\vec{F}_{hand}$는 같은 크기의 힘($F_{hand} = qE$)으로 오른쪽으로 밀어야만 한다. 이 힘은 전하가 움직임에 따라 일을 하고, 계의 위치 에너지를 변화시킨다.

외부 힘이 일정하고 변위에 평행하기 때문에, 전하를 위치 x로 움직이는 데 한 일은

$$W = \text{힘} \times \text{변위} = F_{hand}\, x = qEx$$

이다. 결론적으로 전하 q가 위치 x에 있을 때 전기 위치 에너지는

$$U_{elec} = W = qEx$$

이다. 마지막 단계로, 평행판 축전기의 음(−)극판으로부터 측정된 위치 x에서 평행판 축전기의 전위를 구하기 위해 식 (21.4)를 이용할 수 있다.

$$V = \frac{U_{elec}}{q} = Ex = \frac{Q}{\epsilon_0 A}x \tag{21.5}$$

여기서 마지막으로 축전기 극판에 있는 전하량을 이용하여 전기장의 세기를 나타냈다.

첫째로 주목해야 할 것은, 전위가 $V = V_- = 0$인 $x = 0$인 음극판으로부터 $V = V_+ = Ed$인 $x = d$인 양극판까지 선형적으로 증가한다는 것이다. 두 축전기 극판 사이의 전위차 ΔV_C가

$$\Delta V_C = V_+ - V_- = Ed \tag{21.6}$$

가 되도록 정의하자.

많은 경우에 축전기의 전위차는 전위차를 알고 있는 전지의 두 단자에 연결되어 일정한 값 ΔV_C로 고정된다. 이 경우 축전기 내부의 전기장의 세기는 식 (21.6)으로부터 다음과 같이 결정된다.

$$E = \frac{\Delta V_C}{d} \tag{21.7}$$

이것은 극판 사이의 거리를 알고 있는 축전기에 인가된 전위차를 통해서 전기장의 세기를 알 수 있음을 확고히 할 수 있음을 의미한다.

식 (21.7)은 전기장의 단위가 미터당 볼트(V/m)임을 의미한다. 지금까지 전기장의 단위로 쿨롬당 뉴턴(N/C)를 사용하였다. 실제로 V/m는 과학자들과 공학자들에 의해 사용되는 전기장의 단위이기 때문에 이들을 표준 전기장 단위로 채택할 것이다.

그림 21.9 평행판 축전기의 전위 구하기

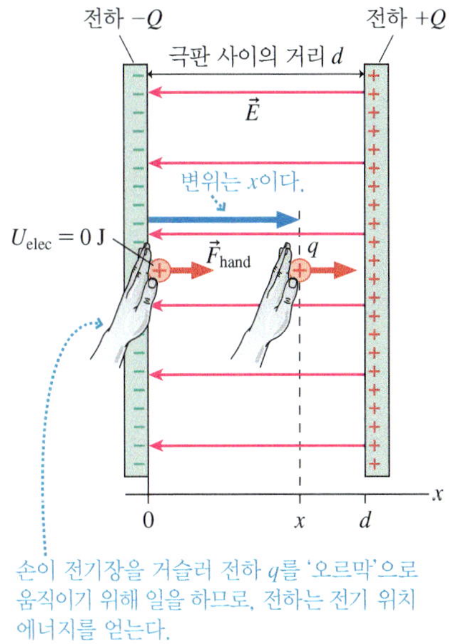

다시 전위 문제로 돌아와서 E에 대한 식 (21.7)을 V에 대한 식 (21.5)로 대체할 수 있다. 축전기의 전위차 ΔV_C를 이용하여 축전기 내부의 위치 x에서 전위를 다음과 같이 나타낸다.

$$V = \frac{x}{d}\Delta V_C \tag{21.8}$$

전위는 $x = 0$(음극판)에서 $V = 0$으로부터 $x = d$(양극판)에서 $V = \Delta V_C$까지 선형적으로 증가함을 알 수 있다.

전위가 표현되는 몇 가지 다른 (그러나 관련이 있는) 방법을 살펴봄으로써, 축전기 내부의 전위를 탐구해보자. 아래 표에서, 전지는 극판 사이의 거리가 3 mm인 평행판 축전기에 1.5 V의 전위차를 유지하고 있다.

축전기 내부 전위를 그래프로 표현하기

전위 대 x 그래프. 전위가 음극판에서 0 V로부터 양극판에서 1.5 V로 증가함을 보여준다.

등전위면(equipotential surface)을 보여주는 3차원 개관. 이것들은 각 점에서 같은 전위 V를 가지는 물리적인 표면이 아닌 수학적인 표면을 나타낸다. 축전기의 등전위면은 축전기 극판에 평행하는 평면들이다. 축전기 극판도 등전위면이다.

2차원 **등전위 지도**. 녹색 점선은 등전위면을 얇게 썬 것을 나타내므로, 그 선을 따르는 어느 곳이나 V가 같다. 전위가 일정한 선들을 **등전위선**(equipotential line) 또는 **등전위**(equipotential)라고 한다.

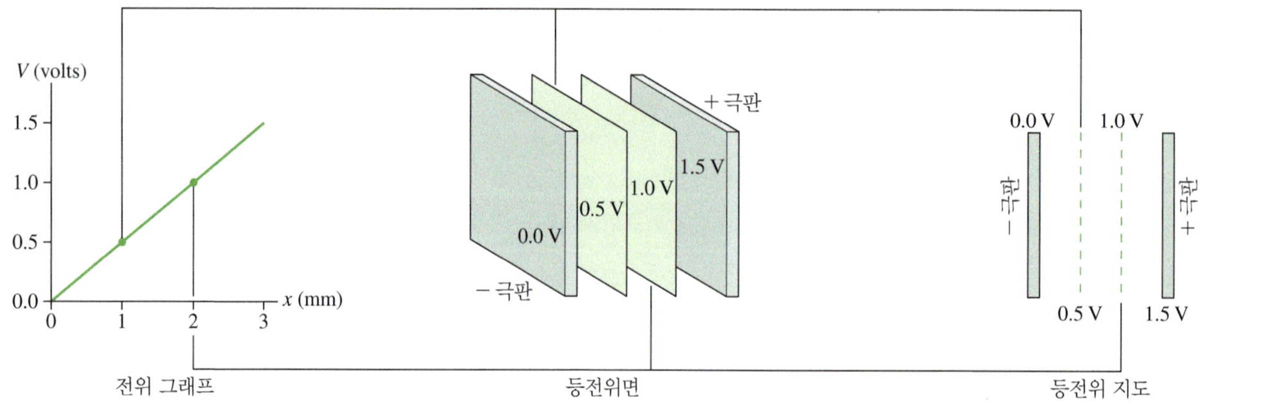

예제 21.4 축전기 내부의 양성자

평행판 축전기가 2.00 mm 떨어진 2개의 디스크로 구성되어 있다. 전위차가 500 V로 충전되어 있다. 양성자가 음극판의 작은 구멍에서 2.0×10^5 m/s로 투사된다. 음극판으로부터 양성자가 도달하는 최장 거리는 얼마인가?

그림 21.10 축전기 내부에서 움직이는 양성자의 전–후 개요도

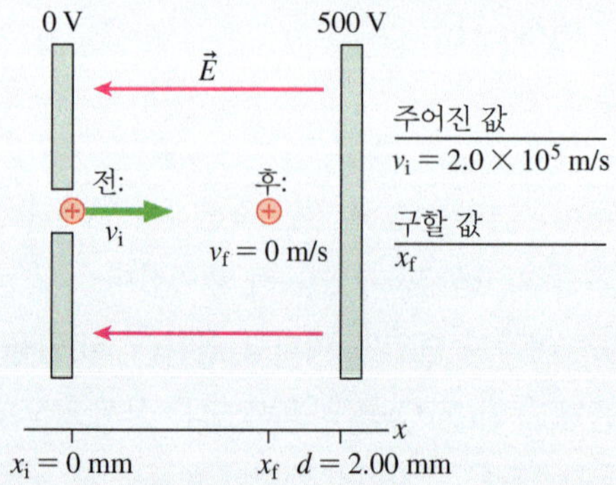

준비 에너지는 보존된다. 축전기 내부에서 양성자의 위치 에너지는 축전기의 전위로부터 구할 수 있다. **그림 21.10**은 축전기 내부에서의 양성자 운동 전–후 개요도이다.

풀이 양성자는 $x_i = 0$ mm인 음극판에서 출발한다. $v_f = 0$ m/s인 최종점을 x_f라고 하자. 축전기 내부의 전위는 $V = \Delta V_C x/d$인데,

여기서 $d = 0.0020$ m이고 $\Delta V_C = 500$ V이다. 에너지 보존 법칙에 따라 $K_f + eV_f = K_i + eV_i$이고, 이것은

$$0 + e\,\Delta V_C \frac{x_f}{d} = \frac{1}{2}mv_i^2 + 0$$

이다. 여기서 음극판($x_i = 0$)에서 $V_i = 0$ V를 사용했고, 최종점에서는 $K_f = 0$을 사용하였다. 최종점에 대한 풀이는

$$x_f = \frac{mdv_i^2}{2e\,\Delta V_C} = 0.84 \text{ mm}$$

이다. 양성자는 멈추고 되돌아오기 전에 절반도 가로질러 가지 못하는 0.84 mm를 이동한다.

검토 양성자의 위치 에너지를 구하기 위하여 축전기 내부에서의 전위를 이용할 수 있었다.

종합 21.1은 평행판 축전기의 전기장과 전위에 대해 배운 것을 묶어 모았다.

종합 21.1 평행판 축전기: 전위와 전기장

평행판 축전기 내부의 전위와 전기장에 대한 몇몇의 관련된 표현들이다.

평행판 축전기를 묘사하는 데 사용되는 변수들

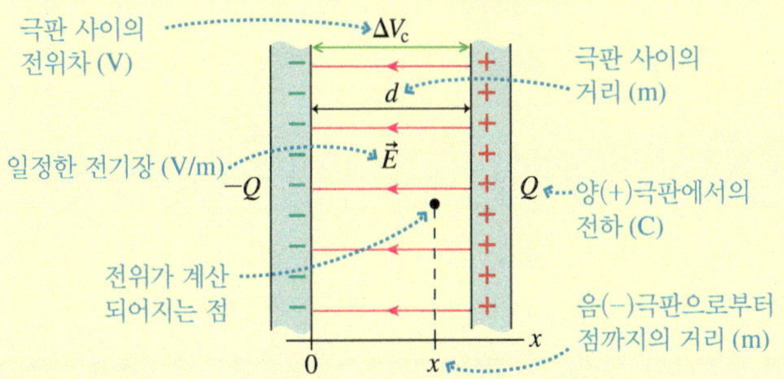

축전기 내부의 전위에 대한 세 가지 동등한 표현은 축전기 내부의 전기장에 대한 두 가지 표현과 관련이 있다.

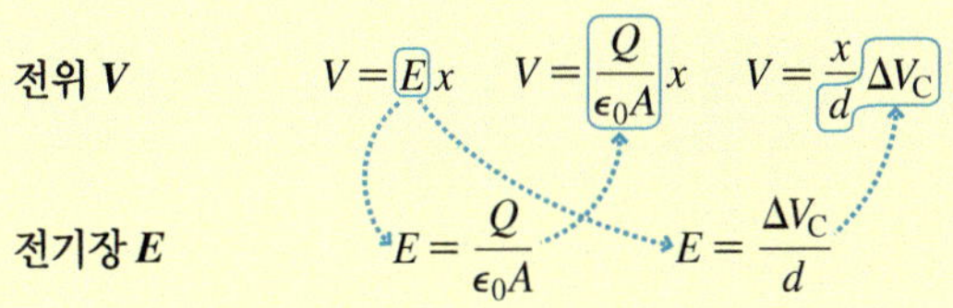

점전하의 전위

가장 간단한 원천 전하는 고정된 단일 점전하 q이다. 전위를 구하기 위하여, 먼저 q'이라고 부르는 두 번째 전하가 전하 q로부터 r의 거리에 있을 때 전기 위치 에너지를 구하는 것으로부터 시작한다. 평소와 같이, q'을 $U_{elec} = 0$인 위치에서 q로부터 r의 거리까지 가져오는 데 필요한 일을 계산함으로써 그렇게 할 것이다. 편리한 어떤 점에서든지 $U_{elec} = 0$이 되도록 자유롭게 선택할 수 있다. 점전하로부터 무한대에서 전하의 영향이 0으로 가기 때문에, q로부터 무한히 멀리 떨어진 거리에 $U_{elec} = 0$(즉, $V = 0$)을 선택하는 것은 자연스럽다.

전하 q'을 움직이는 데 수행한 일을 구하기 위하여 $W = Fd$의 단순한 식을 사용할 수 없다. 이 식은 일정한 힘 F일 때에만 유효하고, 쿨롱의 법칙으로부터 알 수 있는 바와 같이, q'에 작용하는 힘은 그것이 q에 가까워짐에 따라 점점 더 커진다. 이 계산을 올바르게 하기 위해서는 미적분학 방법이 요구된다. 그렇지만 전기 위치 에너지가 두 전하 사이의 거리 r에 따라 어떻게 변하는지를 정성적으로 이해할 수 있다.

그림 21.11은 고정된 전하 q로부터 다른 두 거리들 r에 있는 전하 q'을 보여준다. q'이 q로부터 상대적으로 멀리 있을 때, q'에 작용하는 전기력은 작다. 이 경우 q'를 q

그림 21.11 두 점전하의 전기 위치 에너지

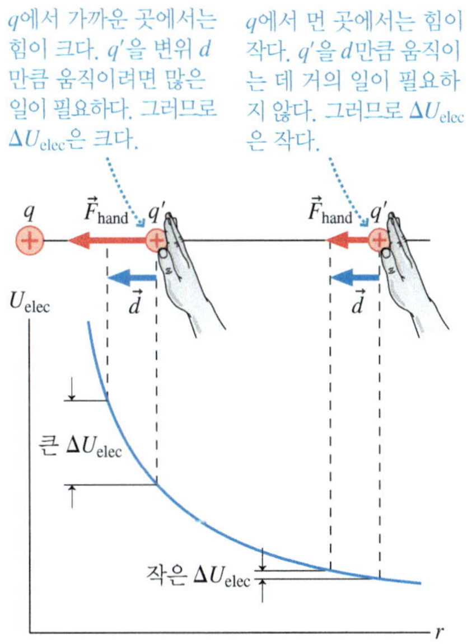

쪽으로 작은 변위 d만큼 미는 데 필요한 외부 힘은 크지 않으므로, q'에 하는 일은 작으며 전기 위치 에너지의 **변화** ΔU_{elec} 또한 작다. 그림 21.11에서 보이는 바와 같이, 이것은 U_{elec} 대 r의 그래프가 q'이 q로부터 멀리 있을 때 평평해진다는 것을 의미한다.

반면에 q'이 q 가까이 있을 때 q'에 작용하는 힘은 아주 크므로, q'을 작은 변위만큼 움직이는 데 요구되는 일은 먼저 경우보다 훨씬 더 크다. 이 경우 U_{elec} 변화는 크고, 따라서 U_{elec} 대 r의 그래프에서는 q'이 q 근방에 있을 때 더 가파르게 된다.

U_{elec} 그래프의 일반적인 형태는 그림 21.11에 보인 바와 같아야 한다. q'이 q로부터 먼 곳에 있을 때 전기 위치 에너지는 작다. q'이 q에 접근함에 따라 전기 위치 에너지는 급속히 증가한다. 정확한 계산을 통해 두 점전하의 전기 위치 에너지를 다음과 같이 구할 수 있다.

$$U_{elec} = K\frac{qq'}{r} = \frac{1}{4\pi\epsilon_0}\frac{qq'}{r} \qquad (21.9)$$

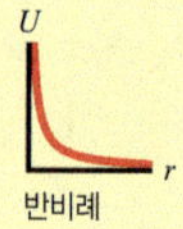

두 전하 q와 q'이 거리 r만큼 떨어져 있을 때의 전기 위치 에너지

그림 21.12 서로 다른 두 전하의 전기 위치 에너지 도형

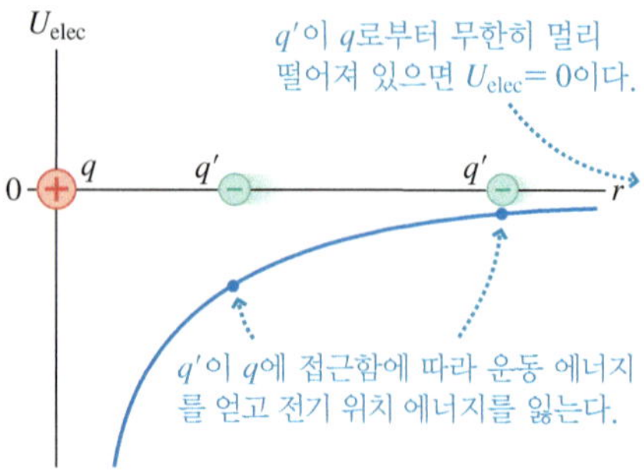

그림 21.11은 qq'이 양(+)인 2개의 같은 종류 전하의 전기 위치 에너지 그래프이다. 식 (21.9)는 부호가 반대인 전하들에 대해서도 타당하다. 이 경우 전하들의 전기 위치 에너지는 음(−)의 값을 갖는다. **그림 21.12**에서 보는 바와 같이 두 전하들의 전기 위치 에너지는 서로 가까워짐에 따라 **감소**한다. 입자는 전기 위치 에너지가 감소($U \rightarrow K$)함에 따라 속력이 빨라지고, 그래서 전하 q'은 고정된 전하 q를 향해 가속된다.

예제 21.5 탈출 속도 구하기

두 소립자 사이의 상호작용은 전자와 양전자[양(+)으로 대전된 전자]가 같은 속력을 가지고 서로 반대방향으로 튀어 나오게 한다. 각 입자가 서로 100 fm 떨어져 있을 때 서로 아주 멀리 떨어지게 되기 위하여 각 입자가 가져야만 하는 최소 속력은 얼마인가? (1 fm $= 10^{-15}$ m이다.)

준비 에너지는 보존된다. 입자들이 '서로 멀리 떨어지게' 된다는 것을 $(U_{elec})_f \approx 0$ J이 되도록 충분히 멀다고 이해할 수 있다. **그림 21.13**은 전-후 개요도이다. 탈출하기 위한 최소 속력은 입자가 $v_f = 0$으로 $r_f = \infty$에 이르도록 하는 속력이다.

그림 21.13 떨어져 나는 전자와 양전자의 전-후 개요도

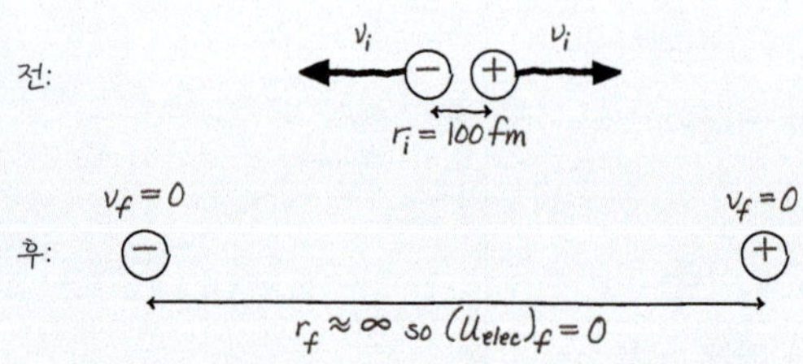

풀이 U_{elec}을 전자 + 양전자계의 위치 에너지로 이해하는 것이 중요하다. 이와 비슷하게 K는 계의 **총** 운동 에너지이다. 동일 질량과 동일 속력을 가진 전자와 양전자는 같은 운동 에너지를 갖는다. 에너지 보존 법칙 $K_f + U_f = K_i + U_i$는

$$0 + 0 = \left(\frac{1}{2}mv_i^2 + \frac{1}{2}mv_i^2\right) + K\frac{q_e q_p}{r_i} = mv_i^2 - \frac{Ke^2}{r_i}$$

이다. $r_i = 100$ fm $= 1.0 \times 10^{-13}$ m를 사용하면, 최소 초기 속력은 다음과 같이 계산할 수 있다.

$$v_i = \sqrt{\frac{Ke^2}{mr_i}} = 5.0 \times 10^7 \text{ m/s}$$

검토 v_i는 '고전적' 계산이 예측하는 것의 한도인 빛속도의 약 10%보다 조금 더 많다. 만약 v_i가 더 크다면 상대성 이론을 이용해야 한다.

식 (21.9)로부터 전하 q'이 점전하 q로부터 거리 r에 있을 때 전하 q'의 전기 위치 에너지를 알 수 있다. 전위는 $V = U_{elec}/q'$에 의해서 전기 위치 에너지에 관계됨을 이미 알고 있으므로, 전하 q의 전위는 다음과 같다.

$$V = K\frac{q}{r} = \frac{1}{4\pi\epsilon_0}\frac{q}{r} \qquad (21.10)$$

점전하 q로부터 거리 r만큼 떨어진 곳에서의 전위

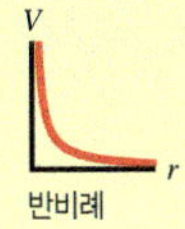

원천 전하 q만 이 표현에 나타나 있음에 유의하라. 이것은 원천 전하가 그것 주위에 전위를 만든다는 생각과 일치한다.

예제 21.6 점전하의 전위 계산하기

1.0 nC 전하로부터 1.0 cm 떨어진 곳에서의 전위는 얼마인가? 거리가 1.0 cm 떨어진 점과 3.0 cm 떨어진 두 번째 점 사이의 전위차는 얼마인가?

준비 전하로부터 두 거리만큼 떨어진 곳에서 전위를 구하기 위하여 식 (21.10)을 이용한다.

풀이 $r = 1.0$ cm에서의 전위는 다음과 같다.

$$V_{1\,\text{cm}} = K\frac{q}{r} = (9.0\times10^9\ \text{N}\cdot\text{m}^2/\text{C}^2)\left(\frac{1.0\times10^{-9}\ \text{C}}{0.010\ \text{m}}\right) = 900\ \text{V}$$

비슷하게 계산하면 $V_{3\,\text{cm}} = 300$ V이다. 그래서 두 점 사이의 전위차는 $\Delta V = V_{1\,\text{cm}} - V_{3\,\text{cm}} = 600$ V이다.

검토 1 nC은 마찰에 의해서 생긴 전형적인 정전기 전하량이므로, 이러한 전하는 근방에 매우 큰 전위를 만들어냄을 알 수 있다. 그러한 전하의 '고전압'에서 일할 때 왜 전기 충격을 받거나 다치는 일이 없는가? 26장에서 배우게 되겠지만, 충격을 받는 감각은 전류에 의한 것이지 전위에 의한 것이 아니다. 어떤 고전위로도 단순히 큰 전류를 발생시킬 수 없다.

그림 21.14는 점전하의 전위에 대한 세 가지 그래프식인 표현을 보여준다. 이것들은 축전기 내부에서 전위의 세 가지 표현과 잘 들어맞고, 이 두 가지를 비교해보는 것은 의미 있는 일이다. 이 그림에서는 q가 양(+)전하라고 가정하였다. 만약 q가 음(−)전하라면 표현이 어떻게 달라질지 생각해보라.

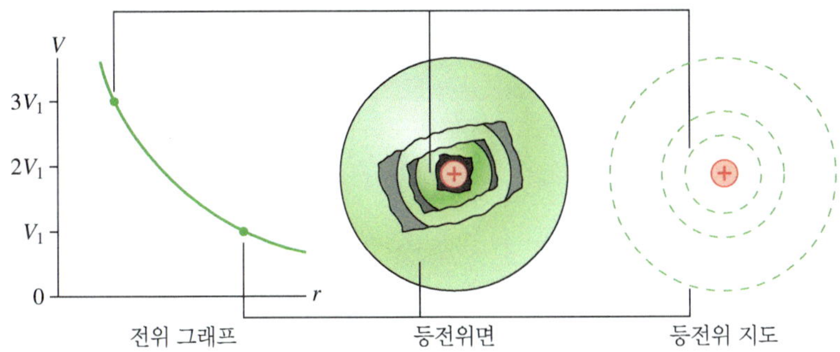

그림 21.14 점전하의 전위에 대한 세 가지 그래프적인 표현

대전된 구의 전위

식 (21.10)을 통해 점전하의 전위를 알 수 있다. 대전된 구 외부에서의 전위는 점전하의 전위와 같다. 즉, 다음과 같다.

$$V = K\frac{Q}{r} = \frac{1}{4\pi\epsilon_0}\frac{Q}{r} \tag{21.11}$$

Q로 대전되어 있고, 반지름이 R인 구의 중심으로부터 $r > R$ 거리에서의 전위

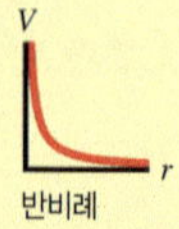

이 결과를 좀 더 쓸모 있는 형태로 묘사할 수 있다. 구와 같은 금속 물체를 어떤 특정 전위가 되도록 대전시키는 일은 일반적인 일이다. 예를 들면, 이 구를 30 V 전지에 연결하는 것이다. 이 전위를 V_0라고 하며, 이 전위는 구 표면의 전위이다. 식 (21.11)에서 보는 것처럼

$$V_0 = V(r = R\text{에서}) = \frac{Q}{4\pi\epsilon_0 R} \tag{21.12}$$

이므로, 결과적으로 전위 V_0로 대전된 반지름이 R인 구의 총 전하는 다음과 같다.

$$Q = 4\pi\epsilon_0 RV_0 \tag{21.13}$$

Q에 대한 이 식을 식 (21.11)에 대입하면, 전위 V_0로 대전된 구 외부에서의 전위를 다음과 같이 쓸 수 있다.

$$V = \frac{R}{r}V_0 \tag{21.14}$$

식 (21.14)는 구의 전위는 V_0이고 중심으로부터 거리에 반비례하여 감소함을 의미한다. 그래서 $r = 3R$에서 전위는 $\frac{1}{3}V_0$이다.

예제 21.7 대전된 구로부터 양성자 놓기

+1000 V로 대전된 지름이 1.0 cm인 구에 정지 상태인 양성자를 놓는다.

a. 구의 전하는 얼마인가?

b. 양성자가 구로부터 1.0 cm 떨어진 곳에 있을 때, 양성자의 속력은 얼마인가?

c. 양성자가 구로부터 1.0 cm 떨어진 곳에 있을 때, 양성자의 운동 에너지는 eV 단위로 얼마인가?

준비 에너지는 보존된다. 대전된 구 외부의 전위는 구의 중앙에 위치한 점전하의 전위와 같다. **그림 21.15**는 전-후 개요도이다.

그림 21.15 구와 양성자의 전-후 개요도

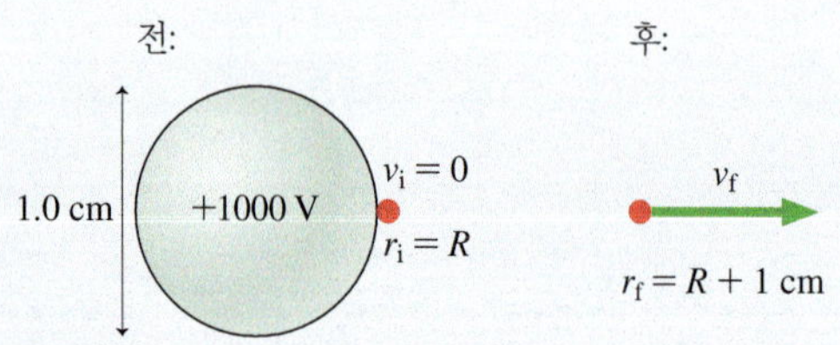

풀이

a. 식 (21.13)에서 주어진 구의 전위를 이용하여 구의 전하가 아래와 같다는 것을 구할 수 있다.

$$Q = 4\pi\epsilon_0 RV_0 = 0.56 \times 10^{-9}\ \text{C} = 0.56\ \text{nC}$$

b. $V_0 = +1000$ V로 대전된 구는 양으로 대전되어 있다. 양성자는 이 전하로부터 밀려나서, 구로부터 멀어져 갈 것이다. 에너지 보존에 관한 식 $K_f + eV_f = K_i + eV_i$와 구의 전위에 대한 식 (21.14)로부터 다음을 얻는다.

$$\frac{1}{2}mv_f^2 + \frac{eR}{r_f}V_0 = \frac{1}{2}mv_i^2 + \frac{eR}{r_i}V_0$$

양성자는 $r_i = R$인 구 표면에서 $v_i = 0$으로 출발한다. 양성자가 구의 표면으로부터 1.0 cm 떨어진 곳에 있을 때, $r_f = 1.0\ \text{cm} + R = 1.5$ cm이다. 이 값을 이용하여 v_f에 대해 풀면 다음과 같다.

$$v_f = \sqrt{\frac{2eV_0}{m}\left(1 - \frac{R}{r_f}\right)} = 3.57 \times 10^5\ \text{m/s}$$

c. 운동 에너지는

$$K_f = \tfrac{1}{2}mv_f^2 = \tfrac{1}{2}(1.67 \times 10^{-27}\text{ kg})(3.57 \times 10^5\text{ m/s})^2$$
$$= 1.07 \times 10^{-16}\text{ J}$$

이고, 전자볼트로 바꾸면 다음과 같다.

$$1.07 \times 10^{-16}\text{ J} \times \frac{1\text{ eV}}{1.6 \times 10^{-19}\text{ J}} = 670\text{ eV}$$

검토 $V = 1000$ V인 구 표면에 있는 양성자는 정의에 의하여 1000 eV의 전기 위치 에너지를 갖는다. 양성자가 어느 정도의 거리만큼 멀어진 후 이 전기 위치 에너지 가운데 690 eV가 운동 에너지로 변환되는 것은 합당하다.

종합 21.2는 점전하에 의한 전위와 대전된 구 외부에서의 전위와의 유사성을 강조한다.

종합 21.2 점전하와 대전된 구의 전위

대전된 구 위의 외부 전위 V는 점전하에 대한 것과 같다. 전위는 거리와 구의 전하에 의해 결정된다.

점전하 q

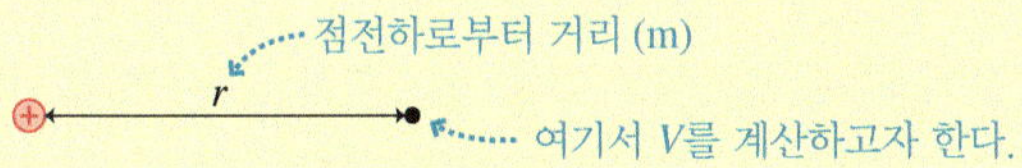

$$V = K\frac{q}{r} = \frac{1}{4\pi\epsilon_0}\frac{q}{r}$$

정전기 상수 (K), 유전 상수 (ϵ_0)

총 전하 Q인 구

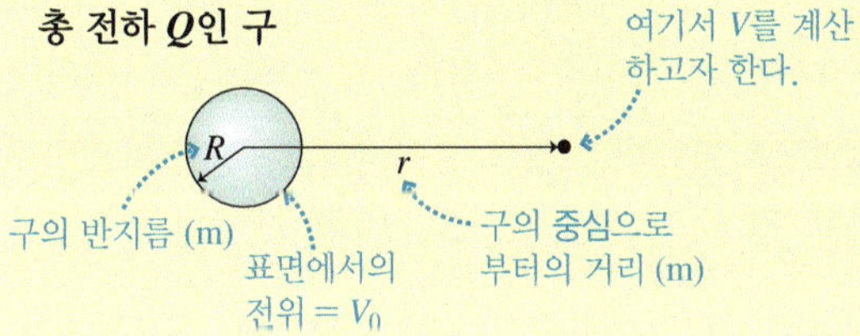

구의 총 전하 Q를 알고 있을 때:

$$V = K\frac{Q}{r} = \frac{1}{4\pi\epsilon_0}\frac{Q}{r}$$

구의 표면에서의 전위 V_0를 알고 있을 때:

$$V = \frac{R}{r}V_0$$

이 식들은 단지 구의 표면과 외부에서만($r \geq R$) 유효하다.

많은 전하들에 의한 전위

많은 원천 전하 q_1, q_2, …가 있다고 가정하자. 공간의 한 점에서 전위 V는 각 전하에 의한 전위의 합과 같다.

$$V = \sum_i K\frac{q_i}{r_i} = \sum_i \frac{1}{4\pi\epsilon_0}\frac{q_i}{r_i} \qquad (21.15)$$

여기서 r_i는 전하 q_i로부터 전위를 계산하려는 점까지의 거리이다. 벡터 더하기가 요구되는 다중 전하의 전기장과는 다르게, 전위는 단순히 스칼라 합이다. 이것은 많은 전하들의 전위를 계산하는 것이 전기장을 계산하는 것보다 훨씬 더 쉽게 한다. 예를 들면, **그림 21.16**에 있는 등전위 지도는 전기 쌍극자의 전위가 양(+)전하와 음(−)전하의 전위의 합임을 보여준다. 나중에 심장의 전위가 전기 쌍극자 모양임을 보게 될 것이다.

그림 21.16 전기 쌍극자의 전위

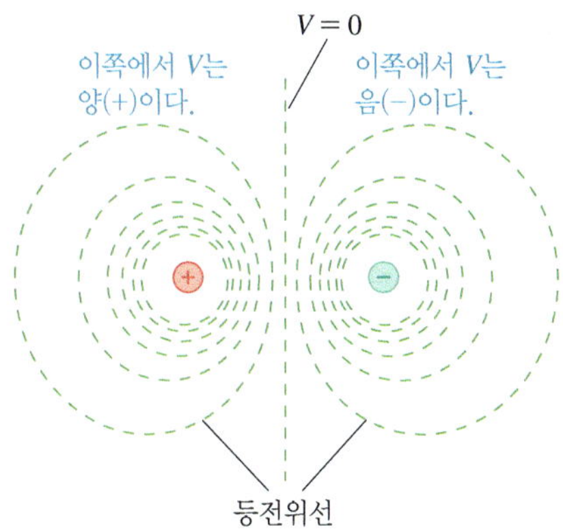

예제 21.8 두 전하에 의한 전위 구하기

그림 21.17에 표시된 점에서 전위는 얼마인가?

그림 21.17 두 전하에 의한 전위 구하기

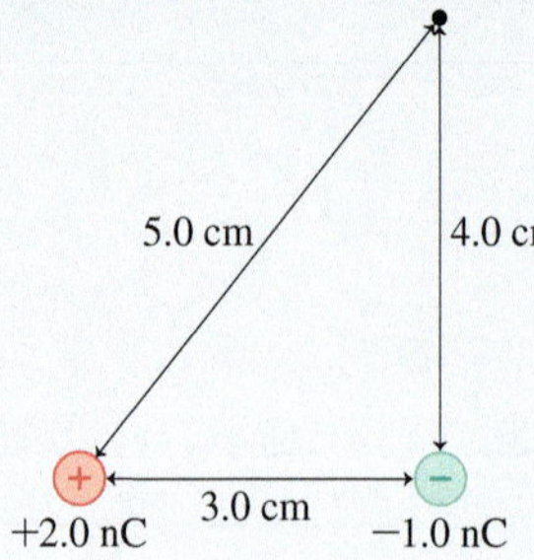

준비 전위는 각 전하에 의한 전위의 합이다.

풀이 표시된 점에서의 전위는 다음과 같다.

$$V = \frac{Kq_1}{r_1} + \frac{Kq_2}{r_2}$$
$$= (9.0 \times 10^9\ \mathrm{N \cdot m^2/C^2})\left(\frac{2.0 \times 10^{-9}\ \mathrm{C}}{0.050\ \mathrm{m}} + \frac{-1.0 \times 10^{-9}\ \mathrm{C}}{0.040\ \mathrm{m}}\right)$$
$$= 140\ \mathrm{V}$$

검토 이미 언급한 대로 전위는 스칼라이므로, 두 스칼라를 더함으로써 총 전위를 구했다. 전위를 구하기 위해 각도나 성분은 필요하지 않다.

21.5 전위와 전기장의 연관

20장에서는 원천 전하가 주위에 전기장을 어떻게 생성하는지를 배웠다. 본 장에서는 원천 전하가 주위의 모든 공간에 전위도 생성함을 보았다. 그런데 전기장과 전위라는 두 개념은 명백하게 관련이 있다. 예를 들면, 전기장에 의한 전기력에 맞서 전하를 밀 때 전하에 행해지는 일을 고려하여 전위차를 계산할 수 있다. 이 절에서는 이러한 생각에 기반을 두고 **전위와 전기장이 2개의 별개의 독립체가 아니라, 원천 전하들이 그 주위의 공간을 변화시키는 것에 대한 2개의 다른 관점 또는 2개의 다른 수학적인 표현**이라는 것을 보일 것이다.

그림 21.18 전기장은 항상 등전위면에 수직하다.

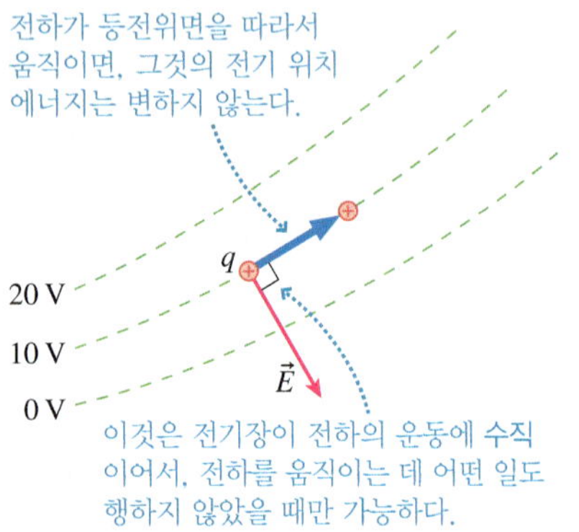

전위와 전기장을 연관짓기 위하여 **그림 21.18**은 어떤 원천 전하들(여기에는 원천 전하들이 나타나지 않는다)에 의한 전위의 등전위 지도를 보여준다. 전하 q가 등전위면들 중의 하나를 따라 짧은 거리를 이동한다고 하자. 전하가 등전위를 따라서 움직이기 때문에, 그것의 전위와 전기 위치 에너지는 변위의 시작점과 끝점에서 같다. 이것은 전하가 움직이는 동안 한 일이 없음을 의미한다. 그림 21.18이 보여주는 바와 같이, 일을 하지 않는 유일한 방법은 전기장이 등전위에 수직한 경우이다. (◀◀10.2절에서 입자의 변위에 수직한 힘으로는 일을 할 수 없었음을 상기하자.) 이것은 전기장과 전위 사이의 연관성에 대한 첫 번째 발견이다. **어떤 점에서 전기장은 그 점에서 등전위면에 수직이다.**

그림 21.19 전기장은 '내리막'을 향한다

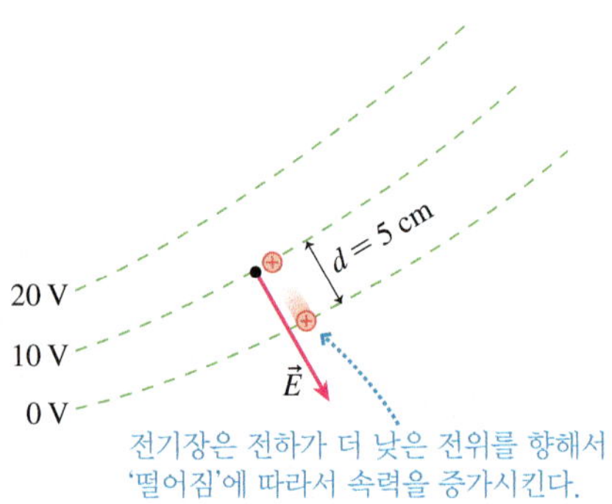

그림 21.18에 등전위면에 수직한 2개의 방향(그림에서 $\vec{E}$로 보인 것과 $\vec{E}$에 반대방향인 것)이 있다. 어느 방향이 옳은가?

그림 21.19는 10 V의 등전위에서 정지된 상태로부터 놓인 양(+)전하를 나타낸 것이다. 21.3절에서는 양(+)전하가 높은 전위에서 낮은 전위로 움직임에 따라 속력이 빨라짐을 배웠다. 그래서 이 전하가 더 낮은 0 V의 등전위를 향하여 움직임에 따라 속력이 빨라진다. 그림 21.19에서 전하를 밀어서 속력을 증가시키는 것이 전기장 $\vec{E}$

이기 때문에, $\vec{E}$는 높은 전위(10 V)로부터 낮은 전위(0 V)로 향해야 한다. 이것이 전기장과 전위를 연관짓는 것에 대한 두 번째 발견이다. **전기장은 전위를 감소시키는 방향으로 향한다.**

마지막으로, **그림 21.20**에 보인 바와 같이, $\vec{E}$의 반대방향으로 일정한 속력으로 전하를 변위시키는 데 필요한 일을 고려함으로써 $\vec{E}$의 크기에 관한 식을 알아낼 수 있다. 변위는 이 영역에서 전기장이 거의 일정할 정도로 충분히 작다. 따라서 에너지 보존에 의해 다음이 성립한다.

$$W = \Delta U_{\text{elec}} = q\,\Delta V \tag{21.16}$$

전하가 일정한 속력으로 움직이기 때문에, 손의 힘 $\vec{F}_{\text{hand}}$의 크기는 정확하게 전기력 $q\vec{E}$와 같다. 그러므로 전하를 변위 d만큼 이동시키는 데 행해진 일은 다음과 같다.

$$W = F_{\text{hand}}\,d = qEd$$

이 결과를 식 (21.16)과 비교하면 전기장의 세기는 다음과 같다.

$$E = \frac{\Delta V}{d} \tag{21.17}$$

거리가 d만큼 떨어진 두 등전위면 사이의 전위차 ΔV에 의한 전기장의 세기

그림 21.20 전기장의 세기 구하기

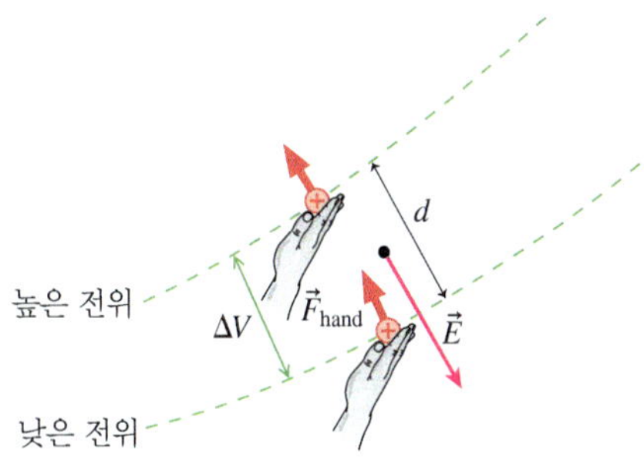

예를 들면, 그림 21.19에서 전위차의 크기는 $\Delta V = (10\text{ V}) - (0\text{ V}) = 10\text{ V}$이고, $d = 5\text{ cm} = 0.05\text{ m}$이다. 따라서 두 등전위면 사이에서 전기장의 세기는 다음과 같다.

$$E = \frac{\Delta V}{d} = \frac{10\text{ V}}{0.05\text{ m}} = 200\text{ V/m}$$

그림 21.21은 전위와 전기장의 연관성에 대해서 배운 것을 요약해준다.

그림 21.21 전위와 전기장의 기하학적 구조

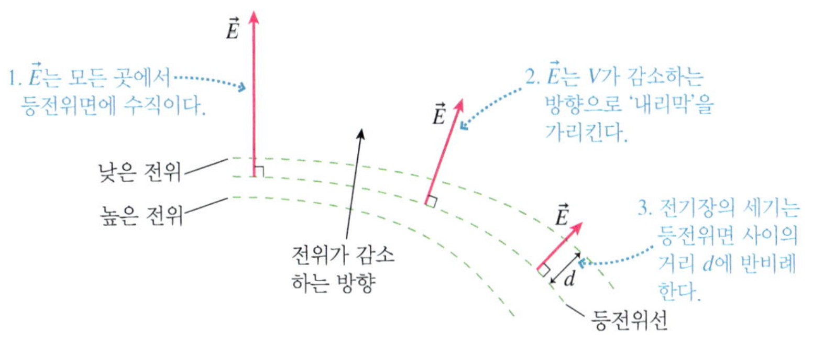

상어의 전기수신 BIO 상어는 먹이를 감지하는 데 도움을 주는 '6번째 감각'을 가지고 있다. 이 감각은 다른 물고기가 만들어내는 약한 전위를 감지할 수 있다. 상어는 코(주둥이) 주위에 분포된 감지 세포(ampullae of Lorenzini)들의 배열이 있다. 이 세포들은 전위차에 극도로 민감해서 수 nV 정도의 낮은 전위차를 측정할 수 있다. 20장에서 본 바와 같이, 매 심장 박동과 관련된 전위가 있다. 근육 수축도 전위차를 생성한다. 상어는 이 작은 전위차를 탐지할 수 있는데, 심지어 그것을 활용하여 모래 속에 묻힌 동물도 감지한다.

그림 21.22는 본 장과 20장에서 공부한 세 가지 중요한 전하 배열을 보여준다. 전기력선과 등전위 둘 다를 보여주며, 그림 21.21에 요약된 전기장과 전위 사이의 연관성이 각각의 경우에 어떻게 적용되는지 알 수 있다.

그림 21.22 세 가지 중요한 경우에 대한 전기력선과 등전위

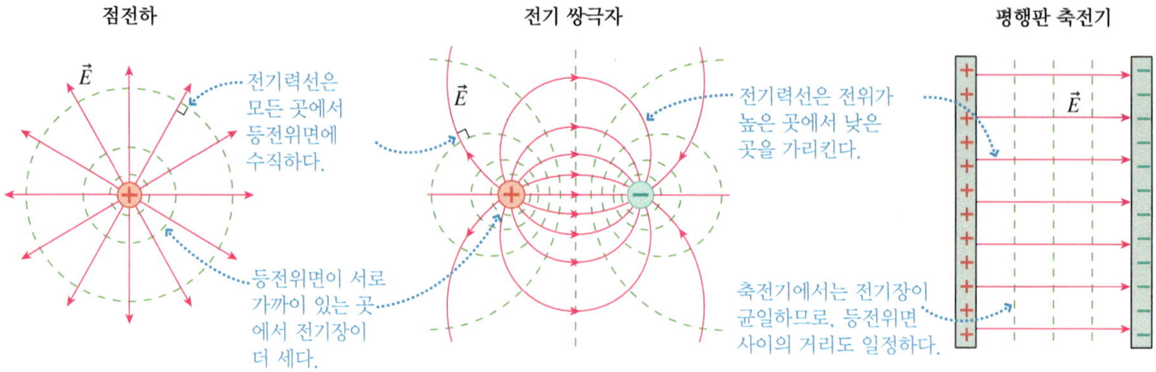

예제 21.9 등전위선으로부터 전기장 구하기

그림 21.23에 1 cm × 1 cm 격자가 등전위 지도 위에 겹쳐 있다. 점 1, 2, 3에서 전기장의 세기와 방향을 추산하시오. 전기장 벡터를 등전위 지도에 그림으로써 그 결과를 나타내시오.

그림 21.23 등전위선

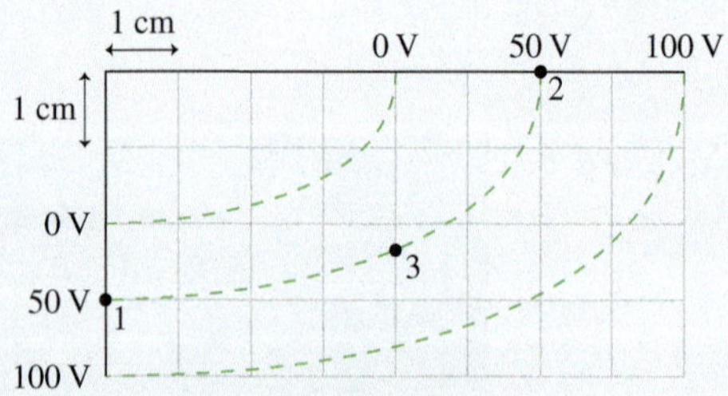

준비 전기장은 등전위선에 수직이고, '내리막'을 향하며, 등전위선 사이의 간격에 따라 결정된다. 전위는 아래쪽과 오른쪽에서 가장 크다.

풀이 어떤 거리에 있는 보이지 않는 원천 전하가 전기장과 전위를 생성한다. 전기장과 전위를 연관짓기 위하여 원천 전하를 알 필요는 없다. $E = \Delta V/d$이기 때문에, 전기장은 등전위선들이 서로 더 가까이 있을수록 강하고 멀리 떨어져 있을수록 약하다.

그림 21.24는 $\vec{E}$를 결정하기 위해 격자로부터 d의 측정이 ΔV의 값과 어떻게 결합되는지를 보여준다. 점 3에서 0 V와 100 V 사이의 거리를 추정하는 것이 필요하다. 50 V의 등전위선 위의 한 점에서 $\vec{E}$를 결정하기 위하여, 0 V와 100 V의 등전위선들을 이용하는 것에 유의하라.

그림 21.24 점 1, 2, 3에서의 전기장

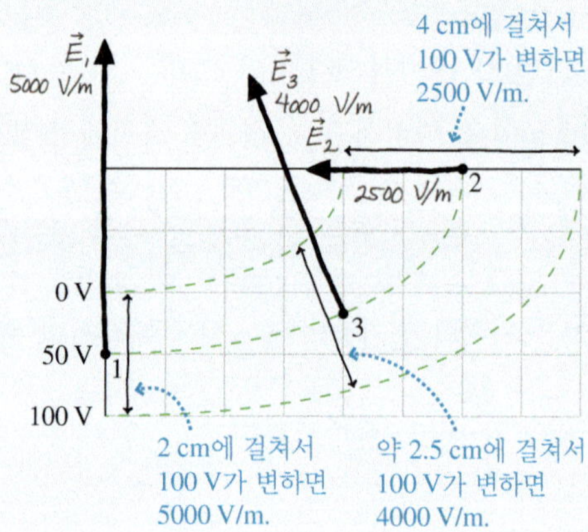

검토 $\vec{E}$의 방향은 등전위에 수직한 내리막 벡터를 그리는 것으로 알 수 있다. 등전위선 사이의 거리는 전기장의 세기를 결정하는 데 필요하다.

정전 평형에 있는 도체

◀◀20.6절에서 정전 평형에 있는 도체에 대한 다음 네 가지 중요한 성질을 배웠다.

1. 모든 잉여 전하는 표면에 있다.
2. 내부 전기장은 0이다.
3. 외부 전기장은 표면에 수직이다.

4. 전기장의 세기는 뾰족한 모서리에서 제일 세다.

이제 5번째 중요한 성질을 추가한다.

5. 도체 전체는 같은 전위에 있고 표면은 등전위이다.

이것이 왜 이러한지를 알기 위하여 **그림 21.25**에 도체 내부에 온전히 존재하는 선으로 연결된 도체 내부의 두 점을 보여준다. 1에서 2까지 선을 따라 전하를 미는 외부 힘을 이용하여 행해진 일을 계산함으로써 두 점 사이의 전위차 $\Delta V = V_2 - V_1$을 구한다. $\vec{E} = \vec{0}$이기 때문에 전하에 작용하는 힘은 없다. 따라서 한 일은 0이므로 $\Delta V = 0$이다. 다시 말하면, **정전 평형에 있는 도체 내부의 어떤 두 점도 같은 전위에 있다.**

그림 21.25 전위는 정전 평형에 있는 도체 내부의 모든 점에서 같다.

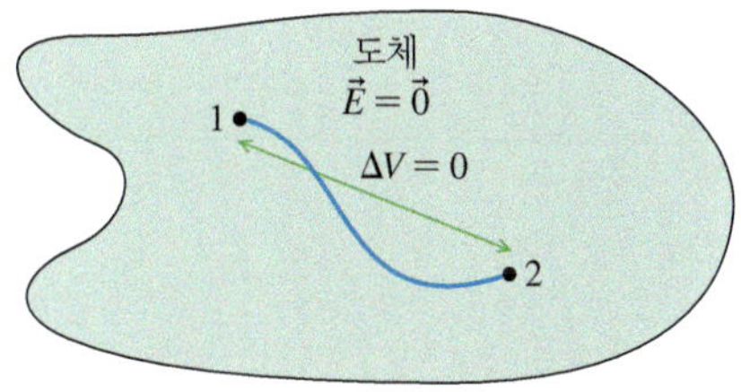

도체가 정전 평형에 있을 때, **도체 전체**는 같은 전위에 있다. 만약 금속 전극이 전하를 띠게 하면, 전극 전체는 같은 전위에 있다. 표면이 등전위면이고, 외부 전기장은 표면에 수직이라는 사실은 전기장이 항상 등전위에 수직이라는 앞 절에서 내린 결론의 특별한 경우로 생각할 수 있다.

그림 21.26은 정전 평형에 있는 도체에 대하여 우리가 알고 있는 바를 요약한 것이다.

영상 학습 데모

그림 21.26 정전 평형에 있는 도체의 전기적 성질

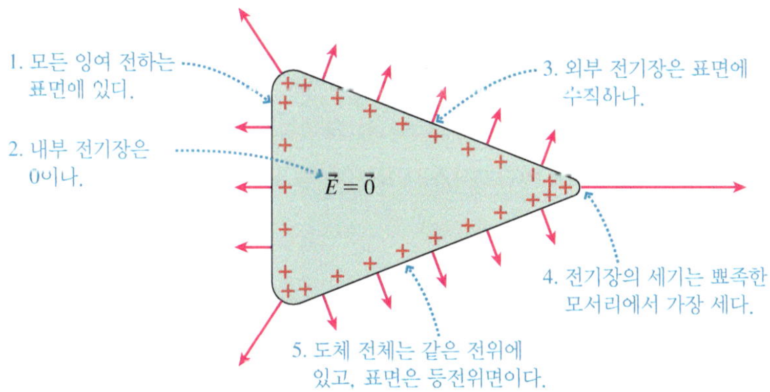

21.6 심전도 BIO

◀◀20.5절에서 본 바와 같이, 심장 근육 세포의 전기적 활동은 심장 박동이 전기 쌍극자가 되게 한다. 휴식 상태의 신경이나 근육 세포는 외부는 양(+)극, 내부는 음(−)극이 되어 **분극화**(polarized)된다. **그림 21.27**은 이런 상황을 보여준다. 초기에 심장에 있는 모든 근육 세포가 분극화된다. 우심방에 있는 심장의 동방결절로부터 전기적 자극이 일어나면, 심장 세포들은 **탈분극**(depolarization)이 일어나기 시작하고, 외부가 음극으로 될 때까지 세포 벽를 통하여 이온을 움직인다. 이것이 근육을 수축하게 한다. 한 세포의 탈분극은 인접한 세포의 탈분극을 유발하고, 이것은 심장 조직 전체에 걸

그림 21.27 수축하는 심장은 전기 쌍극자이다.

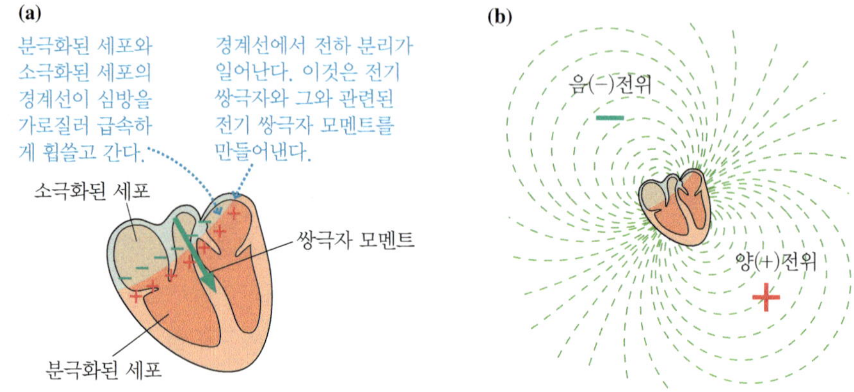

그림 21.28 EKG 측정

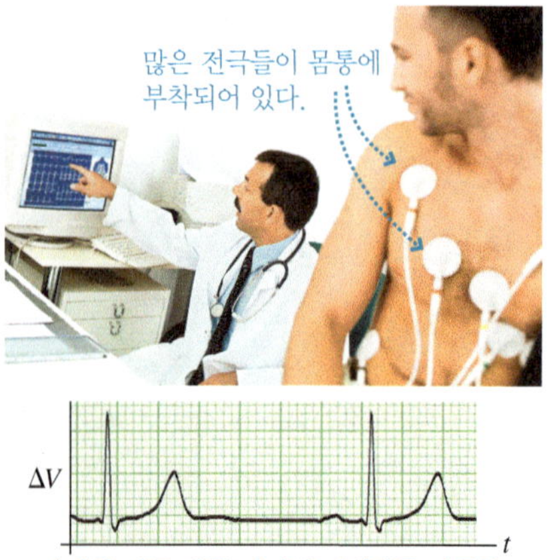

다양한 전극 쌍들 사이의 전위차를 기록함으로써 의사가 심장 상태를 분석할 수 있게 한다.

쳐 탈분극 '파동'이 퍼져나가게 한다.

이 과정 동안의 어느 순간에, 경계선은 탈분극되지 않은 세포들의 양(+)전하로부터 탈분극된 세포들의 음(−)전하들을 나눈다. 그림 21.27(a)에서 보는 바와 같이 전하 분리는 전기 쌍극자를 만들고 전기 쌍극자 전기장과 전위를 생성한다. 그림 21.27(b)는 어느 한 순간에 심장의 전기 쌍극자에 의한 등전위면을 보여준다. 이 등전위면들은 앞서 그림 21.16에서 보인 것과 아주 비슷하다.

심장의 전위 측정은 매우 값진 진단 도구이다. 전위차만이 의미 있다는 것을 기억하라. 그래서 몸통 위에 있는 두 점 사이의 전위차를 측정할 필요가 있다. 실제로 **그림 21.28**에서 보듯이, 전위차는 여러 **전극 쌍**(electrode pair) (또는 가끔 **도선**(lead)이라고 부르는 것)에서 측정된다. 전위차 차트는 **심전도**(electrocardiogram), 약자로 ECG 또는 유럽에서 기원한 것으로 EKG라고 한다. EKG를 수행하는 일반적인 방법은 12 도선을 사용하고, 12쌍의 전위차를 기록한다.

그림 21.29 전극 사이의 전위차는 심장 박동에 따라 변한다.

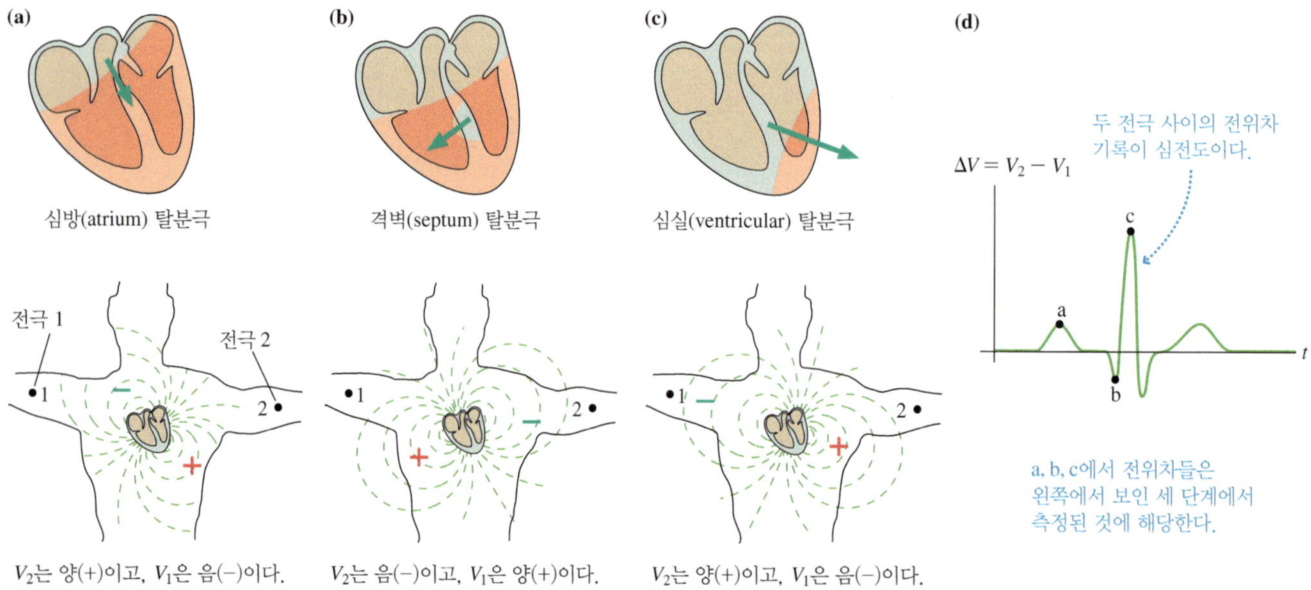

그림 21.29는 각각의 팔에 1개씩 두 전극만을 사용한 심전도 측정의 단순화된 모형을 보여준다. 탈분극 파동이 심장이 매번 박동할 동안 심장 근육을 가로질러 감에 따라 심장의 쌍극자 모멘트 벡터는 크기와 방향이 바뀐다. 그림 21.29에서 보는 바와 같이 이것들 모두가 전극 사이의 전위차에 영향을 주므로, EKG 그래프 위의 각 점은 쌍극자 모멘트의 특정한 방향과 크기에 해당한다.

21.7 전기 용량과 축전기

21.2절에서 전하 분리에 의해 전위차가 생기는 것을 알았다. 그림 21.30에 보인 바와 같이 전하를 분리하는 일반적인 방법은 처음에 대전되지 않은 첫 번째 도체로부터 처음에 대전되지 않은 두 번째 도체로 전하 Q를 움직이는 것이다. 이 결과로 한 도체는 $+Q$, 다른 도체는 $-Q$의 전하를 띠게 된다. 전하량이 같지만 부호가 반대인 전하를 가진 두 도체가 **축전기**(capacitor)를 형성한다. 축전기를 만드는 두 도체는 축전기의 **전극**들 또는 **극판**들이다. 이미 평행판 축전기의 어떤 특성들에 대해 살펴보았고, 이제는 임의의 형태를 한 축전기를 공부할 것이다. 축전기는 전하를 저장하는 데 사용되어, 모든 종류의 전기 회로에서 축전기는 매우 중요하다.

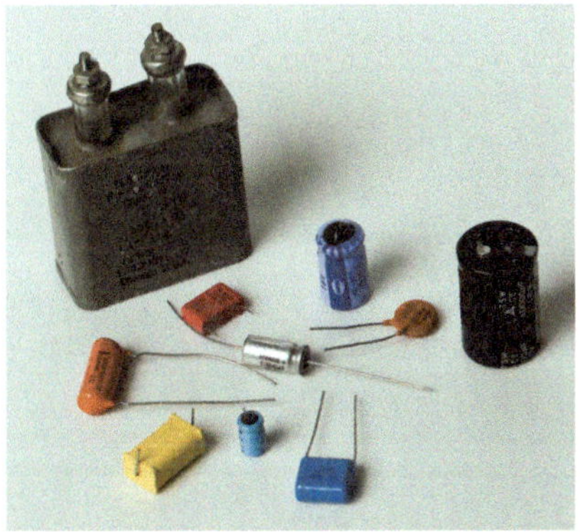

축전기는 전기 회로의 중요한 요소이다. 축전기는 다양한 크기와 모양을 갖는다.

그림 21.30에 보인 바와 같이 전기장의 세기 E와 전위차 ΔV_C는 각 전극에 있는 전하가 증가함에 따라 증가한다. 만약 각 전극의 전하를 두 배로 하면, 한 전극으로부터 다른 전극으로 전하를 움직이는 데 필요한 일은 두 배가 된다. 이것은 전극들 사이의 전위차가 두 배가 되는 것을 의미한다. 따라서 **전극들 사이의 전위차는 그들의 전하에 직접적으로 비례한다.**

그림 21.30 축전기 충전하기

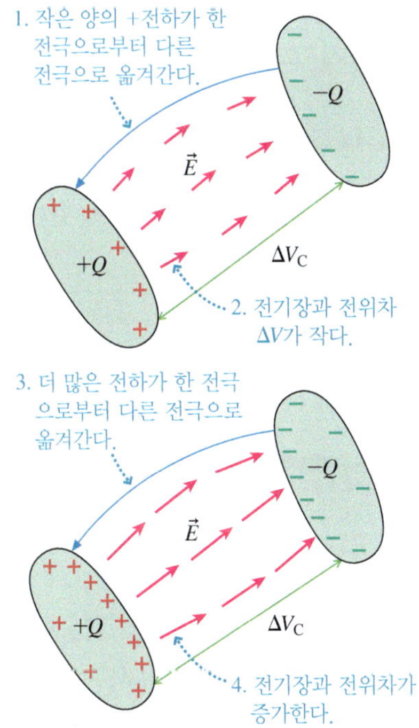

다른 말로 하면, **축전기의 전하는 축전기 전극들 사이의 전위차에 직접적으로 비례한다.** 앞으로 알게 되겠지만 이것은 실질적으로 축전기가 사용되는 일반적인 방법이다. 곧, 전지와 같은 전위차 근원이 전극들 사이에 연결되어, 전위차에 비례하는 전하가 한 전극에서 다른 전극으로 이동하도록 해준다. 전하와 전위차 사이의 관계식을 다음과 같이 나타낼 수 있다.

$$Q = C\,\Delta V_C \qquad (21.18)$$

전위차 ΔV_C인 축전기의 전하

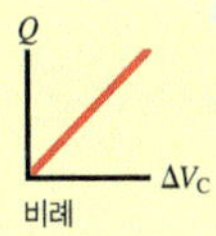

Q와 ΔV_C 사이의 비례 상수 C를 축전기의 **전기 용량**(capacitance)이라고 한다. 전기 용량은 모양, 크기 그리고 두 전극 사이의 거리에 좌우된다. 큰 전기 용량을 갖는 축전기는 주어진 전위차에서 더 작은 전기 용량을 갖는 축전기보다 더 많은 전하를 저장한다.

전기 용량의 SI 단위는 **패럿**(farad)이다. 1패럿은

$$1\text{패럿} = 1\text{ F} = 1\text{ coulmb/volt} = 1\text{ C/V}$$

로 정의된다. 1패럿은 실제로 매우 큰 전기 용량이다. 실질적인 축전기는 마이크로패럿(1 μF)이나 피코패럿(1 pF = 10^{-12} F)으로 측정된다.

축전기의 충전

축전기를 '충전'하기 위하여 전하를 한 전극으로부터 다른 전극으로 움직일 필요가 있다. 이렇게 하는 가장 단순한 방법은 **그림 21.31**에 보인 바와 같이, 전지와 같은 전위차의 근원을 활용하는 것이다. 전지는 단자들 사이에 일정한 전위차를 유지하기 위하여 내부 화학 반응을 이용하고 있다는 것을 배웠다. 만약 축전기를 전지에 연결하면, 전하는 축전기의 음극으로부터 나와서 전지를 관통하고 양극으로 흘러간다. 이 전하의 흐름은 축전기 전극 사이의 전위차가 전지의 일정한 전위차와 같아질 때까지 계속된다. 전지가 제거되면 전하가 양의 전극에서 음의 전극으로 다시 되돌아오는 전도 경로가 없기 때문에, 축전기는 이 축전기를 충전한 전지의 전위와 같은 전위로 충전되어 유지된다. 따라서 **축전기는 전하를 저장하는 데 이용할 수 있다.**

그림 21.31 전지를 이용하여 축전기 충전하기

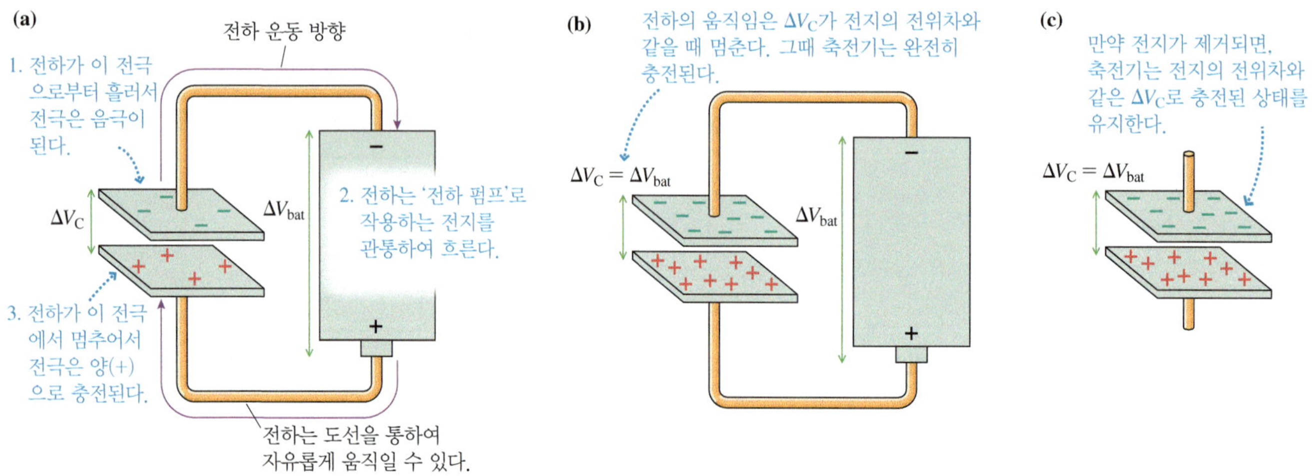

예제 21.10 축전기 충전하기

1.3 μF 축전기가 1.5 V 전지에 연결된다. 축전기에 충전되는 전하는 얼마인가?

준비 축전기의 두 전극 사이의 전위차 ΔV_C가 전지의 전위차 1.5 V와 같아질 때까지, 전하는 축전기의 한 전극에서 다른 전극으로 전지를 관통하여 흐른다.

풀이 축전기의 전하는 식 (21.18)에 의해 주어진다.

$$Q = C\,\Delta V_C = (1.3 \times 10^{-6}\text{ F})(1.5\text{ V}) = 2.0 \times 10^{-6}\text{ C}$$

검토 이것은 양의 전극에 있는 전하이다. 다른 전극의 전하는 -2.0×10^{-6} C이다.

평행판 축전기

우리가 이미 알고 있는 대로 평평한 전극들 사이에 균일한 전기장을 생성하기 때문에 **평행판 축전기**는 중요하다. ◀◀20.5절에서 평행판 축전기의 전기장이

$$\vec{E} = \left(\frac{Q}{\epsilon_0 A}, \text{ 양}(+)\text{에서 음}(-)\text{으로}\right)$$

임을 알았다. 여기서 A는 전극의 표면적, Q는 축전기에 있는 전하이다. 평행판 축전기의 전기 용량을 구하기 위하여 이 결과를 이용할 수 있다.

이 장 앞에서, 평행판 축전기의 전기장의 세기는 전위차 ΔV_C와 극판 사이의 간격 d에 다음과 같이 연관이 됨을 보았다.

$$E = \frac{\Delta V_C}{d}$$

이 두 결과를 결합하여

$$\frac{Q}{\epsilon_0 A} = \frac{\Delta V_C}{d}$$

또는 동등하게

$$Q = \frac{\epsilon_0 A}{d} \Delta V_C \tag{21.19}$$

임을 알 수 있다. 식 (21.19)를 전기 용량의 정의인 식 (21.18)과 비교하면, 평행판 축전기의 전기 용량은 다음과 같다.

$$C = \frac{\epsilon_0 A}{d} \tag{21.20}$$

극판의 면적이 A이고 간격이 d인 평행판 축전기의 전기 용량

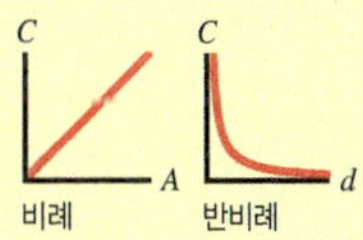

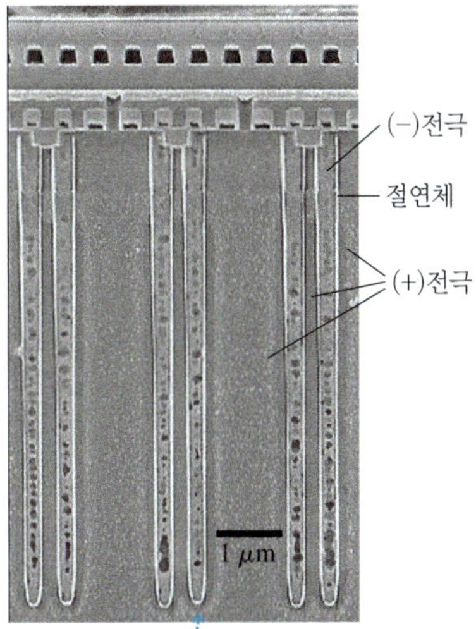

각각의 긴 구조물이 하나의 축전기이다.

기억소자를 위한 축전기 컴퓨터의 랜덤 액세스 메모리 또는 RAM은 데이터를 구성하는 디지털 1과 0을 저장하기 위하여 아주 작은 축전기를 사용한다. 충전된 축전기는 1을 나타내고, 충전되지 않은 축전기는 0을 나타낸다. 수십억 또는 그 이상의 축전기를 단일 칩에 넣기 위해서는 그것들은 매우 작아야 한다. 현미경 사진은 기억소자 칩을 만드는 데 쓰이는 실리콘 웨이퍼의 단면이다. 각 축전기는 모든 축전기에 의해 공유되는 공통 전극으로부터 얇은 절연층으로 분리된 매우 긴 전극으로 구성되어 있다. 각 축전기의 전기 용량은 단지 30×10^{-15} F 정도밖에 되지 않는다!

예제 21.11 평행판 축전기 충전하기

1.0 μF의 평행판 축전기의 극판 사이의 간격이 0.070 mm이다.

a. 극판의 표면적은 얼마인가?

b. 축전기가 1.5 V의 전지에 연결되면 극판에 얼마의 전하가 충전되는가?

풀이 a. 전기 용량의 정의로부터

$$A = \frac{dC}{\epsilon_0} = \frac{(0.070 \times 10^{-3}\text{ m})(1.0 \times 10^{-6}\text{ F})}{8.85 \times 10^{-12}\text{ F/m}} = 7.9\text{ m}^2$$

이다.

b. 전하는 $Q = C\,\Delta V_C = (1.0 \times 10^{-6}\text{ F})(1.5\text{ V}) = 1.5 \times 10^{-6}\text{ C} = 1.5\ \mu\text{C}$이다.

검토 1.0 μF(꽤 전형적인 값)의 축전기를 만드는 데 요구되는 면적은 매우 크고 실제적이지도 않다. 축전기 극판 사이에 절연체를 넣음으로써 실제 축전기를 더 조작 가능한 크기로 줄일 수 있다는 것을 다음 절에서 알게 될 것이다.

유전체와 축전기

그림 21.32 전기장 내에 있는 절연체는 분극이 된다.

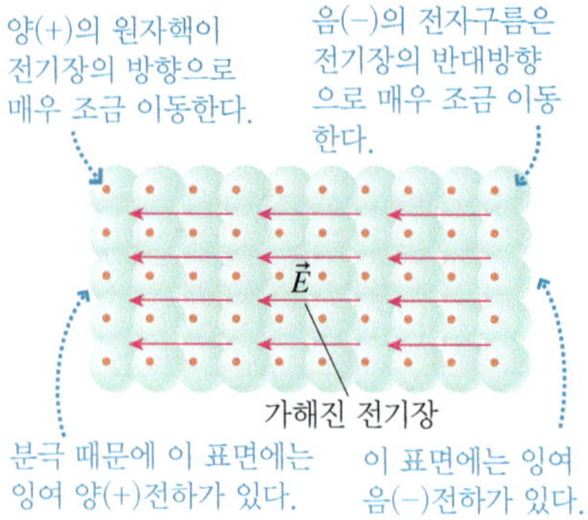

절연체는 어마어마한 수의 원자로 구성되어 있다. 절연체가 전기장에 놓이게 되면, 각 원자들은 분극이 된다. ◀◀20.2절에서 **분극**(polarization)은 가해진 전기장에 반응하여 원자의 음(−)의 전자구름과 양(+)의 원자핵이 매우 조금씩 이동할 때 일어난다. 이 모든 작은 원자 분극의 알짜 효과를 **그림 21.32**에 나타내었다. 유도된 양(+)전하는 절연체의 한 면에 쌓이고, 유도된 음(−)전하는 다른 면에 쌓인다.

이 전하 분포(크기는 같으나 극성이 반대되는 층들)는 평행판 축전기의 전하 분포와 같다는 것에 주의하라. 그리고 이 유도된 전하가 균일한 전기장을 생성하나 가해진 전기장과 반대방향으로 향한다.

축전기의 극판 사이에 놓인 절연체를 **유전체**(dielectric)라고 한다. **그림 21.33(a)**는 전하 Q를 가진 평행판 축전기의 균일한 전기장 내에 놓인 유전체를 보여준다. 축전기의 전기장은 유전체를 분극화한다. 분극화된 유전체는 축전기의 전기장과 반대방향의 자체 전기장을 생성한다. **그림 21.33(b)**에서 보는 바와 같이, 이 두 전기장을 더하면 가해진 전기장과 방향은 같으나 크기가 작은 알짜 전기장이 주어진다. 따라서 유전체가 들어 있을 때의 전기장은 없을 때보다 더 작다.

그림 21.33 유전체 내부의 전기장

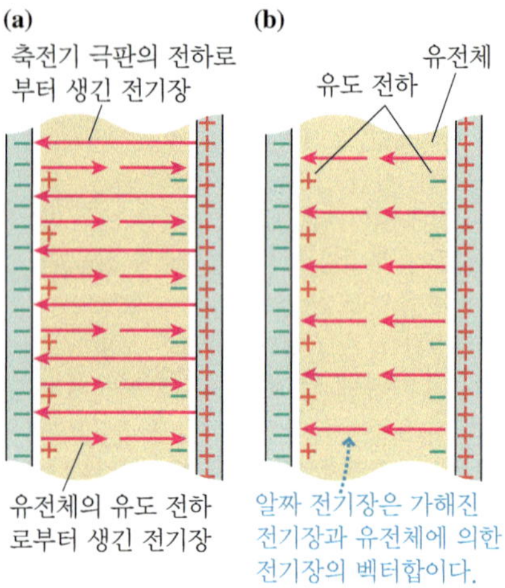

유전체가 삽입되면 축전기의 극판은 서로 격리되어 있기 때문에 축전기의 전하 Q는 변하지 않는다. 그러나 극판 사이의 전기장은 감소하고, 이것은 극판 사이의 전위차 $\Delta V_C = Ed$ 또한 감소한다는 것을 의미한다. 이것은 전기 용량 $C = Q/\Delta V_C$가 증가한다는 것을 의미한다. **유전체의 존재는 전기 용량을 증가시키는 결과를 가져온다.**

어떤 원자는 다른 원자보다 쉽게 분극되기 때문에, 전기 용량이 증가하는 비율은 유전 물질에 따라 다르다. 이 비율(인자)을 물질의 **유전 상수**(dielectric constant)라고 하며, 기호 κ(그리스 문자 카파)로 쓴다. 만약 유전체가 없을 때의 전기 용량이 C_0라면 유전체가 존재할 때 전기 용량은 다음과 같다.

$$C = \kappa C_0 \tag{21.21}$$

유전 상수 κ의 유전체가 들어 있는 평행판 축전기의 전기 용량

표 21.3 20°C에서의 여러 물질의 유전 상수

물질	유전 상수 κ
진공	1(정확한 값)
공기	1.00054*
테프론	2.0
종이	3.0
파이렉스유리	4.8
세포막	9.0
에탄올	24
물	80
타이타늄산스트론튬	300

* 모든 계산에서 1.00을 사용

표 21.3은 몇 가지 공통 물질의 유전 상수를 나열한 것이다. 생물학적 과정에서 화학작용을 조절하는 데 매우 중요한 물의 유전 상수가 매우 큰 것에 유의하라. ◀◀20.2절에서 본 바와 같이 산소 원자는 약간의 음(−)전하를 띠고 2개의 수소 원자는 약간의 양(+)전하를 띠고 있기 때문에 물 분자는 **영구** 전기 쌍극자이다. 물 분자 전하가 이미 분리되어 있기 때문에, 물 분자의 쌍극자는 가해진 전기장을 따라 정렬되도록 쉽게 회전한다. 따라서 물의 유전 상수는 매우 크다.

예제 21.12 유전 상수 구하기

100 V의 전지를 이용하여 평행판 축전기를 충전한다. 그리고 전지가 제거되었다. 유전체 판을 축전기 극판 사이에 가득 채우면 축전기의 전위차가 30 V로 떨어진다. 유전체의 유전 상수는 얼마인가?

준비 축전기가 전지로부터 분리되었을 때 축전기의 전위차는 $(\Delta V_C)_1 = 100$ V로 유지된다. 극판 사이에 유전체를 넣으면 전위차가 $(\Delta V_C)_2 = 30$ V로 낮아진다. 유전체를 삽입할 때 극판들은 연결되지 않기 때문에 극판에 있는 전하는 일정하게 유지된다.

풀이 극판들은 연결되지 않기 때문에 축전기에 있는 전하는 일정하게 유지된다. 따라서 다음과 같다.

$$Q_1 = C_1(\Delta V_C)_1 = Q_2 = C_2(\Delta V_C)_2$$

유전체를 삽입하면 전기 용량이 κ 비율로 증가해서 $C_2 = \kappa C_1$이 된다. 따라서 $C_1(\Delta V_C)_1 = \kappa C_1(\Delta V_C)_2$ 또는 C_1을 제거하여 $(\Delta V_C)_1 = \kappa(\Delta V_C)_2$가 된다. 따라서 유전 상수는 다음과 같다.

$$\kappa = \frac{(\Delta V_C)_1}{(\Delta V_C)_2} = \frac{100\text{ V}}{30\text{ V}} = 3.3$$

검토 유전 상수는 1보다 크기 때문에 타당하다.

예제 21.11에서, $C = 1\ \mu$F인 평행판 축전기를 만들기 위하여 비현실적으로 큰 전극이 필요함을 알았다. 실제적인 축전기는 $\kappa > 100$인 유전체를 이용한다. 그림 21.34에 보인 바와 같이, 전형적인 축전기는 전기 용량을 큰 비율로 늘려주는 매우 얇은 유전체에 의해 분리된 2개의 적당한 크기의 알루미늄 포일을 가지고 '샌드위치' 형태로 만든다. 이 샌드위치가 접히거나 말려 작은 플라스틱 원통 안에 봉인된다. 축전기로부터 나온 두 도선이 두 전극에 연결되고 축전기가 충전되도록 한다. 비록 전극이 더 이상 평면은 아니지만, A가 접거나 말기 전의 포일의 면적이라면 전기 용량은 평행판 축전기 방정식으로 합리적으로 잘 예측할 수 있다.

그림 21.34 내부의 말린 구조를 보이기 위해 해체한 축전기

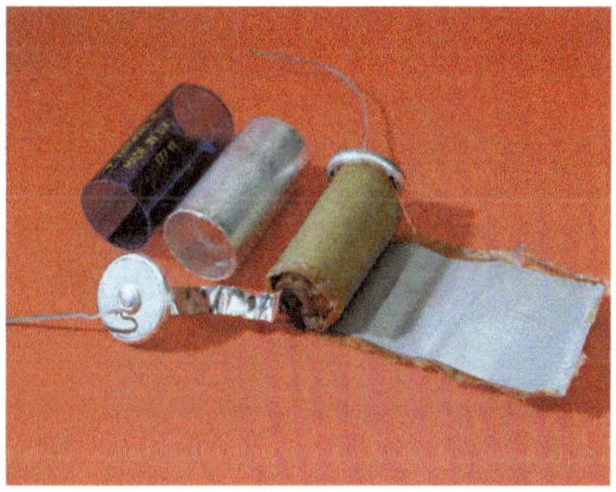

21.8 에너지와 축전기

축전기를 충전하는 실질적인 방법이 축전기의 극판을 전지에 연결하는 것임을 알았다. 전하는 한쪽 판으로부터 전지를 관통하여 다른 쪽 판으로 흘러서, 한쪽 판은 $-Q$의 전하를 띠고, 다른 쪽 판은 $+Q$의 전하를 띠게 한다. 전지는 전하를 수송하기 위하여 일을 해야 하고, 이 일은 축전기 전하의 전기 위치 에너지를 증가시킨다. **충전된 축전기는 전기 위치 에너지로써 에너지를 저장한다.**

얼마나 많은 에너지가 충전된 축전기에 저장되는지 알기 위하여 전위차 ΔV를 통하여 움직이는 전하 q가 $U = q\Delta V$의 전기 위치 에너지를 얻게 됨을 상기하라. 축전기가 충전되었을 때, 총 전하 Q는 음의 극판에서 양의 극판으로 이동한다. 처음에 축전기가 충전되어 있지 않을 때, 전위차는 $\Delta V = 0$이다. 축전기가 완전히 충전될 때, 움직이게 되는 마지막으로 매우 작은 전하는 $\Delta V \approx \Delta V_C$의 전위차를 통하여 움직여야 한다. 평균적으로 충전되는 동안 축전기의 전위차는 $\Delta V_{average} = \frac{1}{2}\Delta V_C$ 이다. 따라서 충전된 축전기에 저장되는 전기 위치 에너지 U_C는

$$U_C = Q\,\Delta V_{average} = \frac{1}{2}Q\,\Delta V_C$$

플래시로 사진 찍기 플래시로 사진을 찍을 때, 플래시는 축전기에 저장된 전기 위치 에너지를 활용하여 섬광을 발한다. 전지는 급격히 요구되는 에너지를 충분히 공급하기 어렵다. 그러나 축전기는 축전기의 모든 에너지를 단지 수 마이크로초 동안에 방전할 수 있다. 전지는 축전기를 천천히 충전하고, 이 축전기는 플래시램프를 통해 빠르게 방전한다. 이 느린 충전 과정 때문에 플래시를 켜서 사진을 찍은 후 다시 찍을 때 좀 더 기다려야 한다.

가 된다(적분을 써서 이것을 증명할 수 있다). $Q = C\Delta V_C$를 이용하여 이것을 두 가지로 다르게 표현하면 다음과 같다.

$$U_C = \frac{1}{2}\frac{Q^2}{C} = \frac{1}{2}C(\Delta V_C)^2 \qquad (21.22)$$

전하가 Q이고 전위차가 ΔV_C인 축전기의 전기 위치 에너지

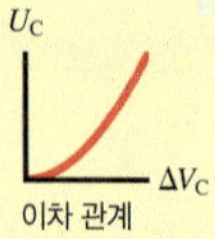

이차 관계

축전기에 저장되는 전기 위치 에너지는 축전기 전위차의 **제곱**에 비례한다. 이 결과는 용수철에 저장되는 위치 에너지 $U_s = \frac{1}{2}k(\Delta x)^2$을 연상시키고, 충전된 축전기는 실제로 늘어난 용수철과 비슷하다. 늘어난 용수철은 그것을 놓아줄 때까지 에너지를 가지고 있다. 그리고 위치 에너지가 운동 에너지로 변환된다. 비슷하게 충전된 축전기는 방전될 때까지 에너지를 가지고 있다.

예제 21.13 카메라 플래시의 에너지

330 V로 충전된 220 μF 카메라 플래시 축전기에 얼마의 에너지가 저장되는가? 만약 축전기가 1.0 ms에 방전되면, 플래시램프에 전달되는 평균 전력은 얼마인가?

풀이 축전기에 저장된 에너지는 다음과 같다.

$$U_C = \frac{1}{2}C(\Delta V_C)^2 = \frac{1}{2}(220 \times 10^{-6}\ \text{F})(330\ \text{V})^2 = 12\ \text{J}$$

만약 에너지가 1.0 ms에 방출되면 평균 전력은 다음과 같다.

$$P = \frac{\Delta E}{\Delta t} = \frac{12\ \text{J}}{1.0 \times 10^{-3}\ \text{s}} = 12{,}000\ \text{W}$$

검토 저장된 에너지는 1 kg 질량을 1.2 m 들어 올리는 것에 상당한다. 이것은 상당히 큰 에너지이다. 1 kg의 물체가 1.2 m 떨어진 후의 손상을 생각해보라. 전자 회로에서 가능한 것처럼 에너지가 매우 빨리 방출된다면 전력(일률)은 매우 크다.

축전기의 유용성은 축전기가 수 초 이상 매우 천천히 충전되고, 에너지를 매우 빨리 방출할 수 있다는 사실에 기인한다. 역학적으로 유사한 것은 크랭크로, 투석기의 용수철을 천천히 늘였다가 에너지를 빠르게 방출하여 무거운 돌을 날려 보내는 것이다.

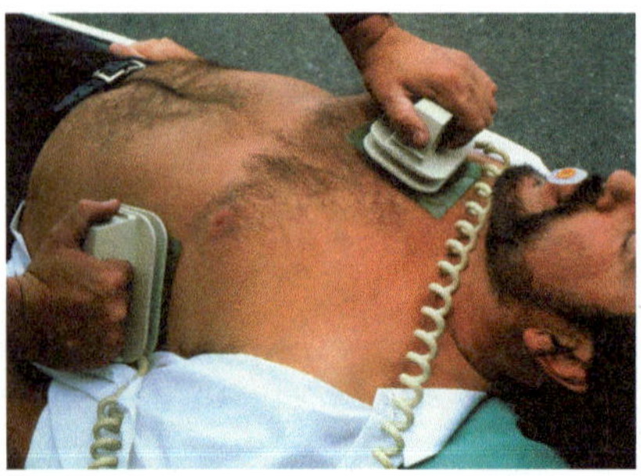

BIO 심장 박동을 회복시킬 수 있는 세동제거기는 환자 가슴을 관통하여 축전기를 방전시킨다.

에너지를 빠르게 전달하는 축전기 능력의 중요한 의학적인 응용은 **세동제거기**(defibrillator)이다. 심장마비나 심각한 부상은 심장이 심장 근육이 무질서하게 경련하여 피를 펌핑할 수 없는 **섬유성 연축**(fibrillation)으로 알려진 상태가 되는 원인이 될 수 있다. 가슴을 통한 강한 전기적 충격은 때로는 섬유성 연축을 멈추게 하고, 정상 심장 리듬이 회복되도록 할 수 있다. 세동제거기는 360 J의 에너지까지 저장할 수 있는 큰 축전기를 가지고 있다. 이 에너지는 환자 가슴을 누르는 두 '패들(paddle)'을

통하여 대략 2 ms 안에 방출된다. 축전기를 충전하는 데 수 초가 걸린다. 이것이 텔레비전의 의료 방송 프로그램에서 응급실 의사나 간호사가 '충전!'이라고 외치는 것을 듣는 이유이다.

전기장의 에너지

코일의 장력에서 늘어난 용수철의 위치 에너지를 알 수 있다. 만약 충전된 축전기가 늘어난 용수철과 유사하다면, 에너지는 어느 곳에 저장되는가? 바로 전기장 속에 저장된다!

그림 21.35는 극판의 면적은 A, 극판 사이 거리는 d이고 유전 상수 κ를 가진 유전체가 삽입된 평행판 축전기를 보여준다. 이 축전기의 전기 용량은 유전체가 없을 때의 평행판 축전기의 전기 용량의 κ배와 같거나 $C = \kappa\epsilon_0 A/d$이다. 축전기 극판 사이의 전위차는 축전기 내부의 전기장과 $\Delta V_C = Ed$로 연관이 된다. 식 (21.22)를 대입하면, 축전기에 저장된 에너지를 다음과 같이 구할 수 있다.

$$U_C = \frac{1}{2}C(\Delta V_C)^2 = \frac{1}{2}\frac{\kappa\epsilon_0 A}{d}(Ed)^2 = \frac{1}{2}\kappa\epsilon_0(Ad)E^2 \qquad (21.23)$$

양 Ad는 축전기의 전기장이 존재하는 영역인 축전기 내부의 부피이다. (이상적인 축전기는 극판 사이를 제외하고는 어디에서나 $\vec{E} = \vec{0}$임을 상기하라.) 비록 '축전기에 저장되는 에너지'에 대하여 이야기하고 있지만, 식 (21.23)은 엄밀하게 말하자면 **에너지가 축전기 전기장에 저장되었다**는 것임을 암시해준다.

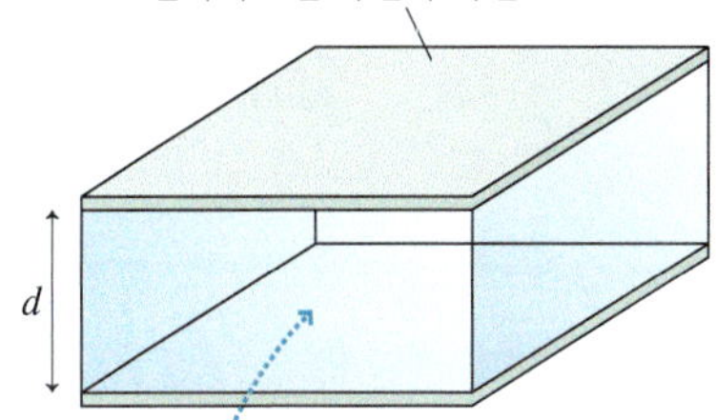

그림 21.35 축전기의 에너지는 전기장에 저장된다.

Ad는 에너지가 저장되는 부피이기 때문에, 전기장의 **에너지 밀도**(energy density) u_E를 다음과 같이 정의할 수 있다.

$$u_E = \frac{\text{저장된 에너지}}{\text{에너지가 저장된 부피}} = \frac{U_C}{Ad} = \frac{1}{2}\kappa\epsilon_0 E^2 \qquad (21.24)$$

에너지 밀도의 단위는 J/m^3이다. 평행판 축전기에 대하여 식 (21.24)를 유도했으나 이것은 임의의 전기장에 대해서도 성립하는 식이 된다.

이러한 관점에서, 축전기를 충전하면 전기장의 세기가 커짐으로써 축전기 전기장에 에너지를 저장한다. 후에 축전기가 방전될 때 전기장이 없어지면서 에너지가 방출된다.

장거리힘이 어떻게 작동되는지를 시각화하는 방법으로 먼저 전기장을 소개하였다. 그러나 전기장이 에너지를 저장할 수 있다면, 전기장은 단순히 그림을 이용한 도구가 아니라 실체여야 한다. 이 개념을 광파에 의해 수송된 에너지(따스한 햇살의 실제적인 에너지)가 전기장과 자기장의 에너지라는 사실을 알게 될 25장에서 더 탐구하기로 한다.

예제 21.14 세동제거기의 에너지 밀도 구하기

세동제거기 구성은 2000 V까지 충전되는 150 μF의 축전기를 포함하고 있다. 축전기 극판은 두께가 0.010 mm이고 $\kappa = 300$인 유전체로 분리되어 있다.

a. 축전기 극판의 총 면적은 얼마인가?

b. 축전기가 충전되었을 때, 전기장에 저장되는 에너지 밀도는 얼마인가?

준비 축전기는 유전체로 채워진 평행판 축전기로 모형화할 수 있다고 가정하자.

풀이 a. 전극의 표면적은 다음과 같다.

$$A = \frac{dC}{\kappa\epsilon_0} = \frac{(1.0\times10^{-5}\text{ m})(150\times10^{-6}\text{ F})}{(300)(8.85\times10^{-12}\text{ F/m})} = 0.56\text{ m}^2$$

b. 전기장의 세기는

$$E = \frac{\Delta V_C}{d} = \frac{2000\text{ V}}{1.0\times10^{-5}\text{ m}} = 2.0\times10^8\text{ V/m}$$

이다. 결론적으로 전기장 내의 에너지 밀도는 아래와 같다.

$$\begin{aligned} u_E &= \frac{1}{2}\kappa\epsilon_0 E^2 \\ &= \frac{1}{2}(300)(8.85\times10^{-12}\text{ F/m})(2.0\times10^8\text{ V/m})^2 \\ &= 5.3\times10^7\text{ J/m}^3 \end{aligned}$$

검토 비교를 해보자면, 가솔린의 에너지 밀도는 이 축전기보다 약 60배 높은 약 3×10^9 J/m^{3}이다. 축전기는 다른 기구보다 적은 에너지를 저장하지만, 이 에너지를 매우 빠르게 전달할 수 있다.

종합형 예제 21.15 태양에서의 양성자 융합

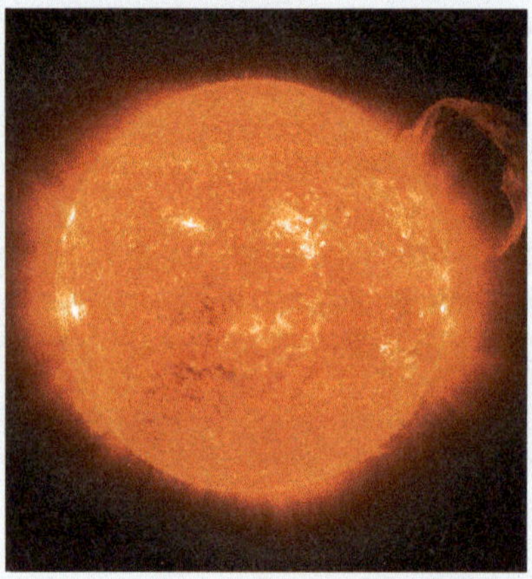

태양의 에너지는 가벼운 핵들을 무거운 핵들로 융합하는 핵반응으로부터 비롯되어 이 과정에서 에너지를 방출한다. 2개의 양성자(수소 원자의 핵)가 중수소(deuterium)핵을 만들기 위해 합병할 때 태양의 융합 과정이 시작된다. 중수소는 양성자와 중성자로 구성된 수소의 '무거운' 동위원소이다. 중수소가 되기 위해서는 융합된 양성자 중의 하나가 중성자로 바뀌어야만 한다. 우리의 관심은 핵물리학에 있는 것이 아니라 핵융합이 일어나도록 하는 조건에 있다.

2개의 양성자가 융합하기 전에 그들은 접촉해야만 한다. 그러나 두 양성자를 접촉시키기 위해 요구되는 에너지는 상당하다. 왜냐하면 양성자들이 서로 가까이 감으로써 두 양성자의 전기 위치 에너지가 급격하게 증가하기 때문이다. 융합은 태양의 핵에서 일어나는데, 그곳의 극고온(ultra-high temperature)이 양성자들을 합치는 데 필요한 운동 에너지를 양성자에게 제공하기 때문이다.

a. 양성자는 총 전하 e로 지름이 $d_p = 1.6\times10^{-15}$ m인 대전된 구로 모형화할 수 있다. 2개의 양성자가 접촉을 할 때 하나의 양성자가 다른 양성자의 중심에 만드는 전위는 얼마인가?

b. 2개의 양성자가 정면으로 각각 똑같은 속력 v_0로 서로 접근하고 있다. 양성자들이 서로 접촉하는 바로 그 순간에 요구되는 v_0의 값은 얼마인가?

c. 양성자의 rms 속력 v_{rms}가 v_0와 같아지려면 태양 핵의 온도는 얼마가 되어야 되는가?

준비 에너지는 보존된다. 그래서 문제 풀이 전략 21.1은 풀이의 기초가 된다. 그림 21.36은 전–후 개요도를 보여준다. 두 양성자가 초기에 $v_i = v_0$의 속력으로 움직여서 둘 다 초기 운동 에너지의 원인이 된다. 그들이 서로 멀리 떨어져 있을 때 $U_i \approx 0$이라고 가정하자. '이제 막 접촉'한다는 것은 그들의 중심 사이의 거리가 양성자의 지름과 같은 점에서 순간적으로 멈춘다($K_f = 0$)는 것을 의미한다. 접촉을 이루기 위해 필요한 속력 v_0를 구하기 위하여 대전된 구의 전위와 에너지 보존 식을 이용할 수 있다. v_0가 양성자의 rms 속력이 되는 온도는 12장의 결과를 이용하여 구할 수 있다.

그림 21.36 두 양성자가 접촉하게 되는 개요도

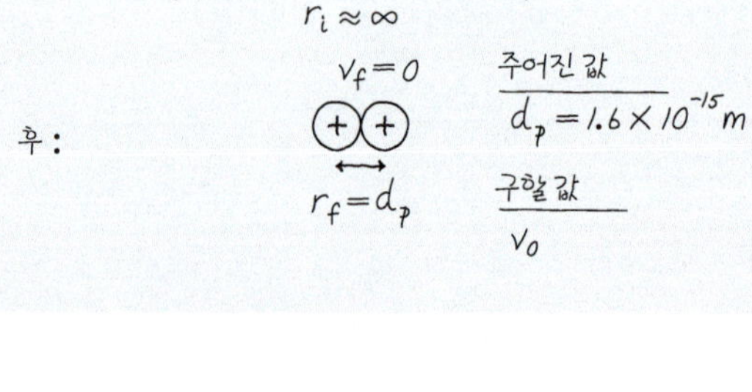

풀이 a. 대전된 구로부터 거리 r에서의 전위는 $V = KQ/r$이다. 양성자들이 접촉할 때 그들 중심 사이의 거리는 $r_f = d_p = 1.6 \times 10^{-15}$ m이다. $Q = e$인 하나의 양성자의 전위는 다른 양성자의 중심에서 다음과 같다.

$$V = \frac{Ke}{r_f} = \frac{Ke}{d_p} = \frac{(9.0 \times 10^9\ \text{N}\cdot\text{m}^2/\text{C}^2)(1.6 \times 10^{-19}\ \text{C})}{1.6 \times 10^{-15}\ \text{m}}$$
$$= 9.0 \times 10^5\ \text{V}$$

b. 에너지 보존 식 $K_f + qV_f = K_i + qV_i$는

$$(0 + 0) + eV_f = \left(\frac{1}{2}mv_0^2 + \frac{1}{2}mv_0^2\right) + 0$$

이다. 여기서 위에서 언급한 바와 같이, 두 양성자의 속력은 초기 운동 에너지의 원인이 되며, 양성자들이 접촉할 때 멈추게 되고, 초기 전기 위치 에너지(그리고 전위)가 실질적으로 0이 되도록 충분히 멀리 떨어진 곳에서 출발한다. 양성자들이 만날 때 그들의 전기 위치 에너지는 하나의 양성자의 전하(e)에 다른 하나의 전위를 곱한 것과 같다 즉, 전위는 문항 a에서 찾을 수 있다($V_f = 9.0 \times 10^5$ V). v_0에 대한 에너지 식을 풀면 다음과 같다.

$$v_0 = \sqrt{\frac{eV_f}{m}} = \sqrt{\frac{(1.6 \times 10^{-19}\ \text{C})(9.0 \times 10^5\ \text{V})}{1.67 \times 10^{-27}\ \text{kg}}}$$
$$= 9.29 \times 10^6\ \text{m/s}$$

c. 12.2절에서 기체의 온도는 입자들의 평균 운동 에너지, 그래서 아래 식에 의해 입자들의 rms 속력과 관련이 있다는 것을 알았다.

$$T = \frac{mv_{\text{rms}}^2}{3k_B}$$

양성자들을 기체로 생각한다는 것은 이상한 것 같지만, 그러나 모든 원자들이 핵과 전자들로 이온화되어 있는 태양의 중심에서는 양성자들은 주변을 쌩 하고 돌아다니고 정말로 기체 같이 움직인다. 문항 b에서 계산한 v_0와 같은 양성자의 v_{rms}에 대해서 온도는 다음과 같아야 한다.

$$T = \frac{mv_0^2}{3k_B} = \frac{(1.67 \times 10^{-27}\ \text{kg})(9.29 \times 10^6\ \text{m/s})^2}{3(1.38 \times 10^{-23}\ \text{J/K})} = 3.5 \times 10^9\ \text{K}$$

검토 엄청나게 높은 온도(30억 K 이상)는 평균 태양 양성자가 9.29×10^6 m/s의 속력을 가지는 데 필요하다. 태양 핵의 온도는 '단지' 약 1,400만 K으로 우리가 계산한 것보다 대략 200배 정도 작다. 항상 소수의 양성자들이 평균보다 빨리 돌아다니고 터널링(tunneling)이라는 양자적 역학 과정에 의해 양성자들의 속력이 매우 작아도 양성자들은 서로 접촉할 수 있기 때문에 이 낮은 온도에서도 양성자들은 융합할 수 있다. 아직도 중심부의 상대적인 '낮은' 온도 때문에 대부분의 양성자들은 융합하기 전에 수십억 년 동안 태양 안에서 이리저리 되튀며 돌아다닌다.

문제의 난이도는 I(쉬움)에서 IIIII(도전)으로 구분하였다. INT로 표시된 문제는 지난 장의 내용이 복합된 문제이고, BIO는 생물학적 또는 의학적 관심 분야를 의미한다.

QR 코드를 스캔하여 이 장의 문제를 해결하는 데 도움이 되는 **영상 학습 풀이**를 시작하시오.

연습문제

21.1 전기 위치 에너지와 전위

21.2 전위의 근원

1. III 전하는 전위가 2 kV인 점 A에서 전위가 1 kV인 점 B까지 움직이는 데 5 mJ의 일을 한다. 전하량은 얼마인가?

2. III 15 nC의 전하를 점 A에서 점 B로 움직이기 위해 3.0 μJ의 일을 하고, 점 C에서 점 B까지 움직이기 위해 −5.0 μJ의 일을 한다. 전위차 $V_C - V_A$는 얼마인가?

3. I 공간의 한 점에서 15 nC 전하의 전기 위치 에너지가 45 μJ이다.
   a. 이 점에서 전위는 얼마인가?
   b. 만약 25 nC의 전하가 이 점에 있다면, 전기 위치 에너지는 얼마인가?

21.3 전위와 에너지 보존

4. | 양성자가 정지 상태에서 전위차 −1000 V를 통해서 가속된다.
   a. 운동 에너지는 eV 단위로 얼마인가?
   b. 운동 에너지는 J 단위로 얼마인가?
   c. 속력은 얼마인가?

5. || 초기 속력 500,000 m/s의 전자가 전기장에 의해 정지되었다.
   a. 전자가 높은 전위 영역으로 움직였는가? 아니면 낮은 전위 영역으로 움직였는가?
   b. 전자를 정지시킨 전위차는 얼마인가?
   c. 전자의 초기 운동 에너지는 eV 단위로 얼마인가?

21.4 전위 계산하기

6. || 똑같은 크기로 대전된 두 입자들 사이의 중간점에서의 전위가 0.5 kV이다. 한 입자로부터 다른 입자까지 경로의 20%가 되는 지점에서의 전위는 얼마인가?

7. ||| 평행판 축전기를 구성하고 있는 2개의 2.00 cm × 2.00 cm 극판은 ±0.708 nC으로 충전되어 있다. 만약 극판 사이의 간격이 (a) 1.00 mm이고 (b) 2.00 mm이면 축전기 내부의 전기장의 세기와 전위차는 얼마인가?

8. | −7 pC 전하가 원점에 있다. 5 kV 등전위면은 10 kV 등전위면보다 전하로부터 얼마나 더 멀리 떨어져 있는가?

9. | 지름 0.5 m의 구는 3 kV의 전위로 대전되어 있다. 이 구의 전하는 얼마인가?

10. || a. 일반적인 AA 또는 AAA 건전지의 양단의 전위차는 얼마인가? (건전지를 찾아 라벨을 살펴보시오.)
    b. AA 건전지는 4.0 cm 지름 극판들이 2 mm 간격으로 떨어진 평행판 축전기에 연결되어 있다. 건전지는 얼마나 많은 전하를 한쪽 극판에서 다른 쪽 극판으로 이동시키는가?

21.5 전위와 전기장의 연관

11. ||| 그림 P21.11에서 점 A에서의 전위는 −300 V이다. A로부터 오른쪽으로 5.0 cm 떨어진 점 B에서의 전위는 얼마인가?

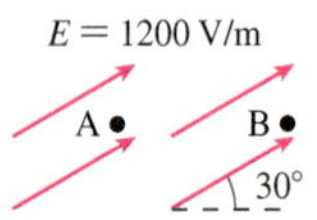

그림 P21.11

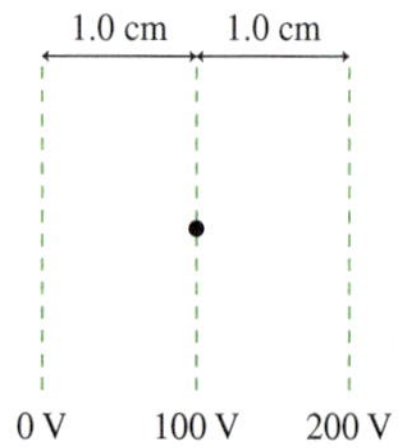

그림 P21.12

12. | 그림 P21.12의 점에서의 전기장의 크기와 방향은 어떻게 되는가?

21.6 심전도

13. | 그림 P21.13은 EKG를 하는 동안 한 쌍의 전극에 대한 하나의 표준 위치를 나타내고 있다. 전위차 $\Delta V_{31} = V_3 - V_1$이 기록되었다. 그림 21.29에 보여준 심장 순환 동안의 세 순간 a, b, 그리고 c에 대해 ΔV_{31}은 양인가? 음인가? 그 이유를 설명하시오.
BIO

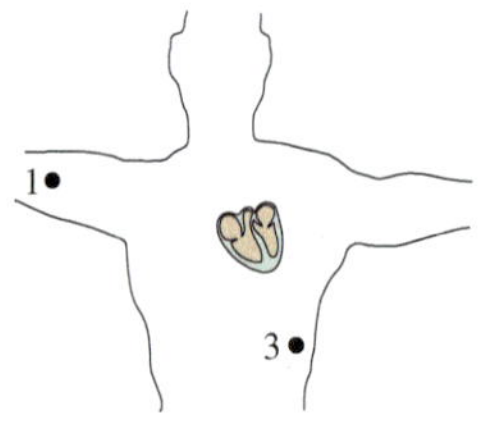

그림 P21.13

21.7 전기 용량과 축전기

14. ||| 0.20 mm 간격으로 떨어진 2개의 1.5 cm × 1.5 cm 정사각형 알루미늄 전극들이 10 V 전지에 연결되어 있다.
    a. 전기 용량은 얼마인가?
    b. 음극판에 있는 전하는 얼마인가?

15. ||| 100 pF의 축전기를 만드는 과학 프로젝터를 위해 2개의 $L \times L$ 금속 판과 그 판들 사이의 간격을 벌리는 것이 필요하다. 가장 얇게 벌릴 수 있는 간격의 두께는 0.20 mm일 때 알맞은 L의 값은 얼마인가?

16. | 24 mF 축전기에 ±48 mC의 전하를 충전하는 전지의 전위차는 얼마인가?

17. | 그림 P21.17에서, 처음에는 스위치가 열려 있고 축전기는 충전되지 않았다. 스위치가 닫힌 후 얼마의 전하가 스위치를 통해 흘러가는가?

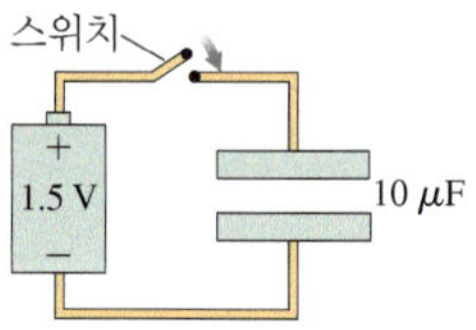

그림 P21.17

18. ||| 과학 전시회에 전시되는 라디오는 두 장의 35 cm× 35 cm 알루미늄 포일 박판 사이에 0.25 mm 두께의 종이로 만들어진 수제 축전기를 이용한다. 이것의 전기 용량은 얼마인가?

19. || 지름이 2.0 cm인 두 전극에 0.10 mm 두께의 테플론이 있다.

두 전극에 9.0 V의 전지를 연결하였다. 전지를 끊지 않고 테플론을 제거하였다. 테플론을 제거하기 (a) 전과 (b) 후의 전하, 전위차 그리고 전기장은 얼마인가?

20. ||| 평행판 축전기는 12.0 V의 전지에 의해 충전된 후 전지의 연결을 끊었다.
   a. 전지의 연결을 끊은 후 극판 사이의 전위차는 얼마인가?
   b. 얇은 테플론 막을 극판 사이에 끼워 넣은 후 극판 사이의 전위차는 얼마인가?

21.8 에너지와 축전기

21. || 고출력 레이저 안에 있는 한 쌍의 10 μF 축전기가 1.7 kV로 충전되었다.
   a. 각각의 축전기에 얼마만큼의 전하가 충전되었는가?
   b. 각각의 축전기에 얼마만큼의 에너지가 저장되었는가?

22. |||| 15.0 cm 떨어진 2개의 충전되지 않은 금속 구의 전기 용량은 24.0 pF이다. 1개의 구에서 다른 구로 12.0 nC의 전하를 이동시키기 위해 얼마의 일을 해야 되는가?

22 전류와 저항
Current and Resistance

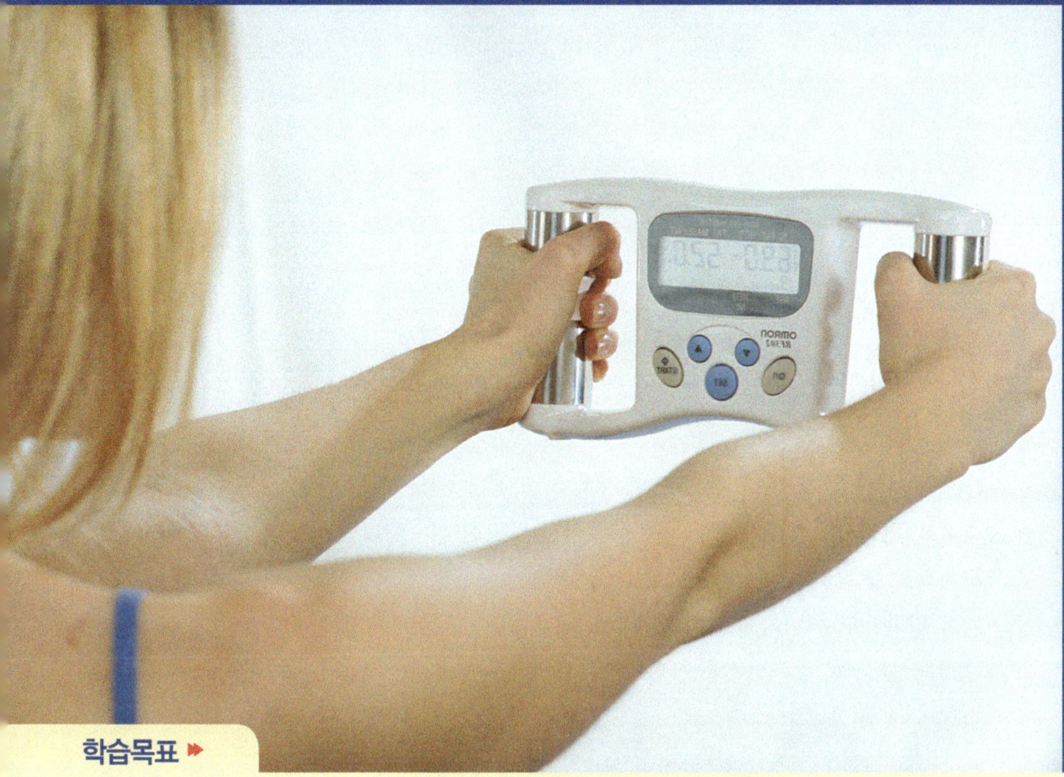

이 여성은 자신의 몸으로 미세전류를 통과시키는 장치를 잡고 체지방 비율을 측정하고 있다. 전류 측정이 신체 구조의 세부 특징을 파악하는 데 어떻게 작용하는가?

학습목표

전하가 도체를 통과하여 어떻게 그리고 왜 이동하는가에 대해, 즉 전류에 대해 학습한다.

전류

전구들이 연결된 도선과 같이, 도체를 통과하는 전하의 이동을 **전류**라고 한다.

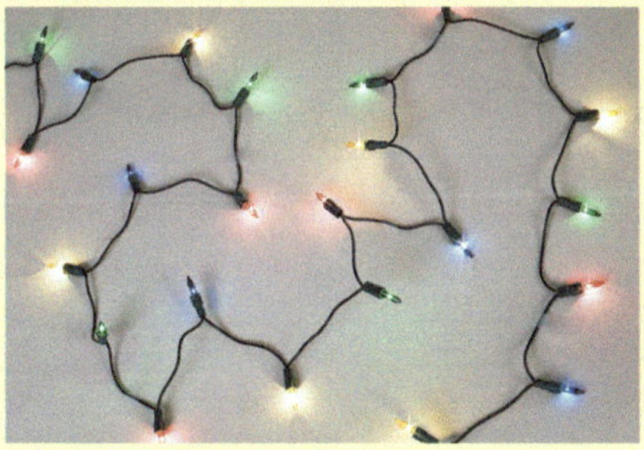

전류는 보존되므로, 여러 개가 연결된 각각의 전구들은 모두 같은 밝기로 빛을 내게 됨을 배운다.

저항과 옴의 법칙

옴의 법칙은 전지의 전압에 대한 전구의 전류 및 **저항**과의 관계를 나타낸다.

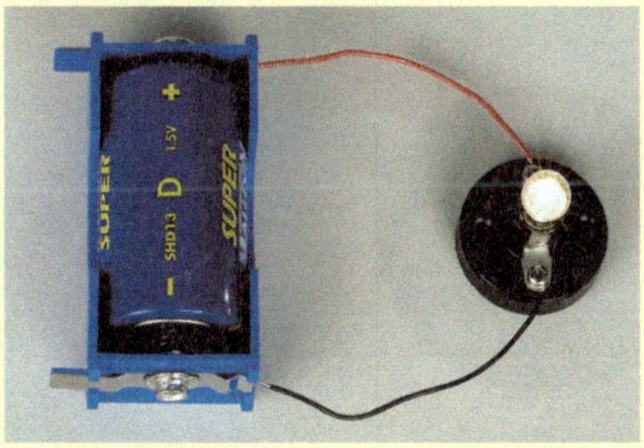

도선의 길이 및 크기와 회로의 구성이 저항과는 어떤 관계가 있는지 학습한다.

전력

모발건조기는 전기 에너지를 열에너지로 변환하여 뜨거운 공기를 뿜어낸다.

전류, 저항 및 전압에 대한 전력의 관계를 배운다.

이 장의 배경

전위와 전기장

21.5절에서 전위와 전기장의 관계에 대하여 알아보았다. 이 장에서는 이 관계로부터 전하가 도체 내에서 이동하는 이유에 대하여 이해하고자 한다.

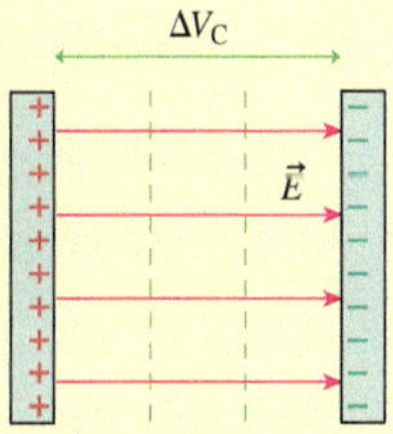

전기장은 평행판 축전기에서와 같이 항상 전위가 높은 곳에서 낮은 쪽으로 향한다.

22.1 전류의 모형

그림 22.1 축전기는 금속 도선에 의하여 방전된다.

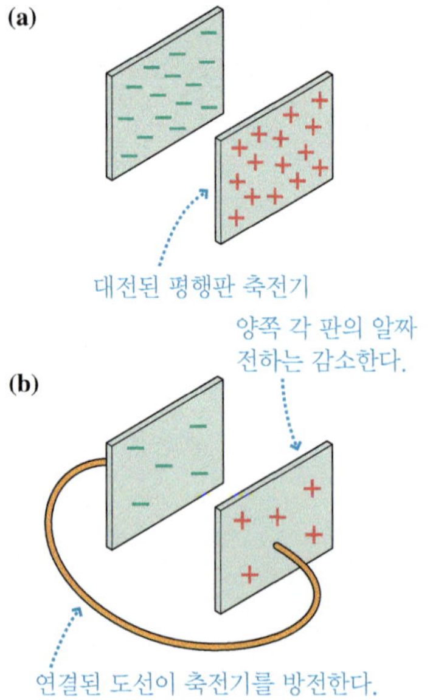

매우 간단한 실험을 통하여 전류에 대하여 설명해보자. 그림 22.1(a)는 대전된 평행판 축전기를 보여준다. 만약 그림 22.1(b)처럼 두 축전기 판이 금속 도선으로 서로 연결되어 있다면, 두 평행판은 순식간에 전기적으로 중성이 될 것이다. 이것을 축전기의 **방전**(discharged)이라 한다.

도선은 도체로 전하들이 쉽게 이동할 수 있는 재료이다. 축전기의 한쪽 금속판에 쌓여 있는 과잉 전하들은 도선을 통하여 다른 쪽 금속판으로 이동하여 전기적으로 중성화할 수 있다. 물질을 통과하는 전하의 이동을 **전류**(current)라고 하며, 축전기는 연결된 도선의 전류에 의해 방전된다. 이 장의 뒷부분에서 전류를 정량적인 표현으로 전개하겠지만, 현 시점에서는 전류란 물질을 통과하는 전하의 이동으로 간단히 정의해도 충분할 것이다.

만약 축전기가 방전되면 다른 효과도 보게 된다. 그림 22.2에서처럼 연결된 도선은 점점 뜨거워지게 된다. 만약 사용된 도선이 백열전구의 필라멘트처럼 얇다면 도선은 고온으로 뜨거워져 빛을 내게 된다. 전류를 수송하는 도선은 또한 나침반의 바늘을 다른 방향으로 휘어지게도 한다. 전류와 자기의 연관성은 24장에서 학습한다. 여기서 우리는 '도선을 뜨거워지게' 하거나 '나침반 바늘이 다른 방향으로 휘어지는 것'을 보고 도선에 전류가 존재한다는 것을 알 수 있다. 또한 백열전구의 밝기로 전류의 크기를 나타낼 수 있다. **전류가 커지면 전구는 더 밝아진다.**

그림 22.2 전류의 특성

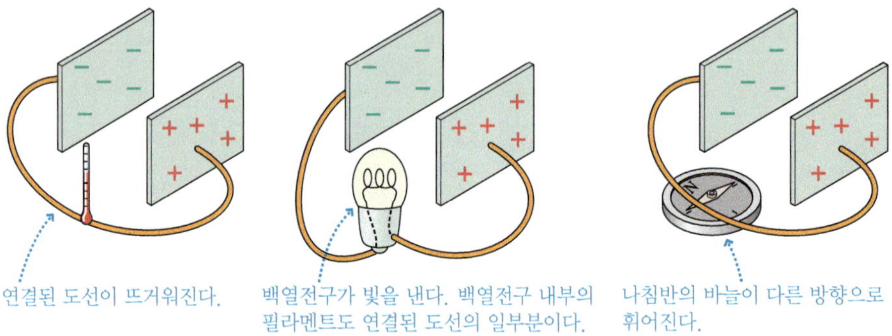

전하 운반체

전류 속에서 이동하는 전하들을 **전하 운반체**(charge carriers)라고 한다. 금속 내에서 전하 운반체는 전자들이다. 그림 22.3에 나타낸 것과 같이 금속 내에서 자유롭게 이동하는 것은 **전도 전자**(conduction electron)들의 운동으로 전하들의 흐름, 곧 전류를 형성한다. **절연체**(insulator) 내에는 자유로운 전자들이 존재하지 않으므로 전류를 수송할 수 없다. 전자는 금속 내의 전하 운반체이다. 다른 재료는 다른 종류의 전하 운반체를 가질 수 있다. 예를 들어 바닷물, 혈액 및 세포 간 유체 등의 이온성 용액에서 전하 운반체는 양이온 또는 음이온이다.

그림 22.3 금속 내에서의 전도 전자들

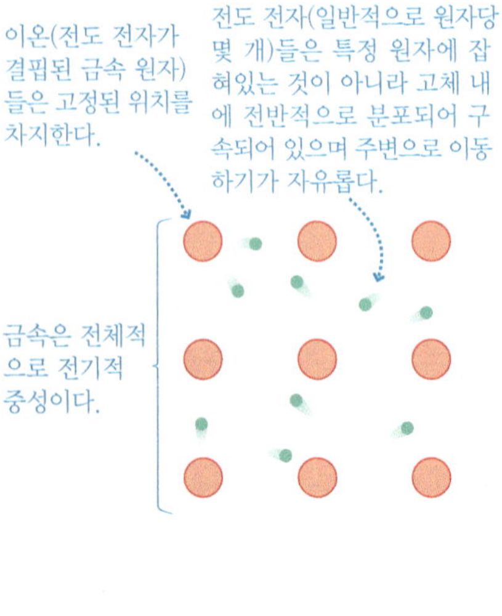

전류의 생성

만약 여러분이 책 한 권을 탁자 위에서 미끄러지게 하여 다른 쪽에 있는 친구에게 보내고자 한다면, 책을 한 번 살짝 밀어 운동하게 할 것이다. 책을 민 후 바로 손을 떼는 순간부터 책은 마찰에 의해 천천히 이동하게 된다. 책의 운동 에너지는 탁자를 데우는 열에너지로 변환된다. 일정한 속력으로 책의 운동을 유지하는 유일한 방법은 지속적으로 책을 미는 것이다.

도체 내에서도 비슷한 현상이 발생한다. ◀20.7절에서 보았던 것처럼, 도체 내에 있는 전자들을 밀기 위해서 전기장을 사용할 수 있다. 그림 22.4에서처럼 한 조각의 금속에 전기장을 가해주는 것을 가정해보자. 전기장이 전자에 힘을 작용하면 전자들이 운동하게 된다. 단, 전자들은 진공 속에서 운동하고 있는 것은 아니다. 전자들이 금속 내에 존재하는 원자들과 충돌에 의해 운동이 느려지게 되며, 이 과정에서 전자들의 운동 에너지는 금속의 열에너지로 변환되어 금속의 온도를 올리게 된다(다시 말해 '도선을 따뜻하게 함'은 전류를 표시하기 위한 하나의 방법이다). 전자들의 운동은 **지속적으로 밀지 않으면 멈추게 된다.** 전자들의 운동을 지속적으로 유지하기 위해서는 전기장을 유지하여야만 한다. 일정한 전기장 속에서 전자의 평균 운동은 전기장의 반대 방향으로 향한다. 이 운동속도를 전자의 **표류속도**(drift velocity)라고 한다. 만약 전기장이 $\vec{0}$가 되면, 표류속도도 $\vec{0}$가 된다.

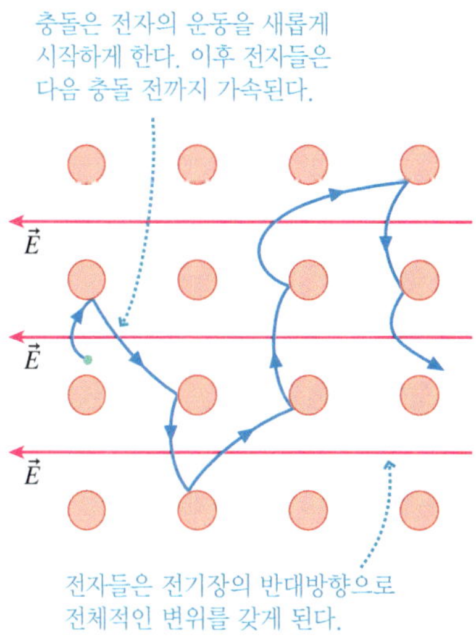

그림 22.4 도체 내에서 전자의 운동

전기장을 도체 내에 어떻게 가해줄 수 있을까? ◀20.6절이 중요한 결론 중 하나로, 정전 평형 상태에서 도체 내의 전기장은 $\vec{E}=\vec{0}$라는 것이다. 그러나 전자가 이동하고 있는 도체는 정전 평형 상태에 있지 않다. 전하들이 운동하고 있다면 전기장이 $\vec{0}$일 필요는 없다.

그림 22.5는 축전기의 양쪽 극판을 연결하는 도선에 의하여 축전기가 방전되고 있는 것을 보여준다(전하의 흐름을 좀 더 쉽게 볼 수 있도록 축전기의 양쪽 극판을 '펼쳐서' 보여준다). 전하들이 분리되는 것은 양쪽 극판 사이에 전위차를 발생시킨다. ◀21.5절에서 보았듯이 언제든지 전위차가 발생하면, 전기장은 높은 전위에서 낮은 전위로 향하게 된다. 양쪽 극판에 도선을 연결하면 도선 내에 전기장이 형성되고, 이 전기장은 전자들을 음극판(과잉 전자를 갖는 금속판)에서 양극판으로 흐르게 한다. **전위차는 전기장을 형성하여 도선 내에 전류가 생기게 된다.**

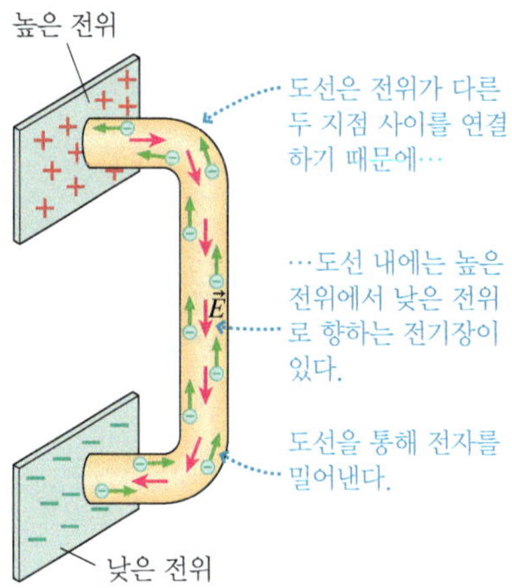

그림 22.5 도선에서의 전류 생성

전류가 지속적으로 흐르면, 전하들도 지속적으로 이동하여 양쪽 극판은 방전되고 전위차는 감소하게 된다. 어느 순간에 양쪽 극판이 완전히 방전된다는 것은 전위차가 없어지고, 전기장이 없어지며, 또한 전류가 소멸된다는 것을 의미한다. 결과적으로 도선 내의 전기장은 $\vec{E}=\vec{0}$로 소멸되어 평형 상태가 된다.

전류의 보존

그림 22.6에는 백열전구가 축전기의 양쪽 극판을 연결하는 도선 사이에 연결되어 있다. 전류가 흘러 축전기를 방전하는 동안 전구에 불이 밝혀진다. A 지점과 B 지점에

그림 22.6 A 지점의 전류와 B 지점의 전류 비교

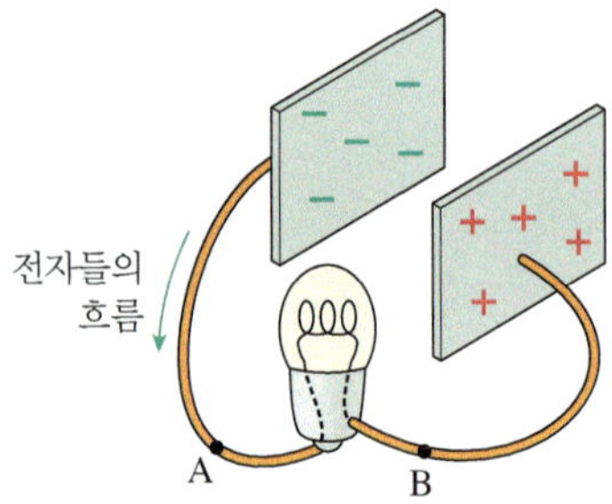

서의 전류는 어떻게 차이가 나는가? 두 지점에서의 전류가 같을까? 혹은 한쪽이 다른 쪽에 비하여 더 클까?

전류가 A 지점을 통과 후 전구에서 빛을 밝히기 위해 전류의 일부를 반드시 사용하여야 하기 때문에 B 지점에서 전류는 더 작을 것이라 예측하기도 한다. 그러나 이런 예측의 옳고 그름은 아주 쉽게 판단할 수 있다. 예를 들면, 두 지점에 대하여 나침반의 바늘이 각각 얼마나 휘어지는지 비교해보면 어느 곳에서 전류가 올지 알 수 있다. 그러나 이와 같은 측정 결과는 같다. 두 지점에서 전류는 정확히 일치한다. **백열전구를 통과하여 유출되는 전류는 백열전구로 들어가는 유입 전류와 정확히 같다.**

이것은 중요한 관측으로, 설명이 요구된다. 결국 '무엇인가'가 전구를 빛나게 한다. 그런데 왜 전류가 감소되는 것을 측정할 수 없을까? 전자들은 전기를 띠는 대전된 입자들이다. 백열전구는 질량 보존의 법칙과 전하 보존의 법칙을 위배하지 않으며 전자들을 파괴할 수 없다. 따라서 전자들의 숫자는 백열전구에 의하여 변하지 않는다. 또한 백열전구는 전자들을 저장할 수도 없다. 만약 백열전구가 전자들을 저장한다면, 전구는 점점 더 음(−)으로 대전되어 전구로 들어오는 새로운 전자들에 반발력을 작용하여 진입을 멈추게 할 것이며, 결과적으로 전구는 꺼지게 된다. 그러나 이러한 현상은 발생하지 않는다. 전구로 진입하는 모든 전자들은 백열전구를 빠져나가는 전자들과 반드시 일대일 대응이 되어야 하고, B 지점에서의 전류는 A 지점에서의 전류와 같아야 한다.

그림 22.7 관을 통과하는 물은 터빈을 회전시킨다.

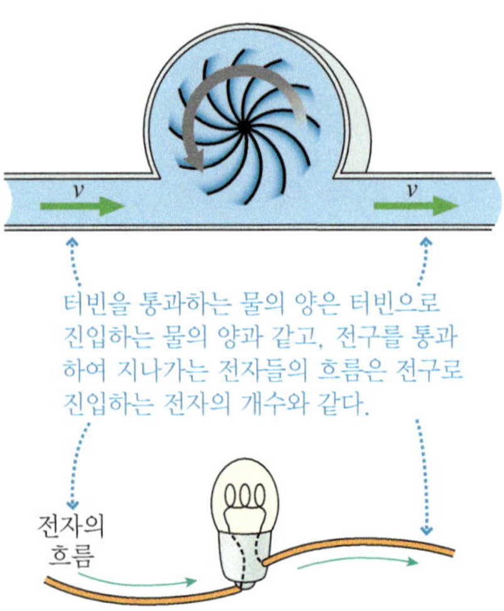

관을 통과하는 물에 대한 해석을 고려해보자. 그림 22.7에서처럼, 관의 중앙 부근에 터빈을 설치하고 물이 흘러 터빈을 회전시킨다고 가정해보자. 물은 터빈을 통과하여 흘러 지나간다. 이 과정에서 터빈이 물을 소비하지는 않으며, 관을 통과하는 물의 양은 관으로 진입하는 물의 양과 정확히 같다. 그럼에도 불구하고, 물은 반드시 터빈을 회전시키는 일을 하게 되며, 물이 통과하여 지나가는 과정에서 에너지가 변하게 된다.

비슷하게, 터빈처럼 백열전구는 전류를 '소진하지' 않고 에너지를 사용한다. 전자의 에너지는 전자들이 도선을 통과하는 동안 원자 수준의 마찰력에 의해 감소되어 도선을 뜨겁게 하고, 백열전구의 필라멘트를 발광시킨다.

검증할 필요가 있는 여러 가지 경우들이 많이 있지만, 다음과 같이 중요한 첫째 결론을 내릴 수 있다.

전류 보존의 법칙 전류는 전류를 수송하는 도선의 모든 점에서 같다.

예제 22.1 어떤 전구가 더 밝겠는가?

그림 22.8에서처럼 축전기의 방전은 2개의 전구를 각각 발광시킨다. 두 전구의 발광 정도를 비교하시오.

판단 전류는 보존되므로, 1번 전구를 통과하는 임의의 전류는 2번 전구를 반드시 통과한다. 따라서 두 전구에서 전류는 같다. 전구

그림 22.8 두 전구는 축전기 방전 전류에 의하여 발광한다.

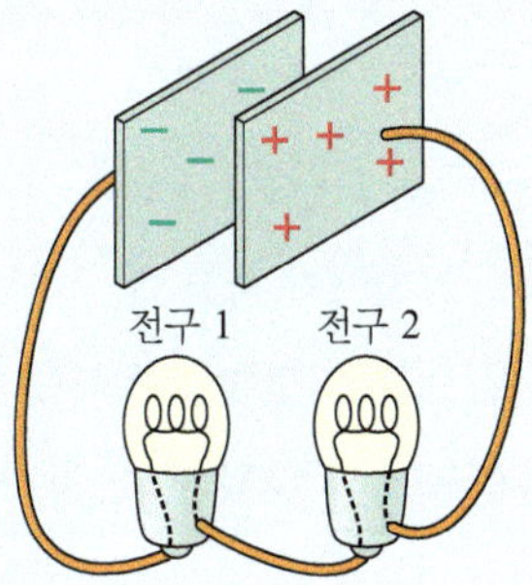

의 밝기는 전구를 통과하는 전류에 비례한다. 동일한 전구에 같은 전류가 통과한다면 두 전구의 밝기는 반드시 같아야 한다.

검토 위의 결과는 전류의 보존이라는 관점에서 타당하다. 어떠한 전하도 두 전구에서 '사용되어 없어지지 않는다'.

22.2 전류의 정의 및 기술

우리가 보았듯이, 금속 내의 전류는 낮은 전위에서 높은 전위 쪽으로, 즉 전기장과 반대방향으로 전자가 이동하는 것이다. 그러나 **그림 22.9**에서 보는 것과 같이, 축전기의 양쪽 극판에서 양전하가 전기장과 같은 방향을 따라 음극판으로 이동하거나 혹은 그 반대방향으로 음전하가 양극판으로 이동하는 어느 경우든 정확히 같은 방식으로 방전된다. 일반적으로 어떤 회로라도 이러한 두 가지 관점과는 독립적으로 전류의 방향은 같다. 따라서 **전류를 양의 전하의 흐름**이라고 정의한다면, 모든 회로에 완벽히 잘 맞을 것이며 계산 결과도 정확할 것이다.

그림 22.9 양전하와 음전하는 서로 반대방향으로 움직이며 전류는 같다.

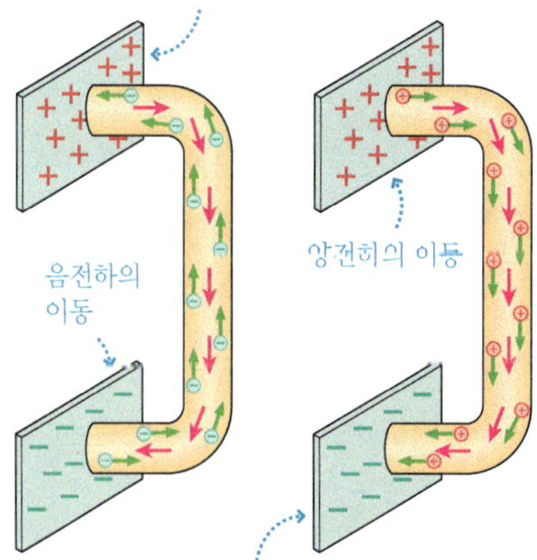

전류의 정의

쿨롬(C)은 전하의 SI 국제단위로 전하량을 의미하고, 전류란 전하들의 이동이다. 따라서 전류란 도선을 통과하는 전하들에 대해서 초(s)당 통과하는 전하량의 비율로 정의한다. **그림 22.10**은 도선 내에 있는 전기장 $\vec{E}$를 나타내고 있다. 이 전기장은 전하가 도선 속에서 이동하게 하는 원인이다. 전류를 양전하의 이동으로 정의하기 때문에, 양전하들의 운동 방향은 전기장의 방향과 같다.

관을 통과하는 물의 유속은 초당 관의 단면적을 통과하는 물의 양으로 측정할 수 있다. 이와 비슷한 방법으로 전류를 측정하고자 한다. 그림 22.10에서 설명한 것과 같이, 특정한 시간 간격 Δt 동안 도선의 단면을 통과하는 전하량 Δq를 측정할 수 있다. 따라서 도선의 전류는 다음과 같이 정의한다.

$$I = \frac{\Delta q}{\Delta t} \tag{22.1}$$

전류의 정의

그림 22.10 전류 I

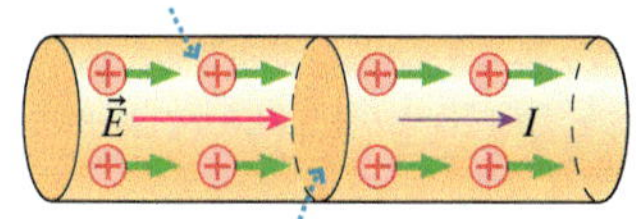

도선에서 전류의 방향은 높은 전위에서 낮은 전위로 향하는 방향이며, 또한 전기장 $\vec{E}$의 방향과 같다. 전류에 대한 SI 단위는 식 (22.1)에 의해 시간에 대한 전하량으로, **암페어**(ampere)라고 정의하며 약자 A로 표시한다.

$$1\text{암페어} = 1\ \text{A} = \text{매초 } 1\text{쿨롬} = 1\ \text{C/s}$$

amp(암페어)는 ampere의 줄임말이다. 가정에서 사용하는 전류는 일반적으로 1 A 정도이다. 예를 들어 100 W 백열전구에 흐르는 전류는 0.83 A이다. 전자 기기에서 작은 전류는 전형적으로 밀리암페어(1 mA $= 10^{-3}$ A) 혹은 마이크로암페어(1 μA $= 10^{-6}$ A) 크기로 측정된다.

정상 전류(steady current)의 경우 일정 시간 Δt 동안 전류 I에 의해 수송되는 총 전하량은 다음과 같다.

$$q = I\,\Delta t \tag{22.2}$$

예제 22.2 백열전구에서 전하의 흐름

100 W 백열전구는 0.83 A의 전류를 수송한다. 1분 동안 전구를 통과하는 전하량은 얼마인가?

풀이 식 (22.2)에 따라 1분(= 60초) 동안 전구를 통과하는 총 전하량은 다음과 같다.

$$q = I\,\Delta t = (0.83\ \text{A})(60\ \text{s}) = 50\ \text{C}$$

검토 위의 전류는 초당 1 C보다 적은 전하가 이동하는 양이므로, 계산 결과는 타당하게 보이지만 결과는 여전히 놀라울 정도로 큰 전하량이다. 전구를 통과하여 흐르는 많은 전하량을 관측하는 것이 전류의 보존에 대한 개념을 확인하는 좋은 방법이다. 위의 전하량 중 아주 작은 비율의 전하량이 전구에 머무른다 해도, 전구는 크게 대전된다. 예를 들어 비교해보면, 밴더그래프(Van de Graaff) 발전기는 1분 동안 전구를 통하여 흐르는 전하의 천만분의 1 정도인 수 μC의 과잉 전하에 의해 수십만 볼트의 높은 전위차를 발전시킨다. 백열전구들은 주목할 만한 전하를 생성하지는 않으므로, 전구로 진입하는 전류와 빠져나가는 전류는 같다.

접합점에서의 전류의 보존

그림 22.11 키르히호프의 접합점 법칙

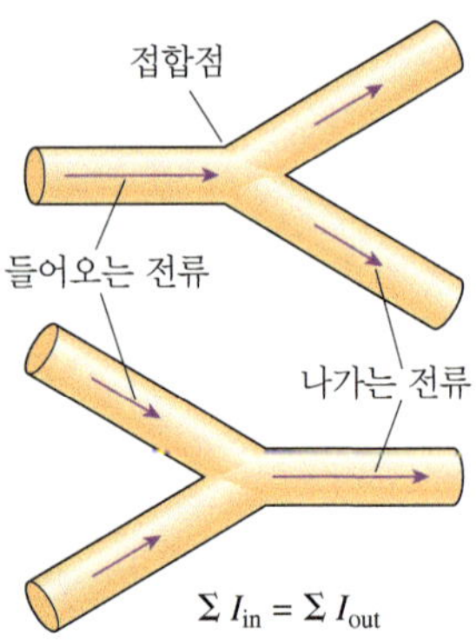

그림 22.11은 1개의 도선이 2개로 나누어지는 경우와 2개의 도선이 하나로 합해지는 경우를 각각 보여준다. 도선의 갈래들이 모이는 지점을 **접합점**(junction)이라 한다. 접합점이 나타나도 전류가 보존된다는 점은 영향을 받지는 않는다. 도선에서 전하를 생성하거나 소멸시킬 수는 없으며, 또한 접합점에 전하를 저장할 수도 없다. 하나 혹은 여러 개의 도선으로 흘러 들어가는 전자수의 비율은 빠져나가는 전자수의 비율과 정확히 같다. 접합점에서 전하의 보존 법칙은 다음과 같은 것이 요구된다.

$$\Sigma I_{in} = \Sigma I_{out} \tag{22.3}$$

여기서 Σ 기호는 '~의 총합'을 의미한다.

접합점으로 진입하는 전류의 합은 접합점을 빠져나가는 전류의 합과 같다는 기본적인 보존 법칙을 **키르히호프의 접합점 법칙**(Kirchhoff's junction law)(혹은 전류 법칙이라고도 함)이라 한다. 전류 법칙은 새로운 물리법칙이 아니며, 전하 보존의 결과이다.

예제 22.3 **접합점에서의 전류**

그림 22.12에 보인 4개의 도선에 각각 전류가 흐른다. 다섯째 도선에서 전류의 크기와 방향을 구하시오.

준비 이 예제는 전류 보존의 문제이다. 접합점으로 들어오는 전류의 합과 빠져나가는 전류의 합을 계산하고, 두 값을 비교한다. 알려지지 않은 전류는 접합점에 들어오는 전류의 합과 빠져나가는 전류의 합이 '균형'을 이루도록 하는 값이다.

그림 22.12 다섯 도선의 접합점

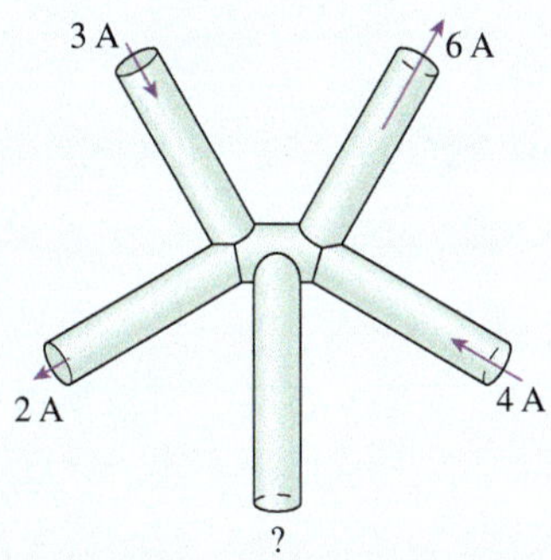

풀이 2개의 도선에서 접합점으로 들어가는 전류의 합은

$$\sum I_{in} = 3\ A + 4\ A = 7\ A$$

이고, 접합점에서 2개의 도선으로 빠져나가는 전류의 합은

$$\sum I_{out} = 6\ A + 2\ A = 8\ A$$

이다. 따라서 전류 보존을 위해 다섯째 도선에서 1 A의 전류를 접합점으로 유입시켜야 된다.

검토 알려지지 않은 다섯째 도선에서 1 A의 전류를 접합점으로 유입하게 되면, 총 8 A의 전류가 접합점으로 들어가게 되고, 이것은 접합점에서 유출되는 전류와 정확히 같다.

22.3 전지와 기전력

카메라 플래시와 같이 전류를 발생시키기 위해 축전기에 저장된 전하를 이용하는 실용적인 장치가 있다. 그러나 카메라 플래시는 한 번의 밝은 빛을 발광하면 축전기가 방전되어 전류는 멈추게 된다. 어두운 밤길을 지속적으로 밝히기 위해서는 손전등 같은 **연속적인** 광원이 필요하다. 연속적인 광원에는 연속적인 전류가 필요하다.

그림 22.13에는 전지의 양쪽 단자에 도선이 연결되어 있다. 이것은 그림 22.1의 축전기 양쪽 극판을 도선으로 연결한 것과 매우 유사하다. 전지 양단에 연결된 도선은 점점 뜨거워지고, 나침반의 바늘은 휘어지며, 회로에 연결된 전구는 밝게 발광하게 된다. 이것은 전하들이 도선을 통해 한쪽 단자에서 다른 쪽 단자로 흐르는 것을 지적해준다. 축전기 혹은 전지에 의해 공급되는 도선에서의 전류는 같다. 지금까지 전류에 대하여 배운 내용은 전지에 의해 공급되는 전류에 대한 내용과 잘 대응된다. 단, 중요한 한 가지 차이점은 전류가 흐르는 지속시간이 다르다는 것이다.

그림 22.13 전지의 단자에 연결된 도선에는 전류가 흐른다.

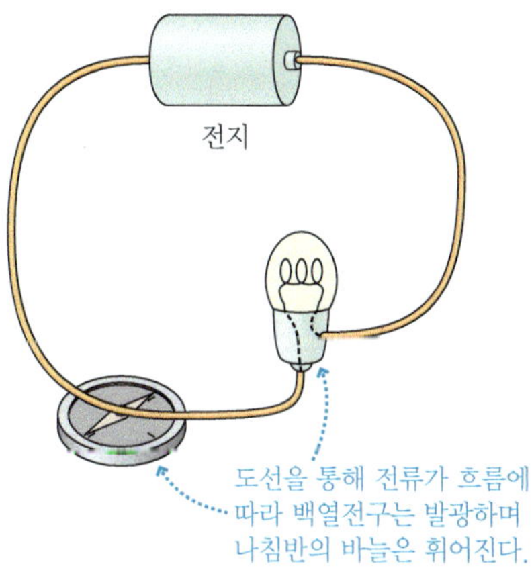

전지의 양쪽 단자에 연결된 도선은 나침반의 바늘을 **계속해서** 휘게 하고 백열전구를 **지속적으로** 발광시킨다. 축전기는 과잉 전하를 신속하게 방전시키지만, 전지는 전하들을 지속적으로 이동하게 한다.

전지는 어떻게 지속적으로 이동하는 전하들을 생성할 수 있는가? 실제 전지는 일련의 화학 반응을 포함하고 있으나, **그림 22.14**는 이동하는 전하를 설명하기 위한 단순한 모형을 보여준다. 전지 내부의 작업은 전지 양쪽 단자 사이에서 **전하 승강기**(charge escalator)와 같은 역할을 한다. 곧, 전하들을 음(−)극의 단자에서 추출하여 양(+)극의 단자 쪽으로 '끌어올린다'. 양(+)극의 단자에 지속적으로 새로운 전하를 공급하여 도선에 전류를 유지하는 것이 전하 승강기와 같다.

그림 22.14 전지에 대한 전하 승강기 모형

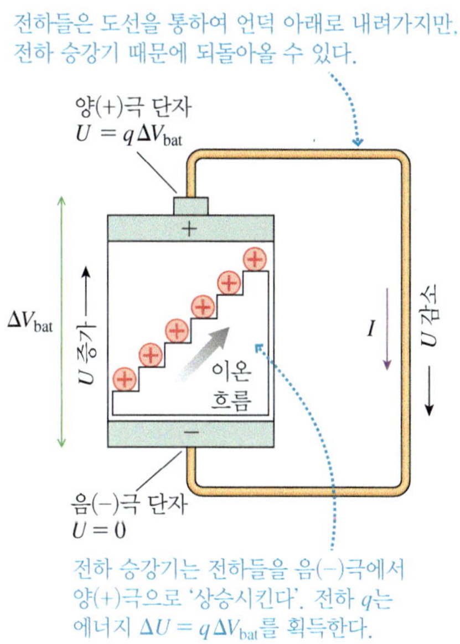

전하들이 일단 양(+)극 단자에 도달하게 되면, 전하들은 도선을 통하여 음(−)극 단

자에 도달할 때까지 아래로 하강할 수 있게 된다. 이후 전하 승강기는 전하들을 다시 양(+)극 단자로 상승시키고, 그곳에서 음(−)극 단자로 다시 하강하는 등의 반복 운동을 하게 한다. 이와 같이 연속적인 폐회로에 있는 전하들의 흐름을 **완전한 회로**(complete circuit)라고 한다.

전지에서 전하 승강기는 외부에서 에너지를 반드시 공급받아야 된다. 전하 승강기는 전자들을 전기장에 대해 '위쪽 방향'으로 거슬러 올라가게 한다. 전지는 **전해질**(electrolytes)이라 하는 화학 재료가 서로 다른 재료로 만들어진 두 전극 사이에 삽입된 구조로 되어 있다. 전하들을 이동하게 하는 에너지는 전극과 전해질 사이의 화학 반응에 의해 생성된다. 이와 같은 화학 반응에 의하여 분리된 양(+)전하는 한쪽 전극으로, 음(−)전하는 다른 쪽 전극으로 이동하게 된다. 다시 말해서, 전하는 기계적인 이동 벨트가 아니라 화학 반응에 의해 전하들을 한쪽 전극에서 다른 쪽 전극으로 이동시킨다.

전지가 회로에서 전류를 생성함에 따라, 전하 승강기로 작용하는 화학 반응은 전지에서 화학 재료를 고갈시킨다. 다 사용해버린 전지는 화학 재료의 공급이나 화학 에너지의 공급이 고갈된 상태이다. 일부 전지의 경우 양(+)극 단자에 전류를 강제로 공급하여 반대방향으로 화학 반응을 일으킴으로써 전하들을 이동시켜 재충전할 수 있고, 그래서 화학 재료를 새롭게 하여 화학 에너지를 저장한다.

전하를 분리함으로써, 전하 승강기는 그림 22.14에서 전지의 양쪽 단자 사이에 전위차 ΔV_{bat}를 발생시킨다. 전지와 같이 전하를 능동적으로 분리할 수 있는 장치에 의해 설정되는 전위차를 **기전력**(emf)이라고 한다. 이것을 3개의 철자 순서대로 'e-m-f'라고 읽는다. 기전력에 대한 기호는 E의 필기체 $\mathcal{E}$를 사용하고, 단위는 볼트를 사용한다.

발전기, 광전지 및 전력 공급기 등은 다른 방법으로 전하를 분리하지만, 그 기능은 전지와 매우 유사하다. 이러한 모든 장치들의 공통점은 에너지원을 이용하여 전하를 분리시키고, 전위차를 발생시킨다는 것이다. 이 장치들의 기전력은 전하를 분리하기 위하여 전하에 한 일과 같다. 이와 대조적으로, 축전기는 분리된 전하들을 **저장**하지만, 축전기가 전하들을 분리시키는 역할을 하지 않는다. 따라서 축전기는 전위차는 있지만, 기전력을 갖지는 않는다.

충격 약탈자(A shocking predator) BIO 전기메기는 물고기들을 전기로 마비시켜 포획하여 잡아먹는다. 23장에서 보겠지만, 체내의 세포들은 전지와 유사하게 화학 에너지를 이용하여 전하들을 분리시킨다. **전기세포**(electrocytes)라 하는 체내의 특정 세포는 자극을 받는 짧은 시간에 0.10 V보다 조금 큰 기전력을 발생시킨다. 이런 작은 기전력이 큰 효과를 발생시키지는 않지만, 전기메기는 이러한 전기세포들이 직렬로 연결된 수백 개의 클러스터들을 포함하고 있는 기관을 가지고 있다. 전체 기전력은 50 V 혹은 그 이상이 될 수 있으며 근처에 있는 먹이들을 움직이지 못하게 할 수 있다.

1.5 V와 같이, 전지의 **등급**은 전지의 기전력을 의미한다. 전지의 등급은 전지에서 작용되는 특정 화학 반응에 의해 결정된다. 알칼리 전지는 1.5 V의 기전력을 가지며, 재충전 가능한 니켈수소(NiMH) 전지는 1.2 V의 기전력을 갖는다. 더 큰 기전력은 여러 개의 작은 '전지들'을 직렬로 연결하므로 생성되며, 1층부터 4층까지 3개의 분리된 승강기들에 의해 올라가는 것과 유사하다.

전류가 없는 전지는 그 기전력과 동일한 전위차를 가지고 있다. 전류가 흐르면 전지의 전위차는 그 기전력보다 조금 작아진다. 그러나 이러한 작은 전위차는 무시할 수 있으며 $\Delta V_{\text{bat}} = \mathcal{E}$인 것으로 간주한다.

개념형 예제 22.4 **직렬 연결된 전지의 전위차**

3개의 전지가 그림 22.15와 같이 하나씩 차례로 연결되어 있다. 이러한 연결을 직렬 연결이라 한다. 전체 전위차는 얼마인가?

판단 이런 연결을 3개의 전하 승강기로 고려할 수 있다. 각 승강기는 전하들을 더 높은 전위로 상승시킨다. 각 전지들은 1.5 V의 전위를 상승시키기 때문에, 직렬로 연결된 3개 전지의 전체 전위차는 4.5 V이다.

검토 보편적인 AA 및 AAA 전지들은 1.5 V 전지들이다. 디지털카메라와 같은 많은 가전제품들은 2개에서 4개의 전지를 사용한다. 장치 내의 도선들은 이 전지들을 직렬로 연결하여 3.0 V 혹은 6.0 V의 총 전위차를 발생시킨다.

그림 22.15 3개 전지의 직렬 연결

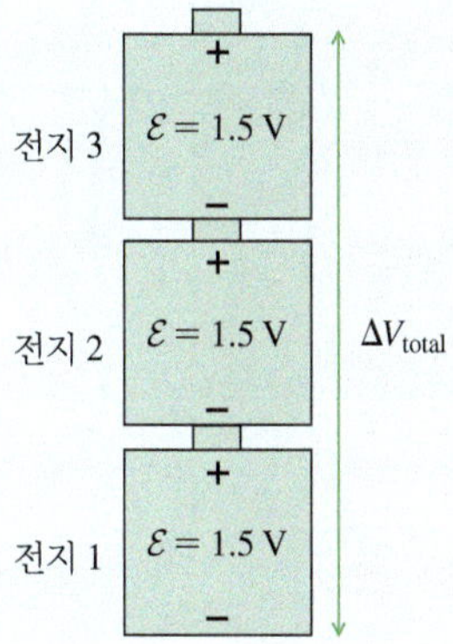

22.4 전위와 전류의 연관성

전하 승강기 모형에 대한 중요한 결론은 **전지가 전위차를 발생시킨다**는 것이다. 그림 22.16에서 볼 수 있듯이, 전지의 양쪽 단자를 연결한 도선을 따라 전하들이 이동할 때 발생되는 전류는 전지의 전위차에 의한 결과이다.

도선의 양 끝은 전지 단자에 각각 연결되기 때문에, 도선의 양 끝 사이의 전위차는 진지 단자 사이의 전위차와 동일하나.

$$\Delta V_{wire} = \Delta V_{bat} \tag{22.4}$$

이러한 전위차는 전위를 감소시키는 방향으로 전류를 흐르게 한다.

그림 22.16 도선 내의 전기장과 전류

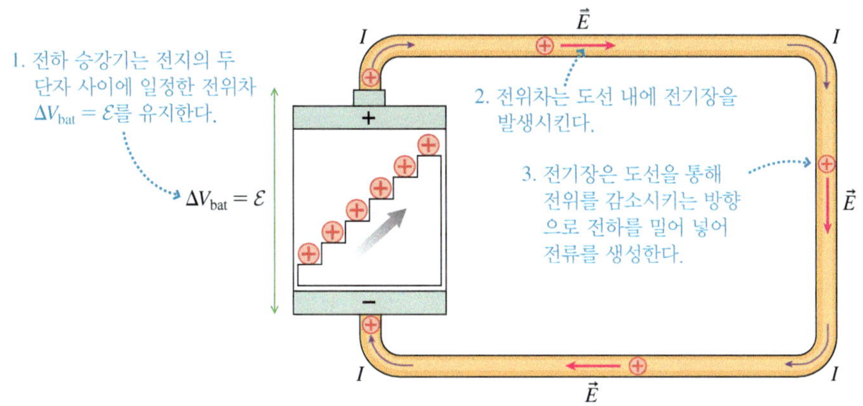

저항

그림 22.16은 전지 양단에 연결된 도선의 전류 방향을 설명한다. 그림 22.17은 전류의

그림 22.17 도선에 흐르는 전류에 영향을 주는 요소

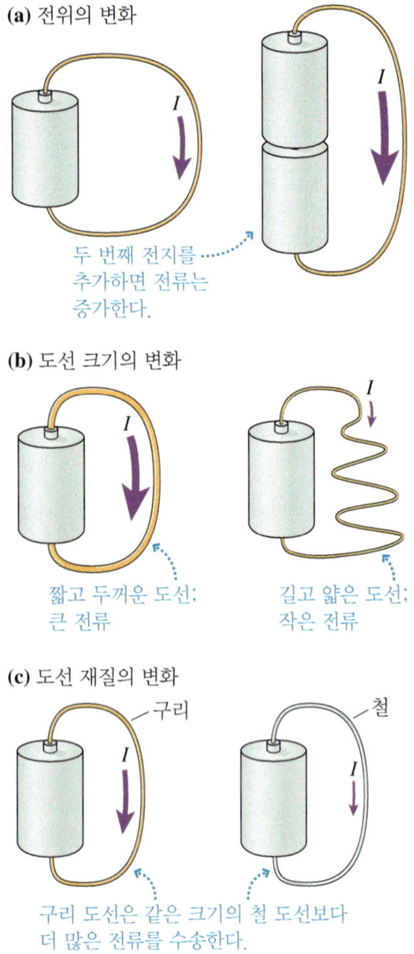

크기(magnitude)에 영향을 미치는 요소를 결정하기 위한 실험들을 보여준다. 이 실험들은 전류를 결정하는 두 가지 요소, 즉 전위차와 도선의 특성이다.

그림 22.17(a)는 두 번째 전지를 직렬로 추가하여 연결하면, 기대하는 바와 같이 전류가 증가하는 것을 보여준다. 더 큰 전위차는 더 큰 전기장을 형성하여, 전하들이 도선을 따라 더 빨리 이동하게 한다. 면밀한 실험의 결과는 전류 I가 전위차 ΔV_{wire}에 비례한다는 것을 보여줄 수 있다.

그림 22.17(b)와 그림 22.17(c)는 전류에 영향을 미치는 도선의 두 가지 특성인 도선의 크기와 재질을 나타낸다. 그림 22.17(b)는 도선의 길이를 증가시키면 전류가 감소하며, 반면 도선의 두께를 증가시키면 전류가 증가하는 것을 보여준다. 이와 같은 결과는 짧은 도선보다 긴 도선에서 전하들을 이동시키기가 어려우며, 가는 도선보다 두꺼운 도선을 통하여 더 많은 전하들이 이동할 수 있기 때문에 타당하다. 그림 22.17(c)에서 다른 재질로 된 도선들은 수송하는 전류의 크기가 서로 다르다는 것을 보여준다. 일부 재료는 다른 재료에 비해 좋은 도체이다.

특정 도선에 대하여, 그 도선을 통해 전하들을 이동시키기 어려운 정도를 나타내는 물리량인 **저항**(resistance)을 정의할 수 있다. 저항에 대한 기호로 R을 사용한다. 큰 저항이란 도선을 통하여 전하들을 이동시키기 어렵다는 정도를 나타내며, 작은 저항을 갖는 도선을 통하여 전하를 이동시키기가 쉽다. 도선에 흐르는 전류는 도선 양단의 전위차 ΔV_{wire}와 도선의 저항 R에 의해 다음과 같이 결정된다.

$$I = \frac{\Delta V_{\text{wire}}}{R} \tag{22.5}$$

저항 R을 갖는 도선 양단의 전위차가 ΔV_{wire}이면, 도선 내에 전류 $I = \Delta V_{\text{wire}}/R$을 흐르게 하는 원인인 전기장이 발생한다. 저항이 작아지면 흐르는 전류는 커진다.

식 (22.5)를 저항에 대한 정의로 생각할 수 있다. 만약 전위차가 도선에 전류 I를 흐르게 한다면, 도선의 저항은

$$R = \frac{\Delta V_{\text{wire}}}{I} \tag{22.6}$$

이다. 저항의 SI 단위는 **옴**(ohm)으로 다음과 같이 정의한다.

$$1\text{옴} = 1\ \Omega = 1\ \text{V/A}$$

여기서 Ω은 그리스어로 대문자 오메가이다. 단위는 독일 물리학자 옴(George Ohm)의 이름으로부터 명명되었다. 옴은 저항의 기본단위이나, 킬로옴($1\ \text{k}\Omega = 10^3\ \Omega$)과 메가옴($1\ \text{M}\Omega = 10^6\ \Omega$) 등이 많이 사용된다.

예제 22.5 백열전구의 저항

백열전구에서 빛을 방출하는 재료는 **필라멘트**이다. 가늘고 긴 텅스텐 도선으로 전류가 흐르면 열을 받아 발광하게 된다. 60 W의 전구에 120 V의 외부 전위차를 걸어주면 0.50 A의 전류가 흐른다. 이 전구에서 필라멘트의 저항은 얼마인가?

풀이 식 (22.6)을 이용하여 저항을 계산할 수 있다.

$$R = \frac{\Delta V_{\text{wire}}}{I} = \frac{120\ \text{V}}{0.50\ \text{A}} = 240\ \Omega$$

검토 아래에서 설명하겠지만, 필라멘트의 저항은 온도에 따라 변한다. 단, 위의 저항은 전구가 점등되고 필라멘트가 뜨겁게 열을 받았을 때의 값이다.

비저항

그림 22.17(c)는 도선의 저항이 도선을 어떤 재료로 만들었는가에 따라 달라지는 것을 보여준다. 물질의 전기적 특성을 나타내기 위해 **비저항**(resistivity)이라는 물리량을 정의하며 기호로 ρ(그리스 소문자 로)를 사용한다. 물질이 좋은 도체이면 낮은 비저항을 가지며, 물질이 나쁜 도체이면(즉, 좋은 절연체이면) 높은 비저항을 갖는다. 비저항 ρ 단위는 $\Omega \cdot \text{m}$이다. 일부 상용되는 물질의 비저항이 표 22.1에 주어져 있다.

표 22.1 물질의 비저항

물질	비저항($\Omega \cdot \text{m}$)
구리	1.7×10^{-8}
알루미늄	2.7×10^{-8}
텅스텐(20°C)	5.6×10^{-8}
텅스텐(1500°C)	5.0×10^{-7}
철	9.7×10^{-8}
니크롬	1.5×10^{-6}
바닷물	0.22
혈액(평균)	1.6
근육	13
지방	25
순수한 물	2.4×10^{5}
세포막	3.6×10^{7}

금속들은 일반적으로 좋은 도체(곧 낮은 비저항을 가짐)들이며, 특히 구리와 같은 금속은 열선으로 사용되는 니켈과 크로뮴의 합금인 니크롬 금속보다 더 좋은 도체이다. 물은 나쁜 도체지만, 바닷물은 용해된 소금이 전하를 수송하는 이온을 생성하므로 비저항이 순수한 물보다 백만분의 1 정도로 작은 양호한 도체이다. 유리는 구리보다 비저항이 10^{22}배 큰 $10^{14}\ \Omega \cdot \text{m}$로 우수한 절연체이다.

여러 물질의 비저항은 표 22.1에 제시된 텅스텐의 값처럼 온도에 따라 변한다. 온도가 상승함에 따라 원자들의 열적 진동도 증가하게 된다. 이런 원자들은 이동하는 전자에 대해 '더 큰 충돌 과녁'이 되며, 전자와의 충돌횟수도 증가하게 된다. 그러므로 금속의 비저항은 온도가 증가함에 따라 증가한다.

도선의 저항은 그 물질의 비저항과 크기에 모두 좌우된다. 비저항이 ρ인 도선이 길이 L이고 단면적이 A인 경우 저항은 아래와 같다.

$$R = \frac{\rho L}{A} \tag{22.7}$$

도선의 저항은 비저항과 구조적인 크기로 표시됨

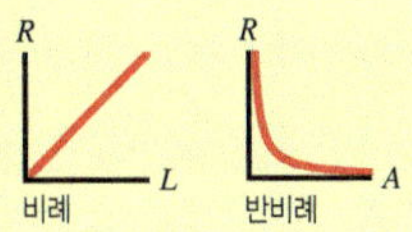

저항이란 도체의 길이와 지름 및 구성된 물질의 비저항 등에 좌우되기 때문에 특정(specific) 도선, 즉 도체의 전기적 특성이다.

수업 영상

예제 22.6 **백열전구 필라멘트의 길이**

예제 22.5에서 60 W 백열전구는 240 Ω의 저항을 가진다는 것을 계산하였다. 텅스텐 필라멘트를 작동하는 온도에서, 비저항은 근사적으로 $5.0 \times 10^{-7}\ \Omega \cdot \text{m}$이다. 만약 필라

이중 코일 전형적인 백열전구의 필라멘트를 자세히 관찰하면 매우 가느다란 도선이 꼬여 있으며 또다시 전체적으로 꼬여 있는 형태이다. 이중으로 꼬인 구조는 백열전구의 유리관 안의 작은 공간 내에 긴 길이를 갖는 필라멘트를 설치하기에 필요한 구조이다.

멘트의 지름이 0.040 mm라면 길이는 얼마가 되어야 하는가?

준비 도선의 저항은 그 길이와 단면적 및 구성된 재질에 따라 결정된다.

풀이 도선의 단면적은 $A = \pi r^2 = \pi(2.0 \times 10^{-5}\ \text{m})^2 = 1.26 \times 10^{-9}\ \text{m}^2$이다. 식 (22.7)을 다시 정리하면 필라멘트의 길이는 아래와 같이 된다.

$$L = \frac{AR}{\rho} = \frac{(1.26 \times 10^{-9}\ \text{m}^2)(240\ \Omega)}{5.0 \times 10^{-7}\ \Omega \cdot \text{m}} = 0.60\ \text{m}$$

검토 이 길이는 제법 길다. 뜻밖의 결과일 수도 있으나, 어떤 측면에서는 의미가 있다. 텅스텐의 비저항이 작기 때문에 필라멘트는 반드시 가늘고 길어야 된다.

예제 22.7 히터 제작하기

한 아마추어 천문학자가 히터를 이용하여 망원경의 접안 렌즈를 따듯하게 하여 수분이 응집되지 않도록 하고자 한다. 히터는 길이가 20 cm이고, 지름이 0.50 mm인 니크롬선이 접안 렌즈 주위를 감싸고 있는 형태이다. 이 도선에 1.5 V 전지가 연결되어 있다면, 도선에 흐르는 전류는 얼마이어야 하는가?

준비 도선에 흐르는 전류는 전지의 기전력과 도선의 저항에 의해 결정된다. 도선의 저항은 표 22.1에 주어진 니크롬선의 비저항과 도선의 크기에 의해 결정된다. 도선의 크기와 관련된 수치를 미터 단위로 환산하면 $L = 0.20\ \text{m}$, $r = 2.5 \times 10^{-4}\ \text{m}$이다.

풀이 도선의 저항은

$$R = \frac{\rho L}{A} = \frac{\rho L}{\pi r^2} = \frac{(1.5 \times 10^{-6}\ \Omega \cdot \text{m})(0.20\ \text{m})}{\pi(2.5 \times 10^{-4}\ \text{m})^2} = 1.53\ \Omega$$

이고, 도선이 전지에 연결되어 있으므로, $\Delta V_{\text{wire}} = \Delta V_{\text{bat}} = 1.5\ \text{V}$이다. 도선에 흐르는 전류는 다음과 같다.

$$I = \frac{\Delta V_{\text{wire}}}{R} = \frac{1.5\ \text{V}}{1.53\ \Omega} = 0.98\ \text{A}$$

검토 전지의 기전력이 작으므로, 도선의 저항도 작고, 적당한 전류가 흘러 도선과 접안 렌즈를 따듯하게 하기에 충분하다.

물리적 성질의 전기적 측정

저항을 측정하는 것은 아주 간단하다. 저항은 물질의 특성에 민감하게 반응하기 때문에 저항을 측정하는 것은 단순할 수 있으며, 관심 있는 물리량을 측정하는 효과적인 방법이 될 수 있다. 예를 들어, 물의 비저항은 물에 용해되어 있는 물질에 좌우되므로, 비저항을 측정함으로써 물의 순도를 시험하는 것은 아주 쉽다.

개념형 예제 22.8 **음용수 검사하기**

가정에서는 때때로 염도를 가지는 지하수로부터 음용수를 끌어올려 사용한다. 그러나 물을 가정에 끌어올려 모으기 전에 **그림 22.18**에서와 같은 회로의 두 전극 사이로 물을 통과시킨다. 전류계로 물을 통하여 흐르는 전류를 측정한다. 염분을 증가시키면 전류는 증가하는가 혹은 감소하는가?

판단 염분을 증가시키면 물의 비저항이 감소한다. 비저항의 감소는 두 전극 사이의 저항을 감소시키게 된다. 전류는 저항에 반비례하므로 전류를 증가시키게 된다.

검토 염분을 증가시키면 더 많은 이온들이 물속에 생성된다. 따라서 더 많은 전하들이 생성되므로, 전류의 증가가 기대된다. 이와 비슷한 전기적 장치는 물의 순도를 확인하는 아주 간단한 장치가 될 수 있다.

그림 22.18 물을 검사하는 회로

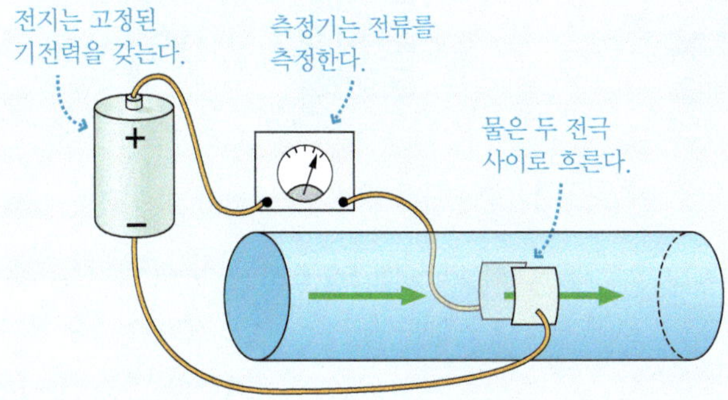

체내에서 서로 다른 조직들은 표 22.1에 주어진 것과 같이 비저항이 서로 다르다. 예를 들어, 지방은 근육보다 비저항이 크다. 결과적으로, 이 장의 시작 부분에 있는 사진에서 설명한 바와 같이 정기적인 검사를 통해 신체의 저항을 측정한 결과를 근거로 하여 한 사람에 대한 지방의 비율이 추정된다. 신체의 저항이 높을수록 지방의 구성비가 높다는 것을 의미한다.

저항에 대한 더 세심한 측정 결과는 좀 더 상세한 진단 정보를 제공할 수 있다. 전기 임피던스 단층촬영(electrical impedance tomography)으로 알려진 방법으로써, 한 쌍의 전극을 사람 몸의 서로 다른 반대쪽에 연결하여 작고 안전한 전류를 흘려보내면 전극 사이에 있는 조직에 대한 저항을 측정할 수 있다(임피던스는 저항과 비슷하나, 교류 회로에서 사용되며, 26장에서 학습한다). **그림 22.19**는 여러 쌍의 전극 사이에서 측정된 저항으로부터 생성된 환자의 몸에 대한 영상자료이다. 영상자료는 두 번의 순차적인 측정으로부터 획득한 저항에 대한 변화를 나타낸다. 저항이 감소하는 경우는 빨간색으로, 저항이 증가하는 경우는 파란색으로 표시되었다. 이 영상자료는 심장이 휴식하는 동안, 혈액이 허파를 떠날 때와 심장으로 들어갈 때 생성되었다. 혈액은 심장이나 허파의 조직보다 양호한 도체이므로, 혈액의 이동은 심장의 저항을 낮추며 허파의 저항을 높이게 한다. 이 환자의 경우 건강하였지만, 순환기 계통의 문제를 갖는 환자의 경우 정상적인 혈액의 흐름으로부터 벗어나 있어 저항의 비정상적인 형태가 영상자료에 나타나게 된다.

그림 22.19 건강한 환자의 조직 단면을 나타내는 전기적 임피던스 지도 BIO

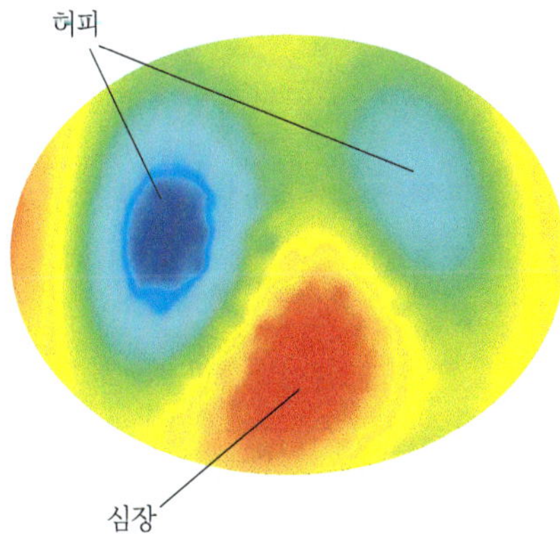

22.5 옴의 법칙과 저항기 회로

앞 절에서 보았듯이 도체의 양쪽 끝에서의 전위차와 도체를 통과하는 전류의 관계는 옴에 의해 처음으로 유도되었으며, **옴의 법칙**(Ohm's law)으로 알려져 있다.

수업 영상

$$I = \frac{\Delta V}{R} \tag{22.8}$$

저항 R을 갖는 도체에 대한 옴의 법칙

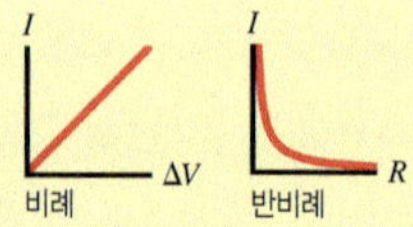

저항 R을 갖는 도선에 흐르는 전류가 I이면, 도선 양쪽 끝의 전위차는 $\Delta V = IR$이다.

이름과는 다르게 옴의 법칙은 자연의 법칙이 아니다. 사용하는 동안 저항 R이 일정한 값이나 거의 일정한 값을 가지는 재료에 대하여 한정되는 법칙이다. 옴의 법칙이 적용되는 물질을 **옴성**(ohmic) 물질이라고 한다. **그림 22.20**는 옴성 물질을 통과하는 전류가 전위차에 직접적으로 비례함을 나타낸다. 전위차를 두 배로 하면 전류도 두 배가 되는 결과를 보인다. 이 경우 선형 관계에 있다고 하며, 저항 R은 그래프의 기울기로부터 결정될 수 있다.

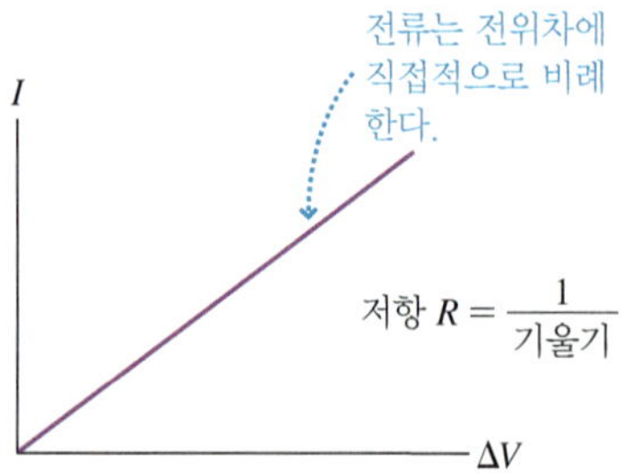

그림 22.20 저항 R을 갖는 도체에 대한 전류-전위차 그래프

비옴성(nonohmic) 물질이라는 것은 이런 재료나 소자를 통과하는 전류가 소자 양쪽 끝의 전위차에 직접적으로 비례하지 **않는다는** 것을 의미한다. 비옴성 소자의 두 가지 중요한 예는 건전지로, $\Delta V = \mathcal{E}$는 화학 반응에 의해 결정되며 전류와 무관하고, 26장에서 배우게 될 축전기의 경우 전류 I와 전위차 ΔV의 관계는 저항에 대한 관계와 매우 다르다.

저항기

'저항'이란 말은 전하들의 흐름을 느리게 하고 에너지를 빼어가는 것을 암시하는 부정적인 의미를 가지고 있다. 그러나 많은 경우에서, 회로를 구성하는 요소들은 실용적인 이유 때문에 특정 저항을 가지도록 설계된다. 이러한 요소들을 **저항기**(resistor)라 한다. 전기회로를 상세히 보면 몇 개의 매우 중요한 기본 저항기 형태들이 존재한다.

개념형 예제 22.9 토스터에서 전류 변화

토스터의 손잡이 스위치는 열선이 120 V에 연결되게 한다. 도선이 처음에는 차가운 상태로 있지만, 도선에 전류가 통과하면 열선이 빛을 발광할 때까지 온도가 상승하게 된다. 도선이 뜨거워짐에 따라, 토스터에서 전류는 어떻게 변화하는가?

판단 도선이 데워짐에 따라, 위에서 언급한 바와 같이 도선의 비저항은 증가하게 되고, 도선의 저항 또한 증가하게 된다. 전위차가 같은 값으로 유지되기 때문에 저항을 증가시키는 것은 전류를 감소시키는 원인이 된다. 토스터를 통과하는 전류는 토스터가 처음으로 켜질 때 가장 큰 값이 된다.

검토 이것은 적절하다. 도선의 온도가 올라갈수록 전류는 감소하게 된다. 이 경우 장치는 안정화된다. 그러나 온도가 상승함에 따라 전류가 증가하면, 더 높은 고온에서 더 많은 전류가 통과하므로, 온도가 더욱 상승하여 토스터는 과열될 수 있다.

저항기의 예

발열체
전하가 저항을 가진 도선을 통해 이동함에 따라, 그 전기 에너지는 열에너지로 변환되어 도선을 가열한다. 토스터, 스토브 버너 또는 자동차의 뒷창문 디프로스터의 도선은 이러한 전기 가열의 실제적인 예이다.

회로 요소
많은 전자 장치 내부에는 많은 작은 원통이 있는 회로 기판이 있다. 이 원통은 회로의 전류 및 전압을 제어하는 데 도움이 되는 저항기이다. 저항기에 그려진 색띠는 저항값을 나타낸다.

센서 요소
변화하는 환경에 따라 저항이 변하는 저항기를 센서로 사용할 수 있다. 이 야간 조명 센서의 저항은 햇빛이 닿으면 바뀐다. 회로는 이러한 변화를 감지하여 낮 시간 동안 조명을 끈다.

단순회로 해석하기

그림 22.21(a)는 백열전구의 구조를 보여준다. 중요한 점으로 백열전구에는 도선처럼 2개의 '끝점'이 있으며, 전류가 전구를 **통과한다**는 것이다. 전구에서 필라멘트의 연결은 끝점 및 금속 원통의 측면에서 이루어진다. 가끔 전구를 전류가 흐르면 빛을 발하는 저항기로 생각하는 것이 의미가 있다. 전지, 백열전구 및 도선이 연결된 그림 22.21(b)와 같은 하나의 회로를 보자. 이것은 전구를 위한 기본적인 회로이다.

그림 22.21 전지와 전구에 의한 기초 회로

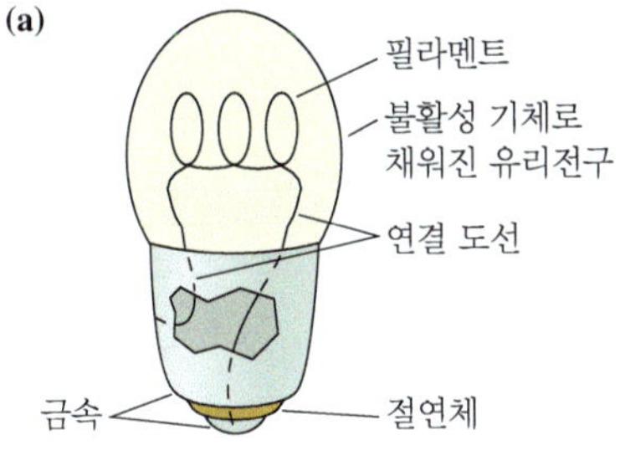

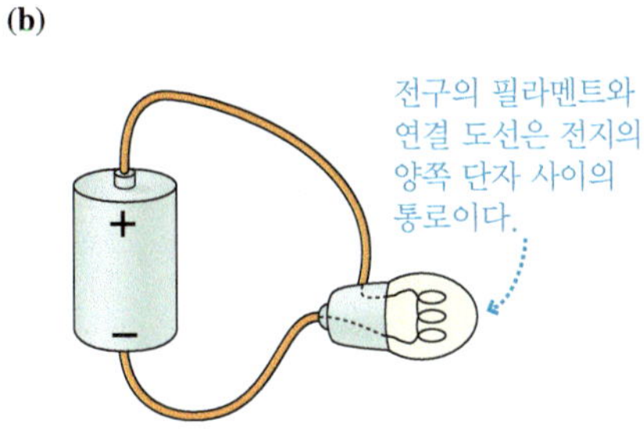

전형적인 전구는 저항이 약 3 Ω 정도이고, 전구를 전지에 연결하는 데 사용되는 도선의 저항은 약 0.01 Ω 정도이다. 도선의 저항은 전구의 저항보다 훨씬 작고, 오차도 작아서, 도선의 저항이 0이라 가정할 수 있다. $R_{\text{wire}} = 0\ \Omega$인 **이상적인 도선**(ideal wire) 모형에서 **도선에 전류가 흘러도** 도선 양 끝의 전위차 ΔV는 0이다.

물리적으로 전위차는 0이 될 수 없다는 것을 알고 있다. 전하가 이동하고 있다면

그림 22.22 도선-저항기-도선 결합에서의 전위 변화

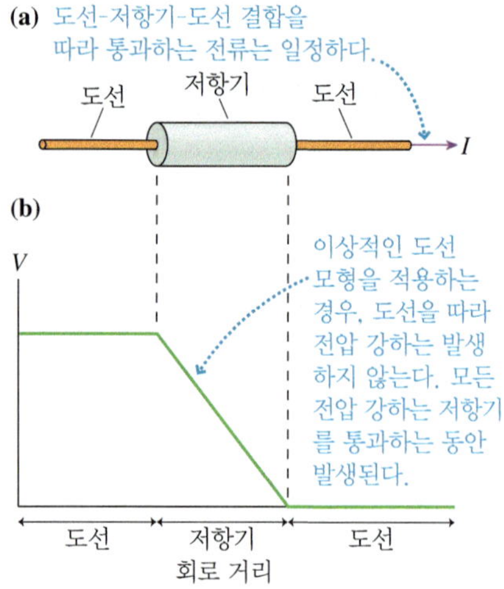

그림 22.23 저항기 내부의 전기장

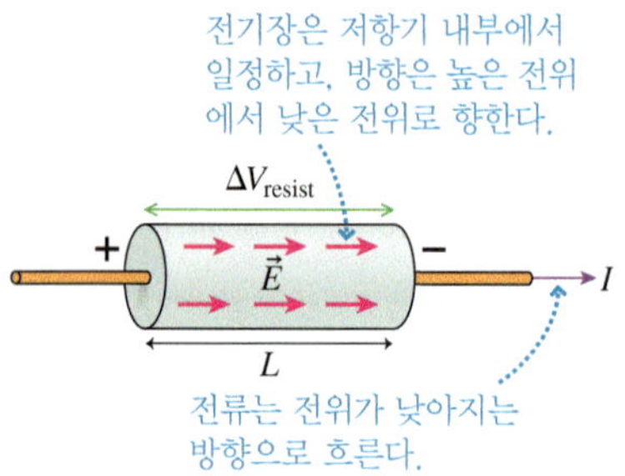

도선에는 반드시 전기장이 있어야 하므로, 따라서 전위차가 반드시 있어야 한다. 그러나 실제적으로 이 전위차는 매우 작아 오차가 거의 없는 0이라고 가정할 수 있다.

그림 22.22는 회로를 해석하기 위해 사용되는 이상적인 도선 모형을 나타낸다. 그림 22.22(a)에서 저항기는 양 끝에 각각 도선이 연결되어 있고 전류 I가 세 부분을 통과한다. 전류가 있기 위해서는 저항기 양 끝에 전위차 $\Delta V_{\text{resist}} = IR_{\text{resist}}$가 요구되지만, 이상적인 도선에는 전위차가 없다($\Delta V_{\text{wire}} = 0$). 그림 22.22(b)는 도선-저항기-도선 결합에 따른 전위를 보여주는 그래프이다. 전류는 전위가 낮아지는 방향으로 통과하고, 전류의 통과 방향에 따라, 저항기의 왼쪽에서 오른쪽으로 횡단함에 따라 전위가 감소하여 큰 **전압 강하**(voltage drop)가 발생된다. 이상적인 도선에서는 전압 강하가 발생되지 않기 때문에 그래프에서 도선에 대응되는 부분은 수평 부분이다.

전위가 저항기를 통과하는 동안 선형적으로 변화되는 것은 평행판 축전기의 극판 사이에서 전위가 선형적으로 변화되는 것과 비슷하다. 축전기에서, 이러한 선형적인 전위의 변화는 균일한 전기장이 형성되는 것과 일치한다. 같은 현상이 도선에도 있다. **그림 22.23**에서 보는 바와 같이, 회로에서 전류가 통과하는 저항기에서 전기장은 균일하다. 이 전기장의 세기는 평행판 축전기에 대한 식 (21.6)과 비슷하게 다음과 같다.

$$E = \frac{\Delta V}{L}$$

기대한 바와 같이, 전위차가 큰 것은 전기장의 세기도 커지는 것과 일치한다.

예제 22.10 단일 저항기 회로 해석하기

15 Ω의 저항기가 1.5 V 전지의 양쪽 단자에 연결되어 있다.

a. 전지의 음전극 전위를 $V = 0$ V의 기준 전위로 시작하여 회로를 따라 이동하는 거리에 따른 전위 변화를 그리시오.

b. 회로에 흐르는 전류는 얼마인가?

준비 회로를 따라 전하들이 이동함에 따라 발생되는 전위 변화를 가시화하기 위해서, **그림 22.24**와 같이 회로의 그림을 그려 시작한다. 전위가 0인 지점이 기록되어 있다. 그림에서는 '위쪽'의 전위가 더 높은 것으로 그렸으며, 회로의 의미를 잘 이해할 수 있도록 하였다. 전지에서 전하들은 전위가 높은 곳으로 상승하게 되며, 전지의 양(+)극에서 '하강'하여 저항기를 통과한 후 음(−)극으로 이동하게 된다. 여기서 도선은 이상적인 것으로 가정하였다.

그림 22.24 단일 저항기 회로

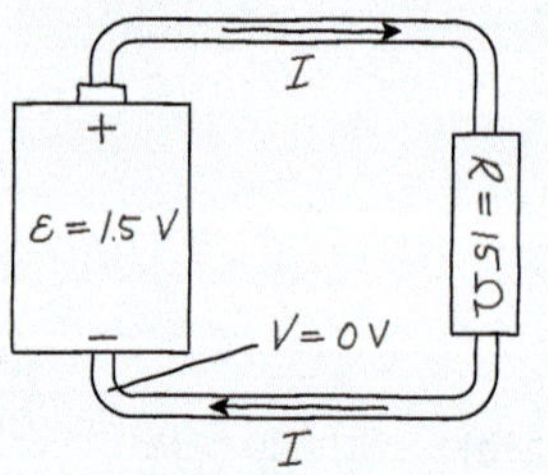

그림 22.25 전위차-위치 그래프

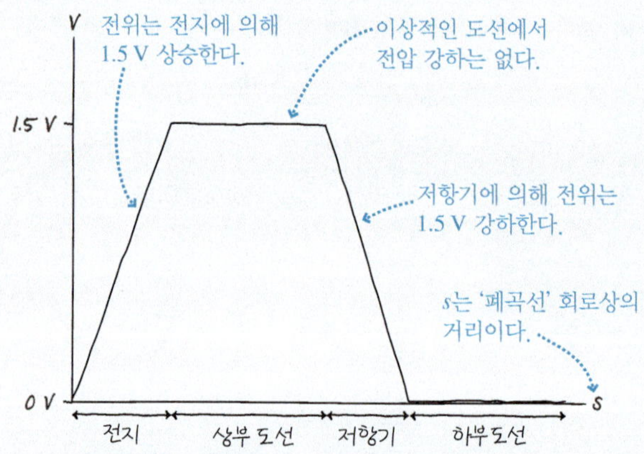

풀이 a. **그림 22.25**는 회로에서 전위를 그림으로 표현하고 있다. 여기서 거리 s는 기준 전위가 0 V로 설정된 전지의 음(−)극에서부터 회로 내 임의의 지점까지의 거리이다. 시작점에서부

터 회로를 따라 이동하는 경우 전위는 반드시 원래 전위로 되돌아오게 된다. 도선은 이상적인 것으로 가정하였기 때문에 도선에서는 전압 강하가 발생되지 않는다. 이것은 저항기에서의 전압 강하는 전지 양단의 전위차와 같다는 것을 의미하므로 $\Delta V_R = \mathcal{E} = 1.5$ V이다.

b. 이제 저항기에서 전위차를 알 수 있으므로, 옴의 법칙을 사용하여 저항기에서 전류를 계산할 수 있다.

$$I = \frac{\Delta V_R}{R} = \frac{1.5\ \text{V}}{15\ \Omega} = 0.10\ \text{A}$$

전류는 보존되기 때문에, 이 값은 회로 내의 임의의 지점에서의 전류 크기이다. 다시 말해서, 전지의 전하 승강기는 0.10 C/s 비율로 전하를 상승시키며, 도선 및 저항기를 따라 전하들은 0.10 C/s 비율로 흐른다.

검토 전지가 연결된 회로에서 위의 전류는 타당하다.

주목한 바와 같이, 빛의 세기, 온도 및 소리의 세기 등과 같이 우리가 측정하고 싶은 물리적인 변수의 함수로써 저항이 변하게 되는 다양한 장치들이 있다.

예제 22.11 서미스터 사용하기

서미스터는 저항이 온도에 따라 변화하는 장치이다. 특정 서미스터의 저항은 20°C에서 2.8 kΩ이고 70°C에서 0.39 kΩ이다. 이 서미스터는 실험실의 수조에서 온도를 모니터링하는 데 사용된다. 서미스터는 1.5 V 전지와 함께 회로에 연결되어 전류를 측정한다. 온도가 20°C에서 70°C로 상승함에 따른 회로에서 전류의 변화는 얼마인가?

풀이 각각의 경우에 전류를 찾기 위하여 옴의 법칙을 사용한다.

$$I(20°\text{C}) = \frac{\Delta V}{R} = \frac{1.5\ \text{V}}{2.8 \times 10^3\ \Omega} = 0.54\ \text{mA}$$

$$I(70°\text{C}) = \frac{\Delta V}{R} = \frac{1.5\ \text{V}}{0.39 \times 10^3\ \Omega} = 3.8\ \text{mA}$$

따라서 전류의 변화는 3.3 mA이다.

검토 온도의 적정한 변화는 전류의 큰 변화로 이어지며, 이것은 온도 변화에 대한 민감한 정보를 제공하기 위한 장치로써 합리적이다.

22.6 에너지와 전력

전구의 스위치를 켜면 백열전구는 전지에 연결되어 발광하기 시작한다. 전구는 에너지를 방출하고 있다. 이 에너지는 어디에서 오는 것인가?

그림 22.26에서 전지와 전구로 구성된 회로에 나타낸 것과 같이, 전지는 전위차 및 전기 에너지를 공급한다. 전하 승강기는 에너지 변환과정을 통해 전지에 저장된 화학 에너지를 전기 위치 에너지 U로 변환시킨다. 이 에너지는 전하들이 백열전구를 통과하여 이동함에 따라 감소하게 되며, 이에 따라 필라멘트는 뜨거워지며 발광하게 된다.

전하 q는 전위차 ΔV를 통과함에 따라 전기 위치 에너지 $\Delta U = q\Delta V$를 얻게 된다. 전지의 전위차는 $\Delta V_{bat} = \mathcal{E}$이며, 따라서 전지는 전하 q에 전기 위치 에너지 $\Delta U = q\mathcal{E}$를 공급하여 전하를 음(−)극 단자에서 양(+)극 단자로 상승시킨다.

전지가 전하에 에너지를 공급하는 비율을 이해하는 것이 더 중요하다. ◀◀10.8절에서 배운 바와 같이 에너지 변환율이 일률(power)이며, 단위 시간당 줄(J/s) 혹은 와트(W)로 표시한다. 전하량 Δq가 Δt시간 동안 전지를 통과한다고 가정하자. 전하량 Δq

그림 22.26 전지와 백열전구로 구성된 회로에서의 에너지 변환

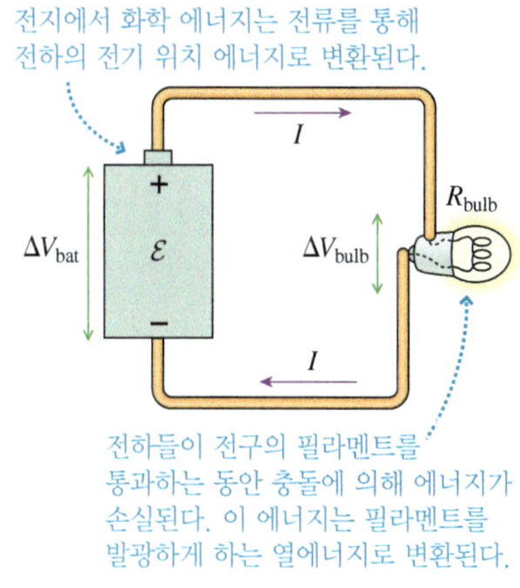

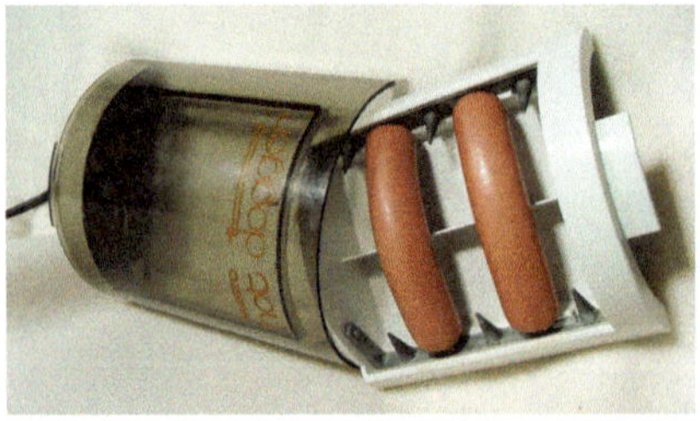

핫도그 저항기 전자레인지가 보편적으로 사용되기 전에는 핫도그를 신속하게 요리하기 위해 매우 저급한 수준의 장치가 사용되었다. 핫도그에 연결된 2개의 뾰족한 갈퀴에 120 V 가정용 전압을 공급하여, 핫도그가 회로에서 저항기 역할을 하도록 하였다. 핫도그를 통과하는 전류는 전기 에너지를 열에너지로 소모하게 하고, 약 2분간 핫도그를 요리한다.

는 자신의 전기 위치 에너지를 $\Delta U = (q\Delta)\mathcal{E}$만큼 증가시키게 된다. 전지에서 전하로 이동하는 에너지 전달률은 다음과 같다.

$$P_{\text{bat}} = \text{에너지 전달률} = \frac{\Delta U}{\Delta t} = \frac{\Delta q}{\Delta t}\mathcal{E} \tag{22.9}$$

그러나 전지를 통과하는 전하량의 비율인 $\Delta q/\Delta t$는 전류 I이다. 따라서 전지나 혹은 임의의 기전력에 의해 공급받는 전력은 다음과 같다.

$$P_{\text{emf}} = I\mathcal{E} \tag{22.10}$$

기전력에 의해 전달되는 전력

$I\mathcal{E}$의 단위는 J/s 혹은 W이다.

예제 22.12 자동차 전지가 공급하는 출력

자동차 전지는 기전력이 $\mathcal{E} = 12$ V이다. 자동차의 시동 모터가 가동할 때, 전지의 전류는 320 A이다. 전지가 공급하는 전력은 얼마인가?

풀이 전력은 전지의 기전력과 전류의 곱이다.

$$P_{\text{bat}} = I\mathcal{E} = (320\ \text{A})(12\ \text{V}) = 3.8\ \text{kW}$$

검토 이 값은 매우 큰 값(약 5마력)이지만, 자동차 엔진을 가동시키는 것은 매우 힘든 일이므로, 이 전력의 양은 타당한 크기이다. 자동차의 전지는 엔진을 가동시키기 위해 필요한 강력한 폭발을 신뢰성 있게 공급하도록 설계되어 있다.

그림 22.27 전지의 전력은 저항기에서 소모된다.

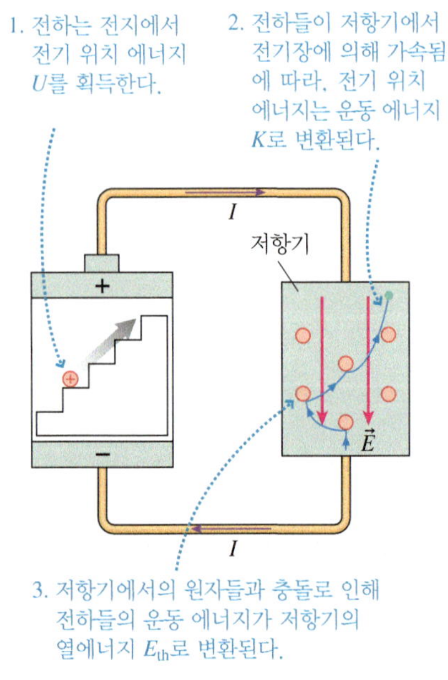

전지와 단일 저항기로 구성된 회로를 가정해보자. $P_{\text{bat}} = I\mathcal{E}$의 전력은 화학적으로 전지에 저장된 상태에서 전류를 구성하는 이동 전하로 매초 변환되는 에너지이다. **그림 22.27**은 에너지가 변환되는 과정을 순차적으로 나타내고 있으며, 다음과 같다.

$$E_{\text{chem}} \rightarrow U \rightarrow K \rightarrow E_{\text{th}}$$

전체적인 결과로 **전지의 화학 에너지는 저항기의 열에너지로 변환되었으며** 저항기의 온도는 상승한다.

저항기에서 전하량 Δq는 전기 위치 에너지 $\Delta U = (\Delta q)(\Delta V_{\text{R}})$을 잃게 되며, 이 에너지는 전하의 운동 에너지 및 저항기의 열에너지로 변환된다. 따라서 전류에서 저항기로의 에너지 변환율은 다음과 같다.

$$P_{\text{R}} = \frac{\Delta U}{\Delta t} = \frac{\Delta q}{\Delta t}\Delta V_{\text{R}} = I\,\Delta V_{\text{R}} \tag{22.11}$$

이 전력은 매초 수 J 정도로, 전하가 저항기를 통과하여 흐름에 따라 손실된다고 할 수 있다.

예제 22.10의 단일 저항기 회로의 분석에서 저항기 양단의 전위차는 전지의 기전력과 같으므로, $\Delta V_R = \mathcal{E}$라는 것을 알게 되었다. 전지 및 저항기에 흐르는 전류는 같기 때문에, 식 (22.10)과 (22.11)을 비교하면 다음과 같음을 알 수 있다.

$$P_R = P_{bat} \tag{22.12}$$

저항기의 전력 소모는 정확히 전지에 의해 공급되는 전력과 같다. 전지에서 공급하는 에너지 공급 비율은 저항기에서 손실되는 에너지 소모 비율과 정확히 같다. 물론 이것은 에너지 보존에서 예상하는 것과 정확히 같다.

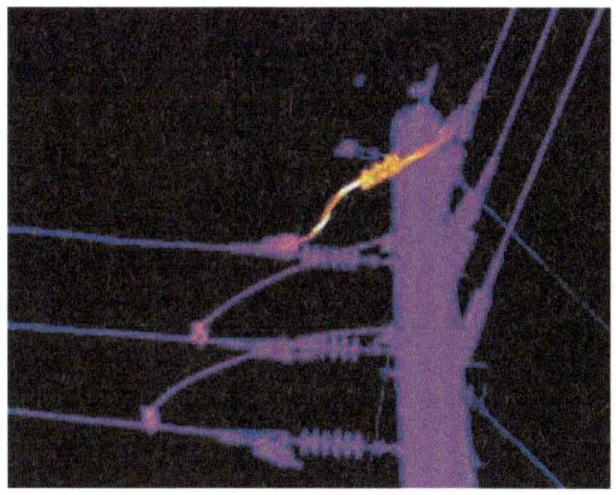

열선 열화상 카메라 이미지는 전선에 흐르는 큰 전류를 고려할 때, 우리가 생각했던 것처럼 전선이 따듯하다는 것을 보여준다. 이는 부식이 심한 곳에서 전선의 상태를 모니터링하는 데 유용하다.

100 W 백열전구나 1500 W 헤어드라이어와 같은 대부분의 가정용 기기들은 전력 소비등급을 갖는다. 이러한 가정용 기기들은 가정용 표준전압 220 V에서 사용하도록 되어 있으며, 전력등급은 220 V 전위차에서 작동할 때 소모되는 전력이다. 이들 기기의 소비 전력은 빛의 밝기를 조절하는 스위치를 장착하는 백열전구와 같이 다른 전위차에서 작동하는 경우에 등급이 달라진다.

예제 22.13 백열전구의 전류 찾기

120 V 콘센트에 연결된 75 W 백열전구에 의해 얼마나 많은 전류가 소모되는가?

준비 저항기로써 백열전구를 모형화할 수 있다.

풀이 전구는 75 W의 전력이 소모된다. 식 (22.11)을 다시 쓰면 다음과 같다.

$$I = \frac{P_R}{\Delta V_R} = \frac{75\ \text{W}}{120\ \text{V}} = 0.63\ \text{A}$$

검토 백열전구 및 기타 가정용품에 대해 1 A 정도의 전류를 생각하였으므로, 이러한 결과는 타당하다.

저항기는 옴의 법칙 $I = \Delta V_R/R$을 따른다. 이것은 저항기에서 소모되는 전력을 2개의 다른 방법으로 표현할 수 있다. 즉 전위차 ΔV_R에 대해 IR로, 혹은 전류 I에 대해 $\Delta V_R/R$로 표현할 수 있다. 따라서

$$P_R = I\Delta V_R = I^2R = \frac{(\Delta V_R)^2}{R} \tag{22.13}$$

전류가 I이고 전위차가 ΔV_R일 때, 저항 R에서 소모되는 전력

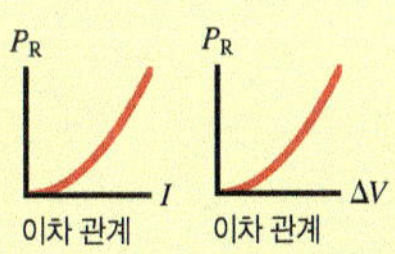

수업 영상

영상 학습 데모

이다. 전력은 전류 및 전위차의 제곱에 비례하여 변한다는 것을 설명하기 위해 다른 수식으로 표현하는 것은 중요하다.

예제 22.14 밝기가 조절되는 전구의 출력 계산하기

밝기를 조절하는 스위치를 갖는 60 W(120 V) 백열전구가 100 V에서 작동하면 소모되는 전력은 얼마인가?

준비 60 W 전력등급을 가진 전구가 120 V에서 작동하도록 되어 있다. 전구가 저출력에서 작동한다면, 정확하지 않지만 저항이 변하지 않는 것으로 가정할 수 있으며, 전압이 전력등급에서 난지 조금 벗어나 있는 상태에서는 타당한 근사이다. 이런 경우 밝기

조절 스위치를 갖는 전력과 저항을 계산할 수 있다.

풀이 백열전구는 $\Delta V_R = 120$ V에서 60 W를 소비한다. 따라서 필라멘트의 저항은 다음과 같다.

$$R = \frac{(\Delta V_R)^2}{P_R} = \frac{(120\text{ V})^2}{60\text{ W}} = 240\ \Omega$$

$\Delta V_R = 100$ V에서 작동하게 되는 경우 소비전력은

$$P_R = \frac{(\Delta V_R)^2}{R} = \frac{(100\text{ V})^2}{240\ \Omega} = 42\text{ W}$$

이다.

검토 전압이 17% 감소하면 전력은 30%로 감소하게 된다. 전력이 전압의 제곱에 비례하므로, 전력에서 더 큰 변화가 기대되는 것은 당연하다.

예제 22.15 스테레오 전압 결정하기

대부분의 스테레오 스피커는 8.0 Ω의 저항을 갖도록 설계되어 있다. 8.0 Ω 스피커가 정격이 100 W인 스테레오 증폭기에 연결된 경우, 증폭기가 스피커에 적용할 수 있는 최대 전위차는 얼마인가?

준비 증폭기의 정격은 전달할 수 있는 최대 전력이다. 대부분의 경우, 짧고 강렬한 소리에는 최대 전력이 필요하다. 증폭기가 최대 전력을 제공할 때 최대 전위차가 발생하므로, 이 수치를 계산할 것이다. 스피커를 저항기로써 모형화할 수 있다.

풀이 최대 전위차는 전력이 최대일 때 발생한다. 100 W의 최대 전력은 다음과 같다.

$$P_R = 100\text{ W} = \frac{(\Delta V_R)^2}{R} = \frac{(\Delta V_R)^2}{8.0\ \Omega}$$

$$\Delta V_R = \sqrt{(8.0\ \Omega)(100\text{ W})} = 28\text{ V}$$

이는 증폭기가 제공할 수 있는 최대 전위차이다.

검토 스피커의 저항은 백열전구의 저항보다 작기 때문에 전위차가 작아도 100 W의 전력을 공급할 수 있다.

종합형 예제 22.16 신체의 전기적 측정 BIO

본 장을 시작할 때 살펴본 사진에서 여성은 약한 전류가 자신의 몸을 통과하여 흐르는 장치를 잡고 있었다. 이것이 어떻게 이 사람 몸의 지방 성분을 결정하게 해주는가?

이 장치가 어떻게 작용하는지에 대한 상세한 내용은 본 장의 범위를 벗어나지만, 기본 원리는 아주 간단하다. 이 장치는 작은 전위차를 공급함으로써 생긴 전류를 측정하게 된다. 여러 번 측정한 결과를 비교하면, 이 장치는 팔 윗부분에 대한 신체 부분의 저항을 결정할 수 있게 한다. 팔 윗부분의 저항은 그 부분의 신체에서 지방 구성 비율에 민감하게 좌우되고, 팔 윗부분에 대한 지방 구성비는 신체 전체의 지방 비율에 대해 좋은 어림값을 준다. 팔 윗부분의 신체를 단순화한 모형으로 만들고, 이 부분에 대한 저항이 지방 비율에 따라 어떻게 변화되는지 알아보자.

그림 22.28에 주어진 사람의 팔 윗부분 신체에 대한 모형에서는 비전도성 요소(피부와 뼈에서 광석화한 부분)를 무시하였고 2개의 전도성 요소(근육과 지방)를 모아서 2개의 평행한 소자로 설정하였다. 각 조직의 비저항이 주어져 있다. 이 단순한 모형은 실제적인 팔의 구조를 잘 묘사한 것은 아니지만, 전기적 특성은 잘 예측하게 해준다.

그림 22.28 팔 윗부분의 저항에 대한 단순 모형

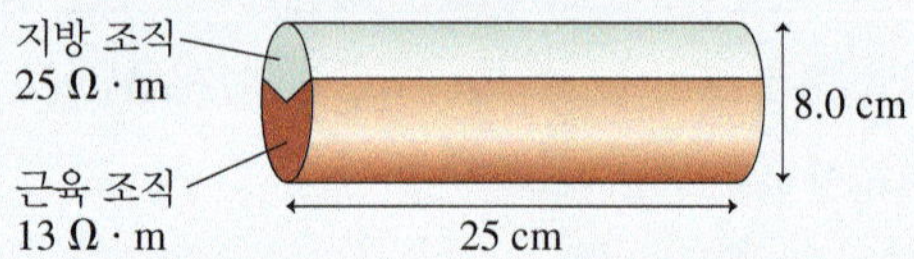

a. 그림에 적힌 크기를 갖는 실험 조건에 대해 팔 윗부분은 40% 지방과 60% 근육으로 구성되어 있다. 0.60 V의 전위차가 팔꿈치와 어깨 사이에 공급되었다. 측정되는 전류는 얼마인가?

b. 비슷한 크기를 갖는 팔에 대한 두 번째 실험 조건으로 팔 윗부분에 대해 0.60 V의 전압을 가해준 결과 0.87 mA의 전류가 측정되었다. 이 사람의 팔 윗부분에 대한 지방과 근육의 비율은 얼마인가?

준비 그림 22.29는 팔 윗부분을 2개의 저항으로 고려하고 양 끝 지점이 같이 연결되어 있는 것으로 모형화하는 방법을 보여준다. 도선을 따라 전위 '손실'이 없는 이상적인 도선 모형을 사용하였다. 결과적으로 2개 소자들의 양단에서 발생되는 전위차는 전지의 전체 전위차인 0.60 V와 같다. 전류는 두 저항기 사이의 접합점에서 '분기되며' 전류의 보존은 다음과 같은 결과를 말해준다.

그림 22.29 팔 윗부분의 조직을 통과하는 전류

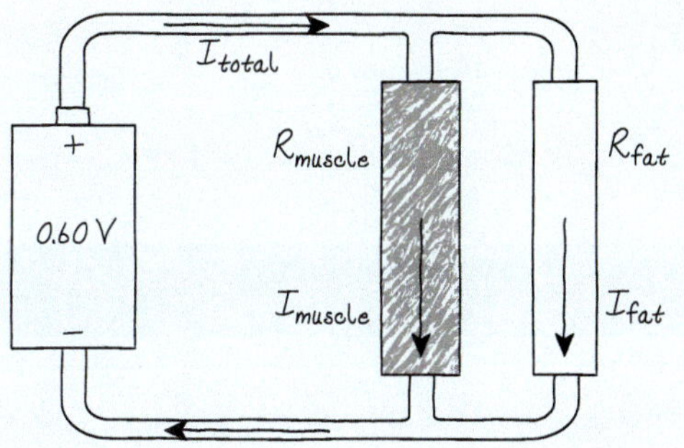

$$I_{total} = I_{muscle} + I_{fat}$$

각 소자에서 저항은 각 소자의 비저항(그림 22.28 참조)과 길이 및 단면적에 의해 결정된다. 전체 팔의 단면적은 $A = \pi r^2 = \pi(0.040 \text{ m})^2 = 0.00503 \text{ m}^2$이며, 각 소자의 면적은 이 값에 적당한 비율을 곱한 것이다.

풀이 a. 소자의 저항은 기하학적인 값과 물질의 비저항이 곱해진 $R = \rho L/A$로 주어진다. 따라서 근육(면적의 60%)과 지방(면적의 40%)의 저항은 아래와 같다.

$$R_{muscle} = \frac{\rho_{muscle}L}{A_{muscle}} = \frac{(13\ \Omega\cdot\text{m})(0.25\text{ m})}{(0.60)(0.00503\text{ m}^2)} = 1080\ \Omega$$

$$R_{fat} = \frac{\rho_{fat}L}{A_{fat}} = \frac{(25\ \Omega\cdot\text{m})(0.25\text{ m})}{(0.40)(0.00503\text{ m}^2)} = 3110\ \Omega$$

각 소자의 양쪽 단자 사이에 걸리는 전위차는 0.60 V이다. 옴의 법칙 $I = \Delta V/R$을 사용하여 각 소자 부분에 흐르는 전류를 구하면

$$I_{muscle} = \frac{0.60\text{ V}}{1080\ \Omega} = 0.556\text{ mA}$$

$$I_{fat} = \frac{0.60\text{ V}}{3110\ \Omega} = 0.193\text{ mA}$$

이다. 따라서 전류 보존 방정식으로부터 위의 두 전류를 합산한 총 전류는 다음과 같다.

$$I_{total} = 0.556\text{ mA} + 0.193\text{ mA} = 0.75\text{ mA}$$

b. 전류를 구하면 근육과 지방의 양을 결정할 수 있다. 근육 조직의 구성비를 x라고 하면, 지방 조직의 구성비는 $(1-x)$가 된다. 이것을 이용하여 위의 풀이과정을 다시 하면

$$R_{muscle} = \frac{\rho_{muscle}L}{A} = \frac{(13\ \Omega\cdot\text{m})(0.25\text{ m})}{(x)(0.00503\text{ m}^2)} = \frac{646\ \Omega}{x}$$

$$R_{fat} = \frac{\rho_{fat}L}{A} = \frac{(25\ \Omega\cdot\text{m})(0.25\text{ m})}{(1-x)(0.00503\text{ m}^2)} = \frac{1240\ \Omega}{1-x}$$

이다. 이 값들을 이용하여 각 요소에 대한 전류를 구하면

$$I_{muscle} = \frac{0.60\text{ V}}{646\ \Omega}x = 0.929(x)\text{ mA}$$

$$I_{fat} = \frac{0.60\text{ V}}{1240\ \Omega}(1-x) = 0.484(1-x)\text{ mA}$$

이고, 두 전류를 합산한 총 전류는 다음과 같다.

$$I_{total} = 0.87\text{ mA} = 0.929(x)\text{ mA} + 0.484(1-x)\text{ mA}$$

위 수식의 오른쪽을 다시 쓰면

$$0.87\text{ mA} = (0.484 + 0.445x)\text{ mA}$$

이고, 이 식을 풀면 x값을 구할 수 있다.

$$x = 0.87$$

그러므로 이 사람의 팔 윗부분에 대한 근육은 87%이고 지방은 13%이다.

검토 위의 문항 a에서 계산된 결과의 총 전류는 작은데 이것은 안전을 위해 중요하며, 문항 b에서 계산된 값에 거의 근접하였다는 것은 풀이 과정에 대해 좋은 검증이 된다. 팔들이 같은 크기이고, 개인에 따라 신체 지방의 변화가 크지 않다면, 위에서 계산된 값들은 유사할 것이다. 문항 b에 주어진 전류는 문항 a에서 계산된 전류보다 크다. 근육은 지방보다 저항이 낮으므로, 문항 b에서와 같이 근육의 구성비가 더 크다는 것이다.

문제의 난이도는 I(쉬움)에서 IIIII(도전)으로 구분하였다. INT로 표시된 문제는 지난 장의 내용이 복합된 문제이고, BIO는 생물학적 또는 의학적 관심 분야를 의미한다.

QR 코드를 스캔하여 이 장의 문제를 해결하는 데 도움이 되는 영상 학습 풀이를 시작하시오.

연습문제

22.1 전류의 모형

22.2 전류의 정의 및 기술

1. III 전기 헤어드라이어의 전류는 5 A이다. 이 헤어드라이어를 45 s 동안 통과하여 지나는 전하량과 전자의 개수를 구하시오.

2. I 접합점에서 3개의 도선이 만난다. 도선 1로는 접합점에 0.40 A의 전류가 흘러 들어온다. 도선 2의 전류는 접합점에서 0.65 A로 흘러나간다. (a) 매초 얼마나 많은 전자가 도선 3의 한 지점을 지나는가? (b) 도선 3의 전자는 어느 방향으로 이동하는가 — 접합점 쪽으로 아니면 접합점에서 멀어지는 쪽으로?

3. I 도선이 10 μA의 전류를 수송한다. 54 s 동안 이 도선의 한 점을 통과하는 전자의 개수는 몇 개인가?

4. II 축전기가 6.0×10^{-4} C의 전하량으로 대전되었고, 2개의 극판에 연결된 도선을 통하여 방전하기 시작하였다. 방전이 시작된 후 40 μs가 지났을 때 축전기는 원래 전하의 13%만 남겨져 있다. 방전 중 처음 40 μs 동안의 평균 전류는 얼마인가?

5. II 자동차 엔진의 시동 모터가 전지로부터 150 A의 전류를 끌어서 사용한다. 모터의 구리 도선은 반지름이 5.0 mm이고 길이는 1.2 m이다. 자동차 엔진의 시동을 거는 데 0.80 s 동안 모터가 작동한다. 이 시동 모터를 통과하는 전하수량은 얼마인가?

6. II 그림 P22.6에서 전류 I_B와 I_B의 값은 얼마인가? 단, 전류의 방향은 표시되어 있다.

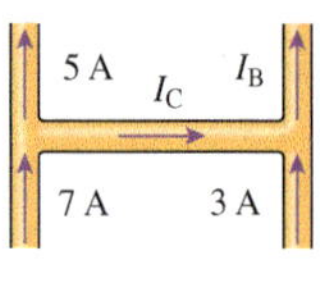

그림 P22.6

22.3 전지와 기전력

7. I 얼마나 많은 1.0 μC의 전하가 1.5 V 전지의 음(−)극 단자에서 양(+)극 단자로 이동할 때 전기 위치 에너지는 얼마나 증가할까?

8. II 9.0 V 전지는 5.0 h 동안 회로에 2.5 mA 전류를 공급한다.
   a. 음(−)극 단자에서 양(+)극 단자로 얼마나 많은 양의 전하가 이동하였는가?
   b. 전지를 통과한 전하들은 얼마나 많은 전기 위치 에너지를 얻었는가?

9. I 전기메기는 전기세포라고 하는 특수 세포 클러스터를 사용하여 상당한 전위차를 생성할 수 있다. 각 전기세포는 110 mV의 전위차를 발생시킨다. 대형 메기가 생산할 수 있는 350 V를 공급하기 위해 몇 개의 세포를 직렬로 연결해야 하는가?
BIO

22.4 전위와 전류의 연관성

10. I 도선 1과 2는 동일한 금속으로 만들어졌다. 도선 2는 도선 1의 두 배 길이와 두 배 지름을 갖는다. 두 도선의 (a) 비저항의 비율 ρ_2/ρ_1과 (b) 저항의 비율 R_2/R_1을 구하시오.

11. III 옥수수 식물의 잎에 대한 비저항 측정은 스트레스와 전반적인 건강을 평가하는 좋은 방법이다. 옥수수 식물의 잎을 따라 20 cm 떨어진 두 전극 사이에서 측정한 저항이 2.0 MΩ이다. 잎은 폭 2.5 cm이고 두께는 0.20 mm이다. 잎 조직의 비저항은 얼마인가? 이것은 인체 근육 조직의 비저항보다 큰가, 작은가?
BIO

12. III 오토바이 운전자가 오토바이의 12 V 전지에 연결하여 몸을 따뜻하게 할 수 있는 전기 조끼를 만들고 있다. 운전자는 지름 0.25 mm의 구리 도선을 사용하며 도선에서 4.0 A의 전류를 원한다. 운전자는 어떤 길이의 도선을 사용해야 하는가?

13. II 지름이 0.80 mm이고 길이가 50 cm인 니크롬 도선의 양 끝 사이에 3.0 V 전위차를 걸어준다. 도선에 흐르는 전류는 얼마인가?

14. IIII 건성 피부의 상대적으로 높은 비저항(약 $1 \times 10^6\ \Omega \cdot$m)은 몸속 깊이 흐르는 전류를 안전하게 제한할 수 있다. 전기공이 실수로 고전압에 연결된 금속 케이스로 이루어진 장치 위에 손바닥을 얹는다고 가정하자. 손바닥의 피부는 두께가 약 1.5 mm이다. 케이스와 접촉할 수 있는 전기공의 손바닥 피부 면적을 추정한 다음 손바닥 피부의 대략적인 저항을 계산하시오.
BIO

22.5 옴의 법칙과 저항기 회로

15. | 그림 P22.15는 저항에 대한 전류-전위차 그래프를 보여준다.
   a. 이 저항기의 저항은 얼마인가?
   b. 저항기의 길이가 그 단면을 동일하게 유지하면서 두 배가 된다고 가정하자(이것은 저항기가 만들어지는 재료의 양을 두 배로 늘려야 한다). 그림을 복사하고 더 긴 저항기에 대한 전류-전위차 그래프를 추가하시오.

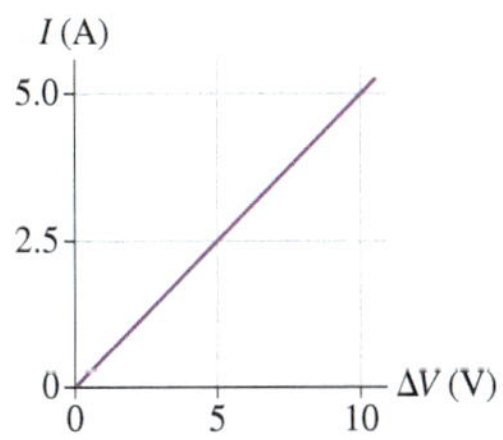

그림 P22.15

16. | 예제 22.6에서 60 W, 240 Ω의 백열전구 필라멘트 길이는 60 cm로 계산되었다.
   a. 필라멘트의 전위차가 120 V인 경우, 필라멘트 내부의 전기장의 세기는 얼마인가?
   b. 전구의 필라멘트 길이가 지름이나 전위차를 바꾸지 않고 두 배가 되었다고 가정하자. 이 경우 전기장의 세기는 어떻게 되는가?
   c. 필라멘트의 전류는 전기장에 비례한다는 것을 기억하자. 길이가 두 배가 된 필라멘트의 전류는 얼마인가?
   d. 길이가 두 배로 늘어난 필라멘트의 저항은 얼마인가?

17. || 구리 도선의 지름이 1.0 mm이고 전류가 20 A이다. 이 도선 내부의 전기장의 세기는 얼마인가?

22.6 에너지와 전력

18. | 1.5 V 전지는 회로 주변에서 2000 C의 충전을 수행한다. 전지의 화학 에너지는 얼마나 감소하는가?

19. || 전지는 통과하는 1.2 C의 전하가 전기 위치 에너지를 매초 7.2 J씩 증가시킨다. 전지의 기전력은 얼마인가?

20. | 1 m 길이의 열선을 240 V 콘센트에 연결한다. 열선이 60 W의 전력을 소모하는 경우 열선의 전류와 저항을 계산하시오.

21. |||| 가정용 전지가 공급할 수 있는 총 전하량은 mA·h 단위로 주어진다. 예를 들어, 9.0 V 알칼리 전지는 450 mA·h로 등급화되어 있는데, 이는 이 전지가 450시간 동안 1 mA를 공급할 수 있거나, 225시간 동안 2 mA 전류를 공급할 수 있다는 것을 의미한다. 이 전지가 제공할 수 있는 에너지는 몇 J인가?

23 전기회로
Circuits

전기뱀장어는 일반적인 뱀장어가 아니다. 뱀장어는 물고기이다. 그러나 전기뱀장어는 먹이를 기절시키기 위해 600 V의 펄스를 발생시키는 전기 물고기이다. 이 물고기는 어떻게 이렇게 높은 전위차를 발생시키는가?

학습목표

전기회로에 관련된 기본적인 물리적 원리를 이해한다.

회로 해석

회로를 만드는 데 사용할 수 있는 저항기, 전지, 축전기 등 여러 가지 회로 요소들을 보아왔다.

복잡한 회로를 더 단순한 회로로 분해하여 분석하는 방법을 배운다.

직렬 및 병렬 회로

저항기 및 축전기들을 연결할 수 있는 두 가지 기본 방법으로 **직렬 회로** 및 **병렬 회로**가 있다.

장식 조명은 직렬로 연결되어 있지만 헤드라이트는 병렬로 연결된 이유를 배운다.

신체 내부의 전기

신경계는 **축색** 돌기를 따라 전기 신호를 전송함으로써 작동하며 여기에는 긴 신경 돌기가 있다.

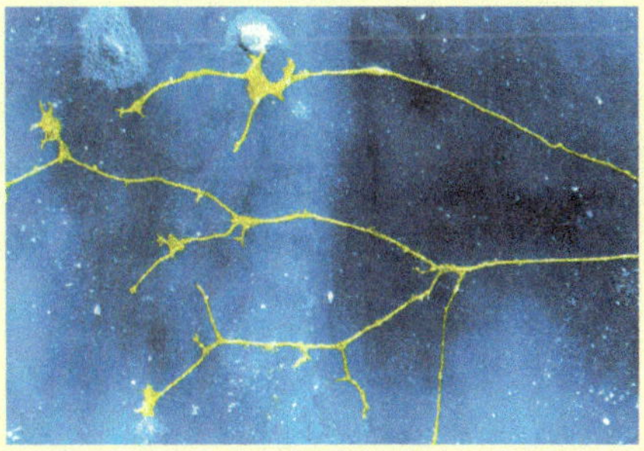

저항, 전기 용량 및 개별 신경 세포의 전위와 관련하여 신경 자극을 이해하는 법을 배운다.

이 장의 배경

옴의 법칙

◀◀22.5절에서 옴의 법칙, 저항을 통한 전류와 그 저항기의 전위차에 대한 관계를 알아보았다.

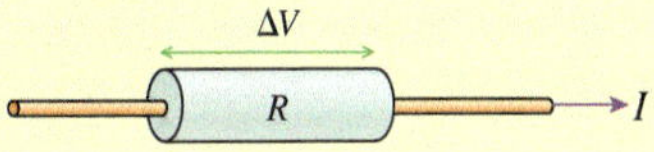

$$I = \frac{\Delta V}{R}$$

이 장에서는 여러 저항기와 전지로 구성된 좀 더 복잡한 회로를 분석할 때 옴의 법칙을 사용할 것이다.

23.1 회로 요소 및 회로도

22장에서, 저항기와 전지로 구성된 매우 간단한 회로를 분석하였다. 본 장에서는 더 다양한 요소들이 추가된 좀 더 복잡한 회로를 살펴본다. 이 책 내의 다른 주제를 학습할 때와 마찬가지로 적절한 그림들을 이용하여 이해를 도울 것이다. 이를 위하여 각 요소를 가장 잘 나타낼 수 있는 그림 기호를 이용하여 회로도를 나타낼 것이다.

그림 23.1 전기회로

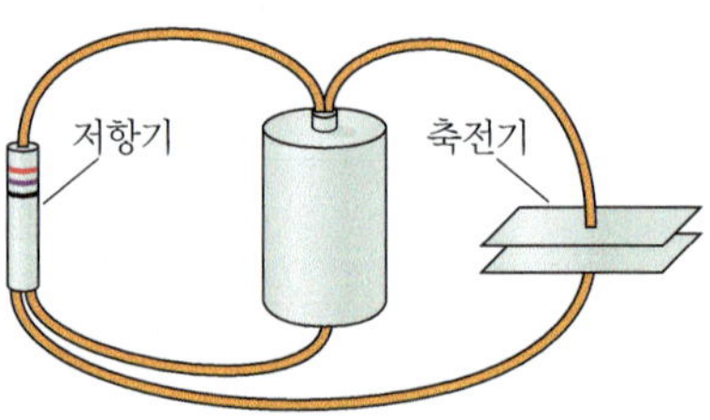

그림 23.1은 저항기와 축전기가 도선을 통하여 전지에 연결된 전기회로를 보여준다. 이 회로가 어떻게 작동하는지를 알기 위해서, 도선이 구부러졌는지 또는 직선으로 연결되어 있는지를 알아야 할 필요는 없으며, 전지가 저항기의 왼쪽에 있는지, 오른쪽에 있는지도 알아야 할 필요는 없다. 그림 23.1에서처럼 회로 요소의 상세한 실물 그림보다는 그림 기호를 활용한 추상적인 그림을 이용하여 회로를 나타내는 **회로도**(circuit diagram)를 통하여 분석하는 것이 편리하다. 회로도는 회로 요소들 간의 연결을 나타내는 논리적인(logical) 그림이다. 실제 회로와 회로도를 비교하면 많이 달라 보일 수 있지만, 근본적으로 동등하다.

회로도에서는 회로 요소의 실제 그림 대신에 각 요소들에 대한 그림 기호로 나타내며, 그림 23.2는 회로에서 필요한 가장 기본이 되는 요소들의 그림 기호를 보여준다.

그림 23.2 전기회로도에 사용되는 기본적인 그림 기호들의 모음

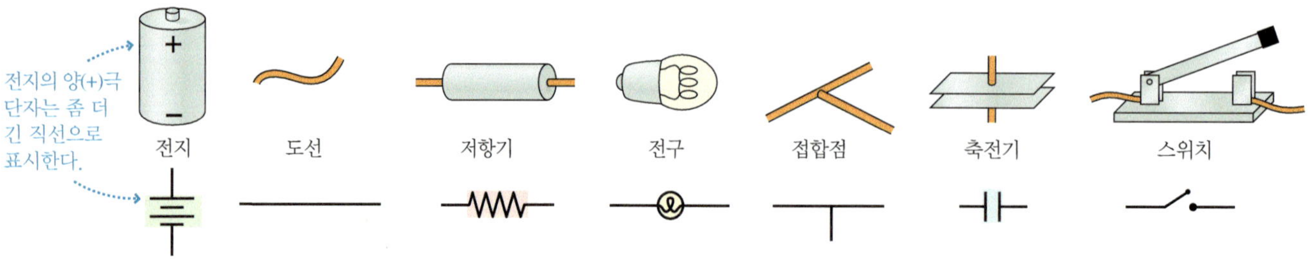

그림 23.3 그림 23.1의 회로를 대신하는 회로도

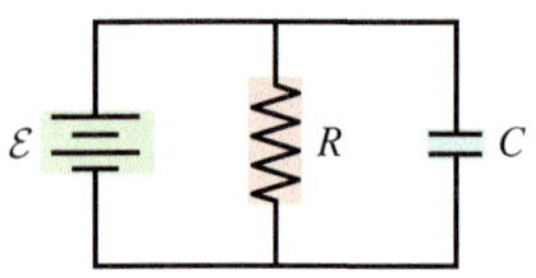

그림 23.3은 그림 23.1에서 보여준 회로의 회로도이다. 회로 요소들을 어떻게 표시했는지에 유의하자. 전지의 기전력 emf을 의미하는 $\mathcal{E}$, 저항기의 저항 R, 축전기의 전기 용량 C 등을 각 요소의 그림 기호들 옆에 기록한 것을 볼 수 있다. 만약 $\mathcal{E}$, R, C에 대한 수치적인 값들을 알고 있다면, 그림 기호 옆에 그 값들을 기록할 수도 있다. 도선들은 실제 구부러지고 휘어진 상태로 각 요소들을 연결하고 있지만, 회로도에서는 회로 요소들을 직선으로 연결한다. 회로도에서 전지의 양(+)극 전위는 일반적으로 위쪽을 향하도록 그린다. 회로도에 익숙해지기 위하여 이와 같은 방법으로 회로도를 그리는 습관을 가지도록 하자.

23.2 키르히호프의 법칙

일단 어떤 전기회로의 회로도가 주어지면 그것을 해석할 수 있다. 회로를 해석하기 위하여 필요한 도구와 기술은 기본적으로 전위차와 전류에 대한 물리적 원리에 기반을 두고 있다.

◀◀22.2절에서 전하와 전류가 보존된다는 사실을 배웠다. 그 결과 **그림 23.4**에 나타낸 것과 같이 접합점으로 흘러들어가는 총 전류의 양은 접합점을 떠나는 총 전류량과 같다. 이를 **키르히호프의 접합점 법칙**(Kirchhoff's junction law)이라 하며 다음 식으로 표현한다.

그림 23.4 키르히호프의 접합점 법칙

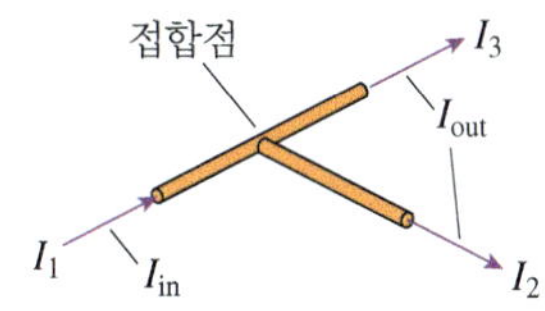

접합점 법칙: $I_1 = I_2 + I_3$

$$\sum I_{in} = \sum I_{out} \tag{23.1}$$

키르히호프의 접합점 법칙

키르히호프의 접합점 법칙은 새로운 자연의 법칙이 아니라, 이미 알고 있는 전하 보존 법칙의 응용에 지나지 않는다. 전기회로에는 에너지 보존 법칙도 적용할 수 있다. 10장에서 중력 위치 에너지에 관하여 배울 때, 물체의 중력 위치 에너지는 그 물체를 일정한 위치까지 옮겨간 경로에 따라서 변하는 것이 아니라 그 물체의 위치에 따라서 변함을 확인하였다. 21장과 ◀◀22.5절에서 논의된 것처럼, 전기 위치 에너지에 대해서도 동일한 원리가 적용된다. 대전된 입자가 닫힌 고리를 따라 움직여서 처음 출발 위치로 돌아왔다고 할 때, 전기 위치 에너지의 알짜 변화는 없다. 곧, $\Delta U_{elec} = 0$이다. $V = U_{elec}/q$이기 때문에, **어떠한 닫힌 고리 전체에 대하여 전위의 알짜 변화 역시 0이다.**

그림 23.5 키르히호프의 고리 법칙

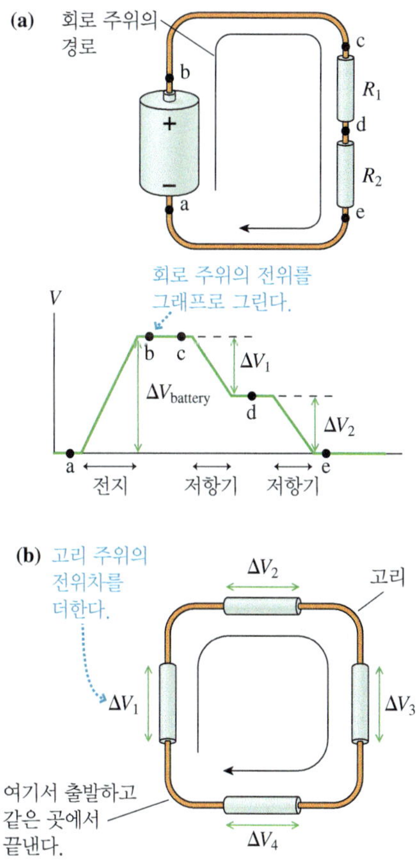

고리 법칙: $\Delta V_1 + \Delta V_2 + \Delta V_3 + \Delta V_4 = 0$

그림 23.5(a)는 1개의 전지와 2개의 저항기들로 구성된 전기회로를 보여준다. 만약 왼쪽 아래쪽 모서리 지점, 곧 전지의 음(−)극 단자에서 출발하여 고리 주위를 따라 위치별로 전위를 나타낸다면, 그림과 같은 그래프 모양을 얻을 수 있다. 전위는 전지의 음(−)극 단자에서 양(+)극 단자로 가로질러 '올라갈 때' 상승하고, 2개의 '내리막' 단계라 할 수 있는 저항기들에서 하강한다. 궁극적으로 전위는 출발점으로 되돌아오면, 출발할 때와 같은 값이 된다. 이는 **그림 23.5(b)**에 보인 것처럼 어떤 회로에도 적용되는 일반적인 원리이다. 전기회로에 의해 형성되는 고리를 따라 위치별로 모든 전위차를 합한다면 그 합은 0이 되어야 하며, 이것을 **키르히호프의 고리 법칙**(Kirchhoff's loop law)이라 한다.

$$\Delta V_{loop} = \sum_i \Delta V_i = 0 \tag{23.2}$$

키르히호프의 고리 법칙

식 (23.2)에서, ΔV_i는 고리에서 i번째 구성요소의 전위차를 의미한다.

키르히호프의 고리 법칙은 전위차 ΔV_i 중 최소한 1개는 음(−)일 때만 성립한다. 고리 법칙을 적용하기 위하여 전위차의 어떤 것이 양(+)이고, 어떤 것이 음(−)인지 명확하게 구별하여야 한다.

풀이 전략 23.1 키르히호프의 고리 법칙 사용하기

❶ **회로도를 그린다.** 주어진 값이나 구할 값들을 표기한다.

❷ **전류의 방향을 설정한다.** 전류의 방향을 어느 쪽으로 할 것인지 전류 I의 방향을 화살표로 나타낸다. 기전력(emf)의 근원이나 전지가 어느 방향으로 전류를 흐르게 하는지를 염두에 두고 방향을 선택한다. 전류의 방향을 실제 방향과 반대로 설정하였다면, 계산 결과 전류의 크기는 같을지라도 부호는 음(−)의 값이 된다. 이 결과로부터 처음에 선택한 전류의 방향과 실제 회로에서의 전류 방향이 반대임을 알 수 있다.

❸ **고리를 따라 '이동한다'.** 회로의 어떤 한 지점에서 출발한다. 2단계에서 정한 전류의 흐름 방향을 따라서 고리 주위를 한 바퀴 완전히 돈다. 각각의 회로 요소들을 통과할 때의 전위차는 $\Delta V = V_{\text{전류 방향}} - V_{\text{전류 반대방향}}$을 의미한다.

- 전지에서 전류가 음(−)에서 양(+)의 방향으로 흐르면

$$\Delta V_{\text{bat}} = +\mathcal{E}$$

이다.

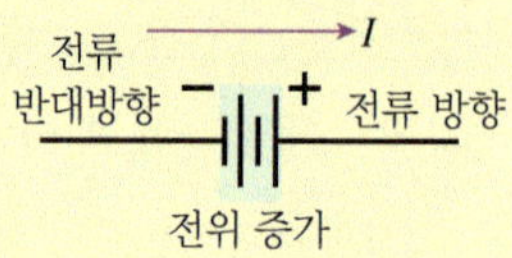

- 전지에서 전류가 양(+)에서 음(−)의 방향으로 흐르면

$$\Delta V_{\text{bat}} = -\mathcal{E}$$

이다.

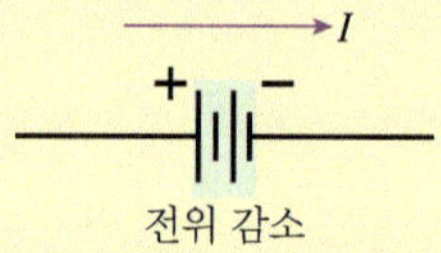

- 저항기에서

$$\Delta V_{\text{R}} = -IR$$

이다.

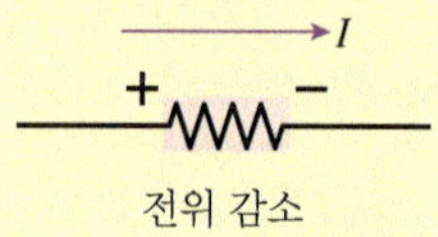

❹ **고리 법칙을 적용한다.**

$$\sum \Delta V_i = 0$$

ΔV_{bat}는 전지에 대해 양(+)이나 음(−)의 값이 될 수 있지만, ◀◀22.4절에서 본 것과 같이 저항기에서의 전위는 전하들이 전위가 '낮은 언덕 아래'로 내려가므로 전류의 방향을 따라 감소한다. 저항기를 통과하는 경우에 전위는 항상 감소하기 때문에, 저항기의 양쪽 단자 사이에서 **전압 강하**(voltage drop) 또는 전위 강하가 발생한다.

가장 기초적인 전기회로는 **그림 23.6**에서와 같이 단일 저항기가 전지의 두 단자 사이에 연결되어 있는 경우이다. 이 회로는 ◀◀22.5절에서 고려했으나, 여기서는 키르히호프의 법칙을 적용하여 보자.

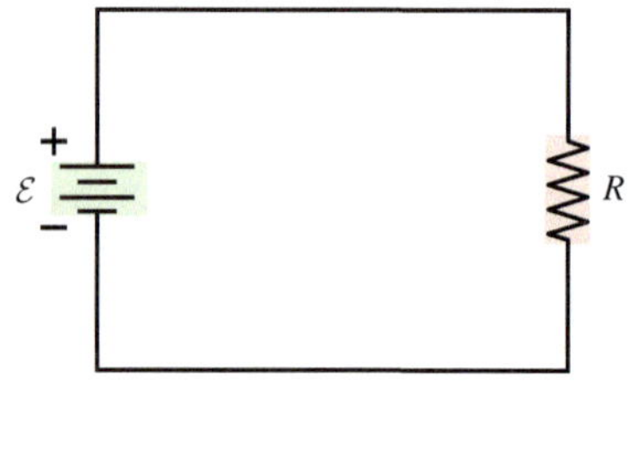

그림 23.6 전지에 연결된 저항기의 기초 회로

그림 23.6의 회로에는 접합점이 없으므로, 전류는 회로의 모든 부분에서 같다. 그러므로 키르히호프의 접합점 법칙은 필요하지 않다. 그러나 이 회로를 해석하기 위해 키르히호프의 고리 법칙은 필요하며, **그림 23.7**은 풀이 전략 23.1의 처음 세 가지 단계를 보여준다. 이상적인 도선 모형을 가정하기 때문에 연결 도선에서는 전위차가 발생하지 않는다는 것을 주목하자. 넷째 단계는 키르히호프의 고리 법칙($\sum \Delta V_i = 0$)

을 적용하는 것이다.

$$\Delta V_{\text{loop}} = \sum_i \Delta V_i = \Delta V_{\text{bat}} + \Delta V_{\text{R}} = 0 \tag{23.3}$$

식 (23.3)에서 두 가지 항에 대하여 살펴보자.

1. 풀이 전략 23.1에서 주어진 관례를 따라 전지에서 출발하여 시계 방향으로 고리를 따라 전지를 통과하여 이동하게 되면 전위는 **증가**한다. 아래쪽의 음(−)극 단자로 들어가 전위 $\mathcal{E}$를 획득한 후 양(+)극 단자로 나온다. 따라서

$$\Delta V_{\text{bat}} = +\mathcal{E}$$

2. 저항기 양단에 대한 전위차의 크기는 $\Delta V = IR$이다. 그러나 옴의 법칙은 이 값이 음(−)인지 혹은 양(+)인지 기술하지 않으며, 전위차만이 중요하다. 저항기에서 전위는 전류의 방향을 따라 **감소**하고, 그림 23.7에서 +와 −부호로 표시되어 있다. 따라서

$$\Delta V_{\text{R}} = -IR$$

그림 23.7 키르히호프의 고리 법칙을 이용한 기초 회로의 해석

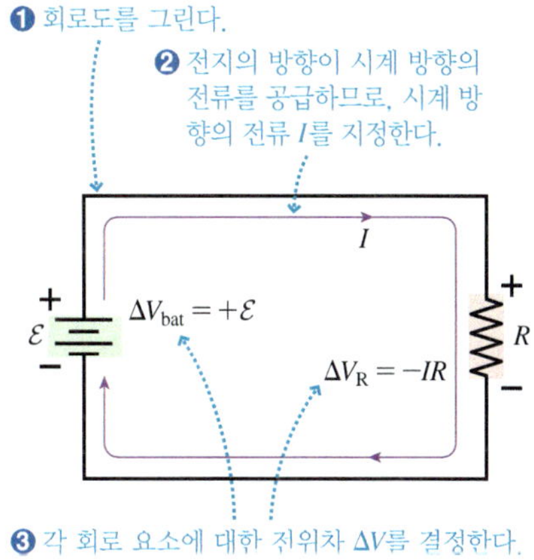

ΔV_{bat}과 ΔV_{R}에 대한 정보로부터, 고리 방정식은 다음과 같다.

$$\mathcal{E} - IR = 0 \tag{23.4}$$

이 고리 방정식을 풀어서 회로에 흐르는 전류를 구하면

$$I = \frac{\mathcal{E}}{R} \tag{23.5}$$

이다. 이 결과는 22장에서 배운 내용과 정확히 일치한다. 회로에서 전류는 저항의 크기에 의해 결정된다는 것에 다시 한번 주목하자. 전지의 기전력은 고정된 값이다. 전지가 공급하는 전류는 기전력과 저항에 의해 결정된다.

예제 23.1 2개의 전지를 가지는 회로 해석하기

그림 23.8 회로에서 전류는 얼마나 되는가? 각 저항기의 양단에서 전위차는 얼마나 되는가?

준비 풀이 전략 23.1에서 설명한 키르히호프의 고리 법칙을 이용하여 이 문제를 풀 수 있다. 그러나 2개의 전지들을 어떻게 고려하여야 하는가? 전하들이 양(+)의 전위에서 음(−)의 전위로 전지를 '거슬러' 올라가는 경우 무슨 일이 발생하겠는가? 전하 승강기에 대한 해석을 고려해보자. 전하 승강기는 전하를 낮은 전위에서 높은 전위로 상승시킨다. 그러나 올라가는 승강기에서 아래로 내려가는 것도 가능하다. 만약 2개의 승강기가 서로 '마주 보며' 설치되어 있다고 한다면, '좀 더 강한' 승강기는 또 다른 전지에 의해 올라가는 전하 승강기에 존재하는 전하를 아래로 내려가게 한다. 회로에 흐르는 전류의 방향이 첫 번째 전지보다 더 큰 기전력을 갖는 두 번째 전지에 의해 강요된다면 양(+)에서 음(−)의 방향으로 흐르게 할 수 있다. 실제, 이런 방식으로 전지가 '재충전'된다. 이 회로에서, 전류는 더 큰 기전력을 갖는 9.0 V 전지가 강요하는 방향으로 흐른다. 그림 23.9에는 전류의 방향과 각 회로 요소에 대한 전위차를 나타내는 회로도를 다시 그렸다.

그림 23.8 2개의 전지가 있는 회로

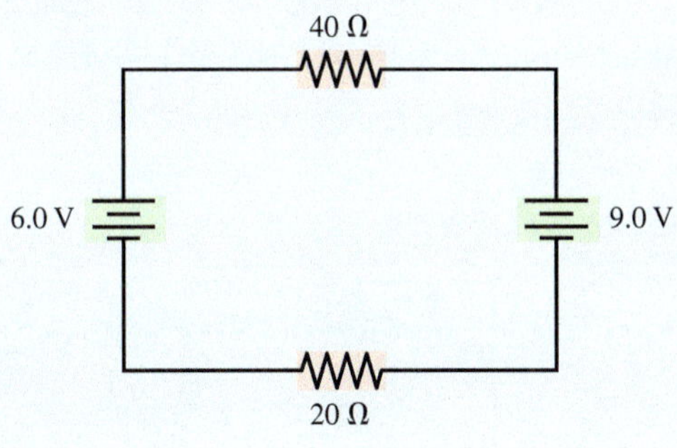

그림 23.9 회로 해석

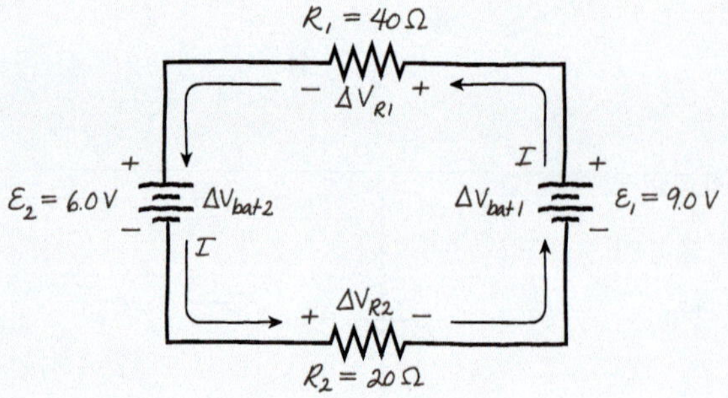

풀이 키르히호프의 고리 법칙은 전류의 방향을 따라 이동하면서 전위차를 합산할 것을 요구한다. 9.0 V 전지의 음(−)의 전극에서부터 시작하여 전위차를 합산하면

$$\sum_i \Delta V_i = +9.0\ \text{V} - I(40\ \Omega) - 6.0\ \text{V} - I(20\ \Omega) = 0$$

이다. 6.0 V 전지에서 전위차는, 이 전지의 양(+)극에서 음(−)극 방향으로 이동하므로 전위가 감소하기 때문에, 풀이 전략 23.1에 따라 $\Delta V_{\text{bat}} = -\mathcal{E}$이다. 위의 수식을 풀어 전류를 구하면

$$I = \frac{3.0\ \text{V}}{60\ \Omega} = 0.050\ \text{A} = 50\ \text{mA}$$

이다. 전류값을 계산하였기 때문에, 옴의 법칙 $\Delta V = IR$을 이용하여 각 저항기의 양단에서 강하되는 전위차를 구할 수 있다. 40 Ω 저항기 양단의 전위차는

$$\Delta V_1 = (0.050\ \text{A})(40\ \Omega) = 2.0\ \text{V}$$

이다. 그리고 20 Ω 저항기 양단의 전위차는 다음과 같다.

$$\Delta V_2 = (0.050\ \text{A})(20\ \Omega) = 1.0\ \text{V}$$

검토 검토 단계는 회로 문제에서 매우 중요하다. 계산 결과를 확인할 수 있는 해석방법은 여러 가지가 있다. 이 경우는 고리 법칙을 적용할 수 있다. 만약 회로의 오른쪽 가장 낮은 지점에서 출발하여 고리 주위를 반시계 방향으로 이동한다면, 첫 번째 전지에서 9.0 V의 전위가 상승하며, 첫 번째 저항기에서 2.0 V의 전위가 낮아지고, 두 번째 전지에서 6.0 V의 전위가 감소하며, 두 번째 저항기에서 1.0 V의 전위가 낮아진다. 전체적인 전위의 감소는 9.0 V이며, 전하가 원래 출발 위치로 되돌아오게 되므로, 계산 결과를 확인하는 데 좋은 방법이 된다.

23.3 직렬 및 병렬 회로

그림 23.10 직렬 회로와 병렬 회로

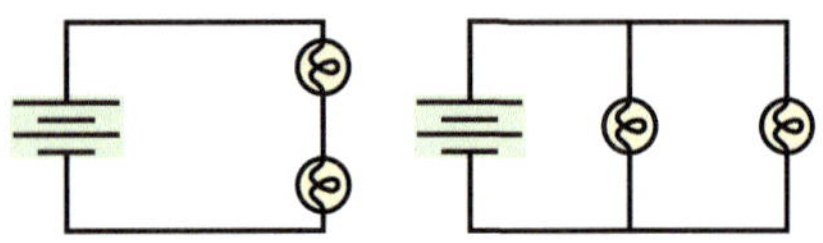

예제 23.1은 2개의 전지와 2개의 저항기로 구성된 회로를 나타내고 있다. 더 많은 회로 요소를 회로에 삽입하게 되면, 다양한 형태로 연결이 가능하다. 단일 전지가 2개의 백열전구를 발광시키기 위해 사용된다고 가정하자. 그림 23.10과 같이 회로를 연결할 수 있는 두 가지 방법이 있다. **직렬**(series) **회로**와 **병렬**(parallel) **회로**는 서로 다른 성질을 갖는다. 여기서는 두 가지 경우를 순서대로 고려하기로 한다.

2개의 전구를 접합점이 없이 직접 결합시키면 두 전구는 **직렬** 연결되었다고 한다. 모든 직렬 회로는 특정 특성을 공유한다.

개념형 예제 23.2 직렬 연결된 전구의 밝기

그림 23.11은 2개의 동일한 백열전구가 직렬로 연결된 상태를 보여준다. A 또는 B 중 어느 것이 더 밝은가? 혹은 밝기가 같은가?

그림 23.11 직렬 연결된 2개의 전구

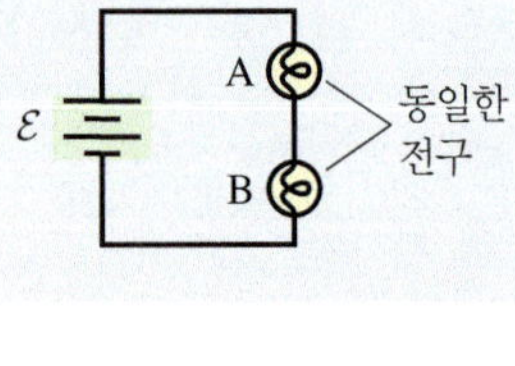

판단 전류는 보존되고, 회로에서 접합점은 없다. 따라서 전류는 그림 23.12에서 보는 것처럼 모든 점에서 같다.

그림 23.12 직렬 회로에서의 전류

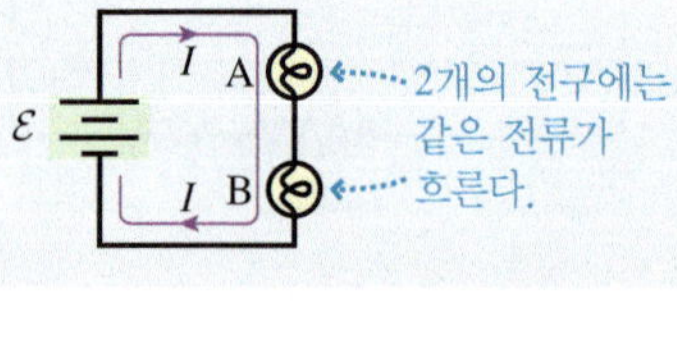

◀◀22.6절에서 저항기에 의해 소비되는 전력은 $P=I^2R$로 주어졌다. 만약 2개의 전구가 동일하고(곧, 같은 저항을 가짐) 이들에 흐르는 전류가 같다면, 각 전구에 의해 소비되는 전력은 같다. 이것은 전구의 밝기가 같다는 것을 의미한다. 각 전구들에 가해지는 전위들은 $\Delta V=IR$이기 때문에 같다.

검토 전류가 전구 B에 사용되기 전에 전구 A에서 먼저 사용되기 때문에, 전구 B보다 전구 A가 더 밝을 것이라고 생각할 가능성이 크다. 에너지가 각 전구에서 변환되는 것은 사실이며, 전류는 보존되기 때문에 각 전구에서 같은 비율로 에너지가 소비된다. 이런 논리적 사고는 특별한 경우에도 확장하여 적용할 수 있다. 만약 전구 하나가 타버리면, 이 전구는 더 이상 발광하지 못하며, 다른 전구 또한 꺼지게 된다. 만약 하나의 전구가 전류를 통과시키지 못하면, 다른 전구에서도 통과하지 못한다.

직렬 저항기

그림 23.13(a)는 2개의 저항기가 하나의 전지에 직렬로 연결된 상태를 보여준다. 이 회로에서는 접합점이 없기 때문에, 두 저항기에 흐르는 전류 I는 같다.

키르히호프의 고리 법칙을 이용하여 전위차를 조사해보자. 전지의 음(−)극 단자로부터 시작하여 회로의 시계 방향을 따라 흐르는 전류를 따라가며 전위를 합산하면

$$\sum_i \Delta V_i = \mathcal{E} + \Delta V_1 + \Delta V_2 = 0 \tag{23.6}$$

이 된다. 전류가 흐르는 방향으로, 2개의 저항기 양단에서 전압 강하는 각각 $\Delta V_1 = -IR_1$과 $\Delta V_2 = -IR_2$로 주어지며, 식 (23.6)을 이용하여 회로에 흐르는 전류를 구할 수 있다.

$$\mathcal{E} = -\Delta V_1 - \Delta V_2 = IR_1 + IR_2$$
$$I = \frac{\mathcal{E}}{R_1 + R_2} \tag{23.7}$$

그림 23.13(b)에서와 같이 2개의 저항기를 등가 저항 $R_{eq} = R_1 + R_2$를 가지는 단일 저항기로 대체하였다고 가정하자. 전위차는 전지에 의해 발생되기 때문에 이 저항기에 대한 전체 전위차는 여전히 $\mathcal{E}$와 같다. 또한 단일 저항기 회로에서 전류는 다음과 같이 주어진다.

$$I = \frac{\mathcal{E}}{R_{eq}} = \frac{\mathcal{E}}{R_1 + R_2}$$

이 전류는 2개의 저항기를 가지는 회로에서 흐르는 전류와 같다. 다시 말해서 이 단일 저항기는 두 경우 모두 회로의 전류 및 전위차가 동일하다는 점에서 2개의 직렬 저항기와 동일하다. 저항기 R_1과 R_2 대신 저항기 R_{eq}로 바꾸면 회로의 다른 어느 부분도 달라질 것이다.

이러한 해석방법은 더 많은 저항기에 대해 적용할 수 있다. 만약 N개의 저항기가 직렬로 연결되어 있다면, **등가 저항**(equivalent resistance)은 N개 각각의 저항을 합한 것과 같다.

그림 23.13 2개의 직렬로 연결된 저항기를 하나의 등가 저항기로 대체하기

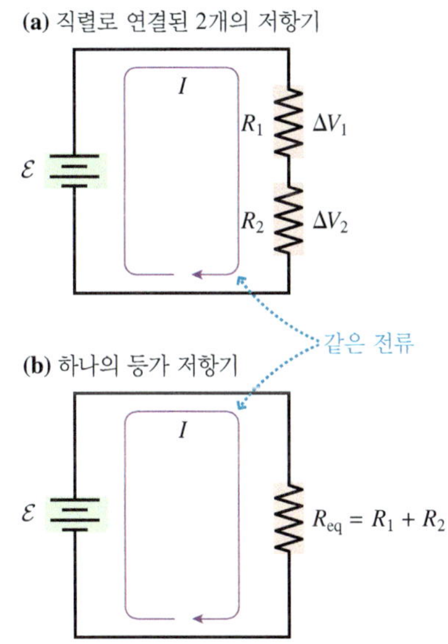

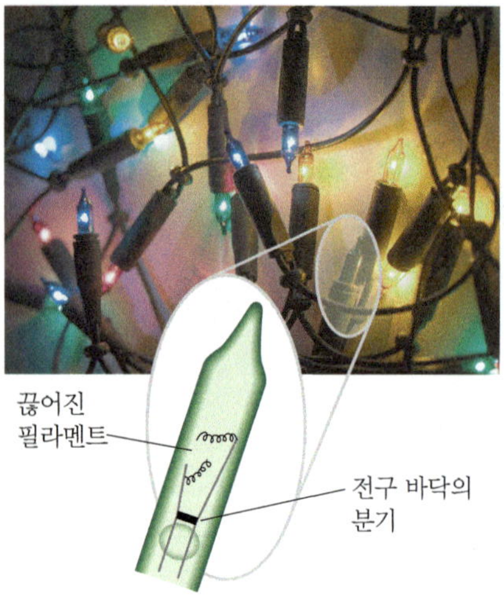

계절적인 직렬 회로 수수께끼 크리스마스 트리용 소형 전구들이 직렬로 연결되어 있다. 이것은 쉽게 확인할 수 있다. 전구로 구성된 줄에서 전구 1개를 제거하면, 회로는 완전하지 못하여 전체 전구들의 줄에 전류가 흐르지 못하게 된다. 그러나 전구 1개가 타버려 전구가 끊어졌을 때도, 나머지 전구들은 계속 발광을 한다. 이것이 어떻게 가능할까? 비밀은 전구 바닥에 있는 **분류기**(shunt)에 있다. 초기에 분류기는 좋은 절연체이다. 그러나 필라멘트가 타버린다면, 이 분류기는 활성화되어 저항이 감소하게 된다. 이 분류기는 전류를 통과시킬 수 있게 하고, 다른 전구들이 지속적으로 발광하게 한다.

$$R_{eq} = R_1 + R_2 + \cdots + R_N \tag{23.8}$$

직렬로 연결된 N개 저항기의 등가 저항

N개의 직렬로 연결된 저항기들을 단일 저항기 R_{eq}로 대체하여도 회로의 기능은 변하지 않는다.

예제 23.3 크리스마스 트리용 소형 전구의 전위차

크리스마스 트리용 소형 전구 줄은 직렬로 연결된 50개의 전구로 구성되어 있다. 줄이 120 V 콘센트에 꽂혀있을 때, 각 전구의 전위차는 얼마인가?

그림 23.14 직렬로 연결된 50개의 전구

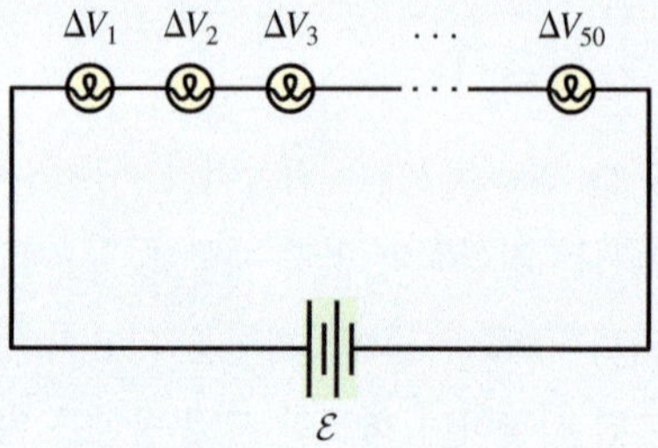

준비 그림 23.14는 50개의 전구를 직렬로 연결한 소형 전구 회로를 보여준다. 각 전구의 전류는 직렬이므로 동일하다.

풀이 키르히호프의 고리 법칙을 회로 주위에 적용하면

$$\mathcal{E} = \Delta V_1 + \Delta V_2 + \cdots + \Delta V_{50}$$

이다. 전구는 모두 동일하며 전구의 전류가 같기 때문에 모든 전구의 전위차는 동일하다. 따라서 단일 전구에 대한 전위차는 다음과 같다.

$$\Delta V_1 = \frac{\mathcal{E}}{50} = \frac{120\ \text{V}}{50} = 2.4\ \text{V}$$

검토 이 결과는 합리적인 것처럼 보인다. 전위차는 회로의 전구에 의해 '공유'된다. 전위차가 50개의 전구에서 공유되므로 각 전구의 전위차는 매우 작다.

수업 영상

소형 전구들은 저렴하고, 가해지는 전압이 낮기 때문에 직렬로 연결된다. 그러나 모든 직렬 회로가 그렇듯이 전구 1개를 제거하면, 더 이상 완전한 회로가 되지 못하여 회로에는 전류가 흐르지 않게 되는 단점이 있다. 실제로 소형 전구 줄에서 전구 1개를 제거한다면, 크리스마스 트리용 소형 전구들은 모두 꺼질 것이다.

예제 23.4 직렬 저항기 회로 해석하기

그림 23.15 회로에서 전류는 얼마나 되는가?

준비 3개의 저항기가 직렬로 연결되어 있으므로, **그림 23.16**에서와 같이 이 저항기들을 단일 등가 저항기로 교체할 수 있다.

풀이 등가 저항은 식 (23.8)을 이용하여 계산한다.

$$R_{eq} = 25\ \Omega + 31\ \Omega + 19\ \Omega = 75\ \Omega$$

그림 23.16의 등가 회로에서 전류는

그림 23.15 직렬 저항기 회로

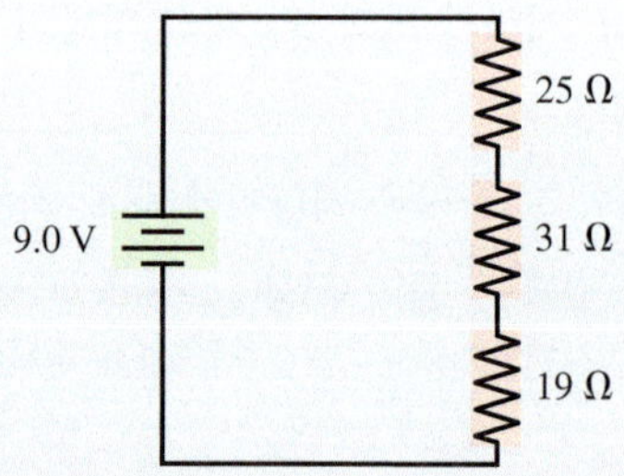

그림 23.16 직렬 저항기 회로 해석하기

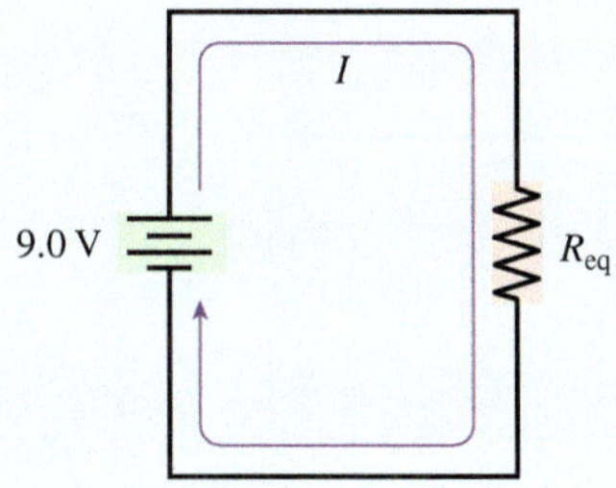

$$I = \frac{\mathcal{E}}{R_{eq}} = \frac{9.0\ \text{V}}{75\ \Omega} = 0.12\ \text{A}$$

이다. 이 전류값은 원래 회로의 전류값과 같다.

검토 3개의 저항기가 연결되어 있는 회로와 단일 등가 저항기로 대체되어 있는 회로의 전류는 같다. 등가 저항은 각 저항기의 저항의 합과 같다. 따라서 등가 저항은 항상 각 저항기의 저항보다 크다. 이것은 계산 결과를 확인하기 위한 좋은 검증 방법이다.

직렬 회로에 대한 이해를 바탕으로 또 다른 백열전구 수수께끼를 탐구해보자. 그림 23.17은 2개의 다른 회로를 보여준다. 첫 번째 회로는 하나의 전지와 하나의 백열전구로 구성된 회로이고, 두 번째 회로는 하나의 전지와 2개의 백열전구로 구성된 회로이다. 여기서 모든 전지들과 전구들은 동일하다. 전구 B와 C는 직렬로 연결되어 있어 밝기는 같다. 그러나 전구 A의 밝기에 비교하여 전구 B의 밝기는 어떠한가?

그림 23.17 전구 A의 밝기와 비교하면 전구 B의 밝기는 어떠한가?

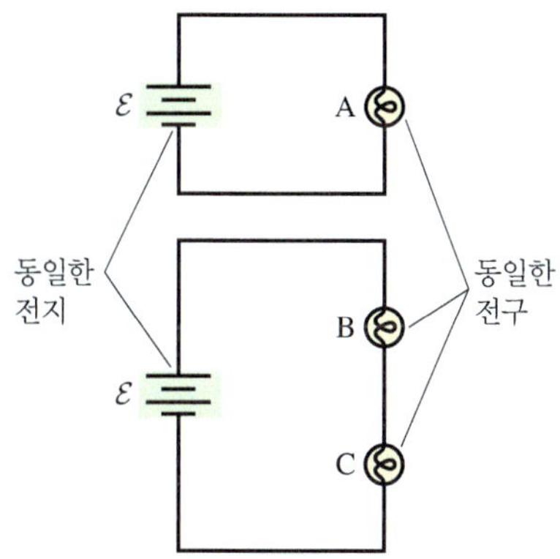

각각의 동일한 백열전구들의 저항을 R이라고 가정하자. 첫 번째 회로에서, 전지가 전구 A에 주는 전류는 $I_A = \mathcal{E}/R$이다. 두 번째 회로에서, 전구 B와 C는 직렬로 연결되어 있어 등가 저항은 $R_{eq} = R_A + R_B = 2R$이지만, 전지는 첫 번째 회로에서의 기전력과 같은 $\mathcal{E}$를 갖는다. 따라서 전구 B와 C를 통과하여 흐르는 전류는 $I_{B+C} = \mathcal{E}/R_{eq} = \mathcal{E}/2R = \frac{1}{2}I_A$이다. 전구 B에는 전구 A에서의 전류의 $\frac{1}{2}$만 통과하게 되므로, 전구 B는 어두워진다.

많은 사람들이 A와 B 전구의 밝기는 같다고 예측한다. 동일한 전지이므로 두 회로에 흐르는 전류는 같지 않은가? 그렇지 않다. **전지는 전위차를 발생시키는 전원이지 전류를 발생시키는 전원은 아니다.** 다시 말해서, 전지의 기전력은 전지를 어떻게 사용해도 같다. 1.5 V 전지를 구입할 때 지정된 양의 전류가 아니라 지정된 양의 전위차를 제공하는 장치를 구입하는 것이다. 전지는 회로에 전류를 공급하지만, 흐르는 전류량은 저항에 따라 결정된다. 1.5 V 전지는 1.5 Ω 저항기를 통해서는 1 A의 전류가 흐르지만, 15 Ω 저항기를 통해서는 0.1 A의 전류가 흐른다.

이것은 회로를 이해하는 데에 있어서 중요하다. 전지는 고정된 기전력(전위차)을 공급하는 것이지 고정되고 변화하지 않는 전류를 공급하는 것은 아니다. **전류량은 전지의 기전력 및 전지가 부착된 회로 내의 저항에 의해 결정된다.**

병렬 저항기

다음 예제로 회로에서 2개의 전구들을 연결하는 두 번째 방법을 고려해보자. 그림 23.18에서 2개의 전구는 양 끝이 모두 연결되어 있다. 이러한 연결을 **병렬 연결**이라 한다.

개념형 예제 23.5 **병렬 연결된 전구의 밝기**

그림 23.18의 회로에서 어떤 백열 전구가 더 밝은가? A 또는 B? 아니면 같은가?

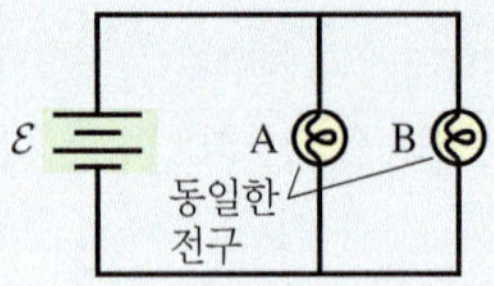

그림 23.18 병렬로 연결된 2개의 전구

판단 두 백열전구의 양 끝은 도선에 의해 연결되어 있다. 이상적인 도선에서는 전위차가 발생되지 않으므로, 전구 A의 위 단자에서의 전위는 전구 B의 위 단자에서의 전위와 같다. 비슷하게, 두 전구의 바닥 단자에서도 전위는 같아야 한다. **그림 23.19**에서 보듯이 각 전구들을 가로질러 발생하는 전위차 ΔV가 같다는 것을 의미한다. 전구가 동일(동일한 저항을 가짐)하기 때문에, 2개의 전구를 통과하여 흐르는 전류는 $I = \Delta V/R$로 같으며, 따라서 두 전구의 밝기는 같다.

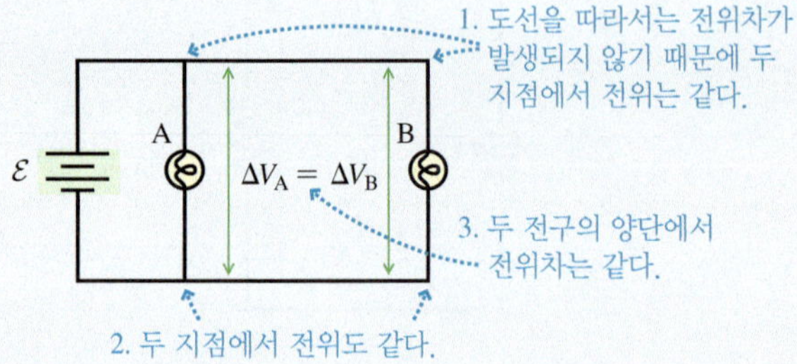

그림 23.19 전구들의 전위차

검토 전류가 '지름길'을 택하여 흐르기 때문에 전구 B보다 전구 A가 더 밝을 것이라 생각할 수도 있다. 그러나 전류는 전위차에 의해 결정되며, 2개의 전구는 병렬로 연결되어 있기 때문에 같은 전위차를 갖는다.

수업 영상

병렬 회로에 대해서 좀 더 상세히 알아보자. **그림 23.20(a)**의 회로는 하나의 전지와 병렬로 연결된 2개의 저항기로 구성되어 있다. 이상적인 도선이 사용되었다고 가정하면, 2개의 저항기의 양쪽 단자 사이의 전위차는 같다. 실제로, 두 저항기는 이상적인 도선으로 전지와 직접적으로 각각 연결되어 있기 때문에 각 저항기 양쪽 단자 사이에서 전위차는 전지의 기전력과 같다. 곧, $\Delta V_1 = \Delta V_2 = \mathcal{E}$이다.

이제 키르히호프의 접합점 법칙을 응용해보자. 전지로부터 **그림 23.20(b)**에 보인 바와 같이 전류 I_{bat}는 꼭대기 접합점에서 I_1과 I_2로 나누어진다. 접합점 법칙에 따라,

$$I_{bat} = I_1 + I_2 \tag{23.9}$$

이고, 각 저항기에 옴의 법칙을 적용하여 전지 전류를 구하면

$$I_{bat} = \frac{\Delta V_1}{R_1} + \frac{\Delta V_2}{R_2} = \frac{\mathcal{E}}{R_1} + \frac{\mathcal{E}}{R_2} = \mathcal{E}\left(\frac{1}{R_1} + \frac{1}{R_2}\right) \tag{23.10}$$

이다. 직렬 연결된 저항기들에 대하여 적용하였던 바와 같이 병렬 연결된 저항기를 단일 등가 저항기로 대체할 수 있는가? 등가가 되기 위해서 등가 저항기 양쪽 단자 사이에서 전위차는 반드시 $\Delta V = \mathcal{E}$가 되어야 하며, 대체하고자 하는 2개의 저항기에서 전위차와 같아야 된다. 또한 전지 입장에서 등가 저항기로 대체하여도 그 변화를 감지할 수 없으므로, 등가 저항기를 통과하여 흐르는 전류는 전지 전류와 같다. 곧 $I = I_{bat}$이다. 이 전류와 전위차를 가지는 저항기의 저항은 다음과 같다.

$$R_{eq} = \frac{\Delta V}{I} = \frac{\mathcal{E}}{I_{bat}} = \left(\frac{1}{R_1} + \frac{1}{R_2}\right)^{-1} \tag{23.11}$$

여기서 I_{bat}에 대해서는 식 (23.10)을 이용하였다. 위 값을 **등가 저항**이라 하는데, 단일 저항기 R_{eq}는 **그림 23.20(c)**에 주어진 2개의 저항기 R_1, R_2와 똑같은 역할을 한다.

그림 23.20 2개의 저항기를 하나의 등가 저항기로 대체하기

(a) 병렬로 연결된 저항기

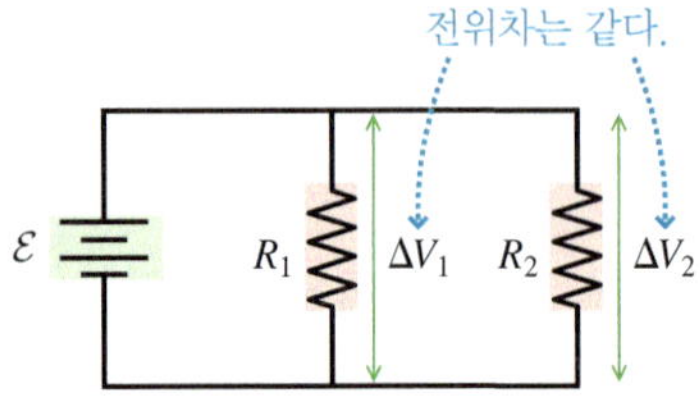

(b) 키르히호프의 접합점 법칙 응용하기

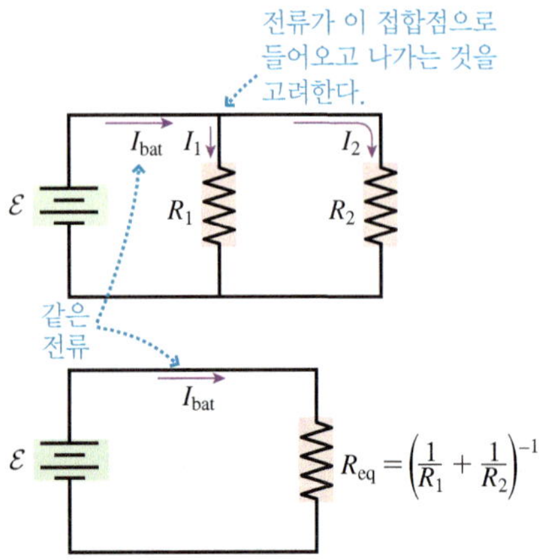

(c) 하나의 등가 저항기

이와 같은 분석은 N개의 병렬 연결된 저항기들에 대해서도 확장하여 적용할 수 있

다. 이러한 병렬 회로에 대해, 등가 저항은 N개의 개별적인 저항들의 역수들을 모두 합한 값의 역수를 취한 값이다.

$$R_{eq} = \left(\frac{1}{R_1} + \frac{1}{R_2} + \cdots + \frac{1}{R_N}\right)^{-1} \tag{23.12}$$

병렬로 연결된 N개 저항기의 등가 저항

N개의 병렬 저항기들을 단일 저항기 R_{eq}로 대체하여도 회로의 기능은 변하지 않는다.

그림 23.20에서 각각의 저항기는 전지의 전체 전위차를 '감지한다'. 만약 하나의 저항기가 제거되었다 하여도, 두 번째 저항기에 대한 조건이 변하는 것은 아니다. 이것이 병렬 회로의 중요한 특성이다.

▶ **안전을 위한 병렬 회로** 자동차의 전조등이 하나만 켜진 상태를 분명히 본 적이 있을 것이다. 이것은 자동차 전조등들이 병렬로 연결되어 있다는 것을 의미한다. 2개의 전구에 흐르는 전류는 서로 독립적이므로, 하나의 전구가 고장 났어도 다른 전구에 영향을 주지 않는다. 병렬로 연결하는 것은 하나의 전조등이 작동하지 않아도, 자동차의 조명이 모두 꺼지지 않는 상태로 있게 한다는 점에서 매우 중요하다.

이제, 또 다른 백열전구와 관련된 수수께끼에 대해 알아보자. **그림 23.21**은 2개의 다른 회로를 보여준다. 첫 번째 회로는 하나의 전지에 하나의 백열전구가 연결되어 있고, 두 번째 회로는 하나의 전지에 2개의 백열전구가 연결되어 있다. 두 회로에서 전지들은 동일하고 전구들도 동일하다. 전구 B와 C는 병렬로 연결되어 있고 밝기는 같다는 것을 알고 있다. 그러나 전구 A에 비교하여 전구 B의 밝기는 어떻겠는가?

전구 A, B 및 C는 하나의 전지에 연결되어 있으므로 각각 같은 전위차를 갖는다. 따라서 밝기는 같다. 비록 모든 전구들의 밝기는 같지만, 회로 사이에는 차이가 있다. 두 번째 회로에서, 전지는 2개의 백열전구에 반드시 전력을 공급하여야 하며, 따라서 이 전지는 반드시 2배의 전류를 공급하여야 한다. 전지가 고정된 전위차를 공급하는 장치인 것을 기억하며, 전류는 전지에 연결된 회로의 특성에 따라 결정된다. 두 번째 전구를 추가하여도 전위가 변하는 것은 아니지만 전지로부터 흐르는 전류는 증가한다.

그림 23.21 전구 A에 비교하여 전구 B의 밝기는 어떠한가?

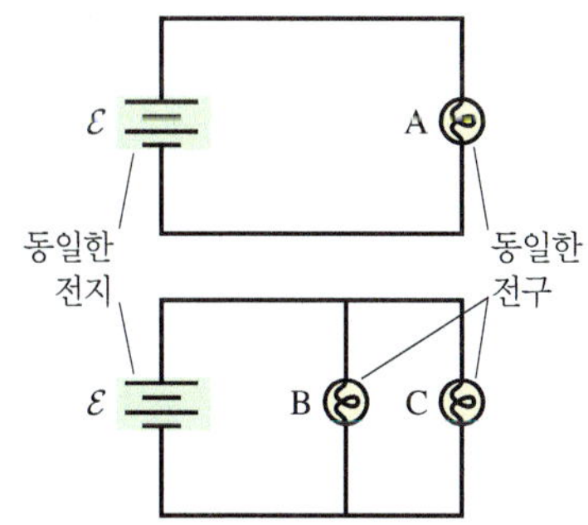

예제 23.6 병렬 저항기 회로의 전류

그림 23.22에서 3개의 저항기가 12 V의 전지에 병렬로 연결되어 있다. 전지가 공급하는 전류는 얼마인가?

준비 3개의 저항기가 병렬로 연결되어 있으므로, **그림 23.23**에서처럼 단일 등가 저항기로 대체할 수 있다.

풀이 식 (23.12)를 이용하여 등가 저항을 계산할 수 있다.

$$R_{eq} = \left(\frac{1}{58\ \Omega} + \frac{1}{70\ \Omega} + \frac{1}{42\ \Omega}\right)^{-1} = 18.1\ \Omega$$

일단 등가 저항을 알면, 옴의 법칙을 이용하여 전지에서 나오는 전류를 계산할 수 있다.

$$I = \frac{\mathcal{E}}{R_{eq}} = \frac{12\ \text{V}}{18.1\ \Omega} = 0.66\ \text{A}$$

전지는 원래 3개의 병렬 연결된 저항기들에 대한 전위차와 단일 등가 저항기에 대한 전위차를 구분할 수 없기 때문에, 그림 23.22에서 전지는 회로에 0.66 A의 전류를 공급한다.

검토 병렬 연결된 저항기의 등가 저항은 각 저항기의 저항보다 작다. 18 Ω의 등가 저항은 개별적인 저항기의 저항보다 작으며, 이는 계산 결과를 검산하는 좋은 확인 방법이다.

그림 23.22 병렬 저항기 회로

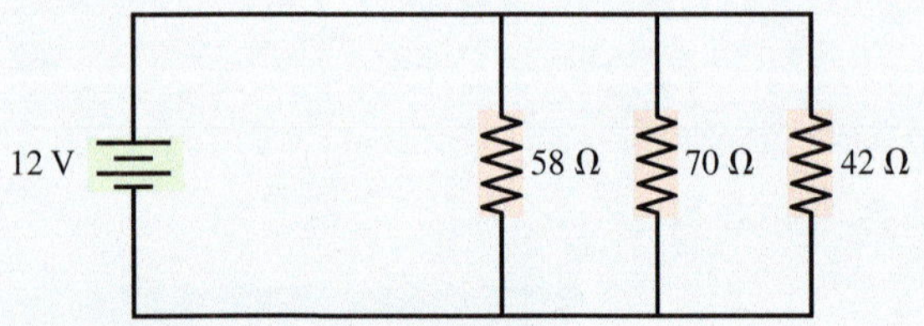

그림 23.23 병렬 저항기 회로 해석하기

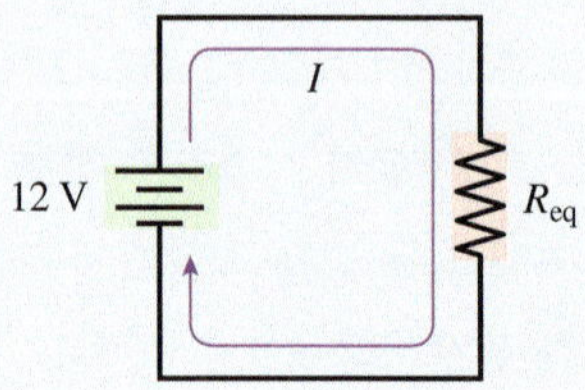

이 예제에서 전체 저항이 작아지는 것은 놀라울지도 모른다. 58 Ω, 70 Ω 및 42 Ω 저항기들을 병렬로 연결한 경우의 등가 저항이 18 Ω이다. 더 많은 저항기를 연결하면 등가 저항이 좀 더 커진다는 것을 의미하지 않는가? 직렬 연결인 경우 저항이 커지지만, 병렬 연결인 경우 저항은 감소한다. 저항기가 비록 전류의 흐름을 방해하지만, 병렬로 연결된 저항기들은 전하들이 통과할 수 있는 더 많은 통로를 제공하는 것이다. 결과적으로, **병렬 연결된 다수의 저항기에 대한 등가 저항은 항상 이 저항기들 중 임의의 저항기의 저항값보다 작다.** 비유로, 교통량이 많은 곳에서 운전하는 것을 고려한다면, 대체 경로나 추가 차선이 있는 경우 더 많은 자동차가 통행할 수 있는 것과 같다.

영상 학습 데모

23.4 전압과 전류 측정

그림 23.24 전류계는 회로에서 전류를 측정한다.

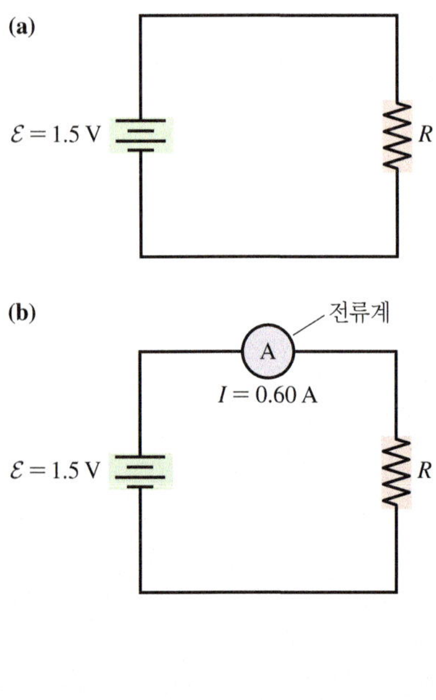

회로에서 전류와 전압을 측정하는 계측기를 사용할 때, 이 계측기를 어떻게 연결하는가? 연결 방법은 측정하고자 하는 물리량에 좌우된다.

회로 내의 요소에 흐르는 전류를 측정하는 장치를 **전류계**(ammeter)라고 한다. 전하가 회로 요소를 **통과하여** 흐르기 때문에, 전류계는 측정하고자 하는 회로 요소와 직렬로 연결되어야 한다.

그림 23.24(a)는 고정된 기전력 $\mathcal{E} = 1.5$ V인 전지와 미지의 저항을 갖는 저항기 R로 구성된 단순한 회로이다. 저항을 결정하기 위해서는 회로에 흐르는 전류를 알아야 하며, 전류계로 이 값을 측정한다. 전류계를 그림 23.24(b)와 같이 회로에 삽입한다. 전류계를 삽입하기 위해 전지와 저항기 사이에 연결된 도선을 **끊어야** 한다. 저항기와 전류계는 직렬로 연결되어 있기 때문에 같은 전류가 흐르게 되므로, 전류계에서 측정된 전류는 저항기의 전류가 된다.

전류계는 저항기 R과 직렬로 연결되어 있기 때문에, 전지가 느끼는 전체 저항은 $R_{eq} = R + R_{meter}$이다. 회로에 흐르는 전류가 변화하지 않게 측정하기 위해서는 전류계의 저항은 R보다 매우 작아야 된다. 따라서 **이상적인 전류계의 저항은 0이다**. 실제 전류계는 이 이상적인 값에 매우 가까운 저항을 갖는다.

그림 23.24(b)에서 전류계의 눈금이 0.60 A를 가리키면, 전류계와 저항기에 흐르는 전류가 $I = 0.60$ A인 것을 의미한다. 만약 전류계가 이상적이면, 전류계 양쪽 단자 사이에 전위차는 없으므로($R = 0\ \Omega$이면 $\Delta V = IR = 0$), 저항기 양쪽 단자 사이의 전위차는 $\Delta V = \mathcal{E}$이다. 저항값은 다음과 같이 계산된다.

$$R = \frac{\mathcal{E}}{I} = \frac{1.5\ \text{V}}{0.60\ \text{A}} = 2.5\ \Omega$$

◀◀21.2절에서 본 바와 같이, 회로에서 전위차를 측정하기 위해서는 **전압계**(volmeter)를 사용한다. 전위차는 회로 요소의 양쪽 단자 사이에서 측정되기 때문에, 전압계는 측정하고자 하는 회로 요소와 병렬로 연결되어야 한다. 회로에 영향을 주지 않도록(전압의 변화 없이) 전압을 측정함이 바람직하다. 전압계가 저항기와 병렬로 연결되기 때문에, 아주 작은 전류도 전압계로 유입되지 않도록 전압계의 저항은 매우 커야 한다. **이상적인 전압계의 저항은 무한대이다**. 실제 전압계는 이 이상적인 값에 매우 근접하다.

그림 23.25(a)는 24 Ω의 저항기가 미지의 저항기와 직렬로 연결되어 있는 간단한 회로로써, 9.0 V 전지에 연결되어 있다. 미지의 저항을 결정하기 위해서는 그림 23.25(b)에 보인 전압계를 이용하여 저항이 알려진 저항기 양단의 전위차를 측정하여야 한다. 전압계는 저항기와 병렬로 연결되므로 연결된 도선을 절단할 필요는 없다. 저항기와 전압계는 병렬로 연결하기 때문에 같은 전위차를 갖게 되며, 전압계의 측정 눈금은 저항기 양단의 전압이 된다.

그림 23.25(b)에서 전압계는 24 Ω 저항기 양단의 전위차가 6.0 V라는 것을 알려준다. 따라서 저항기에 흐르는 전류는 다음과 같다.

$$I = \frac{\Delta V}{R} = \frac{6.0\ \text{V}}{24\ \Omega} = 0.25\ \text{A} \tag{23.13}$$

2개의 저항기가 직렬로 연결되어 있으므로 위의 값은 미지의 저항기 R에 흐르는 전류값이다. 미지의 저항기 양단에서 전위차를 구하기 위해 키르히호프의 고리 법칙과 전압계의 측정값을 이용할 수 있다.

$$\sum_i \Delta V_i = 9.0\ \text{V} + \Delta V_R - 6.0\ \text{V} = 0 \tag{23.14}$$

위의 식에서 $\Delta V_R = -3.0$ V이다. 이제 $\Delta V_R = -IR$ 식을 이용하여 저항 R을 계산하면

$$R = \frac{-\Delta V_R}{I} = -\frac{(-3.0\ \text{V})}{0.25\ \text{A}} = 12\ \Omega \tag{23.15}$$

이다.

그림 23.25 전압계는 회로를 구성하는 요소의 양단에서 전위차를 측정한다

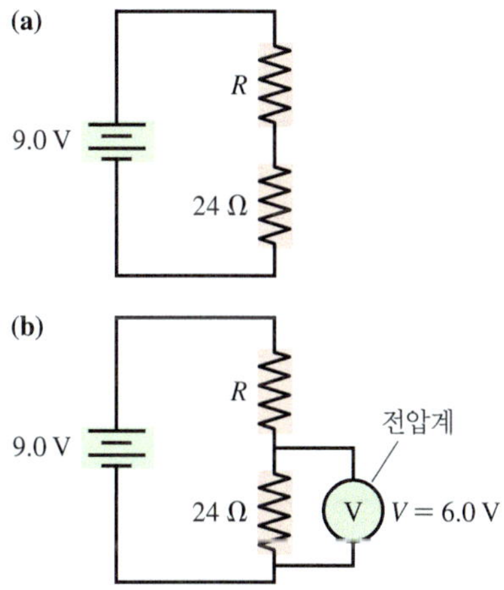

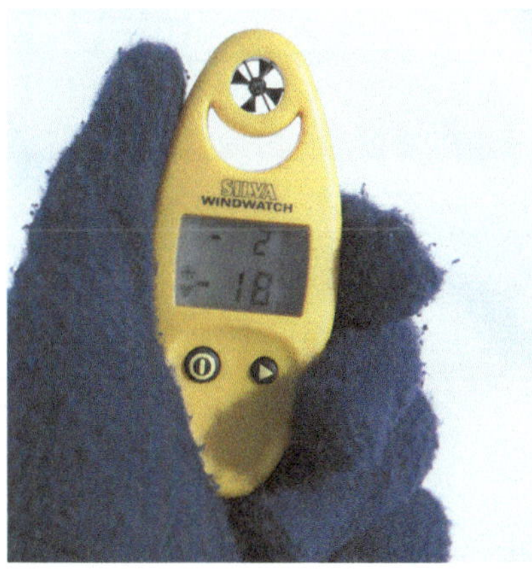

사계절용 회로 이 장치는 풍속과 온도를 보여주지만 전압과 전류를 측정한 것을 기초로 계산한 것이다. 바람은 발전기에 부착되어 있는 날개를 회전시키며, 고속 회전의 고전압을 발생시키는 것을 의미한다. 장치 내의 회로는 온도에 따라 저항이 변하는 반도체 소자인 **서미스터**를 포함하고 있으며, 온도가 낮다는 것은 저항이 커서 흐르는 전류가 작다는 것을 의미한다.

23.5 더 복잡한 회로

본 절에서는 직렬 및 병렬 저항기를 모두 포함하는 회로를 고려할 것이다. 저항기의 결합은 직렬 및 병렬 연결 규칙을 단계별로 적용하여 단일 등가 저항으로 축소할 수 있다.

예제 23.7 저항기의 결합

그림 23.26에 주어진 전체 저항기에 대한 등가 저항은 얼마인가?

준비 이 회로는 직렬 및 병렬 연결된 저항기의 결합을 축소시켜 분석할 수 있다. 단순화하기 위해 몇 번의 단계를 거쳐 축소시키며, 각 단계 적용 후에 회로를 다시 그린다.

그림 23.26 저항기 회로

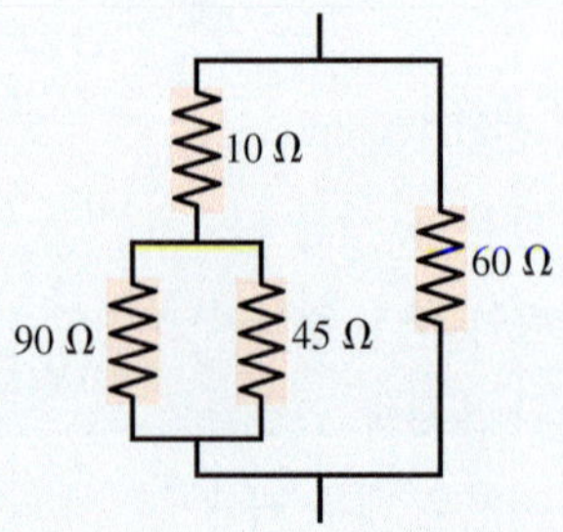

풀이 회로를 단순화하는 과정이 **그림 23.27**에 주어져 있다. 10 Ω과 60 Ω 저항기는 병렬 연결 상태가 아니다. 두 저항기의 윗부분은 연결되어 있지만 바닥 부분은 연결되어 있지 않다. 병렬 연결에서는 두 저항기의 양 끝 부분 모두 반드시 연결되어야 한다. 비슷한 이유로, 10 Ω과 45 Ω 저항기들은 이들 사이의 접합점 때문에 직렬로 연결되어 있지 않다.

검토 이 과정의 마지막 단계는 병렬 저항기의 결합을 축소하는 것이다. 병렬 저항기의 저항은 항상 개별적인 저항 중 가장 작은 값보다 작으므로, 최종 결과는 40 Ω보다 작아야 한다. 이것은 결과를 검증하기에 가장 좋은 방법이다.

그림 23.27 저항기의 결합이 단일 등가 저항기로 축소된다.

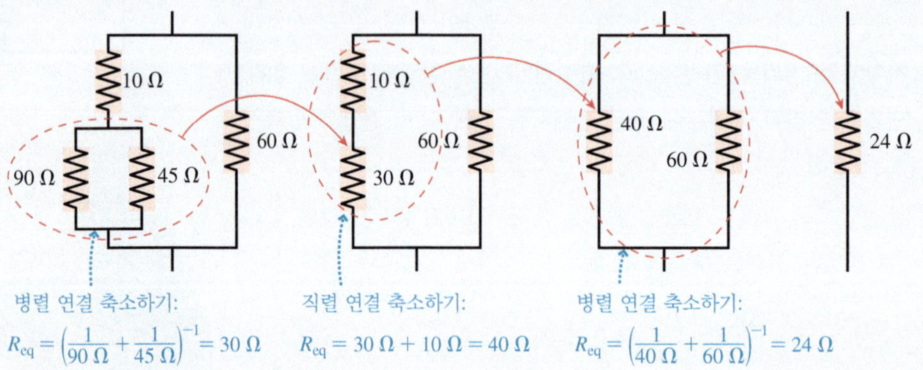

회로를 축소시키는 데 기억할 만한 가치가 있는 두 가지 특별한 경우는 동일한 2개의 저항기 $R_1 = R_2 = R$을 직렬 및 병렬로 연결하여 얻은 등가 저항이다.

$$\text{직렬로 연결된 2개의 동일 저항기:} \quad R_{eq} = 2R$$

$$\text{병렬로 연결된 2개의 동일 저항기:} \quad R_{eq} = \frac{R}{2}$$

예제 23.8 밝기는 어떻게 변하는가?

그림 23.28에서 스위치는 처음에 개방되어 있다. 전구 A와 B는 밝기가 같으나, 전구 C는 발광하지 않는다. 스위치를 닫으면 전구 A와 B의 밝기는 어떻게 되겠는가? 전구 A와 B의 밝기와 비교하여 전구 C의 밝기는 어떻게 되겠는가? 단, 모든 전구는 동일하다고 가정한다.

그림 23.28 백열전구 회로

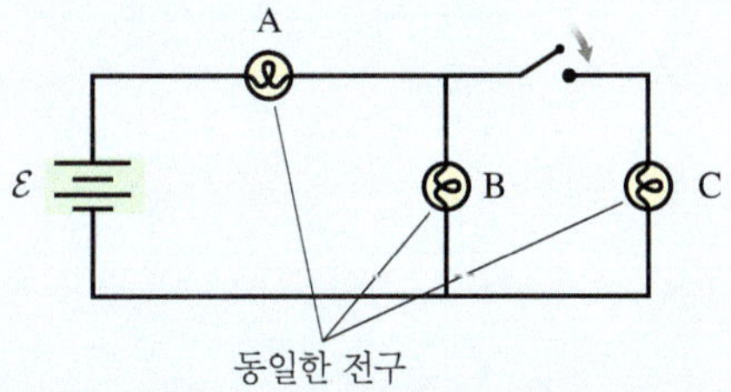

풀이 전구의 저항은 모두 R이라고 가정하자. 스위치가 닫히기 전에 전구 A와 B는 직렬로 연결되어 있고 전구 C는 회로 요소가 아니었다. 전구 A와 B는 직렬로 연결된 동일한 전구이므로, 이들의 등가 저항은 $2R$이고 전지로부터 나오는 전류는

$$I_{\text{before}} = \frac{\mathcal{E}}{R_{\text{eq}}} = \frac{\mathcal{E}}{2R} = \frac{1}{2}\frac{\mathcal{E}}{R}$$

이다. 이 값은 전구 A와 B에서의 초기 전류값이므로, 두 전구의 밝기는 같다.

스위치를 닫으면 전구 B와 C는 병렬로 연결된다. 병렬로 연결된 동일한 두 저항기의 등가 저항은 $R_{\text{B+C}} = R/2$이다. 전구 B와 C에 대한 이 등가 저항은 전구 A와 직렬 연결된 상태가 된다. 따라서 이 회로의 전체 저항은 $R_{\text{eq}} = R + \frac{1}{2}R = \frac{3}{2}R$이고, 전지에서 나오는 전류는

$$I_{\text{after}} = \frac{\mathcal{E}}{R_{\text{eq}}} = \frac{\mathcal{E}}{3R/2} = \frac{2}{3}\frac{\mathcal{E}}{R} > I_{\text{before}}$$

이다. 스위치를 닫으면 전체 회로 저항은 **감소하므로**, 전지에서 나오는 전류는 **증가한다**.

전지로부터 나오는 모든 전류는 전구 A를 통과하여 흐르게 되므로, 스위치가 닫히면 전구 A는 더 **밝아진다**. 전류 I_{after}는 접합점에서 나누어지게 되고, 전구 B와 C는 같은 저항값을 가지고 있으므로 나눠는 전류의 크기는 같다. 전구 B에 흐르는 전류는 $\frac{1}{3}(\mathcal{E}/R)$이고, I_{before} 보다 **작다**. 스위치가 닫히면 전구 B의 밝기는 **감소한다**. 스위치가 닫힌 상태에서, 전구 B와 C는 병렬 연결된 상태이므로 두 전구의 밝기는 같다.

검토 위의 최종 결과는 타당하다. 처음에 전구 A와 B는 직렬 연결되어 있었으므로 전구 A에 흐르는 모든 전류는 전구 B를 통하여 흐르게 된다. 그러나 전구 C를 추가하면, 전류는 전구 C를 통하여 흐를 수 있다. 이것이 전체 전류를 증가시키며, 모든 전류는 반드시 전구 A를 통하여 흐른다. 그리하여 전구 A는 더 밝아진다고 기대할 것이다. 그러나 전구 A를 통하여 흐르는 전류는 전구 B와 C에 나누어져 흐를 수 있다. 전류가 나뉘어 흐르므로, 전구 B는 스위치를 닫기 전보다 어두워진다.

복잡한 회로 분석하기

본 장에서 주어진 정보를 이용하여 더 복잡하고 실제적인 회로를 분석할 수 있다. 그렇게 함으로써 이 장에 주어진 여러 가지 생각들을 함께 모으고, 실제 상황에서 그것이 어떻게 사용되는지 확인할 수 있는 기회를 제공해준다. 이와 같은 분석에 사용되는 기법은 일반적이다.

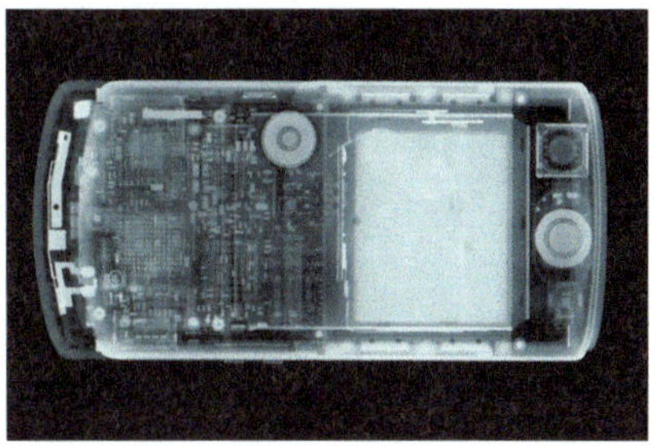

핸드폰의 X선 영상이 복잡한 회로도를 보여준다. 비록 수천 개의 회로 요소들이 들어 있지만, 이 회로의 분석은 이 장에서 배운 것과 같은 기초적인 규칙으로 시작된다.

문제 풀이 전략 23.1 저항기 회로

전지 및 단일 등가 저항이 남을 때까지 자신의 등가 저항에 병렬 및 직렬 저항을 감소시켜 순차적 조합에 의한 저항 회로를 분석할 수 있다.

준비 회로도를 그린다. 주어진 값과 구할 값을 표시한다.

풀이 키르히호프의 법칙 및 직렬과 병렬 저항기들에 대한 규칙을 수학적인 분석의 기초로 적용한다.

- 단계적으로 회로를 가능한 가장 작은 수의 등가 저항기로 축소한다.
- 등가 저항기를 통과하는 전류와 양단의 전위차를 결정한다.
- 직렬로 연결된 모든 저항기를 통과하는 전류는 같으며, 병렬로 연결된 모든 저항기의 양단에서 전위차는 같다는 사실을 이용하여 회로도를 다시 그린다.

검토 회로도를 다시 그리는 경우 두 가지 중요한 확인 사항들을 활용한다.

- 직렬 연결된 저항기에 걸리는 전위차의 합은 등가 저항기에 걸리는 전위차 ΔV와 같다는 것을 확인한다.
- 병렬 연결된 저항기를 통과하여 흐르는 전류의 합은 등가 저항기에 흐르는 전류 I와 같다는 것을 확인한다.

예제 23.9 복잡한 회로 분석하기

그림 23.29의 회로에서 4개의 저항기 각각에 걸리는 전위차와 흐르는 전류를 구하시오.

그림 23.29 여러 개의 저항기 회로

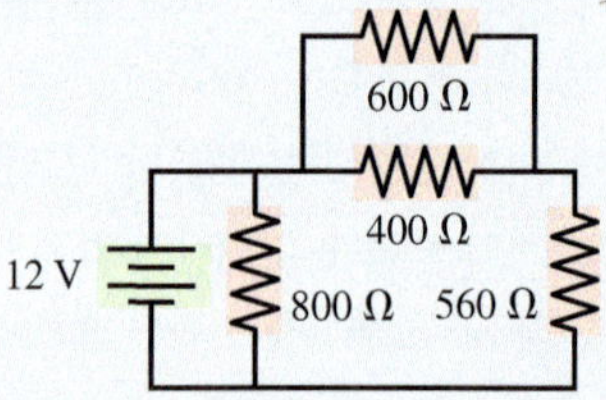

준비 그림 23.30은 회로도를 나타낸다. 회로를 분석함에 따라 회로도를 계속 다시 그린다.

풀이 첫째, 회로도를 단계적으로 단일 저항기만을 갖는 회로로 축소시킨다. 그림 23.30(a)에서 직렬과 병렬 연결 저항기들에 대한 규칙을 이용하여 세 단계로 이 과정을 반복한다. 최종적인 전지와 저항기 회로에 대해서는 분석하는 방법을 잘 알고 있다. 400 Ω 등가 저항에 대한 전위차는 $\Delta V_{400} = \Delta V_{bat} = \mathcal{E} = 12$ V이다. 전류는 다음과 같다.

그림 23.30 단계별 회로 분석

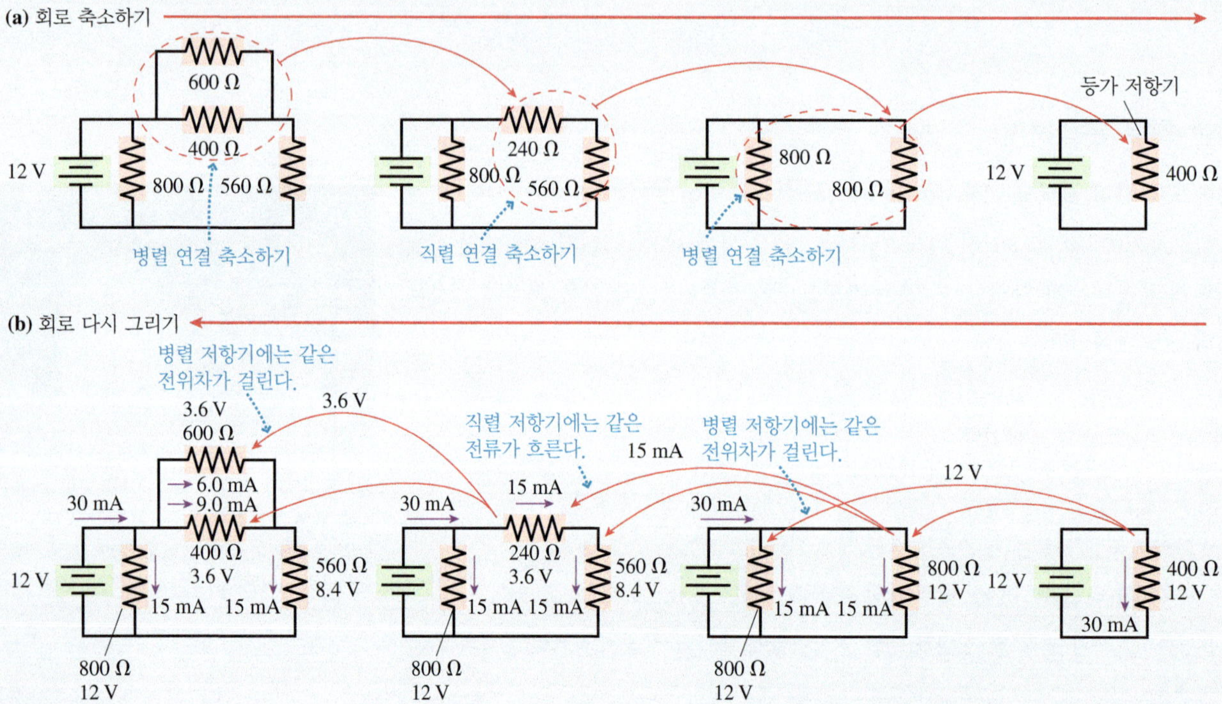

$$I = \frac{\mathcal{E}}{R} = \frac{12\ \text{V}}{400\ \Omega} = 0.030\ \text{A} = 30\ \text{mA}$$

둘째, 각 단계에서 전류와 전위차를 구하기 위해 단계별로 회로를 다시 만든다. 그림 23.30(b)는 그림 23.30(a)의 단계들을 정확히 역으로 반복한다. 400 Ω 저항기는 병렬로 연결된 2개의 800 Ω 저항기로부터 계산되었다. $\Delta V_{400} = 12$ V이기 때문에, 각 저항기에서 전위차는 $\Delta V_{800} = 12$ V가 된다. 따라서 각각의 800 Ω 저항기를 통과하는 전류는 $I = \Delta V/R = 15$ mA이다. 따라서 2개의 저항기에 흐르는 전류의 합은 15 mA + 15 mA = 30 mA가 된다는 것을 확인하자.

오른쪽 800 Ω 저항기는 240 Ω과 560 Ω 저항기를 직렬로 연결하여 형성되었다. 800 Ω에 흐르는 전류가 $I_{800} = 15$ mA이기 때문에, 직렬 연결된 두 저항기에 흐르는 전류는 $I_{240} = I_{560} = 15$ mA로 반드시 같다. 각 저항기에 걸리는 전위차는 $\Delta V = IR$이므로, $\Delta V_{240} = 3.6$ V이고 $\Delta V_{560} = 8.4$ V이다. 여기서 3.6 V + 8.4 V = 12 V = ΔV_{800}이 된다는 점을 유의하면서 전위차를 합산해야 한다.

마지막 240 Ω 저항기는 600 Ω과 400 Ω 저항기가 병렬로 연결된 결과이며, 각각의 저항기는 240 Ω 등가 저항에 걸린 3.6 V의 전위차와 같은 전위차가 걸리게 된다. 각 저항기에 흐르는 전류는 $I_{600} = 6.0$ mA와 $I_{400} = 9.0$ mA이다. 세 번째 확인 사항으로 6.0 mA + 9.0 mA = 15 mA가 되는 것에 주목하라. 이제 모든 전류와 전위차를 구하였다.

검토 접합점에서 전류의 합과 직렬로 연결된 저항기를 따라 전위차의 합이 타당하다는 것을 확인하였다. '차례대로 검증'하는 과정은 매우 중요하다. 이것은 문제 해결방법을 제공해주며, 또한 만약 실수가 있다면 곧바로 확인할 수 있게 해준다.

23.6 축전기의 병렬 및 직렬 연결

2개의 도체판이 절연층에 의해 분리된 구조를 회로 요소 중 하나인 **축전기**(capacitor)라고 하며, 앞의 몇 장들에서 상세하게 고려하였다. 그림 23.31은 전지와 축전기로 이루어진 기초 회로이다. 축전기를 전지에 연결하면, 전하는 축전기로 들어가고, 전위차는 $\Delta V_C = \mathcal{E}$가 될 때까지 상승하게 된다. 일단 축전기가 완전히 충전되면, 전류는 더 이상 흐르지 않는다. 이 시점에서 축전기의 각 전극판에 존재하는 전하의 크기는 ◀◀21.7절에서 본 바와 같이 $Q = C\Delta V_C = C\mathcal{E}$가 된다.

그림 23.31 간단한 축전기 회로

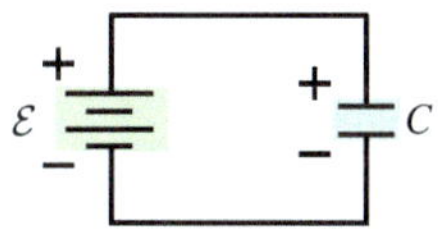

저항기 회로에서는 여러 개의 저항기를 연결하기도 하였는데, 축전기도 같은 방법으로 연결할 수 있다. 그림 23.32는 축전기의 병렬 연결과 직렬 연결을 설명하고 있다.

그림 23.32 병렬 연결 및 직렬 연결된 축전기

(a) 병렬 연결 축전기

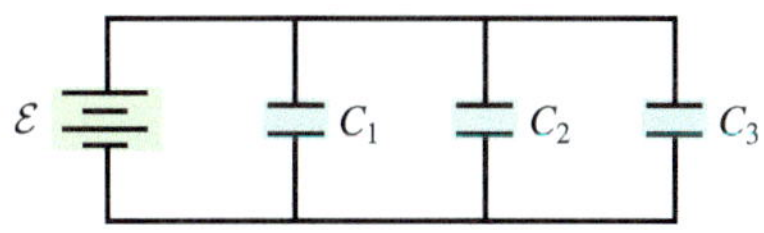

(b) 직렬 연결 축전기

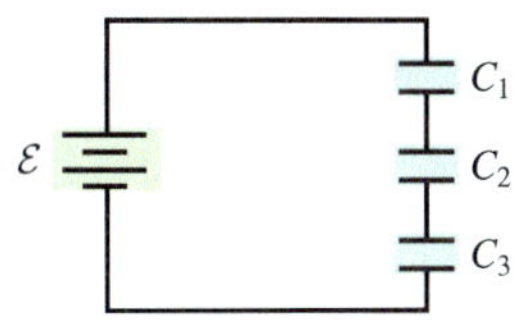

병렬 연결 혹은 직렬 연결 축전기들은 하나의 **등가 전기 용량**(equivalent capacitance)으로 표현될 수 있지만, 결합 규칙은 저항기의 결합 규칙과는 다르다. 그림 23.33(a)에 주어진 2개의 병렬 연결된 C_1 및 C_2 축전기를 분석해보자.

C_1의 전하는 $Q_1 = C_1\Delta V_C$이고 C_2의 전하는 $Q_2 = C_2\Delta V_C$이다. 두 축전기는 병렬로 연결되어 있기 때문에 두 축전기 모두 그 양단에 동일한 전위차 ΔV_C가 있음에 유의하라. 총 전하 Q는 두 축전기의 전하의 합과 같다.

$$Q = Q_1 + Q_2 = C_1\Delta V_C + C_2\Delta V_C = (C_1 + C_2)\Delta V_C$$

그림 23.33(b)에서와 같이 2개의 축전기를 단일 등가 전기 용량 C_{eq}으로 대체할 수 있다. 등가 전기 용량은 각 전기 용량의 합이다.

$$C_{eq} = \frac{Q}{\Delta V_C} = \frac{(C_1 + C_2)\Delta V_C}{\Delta V_C} = C_1 + C_2 \qquad (23.16)$$

위와 같은 분석은 2개 이상의 축전기에 대해서도 확대 적용할 수 있다. N개의 축전기

그림 23.33 2개의 병렬 연결된 축전기를 하나의 등가 축전기로 대체하기

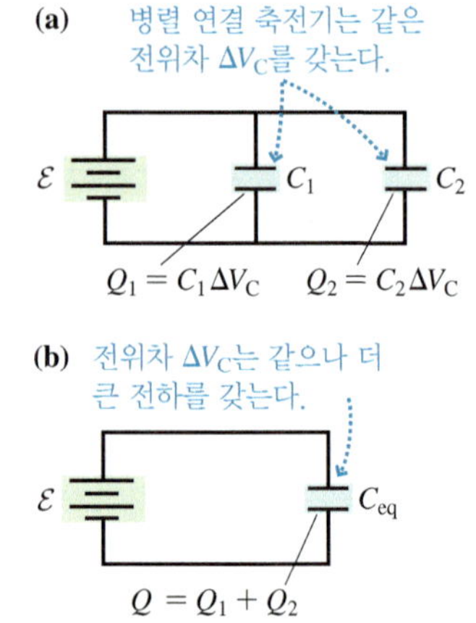

그림 23.34 2개의 직렬 연결된 축전기를 하나의 등가 축전기로 대체하기

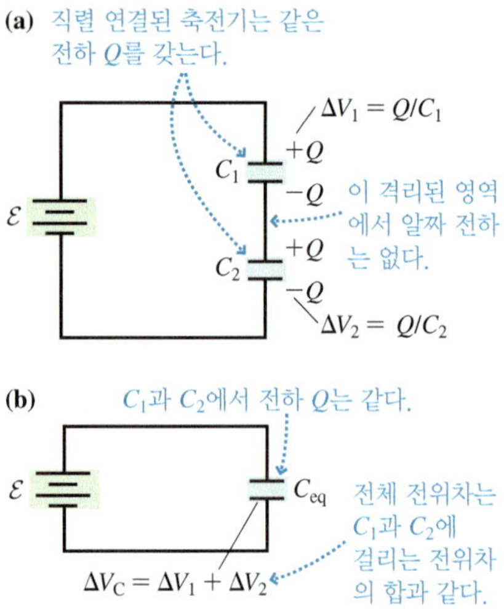

들이 병렬 연결되면, 이들의 등가 전기 용량은 각 전기 용량의 합이다.

$$C_{eq} = C_1 + C_2 + C_3 + \cdots + C_N \qquad (23.17)$$

병렬 연결된 N개 축전기의 등가 전기 용량

병렬 연결된 N개 축전기를 등가 전기 용량 C_{eq}을 가지는 단일 축전기로 대체하여도 전지나 회로의 다른 요소들이 구분할 수 없다.

이제 직렬 연결된 2개의 축전기를 살펴보자. 이 경우 축전기들은 모두 같은 전하를 갖지만, 각각은 전지의 전체 공급 전압보다 작은 전압이 걸리게 된다.

그림 23.34(a)에는 직렬 연결된 2개의 축전기로 구성된 회로가 주어져 있다. 중앙 영역은 C_1 축전기의 바닥 전극판과 C_2 축전기의 상부 전극판 및 연결 도선으로 구성되어 있으며, 전기적으로 고립되어 있다. 전지는 이 영역에서 전하를 추가하거나 제거할 수 없다. 만약 알짜 전하가 없는 상태로 시작된다면, 알짜 전하가 없는 상태로 반드시 종료되어야 한다. 결과적으로 직렬 연결된 두 축전기는 같은 전하 $\pm Q$를 갖는다. 전지는 전하 Q를 C_2의 바닥판에서 C_1의 상부판으로 이동시킨다. 이와 같은 전하의 이동은 중앙 영역을 분극화한다. 그러나 중앙 영역의 전체 전하는 $Q_{net} = 0$이다.

두 축전기의 양쪽 단자에 걸리는 전위차들은 각각 $\Delta V_1 = Q/C_1$과 $\Delta V_2 = Q/C_2$이다. 두 축전기의 전체 전위차는 $\Delta V_C = \Delta V_1 + \Delta V_2$이다. 그림 23.34(b)에서와 같이, 두 축전기의 전하 Q와 전위차 $\Delta V_C = \Delta V_1 + V_2$를 가지는 단일 축전기로 대체된 경우를 가정하자. 전지가 이 축전기에 같은 전위차를 걸어주고 같은 전하량을 이동시키기 때문에, 원래의 직렬 연결된 2개의 축전기와 동등하다.

등가 축전기의 전기 용량의 역의 값은 다음과 같다.

$$\frac{1}{C_{eq}} = \frac{\Delta V_C}{Q} = \frac{\Delta V_1 + \Delta V_2}{Q} = \frac{\Delta V_1}{Q} + \frac{\Delta V_2}{Q} = \frac{1}{C_1} + \frac{1}{C_2} \qquad (23.18)$$

이 분석은 **직렬 연결된 축전기들은 모두 같은 전하 Q를 갖는다**는 사실에 기반을 두고 있다.

이 분석을 2개 이상의 축전기들에 대해서도 확장하여 쉽게 적용할 수 있다. 만약 N개의 축전기들이 직렬 연결되어 있다면, 이들의 등가 전기 용량은 각 전기 용량의 역을 모두 합한 값에 대한 역의 값이다.

$$C_{eq} = \left(\frac{1}{C_1} + \frac{1}{C_2} + \frac{1}{C_3} + \cdots + \frac{1}{C_N}\right)^{-1} \qquad (23.19)$$

직렬 연결된 N개 축전기들의 등가 전기 용량

직렬 연결된 축전기에 대한 등가 전기 용량은 각 축전기들의 등가 전기 용량보다 작다.

예제 23.10 축전기 회로 분석하기

a. 그림 23.35의 회로에서 결합된 축전기들의 등가 전기 용량을 구하시오.

b. 축전기들이 충전됨에 따라 전지로부터 흘러들어오는 전하는 얼마나 되는가?

그림 23.35 축전기 회로

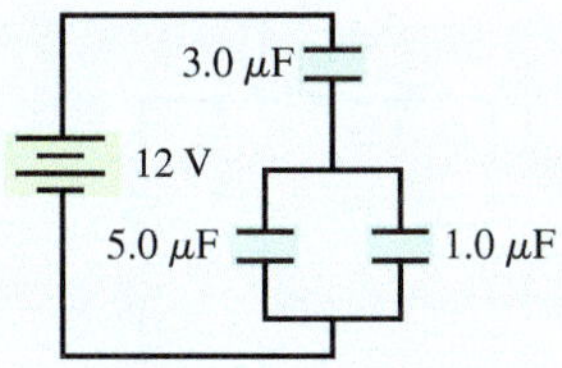

준비 병렬 연결과 직렬 연결 축전기의 관계식을 이용하여 축전기들을 단일 등가 축전기로 대체할 수 있으며, 이는 저항기 회로에서 적용하였던 방법과 매우 유사하다. 따라서 등가 전기 용량을 이용하여 전지로부터 흘러들어오는 전하를 계산할 수 있다.

풀이

a. 그림 23.36은 병렬 및 직렬 연결된 축전기들에 대해 단일 등가 전기 용량을 가지는 축전기를 구하는 방법을 보여준다.

b. 전지는 2.0 μF의 전기 용량을 감지한다. 12 V의 전위차가 걸리게 하기 위해, 전지로부터 반드시 흘러들어와야 하는 전하는 다음과 같다.

$$Q = C_{eq}\Delta V_C = (2.0 \times 10^{-6}\ \text{F})(12\ \text{V}) = 2.4 \times 10^{-5}\ \text{C}$$

검토 저항기 회로들에 대하여 풀었던 것과 비슷한 방법으로 축전기 회로 문제를 푼다.

그림 23.36 축전기 회로 분석

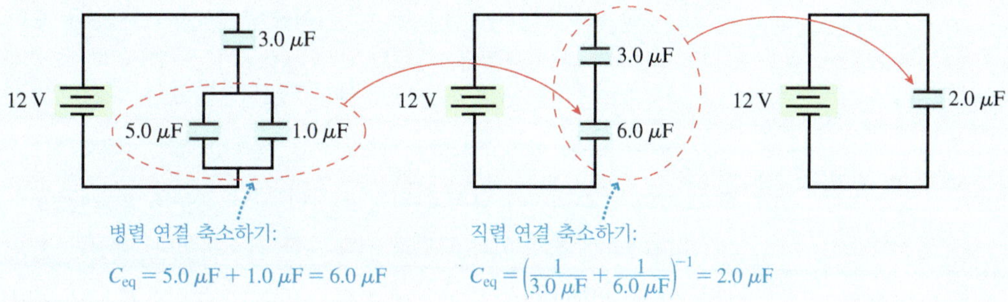

23.7 *RC* 회로

이미 배운 저항기 회로에는 정상 전류가 흐른다. 이 저항기 회로에 축전기를 연결하면, 전류가 시간에 따라 변화하는 회로를 만들 수 있다. 저항기와 축전기를 포함하는 회로를 ***RC* 회로**(*RC* circuits)라 한다. 이 회로는 전자기기에서 보편적으로 사용된다. *RC* 회로에 대한 간단한 예는 왼쪽 사진과 같이 섬광을 쏟아내는 자전거의 점멸등이다. *RC* 회로에서 저항과 전기 용량 값은 축전기가 방전 및 충전하는 시간을 결정한다. 자전거 점멸등의 경우, 이 시간이 점멸 시간을 결정한다. 큰 전기 용량은 점멸 주기를 느리게 하며, 작은 전기 용량은 점멸 주기를 더 빠르게 한다.

자전거 뒤쪽의 후미등이 점멸하고 있다. 점멸 주기는 *RC* 회로로 조절한다.

그림 23.37(a)는 대전된 축전기, 개폐 스위치와 저항기로 구성된 *RC* 회로를 나타낸다. 축전기는 처음에 전하 Q_0로 대전되었으며 전위차는 $(\Delta V_C)_0 = Q_0/C$이다. 이때 전류가 없으므로 저항기 양단에서 전위차는 0이다. 그 다음 $t = 0$이 되는 순간에 스위치가 닫히면 축전기는 저항기를 통하여 방전된다.

그림 23.37(b)는 스위치가 닫힌 직후의 회로를 나타낸다. 축전기는 전하가 감소될 만큼 충분한 시간을 갖지 못하기 때문에 축전기 전압은 아직 $(\Delta V_C)_0$이다. 그러나 축전

그림 23.37 *RC* 회로의 방전

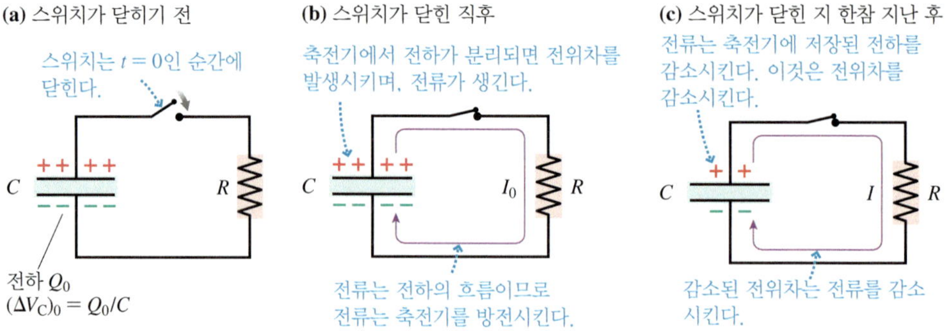

기를 방전시키는 전류 I_0가 흐르기 시작한다. 시계 방향으로 회전하는 고리를 따라 키르히호프의 고리 법칙을 적용하면

$$\sum_i \Delta V_i = \Delta V_C + \Delta V_R = (\Delta V_C)_0 - I_0 R = 0$$

이 된다. 따라서 축전기가 방전하기 시작하는 초기 전류는 다음과 같다.

$$I_0 = \frac{(\Delta V_C)_0}{R} \tag{23.20}$$

시간이 지남에 따라, 전류는 지속적으로 흐르고 축전기에서 전하는 감소한다. **그림 23.37(c)**는 스위치가 닫히고 일정 시간이 지난 경우의 회로를 나타내는데, 축전기의 전하(따라서 전위차)와 회로의 전류 모두 감소하였다. 축전기 전압이 ΔV_C로 감소하였을 때, 감소한 전류는

$$I = \frac{\Delta V_C}{R} \tag{23.21}$$

이다. 전류는 축전기를 방전시키고, 그 결과 축전기 전압 ΔV_C가 감소하게 된다. 축전기 전압 ΔV_C가 전류를 가동하므로, 전류 I도 감소하게 된다. 전류 I와 전압 ΔV_C는 축전기가 완전히 방전되고 전류가 0이 될 때까지 둘 다 감소한다.

그림 23.38 *RC* 방전 회로의 전류와 축전기 전압

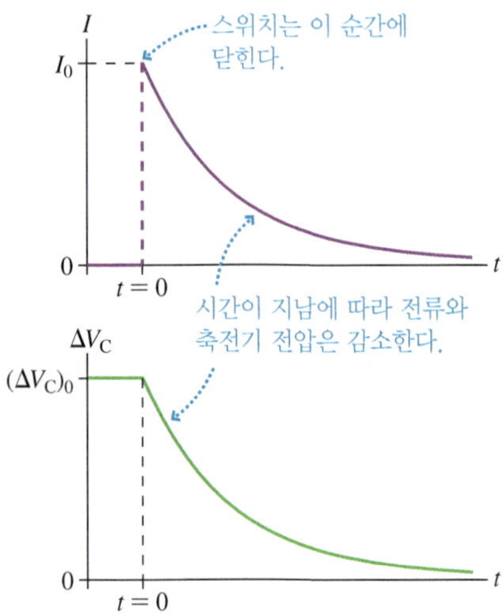

전압계와 전류계를 이용하여 그림 23.37의 회로에서 축전기 전압과 전류를 시간의 함수로 측정한다면, **그림 23.38**의 그래프에 보인 변화를 확인할 수 있다. $t = 0$에서 스위치가 닫히면, 축전기 양단에 걸리는 전위차는 $(\Delta V_C)_0$이고 전류는 갑자기 I_0로 도약한다. 이후 전류와 축전기 전압은 0으로 '감쇠'되지만, 선형적이지는 않다.

그림 23.38 그래프는 14장에서 보았던 감쇠 조화 진동자의 진폭 감쇠에 대한 그래프와 같은 모양이다. 전압과 전류 모두 **지수적 감쇠**(exponential decays)를 한다.

$$I = I_0 e^{-t/RC}$$
$$\Delta V_C = (\Delta V_C)_0 e^{-t/RC} \tag{23.22}$$

축전기 방전 과정 중의 전류와 전압

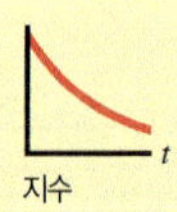

◀◀14.6절에서, 지수적 감쇠는 **시간상수**(time constant)로 특성화할 수 있다는 것을

배웠다. 이 시간상수는 실제로 회로의 **특성 시간**이다. 긴 시간상수는 느린 감쇠를 의미하며, 짧은 시간상수는 빠른 감쇠를 의미한다. *RC* 회로에서 전류와 전압의 감쇠에 대한 시간상수는 다음과 같다.

$$\tau = RC \tag{23.23}$$

옴(Ω)과 패럿(F)의 곱이 초(s)의 단위를 가지므로, *RC* 물리량은 시간이 된다. 이 시간상수를 활용하면, 전류와 전압의 수식은 다음과 같다.

$$I = I_0 e^{-t/\tau}$$
$$\Delta V_C = (\Delta V_C)_0 e^{-t/\tau} \tag{23.24}$$

영상 학습 데모

회로에서 1 시간상수가 지난 이후에 전류와 전압이 0으로 떨어지는 것은 아니다. 1 시간상수 정도의 시간이 지난 후에는, **그림 23.39**에서 보듯이 전압과 전류가 $e^{-1} = 0.37$만큼 감소한다.

시간상수가 $\tau = RC$ 형태를 갖는 이유를 이해할 수 있다. 큰 저항은 전하의 흐름을 억제하므로, 저항 R이 증가하면 감쇠 시간이 길어지는 것을 의미한다. 전기 용량이 커지면 더 많은 전하를 저장하므로, 전기 용량 C가 증가하면 감쇠 시간이 길어짐을 의미한다.

1 시간상수 후에 축전기 회로에서 전류와 전압은 초기값의 37% 수준으로 감소한다. 축전기는 언제 완전히 방전되는가? 전위차 ΔV_C가 점차적으로 0으로 근접하기 때문에 언제 완전히 방전될지 기술할 수 있는 정확한 시간은 없다. 그러나 5τ 이후에 전압과 전류는 초기값의 1% 정도로 감소한다. 대부분의 경우에는, 이 시간에 축전기가 완전히 방전되었다고 말한다.

그림 23.39 *RC* 회로에서 시간상수의 의미

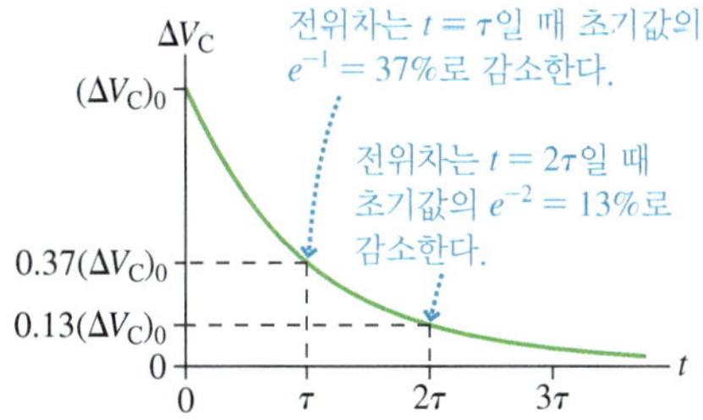

예제 23.11 *RC* 회로의 전류 계산하기

그림 23.40의 회로에서 스위치가 긴 시간 동안 a 위치에 있었으며, 따라서 축전기는 완전히 충전되었다. 이 스위치가 $t = 0$일 때 b의 위치로 변경된다. 스위치가 닫힌 직후의 회로에 흐르는 전류는 얼마인가? 25 μs 이후 회로에 흐르는 전류는 얼마인가?

그림 23.40 *RC* 회로

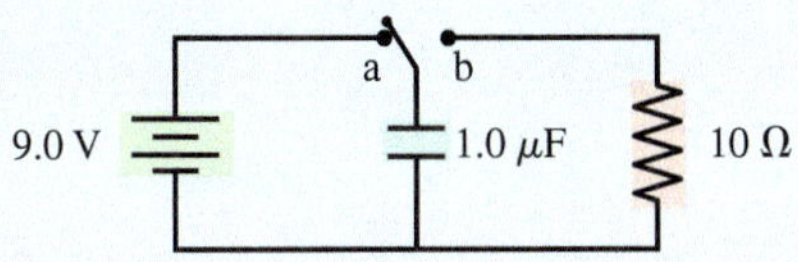

풀이 축전기는 전지의 양쪽 단자에 연결되어 있으므로, 처음에는 $(\Delta V_C)_0 = 9.0$ V로 충전된다. 스위치가 닫히면, 처음 전류는 식 (23.20)으로 주어진다.

$$I_0 = \frac{(\Delta V_C)_0}{R} = \frac{9.0\ \text{V}}{10\ \Omega} = 0.90\ \text{A}$$

전하가 흘러감에 따라 축전기는 방전한다. 전하량 감쇠에 대한 시간상수는 식 (23.23)으로 주어진다.

$$\tau = (10\ \Omega)(1.0 \times 10^{-6}\ \text{F}) = 1.0 \times 10^{-5}\ \text{s} = 10\ \mu\text{s}$$

회로 전류는 시간의 함수로 식 (23.22)에 주어진다. 스위치를 닫고 25 μs가 지난 후 전류는 다음과 같다.

$$I = I_0 e^{-t/\tau} = (0.90\ \text{A})e^{-(25\ \mu\text{s})/(10\ \mu\text{s})} = 0.074\ \text{A}$$

검토 위의 결과는 적절하다. 스위치를 닫은 후 25 μs는 시간상수의 2.5배이므로, 전류는 처음 전류보다 작은 값으로 감소할 것이라고 기대할 수 있다. 여기서 시간의 단위를 μs로 사용한 것을 주목하자. 이것은 초(s)를 사용하는 SI 단위 사용이 필요하지 않는 드문 경우이다. 지수는 $-t/\tau$로 주어져 두 가지 종류의 시간에 대한 비율만을 포함하고 있기 때문에, t와 τ가 모두 같은 단위를 가진다는 것만 필요하다.

축전기의 충전

그림 23.41 축전기의 충전 회로

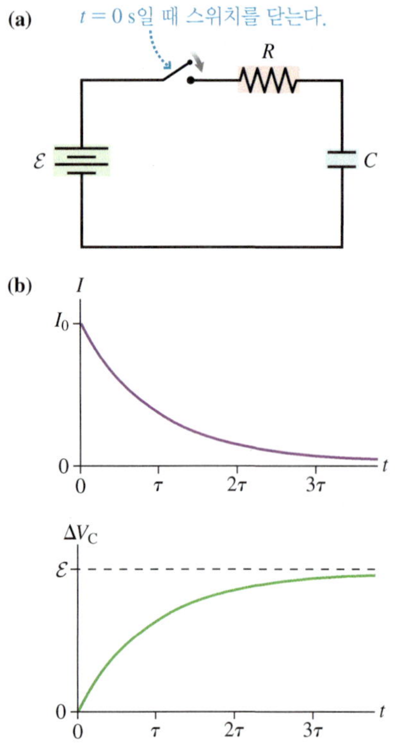

그림 23.41(a)는 축전기를 충전하는 회로이다. 스위치가 닫힌 후, 전지의 전위차는 회로에 전류를 흐르게 하고, 축전기는 충전하기 시작한다. 축전기가 충전됨에 따라, 전류를 억제하는 전위차가 발생하며, 흐르는 전류는 감소한다. 전류가 감소함에 따라, 축전기의 충전율도 감소한다. 축전기는 전위차가 $\Delta V_C = \mathcal{E}$일 때까지 충전하며, 이때 충전 전류는 멈춘다.

만약 회로에 흐르는 전류와 축전기 양극판 사이의 전위차를 시간의 함수로 측정한다면, 이 값들이 **그림 23.41(b)**에 주어진 그래프를 따라 변하는 것을 확인할 수 있다. 이 충전 회로에 대한 특성 시간은 방전에서 주어진 시간상수 $\tau = RC$와 같다.

스위치가 처음 닫힐 때, 충전되지 않은 축전기 양극판 사이의 전위차는 0이므로, 초기 전류는

$$I_0 = \frac{\mathcal{E}}{R}$$

이다. 축전기 전압과 전류를 시간의 함수로 기술하는 수식은 다음과 같다.

$$I = I_0 e^{-t/RC}$$
$$\Delta V_C = \mathcal{E}(1 - e^{-t/RC}) \qquad (23.25)$$

축전기 충전 과정 중의 전류와 전압

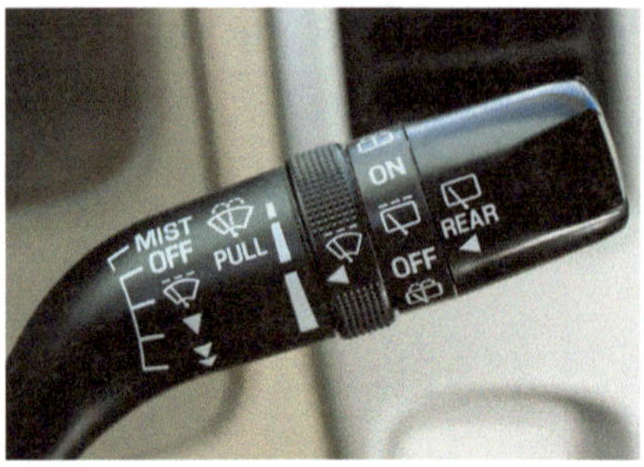

우천 시 *RC* 회로 자동차의 방풍유리 단속 와이퍼의 작동 주기를 다이얼을 사용해서 조절하기 위해서는 *RC* 회로의 가변저항기를 조절한다. 저항값이 증가하면 시간상수를 증가시키므로, 와이퍼 블레이드의 반복 운동 주기를 길어지게 한다. 옅은 안개 속에서는 긴 시간상수가 필요하며, 따라서 큰 저항값이 필요하다.

RC 회로에서 시간상수 τ는 회로의 거동을 조절하기 위해 사용될 수 있다. 예를 들어, 자전거 점멸등은 *RC* 회로에 의해 작동되며, 회로 내의 스위치를 닫고 열고 함에 따라 축전기를 교차적으로 충전하고 방전하는 과정이 반복되도록 되어 있다. 별도의 회로가 축전기 전압이 기준전압을 초과할 때 점등하고 축전기 전압이 기준전압보다 작을 때는 소등하게 한다. *RC* 회로에서 시간상수는 축전기 전압이 기준전압보다 높게 얼마나 오랫동안 머무를 수 있는지를 결정함으로써 점등의 길이를 정해준다. 더 복잡한 *RC* 회로들은 컴퓨터 및 다른 디지털 전자장비에서 시간을 잴 수 있게 해준다. 다음 절에서 학습할 내용으로, 신경 펄스 신호를 전달하는 모형에 *RC* 회로를 이용할 수 있고, 시간상수는 신호가 신경계에서 전파될 수 있는 속력을 결정하는 핵심 요소가 된다.

23.8 신경계의 전기 BIO

1700년대 후반기에, 이탈리아 과학자 갈바니(Galvani)는 동물 조직이 전기적 특성을 가진다는 것을 발견하였다. 그는 개구리 다리가 전기적 자극에 의해 경련을 일으키고, 심지어 다리에 더 이상 전극을 부착하지 않아도 경련을 일으킨다는 것을 발견하였다. 갈바니와 다른 과학자들은 전기적 신호가 근육세포들을 활성화시키고, 신경세

포의 축색 돌기(axon)에 가해진 작은 전위가 세포 사이에 전파되는 신호를 발생시킬 수 있다는 것을 밝혀내었다.

이 절의 학습목표는 신경계에서 전기적 신호의 본질을 이해하는 것이다. 만약 뇌에서 손을 움직이라는 명령을 내리면, 신호는 뇌에서부터 손으로 어떻게 전달되는가? 이 질문에 대답하기 위해서 전기장, 전위, 저항, 전기 용량 및 회로 등 VI부에서 배운 모든 지식을 동원할 것이다.

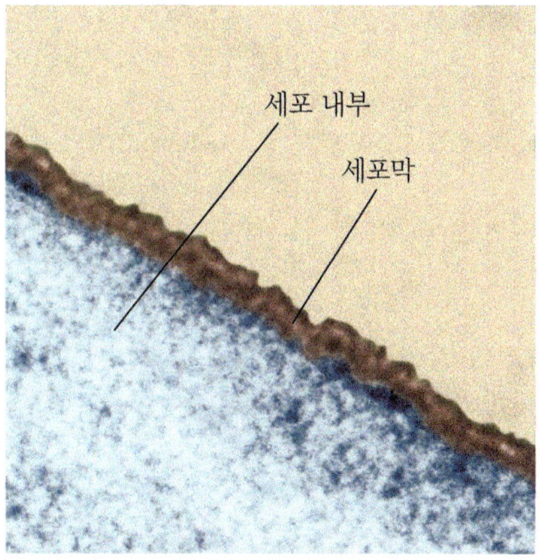

세포막의 근접촬영 영상으로, 세포막은 바깥에 있는 전도성 세포 내부를 분리하는 절연층이다.

신경세포의 전기적 속성

전기적 성질을 기술하는 신경세포에 대한 매우 단순한 **모형**을 분석해보자. 이 모형은 세포막으로 시작하는데, **세포막**(cell membrane)은 약 7 nm 두께의 지방질로 된 절연층으로서 세포 내부와 외부에서 전도성 유체 영역을 격리시킨다.

◀◀21.2절에서 본 바와 같이 세포막은 수동적인 구조가 아니다. 세포막에는 세포 외부와 내부 사이에서 이온을 수송하는 통로와 펌프가 있다. 이 단순한 모형에서는, 비록 다른 이온이 세포 기능에 중요한 역할을 하지만, 단지 2개의 양이온인 나트륨(Na^+)과 칼륨(K^+) 이온들의 수송현상만 고려한다. 이러한 이온들은 세포막을 통해 서서히 확산될 수 있다. 부수적으로, 나트륨과 칼륨 이온들은 아래와 같은 구조를 통해 수송된다.

- **나트륨-칼륨 교환 펌프** 이 펌프는 Na^+ 이온을 세포 밖으로 배출하고, K^+ 이온은 세포 안으로 두입한다. 이 펌프가 휴면 상태에 있는 경우, 세포 밖의 나트륨 이온의 농도는 세포 내부에 있는 나트륨 이온의 농도보다 약 10배 정도 더 크다. 칼륨 이온들은 세포 내에서 농도가 더 크다.
- **나트륨과 칼륨 통로** 세포막에 있는 이 통로들은 일반적으로 폐쇄되어 있다. 이 통로들이 개방될 때, 이온들은 농도가 낮은 곳으로 이동하게 된다. 따라서 Na^+ 이온은 세포 안으로 투입되고 K^+ 이온은 세포 밖으로 배출된다.

그림 23.42 신경세포의 단순 모형

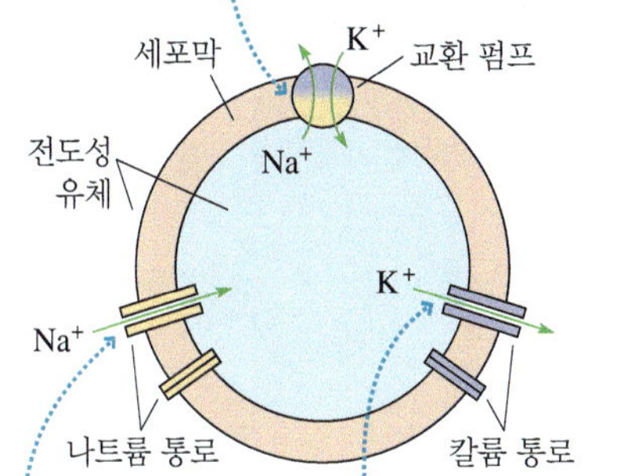

그림 23.42에서 설명한 단순 모형은 실제 세포 구조에서 많은 부분이 무시되어 있지만, 자극에 대한 신경세포의 반응과 전기적 신호의 전도 현상 등을 정확히 기술할 수 있게 한다.

이온 교환 펌프는 수송 이온에 의해 전하를 분리시키는 데 화학 에너지를 활용하므로, 전지에서의 전하 승강기와 같은 역할을 한다. 대전된 이온의 수송 및 추후 확산은 세포막 양단에서 전하들이 분리되도록 이끈다. 결과적으로, **살아있는 세포는 기전력을 발생시킨다.** 이 기전력이 에너지를 생성하고 유지한다. 신경세포들의 기전력을 생산하는 이온 펌프는 뇌가 이용하는 에너지의 25~40% 정도를 담당하고 있다.

그림 23.43에 나타낸 것과 같이, 전하의 분리는 세포막 내부에 전기장을 생성하고 세포 내부와 외부 사이에 전위차를 발생시킨다. 신경세포 내부의 전위는 보통 70 mV 이며, 세포 외부의 전위보다 낮다. 이 전위를 세포의 **휴면 전위**(resting potential)라고

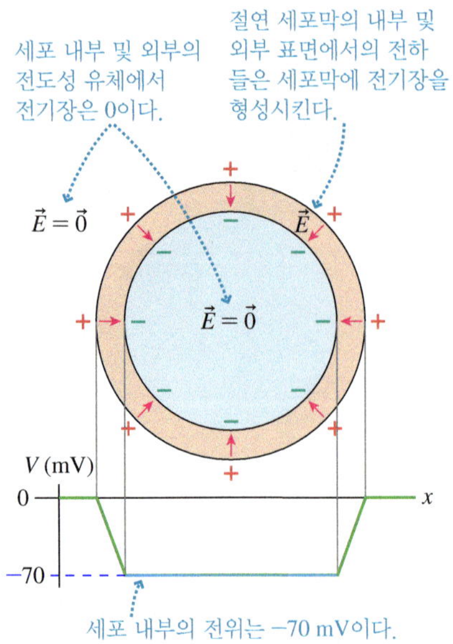

그림 23.43 신경세포의 휴면 전위

한다. 이 전위는 세포막을 횡단하여 전하 분리에 의해 발생되기 때문에, 세포막이 분극화(polarized)된다고 말한다. 이 전위차는 세포막을 완전히 횡단하여 형성되기 때문에, 이 전위차를 **세포막 전위**(membrane potential)라고도 한다.

예제 23.12 세포막 내부의 전기장 BIO

전형적인 신경세포막의 두께는 7.0 nm이다. 휴면신경세포의 세포막 내부 전기장은 얼마나 되는가?

준비 휴면신경세포의 세포막을 횡단하여 발생되는 전위차는 −70 mV이다. 세포막의 내부 및 외부 표면들은 각각 등전위면이다. 21장에서 배운 바와 같이 전기장은 등전위면에 수직하고 전위차에 대해 $E = \Delta V/d$로 연관되어 있다.

풀이 세포 내부와 외부 사이의 전위차 크기는 −70 mV이다. 따라서 전기장의 세기는

$$E = \frac{\Delta V}{d} = \frac{70 \times 10^{-3}\ \text{V}}{7.0 \times 10^{-9}\ \text{m}} = 1.0 \times 10^{7}\ \text{V/m}$$

이다. 전기장의 방향은 양(+) 전위에서 음(−) 전위로 향하므로, 전기장은 다음과 같다.

$$\vec{E} = (1.0 \times 10^{7}\ \text{V/m, 내부로 향함})$$

검토 이 값은 매우 큰 전기장이다. 공기 중에서 이 전기장은 스파크를 발생시키기에 충분히 큰 값이 될 수 있다. 이 전기장은 세포의 강한 전기적 특성을 설명할 만큼 큰 값인 것으로 기대된다.

예제 23.13 세포막의 저항 계산하기 BIO

전하가 세포막을 횡단하여 이동할 수 있으므로 세포막은 완전한 절연체가 아니고, 세포막은 저항을 가지고 있다. 22장에서 주어진 바와 같이 세포막의 비저항은 $3.6 \times 10^{7}\ \Omega \cdot \text{m}$이다. 지름이 0.050 mm이고 세포막 두께가 7.0 nm인 이 구형 세포의 저항은 얼마인가?

준비 세포막 전위는 전하가 세포막을 통하여 이동하게 한다. ◀◀22.4절에서 배운 바와 같이 물체의 저항은 비저항, 길이 및 단면적에 좌우된다. 이 물리량들은 **그림 23.44**에 기록된 세포막에 대하여 무슨 의미를 가지는가?

풀이 세포막의 면적은 구형의 표면적이므로 $4\pi r^2$이다. 길이가 L이고 단면적이 A인 도체의 저항은 22장에서 주어진 수식을 이용하여 계산할 수 있다.

그림 23.44 세포막은 저항기로 모형화될 수 있다.

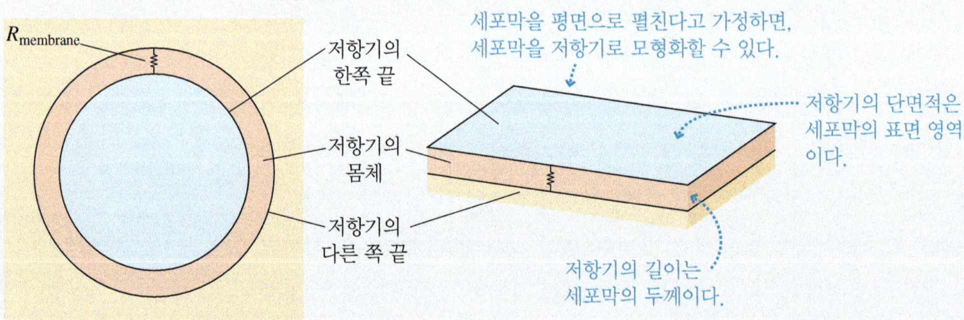

$$R_{membrane} = \frac{\rho L}{A} = \frac{(3.6 \times 10^{7}\ \Omega \cdot \mathrm{m})(7.0 \times 10^{-9}\ \mathrm{m})}{4\pi(2.5 \times 10^{-5}\ \mathrm{m})^2}$$
$$= 3.2 \times 10^{7}\ \Omega = 32\ \mathrm{M}\Omega$$

검토 이 저항은 매우 큰 값이다. 이미 언급한 바와 같이, 세포막은 좋은 절연체이다.

세포막을 저항기로 연관 지을 수 있으나, 다른 전기량으로도 연관 지을 수 있다. 세포막 내부 및 외부의 유체는 좋은 도체이고, 세포막에 의해 분리되어 있다. 그러나 세포막은 도체가 아니다. 그러므로 전하들은 세포막의 내부 및 외부 표면에 축적된다. 따라서 하나의 세포는 2개의 대전된 도체가 절연체에 의하여 분리된 축전기와 같다.

예제 23.14 세포막의 전기 용량 계산하기 BIO

예제 23.13에서 상세히 묘사된 구형 세포의 세포막 전기 용량은 얼마나 되는가? 세포막의 유전 상수는 약 9.0이다.

준비 세포막을 개방하여 평면으로 펼친다고 생각해보면, 세포막은 **그림 23.45**에 설명된 것과 같이 유전체에 의해 분리된 극판들을 가지는 평행판 축전기와 같은 것을 얻을 수 있다. 이와 연관된 규격들은 예제 23.13에 주어진 값들과 같다.

풀이 세포막의 전기 용량은 유전체로 채워진 평행판 축전기의 전기 용량과 같으며, 식 (21.13)에 주어진 규격들을 대입하면 다음과 같은 값을 얻게 된다.

$$C_{membrane} = \frac{\kappa \epsilon_0 A}{d} = \frac{9.0(8.85 \times 10^{-12}\ \mathrm{C^2/N \cdot m^2})4\pi(2.5 \times 10^{-5}\ \mathrm{m})^2}{7.0 \times 10^{-9}\ \mathrm{m}}$$
$$= 8.9 \times 10^{-11}\ \mathrm{F}$$

검토 비록 세포가 작지만, 세포막은 약 90 pF 정도로 제법 큰 전기 용량을 가진다. 이 값은 세포막이 매우 얇기 때문에 적절하다.

그림 23.45 세포막은 축전기로도 모형화할 수 있다.

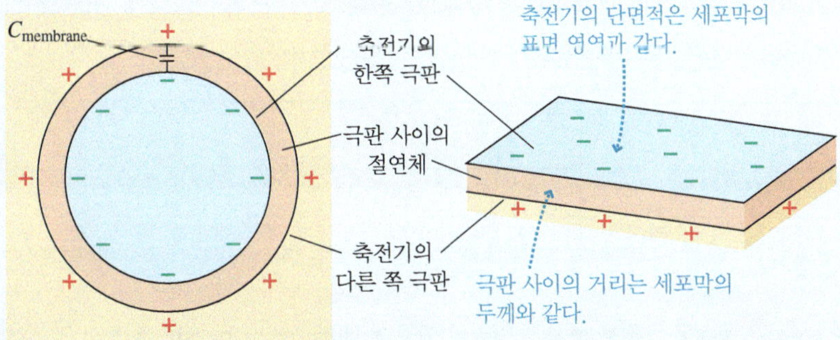

세포막이 저항과 전기 용량을 모두 가지기 때문에, **그림 23.46**에 나타낸 것과 같이 *RC* 회로로도 모형화할 수 있다. 세포막은 임의의 *RC* 회로와 같이 시간상수를 갖는다. 앞의 예제에서 지름이 0.050 mm이고 두께가 7.0 nm인 세포막의 저항과 전기 용량을 계산하였다. 이 값들을 이용하여 세포막의 시간상수를 계산할 수 있다.

$$\tau = RC = (3.2 \times 10^{7}\ \Omega)(8.9 \times 10^{-11}\ \mathrm{F}) = 2.8 \times 10^{-3}\ \mathrm{s} \approx 3\ \mathrm{ms}$$

실제 신경세포의 세포막 전위를 10 mV만큼 상승시키면(쉽게 측정하기에는 충분하지만 세포에서 반응을 일으키는 작동 전위로는 충분하지 않음), 전위는 수 ms의 시간

그림 23.46 세포막은 *RC* 회로로 모형화할 수 있다.

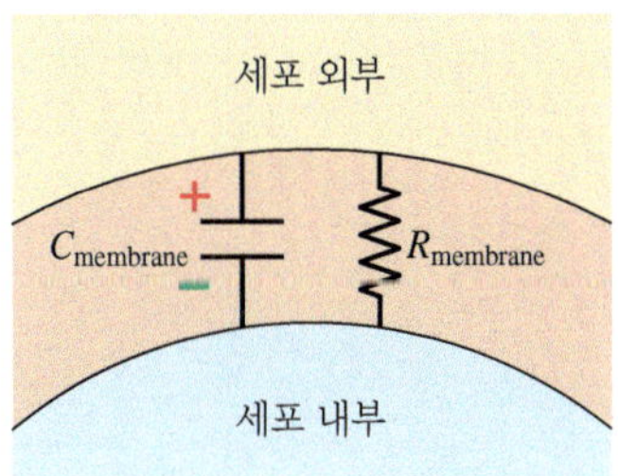

상수를 가지고 휴면 전위 값으로 감쇠한다.

그러나 자극이 세포가 반응할 정도로 큰 값이 되면, 실제 행동이 일어나게 된다. 이런 경우 이온 통로가 개방되고 세포의 시간상수보다 훨씬 짧은 시간 내에 전위가 변화하게 된다.

활동 전위

신경세포가 휴면 전위에 있다고 가정하자. 세포막 전위는 약 −70 mV이다. 그렇지만 이 전위는 외부 **자극**(stimulus)에 대해 반응할 때 극적으로 변화될 수 있다. 시냅스(신경세포 연접부) 접합점에서 신경전달 화학제가 방출되면 신경세포인 **뉴런**(Neuron)들이 자극될 수 있다. 뉴런은 또한 전위 변화에 의해 전기적으로 자극될 수 있으며, 이것은 갈바니가 개구리 다리의 도약에서 본 것과 같다. 어떤 자극이든지, 그 자극의 결과는 **활동 전위**(action potential)라고 하는 빠른 변화인데, 이것은 신경세포의 '점화'와 같다. 아래의 개요와 같이 활동 전위에는 세 가지 상태가 있다.

활동 전위

탈분극화

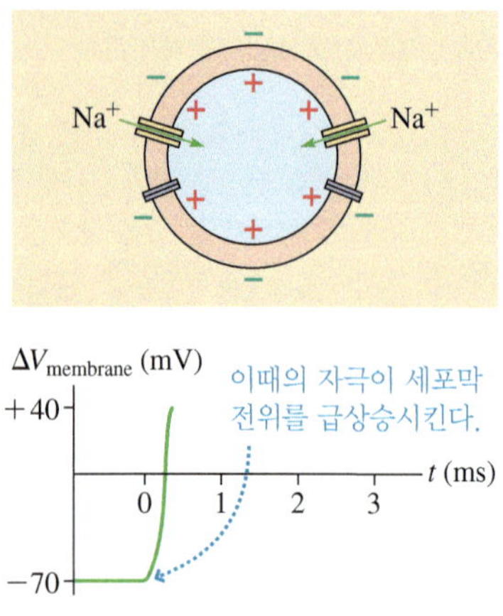

자극이 나트륨 통로를 열 때 세포가 **탈분극**(depolarizes)한다. 나트륨 이온의 농도는 세포 밖에서 훨씬 더 높기 때문에, 양이온의 나트륨 이온이 세포로 흘러 들어가면, 그 전위차는 빠르게 40 mV로 올라간다. 이 지점에서 나트륨 통로가 닫힌다.

재분극화

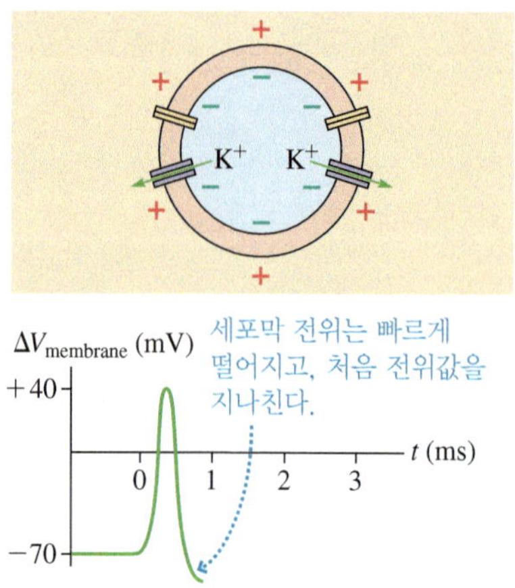

칼륨 통로가 열리면 세포가 **재분극**(repolarizes)한다. 세포 안의 칼륨 농도가 높을수록 이온들이 세포 밖으로 빠져나간다. 칼륨 통로는 세포막 전위가 −80 mV에 도달하면 칼륨 통로가 닫히고 휴면 전위보다 약간 낮다.

휴면 전위 복구

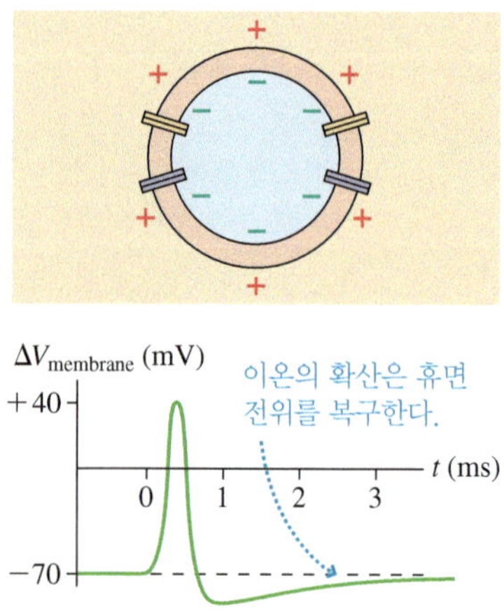

나트륨 및 칼륨 통로가 닫힌 후의 휴면 전위 복구는 세포막을 횡단하는 이온의 운동에 의해 조절되는 비교적 느린 과정이다.

활동 전위를 마친 후 짧은 휴면 기간이 있고, 세포는 다시 작동 준비를 한다. 활동 전위는 나트륨 및 칼륨 통로를 통한 이온성 전도에 의해 추진되므로, 전위 변화가 빠르게 진행된다. 전위가 상승하고 하강하는 시간은 3 ms 정도의 세포막 시간상수보다 훨씬 짧다.

위에서 신경세포에 관한 내용을 논의하였지만, 근육세포도 탈분극 및 재분극 과정의 비슷한 순환과정을 경험하게 된다. 휴면 전위의 변화는 ◀◀21.6절에서 배운 것과 같이, 심전도에서 측정되는 신호를 발생시킨다. 인체에서 전위의 변화가 작기 때문에, 전위차가 작다. 그러나 몇몇 물고기들은 특별하게 적응된 수천 개의 세포들의 활동 전위가 직렬로 합해진 전기 기관을 가지고 있어서, 매우 높은 전위차가 발생되도록 유도한다. 특히, 전기뱀장어의 경우 수백 볼트의 전위차를 발생시킨다.

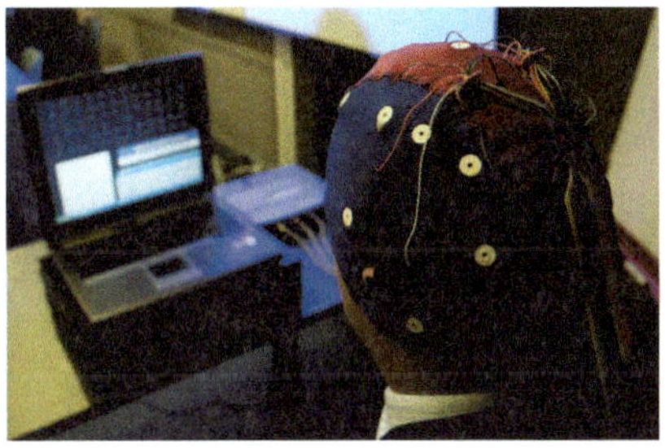

▶ **비접촉식 타자** 서로 다른 사고과정은 두뇌의 많은 뉴런들 사이에 다양한 활동 전위의 다른 형태를 만들어준다. 세포의 전기적 활동과 세포들을 둘러싼 전도성 유체를 통과하는 이온의 운동은 두피의 지점들 사이에 전위차가 생기게 한다. 이러한 전위차로 '누군가의 마음'을 읽을 수는 없다. 그렇지만 컴퓨터로 형태를 인식하고, 그것이 탐지되었을 때 활동을 수행하게 할 수 있다. 이 사람은 문자들을 선택하고 입력시키기 위해 자신의 사고와 전위 형태를 활용한다.

예제 23.15 통로를 지나가는 이온수 세기 BIO

연구자는 **그림 23.47**에 설명된 바와 같은 **패치 클램프**(patch clamp) 방법으로 단일 이온 통로를 지나가는 이온의 흐름을 측정할 수 있다. 지름이 약 1 μm인 유리관으로 된 미세관으로 1개의 나트륨 통로가 포함된 세포막의 특정 부분을 밀봉한다. 이 관은 전도성 소금물로 채워져 있고, 매우 민감한 전류계로 나트륨 이온이 세포 속으로 유입하여 흐르는 전류를 측정한다. 나트륨 통로는 활동 전위 동안에 이온 통로가 개방되는 0.40 ms 시간 동안 4.0 pA 정도의 평균 전류를 흐르게 한다. 이 통로를 지나가는 나트륨 이온의 개수는 얼마나 되는가?

그림 23.47 단일 나트륨 통로에서 전류 측정하기

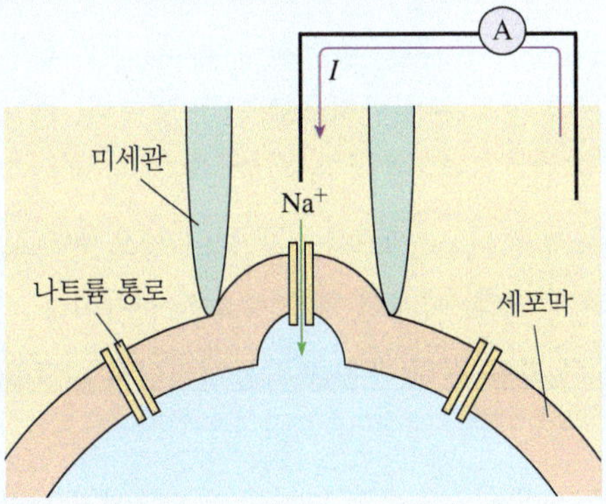

준비 전류는 전하의 흐름 비율이다. 각 이온은 $q = e$의 전하를 갖는다.

풀이 ◀◀22.2절에서 Δt 시간 동안 정상 전류에 의해 전달되는 전하량은 $Q = I\Delta t$로 주어진다는 것을 보았다. $\Delta t = 4.0 \times 10^{-4}$ s 시간 동안 통로를 지나서 흐르는 전하량은

$$Q = I\Delta t = (4.0 \times 10^{-12} \text{ A})(4.0 \times 10^{-4} \text{ s}) = 1.6 \times 10^{-15} \text{ C}$$

이다. 이 전하량은 각 전하들의 전하량 $q = e$인 N개의 이온에 의한 총 전하량이므로, 이온의 개수는 다음과 같다.

$$N = \frac{Q}{e} = \frac{1.6 \times 10^{-15} \text{ C}}{1.6 \times 10^{-19} \text{ C}} = 10{,}000$$

검토 1개의 통로를 통과하는 이온의 개수는 그렇게 많지 않으나, 한 세포는 많은 수의 통로를 가지고 있다. 패치 클램프 방법 및 다른 유사 과정은 연구자들이 자극에 대한 세포막의 반응을 상세하게 밝히도록 해준다.

신경 펄스의 전파

이 절을 시작하면서 제기된 질문을 다시 생각해보자. 신호는 뇌에서부터 손으로 어떻게 전달되는가? 신호 전달을 주도하는 신경계의 주세포는 뉴런으로 알려져 있다. 근육으로 신호를 전달하는 것은 **운동 뉴런**(motor neuron)의 기능으로, 뉴런의 구조는 **그림 23.48**에 그려져 있다. 신호의 전달은 (길이가 1 m가 되는 긴 섬유인) 뉴런의 **축색**

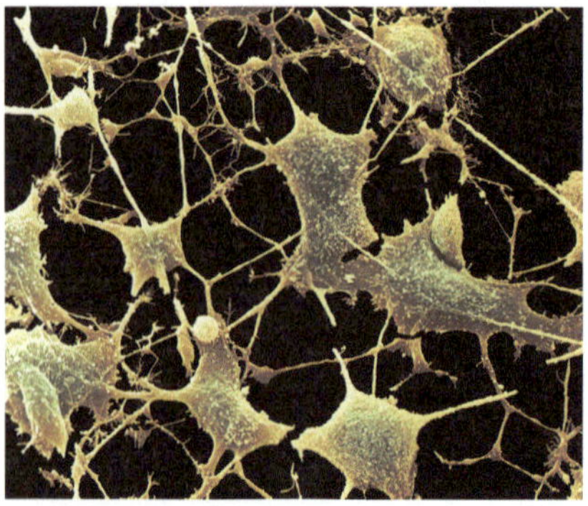

신경세포를 연결하는 축색 돌기를 현미경 사진에서 명확하게 볼 수 있다.

그림 23.48 운동 뉴런

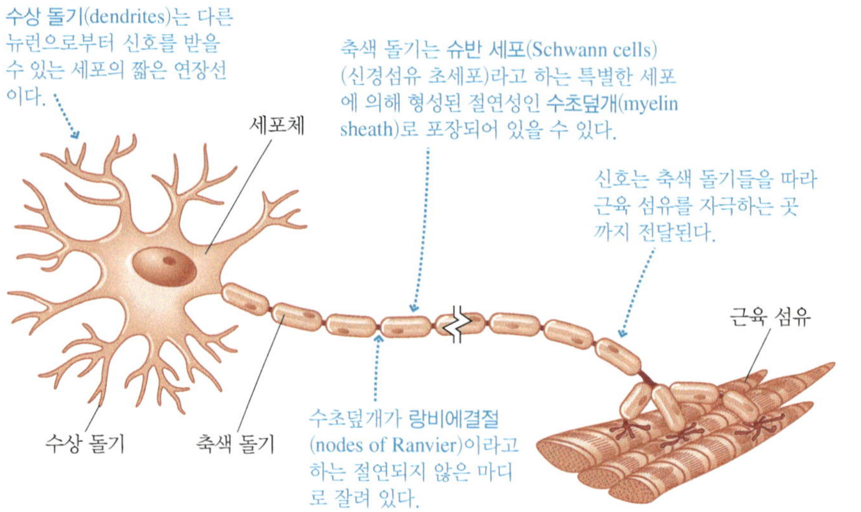

그림 23.49 신경 펄스의 전파

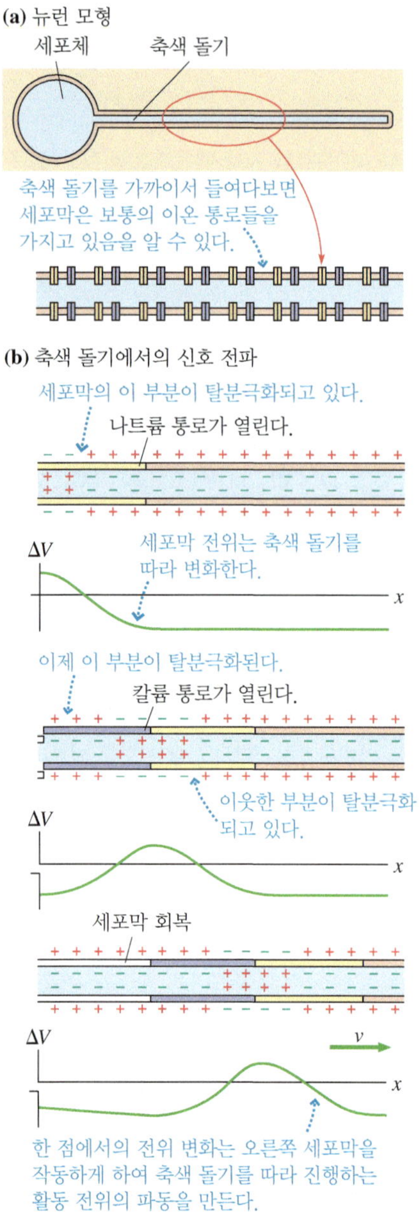

돌기를 따라 일어나며, 이 돌기는 세포체와 근육 섬유를 연결한다. 비록 모든 뉴런이 그렇지는 않지만, 특정 뉴런은 축색 돌기 주변에 수초덮개를 가지고 있다.

축색 돌기를 따라 신호들은 어떻게 전달되는가? 축색 돌기는 충분히 길기 때문에, 세포막의 다른 지점에서는 다른 전위를 가질 수 있다. 축색 돌기의 세포막 한 점이 자극을 받게 될 때, 세포막은 이 점에서 탈분극화될 것이다. 그 결과로써 활동 전위는 세포막의 인접하는 부분을 탈분극화되도록 할 수 있다. 축색 돌기의 세포막 한 점에서의 자극은 활동 전위의 **파동**(곧, 신경 펄스)을 만들어 축색 돌기를 따라 이동하게 한다. 이러한 신호가 근육세포에 도달할 때, 근육세포는 탈분극화되고 기계적인 반응을 발생시킨다.

이 과정을 좀 더 상세하게 관찰해보자. 그림 23.49(a)에서처럼 수초덮개가 없는 축색 돌기 모형을 생각해보자. 나트륨 통로는 일반적으로 닫혀 있으나, 만약 어떤 지점에서의 전위가 −70 mV의 휴면 전위로부터 약 15 mV 정도 상승하여 약 −55 mV 정도가 된다면, 나트륨 통로는 갑자기 열리고, 나트륨 이온들이 세포 속으로 쏟아져 들어가게 되며, 활동 전위가 작동하게 된다. 이것이 가장 중요한 생각이다. **세포막을 횡단하여 발생되는 작은 전위차가 큰 활동 전위 반응을 작동시키면서 나트륨 통로가 열린다.**

이 과정은 뉴런이 수상 돌기에서 받는 신호에 응답하여 세포체에서 시작된다. 만약 세포체 전위가 약 15 mV 정도 상승하면, 활동 전위가 세포체에서 발현하게 된다. 세포체 전위가 +40 mV까지 빠르게 상승하면, 세포체에 부착되어 있는 축색 돌기의 가장 가까운 단면에서 전위는 15 mV 정도 상승한다. 이것이 축색 돌기의 첫 번째 단면에서 활동 전위를 작동시키는 것이다. 축색 돌기의 첫 번째 단면에서 활동 전위는 축색 돌기의 다음 단면에서 활동 전위를 작동시키고, 계속해서 끝에 있는 축색 돌기에 도달할 때까지 연이은 단면에서 활동 전위를 작동하게 한다.

그림 23.49(b)에 나타낸 것과 같이, 이것은 활동 전위의 파동이 축색 돌기를 따라 전

파되도록 해준다. 신호는 비교적 느리게 진행한다. 세포막에 있는 각 점에서, 통로는 열려야 하고 이온은 확산되어야 하므로, 이 과정에서 시간이 소요된다. 수초덮개를 갖지 않는 전형적인 축색 돌기에서, 활동 전위는 약 1 m/s의 속도로 전파된다. 만약 모든 신경 신호가 이와 같은 속력으로 진행하면, 손에 유효한 신호를 전달하기 위해 뇌에서 손까지 이동하는 시간은 약 1 s 정도 걸릴 것이다. 분명히, 신경계에서 적어도 어떤 뉴런은 이보다 빠른 속력으로 신호를 전달해야만 한다.

신호를 더 빠르게 전달하는 한 가지 방법은 축색 돌기의 지름을 크게 하는 것이다. 오징어의 거대한 축색 돌기는 오징어가 위험에 빠질 때 신속하게 탈출하기 위한 반응을 작동하게 한다. 이 축색 돌기는 지름 1 mm 정도로 보통 축색 돌기에 비해 1000배 정도로 크며, 충분히 빠르게 신호를 전달한다. 하지만 인체의 신경계는 300조 뉴런으로 구성되어 있고, 1 mm 정도의 매우 큰 지름을 가질 수는 없다. 곧, 인체에는 충분한 공간이 없다. 인체의 신경계에서는 완전히 다른 방법으로 좀 더 빠른 뉴런 신호 전달 속력을 얻는다.

절연에 의한 속력 증가

인체에서 운동 뉴런과 대부분의 다른 뉴런들의 축색 돌기는 수초덮개로 절연되어 있기 때문에 신호를 빠른 속력으로 전달할 수 있다. 그림 23.48의 운동 뉴런 구조를 되돌아보자. 슈반 세포는 수초를 가지는 축색 돌기를 둘러싸서, 랑비에결절에서 분리된 채로 그것을 전기적 및 화학적으로 절연한다. 이 마디는 체외 세포질이 세포막과 접촉하는 유일한 장소이기 때문에, 이온 통로들은 이 마디에 집중되어 있다. 절연된 축색 돌기에서, 신호는 마디에서 다음 마디로 도약하여 전파된다. 이 과정을 라틴어 *saltare*로부터 '도약하기'라는 의미를 가지는 **도약 전도**(saltatory conduction)라고 한다.

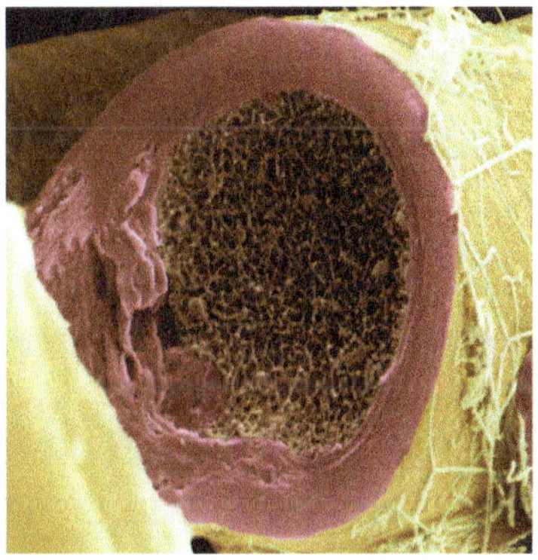

축색 돌기의 내부는 두꺼운 수초에 의해 주위의 체외 세포질로부터 절연되어 있음을 횡단면에서 명확히 볼 수 있다.

그림 23.50(a)는 연속적인 마디 사이의 축색 돌기의 한 부분을 *RC* 회로로 모형화한 도약 전도에 대한 전기 모형을 보여준다. **그림 23.50(b)**에서 볼 수 있듯이 마디에서의

그림 23.50 수초로 덮힌 축색 돌기를 따라 전파되는 신경-펄스의 회로 모형

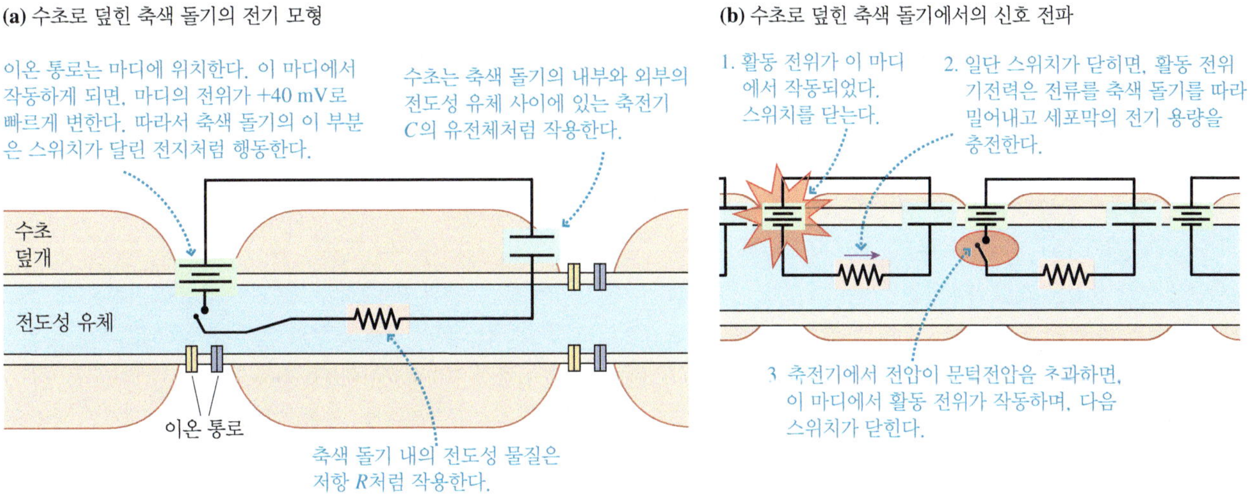

그림 23.51 수초로 덮힌 축색 돌기를 따라 일어나는 신경 전파

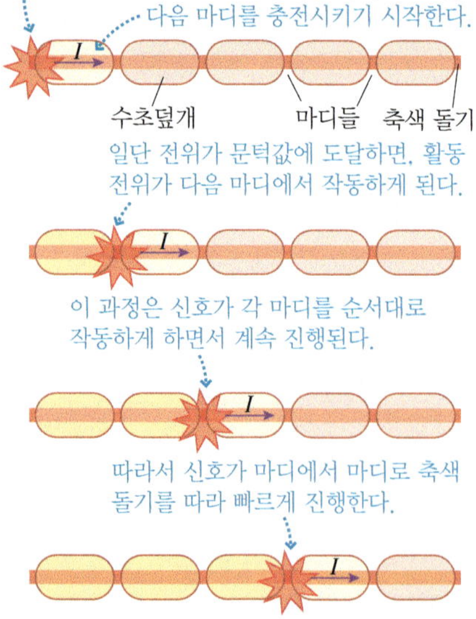

전위가 약 15 mV 정도 증가하면 활동 전위가 작동하고, 이는 전지의 스위치를 닫는 것으로 모형화된다. 이 전지의 emf는 저항 R을 통해 전기 용량 C를 충전한다. 축전기가 충전됨에 따라 그 전위는 곧 15 mV에 도달하여 다음 마디에서 활동 전위를 작동시킨다. 그림 23.51에서 볼 수 있듯이, 이런 과정은 탈분극화가 축색 돌기를 따라 마디에서 마디로 '도약'하며 지속된다.

펄스가 수초로 덮힌 축색 돌기를 따라 얼마나 빠르게 이동하겠는가? 전파의 임계 시간은 축색 돌기 부분의 전기 용량을 충전하는 시간상수 $\tau = RC$이다.

임의의 마디와 다음 마디 사이의 축색 돌기의 저항은 약 25 MΩ이다. 수초에 의한 절연은 내부 전도성 유체와 외부 전도성 유체 사이의 간격을 더 증가시킨다. 축전기의 전기 용량이 전극 간격 d에 반비례하므로, 수초는 세포막의 전기 용량을 이미 계산된 단위 마디당 약 90 pF 수준에서 약 1.6 pF 정도로 감소시킨다. 이 값을 이용하면, 단위 마디당 축전기를 충전하는 시간상수는 다음과 같다.

$$\tau = R_{\text{axon}}C_{\text{membrane}} = (25 \times 10^6\ \Omega)(1.6 \times 10^{-12}\ \text{F}) = 40\ \mu\text{s}$$

축색 돌기를 이러한 마디들의 직렬 연결로 모형화하였는데, 시간상수는 신호가 한 마디에서 다음 마디로 도약하는 데 소요되는 시간을 적절하게 추정하게 해준다. 랑비에결절들은 약 1 mm 정도 떨어져 있기 때문에, 축색 돌기를 따라 이동하는 신경 펄스의 속력은 근사적으로 다음과 같다.

$$v = \frac{L_{\text{node}}}{\tau} = \frac{1.0 \times 10^{-3}\ \text{m}}{40 \times 10^{-6}\ \text{s}} = 25\ \text{m/s}$$

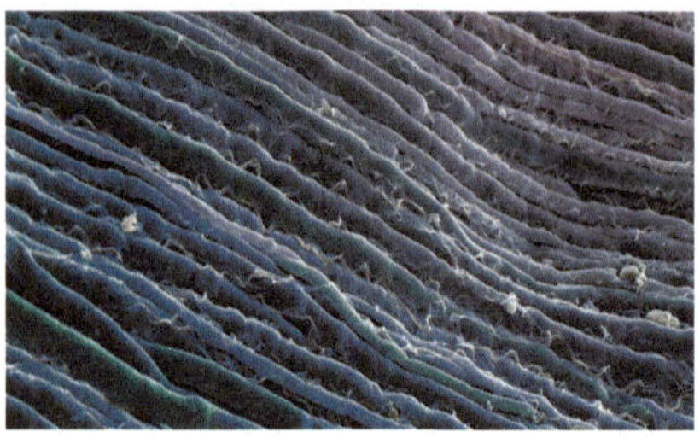

척수에서 수초로 덮힌 축색 돌기는 뇌와 몸 사이에 전기 신호를 수송한다. 축색 돌기상에서 랑비에결절들을 볼 수 있다.

비록 신경-펄스 전파의 모형이 매우 단순하지만, 이렇게 예측된 속력은 수초로 덮힌 축색 돌기의 도약 전도에 대해 알맞은 결과이다. 이 속력은 수초가 없는 축색 돌기에서의 신호 전달 속력에 비해 25배 정도 더 빠르다. 이런 속력에서, 뇌는 신호를 약 $\frac{1}{25}$ s만에 손에 전달할 수 있다.

인체의 전기적 속성은 전기뱀장어의 속성과 같이 분명하지 않을지도 모르지만, 인체 신경계의 작동은 본질적으로 전기적이다. 손을 움직이려고 결정할 때 신호는, 뇌에서 손으로의 이동 과정에서, 인체에 있는 세포의 전기적 속성에 의하여 지배를 받는다.

종합형 예제 23.16 토양 수분 측정하기

토양의 수분 함량은 토양 자체의 부피에 대한 토양 내의 물의 부피 비율인 **부피분율**로 주어진다. 이 측정을 직접적으로 하는 것은 상당한 시간 낭비이므로 토양 과학자들은 토양 수분을 안정적으로 측정할 수 있는 다른 방법을 찾고자 한다. 물은 매우 큰 유전 상수를 가지므로 토양의 유전 상수는 수분 함량이 증가함에 따라 증가한다. 그림 23.52는 토양의 유전 상수 대 부피분율에 대한 자료를 보여준다. 토양 수분에 의한 유전 상수의 증가는 아주 분명하다. 토양 수분에 유전 상수의 강한 의존도는 토양 수분의 매우 민감하고 간단한 전기적인 테스트를 할 수 있다.

토양 수분계는 2개의 분리된 전극을 가진 탐침을 가지고 있다. 탐침이 토양에 삽입되는 경우, 토양의 유전 상수에 의존하는 전기 용량을 갖는 축전기의 전극이 된다. 회로가 축전기 탐침을 3.0 V로 충전하고, 그것을 저항기를 통해 방전한다. 감쇠 시간은 전기 용량에 의존하므로 토양 수분 때문에 방전 축전기에 대한 시간 측

그림 23.52 토양 수분과 유전 상수의 변화

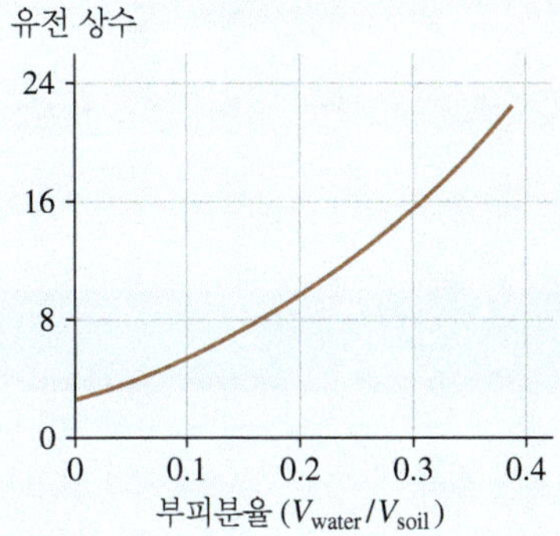

그림 23.53 토양 수분계의 측정 회로

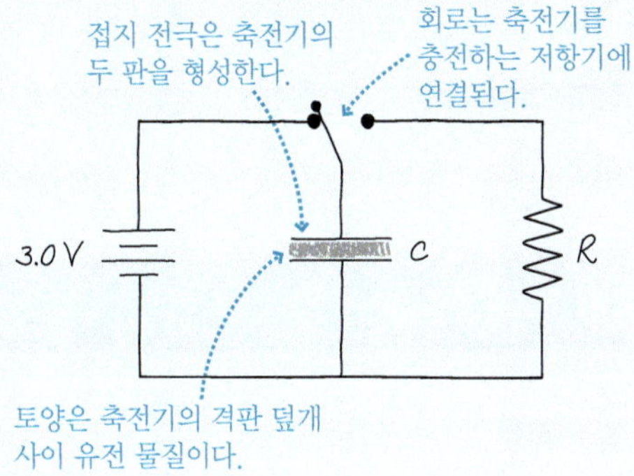

정은 토양의 수분의 양을 결정하게 한다. 공기 중에서 탐침의 전기 용량은 3.0 V에서 1.0 V까지 방전하는 데 15 μs가 걸린다. 이 특별한 테스트에서, 탐침이 땅에 삽입되었을 때 방전은 150 μs를 필요로 했다. 이 테스트에서 토양 수분의 대략적인 부피분율은 얼마인가?

준비 그림 23.53은 토양 수분계의 측정 회로 그림이다. 축전기가 먼저 충전된 다음 저항기에 연결되어 *RC* 회로를 형성한다. 축전기 전압의 감소는 회로의 시간상수에 의해 결정된다. 시간상수는 저항과 전극 사이의 토양의 유전 상수에 따른 전극의 전기 용량에 의존한다.

공기에서 탐침의 전기 용량은 평행판 축전기의 $C_{air} = \epsilon_0 A/d$이다. 토양에서 탐침의 전기 용량은 토양 사이의 매질의 유전 상수의 추가 인자에 의해 달라진다.

$$C_{soil} = \kappa_{soil}\left(\frac{\epsilon_0 A}{d}\right) = \kappa_{soil} C_{air}$$

전기 용량의 비율은 유전 상수를 제공한다.

$$\kappa_{soil} = \frac{C_{soil}}{C_{air}}$$

유전 상수를 알면, 그래프로부터 수분의 부피분율을 결정할 수 있다.

풀이 공기와 토양의 감쇠 시간은 주어지지만 탐침의 전기 용량이나 저항은 주어지지 않는다. 그래도 문제가 되지 않는다. 공기와 토양에서의 전기 용량의 비율만 필요로 한다. 식 (23.22)는 *RC* 회로의 전압 감소를 나타낸나($\Delta V_C = (\Delta V_C)_0 e^{-t/RC}$). 공기 중의 감쇠는

$$1.0\text{ V} = (3.0\text{ V})e^{-(15\times10^{-6}\text{ s})/RC_{air}}$$

이고, 토양에서 감쇠는

$$1.0\text{ V} = (3.0\text{ V})e^{-(150\times10^{-6}\text{ s})/RC_{soil}}$$

이다. 감쇠의 시작점과 끝점이 동일하기 때문에 두 표현식의 지수는 동일해야 한다.

$$\frac{15\times10^{-6}\text{ s}}{RC_{air}} = \frac{150\times10^{-6}\text{ s}}{RC_{soil}}$$

따라서 토양과 공기의 전기 용량 비율을 구할 수 있다.

$$\frac{C_{soil}}{C_{air}} = \frac{150\times10^{-6}\text{ s}}{15\times10^{-6}\text{ s}} = 10$$

이 비율이 유전 상수이기 때문에 $\kappa_{soil} = 10$임을 알 수 있다. 그 다음 유전 상수가 약 0.20의 부피분율 수분과 일치한다는 것을 결정하기 위해 그림 23.52의 그래프를 사용한다.

검토 공기 및 토양에서 감쇠 시간이 10배만큼 차이가 나므로, 토양의 전기 용량은 공기의 전기 용량에 비해 훨씬 크다. 이는 큰 유전 상수를 의미한다. 즉, 토양에 많은 물이 있음을 의미한다. 0.20의 부피분율은 토양 부피의 20%가 물이라는 것을 의미한다(즉, 토양 1.0 cm^3에 0.20 cm^3의 물이 포함되어 있다). 따라서 어느 정도 합리적인 결과로 보인다.

문제의 난이도는 I(쉬움)에서 IIIII(도전)으로 구분하였다. INT로 표시된 문제는 지난 장의 내용이 복합된 문제이고, BIO는 생물학적 또는 의학적 관심 분야를 의미한다.

QR 코드를 스캔하여 이 장의 문제를 해결하는 데 도움이 되는 영상 학습 풀이를 시작하시오.

연습문제

23.1 회로 요소 및 회로도

1. II 그림 P23.1에 대한 회로도를 그리시오.

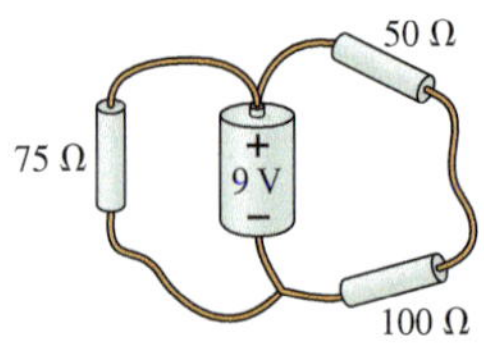

그림 P23.1

2. II 그림 P23.2에 대한 회로도를 그리시오.

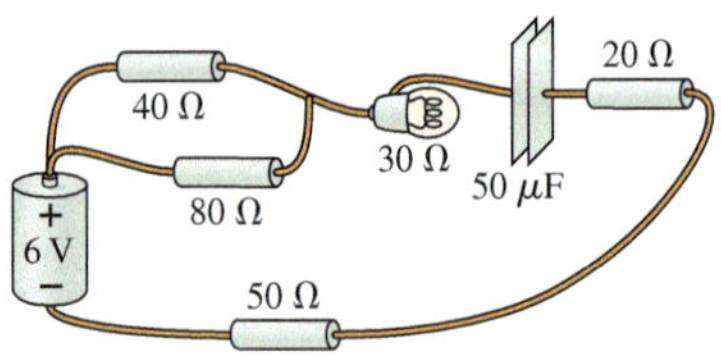

그림 P23.2

23.2 키르히호프의 법칙

3. II 그림 P23.3에 주어진 회로도에서 백열전구는 2.0 Ω의 저항을 가진다. 그림에 표시된 지점들 사이의 전위차를 고려하자.
   a. 전위차 ΔV_{12}, ΔV_{23}, ΔV_{34}을 구하시오.
   b. 전구를 제거하는 경우 위의 값들은 어떤 값들을 가지는가?

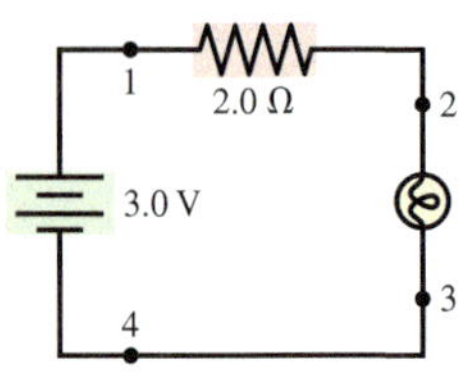

그림 P23.3

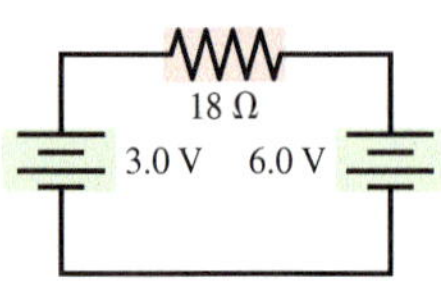

그림 P23.4

4. II a. 그림 P23.4에 주어진 회로도에서 18 Ω의 저항기를 통과하여 흐르는 전류의 크기와 방향을 구하시오.
   b. 회로를 따라 이동하는 거리의 함수로 전위 그래프를 그리시오. 단, 이동 방향은 $V = 0$ V인 왼쪽의 가장 낮은 모서리에서 출발하여 시계 방향이다. 그래프의 예로 그림 P23.5를 참고하시오.

5. I 하나의 전지만 있는 회로에서 전류는 2.0 A이다. 그림 P23.5는 회로도를 시계 방향으로 돌 때 왼쪽 가장 낮은 모서리부터 전위가 어떻게 변화하는지 보여준다. 회로도를 그리시오.

23.3 직렬 및 병렬 회로

6. I 그림 P23.6에 나타난 저항기들의 조합들에 대한 각각의 등가 저항은 얼마인가?

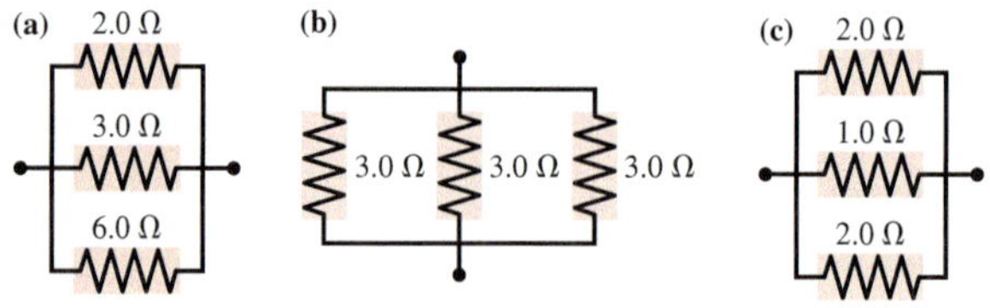

그림 P23.6

7. I 3개의 동일한 저항기는 병렬로 연결될 때 30 Ω의 등가 저항을 갖는다. 직렬 연결 시 등가 저항은 얼마인가?

8. I 6개의 1.0 kΩ 저항기가 있다. 여러분이 이것들을 결합하여 만들 수 있는 가장 작은 저항은 얼마인가?

23.4 전압과 전류 측정

23.5 더 복잡한 회로

9. II 그림 P23.9에서 a와 b 사이의 등가 저항을 구하시오.

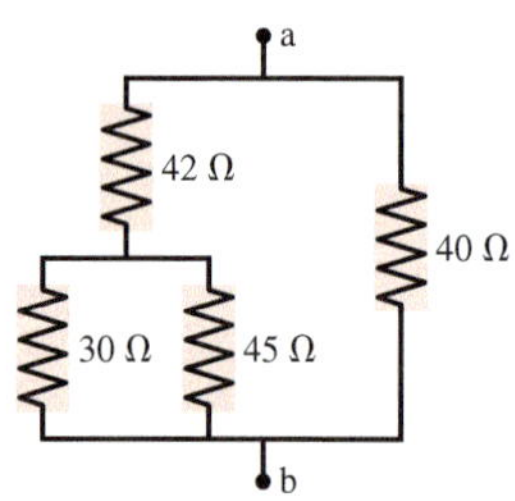

그림 P23.9

10. II 그림 P23.10의 회로에서 2개의 저항기에 흐르는 전류가 주어져 있다. 저항기 R의 저항은 얼마인가?

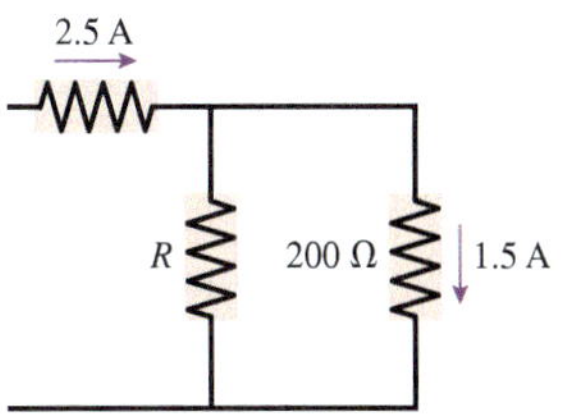

그림 P23.10

11. | 그림 P23.11은 회로의 일부분을 나타낸다.
   a. 3.0 Ω 저항기를 통과하는 전류는 얼마인가?
   b. 전류 I의 값은 얼마인가?

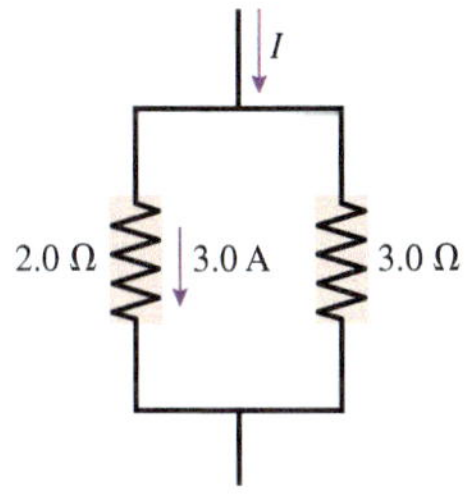

그림 P23.11

12. || 그림 P23.12에서 전지의 기전력(emf)과 저항 R은 얼마인가?

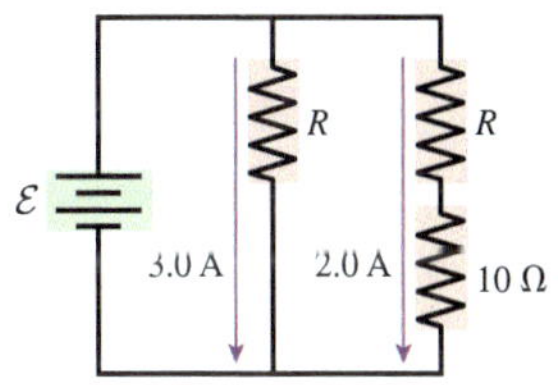

그림 P23.12

13. ||| 그림 P23.13에서 각 저항에 걸리는 전류와 전위차를 구하시오.

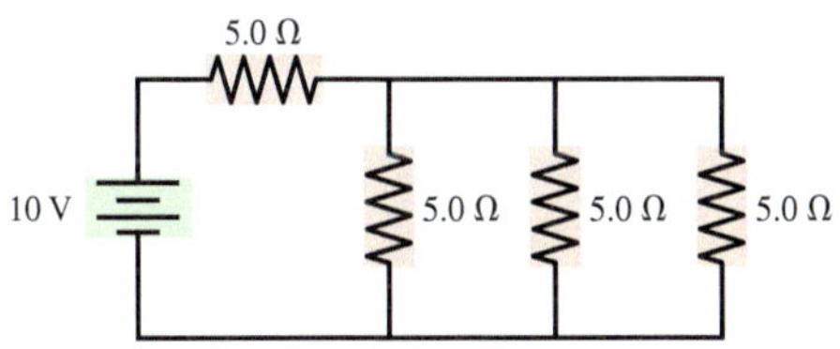

그림 P23.13

14. || 그림 P23.14에서 각 저항기 양단의 전위차와 흐르는 전류를 각각 구하시오. 각각 계산한 값에 대해 표로 만들어 그 결과를 기록하시오.

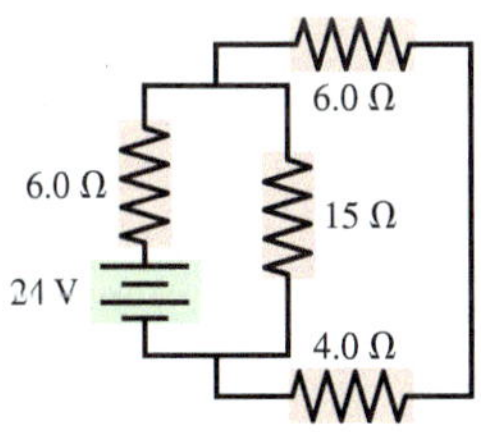

그림 P23.14

15. || 그림 P23.15에서 각 저항기 양단의 전위차와 흐르는 전류를 각각 구하시오. 각각 계산한 값에 대해 표로 만들어 그 결과를 기록하시오.

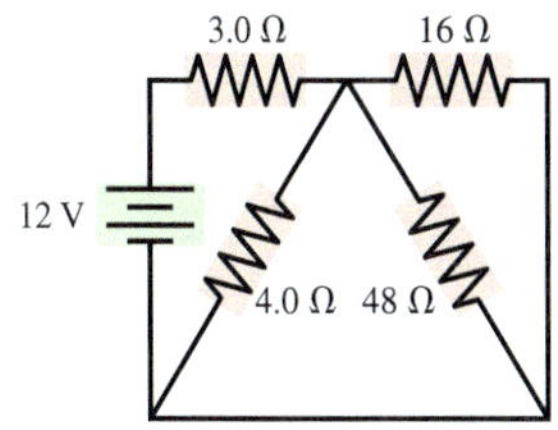

그림 P23.15

16. ||| 그림 P23.16에서 2개의 알려지지 않은 저항기는 동일 저항 R을 갖는다. 스위치가 닫히면 전지를 통과하는 전류가 50% 정도 증가한다. 저항 R은 얼마인가?

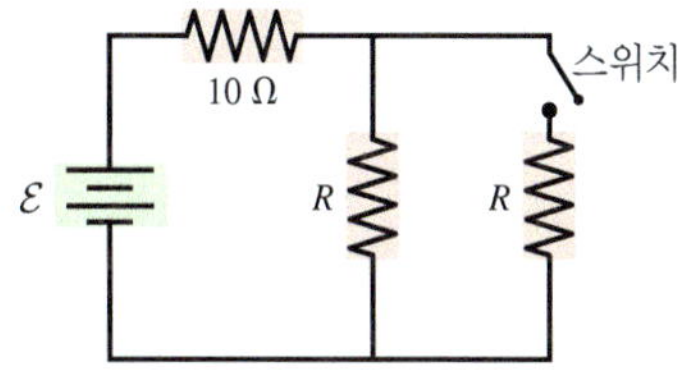

그림 P23.16

23.6 축전기의 병렬 및 직렬 연결

17. | 3 mF, 6 mF 및 9 mF 축전기가 직렬로 연결되어 있다. 등가 전기 용량은 얼마인가?

18. 50 μF의 축전기가 필요하지만 마침 50 μF의 축전기를 갖고 있지 않다. 대신 75 μF 축전기가 있다. 총 전기 용량 50 μF으로 만들기 위해 어떤 축전기가 추가로 필요한가? 두 축전기를 병렬 또는 직렬 연결 중 어떤 방식으로 연결해야 하는가?

19. | 그림 P23.19의 세 축전기의 등가 전기 용량은 얼마인가?

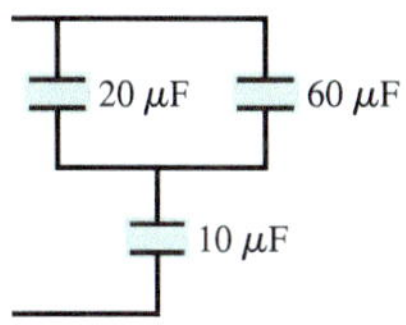

그림 P23.19

20. ||| 그림 P23.20의 회로의 경우,
   a. 등가 전기 용량은 얼마인가?
   b. 각 축전기에 저장되는 전하량은 얼마인가?

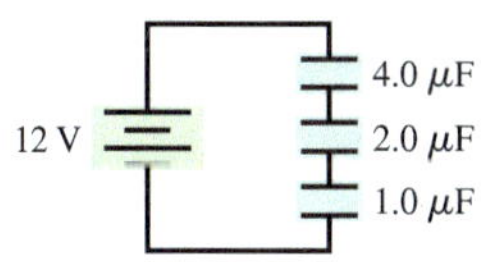

그림 P23.20

23.7 *RC* 회로

21. ‖ 그림 P23.21에서 축전기의 방전에 대한 시간상수는 얼마인가?

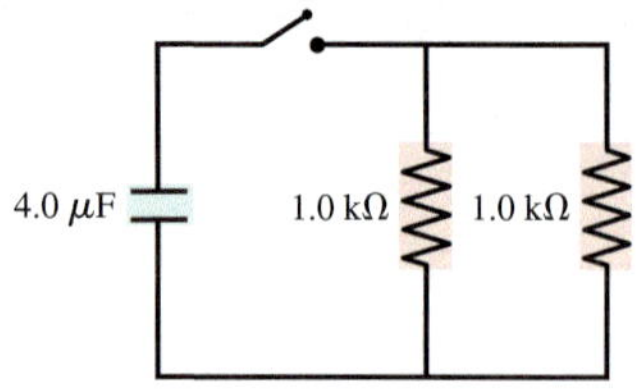

그림 P23.21

22. ‖‖ 초기에 30 mC으로 충전된 5 mF 축전기가 1.0 kΩ 저항기를 통해 방전된다. 축전기에 저장된 전하량이 10 mC으로 감소하는 데 소요되는 시간은 얼마인가?

23. ‖ 그림 P23.23의 스위치는 오랫동안 a에 있다가 $t = 0$ s일 때 b 위치로 변경된다. (a) 스위치가 닫힌 직후 축전기의 전하 Q와 저항에 흐르는 전류 I는 무엇인가? (b) $t = 50$ μs에서 전류 I는 얼마인가? (c) $t = 200$ μs에서 전류 I는 얼마인가?

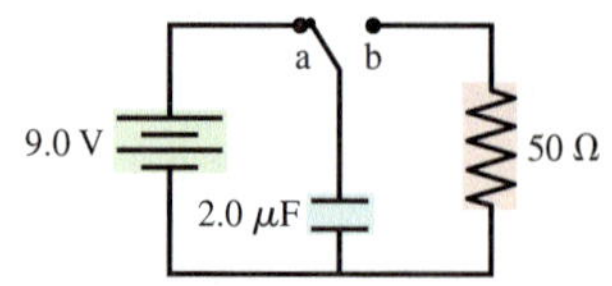

그림 P23.23

23.8 신경계의 전기

24. ‖‖ 세포막은 저항과 전기 용량을 가지므로 특성 시간상수를 갖는다. 0.040 mm 지름의 구형 세포를 둘러싸고 있는 9.0 nm 두께의 세포막의 시간상수는 얼마인가?
BIO

25. ‖‖ 수초로 덮힌 특별한 축색 돌기는 0.80 mm 간격의 마디를 가지고 있다. 마디 사이의 저항은 20 MΩ이고, 각 절연 부분의 전기 용량은 1.2 pF이다. 이 축색 돌기의 신경 펄스의 전도 속력은 얼마인가?
BIO

26. ‖ 수초로 덮힌 축색 돌기는 20 m/s의 속력으로 신경 펄스를 전달한다. 수초의 두께가 두 배가 되지만 축색 돌기에 다른 변화가 없다면 신호 속력은 얼마인가?

24 자기장과 자기력

Magnetic Fields and Forces

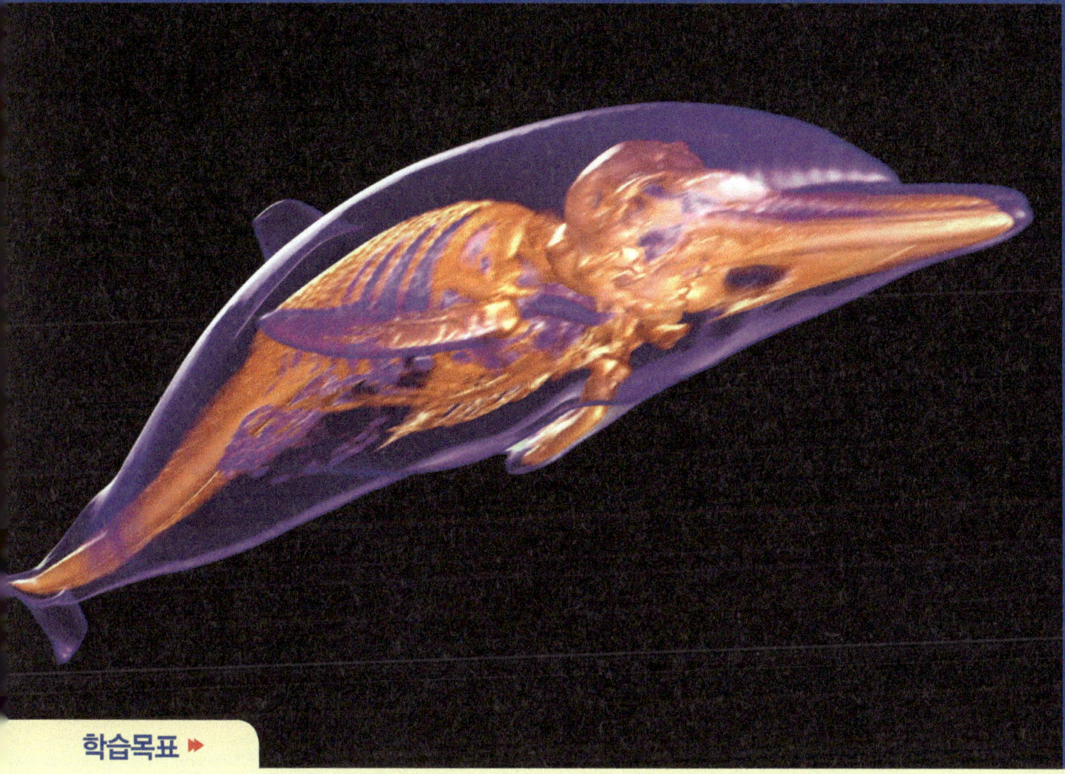

돌고래 뼈대에 관한 이 자세한 이미지는 X선으로 찍은 것이 아니고, 자기를 이용하여 얻은 것이다. 어떻게 하면 이렇게 할 수 있는가?

학습목표

자기장에 관한 내용과 자기장이 어떻게 전류와 움직이는 전하에 힘을 가해주는지에 대하여 배운다.

자기장

나침반은 자기 쌍극자이다. 나침반은 자기장에 따라 정렬하도록 회전한다.

나침반과 다른 기구들을 사용하여 어떻게 자기장을 알아내는지 배운다.

자기장의 원천

자석은 자기장을 생성한다. 도선, 고리, 그리고 코일에 흐르는 전류도 자기장을 만든다.

전류에 의해 생성되는 자기장에 대하여 배운다. 그림을 채우고 있는 철가루가 전류가 흐르는 도선에 대한 자기장 형태를 보여준다.

자기장의 효과

자기장은 움직이는 대전 입자나 전류에 힘을 작용한다.

지구 자기장에서 대전 입자의 운동이 어떻게 오로라를 발생시키는지 알게 된다.

이 장의 배경

전기장

20장에서 대전된 물체들 사이의 전기적 상호작용을 전기장 모형으로 기술하였다.

쌍극자의 전기장을 그림으로 그리고 해석하는 법을 배웠다. 이 장에서 자기 쌍극자가 비슷한 구조를 갖는 자기장을 어떻게 생성하는지 알게 된다.

24.1 자기

20장에서는 대전된 막대를 사용한 간단한 실험 결과를 살펴보는 것으로 전기에 대한 조사를 시작하였다. 자기에 대해서도 비슷한 방법으로 접근하자.

자기 탐색

실험 1

막대자석을 코르크 조각에 붙이고 물이 담긴 접시 위에서 떠 있도록 하면, 자석은 근사적으로 북–남 방향으로 정렬한다. 북쪽을 가리키는 자석 끝을 북쪽을 찾아가는 극 또는 **북극**(north pole), 다른 쪽 끝을 **남극**(south pole)이라고 한다.

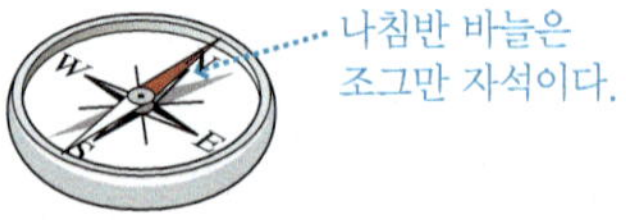

이와 같이 자유롭게 회전할 수 있는 자석을 **나침반**(compass)이라고 한다. 나침반은 근처의 자석과 일직선으로 정렬하도록 회전한다.

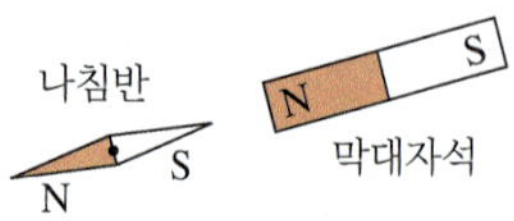

실험 2

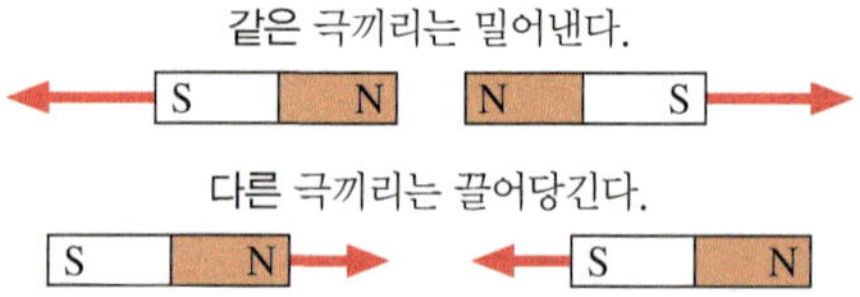

자석의 북극을 다른 자석의 북극 근처에 가져가면 서로 밀어낸다. 2개의 남극도 역시 서로 밀어낸다. 그러나 한 자석의 북극은 다른 자석의 남극을 끌어당긴다.

실험 3

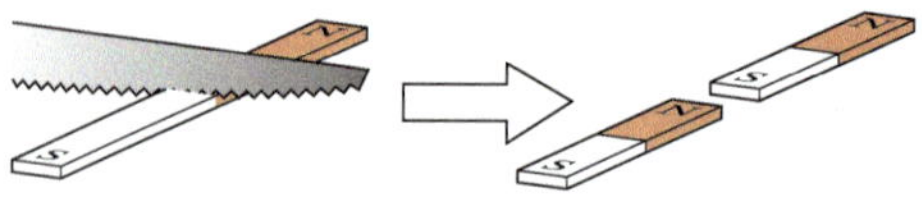

하나의 막대자석을 반으로 자르면, 세기는 약해지지만 북극과 남극을 가지는 완전한 자석 2개가 만들어진다.

실험 4

반드시 그런 것은 아니지만, 자석은 종이 클립과 같은 다른 물체를 들어올릴 수 있다. 물체가 자석의 어느 한 극에 끌리면, 자석의 다른 극에도 끌린다. 구리, 알루미늄, 유리, 그리고 플라스틱과 같은 대부분의 물질은 자석으로부터 힘을 느끼지 않는다.

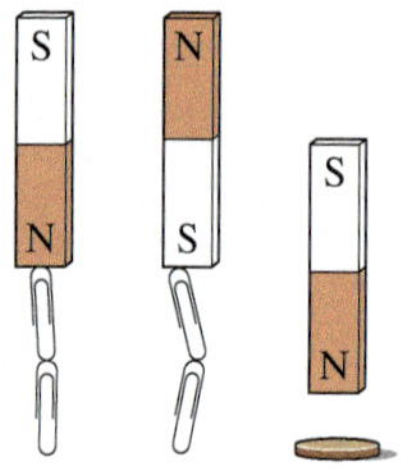

실험 5

자석을 검전기 가까이 가져가면, 검전기의 박막은 움직이지 않는다. 만약 대전된 막대를 자석 근처로 가져가면, 금속 막대에 작용할 때 처럼 21장에서 공부한 것과 같은 분극에 의한 작은 힘이 존재하게 되고 그 외에 어떤 다른 영향도 미치지 않는다.

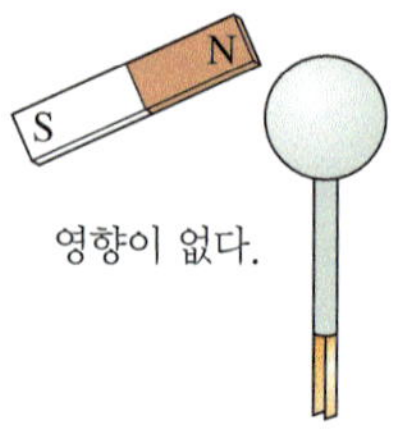

이러한 실험들은 무엇을 말해주는가?

- 실험 5는 자기는 전기와 다르다는 것을 나타낸다. **자극과 전하는 비슷한 점이 있지만 같지 않다.**
- 실험 2는 자기는 장거리힘이라는 것을 나타낸다. 자석이 서로에게 힘을 작용하기 위하여 서로 접촉할 필요는 없다.
- 실험 1과 3은 자석이 북극과 남극이라는 2개의 극을 가지는 **자기 쌍극자**(magnetic dipole)라는 것을 보여준다. 하나의 자석을 반으로 자르면, 각각의 세기는 약해지지만 북극과 남극을 가진 완벽한 자석이 된다는 것을 보여준다. 자기의 기본 구성 단위는 자기 쌍극자이다.
- 실험 1과 2는 자석의 극은 나침반을 사용하여 구별할 수 있다는 것을 보여준다.

다른 자석은 막대자석을 사용하여 그들의 극을 구별할 수 있다. 이미 알고 있는 남극을 밀어내고 북극을 끌어당긴다면, 그 극은 분명 남극이다.

- 실험 4는 **자성 물질**(magnetic material)이라고 하는 어떤 물질이 자석에 끌린다는 것을 나타낸다. 가장 대표적인 자성 물질은 철이다. 자성 물질은 자석의 양극 모두에 끌린다.

24.2 자기장

◀◀20.4절에서 두 전하 간의 **전기력**을 공부할 때 **전기장 모형**이라는 전하들 사이의 힘을 다루는 새로운 방법을 개발하였다. 이 관점에서 전하 주위의 공간은 비어 있지 않으며, 한 전하가 **전기장**을 만들어 주위 공간을 변형시킨다. 다른 전하가 이 전기장 안으로 들어오면 **전기장** 때문에 힘을 느낀다.

장의 개념은 나침반을 회전시켜 자석과 정렬시키는 힘을 기술할 때도 사용할 수 있다. **모든 자석은 주위에 자기장을 만든다.** 나침반 바늘과 같은 다른 자석이 자기장 속으로 들어오면 두 번째 자석은 첫 번째 자석의 **자기장**에 의하여 힘을 느낀다. 이 절에서 어떻게 자기장을 정의할 것인가를 공부한 뒤에, 일상적으로 많이 보는 자석의 모양과 배치에 관하여 자기장이 어떻게 되는지를 공부할 것이다.

자기장의 측정

나침반 바늘이 가리키는 방향은 나침반이 있는 지점의 자기장에 대하여 무엇을 말해주는가? **그림 24.1(a)**에 보인 것처럼, 전기 쌍극자가 전기장 속에 있을 때 어떻게 행동하는지를 상기해보자. 20장에서 전기 쌍극자를 전기장 속에 놓으면, 전기 쌍극자는 쌍극자축을 전기장 방향으로 정렬하려는 **돌림힘**(torque)을 느낀다는 것을 배웠다. 이것은 전기장 **방향**(direction)이 쌍극자축의 방향과 같다는 것을 의미한다. 더욱이 쌍극자에 작용하는 돌림힘은 전기장의 크기가 커질수록 더 커진다. 따라서 전기장의 세기(strength)라고도 하는 전기장의 **크기**(magnitude)는 쌍극자에 작용하는 돌림힘에 비례한다.

그림 24.1 전기장과 자기장 속에 있는 쌍극자

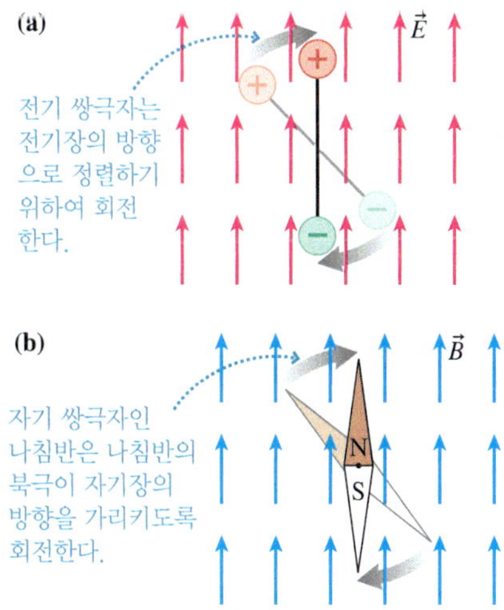

나침반 바늘의 자기 쌍극자는 자기장 속에서 매우 비슷하게 행동한다. 자기장은 나침반 바늘에 돌림힘을 가하여, **그림 24.1(b)**에서와 같이 바늘이 자기장의 방향을 향하도록 한다.

자기장은 방향과 크기를 동시에 가지므로, 자기장을 표현하기 위해서는 벡터를 사용해야 한다. 자기장을 나타내기 위하여 $\vec{B}$라는 기호를, 그리고 자기장의 크기 또는 세기를 나타내기 위해서 B라는 기호를 사용할 것이다. 자기장의 크기와 방향은 **그림 24.2**와 같이 나침반을 활용하여 결정할 수 있다. 자기장의 방향은 나침반 바늘의 북극이 가리키는 방향이다. 자기장의 세기는 나침반 바늘이 자기장의 방향으로 정렬하기 위하여 회전할 때 바늘이 느끼는 돌림힘에 비례한다.

그림 24.2 자기장의 방향과 세기 결정하기

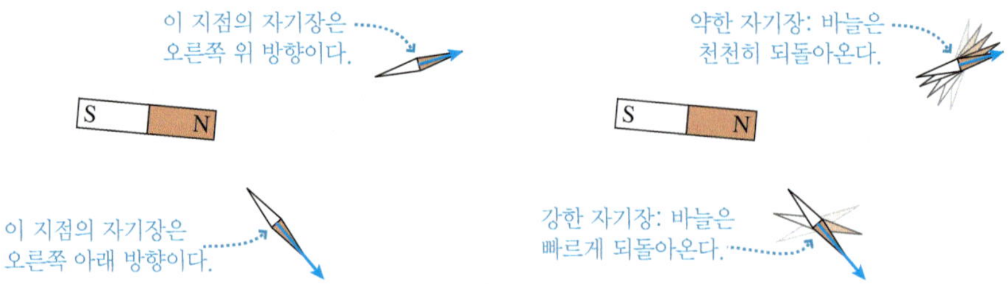

매우 작고 긴 철 알갱이로 구성된 **철가루**를 가지고 자기장의 '모양'을 나타낼 수 있다. **그림 24.3**에 보인 것처럼 충분히 많은 알갱이가 있다면, 철가루는 자기장을 매우 자세하게 표현해준다. 자기장의 방향을 결정하기 위해 사용된 나침반은 **자석의 자기장이 북극에서 남극을 향한다**는 것을 말해준다.

그림 24.3 철가루를 사용하여 막대자석의 자기장 나타내기

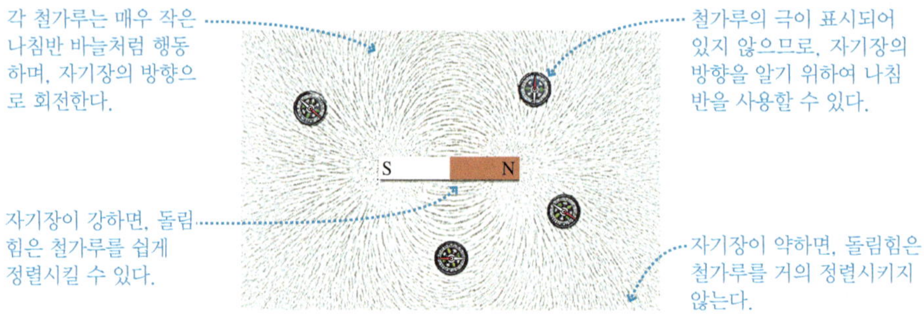

자기장 벡터와 자기력선

그림 24.3에 보인 것과 같은 자석의 자기장을 두 가지 중 한 가지 방법으로 그릴 수 있다. 어느 한 점에서의 자기장을 나타내려고 하면 **자기장 벡터**(magnetic field vector) 표현이 특히 유용하다. 그러나 자기장의 전체적인 모습을 나타내려면, **자기력선**(magnetic field line)이 더 활용하기 간단하다. 이러한 두 표현은 20장에서 활용한 전기장 벡터와 전기력선의 경우와 비슷하며, 자기장 벡터와 자기력선을 그리기 위하여 비슷한 규칙을 사용할 것이다.

그림 24.4 나침반을 사용하여 막대자석의 자기장 그리기

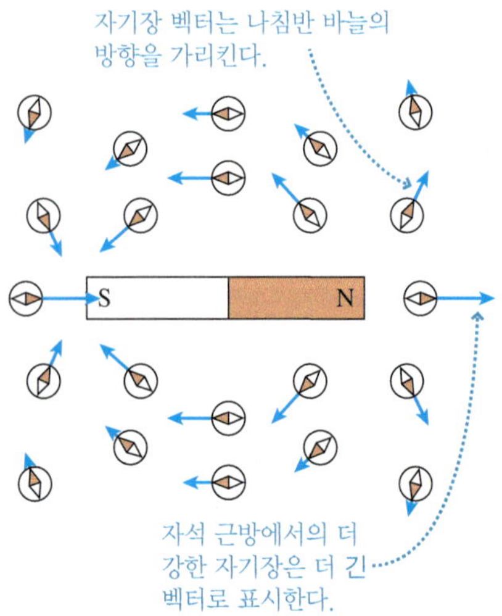

그림 24.4에서 보인 것처럼, 자석 근처에 자기장의 방향과 크기를 측정하기 위하여 많은 나침반을 늘어놓은 경우를 상상할 수 있다. 한 나침반이 있는 곳의 자기장을 나타내기 위하여, 그 위치에 꼬리가 위치한 벡터를 그린다. 그림 24.4는 이 벡터의 방향과 크기를 결정하는 방법을 보여준다. 자석 주위에 있는 단지 몇 개의 점에 대하여만 자기장 벡터를 그렸지만, 자기장은 자석 주위의 모든 점에서 존재한다는 사실을 기억하는 것이 중요하다.

자기력선으로 자기장을 나타낼 수도 있다. 자기력선을 그리는 규칙은 20장의 전기력선을 그리는 규칙과 비슷하다. 전기력선은 양전하에서 시작하여 음전하에서 끝난다. 자기력선은 북극에서 남극까지 간다. **그림 24.5**에 설명된 것처럼, 자기력선들의 방

그림 24.5 막대자석의 자기력선 그리기

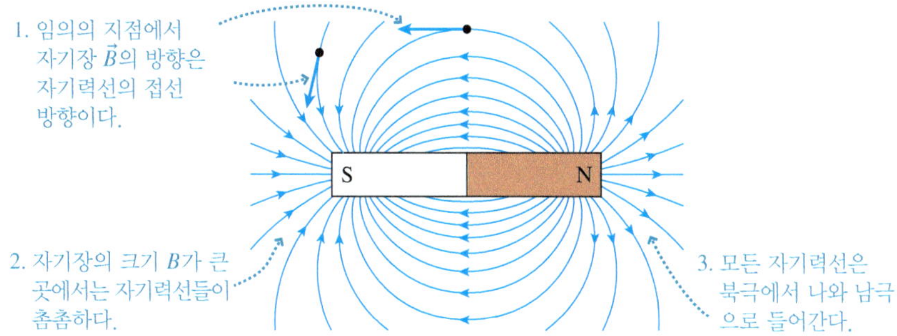

향과 간격이 자기장의 방향과 세기를 나타낸다.

이제 자기장에 대해 생각하는 방법을 알았으므로, 다양한 배열의 자석이 만드는 자기장을 살펴보자. 자기력선 그리기와 함께 실제 자석에서 생기는 자기력선을 보여주기 위해 철가루 방법을 사용할 것이다.

여러 가지로 배열한 자석들에 의해서 생성된 자기장 도해

하나의 막대자석	하나의 막대자석 (확대)	서로 다른 극이 마주 보고 있는 2개의 막대자석	같은 극이 마주 보고 있는 2개의 막대자석
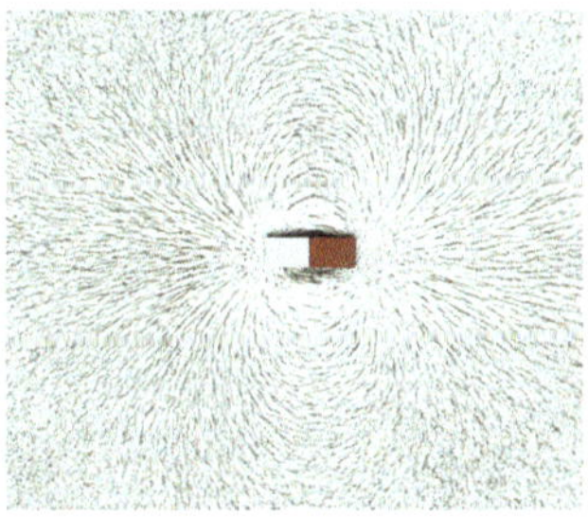		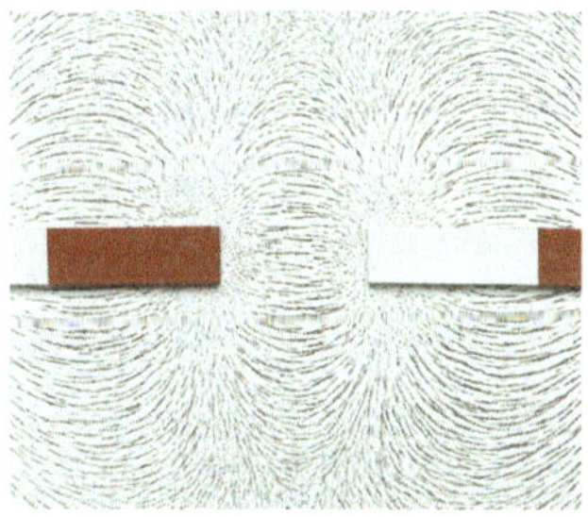	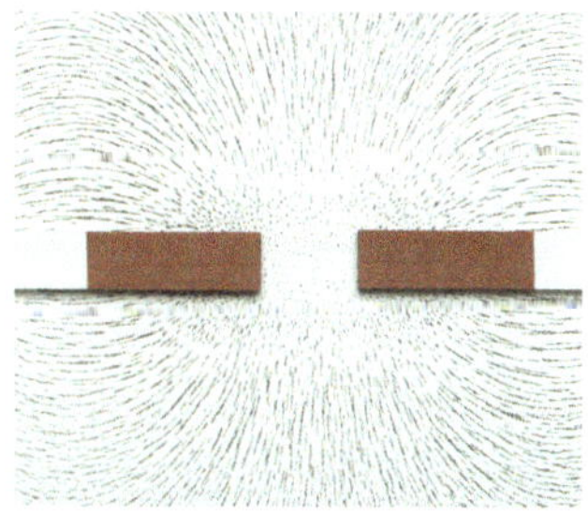
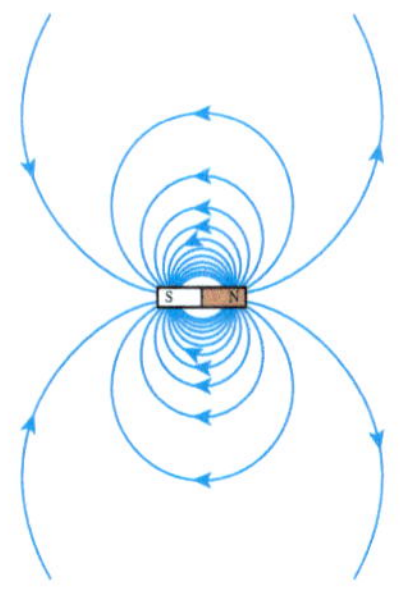	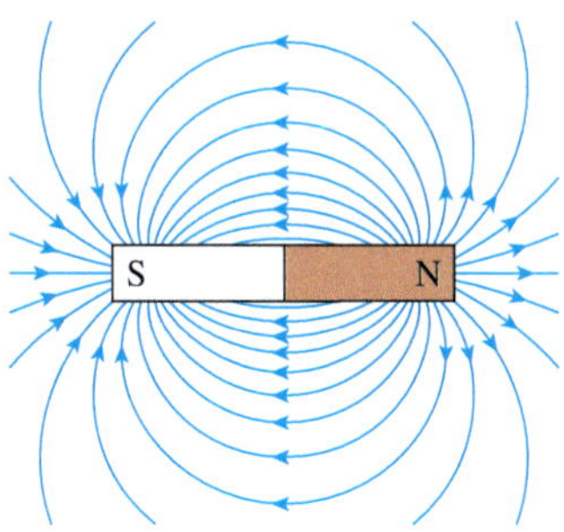	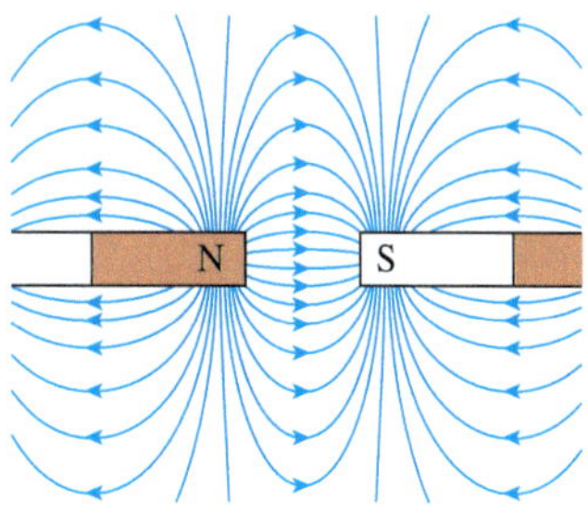	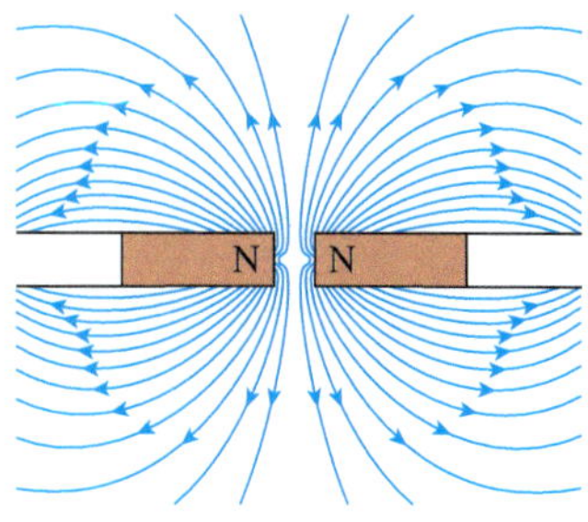
자기력선은 북극(빨간색)에서 시작하여 남극(흰색)에서 끝난다. 자석으로부터 멀리 갈수록 자기력선들은 서로 멀리 떨어져 있는데, 이것은 더 약한 자기장을 나타낸다.	자석에 가까울수록 자기력선이 북극에서 출발하여 남극에서 끝난다는 것을 좀 더 명확히 알 수 있다.	자석이 하나 이상인 경우에도, 자기력선은 북극에서 시작하여 남극에서 끝난다. 그러나 자기력선은 한 자석의 북극에서 시작하여 다른 자석의 남극에서 끝난다.	2개의 같은 극이 서로 가까이 있으면, 다른 자석의 북극을 회피하기 위하여 자기력선은 북극에서 출발하여 더 가파르게 휘어지면서 남극으로 향한다.

그림 24.6 냉장고 자석의 자기장

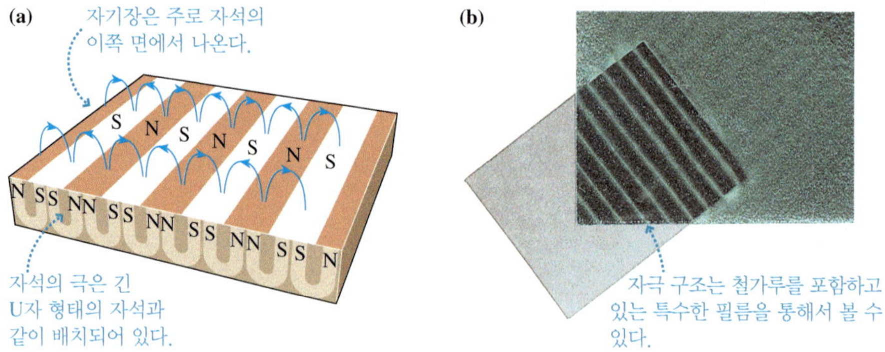

한쪽 끝이 북극이고 다른 쪽 끝이 남극인 자석이 친숙하지만, 자석은 한 개 이상의 북극을 가질 수도 있고, 극들이 자석 끝부분에 있을 필요도 없다. **그림 24.6**에 보인 것처럼 휘어지는 냉장고 자석은 색다른 긴 줄무늬의 자극 배치를 가지고 있다. 자기장의 대부분이 자석의 평탄한 면 쪽에 존재해서, 바로 이쪽 면이 라벨이 있는 면보다 냉장고에 더 잘 붙는다.

지구의 자기장

자유롭게 움직일 수 있는 막대자석은 항상 북극이 지리학적 북극을 가리키도록 회전한다. 그러나 자석을 나침반 가까이 가져가면 나침반은 나침반의 북극이 자석의 남극을 향하도록 회전한다는 것도 알고 있다. 이러한 관찰은 **그림 24.7(a)**에 보인 것처럼 지구 자신이 거대한 자석이며, **지구 자석의 남극이 지구의 지리학적 북극 근처에 놓여 있다**는 것을 의미한다. 적도에 놓인 나침반의 북극 바늘은 지구 자석의 남극, 즉 북쪽을 향할 것이다.

지구의 자기장은 지면에 평행한 수평 성분과 지면에 수직인 수직 성분 둘 다 가지

그림 24.7 지구의 자기장

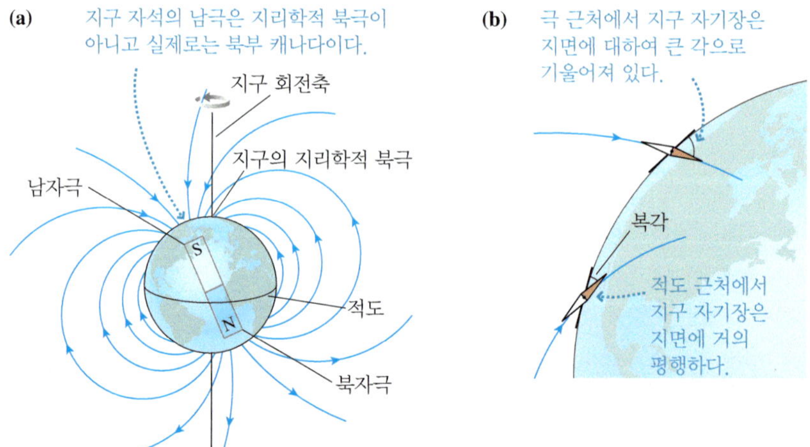

고 있다. 보통의 나침반은 수평 성분에만 반응하지만, 수직으로 자유롭게 회전할 수 있는 나침반은 아래로 기울어진다. 그림 24.7(b)는 적도 근처에서 지구 자기장이 지면에 거의 평행하다는 것을 보여준다. **복각**(dip angle)이라고 하는 수평에서 벗어난 각은 아주 작다. 극 근처에서 자기장은 거의 수직인데, 자기장은 북쪽을 가리키는 것보다 더 아래쪽을 가리킨다. 바다거북은 지구 자기장의 복각을 이용하여 위도를 결정한다.

지구 자기장을 이용하여 길을 찾는 다른 동물들이 있다. 동물들이 몸 내부의 나침반을 사용하여 방향을 정하고 어느 길이 북쪽인지 알아내는 것을 상상할 수 있지만, 지구 자기장을 이용하여 길을 찾는 가장 분명한 예는 지구 자기장을 이용하여 남북이 아니라 위아래를 구별하는 경우이다. 자기주성 박테리아는 그들의 몸 안에 강하게 자화된 철 조각들을 갖고 있는 것을 그림 24.8에서 볼 수 있다. 그들의 몸은 나침반처럼 회전하여 지구 자기장에 평행하게 정렬한다. 이 박테리아는 물의 바닥 근처에서 저산소 구역을 선호한다. 물이 흐트러져서 위쪽으로 옮겨지면, 그들은 지구 자기장의 수직 성분을 따라 아래로 움직이면서 지구 자기장의 방향으로 이동한다.

그림 24.8 자기주성 박테리아의 내부 나침반 BIO

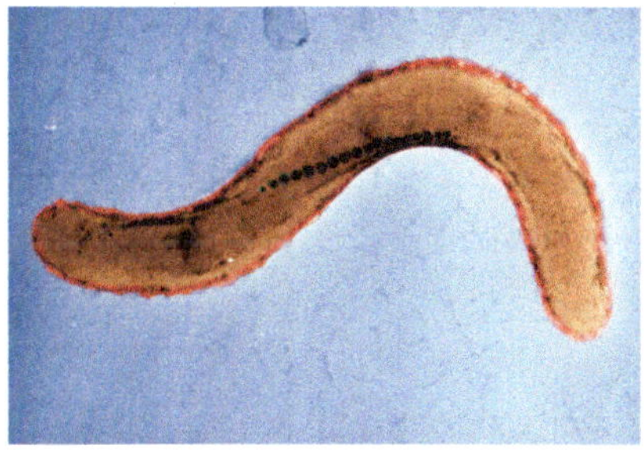

개념형 예제 24.1 **나침반 균형 잡기**

북반구에서 사용되는 나침반은 남극 바늘이 북극 바늘보다 조금 더 무겁게 만들어졌다. 왜 그런지 이유를 설명하시오.

판단 그림 24.7(b)는 북반구에서 지구 자기장이 매우 큰 수직 성분을 가지고 있다는 것을 보여준다. 자기장에 정렬할 수 있도록 회전할 수 있는 나침반 바늘은 북쪽을 가리킨다. 그러나 북극은 자기장을 따라가기 위하여 아래로 기울어진다. 나침반의 균형을 유지하기 위해서는 나침반의 남극에 다른 힘이 존재하여야 한다. 남극에 추가된 작은 무게는 바늘이 균형을 잡는 힘을 제공한다.

검토 이러한 방법은 타당하다. 자기장이 수평이 아닐 때, 바늘을 수평으로 유지하기 위해서는 추가로 힘이 필요하다.

24.3 전류도 자기장을 만든다

나침반이 막대자석의 존재에 반응할 것으로 기대한다. 하지만 나침반을 도선 근처에 놓고 전류를 통과시키면 편향된다. 전류가 멈추면 나침반은 원래 방향으로 돌아간다. 이것은 전류가 **자기장**을 만든다는 것을 보여준다. 자기력선의 형태는 전류를 운반하는 도선의 모양에 의해 결정된다. 다음 표는 우리가 공부해야 할 가장 중요한 자기장의 무습을 보여준다.

전류가 생성하는 자기장 도해

긴 직선 도선에 흐르는 전류

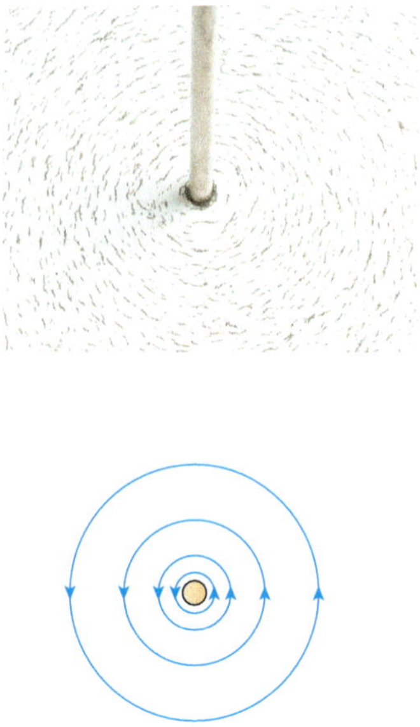

자기력선은 도선 주위에 원을 형성한다. 도선으로부터의 거리가 증가할수록 철가루는 자기장에 의한 영향을 덜 받는데, 이것은 도선으로부터의 거리가 증가할수록 자기장이 약해진다는 것을 나타낸다.

원형 전류 고리

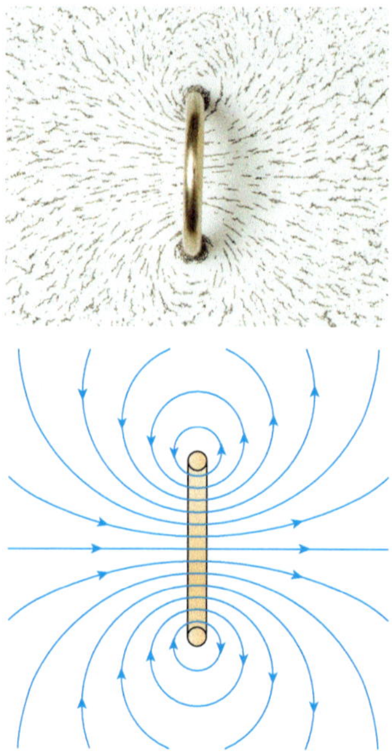

자기력선은 고리 중심을 통과하여 밖으로 나오고, 다시 고리 밑으로 들어와 고리 중심을 통과하여 폐곡선을 형성한다. 고리로부터 먼 지점에서는 고리의 자기력선이 막대자석의 자기력선과 비슷하다는 것에 주목하라.

솔레노이드의 전류

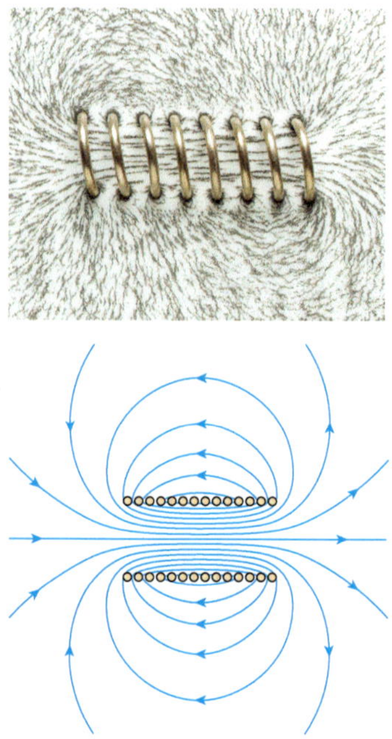

솔레노이드(solenoid)는 본질적으로 공통의 축을 따라 늘어선 연속된 전류 고리들이다. 바깥쪽의 자기장은 안쪽의 자기장에 비해 매우 약하다. 솔레노이드 속에서 자기력선은 거의 균일하게 퍼져 있다. 솔레노이드 내부의 자기장은 거의 균일하다.

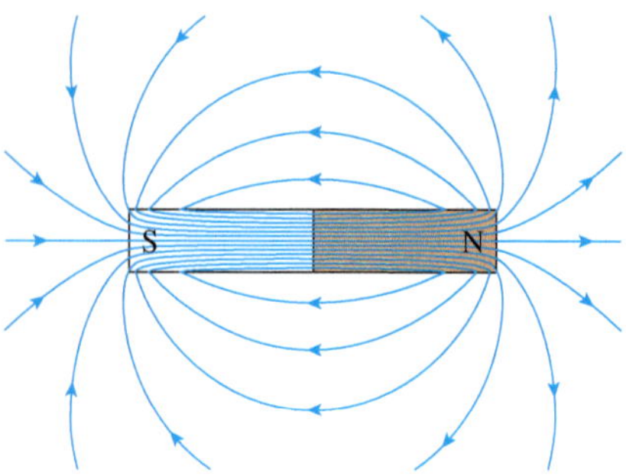

그림 24.9 자기력선은 자석의 경우에도 폐곡선을 형성한다.

이미 자석의 자기력선은 자극에서 시작하고 자극에서 끝난다는 것을 알았다. 그러나 전류에 의한 자기력선은 시작과 끝이 없다. 그것들은 완전한 폐곡선을 이룬다. 자석 **내부의** 자기력선까지 고려하면, 이 자기력선들도 **그림 24.9**에서처럼 완전한 폐곡선을 이룬다는 것을 발견할 것이다.

본 절과 다음 절에서는 전류가 생성하는 자기장을 자세히 살펴보고, 자석이 생성하는 자기장은 나중에 다시 살펴볼 것이다. 켜고 끌 수 있는 전류에 의해 만들어지는 자석과 구별하기 위해서 보통의 자석을 **영구자석**(permanent magnet)이라고 한다. 전류에 의한 자기가 더 이해하기 쉬우므로, 자기를 이러한 순서로 살펴보기로 한다. 그러나 전류와 자석은 자기장의 두 가지 중요한 원천이라는 것을 명심하기 바란다.

전류가 흐르는 직선 도선의 자기장

위에 보인 도해에서 철가루는 전류가 흐르는 직선 도선 주위에서 원을 이루면서 정렬한다는 것을 알았다. **그림 24.10**에서 보는 것처럼, 자기장의 방향을 결정하기 위하여

그림 24.10 나침반이 전류가 흐르는 도선에 반응하는 방법

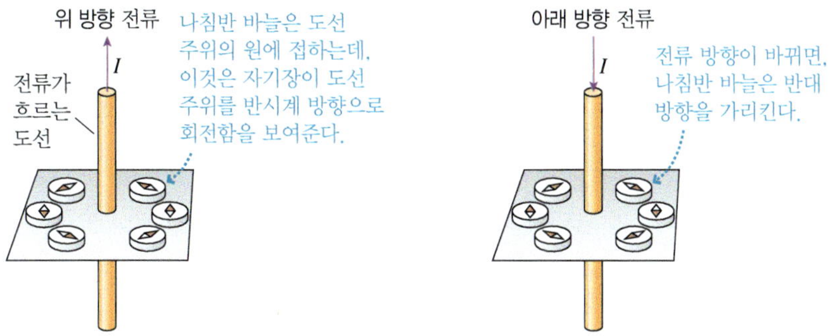

기본적인 장치인 나침반을 사용할 수 있다.

나침반 바늘이 가리키는 방향을 기억하기 위하여, 풀이 전략 24.1에 있는 오른손 규칙을 사용한다. 나중에 여러 다른 형태의 전류 도선이 만드는 자기장의 방향을 결정하기 위하여 이 규칙을 사용할 것이다. 따라서 이 규칙을 **자기장에 관한 오른손 규칙**이라고 한다.

풀이 전략 24.1 자기장에 관한 오른손 규칙

❶ 오른손 엄지손가락이 전류 방향으로 향하게 한다.

❷ 원을 나타내도록 나머지 손가락을 구부려서 도선을 감싸 쥔다.

❸ 도선 주위의 자기력선 방향은 손가락들이 휘감고 있는 방향이다.

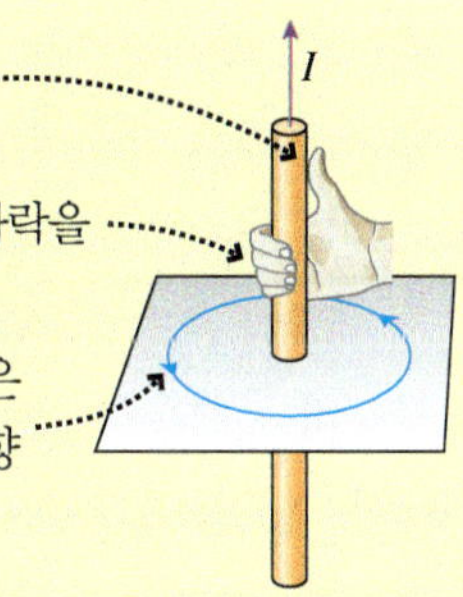

그림 24.11 지면에 수직인 벡터와 전류에 대한 기호들

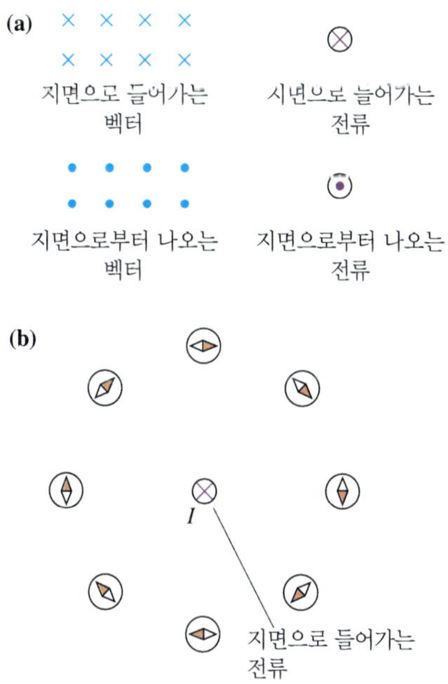

풀이 전략 24.1에 보인 것과 같이 자기장은 3차원 그림을 더 많이 필요로 한다. 그러나 2차원 그림이 더 그리기 쉬우므로, 가능한 한 2차원 그림을 사용할 것이다. 때때로 지면에 수직인 자기장 벡터나 전류를 나타낼 필요가 있다. **그림 24.11(a)**는 사용할 기호들을 보여준다. **그림 24.11(b)**는 지면 안으로 들어가는 전류 주위의 나침반을 보여줌으로써 이 기호를 설명한다. 이 그림과 함께 오른손 규칙을 사용하려면, 엄지손가락을 지면으로 들어가는 방향으로 향하게 한다. 그러면 손가락들은 시계 방향으로 돌아갈 것이고, 그것은 나침반 바늘의 북극이 가리키는 방향이다.

개념형 예제 24.2 전류가 흐르는 도선의 자기장 그리기

지면으로 들어가는 방향으로 전류가 흐르는 긴 도선의 자기장을 그리시오. 자기력선 표현과 자기장 벡터 표현을 그리시오.

판단 도해에 있는 철가루 무늬로부터, 자기력선은 도선 주위에 원을 형성하고 도선으로부터의 거리가 멀어질수록 자기장이 약해진

다는 것을 알 수 있다. **그림 24.12**는 그와 같은 자기장의 자기력선과 자기장 벡터를 만드는 방법을 보여준다.

검토 그림 24.12는 자기장의 핵심적인 면을 보여준다. 자기장 벡터와 자기력선의 방향은 그림 24.11에서 보았던 것과 일치하며, 도해에서 보았듯이 거리에 따라 자기장의 세기가 약해진다. 여러분이 이러한 그림을 그리기를 기대하지는 않지만, **그림 24.13**에서 자기장의 전체 3D 그림은 볼만한 가치가 있다. 이것은 도선의 길이를 따라 모든 면에 자기력선이 존재한다는 생각을 전달한다.

그림 24.12 전류가 흐르는 긴 직선 도선의 자기장 그리기

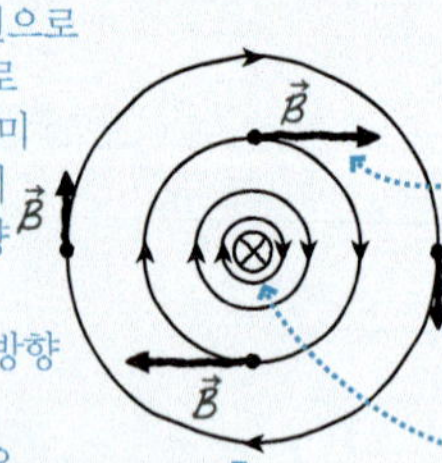

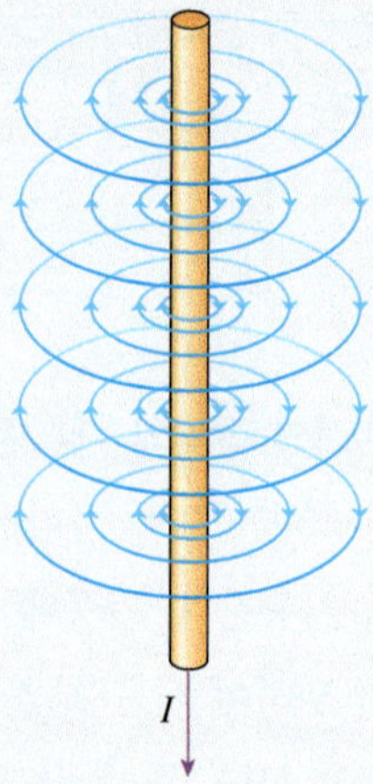

그림 24.13 자기력선은 도선을 따라서 모든 지점에 존재한다.

전류 고리가 만드는 자기장

긴 직선 도선에 흐르는 전류가 만드는 자기장에 대한 이해를 다른 형태의 전류 도선으로 확장시킬 수 있다. **그림 24.14**에 보인 간단한 전류가 흐르는 원형 고리의 경우부터 시작하자. 원형 전류 고리에 의한 자기장을 이해하기 위하여, **그림 24.15**에 보인 것과 같이 직선 도선을 구부리는 경우를 상상해볼 수 있다. 도선 근방의 자기력선은 도선이 직선일 때와 비슷하다(도선 주위를 지나가는 원형). 도선으로부터 멀어질수록 자기력선은 더 이상 원이 아니지만, 그것들은 고리 중심을 지나 바깥을 돌아서 다시 중심으로 돌아온다.

전류 고리의 방향을 반대로 바꾸면, 모든 자기력선들도 방향을 바꾼다. 전류 고리는 본질적으로 직선 도선을 원형으로 굽힌 것이므로, 전류 고리가 만드는 자기장의

그림 24.14 전류 고리의 세 모습

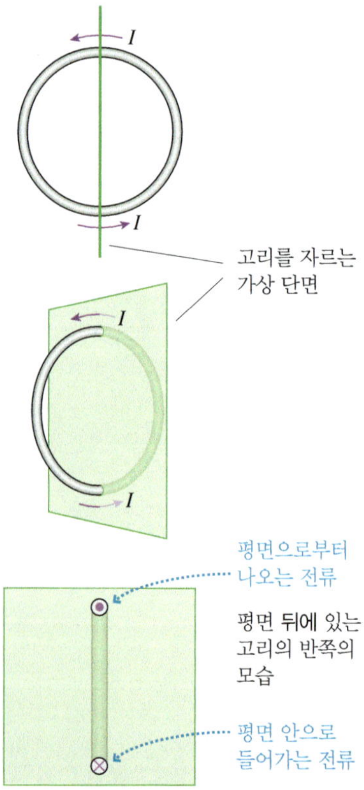

그림 24.15 전류 고리의 자기장

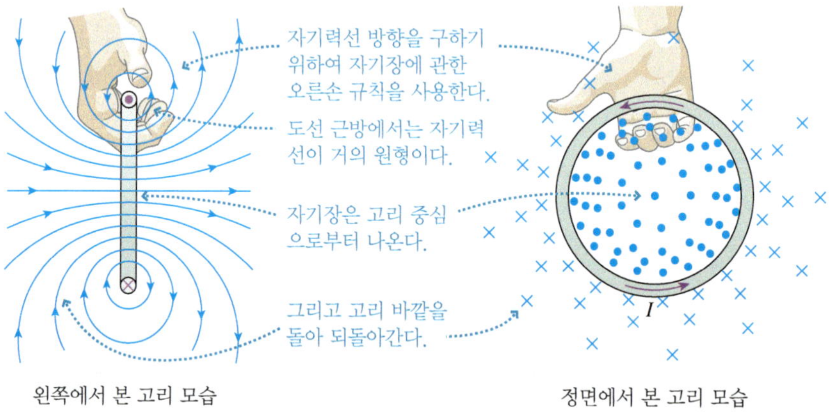

방향을 구하기 위하여 풀이 전략 24.1의 오른손 규칙을 사용할 수 있다. 그림 24.15에 보인 것처럼, 엄지손가락으로 전류 고리의 방향을 가리키고, 나머지 손가락들로 고리 중심을 감싼다. 그러면 나머지 손가락들은 고리 중심을 통과하는 $\vec{B}$ 방향을 가리킨다.

그림 24.16 솔레노이드

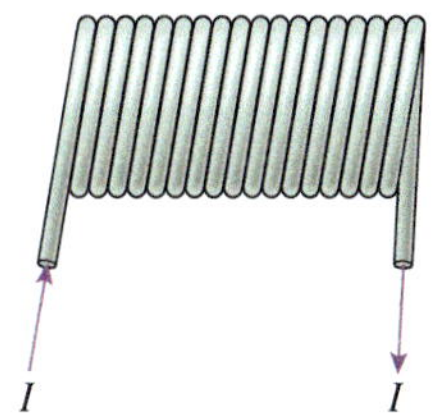

솔레노이드의 자기장

본 장의 처음에 있는 이미지를 만들기 위하여 사용된 MRI와 같이, 자기에 대한 응용은 많이 있다. 그와 같은 장치를 위하여, 공간상 어떤 영역 안에 각 점에서 같은 크기와 방향을 가지는 **균일 자기장**(uniform magnetic field)을 만들고자 한다. 이미 알고 있는 바와 같이, 충분히 균일한 자기장은 솔레노이드를 사용하여 만들 수 있다. 그림 24.16과 같이, 솔레노이드는 코일 안의 각 고리에 똑같은 전류 I가 흐르는 긴 도선 코일이다. 솔레노이드는 감은 횟수(turns)라고 하는 수백 혹은 수천 개의 여러 층으로 감겨져 있는 고리를 갖고 있다.

724쪽의 철가루 그림은 **자기장이 솔레노이드 안에서는 강하고, 축과 거의 평행하며, 상당히 균일한 반면, 솔레노이드 밖에서는 매우 약하다**는 것을 말해준다. 그림 24.17은 이러한 점을 보여주며, 안쪽 자기장이 바깥쪽 자기장보다 훨씬 더 강한 이유를 보여준다. 솔레노이드 안에서의 자기장 방향은 솔레노이드 안의 임의의 고리에 오른손 규칙을 사용하여 결정할 수 있다.

그림 24.17 솔레노이드의 자기장

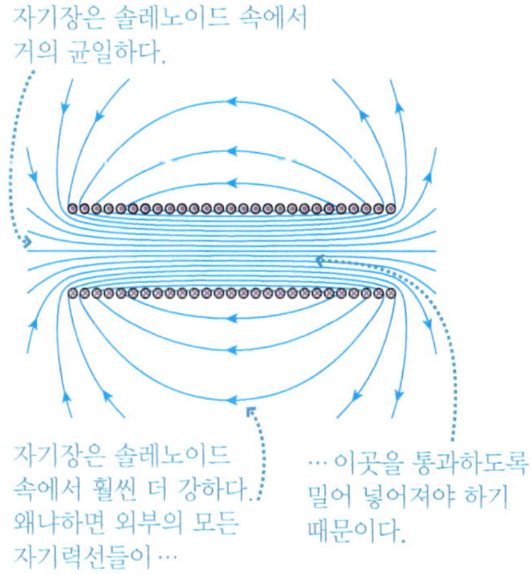

24.4 전류에 의한 자기장 구하기

지금까지 여러 모양의 도선에 대하여 자기장이 어떻게 생겼는지를 살펴보았다. 다음에는 자기장을 계산하는 법을 배울 것이다. SI 단위에서, 자기장의 세기는 **테슬라**(tesla)로 측정되고, 줄여서 T로 나타낸다. 1테슬라는 매우 큰 자기장이고, 표 24.1에 나타낸 자기장의 세기에서 볼 수 있듯이, 대부분의 자기장은 1테슬라보다 훨씬 작다. 그래서 때때로 자기장을 μT(10^{-6} T) 또는 mT(10^{-3} T) 단위로 표현한다. 지구 자기장의 세기는 위치에 따라 변화하지만, 문제를 풀 때 사용할 수 있는 적당한 평균 세기는 50 μT이다.

표 24.1 대표적인 자기장의 세기

장의 원천과 위치	장의 세기(T)
1 A 전류 도선에서 10 cm	2×10^{-6}
지구 표면	5×10^{-5}
10 A 전류 도선에서 1 cm	2×10^{-4}
냉장고 자석	5×10^{-3}
1 A 전류, 지름 1 cm, 100번 감은 코일	1×10^{-2}
태양 흑점에서 태양 표면	1×10^{-1}
희토류 자석 근처	1
MRI 솔레노이드	1

이제 전류가 흐르는 긴 직선 도선 주위의 자기장에 대한 표현을 알아보자. 이미 자기력선은 도선 주위에서 원을 형성하며, 도선으로부터 거리가 증가할수록 자기장은 약해진다는 것을 알고 있다. 당연히 자기장의 크기는 도선에 흐르는 전류에 따라 다른데, 그 크기는 전류에 비례하여 증가한다. 전류 I가 흐르는 도선으로부터 거리 r만큼 떨어진 곳에서의 자기장의 크기는 다음과 같이 표현된다.

$$B = \frac{\mu_0 I}{2\pi r} \qquad (24.1)$$

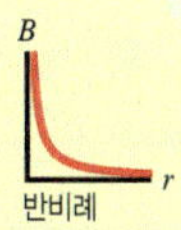

긴 직선 도선에 흐르는 전류에 의한 자기장

그림 24.18 전류가 흐르는 긴 도선에 의한 자기장의 세기 대 도선으로부터 거리

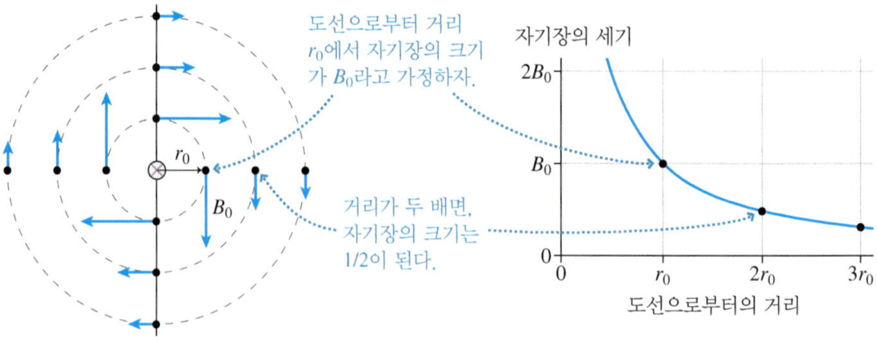

식 (24.1)은 무한히 긴 도선에 대해서만 정확히 성립하지만, 도선의 길이가 도선으로부터의 거리 r보다 충분히 크다면 매우 정확하다.

자기장의 세기와 자기장을 생성하는 전류를 관련시키는 상수 μ_0는 **투자율 상수**(permeability constant)라고 한다. 자기장 표현식의 μ_0의 역할은 전기장 표현식의 유전율 상수의 역할과 비슷하다. μ_0의 값은 다음과 같다.

$$\mu_0 = 1.26 \times 10^{-6}\,\mathrm{T \cdot m/A}$$

식 (24.1)에 의하면, 전류가 흐르는 도선 주위의 자기장의 세기는 거리에 따라서 도선으로부터 거리에 반비례하여 감소한다. **그림 24.18**에 이 관계의 의미가 잘 설명되어 있다.

그림 24.19 하나 이상의 원천에 의한 자기장 더하기

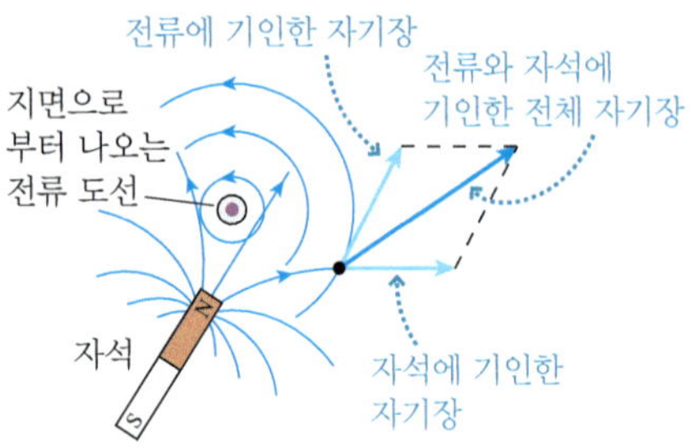

하나 이상의 원천으로부터 생성되는 자기장

둘 또는 그 이상의 자기장 원천이 서로 가까이 놓여 있을 때, 공간상의 어떤 특정한 점에서의 전체 자기장은 어떻게 구할 수 있는가? 전기장인 경우에는 중첩 원리를 사용했다. 임의의 점에서의 전체 전기장은 그 점에서의 각 전기장의 벡터합이다. 자기장에 관해서도 같은 원리가 성립한다. **그림 24.19**는 자기장에 적용된 중첩 원리를 설명하고 있다.

예제 24.3 **두 평행 도선의 자기장 구하기**

그림 24.20과 같이 2개의 긴 도선이 서로 평행하게 놓여 있다. 두 도선에는 각각 5.0 A의 전류가 서로 반대방향으로 흐르고 있다. 점 P에서의 자기장은 얼마인가?

준비 **그림 24.21**과 같이 도선의 오른쪽 끝에서 본 그림을 그린 다음 좌표계를 추가하라. 이 그림에서 자기장에 관한 오른손 규칙은, 도선 1이 P점에 만드는 자기장은 오른쪽이고 도선 2가 만드는 자기장은 왼쪽이란 것을 말해준다. 도선 2는 도선 1보다 P점으로부터 두 배 더 멀리 있으므로, 자기장 $\vec{B}_2$의 길이를 도선 1에 의한 자기장 $\vec{B}_1$의 길이의 절반으로 그렸다.

그림 24.20 전류가 흐르는 두 평행 도선

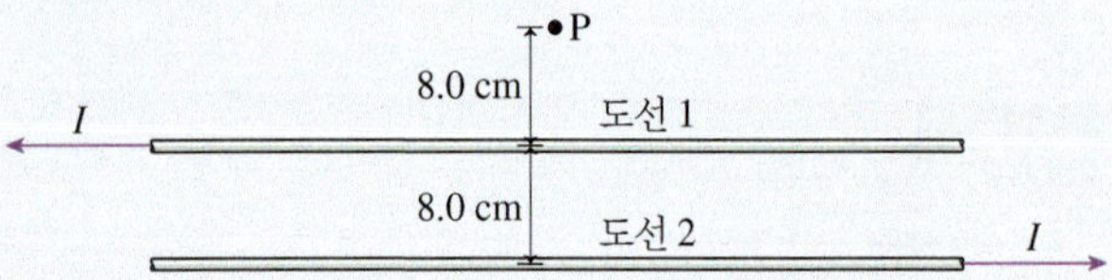

그림 24.21 도선의 오른쪽 끝에서 본 그림

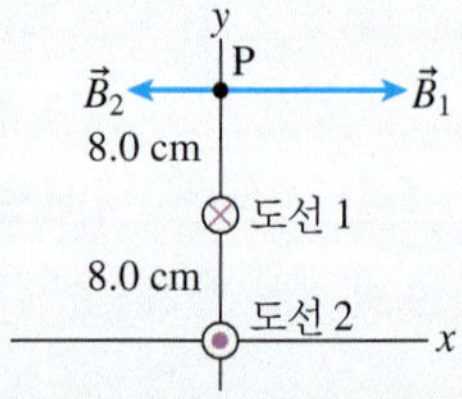

풀이 그림 24.21로부터 전체 자기장 $\vec{B}$는 두 자기장 $\vec{B}_1$과 $\vec{B}_2$의 벡터합으로써 오른쪽으로 향한다는 것을 알 수 있다. $\vec{B}$의 크기를 구하기 위해서는 $\vec{B}_1$과 $\vec{B}_2$의 크

기를 알아야 한다. 이 크기를 구하기 위하여 식 (24.1)을 사용한다. 그림 24.21로부터 도선 1로부터의 거리 r은 8.0 cm이고 도선 2로부터의 거리 r은 16 cm이다. 따라서

$$B_1 = \frac{\mu_0 I}{2\pi r} = \frac{(1.26 \times 10^{-6}\ \mathrm{T \cdot m/A})\,(5.0\ \mathrm{A})}{2\pi\,(0.080\ \mathrm{m})} = 1.253 \times 10^{-5}\ \mathrm{T}$$

$$B_2 = \frac{\mu_0 I}{2\pi r} = \frac{(1.26 \times 10^{-6}\ \mathrm{T \cdot m/A})\,(5.0\ \mathrm{A})}{2\pi\,(0.16\ \mathrm{m})} = 0.627 \times 10^{-5}\ \mathrm{T}$$

이다. $\vec{B}_2$는 왼쪽을 향하고 있으므로 x성분은 음수이다. 따라서 전체 자기장 $\vec{B}$의 x성분은 다음과 같다.

$$B_x = (B_1)_x + (B_2)_x = 1.253 \times 10^{-5}\ \mathrm{T} - 0.627 \times 10^{-5}\ \mathrm{T}$$
$$= 0.63 \times 10^{-5}\ \mathrm{T} = 6.3\ \mu\mathrm{T}$$

그림 24.20에 있는 문제의 원래 모습으로 표현하면, 다음과 같이 쓸 수 있다.

$$\vec{B} = (6.3\ \mu\mathrm{T},\ \text{지면 안으로})$$

검토 B_x가 양(+)이라는 것은 전체 자기장이 도선 1에 의한 자기장과 같은 방향인 오른쪽을 향한다는 것을 말해준다. 도선 1이 도선 2보다 점 P에 더욱 가까이 있으므로 이것은 타당한 결과이다. 표 24.1에서, 1 A 전류 도선으로부터 10 cm 지점의 자기장 세기가 2 μT로 주어진다. 이 문제의 자기장 세기는 대략 같은 크기이다. 거리도 대략 같고, 전류는 더 크지만 두 자기장이 반대방향을 향하고 있어서 풀이의 답이 타당한 결과라고 할 수 있다.

전류 고리

전류 고리에 의한 자기장은 **그림 24.22**로부터 알 수 있는 바와 같이, 직선 도선에 의한 자기장보다 더 복잡하다. 그러나 고리의 **중심**에서는 자기장에 대한 간단한 식이 존재한다. 고리는 도선을 구부려서 만든 원으로 생각할 수 있으므로, 자기장의 세기에 대한 식은 도선에 대한 식과 거의 같다. 중심에서의 자기장의 크기는

$$B = \frac{\mu_0 I}{2R} \tag{24.2}$$

반지름이 R인 전류 고리 중심에서의 자기장

이다. 여기에서 I는 전류 고리이다.

만약 같은 전류 I가 흐르는 도선의 N개 고리가 촘촘하게 감겨서 하나의 납작한 코일이 된다면, N개의 전류 고리가 중첩되어 있기 때문에 중심에서의 자기장은 정확히 N배만큼 더 커진다.

$$B = \frac{\mu_0 N I}{2R} \tag{24.3}$$

N번 감긴 납작한 코일의 중심에서의 자기장

그림 24.22 전류 고리 중심에서의 자기장

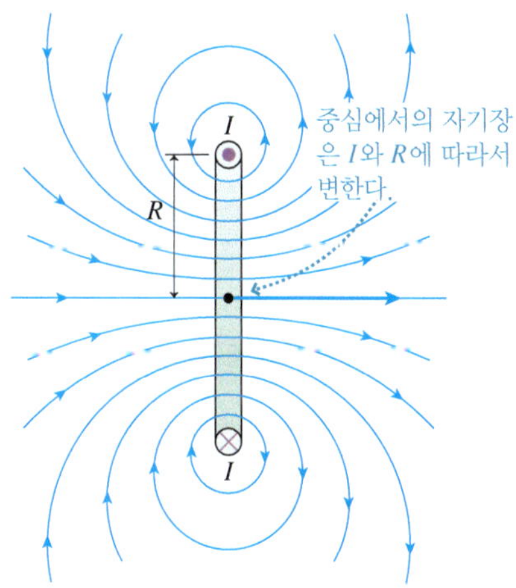

▶ **심장의 자기 심전도** BIO 근육이 수축될 때, 활동 전위는 심전도 생성을 측정할 수 있는 쌍극자 전기장을 만든다. 이러한 활동 전위는 전하가 심장 주위를 회전하게 하여 전류 고리를 만든다. 이 전류 고리는 작지만 측정할 수 있는 자기장을 만든다. 심장에 대한 자기장 기록인 **자기 심전도**(magnetocardiogram)는 심전도를 사용할 수 없는 경우에 심장에 대한 유용한 정보를 제공한다. 이 영상은 임신한 여사의 배 위에서 측정한 태아의 심장박동에 의한 자기장을 보여준다. 여기서 푸른색은 몸 안쪽을 가리키는 자기장을, 그리고 붉은색은 몸으로부터 바깥쪽을 가리키는 자기장을 보여준다. 이것은 바로 전류 고리의 평면이 두 색채 영역 사이의 검은 선을 따라 놓여 있을 때 예상되는 자기장이다.

예제 24.4 지구 자기장의 상쇄

초록거북은 지구 자기장의 복각을 활용하여 길을 찾는 것으로 생각된다. 이 가설을 시험하기 위해 갓 부화한 초록거북을 외부가 코일로 60번 감겨 있는 지름 72 cm의 탱크 속에 놓았다. 코일에 흐르는 전류는 탱크 중심에 50 μT 크기를 가지는 지구 자기장의 수직 성분을 정확히 상쇄시키는 자기장을 만든다. 실험 장소에서 지구 자기장은 수평선과 60° 아래 방향이다. 코일에 흐르는 전류는 얼마인가?

준비 **그림 24.23**은 코일을 통과하여 아래 방향으로 향하는 지구 자기장을 보여준다. 이 자기장의 수직 성분을 상쇄시키기 위해서, 코일의 전류는 같은 크기의 위 방향 자기장을 만들어야 한다. 오른손 규칙(그림 24.15 참조)을 사용하면, 전류는 그림과 같이 코일 주위를 순환하여야 한다는 것을 알 수 있다. 위에서 보면, 전류는 반시계 방향일 것이다.

그림 24.23 지구 자기장의 수직 성분을 상쇄시키기 위해 필요한 코일의 자기장

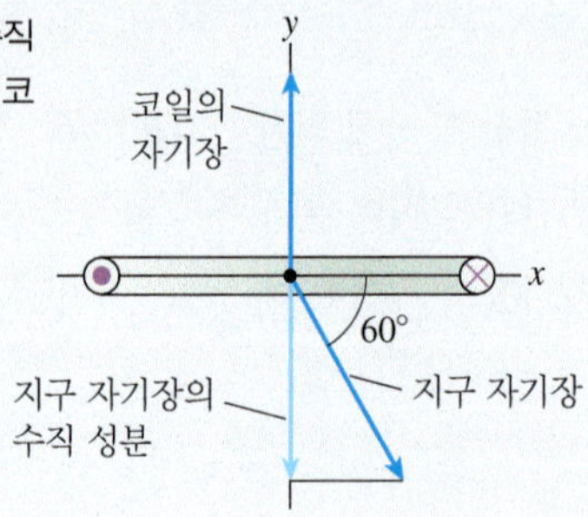

풀이 지구 자기장의 수직 성분은 다음과 같다.

$$(B_{\text{earth}})_y = -(50 \times 10^{-6}\ \text{T})\sin(60°) = -4.33 \times 10^{-5}\ \text{T}$$

식 (24.3)으로 주어진 코일의 자기장은 코일 중심에서, 앞에서 얻은 지구 자기장의 수직 성분과 같은 크기를 가져야 한다. 식 안에 있는 $2R$은 코일의 지름이며 0.72 m이다. 따라서

$$B_{\text{coil}} = \frac{\mu_0 NI}{2R} = 4.33 \times 10^{-5}\ \text{T}$$

$$I = \frac{(4.33 \times 10^{-5}\ \text{T})(2R)}{(\mu_0 N)}$$

$$= \frac{(4.33 \times 10^{-5}\ \text{T})(0.72\ \text{m})}{(1.26 \times 10^{-6}\ \text{T}\cdot\text{m/A})(60)} = 0.41\ \text{A}$$

이다. 지적한 대로, 이 전류는 위에서 보았을 때 반시계 방향이다.

검토 식 (24.3)은 코일 중심에서의 자기장이 코일의 감은 수에 비례하고, 전류에 비례하며, 코일의 반지름에 반비례한다는 것을 보여준다. 표 24.1을 보면, 1 A 전류가 흐르는 지름 1 cm인 100번 감은 코일 중심에서의 자기장 세기는 0.01 T이다. 이 문제에서의 코일은 대략 100배 더 길고, 전류는 1/2 정도 흐르며, 감은 수도 1/2 정도이다. 그러므로 표 24.1에 비해서 수백 배 더 작은 자기장의 크기가 예견된다. 정답의 대략적인 추정값이 결과와 일치하므로 합당한 전류값인 것 같다.

솔레노이드

그림 24.24 솔레노이드 안의 자기장

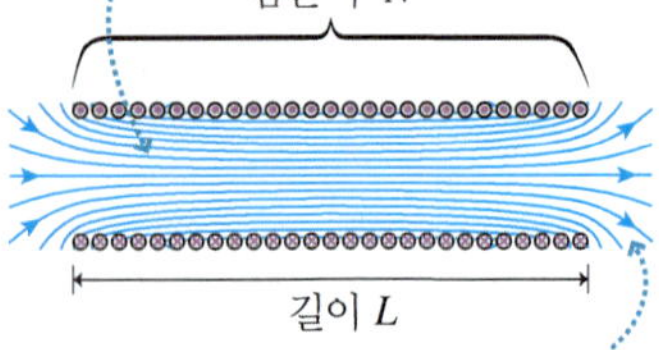

이미 알고 있는 바와 같이, 솔레노이드 안의 자기장은 매우 균일하다. 그렇지만 밖에서의 자기장은 아주 작다. 솔레노이드의 길이가 지름에 비하여 크면 클수록, 이러한 진술은 더욱더 잘 성립한다. 균일 자기장을 필요로 하는 측정은 종종 아주 크게 만든 솔레노이드 안에서 수행한다. 자기공명영상(MRI, magnetic resonance imaging)을 촬영하려는 환자가 들어가 있는 원통에는 솔레노이드가 설치되어 있다. 길이가 L이고 N번 감긴 **그림 24.24**와 같은 솔레노이드를 고려하자. 주어진 길이의 솔레노이드에 도선을 더 촘촘히 감을수록(곧 N/L값이 클수록), 솔레노이드 안의 자기장은 더 강해질 것이라고 예상된다. 또 자기장의 세기는 전류 I에 비례할 것이다. 다소 놀랍게도 솔레노이드 안의 자기장은 반지름과 **무관하다**. 이러한 이유 때문에 반지름 R은 솔레노이드 안의 자기장에 대한 방정식에 나타나지 않는다.

$$B = \frac{\mu_0 NI}{L} \tag{24.4}$$

길이가 L이고 감은 수가 N인 솔레노이드 안의 자기장

예제 24.5 MRI 자기장 만들기 BIO

대표적인 MRI 솔레노이드의 길이는 약 1 m이고, 지름은 약 1 m이다. 솔레노이드 안의 대표적인 자기장은 1 T 정도이다. 도선에 흐르는 최대 전류가 100 A라면 이러한 자기장을 생성하기 위하여 솔레노이드에 도선을 몇 번 감아야 하는가?

준비 이 솔레노이드는 지름에 비하여 길이가 그리 길지 않으므로 식 (24.4)는 오직 근사적인 결과만을 준다. 그러나 자기장 B와 길이 L에 대하여 대략적인 추정값만 구하므로, 이 식을 받아들일 수 있다.

식 (24.4)는 전류 I, 감은 수 N, 길이 L인 솔레노이드의 자기장 B값을 나타낸다. 그러나 여기서는 감은 수를 다른 변수들을 활용하여 구하고자 한다. $B = 1\text{ T}$, $I = 100\text{ A}$, $L = 1\text{ m}$라는 값을 사용한다.

풀이 식 (24.2)를 N에 대하여 풀어서, 그 값을 한 자리 유효 숫자로 나타내면 다음과 같다.

$$N = \frac{LB}{\mu_0 I} = \frac{(1\text{ m})(1\text{ T})}{(1.26\times10^{-6}\text{ T}\cdot\text{m/A})(100\text{ A})} = 8000\text{번}$$

검토 필요한 감은 수는 매우 크다. 그러나 자기장이 매우 크므로, 이 결과는 타당하다.

위 예제에서 솔레노이드의 지름은 약 1 m이다. 한 번 감는 데 필요한 도선의 길이는 $\pi \times 1$ m 또는 약 3 m이다. 전체 도선의 길이는 8,000번 × 3 m/번 = 24,000 m = 24 km ≈ 15 mile이나 된다! 이 자석이 보통의 구리선을 사용했다면, 전체 저항 R은 약 35 Ω이다. 저항기에 의해 소모되는 전력은 I^2R과 같고, 따라서 전체 전력은 약 $(100\text{ A})^2(35\ \Omega) = 350{,}000$ W인데, 이 값은 너무 커서 비실용적이다. 따라서 MRI 자석은 **초전도** 전도선을 사용해야만 하는데, 이 물질은 절대온도 0K 근처에서 저항이 0이 된다. 이것은 24 km의 도선에 100 A의 전류를 아무런 전력 소모 없이 흐르게 할 수 있다.

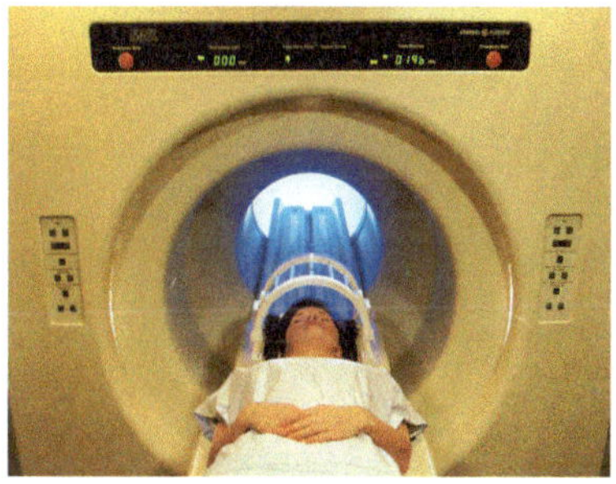

MRI 장치의 솔레노이드 안에 있는 환자의 머리

종합 24.1 전류에 의한 자기장

전류는 자기장을 생성한다. 자기장의 기하학은 도체의 기하학에 의해 결정된다.

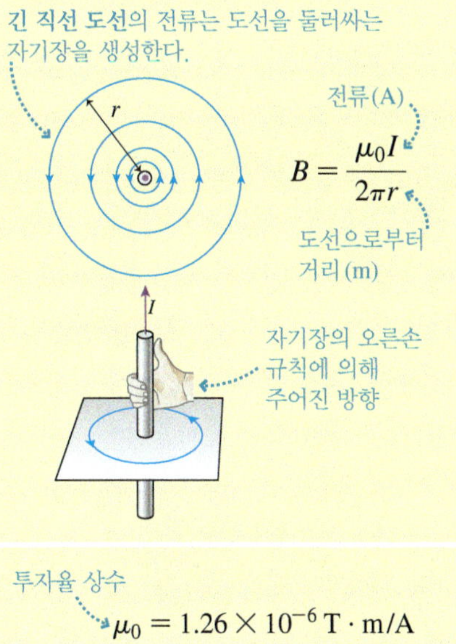

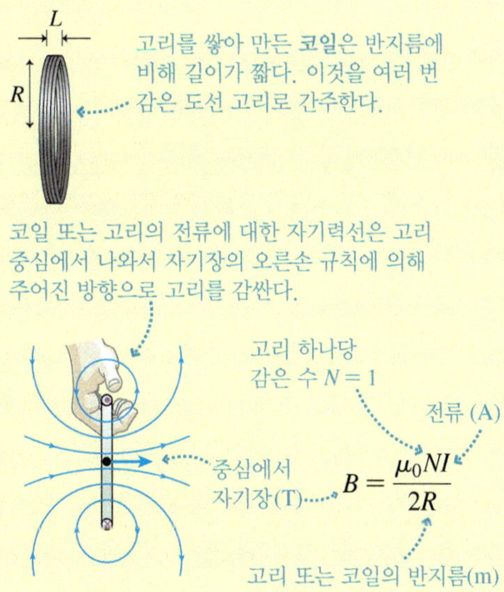

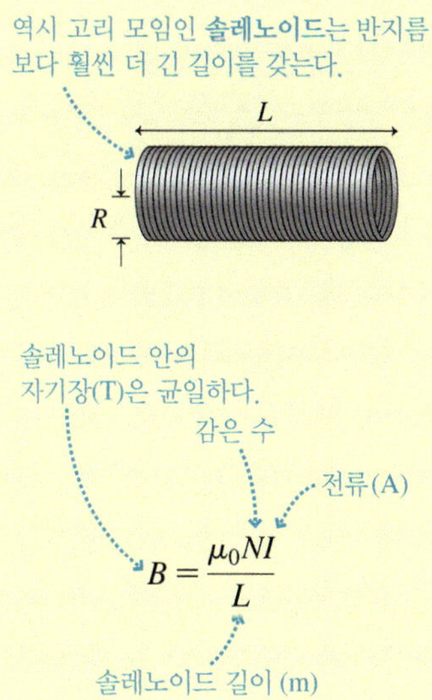

24.5 자기장은 움직이는 전하에 힘을 미친다

이제 자기장이 어떤 모습을 보이고 어떻게 만들어지는 것인가에서 자기장이 실제로 무엇을 하는가로 관심을 바꿔보자. 자기장은 자석에 힘을 가하고, 나침반 바늘이 자기장에 평행하게 정렬하게 만들어 주는 것과 같은 돌림힘을 가한다. 이제 자기장이 움직이는 대전 입자에 힘을 작용하는 것을 알아보고, 나중에 도선의 전류에도 힘을 작용한다는 것을 알아볼 것이다. 다음 일련의 실험에서 움직이는 대전 입자에 작용하는 자기력의 성질을 설명한다.

자기장 안에서 움직이는 대전 입자에 작용하는 힘

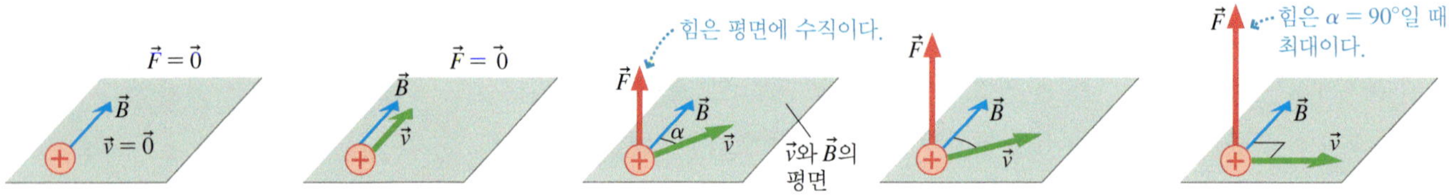

정지해 있는 대전 입자에는 자기력이 작용하지 않는다.

자기장과 평행하게 움직이는 대전 입자는 자기력을 받지 않는다.

속도와 자기장 사이의 각 α가 커질수록 자기력의 크기도 커진다. 힘은 각이 90°일 때 최대가 된다. 자기력은 $\vec{v}$와 $\vec{B}$를 포함하는 평면에 항상 수직이다.

실험에서 보였듯이 자기력은 전기력과 매우 다르다. 첫째, 대전 입자가 정지해 있거나 자기장에 평행이면 자기력이 생기지 않는다. 둘째, 자기력은 $\vec{v}$와 $\vec{B}$를 포함하는 평면에 수직이다. 한 평면에 수직인 방향은 두 가지가 가능하므로, **그림 24.25**에 보인 것처럼, **자기력에 대한 오른손 규칙**을 사용하여 올바른 방향을 결정한다.

그림 24.25 자기력에 대한 오른손 규칙

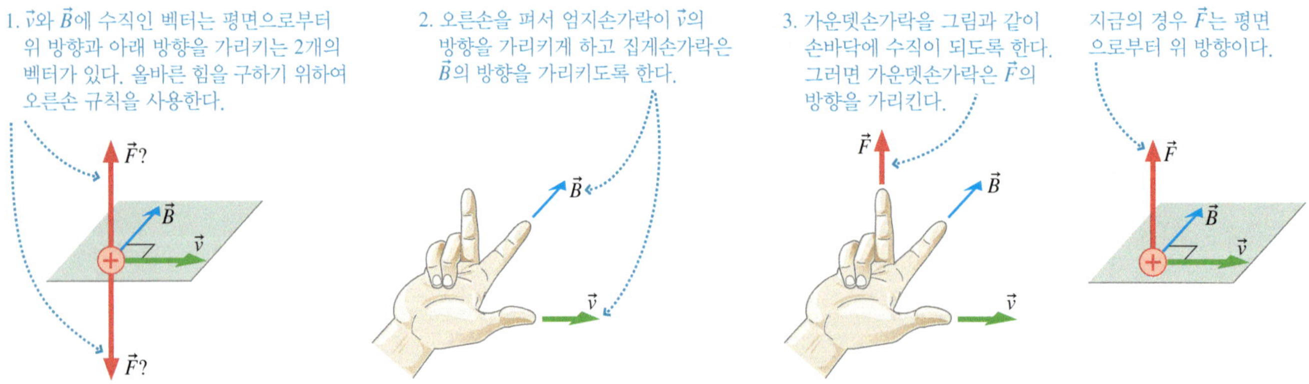

움직이는 대전 입자에 작용하는 자기력에 대한 모든 실험 정보를 단일 방정식으로 구성할 수 있다. 자기장 안에서 움직이는 대전 입자에 미치는 힘 $\vec{F}$의 크기와 방향은 다음과 같이 주어진다.

자기력의 방향

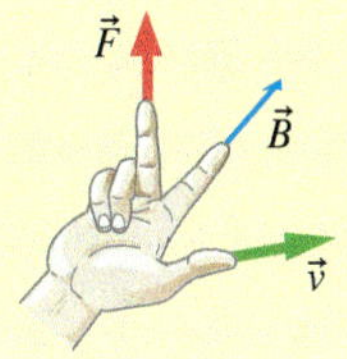

자기력의 크기

$$F = |q|\, vB \sin\alpha \tag{24.5}$$

전하의 크기(C): $|q|$, 자기장(T): B, 입자의 속도(m/s): v, $\vec{v}$와 $\vec{B}$ 사이의 각: α

속도와 자기장은 많은 실제적인 경우에 서로 수직이다. 이 경우에 α는 90°이고, 식 (24.5)를 자기력에 대한 오른손 규칙에 의해 주어진 방향을 결정하고, 아래와 같이 단순화할 수 있다.

$$F = |q|\, vB \tag{24.6}$$

다음 풀이 전략 24.2는 위의 정보를 사용하는 방법을 보여준다.

영상 학습 데모

풀이전략 24.2 움직이는 대전 입자에 작용하는 자기력 결정하기

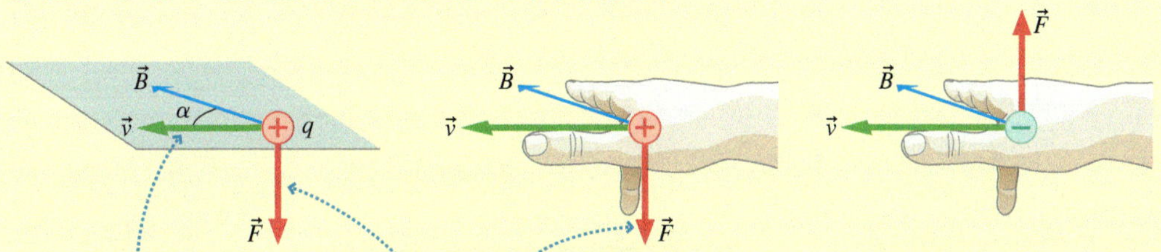

$$F = |q|\, vB \sin\alpha$$

$$F = |q|\, vB$$

❶ $\vec{v}$와 $\vec{B}$의 방향에 주목하고 $\vec{v}$와 $\vec{B}$ 사이의 각 α를 구한다.

❷ 자기력은 $\vec{v}$와 $\vec{B}$를 포함하는 평면에 수직이다. $\vec{F}$의 방향은 오른손 규칙에 의해 주어진다.

❸ 음(−)전하의 경우에는 오른손 규칙에 의해 예측된 방향과 반대방향이다.

❹ 자기력의 크기는 식 (24.5)와 (24.6)에 의해 주어진다.

개념형 예제 24.6 움직이는 전자에 작용하는 자기력 결정하기

전자가 그림 24.26에서와 같이 위 방향을 향하는 자기장 안에서 오른쪽으로 움직이고 있다. 자기력의 방향은 어느 쪽인가?

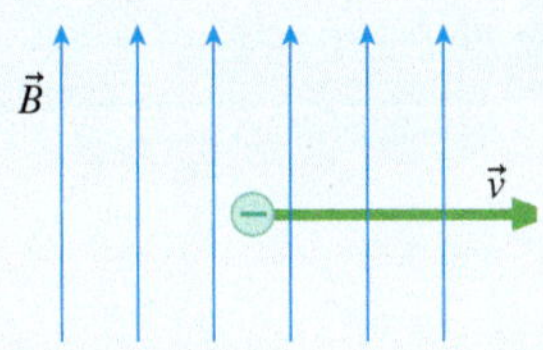

그림 24.26 자기장 안에서 움직이는 전자

판단 그림 24.27은 이 경우에 오른손 규칙을 적용하는 법을 보여준다.

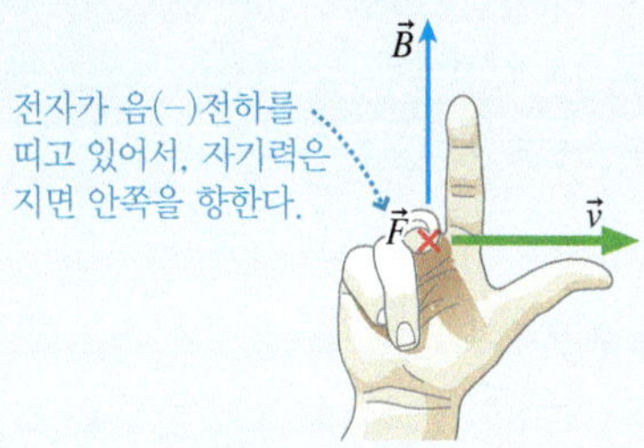

그림 24.27 오른손 규칙 사용

■ 오른손 엄지손가락이 전자 속도 방향을, 집게손가락이 자기장 방향을 가리키게 한다.

■ 가운뎃손가락은 구부려서 집게손가락과 수직을 이루도록 한다. 지면으로부터 나오는 방향을 가리키는 가운뎃손가락이 양(+)전하에 작용하는 힘의 방향이다. 그러나 전자는 음(−)전하를 가지므로, 전자에 작용하는 힘은 지면 안으로 들어가는 방향이다.

검토 자기력은 속도와 자기장에 수직이다. 전자에 작용하는 힘은 지면 안으로 들어가는 방향이고, 양성자에 작용하는 힘은 지면으로부터 나오는 방향이다.

개념형 예제 24.7 전류가 흐르는 도선 근방에서 움직이는 대전 입자에 작용하는 힘 결정하기

오른쪽으로 전류가 흐르는 수평 도선의 위쪽에서 양성자가 오른쪽으로 움직이고 있다. 양성자에 작용하는 힘의 방향은 어느 방향인가?

판단 도선에 흐르는 전류는 자기장을 만들고, 이 자기장은 움직이는 양성자에게 자기력을 미친다. 이 문제를 풀기 위하여 3단계를 거친다.

1. 그림 24.28(a)에서와 같이 상황을 그림으로 그린다.
2. 도선의 전류가 양성자가 있는 지점에 만드는 자기장의 방향을 결정한다[그림 24.28(b)].
3. 이 자기장이 양성자에게 미치는 힘의 방향을 결정한다[그림 24.28(c)]. 이 경우 자기력은 아래쪽이다.

검토 당연히 자기력은 $\vec{v}$와 $\vec{B}$에 수직이다. 이 예제는 2개의 평행한 전류가 흐르는 도선이 어떻게 서로 힘을 가하는지에 대한 통찰력을 제공한다. 이 주제는 다음 절에서 다룰 것이다. 오른쪽으로 움직이는 양성자는 본질적으로 도선의 전류와 같은 방향으로 흐르는 작은 전류이므로, 양성자는 도선 쪽으로 끌릴 것이다.

그림 24.28 힘의 방향 결정하기

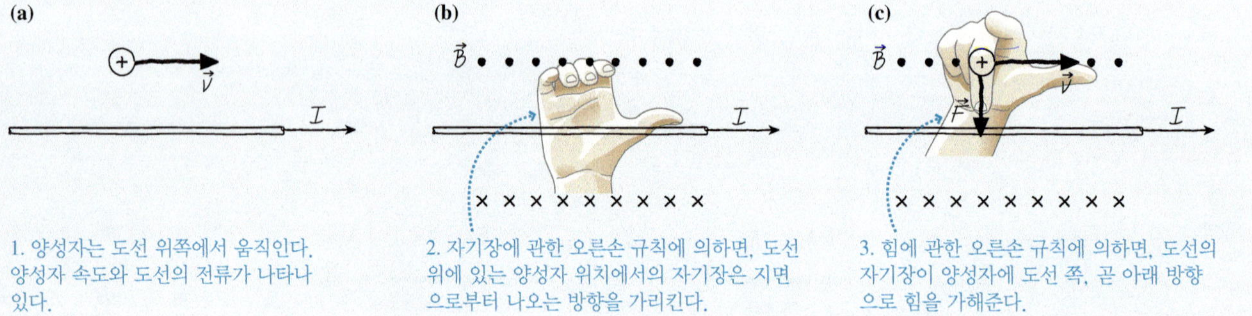

예제 24.8 지구 자기장 안에서 대전 입자에 작용하는 힘

태양은 지구를 향해 매우 빠른 속력으로 움직이는 대전 입자들을 방출하고 있다. 하나의 양성자가 지구 적도를 향해 500 km/s의 속력으로 움직이고 있다. 이 지점에서 지구 자기장은 5.0×10^{-5} T이고 방향은 지구 표면에 평행하다. 양성자에 작용하는 힘의 방향과 크기는 어떻게 되는가?

준비 첫째 단계는 그림을 그리는 것이다. 그림 24.7(a)에서 알 수 있는 바와 같이 지구 자기장의 자기력선은 지구의 남극에서 북극으로 간다. 그림 24.29는 북쪽으로 향하고 있는 자기장 안으로 들어오는 양성자를 보여준다.

양성자의 속도를 m/s 단위로 바꾸면 다음과 같다.

$$500\text{ km/s} = 5.0 \times 10^2\text{ km/s} \times \frac{1 \times 10^3\text{ m}}{1\text{ km}} = 5.0 \times 10^5\text{ m/s}$$

풀이 힘을 구하기 위하여 풀이 전략 24.2의 단계를 이용한다.

❶ $\vec{v}$와 $\vec{B}$는수직이다. 따라서 각 $\alpha = 90°$이다.

❷ 힘에 관한 오른손 규칙에 의하면 그림 24.29에서와 같이 힘의 방향은 지면 안으로 들어가는 방향이다. 곧 힘의 방향은 동쪽

그림 24.29 지구 자기장 안에 있는 양성자

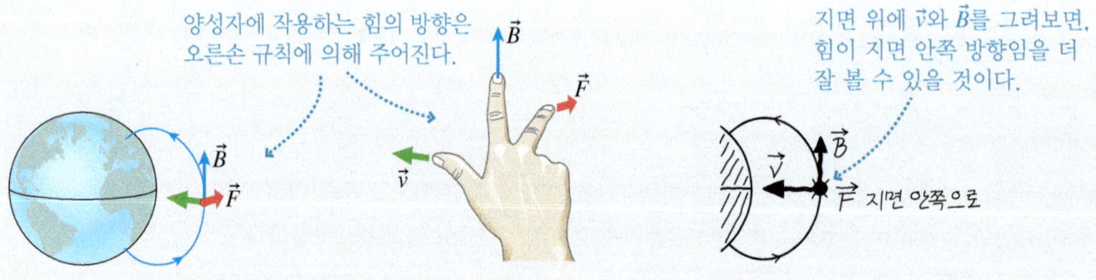

방향이다.

❸ 식 (24.6)을 사용하여 힘의 크기를 계산하면

$$F = |q|vB = (1.6 \times 10^{-19}\,\text{C})\,(5.0 \times 10^{5}\,\text{m/s})\,(5.0 \times 10^{-5}\,\text{T})$$
$$= 4.0 \times 10^{-18}\,\text{N}$$

이다.

검토 이것은 작은 힘이지만 양성자는 1.67×10^{-27} kg이라는 매우 작은 질량을 가진다. 결과적으로 이 힘은 매우 큰 가속도를 발생시키는데, 중력 가속도의 2억 배 크기이다.

예제 24.8은 태양에서 온 양성자가 지구 자기장 안으로 들어올 때 그 양성자에 작용하는 자기력을 살펴본 것이다. 이 힘은 양성자의 운동에 어떻게 영향을 주는가? 자기장 안에서 대전 입자가 어떻게 운동하느냐는 일반적인 문제를 고려하자.

자기장 안에서 대전 입자의 경로

움직이는 대전 입자에 작용하는 자기력은 항상 속도에 수직이라는 것을 알고 있다. 그림 24.30과 같이 양(+)의 대전 입자가 균일 자기장 $\vec{B}$에 수직으로 움직이는 경우를 생각해보자. ◀◀6.3절에서 힘이 항상 속도에 수직인 물체의 운동에 대하여 고려하였다. 그 결과는 등속 원운동이었다. 줄의 끝에 매달려 원 궤도를 운동하는 공의 경우, 장력은 항상 $\vec{v}$에 수직이다. 원 궤도를 움직이는 인공위성에 대하여 중력은 항상 $\vec{v}$에 수직이다. 자기장 안에서 움직이는 대전 입자의 경우, 자기력은 항상 $\vec{v}$에 수직이면서, 그림 24.30과 같이 입자가 원운동을 하게 한다. 따라서 **균일 자기장에서 수직으로 움직이는 입자는 균일한 등속 원운동을 하게 된다.**

그림 24.30 균일 자기장에 수직으로 운동하는 대전 입자

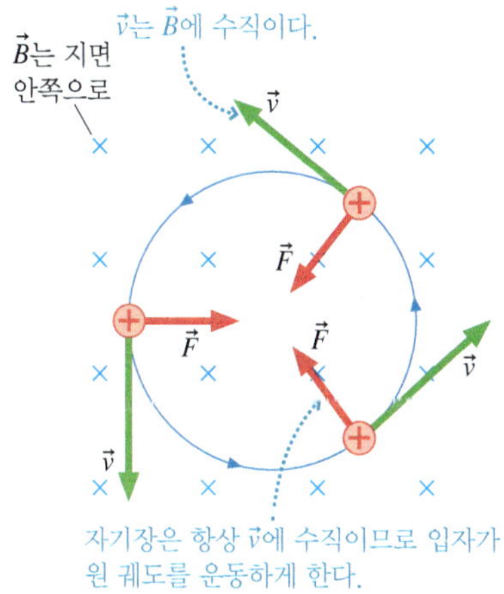

그림 24.31은 반지름이 r인 원에서 속력 v로 운동하는 질량 m인 입자를 보여준다. 6장에서, 이 운동은 원의 중심 쪽을 향하는 아래와 같은 크기의 힘이 필요하다는 것을 알았다.

$$F = \frac{mv^2}{r} \tag{24.7}$$

그림 24.31 원운동하는 입자

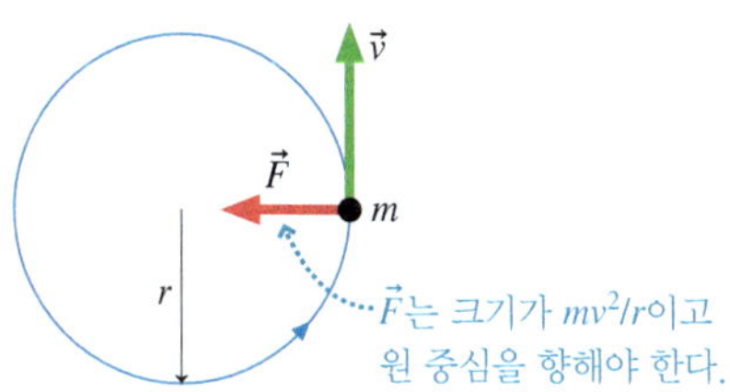

자기장에서 움직이는 대전 입자에 대하여 이 힘은 자기력에 의해 주어진다. 그림 24.30에서 속도는 자기장에 수직이고, 자기장 때문에 생기는 대전 입자에 작용하는 힘의 크기는 식 (24.6)에 의해서 주어진다고 가정하였다. 이것이 원운동을 발생시키는 힘이다. 따라서 그것을 식 (24.7)에 있는 힘과 같게 놓을 수 있다.

$$F = |q|vB = \frac{mv^2}{r}$$

궤도의 반지름 r에 대하여 풀면, 자기장에서 움직이는 대전 입자에 대한 원형 궤도의 반지름은 다음 식에 의해 주어진다.

$$r = \frac{mv}{|q|B} \tag{24.8}$$

(입자 질량 (kg), 입자 속도 (m/s), 입자 전하 (C), 자기장의 세기 (T))

자기장에 수직으로 움직이는 입자는 원 궤도를 움직인다. 이 절의 시작 부분에 있는

그림 24.32 자기장 안에서 대전 입자는 나선형 궤도를 따라 움직인다.

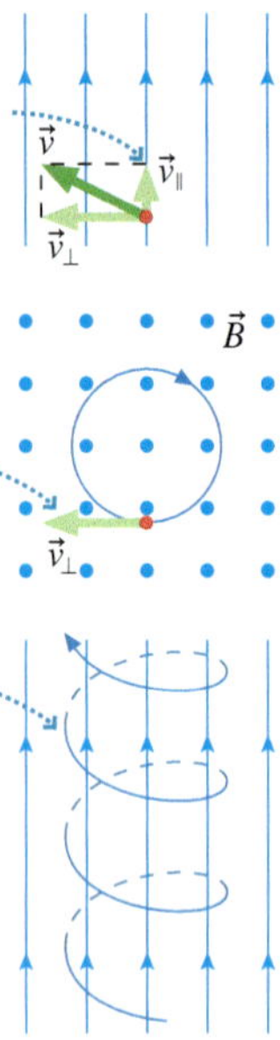

표에서 자기장에 평행하게 움직이는 입자는 아무런 자기력을 받지 않으므로 직선 운동을 계속한다는 것을 알았다. 좀 더 일반적인 상황은 그림 24.32에 보인 것과 같이 대전 입자의 속도가 자기장에 평행하지도 않고 수직하지도 않은 경우이다. 최종 결과는 속도의 수직 성분이 자기장에 평행한 일정한 속도와 결합되어 나타나는 원운동이다. 대전 입자는 나선형 궤적을 따라 자기력선 주위를 선회한다.

태양으로부터 고에너지 입자가 태양풍으로 흘러나온다. 태양풍의 대전 입자의 일부는 지구 자기장에 갇히게 된다. 그림 24.33에서 보는 것처럼 입자들은 지구 자기력선을 따라 나선형 궤적을 그리며 선회한다. 이들 입자의 일부분은 북극이나 남극 근처에서 대기권 안으로 들어와서 기체를 이온화시키고 **오로라**(aurora)의 유령 같은 빛을 생성한다.

그림 24.33 지구 자기장 안에 있는 대전 입자들은 오로라를 만든다.

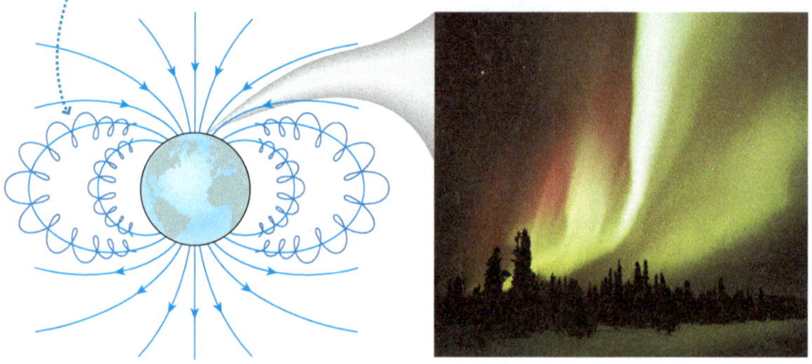

예제 24.9 지구 자기장 안에서 대전 입자에 작용하는 힘(다시 다룸)

예제 24.8에서는 태양풍 속에 들어 있는 양성자가 지구 자기장이 5.0×10^{-5} T인 적도를 향해 500 km/s(5.0×10^5 m/s) 속력으로 움직이는 경우를 고려하였다. 양성자가 지구 자기력선 주위의 원 궤도를 움직인다는 것은 알고 있다. 궤도의 반지름과 주기는 얼마인가?

준비 그림 24.34와 같이 양성자의 궤도에 주목하여 상황에 대한 그림을 그린다.

그림 24.34 양성자는 지구 자기력선 주위를 돈다.

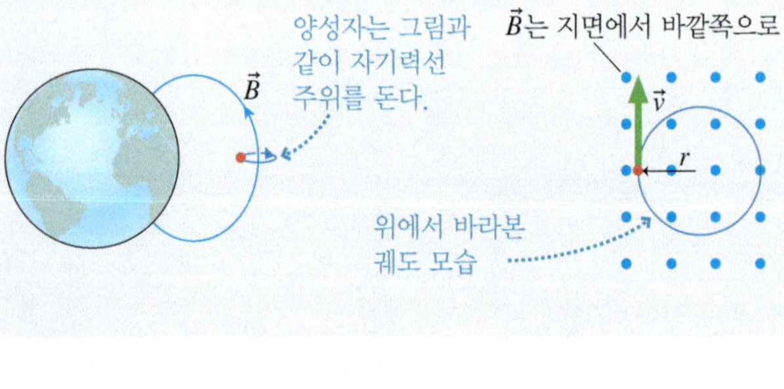

풀이 숫자를 사용하기 전에 기호를 사용하여 작업을 수행한다. 양성자의 궤도 반지름 r은 식 (24.8)에 의해 주어진다. 주기 T는 궤도 길이(원둘레 $2\pi r$)를 속력으로 나눈 것이다.

$$T = \frac{2\pi r}{v}$$

식 (24.8)의 자기장 안에서 움직이는 대전 입자의 궤도 반지름을 대입하면

$$T = \frac{2\pi}{v} r = \frac{2\pi}{v}\left(\frac{mv}{qB}\right) = \frac{2\pi m}{qB}$$

을 얻는다.

속력은 상쇄되어 최종 결과에는 나타나지 않는다. 모든 양성자들은 지구 자기장 궤도 안에서 속력에 무관하게 같은 주기를 갖는다. 더 큰 속력의 양성자는 더 큰 원을 의미하고, 결국에는 같은 시간에 원 궤도를 한 바퀴 돈다. 질량, 전하, 그리고 자기장 값을 사용하여 궤도의 반지름과 주기를 계산하면

$$r = \frac{(1.67 \times 10^{-27}\ \text{kg})\ (5.0 \times 10^5\ \text{m/s})}{(1.60 \times 10^{-19}\ \text{C})\ (5.0 \times 10^{-5}\ \text{T})} = 100\ \text{m}$$

$$T = \frac{2\pi (1.67 \times 10^{-27}\ \text{kg})}{(1.60 \times 10^{-19}\ \text{C})\ (5.0 \times 10^{-5}\ \text{T})} = 0.0013\ \text{s}$$

이다.

검토 수식 계산을 빠르게 검산해볼 수 있다. 궤도의 반지름과 주기를 구했으므로, 속력을 구할 수 있다.

$$v = \frac{2\pi r}{T} = \frac{2\pi (100\ \text{m})}{0.0013\ \text{s}} = 5 \times 10^5\ \text{m/s}$$

이 값은 문제에서 주어졌던 속력이므로, 계산 결과가 타당함을 확인시켜준다.

사이클로트론

PET(positron-emission tomography)의 의료 영상 기술은 신체 내부 생물학적 활동을 이미지화하는 데 사용된다. PET는 불소 동위원소 ^{18}F를 필요로 하는데, 반감기가 110분으로 짧기 때문에 반드시 이 동위원소를 필요로 하는 의료 시설이나 근처에서 만들어야 한다. 이것은 **사이클로트론**(cyclotron)을 사용하여 물속의 ^{18}O 원자에 큰 에너지의 양성자를 발사하여 중성자를 양성자로 대체하면 ^{18}F이 생성된다. 그림 24.35(a)에 있는 사이클로트론은 크고 균일한 자기장 내의 진공실로 구성된다. 진공실 내부에는, '디(dees)'라고 하는, 조그만 틈새로 분리된 2개의 텅 빈 도체가 있다. 양성자는 사이클로트론의 중심 부근에서 자기장 속으로 주사되고, 자기장 안에서 원형 궤도를 따라 움직이기 시작한다.

양성자를 가속시키는 핵심은 디(dees) 사이에 걸린 진동 전위에 있다. 이 진동 전위는 디(dees) 사이의 틈새를 통과하는 양성자를 가속시키는 강력한 전기장을 생성한다. 곧, 이 양성자는 자기장 속에서 원형 경로를 따라 이동하면서 반대편 틈새에 도달하게 된다. 이때 진동 전위의 부호가 바뀌므로 전기장이 양성자를 다시 가속시켜 속도와 운동 에너지를 증가시킨다. 이 과정은 양성자가 틈새를 횡단할 때마다 반복되므로 양성자의 에너지가 지속적으로 증가한다.

식 (24.8)에 따르면, 대전 입자의 궤도 반지름은 속력에 비례하므로 양성자의 속력이 커짐에 따라 궤도의 반지름이 증가한다. 양성자가 속력과 에너지가 가장 높은 자석의 바깥 가장자리에 도달하면, 연속적인 고에너지 빔이 만들어져 표적 ^{18}O을 향해서 사이클로트론을 빠져 나간다.

그림 24.35 사이클로트론

(a) 사이클로트론의 내부 모습

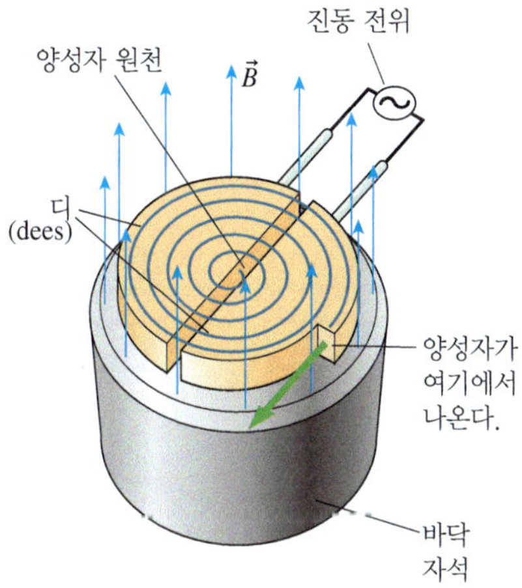

(b) 의료용 동위원소 생산용 사이클로트론

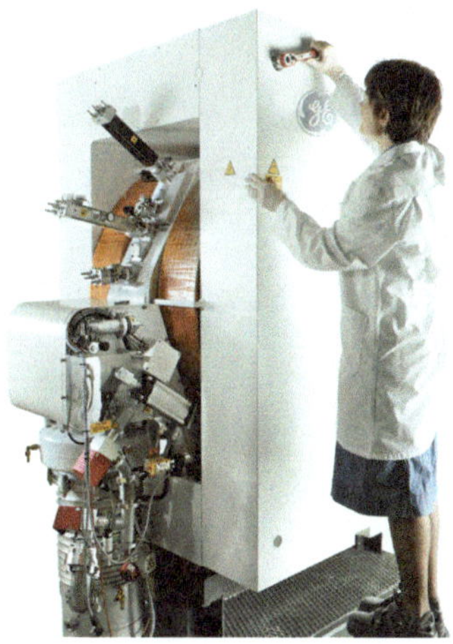

개념형 예제 24.10 의료용 사이클로트론 BIO

효율적으로 ^{18}O 핵을 ^{18}F 핵으로 변화시키기 위해서는 11 MeV의 운동 에너지를 갖는 양성자가 필요하다. 사이클로트론 내부의 자기장이 1.2 T라면, 사이클로트론을 빠져 나오기 직전에 양성자의 궤도 반지름은 얼마인가?

준비 식 (24.8)은 대전 입자의 궤도 반지름과 속력을 관련시킨다. 운동 에너지로부터 양성자 속력을 구할 수 있는데, 그렇게 하려면 먼저 양성자의 에너지 단위를 MeV에서 J로 변환하는 것이 필요하다.

풀이 줄(J) 단위에서 11 MeV 양성자의 운동 에너지는

$$K = (11 \times 10^6 \text{ eV}) \times \frac{1.60 \times 10^{-19} \text{ J}}{1 \text{ eV}} = 1.76 \times 10^{-12} \text{ J}$$

이다. 입자의 운동 에너지는 $K = (1/2)mv^2$이므로, 양성자의 속력은 다음과 같다.

$$v = \sqrt{\frac{2K}{m}} = \sqrt{\frac{2(1.76 \times 10^{-12} \text{ J})}{1.67 \times 10^{-27} \text{ kg}}} = 4.59 \times 10^7 \text{ m/s}$$

이 속력에 해당하는 궤도의 반지름을 식 (24.8)에서 구할 수 있다.

$$r = \frac{mv}{|q|B} = \frac{(1.67 \times 10^{-27} \text{ kg})(4.59 \times 10^7 \text{ m/s})}{(1.60 \times 10^{-19} \text{ C})(1.2 \text{ T})} = 0.40 \text{ m}$$

검토 그림 24.35(b)의 사이클로트론 옆에 있는 여성은 키가 2 m 정도이므로, 양성자가 사이클로트론을 빠져 나올 때의 양성자 궤도의 지름이 0.80m인 것은 타당해 보인다.

전자기 유량계

수업 영상

혈액에는 Na^+, Cl^-와 같은 많은 종류의 이온이 들어 있다. 혈액이 혈관을 통해 흐를 때, 이온들은 혈액과 함께 흐른다. 인가된 자기장은 이러한 움직이는 전하에 힘을 가한다. 이 원리를 사용하여 동맥의 혈류를 측정하기 위한 완전히 비침습적 장치, 즉 전자기 유량계(electromagnetic flowmeter)를 만들 수 있다.

동맥에 고정된 유량계 탐침에는 2개의 활성 요소가 있다. 그림 24.36에서 볼 수 있듯이 반대쪽의 동맥과 접촉시키는 전극들과 동맥을 가로질러 강한 자기장을 가해주는 자석들이다. 동맥에 흐르는 혈액은 양이온과 음이온의 혼합물을 운반한다. 이러한 이온들이 움직이고 있기 때문에, 자기장은 혼합물에 힘을 작용하여 측정 가능한 전압을 생성한다. 식 (24.5)로부터 혈액 속의 이온이 빨리 움직이면 움직일수록, 양이온과 음이온을 분리시키는 힘이 더 커진다는 것을 알 수 있다. 힘이 커지면 분리 정도가 커지며, 결국 전압이 커진다. 따라서 측정된 전압은 결국 혈액의 속도에 비례한다.

흐름과 함께 가기 많은 과학자나 자원 관리자들은 유체 흐름의 정확한 측정에 기대를 걸고 있다. 강이나 시냇물의 속력을 신속하게 측정하는 가장 쉬운 방법은 혈관 흐름을 측정할 때 사용한 전자기 유량계를 사용하는 것이다. 강한 자석의 극 사이에서 물이 흐른다. 두 전극은 최종 전위차를 측정하게 되는데, 이는 유속에 비례한다.

그림 24.36 전자기 유량계의 작동

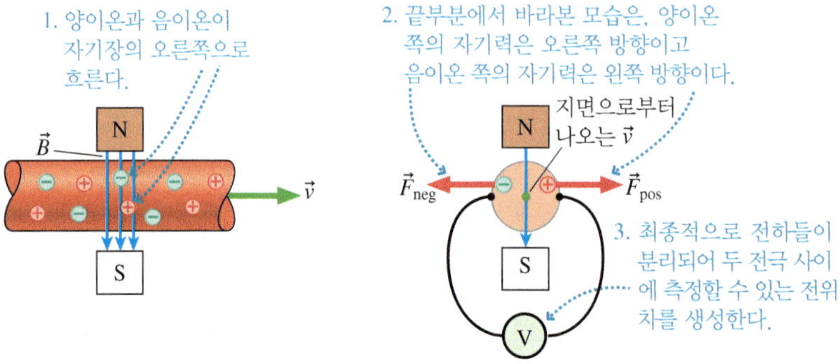

24.6 자기장은 전류에 힘을 미친다

자기장이 움직이는 전하에 힘을 미친다는 것을 이미 알았다. 도선의 전류는 도선을 통해 이동하는 전하로 구성되므로, 자기장은 전류가 흐르는 도선에도 힘을 작용할 것으로 예상한다. 이 힘이 스피커, 전기모터, 그리고 다른 많은 장치들을 작동시키는 요소이다.

전류에 작용하는 자기력의 형태

24.5절의 첫 부분에 있는 표에서, 자기장과 평행하게 움직이는 대전 입자에는 자기장이 힘을 작용하지 않는다는 것을 알았다. 만약 전류가 흐르는 도선이 자기장과 **평행**하다면 그에 작용하는 힘도 0이라는 것을 안다.

그러나 **그림 24.37**에 보인 것처럼, 자기장에 **수직**인 전류가 흐르는 도선에는 작용하는 힘이 존재한다.

전류에 작용하는 힘의 방향은 전류 안에 있는 각 전하에 작용하는 힘을 고려하면 알 수 있다. 전류는 양전하들의 흐름이라고 생각하자. 따라서 **힘에 관한 오른손 규칙을 움직이는 전하에 대한 것과 같은 방식으로 전류에 적용할 수 있다.** 엄지손가락으로 전류 방향(양전하의 운동 방향)을 가리키고, 집게손가락은 $\vec{B}$의 방향을 가리킨다. 그러면 **그림 24.37(c)**에서처럼, 가운뎃손가락은 도선에 작용하는 힘 $\vec{F}$의 방향을 가리키게 된다. 결과적으로 **그림 24.37(b)**에 보인 것처럼 자기장 안에 있는 도선은 전체 길이에 걸쳐서 전류 방향과 자기장 방향에 수직인 힘을 느낀다.

도선의 길이 L, 전류 I와 자기장 B가 증가하면, 도선에 작용하는 힘의 크기도 역시 증가한다. 전류가 흐르는 도선에 작용하는 자기력이 아래와 같다는 것을 보일 수 있다.

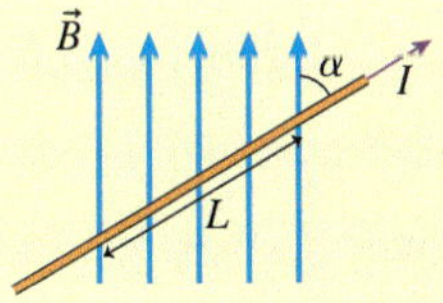

$$F_{\text{wire}} = ILB\sin\alpha \qquad (24.9)$$

그림 24.37 전류가 흐르는 도선에 작용하는 힘

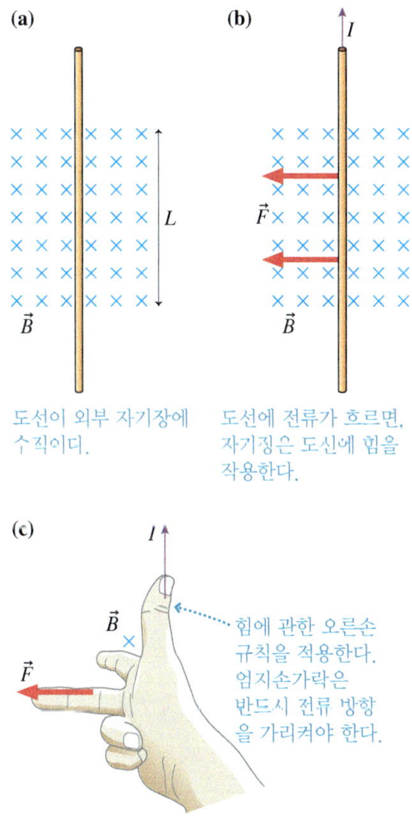

많은 실제적인 경우에, 도선은 자기장에 수직이므로 $\alpha = 90°$가 된다. 이 경우,

$$F_{\text{wire}} = ILB \qquad (24.10)$$

이다. 만약 식 (24.10)을 $B = F_{\text{wire}}/IL$로 다시 쓰면, 자기장의 단위인 테슬라를 다른 단위로 정의할 수 있다.

$$1\ \text{T} = 1\ \frac{\text{N}}{\text{A}\cdot\text{m}}$$

영상 학습 데모

예제 24.11 전력선에 작용하는 자기력

DC 전력선이 적도 근처에서 동서로 뻗어 있다. 이 지점에서 지구 자기장은 지면에 평행하고, 북쪽을 향하고 있으며, 크기는 50 μT이다. 두 탑 사이에 뻗어 있는 무거운 케이블의 길이가 400 m이고 질량은 1000 kg이다. 중력에 대항하여 도선이 '떠 있으려면' 얼마의 전류가 어느 방향으로 흘러야 하는가?(전력선은 실제로 이보다 더 적은 전류가 흐르는데, 850 A가 일반적인 값이다.)

준비 먼저 그림 24.38과 같이, 상황을 위에서 본 모습을 그린다. 도선에 작용하는 자기력은 중력과 반대방향이어야 한다. 힘에 관한 오른손 규칙을 적용하면, 동쪽으로 흐르는 전류는 지면에서 나오는 위 방향의 힘을 생성한다는 것을 알 수 있다.

그림 24.38 적도 근처에 있는 전력선을 위에서 본 모습

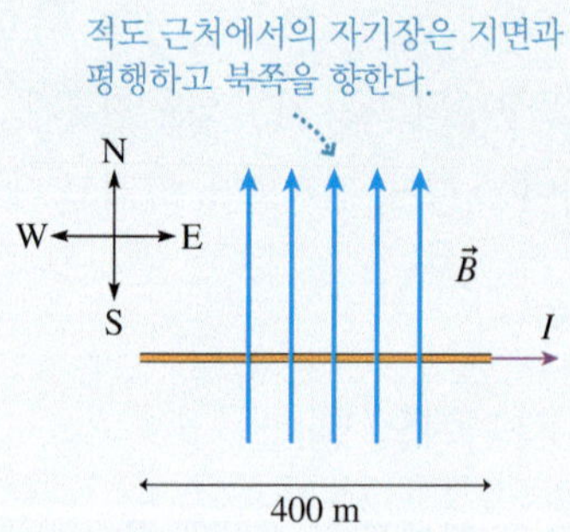

풀이 자기장이 전류에 수직이므로, 자기장의 크기는 식 (24.10)에 의해서 주어진다. 도선이 떠 있게 하기 위하여 이 힘은 중력과 반대방향이어야 하고 크기는 같아야 한다. 따라서

$$mg = ILB$$

로 쓸 수 있다. 여기서 m과 L은 도선의 질량과 길이이고, B는 지구 자기장의 크기이다. 전류에 대해서 풀면,

$$I = \frac{mg}{LB} = \frac{(1000\ \text{kg})\,(9.8\ \text{m/s}^2)}{(400\ \text{m})\,(50 \times 10^{-6}\ \text{T})} = 4.9 \times 10^5\ \text{A}$$

이고, 동쪽을 향한다.

검토 전류는 예상대로 일반적인 전류보다 훨씬 크다.

전류 사이의 힘

그림 24.39 한 전류가 다른 전류에 힘을 가하는 방법

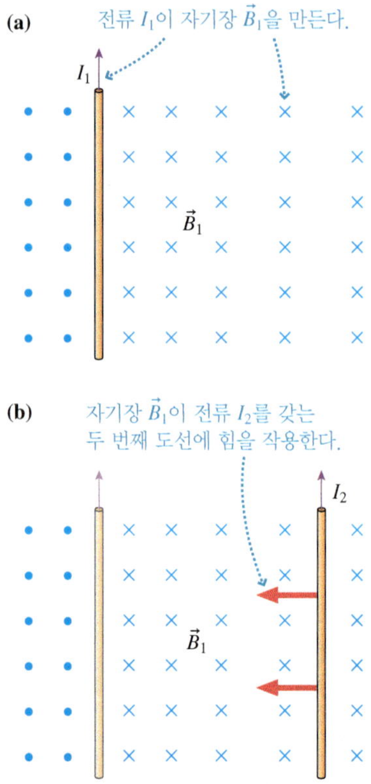

전류는 자기장을 만들고 자기장은 전류에 힘을 미치므로, 2개의 전류가 흐르는 도선은 서로에게 힘을 작용할 것이다. 어떻게 하는지 알기 위하여, 그림 24.39(a)는 전류 I_1이 흐르는 도선을 보여준다. 자기장의 오른손 규칙으로부터, 이 전류가 도선의 왼쪽 지면에서 나와 오른쪽 지면으로 들어가는 자기장 $\vec{B}_1$을 생성한다는 것을 알고 있다. 그림 24.39(b)에서와 같이 전류 I_2를 갖는 두 번째 도선이 첫 번째 도선 옆에 배치되면, 두 번째 도선의 전류가 $\vec{B}_1$으로 인해 자기력을 느낄 것이다. 자기력에 대한 오른손 규칙을 사용하면 I_2가 I_1과 같은 방향에 있을 때 두 번째 도선의 힘이 왼쪽으로 향하는 것을 볼 수 있다. 즉, 두 번째 도선은 첫 번째 도선 쪽으로 끌린다.

이 과정을 반복하여 두 번째 도선의 전류 I_2의 자기장으로 인해 첫 번째 도선에 작용하는 힘을 구한다. 이 힘이 오른쪽을 향하고, 따라서 첫 번째 도선이 두 번째 도선을 끌어당긴다는 것을 보여줄 수 있어야 한다. 두 도선에 작용하는 힘들은 뉴턴의 제3법칙인 작용 · 반작용 쌍을 이룬다. 이때 두 힘은 방향이 반대일 뿐만 아니라 크기는 반드시 같아야 한다.

전류가 같은 방향일 때 두 도선 사이의 끌어당기는 힘을 그림 24.40(a)에서 볼 수 있다. 전류가 반대방향일 때 두 도선 사이의 힘이 미는 힘임을 그림 24.40(b)에서 확인할 수 있다.

다음 예제는 전류가 흐르는 두 도선 사이의 자기력의 크기를 계산하는 방법을 보여준다.

그림 24.40 전류 사이의 힘

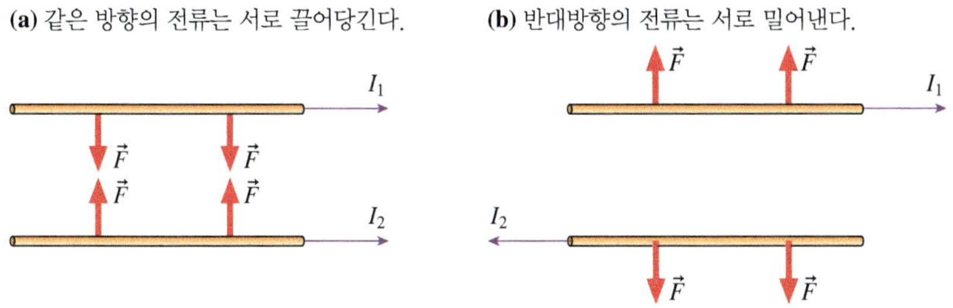

예제 24.12 점퍼 케이블 도선 사이의 힘 구하기

배터리가 다 소모된 자동차의 시동을 걸기 위하여 점퍼 케이블을 사용해본 적이 있을 것이다. 점퍼 케이블은 붉은색과 검은색 도선으로 이루어져 있다. 길이가 3.7 m이고 서로 1.2 cm만큼 떨어진 2개의 도선으로 이루어진 점퍼 케이블을 고려하자. 차의 시동을 거는 동안, 도선에는 150 A의 전류가 서로 반대방향으로 흐른다. 두 도선 사이에 작용하는 힘은 얼마인가?

준비 첫 단계는 **그림 24.41**에 보인 대로, 거리와 전류를 고려하여 상황에 대한 그림을 그리는 것이다. 붉은색 도선에 미치는 힘을 알아보자. 위의 설명대로 검은색 도선 위에 힘은, 크기는 붉은색 도선에 미치는 힘의 크기와 같으나 방향은 반대이다. 붉은색 도선에 미치는 힘을 두 단계로 나눠 살펴보자. 첫째, 자기장이 검은색 도선에 의해 만들어지는데, 이는 붉은색 도선의 위치에 있는 검은색 도선의 전류 때문이다. 둘째, 붉은색 도선에 흐르는 전류에 만들어진 힘은 위에서 말한 자기장에 의한 것이다.

그림 24.41 반대방향의 전류가 흐르는 점퍼 케이블

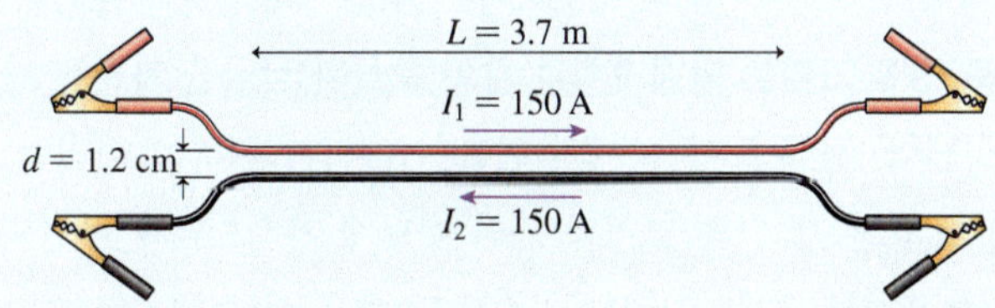

풀이 검은색 도선의 전류에 의해 생긴 붉은색 도선의 위치에서 자기장의 크기는

$$B = \frac{\mu_0 I}{2\pi d} = \frac{(1.26 \times 10^{-6}\ \mathrm{T \cdot m/A})(150\ \mathrm{A})}{2\pi(0.012\ \mathrm{m})} = 2.51 \times 10^{-3}\ \mathrm{T}$$

이다. 자기장에 관한 오른손 규칙에 따라, 이 자기장은 지면 안으로 들어간다. 붉은색 도선에 생기는 힘의 크기는

$$F_{\mathrm{wire}} = ILB = (150\ \mathrm{A})(3.7\ \mathrm{m})(2.51 \times 10^{-3}\ \mathrm{T}) = 1.4\ \mathrm{N}$$

이다.

힘에 관한 오른손 규칙으로 힘의 방향을 정한다. 붉은색 도선에 만들어진 자기장은 지면의 안쪽을 향하고 반면에 전류는 오른쪽을 향한다. 붉은색 도선 위의 힘은 지면의 안쪽이고 검은색 도선으로부터 **멀어지는** 방향이다. 이와 같이, 두 전류가 반대방향으로 흐를 때, 예상한 대로 두 도선 사이의 힘은 미는 힘이 된다.

검토 이 도선은 길고 서로 가까이 놓여 있으며, 매우 큰 전류가 흐른다. 그러나 도선 사이의 힘은 도선의 무게에 비하여 매우 작다. 실제적으로, 전류 사이의 힘은 도선 코일이 많지 않으면 큰 힘이 생기지 않아 그다지 중요한 고려 사항이 아니다. MRI가 바로 이 경우에 해당된다.

문제 풀이 전략 24.1 자기력 문제

자기장은 움직이는 전하와 전류가 흐르는 도선 모두에 힘을 작용하지만, 그 외에도 두 경우에 같은 전략을 사용하여 힘을 구할 수 있다.

준비 자기력 문제에서는 확인하여야 할 2개의 중요한 인자가 있다.

- 자기장의 원천
- 이 자기장 때문에 힘을 느끼는 전하나 전류

풀이 첫째, 전하나 전류가 존재하는 지점에서의 자기장의 방향과 크기를 결정한다.

전류에 의한 찌그러짐 전류 사이의 힘은 일반적으로 매우 작지만, 번개가 칠 때의 엄청난 전류는 상당히 큰 힘을 만들어낼 수 있다. 속이 텅 빈 막대가 번개를 맞으면 이 막대에는 수만 암페어의 전류가 흐르게 된다. 막대의 모든 부분에 흐르는 전류는 평행을 이루며, 전류의 크기는 막대를 실제로 찌그러뜨리기에 충분히 큰 끌어당기는 힘을 제공한다.

- 어떤 문제에서는 자기장이 주어진다.
- 자기장이 전류 때문에 생기는 경우라면, 자기장에 관한 오른손 규칙을 사용하여 자기장의 방향을 결정하고 적당한 식을 사용하여 그 크기를 결정한다.

둘째, 이 자기장이 만드는 힘을 결정한다. 앞에서 고려한 전하와 전류를 이용하여 작업한다.

- 움직이는 전하나 전류에 작용하는 힘의 방향을 결정하기 위하여 힘에 관한 오른손 규칙을 사용한다.
- 움직이는 전하나 전류에 작용하는 힘의 크기를 결정하기 위하여 적절한 식을 사용한다.

검토 구한 힘이 움직이는 전하의 속도와 전류에 수직인가? 자기장에 수직인가? 힘의 크기는 합당한가?

전류 고리 사이의 힘

이제 두 전류 고리 사이의 힘을 고려하자. 이것은 본 장의 첫 부분에서 학습하였던 자기의 기본적인 현상을 연결시키는 출발점이 된다.

같은 방향으로 전류가 흐르는 두 평행 도선 사이에 끌어당기는 힘이 작용한다는 것을 알았다. **그림 24.42**와 같이 두 도선을 구부려서 고리로 만들면, 두 고리 사이의 힘은 역시 끌어당기는 힘일 것이다. 만약 전류가 반대방향으로 흐르면 힘은 미는 힘일 것이다.

본 장의 첫 부분에서 다양한 영구자석과 전류 분포로부터 생기는 자기장을 조사하였다. **그림 24.43(a)**는 막대자석이 북극과 남극을 가지는 자기 쌍극자라는 것을 주지시키고 있다. 자기력선은 북극에서 나와 남극으로 들어간다. **그림 24.43(b)**는 전류 고리의 자기장이 막대자석의 자기장과 아주 비슷하다는 것을 보여준다. 이것은 그림 24.43(b)에 묘사한 대로 **전류 고리는 막대자석과 같이 북극과 남극을 가지는 자기 쌍극자**라는 결론을 이끌어낸다. 전류 고리 사이의 힘을 이해하기 위하여 이러한 결론을 사용할 것이다. **그림 24.44**는 각 전류 고리의 극이 어떻게 자석으로써 표현되는지를 보여준다. 이러한 모형은 전류 고리 사이에 작용하는 힘을 이해하는 데 도움을 준다. 다음 절에서는 전류 고리에 작용하는 돌림힘을 이해하는 데 이러한 모형을 사용할 것이다.

그림 24.42 평행한 전류 고리 사이의 힘

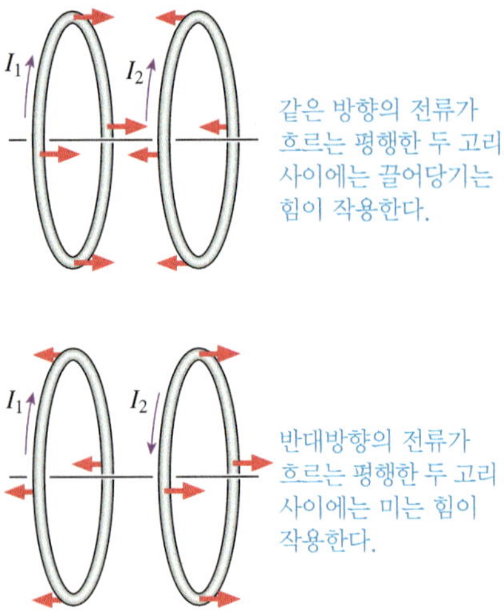

그림 24.43 고리는 작은 막대자석이라고 생각할 수 있다.

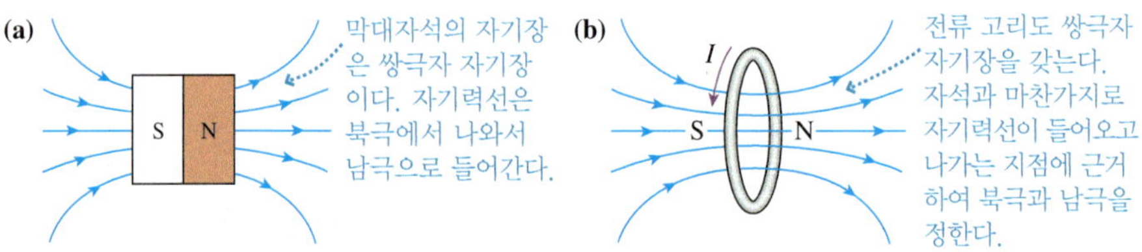

그림 24.44 전류 고리 사이의 힘은 자극을 이용하여 이해할 수 있다.

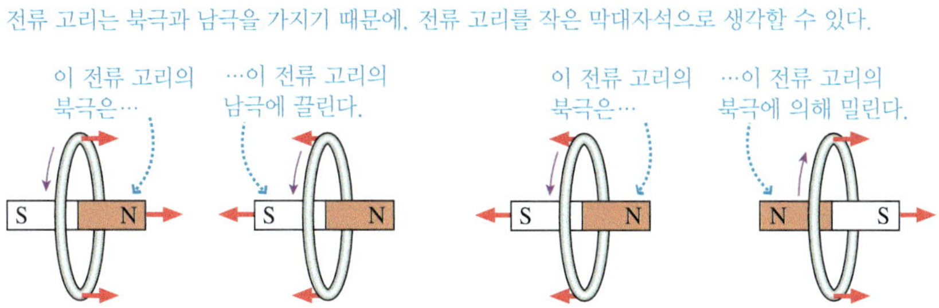

24.7 자기장은 자기 쌍극자에 돌림힘을 미친다

본 장의 시작 부분에서 처음으로 관찰한 것은 나침반 바늘이 작은 자석이라는 것이었다. 그것이 외부 자기장 방향으로 회전하여 정렬한다는 사실은 바늘이 돌림힘을 느낀다는 것을 의미한다. 본 절에서는 자기 쌍극자에 작용하는 돌림힘을 이해하기 위하여, 자기력에 관해 배운 것을 이용할 것이다. 여기서는 오직 전류 고리의 예만 고려할 것이다(상기해보면, 이것도 하나의 자기 쌍극자이다). 그러나 그 결과는 나침반 바늘과 같은 영구자석과 자기 쌍극자에 똑같이 적용될 수 있다.

그림 24.45 균일 자기장 안에 있는 전류 고리는 돌림힘을 느낀다.

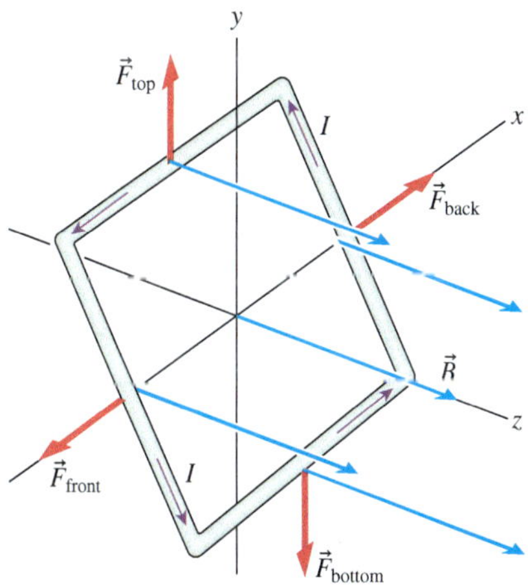

균일 자기장 안에 있는 전류 고리

그림 24.45는 균일 자기장 $\vec{B}$ 안에 있는 일종의 자기 쌍극자인 전류 고리를 보여준다. 고리의 네 변에 흐르는 전류는 외부 자기장 $\vec{B}$로 인한 자기력을 느낀다. 자기장이 균일하므로, 고리의 반대편 변에 미치는 힘도 같은 크기를 갖는다. 각 힘의 방향은 힘에 관한 오른손 규칙에 의해서 결정된다. 힘 $\vec{F}_{front}$과 $\vec{F}_{back}$는 알짜힘과 돌림힘을 만들지 않는다. 힘 $\vec{F}_{top}$와 $\vec{F}_{bottom}$도 역시 알짜힘을 만들지 않는다. 그러나 $\vec{F}_{top}$와 $\vec{F}_{bottom}$는 돌림힘을 가하여 고리를 회전시킬 것이다.

비록 전류 고리만 고려하였지만, 결과는 어떠한 자기 쌍극자에 대해서도 성립한다. **균일 자기장 안에서 자기 쌍극자는 돌림힘을 느끼지만, 알짜힘은 느끼지 못한다.** 예를 들면, 나침반 바늘은 지구의 극에 끌리지 않고, 지구 자기장 안에서 오직 돌림힘만 느낄 뿐이다.

그림 24.46 균일 자기장 속에 있는 전류 고리에 작용하는 돌림힘 계산하기

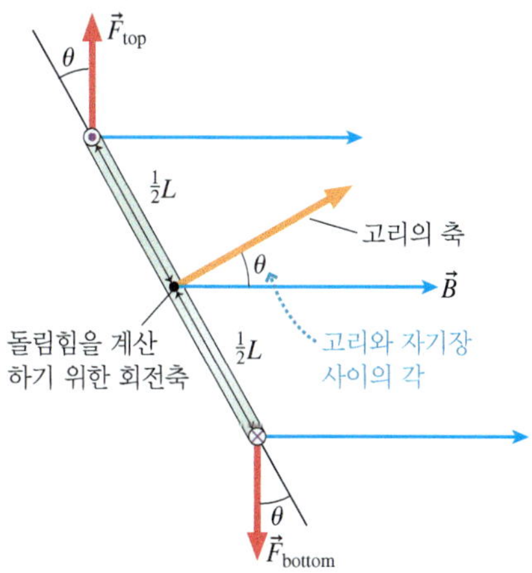

그림 24.45에 있는 전류 고리의 측면 모습을 살펴봄으로써 돌림힘을 계산할 수 있다. 그림 24.46에서, 힘 $\vec{F}_{top}$와 $\vec{F}_{bottom}$는 고리를 시계 방향으로 회전시키는 것을 볼 수 있다. 고리의 축과 자기장 사이의 각 θ는 중요하다. 이 각을 정의하기 위하여 고리 중심으로부터 벡터를 그린다.

◀◀7.2절에서 힘 F로 인한 돌림힘을 $rF\sin\theta$로 계산하였다. 이때 r은 회전축으로부터 힘이 작용하는 점까지의 거리이고, θ는 힘 벡터와 회전축과 작용점을 잇는 선이 이루는 각이다. 그림 24.46에서 알짜 돌림힘은

$$\begin{aligned}\tau = \tau_{\text{top}} + \tau_{\text{bottom}} &= (\tfrac{1}{2}L)F_{\text{top}}\sin\theta + (\tfrac{1}{2}L)F_{\text{bottom}}\sin\theta \\ &= (\tfrac{1}{2}L)(ILB)\sin\theta + (\tfrac{1}{2}L)(ILB)\sin\theta \\ &= (IL^2)B\sin\theta\end{aligned}$$

이다. L^2은 사각 고리의 면적 A이다. 이것을 이용하여, 면적이 A인 임의의 고리에 대한 결과로 일반화할 수 있다.

$$\tau = (IA)B\sin\theta \tag{24.11}$$

이러한 돌림힘에 대하여 두 가지 주목할 만한 점이 있다.

그림 24.47 쌍극자 모멘트 벡터

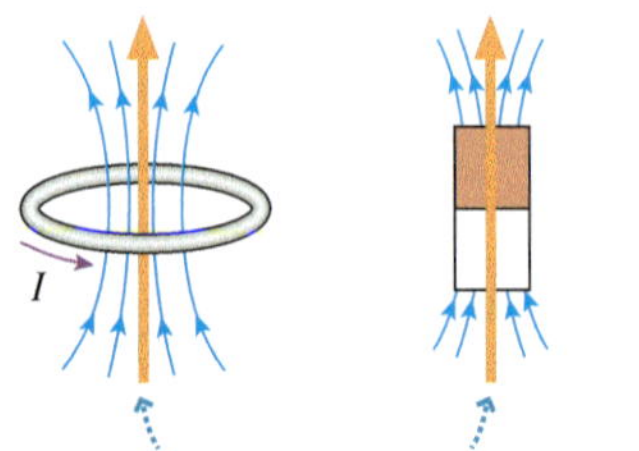

자기 쌍극자 모멘트는 쌍극자 자기장의 방향을 가리키는 벡터로 표현된다. 길이가 더 긴 벡터는 더 강한 자기장을 의미한다.

1. **돌림힘은 전류 고리의 성질에 따라 변한다.** 면적 A와 전류 I에 따라서 변한다. **자기 쌍극자 모멘트**(magnetic dipole moment) 혹은 간단히 **자기 모멘트**(magnetic moment)라고 알려진 물리량 IA는 자기장 안에서 쌍극자가 얼마나 큰 돌림힘을 느끼는가에 대한 척도이다. 영구자석에도 자기 쌍극자 모멘트가 있다. 자기 모멘트를 **그림 24.47**과 같이 쌍극자 자기장의 방향을 가리키는 화살표로 나타낼 것이다. 이 그림은 전류 고리와 막대자석의 자기 쌍극자 모멘트를 나타낸다. 그림 24.46에서, 고리의 축을 정의하는 벡터가 단순히 자기 쌍극자 모멘트라는 것을 알 수 있다.
2. **돌림힘은 자기 쌍극자 모멘트와 자기장 사이의 각에 따라 변한다.** 돌림힘은 θ가 90°일 때, 곧 자기 모멘트가 자기장에 수직일 때 최대이다. 돌림힘은 θ가 0°(혹은 180°)일 때, 즉 자기 모멘트가 자기장과 평행일 때 0이다. **그림 24.48**에서 알 수 있는 바와 같이 자기장 속에서 자유롭게 회전할 수 있는 자기 쌍극자는 θ가 0이 될 때까지 회전할 것이고, 자기 쌍극자는 그 점에서 안정할 것이다. 전기 쌍극자가 전기장 방향으로 정렬하기 위해 회전하는 것과 마찬가지로, **자기 쌍극자도 자기장 방향으로 정렬하기 위해 회전한다.**

그림 24.48 외부 자기장 속에 있는 쌍극자에 작용하는 돌림힘

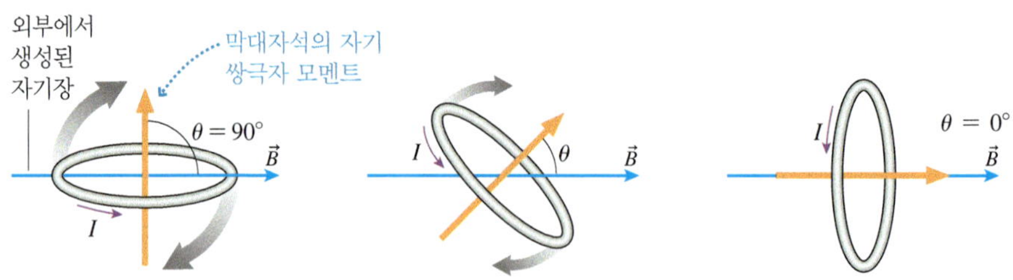

본 장의 처음 부분에서 주목한 대로, 쌍극자인 나침반 바늘도 바늘의 북극이 자기장의 방향으로 정렬할 때까지 회전한다.

개념형 예제 24.13 **고리는 회전하는가?**

가까이 있는 2개의 전류 고리가 **그림 24.49**와 같이 놓여 있다. 고리 1은 공간에 고정되어 있고, 고리 2는 자유롭게 회전할 수 있다. 고리 2는 회전할까?

그림 24.49 고리 2는 회전하겠는가?

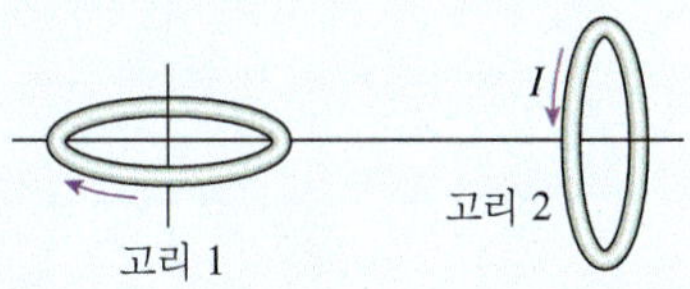

판단 전류 고리 1은 자기장을 만든다. **그림 24.50**에서 보는 것처럼, 고리 1의 자기장은 고리 2를 지나갈 때 위 방향이다. 자기장이 고리 2의 자기 모멘트에 수직이므로 자기장은 고리 2에 돌림힘을 작용하고, 고리 2는 자기 모멘트가 고리 1의 자기장 방향으로 정렬할 때까지 회전한다.

그림 24.50 고리 1의 자기장이 고리 2에 영향을 미치는 방법

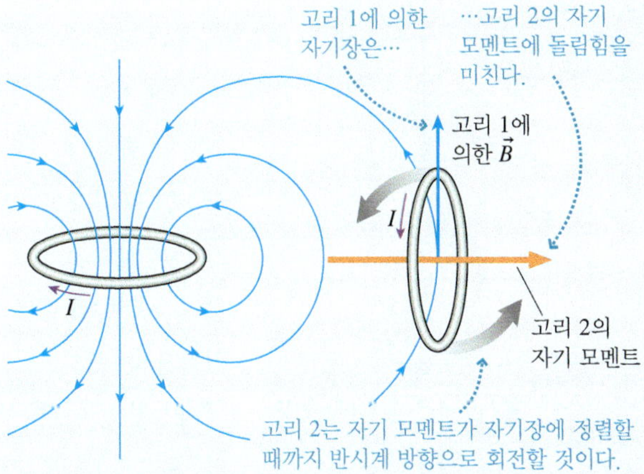

검토 이들 2개의 고리는 그것들의 자기 모멘트가 서로 반대방향이 되도록 정렬한다. 이것을 그들의 극을 이용하여 생각할 수 있다. 이와 같이 정렬하면, 고리 1의 북극은 고리 2의 남극에 가깝게 놓이게 된다. 이 반대 극들은 서로 끌어당기므로, 이것은 타당하다.

자기장 안에 있는 임의의 쌍극자에 대하여, 돌림힘이 0이 되는 2개의 각이 존재하는데, $\theta = 0°$ 그리고 $\theta = 180°$이다. 그러나 이들 두 경우 사이에 차이점이 존재한다. $\theta = 0°$는 안정한 경우이다. 쌍극자가 이러한 배치에 있으면 쌍극자는 그곳에 머물러 있을 것이다. $\theta = 180°$는 불안정한 경우이다. 만약 정렬이 완벽하다면 돌림힘은 없겠지만, 약간이라도 회전시키면 돌림힘이 발생하여 $\theta = 0°$가 될 때까지 쌍극자를 회전시킨다.

그림 24.51에서처럼 이런 비슷한 상황을 중력장에서도 만들 수 있다. 거꾸로 된 진자에 대하여 질량이 회전점 바로 위에 있으면 돌림힘은 없을 것이다. 그러나 ◀7.4절에서 공부한 바와 같이, 이것은 불안전한 평형 위치이다. 만약 매우 조금마한 변위라도 생기면 질량이 회전점 아래로 도달할 때까지 회전할 것이다. 이것은 최저 위치 에너지를 갖는 점이다.

거꾸로 된 진자와의 비교를 통해서, 자기 쌍극자의 불안정한 정렬은 높은 에너지를 가지고 있다는 것을 알 수 있다. 기회만 주어지면, 자석은 낮은 에너지의 안정한 평형 위치를 향해 '아래로' 회전할 것이다. 이 에너지의 차이는 원자의 자기적 성질이 MRI에서 신체 조직을 이미지화하는 데 어떻게 사용될 수 있는지 이해하는 핵심이 된다.

그림 24.51 불안정한 평형에서 안정한 평형 상태로 가기

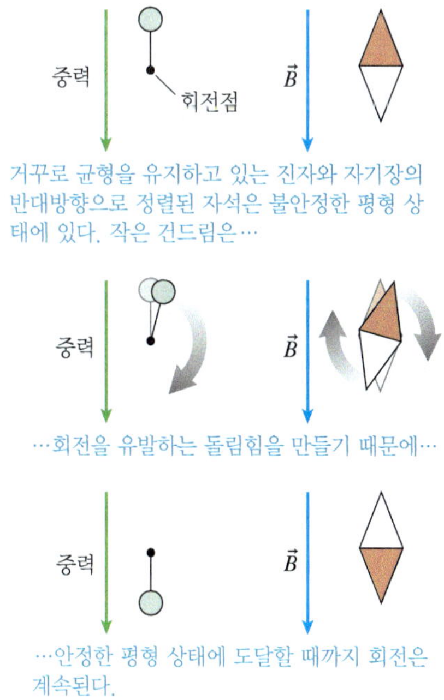

자기공명영상

자기공명영상(MRI)은 방사선 조사 없이 신체의 조직 및 구조에 대한 상세한 이미지를 제공하는 최신 진단 도구이다. 이러한 영상 기술의 핵심은 원자의 자성이다. 각 원

그림 24.52 MRI 처리 과정 동안에 생기는 양성자 자기 모멘트의 두 방향 사이의 에너지 차

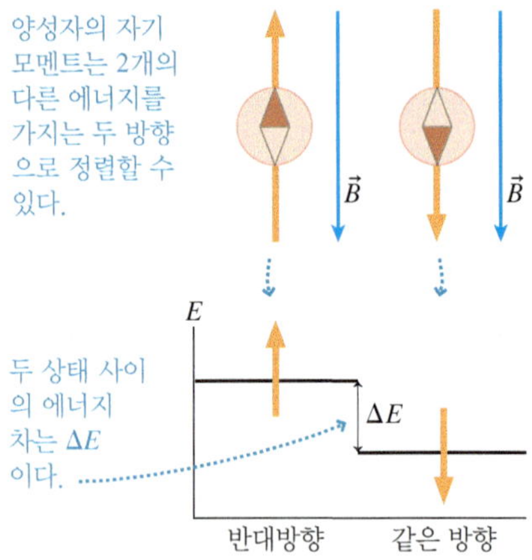

자의 핵은 자기 모멘트를 가지고 있어 자기 쌍극자처럼 행동한다. 서로 다른 원소는 다른 자기 모멘트를 가지고 있고, 따라서 원자 종류가 다르면 자기장이 가하는 돌림힘도 다르게 된다.

MRI 스캔을 받는 사람이 길이 방향으로 강한 자기장을 가지고 있는 큰 솔레노이드 안에 놓여 있다. 이 사람의 신체 안에 있는 하나의 수소 원자를 생각해보자. 수소 원자의 핵은 하나의 양성자이다. 양성자는 자기 모멘트를 가지고 있지만, 양성자는 단순한 막대자석과는 약간 다르다. 그것은 양자역학의 규칙을 따른다. 막대자석은 자기장과 임의의 각을 이룰 수 있다. 그러나 양성자는 그림 24.52에서 볼 수 있는 바와 같이, 자기장과 같은 방향(낮은 에너지 상태)이거나 반대방향(높은 에너지 상태)으로만 정렬할 수 있다.

양성자의 이러한 두 방향 사이의 에너지 차이 ΔE는 2개의 중요한 변수인 양성자의 자기 모멘트와 자기장의 세기에 따라 변한다.

신체 조직의 시료는 양성자를 포함하고 있는 많은 수소 원자를 가지고 있을 것이다. 어떤 양성자는 높은 에너지 상태에 있을 것이고, 어떤 양성자는 낮은 에너지 상태에 있을 것이다. **탐사 자기장**(probe field)이라고 하는 두 번째 자기장이 가해져서 쌍극자를 낮은 에너지 상태에서 높은 에너지 상태로 뒤집는다. 탐사 자기장은 이러한 일이 일어나는 에너지 차이 ΔE에 정확하게 맞춰져 있다. 탐사 자기장은 특정한 핵의 자기 모멘트에 대응하도록 선택되어 있는데, 지금 경우에는 수소이다. 만약 동조가 정확하다면, 쌍극자는 상태가 바뀔 것이고 신호가 측정된다. 강한 신호는 이 종류의 원자들이 많이 존재한다는 것을 의미한다.

어떻게 이러한 측정이 영상으로 변환되는가? 솔레노이드와 탐사 자기장의 자기장 세기를 환자의 몸 어느 한 곳에서만 정확한 동조가 일어나도록 변화시키자. 정확한 동조점의 위치가 조직의 '조각'을 가로질러서 훑고 지나간다. 원자들이 모여서 분자가 되면 에너지 준위가 약간 변화한다. 신체의 다른 조직은 서로 다른 화학 상태에서 원자의 다른 농도를 갖는다. 따라서 어느 점에서의 신호의 세기는 그 점에서의 조직의 속성에 따라 변화한다. 정확한 동조점들이 이동함에 따라 신호의 세기가 각 점에서 측정되고, 위치에 따른 세기의 기록은 그림 24.53에서처럼 신체 내부의 구조에 대한 이미지를 만들어준다.

그림 24.53 MRI 스캔으로 얻은 단면 이미지 BIO

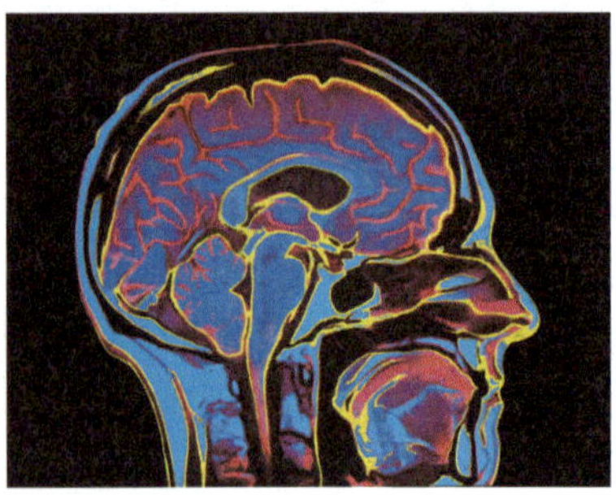

전기모터

자기장 안에 있는 전류 고리에 작용하는 돌림힘은 전기모터가 작동하는 기본원리이다. 모터의 **전기자**(armature)는 자유롭게 회전할 수 있는 회전축 위에 감겨 있는 도선 고리이다. 이 고리는 강한 자기장 속에 놓여 있다. 고리에 흐르는 전류는 그림 24.54가 보여주는 것처럼, 도선이 이 자기장 때문에 힘을 느끼도록 만든다. 고리는 외부 자기장 방향으로 회전하여 정렬할 것이다. 만약 전류가 일정하게 흐르면, 전기자는 전기자의 자기 모멘트가 안정한 위치에 도달할 때까지 회전할 것이다. 모터가 회전을 계

그림 24.54 간단한 모터는 자기장 속에서 전류 고리에 작용하는 돌림힘으로 작동된다.

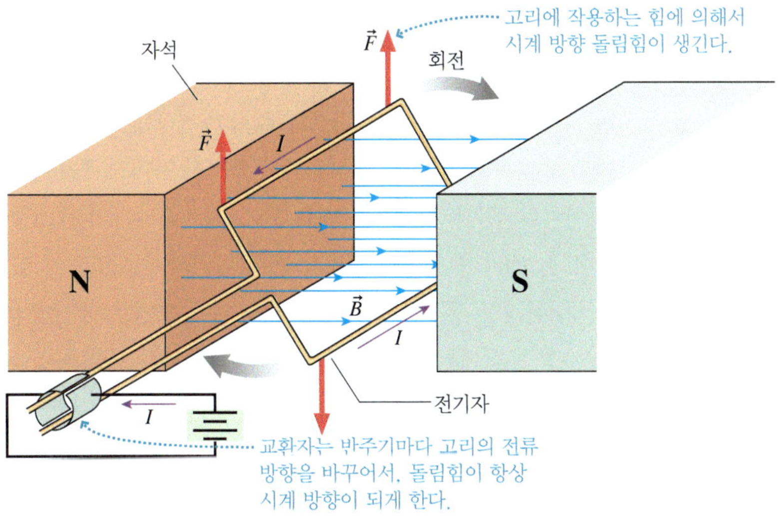

속하기 위해서는, **교환자**(commutator)라는 장치가 매 180° 회전마다 고리의 전류 방향을 바꿔준다. 고리가 안정한 배치에 도달하면, 고리에 흐르는 전류의 방향이 반전되어 고리를 불안정한 배치로 되돌아가게 하고, 다른 방향으로 정렬하기 위한 회전이 계속된다. 이러한 과정이 계속되는데, 고리가 안정한 점 근처에 있게 되는 매 순간 전류 방향이 반전된다. 전류가 계속 흐르는 한 고리의 회전은 계속된다.

24.8 자석과 자성 물질

본 장은 영구자석을 살펴보는 것으로 시작하였다. 영구자석이 자기장을 만든다는 것을 알고 있다. 이 자기장의 원천은 무엇인가? 이러한 자석 안에는 아무런 전류가 존재하지 않는다. 왜 어떠한 물질로 자석을 만들 수 있지만, 다른 물질로는 그렇게 하지 못하는가? 왜 자석은 냉장고에 달라붙는가? 이 절의 목표는 물질의 자기적 특성에 관한 원자 수준의 관점을 개발하여 이러한 질문에 답하는 것이다.

강자성

철, 니켈, 코발트는 매우 강한 자성을 가지고 있는 원소이다. 철 덩어리는 자석에 붙고 또한 자화될 수 있어서, 그것 자체가 자석이다. 알루미늄이나 구리와 같은 다른 금속은 이러한 성질을 보이지 않는다. 자석에 강하게 끌리거나 자화될 수 있는 물질을 **강자성체**(ferromagnet, 이는 철을 나타내는 라틴어 *ferrum*에서 유래되었다)라고 한다.

그림 24.55에 보인 바와 같이, 원자 수준에서 자성을 이해하는 핵심은 전자가 양성자나 핵과 같이 **고유 자기 모멘트**(inherent magnetic moment)를 가지고 있다는 것이다. 자성은 원자 수준에서 전자의 고유 자기 모멘트 때문에 생긴 것이다.

그림 24.55 전자의 자기 모멘트

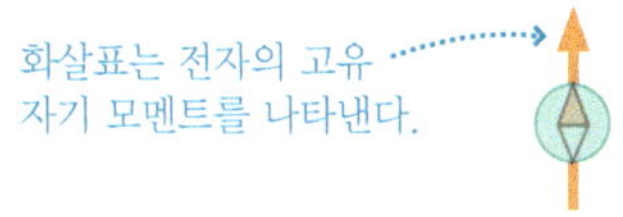

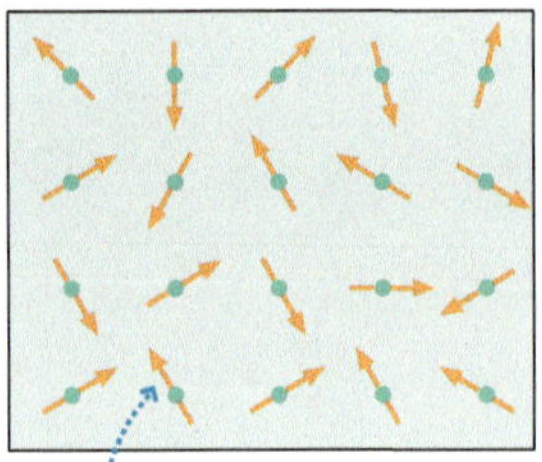

그림 24.56 일반적인 고체 속에 있는 원자 자기 모멘트의 무질서한 배열

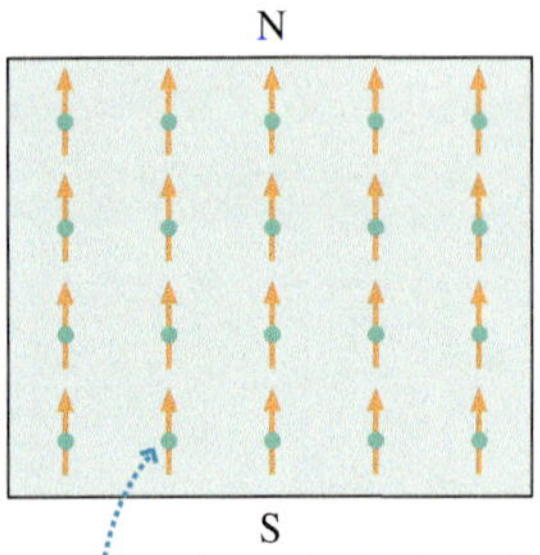

그림 24.57 강자성 고체에서 원자 자기 모멘트는 정렬되어 있다.

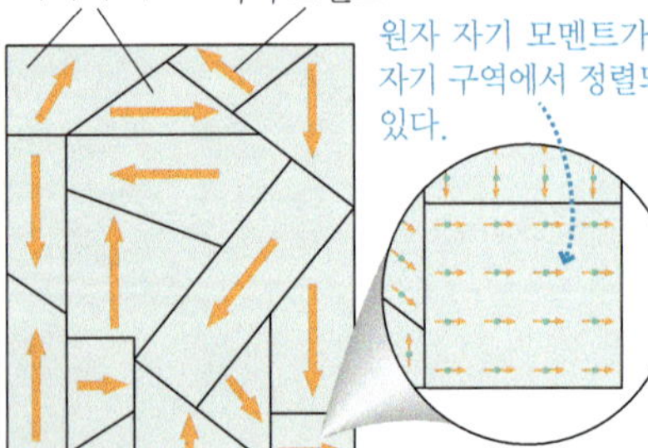

그림 24.58 강자성 물질 속의 자기 구역

원자 안에 있는 모든 전자들의 자기 모멘트가 같은 방향을 가리킨다면, 원자는 매우 강한 자기 모멘트를 갖게 된다. 그러나 이와 같은 일은 일어나지 않는다. 많은 전자를 포함하고 있는 원자에서 전자들은 서로 반대방향의 자기 모멘트를 가지는 쌍으로 존재한다. 쌍을 이루지 않는 전자들만이 원자에게 알짜 자기 모멘트를 줄 수 있다.

그렇다 할지라도, 자기 모멘트를 가지고 있는 원자가 반드시 자기적 특성을 가지는 고체를 형성하는 것은 아니다. 원자가 자기 모멘트를 가지는 대부분의 원소들에 대하여, 원자의 자기 모멘트는 원자가 고체를 형성할 때 무질서하게 배열되어 있다. **그림 24.56**에서 보는 것처럼, 이러한 무질서한 배열은 알짜 자기 모멘트가 거의 0에 가까운 고체를 만든다. 강자성 물질에는 **그림 24.57**과 같이, 정렬하여 서로 자성을 강화하려고 하는 알짜 자기 모멘트를 가지고 있는 원자들이 들어 있다. 이러한 자기 모멘트의 정렬은 매우 적은 수의 원소와 합금에서만 일어나며, 이런 정렬을 통해서 작은 철 조각이 강한 자기 모멘트를 갖게 된다. 이러한 철 조각은 북극과 남극을 가지고 있어서 자기장을 만들며, 외부 자기장에 평행하게 정렬된다. 달리 표현하면, 철은 매우 강한 자석이다.

큰 철 조각 속에서, 자기 모멘트는 **자기 구역**(domain)이라고 하는 작은 영역 안에 정렬되어 있다. 각 자기 구역은 그림 24.57과 같이 질서 있는 상황처럼 보이지만, 장거리 질서는 존재하지 않는다. 자기 구역 안의 원자 자기 모멘트는 정렬되어 있으나, 각 자기 구역의 자기 모멘트들은 무질서한 방향을 가리킨다. 각 자기 구역은 매우 작으며, 그 크기는 0.1 mm 정도이다. 따라서 못 크기의 철 조각은 수천 개의 자기 구역을 가지고 있다. **그림 24.58**과 같은 자기 구역의 자기 모멘트의 무질서한 방향은 알짜 자기 모멘트가 없다는 것을 의미한다. 그러면 못을 어떻게 자화(magnetization)시킬 수 있는가?

유도 자기 모멘트

그림 24.59와 같이 자석을 철 조각 근처로 가져가면, 자석의 자기장은 철을 관통하여 원자 자기 모멘트에 돌림힘을 발생시킨다. 원자는 자기 구역 안에서는 정렬된 자기 모멘트를 갖는 상태로 머물러 있지만, 외부 자기장과 같은 방향으로 정렬된 구역은 반대방향으로 정렬된 구역을 줄여가면서 더 커지게 된다. 이러한 자기 구역 경계들의 이동이 일어난 뒤에는, 자기 구역의 자기 모멘트가 더 이상 상쇄되어 없어지지 않는다. 철은 외부 자기장 방향으로 정렬된 알짜 자기 모멘트를 가지게 되어 철에 **유도 자기 모멘트**(induced magnetic moment)가 생긴다.

철 속에 들어 있는 유도 자기 모멘트의 극 구조를 살펴보면, 철이 자석에 끌리게 될 것임을 알 수 있다. 자석이 강자성 물체를 끌어당기고 들어 올린다는 사실은, 본 장의 처음에 소개했던 자기에 관한 기본적인 관찰 중의 하나이다. 이제 세 가지 사실에 근거하여 이것이 어떻게 일어나는지를 설명해본다.

1. 전자들은 고유 자기 모멘트를 가지기 때문에 미시적인 자석이다.

2. 강자성 물질에서, 이들 원자 자기 모멘트는 정렬된다. 정렬된 모멘트의 영역은 자기 구역을 형성한다.
3. 개별 자기 구역은 외부 자기장에 반응해서 이동하여 물체 전체에 유도 자기 모멘트를 생성한다. 이 유도 자기 모멘트는 방향을 생성한 자석에 의해 끌리게 될 것이다.

철 조각을 자석 근방에 놓으면 자석이 된다. 그러나 적용된 자기장이 제거되면 자기 구역의 구조는 처음으로 되돌아가고, 유도 자기 모멘트는 사라질 것이다. 그러나 매우 강한 자기장이 존재하는 경우 철 조각은 더 큰 변화를 겪게 되고, 어떤 자기 구역은 영원히 방향을 바꾼다. 자기장이 제거되어도, 철은 이러한 자성의 일부분을 그대로 유지한다. 철이 영구적으로 자화된 것이다. 그러나 순수한 철은 그리 좋지 않은 영구자석이므로, 철 속에 생성된 자기 구역의 정렬이 깨지기 쉽다. 예를 들면, 자화된 철 조각을 가열할 때 생기는 원자의 무질서한 운동은 자기 구역의 정렬을 파괴하고, 결국 자성을 파괴한다.

강자성 물질의 합금은 종종 더 강한 자성을 가지고 있다. 철 합금이나 희토류 원소를 포함하고 있는 다른 강자성 원소로 믿을 수 없을 만큼의 큰 세기를 가지는 영구자석을 만들 수 있다.

그림 24.59 철 조각 속에서 자기 모멘트 유도하기

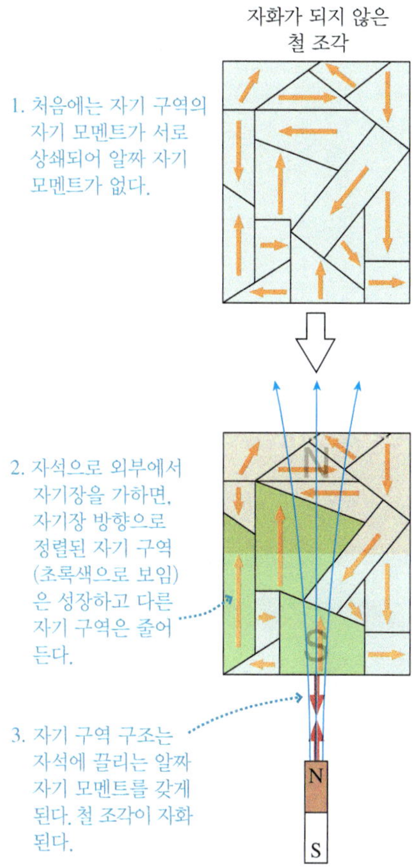

개념형 예제 24.14 **물체를 냉장고에 붙이기**

모든 사람이 종이를 냉장고에 붙이기 위하여 자석을 사용한다. 왜 자석은 종이 층이 있음에도 불구하고 냉장고에 붙을까?

판단 자석을 강철로 만든 냉장고의 문 근처로 가져가면, 자석의 자기장은 강철에 자기 모멘트를 유도한다. 이 유도 자기 모멘트의 방향은 자석에 끌리는 방향이어서, 자석이 냉장고에 붙는다. 자기장은 종이와 같은 자성이 없는 물질을 뚫고 나갈 수 있으며, 자석은 종이가 냉장고에 붙어 있을 수 있게 한다.

검토 이 결과는 다른 관측을 이해하도록 해준다. 두꺼운 종이는 냉장고에 붙일 수 없다. 이것은 자석의 자기장이 거리에 따라 빠르게 감소하기 때문이다. 자기장이 약해지면 약해질수록, 유도 자기 모멘트도 작아지기 때문이다.

유도 자기 모멘트는 컴퓨터 하드 디스크 드라이브에 정보를 저장하는 데도 이용된다. 그림 24.60에 보인 것처럼, 하드 드라이브는 표면이 자기적으로 얇게 코팅된 매우 빠르게 회전하는 디스크 판으로 이루어져 있다. 컴퓨터의 정보는 0 또는 1로 저장되고, 디스크 위에서 이것들은 아주 작은 자기 구역으로 저장된다. 각 구역의 길이는 100 nm보다 작다! 쓰기헤드라고 하는, 디스크 표면을 훑어볼 수 있는 아주 작은 전환 가능한 자석으로 자기 구역의 방향을 바꿀 수 있다. 쓰기헤드의 자기장은 자기 구역의 방향을 바꿔서 디스크 위에 정보를 인코딩한다. 정보는 읽기헤드라고 하는 매우

그림 24.60 컴퓨터 하드 디스크는 자기장을 사용하여 정보를 저장한다.

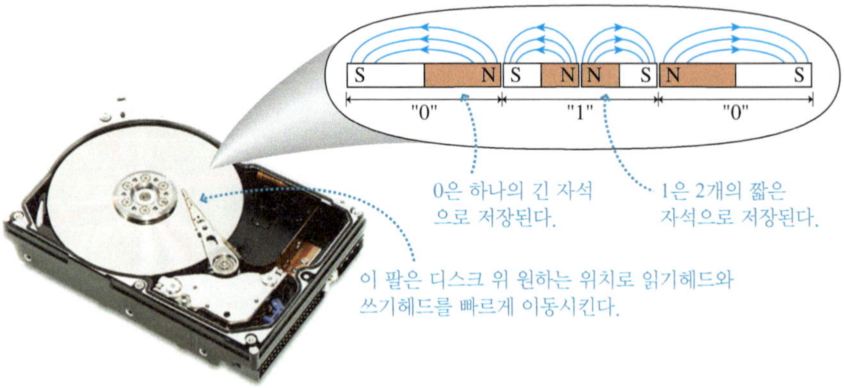

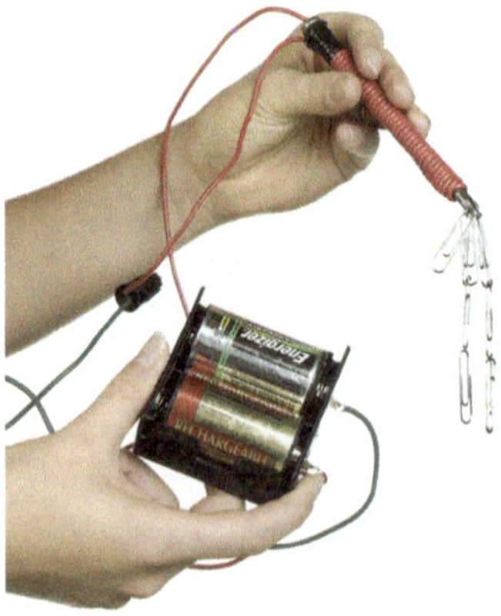

도선의 전류는 도선이 감겨 있는 못을 자화시키는 자기장을 만든다.

수업 영상 수업 영상

작은 자기 구역의 자기장에 민감한 조그만 탐침으로 검색된다.

전자석

강자성 물질 안의 자기 구역은 걸어준 자기장에 따라 정렬하려는 강한 경향을 가지고 있다. 이것은 전류가 흐르는 도선에 의해 만들어지는 자기장의 세기를 증가시키는데 철 조각이나 다른 강자성 물질을 사용할 수 있다는 것을 의미한다. 예로써, 철 조각 둘레에 코일이 감겨 있는 솔레노이드를 고려하자. 도선을 통해 전류가 흐르면 솔레노이드의 자기장은 철 속의 자기 구역을 정렬시켜, 결국 철 조각을 자화시킨다. 그 결과로 **전자석**(electromagnet)은 솔레노이드 자체가 만드는 자기장보다 수백 배나 큰 자기장을 만들기도 한다.

앞의 여러 절에서, 전기와 자기의 깊은 연관성에 대한 예를 알아보았다. 이 연관성은 1800년대의 가장 중요한 과학적 발견 중의 하나였으며, 다음 장에서 좀 더 자세히 탐구할 것이다.

종합형 예제 24.15 자성으로 음악 만들기

스피커는 종이 진동판(cone) 밑부분에 있는 도선 코일에 작용하는 자기력에 의해 진동판으로 공기를 앞뒤로 밀어서 소리를 만들어낸다. 그림 24.61은 자세한 것을 보여준다. 진동판의 밑바닥은 가느다란 코일로 여러 번 감겨 있다. 이 도선 코일은 원형 자석의 극 사이의 틈새에 놓여 있다. 자기장이 도선의 전류에 힘을 가하여 진동판을 밀어서 공기를 밀게 된다.

극 사이 틈새에는 0.18 T의 자기장이 존재한다. 이 틈새에 놓여 있는 도선 코일은 지름이 5.0 cm, 감은 횟수는 20번이고, 저항은 8.0 Ω이다. 스피커는 증폭기에 연결되어 있는데, 증폭기의 순간 출력전압 6.0 V에 의해서 위에서 봤을 때 시계 방향으로 흐르는 전류가 코일에 생성된다. 이 순간에 코일에 작용하는 자기력은 얼마인가?

그림 24.61 스피커 속에 들어 있는 코일과 자극의 배치

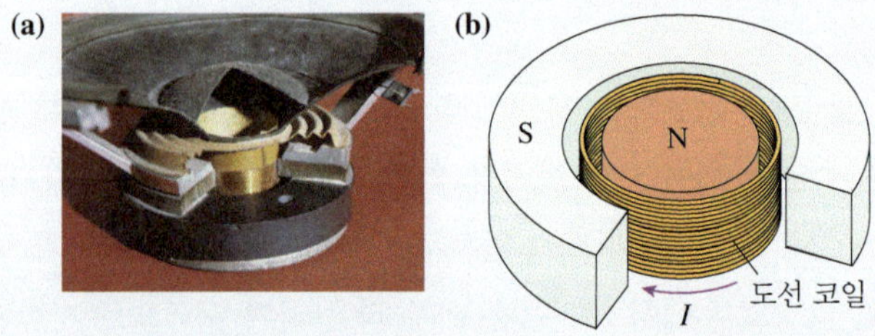

준비 코일의 전류는 극 사이의 자기장 때문에 힘을 느낀다. 이 힘의 방향을 구하기 위하여 자기장의 그림을 그린다. 자기력선은 자석의 북쪽에서 남쪽으로 향하므로, 스피커 자석의 자기력선은 **그림 24.62**와 같다. 자기장은 모든 곳에서 전류에 수직이고, 오른손 규칙은 시계 방향의 전류에 대하여, 도선의 각 점에서의 힘은 지면으로부터 나오는 방향이라는 것을 보여준다.

그림 24.62 틈새의 자기장과 코일의 전류

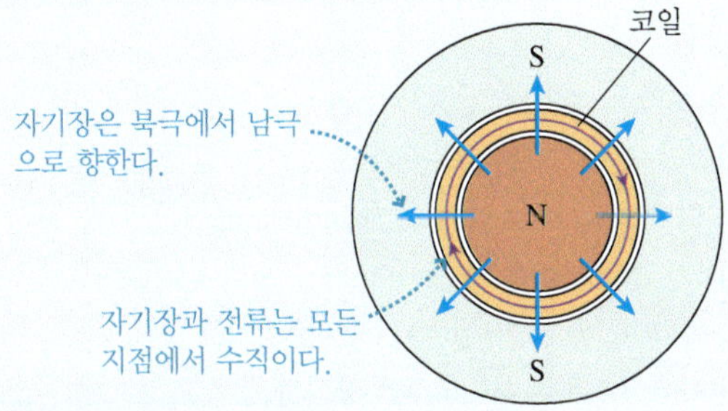

풀이 도선의 전류는 증폭기에 의해서 생성된다. 전류는 옴의 법칙에 의해서 도선의 전위차와 저항에 관련된다.

$$I = \frac{\Delta V}{R} = \frac{6.0\ \text{V}}{8.0\ \Omega} = 0.75\ \text{A}$$

전류가 자기장에 수직이므로, 식 (24.10)을 사용하여 이 전류에 작용하는 힘을 구할 수 있다. 자기장과 전류는 알려져 있지만, 자기장 영역에 있는 도선의 길이를 알 필요가 있다. 코일의 지름은 5.0 cm이므로, 둘레는 $\pi(0.050\ \text{m})$이다. 코일의 감은 횟수가 20번이므로, 자기장 안에 있는 도선의 전체 길이는

$$L = 20\pi(0.050\ \text{m}) = 3.1\ \text{m}$$

이다. 힘의 크기는 식 (24.10)에 의해서 다음과 같이 주어진다.

$$F = ILB = (0.75\ \text{A})(3.1\ \text{m})(0.18\ \text{T}) = 0.42\ \text{N}$$

이 힘은 이미 언급한 대로 지면으로부터 나오는 방향이다.

검토 힘은 작지만, 이것은 타당하다. 스피커 진동판은 매우 가벼우므로, 큰 가속도를 얻는 데 작은 힘으로도 충분하다. 시계 방향의 전류에 대하여, 힘은 지면으로부터 나오는 방향이다. 그러나 전류방향이 반시계 방향으로 바뀌면, 힘의 방향 역시 바뀐다. 방향을 바꾸는 전류는 진동판을 안과 밖으로 진동시키는데, 이것이 바로 소리를 만드는 데 필요한 것이다.

문제의 난이도는 I(쉬운)에서 IIIII(도전)으로 구분하였다. INT로 표시된 문제는 지난 장의 내용이 복합된 문제이고, BIO는 생물학적 또는 의학적 관심 분야를 의미한다.

QR 코드를 스캔하여 이 장의 문제를 해결하는 데 도움이 되는 영상 학습 풀이를 시작하시오.

연습문제

24.1 자기

24.2 자기장

24.3 전류도 자기장을 만든다

24.4 전류에 의한 자기장 구하기

1. I 표 24.1은 1 A의 전류가 흐르는 도선으로부터 10 cm 지점의 자기장이 2 μT임을 보여준다. 도선으로부터 1 cm 떨어진 지점에서 자기장의 크기는 얼마인가?

2. II 지름이 1.0 cm인 고리 중심에서의 자기장이 2.5 mT이다.
   a. 고리에 흐르는 전류는 얼마인가?
   b. 긴 직선 도선에 문항 a에서 구한 전류가 흐르고 있다. 도선으로부터 얼마의 거리에서 자기장이 2.5 mT가 되는가?

3. II 그림 P24.3과 같이 2개의 도선에 같은 크기의 전류가 반대방향으로 흐른다. 자기장은 하단 도선의 아래 지점에서 2.0 mT이다. 그림에 있는 점 1과 점 2에서 자기장의 세기와 방향은 어떻게 되는가?

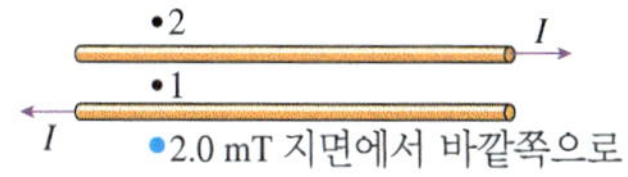

그림 P24.3

4. II 조사관은 큰 전류가 흐르는 도선에서 1.0 cm 떨어진 곳에 시료를 둠으로써 자기장의 세기가 이 점에서 특정값을 갖게 한다. 나중에 시료를 5.0 cm 거리로 이동해야 하지만 자기장은 같은 세기를 유지하도록 한다. 전류를 몇 배 증가시켜야 하는가?

5. I 전기담요 도선에 흐르는 약 1 A의 전류가 만드는 자기장이 건강에 위험이 있을 경우를 대비하여, 소비자 단체는 임신부에게 전기담요를 사용하지 말 것을 촉구하고 있다.
BIO
   a. 적당한 가정을 세워서 태아가 느끼는 자기장을 계산하시오. 이것은 지구 자기장의 몇 퍼센트인가?
   b. 최소의 외부 자기장을 가지는 전기담요를 만드는 것이 표준 관례가 되고 있다. 각 도선은 반대방향으로 전류가 흐르는 다른 도선과 쌍을 이루고 있다. 이것은 어떻게 외부 자기장을 감소시키는가?

6. II 나이오븀(Nb) 금속 원소는 9 K 이하에서 초전도체이다. 그러나 초전도성은 표면에서의 자기장이 0.10 T이거나 그 이상이면 사라진다. 지름이 3.0 mm인 직선 초전도 나이오븀 도선에 흐를 수 있는 최대 전류는 얼마인가?
(**힌트:** 모든 전류가 도선 중심을 통해 흐른다고 가정할 수 있다.)

7. II 길이 40 cm, 감은 횟수 250번, 안쪽 반지름 2 cm인 솔레노이드에 3 A의 전류가 흐른다. 중심에서의 자기장의 세기는 얼마인가?

8. I 뇌의 자기장은 근사적으로 3.0×10^{-12} T이다. 이러한 자기장을 만드는 전류는 복잡하지만, 전류가 지름 16 cm(일반적인 머리의 폭)인 고리에 흐르는 것으로 가정하여 전류의 크기를 대략 추정할 수 있다. 중심에서 그와 같은 자기장을 만들기 위해 필요한 전류는 얼마인가?
BIO

9. III 그림 P24.9에 있는 고리 중심에서의 자기장의 세기는 얼마인가?

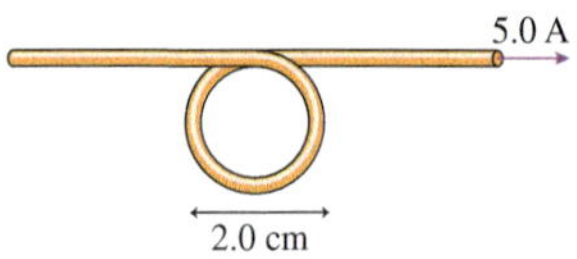

그림 P24.9

10. I 심장이 심장에 생긴 문제점을 진단할 수 있는 자기장을 생성한다는 것을 알고 있다. 심장의 자기장은 심장의 외피층의 고리를 흐르는 전류에 의해 만들어진 쌍극자 자기장이다. 심장 중심에서의 자기장이 90 pT(1 pT = 10^{-12} T)이고, 심장이 근사적으로 12 cm의 지름을 가진다고 가정하자. 이러한 자기장을 만드는 데 필요한 전류는 얼마인가?
BIO

11. IIII 수소 원자에 대한 보어(Bohr) 모형에서, 전자는 반지름 5.3×10^{-11} m인 원 궤도를 2.2×10^{6} m/s의 속력으로 돌고 있다. 이 모형에서, 운동하는 전자의 자기 쌍극자 모멘트는 얼마인가? (**힌트:** 돌고 있는 전자의 평균 전류를 구한다.)

24.5 자기장은 움직이는 전하에 힘을 작용한다

12. II 전자가 그림 P24.12에서와 같이 1.0×10^{7} m/s라는 속력으로 운동하고 있다. 0.50 T의 자기장이 x축 방향을 가리키고 있다. 각각에 대하여 전자에 작용하는 자기력은 얼마인가? 크기와 방향을 기술하시오.

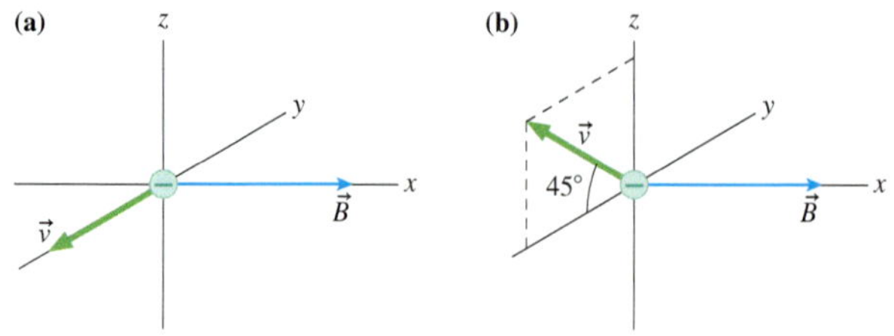

그림 P24.12

13. I 오로라는 전자와 양성자의 크기가 대략 5.0×10^{-5} T인 지구 자기장 안에서 대기 분자와 충돌하여 그들을 발광시키기 때문에 발생한다. 다음 각 경우에 대하여 원 궤도의 반지름은 얼마인가?
   a. 속력이 1.0×10^{6} m/s인 전자
   b. 속력이 5.0×10^{4} m/s인 양성자

14. III 뮤온[우주선(cosmic rays)에서 발견되는 전자와 양성자 사이의 질량을 갖는 대전 입자]은 6.8 kHz의 진동수로 지구의 50 μT 자기장에서 원형 궤도를 따른다. 목성의 더 강력한 430 μT 자기장에서 뮤온이 어떤 진동수로 궤도 운동을 하는가?

15. III 전자레인지 안에 있는 마이크로파는 **마그네트론**이라고 하는 특수한 관에서 만들어진다. 전자가 자기장 안에서 2.4 GHz의 진동수로 회전할 때, 전자는 2.4 GHz의 전자기파를 방출한다. 자기장의 세기는 얼마인가?

16. III 의학 동위원소 생산에 사용되는 의료용 사이클로트론은 양성자를 6.5 MeV로 가속시킨다. 사이클로트론의 자기장은 1.2 T이다.
BIO
   a. 양성자가 사이클로트론을 빠져 나오기 직전에 가장 큰 궤도의 지름은 얼마인가?
   b. 양성자는 사이클로트론 중심에서 나선형 궤적을 돌기 시작한 1.0 ms 후에 사이클로트론을 빠져 나간다. 이 1.0 ms 동안 양성자가 궤도를 몇 번 돌았는가?

24.6 자기장은 전류에 힘을 미친다

17. I 그림 P24.17에서 2.0 g의 도선이 떠 있으려면 자기장의 세기와 방향은 어떻게 되어야 하는가?

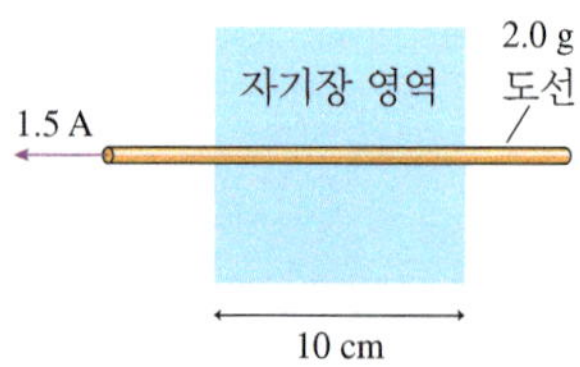

그림 P24.17

18. | 전류의 단위인 암페어는 전류 사이의 힘으로 정의된다. 같은 전류가 흐르는, 거리가 1.0 m인 매우 긴 3.0 m짜리 막대도선 2개 사이의 힘은 3×10^{-6} N/m이다. 각 도선에 흐르는 전류는 얼마인가? 이것을 사용하여 암페어를 어떻게 정의하겠는가?

19. || 하드 디스크 드라이브의 자기 정보는 디스크를 가로질러 앞뒤로 빠르게 움직이는 읽기헤드로 읽는다. 헤드를 움직이는 힘은 그림 P24.19에서처럼, 강한 자석의 극 사이에서 움직이는 가느다란 도선으로 만든 평평한 코일인 **음성 코일 작동자**(voice coil actuator)에 의해서 만들어진다. 코일은 사각형이고, 한 변의 길이는 1.0 cm, 감은 횟수는 200번, 전체 저항은 1.5 Ω이라고 가정하라. 자석의 극 사이의 자기장은 0.30 T이다. 자기장이 자석의 가장자리 밖으로는 나가지 않는다고 가정하라. 코일과 코일이 올려져 있는 지지대의 전체 질량은 12 g이다.
INT

a. 코일에 5.0 V의 전압을 가하면 전류는 얼마인가?
b. 위에서 보았을 때 전류가 시계 방향이라 하고, 코일에 작용하는 알짜힘의 크기와 방향을 구하시오.
c. 코일의 가속도의 크기는 얼마인가?

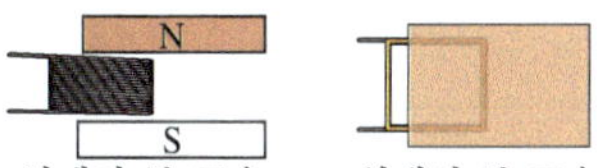

그림 P24.19

24.7 자기장은 자기 쌍극자에 돌림힘을 미친다

20. || 면적 2.0 cm^2의 전류 고리에 0.28 A의 전류가 흐른다. 고리는 0.8 T인 균일 자기장에 있다. 고리 면에 수직인 고리의 축은 자기장 방향에서 45° 벗어나 있다. 전류 고리의 돌림힘의 크기는 얼마인가?

21. || a. 그림 P24.21에서 원형 전류 고리에 작용하는 돌림힘의 크기는 얼마인가?
b. 고리의 안정한 평형 위치는 어디인가?

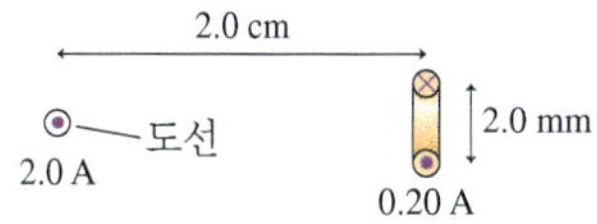

그림 P24.21

24.8 자석과 자성 물질

22. | 그림 P24.22와 같이, 솔레노이드가 철 조각 근방에 놓여 있다. 솔레노이드에 전류가 흐르면 자기장이 생성된다. 이 자기장은 철을 사화시키므로 솔레노이드와 철 사이에 알짜힘이 발생한다.
a. 솔레노이드로부터 발생하는 자기장의 방향을 그리시오. 그림 위에, 철에 유도된 자극의 북극과 남극을 표시하시오.
b. 철에 작용하는 힘은 끌어당기는 힘인가 혹은 미는 힘인가?
c. 이 힘이 철을 움직인다고 가정하자. 철은 어느 방향으로 움직이겠는가?

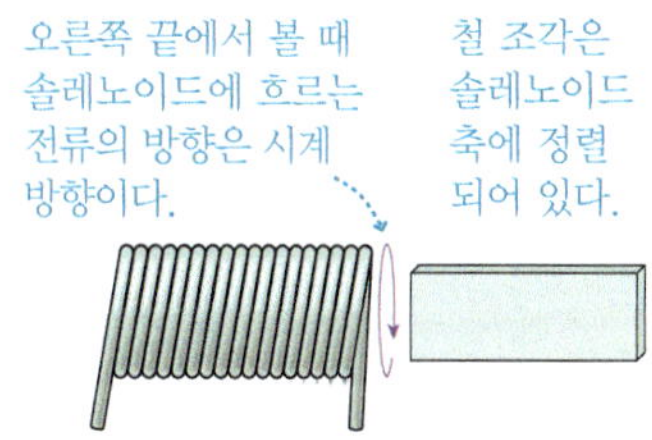

그림 P24.22

25 전자기 유도 및 전자기파

EM Induction and EM Waves

왼쪽에 있는 꽃의 사진은 가시광선 영역에서 우리 눈에 꽃이 어떻게 나타나는가를 보여준다. 그러나 이야기는 더 있다! 오른쪽 꽃의 잘못된 컬러 보기는 인간 시각의 범위를 벗어난 자외선 영역에서 꽃이 어떻게 보이는지, 우리가 볼 수 없는 색소까지 보여준다. 이 색소는 누구의 눈에 띄기 위한 것인가?

학습목표

전자기 유도와 전자기파의 특성을 이해한다.

전기와 자기

회전하는 풍차의 날개는 자기장 내에서 도선 코일을 회전시켜 전류를 생산한다.

전기와 자기가 깊게 연결되어 있음을 경험한다.

자기 유도

의사는 페이스메이커(pacemaker)를 프로그램하기 위해 빠르게 변하는 자기장을 이용하여 이식된 장치에 전압을 **유도**한다.

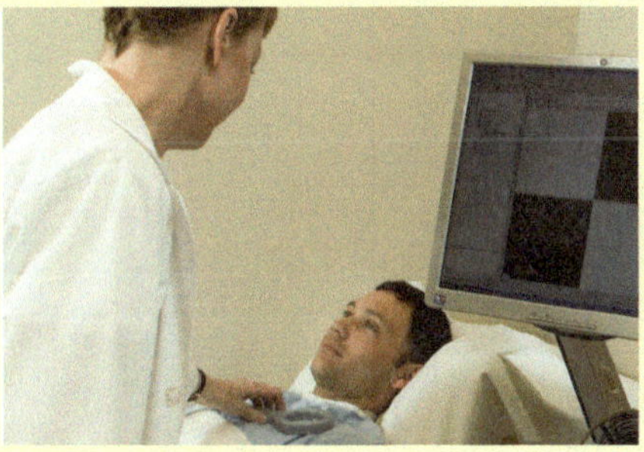

정성적이고 정량적인 분석을 통해 **전자기 유도** 현상을 배운다.

전자기파

안테나는 전기장과 자기장의 파동인 **전자기파**를 감지한다.

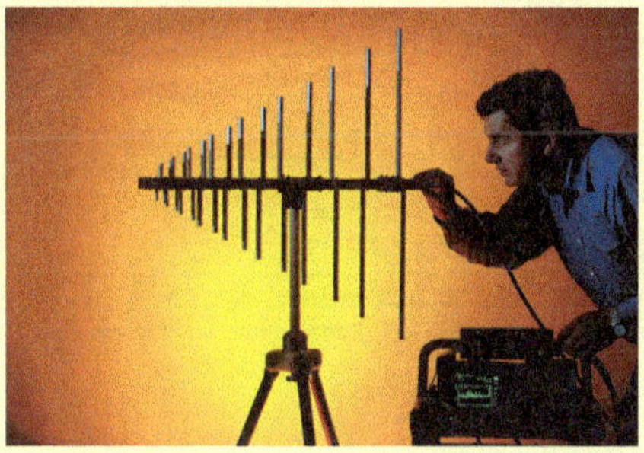

라디오파에서 광파까지 여러 전자기파의 성질을 배운다.

이 장의 배경

진행파

15장에서 진행파에 대해 배웠다. 사인 모양 파동의 경우 파동의 속력은 파동의 진동수와 파장의 곱과 같다.

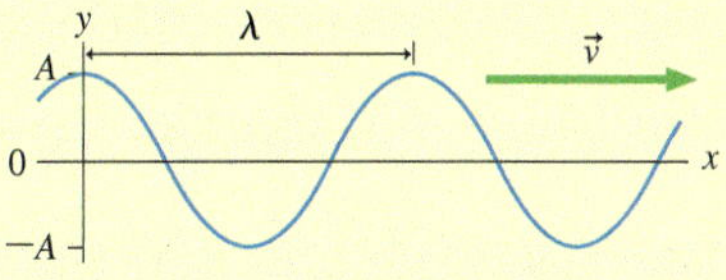

$v = \lambda f$

이 장에서는 진행파를 사용하여 전자기파를 기술하는 방법을 이해하게 될 것이다.

25.1 유도 전류

24장에서 전류가 자기장을 만들 수 있다는 것을 배웠다. 이러한 발견이 널리 알려지자마자, 과학자들은 관련 질문을 고려하기 시작했다. 자기장은 전류를 만들 수 있을까?

그림 25.1 패러데이의 전자기 유도 발견

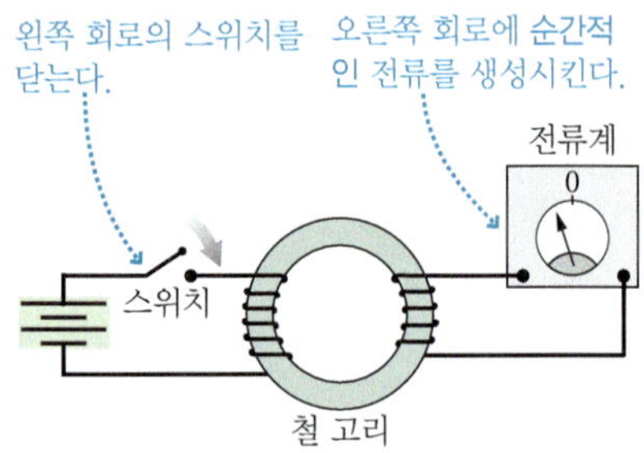

초기 과학자 중 한 명이 패러데이(Michael Faraday)이다. 패러데이는 **그림 25.1**과 같이 철 고리를 감싼 두 코일을 가지고 실험을 하면서 놀라운 발견을 했다. 그는 왼쪽 코일에서 전류에 의해 발생되는 자기장이 철 내부에 자기장을 생성하고, 철 내부의 자기장이 어떻게든 우측 회로에 전류를 생성할 수 있다고 예상했다.

이 기술은 일정한 전류를 생성하는 데 실패했지만, 패러데이는 전류계의 바늘이 왼쪽 회로 스위치를 닫는 순간 약간 움직이는 것을 알아챘다. 스위치가 닫힌 후 바늘은 즉시 0점으로 돌아왔다. 패러데이의 관찰은 오직 코일을 통과하는 자기장이 변화하는 경우에만 전류가 생성된다는 가설을 생각할 수 있게 해주었다. 패러데이는 일련의 실험을 통해 이 가설을 테스트하기 시작하였다.

패러데이가 전자기 유도를 탐구하다

패러데이는 철 고리 없이 다른 것들 위에 직접 코일을 배치하였다. 스위치가 닫힘 위치에 있을 때 아래쪽 회로에는 전류가 없었으나, 스위치가 닫히거나 열릴 때 순간적인 전류가 나타났다.

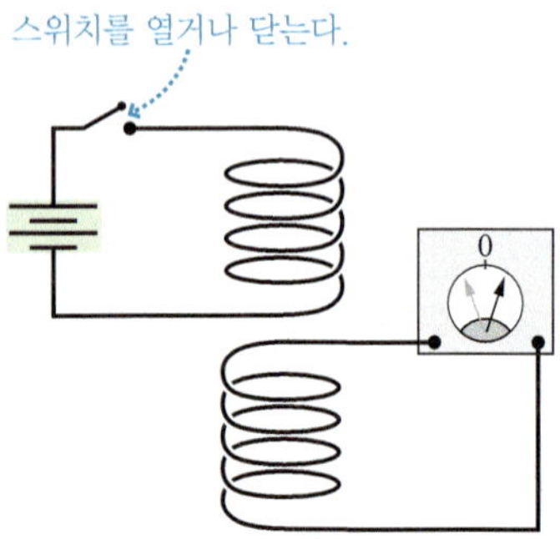

스위치를 열거나 닫을 때 순간적인 전류가 생성된다.

패러데이는 막대 자석을 도선 코일 안으로 밀어 넣었다. 자석을 코일 내부에 고정시킬 때 아무런 효과가 없었음에도 불구하고, 이 운동은 전류계 바늘의 순간적인 편향을 야기하였다. 자석을 빠르게 빼낼 때 바늘은 다른 방향으로 움직였다.

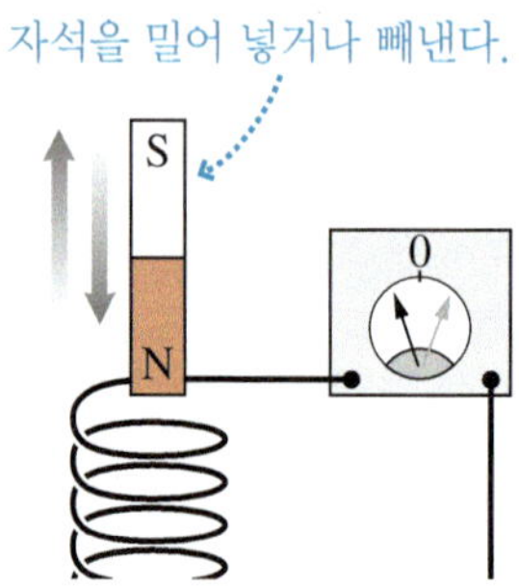

자석을 코일 내부에 밀어 넣거나 코일로부터 빼낼 때 순간적인 전류가 생성된다.

자석은 꼭 움직여야 할까? 코일이 자기장 안에 정지되어 있다면 아무 전류도 흐르지 않았음에도 불구하고, 패러데이는 자기장으로부터 빠르게 도선 코일을 잡아 당겨 순간적인 전류를 생성하였다. 코일을 자석 쪽으로 밀면 바늘이 반대방향으로 움직인다.

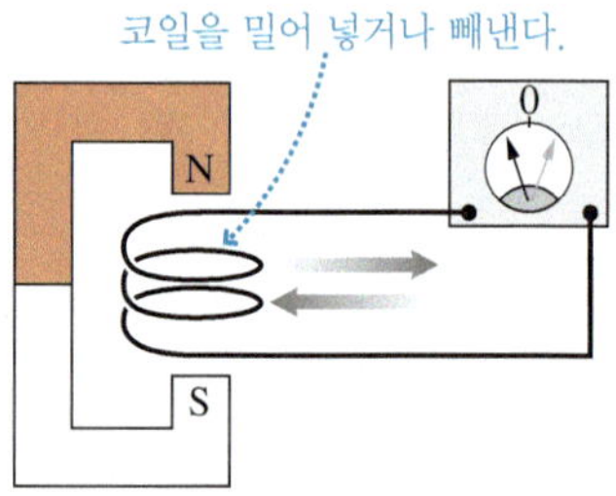

코일을 자석 쪽으로 밀어 넣거나 빼낼 때 순간적인 전류가 생성된다.

이러한 모든 실험들은 모두 패러데이의 가설을 강화하였다. **패러데이는 코일을 통과하는 자기장이 변화하는 경우에만 도선 코일에 전류가 흐른다는 사실을 발견하였다.** 자기장을 변화시키는 원인이 무엇인지는 중요하지 않다. 주변 회로에 전류가 멈추거나 흐르기 시작할 때, 코일에 자석을 집어넣느냐 빼느냐는 중요하지 않다. 이 효과는 모든 경우에 같다. 만약 코일을 통과하는 자기장이 변화하지 않는다면 전류는 생성되지 않는다. 따라서 전류를 생성시키는 것은 자기장 자체가 아니라, **자기장의 변화**이다.

변화하는 자기장에 의해 회로에 흐르는 전류를 **유도 전류**(induced current)라 한다. 스위치를 열거나 자석을 이동시키면 주변 회로에 전류가 **유도된다**. 유도 전류는 전지에 의해 발생하지 않는다. 이것은 전류를 생성할 수 있는 완전히 새로운 방법이다. 변화하는 자기장에 의한 전류의 생성은 **전자기 유도**(electromagnetic induction)의 첫 번째 예이다.

25.2 운동 기전력

위성이 우주 정거장에 묶여 있다.

1996년 우주 정거장의 우주비행사는 20 km 길이의 도선 끈 끝에 위성을 배치하였다. 둘 사이의 도선 끈이 지구 자기장 안에서 움직이면서 정거장과 위성 간에 3500 V까지 전위차가 발생하였다. 왜 자기장 내 도선 끈의 운동이 이와 같은 큰 전압을 생성시킬까? 운동 기전력의 메커니즘을 살펴보자.

우선 그림 25.2와 같이 균일 자기장 $\vec{B}$ 속을 속도 $\vec{v}$로 통과하는 길이 l의 도체를 고려하자. 도체 내부의 전하 운반자(전류의 정의에서처럼 양(+)으로 가정) 또한 속도 $\vec{v}$로 운동하며 자기력을 경험한다. 편의를 위해 속도 $\vec{v}$가 $\vec{B}$에 대해 수직이라고 가정하면 힘의 크기는 $F_B = qvB$가 된다. 이 힘은 전하 운반자가 운동할 수 있게 한다. 그림 25.2의 구조에서 오른손 규칙은, 양(+)전하는 운동하는 도체의 상단으로 이동하고, 하단에는 음(−)전하의 초과분을 남겨놓는다는 것을 말해준다.

그림 25.2 운동하는 도체의 전하에 대한 자기력은 도체 내부에 전기장을 생성시킨다.

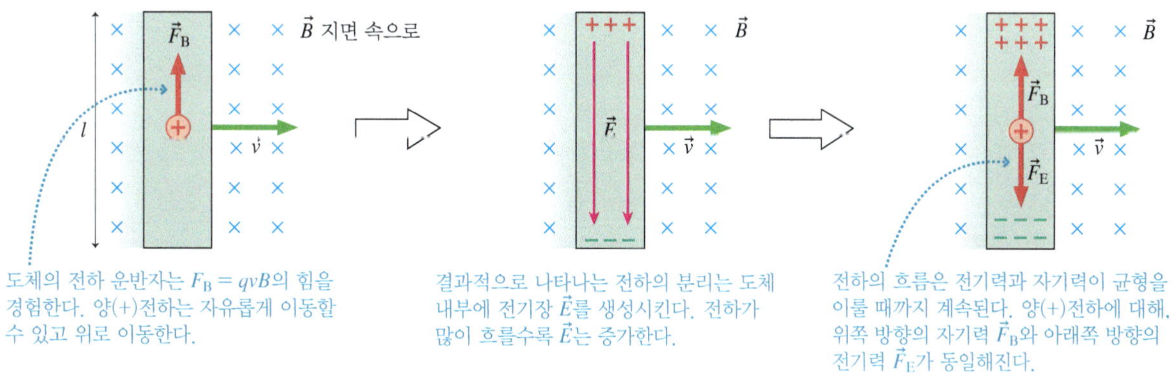

전하 운반자의 운동은 영원히 지속될 수 없다. 전하 운반자의 분리는 전기장을 생성시킨다. 그 결과로 나타나는 전기력은 전하의 분리를 거스르게 되어 전기력과 자기력이 정확하게 균형을 이룰 때까지만 전하의 분리가 계속된다.

$$F_E = qE = F_B = qvB$$

평형이 이루어졌을 때, 전하 운반자는 어떤 알짜힘의 작용도 받지 않게 되어 더 이상

그림 25.3 기전력을 발생시키는 두 가지 다른 방법

(a) 화학 반응이 전하를 분리하며 양단에 전위차를 생성시킨다. 이것이 화학적 기전력이다.

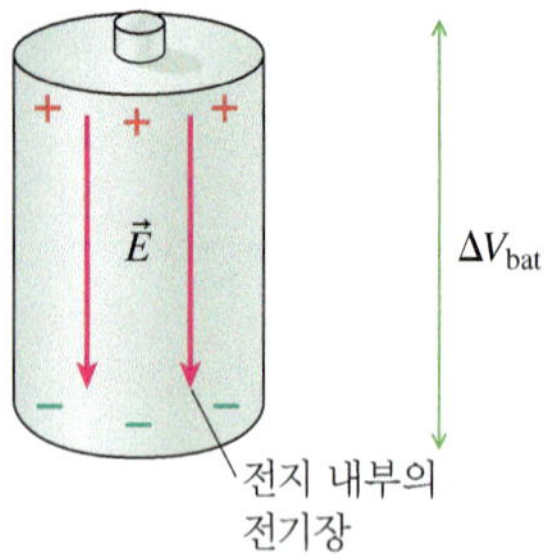

(b) 자기력이 전하를 분리시키고 양단에 전위차를 생성시킨다. 이것이 운동 기전력이다.

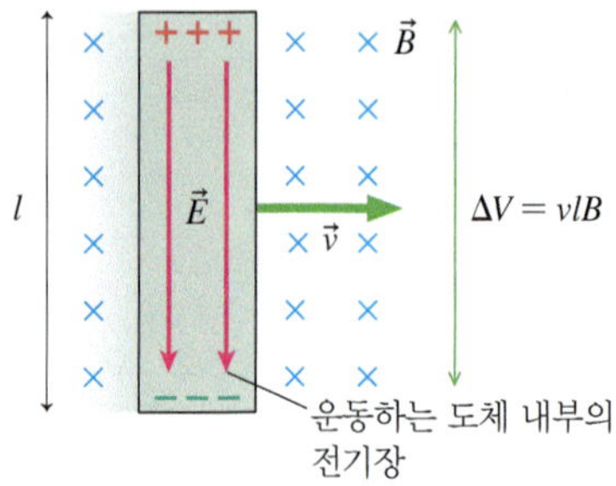

운동할 수 없을 것이다. 평형에서 전기장은

$$E = vB \tag{25.1}$$

이다. 따라서 **운동하는 도체의 전하 운반자에 작용하는 자기력은 도체 내부에 $E = vB$에 해당하는 전기장을 생성시킨다.**

이번에는 전기장이 운동하는 도체의 양 끝 사이에 전위차를 만든다. ◀◀21.5절에서 전기장 E에 평행하게 거리 l만큼 떨어진 두 지점 사이의 전위차는 $\Delta V = El$임을 알았다. 따라서 자기장을 통과하는 도체의 운동은 도체의 양 끝 사이에 아래와 같은 전위차를 **유도**하게 된다.

$$\Delta V = vlB \tag{25.2}$$

전위차는 자기장의 세기와 자기장을 통과하는 도체의 속력에 의존한다. 이것은 이전 장에서 보았던 전자기 유량계의 동작과 유사하다.

이러한 전위차와 전지의 전위차 사이에는 중요한 유사점이 있다. **그림 25.3(a)**는 전지가 전하 승강기라고 하는 비전기적인 힘을 사용하여 양(+)전하와 음(−)전하를 분리하는 것을 보여준다. 화학 반응에 의해 전하가 분리되는 전지는 **화학적 기전력**(chemical emf)의 근원이다. **그림 25.3(b)**의 운동하는 도체는 전하를 분리하는 데 가한 일 때문에 전위차를 발생시킨다. 도체의 기전력은 내부의 화학 반응이 아니라 운동에 의한 것이며, 이로부터 자기장 $\vec{B}$에 수직으로 속도 $\vec{v}$로 운동하는 길이 l의 도체의 **운동 기전력**(motional emf)은 다음과 같이 정의할 수 있다.

$$\mathcal{E} = vlB \tag{25.3}$$

도체의 운동에 기인한 기전력(V) → $\mathcal{E}$
자기장의 세기(T) → B
자기장에 수직한 방향의 도체의 속력(m/s) → v
도체의 길이(m) → l

자기를 위한 머리? BIO 귀상어를 관찰해보면 지구 자기장을 사용하여 길을 찾는다는 인상을 받는다. 아마도 그들은 물속을 헤엄칠 때 생성되는 운동 기전력을 느낌으로써 지구 자기장을 감지하는 전기 센서를 사용하여 자기장을 탐지할 것이다. 전위차($\mathcal{E}$)는 운동하는 도체의 길이(l)에 비례하므로 귀상어의 이상한 모양의 머리 폭이 귀중한 자산이 될 것이다.

예제 25.1 비행기의 운동 기전력 구하기

65 m의 날개 길이를 가진 보잉 747 항공기가 북부 캐나다 상공을 260 m/s의 속력으로 비행하고 있고, 이 지역은 지구 자기장(세기 5.0×10^{-5} T)이 연직으로 아래 방향을 향하고 있다. 날개의 양 끝 사이의 전위차는 얼마인가?

준비 날개는 자기장을 통과하여 운동하는 도체이기 때문에 운동 기전력이 있을 것이다. 날개를 운동하는 도체로 생각하고 문제의 상황을 그림 25.3(b)에서처럼 상단보기 형태로 정확하게 표시할 수 있다.

풀이 자기장이 속도에 수직이므로 식 (25.3)을 사용하여 전위차를 계산할 수 있다.

$$\Delta V = vlB = (260\ \text{m/s})(65\ \text{m})(5.0 \times 10^{-5}\ \text{T}) = 0.85\ \text{V}$$

검토 지구 자기장이 작기 때문에, 속력과 길이가 매우 크지 않다면 운동 기전력 또한 작을 것이다. 끈으로 이어진 인공위성은 훨씬 빠른 속력을 갖고 운동하며 도체인 끈의 길이가 아주 길기 때문에 훨씬 높은 전압을 생성한다.

회로에 유도된 전류

그림 25.3의 운동하는 도체는 기전력을 가지고 있지만, 전하가 갈 곳이 없기 때문에 전류를 유지할 수 없다. 여기에서 회로에 이동하는 도체를 포함함으로써 상황을 변경할 수 있다.

그림 25.4는 고정된 ㄷ자형 도체 레일을 따라 속력 v로 미끄러지는 저항 R인 도선을 보여준다. 도선과 레일은 함께 닫힌 도선 고리, 즉 회로를 형성한다.

회로 면에 수직인 자기장 B를 생각해보자. 움직이는 도선 내의 전하는 자기력에 의해 바로 그림 25.3에서처럼 끝쪽으로 밀쳐지겠지만, 이제는 전하가 회로를 따라 계속 흐를 수 있다. 움직이는 도선은 회로에서 전지처럼 작동한다.

이 회로의 전류는 운동하는 전하에 작용하는 자기력에 의한 **유도 전류이다.** 이 예에서 유도 전류는 반시계 방향이다. 회로의 총 저항이 운동하는 도선의 저항 R이므로 유도 전류는 옴의 법칙에 의해 주어진다.

$$I = \frac{\mathcal{E}}{R} = \frac{vlB}{R} \tag{25.4}$$

그림 25.4 도선이 자기장 속에서 운동함에 따라 회로에는 전류가 유도된다.

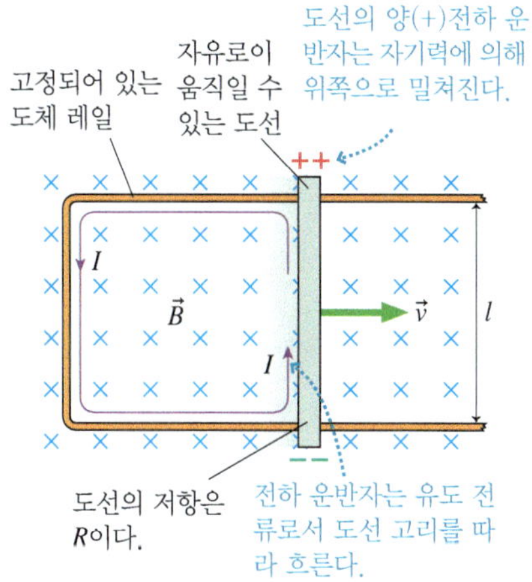

도선이 일정한 속력으로 레일을 따라 이동하는 것으로 가정했다. 하지만 이러한 일을 일으키기 위해선 지속적으로 끌어당기는 힘을 작용해야 한다. **그림 25.5**는 그 이유를 보여준다. 현재 유도 전류 I를 운반하는 이동하는 도선이 자기장 내에 있다. 24장에서 자기장이 전류가 흐르는 도선에 힘을 작용한다는 것을 배웠다. 오른손 규칙에 의하면, 이동하는 도선에 대한 자기력 $\vec{F}_{mag}$는 왼쪽을 가리킨다. 도선을 지속적으로 운동시켜 줄 반대방향의 끌어당기는 힘 $\vec{F}_{pull}$을 작용시키지 않으면 이러한 '자기 끌림힘(magnetic drag)'에 의해 도선이 느려지다가 멈추게 될 것이다.

그림 25.5 도선을 오른쪽으로 운동시키기 위해서는 끌어당기는 외부 힘이 필요하다.

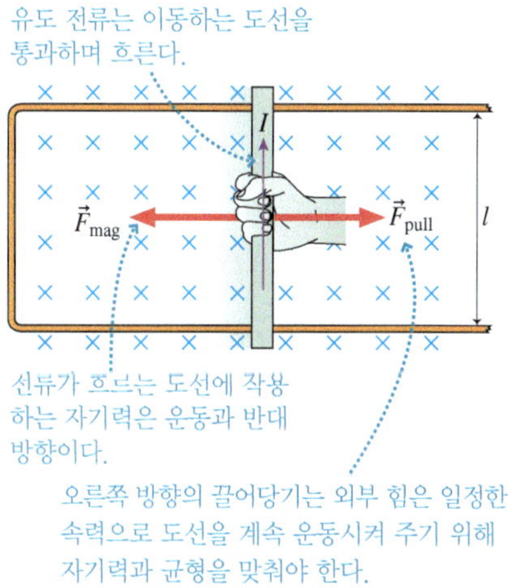

전류가 흐르는 도선에 작용하는 자기력의 세기는 24장에서 배운 것처럼 $F_{mag} = IlB$이다. 이 결과와 유도 전류에 대한 식 (25.4)를 함께 이용하여 도선을 끌어 일정한 속력 v로 만들어 주는 데 필요한 힘을 구하면,

$$F_{pull} = F_{mag} = IlB = \left(\frac{vlB}{R}\right)lB = \frac{vl^2B^2}{R} \tag{25.5}$$

이다.

영상 학습 데모

에너지 고려하기

그림 25.6은 도체 레일에서 운동하는 도선에 대한 또 다른 모습이다. 일정한 속력으로 자기장을 통해 도선을 끌어당기기 위해서는 힘이 필요하기 때문에, 계속해서 도선을 이동시키려면 일을 해야 한다. 10장에서 속도 v로 물체를 밀거나 끌어당기는 힘에 의한 전력은 $P = Fv$라는 것을 배웠다. 따라서 도선을 끌어당기는 힘에 의해 회로로 전달되는 전력은

$$P_{input} = F_{pull}v = \frac{v^2l^2B^2}{R} \tag{25.6}$$

그림 25.6 유도 전류 회로로 가는 혹은 오는 전력

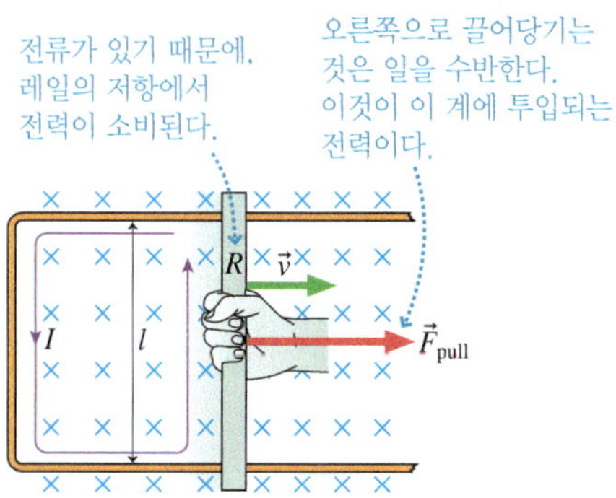

이다. 이것은 끌어당기는 힘에 의해 회로에 더해지는 일률이다.

그러나 회로는 저항에서 에너지를 잃어버린다. 22장에서 전류 I가 저항 R를 통과할 때 전류에 의해 소비되는 전력은 $P = I^2R$이 된다는 것을 배웠다. 유도 전류 I에 대한 식 (25.4)로부터 그림 25.6의 회로에서 소비되는 전력을 구할 수 있다.

$$P_{\text{dissipated}} = I^2R = \frac{v^2l^2B^2}{R} \tag{25.7}$$

식 (25.6)과 (25.7)은 동일한 결과를 준다. 이것은 의미가 있다. 회로에 가해지는 일률은 소비되는 일률과 정확히 균형을 이룬다. 마지막 결과가 에너지 보존과 일치한다는 사실은 이런 유도가 옳다는 것이다.

발전기

역학적 에너지를 전기 에너지로 변환해주는 장치를 **발전기**(generator)라 한다. **그림 25.7**은 단순한 발전기의 예이지만, 이 발전기는 그리 실용적이지는 않다. 직선 도선을 움직이는 것보다 그림 25.7에서와 같이 도선 코일을 회전시키는 것이 더 실용적이다. 코일이 회전하면서, 코일의 왼편은 자기장을 통과하며 항상 위로 움직이며 오른편은 항상 아래쪽으로 움직인다. 자기장을 통과하는 도선의 운동은 전류를 유도하여 그림에 표시된 것처럼 전류가 흐르게 한다. 유도 전류는 회전 고리로부터 회전하는 슬립 고리(slip ring)를 누르는 브러시(brush)에 의해 회로로 이동된다. 그림에서처럼 회로가 완성된다.

그림 25.7의 발전기 코일이 회전함에 따라 기전력의 방향이 변화하여서 기전력은 시간에 따른 함수로서 사인 모양 형태로 변화한다. 이러한 종류의 발전기에 의해 전기가 생산된다. 가정용 전기는 변화하는 전압을 갖는다. 전압의 부호가 뒤바뀌면서 교류(alternating current)가 발생되는데, 이러한 전기를 AC라 한다. 26장에서 이런 종류의 전기에 대해 더 알아볼 것이다.

일하지 않으면 빛이 없다 발전형 손전등의 손잡이를 회전시키면 영구자석에 의한 자기장 안에서 도선 코일이 회전하게 된다. 스위치를 끄면 전류도 없으며 끌림힘도 없다. 손잡이를 돌리기는 쉽다. 스위치를 닫으면 코일에 유도 전류가 흐를 수 있도록 하여 전구에 불이 들어온다. 그러나 도선의 전류는 자기장 내에서 끌림힘을 느끼게 되어 손잡이를 계속 돌리기 위해서는 일을 해야 한다. 이것이 회로의 출력 전력, 즉 전구에 불을 켜는 것의 근원이다.

그림 25.7 회전하는 도선 고리를 이용한 발전기

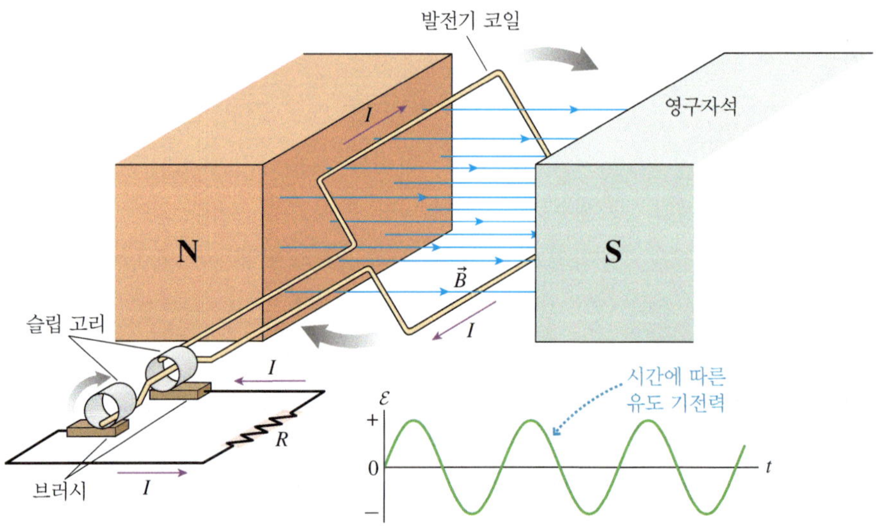

25.3 자기 선속

자기장을 통과하여 운동하는 도선이 있는 회로를 분석함으로써 전자기 유도에 대한 탐구를 하였다. 이것이 패러데이의 발견과 무슨 상관이 있는지 궁금할 것이다. 패러데이는 도선으로 만들어진 코일이나 고리를 통과하는 자기장의 양이 변화할 때 전류가 유도되는 것을 발견하였다. 그러나 이것은 정확하게 그림 25.4에서 나타난 레일 위를 도선이 미끄러져 내려오는 경우에 해당한다. 회로가 넓어짐에 따라 더 많은 자기장이 더 넓어진 고리를 통과하게 된다. 이제 '고리를 통과하는 자기장의 양'이 무슨 뜻인지 좀 더 명확하게 정의할 시간이다.

그림 25.8(a)에 보인 것처럼, 선풍기 앞에서 직사각형 모양의 도선 고리를 들고 있는 것을 상상하자. 화살표는 공기의 흐름을 나타낸다. 만약 고리를 통과하는 공기의 양을 최대로 얻고자 한다면, 공기 흐름 방향에 수직으로 고리를 잡고 있어야 한다. 이 위치에서 고리를 살짝 기울이면, 더 적은 양의 공기가 고리를 통과할 것이다. 그림 25.8(b)는 이러한 감소를 좀 더 명확하게 보여주는 측면도이다. 기울어진 고리를 더 적은 수의 화살표가 통과하고 있다. 이 상황을 그림 25.8(c)와 같이 다른 방법으로 시각화할 수 있다. 이 그림은 여러분 쪽을 향하는 바람의 전면도를 보여준다. 그림의 점은 화살표의 앞쪽을 의미한다. 이 관점에서 보면 왜 공기의 양이 더 적어지는지가 명확해진다. 움직이는 공기에 대해 고리는 더 작은 면적을 제공한다. 이런 경우 고리의 **유효 면적**이 감소했다고 한다.

위와 같은 생각을 고리를 통과하는 자기장에 적용할 수 있다. 그림 25.9(a)는 균일 자기장 내 고리의 측면도를 보여준다. 고리를 통과하는 자기장 벡터가 최대가 되도록 하기 위해서는 공기 흐름에 대해서 했던 것처럼, 고리를 자기장 벡터에 수직이 되도록 회전시켜야 한다. 고리의 **축**은 고리 평면에 수직하며 고리의 중앙을 통과하는 선으로 정의한다. 이 축이 자기장에 평행할 때 가장 많은 수의 자기장 벡터가 고리를 통과하는 것을 알 수 있다. 고리를 각도 θ만큼 기울이면 선풍기로부터의 공기의 경우에서와 같이 고리를 통과하는 벡터 개수를 감소시킨다.

그림 25.9(b)는 크기가 표시된 고리의 전면도이다. 고리가 각도 θ만큼 기울어지면 유효 면적이 감소하여 더 작은 수의 벡터들이 고리를 통과하게 된다. 여기에서 유효 면적을 다음과 같이 정의할 수 있다.

그림 25.8 고리를 통과하는 공기의 양은 각도에 따라 변한다.

(a) 고리를 통과하는 공기를 불어주는 선풍기

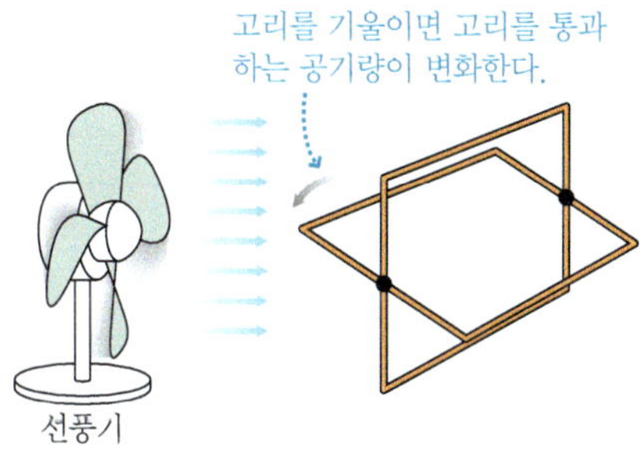

(b) 고리를 통과하는 공기의 측면도

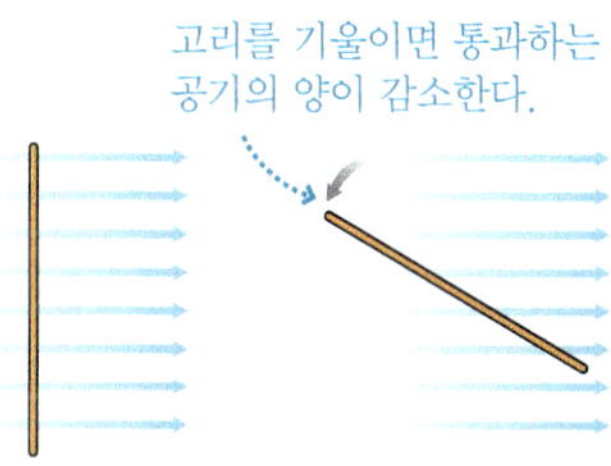

(c) 고리를 통과하는 공기의 전면도

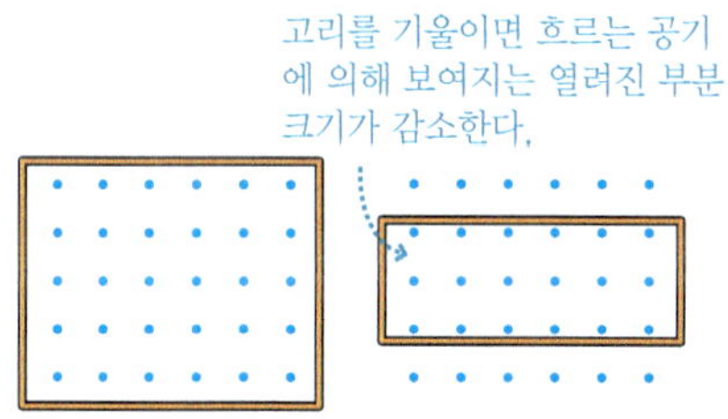

그림 25.9 고리를 통과하는 자기장의 양은 각도에 따라 변한다.

(a) 옆면에서 본 고리

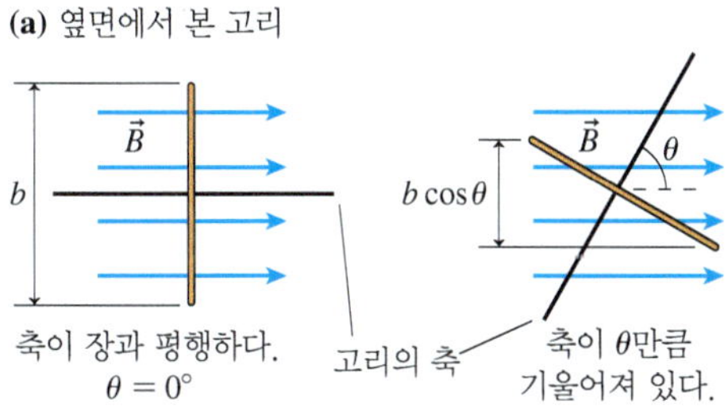

(b) 자기장을 바라보는 방향에서 본 고리

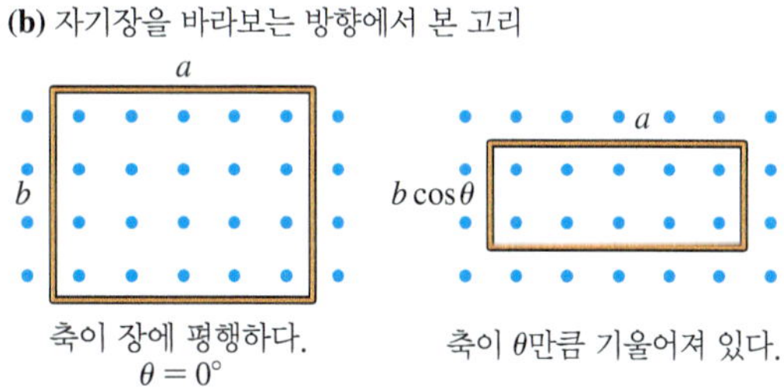

$$A_{eff} = ab\cos\theta = A\cos\theta \quad (25.8)$$

궁극적으로, 고리를 '통과하는' 자기장의 양은 자기장의 세기와 고리의 유효 면적 두 가지에 의존한다. 이것을 고려하여 **자기 선속**(magnetic flux) Φ를 아래와 같이 정의한다.

$$\Phi = A_{eff}B = AB\cos\theta \quad (25.9)$$

자기장 B에 대하여 각도 θ를 가지는 면적 A를 통과하는 자기 선속

그림 25.10 자기 선속의 정의

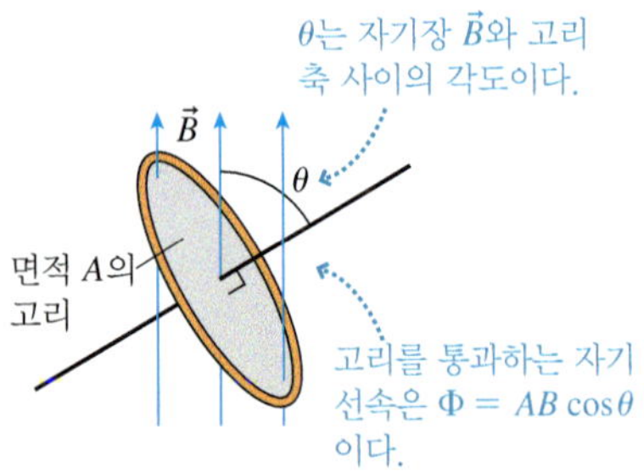

자기 선속은 자기장에 대하여 각도 θ를 가지고 고리가 기울어진 경우 면적 A의 고리를 통과하는 자기장의 양을 측정한다. 자기 선속의 SI 단위는 **웨버**(weber)이다. 식 (25.9)로부터 다음을 확인할 수 있다.

$$1\text{웨버} = 1\ \text{Wb} = 1\ \text{T}\cdot\text{m}^2$$

식 (25.9)의 관계는 **그림 25.10**에 설명되어 있다.

예제 25.2 수직 고리를 통과하는 지구 자기장의 자기 선속 구하기

특정한 위치에서 지구 자기장이 수평면 아래로 60° 기울어져 있고 크기는 50 μT이다. 10 cm 지름의 원형 도선 고리가 탁자에 평평하게 놓여 있다. 고리를 통과하는 자기 선속은 얼마인가?

준비 **그림 25.11**은 지구 자기장과 고리를 보여준다.

그림 25.11 고리를 통과하는 지구 자기장의 자기 선속 구하기

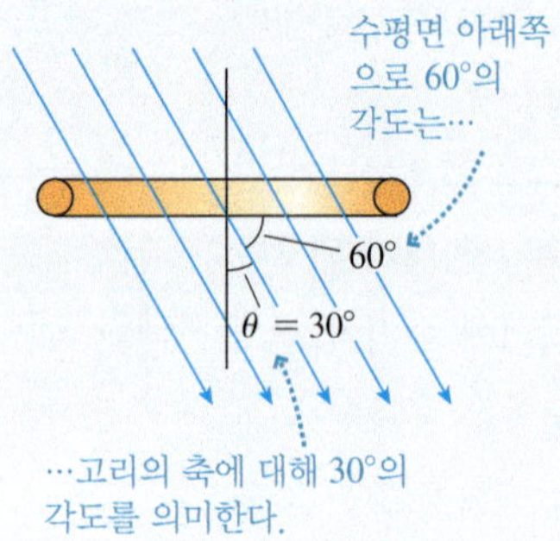

자기장은 60° 기울어져 있어 고리의 축에 대한 자기장의 각도 θ = 30°이다. 고리의 반지름은 5.0 cm이므로 고리의 면적은 $A = \pi r^2 = \pi(0.050\ \text{m})^2 = 0.0079\ \text{m}^2$이다.

풀이 고리를 통과하는 선속은 각도와 면적에 대해 식 (25.9)에 의해 주어진다.

$$\Phi = AB\cos\theta = (0.0079\,\text{m}^2)(50\times10^{-6}\ \text{T})\cos 30° = 3.4\times10^{-7}\ \text{Wb}$$

검토 작은 고리와 작은 자기장이므로 매우 작은 자기 선속이 타당해 보인다.

렌츠의 법칙

그림 25.12 고리 방향으로 막대 자석을 밀어 넣으면 고리에 전류가 유도된다.

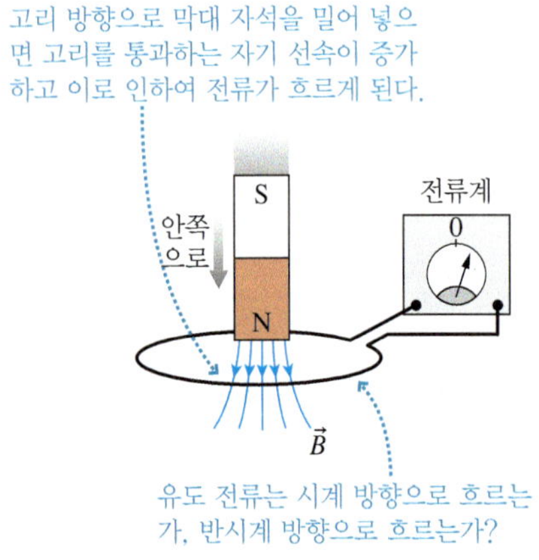

이번 장의 이전에 소개된 몇 개의 전자기 유도 실험들은 운동 기전력으로 설명될 수 있지만, 운동이 관여하지 않는 경우도 있다. 이러한 것들이 공통으로 가지고 있는 점은 코일이나 고리를 통과하는 자기 선속이 어떻게든 변화한다는 점이다. 이러한 모든 발견들을 다음과 같이 요약할 수 있다. **고리를 통과하는 자기 선속이 변화할 때 도선 고리에 전류가 유도된다.**

예를 들어, **그림 25.12**의 고리에는 막대 자석을 고리 방향으로 밀면 고리를 통과하는 자기 선속이 증가하기 때문에 순간적인 전류가 유도된다. 고리로부터 자석을 끌어당길 때는 자기 선속이 줄게 되고, 이는 전류계의 바늘이 반대방향으로 움직이게 한다. 고리의 전류 방향을 어떻게 예측할 수 있을까?

독일 물리학자 렌츠(Heinrich Lenz)는 패러데이의 발견을 접한 후 전자기 유도 현상을 연구하기 시작했다. 렌츠는 유도 전류의 방향을 결정하는 법칙을 발견하였다. 이 법칙을 **렌츠의 법칙**이라 하며, 다음과 같이 기술할 수 있다.

렌츠의 법칙 오직 고리를 통과하는 자기 선속이 변화하는 경우에만 닫힌 도선 고리에 유도 전류가 유도된다. 유도 전류의 방향은 유도되는 자기장이 자기 선속의 변화를 방해하는 형식으로 결정된다.

렌츠의 법칙은 다소 미묘하여 어떻게 적용되는가를 보기 위해선 약간의 연습이 필요하다.

렌츠의 법칙은 자기 선속이 변화하는 상황을 찾을 수 있게 한다. 이러한 상황은 세 가지 형태로 나타낼 수 있다.

1. 고리를 통과하는 자기장이 변화한다(증가 혹은 감소한다).
2. 고리의 면적이나 각도가 변화한다.
3. 자기장에 멀어지거나 가까워지는 쪽으로 고리가 이동한다.

렌츠의 법칙을 이런 식으로 이해할 수도 있다. 고리를 통과하는 자기 선속이 변화하면, 고리에 전류가 유도된다. 이 전류는 자체적으로 유도 자기장 $\vec{B}_{\text{induced}}$를 생성한다. **이 유도된 자기장이 선속의 변화를 방해한다.** 이러한 설명이 무엇을 의미하는지 명확하게 하기 위해 한 가지 예를 보도록 하자.

그림 25.13은 도선 고리 위쪽에 있는 자석을 보여준다. 자석의 자기장은 고리를 통과하는 아래쪽 방향의 자기 선속을 생성한다. 그림의 세 부분은 자석의 운동과 코일의 자기 선속 변화에 대해 고리에 전류가 어떻게 유도되는지를 보여준다.

그림 25.13 유도 전류는 자석의 운동에 따라 변한다.

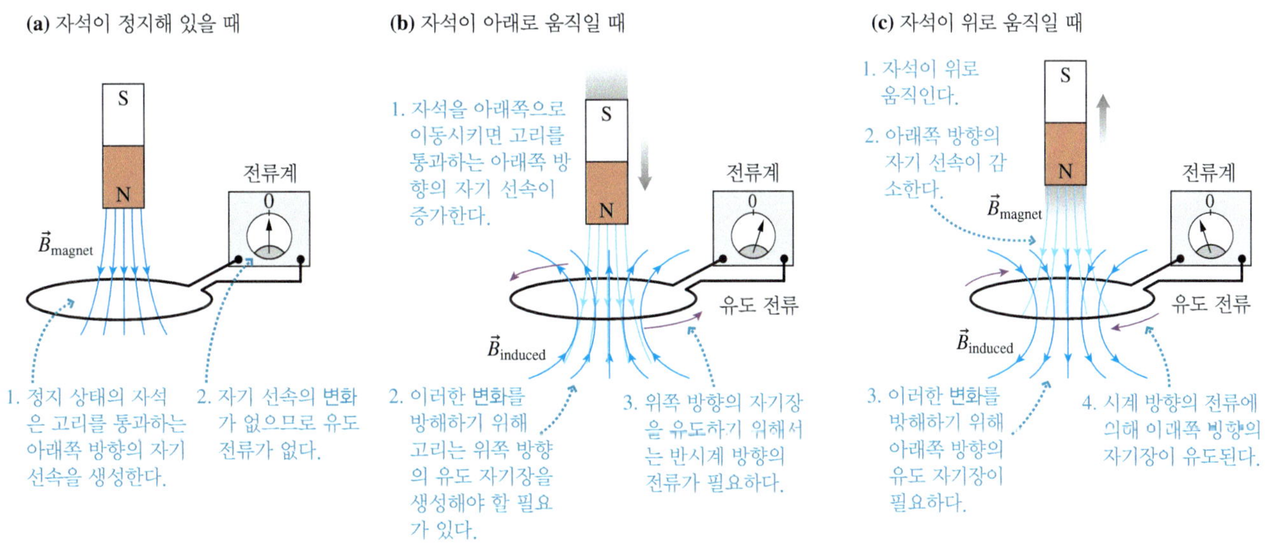

- (a)에서는 자석이 정지해 있다. 고리를 통과하는 자기 선속은 있지만 자기 선속이 변화되지 않으므로 고리에 유도되는 전류도 없다.
- (b)에서는 자석이 고리를 향해 움직이고 있다. 따라서 고리를 통과하는 아래 방향의 자기 선속이 증가한다. 렌츠의 법칙에 따라 고리는 이 변화를 방해하는 자기장을 생성할 것이다. **아래 방향의 자기 선속이 증가하는** 것을 방해하기 위해서는 고리가 **위쪽을 향하는 유도 자기장**을 생성해야 할 필요가 있다. 24장에서 배운 오른손 규칙에 따라 전류가 반시계 방향으로 흐르면 고리의 중심에서 유도되는 자기장은 위쪽 방향을 갖게 된다. 이와 같이 막대 자석의 북극이 고리를 향해 움직일 때 고리에는 반시계 방향의 전류가 유도된다. 이러한 유도 전류는 자석이 운동을 멈추는 순간 바로 중단된다.
- (c)에서처럼 막대 자석을 고리로부터 멀어지는 방향으로 움직이게 한다고 하자. 고리를 통과하는 아래 방향의 자기 선속이 있으나, 자기 선속은 자석이 멀어짐에 따라 감소하게 된다. 렌츠의 법칙에 따라 유도되는 자기장은 이 감소를 방해할 것이다. **아래 방향의 자기 선속의 감소**를 방해하기 위해서는 고리가 **아래쪽을 향하는 유도 자기장**을 생성해야 할 필요가 있다. 이 유도 전류는 시계 방향을 가지므로 (b)에서의 전류와 반대방향을 갖는다.

그림의 각 부분에서 막대 자석의 자기장은 아래 방향을 향하지만 유도되는 자기장은 막대의 운동에 따라 0이거나 위쪽을 향하거나 또는 아래쪽을 향할 수 있다. 유도 전류가 방해하는 것은 자석에 의한 **자기 선속**이 아니라 **자기 선속의 변화**이다. 이것은 미묘하지만 결정적인 차이이다. 자석의 자기장이 아래쪽을 향해 증가하고 있다면 유도 전류는 위쪽 방향의 자기장을 생성해서 이러한 **증가를 방해**하려 한다. 자석의 자기장이 아래쪽을 향해 감소하고 있다면 유도 전류는 아래쪽 방향의 자기장을 생성해서 이러한 **감소를 방해**하려 한다.

유도 전류의 방향을 결정하기 위해 렌츠의 법칙을 사용하여 위에서 했던 접근 방법은 일반적인 것이다. 한 단계씩 명확히 설명할 필요가 있을 것이다.

풀이 전략 25.1 렌츠의 법칙 이용하기

❶ 작용하는 자기장의 방향을 결정한다. 자기장은 고리를 통과해야 한다.

❷ 선속이 어떻게 변화하는지 결정한다. 증가하는가, 감소하는가, 아니면 변화하지 않는가?

❸ 선속의 **변화**를 방해하는 유도 자기장의 방향을 결정한다.

- 증가하는 선속: 유도 자기장은 작용하는 자기장에 반대방향을 가리킨다.
- 감소하는 선속: 유도 자기장은 작용하는 자기장과 같은 방향을 가리킨다.
- 일정한 선속: 유도 자기장은 존재하지 않는다.

❹ 유도 전류의 방향을 결정한다. 3단계에서 찾은 유도 자기장을 생성시키는 고리의 전류 방향을 오른손 규칙을 사용하여 결정한다.

예제 25.3 렌츠의 법칙 적용하기 1

그림 25.14의 위쪽 회로 스위치가 오랫동안 닫혀 있다. 스위치가 열릴 때, 하부 고리에는 어떤 일이 벌어지는가?

준비 상부 고리의 전류는 자기장을 생성한다. 이 자기장은 하부 고리를 통과하는 자기 선속을 만들어낸다. 스위치를 열 때, 전류는 즉시 0으로 떨어지지 않는다. 매우 짧은 시간에 걸쳐 떨어진다. 상부 고리의 전류가 변화함에 따라 하부 고리의 자기 선속이 변화한다.

풀이 **그림 25.15**는 하부 고리의 전류를 알아내기 위해 렌츠의 법칙을 이용하는 네 단계를 보여준다. 스위치를 열면 하부 고리에 반시계 방향의 전류가 유도된다. 이것은 순간적인 전류로서 상부 고리의 자기장이 0으로 떨어질 때까지만 지속된다.

검토 유도 전류는 기존 전류와 같은 방향이다. 유도 전류는 자기 선속의 변화를 방해하며 전류는 감소하기 때문에 이것은 타당하다.

그림 25.14 예제 25.3의 회로

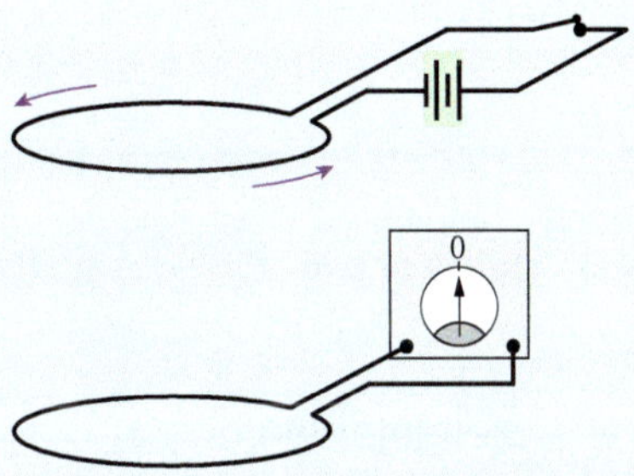

그림 25.15 유도 전류 구하기

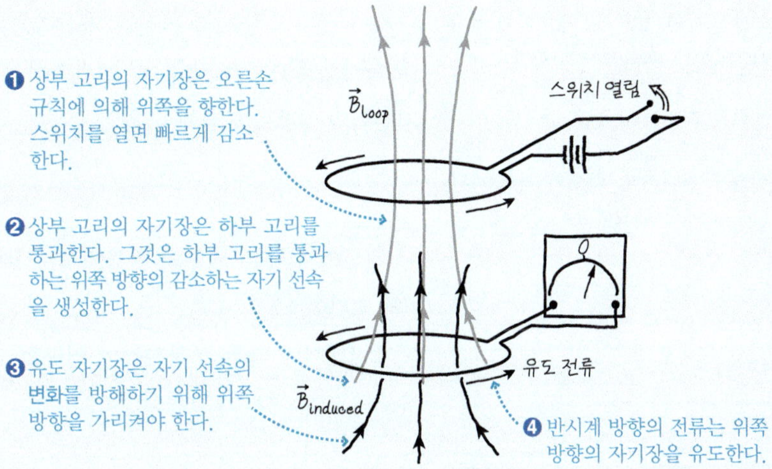

예제 25.4 렌츠의 법칙 적용하기 2

그림 25.16에서 보는 바와 같이 전류가 흐르는 도선을 향해 고리가 운동하고 있다. 고리가 운동할 때, 고리 주위로 시계 방향의 전류가 흐르는가, 반시계 방향의 전류가 흐르는가, 아니면 전류가 흐르지 않는가?

준비 **그림 25.17**은 도선의 위쪽 부분의 자기장이 지면으로 들어가는 방향이라는 것을 보여준다. 24장에서 전류가 흐르는 직선 도선의 자기장은 $1/r$에 비례한다는 것을 배웠다. 이때 r는 도선으로부터의 거리이며 자기장은 도선에 가까워질수록 강해진다.

풀이 고리가 도선을 향해 움직이면 고리를 통과하는 자기 선속이 증가한다. 자기 선속의 변화를 방해하기 위해(지면 방향으로 증가) 유도 전류의 자기장은 지면으로부터 나오는 방향이어야 한다. 따라서 오른손 규칙에 의해 그림 25.17에서 보는 바와 같이 반시계 방향의 전류가 유도된다.

검토 고리가 좀 더 강한 자기장의 영역으로 이동하다. 증가하는 자기 선속을 방해하기 위해 유도되는 자기장은 현재 존재하는 자기장의 반대방향이어야 하므로 해답은 타당하다.

그림 25.16 움직이는 고리

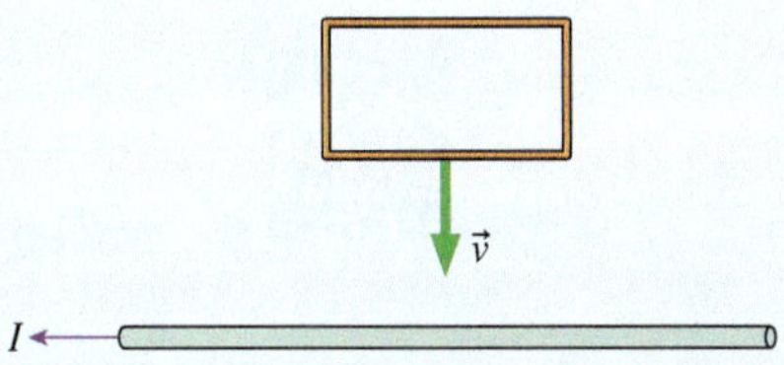

그림 25.17 고리의 운동은 고리를 통과하는 자기 선속을 변화시켜 전류를 유도한다.

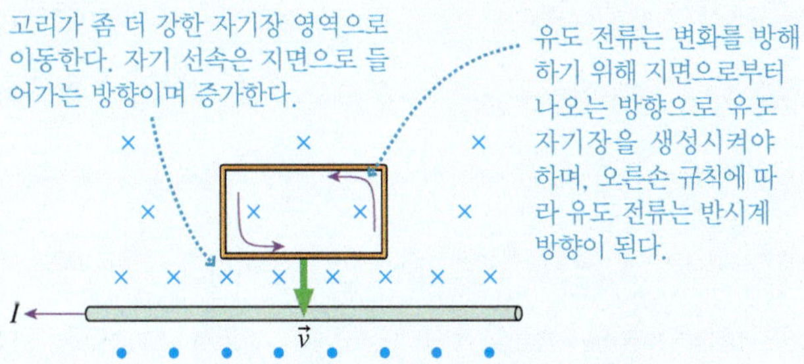

25.4 패러데이의 법칙

(자기 선속) 변화를 유지하라. 신용카드는 뒷면에 가늘고 긴 조각이 있고, 이 영역에서 교차하는 자화를 갖는다. 신용카드를 '긁음'으로써 이 조각이 카드리더 회로를 통과한다. 조각의 각 부분은 다른 자기장을 갖고 있으며, 이로 인해 조각의 운동은 전류를 유도시키는 일련의 선속 변화를 가져온다. 카드의 자화 패턴은 유도 전류의 패턴을 결정하고, 카드는 '읽혀진다'.

도체 고리를 통과하는 자기 선속이 변화할 때 전류가 유도된다. 렌츠의 법칙은 유도 전류의 방향을 찾을 수 있게 해준다. 전자기 유도를 실제로 이용하기 위해 유도 전류의 크기를 알아야 한다.

이전의 예제들에서, 선속의 변화는 도선 고리에 흐르는 전류를 유도하였다. 그러나 전하는 자발적으로 이동을 시작하지 않는다. 전류는 에너지를 공급하는 기전력을 필요로 한다. 아직 기전력의 메커니즘이 명확하지는 않더라도 이러한 회로에는 꼭 기전력이 있어야 한다.

자기 선속의 변화와 관련된 기전력은 무엇이 변화를 야기하던지 간에 **유도 기전력**(induced emf) $\mathcal{E}$라 한다. 이 기전력이 저항 R를 갖는 완성된 회로에 유도되면, 유도 기전력의 결과로 도선에 다음의 전류가 형성된다.

$$I_{\text{induced}} = \frac{\mathcal{E}}{R} \tag{25.10}$$

이 전류의 방향은 렌츠의 법칙에 의해 주어진다. 여기서 필요한 정보는 유도 기전력 $\mathcal{E}$의 크기이다.

패러데이와 다른 연구자들의 연구로 인해 현재 **패러데이의 법칙**이라 하는 전자기 유도의 기본 법칙이 발견되었다.

수업 영상

패러데이의 법칙 기전력 $\mathcal{E}$는 고리를 통과하는 자기 선속이 변화하는 경우 도체 고리에 유도된다. 만약 자기 선속이 Δt의 시간 간격 동안 $\Delta\Phi$만큼 변화한다면, 기전력의 크기는

$$\mathcal{E} = \left|\frac{\Delta\Phi}{\Delta t}\right| \tag{25.11}$$

이며, 기전력의 방향은 렌츠의 법칙에 의해 주어지는 유도 전류를 생성시키는 방향이 된다.

다시 말해, 유도 기전력의 크기는 고리를 통과하는 자기 선속의 **변화율**(rate of change)이다.

변화하는 자기장 안에 N번 감긴 도선 코일은 직렬로 연결된 N개의 전지처럼 행동해서 전체 코일의 유도 기전력은

$$\mathcal{E}_{\text{coil}} = N\left|\frac{\Delta\Phi_{\text{per coil}}}{\Delta t}\right| \tag{25.12}$$

이다.

수업 영상 수업 영상

문제 풀이 전략 25.1 전자기 유도

패러데이의 법칙은 유도 기전력 및 전류의 **크기**를 결정하게 해주고, 렌츠의 법칙은 **방향**을 결정하게 해준다.

준비 도선과 자기장을 간단히 생각하게 해주는 가정을 한다. 회로도나 그림을 그린다. 유도 전류의 방향을 결정하기 위해 렌츠의 법칙을 사용한다.

풀이 수학적인 기술은 패러데이의 법칙에 기반한다.

$$\mathcal{E} = \left|\frac{\Delta\Phi}{\Delta t}\right|$$

N번 감긴 코일에 대해 N을 곱한다. 유도 전류의 크기는 $I = \mathcal{E}/R$이다.

검토 얻은 결과가 올바른 단위인지, 타당한지 검토하고 문제에 답한다.

그림 25.4의 상황을 다시 생각해보자. 여기서 ㄷ자형 도체 레일 위를 도선이 자기장을 통과하며 미끄러지고 있다. 이 문제를 운동 기전력의 예로 보았는데, 지금은 패러데이의 법칙을 이용하여 생각해보자.

예제 25.5 패러데이의 법칙을 이용하여 기전력 구하기

그림 25.18은 저항 R인 도선이 ㄷ자형 도체 레일 위를 미끄러지고 있는 것을 보여준다. 도체 레일이 이상적인 도선이라고 가정하자. 패러데이의 법칙과 문제 풀이 전략 25.1을 이용하여 도선에서의 전류 표현식을 유도하시오.

그림 25.18 레일 위를 미끄러지는 도선

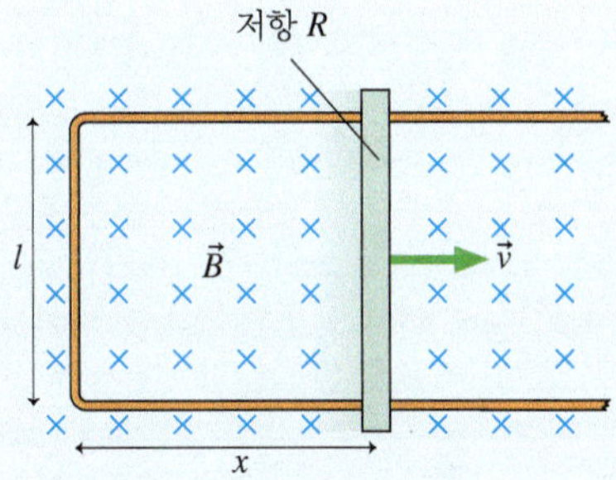

준비 **그림 25.19**는 도선과 레일에 의해 형성되는 전류 고리를 보여준다. 자기장은 일정하지만, 고리의 면적이 증가하기 때문에 자기 선속이 변화한다. 자기 선속은 고리 면으로 들어가는 방향으로 증가한다. 렌츠의 법칙에 의하면, 유도 자기장이 고리 면으로부터 나오는 방향이므로 유도 전류는 변화를 방해하기 위해 반시계 방향이어야 한다.

풀이 자기장 $\vec{B}$는 고리 평면에 수직이며, 따라서 $\theta = 0°$이고 자기 선속은 $\Phi = AB$이다. 이때 A는 고리의 면적이다. 만약 미끄러지

그림 25.19 미끄러지는 도선의 유도 전류

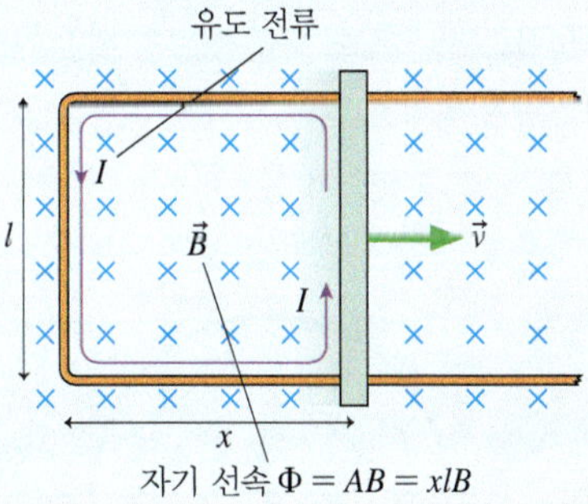

는 도선이 그림 25.19와 같이 끝으로부터 거리 x만큼 떨어져 있다면, 고리의 면적은 $A = xl$이고 그 순간의 선속은

$$\Phi = AB = xlB$$

이다. 고리를 통과하는 자기 선속은 도선이 움직여 x가 증가할수록 증가한다. 이 선속의 변화는 패러데이의 법칙에 따라 기전력을 유도하며, 다음과 같이 쓸 수 있다.

$$\mathcal{E} = \left|\frac{\Delta\Phi}{\Delta t}\right| = \left|\frac{\Delta(AB)}{\Delta t}\right| = \left|\frac{\Delta(xlB)}{\Delta t}\right|$$

마지막 식의 비율에서 변화하는 양은 위치 x이므로, 다음과 같이 표현할 수 있다.

$$\mathcal{E} = \left|\frac{\Delta(xlB)}{\Delta t}\right| = lB\left|\frac{\Delta x}{\Delta t}\right|$$

그러나 $|\Delta x/\Delta t|$가 도선의 속력 v이므로, 유도 기전력은

$$\mathcal{E} = vlB$$

이다. 도선과 고리는 총 저항 R를 갖고 있으므로, 유도 전류의 크기는 다음과 같다.

$$I = \frac{\mathcal{E}}{R} = \frac{vlB}{R}$$

검토 이 결과는 25.2절에서 얻은 것과 정확히 같은 결과이다. 25.2절에서는 운동하는 전하 운반자에 작용하는 힘을 고려하여 상황을 분석했다. 이는 현재 결과를 잘 검토하는 것이기도 하며, 운동 기전력과 패러데이의 법칙 간의 멋진 연결 관계를 확인해 준다.

예제 25.6 원형 고리의 유도 전류 구하기 BIO

MRI를 찍는 환자가 구리 팔찌를 풀어 놓는 것을 깜박했다. 팔찌는 지름이 6.0 cm이고 0.010 Ω의 저항을 갖고 있다. MRI 솔레노이드 안의 자기장 $\vec{B}$는 환자의 머리로부터 발끝을 향하는 방향을 갖고 있고, 환자의 팔찌는 $\vec{B}$에 수직이다. MRI를 찍는 동안 솔레노이드 내의 자기장이 1.00 T에서 0.40 T로 1.2 s 동안 감소하였다. 팔찌에 유도되는 전류의 크기와 방향은 무엇인가?

준비 상황을 그리는 것으로 시작하여 문제 풀이 전략 25.1의 단계를 따른다. **그림 25.20**은 팔찌와 환자의 몸 위에서 아래쪽으로 바라볼 때 작용하는 자기장을 보여준다. 자기장은 고리를 통과하여 아래쪽 방향을 향한다. 자기장이 감소함에 따라 고리를 지나는 자기 선속도 감소한다. 감소하는 자기 선속을 방해하기 위해, 렌츠의 법칙이 요구하는 바와 같이 유도 전류에 의한 자기장은 작용하는 자기장의 방향과 같아야 한다. 따라서 오른손 규칙으로부터 팔찌의 유도 전류는 시계 방향이 된다.

그림 25.20 감소하는 자기장 내의 원형 도선 고리

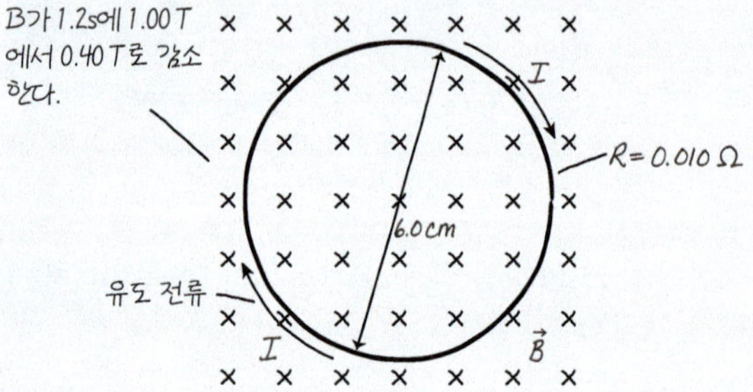

풀이 자기장은 고리 평면에 수직이다. 따라서 $\theta = 0°$이고 자기 선속 $\Phi = AB = \pi r^2 B$이다. 고리 면적은 시간에 따라 변화하지 않지만, B는 변화한다. 따라서 $\Delta\Phi = \Delta(AB) = A\Delta B = \pi r^2\,\Delta B$이고, $\Delta t = 1.2$ s 동안의 자기장 변화는 $\Delta B = 0.40\text{ T} - 1.00\text{ T} = -0.60$ T이다. 유도 기전력은 패러데이의 법칙에 의해

$$\mathcal{E} = \left|\frac{\Delta\Phi}{\Delta t}\right| = \pi r^2\left|\frac{\Delta B}{\Delta t}\right| = \pi(0.030\text{ m})^2\left|\frac{-0.60\text{ T}}{1.2\text{ s}}\right|$$

$$= \pi(0.030\text{ m})^2(0.50\text{ T/s}) = 0.0014\text{ V}$$

이다. 기전력에 의해 유도된 전류는

$$I = \frac{\mathcal{E}}{R} = \frac{0.0014\text{ V}}{0.010\ \Omega} = 0.14\text{ A}$$

이다. 감소하는 자기장은 0.14 A의 시계 방향 전류를 자기장이 감소하는 1.2 s 동안 발생시킨다.

검토 금속 팔찌의 저항이 매우 작기 때문에 기전력은 매우 작지만 전류는 상당하다. 전자기 유도가 실제 응용하기에 충분한 큰 전류를 발생시킬 수 있다는 것을 알고 있다. 유도 전류는 MRI 기계의 수치를 쉽게 왜곡할 수 있고, 더 큰 전류는 잠재적으로 위험할 수 있는 열을 발생시킬 수 있다. 이러저러한 이유로 MRI 기사는 MRI를 찍기 전에 환자가 모든 금속을 제거하도록 주의시킨다.

두 가지 예제에서 보여주는 것처럼 도체 고리를 통과하는 자기 선속을 변화시키는 데에는 근본적으로 두 가지 다른 방법이 있다.

1. 고리가 움직이거나, 커지거나, 회전하여 운동 기전력을 생성할 수 있다.
2. 자기장이 변화할 수 있다.

패러데이의 법칙은 무엇이 자기 선속의 변화를 일으키는가에 **관계없이** 유도 기전력이 단순히 고리를 통과하는 자기 선속의 변화율이라는 것을 알려준다.

맴돌이 전류

여기에서 여러분이 시도해볼 수 있는 주목할 만한 물리학 데모가 있다. **그림 25.21(a)**와 같이 구리판 한 장을 갖고 강한 자석의 자극 사이에 위치시킨다. 그 후, 구리판을 자석으로부터 가능한 한 가장 빠르게 당겨보라. 구리는 자성 물질이 아니므로 자석에 의해 이끌리지 않기 때문에, 금속을 자기장 속에서 끌어당기는 데 꽤 큰 힘이 필요하다는 것을 발견하고 놀라게 될 것이다.

이 상황을 분석하여 힘의 근원을 발견해보자. 그림 25.21(a)는 완전히 금속판 내부에 있는 두 '고리'를 보여준다. 오른쪽 고리는 자기장으로부터 멀어지고 있고 이것을 관통하는 자기 선속도 감소하고 있다. 경로를 정의하는 도선을 갖고 있지 못함에도 불구하고 도선 고리의 경우와 같이, 패러데이의 법칙에 의해 자기 선속 변화는 고리 주변을 흐르는 전류를 유도한다. 결과적으로 시계 방향(렌츠의 법칙에 의해 주어지듯이) 전류 '소용돌이'가 **그림 25.21(b)**에 나타난 것처럼 금속 내에서 순환하게 된다. 이와 유사하게 왼쪽 고리는 자기장에 진입하고 있고, 이것을 통과하는 자기 선속도 증가하고 있다. 렌츠의 법칙에 의해 전류 소용돌이는 반대방향으로 생성된다. 고체 도체 내의 이러한 유도 전류의 퍼진 소용돌이를 **맴돌이 전류**(eddy current)라 한다.

그림 25.21(b)는 맴돌이 전류의 방향을 보여준다. 2개의 소용돌이 모두 자석을 통과하면서 같은 방향으로 움직이는 점을 주목하라. 이 전류에 자석의 자기장이 힘을 가한다. 오른손 규칙에 의해 이 힘은 왼쪽 방향, 즉 끌어당기는 방향의 반대방향이므로 제동하는(braking) 힘으로 작용한다. 이 제동력 때문에 **금속을 자기장을 통과시키며 끌어당길 때 외부 힘이 필요하게 된다.** 끄는 힘이 사라지면, 자기 제동력은 금속이 멈출 때까지 감속시킨다. 어떤 방향으로 금속이 움직이든 맴돌이 전류에 작용하는 자기력은 금속의 운동을 방해하는 방향으로 작용한다. **자기 제동**(magnetic breaking)은 맴돌이 전류와 관련된 제동력을 이용하여 기차 및 운송수단을 감속시킨다.

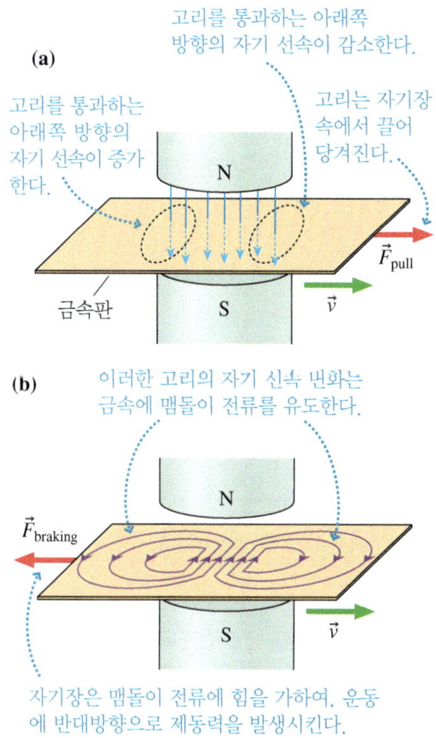

그림 25.21 맴돌이 전류

또한 맴돌이 전류는 자기장을 변화시킬 때 유도될 수도 있다. 이것은 실제적인 응용을 가능하게 한다. **경두개 자기자극**(TMS, transcranial magnetic stimulation)이라 알려진 기술에서 전류가 흐르는 코일을 통해 두뇌에 큰 진동 자기장이 가해진다. **그림 25.22**는 어떻게 이 자기장이 작은 맴돌이 전류를 생성시켜 뇌 세포의 뉴런을 자극하는지를 보여준다. 이것은 자극된 영역의 뉴런에 단기 억제효과를 가져오며 장기 임상효과를 가져올 수 있다. 이 기술은 연구에도 유용하다. 연구자들은 뇌 특정 부위의 작용을 억제하는 방법으로 그 부위가 어떤 인지 및 작업에 영향을 미치는지를 결정할 수 있다.

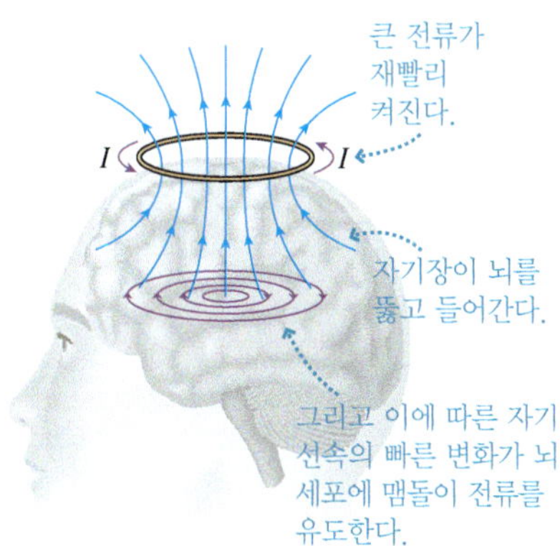

그림 25.22 경두개 자기자극 BIO

25.5 전자기파

이 절을 **그림 25.23**에 나타난 수수께끼와 함께 시작하려 한다. 길고 단단하게 감긴 반지름 r_1의 솔레노이드가 더 큰 반지름 r_2를 갖는 도체 고리의 중심을 통과하여 지난

그림 25.23 솔레노이드의 변화하는 전류가 고리의 전류를 유도한다.

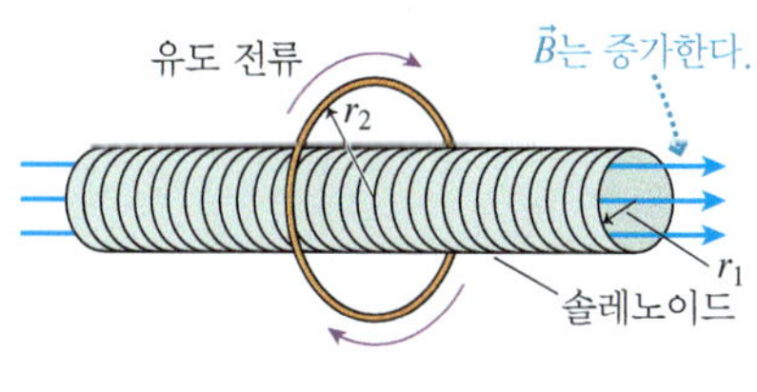

다. 솔레노이드에 전류가 흘러 자기장을 생성시킨다. 솔레노이드의 전류가 변화한다면 고리에는 어떤 일이 벌어질까?

24장에서 긴 솔레노이드 내부에서는 자기장이 강하지만 외부에서는 본질적으로 0이 된다는 것을 배웠다. 그렇다고 하더라도, 솔레노이드 내부의 자기장의 변화는 고리를 통과하는 자기 선속을 변화시키므로, 배운 이론에 의하면 고리에 전류가 유도될 것이 예상된다. 그러나 고리는 완전히 솔레노이드 외부에 있고, 이곳에선 자기장이 0이다. 도체 고리의 전하 운반자들이 솔레노이드 내부의 자기장이 변화하는 것을 어떻게 '인지'할 수 있을까?

유도 장

이 질문에 대답하기 위해 이와 관련된 다른 문제를 먼저 고려할 것이다. 고리를 통과하는 변화하는 자기 선속이 전류를 유도할 때, 구체적으로 무엇이 전류 발생의 원인(cause)이 되는가? 어떤 힘이 금속의 저항력을 이겨내며 전하를 고리 주위로 밀어내는가? 22장에서 전류를 고려했을 때, 도체 내에 전하를 움직이게 하는 것은 **전기장**이었다. 어떻게든, 변화하는 자기장은 전기장을 생성시켜야 한다.

그림 25.24 유도 전기장은 고리의 전류를 생성시킨다.

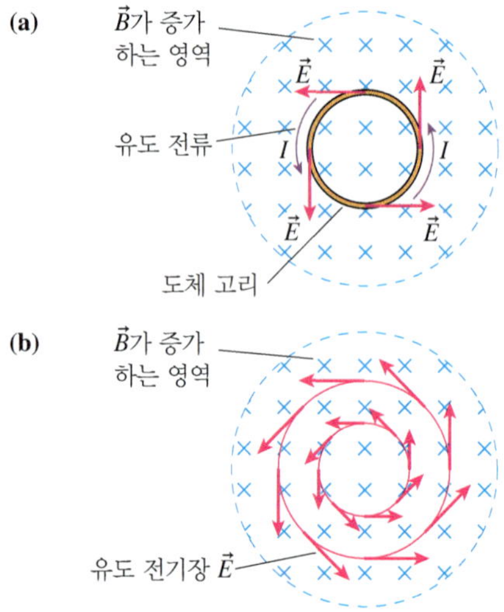

실제로, 변화하는 자기장은 **유도 전기장**(induced electric field)이라 하는 것을 생성시킨다. **그림 25.24(a)**는 증가하는 자기장에 놓인 도체 고리를 보여준다. 렌츠의 법칙에 의해, 반시계 방향으로 유도 전류가 발생한다. 전하를 이동시키기 위해서는 무엇인가 전하 운반자에 작용해야 하므로, 이 전류가 모든 위치에서 고리의 접선 방향인 유도 전기장에 의해 생성되었음을 추론할 수 있다.

그러나 유도 전기장은 도체 고리가 있건 없건 존재한다. 자기장이 변화하고 있는 공간은 **그림 25.24(b)**에 보인 것처럼 바람개비 모양의 유도 전기장으로 가득 차게 된다.

변화하는 자기장은 전기장을 유도한다. 변화하는 **전기장**에 대해서는 어떠한가? 일찍이 전기와 자기 사이의 연결성을 찾던 연구자들은 이것에 대해 의아하게 생각하며, **변화하는 전기장이 유도 자기장을 생성한다**는 가정을 세웠다.

이 가정은 놀라운 결론을 이끌어 준다. 만약 변화하는 자기장이 전하가 전혀 없는 상태에서 전기장을 유도할 수 있고, 변화하는 전기장이 전류가 전혀 없는 상태에서 자기장을 유도할 수 있다면, **전하 또는 전류와 무관한** 전기장과 자기장을 만드는 것이 가능해야 한다. 변화하는 전기장 $\vec{E}$는 자기장 $\vec{B}$를 생성하고, 다시 그것이 전기장을 재생성하기 위해 알맞은 방법으로 변화하며, 전자기 유도를 통해 장들이 계속적으로 재생성된다. 사실 전기장과 자기장이 **전자기파**(electromagnetic wave)의 형태를 취한다면 전하와 전류가 없어도 스스로 유지될 수 있다.

전자기파의 성질

전자기파가 스스로 전기장과 자기장을 유지하며 공간을 진행하기 위해서는, **그림**

25.25에 보인 것처럼 매우 특별한 기하학적 구조를 가져야 한다. 여기서 **전자기파는 횡파**(transverse wave)임을 알 수 있다. 전기장 $\vec{E}$와 자기장 $\vec{B}$는 서로 수직이며 파의 진행 방향에도 수직이다.

수학적인 분석은 전자기파가 다음의 속력으로 진행함을 보여준다.

$$v_{\text{em}} = \frac{1}{\sqrt{\epsilon_0 \mu_0}} \tag{25.13}$$

여기서 ϵ_0와 μ_0는 각각 전기 및 자기장의 표현에 사용되는 유전율 상수와 투과 상수이다. 이 상수값들을 대입하면 $v_{\text{em}} = 3.00 \times 10^8$ m/s임을 알 수 있다. 이 값은 이전에 보았던 값으로 빛속도이다.

진공에서 모든 전자기파는 같은 속력으로 진행하며, 이 속력을 빛속도라 하고 기호 c를 사용하여 나타낸다. 이 분석을 처음으로 한 맥스웰(James Clerk Maxwell)은 대담한 생각의 도약을 통하여 **빛이 전자기파**라는 결론을 내렸다. V부에서 빛의 성질을 배웠지만, 그때는 무엇이 '물결치고' 있는지 논의할 수 없었다. 이제 빛은 전기장 및 자기장의 파동이라는 것을 알게 되었다.

전기장 및 자기장의 진폭은 같이 변하며, 파동의 모든 곳에서 전기장 및 자기장의 세기는

$$\frac{E}{B} = c \tag{25.14}$$

의 관계를 갖는다. 그림 25.25는 직선, 즉 x축을 따라 전기장과 자기장의 값들이 변하는 것을 보여준다.

전자기파는 전기장과 자기장의 진동이지만 여전히 파동이므로 지금껏 파동에 대해서 배웠던 일반적인 원리들이 다 적용된다. ◀◀15.3절에서 사인 모양 파동을 속력, 파장, 그리고 진동수로 특징지을 수 있다는 것을 배웠고, 이것들은 근본적 관계식 $v = \lambda f$로 관련지어진다. 모든 전자기파는 빛속도 $v_{\text{em}} = c$로 진행하므로 사인 모양 전자기파에 대한 이 관계식은 다음과 같이 쓸 수 있다.

$$c = \lambda f \tag{25.15}$$

전자기파의 스펙트럼은 (상대적으로) 낮은 진동수(라디오파, 마이크로파)를 갖는 장파장의 파동으로부터 높은 진동수(가시광선, 자외선, X선)를 갖는 단파장까지 분류한다. 이번 장의 뒷부분에서 전자기파 스펙트럼에 대해 더 많은 것을 탐색할 것이다.

그림 25.25의 전자기파가 x축 방향으로 진행하는 평면파라고 가정하자. 평면파의 변위는 진행 방향에 수직인 임의의 평면의 모든 점에서 같다는 15장 내용을 기억하자. 이 경우 임의의 yz평면상에서 장들은 모두 같다. 만약 파동이 여러분 쪽으로 다가올 때 x축 위에 서 있다면, 전기장 및 자기장은 그림 25.26의 연속한 그림에서 보는 것처럼 변화한다. yz평면상의 각 점에서 $\vec{E}$와 $\vec{B}$는 시간에 따라 진동하지만, 평면상의 다른 모든 점에서 항상 서로 동시에 변화한다. 평면파가 여러분을 지나갈 때, 파동의 $\vec{E}$와

그림 25.25 사인 모양의 전자기파

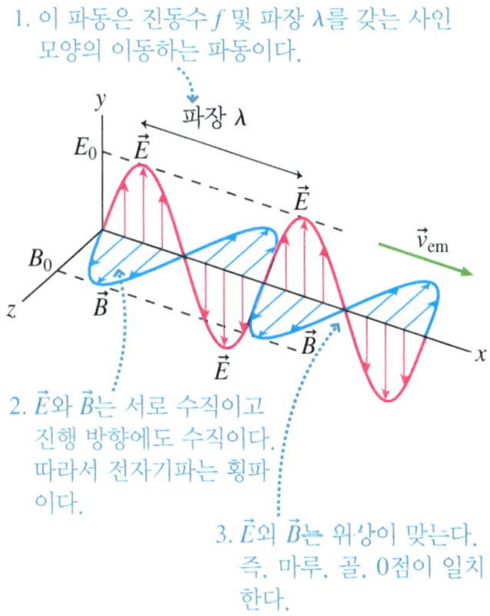

핸드폰의 할아버지 맥스웰이 전자기파의 성질을 결론 내린 후 얼마 지나지 않아 실험자들은 연구실 사이에서 신호를 전달하기 위해 이 파동을 사용했다. 1800년대 후반에 마르코니(Guglielmo Marconi)와 다른 연구자들은 전자기파를 생성하고 검출하는 신뢰성 있는 기술을 개발했다. 마르코니는 매우 멀리 떨어져 있는 사람에게 무선으로 신호를 보낼 수 있었으며, 요즈음에는 이를 당연히 여기게 되었다.

그림 25.26 반주기 동안 1/8 주기 간격으로 보인 여러분 쪽으로 진행하는 평면 전자기파의 장

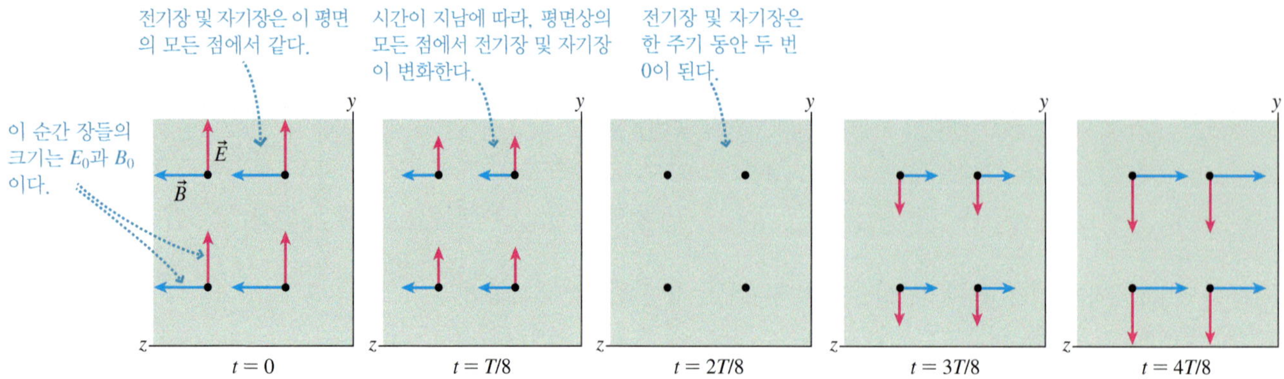

$\vec{B}$가 균일한 진동을 하고 있음을 볼 것이다.

15장에서 배운 진행파의 방정식을 전자기파에 적용할 수 있다. 만약 평면 전자기파가 y축 방향의 전기장을 갖고 x축 방향으로 진행한다면, 자기장은 z축 방향일 것이다. 파장 λ와 주기 T를 갖는 전기장 및 자기장의 파동 방정식은 다음과 같다.

$$E_y = E_0 \sin\left(2\pi\left(\frac{x}{\lambda} - \frac{t}{T}\right)\right) \qquad B_z = B_0 \sin\left(2\pi\left(\frac{x}{\lambda} - \frac{t}{T}\right)\right) \qquad (25.16)$$

이때 E_0 및 B_0은 진동하는 장의 진폭이다. 장의 진폭은 식 (25.14)에 주어진 장 사이의 관계를 다음과 같이 만족해야 한다.

$$\frac{E_0}{B_0} = c \qquad (25.17)$$

전자기파의 전기장 및 자기장의 진폭 간의 관계

c의 값이 매우 크기 때문에 N/C 단위의 전기장의 진폭은 T 단위의 자기장의 진폭보다 매우 크다.

편광

전자기파의 전기장 벡터는 진행 방향에 수직한 평면에 있다. 전기장 벡터를 포함하는 평면을 **편광면**(plane of polarization)이라 한다. 그림 25.27(a)에서 파동은 x축으로 진행하고, 편광면은 xy평면상에 있다. 만약 파동이 여러분 쪽으로 진행한다면, 그림 25.27(b)의 첫 번째 그림에 있는 것처럼 표현될 것이다. 이 특정한 파동은 **수직으로 편광**(vertically polarized)되었다(y축으로 진동하는 $\vec{E}$). 두 번째 그림은 **수평으로 편광**(horizontally polarized)된 (z축으로 진동하는 $\vec{E}$) 파동을 보여준다. 편광면은 수평이나 수직일 필요는 없다. 세 번째 그림처럼 임의의 방향을 가질 수도 있다.

그림 25.27 전자기파의 편광

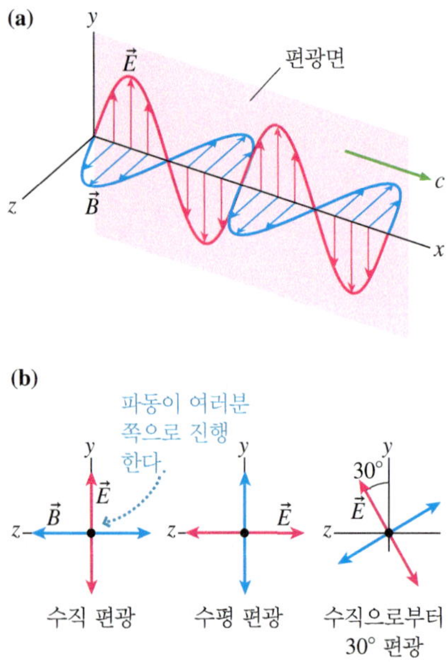

태양의 뜨거운 대기의 각 원자들은 다른 원자들과 독립적으로 빛을 방출하고 있으며, 이는 백열전구 필라멘트의 작은 금속조각들이 각각 빛을 방출하는 것과 마찬가지

이다. 여러분이 보거나 측정하는 전자기파는 이러한 작은 방출체로부터 오는 파동의 중첩이다. 각 개별 방출체로부터의 파동이 편광되었다 하더라도, 다른 모든 이웃들로부터의 파동들에 대해 무작위 방향으로 편광된다. 전자기파를 방출하는 대부분의 자연적인 파원으로부터 나오는 복사선이 그렇듯이, 최종적 파동, 모든 가능한 방향의 전기장을 갖는 파동의 중첩도 **편광되어 있지 않다**(unpolarized).

영상 학습 데모

전자기파의 에너지

모든 파동은 에너지를 운반한다. 파도는 해변을 침식하고, 음파는 고막을 진동시키며, 태양으로부터의 빛은 지구를 따뜻하게 한다. 이 모든 경우에 파동은 그것이 방출되는 곳으로부터 다른 곳(어떤 물체로 에너지가 전달되는 곳)까지 에너지를 운반한다. 물결파의 경우 파동 에너지는 물의 운동 에너지 및 중력 위치 에너지이다. 전자기파의 경우 파동 에너지는 전기장 및 자기장의 형태로 주어진다. 파동 에너지는 이러한 장들의 진폭에 의존한다. 만약 전기장 및 자기장이 더 큰 진폭을 갖고 있다면, 파동은 더 큰 에너지를 운반할 것이다.

◀◀15.5절에서 (W/m^2 단위로 측정되는) 파동의 세기를 $I = P/A$로 정의하였다. 이때 P는 면적 A에 전달되는 파동의 전력(초당 전송되는 에너지)이다. 전자기파의 세기는 진동하는 전기장 및 자기장의 진폭에 의존한다.

$$I = \frac{P}{A} = \frac{1}{2}c\epsilon_0 E_0^2 = \frac{1}{2}\frac{c}{\mu_0}B_0^2 \qquad (25.18)$$

진폭 E_0와 B_0을 갖는 전자기파의 세기

레이저빔의 경우와 같이 평면파의 세기는 거리에 따라 변하지 않는다. 이미 본 것처럼 구면파의 세기는 한 점에서 퍼져 나가면서, 에너지를 보존하기 위해 거리의 제곱에 따라 감소해야 한다. 만약 P_{source}의 전력을 갖는 파원이 모든 방향으로 균일하게 파동을 방출한다면, 거리 r에서의 파동의 세기는

$$I = \frac{P_{\text{source}}}{4\pi r^2} \qquad (25.19)$$

이다. 안테나, 핸드폰 및 다른 '점원'으로부터의 전자기파의 세기는 식 (25.19)에 의해 매우 잘 기술된다.

전자기파에 대하여 살펴보았던 상세한 모든 것들을 함께 생각해보는 것도 가치가 있는 일이지만, '큰 그림'을 보는 것이 전자기파 문제를 해결하기 위한 시작을 도와줄 것이다.

▶ **장-폭발 용광로** 태양으로부터의 에너지는 전자기파에 의해 공간을 통해 전달된다. 그것은 전기장 및 자기장에 의해 전달된다. 남부 프랑스의 태양 용광로를 이루는 거울들은 태양으로부터의 전자기파를 일반 태양광의 1000배 세기로 집중시켜, 연구자들이 3800°C까지의 온도에서 물질의 고온 특성을 시험할 수 있도록 해준다.

종합 25.1 전자기파

전자기파는 전기장 및 자기장이 진동하는 횡파이다.

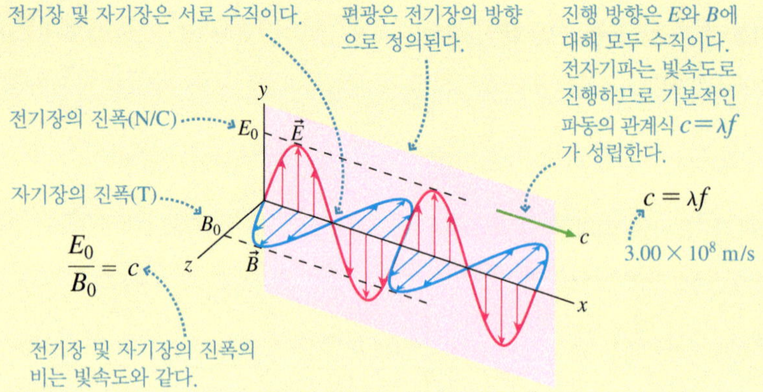

전자기파의 세기는 장의 진폭에 따른다.

세기(W/m²)

$$I = \frac{1}{2} c\epsilon_0 E_0^2 = \frac{1}{2}\frac{c}{\mu_0} B_0^2$$

유전율 상수, 8.85×10^{-12} $C^2/N \cdot m^2$

투과 상수, 1.26×10^{-6} T·m/A

전자기파의 점원의 세기는 파원으로부터의 거리에 따라 감소한다.

$$I = \frac{P_{source}}{4\pi r^2}$$

P_{source}: 파원의 전력(W)

r: 파원으로부터의 거리(m)

영상 학습 데모

예제 25.7 핸드폰의 전기장 및 자기장

디지털 핸드폰은 1.9 GHz의 라디오파 0.60 W를 방출한다. 10 cm의 거리에서 전기 및 자기장의 진폭은 얼마인가?

준비 이 문제는 종합 25.1에 언급된 내용을 사용하여 풀 수 있다. 핸드폰을 점원으로 근사할 수 있으므로, 세기에 대한 두 번째 방정식을 사용하여 10 cm 거리에서의 세기를 결정할 수 있다. 세기를 알면 세기에 대한 첫 번째 방정식을 사용하여 장의 진폭을 계산할 수 있다.

풀이 10 cm 거리에서의 세기는

$$I = \frac{P_{source}}{4\pi r^2} = \frac{0.60\ \text{W}}{4\pi(0.10\ \text{m})^2} = 4.8\ \text{W/m}^2$$

이다. 세기에 대한 첫 번째 방정식을 정리하여 전기장의 진폭을 구할 수 있다.

$$E_0 = \sqrt{\frac{2I}{c\epsilon_0}} = \sqrt{\frac{2(4.8\ \text{W/m}^2)}{(3.0 \times 10^8\ \text{m/s})(8.85 \times 10^{-12}\ \text{C}^2/\text{N} \cdot \text{m}^2)}} = 60\ \text{V/m}$$

이제 전자기파의 전기장과 자기장의 진폭의 연관성을 이용하여 자기장의 진폭을 구할 수 있다.

$$B_0 = \frac{E_0}{c} = 2.0 \times 10^{-7}\ \text{T}$$

검토 전기장의 진폭은 타당하게 작다. 비교를 위해서, 대기 전기에 의한 전형적인 전기장은 100 V/m이고, 충전된 밴더그래프(Van de Graaff) 발전기 부근의 전기장은 이보다 1000배 가량 크다. 이 결과의 크기도 타당하다. 핸드폰 안테나 부근의 전기장은 의미 있는 효과를 일으킬 정도로 충분히 크지 않다. 자기장은 이보다 더욱 작은데, 고작 지구 자기장의 1/250 정도로 아주 약하다. 이것은 핸드폰이 울리는 동안 자기 효과를 느끼지 못했던 것에서 보듯이 타당한 것이다.

편광판과 편광의 변화

전자기파의 장들은 물질과 상호작용할 것이다. 이 상호작용은 전자기파의 편광에 따라 달라지고, 편광에 영향을 미칠 수 있다.

편광되지 않은 빛을 **편광 필터**로 보냄으로써 편광된 빛을 만들 수 있다. 전형적인 편광 필터는 **그림 25.28**에서 보는 것처럼 폴리머라 하는 기다란 유기 분자를 포함하는 얇은 플라스틱판이다. 분자들은 바비큐 그릴의 금속 막대들처럼 격자를 형성하도록 배열되어, 길이 방향으로 전도성을 갖는다.

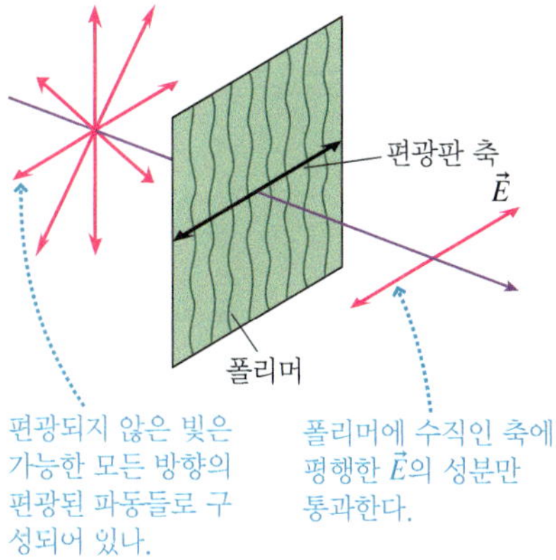

그림 25.28 편광 필터

광파가 편광 필터를 통과할 때, 폴리머 격자에 평행한 방향으로 진동하는 전기장 성분들은 전자를 분자의 아래위로 운동시킨다. 전자는 빛으로부터 에너지를 흡수하므로 $\vec{E}$의 평행한 성분이 필터에 흡수된다. 따라서 편광 필터를 통과한 빛은 폴리머 격자에 수직한 방향으로 편광된다. 투과된 편광의 방향을 편광판 축이라 한다.

만약 전기장의 진폭 E_{incident}를 갖는 **편광된** 빛이 수직축(곧, 필터는 오직 수직 편광된 빛만을 투과한다) 편광 필터에 접근한다고 하자. 필터를 통과하는 빛의 세기는 무엇인가? **그림 25.29**는 편광된 빛의 진동하는 전기장이 수평 및 수직 성분으로 나눠질 수 있음을 보인다. 수직 성분은 투과되고, 수평 성분은 봉쇄된다. 그림 25.29에서 보는 것처럼, 필터를 투과하는 빛의 전기장의 세기는

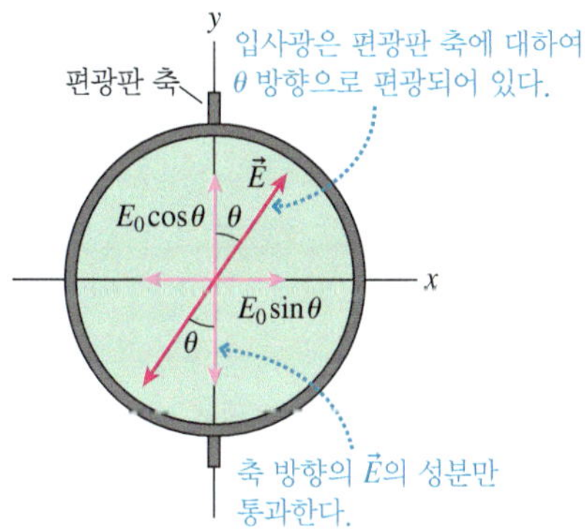

그림 25.29 전기장은 편광판 축에 수직인 성분과 수평인 성분으로 분리할 수 있다.

$$E_{\text{transmitted}} = E_{\text{incident}}\cos\theta \tag{25.20}$$

이다. 세기는 전기장의 진폭의 제곱에 의존하기 때문에, 투과된 세기와 입사된 세기는 **말뤼스의 법칙**(Malus's law)으로 알려진 법칙에 의해 연관된다.

$$I_{\text{transmitted}} = I_{\text{incident}}(\cos\theta)^2 \tag{25.21}$$

편광 필터에 의해 편광된 빛의 투과에 관한 말뤼스의 법칙

그림 25.30(a)는 말뤼스의 법칙이 2개의 편광 필터를 사용하여 어떻게 입증될 수 있는지를 보여준다. 편광판(polarizcr)이리 하는 첫 번째 필터가 세기 I_0인 편광된 빛을 만드는 데 이용된다. 검광판(analyzer)이라 하는 두 번째 필터는 편광판에 대해 각도 θ 만큼 회전되어 있다. **그림 25.30(b)**의 사진에서 보는 바와 같이, $\theta = 0°$일 때 검광판의

그림 25.30 투과된 빛의 세기는 편광 필터 간 각도에 의존한다.

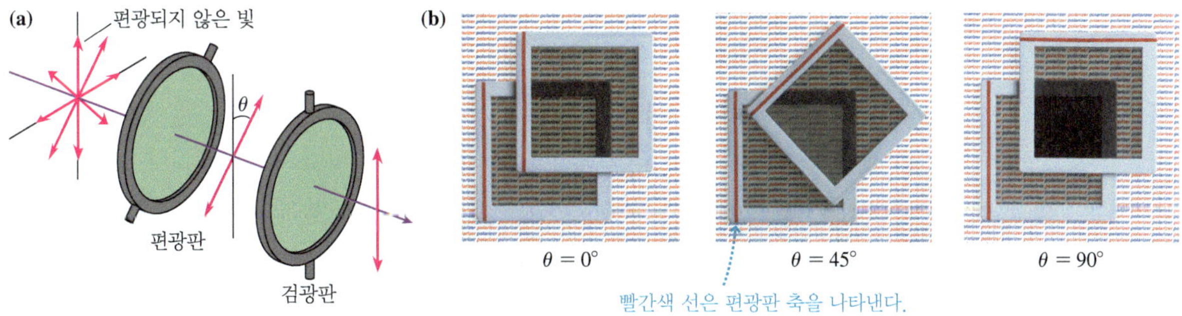

투과율은 (이상적으로) 100 %가 되고, $\theta = 90°$일 때 0으로 감소한다. 축이 수직인 두 편광 필터를 **직교 편광판**(crossed polarizer)이라 하며, 모든 빛을 막는다.

두 직교 편광판 사이에 어떤 물건을 놓는다고 가정하자. 보통 아무 빛도 검광판을 통과하지 못할 것이고, 그 물체는 전혀 보이지 않을 것이다. 그러나 만약 그 물체가 빛의 편광을 변화시킬 수 있다면, 물체로부터 오는 일부 빛은 검광판을 통과할 수 있을 것이다. 이것은 귀중한 분석기술이 될 수 있다. **그림 25.31**은 직교 편광판 사이에 놓였을 때 보이는 어금니의 아주 얇은 단면의 사진을 보여준다. 치아에 있는 다른 광물과 다른 물질이 서로 다른 방식으로 빛의 편광에 영향을 준다. 그 결과 치아의 세포들의 차이를 명확하게 강조하는 이미지를 얻을 수 있다.

그림 25.31 어금니의 얇은 단면의 편광 현미경 사진

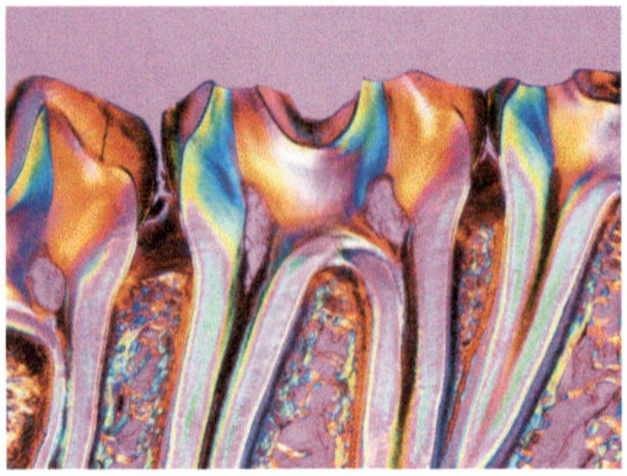

빛이 포도당 용액을 통과할 때 편광면은 포도당의 농도에 비례해서 회전하게 된다. 포도당의 농도가 진할수록 더 많이 회전한다. 원리적으로 이것은 혈액 포도당의 테스트에 사용되어 손가락 끝을 찔러 피를 낼 필요가 없다.

예제 25.8 혈액 포도당의 테스트에 사용되는 편광 BIO

의사들은 하루에 몇 번씩 혈액 포도당을 체크할 필요가 있는 당뇨병 환자에 대해 비침입성 기술을 오랫동안 찾아 왔다. 한 가능성 있는 기술은 눈의 앞쪽에 있는 투명한 방수에 투과시킨 빛의 편광 변화를 측정하는 것으로 이곳의 포도당 수준이 혈액 속의 포도당 수준과 거의 같은 것으로 알려져 있다. 예상되는 포도당 수준에서는 편광의 변화 정도가 매우 작지만, 측정할 수는 있는 정도로 본 예에서 실제 수치를 사용해서 보여줄 것이다.

세기가 55 W/m^{2}의 레이저를 편광판을 통과시킨다. 첫 번째 측정에서 편광된 레이저 빛을 90°의 각에 맞춰진 검광판에 통과시키면 투과된 세기는 0이 된다. 두 번째 측정에서는 편광된 레이저 빛을 90°의 각에 맞춰져 있는 검광판에 통과시키기 전에 환자 눈의 방수에 통과시킨다. 이 경우에는 포도당에 의한 편광면의 회전이 일어나서 투과된 세기가 8.7×10^{-7} W/m^{2}인 빛을 통과시키게 된다. 포도당에 의한 편광면의 회전각은 얼마인가?

준비 검광판에 입사된 세기와 검광판을 통과한 세기의 관계를 말뤼스의 법칙[식 (25.21)]을 사용하여 구할 수 있다. 처음 측정에서는 검광판에 빛이 통과되지 않도록 맞춰져 있으므로 $\theta = 90°$이다. 두 번째 테스트에서는 포도당이 편광면을 회전시켜 어느 정도의 빛이 검광판을 통과하므로 90°보다 작게 된다. 두 각 사이의 차이가 편광면이 회전한 양이다.

풀이 식 (25.21)을 적용하여 두 번째 테스트에서의 회전각을 계산한다. 레이저 빛의 세기가 55 W/m^{2}만큼 입사되고, 8.7×10^{-7} W/m^{2}만큼 투과되므로

$$\cos\theta = \sqrt{\frac{I_{\text{transmitted}}}{I_{\text{incident}}}} = \sqrt{\frac{8.7 \times 10^{-7}\ \text{W/m}^2}{55\ \text{W/m}^2}} = 1.26 \times 10^{-4}$$

이다. 따라서 편광각은 아래와 같다.

$$\theta = \cos^{-1}(1.26 \times 10^{-4}) = 89.9928°$$

90°와 이 각 사이의 차이에 관심이 있기에 유효 숫자의 자리 수를 많이 표기했다. 각 $90° - 89.9928° = 0.0072°$는 포도당에 의해 편광면이 회전된 각이다.

검토 이미 예상했듯이 편광면의 회전각은 매우 작다. 회전각이 작더라도 현대의 광학 장비로는 쉽게 측정할 수 있다.

편광 선글라스에서 편광축은 수직(안경이 일반적인 방향으로 있을 때)이므로 안경은 오직 수직으로 편광된 빛만 투과시킨다. **눈부신 빛**(호수나 다른 수평 표면에 의한 태양 및 하늘 빛의 반사)은 강한 수평 편광을 가지고 있다. 이 빛은 거의 완벽하게 차단될 수 있어 여러분이 보고자 하는 주요한 경관에 영향을 주지 않도록 선글라스는 '눈부심을 방지'한다.

▶ **직행하기** BIO 태양에 대해 90° 각도에서 본 하늘 빛은 공기 중 분자에 의한 산란 때문에 강하게 편광되어 있다. 왼쪽의 사진에서, 이러한 편광은 빨간 화살표로 표시된 편광축의 방향에 따라 편광판의 투과율이 달라지게 한다. 하늘에서 태양의 반대편으로는 하늘 빛이 편광되어 있지 않아, 오른쪽 사진에서처럼 모든 편광판에 대해 균등한 투과율을 보이게 된다. 태양에 대해 90° 각도에 있는 하늘의 사진에서 어두운 편광판에 있는 화살표는 태양을 향하는 선을 나타내는 것이므로, 비록 사진에는 나타나 있지 않더라도 태양이 어디에 있는지 말할 수 있다. 꿀벌과 다른 곤충들은 여러분들과는 달리 편광에 대해 민감한 눈을 가지고 있다. 꿀벌은 맑은 하늘의 일부분을 볼 수만 있다면 태양의 위치를 결정할 수 있고 우거진 숲 안에서도 안정적으로 길을 찾을 수 있다.

25.6 전자기파의 광자 모형

그림 25.32는 필름을 특수한 고감도 감지기로 교체한 카메라로 찍은 3개의 사진을 보여준다. 정확히 노출을 한 아래쪽 사진은 한 여성의 완벽하게 정상적인 사진을 보여준다. 그러나 매우 약한 조명에서 찍은(위쪽) 사진은 단지 적절히 노출된 흐릿한 사진이 아니다. 이 사진은 점들의 집합이다. 감지기 위의 몇 개의 점들은 빛의 존재를 기록했지만 대부분은 그렇지 않았다. 조명이 증가하면, 이 점들의 밀도가 증가하며 마침내 점들은 완전한 사진을 형성한다.

그림 25.32 빛의 세기를 증가시키며 찍은 사진들

빛이 약한 상태에서 찍은 사진은 감지기에 입자가 도착한 것과 같이 각각의 점들을 보여준다.

빛의 세기 증가

센 빛에서는 입자와 같은 행동이 발견되지 않는다.

이것은 우리가 예상한 것과 다르다. 만약 빛이 파동이라면, 세기를 계속 줄이면 사진이 점점 흐릿해지면서 사라져야 하겠지만 전체 그림은 여전히 남아있을 것이다. 대신에 그림 25.32의 상단 사진은 감지기에 누군가가 무작위로 '조각들'을 던진 것처럼 보이며, 어떤 지점에서는 완전히 노출되어 있지만 다른 지점에서는 전혀 노출이 되지 않는다.

만약 빛이 파동이라는 것을 알지 못했더라면, 이 실험 결과를 빛이 어떤 종류의 입자와 같은 물질의 연속적 흐름이라는 증거로 해석하였을 것이다. 만약 이 입자들이 충분히 높은 빈도로 도달한다면, 감지기를 뒤덮어서 감지기는 흐름상의 개별 입자 대신에 꾸준히 흐르는 '강'을 감지할 것이다. 오직 매우 낮은 세기에서만 이러한 개별 입자들을 알아챌 수 있게 된다.

많은 실험들이 **전자기파가 입자의 본성을 가지고 있다**는 이 놀라운 결과를 확실하게 입증한다. 전자기파가 입자와 같은 성질을 가진 것을 **광자**(photon)라 한다.

전자기파의 **광자 모형**(photon model)은 세 가지 기본 가정으로 이루어져 있다.

1. 전자기파는 광자라 하는 불연속적이고 질량이 없는 단위로 이루어져 있다. 광자는 진공에서 빛속도 3.00×10^8 m/s로 진행한다.
2. 각 광자는 다음의 에너지를 갖는다.

$$E_{\text{photon}} = hf \tag{25.22}$$

이때 f는 파동의 진동수이고 h는 **플랑크 상수**(Planck constant)라 하는 **보편 상수**이다. 플랑크 상수의 값은 $h = 6.63 \times 10^{-34}$ J·s이다. 다시 말해서, 전자기파는

에너지 hf를 갖는 불연속적인 '덩어리'가 된다. 이 덩어리의 에너지는 진동수가 높을수록 커진다.

3. 충분히 많은 수의 광자의 중첩은 연속적인 전자기파의 특징을 갖는다.

예제 25.9 가시광선 광자의 에너지 구하기

550 nm는 가시광선의 평균적인 파장의 근삿값이다.

a. 파장 550 nm의 광자 에너지는 얼마인가?

b. 40 W 백열전구는 1 J 에너지의 가시광선을 매초 방출한다. 매초 방출되는 가시광선 광자의 개수를 추산하시오.

풀이

a. 광자의 진동수는

$$f = \frac{c}{\lambda} = \frac{3.00 \times 10^8 \text{ m/s}}{550 \times 10^{-9} \text{ m}} = 5.4 \times 10^{14} \text{ Hz}$$

이다. 식 (25.22)로부터 이 광자의 에너지를 구할 수 있다.

$$E_{\text{photon}} = hf = (6.63 \times 10^{-34} \text{ J} \cdot \text{s})(5.4 \times 10^{14} \text{ Hz})$$
$$= 3.6 \times 10^{-19} \text{ J}$$

이것은 극단적으로 작은 에너지이다! 실제로, 광자 에너지는 매우 작아 일반적으로 줄(J)보다는 전자볼트(eV) 단위로 측정된다. 1 eV = 1.60×10^{-19} J임을 기억하자. 이것을 가지고 광자 에너지를 구할 수 있다.

$$E_{\text{photon}} = 3.6 \times 10^{-19} \text{ J} \times \frac{1 \text{ eV}}{1.60 \times 10^{-19} \text{ J}} = 2.3 \text{ eV}$$

b. 백열전구에 의해 방출되는 광자는 빛이 넓은 파장에 걸쳐 있기 때문에 넓은 에너지 영역을 갖고 있지만, **평균** 광자 에너지는 약 550 nm 파장에 대응할 것이다. 따라서 빛 1 J의 광자 개수를 다음과 같이 추산할 수 있다.

$$N \approx \frac{1 \text{ J}}{3.6 \times 10^{-19} \text{ J/photon}} \approx 3 \times 10^{18} \text{ photons}$$

일반적으로 백열전구는 매초 약 3×10^{18}개의 광자를 방출한다.

검토 매초 방출되는 광자 개수는 충격적으로 많다. 일상생활에서 빛의 흐름 중 개별 입자를 느끼지 못하고 강물처럼 느끼는 것이 놀랍지 않다.

표 25.1 몇몇 원자 및 분자 반응들의 에너지

반응	에너지
두 물 분자 사이의 수소 결합 파괴	0.24 eV
하나의 ATP 분자의 대사 작용 시 방출되는 에너지	0.32 eV
물 분자에서 원자 간 결합 파괴	4.7 eV
수소 원자의 이온화	13.6 eV

살펴본 것처럼 550 nm 파장의 빛에서 하나의 광자는 2.3 eV의 에너지를 갖고 있다. 단지 2.3 eV가 원자와 분자와의 상호작용을 '일으킬'수 있다는 점을 주목할 필요가 있다. 표 25.1은 일반적인 원자 및 분자 반응에 필요한 에너지들을 보여준다. 이 값들로부터 2.3 eV가 원자 스케일에서는 유의미한 양의 에너지라는 것을 알 수 있다. 이 에너지는 분자 변환을 일으키기에 확실히 충분하고(우리 눈의 감지계에서 그런 것처럼), 약간 더 높은 에너지의 광자(더 높은 진동수와 더 짧은 파장)는 공유 결합을 끊을 수 있다. 빛의 광자 모형은 전자기파와 물질의 상호작용을 탐구하는 데 필수적이다.

25.7 전자기파 스펙트럼

지금까지 전자기파를 바라보는 두 가지 매우 다른 방법을 보았다. 전기장 및 자기장이 진동하는 파동으로서, 그리고 광자라고 하는 전자기장의 입자 단위로서 보았다. 전자기파의 이중성에 대해 당장은 각각의 관점이 특정한 환경에서 적절하다는 것에 주목하자. 예를 들어, 라디오파라고도 하지만 X선이라고도 한다. 이 '선'이라는 용어는 X선이 파동보다 일반적으로 광자로써 더 잘 기술된다는 것을 말해준다.

그림 25.33은 광자 에너지(eV 단위) 및 파장(m 단위) 스케일에 따른 전자기파 스펙트럼을 보여준다. 전자기파는 파장과 에너지의 매우 넓은 영역에 걸쳐 있다. 라디오파는 수 미터의 파장을 갖지만 매우 낮은 광자 에너지를 갖는다(겨우 수십억분의 1 eV). 광자 에너지가 매우 작기 때문에 라디오파는 전자기파에 관한 맥스웰 이론에 의해 매우 잘 기술된다. 스펙트럼의 다른 편 끝에서는 X선 및 감마선이 원자를 이온화하고 분자 결합을 파괴하기에 충분한 매우 짧은 파장과 매우 높은 광자 에너지를 갖고 있다. 결과적으로, X선과 감마선은 비록 그들이 파동적 성질을 갖고 있을지라도 광자로써 가장 잘 기술된다. 가시광선은 중간 영역에 있다. 가시광선의 본질을 완전히 이해하려면 두 관점 모두를 고려해야 한다.

그림 25.33 전자기파 스펙트럼

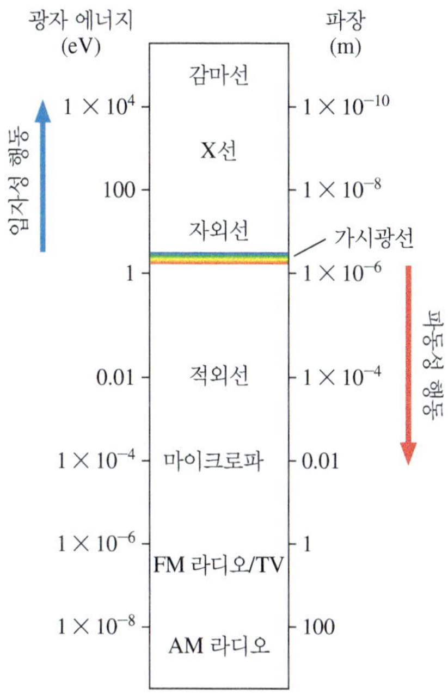

라디오파와 마이크로파

전자기파는 전하와 전류와 관계없이 자체적으로 유지된다. 그러나 전자기파의 파원으로서는 전하나 전류가 필요하다. 라디오파와 마이크로파는 일반적으로 안테나의 대전된 입자 운동에 의해 발생된다.

그림 25.34는 전기 쌍극자의 전기장이 어떻게 보이는지를 기억나게 한다. 만약 쌍극자가 수직이면, 그림의 수평축 상의 점들에서 전기장 $\vec{E}$도 역시 수직이다. 전하를 뒤바꿔 쌍극자를 역전시키면 $\vec{E}$가 역전된다. 만약 전하가 진동수 f로 위치를 뒤바꾸며 앞뒤로 진동한다면, $\vec{E}$는 수직 평면에서 진동할 것이다. 변화하는 $\vec{E}$는 유도 자기장 $\vec{B}$를 생성하고, 이것은 다시 $\vec{E}$를 생성시키며, 이 $\vec{E}$는 다시 $\vec{B}$를 생성시켜서 진동수 f를 갖는 수직으로 편광된 전자기파를 공간으로 방출할 것이다.

그림 25.34 진동하는 쌍극자의 전기장

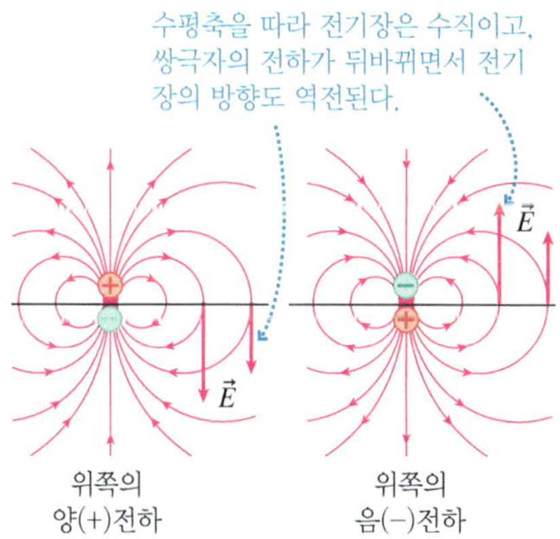

이것이 정확히 **안테나**(antenna)가 하는 일이다. 그림 25.35는 진동하는 전원 단자에 연결된 두 금속 도선을 보여준다. 그림은 위쪽 도선이 음(−)이고 아래쪽이 양(+)인 순간을 보여주지만, 반주기 후에는 반전된다. 도선은 기본적으로 진동하는 쌍극자이며, 진동하는 전기장을 생성시킨다. 진동하는 $\vec{E}$는 진동하는 $\vec{B}$를 유도하고, 속력 $v_{cm} = c$를 갖는 전자기파를 발생시킨다. 파동은 파원으로서 진동하는 전하를 필요로 하지만, 일단 발생한 후에는 파원과 무관하게 자체적으로 유지된다.

그림 25.35 안테나가 자체적으로 지속되는 전자기파를 발생시킨다.

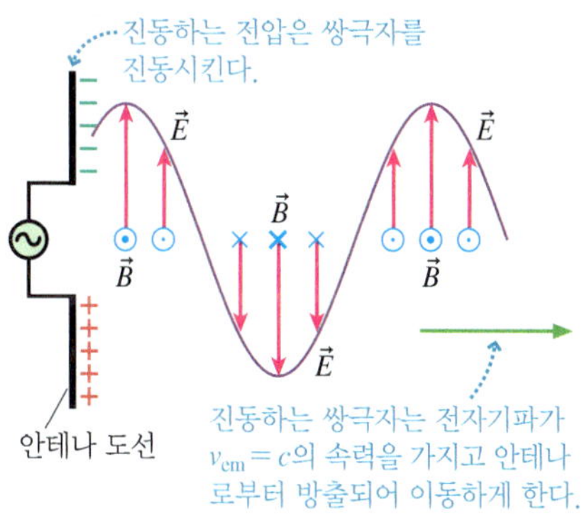

라디오파는 안테나에 의해 잘 감지된다. 수직으로 편광된 라디오파의 전기장은 수직 도체에 위아래로 전류를 발생시켜 증폭될 수 있는 전위차를 생성한다. 가장 좋은 수신을 위해 안테나의 길이는 파장의 약 $\frac{1}{4}$이어야 한다. 일반적인 핸드폰은 1.9 GHz에서 동작하며, 이때 파장은 $\lambda = c/f = 16$ cm이다. 따라서 핸드폰 안테나는 약 4 cm 정도의 길이이어야 한다. 그것은 일반적으로 핸드폰 안쪽에 숨겨져 있다.

AM 라디오는 낮은 진동수와 긴 파장(일반적으로 300 m)을 갖고 있다. 파장의 $\frac{1}{4}$ (75 m 길이!)에 해당하는 안테나를 갖는 것은 실용적이지 못하다. 대신 AM 라디오의 안테나는 자성 물질의 중심을 둘러싼 도선 코일로 이루어져 있다. 이 안테나는 라디오파의 자기장을 감지한다. 파동의 자기장에 의한 변화하는 자기 선속은 코일에 기전력을 유도하여 수신기에 의해 감지되고 증폭된다.

개념형 예제 25.10 코일 안테나의 방향

수직으로 편광된 AM 라디오파가 오른쪽으로 진행하고 있다. 파동의 진동하는 자기장 성분을 감지하기 위해 코일 안테나를 어느 방향으로 위치시켜야 할까?

그림 25.36 코일 안테나

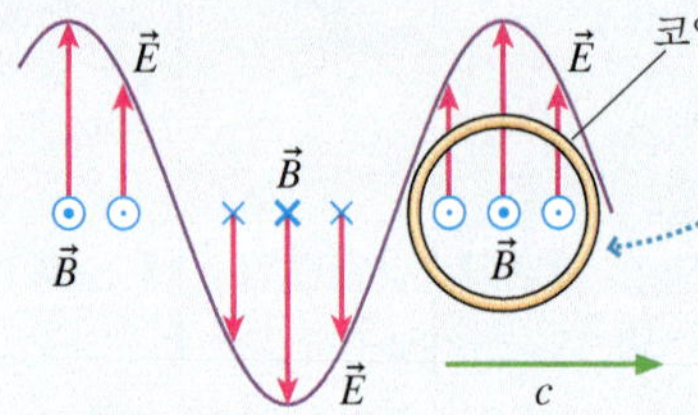

판단 코일에 최대로 가능한 유도 기전력을 발생시키기 위해 파동의 진동하는 자기장이 필요하며, 이것은 최대 자기 선속의 변화를 필요로 한다. **그림 25.36**과 같이 자기 선속은 코일이 전자기파의 자기장에 수직일 때 최대가 된다. 따라서 코일면은 파동의 편광면과 일치해야 한다.

검토 코일 안테나는 방향에 매우 민감하다. AM 라디오를 회전시키면 안테나가 회전하고, 코일과 자기장의 올바른 방향을 찾지 못하게 되어, 수신감도가 떨어질 것이다.

그림 25.37 라디오파는 물질과 상호작용한다.

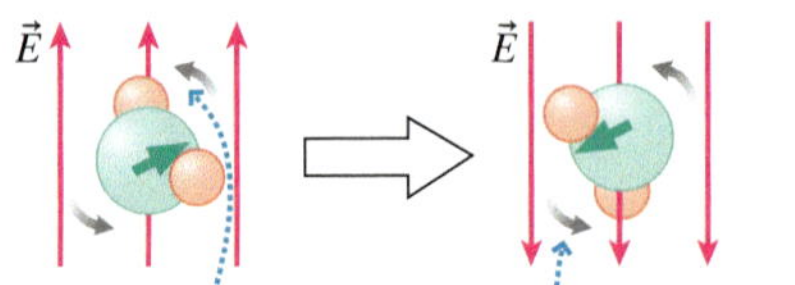

그림 25.37에서 보는 것처럼 자유 전하가 없는 물질에서 라디오파 및 마이크로파의 전기장은 물과 같이 영구적인 전기 쌍극자 모멘트를 갖는 분자에 돌림힘을 작용함으로써 서로 상호작용한다. 분자들은 파동으로부터 운동 에너지를 얻는다. 그리고 다른 분자들과 충돌하여 에너지를 열에너지로 변환하여 온도를 상승시킨다.

이것이 전자레인지가 음식을 데우는 방식이다. 큰 쌍극자 모멘트를 갖는 물 분자는 마이크로파의 전기장에 반응하여 회전하고, 이 에너지를 분자 간 충돌로 음식에 전달한다.

적외선, 가시광선, 그리고 자외선

라디오파는 안테나의 전하를 진동시킴으로써 발생된다. 적외선, 가시광선, 그리고 자외선과 같은 높은 진동수에선 '안테나'가 개별 원자가 된다. 이 영역의 전자기 스펙트럼을 **원자 복사**라 한다.

수업 영상

우리 주위의 거의 모든 원자 복사는 물체의 원자들의 열적 운동에 따른 **열복사**이다. 12장에서 보았던 것처럼, 열복사(열전달의 한 형태)는 슈테판의 법칙으로 기술된다. 열에너지 Q가 시간 간격 Δt 동안 면적이 A이고 절대온도 T인 물체에서 복사된다. 열전달률 $Q/\Delta t$(초당 J)는

$$\frac{Q}{\Delta t} = e\sigma A T^4 \tag{25.23}$$

이다. 상수 e는 전자기파를 방출하는 효율의 척도인 물체의 방출률(emissivity)이고, σ는 슈테판-볼츠만 상수로서 $\sigma = 5.67 \times 10^{-8}\text{W}/(\text{m}^2 \cdot \text{K}^4)$이다.

12장에서 복사되는 에너지 양과 이것의 온도 의존성을 고려하였다. 백열전구의 필라멘트는 단순히 뜨겁기 때문에 빛이 난다. 만약 백열전구 필라멘트를 통과하는 전류를 증가시키면, 필라멘트 온도가 상승하여 슈테판의 법칙에 따라 전구로부터의 방출되는 총에너지도 증가한다. **그림 25.38**의 세 그림은 연속적으로 온도를 높이면서 관측

되는 백열전구의 빛을 보여준다. 세 그림을 연속적으로 보면 밝기가 증가하는 것을 명확하게 볼 수 있다.

그러나 변하는 것은 밝기만이 아니다. 방출하는 빛의 색깔 또한 변화한다. 낮은 온도에서 전구의 빛은 꽤 붉은색이다. (흐린 전구는 이 정도로 붉게 보이지는 않는데 그 이유는 여러분의 뇌가 전구는 '하얗게' 보여야 한다는 것을 알고 보정을 하기 때문이다. 그러나 카메라는 거짓말을 하지 않는다.) 그림 25.38과 같이 전구의 온도 증가에 따른 색의 변화를 봄으로써, **온도에 따라 열복사의 스펙트럼이 변화한다**는 것을 알 수 있다.

만약 3500K, 4500K, 그리고 5500K의 세 온도의 물체에서 파장에 따른 열복사의 세기를 함수로 측정하면, 데이터는 **그림 25.39**와 같이 보일 것이다. 두 가지 중요한 특성을 주목하라.

- 온도 상승은 모든 파장대에서 세기를 증가시킨다. **물체를 뜨겁게 하면 전체 스펙트럼에 걸쳐 더 많은 방출을 야기한다.**
- 온도 상승은 최고 세기점을 더 짧은 파장 쪽으로 이동시킨다. **온도가 높아질수록, 스펙트럼의 최고점 파장은 짧아진다.**

그림 25.38의 빛나는 필라멘트의 색 변화를 만드는 것은 바로 이 최고점 파장의 변화이다. 열복사의 최고점 파장의 온도 의존성은 **빈(Wien)의 법칙**로 알려져 있고, 다음과 같이 나타낸다.

$$\lambda_{\text{peak}}(\text{nm 단위로}) = \frac{2.9 \times 10^6 \text{ nm}\cdot\text{K}}{T\text{ (in K)}} \qquad (25.24)$$

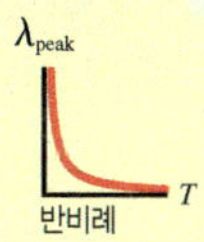

열방출 스펙트럼의 최고점 파장에 대한 빈의 법칙

그림 25.38 전구의 밝기는 필라멘트의 온도에 따라 변화한다.

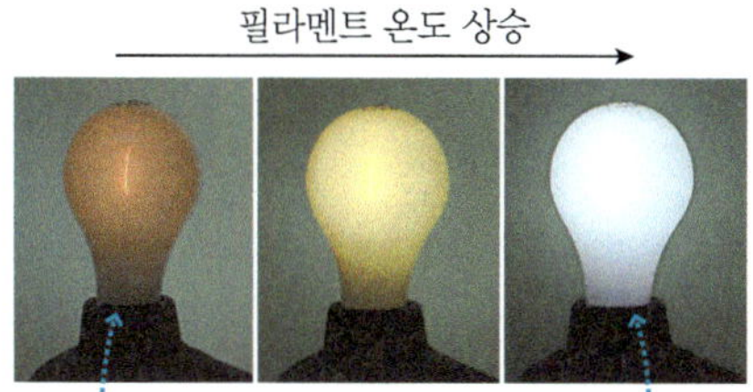

그림 25.39 온도에 의존하는 열방출 스펙트럼

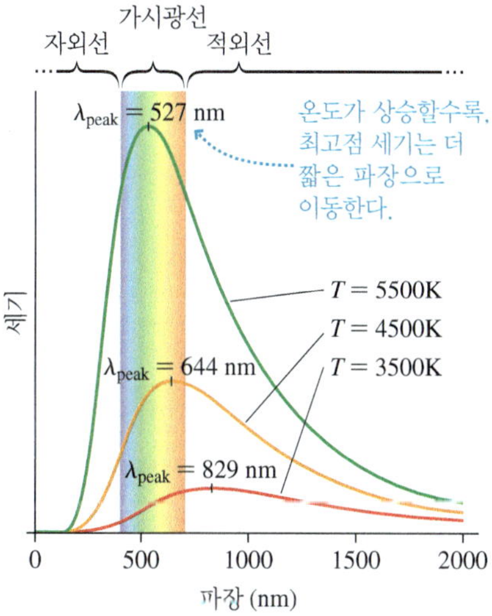

예제 25.11 최고점 파장 구하기

(a) 37°C의 체온인 정상적 인체, (b) 1500°C의 온도를 갖는 백열전구의 필라멘트, (c) 5800K 온도의 태양 표면으로부터 복사되는 최고점 파장과 스펙트럼 영역은 무엇인가?

준비 모든 물체는 열복사를 방출하여 식 (25.24)에 의해 최고점 파장이 주어진다.

풀이 먼저, 온도를 켈빈으로 변환한다. 인체 온도는 $T = 37 + 273 = 310\text{K}$, 필라멘트 온도는 $T = 1500 + 273 = 1773\text{K}$이다. 식 (25.24)로부터 최고점 파장은 다음과 같이 주어진다.

a. $\lambda_{\text{peak}}(\text{인체}) = \dfrac{2.9 \times 10^6 \text{ nm}\cdot\text{K}}{310\text{ K}} = 9.4 \times 10^3 \text{ nm} = 9.4\ \mu\text{m}$

b. $\lambda_{\text{peak}}(\text{필라멘트}) = \dfrac{2.9 \times 10^6 \text{ nm}\cdot\text{K}}{1773\text{ K}} = 1600 \text{ nm}$

c. $\lambda_{\text{peak}}(\text{태양}) = \dfrac{2.9 \times 10^6 \text{ nm}\cdot\text{K}}{5800\text{ K}} = 500 \text{ nm}$

검토 인체의 온도에서 방출 곡선의 최고점은 스펙트럼상에서 적외선의 낮은 쪽으로, 인간 시각의 감각 범위보다 훨씬 낮다. 12장에서 본 것처럼, 사람들이 실제로 전자기파 형태로 상당한 에너지를 방출하는 데도 불구하고, 여러분들은 누군가가 '빛을 내는' 것을 보지 못한다. 가시광선 스펙트럼의 정중앙에 위치한 태양의 방출 최고점은 타당해 보인다. 재미있게도, 백열전구에서 방출되는 대부분의 에너지는 가시광선이 아니다. 방출 곡선의 꼬리는 가시광선 영역까지 걸쳐 있지만, 방출 곡선의 최고점(대부분의 방출 에너지)은 스펙트럼상 적외선 영역에 위치한다. 100 W 전구는 단지 수 와트의 가시광선을 방출할 뿐이다.

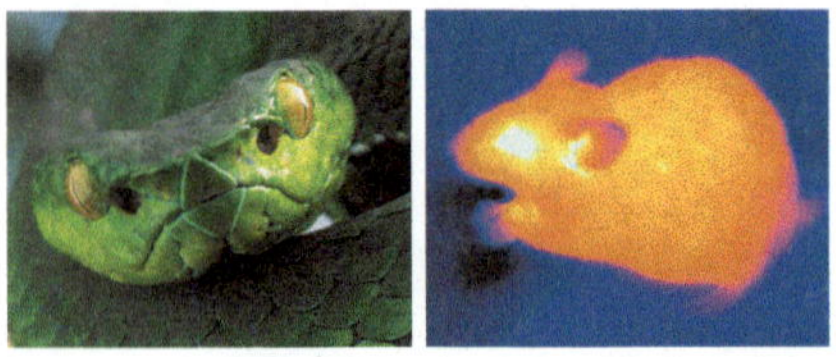

독사는 할 수 있다 BIO 방울뱀과 다른 독사들을 포함하여 어떤 뱀들은 완전한 암흑 속에서 사냥할 수 있다. 왼쪽 사진에서, 독사의 눈앞에 조그만 구멍이 있음을 주목하라. 이 구멍들은 부가적인 시각기관들이다. 이 독사들은 바닥에 민감한 세포가 있어 오른쪽 그림의 쥐와 같은 온혈 동물에 의해 방출되는 열복사를 감지할 수 있다. 독사들은 사람을 '보기' 위해 빛이 필요하지 않다. 여러분은 독사들이 탐지할 수 있는 '빛'을 방출한다.

상대적으로 긴 파장과 낮은 광자 에너지를 갖는 적외선 복사는 세포에 마이크로파와 유사한 효과인 열을 발생시키지만 마이크로파보다 투과는 훨씬 작게 일어난다. 적외선은 피부 표피에서 대부분 흡수되며, 여러분이 태양이나 적외선등 아래에 앉아 있을 때 알 수 있는 것처럼, 간단하게 여러분을 따뜻하게 만들어준다. 파동성으로 설명하는 것은 일반적으로 적외선에 대해 적절하다.

이와는 반대로, 자외선 광자는 완전히 다른 방식으로 분자와 상호작용하기에 충분한 에너지를 갖고 있어, 분자를 이온화하고 분자 결합을 파괴한다. 피부 세포들은 자외선 복사에 의해 변질되어 햇빛에 타거나 화상을 입게 된다. DNA 분자는 자외선에 의해 영구적으로 손상을 입을 수 있다. 290 nm(4.3 eV에 해당하는 광자 에너지)에서 급격히 손상이 일어나는 한계점이 존재한다. 긴 파장일 때 세포에 주는 손상은 미미하지만 짧은 파장에서는 광범위하다. 자외선 복사와 물질 간의 상호작용은 광자의 관점에서 가장 잘 이해되는데, 각 광자들의 흡수로 인해 특정한 분자 사건들이 관여된다.

가시광선은 전자기파 스펙트럼상에서 전이점에 위치한다. 17장의 파동 광학에서 공부한 것처럼 빛은 파동성을 갖고 있다. 동시에, 가시광선 광자의 에너지는 분자 전이를 일으킬 만큼 충분하다. 이것이 여러분의 눈이 빛을 감지하는 방법이다. 가시광선을 다룰 때, 종종 파동 및 광자 모형 사이를 오갈 것이다.

예제 25.12 자외선의 광자 에너지 구하기

254 nm 파장의 자외선 복사는 살균 램프에 사용된다. 이 램프의 광자 에너지는 eV 단위로 얼마인가?

풀이 광자 에너지는 $E = hf$이므로

$$E = hf = \frac{hc}{\lambda} = \frac{(6.63 \times 10^{-34}\ \text{J}\cdot\text{s})(3.00 \times 10^{8}\ \text{m/s})}{254 \times 10^{-9}\ \text{m}} = 7.83 \times 10^{-19}\ \text{J}$$

이다.

eV 단위로,

$$E = 7.83 \times 10^{-19}\ \text{J} \times \frac{1\ \text{eV}}{1.60 \times 10^{-19}\ \text{J}} = 4.89\ \text{eV}$$

이다.

검토 표 25.1은 이 에너지가 물 분자의 결합을 파괴하는 데 충분하다는 것을 보여준다. 이 에너지는 다른 결합이나 파괴를 하기에 충분한 것으로, 세포 수준에서 손상을 줄 수 있다.

그림 25.40 인간 눈에 있는 다른 원추세포들의 민감도

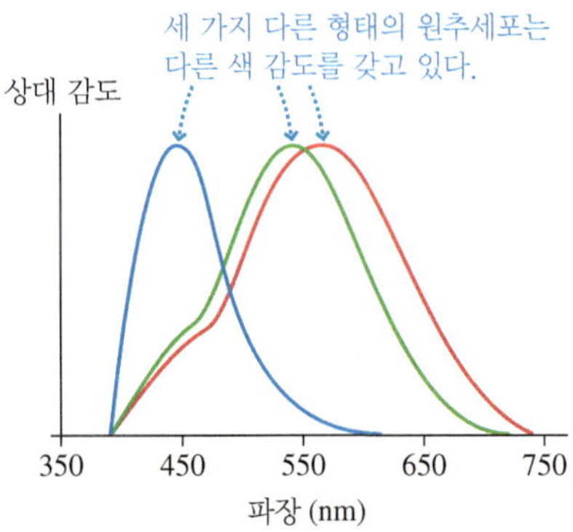

색감

눈의 망막에 있는 색 감지 세포인 원추세포(cone cell)는 각각 조금씩 다른 세 가지 중 한 가지의 빛 감지 광색소의 형태를 갖고 있다. 하나의 광자가 광색소 분자에 반응을 유발할 수 있으며, 이는 망막 세포에 의해 궁극적으로 신호 처리된다. 광자 에너지는 광자 흡수를 일으킬 수 있는 만큼에 해당하는 분자 전이 에너지와 일치해야 한다. 각 광색소는 그것이 민감한 광자 에너지 영역을 갖고 있다. 색감은 **그림 25.40**에 나타난 것처럼 조금씩 다른 세 가지 색소를 포함한 세 가지 원추세포 형태가 다르게 반응한 결과이다.

인간은 눈에 세 가지 형태의 원추세포가 있고, 쥐는 두 가지 형태, 그리고 닭에는

네 가지 형태의 원추세포가 있어 사람보다 훨씬 예리한 색감을 가지고 있다. 벌들이 갖고 있는 3개의 광색소는 벌들에게 훌륭한 색감을 주지만, 벌의 색감은 인간의 것과 다르다. 벌의 광색소는 스펙트럼상에서 노랑, 파랑, 그리고 자외선 영역에서 매우 민감하다. 벌은 장미의 빨간색을 볼 수 없지만 인간 시력의 범위를 훨씬 뛰어넘는 자외선 파장에는 꽤 민감하다. 이번 장의 시작 부분에 있는 오른쪽 사진의 꽃은 우리에게는 예쁘게 보이지만, 이 색깔들은 실제로 다른 눈을 위해 의도된 색깔들이다. 꽃 중심 부근의 자외선 흡수 고리는 사람에게는 보이지 않지만, 벌들이 꽃가루에 초점을 맞추는 것을 돕는다.

X선 및 감마선

전자기파 스펙트럼의 가장 높은 에너지 영역에서 X선 및 감마선을 찾을 수 있다. 스펙트럼의 두 영역을 명확히 구분 짓는 선은 없다. 그 차이는 복사의 파원이다. 전자에 의해 방출된 고에너지 광자는 X선이라 한다. 만약 파원이 핵반응이라면 그것을 감마선이라 한다.

그림 25.41에 나타나 있는 것과 같은 X선 관에서 X선이 '인공적으로' 발생하는 부분을 보자. 전자가 음(−)극으로부터 방출되고 고전압 전원에 연결된 두 전극 사이에서 전기장에 의해 수천 eV의 운동 에너지로 가속된다. 전자가 금속 타깃 전극을 때리게 되면 전자는 갑자기 멈추게 된다. 전자의 급격한 감속은 전자 운동 에너지의 상당 부분의 에너지를 갖는 1개의 광자가 방출된다. 1000 eV 이상의 에너지를 갖는 이 광자들이 X선이다. X선은 관의 유리를 통과하고, 영상을 만들거나 질병을 다루는 데 쓰일 수 있다.

그림 25.41 간단한 X선 관

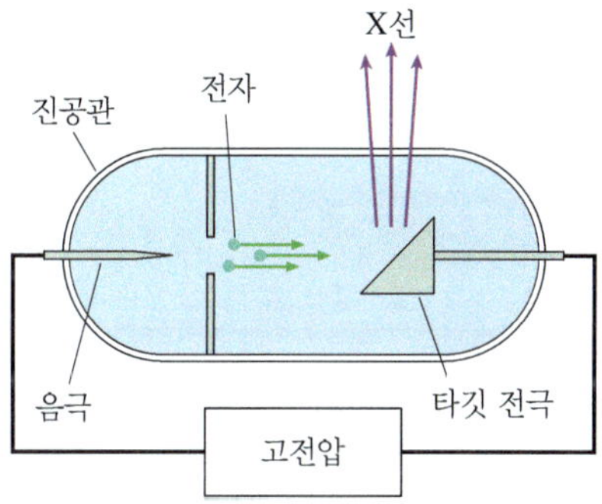

예제 25.13 X선 에너지 구하기

의학적 업무를 위해 쓰이는 X선 관은 30 kV의 가속 전압을 갖고 있다. 이 관에서 발생되는 X선 광자의 최대 에너지는 얼마인가? 이 X선의 파장은 얼마인가?

풀이 30 kV의 전위차로부터 가속된 전자는 30 keV의 운동 에너지를 얻는다. 이 전자가 금속 타깃을 때리면, 에너지는 X선으로 변환될 수 있다. 변환 가능한 최대 에너지는 30 keV이므로 이것이 관에서 발생할 수 있는 X선 광자의 최대 가능 에너지가 된다. 에너지는 줄(J) 단위로

$$E = 30 \times 10^3\ \text{eV} \times \frac{1.60 \times 10^{-19}\ \text{J}}{1\ \text{eV}} = 4.8 \times 10^{-15}\ \text{J}$$

이다. 전자기파의 경우 $c = \lambda f$이므로 아래와 같이 계산할 수 있다.

$$\lambda = \frac{c}{f} = \frac{c}{E/h} = \frac{hc}{E} = \frac{(6.63 \times 10^{-34}\ \text{J}\cdot\text{s})(3.00 \times 10^8\ \text{m/s})}{4.8 \times 10^{-15}\ \text{J}}$$

$$= 4.1 \times 10^{-11}\ \text{m} = 0.041\ \text{nm}$$

검토 이것은 고체 내의 원자 간 간격과 비교하여도 매우 짧은 파장이다.

X선 및 감마선(그리고 자외선 스펙트럼의 단파장 영역)은 **이온화 복사**(ionizing radiation)이다. 각 광자가 원자를 이온화하기에 충분한 에너지를 갖고 있다. 이러한 복사가 세포 조직을 때리면, 결과적으로 이온화가 세포 손상을 발생시킬 수 있다. 사

람들이 '복사'를 말할 때 이것은 종종 '이온화 복사'를 말한다.

이번 장의 몇몇 곳에서 이러한 현상들의 완벽한 이해를 위해서는 어떤 새로운 물리학이 필요함을 암시하였다. 전자기파의 광자 모형을 이용하였고, 핵반응이 감마선을 발생한다는 것을 언급하였다. 왜 뜨거운 물체의 전자기파 스펙트럼이 그와 같은 모양을 가져야 하는지와 같은 것들은 우리가 제기하지 않은 질문들이다. 이와 같은 수수께끼들은 1800년대 후반에서 1900년대 초에 제기되기 시작했고, 뉴턴 및 맥스웰의 물리학이 물질과 에너지의 본성을 완벽히 기술하는 데 충분하지 않다는 것이 곧 명확해졌다. 새로운 몇 가지 법칙들과 모형들이 필요했다.

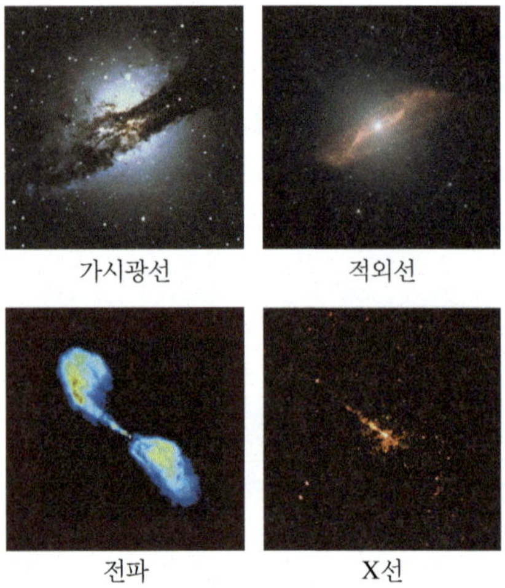

◀ **다른 빛으로 우주 보기** 켄타우루스자리 A 은하의 이 4개의 영상은 같은 배율과 방향을 갖고 있지만, 다른 형태의 전자기파로 기록되었다. (가시광선 영상을 제외한 모든 것은 왜곡된 색의 영상이다.) 가시광선 영상은 은하를 가로지르는 어두운 먼지 길을 보여준다. 적외선의 경우, 이 먼지 길은 꽤 밝게 빛난다. 이는 먼지 입자들이 뜨겁다는 것을 말해준다. 전파 및 X선 영상은 은하 중심으로부터 나오는 물질의 분사를 보여주고, 무거운 블랙홀이 존재할 것임을 암시한다. 가시광선 영역을 넘어서는 우주 관측은 현대 천문학의 중요한 도구들이다.

종합형 예제 25.14 우주 회로

우주 왕복선이 궤도를 돌고 있는 대기권의 가장 상층부를 **이온층**이라고 부른다. 이 고도의 작은 수의 원자나 분자는 대부분 태양으로부터 오는 센 자외선에 의해 이온화되어 있다. 따라서 얇은 이온층 기체는 대부분 양이온과 음전자로 이루어져 있어 전류를 수송할 수 있다. 이것이 1990년대 우주 왕복선에서 실험된 위성 끈의 작동에 결정적인 역할을 했다. 이번 장에서 기술한 것처럼, 탐지기가 우주선으로부터 아주 멀리 떨어진 곳까지 도선으로 이어져 배치되었다. 우주 왕복선이 궤도를 돌면서, 도선은 지구 자기장을 가로질러 운동하게 되어, 도선의 양 끝 사이에 전위차를 발생시킨다. 이온층을 통과하여 왕복선으로 돌아가는 전하의 흐름은 회로를 완성시킨다.

끈 위성 시스템의 마지막 실험에서, 왕복선이 7800 m/s로 궤도 운동하면서 20 km의 끈에 3500 V의 전위차가 발생하였다.

a. 위의 전위차를 발생시키기 위해, 도선에 수직인 자기장의 성분은 얼마인가?

b. 3500 V의 전위가 이온층에 480 mA의 전류를 발생시켰다. 이 경우 회로의 총 저항은 얼마인가?

c. 회로가 소비한 전력은 얼마인가?

d. 지구 자기장 내 운동에 의해 도선에 작용하는 끌림힘은 얼마인가?

e. 상부 대기층의 이온화는 95 nm나 그 이하의 파장을 갖는 태양 복사 때문이다. 이 복사는 스펙트럼의 어느 부분에 해당하는가? 이 이온화에 기여하는 가장 낮은 에너지의 광자는 몇 eV인가?

준비 위성과 우주 왕복선을 잇는 도선의 운동은 도선을 통과하고 다시 이온층을 통과하는 전류를 발생시키는 기전력을 생성한다. **그림 25.42**는 전기 회로로써 이 과정을 어떻게 모형화할 수 있는지 보여준다. 이 회로의 전압과 전류를 알고 있으므로, 저항과 전력을 구할 수 있다. 도선이 전류를 수송하고 있기 때문에 지구 자기장은 이 도선에 힘을 가할 것이고, 이것이 우리가 찾아야 하는 끌림힘이다.

그림 25.42 끈 위성 회로

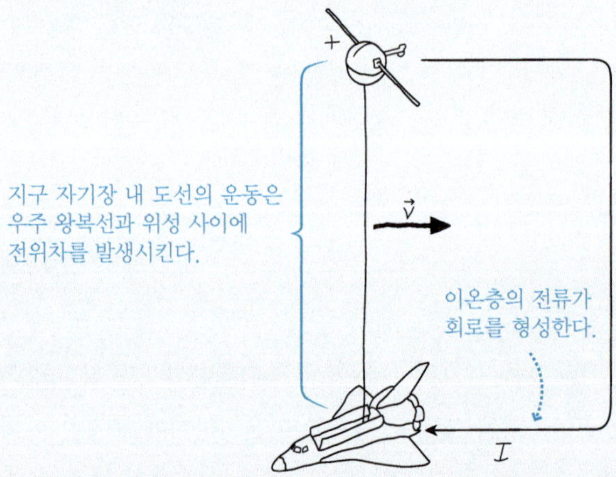

풀이

a. 도선의 길이와 속도의 크기를 알고 있으므로, 운동 기전력에 관한 식 (25.3)을 이용하여 도선에 수직인 자기장의 성분을 구할 수 있다.

$$B = \frac{\mathcal{E}}{vl} = \frac{3500\ \text{V}}{(7800\ \text{m/s})(20 \times 10^3\ \text{m})} = 2.24 \times 10^{-5}\ \text{T}$$

유효 숫자가 두 자리이므로 $B = 22\ \mu\text{T}$이다.

b. 3500 V의 전위차는 480 mA의 전류를 생성한다. 옴의 법칙으로부터 회로의 저항은 다음과 같다.

$$R = \frac{\Delta V}{I} = \frac{3500\ \text{V}}{480 \times 10^{-3}\ \text{A}} = 7300\ \Omega$$

c. 전압과 전류를 알고 있으므로 전력을 계산할 수 있다.

$$P = I\,\Delta V = (0.48\ \text{A})(3500\ \text{V}) = 1700\ \text{W}$$

d. 전류가 흐르는 도선에 수직한 자기장의 성분은 도선에 끌림 힘을 가한다. 24장에서 전류가 흐르는 도선에 작용하는 힘은 $F = IlB$라는 것을 배웠다. 따라서

$$F = IlB = (0.48\ \text{A})(20 \times 10^3\ \text{m})(2.24 \times 10^{-5}\ \text{T}) = 0.22\ \text{N}$$

이다.

e. 95 nm나 그 이하의 파장을 갖는 복사는 스펙트럼에서 자외선 영역이다. 이 영역의 최저 에너지 광자는 가장 낮은 진동수, 따라서 가장 긴 파장 95 nm를 갖는다. 진동수는

$$f = \frac{c}{\lambda} = \frac{3.0 \times 10^8\ \text{m/s}}{95 \times 10^{-9}\ \text{m}} = 3.2 \times 10^{15}\ \text{Hz}$$

이다. 그러면 광자 에너지는 식 (25.22)에 의해 주어진다.

$$E_{\text{photon}} = hf = (6.63 \times 10^{-34}\ \text{J} \cdot \text{s})(3.2 \times 10^{15}\ \text{Hz})$$
$$= 2.1 \times 10^{-18}\ \text{J}$$

eV 단위로 바꾸면,

$$E_{\text{photon}} = 2.1 \times 10^{-18}\ \text{J} \times \frac{1\ \text{eV}}{1.6 \times 10^{-19}\ \text{J}} = 13\ \text{eV}$$

이다.

검토 우리가 풀어낸 것들이 의미를 갖는지 검토할 수 있는 많은 좋은 기회가 있다. 우선 우리가 계산한 자기장의 성분은 지구 자기장 값의 절반이므로, 타당해 보인다. 만약 우리가 구한 자기장이 지구 자기장보다 컸다면 의심스러웠을 것이다.

끌림힘과 속력의 곱은 끌림힘에 의해 소비되는 전력이다.

$$P = Fv = (0.22\ \text{N})(7800\ \text{m/s}) = 1700\ \text{W}$$

이것은 회로의 전력 소비에 대해 우리가 찾아낸 사실과 완벽히 일치한다. 이것처럼 두 값은 일치해야 한다.

우리 결과에 대한 마지막 검토는 광자 에너지에 대해 계산한 값이다. 표 25.1은 수소 원자를 이온화하는 데 13 eV 정도가 소요된다는 것을 보여준다. 95 nm보다 짧은 파장을 갖는 광자는 수소 원자를 이온화할 수 있어, 상부 대기층의 질소 및 산소 분자들을 이온화할 수 있다는 가능성을 보여준다.

문제의 난이도는 I(쉬움)에서 IIIII(도전)으로 구분하였다. INT로 표시된 문제는 지난 장의 내용이 복합된 문제이고, BIO는 생물학적 또는 의학적 관심 분야를 의미한다.

QR 코드를 스캔하여 이 장의 문제를 해결하는 데 도움이 되는 **영상 학습 풀이**를 시작하시오.

연습문제

25.1 유도 전류

25.2 운동 기전력

1. I 그림 P25.1과 같이 도선이 자기장을 5.0 m/s로 통과하면서 10 cm 길이의 도선 양 끝에 0.050 V의 전위차가 형성되었다. 자기장은 도선축에 수직이다. 자기장의 방향과 크기는 얼마인가?

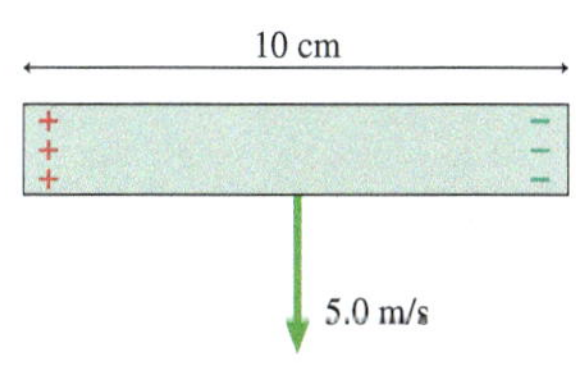

그림 P25.1

2. Ⅱ 10 cm 길이의 도선이 수직인 자기장 내의 ㄷ자형 도체 레일을 따라 당겨지고 있다. 도선과 레일의 총 저항은 0.20 Ω이다. 1.0 N의 힘으로 도선을 끌어 회로에서 4.0 W의 전력이 소비된다.
   a. 1.0 N의 힘으로 당길 때 도선의 속력은 얼마인가?
   b. 자기장의 세기는 얼마인가?

3. Ⅲ 12 cm 길이의 50 g의 수평 금속 막대가 12 cm 떨어진 길고 수직인 두 금속봉을 따라 위아래로 자유롭게 미끄러지고 있다. 0.060 T의 자기장이 금속봉의 평면에 수직인 방향을 가리킨다. 막대가 봉의 가장 윗부분까지 들어 올려지고 두 봉의 꼭대기에 1.0 Ω의 저항을 연결하였다. 그 후 막대가 떨어진다. 막대가 떨어지는 종단 속력은 얼마인가? 막대가 수평을 유지하고 항상 봉과 접촉하고 있다고 가정하라.

4. Ⅱ 2.8 m 높이의 알루미늄 측면판을 가지고 있는 배달용 트럭이 지구 자기장이 $\vec{B} = (5.0 \times 10^{-5}\,\text{T}$, 북쪽)인 지역에서 75 km/h의 일정한 속력으로 달리고 있다.
   a. 트럭 측면판의 위와 아래 사이의 전위차는 얼마인가?
   b. 트럭 측면판의 위는 아래에 대해 양인가 음인가?

25.3 자기 선속

5. Ⅰ 그림 P25.5는 균일한 0.050 T의 자기장 안에서 회전하고 있는 10 cm 지름의 원형 고리 측면도이다. θ가 0°, 30°, 60°, 90°일 때 자기 선속은 얼마인가?

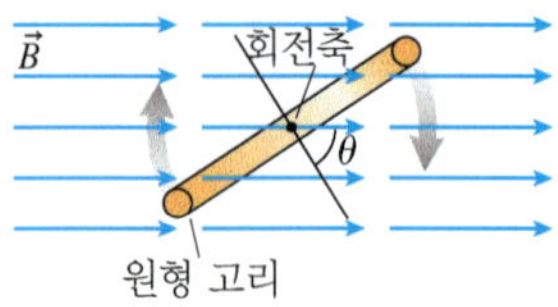

그림 P25.5

6. Ⅲ 그림 P25.6과 같이 2.0 cm 지름의 솔레노이드가 6.0 cm 지름의 고리 중심을 통과한다. 솔레노이드 내부의 자기장은 0.20 T이다. (a) 고리가 솔레노이드에 수직일 때, (b) 고리가 60°의 각도로 기울어져 있을 때, 고리를 통과하는 자기 선속은 얼마인가?

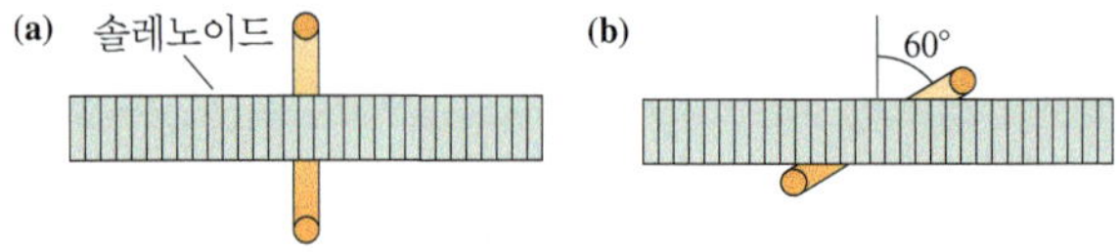

그림 P25.6

7. Ⅰ 그림 P25.7과 같이 금속 정삼각형은 각 변이 20 cm이고, 0.10 T의 자기장에 절반만 진입해 있다.
   a. 삼각형을 통과하는 자기 선속은 얼마인가?
   b. 자기장의 세기가 약해지면, 삼각형 금속의 유도 전류의 방향은 무엇인가?

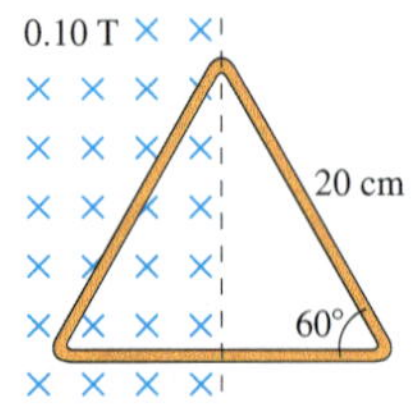

그림 P25.7

25.4 패러데이의 법칙

8. Ⅲ 2 cm 지름의 1000번 감은 코일이 0.10 T에서 0 T로 10 ms 동안 감소하는 자기장 내에 위치한다. 코일축은 자기장에 평행하다. 코일의 기전력은 얼마인가?

9. Ⅰ 그림 P25.9는 다른 3개의 자기장 내에 있는 지름 10 cm의 고리를 보여준다. 고리의 저항은 0.10 Ω이다. 각 경우에 대해 유도 기전력, 유도 전류 및 전류의 방향을 구하시오.

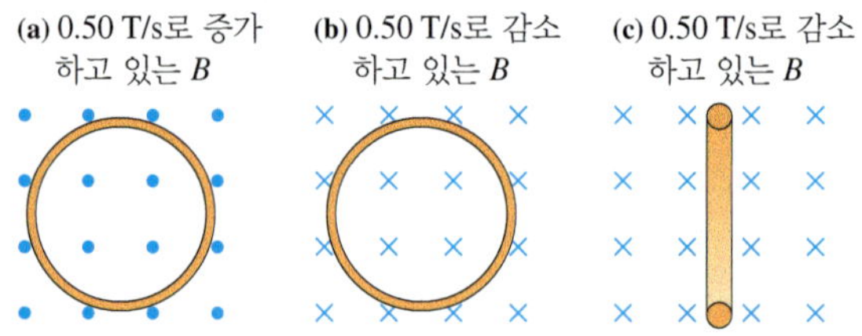

그림 P25.9

10. Ⅱ MRI 검사를 받는 환자는 때때로 번쩍하는 불빛을 본다고 얘기한다. 어떤 의사들은 이것이 MRI 솔레노이드의 빠르게 변하는 자기장에 의해 유도되는 기전력에 의한 눈의 전기 자극으로부터 오는 것이라고 추측한다. 이것이 합당한 가설인지를 빠르게 계산해볼 수 있다. 사람의 안구는 약 25 mm의 지름을 갖는다. MRI 솔레노이드의 전류의 빠른 변화는 크기 50 T/s 정도의 자기장의 시간 변화율 $\Delta B/\Delta t$를 발생시킬 수 있다. 안구 주위의 고리에 유도되는 기전력은 얼마인가? 이것을 활동 전위를 일으키기 위해 필요한 15 mV와 비교하면 어떠한가?
BIO

11. Ⅱ 그림 P25.11에서 보는 정사각형 회로의 한 변의 길이가 20 cm이다. 자기장이 0 T에서 0.50 T로 일정하게 증가한다. 이때 저항에 흐르는 전류는 무엇인가?

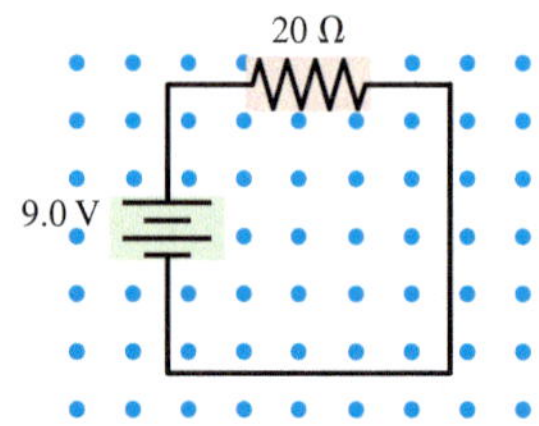

그림 P25.11

12. ‖ 둘레 20 cm의 원형 고리의 저항이 0.12 Ω이다. 고리가 전자석의 두 극 사이에 놓여 있고, 15 ms의 시간 동안에 0.55 T의 자기장이 켜진다. 고리에 유도되는 전류는 얼마인가?

25.5 전자기파

13. | 자기장의 진폭이 2.0 mT인 전자기파의 전기장의 진폭은 얼마인가?

14. ‖ 전자레인지는 전자레인지 내에서 2500 W/m^{2}의 세기로 2.4 GHz로 작동된다. 진동하는 전기장과 자기장의 진폭은 얼마인가?

15. ||| 슈퍼마켓 계산대 스캐너에서 사용하는 일반적인 헬륨—네온 레이저는 1.0 mW 출력으로 1.0 mm의 빔 지름의 633 nm 파장의 빛을 방출한다. 이 레이저빔의 진동하는 전기장 및 자기장의 진폭은 얼마인가?

16. ‖ 10 mW인 전자기파의 점원으로부터 거리가 얼마나 떨어져 있어야 전기장의 진폭이 0.010 V/m가 되겠는가?

17. ||| 라디오 안테나가 1.0 MHz의 라디오파를 25 kW 전력으로 송출하고 있다. 복사는 모든 방향으로 똑같이 일어난다고 가정한다.
    a. 안테나로부터 30 km 떨어진 곳에서 파동의 세기는 얼마인가?
    b. 이 거리에서 전기장의 진폭은 얼마인가?

18. | 편광된 전자기파의 세기가 10 W/m^{2}이다. 편광 필터의 편광축이 편광면에 대하여 다음과 같은 각도를 이루고 있을 때 편광 필터를 통과한 파동의 세기는 얼마인가? (a) $\theta = 0°$, (b) $\theta = 30°$, (c) $\theta = 45°$, (d) $\theta = 60°$, (e) $\theta = 90°$

19. ‖ 편광된 광파 세기의 1/3만큼만이 편광 필터를 통과한다. 전기장과 필터의 축 간의 각도는 얼마인가?

20. ‖ 헬륨−네온 레이저의 편광은 시간에 따라 변할 수 있다. 1.5 mW 레이저로부터의 빛은 초기에 수평으로 편광되어 있다. 레이저가 따뜻해짐에 따라, 빛은 수직으로 편광되도록 변화한다. 수평으로부터 30° 각을 이루는 축을 갖는 편광판을 레이저빔이 통과한다고 가정하자. 레이저가 따뜻해짐에 따라 빛의 세기의 몇 퍼센트가 편광판을 통과할 것인가?

25.6 전자기파의 광자 모형

21. | 파장이 5.0 nm인 X선 광자의 에너지(eV 단위로)는 얼마인가?

22. ‖ 최근 연구에 의하면 0.0050 nm 파장의 X선은 인간 세포에 돌연변이를 발생시킬 수 있다.
BIO
    a. 이 파장으로 복사되는 광자 에너지를 eV 단위로 계산하시오.
    b. 물 분자를 유지시키는 결합 에너지가 통상적인 값을 갖는다고 가정하고, 표 25.1을 이용하여 이 에너지로 얼마나 많은 분자 결합이 파괴될지 추산하시오.

23. ‖ 인체의 열방출은 9.5 μm의 파장에서 세기가 최대가 된다. 이 파장에 해당되는 광자의 에너지는 얼마인가?
BIO

24. ‖ 지구 대기의 상층부에 도달하는 태양으로부터의 전자기 복사 세기는 1.37 kW/m^{2}이다. 이 복사의 평균 파장이 680 nm라 가정하고, 지구 주위를 공전하는 위성에 있는 면적 1.00 m^{2}의 태양 전지판을 때리는 광자의 초당 개수를 구하시오.

25. ||| 인간의 눈은 지표면에서의 세기가 1.6×10^{-11} W/m^{2}의 별을 간신히 관측할 수 있다. 어둠에 적응된 눈의 동공 지름이 7.0 mm라면, 별로부터 눈으로 들어오는 광자의 개수는 시간당 얼마나 되겠는가? 별빛은 550 nm의 파장을 갖는다고 가정하라.
BIO

25.7 전자기파 스펙트럼

26. ‖ 발광하는 필라멘트의 스펙트럼은 1200 nm의 파장에서 최고점을 갖는다. 필라멘트의 온도는 섭씨로 몇 도인가?

27. ||| 새로운 형태의 백열전구를 조사하기 위해 조광 스위치를 사용하는 동안 전압이 증가함에 따라 빛이 스펙트럼의 특성과 밝기를 변화시킬 수 있다는 것을 알았다.
    a. 전압이 증가함에 따라 최대 세기의 파장이 1800 nm로부터 1600 nm로 감소하였다면 필라멘트의 온도는 몇 °C 증가하였는가?
    b. 온도가 증가함에 따라 필라멘트로부터의 총 복사는 얼마의 비율로 증가하였는가?

28. | 의학용 X선 영상에 쓰이는 광자 에너지는 적용 분야에 따라 폭넓게 변화한다. 단일 치아 X선은 약 25 keV 에너지의 광자들을 사용한다. 시료 내부의 깊이를 변화시키며 단일 평면에서 반복적으로 영상을 취하는 X선 마이크로 단층촬영에 쓰이는 광자 에너지는 2.5배 더 크다. 이 두 목적으로 쓰이는 X선의 파장은 각각 얼마인가?
BIO

29. | 천문학자들이 외계의 어떤 점을 관측하고 있다면, 빅뱅의 유물인 2.7K의 물체로부터 방출되는 복사를 관측할 수 있다. 이 복사의 최고점 파장은 얼마인가? 전자기파 스펙트럼의 어느 영역에 속하는가?

26 교류
AC Electricity

송전선은 500,000 V를 초과하는 전압에서 교류 전류를 전달한다. 왜 높은 전압이 사용될까? 그리고 새는 어떻게 고압선 위에 안전하게 앉아 있을 수 있을까?

학습목표

교류, 전기 안전 그리고 가정용 전기의 기본 원리를 이해하고 적용한다.

가정용 전기

가정의 전기는 **교류**(alternating current)이며 줄여서 **AC**이다. 전류는 초당 120회 방향을 바꾼다.

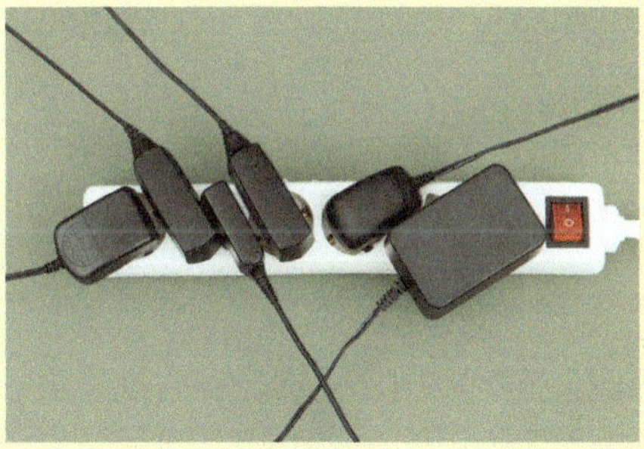

교류는 그림에서와 같은 변압기를 사용하여 전자 장치의 전압을 변환한다. 이것이 어떻게 가능한지에 대한 세부 사항을 배운다.

전기 안전

신경과 근육 세포는 전기 신호에 반응하므로 전기에 노출되면 위험할 수 있다. 절연 장갑은 모선공을 보호한다.

몸의 전기 전도에 대한 모형을 학습하여 다양한 전기 노출로 인한 위험을 파악할 수 있다.

교류 회로

라디오의 튜닝은 방송국의 방송 진동수와 일치하도록 **발진 회로**의 공명 진동수를 조정하는 것을 의미한다.

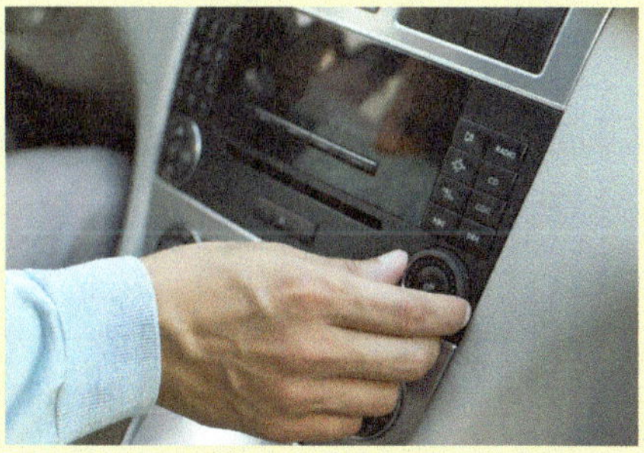

이 발진 회로가 라디오, TV, 휴대폰, 그리고 기타 장치에 사용되는 방법을 배운다.

이 장의 배경

직류 회로

23장에서 저항을 사용하여 직류 회로의 전압과 전류를 계산하는 방법을 배웠다.

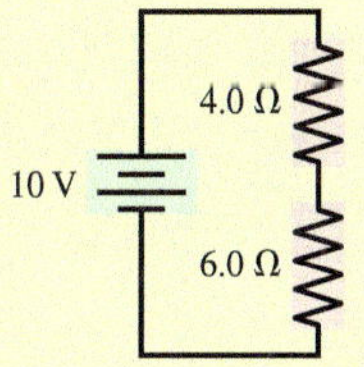

이 장에서는 축전기와 **인덕터**가 포함된 교류 회로로 분석을 확장할 것이다.

26.1 교류

LED 소형 전구 손전등은 1초 동안에 60회 점멸한다.

전지는 일정한 기전력을 만들어낸다. 전지를 이용하는 손전등에서 전구는 일정한 전류를 운반하며 안정적으로 빛난다. 가정에 분배되는 전기는 이와 다르다. 왼쪽 사진은 공중에서 회전하는 LED 소형 발광체의 줄을 긴 시간 동안 노출시킨 모습을 보여준다. 줄의 각 전구가 초당 60회 점멸하기 때문에 각 전구는 점선의 연속처럼 보인다. 이것은 전구의 특별한 성질이 아니라, 전구를 작동시키는 전기의 특성이다. 가정용 전기는 일정한 기전력을 갖지 않으며, 전구에서 나오는 빛의 출력을 변화시키는 사인 모양 변화를 가진다. 기전력이 양(+)이면 켜지고, 기전력이 음(−)이면 꺼진다. 그 결과인 깜박임 현상은 정상적인 상황에서 빠르게 나타난다.

그림 26.1 교류 전원의 기전력

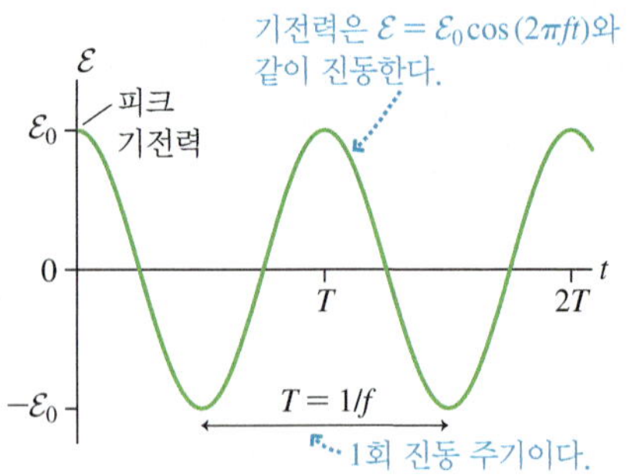

◀25.2절에서는 자기장 내의 도선 코일을 증기나 물, 또는 바람을 이용하여 회전시켜 작동되는 발전기에 대해서 배웠다. 코일의 꾸준한 회전은 기전력을 일으키고, 코일 내에 유도 전류가 음(−)과 양(+)의 값으로 사인 모양으로 진동하게 한다. 이 진동은 전하를 처음에는 한 방향으로 흐르게 하고 반주기 후에는 반대방향으로 흐르게 하며, 이를 **교류**(alternating current) 또는 줄여서 AC라 한다. (기전력이 일정하고 전류가 항상 같은 방향이라면 **직류**(direct current)라고 하며, 줄여서 DC라 한다.) 집에 있는 콘센트 전기는 기전력이 60 Hz의 진동수로 진동하고 있는 **교류 전기**(AC electricity)이다. 오디오, 라디오, 텔레비전, 컴퓨터 그리고 통신 장비는 교류 회로를 광범위하게 사용하며, 진동수 범위는 오디오 회로에서는 거의 10^2 Hz, 휴대폰에서는 거의 10^9 Hz이다.

교류 전원의 순간 기전력을 **그림 26.1**에 나타내었으며 다음과 같이 쓸 수 있다.

$$\mathcal{E} = \mathcal{E}_0 \cos(2\pi ft) = \mathcal{E}_0 \cos\left(\frac{2\pi t}{T}\right) \qquad (26.1)$$

교류 전원의 기전력

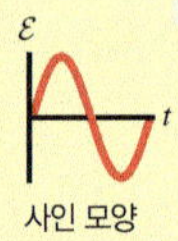

여기에서 $\mathcal{E}_0$은 피크 또는 최대 기전력(기전력 단위는 볼트임을 기억하자), T는 진동의 주기(s), $f = 1/T$는 진동의 진동수(초당 순환, 또는 Hz)이다.

저항기 회로

23장에서 전류 I와 전위차 ΔV의 항으로 회로 분석하는 것을 배웠다. 이제 전류와 전압이 진동하므로 소문자 i를 회로 요소를 흐르는 **순간**(instantaneous) 전류, 즉 특정 순간의 전류값을 나타내는 데 사용할 것이다. 마찬가지로, 회로 요소의 순간 전압에 소문자 v를 사용한다.

그림 26.2 저항기에 흐르는 순간 전류

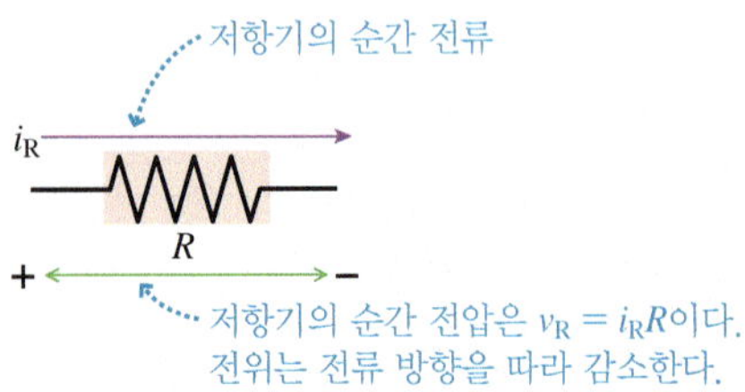

그림 26.2는 저항기 R을 흐르는 순간 전류 i_R을 보여준다. 저항기 양단의 전위차는 **저항기 전압**(resistor voltage) v_R이라 하며 옴의 법칙에 의해 다음과 같이 주어진다.

$$v_R = i_R R \tag{26.2}$$

그림 26.3은 교류 기전력 $\mathcal{E}$의 양 끝과 연결된 저항기 R을 보여준다. 교류 발전기를 나타내는 회로 기호는 -(~)- 이다. 이 회로를 직류 저항기 회로 분석에서 사용하였던 방법과 정확히 같은 방법으로 분석할 수 있다. 키르히호프의 고리 법칙에서 닫힌 경로 둘레의 모든 전위차의 합은 0이며, 다음과 같이 쓸 수 있다.

$$\sum \Delta V = \Delta V_{\text{source}} + \Delta V_R = \mathcal{E} - v_R = 0 \tag{26.3}$$

전류 방향을 따라 저항기를 지날 때 전위가 감소하므로, 직류 회로에 대한 식에서와 똑같이 음(−)의 부호가 나타난다. 따라서 고리 법칙으로부터 $v_R = \mathcal{E} = \mathcal{E}_0 \cos(2\pi ft)$임을 알 수 있다. 이것은 저항기가 기전력 단자 양단에 직접 연결되었기 때문에 놀랄 일은 아니다.

저항기 전압은 진동수 f인 사인 모양 전압이므로 다음과 같이 쓰면 편리하다.

$$v_R = V_R \cos(2\pi ft) \tag{26.4}$$

이 식에서 V_R은 피크 전압 또는 최대 전압이며, 사인 모양으로 변화하는 전압의 진폭이다. 그림 26.3의 단일 저항기 회로에서 $V_R = \mathcal{E}_0$임을 볼 수 있다. 따라서 저항기를 흐르는 전류는 다음과 같다.

$$i_R = \frac{v_R}{R} = \frac{V_R \cos(2\pi ft)}{R} = I_R \cos(2\pi ft) \tag{26.5}$$

여기에서 $I_R = V_R/R$는 피크 전류이다.

저항기의 순간 전류와 순간 전압은 둘 다 $\cos(2\pi ft)$로 진동한다. **그림 26.4**는 전압과 전류를 동시에 같은 그래프로 나타내었다. 피크 전류 I_R이 피크 전압 V_R보다 작게 그려진 것은 중요하지 않다. 전류와 전압이 다른 단위로 측정되었으므로 이와 같은 그래프에서는 한 값과 다른 값을 비교할 수 없다. 단 하나의 그래프에 2개의 다른 양을 보여줄 때(조심하지 않으면 오해하기 쉬운 전략) 그것들이 같은 위상으로 진동하고 있다는 것을 간단하게 알 수 있다. **전류는 전압이 최대일 때 최댓값이며, 전류는 전압이 최소일 때 최솟값이 된다.**

저항기에서의 교류 전력

23장에서 저항기에 의해 손실되는 전력은 $P = I\Delta V_R = I^2 R$이라고 배웠다. 교류 회로에서는 저항기 전류 i_R과 저항기 전압 v_R이 그림 26.4에서 보았던 것처럼 끊임없이 변화하므로 순간 전력 손실 $p = i_R v_R = i_R^2 R$(소문자 p를 유념)도 끊임없이 변화한다. 이 순간 전력을 식 (26.4)와 (26.5)를 사용하여 다음과 같이 쓸 수 있다.

$$p = i_R^2 R = [I_R \cos(2\pi ft)]^2 R = I_R^2 R[\cos(2\pi ft)]^2 \tag{26.6}$$

그림 26.5에 순간 전류를 나타내었다. 코사인의 제곱 때문에 전력 진동은 기전력의 매주기 동안 두 번 진동함을 볼 수 있다. 에너지 손실은 $i_R = I_R$일 때 뿐만 아니라 $i_R = -I_R$일 때도 최대이다. 에너지 손실은 저항기를 흐르는 전류 방향에 의존하

그림 26.3 교류 저항기 회로

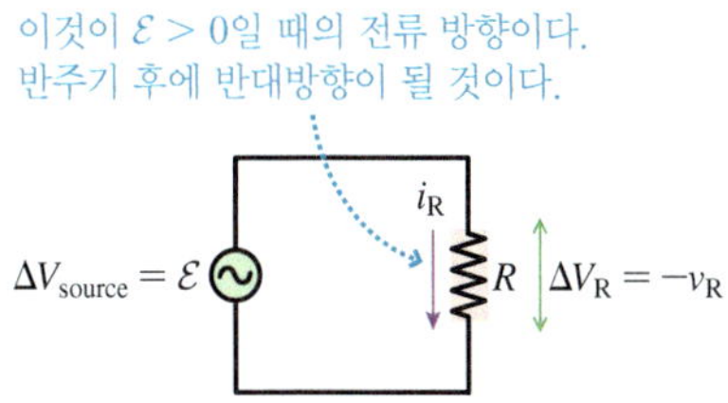

그림 26.4 저항기에 흐르는 전류와 저항 양단의 전압

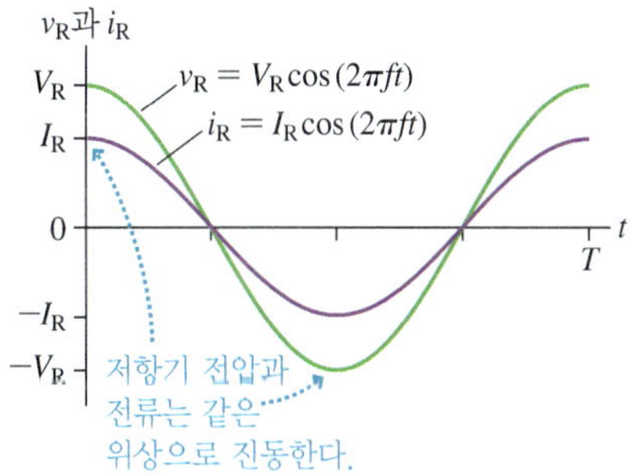

그림 26.5 저항기에서의 순간 전력 손실

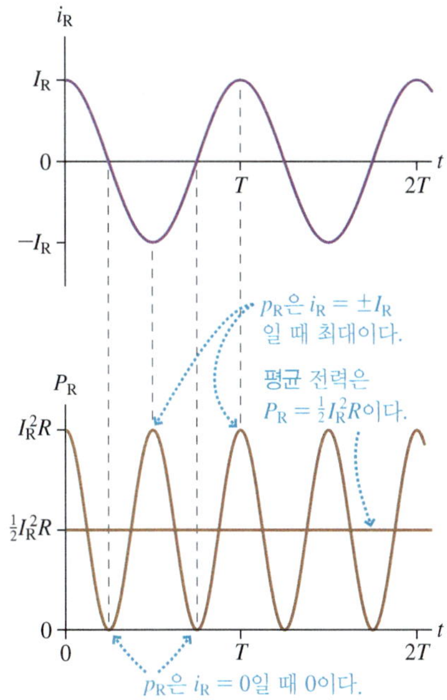

지 않는다.

가정용 백열전구에서의 전류는 초당 120회 방향이 반전된다(주기당 2번). 따라서 전력은 초당 120회 최대에 도달한다. 그러나 전구의 뜨거운 필라멘트는 변함없이 빛을 내므로 순간 전력보다 **평균 전력**에 더 많은 관심을 갖게 한다. 그림 26.5는 피크 출력과 관련된 다음과 같은 **평균 전력**(average power) P_R을 보여준다.

$$P_R = \frac{1}{2} I_R^2 R \tag{26.7}$$

전압에 대한 유사한 분석을 통해 전력이 $P_R = \frac{1}{2} V_R^2/R$임을 보일 수 있다. 직류 회로에서 전력은 $P_R = I^2R = V^2/R$임을 상기하자. 다음과 같이 **제곱 평균 제곱근 전류**와 **제곱 평균 제곱근 전압**을 정의하여 직류 표현을 반영하는 좀 더 유용한 표현식으로 쓸 수 있다(제곱 평균 제곱근 전류와 전압을 나타내기 위해 첨자 'rms'를 사용).

$$I_{rms} = \frac{I_R}{\sqrt{2}} \qquad V_{rms} = \frac{V_R}{\sqrt{2}} \tag{26.8}$$

제곱 평균 제곱근 전류와 전압

rms 값은 변화하는 양의 크기를 측정하는 역할을 하는 값이다. 12장에서 이 사고 방법을 보았다. 여기서는 기체 분자의 rms 속력을 도입하였다. rms 표현의 관점에서 교류 회로의 저항기에 의해 소모되는 평균 전력에 대한 표현을 다시 쓰면 다음과 같다.

$$P_R = (I_{rms})^2 R = \frac{(V_{rms})^2}{R} = I_{rms} V_{rms} \tag{26.9}$$

저항기의 평균 전력 손실

백열전구에 적힌 '120 V'는 전구가 작동하는 rms 전압이다. '100 W'는 이 전압에서의 평균 전력 손실이다.

이 표현식은 I_{rms}를 I, V_{rms}를 V로 대체하면 직류 표현식과 동일하다. **rms 전압과 rms 전류를 사용하는 한 직류 전력에 대해 배운 모든 표현이 교류 전력에도 적용된다.** $I_{rms} = 1$ A인 교류 회로의 저항기에 대한 평균 전력 손실은 $I = 1$ A인 직류 회로의 경우와 동일하다. 이제부터는 rms 값을 일반적으로 사용한다. 교류 전원 공급 장치에 대해 단일 전압이 주어지면 이 전압이 rms 전압이라고 생각할 수 있다. 예를 들어 미국의 가정용 전구와 가전제품은 벽 콘센트에서 공급하는 120 V에서 작동한다. 이 전압은 rms 값 $\mathcal{E}_{rms}$이다. 따라서 피크 전압은 $\sqrt{2}$배만큼 높아서 $\mathcal{E}_0 = 170$ V가 된다.

예제 26.1 토스터의 저항과 전류

토스터 내의 열선은 120 V의 콘센트에 연결되면 580 W를 소모한다.

a. 열선의 저항은 얼마인가?

b. 열선을 흐르는 rms 전류와 피크 전류는 얼마인가?

준비 120 V 콘센트 전압이 rms 값임을 안다. 필라멘트 저항은 R이며, 120 V의 rms 전압이 지날 때 580 W를 소모한다. R에 대한 식 (26.9)를 풀이할 수 있으며, 식 (26.9)와 (26.8)을 사용하여 rms 전류와 피크 전류를 계산한다.

풀이

a. 식 (26.9)를 정리하여 rms 전압과 평균 전력으로부터 저항을 구한다.

$$R = \frac{(V_{\text{rms}})^2}{P_{\text{R}}} = \frac{(120\ \text{V})^2}{580\ \text{W}} = 25\ \Omega$$

b. 식 (26.9)를 재정리하여 전력과 저항의 항으로 전류를 구할 수 있으며, 다음과 같다.

$$I_{\text{rms}} = \sqrt{\frac{P_{\text{R}}}{R}} = \sqrt{\frac{580\ \text{W}}{25\Omega}} = 4.8\ \text{A}$$

식 (26.8)로부터 피크 전류는 다음과 같다.

$$I_{\text{R}} = \sqrt{2}\, I_{\text{rms}} = \sqrt{2}\,(4.8\ \text{A}) = 6.8\ \text{A}$$

검토 주어진 전압과 계산된 전류에 의해 계산한 전력으로 문제를 빠르게 점검할 수 있다.

$$P_{\text{R}} = I_{\text{rms}}\, V_{\text{rms}} = (4.8\ \text{A})(120\ \text{V}) = 580\ \text{W}$$

이 결과는 문제의 서술에서 주어진 값과 일치하며, 풀이를 신뢰할 수 있게 한다.

26.2 교류 전기와 변압기

휴대폰은 약 3.5 V에서 작동한다. $V_{\text{rms}} = 120$ V의 벽 콘센트에서 충전하려면 변압기를 사용해야 한다. **변압기**(transformer)는 교류 전압을 입력으로 사용하고 출력으로 높거나 낮은 전압을 생성하는 장치이다. 변압기의 작동은 자기장을 변경함으로써 생성되는 기전력을 기반으로 하므로 입력은 교류 전기이어야 한다.

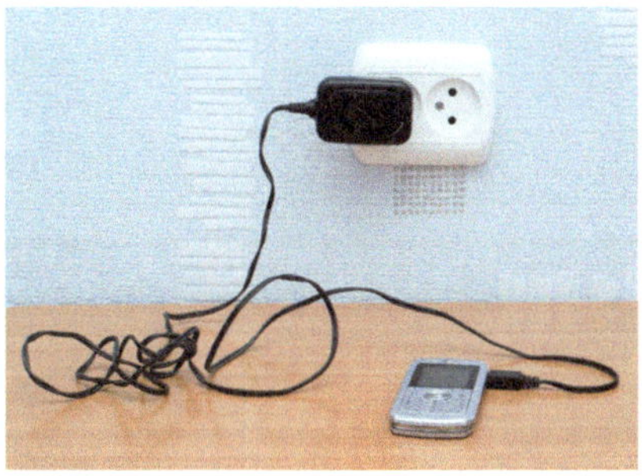

핸드폰 충전기는 필요한 전압 감소를 제공하는 변압기를 포함한다.

변압기의 작동

그림 26.6(a)는 단일 철심에 감긴 2개의 코일로 구성된 변압기의 축약된 모습을 보여준다. 왼쪽 코일을 **1차 코일**(primary coil)(또는 단순히 1차)이라 한다. 1차 코일은 진폭 V_1의 교류 전압에 연결된 N_1번 감긴 도선을 갖는다. 이 AC 전압은 교류를 생성한다. 코일의 전류는 훨씬 더 강한 알짜 자기장을 생성하기 위해 철심을 자화시키는 자기장을 생성하며, 1차 코일을 통과하는 큰 자속을 만들어낸다. 자기력선은 그림에 보이는 것처럼 철심을 따라가는 경향이 있으며, 따라서 왼쪽 1차 코일의 자속 거의 모두가 N_2번 감긴 **2차 코일**(secondary coil)(또는 2차)이라 하는 오른쪽 코일을 지나간다. 그림 26.6(b)는 회로의 변압기를 나타내는 데 사용되는 기호를 보여준다. 여기에서, N_1과 N_2는 1차와 2차 코일에서 도선의 감긴 횟수를 나타낸다. 1차 코일 내의 전류는 교류 전류이므로, 철심에 진동하는 자기장을 만들어낸다. 변화하는 자기장은 2차 코일에 변화하는 자속이 존재함을 의미한다. 이와 같이 변화하는 자속은 2차 코일에 진폭 V_2인 교류 전압의 기전력을 유도한다. 그림을 완전하게 하기 위해 기전력을 부하(load)라고 하는 저항기 R에 연결한다. 이 저항기 내의 전류는 전력을 소모한다.

변압기의 핵심은 전압을 변화시키는 것이기 때문에 2차 코일에서 전압 V_2가 1차 코일의 전압 V_1과 어떤 관련이 있는지 밝힐 필요가 있다. 어느 순간에 1차 코일을 지나가는 순간 전류를 i_1이라고 가정한다. 이 전류는 1차 코일을 지나가는 자속 Φ을 만

그림 26.6 변압기와 회로 기호

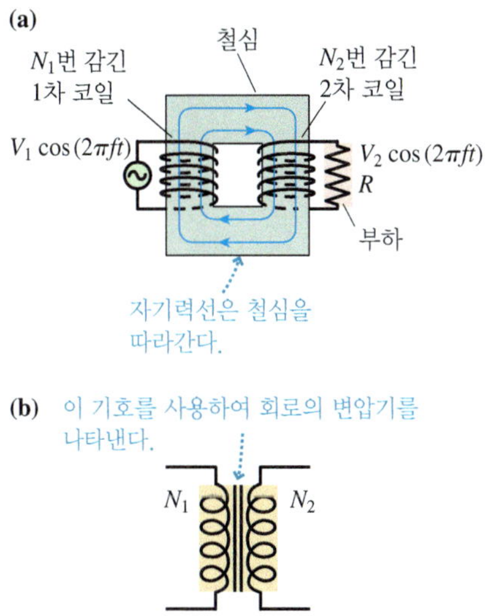

들어낸다. i_1이 변화하기 때문에 이 자속은 변화하며, 이 변화는 코일에 기전력을 유도한다. 패러데이의 법칙[식 (25.12)]에 의해 N_1번 감긴 1차 코일에서의 순간 전압 v_1은 다음과 같다.

$$v_1 = \mathcal{E}_1 = N_1 \frac{\Delta\Phi}{\Delta t} \tag{26.10}$$

이상적인 변압기(ideal transformer)에서 철심에 의해 모든 자속이 2차 코일까지 전달된다. 따라서 2차 코일을 지나가는 자속의 변화율 역시 $\Delta\Phi/\Delta t$이다. 2차 코일을 지나가는 기전력을 유도하는 이와 같은 자속의 변화는 다음과 같이 주어진다.

$$v_2 = \mathcal{E}_2 = N_2 \frac{\Delta\Phi}{\Delta t} \tag{26.11}$$

식 (26.10)과 (26.11)에서의 $\Delta\Phi/\Delta t$가 같기 때문에 다음과 같이 쓸 수 있다.

$$\frac{v_1}{v_2} = \frac{N_1}{N_2} \tag{26.12}$$

식 (26.12)는 순간 전압의 비를 나타낸다. 또한 이 식은 이 전압이 피크 값 V_1과 V_2인 순간에 대해서 성립되며, rms 전압은 $1/\sqrt{2}$에 의해 피크 전압과 관련되어 있다. 따라서 1차 코일의 피크 전압과 rms 전압을 2차 코일의 피크 전압과 rms 전압에 관련지을 수 있다.

$$V_2 = \frac{N_2}{N_1} V_1 \quad \text{그리고} \quad (V_2)_{\text{rms}} = \frac{N_2}{N_1} (V_1)_{\text{rms}} \tag{26.13}$$

N_1, N_2번 감긴 1차, 2차 코일에 대한 변압기 전압

부하 양단의 전압 V_2는 비 N_2/N_1에 의존하며 V_1보다 더 높거나 더 낮게 변환된다. $N_2 > N_1$인 **승압 변압기**(step-up transformer)는 전압을 증가시키며, $N_2 < N_1$인 **강압 변압기**(step-down transformer)는 전압을 떨어뜨린다.

수업 영상

식 (26.13)은 변압기의 2차 코일에서의 전압을 1차 코일에서의 전압과 관련시킨다. 또한 2차 코일과 1차 코일에서의 **전류**를 에너지 보존에 의해서 관련시킬 수 있다. 변압기가 부하에 연결되면 2차 코일로부터 rms 전류 $(I_2)_{\text{rms}}$를 끌어당기며, 변압기에 의해 부하에 전달되는 평균 전력은 식 (26.9)에 의해 다음과 같다.

$$P_2 = (V_2)_{\text{rms}} (I_2)_{\text{rms}}$$

1차 코일은 연결된 전원으로부터 전류 $(I_1)_{\text{rms}}$를 받는다. 이 전원은 다음과 같은 전력을 변압기에 제공한다.

$$P_1 = (V_1)_{\text{rms}} (I_1)_{\text{rms}}$$

이상적인 변압기는 전기 에너지 손실이 없다고 가정하므로 $P_1 = P_2$ 또는 $(V_1)_{\text{rms}} (I_1)_{\text{rms}} = (V_2)_{\text{rms}} (I_2)_{\text{rms}}$이다. 따라서 2차 코일의 전류에 대해 풀 수 있으며, 다음과 같다.

$$(I_2)_{\text{rms}} = \frac{(V_1)_{\text{rms}}}{(V_2)_{\text{rms}}}(I_1)_{\text{rms}} = \frac{N_1}{N_2}(I_1)_{\text{rms}}$$

피크 전류에 대해서도 유사한 표현이 가능하다. 그러므로 식 (26.13)의 전압에 대한 식을 반영하는 변압기의 코일 전류에 대한 식은 다음과 같다.

$$I_2 = \frac{N_1}{N_2}I_1 \quad \text{그리고} \quad (I_2)_{\text{rms}} = \frac{N_1}{N_2}(I_1)_{\text{rms}} \tag{26.14}$$

N_1, N_2번 감긴 1차, 2차 코일에 대한 변압기 전류

수업 영상

식 (26.13)과 (26.14)를 비교하면 **승압 변압기는 전압을 높이지만 전류는 낮춘다**는 것을 알 수 있다. **강압 변압기는 전압을 낮추지만 전류를 높인다**. 이것은 에너지 보존의 예이다.

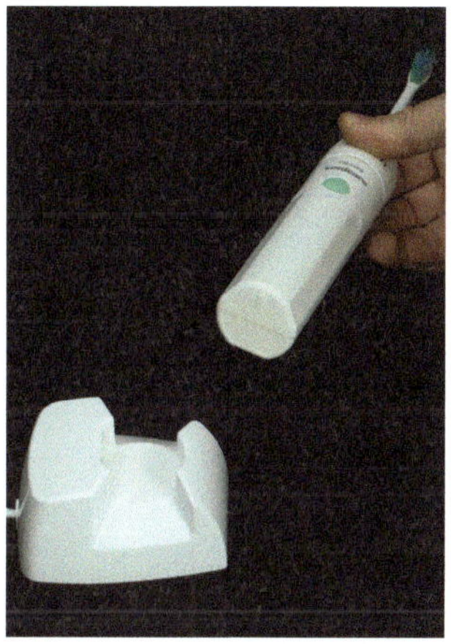

▶ **충전하기** 변압기의 1차 코일과 2차 코일 사이에는 직접적인 전기적 접촉이 없다. 에너지는 자기장에 의해 한 코일에서 다른 코일로 전달된다. 이렇게 하면, 그림에 보이는 전동 칫솔과 같이 완전히 밀봉된 장치를 외부의 전기적 접촉 없이 충전시키는 것이 가능하다. 받침에 있는 1차 코일은 손잡이에 있는 2차 코일에 교류 기전력을 유도하는 교류 자기장을 생성한다. 직류로 변환된 기전력이 전동 칫솔의 충전지를 충전하는 데 사용된다.

예제 26.2 강압 변압기 분석

독서등에는 120 V 전기 콘센트에 연결된 변압기로 전원이 공급되는 1.4 W, 4.8 V 전구가 있다. 변압기의 2차 코일은 20번 감겨 있다. 1차 코일은 얼마나 많이 감겨 있을까? 1차 코일의 전류는 얼마나 될까?

준비 그림 26.7은 회로의 그림이다. 이것은 전구가 부하인 그림 26.6(a)의 기본 변압기 회로이다. 문제 설명에 제시된 회로의 값들이 모두 그림에 포함되어 있다.

1차, 2차 코일의 전압을 알고 있으므로 식 (26.13)을 사용하여 1차 코일에 감긴 횟수를 계산할 수 있다. 전구의 전압과 전력을 알기 때문에 전구에서 전류를 찾을 수 있다. 이것은 2차 코일의 전류로, 식 (26.14)에서 1차 코일의 전류, 콘센트가 제공하는 전류를 찾을 수 있다.

그림 26.7 변압기는 독서등에 전원을 공급한다.

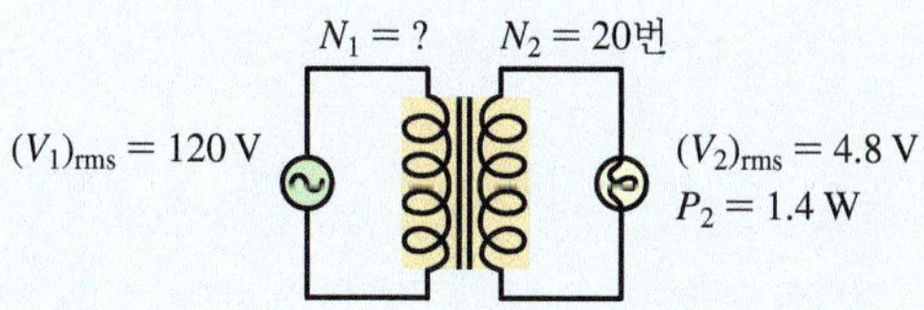

풀이 전구는 4.8 V에 연결되며, 이 값은 2차 코일의 rms 전압이다. 따라서 $(V_2)_{\text{rms}} = 4.8$ V이다. 전력 콘센트는 보통의 $(V_1)_{\text{rms}} = 120$ V를 사용하였으므로 식 (26.13)을 재정리하여 다음과 같이 구할 수 있다.

$$N_1 = N_2\frac{(V_1)_{\text{rms}}}{(V_2)_{\text{rms}}} = (20\text{번})\left(\frac{120\text{ V}}{4.8\text{ V}}\right) = 500\text{번}$$

2차 코일에 연결된 전구는 4.8 V에서 1.4 W를 소모하며, rms 전압이므로 2차 코일의 rms 전류는 다음과 같다.

$$(I_2)_{\text{rms}} = \frac{P_2}{(V_2)_{\text{rms}}} = \frac{1.4\text{ W}}{4.8\text{ V}} = 0.29\text{ A}$$

1차 코일의 rms 전류를 구하기 위하여 식 (26.14)를 재정리하여 다음과 같이 구할 수 있다.

$$(I_1)_{\text{rms}} = (I_2)_{\text{rms}}\frac{N_2}{N_1} = (0.29\text{ A})\frac{20}{500} = 0.012\text{ A}$$

검토 벽 콘센트에 의해 공급된 전력을 살펴봄으로써 결과를 확인할 수 있다. 이것은 $P_1 = (120\text{ V})(0.012\text{ A}) = 1.4$ W이고 전구에 의해 소모된 전력과 같으며, 변압기가 이상적임을 가정하여 얻은 결과이다.

전력 송전

장거리 전기 송전선에는 최대 1,000,000 V 이상의 매우 높은 전압이 걸려 있다. **그림 26.8**은 발전소에서 도시로 전기를 전송하는 단계를 개략적으로 나타낸 것이다. 표시된 전압은 일반적인 값이다. 발전소의 발전기는 25 kV에서 전기를 생산하며, 이 전기는 전송을 위해 500 kV까지 승압되었다가, 두 단계로 감압되어 콘센트에서 120 V를 제공한다. 변압기에는 세 단계가 포함된다. 왜 그렇게 높은 전압으로 전력을 송전할까? 한마디로 효율성 때문이며, 다음 예제에서 보여준다.

그림 26.8 송전

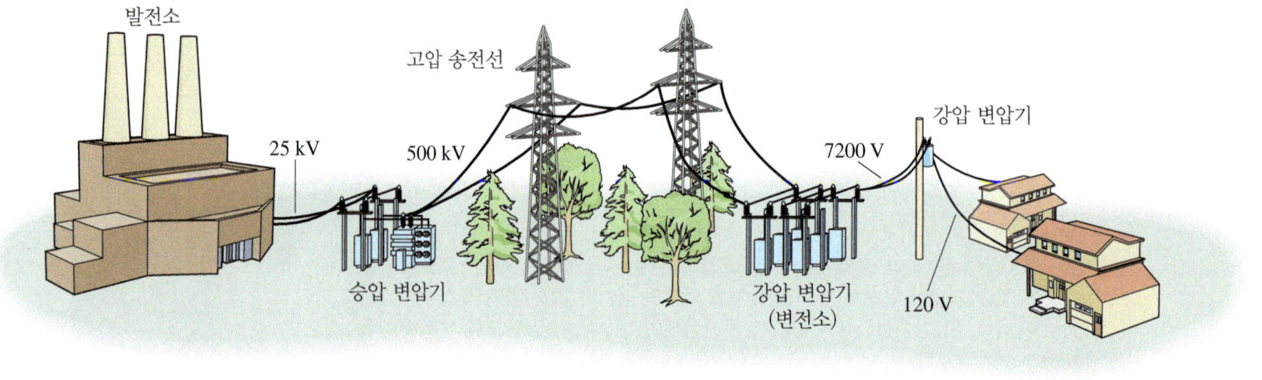

예제 26.3 실용적 전력 송전

소규모 도시에 전력을 공급하기 위해 발전소는 40 MW의 교류 전력을 생산한다. 발전소는 도시에서 50 km(전형적인 거리) 떨어져 있으며, 송전에 사용된 100 km의 도선(도시와 후면까지)의 저항은 7.0 Ω이다.

a. 발전기 전압 25,000 V에서 40 MW의 전력을 공급하려면 전류는 얼마나 되겠는가?

b. 이 전류에 대한 송전선의 저항에서 소비되는 전력은 얼마인가?

c. 500,000 V에서 40 MW의 전력을 공급하려면 전류는 얼마나 되겠는가?

d. 이 높은 전압에 대해 송전선의 저항에서 소비되는 전력은 얼마인가?

준비 도시와 전력을 전달하는 도선을 부하로 간주할 수 있다. 모든 전압은 rms값이고 전력은 평균 전력이므로, 식 (26.9)를 사용하여 주어진 전력과 전력을 소모하는 전류를 찾을 수 있다.

풀이

a. 발전기 전압 25,000 V에서 40 MW를 공급하기 위해 전류는

$$I_{\text{rms}} = \frac{40 \times 10^6 \text{ W}}{25 \times 10^3 \text{ V}} = 1600 \text{ A}$$

b. 이 전류를 송전선에 통과시키면 도선의 7.0 Ω 저항에서 전력 손실이 발생한다. 도선에서의 전압 강하는 모르지만 전류와 저항을 알고 있으므로

$$P_{\text{dissipated in wires}} = (I_{\text{rms}})^2 R = (1600 \text{ A})^2 (7.0 \text{ }\Omega) = 18 \text{ MW}$$

이것은 생성된 전력의 거의 절반이며, 용인할 수 없는 손실이다.

c. 송전 전압을 500 kV로 높이면 필요한 전류가 감소한다.

$$I_{\text{rms}} = \frac{40 \times 10^6 \text{ W}}{500 \times 10^3 \text{ V}} = 80 \text{ A}$$

이것은 도시에 공급하기에는 너무 작은 전류이다. 집에서 한 번에 여러 고전력 기기를 사용하는 경우, 이보다 많은 전류를 사용하기 쉽다. 그러나 전압이 아주 크기 때문에, 도시가 필요로 하는 전류는 아주 작을 수 있다.

d. 상대적으로 작은 전류는 도선의 저항에 의해 소비되는 전력이 작아진다는 것을 의미한다.

$$P_{\text{dissipated in wires}} = (I_{\text{rms}})^2 R = (80 \text{ A})^2 (7.0 \text{ }\Omega) = 0.045 \text{ MW}$$

이것은 생성된 전력의 약 0.1%에 불과하며 이는 상당히 합리적이다.

검토 이 예제는 최종 결과인 증가된 송전 전압에 따라 도선에서 소비되는 전력이 급격히 감소한다는 것을 보여주는 것이 목적이다.

고전압에서 전기를 전송한다는 것은 송전선에서 전류를 감소시켜 관리 가능한 전력 손실을 초래한다는 것을 의미한다. 고전압 송전에는 그림 26.8과 같이 변압기가 필요하다. 변압기는 발전기에서 높은 송전 전압으로 전압을 높이고 송전선이 목적지에 도달하면 전압을 안전한 가정용 값으로 낮춘다. 변압기는 AC 전기를 필요로 한다. 이것이 여러분이 AC 전원을 사용하는 주된 이유이나(다음 절에서 볼 수 있듯이), 직류보다 약간 더 위험하다.

26.3 가정용 전기

가정용 전기는 앞서의 회로 분석 기술을 이용하여 이해할 수 있으나, 한 가지 개념을 더 추가할 필요가 있다. 지금까지는 **전위차**만을 다루었다. 전위가 0인 지점을 자유롭게 선택할 수는 있지만, 회로 분석에서 전위가 0인 지점을 설정해야 할 필요성은 제시되지 못했다. 전위차만 필요하다.

그러나 2개의 다른 회로를 서로 연결하기 위해서는 어려움이 발생한다. CD 플레이어를 증폭기에 연결하거나 컴퓨터 모니터를 컴퓨터에 연결하고 싶을 수도 있다. 연결된 모든 회로들이 공통된 전위 기준점을 가지고 있지 않으면 비호환성이 발생할 수 있다. 이것이 전기적 **접지**(ground)를 해야 하는 이유이다.

접지하기

앞에서 지구 자체가 도체라는 것을 배웠다. 2개의 회로를 가지고 있다고 가정하자. 만약 각 회로의 한 점을 이상적인 도선으로 지구와 연결하면, 두 회로는 공통 기준점을 가진다. 이와 같은 방법으로 회로가 지구와 연결되면 **접지**되었다고 말한다. 실제로, 지구의 전위는 $V_{\text{earth}} = 0\text{ V}$라고 한 결과와 일치한다. 그림 26.9는 접지시킨 회로를 나타낸다. 보통 접지 연결은 완전한 회로 요소가 아니기 때문에 어떤 전류도 흐르지 않는다. 이 경우 접지는 회로의 성질을 바꾸지 않는다.

그림 26.9 접지 회로

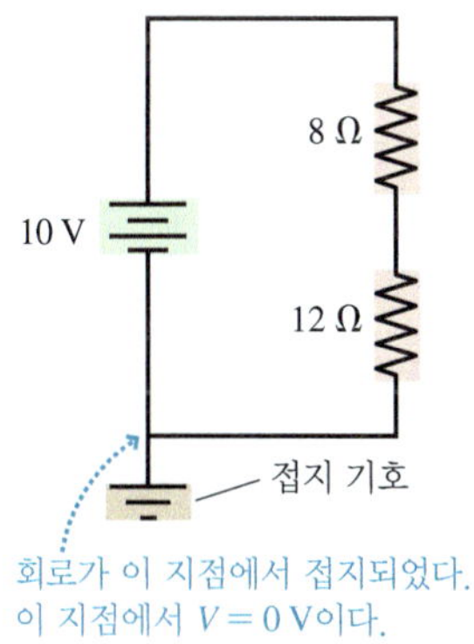

전기 콘센트는 접지된 병렬 회로

그림 26.10은 가정의 콘센트에 대한 회로도이다. 120 V의 전기 공급은 전력회사로부터 제공된다. 전기는 벽 속에 있는 도선을 통하여 집 전체에 있는 모든 콘센트에 전달된다. 전력선의 한 단자는 접지되었으며, **중립**(neutral) 쪽이라 한다. 다른 단자에서는 전위가 변화하며 **활선**(hot wire) 쪽이라 한다. 각각의 전기 콘센트는 2개의 구멍을 가지며, 하나는 활선 쪽에 연결되고, 하나는 중립 쪽에 연결된다. 플러그를 전기 콘센트에 끼우면, 플러그의 갈래는 전력선의 두 단자에 연결된다. 연결된 기구는 두 단자 사이의 회로를 완성시키며, 기구 사이의 전위차는 전류를 흐르게 하고 기구가 켜지도록 한다.

방이나 집안에 있는 다중 콘센트는 병렬 연결되어 있어서 각각의 콘센트는 다른

그림 26.10 다중 콘센트 회로

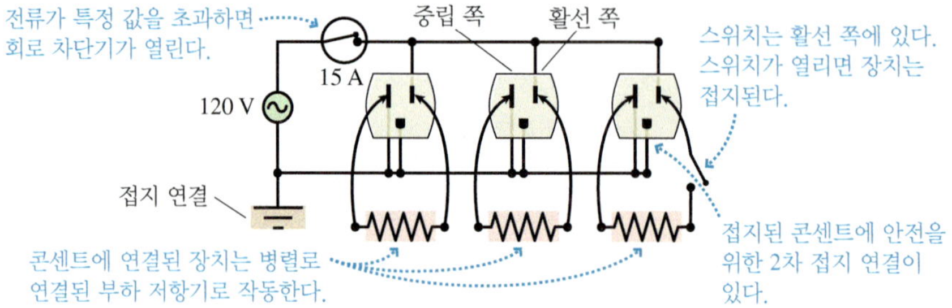

콘센트를 사용하지 않아도 작동한다. 단일 회로에 있는 콘센트들은 병렬 연결이므로 다른 기구를 끼우게 되면 회로의 총 전류가 증가한다. 벽에 있는 도선들이 좋은 도체라 해도 완벽하지 않기 때문에 문제가 생긴다. 도선은 작은 저항을 가지며, 전류가 흐를 때 뜨거워진다. 너무 많은 전류가 흐르면 도선은 화재를 일으키기에 충분할 정도로 뜨거워질 수 있다.

가정에서의 회로는 각 회로의 전류를 제한하는 회로 차단기에 의해 보호된다. 회로 차단기는 스위치와 회로의 전류를 측정하는 전류계로 구성된다. 전류계가 너무 많은 전류(보통 $I_{rms} \geq 15$ A)를 측정하면 전류계는 회로를 차단하는 스위치를 열도록 신호를 보낸다. 아마도 너무 많은 장치들을 콘센트에 끼우게 되면 회로 차단기가 '작동되는' 것을 경험하였을 것이다. 몇몇 장치들을 끄거나 플러그를 뽑거나 다른 회로로 옮겨야 한다.

가정용 회로의 접지는 위에서 언급한 바와 같이 중요한 기준 전위를 제공하나, 접지의 주된 이유는 안전이다. 표준 콘센트의 두 구멍은 크기가 다르다. 중립 구멍이 약간 크다. 대부분의 전기 장치는 콘센트에 한 방향으로만 끼울 수 있는 플러그가 붙어 있다. 예를 들면, 전등은 거의 확실하게 이런 종류의 플러그를 갖는다. 전등을 끌 때 중립선은 차단하지 않고 활선을 차단하는 것이 중요한 안전 기능이다.

두 갈래 '극성' 플러그는 한 개의 큰 갈래와 한 개의 작은 갈래를 갖는다. 표준 콘센트에 연결될 때, 큰 갈래는 접지된다. 세 갈래 플러그는 2차 접지 연결을 만드는 원형 핀을 갖는다.

표준 전기 콘센트에서 둥근 구멍은 두 번째 접지 연결이다. 장치에 금속 케이스가 있는 경우 케이스가 접지와 연결된다. 도선이 장치 내부에서 느슨해져 금속 케이스에 닿으면 케이스를 만진 사람이 전기 충격을 받을 수 있다. 그러나 케이스가 접지된 경우, 그 전위는 항상 0 V이므로 만져도 항상 안전하다. 또한 활선이 접지된 케이스에 닿으면 합선이 일어나고, 갑자기 큰 전류를 발생하여 회로 차단기를 내리고 활선을 차단하여 위험을 방지한다.

예제 26.4 **회로 차단기가 열릴까?**

학생들의 침실에 있는 회로에는 15 A의 회로 차단기가 있다. 어느 저녁에 한 학생이 컴퓨터(240 W), 전등(2개의 60 W 전구), 난방기(1200 W)를 연결하였다. 이것들은 회로 차단기를 작동시키는 데 충분할까?

준비 먼저 **그림 26.11**과 같은 회로를 그린다. 세 장치가 같은 회로에 있기 때문에 그것들은 병렬 연결되어 있다. 세 장치를 각각 저항기로 간주할 수 있다.

풀이 회로에서의 전류는 각 장치에서의 전류들의 합이다.

그림 26.11 회로 차단기를 가진 회로

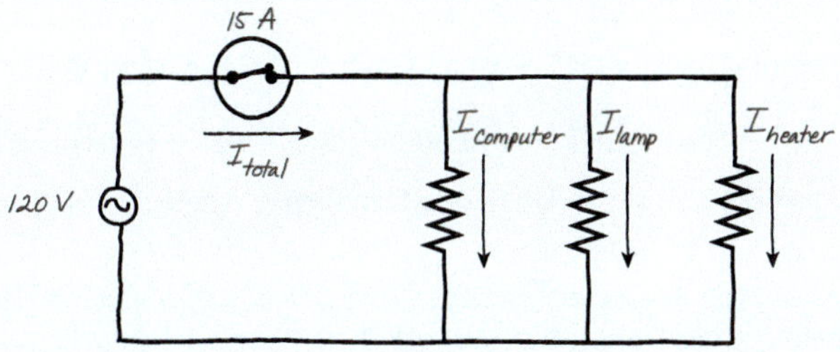

$$(I_{\text{total}})_{\text{rms}} = (I_{\text{computer}})_{\text{rms}} + (I_{\text{lamp}})_{\text{rms}} + (I_{\text{heater}})_{\text{rms}}$$

식 (26.9)에서 전력은 rms 전류와 rms 전압의 곱이므로, 각 장치에서의 전류는 전력을 rms 전압으로 나눈 값이다.

$$(I_{\text{total}})_{\text{rms}} = \frac{240\ \text{W}}{120\ \text{V}} + \frac{120\ \text{W}}{120\ \text{V}} + \frac{1200\ \text{W}}{120\ \text{V}} = 13\ \text{A}$$

이 값은 회로 차단기를 작동시키는 전류값에 근접하지만 충분하지 않다.

검토 일반적으로 한 방에 있는 모든 콘센트(그리고 전등 등)는 동일한 회로에 있다. 이처럼 큰 전체 전력을 소비하는 전기 장치들을 한 방 안에서 문제 없이 사용했을 것이다. 따라서 이 결과는 합리적이다.

킬로와트시

와트(watt)와 초(second)의 곱은 줄(joule)이며, 에너지의 SI 단위이다. 그러나 지역 전력회사에서는 매달 사용한 에너지를 측정하는 데 다른 단위, 즉 **킬로와트시**(kilowatt hours)라는 단위의 사용을 선호한다.

가정에서 Δt 시간 동안 P kW의 전기를 소모하는 장치는 $P\Delta t$ 킬로와트시의 에너지, 단축해서 kWh를 사용한다. 예를 들어, 1500 W의 전기온수기를 10시간 동안 가동한다고 가정하자. 사용된 에너지는 (1.5 kW)(10 hr) = 15 kWh이다.

상당히 색다른 이름임에도 불구하고, kWh는 에너지의 단위이며, 전력과 시간의 곱이다. J과 kWh 사이의 변환은 다음과 같다.

$$1.00\ \text{kWh} = (1.00 \times 10^3\ \text{W})(3600\ \text{s}) = 3.60 \times 10^6\ \text{J}$$

매월 전기 고지서는 지난 달 사용한 kWh를 단위로 숫자를 명시한다. 이것은 전력회사가 전류로 전달한 에너지의 양으로, 집안에서 열에너지와 빛에너지로 변환된 것이다.

가정용 전기 계량기는 매월 사용한 전기를 킬로와트시로 기록한다.

예제 26.5 전기 에너지의 비용 계산

일반적인 전기 난방기를 제일 강하게 설정하면 12.5 A의 rms 전류를 사용한다. 만약 전기 단가가 kWh당 12센트라 하면(전국적인 평균값의 어림값), 난방기를 2시간 동안 가동하기 위한 비용이 얼마나 될까?

풀이 난방기에 의해 소비되는 전력은

$$P = V_{\text{rms}} I_{\text{rms}} = (120\ \text{V})(12.5\ \text{A}) = 1500\ \text{W} = 1.5\ \text{kW}$$

이고, 2시간 동안 사용된 에너지는 $\mathcal{E} = (1.5\ \text{kW})(2.0\ \text{h}) = 3.0\ \text{kWh}$이다. kWh당 12센트이므로 전기 요금은 36센트이다.

26.4 생물학적 효과와 전기 안전 BIO

그림 26.12 고전압은 반드시 위험하다고만 할 수 없다.

표 26.1 인체를 지나가는 전류의 생리적 효과

생리적 효과	교류 전류 (rms)(mA)	직류 전류 (mA)
감각의 한계	1	3
호흡기관 근육의 마비	15	60
치명적인 심장 세동	> 100	> 500

그림 26.13 인체의 저항 모형

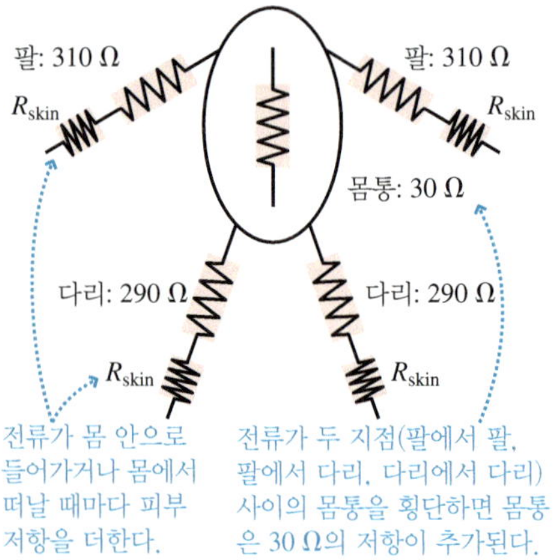

일상적인 9 V 전지는 전혀 위험 없이 다룰 수 있으나, 전기 콘센트의 120 V는 끔찍한 충격을 가져다줄 수 있다. 그림 26.12에서 400,000 V의 전위를 가진 밴더그래프(Van de Graaff) 발전기를 접촉하고 있는 소녀는 아직 안전하다. 무엇이 전기를 안전하거나 위험하게 할까?

전원의 상대적인 안정성은 전압이 아니라 전류에 의해 결정된다. 인체를 통과하는 전하인 전류는 신경 자극처럼 보이게 하여 근육을 무의식적으로 수축시키므로 생리적 영향과 손상을 끼친다.

일반적으로 높은 전압은 낮은 전압보다 더 위험하다. 높은 전압이 더 큰 전류를 만들어내는 경향이 있지만, 전류의 양은 저항과 전원의 전류 전달 능력에도 의존한다. 그림 26.12의 밴더그래프 발전기는 지면보다 높은 전위에 있지만, 소녀는 절연된 단상 위에 서 있다. 단상이 높은 저항을 갖는다는 것은 매우 작은 전류가 소녀를 지나 지면으로 흐름을 의미한다. 소녀는 아무런 감각이 없게 될 것이다. 소녀가 접지된 물체를 만진다 할지라도 발전기의 전하가 아주 작기 때문에 전류는 대단하지 않으므로 위험한 전류는 있을 수 없다. 120 V의 가정용 회로에서는 더 큰 전류가 주어질 수 있으므로 더 나쁜 전기 충격을 받을 수 있다.

표 26.1에 다른 생리적 효과를 일으키는 전류의 어림값을 나타내었다. 흉곽을 지나가는 전류는 호흡과 올바른 심장의 리듬을 방해하므로 특히 위험하다. 동일한 생리적 효과를 내는 데는 직류 전류보다 교류 전류의 값이 더 작다. 100 mA보다 큰 교류 전류는 심장 세동을 일으킬 수 있으며, 심장 박동이 빨라지고 불규칙해져 제어할 수 없는 상태가 된다.

인체를 지나가는 전류를 계산하기 위하여 그림 26.13에서와 같이 인체를 여러 개의 저항기가 연결된 것으로 모형화할 수 있다(이것은 평균값이다. 이 값들을 중심으로 개별적으로 차이가 있다). 높은 소금물 함량 때문에 인체 내부의 저항은 꽤 낮다. 그러나 전류는 인체 내부로 들어가기 전에 피부를 통과하게 되며, 일반적으로 피부는 꽤 높은 저항을 가진다. 도선이 손가락의 건조한 피부와 접촉하면 피부 저항은 1 MΩ보다 더 크게 될지도 모른다. 촉촉한 피부와 더 큰 접촉 면적은 피부 저항을 10 kΩ보다 더 작게 감소시킬 수 있다.

예제 26.6 작업자 위험할까?

공장에서 작업자가 벗겨진 도선을 붙잡았는데, 그는 도선이 480 V 교류 전원에 연결되어 있는지 모른다. 그의 다른 손은 접지된 금속 난간을 잡고 있다. 도체와 완전히 접촉한 그의 손의 피부 저항은 2200 Ω이다. 그는 충격을 받을 것이다. 위험할 만큼 큰가?

준비 그림 26.14(a)와 같이 이 상황에 대한 회로 모형을 그릴 수 있다. 작업자의 인체는 480 V의 전위차로 두 점 사이의 회로를 완성하였다. 전류는 이 전위차와 피부 저항을 포함하는 인체의 저항에 의존한다.

풀이 그림 26.13의 모형에 따라, 전류 경로는 **그림 26.14(b)**에서처럼 한 손의 피부를 거쳐 팔 위로, 몸통을 지나 다른 팔 아래로, 그리고 다른 손의 피부를 지난다. 직렬 연결의 등가 저항은 5050 Ω 이며, 인체를 지나가는 교류 전류는

$$I = \frac{\Delta V}{R_{eq}} = \frac{480\ \mathrm{V}}{5050\,\Omega} = 95\ \mathrm{mA}$$

이다. 표 26.1에서 이 값은 매우 위험함을 알 수 있으며, 치명적일 수 있는 전류이다.

검토 전압은 높고 저항은 상대적으로 낮기 때문에 위험한 수준의 전류를 흐르는 것은 놀랍지 않다.

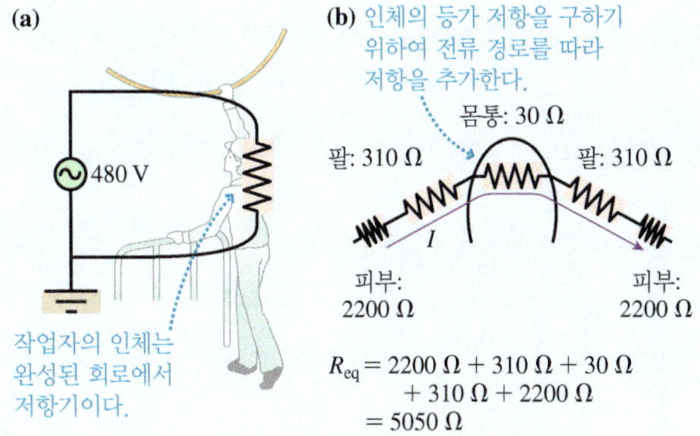

그림 26.14 작업자의 회로 모형

감전 위험이 있으므로 우발적으로 도선에 잘못 접촉할 수 있는 작업자는 보호복을 착용하여야 한다. 보호복의 저항은 신체나 피부 저항보다 훨씬 크다. 특히 구두는 작업자가 땅에 서 있기 때문에 전기 저항이 매우 높은 밑창으로 만들어진다. **그림 26.15**와 같이 보호 구두를 착용한 작업자가 480 V에서 활선에 닿는다고 가정한다. 그의 손과 땅 사이에는 480 V의 전위차가 있으므로 인체에 전류가 흐르게 된다. 전류는 그의 피부, 이어서 인체, 그리고 구두를 통과할 것이다. 전체 저항은 이러한 직렬 저항의 합이다. 일반적인 구두의 경우 밑창의 전기 저항은 최소 10 MΩ이다. 구두 밑창의 저항은 피부 저항과 인체 저항보다 훨씬 커서, 총 저항은 구두 밑창의 저항과 동일하다고 생각할 수 있다. 전류 경로에 대해 10 MΩ의 저항을 가정하면, 작업자의 인체를 통과하는 전류는 단지

$$I = \frac{\Delta V}{R_{eq}} \approx \frac{\Delta V}{R_{boots}} = \frac{480\ \mathrm{V}}{10\ \mathrm{M\Omega}} = 48\ \mu\mathrm{A}$$

이다. 이 경우 작업자는 안전할 것이다. 전류가 감각의 한계보다 훨씬 적기 때문에 그는 전혀 충격을 느끼지 못할 것이다.

그림 26.15 전기적으로 절연된 구두를 신으면 저항이 증가한다.

이번 장 시작 부분의 도선 위에 앉아 있는 새들에 대해 생각해보자. 그 새들은 어떻게 고압선에 앉아 있을 수 있을까? 우리가 본 예를 생각하자. 우리는 항상 몸의 두 부분 사이의 전위차를 고려한다. 도선은 지면에 비해 높은 전위에 있으므로, 각 발의 전위도 높다. 그러나 도선을 따라 전위가 감소하므로 발 사이의 전위차는 매우 작다. 이번 장의 앞부분에서 고압선을 고려할 때, 새의 발이 접촉하는 도선 위의 두 지점 사이의 전위차는 새가 알아챌 수 없는 1 mV 미만이다! 그러나 새가 도선과 접지된 막

수업 영상

▶ **번갯불 웅크림** 대부분의 번개 부상은 번개 자체가 아니라 결과로 생기는 지상 전류(ground current)에 의해 발생한다. 번개가 땅에 떨어지는 지점 근처에 서 있으면 다리 사이에 위험한 전류를 유발할 수 있는 다리 사이의 전위차 $\Delta V = Ed$가 발생한다. 번개가 치는 폭풍 속에서 야외에 있어 안전하지 못하면 발 사이의 거리 d를 최소화하여 전위차 ΔV를 최소화할 수 있다. 전문가들은 발을 서로 가깝게 모으고, 뒤꿈치를 땅에서 들고 사진과 같이 몸을 웅크리는 자세를 권고한다.

대기 또는 2개의 인접한 도선과 접촉하면 결과는 매우 다를 수 있다. 매우 큰 전압차로 넓게 분리된 도체 사이를 연결할 수 있는 큰 날개를 가진 새들에게는 문제가 된다.

GFI 회로

그림 26.16 GFI 콘센트

접지와 전기적 접촉이 양호한 상태로 서 있으면 접지 상태가 된다. 이때 우발적으로 손으로 활선과 접촉하면, 위험한 전류가 인체를 거쳐 지면을 향할 수 있다.

축축한 바닥과 접촉해 있을 가능성이 있는 부엌과 욕실의 벽 콘센트에는 **누전 차단기**(ground fault interrupter) 콘센트(GFI)를 설치한다. GFI 콘센트에는 그림 26.16과 같이 회로 테스트와 리셋을 위한 빨간색과 검은색의 두 가지 버튼이 있다. 헤어드라이어와 같은 일부 장치는 일반적으로 전원 코드에 GFI가 구성된다.

GFI 콘센트는 콘센트의 활선과 중립선의 전류를 비교하는 감지 회로가 내장되어 있다. 정상적인 작동 상태에서 활선을 통해 들어오는 모든 전류는 장치를 통과한 다음 중립선을 통해 다시 나오므로, 활선과 중립선의 전류는 항상 같아야 한다. 만약 활선의 전류와 중립선의 전류가 같지 **않다면**, 활선의 일부 전류는 접지에 이르는 (어쩌면 사람을 지나가는) 대체 경로를 찾게 된다. 이것을 **접지 오류**(ground fault)라고 하며, GFI가 회로를 차단한다. GFI는 약 5 mA의 전류 차이로 작동하도록 설정되어 있으며, 이 전류는 위험할 만큼 충분히 크지는 않지만 위험을 느끼기에 충분하다.

26.5 축전기 회로

◀◀23.7절에서는 *RC* 회로에서 축전기의 한 차례의 충전 또는 방전을 분석했다. 이 장에서는 반복적으로 축전기를 충전하고 방전하는 교류 기전력원이 있는 회로의 축전기를 살펴본다.

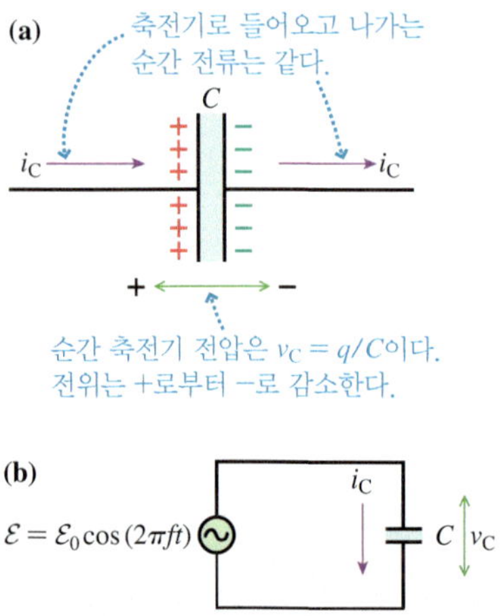

그림 26.17 교류 축전기 회로

그림 26.17(a)는 전기 용량이 C인 축전기를 충전하는 전류 i_C를 보여준다. 순간 축전기 전압은 $v_C = q/C$이고, 여기서 $\pm q$는 두 축전기판 위의 순간 전하량이다. 그림 26.17(b)에서는 기전력 $\mathcal{E}$인 교류 전원 사이에 연결되었으며, 가장 기초적인 축전기 회로이다. 축전기는 전원과 병렬 연결되었으므로, 축전기 전압은 기전력의 전압 $v_C = \mathcal{E} = \mathcal{E}_0 \cos(2\pi ft)$와 같다. 보통 다음과 같이 쓴다.

$$v_C = V_C \cos(2\pi ft) \tag{26.15}$$

여기서 V_C는 축전기 사이의 최대 또는 피크 전압이다. 단일 축전기 회로에서는 $V_C = \mathcal{E}_0$이다.

전하는 축전기판 쪽으로 또는 축전기판으로부터 이동하지만 판 사이의 간극 사이를 이동하지는 않는다. 그러나 반대편 판 위의 전하 $\pm q$는 항상 같은 크기여서 축전기에 들어오고 나가는 전류는 항상 같다. 어떻게 축전기의 전하 q가 시간에 따라 변화하는지를 고려하면 전류 i_C를 구할 수 있다. 그림 26.18(a)에 축전기 사이를 진동하는 전압 v_C를 나타내었다. 전하와 축전기 전압은 $q = Cv_C$로 정비례한다. q의 그래프는 그림 26.18(b)에 나타내었으며, v_C의 그래프와 같아 보인다. 전하는 전압과 위상이 같다.

22장에서 전류를 $\Delta q/\Delta t$로 정의하였다. 따라서 축전기 전류 i_C는 축전기의 전하와 관련되며 다음과 같다.

$$i_C = \frac{\Delta q}{\Delta t}$$

i_C를 결정하는 주요 인자는 전하 q의 양이 아니라, 시간 간격 Δt 동안 전하의 **변화** Δq이다. 그림에서처럼 전류가 클 때, 축전기의 전하는 빠르게 변화하며 이치에 맞다. 그러나 큰 전류와 빠른 변화는 축전기 전압이 작을 때 발생한다. 최대 전류는 최대 전압과 동시에 발생하지 않는다.

축전기의 전압과 전류는 저항기에서처럼 같은 위상이 아니다. 그림 26.18(c)로부터 전류는 $\frac{3}{4}$T에서 최고임을 알 수 있으며, 1/4 주기 이전에서의 전압이 피크이다. **축전기에 흐르는 교류 전류는 축전기 전압에 앞선다.**

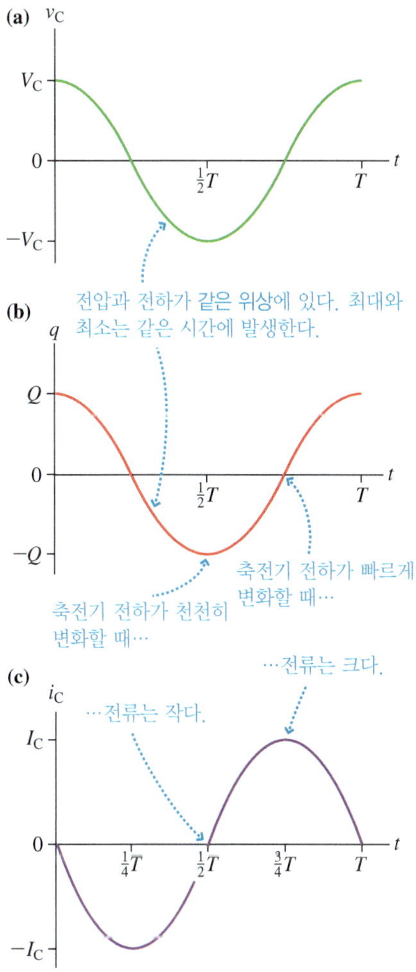

그림 26.18 교류 회로의 축전기에 대한 전압, 전하와 전류 그래프

용량 리액턴스

전류의 위상이 이야기의 전부가 아니다. $i_C = \Delta q/\Delta t$로부터 결정할 수 있는 전류의 피크 값을 구해보자. $q = Cv_C$이므로, 전류는 다음과 같이 쓸 수 있다.

$$i_C = C\frac{\Delta v_C}{\Delta t} \tag{26.16}$$

이제 유추를 통하여 논리적으로 설명해보자. ◀◀14.3절에서 단순조화 진동자의 위치는 $x = A\cos(2\pi ft)$로 주어진다. 게다가 진동자의 속도 $v = \Delta x/\Delta t$는 최댓값 또는 피크 값이 $v_{max} = 2\pi fA$인 $v = -v_{max}\sin(2\pi ft)$이었다. 여기에서는 위치와 유사한 진동 전압 $v_C = V_C\cos(2\pi ft)$를 구하였으며, 속도와 유사한 양인 $\Delta v_C/\Delta t$를 구할 필요가 있다. 따라서 $\Delta v_C/\Delta t$는 최댓값 또는 피크 값 $(\Delta v_C/\Delta t)_{max} = 2\pi fV_C$를 가져야 한다.

피크 축전기 전류 I_C는 $\Delta v_C/\Delta t$가 최대일 때 발생하며 다음과 같다.

$$I_C = C(2\pi fV_C) = (2\pi fC)V_C \tag{26.17}$$

저항기의 경우, 피크 전류와 전압은 옴의 법칙과 관련이 있다.

$$I_R = \frac{V_R}{R}$$

식 (26.17)을 다음과 같이 주어지는 **용량 리액턴스**(capacitive reactance) X_C로 정의하면 옴의 법칙과 비슷한 형태로 쓸 수 있다.

자릿수 감지 트랙 패드 또는 터치 스크린 표면 아래에는 작은 축전기 배열이 있다. 패드나 스크린을 터치하면 손가락의 높은 유전 상수(대부분 물)에 의해 축전기의 전기 용량이 변경되어 축전기 회로의 전류가 변경되므로 손가락 위치가 나타난다. 작은 유전 상수를 가진 연필의 지우개 끝부분으로는 동작하지 않는다.

$$X_C = \frac{1}{2\pi fC} \tag{26.18}$$

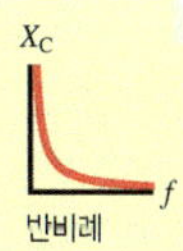

이와 같이 용량 리액턴스를 정의하면, 식 (26.17)은 다음과 같아진다.

$$I_C = \frac{V_C}{X_C} \quad \text{또는} \quad V_C = I_C X_C \tag{26.19}$$

흐르는 피크 전류 또는 축전기에 걸린 피크 전압

리액턴스의 단위는 저항에서처럼 옴이다.

축전기의 리액턴스 X_C는 진동수에 반비례한다. 리액턴스는 낮은 진동수에서 매우 커진다(즉, 축전기는 전류에 대한 큰 장애물이다). 진동수가 증가함에 따라 리액턴스는 감소하며 매우 높은 진동수에서는 $X_C \approx 0$이 되므로, 축전기는 이상적인 도선처럼 행동한다.

예제 26.7 용량 리액턴스 구하기

오디오 진동수 100 Hz와 FM 라디오 진동수 100 MHz에서 0.100 μF인 축전기의 용량 리액턴스는 각각 얼마인가?

풀이 100 Hz에서

$$X_C(100\text{ Hz에서}) = \frac{1}{2\pi fC} = \frac{1}{2\pi(100\text{ Hz})(1.00 \times 10^{-7}\text{ F})} = 15{,}900\ \Omega$$

이다. 진동수를 10^6배 증가시키면 X_C는 10^6배 감소하며 다음과 같다.

$$X_C(100\text{ Hz에서}) = 0.0159\ \Omega$$

검토 오디오 진동수에서 상당한 리액턴스를 갖는 축전기가 FM 라디오 진동수에서는 사실상 리액턴스를 갖지 않는다.

예제 26.8 축전기 전류 구하기

10 μF 축전기가 5.0 V의 피크 기전력을 가진 1000 Hz의 진동자와 연결되어 있다. 축전기를 흐르는 피크 전류는 얼마인가?

준비 회로도는 그림 26.17(b)와 같다. 이것은 단순한 단일 축전기 회로이다.

풀이 $f = 1000$ Hz에서 용량 리액턴스는

$$X_C = \frac{1}{2\pi fC} = \frac{1}{2\pi(1000\text{ Hz})(10 \times 10^{-6}\text{ F})} = 16\ \Omega$$

이다. 축전기 양단의 피크 전압은 $V_C = \mathcal{E}_0 = 5.0$ V이므로, 여기에서 피크 전류는 다음과 같다.

$$I_C = \frac{V_C}{X_C} = \frac{5.0\text{ V}}{16\ \Omega} = 0.31\text{ A}$$

검토 리액턴스와 식 (26.19)를 사용하는 것은 저항과 옴의 법칙을 사용하는 것과 같으나, 순간값이 아니라 피크 전류와 피크 전압에만 적용된다는 점을 잊지 말아야 한다. 게다가, 저항과는 달리 리액턴스는 신호의 진동수에 의존한다.

26.6 인덕터와 인덕터 회로

그림 26.19는 솔레노이드를 만드는 코일 형태의 도선을 보여준다. 24장에서 솔레노이드에 흐르는 전류가 솔레노이드 내부에 자기장을 생성함을 알았다. 이 전류가 그

림 26.19(a)와 같이 증가하면 코일 내부의 자기장과 자속은 증가한다. 패러데이의 법칙에 따르면, 이러한 변화하는 자속은 기전력(전위차)을 코일 사이에 일으킨다. 기전력의 **방향**은 렌츠의 법칙으로부터 추론될 수 있다. 그것의 방향은 자속의 증가를 방해하는 방향이다. 즉, 그것은 현재의 증가를 방해할 것이다. 그림 26.19(b)와 같이 코일을 통과하는 전류가 감소하면 역기전력은 반대 부호를 갖게 된다.

이러한 코일을 **인덕터**(inductor)라고 하며 교류 회로에서 광범위하게 사용된다. 인덕터에 대한 회로 기호는  이다. 인덕터에 대하여 기억해야 할 두 가지 중요한 사항이 있다. 첫째, **인덕터는 흐르는 전류가 변화하면 인덕터 양단에 전위차를 발생시킨다**. 둘째, 이 전위차의 방향은 전류의 변화를 방해하므로, **인덕터는 전류의 변화에 저항한다**.

그림 26.19 솔레노이드를 지나는 전류의 변화는 솔레노이드 양단에 기전력을 유도한다.

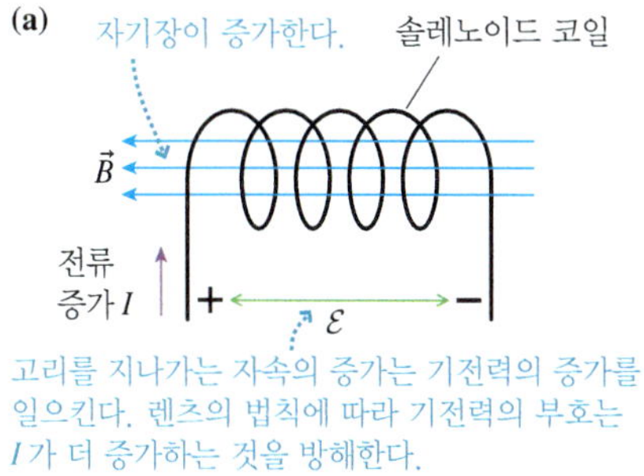

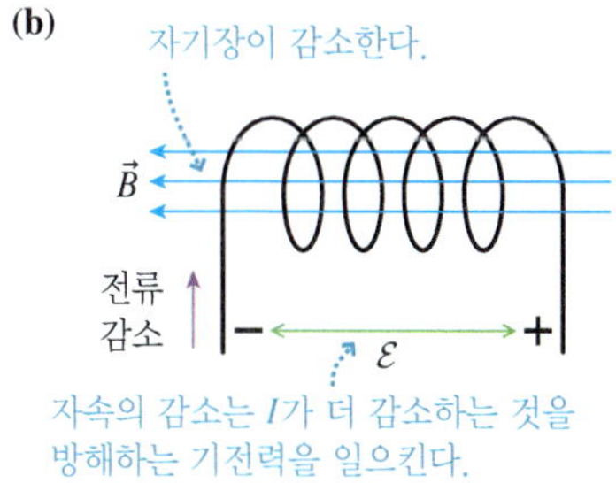

수업 영상

인덕턴스

패러데이의 법칙에 따르면 인덕터 양단에 생기는 전압은 코일을 지나가는 자속의 변화율에 비례한다. 그리고 자속이 코일의 전류에 비례하므로 순간 인덕터 전압 v_L은 인덕터를 흐르는 전류의 변화율 $\Delta i_L/\Delta t$에 비례한다. 따라서 다음과 같이 쓸 수 있다.

$$v_L = L\frac{\Delta i_L}{\Delta t} \tag{26.20}$$

비례 상수 L은 인덕터의 **인덕턴스**(inductance)라 한다. 많이 감긴 코일은 그보다 적게 감긴 비슷한 크기의 코일보다 더 높은 인덕턴스를 갖는다. 인덕터의 인덕턴스를 증가시키기 위해 인덕터의 권선 내부에 철심을 넣기도 한다. 전류의 자기장은 철심을 자화시키며, 권선을 지나가는 전체 자기장을 크게 증가시킨다. 그리하여 권선을 지나가는 자속의 변화가 더 커지게 되므로 더 큰 기전력이 유도된다. 식 (26.20)은 이와 같은 L값의 증가를 암시한다.

식 (26.20)으로부터 인덕턴스의 단위가 V·s/A임을 알았다. 자기의 초기 연구자 헨리(Joseph Henry)를 기념하여 **헨리**(henry)라고 하는 다음과 같은 인덕턴스의 SI 단위를 정의하면 편리하다.

$$1\text{헨리} = 1\text{ H} = 1\text{ V}\cdot\text{s/A}$$

실용적인 인덕턴스는 보통 밀리 헨리(mH) 또는 마이크로 헨리(μH) 범위에 있다.

아무것도 없나? 포장도로 아래에 있는 감지기는 교통 신호등 앞에서 교차로와 도로에서 기다리는 자동차의 존재를 감지할 수 있다. 포장도로에 가느다란 홈을 파고, 그 홈에 도선을 넣고 봉하면, 이 도선은 감지회로의 인덕터가 된다. 코일 위 자동차의 강철은 코일의 인덕턴스를 크게 증가시켜 자동차가 있음을 알린다.

인덕터 회로

그림 26.20(a)는 인덕터를 통과하는 순간 전류 i_L을 보여준다. 전류가 변하면 순간 인덕터 전압은 식 (26.20)에 의해 주어진다.

인덕턴스 L이 기전력 $\mathcal{E}$의 교류 전원에 연결되어 있는 그림 26.20(b)는 가장 간단한 인덕터 회로이다. 인덕터가 전원과 병렬 연결되어 있어 인덕터 전압은 기전력과 같다. 즉 $v_L = \mathcal{E} = \mathcal{E}_0\cos(2\pi ft)$이다. 따라서 다음과 같다.

그림 26.20 교류 인덕터 회로

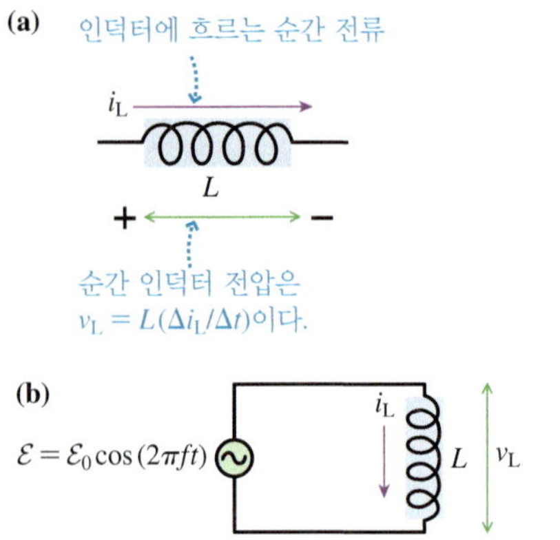

$$v_L = V_L \cos(2\pi ft) \tag{26.21}$$

여기서 V_L은 인덕터 양단의 피크 또는 최대 전압이다. 이와 같은 단일 인덕터 회로에서 $V_L = \mathcal{E}_0$임을 알 수 있다.

전류가 빠르게 변화하면(곧, $\Delta i_L/\Delta t$가 크면) 인덕터 전압이 높고, 전류가 천천히 변화하면(곧, $\Delta i_L/\Delta t$가 작으면) 인덕터 전압이 낮다는 것을 말해주는 식 (26.20)을 다시 고려하여, 인덕터 전류 i_L을 구할 수 있다. 이로써 **그림 26.21**에서와 같이 전류를 그래프로 구할 수 있다.

축전기에 대해서와 똑같이 전류와 전압은 같은 위상이 아니다. 1/4 주기의 위상차가 다시 존재하나 인덕터에 대해 전류 피크는 전압 피크의 1/4 주기 뒤에 있다. **인덕터를 통과하는 교류 전류는 인덕터 전압보다 지연된다.**

그림 26.21 교류 회로에서의 인덕터에 대한 전압과 전류 그래프

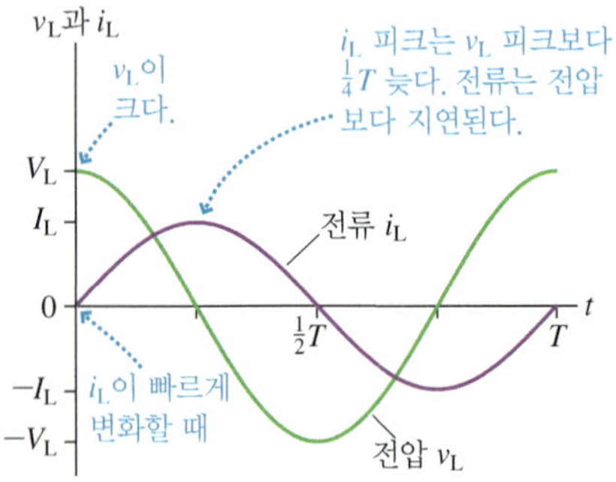

유도 리액턴스

인덕터의 전류와 전압의 피크 값 사이의 관계를 확인하기 위해 식 (26.20)을 사용할 수 있으며, 축전기의 경우와 마찬가지로 단순조화운동으로 비유할 수 있다. 피크 값이 $(v_C)_{max} = V_C$인 진동하는 축전기 전압에 대해 $\Delta v_C/\Delta t$의 최댓값은 $(\Delta v_C/\Delta t)_{max} = 2\pi f V_C$이다. 만약 진동하는 인덕터 전류가 피크 값 $(i_L)_{max} = I_L$을 가지면, 똑같은 이유로 $\Delta i_L/\Delta t$의 최댓값은 $(\Delta i_L/\Delta t)_{max} = 2\pi f I_L$이다. 이 결과를 식 (26.20)에 사용하면 인덕터 전압의 최대 또는 피크 값은 다음과 같다.

$$V_L = L(2\pi f I_L) = (2\pi f L)I_L \tag{26.22}$$

식 (26.22)를 옴의 법칙을 연상시키는 형태로 쓸 수 있다.

$$I_L = \frac{V_L}{X_L} \quad \text{또는} \quad V_L = I_L X_L \tag{26.23}$$

흐르는 피크 전류 또는 인덕터 양단에 걸린 피크 전압

여기서 용량 리액턴스와 유사한 **유도 리액턴스**(inductive reactance)를 다음과 같이 정의한다.

$$X_L = 2\pi f L \tag{26.24}$$

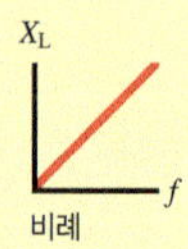

유도 리액턴스는 진동수 증가에 따라 선형적으로 증가한다. 이것은 의미가 있다. 패러데이의 법칙은 B의 변화율이 증가함에 따라 코일을 가로지르는 유도 전압이 증가하고 B는 인덕터 전류에 직접 비례함을 알려준다.

청정 전원 컴퓨터 내부의 디지털 회로는 고진동수의 교류 신호를 발생하므로, 전원 공급 장치를 통하여 '새어 나갈' 수 있으며 가정용 전원을 통해 전송된다. 이를 방지하기 위해 하나 이상의 인덕터(이 경우 철심이 있는 구리 코일)가 컴퓨터 내부의 보드에 장착되어 가정용 전기에 연결된다. 고진동수에서 유도 리액턴스는 원하지 않는 전송을 크게 줄이기에 충분히 높다.

이제 저항기, 축전기와 인덕터 회로가 동작하는 방식을 살펴보았으므로 유사점과 차이점을 비교하기 위해 세부 정보를 정리한다.

종합 26.1 교류 회로 요소

전류와 전압의 그래프는 항상 사인 모양이지만 3개의 회로 요소에 대해 위상은 다르다.

저항기

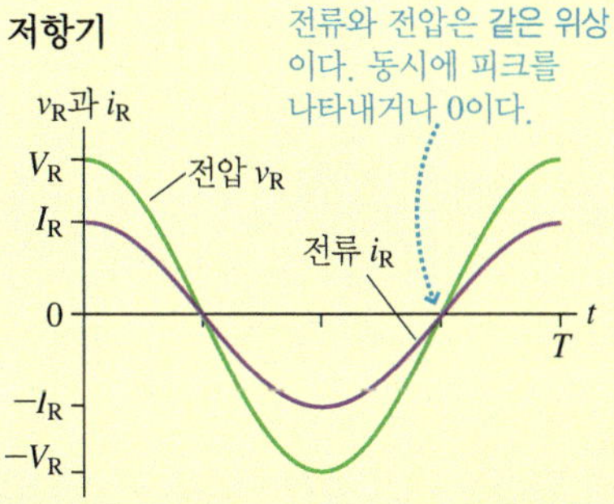

축전기

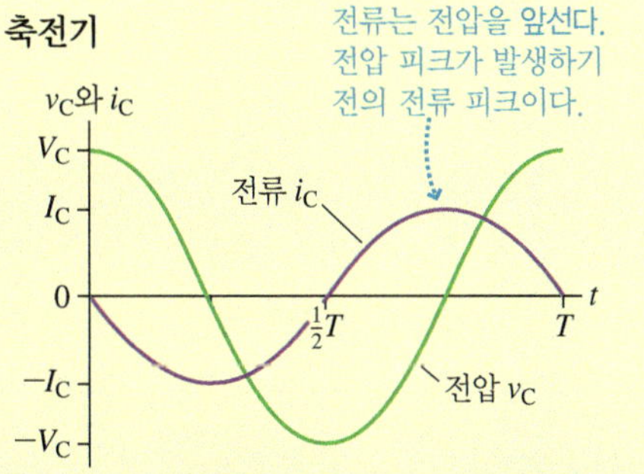

인덕터

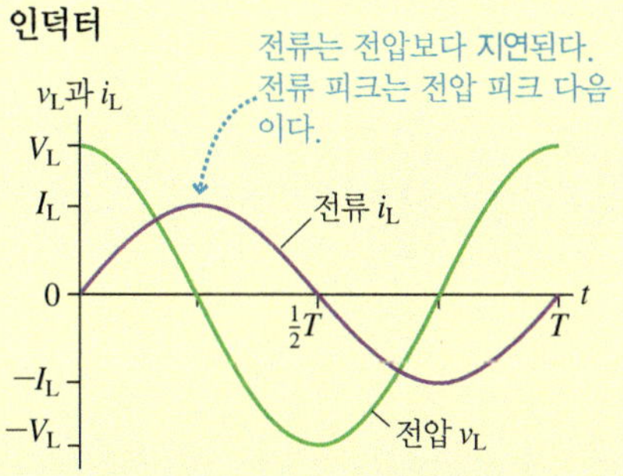

전류와 전압의 **피크** 값은 저항 또는 리액턴스와 관련이 있다.

$V_R = I_R R$ ← 저항(Ω)

$V_C = I_C X_C$ ← 용량 리액턴스(Ω)

$V_L = I_L X_L$ ← 유도 리액턴스(Ω)

저항은 일정하지만 용량 리액턴스, 유도 리액턴스는 진동수에 따라 다르다.

진동수에 의존하지 않는다. → $R =$ 일정

진동수에 반비례한다. → $X_C = \dfrac{1}{2\pi f C}$ (C: 전기 용량(F), f: 진동수(Hz))

진동수에 비례한다. → $X_L = 2\pi f L$ (L: 인덕턴스(H), f: 진동수(Hz))

예제 26.9 라디오 인덕터의 전류와 전압 구하기

0.25 μH 인덕터가 100 MHz에서 진동하는 FM 라디오 회로에 사용된다. 인덕터를 흐르는 전류는 $t = 5.0$ ns에 2.0 mA의 피크 값에 도달한다. 피크 인덕터 전압은 얼마이며 언제일까? $t = 5.0$ ns에 가장 가까운 시간을 구하시오.

준비 인덕터가 그림 26.20(b)와 같이 특정 진동수에서 구동되는 회로에 있다. 종합 26.1은 인덕터 전류가 전압보다 지연됨을 보여준다. 전압은 전류가 피크에 도달하기 1/4 주기 이전에 도달한다.

풀이 $f = 100\text{ MHz} = 1.0 \times 10^8$ Hz에서 유도 리액턴스는

$$X_L = 2\pi f L = 2\pi(1.0 \times 10^8\text{ Hz})(0.25 \times 10^{-6}\text{ H}) = 157\ \Omega$$

이므로 피크 전압은 $V_L = I_L X_L = (0.0020\text{ A})(157\ \Omega) = 0.31$ V이다. 전압 피크는 전류 피크에 1/4 주기 앞서 발생하며, 전류 피크는 $t = 5.0$ ns에 있음을 알고 있다. 100 MHz 진동의 주기는 10 ns이며, 따라서 전압 피크는 다음에서 나타난다.

$$t = 5.0\text{ ns} - \frac{10\text{ ns}}{4} = 2.5\text{ ns}$$

26.7 발진 회로

도시에 있는 모든 라디오 방송국은 항상 방송을 하고 있지만, 우리는 라디오를 조정하여 방송국 하나를 선택한다. 이와 같은 일은 **발진 회로**(oscillation circuit)를 사용하여 수행된다. 이 회로는 발진기가 '원하는' 특정 진동수를 갖도록 설계된 회로이다. 라디오를 튜닝하는 것은 발진 회로의 진동수를 듣고 싶은 방송국의 진동수와 같게 조정하는 것을 의미한다.

LC 회로

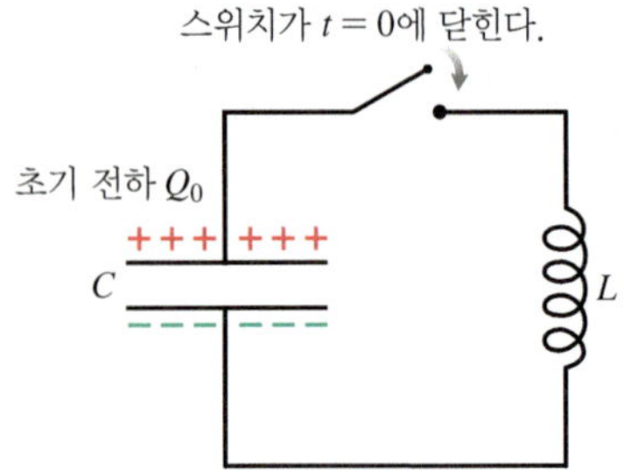

그림 26.22 LC 회로

23장에서 축전기가 RC 회로를 형성하기 위해 저항기에 연결된 경우, 충전된 축전기의 전압이 기하급수적으로 감소한다는 것을 배웠다. 저항기가 인덕터로 교체되면 매우 다른 현상이 발생한다. 0으로 감소하는 대신 축전기 전압에 사인 모양 **진동**이 발생한다.

이것이 어떻게 발생하는지 이해하려면 그림 26.22의 ***LC* 회로**에 표시된 축전기와 인덕터부터 시작한다. 초기에 축전기는 전하 Q_0를 가지며 인덕터에는 전류가 없다. 그런 다음, $t = 0$에서 스위치가 닫힌다. 회로는 어떻게 반응할까?

그림 26.23과 같이 인덕터는 축전기를 방전하기 위한 전도 경로를 제공한다. 그러나 방전 전류는 인덕터를 통과해야 하며, 인덕터는 전류의 변화에 저항한다. 결과적으로, 전류는 축전기 전하가 0에 도달할 때 멈추지 않는다. 늘어난 용수철에 매달린 벽돌은 유용한 역학적 유추이다. 벽돌을 옆으로 끌어당겨 용수철을 늘어나게 하여 시작하는 것처럼, 축전기는 전하를 가지고 시작한다. 축전기를 방전시키기 위해 스위치를 닫는 것은 벽돌을 놓아주는 것과 같다. 그러나 원점에 도달한 벽돌은 멈추지 않으며, 용수철이 완전히 압축될 때까지 계속 움직인다. 마찬가지로 전류는 축전기가 재충전될 때까지 반대방향으로 계속 흐른다. 이 과정은 반복적으로 축전기를 먼저 한 방향으로 충전한 다음 다른 방향으로 충전한다. 따라서 전하와 전류가 **진동**한다.

그림 26.23 축전기 전하는 용수철에 매달린 벽돌처럼 진동한다.

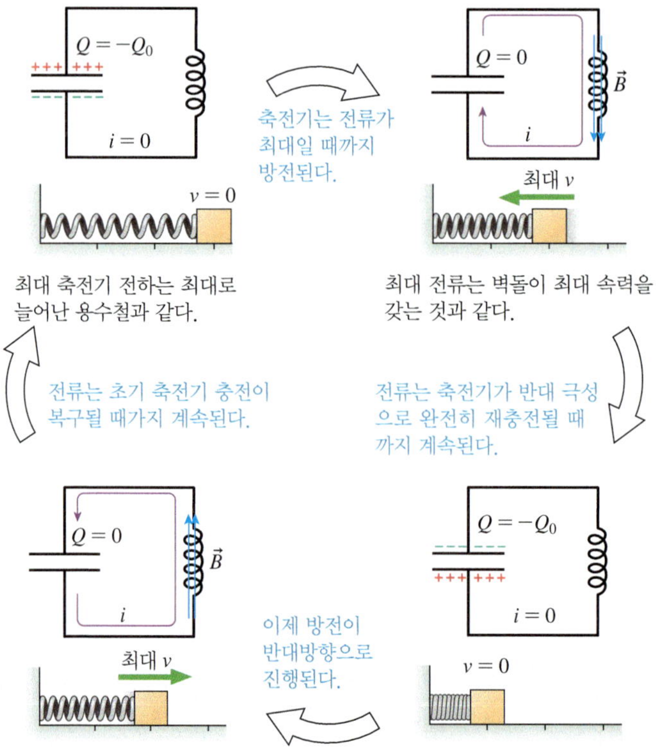

용수철에 매달린 질량 m의 진동수와 용수철 상수 k가 다음과 같이 주어짐을 기억한다.

$$f = \frac{1}{2\pi}\sqrt{\frac{k}{m}}$$

따라서 진동수는 계의 2개의 기본 변수 k와 m에 의존하나 진동의 진폭에는 의존하지 않는다. 마찬가지로 LC 진동자의 진동수는 인덕턴스와 전기 용량의 값에 의해서만 결정된다. 인덕턴스가 클수록 전류가 더 천천히 변하고, 전기 용량이 클수록 방전 시간이 오래 걸리기 때문에, L과 C의 값이 클수록 낮은 진동수가 발생할 것으로 예상된다. 상세한 분석으로부터 진동수는 질량과 용수철에 대한 진동수를 연상시키는 형태를 가지며, 다음과 같다.

$$f = \frac{1}{2\pi\sqrt{LC}} \tag{26.25}$$

LC 진동자의 진동수

예제 26.10 LC **진동자의 진동수**

어떤 LC 회로가 10 μH인 인덕터와 500 pF인 축전기로 구성되었다. 이 LC 진동자의 진동수는 얼마인가?

풀이 식 (26.25)로부터

$$f = \frac{1}{2\pi\sqrt{LC}} = \frac{1}{2\pi\sqrt{(10\times10^{-6}\text{ H})(500\times10^{-12}\text{ F})}}$$

이고 $f = 2.3\times10^{6}$ Hz $= 2.3$ MHz이다.

검토 LC 진동자의 진동수는 일반적으로 역학적 진동자의 진동수보다 매우 높다. MHz 또는 GHz(10^{9} Hz)의 범위가 일반적이다.

RLC 회로

그림 26.23의 이상적인 LC 회로는 진동이 시작되면 영원히 계속된다. 그러나 모든 실제 회로에는 약간의 저항이 있어 에너지를 낭비하여 전압과 전류의 진폭을 감소시킨다.

그림 26.24와 같이 LC 회로에 직렬 저항기 R을 추가하여 이러한 상황을 모형화할 수 있다. 회로는 여전히 진동하지만 저항기를 통과하는 전류가 회로의 전기와 자기 에너지를 열에너지로 변환함에 따라 전압과 전류의 피크 값은 시간에 따라 감소한다. 전력 손실은 R에 비례하므로 **그림 26.25**와 같이 저항이 클수록 저항이 더 빨리 감소한다. 이 동작은 ◀14.6절에서 논의된 감쇠 조화 운동과 완전히 유사하다.

그림 26.24 RLC 회로

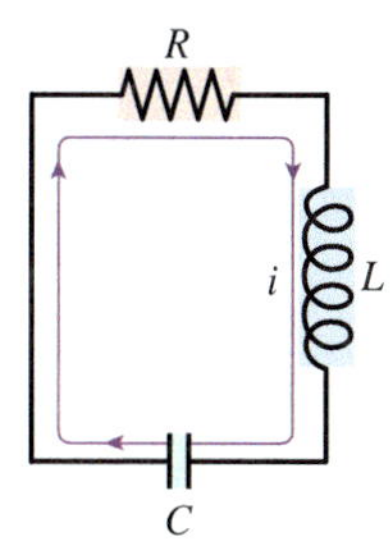

회로를 진동 상태로 유지하려면 교류 전원을 회로에 추가해야 한다. 이것은 **그림 26.26**의 **구동 RLC 회로**(driven RLC circuit)를 만든다. 축전기와 인덕터의 리액턴스는 교류 전원의 진동수에 따라 다르기 때문에 이 회로의 전류도 진동수에 따라 달라진다.

그림 26.25 *RLC* 회로는 감쇠 진동을 보인다.

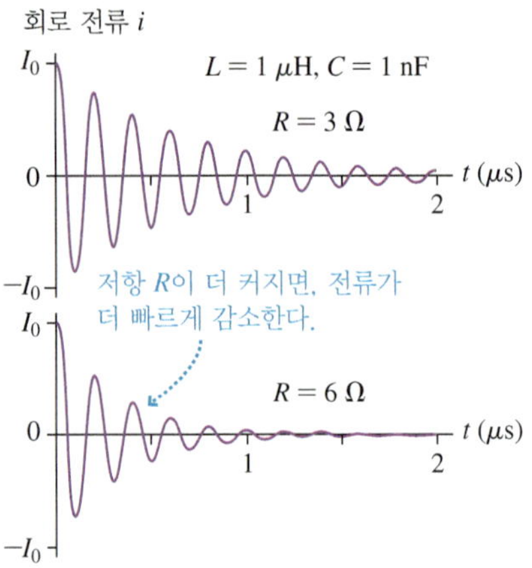

그림 26.26 구동 *RLC* 회로

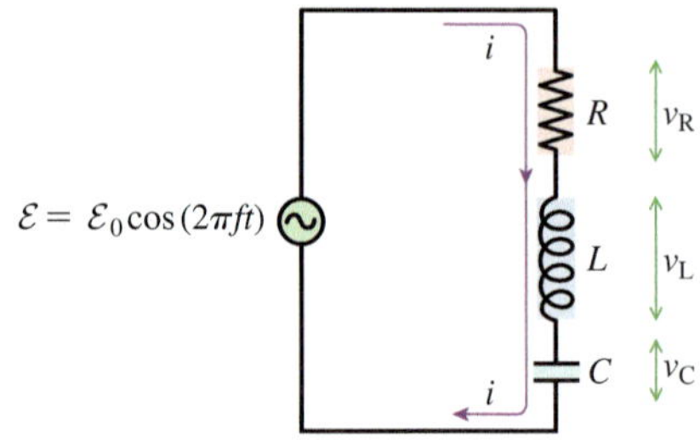

축전기 또는 인덕터의 리액턴스는 저항기의 저항과 마찬가지로 피크 값 I와 V에 대해 동일한 역할을 한다는 것을 기억하자. 리액턴스가 클 때 축전기 또는 인덕터를 통과하는 전류는 작다. 이것은 직렬 회로로 회로에 동일한 전류가 흐르기 때문에, 큰 저항 또는 리액턴스를 갖는 요소가 전류를 차단할 수 있다.

만약 교류 전원의 진동수 f가 매우 작으면, 축전기의 리액턴스 $X_C = 1/(2\pi fC)$는 매우 크다. 전원의 진동수 f가 매우 크면, 인덕터의 리액턴스 $X_L = 2\pi fL$은 매우 크다. 이것은 2개의 결과를 갖는다. 첫째, 구동 *RLC* 회로에서의 전류가 매우 낮거나 높은 진동수에서 0에 접근할 것이다. 둘째, X_C나 X_L이 너무 크지 않은 중간 진동수에서 회로 전류 I가 최대가 된다. 전류가 최댓값일 때의 진동수 f_0를 **공명 진동수**(resonance frequency)라 한다.

공명은 용량 리액턴스와 유도 리액턴스가 같을 때 발생한다. 리액턴스가 같으면 축전기와 인덕터의 전압이 같다. 그러나 두 전압은 전류와 같은 위상이 아니며 전류는 축전기 전압을 앞서고 인덕터 전압보다 지연된다. 공명에서 축전기와 인덕터의 전압은 같은 크기를 가지나 서로 위상이 다르다. 키르히호프의 고리 법칙에 따라 고리 둘레의 모든 전압을 합하면 축전기와 인덕터의 전압은 상쇄되어 전류는 저항 R에 의해서만 제한된다. 따라서 공명 조건은 $X_C = X_L$ 또는

$$\frac{1}{2\pi f_0 C} = 2\pi f_0 L$$

이 되며, 이로부터

$$f_0 = \frac{1}{2\pi\sqrt{LC}} \tag{26.26}$$

을 얻는다. 이것은 저항기가 없는 진동 회로에서의 진동수와 똑같다. 공명 진동수에서 최대 전류는 다음과 같이 기전력과 저항의 크기에 의해 결정된다.

$$I_{\max} = \frac{\mathcal{E}_0}{R} \tag{26.27}$$

구동 *RLC* 회로는 ◀◀14.7절에서 공부한 구동, 감쇠 진동자와 아주 유사하다. 역학적 진동자는 구동 진동수가 계의 자연 진동수와 일치할 때, 큰 진폭 반응을 가진 공명을 보인다. 식 (26.26)은 구동 *RLC* 회로의 자연 진동수이고, 진동하는 전류의 진

핵자기 공명(NMR, nuclear magnetic resonance) 핵자기 공명은 화학과 생물학에서 중요한 분석 기술이다. 큰 자기장에서 원자핵의 자기 모멘트가 수십 MHz에서 수백 MHz로 회전한다. 이 운동은 자기장의 변화를 일으키며 시료 주위에 배치된 코일에 교류 기전력을 유도하게 된다. 각 종류의 핵은 특징적인 진동수로 회전한다. 코일에 축전기를 연결하면 오직 하나의 진동수에만 강하게 반응하는 *RLC* 공명 회로가 생성되므로 한 종류의 핵에 잘 반응한다.

동수이다. 진동하는 기전력이 이 진동수와 일치할 때, 회로는 큰 전류 반응을 갖는다.

그림 26.27은 기전력 진동수 f가 변화할 때 구동 RLC 회로의 피크 전류 I를 보여준다. 진동수 f_0에서 전류가 최댓값에 도달할 때까지 어떻게 증가하고 이어서 감소하는지 주목하자. 이것이 공명의 특징이다.

R이 줄어들면 감쇠(damping)가 감소하므로 최대 전류가 커지며 그림 26.27에서처럼 곡선의 폭이 좁아진다. 역학적 구동 진동자에서와 똑같은 동작을 볼 수 있다. 감쇠가 약한 계가 반응할 수 있도록 기전력 진동수가 f_0에 매우 근접해야 한다. 그래야 공명에서의 응답이 매우 커지는데, 이것이 동조 회로(tuning circuit)에서는 반드시 필요하다.

그림 26.27의 전류 그래프에 대한 표현을 유도하는 것이 가능하다. RLC 회로의 피크 전류는 다음과 같다.

$$I = \frac{\mathcal{E}_0}{\sqrt{R^2 + (X_L - X_C)^2}} = \frac{\mathcal{E}_0}{\sqrt{R^2 + (2\pi f L - 1/2\pi f C)^2}} \qquad (26.28)$$

RLC 회로의 피크 전류

$X_L = X_C$일 때 분모가 가장 작아져 전류가 가장 커진다. 즉 공명을 의미한다. 3개 요소의 피크 전압이 필요하다면 $V_R = IR$, $V_L = IX_L$, $V_C = IX_C$로부터 구할 수 있다.

그림 26.27 직렬 연결된 RLC 회로에서 전류 I와 기전력 진동수 f의 그래프

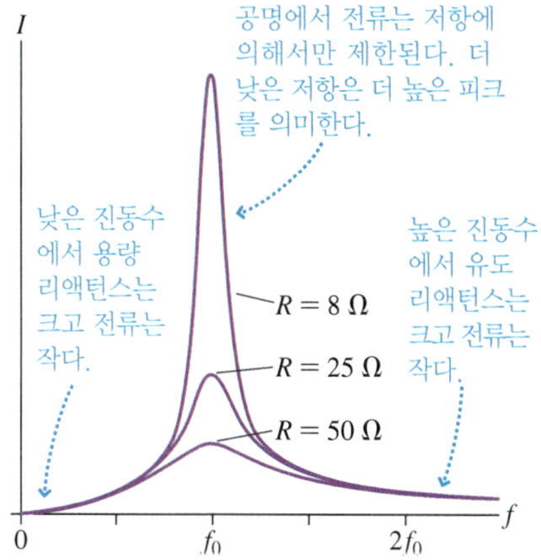

예제 26.11 라디오 수신기 설계

AM 라디오 안테나로 피크 전압이 5.0 mV인 1000 kHz의 신호를 수신한다. 동조 회로는 가변 축전기와 직렬 연결된 60 μH의 인덕터로 구성된다. 인덕터 코일은 0.25 Ω의 저항을 가지며, 나머지 회로의 저항은 무시한다.

a. 이 방송국을 청취하기 위하여 축전기 값을 얼마로 조절하여야 하는가?

b. 공명 시 회로를 지나가는 피크 전압은 얼마인가?

c. 신호가 더 강한 방송국이 1050 kHz에서 10 mV 안테나 신호를 만들어낸다. 라디오가 1000 Hz에서 동조될 때 이 진동수에서의 전류는 얼마인가?

준비 인덕터 저항 0.25 Ω은 인덕턴스를 가진 직렬 연결된 저항으로 묘사할 수 있으므로, 직렬 연결된 RLC 회로이다. $f = 1000\ \text{kHz} = 10^6\ \text{Hz}$에서 안테나 신호는 기전력이다. 회로는 그림 26.26과 같다.

풀이

a. 동조를 위하여 축전기가 필요하며, 회로의 공명 진동수는 $f_0 = 1000$ kHz이다. $f_0 = 1/2\pi\sqrt{LC}$이므로 적합한 전기 용량은 다음과 같다.

$$C = \frac{1}{L(2\pi f_0)^2} = \frac{1}{(60 \times 10^{-6}\ \text{H})(2\pi \times 10^6\ \text{Hz})^2}$$
$$= 4.22 \times 10^{-10}\ \text{F} = 420\ \text{pF}$$

b. 공명 시 $X_L = X_C$이므로, 최대 전류는 다음과 같다.

$$I_{max} = \frac{\mathcal{E}_0}{R} = \frac{5.0 \times 10^{-3}\ \text{V}}{0.25\ \Omega} = 0.020\ \text{A} = 20\ \text{mA}$$

c. 1050 kHz 신호는 '공명이 아니다'. 따라서 $f = 1050$ kHz에서 $X_L = 2\pi f L = 396\ \Omega$, $X_C = 1/2\pi f C = 359\ \Omega$이므로 리액턴스 X_L과 X_C는 같지 않다. 이 신호의 피크 전압은 $\mathcal{E}_0 = 10$ mV이다. 이 값으로부터, 피크 전류에 대한 식 (26.28)은 다음과 같다.

$$I = \frac{\mathcal{E}_0}{\sqrt{R^2 + (X_L - X_C)^2}} = 0.27\ \text{mA}$$

검토 이 값은 AM 라디오의 입력 단계에 걸리는 실제 값이다. 1050 kHz 방송국으로 오는 신호는 라디오가 1000 kHz에 동조되었을 때 강하게 억제되는 것을 알 수 있다. 동조 회로가 선택된 방송국에는 크게 반응하나, 이웃하는 방송국에는 반응하지 않는다.

종합형 예제 26.12 누전 차단기

앞에서 보았듯이 GFI는 활선과 중립선에서의 전류가 동일하지 않을 때 가정용 회로를 차단한다. GFI 콘센트가 어떻게 작동하는지 알아보기 위해 그 내부를 살펴보자.

무엇인가를 콘센트에 끼우면 부하가 활선과 중립선 사이의 회로를 완성한다. 교류 회로에서 전류가 변화하며 **그림 26.28**에서와 같이 임의 순간에 활선과 중립선에서의 전류는 같고 서로 반대방향이다.

누군가가 실수로 활선에 닿으면(잠재적으로 위험한 상황) 활선의 전류 중 일부가 다른 경로를 통해 우회하게 된다. 활선과 중립선의 전류는 더 이상 동일하지 않다. 이 차이는 GFI에 의해 감지되고 콘센트는 꺼진다.

그림 26.28 전기 콘센트에서 도선의 전류

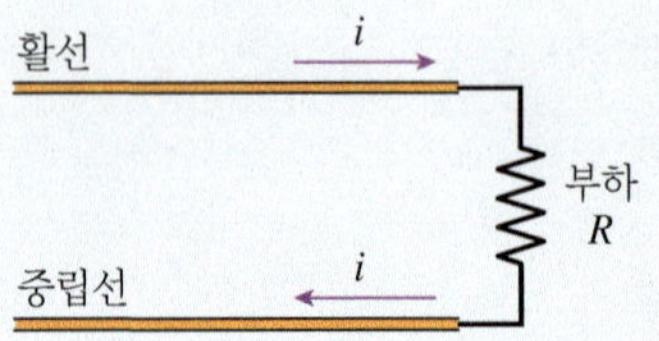

이와 같은 결정은 **그림 26.29**에서처럼 GFI 콘센트 내부에서 만들어진다. 활선과 중립선 가닥이 철 링 사이를 지난다. 링 주위를 감은 가는 코일 도선이 그 코일 내의 어떤 전류도 감지하는 회로에 연결된다.

만약 활선과 중립선의 전류가 같고 반대방향이면, 두 도선에 의한 자기장은 같고 반대방향이다. 철 링에 알짜 자기장이 없으므로 감지 코일을 통과하는 자속이 없다. 그러나 두 전류가 같지 않으면 알짜 자기장이 존재한다. 전류가 교류이므로 이 자기장은 일정하지 않으며 변화한다. 이 자기장은 철 링을 자화시키고, 전체 자기장의 세기를 증가시키며 감지 코일을 통과하는 중요한(변화하는) 자속을 만들어낸다. 이와 같이 변화하는 자속은 패러데이의 법칙에 따라 코일에 전류를 유도한다. 감지 회로는 이 전류를 탐지하고 작은 회로 차단기를 열어 어떠한 손상이라도 막아낼 수 있도록 수초 이내에 콘센트를 꺼버린다.

그림 26.29 GFI 콘센트의 작동 요소

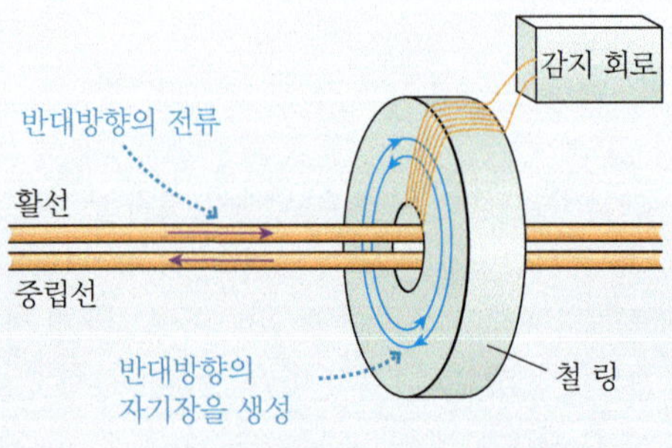

a. GFI는 활선과 중립선의 전류 차이가 0.5 mA이면 회로를 멈추게 한다. 어떤 순간, 그림 26.29의 활선에서 오른쪽으로 5.0 mA의 과잉 전류가 존재한다고 가정하자. 도선의 전류에 의한 철 링에서의 자기장의 크기와 방향은 무엇인가? 링은 0.80 cm의 평균 지름을 가진다.

b. 최악의 경우를 생각하자. 욕조에 몸을 담그고 있던 사람이 욕조로부터 비눗물투성이인 극히 작은 피부 저항을 가진 손을 뻗어 우연히 활선에 접촉하였다. 사람의 인체를 지나가는 피크 전류는 얼마나 될까? 이것은 위험할까? GFI가 회로를 차단할까?

c. 만약 축전기를 콘센트에 연결한다면, 앞에서 살펴본 것처럼 전류와 전압은 위상이 다르게 될 것이다. 이렇게 하면 GFI가 작동될까?

준비 문항 a는 도선의 자기장에 관한 문제이다. 24장에서 보았듯이 활선과 중립선의 전류는 도선 주위에 자기장을 생성한다. 만약 오른쪽을 향하는 활선에 과잉 전류가 흐른다면 오른손 규칙으로부터 자기장은 그림 26.29에서처럼 시계 방향으로 철 링을 지나게 될 것이다. 자기장의 크기를 구하기 위해서 식 (24.1)을 사용할 수 있다. 문항 b는 전기 안전 문제이다. 전류를 구하기 위해 인체를 지나가는 전류 경로의 저항을 구할 필요가 있다.

풀이

a. 철 링은 평균 0.80 cm의 지름을 가지므로, 도선으로부터 0.40 cm 떨어진 곳에서의 자기장을 구할 필요가 있다. 두 도선의 동일한 전류는 알짜 자기장을 만들지 못하므로, 활선에서의 과잉 전류에 의한 자기장만 고려할 필요가 있다. 24장으로부터 전류를 운반하는 길고 반듯한 도선의 자기장은 $B = \mu_0\, I/2\pi r$이라는 것을 알았다. 따라서

$$B = \frac{\mu_0 I}{2\pi r} = \frac{(4\pi \times 10^{-7}\ \mathrm{T \cdot m/A})(5.0 \times 10^{-3}\ \mathrm{A})}{2\pi(0.0040\ \mathrm{m})}$$
$$= 2.5 \times 10^{-7}\ \mathrm{T} = 0.25\ \mu\mathrm{T}$$

이다. 위에서 이 자기장의 방향이 시계 방향임을 강조하였다.

b. 욕조 안에 있는 사람은 잘 접지된 전도성 물속에 앉아 있다. 만약 이 사람이 활선과 접촉하면 **그림 26.30(a)**에서처럼 활선으로부터 접지까지의 전류 경로가 존재한다. 인체 구성 요소의 저항값은 그림 26.13에 있다. 비눗물투성이인 젖은 손의 무시할 수 있는 피부 저항 때문에 인체의 등가 저항은 팔과 몸통 저항의 합인 $R_{eq} = 340\ \Omega$이다.

전원의 중립선도 또한 접지되어 있으므로, **그림 26.30(b)**에서처

그림 26.30 인체를 지나가는 경로의 저항과 그 회로

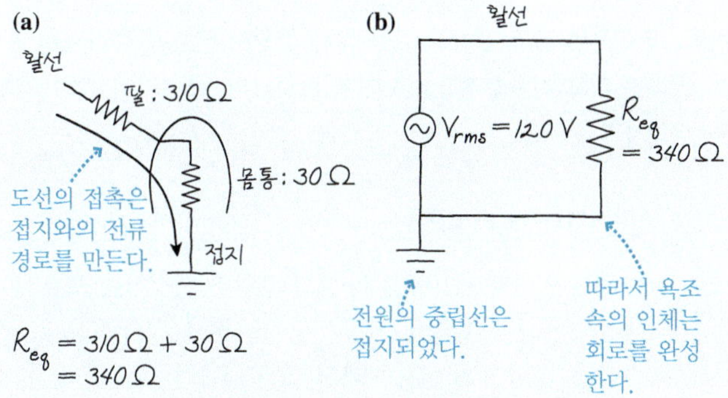

럼 사람을 통과하는 완전한 회로가 존재한다. 이 회로에서의 피크 전류는 사인 모양 가정용 교류 전압($\mathcal{E}_0$ = 170 V)의 피크에서 일어나며, 다음과 같다.

$$I_R = \frac{\mathcal{E}_0}{R_{eq}} = \frac{170\ \text{V}}{340\ \Omega} = 0.50\ \text{A}$$

표 26.1에서 이 값은 치명적일 수 있는 매우 위험한 정도의 전류임을 보여준다. 다행하게도, 이 값은 GFI에 의한 탐지의 한계를 웃돌기 때문에 회로를 빨리 차단할 것이다.

c. 전압과 전류 사이의 위상차는 GFI에 영향을 미치지 않을 것이다. GFI는 두 도선 사이의 전류차를 탐지한다. 앞에서 보았던 것처럼, 축전기에 들어오고 나가는 전류는 항상 같기 때문에 그들 사이에는 차이가 없으며 회로에서 축전기의 존재는 GFI의 작동에 영향을 미치지 않을 것이다.

검토 최악의 경우 중 하나로 욕조 안에 있는 사람이 결함이 있는 라디오나 헤어드라이어에 접촉하였을 때를 상상할 수 있다. 이것은 위험이 예상되는 상황으로, GFI의 작동 개시를 기대할 수 있다.

문제의 난이도는 I(쉬움)에서 IIIII(도전)으로 구분하였다. INT로 표시된 문제는 지난 장의 내용이 복합된 문제이고, BIO는 생물학적 또는 의학적 관심 분야를 의미한다.

QR 코드를 스캔하여 이 장의 문제를 해결하는 데 도움이 되는 영상 학습 풀이를 시작하시오.

연습문제

26.1 교류

1. I 교류 전원이 3 μF 축전기에 연결되었을 때 8 V와 20 mA(모두 rms)의 출력을 갖는다. 전원의 진동수는 얼마인가?

2. II 기전력의 rms 전압이 10.0 V일 때 저항기는 2.00 W를 소모한다. 어떤 rms 전압에서 저항기가 10.0 W를 소모하겠는가?

3. II 토스터 오븐의 소비 전력은 120 V, 60 Hz에서 1600 W이다.
   a. 오븐 히터의 저항은 얼마인가?
   b. 그것을 통한 피크 전류는 얼마인가?
   c. 오븐에서 소비하는 피크 전력은 얼마인가?

4. II 교류 전원은 50 Hz에서 150 V의 피크 전압을 제공한다. 어떤 축전기가 전원에 연결될 때 1 A의 rms 전류를 생성하겠는가?

26.2 교류 전기와 변압기

5. I 변압기의 1차 코일이 120 V 벽 콘센트에 연결되었다. 2차 코일은 60 W를 소모하는 램프에 연결되었다. 1차 코일의 rms 전류는 얼마인가?

6. II 휴대폰 충전지를 충전하는 파워 팩의 출력은 5.2 V에서 0.40 A(모두 rms)이다. 파워 팩이 연결된 120 V 벽 콘센트의 rms 전류는 얼마인가?

7. II 휴대용 CD 플레이어용 '전원 큐브' 변압기는 120 V 콘센트에 꽂았을 때 4.5 V와 600 mA(모두 rms)의 출력을 제공한다.
   a. 1차 코일의 도선이 400번 감겼다면, 2차 코일에 몇 번 감겨 있을까?
   b. 1차 코일의 피크 전류는 얼마인가?

8. I 발전기는 7.2 kV에서 250 kW의 전력을 생산한다. 전류는 총 저항이 15 Ω인 도선을 통해 외딴 마을로 전송된다.
   a. 도선의 저항으로 인한 전력 손실은 얼마인가?
   b. 전압이 30 kV로 증가하면 전력 손실은 얼마인가?

26.3 가정용 전기

9. II 전형적인 미국 가정은 한 달에 1000 kWh의 전기를 사용한다. 전형적인 가정의 120 V 전력선의 평균 rms 전류는 얼마인가?

10. I 330 W 블렌더, 1000W 커피포트, 150 W 커피 그라인더, 750 W 전자레인지를 부엌의 단일 120 V, 15 A 회로에 연결한다. 이것들을 모두 동시에 켜면 회로 차단기가 작동하겠는가?
INT

11. II 연중 매일 평균 12시간 동안 60 W(120 V)의 야간 조명이 켜진다. 0.10달러/kWh의 청구 요금으로 이 조명의 연간 전기 요금은 얼마인가?

12. III 전기 테이블 톱의 제조업체는 그것이 3.0마력의 모터를 가지고 있으며, 15 A 회로 차단기가 있는 일반 120 V 콘센트에서 사용하도록 설계되었다고 주장한다. 1마력은 약 750 W이다. 이 주장이 합리적인가? 설명하시오.
INT

26.4 생물학적 효과와 전기 안전

13. II 일부 국가에서는 입욕 시 위험한 전기 충격을 최소화하기 위해 욕조 근처의 교류 콘센트의 전압을 최대 25 V로 제한한다. 한 남자가 욕조에 있다. 그의 몸통의 하단은 잘 접지되어 있으며, 젖은 비누 묻은 손의 피부 저항은 무시할 수 있다. 그는 손을 뻗어 실수로 전기 도선에 닿았다. 위험한 100 mA 전류를 생성하는 전압의 크기는 얼마인가?
BIO

14. II 번개가 치는 지점에서 20 m 떨어진 곳에 맨발로 서 있는 사람은 발 사이에서 순간적으로 300 V의 전위차가 발생한다. 1.0 kΩ의 피부 저항을 가정한다면, 얼마나 많은 전류가 한쪽 다리를 통해 위로 올라갔다가 다른 쪽 다리로 내려올까?
BIO

15. II 어부가 전기가오리를 그물로 잡았다. 그가 그것을 집자, 전기가오리는 그의 손 사이에 짧은 시간 동안 50 V의 전위차를 만든다. 그의 손은 소금물로 젖어 있어서 피부 저항이 매우 낮은 100 Ω이다. 그의 몸에는 얼마만큼의 전류가 흐르고 있을까? 그는 이 직류 펄스를 느낄까?
BIO

16. III 이 문제는 고전압 송전선에 관한 것이다. 이러한 선들은 벌거벗은 도선으로 되어 있다. 즉 도선은 절연되어 있지 않다. 도선이 길이 100 km이고 저항 7.0 Ω이며 200 A를 전달한다고 가정하자. 이 도선에서 사람이 안전하게 매달릴 수 있을까? 손이 15 cm 떨어져 있다고 가정하고 2200 Ω의 피부 저항을 가정한다.
BIO
INT

26.5 축전기 회로

17. II 20 μF의 축전기가 6.0 V의 피크 전압을 생성하는 교류 발전기에 연결되어 있다. 피크 전류는 0.20 A이다. Hz 단위로 진동수는 얼마인가?

18. II 20 nF 축전기가 5.0 V의 피크 전압을 생성하는 교류 발전기에 연결되어 있다.
    a. 피크 전류가 50 mA일 때, 진동수 f는 얼마인가?
    b. $i_C = I_C$인 순간에 기전력의 순간값은 얼마인가?

19. I 1.0 V의 피크 전압을 갖는 교류 전원에 연결된 축전기를 통과하는 피크 전류가 8.0 mA이다. 축전기의 용량 리액턴스는 얼마인가?

26.6 인덕터와 인덕터 회로

20. II 20 mH 인덕터가 10.0 V의 피크 전압을 생성하는 교류 발전기에 연결되었다. 기전력 진동수가 (a) 100 Hz, (b) 100 kHz일 때, 인덕터를 흐르는 피크 전류는 각각 얼마인가?

21. I 500 μH 인덕터가 5.0 V의 피크 전압을 생성하는 교류 발전기에 연결되었다.
    a. 피크 전류가 50 mA일 때 진동수 f는 얼마인가?
    b. $i_L = I_L$인 순간에 기전력의 순간값은 얼마인가?

22. I 인덕터를 흐르는 피크 전류는 피크 전압이 1.0 V인 교류 전원에 연결된 경우 12.5 mA이다. 인덕터의 유도 리액턴스는 얼마인가?

26.7 발진 회로

23. II TV 방송국은 170 Hz의 진동수로 방송한다. 이 방송을 청취하기 위한 수신기 회로를 만들기 위해서는 어떤 축전기를 5 mH 인덕터와 쌍으로 연결해야 하는가?

24. II 1.0 μF 축전기와 1.0 μH 인덕터가 어떤 진동수 f에서 같은 리액턴스를 가지는가? 이 진동수에서의 리액턴스 값은 얼마인가?

25. II 100 Ω 저항기, 2.5 μF 축전기와 직렬 연결된 어떤 인덕터가 1000 Hz의 공명 진동수를 제공하는가?

26. III 10 μF의 축전기를 갖는 *RLC* 회로가 rms 출력 전압이 6.0 V인 가변 진동수의 전원에 연결되었다. 구동 진동수의 함수인 회로의 rms 전류는 그림 P26.26과 같다. 저항기와 인덕터의 값은 얼마인가?

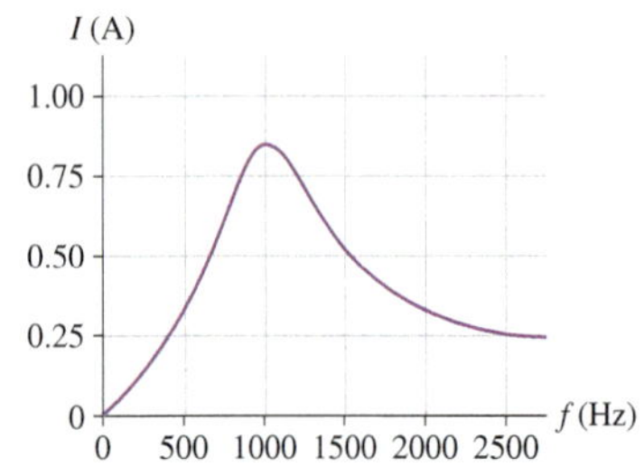

그림 P26.26

수식 다시보기

대수

지수의 사용 $a^{-x} = \dfrac{1}{a^x}$ $\quad a^x a^y = a^{(x+y)}$ $\quad \dfrac{a^x}{a^y} = a^{(x-y)}$ $\quad (a^x)^y = a^{xy}$

$a^0 = 1$ $\quad a^1 = a$ $\quad a^{1/n} = \sqrt[n]{a}$

분수 $\left(\dfrac{a}{b}\right)\left(\dfrac{c}{d}\right) = \dfrac{ac}{bd}$ $\quad \dfrac{a/b}{c/d} = \dfrac{ad}{bc}$ $\quad \dfrac{1}{1/a} = a$

로그 밑이 e인 자연로그: $a = e^x$이면 $\ln(a) = x$이다. $\quad \ln(e^x) = x$ $\quad e^{\ln(x)} = x$

밑이 10인 상용로그: $a = 10^x$이면 $\log_{10}(a) = x$이다. $\quad \log_{10}(10^x) = x$ $\quad 10^{\log_{10}(x)} = x$

다음 규칙은 자연로그와 밑이 10인 상용로그 둘 다에 적용된다.

$\ln(ab) = \ln(a) + \ln(b)$ $\quad \ln\left(\dfrac{a}{b}\right) = \ln(a) - \ln(b)$ $\quad \ln(a^n) = n\ln(a)$

$\ln(a + b)$는 더 이상 간단히 표현할 수 없다.

선형 방정식 방정식 $y = ax + b$의 그래프는 직선이다.

a는 그래프의 기울기이다. b는 y절편이다.

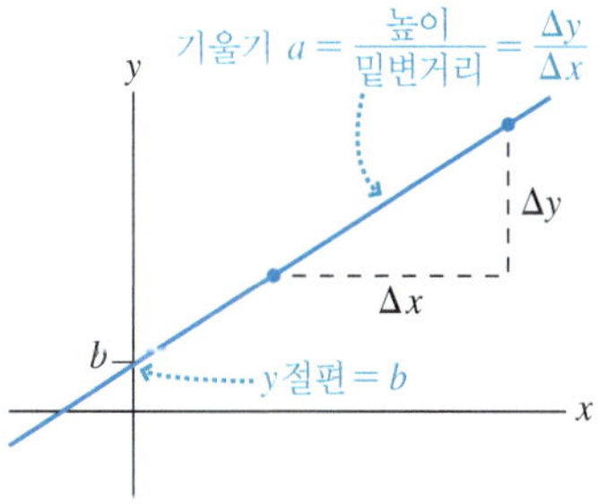

비례 관계 y는 x에 비례한다. 즉 $y \propto x$라는 것은 a가 상수일 때 $y = ax$를 의미한다. 비례 관계는 선형 방정식 중에서 특수한 경우이다. 비례 관계의 그래프는 원점을 지나는 직선이다. $y \propto x$라면,

$$\frac{y_1}{y_2} = \frac{x_1}{x_2}$$

이다.

2차 방정식 2차 방정식 $ax^2 + bx + c = 0$은 풀이가 둘이다. $x = \dfrac{-b \pm \sqrt{b^2 - 4ac}}{2a}$

기하학과 삼각함수

면적과 부피

직사각형
$A = ab$

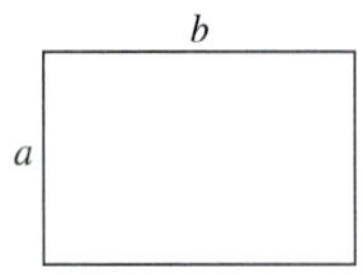

직육면체
$V = abc$

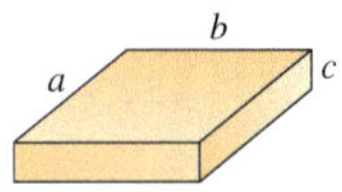

삼각형
$A = \frac{1}{2}ab$

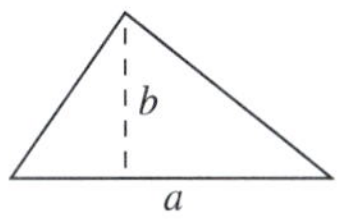

직각 원기둥
$V = \pi r^2 l$

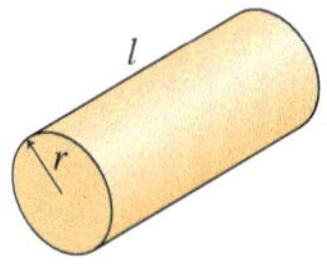

원
$C = 2\pi r$
$A = \pi r^2$

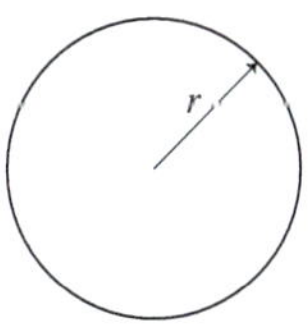

구
$A = 4\pi r^2$
$V = \frac{4}{3}\pi r^3$

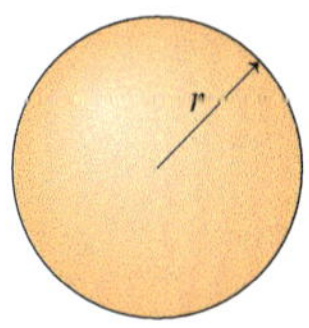

호의 길이와 각도

rad 단위로 나타낸 θ는 $\theta = s/r$이다.

각 θ에 해당하는 호의 길이는 $s = r\theta$이다.

2π rad $= 360°$

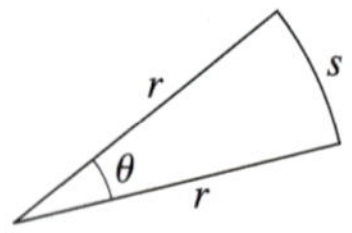

직각삼각형

피타고라스 정리 $c = \sqrt{a^2 + b^2}$ 또는 $a^2 + b^2 = c^2$

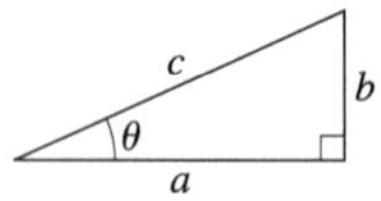

$\sin\theta = \dfrac{b}{c}$ $\qquad \theta = \sin^{-1}\left(\dfrac{b}{c}\right)$

$\cos\theta = \dfrac{a}{c}$ $\qquad \theta = \cos^{-1}\left(\dfrac{a}{c}\right)$

$\tan\theta = \dfrac{b}{a}$ $\qquad \theta = \tan^{-1}\left(\dfrac{b}{a}\right)$

일반적으로 θ의 사인값이 x라면, 즉 $x = \sin\theta$이면 x의 아크사인($\sin^{-1}x$)을 구하여 θ를 구할 수 있다. $\theta = \sin^{-1}x$. 코사인과 탄젠트에도 유사한 관계를 적용할 수 있다.

일반 삼각형

$\alpha + \beta + \gamma = 180° = \pi$ rad

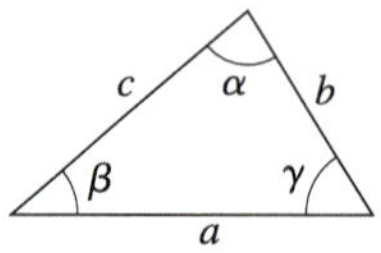

항등식

$\tan\alpha = \dfrac{\sin\alpha}{\cos\alpha}$ $\qquad \sin^2\alpha + \cos^2\alpha = 1$

$\sin(-\alpha) = -\sin\alpha$ $\qquad \cos(-\alpha) = \cos\alpha$

$\sin(2\alpha) = 2\sin\alpha\cos\alpha$ $\qquad \cos(2\alpha) = \cos^2\alpha - \sin^2\alpha$

확대와 근사

이항근사

$x \ll 1$이면 $(1 + x)^n \approx 1 + nx$이다.

작은 각 근사

$\alpha \ll 1$ rad이면 $\sin\alpha \approx \tan\alpha \approx \alpha$ 그리고 $\cos\alpha \approx 1$이다.

작은 각 근사는 $\alpha < 5°$ (≈ 0.1 rad)에서 잘 일치하며 일반적으로 $\alpha \approx 10°$까지 타당하다.

원소의 주기율표

원자번호 — 27, 원소기호 — Co, 원자질량 — 58.9

주기																		
1	1 H 1.0																	2 He 4.0
2	3 Li 6.9	4 Be 9.0											5 B 10.8	6 C 12.0	7 N 14.0	8 O 16.0	9 F 19.0	10 Ne 20.2
3	11 Na 23.0	12 Mg 24.3	전이원소										13 Al 27.0	14 Si 28.1	15 P 31.0	16 S 32.1	17 Cl 35.5	18 Ar 39.9
4	19 K 39.1	20 Ca 40.1	21 Sc 45.0	22 Ti 47.9	23 V 50.9	24 Cr 52.0	25 Mn 54.9	26 Fe 55.8	27 Co 58.9	28 Ni 58.7	29 Cu 63.5	30 Zn 65.4	31 Ga 69.7	32 Ge 72.6	33 As 74.9	34 Se 79.0	35 Br 79.9	36 Kr 83.8
5	37 Rb 85.5	38 Sr 87.6	39 Y 88.9	40 Zr 91.2	41 Nb 92.9	42 Mo 95.9	43 Tc [98]	44 Ru 101.1	45 Rh 102.9	46 Pd 106.4	47 Ag 107.9	48 Cd 112.4	49 In 114.8	50 Sn 118.7	51 Sb 121.8	52 Te 127.6	53 I 126.9	54 Xe 131.3
6	55 Cs 132.9	56 Ba 137.3	71 Lu 175.0	72 Hf 178.5	73 Ta 180.9	74 W 183.9	75 Re 186.2	76 Os 190.2	77 Ir 192.2	78 Pt 195.1	79 Au 197.0	80 Hg 200.6	81 Tl 204.4	82 Pb 207.2	83 Bi 209.0	84 Po [209]	85 At [210]	86 Rn [222]
7	87 Fr [223]	88 Ra [226]	103 Lr [262]	104 Rf [265]	105 Db [268]	106 Sg [271]	107 Bh [272]	108 Hs [270]	109 Mt [276]	110 Ds [281]	111 Rg [280]	112 Cn [285]	113	114 Fl [289]	115	116 Lv [293]	117	118

내부전이원소

란탄족 6	57 La 138.9	58 Ce 140.1	59 Pr 140.9	60 Nd 144.2	61 Pm 144.9	62 Sm 150.4	63 Eu 152.0	64 Gd 157.3	65 Tb 158.9	66 Dy 162.5	67 Ho 164.9	68 Er 167.3	69 Tm 168.9	70 Yb 173.0
악티늄족 7	89 Ac [227]	90 Th 232.0	91 Pa 231.0	92 U 238.0	93 Np [237]	94 Pu [244]	95 Am [243]	96 Cm [247]	97 Bk [247]	98 Cf [251]	99 Es [252]	100 Fm [257]	101 Md [258]	102 No [259]

괄호 안의 원자질량은 안정된 동위원소가 없는 원소의 수명이 긴 동위원소이다.

원자와 원자핵 관련 자료

원자번호 (Z)	원소	원소기호	질량수 (A)	원자량 (u)	존재비	붕괴양식	반감기 $t_{1/2}$
0	중성자(Neutron)	n	1	1.008 665		β^-	10.4 min
1	수소(Hydrogen)	H	1	1.007 825	99.985	안정	
	중수소(Deuterium)	D	2	2.014 102	0.015	안정	
	삼중수소(Tritium)	T	3	3.016 049		β^-	12.33 yr
2	헬륨(Helium)	He	3	3.016 029	0.000 1	안정	
			4	4.002 602	99.999 9	안정	
			6	6.018 886		β^-	0.81 s
3	리튬(Lithium)	Li	6	6.015 121	7.50	안정	
			7	7.016 003	92.50	안정	
			8	8.022 486		β^-	0.84 s
4	베릴륨(Beryllium)	Be	9	9.012 174	100	안정	
			10	10.013 534		β^-	1.5×10^6 yr
5	브롬(Boron)	B	10	10.012 936	19.90	안정	
			11	11.009 305	80.10	안정	
			12	12.014 352		β^-	0.020 2 s
6	탄소(Carbon)	C	10	10.016 854		β^+	19.3 s
			11	11.011 433		β^+	20.4 min
			12	12.000 000	98.90	안정	
			13	13.003 355	1.10	안정	
			14	14.003 242		β^-	5 730 yr
			15	15.010 599		β^-	2.45 s
7	질소(Nitrogen)	N	12	12.018 613		β^+	0.011 0 s
			13	13.005 738		β^+	9.96 min
			14	14.003 074	99.63	안정	
			15	15.000 108	0.37	안정	
			16	16.006 100		β^-	7.13 s
			17	17.008 450		β^-	4.17 s
8	산소(Oxygen)	O	15	15.003 065		β^+	122 s
			16	15.994 915	99.76	안정	
			17	16.999 132	0.04	안정	
			18	17.999 160	0.20	안정	
			19	19.003 577		β^-	26.9 s
9	플루오린(Fluorine)	F	18	18.000 937		β^+	109.8 min
			19	18.998 404	100	안정	
			20	19.999 982		β^-	11.0 s
10	네온(Neon)	Ne	19	19.001 880		β^+	17.2 s
			20	19.992 435	90.48	안정	
			21	20.993 841	0.27	안정	
			22	21.991 383	9.25	안정	
17	염소(Chlorine)	Cl	35	34.968 853	75.77	안정	
			36	35.968 307		β^-	3.0×10^5 yr
			37	36.965 903	24.23	안정	

원자번호 (Z)	원소	원소기호	질량수 (A)	원자량 (u)	존재비	붕괴양식	반감기 $t_{1/2}$
18	아르곤(Argon)	Ar	36	35.967 547	0.34	안정	
			38	37.962 732	0.06	안정	
			39	38.964 314		β^-	269 yr
			40	39.962 384	99.60	안정	
			42	41.963 049		β^-	33 yr
19	칼륨(Potassium)	K	39	38.963 708	93.26	안정	
			40	39.964 000	0.01	β^-	1.28×10^9 yr
			41	40.961 827	6.73	안정	
26	철(Iron)	Fe	54	54.939 613	5.9	안정	
			56	55.934 940	91.72	안정	
			57	56.935 396	2.1	안정	
			58	57.933 278	0.28	안정	
			60	59.934 072		β^-	1.5×10^6 yr
27	코발트(Cobalt)	Co	59	58.933 198	100	안정	
			60	59.933 820		β^-	5.27 yr
38	스트론튬(Strontium)	Sr	84	83.913 425	0.56%	안정	
			86	85.909 262	9.86%	안정	
			87	86.908 879	7.00%	안정	
			88	87.905 614	82.58%	안정	
			89	88.907 450		β^-	50.53 days
			90	89.907 738		β^-	27.78 yr
53	요오드(Iodine)	I	127	126.904 474	100	안정	
			129	128.904 984		β^-	1.6×10^7 yr
			131	130.906 124		β^-	8 days
54	제논(Xenon)	Xe	128	127.903 531	1.9	안정	
			129	128.904 779	26.4	안정	
			130	129.903 509	4.1	안정	
			131	130.905 069	21.2	안정	
			132	131.904 141	26.9	안정	
			133	132.905 906		β^-	5.4 days
			134	133.905 394	10.4	안정	
			136	135.907 215	8.9	안정	
55	세슘(Cesium)	Cs	133	132.905 436	100	안정	
			137	136.907 078		β^-	30 yr
82	납(Lead)	Pb	204	203.973 020	1.4	안정	
			206	205.974 440	24.1	안정	
			207	206.975 871	22.1	안정	
			208	207.976 627	52.4	안정	
			210	209.984 163		α, β^-	22.3 yr
			211	210.988 734		β^-	36.1 min
83	비스무트(Bismuth)	Bi	209	208.980 374	100	안정	
			211	210.987 254		α	2.14 min
			215	215.001 836		β^-	7.4 min
86	라돈(Radon)	Rn	219	219.009 477		α	3.96 s
			220	220.011 369		α	55.6 s
			222	222.017 571		α, β^-	3.823 days

원자번호 (Z)	원소	원소기호	질량수 (A)	원자량 (u)	존재비	붕괴양식	반감기 $t_{1/2}$
88	라듐(Radium)	Ra	223	223.018 499		α	11.43 days
			224	224.020 187		α	3.66 days
			226	226.025 402		α	1 600 yr
			228	228.031 064		β^-	5.75 yr
90	토륨(Thorium)	Th	227	227.027 701		α	18.72 days
			228	228.028 716		α	1.913 yr
			229	229.031 757		α	7 340 yr
			230	230.033 127		α	7.54×10^4 yr
			231	231.036 299		α, β^-	25.52 h
			232	232.038 051	100	α	1.40×10^{10} yr
			234	234.043 593		β^-	24.1 days
92	우라늄(Uranium)	U	233	233.039 630		α	1.59×10^5 yr
			234	234.040 946		α	2.45×10^5 yr
			235	235.043 924	0.72	α	7.04×10^8 yr
			236	236.045 562		α	2.34×10^7 yr
			238	238.050 784	99.28	α	4.47×10^9 yr
93	넵투늄(Neptunium)	Np	237	237.048 168		α	2.14×10^6 yr
			238	238.050 946		β^-	2.12 days
			239	239.052 939		β^-	2.36 days
94	플루토늄(Plutonium)	Pu	238	238.049 555		α	87.7 yr
			239	239.052 157		α	2.412×10^4 yr
			240	240.053 808		α	6560 yr
			242	242.058 737		α	3.73×10^6 yr
			244	244.064 200		α	8.1×10^7 yr
95	아메리슘(Americium)	Am	241	241.056 823		α	432.21 yr
			243	243.061 375		α	7 370 yr

해답

1장

1.

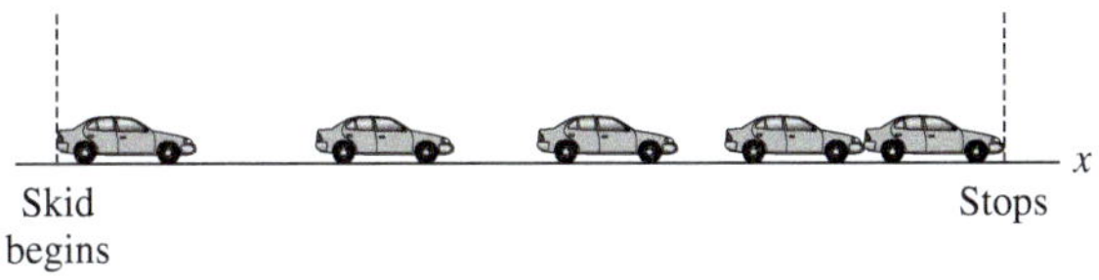

2.

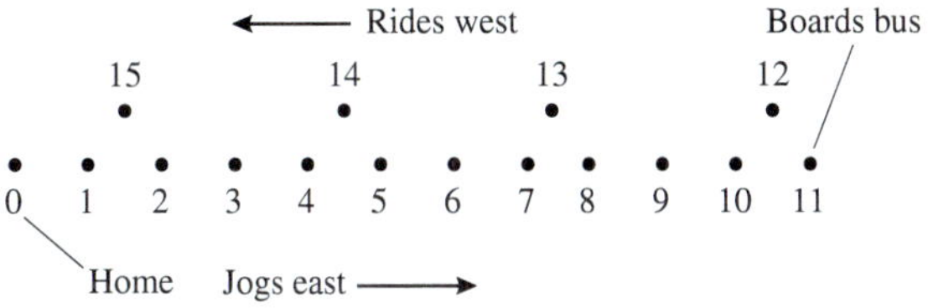

3. −22 m
4. 800 m
5. Bike, ball, cat, toy car
6. −1.0 m/s
7. 15 s
8. a. 0.20 m b. 20 m/s c. 27 m/s
9. a. 3 b. 3 c. 3 d. 2
10. a. 846 b. 7.9 c. 5.77 d. 13.1
11. 3.81×10^2 m
12. We get 6×10^{-9} m/s; your answer should be close.
13. 36 km
14. 487 m
15. (71 m, 45° south of west)
16. 38 km
17. 85 m north and 180 m east
18. 150 cm
19. a. 4.6 m b. 6.1 m

2장

1. b.

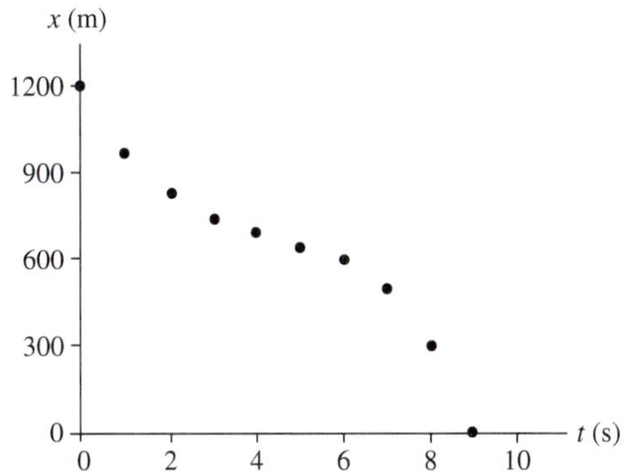

2. a. 8 s b.

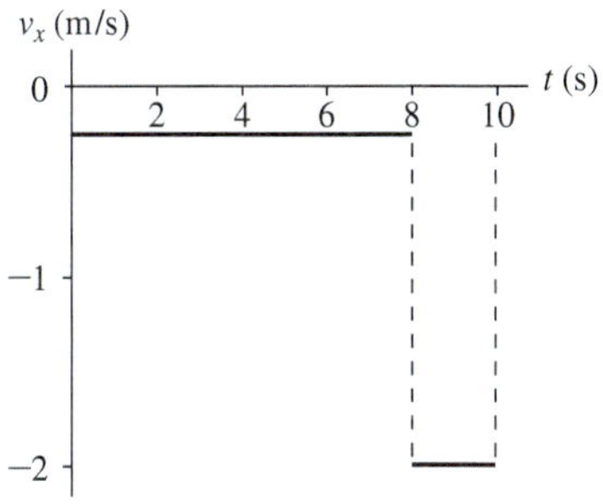

3. a.

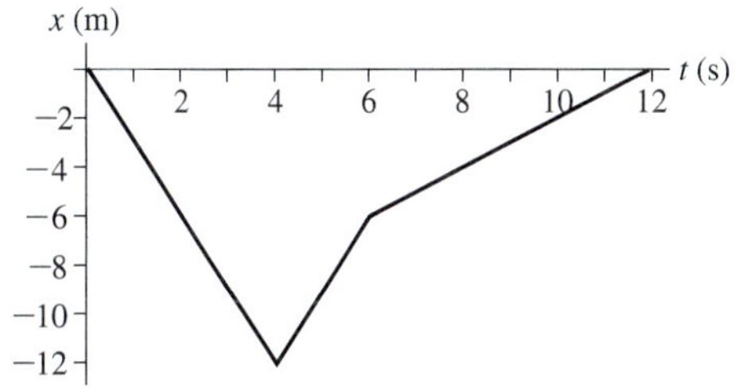

b. 0 m

4. 0.43 s
5. a. Beth b. 20 min
6. 0.44 s
7. a. 15 m b. 90 m
8. a.

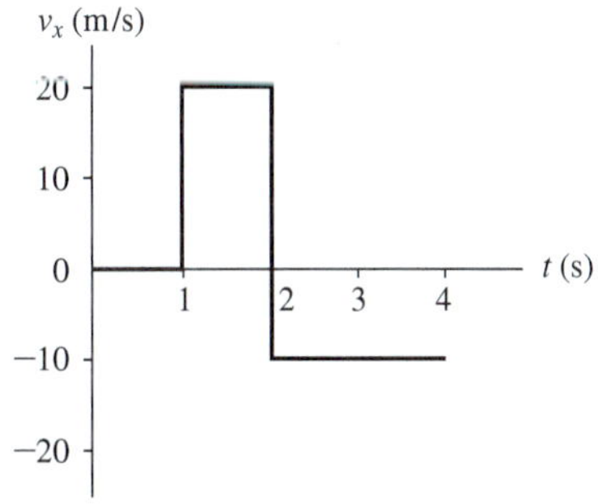

b. Yes, at $t = 2$ s

9. a. 26 m, 28 m, 26 m b. Yes, at $t = 3$ s
10.

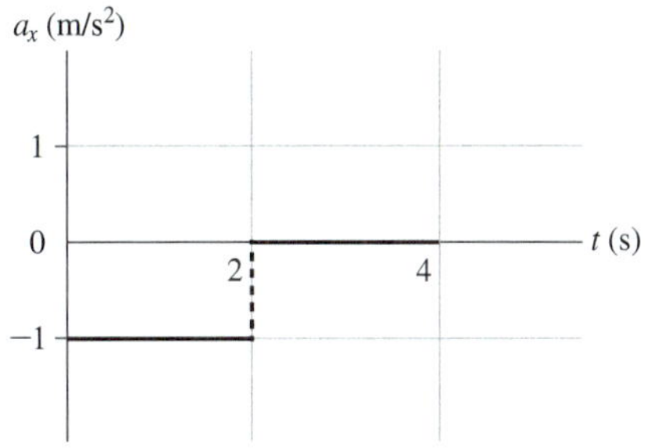

11. a. Positive b. Negative c. Negative
12. 6.1 m/s², 2.5 m/s², 1.5 m/s²
13. Trout
14. a. 2.7 m/s² b. 0.27g c. 134 m, 440 ft

15. $4d$
16. 2.8 m/s^2
17. 33 m/s^2
18. No
19. a. 5 m b. 22 m/s
20. a. 2.8 s b. 31 m
21. 10.0 s
22. 0.18 s
23. 52 m
24. 4.6 m/s
25. 7.7 m/s
26. a. 3.0 s b. 15 m/s c. −31 m/s, −35 m/s

3장

3. 14 m
4. a. 26° b. 7.2 m/s
5. 87 m/s
6. a. $d_x = 71$ m, $d_y = -71$ m b. $v_x = 280$ m/s, $v_y = 100$ m/s
   c. $a_x = 0.0$ m/s^2, $a_y = -5.0$ m/s^2
7. a. 45 m/s, 63° b. 6.3 m/s^2, −72°
8. 7.1 km, 7.5 km
9. 370 m
10. 1.3 s
11. Ball 1: 5 m/s; ball 2: 15 m/s
12. Ball 1: 15 m/s; ball 2: 5 m/s
13. 2.1 km/h
14. a. $\vec{v}_i = (5, 0$ m/s, horizontal$)$ d. 10 m

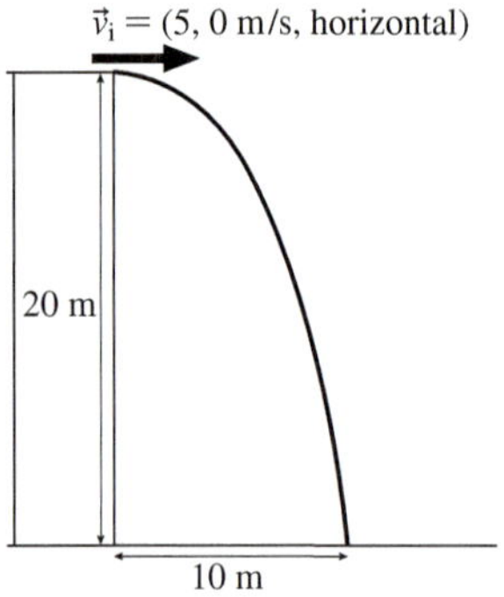

15. 1.1 m
16. a. 0.45 s for both b. 2.3 m, 1.1 m
17. a. 12 m/s b. 12 m/s
18. 20 m
19. 10 m/s^2, 1.0g
20. 6.3 m/s^2
21. a. 20.0 m/s^2 b. 2.50 m/s^2
22. 27 m

4장

1. First is rear-end; second is head on
3.

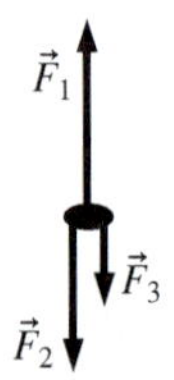

4. Weight, tension force by rope
5. Weight, normal force by ground, kinetic friction force by ground
6. Weight, normal force by slope, kinetic friction force by slope
7. $m_1 = 0.080$ kg and $m_3 = 0.50$ kg
8. 5.2 m/s^2
9. a. 20.0 m/s^2 b. 5.0 m/s^2
   c. 10.0 m/s^2 d. 10.0 m/s^2
10. 6.67 m/s^2
11. 0.25 kg
12. a. No b. 6 m/s^2 to the left
13. 5.0 h
16.

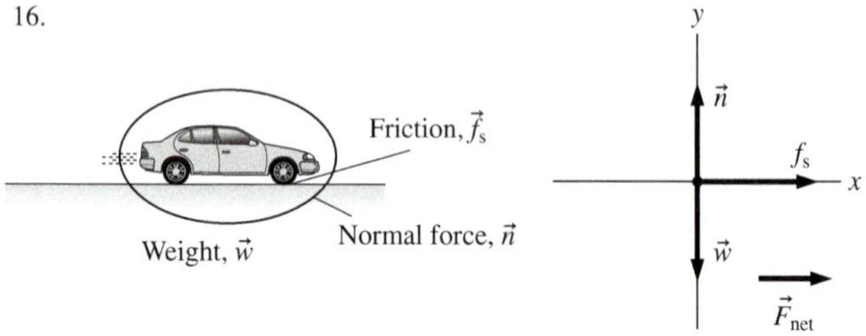

17.

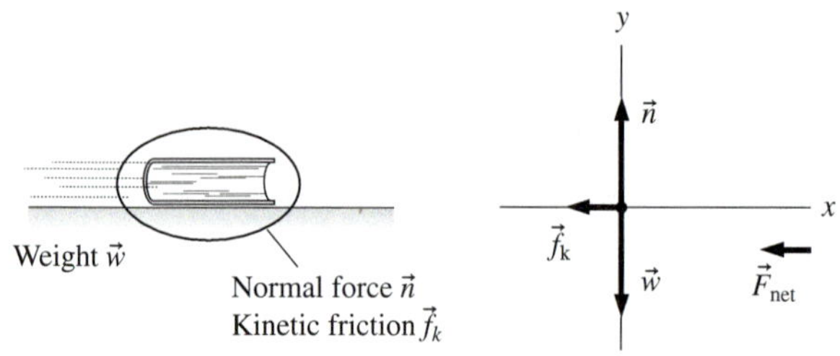

18.

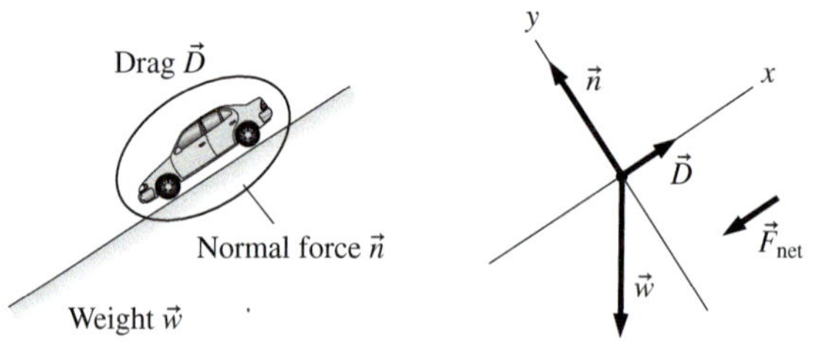

19.

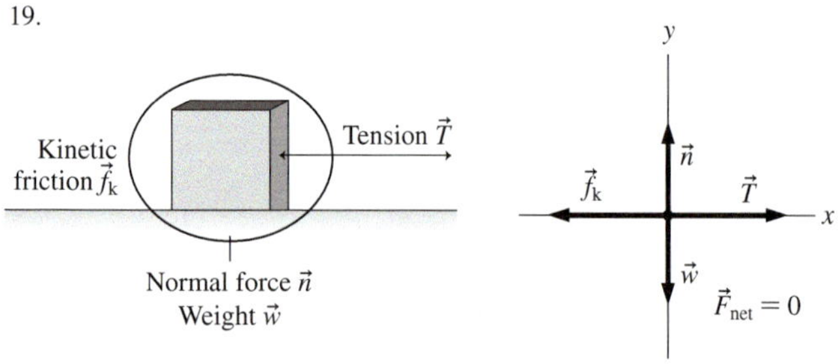

20.

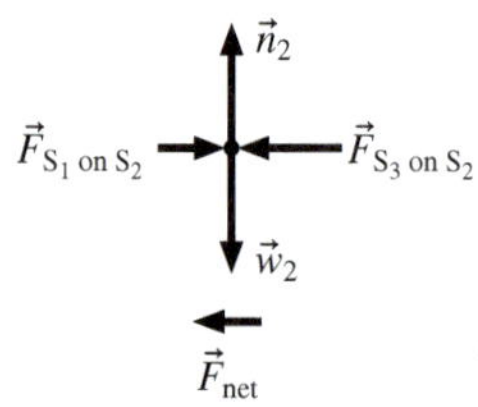

21. Normal force of road on car and of car on road; friction force of road on car and of car on road.

5장

1. $T_1 = 87$ N, $T_2 = 50$ N
2. 110 N
3. 49 N
4. 170 kg
5. 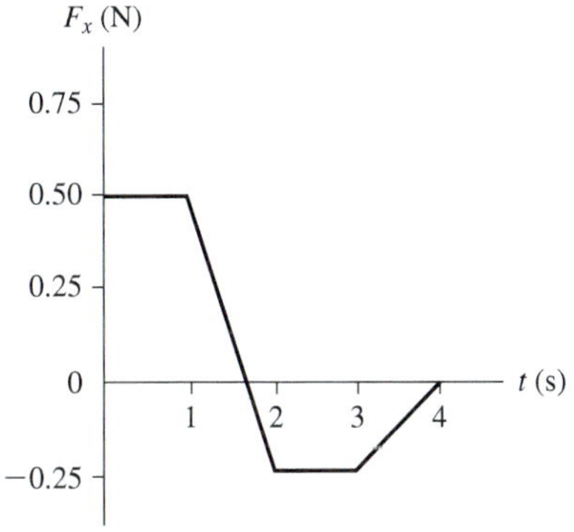

6. $a_x = 1.0$ m/s^2, $a_y = 0.0$ m/s^2
7. a. d b. $4d$
8. 170 N
9. 0 N
10. a. 590 N b. 740 N c. 590 N
11. a. 780 N b. 1100 N
12. 1000 N, 740 N, 590 N
13. b. 180 N
14. 4800 N
15. No
16. a. 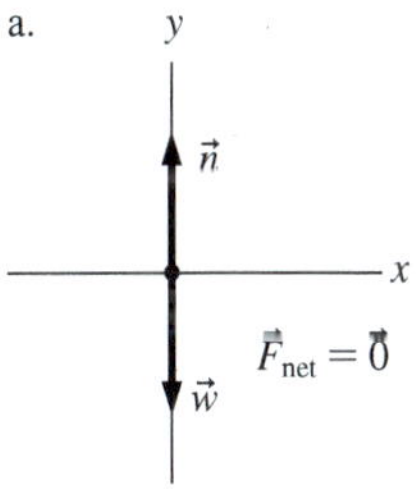

b. 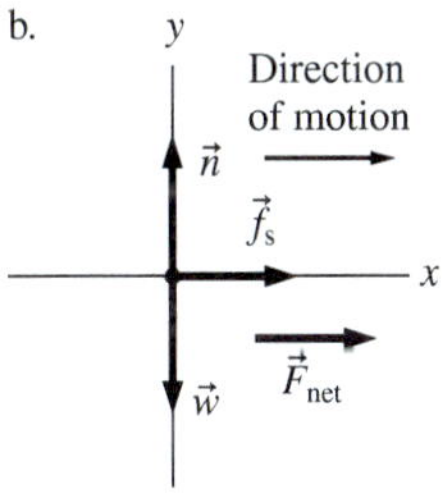

c. 4.9 m/s^2 d. 2.9 m/s^2
17. 63 N
18. 7.0 kg
19. 170 m/s
20. a. 3000 N b. 3000 N
21. a. 6.0 N b. 10 N
22. a. 20 N b. 21 N
23. a. 1.0 N b. 50 N
24. a. 530 N b. 5300 N

6장

1. 3.9 m/s
2. a. 0.56 rev/s b. 1.8 s
3. a. 6.0 ms, 170 rev/s b. 63 m/s c. 6700g
4. a. 3.0×10^4 m/s b. 6.0×10^{-3} m/s^2
5. 5.7 m/s, 110 m/s^2
6. 34 m/s
7. $T_3 > T_1 = T_4 > T_2$
8. a. 3.9 m/s b. 6.2 N
9. 9400 N, toward center, static friction
10. a. 1700 m/s^2 b. 240 N
11. 14 m/s
12. 270 N
13. 3.3 m/s
14. 20 m/s
15. a. 1.8×10^4 m/s^2 b. 4.4×10^3 m/s^2
16. 99 min
17. 1/2
18. 6.0×10^{-4}
19. 3.9 m/s^2
20. a. 3.53×10^{22} N b. 1.99×10^{29} N c. 0.564%
21. a. 3.77 m/s^2 b. 25.9 m/s^2
22. 7000 m/s
23. 4.37×10^{11} m, 1.7×10^4 m/s
24. 0.039 au
25. 11 h

7장

1. a. $\theta = \pi/2$ b. $\theta = 0$ c. $\theta = 4\pi/3$
2. 1.7×10^{-3} rad/s
3. a. 1.3 rad, 72° b. 3.9×10^{-5} rad/s
4. 3.0 rad
5. a. 25 rad b. −5 rad/s
6. a. 0.105 rad/s b. 0.00105 m/s
7. 11 m/s
8. a. 160 rad/s^2 b. 50 rev
9. $\tau_1 < \tau_2 = \tau_3 < \tau_4$
10. −0.20 N · m
11. 5.7 N
12. a. 13.2 N · m b. 117 N · m
13. 5.5 N · m
14. a. 0.62 m b. 0.65 m
15. 12 N · m
16. −4.9 N · m
17. a. 34 N · m b. 24 N · m
18. a. 1.70 m b. −833 N · m
19. 7.2×10^{-7} kg · m^2
20. 120 kg · m^2
21. 1.8 kg
22. 6.0×10^{-3} N · m
23. 8.0 N · m
24. −44 rad/s^2
25. 0.11 N · m
26. 0.50 s
27. a. 14 rad/s b. 11 m/s c. 7.9 m/s

8장

1. Right 470 N; left 160 N
2. 15 cm
3. 140 N
4. 12 N · m
5. 1.0
6. 1.4 m
7. 590 N
8. 98 N
9. 16°
10. 40 cm
11. 0.93 m
12. 830 N/m
13. 0.30 N/m
14. a. 390 N/m b. 18 cm
15. 1.2 cm
16. a. 2 mm b. 0.25 mm
17. 7900 N
18. a. 980 N b. 4.0 m

19. 16 cm
20. 0.0078%
21. a. 3.8 mN b. 8.6 mm

9장

1. 15 m/s
2. 6.0 N
3. 80 kg · m/s
4. a. 1.5 m/s to the right
   b. 0.5 m/s to the right
5. −110 N
6. a. −19 kN b. −280 kN
7. 0.205 m/s
8. 0.31 m/s
9. 1.4 m/s
10. 0.47 m/s
11. 4.8 m/s
12. 2.3 m/s
13. 1.0 kg
14. 37°
15. (−2 kg · m/s, 4 kg · m/s)
16. 14 m/s at 45° north of east
17. 510 kg · m^2/s
18. 0.025 kg · m^2/s, into the page
19. 1.3 rev/s

10장

1. a. −30 J b. 30 J
2. Rope 1: 0.919 kJ; rope 2: 0.579 kJ
3. a. 0 J b. −43 J c. 43 J
4. The bullet
5. a. 14 m/s b. Factor of 4
6. 4.0 m/s
7. 0.0 J
8. 1.8 kg · m^2
9. a. 6.8×10^5 J b. 46 m c. No
10. 63 kJ
11. 0.63 m
12. 9.7 J
13. 16.5 kJ
14. 110 N
15. a. 13 m/s b. 14 m/s
16. 31 m/s
17. 3.0 m/s
18. 17 m/s
19. a. The child's gravitational potential energy will be changing into kinetic energy and thermal energy.
    b. 550 J
20. 17 kJ
21. 0.86 m/s and 2.9 m/s
22. 1/2
23. a. 1.8×10^2 J b. 59 W
24. 45 kW
25. 34 min
26. 2.0×10^4 W

11장

1. 1.7 MJ
2. 3.3%
3. 4.2 MJ
4. 230,000 J = 54,000 cal = 54 Cal
5. 490 Cal
6. 1200 km
7. 1800 reps
8. −269°C, −452°F
9. 1.3
10. 700 J from the system
11. 150 J by the system
12. a. 15 kJ b. 27%
13. 25%
14. 560 MW
15. 460°C
16. 1.5
17. a. 200 J b. 250 J
18. a. (b) only b. (a) only
19. 13%

12장

1. Carbon
2. 3.5×10^{24}
3. 0.024 m^3
4. −9.3°C
5. 11°C
6. 47.9 psi
7. 1.1 N
8. a. −140°C b. 2.7×10^{-21} J
9. 1900 kPa
10. 700 L
11. a. $T_f = T_i$ b. $p_f = \frac{1}{2} p_i$
12. a. 98 cm^3
13. a. Isochoric b. 910 K, 300 K
14. a. Isobaric b. 120°C c. 0.0094 mol
15. 45°C
16. 0.30 atm
17. 4.7 m
18. 130 K
19. 0.83%
20. 6.9 kJ
21. 3.5 MJ
22. 71 min
23. 14°F
24. 28°C
25. 272°C
26. 76°C
27. 91 g
28. a. 31 J b. 60°C
29. 0.080 K
30. 60 J
31. 830 W
32. 24 W
33. 6.0 W
34. 4.7×10^{-4} m^2

13장

1. 1200 kg/m^3
2. 11 kg/m^3
3. a. 810 kg/m^3 b. 840 kg/m^3
4. 8.0%
5. 3.8 kPa
6. 210 N
7. 3.2 km

8. a. 2.9×10^4 N b. 30 players
9. a. 1.1×10^5 Pa
   b. 4400 Pa for both A–B and A–C
10. 3.68 mm
11. 89 mm
12. 0.82 m
13. 1.9 N
14. a. 77 N b. 69 N
15. 63 kg
16. 1.0 m/s
17. 97 min
18. 110 kPa
19. 3.0 m/s
20. 260 Pa

14장

1. 2.3 ms
2. 0.80 s, 1.3 Hz
3. 40 N
4. a. 13 cm b. 9.0 cm
5. a. 20 cm b. 0.25 Hz
6. a. 0.2 m/s^2 b. 1/50
7. 34 cm
8. 1.6 mm
9. a. $U = 1/4\,E$ $K = 3/4\,E$ b. $A/\sqrt{2}$
10. a. 2.83 s b. 1.41 s
    c. 2.00 s d. 1.41 s
11. a. 2.0 cm b. 0.63 s
    c. 5.0 N/m d. 20 cm/s
    e. 1.0×10^{-3} J f. 15 cm/s
12. a. 0.50 s b. 5.5 cm
    c. 70 cm/s d. 0.049 J
13. a. 4.00 s b. 5.66 s
    c. 2.83 s d. 4.00 s
14. 35.7 cm
15. 3.67 m/s^2
16. 8.7×10^{-2} kg · m^2
17. 1.3 s
18. 10.0 s
19.

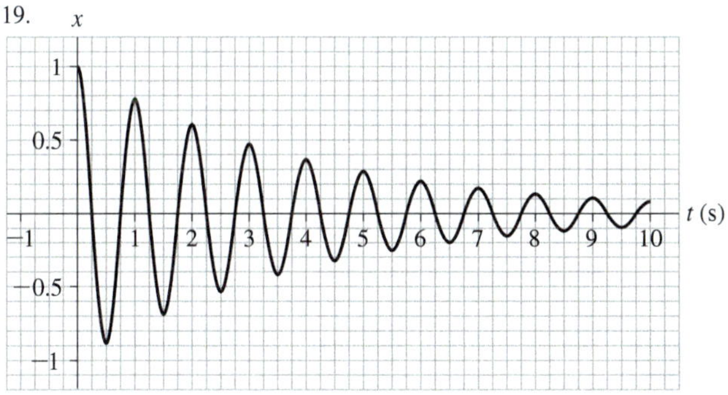

20. 2 Hz, 0.25 s
21. 2.8 s
22. 250 N/m

15장

1. 280 m/s
2. 0.076 s
3. 36 min
4. 6.0 s
5.

History graph at $x = 6$ m

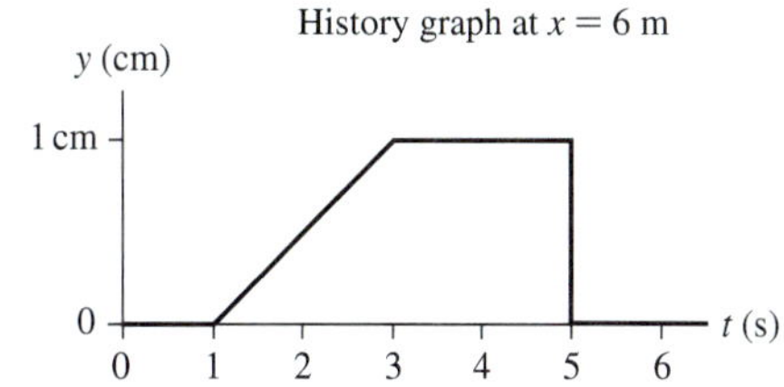

6.

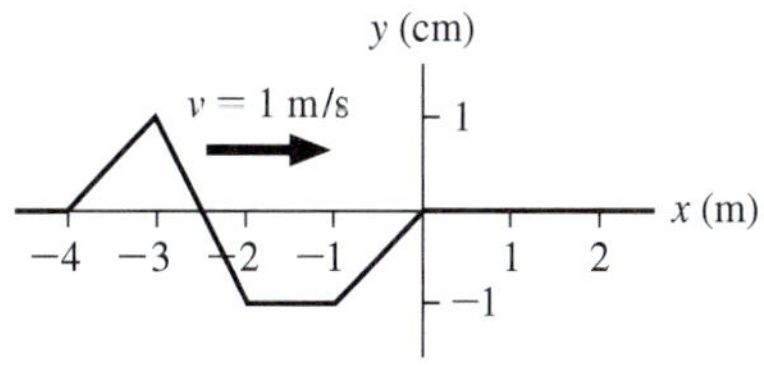

Snapshot graph at $t = 1.0$ s

7. 10 m/s
8. a. 8.6 mm b. 15 ms
9. a., b.

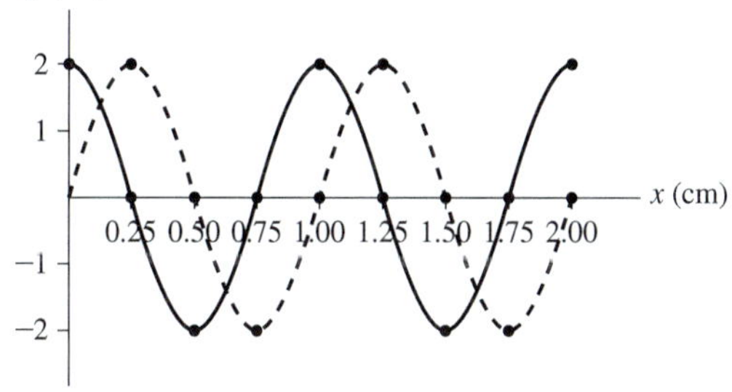

   c. 2.0 m/s
10. 6.0 cm, 1.7 Hz, 1.2 m
11. 0.81 m below equilibrium
12. 15 cm
13. a. 6.7×10^{14} Hz b. 4.6×10^{14} Hz
14. a. 10 GHz b. 170 μs
15. 55 pJ
16. 600 kJ
17. 11 W
18. a. 6.7×10^4 W b. 8.5×10^{10} W/m^2
19. 6.4×10^{17} W/m^2
20. 25 pW/m^2, 14 dB
21. a. 3.2 mW/m^2 b. 95 dB
22. 103 dB
23. 40 m
24. a. 650 Hz b. 560 Hz
25. 16 m/s away
26. a. 431 Hz b. 429 Hz
27. 1.3 kHz

16장

1.

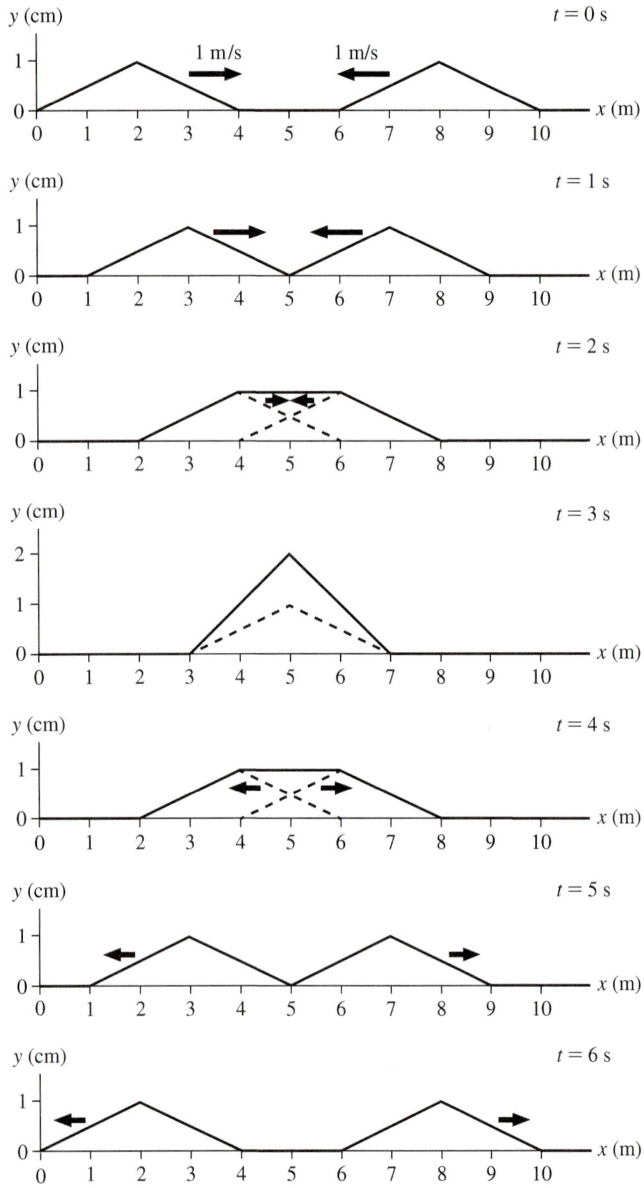

2. 4 s
4. 5.0 s
5. 60 Hz
6. 53 m/s
7. a. 4.80 m, 2.40 m, 1.60 m b. 75.0 Hz
9. 2180 N
10. 13 m, 5.9 s
11. a. 16 Hz b. 3.18 m
12. 2.42 m, 1.21 m, 0.807 m b. 4.84 m, 1.61 m, 0.968 m
13. 928 Hz
14. a. 5.67 Hz b. 22.7 Hz c. The frequency will decrease.
15. 44 cm
16. 6700 Hz
17. 290 Hz, 0.30 m
18. 580 Hz, 4900 Hz
19. a. 20 cm b. 40 cm
20. 1.0 m, 3.0 m, 5.0 m
21. Perfectly destructive
22. 438 Hz
23. 203 Hz
24. 527 Hz

17장

1. a. 1.5×10^{-11} s b. 3.4 mm
2. 0.40 ns
3. 670 ns
4. 0.020 rad, 1.1°
5. 0.050 rad
6. 0.36 mm
7. 2,000, 201.2λ
8. 3.2°, 6.3°
9. 221 lines/mm
10. a. 1.3 m b. 7
11. 217 nm
12. 85.9 nm
13. 121 nm
14. 97.8 nm
15. 94 μm
16. 610 nm
17. 4.9 mm
18. 78 cm

18장

1. 11 ft
2. 8.00 cm
3. B and C
4. 433 cm
5. 31°
6. 35°
7. 65°
8. 1.30
9. 3.2 cm
10. a. Closer b. Farther
11. $s' = -15$ cm, upright and virtual
12. $s' = -6$ cm, upright and virtual
13. $s' = 30$ cm, inverted and real
14. Concave, $f = 2.4$ cm
15. $f = -36$ cm
16. $s' = -15$ cm, $h' = 1.5$ cm
17. $s' = 50$ cm, $h' = 0.67$ cm
18. $s' = -20$ cm, $h' = 0.33$ cm
19. $s' = -16$ cm, $h' = 1.1$ cm
20. $s' = 56$ cm, $h' = 3.7$ cm

19장

1. a. 5.8 mm b. The object must be getting closer.
2. 0.29 m
3. 17 mm
4. a. 2.5 cm b. 36 cm c. 2.3 cm
5. −0.33 D
6. 2.0 D
7. a. Farsighted b. ∞
8. 2.1 m
9. 5.0 cm
10. a. 1.20 cm b. 1.67 cm
11. 11 mm

12. 2.5 cm
13. $s' = -6.4$ cm left of the diverging lens, $h' = 1.0$ cm, same orientation as the object
14. a. 0.058 D b. 17 mm
15. a. 14° b. 6.4 mm
16. 0.28 mm, violet
17. 55 km
18. 4.9 mm

20장

1. a. Electrons have been removed. b. 3.1×10^{10}
2. 1.5×10^6 C
3. a. Electrons from sphere to rod b. 2.5×10^{10}
4. A has −160 nC; B has 0 C
5. a. 9.0×10^{-3} N b. 9.0×10^{-3} m/s^2
6. 2.6 cm
7. −10 nC
8. 8.0 nC
9. a. 1.7×10^{14} m/s^2, away from bead
   b. 3.2×10^{17} m/s^2, toward bead
10. 1.4×10^5 N/C, away from bead
11. a. 1.4×10^{-3} N/C, away from proton
    b. 1.4×10^{-3} N/C, toward electron
12. a. 3.6×10^4 N/C, 1.8×10^4 N/C, 1.8×10^4 N/C

    b.

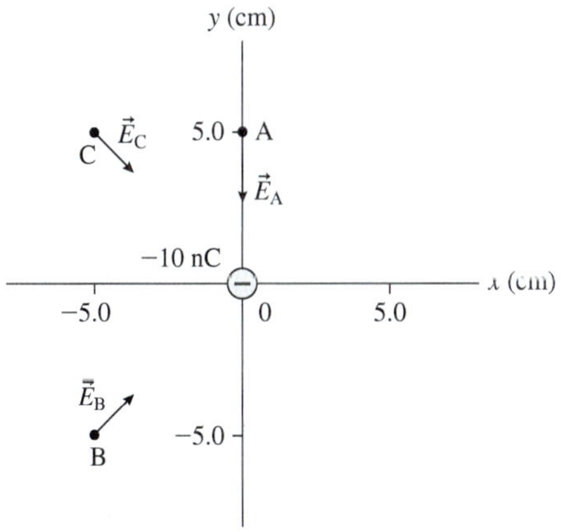

13. 2500 N/C, downward
14. 6.1×10^5 N/C, downward
15. ±14 nC
16. a. Upper b. 1.6×10^{-7} C
18. 7.2×10^{-15} N
19. a. 0 b. 5.6×10^{-27} N·m

21장

1. −3.0 μC
2. 530 V
3. a. 3000 V b. 75 μJ
4. a. 1000 eV b. 1.60×10^{-16} J c. 4.4×10^5 m/s
5. a. Lower b. −0.71 V c. 0.71 eV
6. 400 V
7. a. $E = 200$ kV/m, $\Delta V_C = 200$ V b. $E = 200$ kV/m, $\Delta V_C = 400$ V
8. 3.8 cm
9. 3.8 nC
10. a. 1.5 V b. 8.3 pC
11. −352 V
12. 10 kV/m, left
13. a. Positive b. Negative c. Positive
14. a. 7.1 pF b. 0.71 nC
15. 4.8 cm
16. 24 V
17. 15 μC
18. 13 nF
19. a. $Q = 5.0 \times 10^{-10}$ C, $\Delta V_C = 9.0$ V, $E = 9.0 \times 10^4$ V/m
    b. $Q = 2.5 \times 10^{-10}$ C, $\Delta V_C = 9.0$ V, $E = 9.0 \times 10^4$ V/m
20. a. 12.0 V b. 24 V
21. a. 1.7×10^{-2} C b. 14 J
22. 3.00 μJ

22장

1. 3000 C, 1.9×10^{22}
2. a. 1.6×10^{18} electrons/s b. Into
3. 9.4×10^{13} electrons
4. 13 A
5. 120 C
6. $I_B = 5$ A, $I_C = -2$ A
7. 1.5 μJ
8. a. 45 C b. 4.1×10^2 J
9. 3200
10. a. 1.0 b. 0.50
11. 50 Ω·m
12. 8.7 m
13. 2.0 A
14. 1×10^5 Ω
15. a. 2.0 Ω

    b.

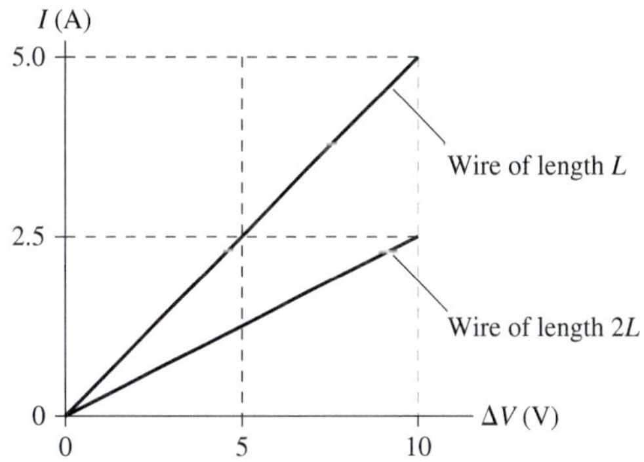

16. a. 200 V/m b. 100 V/m c. 0.25 A d. 480 Ω
17. 0.43 V/m
18. 3000 J
19. 6.0 V
20. a. 0.38 A b. 320 Ω
21. 15 kJ

23장

1.

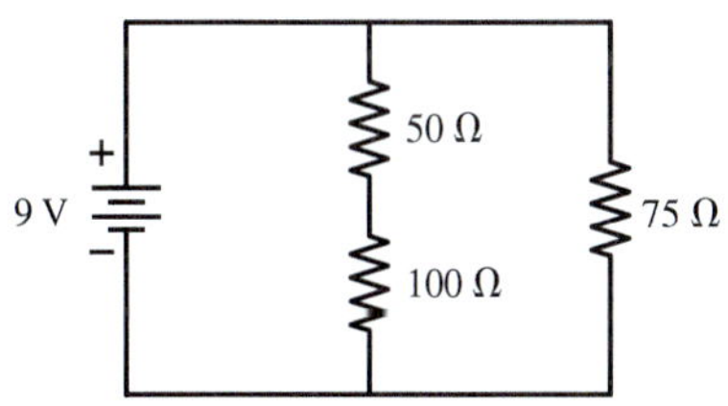

2.

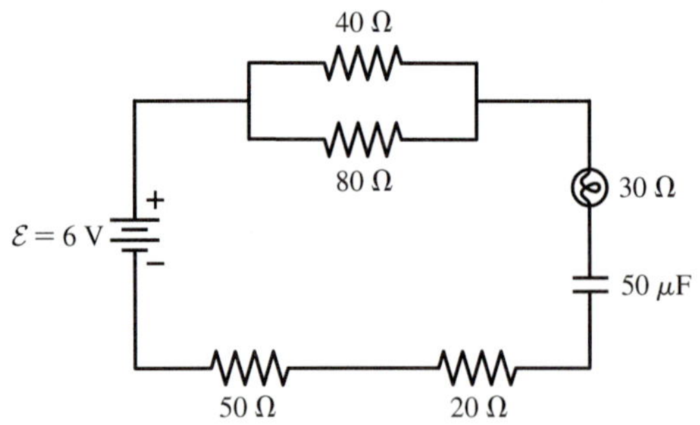

3. a. $\Delta V_{12} = 2.0$ V, $\Delta V_{23} = 1.0$ V, $\Delta V_{34} = 0$ V
   b. $\Delta V_{12} = 0$ V, $\Delta V_{23} = 3.0$ V, $\Delta V_{34} = 0$ V
4. a. 0.17 A, to the left
6. a. 1.0 Ω b. 1.0 Ω c. 0.50 Ω
7. 270 Ω
8. 170 Ω
9. 24 Ω
10. 300 Ω
11. a. 2.0 A b. 5.0 A
12. 20 Ω, 60 V
13. Numbering the resistors from left to right:

R	***I* (A)**	**Δ*V* (V)**
R_1	1.5	7.5
R_2	0.50	2.5
R_3	0.50	2.5
R_4	0.50	2.5

14.

R	***I* (A)**	**Δ*V* (V)**
6.0 Ω (left)	2.0	12
15 Ω	0.8	12
6.0 Ω (top)	1.2	7.2
4.0 Ω	1.2	4.8

15.

R	***I* (A)**	**Δ*V* (V)**
3 Ω	2.0	6.0
4 Ω	1.5	6.0
48 Ω	0.13	6.0
16 Ω	0.38	6.0

16. 20 Ω
17. 3.0 μF
18. 150 μF in series
19. 8.9 μF
20. a. 0.57 μF b. 6.9 μC
21. 2.0 ms
22. 6.9 ms
23. a. 18 μC, 180 mA b. 11 μC, 110 mA c. 2.4 μC, 24 mA
24. 2.9 ms
25. 33 m/s
26. 20 m/s

24장

1. 20 μT
2. a. 20 A b. 1.6 mm
3. Point 1: 6.0 mT into the page; point 2: 2.0 mT out of the page
4. 5
5. a. 2 μT, 4% b. The two fields nearly cancel
6. 750 A
7. 1.6 kA
8. 3.8×10^{-7} A
9. 4.1×10^{-4} T
10. 8.6 μA
11. 13 T
12. a. (8.0×10^{-13} N, $-z$-direction)
    b. (8.0×10^{-13} N, 45° clockwise from $-z$-axis in yz plane)
13. a. 11 cm b. 10 m
14. 58 kHz
15. 0.086 T
16. a. 0.43 m b. 18,000 orbits
17. 0.13 T, out of the page
18. 2.0×10^{-7} N
19. a. 3.3 A b. 2.0 N c. 170 m/s²
20. 7.5×10^{-4} N·m
21. a. 1.3×10^{-11} N·m b. Rotated clockwise 90°
22. a.

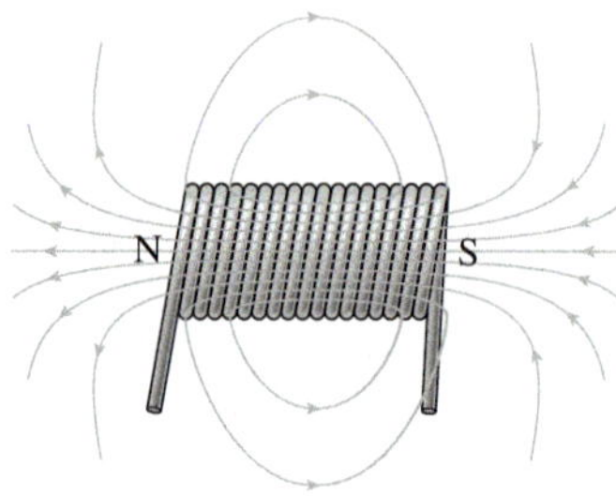

b. Attractive c. To the left, toward the solenoid

25장

1. 0.10 T, out of the page
2. a. 4.0 m/s b. 2.2 T
3. 9500 m/s
4. a. 2.9 mV b. Negative
5. For $\theta = 0°$, 3.9×10^{-4} Wb; for $\theta = 30°$, 3.4×10^{-4} Wb; for $\theta = 60°$, 2.0×10^{-4} Wb; for $\theta = 90°$, 0 Wb
6. a. 6.3×10^{-5} Wb b. 6.3×10^{-5} Wb
7. a. 8.7×10^{-4} Wb b. Clockwise
8. 3.1 V
9. a. 3.9 mV, 39 mA, clockwise b. 3.9 mV, 39 mA, clockwise c. 0 V, 0 A
10. 2.5 mV
11. 0.55 A
12. 0.97 A
13. 6.0×10^5 V/m
14. $E_0 = 1.4 \times 10^3$ V/m, $B_0 = 4.6 \times 10^{-6}$ T
15. $E_0 = 980$ V/m, $B_0 = 3.3 \times 10^{-6}$ T
16. 77 m
17. a. 2.2×10^{-6} W/m² b. 0.041 V/m
18. a. 10 W/m² b. 7.5 W/m² c. 5.0 W/m² d. 2.5 W/m² e. 0 W/m²
19. 60°
20. 67%
21. 1.2 keV
22. a. 250 keV b. 1.0×10^6 bonds
23. 2.1×10^{-20} J
24. 4.68×10^{21} photons
25. 1700 photons/s
26. 2100°C
27. a. 200°C b. 1.6
28. $\lambda_{dental} = 50$ pm; $\lambda_{microtomography} = 20$ pm
29. 1.1 mm

26장

1. a. 50 mA b. 50 mA
2. 22.4 V
3. a. 9.0 Ω b. 19 A c. 3200 W
4. 530 A
5. 0.50 A
6. 17 mA
7. a. 15 turns b. 32 mA
8. a. 18 kW b. 1.0 kW
9. 12 A
10. Yes
11. $26.30
12. No
13. 34 V
14. 190 mA
15. 59 mA, yes
16. Yes
17. 270 Hz
18. a. 80 kHz b. 0 V
19. 130 Ω
20. a. 0.80 A b. 0.80 mA
21. a. 3.2×10^4 Hz b. 0 V
22. 80 Ω
23. 0.25 μH
24. 1.0 Ω
25. 10 mH
26. 7.1 Ω, 2.5 mH

찾아보기

ㅈ

번역
고욱희 · 권태송 · 김근묵 · 김말진 · 김성백 · 박희정 · 손영수 · 신재수 · 신홍기
심경무 · 오기영 · 오병성 · 유태준 · 이도경 · 이병학 · 이용산 · 이정재 · 이종용
장영록 · 장원권 · 정양준 · 최용수 (가나다 순)

교정
임천석

감수
김영태

3판

일반물리학

College Physics
A Strategic Approach, THIRD EDITION

2017년 11월 10일 3판 1쇄 펴냄 | 2022년 2월 1일 3판 2쇄 펴냄
지은이 Randall D. Knight, Brian Jones, Stuart Field
옮긴이 김영태 외
펴낸이 류원식 | 펴낸곳 **교문사**

편집부장 김경수 | **책임진행** 안영선 | **본문편집** 신성기획 | **표지디자인** 유선영

주소 (10881) 경기도 파주시 문발로 116(문발동 536-2)
전화 1644-0965(대표) **팩스** 070-8650-0965
등록 2015. 01. 08. 제406-2015-000005호
홈페이지 www.cmgpg.co.kr | **E-mail** cmg@cmgpg.co.kr
ISBN 978-89-6364-344-1 (93420) | **값** 39,500원

Astronomical Data

Planetary body	Mean distance from sun (m)	Period (years)	Mass (kg)	Mean radius (m)
Sun	—	—	1.99×10^{30}	6.96×10^{8}
Moon	3.84×10^{8}*	27.3 days	7.36×10^{22}	1.74×10^{6}
Mercury	5.79×10^{10}	0.241	3.18×10^{23}	2.43×10^{6}
Venus	1.08×10^{11}	0.615	4.88×10^{24}	6.06×10^{6}
Earth	1.50×10^{11}	1.00	5.98×10^{24}	6.37×10^{6}
Mars	2.28×10^{11}	1.88	6.42×10^{23}	3.37×10^{6}
Jupiter	7.78×10^{11}	11.9	1.90×10^{27}	6.99×10^{7}
Saturn	1.43×10^{12}	29.5	5.68×10^{26}	5.85×10^{7}
Uranus	2.87×10^{12}	84.0	8.68×10^{25}	2.33×10^{7}
Neptune	4.50×10^{12}	165	1.03×10^{26}	2.21×10^{7}

*Distance from earth

ypical Coefficients of Friction

aterial	Static μ_s	Kinetic μ_k	Rolling μ_r
ıbber on concrete	1.00	0.80	0.02
eel on steel (dry)	0.80	0.60	0.002
eel on steel (lubricated)	0.10	0.05	
ood on wood	0.50	0.20	
ood on snow	0.12	0.06	
e on ice	0.10	0.03	

Melting/Boiling Temperatures, Heats of Transformation

Substance	T_m (°C)	L_f (J/kg)	T_b (°C)	L_v (J/kg)
Water	0	3.33×10^{5}	100	22.6×10^{5}
Nitrogen (N_2)	−210	0.26×10^{5}	−196	1.99×10^{5}
Ethyl alcohol	−114	1.09×10^{5}	78	8.79×10^{5}
Mercury	−39	0.11×10^{5}	357	2.96×10^{5}
Lead	328	0.25×10^{5}	1750	8.58×10^{5}

olar Specific Heats of Gases

as	C_P (J/mol · K)	C_V (J/mol · K)
onatomic Gases		
e	20.8	12.5
e	20.8	12.5
r	20.8	12.5
iatomic Gases		
2	28.7	20.4
2	29.1	20.8
2	29.2	20.9

Properties of Materials

Substance	ρ (kg/m^3)	c (J/kg · K)	v_{sound} (m/s)
Helium gas (1 atm, 20°C)	0.166		1010
Air (1 atm, 0°C)	1.28		331
Air (1 atm, 20°C)	1.20		343
Ethyl alcohol	790	2400	1170
Gasoline	680		
Glycerin	1260		
Mercury	13,600	140	1450
Oil (typical)	900		
Water ice	920	2090	3500
Liquid water	1000	4190	1480
Seawater	1030		1500
Blood	1060		
Muscle	1040	3600	
Fat	920	3000	
Mammalian body	1005	3400	1540
Granite	2750	790	6000
Aluminum	2700	900	5100
Copper	8920	385	
Gold	19,300	129	
Iron	7870	449	
Lead	11,300	128	1200
Diamond	3520	510	12,000
Osmium	22,610		

Indices of Refraction

Material	Index of refraction
Vacuum	1 exactly
Air	1.0003
Air (for calculations)	1.00
Water	1.33
Oil (typical)	1.46
Glass (typical)	1.50
Polystyrene plastic	1.59
Diamond	2.42

Dielectric Constants of Materials

Material	Dielectric constant
Vacuum	1 exactly
Air	1.00054
Air (for calculations)	1.00
Teflon	2.0
Paper	3.0
Cell membrane	9.0
Water	80

Resistivities of Materials

Metals	Resistivity ($\Omega \cdot m$)
Copper	1.7×10^{-8}
Tungsten (20°C)	5.6×10^{-8}
Tungsten (1500°C)	5.0×10^{-7}
Iron	9.7×10^{-8}
Nichrome	1.5×10^{-6}
Seawater	0.22
Blood	1.6
Muscle	13
Fat	25
Pure water	2.4×10^{5}
Cell membrane	3.6×10^{7}

Constituents of the Atom

Particle	Mass (u)	Mass (MeV/c^2)	Mass (kg)	Charge (C)	Spin
Electron	0.00055	0.511	9.11×10^{-31}	-1.60×10^{-19}	$\frac{1}{2}$
Proton	1.00728	938.28	1.67×10^{-27}	$+1.60 \times 10^{-19}$	$\frac{1}{2}$
Neutron	1.00866	939.57	1.67×10^{-27}	0	$\frac{1}{2}$

Hydrogen Atom Energies and Radii

n	E_n (eV)	r_n (nm)
1	−13.60	0.053
2	−3.40	0.212
3	−1.51	0.476
4	−0.85	0.847

Work Functions of Metals

Metal	E_0 (eV)
Potassium	2.30
Sodium	2.75
Aluminum	4.28
Tungsten	4.55
Copper	4.65
Iron	4.70
Gold	5.10